सभी एक दिवसीय परीक्षाओं हेतु आधारभूत पुस्तक

अंकगणित

Arithmetic

- **एस.एस.सी.** : डी.ई.ओ., इनकम टैक्स इंस्पेक्टर, सेन्ट्रल एक्साइज इंस्पेक्टर, असिस्टेंट ग्रेड और ऑडिटर इत्यादि
- **बैंक** : पी.ओ., क्लर्क (आर.बी.आई., एस.बी.आई, यू.बी.आई और नाबार्ड इत्यादि)
- **रेलवे** : ए.एस.एम., गुड्स गार्ड, टी.सी. और सी.सी. इत्यादि
- **पुलिस भर्ती** : सी.पी.ओ.,एस.आई., आई.टी.पी.एफ, सी.आर.पी.एफ., सी.आई,एस.एफ, आई.बी. और कांस्टेबल इत्यादि
- **शिक्षक भर्ती** : पी.ई.टी., टी.ई.टी., सी.टी.ई.टी.
- **एम.बी.ए.** : कैट, मैट इत्यादि
- **पी.एस.सी** : विभित्र राज्य लोक सेवा आयोग
- **यू.पी.एस.सी** : सीसैट , एस.सी.आर.ए., सी.डी.एस., एन.डी.ए. इत्यादि

लेखक

डॉ. एस.डी. यादव

'सत्यम्'

(सिकन्दरापुर, भीमपुरा, बेल्थरारोड, बलिया, उ.प्र.)

शारदा पुस्तक भवन

पब्लिशर्स एण्ड डिस्ट्रीब्यूटर्स

प्रयागराज - 211 002 (उत्तर प्रदेश)

प्रकाशक :
शारदा पुस्तक भवन
पब्लिशर्स एण्ड डिस्ट्रीब्यूटर्स
प्रयागराज - 211 002 (उ.प्र.)
Phone : 0532-2644643, 2461162
E-mail : spballd@gmail.com, spballd@yahoo.in
Visit us : www.shardapustakbhawan.com

प्रथम संस्करण : **2010**
नवम् संस्करण : **2016**
तेरहवां संशोधित संस्करण : **2021**
चौदहवां संशोधित संस्करण : **2022**

मूल्य : ₹ **550.00**

कम्प्यटर कम्पोजिंग :
गिगल्स कम्प्यूटर्स ग्राफिक्स
प्रयागराज

मुद्रक :
प्रिंटेक्स इण्डिया
प्रयागराज

ISBN : **978-81-952961-9-4**

"परम श्रद्धेया स्वर्गीय माँ को सविनय समर्पित, जिनकी ममतामयी छत्र-छाया में मेरा सम्पूर्ण व्यक्तित्व पल्लवित, पुष्पित एवं समृद्ध हुआ"

प्राक्कथन

प्रथम संस्करण

प्रतियोगी परीक्षाओं के मुख्यतः दो *Trend* हैं – एक वस्तुनिष्ठ (*Objective*) और दूसरा विषयनिष्ठ (*Subjective*)। यह पुस्तक अपने दशकों के गणित के अध्यापकीय अनुभव की एक सरल, सुबोध और सुग्राह्य प्रस्तुति है, जिसमें तीन चरण समाहित किये गये हैं –

(i) अध्ययन सामग्री (*Study Material*)

(ii) अभ्यास प्रश्न (*Exercise*)

(iii) अभ्यास प्रश्नों के हल (*Solution of Questions*)

'अध्ययन सामग्री' में विभिन्न प्रतियोगी परीक्षाओं में पूछे गये और पूछे जा सकने वाले प्रश्नों का अध्यायवार विश्लेषण करके उदाहरणार्थ हल प्रश्न दिये गये हैं। 'अभ्यास प्रश्न' में केवल उन्हीं प्रश्नों को रखा गया है, जो विगत परीक्षाओं में पूछे जा चुके हैं, तत्प चात् उनका हल। इस प्रकार यह पुस्तक परीक्षोपयोगी प्रश्नों का एक बहुत बड़ा भण्डार है। चूंकि प्रतियोगी परीक्षाओं में 'समय' एक मूल कारक है, इसलिए प्रश्नों को हल करने में आवश्यकतानुसार ***Trick cum Concept*** दोनों ही विधियों का सुगम्य प्रयोग किया गया है। 'अभ्यास प्रश्न' का आधार परीक्षाओं में प्राप्त प्रश्न-पत्र, परीक्षार्थियों के स्मृति-आधारित प्रश्न तथा बाजार में उपलब्ध परीक्षा प्रश्न-पत्र हैं।

पुस्तक के लेखन में श्रम, समय और सहयोग प्रमुख रूप से आवश्यक होते हैं, जिसमें परीक्षार्थियों का Discussion और गुरुजनों का मार्गदर्शन अहम रहा है। अपने पूज्य गुरुजनों (स्व.) प्रो. आर.एस. सेंगर, विभागाध्यक्ष-गणित, इलाहाबाद विश्वविद्यालय, (स्व.) प्रो. पी.के. शर्मा, विभागाध्यक्ष-भौतिकी, इलाहाबाद विश्वविद्यालय, (स्व.) प्रो. सुरेन्द्र कुमार श्रीवास्तव-दर्शनशास्त्र, महात्मा गांधी, काशी विद्यापीठ वाराणसी, प्रो. आर.बी. यादव, प्राचार्य-एच.एन. मिश्रा कालेज ऑफ एजुकेशन, कानपुर और प्रो. शिव भानु सिंह, विभागाध्यक्ष-दर्शनशास्त्र, क्रिश्चियन कालेज, इलाहाबाद का हृदय से अभिनन्दन करता हूँ। श्रद्धेय श्री प्यारेलाल यादव, इलाहाबाद विश्वविद्यालय, परम आदरणीय बड़े भाई श्री धर्मराज यादव, शिक्षा निदेशालय, इलाहाबाद, श्री योगेन्द्र यादव, एडवोकेट-हाईकोर्ट, इलाहाबाद, प्रिय मित्र श्री लाल मणि त्रिपाठी और स्नेहिल छोटे भाई अरविन्द यादव के अमूल्य सहयोग के लिए आभारी हूँ। प्रकाशक महोदय श्री दशरथ प्रसाद जायसवाल, शारदा पुस्तक भवन और कम्प्यूटर कम्पोजिंग श्री धनंजय मालवीय, ध्रुपद कम्प्यूटर, इलाहाबाद को धन्यवाद देता हूँ।

मुझे पूर्ण विश्वास है कि प्रस्तुत पुस्तक परीक्षार्थियों का सर्वाधिक मार्गदर्शन करेगी। अन्त में परीक्षार्थियों और गणित के सुधी अध्येताओं के सुझाव सहज स्वीकार हैं।

चैत्र नवरात्र 2010

डॉ० एस०डी० यादव

(सत्यम्)

प्राक्कथन

चौदहवाँ संस्करण

प्रिय सुधी पाठकों! पुस्तक 'अंकगणित' का पूर्णतः संशोधित एवं परिवर्धित संस्करण आपके हाथों में प्रस्तुत है। प्रस्तुत संस्करण में बड़े पैमाने पर संशोधन एवं त्रुटिनिवारण किया गया है। साथ ही पुस्तक की मूल प्रवृत्ति को यथावत बनाये रखा गया है अर्थात् तीन चरणों के क्रम (अध्ययन सामग्री, अभ्यास प्रश्न और उनके हल) को ज्यों का त्यों लिया गया है जिससे पुस्तक की सरलता, सुग्राह्यता एवं बोधगम्यता बनी रहे। Trick cum Concept को भी अपरिवर्तित रखा गया है, जिससे प्रश्नों को हल करने की सुगम्यता से प्रतियोगी छात्र लाभान्वित होते रहें और पुस्तक की लोकप्रियता एवं उपादेयता निरन्तर अग्रसर रहे।

इस नवीनतम् संस्करण में विभिन्न एक दिवसीय प्रतियोगी परीक्षाओं के नवीनतम् प्रश्नों को उनके हल सहित अधिकाधिक संख्या में शामिल किया गया है, जिससे पुस्तक विशुद्ध रूप से अद्यतन (Update) हो गयी है। *पुस्तक के पूर्णतः संशोधित एवं परिवर्धित संस्करण को प्रस्तुत करते हुए मैं ऐसी कामना करता हूँ कि प्रतियोगियों को सफलता दिलाने में यह पुस्तक अद्वितीय सहायक बने।* ***प्रतियोगियों की सफलता ही मेरे परिश्रम का प्रमाण पत्र हुआ करता है, अतः उनकी सफलता की पुनः कामना करता हूँ। पुस्तक के बारे में सुधी पाठकों एवं अन्य विद्वज्जनों के महत्वपूर्ण सुझाव सदैव की भाँति सादर स्वीकार्य है।***

श्रावण 2022

डॉ० एस०डी० यादव

(सत्यम्)

विषय-सूची

1.	संख्या पद्धति	(Number System)	1-48
2.	वर्ग-वर्गमूल एवं घन-घनमूल	(Square-Square Root and Cube-Cube Root)	49-69
3.	घातांक एवं करणी	(Indices and Surds)	70-94
4.	भिन्न	(Fraction)	95-109
5.	सरलीकरण	(Simplification)	110-132
6.	महत्तम समापवर्तक एवं लघुतम समापवर्त्य	(Highest Common Factor and Least Common Multiple)	133-164
7.	अनुपात और समानुपात	(Ratio and Proportion)	165-193
8.	आयु सम्बन्ध	(Age Relation)	194-208
9.	साझा	(Partnership)	209-216
10.	मिश्रण	(Alligation)	217-237
11.	औसत	(Average)	238-271
12.	प्रतिशतता	(Percentage)	272-307
13.	लाभ-हानि	(Profit and Loss)	308-353
14.	बट्टा	(Discount)	354-381
15.	साधारण ब्याज	(Simple Interest)	382-402
16.	चक्रवृद्धि ब्याज	(Compound Interest)	403-429
17.	काम और समय	(Work and Time)	430-475
18.	पाइप और टंकी	(Pipe and Cistern)	476-491
19.	चाल, समय और दूरी	(Speed, Time & Distance)	492-518
20.	रेलगाड़ी	(Train)	519-545
21.	नाव और नदी	(Boat and Stream)	546-561
22.	क्षेत्रफल	(Area)	562-607
23.	आयतन	(Volume)	608-651
24.	प्रिज्म और पिरामिड	(Prism and Piramid)	652-673
25.	बहुभुज एवं उनके कोण	(Polygons and Their Angles)	674-692
26.	त्रिकोणमिति	(Trigonometry)	693-774
27.	वृत्त, जीवा, चाप एवं स्पर्श रेखा	(Circle, Chord, Arc and Tangent)	775-810
28.	त्रिभुज	(Triangle)	811-840
29.	निर्देशांक ज्यामिति	(Co-ordinate Geometry)	841-867
30.	बीजगणितीय सूत्रों के अनुप्रयोग	(Application of Algebraic Formulae)	868-895
31.	सारणीयन	(Tabulation)	896-916
32.	रेखा चित्र	(Line Graph)	917-929
33.	आयत चित्र	(Histogram)	930-937
34.	दण्ड आरेख	(Bar Graph)	938-960
35.	पाई चार्ट	(Pie Chart)	961-984

1 संख्या पद्धति (Number System)

धनपूर्णांक	पूर्णसंख्याएं	ऋण पूर्णांक	पूर्णांक	सम संख्याएं	विषम संख्याएं
प्राकृत संख्याएं या प्राकृतिक संख्याएं धन-पूर्णांक कहलाती हैं। जैसेः- 1, 2, 3, 4 ...∞ । इनका प्रतीक या संकेत I^+ या N होता है।	*शून्य (0) सहित धनपूर्णांकों को पूर्ण संख्याएं कहते हैं। जैसेः- 0, 1, 2, 3, 4 ...∞ पूर्ण संख्याएं हैं।*	*ऋणात्मक पूर्णांक को ऋणपूर्णांक कहा जाता है। जैसेः- ∞... –3, –2, –1 इनका प्रतीक या संकेत I होता है।*	*ऋण पूर्णांकों, शून्य तथा धन पूर्णांकों का समूह पूर्णांक कहलाता है। इनका संकेत I होता है।*	*2 से विभाजित होने वाली संख्याएं सम संख्याएं कहलाती हैं जैसेः- 2, 4, 6 ...∞*	*जो संख्याएं 2 से विभाजित नहीं हो पाती, उन्हें विषम संख्याएं कहते हैं, जैसेः- 1, 3, 5 ...∞*
भाज्य संख्याएं	**अभाज्य संख्याएं**	**सहअभाज्य संख्याएं**	**परिमेय संख्याएं**	**अपरिमेय संख्याएं**	**वास्तविक संख्याएं**
जो संख्याएं स्वयं तथा 1 के अतिरिक्त अन्य किसी संख्या से भी विभाजित हो जाती हैं। उन्हें भाज्य संख्याएं कहते हैं। जैसेः- 4, 6, 8, 9 इत्यादि।	*जो संख्याएं स्वयं एवं 1 के अतिरिक्त अन्य किसी भी संख्या से विभाजित नहीं हो पाती हैं उन्हें अभाज्य संख्याएं कहते हैं जैसेः- 2, 3, 5, 7, 11 इत्यादि।*	*संख्याओं का वह युग्म जिनमें 1 के अतिरिक्त कोई अन्य उभयनिष्ठ गुणनखण्ड न हो जैसेः- (2,5), (3,7), (5,7), (8,11)*	*$\frac{p}{q}$ के रुप में लिखी जा सकने वाली संख्याएं परिमेय संख्याएं होती हैं, जहाँ p और q दोनों पूर्णांक हो किन्तु $q \neq 0$ (q शून्य न हो) जैसेः- 5, 7, 5, $\frac{22}{7}$, $\frac{7}{9}$ इत्यादि।*	*जिन्हें $\frac{p}{q}$ के रुप में न लिखा जा सके उन्हें अपरिमेय संख्याएं कहते हैं। जैसेः- π, $\sqrt{2}$, $\sqrt{3}$, $-\sqrt{2}$, $-\sqrt{3}$, $-\sqrt{5}$ इत्यादि*	*परिमेय तथा अपरिमेय संख्याएं सम्मिलित रुप से वास्तविक संख्याएं कहलाती हैं। जैसेः- –1, $\frac{2}{3}$, $-\frac{4}{7}$, π, $\sqrt{2}$, $\sqrt{3}$ इत्यादि*

क्रमागत पूर्णांक

क्रम से आने वाले पूर्णांक क्रमागत पूर्णांक कहलाते हैं। जैसेः- 13,14,15 इत्यादि। निकटतम दो क्रमागत पूर्णांकों में 1 का अन्तर होता है। यदि x कोई पूर्णांक हो तो दूसरा क्रमागत पूर्णांक x+1, तीसरा x+2, चौथा x+3 पांचवाँ x+4..... होगा।

क्रमागत सम संख्याएं

क्रम से आने वाली सम संख्याएं क्रमागत सम संख्याएं कहलाती हैं। जैसे 18,20,22 इत्यादि। निकटतम दो क्रमागत सम संख्याओं में 2 का अन्तर होता है। यदि x कोई सम संख्या हो तो दूसरी क्रमागत सम संख्या x+2, तीसरी x+4, चौथी x+6, पांचवीं x+8..... होगी।

क्रमागत विषम संख्याएं

क्रम से आने वाली विषम संख्याएं क्रमागत विषम संख्याएं कहलाती हैं। जैसे 17,19,21,23 इत्यादि। निकटतम दो क्रमागत विषम संख्याओं में भी 2 का अन्तर होता है। यदि x कोई विषम संख्या हो तो दूसरी क्रमागत विषम संख्या x+2, तीसरी x+4, चौथी x+6, पांचवीं x+8..... होगी।

रूढ़ संख्या अथवा अभाज्य संख्या की पहचान कैसे ?

'कोई संख्या अभाज्य संख्या है या नहीं' – यह निर्णय करने के लिए सर्वप्रथम दी गयी संख्या के ठीक बाद वाली वर्ग संख्या का वर्गमूल ज्ञात करते हैं। इस वर्गमूल से छोटी अभाज्य संख्याओं से दी गयी संख्या की भाज्यता की जांच करते हैं। इन अभाज्य संख्याओं में से किसी भी एक द्वारा विभाजित होने पर वह भाज्य संख्या कही जायेगी और विभाजित न होने पर अभाज्य कही जायेगी। जैसे :– 241 भाज्य है या नहीं – यह निर्णय करने के लिए 241 के ठीक बाद वाली वर्ग संख्या 256 का वर्गमूल 16 लेंगे और 16 से छोटी अभाज्य संख्याओं 13,11,7,5,3,2 से 241 की भाज्यता की जांच करेंगे। चूंकि इनमें से किसी भी संख्या से 241 भाज्य नहीं है अतः 241 अभाज्य संख्या है।

अध्याय पर आधारित प्रश्नों के प्रकार

'संख्या पद्धति' अध्याय से विभिन्न प्रतियोगी परीक्षाओं में पूछे गये और पूछे जा सकने वाले प्रश्नों को कुल 14 प्रकारों में बांट सकते हैं –

1. प्राकृत संख्याओं के योग पर आधारित प्रश्न
2. संख्याओं के वर्गों एवं घनों के योग पर आधारित प्रश्न
3. योग-अन्तर और गुणा पर आधारित प्रश्न
4. भाग की लम्बी विधि पर आधारित प्रश्न
5. गुणा और भाग पर आधारित प्रश्न
6. भाग की गुणनखण्ड विधि पर आधारित प्रश्न
7. भाज्यता पर आधारित प्रश्न
8. घातांकीय भाग पर आधारित प्रश्न
9. अंकों पर आधारित प्रश्न
10. गुना पर आधारित प्रश्न (अर्थात् संख्याओं के पारस्परिक सम्बन्धों पर आधारित प्रश्न)
11. जानवरों पर आधारित प्रश्न
12. गुणा-भाग एवं जोड़-घटाव पर आधारित प्रश्न
13. इकाई का अंक ज्ञात करना
14. विविध प्रश्न

उदाहरणार्थ हल प्रश्न

1 प्राकृत संख्याओं के योग पर आधारित प्रश्न

(A) क्रमागत संख्याओं का योग ज्ञात करना

निम्नलिखित संख्याओं का योग ज्ञात कीजिए –

1.	1, 2, 3, 4, 5, 6 60	2.	21, 22, 23, 24 75
3.	2, 4, 6, 8, 10 60	4.	28, 30, 32, 34 80
5.	1, 3, 5, 7 69	6.	23, 25, 27 71
7.	3 के प्रथम 10 गुणज	8.	6 के प्रथम 18 गुणज
9.	36, 42, 48 .... 90, 96	10.	120, 135, 150 600

क्रमागत n प्राकृत संख्याओं या क्रमागत n सम संख्याओं या क्रमागत n विषम संख्याओं या क्रमागत n गुणजों से एक संख्या शृंखला बनती है। जिसके किन्हीं दो निकटवर्ती संख्याओं का अन्तर सदैव समान होता है। इस अन्तर को शृंखला का सार्वअन्तर (Common difference) कहते हैं। जैसे,

65, 66, 67, ... 97, 98, 99, 100 का सार्वअन्तर = 1

40, 42, 46, ... 76, 78, 80 का सार्वअन्तर = 2

75, 80, 85, ... 120, 125, 130 का सार्वअन्तर = 5

72, 80, 88, ... 400, 408, 416 का सार्वअन्तर = 8

शृंखला के कुल पदों या कुल संख्याओं की संख्या n निम्नलिखित सूत्र से ज्ञात करेंगें –

$$n = \frac{(\text{अन्तिम संख्या} - \text{प्रथम संख्या})}{\text{सार्वअन्तर}} + 1$$

इसके बाद शृंखला के सभी पदों या सभी संख्याओं का योग निम्नलिखित सूत्र से ज्ञात करेंगें –

$$\text{योग} = \frac{(\text{अन्तिम संख्या} + \text{प्रथम संख्या}) \times n}{2}$$

हल

1. योग $= \frac{(1+60)}{2} \times 60 = \frac{61 \times 60}{2} = 61 \times 30 = 1830$
2. योग $= \frac{(21+75)}{2} \times 55 = \frac{96 \times 55}{2} = 48 \times 55 = 2640$
3. योग $= \frac{(2+60)}{2} \times 30 = \frac{62 \times 30}{2} = 31 \times 30 = 930$
4. योग $= \frac{(28+80)}{2} \times 27 = \frac{108 \times 27}{2} = 54 \times 27 = 1458$
5. योग $= \frac{(1+69)}{2} \times 35 = \frac{70 \times 35}{2} = 35 \times 35 = 1225$
6. योग $= \frac{(23+71)}{2} \times 25 = \frac{94 \times 25}{2} = 47 \times 25 = 1175$
7. योग $= \frac{(3+30)}{2} \times 10 = \frac{33 \times 10}{2} = 33 \times 5 = 165$
8. योग $= \frac{(6+108)}{2} \times 18 = \frac{114 \times 18}{2} = 114 \times 9 = 1026$
9. योग $= \frac{(36+96)}{2} \times 11 = \frac{132 \times 11}{2} = 66 \times 11 = 726$
10. योग $= \frac{(120+600)}{2} \times 33 = \frac{720 \times 33}{2} = 360 \times 33 = 11880$

(B) जोड़ी गयी संख्याओं में कोई संख्या ज्ञात करना

1. तीन क्रमागत सम संख्याओं का योग 24 है। ठीक बीच वाली सम संख्या क्या है?
2. पांच क्रमागत सम संख्याओं का योग 80 है। सबसे छोटी सम संख्या ज्ञात कीजिए।
3. पांच क्रमागत सम संख्याओं का योग 250 है। सबसे बड़ी सम संख्या ज्ञात कीजिए।
4. तीन क्रमागत विषम संख्याओं का योग 51 है। ठीक बीच वाली विषम संख्या कौन सी है?
5. पांच क्रमागत विषम संख्याओं का योग 145 है। सबसे छोटी विषम संख्या ज्ञात कीजिए।
6. पांच क्रमागत विषम संख्याओं का योग 55 है। सबसे बड़ी विषम संख्या ज्ञात कीजिए।

यदि n क्रमागत संख्याओं का योग ज्ञात हो तो ठीक बीच वाली संख्या $= \frac{\text{योग}}{n}$ *परन्तु n का मान सदैव 3, 5, 7 ..... तरह की विषम संख्या होनी चाहिए।*

हल

1. ठीक बीच वाली सम संख्या $= \frac{24}{3} = 8$
2. ठीक बीच वाली सम संख्या $= \frac{80}{5} = 16$, अतः सबसे छोटी सम संख्या $= 16 - 2 - 2 = 12$
3. ठीक बीच वाली सम संख्या $= \frac{250}{5} = 50$, अतः सबसे बड़ी सम संख्या $= 50 + 2 + 2 = 54$

4. ठीक बीच वाली विषम संख्या $= \frac{51}{3} = 17$

5. ठीक बीच वाली विषम संख्या $= \frac{145}{5} = 29$, अतः सबसे छोटी विषम संख्या $= 29 - 2 - 2 = 25$

6. ठीक बीच वाली विषम संख्या $= \frac{55}{5} = 11$, अतः सबसे बड़ी विषम संख्या $= 11 + 2 + 2 = 15$

(C) 1. चार क्रमागत सम संख्याओं का योग 36 है। तीसरी संख्या ज्ञात कीजिए।

2. छः क्रमागत सम संख्याओं का योग 102 है। सबसे छोटी संख्या ज्ञात कीजिए।

3. चार क्रमागत विषम संख्याओं का योग 72 है। सबसे बड़ी संख्या ज्ञात कीजिए।

4. छः क्रमागत विषम संख्याओं का योग 180 है। चौथी संख्या ज्ञात कीजिए।

> *(a) यदि x कोई सम संख्या हो तो उसके बाद वाली सम संख्याएं क्रमशः x+2, x+4, x+6, ... होंगी।*
>
> *(b) यदि x कोई विषम संख्या हो तो उसके बाद वाली विषम संख्याएं क्रमशः x+2, x+4, x+6, ... होंगी।*

हल

1. $x + (x+2) + (x+4) + (x+6) = 36$, अतः $4x + 12 = 36 \Rightarrow 4x = 24$

$\therefore \quad x = \frac{24}{4} = 6$, अतः तीसरी सम संख्या $= (x+4) = (6+4) = 10$

2. $x + (x+2) + (x+4) + (x+6) + (x+8) + (x+10) = 102$

$\therefore \quad 6x + 30 = 102 \Rightarrow 6x = 72 \Rightarrow x = \frac{72}{6} = 12$, अतः सबसे छोटी संख्या $= x = 12$

3. $x + (x+2) + (x+4) + (x+6) = 72 \Rightarrow 4x + 12 = 72 \Rightarrow 4x = 60$

$\therefore \quad x = \frac{60}{4} = 15$, अतः बड़ी संख्या $= x + 6 = 15 + 6 = 21$

4. $x + (x+2) + (x+4) + (x+6) + (x+8) + (x+10) = 180$

$\therefore \quad 6x + 30 = 180 \Rightarrow 6x = 150 \Rightarrow x = \frac{150}{6} = 25$, अतः चौथी संख्या $= x + 6 = 25 + 6 = 31$

2 संख्याओं के वर्गों एवं घनों के योग पर आधारित प्रश्न

(A) निम्नलिखित के योग ज्ञात कीजिए :

1. $1^2 + 2^2 + 3^2 + 4^2 + \ldots\ldots + 80^2$

2. $20^2 + 21^2 + 22^2 + \ldots\ldots + 70^2$

3. $1^3 + 2^3 + 3^3 + 4^3 + \ldots\ldots + 90^3$

4. $15^3 + 16^3 + 17^3 + \ldots\ldots + 60^3$

> *(a) 1 से n तक के समस्त धन पूर्णांकों के वर्गों का योग अर्थात्* $1^2 + 2^2 + 3^2 + 4^2 + \ldots\ldots + n^2 = \frac{n(n+1)(2n+1)}{6}$
>
> *(b) 1 से n तक के समस्त धन पूर्णांकों के घनों का योग अर्थात्* $1^3 + 2^3 + 3^3 + 4^3 + \ldots\ldots + n^3 = \left[\frac{n(n+1)}{2}\right]^2$

हल

1. $1^2 + 2^2 + 3^2 + 4^2 + \ldots\ldots + 80^2 = \frac{80 \times (80+1)(160+1)}{6} = \frac{80 \times 81 \times 161}{6} = 40 \times 27 \times 161 = 173880$

2. $\therefore 1^2 + 2^2 + 3^2 + 4^2 + \ldots\ldots + 70^2 = \frac{70 \times (70+1)(140+1)}{6} = \frac{70 \times 71 \times 141}{6} = 35 \times 71 \times 47 = 116795$

और $1^2 + 2^2 + 3^2 + 4^2 + \ldots\ldots + 19^2 = \frac{19 \times 20 \times 39}{6} = 2470$

$\therefore 20^2 + 21^2 + 22^2 + \ldots\ldots + 70^2 = 116795 - 2470 = 114325$

3. $1^3 + 2^3 + 3^3 + 4^3 + \ldots\ldots + 90^3 = \left[\frac{90 \times 91}{2}\right]^2 = 16769025$

4. $1^3 + 2^3 + 3^3 + \ldots\ldots + 60^3 = \left(\frac{60 \times 61}{2}\right)^2 = (30 \times 61)^2 = 3348900$

$1^3 + 2^3 + 3^3 + \ldots\ldots + 14^3 = \left(\frac{14 \times 15}{2}\right)^2 = (7 \times 15)^2 = 11025$

$\therefore 15^3 + 16^3 + 17^3 + \ldots\ldots + 60^3 = 3348900 - 11025 = 3337875$

(B) निम्नलिखित का योगफल ज्ञात कीजिए –

1. $2^2+4^2+6^2+$ .... 18^2+20^2
2. $36^2+38^2+40^2+$ .... $+68^2+70^2$
3. $1^2+3^2+5^2+$ .... $+19^2+21^2$
4. $15^2+17^2+19^2+$ .... $+35^2+37^2$

(a) 1 से n तक की समस्त सम संख्याओं के वर्गों का योग $=\dfrac{n(n+1)(n+2)}{6}$

(b) 1 से n तक की समस्त विषम संख्याओं के वर्गों का योग $=\dfrac{n(n+1)(n+2)}{6}$

हल

1. $2^2+4^2+6^2+\ldots\ldots+18^2+20^2=\dfrac{20\times21\times22}{6}=1540$
2. $\because 2^2+4^2+6^2+\ldots\ldots+70^2=\dfrac{70\times71\times72}{6}=59640$

   और $2^2+4^2+6^2+\ldots\ldots+34^2=\dfrac{34\times35\times36}{6}=7140$

   $\therefore 36^2+38^2+40^2+\ldots\ldots+70^2=59640-7140=52500$
3. $1^2+3^2+5^2+\ldots\ldots+21^2=\dfrac{21\times22\times23}{6}=1771$
4. $\because 1^2+3^2+5^3+\ldots\ldots+37^2=\dfrac{37\times38\times39}{6}=9139$

   और $1^2+3^2+5^2+\ldots\ldots+13^2=\dfrac{13\times14\times15}{6}=455$

   $\therefore 15^2+17^2+\ldots\ldots 37^2=9139-455=8684$

3 योग-अन्तर और गुणा पर आधारित प्रश्न

1. दो संख्याओं का योग 46 तथा उनका अन्तर 14 है। बड़ी संख्या ज्ञात कीजिए।
2. दो संख्याओं का योग उनके अन्तर का दुगुना है। यदि छोटी संख्या 10 हो तो बड़ी संख्या ज्ञात कीजिए।
3. दो संख्याओं का अन्तर 137 है। यदि बड़ी संख्या 680 हो तो छोटी संख्या ज्ञात कीजिए।
4. दो संख्याओं का अन्तर 15 है जबकि उनके योग का ग्यारहवाँ भाग 5 है। संख्याएं ज्ञात कीजिए।
5. किसी धनात्मक संख्या में से 10 घटाने पर उसके व्युत्क्रम का 75 गुना प्राप्त होता है। वह संख्या कौन सी है?
6. दो संख्याओं के वर्गों का योग 165 है। दोनों संख्याओं का गुणनफल ज्ञात कीजिए। यदि उनका योग 23 हो।
7. दो संख्याओं का गुणनफल और अन्तर क्रमशः 93 तथा 28 हैं। उनके व्युत्क्रमों का अन्तर ज्ञात कीजिए।

ऐसे प्रश्नों को हल करने के लिए प्रश्न में दी गयी शर्त के अनुसार समीकरण बना लेते हैं। पुनः इन समीकरणों को हल करके संख्याओं का मान ज्ञात करते हैं।

हल

1. यदि बड़ी संख्या a तथा छोटी संख्या b हो तो, $a+b=46$ और $a-b=14$

   अतः इन समीकरणों को जोड़ने पर, $2a=60\Rightarrow a=\dfrac{60}{2}=30$, अतः बड़ी संख्या $=a=30$
2. माना बड़ी संख्या a है जबकि छोटी संख्या $=10$

   $\therefore$ योग = अन्तर $\times 2\Rightarrow (a+10)=(a-10)\times2\Rightarrow a+10=2a-20\Rightarrow a=30$
3. माना छोटी संख्या a है जबकि बड़ी संख्या $=680$, अतः बड़ी संख्या – छोटी संख्या $=137$

   $\therefore 680-a=137\Rightarrow a=680-137=543$
4. माना छोटी संख्या a तथा बड़ी संख्या $a+15$ है।

   $\therefore \dfrac{\text{छोटी संख्या + बड़ी संख्या}}{11}=5$, अतः $\dfrac{a+a+15}{11}=5$ अर्थात् $2a+15=55$

   $\therefore 2a=55-15=40\Rightarrow a=20$, अतः संख्याएं $\Rightarrow$ a तथा $(a+15)=20$ तथा 35

5. माना वह संख्या a है। अतः संख्या का व्युत्क्रम $= \frac{1}{a}$

प्रश्नानुसार, $a - 10 = \frac{1}{a} \times 75$, अतः $a^2 - 10a = 75$ या $a^2 - 10a - 75 = 0$

$\therefore a^2 - 15a + 5a - 75 = 0$, अतः $(a - 15)(a + 5) = 0$

$\therefore a + 5 \neq 0$ क्योंकि अभीष्ट संख्या धनात्मक है। अतः $a - 15 = 0 \Rightarrow a = 15$, अतः वह संख्या $= a = 15$

6. माना दोनों संख्याएं क्रमशः a तथा b हैं। अतः $a^2 + b^2 = 165$ और $a + b = 23$

$\therefore$ सूत्र $(a+b)^2 = a^2 + b^2 + 2\,ab$ से $23^2 = 165 + 2\,ab \Rightarrow 529 = 165 + 2\,ab$

$\therefore 2ab = 529 - 165 = 364$, अतः $a.b = \frac{364}{2} = 182$, अतः दोनों संख्याओं का गुणनफल $= 182$

7. माना बड़ी संख्या a तथा छोटी संख्या b है। अतः $a.b = 93$ तथा $a - b = 28$

अब a का व्युत्क्रम $= \frac{1}{a}$ तथा b का व्युत्क्रम $= \frac{1}{b}$, अतः $\frac{1}{b} - \frac{1}{a} = \frac{a-b}{ab} = \frac{28}{93}$

4 भाग की लम्बी विधि पर आधारित प्रश्न

1. 1265 में किस संख्या से भाग दें कि भागफल 84 तथा शेष 5 प्राप्त हो?
2. 1708 में से कौन छोटी से छोटी संख्या घटा दें कि प्राप्त नयी संख्या 13 से पूरी-पूरी विभाजित हो जाय?
3. 1560 में कौन छोटी से छोटी संख्या जोड़ दें कि प्राप्त नयी संख्या 18 से पूरी-पूरी विभाजित हो जाय?
4. एक संख्या x किसी अन्य संख्या 42 से पूरी-पूरी विभाजित हो जाती है। बताइये कि 42 से छोटी कौन-कौन सी अन्य संख्यायें भी x को विभाजित करेंगी?
5. भाग के एक प्रश्न में भाजक, भागफल का 5 गुना परन्तु शेष का 2 गुना है। भाज्य का मान ज्ञात कीजिए यदि शेष 30 हो।
6. एक संख्या में 69 से भाग देने पर शेष 45 प्राप्त होता है। यदि उसी संख्या में 23 से भाग दिया जाय तो शेष कितना प्राप्त होगा?

लम्बी विधि से भाग की क्रिया का चित्रण निम्नलिखित प्रकार से कर सकते हैं –

भाजक) भाज्य (भागफल   Divisor) Dividend (Quotient

शेष   Remainder

जहां   भाज्य = भाजक × भागफल + शेष

हल

1. सूत्र भाज्य = भाजक × भागफल + शेष से 1265 = भाजक × 84 + 5

अतः भाजक × 84 = 1265 – 5 = 1260 ⇒ भाजक $= \frac{1260}{84} = 15$

2. 1708 में 13 से भाग देने पर शेष = 5, अतः घटायी जाने वाली संख्या = शेष = 5
3. 1560 में 18 से भाग देने पर शेष = 12, अतः जोड़ी जाने वाली संख्या = भाजक – शेष = 18 – 12 = 6
4. चूँकि $42 = 2 \times 3 \times 7$

अतः संख्या x को विभाजित करने वाली अन्य संख्याएं $= 2, 3, 7, (2\times3), (3\times7), (2\times7) = 2, 3, 7, 6, 21, 14$

5. शेष = 30, अतः भाजक = शेष × 2 = 30 × 2 = 60

पुनः भाजक = भागफल × 5 से 60 = भागफल × 5 ⇒ भागफल = 12

अतः भाज्य = भाजक × भागफल + शेष = 60 × 12 + 30 = 720 + 30 = 750

6. प्रथम क्रिया   द्वितीय क्रिया

69) भाज्य (भागफल   23) भाज्य (भागफल

45   ?

∵ प्रथम भाजक 69 द्वितीय भाजक 23 से भाज्य है।

∴ 23 से भाग देने पर अभीष्ट शेष = 45 ÷ 23 से प्राप्त शेष = 22

5 गुणा और भाग पर आधारित प्रश्न

1. किसी संख्या में 15 से गुणा करने पर एक ऐसी संख्या प्राप्त होती है, जिसके सभी अंक 5 हैं। वह छोटी से छोटी संख्या कौन-सी है?
2. 1597 के निकटतम और इससे छोटी वह संख्या ज्ञात कीजिए जो 18 से विभाजित हो जाय।
3. चार अंकों की वह छोटी से छोटी संख्या ज्ञात कीजिए जो 147 से पूरी-पूरी विभाजित हो जाय।
4. पाँच अंकों की वह बड़ी से बड़ी संख्या ज्ञात कीजिए जो 105 से पूरी-पूरी विभाजित हो जाय।
5. दो संख्याओं का गुणनफल 845 है। बड़ी संख्या में छोटी संख्या से भाग देने पर भागफल 5 प्राप्त होता है। संख्याएं ज्ञात कीजिए।

हल :

1. संख्या $\times$ 15 = 5555555 -------

$\Rightarrow$ 15) 555555---- (37
45
105
105
×××

$\therefore$ छोटी से छोटी अभीष्ट संख्या = 37

2. 18) 1597 (88
144
157
144
13

अतः अभीष्ट संख्या = 1888 का वाँ गुणज
= 18 × 88 = 1584

3. चार अंकों की छोटी से छोटी संख्या = 1000

147) 1000 (6
882
118

अतः अभीष्ट संख्या = 1477 का वाँ गुणज
= 147 × 7 = 1029

4. पांच अंकों की बड़ी से बड़ी संख्या = 99999

105) 99999 (952
945
549
525
249
210
39

अतः अभीष्ट संख्या = 105952 का वाँ गुणज
= 105 × 952 = 99960

5. माना बड़ी संख्या a तथा छोटी संख्या b है।

$\therefore$ a . b = 845 ....(1)   पुनः $\frac{a}{b} = 5 \Rightarrow a = 5b$ ....(2)

$\therefore$ समी (1) में a = 5b रखने पर, $5 . b . b = 845 \Rightarrow b^2 = 169 = 13^2$, अतः b = 13

$\therefore$ समी (2) से a = 5b = 5 × 13 = 65, अतः संख्याएं $\Rightarrow$ a, b = 65, 13

6 भाग की गुणनखण्ड विधि पर आधारित प्रश्न

मान लिया 4727 को 42 से भाग देना है, तब $4727 \div 42 \Rightarrow 4727 \div (2 \times 3 \times 7)$

गुणनखण्ड विधि
↓

प्रथम गुणनखण्ड या प्रथम भाजक	भाज्य संख्या
द्वितीय गुणनखण्ड या द्वितीय भाजक	प्रथम भागफल, प्रथम शेषफल
तृतीय गुणनखण्ड या तृतीय भाजक	द्वितीय भागफल, द्वितीय शेषफल
	तृतीय भागफल, तृतीय शेषफल

लम्बी विधि
↓

पूर्ण भाजक) भाज्य सं० (पूर्ण भागफल

पूर्ण शेष या वास्तविक शेष

पूर्ण शेष = प्रथम शेष + द्वितीय शेष × प्रथम भाजक + तृतीय शेष × प्रथम भाजक × द्वितीय भाजक + ----

गुणनखण्ड विधि

2	4727
3	2363, 1
7	787 , 2
	112 , 3

लम्बी विधि

```
42) 4727 (112
    42
    ──
     52
     42
    ───
     107
      84
     ───
      23
```

∴ *गुणनखण्ड विधि से पूर्ण शेष* $= 1 + 2 \times 2 + 3 \times 2 \times 3 = 23$

प्रश्न

1. 3435678 में क्रमशः 5, 3, 7 से भाग दिया जाये तो पूर्ण शेष कितना होगा?
2. किसी संख्या में 5, 7, 11 से भाग देने पर शेष क्रमशः 3, 1, 10 प्राप्त होते हैं। यदि उसी संख्या में $5 \times 7 \times 11$ अर्थात् 385 से भाग दें तो वास्तविक शेष कितना प्राप्त होगा?
3. एक संख्या को उत्तरोत्तर 7, 8 से भाग देने पर शेष क्रमशः 5, 4 प्राप्त होते हैं। यदि भाग का क्रम उलट दिया जाय तो प्राप्त होने वाले शेषों का मान ज्ञात कीजिए।
4. किसी संख्या में 9, 11, 13 से भाग देने पर शेष क्रमशः 10, 0, 12 प्राप्त होते हैं। यदि भाग का क्रम उलट दिया जाय तो पूर्ण शेष कितना होगा?
5. किसी संख्या में 8, 9, 10 से भाग देने पर शेष क्रमशः 3, 4, 5 प्राप्त होते हैं। यदि उसी संख्या में 3, 5, 6, 8 से भाग दें तो कितना-कितना शेष प्राप्त होंगे?
6. किसी संख्या में 5, 7, 11 से भाग देने पर शेष क्रमशः 3, 1, 10 प्राप्त होते हैं। यदि अन्तिम भागफल 114 हो तो वह संख्या ज्ञात कीजिए।

हल

1.

5	3435678
3	687135 , 3
7	229045 , 0
	32720 , 5

अतः पूर्ण शेष $= 3 + 0 \times 5 + 5 \times 5 \times 3$
$= 3 + 0 + 75$
$= 78$

2. वास्तविक शेष $= 3 + 1 \times 5 + 10 \times 5 \times 7 = 3 + 5 + 350 = 358$
3. प्रथम क्रिया से प्राप्त पूर्ण शेष $= 5 + 4 \times 7 = 5 + 28 = 33$
अभीष्ट शेष पूर्ण शेष को 8, 7 से उत्तरोत्तर भाग देने पर प्राप्त होंगे –

∴

8	33
7	4 , 1
	0 , 4

अतः अभीष्ट शेष = 1, 4

4. प्रथम क्रिया से प्राप्त पूर्ण शेष $= 10 + 0 \times 9 + 12 \times 9 \times 11 = 10 + 0 + 1188 = 1198$
अब भाग का क्रम उलटने पर पूर्ण शेष हेतु

13	1198
11	92 , 2
9	8 , 4
	0 , 8

अतः अभीष्ट पूर्ण शेष $= 2 + 4 \times 13 + 8 \times 13 \times 11$
$= 2 + 52 + 1144 = 1198$

अर्थात् भाग का क्रम उलट देने पर भी पूर्ण शेष पूर्ववत् रहेगा।

5. प्रथम क्रिया निम्नवत होगी –

8	भाज्य संख्या
9	प्रथम भागफल , 3
10	द्वितीय भागफल , 4
	तृतीय भागफल , 5

अतः पूर्ण शेष $= 3 + 4 \times 8 + 5 \times 8 \times 9 = 3 + 32 + 360 = 395$

अब माना अन्तिम भागफल x है तब भाज्य संख्या = भाजक × भागफल + पूर्ण शेष $= (8 \times 9 \times 10) \times x + 395$

3, 5, 6, 8 से भाग देने पर क्रिया निम्नवत् होगी –

3	$(8\times9\times10) \times x + 395$	
5	$8 \times 3 \times 10 \times x + 131$	, 2
6	$8 \times 3 \times 2 \times x + 26$	, 1
8	$8 \times x + 4$	, 2
	$x + 0$	, 4

अतः अभीष्ट शेष = 2, 1, 2, 4

यदि प्रथम क्रिया से प्राप्त पूर्ण शेष में भी क्रमशः 3, 5, 6, 8 से भाग दिया जाय तो भी वही क्रमशः शेष प्राप्त होंगे। देखें–

3	395	
5	131	, 2
6	26	, 1
8	4	, 2
	0	, 4

अतः अभीष्ट शेष = 2, 1, 2, 4

6. पूर्ण शेष = वास्तविक शेष $= 3 + 1 \times 5 + 10 \times 5 \times 7 = 3 + 5 + 350 = 358$
   वास्तविक भागफल = अन्तिम भागफल = 114
   वास्तविक संख्या = भाजक × भागफल + शेष $= (5\times7\times11) \times 114 + 358 = 44248$

7 भाज्यता पर आधारित प्रश्न

1. यदि 17 * 3, 3 से भाज्य हो तो * का मान ज्ञात कीजिए।
2. यदि 18 * 4, 4 से भाज्य हो तो * के स्थान पर छोटा से छोटा अंक क्या होगा?
3. यदि 8 से विभाजित होने वाली कोई संख्या 524 * हो तो * के स्थान पर छोटा से छोटा अंक क्या होगा?
4. * का वह छोटा से छोटा मान ज्ञात कीजिए जिससे 5 * 6, 9 से भाज्य हो।
5. 34 * 7 में * के स्थान पर कौन सा अंक होगा जिससे यह संख्या 11 से भाज्य हो?
6. यदि 5 * 3457, 11 से भाज्य हो तो * के स्थान पर कौन सा अंक होगा?

कोई संख्या,

1. *2 से भाज्य होगी, यदि उसके इकाई का अंक 0, 2, 4, 6, 8 में से कोई एक हो, जैसे– 210, 242, 524, 766, 598*
2. *3 से भाज्य होगी, यदि उसके अंकों का योग 3 से भाज्य हो, जैसे – 216, 318, 513, 1743*
3. *4 से भाज्य होगी, यदि उसके दहाई और इकाई के अंकों से बनी संख्या 4 से भाज्य हो, जैसे – 216, 1524, 1864*
4. *5 से भाज्य होगी, यदि उसके इकाई के अंक 0 या 5 हो, जैसे – 110, 315, 705, 265*
5. *6 से भाज्य होगी, यदि वह 2 और 3 दोनों से भाज्य हो, जैसे – 216, 102, 120*
6. *7 से भाज्य होगी, यदि संख्या के इकाई के अंक का दूना, इकाई का अंक छोड़ने पर बनी संख्या में से घटाने पर 7 से भाज्य हो, जैसे – 343 से 34 – 6 = 28, 7 से भाज्य है अतः 343, 7 से भाज्य है।*
7. *8 से भाज्य होगी, यदि सैकड़े, दहाई, इकाई से बनी संख्या 8 से भाज्य हो, जैसे – 97128, 5240*
8. *9 से भाज्य होगी, यदि उसके अंकों का योग 9 से भाज्य हो, जैसे – 576*
9. *10 से भाज्य होगी, यदि उसके इकाई का अंक 0 हो, जैसे – 540, 710*
10. *11 से भाज्य होगी, यदि उसके सम तथा विषम स्थानों के अंकों के योगों का अन्तर या तो 0 हो या 11 का कोई गुणज। जैसे – 1361052*

हल

1. 1 + 7+ * + 3 = 3 से भाज्य संख्या या 11 + * = 3 से भाज्य संख्या, अतः * = 1
2. * 4 = 4 से भाज्य संख्या अतः * का छोटा से छोटा मान = 0
3. 24 * = 8 से भाज्य संख्या अतः * का छोटा से छोटा मान = 0

4. $5 + * + 6 = 9$ से भाज्य संख्या या $11 + * = 9$ से भाज्य संख्या अतः $* = 7$
5. विषम स्थानों के अंकों का योग $= 4 + 7 = 11$अतः $* = 11 - 3 = 8$
6. सम स्थानों के अंकों का योग $= 5 + 3 + 5 = 13$ अतः $* = 13 - (7 + 4) = 2$

8 घातांकीय भाग पर आधारित प्रश्न

निम्नलिखित भाग की क्रिया में शेष ज्ञात कीजिए –

1. $68^{88} \div 67$
2. $(18^{15}+4)\div 17$
3. $(45^{50}-9)\div 44$
4. $(75^{65}+35)\div 76$
5. $(43^{45}+5)\div 44$
6. $(85^{97}-27)\div 86$

> *(a) n सम हो या विषम $(x^n - 1)$ सदैव $(x - 1)$ से भाज्य होगी।*
> *(b) यदि n विषम हो तो $(x^n + 1)$ सदैव $(x + 1)$ से भाज्य होगी।*

हल

1. $\dfrac{68^{88}}{67} = \dfrac{68^{88}-1+1}{67}$, अतः शेष = 1
2. $\dfrac{18^{15}+4}{17} = \dfrac{18^{15}-1+5}{17}$, अतः शेष = 5
3. $\dfrac{45^{50}-9}{44} = \dfrac{45^{50}-1-8}{44}$, अतः शेष $= 44 - 8 = 36$
4. $\dfrac{75^{65}+35}{76} = \dfrac{75^{65}+1+34}{76}$, अतः शेष = 34
5. $\dfrac{43^{45}+5}{44} = \dfrac{43^{45}+1+4}{44}$, अतः शेष = 4
6. $\dfrac{85^{97}-27}{86} = \dfrac{85^{97}+1-28}{86}$, अतः शेष $= 86 - 28 = 58$

9 अंकों पर आधारित प्रश्न

1. यदि दो अंकों की किसी संख्या के अंकों का योग 12 हो तथा अंकों को उलटकर बनायी गयी संख्या मूल संख्या से 18 अधिक हो तो संख्या ज्ञात कीजिए।
2. दो अंकों की एक संख्या अंकों के योग की 4 गुनी है। जब संख्या में 9 जोड़ दिया जाता है तो उसके अंक उलट जाते हैं वह संख्या कौन सी है?
3. दो अंकों की संख्या और उसके अंकों को परस्पर बदलकर बनायी गयी संख्या में 18 का अन्तर है। मूल संख्या के अंकों का अन्तर ज्ञात कीजिए।
4. दो अंकों की एक संख्या के अंकों का योग उस संख्या से 9 कम है। दहाई का अंक क्या होगा?
5. एक संख्या दो अंकों से बनी है। संख्या का एक चौथाई उसके एक तिहाई से 2 कम है। संख्या के अंकों का योग ज्ञात कीजिए।
6. एक संख्या दो अंकों से बनी है। वह अंकों के योग की 7 गुनी है यदि दहाई का अंक इकाई के अंक से 1 अधिक है तो वह संख्या कौन सी है?
7. दो अंकों की एक संख्या के अंकों का योग, अंकों के गुणनफल से 1 कम है। वह संख्या ज्ञात कीजिए।
8. दो अंकों की संख्या में दहाई का अंक इकाई के अंक से 1 अधिक है। दोनो अकों का योग 5 है वह संख्या ज्ञात कीजिए।

> *ये प्रश्न भी योग-अन्तर और पारस्परिक सम्बन्धों वाले प्रश्नों की भाँति ही हल किये जाते हैं। यहां भी प्रश्न की शर्तों के अनुसार समीकरण बनाये जाते हैं और पुनः उनको हल किया जाता है अन्त में संख्याएं ज्ञात की जाती हैं। इस प्रकार के प्रश्नों में कभी-कभी तथ्य अधूरे रहते हैं जिसके कारण उसका हल होना असम्भव हो जाता है। तब प्रश्न का उत्तर वह विकल्प होता है जिसमें लिखा हो कि 'तथ्य अधूरे हैं' या 'आंकड़े अपर्याप्त हैं' या जानकारी अधूरी है। यदि दहाई के अंक x तथा इकाई का अंक y मान लिया जाय तब संख्या $10x+y$ होगी। आगे देखें प्रश्नों के हल –*

हल

1. अंकों का योग = 12, अतः $x + y = 12$ ...... (1)
   पुनः $10y + x = 10x + y + 18$ या $9x - 9y = -18$ या $x - y = -2$ ...... (2)
   दोनों समीकरणों को जोड़ने पर $2x = 10$ या $x = 5$
   तब सभी (1) से $y = 12 - 5 = 7$, अतः अभीष्ट संख्या $= xy = 57$
2. $10x + y = 4(x + y)$ या $10x + y = 4x + 4y$ या $6x = 3y$ या $2x = y$ ...... (1)
   पुनः $10x + y + 9 = 10y + x$ या $9x - 9y = -9$ या $x - y = -1$ ...... (2)
   दोनों समीकरणों को हल करने पर $x = 1$ तथा $y = 2$, अतः अभीष्ट संख्या $= xy = 12$

3. $(10x+y)-(10y+x)=18$ या $10x+y-10y-x=18$
या $9x-9y=18$ या $x-y=2$, अतः अंकों का अन्तर $=2$
4. $(x+y)=10x+y-9$ या $9x=9$ या $x=1$ अर्थात दहाई का अंक $=1$
5. $\frac{10x+y}{4}=\frac{10x+y}{3}-2$ या $\frac{10x+y}{4}=\frac{10x+y-6}{3}$ या $40x+4y-24=30x+3y$
$\therefore 40x-30x+4y-3y=24$ या $10x+y=24$, अतः संख्या $=24$
अब अंकों का योग $=2+4=6$
6. $10x+y=7(x+y)$ या $10x+y=7x+7y$ या $3x=6y$ या $x=2y$ ...... (1)
पुनः $x-y=1$ ...... (2) दोनों समीकरणों को हल करने पर $x=2, y=1$
अतः अभीष्ट संख्या $=xy=21$
7. $(x+y)=xy-1$ या $x+y-xy=-1$ अब x तथा y का मान ज्ञात करने के लिए दूसरा समीकरण आवश्यक है जो उपलब्ध नहीं है। अतः आकड़े अपर्याप्त हैं।
8. माना दहाई का अंक x तथा इकाई का अंक y है।
तब $x=y+1$ या $x-y=1$ .... (1) पुनः $x+y=5$.................. (2)
दोनों समीकरणों को हल करने पर – $x=3$ और $y=2$, अतः अभीष्ट संख्या $=xy=32$

10 संख्याओं के पारस्परिक सम्बन्धों पर आधारित प्रश्न

1. दो संख्याएं 7:5 के अनुपात में हैं उनका गुणनफल 560 है। छोटी संख्या ज्ञात कीजिए।
2. तीन संख्याओं का योग 75 है। प्रथम तथा द्वितीय संख्याओं में 3:5 तथा द्वितीय एवं तृतीय संख्याओं में 5:7 का अनुपात है। सबसे बड़ी संख्या ज्ञात कीजिए।
3. दो संख्याओं में 3:7 का अनुपात है। प्रत्येक में 5 जोड़ देने पर अनुपात 1:2 हो जाता है। प्रत्येक संख्या ज्ञात कीजिए।
4. किसी संख्या के एक तिहाई के एक चौथाई का आधा 40 है। उस संख्या का 20% कितना होगा?
5. किसी संख्या के दो तिहाई से उसका तीन चौथाई 15 अधिक है। वह संख्या कितनी है?
6. एक संख्या अपने 50% से 75 अधिक है। संख्या का 25% कितना होगा?
7. किसी संख्या के 15 गुना में 23 जोड़ने पर 923 प्राप्त होता है। वह संख्या कौन सी है?

इन प्रश्नों को हल करने के लिए प्रश्न की शर्तों के अनुसार समीकरण बनाये जाते हैं पुनः इन समीकरणों को हल करके पूछी गयी संख्याएं ज्ञात की जाती हैं। जैसे – तीन संख्याओं में 2:3:5 का अनुपात है। यदि तीनों का योग 100 हो तो सबसे बड़ी संख्या ज्ञात कीजिए।

हल :

प्रथम विधि – *चूँकि तीनों संख्याओं में 2:3:5 का अनुपात है, अतः माना तीनों संख्याएँ क्रमशः 2x, 3x, 5x हैं।*
$\therefore 2x+3x+5x=100 \Rightarrow 10x=100$ या $x=\frac{100}{10}=10$
सबसे बड़ी संख्या $=5x=5\times10=50$

द्वितीय विधि – *तीनों संख्याओं में अनुपात 2:3:5 है।* $\Rightarrow$ *अनुपाती योग* $=2+3+5=10$
$\because$ *10 में सबसे बड़ी संख्या* $=5$
$\therefore$ *1 में सबसे बड़ी संख्या* $=\frac{5}{10}$
$\therefore$ *100 में सबसे बड़ी संख्या* $=100\times\frac{5}{10}=50$

हल

1. माना पहली संख्या 7x तथा दूसरी संख्या 5x हैं।
तब $7x\times5x=560$ या $x^2=\frac{560}{5\times7}=16$ या $x=4$, अतः छोटी संख्या $=5x=5\times4=20$
2. माना संख्याएं a, b, c हैं। अतः $a:b=3:5, b:c=5:7$, अब $a:b:c=15:25:35$ या $a:b:c=3:5:7$
अनुपाती योग $=3+5+7=15$, अतः सबसे बड़ी संख्या $=\frac{7}{15}\times75=35$

3. माना पहली संख्या 3x तथा दूसरी संख्या 7x है। अतः 5 जोड़ने पर $\frac{3x+5}{7x+5}=\frac{1}{2}$

$\therefore$ $7x+5=6x+10$ या $x=5$ अब पहली संख्या $=3x=15$ और दूसरी संख्या $=7x=7\times5=35$

4. संख्या का $\frac{1}{3}$ का $\frac{1}{4}$ का $\frac{1}{2}$ $=40$ या संख्या $\times\frac{1}{3}\times\frac{1}{4}\times\frac{1}{2}=40$

अतः संख्या $=40\times3\times4\times2=960$, अतः संख्या का 20% $=960\times\frac{20}{100}=192$

5. माना संख्या x है तब $\frac{3x}{4}-\frac{2x}{3}=15$ या $\frac{9x-8x}{12}=15$ या $\frac{x}{12}=15$ या $x=15\times12=180$

6. माना संख्या x है तब $x=\frac{x\times50}{100}+75$ या $x-\frac{x}{2}=75$ या $\frac{x}{2}=75$ या $x=150$

$\therefore$ संख्या का 25% $=150\times\frac{25}{100}=\frac{75}{2}$

7. संख्या $\times15+23=923$ या संख्या $\times15=900$ या संख्या $=\frac{900}{15}=60$

11 जानवरों पर आधारित प्रश्न

1. कुछ गड़ेरिया अपनी भेड़ें चरा रहे हैं। यदि जमीन पर कुल 230 पैर तथा उनकी सिरों की कुल संख्या 60 हो तो भेड़ों की संख्या कितनी होगी?
2. एक पेड़ पर कुछ तोते बैठे हैं। पेड़ के नीचे बकरियां चर रही हैं। उनके सिरों की कुल संख्या 35 तथा पैरों की कुल संख्या 90 हो तो तोतों की संख्या ज्ञात कीजिए।
3. एक तालाब के किनारे बगुले अपना चारा चुग रहे हैं। वहीं कुछ कुत्ते खेल रहे हैं। यदि उनके सिरों की कुल संख्या 24 तथा पैरों की कुल संख्या 60 हो तो बगुलों की संख्या ज्ञात कीजिए।

(a) पक्षियों के सिरों की कुल संख्या = पक्षियों की संख्या	*(b) पक्षियों के पैरों की संख्या = 2 × पक्षियों की संख्या*
(c) जानवरों की सिरों की संख्या = जानवरों की संख्या	*(c) जानवरों के पैरों की संख्या = 4 × जानवरों की संख्या*
(e) मनुष्यों के सिरों की संख्या = मनुष्यों की संख्या	*(f) मनुष्यों के पैरों की संख्या = 2 × मनुष्यों की संख्या*

हल

1. माना गड़ेरियों की संख्या x तथा भेड़ों की संख्या y है।

$\therefore$ कुल पैर $\Rightarrow 2x+4y=230$ या $x+2y=115$ .... (1) और कुल सिर $\Rightarrow x+y=60$ .... (2)

दोनों समीकरणों को हल करने पर $x=5$ और $y=55$, अतः भेड़ों की संख्या $=y=55$

2. माना तोतों की संख्या x तथा बकरियों की संख्या y है।

$\therefore$ कुल सिर $\Rightarrow x+y=35$ .... (1) और कुल पैर $\Rightarrow 2x+4y=90$ या $x+2y=45$ .... (2)

दोनों समीकरणों को हल करने पर $x=25$ और $y=10$, अतः तोतों की संख्या $=x=25$

3. माना बगुलों की संख्या x तथा कुत्तों की संख्या y है।

$\therefore$ कुल सिर $\Rightarrow x+y=24$ .... (1) और कुल पैरों की संख्या $\Rightarrow 2x+4y=60$ या $x+2y=30$ .... (2)

दोनों समीकरणों को हल करने पर $x=18$ और $y=6$, अतः बगुलों की संख्या $=x=18$

12 गुणा-भाग और जोड़-घटाव पर आधारित प्रश्न

1. एक संख्या में 3 से गुणा करके उसमें से 10 घटाया जाता है। प्राप्त परिणाम में 7 से भाग दी जाती है। अन्त में 5 प्राप्त है। वह संख्या ज्ञात कीजिए।
2. किसी संख्या में 6 से भाग दी जाती है, प्राप्त भागफल में 5 जोड़ा जाता है। पुनः योगफल को 9 से भाग देते हैं तो भागफल 1 प्राप्त होता है। वह संख्या बताइये।
3. किसी संख्या में 5 से गुणा करके 10 जोड़ा जाय और इससे प्राप्त फल को 5 से भाग देकर मूल संख्या घटायी जाय तो क्या प्राप्त होगा?
4. किसी संख्या के 8 गुना को 4 से भाग देकर मूल संख्या का दुगुना घटाने पर क्या प्राप्त होगा?

हल

1. माना वह संख्या x है। अतः 3 उसे गुणा करने पर $\Rightarrow 3x$ अब 10 घटाने पर $\Rightarrow 3x-10$

7 से भाग देने पर $\Rightarrow \frac{3x-10}{7}=5$, अतः $3x-10=35$ या $3x=45$ या $x=15$

2. माना वह संख्या x है। अतः 6 से भाग देने पर $\Rightarrow \frac{x}{6}$, अब 5 जोड़ने पर $\Rightarrow \frac{x}{6}+5=\frac{x+30}{6}$

9 से भाग देने पर $\Rightarrow \frac{\frac{x+30}{6}}{9}=1$ या $\frac{x+30}{6\times9}=1$, अतः $x+30=54$ या $x=54-30=24$

3. माना वह संख्या x है। अतः 5 गुणा करने पर $\Rightarrow 5x$, अब 10 जोड़ने पर $\Rightarrow 5x+10$

5 से भाग देने पर $\Rightarrow \frac{5x+10}{5}=\frac{5(x+2)}{5}=x+2$

मूल संख्या घटाने पर $\Rightarrow x+2-x=2$, अतः अन्त में प्राप्त संख्या $=2$

4. माना वह संख्या x है। अतः संख्या का 8 गुना $\Rightarrow 8x$, अब 4 से भाग देने पर $\Rightarrow \frac{8x}{4}=2x$

मूल संख्या का दुगुना घटाने पर $\Rightarrow 2x-2x=0$, अतः प्राप्त फल $=0$

13 इकाई का अंक ज्ञात करना

(a) संख्याओं के गुणनफल में इकाई का अंक ज्ञात करना। (b) घातांकीय संख्याओं में इकाई का अंक ज्ञात करना।

(a) निम्नलिखित के गुणनफलों में इकाई का अंक ज्ञात कीजिए –

1. $756\times938\times872$
2. $938\times845\times384\times212$
3. $631\times289\times871\times429\times796$
4. $213\times781\times522\times302\times416\times524$
5. $708\times545\times608\times122\times904\times218$
6. $203\times410\times240\times305\times1507\times218$

> *1. इकाई का अंक ज्ञात करने के लिए सभी संख्याओं के इकाई वाले अंकों का आपस में गुणा करिये। इससे प्राप्त गुणनफल में इकाई का जो अंक होगा वही उत्तर होगा।*
>
> *2. यदि प्रश्न में दी गयी संख्याओं में किसी भी एक संख्या या एक से अधिक संख्याओं में इकाई का अंक शून्य (0) हो तो उत्तर शून्य (0) होगा। देखें निम्नलिखित हल –*

हल

1. $6\times8\times2=96$, अतः गुणनफल में इकाई का अंक $=6$
2. $8\times5\times4\times2=320$, अतः गुणनफल में इकाई का अंक $=0$
3. $1\times9\times1\times9\times6=486$, अतः उत्तर $=6$
4. $3\times1\times2\times2\times6\times4=288$, अतः उत्तर $=8$
5. $8\times5\times8\times2\times4\times8=20480$, अतः उत्तर $=0$
6. इकाई का अंक $=0$

(b) निम्नलिखित घातांकीय संख्याओं में इकाई का अंक ज्ञात कीजिए –

1. $(1570)^{67}$
2. $(781)^{80}$
3. $(2925)^{65}$
4. $(1246)^{85}$
5. $(952)^{67}$
6. $(2113)^{110}$
7. $(4137)^{132}$
8. $(1524)^{81}$
9. $(1264)^{68}$
10. $(1549)^{89}$
11. $(1239)^{66}$
12. $3^{57}\times4^{65}\times125^{35}\times89^{13}$
13. $5^{63}\times7^{85}\times9^{70}\times81^{115}$
14. $(1237)^{28}\times(1583)^{48}$
15. $(592)^{80}\times(1978)^{60}$
16. $(1373)^{36}-(1442)^{20}$
17. $(258)^{100}+(547)^{84}$
18. $(213)^{16}\times(522)^{20}\times(218)^{32}$
19. $(1507)^{40}\times(1524)^{81}$
20. $(545)^{43}\times(938)^{64}$

> *किसी भी घातांकीय संख्या के सरल मान में इकाई का अंक 0, 1, 2, 3, 4, 5, 6, 7, 8, 9 में से कोई एक ही हो सकता है अतः देखें निम्नलिखित नियम –*
>
> *(a) यदि घातांकीय संख्या के आधार में इकाई का अंक 0 या 1 या 5 या 6 हो तो उसके सरल मान में इकाई का अंक 0 या 1 या 5 या 6 ही होगा। जैसे – 1350 की घात चाहे जितनी हो इसके सरल मान में इकाई का अंक 0 ही होगा। इसी प्रकार $(1586)^{113}$ के सरल मान में इकाई का अंक 6 ही होगा।*
>
> *(b) यदि घातांकीय संख्या में इकाई का अंक 2, 3, 4, 7, 8, 9 हो तो –*
>
> *सर्वप्रथम घात को 1 कम करके 4 से भाग देगें, इससे प्राप्त शेष में 1 जोड़ेगें अब योगफल को ही घातांकीय संख्या के आधार की इकाई के अंक की घात बनायेगें। इसके मान में जो इकाई का अंक होगा वही उत्तर होगा।*

हल

1. $(1570)^{67}$ में इकाई का अंक $= 0$
2. $(781)^{80}$ में इकाई का अंक $= 1$
3. $(2925)^{65}$ में इकाई का अंक $= 5$
4. $(1246)^{85}$ में इकाई का अंक $= 6$
5. $66 \div 4$ से प्राप्त शेष $= 2$, अतः इकाई का अंक $= 2^3 = 8$
6. $109 \div 4$ से प्राप्त शेष $= 1$, अतः इकाई का अंक $= 3^2 = 9$
7. $131 \div 4$ से प्राप्त शेष $= 3$, अतः इकाई का अंक $= 7^4$ में इकाई का अंक $= 2401$ में इकाई का अंक $= 1$
8. $80 \div 4$ से प्राप्त शेष $= 0$, अतः इकाई का अंक $= 4^1 = 4$
9. $67 \div 4$ से प्राप्त शेष $= 3$, अतः इकाई का अंक $= 4^4$ में इकाई का अंक $= 256$ में इकाई का अंक $= 6$
10. $88 \div 4$ से प्राप्त शेष $= 0$, अतः इकाई का अंक $= 9^1 = 9$
11. $65 \div 4$ से प्राप्त शेष $= 1$

    $\therefore$ इकाई का अंक $= 9^2$ में इकाई का अंक $= 81$ में इकाई का अंक $= 1$
12. $3^{57} \times 4^{65} \times 125^{35} \times 89^{13}$ में इकाई का अंक $= 3 \times 4 \times 5 \times 9$ में इकाई का अंक $= 540$ में इकाई का अंक $= 0$
13. $5^{63} \times 7^{85} \times 9^{70} \times 81^{115}$ में इकाई का अंक $= 5 \times 7 \times 1 \times 1$ में इकाई का अंक $= 35$ में इकाई का अंक $= 5$
14. $(1237)^{28} \times (1583)^{48}$ में इकाई का अंक $= 1 \times 1$ में इकाई का अंक $= 1$
15. $(592)^{80} \times (1978)^{60}$ में इकाई का अंक $= 6 \times 6$ में इकाई का अंक $= 36$ में इकाई का अंक $= 6$
16. $(1373)^{36}$ में इकाई का अंक $= 1$ तथा $(1442)^{20}$ में इकाई का अंक $= 6$

    अतः $(1373)^{36} - (1442)^{20}$ में इकाई का अंक $= 5$
17. $(258)^{100}$ में इकाई का अंक $= 6$ तथा $(547)^{84}$ में इकाई का अंक $= 1$

    अतः $(258)^{100} + (547)^{84}$ में इकाई का अंक $= 7$
18. $(213)^{16} \times (522)^{20} \times (218)^{32}$ में इकाई का अंक $= 1 \times 6 \times 6$ में इकाई का अंक $= 36$ में इकाई का अंक $= 6$
19. $(1507)^{40} \times (1524)^{81}$ में इकाई का अंक $= 1 \times 4$ में इकाई का अंक $= 4$
20. $(545)^{43} \times (938)^{64}$ में इकाई का अंक $= 5 \times 6$ में इकाई का अंक $= 0$

14 विविध प्रश्न

1. एक संख्या का $\frac{3}{7}$ का $\frac{1}{4}$ का $\frac{2}{5}$, 15 के बराबर है। वह संख्या कौन सी है?
2. किसी संख्या के एक चौथाई का $\frac{1}{10}$, 10 के बराबर है। उस संख्या का पांचवाँ भाग कितना होगा?
3. एक संख्या के $\frac{1}{2}$, $\frac{1}{3}$, $\frac{1}{4}$ भागों का योग उस संख्या से 4 अधिक है। वह संख्या ज्ञात कीजिए।
4. एक संख्या का $\frac{7}{10}$ दूसरी संख्या के $\frac{4}{5}$ के बराबर है। दोनों संख्याओं का अन्तर 100 है। छोटी संख्या ज्ञात कीजिए।

हल

1. माना वह संख्या x है। अतः x का $\frac{3}{7}$ का $\frac{1}{4}$ का $\frac{2}{5} = 15$, अतः $x \times \frac{3}{7} \times \frac{1}{4} \times \frac{2}{5} = 15$ या $x = \frac{15 \times 7 \times 4 \times 5}{3 \times 2} = 350$
2. माना वह संख्या x है। अतः $x \times \frac{1}{4} \times \frac{1}{10} = 10$ या $x = 10 \times 10 \times 4 = 400$, अतः संख्या का पांचवाँ भाग $= 400 \times \frac{1}{5} = 80$
3. माना संख्या x है। अतः $\frac{x}{2} + \frac{x}{3} + \frac{x}{4} = x + 4$, अतः $\frac{13x}{12} = x + 4$ या $13x = 12x + 48$ या $x = 48$
4. माना पहली संख्या x तथा दूसरी संख्या y है। अतः $\frac{7x}{10} = \frac{4y}{5} \Rightarrow 7x = 8y$

   $\therefore 7x - 8y = 0$ .... (1) पुनः $x - y = 100$ .... (2)

   दोनों समीकरणों को हल करने पर $x = 800$ तथा $y = 700$, अतः छोटी संख्या $= 700$

अभ्यास प्रश्न

प्राकृतिक संख्याओं के योग पर आधारित प्रश्न

1. यदि पाँच क्रमिक पूर्णांकों का योग S हो तो उनमें सबसे बड़ा पूर्णाक S से किस रूप में सम्बन्धित होगा?
(a) $\frac{S+10}{5}$ (b) $\frac{S+4}{4}$ (c) $\frac{S+5}{4}$ (d) $\frac{S-10}{5}$ ***(SSC 10+2, 4.12.2011)***

2. श्रेणी 1 + 2 + 3 + ... के कितने पदों का योगफल 5050 होगा?
(a) 50 (b) 51 (c) 100 (d) 101 ***(SSC FCI, 5.2.2012)***

3. 1 + 3 + 5 + 7 + 9 + 11 + 13 + 15 + ... के 15 पदों तक का योगफल क्या होगा?
(a) 250 (b) 240 (c) 225 (d) 265 ***(SSC Tier-1, 8.7.2012)***

4. 50 से कम 3 के सभी धनात्मक गुणजों का योग ज्ञात कीजिए–
(a) 400 (b) 404 (c) 408 (d) 412 ***(SSC, 21.9.2014)***

5. दिया है 1 + 2 + 3 + 4....+10 = 55 तो योगफल 6 + 12 + 18 + 24 + ...+ 60 बराबर होगा –
(a) 300 (b) 655 (c) 330 (d) 455 ***S.S.C. स्ना.स्त. परीक्षा, 2004***

6. दिया गया है कि 1 + 2 + 3.......+10 = 55, तो (11 + 12 + 13 +.........+20) किसके बराबर है?
(a) 155 (b) 145 (c) 75 (d) 65 ***R.R.B. भोपाल, परीक्षा 2001***

7. (1+2+3+.........49 + 50 + 49 + 48 + ...+3+2+1) किसके बराबर है?
(a) 2525 (b) 2500 (c) 1250 (d) 5000
(e) इनमें से कोई नहीं ***R.R.B. भोपाल परीक्षा, 2001***

8. यदि सात क्रमिक सम पूर्णांकों का योग 140 है तो इनमें से सबसे बड़ा सम पूर्णांक क्या है?
(a) 22 (b) 24 (c) 26 (d) 28 ***R.S.C. महेन्द्रघाट परीक्षा, 2001***

9. सात क्रमागत विषम पूर्ण संख्याओं का योगफल 133 है, तो न्यूनतम विषम पूर्ण संख्या है –
(a) 17 (b) 19 (c) 11 (d) 13 ***R.R.B. कोलकाता (T.A./A.S.M.) परीक्षा 2001***

10. तीन क्रमिक पूर्ण संख्याओं का कुल योग 1350 है, तो सबसे छोटी तथा बड़ी संख्या का योग होगा –
(a) 975 (b) 950 (c) 900 (d) 1000 ***दिल्ली मेट्रो रेल जे.एस.सी. परीक्षा, 2003***

11. 3 से गुणा करके बनी 100 और 200 के बीच की सभी प्राकृतिक संख्याओं का योग क्या होगा?
(a) 5000 (b) 4950 (c) 4980 (d) 4900 ***S.S.C. स्ना.स्त. परीक्षा, 2000***

12. प्रथम 20 विषम प्राकृतिक संख्याओं का योग क्या होगा –
(a) 210 (b) 300 (c) 400 (d) 420 ***S.S.C. स्ना.स्त. परीक्षा, 2000***

13. 3 से विभाजित होने वाली तीन क्रमागत प्राकृत संख्याओं का योग 72 है। इनमें से सबसे बड़ी संख्या है–
(a) 21 (b) 27 (c) 24 (d) 36 ***S.S.C. स्ना.स्त. परीक्षा, 2000***

14. (101+102+103+.......+200) का योग क्या होगा?
(a) 1500 (b) 15025 (c) 15050 (d) 25000 ***S.S.C. स्ना.स्त. परीक्षा, 2000***

15. 5 से विभाज्य तीन क्रमागत प्राकृत संख्याओं का योग 225 है। उनमें सबसे बड़ी संख्या कौन-सी है?
(a) 85 (b) 75 (c) 70 (d) 80 ***SSC CGL (Tier-1)28.8.2016***

16. (91 + 92 + 93 + ...+ 140) का मान क्या है?
(a) 5775 (b) 11550 (c) 17325 (d) 23100 ***SSC CHSL (Tier-1) 7.2.2017***

17. लगातार चार विषम संख्याओं का योग 208 है। सबसे बड़ी संख्या ज्ञात करें।
(a) 55 (b) 57 (c) 59 (d) 61 ***SSC CHSL (Tier-1) 14.3.2018***

संख्याओं के वर्गों एवं घनों के योग-अन्तर पर आधारित प्रश्न

18. यदि दो धनात्मक पूर्णांकों का योग 80 है और उनका अन्तर 20 है, तो उन संख्याओं के वर्गों का अन्तर कितना है?

(a) 1400 (b) 1600 (c) 1800 (d) 2000 ***SSC CGL (Tier-1) 3.9.2016***

19. दो संख्याओं के बीच अंतर 9 हैं और उनके वर्गों के बीच अंतर 207 हैं। संख्याएँ क्या हैं?

(a) 17, 8 (b) 16, 7 (c) 15, 6 (d) 23, 14 ***SSC CGL (Tier-1) 28.8.2016***

20. यदि दो संख्याओं का अनुपात 1 : 5 हो और उनका गुणनफल 320 हो, तो इन दो संख्याओं के वर्गों के बीच अंतर कितना होगा?

(a) 1024 (b) 1256 (c) 1536 (d) 1435 ***SSC CGL (Tier-1) 6.9.2016***

21. 2 क्रमागत प्राकृत संख्याओं का मान क्या होगा, जिनके वर्गों का योग 145 है?

(a) 8, 9 (b) 6, 7 (c) 13, 14 (d) 9, 10 ***SSC CHSL (Tier-1) 9.1.2017***

22. लगातार तीन विषम संख्याओं के वर्ग का योग 1595 है। संख्यायें ज्ञात कीजिए।

(a) 19, 21, 23 (b) 17, 19, 21 (c) 21, 23, 25 (d) 23, 25, 27 ***SSC CHSL (Tier-1) 10.3.2018***

23. 20 को दो भागों में इस तरह से विभाजित करें कि भागों के वर्ग का योग 232 हो। दोनों भागों का मान क्या होगा?

(a) 6, 14 (b) 8, 12 (c) 4, 16 (d) 10, 10 ***SSC CHSL (Tier-1) 10.1.2017***

24. वे दो प्राकृतिक संख्याएँ क्या हैं, जिनके वर्गों का योग 52 है?

(a) 2, 7 (b) 3, 5 (c) 4, 6 (d) 5, 6 ***SSC CHSL (Tier-1) 16.1.2017***

25. दो संख्याओं के घनों का अंतर 999 हैं। संख्याएँ 3 : 4 के अनुपात में हैं। छोटी संख्या का वर्ग कितना है?

(a) 49 (b) 81 (c) 64 (d) 100 ***SSC CHSL (Tier-1) 16.8.2019***

योग-अन्तर और गुणा पर आधारित प्रश्न

26. उन तीन क्रमागत संख्याओं का गुणनफल कितना होगा, जिनका योगफल 15 है?

(a) 120 (b) 150 (c) 125 (d) 105 ***(SSC Tier-1, 8.7.2012)***

27. 71 तथा एक अज्ञात संख्या के गुणनफल में 47 जोड़कर एक नई संख्या प्राप्त की जाती हैं उस नई संख्या को 7 से विभाजित करके 98 भागफल प्राप्त किया जा सकता है। तदनुसार वह अज्ञात संख्या निम्न में से किस संख्या का गुणज है?

(a) 2 (b) 4 (c) 5 (d) 3 ***(SSC 10+2, 4.12.2011)***

28. यदि दो संख्याओं के योग को उन संख्याओं से अलग-अलग गुणा की जाए, तो गुणनफल क्रमशः 247 तथा 114 आता है। तदनुसार उन संख्याओं का योगफल कितना है?

(a) 19 (b) 20 (c) 21 (d) 23 ***(SSC Tier-1, 26.06.2011)***

29. दो संख्याओं का जोड़ 24 है और उनका गुणनफल 143 है। तदनुसार उनके वर्गों का योग कितना होगा?

(a) 296 (b) 295 (c) 290 (d) 228 ***(SSC Tier-1, 19.06.2011)***

30. दो शून्येतर संख्याएँ ऐसी हैं, कि उनका अंतर, उनका योगफल तथा उनका गुणनफल 1 : 5 : 36 के अनुपात में हैं। तदनुसार, उन संख्याओं का योगफल कितना होगा?

(a) 40 (b) 45 (c) 50 (d) 30 ***(SSC Tier-1, 25.08.2013)***

31. तीन धनात्मक संख्याओं में पहली तथा दूसरी का गुणनफल 42, दूसरी तथा तीसरी का 56 और तीसरी तथा पहली का 48 है। तदनुसार तीसरी संख्या क्या है?

(a) 12 (b) 6 (c) 7 (d) 8 ***(SSC CAPF-SI, 23.06.2013)***

32. चार क्रमागत अभाज्य संख्याएँ जो आरोही क्रम में हैं, उनमें पहली तीन का गुणनफल 385 और अंतिम तीन का गुणनफल 1001 है। तदनुसार, सबसे बड़ी अभाज्य संख्या कौन-सी है?

(a) 11 (b) 13 (c) 17 (d) 19 ***(SSC Tier-2, 16.09.2012)***

33. दो संख्याओं का योग उनके अंतर से तिगुना है। उनका अनुपात क्या है?
(a) 1 : 2 (b) 2 : 1 (c) 3 : 1 (d) 1 : 3 ***SSC CGL (Tier-1) 7.9.2016***

34. एक धनात्मक संख्या से 4 कम करने पर वह उसके व्युत्क्रम की 21 गुणा के बराबर हो जाती है। वह संख्या क्या है?
(a) 3 (b) 7 (c) 5 (d) 9 ***SSC CGL (Tier-1) 3.9.2016***

35. दो संख्याओं का योग 80 है तथा उनका अंतर 8 है। दोनों संख्या का अनुपात क्या है?
(a) 3 : 7 (b) 5 : 4 (c) 11 : 9 (d) 11 : 5 ***SSC CHSL (Tier-1) 20.3.2018***

36. दो संख्याओं का योग 77 है तथा उनका अनुपात 6 : 5 है। उनका अंतर कितना है?
(a) 4 (b) 6 (c) 7 (d) 5 ***SSC MTS 6.8.2019***

37. दो धनात्मक संख्याओं का अंतर 1020 है। यदि बड़ी संख्या का 7.6% छोटी संख्या का 12.4% है, तो दोनों संख्याओं का योगफल .... के बराबर होगा।
(a) 3520 (b) 3250 (c) 4520 (d) 4250 ***SSC CHSL (Tier-1) 20.10.2020***

भाग की लम्बी विधि पर आधारित प्रश्न

38. 4 अंकों की सबसे बड़ी संख्या में कौन-सी सबसे छोटी संख्या जोड़ी जाए कि योगफल 307 से पूरी तरह से भाज्य हो जाए?
(a) 75 (b) 232 (c) 132 (d) 43 ***(SSC Delhi-SI, 19.8.2012)***

39. जब 'n' को 5 से विभाजित किया जाता है, तो शेषफल 2 आता है। तदनुसार n^2 को 5 से विभाजित करने पर शेषफल कितना होगा?
(a) 2 (b) 3 (c) 1 (d) 4 ***(SSC Tier-1, 19.06.2011)***

40. किसी संख्या को 36 से भाग देने पर शेषफल 19 आता है। तदनुसार उसी संख्या को 12 से भाग देने पर शेषफल कितना आएगा?
(a) 7 (b) 5 (c) 3 (d) 0 ***(SSC CAPF-SI, 28.8.2011)***

41. वह सबसे छोटी संख्या, जिसे 4 अंकों वाली सबसे बड़ी संख्या में जोड़ने पर योगफल 345 से विभाजित होता हो, होगी-
(a) 50 (b) 6 (c) 60 (d) 5 ***(SSC Tier-1, 19.06.2011)***

42. एक भाग के प्रश्न में एक विद्यार्थी 36 के बदले में 63 को भाजक के रूप में लेता है। उसका उत्तर 24 था। सही उत्तर है–
(a) 36 (b) 42 (c) 32 (d) 28 ***R.R.B. कोलकाता (T.A./A.S.M.) परीक्षा, 2001***

43. विभाजन के एक प्रश्न में विभाजक, भागफल का 12 गुना तथा शेषफल का 5 गुना है। तद्नुसार, यदि उसमें शेषफल 36 हो, तो भाज्य कितना होगा?
(a) 2706 (b) 2796 (c) 2736 (d) 2826 ***(SSC 10+2, 27.10.2013)***

44. 'a' 228 को विभाजित करता है और 18 शेष बचता है। 'a' का दो अंकों का सबसे बड़ा मान है–
(a) 30 (b) 70 (c) 21 (d) 35 ***(SSC 10+2, 20.10.2013)***

45. n एक पूर्ण संख्या है। उसे जब 4 से विभाजित किया जाता है, तो शेषफल 3 आता है। तद्नुसार, 2n को 4 से विभाजित करने पर शेषफल क्या होगा?
(a) 1 (b) 2 (c) 3 (d) 0 ***(SSC Tier-2, 16.9.2012)***

46. 1848 के विषम संयुक्त विभाजकों की संख्या कितनी है?
(a) 4 (b) 3 (c) 2 (d) 1 ***(SSC FCI, 11.112012)***

47. निम्नलिखित में से कौन-सी संख्या 25 द्वारा विभाज्य है?
(a) 303310 (b) 373355 (c) 303375 (d) 22040 ***(SSC Tier-2, 29.09.2013)***

48. 38 से एक संख्या को विभाजित करने पर, हमें 70 भागफल के रूप में और 12 शेष के रूप में मिलता है। उस संख्या को ज्ञात करें?
(a) 2648 (b) 2636 (c) 2684 (d) 2672 ***SSC CHSL (Tier-1) 17.1.2017***

49. भाजक तथा शेषफल का अनुपात 3 : 2 है और भाजक तथा भागफल का अनुपात 7 : 12 है। यदि शेषफल 14 है तो भाज्य को 9 से विभाजित करने पर प्राप्त शेषफल है–
(a) 3 (b) 6 (c) 4 (d) 5 ***SSC CHSL (Tier-1) 21.8.2019***

50. 13851 में वह कौन-सी न्यूनतम संख्या जोड़ी जाए कि ऐसी संख्या प्राप्त हो जो 87 से पूरी तरह विभाज्य हो?
(a) 18 (b) 43 (c) 54 (d) 69 ***SSC CGL (Tier-1) 10.9.2016***

51. 2957 के साथ ऐसी कौन सी न्यूनतम संख्या को जोड़ा जाए, ताकि योग 17 से पूरी तरह से विभाज्य हो?
(a) 9 (b) 2 (c) 3 (d) 1 ***SSC CHSL (Tier-1) 3. 2. 2017***

52. 200 और 400 के बीच कितनी संख्याएँ 7 से विभाज्य हैं?
(a) 28 (b) 29 (c) 30 (d) 31 ***SSC CHSL (Tier-1) 29.1.2017***

53. ऐसी कौन सी न्यूनतम संख्या है जिसे 1039 में जोड़े जाने के बाद प्राप्त योग 29 से पूरी तरह से विभाज्य हो जाए?
(a) 4 (b) 5 (c) 8 (d) 6 ***SSC CHSL (Tier-1) 9.1.2017***

54. 3 अकों वाली कितनी संख्याएँ हैं, जो पूरी तरह 4 से विभाजित हैं?
(a) 225 (b) 224 (c) 223 (d) 222 ***SSC CHSL (Tier-1) 7.3.2018***

55. 2401 के साथ ऐसी कौन-सी न्यूनतम संख्या को जोड़ा जाना चाहिए ताकि योग 14 से पूरी तरह से विभाज्य हो?
(a) 8 (b) 7 (c) 4 (d) 5 ***SSC CHSL (Tier-1) 7.1.2017***

56. यदि पूर्णांक n को 5 से विभाजित किया जाता है, तो शेषफल 2 प्राप्त होता है। यदि 7n को 5 से विभाजित किया जाए तो शेष क्या प्राप्त होगा?
(a) 1 (b) 3 (c) 2 (d) 4 ***SSC CGL (Tier-1) 9.3.2020***

57. जब किसी धन पूर्णांक को d से विभाजित किया जाता है, तो शेषफल 15 प्राप्त होता है। जब उसी संख्या के दस गुने को d से विभाजित किया जाता है, तो शेषफल 6 प्राप्त होता है। d का न्यूनतम संभव मान ज्ञात कीजिए।
(a) 12 (b) 16 (c) 18 (d) 9 ***SSC CGL (Tier-1) 5.3.2020***

58. 3957 में 5349 को जोड़ा जाता है प्राप्त राशि में से 7062 को घटाया जाता है। परिणामी संख्या किससे विभाज्य नहीं होगी।
(a) 4 (b) 3 (c) 7 (d) 11 ***SSC CGL (Tier-1) 4.3.2020***

गुणा और भाग पर आधारित प्रश्न

59. दो संख्याओं का गुणनफल 1575 है और उनका भागफल $\frac{9}{7}$ है, तो संख्याओं का योगफल है–
(a) 74 (b) 78 (c) 80 (d) 90 ***(SSC Tier-2, 4.09.2011)***

60. जब किसी संख्या को 13 से गुणा करते हैं तो गुणनफल में सभी अंक 9 के होते हैं। ऐसी सबसे छोटी संख्या ज्ञात करिये–
(a) 77923 (b) 78923 (c) 75923 (d) 76923 ***पटना (गुड्सगार्ड), 2002***

61. 567 से विभाजित होने वाली संख्या जो 58701 के निकटतम हो, क्या होगी?
(a) 58968 (b) 55968 (c) 58068 (d) इनमें से कोई नहीं ***R.R.B. जम्मू (T.C.) परीक्षा, 2001***

62. दो संख्याओं का गुणनफल 9375 है तथा बड़ी संख्या को छोटी से भाग देने पर भागफल 15 है। संख्याओं का योग होगा –
(a) 375 (b) 380 (c) 400 (d) 425 ***S.S.C. स्नातक स्तरीय परीक्षा, 2004***

63. दो धनात्मक संख्याओं का गुणनफल 11520 है और उनका भागफल 9/5 है। दोनों संख्याओं का अन्तर ज्ञात कीजिए–
(a) 60 (b) 64 (c) 74 (d) 70 ***S.S.C. स्ना.स्त. परीक्षा, 2000 (द्वितीय पाली)***

64. यदि दो संख्याओं में से बड़ी संख्या के तीन गुने को छोटी संख्या से भाग दिया जाये, तो भागफल व शेषफल प्रत्येक 6 है। यदि छोटी संख्या के पांच गुने को बड़ी संख्या से भाग दिया जाए, तो भागफल 2 व शेषफल 3 आता है। बड़ी संख्या है –
(a) 16 (b) 18 (c) 14 (d) 15 ***कोल., भुवने. (T.C.), 2003 (द्वितीय पाली)***

65. दो अंकों वाली किसी संख्या की पुनरावृत्ति करने से (जैसे 3737 या 6363) बनी चार अंकों वाली संख्या सदैव विभाज्य है, निम्नलिखित से –
(a) 11 (b) 13 (c) 101 (d) 10001 ***R.R.B. बंग्लौर (डीजल असि.ड्राइ.) परीक्षा, 2004***

66. किसी तीन अंकों की संख्या को दोहरा कर एक छः अंकों की संख्या बनाई जाती है, जैसे 256 256 या 678 678 आदि तब इस तरह बनी संख्या निम्नलिखित में से किस संख्या से हमेशा पूर्णतः विभाज्य है?
(a) केवल 7 (b) केवल 11 (c) केवल 13 (d) 1001 ***S.S.C. स्ना.स्त. परीक्षा, 2000 (द्वितीय पाली)***

67. एक संख्या में दूसरी संख्या से भाग देने पर भागफल 3 प्राप्त होता है जबकि दोनों संख्याओं का गुणनफल 6075 है। छोटी संख्या है –

(a) 15 (b) 35 (c) 45 (d) 25 ***कोलकाता T.C. 2005***

भाग की गुणनखण्ड विधि पर आधारित प्रश्न

68. किसी संख्या को 3 से भाग देने पर शेषफल 1 आता है। जब इस भागफल को 2 से भाग दिया जाता है तो शेषफल 1 आता है। यदि प्रारम्भिक संख्या को 6 से भाग दिया जाए, तो शेषफल क्या प्राप्त होगा?

(a) 3 (b) 4 (c) 5 (d) 2 ***S.S.C. स्ना.स्त. परीक्षा, 2004 (प्रथम पाली)***

69. किसी संख्या को जब क्रमिक रुप से 4 और 5 से भाग दिया जाता है तो शेषफल क्रमशः 1 और 4 आते हैं। जब इसे क्रमिक रुप से 5 और 4 से भाग दिया जाय तो शेषफल होंगें –

(a) 4 , 1 (b) 3 , 2 (c) 2 , 3 (d) 1 , 2 ***S.S.C. स्ना.स्त. परीक्षा, 2002 (द्वितीय पाली)***

70. एक संख्या को क्रम से 2, 3 तथा 7 अंक से विभाजित करने पर क्रमशः 1, 1 तथा 6 शेष रहता है। संख्या को 42 से विभाजित करने पर, शेष क्या होगा?

(a) 27 (b) 45 (c) 32 (d) 39 ***कोलकाता, भुवनेश्वर (ट्रैफिक अप्रेंटिस) 2002***

71. जब किसी संख्या को 56 से भाग देते हैं, तो शेष 29 प्राप्त होता है। यदि इसी संख्या को 8 से भाग दें, तो क्या शेष बचेगा?

(a) 4 (b) 5 (c) 3 (d) 7 ***S.S.C. स्ना.स्त. परीक्षा, 2001 (द्वितीय पाली)***

72. किसी संख्या को 4, 7 से उत्तरोत्तर भाग देने पर शेष क्रमशः 2, 1 प्राप्त होते हैं। यदि उसी संख्या को 28 से भाग दिया जाय तो शेष प्राप्त होगा –

(a) 4 (b) 6 (c) 8 (d) 10 ***ASM हैदराबाद 2005***

73. यदि कोई संख्या 11 और 13 से विभाज्य हो, तो वह अनिवार्यतः निम्न में से किस प्रकार की होगी?

(a) (11 + 13) से विभाज्य (b) (13 – 11) से विभाज्य

(c) (11 × 13) से विभाज्य (d) 429 से भाज्य ***S.S.C. स्नातक स्तरीय परीक्षा, 2001 (प्रथम पाली)***

भाज्यता पर आधारित प्रश्न

74. संख्या 347–547 को पूरी तरह से 11 से विभाज्य करने के लिए खाली स्थान पर कौन-सा अंक होना चाहिए?

(a) 5 (b) 3 (c) 9 (d) 2 ***SSC CHSL (Tier-1) 30.1.2017***

75. अगर कोई संख्या 657423546 X 46, 11 से विभाज्य है, तो X का मान निकालिए।

(a) 7 (b) 9 (c) 8 (d) 6 ***SSC CHSL (Tier-1) 17.3.2018***

76. यदि संख्या 247-679, 9 से पूर्ण रूप से विभाज्य है, तो खाली स्थान पर न्यूनतम पूर्ण संख्या क्या है?

(a) 2 (b) 7 (c) 1 (d) 5 ***SSC CHSL (Tier-1) 16.1.2017***

77. यदि 10 अंकीय एक संख्या 897359y 7 x 2, 72 में विभाजित है तो, y के संभव अधिकतम मान के लिए (3x – y) का मान है?

(a) 3 (b) 7 (c) 5 (d) 8 ***SSC CGL (Tier-1) 12.6.2019***

78. x के किस मान के लिए सात अंकों वाली संख्या 6913 x 08 संख्या 88 से विभाज्य है?

(a) 6 (b) 4 (c) 8 (d) 2 ***SSC CHSL (Tier-1) 21.8.2019***

79. यदि 34 N, 11 से विभाज्य होती है, तो N का मान क्या होगा?

(a) 1 (b) 3 (c) 4 (d) 9 ***SSC CGL (Tier-1) 13.6.2019***

80. x के किस मान के लिए सात अंकीय संख्या 8439 x 53 संख्या 99 से विभाज्य है?

(a) 3 (b) 4 (c) 6 (d) 9 ***SSC CGL (Tier-1) 13.6.2019***

81. x के किस मान के लिए सात अंकीय संख्या 55350 x2 संख्या 72 से विभाज्य है?

(a) 1 (b) 7 (c) 8 (d) 3 ***SSC CGL (Tier-1) 13.6.2019***

82. यदि छह अंकों की संख्या 6x2904 संख्या 88 से विभाज्य है तो x का मान होगा–

(a) 8 (b) 5 (c) 6 (d) 7 ***SSC CGL (Tier-1) 10.6.2019***

83. x का न्यूनतम मान क्या होगा जिससे 517 x 324, संख्या 12 से विभाज्य हो जाए?

(a) 0 (b) 3 (c) 1 (d) 2 ***SSC CGL (Tier-1) 11.6.2019***

84. जब एक पूर्णांक n को 7 से विभाजित किया जाता है, तो शेष 3 बचता है। यदि 6n को 7 में विभाजित किया जाता है तो शेष क्या बचेगा?
(a) 0 (b) 4 (c) 2 (d) 1 ***SSC CGL (Tier-1) 19.6.2019***

85. यदि 10 अंकीय एक संख्या 1330x558y2, 88 से विभाज्य है, तो (x + y) का मान है–
(a) 6 (b) 7 (c) 8 (d) 9 ***SSC CGL (Tier-1) 7.6.2019***

86. जब एक पूर्णांक n को 8 से विभाजित किया जाता है तो शेष 3 बचता है। यदि 6n–1 को 8 में विभाजित किया जाता है तो शेष क्या बचेगा?
(a) 1 (b) 2 (c) 0 (d) 4 ***SSC CGL (Tier-1) 13.6.2019***

87. x के किस मान के लिए सात अंकों वाली संख्या 6913x08 संख्या 88 से विभाज्य है?
(a) 6 (b) 8 (c) 2 (d) 4 ***SSC CGL (Tier-1) 12.6.2019***

88. x के किस मान के लिए सात अंकीय संख्या 91876 x 2, संख्या 72 से विभाज्य हैं?
(a) 5 (b) 7 (c) 2 (d) 3 ***SSC CGL (Tier-1) 7.6.2019***

89. यदि 8 अंकों की संख्या 2074x4y2, 88 से विभाज्य, है तो (4x + 3y) का मान है–
(a) 36 (b) 49 (c) 45 (d) 42 ***SSC CGL (Tier-1) 6.6.2019***

90. यदि 10 अंकों की एक संख्या 2094x843y2, 88 से विभाज्य, है तो x के अधिकतम संभव मान के लिए (5x – 7y) का मान है–
(a) 5 (b) 2 (c) 3 (d) 6 ***SSC CGL (Tier-1) 6.6.2019***

91. यदि छह अंकों की संख्या 15x1y2, संख्या 44 से विभाज्य है, तो (x + y) बराबर होगा–
(a) 7 (b) 9 (c) 8 (d) 6 ***SSC CGL (Tier-1) 10.6.2019***

92. यदि एक 9 अंकों की संख्या 32x4115y2, 88 से विभाज्य है, तो y के न्यूनतम संभव मान के लिए (4x + y) का मान है–
(a) –1 (b) 31 (c) 20 (d) 11 ***SSC CGL (Tier-1) 6.6.2019***

93. यदि आठ अंकों की संख्या 179x091y, संख्या 88 से विभाज्य है, तो (5x – 8y) का मान होगा–
(a) 4 (b) 5 (c) 7 (d) 9 ***SSC CGL (Tier-1) 4.6.2019***

94. यदि आठ अंकों की संख्या 789x531y संख्या 72 से विभाज्य है, तो (5x – 3y) का मान होगा–
(a) –1 (b) 1 (c) 2 (d) 0 ***SSC CGL (Tier-1) 4.6.2019***

95. x के किस मान के लिए सात अंकीय संख्या 5656x52, संख्या 72 से विभाज्य है?
(a) 4 (b) 7 (c) 5 (d) 8 ***SSC CGL (Tier-1) 13.6.2019***

96. यदि छह अंकों की संख्या 4x 573y संख्या 72 से विभाज्य है, तो (x + y) का मान है–
(a) 8 (b) 6 (c) 9 (d) 4 ***SSC CGL (Tier-1) 1.6.2019***

97. यदि नौ अंकों की संख्या 985x 3678y, संख्या 72 से विभाज्य है, तो (4x – 3y) का मान होगा–
(a) 6 (b) 3 (c) 5 (d) 4 ***SSC CGL (Tier-1) 4.6.2019***

98. सात अंकों की संख्या 54x29y6 ($x > y$) यदि 72 से विभाज्य है, तो (2x + 3y) का मान क्या है?
(a) 38 (b) 23 (c) 32 (d) 13 ***SSC CHSL (Tier-1) 8.7.2019***

99. तीन क्रमागत विषम संख्याओं का योग .... से हमेशा विभाजित होता है?
(a) 3 (b) 9 (c) 15 (d) 21 ***SSC CPO 5.7.2017***

100. 10 अंकों की एक संख्या 46789x531y यदि 72 से विभाज्य है तो x के सबसे बड़े मान के लिए (2x – 5y) का मान है–
(a) 16 (b) 38 (c) 28 (d) 10 ***SSC CHSL (Tier-1) 3.7.2019***

101. सात अंकों की संख्या 64x29y6 (x > y) यदि 72 से विभाज्य है, तो (2x – 3y) का मान क्या है?
(a) 9 (b) 3 (c) 7 (d) 13 ***SSC CGL (Tier-1) 10.7.2019***

102. यदि 8 अंकों की कोई संख्या 30x558y2, 88 से विभाज्य है, तो (6x + 6y) का मान है–
(a) 30 (b) 42 (c) 35 (d) 66 ***SSC CHSL (Tier-1) 8.7.2019***

103. 10 अंकों की एक संख्या 1220x558y2 यदि 88 से विभाज्य है, तो (x + y) का मान है–
(a) 7 (b) 15 (c) 11 (d) 9 ***SSC CHSL (Tier-1) 4.7.2019***

104. संख्या 146 * 48 में '*' के स्थान पर वह सबसे बड़ी कौन-सी संख्या होनी चाहिए जिससे कि प्राप्त संख्या 8 से विभाज्य हो?
(a) 0 (b) 8 (c) 9 (d) 2 ***SSC CGL (Tier-1) 5.3.2020***

105. जब 200 को एक धन पूर्णांक x से विभाजित किया जाता है, तो शेष 8 प्राप्त होता है। x के कितने मान हो सकते हैं?
(a) 8 (b) 5 (c) 6 (d) 7 ***SSC CGL (Tier-1) 3.3.2020***

106. यदि 708x6y8z9 वाली नौ अंकों वाली संख्या 99 से विभाज्य है, तो $x + y + z$ का मान क्या है?
(a) 5 (b) 16 (c) 9 (d) 27 ***SSC CGL (Tier-1) 5.3.2020***

107. संख्या 94*2357 में * को किस अंक से प्रतिस्थापित करना चाहिए, ताकि वह संख्या 11 से विभाज्य हो?
(a) 7 (b) 3 (c) 1 (d) 8 ***SSC CGL (Tier-1) 9.3.2020***

108. यदि 6 अंकों वाली संख्याएँ x35624 और 1257y4 क्रमशः 11 और 72 से विभाज्य हैं, तो $(5x - 2y)$ का मान क्या होगा?
(a) 13 (b) 12 (c) 10 (d) 14 ***SSC CGL (Tier-1) 4.3.2020***

109. यदि संख्या 687 x 29, 9 से विभाज्य है, तो $2x$ का मान ज्ञात कीजिए।
(a) 4 (b) 8 (c) 2 (d) 3 ***SSC CGL (Tier-1) 6.3.2020***

110. यदि संख्या 1005x4, 8 से पूरी तरह विभाज्य है तो x के स्थान पर सबसे छोटा पूर्णांक .... होगा।
(a) 4 (b) 1 (c) 2 (d) 0 ***SSC CGL (Tier-1) 3.3.2020***

111. यदि 8-अंकीय संख्या 43A5325B, 8 और 9 से विभाज्य है, तो A और B का योग बराबर है–
(a) 14 (b) 15 (c) 12 (d) 18 ***SSC CHSL (Tier-1) 20.10.2020***

112. यदि 8-अंकीय संख्या 4432A43B, 9 और 5 से विभाज्य है, तो A और B का योग है–
(a) 7 (b) 5 (c) 8 (d) 12 ***SSC CHSL (Tier-1) 21.10.2020***

113. यदि 4M37094267N, 8 और 11 दोनों से विभाज्य है, जहाँ M और N एकल अंक पूर्णांक हैं, तो M और N का मान ज्ञात करें।
(a) M = 5, N = 6 (b) M = 2, N = 5
(c) M = 5, N = 4 (d) M = 5, N = 2 ***SSC CHSL (Tier-1) 20.10.2020***

114. यदि 785x3678y, 72 से विभाज्य है, तो $(x - y)$ का मान है-
(a) 0 (b) –2 (c) –1 (d) 2 ***SSC CAPF : 23.11.2020***

घातांकीय भाग पर आधारित प्रश्न

115. $(67^{67} + 67)$ को 68 से भाग करने पर शेष बचता है–
(a) 1 (b) 63 (c) 66 (d) 67 ***(SSC Tier-2 4.9.2011)***

116. $2^{16}-1$, निम्न में किसके द्वारा विभाज्य है?
(a) 11 (b) 13 (c) 17 (d) 19 ***(SSC Tier-1, 26.6.2011)***

117. $7^{12}-4^{12}$ निम्न में से किस संख्या द्वारा पूर्णतः विभाज्य है?
(a) 34 (b) 33 (c) 36 (d) 35 ***(SSC FCI, 11.11.2012)***

118. यदि 2^{31} को 5 से विभाजित किया जाए, तो शेषफल कितना होगा?
(a) 4 (b) 3 (c) 2 (d) 1 ***(SSC Tier-1, 19.6.2011)***

119. $(3^{25} + 3^{26} + 3^{27} + 3^{28})$ निम्नलिखित में से किस संख्या से विभाजित होगा?
(a) 11 (b) 16 (c) 25 (d) 30 ***(SSC FCI, 5.02.2012)***

120. $(2^{51} + 2^{52} + 2^{53} + 2^{54} + 2^{55})$ निम्नलिखित में से किससे विभाज्य हैं?
(a) 23 (b) 58 (c) 124 (d) 127 ***SSC CGL (Tier-1) 1.9.2016***

अंकों पर आधारित प्रश्न

121. दो अंकों की एक अभाज्य संख्या के साथ; यदि 18 जोड़ दिया जाए तो हमें उत्क्रमित अंकों वाली एक अन्य अभाज्य संख्या मिलती है। ऐसी कितनी संख्याएँ संभव हैं?
(a) दो (b) तीन (c) शून्य (d) एक ***(SSC Tier-1, 8.7.2012)***

122. दो अंकों की एक संख्या में, इकाई के स्थान पर अंक दहाई के स्थान पर अंक के दुगुना से 1 कम है। यदि इकाई और दहाई के स्थान पर अंकों को आपस में बदल दिया जाए, तो नई और मूल संख्या के बीच अंतर मूल संख्या से 20 कम है। मूल संख्या है–

(a) 47 (b) 59 (c) 23 (d) 35 ***(SSC 10+2, 20.10.2013)***

123. तीन अंकों वाली एक संख्या में, सैकड़े के स्थान वाला अंक इकाई के स्थान वाले अंक का दुगुना है और उसके सभी अंकों का योगफल 18 है। यदि उसके अंकों को उलट दिया जाए, तो वह संख्या 396 कम हो जाती है। तदनुसार उस संख्या के सैकड़े वाले अंक और दहाई वाले अंक का अंतर कितना है?

(a) 1 (b) 2 (c) 3 (d) 5 ***(SSC 10+2, 4.12.2011)***

124. यदि तीन अंकों वाली किसी संख्या में इकाई और दहाई के अंकों को आपस में बदल दिया जाए तो जो नई संख्या आएगी, वह मूल संख्या से 63 अधिक होगी। तदनुसार यदि मूल संख्या में इकाई का अंक x हो, तो x के तीनों संभव मान क्या होंगे?

(a) 7, 8, 9 (b) 2, 7, 9 (c) 0, 1, 2 (d) 1, 2, 8 ***(SSC 10+2, 11.12.2011)***

125. दो अंकों की किसी संख्या और उन अंकों को आपस में बदल कर बनाई गई संख्या के बीच अंतर सदा विभाज्य होता है–

(a) 10 से (b) 9 से (c) 11 से (d) 6 से ***(SSC Tier-1, 21.04.2013)***

126. दो अंकों की एक संख्या के अंकों का योग 17 है। यदि इस संख्या में 9 जोड़ा जाता है, तो प्राप्त नई संख्या पहली संख्या के अंकों का उल्टा क्रम होती है। संख्या ज्ञात करें।

(a) 89 (b) 98 (c) 78 (d) 87 ***SSC CHSL (Tier-1) 7.2.2017***

127. दो अंकों की एक संख्या का दहाई का अंक इकाई के अंक से 2 अधिक है। यदि हम इस संख्या से 18 घटाते हैं तो प्राप्त नई संख्या पहली संख्या के अंकों का उल्टा क्रम होती है। संख्या ज्ञात करें।

(a) 75 (b) 64 (c) 53 (d) 86 ***SSC CHSL (Tier-1) 3.2.2017***

128. यदि एक दो अंक की संख्या में, इकाई के स्थान पर अंक z है और दहाई के स्थान पर अंक 8 है, तो वह संख्या क्या है?

(a) 80z + z (b) 80 + z (c) 8z + 8 (d) 80z + 8 ***SSC CHSL (Tier-1) 9.1.2017***

129. एक 2 अंकों वाली संख्या के अंकों का गुणनफल 24 है। यदि हम संख्या में 45 जोड़ दें, तो प्राप्त नई संख्या अंकों को इंटरचेंज कर बनी है। वह संख्या क्या है?

(a) 83 (b) 64 (c) 46 (d) 38 ***SSC CHSL (Tier-1) 22.1.2017***

130. उस दो अंकीय अभाज्य संख्या जिसकी इकाई और दहाई के स्थानों में संख्याए बराबर हैं, के अंकों का योग कितना है?

(a) 18 (b) 10 (c) 2 (d) 6 ***SSC CHSL (Tier-1) 14.8.2019***

131. जब 2 अंकों की संख्याओं में से एक संख्या के अंकों को परस्पर बदल दिया जाता है, तो 2 अंकों वाली नौ संख्याओं का औसत 6 कम हो जाता है। उस संख्या के अंकों के बीच अंतर ज्ञात करें।

(a) 4 (b) 2 (c) 8 (d) 6 ***SSC CHSL (Tier-1) 20.10.2020***

गुना पर आधारित प्रश्न (अर्थात् संख्याओं के पारस्परिक सम्बन्धों पर आधारित प्रश्न)

132. यदि किसी संख्या में 21 जोड़ा जाए, तो वह अपनी तिगुनी संख्या से 7 कम हो जाती है। तदनुसार वह संख्या कितनी है?

(a) 14 (b) 16 (c) 18 (d) 19 ***(SSC Tier-1, 8.7.2012)***

133. तीन संख्याओं में से, दूसरी पहली की तीन गुना है और तीसरी संख्या पहली की तीन-चौथाई है। यदि तीनों संख्याओं का औसत 114 है, तो सबसे बड़ी संख्या है–

(a) 72 (b) 216 (c) 354 (d) 726 ***(SSC Tier-2, 4.9.2011)***

134. किसी संख्या की तिगुनी संख्या से 7 घटाने पर परिणाम 14 प्राप्त होता है। वह संख्या कितनी है?

(a) 8 (b) 9 (c) 6 (d) 7 ***(SSC Tier-1, 8.7.2012)***

135. 24 को दो भागों में इस प्रकार बाँटा गया है कि पहले भाग का 7 गुणा दूसरे भाग से 5 गुणा में जोड़ने से 146 बनता है। पहला भाग है–

(a) 15 (b) 17 (c) 11 (d) 13 ***(SSC 10+2, 20.10.2013)***

136. तीन संख्याओं का योगफल 132 है। यदि पहली संख्या दूसरी संख्या से दुगुनी है और तीसरी संख्या पहली संख्या की एक-तिहाई है, तो दूसरी संख्या है–

(a) 36 (b) 32 (c) 60 (d) 48 ***(SSC 10+2, 20.10.2013)***

137. 74 को दो भागों में विभक्त किया गया है, ताकि एक भाग का 5 गुना और दूसरे भाग का 11 गुना दोनों मिलकर 454 के तुल्य हों। दोनों भाग हैं –
(a) 60, 14 (b) 30, 44 (c) 14, 60 (d) इनमें से कोई नहीं ***R.R.B. चेन्नई (T.C.) परीक्षा, 2005***

138. यदि किसी संख्या का तिगुना, इस संख्या के 3/5 से 60 अधिक हो, तो वह संख्या है –
(a) 25 (b) 35 (c) 45 (d) 60 ***S.S.C. स्नातक स्तरीय परीक्षा, 1999***

139. तीन संख्याओं का योग 140 है। पहली संख्या, दूसरी संख्या की दोगुनी तथा तीसरी संख्या की चौगुनी है। सबसे बड़ी संख्या होगी –
(a) 60 (b) 120 (c) 90 (d) 80 ***R.R.B. रांची (असि.ड्राइ. डीजल/इले.) परीक्षा, 2003***

140. एक कक्षा में लड़कों की संख्या लड़कियों की संख्या से तीन गुनी है, निम्नलिखित में से कौन सी संख्या कक्षा में कुल बच्चों की संख्या को निरूपित नहीं करती?
(a) 40 (b) 42 (c) 44 (d) 48 ***R.R.B. सिकन्दराबाद (गुड्सगार्ड) परीक्षा, 2001***

141. एक कक्षा में लड़कियों की संख्या लड़कों की संख्या से 5 गुनी है। निम्नलिखित में से कौन सी संख्या कक्षा के कुल बच्चों की नहीं हो सकती?
(a) 35 (b) 24 (c) 42 (d) 30
(e) 54 ***कोलकाता, भुवनेश्वर (ट्रैफिक अप्रेंटिस), 2002***

142. एक कक्षा में छात्रों की संख्या छात्राओं की संख्या का तीन गुना है। निम्न में से कौन-सी संख्या कक्षा में कुल विद्यार्थी की संख्या को निरूपित नहीं करती है?
(a) 40 (b) 42 (c) 44 (d) 48
(e) इनमें से कोई नहीं ***R.R.B. गुवाहाटी (T.A.) परीक्षा, 2005***

143. एक कक्षा में लड़कों की संख्या लड़कियों की संख्या की तीन गुनी है। निम्नलिखित में से कौन सी संख्या कक्षा में कुल बच्चों की संख्या को प्रदर्शित नहीं कर सकती?
(a) 48 (b) 44 (c) 42 (d) 40 ***गोरखपुर (डीजल सहायक), 2002***
कोलकाता, भुवनेश्वर (ट्रैफिक अप्रेंटिस), 2002

144. तीन संख्याओं में पहली संख्या दूसरी संख्या की दुगुनी तथा तीसरी संख्या की तिगुनी है। तीनों संख्याओं का औसत 88 है। सबसे छोटी संख्या क्या होगी?
(a) 45 (b) 48 (c) $52\frac{1}{2}$ (d) $29\frac{1}{3}$ ***रांची (सहायक ड्राइवर), 2003***

145. किसी संख्या में जब 26 का योग किया जाये, तो वह अपने आप की 113% हो जाती है। वह संख्या क्या है?
(a) 200 (b) 312 (c) 390 (d) 234 ***SSC CHSL (Tier-1) 30.1.2017***

146. एक गैर-शून्य संख्या और उसके व्युत्क्रम के तीन गुना का योग 13/2 है। संख्या का पता लगाएं।
(a) 6 (b) 7 (c) 8 (d) 9 ***SSC CHSL (Tier-1) 30.1.2017***

147. एक अशून्य संख्या और इसके व्युत्क्रम के दस गुने का योग 7 है। संख्या ज्ञात करें।
(a) 4 (b) 3 (c) 5 (d) 6 ***SSC CHSL (Tier-1) 3.2.2017***

148. एक परिमेय संख्या और उसके पारस्परिक (व्युत्क्रम) का योग 61/30 है। संख्या ज्ञात कीजिए।
(a) $\frac{5}{6},\frac{6}{5}$ (b) $\frac{5}{6},\frac{7}{5}$ (c) $\frac{7}{6},\frac{6}{5}$ (d) $\frac{7}{6},\frac{7}{5}$ ***SSC CHSL (Tier-1) 12.3.2018***

149. यदि 315 किसी संख्या के 5/4 का 7/8 है, तो उस संख्या का 5/9–होगा।
(a) 123 (b) 81 (c) 140 (d) 160 ***SSC CHSL (Tier-1) 23.1.2017***

150. यदि एक संख्या के 170% को 66 में जोड़ा जाता है, तो परिणाम संख्या के दोगुना के बराबर हो जाता है। संख्या क्या है?
(a) 200 (b) 220 (c) 210 (d) 236 ***SSC CHSL (Tier-1) 14.3.2018***

151. एक परिमेय संख्या और उसके व्युत्क्रम का योग 74/35 है। वह संख्या ज्ञात करें।
(a) $\frac{9}{7},\frac{7}{5}$ (b) $\frac{5}{7},\frac{7}{5}$ (c) $\frac{4}{7},\frac{7}{4}$ (d) $\frac{6}{7},\frac{7}{6}$ ***SSC CHSL (Tier-1) 20.3.2018***

152. एक संख्या के 7/3 के 9/15, उसी संख्या के 3/5 के 7/12 से, 7 अधिक है। उस संख्या के दोगुने का मान ज्ञात करें।
(a) 6.36 (b) 6.67 (c) 5.67 (d) 13.33 ***SSC CHSL (Tier-1) 20.3.2018***

153. एक संख्या अपने व्युत्क्रम के पांच गुने से 19/2 अधिक है। संख्या ज्ञात करें।
(a) 11 (b) 9 (c) 10 (d) 8 ***SSC CHSL (Tier-1) 7.1.2017***

जानवरों पर आधारित प्रश्न

154. भेड़ तथा गड़रियों के एक समूह में 16 पैर हैं, जो सिर की संख्या से 10 अधिक है, इसमें भेड़ों की संख्या है –
(a) 2 (b) 8 (c) 10 (d) 15 ***R.R.B. चंडीगढ़ (A.S.M.) परीक्षा, 2004***

155. एक चिड़ियाघर में चूहे एवं कबूतर हैं। यदि कुल 90 सिर हैं तथा 224 पैर हैं तो कबूतरों की कुल संख्या क्या है?
(a) 68 (b) 70 (c) 72 (d) 80 ***मुंबई, भोपाल (गुड्सगार्ड), 2003***

156. किसी व्यक्ति के पास कुछ मुर्गियाँ और गायें हैं। इनके पैरों की संख्या 140 तथा मस्तकों की संख्या 48 है। मुर्गियों की संख्या होगी –
(a) 22 (b) 23 (c) 24 (d) 26 ***चंडीगढ़ (A.S.M.) 2003***

157. कुछ संख्या में घोड़े और उतनी ही संख्या में आदमी कहीं जा रहें हैं आधे (मालिक) तो अपने घोड़ों पर बैठे हैं, जबकि शेष अपने घोड़ों का नेतृत्व करते हुए साथ-साथ चल रहे हैं। यदि जमीन पर चल रही टाँगों की संख्या 70 हो, तो बताएं कि घोड़े कितने हैं?
(a) 10 (b) 12 (c) 14 (d) 16 ***R.R.B. जम्मू (जू. क्लर्क) परीक्षा, 2001***

158. भैसों तथा बत्तखों के एक समूह में सिरों की संख्या के दो गुने से 24 अधिक पैर हैं। भैसों की संख्या समूह में कितनी है?
(a) 6 (b) 8 (c) 10 (d) 12 ***कोलकाता, भुवनेश्वर (ट्रैफिक अप्रेंटिस), 2002***

159. चिड़ियाघर में कुछ संख्या में पेंगुइन और ध्रुवीय भालू हैं। उन दोनों के सिर की कुल संख्या 60 हैं और पैर की कुल संख्या 160 हैं। चिड़ियाघर में कुल कितने ध्रुवीय भालू हैं?
(a) 20 (b) 40 (c) 60 (d) 80 ***SSC CHSL (Tier-1) 23.3.2018***

160. एक आदमी के पास कुछ मुर्गियों और कुछ गाय हैं। यदि मुर्गियों और गायों के सिरों की कुल संख्या 50 है और मुर्गियों एवं गायों के पैरों की संख्या 142 है, तो गायों की संख्या कितनी है?
(a) 21 (b) 25 (c) 27 (d) 29 ***SSC CGL (Tier-1) 1.9.2016***

गुणा-भाग, जोड़-घटाव पर आधारित प्रश्न

161. एक छात्र को एक संख्या को 6 से विभाजित करने और उसके भागफल में 12 जोड़ने को कहा गया। किन्तु छात्र ने पहले 12 जोड़ दिये और उसके बाद प्राप्त संख्या को 6 से विभाजित किया, तद्नुसार उत्तर 112 प्राप्त हुआ। अतः सही उत्तर कितना होना चाहिए था?
(a) 124 (b) 122 (c) 118 (d) 114 ***(SSC Tier-1, 19.6.2011)***

162. 5 A 7 में 335 जोड़ने का परिणाम 8 B 2 प्राप्त होता है। 8 B 2 संख्या 3 से विभाज्य है। तद्नुसार, A का अधिकतम संभव मान कितना होगा?
(a) 8 (b) 2 (c) 1 (d) 4 ***(SSC Tier-2, 29.09.2013)***

163. तीन धनात्मक संख्याओं में पहली तथा दूसरी का गुणनफल 42 दूसरी तथा तीसरी का 56 और तीसरी तथा पहली का 48 है। तदनुसार तीसरी संख्या क्या है?
(a) 12 (b) 6 (c) 7 (d) 8 ***(SSC CAPF-SI, 23.06.2013)***

164. किसी संख्या को 2 से गुणा करके 16 जोड़ा जाता है, प्राप्त योगफल को 2 से विभाजित किया जाता है और फिर प्राप्त भागफल में मूल संख्या घटाई जाती है, तो शेषफल क्या होगा?
(a) 8 (b) 6 (c) 4 (d) 2 ***R.S.C. महेन्द्रघाट परीक्षा, 2001***

165. दो धनात्मक संख्याओं का अन्तर 72 है तथा एक के द्वारा दूसरे को भाग देने पर भाज्यफल 4 है। संख्याएँ चुनिए –
(a) 40, 112 (b) 24, 96 (c) 32, 128 (d) 30, 102 ***B.P.C.S. (Pre) 1997-98***

166. यदि किसी संख्या का दोगुना करके और उसमें 20 जोड़कर वही उत्तर प्राप्त हो, जो उस संख्या को 8 से गुणा करके गुणनफल में से 4 घटाकर प्राप्त होती है, तो संख्या क्या थी?
(a) 2 (b) 3 (c) 4 (d) 6 ***S.S.C. स्नातक स्तरीय परीक्षा, 2000***

167. एक संख्या को 5 से गुणा करके गुणनफल के साथ 25 जोड़ा गया है। योगफल को 5 से भाग दिया जाता है एवं भागफल में से मूल संख्या को घटाया जाता है, तो शेषफल होगा –
(a) 0 (b) 2 (c) 5 (d) 10 ***R.R.B. कोलकाता (T.A./A.S.M.) परीक्षा, 2001***

168. संख्याओं की एक श्रृंखला में अगली संख्या अपनी पूर्ववर्ती संख्या की तिगुनी घटाव एक होती है। यदि श्रृंखला की प्रथम दो संख्याएं 2 और 5 हैं तो चौथी संख्या होगी –
(a) 59 (b) 41 (c) 14 (d) 45 ***रांची (A.S.M.) 2003***

इकाई का अंक ज्ञात करना

169. $(4387)^{245} \times (621)^{72}$ के गुणनफल में एकल अंक ज्ञात कीजिए–
(a) 1 (b) 2 (c) 5 (d) 7 ***(SSC Tier-1, 26.6.2011)***

170. $(122)^{173}$ के गुणनफल में एकक-अंक क्या है–
(a) 2 (b) 4 (c) 6 (d) 8 ***(SSC Tier-1, 19.6.2011)***

171. संख्या $[(57^{25}-1]$ का अंतिम अंक, अर्थात् इकाई के स्थान पर अंक हैं–
(a) 6 (b) 8 (c) 0 (d) 5 ***(SSC FCI, 11.11.2012)***

172. $(1570)^2 + (1571)^2 + (1572)^2 + (1573)^2$ में इकाई के स्थान पर कौन-सा अंक है?
(a) 1 (b) 2 (c) 3 (d) 4 ***(SSC 10+2, 21.10.2012)***

173. $(1001)^{2008} + 1002$ का अंतिम अंक कौन-सा है?
(a) 0 (b) 3 (c) 4 (d) 6 ***(SSC Tier-1, 26.06.2011)***

174. 3^{40} का अंतिम अंक कितना होगा?
(a) 1 (b) 3 (c) 7 (d) 9 ***(SSC 10+2, 28.10.2012)***

175. $49237 \times 3995 \times 738 \times 83 \times 9$ के गुणनफल का इकाई के स्थान का अंक बताएँ–
(a) 0 (b) 7 (c) 5 (d) 6 ***(SSC, 9.11.2014)***

176. $3 \times 38 \times 537 \times 1256$ में इकाई का अंक कौन-सा है?
(a) 4 (b) 2 (c) 6 (d) 8 ***(SSC Tier-2, 29.9.2013)***

177. $71 \times 72 \times 73 \times 74 \times 76 \times 77 \times 78 \times 79$ में इकाई स्थान का अंक ढूंढ़ें।
(a) 2 (b) 0 (c) 4 (d) 6 ***SSC CHSL (Tier-1) 13.3.2018***

178. समीकरण $(153)^{144} - (115)^{123} - (111)^{510} + (216)^{25}$ में इकाई स्थान का अंक निकालिये।
(a) 1 (b) 5 (c) 6 (d) 3 ***SSC CHSL (Tier-1) 19.3.2018***

179. $(192)^{102} + (193)^{103}$ में इकाई स्थान का अंक ज्ञात करें।
(a) 0 (b) 1 (c) 3 (d) 5 ***SSC CHSL (Tier-1) 15.3.2018***

180. $(194)^{102} + (294)^{103}$ में यूनिट स्थान का अंक खोजें।
(a) 0 (b) 6 (c) 8 (d) 2 ***SSC CHSL (Tier-1) 6.3.2018***

विविध प्रश्न

181. यदि एक संख्या और उसके व्युत्क्रम का योग 2 हो, तो वह संख्या कितनी है?
(a) 0 (b) 1 (c) -1 (d) 2 ***SSC CGL (Tier-1) 29.8.2016***

182. 2,5,0,6,8 अंकों से बनी पाँच अंकीय सबसे बड़ी संख्या और सबसे छोटी संख्या का अंतर कितना होगा? (अंकों की पुनरावृत्ति अनुमत नहीं है)
(a) 69552 (b) 65925 (c) 65952 (d) 63952 ***SSC CGL (Tier-1)29.8.2016***

183. उस संख्या का पता लगाएं जो 49 से जितनी अधिक हैं, उतनी ही 95 से कम हैं।

(a) 23 (b) 55 (c) 72 (d) 76 ***SSC CHSL (Tier-1) 10.3.2018***

184. एक अंडे का एक टोकरे में, हर 25 अंडों में से एक सड़ा अंडा है। यदि 8 में से 5 सड़े अंडे अनुपयोगी होते हैं और टोकरी में कुल 10 व्यर्थ अंडे होते हैं, तो टोकरे में अंडों की संख्या की गणना करें।

(a) 380 (b) 400 (c) 420 (d) 440 ***SSC CHSL (Tier-1) 8.3.2018***

185. क्रमशः 68956 में 9 का स्थानीय मान और अंकित मान क्या है?

(a) 9, 900 (b) 900, 9 (c) 9, 9 (d) 9000, 900 ***SSC CHSL (Tier-1) 13.3.2018***

186. दिव्या और कृति के पास कुल 46 कैंडीज हैं। अगर दिव्या के पास कृति से 10 कैंडीज ज्यादा हैं, तो दिव्या की कैंडीज की कुल संख्या क्या है?

(a) 20 (b) 24 (c) 28 (d) 32 ***SSC CHSL (Tier-1) 14.3.2018***

187. दो संख्याएँ तीसरी संख्या से क्रमशः 16.25% तथा 55% अधिक है। पहली संख्या दूसरी संख्या का कितना प्रतिशत है?

(a) 85 (b) 81.5 (c) 75 (d) 61.25 ***SSC CHSL (Tier-1) 14.3.2018***

188. कौन सी संख्या 800 के 80% से 30% कम है?

(a) 524 (b) 192 (c) 448 (d) 368 ***SSC CHSL (Tier-1) 12.3.2018***

189. दो संख्याए एक तीसरी संख्या की तुलना में 30% और 37% कम हैं। दूसरी संख्या को पहली संख्या के बराबर करने के लिए उसे कितने प्रतिशत से बढ़ाना होगा?

(a) 10 प्रतिशत (b) 7 प्रतिशत (c) 11.11 प्रतिशत (d) 18.92 प्रतिशत ***SSC CHSL (Tier-1) 16.1.2017***

190. एक संख्या को दो भागों में इस प्रकार विभाजित किया जाता है कि पहले भाग का 30%, दूसरे भाग के 20% से 25 अधिक है। दूसरे भाग का 50%, पहले भाग के 60% से 33.5 अधिक है। संख्या क्या है?

(a) 1475 (b) 1655 (c) 1425 (d) 1905 ***SSC CHSL (Tier-1) 7.3.2018***

191. दो संख्याओं में से छोटी संख्या का 65% बड़ी संख्या के 45% के बराबर है। यदि संख्याओं का योग 2574 है, तो बड़ी संख्या का मान क्या है?

(a) 1521 (b) 1471 (c) 1641 (d) 1419 ***SSC CHSL (Tier-1) 20.3.2018***

192. यदि एक संख्या के 60% को 60 में जोड़ा जाता है, तो परिणाम स्वयं संख्या के बराबर होता है। संख्या क्या है?

(a) 150 (b) 120 (c) 100 (d) 180 ***SSC CHSL (Tier-1) 16.3.2018***

193. वह संख्या बताइये जो अभाज्य नहीं हैं?

(a) 89 (b) 87 (c) 79 (d) 97 ***SSC CHSL (Tier-1) 7.3.2018***

194. एक छात्र ने एक संख्या का गुणा 8/5 के बजाय 5/8 से कर दिया। इस गणना में प्रतिशत त्रुटि कितनी होगी?

(a) 60.94 प्रतिशत (b) 156 प्रतिशत (c) 30.47 प्रतिशत (d) 78 प्रतिशत ***SSC CHSL (Tier-1) 3.1.2017***

195. शेष का पता लगाएं, जब (37 + 57 + 78 + 75 + 179) को 17 से विभाजित किया गया है?

(a) 1 (b) 2 (c) 5 (d) 7 ***SSC CHSL (Tier-1) 16.3.2018***

196. यदि किसी संख्या के 50% को 75 में जोड़ा जाता है तो परिणाम वही संख्या होती है। वह संख्या है–

(a) 100 (b) 400 (c) 250 (d) 150 ***SSC CPO 1.7.2017***

197. यदि किसी संख्या के 85% को 75 में जोड़ा जाता है तो परिणाम वही संख्या है। वह संख्या है–

(a) 200 (b) 100 (c) 300 (d) 500 ***SSC CGL (Tier-1) 13.6.2019***

198. एक संख्या को तीन भागों में इस प्रकार विभाजित किया जाता है कि पहला भाग का तीन गुणा, दूसरे भाग का छह गुणा और तीसरे भाग का आठ गुणा बराबर है। यदि पहला भाग ₹1600 है, तो तीसरा भाग कितना है?

(a) ₹ 450 (b) ₹ 900 (c) ₹ 600 (d) ₹ 750 ***SSC CHSL (Tier-1) 16.8.2019***

199. एक लड़का 1 से 10 तक की सभी प्राकृतिक संख्याओं को जोड़ता है लेकिन वह एक संख्या को दो बार जोड़ देता है जिसके कारण योग 58 हो जाता है। वह कौन सी संख्या जिसको उसने दो बार जोड़ा है?

(a) 3 (b) 4 (c) 7 (d) 8 ***SSC CPO 5.7.2017***

200. एक लड़का 1 से 20 तक की सभी प्राकृतिक संख्याओं को जोड़ता है लेकिन वह एक संख्या को दो बार जोड़ दता है जिसका कारण योग 215 हो जाता है। वह संख्या क्या है जिसको उसने दो बार जोड़ा है?

(a) 5 (b) 7 (c) 11 (d) 15 ***SSC CPO 5.7.2017***

201. यदि एक संख्या का 40%, 290 है, तो वह संख्या कौन सी है जो प्रारंभिक संख्या से 20% अधिक है?

(a) 870 (b) 725 (c) 825 (d) 680 ***SSC C.P.O. 1.7.2017***

202. 120 के विषम और सम भाजकों की कुल संख्या क्रमशः कितनी है?

(a) 12, 4 (b) 16, 0 (c) 4, 12 (d) 8, 8 ***RRB NTPC (Tier-1) : 1.2.2021***

उत्तरमाला

1. (a)	2. (c)	3. (c)	4. (c)	5. (c)	6. (a)	7. (b)	8. (c)	9. (d)
10. (c)	11. (b)	12. (c)	13. (b)	14. (c)	15. (d)	16. (a)	17. (a)	18. (b)
19. (b)	20. (c)	21. (a)	22. (c)	23. (a)	24. (c)	25. (b)	26. (a)	27. (d)
28. (a)	29. (c)	30. (d)	31. (d)	32. (b)	33. (b)	34. (b)	35. (c)	36. (c)
37. (d)	38. (c)	39. (d)	40. (a)	41. (b)	42. (b)	43. (c)	44. (b)	45. (b)
46. (a)	47. (c)	48. (d)	49. (d)	50. (d)	51. (d)	52. (b)	53. (b)	54. (a)
55. (b)	56. (d)	57. (b)	58. (c)	59. (c)	60. (d)	61. (a)	62. (c)	63. (b)
64. (a)	65. (c)	66. (d)	67. (c)	68. (b)	69. (c)	70. (d)	71. (b)	72. (b)
73. (c)	74. (b)	75. (c)	76. (c)	77. (b)	78. (c)	79. (a)	80. (b)	81. (b)
82. (c)	83. (d)	84. (b)	85. (d)	86. (a)	87. (b)	88. (d)	89. (c)	90. (a)
91. (a)	92. (b)	93. (a)	94. (a)	95. (b)	96. (a)	97. (d)	98. (b)	99. (a)
100. (d)	101. (b)	102. (b)	103. (d)	104. (b)	105. (a)	106. (b)	107. (b)	108. (d)
109. (b)	110. (d)	111. (a)	112. (a)	113. (d)	114. (d)	115. (c)	116. (c)	117. (b)
118. (b)	119. (d)	120. (c)	121. (a)	122. (a)	123. (b)	124. (a)	125. (b)	126. (a)
127. (d)	128. (b)	129. (d)	130. (c)	131. (d)	132. (a)	133. (b)	134. (d)	135. (d)
136. (a)	137. (a)	138. (a)	139. (d)	140. (b)	141. (a)	142. (b)	143. (c)	144. (b)
145. (a)	146. (a)	147. (c)	148. (a)	149. (d)	150. (b)	151. (b)	152. (d)	153. (c)
154. (a)	155. (a)	156. (d)	157. (c)	158. (d)	159. (a)	160. (a)	161. (b)	162. (d)
163. (d)	164. (a)	165. (b)	166. (c)	167. (c)	168. (b)	169. (d)	170. (a)	171. (a)
172. (d)	173. (b)	174. (a)	175. (a)	176. (d)	177. (d)	178. (a)	179. (b)	180. (a)
181. (b)	182. (c)	183. (c)	184. (b)	185. (b)	186. (c)	187. (c)	188. (c)	189. (c)
190. (a)	191. (a)	192. (a)	193. (b)	194. (a)	195. (a)	196. (d)	197. (d)	198. (c)
199. (a)	200. (a)	201. (a)	202. (c)					

अभ्यास प्रश्नों के हल

1. चूंकि 5 क्रमिक पूर्णांकों का योग = S, अतः ठीक बीच का पूर्णांक (अर्थात् तीसरा पूर्णांक) = $\frac{\text{योग}}{\text{पूर्णांकों की संख्या}} = \frac{S}{5}$

∴ सबसे बड़ा पूर्णांक (अर्थात् 5वाँ पूर्णांक) = $\frac{S}{5} + 1 + 1 = \frac{S}{5} + 2 = \frac{S + 10}{5}$

2. माना श्रेणी 1 + 2 + 3 + ...के n पदों का योग = 5050

∴ $\frac{n(n+1)}{2} = 5050 \Rightarrow n(n+1) = 5050 \times 2$

∴ $n^2 + n = 10100 \Rightarrow n^2 + n - 10100 = 0 \Rightarrow n^2 + 101n - 100n - 10100 = 0$

∴ $n(n+101) - 100(n+101) = 0 \Rightarrow (n+101)(n-100) = 0$

∴ $n + 101 \neq 0$ परन्तु $n - 100 = 0 \Rightarrow n = 100$

3. प्रथम n विषम संख्याओं का योग = n^2

∴ 1 + 3 + 5 + ... के 15 पदों का योग = $15^2 = 225$

4. 50 से कम 3 के सभी धनात्मक गुणजों का योग = 3 + 6 + 9 + ... + 45 + 48

3 + 6 + 9 + ...+ 48= $\frac{(\text{प्रथम संख्या} + \text{अन्तिम संख्या}) \times n}{2} = \frac{(3+48) \times 16}{2} = 51 \times 8 = 408$

5. ∵ 1 + 2 + 3 + 4 .... + 10 = 55

∴ (6 + 12 + 18 + ...+ 60) = 6 (1 + 2 + 3 + ...+ 10) = 6 × 55 = 330

6. 11 + 12 + 13 + ... + 20 = $\frac{(\text{प्रथम संख्या} + \text{अन्तिम संख्या})}{2} \times n = \frac{(11+20)}{2} \times 10 = 31 \times 5 = 155$

7. 1 + 2 + 3 + 4 + ... + 49 + 50 = $\frac{(1+50)}{2} \times 50 = 51 \times 25 = 1275$

49 + 48 + ... + 2 + 1 = $\frac{(49+1)}{2} \times 49 = \frac{50}{2} \times 49 = 25 \times 49 = 1225$

∴ 1 + 2 + 3 + 4 + ...+ 49 + 50 + 49 + ... + 2 + 1 = 1275 + 1225 = 2500

8. ठीक बीच वाला समपूर्णांक = $\frac{\text{योग}}{7} = \frac{140}{7} = 20$, अतः सबसे बड़ा समपूर्णांक = 20 + 2 + 2 + 2 = 26

9. ठीक बीच वाली विषम संख्या = $\frac{\text{योग}}{7} = \frac{133}{7} = 19$, अतः न्यूनतम विषम संख्या = 19 − 2 − 2 − 2 = 19 − 6 = 13

10. ठीक बीच वाली संख्या = $\frac{\text{योग}}{3} = \frac{1350}{3} = 450$

∴ सबसे छोटी संख्या = 450 − 1 = 449 और सबसे बड़ी संख्या = 450 + 1 = 451

∴ सबसे छोटी संख्या + सबसे बड़ी संख्या = 449 + 451 = 900

11.

```
3)100(33        3)200(66
   9               18
   10              20
    9              18
    1               2
```

∴ 100 से 200 के बीच 3 के कुल गुणज = 3 × 34, 3 × 35 .... 3 × 66
= 102, 105, ... 198

3 के कुल गुणजों की संख्या = 66 − 33 = 33 ⇒ n

∴ n गुणजों का योग = $\frac{(\text{पहला गुणज} + \text{अन्तिम गुणज}) \times n}{2} = \frac{(102+198) \times 33}{2} = \frac{300}{2} \times 33 = 4950$

12. प्रथम n विषम प्राकृत संख्याओं का योग $= n^2$, अतः प्रथम 20 विषम प्राकृत संख्याओं का योग $= 20^2 = 400$

13. बीच वाली संख्या $= \frac{\text{योग}}{3} = \frac{72}{3} = 24$, अतः सबसे बड़ी संख्या $= 24 + 3 = 27$

14. $101 + 102 + 103 + \text{..........} + 200 = \frac{(\text{पहली संख्या} + \text{अन्तिम संख्या})}{2} \times n = \frac{(101+200)\times 100}{2}$

$= 301 \times 50 = 15050$

15. माना 5 से विभाज्य तीन क्रमागत प्राकृत संख्याएँ क्रमशः $5x, 5x + 5, 5x + 10$

$\therefore$ $5x + 5x + 5 + 5x + 10 = 225 \Rightarrow 15x + 15 = 225 \Rightarrow 15x = 225 - 15 = 210 \Rightarrow x = \frac{210}{15} = 14$

$\therefore$ सबसे बड़ी संख्या $= 5x + 10 = 5 \times 14 + 10 = 70 + 10 = 80$

16. $(91 + 92 + 93 + \text{........} + 140)$ में पदों की संख्या $= 140 - 90 = 50$

$\therefore$ $91 + 92 + 93 + \text{......} 140 = \frac{(\text{प्रथम पद} + \text{अन्तिम पद}) \times \text{पदों की संख्या}}{2} = \frac{(91+140)\times 50}{2}$

$= 231 \times 25 = 5775$

17. माना चार लगातार विषम संख्याएँ $x, x+2, x+4, x+6$ हैं

$\therefore$ $x + x + 2 + x + 4 + x + 6 = 208 \Rightarrow 4x = 196 \Rightarrow x = 49$, अतः सबसे बड़ी संख्या $= x + 6 = 49 + 6 = 55$

18. माना बड़ी संख्या a और छोटी संख्या b है। अतः $a + b = 80$ और $a - b = 20$

अतः $(a + b)(a - b) = 80 \times 20 \Rightarrow a^2 - b^2 = 1600$

19. माना बड़ी संख्या a और छोटी संख्या संख्या b है। अतः $a - b = 9$ ....(i)

और $a^2 - b^2 = 207 \Rightarrow (a + b) \times (a - b) = 207$

$\therefore$ $(a + b) \times 9 = 207 \Rightarrow a + b = 23$ ....(ii)

समीकरण (i) और (ii) को जोड़ने पर,

$(a - b) + (a + b) = 9 + 23 \Rightarrow a - b + a + b = 32 \Rightarrow 2a = 32 \Rightarrow a = 16$

समीकरण (ii) में $a = 16$ रखने पर, $16 + b = 23 \Rightarrow b = 23 - 16 = 7$, अतः संख्याएँ $= a, b = 16, 7$

20. माना पहली संख्या x तथा दूसरी संख्या $5x$ है।

$\therefore$ गुणनफल $= 320 \Rightarrow x \cdot 5x = 320 \Rightarrow x^2 = 64 \Rightarrow x = 8$

$\therefore$ संख्याओं के वर्गों में अन्तर $= (5x)^2 - (x)^2 = (5 \times 8)^2 - (8)^2 = (40)^2 - 64 = 1600 - 64 = 1536$

21. माना दो क्रमागत प्राकृत संख्याएँ क्रमशः x तथा $(x + 1)$ हैं।

$\therefore$ $x^2 + (x + 1)^2 = 145 \Rightarrow x^2 + x^2 + 1 + 2x = 145 \Rightarrow 2x^2 + 2x - 144 = 0$

$\therefore$ $x^2 + x - 72 = 0 \Rightarrow x^2 + 9x - 8x - 72 = 0 \Rightarrow (x + 9)(x - 8) = 0$

$\therefore$ $x + 9 \neq 0$, अतः $x - 8 = 0 \Rightarrow x = 8$, अतः अभीष्ट संख्याएँ $= x, (x + 1) = 8, 9$

22. माना लगातार तीन विषम संख्याएँ क्रमशः $x, x + 2, x + 4$ हैं।

$\therefore$ $x^2 + (x+2)^2 + (x+4)^2 = 1595 \Rightarrow x^2 + x^2 + 4 + 4x + x^2 + 16 + 8x = 1595$

$\therefore$ $3x^2 + 12x - 1575 = 0 \Rightarrow x^2 + 4x - 525 = 0 \Rightarrow x^2 + 25x - 21x - 225 = 0$

$\therefore$ $x(x + 25) - 21(x + 25) = 0 \Rightarrow (x + 25)(x - 21) = 0$

$\because$ $x + 25 \neq 0$, अतः $x - 21 = 0 \Rightarrow x = 21$, अतः तीनों विषम संख्याएँ $= x, x + 2, x + 4 = 21, 23, 25$

23. माना एक भाग x और दूसरा भाग $(20 - x)$ है।

$\therefore$ $x^2 + (20 - x)^2 = 232 \Rightarrow x^2 + 400 + x^2 - 40x = 232$

$\therefore$ $2x^2 - 40x + 168 = 0 \Rightarrow x^2 - 20x + 84 = 0 \Rightarrow x^2 - 14x - 6x + 84 = 0$

$\therefore$ $x(x - 14) - 6(x - 14) = 0 \Rightarrow (x - 14)(x - 6) = 0 \Rightarrow x = 14, 6$

24. वे दो प्राकृतिक संख्याएँ, जिनके वर्गों का योग 52 है = 4, 6

25. माना छोटी संख्या $3x$ और बड़ी संख्या $4x$ हैं। अतः $(4x)^3 - (3x)^3 = 999 \Rightarrow 64x^3 - 27x^3 = 999$

$\therefore$ $37x^3 = 999 \Rightarrow x^3 = 27 = 3^3 \Rightarrow x = 3$, अतः छोटी संख्या का वर्ग $= (3x)^3 = (3 \times 3)^2 = 9^2 = 81$

26. तीन क्रमागत संख्याओं का योग = 15 अतः ठीक बीच वाली संख्या (अर्थात् दूसरी संख्या) $= \frac{\text{योग}}{3} = \frac{15}{3} = 5$

$\therefore$ पहली संख्या $= 5 - 1 = 4$ और तीसरी संख्या $= 5 + 1 = 6$

$\therefore$ तीनों क्रमागत संख्याओं का गुणनफल $= 4 \times 5 \times 6 = 120$

27. माना वह अज्ञात संख्या n है, अतः 71 से गुणा करके 47 जोड़ने पर प्राप्त नई संख्या = 71n + 47

$\therefore$ $\frac{71n + 47}{7} = 98 \Rightarrow 71n + 47 = 98 \times 7 = 686$, अतः $71n = 686 - 47 = 639 \Rightarrow n = \frac{639}{71} = 9 = 3 \times 3$

$\therefore$ अज्ञात n = 9 जो 3 का गुणज है।

28. माना दोनों संख्याएँ क्रमशः a तथा b हैं। अतः $(a + b) . a = 247$ और $(a + b) . b = 114$

दोनों समीकरणों को जोड़ने पर, $(a + b) a + (a + b) b = 247 + 114$

$\therefore$ $(a + b)(a + b) = 361 \Rightarrow (a + b)^2 = 19^2 \Rightarrow a + b = 19$ अतः दोनों संख्याओं का योगफल $= a + b = 19$

29. माना दोनों संख्याएँ क्रमशः a तथा b हैं। अतः $a + b = 24$ और $a . b = 143$

$\therefore$ $(a + b)^2 = (24)^2 \Rightarrow a^2 + b^2 + 2ab = 576$

$\therefore$ $a^2 + b^2 + 2 \times 143 = 576 \Rightarrow a^2 + b^2 = 576 - 286 = 290$

$\therefore$ दोनों संख्याओं के वर्गों का योग = 290

30. माना दोनों संख्याएँ क्रमशः a और b हैं। अतः $(a - b) : (a + b) : a . b = 1 : 5 : 36$

$\therefore$ $(a - b) : (a + b) = 1 : 5 \Rightarrow (a - b) \times 5 = (a + b) \times 1$

$\therefore$ $5a - 5b = a + b \Rightarrow 4a = 6b \Rightarrow \frac{a}{b} = \frac{6}{4} = \frac{3}{2} = 3 : 2$

$\therefore$ माना पहली संख्या $a = 3x$ तथा दूसरी संख्या $b = 2x$, अतः $(a + b) : ab = 5 : 36 \Rightarrow (3x + 2x) : 3x \cdot 2x = 5 : 36$

$\therefore$ $5x : 6x^2 = 5 : 36 \Rightarrow 6x^2 \times 5 = 5x \times 36 \Rightarrow x = 6$, अतः दोनों संख्याओं का योग $= 3x + 2x = 5x = 5 \times 6 = 30$

31. माना तीनों संख्याएँ क्रमशः a, b तथा c हैं। अतः $a \cdot b = 42$, $b \cdot c = 56$ तथा $a \cdot c = 48$

$\therefore$ $a \cdot b \times b \cdot c \times a \cdot c = 42 \times 56 \times 48$ अतः $a^2 \cdot b^2 \cdot c^2 = 6^2 \cdot 7^2 \cdot 8^2 \Rightarrow a \cdot b \cdot c = 6 \times 7 \times 8$, अतः तीसरी संख्या $c = 8$

32. माना चार क्रमागत अभाज्य संख्याएँ क्रमशः a, b, c तथा d हैं।

$\therefore$ $a \cdot b \cdot c = 385$ और $b \cdot c \cdot d = 1001$, अतः $b \cdot c = 385$ और 1001 का म.स. $= 77 = 7 \times 11$

$\therefore$ $b \cdot c \cdot d = 1001$ में $b \cdot c = 77$ रखने पर, $77 \times d = 1001 \Rightarrow d = \frac{1001}{77} = 13$, अतः सबसे बड़ी अभाज्य संख्या $= d = 13$

33. माना बड़ी संख्या a तथा छोटी संख्या b है। अतः योग = अन्तर × 3 $\Rightarrow a + b = (a - b) \times 3 = 3a - 3b$

$\therefore$ $2a = 4b \Rightarrow a = 2b \Rightarrow \frac{a}{b} = \frac{2}{1} \Rightarrow a : b = 2 : 1$

34. माना वह संख्या x है। अतः $x - 4 = \frac{1}{x} \times 21 \Rightarrow x^2 - 4x = 21$

$\therefore$ $x^2 - 4x - 21 = 0 \Rightarrow x^2 - 7x + 3x - 21 = 0 \Rightarrow (x - 7)(x + 3) = 0$

$\because$ $x + 3 \neq 0$, अतः $x - 7 = 0 \Rightarrow x = 7$, अतः वह संख्या $= x = 7$

35. माना बड़ी संख्या a तथा छोटी संख्या b है।

$\therefore$ $a + b = 80$ ....(i) और $a - b = 8$ ....(ii)

दोनों समीकरणों को जोड़ने पर $2a = 88 \Rightarrow a = 44$

समीकरण (i) में $a = 44$ रखने पर, $44 + b = 80 \Rightarrow b = 80 - 44 = 36$

$\therefore$ संख्याओं में अनुपात $= a : b = 44 : 36 = 11 : 9$

36. माना बड़ी संख्या $6x$ तथा छोटी संख्या $5x$ है। अतः $6x + 5x = 77$, अतः $11x = 77 \Rightarrow x = 7$,

अतः बड़ी संख्या $= 6x = 6 \times 7 = 42$ और छोटी संख्या $= 5x = 5 \times 7 = 35$

$\therefore$ दोनों में अन्तर $= 42 - 35 = 7$

37. $\because$ बड़ी संख्या का 7.6% = छोटी संख्या का 12.4% $\Rightarrow$ बड़ी संख्या $\times$ 7.6 = छोटी संख्या $\times$ 12.4

$\therefore$ $\frac{\text{बड़ी संख्या}}{\text{छोटी संख्या}} = \frac{12.4}{7.6} = \frac{124}{76} = \frac{31}{19} \Rightarrow$ बड़ी संख्या : छोटी संख्या = 31 : 19

$\therefore$ माना बड़ी संख्या $31x$ तथा छोटी संख्या $19x$ है। अतः $31x - 19x = 1020 \Rightarrow 12x = 1020 \Rightarrow x = \frac{1020}{12} = 85$

$\therefore$ दोनों संख्याओं का योग $= 31x + 19x = 50x = 50 \times 85 = 4250$

38. चार अंकों की सबसे बड़ी संख्या = 9999

```
307 ) 9 9 9 9 ( 32
      9 2 1
      -------
        7 8 9
        6 1 4
        -----
        1 7 5
```

अतः जोड़ी जाने वाली सबसे छोटी संख्या = भाजक − शेष = 307 - 175 = 132

39. माना n को 5 से विभाजित करने पर भागफल x तथा शेष 2 प्राप्त होता है।

$\therefore$ भाज्य n = भाजक × भागफल + शेष = $5x + 2$, अतः $n^2 = (5x+2)^2 = 25x^2 + 4 + 20x = 25x^2 + 20x + 4$

$\therefore$ n^2 को 5 से भाग देने पर, $\frac{25x^2 + 20x + 4}{5}$ से प्राप्त शेष = 4

40. चूँकि प्रथम भाजक 36, द्वितीय भाजक 12 से भाज्य है।

अतः 12 से भाग देने पर प्राप्त शेष = 19 ÷ 12 से प्राप्त शेष = 7

41. चार अंकों की सबसे बड़ी संख्या = 9999

```
345 ) 9 9 9 9 ( 28
      6 9 0
      ---------
      3 0 9 9
      2 7 6 0
      -------
        3 3 9
```

अतः जोड़ी जाने वाली सबसे छोटी संख्या = भाजक − शेष
= 345 − 339 = 6

42. सही भाजक = 36 और गलत भाजक = 63 तथा गलत भागफल = 24

$\therefore$ भाज्य = 63 × 24, अतः सही भागफल = $\frac{63 \times 24}{36} = 42$

43. विभाजक = शेषफल × 5 = 36 × 5 = 180

चूँकि विभाजक = भागफल × 12 $\Rightarrow$ भागफल = $\frac{\text{विभाजक}}{12} = \frac{180}{12} = 15$

$\therefore$ भाज्य = भाजक × भागफल + शेषफल = 180 × 15 + 36 = 2700 + 36 = 2736

44. $\because$ 'a' संख्या 228 को विभाजित करके शेष 18 देता है।

$\therefore$ a = 228 − 18 का कोई एक गुणनखण्ड = 210 का एक गुणनखण्ड = 2 × 3 × 5 × 7 में से एक गुणनखण्ड

$\therefore$ a का दो अंकों का सबसे बड़ा मान = 2 × 5 × 7 = 70

45. माना n को 4 से विभाजित करने पर भागफल x तथा शेषफल 3 आता है।

$\therefore$ भाज्य n = भाजक × भागफल + शेषफल = $4x + 3$, अतः $2n = 2(4x + 3) = 8x + 6$

$\therefore$ 2n को भी 4 से विभाजित करने पर, $\frac{8x+6}{4} = \frac{8x+4+2}{4}$, अतः शेषफल = 2

46. 1848 के अभाज्य गुणनखण्ड = 2 × 2 × 2 × 2 × 3 × 7 × 11

$\therefore$ विषम संयुक्त विभाजक = (3 × 7), (7 × 11), (3 × 11), (3 × 7 × 11)

= 21, 77, 33, 231, अतः विषम संयुक्त विभाजकों की संख्या = 4

47. जिस संख्या के दहाई और इकाई के अंकों से बनी संख्या 25 से भाज्य होगी वह मूल संख्या भी 25 से भाज्य होगी। अतः संख्या 303375, 25 से भाज्य होगी।

48. भाजक = 38, भागफल = 70, शेष = 12

$\therefore$ भाज्य = भाजक × भागफल + शेष = 38 × 70 + 12 = 2660 + 12 = 2672

49. $\because$ भाजक : शेषफल = 3 : 2 ⇒ भाजक : 14 = 3 : 2 ⇒ भाजक = $\frac{3 \times 14}{2}$ = 3 × 7 = 21

और भाजक : भागफल = 7 : 12 ⇒ 21 : भागफल = 7 : 12 ⇒ भागफल = 3 × 12 = 36

$\therefore$ भाज्य = भाजक × भागफल + शेषफल = 21 × 36 + 14 = 756 + 14 = 770

$\therefore$ 770 को 9 से भाग देने पर शेष = 5

50.

```
87) 1 3 8 5 1 (159
    8 7
    -----
      5 1 5
      4 3 5
      -----
        8 0 1
        7 8 3
        -----
          1 8
```

अतः जोड़ी जाने वाली न्यूनतम संख्या = 87 – 18 = 69

51.

```
17) 2 9 5 7 (173
    1 7
    -----
    1 2 5
    1 1 9
    -----
        6 7
        5 1
        ---
        1 6
```

अतः जोड़ी जाने वाली न्यूनतम संख्या = 17 – 16 = 1

52.

```
7) 2 0 0 (28
   1 4
   -----
     6 0
     5 6
     ---
       4
```

```
7) 4 0 0 (57
   3 5
   -----
     5 0
     4 9
     ---
       1
```

$\therefore$ 200 से 400 के बीच 7 के गुणजों (अपवर्त्यों) की संख्या = 57 – 28 = 29

$\therefore$ 200 से 400 के बीच 7 से विभाज्य संख्याओं की संख्या = 29

53.

```
29) 1 0 3 9 (35
    8 7
    -----
    1 6 9
    1 4 5
    -----
      2 4
```

अतः जोड़ी जाने वाली न्यूनतम संख्या = 29 – 24 = 5

54. तीन अंकों वाली संख्याएँ = 100, 101, 102, ...997, 998, 999

```
4) 1 0 0 (25
     8
   -----
     2 0
     2 0
     ---
     × ×
```

```
4) 9 9 9 (249
   8
   -----
   1 9
   1 6
   -----
     3 9
     3 6
     ---
     × 3
```

$\therefore$ 4 से विभाजित होने वाली 3 अंकों की संख्याओं की संख्या = 249 – 24 = 225

55.
$$\begin{array}{r} 14\overline{)2401}(171 \\ \underline{14} \\ 100 \\ \underline{98} \\ 21 \\ \underline{14} \\ \times 7 \end{array}$$

अतः जोड़ी जाने वाली न्यूनतम संख्या = 14 – 7 = 7

56. माना पूर्णांक n को 5 से विभाजित करने पर भागफल x मिलता है।

∴ भाज्य n = भाजक × भागफल + शेष = $5x + 2$

∴ $7n \div 5 = 7(5x + 2) \div 5 = (35x + 14) \div 5 = (35x + 10 + 4) \div 5$

∴ 7n को 5 से भाग देने पर प्राप्त शेष = 4

57. माना धन पूर्णांक x को d से विभाजित करने पर भागफल n और शेष 15 प्राप्त होता है।

∴ भाज्य x = भाजक × भागफल + शेष = dn + 15

∴ धन पूर्णांक x का दस गुना = $10x$ = 10 (dn + 15) = 10dn + 150 = 10dn + 144 + 6

अतः 10dn + 144 भाजक d से पूर्णतः विभाज्य होगा।

परन्तु d का मान प्रथम शेष 15 से अधिक होना चाहिए।

अतः 144 के अपवर्तकों 9,12, 16, 18 में से d का अभीष्ट न्यूनतम मान = 16

58. ∵ 3957 + 5349 – 7062 = 3906 – 7062 = 2244

अतः परिणामी संख्या 7 से विभाज्य नहीं है।

59. ∵ $\frac{\text{बडी संख्या}}{\text{छोटी संख्या}} = \frac{9}{7}$ ⇒ बड़ी संख्या : छोटी संख्या = 9 : 7

∴ माना बड़ी संख्या 9x तथा छोटी संख्या 7x है।

∴ दोनों संख्याओं का गुणनफल = $9x \cdot 7x = 1575 \Rightarrow x \cdot x = 25 \Rightarrow x = 5$

∴ दोनों संख्याओं का योगफल = 9x + 7x = 45 + 35 = 80

60. 13 × अभीष्ट संख्या = 999999................. अतः अभीष्ट संख्या = $\frac{999999....}{13}$

$$\begin{array}{r} 13\overline{)999999---}(76923 \\ \underline{91} \\ 89 \\ \underline{78} \\ 119 \\ \underline{117} \\ 29 \\ \underline{26} \\ 39 \\ \underline{39} \\ \times\times \end{array}$$

अतः अभीष्ट छोटी से छोटी संख्या = 76923

61.
$$\begin{array}{r} 567\overline{)58701}(103 \\ \underline{567} \\ 2001 \\ \underline{1701} \\ 300 \end{array}$$

अतः अभीष्ट संख्या = 567 का 104वां गुणज = 567 × 104 = 58968

62. यदि बड़ी संख्या a तथा छोटी संख्या b हो तो a.b = 9375 पुनः $\frac{a}{b} = 15$ या $a = 15b$

$\therefore$ $15b.b = 9375$ या $b^2 = \frac{9375}{15} = 625 = 25^2$

$\therefore$ $b = 25$, अतः $a \times 25 = 9375$ या $a = 375$, अतः संख्याओं का योग = $a + b = 375 + 25 = 400$

63. यदि बड़ी संख्या a तथा छोटी संख्या b हो तो a.b = 11520 और $\frac{a}{b} = \frac{9}{5} \Rightarrow a = \frac{9b}{5}$

$\therefore$ $\frac{9b.b}{5} = 11520$ या $b^2 = \frac{11520 \times 5}{9} = 6400$, अतः $b^2 = 80^2$ या $b = 80$

$\therefore$ $a \times 80 = 11520$ या $a = \frac{11520}{80} = 144$

$\therefore$ दोनों संख्याओं का अन्तर = $a - b = 144 - 80 = 64$

64. माना बड़ी संख्या a तथा छोटी संख्या b है।

प्रथम क्रिया से भाज्य = भाजक × भागफल + शेष

अतः $3a = 6b + 6$ या $a = 2b + 2$ ....(i)

द्वितीय क्रिया से $5b = 2a + 3$

अतः $5b = 2(2b+2) + 3 = 4b + 4 + 3$

$\therefore$ $5b - 4b = 7$ या $b = 7$

अतः बड़ी संख्या $a = 2b + 2 = 2 \times 7 + 2 = 16$

प्रथम क्रिया

b) 3a (6
6

द्वितीय क्रिया

a) 5b (2
3

65. माना दोनों अंक क्रमशः x, y हैं। अतः पुनरावृत्ति से बनी संख्या = xyxy = xy (101)

$\therefore$ वह संख्या सदैव 101से भाज्य होगी।

66. यदि तीनों अंक क्रमशः x, y, z हों तो पुनरावृत्ति से बनी संख्या = xyzxyz = xyz (1001)

$\therefore$ वह संख्या सदैव 1001 से भाज्य होगी।

67. यदि बड़ी संख्या a तथा छोटी संख्या b है। अतः $\frac{a}{b} = 3$ या $a = 3b$ ....(i)

और $a.b = 6075$ या $3b.b = 6075$, अतः $b^2 = \frac{6075}{3} = 2025 = 45^2$, अतः $b = 45$

$\therefore$ समीकरण (i) में b का मान रखने पर $a = 3 \times 45 = 135$, अतः छोटी संख्या = b = 45

68. अभीष्ट शेषफल = प्रथम शेष + द्वितीय शेष × प्रथम भाजक = $1 + 1 \times 3 = 1 + 3 = 4$

69. प्रथम क्रिया से प्राप्त पूर्ण शेष = प्रथम शेष + द्वितीय शेष × प्रथम भाजक = $1 + 4 \times 4 = 1 + 16 = 17$

$\therefore$ क्रमिक रूप से 5 और 4 से भाग देने पर क्रमशः शेष निम्न प्रकार होंगें –

5	17
4	3 , 2
	0 , 3

अतः क्रमशः शेष = 2, 3

70. अभीष्ट शेष = प्रथम शेष + द्वितीय शेष × प्रथम भाजक + तृतीय शेष × प्रथम भाजक × द्वितीय भाजक

$= 1 + 1 \times 2 + 6 \times 2 \times 3 = 1 + 2 + 36 = 39$

71. $\because$ द्वितीय भाजक 8 प्रथम भाजक 56 का एक गुणनखण्ड है।

$\therefore$ 8 से भाग देने पर अभीष्ट शेष = 29 ÷ 8 से प्राप्त शेष = 5

72. 28 से भाग देने पर शेष = प्रथम शेष + द्वितीय शेष × प्रथम भाजक = $2 + 1 \times 4 = 2 + 4 = 6$

73. यदि कोई संख्या किन्हीं दो अन्य संख्याओं x तथा y से अलग-अलग विभाजित हो जाय तो वह दोनों संख्याओं के गुणनफल x.y से भी विभाजित होगी।

अतः वह संख्या अनिवार्यतः 11 × 13 से विभाज्य होगी।

74. माना 347 – 547 = 347 x 547
∵ संख्या 347 x 547 को पूरी तरह से 11 से विभाज्य करने के लिए–
सम स्थान के अंकों का योग ~ विषम स्थान के अंकों का योग = 0 या 11
∴ $(4 + x + 4) \sim (7 + 5 + 7 + 3) = 0$ या 11, अतः $(8 + x) \sim 22 = 0$ या 11, अतः $22 - (8 + x) = 11$
∴ $22 - 8 - x = 11 \quad \Rightarrow 14 - x = 11 \quad \Rightarrow x = 14 - 11 = 3$
∴ खाली स्थान पर अंक = $x = 3$

75. ∵ संख्या 657423546 x46 को 11 विभाजित कर देता है
∴ सम स्थान के अंकों का योग ~ विषम स्थान के अंकों का योग = 0
∴ $(4 + 6 + 5 + 2 + 7 + 6) \sim (6 + x + 4 + 3 + 4 + 5) = 0$
∴ $30 \sim (x + 22) = 0 \quad \Rightarrow (x + 22) - 30 = 0 \quad \Rightarrow x + 22 - 30 = 0 \quad \Rightarrow x = 8$

76. माना 247 – 679 = 247 x 679 जो 9 से पूर्ण रूप से भाज्य है।
∴ अंकों का योग = 9 का कोई गुणज $\Rightarrow 2 + 4 + 7 + x + 6 + 7 + 9$ = 9 का कोई गुणज
∴ $x + 35 = 36 \quad \Rightarrow x = 36 - 35 = 1$

77. ∵ संख्या 897359y7x2 अन्य संख्या 72 (अर्थात् 8×9) से विभाजित है।
∴ संख्या 897359y7x2 गुणनखण्डों 8 और 9 से भी विभाजित होगी।
∴ सैकड़ा, दहाई और इकाई से बनी संख्या 7x2 गुणनखण्ड 8 से विभाजित होगी।
∴ सैकड़ा, दहाई और इकाई से बनी संख्या 7 x 2 में $x = 5$
∴ मूल संख्या 897359 y 7 x 2 = 897359 y 7 52
चूंकि यह संख्या 9 से भी विभाजित है। अतः संख्या के अंकों का योग भी 9 से विभाजित होगा।
∴ $8 + 9 + 7 + 3 + 5 + 9 + y + 7 + 5 + 2$ = 9 का उचित गुणज
∴ $55 + y = 63 \Rightarrow y = 63 - 55 = 8$, अतः $3x - y = 3 \times 5 - 8 = 15 - 8 = 7$

78. ∵ संख्या 69 13 x 08 संख्या 88 (अर्थात् 11×8) से विभाज्य है।
∴ संख्या 69 13 x 08 संख्या 11 से भी विभाज्य होगी।
∴ सम स्थान के अंकों का योग ~ विषम स्थान के अंकों का योग = 0 या 11
∴ $(0 + 3 + 9) \sim (8 + x + 1 + 6) = 0$ या 11, अतः $12 \sim (x + 15) = 11 \Rightarrow x + 15 - 12 = 11 \Rightarrow x = 8$

79. ∵ 34 N संख्या 11 से विभाज्य है। अतः N = 1

80. ∵ संख्या 84 39 x 53 संख्या 99 (अर्थात् 11×9) से विभाज्य है।
∴ सम स्थान के अंकों का योग ~ विषम स्थान के अंकों का योग = 0 या 11
∴ $(5 + 9 + 4) \sim (3 + x + 3 + 8) = 0$ या 11
∴ $18 \sim (x + 14) = 0 \quad \Rightarrow x + 14 - 18 = 0 \quad \Rightarrow x = 4$

81. ∵ संख्या 55350 x 2 अन्य संख्या 72 (अर्थात् 8×9) से विभाजित है।
∴ संख्या 55350x 2 गुणनखण्डों 8 और 9 से भी विभाजित होगी।
∴ सैकड़ा, दहाई और इकाई से बनी संख्या 0 x 2 गुणनखण्ड 8 से विभाजित होगी।
∴ सैकड़ा, दहाई और इकाई से बनी संख्या 0 x 2 में $x = 7$, अतः मूल संख्या 55350x 2 में $x = 7$

82. ∵ संख्या 6 x 2904 अन्य संख्या 88 (अर्थात् 8×11) से विभाजित है।
∴ संख्या 6x 2904 गुणनखण्डों 8 और 11 से भी विभाजित होगी।
अब गुणनखण्ड 11 से भाज्यता का नियम लागू करने के लिए–
सम स्थान के अंकों का योग विषम स्थान के अंकों का योग = 0 या 11
$(0 + 2 + 6) \sim (4 + 9 + x) = 0$ या 11 $\Rightarrow 8 \sim (13 + x) = 0$ या 11
∴ $(13 + x) - 8 = 11 \quad \Rightarrow 13 + x = 19 \quad x = 19 - 13 = 6$

83. $\because$ संख्या $517x324$ अन्य संख्या 12 (अर्थात् 3×4) से विभाज्य है।
$\therefore$ संख्या $517x324$ गुणनखण्डों 3 और 4 से भी विभाज्य होंगी।
$\therefore$ संख्या $517x324$ के अंकों का योग भी गुणनखण्ड 3 से विभाज्य होगा।
$\therefore$ $5 + 1 + 7 + x + 3 + 2 + 4 = 3$ का उचित गुणज $\Rightarrow 22 + x = 24 \Rightarrow x = 24 - 22 = 2$

84. माना पूर्णांक n को 7 से विभाजित करने पर भागफल x तथा शेष 3 मिलता है
$\therefore$ भाज्य = भाजक × भागफल + शेष $\Rightarrow n = 7x + 3$ अब $6n = 6(7x + 3) = 42x + 18$
$\therefore$ 6n को 7 से विभाजित करने पर शेष $18 \div 7$ से प्राप्त शेष = 4

85. $\because$ संख्या $1330x558y2$ गुणनखण्डों 8 और 11 से विभाज्य होगी।
$\therefore$ $1330x558y2$ गुणनखण्डों 8 और 11 से भी विभाज्य होगी।
$\therefore$ सैकड़ा, दहाई और इकाई से बनी संख्या $8y2$ गुणनखण्ड 8 से विभाजित होगी।
$\therefore$ सैकडा, दहाई और इकाई से बनी संख्या $8y2$ में $y = 3$ रखने पर मूल्य संख्या = 1330x55832
अब गुणनखण्ड 11 से विभाज्यता का नियम लागू करने पर–
सम स्थान के अंकों का योग ~ विषम स्थान के अंकों का योग = 0 या 11
$\therefore$ $(3 + 5 + x + 3 + 1) \sim (2 + 8 + 5 + 0 + 3) = 0$ या 11
$\therefore$ $(12 + x) \sim (18) = 0$ या 11 $\Rightarrow 12 + x - 18 = 0 \Rightarrow x = 6$, अतः $x + y = 6 + 3 = 9$

86. माना पूर्णांक n को 8 से विभाजित करने पर भागफल x तथा शेष 3 मिलता है।
$\therefore$ भाज्य = भाजक × भागफल + शेष $\Rightarrow n = 8x + 3$
$\therefore$ $6n - 1 = 6(8x + 3) - 1 = 48x + 18 - 1 = 48x + 17$
$\therefore$ $6n - 1$ को 8 से विभाजित करने पर शेष = $17 \div 8$ से प्राप्त शेष = 1

87. $\because$ संख्या $6913x08$ अन्य संख्या 88 (अर्थात् 8×11) से विभाज्य है।
$\therefore$ संख्या $6913x08$ गुणनखण्डों 8 और 11 से भी विभाज्य होगी।
गुणनखण्ड 8 से विभाज्यता के लिए x का मान 0 या 2 या 4 या 6 या 8 सम्भव है।
परन्तु गुणनखण्ड 8 से विभाज्यता के लिए x का मान 0 या 2 या 6 या 8 सम्भव है।
परन्तु गुणनखण्ड 11 से विभाज्यता का नियम लागू करने पर–
सम स्थान के अंकों का योग ~ विषम स्थान के अंकों का योग = 0 या 11
$\therefore$ $(0 + 3 + 9) \sim (8 + x + 1 + 6) = 0$ या 11 $\Rightarrow 12 \sim (15 + x) = 11$
$\therefore$ $x + 15 - 12 = 11 \Rightarrow x + 3 = 11 \Rightarrow x = 11 - 3 = 8$

88. $\because$ संख्या $91876x2$ अन्य संख्या 72 (अर्थात् 8×9) से विभाज्य है।
$\therefore$ संख्या $9186x2$ गुणनखण्ड 9 से भी विभाज्य होगा।
$\therefore$ संख्या $91876x2$ के अंकों का योग भी 9 से विभाज्य होगा।
$\therefore$ $9 + 1 + 8 + 7 + 6 + x + 2 = 9$ का उचित गुणनखण्ड, अतः $33 + x = 36$ $x = 36 - 33 = 3$

89. $\because$ संख्या $2074x4y2$ अन्य संख्या 88 (अर्थात् 8×11) से विभाज्य है।
$\therefore$ संख्या $2074x4y2$ गुणनखण्डों 8 और 11 से विभाज्य होगी।
$\therefore$ सैकड़ा, दहाई और इकाई के अंकों से बनी संख्या $4y2$ गुणनखण्ड 8 से विभाज्य होगी।
$\therefore$ सैकड़ा, दहाई और इकाई के अंकों से बनी संख्या $4y2$ में $y = 3$
$\therefore$ मूल संख्या $2074x4y2 = 2074x432$
$\because$ यह संख्या गुणनखण्ड 11 से भी विभाज्य होगी। अतः 11 से विभाज्यता का नियम लागू करने पर–
सम स्थान के अंकों का योग विषम स्थान के अंकों का योग = 0 या 11
$\therefore$ $(3 + x + 7 + 2) \sim (2 + 4 + 4 + 0) = 0$ या 11 $\Rightarrow (12 + x) \sim 10 = 0$ या 11
$\therefore$ $12 + x - 10 = 11 \Rightarrow x + 2 = 11 \Rightarrow x = 11 - 2 = 9$, अतः $4x + 3y = 4 \times 9 + 3 \times 3 = 36 + 9 = 45$

90. ∵ संख्या 2094x 843 y 2अन्य संख्या 88 (अर्थात् 8 × 11) से विभाज्य है।
∴ संख्या 2094x843y2 गुणनखण्डों 8 और 11 से भी विभाज्य होगी।
∴ सैकड़ा, दहाई और इकाई के अंकों से बनी संख्या 3 y 2 गुणनखण्ड 8 से विभाज्य होगी।
∴ सैकड़ा, दहाई और इकाई के अंकों से बनी संख्या 3 y 2 में y = 5
∴ मूल संख्या 2094 x 84 3y2 = 2094 x 84352
∵ यह संख्या गुणनखण्ड 11 से भी विभाज्य होगी। अतः 11 से विभाज्यता का नियम लागू करने पर–
समस्थान के अंकों का योग ~ विषम स्थान के अंकों का योग = 0 या 11
∴ $(5 + 4 + x + 9 + 2) \sim (2 + 3 + 8 + 4 + 0) = 0$ या 11 $\Rightarrow (20 + x) - 17 = 11$
∴ $20 + x - 17 = 11 \Rightarrow 3 + x = 11 \Rightarrow x = 11 - 3 = 8$
∴ $5x - 7y = 5 \times 8 - 7 \times 5 = 40 - 35 = 5$

91. ∵ संख्या 15 x 1y2 अन्य संख्या 44 (अर्थात् 4 × 11) से विभाज्य है।
∴ संख्या 15x1y2 गुणनखण्डों 4 और 11 से भी विभाज्य होगी।
∴ दहाई और इकाई के अंकों से बनी संख्या y2 गुणनखण्ड 4 से विभाज्य होगी।
∴ दहाई और इकाई के अंकों से बनी संख्या y2 में y = 1, अतः मूल संख्या = 15x 1 y2 = 15x 112
∵ यह संख्या गुणनखण्ड 11 से भी विभाज्य होगी। अतः 11 से विभाज्यता का नियम लागू करने पर–
सम स्थान के अंकों का योग ~ विषम स्थान के अंकों का योग
∴ $(1 + x + 1) \sim (2 + 1 + 5) = 0$ या 11 $\Rightarrow (x + 2 - 8 = 0 \Rightarrow x = 6$, अतः $x + y = 6 + 1 = 7$

92. ∵ संख्या 32x4115y2 अन्य संख्या 88 (अर्थात् 8 × 11) से विभाज्य है।
∴ संख्या 32x4115 y2 गुणनखण्डों 8 और 11 से भी विभाज्य होगी।
∴ सैकड़ा, दहाई और इकाई के अंकों से बनी संख्या 5y2 गुणनखण्ड 8 से विभाज्य होगी।
∴ सैकड़ा, दहाई और इकाई के अंकों से बनी संख्या 5 y 2 में y = 1 या 5
∴ y का न्यूनतम मान 1 रखने पर मूल संख्या 32x4115y2 = 32x411512
∵ यह संख्या 32x 411512 गुणनखण्ड 11 से भी विभाज्य होगी। अतः 11 से विभाज्यता का नियम लागू करने पर –
सम स्थान के अंकों का योग ~ विषम स्थान के अंकों का योग = 0 या 11
∴ $(1 + 1 + 4 + 2) \sim (2 + 5 + 1 + x + 3) = 0$ या 11 $\Rightarrow 8 \sim (11 + x) = 0$ या 11
∴ $11 + x - 8 = 11 \Rightarrow x + 3 = 11 \Rightarrow x = 11 - 3 = 8$, अतः $4x - y = 4 \times 8 - 1 = 32 - 1 = 31$

93. ∵ संख्या 179x091y अन्य संख्या 88 (अर्थात् 8 × 11) से विभाज्य है।
∴ संख्या 179x091y गुणनखण्डों 8 और 11 से भी विभाज्य होगी।
∴ सैकड़ा, दहाई और इकाई के अंकों से बनी संख्या 91y गुणनखण्ड 8 से विभाज्य होगी।
∴ सैकड़ा, दहाई और इकाई के अंको से बनी संख्या 91 y में y = 2, अतः मूल संख्या 179x091y = 179x0912
∵ यह संख्या गुणनखण्ड 11 से भी विभाज्य होगी। अतः 11 से विभाज्यता का नियम लागू करने पर –
सम स्थान के अंकों का योग ~ विषम स्थान के अंकों का योग = 0 या 11
∴ $(1 + 0 + 9 + 1) \sim (2 + 9 + x + 7) = 0$ या 11 $\Rightarrow 11 \sim (x + 18) = 0$ या 11
∴ $x + 18 - 11 = 11 \Rightarrow x + 7 = 11 \Rightarrow x = 11 - 7 = 4$
∴ $5x - 8y = 5 \times 4 - 8 \times 2 = 20 - 16 = 4$

94. ∵ संख्या 789x531y अन्य संख्या 72 (अर्थात् 8 × 9) से विभाज्य है।
∴ संख्या 789x531y गुणनखण्डों 8 और 9 से भी विभाज्य होगी।
∴ सैकड़ा, दहाई और इकाई के अंकों से बनी संख्या 31y गुणनखण्ड 8 से विभाज्य होगी।
∴ सैकड़ा, दहाई और इकाई के अंकों से बनी संख्या 31 y में y = 2, अतः मूल संख्या 789x531y = 789x5312
∵ यह संख्या 789x5312 गुणनखण्ड 9 से भी विभाज्य होगी। अतः 789x5312 के अंकों का योग भी 9 से विभाज्य होगा
∴ $7 + 8 + 9 + x + 5 + 3 + 1 + 2 = 9$ का उचित गुणज $\Rightarrow 35 + x = 36 \Rightarrow x = 36 - 35 = 1$
∴ $5x - 3y = 5 \times 1 - 3 \times 2 = 5 - 6 = -1$

95. ∵ संख्या 5656 x 52 अन्य संख्या 72 (अर्थात् 8×9) से विभाज्य है।

∴ संख्या 5656x52 गुणनखण्डों 8 और 9 सेभी विभाज्य होगी।

∴ संख्या 5656x52 के अंकों का योग भी गुणनखण्ड 9 से विभाज्य होगी।

∴ $5 + 6 + 5 + 6 + x + 5 + 2 = 9$ का उचित गुणज $\Rightarrow x + 29 = 36 \Rightarrow x = 36 - 29 = 7$

96. ∵ संख्या 4 x 573 y अन्य संख्या 72 (अर्थात् 8×9) से विभाज्य है।

∴ संख्या 4 x 573 y गुणनखण्डों 8 और 9 से भी विभाज्य होगी।

∴ सैकड़ा, दहाई और इकाई के अंकों से बनी संख्या 73y गुणनखण्ड 8 से विभाज्य होगी।

∴ सैकड़ा, दहाई और इकाई के अंकों से बनी संख्या 73 y में y = 6, अतः मूल संख्या 4x 573y = 4 x 5736

∵ यह संख्या 4 x 5736 गुणनखण्ड 9 से भी विभाज्य होगी। अतः 4 x 5736 के अंकों का योग भी 9 से विभाज्य होगा।

∴ $4 + x + 5 + 7 + 3 + 6 = 9$ का उचित गुणज $\Rightarrow x + 25 = 27 \Rightarrow x = 27 - 25 = 2$

∴ $x + y = 2 + 6 = 8$

97. ∵ संख्या 985 x 3678 y अन्य संख्या 72 (अर्थात् 8×9) से विभाज्य है।

∴ संख्या 985x3678y गुणनखण्डों 8 और 9 से भी विभाज्य होगी।

∴ सैकड़ा, दहाई और इकाई के अंकों से बनी संख्या 78y गुणनखण्ड 8 से विभाज्य होगी।

∴ सैकड़ा, दहाई और इकाई के अंकों से बनी संख्या 78 y में y = 4, अतः मूल संख्या 985x3678y = 985 x36784

∵ यह संख्या 985 x36784 गुणनखण्ड 9 से भी विभाज्य होगी।अतः 985 x36784 के अंकों का योग भी 9 से विभाज्य होगा।

∴ $9 + 8 + 5 + x + 3 + 6 + 7 + 8 + 4 = 9$ का उचित गुणज $\Rightarrow x + 50 = 54 \Rightarrow x = 4$

∴ $4x - 3y = 4 \times 4 - 3 \times 4 = 16 - 12 = 4$

98. ∵ संख्या 54x29y6 अन्य संख्या 72 (अर्थात् 8×9) से विभाज्य है।

∴ संख्या 54x29y6 गुणनखण्डों 8 और 9 से भी विभाज्य होगी।

∴ सैकड़ा, दहाई और इकाई के अंकों से बनी संख्या 9y6 गुणनखण्ड 8 से विभाज्य होगी।

∴ सैकड़ा, दहाई और इकाई के अंकों से बनी संख्या 9 y में y = 3 अतः मूल संख्या 54x29y6 = 54x2936

∵ यह संख्या 54x2936 गुणनखण्ड 9 से भी विभाज्य होगी। अतः 54x2936 के अंकों का योग भी 9 से विभाज्य होगा।

∴ $5 + 4 + x + 2 + 9 + 3 + 6 = 9$ का उचित गुणज $\Rightarrow x + 29 = 36 \Rightarrow x = 36 - 29 = 7$

∴ $2x + 3y = 2 \times 7 + 3 \times 3 = 14 + 9 = 23$

99. माना तीन क्रमागत विषम संख्याएँ क्रमशः $x, x + 2, x + 4$ हैं।

∴ तीनों का योग $= x + x + 2 + x + 4 = 3x + 6 = 3(x + 2)$

जो 3 का गुणज है । अतः योग 3 से हमेशा विभाजित होगा।

100. ∵ संख्या 46789x531y अन्य संख्या 72 (अर्थात् 8×9) से विभाज्य है।

∴ संख्या 46789x531y गुणनखण्डों 8 और 9 से भी विभाज्य होगी।

∴ सैकड़ा, दहाई और इकाई के अंकों से बनी संख्या 31y गुणनखण्ड 8 से विभाज्य होगी।

∴ सैकड़ा, दहाई और इकाई के अंकों से बनी संख्या 31y में y = 2, अतः मूल संख्या 46789x531y = 46789x5312

∵ यह संख्या 46789x5312 गुणनखण्ड 9 से भी विभाज्य होगी। अतः 46789x5312 के अंकों का योग भी 9 से विभाज्य होगा।

∴ $4 + 6 + 7 + 8 + 9 + x + 5 + 3 + 1 + 2 = 9$ का उचित गुणज $\Rightarrow 45 + x = 45 \Rightarrow x = 0$

∴ $2x - 5y = 2 \times 0 + 5 \times 2 = 0 + 10 = 10$

101. ∵ संख्या 64x29y6 अन्य संख्या 72 (अर्थात् 8×9) से विभाज्य है।

∴ संख्या 64x29y6 गुणनखण्डों 8 और 9 से भी विभाज्य होगी।

∴ सैकड़ा, दहाई और इकाई के अंकों से बनी संख्या 9y6 गुणनखण्ड 8 से विभाज्य होगी।

∴ सैकड़ा, दहाई और इकाई के अंकों से बनी संख्या 9y6 में y = 3, अतः मूल संख्या 64x29y6 = 64x2936

∵ यह संख्या 64x2936 गुणनखण्ड 9 से भी विभाज्य होगी। अतः 64x2936 के अंकों का योग भी 9 से विभाज्य होगा।

∴ $6 + 4 + x + 2 + 9 + 3 + 6 = 9$ का उचित गुणज $\Rightarrow 30 + x = 36 \Rightarrow x = 36 - 30 = 6$

∴ $2x - 3y = 2 \times 6 - 3 \times 3 = 12 - 9 = 3$

102. ∵ संख्या $30x558y2$ अन्य संख्या 88 (अर्थात् 8×11) से विभाज्य है।
∴ संख्या $30x558y2$ गुणनखण्डों 8 और 11 से भी विभाज्य होगी।
∴ सैकड़ा, दहाई और इकाई के अंकों से बनी संख्या 8y2 गुणनखण्ड 8 से विभाज्य होगी।
∴ सैकड़ा, दहाई और इकाई के अंकों से बनी संख्या 8 y2 में $y = 3$, अतः मूल संख्या $30x558y2 = 30x55832$
∵ संख्या $30x55832$ गुणनखण्ड 11 से विभाज्य होगी। अतः 11 से विभाज्यता का नियम लागू करने पर –
सम स्थान के अंकों का योग ~ विषम स्थान के अंकों का योग = 0 या 11
∴ $(3 + 5 + x + 3) \sim (2 + 8 + 5 + 0) = 0$ या 11 $\Rightarrow x + 11–15 \Rightarrow x = 4$
∴ $6x + 6y = 6\times 4 + 6 \times 3 = 24 + 18 = 42$

103. ∵ संख्या $1220x558y2$ अन्य संख्या 88 (अर्थात् 8×11) से विभाज्य है।
∴ संख्या $1220x558y2$ गुणनखण्डों 8 और 11 से भी विभाज्य होगी।
∴ सैकड़ा, दहाई और इकाई के अंकों से बनी संख्या 8y2 गुणनखण्ड 8 से विभाज्य होगी।
∴ सैकड़ा, दहाई और इकाई के अंकों से बनी संख्या 8 y2 में $y = 3$, अतः मूल संख्या $1220x558y2 = 1220x55832$
∵ यह संख्या गुणनखण्ड 11 से भी विभाज्य होगी। अतः 11 से विभाज्यता का नियम लागू करने पर –
सम स्थान के अंकों का योग ~ विषम स्थान के अंकों का योग = 0 या 11
∴ $(3 + 5 + x + 2 + 1) \sim (2 + 8 + 5 + 0 + 2) = 0$ या 11 $\Rightarrow (x + 11) \sim 17 = 0$ या 11
∴ $(x + 11) - 17 = 0 \Rightarrow x + 11 - 17 = 0 \Rightarrow x - 6 = 0 \Rightarrow x = 6$, अतः $x + y = 6 + 3 = 9$

104. संख्या 146 * 48 को अन्य संख्या 8 से विभाजित होने के लिए सैंकड़ा, दहाई और इकाई के अंकों से बनी संख्या *48 भी 8 से विभाजित होगी।
∴ *48 को 8 से विभाजित होने के लिए * के सम्भव मान = 0, 2,4,6, 8 ⇒ * के स्थान पर सबसे बड़ी संख्या = 8

105. $200 - 8 = 192$, अतः 192 के अभाज्य गुणनखण्ड $= 2 \cdot 2 \cdot 2 \cdot 2 \cdot 2 \cdot 2 \cdot 3 = 16 \cdot 2 \cdot 2 \cdot 3$
∴ अभीष्ट संख्याएँ = 12, 16, 24, 32, 48, 64, 96, 192, अतः x के मानों की संख्या = 8

106. ∵ संख्या $708x6y8z9$ अन्य संख्या 99 (अर्थात् 9×11) से विभाज्य है।
∴ संख्या $708x6y8z9$ गुणनखण्डों 9 और 11 से भी विभाज्य होगी।
∴ $708x6y8z9$ को गुणनखण्ड 9 से विभाजित होने के लिए–
$7 + 0 + 8 + x + 6 + y + 8 + z + 9 = 9$ का उचित गुणज
∴ $x + y + z + 38 = 45$ या 54 या 63 या 72, अतः $x + y + z = 7$ या 16 या 25 या 34

107. ∵ संख्या 94 * 2357 अन्य संख्या 11 से विभाज्य है।
∴ सम स्थान के अंकों का योग ~ विषम स्थान के अंकों का योग = 0 या 11
∴ $(5 + 2 + 4) \sim (7 + 3 + * + 9) = 0$ या 11
∴ $11 \sim (19 + *) = 0$ या 11 $\Rightarrow 19 + * - 11 = 11 \Rightarrow * = 11 - 8 = 3$

108. ∵ संख्या x 35624 अन्य संख्या 11 से भाज्य है।
∴ x 35624 के सम स्थान के अंकों का योग – विषम स्थान के अंकों का योग = 0
∴ $(2 + 5 + x) - (4 + 6 + 3) = 0 \Rightarrow 7 + x - 13 = 0 \Rightarrow x - 6 = 0 \Rightarrow x = 6$
∵ संख्या 1257y4 अन्य संख्या 72 (अर्थात् 8×9) से विभाज्य है।
∴ संख्या 1257y4 गुणनखण्ड 9 से विभाज्य होगा।
∴ संख्या 1257y4 के अंकों का योग = 9 का उचित गुणज
∴ $1 + 2 + 5 + 7 + y + 4 = 9$ का उचित गुणज $\Rightarrow 19 + y = 27 \Rightarrow y = 8$
∴ $5x - 2y = 5 \times 6 - 2 \times 8 = 30 - 16 = 14$

109. चूँकि संख्या $687x29$ अन्य संख्या 9 से विभाज्य है। अतः $687x29$ के अंकों का योग = 9 का उचित गुणज
∴ $6 + 8 + 7 + x + 2 + 9 = 9$ का उचित गुणज $\Rightarrow x + 32 = 36 \Rightarrow x = 4 \Rightarrow 2x = 2 \times 4 = 8$

110. ∵ संख्या $1005x$ 4 अन्य संख्या 8से पूरी तरह विभाज्य है।
∴ संख्या $1005x4$ के सैकड़ा, दहाई और इकाई के अंकों से बनी संख्या $5x$ 4 भी 8 से अवश्य विभाजित होगी।
∴ संख्या $5x$ 4 को 8 से विभाजित होने के लिए x के सम्भव मान = 0, 4, 8, अतः x के स्थान पर सबसे छोटा पूर्णांक = 0

111. $\because$ संख्या 43A5325B, 8 और 9 से विभाज्य है।

$\therefore$ सैकड़ा, दहाई और इकाई से बनी संख्या 25B, 8 से विभाजित होगी।

$\therefore$ सैकड़ा, दहाई और इकाई से बनी संख्या 25B में $B = 6 \Rightarrow$ मूल संख्या 43A5325B = 43A53256

$\because$ यह संख्या 43A5325B अर्थात् 43A53256, 9 से भी विभाज्य है।

$\therefore$ 43A53256 के अंकों का योग भी 9 से विभाजित होगा।

$\therefore$ $4 + 3 + A + 5 + 3 + 2 + 5 + 6 = 9$ का उचित गुणज

$\therefore$ $28 + A = 36 \Rightarrow A = 36 - 28 = 8 \Rightarrow$ A और B का योग $= A + B = 8 + 6 = 14$

112. $\because$ संख्या 4432A43B, 9 और 5 से विभाज्य है।

$\therefore$ संख्या 4432A43B के अंकों का योग 9 से विभाजित होगा।

$\therefore$ $4 + 4 + 3 + 2 + A + 4 + 3 + B = 9$ का उचित गुणज $\Rightarrow A + B + 20 = 9$ का उचित गुणज

$\therefore$ $A + B + 20 = 27$ या 36 या 45 ....(i)

$\because$ संख्या 4432A43B, 5 से भी विभाज्य है, अतः $B = 0$ या 5 ....(ii)

समीकरण (i) और (ii) को संतुष्ट होने के लिए $A + B + 20 = 27 \Rightarrow A + B = 7$.........(iii)

$\therefore$ विकल्पों के अनुसार $A + B = 7$ अर्थात् A और B का योग = 7

113. $\because$ 4M37094267N, 8 और 11 दोनों से विभाज्य है।

$\therefore$ 4M37094267N के सैकड़ा, दहाई और इकाई से बनी संख्या 67N भी 8 से विभाजित होगी।

$\therefore$ सैकड़ा, दहाई और इकाई से बनी संख्या 67N में $N = 2 \Rightarrow$ मूल संख्या 4M37094267 N = 4M370942672

$\because$ संख्या 4M37094267N अर्थात् 4M370942672, 11 से भी विभाज्य है।

$\therefore$ संख्या 4M370942672 के विषम स्थान के अंकों का योग ~ सम स्थान के अंकों का योग = 0 या 11

$\therefore$ $(4 + 3 + 0 + 4 + 6 + 2) \sim (M + 7 + 9 + 2 + 7) = 0$ या $11 \Rightarrow 19 \sim (M + 25) = 11$

$\therefore$ $M + 25 - 19 = 11 \Rightarrow M + 6 = 11 \Rightarrow M = 11 - 6 = 5 \Rightarrow M = 5, N=2$

114. $\because$ $785x3678y$ संख्या 72 से विभाज्य है अर्थात् 8 और 9 दोनों से विभाज्य है।

$\therefore$ 8 से भाज्यता $\Rightarrow$ सैकड़ा, दहाई और इकाई से बनी संख्या 78y भी 8 से विभाजित होगी।

$\therefore$ संख्या 78y में $y = 4$, अतः संख्या $785x3678y = 785x36784$

$\because$ संख्या $785x3678y$ अर्थात् $785x36784$, 9 से भी विभाज्य है।

$\therefore$ $785x36784$ के अंकों का योग भी 9 से भाज्य होगा।

$\therefore$ $7 + 8 + 5 + x + 3 + 6 + 7 + 8 + 4 = 9$ का उचित गुणज $\Rightarrow x + 48 = 54 \Rightarrow x = 6$

$\therefore$ $x - y = 6 - 4 = 2$

115. $(67^{67} + 67)$ को 68 से भाग $= \dfrac{67^{67} + 67}{68} = \dfrac{(67^{67} + 1) + 66}{(67 + 1)}$, अतः अभीष्ट शेष = 66

116. $2^{16} - 1 = (2^8 - 1)(2^8 + 1) = (256 - 1)(256 + 1) = 255 \times 257 = 3 \times 5 \times 17 \times 257$

$\therefore$ $2^{16} - 1$ संख्या 17 से भाज्य है।

117. $7^{12} - 4^{12} = (7^6)^2 - (4^6)^2 = (7^6 - 4^6)(7^6 + 4^6) = [(7^3)^2 - (4^3)^2](7^6 + 4^6) = (343^2 - 64^2)(7^6 + 4^6)$

$= (343 - 64)(343 + 64)(7^6 + 4^6) = 279 \times 407 \times (7^6 + 4^6)$

$= 3 \times 93 \times 11 \times 37 \times (7^6 + 4^6) = 33 \times 93 \times 37 \times (7^6 + 4^6)$

$\therefore$ $7^{12} - 4^{12}$, 33 से पूर्णतः विभाज्य है।

118. $2^{31} \div 5 = \dfrac{2^1 \times 2^{30}}{5} = \dfrac{2 \times (2^2)^{15}}{5} = \dfrac{2 \times 4^{15}}{5} = \dfrac{2 \times (4^{15} + 1 - 1)}{4 + 1} = \dfrac{2 \times (4^{15} + 1) - 1 \times 2}{(4 + 1)} = \dfrac{2 \times (4^{15} + 1) - 2}{(4 + 1)}$

$\therefore$ अभीष्ट शेष $= 5 - 2 = 3$

119. $3^{25} + 3^{26} + 3^{27} + 3^{28} = 3^{25}(1 + 3 + 3^2 + 3^3) = 3^{25}(1 + 3 + 9 + 27) = 3^{25} \times 40 = 3^{24} \times 3 \times 40$
$= 3^{24} \times 120$
चूंकि $3^{24} \times 120$ संख्या 30 से विभाजित होगी। अतः $3^{25} + 3^{26} + 3^{27} + 3^{28}$ भी संख्या 30 से विभाजित होगी।

120. $2^{51} + 2^{52} + 2^{53} + 2^{54} + 2^{55} = 2^{51}(1 + 2 + 2^2 + 2^3 + 2^4) = 2^{51}(1 + 2 + 4 + 8 + 16) = 2^{51} \times 31$
$= 2^{49} \times 2^2 \times 31 = 2^{49} \times 4 \times 31 = 2^{49} \times 124$, अतः अभीष्ट संख्या = 124

121. दो अंकों की समस्त अभाज्य संख्याओं (11, 13, ...97) में
13 + 18 = 31 (13 के उत्क्रमणीय अंक) और 79 + 18 = 97 (79 के उत्क्रमणीय अंक)
∴ अभीष्ट संख्याएँ केवल 2 हैं, 13 और 79

122. माना मूल संख्या $10x + y$ है जहाँ दहाई का अंक = x और इकाई का अंक = y
चूंकि इकाई का अंक = दहाई का अंक × 2 – 1, अतः $y = 2x - 1$ ....(i)
अंकों को आपस में बदलने पर नयी संख्या = $10y + x$, अतः प्रश्नानुसार, $(10y + x) - (10x+y) = 10x+y - 20$
∴ $10y + x - 10x - y = 10x + y - 20$ अतः $19x - 8y = 20$ ....(ii)
समीकरण (ii) में $y = 2x - 1$ रखने पर–
$19x - 8(2x - 1) = 20 \Rightarrow 19x - 16x + 8 = 20 \Rightarrow 3x + 8 = 20 \Rightarrow 3x = 12 \Rightarrow x = 4$
समीकरण (i) में $x = 4$ रखने पर, $y = 2x - 1 = 2 \times 4 - 1 = 8 - 1 = 7$
∴ मूल संख्या = $10x+y = 47$

123. माना तीन अंकों वाली संख्या $100x + 10y + z$ है।
जहाँ सैकड़े का अंक = इकाई के अंक का दुगुना $\Rightarrow x = 2z$.........................(i)
और सभी अंकों का योग = 18 $\Rightarrow x + y + z = 18$ ....(ii)
अंकों को उलट देने पर बनी नयी संख्या = $100z + 10y + x$
∴ प्रश्नानुसार, $(100x + 10y + z) - (100z + 10y + x) = 396$
∴ $100x + 10y + z - 100z - 10y - x = 396$
∴ $99x - 99z = 396 \Rightarrow 99(x - z) = 396 \Rightarrow x - z = 4$..........................(iii)
∴ समीकरण (iii) में $x = 2z$ रखने पर, $2z - z = 4 \Rightarrow z = 4$
∴ समीकरण (i) में $z = 4$ रखने पर, $x = 2 \times 4 = 8$
अब समीकरण (ii) में x और z का मान रखने पर, $8 + y + 4 = 18 \Rightarrow y = 6$
∴ सैकड़ा और दहाई वाले अंकों का अन्तर = $x - y = 8 - 6 = 2$

124. प्रश्नानुसार तीन अंकों वाली संख्या में इकाई का अंक x है। अतः माना दहाई का अंक y और सैकड़े का अंक z है।
∴ मूल संख्या = $100z + 10y + x$ परन्तु दहाई और इकाई के अंकों को बदलने पर नयी संख्या = $100z + 10x + y$
∴ प्रश्नानुसार, नयी संख्या – मूल संख्या = 63, अतः $(100z + 10x + y) - (100z + 10y + x) = 63$
∴ $100z + 10x + y - 100z - 10y - x = 63 \Rightarrow 9x - 9y = 63$, अतः $9(x - y) = 63 \Rightarrow x - y = 7$
∴ x और y के सम्भव मान (जबकि उनका अन्तर 7 हो) = (9,2) , (8,1), (7,0)
∴ x के सम्भव मान = 9, 8, 7 ⇒ 7, 8, 9

125. माना दो अंकों की संख्या $10x + y$ है। अतः अंकों को आपस में बदलने पर बनी संख्या = $10y + x$
∴ दोनों में अन्तर = $(10x + y) - (10y + x) = 10x + y - 10y - x = 9x - 9y = 9(x - y)$
∴ दोनों संख्याओं का अन्तर सदा 9 से विभाज्य होता है।

126. माना संख्या में दहाई का अंक x तथा इकाई का अंक y है। अतः संख्या = $10x + y$
∴ अंकों का योग = 17 $\Rightarrow x + y = 17$ ....(i)
पुनः $10x + y + 9 = 10y + x \Rightarrow 9x - 9y = -9 \Rightarrow x - y = -1$ ....(ii)
दोनों समीकरणों को जोड़ने पर, $2x = 16 \Rightarrow x = 8$
समीकरण (i) में $x = 8$ रखने पर, $8 + y = 17 \Rightarrow y = 17 - 8 = 9$
∴ अभीष्ट संख्या = $10x + y = 10 \times 8 + 9 = 80 + 9 = 89$

127. माना संख्या में दहाई का अंक x तथा इकाई का अंक y है। अतः $x - y = 2$ ....(i)
संख्या में से 18 घटाने पर, $10x + y - 18 = 10y + x \Rightarrow 9x - 9y = 18 \Rightarrow x - y = 2$ ....(ii)
$\because$ प्रश्न में दिये गये दोनों कथनों से एक ही समीकरण प्राप्त हो रहा है। जिससे x और y के मान ज्ञात नहीं हो सकते।
$\therefore$ विकल्पों के दोनों कथनों को जांचने के बाद अभीष्ट संख्या = 86

128. इकाई का अंक = z और दहाई का अंक = 8
$\therefore$ वह संख्या = 10 × दहाई का अंक + इकाई का अंक = $10 \times 8 + z = 80 + z$

129. माना संख्या में दहाई का अंक x और इकाई का अंक y है। अतः संख्या = $10x + y$
$\therefore$ अंकों का गुणनफल = $24 \Rightarrow x \cdot y = 24$ ....(i)
पुनः $10x + y + 45 = 10y + x \Rightarrow 9x - 9y = -45 \Rightarrow x - y = -5$ ....(ii)
समीकरण (ii) से $x = y - 5$ समीकरण (i) में रखने पर–
$(y - 5) \cdot y = 24 \Rightarrow y^2 - 5y = 24 \Rightarrow y^2 - 5y - 24 = 0$
$y^2 - 8y + 3y - 24 = 0 \Rightarrow y(y - 8) + 3(y - 8) = 0 \Rightarrow (y - 8)(y + 3) = 0$
$\because$ $y + 3 \neq 0$, अतः $y - 8 = 0 \Rightarrow y = 8$, अतः $x = y - 5 = 8 - 5 = 3$
$\therefore$ अभीष्ट संख्या = $10x + y = 10 \times 3 + 8 = 30 + 8 = 38$

130. दो अंकीय अभाज्य संख्या, जिसमें इकाई और दहाई के अंक समान हैं = 11 अतः अंकों का योग = 1 + 1 = 2

131. माना नौ संख्याओं में एक संख्या $10x + y$ है। अतः अंकों को परस्पर बदलने पर बनी नई संख्या = $10y + x$
पुनः माना नौ संख्याओं का औसत a है। अतः 9 संख्याओं का योग = $a \times 9 = 9a$
$\therefore$ 8 संख्याओं का योग = $9a - (10x + y)$ ....(i)
एक संख्या के अंक बदलने पर 9 संख्याओं का औसत = $(a - 6)$
तब 9 संख्याओं का योग = $(a - 6) \times 9 = 9a - 54$
$\therefore$ 8 संख्याओं का योग = $9a - 54 - (10y + x)$ ....(ii)
अब समीकरण (i) और (ii) की तुलना से, $9a - (10x + y) = 9a - 54 - (10y + x)$
$\therefore$ $9a - 10x - y = 9a - 54 - 10y - x \Rightarrow -10x + x + 10y - y = -54$
$\therefore$ $-9x + 9y = -54 \Rightarrow -9(x - y) = -54 \Rightarrow x - y = 6 \Rightarrow$ अंकों के बीच अन्तर = $x - y = 6$

132. माना वह संख्या x है। अतः संख्या + 21 = संख्या × 3 – 7 $\Rightarrow x + 21 = 3x - 7$
$\therefore$ $3x - x = 21 + 7 \Rightarrow 2x = 28 \Rightarrow x = 14$, अतः अभीष्ट संख्या = $x = 14$

133. माना पहली संख्या x, दूसरी संख्या 3x और तीसरी संख्या $\frac{3x}{4}$ है। अतः तीनों संख्याओं का योग = औसत × 3
$\therefore$ $x + 3x + \frac{3x}{4} = 114 \times 3 \Rightarrow \frac{4x + 12x + 3x}{4} = 342$, अतः $\frac{19x}{4} = 342 \Rightarrow x = \frac{342 \times 4}{19} = 72$
$\therefore$ सबसे बड़ी संख्या = $3x = 3 \times 72 = 216$

134. माना वह संख्या x है, अतः संख्या × 3 – 7 = 14, अतः $3x - 7 = 14 \Rightarrow 3x = 14 + 7 = 21 \Rightarrow x = 7$
$\therefore$ वह संख्या = $x = 7$

135. माना पहला भाग x तथा दूसरा भाग (24 – x) है। अतः पहला भाग × 7 + दूसरा भाग × 5 = 146
$\therefore$ $x \times 7 + (24 - x) \times 5 = 146 \Rightarrow 7x + 120 - 5x = 146$
$\therefore$ $2x = 146 - 120 = 26 \Rightarrow x = 13$
$\therefore$ पहला भाग = $x = 13$

136. माना पहली संख्या 2x, दूसरी संख्या x और तीसरी संख्या $\frac{2x}{3}$ है।
$\therefore$ तीनों संख्याओं का योग = $132 \Rightarrow 2x + x + \frac{2x}{3} = 132$
$\therefore$ $\frac{6x + 3x + 2x}{3} = 132 \Rightarrow \frac{11x}{3} = 132 \Rightarrow x = \frac{132 \times 3}{11} = 36$

137. माना पहला भाग x तथा दूसरा भाग (74 – x) है। अतः पहला भाग × 5 + दूसरा भाग × 11 = 454
$\therefore$ $5x + 11(74 - x) = 454 \Rightarrow 5x + 814 - 11x = 454$, अतः $6x = 814 - 454 = 360 \Rightarrow x = 60$
$\therefore$ पहला भाग = $x = 60$ और दूसरा भाग = $74 - x = 74 - 60 = 14$

138. यदि संख्या x हो तो $3x-\frac{3x}{5}=60$, अतः $\frac{15x-3x}{5}=60$ या $12x = 60 \times 5$, अतः $x = 5 \times 5 = 25$

139. यदि तीनों संख्याएं क्रमशः x, y, z हों तो –

$x = 2y$ और $x = 4z$ या $z=\frac{x}{4}$, अतः $x + y + z = 140$ या $x+\frac{x}{2}+\frac{x}{4}=140$

$\therefore$ $\frac{4x+2x+x}{4}=140$ या $\frac{7x}{4}=140 \Rightarrow x=80$, अतः सबसे बड़ी संख्या $= x = 80$

140. यदि लड़कियों की संख्या x हो तो लड़कों की संख्या = 3x

$\therefore$ कक्षा में बच्चों की कुल संख्या $= x + 3x = 4x$

4x एक ऐसी संख्या है जो 4 की गुणज है। परन्तु विकल्प (b) की संख्या 42, संख्या 4 की गुणज नहीं है।

$\therefore$ 42 बच्चों की संख्या को निरूपित नहीं करती।

141. माना कक्षा में लड़कों की संख्या x है। तब लड़कियों की संख्या = 5x

$\therefore$ कक्षा के कुल बच्चों की संख्या $= x + 5x = 6x$

6x एक ऐसी संख्या है जो 6 की गुणज है। परन्तु विकल्प (a) की संख्या 35, संख्या 6 की गुणज नहीं है।

$\therefore$ 35 बच्चों की संख्या को निरूपित नहीं करती।

142. यदि लड़कियों की संख्या x हो तो लड़कों की संख्या = 3x, अतः कक्षा में बच्चों की कुल संख्या $= x + 3x = 4x$

4x एक ऐसी संख्या है जो 4 की गुणज है। परन्तु विकल्प (b) की संख्या 42, संख्या 4 की गुणज नहीं है।

$\therefore$ 42 बच्चों की संख्या को निरूपित नहीं करती।

143. यदि लड़कियों की संख्या x हो तो लड़कों की संख्या = 3x, अतः कक्षा में बच्चों की कुल संख्या $= x + 3x = 4x$

4x एक ऐसी संख्या है जो 4 की गुणज है। परन्तु विकल्प (b) की संख्या 42, संख्या 4 की गुणज नहीं है।

$\therefore$ 42 बच्चों की संख्या को निरूपित नहीं करती

144. यदि तीनों संख्याएं क्रमशः x, y , z हों तो, $x = 2y$ और $x = 3z$ या $z=\frac{x}{3}$

$\therefore$ $\frac{x+y+z}{3}=88$ या $x+y+z=264 \Rightarrow x+\frac{x}{2}+\frac{x}{3}=264$ या $\frac{6x+3x+2x}{6}=264$

$\therefore$ $\frac{11x}{6}=264$ या $x = 24 \times 6 = 144$, अतः सबसे छोटी संख्या $= z=\frac{x}{3}=\frac{144}{3}=48$

145. माना वह संख्या x है। अतः $x + 26 = x$ का 113%

$\therefore$ $x+26=x\times\frac{113}{100} \Rightarrow 113x = 100x + 2600 \Rightarrow 13x = 2600 \Rightarrow x = 200$

146. माना संख्या x है। अतः संख्या का व्युत्क्रम $=\frac{1}{x}$, अतः संख्या + व्युत्क्रम संख्या $\times 3=\frac{13}{2} \Rightarrow x+\left(\frac{1}{x}\times 3\right)=\frac{13}{2}$

$\therefore$ $\frac{x}{1}+\frac{3}{x}=\frac{13}{2} \Rightarrow \frac{x^2+3}{x}=\frac{13}{2} \Rightarrow 2x^2+6=13x \Rightarrow 2x^2-13x+6=0 \Rightarrow 2x^2-12x-x+6=0$

$\therefore$ $2x(x-6)-(x-6)=0 \Rightarrow (x-6)(2x-1)=0 \Rightarrow (2x-1)\neq 0$, अतः $x-6=0 \Rightarrow x=6$

$\therefore$ अभीष्ट संख्या $= x = 6$

147. माना संख्या x है। अतः संख्या का व्युत्क्रम $=\frac{1}{x}$, अतः संख्या + व्युत्क्रम संख्या $\times 10 = 7 \Rightarrow x+\frac{1}{x}\times 10=7$

$\therefore$ $x+\frac{10}{x}=7 \Rightarrow \frac{x^2+10}{x}=\frac{7}{1} \Rightarrow x^2+10=7x \Rightarrow x^2-7x+10=0 \Rightarrow x^2-5x-2x+10=0$

$\therefore$ $x(x-5)-2(x-5)=0 \Rightarrow (x-5)(x-2)=0 \Rightarrow (x-5)=0 \Rightarrow x=5$ और $(x-2)=0 \Rightarrow x=2$

$\therefore$ अभीष्ट संख्या $= x = 5$

148. माना संख्या x तथा उसका व्युत्क्रम $\frac{1}{x}$ है। अतः $x+\frac{1}{x}=\frac{61}{30} \Rightarrow \frac{x^2+1}{x}=\frac{61}{30} \Rightarrow 30x^2+30=61x$

$\therefore\ 30x^2-61x+30=0 \Rightarrow 30x^2-36x-25x+30=0$

$\therefore\ 6x(5x-6)-5(5x-6)=0 \Rightarrow (5x-6)(6x-5)=0$

$\therefore$ जब $5x-6=0$ तब $5x=6 \Rightarrow x=\frac{6}{5}$ और जब $6x-5=0$ तब $6x=5 \Rightarrow x=\frac{5}{6}$

$\therefore$ अभीष्ट संख्या $=\frac{5}{6}$ या $\frac{6}{5}$

149. माना वह संख्या x है। अतः संख्या का $\frac{5}{4}$ का $\frac{7}{8}=315$

$\therefore\ x\times\frac{5}{4}\times\frac{7}{8}=315 \Rightarrow x=\frac{315\times4\times8}{5\times7}=288$, अतः संख्या का $\frac{5}{9}=288\times\frac{5}{9}=160$

150. माना वह संख्या x है। अतः संख्या का 170% + 66 = संख्या × 2

$\therefore\ x$ का $\frac{170}{100}+66=x\times2 \Rightarrow \frac{17x}{10}+66=2x \Rightarrow 2x-\frac{17x}{10}=66$

$\therefore\ \frac{20x-17x}{10}=66 \Rightarrow \frac{3x}{10}=66 \Rightarrow x=\frac{66\times10}{3}=220$, अतः अभीष्ट संख्या $=x=220$

151. माना परिमेय संख्या x और उसका व्युत्क्रम $\frac{1}{x}$ है।

$\therefore\ x+\frac{1}{x}=\frac{74}{35} \Rightarrow \frac{x^2+1}{x}=\frac{74}{35} \Rightarrow 35x^2+35=74x \Rightarrow 35x^2-74x+35=0$

$\therefore\ 35x^2-49x-25x+35=0 \Rightarrow 7x(5x-7)-5(5x-7)=0 \Rightarrow (5x-7)(7x-5)=0$

$\therefore\ 5x-7=0 \Rightarrow 5x=7 \Rightarrow x=\frac{7}{5}$ और $7x-5=0 \Rightarrow x=\frac{5}{7}$

152. माना वह संख्या x है। अतः x का $\frac{7}{3}$ का $\frac{9}{15}=x$ का $\frac{3}{5}$ का $\frac{7}{12}+7$

$\therefore\ x\times\frac{7}{3}\times\frac{9}{15}=x\times\frac{3}{5}\times\frac{7}{12}+7 \Rightarrow \frac{7x}{5}=\frac{7x}{20}+7$, अतः $\frac{7x}{5}-\frac{7x}{20}=7 \Rightarrow \frac{28x-7x}{20}=7$

$\therefore\ \frac{21x}{20}=7 \Rightarrow x=\frac{7\times20}{21}=\frac{20}{3}$, अतः संख्या का दुगुना $=2x=2\times\frac{20}{3}=\frac{40}{3}=13.33$

153. माना संख्या x है। अतः संख्या का व्युत्क्रम $=\frac{1}{x}$, अतः संख्या = संख्या का व्युत्क्रम $\times 5+\frac{19}{2} \Rightarrow x=\frac{1}{x}\times5+\frac{19}{2}$

$\therefore\ x-\frac{5}{x}=\frac{19}{2} \Rightarrow \frac{x^2-5}{x}=\frac{19}{2} \Rightarrow 2x^2-10=19x \Rightarrow 2x^2-19x-10=0$

$\therefore\ 2x^2-20x+x-10=0 \Rightarrow 2x(x-10)+1(x-10)=0 \Rightarrow (x-10)(2x+1)=0$

$\therefore\ 2x+1\neq0$ अतः $x-10=0 \Rightarrow x=10$, अतः अभीष्ट संख्या $=x=10$

154. माना भेड़ों की संख्या x तथा गड़ेरियों की संख्या y है।

$\therefore$ पैरों की कुल संख्या = 4x + 2y और सिरों की कुल संख्या = x + y

$\therefore$ 4 x + 2 y = 16...(i)

$\therefore$ पुनः x + y + 10 = 16 या x + y = 6 ....(ii)

समी. (1) और (2) को हल करने पर x = 2 और y = 4 अतः भेड़ों की संख्या = x = 2

155. माना x चूहे तथा y कबूतर हैं। अतः कुल सिरों की संख्या ⇒ x + y = 90 .... (i)

तथा कुल पैरों की संख्या ⇒ 4x + 2y = 224 ⇒ 2x + y = 112 .... (ii)

समी. (2) में से समी (1) को घटाने पर, x = 112 – 90 = 22

समी. (1) में y का मान रखने पर, 22 + y = 90 या y = 90 – 22 = 68

$\therefore$ कबूतरों की संख्या = y = 68

156. माना मुर्गियों की संख्या x तथा गायों की संख्या y है।

∴ कुल पैरों की संख्या $\Rightarrow 2x + 4y = 140 \Rightarrow x + 2y = 70$ .... (i)

कुल मस्तकों की संख्या $\Rightarrow x + y = 48$ .... (ii)

दोनों समीकरणों को हल करने पर x = 26 और y = 22, अतः मुर्गियों की संख्या = x = 26

157. माना x घोड़े और x आदमी हैं। अतः पैदल चलने वाले आदमी $= \frac{x}{2}$

∴ जमीन पर चल रही टांगों की संख्या $\Rightarrow 4x + \frac{x}{2} \times 2 = 70$

∴ 4x + x = 70 या 5x = 70 या x = 14, अतः घोड़ों की संख्या = x = 14

158. माना x भैंसें और y बत्तख हैं। अतः सिरों की कुल संख्या = x + y और पैरों की कुल संख्या = 4x + 2y

∴ (x + y) × 2 + 24 = 4x + 2y, अतः 2x + 2y + 24 = 4x + 2y

∴ 4x – 2x = 24 या 2x = 24 या x = 12, अतः भैंसों की संख्या = x = 12

159. माना पेंगुइनों की संख्या *x* और ध्रुवीय भालुओं की संख्या y है।

∴ सिर की कुल संख्या = 60 $\Rightarrow x + y = 60$ ....(i)

पैरों की कुल संख्या = 160 $\Rightarrow 2x + 4y = 160 \Rightarrow x + 2y = 80$..........(ii)

समीकरण (ii) में से समीकरण (i) को घटाने पर, y = 20, अतः ध्रुवीय भालुओं की अभीष्ट संख्या = y = 20

160. माना मुर्गियों की संख्या *x* तथा गायों की संख्या y है।

∴ सिरों की कुल संख्या = 50 $\Rightarrow x + y = 50$ ....(i)

पैरों की कुल संख्या = 142 $\Rightarrow 2x + 4y = 142 \Rightarrow x + 2y = 71$........(ii)

समीकरण (ii) में से समीकरण (i) को घटाने पर, y = 21, अतः गायों की अभीष्ट संख्या = y = 21

161. माना वह संख्या x है, अतः $\frac{x+12}{6} = 112 \Rightarrow x + 12 = 112 \times 6 = 672 \Rightarrow x = 672 - 12 = 660$

∴ सही उत्तर = $\frac{\text{संख्या}}{6} + 12 = \frac{660}{6} + 12 = 110 + 12 = 122$

162. 5A7 + 335 = 8 B 2 ⇒
$$\begin{array}{ccc} 5 & A & 7 \\ +3 & 3 & 5 \\ \hline 8 & B & 2 \end{array}$$
चूँकि 8 B 2 संख्या 3 से विभाज्य है, अतः 8 + B + 2 = 3 का कोई गुणज

∴ 10 + B = 12 या 15 या 18 या 21....................

∴ 10 + B = 12 ⇒ B = 2 जो ग्राह्य नहीं है क्योंकि यह जोड़ की क्रिया को संतुष्ट नहीं करता

10 + B = 15 ⇒ B = 5 और 10 + B = 18 ⇒ B = 8

10 + B = 21 ⇒ B = 11 जो ग्राह्य नहीं है क्योंकि इसमें दो अंक हैं।

∴ B = 5 या 8 ⇒ A = 1, अतः 4 A का अधिकतम सम्भव मान = 4

163. माना तीनों संख्याएँ क्रमशः a, b, c हैं। अतः ab = 42, bc = 56 तथा ca = 48

∴ $ab \times bc \times ca = 42 \times 56 \times 48 \Rightarrow a^2 \cdot b^2 \cdot c^2 = 2\cdot3\cdot7\cdot2\cdot2\cdot2\cdot7\cdot2\cdot2\cdot2\cdot2\cdot3 \Rightarrow (abc)^2 = (2\cdot2\cdot2\cdot2\cdot3\cdot7)^2$

∴ $abc = 2\cdot2\cdot2\cdot2\cdot3\cdot7 = 336 \Rightarrow \frac{a\,b\,c}{ab} = \frac{336}{42} \Rightarrow c = 8$, अतः तीसरी संख्या = c = 8

164. माना वह संख्या x है। अतः 2 से गुणा करने पर ⇒ 2x अब 16 जोड़ने पर ⇒ 2x + 16

2 से विभाजित करने पर, $\frac{2x+16}{2} = \frac{2(x+8)}{2} = x + 8$, अतः मूल संख्या घटाने पर = x + 8 – x = 8

165. माना बड़ी संख्या a तथा छोटी संख्या b है। अतः $\frac{a}{b} = 4$ या a = 4b............... (i)

पुनः a – b = 72 या 4b – b = 72 या 3b = 72 या b = 24

∴ समी. (1) से a = 4b = 4 × 24 = 96, अतः संख्याएं = 96, 24

166. माना वह संख्या x है। 2x + 20 = 8x – 4 ⇒ 8x–2x = 20 + 4 = 24, अतः 6x = 24 या x = 4

167. माना वह संख्या x है। अतः 5 से गुणा करने पर $\Rightarrow 5x$ और 25 जोड़ने पर $\Rightarrow 5x+25$

5 से भाग देने पर $\Rightarrow \frac{5x+25}{5}$ अब मूल संख्या को घटाने पर $\Rightarrow \frac{5x+25}{5} - x \Rightarrow \frac{5x+25-5x}{5} = \frac{25}{5} = 5$

168. शृंखला की प्रथम एवं द्वितीय संख्या = 2, 5

$\therefore$ तृतीय संख्या $= 5 \times 3 - 1 = 15 - 1 = 14$, अतः चतुर्थ संख्या $= 14 \times 3 - 1 = 42 - 1 = 41$

169. $(4387)^{245}$ में इकाई का अंक = 7 और $(621)^{72}$ में इकाई का अंक = 1

$\therefore$ $(4387)^{245} \times (621)^{72}$ में एकल (इकाई) अंक $= 7 \times 1 = 7$

170. $(122)^{173}$ के गुणनफल में एकक (इकाई) अंक = 2^1 में इकाई का अंक = 2

171. 57^{25} में इकाई का अंक = 7

$\therefore$ $57^{25} - 1$ का अंतिम अंक = ……………7 – 1 में अन्तिम अंक = …………..6 में अन्तिम अंक = 6

172. $(1570)^2 + (1571)^2 + (1572)^2 + (1573)^2 = ?$

$(1570)^2$ = ... 0 $(1571)^2$ = ... 1 $(1572)^2$ = ... 4

$(1573)^2$ = ... 9

$(1570)^2 + (1571)^2 + (1572)^2 + (1573)^2$ = ... 4

$\therefore$ उपर्युक्त योगफल में इकाई का अंक = 4

173. $(1001)^{2008} + 1002$ = ... 1 + 1002 = ... 3

$\therefore$ योगफल में अन्तिम अंक अर्थात् इकाई का अंक = 3

174. 3^{40} का अंतिम अंक = 3^4 में इकाई का अंक = 81 में इकाई का अंक = 1

175. $49237 \times 3995 \times 738 \times 83 \times 9$ के गुणनफल में इकाई का अंक

$= 7 \times 5 \times 8 \times 3 \times 9$ के गुणनफल में इकाई का अंक = 7560 में इकाई का अंक = 0

176. $3 \times 38 \times 537 \times 1256$ में इकाई का अंक $= 3 \times 8 \times 7 \times 6$ में इकाई का अंक = 1008 में इकाई का अंक = 8

177. $71 \times 72 \times 73 \times 74 \times 76 \times 77 \times 78 \times 79$ में इकाई का अंक

$= 1 \times 2 \times 3 \times 4 \times 6 \times 7 \times 8 \times 9$ में इकाई इकाई का अंक = 72576 में इकाई का अंक = 6

178. $(153)^{144}$ में इकाई का अंक = 1, $(115)^{123}$ में इकाई का अंक = 5

$(111)^{510}$ में इकाई का अंक = 1, $(216)^{25}$ में इकाई का अंक = 6

$\therefore$ $(153)^{144} - (115)^{123} - (111)^{510} + (216)^{25}$ = (…………1) – (……5) – (…. 1) + (…… 6)

= (…… 1) + (…… 6) – (……5 + …… 1) = (….. 7) – (…… 6) = ……….1

$\therefore$ इकाई का अभीष्ट अंक = 1

179. $(192)^{102}$ में इकाई का अंक = 2^2 में इकाई का अंक = 4

$(193)^{103}$ में इकाई का अंक = 3^3 में इकाई का अंक = 27 में इकाई का अंक = 7

$\therefore$ $(192)^{102} + (193)^{103}$ = (……. 4) + (…… 7) = …… 1, अतः इकाई स्थान का अंक = 1

180. $(194)^{102}$ में यूनिट स्थान का अंक = 6 और $(294)^{103}$ में यूनिट स्थान का अंक = 4

$\therefore$ $(194)^{102} + (294)^{103}$ = ...6 + ... 4 = ...0

$\therefore$ $(194)^{102} + (294)^{103}$ में यूनिट स्थान का अंक = 0

181. माना संख्या a और उसका व्युत्क्रम $\frac{1}{a}$ है। अतः $a + \frac{1}{a} = 2$

$\therefore$ $\frac{a^2+1}{a} = 2 \Rightarrow a^2 + 1 = 2a \Rightarrow a^2 + 1 - 2a = 0$

$\therefore$ $(a-1)^2 = 0 \Rightarrow a - 1 = 0 \Rightarrow a = 1$, अतः संख्या = a = 1

182. अंकों 2, 5, 0, 6, 8 से बनी सबसे बड़ी संख्या = 86520 और सबसे छोटी संख्या = 20568

$\therefore$ अन्तर = 86520 – 20568 = 65952

183. माना वह संख्या x है। अतः $x - 49 = 95 - x$

$\therefore$ $x + x = 95 + 49 \Rightarrow 2x = 144 \Rightarrow x = \frac{144}{2} = 72$, अतः अभीष्ट संख्या $= x = 72$

184. $\because$ 5 सड़े अण्डों के अनुपयोगी (व्यर्थ) होने पर सड़े अण्डों की संख्या = 8

$\therefore$ 10 सड़े अण्डों के अनुपयोगी (व्यर्थ) होने पर सड़े अण्डों की संख्या = 16

$\therefore$ टोकरी में अण्डों की कुल संख्या $= 25 \times 16 = 400$

185. 68956 में 9 का स्थानीय मान = 900 और अंकित मान = 9

186. माना कृति के पास x कैंडीज और दिव्या के पास $x + 10$ कैंडीज हैं।

$\therefore$ $x + x + 10 = 46 \Rightarrow 2x = 36 \Rightarrow x = 18$, अतः दिव्या की कैंडीज की कुल संख्या $= x + 10 = 18 + 10 = 28$

187. माना तीसरी संख्या x है। अतः पहली संख्या $= x$ का $116.25\% = \frac{x \times 116.25}{100} = x \times 1.1625$

और दूसरी संख्या $= x$ का $155\% = x \times \frac{155}{100} = x \times 1.55$

$\therefore$ पहली संख्या दूसरी संख्या का कितना प्रतिशत $= \frac{\text{पहली संख्या} \times 100}{\text{दूसरी संख्या}} = \frac{x \times 1.1625 \times 100}{x \times 1.55} = \frac{11625}{155} = 75\%$

188. $\because$ अभीष्ट संख्या 800 के 80% से 30% कम है।

$\therefore$ अभीष्ट संख्या = 800 का 80% का 70% $= 800 \times \frac{80}{100} \times \frac{70}{100} = 448$

189. माना तीसरी संख्या 100 है। अतः पहली संख्या = 70 और दूसरी संख्या = 63

$\therefore$ पहली संख्या और दूसरी संख्या में अन्तर $= 70 - 63 = 7$

$\therefore$ दूसरी संख्या में अभीष्ट प्रतिशत वृद्धि $= \frac{\text{दोनों में अन्तर} \times 100}{\text{दूसरी संख्या}} = \frac{7 \times 100}{63} = 11.11\%$

190. माना संख्या का पहला भाग x तथा दूसरा भाग y है।

$\therefore$ x का 30% = y का 20% + 25 $\Rightarrow x \times \frac{30}{100} = y \times \frac{20}{100} + 25$

$\therefore$ $\frac{3x}{10} - \frac{y}{5} = 25 \Rightarrow \frac{3x - 2y}{10} = 25 \Rightarrow 3x - 2y = 250$ ....(i)

पुनः y का 50% = x का 60% + 33.5 $\Rightarrow y \times \frac{50}{100} = x \times \frac{60}{100} + 33.5$

$\therefore$ $\frac{6x}{10} - \frac{5y}{10} = -33.5 \Rightarrow \frac{6x - 5y}{10} = -33.5 \Rightarrow 6x - 5y = -335$ ....(ii)

समीकरण (i) में 2 से गुणा करने पर, $6x - 4y = 500$ ....(iii)

समीकरण (iii) में से समीकरण (ii) को घटाने पर $y = 835$

समीकरण (i) में $y = 835$ रखने पर, $3x - 2 \times 835 = 250$

$\therefore$ $3x - 1670 = 250 \Rightarrow 3x = 1920 \Rightarrow x = 640$

$\therefore$ अभीष्ट संख्या $= x + y = 640 + 835 = 1475$

191. छोटी संख्या का 65% = बड़ी संख्या का 45% $\Rightarrow$ छोटी संख्या $\times \frac{65}{100}$ = बड़ी संख्या $\times \frac{45}{100}$

$\therefore$ छोटी संख्या $\times 13$ = बड़ी संख्या $\times 9 \Rightarrow$ छोटी संख्या : बड़ी संख्या = 9 : 13

अनुपाती योग $= 9 + 13 = 22$

$\therefore$ बड़ी संख्या = योग का $\frac{13}{22} = 2574 \times \frac{13}{22} = 1521$

192. यदि संख्या x हो तो, x का 60% + 60 = $x \Rightarrow x \times \frac{60}{100} + 60 = x$

$\therefore$ $\frac{3x}{5} + 60 = x \Rightarrow x - \frac{3x}{5} = 60 \Rightarrow \frac{2x}{5} = 60 \Rightarrow x = \frac{60 \times 2}{2} = 150 \Rightarrow$ अभीष्ट संख्या $= x = 150$

193. दिये गये विकल्पों में वह संख्या जो अभाज्य नहीं है = 87 क्योंकि 87 अन्य दो संख्याओं 3 और 29 से भाज्य है।

194. यदि संख्या x हो तो सही गुणनफल $= x\times\frac{8}{5}=\frac{8x}{5}$ परन्तु गलत गुणनफल $= x\times\frac{5}{8}=\frac{5x}{8}$

$\therefore$ कुल त्रुटि $= \frac{8x}{5}-\frac{5x}{8}=\frac{64x-25x}{40}=\frac{39x}{40}$

$\therefore$ प्रतिशत त्रुटि $= \frac{\text{कुल त्रुटि} \times 100}{\text{सही गुणनफल}} = \frac{\left(\frac{39x}{40}\times 100\right)}{\frac{8x}{5}} = \frac{39x}{40}\times 100\times\frac{5}{8x} = 60.94\%$

195. $37 + 57 + 78 + 75 + 179 = 426$

$\therefore$ 17) 4 2 6 (25 अतः शेष = 1

```
17) 4 2 6 (25
    3 4
      8 6
      8 5
        1
```

196. माना वह संख्या x है। अतः x का $50\% + 75 = x$

$\therefore$ $x\times\frac{50}{100}+75=x \Rightarrow \frac{x}{2}+75=x \Rightarrow x-\frac{x}{2}=75 \Rightarrow \frac{x}{2}=75 \Rightarrow x=75\times 2=150$

197. माना वह संख्या x है। अतः x का $85\% + 75 = x \Rightarrow x\times\frac{85}{100}+75=x$

$\therefore$ $\frac{17x}{20}+75=x \Rightarrow x-\frac{17x}{20}=75 \Rightarrow \frac{3x}{20}=75 \Rightarrow x=500$

198. $\because$ पहला भाग $\times$ 3 = दूसरा भाग $\times$ 6 = तीसरा भाग $\times$ 8

$\therefore$ पहला भाग : दूसरा भाग : तीसरा भाग $= \frac{1}{3}:\frac{1}{6}:\frac{1}{8} = 24\times\frac{1}{3}:24\times\frac{1}{6}:24\times\frac{1}{8} = 8:4:3$

$\because$ पहला भाग 8 होने पर तीसरा भाग = 3

$\therefore$ पहला भाग 1 होने पर तीसरा भाग $= \frac{3}{8}$

$\therefore$ पहला भाग 1600 होने पर तीसरा भाग $= \frac{3}{8}\times 1600 = 600$

199. 1 से n तक की प्राकृतिक संख्याओं का योग $= \frac{n(n+1)}{2}$

$\therefore$ 1 से 10 तक की प्राकृतिक संख्याओं का योग $= \frac{10\times 11}{2} = 55$

परन्तु किसी एक संख्या को 2 बार जोड़ने के कारण योग = 58

$\therefore$ 2 बार जोड़ी जाने वाली संख्या = 58 – 55 = 3

200. 1 से 20 तक की सभी प्राकृतिक संख्याओं का योग $= \frac{n(n+1)}{2} = \frac{20\times 21}{2} = 210$

परन्तु एक संख्या को 2 बार जोड़ने के कारण योग = 215

$\therefore$ 2 बार जोड़ी जाने वाली संख्या 215 – 210 = 5

201. $\because$ संख्या का 40% = 290, अतः संख्या $\times\frac{40}{100} = 290 \Rightarrow$ संख्या $= 29\times 25 = 275$

$\therefore$ अभीष्ट संख्या = प्रारम्भिक संख्या का 120% $= 725\times\frac{120}{100} = 870$

202. 120 के अभाज्य गुणनखण्ड $= 2\times 2\times 2\times 3\times 5$

$\therefore$ 120 के विषम भाजक $\Rightarrow$ 1, 3, 5, 15

और सम भाजक $\Rightarrow$ 2, 4, 6, 8, 10, 12, 20, 24, 30, 40, 60, 120

$\therefore$ विषम भाजकों की संख्या = 4 और सम भाजकों की संख्या = 12 $\Rightarrow$ 4, 12

—●●●—

2 वर्ग-वर्गमूल एवं घन-घनमूल
(Square-Square Root & Cube-Cube Root)

वर्ग-वर्गमूल

किसी संख्या को उसी से गुणा करने पर प्राप्त गुणनफल वर्ग संख्या कहलाता है और उस संख्या को गुणनफल (अर्थात वर्ग संख्या) का वर्गमूल कहते हैं। जैसे 7 से 7 का गुणा करने पर गुणनफल 49 प्राप्त होता है। यहां 49 को वर्ग संख्या और 7 को 49 का वर्गमूल कहेंगे। वर्गमूल ज्ञात करने का संकेत दो घात की करणी (अर्थात् $\sqrt{\ }$ या $\sqrt[2]{\ }$) होती है। जैसे $\sqrt{16}$ का अर्थ है, 16 का वर्गमूल ज्ञात कीजिए।

वर्गमूल ज्ञात करने की विधियाँ

गुणनखण्ड विधि

इस विधि का प्रयोग तभी सम्भव है जब दी गयी संख्या पूर्ण वर्ग हो। इस विधि में दी गयी संख्या का इस प्रकार गुणनखण्ड करते हैं कि उनसे सजातीय जोड़े बन सके। तत्पश्चात प्रत्येक जोड़े से एक-एक गुणनखण्ड लेकर उनका आपस में गुणा कर देते हैं। इस प्रकार प्राप्त गुणनफल अभीष्ट वर्गमूल होता है। जैसे, $\sqrt{36} = \sqrt{2\times2\times3\times3} = 2\times3 = 6$
अर्थात 36 का वर्गमूल 6 हुआ।

भाग विधि

इस विधि से किसी भी संख्या का वर्गमूल ज्ञात कर सकते हैं। परन्तु सामान्यतया इस विधि का प्रयोग तब किया जाता है जब दी गयी संख्या या तो पूर्ण वर्ग न हो या उसका आसानी से गुणनखण्ड न हो सके। इस विधि में दी गयी संख्या के दशमलव बिन्दु के बायें और दायें दो-दो अंक का समूह बनाकर भाग की क्रिया प्रारम्भ की जाती है। संख्याएं दो प्रकार की हो सकती हैं। एक पूर्णांक तथा दूसरी दशमलव संख्या। भाग की क्रिया सम्पन्न हो जाने के बाद प्राप्त भागफल अभीष्ट वर्गमूल होता है। देखें अग्रलिखित चरण।

पूर्णांक संख्याओं का वर्गमूल ज्ञात करना – सर्वप्रथम दी गयी संख्या के इकाई के अंक से बायें दिशा में दो-दो अंकों का समूह बनाते हैं। यदि संख्या में अंकों की संख्या सम हो तो समूह दो-दो अंकों के बन जाते हैं जैसे $\underline{13}\ \underline{69}$ परन्तु अंकों की संख्या विषम हो तो अन्तिम समूह केवल एक अंक का ही बन पाता है जैसे $\underline{4}\ \underline{65}\ \underline{23}$ के अन्तिम समूह में केवल एक ही अंक 4 है। अब यदि 1024 का वर्गमूल ज्ञात करना हो तो इसके दो समूह बनेंगे। इसके बाद बायीं ओर से प्रथम समूह में उस संख्या से भाग देते हैं जिसका वर्ग उस समूह के बराबर या उससे कम हो। यह संख्या भाजक और भागफल दोनों जगह लिखी जाती है। जैसे –

$$\begin{array}{c|l} & 3 \\ \hline 3 & \overline{10}\ \overline{24} \\ \underline{3} & \underline{9} \\ 6 & 124 \end{array}$$

अब भाजक और भागफल का गुणनफल प्रथम समूह के नीचे लिखकर घटा देते हैं। इसके दायें अगला समूह लिखते हैं। इसके बाद भाजक के नीचे भागफल लिखकर जोड़ते हैं। योग से प्राप्त संख्या के प्रथम अंक से भाग देकर प्राप्त भागफल को जोड़ वाली संख्या और पहले भागफल के दायें लिखते हैं इस प्रकार 62 द्वितीय भाजक हुआ और 2 द्वितीय भागफल। अब द्वितीय भाजक और द्वितीय भागफल के गुणनफल को द्वितीय भाज्य के नीचे लिखकर घटा देते हैं। जैसे उपर्युक्त प्रक्रिया निम्नवत् होगी –

$$\begin{array}{c|l} & 3\ 2 \\ \hline 3 & \overline{10}\ \overline{24} \\ \underline{3} & \underline{9} \\ 62 & 124 \\ & \underline{124} \\ & \times\times\times \end{array}$$

भाग की प्रक्रिया पूरी हो जाने के बाद प्राप्त भागफल ही दी गयी संख्या का वर्गमूल होगा। अतः अभीष्ट वर्गमूल = 32

दशमलव संख्याओं का वर्गमूल ज्ञात करना – दशमलव संख्या का वर्गमूल ज्ञात करते समय दशमलव बिन्दु के दाहिने और बायें दोनों तरफ दो-दो अंकों का समूह बनाया जाता है। परन्तु यह ध्यान रखा जाता है कि पूर्णांकों का समूह इकाई के अंक से बायें की ओर बनते हैं जबकि अपूर्णांकों का समूह दशमलव बिन्दु से दाहिने की ओर। जैसे 21757.5742 का समूह $\overline{2}\ \overline{17}\ \overline{57}\ .\overline{57}\ \overline{42}$ होगा। यदि अपूर्णांकों के अंकों की संख्या विषम हो तो अन्त में 0 (शून्य) बढ़ाकर जोड़े बनाये जाते हैं। जैसे 158.572 के समूह $\overline{1}\ \overline{58}\ .\overline{57}\ \overline{20}$ होंगे। देखें निम्नलिखित क्रिया –

```
           12 . 59
 1     | 1 58.57 20
 1     | 1
 22    | × 58
 2     |  44
 245   |  1457
 5     |  1225
 2509  |    23220
       |    22581
       |      639
```

अतः दशमलव के दो स्थानों तक वर्गमूल = 12.59

भिन्नों का वर्गमूल ज्ञात करना

(i) यदि भिन्न के अंश और हर दोनों वर्ग संख्या हो तो भिन्न का वर्गमूल

$$=\frac{\text{अंश का वर्गमूल}}{\text{हर का वर्गमूल}} \quad \text{जैसे } \frac{16}{25} \text{ का वर्गमूल } = \frac{\sqrt{16}}{\sqrt{25}} = \frac{4}{5}$$

(ii) यदि अंश और हर में कोई एक वर्ग संख्या हो या दोनों अवर्ग संख्या हो तो अंश में हर से भाग देकर दशमलव में भागफल प्राप्त कर लिया जाता है। इसके बाद इस भागफल का ऊपर लिखित भाग विधि से वर्गमूल ज्ञात करते हैं अथवा अंश और हर दोनों का अलग-अलग भाग विधि से वर्गमूल निकाल कर पुनः भाग दे देते हैं। जैसे $\frac{1}{5}$ का वर्गमूल ज्ञात करने के लिए $\frac{1}{5}$=0.2 का वर्गमूल निम्नलिखित प्रकार ज्ञात करेंगे –

```
       .44
 4   | .20 00
 4   |  16
 84  |   400
     |   336
     |    64
```

चूँकि शेष 84 के आधे से अधिक है, अतः निकटतम वर्ग मूल = 0.45

घन-घनमूल

किसी संख्या का उसी में दो बार गुणा किया जाता है तो प्राप्त गुणनफल उस संख्या का घन कहलाता है और संख्या गुणनफल की घनमूल कही जाती है। जैसे यदि 7 का 7 में दो बार गुणा किया जाय (अर्थात् 7 × 7 × 7) तो गुणनफल 343 प्राप्त होता है। अतः 343 को 7 का घन कहेंगे जबकि 7 को 343 का घनमूल। घनमूल का संकेत $\sqrt[3]{\ }$ होता है। अर्थात यदि कोई संख्या चिन्ह $\sqrt[3]{\ }$ में लिखी हो तो इसका अर्थ है, उस संख्या का घनमूल ज्ञात करना। जैसे $\sqrt[3]{1331}$ का अर्थ है, 1331 का घनमूल ज्ञात कीजिए।

किसी संख्या का घनमूल गुणनखण्ड विधि से ज्ञात किया जाता है। इसके लिए दी गयी संख्या के गुणनखण्ड करके तीन-तीन गुणनखण्डों का समूह बनाया जाता है। प्रत्येक समूह में एक-एक गुणनखण्ड लेकर उनका आपस में गुणा कर लेते हैं। इस प्रकार प्राप्त गुणनफल घनमूल होता है। जैसे, $\sqrt[3]{1331} = \sqrt[3]{11 \times 11 \times 11} = 11$ और $\sqrt[3]{64} = \sqrt[3]{2 \times 2 \times 2 \times 2 \times 2 \times 2} = 2 \times 2 = 4$

स्मरणीय तथ्य – घनमूल ज्ञात करते समय यह आवश्यक है कि सभी गुणनखण्ड या तो भाज्य गुणनखण्ड हों या सभी गुणनखण्ड अभाज्य गुणनखण्ड हों जैसे 216 का घनमूल ज्ञात करना हो तो (I) 216 के भाज्य गुणनखण्ड $\underline{6 \times 6 \times 6}$ होगें तब घनमूल = 6 परन्तु (II) 216 के अभाज्य गुणनखण्ड $\underline{2 \times 2 \times 2} \times \underline{3 \times 3 \times 3}$ होगें तब घनमूल = 2 × 3 = 6

भिन्नों का घनमूल ज्ञात करना

निम्नलिखित राशियों का घनमूल ज्ञात कीजिए –

1. $\frac{343}{512}$ 2. $\frac{729}{1331}$ 3. $\frac{0.064}{0.125}$ 4. $\frac{0.000216}{0.000125}$ 5. $\frac{0.000001}{0.000343}$

हल

1. $\frac{343}{512}=\frac{7\times7\times7}{\underline{2\times2\times2}\times\underline{2\times2\times2}\times\underline{2\times2\times2}}$, अतः घनमूल $=\frac{7}{2\times2\times2}=\frac{7}{8}$
2. $\frac{729}{1331}=\frac{\underline{3\times3\times3}\times\underline{3\times3\times3}}{\underline{11\times11\times11}}$, अतः घनमूल $=\frac{3\times3}{11}=\frac{9}{11}$
3. $\frac{0.064}{0.125}=\frac{64}{125}=\frac{2.2.2.2.2.2}{5.5.5}$, अतः घनमूल $=\frac{2\times2}{5}=\frac{4}{5}$
4. $\frac{0.000216}{0.000125}=\frac{216}{125}=\frac{\underline{6.6.6}}{\underline{5.5.5}}$, अतः घनमूल $=\frac{6}{5}=1.2$
5. $\frac{0.000001}{0.000343}=\frac{1}{343}=\frac{1\times1\times1}{7\times7\times7}$, अतः घनमूल $=\frac{1}{7}$

अध्याय पर आधारित प्रश्नों के प्रकार

'वर्गमूल एवं घनमूल' अध्याय से विभिन्न प्रतियोगी परीक्षाओं में पूछे गये और पूछे जा सकने वाले प्रश्नों को कुल 10 प्रकारों में बांट सकते हैं।

1. साधारण प्रश्न
2. वर्गमूल पर आधारित विशिष्ट प्रश्न
3. जब अज्ञात राशि का मान ज्ञात करना हो।
4. वर्गमूल पर भिन्नात्मक प्रश्न
5. जोड़-घटाव पर आधारित प्रश्न
6. गुणा-भाग पर आधारित प्रश्न
7. वर्गमूल पर इबारती प्रश्न
8. वर्गों के योग-अन्तर पर आधारित प्रश्न
9. घनों के योग-अन्तर पर आधारित प्रश्न
10. वर्गमूल एवं घनमूल दोनों पर आधारित प्रश्न

उदाहरणार्थ हल प्रश्न

1 साधारण प्रश्न

(A) निम्नलिखित संख्याओं का वर्गमूल ज्ञात कीजिए।
0.81, 0.0025, 0.0121, 0.000441

(B) निम्नलिखित संख्याओं का घनमूल ज्ञात कीजिए।
0.027, 1.331, 0.000216, 0.005832

हल **(A) प्रथम विधि :**

दशमलम संख्याओं का वर्गमूल ज्ञात करने के लिए सर्वप्रथम उनका दशमलव बिन्दु विलुप्त करते हैं अर्थात् दशमलव बिन्दु हटाते हैं जैसे 0.64 का दशमलव बिन्दु विलुप्त करने पर $\frac{64}{100}$ प्राप्त होगा। इस प्रकार प्राप्त भिन्न के अंश और हर का गुणनखण्ड करके वर्गमूल ज्ञात कर लेते हैं।

$0.81=\frac{81}{100}=\frac{\underline{3\times3}\times\underline{3\times3}}{\underline{2\times2}\times\underline{5\times5}}$ या $\frac{\underline{3\times3}\times\underline{3\times3}}{10\times10}$, अतः वर्गमूल $=\frac{2\times3}{2\times2}=\frac{9}{10}=0.9$

$0.0025=\frac{25}{10000}=\frac{\underline{5\times5}}{\underline{10\times10}\times\underline{10\times10}}$, अतः वर्गमूल $=\frac{5}{10\times10}=\frac{5}{100}=0.05$

$0.0121=\frac{121}{10000}=\frac{\underline{11\times11}}{\underline{10\times10}\times\underline{10\times10}}$, अतः वर्गमूल $=\frac{11}{10\times10}=\frac{11}{100}=0.11$

$0.000441=\frac{441}{1000000}=\frac{\underline{3.3}.\underline{7.7}}{\underline{10.10}.\underline{10.10}.\underline{10.10}}$, अतः वर्गमूल $=\frac{3\times7}{10\times10\times10}=\frac{21}{1000}=0.021$

द्वितीय विधि :

सर्वप्रथम दशमलव बिन्दु की उपेक्षा करेंगे, इससे एक पूर्णांक प्राप्त होगा। इस पूर्णांक का वर्गमूल ज्ञात करेंगे। इसके बाद दी गयी दशमलव संख्या में दशमलव के जितने स्थान रहते हैं उसके आधे स्थान वर्गमूल में रखेंगें। जैसे 0.64 का पूर्णांक 64 होगा और 64 का वर्ग मूल 8 होगा। अब चूंकि 0.64 में दशमलव के दो स्थान हैं अतः वर्गमूल (8) में दशमलव एक स्थान रखेंगें। अतः वर्गमूल 0.8 होगा।

इसी प्रकार यदि 0.0064 का वर्गमूल ज्ञात करना हो तो सर्वप्रथम पूर्णांक 64 का वर्गमूल 8 ज्ञात करेंगें। चूंकि मूल संख्या 0.0064 में दशमलव के चार स्थान है। अतः वर्गमूल में दशमलव के दो स्थान रखेंगें। इसलिए 0.0064 का वर्गमूल 0.08 होगा।

0.81 का वर्ग मूल = 0.9 0.0025 का वर्ग मूल = 0.05

0.0121 का वर्ग मूल = 0.11 .000441 का वर्गमूल = 0.021

(B) प्रथम विधि :

सर्वप्रथम दशमलव बिन्दु विलुप्त करते हैं जैसे 0.008 से $\frac{8}{1000}$ प्राप्त होगा। अब इस भिन्न $\frac{8}{1000}$ के अंश और हर का गुणनखण्ड करके तीन-तीन का समूह बनाकर घनमूल ज्ञात करते हैं, अतः $\frac{8}{1000} = \frac{2.2.2}{10.10.10} \Rightarrow$ घनमूल $= \frac{2}{10} = \frac{1}{5}$

$0.027 = \frac{27}{1000} = \frac{3.3.3}{10.10.10}$ या $\frac{3.3.3}{2.2.2.5.5.5}$, अतः घनमूल $= \frac{3}{10} = 0.3$

$1.331 = \frac{1331}{1000} = \frac{11.11.11}{10.10.10}$, अतः घनमूल $= \frac{11}{10} = 1.1$

$0.000216 = \frac{216}{1000000} = \frac{2.2.2.3.3.3}{10.10.10.10.10.10}$, अतः घनमूल घनमूल $= \frac{2.3}{10.10} = \frac{6}{100} = 0.06$

$0.005832 = \frac{5832}{1000000} = \frac{2.2.2.3.3.3.3.3.3}{10.10.10.10.10.10}$

द्वितीय विधि :

सर्वप्रथम दशमलव बिन्दु की उपेक्षा करेंगे, इससे एक पूर्णांक प्राप्त होगा। इस पूर्णांक का घनमूल ज्ञात कर लेंगें। इसके बाद दी गयी दशमलव संख्या में दशमलव के जितने स्थान होगें, उसके तिहाई स्थान घनमूल में रखेंगें। जैसे– 0.008 का पूर्णांक 8 होगा और 8 का घनमूल 2 होगा। अब चूंकि 0.008 में दशमलव के 3 स्थान हैं अतः घनमूल (2) में एक स्थान रखेंगें। इसलिए 0.008 का घनमूल 0.2 होगा।

0.027 का घनमूल = 0.3 01.331 का घनमूल = 1.1

0.000216 का घनमूल = 0.06 0.005832 का घनमूल = 0.18

2 वर्गमूल पर आधारित विशिष्ट प्रश्न

1. यदि 841 का वर्गमूल 29 हो तो $\sqrt{8.41} + \sqrt{0.0841} + \sqrt{0.000841}$ का मान ज्ञात कीजिए।
2. यदि 961 का वर्गमूल 31 हो तो $\sqrt{9.61} + \sqrt{0.0961} + \sqrt{0.000961}$ का मान ज्ञात कीजिए।
3. यदि 1369 का वर्गमूल 37 हो तो $\sqrt{13.69} + \sqrt{0.1369} + \sqrt{0.001369}$ का मान ज्ञात कीजिए।
4. यदि $\sqrt{1681} = 41$ तो $\sqrt{16.81} + \sqrt{0.1681} + \sqrt{0.001681}$ का मान ज्ञात कीजिए।

सर्वप्रथम करणी वाली दशमलव संख्या से दशमलव बिन्दु की उपेक्षा करके पूर्णांक संख्या प्राप्त करेंगें। इस पूर्णांक संख्या का वर्गमूल पहले से ही प्रश्न में ज्ञात है। इसके बाद जिस करणी में दशमलव के दो स्थान हैं उसके वर्गमूल में दशमलव के एक स्थान रखेंगे, जिस करणी में दशमलव के 4 स्थान हैं उसके वर्गमूल में दो स्थान और जिस करणी में दशमलव के 6 स्थान हैं उसके वर्गमूल में 3 स्थान रखेंगें।

हल

1. चूंकि 841 का वर्गमूल = 29, अत : $\sqrt{8.41} + \sqrt{0.0841} + \sqrt{0.000841} = 2.9 + 0.29 + 0.029 = 3.219$
2. चूंकि 961 का वर्गमूल = 31, अत : $\sqrt{9.61} + \sqrt{0.0961} + \sqrt{0.000961} = 3.1 + 0.31 + 0.031 = 3.441$
3. चूंकि 1369 का वर्गमूल = 37, अत : $\sqrt{13.69} + \sqrt{0.1369} + \sqrt{0.001369} = 3.7 + 0.37 + 0.037 = 4.107$
4. चूंकि $\sqrt{1681} = 41$, अत : $\sqrt{16.81} + \sqrt{0.1681} + \sqrt{0.001681} = 4.1 + 0.41 + 0.041 = 4.551$

3 जब अज्ञात राशि का मान ज्ञात करना हो

1. यदि $\sqrt{256} \div \sqrt{x} = \frac{1}{3}$ तो x का मान ज्ञात कीजिए। 2. यदि $\sqrt{\frac{x}{144}} = \frac{5}{12}$ तो x का मान ज्ञात कीजिए।

3. यदि $\frac{x}{\sqrt{3.24}} = 50$ तो x का मान कितना होगा? 4. यदि $\frac{x}{\sqrt{1.21}} = 11$ तो x का मान कितना होगा?

हल 1. चूंकि $\sqrt{256} \div \sqrt{x} = \frac{1}{3}$, अत : $\frac{\sqrt{256}}{\sqrt{x}} = \frac{1}{3}$ या $\frac{256}{x} = \frac{1}{9} \Rightarrow . x = 256 \times 9 = 2304$

दोनों पक्षों का वर्ग करने पर बायें पक्ष से करणी हट जायेगी और दायें पक्ष का मान $\left(\frac{1}{3}\right)^2 = \frac{1}{9}$ हो जायेगा।

2. $\sqrt{\frac{x}{144}} = \frac{5}{12}$ के दोनों पक्षों का वर्ग करने पर $\frac{x}{144} = \frac{25}{144}$ या $x = 25$

3. $\frac{x}{\sqrt{3.24}} = 50$ या $\frac{x}{1.8} = 50$, अत : $x = 1.8 \times 50 = 90.0$

4. $\frac{x}{\sqrt{1.21}} = 11$ या $\frac{x}{1.1} = 11$, अत : $x = 1.1 \times 11 = 12.1$

4 वर्गमूल पर भिन्नात्मक प्रश्न

निम्नलिखित के मान ज्ञात कीजिए–

1. $\frac{\sqrt{0.0576} \times \sqrt{1.69}}{\sqrt{0.0144}}$ 2. $\sqrt{\frac{324}{49}} \times \sqrt{\frac{676}{169}} \times \frac{126}{\sqrt{81}}$ 3. $\frac{\sqrt{2.25} \times \sqrt{2.89}}{2.55}$ 4. $\sqrt{\frac{0.342 \times 0.684}{0.000342 \times 0.000171}}$

यदि भिन्न का वर्गमूल ज्ञात करना हो तो उसके अंश और हर का अलग-अलग वर्गमूल ज्ञात करेंगें। अर्थात् भिन्न का

वर्गमूल = $\frac{\text{अंश का वर्गमूल}}{\text{हर का वर्गमूल}}$

परन्तु यदि भिन्नात्मक राशि में कोई संख्या करणी में हो और कोई संख्या करणी में न हो तो करणी वाली संख्या का ही वर्गमूल लेते हैं बाद में पूरी राशि को हल करके सरलतम मान ज्ञात करते हैं।

हल 1. $\frac{\sqrt{0.0576} \times \sqrt{1.69}}{\sqrt{0.0144}} = \frac{0.24 \times 1.3}{0.12} = \frac{24 \times 1.3}{12} = 2.6$

2. $\frac{\sqrt{324}}{\sqrt{49}} \times \sqrt{\frac{676}{169}} \times \frac{126}{\sqrt{81}} = \frac{18}{7} \times \frac{26}{13} \times \frac{126}{9} = 72$

3. $\frac{\sqrt{2.25} \times \sqrt{2.89}}{2.55} = \frac{1.5 \times 1.7}{2.55} = \frac{15 \times 17}{255} = \frac{255}{255} = 1$

4. $\sqrt{\frac{0.342 \times 0.684}{0.000342 \times 0.000171}} = \sqrt{\frac{342000 \times 684000}{342 \times 171}} = \sqrt{1000 \times 4000} = \sqrt{\underline{2.2}\underline{10.10}\underline{10.10}\underline{10.10}}$

$= 2.10.10.10 = 2000$

5 जोड़-घटाव पर आधारित प्रश्न

1. 5732 में कौन छोटी से छोटी संख्या जोड़ दें कि प्राप्त योगफल पूर्ण वर्ग बन जाय?
2. 8560 में से कौन छोटी से छोटी संख्या घटा दें कि प्राप्त नयी संख्या पूर्ण वर्ग बन जाय?
3. चार अंकों की छोटी से छोटी वर्ग संख्या ज्ञात कीजिए।
4. तीन अंकों की बड़ी से बड़ी वर्ग संख्या ज्ञात कीजिए।

हल 1. 5732 का वर्ग मूल = $\sqrt{5732} = 75.7$, अतः 5732 के ऊपर की पहली वर्ग संख्या = $76^2 = 5776$

$\therefore$ जोड़ी जाने वाली छोटी से छोटी संख्या = $5776 - 5732 = 44$

2. 8560 का वर्ग मूल = $\sqrt{8560} = 92.52$, अतः 8560 के नीचे की पहली वर्ग संख्या = $92^2 = 8464$

$\therefore$ घटायी जाने वाली संख्या = $8560 - 8464 = 96$

3. चार अंकों की छोटी से छोटी संख्या = 1000, अतः 1000 का वर्ग मूल = $\sqrt{1000} = 31.62$

$\therefore$ चार अंकों की छोटी से छोटी वर्ग संख्या = $32^2 = 1024$

4. तीन अंकों की बड़ी से बड़ी संख्या = 999, अतः 999 का वर्ग मूल = $\sqrt{999} = 31.6$

$\therefore$ तीन अंकों की बड़ी से बड़ी वर्ग संख्या = $31^2 = 961$

6 गुणा-भाग पर आधारित प्रश्न

1. 162 में किस छोटी से छोटी संख्या से गुणा करें कि प्राप्त गुणनफल पूर्ण वर्ग बन जाय?
2. 675 में किस छोटी से छोटी संख्या से गुणा कर दें कि प्राप्त गुणनफल पूर्ण घन बन जाय?
3. 2028 में किस छोटी से छोटी संख्या से भाग दें कि प्राप्त भागफल पूर्ण वर्ग बन जाय?
4. 13500 में किस छोटी से छोटी संख्या से भाग दें कि प्राप्त भागफल पूर्ण घन बन जाय?

(a) पूर्ण वर्ग वह संख्या होती है, जिसके गुणनखण्डों से दो-दो का समूह बन जाय। जैसे, $16 = \underline{2.2}.\underline{2.2}$, *अतः 16 एक पूर्ण वर्ग संख्या है।*

(b) पूर्ण घन वह संख्या होती है, जिसके गुणनखण्डों से तीन-तीन का समूह बन जाय। जैसे, $8 = \underline{2.2.2}$ *या* $64 = \underline{2.2.2}.\underline{2.2.2}$, *अतः 8 और 64 दोनों अलग-अलग पूर्ण घन संख्याएं हैं।*

हल 1. $162 = 2.\underline{3.3}.\underline{3.3}$ को पूर्ण वर्ग बनाने के लिए 2 से गुणा कर देने पर गुणनखण्डों का समूह $\underline{2.2}.\underline{3.3}.\underline{3.3}$ होगा जिसका गुणनफल एक पूर्ण वर्ग संख्या होगी। अतः गुणा करने के लिए आवश्यक छोटी से छोटी संख्या =2

2. $675 = 5.5.\underline{3.3.3}$ को पूर्ण घन बनाने के लिए गुणनखण्डों से तीन-तीन का समूह बनना चाहिए, परन्तु उसके लिए एक गुणन खण्ड (5) की कमी है, अतः गुणा करने के लिए आवश्यक छोटी से छोटी संख्या =5

3. $2028 = \underline{2.2}.3.\underline{13.13}$ में एक समूह अधूरा है। यदि उस संख्या में 3 से भाग दे दी जाय तो प्राप्त नयी संख्या पूर्ण वर्ग बन जायेगी। अतः भाग देने के लिए आवश्यक संख्या =3

4. $13500 = 2.2.\underline{3.3.3}.\underline{5.5.5}$, अतः भाग देने वाली आवश्यक छोटी से छोटी संख्या = 2.2 = 4

7 वर्गमूल पर इबारती प्रश्न

1. 324 वस्तुओं को उतनी पंक्तियों में व्यवस्थित किया जाता है, जितनी एक पंक्ति में वस्तुएं हैं। पंक्तियों की कुल संख्या ज्ञात कीजिए।
2. 484 नीबूओं को ठोस वर्ग के रूप में रखा गया है। किसी एक ओर से कितने नीबू दिखाई पड़ेगें?
3. एक विज्ञापन कम्पनी किसी मुहल्ले के प्रत्येक मकान में उतने उत्पाद पेश करती है, जितने उस मुहल्ले में मकान हैं। फिर भी उसके पास 5 उत्पाद बच जाते हैं। यदि मुहल्ले में कुल 25 मकान हों तो उसके पास कुल उत्पाद कितने थे?
4. एक सेनानायक अपने सैनिकों से उतनी पंक्तियां बनाता है जितने प्रति पंक्ति सैनिक हों। इस प्रकार उसे 4 सैनिक कम पड़ जाते हैं। यदि कुल 17 पंक्तियां बनी हों तो सेनानायक के पास कुल कितने सैनिक हैं?

हल 1. पंक्तियों की कुल संख्या $= \sqrt{324} = \sqrt{\underline{2.2}.\underline{3.3}.\underline{3.3}} = 2.3.3 = 18$

2. किसी एक ओर से दिखाई पड़ने वाले नीबूओं की संख्या $= \sqrt{484} = \sqrt{\underline{2.2}.\underline{11.11}} = 2 \times 11 = 22$

3. मकानों की कुल संख्या = 25 और प्रत्येक मकान में पेश किये गये उत्पादों की संख्या = 25

$\therefore$ पेश किये गये कुल उत्पाद $= 25 \times 25 = 625$

परन्तु कम्पनी के पास 5 उत्पाद बच गये हैं। अतः कुल उत्पादों की संख्या $= 625 + 5 = 630$

4. पंक्तियों की संख्या = 17 और एक पंक्ति में सैनिकों की संख्या = 17

यदि सैनिक कम न पड़ते, तो सैनिकों की कुल संख्या $17 \times 17 = 289$ होती परन्तु 4 सैनिक कम पड़ते हैं।

$\therefore$ सेना नायक के पास कुल सैनिक $= 289 - 4 = 285$

8 वर्गों के योग-अन्तर पर आधारित प्रश्न

1. दो संख्याओं के वर्गों का योग 580 हो तो उन संख्याओं का गुणनफल ज्ञात कीजिए। यदि दोनों संख्याओं का योग 34 हो।
2. दो धनात्मक संख्याओं के वर्गों का योग 100 है तथा उनके वर्गों का अन्तर 28 है। दोनों संख्याओं का योग ज्ञात कीजिए।
3. एक संख्या और उसके वर्ग का योग 72 है। वह संख्या कौन सी है?

हल 1. माना एक संख्या a तथा दूसरी संख्या b है। अतः $a^2+b^2=580$ और $a+b=34$

$\therefore$ सूत्र $(a+b)^2=a^2+b^2+2ab$ से $34^2=580+2ab$

$\therefore 1156=580+2ab$, अतः $2ab=1156-580=576$

$\therefore ab=\frac{576}{2}=288$, अतः दोनों संख्याओं का गुणनफल $=a.b=288$

2. माना दोनों संख्याएं क्रमशः a, b हैं। अतः $a^2+b^2=100$ और $a^2-b^2=28$

दोनों समीकरणों को जोड़ने पर, $2a^2=128$ या $a^2=64$ या $a=8$

$\therefore$ पहले समीकरण से $64+b^2=100$ तो $b^2=100-64=36$ या $b=6$

$\therefore$ दोनों संख्याओं का योग $=a+b=8+6=14$

3. माना वह संख्या x है। अतः $x^2+x=72$ या $x^2+x-72=0$, अतः $x^2+9x-8x-72=0$

$\therefore (x+9)(x-8)=0 \Rightarrow x=-9$ या 8, अतः वह संख्या $=-9$ या 8

9 घनों के योग-अन्तर पर आधारित प्रश्न

निम्नलिखित राशियों के मान ज्ञात कीजिए।

1. $\frac{(0.2)^3+(0.3)^3}{(0.2)^2-0.2\times0.3+(0.3)^2}$ 4. $\frac{(0.8)^3-(0.9)^3}{(0.8)^2+0.8\times0.9+(0.9)^2}$ 3. $\frac{0.027+0.064}{0.09-0.12+0.16}$

2. $\frac{(0.7)^3+(0.6)^3}{(0.7)^2-0.7\times0.6+(0.6)^2}$ 5. $\frac{0.125-1.331}{0.25+0.55+1.21}$

घनों के योग वाले प्रश्नों में सूत्र $a^3+b^3=(a+b)(a^2-ab+b^2)$ का प्रयोग किया जाता हैं जबकि घनों के अन्तर वाले प्रश्नों में $a^3-b^3=(a-b)(a^2+ab+b^2)$ का प्रयोग होता है। जैसे $5^3+7^3=(5+7)(25-5\times7+49)$ और $3^3-2^3=(3-2)(9+3\times2+4)$ अब देखें प्रश्नों के निम्नलिखित हल–

हल 1. $\frac{0.2^3+0.3^3}{0.2^2-0.2\times0.3+0.3^2}=\frac{(0.2+0.3)(0.2^2-0.2\times0.3+0.3^2)}{(0.2^2-0.2\times0.3+0.3^2)}=(0.2+0.3)=0.5$

2. $\frac{0.7^3+0.6^3}{0.7^2-0.7\times0.6+0.6^2}=\frac{(0.7+0.6)(0.7^2-0.7\times0.6+0.6^2)}{(0.7^2-0.7\times0.6+0.6^2)}=(0.7+0.6)=1.3$

3. $\frac{0.027+0.064}{0.09-0.12+0.16}=\frac{0.3^3+0.4^3}{0.3^2-0.3\times0.4+0.4^2}=\frac{(0.3+0.4)(0.3^2-0.3\times0.4+0.4^2)}{(0.3^2-0.3\times0.4+0.4^2)}$

$=0.3+0.4=0.7$

4. $\frac{0.8^3-0.9^3}{0.8^2+0.8\times0.9+0.9^2}=\frac{(0.8-0.9)(0.8^2+0.8\times0.9+0.9^2)}{(0.8^2+0.8\times0.9+0.9^2)}=0.8-0.9=-0.1$

5. $\frac{0.125-1.331}{0.25+0.55+1.21}=\frac{0.5^3-1.1^3}{0.5^2+0.5\times1.1+1.1^2}=\frac{(0.5-1.1)(0.5^2+0.5\times1.1+1.1^2)}{(0.5^2+0.5\times1.1+1.1^2)}=0.5-1.1=-0.6$

10 वर्गमूल एवं घनमूल दोनों पर आधारित प्रश्न

निम्नलिखित का मान ज्ञात कीजिए।

1. $\sqrt[3]{\sqrt{0.000064}}$ 2. $\sqrt[3]{\sqrt{0.000729}}$ 3. $\sqrt{\sqrt[3]{0.262144}}$ 4. $\sqrt{\sqrt[3]{0.015625}}$

(a) यदि संख्या $\sqrt[3]{\sqrt{x}}$ की तरह हो तो सबसे पहले x का वर्गमूल ज्ञात करेंगें। इसके बाद इस वर्गमूल का घनमूल ज्ञात करेंगें।

(b) यदि संख्या $\sqrt{\sqrt[3]{x}}$ की तरह हो तो सबसे पहले x का घनमूल ज्ञात करेंगें। इसके बाद इस घनमूल का वर्गमूल ज्ञात करेंगें।

हल 1. $\sqrt[3]{\sqrt{0.000064}}=\sqrt[3]{0.008}=0.2$ 3. $\sqrt{\sqrt[3]{0.262144}}=\sqrt{0.64}=0.8$

2. $\sqrt[3]{\sqrt{0.000729}}=\sqrt[3]{0.027}=0.3$ 4. $\sqrt{\sqrt[3]{0.015625}}=\sqrt{0.25}=0.5$

अभ्यास प्रश्न

साधारण प्रश्न

1. $\sqrt{0.121}$ का मान है –
(a) 0.11 (b) 1.1 (c) 0.011 (d) 1.01
(e) इसमें से कोई नहीं *R.R.B. कोलकाता (डी./इले.लोको.असि./पी.बी.टी.) परीक्षा, 2005*

2. $\sqrt{0.0625}$ का मान कितना होगा?
(a) 0.0025 (b) 0.25 (c) 0.025 (d) 2.5 *R.R.B अहमदाबाद (T.A.) परीक्षा, 2005*

3. $\sqrt{0.000441}$ का मान है?
(a) 0.21 (b) 0.0021 (c) 0.021 (d) 0.00021 *S.S.C स्ना.स्त. परीक्षा, 2001 (प्रथम पाली)*

4. $\sqrt{0.2}$ का मूल्य है –
(a) 0.632 (b) 0.447 (c) 0.2 (d) 0.02 *R.R.B भोपाल (T.C) परीक्षा, 2001*

5. 0.09 का वर्गमूल क्या है?
(a) 0.3 (b) 0.94 (c) 0.03 (d) 0.33 *S.S.C स्ना.स्त., परीक्षा, 2002 (प्रथम पाली)*

6. $\sqrt{0.9}$ का मान है –
(a) 0.3 (b) 0.94 (c) 0.03 (d) 0.33 *मेट्रो रेलवे 2004*

7. मान ज्ञात कीजिए –
$\sqrt{900}+\sqrt{0.09}+\sqrt{0.000009}$ *R.R.B. चेन्नई (वाणिज्य क्लर्क एवं T.C.) परीक्षा, 2001*
(a) 303.30 (b) 3030.3 (c) 3.0303 (d) 30.303

8. $\sqrt{900}+\sqrt{0.09}+\sqrt{0.000009}$ का मान क्या होगा?
(a) 303.03 (b) 3030.3 (c) 3.0303 (d) 30.303 *चेन्नई (TC & CC), 2002*

9. $\sqrt{400}+\sqrt{0.0400}+\sqrt{0.000004}$ का मान है –
(a) 0.222 (b) 20.22 (c) 20.2020 (d) 2.022 *S.C.C. स्ना.स्त. परीक्षा, 2004 (प्रथम पाली)*

10. $\frac{0.324\times0.081\times4.624}{1.5625\times0.0289\times72.9\times64}$ का वर्गमूल है –
(a) 24 (b) 2.4 (c) 0.024 (d) 0.24 *R.R.B सिकन्दराबाद (गुड्स गाडी) परीक्षा, 2001*

11. $\sqrt{(0.798)^2+0.404\times0.798+(0.202)^2+1}$ बराबर है –
(a) 0 (b) 2 (c) 1.596 (d) 0.404 *S.S.C. स्ना.स्त.परीक्षा, 2004 (प्रथम पाली)*

12. $\sqrt{3^4+12^2}$ का मान क्या है?
(a) 13 (b) 15 (c) 17 (d) 19 *SSC CHSL (Tier-1) 6.3.2018*

वर्गमूल पर विशेष प्रश्न

13. यदि 841 का वर्गमूल 29 है, तो $\sqrt{0.00000841}$ बराबर है –
(a) 0.029 (b) 0.00029 (c) 0.0029 (d) 0.29 *S.S.C. स्ना.स्त.परीक्षा, 1999 (प्रथम पाली)*

14. यदि $\sqrt{4096}=64$ है, तो $\sqrt{40.96}+\sqrt{0.4096}+\sqrt{0.004096}+\sqrt{0.00004096}$ का दो दशमलव स्थानों तक मान है –
(a) 7.09 (b) 7.10 (c) 7.11 (d) 7.12 *S.S.C. स्ना.स्त.परीक्षा, 2001 (प्रथम पाली)*

15. यदि $\sqrt{4096}=64$ तो $\sqrt{40.96}+\sqrt{0.4096}+\sqrt{0.004096}+\sqrt{0.00004096}$ का मान है –
(a) 7.1014 (b) 7.09 (c) 7.1104 (d) 7.12 *R.R.B. सिकन्दराबाद, परीक्षा, (T.A.) 2004*

16. यदि $\sqrt{15}=3.88$ तब $\sqrt{\frac{5}{3}}$ का मान है –
(a) 1.63 (b) 1.89 (c) 1.36 (d) 1.29 *R.R.B. गुवाहाटी (सुपरवाइजर) परीक्षा, 2005*

17. यदि $\sqrt{35} = 5.916$ तो एक दशमलव स्थान तक $\frac{7}{5}$ का वर्गमूल ज्ञात कीजिए –

(a) 1.2 (b) 1.1 (c) 1.8 (d) 1.4 ***R.R.B. सिकन्दराबाद परीक्षा (T.A.) 2004***

18. यदि $\sqrt{13.69} = 3.7$, तो $\sqrt{1369} + \sqrt{0.1369} + \sqrt{0.001369}$ का मान होगा –

(a) 37.407 (b) 34.307 (c) 37.470 (d) 34.707 ***R.R.B. सिकन्दराबाद परीक्षा (T.A.), 2004***

19. यदि $\sqrt{625} = 25$, तब $16 \times \sqrt{0.000625}$ का मान बराबर है –

(a) 0.040 (b) 0.004 (c) 0.400 (d) 4.000 ***R.R.B. सिकन्दराबाद (गुड्स गार्ड) परीक्षा, 2001***

20. यदि $\sqrt{15} = 3.88$ है तो $\sqrt{\frac{5}{3}}$ का मान क्या है?

(a) 1.293 (b) 1.2934 (c) 1.29 (d) 1.295 ***S.S.C. स्ना.स्त.परीक्षा, 2004 (प्रथम पाली)***

21. कल्पना कीजिए कि –

$\sqrt{13} = 3.605$ (लगभग) $\sqrt{130} = 11.40$ (लगभग)

$\sqrt{1.3} + \sqrt{1300} + \sqrt{0.013}$ का मान ज्ञात कीजिए – ***S.S.C. स्ना.स्त.परीक्षा, 1999 (प्रथम पाली)***

(a) 36.164 (b) 36.304 (c) 37.304 (d) 37.164

22. यदि $\sqrt{12.96} = 36$ है, तो

$\sqrt{12.96} + \sqrt{0.1296} + \sqrt{0.001296} + \sqrt{0.00001296}$ का मान है –

(a) 3.9996 (b) 0.3996 (c) 39.996 (d) 3.996 ***कोलकाता (ट्रेफिक स. ड्राइवर), 2002***

23. यदि $\sqrt{6084} = 78$ हो, तो

$\left(\sqrt{60.84} + \sqrt{0.6084} + \sqrt{0.006084} + \sqrt{0.00006084}\right)$ का मान है –

(a) 8.9668 (b) 8.6658 (c) 9.1678 (d) 8.7898 ***कोलकाता, भुवनेश्वर (टि. कलेक्टर), 2003***

24. निम्नलिखित में से कौन-सा/से कथन सत्य है/हैं?

I. $\sqrt{324} + \sqrt{3.24} + \sqrt{0.0324} = 19.98$ **II.** $\sqrt{129 + \sqrt{121} + \sqrt{361} + \sqrt{100}} = 13$

(a) केवल I (b) केवल II (c) न तो I न ही II (d) I तथा II दोनों ***SSC CHSL (Tier-1) 15.3.2018***

25. यदि $\sqrt{5} = 2.236$ है तो $\sqrt{405} - \frac{1}{2}\sqrt{80} - \sqrt{125}$ का मान ज्ञात कीजिए।

(a) 2.236 (b) 4.472 (c) 1.118 (d) 8.994 ***SSC CHSL (Tier-1) 10.3.2018***

26. यदि $3\sqrt{7} + \sqrt{343} = 19.21$ है, तो $\sqrt{252} + 20\sqrt{7}$ का मान ज्ञात करें।

(a) 39.4 (b) 49.9 (c) 56.8 (d) 92.2 ***SSC CHSL (Tier-1) 15.3.2018***

27. निम्नलिखित में से कौन-सा /से कथन सत्य है/हैं?

I. $4\sqrt{3} > 3\sqrt{4}$ **II.** $8\sqrt{2} > 2\sqrt{8}$

(a) केवल I (b) केवल II (c) न तो I न ही II (d) I तथा II दोनों ***SSC CHSL (Tier-1) 8.3.2018***

28. $14 + 6\sqrt{5}$ का धनात्मक वर्गमूल का मान क्या है?

(a) $3+\sqrt{5}$ (b) $3-\sqrt{5}$ (c) $5+\sqrt{3}$ (d) $5-\sqrt{3}$ ***SSC CPO 5.7.2017***

जब अज्ञात राशि का मान ज्ञात करना हो

29. यदि $\sqrt{x} \div \sqrt{441} = 0.02$ तब x का मान है –

(a) 1.64 (b) 2.64 (c) 1.764 (d) 0.1764 ***S.S.C., स्ना.स्त.परीक्षा, 1999 (द्वितीय पाली)***

30. $\frac{\sqrt{?}}{19} = 4$

(a) 76 (b) 5776 (c) 304 (d) 296 ***भोपाल (वाणिज्यिक लिपिक), 2003***

31. $\sqrt{\frac{1694}{?}} + 14 = 25$

(a) 11 (b) 13 (c) 12 (d) 14 ***R.R.B. सिकन्दराबाद (A.S.M.) परीक्षा, 2004***

32. यदि $\sqrt{1+\frac{x}{144}}=\frac{13}{12}$ तो x बराबर है –

(a) इनमें से कोई नहीं (b) 11 (c) 13 (d) 27 ***R.R.B. अजमेर (A.S.M. परीक्षा, 2001***

33. $\sqrt{\frac{?}{196}}=\frac{32}{56}$

(a) 64 (b) 84 (c) 74 (d) 94 ***R.R.B. गोरखपुर डीजल असि., परीक्षा 2004***

34. यदि $\sqrt{\frac{0.0196}{K}}=0.2$ तो k का मान है –

(a) 4.9 (b) 0.7 (c) 0.49 (d) इनमें से कोई नहीं

35. यदि $\sqrt{289}\div\sqrt{x}=\frac{1}{5}$, तो x का मान होगा

(a) 7225 (b) $\frac{17}{25}$ (c) $\frac{25}{17}$ (d) 425 ***R.R.B. अजमेर (A.S.M.) परीक्षा, 2001***

36. निम्नलिखित समीकरण में प्रश्नचिन्ह (?) के स्थान पर कौन सी संख्या आएगी?

$\frac{?}{56}=\frac{9}{7}$

(a) 72 (b) 27 (c) 36 (d) 63 ***चण्डीगढ़ (A.S.M.) 2003***

37. यदि $\sqrt{256}\div\sqrt{x}=2$, तो x होगा –

(a) 58 (b) 64 (c) 78 (d) 138 ***U.P.P.C.S. 2007***

38. $\sqrt{86.49}+\sqrt{5+K^2}=12.3$ तो k का मान है –

(a) $\sqrt{10}$ (b) $2\sqrt{5}$ (c) $3\sqrt{5}$ (d) इनमें से कोई नहीं ***भुवनेश्वर T.C. परीक्षा 2004***

वर्गमूल पर भिन्नात्मक प्रश्न

39. $\frac{\sqrt{0.441}}{\sqrt{0.625}}$ का मान बराबर है –

(a) 0.048 (b) 0.84 (c) 0.48 (d) 0.084

40. $\frac{0.342\times0.684}{0.000342\times0.000171}$ का वर्गमूल है –

(a) 250 (b) 2500 (c) 2000 (d) 4000 ***S.S.C. स्ना.स्त. परीक्षा, 2004 (प्रथम पाली)***

41. $\frac{\sqrt{0.0196}}{K}=0.2$, अतः K का मान है –

(a) 4.9 (b) 0.7 (c) 0.49 (d) 7

42. $\sqrt{\frac{(0.1)^2+(0.01)^2+(0.009)^2}{(0.01)^2+(0.001)^2+(0.0009)^2}}$ का मान है –

(a) 102 (b) 10 (c) 0.1 (d) 0.01 ***S.S.C. स्ना.स्त. परीक्षा, 2001 (प्रथम पाली)***

43. $\sqrt{\frac{(0.03)^2+(0.21)^2+(0.065)^2}{(0.003)^2+(0.021)^2+(0.0065)^2}}$ का मान है –

(a) 0.1 (b) 10 (c) 102 (d) 103 ***S.S.C. स्ना.स्त. परीक्षा, 2001 (द्वितीय पाली)***

44. $\sqrt{\frac{0.00001225}{0.00005329}}$ बराबर है –

(a) $\frac{25}{77}$ (b) $\frac{35}{73}$ (c) $\frac{35}{77}$ (d) $\frac{25}{73}$ ***S.S.C. स्ना.स्त. परीक्षा, 2002 (प्रथम पाली)***

45. $\sqrt{\frac{1225}{49}}=?$

(a) $\frac{25}{7}$ (b) $\frac{35}{49}$ (c) 5 (d) इनमें से कोई नहीं ***R.R.B. बंग्लौर (A.S.M.) परीक्षा, 2001***

46. $\sqrt{\frac{0.25}{0.0009}} \times \sqrt{\frac{0.09}{0.36}}$ बराबर है –

(a) $\frac{5}{6}$ (b) $7\frac{1}{6}$ (c) $7\frac{1}{3}$ (d) $8\frac{1}{3}$ *S.S.C. स्ना.स्त. परीक्षा, 2004*

47. $\sqrt{\frac{48.4}{0.289}}$ बराबर है –

(a) $129\frac{7}{17}$ (b) $1\frac{5}{17}$ (c) $12\frac{16}{17}$ (d) $12\frac{1}{17}$ *S.S.C. स्ना.स्त. परीक्षा, 2004*

48. $\sqrt{x^{-1}y}.\sqrt{y^{-1}z}.\sqrt{z^{-1}x} = ?$

(a) 1 (b) xyz (c) $\sqrt{xyz}$ (d) $\frac{1}{xyz}$

(e) इनमें से कोई नहीं *R.R.B. अजमेर (A.S.M.) परीक्षा, 2001*

49. $\sqrt{\frac{64}{288}}$ का सरलीकृत रूप क्या है?

(a) $\frac{\sqrt{2}}{3}$ (b) $\frac{1}{2}$ (c) $\frac{2}{\sqrt{3}}$ (d) $\frac{3}{\sqrt{3}}$ *SSC CHSL (Tier-1) 16.3.2018*

जोड़-घटाव पर आधारित प्रश्न

50. वह छोटी-से-छोटी संख्या जिसे 680621 में जोड़ने पर योग एक पूर्ण वर्ग बन जाता है, निम्न है–

(a) 4 (b) 5 (c) 6 (d) 8 *S.S.C. स्ना.स्त. परीक्षा, 2001 (प्रथम पाली)*

51. 1901 के साथ निश्चित रूप से जोड़ी जाने वाली न्यूनतम संख्या, ताकि योगफल एक पूर्ण वर्ग हो जाए, है –

(a) 35 (b) 32 (c) 30 (d) 29

(e) इनमें से कोई नहीं *R.R.B. कोलकाता (T.A./A.S.M.) परीक्षा 2001*

52. वह छोटी से छोटी संख्या ज्ञात कीजिए जिसे 269 में जोड़ देने पर एक पूर्ण वर्ग बन जाए।

(a) 31 (b) 16 (c) 07 (d) 20 *R.R.B. सिकन्दराबाद, परीक्षा (T.A.) 2004*

53. 666 को पूर्ण वर्ग बनाने के लिए उसमें सबसे छोटी कौन-सी संख्या जोड़ी जानी चाहिए —

(a) 10 (b) 20 (c) 30 (d) 40

(e) इनमें से कोई नहीं। *(सेंट्रल बैंक ऑफ इण्डिया, क्लर्क ग्रेड-24.5.2009)*

54. वह छोटी से छोटी संख्या जिसे 63520 में से घटाने पर एक पूर्ण वर्ग प्राप्त हो, निम्न है –

(a) 16 (b) 20 (c) 24 (d) 30 *S.S.C. स्ना.स्त. परीक्षा, 2001 (प्रथम पाली)*

55. वह कौन सी न्यूनतम संख्या है जिसे 0.000326 में से घटाने पर एक पूर्ण वर्ग प्राप्त होगा?

(a) 0.000004 (b) 0.000002 (c) 0.04 (d) 0.02 *S.S.C. स्ना.स्त. परीक्षा, 2002 (प्रथम पाली)*

56. किस न्यूनतम संख्या को 6155 में से घटाया जाए कि उत्तर संख्या पूर्ण वर्ग हो?

(a) 61 (b) 71 (c) 51 (d) 55 *R.R.B. मुम्बई ग्रुप 'डी' परीक्षा 2003*

57. एक सेना का जनरल चाहता है कि उसके 36562 जवान एक ठोस वर्ग बनाएं, उसके बाद व्यवस्थित करने पर उसने पाया कि कुछ जवान छूट गए हैं, कितने जवान छूटे हैं?

(a) 97 (b) 36 (c) 65 (d) 81 *R.R.B. भोपाल, T.C. 2003*

58. एक संख्या के वर्ग में $(51)^2$ जोड़ने पर उत्तर आता है 15826, वह संख्या क्या है?

(a) 115 (b) 114 (c) 116 (d) 113

(e) इनमें से कोई नहीं। *(सेंट्रल बैंक ऑफ इण्डिया, क्लर्क ग्रेड - 24.5.2009)*

59. वह न्यूनतम संख्या ज्ञात कीजिए जो 18265 से घटाये जाने पर उसे पूर्ण वर्ग बना दें।

(a) 30 (b) 38 (c) 40 (d) 45 *SSC CGL (Tier-1) 7.9.2016*

60. गुणनफल 684 × 686 को एक पूर्ण वर्ग बनाने के लिए वह सबसे छोटी संख्या क्या है जो इसमें जोड़ी जानी चाहिए?

(a) 685 (b) 1 (c) 684 (d) 686 *SSC CHSL (Tier-1) 7.3.2018*

61. $7 \times 8 \times 9 \times 10$ के गुणनफल को एक पूर्ण वर्ग बनाने के लिए सबसे छोटी संख्या क्या जोड़ी जानी चाहिए?
(a) 144 (b) 1 (c) 289 (d) 3 ***SSC CHSL (Tier-1) 23.3.2018***

62. 709 में वह कौन-सी छोटी से छोटी संख्या जोड़ी जाए, कि प्राप्त योग एक पूर्ण वर्ग हो?
(a) 8 (b) 12 (c) 20 (d) 32 ***SSC CPO 1.7.2017***

गुणा-भाग पर आधारित प्रश्न

63. पूर्ण वर्ग बनाने के लिए 21600 को किस लघुतम संख्या से गुणा करना चाहिए?
(a) 3 (b) 2 (c) 6 (d) 12 ***R.R.B. चंडीगढ़ (ESM) परीक्षा, 2004***

64. 5808 को किस छोटी से छोटी संख्या से गुणा किया जाए कि वह पूर्ण वर्ग बन जाए?
(a) 2 (b) 11 (c) 7 (d) 3 ***S.S.C. जम्मू (जू. क्लर्क) परीक्षा, 2001***

65. वह छोटी-से-छोटी प्राकृतिक संख्या बताइए, जिससे 980 को गुणा करने पर यह पूर्ण वर्ग बन जाए–
(a) 7 (b) 5 (c) 3 (d) 6 ***R.R.B. जम्मू (जू. क्लर्क) परीक्षा, 2001***

66. वह कौन सी छोटी-से-छोटी संख्या है जिससे 980 को गुणा करने पर गुणनफल एक पूर्ण वर्ग बन जाता है?
(a) 5 (b) 8 (c) 10 (d) 4 ***R.R.B. मुम्बई ग्रुप 'डी' परीक्षा 2003***

67. 1323 को किस छोटी-से-छोटी संख्या से गुणा किया जाए कि यह पूर्ण घन बन जाए?
(a) 2 (b) 3 (c) 5 (d) 7 ***S.S.C. स्ना.स्त. परीक्षा, 1999 (द्वितीय पाली)***

68. उस न्यूनतम संख्या, जिससे 1800 को गुणा करने पर एक पूर्ण घन संख्या प्राप्त हो, के अंकों का योग होगा –
(a) 2 (b) 3 (c) 6 (d) 8 ***S.S.C. स्ना.स्त. परीक्षा, 2004 (द्वितीय पाली)***

69. उस न्यूनतम संख्या, जिससे 1440 को गुणा करने पर एक पूर्ण घन प्राप्त हो, के अंकों का योग है –
(a) 4 (b) 6 (c) 7 (d) 8 ***S.S.C. स्ना.स्त. परीक्षा, 2002 (द्वितीय पाली)***

70. 3600 को किस न्यूनतम संख्या से विभाजित करें ताकि भागफल पूर्ण घन हो जाए?
(a) 300 (b) 50 (c) 9 (d) 450 ***रांची (सहायक ड्राइवर), 2003***

71. 1008 को किस एक अंक वाली संख्या से विभाजित किया जाए कि भागफल एक पूर्ण वर्ग संख्या बन जाए?
(a) 9 (b) 4 (c) 8 (d) 7 ***S.S.C. स्ना.स्त. परीक्षा, 2000 (द्वितीय पाली)***

72. कम से कम कौन-सी संख्या से 165375 को गुणा किया जा सकता है, ताकि इसे सही घन बनाया जा सके?
(a) 2 (b) 5 (c) 7 (d) 49 ***SSC CHSL (Tier-1) 15.3.2018***

वर्गमूल पर इबारती प्रश्न

73. एक व्यक्ति अपने बाग में 5184 संतरों के पेड़ लगाता है तथा उन्हें इस प्रकार व्यवस्थित करता है कि बाग में उतनी ही पंक्तियां रहें जितने एक पंक्ति में पेड़ हैं। बाग में कितनी-पंक्तियाँ हैं?
(a) 70 (b) 72 (c) 75 (d) 81 ***S.S.C. स्ना.स्त. परीक्षा, 2004 (प्रथम पाली)***

74. 60 छात्रों की कक्षा में प्रत्येक लड़के ने कक्षा में लड़कियों की संख्या के बराबर रुपयों का योगदान दिया तथा प्रत्येक लड़की ने कक्षा में लड़कों की संख्या के बराबर रुपयों का योगदान दिया। यदि कुल 1600 रुपये एकत्रित किये गये तो कक्षा में कितने लड़के हैं?
(a) 50 (b) डाटा पर्याप्त नहीं है (c) 20 (d) 25 ***इलाहाबाद A.S.M. 2004***

75. एक माली 17956 पेड़ लगाना चाहता है तथा उन्हें इस तरह से लगाना चाहता है कि वहाँ उतनी ही पंक्तियाँ हो जितनी एक पंक्ति में पेड़ों की संख्या है। एक पंक्ति में पेड़ों की संख्या कितनी होगी?
(a) 144 (b) 136 (c) 154 (d) 134 ***R.R.B. सिकन्दराबाद (TA.) परीक्षा 2004***

76. 60 विद्यार्थियों की एक कक्षा में प्रत्येक लड़के ने उतने ही रुपये दिये जितनी लड़कियों की संख्या थी तथा प्रत्येक लड़की ने उतने ही रुपये दिये, जितनी लड़कों की संख्या थी। यदि कुल इकट्ठा किया गया धन 1600 रु. है, तो कक्षा में लड़कों की संख्या कितनी है?
(a) 25 (b) 20 (c) 27 (d) आंकड़े अपर्याप्त हैं ***R.R.B. सिक. (A.S.M.) परीक्षा, 2004***

77. N के किस मान के लिए 34N एक पूर्ण घन होगा, जहाँ 34N एक 3 अंकों की संख्या है?
(a) 2 (b) 3 (c) 4 (d) 5 ***SSC CPO 5.7.2017***

वर्गों के योग-अन्तर पर आधारित प्रश्न

78. दो धनात्मक संख्याओं के वर्गों का योग 100 है तथा उनके वर्गों का अंतर 28 है, इन संख्याओं का योग ज्ञात कीजिए –
(a) 12 (b) 13 (c) 14 (d) 15 *S.S.C. स्ना.स्त. परीक्षा 2001 (प्रथम पाली)*

79. दो संख्याओं का योग 29 है व उन संख्याओं के वर्गों का अन्तर 145 है। उन संख्याओं का अन्तर है –
(a) 13 (b) 5 (c) 8 (d) 11 *भोपाल (ट्रेन क्लर्क), 2003*

80. तीन क्रमिक पूर्णांकों के वर्गों का योग 2030 हो, तो बीच का पूर्णांक क्या होगा?
(a) 25 (b) 26 (c) 27 (d) 28 *S.S.C. स्ना.स्त. परीक्षा, 2000 (प्रथम पाली)*

81. किसी पूर्णांक के वर्ग को यदि उसके घन में से घटाया जाए, तो शेषफल 48 आता है। वह पूर्णांक बताइए।
(a) 8 (b) 6 (c) 5 (d) 4 *S.S.C. स्ना.स्त. परीक्षा, 2000 (प्रथम पाली)*

82. उन दो क्रमागत सम संख्याओं का योग क्या है जिनके वर्गों का अन्तर 84 है?
(a) 38 (b) 34 (c) 42 (d) 46 *S.S.C. स्ना.स्त. परीक्षा, 2002 (द्वितीय पाली)*

83. यदि दो संख्याओं का योग 22 हो और उनके वर्गों का योग 404 हो, तो उन संख्याओं का गुणनफल बताइए–
(a) 40 (b) 44 (c) 80 (d) 88 *S.S.C. स्ना.स्त. परीक्षा, 2000 (द्वितीय पाली)*

84. दो संख्याओं के वर्गों का योग 80 है और उनके अन्तर का वर्ग 36 है दोनों संख्याओं का गुणनफल है–
(a) 22 (b) 44 (c) 58 (d) 116 *R.R.B. सिकन्दराबाद (A.S.M.) परीक्षा 2001*

85. दो संख्याओं के वर्गों का योग 80 है और संख्याओं के अन्तर का वर्ग 36 है तो इन संख्याओं का गुणनफल होगा –
(a) 11 (b) 22 (c) 33 (d) 26 *R.R.B. सिकन्दराबाद (A.S.M.) परीक्षा, 2004*

86. यदि किसी संख्या और उसके वर्ग का योग 182 है, तो वह संख्या क्या है –
(a) 91 (b) 13 (c) 28 (d) 15 *R.S.C. महेन्द्रघाट, परीक्षा, 2001*

87. दो संख्याओं के वर्गों का योग 386 है। यदि एक संख्या 5 है, दो दूसरी होगी –
(a) 18 (b) 19 (c) 15 (d) 20 *S.S.C. स्ना.स्त. परीक्षा, 2004 (प्रथम पाली)*

88. दो धनात्मक संख्याओं का अन्तर 3 है, यदि उनके वर्गों का योग 369 हो, तो उन संख्याओं का योग है –
(a) 81 (b) 33 (c) 27 (d) 25 *S.S.C. स्ना.स्त. परीक्षा, 2002 (प्रथम पाली)*

89. तीन संख्याओं का अनुपात 1 : 2 : 3 है। यदि इनके वर्गों का योग 126 है, तो संख्याएं होंगी –
(a) 2, 4, 3 (b) 1, 2, 3 (c) 3, 6, 9 (d) 4, 8, 12 *R.R.B. रांची (असि.ड्राइ. डी./इले.) परीक्षा 2003*

90. निम्नलिखित में से वह संख्या कौन सी है, जिसमें उसके वर्ग को जोड़ने पर परिणाम 240 है?
(a) 15 (b) 16 (c) 18 (d) 20 *R.R.B. मुम्बई (सें.रे.इले. सिंग्नल मेंटेनर) परीक्षा, 2004*

91. किसी प्राकृत संख्या के वर्ग के तिगुने में से उस संख्या के चार गुने को घटाने पर प्राप्त संख्या उस प्राकृत संख्या से 50 अधिक है, वह संख्या है –
(a) 4 (b) 5 (c) 10 (d) 6 *S.S.C. स्ना.स्त. परीक्षा, 2002 (प्रथम पाली)*

92. 100 से कम किसी धनात्मक संख्या का वर्गमूल जिन संख्याओं के बीच होता होगा, वे हैं –
(a) 0 और 10 (b) 0 और –10 (c) –10 और 10 (d) –100 और 100 *S.S.C. स्ना.स्त. परीक्षा, 1999*

93. दो संख्याओं का गुणनफल 32 है। यदि उनका औसत 6 है, तो उनके घनों का योग होगा –
(a) 864 (b) 624 (c) 430 (d) 576 *चेन्नई, बैंग्लोर (डीजल ड्राइवर), 2002*

94. कुछ लड़कों ने अकाल राहत फंड के लिए 400 रुपए एकत्रित किए, प्रत्येक लड़के ने 25 पैसे के उतने सिक्के दिए जितने कुल लड़के थे, लड़कों की संख्या थी –
(a) 40 (b) 16 (c) 20 (d) 100

95. किन्हीं दो क्रमागत पूर्णांकों के वर्गों के बीच का अन्तर बराबर होता है –
(a) दोनों संख्याओं के योगफल के (b) एक सम संख्या के *R.R.B. चंडीगढ़ (A.S.M.) परीक्षा, 2004*
(c) दोनों संख्याओं के अन्तर के (d) दोनों संख्याओं के गुणनफल के

96. निम्नलिखित में से संख्या कौन सी है जिसमें उसके वर्ग को जोड़ने पर परिणाम 240 है?
(a) 15 (b) 16 (c) 18 (d) 20 *R.R.B. चण्डीगढ़ टी.सी. परीक्षा 2002*

वर्ग मूल एवं घन मूल दोनों पर आधारित प्रश्न

97. $\sqrt{\sqrt[3]{0.004096}}$ बराबर है –
(a) 4 (b) 0.4 (c) 0.04 (d) 0.004 *S.S.C. स्ना.स्त. परीक्षा, 2002 (द्वितीय पाली)*

98. यदि p = 999 हो, तो $\sqrt[3]{p(p^2+3p+3)+1}$ का मान है –
(a) 1000 (b) 999 (c) 998 (d) 1002 *S.S.C. स्ना.स्त. परीक्षा, 2002 (द्वितीय पाली)*

99. $\left[\sqrt[3]{3.5}+\sqrt[3]{2.5}\left\{\left(\sqrt[3]{3.5}\right)^2-\sqrt[3]{8.75}+\left(\sqrt[3]{2.5^2}\right)\right\}\right]$ का मान होगा –
(a) 5.375 (b)1 (c) 6 (d) 5 *S.S.C. स्ना.स्त. परीक्षा, 2004 (द्वितीय पाली)*

100. 175616 का घनमूल 56 है, तो
$\sqrt[3]{175.616}+\sqrt[3]{0.175616}+\sqrt[3]{0.000175616}$ का मान बराबर है –
(a) 0.168 (b) 62.16 (c) 6.216 (d) 6.116 *S.S.C. स्ना.स्त. परीक्षा, 2001 (द्वितीय पाली)*

101. $\sqrt[3]{\dfrac{72.9}{0.4096}}$ का मान क्या होगा?
(a) 0.5626 (b) 5.625 (c) 182 (d) 13.6 *S.S.C. स्ना.स्त. परीक्षा, 2004 (प्रथम पाली)*

102. $\dfrac{\sqrt[3]{8}}{\sqrt{16}}\div\sqrt{\dfrac{100}{49}}\times\sqrt[3]{125}$ बराबर है –
(a) 7 (b) $1\dfrac{3}{4}$ (c) $\dfrac{7}{100}$ (d) $\dfrac{4}{7}$ *S.S.C. स्ना.स्त. परीक्षा, 1999 (द्वितीय पाली)*

103. $\sqrt{21+\sqrt[3]{59+\sqrt{16+\sqrt[3]{722+\sqrt{49}}}}}$ का मान है —
(a) 4 (b) 5 (c) 6 (d) 8 *(S.S.C. Tax Assistant – 13.12.2009)*

104. एक संख्या के वर्ग से $(33)^3$ घटाने पर 5272 आता है। वह संख्या है —
(a) 223 (b) 193 (c) 213 (d) 203 (e) इनमें से कोई नहीं। *(PNB Bank Clerks-26.4.2009)*

105. एक संख्या के घन में $(150)^2$ जोड़ने पर उत्तर 77372 आता है। वह संख्या क्या है?
(a) 32 (b) 34 (c) 36 (d) 38 (e) इनमें से कोई नहीं। *(PNB Bank Clerks-26.4.2009)*

106. एक संख्या के वर्ग में से $(20)^3$ घटाने पर उत्तर आता है 4321, वह संख्या क्या है?
(a) 110 (b) 111 (c) 112 (d) 113
(e) इनमें से कोई नहीं। ***(सेंट्रल बैंक ऑफ इण्डिया, क्लर्क ग्रेड — 24.5.2009)***

107. $\sqrt[3]{10648}\times\sqrt[3]{5832}=?$
(a) 396 (b) 216 (c) 432 (d) 576 (e) इनमें से कोई नहीं। *(S.B.I. P.O. - 1.3.2009)*

108. $\sqrt[3]{1-\dfrac{91}{216}}$ बराबर है —
(a) $\dfrac{1}{6}$ (b) $\dfrac{5}{6}$ (c) $\dfrac{7}{6}$ (d) $\dfrac{11}{6}$ *(S.S.C. Tax Assistant — 12.12.2009)*

109. $\sqrt[3]{1331}+\sqrt{729}-\sqrt[3]{512}$ का मान क्या है?
(a) 15 (b) 20 (c) 30 (d) 23 *SSC CHSL (Tier-1) 10.3.2018*

110. निम्नलिखित में से कौन-सा/से कथन सत्य है/हैं?
I. $\sqrt[3]{512}\times\sqrt{256}>\sqrt[3]{343}\times\sqrt{289}$ **II.** $\sqrt{121}+\sqrt[3]{1331}>\sqrt[3]{125}\times\sqrt{125}$
(a) केवल I (b) केवल II (c) न तो I न ही II (d) I तथा II दोनों *SSC CHSL (Tier-1) 13.3.2018*

111. $\dfrac{\sqrt[3]{64}\times\sqrt{121}}{\sqrt{289}-\sqrt{169}}$
(a) 12 (b) 11 (c) $\dfrac{1}{11}$ (d) $\dfrac{1}{12}$ *SSC CHSL (Tier-1) 15.3.2018*

उत्तरमाला

1. (e)	2. (b)	3. (c)	4. (b)	5. (a)	6. (b)	7. (d)	8. (d)
9. (c)	10. (c)	11. (b)	12. (b)	13. (c)	14. (c)	15. (c)	16. (d)
17. (a)	18. (a)	19. (c)	20. (a)	21. (c)	22. (a)	23. (b)	24. (d)
25. (b)	26. (b)	27. (d)	28. (a)	29. (d)	30. (b)	31. (d)	32. (a)
33. (a)	34. (c)	35. (a)	36. (a)	37. (b)	38. (d)	39. (b)	40. (c)
41. (b)	42. (b)	43. (b)	44. (b)	45. (c)	46. (d)	47. (c)	48. (a)
49. (a)	50. (a)	51. (a)	52. (d)	53. (a)	54. (a)	55. (b)	56. (b)
57. (d)	58. (a)	59. (c)	60. (b)	61. (b)	62. (c)	63. (c)	64. (d)
65. (b)	66. (a)	67. (d)	68. (c)	69. (b)	70. (d)	71. (d)	72. (c)
73. (b)	74. (c)	75. (d)	76. (b)	77. (b)	78. (c)	79. (b)	80. (b)
81. (d)	82. (c)	83. (a)	84. (a)	85. (b)	86. (b)	87. (b)	88. (c)
89. (c)	90. (a)	91. (b)	92. (c)	93. (d)	94. (a)	95. (a)	96. (a)
97. (b)	98. (a)	99. (c)	100. (c)	101. (b)	102. (b)	103. (b)	104. (d)
105. (d)	106. (b)	107. (a)	108. (b)	109. (c)	110. (a)	111. (b)	

अभ्यास प्रश्नों के हल

1.

$$\begin{array}{r|l} & 0.34 \\ \hline 3 & 0.\overline{12}\,\overline{10} \\ 3 & 9 \\ \hline 64 & 310 \\ & 256 \\ \hline & 54 \end{array}$$

अतः $\sqrt{0.121} = 0.35$ लगभग

2. $\sqrt{0.0625}$ में दशमलव बिन्दु की उपेक्षा करने पर 625 पूर्णांक प्राप्त होता है। और 625 का वर्गमूल 25 होगा। चूंकि मूल संख्या में दशमलव के 4 स्थान हैं अतः वर्गमूल में दशमलव के दो स्थान होंगे। अतः $\sqrt{0.0625} = 0.25$

3. $\sqrt{0.000441}$ में दशमलव बिन्दु की उपेक्षा करने पर पूर्णांक 441 प्राप्त होता है और 441 का वर्गमूल 21 है। चूंकि मूल संख्या में दशमलव के 6 स्थान हैं अतः वर्गमूल में दशमलव के 3 स्थान होंगे। अतः $\sqrt{0.000441} = 0.021$

4.

$$\begin{array}{r|l} & 0.447 \\ \hline 4 & 0.\overline{20}\,\overline{00}\,\overline{00} \\ 4 & 16 \\ \hline 84 & 400 \\ 4 & 336 \\ \hline 887 & 6400 \\ & 6209 \\ \hline & 191 \end{array}$$

अतः $\sqrt{0.2} = 0.447$ लगभग

5. 0.09 के दशमलव बिन्दु को छोड़ने पर पूर्णांक 9 प्राप्त होगा, जिसका वर्गमूल 3 है। चूंकि मूल संख्या में दशमलव के दो स्थान हैं अतः वर्गमूल में दशमलव का एक स्थान होगा। इसलिए 0.09 का वर्गमूल = 0.3

6.

$$\begin{array}{r|l} & 0.94 \\ \hline 9 & 0.\overline{90}\,\overline{00} \\ 9 & 81 \\ \hline 184 & 900 \\ & 736 \\ \hline & 164 \end{array}$$

अतः $\sqrt{0.9} = 0.94$

7. $\sqrt{900}+\sqrt{0.09}+\sqrt{0.000009}=30+0.3+0.003=30.303$

8. **Repeated Q.N. 7**

9. $\sqrt{400}+\sqrt{0.0400}+\sqrt{0.000004}=20+0.20+0.002=20.2020$

10. $\frac{0.324\times0.081\times4.624}{1.5625\times0.0289\times72.9\times64}=\frac{324\times81\times4624}{15625\times289\times729\times64}=\frac{18^2\times9^2\times68^2}{125^2\times17^2\times27^2\times8^2}$

$\therefore$ वर्गमूल $=\frac{18\times9\times68}{125\times17\times27\times8}=0.024$

11. $\sqrt{(0.798)^2+0.404\times0.798+(0.202)^2}+1=\sqrt{(0.798)^2+2\times0.798\times0.202+(0.202)^2}+1$
$=\sqrt{(0.798+0.202)^2}+1=\sqrt{(1.000)^2}+1=1+1=2$

12. $\sqrt{3^4+12^2}=\sqrt{81+144}=\sqrt{225}=15$

13. 0.00000841 से पूर्णांक 841 प्राप्त होगा, जिसका वर्गमूल 29 है।
चूंकि दशमलव के 8 स्थान हैं, अतः वर्गमूल में दशमलव के 4 स्थान रहेंगें। अतः $\sqrt{0.00000841}=0.0029$

14. चूंकि $\sqrt{4096}=64$, अतः $\sqrt{40.96}+\sqrt{0.4096}+\sqrt{0.004096}+\sqrt{0.00004096}$
$=6.4+0.64+0.064+0.0064=7.11$

15. **Repeated Q.N. 14**

16. चूंकि $\sqrt{15}=3.88$, अतः $\sqrt{\frac{5}{3}}=\sqrt{\frac{5\times3}{3\times3}}=\frac{\sqrt{15}}{3}=\frac{3.88}{3}=1.29$

17. चूंकि $\sqrt{35}=5.916$, अतः $\sqrt{\frac{7}{5}}=\sqrt{\frac{7\times5}{5\times5}}=\frac{\sqrt{35}}{5}=\frac{5.916}{5}=1.183=1.2$

18. चूंकि $\sqrt{13.69}=3.7$, अतः $\sqrt{1369}+\sqrt{0.1369}+\sqrt{0.001369}=37+0.37+0.037=37.407$

19. चूंकि $\sqrt{625}=25$, अतः $16\times\sqrt{0.000625}=16\times0.025=0.400$

20. यदि $\sqrt{15}=3.88$, तब $\sqrt{\frac{5}{3}}=\sqrt{\frac{5\times3}{3\times3}}=\frac{\sqrt{15}}{3}=\frac{3.88}{3}=1.293$

21. चूंकि $\sqrt{13}=3.605$ लगभग और $\sqrt{130}=11.40$ लगभग, अतः $\sqrt{1.3}+\sqrt{1300}+\sqrt{0.013}=\sqrt{\frac{130}{100}}+\sqrt{13\times100}+\sqrt{\frac{130}{10000}}$
$=\frac{11.40}{10}+3.605\times10+\frac{11.40}{100}=1.140+36.05+0.1140=37.304$

22. यदि $\sqrt{1296}=36$ तब $\sqrt{12.96}+\sqrt{0.1296}+\sqrt{0.001296}+\sqrt{0.00001296}$
$=3.6+0.36+0.036+0.0036=3.9996$

23. यदि $\sqrt{6084}=78$ तब $\sqrt{60.84}+\sqrt{0.6084}+\sqrt{0.006084}+\sqrt{0.00006084}=7.8+0.78+0.078+0.0078=8.6658$

24. (i) $\sqrt{324}+\sqrt{3.24}+\sqrt{0.0324}=18+1.8+0.18=19.98$

(ii) $\sqrt{129+\sqrt{121}+\sqrt{361}+\sqrt{100}}=\sqrt{129+11+19+10}=\sqrt{169}=13$

$\therefore$ कथन (i) और (ii) दोनों सत्य हैं।

25. $\sqrt{405}-\frac{1}{2}\sqrt{80}-\sqrt{125}=9\sqrt{5}-\frac{1}{2}\times4\sqrt{5}-5\sqrt{5}=9\sqrt{5}-2\sqrt{5}-5\sqrt{5}=9\sqrt{5}-7\sqrt{5}$
$=2\sqrt{5}=2\times2.236=4.472$

26. $\because$ $3\sqrt{7}+\sqrt{343}=19.21\Rightarrow3\sqrt{7}+7\sqrt{7}=19.21\Rightarrow10\sqrt{7}=19.21\Rightarrow\sqrt{7}=1.921$

$\therefore$ $\sqrt{252}+20\sqrt{7}=6\sqrt{7}+20\sqrt{7}=26\sqrt{7}=26\times1.921=49.9$

27. $4\sqrt{3}=\sqrt{16\times3}=\sqrt{48}$ तथा $3\sqrt{4}=\sqrt{9\times4}=\sqrt{36}$, अतः $\sqrt{48}>\sqrt{36}\Rightarrow4\sqrt{3}>3\sqrt{4}\Rightarrow$ कथन सत्य है।
पुनः $8\sqrt{2}=\sqrt{8\times8\times2}=\sqrt{128}$ तथा $2\sqrt{8}=\sqrt{2\times2\times8}=\sqrt{32}$

$\therefore$ $\sqrt{128}>\sqrt{32}\Rightarrow8\sqrt{2}>2\sqrt{8}$, अतः दोनों कथन सत्य हैं।

28. $14+6\sqrt{5}=14+2\times3\times\sqrt{5}=9+5+2\times3\times\sqrt{5}=(3)^2+(\sqrt{5})^2+2\times3\times\sqrt{5}=(3+\sqrt{5})^2$

$\therefore$ $14+6\sqrt{5}$ का वर्गमूल $=\sqrt{14+6\sqrt{5}}=\sqrt{(3+\sqrt{5})^2}=3+\sqrt{5}$

29. $\sqrt{x}\div\sqrt{441}=0.02$ या $\frac{\sqrt{x}}{\sqrt{441}}=0.02$, अतः दोनों पक्षों का वर्ग करने पर,

$\frac{x}{441}=0.0004$ या $x=441\times0.0004=0.1764$

30. $\frac{\sqrt{?}}{19}=4$ के दोनों पक्षों का वर्ग करने पर, $\frac{?}{361}=16$ या $?=16\times361=5776$

31. $\sqrt{\frac{1694}{?}}+14=25$ या $\sqrt{\frac{1694}{?}}=11$, अब दोनों पक्षों का वर्ग करने पर, $\frac{1694}{?}=121$ या $?=\frac{1694}{121}=14$

32. $\sqrt{1+\frac{x}{144}}=\frac{13}{12}$ के दोनों पक्षों का वर्ग करने पर –

$1+\frac{x}{144}=\frac{169}{144}$ या $\frac{x}{144}=\frac{169}{144}-1=\frac{169-144}{144}$, अतः $\frac{x}{144}=\frac{25}{144}$ या $x=25$

33. $\sqrt{\frac{?}{196}}=\frac{32}{56}=\frac{\sqrt{?}}{14}=\frac{4}{7}$, अतः $\sqrt{?}=\frac{4\times14}{7}=8$, अतः $?=8^2=64$

34. $\sqrt{\frac{0.0196}{K}}=0.2$ के दोनों पक्षों का वर्ग करने पर, $\frac{0.0196}{K}=0.04$ या $K=\frac{0.0196}{0.04}=\frac{1.96}{4}=0.49$

35. $\sqrt{289}\div\sqrt{x}=\frac{1}{5}$ या $\frac{\sqrt{289}}{\sqrt{x}}=\frac{1}{5}$ के दोनों पक्षों का वर्ग करने पर, $\frac{289}{x}=\frac{1}{25}$ या $x=289\times25=7225$

36. $\frac{?}{56}=\frac{9}{7}$ या $?=56\times\frac{9}{7}=72$

37. $\sqrt{256}\div\sqrt{x}=2$ या $\frac{\sqrt{256}}{\sqrt{x}}=2$, अब दोनों पक्षों का वर्ग करने पर, $\frac{256}{x}=4$ या $x=\frac{256}{4}=64$

38. $\sqrt{86.49}+\sqrt{5+k^2}=12.3\Rightarrow 9.3+\sqrt{5+k^2}=12.3$

$\therefore$ $\sqrt{5+k^2}=3$, अब दोनों पक्षों का वर्ग करने पर, $5+k^2=9$ या $k^2=4$ या $k=2$

39. $\sqrt{\frac{0.441}{0.625}}=\sqrt{\frac{441}{625}}=\frac{21}{25}=0.84$

40. $\frac{0.342\times0.684}{0.000342\times0.000171}=\frac{342\times684\times1000000}{342\times171}=4\times1000000$

$\therefore$ वर्गमूल $=\sqrt{4\times1000000}=2\times1000=2000$

41. $\frac{\sqrt{0.0196}}{K}=0.2$ या $\frac{0.14}{K}=0.2$ या $K=\frac{0.14}{0.2}=\frac{1.4}{2}=0.7$

42. $$\sqrt{\frac{(0.1)^2+(0.01)^2+(0.009)^2}{(0.01)^2+(0.001)^2+(0.0009)^2}}=\sqrt{\frac{(0.1)^2+(0.01)^2+(0.009)^2}{\left(\frac{0.1}{10}\right)^2+\left(\frac{0.01}{10}\right)^2+\left(\frac{0.09}{10}\right)^2}}$$

$$=\sqrt{\frac{(0.1)^2+(0.01)^2+(0.009)^2}{\frac{(0.1)^2+(0.01)^2+(0.009)^2}{100}}}=\sqrt{\frac{1}{\frac{1}{100}}}=\sqrt{100}=10$$

43. $\sqrt{\dfrac{(0.03)^2+(0.21)^2+(0.065)^2}{(0.003)^2+(0.021)^2+(0.0065)^2}} = \sqrt{\dfrac{(0.03)^2+(0.21)^2+(0.065)^2}{\left(\frac{0.03}{10}\right)^2+\left(\frac{0.21}{10}\right)^2+\left(\frac{0.065}{10}\right)^2}}$

$= \sqrt{\dfrac{(0.03)^2+(0.21)^2+(0.065)^2}{\dfrac{(0.03)^2+(0.21)^2+(0.065)^2}{100}}} = \sqrt{\dfrac{1}{\frac{1}{100}}} = \sqrt{100} = 10$

44. $\sqrt{\dfrac{0.00001225}{0.00005329}} = \sqrt{\dfrac{1225}{5329}} = \dfrac{35}{73}$

45. $\sqrt{\dfrac{1225}{49}} = \dfrac{35}{7} = 5$

46. $\sqrt{\dfrac{0.25}{0.0009}} \times \sqrt{\dfrac{0.09}{0.36}} = \sqrt{\dfrac{2500}{9}} \times \sqrt{\dfrac{9}{36}} = \dfrac{50}{3} \times \dfrac{3}{6} = \dfrac{25}{3} = 8\dfrac{1}{3}$

47. $\sqrt{\dfrac{48.4}{0.289}} = \sqrt{\dfrac{484}{2.89}} = \dfrac{22}{1.7} = \dfrac{220}{17} = 12\dfrac{16}{17}$

48. $\sqrt{x^{-1}.y} \,.\, \sqrt{y^{-1}.z} \,.\, \sqrt{z^{-1}.x} = \sqrt{\dfrac{y}{x}} \,.\, \sqrt{\dfrac{z}{y}} \,.\, \sqrt{\dfrac{x}{z}} \Rightarrow \sqrt{\dfrac{y}{x} \,.\, \dfrac{z}{y} \,.\, \dfrac{x}{z}} = \sqrt{1} = 1$

49. $\sqrt{\dfrac{64}{288}} = \sqrt{\dfrac{2\cdot2\cdot2\cdot2\cdot2\cdot2}{2\cdot2\cdot2\cdot2\cdot2\cdot3\cdot3}} = \sqrt{\dfrac{2}{3\cdot3}} = \dfrac{\sqrt{2}}{3}$

50. 680621 का वर्गमूल = 824.99, अतः 680621 के ठीक बाद की वर्ग संख्या = 825^2 = 680625

∴ जोड़ी जाने वाली छोटी से छोटी संख्या = 680625 – 680621 = 4

51. 1901 का वर्गमूल = 43.6, अतः 1901 के ठीक ऊपर की वर्ग संख्या = 44^2 = 1936

∴ जोड़ी जाने वाली न्यूनतम संख्या = 1936 – 1901 = 35

52. 269 का वर्गमूल = 16.40, अतः 269 के ठीक ऊपर की वर्ग संख्या = 17^2 = 289

∴ जोड़ी जाने वाली छोटी से छोटी संख्या = 289 – 269 = 20

53. 666 के ठीक बाद वाली पूर्ण वर्ग संख्या = 676, अतः जोड़ी जाने वाली संख्या = 676 – 666 = 10

54. 63520 का वर्गमूल = 252.03, अतः 63520 के ठीक पहले की वर्ग संख्या = 252^2 = 63504

∴ घटायी जाने वाली छोटी से छोटी संख्या = 63520 – 63504 = 16

55. 0.000326 का वर्गमूल = 0.01805, अतः 0.000326 के ठीक पहले की वर्ग संख्या = $(0.018)^2$ = 0.000324

∴ घटायी जाने वाली न्यूनतम संख्या = 0.000326 – 0.000324 = 0.000002

56. 6155 का वर्गमूल = 78.45, अतः 6155 के ठीक पहले की वर्ग संख्या = 78^2 = 6084

∴ घटायी जाने वाली संख्या = 6155 – 6084 = 71

57. 36562 का वर्गमूल = 191.21, अतः 36562 के ठीक पहले की वर्ग संख्या = 191^2 = 36481

∴ छूटे जवान = 36562 – 36481 = 81

58. माना वह संख्या x है। तब $x^2 + 51^2 = 15826$

∴ $x^2 + 2601 = 15826 \Rightarrow x^2 = 13225$ अतः $x = \sqrt{13225} = 115$

59.

$$
\begin{array}{r|l}
 & 135 \\
1 & \overline{1}\ \overline{82}\ \overline{65} \\
+1 & 1 \\ \hline
23 & \ \ 82 \\
+3 & \ \ 69 \\ \hline
265 & \ \ 1365 \\
 & \ \ 1325 \\ \hline
 & \ \ \times\times 40
\end{array}
$$

अतः घटायी जाने वाली न्यूनतम संख्या = 40

60. गुणनफल $684 \times 686 = (685 - 1) \times (685 + 1) = 685^2 - 1$

$\therefore$ गुणनफल को पूर्ण वर्ग बनाने के लिए जोड़ी जाने वाली सबसे छोटी संख्या = 1

61. $7 \times 8 \times 9 \times 10 = 5040$ और 5040 का वर्गमूल = $\sqrt{5040} = 70.9$

$\therefore$ 5040 के ठीक बाद वाली पूर्ण वर्ग संख्या = $71^2 = 5041$

$\therefore$ जोड़ी जाने वाली सबसे छोटी संख्या = 5041 – 5040 = 1

62. 709 का वर्गमूल = $\sqrt{709} = 26.6$

$\therefore$ 27 का वर्ग = $27^2 = 729$

$\therefore$ जोड़ी जाने वाली छोटी से छोटी संख्या = 729 – 709 = 20

63. $21600 = 2 \times 2 \times 2 \times 3 \times 3 \times 3 \times \underline{10 \times 10}$

सजातीय गुणनखण्डों में दो-दो के समूह बनाने पर एक बार 2 और एक बार 3 की कमी है।

अतः पूर्ण वर्ग बनाने के लिए $2 \times 3 = 6$ से गुणा करना पड़ेगा।

64. $5808 = \underline{2.2}.\underline{2.2}.3.\underline{11.11}$

सजातीय गुणनखण्डों से दो-दो का समूह बनाने पर 3 का समूह नहीं बन पा रहा है।

$\therefore$ पूर्ण वर्ग के लिए गुणा करने के लिए आवश्यक संख्या = 3

65. $980 = \underline{2.2}\ .\ \underline{7 \times 7}\ .\ 5$

सजातीय गुणनखण्डों से दो-दो का समूह बनाने पर 5 का समूह नहीं बन पा रहा है।

$\therefore$ पूर्ण वर्ग के लिए 5 से गुणा करना पड़ेगा।

66. Repeated Q.N. 65

67. $1323 = \underline{3.3.3}.\underline{7.7}$

चूंकि पूर्ण घन बनाने के लिए सजातीय गुणनखण्डों से तीन-तीन का समूह बनना आवश्यक है परन्तु यहां 7 के समूह में दो ही गुणनखण्ड है। अतः समूह को पूरा करने के लिए 7 से गुणा करना पड़ेगा।

68. $1800 = \underline{2.2.2}.\underline{3.3}.\underline{5.5}$

पूर्ण घन के लिए सजातीय गुणनखण्डों से तीन-तीन का समूह बनाने के लिए एक बार 3 और एक बार 5 की आवश्यकता है। अतः $3 \times 5 = 15$ से गुणा करना पड़ेगा। अब 15 के अंकों का योग = 1+5 = 6

69. $1440 = \underline{2.2.2}.2.2.3.3.5$

पूर्ण घन के लिए सजातीय गुणनखण्डों से तीन-तीन का समूह बनाना आवश्यक है। इसलिए एक बार 2, एक बार 3 तथा दो बार 5 से गुणा करना पड़ेगा। अर्थात् $2 \times 3 \times 5 \times 5 = 150$ से गुणा करना पड़ेगा। अब 150 के अंकों का योग = 1 + 5 + 0 = 6

70. $3600 = \underline{2.2.2}.2.3.3.5.5$

चूंकि भाग देकर पूर्ण घन बनाना है। अतः सजातीय गुणनखण्डों से तीन-तीन का समूह बनाने के बाद, जिनका समूह नहीं बन पा रहा है उन्हें हटाना पड़ेगा। इसलिए 2.3.3.5.5 = 450 से भाग देना पड़ेगा।

71. $1008 = \underline{2.2}.\underline{2.2}.\underline{3.3}.7$, अतः पूर्ण वर्ग के लिए 7 से गुणा करना पड़ेगा।

72. $\because$ $165375 = \overline{3 \cdot 3 \cdot 3} \cdot \overline{5 \cdot 5 \cdot 5} \cdot 7 \cdot 7$ और पूर्ण घन के लिए गुणन खण्डों से तीन-तीन का समूह बनना आवश्यक है।

$\therefore$ गुणा की जाने वाली कम से कम संख्या = 7

73. बाग में पंक्तियों की संख्या $= \sqrt{5184} = 72$

74. माना लड़कों की संख्या x तथा लड़कियों की संख्या (60 – x) है।

$\therefore$ लड़कों द्वारा योगदान और लड़कियों द्वारा योगदान = 1600

$\therefore$ $x(60 - x) + x(60 - x) = 1600$, अतः $60x - x^2 + 60x - x^2 = 1600$

$\therefore$ $120x - 2x^2 = 1600$, अतः $60x - x^2 = 800$

$\therefore$ $x^2 - 60x + 800 = 0$, अतः $x^2 - 20x - 40x + 800 = 0$

$\therefore$ $(x - 20)(x - 40) = 0$, अतः x = 20 या 40, अतः लड़कों की संख्या = 20

75. एक पंक्ति में पेड़ों की संख्या $= \sqrt{17956} = 134$
76. Repeated Q. N. 74
77. पूर्ण घन संख्या 34 N = 343 जो 7 का घन है। अतः N = 3
78. माना बड़ी संख्या a तथा छोटी संख्या b है। अतः $a^2 + b^2 = 100$ और $a^2 - b^2 = 28$
दोनों समीकरणों को जोड़ने पर $2a^2 = 128$, अतः $a^2 = 64$ या $a = 8$
समी. 1 में $a = 8$ रखने पर, $64 + b^2 = 100$ या $b^2 = 36 \Rightarrow b = 6$
दोनों संख्याओं का योग $= a + b = 8+6 = 14$
79. माना संख्याएं क्रमशः a और b हैं। अतः $a + b = 29$ .... (1)
$a^2 - b^2 = 145$ या $(a + b)(a - b) = 145 \Rightarrow 29 \times (a - b) = 145$ या $a - b = 5$ ....(2)
$\therefore$ दोनों संख्याओं का अन्तर = 5
80. माना तीनों क्रमिक पूर्णांक क्रमशः x, (x + 1), (x + 2) हैं।
$\therefore$ $x^2 + (x + 1)^2 + (x + 2)^2 = 2030$, अतः $x^2 + x^2 + 1 + 2x + x^2 + 4 + 4x = 2030$
$\therefore$ $3x^2 + 6x = 2025$ अतः $3(x^2 + 2x) = 2025 \Rightarrow x^2 + 2x = 675$, अतः $x^2 + 2x - 675 = 0$
$\therefore$ $x^2 + 27x - 25x - 675 = 0$, अतः $(x + 27)(x - 25) = 0 \Rightarrow x + 27 \neq 0$, अतः $x - 25 = 0$ या $x = 25$
$\therefore$ बीच का पूर्णांक $= x + 1 = 25 + 1 = 26$
81. माना वह पूर्णांक x है, अतः $x^3 - x^2 = 48$
प्रश्न के चारों विकल्पों में चौथा विकल्प ही उपर्युक्त समीकरण को सन्तुष्ट करता है अर्थात $x = 4$ रखने पर समीकरण संतुष्ट होता है। अतः पूर्णांक $= x = 4$
82. माना दोनों क्रमागत सम संख्याएं क्रमशः x तथा (x + 2) हैं। अतः $(x+2)^2 - x^2 = 84$, अतः $x^2 + 4 + 4x - x^2 = 84$
$\therefore$ $4x = 80$ या $x = 20$ अतः दोनों सम संख्याएं = 20, 22, अतः दोनों सम संख्याओं का योग = 20 + 22 = 42
83. माना दोनों संख्याएं क्रमशः a तथा b हैं। अतः $a + b = 22$ और $a^2 + b^2 = 404$
$\therefore$ सूत्र $(a + b)^2 = a^2 + b^2 + 2ab$ से, $22^2 = 404 + 2ab \Rightarrow 484 = 404 + 2ab$, अतः $2ab = 484 - 404 = 80$
$\therefore$ $ab = \frac{80}{2} = 40$, अतः दोनों संख्याओं का गुणनफल = 40
84. माना दोनों संख्याएं क्रमशः a तथा b हैं। अतः $a^2 + b^2 = 80$ और $(a - b)^2 = 36$
$\therefore$ $a^2 + b^2 - 2ab = 36$, अतः $80 - 2ab = 36$
$\therefore$ $2ab = 80 - 36 = 44$, अतः $ab = \frac{44}{2} = 22$, अतः दोनों संख्याओं का गुणनफल = 22
85. Repeated Q.N. 84
86. माना वह संख्या x है। अतः $x + x^2 = 182$
$\therefore$ $x^2 + x - 182 = 0$, अतः $x^2 + 14x - 13x - 182 = 0$
$\therefore$ $(x + 14)(x - 13) = 0$, अतः $x + 14 \neq 0$, अतः $x - 13 = 0 \Rightarrow x = 13$
87. यदि दूसरी संख्या x हो तो, $x^2 + 25 = 386$, अतः $x^2 = 386 - 25 = 361$, अतः $x^2 = 19^2 \Rightarrow x = 19$
88. माना संख्याएं क्रमशः x तथा (x + 3) हैं। अतः $x^2 + (x + 3)^2 = 369$
$\therefore$ $x^2 + x^2 + 9 + 6x = 369$, अतः $2x^2 + 6x = 360 \Rightarrow x^2 + 3x = 180$, अतः $x^2 + 3x - 180 = 0$
$\therefore$ $x^2 + 15x - 12x - 180 = 0$, अतः $(x + 15)(x - 12) = 0 \Rightarrow x + 15 \neq 0$, अतः $x - 12 = 0$ या $x = 12$
$\therefore$ संख्याएं = x, x+3 = 12, 15, अतः संख्याओं का योग = 12 + 15 = 27
89. चूंकि संख्याओं में अनुपात 1 : 2 : 3 हैं। अतः माना तीनों संख्याएं क्रमशः x, 2x, 3x हैं।
$\therefore$ $x^2 + 4x^2 + 9x^2 = 126$, अतः $14x^2 = 126$ या $x^2 = 9$ या $x = 3$, अतः संख्याएं = x, 2x, 3x = 3, 6, 9
90. यदि वह संख्या x हो तो $x^2 + x = 240$ या $x^2 + x - 240 = 0$
$\therefore$ $x^2 + 16x - 15x - 240 = 0$, अतः $(x + 16)(x - 15) = 0 \Rightarrow x + 16 \neq 0$, अतः $x - 15 = 0$ या $x = 15$
91. माना वह प्राकृत संख्या x है। अतः $3x^2 - 4x = x + 50 \Rightarrow 3x^2 - 5x - 50 = 0$, अतः $3x^2 - 15x + 10x - 50 = 0$
$\therefore$ $3x(x - 5) + 10(x - 5) = 0$, अतः $(x - 5)(3x + 10) = 0 \Rightarrow 3x + 10 \neq 0$, अतः $x - 5 = 0$ या $x = 5$
92. 100 से कम वर्ग संख्या 81 है, जिसका वर्गमूल –9 और 9 होता है। जो –10 तथा 10 के बीच है।

93. माना दोनों संख्याएं क्रमशः x, y हैं। अतः $x . y = 32$ और $\frac{x+y}{2} = 6$

$\therefore$ $x + y = 12$, अतः सूत्र $(x + y)^3 = x^3 + y^3 + 3xy (x + y)$ से, $12^3 = x^3 + y^3 + 3 \times 32 (12)$

अतः $1728 = x^3 + y^3 + 1152 \Rightarrow x^3 + y^3 = 1728 - 1152 = 576$, अतः संख्याओं के घनों का योग = 576

94. माना लड़कों की कुल संख्या x थी। अतः प्रत्येक लड़के द्वारा दिये गये सिक्कों की संख्या = x

$\therefore$ $x . x . 25 = 400 \times 100$, अतः $x . x = 400 \times 4 = 4 \times 10 \times 10 \times 4$

$\therefore$ $x = 4 \times 10 = 40$, अतः लड़कों की संख्या = 40

95. यदि दो क्रमागत पूर्णांक x तथा x + 1 हों तो दोनों के वर्गों का अन्तर $= (x + 1)^2 - x^2 = x^2 + 1 + 2x - x^2$ $= 1 + 2x = 1 + x + x = x + (x + 1)$ = पहला पूर्णांक + दूसरा पूर्णांक = दोनों पूर्णांकों का योग

96. माना वह संख्या x है। अतः $x^2 + x = 240 \Rightarrow x^2 + x - 240 = 0$, अतः $x^2 + 16x - 15x - 240 = 0$

$\therefore$ $(x + 16)(x - 15) = 0$, अतः $x + 16 \neq 0$, अतः $x - 15 = 0$ या $x = 15$

97. $\sqrt{\sqrt[3]{0.004096}} = \sqrt{0.16} = 0.4$

98. $\sqrt[3]{P(p^2 + 3P + 3) + 1} = \sqrt[3]{p^3 + 3P^2 + 3P + 1} = \sqrt[3]{P^3 + 1 + 3.1 . P (P + 1)} = \sqrt[3]{(P+1)^3} = P + 1 = 999 + 1 = 1000$

99. $(\sqrt[3]{3.5} + \sqrt[3]{2.5})[(\sqrt[3]{3.5})^2 - \sqrt[3]{8.75} + (\sqrt[3]{2.5})^2] = (a + b)(a^2 - a.b + b^2) = a^3 + b^3$

$= (\sqrt[3]{3.5})^3 + (\sqrt[3]{2.5})^3 = 3.5 + 2.5 = 6.0 = 6$

100. 175616 का घनमूल $= \sqrt[3]{175616} = 56$

$\therefore$ $\sqrt[3]{175.616} + \sqrt[3]{0.175616} + \sqrt[3]{0.000175616} = 5.6 + 0.56 + 0.056 = 6.216$

101. $\sqrt[3]{\frac{72.9}{0.4096}} = \sqrt[3]{\frac{729}{4.096}} = \frac{9}{1.6} = 5.625$

102. $\frac{\sqrt[3]{8}}{\sqrt{16}} \div \sqrt{\frac{100}{49}} \times \sqrt[3]{125} = \frac{2}{4} \div \frac{10}{7} \times 5 = \frac{1}{2} \times \frac{7}{10} \times 5 = \frac{7}{4} = 1\frac{3}{4}$

103. $\sqrt{21 + \sqrt[3]{59 + \sqrt{16 + \sqrt[3]{722 + \sqrt{49}}}}} = \sqrt{21 + \sqrt[3]{59 + \sqrt{16 + \sqrt[3]{729}}}}$

$\sqrt{21 + \sqrt[3]{59 + \sqrt{16 + 9}}} = \sqrt{21 + \sqrt[3]{59 + 5}} = \sqrt{21 + \sqrt[3]{64}} = \sqrt{21 + 4} = \sqrt{25} = 5$

104. माना वह संख्या x है। अतः $x^2 - 33^3 = 5272 \Rightarrow x^2 - 35937 = 5272 \Rightarrow x^2 = 41209 \Rightarrow x = 203$

105. माना वह संख्या x है। अतः $x^3 + (150)^2 = 77372$

$\therefore$ $x^3 + 22500 = 77382 \Rightarrow x^3 = 54872 \Rightarrow x = \sqrt[3]{54872} = 38$

106. माना वह संख्या x है। तब $x^2 - (20)^3 = 4321 \Rightarrow x^2 - 8000 = 4321$ या $x^2 = 12321 = 111^2$, अतः $x = 111$

107. $\sqrt[3]{10648} \times \sqrt[3]{5832} = \sqrt[3]{2.2.2.11.11.11} \times \sqrt[3]{2.2.2.9.9.9} = 2 \times 11 \times 2 \times 9 = 396$

108. $\sqrt[3]{1 - \frac{91}{216}} = \sqrt[3]{\frac{216 - 91}{216}} = \sqrt[3]{\frac{125}{216}} = \sqrt[3]{\frac{5.5.5}{6.6.6}} = \frac{5}{6}$

109. $\sqrt[3]{1331} + \sqrt{729} - \sqrt[3]{512} = \sqrt[3]{11 \cdot 11 \cdot 11} + \sqrt{3 \cdot 3 \cdot 3 \cdot 3 \cdot 3 \cdot 3} - \sqrt[3]{8 \cdot 8 \cdot 8}$

$= 11 + 3 \times 3 \times 3 - 8 = 11 + 27 - 8 = 38 - 8 = 30$

110. (i) $\sqrt[3]{512} \times \sqrt{256} > \sqrt[3]{343} \times \sqrt{289} \Rightarrow 8 \times 16 > 7 \times 17 \Rightarrow 128 > 119$

(ii) $\sqrt{121} + \sqrt[3]{1331} > \sqrt[3]{125} \times \sqrt{125} \Rightarrow 11 + 11 > 5 \times 5\sqrt{5} \Rightarrow 22 > 5 \times 5 \times 2 \cdot 2 \Rightarrow 22 > 55.0$

$\therefore$ केवल कथन (i) सत्य है।

111. $\frac{\sqrt[3]{64} \times \sqrt{121}}{\sqrt{289} - \sqrt{169}} = \frac{4 \times 11}{17 - 13} = \frac{4 \times 11}{4} = 11$

3 घातांक एवं करणी (Indices and Surds)

घातांक या घात

राशि 11^5 में 11 को आधार तथा 5 को 11 की घात कहा जाता है। घात को घातांक भी कहते हैं। जब किसी संख्या को उसी से जितनी बार गुणा किया जाता है उतने को उस संख्या की घात कहते हैं और वह संख्या आधार कहलाती है जैसे $7 \times 7 \times 7 \times 7$ को 7^4 के रूप में भी लिखा जा सकता है। जहां 7 आधार और 4 उसकी घात है।

घातांक के उपयोगी सूत्र

1. **घातांकीय गुणनफल :** $a^m . a^n . a^l .... = a^{(m+n+l+.............)}$

   जैसे $x^2 . x^5 . x^3 . x^6 = x^{(2+5+3+6)} = x^{16}$

2. **घातांकीय भाग :** $a^m \div a^n = \frac{a^m}{a^n} = a^{(m-n)}$ जैसे $x^{13} \div x^8$ या $\frac{x^{13}}{x^8} = x^{(13-8)} = x^5$

3. **घात की घात :** $[\{(a^m)^n\}^l]^{PP} = a^{(m.n.l.p........)}$ जैसे $[\{(x^2)^3\}^5]^2 = x^{(2\times3\times5\times2)} = x^{60}$

4. **गुणनफल की घात :** $(a . b . c...........)^n = a^n . b^n . c^n.........$ जैसे $(2.5.7)^3 = 2^3 . 5^3 . 7^3$

5. **व्युत्क्रम का नियम :**

   (i) $a^m = \frac{1}{a^{-m}}$ तथा $a^{-n} = \frac{1}{a^n}$ जैसे $5^3 = \frac{1}{5^{-3}}$ तथा $2^{-3} = \frac{1}{2^3}$

   (ii) $\left(\frac{a}{b}\right)^m = \left(\frac{b}{a}\right)^{-m}$ तथा $\left(\frac{x}{y}\right)^{-n} = \left(\frac{y}{x}\right)^n$ जैसे $\left(\frac{5}{7}\right)^3 = \left(\frac{7}{5}\right)^{-3}$ तथा $\left(\frac{2}{3}\right)^{-5} = \left(\frac{3}{2}\right)^5$

6. **घातांक का शून्य होना :** $a^0 = 1$ अर्थात किसी भी राशि की घात शून्य (0) = 1

   जैसे, $5^0 = 1$, $100^0 = 1$, $(10050)^0 = 1$ इत्यादि

7. **व्युत्क्रम घात का नियम :**

   (i) $a^n = b$ तो $a = b^{\frac{1}{n}}$ जैसे $x^3 = 5$ तो $x = 5^{\frac{1}{3}}$

   (ii) $a^{\frac{1}{n}} = b$ तो $a = b^n$ जैसे $x^{\frac{1}{2}} = 3$ तो $x = 3^2 = 9$

8. $[\{(a^m)^n\}^l]^P \neq a^{m^{n^{l^P}}}$

करणी (Surds) – किसी संख्या का कोई मूल ज्ञात करने का सांकेतिक नाम करणी ($\sqrt{}$) है। अर्थात यदि करणी में कोई संख्या लिखी हो तो उसका अर्थ है– संख्या का मूल ज्ञात करना। करणी के अनेक रूप हैं जैसे- $\sqrt{}, \sqrt[3]{}, \sqrt[4]{}, \sqrt[5]{}, \sqrt[6]{} ---\sqrt[n]{}$

देखें विभिन्न करणियों के निम्नलिखित रूप –

करणी का नाम	करणी का संकेत	करणी की घात	बीजगणितीय उदाहरण	अंकगणितीय उदाहरण
वर्गमूल ⇒ Square root	⇒ $\sqrt[2]{\ }$ या $\sqrt{\ }$	⇒ 2 घात की करणी	⇒ $\sqrt[2]{x}=x^{\frac{1}{2}}$	⇒ $\sqrt{16}=\sqrt[2]{16}=\sqrt{\underline{2.2}.\underline{2.2}}=2.2=4$
घनमूल ⇒ Cube root	⇒ $\sqrt[3]{\ }$	⇒ 3 घात की करणी	⇒ $\sqrt[3]{x}=x^{\frac{1}{3}}$	⇒ $\sqrt[3]{27}=\sqrt[3]{\underline{3.3.3}}=3$
चतुर्थमूल ⇒ Fourth root	⇒ $\sqrt[4]{\ }$	⇒ 4 घात की करणी	⇒ $\sqrt[4]{x}=x^{\frac{1}{4}}$	⇒ $\sqrt[4]{256}=\sqrt[4]{\underline{2.2.2.2}\,\underline{2.2.2.2}}=2.2=4$
पंचममूल ⇒ Fifth root	⇒ $\sqrt[5]{\ }$	⇒ 5 घात की करणी	⇒ $\sqrt[5]{x}=x^{\frac{1}{5}}$	⇒ $\sqrt[5]{3125}=\sqrt[5]{\underline{5.5.5.5.5}}=5$
षष्ठमूल ⇒ Sixth root	⇒ $\sqrt[6]{\ }$	⇒ 6 घात की करणी	⇒ $\sqrt[6]{x}=x^{\frac{1}{6}}$	⇒ $\sqrt[6]{729}=\sqrt[6]{\underline{3.3.3.3.3.3}}=3$
⋮	⋮		⋮	⋮
नवां मूल ⇒ n th root	⇒ $\sqrt[n]{\ }$	⇒ n घात की करणी	⇒ $\sqrt[n]{x}=x^{\frac{1}{n}}$	

करणी

सजातीय करणी या समान करणी

जब करणी की घात और करणीगत संख्या (अर्थात् करणी में लिखी संख्या) दोनों समान होती हैं तब करणियों को सजातीय करणी कहते हैं। जैसे–

1. $\sqrt{x}, 3\sqrt{x}, 5\sqrt{x}$ *यहां करणियों की घात 2 है और इनके गुणांक क्रमशः 1, 3, 5 हैं।*
2. $\sqrt[3]{xy}, 2\sqrt[3]{xy}, 7\sqrt[3]{xy}$ *यहां करणियों की घात 3 है और इनके गुणांक क्रमशः 1, 2, 7 हैं।*

विजातीय करणी या असमान करणी

जब करणियों की घातें अलग-अलग हों या करणीगत संख्याएँ अलग-अलग हों या घातें और करणीगत संख्याएं दोनों अलग-अलग हों तो उनको विजातीय करणी कहते हैं, जैसे- $\sqrt[3]{xy}, \sqrt[3]{x}, \sqrt[2]{5y}, 3\sqrt[7]{xyz}$ इत्यादि। इनके गुणांक क्रमशः 1, 1, 1, 3 हैं। जबकि $\sqrt[3]{xy}$ और $\sqrt[3]{x}$ में करणी की घात 3 परन्तु करणीगत संख्याएं भिन्न-भिन्न हैं। पुनः $\sqrt[2]{5y}$ तथा $3\sqrt[7]{xyz}$ में करणी की घातें क्रमशः 2, 7 हैं।

अध्याय पर आधारित प्रश्नों के प्रकार

'घातांक एवं करणी' अध्याय से विभिन्न प्रतियोगी परीक्षाओं में पूछे गये और पूछे जा सकने वाले प्रश्नों को कुल 7 प्रकारों में बांट सकते हैं–

1. घातांकों पर आधारित प्रश्न
2. जब पूरी राशि करणीगत हो
3. करणियों के योग-अन्तर पर आधारित प्रश्न
4. करणियों के गुणा-भाग पर आधारित प्रश्न
5. संयुग्मी पर आधारित प्रश्न
6. $(a+b)^2$ तथा $(a-b)^2$ के सूत्र पर आधारित प्रश्न
7. करणियों की तुलना पर आधारित प्रश्न

1 घातांकों पर आधारित प्रश्न

(A) निम्नलिखित राशियों के मान ज्ञात कीजिए।

1. $2a^2 . b^3 . c^4 \times 3\,a^1 . b^2 . c^3$
2. $(12\,a^2\ b^4\ c^3) \div (2\,a\,b^2 c^2)$
3. $5^{\frac{1}{4}} \times (125)^{0.25}$
4. $\left(\frac{1}{216}\right)^{\frac{-2}{3}} \div \left(\frac{1}{27}\right)^{\frac{-4}{3}}$
5. $(xy)^{a-b}.(xy)^{b-c}.(xy)^{c-a}$
6. $\left(\frac{x^a}{x^b}\right)^{(a+b)} . \left(\frac{x^b}{x^c}\right)^{(b+c)} . \left(\frac{x^c}{x^a}\right)^{(c+a)}$

1. $a^m . a^n . a^l - - - - = a^{(m+n+l+-----)}$	2. $a^m \div a^n$ या $\frac{a^m}{a^n} = a^{m-n}$
3. $(a^m)^n = a^{m.n}$	4. $(a . b . c)^n = a^n \cdot b^n \cdot c^n$

हल

1. $2\,a^2 . b^3 . c^4 \times 3 . a^1 . b^2 . c^3 = 2 \times 3 . a^{(2+1)} . b^{(3+2)} . c^{(4+3)} = 6\,a^3 b^5 c^7$
2. $(12a^2.b^4.c^3) \div (2ab^2c^2) = \frac{12}{2} \times a^{2-1}.b^{4-2}.c^{3-2} = 6a^1 . b^2 . c^1 = 6\,a\,b^2 c$
3. $5^{\frac{1}{4}} \times (125)^{0.25} = 5^{\frac{1}{4}} \times (5^3)^{0.25} = 5^{0.25} \times 5^{0.75} = 5^{(0.25+0.75)} = 5^{1.00} = 5^1 = 5$
4. $\left(\frac{1}{216}\right)^{\frac{-2}{3}} \div \left(\frac{1}{27}\right)^{\frac{-4}{3}} = \left(\frac{1}{2^3.3^3}\right)^{\frac{-2}{3}} \div \left(\frac{1}{3^3}\right)^{\frac{-4}{3}} = (2^{-3}.3^{-3})^{\frac{-2}{3}} \div (3^{-3})^{\frac{-4}{3}} = (2^2.3^2) \div (3^4)$

$$= 2^2.3^{(2-4)} = 4 \times 3^{-2} = 4 \times \frac{1}{3^2} = \frac{4}{9}$$

5. $(xy)^{a-b} . (xy)^{b-c} . (xy)^{(c-a)} = (xy)^{(a-b+b-c+c-a)} = (x.y)^0 = 1$
6. $\left(\frac{x^a}{x^b}\right)^{(a+b)} . \left(\frac{x^b}{x^c}\right)^{(b+c)} . \left(\frac{x^c}{x^a}\right)^{(c+a)} = \left[x^{(a-b)}\right]^{(a+b)} . \left[x^{(b-c)}\right]^{(b+c)} . \left[x^{(c-a)}\right]^{(c+a)}$

$$= x^{(a^2-b^2)} . x^{(b^2-c^2)} . x^{(c^2-a^2)} = x^{(a^2-b^2+b^2-c^2+c^2-a^2)} = x^0 = 1$$

(B) निम्नलिखित राशियों के मान ज्ञात कीजिए।

(1) $(0.0001)^{0.25}$ (2) $(0.0081)^{0.50}$ (3) $(0.000064)^{\frac{2}{3}}$ (4) $(.000216)^{\frac{1}{3}}$

सर्वप्रथम दशमलव संख्या को घात के रूप में बदलेंगें। इसके बाद घातांक के सूत्र $(a^m)^n = a^{m.n}$ का प्रयोग करके मान ज्ञात करेंगें।

जैसे $(0.0004)^{0.5} = \left(\frac{4}{10000}\right)^{0.5} = \left[\left(\frac{2}{100}\right)^2\right]^{0.5} = \left(\frac{2}{100}\right)^{1.0} = (0.02)^1 = 0.02$

हल

1. $(0.0001)^{0.25} = \left(\frac{1}{10000}\right)^{0.25} = \left[\left(\frac{1}{10}\right)^4\right]^{0.25} = \left(\frac{1}{10}\right)^{4\times0.25} = \left(\frac{1}{10}\right)^{1.00} = (0.1)^1 = 0.1$
2. $(0.0081)^{0.50} = \left(\frac{81}{10000}\right)^{0.50} = \left[\left(\frac{3}{10}\right)^4\right]^{0.50} = \left(\frac{3}{10}\right)^2 = (.3)^2 = 0.09$
3. $(0.000064)^{\frac{2}{3}} = \left(\frac{64}{1000000}\right)^{\frac{2}{3}} = \left[\left(\frac{2}{10}\right)^6\right]^{\frac{2}{3}} = \left(\frac{2}{10}\right)^{6\times\frac{2}{3}} = (0.2)^4 = 0.0016$
4. $(0.000216)^{\frac{1}{3}} = \left(\frac{216}{1000000}\right)^{\frac{1}{3}} = \left[\left(\frac{6}{100}\right)^3\right]^{\frac{1}{3}} = \frac{6}{100} = 0.06$

(C) निम्नलिखित समीकरणों से x के मान ज्ञात कीजिए।

1. $2^{(6x-3)} = 8$ 2. $2^{(2x+6)} . 2^{(x-3)} = 64$
3. $3^{(x+1)} . 9 - 243 = 0$ 4. $3^{x+3} - 243 = 0$

(a) यदि $x^m = x^n$ तो $m = n$ अर्थात यदि आधार समान हों तो घातें भी समान होती हैं।
(b) यदि $x^n = y^n$ तो $x = y$ अर्थात यदि घातें समान हों तो आधार भी समान होतें हैं।

हल

1. $2^{(6x-3)} = 8$ या $2^{(6x-3)} = 2^3$, अतः $6x - 3 = 3$ या $6x = 6$ या $x = 1$
2. $2^{(2x+6)} . 2^{(x-3)} = 64$, अतः $2^{(2x+6+x-3)} = 2^6$ या $2^{(3x+3)} = 2^6$
   $\therefore 3x + 3 = 6$ या $3x = 3$ या $x = 1$
3. $3^{(x+1)} . 9 - 243 = 0$ या $3^{(x+1)} .3^2 = 243$, अतः $3^{(x+3)} = 3^5 \Rightarrow x + 3 = 5 \Rightarrow x = 2$
4. $3^{(x+3)} - 243 = 0$ या $3^{(x+3)} = 243$, अतः $3^{(x+3)} = 3^5$, अतः $x + 3 = 5$ या $x = 2$

2 जब पूरी राशि करणीगत हो

(A) निम्नलिखित राशियों का मान ज्ञात कीजिए।

1. $\sqrt{12+\sqrt{12+\sqrt{12+}}}.....\infty$ 2. $\sqrt{30+\sqrt{30+\sqrt{30+}}}.....\infty$

3. $\sqrt{110-\sqrt{110-\sqrt{110}}}.....\infty$ 4. $\sqrt{56-\sqrt{56-\sqrt{56}}}.....\infty$

(a) $\sqrt{P+\sqrt{P+\sqrt{P+.........}}}\infty = P$ के दो क्रमागत गुणनखण्डों में बड़ा गुणनखण्ड धनात्मक और छोटा गुणनखण्ड ऋणात्मक

(b) $\sqrt{P-\sqrt{P-\sqrt{P..........}}}\infty = P$ के दो क्रमागत गुणनखण्डों में बड़ा गुणनखण्ड ऋणात्मक और छोटा गुणनखण्ड धनात्मक

हल

1. $\sqrt{12+\sqrt{12+\sqrt{12+.........}}}\infty = 12$ के दो क्रमागत गुणनखण्डों (4×3) में बड़ा गुणनखण्ड धनात्मक और छोटा गुणनखण्ड ऋणात्मक $= 4, -3$
2. $\sqrt{30+\sqrt{30+\sqrt{30+.........}}}\infty = 30$ के दो क्रमागत गुणनखण्डों (6×5) में बड़ा गुणनखण्ड धनात्मक और छोटा गुणनखण्ड ऋणात्मक $= 6, -5$
3. $\sqrt{110-\sqrt{110-\sqrt{110........}}}\infty = 110$ के क्रमागत दो गुणनखण्डों (11×10) में बड़ा गुणनखण्ड ऋणात्मक और छोटा गुणनखण्ड धनात्मक $= -11, 10$
4. $\sqrt{56-\sqrt{56-\sqrt{56..........}}}\infty = 56$ के क्रमागत दो गुणनखण्डों (8×7) में बड़ा गुणनखण्ड ऋणात्मक और छोटा गुणनखण्ड धनात्मक $= -8, 7$

(B) निम्नलिखित राशियों के मान ज्ञात कीजिए।

1. $\sqrt{3+\sqrt{3+\sqrt{3+.........}}}\infty$ 2. $\sqrt{5+\sqrt{5+\sqrt{5+.........}}}\infty$

यदि करणी में लिखी संख्या के दो क्रमागत गुणनखण्ड न हो सकें तो पूरी राशि को x के बराबर मानेंगे। इसके बाद दोनों पक्षों का वर्ग करेंगे। इससे द्विघात समीकरण $ax^2 + bx + c = 0$ के रूप का समीकरण प्राप्त होगा। तब श्री धराचार्य के सूत्र $x = \frac{-b \pm \sqrt{b^2 - 4ac}}{2a}$ से x का मान ज्ञात करेंगे। देखें उपर्युक्त प्रश्नों के हल –

हल

1. माना $x = \sqrt{3+\sqrt{3+\sqrt{3+......}}}\infty$, अब दोनों पक्षों का वर्ग करने पर–
   $\therefore x^2 = 3+\sqrt{3+\sqrt{3+\sqrt{3+......}}}\infty$, अतः $x^2 = 3 + x$ या $x^2 - x - 3 = 0$
   इस समीकरण का $ax^2 + bx + c = 0$ से तुलना करने पर, $a = 1, b = -1, c = -3$

$$\therefore x = \frac{-b \pm \sqrt{b^2-4ac}}{2a} = \frac{-(-1) \pm \sqrt{(-1)^2 - 4\times 1\times -3}}{2\times 1} = \frac{1\pm\sqrt{1+12}}{2} = \frac{1\pm\sqrt{13}}{2} = \frac{1\pm 3.6}{2}$$

धन चिन्ह लेने पर $x = \frac{1+3.6}{2} = \frac{4.6}{2} = 2.3$ ऋण चिन्ह लेने पर $x = \frac{1-3.6}{2} = \frac{-2.6}{2} = -1.3$

2. माना $x = \sqrt{5+\sqrt{5+\sqrt{5+\sqrt{5+......\infty}}}}$ दोनों पक्षों का वर्ग करने पर–

$x^2 = 5 + \sqrt{5+\sqrt{5+\sqrt{5+......\infty}}}$, अतः $x^2 = 5 + x$ या $x^2 - x - 5 = 0$

इस समीकरण का $ax^2 + bx + c = 0$ से तुलना करने पर– $a = 1, b = -1, c = -5$

$$\therefore x = \frac{-b \pm \sqrt{b^2-4ac}}{2a} = \frac{-(-1) \pm \sqrt{(-1)^2 - 4\times 1\times -5}}{2\times 1} = \frac{1\pm\sqrt{1+20}}{2} = \frac{1\pm\sqrt{21}}{2} = \frac{1\pm 4.58}{2}$$

धन चिन्ह लेने पर $x = \frac{1+4.58}{2} = \frac{5.58}{2} = 2.79$ ऋण चिन्ह लेने पर $x = \frac{1-4.58}{2} = \frac{-3.58}{2} = -1.79$

(C) निम्नलिखित राशियों का मान ज्ञात कीजिए।

1. $\sqrt{5.\sqrt{5.\sqrt{5}......\infty}}$
2. $\sqrt{6.\sqrt{6.\sqrt{6.\sqrt{6}}}......\infty}$
3. $\sqrt{11.\sqrt{11.\sqrt{11.\sqrt{11}}}......\infty}$
4. $\sqrt{15.\sqrt{15.\sqrt{15.}}......\infty}$

> *यदि किसी संख्या के करणी का अनन्त बार गुणा किया जाय तो गुणनफल = वह संख्या*
> *अर्थात* $\sqrt{x.\sqrt{x.\sqrt{x.\sqrt{x.}}}......\infty} = x$

हल

1. $\sqrt{5.\sqrt{5.\sqrt{5.\sqrt{5.}}}......\infty} = 5$
3. $\sqrt{11.\sqrt{11.\sqrt{11.\sqrt{11.}}}......\infty} = 11$
2. $\sqrt{6.\sqrt{6.\sqrt{6.\sqrt{6.}}}......\infty} = 6$
4. $\sqrt{15.\sqrt{15.\sqrt{15.}}---\infty} = 15$

(D) निम्नलिखित राशियों के मान ज्ञात कीजिए।

1. $\sqrt{5.\sqrt{5.\sqrt{5.}}}$ 2. $\sqrt{6\sqrt{6\sqrt{6\sqrt{6}}}}$ 3. $\sqrt{7\sqrt{7\sqrt{7.\sqrt{7.}}}}$ 4. $\sqrt{11\sqrt{11\sqrt{11\sqrt{11\sqrt{11}}}}}$

> *यदि करणी अनन्त बार न लिखी हो अर्थात करणी की गिनती सीमित हो तो उपर्युक्त प्रकार की राशियों*
> $\sqrt{x.\sqrt{x.\sqrt{x.\sqrt{x}}}}$ *का मान* = $x^{\left(\frac{\text{2 का 2 में उतनी बार गुणा जितनी बार करणी हो -1}}{\text{2 का 2 में उतनी बार गुणा जितनी बार करणी हो}}\right)}$

हल

1. $\sqrt{5.\sqrt{5.\sqrt{5}}} = {}_5\left(\frac{2.2.2-1}{2.2.2.}\right) = 5^{\frac{(8-1)}{8}} = 5^{\frac{7}{8}}$

3. $\sqrt{7.\sqrt{7.\sqrt{7.\sqrt{7}}}} = 7^{\frac{(2.2.2.2-1)}{2.2.2.2}} = 7^{\frac{16-1}{16}} = 7^{\frac{15}{16}}$

2. $\sqrt{6.\sqrt{6.\sqrt{6.\sqrt{6}}}} = 6^{\frac{(2.2.2.2-1)}{2.2.2.2}} = 6^{\frac{(16-1)}{16}} = 6^{\frac{15}{16}}$

4. $\sqrt{11.\sqrt{11.\sqrt{11.\sqrt{11.\sqrt{11}}}}} = 11^{\left(\frac{2.2.2.2.2-1}{2.2.2.2.2}\right)} = 11^{\frac{(32-1)}{32}} = 11^{\frac{31}{32}}$

(E) निम्नलिखित का मान ज्ञात कीजिए।

1. $\sqrt{11+\sqrt{21+\sqrt{16}}}$ 2. $\sqrt{136+\sqrt{57+\sqrt{49}}}$ 3. $\sqrt{76+\sqrt{21+\sqrt{10+\sqrt{36}}}}$

4. $\sqrt{54-\sqrt{19+\sqrt{33+\sqrt{9}}}}$ 5. $\sqrt{106-\sqrt{32+\sqrt{25-\sqrt{81}}}}$ 6. $\sqrt{30-\sqrt{29-\sqrt{20-\sqrt{16}}}}$

इस प्रकार की करणियों का मान ज्ञात करने के लिए सबसे अन्दर वाली करणी से हल करना आरम्भ करते हैं। क्रमशः अन्दर से हल करते हुए सबसे बाहर वाली करणी को सबसे अन्त में हल करते हैं। देखें प्रश्नों के निम्नलिखित हल–

हल

1. $\sqrt{11+\sqrt{21+\sqrt{16}}} = \sqrt{11+\sqrt{21+4}} = \sqrt{11+\sqrt{25}} = \sqrt{11+5} = \sqrt{16} = 4$
2. $\sqrt{136+\sqrt{57+\sqrt{49}}} = \sqrt{136+\sqrt{57+7}} = \sqrt{136+\sqrt{64}} = \sqrt{136+8} = \sqrt{144} = 12$
3. $\sqrt{76+\sqrt{21+\sqrt{10+\sqrt{36}}}} = \sqrt{76+\sqrt{21+\sqrt{10+6}}} = \sqrt{76+\sqrt{21+\sqrt{16}}}$
   $= \sqrt{76+\sqrt{21+4}} = \sqrt{76+\sqrt{25}} = \sqrt{76+5} = \sqrt{81} = 9$
4. $\sqrt{54-\sqrt{19+\sqrt{33+\sqrt{9}}}} = \sqrt{54-\sqrt{19+\sqrt{36}}} = \sqrt{54-\sqrt{19+6}} = \sqrt{54-\sqrt{25}} = \sqrt{54-5} = \sqrt{49} = 7$
5. $\sqrt{106-\sqrt{32+\sqrt{25-\sqrt{81}}}} = \sqrt{106-\sqrt{32+\sqrt{25-9}}} = \sqrt{106-\sqrt{32+\sqrt{16}}}$
   $= \sqrt{106-\sqrt{32+4}} = \sqrt{106-\sqrt{36}} = \sqrt{106-6} = \sqrt{100} = 10$
6. $\sqrt{30-\sqrt{29-\sqrt{20-\sqrt{16}}}} = \sqrt{30-\sqrt{29-\sqrt{20-4}}} = \sqrt{30-\sqrt{29-\sqrt{16}}}$
   $= \sqrt{30-\sqrt{29-4}} = \sqrt{30-\sqrt{25}} = \sqrt{30-5} = \sqrt{25} = 5$

3 करणियों के योग-अन्तर पर आधारित प्रश्न

निम्नलिखित राशियों के मान ज्ञात कीजिए।

1. $5\sqrt{2}+3\sqrt{2}$ 2. $\sqrt{5}+2\sqrt{5}+3\sqrt{5}$ 3. $13\sqrt[3]{7}-7\sqrt[3]{7}$
4. $7\sqrt{19}-5\sqrt{19}$ 5. $\sqrt{50}+\sqrt{98}+\sqrt{72}$ 6. $\sqrt{75}+\sqrt{108}-\sqrt{147}$

केवल सजातीय करणियों का ही योग- अन्तर सम्भव है। इनका योग-अन्तर बीजगणितीय योग-अन्तर के अनुसार ही होता है। जिस प्रकार बीजगणित में सजातीय योग $7x + 5x = 12x$ और अन्तर $9a - 6a = 3a$ होता है उसी प्रकार करणियों का भी योग-अन्तर किया जाता है जैसे $5\sqrt{3}+2\sqrt{3}=7\sqrt{3}$ और $9\sqrt{5}-4\sqrt{5}=5\sqrt{5}$ परन्तु विजातीय करणियों का योग-अन्तर सम्भव नहीं है।

हल

1. $5\sqrt{2}+3\sqrt{2}=8\sqrt{2}$
3. $13\sqrt[3]{7}-7\sqrt[3]{7}=6\sqrt[3]{7}$
2. $\sqrt{5}+2\sqrt{5}+3\sqrt{5}=6\sqrt{5}$
4. $7\sqrt{19}-5\sqrt{19}=2\sqrt{19}$
5. $\sqrt{50}+\sqrt{98}+\sqrt{72}=\sqrt{\underline{5.5}\,.\,2}+\sqrt{\underline{7.7}.2}+\sqrt{\underline{2.2}\,.\,2\,.\,\underline{3.3}}$
   $=5\sqrt{2}+7\sqrt{2}+2.3\sqrt{2}=5\sqrt{2}+7\sqrt{2}+6\sqrt{2}=18\sqrt{2}$
6. $\sqrt{75}+\sqrt{108}-\sqrt{147}=\sqrt{\underline{5.5}.3}+\sqrt{\underline{2.2}.\underline{3.3}.3}-\sqrt{\underline{7.7}.3}=5\sqrt{3}+6\sqrt{3}-7\sqrt{3}=4\sqrt{3}$

4 करणियों के गुणा-भाग पर आधारित प्रश्न

निम्नलिखित राशियों के मान ज्ञात कीजिए।

1. $\sqrt{5}\times\sqrt{7}\times\sqrt{3}$ 2. $\sqrt[3]{2}\times\sqrt[3]{5}\times\sqrt[3]{4}$ 3. $\sqrt{15}\div\sqrt{3}$
4. $\sqrt[3]{28}\div\sqrt[3]{7}$ 5. $\sqrt{35}\div\sqrt{5}$

करणियों का गुणा-भाग तभी सम्भव है जब उनकी घातें समान हों। दूसरे शब्दों में कह सकते हैं कि यदि घातें समान न हों तो करणियों का गुणा-भाग सम्भव नहीं है। जैसे $\sqrt{3}\times\sqrt{5}=\sqrt{15}$ क्योंकि दोनों की घातें समान (2) हैं। इसी प्रकार $\sqrt[3]{45}\div\sqrt[3]{9}=\sqrt[3]{45\div 9}=\sqrt[3]{5}$ परन्तु $\sqrt[4]{15}$ का $\sqrt[3]{5}$ में न तो गुणा सम्भव है और न ही भाग।

हल

1. $\sqrt{5}\times\sqrt{7}\times\sqrt{3}=\sqrt{5\times7\times3}=\sqrt{105}$
2. $\sqrt[3]{2}\times\sqrt[3]{5}\times\sqrt[3]{4}=\sqrt[3]{2\times5\times4}=\sqrt[3]{40}$
3. $\sqrt{15}\div\sqrt{3}=\sqrt{15\div3}=\sqrt{5}$
4. $\sqrt[3]{28}\div\sqrt[3]{7}=\sqrt[3]{28\div7}=\sqrt[3]{4}$
5. $\sqrt{35}\div\sqrt{5}=\sqrt{35\div5}=\sqrt{7}$

5 संयुग्मी पर आधारित प्रश्न

निम्नलिखित राशियों के मान ज्ञात कीजिए।

1. $\frac{3}{2+\sqrt{3}}$ 2. $\frac{\sqrt{3}-1}{\sqrt{3}+1}$ 3. $\frac{1+\sqrt{2}}{\sqrt{5}+\sqrt{3}}$ 4. $\frac{2}{\sqrt{7}+\sqrt{5}}$

इस प्रकार की राशियों का मान ज्ञात करने के लिए हर की संयुग्मी से अंश और हर दोनों में गुणा करते हैं। हर की संयुग्मी प्राप्त करने के लिए उसके बीच का केवल चिन्ह विपरीत करना पड़ता है। जैसे $\sqrt{5}+\sqrt{8}$ की संयुग्मी $\sqrt{5}-\sqrt{8}$ होगी और $\sqrt{7}-\sqrt{5}$ की संयुग्मी $\sqrt{7}+\sqrt{5}$ होगी। संयुग्मी का अंश और हर में गुणा करने के बाद हर में $(a+b)\times(a-b)=a^2-b^2$ का सूत्र लागू होता है।

हल

1. $\frac{3}{(2+\sqrt{3})}=\frac{3\times(2-\sqrt{3})}{(2+\sqrt{3})\times(2-\sqrt{3})}=\frac{6-3\sqrt{3}}{(2)^2-(\sqrt{3})^2}=\frac{6-3\sqrt{3}}{4-3}=\frac{6-3\sqrt{3}}{1}=6-3\sqrt{3}$
2. $\frac{\sqrt{3}-1}{\sqrt{3}+1}=\frac{(\sqrt{3}-1)\times(\sqrt{3}-1)}{(\sqrt{3}+1)(\sqrt{3}-1)}=\frac{(\sqrt{3}-1)^2}{(\sqrt{3})^2-1^2}=\frac{3+1-2\sqrt{3}}{3-1}=\frac{4-2\sqrt{3}}{2}=\frac{2(2-\sqrt{3})}{2}=(2-\sqrt{3})$
3. $\frac{1+\sqrt{2}}{\sqrt{5}+\sqrt{3}}=\frac{(1+\sqrt{2})\times(\sqrt{5}-\sqrt{3})}{(\sqrt{5}+\sqrt{3})\times(\sqrt{5}-\sqrt{3})}=\frac{\sqrt{5}-\sqrt{3}+\sqrt{10}-\sqrt{6}}{(\sqrt{5})^2-(\sqrt{3})^2}=\frac{2.2-1.7+3.2-2.4}{5-3}=\frac{5.4-4.1}{2}=\frac{1.3}{2}=0.65$
4. $\frac{2}{\sqrt{7}+\sqrt{5}}=\frac{2\times(\sqrt{7}-\sqrt{5})}{(\sqrt{7}+\sqrt{5})(\sqrt{7}-\sqrt{5})}=\frac{2\times(2.6-2.2)}{(\sqrt{7})^2-(\sqrt{5})^2}=\frac{2\times0.4}{7-5}=\frac{2\times0.4}{2}=0.4$

6 $(a+b)^2$ और $(a-b)^2$ के सूत्र पर आधारित प्रश्न

निम्नलिखित राशियों के मान ज्ञात कीजिए।

1. $\sqrt{5+2\sqrt{6}}$ 2. $\sqrt{12+\sqrt{140}}$ 3. $\sqrt{8-\sqrt{60}}$ 4. $\sqrt{10-\sqrt{84}}$

करणी में दी गयी राशि को इस प्रकार लिखा जाता है कि वह राशि a^2+b^2+2ab या a^2+b^2-2ab के रूप में हो। इसके बाद $a^2+b^2+2ab=(a+b)^2$ या $a^2+b^2-2ab=(a-b)^2$ का प्रयोग करके उसका मान ज्ञात करते हैं।

हल

1. $\sqrt{5+2\sqrt{6}}=\sqrt{3+2+2\times\sqrt{3.2}}=\sqrt{(\sqrt{3})^2+(\sqrt{2})^2+2.\sqrt{3}.\sqrt{2}}=\sqrt{(\sqrt{3}+\sqrt{2})^2}=(\sqrt{3}+\sqrt{2})$
2. $\sqrt{12+\sqrt{140}}=\sqrt{7+5+\sqrt{4.7.5}}=\sqrt{(\sqrt{7})^2+(\sqrt{5})^2+2.\sqrt{7}.\sqrt{5}}=\sqrt{(\sqrt{7}+\sqrt{5})^2}=(\sqrt{7}+\sqrt{5})$
3. $\sqrt{8-\sqrt{60}}=\sqrt{5+3-\sqrt{4.5.3}}=\sqrt{(\sqrt{5})^2+(\sqrt{3})^2-2.\sqrt{5}.\sqrt{3}}=\sqrt{(\sqrt{5}-\sqrt{3})^2}=(\sqrt{5}-\sqrt{3})$
4. $\sqrt{10-\sqrt{84}}=\sqrt{7+3-\sqrt{4.7.3}}=\sqrt{(\sqrt{7})^2+(\sqrt{3})^2-2.\sqrt{7}.\sqrt{3}}=\sqrt{(\sqrt{7}-\sqrt{3})^2}=(\sqrt{7}-\sqrt{3})$

7 करणियों की तुलना पर आधारित प्रश्न

1. $\sqrt[3]{2},\sqrt{3},\sqrt[3]{4}$ में सबसे छोटी संख्या कौन सी है?
2. $\sqrt[3]{5},\sqrt{4},\sqrt[3]{6}$ में सबसे बड़ी संख्या कौन सी है?
3. $\sqrt[4]{10},\sqrt[3]{6},\sqrt[4]{3}$ को आरोही क्रम में लिखिए।
4. $\sqrt[4]{7},\sqrt[3]{5},\sqrt[4]{10}$ को अवरोही क्रम में लिखिए।

सर्वप्रथम सभी करणियों को समान घात वाली करणी में बदलते हैं। इसके लिए करणियों की घातों का लघुत्तम समापवर्त्य ज्ञात करते हैं। लघुत्तम समापवर्त्य को ही सभी करणियों की घात लिखते हैं। घात के आधार पर अन्दर की संख्या को भी बदलते हैं। जब सब करणियों की घात समान हो जाती है तब यह देखते हैं कि किस करणी के अन्दर की संख्या सबसे बड़ी और किसके अन्दर की संख्या सबसे छोटी है।

हल

1. $\sqrt[3]{2}, \sqrt{3}, \sqrt[3]{4}$ की घातें क्रमशः 3, 2, 3 हैं, जिनका ल॰स॰ = 6

$\therefore \sqrt[3]{2} = \sqrt[6]{2^2} = \sqrt[6]{4}$

$\sqrt{3} = \sqrt[6]{3^3} = \sqrt[6]{27}$

$\sqrt[3]{4} = \sqrt[6]{4^2} = \sqrt[6]{16}$, अतः सबसे छोटी संख्या $= \sqrt[6]{4} \Rightarrow \sqrt[3]{2}$

2. $\sqrt[3]{5}, \sqrt{4}, \sqrt[3]{6}$ की घातें 3,2,3 हैं, जिनका ल॰स॰ = 6

$\therefore \sqrt[3]{5} = \sqrt[6]{5^2} = \sqrt[6]{25}$

$\sqrt{4} = \sqrt[6]{4^3} = \sqrt[6]{64}$

$\sqrt[3]{6} = \sqrt[6]{6^2} = \sqrt[6]{36}$, अतः सबसे बड़ी संख्या $= \sqrt[6]{64} \Rightarrow \sqrt{4}$

3. $\sqrt[4]{10}, \sqrt[3]{6}, \sqrt[4]{3}$ की घातें 4,3,4 हैं, जिनका ल॰स॰ = 12

$\therefore \sqrt[4]{10} = \sqrt[12]{10^3} = \sqrt[12]{1000}$

$\sqrt[3]{6} = \sqrt[12]{6^4} = \sqrt[12]{1296}$

$\sqrt[4]{3} = \sqrt[12]{3^3} = \sqrt[12]{27}$, अतः आरोही क्रम $= \sqrt[12]{27}, \sqrt[12]{1000}, \sqrt[12]{1296} = \sqrt[4]{3}, \sqrt[4]{10}, \sqrt[3]{6}$

4. $\sqrt[4]{7}, \sqrt[3]{5}, \sqrt[4]{10}$ की घातें 4,3,4 हैं, जिनका ल॰स॰ = 12

$\therefore \sqrt[4]{7} = \sqrt[12]{7^3} = \sqrt[12]{343}$

$\sqrt[3]{5} = \sqrt[12]{5^4} = \sqrt[12]{625}$

$\sqrt[4]{10} = \sqrt[12]{10^3} = \sqrt[12]{1000}$, अतः अवरोही क्रम $= \sqrt[12]{1000}, \sqrt[12]{625}, \sqrt[12]{343} \Rightarrow \sqrt[4]{10}, \sqrt[3]{5}, \sqrt[4]{7}$

अभ्यास प्रश्न

घातांकों पर आधारित प्रश्न

1. $(16)^{0.16} \times (2)^{0.36}$ किसके बराबर है?

(a) 2 (b) 16 (c) 32 (d) 64 *S.S.C. स्नातक स्तरीय परीक्षा, 2004*

2. $(256)^{0.16} \times (256)^{0.09}$ का मान है–

(a) 256.25 (b) 64 (c) 16 (d) 4 *S.S.C. स्नातक स्तरीय परीक्षा, 1999*

3. $(4)^{0.5} \times (0.5)^4$ का मान बताइए–

(a) 8 (b) 4 (c) $\frac{1}{8}$ (d) $\frac{1}{32}$ *S.S.C. स्नातक स्तरीय परीक्षा, 2000*

4. $(256)^{0.16} \times (16)^{0.18}$ का मान है–

(a) 4 (b) ±4 (c) 16 (d) 256 *S.S.C. स्नातक स्तरीय परीक्षा, 2004*

5. $(212)^{0.5} \times (848)^{0.5}$ का मान है–

(a) 96 (b) 212 (c) 424 (d) कोई भी नहीं *R.R.B. भोपाल, परीक्षा, 2001*

6. $(16^{0.16} \times 2^{0.36})$ किसके बराबर है?

(a) 64 (b) 16 (c) 2 (d) $\frac{1}{2}$ *R.R.B. भोपाल, परीक्षा, 2001*

7. $2^{2^{(-2)}}$ किसके बराबर है?

(a) – 8 (b) $\sqrt{2}$ (c) $\sqrt[4]{2}$ (d) $-\sqrt[4]{2}$ *कोलकाता (गुड्सगार्ड), 2002*

8. $(0.01024)^{\frac{1}{5}}$ का मान ज्ञात कीजिए–

(a) 4.0 (b) 0.04 (c) 0.4 (d) 0.00004 *S.S.C. स्नातक स्तरीय परीक्षा, 2001*

9. $16^{3/4}$ का मान बताइए।

(a) $\sqrt[4]{2}$ (b) 8 (c) $\sqrt[2]{2}$ (d) 16 *S.S.C. स्नातक स्तरीय परीक्षा, 2001*

10. $(36)^{1/6}$ का मान बताइए।

(a) 1 (b) 6 (c) $\sqrt{6}$ (d) $\sqrt[3]{6}$ *S.S.C. स्नातक स्तरीय परीक्षा, 2004*

11. $8^{2/3}$ बराबर होगा–

(a) $5\frac{1}{2}$ (b) $21\frac{1}{3}$ (c) 4 (d) $3\frac{1}{3}$ *S.S.C. स्नातक स्तरीय परीक्षा, 2004*

12. यदि $27^{2x-1} = (243)^3$ तब x का मान है–

(a) 3 (b) 7 (c) 6 (d)9 *S.S.C. स्नातक स्तरीय परीक्षा, 1999*

13. यदि $3^{x+8} = 27^{2x+1}$ तब x का मान है–

(a) 7 (b) 3 (c) – 2 (d) 1 *S.S.C. स्नातक स्तरीय परीक्षा, 2004*

14. यदि a और b दो धनात्मक पूर्णांक इस प्रकार है कि $a^b = 125$ है, तो $(a - b)^{a+b-4}$ बराबर है–

(a) 16 (b) 25 (c) 28 (d) 30 *S.S.C. स्नातक स्तरीय परीक्षा, 1999*

15. यदि $2^{(2x + 21)} = 32^{(3x - 1)}$ तो x का मान ज्ञात कीजिए–

(a) 1 (b) 2 (c) 3 (d) 4 *मेट्रो रेलवे, 2004*

16. $\frac{(243)^{\frac{n}{5}} \cdot 3^{2n+1}}{9^n \cdot 3^{n-1}}$ का मान है–

(a) 1 (b) 9 (c) 3 (d) 3^n *S.S.C. स्नातक स्तरीय परीक्षा, 2004*

17. $(64)^{-2/3} \times \left(\frac{1}{4}\right)^{-2}$

(a) 1 (b) 2 (c) $\frac{1}{2}$ (d) $\frac{1}{16}$ *S.S.C. स्नातक स्तरीय परीक्षा, 2000*

18. $(100)^{1/2} \times (0.001)^{1/3} - (0.0016)^{1/4} \times 3^0 + \left(\frac{5}{4}\right)^{-1}$ को सरल करके मान बताइए–

(a) 1.6 (b) 0.8 (c) 1.0 (d) 0 *S.S.C. स्नातक स्तरीय परीक्षा, 2000*

19. $(0.00032)^{0.6}$ का मान क्या है?

(a) 0.8 (b) 0.08 (c) 0.008 (d) इनमें से कोई नहीं *मेट्रो रेलवे, 2002*

20. $(0.00032)^{0.6}$ का मान कितना है?

(a) 0.8 (b) 0.08 (c) 0.008 (d) 0.0008 (e) उपर्युक्त में कोई नहीं *भुवनेश्वर (ASM) 2002*

21. $(16)^{0.36} \times (256)^{0.07}$ बराबर है।

(a) 4 (b) 6 (c) 8 (d) 64 *कोलकाता (गुड्सगार्ड), 2002*

22. $5^7 \times 5^4 \div 5^8$ का मान निकालिए–

(a) 25 (b) 50 (c) 75 (d) 125 *R.R.B. (मुम्बई) ग्रुप 'डी' परीक्षा 16-11-2003*

23. $\left(\frac{8}{125}\right)^{-4/3}$ को सरलीकृत कीजिए–

(a) $\frac{625}{16}$ (b) $\frac{625}{8}$ (c) $\frac{625}{32}$ (d) $\frac{16}{625}$ *S.S.C. स्नातक स्तरीय परीक्षा, 2004*

24. सरल कीजिए– $\left[\sqrt[3]{\sqrt[6]{5^9}}\right]^4 \left[\sqrt[6]{\sqrt[3]{5^9}}\right]^4$

(a) 5^2 (b) 5^8 (c) 5^4 (d) 5^{12} *S.S.C. स्नातक स्तरीय परीक्षा, 1999*

25. $13 \times 49^{\frac{3}{2}}$ का मान क्या है?

(a) 4369 (b) 4459 (c) 4549 (d) 4639 *SSC CHSL (Tier-1) 7.3.2018*

26. $\left[7\left(64^{\frac{1}{3}} + 27^{\frac{1}{3}}\right)^3\right]^{\frac{1}{4}}$ का मान ज्ञात करें।

(a) 7 (b) 6 (c) 49 (d) 343 *SSC CHSL (Tier-1)17.3.2018*

27. $\left\{(49)^{\frac{3}{2}} + (49)^{-\frac{3}{2}}\right\}$ का मान बताइये।

(a) $\frac{117549}{343}$ (b) $\frac{117550}{343}$ (c) $\frac{117659}{343}$ (d) $\frac{117650}{343}$ *SSC CHSL (Tier – 1) 4.3.2018*

28. $(-7776)^{\frac{2}{5}}$ का मान क्या है?

(a) 16 (b) 36 (c) 64 (d) 21 *SSC CHSL (Tier-1) 6.3.2018*

29. $5^{12} \times 125 \div 15625 = 3125 \times 25^{?}$ में '?' का मान ज्ञात कीजिए।

(a) 4 (b) 3 (c) 2 (d) 1 *SSC CHSL (Tier-1) 11.3.2018*

30. $(X^5 \div X^4)^3 \div X^2 = ?$

(a) x^2 (b) x^3 (c) x^{-1} (d) x *SSC MTS 9.8.2019*

31. $(2 + 1)(2^2 + 1)(2^4 + 1)(2^8 + 1)$ का सरलीकृत मान क्या है?

(a) $28^2 - 1$ (b) $216^2 - 1$ (c) $232^2 - 1$ (d) $256^2 - 1$ *SSC MTS 5.8.2019*

जब पूरी राशि करणीगत हो

32. $\sqrt{2\sqrt{2\sqrt{2\sqrt{2\sqrt{2}}}}} = ?$

(a) $2^{9/2}$ (b) $2^{11/2}$ (c) $2^{31/32}$ (d) $2^{19/31}$ *R.R.B. गोरखपुर (ERC/CA/TA/ASM) परीक्षा, 2005*

33. यदि $x = \sqrt{2+\sqrt{2+\sqrt{2+.....}}}$ हो तो x का मान क्या है?

(a) 2, –1 (b) –2, 1 (c) 3, 2 (d) 2, 5 *कोलकाता (गुड्सगार्ड), 2002*

34. $\sqrt{12+\sqrt{12+\sqrt{12+.....}}}$ बराबर है

(a) 4 के (b) 3 के (c) 6 के (d) 6 से बड़ा *मुजफ्फरपुर (ASM), 2003*

35. यदि एक अनंत श्रेणी $x = \sqrt{6+\sqrt{6+\sqrt{6+......}}}$ है, तो x का मान होगा।

(a) 8 (b) 6 (c) 2.5 (d) 3

(e) $\sqrt{6}$ *R.R.B. भुवनेश्वर (केसिंग इंस्पे॰) परीक्षा, 2005*

36. $\sqrt{1+\sqrt{1+\sqrt{1+.....}}}$ का मान–

(a) 1 के बराबर है (b) 0 तथा 1 के बीच है

(c) 1 तथा 2 के बीच है (d) 2 से बड़ा है *S.S.C. स्नातक स्तरीय परीक्षा, 2001*

37. $\sqrt{2+\sqrt{2+\sqrt{2+.....}}}$ किसके बराबर है?

(a) 1 (b) 2 (c) $2+\sqrt{2}$ (d) $2\sqrt{2}$

(e) इनमें से कोई नहीं *R.R.B. भोपाल, परीक्षा, 2001*

38. $\sqrt{2+\sqrt{2+\sqrt{2+.....}}}$ का मान है– *S.S.C. स्नातक स्तरीय परीक्षा, 2001*

(a) 2 (b) $\sqrt{2}$ (c) $2\sqrt{2}$ (d) $2+\sqrt{2}$

39. यदि $a=\sqrt{3+\sqrt{3+\sqrt{3+.....}}}$ तो निम्न में से कौन-सा सही है? *इलाहाबाद (A.S.M) 2002*

(a) $3 < a < 4$ (b) $a = 3$ (c) $2 < a < 3$ (d) $a > 3$

40. $\sqrt{6+\sqrt{6+\sqrt{6+.....}}}$ का मान बताइए– *S.S.C. स्नातक स्तरीय परीक्षा, 2000*

(a) $6^{2/3}$ (b) 6 (c) $3^{1/2}$ (d) 3

41. यदि $\sqrt{248+\sqrt{52+\sqrt{144}}} = ?$ तब ? होगा

(a) 14 (b) 15 (c) 18 (d) 16

(e) इनमें से कोई नहीं *R.R.B. महेन्द्रूघाट (A.S.M) परीक्षा, 2004*

42. $\sqrt{4+\sqrt{44+\sqrt{10000}}}$ का मान है– *S.S.C. स्नातक स्तरीय परीक्षा, 1999*

(a) 12 (b) 8 (c) 4 (d) -4

43. $\sqrt{-\sqrt{3}+\sqrt{3+8\sqrt{7+4\sqrt{3}}}}$ का मान है– *S.S.C. स्नातक स्तरीय परीक्षा, 2002*

(a) 1 (b) 2 (c) 3 (d) 8

44. $\sqrt{5+\sqrt{11+\sqrt{19+\sqrt{29+\sqrt{49}}}}}$ का मान है–

(a) 3 (b) 9 (c) 7 (d) 5 *S.S.C. स्नातक स्तरीय परीक्षा, 2002*

45. $\sqrt{248+\sqrt{52+\sqrt{144}}}$ का मान है –

(a) 14 (b) 16 (c) 16.6 (d) 18.8 *S.S.C. स्नातक स्तरीय परीक्षा, 2004*

46. $\sqrt{176+\sqrt{2401}}$ बराबर है –

(a) 12 (b) 15 (c) 14 (d) 10 *R.R.B. सिकन्दराबाद (A.S.M.) परीक्षा, 2004*

47. $\sqrt{-\sqrt{3}+\sqrt{3+8\sqrt{7+4\sqrt{3}}}}$ का मान है–

(a) 2 (b) 4 (c) ± 2 (d) -2 *SSC CHSL (Tier-1) 2.9.2016*

48. $\sqrt{2^6+15^2}$ का मान क्या है?

(a) 17 (b) 19 (c) 15 (d) 21 *SSC CHSL (Tier-1) 7.3.2018*

49. $\sqrt{513-\sqrt{144}-\sqrt{81}-\sqrt{64}}$ का मान क्या है?

(a) 22 (b) 21 (c) 28 (d) 19 *SSC CHSL (Tier-1) 10.3.2018*

50. $z=\sqrt{20+\sqrt{20+\sqrt{20+.......\infty}}}$ समीकरण में 'z' का मान बताइये।

(a) 4 (b) 5 (c) 20 (d) 25 *SSC CHSL (Tier-1) 10.3.2018*

51. $\sqrt{7\sqrt{7\sqrt{7\sqrt{7\sqrt{7\sqrt{7}}}}}}$ का मान ज्ञात करो।

(a) $7^{\frac{31}{64}}$ (b) $1^{\frac{1}{64}}$ (c) $7^{\frac{63}{64}}$ (d) $7^{\frac{7}{64}}$ *SSC CHSL (Tier-1) 10.3.2018*

करणियों के योग-अन्तर पर आधारित प्रश्न

52. $\sqrt{0.01}+\sqrt{0.81}+\sqrt{1.21}+\sqrt{0.0009}$ का योग है –

(a) 2.1 (b) 2.13 (c) 2.03 (d) 2.11 *S.S.C. स्नातक स्तरीय परीक्षा, 2001*

53. $\sqrt{32}-\sqrt{128}+\sqrt{50}$ का दशमलव के शुद्ध तीन अंकों तक मान है –

(a) 1.732 (b) 1.141 (c) 1.414 (d) 1.441 *S.S.C. स्नातक स्तरीय परीक्षा, 2004*

54. $3\sqrt{7}-4\sqrt{5}$ से $5\sqrt{7}-2\sqrt{5}$ कितना अधिक है?

(a) $5(\sqrt{7}+\sqrt{5})$ (b) $\sqrt{7}+\sqrt{5}$ (c) $2(\sqrt{7}+\sqrt{5})$ (d) $7(\sqrt{2}+\sqrt{5})$ ***S.S.C. स्नातक स्तरीय परीक्षा, 1999***

55. $\sqrt{324}+\sqrt[3]{1728}=?$

(a) 35 (b) 50 (c) 30 (d) 45 ***R.R.B. जम्मू (जू. क्लर्क) परीक्षा, 2001***

56. $\sqrt{2}=1.414$ दिया है –

$\sqrt{8}+2\sqrt{32}-3\sqrt{128}+4\sqrt{50}$ का मान है –

(a) 8.484 (b) 8.526 (c) 8.426 (d) 8.876 ***S.S.C. स्नातक स्तरीय परीक्षा, 2002***

57. $(\sqrt{8}-\sqrt{4}-\sqrt{2})$ का मान बताइये।

(a) $2-\sqrt{2}$ (b) $\sqrt{2}-2$ (c) 2 (d) – 2 ***S.S.C. स्नातक स्तरीय परीक्षा, 2001***

58. $2\sqrt[3]{32}-2\sqrt[3]{4}+\sqrt[3]{500}$ बराबर है –

(a) $2\sqrt[3]{6}$ (b) $3\sqrt{24}$ (c) $6\sqrt[3]{4}$ (d) 916 ***S.S.C. स्नातक स्तरीय परीक्षा, 1999***

59. $\sqrt{\frac{0.49}{0.25}}+\sqrt{\frac{0.81}{0.36}}$ बराबर है –

(a) $7\frac{9}{10}$ (b) $\frac{9}{10}$ (c) $2\frac{9}{10}$ (d) $4\frac{9}{10}$ ***S.S.C. स्नातक स्तरीय परीक्षा, 1999***

60. $2\sqrt{3X}-5\sqrt{27X}+\sqrt{108X}=-21$ में X का मान क्या है?

(a) 0.33 (b) 1 (c) 3 (d) 9 ***SSC CHSL (Tier-1) 16.3.2018***

61. यदि $3\sqrt{2}+\sqrt{18}+\sqrt{50}=15.55$ है, तो $\sqrt{32}+\sqrt{72}$ का मान क्या है?

(a) 13.22 (b) 10.83 (c) 14.13 (d) 16.54 ***SSC CHSL (Tier-1) 12.3.2018***

62. $2\sqrt[3]{243}+3\sqrt[3]{9}-\sqrt[3]{1125}$ का सरलीकृत मान क्या है?

(a) $5\sqrt[3]{9}$ (b) $4\sqrt[3]{9}$ (c) $7\sqrt[3]{9}$ (d) $11\sqrt[3]{9}$ ***SSC CHSL (Tier-1) 14.3.2018***

63. $(1-\sqrt{2})+(\sqrt{2}-\sqrt{3})+(\sqrt{3}-\sqrt{4})+.......(\sqrt{15}-\sqrt{16})$ का मान ज्ञात कीजिए।

(a) 0 (b) 1 (c) –3 (d) 4 ***SSC CGL (Tier-1) 9.9.2016***

64. $\frac{5\sqrt{3}}{2}+\sqrt{108}$ का मान ज्ञात करें।

(a) $\frac{7\sqrt{3}}{2}$ (b) $\frac{17\sqrt{3}}{2}$ (c) $\frac{27\sqrt{3}}{2}$ (d) $\frac{37\sqrt{3}}{2}$ ***SSC CHSL (Tier-1) 11.3.2018***

65. $\frac{\sqrt{128}+\sqrt{72}}{\sqrt{32}}$ का मान क्या है?

(a) 3.5 (b) 7 (c) 4.5 (d) 9 ***SSC CHSL (Tier-1) 11.3.2018***

66. यदि $N=\frac{(\sqrt{7}-\sqrt{3})}{(\sqrt{7}+\sqrt{3})}$ हैं, तो $N+\left(\frac{1}{N}\right)$ का मान क्या होगा?

(a) $2\sqrt{2}$ (b) 5 (c) 10 (d) 13 ***SSC CPO 1.7.2017***

करणियों के गुणा-भाग पर आधारित प्रश्न

67. $\frac{\sqrt{24}+\sqrt{216}}{\sqrt{96}}=?$

(a) $\sqrt[2]{6}$ (b) $\sqrt[6]{2}$ (c) 2 (d) $\frac{2}{\sqrt{6}}$ ***R.R.B. सिकन्दराबाद (T.A.) परीक्षा, 2004***

68. $\left(\frac{\sqrt{625}}{11}\times\frac{14}{\sqrt{25}}\times\frac{11}{\sqrt{196}}\right)$ का मान बताइये।

(a) 6 (b) 5 (c) 8 (d) 11 ***S.S.C. स्नातक स्तरीय परीक्षा, 2004***

69. $(\sqrt{72}-\sqrt{18})\div\sqrt{12}$ बराबर होगा –

(a) $\sqrt{6}$ (b) $\sqrt{3}/2$ (c) $\sqrt{2}/3$ (d) $\sqrt{6}/2$ ***S.S.C. स्नातक स्तरीय परीक्षा, 2000***

70. $\frac{\sqrt{80}-\sqrt{112}}{\sqrt{45}-\sqrt{63}}$ का मान बताइये –

(a) $\frac{3}{4}$ (b) $1\frac{3}{4}$ (c) $1\frac{1}{3}$ (d) $1\frac{7}{9}$ ***S.S.C. स्नातक स्तरीय परीक्षा, 2002***

71. $\frac{\sqrt{32}+\sqrt{48}}{\sqrt{8}+\sqrt{12}}=?$

(a) 2 (b) 1 (c) 3 (d) 0 ***R.R.B. सिकन्दराबाद (A.S.M.) परीक्षा, 2004***

संयुग्मी पर आधारित प्रश्न

72. यदि $\sqrt{2}=1.4142$, तो $\frac{7}{3+\sqrt{2}}$ का मान होगा –

(a) 1.5858 (b) 4.4142 (c) 3.4852 (d) 3.5858 ***भोपाल (ट्रेन क्लर्क), 2003***

73. $\frac{1}{\sqrt{2}+1}+\frac{1}{\sqrt{3}+\sqrt{2}}+\frac{1}{\sqrt{4}+\sqrt{3}}+...+\frac{1}{\sqrt{100}+\sqrt{99}}$ का योग किसके बराबर है?

(a) 9 (b) 10 (c) 11 (d) इनमें से कोई नहीं ***R.R.B., भोपाल परीक्षा, 2003***

74. $\frac{\sqrt{5}}{\sqrt{3}+\sqrt{2}}-\frac{3\sqrt{3}}{\sqrt{5}+\sqrt{2}}+\frac{2\sqrt{2}}{\sqrt{5}+\sqrt{3}}$ का मान है –

(a) 0 (b) 1 (c) $\sqrt{2}$ (d) $\sqrt{3}$ ***S.S.C. स्नातक स्तरीय परीक्षा, 2004***

75. $\left(\frac{\sqrt{5}+\sqrt{3}}{\sqrt{5}-\sqrt{3}}\right)^2+\left(\frac{\sqrt{5}-\sqrt{3}}{\sqrt{5}+\sqrt{3}}\right)^2$ का मान बताइए –

(a) 6 (b) 62 (c) 66 (d) 162 ***S.S.C. स्नातक स्तरीय परीक्षा, 2000***

76. $\left(\frac{2+\sqrt{3}}{2-\sqrt{3}}+\frac{2-\sqrt{3}}{2+\sqrt{3}}+\frac{\sqrt{3}-1}{\sqrt{3}+1}\right)$ को सरलीकृत कीजिए –

(a) $2-\sqrt{3}$ (b) $2+\sqrt{3}$ (c) $16-\sqrt{3}$ (d) $4-\sqrt{3}$ ***S.S.C. स्नातक स्तरीय परीक्षा, 2000***

77. $\left(\frac{1+\sqrt{2}}{\sqrt{5}+\sqrt{3}}+\frac{1-\sqrt{2}}{\sqrt{5}-\sqrt{3}}\right)$ को सरल कीजिए –

(a) $\sqrt{5}+\sqrt{6}$ (b) $2\sqrt{5}+\sqrt{6}$ (c) $\sqrt{5}-\sqrt{6}$ (d) $2\sqrt{5}-3\sqrt{6}$ ***S.S.C. स्नातक स्तरीय परीक्षा, 2000***

78. $\left[(2+\sqrt{2})+\frac{1}{2+\sqrt{2}}+\frac{1}{(\sqrt{2}-2)}\right]=?$

(a) $2+\sqrt{2}$ (b) 2 (c) $2\sqrt{2}$ (d) $2-\sqrt{2}$ ***R.R.B. अजमेर (A.S.M.) परीक्षा, 2001***

79. निम्नलिखित का मान क्या होगा?

$\frac{1}{3-\sqrt{8}}-\frac{1}{\sqrt{8}-\sqrt{7}}+\frac{1}{\sqrt{7}-\sqrt{6}}-\frac{1}{\sqrt{6}-\sqrt{5}}+\frac{1}{\sqrt{5}-\sqrt{4}}$

(a) 3 से अधिक (b) 2 और 3 के बीच (c) 0 (d) 0 और 1 के बीच ***पटना (गुड्सगार्ड), 2001***

80. $\dfrac{\left(\dfrac{3}{2+\sqrt{3}}-\dfrac{2}{2-\sqrt{3}}\right)}{2-5\sqrt{3}}$ को सरल कीजिए –

(a) $5\frac{1}{2}-5\sqrt{3}$ (b) 1 (c) $2-5\sqrt{3}$ (d) 0 ***S.S.C. स्नातक स्तरीय परीक्षा, 1999***

81. $\dfrac{\sqrt{7}+\sqrt{5}}{\sqrt{7}-\sqrt{5}}+\dfrac{\sqrt{7}-\sqrt{5}}{\sqrt{7}+\sqrt{5}}$ बराबर होगा –

(a) $2\sqrt{7}-3\sqrt{5}$ (b) $2\sqrt{7}+3\sqrt{5}$ (c) 12 (d) 2 ***R.R.B. भोपाल (गुड्स गार्ड) परीक्षा, 2001***

82. यदि x, 1 से बड़ा तथा $\dfrac{\sqrt{x+1}+\sqrt{x-1}}{\sqrt{x+1}-\sqrt{x-1}}=2$ है तो, x का मान है –

(a) $\frac{5}{4}$ (b) 2 (c) $\frac{4}{3}$ (d) $\frac{3}{4}$ ***R.R.B. भोपाल परीक्षा, 2001***

83. निम्नलिखित में A का मान ज्ञात कीजिए –

$$\frac{\left(\dfrac{1}{\sqrt{9}}-\dfrac{1}{\sqrt{11}}\right)}{\left(\dfrac{1}{\sqrt{9}}+\dfrac{1}{\sqrt{11}}\right)}\times\frac{10+\sqrt{99}}{A}=\frac{1}{2}$$

(a) 2 (b) 3 (c) 4 (d) $\frac{\sqrt{19}}{\sqrt{11}}$

(e) इनमें से कोई नहीं ***इलाहाबाद (A.S.M.), 2002***

84. निम्न में से कौन-सा $\dfrac{15}{\sqrt{5}+2}$ का सही तर्कसंगत रूप है।

(a) $5\sqrt{5}-6$ (b) $5\sqrt{5}-30$ (c) $15\sqrt{5}-30$ (d) $45\sqrt{5}-30$ ***SSC CHSL (Tier-1) 4.3.2018***

85. $\dfrac{1}{\sqrt{25}-\sqrt{24}}-\dfrac{1}{\sqrt{24}-\sqrt{23}}+\dfrac{1}{\sqrt{23}-\sqrt{22}}-\dfrac{1}{\sqrt{22}-\sqrt{21}}+\dfrac{1}{\sqrt{21}-\sqrt{20}}$ का सरलीकृत मान क्या है?

(a) $5+2\sqrt{5}$ (b) $5-5\sqrt{2}$ (c) $\sqrt{25}+\sqrt{21}$ (d) $\sqrt{25}-4$ ***SSC CHSL (Tier-1) 12.3.2018***

86. $\dfrac{3\sqrt{7}}{\sqrt{5}+\sqrt{2}}-\dfrac{5\sqrt{5}}{\sqrt{2}+\sqrt{7}}+\dfrac{2\sqrt{2}}{\sqrt{7}+\sqrt{5}}$ का सरलीकृत मान क्या है?

(a) 0 (b) 1 (c) 5 (d) 6 ***SSC CGL (Tier-1) 1.9.2016***

$(a+b)^2$ तथा $(a-b)^2$ के सूत्र पर आधारित प्रश्न

87. $\dfrac{1}{\sqrt{(12-\sqrt{140})}}-\dfrac{1}{\sqrt{(8-\sqrt{60})}}-\dfrac{2}{\sqrt{10+\sqrt{84}}}$

(a) 0 (b) 1 (c) 2 (d) 3 ***S.S.C. स्नातक स्तरीय परीक्षा, 2004***

88. $\sqrt{\dfrac{(\sqrt{12}-\sqrt{8}).(\sqrt{3}+\sqrt{2})}{5+\sqrt{24}}}$ का मान है –

(a) $\sqrt{6}-\sqrt{12}$ (b) $\sqrt{6}+\sqrt{12}$ (c) $\sqrt{6}-2$ (d) $2-\sqrt{6}$ ***S.S.C. स्नातक स्तरीय परीक्षा, 2001***

89. यदि $x=\dfrac{\sqrt{3}+1}{\sqrt{3}-1}$ और $y=\dfrac{\sqrt{3}-1}{\sqrt{3}+1}$ हो, तो x^2+y^2 का मान है –

(a) 14 (b) 13 (c) 15 (d) 10 ***S.S.C. स्नातक स्तरीय परीक्षा, 2004***

90. $\sqrt{5+2\sqrt{6}}-\dfrac{1}{\sqrt{5+2\sqrt{6}}}$ का मान है –

(a) $2\sqrt{2}$ (b) $1+\sqrt{5}$ (c) $3\sqrt{2}$ (d) $\sqrt{5}$ *S.S.C. स्नातक स्तरीय परीक्षा, 1999*

91. यदि $a=5+2\sqrt{6}$ हो, तो $\left(\sqrt{a}-\dfrac{1}{\sqrt{a}}\right)$ का मान है –

(a) $2\sqrt{2}$ (b) $3\sqrt{2}$ (c) $2\sqrt{3}$ (d) $3\sqrt{3}$ *कोलकाता भुवनेश्वर (टिकट कलेक्टर), 2003*

92. व्यंजक $\dfrac{(5\sqrt{3}+\sqrt{50})(5-\sqrt{24})}{\sqrt{75}-5\sqrt{2}}$ का सरलीकृत रूप है –

(a) 1 (b) $\sqrt{3}-\sqrt{2}$ (c) $\sqrt{6}-\sqrt{5}$ (d) $\sqrt{2}$ *R.R.B. भोपाल परीक्षा, 2001*

करणियों की तुलना पर आधारित प्रश्न

93. $\sqrt[3]{4},\sqrt[4]{6},\sqrt[6]{15}$ और $\sqrt[12]{245}$ में कौन सा सबसे बड़ा है?

(a) $\sqrt[3]{4}$ (b) $\sqrt[4]{6}$ (c) $\sqrt[6]{15}$ (d) $\sqrt[12]{245}$ *S.S.C. स्नातक स्तरीय परीक्षा, 1999*

94. निम्न संख्याओं में सबसे छोटी संख्या कौन सी है?

$(0.5)^2,\sqrt{0.49},\sqrt[3]{0.008},0.23$

(a) $(0.5)^2$ (b) $\sqrt{0.49}$ (c) $\sqrt[3]{0.008}$ (d) 0.23 *S.S.C. स्नातक स्तरीय परीक्षा, 2001*

95. $\sqrt[3]{4},\sqrt{2},\sqrt[6]{3},\sqrt[4]{5}$ को अवरोही क्रम में व्यवस्थित कीजिए –

(a) $\sqrt[3]{4},\sqrt[4]{5},\sqrt{2},\sqrt[6]{3}$ (b) $\sqrt[4]{5},\sqrt[3]{4},\sqrt[6]{3},\sqrt{2}$

(c) $\sqrt{2},\sqrt[6]{3},\sqrt[3]{4},\sqrt[4]{5}$ (d) $\sqrt[6]{3},\sqrt[4]{5},\sqrt[3]{4},\sqrt{2}$ *S.S.C. स्नातक स्तरीय परीक्षा, 2001*

96. निम्न में से कौन-सा सबसे छोटा है? $\sqrt{3},\sqrt[3]{2},\sqrt{2},\sqrt[3]{4}$

(a) $\sqrt{2}$ (b) $\sqrt{3}$ (c) $\sqrt[3]{4}$ (d) $\sqrt[3]{2}$ *S.S.C. स्नातक स्तरीय परीक्षा, 1999*

97. निम्नलिखित में सबसे छोटी संख्या कौन है? $\sqrt{3},\sqrt[3]{2},\sqrt{2},\sqrt[3]{4}$

(a) $\sqrt{3}$ (b) $\sqrt[3]{4}$ (c) $\sqrt[3]{2}$ (d) $\sqrt{2}$ *R.R.B. गुवाहाटी (सुपरवाइजर) परीक्षा, 2005*

98. $0.7+\sqrt{0.16},1.02-\dfrac{0.6}{24},1.2\times0.83$ तथा $\sqrt{1.44}$ में सबसे बड़ी संख्या है –

(a) $0.7+\sqrt{0.16}$ (b) $\sqrt{1.44}$ (c) 1.2×0.83 (d) $1.02-\dfrac{0.6}{24}$ *S.S.C. स्नातक स्तरीय परीक्षा, 2004*

99. $(2)^{\frac{1}{3}}, (3)^{\frac{1}{2}}, 1, (5)^{\frac{1}{6}}$ में से सबसे बड़ी संख्या ज्ञात करें।

(a) $(2)^{\frac{1}{3}}$ (b) $(3)^{\frac{1}{2}}$ (c) 1 (d) $(5)^{\frac{1}{6}}$ *SSC CHSL (Tier-1) 15.3.2018*

100. $\sqrt{2},\sqrt[3]{3},\sqrt{4},\sqrt[3]{5}$ इनमें से कौन-सी सबसे बड़ी संख्या है?

(a) $\sqrt{2}$ (b) $3\sqrt{3}$ (c) $\sqrt{4}$ (d) *SSC CHSL (Tier-1) 7.3.2018*

101. $\sqrt{10}+\sqrt{4},\sqrt{11}+\sqrt{3},\sqrt{7}+\sqrt{7}$ में सबसे छोटी संख्या कौन सी है?

(a) $\sqrt{10}+\sqrt{4}$ (b) $\sqrt{11}+\sqrt{3}$ (c) $\sqrt{7}+\sqrt{7}$ (d) सभी बराबर हैं *SSC CPO 1.7.2017*

102. $\sqrt[3]{6},\sqrt[2]{5}$ तथा $\sqrt[6]{12}$ से सबसे बड़ा कौन है?

(a) $\sqrt[3]{6}$ (b) $\sqrt[2]{5}$ (c) $\sqrt[3]{12}$ (d) सभी बराबर है। *SSC CPO 5.7.2017*

उत्तरमाला

1. (a)	2. (d)	3. (c)	4. (a)	5. (c)	6. (c)	7. (c)	8. (c)
9. (b)	10. (d)	11. (c)	12. (a)	13. (d)	14. (a)	15. (b)	16. (b)
17. (a)	18. (a)	19. (c)	20. (c)	21. (a)	22. (d)	23. (a)	24. (c)
25. (b)	26. (a)	27. (d)	28. (b)	29. (d)	30. (d)	31. (d)	32. (c)
33. (a)	34. (a)	35. (d)	36. (c)	37. (b)	38. (a)	39. (c)	40. (d)
41. (d)	42. (c)	43. (b)	44. (a)	45. (b)	46. (b)	47. (a)	48. (a)
49. (a)	50. (b)	51. (c)	52. (b)	53. (c)	54. (c)	55. (c)	56. (a)
57. (b)	58. (c)	59. (c)	60. (c)	61. (c)	62. (b)	63. (c)	64. (b)
65. (a)	66. (b)	67. (c)	68. (b)	69. (d)	70. (c)	71. (a)	72. (a)
73. (a)	74. (a)	75. (b)	76. (c)	77. (c)	78. (b)	79. (a)	80. (b)
81. (c)	82. (a)	83. (a)	84. (c)	85. (a)	86. (a)	87. (a)	88. (c)
89. (a)	90. (a)	91. (a)	92. (a)	93. (a)	94. (c)	95. (a)	96. (d)
97. (c)	98. (b)	99. (b)	100. (c)	101. (b)	102. (b)		

अभ्यास प्रश्नों के हल

1. $(16)^{0.16}\times(2)^{0.36} = (2^4)^{0.16}\times(2)^{0.36} = (2)^{0.64}\times(2)^{0.36} = (2)^{(0.64+0.36)} = (2)^{1.00} = 2$

2. $(256)^{0.16}\,(256)^{0.09} = (256)^{(0.16+0.09)} = (256)^{0.25} = (2^8)^{0.25} = (2)^{2.00} = 4$

3. $(4)^{0.5}\times(0.5)^4 = (2^2)^{0.5}\times\left(\frac{1}{2}\right)^4 = 2^{1.0}\times(2^{-1})^4 = 2^1\times2^{-4} = 2^{-3} = \frac{1}{2^3} = \frac{1}{8}$

4. $(256)^{0.16}\times(16)^{0.18} = (2^8)^{0.16}\times(2^4)^{0.18} = (2)^{1.28}\times(2)^{0.72} = 2^{(1.28+0.72)} = 2^{2.00} = 2^2 = 4$

5. $(212)^{0.5}\times(848)^{0.5} = (212)^{0.5}\times(4\times212)^{0.5} = (212)^{0.5}\times(4)^{0.5}\times(212)^{0.5} = (212)^{(0.5+0.5)}\times4^{0.5}$

$= (212)^{1.0}\times(2^2)^{0.5} = 212\times2^{1.0} = 212\times2 = 424$

6. $(16^{0.16}\times2^{0.36}) = (2^4)^{0.16}\times(2)^{0.36} = (2)^{0.64}\times(2)^{0.36} = (2)^{(0.64+0.36)} = (2)^{1.00} = 2$

7. चूंकि $2^{(-2)} = \frac{1}{2^2} = \frac{1}{4}$, अतः $2^{2^{(-2)}} = 2^{\frac{1}{4}} = \sqrt[4]{2}$

8. $(0.01024)^{\frac{1}{5}} = \left(\frac{1024}{10000}\right)^{\frac{1}{5}} = \left(\frac{2^{10}}{10^5}\right)^{\frac{1}{5}} = \frac{2^2}{10} = \frac{4}{10} = 0.4$

9. $(16)^{\frac{3}{4}} = (2^4)^{\frac{3}{4}} = 2^{4\times\frac{3}{4}} = 2^3 = 8$

10. $(36)^{\frac{1}{6}} = (6^2)^{\frac{1}{6}} = 6^{2\times\frac{1}{6}} = 6^{\frac{1}{3}} = \sqrt[3]{6}$

11. $(8)^{\frac{2}{3}} = (2^3)^{\frac{2}{3}} = 2^{3\times\frac{2}{3}} = 2^2 = 4$

12. $(27)^{2x-1} = (243)^3$ या $(3^3)^{(2x-1)} = (3^5)^3 \Rightarrow (3^3)^{(2x-1)} = 3^{15}$

$\therefore$ $3^{(6x-3)} = 3^{15}$ या $6x-3 = 15$, अतः $6x = 18$ या $x = 3$

13. $(3)^{(x+8)} = 27^{(2x+1)}$ या $3^{x+8} = (3^3)^{(2x+1)}$

$\therefore$ $(3)^{(x+8)} = 3^{(6x+3)}$ अतः $x+8 = 6x+3$, अतः $6x - x = 8 - 3$ या $5x = 5$ या $x = 1$

14. यदि $a^b = 125$ तो $a^b = 5^3$, अतः $a = 5$ और $b = 3$, अतः $(a-b)^{(a+b-4)} = (5-3)^{(5+3-4)} = 2^4 = 16$

15. $2^{(2x+21)} = 32^{(3x-1)} = (2^5)^{(3x-1)} = 2^{(15x-5)}$

$\therefore$ $2x + 21 = 15x - 5$ या $15x - 2x = 21 + 5$, अतः $13x = 26$ या $x = 2$

16. $\dfrac{(243)^{\frac{n}{5}}.3^{(2n+1)}}{9^n.3^{(n-1)}} = \dfrac{(3^5)^{\frac{n}{5}}.3^{(2n+1)}}{(3^2)^n.3^{(n-1)}} = \dfrac{3^n.3^{(2n+1)}}{3^{2n}.3^{(n-1)}} = 3^{(n+2n+1)-(2n+n-1)} = 3^{(3n+1)-(3n-1)} = 3^{(3n+1-3n+1)} = 3^2 = 9$

17. $(64)^{\frac{-2}{3}} \times \left(\frac{1}{4}\right)^{-2} = (2^6)^{\frac{-2}{3}} \times (2^{-2})^{-2} = 2^{-4} \times 2^4 = 2^{-4+4} = 2^0 = 1$

18. $(100)^{1/2} \times (0.001)^{1/3} - (0.0016)^{1/4} \times 3^0 + \left(\frac{5}{4}\right)^{-1} = 10 \times 0.1 - 0.2 \times 1 + \left(\frac{4}{5}\right)^1$

$= 1 - 0.2 + .8 = 1.8 - 0.2 = 1.6$

19. $(0.00032)^{0.6} = \left(\frac{32}{100000}\right)^{0.6} = \left[\left(\frac{2}{10}\right)^5\right]^{0.6} = \left(\frac{2}{10}\right)^{3.0} = (0.2)^3 = 0.008$

20. Repeated Question No. 19

21. $(16)^{0.36} \times (256)^{0.07} = (2^4)^{0.36} \times (2^8)^{0.07} = 2^{1.44} \times 2^{0.56} = 2^{1.44+0.56} = 2^2 = 4$

22. $5^7 \times 5^4 \div 5^8 = 5^7 \times 5^{(4-8)} = 5^7 \times 5^{-4} = 5^3 = 125$

23. $\left(\frac{8}{125}\right)^{\frac{-4}{3}} = \left[\left(\frac{2}{5}\right)^3\right]^{\frac{-4}{3}} = \left(\frac{2}{5}\right)^{-4} = \left(\frac{5}{2}\right)^4 = \frac{625}{16}$

24. $\left[\sqrt[3]{\sqrt[6]{5^9}}\right]^4 \left[\sqrt[6]{\sqrt[3]{5^9}}\right]^4 = \left[\left\{(5^9)^{\frac{1}{6}}\right\}^{\frac{1}{3}}\right]^4 \times \left[\left\{(5^9)^{\frac{1}{3}}\right\}^{\frac{1}{6}}\right]^4 = 5^{\left(9\times\frac{1}{6}\times\frac{1}{3}\times4\right)} \times 5^{\left(9\times\frac{1}{3}\times\frac{1}{6}\times4\right)} = 5^2 \times 5^2 = 5^4$

25. $13 \times 49^{3/2} = 13 \times \left[(7)^2\right]^{3/2} = 13 \times 7^{\left(2\times\frac{3}{2}\right)} = 13 \times 7^3 = 13 \times 343 = 4459$

26. $\left[7\left(64^{1/3} + 27^{1/3}\right)^3\right]^{\frac{1}{4}} = \left[7(4+3)^3\right]^{\frac{1}{4}} = \left(7 \times 7^3\right)^{\frac{1}{4}} = \left(7^4\right)^{\frac{1}{4}} = 7$

27. $(49)^{\frac{3}{2}} + (49)^{-\frac{3}{2}} = \left(7^2\right)^{\frac{3}{2}} + \left(7^2\right)^{-\frac{3}{2}} = 7^{\left(2\times\frac{3}{2}\right)} + 7^{\left(2\times-\frac{3}{2}\right)} = 7^3 + 7^{-3} = 7^3 + \frac{1}{7^3} = 343 + \frac{1}{343}$

$= \frac{117649+1}{343} = \frac{117650}{343}$

28. $(-7776)^{\frac{2}{5}} = [(-6)^5]^{\frac{2}{5}} = (-6)^{5\times\frac{2}{5}} = (-6)^2 = 36$

29. $5^{12} \times 125 \div 15625 = 3125 \times 25^x$

$\therefore$ $5^{12} \times 5^3 \div 5^6 = 5^7 \times 5^{2x} \Rightarrow 5^{(12+3-6)} = 5^{(7+2x)} \Rightarrow 5^9 = 5^{7+2x} \Rightarrow 9 = 7 + 2x \Rightarrow 2x = 2 \Rightarrow x = 1$

30. $\left(x^5 \div x^4\right)^3 \div x^2 = \left[x^{(5-4)}\right]^3 \div x^2 = \left(x^1\right)^3 \div x^2 = x^3 \div x^2 = x^1 = x$

31. $(2+1)(2^2+1)(2^4+1)(2^8+1) = 3(4+1)(16+1)(256+1) = 3 \times 5 \times 17 \times 257 = 255 \times 257$

$= (256-1)(256+1) = 256^2 - 1^2 = 256^2 - 1$

32. $\sqrt{2\sqrt{2\sqrt{2\sqrt{2\sqrt{2}}}}} = 2^{\left(\frac{2.2.2.2.2-1}{2.2.2.2.2}\right)} = 2^{\left(\frac{32-1}{32}\right)} = 2^{\frac{31}{32}}$

33. $x = \sqrt{2+\sqrt{2+\sqrt{2+.....}}} = 2$ के क्रमागत गुणनखण्डों (2×1) में बड़ा गुणनखण्ड धनात्मक और छोटा गुणनखण्ड ऋणात्मक = 2, –1

34. $\sqrt{12+\sqrt{12+\sqrt{12+.....}}} = 12$ के दो क्रमागत गुणनखण्डों (4 और 3) में बड़ा गुणनखण्ड धनात्मक और छोटा गुणनखण्ड ऋणात्मक = 4, –3

35. $x = \sqrt{6+\sqrt{6+\sqrt{6+......}}} = 6$ के दो क्रमागत गुणनखण्डों (3 और 2) में बड़ा गुणनखण्ड धनात्मक और छोटा गुणनखण्ड ऋणात्मक = 3, –2

36. माना $\sqrt{1+\sqrt{1+\sqrt{1+.....}}} = x$, अतः दोनों पक्षों का वर्ग करने पर, $1+\sqrt{1+\sqrt{1+\sqrt{1+.....}}} = x^2$

$\therefore$ $1 + x = x^2$ या $x^2 - x - 1 = 0$

$\therefore$ श्रीधराचार्य के सूत्र से $x = \dfrac{-(-1) \pm \sqrt{(-1)^2 - 4 \times 1 \times -1}}{2 \times 1} = \dfrac{1 \pm \sqrt{1+4}}{2} = \dfrac{1 \pm \sqrt{5}}{2}$

$\therefore$ x का धनात्मक मान $= \dfrac{1+\sqrt{5}}{2} = \dfrac{1+2.2}{2} = \dfrac{3.2}{2} = 1.6$ जो 1 और 2 के बीच है।

37. $\sqrt{2+\sqrt{2+\sqrt{2+.....}}} = 2$ के दो क्रमागत गुणनखण्डों (2 और 1) में बड़ा गुणनखण्ड धनात्मक और छोटा गुणनखण्ड ऋणात्मक = 2, – 1

38. Repeated Question No. 37

39. $\because$ $a = \sqrt{3+\sqrt{3+\sqrt{3+.....}}}$, अतः दोनों पक्षों का वर्ग करने पर, $a^2 = 3+\sqrt{3+\sqrt{3+\sqrt{3+.....}}}$

$\therefore$ $a^2 = 3 + a$ या $a^2 - a - 3 = 0$

$\therefore$ श्रीधराचार्य के सूत्र से $a = \dfrac{-(-1) \pm \sqrt{(-1)^2 - 4 \times 1 \times -3}}{2 \times 1} = \dfrac{1 \pm \sqrt{1+12}}{2} = \dfrac{1 \pm \sqrt{13}}{2}$

$\therefore$ $\dfrac{1 \pm 3.6}{2} = \dfrac{1+3.6}{2}$ या $\dfrac{1-3.6}{2} = \dfrac{4.6}{2}$ या $\dfrac{-2.6}{2} = 2.3$ या -1.3

$\therefore$ धनात्मक मान = 2.3 जो 2 से बड़ा और 3 से छोटा है $\Rightarrow 2 < a < 3$

40. $\sqrt{6+\sqrt{6+\sqrt{6+.....}}} = 6$ के दो क्रमागत गुणनखण्डों (3 और 2) में बड़ा गुणनखण्ड धनात्मक और छोटा गुणनखण्ड ऋणात्मक = 3, –2

41. $\sqrt{248+\sqrt{52+\sqrt{144}}} = \sqrt{248+\sqrt{52+12}} = \sqrt{248+\sqrt{64}} = \sqrt{248+8} = \sqrt{256} = 16$

42. $\sqrt{4+\sqrt{44+\sqrt{10000}}} = \sqrt{4+\sqrt{44+100}} = \sqrt{4+\sqrt{144}} = \sqrt{4+12} = \sqrt{16} = 4$

43. $\sqrt{-\sqrt{3}+\sqrt{3+8\sqrt{7+4\sqrt{3}}}} = \sqrt{-\sqrt{3}+\sqrt{3+8\sqrt{4+3+4\sqrt{3}}}} = \sqrt{-\sqrt{3}+\sqrt{3+8(2+\sqrt{3})}}$

$$= \sqrt{-\sqrt{3}+\sqrt{(\sqrt{3}+4)^2}} = \sqrt{-\sqrt{3}+\sqrt{3}+4} = \sqrt{4} = 2$$

44. $\sqrt{5+\sqrt{11+\sqrt{19+\sqrt{29+\sqrt{49}}}}} = \sqrt{5+\sqrt{11+\sqrt{19+\sqrt{29+7}}}} = \sqrt{5+\sqrt{11+\sqrt{19+\sqrt{36}}}}$

$$= \sqrt{5+\sqrt{11+\sqrt{19+6}}} = \sqrt{5+\sqrt{11+\sqrt{25}}} = \sqrt{5+\sqrt{11+5}}$$

$$= \sqrt{5+\sqrt{16}} = \sqrt{5+4} = \sqrt{9} = 3$$

45. $\sqrt{248+\sqrt{52+\sqrt{144}}} = \sqrt{248+\sqrt{52+12}} = \sqrt{248+\sqrt{64}} = \sqrt{248+8} = \sqrt{256} = 16$

46. $\sqrt{176+\sqrt{2401}} = \sqrt{176+49} = \sqrt{225} = 15$

47. $\sqrt{-\sqrt{3}+\sqrt{3+8\sqrt{7+4\sqrt{3}}}} = \sqrt{-\sqrt{3}+\sqrt{3+8\sqrt{4+3+2.2\sqrt{3}}}} = \sqrt{-\sqrt{3}+\sqrt{3+8\sqrt{(2+\sqrt{3})^2}}}$

$= \sqrt{-\sqrt{3}+\sqrt{3+8(2+\sqrt{3})}} = \sqrt{-\sqrt{3}+\sqrt{3+16+8\sqrt{3}}}$

$= \sqrt{-\sqrt{3}+\sqrt{(4+\sqrt{3})^2}} = \sqrt{-\sqrt{3}+4+\sqrt{3}} = \sqrt{4} = 2$

48. $\sqrt{2^6+15^2} = \sqrt{64+225} = \sqrt{289} = \sqrt{17\times 17} = 17$

49. $\sqrt{513-\sqrt{144}-\sqrt{81}-\sqrt{64}} = \sqrt{513-12-9-8} = \sqrt{513-29} = \sqrt{484} = 22$

50. $Z = \sqrt{20+\sqrt{20+\sqrt{20+\sqrt{20}}}} \ldots\ldots \infty = 20$ के दो क्रमागत गुणनखण्डों में बड़ा गुणनखण्ड $= 4\times 5$ में बड़ा गुणनखण्ड $= 5$

51. $\sqrt{7\sqrt{7\sqrt{7\sqrt{7\sqrt{7\sqrt{7}}}}}} = 7^{\left(\frac{2^6-1}{2^6}\right)} = 7^{\left(\frac{64-1}{64}\right)} = 7^{\frac{63}{64}}$

52. $\sqrt{0.01}+\sqrt{0.81}+\sqrt{1.21}+\sqrt{0.0009} = 0.1+.9+1.1+0.03 = 2.13$

53. $\sqrt{32}-\sqrt{128}+\sqrt{50} = \sqrt{\underline{2.2}.\underline{2.2}.2}-\sqrt{\underline{2.2}.\underline{2.2}.\underline{2.2}.2}+\sqrt{\underline{5.5}.2} = 2.2.\sqrt{2}-2.2.2\sqrt{2}+5\sqrt{2}$

$= 4\sqrt{2}-8\sqrt{2}+5\sqrt{2} = 9\sqrt{2}-8\sqrt{2} = \sqrt{2} = 1.414$

54. $(5\sqrt{7}-2\sqrt{5})-(3\sqrt{7}-4\sqrt{5}) = 5\sqrt{7}-2\sqrt{5}-3\sqrt{7}+4\sqrt{5}$

$= (5\sqrt{7}-3\sqrt{7})+(4\sqrt{5}-2\sqrt{5}) = 2\sqrt{7}+2\sqrt{5} = 2(\sqrt{7}+\sqrt{5})$

55. $\sqrt{324}+\sqrt[3]{1728} = \sqrt{\underline{2.2}.\underline{3.3}.\underline{3.3}}+\sqrt[3]{\underline{2.2.2}.\underline{2.2.2}.\underline{3.3.3}} = 2.3.3+2.2.3 = 18+12 = 30$

56. $\sqrt{8}+2\sqrt{32}-3\sqrt{128}+4\sqrt{50} = \sqrt{\underline{2.2}.2}+2.\sqrt{\underline{2.2}.\underline{2.2}.2}-3.\sqrt{\underline{2.2}.\underline{2.2}.\underline{2.2}.2}.+4.\sqrt{\underline{5.5}.2}$

$= 2\sqrt{2}+2\times 2\times 2\sqrt{2}-3\times 2\times 2\times 2\sqrt{2}+4\times 5\sqrt{2}$

$= 2\sqrt{2}+8\sqrt{2}-24\sqrt{2}+20\sqrt{2} = 30\sqrt{2}-24\sqrt{2}$

$= 6\sqrt{2} = 6\times 1.414 = 8.484$

57. $\sqrt{8}-\sqrt{4}-\sqrt{2} = (2\sqrt{2}-2-\sqrt{2}) = (2\sqrt{2}-\sqrt{2}-2) = (\sqrt{2}-2)$

58. $2\sqrt[3]{32}-2\sqrt[3]{4}+\sqrt[3]{500} = 2.\sqrt[3]{\underline{2.2.2}.2.2}-3.\sqrt[3]{4}+\sqrt[3]{\underline{5.5.5}.2.2} = 2.2\sqrt[3]{4}-3.\sqrt[3]{4}+5.\sqrt[3]{4}$

$= 4.\sqrt[3]{4}-3.\sqrt[3]{4}+5\sqrt[3]{4} = 9.\sqrt[3]{4}-3.\sqrt[3]{4} = 6.\sqrt[3]{4}$

59. $\sqrt{\frac{0.49}{0.25}}+\sqrt{\frac{0.81}{0.36}} = \frac{7}{5}+\frac{9}{6} = \frac{42+45}{30} = \frac{87}{30} = \frac{29}{10} = 2\frac{9}{10}$

60. $2\sqrt{3x}-5\sqrt{27x}+\sqrt{108x} = 2\sqrt{3x}-5\sqrt{9\times 3x}+\sqrt{36\times 3x} = 2\sqrt{3x}-5\times 3\sqrt{3x}+6\sqrt{3x}$

$= 2\sqrt{3x}-15\sqrt{3x}+6\sqrt{3x} = -7\sqrt{3x}$

$\therefore\ -7\sqrt{3x} = -21 \Rightarrow \sqrt{3x} = 3 \Rightarrow 3x = 9 \Rightarrow x = 3$

61. $3\sqrt{2}+\sqrt{18}+\sqrt{50} = 15.55 \Rightarrow 3\sqrt{2}+3\sqrt{2}+5\sqrt{2} = 15.55$, अतः $11\sqrt{2} = 15.55 \Rightarrow \sqrt{2} = 1.413$

$\therefore\ \sqrt{32}+\sqrt{72} = 4\sqrt{2}+6\sqrt{2} = 10\sqrt{2} = 10\times 1.413 = 14.13$

62. $2\sqrt[3]{243}+3\sqrt[3]{9}-\sqrt[3]{1125}=2\sqrt[3]{3\cdot3\cdot3\cdot3\cdot3}+3\sqrt[3]{3\cdot3}-\sqrt[3]{3\cdot3\cdot5\cdot5\cdot5}$

$=2\times3\sqrt[3]{3\cdot3}+3\sqrt[3]{3\cdot3}-5\sqrt[3]{3\cdot3}=6\sqrt[3]{9}+3\sqrt[3]{9}-5\sqrt[3]{9}$

$=9\sqrt[3]{9}+5\sqrt[3]{9}-4\sqrt[3]{9}$

63. $(1-\sqrt{2})+(\sqrt{2}-\sqrt{3})+(\sqrt{3}-\sqrt{4})+\ldots\ldots\ldots\ldots\ldots(\sqrt{15}-\sqrt{16})$

$=1-\sqrt{2}+\sqrt{2}-\sqrt{3}+\sqrt{3}-\sqrt{4}+\sqrt{4}-\sqrt{5}+\sqrt{5}-\sqrt{6}+\ldots\ldots\ldots\ldots\ldots\ldots\ldots\sqrt{15}-\sqrt{16}$

$=1-\sqrt{16}=1-4=-3$

64. $\frac{5\sqrt{3}}{2}+\sqrt{108}=\frac{5\sqrt{3}}{2}+\frac{6\sqrt{3}}{1}=\frac{5\sqrt{3}+12\sqrt{3}}{2}=\frac{17\sqrt{3}}{2}$

65. $\frac{\sqrt{128}+\sqrt{72}}{\sqrt{32}}=\frac{8\sqrt{2}+6\sqrt{2}}{4\sqrt{2}}=\frac{14\sqrt{2}}{4\sqrt{2}}=\frac{7}{2}=3.5$

66. $N=\frac{\sqrt{7}-\sqrt{3}}{\sqrt{7}+\sqrt{3}}\Rightarrow\frac{1}{N}=\frac{\sqrt{7}+\sqrt{3}}{\sqrt{7}-\sqrt{3}}$, अत: $N+\frac{1}{N}=\frac{\sqrt{7}-\sqrt{3}}{\sqrt{7}+\sqrt{3}}+\frac{\sqrt{7}+\sqrt{3}}{\sqrt{7}-\sqrt{3}}=\frac{(\sqrt{7}-\sqrt{3})^2+(\sqrt{7}+\sqrt{3})^2}{(\sqrt{7}+\sqrt{3})(\sqrt{7}-\sqrt{3})}$

$=\frac{7+3-2\cdot\sqrt{7}\cdot\sqrt{3}+7+3+2\cdot\sqrt{7}\cdot\sqrt{3}}{(\sqrt{7})^2-(\sqrt{3})^2}=\frac{20}{7-3}=\frac{20}{4}=5$

67. $\frac{\sqrt{24}+\sqrt{216}}{\sqrt{96}}=\frac{\sqrt{\underline{2.2}.2.3}+\sqrt{\underline{2.2}.\underline{2.3}.\underline{3.3}}}{\sqrt{\underline{2.2}.\underline{2.2}.2.3}}=\frac{2\sqrt{6}+2.3\sqrt{6}}{2.2.\sqrt{6}}=\frac{2\sqrt{6}+6\sqrt{6}}{4\sqrt{6}}=\frac{8\sqrt{6}}{4\sqrt{6}}=2$

68. $\frac{\sqrt{625}}{11}\times\frac{14}{\sqrt{25}}\times\frac{11}{\sqrt{196}}=\frac{25}{11}\times\frac{14}{5}\times\frac{11}{14}=5$

69. $(\sqrt{72}-\sqrt{18})\div\sqrt{12}=\frac{\sqrt{\underline{2.2}.2.\underline{3.3}}-\sqrt{2.\underline{3.3}}}{\sqrt{2.2.3}}=\frac{6\sqrt{2}-3\sqrt{2}}{2\sqrt{3}}=\frac{3\sqrt{2}}{2\sqrt{3}}=\frac{\sqrt{3}.\sqrt{3}.\sqrt{2}}{2.\sqrt{3}}=\frac{\sqrt{6}}{2}$

70. $\frac{\sqrt{80}-\sqrt{112}}{\sqrt{45}-\sqrt{63}}=\frac{\sqrt{16\times5}-\sqrt{16\times7}}{\sqrt{9\times5}-\sqrt{9\times7}}=\frac{4\sqrt{5}-4\sqrt{7}}{3\sqrt{5}-3\sqrt{7}}=\frac{4(\sqrt{5}-\sqrt{7})}{3(\sqrt{5}-\sqrt{7})}=\frac{4}{3}=1\frac{1}{3}$

71. $\frac{\sqrt{32}+\sqrt{48}}{\sqrt{8}+\sqrt{12}}=\frac{\sqrt{16\times2}-\sqrt{16\times3}}{\sqrt{4\times2}-\sqrt{4\times3}}=\frac{4\sqrt{2}-4\sqrt{3}}{2\sqrt{2}-2\sqrt{3}}=\frac{4(\sqrt{2}-\sqrt{3})}{2(\sqrt{2}-\sqrt{3})}=2$

72. $\frac{7}{3+\sqrt{2}}=\frac{7}{3+1.4142}=\frac{7}{4.4142}=1.5858$

73. $\frac{1}{\sqrt{2}+1}+\frac{1}{\sqrt{3}+\sqrt{2}}+\frac{1}{\sqrt{4}+\sqrt{3}}+------+\frac{1}{\sqrt{100}+\sqrt{99}}$

$=\frac{1\times(\sqrt{2}-1)}{(\sqrt{2}+1)(\sqrt{2}-1)}+\frac{1\times(\sqrt{3}-\sqrt{2})}{(\sqrt{3}+\sqrt{2})(\sqrt{3}-\sqrt{2})}+------+\frac{1\times(\sqrt{100}-\sqrt{99})}{(\sqrt{100}+\sqrt{99})(\sqrt{100}-\sqrt{99})}$

$=\frac{\sqrt{2}-1}{2-1}+\frac{\sqrt{3}-\sqrt{2}}{3-2}+\frac{\sqrt{4}-\sqrt{3}}{4-3}+------+\frac{\sqrt{100}-\sqrt{99}}{100-99}$

$=\frac{\sqrt{2}-1}{1}+\frac{\sqrt{3}-\sqrt{2}}{1}+\frac{\sqrt{4}-\sqrt{3}}{1}+-------+\frac{\sqrt{100}-\sqrt{99}}{1}$

$=\sqrt{2}-1+\sqrt{3}-\sqrt{2}+\sqrt{4}-\sqrt{3}+------+\sqrt{100}-\sqrt{99}=-1+\sqrt{100}=-1+10=9$

74. $$\frac{\sqrt{5}}{\sqrt{3}+\sqrt{2}}-\frac{3\sqrt{3}}{\sqrt{5}+\sqrt{2}}+\frac{2\sqrt{2}}{\sqrt{5}+\sqrt{3}}=\frac{\sqrt{5}\times(\sqrt{3}-\sqrt{2})}{(\sqrt{3}+\sqrt{2})\times(\sqrt{3}-\sqrt{2})}-\frac{3\sqrt{3}(\sqrt{5}-\sqrt{2})}{(\sqrt{5}+\sqrt{2})(\sqrt{5}-\sqrt{2})}+\frac{2\sqrt{2}.(\sqrt{5}-\sqrt{3})}{(\sqrt{5}+\sqrt{3})(\sqrt{5}-\sqrt{3})}$$

$$=\frac{(\sqrt{15}-\sqrt{10})}{3-2}-\frac{(3\sqrt{15}-3\sqrt{6})}{5-2}+\frac{(2\sqrt{10}-2\sqrt{6})}{5-3}=\frac{(\sqrt{15}-\sqrt{10})}{1}-\frac{(3\sqrt{15}-3\sqrt{6})}{3}+\frac{(2\sqrt{10}-2\sqrt{6})}{2}$$

$$=\sqrt{15}-\sqrt{10}-(\sqrt{15}-\sqrt{6})+(\sqrt{10}-\sqrt{6})=\sqrt{15}-\sqrt{10}-\sqrt{15}+\sqrt{6}+\sqrt{10}-\sqrt{6}=0$$

75. $$\left(\frac{\sqrt{5}+\sqrt{3}}{\sqrt{5}-\sqrt{3}}\right)^2+\left(\frac{\sqrt{5}-\sqrt{3}}{\sqrt{5}+\sqrt{3}}\right)^2=\frac{5+3+2\sqrt{15}}{5+3-2\sqrt{15}}+\frac{5+3-2\sqrt{15}}{5+3+2\sqrt{15}}=\frac{8+2\sqrt{15}}{8-2\sqrt{15}}+\frac{8-2\sqrt{15}}{8+2\sqrt{15}}$$

$$=\frac{2(4+\sqrt{15})}{2(4-\sqrt{15})}+\frac{2(4-\sqrt{15})}{2(4+\sqrt{15})}=\frac{(4+\sqrt{15})^2+(4-\sqrt{15})^2}{(4-\sqrt{15})\ (4+\sqrt{15}}$$

$$=\frac{16+15+8\sqrt{15}+16+15-8\sqrt{15}}{16-15}=\frac{62}{1}=62$$

76. $$\frac{2+\sqrt{3}}{2-\sqrt{3}}+\frac{2-\sqrt{3}}{2+\sqrt{3}}+\frac{\sqrt{3}-1}{\sqrt{3}+1}=\frac{(2+\sqrt{3})(2+\sqrt{3})}{(2-\sqrt{3})(2+\sqrt{3})}+\frac{(2-\sqrt{3})(2-\sqrt{3})}{(2+\sqrt{3})(2-\sqrt{3})}+\frac{(\sqrt{3}-1)(\sqrt{3}-1)}{(\sqrt{3}+1)(\sqrt{3}-1)}$$

$$=\frac{4+3+4\sqrt{3}}{4-3}+\frac{4+3-4\sqrt{3}}{4-3}+\frac{3+1-2\sqrt{3}}{3-1}$$

$$=\frac{7+4\sqrt{3}}{1}+\frac{7-4\sqrt{3}}{1}+\frac{4-2\sqrt{3}}{2}=7+4\sqrt{3}+7-4\sqrt{3}+2-\sqrt{3}=16-\sqrt{3}$$

77. $$\frac{1+\sqrt{2}}{\sqrt{5}+\sqrt{3}}+\frac{1-\sqrt{2}}{\sqrt{5}-\sqrt{3}}=\frac{(1+\sqrt{2})(\sqrt{5}-\sqrt{3})+(1-\sqrt{2})(\sqrt{5}+\sqrt{3})}{(\sqrt{5}+\sqrt{3})(\sqrt{5}-\sqrt{3})}$$

$$=\frac{\sqrt{5}-\sqrt{3}+\sqrt{10}-\sqrt{6}+\sqrt{5}-\sqrt{10}-\sqrt{6}+\sqrt{3}}{5-3}=\frac{2\sqrt{5}-2\sqrt{6}}{2}=\frac{2(\sqrt{5}-\sqrt{6})}{2}=\sqrt{5}-\sqrt{6}$$

78. $$(2+\sqrt{2})+\frac{1}{2+\sqrt{2}}+\frac{1}{(\sqrt{2}-2)}=(2+\sqrt{2})+\frac{1}{(2+\sqrt{2})}-\frac{1}{(2-\sqrt{2})}=(2+\sqrt{2})+\frac{(2-\sqrt{2})-(2+\sqrt{2})}{(2+\sqrt{2})(2-\sqrt{2})}$$

$$=(2+\sqrt{2})+\frac{2-\sqrt{2}-2-\sqrt{2}}{4-2}=(2+\sqrt{2})+\frac{(-2\sqrt{2})}{2}=2+\sqrt{2}-\sqrt{2}=2$$

79. $$\frac{1}{3-\sqrt{8}}-\frac{1}{\sqrt{8}-\sqrt{7}}+\frac{1}{\sqrt{7}-\sqrt{6}}-\frac{1}{\sqrt{6}-\sqrt{5}}+\frac{1}{\sqrt{5}-\sqrt{4}}$$

$$=\frac{1\times(3+\sqrt{8})}{(3-\sqrt{8})(3+\sqrt{8})}-\frac{1\times(\sqrt{8}+\sqrt{7})}{(\sqrt{8}-\sqrt{7})(\sqrt{8}+\sqrt{7})}+\frac{1\times(\sqrt{7}+\sqrt{6})}{(\sqrt{7}-\sqrt{6})(\sqrt{7}+\sqrt{6})}$$

$$-\frac{1\times(\sqrt{6}+\sqrt{5})}{(\sqrt{6}-\sqrt{5})(\sqrt{6}+\sqrt{5})}+\frac{1\times(\sqrt{5}+\sqrt{4})}{(\sqrt{5}-\sqrt{4})(\sqrt{5}+\sqrt{4})}$$

$$=\frac{(3+\sqrt{8})}{9-8}-\frac{(\sqrt{8}+\sqrt{7})}{8-7}+\frac{(\sqrt{7}+\sqrt{6})}{7-6}-\frac{(\sqrt{6}+\sqrt{5})}{6-5}+\frac{(\sqrt{5}+\sqrt{4})}{5-4}$$

$$=\frac{(3+\sqrt{8})}{1}-\frac{(\sqrt{8}+\sqrt{7})}{1}+\frac{(\sqrt{7}+\sqrt{6})}{1}-\frac{(\sqrt{6}+\sqrt{5})}{1}+\frac{(\sqrt{5}+\sqrt{4})}{1}$$

$=3+\sqrt{8}-\sqrt{8}-\sqrt{7}+\sqrt{7}+\sqrt{6}-\sqrt{6}-\sqrt{5}+\sqrt{5}+\sqrt{4}=3+2=5$ जो 3 से अधिक है।

80. $\dfrac{\dfrac{3}{(2+\sqrt{3})}-\dfrac{2}{(2-\sqrt{3})}}{(2-5\sqrt{3})}=\dfrac{\dfrac{3(2-\sqrt{3})-2(2+\sqrt{3})}{(2+\sqrt{3})(2-\sqrt{3})}}{(2-5\sqrt{3})}=\dfrac{\dfrac{(6-3\sqrt{3}-4-2\sqrt{3})}{4-3}}{2-5\sqrt{3}}=\dfrac{\dfrac{(2-5\sqrt{3})}{1}}{2-5\sqrt{3}}=\dfrac{(2-5\sqrt{3})}{2-5\sqrt{3}}=1$

81. $\dfrac{\sqrt{7}+\sqrt{5}}{\sqrt{7}-\sqrt{5}}+\dfrac{\sqrt{7}-\sqrt{5}}{\sqrt{7}+\sqrt{5}}=\dfrac{(\sqrt{7}+\sqrt{5})^2+(\sqrt{7}-\sqrt{5})^2}{(\sqrt{7}-\sqrt{5})(\sqrt{7}+\sqrt{5})}=\dfrac{7+5+2.\sqrt{7}.\sqrt{5}+7+5-2.\sqrt{7}.\sqrt{5}}{7-5}=\dfrac{24}{2}=12$

82. $\dfrac{\sqrt{x+1}+\sqrt{x-1}}{\sqrt{x+1}-\sqrt{x-1}}=\dfrac{(\sqrt{x+1}+\sqrt{x-1})(\sqrt{x+1}+\sqrt{x-1})}{(\sqrt{x+1}-\sqrt{x-1})(\sqrt{x+1}+\sqrt{x-1})}=\dfrac{(\sqrt{x+1}+\sqrt{x-1})^2}{(\sqrt{x+1})^2-(\sqrt{x-1})^2}$

$=\dfrac{x+1+x-1+2.\sqrt{x+1}.\sqrt{x-1}}{(x+1)-(x-1)}=\dfrac{2x+2.\sqrt{x^2-1}}{x+1-x+1}=\dfrac{2(x+\sqrt{x^2-1})}{2}=x+\sqrt{x^2-1}$

$\therefore$ $x+\sqrt{x^2-1}=2$ या $\sqrt{x^2-1}=2-x$, अब दोनों पक्षों का वर्ग करने पर,

$x^2-1=4+x^2-4x$, अतः $4x=5 \Rightarrow x=\dfrac{5}{4}$

83. $\dfrac{\dfrac{1}{\sqrt{9}}-\dfrac{1}{\sqrt{11}}}{\dfrac{1}{\sqrt{9}}+\dfrac{1}{\sqrt{11}}}\times\dfrac{10+\sqrt{99}}{A}=\dfrac{1}{2}$, अतः $\dfrac{\dfrac{\sqrt{11}-\sqrt{9}}{\sqrt{9}.\sqrt{11}}}{\dfrac{\sqrt{11}+\sqrt{9}}{\sqrt{9}.\sqrt{11}}}\times\dfrac{(10+\sqrt{99})}{A}=\dfrac{1}{2}$

$\therefore$ $\dfrac{\sqrt{11}-\sqrt{9}}{\sqrt{11}+\sqrt{9}}\times\dfrac{(10+\sqrt{99})}{A}=\dfrac{1}{2}$, अतः $\dfrac{(\sqrt{11}-\sqrt{9})(\sqrt{11}-\sqrt{9})}{(\sqrt{11}+\sqrt{9})(\sqrt{11}-\sqrt{9})}\times\dfrac{(10+\sqrt{99})}{A}=\dfrac{1}{2}$

$\therefore$ $\dfrac{(\sqrt{11}-\sqrt{9})^2}{(\sqrt{11})^2-(\sqrt{9})^2}\times\dfrac{(10+\sqrt{99})}{A}=\dfrac{1}{2}$, अतः $\dfrac{11+9-2\sqrt{99}}{11-9}\times\dfrac{(10+\sqrt{99})}{A}=\dfrac{1}{2}$

$\therefore$ $\dfrac{20-2\sqrt{99}}{2}\times\dfrac{(10+\sqrt{99})}{A}=\dfrac{1}{2}$, अतः $\dfrac{(10-\sqrt{99})}{1}\times\dfrac{(10+\sqrt{99})}{A}=\dfrac{1}{2}$

$\dfrac{(100-99)}{A}=\dfrac{1}{2} \Rightarrow \dfrac{1}{A}=\dfrac{1}{2} \Rightarrow A=2$

84. $\dfrac{15}{\sqrt{5}+2}=\dfrac{15\times(\sqrt{5}-2)}{(\sqrt{5}+2)\times(\sqrt{5}-2)}=\dfrac{15(\sqrt{5}-2)}{5-4}=\dfrac{15\sqrt{5}-30}{1}=15\sqrt{5}-30$

85. $\dfrac{1}{\sqrt{25}-\sqrt{24}}-\dfrac{1}{\sqrt{24}-\sqrt{23}}+\dfrac{1}{\sqrt{23}-\sqrt{22}}-\dfrac{1}{\sqrt{22}-\sqrt{21}}+\dfrac{1}{\sqrt{21}-\sqrt{20}}$

$=\dfrac{1\times(\sqrt{25}+\sqrt{24})}{(\sqrt{25}-\sqrt{24})(\sqrt{25}+\sqrt{24})}-\dfrac{1\times(\sqrt{24}+\sqrt{23})}{(\sqrt{24}-\sqrt{23})(\sqrt{24}+\sqrt{23})}+\dfrac{1\times(\sqrt{23}+\sqrt{22})}{(\sqrt{23}-\sqrt{22})(\sqrt{23}+\sqrt{22})}$

$-\dfrac{1\times(\sqrt{22}+\sqrt{21})}{(\sqrt{22}-\sqrt{21})(\sqrt{22}+\sqrt{21})}+\dfrac{1\times(\sqrt{21}+\sqrt{20})}{(\sqrt{21}-\sqrt{20})(\sqrt{21}+\sqrt{20})}$

$=\dfrac{(\sqrt{25}+\sqrt{24})}{(\sqrt{25})^2-(\sqrt{24})^2}-\dfrac{(\sqrt{24}+\sqrt{23})}{(\sqrt{24})^2-(\sqrt{23})^2}+\dfrac{(\sqrt{23}+\sqrt{22})}{(\sqrt{23})^2-(\sqrt{22})^2}$

$-\dfrac{(\sqrt{22}+\sqrt{21})}{(\sqrt{22})^2-(\sqrt{21})^2}+\dfrac{(\sqrt{21}+\sqrt{20})}{(\sqrt{21})^2-(\sqrt{20})^2}$

$$=\frac{\sqrt{25}+\sqrt{24}}{25-24}-\frac{\sqrt{24}+\sqrt{23}}{24-23}+\frac{\sqrt{23}+\sqrt{22}}{23-22}-\frac{\sqrt{22}+\sqrt{21}}{22-21}+\frac{\sqrt{21}+\sqrt{20}}{21-20}$$

$$=\frac{5+2\sqrt{6}}{1}-\frac{2\sqrt{6}+\sqrt{23}}{1}+\frac{\sqrt{23}+\sqrt{22}}{1}-\frac{\sqrt{22}+\sqrt{21}}{1}+\frac{\sqrt{21}+\sqrt{20}}{1}$$

$$=5+2\sqrt{6}-2\sqrt{6}-\sqrt{23}+\sqrt{23}+\sqrt{22}-\sqrt{22}-\sqrt{21}+\sqrt{21}+\sqrt{20}=5+\sqrt{20}=5+2\sqrt{5}$$

86. $$\frac{3\sqrt{7}}{\sqrt{5}+\sqrt{2}}-\frac{5\sqrt{5}}{\sqrt{2}+\sqrt{7}}+\frac{2\sqrt{2}}{\sqrt{7}+\sqrt{5}}$$

$$=\frac{3\sqrt{7}\times(\sqrt{5}-\sqrt{2})}{(\sqrt{5}+\sqrt{2})(\sqrt{5}-\sqrt{2})}-\frac{5\sqrt{5}\times(\sqrt{7}-\sqrt{2})}{(\sqrt{7}+\sqrt{2})(\sqrt{7}-\sqrt{2})}+\frac{2\sqrt{2}\times(\sqrt{7}-\sqrt{5})}{(\sqrt{7}+\sqrt{5})(\sqrt{7}-\sqrt{5})}$$

$$=\frac{3\sqrt{7}\times\sqrt{5}-3\sqrt{7}\times\sqrt{2}}{\left(\sqrt{5}\right)^2-(\sqrt{2})^2}-\frac{5\sqrt{5}\times\sqrt{7}-5\sqrt{5}\times\sqrt{2}}{(\sqrt{7})^2-(\sqrt{2})^2}+\frac{2\sqrt{2}\times\sqrt{7}-2\sqrt{2}\times\sqrt{5}}{(\sqrt{7})^2-(\sqrt{5})^2}$$

$$=\frac{3\sqrt{35}-3\sqrt{14}}{5-2}-\frac{5\sqrt{35}-5\sqrt{10}}{7-2}+\frac{2\sqrt{14}-2\sqrt{10}}{7-5}$$

$$=\frac{3(\sqrt{35}-\sqrt{14})}{3}-\frac{5(\sqrt{35}-\sqrt{10})}{5}+\frac{2(\sqrt{14}-\sqrt{10})}{2}=(\sqrt{35}-\sqrt{14})-(\sqrt{35}-\sqrt{10})+(\sqrt{14}-\sqrt{10})$$

$$=\sqrt{35}-\sqrt{14}-\sqrt{35}+\sqrt{10}+\sqrt{14}-\sqrt{10}=0$$

87. $$\frac{1}{\sqrt{(12-\sqrt{140})}}-\frac{1}{\sqrt{(8-\sqrt{60})}}-\frac{2}{\sqrt{10+\sqrt{84}}}=\frac{1}{\sqrt{7+5-\sqrt{4.7.5}}}-\frac{1}{\sqrt{5+3-\sqrt{4.5.3}}}-\frac{2}{\sqrt{7+3+\sqrt{4.7.3}}}$$

$$=\frac{1}{\sqrt{\sqrt{7^2}+\sqrt{5^2}-2.\sqrt{7}.\sqrt{5}}}-\frac{1}{\sqrt{\sqrt{5^2}+\sqrt{3^2}-2.\sqrt{5}.\sqrt{3}}}-\frac{2}{\sqrt{\sqrt{7^2}+\sqrt{3^2}+2.\sqrt{7}.\sqrt{3}}}$$

$$=\frac{1}{\sqrt{(\sqrt{7}-\sqrt{5})^2}}-\frac{1}{\sqrt{(\sqrt{5}-\sqrt{3})^2}}-\frac{2}{\sqrt{(\sqrt{7}+\sqrt{3})^2}}=\frac{1}{(\sqrt{7}-\sqrt{5})}-\frac{1}{(\sqrt{5}-\sqrt{3})}-\frac{2}{(\sqrt{7}+\sqrt{3})}$$

$$=\frac{1\times(\sqrt{7}+\sqrt{5})}{(\sqrt{7}-\sqrt{5})(\sqrt{7}+\sqrt{5})}-\frac{1\times(\sqrt{5}+\sqrt{3})}{(\sqrt{5}-\sqrt{3})(\sqrt{5}+\sqrt{3})}-\frac{2\times(\sqrt{7}-\sqrt{3})}{(\sqrt{7}+\sqrt{3})(\sqrt{7}-\sqrt{3})}$$

$$=\frac{(\sqrt{7}+\sqrt{5})}{(\sqrt{7})^2-(\sqrt{5})^2}-\frac{(\sqrt{5}+\sqrt{3})}{(\sqrt{5})^2-(\sqrt{3})^2}-\frac{2(\sqrt{7}-\sqrt{3})}{(\sqrt{7})^2-(\sqrt{3})^2}$$

$$=\frac{(\sqrt{7}+\sqrt{5})}{7-5}-\frac{(\sqrt{5}+\sqrt{3})}{5-3}-\frac{2.(\sqrt{7}-\sqrt{3})}{7-3}=\frac{(\sqrt{7}+\sqrt{5})}{2}-\frac{(\sqrt{5}+\sqrt{3})}{2}-\frac{2.(\sqrt{7}-\sqrt{3})}{4}$$

$$=\frac{\sqrt{7}+\sqrt{5}-\sqrt{5}-\sqrt{3}-\sqrt{7}+\sqrt{3}}{2}=\frac{0}{2}=0$$

88. $$\sqrt{\frac{(\sqrt{12}-\sqrt{8}).(\sqrt{3}+\sqrt{2})}{5+\sqrt{24}}}=\sqrt{\frac{(\sqrt{12}-\sqrt{8}).(\sqrt{3}+\sqrt{2})}{3+2+\sqrt{4.3.2}}}=\sqrt{\frac{(2\sqrt{3}-\sqrt{2}).(\sqrt{3}+\sqrt{2})}{3+2+2\sqrt{3}.\sqrt{2}}}=\sqrt{\frac{2(\sqrt{3}-\sqrt{2})(\sqrt{3}+\sqrt{2})}{(\sqrt{3}+\sqrt{2})^2}}$$

$$=\sqrt{\frac{2.(\sqrt{3}-\sqrt{2})}{(\sqrt{3}+\sqrt{2})}}=\sqrt{\frac{2.(\sqrt{3}-\sqrt{2})(\sqrt{3}-\sqrt{2})}{(\sqrt{3}+\sqrt{2})(\sqrt{3}-\sqrt{2})}}=\sqrt{\frac{2.(\sqrt{3}-\sqrt{2})^2}{(\sqrt{3})^2+(\sqrt{2})^2}}$$

$$=\sqrt{\frac{2.(\sqrt{3}-\sqrt{2})^2}{3-2}}=\sqrt{\frac{2.(\sqrt{3}-\sqrt{2})^2}{1}}=\sqrt{2}(\sqrt{3}-\sqrt{2})=\sqrt{6}-2$$

89. $\because \quad x=\frac{\sqrt{3}+1}{\sqrt{3}-1}=\frac{(\sqrt{3}+1)(\sqrt{3}+1)}{(\sqrt{3}-1)(\sqrt{3}+1)}=\frac{3+1+2\sqrt{3}}{3-1}=\frac{4+2\sqrt{3}}{2}=2+\sqrt{3}$

और $y=\frac{\sqrt{3}-1}{\sqrt{3}+1}=\frac{(\sqrt{3}-1)(\sqrt{3}-1)}{(\sqrt{3}+1)(\sqrt{3}-1)}=\frac{3+1-2\sqrt{3}}{3-1}=\frac{4-2\sqrt{3}}{2}=2-\sqrt{3}$

$\therefore \quad x^2+y^2=(2+\sqrt{3})^2+(2-\sqrt{3})^2=4+3+4\sqrt{3}+4+3-4\sqrt{3}=14$

90. $\sqrt{5+2\sqrt{6}}-\frac{1}{\sqrt{5+2\sqrt{6}}}=\sqrt{3+2+2.\sqrt{3}.\sqrt{2}}-\frac{1}{\sqrt{3+2+2\sqrt{3}.\sqrt{2}}}$

$=\sqrt{(\sqrt{3}+\sqrt{2})^2}-\frac{1}{\sqrt{(\sqrt{3})+(\sqrt{2})^2}}=(\sqrt{3}+\sqrt{2})-\frac{1}{(\sqrt{3}+\sqrt{2})}$

$=\sqrt{3}+\sqrt{2}-\frac{1\times(\sqrt{3}-\sqrt{2})}{(\sqrt{3}+\sqrt{2})(\sqrt{3}-\sqrt{2})}=(\sqrt{3}+\sqrt{2})-\frac{(\sqrt{3}-\sqrt{2})}{3-2}$

$=(\sqrt{3}+\sqrt{2})-\frac{(\sqrt{3}-\sqrt{2})}{1}=\sqrt{3}+\sqrt{2}-\sqrt{3}+\sqrt{2}=2\sqrt{2}$

91. $a=5+2\sqrt{6}=3+2+2.\sqrt{3}.\sqrt{2}=(\sqrt{3}+\sqrt{2})^2$

$\therefore \quad \sqrt{a}-\frac{1}{\sqrt{a}}=\sqrt{(\sqrt{3}+\sqrt{2})^2}-\frac{1}{\sqrt{(\sqrt{3}+\sqrt{2})^2}}=(\sqrt{3}+\sqrt{2})-\frac{1}{(\sqrt{3}+\sqrt{2})}=(\sqrt{3}+\sqrt{2})-\frac{1\,(\sqrt{3}-\sqrt{2})}{(\sqrt{3}+\sqrt{2})(\sqrt{3}-\sqrt{2})}$

$=(\sqrt{3}+\sqrt{2})-\frac{(\sqrt{3}-\sqrt{2})}{3-2}=(\sqrt{3}+\sqrt{2})-\frac{(\sqrt{3}-\sqrt{2})}{1}=\sqrt{3}+\sqrt{2}-\sqrt{3}+\sqrt{2}=2\sqrt{2}$

92. $\frac{(5\sqrt{3}+\sqrt{50})(5-\sqrt{24})}{\sqrt{75}-5\sqrt{2}}=\frac{(5\sqrt{3}+5\sqrt{2})(3+2-2.\sqrt{3}.\sqrt{2})}{(5\sqrt{3}-5\sqrt{2})}=\frac{5(\sqrt{3}+\sqrt{2})(\sqrt{3}-\sqrt{2})^2}{5(\sqrt{3}-\sqrt{2})}=(\sqrt{3}+\sqrt{2})(\sqrt{3}-\sqrt{2})$

$=(\sqrt{3})^2-(\sqrt{2})^2=3-2=1$

93. $\sqrt[3]{4}=\sqrt[12]{4^4}=\sqrt[12]{256}$

$\sqrt[4]{6}=\sqrt[12]{6^3}=\sqrt[12]{216}$

$\sqrt[6]{15}=\sqrt[12]{15^2}=\sqrt[12]{225}$

$\sqrt[12]{245}=\sqrt[12]{245}=\sqrt[12]{245}$ चूंकि $\sqrt[12]{256}$ सबसे बड़ा है, अतः $\sqrt[3]{4}$ सबसे बड़ा है।

94. $(0.5)^2=0.25, \sqrt{0.49}=0.7, \sqrt[3]{0.008}=0.2, 0.23=0.23$, अतः सबसे छोटी संख्या 0.2 या $\sqrt[3]{0.008}$

95. $\sqrt[3]{4}=\sqrt[12]{4^4}=\sqrt[12]{256}$

$\sqrt{2}=\sqrt[12]{2^6}=\sqrt[12]{64}$

$\sqrt[6]{3}=\sqrt[12]{3^2}=\sqrt[12]{9}$

$\sqrt[4]{5}=\sqrt[12]{5^3}=\sqrt[12]{125}$, अतः अवरोही क्रम $=\sqrt[12]{256}, \sqrt[12]{125}, \sqrt[12]{64}, \sqrt[12]{9}=\sqrt[3]{4}, \sqrt[4]{5}, \sqrt{2}, \sqrt[6]{3}$

96. $\sqrt{3}=\sqrt[6]{3^3}=\sqrt[6]{27}$

$\sqrt[3]{2}=\sqrt[6]{2^2}=\sqrt[6]{4}$

$\sqrt{2}=\sqrt[6]{2^3}=\sqrt[6]{8}$

$\sqrt[3]{4}=\sqrt[6]{4^2}=\sqrt[6]{16}$, अतः सबसे छोटी संख्या $=\sqrt[6]{4}=\sqrt[3]{2}$

97. $\sqrt{3}=\sqrt[6]{3^3}=\sqrt[6]{27}$

$3\sqrt{2}=\sqrt[6]{2^2}=\sqrt[6]{4}$

$\sqrt{2}=\sqrt[6]{2^3}=\sqrt[6]{8}$

$3\sqrt{4}=\sqrt[6]{4^2}=\sqrt[6]{16}$, अतः सबसे छोटी संख्या $=\sqrt[6]{4}=\sqrt[3]{2}$

98. $0.7+\sqrt{0.16}=0.7+0.4=1.10$

$1.02-\frac{0.6}{24}=1.02-0.025=0.995$

$1.2\times 0.83=0.996$

$\sqrt{1.44}=1.2$, अतः सबसे बड़ी संख्या $=1.2=\sqrt{1.44}$

99. $2^{\frac{1}{3}}=(2)^{\frac{1}{3}\times\frac{2}{2}}=(2)^{\frac{1}{6}\times 2}=\sqrt[6]{2^2}=\sqrt[6]{4}$

$3^{\frac{1}{2}}=(3)^{\frac{1}{2}\times\frac{3}{3}}=(3)^{\frac{1}{6}\times 3}=\sqrt[6]{3^3}=\sqrt[6]{27}$

$1=(1)^{\frac{6}{6}}=(1)^{\frac{1}{6}\times 6}=\sqrt[6]{1^6}=\sqrt[6]{1}$

$5^{\frac{1}{6}}=(5)^{\frac{1}{6}}=(5)^{\frac{1}{6}}=\sqrt[6]{5}=\sqrt[6]{5}$

चूंकि 4, 27, 1, 5 में 27 सबसे बड़ी है और सबकी घात समान है। अतः $3^{\frac{1}{2}}$ सबसे बड़ी है।

100. $\sqrt{2}=(2)^{\frac{1}{2}}=(2)^{\frac{1}{2}\times\frac{3}{3}}=(2)^{3\times\frac{1}{6}}=(8)^{\frac{1}{6}}$

$\sqrt[3]{3}=(3)^{\frac{1}{3}}=(3)^{\frac{1}{3}\times\frac{2}{2}}=(3)^{2\times\frac{1}{6}}=(9)^{\frac{1}{6}}$

$\sqrt{4}=(4)^{\frac{1}{2}}=(4)^{\frac{1}{2}\times\frac{3}{3}}=(4)^{3\times\frac{1}{6}}=(64)^{\frac{1}{6}}$

$\sqrt[3]{5}=(5)^{\frac{1}{3}}=(5)^{\frac{1}{3}\times\frac{2}{2}}=(5)^{2\times\frac{1}{6}}=(25)^{\frac{1}{6}}$

$\because$ $8, 9, 64, 25$ में सबसे बड़ी संख्या $=64$ दी गयी संख्याओं में सबसे बड़ी संख्या $=(64)^{\frac{1}{6}}=\sqrt{4}$

101. $\sqrt{10}+\sqrt{4}=3.16+2=5.16$

$\sqrt{11}+\sqrt{3}=3.32+1.73=5.05$, अतः सबसे छोटी संख्या $=\sqrt{11}+\sqrt{3}$

$\sqrt{7}+\sqrt{7}=2.65+2.65=5.30$

102. $\sqrt[3]{6}=(6)^{\frac{1}{3}}=(6)^{\frac{1\times 2}{3\times 2}}=(6)^{2\times\frac{1}{6}}=\sqrt[6]{6^2}=\sqrt[6]{36}$

$\sqrt[2]{5}=(5)^{\frac{1}{2}}=(5)^{\frac{1\times 3}{2\times 3}}=(5)^{3\times\frac{1}{6}}=\sqrt[6]{5^3}=\sqrt[6]{125}$

$\sqrt[6]{12}=(12)^{\frac{1}{6}}=(12)^{\frac{1}{6}}=(12)^{\frac{1}{6}}=\sqrt[6]{12}=\sqrt[6]{12}$

$\therefore$ सबसे बड़ी संख्या $=\sqrt[6]{125}\Rightarrow\sqrt[2]{5}$

4 भिन्न (Fraction)

जब किसी राशि को कई बराबर भागों में बांटकर उनमें से कुछ भाग ले लिये जायं तो उसे भिन्न के रूप में व्यक्त किया जाता है। जैसे यदि हम अपनी कुल आय को 4 बराबर भागों में बांटकर प्रत्येक भाग को 4 क्षेत्रों में खर्च करें तो हमारे प्रत्येक क्षेत्र का खर्च 1/4 होगा, जो एक भिन्न है।

भिन्न

साधारण भिन्न | दशमलव भिन्न | वितत भिन्न

साधारण भिन्न

जो राशि $\frac{x}{y}$ के रूप में होती है उसे साधारण भिन्न कहते हैं जहां x अंश और y हर कहलाता है। जैसे $\frac{2}{5}$, $\frac{3}{7}$ इत्यादि।

दशमलव भिन्न

जिस भिन्न का हर 10 या 10 की घातों में हो उसे दशमलव भिन्न कहते हैं। जैसे $\frac{3}{10}$, $\frac{7}{100}$ इत्यादि। दूसरे शब्दों में, यदि अंश में हर से भाग दिया जाय तो दशमलव में प्राप्त राशि दशमलव भिन्न कहलाती है। जैसे $\frac{2}{5} = 0.4$, $\frac{3}{6} = 0.5$ इत्यादि।

वितत भिन्न

इस भिन्न की कोई निश्चित परिभाषा नहीं होती, क्योंकि इसके अंश और हर में कोई निश्चित नियम नहीं होता है। जैसे $\cfrac{1}{1+\cfrac{1}{1+\cfrac{1}{1+\cfrac{1}{2}}}}$, इस भिन्न को लंगड़ी भिन्न भी कहा जाता है।

साधारण भिन्नों की तुलना

(a) यदि कई भिन्नों के हर समान हों तो जिसका अंश सबसे बड़ा होता है वह भिन्न सबसे बड़ी होती है और जिसका अंश सबसे छोटा होता है वह भिन्न सबसे छोटी। जैसे – $\frac{2}{15}, \frac{7}{15}, \frac{11}{15}$ में $\frac{2}{15}$ सबसे छोटी तथा $\frac{11}{15}$ सबसे बड़ी भिन्न है। इनका आरोही क्रम $\frac{2}{15}, \frac{7}{15}, \frac{11}{15}$ है।

(b) यदि कई भिन्नों के अंश समान हों तो जिस भिन्न का हर सबसे छोटा होगा, वह भिन्न सबसे बड़ी होगी तथा जिसका हर सबसे बड़ा होगा, वह भिन्न सबसे छोटी। जैसे – $\frac{3}{7}, \frac{3}{11}$ तथा $\frac{3}{13}$ में सबसे बड़ी भिन्न $\frac{3}{7}$ तथा सबसे छोटी भिन्न $\frac{3}{13}$ है। इनका आरोही क्रम $\frac{3}{13}, \frac{3}{11}, \frac{3}{7}$ तथा अवरोही क्रम $\frac{3}{7}, \frac{3}{11}, \frac{3}{13}$ है।

(c) यदि कई भिन्नों के न तो हर समान हो और न ही अंश समान हो तो उनको समहर भिन्नों (समान हर वाले भिन्नों) में बदला जाता है। इसके लिए उनके हरों का ल.स. ज्ञात करके सबका हर ल.स. को ही लिखा जाता है। इस ल.स. में हरों से बारी-बारी से भाग देकर प्राप्त भागफलों का संगत अंशों में गुणा करते हैं। इस प्रकार प्राप्त गुणनफल उनके अलग-अलग अंश होते हैं। इसके बाद नियम (a) के अनुसार छोटी-बड़ी भिन्न ज्ञात की जाती हैं। जैसे – $\frac{2}{5}, \frac{3}{20}, \frac{7}{15} = \frac{24}{60}, \frac{9}{60}, \frac{28}{60}$, अतः इनमें सबसे बड़ी भिन्न $\frac{28}{60}$ या $\frac{7}{15}$ है। इनका आरोही क्रम $\frac{9}{60}, \frac{24}{60}, \frac{28}{60} = \frac{3}{20}, \frac{2}{5}, \frac{7}{15}$ तथा इनका अवरोही क्रम $\frac{28}{60}, \frac{24}{60}, \frac{9}{60} = \frac{7}{15}, \frac{2}{5}, \frac{3}{20}$ होगा।

(d) उपर्युक्त तीनों नियमों के अलावा दशमलव पद्धति से भी भिन्नों की तुलना कर सकते हैं। इसके लिए दी गयी सभी भिन्नों को दशमलव भिन्न में बदलते हैं इसके बाद छोटी और बड़ी भिन्नें ज्ञात हो जाती हैं। जैसे – $\frac{2}{5}, \frac{3}{8}, \frac{4}{5} = .4, .375, .8$ में सबसे छोटी भिन्न .375 अर्थात $\frac{3}{8}$ है और सबसे बड़ी भिन्न .8 अर्थात $\frac{4}{5}$ है। इनका आरोही क्रम $\frac{3}{8}, \frac{2}{5}, \frac{4}{5}$ तथा अवरोही $\frac{4}{5}, \frac{2}{5}, \frac{3}{8}$ है।

आवर्त दशमलव भिन्न

वह दशमलव भिन्न, जिसमें दशमलव बिन्दु के बाद एक या अधिक अंकों की पुनरावृत्ति होती है, आवर्त दशमलव भिन्न कहलाती है। जैसे – $\frac{1}{3} = 0.3333 \ldots\ldots$, $\frac{22}{7} = 3.142857142857$ ऐसी भिन्नों को व्यक्त करने के लिए दुहराये जाने वाले अंकों के ऊपर एक रेखा खींच देते हैं। जैसे $\frac{1}{3} = 0.3333 \ldots\ldots = 0.\overline{3}$ और $\frac{22}{7} = 3.142857142857 \ldots\ldots = 3.\overline{142857}$

आवर्त दशमलव भिन्न

शुद्ध आवर्त दशमलव भिन्न	मिश्रित आवर्त दशमलव भिन्न
वह आवर्त दशमलव भिन्न, जिसमें दशमलव बिन्दु के बाद के सभी अंकों की पुनरावृत्ति होती है। जैसे– $0.353535 \ldots\ldots = 0.\overline{35}$ $0.312312312 \ldots\ldots = 0.\overline{312}$ *इनका संकेत* $0.\overline{p}$ *या* $0.\overline{pq}$ *या* $0.\overline{pqr}$ *या* $0.\overline{pqrs}$ *होता है।*	*वह आवर्त दशमलव भिन्न, जिसमें दशमलव बिन्दु के बाद एक या दो अंक के बाद वाले अंकों की पुनरावृत्ति होती है। जैसे–* $0.2434343 \ldots\ldots = 0.2\overline{43}$ $0.35212121 \ldots\ldots = 0.35\overline{21}$ *इनका संकेत* $0.p\overline{q}$ *या* $0.p\overline{qr}$ *या* $0.pq\overline{rs}$ *होता है।*

साधारण भिन्न को प्रतिशत में बदलना

भिन्न को प्रतिशत में बदलने के लिए उसमें 100 से गुणा करके उसके आगे प्रतिशत का चिन्ह (%) लिख देते हैं। जैसे–

$\frac{2}{5} = \left(\frac{2}{5} \times 100\right)\% = (2 \times 20)\% = 40\%$, $\frac{4}{5} = \left(\frac{4}{5} \times 100\right)\% = (4 \times 20)\% = 80\%$

$\frac{3}{4} = \left(\frac{3}{4} \times 100\right)\% = (3 \times 25)\% = 75\%$, $\frac{5}{8} = \left(\frac{5}{8} \times 100\right)\% = \left(\frac{5 \times 25}{2}\right)\% = 62.5\%$

प्रतिशत को साधारण भिन्न में बदलना

प्रतिशत को भिन्न में बदलने के लिए 100 से भाग दिया जाता है क्योंकि प्रतिशत वह भिन्न होता है, जिसका हर 100 होता है। जैसे–

$15\% = \frac{15}{100} = \frac{3}{20}$, $24\% = \frac{24}{100} = \frac{6}{25}$, $25\% = \frac{25}{100} = \frac{1}{4}$, $30\% = \frac{30}{100} = \frac{3}{10}$

अध्याय पर आधारित प्रश्नों के प्रकार

'भिन्न' अध्याय से विभिन्न प्रतियोगी परीक्षाओं में पूछे गये और पूछे जा सकने वाले प्रश्नों को कुल 5 प्रकारों में बांट सकते हैं।

1. भिन्नों की तुलना पर आधारित प्रश्न
2. वितत भिन्न पर आधारित प्रश्न
3. आवर्त दशमलव पर आधारित प्रश्न
4. भिन्नों पर इबारती प्रश्न
5. विविध प्रश्न

उदाहरणार्थ हल प्रश्न

1 भिन्नों की तुलना पर आधारित प्रश्न

1. $\frac{5}{13}, \frac{3}{13}, \frac{7}{13}, \frac{9}{13}$ में सबसे छोटी और सबसे बड़ी भिन्न कौन है?
2. $\frac{6}{17}, \frac{6}{13}, \frac{6}{11}, \frac{6}{19}$ में सबसे छोटी और सबसे बड़ी भिन्न बताइये।
3. $\frac{2}{3}, \frac{4}{7}, \frac{5}{8}$ को आरोही क्रम में व्यवस्थित कीजिए।

4. $\frac{3}{5}, \frac{4}{9}, \frac{2}{7}$ को अवरोही क्रम में व्यवस्थित कीजिए।

> *(a) यदि भिन्नों के हर समान हों तो, जिस भिन्न का अंश बड़ा होता है वह भिन्न बड़ी होती है और जिस भिन्न का अंश छोटा होता है वह भिन्न छोटी होती है।*
>
> *(b) यदि भिन्नों के अंश समान हों और हर अलग-अलग हों तो, जिस भिन्न का हर सबसे बड़ा होता है, वह भिन्न सबसे छोटी होती है और जिस भिन्न का हर सबसे छोटा होता है वह भिन्न सबसे बड़ी होती है।*
>
> *(c) यदि भिन्न के अंश और हर असमान हों तो उन्हें दशमलव भिन्न में बदल देने पर छोटी और बड़ी भिन्न ज्ञात हो जाती है।*

हल

1. $\frac{5}{13}, \frac{3}{13}, \frac{7}{13}, \frac{9}{13}$ में सबसे छोटी भिन्न $= \frac{3}{13}$ और सबसे बड़ी भिन्न $= \frac{9}{13}$
2. $\frac{6}{17}, \frac{6}{13}, \frac{6}{11}, \frac{6}{19}$ में सबसे छोटी भिन्न $= \frac{6}{19}$ और सबसे बड़ी भिन्न $= \frac{6}{11}$
3. $\frac{2}{3} = 0.666$, $\frac{4}{7} = 0.571$, $\frac{5}{8} = 0.625$, अतः आरोही क्रम $= 0.571, 0.625, 0.666 = \frac{4}{7}, \frac{5}{8}, \frac{2}{3}$
4. $\frac{3}{5} = 0.6$, $\frac{4}{9} = 0.444$, $\frac{2}{7} = 0.285$, अतः अवरोही क्रम $= 0.6, 0.444, 0.285 = \frac{3}{5}, \frac{4}{9}, \frac{2}{7}$

2 वितत भिन्न पर आधारित प्रश्न

निम्नलिखित राशियों के सरलतम मान ज्ञात कीजिए।

1. $1 - \cfrac{1}{1 - \cfrac{1}{1 - \cfrac{1}{1 - \frac{1}{2}}}}$ 2. $1 \div \cfrac{1}{1 \div \cfrac{1}{1 \div \frac{1}{3}}}$ 3. $\cfrac{17}{1 + \cfrac{1}{1 + \cfrac{1}{1 + \frac{1}{5}}}}$

> *वितत भिन्नों के अंश और हर में कोई निश्चित नियम नहीं होता है। इनको हल करने के लिए सबसे नीचे से क्रिया आरम्भ की जाती है और उत्तरोत्तर ऊपर की ओर बढ़ते जाते हैं।*

हल

1. $1 - \cfrac{1}{1 - \cfrac{1}{1 - \cfrac{1}{1 - \frac{1}{2}}}} = 1 - \cfrac{1}{1 - \cfrac{1}{1 - \cfrac{1}{\frac{1}{2}}}} = 1 - \cfrac{1}{1 - \cfrac{1}{1 - 2}} = 1 - \cfrac{1}{1 - \frac{1}{-1}}$

$$= 1 - \frac{1}{1+1} = 1 - \frac{1}{2} = \frac{2-1}{2} = \frac{1}{2}$$

2. $1 \div \cfrac{1}{1 \div \cfrac{1}{1 \div \frac{1}{3}}} = 1 \div \cfrac{1}{1 \div \cfrac{1}{\frac{1 \times 3}{1}}} = 1 \div \cfrac{1}{1 \div \frac{1}{3}} = 1 \div \frac{1}{3} = \frac{1 \times 3}{1} = 3$

3. $\cfrac{17}{1 + \cfrac{1}{1 + \cfrac{1}{1 + \frac{1}{5}}}} = \cfrac{17}{1 + \cfrac{1}{1 + \cfrac{1}{\frac{6}{5}}}} = \cfrac{17}{1 + \cfrac{1}{1 + \frac{5}{6}}} = \cfrac{17}{1 + \frac{6}{11}} = \cfrac{17}{\frac{17}{11}} = \frac{17 \times 11}{17} = 11$

3 आवर्त दशमलव भिन्न पर आधारित प्रश्न

निम्नलिखित को साधारण भिन्न में बदलिए--

1. $0.\overline{7}$ 2. $0.\overline{8}$ 3. $0.\overline{39}$ 4. $0.\overline{08}$
5. $0.5\overline{7}$ 6. $0.9\overline{25}$ 7. $0.2\overline{34}$ 8. $0.35\overline{24}$

(a) शुद्ध आवर्त दशमलव भिन्न को निम्नलिखित प्रकार से साधारण भिन्न में बदलेंगें –

$0.\bar{p} = \frac{p}{9}, 0.\overline{pq} = \frac{pq}{99}, 0.\overline{pqr} = \frac{pqr}{999}$

(b) मिश्रित आवर्त दशमलव भिन्न को निम्नलिखित प्रकार से साधारण भिन्न में बदलेंगें–

$0.p\bar{q} = \frac{pq-p}{90}$ $0.pq\bar{r} = \frac{pqr-pq}{90}$ $0.p\overline{qr} = \frac{pqr-p}{990}$ $0.pq\overline{rs} = \frac{pqrs-pq}{9900}$

हल

1. $0.\bar{7} = \frac{7}{9}$
2. $0.\bar{8} = \frac{8}{9}$
3. $0.\overline{39} = \frac{39}{99} = \frac{13}{33}$
4. $0.\overline{08} = \frac{08}{99} = \frac{8}{99}$
5. $0.5\bar{7} = \frac{57-5}{90} = \frac{52}{90} = \frac{26}{45}$
6. $0.9\overline{25} = \frac{925-9}{990} = \frac{916}{990} = \frac{458}{495}$
7. $0.2\overline{34} = \frac{234-2}{990} = \frac{232}{990} = \frac{116}{495}$
8. $0.35\overline{24} = \frac{3524-35}{9900} = \frac{3489}{9900} = \frac{1163}{3300}$

4 भिन्नों पर इबारती प्रश्न

1. एक धन का $\frac{1}{3}$ भाग उसके $\frac{1}{4}$ भाग से 12 अधिक है। उस धन का $\frac{3}{4}$ भाग ज्ञात कीजिए।
2. किसी कक्षा में $\frac{2}{3}$ भाग विद्यार्थी उपस्थित थे। जिनकी संख्या 40 थी। यदि कक्षा में $\frac{2}{5}$ भाग लड़कियां हों तो लड़कियों की कुल संख्या ज्ञात कीजिए।
3. एक खम्भे का $\frac{1}{2}$ भाग सफेद तथा $\frac{1}{3}$ भाग नीला है। यदि शेष भाग पीला हो और वह 2 मी. लम्बा हो तो खम्भे की कुल लम्बाई ज्ञात कीजिए।
4. किसी टैंक के $\frac{1}{4}$ भाग भरे होने पर 135 लीटर पानी आता है। यदि उसमें 180 लीटर पानी रखा जाय तो उसका कौन सा भाग भरा होगा?
5. एक गांव में रहने वाले कुल लोगों में से $\frac{1}{3}$ भाग नौकरी करते हैं, जबकि $\frac{1}{4}$ भाग व्यापार और $\frac{1}{4}$ भाग कृषि करते हैं। बताइये गांव का कौन सा भाग बेरोजगार है?

हल

1. माना वह धन ₹x है। अतः धन का $\frac{1}{3}$ भाग $= x \times \frac{1}{3} = ₹\frac{x}{3}$

   $\therefore$ धन का $\frac{1}{4}$ भाग $= x \times \frac{1}{4} = ₹\frac{x}{4}$, अतः $\frac{x}{3} - \frac{x}{4} = 12$ या $\frac{4x-3x}{12} = 12$

   $\therefore \frac{x}{12} = 12$ या $x = 12 \times 12 = ₹144$, अतः धन का $\frac{3}{4}$ भाग $= 144 \times \frac{3}{4} = ₹108$

2. $\because$ कुल संख्या का $\frac{2}{3} = 40$, अतः कुल संख्या $\times \frac{2}{3} = 40$

   $\therefore$ कुल संख्या $= \frac{40 \times 3}{2} = 60$, अतः लड़कियों की संख्या $= 60 \times \frac{2}{5} = 24$

3. $\frac{1}{2} + \frac{1}{3} = \frac{3+2}{6} = \frac{5}{6}$, अतः शेष भाग $= 1 - \frac{5}{6} = \frac{6-5}{6} = \frac{1}{6}$

   $\therefore$ कुल लम्बाई का $\frac{1}{6} = 2$ मी. $\Rightarrow$ कुल लम्बाई $\times \frac{1}{6} = 2$ मी., अतः कुल लम्बाई $= 2 \times 6 = 12$ मी.

4. $\because 135$ ली. $= \frac{1}{4}$ भाग

   $\therefore 1$ ली. $= \frac{\frac{1}{4}}{135}$ भाग $= \frac{1}{4 \times 135}$ भाग, अतः 180 ली. $= \frac{1 \times 180}{4 \times 135}$ भाग $= \frac{1}{3}$ भाग

5. $\frac{1}{3} + \frac{1}{4} + \frac{1}{4} = \frac{4+3+3}{12} = \frac{10}{12} = \frac{5}{6}$, अतः बेरोजगार भाग $= 1 - \frac{5}{6} = \frac{6-5}{6} = \frac{1}{6}$ भाग

5 विविध प्रश्न

1. भिन्न $\frac{4}{7}$ का कौन सा भाग उसी में जोड़ा जाय कि योग $1\frac{1}{14}$ प्राप्त हो?
2. किसी लम्बाई का छठां भाग और पन्द्रहवां भाग मिलकर 77 मी. है। वह लम्बाई ज्ञात कीजिए।
3. $\frac{3}{5}$ तथा $\frac{7}{3}$ के व्युत्क्रमों के योग का व्युत्क्रम ज्ञात कीजिए।
4. यदि $\frac{a+b}{c}=\frac{b+c}{a}=\frac{c+a}{b}=k$ तो k का मान ज्ञात कीजिए।
5. यदि $\left(\frac{1}{2}-\frac{1}{4}+\frac{1}{5}-\frac{1}{6}\right)$ में $\left(\frac{2}{5}-\frac{5}{9}+\frac{3}{5}-\frac{7}{18}\right)$ से भाग दिया जाय तो भागफल कितना प्राप्त होगा?

हल

1. माना $\frac{4}{7}$ का x भाग जोड़ने पर $1\frac{1}{14}$ प्राप्त होगा। अतः $\frac{4}{7}+\frac{4x}{7}=1\frac{1}{14}=\frac{15}{14}$

   $\therefore \frac{4x}{7}=\frac{15}{14}-\frac{4}{7}=\frac{7}{14}=\frac{1}{2}$, अतः $x=\frac{1}{2}\times\frac{7}{4}=\frac{7}{8}$ भाग

2. माना लम्बाई x मी. है। अतः $\frac{x}{6}+\frac{x}{15}=77$ या $\frac{5x+2x}{30}=77$

   $\therefore \frac{7x}{30}=\frac{77}{1}$ या $x=\frac{77\times30}{7}=330$ मी., अतः लम्बाई $=x=330$ मी.

3. $\frac{3}{5}$ का व्युत्क्रम $=\frac{5}{3}$ और $\frac{7}{3}$ का व्युत्क्रम $=\frac{3}{7}$

   $\therefore$ व्युत्क्रमों का योग $=\frac{5}{3}+\frac{3}{7}=\frac{35+9}{21}=\frac{44}{21}$, अतः योग का व्युत्क्रम $=\frac{21}{44}$

4. चूंकि $\frac{a+b}{c}=\frac{b+c}{a}=\frac{c+a}{b}=k$, अतः $ck=a+b, ak=b+c, bk=c+a$

   $(ck+ak+bk)=a+b+b+c+c+a$, अतः $k(a+b+c)=2a+2b+2c$

   $\therefore k\,(a+b+c=2(a+b+c)$, अतः $k=2$

5. भाज्य $=\frac{1}{2}-\frac{1}{4}+\frac{1}{5}-\frac{1}{6}=\frac{30-15+12-10}{60}=\frac{17}{60}$

   भाजक $=\frac{2}{5}-\frac{5}{9}+\frac{3}{5}-\frac{7}{18}=\frac{36-50+54-35}{90}=\frac{90-85}{90}=\frac{5}{90}=\frac{1}{18}$

   $\therefore$ भागफल $=\frac{17}{60}\div\frac{1}{18}=\frac{17}{60}\times\frac{18}{1}=\frac{51}{10}=5\frac{1}{10}$

अभ्यास प्रश्न

भिन्नों की तुलना पर आधारित प्रश्न

1. निम्न में से कौन-सी भिन्न का मान सबसे अधिक है?

(a) $\frac{44}{33}$ (b) 0.4286 (c) $\frac{64}{150}$ (d) $\frac{3}{7}$ *रांची (A.S.M.), 2003*

2. निम्नलिखित में से कौन सी सबसे बड़ी संख्या है?

(a) $3\frac{1}{3}$ (b) $5\frac{1}{5}$ (c) $2\frac{1}{2}$ (d) $7\frac{1}{7}$ *कोलकाता, भुवनेश्वर (ट्रैफिक अप्रेंटिस), 2002*

3. निम्नलिखित में से कौन सी भिन्न सबसे छोटी है?

(a) $\frac{11}{13}$ (b) $\frac{9}{11}$ (c) $\frac{3}{4}$ (d) $\frac{5}{7}$ *चण्डीगढ़ (A.S.M.) 2003*

4. इनमें से क्या अधिकतम है?

(a) $\frac{5}{9}$ (b) $\frac{7}{13}$ (c) $\frac{17}{32}$ (d) 0.5567 *रांची (A.S.M.) 2002*

5. निम्नलिखित भिन्नों को अवरोही क्रम में व्यवस्थित कीजिए –

$\frac{3}{5},\frac{7}{9},\frac{11}{13}$

(a) $\frac{3}{5},\frac{7}{9},\frac{11}{13}$ (b) $\frac{7}{9},\frac{3}{5},\frac{11}{13}$ (c) $\frac{11}{13},\frac{7}{9},\frac{3}{5}$ (d) $\frac{11}{13},\frac{3}{5},\frac{7}{9}$ *S.S.C. स्नातक स्तरीय परीक्षा, 2002*

6. निम्नलिखित में सबसे बड़ी भिन्न है –

(a) $\frac{6}{7}$ (b) $\frac{4}{5}$ (c) $\frac{5}{6}$ (d) $\frac{7}{8}$ *S.S.C. स्नातक स्तरीय परीक्षा, 2002*

7. भिन्नों $\frac{1}{3},\frac{4}{7}$ तथा $\frac{2}{5}$ को आरोही क्रम में लिखने पर प्राप्त होता है –

(a) $\frac{4}{7}<\frac{1}{3}<\frac{2}{5}$ (b) $\frac{2}{5}<\frac{4}{7}<\frac{1}{3}$ (c) $\frac{1}{3}<\frac{2}{5}<\frac{4}{7}$ (d) $\frac{4}{7}>\frac{1}{3}>\frac{2}{5}$ *S.S.C. स्नातक स्तरीय परीक्षा, 2004*

8. निम्नलिखित में से भिन्नों का कौन सा समुच्चय आरोही क्रम में है?

(a) $\frac{5}{6},\frac{6}{8},\frac{7}{9},\frac{11}{13}$ (b) $\frac{11}{13},\frac{7}{9},\frac{6}{8},\frac{5}{6}$ (c) $\frac{11}{13},\frac{5}{6},\frac{7}{9},\frac{6}{8}$ (d) $\frac{6}{8},\frac{7}{9},\frac{5}{6},\frac{11}{13}$ *कोलकाता भुवनेश्वर (टि.कले.), 2003*

9. निम्नलिखित में से कौन सा बढ़ते हुए सही क्रम में है?

(a) $\frac{5}{7},\frac{9}{11},\frac{7}{8}$ (b) $\frac{5}{7},\frac{7}{8},\frac{9}{11}$ (c) $\frac{7}{8},\frac{5}{7},\frac{9}{11}$ (d) $\frac{9}{11},\frac{7}{8},\frac{5}{7}$ *मुजफ्फरनगर (ASM), 2003*

वितत भिन्न पर आधारित प्रश्न

10. सरल कीजिए – $1+\cfrac{2}{1+\cfrac{3}{1+\cfrac{4}{5}}}$

(a) $\frac{7}{4}$ (b) $\frac{4}{7}$ (c) $\frac{7}{5}$ (d) $\frac{3}{7}$ *S.S.C. स्नातक स्तरीय परीक्षा, 1999*

11. यदि $x=1+\cfrac{1}{1+\cfrac{1}{1+\cfrac{1}{1+\cfrac{1}{2}}}}$ हो, तो $2x+\frac{7}{4}$ का मान है –

(a) 3 (b) 4 (c) 5 (d) 6 *S.S.C. स्नातक स्तरीय परीक्षा, 2001*

12. यदि $2=x+\cfrac{1}{1+\cfrac{1}{3+\cfrac{1}{4}}}$ तब x का मान है –

(a) $\frac{18}{17}$ (b) $\frac{21}{17}$ (c) $\frac{13}{17}$ (d) $\frac{12}{17}$ *S.S.C. स्नातक स्तरीय परीक्षा, 2002*

13. $\cfrac{2}{1+\cfrac{1}{1-\cfrac{1}{2}}}\times\cfrac{3}{\frac{3}{2}\text{ का }\frac{5}{6}\div1\frac{1}{4}}$ का मान ज्ञात कीजिए –

(a) 6 (b) 8 (c) 4 (d) 2 *S.S.C. स्नातक स्तरीय परीक्षा, 2002*

14. $\cfrac{2}{2+\cfrac{2}{3+\cfrac{2}{3+\cfrac{2}{3}}}}\times0.39$ का सरलीकृत रूप है

(a) $\frac{1}{3}$ (b) 2 (c) 6 (d) इनमें से कोई नहीं *S.S.C. स्नातक स्तरीय परीक्षा, 2004*

15. $\cfrac{5\frac{9}{14}}{5+\cfrac{3}{3+\cfrac{1}{\frac{3}{5}}}}$ का मान है –

(a) 1 (b) 1.5 (c) 2 (d) 2.5 *S.S.C. स्नातक स्तरीय परीक्षा, 2004*

16. सरल करें – $\cfrac{1}{3-\cfrac{1}{2-\cfrac{1}{7}}}=?$

(a) $\frac{13}{32}$ (b) 2 (c) 1 (d) $\frac{2}{7}$ *पटना (गुड्सगार्ड), 2002*

17. सरल कीजिए – $1+\dfrac{4}{2+\dfrac{3}{5-\dfrac{1}{2}}}-\dfrac{1}{2}(10\div 2)$

(a) 1 (b) 0 (c) $-\dfrac{15}{2}$ (d) $-\dfrac{1}{2}$ ***S.S.C. स्नातक स्तरीय परीक्षा, 2002***

18. $\dfrac{1\frac{1}{2}}{1+\dfrac{1}{1+\dfrac{1}{4}}}$ का मान क्या है?

(a) 1 (b) $\dfrac{3}{2}$ (c) $\dfrac{5}{6}$ (d) $\dfrac{5}{4}$ ***R.R.B. चण्डीगढ़ (ASM) परीक्षा 2004***

19. $\dfrac{1}{3+\dfrac{2}{2+\dfrac{1}{2}}}$ का मान होगा –

(a) $\dfrac{5}{19}$ (b) $\dfrac{19}{5}$ (c) $\dfrac{4}{3}$ (d) $\dfrac{5}{4}$ ***भोपाल (ट्रेन क्लर्क), 2003***

20. $1-\dfrac{5}{7+\dfrac{1}{4+\dfrac{1}{2+\dfrac{1}{3}}}}$ का सरलीकरण कीजिए।

(a) $\dfrac{69}{224}$ (b) $\dfrac{79}{243}$ (c) $\dfrac{61}{227}$ (d) $\dfrac{7}{23}$

(e) उपर्युक्त में से कोई नहीं ***कोलकाता भुवनेश्वर (टिकट कलेक्टर), 2002***

21. $\dfrac{1}{3+\dfrac{1}{2-\dfrac{1}{\frac{7}{9}}}}+\dfrac{17}{22}=?$

(a) $\dfrac{12}{22}$ (b) $\dfrac{22}{5}$ (c) $\dfrac{5}{22}$ (d) 1 ***S.S.C. स्नातक स्तरीय परीक्षा, 2001***

22. सरल कीजिए – $1+\dfrac{1}{1+\dfrac{2}{2+\dfrac{3}{1+\dfrac{4}{5}}}}$

(a) $1\frac{11}{17}$ (b) $1\frac{5}{17}$ (c) $1\frac{6}{11}$ (d) $2\frac{11}{17}$ ***S.S.C. स्नातक स्तरीय परीक्षा, 1999***

आवर्त दशमलव भिन्न पर आधारित प्रश्न

23. $(0.34\overline{67}+0.13\overline{33})$ का मान है –

(a) 0.48 (b) $0.48\overline{01}$ (c) $0.\overline{48}$ (d) $0.\overline{9}$ ***S.S.C. स्नातक स्तरीय परीक्षा, 2001***

24. $(3.\overline{68}-2.\overline{79})=?$

(a) $0.\overline{45}$ (b) $0.\overline{49}$ (c) $0.\overline{88}$ (d) $0.\overline{48}$ ***R.R.B. सिकन्दराबाद (ASM) परीक्षा, 2004***

25. $0.\overline{4}$ का वर्गमूल है –

(a) $0.\overline{8}$ (b) $0.\overline{6}$ (c) $0.\overline{7}$ (d) 0.9 ***S.S.C. स्नातक स्तरीय परीक्षा, 2002***

26. $(0.\overline{63}+0.\overline{37}+0.\overline{80})$ को सरल करने पर परिणाम आता है

(a) $1.\overline{80}$ (b) $1.\overline{81}$ (c) $1.\overline{79}$ (d) 1.80 ***S.S.C. स्नातक स्तरीय परीक्षा, 2004***

27. $3.\overline{36}-2.\overline{05}+1.\overline{33}$ को सरल करने पर प्राप्त है –

(a) $2.\overline{6}$ (b) $2.\overline{61}$ (c) 2.64 (d) $2.\overline{64}$ ***S.S.C. स्नातक स्तरीय परीक्षा, 2002***

28. $1.\overline{36}$ किस साधारण भिन्न के बराबर है –

(a) $\frac{15}{11}$ (b) $\frac{5}{8}$ (c) $\frac{8}{9}$ (d) 0 ***R.R.B. सिकन्दराबाद (ASM) परीक्षा, 2002***

29. 0.47777.... किस साधारण भिन्न के बराबर है?

(a) $\frac{15}{90}$ (b) $\frac{15}{99}$ (c) $\frac{43}{90}$ (d) $\frac{6}{9}$ ***R.R.B. सिकन्दराबाद (ASM) परीक्षा, 2004***

30. यदि 0.111....$=\frac{1}{9}$; तो 0.444....किसके बराबर होगा?

(a) $\frac{1}{90}$ (b) $\frac{2}{45}$ (c) $\frac{1}{99}$ (d) $\frac{4}{9}$ ***S.S.C. स्नातक स्तरीय परीक्षा, 2000***

31. सरल कीजिए –

$(0.\bar{1})^2\ \{1-9\,(0.1\bar{6})^2\}$

(a) $-\frac{1}{162}$ (b) $\frac{1}{108}$ (c) $\frac{7696}{10^6}$ (d) $\frac{1}{109}$ ***S.S.C. स्नातक स्तरीय परीक्षा, 2002***

भिन्नों पर इबारती प्रश्न

32. किस धनराशि का $\frac{5}{12}$, ₹100 के $3\frac{3}{4}$ भाग के बराबर होगा?

(a) ₹900 (b) ₹1000 (c) ₹750 (d) ₹800 ***R.R.B. चंडीगढ़ (A.S.M.) परीक्षा, 2004***

33. किसी भिन्न के अंश और हर में क्रमशः 1 जोड़ने पर उसका मान 2 और 1 घटाने पर 4 होता है, तो भिन्न का अंश होगा –

(a) 10 (b) 5 (c) 15 (d) 9 ***R.R.B. गोरखपुर, डीजल असिस्टेंट, परीक्षा, 2001***

34. $37\frac{1}{2}$ प्रतिशत को निम्नलिखित में से कौन सी भिन्न अभिव्यक्त करती है?

(a) $\frac{38}{80}$ (b) $\frac{3}{8}$ (c) $\frac{2}{75}$ (d) $\frac{3}{78}$ ***R.R.B. सिकन्दराबाद (T.A.) परीक्षा, 2004***

35. ₹1,980 A, B, C में बाँटे गए। यदि A का आधा भाग, B का एक-तिहाई भाग और C का एक छठा भाग सम है। तब B का भाग है –

(a) ₹660 (b) ₹360 (c) ₹1080 (d) ₹540 ***R.R.B. बंगलौर (A.S.M.) परीक्षा, 2004***

36. किसी पार्टी में 120 सदस्य हैं। इनमें दो-तिहाई पुरुष व शेष महिलाएं हैं। 12 महिला सदस्यों के सिवाय सभी सदस्य विवाहित हैं। इस क्लब में कितनी विवाहित महिला सदस्य हैं?

(a) 28 (b) 30 (c) 32 (d) 40 (e) 42 ***भुवनेश्वर (ASM), 2002***

37. किसी छात्र को किसी संख्या का $\frac{1}{15}$ करने को कहा गया, परन्तु उसने $\frac{1}{3}$ कर दिया, जिससे उसका उत्तर पहले की तुलना में 16 अधिक आया, संख्या ज्ञात कीजिए –

(a) 80 (b) 60 (c) 75 (d) 90 ***R.R.B. गोरखपुर, डीजल असिस्टेंट, परीक्षा, 2004***

38. निखिल के धन का एक-चौथाई योगेश के धन के $\frac{1}{6}$ के बराबर है। यदि दोनों के पास कुल 600 रुपये है, तो उनके धनों के बीच अन्तर क्या है?

(a) 360 रुपये (b) 240 रुपये (c) 380 रुपये (d) 120 रुपये ***मुंबई, भोपाल (गुड्सगार्ड), 2003***

39. यदि किसी सामान के $\frac{2}{3}$ भाग का मूल्य ₹2200 है, तो उसके $\frac{3}{11}$ भाग का मूल्य क्या है?

(a) ₹900 (b) ₹1800 (c) ₹2700 (d) ₹400 ***R.R.B. (रांची) असि.ड्रा. (डी./इले.) परीक्षा, 2003***

40. यदि 49 का a वां हिस्सा 7 है, 63 का bवां हिस्सा 9 है तथा 112 का cवां हिस्सा 16 है तो निम्न में से कौन-सा सत्य है?

(a) $\frac{1}{7}$ (b) $abc = a^3$ (c) $abc = \frac{1}{49}$ (d) $ab = \frac{c}{a}$ ***दिल्ली मेट्रो रेल जे.एस.सी. परीक्षा 2003***

41. यदि किसी संख्या में $2\frac{1}{2}$ जोड़ा जाए, योग को $4\frac{1}{2}$ से गुणा करके 3 जोड़ा जाए फल को $1\frac{1}{5}$ से भाग दिया जाए तो स्थिरांक 25 हो जाता है। संख्या क्या है?

(a) $4\frac{1}{2}$ (b) $2\frac{1}{2}$ (c) $3\frac{1}{2}$ (d) $5\frac{1}{2}$ ***कोलकाता, भुवनेश्वर (ट्रैफि.अप्रेंटिस), 2002***

42. एक विद्यार्थी ने किसी संख्या को $\frac{5}{3}$ से गुणा करने के स्थान पर इसे $\frac{3}{5}$ से गुणा कर दिया, परिकलन में त्रुटि प्रतिशत कितना है?

(a) 44% (b) 34% (c) 54% (d) 64% ***S.S.C. स्नातक स्तरीय परीक्षा, 1999***

43. एक कक्षा में 15 लड़के हैं जो 158 सेमी से अधिक लम्बे हैं, यदि ये कुल लड़कों का तीन-चौथाई निश्चित करते हैं तथा कक्षा में लड़कों की कुल संख्या कुल विद्यार्थियों की संख्या का दो-तिहाई हो, तो कक्षा में लड़कियों की संख्या कितनी है?

(a) 24 (b) 18 (c) 12 (d) 10 ***गोरखपुर (डीजल सहायक), 2002***

44. किसी संख्या का $\frac{1}{3}$ यदि 75 हो, तो निम्नलिखित में उसका कौन सा हिस्सा 45 है?

(a) $\frac{2}{3}$ (b) $\frac{1}{5}$ (c) $\frac{6}{7}$ (d) $\frac{3}{8}$

(e) इनमें से कोई नहीं ***R.R.B. चेन्नई (T.C.) परीक्षा, 2005***

45. एक परीक्षा में एक छात्र को किसी संख्या का $\left(\frac{3}{14}\right)$ ज्ञात करने के लिए कहा गया। गलती से उसने उसका $\left(\frac{3}{4}\right)$ निकाल लिया। उसका उत्तर सही उत्तर से 150 अधिक था। दी गई संख्या है –

(a) 180 (b) 240 (c) 280 (d) 290 ***चण्डीगढ़ (A.S.M.) 2003***

46. किसी संख्या को $\frac{7}{6}$ से गुणा करने को कहा गया परन्तु उस संख्या को $\frac{7}{6}$ से भाग दे दिया गया, जिससे परिणाम से 39 कम प्राप्त हुआ। वह संख्या क्या थी?

(a) 135 (b) 126 (c) 140 (d) 125 ***R.R.B. रांची (A.S.M./ गुड्सगाडी) परीक्षा, 2004***

47. किसी छड़ के $\frac{1}{10}$ भाग को लाल रंगा जाता है, $\frac{1}{20}$ को नारंगी, $\frac{1}{30}$ को पीला, $\frac{1}{40}$ को हरा, $\frac{1}{50}$ को नीला, $\frac{1}{60}$ को काला तथा शेष भाग को बैंगनी रंगा जाता है। यदि छड़ के बैंगनी रंगे भाग की लम्बाई 12.08 मीटर है, तो छड़ की लम्बाई है –

(a) 16 मी. (b) 18 मी. (c) 20 मी. (d) 30 मी. ***S.S.C. स्नातक स्तरीय परीक्षा, 2004***

48. एक व्यक्ति अपनी आय का $\frac{1}{3}$ भोजन पर, अपनी आय का $\frac{2}{5}$ मकान किराए पर तथा अपनी आय का $\frac{1}{5}$ कपड़ों पर व्यय करता है यदि उसके पास अभी भी 400 रुपए शेष रहते हैं, तो उसकी आय है –

(a) 4000 रुपए (b) 5000 रुपए (c) 6000 रुपए (d) 7000 रुपए ***S.S.C. स्नातक स्तरीय परीक्षा, 2002***

49. किसी बांस के 0.1 और $\frac{5}{8}$ भाग क्रमशः मिट्टी और पानी में हैं तथा उसकी शेष लम्बाई 2.75 मीटर पानी के ऊपर है, बांस की लम्बाई क्या है?

(a) 10 मीटर (b) 30 मीटर (c) 27.5 मीटर (d) 20 मीटर

50. यदि एक भिन्न का अंश 20% और उसका हर 25% बढ़ा दिया जाए, तो परिणाम स्वरूप इस प्रकार प्राप्त भिन्न $\frac{3}{5}$ होती है, तो मूल भिन्न क्या है?

(a) $\frac{3}{8}$ (b) $\frac{3}{5}$ (c) $\frac{5}{8}$ (d) इनमें से कोई नहीं ***R.R.B. रांची (T.A.) परीक्षा, 2005***

51. जब किसी लड़के को किसी भिन्न का $\frac{6}{7}$ बताने को कहा गया, तो उसने गलती से उस भिन्न को $\frac{6}{7}$ से भाग दे दिया और सही उत्तर से $\frac{13}{70}$ अधिक उत्तर प्राप्त किया, वह भिन्न ज्ञात कीजिए –

(a) $\frac{2}{3}$ (b) $\frac{3}{5}$ (c) $\frac{4}{5}$ (d) $\frac{7}{9}$ ***S.S.C. स्नातक स्तरीय परीक्षा, 2001***

52. किसी कक्षा में कुल विद्यार्थियों की संख्या का $\frac{3}{5}$ लड़कियाँ हैं और शेष लड़के हैं। यदि लड़कियों की संख्या का $\frac{2}{9}$ तथा लड़कों की संख्या का $\frac{1}{4}$ अनुपस्थित हो, तो कुल विद्यार्थियों की संख्या का कितना भाग उपस्थित है?

(a) $\frac{23}{30}$ (b) $\frac{18}{49}$ (c) $\frac{23}{36}$ (d) $\frac{17}{25}$ *S.S.C. स्नातक स्तरीय परीक्षा, 1999*

विविध प्रश्न

53. यदि $\frac{4^5+4^5+4^5}{3^5+3^5}\times\frac{6^5+6^5+6^5+6^5}{2^5+2^5+2^5}=2^n$ हो, तो धनात्मक पूर्ण संख्या n का मान है –

(a) 12 (b) 11 (c) 10 (d) 9 *R.R.B. भोपाल, परीक्षा, 2002*

54. यदि $\frac{a}{3}=\frac{b}{4}=\frac{c}{7}$ तो $\frac{a+b+c}{c}$ का मान क्या होगा?

(a) 2 (b) 7 (c) $\frac{1}{2}$ (d) $\frac{1}{7}$ *पटना (गुड्स गार्ड), 2002*

55. $999\frac{1}{7}+999\frac{2}{7}+999\frac{3}{7}+999\frac{4}{7}+999\frac{5}{7}+999\frac{6}{7}$ का सरलतम रूप है –

(a) 5997 (b) 5979 (c) 5994 (d) 2997 *S.S.C. स्नातक स्तरीय परीक्षा, 2004*

56. $\frac{1}{20}+\frac{1}{30}+\frac{1}{42}+\frac{1}{56}+\frac{1}{72}+\frac{1}{90}+\frac{1}{110}+\frac{1}{132}$ बराबर है –

(a) $\frac{1}{8}$ (b) $\frac{1}{7}$ (c) $\frac{1}{6}$ (d) $\frac{1}{10}$ *S.S.C. स्नातक स्तरीय परीक्षा, 2001*

57. निम्न का योग ज्ञात कीजिए –

$\frac{1}{9}+\frac{1}{6}+\frac{1}{12}+\frac{1}{20}+\frac{1}{30}+\frac{1}{42}+\frac{1}{56}+\frac{1}{72}$

(a) $\frac{1}{2}$ (b) 0 (c) $\frac{1}{9}$ (d) $\frac{1}{2520}$

उत्तरमाला

1. (a)	2. (d)	3. (d)	4. (d)	5. (c)	6. (d)	7. (c)	8. (d)
9. (a)	10. (a)	11. (c)	12. (b)	13. (d)	14. (d)	15. (a)	16. (a)
17. (b)	18. (c)	19. (a)	20. (a)	21. (d)	22. (a)	23. (b)	24. (c)
25. (b)	26. (b)	27. (d)	28. (a)	29. (c)	30. (d)	31. (b)	32. (a)
33. (b)	34. (b)	35. (d)	36. (a)	37. (b)	38. (d)	39. (a)	40. (b)
41. (c)	42. (d)	43. (d)	44. (b)	45. (c)	46. (b)	47. (a)	48. (c)
49. (a)	50. (c)	51. (b)	52. (a)	53. (b)	54. (a)	55. (a)	56. (c)
57. (a)							

अभ्यास प्रश्नों के हल

1. $\frac{44}{33}=\frac{4}{3}=1.3333, 0.4286=0.4286 \Rightarrow \frac{64}{150}=\frac{32}{75}=.4266, \frac{3}{7}=.4285$

अतः सबसे अधिक भिन्न $=1.3333=\frac{44}{33}$

2. $3\frac{1}{3}=\frac{10}{3}=3.33, 5\frac{1}{5}=5.20, 2\frac{1}{2}=2.5, 7\frac{1}{7}=7.14$, अतः सबसे बड़ी संख्या $=7.14=7\frac{1}{7}$

3. $\frac{11}{13}=0.846, \frac{9}{11}=0.818, \frac{3}{4}=0.75, \frac{5}{7}=0.714$, अतः सबसे छोटी भिन्न $=0.714=\frac{5}{7}$

4. $\frac{5}{9}=0.555, \frac{7}{13}=0.538, \frac{17}{32}=0.531, 0.5567$, अतः अधिकतम मान $=0.5567$

5. $\frac{3}{5}=0.6,\ \frac{7}{9}=0.777,\ \frac{11}{13}=0.846$, अतः अवरोही क्रम $=0.846, 0.777, 0.6=\frac{11}{13},\frac{7}{9},\frac{3}{5}$

6. $\frac{6}{7}=0.857,\ \frac{4}{5}=0.8,\ \frac{5}{6}=0.833,\ \frac{7}{8}=0.875$, अतः सबसे बड़ी भिन्न $=0.875=\frac{7}{8}$

7. $\frac{1}{3}=0.333,\ \frac{4}{7}=0.571,\ \frac{2}{5}=0.4$, अतः आरोही क्रम $=\frac{1}{3},\ \frac{2}{5},\ \frac{4}{7}\Rightarrow\frac{1}{3}<\frac{2}{5}<\frac{4}{7}$

8. $\frac{5}{6}=0.83,\ \frac{6}{8}=0.75,\ \frac{7}{9}=0.77,\ \frac{11}{13}=0.84$, अतः आरोही क्रम $=0.75, 0.77, 0.83, 0.84=\frac{6}{8},\frac{7}{9},\frac{5}{6},\frac{11}{13}$

9. $\frac{5}{7}=0.714,\ \frac{9}{11}=0.818,\ \frac{7}{8}=0.875$, अतः बढ़ता हुआ क्रम $=0.714, 0.818, 0.875=\frac{5}{7},\frac{9}{11},\frac{7}{8}$

10. $$1+\cfrac{2}{1+\cfrac{3}{1+\frac{4}{5}}}=1+\cfrac{2}{1+\cfrac{3}{\frac{9}{5}}}=1+\cfrac{2}{1+\frac{3\times5}{9}}=1+\cfrac{2}{1+\frac{5}{3}}=1+\cfrac{2}{\frac{8}{3}}=1+2\times\frac{3}{8}=1+\frac{3}{4}=\frac{7}{4}$$

11. $$x=1+\cfrac{1}{1+\cfrac{1}{1+\cfrac{1}{1+\frac{1}{2}}}}=1+\cfrac{1}{1+\cfrac{1}{1+\cfrac{1}{\frac{3}{2}}}}=1+\cfrac{1}{1+\cfrac{1}{1+\frac{2}{3}}}=1+\cfrac{1}{1+\cfrac{1}{\frac{5}{3}}}=1+\cfrac{1}{1+\frac{3}{5}}=1+\cfrac{1}{\frac{8}{5}}=1+\frac{5}{8}=\frac{13}{8}$$

$$\therefore\ 2x+\frac{7}{4}=2\times\frac{13}{8}+\frac{7}{4}=\frac{13}{4}+\frac{7}{4}=\frac{20}{4}=5$$

12. $$2=x+\cfrac{1}{1+\cfrac{1}{3+\frac{1}{4}}}=x+\cfrac{1}{1+\cfrac{1}{\frac{13}{4}}}=x+\cfrac{1}{1+\frac{4}{13}}$$, अतः $2=x+\cfrac{1}{\frac{17}{13}}=x+\frac{13}{17}$, अतः $x=2-\frac{13}{17}=\frac{34-13}{17}=\frac{21}{17}$

13. $$\cfrac{2}{1+\cfrac{1}{1-\frac{1}{2}}}\times\cfrac{3}{\frac{3}{2}\text{ का }\frac{5}{6}\div1\frac{1}{4}}=\cfrac{2}{1+\cfrac{1}{\frac{1}{2}}}\times\cfrac{3}{\left(\frac{3}{2}\times\frac{5}{6}\right)\div\frac{5}{4}}=\frac{2}{1+2}\times\cfrac{3}{\frac{3}{2}\times\frac{5}{6}\times\frac{4}{5}}=\frac{2}{3}\times\frac{3}{1}=2$$

14. $$\cfrac{2}{2+\cfrac{2}{3+\cfrac{2}{3+\frac{2}{3}}}}=\cfrac{2}{2+\cfrac{2}{3+\cfrac{2}{\frac{11}{3}}}}=\cfrac{2}{2+\cfrac{2}{3+\frac{6}{11}}}=\cfrac{2}{2+\cfrac{2}{\frac{39}{11}}}=\cfrac{2}{2+\frac{22}{39}}=\cfrac{2}{\frac{100}{39}}=\frac{2\times39}{100}=\frac{39}{50}$$

$\therefore$ सरल मान $=\frac{39}{50}\times0.39=0.3042$

15. $$\cfrac{5\frac{9}{14}}{5+\cfrac{3}{3+\cfrac{1}{\frac{3}{5}}}}=\cfrac{\frac{79}{14}}{5+\cfrac{3}{3+\frac{5}{3}}}=\cfrac{\frac{79}{14}}{5+\cfrac{3}{\frac{14}{3}}}=\cfrac{\frac{79}{14}}{5+\frac{9}{14}}=\cfrac{\frac{79}{14}}{\frac{79}{14}}=\frac{79}{14}\times\frac{14}{79}=1$$

16. $$\cfrac{1}{3-\cfrac{1}{2-\frac{1}{7}}}=\cfrac{1}{3-\cfrac{1}{\frac{13}{7}}}=\cfrac{1}{3-\frac{7}{13}}=\cfrac{1}{\frac{32}{13}}=\frac{13}{32}$$

17. $$1+\cfrac{4}{2+\cfrac{3}{5-\frac{1}{2}}}-\frac{1}{2}(10\div2)=1+\cfrac{4}{2+\frac{2}{3}}-\frac{5}{2}=1+\cfrac{4}{\frac{8}{3}}-\frac{5}{2}=1+\frac{3}{2}-\frac{5}{2}=\frac{2+3-5}{2}=\frac{0}{2}=0$$

18. $$\cfrac{1\frac{1}{2}}{1+\cfrac{1}{1+\frac{1}{4}}}=\cfrac{\frac{3}{2}}{1+\cfrac{1}{\frac{5}{4}}}=\cfrac{\frac{3}{2}}{1+\frac{4}{5}}=\cfrac{\frac{3}{2}}{\frac{9}{5}}=\frac{3}{2}\times\frac{5}{9}=\frac{5}{6}$$

19. $\dfrac{1}{3+\dfrac{2}{2+\dfrac{1}{2}}}=\dfrac{1}{3+\dfrac{2}{\dfrac{5}{2}}}=\dfrac{1}{3+\dfrac{4}{5}}=\dfrac{1}{\dfrac{19}{5}}=\dfrac{5}{19}$

20. $1-\dfrac{5}{7+\dfrac{1}{4+\dfrac{1}{2+\dfrac{1}{3}}}}=1-\dfrac{5}{7+\dfrac{1}{4+\dfrac{1}{\dfrac{7}{3}}}}=1-\dfrac{5}{7+\dfrac{1}{4+\dfrac{3}{7}}}=1-\dfrac{5}{7+\dfrac{1}{\dfrac{31}{7}}}=1-\dfrac{5}{7+\dfrac{7}{31}}=1-\dfrac{5}{\dfrac{224}{31}}$

$=1-\dfrac{5\times31}{224}=1-\dfrac{155}{224}=\dfrac{224-155}{224}=\dfrac{69}{224}$

21. $\dfrac{1}{3+\dfrac{1}{2-\dfrac{1}{\dfrac{7}{9}}}}+\dfrac{17}{22}=\dfrac{1}{3+\dfrac{1}{2-\dfrac{9}{7}}}+\dfrac{17}{22}=\dfrac{1}{3+\dfrac{7}{5}}+\dfrac{17}{22}=\dfrac{5}{22}+\dfrac{17}{22}=\dfrac{22}{22}=1$

22. $1+\dfrac{1}{1+\dfrac{2}{2+\dfrac{3}{1+\dfrac{4}{5}}}}=1+\dfrac{1}{1+\dfrac{2}{2+\dfrac{3}{\dfrac{9}{5}}}}=1+\dfrac{1}{1+\dfrac{2}{2+\dfrac{5}{3}}}=1+\dfrac{1}{1+\dfrac{2}{\dfrac{11}{3}}}=1+\dfrac{1}{1+\dfrac{6}{11}}=1+\dfrac{1}{\dfrac{17}{11}}=1+\dfrac{11}{17}=1\dfrac{11}{17}$

23. $0.34\overline{67}+0.13\overline{33}=\dfrac{3467-34}{9900}+\dfrac{1333-13}{9900}=\dfrac{3433}{9900}+\dfrac{1320}{9900}=\dfrac{4753}{9900}=\dfrac{4753+48-48}{9900}$

$=\dfrac{4801-48}{9900}=0.48\overline{01}$

24. $3.\overline{68}-2.\overline{79}=\left(3+\dfrac{68}{99}\right)-\left(2+\dfrac{79}{99}\right)=3+\dfrac{68}{99}-2-\dfrac{79}{99}=1+\left(-\dfrac{11}{99}\right)=\dfrac{88}{99}=0.\overline{88}$

25. $0.\overline{4}=\dfrac{4}{9}$, अतः वर्गमूल $=\dfrac{2}{3}=0.666---=0.\overline{6}$

26. $0.\overline{63}+0.\overline{37}+0.\overline{80}=\dfrac{63}{99}+\dfrac{37}{99}+\dfrac{80}{99}=\dfrac{180}{99}=1\dfrac{81}{99}=1.\overline{81}$

27. $3.\overline{36}-2.\overline{05}+1.\overline{33}=3+\dfrac{36}{99}+1+\dfrac{33}{99}-2+\dfrac{05}{99}=3+1-2+\dfrac{36+33-05}{99}=2+\dfrac{64}{99}=2.\overline{64}$

28. $1.\overline{36}=1+\dfrac{36}{99}=\dfrac{135}{99}=\dfrac{15}{11}$

29. $0.4777.....=0.4\overline{7}=\dfrac{47-4}{90}=\dfrac{43}{90}$

30. चूंकि $0.111.....=\dfrac{1}{9}$, अत : $0.444.....=4\times(0.111.....)=4\times\dfrac{1}{9}=\dfrac{4}{9}$

31. $(0.\overline{1})^2\{1-9(0.1\overline{6})^2\}=\left(\dfrac{1}{9}\right)^2\left\{1-9\left(\dfrac{16-1}{90}\right)^2\right\}=\dfrac{1}{81}\times\left[1-9\left(\dfrac{15}{90}\right)^2\right]=\dfrac{1}{81}\times\left[1-9\left(\dfrac{1}{6}\right)^2\right]$

$=\dfrac{1}{81}\times\left[1-9\times\dfrac{1}{36}\right]=\dfrac{1}{81}\left[1-\dfrac{1}{4}\right]=\dfrac{1}{81}\times\dfrac{3}{4}=\dfrac{1}{108}$

32. माना धनराशि ₹x है।

$\therefore$ x का $\dfrac{5}{12}=100$ का $3\dfrac{3}{4}$ या $x\times\dfrac{5}{12}=100\times\dfrac{15}{4}$, अत : $x=100\times\dfrac{15}{4}\times\dfrac{12}{5}=$ ₹900

33. माना वह भिन्न $\dfrac{x}{y}$ है। अत : $\dfrac{x+1}{y+1}=2$ या $x+1=2y+2$ या $x-2y=1$

पुनः $\dfrac{x-1}{y-1}=4$ या $x-1=4y-4$ या $x-4y=-3$

दोनों समीकरणों को हल करने पर $x=5, y=2$, अतः भिन्न का अंश $=x=5$

34. $37\frac{1}{2}\% = \frac{75}{2}\% = \frac{\frac{75}{2}}{100} = \frac{75}{2} \times \frac{1}{100} = \frac{3}{8}$

35. A का $\frac{1}{2}$ = B का $\frac{1}{3}$ = C का $\frac{1}{6}$, अतः $A \times \frac{1}{2} = B \times \frac{1}{3} = C \times \frac{1}{6}$

$\therefore$ A : B : C = 2 : 3 : 6, अतः अनुपाती योग = 2 + 3 + 6 = 11

$\therefore$ ₹1980 में B का भाग = $1980 \times \frac{3}{11}$ = ₹540

36. पुरुषों की संख्या $= 120 \times \frac{2}{3} = 80$, अतः महिलाओं की संख्या $= 120 - 80 = 40$

$\because$ 12 महिलाएं अविवाहित हैं। अतः विवाहित महिलाओं की संख्या $= 40 - 12 = 28$

37. माना वह संख्या x है। अतः संख्या का $\frac{1}{15} = x \times \frac{1}{15} = \frac{x}{15}$ और संख्या का $\frac{1}{3} = x \times \frac{1}{3} = \frac{x}{3}$

$\therefore \frac{x}{3} - \frac{x}{15} = 16$ या $\frac{5x - x}{15} = 16$, अत : $\frac{4x}{15} = 16$ या $x = \frac{16 \times 15}{4} = 60$

38. निखिल का $\frac{1}{4}$ = योगेश का $\frac{1}{6}$ $\Rightarrow$ निखिल : योगेश = 4 : 6 = 2 : 3, अतः अनुपाती योग = 2 + 3 = 5

$\therefore$ ₹600 में निखिल का भाग = $600 \times \frac{2}{5} = 240$ और योगेश का भाग = $600 - 240 = 360$

$\therefore$ दोनों में अन्तर = 360 − 240 = ₹120

39. पूरे भाग का मूल्य $\times \frac{2}{3}$ = ₹2200, पूरे भाग का मूल्य $= \frac{2200 \times 3}{2} = 3300$

$\frac{3}{11}$ भाग का मूल्य $= \frac{3300 \times 3}{11} = 900$

40. 49 का aवाँ हिस्सा = 7 अर्थात $49 \times \frac{1}{a} = 7$ या a = 7

63 का $\frac{1}{b} = 9$ या b = 7 इसी प्रकार 112 का $\frac{1}{c} = 16$ या c = 7, अतः $a . b. c = 7 . 7. 7 = 7^3 = a^3$

41. माना वह संख्या x है। अतः संख्या में $2\frac{1}{2}$ का योग $= x + \frac{5}{2} = \frac{2x+5}{2}$

योग को $4\frac{1}{2}$ से गुणनफल $= \frac{(2x+5)}{2} \times \frac{9}{2} = \frac{(18x+45)}{4}$

पुनः 3 जोड़ने पर योग $= \frac{(18x+45)}{4} + 3 = \frac{(18x+57)}{4}$

अब $1\frac{1}{5}$ से भाग देने पर भागफल $= \frac{\frac{(18x+57)}{4}}{\frac{6}{5}} = \frac{(18x+57)}{4} \times \frac{5}{6}$

$\therefore \frac{(18x+57)}{4} \times \frac{5}{6} = 25$ या $18x + 57 = 120 \Rightarrow 18x = 120 - 57 = 63$ या $x = \frac{63}{18} = \frac{7}{2} = 3\frac{1}{2}$

42. माना वह संख्या x है।

$\frac{5}{3}$ से गुणा करने पर उत्तर $= \frac{5x}{3}$ और $\frac{3}{5}$ से गुणा करने पर उत्तर $= \frac{3x}{5}$

उत्तर में कुल त्रुटि $= \frac{5x}{3} - \frac{3x}{5} = \frac{25x - 9x}{15} = \frac{16x}{15}$, अतः प्रतिशत त्रुटि $= \frac{\frac{16x}{15} \times 100}{\frac{5x}{3}} = \frac{16x}{15} \times 100 \times \frac{3}{5x} = 64\%$

43. लड़कों की कुल संख्या का $\frac{3}{4} = 15$, अतः लड़कों की कुल संख्या $= \frac{15 \times 4}{3} = 20$

चूंकि विद्यार्थियों की कुल संख्या का $\frac{2}{3}$ = लड़कों की कुल संख्या, अतः विद्यार्थियों की कुल संख्या $\times \frac{2}{3} = 20$

अतः विद्यार्थियों की कुल संख्या $= \frac{20 \times 3}{2} = 30$, अतः लड़कियों की संख्या $= 30 - 20 = 10$

44. चूंकि संख्या का $\frac{1}{3}$ = 75, अतः संख्या $= 75 \times \frac{3}{1} = 225$

$\therefore$ 225 का ? = 45 या 225 × ? = 45, अतः ? = $\frac{45}{225} = \frac{1}{5}$

45. माना वह संख्या x है। अतः $\frac{3x}{14} = \frac{3x}{4} - 150$

$\therefore \frac{3x}{4} - \frac{3x}{14} = 150$ या $\frac{21x - 6x}{28} = 150$, अतः $\frac{15x}{28} = 150$ या $x = \frac{150 \times 28}{15} = 280$

46. माना वह संख्या x है। अतः $\frac{7}{6}$ से गुणनफल $= \frac{7x}{6}$ परन्तु $\frac{7}{6}$ से भागफल $= \frac{x}{\frac{7}{6}} = \frac{6x}{7}$

$\therefore \frac{7x}{6} = \frac{6x}{7} + 39$ या $\frac{7x}{6} - \frac{6x}{7} = 39$, अतः $\frac{49x - 36x}{42} = 39$ या $\frac{13x}{42} = \frac{39}{1}$ या $x = 126$

47. $\frac{1}{10} + \frac{1}{20} + \frac{1}{30} + \frac{1}{40} + \frac{1}{50} + \frac{1}{60} = \frac{60+30+20+15+12+10}{600} = \frac{147}{600}$

$\therefore$ बैगनी रंग के भाग की लम्बाई $= \left(1 - \frac{147}{600}\right)$ भाग $= \frac{453}{600}$ भाग

$\therefore$ छड़ की लम्बाई $\times \frac{453}{600} = 12.08$, अतः छड़ की लम्बाई $= \frac{12.08 \times 600}{453} = 16$ मी.

48. $\frac{1}{3} + \frac{2}{5} + \frac{1}{5} = \frac{5+6+3}{15} = \frac{14}{15}$, अतः शेष भाग $= 1 - \frac{14}{15} = \frac{1}{15}$

$\therefore$ कुल आय $\times \frac{1}{15} = 400$ या कुल आय $= 400 \times 15 = 6000$

49. $0.1 + \frac{5}{8} = \frac{1}{10} + \frac{5}{8} = \frac{4+25}{40} = \frac{29}{40}$, अतः शेष भाग $= 1 - \frac{29}{40} = \frac{11}{40}$ भाग

$\therefore$ कुल लम्बाई $\times \frac{11}{40} = 2.75$, अतः कुल लम्बाई $= \frac{2.75 \times 40}{11} = .25 \times 40 = 10.00$ मी. = 10 मी.

50. माना मूल भिन्न $\frac{x}{y}$ है।

$\therefore \frac{x \times 120\%}{y \times 125\%} = \frac{3}{5}$ या $\frac{x \times 120}{y \times 125} = \frac{3}{5}$, अतः $\frac{x}{y} = \frac{3}{5} \times \frac{125}{120} = \frac{5}{8}$

51. माना वह भिन्न $\frac{x}{y}$ है।

$\therefore$ भिन्न का $\frac{6}{7} = \frac{x}{y}$ का $\frac{6}{7} = \frac{x}{y} \times \frac{6}{7} = \frac{6x}{7y}$ और भिन्न में $\frac{6}{7}$ से भागफल $= \frac{\frac{x}{y}}{\frac{6}{7}} = \frac{x}{y} \times \frac{7}{6} = \frac{7x}{6y}$

$\therefore \frac{7x}{6y} - \frac{6x}{7y} = \frac{13}{70}$ या $\frac{x}{y}\left(\frac{7}{6} - \frac{6}{7}\right) = \frac{13}{70} \Rightarrow \frac{x}{y}\left(\frac{49-36}{42}\right) = \frac{13}{70}$ या $\frac{x}{y} \times \frac{13}{42} = \frac{13}{70}$, अतः $\frac{x}{y} = \frac{13}{70} \times \frac{42}{13} = \frac{3}{5}$

52. माना कक्षा में विद्यार्थियों की कुल संख्या x है।

$\therefore$ लड़कियों की कुल संख्या $= \frac{3x}{5}$, अतः लड़कों की कुल संख्या $= \frac{2x}{5}$

अनुपस्थित लड़कियों की संख्या $= \frac{3x}{5} \times \frac{2}{9} = \frac{2x}{15}$, अनुपस्थित लड़कों की संख्या $= \frac{2x}{5} \times \frac{1}{4} = \frac{x}{10}$

$\therefore$ कुल अनुपस्थित विद्यार्थियों की संख्या $= \frac{2x}{15} + \frac{x}{10} = \frac{4x+3x}{30} = \frac{7x}{30}$

$\therefore$ उपस्थित विद्यार्थियों की संख्या $= x - \frac{7x}{30} = \frac{23x}{30} = x \times \frac{23}{30} =$ कुल संख्या का $\frac{23}{30}$

53. $\frac{4^5+4^5+4^5}{3^5+3^5}\times\frac{6^5+6^5+6^5+6^5}{2^5+2^5+2^5}=2^n$, अत : $\frac{3\times4^5}{2\times3^5}\times\frac{4\times6^5}{3\times2^5}=2^n$ या $\frac{3\times(2^2)^5}{2\times3^5}\times\frac{2^2\times(2\times3)^5}{3\times2^5}=2^n$

$\therefore \frac{3\times2^{10}}{2\times3^5}\times\frac{2^2\times2^5\times3^5}{3\times2^5}=2^n$ या $2^{11}=2^n$ या $n=11$

54. माना $\frac{a}{3}=\frac{b}{4}=\frac{c}{7}=k$, अत : $a=3k, b=4k$ और $c=7k$, अत : $\frac{a+b+c}{c}=\frac{3k+4k+7k}{7k}=\frac{14k}{7k}=2$

55. $999\frac{1}{7}+999\frac{2}{7}+999\frac{3}{7}+999\frac{4}{7}+999\frac{5}{7}+999\frac{6}{7}$

$=999+\frac{1}{7}+999+\frac{2}{7}+999+\frac{3}{7}+999+\frac{4}{7}+999+\frac{5}{7}+999+\frac{6}{7}$

$=6\times999\times\left(\frac{1}{7}+\frac{2}{7}+\frac{3}{7}+\frac{4}{7}+\frac{5}{7}+\frac{6}{7}\right)=5994+\frac{21}{7}=5994+3=5997$

56. $\frac{1}{20}+\frac{1}{30}+\frac{1}{42}+\frac{1}{56}+\frac{1}{72}+\frac{1}{90}+\frac{1}{110}+\frac{1}{132}$

$=\frac{5-4}{5\times4}+\frac{6-5}{6\times5}+\frac{7-6}{7\times6}+\frac{8-7}{8\times7}+\frac{9-8}{9\times8}+\frac{10-9}{10\times9}+\frac{11-10}{11\times10}+\frac{12-11}{12\times11}$

$=\frac{5}{5\times4}-\frac{4}{5\times4}+\frac{6}{6\times5}-\frac{5}{6\times5}+\frac{7}{7\times6}-\frac{6}{7\times6}+\ldots\ldots\ldots\ldots\frac{12}{12\times11}-\frac{11}{12\times11}$

$=\frac{1}{4}-\frac{1}{5}+\frac{1}{5}-\frac{1}{6}+\frac{1}{6}-\frac{1}{7}+------\frac{1}{11}-\frac{1}{12}=\frac{1}{4}-\frac{1}{12}=\frac{3-1}{12}=\frac{2}{12}=\frac{1}{6}$

57. $\frac{1}{9}+\frac{1}{6}+\frac{1}{12}+\frac{1}{20}+\frac{1}{30}+\frac{1}{42}+\frac{1}{56}+\frac{1}{72}$

$=\frac{1}{9}+\frac{3-2}{3\times2}+\frac{4-3}{4\times3}+\frac{5-4}{5\times4}+\frac{6-5}{6\times5}+\frac{7-6}{7\times6}+\frac{8-7}{8\times7}+\frac{9-8}{9\times8}$

$=\frac{1}{9}+\frac{3}{3\times2}-\frac{2}{3\times2}+\frac{4}{4\times3}-\frac{3}{4\times3}+------\frac{9}{9\times8}-\frac{8}{9\times8}$

$=\frac{1}{9}+\frac{1}{2}-\frac{1}{3}+\frac{1}{3}-\frac{1}{4}+------+\frac{1}{8}-\frac{1}{9}=\frac{1}{2}$

5 सरलीकरण (Simplification)

'सरलीकरण' अध्याय के अन्तर्गत संख्या पद्धति, वर्ग-वर्गमूल, घन-घनमूल, साधारण भिन्न, दशमलव भिन्न, घातांक-करणी पर आधारित प्रश्न पूछे जाते हैं। जो जोड़-घटाव, गुणा, भाग, का तथा कोष्ठक पर आधारित (Based) होते हैं। इन प्रश्नों को BODMAS (Bracket – कोष्ठक, of – का, Division – भाग, Multiplication – गुणा, Addition – जोड़, Subtraction – घटाव) के क्रम में हल किया जाता है। इस क्रम को कविता के रूप में भी याद रखा जा सकता है –

'का' को पहले तोड़कर ता पीछे दो भाग।

गुणा करो, धन जोड़कर, ऋण को दो घटाय।।

नोट – 1. यदि कोष्ठक के अन्दर कोष्ठक आ जायें तो सर्वप्रथम सबसे अन्दर वाले कोष्ठक को हल करते हैं। इस प्रकार सबसे बाहर वाला कोष्ठक सबसे अन्त में हल किया जाता है।

2. यदि प्रश्न में रेखा कोष्ठक भी उपस्थित हो तो सबसे पहले रेखा कोष्ठक को ही हल किया जाता है।

इस अध्याय के प्रश्नों को हल करने के लिए निम्नलिखित बीज गणितीय सूत्र भी स्मरणीय हैं –

1. $(a+b)^2 = a^2 + b^2 + 2ab$
2. $(a-b)^2 = a^2 + b^2 - 2ab$
3. $a^2 - b^2 = (a-b)(a+b)$
4. $a^3 - b^3 = (a-b)(a^2 + ab + b^2)$
5. $a^3 + b^3 = (a+b)(a^2 - ab + b^2)$
6. $a^3 + b^3 + c^3 - 3abc = (a+b+c)(a^2 + b^2 + c^2 - ab - bc - ca)$
7. यदि $a + b + c = 0$ तब $a^3 + b^3 + c^3 = 3abc$
8. $(a-b)^3 = a^3 - b^3 - 3ab(a-b)$
9. $(a+b)^3 = a^3 + b^3 + 3ab(a+b)$

अध्याय पर आधारित प्रश्नों के प्रकार

'सरलीकरण' अध्याय से विभिन्न प्रतियोगी परीक्षाओं में पूछे गये और पूछे जा सकने वाले प्रश्नों को 5 प्रकारों में बांट सकते हैं –

1. BODMAS पर आधारित प्रश्न
2. भिन्नों पर आधारित प्रश्न
3. वर्गान्तर के सूत्र पर आधारित प्रश्न
4. घनों के योग-अन्तर पर आधारित प्रश्न
5. प्रतिशत पर आधारित प्रश्न

उदाहरणार्थ हल प्रश्न

1 BODMAS पर आधारित प्रश्न

निम्नलिखित राशियों के सरलतम मान ज्ञात कीजिए –

1. $25 \times 24 + 28 \times 10 - 45 \div 15$
2. $240 \div 60 + 120 \div 15 \times 3 + 5$
3. $18 \times 12 + 16 \div 8 - 14$
4. $3 \times 7 + [15 \div 45 \times 9 + (21 \div 7)]$
5. $4.59 \times 1.8 \div 3.6 + 5.4 \div 1.8 - 1.5$
6. $0.5 \div 12.5 + 0.25 \times 0.05 - 0.0125$

इस प्रकार की राशियों का सरलतम मान ज्ञात करने के लिए BODMAS के क्रम में ही गणना करते हैं अर्थात् गणना का पहला क्रम Bracket (कोष्ठक), दूसरा क्रम of (का), तीसरा क्रम Division (भाग), चौथा क्रम Multiplication (गुणा), पांचवां क्रम Addition (योग), छठां क्रम Subtraction (घटाव) का होता है।

हल

1. $25 \times 24 + 28 \times 10 - 45 \div 15 = 600 + 280 - 3 = 880 - 3 = 877$
2. $240 \div 60 + 120 \div 15 \times 3 + 5 = 4 + 8 \times 3 + 5 = 4 + 24 + 5 = 33$
3. $18 \times 12 + 16 \div 8 - 14 = 216 + 2 - 14 = 218 - 14 = 204$
4. $3 \times 7 + [15 \div 45 \times 9 + (21 \div 7)] = 21 + \left[\frac{15}{45} \times 9 + 3\right] = 21 + [3 + 3] = 21 + 6 = 27$

5. $4.59 \times 1.8 \div 3.6 + 5.4 \div 1.8 - 1.5 = 4.59 \times \left(\frac{1.8}{3.6}\right) + \left(\frac{5.4}{1.8}\right) - 1.5 = 4.59 \times \frac{1}{2} + 3 - 1.5$

$= 2.295 + 3 - 1.5 = 5.295 - 1.5 = 3.795$

6. $0.5 \div 12.5 + 0.25 \times 0.05 - 0.0125 = \frac{0.5}{12.5} + 0.0125 - 0.0125 = \frac{5}{125} = \frac{1}{25} = 0.04$

2 भिन्नों पर आधारित प्रश्न

निम्नलिखित राशियों के सरलतम मान ज्ञात कीजिए–

1. $5\frac{2}{3} \times 3\frac{1}{6} + 2\frac{1}{3}$
2. $\left(\frac{1}{2} \div \frac{1}{2} \text{ का } \frac{1}{2}\right) \div \left(\frac{1}{2} + \frac{1}{2} \text{ का } \frac{1}{2}\right)$
3. $6\frac{1}{2} + 3\frac{1}{4} \div 2\frac{3}{5} \times \frac{4}{5}$
4. $\frac{48 \times 4 - 16 \times 6}{20 \times 3 + \frac{1}{4} \times 48} \text{ का } \frac{3}{4}$
5. $2\frac{3}{4} \div 4\frac{5}{4} \text{ का } 2\frac{3}{8} \times 3\frac{4}{5}$
6. $\frac{3}{4}\left(1+\frac{1}{3}\right)\left(1+\frac{2}{3}\right)\left(1-\frac{2}{5}\right)\left(1+\frac{6}{7}\right)\left(1-\frac{12}{13}\right)$

हल

1. $5\frac{2}{3} \times 3\frac{1}{6} + 2\frac{1}{3} = \frac{17}{3} \times \frac{19}{6} + \frac{7}{3} = \frac{323}{18} + \frac{7}{3} = \frac{323+42}{18} = \frac{365}{18} = 20\frac{5}{18}$

2. $\left(\frac{1}{2} \div \frac{1}{2} \text{ का } \frac{1}{2}\right) \div \left(\frac{1}{2} + \frac{1}{2} \text{ का } \frac{1}{2}\right) = \left[\frac{1}{2} \div \left(\frac{1}{2} \times \frac{1}{2}\right)\right] \div \left[\frac{1}{2} + \left(\frac{1}{2} \times \frac{1}{2}\right)\right]$

$= \left[\frac{1}{2} \div \frac{1}{4}\right] \div \left[\frac{1}{2} + \frac{1}{4}\right] = \left[\frac{1}{2} \times \frac{4}{1}\right] \div \left[\frac{3}{4}\right] = \frac{2}{1} \times \frac{4}{3} = \frac{8}{3} = 2\frac{2}{3}$

3. $6\frac{1}{2} + 3\frac{1}{4} \div 2\frac{3}{5} \times \frac{4}{5} = \frac{13}{2} + \frac{13}{4} \div \frac{13}{5} \times \frac{4}{5} = \frac{13}{2} + \left(\frac{13}{4} \times \frac{5}{13}\right) \times \frac{4}{5} = \frac{13}{2} + \frac{5}{4} \times \frac{4}{5} = \frac{13}{2} + 1 = \frac{15}{2} = 7\frac{1}{2}$

4. $\frac{48 \times 4 - 16 \times 6}{20 \times 3 + \frac{1}{4} \times 48} \text{ का } \frac{3}{4} = \frac{192 - 96}{60 + 12} \text{ का } \frac{3}{4} = \frac{96}{72} \times \frac{3}{4} = \frac{4}{3} \times \frac{3}{4} = 1$

5. $2\frac{3}{4} \div 4\frac{5}{4} \text{ का } 2\frac{3}{8} \times 3\frac{4}{5} = \frac{11}{4} \div \frac{21}{4} \text{ का } \frac{19}{8} \times \frac{19}{5} = \frac{11}{4} \div \left(\frac{21}{4} \times \frac{19}{8}\right) \times \frac{19}{5} = \frac{11}{4} \times \frac{4}{21} \times \frac{8}{19} \times \frac{19}{5} = \frac{88}{105}$

6. $\frac{3}{4}\left(1+\frac{1}{3}\right)\left(1+\frac{2}{3}\right)\left(1-\frac{2}{5}\right)\left(1+\frac{6}{7}\right)\left(1-\frac{12}{13}\right) = \frac{3}{4} \times \left(\frac{4}{3}\right) \times \left(\frac{5}{3}\right) \times \left(\frac{3}{5}\right) \times \left(\frac{13}{7}\right) \times \left(\frac{1}{13}\right) = \frac{1}{7}$

3 वर्गान्तर के सूत्र पर आधारित प्रश्न

निम्नलिखित राशियों के सरलतम मान ज्ञात कीजिए–

1. $\frac{0.0324 - 0.0121}{0.07}$ 2. $\frac{6.76 - 2.25}{1.1}$ 3. $\frac{0.0064 - 0.0016}{0.08 - 0.04}$ 4. $\frac{0.0256 - 0.0169}{0.16 - 0.13}$

इस प्रकार की राशियों का सरलतम मान ज्ञात करने के लिए वर्गान्तर $a^2 - b^2 = (a-b)(a+b)$ के सूत्र का प्रयोग किया जाता है।

हल

1. $\frac{0.0324 - 0.0121}{0.07} = \frac{(0.18)^2 - (0.11)^2}{0.07} = \frac{(0.18 - 0.11)(0.18 + 0.11)}{0.07} = \frac{0.07 \times 0.29}{0.07} = 0.29$

2. $\frac{6.76 - 2.25}{1.1} = \frac{2.6^2 - 1.5^2}{1.1} = \frac{(2.6 - 1.5)(2.6 + 1.5)}{1.1} = \frac{1.1 \times 4.1}{1.1} = 4.1$

3. $\frac{0.0064 - 0.0016}{0.08 - 0.04} = \frac{(0.08)^2 - (0.04)^2}{(0.08 - 0.04)} = \frac{(0.08 - 0.04)(0.08 + 0.04)}{(0.08 - 0.04)} = (0.08 + 0.04) = 0.12$

4. $\frac{0.0256 - 0.0169}{0.16 - 0.13} = \frac{(0.16)^2 - (0.13)^2}{(0.16 - 0.13)} = \frac{(0.16 - 0.13)(0.16 + 0.13)}{(0.16 - 0.13)} = 0.16 + 0.13 = 0.29$

4 घनों के योग-अन्तर पर आधारित प्रश्न

निम्नलिखित राशियों के सरलतम मान ज्ञात कीजिए –

1. $\dfrac{1.8\times1.8\times1.8-1.3\times1.3\times1.3}{1.8\times1.8+1.8\times1.3+1.3\times1.3}$
2. $(2.7^3-1.7^3)\div(2.7^2+2.7\times1.7+1.7^2)$
3. $\left(\dfrac{8}{27}-\dfrac{1}{8}\right)\div\left(\dfrac{4}{9}+\dfrac{1}{3}+\dfrac{1}{4}\right)$
4. $\dfrac{0.008+0.027+0.001-0.018}{0.04+0.09+0.01-0.06-0.03-0.02}$
5. $0.008+0.027-0.125+0.09$
6. $\dfrac{0.512+0.729}{0.64-0.72+0.81}$

इस प्रकार के प्रश्नों अर्थात घनों के योग-अन्तर पर आधारित प्रश्नों को हल करने के लिए निम्नलिखित सूत्रों का प्रयोग किया जाता है।

$a^3 + b^3 = (a + b)(a^2 - ab + b^2)$

$a^3 - b^3 = (a - b)(a^2 + ab + b^2)$

$a^3 + b^3 + c^3 - 3abc = (a + b + c)(a^2 + b^2 + c^2 - ab - bc - ca)$

यदि $a + b + c = 0$ *तो* $a^3 + b^3 + c^3 = 3abc$

हल

1. $\dfrac{1.8\times1.8\times1.8-1.3\times1.3\times1.3}{1.8\times1.8+1.8\times1.3+1.3\times1.3}=\dfrac{(1.8-1.3)(1.8^2+1.8\times1.3+1.3^2)}{(1.8^2+1.8\times1.3+1.3^2)}=1.8-1.3=0.5$

2. $(2.7^3-1.7^3)\div(2.7^2+2.7\times1.7+1.7^2)=\dfrac{(2.7-1.7)(2.7^2+2.7\times1.7+1.7^2)}{(2.7^2+2.7\times1.7+1.7^2)}=2.7-1.7=1.0$

3. $\left(\dfrac{8}{27}-\dfrac{1}{8}\right)\div\left(\dfrac{4}{9}+\dfrac{1}{3}+\dfrac{1}{4}\right)=\dfrac{\left(\frac{2}{3}\right)^3-\left(\frac{1}{2}\right)^3}{\frac{4}{9}+\frac{1}{3}+\frac{1}{4}}=\dfrac{\left(\frac{2}{3}-\frac{1}{2}\right)\left[\left(\frac{2}{3}\right)^2+\frac{2}{3}\times\frac{1}{2}+\left(\frac{1}{2}\right)^2\right]}{\left(\frac{4}{9}+\frac{1}{3}+\frac{1}{4}\right)}$

$=\dfrac{\left(\frac{2}{3}-\frac{1}{2}\right)\left[\frac{4}{9}+\frac{1}{3}+\frac{1}{4}\right]}{\left(\frac{4}{9}+\frac{1}{3}+\frac{1}{4}\right)}=\dfrac{2}{3}-\dfrac{1}{2}=\dfrac{4-3}{6}=\dfrac{1}{6}$

4. $\dfrac{0.008+0.027+0.001-0.018}{0.04+0.09+0.01-0.06-0.03-0.02}=\dfrac{(0.2)^3+(0.3)^3+(0.1)^3-3\times0.2\times0.3\times0.1}{(0.2)^2+(0.3)^2+(0.1)^2-0.2\times0.3-0.3\times0.1-0.1\times0.2}$

$=\dfrac{(0.2+0.3+0.1)(0.2^2+0.3^2+0.1^2-0.2\times0.3-0.3\times0.1-0.1\times0.2)}{(0.2^2+0.3^2+0.1^2-0.2\times0.3-0.3\times0.1-0.1\times0.2)}=0.2+0.3+0.1=0.6$

5. $0.008+0.027-0.125+0.09=(0.2)3+(0.3)3+3\times0.2\times0.3\times-0.5=0$ क्योंकि $0.2+0.3+(-0.5)=0$

6. $\dfrac{0.512+0.729}{0.64-0.72+0.81}=\dfrac{(0.8)^3+(0.9)^3}{0.64-0.72+0.81}=\dfrac{(0.8+0.9)(0.8^2-0.8\times0.9+0.9^2)}{(0.8^2-0.8\times0.9+0.9^2)}=0.8+0.9=1.7$

5 प्रतिशत पर आधारित प्रश्न

1. 640 का 150% + 40 = ? का 120% + 160
2. 240 का 25% + 360 का ?% = 570 का 20%
3. 4.5 का 40% + $\dfrac{2}{3}$ का ?% = 10 का 20%
4. 24 का 25% + 32 का 25% – 175 का $\dfrac{1}{7}$ का मान ज्ञात कीजिए।
5. ? का 45% + 90 का 30% = 210 का 30%

प्रतिशत वह भिन्न है, जिसका हर 100 होता है। जैसे $10\%=\dfrac{10}{100}$, $x\%=\dfrac{x}{100}$ *इत्यादि। अतः जहां A का x % लिखा है वहां* $A\times\dfrac{x}{100}$ *लिखा जायेगा। देखें प्रश्नों के निम्नलिखित हल –*

1. 640 का 150% + 40 = ? का 120% + 160

$\therefore 640\times\frac{150}{100}+40=?\times\frac{120}{100}+160 \Rightarrow 960+40=?\ \times\frac{6}{5}+160$

$\therefore 1000-160=?\times\frac{6}{5}$ या $?\times\frac{6}{5}=840 \Rightarrow ?=\frac{840\times5}{6}=700$

2. 240 का 25% + 360 का ?% = 570 का 20%, अत: $240\times\frac{25}{100}+360\times\frac{?}{100}=570\times\frac{20}{100}$

$60+\frac{18}{5}\times?=114 \Rightarrow \frac{18\times?}{5}=54 \Rightarrow ?=\frac{54\times5}{18}=15$

3. 4.5 का 40% + $\frac{2}{3}$ का ?% = 10 का 20%, अत: $4.5\times\frac{40}{100}+\frac{2}{3}\times\frac{?}{100}=10\times\frac{20}{100}$

$\therefore 180+\frac{2}{3}\times?=200 \Rightarrow \frac{2}{3}=?=20$ या $?=\frac{20\times3}{2}=30$

4. 24 का 25% + 32 का 25% − 175 का $\frac{1}{7}=24\times\frac{25}{100}+32\times\frac{25}{100}-175\times\frac{1}{7}=6+8-25=14-25=-11$

5. ? का 45% + 90 का 30% = 210 का 30%, अत: $?\times\frac{45}{100}+90\times\frac{30}{100}=210\times\frac{30}{100}$

$\therefore ?\ \times45+2700=6300 \Rightarrow ?\ \times45=6300-2700 \Rightarrow ?\ \times45=3600 \Rightarrow ?=\frac{3600}{45}=80$

अभ्यास प्रश्न

BODMAS पर आधारित प्रश्न

1. 5 ÷ 10 का 10 × 4 + 4 ÷ 4 का 4 × 10 − (10 − 4) ÷ 16 × 4 का सरलीकृत मान क्या है?

(a) 2.5 (b) 1.2 (c) 58.5 (d) 21 *SSC CHSL (Tier-1) 3.7.2019*

2. 5 ÷ 5 का 5 × 2 + 2 ÷ 2 का 2 × 5 − (5 − 2) ÷ 6 × 2 का मान है–

(a) 19/10 (b) 23/2 (c) 19 (d) 9/5 *SSC CGL (Tier-1) 4.6.2019*

3. (5 + 3 ÷ 5 × 5) ÷ (4 × 4 ÷ 4 का 4 + 4 ÷ 4 × 4) का (3 ÷ 6 का 3) का मान है–

(a) $7\frac{1}{3}$ (b) $8\frac{1}{5}$ (c) $9\frac{3}{5}$ (d) $6\frac{2}{3}$ *SSC CGL (Tier-1) 6.6.2019*

4. (3 × 4 का 12 ÷ 2) ÷ 9 × 4 + 4 ÷ 8 + 3 × 2 का मान कितना है?

(a) $\frac{89}{3}$ (b) $\frac{37}{2}$ (c) $\frac{94}{3}$ (d) $\frac{77}{2}$ *SSC MTS 6.8.2019*

5. (24 + 16 × 5 − 8 का 4) ÷ 84 × 48 ÷ 24 × 6 + 4 + 3 का मान कितना है?

(a) $\frac{139}{3}$ (b) $\frac{156}{5}$ (c) $\frac{121}{7}$ (d) $\frac{56}{3}$ *SSC MTS 6.8.2019*

6. यदि A = 8 ÷ 4 × (3 − 1) + 6 × 3 ÷ 2 का 3 तथा B = 4 ÷ 8 × 2 + 7 × 3 है, तो A + B का मान कितना है?

(a) 29 (b) 31 (c) 33 (d) 35 *SSC MTS 9.8.2019*

7. 36 ÷ 8 × 4 + 2 ÷ 4 − 1 + 5 का 3 ÷ (4 × 2 − 3) − 3 का मान कितना है?

(a) 18 (b) 16 (c) $\frac{35}{2}$ (d) $\frac{31}{2}$ *SSC MTS 5.8.2019*

8. यदि (28 ÷ 4 × 7) + (44 ÷ 4 × 7) − (12 × x) = 18 है, तो x का मान है–

(a) 3 (b) 12 (c) 9 (d) 6 *SSC CHSL (Tier-1) 16.8.2019*

9. 7.2 + (8.4 ÷ 0.12 × 0.2) − 5 × 3 ÷ 0.05 + 3 का मान है–

(a) − 175.8 (b) −275.8 (c) −75.8 (d) 21.2 *SSC CGL (Tier-1) 11.6.2019*

10. $3.8 - (4.2 \div 0.7 \times 3) + 5 \times 2 \div 0.5$ का मान है–
(a) 5.8 (b) 18.4 (c) 15.6 (d) 21.8 *SSC CGL (Tier-1) 0.6.2019*

11. $108 \div 36 \times 4 + 2.5 \times 4 \div 0.5 - 10$ का मान है–
(a) 16 (b) 18 (c) 22 (d) 20 *SSC CGL (Tier-1) 13.6.2019*

12. (0.4 का $50 \times 6 \div 8) \div (12 \times 10 \div 16) + 5 \times 0.2 - 0.01 \times 10^2$ का मान कितना है?
(a) 1 (b) 4 (c) 2 (d) 20 *SSC CHSL (Tier-1) 16.8.2019*

13. (2 का $14 \div 7 \times 3) + (44 \div 11 \times 8) - (12 \times 9 \div 3)$ का मान कितना है?
(a) 9 (b) 6 (c) 8 (d) 7 *SSC CHSL (Tier-1) 16.8.2019*

14. $2 \times 2 + 4 \times 4 + 2$ का $3 \times 6 - 7 \times (5 + 4 \div 2)$ का मान है–
(a) 5 (b) 7 (c) 4 (d) 6 *SSC CHSL (Tier-1) 16.8.2019*

15. 7×7 का $3 \div 3 - 14 \times x = 7$ तो x का मान कितना है ?
(a) 1 (b) 2 (c) 3 (d) 4 *SSC CHSL (Tier-1) 14.8.2019*

16. $21.6 \div 3.6 \times 2 + 0.25 \times 16 \div 4 - 6$ बराबर है–
(a) 5 (b) 8 (c) 6 (d) 7 *SSC CGL (Tier-1) 13.6.2019*

17. $56 + (4)^3 - 3 \times (3)^2$ का मान है–
(a) 93 (b) 79 (c) 76 (d) 83 *SSC CHSL (Tier-1) 21.8.2019*

18. $7.5 + (5.4 \div 4.5 \times 2) - 8 \times 4 \div 3.2$ का मान है–
(a) –0.2 (b) –0.1 (c) 0.1 (d) 0.2 *SSC CGL (Tier-1) 12.6.2019*

19. $16 \div 4$ का $4 \times [3 \div \{4 \times 3 \div (3 + 3)\}$ का $4] \div (2 \div 8$ का 4) का मान है–
(a) 16 (b) 6 (c) 48 (d) 9 *SSC CGL (Tier-1) 6.6.2019*

20. $15.2 + 5.8 \div 2.9 \times 2 - 3.5 \times 2 \div 0.5$ का मान बराबर है–
(a) 4.8 (b) 3.2 (c) 5.2 (d) 5.4 *SSC CGL (Tier-1) 13.6.2019*

21. $7 \div 14$ का $2 - 7 \times 7 \div 49 + 1/3$ का $(14 \div 7 + 7) + 7 - 14 \div 2$ का मान है–
(a) 3 (b) $2\frac{1}{4}$ (c) $-1\frac{1}{4}$ (d) $4\frac{1}{4}$ *SSC CHSL (Tier-1) 21.8.2019*

22. $3.8 + (8.2 \div 4.1 \times 2) - 4 \times 3 \div 1.2$ का मान है–
(a) 2.2 (b) –2.2 (c) 1.2 (d) –1.2 *SSC CGL (Tier-1) 12.6.2019*

23. $5.8 + (7.4 \div 3.7 \times 5) - 6 \times 2 \div 2.5$ का मान है–
(a) 9 (b) 12 (c) 10 (d) 11 *SSC CGL (Tier-1) 11.6.2019*

24. $2.8 + (5.2 \div 1.3 \times 2) - 6 \times 3 \div 8 + 2$ का मान है–
(a) 10.55 (b) 6.45 (c) 4.55 (d) 8.45 *SSC CGL (Tier-1) 11.6.2019*

25. $4.5 - (3.2 \div 0.8 \times 5) + 3 \times 4 \div 6$ का मान है–
(a) –13.5 (b) 4.2 (c) 5.7 (d) –8.5 *SSC CGL (Tier-1) 10.6.2019*

26. $3 \div 3$ का $3 + 2 \div 4 + (4 \times 2 - 2) \div 12 + 4$ का मान कितना है?
(a) $\frac{12}{5}$ (b) $\frac{16}{3}$ (c) $\frac{14}{3}$ (d) $\frac{17}{6}$ *SSC CHSL (Tier-1) 19.8.2019*

27. $7 \div 2 - [3$ का $7 \div 4 \div \{(2 \div 5) \times (25 \div 8) \div (5 \div 2)\}]$ का मान कितना है?
(a) –8 (b) –7 (c) –1 (d) –9 *SSC CHSL (Tier-1) 21.8.2019*

28. $27 \times 6 \div 24 + 6 \div 2$ का $3 + 30 \div 24 \times 18 - 9 \div 54$ का 3×216 का मान है–
(a) –77.75 (b) 18.25 (c) –69.75 (d) 26.25 *SSC CHSL (Tier-1)192.8.2019*

29. $2 \times 3 \div 2$ का $3 \times 2 \div (4 + 4 \times 4 \div 4$ का $4 - 4 \div 4 \times 4)$ का मान है–

(a) 8 (b) 1 (c) 2 (d) 4 ***SSC CGL (Tier-1) 142.6.2019***

30. निम्नलिखित व्यंजक को हल करें– $11 + 11 \times 11 - 11 \div 11$

(a) 22 (b) 131 (c) 121 (d) 11 ***SSC CGL (Tier-1) 9.3.2020***

31. $(26 - 13 \times 2) \div 2 + 1$ का मान ज्ञात कीजिए।

(a) 26/3 (b) 0 (c) 14 (d) 1 ***SSC CGL (Tier-1) 9.3.2020***

32. $1800 \div 20 \times \{(12 - 6) + (24 - 12)\}$ का मान क्या होगा?

(a) 2720 (b) 840 (c) 1720 (d) 1620 ***SSC CGL (Tier-1) 7.3.2020***

33. निम्नलिखित व्यंजक का मान ज्ञात कीजिए :

$20 - [15 - \{4 - (8 - 6 + 3)\}]$

(a) 4 (b) 8 (c) 6 (d) 5 ***RRB NTPC (Tier-1) 1.2.2021***

34. $[7 + 7 \times (7 + 7 \div 7)] + 7 \div 7$ का मूल्यांकन करें।

(a) 5 (b) 63 (c) 10 (d) 64 ***SSC CHSL (Tier-1) 20.10.2020***

35. निम्नलिखित व्यंजक का मान ज्ञात कीजिए–

$\left(\frac{6+3}{3}\right) - 5 \times (4+5)$

(a) – 24 (b) – 42 (c) 42 (d) 24 ***RRB NTPC (Tier-1) 1.2.2021***

भिन्नों पर आधारित प्रश्न

36. $\left(\frac{16}{5}+\frac{3}{5}\right) \div \frac{8}{5} \Big/ \frac{8}{7} \div \left\{\frac{5}{7}+\left(\frac{1}{7}\div\frac{1}{3}\right)\right\}$ का सरलीकृत मान है–

(a) 19/16 (b) 19/64 (c) 19/8 (d) 19/7

37. $\frac{1}{2}$ का $\frac{8}{5} \div \left\{\frac{11}{5} - \left(\frac{5}{16} + \frac{3}{5} \times \frac{15}{8} \div \frac{2}{3}\right)\right\}$ का सरलीकृत मान क्या होगा?

(a) 4 (b) 2/5 (c) 1/5 (d) 1 ***SSC CHSL (Tier-1) 10.7.2019***

38. $2\frac{7}{8} \div \left(3\frac{5}{6} \div 2\frac{1}{3}\text{ का }\frac{2}{7}\right) \times \left[\left(4\frac{1}{5}\text{ का }2\frac{6}{7} \div \frac{2}{3}\right) \times \frac{5}{9}\right]$ का मान है–

(a) 1/23 (b) 4 (c) 5 (d) 1/4 ***SSC CGL (Tier-1) 4.6.2019***

39. $\frac{39 \div 26 + 22 \div 11 \times 2 + 4 \times 3}{2\text{ का }5 - 3(7 + 10 \div 2 - 3 \times 3)}$ का मान कितना है?

(a) $\frac{61}{2}$ (b) $\frac{49}{2}$ (c) $\frac{39}{2}$ (d) $\frac{35}{2}$ ***SSC MTS 6.8.2019***

40. $\frac{\frac{3}{4} \div \frac{9}{32} + \frac{4}{3} \times \frac{2}{3}\text{ का }\frac{27}{16}}{\frac{1}{2} \times \left(\frac{8}{3} - 2\right) \div \frac{4}{9} + \left(\frac{1}{3} + \frac{1}{6}\right)}$ का मान कितना है?

(a) $\frac{13}{2}$ (b) $\frac{10}{3}$ (c) $\frac{25}{2}$ (d) $\frac{31}{2}$ ***SSC MTS 5.8.2019***

41. $6 - 6 \div 6 \times 6 + (6 \div 6\text{ का }6) \times 6 - \left(3\frac{2}{3} \div \frac{11}{30}\text{ का }\frac{2}{3}\right) \div 5$ का मान है–

(a) – 2 (b) 2 (c) –1 (d) 0 ***SSC CGL (Tier-1) 7.6.2019***

42. $\dfrac{\left(1-\frac{3}{4}\right)+\frac{1}{2} \text{ का } \frac{6}{10}}{\frac{2}{2}\div\frac{4}{10}\times\left(1-\frac{1}{5}\right) \text{ का } \frac{25}{16}}$ का मान कितना है?

(a) $\frac{33}{175}$ (b) $\frac{49}{115}$ (c) $\frac{29}{175}$ (d) $\frac{47}{115}$ *SSC CHSL (Tier-1)(19.8.2019*

43. निम्न का मान कितना है?

$6\frac{1}{8}\div\left(5\frac{1}{4}\div\frac{3}{7} \text{ का } \frac{1}{2}\right)-8\times\frac{2}{3}\div\frac{4}{5} \text{ का } 1\frac{2}{3}$?

(a) $\frac{15}{4}$ (b) 3 (c) –3 (d) $-\frac{15}{4}$ *SSC CHSL (Tier-1) 21.8.2019*

44. $9\frac{3}{4}+\left[2\frac{1}{6}\div\left\{4\frac{1}{3}-\left(2\frac{1}{2}+\frac{3}{4}\right)\right\}\right]$ का मान है–

(a) $\frac{47}{4}$ (b) $\frac{15}{4}$ (c) 4 (d) 3 *SSC CGL (Tier-1) 19.6.2019*

45. $\left(\frac{2}{3}\div\frac{3}{2} \text{ का } \frac{2}{3}\right)$ का $\frac{9}{15}\div\left(\frac{5}{4}\div\frac{5}{2}\times\frac{4}{5} \text{ का } \frac{2}{5}\right)$ का $\left(\frac{3}{4}\times\frac{3}{4}\div\frac{4}{3} \text{ का } \frac{3}{4}\right)$ का मान है–

(a) $\frac{4}{25}$ (b) $\frac{18}{125}$ (c) $\frac{40}{9}$ (d) $\frac{20}{9}$ *SSC CGL (Tier-1) 6.6.2019*

46. $\frac{3}{4}\times2\frac{2}{3}\div1\frac{1}{5}$ का $\frac{5}{9}+\frac{2}{23}\times3\frac{5}{6}\div2\frac{1}{3}$ का $\frac{2}{7}$ का मान है–

(a) $1\frac{5}{6}$ (b) $4\frac{5}{6}$ (c) $3\frac{1}{2}$ (d) $1\frac{2}{3}$ *SSC CGL (Tier-1) 10.6.2019*

47. $7\frac{1}{2}\times\left(3\frac{1}{5}\div5\frac{1}{3} \text{ का } 4\frac{1}{2}\right)+\left[11-\left(\frac{5}{8}+3-1\frac{1}{4}\right)\right]\div5\frac{3}{4}-5\div5\times5$ का $5\div25$ का मान है–

(a) $1\frac{1}{2}$ (b) $\frac{1}{2}$ (c) $\frac{1}{10}$ (d) $\frac{3}{10}$ *SSC CGL (Tier-1) 7.6.2019*

48. $\frac{3}{4}$ का $\left(\frac{1}{3}\div\frac{1}{2}\right)+\left(2-\frac{2}{5}\right)\times\frac{3}{2}+\frac{2}{3}$ का मान कितना है?

(a) $\frac{107}{30}$ (b) $\frac{101}{6}$ (c) $\frac{109}{17}$ (d) $\frac{103}{25}$ *SSC CHSL (Tier-1) 2.8.2019*

49. $\left(5\frac{1}{4}\div4 \text{ का } 2\frac{1}{3}\right)$ का $\frac{8}{9}\div\left(8\times\frac{2}{3}\div\frac{4}{5}\right)$ का $\left(8\div\frac{4}{5} \text{ का } \frac{2}{3}\right)$ का मान है–

(a) $1\frac{1}{8}$ (b) $\frac{1}{100}$ (c) $\frac{1}{200}$ (d) $\frac{4}{15}$ *SSC CGL (Tier-1) 7.6.2019*

50. $9\frac{3}{4}\div\left[2\frac{1}{6}\div\left\{4\frac{1}{3}-\left(2\frac{1}{2}+\frac{3}{4}\right)\right\}\right]$ का मान है–

(a) $\frac{15}{4}$ (b) 3 (c) $\frac{39}{8}$ (d) 4 *SSC CGL (Tier-1) 13.6.2019*

51. $-\frac{5}{2}+\frac{3}{2}\div6\times\frac{1}{2}$ का मान ज्ञात कीजिए–

(a) $-\frac{19}{8}$ (b) $-\frac{9}{8}$ (c) $-\frac{1}{12}$ (d) $-\frac{1}{3}$ *SSC CGL (Tier-1) 9.3.2020*

52. $\frac{3}{5}\times1\frac{7}{8}\div1\frac{1}{3}$ of $\frac{3}{16}-\left(3\frac{1}{5}\div4\frac{1}{2} \text{ of } 5\frac{1}{3}\right)\times2\frac{1}{2}+\frac{1}{2}+\frac{1}{8}\div\frac{1}{4}$ का मान ज्ञात कीजिए।

(a) $4\frac{1}{3}$ (b) $4\frac{1}{8}$ (c) $5\frac{5}{6}$ (d) $5\frac{1}{6}$ *SSC CGL (Tier-1) 5.3.2020*

53. $\left(18 \div 2 \text{ of } \frac{1}{4}\right) \times \left(\frac{2}{3} \div \frac{3}{4} \times \frac{5}{8}\right) \div \left(\frac{2}{3} \div \frac{3}{4} \text{ of } \frac{3}{4}\right)$ का मान बताइए।

(a) $10\frac{2}{3}$ (b) $16\frac{7}{8}$ (c) $2\frac{7}{64}$ (d) $8\frac{5}{8}$ ***SSC CGL (Tier-1) 3.3.2020***

54. $-1 + \frac{1}{4} \div \frac{1}{2} \times 2 + 5$ का मान .... है।

(a) 5 (b) $\frac{17}{4}$ (c) 2 (d) $-\frac{7}{2}$ ***SSC CGL (Tier-1) 5.3.2020***

55. $\dfrac{3\frac{2}{3} \div \frac{11}{30} \text{ of } \frac{2}{3} - \frac{1}{4} \text{ of } 2\frac{1}{2} \div \frac{3}{5} \times 4\frac{4}{5}}{\frac{2}{5} \text{ of } 7\frac{1}{2} \div \frac{3}{4} - \frac{3}{4} \times 1\frac{1}{2} \div 2\frac{1}{4}}$ का मान क्या है?

(a) $3\frac{4}{7}$ (b) $2\frac{6}{7}$ (c) $2\frac{2}{9}$ (d) $\frac{10}{21}$ ***SSC CGL (Tier-1) 5.3.2020***

56. $\dfrac{5\frac{1}{2} \div 3\frac{2}{3} \text{ of } \frac{1}{4} + \left(5\frac{1}{9} - 7\frac{7}{8} \div 9\frac{9}{20}\right) \times \frac{9}{11}}{5 \div 5 \text{ of } \frac{1}{10} - 10 \times 10 \div 20}$ का मान बताएँ-

(a) $1\frac{9}{10}$ (b) $9\frac{1}{2}$ (c) $1\frac{4}{5}$ (d) $3\frac{4}{5}$ ***SSC CGL (Tier-1) 4.3.2020***

57. $\dfrac{7 - \left[4 + 3(2 - 2 \times 2 + 5) - 8\right] \div 5}{2 \div 2 \text{ of } (4 + 4 \div 4 \text{ of } 4)}$ का मान ज्ञात कीजिए।

(a) $8\frac{1}{2}$ (b) 26 (c) 24 (d) $25\frac{1}{2}$ ***SSC CGL (Tier-1) 4.3.2020***

58. $\dfrac{8 \div \left[(8-3) \div \left\{(4 \div 4 \text{ of } 8) + 4 - 4 \times 4 \div 8\right\} - 2\right]}{8 \times 8 \div 4 - 8 \div 8 \text{ of } 2 - 7}$ का मान ज्ञात कीजिए।

(a) $\frac{2}{17}$ (b) $\frac{16}{170}$ (c) $\frac{17}{8}$ (d) $\frac{8}{3}$ ***SSC CGL (Tier-1) 4.3.2020***

59. $\dfrac{36 \div 42 \text{ of } 6 \times 7 + 24 \times 6 \div 18 + 3 \div (2-6) - (4 + 3 \times 2) \div 8}{21 \div 3 \text{ of } 7}$ का मान ज्ञात कीजिए।

(a) 7 (b) $\frac{1}{7}$ (c) $7\frac{1}{2}$ (d) $8\frac{1}{2}$ ***SSC CGL (Tier-1) 9.3.2020***

60. यदि '+' का अर्थ '–', '–' का अर्थ '+', '×' का अर्थ '÷' और '÷' का अर्थ '×' है, तो $\dfrac{\left[(30 \times 5) + 1(84 \times 6)\right] \div 5}{\left[\frac{2}{3} \div 18\right] - \left[4 \div 2\right]}$ का मान .... होगा।'

(a) 2 (b) 1 (c) –2 (d) –1 ***SSC CGL (Tier-1) 6.3.2020***

61. $\frac{1}{3}, \frac{4}{3}$ और $\frac{3}{4}$ का योग ज्ञात कीजिए–

(a) $\frac{26}{12}$ (b) 2 (c) $\frac{27}{12}$ (d) $\frac{29}{12}$ ***RRB NTPC (Tier-1) 1.2.2021***

62. $\dfrac{\frac{1}{5} \div \frac{1}{5} \times \frac{1}{5}}{\frac{1}{5} \div \frac{1}{5} \text{ का } \frac{1}{5}} - 4\frac{1}{5} \div 105$ का मान निम्नलिखित में से कितना होगा?

(a) 2 (b) 0 (c) 5 (d) 10 ***SSC CHSL (Tier-1) 21.10.2020***

63. $\frac{4}{5}\div 3\frac{1}{4}$ का $\frac{8}{13}-\frac{\frac{1}{5}-\frac{1}{8}}{\frac{1}{5}+\frac{1}{8}}\times 5\frac{1}{5}+\frac{5}{6}$ का मान है–

(a) $\frac{7}{30}$ (b) $\frac{1}{30}$ (c) $\frac{2}{15}$ (d) $\frac{1}{15}$ ***SSC CHSL (Tier-1) 20.10.2020***

64. $\frac{4+\sqrt{2}}{\sqrt{2}+1}$ का मान ज्ञात कीजिए।

(a) $3\sqrt{2}$ (b) $2-3\sqrt{2}$ (c) $3\sqrt{2}-2$ (d) $3\sqrt{2}+2$ ***RRB NTPC (Tier-1) 1.2.2021***

65. $2\frac{1}{3}+2\frac{1}{2}$ का $1\frac{2}{5}+\left(\frac{3}{8}+\frac{1}{7}\times 1\frac{3}{4}\right)$ का मान ज्ञात करें।

(a) $\frac{29}{24}$ (b) $\frac{25}{24}$ (c) $\frac{155}{24}$ (d) $\frac{35}{24}$ ***SSC CAPF : 24.11.2020***

66. $\frac{\sqrt{5}-\sqrt{3}}{\sqrt{5}+\sqrt{3}}$ इसके बराबर है?

(a) $4+\sqrt{15}$ (b) $4-\sqrt{15}$ (c) $\frac{1}{2}$ (d) 1 ***PET : 24.8.2021***

67. $\frac{40-\frac{2}{4} \text{ का } 32}{37-\frac{3}{4} \text{ का } (34-6)}$ का मान ज्ञात करें।

(a) $-\frac{3}{2}$ (b) $\frac{3}{2}$ (c) $-\frac{1}{2}$ (d) $\frac{1}{2}$ ***SSC CAPF : 23.11.2020***

68. $\sqrt{\frac{?}{196}}=\frac{72}{56}$

(a) 18 (b) 14 (c) 324 (d) 212 ***PET 24.8.2021***

वर्गान्तर के सूत्र पर आधारित प्रश्न

69. 'X' के मान का निर्धारण कीजिये, यदि $X=\frac{(943+864)^2-(943-864)^2}{(1886\times 1728)}$

(a) 1 (b) 4 (c) 79 (d) 1789 ***SSC CHSL (Tier-1) 4.3.2018***

77. $199994\times 200006=?$

(a) 39999799964 (b) 39999999864
(c) 39999999954 (d) 39999999964 ***SSC CHSL (Tier-1) 9.1.2017***

71. $\frac{3.39\times 3.39-2.61\times 2.61}{0.78}-\frac{7.50}{3.75}$ का सरलीकृत मान है –

(a) 6 (b) 5 (c) 4 (d) 3 ***R.R.B. कोलकाता (T.A./A.S.M.) परीक्षा, 2001***

72. $\frac{1.49\times 14.9-0.51\times 5.1}{14.9-5.1}$ का मान है –

(a) 0.20 (b) 20.00 (c) 2.00 (d) 22.00 ***S.S.C. स्नातक स्तरीय परीक्षा, 2004***

73. $\frac{(2.39)^2-(1.61)^2}{2.39-1.61}$ का मान ज्ञात कीजिए –

(a) 2 (b) 4 (c) 6 (d) 8 ***R.R.B. (मुम्बई ग्रुप 'डी' परीक्षा)***

74. $\frac{(2.644+2.356)(2.644-2.356)}{0.288}$ का सरलीकरण करने पर प्राप्त होता है –

(a) 1 (b) 5 (c) 4 (d) 6 ***S.S.C. स्नातक स्तरीय परीक्षा, 1999***

75. $\frac{0.321\times0.321-0.179\times0.179}{0.321-0.179}$

(a) 0.4 (b) 0.142 (c) 0.124 (d) 0.5 ***R.R.B. सिकन्दराबाद (गुड्स गार्ड) परीक्षा, 2001***

76. $\frac{4.359\times4.359-1.641\times1.641}{4.359-1.641}=?$ का मान है –

(a) 6.3 (b) 6 (c) 3.2 (d) 4.6 ***R.R.B. जम्मू (जू. क्लर्क) परीक्षा, 2001***

77. $\frac{(6.4)^2-(5.4)^2}{(8.9)^2+(8.9)\times(2.2)+(1.1)^2}=?$

(a) 0.118 (b) 0.92 (c) 1.5 (d) 0.61 ***R.R.B. जम्मू (जू. क्लर्क) परीक्षा, 2001***

78. $\frac{(0.5)^4-(0.4)^4}{(0.5)^2+(0.4)^2}$ का मान है –

(a) 0.9 (b) 0.09 (c) 0.009 (d) 0.08 ***R.R.B. भोपाल (गुड्स गार्ड) परीक्षा, 2001***

79. $\frac{(3.4567)^2-(3.4533)^2}{0.0034}$ का सरलीकरण करने पर प्राप्त परिणाम है –

(a) 6.91 (b) 7 (c) 6.81 (d) 7.1 ***S.S.C. स्नातक स्तरीय परीक्षा, 1999***

80. $\frac{(0.03)^2-(0.01)^2}{0.03-0.01}$ का मान ज्ञात कीजिए।

(a) 0.02 (b) 0.004 (c) 0.4 (d) 0.04 ***S.S.C. स्नातक स्तरीय परीक्षा, 2000***

81. सरल कीजिए –

$\frac{5.32\times56+5.32\times44}{(7.66)^2-(2.34)^2}$

(a) 7.2 (b) 8.5 (c) 10 (d) 12 ***S.S.C. स्नातक स्तरीय परीक्षा, 1999***

82. निम्नलिखित का सरलतम मान क्या है।

$\frac{3.47\times3.47-2.53\times2.53}{0.94}-\frac{12.50}{6.25}$

(a) 4 (b) 5 (c) 6 (d) 7 ***R.S.C. महेन्द्रघाट परीक्षा, 2001***

83. $3.5\times3.5+2\times6.5\times3.5+6.5\times6.5$ का मान होगा –

(a) 10 (b) 100 (c) 200 (d) 1000 ***R.R.B. चेन्नई वाणिज्य क्लर्क एवं (T.C.) परीक्षा, 2001***

84. $\frac{0.325\times0.325+0.175\times0.175+25\times0.00455}{5\times0.0065\times3.25-7\times0.175\times0.025}+\frac{0.5}{1.5}$ का मान ज्ञात करें।

(a) $\frac{11}{3}$ (b) 3 (c) 0 (d) $\frac{7}{3}$ ***SSC CAPF : 24.11.2020***

घनों के योग-अन्तर पर आधारित प्रश्न

85. $\frac{(0.73)^3+(0.27)^3}{(0.73)^2+(0.27)^2-(0.73)\times(0.27)}$

(a) 1 (b) 0.4087 (c) 0.73 (d) 0.27 ***SSC CGL (Tier-1) 3.9.2016***

86. $\frac{(0.7)^3+(0.3)^3}{(0.7)^2-0.7\times0.3+(0.3)^2}$ का मान क्या है?

(a) 1.2 (b) 0.8 (c) 1 (d) 1.4 ***SSC CPO 5.7.2017***

87. $(0.98)^3+(0.02)^3+3\times0.98\times0.02-1$ का मान ज्ञात कीजिए।

(a) 1.98 (b) 1.09 (c) 1 (d) 0 ***S.S.C. स्नातक स्तरीय परीक्षा, 2001***

88. $[(0.111)^3 + (0.222)^3 - (0.333)^3 + (0.333)^2(0.222)]^3$ का सरलीकृत मान है।

(a) 0.999 (b) 0 (c) 0.888 (d) 111 ***S.S.C. स्नातक स्तरीय परीक्षा, 2004***

89. $\dfrac{0.9\times0.9\times0.9+0.2\times0.2\times0.2+0.3\times0.3\times0.3-3\times0.9\times0.2\times0.3}{0.9\times0.9+0.2\times0.2+0.3\times0.3-0.9\times0.20-0.2\times0.3-0.3\times0.9}$ का मान है।

(a) 1.4 (b) 0.054 (c) 0.8 (d) 1.0 ***S.S.C. स्नातक स्तरीय परीक्षा, 2002***

90. मान ज्ञात करें –

$4.27 \times 4.27 \times 4.27 + 30 \times 4.27 \times 5.73 + 5.73 \times 5.73 \times 5.73$

(a) 500 (b) 311.21 (c) 1000 (d) 39.38 ***रांची सहायक ड्राइवर, 2003***

91. सरल कीजिए –

$$\frac{(1.5)^3+(4.7)^3+(3.8)^3-3\times1.5\times4.7\times3.8}{(1.5)^2+(4.7)^2+(3.8)^2-1.5\times4.7-4.7\times3.8-3.8\times1.5}$$

(a) 0 (b) 1 (c) 10 (d) 30 ***S.S.C. स्नातक स्तरीय परीक्षा, 2001***

92. $\left(\dfrac{785\times785\times785+435\times435\times435}{(785)^2+(435)^2-(785)(735)}\right)$ को सरल कीजिए –

(a) 350 (b) 785 (c) 1220 (d) 1320 ***S.S.C. स्नातक स्तरीय परीक्षा, 2000***

93. $\dfrac{10.3\times10.3\times10.3+1}{10.3\times10.3-10.3+1}$ किसके बराबर है –

(a) 9.3 (b) 10.3 (c) 11.3 (d) 12.3 ***S.S.C. स्नातक स्तरीय परीक्षा, 2004***

94. $\dfrac{0.051\times0.051\times0.051+0.041\times0.041\times0.041}{0.051\times0.051-0.051\times0.041+0.041\times0.041}$ का मान है –

(a) 0.92 (b) 0.092 (c) 0.0092 (d) 0.00092 ***S.S.C. स्नातक स्तरीय परीक्षा, 2002***

95. $\dfrac{0.216+0.064}{0.36+0.16-0.24}$ किसके बराबर है?

(a) 0.64 (b) 1.0 (c) 0.6 (d) 0.4 ***R.R.B. भोपाल परीक्षा, 2001***

96. $\dfrac{(0.96)^3-(0.1)^3}{(0.96)^2+0.096+(0.1)^2}$ का सरलतम रूप है –

(a) 1.06 (b) 0.95 (c) 0.86 (d) 0.97 ***S.S.C. स्नातक स्तरीय परीक्षा, 2004***

97. $\dfrac{8(3.75)^3+1}{(7.5)^2-6.5}$ बराबर है –

(a) 2.75 (b) $\dfrac{9}{5}$ (c) 4.75 (d) 8.5 ***S.S.C. स्नातक स्तरीय परीक्षा, 2004***

98. $\dfrac{64-0.008}{16+0.8+0.04}$ का मान है –

(a) 2 (b) 3.8 (c) 0.6 (d) 4.2 ***S.S.C. स्नातक स्तरीय परीक्षा, 1999***

99. सरल कीजिए –

$$\frac{0.05\times0.05\times0.05-0.04\times0.04\times0.04}{0.05\times0.05+0.002+0.04\times0.04}$$

(a) 1 (b) 0.1 (c) 0.01 (d) 0.001 ***S.S.C. स्नातक स्तरीय परीक्षा, 1999***

100. $\dfrac{0.06\times0.06\times0.06-0.05\times0.05\times0.05}{0.06\times0.06+0.06\times0.05+0.05\times0.05}$ का सरलीकरण करने पर परिणाम प्राप्त होता है –

(a) 0.1 (b) 0.01 (c) 0.001 (d) 0.02 ***S.S.C. स्नातक स्तरीय परीक्षा, 1999***

101. $(3+2\sqrt{2})$ [illegible] $+(3-2\sqrt{2})$ [illegible] का मान है –

(a) 189 (b) 180 (c) 108 (d) 198 ***S.S.C. स्नातक स्तरीय परीक्षा, 1999***

102. $(16^{3/2}+16^{-3/2})$ का मान है –

(a) 0 (b) $\frac{4097}{64}$ (c) 1 (d) $\frac{16}{4097}$ ***S.S.C. स्नातक स्तरीय परीक्षा, 2004***

103. $\frac{458\times458\times458-239\times239\times239}{458\times458-458\times239+239\times239}$ का मान है –

(a) 219 (b) 229 (c) 239 (d) 209 ***(दिल्ली पुलिस S.I. : 7.6.2009)***

104. $\frac{885\times885\times885+115\times115\times115}{885\times885+115\times115-885\times115}=$

(a) 115 (b) 770 (c) 885 (d) 1000 ***PET : 24.8.2021***

105. $\frac{6.35\times6.35\times6.35+3.65\times3.65\times3.65}{63.5\times63.5+36.5\times36.5-63.5\times36.5}$ का मान ज्ञात करें।

(a) 0.01 (b) 10 (c) 1 (d) 0.1 ***SSC CAPF : 23.11.2020***

प्रतिशत पर आधारित प्रश्न

106. 125 के 30% + 300 के 45% का मान क्या है?

(a) 165 (b) 172.5 (c) 155 (d) 163.5 ***SSC CHSL (Tier-1) 15.3.2018***

107. ? के $\frac{5}{6}$ के 25% का 60% = 630

(a) 5040 (b) 5200 (c) 4880 (d) 4500 (e) इनमें से कोई नहीं। ***(S.B.I. P.O. : 1.3.2009)***

108. 2000 के 5% का 5% = ?

(a) 5 (b) 1 (c) 0.5 (d) 50 ***R.R.B. बैंग्लोर (गुड्सगार्ड) परीक्षा, 2003***

109. ₹ 500 का 20% का 15% का 10% होगा –

(a) ₹ 225 (b) ₹ 150 (c) ₹ 67 (d) ₹ 1.50 ***चण्डीगढ़ (टिकट कलेक्टर) परीक्षा, 2002***

110. किसी संख्या के 30% का 15%, 18 है, तो संख्या क्या होगी?

(a) 90 (b) 360 (c) 380 (d) 420 (e) 400 ***कोलकाता, भुवनेश्वर (ट्रै.अप्रें.), 2002***

111. 130 का ?% = 10.4

(a) 80 (b) 8 (c) 0.8 (d) 0.08 ***भोपाल (ट्रेन क्लर्क), 2003***

112. 2 घंटे एक दिन का क्या प्रतिशत है?

(a) $\frac{25}{6}\%$ (b) $\frac{25}{3}\%$ (c) 8% (d) 12% ***चेन्नई, बैंग्लोर (डीजल ड्राइवर), 2002***

113. प्रश्नवाचक चिन्ह (?) के स्थान पर क्या आएगा?

? का 30% + 64 का $\frac{5}{8}$ = 121

(a) 270 (b) 250 (c) 125 (d) इनमें से कोई नहीं ***R.R.B. बैंग्लोर (A.S.M.) परीक्षा, 2001***

114. निम्नलिखित प्रश्न में प्रश्नचिन्ह (?) के स्थान पर क्या आयेगा?

1605 का $\frac{4}{5}$ + 5080 का 30% = 6589 – ?

(a) 3461 (b) 3781 (c) 3771 (d) इनमें से कोई नहीं ***R.R.B. बैंग्लोर (गुड्सगार्ड) परीक्षा, 2003***

115. निम्न समीकरण में प्रश्न चिन्ह के स्थान पर कौन सा मान (लगभग) आएगा?

$161\sqrt{5}+960$ का (?) % = 1058 – 124

(a) 60 (b) 45 (c) 35 (d) 25

(e) इनमें से कोई नहीं ***R.R.B. बैंग्लोर (गुड्सगार्ड) परीक्षा, 2003***

उत्तरमाला

1. (b)	2. (a)	3. (c)	4. (d)	5. (c)	6. (a)	7. (c)	8. (c)	9. (b)
10. (a)	11. (c)	12. (c)	13. (c)	14. (b)	15. (c)	16. (d)	17. (a)	18. (b)
19. (b)	20. (c)	21. (b)	22. (b)	23. (d)	24. (a)	25. (a)	26. (b)	27. (b)
28. (b)	29. (c)	30. (b)	31. (d)	32. (d)	33. (a)	34. (d)	35. (b)	36. (c)
37. (a)	38. (c)	39. (d)	40. (b)	41. (a)	42. (a)	43. (d)	44. (a)	45. (c)
46. (c)	47. (a)	48. (a)	49. (c)	50. (c)	51. (a)	52. (d)	53. (b)	54. (a)
55. (b)	56. (a)	57. (d)	58. (d)	59. (a)	60. (c)	61. (d)	62. (b)	63. (b)
64. (c)	65. (c)	66. (b)	67. (b)	68. (c)	69. (a)	70. (d)	71. (c)	72. (c)
73. (b)	74. (b)	75. (d)	76. (b)	77. (a)	78. (b)	79. (a)	80. (d)	81. (c)
82. (a)	83. (b)	84. (a)	85. (a)	86. (c)	87. (d)	88. (b)	89. (a)	90. (c)
91. (c)	92. (c)	93. (c)	94. (b)	95. (b)	96. (c)	97. (d)	98. (b)	99. (c)
100. (b)	101. (d)	102. (b)	103. (a)	104. (d)	105. (d)	106. (b)	107. (e)	108. (a)
109. (d)	110. (e)	111. (b)	112. (b)	113. (a)	114. (b)	115. (a)		

अभ्यास प्रश्नों के हल

1. $5 \div 10$ का $10 \times 4 + 4 \div 4$ का $4 \times 10 - (10-4) \div 6 \times 4$

$= 5 \div (10 \times 10) \times 4 + 4 \div (4 \times 4) \times 10 - (6 \div 16) \times 4$

$= 5 \div 100 \times 4 + 4 \div 16 \times 10 - \frac{6}{16} \times 4 = \frac{5}{100} \times 4 + \frac{4}{16} \times 10 - \frac{6}{4} = \frac{1}{5} + \frac{5}{2} - \frac{3}{2} = \frac{1}{5} + 1 = 1 \cdot 2$

2. $5 \div 5$ का $5 \times 2 + 2 \div 2$ का $2 \times 5 - (5-2) \div 6 \times 2 = 5 \div (5 \times 5) \times 2 + 2 \div (2 \times 2) \times 5 - 3 \div 6 \times 2$

$= 5 \div 25 \times 2 + 2 \div 4 \times 5 - \frac{1}{2} \times 2 = \left(\frac{5}{25}\right) \times 2 + \left(\frac{2}{4}\right) \times 5 - 1$

$= \frac{1}{5} \times 2 + \frac{1}{2} \times 5 - 1 = \frac{2}{5} + \frac{5}{2} - 1 = \frac{4+25-10}{10} = \frac{19}{10}$

3. $(5 + 3 \div 5 \times 5) \div (4 \times 4 \div 4$ का $4 + 4 \div 4 \times 4)$ का $(3 \div 6$ का $3)$

$= \left(5 + \frac{3}{5} \times 5\right) \div \{4 \times 4 \div (4 \times 4) + 1 \times 4\}$ का $\{3 \div (6 \times 3)\} = (5+3) \div \{4 \times 4 \div 16 + 1 \times 4\}$ का $\{3 \times 18\}$

$= (8) \div \left\{4\left(\frac{4}{16}\right) + 4\right\}$ का $\frac{3}{18} = (8) \div (1+4) \times \frac{1}{6} = 8 \div \left(5 \times \frac{1}{6}\right) = 8 \div \frac{5}{6} = 8 \times \frac{6}{5} = \frac{48}{5} = 9\frac{3}{5}$

4. $(3 \times 4$ का $12 \div 2) \div 9 \times 4 + 4 \div 8 + 3 \times 2 = \{3 \times (4 \times 12) \div 2\} \div 9 \times 4 + \left(\frac{4}{8}\right) + 3 \times 2$

$= \{3 \times 48 \div 2\} \div 9 \times 4 + \frac{1}{2} + 6 = \{3 \times 24\} \div 9 \times 4 + \frac{1}{2} + 6 = 72 \div 9 \times 4 + \frac{1}{2} + 6$

$= 8 \times 4 + \frac{1}{2} + 6 = 32 + \frac{1}{2} + 6 = 38 + \frac{1}{2} = \frac{77}{2}$

5. $(24 + 16 \times 5 - 8$ का $4) \div 84 \times 48 \div 24 \times 6 + 4 + 3 = (24 + 16 \times 5 - 32) \div 84 \times (48 \div 24) \times 6 + 4 + 3$

$= (24 + 80 - 32) \div 84 \times 2 \times 6 + 7 = 72 \div 84 \times 2 \times 6 + 7 = \frac{72}{84} \times 2 \times 6 + 7 = \frac{72}{7} + 7 = \frac{72+49}{7} = \frac{121}{7}$

6. $A = 8 \div 4 \times (3-1) + 6 \times 3 \div 2$ का $3 = 2 \times 2 + 6 \times 3 \div (2 \times 3) = 2 \times 2 + 6 \times \frac{3}{6} = 4 + 3 = 7$

$B = 4 \div 8 \times 2 + 7 \times 3 = \frac{4}{8} \times 2 + 7 \times 3 = 1 + 21 = 22$, अतः $A + B = 7 + 22 = 29$

7. $36 \div 8 \times 4 + 2 \div 4 - 1 + 5$ का $3 \div (4 \times 2 - 3) - 3 = \left(\frac{36}{8}\right) \times 4 + \left(\frac{2}{4}\right) - 1 + 15 \div 5 - 3$

$= 18 + \frac{1}{2} - 1 + 3 - 3 = 18 + \frac{1}{2} - 1 = \frac{36+1-2}{2} = \frac{35}{2}$

8. $(28 \div 4 \times 7) + (44 \div 4 \times 7) - (12 \times x) = 18$

$\therefore$ $49 + 77 - 12x = 18 \Rightarrow 126 - 12x = 18$, अतः $12x = 126 - 18 = 108 \Rightarrow x = \frac{108}{12} = 9$

9. $7 \cdot 2 + (8 \cdot 4 \div 0 \cdot 12 \times 0 \cdot 2) - 5 \times 3 \div 0 \cdot 05 + 3 = 7 \cdot 2 + \left(\frac{8.4}{0.12} \times 0 \cdot 2\right) - 5 \times \left(\frac{3}{0 \cdot 05}\right) + 3$

$= 7 \cdot 2 + 14 - 300 + 3 = 24.2 - 300 = -275.8$

10. $3.8 - (4.2 \div 0.7 \times 3) + 5 \times 2 \div 0.5 = 3.8 - (6 \times 3) + 5 \times \left(\frac{2}{0.5}\right) = 3.8 - 18 + 20 = 5.8$

11. $108 \div 36 \times 4 + 2.5 \times 4 \div 0.5 - 10 = 3 \times 4 + 2.5 \times \left(\frac{4}{0.5}\right) - 10 = 12 + 2.5 \times 8 - 10 = 12 + 20 - 10 = 22$

12. $(0.4$ का $50 \times 6 \div 8) \div (12 \times 10 \div 16) + 5 \times 0.2 - 0.01 \times 10^2$

$= [(0.4 \times 50) \times (6 \div 8)] \div \left[12 \times \frac{10}{16}\right] + 5 \times 0.2 - 0.01 \times 100 = \left[20 \times \frac{6}{8}\right] \div \frac{15}{2} + 1.0 - 1.0 = 15 \times \frac{2}{15} = 2$

13. $(2$ का $14 \div 7 \times 3) + (44 \div 11 \times 8) - (12 \times 9 \div 3) = [2 \times 14 \div 7 \times 3] + (4 \times 8) - (12 \times 3)$

$= (28 \div 7) \times 3 + 32 - 36 = 4 \times 3 + 32 - 36 = 12 + 32 - 36 = 8$

14. $2 \times 2 + 4 \times 4 + 2$ का $3 \times 6 - 7 \times (5 + 4 \div 2) = 4 + 16 + 2 \times 3 \times 6 - 7 \times 7 = 20 + 36 - 49 = 7$

15. 7×7 का $3 \div 3 - 14 \times x = 7 \Rightarrow 7 \times (7 \times 3) \div 3 - 14x = 7$

$\therefore$ $49 - 14x = 7 \Rightarrow 14x = 49 - 7 = 42 \Rightarrow x = \frac{42}{14} = 3$

16. $21.6 \div 3.6 \times 2 + 0.25 \times 16 \div 4 - 6 = \left(\frac{21.6}{3.6}\right) \times 2 + 0.25 \times \left(\frac{16}{4}\right) - 6 = \frac{216}{36} \times 2 + 0.25 \times 4 - 6$

$= 12 + 1.00 - 6 = 13 - 6 = 7$

17. $56 + (4)^3 - 3 \times (3)^2 = 56 + 64 - 27 = 120 - 27 = 93$

18. $7.5 + (5.4 \div 4.5 \times 2) - 8 \times 4 \div 3.2 = 7.5 + \left(\frac{5.4}{4.5}\right) \times 2 - 8 \times \left(\frac{4}{3.2}\right) = 7.5 + \frac{54}{45} \times 2 - 8 \times \frac{40}{32}$

$= 7.5 + \frac{12}{5} - 10 = 7.5 + 2.4 - 10 = 9.9 - 10 = -0.1$

19. $16 \div 4$ का $4 \times [3 \div \{4 \times 3 \div (3 + 3)\}$ का $4] \div (2 \div 8$ का $4)$

$= 16 \div (4 \times 4) \times [3 \div \{4 \times 3 \div 6\}$ का $4] \div [2 \div (8 \times 4)] = 16 \div 16 \times \left[3 \div \left\{4 \times \frac{3}{6}\right\}\right.$ का $\left.4\right] \div \left[\frac{2}{32}\right]$

$= 1 \times [3 \div 2$ का $4] \div \frac{1}{16} = [3 \div (2 \times 4)] \div \frac{1}{16} = [3 \div 8] \div \frac{1}{16} = \frac{3}{8} \div \frac{1}{16} = \frac{3}{8} \times \frac{16}{1} = 6$

20. $15.2 + 5.8 \div 2.9 \times 2 - 3.5 \times 2 \div 0.5 = 15.2 + \left(\frac{5.8}{2.9}\right) \times 2 - 3.5 \times \left(\frac{2}{0.5}\right)$

$= 15.2 + 2 \times 2 - 3.5 \times 4 = 15.2 + 4 - 14 = 5.2$

21. $7 \div 14$ का $2 - 7 \times 7 \div 49 + \frac{1}{3}$ का $(14 \div 7 + 7) + 7 - 14 \div 2$

$= 7 \div (14 \times 2) - 7\left(\frac{7}{49}\right) + \frac{1}{3} \times 9 + 7 - 7 = \frac{7}{28} - 1 + 3 + 0 = \frac{1}{4} + 2 = \frac{1+8}{4} = \frac{9}{4} = 2\frac{1}{4}$

22. $3.8 + (8.2 \div 4.1 \times 2) - 4 \times 3 \div 1.2 = 3.8 + \left(\frac{8.2}{4.1}\right) \times 2 - 4 \times \left(\frac{3}{1.2}\right) = 3.8 + \left(\frac{82}{41}\right) \times 2 - 4 \times \frac{30}{12}$

$= 3.8 + 2 \times 2 - 10 = 3.8 + 4 - 10 = 7.8 - 10 = -2.2$

23. $5.8 + (7.4 \div 3.7 \times 5) - 6 \times 2 \div 2.5 = 5.8 + \left(\frac{7.4}{3.7} \times 5\right) - 6 \times \frac{2}{2.5} = 5.8 + 2 \times 5 - 6 \times \frac{20}{25}$

$= 5.8 + 10 - 4.8 = 11$

24. $2.8+(5.2\div1.3\times2)-6\times3\div8+2= 2.8+\left(\frac{5.2}{1.3}\times2\right)-6\times\frac{3}{8}+2$

$=2.8+8-\frac{9}{4}+2=12.8-2.25=10.55$

25. $4.5-(3.2\div0.8\times5)+3\times4\div6 =4.5-\left(\frac{3.2}{0.8}\times5\right)+3\times\frac{4}{6}=4.5-20+2=6.5-20=-13.5$

26. $3\div3$ का $3+2\div4+(4\times2-2)\div12+4 = 3\div(3\times3)+2\div4+(8-2)\div12+4$

$= 3\div9+2\div4+6\div12+4 =\frac{3}{9}+\frac{2}{4}+\frac{6}{12}+4=\frac{1}{3}+\frac{1}{2}+\frac{1}{2}+4=\frac{2+3+3+24}{6}=\frac{32}{6}=\frac{16}{3}$

27. $7\div2-[3$ का $7\div4\div\{(2\div5)\times(25\div8)\div(5\div2)\}] =\frac{7}{2}-\left[(3\times7)\div4\div\left\{\frac{2}{5}\times\frac{25}{8}\div\frac{5}{2}\right\}\right]$

$=\frac{7}{2}-\left[21\div4\div\left\{\left(\frac{2}{5}\times\frac{25}{8}\times\frac{2}{5}\right)\right\}\right] =\frac{7}{2}-\left[\frac{21}{4}\div\frac{1}{2}\right]=\frac{7}{2}-\left(\frac{21}{4}\times\frac{2}{1}\right)=\frac{7}{2}-\frac{21}{2}=\frac{-14}{2}=-7$

28. $27\times6\div24+6\div2$ का $3+30\div24\times18-9\div54$ का 3×216

$=27\times\left(\frac{6}{24}\right)+6\div(2\times3)+\left(\frac{30}{24}\right)\times18-9\div(54\times3)\times216 =\frac{27}{4}+\frac{6}{6}+\frac{5}{4}\times\frac{9}{54\times3}\times18-216$

$= \frac{27}{4}+1+\frac{45}{2}-12=\frac{27}{4}+\frac{45}{2}-11=\frac{27+90-44}{4}=\frac{73}{4}=18.25$

29. $2\times3\div2$ का $3\times2\div(4+4\times4\div4$ का $4-4\div4\times4)$

$= 2\times3\div(2\times3)\times2\div[4+4\times4\div(4\times4)-4\div4\times4]$

$=2\times3\div6\times2\div\left[4+4\times\left(\frac{4}{4\times4}\right)-\left(\frac{4}{4}\right)\times4\right] =2\times\left(\frac{3}{6}\right)\times2\div\left[4+4\times\frac{1}{4}-4\right]$

$=2\times\frac{3}{6}\times2\div[4+1-4]=2\times\frac{1}{2}\times2\div1=2\times\frac{1}{2}\times2=2$

30. $11+11\times11-11\div11=11+11\times11-1=11+121-1=132-1=131$

31. $(26-13\times2)\div2+1=(26-26)\div2+1=0\div2+1=0+1=1$

32. $1800\div20\times\{(12-6)+(24-12)\}=1800\div20\times(6+12)= 1800\div20\times18=90\times18=1620$

33. $20-[15-\{4-(8-6+3)\}]=20-[15-\{4-5\}]=20-[15-\{-1\}]=20-[15+1]=20-16=4$

34. $[7+7\times(7+7\div7)]+7\div7=[7+7\times(7+1)]+1=[7+7\times8]+1=(7+56)+1=64$

35. $\frac{(6+3)}{3}-5\times(4+5)=\frac{9}{3}-5\times9=3-45=-42$

36. $\left(\frac{16}{5}+\frac{3}{5}\right)\div\frac{8}{5}/\frac{8}{7}\div\left\{\frac{5}{7}+\left(\frac{1}{7}\div\frac{1}{3}\right)\right\} =\frac{19}{5}\div\left(\frac{8}{5}\times\frac{7}{8}\right)\div\left\{\frac{5}{7}+\left(\frac{1}{7}\times\frac{3}{1}\right)\right\}=\frac{19}{5}\div\frac{7}{5}\div\left\{\frac{5}{7}+\frac{3}{7}\right\}$

$=\frac{19}{5}\times\frac{5}{7}\div\left(\frac{8}{7}\right)=\frac{19}{7}\times\frac{7}{8}=\frac{19}{8}$

37. $\frac{1}{2}$ का $\frac{8}{5}\div\left\{\frac{11}{5}-\left(\frac{5}{16}+\frac{3}{5}\times\frac{15}{8}\div\frac{2}{3}\right)\right\} = \left(\frac{1}{2}\times\frac{8}{5}\right)\div\left\{\frac{11}{5}-\left(\frac{5}{16}+\frac{3}{5}\times\frac{15}{8}\times\frac{3}{2}\right)\right\}$

$=\frac{4}{5}\div\left\{\frac{11}{5}-\left(\frac{5}{16}+\frac{27}{16}\right)\right\}=\frac{4}{5}\div\left\{\frac{11}{5}-\frac{32}{16}\right\} =\frac{4}{5}\div\left\{\frac{11}{5}-\frac{2}{1}\right\}=\frac{4}{5}\div\frac{1}{5}=\frac{4}{5}\times\frac{5}{1}=4$

38. $$2\frac{7}{8} \div \left(3\frac{5}{6} \div 2\frac{1}{3} \text{ का } \frac{2}{7}\right) \times \left[\left(4\frac{1}{5} \text{ का } 2\frac{6}{7} \div \frac{2}{3}\right) \times \frac{5}{9}\right] = \frac{23}{8} \div \left(\frac{23}{6} \div \frac{7}{3} \text{ का } \frac{2}{7}\right) \times \left[\left(\frac{21}{5} \text{ का } \frac{20}{7} \div \frac{2}{3}\right) \times \frac{5}{9}\right]$$

$$= \frac{23}{8} \div \left[\frac{23}{6} \div \left(\frac{7}{3} \times \frac{2}{7}\right)\right] \times \left[\left(12 \div \frac{2}{3}\right) \times \frac{5}{9}\right] = \frac{23}{8} \div \left[\frac{23}{6} \times \frac{3}{2}\right] \times \left[12 \times \frac{3}{2} \times \frac{5}{9}\right] = \frac{23}{8} \times \frac{4}{23} \times \frac{10}{1} = 5$$

39. $$\frac{39 \div 26 + 22 \div 11 \times 2 = 4 + 3}{2 \text{ का } 5 - 3(7 + 10 \div 2 - 3 \times 3)} = \frac{\frac{39}{26} + \frac{22}{11} \times 2 + 4 \times 3}{(2 \times 5) - 3(7 + 5 - 9)} = \frac{\frac{3}{2} + 4 + 12}{10 - 9} = \frac{\frac{3}{2} + 16}{1} = \frac{3 + 32}{2} = \frac{35}{2}$$

40. $$\frac{\frac{3}{4} \div \frac{9}{32} + \frac{4}{3} \times \frac{2}{3} \text{ का } \frac{27}{16}}{\frac{1}{2} \times \left(\frac{8}{3} - 2\right) \div \frac{4}{9} + \left(\frac{1}{3} + \frac{1}{6}\right)} = \frac{\left(\frac{3}{4} \times \frac{32}{9}\right) + \frac{4}{3} \times \left(\frac{2}{3} \times \frac{27}{16}\right)}{\frac{1}{2} \times \left(\frac{2}{3}\right) \div \frac{4}{9} + \frac{3}{6}} = \frac{\frac{8}{3} + \frac{4}{3} \times \frac{9}{8}}{\frac{1}{2} \times \frac{2}{3} \times \frac{9}{4} + \frac{1}{2}} = \frac{\frac{8}{3} + \frac{3}{2}}{\frac{3}{4} + \frac{1}{2}}$$

$$= \frac{\left(\frac{16 + 9}{6}\right)}{\frac{3 + 2}{4}} = \frac{\left(\frac{25}{6}\right)}{\left(\frac{5}{4}\right)} = \frac{25}{6} \times \frac{4}{5} = \frac{10}{3}$$

41. $$6 - 6 \div 6 \times 6 + (6 \div 6 \text{ का } 6) \times 6 - \left(3\frac{2}{3} \div \frac{11}{30} \text{ का } \frac{2}{3}\right) \div 5 = 6 - 1 \times 6 + (6 \div 36) \times 6 - \left(\frac{11}{3} \div \frac{22}{90}\right) \div 5$$

$$= 6 - 6 + \left(\frac{6}{36} \times 6\right) - \left(\frac{11}{3} + \frac{90}{22}\right) \div 5 = 1 - 15 \div 5 = 1 - 3 = -2$$

42. $$\frac{\left(1 - \frac{3}{4}\right) + \frac{1}{2} \text{ का } \frac{6}{10}}{\left(\frac{2}{3} \div \frac{10}{4}\right) + \left(1 - \frac{1}{5}\right) \text{ का } \frac{25}{16}} = \frac{\left(\frac{4 - 3}{4}\right) + \left(\frac{1}{2} \times \frac{6}{10}\right)}{\frac{2}{3} \div \frac{4}{10} + \frac{5 - 1}{5} \text{ का } \frac{25}{16}} = \frac{\frac{1}{4} + \frac{3}{10}}{\left(\frac{2}{3} \times \frac{10}{4}\right) + \left(\frac{4}{5} \times \frac{25}{16}\right)}$$

$$= \frac{\left(\frac{5 + 6}{20}\right)}{\frac{5}{3} + \frac{5}{4}} = \frac{\left(\frac{11}{20}\right)}{\left(\frac{20 + 15}{12}\right)} = \frac{\left(\frac{11}{20}\right)}{\frac{35}{12}} = \frac{11}{20} \times \frac{12}{35} = \frac{33}{175}$$

43. $$6\frac{1}{8} \div \left(5\frac{1}{4} \div \frac{3}{7} \text{ का } \frac{1}{2}\right) - 8 \times \frac{2}{3} \div \frac{4}{5} \text{ का } 1\frac{2}{3} = \frac{49}{8} \div \left\{\frac{21}{4} \div \left(\frac{3}{7} \times \frac{1}{2}\right)\right\} - 8 \times \frac{2}{3} \div \left(\frac{4}{5} \times \frac{5}{3}\right)$$

$$= \frac{49}{8} \div \left\{\frac{21}{4} \times \frac{14}{3}\right\} - 8 \times \frac{2}{3} \times \frac{3}{4} = \frac{49}{8} \div \frac{49}{2} - 4 = \frac{49}{8} \times \frac{2}{49} - 4 = \frac{1}{4} - 4 = \frac{1 - 16}{4} = \frac{-15}{4}$$

44. $$9\frac{3}{4} + \left[2\frac{1}{6} \div \left\{4\frac{1}{3} - \left(2\frac{1}{2} + \frac{3}{4}\right)\right\}\right] = \frac{39}{4} + \left[\frac{13}{6} \div \left\{\frac{13}{3} - \left(\frac{5}{2} + \frac{3}{4}\right)\right\}\right] = \frac{39}{4} + \left[\frac{13}{6} \div \left\{\left(\frac{13}{3} - \frac{13}{4}\right)\right\}\right]$$

$$= \frac{39}{4} + \left[\frac{13}{6} \div \left\{\frac{52 - 39}{12}\right\}\right] = \frac{39}{4} + \left[\frac{13}{6} \div \frac{13}{12}\right] = \frac{39}{4} + \frac{13}{6} \times \frac{12}{13} = \frac{39}{4} + \frac{2}{1} = \frac{39 + 8}{4} = \frac{47}{4}$$

45. $$\left(\frac{2}{3} \div \frac{3}{2} \text{ का } \frac{2}{3}\right) \text{ का } \frac{9}{15} \div \left(\frac{5}{4} \div \frac{5}{2} \times \frac{4}{5} \text{ का } \frac{2}{5}\right) \text{ का } \left(\frac{3}{4} \times \frac{3}{4} \div \frac{4}{3} \text{ का } \frac{3}{4}\right)$$

$$= \left[\frac{2}{3} \div \left(\frac{3}{2} \times \frac{2}{3}\right)\right] \text{ का } \frac{9}{15} \div \left[\left(\frac{5}{4} \times \frac{2}{5}\right) \times \left(\frac{4}{5} \times \frac{2}{5}\right)\right] \text{ का } \left[\frac{3}{4} \times \frac{3}{4} \div \left(\frac{4}{3} \times \frac{3}{4}\right)\right]$$

$$= \left[\frac{2}{3} \div (1)\right] \text{ का } \frac{9}{15} \div \left[\frac{1}{2} \times \frac{4}{5} \times \frac{2}{5}\right] \text{ का } \left[\frac{3}{4} \times \frac{3}{4} \div 1\right] = \frac{2}{3} \text{ का } \frac{9}{15} \div \frac{4}{25} \text{ का } \frac{9}{16} = \left(\frac{2}{3} \times \frac{9}{15}\right) \div \left(\frac{4}{25} \times \frac{9}{16}\right)$$

$$= \frac{2}{5} \div \frac{9}{100} = \frac{2}{5} \times \frac{100}{9} = \frac{40}{9}$$

46. $\frac{3}{4}\times 2\frac{2}{3}\div 1\frac{1}{5}\text{ का }\frac{5}{9}+\frac{2}{23}\times 3\frac{5}{6}\div 2\frac{1}{3}\text{ का }\frac{2}{7}=\frac{3}{4}\times\frac{8}{3}\div\frac{6}{5}\text{ का }\frac{5}{9}+\frac{2}{23}\times\frac{23}{6}\div\frac{7}{3}\text{ का }\frac{2}{7}$

$=\frac{3}{4}\times\frac{8}{3}\div\left(\frac{6}{5}\times\frac{5}{9}\right)+\frac{2}{23}\times\frac{23}{6}\div\left(\frac{7}{3}\times\frac{2}{7}\right)=\frac{3}{4}\times\frac{8}{3}\div\frac{2}{3}+\frac{2}{23}\times\frac{23}{6}\times\frac{3}{2}$

$=\frac{3}{4}\times\frac{8}{3}\times\frac{3}{2}+\frac{1}{2}=3+\frac{1}{2}=3\frac{1}{2}$

47. $7\frac{1}{2}\times\left(3\frac{1}{5}\div 5\frac{1}{3}\text{ का }4\frac{1}{2}\right)+\left[11-\left(\frac{5}{8}+3-1\frac{1}{4}\right)\right]\div 5\frac{3}{4}-5\div 5\times 5\text{ का }5\div 25$

$=\frac{15}{2}\times\left(\frac{16}{5}\div\frac{16}{3}\text{ का }\frac{9}{2}\right)+\left[11-\left(\frac{5}{8}+3-\frac{5}{4}\right)\right]\div\frac{23}{4}-5\div 5\times 5\text{ का }5\div 25$

$=\frac{15}{2}\times\left[\frac{16}{5}\div\left(\frac{16}{3}\times\frac{9}{2}\right)\right]+\left[11-\left(\frac{5+24-10}{8}\right)\right]\div\frac{23}{4}-5\div 5\times(5\times 5)\div 25$

$=\frac{15}{2}\times\left[\frac{16}{5}\div\frac{24}{1}\right]+\left[11-\frac{19}{8}\right]\div\frac{23}{4}-\frac{5}{5}\times\frac{25}{25}=\frac{15}{2}\times\frac{16}{5}\times\frac{1}{24}+\frac{69}{8}\div\frac{23}{4}-1$

$=1+\frac{69}{8}\times\frac{4}{23}-1=\frac{3}{2}=1\frac{1}{2}$

48. $\frac{3}{4}\text{ का }\left(\frac{1}{3}\div\frac{1}{2}\right)+\left(2-\frac{2}{5}\right)\times\frac{3}{2}+\frac{2}{3}=\frac{3}{4}\text{ का }\left(\frac{1}{3}\times\frac{2}{1}\right)+\frac{8}{5}\times\frac{3}{2}+\frac{2}{3}$

$=\frac{3}{4}\times\frac{2}{3}+\frac{12}{5}+\frac{2}{3}=\frac{1}{2}+\frac{12}{5}+\frac{2}{3}=\frac{15+72+20}{30}=\frac{107}{30}$

49. $\left(5\frac{1}{4}\div 4\text{ का }2\frac{1}{3}\right)\text{ का }\frac{8}{9}\div\left(8\times\frac{2}{3}\div\frac{4}{5}\right)\text{ का }\left(8\div\frac{4}{5}\text{ का }\frac{2}{3}\right)$

$=\left(\frac{21}{4}\div 4\text{ का }\frac{7}{3}\right)\text{ का }\frac{8}{9}\div\left(8\times\frac{2}{3}\times\frac{5}{4}\right)\text{ का }\left[8\div\left(\frac{4}{5}\text{ का }\frac{2}{3}\right)\right]$

$=\left[\frac{21}{4}\div\left(4\times\frac{7}{3}\right)\right]\text{ का }\frac{8}{9}\div\left(\frac{20}{3}\right)\text{ का }\left[8\div\frac{8}{15}\right]=\left(\frac{21}{4}\times\frac{3}{4\times 7}\right)\text{ का }\frac{8}{9}\div\frac{20}{3}\text{ का }\left(8\times\frac{15}{8}\right)$

$=\frac{9}{16}\text{ का }\frac{8}{9}\div\frac{20}{3}\text{ का }\frac{15}{1}=\left(\frac{9}{16}\times\frac{8}{9}\right)\div\left(\frac{20}{3}\times\frac{15}{1}\right)=\frac{1}{2}\div\frac{100}{1}=\frac{1}{2}\times\frac{1}{100}=\frac{1}{200}$

50. $9\frac{3}{4}\div\left[2\frac{1}{6}\div\left\{4\frac{1}{3}-\left(2\frac{1}{2}+\frac{3}{4}\right)\right\}\right]=\frac{39}{4}\div\left[\frac{13}{6}\div\left\{\frac{13}{3}-\left(\frac{5}{2}+\frac{3}{4}\right)\right\}\right]$

$=\frac{39}{4}\div\left[\frac{13}{6}\div\left\{\frac{13}{3}-\left(\frac{10+3}{4}\right)\right\}\right]=\frac{39}{4}\div\left[\frac{13}{6}\div\left\{\frac{13}{3}-\frac{13}{4}\right\}\right]$

$=\frac{39}{4}\div\left[\frac{13}{6}\div\left\{\frac{52-39}{12}\right\}\right]=\frac{39}{4}\div\left[\frac{13}{6}\div\frac{13}{12}\right]$

$=\frac{39}{4}\div\left[\frac{13}{6}\times\frac{12}{13}\right]=\frac{39}{4}\div\frac{2}{1}=\frac{39}{4}\times\frac{1}{2}=\frac{39}{8}$

51. $-\frac{5}{2}+\frac{3}{2}\div 6\times\frac{1}{2}=-\frac{5}{2}+\left(\frac{3}{2}\div 6\right)\times\frac{1}{2}=-\frac{5}{3}+\left(\frac{3}{2}\times\frac{1}{6}\right)\times\frac{1}{2}$

$=-\frac{5}{2}+\frac{1}{4}\times\frac{1}{2}=-\frac{5}{2}+\frac{1}{8}=\frac{-20+1}{8}=-\frac{19}{8}$

52. $\frac{3}{5}\times1\frac{7}{8}\div1\frac{1}{3}$ का $\frac{3}{16}-\left(3\frac{1}{5}\div4\frac{1}{2}\text{ का }5\frac{1}{3}\right)\times2\frac{1}{2}+\frac{1}{2}+\frac{1}{8}\div\frac{1}{4}$

$=\frac{3}{5}\times\frac{15}{8}\div\frac{4}{3}$ का $\frac{3}{16}-\left(\frac{16}{5}\div\frac{9}{2}\text{ का }\frac{16}{3}\right)\times\frac{5}{2}+\frac{1}{2}+\frac{1}{8}\div\frac{1}{4}$

$=\frac{3}{5}\times\frac{15}{8}\div\left(\frac{4}{3}\times\frac{3}{16}\right)-\left[\frac{16}{5}\div\left(\frac{9}{2}\times\frac{16}{3}\right)\right]\times\frac{5}{2}+\frac{1}{2}+\left(\frac{1}{8}\times\frac{4}{1}\right)$

$=\frac{3}{5}\times\frac{15}{8}\div\frac{1}{4}-\left(\frac{16}{5}\div\frac{24}{1}\right)\times\frac{5}{2}+\frac{1}{2}+\frac{1}{2}=\frac{3}{5}\times\frac{15}{8}\times\frac{4}{1}-\left(\frac{16}{5}\times\frac{1}{24}\times\frac{5}{2}\right)+1$

$=\frac{9}{2}-\frac{1}{3}+1=\frac{27-2+6}{6}=\frac{31}{6}=5\frac{1}{6}$

53. $\left(18\div2\text{ का }\frac{1}{4}\right)\times\left(\frac{2}{3}\div\frac{3}{4}\times\frac{5}{8}\right)\div\left(\frac{2}{3}\div\frac{3}{4}\text{ का }\frac{3}{4}\right)=\left[18\div\left(2\times\frac{1}{4}\right)\right]\times\left[\left(\frac{2}{3}\times\frac{4}{3}\right)\times\frac{5}{8}\right]\div\left[\frac{2}{3}\div\left(\frac{3}{4}\times\frac{3}{4}\right)\right]$

$=\left(18\div\frac{1}{2}\right)\times\frac{5}{9}\div\left(\frac{2}{3}\div\frac{9}{16}\right)=18\times\frac{2}{1}\times\frac{5}{9}\div\left(\frac{2}{3}\times\frac{16}{9}\right)$

$=18\times\frac{2}{1}\times\frac{5}{9}\times\frac{3}{2}\times\frac{9}{16}=\frac{135}{8}=16\frac{7}{8}$

54. $-1+\frac{1}{4}\div\frac{1}{2}\times2+5=-1+\left(\frac{1}{4}\times\frac{2}{1}\right)\times2+5=-1+\frac{1}{2}\times2+5=-1+1+5=5$

55. $\dfrac{3\frac{2}{3}\div\frac{11}{30}\text{ का }\frac{2}{3}-\frac{1}{4}\text{ का }2\frac{1}{2}\div\frac{3}{5}\times4\frac{4}{5}}{\frac{2}{5}\text{ का }7\frac{1}{2}\div\frac{3}{4}-\frac{3}{4}\times1\frac{1}{2}\div2\frac{1}{4}}=\dfrac{\frac{11}{3}\div\left(\frac{11}{30}\times\frac{2}{3}\right)-\left(\frac{1}{4}\times\frac{5}{2}\right)\div\frac{3}{5}\times\frac{24}{5}}{\left(\frac{2}{5}\times\frac{15}{2}\right)\div\frac{3}{4}-\frac{3}{4}\times\frac{3}{2}\div\frac{9}{4}}$

$=\dfrac{\frac{11}{3}\times\frac{45}{11}-\frac{5}{8}\times\frac{5}{3}\times\frac{24}{5}}{3\times\frac{4}{3}-\frac{9}{8}\times\frac{4}{9}}=\dfrac{15-5}{4-\frac{1}{2}}=\dfrac{10}{\frac{7}{2}}=10\times\frac{2}{7}=\frac{20}{7}=2\frac{6}{7}$

56. $\dfrac{5\frac{1}{2}\div3\frac{2}{3}\text{ का }\frac{1}{4}+\left(5\frac{1}{9}-7\frac{7}{8}\div9\frac{9}{20}\right)\times\frac{9}{11}}{5\div5\text{ का }\frac{1}{10}-10\times10\div20}=\dfrac{\frac{11}{2}\div\left(\frac{11}{3}\times\frac{1}{4}\right)+\left(\frac{46}{9}-\frac{63}{8}\div\frac{189}{20}\right)\times\frac{9}{11}}{5\div\left(5\times\frac{1}{10}\right)-10\times\frac{1}{2}}$

$=\dfrac{\frac{11}{2}\div\frac{11}{12}+\left(\frac{46}{9}-\frac{63}{8}\times\frac{20}{189}\right)\times\frac{9}{11}}{5\div\frac{1}{2}-5}=\dfrac{\left(\frac{11}{2}\times\frac{12}{11}\right)+\left(\frac{46}{9}-\frac{5}{6}\right)\times\frac{9}{11}}{\left(5\times\frac{2}{1}\right)-5}$

$=\dfrac{6+\frac{77}{18}\times\frac{9}{11}}{10-5}=\dfrac{6+\frac{7}{2}}{5}=\frac{19}{2}\times\frac{1}{5}=\frac{19}{10}=1\frac{9}{10}$

57. $\dfrac{7-[4+3(2-2\times2+5)-8]\div5}{2\div2\text{ का }(4+4\div4\text{ का }4)}=\dfrac{7-[4+3(2-4+5)-8]\div5}{2\div2\text{ का }[4+4\div(4\times4)]}$

$=\dfrac{7-[4+3\times3-8]\div5}{2\div2\text{ का}\left(4+\frac{4}{16}\right)}=\dfrac{7-[4+9-8]\div5}{2\div2\text{ का }\frac{17}{4}}=\dfrac{7-5\div5}{2\div\left(2\times\frac{17}{4}\right)}=\dfrac{7-1}{2\div\frac{17}{2}}$

$=\dfrac{6}{2\times\frac{2}{17}}=\dfrac{6}{\frac{4}{17}}=6\times\frac{17}{4}=\frac{51}{2}=25\frac{1}{2}$

58. $$\frac{8\div\left[(8-3)\div\left\{(4\div 4 \text{ का} 8)+4-4\times 4\div 8\right\}-2\right]}{8\times 8\div 4-8\div 8 \text{ का} 2-7}=\frac{8\div\left[5\div\left\{(4\div 32)+4-4\times\frac{4}{8}\right\}-2\right]}{8\times 8\div 4-8\div(8\times 2)-7}$$

$$=\frac{8\div\left[5\div\left\{\frac{4}{32}+4-2\right\}-2\right]}{8\times 8\div 4-8\div(8\times 2)-7}=\frac{8\div\left[5\div\left\{\frac{1}{8}+2\right\}-2\right]}{8\times 2-8\div 16-7}=\frac{8\div\left[5\div\frac{17}{8}-2\right]}{16-\frac{8}{16}-7}$$

$$=\frac{8\div\left[5\times\frac{8}{17}-2\right]}{16-\frac{1}{2}-7}=\frac{8\div\left[\frac{40}{17}-2\right]}{9-\frac{1}{2}}=\frac{8\div\left(\frac{6}{17}\right)}{\frac{17}{2}}=\frac{8\times\frac{17}{6}}{\frac{17}{2}}=\frac{4\times 17}{3}\times\frac{2}{17}=\frac{8}{3}$$

59. $$\frac{36\div 42 \text{ का} 6\times 7+24\times 6\div 18+3\div(2-6)-(4+3\times 2)\div 8}{21\div 3 \text{ का} 7}$$

$$=\frac{36\div(42\times 6)\times 7+24\times\left(\frac{6}{18}\right)+3\div(-4)-(4+6)\div 8}{21\div(3\times 7)}$$

$$=\frac{\frac{36}{42\times 6}\times 7+8+\frac{3}{-4}-\frac{10}{8}}{21\div 21}=\frac{1+8-\frac{3}{4}-\frac{5}{4}}{1}=9-\frac{8}{4}=9-2=7$$

60. $+=-$, $-=+$, $\times=\div$ तथा $\div=\times$ रखने पर,

$$\frac{\left[(30\times 5)+(84\times 6)\right]\div 5}{\left(\frac{2}{3}\div 18\right)-(4\div 2)}=\frac{\left[(30\div 5)-(84\div 6)\right]\times 15}{\left(\frac{2}{3}\times 18\right)+(4\times 2)}=\frac{(6-14)\times 5}{12+8}=\frac{-8\times 5}{20}=-2$$

61. $\frac{1}{3},\frac{4}{3}$ और $\frac{3}{4}$ का योग $=\frac{1}{3}+\frac{4}{3}+\frac{3}{4}=\frac{4+16+9}{12}=\frac{29}{12}$

62. $$\frac{\frac{1}{5}\div\frac{1}{5}\times\frac{1}{5}}{\frac{1}{5}\div\frac{1}{5}\text{ का}\frac{1}{5}}-4\frac{1}{5}\div 105=\frac{\frac{1}{5}\times\frac{5}{1}\times\frac{1}{5}}{\frac{1}{5}\div\left(\frac{1}{5}\times\frac{1}{5}\right)}-\frac{21}{5}\div\frac{105}{1}=\frac{\frac{1}{5}}{\frac{1}{5}\times\frac{25}{1}}-\frac{21}{5}\times\frac{1}{105}=\frac{\frac{1}{5}}{\frac{5}{1}}-\frac{1}{25}$$

$$=\frac{1}{5}\times\frac{1}{5}-\frac{1}{25}=\frac{1}{25}-\frac{1}{25}=0$$

63. $$\frac{4}{5}\div 3\frac{1}{4}\text{ का}\frac{8}{13}-\frac{\frac{1}{5}-\frac{1}{8}}{\frac{1}{5}+\frac{1}{8}}\times 5\frac{1}{5}+\frac{5}{6}=\frac{4}{5}\div\left(\frac{13}{4}\times\frac{8}{13}\right)-\frac{\left(\frac{8-5}{40}\right)}{\left(\frac{8+5}{40}\right)}\times\frac{26}{5}+\frac{5}{6}=\frac{4}{5}\div\frac{2}{1}-\frac{\left(\frac{3}{40}\right)}{\left(\frac{13}{40}\right)}\times\frac{26}{5}+\frac{5}{6}$$

$$=\frac{4}{5}\times\frac{1}{2}-\frac{3}{40}\times\frac{40}{13}\times\frac{26}{5}+\frac{5}{6}=\frac{2}{5}-\frac{6}{5}+\frac{5}{6}=\frac{12-36+25}{30}=\frac{1}{30}$$

64. $$\frac{4+\sqrt{2}}{\sqrt{2}+1}=\frac{(4+\sqrt{2})}{(\sqrt{2}+1)}\times\frac{(\sqrt{2}-1)}{(\sqrt{2}-1)}=\frac{4\sqrt{2}-4+2-\sqrt{2}}{(\sqrt{2})^2-(1)^2}=\frac{3\sqrt{2}-2}{1}=3\sqrt{2}-2$$

65. $$2\frac{1}{3}+2\frac{1}{2}\text{ का }1\frac{2}{5}+\left(\frac{3}{8}+\frac{1}{7}\times 1\frac{3}{4}\right)=\frac{7}{3}+\frac{5}{2}\text{ का}\frac{7}{5}+\left(\frac{3}{8}+\frac{1}{7}\times\frac{7}{4}\right)$$

$$=\frac{7}{3}+\left(\frac{5}{2}\times\frac{7}{5}\right)+\left(\frac{3}{8}+\frac{1}{4}\right)=\frac{7}{3}+\frac{7}{2}+\left(\frac{3+2}{8}\right)=\frac{7}{3}+\frac{7}{2}+\frac{5}{8}=\frac{56+84+15}{24}=\frac{155}{24}$$

66. $$\frac{\sqrt{5}-\sqrt{3}}{\sqrt{5}+\sqrt{3}}=\frac{(\sqrt{5}-\sqrt{3})\times(\sqrt{5}-\sqrt{3})}{(\sqrt{5}+\sqrt{3})\times(\sqrt{5}-\sqrt{3})}=\frac{(\sqrt{5}-\sqrt{3})^2}{(\sqrt{5})^2-(\sqrt{3})^2}$$

$$=\frac{5+3-2\times\sqrt{5}\times\sqrt{3}}{5-3}=\frac{8-2\sqrt{15}}{2}=\frac{2(4-\sqrt{15})}{2}=4-\sqrt{15}$$

67. $$\frac{40-\frac{2}{4}\text{ का } 32}{37-\frac{3}{4}\text{ का}(34-6)}=\frac{40-\frac{2}{4}\times 32}{37-\frac{3}{4}\times 28}=\frac{40-16}{37-21}=\frac{24}{16}=\frac{3}{2}$$

68. $$\sqrt{\frac{?}{196}}=\frac{72}{56}\Rightarrow\frac{\sqrt{?}}{14}=\frac{9}{7}\Rightarrow\sqrt{?}=\frac{9\times 14}{7}=18$$

$\therefore$ $\sqrt{?}=18$ के दोनों पक्षों का वर्ग करने पर $? = 18^2 = 324$

69. $$X=\frac{(943+864)^2-(943-864)^2}{(1886\times 1728)}=\frac{(943+864+943-864)(943+864-943+864)}{(1886\times 1728)}$$

$$=\frac{1886\times 1728}{1886\times 1728}=1$$

70. $$199994\times 200006=(200000-6)\times(200000+6)=(200000)^2-(6)^2$$

$$=40000000000-36=39999999964$$

71. $$\frac{3.39\times 3.39-2.61\times 2.61}{0.78}-\frac{7.50}{3.75}=\frac{(3.39)^2-(2.61)^2}{0.78}-\frac{750}{375}=\frac{(3.39-2.61)(3.39+2.61)}{0.78}-2$$

$$=\frac{0.78\times 6.00}{0.78}-2=6-2=4$$

72. $$\frac{1.49\times 14.9-0.51\times 5.1}{14.9-5.1}=\frac{10\times(1.49\times 14.9-0.51\times 5.1)}{10\times(14.9-5.1)}=\frac{10\times 1.49\times 14.9-10\times 0.51\times 5.1}{10\times(14.9-5.1)}$$

$$=\frac{14.9\times 14.9-5.1\times 5.1}{10\times(14.9-5.1)}=\frac{(14.9-5.1)(14.9+5.1)}{10\times(14.9-5.1)}=\frac{20}{10}=2\Rightarrow 2.00$$

73. $$\frac{(2.39)^2-(1.61)^2}{2.39-1.61}=\frac{(2.39-1.61)(2.39+1.61)}{(2.39-1.61)}=2.39+1.61=4.00=4$$

74. $$\frac{(2.644+2.356)(2.644-2.356)}{0.288}=\frac{5.000\times 0.288}{0.288}=5.000=5$$

75. $$\frac{0.321\times 0.321-0.179\times 0.179}{0.321-0.179}=\frac{(0.321)^2-(0.179)^2}{0.321-0.179}=\frac{(0.321-0.179)(0.321+0.179)}{(0.321-0.179)}$$

$$=0.321+0.179=0.500$$

76. $$\frac{4.359\times 4.359-1.641\times 1.641}{4.359-1.641}=\frac{(4.359-1.641)(4.359+1.641)}{(4.359-1.641)}=4.359+1.641=6.000$$

77. $$\frac{(6.4)^2-(5.4)^2}{(8.9)^2+(8.9)\times(2.2)+(1.1)^2}=\frac{(6.4-5.4)\,(6.4+5.4)}{(8.9+1.1)^2}=\frac{1.0\times 11.8}{(10.0)^2}=\frac{11.8}{100}=0.118$$

78. $$\frac{(0.5)^4-(0.4)^4}{(0.5)^2+(0.4)^2}=\frac{(0.5^2)^2-(0.4^2)^2}{(0.5^2+0.4^2)}=\frac{(0.5^2-0.4^2)(0.5^2+0.4^2)}{(0.5^2+0.4^2)}=0.5^2-0.4^2=0.25-0.16=0.09$$

79. $$\frac{(3.4567)^2-(3.4533)^2}{0.0034}=\frac{(3.4567-3.4533)(3.4567+3.4533)}{0.0034}=\frac{0.0034\times 6.9100}{0.0034}=6.91$$

80. $\frac{(0.03)^2-(0.01)^2}{0.03-0.01}=\frac{(0.03-0.01)(0.03+0.01)}{(0.03-0.01)}=0.03+0.01=0.04$

81. $\frac{5.32\times56+5.32\times44}{(7.66)^2-(2.34)^2}=\frac{5.32\,(56+44)}{(7.66-2.34)(7.66+2.34)}=\frac{5.32\times100}{5.32\times10.00}=10$

82. $\frac{3.47\times3.47-2.53\times2.53}{0.94}-\frac{12.50}{6.25}=\frac{(3.47-2.53)(3.47+2.53)}{0.94}-2=\frac{0.94\times6.00}{0.94}-2=6-2=4$

83. $3.5\times3.5+2\times6.5\times3.5+6.5\times6.5=3.5^2+2\times3.5\times6.5+6.5^2=(3.5+6.5)^2=(10.0)^2=100$

84. $\frac{0.325\times0.325+0.175\times0.175+25\times0.00455}{5\times0.0065\times3.25-7\times0.175\times0.025}+\frac{0.5}{1.5}=\frac{0.325^2+0.175^2+2\times0.325\times0.175}{0.0325\times3.25-0.175\times7\times0.025}+\frac{5}{15}$

$=\frac{(0.325+0.175)^2}{0.325\times0.325-0.175\times0.175}+\frac{1}{3}=\frac{(0.325+0.175)^2}{0.325^2-0.175^2}+\frac{1}{3}$

$=\frac{(0.325+0.175)^2}{(0.325+0.175)(0.325-0.175)}+\frac{1}{3}=\frac{(0.325+0.175)}{0.325-0.175}+\frac{1}{3}=\frac{0.5}{0.15}+\frac{1}{3}=\frac{50}{15}+\frac{1}{3}=\frac{10}{3}+\frac{1}{3}=\frac{11}{3}$

85. $\frac{(0.73)^3+(0.27)^3}{(0.73)^2+(0.27)^2-0.73\times0.27}=\frac{(0.73+0.27)(0.73^2+0.27-0.73\times0.27)}{(0.73^2+0.27^2-0.73\times0.27)}$

$=0.73+0.27=1.00=1$

86. $\frac{(0.7)^3+(0.3)^3}{(0.7)^2-0.7\times0.3+(0.3)^2}=\frac{(0.7+0.3)[(0.7)^2\,0.7\times0.3+(0.3)^2]}{[(0.7)^2-0.7\times0.3+(0.3)^2]}=0.7+0.3=1.0=1$

87. $(0.98)^3+(0.02)^3+3\times0.98\times0.02-1=(0.98)^3+(0.02)^3+(-1)^3-3x\times0.98\times0.02\times-1=0$

क्योंकि $0.98+0.02+(-1)=0$

88. $[(0.111)^3+(0.222)^3-(0.333)^3+(0.333)^2\,(0.222)]^3$

$=[(0.111)^3+(0.222)^3-(0.333)^3+(-0.333)\times(-0.333)(0.222)]^3$

$=[(0.111)^3+(0.222)^3-(0.333)^3-3\times(0.111)\,(-0.333)(0.222)]^3$

$=[0]=0$ [क्योंकि $.111+0.222+(-0.333)=0$]

89. $\frac{0.9\times0.9\times0.9+0.2\times0.2\times0.2+0.3\times0.3\times0.3-3\times0.9\times0.2\times0.3}{0.9\times0.9+0.2\times0.2+0.3\times0.3-0.9\times0.20-0.2\times0.3-0.3\times0.9}$

$=\frac{(0.9+0.2+0.3)(0.9^2+0.2^2+0.3^2-0.9\times0.2-0.2\times0.3-0.3\times0.9)}{(0.9^2+0.2^2+0.3^2-0.9\times0.2-0.2\times0.3-0.3\times0.9)}=(0.9+0.2+0.3)=1.4$

90. $4.27\times4.27\times4.27+30\times4.27\times5.73+5.73\times5.73\times5.73$

$=(4.27)^3+3\times10\times4.27\times5.73+(5.73)^3$

$=(4.27)^3+(5.73)^3+3\times4.27\times5.73\times(4.27+5.73)=(4.27+5.73)^3=(10.00)^3=1000$

91. $\frac{(1.5)^3+(4.7)^3+(3.8)^3-3\times1.5\times4.7\times3.8}{(1.5)^2+(4.7)^2+(3.8)^2-1.5\times4.7-4.7\times3.8-3.8\times1.5}$

$=\frac{(1.5+4.7+3.8)(1.5^2+4.7^2+3.8^2-1.5\times4.7-4.7\times3.8-3.8\times1.5)}{(1.5^2+4.7^2+3.8^2-1.5\times4.7-4.7\times3.8-3.8\times1.5)}=(1.5+4.7+3.8)=10.0=10$

92. $\dfrac{785\times785\times785+435\times435\times435}{(785)^2+(435)^2-(785)(435)}=\dfrac{785^3+435^3}{785^2+435^2-785\times435}$

$$=\frac{(785+435)(785^2+435^2-785\times435)}{(785^2+435^2-785\times435)}=(785+435)=1220$$

93. $\dfrac{10.3\times10.3\times10.3+1}{10.3\times10.3-10.3+1}=\dfrac{(10.3)^3+1^3}{10.3^2-10.3\times1+1^2}=\dfrac{(10.3+1)(10.3^2-10.3\times1+1^2)}{(10.3^2-10.3\times1+1^2)}=10.3+1=11.3$

94. $\dfrac{0.051\times0.051\times0.051+0.041\times0.041\times0.041}{0.051\times0.051-0.051\times0.041+0.041\times0.041}=\dfrac{(0.051+0.041)(0.051^2-0.051\times0.041+0.041^2)}{(0.051^2-0.051\times0.041+0.041^2)}$

$$=(0.051+0.041)=0.092$$

95. $\dfrac{0.216+0.064}{0.36+0.16-0.24}=\dfrac{(0.6)^3+(0.4)^3}{0.6^2+0.4^2-0.6\times0.4}=\dfrac{(0.6+0.4)(0.6^2+0.4^2-0.6\times0.4)}{(0.6^2+0.4^2-0.6\times0.4)}=0.6+0.4=1.0$

96. $\dfrac{(0.96)^3-(0.1)^3}{(0.96)^2+0.096+(0.1)^2}=\dfrac{(0.96-0.1)(0.96^2+0.96\times0.1+0.1^2)}{(0.96^2+0.96\times0.1+0.1^2)}=0.96-0.1=0.86$

97. $\dfrac{8(3.75)^3+1}{(7.5)^2-6.5}=\dfrac{[2.(3.75)]^3+1}{(7.5)^2-6.5}=\dfrac{(7.50)^3+1^3}{7.5^2-6.5}=\dfrac{(7.5+1)(7.5^2-7.5\times1+1^2)}{(7.5^2-7.5+1)}=7.5+1=8.5$

98. $\dfrac{64-0.008}{16+0.8+0.04}=\dfrac{(4)^3-(0.2)^3}{(4)^2+4\times0.2+(0.2)^2}=\dfrac{(4-0.2)(4^2+4\times0.2+0.2^2)}{(4^2+4\times0.2+0.2^2)}=4-0.2=3.8$

99. $\dfrac{0.05\times0.05\times0.05-0.04\times0.04\times0.04}{0.05\times0.05+0.002+0.04\times0.04}=\dfrac{(0.05-0.04)(0.05^2+0.05\times0.04\times0.04^2)}{(0.05^2+0.002+0.04^2)}$

$$=0.05-0.04=0.01$$

100. $\dfrac{0.06\times0.06\times0.06-0.05\times0.05\times0.05}{0.06\times0.06+0.06\times0.05\times0.05\times0.05}=\dfrac{(0.06-0.05)(0.06^2+0.06\times0.05\times0.05^2)}{(0.06^2+0.06\times0.05+0.05^2)}$

$$=0.06-0.05=0.01$$

101. $(3+2\sqrt{2})^{-3}+(3-2\sqrt{2})^{-3}=\dfrac{1}{(3+2\sqrt{2})^3}+\dfrac{1}{(3-2\sqrt{2})^3}=\dfrac{(3-2\sqrt{2})^3+(3+2\sqrt{2})^3}{(3+2\sqrt{2})^3(3-2\sqrt{2})^3}$

$$=\frac{(3-2\sqrt{2}+3+2\sqrt{2})\,[(3-2\sqrt{2})^2-(3-2\sqrt{2})(3+2\sqrt{2})+(3+2\sqrt{2})^2]}{[(3+2\sqrt{2})\,(3-2\sqrt{2})]^3}$$

$$=\frac{6[9+8-12\sqrt{2}-(9-8)+9+8+12\sqrt{2}]}{(9-8)^3}=\frac{6[34-1]}{(1)^3}=\frac{6\times33}{1}=198$$

102. $(16)^{\frac{3}{2}}+(16)^{\frac{-3}{2}}=(2^4)^{\frac{3}{2}}+(2^4)^{\frac{-3}{2}}=2^{4\times\frac{3}{2}}+2^{4\times\frac{-3}{2}}=2^6+2^{-6}=2^6+\dfrac{1}{2^6}=64+\dfrac{1}{64}=\dfrac{4096+1}{64}=\dfrac{4097}{64}$

103. $\dfrac{458\times458\times458-239\times239\times239}{458\times458-458\times239+239\times239}=\dfrac{458^3-239^3}{458^2-458\times239+239^2}$

$$=\frac{(458-239)\,(458^2-458\times239+239^2)}{(458^2-458\times239+239^2)}$$

$$=458-239=219$$

104. $\dfrac{885\times885\times885+115\times115\times115}{885\times885+115\times115-885\times115}=\dfrac{(885)^3+(115)^3}{(885)^2+(115)^2-885\times115}$

$$=\frac{(885+115)(885^2+115^2-885\times115)}{(885^2+115^2-885\times115)}=885+115=1000$$

105. $\dfrac{6.35\times6.35\times6.35+3.65\times3.65\times3.65}{63.5\times63.5+36.5\times36.5-63.5\times36.5}=\dfrac{6.35\times6.35\times6.35+3.65\times3.65\times3.65}{100\times\left(\dfrac{63.5\times63.5}{100}+\dfrac{36.5+36.5}{100}-\dfrac{63.5\times36.5}{100}\right)}$

$$=\frac{6.35\times6.35\times6.35+3.65\times3.65\times3.65}{100\times(6.35\times6.35+3.65\times3.65-6.35\times3.65)}=\frac{6.35^3+3.65^3}{100(6.35^2+3.65^2-6.35\times3.65)}$$

$$=\frac{(6.35+3.65)(6.35^2+3.65^2-6.35\times3.65)}{100(6.35^2+3.65^2-6.35\times3.65)}=\frac{(6.35+3.65)}{100}=\frac{10.00}{100}=\frac{1}{10}=0.1$$

106. 125 का 30% + 300 का 45% = $125\times\dfrac{30}{100}+300\times\dfrac{45}{100}$

$$=37.5+135=172.5$$

107. ? के $\dfrac{5}{6}$ के 25% का 60% = 630 [माना ? = x]

$\therefore$ $x\times\dfrac{5}{6}\times\dfrac{25}{100}\times\dfrac{60}{100}=630$, अतः $x=\dfrac{630\times6\times100\times100}{5\times25\times60}=5040$

108. 2000 के 5% का 5% = $2000\times\dfrac{5}{100}\times\dfrac{5}{100}=5$

109. 500 रु. का 20% का 15% का 10% = ₹500 $\times\dfrac{20}{100}\times\dfrac{15}{100}\times\dfrac{10}{100}=1.5$

110. संख्या के 30% का 15% = 18, अतः संख्या $\times\dfrac{30}{100}\times\dfrac{15}{100}=18$, अतः संख्या $=\dfrac{18\times10\times100}{3\times15}=400$

111. 130 का ?% = 10.4 या $130\times\dfrac{?}{100}=10.4$, अतः $130\times?=10.4\times100=1040$, अतः $?=\dfrac{1040}{130}=8$

112. माना एक दिन का x% = 2 घण्टे, अतः $24\times\dfrac{x}{100}=2$ या $x=\dfrac{2\times100}{24}=\dfrac{25}{3}\%$

113. ? का 30% + 64 का $\dfrac{5}{8}$ = 121, अतः ? $\times\dfrac{30}{100}+64\times\dfrac{5}{8}=121$, अतः ? $\times\dfrac{3}{10}+40=121$

$\therefore$ $?\times\dfrac{3}{10}=81$, अतः $?=\dfrac{81\times10}{3}=270$

114. 1605 का $\dfrac{4}{5}$ + 5080 का 30% = 6589 − ? $\Rightarrow 1605\times\dfrac{4}{5}+5080\times\dfrac{30}{100}=6589-?$

$1284+1524=6589-?$, अतः 2808 = 6589 − ?, अतः ? = 6589 − 2808 = 3781

115. $161\sqrt{5}+960\times\dfrac{?}{100}=1058-124\Rightarrow161\sqrt{5}+\dfrac{48\times?}{5}=934$

$360+\dfrac{48\times?}{5}=934$, अतः $\dfrac{48\times?}{5}=934-360=574$

$\therefore$ $?=\dfrac{574\times5}{48}=\dfrac{2870}{48}=59.79=60$ लगभग

6 महत्तम समापवर्तक एवं लघुत्तम समापवर्त्य (High Common Factor and Least Common Multiple)

महत्तम समापवर्तक (Highest Common Factor)

अपवर्तक (Factor or Divisor) – यदि कोई संख्या किसी दूसरी संख्या को पूरी-पूरी विभाजित कर दे तो विभाजित करने वाली संख्या को विभाजित होने वाली संख्या का अपवर्तक कहते हैं। दूसरे शब्दो में जो-जो संख्याएं किसी दी हुई संख्या को पूरी-पूरी विभाजित कर देती हैं तो उन्हें दी हुई संख्या का अपवर्तक कहते हैं। जैसे एक दी हुई संख्या 18 को क्रमशः 1, 2, 3, 6, 9 तथा 18 पूरी-पूरी विभाजित कर देते हैं, अतः 1, 2, 3, 6, 9 तथा 18 को 18 का अपवर्तक कहेंगे। इसी प्रकार 24 के अपवर्तक होंगे 1, 2, 3, 4, 6, 8, 12 तथा 24।

समापवर्तक (Common Factor or Common Divisor) – यदि कोई संख्या किन्हीं दो या दो से अधिक संख्याओं को विभाजित करती है तो विभाजक संख्या को विभाज्य संख्याओं का समापवर्तक कहते हैं। दूसरे शब्दों में जो-जो संख्याएं किन्हीं दो या दो से अधिक संख्याओं को विभाजित करती हैं उन विभाजक संख्याओं को विभाज्य संख्याओं का समापवर्तक कहते हैं। जैसे 12 तथा 18 दी हुई संख्याओं को 1, 2, 3, 6 पूरा-पूरा विभाजित करते हैं, अतः 1, 2, 3, 6 को 12 तथा 18 का समापवर्तक कहेंगे। इसी प्रकार 16, 24 तथा 32 के समापवर्तक हैं, 1, 2, 4, 8।

महत्तम समापवर्तक (Highest Common Factor or Greatest Common Divisor) – वह बड़ी से बड़ी संख्या जो दी हुई दो या दो से अधिक संख्याओं को पूरा-पूरा विभाजित कर दे, दी हुई संख्याओं की म०स० कहलाती है। दूसरे शब्दों में हम कह सकते हैं कि दी हुई संख्याओं को विभाजित करने वाली संख्याओं में जो सबसे बड़ी होती है उसे म०स० कहते हैं। अर्थात् समापवर्तकों में जो सबसे बड़ा होता है वही म०स० होता है, जैसे 12 तथा 18 के समापवर्तक 1, 2, 3, 6 हैं, अतः 12 तथा 18 का म०स० 6 होगा। इसी प्रकार 16, 24 तथा 32 के समापवर्तक 1, 2, 4, 8 हैं, अतः 16, 24 तथा 32 का म०स० 8 है।

महत्तम समापवर्तक ज्ञात करने की विधि

[1] गुणनखण्ड विधि (Factor Method)

इस विधि में सर्वप्रथम दी हुई संख्याओं का बारी-बारी से अभाज्य गुणनखण्ड करते हैं तत्पश्चात् सर्वनिष्ठ गुणनखण्डों (Common Factors) का आपस में गुणा करते हैं। इस प्रकार जो गुणनफल प्राप्त होता है वही म०स० होता है।

जैसे 24, 32, 40 का म०स० ज्ञात करना –

$24 = 2 \times 2 \times 2 \times 3$

$32 = 2 \times 2 \times 2 \times 2 \times 2$

$40 = 2 \times 2 \times 2 \times 5$

म०स० = सर्वनिष्ठ गुणनखण्डों का गुणनफल $= 2 \times 2 \times 2 = 8$

[2] भाग की प्रथम विधि (Division Method-I)

इस विधि में दी हुई संख्याओं को क्रमशः एक पंक्ति में लिखकर बारी-बारी से उन-उन संख्याओं से भाग देते हैं जिनसे दी हुई सभी संख्याएं एक साथ विभाजित हों। इन भाजकों को बायें तरफ लिखते हैं। अन्त में इन भाजकों का आपस में गुणा करते हैं। इससे जो गुणनफल प्राप्त होता है, वही अभीष्ट म०स० होता है जैसे, 24, 32, 40 का म०स० ज्ञात करना –

2	24,	32,	40
2	12,	16,	20
2	6,	8,	10
	3,	4,	5

अतः म०स० $= 2 \times 2 \times 2 = 8$

इसी प्रकार 24, 36, 48 का म०स० ज्ञात किया जा सकता है –

2	24,	36,	48
2	12,	18,	24
3	6,	9,	12
	2,	3,	4

अतः म०स० $= 2 \times 2 \times 3 = 12$

[3] भाग की द्वितीय विधि (Division Method-II)

इस विधि का प्रयोग तब करना चाहिए जब उपर्युक्त दोनों विधियों का प्रयोग आसानी से न हो सके। यदि दो संख्याओं का म०स० ज्ञात करना हो तो छोटी संख्या से बड़ी संख्या में भाग देते हैं। इस भाग में जो शेष प्राप्त होता है उससे भाजक में भाग देते हैं। इससे जो शेष प्राप्त होता है उससे दूसरे भाजक में भाग देते हैं और यही क्रिया तब तक करते हैं, जब तक शेष शून्य प्राप्त हो जाय। इस प्रकार अन्तिम भाजक ही अभीष्ट म०स० होता है। यदि तीन संख्याओं का म०स० ज्ञात करना हो तो सर्वप्रथम किन्हीं दो का उपर्युक्त विधि से म०स० ज्ञात करके इस म०स० और तीसरी संख्या का इसी विधि से म०स० ज्ञात करते हैं इससे जो म०स० प्राप्त होता है वही तीनों संख्याओं का अभीष्ट म०स० होता है। जैसे –

1. 923 तथा 949 का म०स० ज्ञात करना –

923) 949 (1
  923
  26) 923 (35
    78
    143
    130
    13) 26 (2
      26
      00

अतः 923 तथा 949 का म०स० = अन्तिम भाजक = 13

2. 168, 189 तथा 231 का म०स० ज्ञात करना –

168) 189 (1
  168
  21) 168 (8
    168
    000

अतः 168 तथा 189 का म०स० = 21

अब 21 तथा 231 के म०स० के लिए –

21) 231 (11
  21
  21
  21
  ××

अतः 21 तथा 231 का म०स० = 21

अतः दी हुई तीनों संख्याओं 168, 189 तथा 231 का म०स० = 21

लघुतम समापवर्त्य (Least Common Multiple)

अपवर्त्य (Multiple)

जो-जो संख्याएं किसी दी हुई संख्या से पूरी-पूरी विभाजित हो जाती हैं उन्हें दी हुई संख्याओं का अपवर्त्य कहते हैं। जैसे एक दी हुई संख्या 5 हो तो 5 से पूरा-पूरा विभाजित होने वाली संख्याएँ 5, 10, 15, 20, 25.........इत्यादि हैं। अतः 5, 10, 15, 20, 25........इत्यादि को 5 का अपवर्त्य कहेंगे। अपवर्त्य को गुणज भी कहा जाता है।

समापवर्त्य (Common Multiple)

जिन-जिन संख्याओं को दी हुई दो या दो से अधिक संख्याएं पूरा-पूरा विभाजित कर दें उन-उन संख्याओं को दी हुई संख्याओं का समापवर्त्य कहते हैं जैसे दी हुई संख्याएं 4, 6, 8 क्रमशः 24, 48, 72, 96...........इत्यादि को पूरा-पूरा विभाजित कर देती हैं, अतः 24, 48, 72, 96.............इत्यादि को 4, 6, 8 का समापवर्त्य कहेंगे।

लघुतम समापवर्त्य (Least Common Multiple)

समापवर्त्यों में जो सबसे छोटा होता है उसे ही लघुतम समापवर्त्य कहते हैं। दूसरे शब्दों में जिस छोटी से छोटी संख्या को दी गयी सभी संख्याएं पूरा-पूरा विभाजित कर देती हैं उसे दी हुई संख्याओं का लघुतम समापवर्त्य कहते हैं। जैसे 4, 6, 8 के समापवर्त्यों 24, 48, 72, 96............इत्यादि में 24 सबसे छोटा समापवर्त्य है। अतः 4, 6, 8 का लघुतम समापवर्त्य 24 हुआ।

दो संख्याओं के म०स० तथा ल०स० में सम्बन्ध

पहली संख्या × दूसरी संख्या = दोनों का म०स० × दोनों का ल०स०

लघुतम समापवर्त्य ज्ञात करने की विधियाँ

[1] गुणनखण्ड विधि (Factor Method)

इस विधि में सर्वप्रथम दी हुई संख्याओं का अभाज्य गुणनखण्ड करके उन गुणनखण्डों को अधिकतम घात के रूप में लिखते हैं। अन्त में अधिकतम घात वाले गुणनखण्डों का आपस में गुणा कर देते हैं। इस प्रकार प्राप्त गुणनफल अभीष्ट ल०स० होता है जैसे 8, 12, 20 का ल०स० ज्ञात करना–

दी हुई संख्याएं		अभाज्य गुणनखण्ड		अधिकतम घात के रूप में गुणनखण्ड
8	=	$2 \times 2 \times 2$	=	2^3
12	=	$2 \times 2 \times 3$	=	$2^2 \times 3^1$
20	=	$2 \times 2 \times 5$	=	$2^2 \times 5^1$
∴ ल०स०	=	$2^3 \times 3^1 \times 5^1$	=	$8 \times 3 \times 5 = 120$

[2] भाग की प्रथम विधि (Division Method-I)

सर्वप्रथम दी हुई संख्याओं को क्रमशः एक पंक्ति में लिखकर बारी-बारी से 2, 3, 4..........से भाग देते हैं। जब किसी संख्या में भाग न जाय तब उसे ज्यों का त्यों लिख देते हैं। अगले क्रम में उसके भाजक से भाग देते हैं। जब सबका भागफल 1 प्राप्त हो जाय तब सभी भाजकों का आपस में गुणा कर लेते हैं। इस प्रकार प्राप्त गुणनफल ही अभीष्ट ल०स० होता है। जैसे 12, 15, 18 का ल०स० ज्ञात करना

2	12,	15,	18
2	6,	15,	9
3	3,	15,	9
3	1,	5,	3
5	1,	5,	1
	1,	1,	1

अतः अभीष्ट ल०स० $= 2 \times 2 \times 3 \times 3 \times 5 = 180$

[3] भाग की द्वितीय विधि (Division Method-II)

सामान्यतः इस विधि का प्रयोग तब करना चाहिए जब दी हुई संख्याओं का आसानी से गुणनखण्ड न हो सके। इसमें सर्वप्रथम भाग विधि से दो संख्याओं का म०स० ज्ञात करते हैं, तत्पश्चात् सूत्र **'पहली संख्या × दूसरी संख्या = दोनों का म०स० × दोनों का ल०स०'** से उनका ल०स० ज्ञात करते हैं। यदि तीन संख्याओं का ल०स० ज्ञात करना हो तो सबसे पहले उपयुक्त विधि से दो संख्याओं का ल०स० ज्ञात किया जाता है। तत्पश्चात् इस ल०स० और तीसरी संख्या की उपर्युक्त विधि से ल०स० ज्ञात करते हैं। जैसे 396 तथा 576 का ल०स० ज्ञात करना।

```
396) 576 (1
     396
     180) 396 (2
          360
           36) 180 (5
               180
               000
```

अतः 396, 576 का म०स० = अन्तिम भाजक = 36

∴ सूत्र, पहली संख्या × दूसरी संख्या = म०स० × ल०स० से

$$396 \times 576 = 36 \times \text{ल०स०}$$

$$\therefore \text{ल०स०} = \frac{396 \times 576}{36} = 6336$$

भिन्नों का म०स० तथा ल०स०

(a) $\text{भिन्नों का म०स०} = \dfrac{\text{अंशों का म०स०}}{\text{हरों का ल०स०}}$ (b) $\text{भिन्नों का ल०स०} = \dfrac{\text{अंशों का ल०स०}}{\text{हरों का म०स०}}$

दशमलव भिन्नों (अर्थात् दशमलव संख्याओं) का म०स० तथा ल०स० ज्ञात करना।

सर्वप्रथम आवश्यकतानुसार शून्य बढ़ाकर दशमलव बिन्दु के दायें अंकों की संख्या समान कर लेना चाहिए। इसके बाद दशमलव बिन्दु की उपेक्षा करते हुए अर्थात् उनका ध्यान न रखते हुए म०स० और ल०स० पूर्व विधियों से ज्ञात करते हैं अन्त में दशमलव बिन्दु इस प्रकार लगाते हैं कि ऊपर के समान अंकों जितना रहे। जैसे 1.2 तथा 1.25 का म०स० तथा ल०स० ज्ञात करने के लिए सबसे पहले 1.20 तथा 1.25 का म०स० तथा ल०स० ज्ञात करेंगे।

अतः 120, 125 का म०स० = 5 और 120, 125 का ल०स० = 3000

अतः 1.20 तथा 1.25 का म०स० = .05 और 1.20 तथा 1.25 का ल०स० = 30.00

अध्याय पर आधारित प्रश्नों के प्रकार

'म०स० एवं ल०स०' अध्याय से विभिन्न प्रतियोगी परीक्षाओं में पूछे गये और पूछे जा सकने वाले प्रश्नों को कुल 10 प्रकारों में बांट सकते हैं –

1. म०स० से साधारण प्रश्न
2. म०स० से शेष पर आधारित प्रश्न
3. ल०स० से साधारण प्रश्न
4. ल०स० से शेष पर आधारित प्रश्न
5. समापवर्त्यों पर आधारित प्रश्न
6. समापवर्त्यों पर आधारित विशेष प्रश्न
7. म०स० एवं ल०स० के मिश्रित प्रश्न
8. योग-अन्तर एवं गुणा पर आधारित प्रश्न
9. अनुपात पर आधारित प्रश्न
10. म०स० की भाग विधि पर आधारित प्रश्न

उदाहरणार्थ हल प्रश्न

1 म०स० से साधारण प्रश्न

1. वह बड़ी से बड़ी संख्या ज्ञात कीजिए जो 24, 60 तथा 84 को पूरी-पूरी विभाजित करे।
2. 2502 तथा 3654 का म०स० ज्ञात कीजिए।
3. एक कमरे की विमाएं 18 मी., 12 मी. तथा 10 मी. हैं। बड़ा से बड़ा वह पैमाना ज्ञात कीजिए जिससे तीनों विमाएं पूरी-पूरी नापी जा सकें।
4. एक आयताकार खेत 320 मी. लम्बा तथा 200 मी. चौड़ा है। खेत में अधिकतम क्षेत्रफल वाली बराबर माप की वर्गाकार क्यारियां बनी हैं। प्रत्येक क्यारी की भुजा ज्ञात कीजिए।
5. तीन आयताकार खेतों के क्षेत्रफल क्रमशः 200 वर्ग मी., 250 वर्ग मी. तथा 300 वर्ग मी. हैं। तीनों खेतों में बराबर क्षेत्रफल की क्यारियाँ बनायी गयी हैं। प्रत्येक क्यारी की चौड़ाई 5 मी. है उनकी अधिक से अधिक लम्बाई ज्ञात कीजिए।

हल

1. अभीष्ट संख्या = 24, 60, 84 का म०स० = $2 \times 2 \times 3 = 12$

2	24,	60,	84
2	12,	30,	42
3	6,	15,	21
	2,	5,	7

2.
```
2502)3654(1
     2502
     1152)2502(2
          2304
           198)1152(5
                990
                162)198(1
                    162
                     36)162(4
                        144
                         18)36(2
                            36
                            00
```

∴ अभीष्ट म०स० = अन्तिम भाजक = 18

3. अभीष्ट पैमाना = 18 मी., 12 मी., 10 मी. का म०स० = 2 मी.

2	18,	12,	10
	9,	6,	5

4. वर्गाकार क्यारी की भुजा = 320 मी., 200 मी. का म०स०
$= 2 \times 2 \times 2 \times 5 = 40$ मी.

2	320,	200
2	160,	100
2	80,	50
5	40,	25
	8,	5

5. प्रत्येक क्यारी का क्षे. = 200 वर्ग मी., 250 वर्ग मी., 300 वर्ग मी. का म.स.
$= 2 \times 5 \times 5$ वर्ग मी. = 50 वर्ग मी.

∵ लम्बाई × चौड़ाई = क्षेत्रफल, अतः लम्बाई × 5 = 50 या लम्बाई = $\frac{50}{5} = 10$ मी.

2	200,	250,	300
5	100,	125,	150
5	20,	25,	30
	4,	5,	6

2 म०स० से शेष पर आधारित प्रश्न

1. वह बड़ी से बड़ी संख्या ज्ञात कीजिए जिससे 134, 159, 184 में भाग देने पर प्रत्येक दशा में 9 शेष बचे।
2. किसी संख्या से 2934 तथा 3254 में भाग देने पर क्रमशः 11, 15 शेष बचते हैं। ऐसी बड़ी से बड़ी संख्या ज्ञात कीजिए।
3. एक माली के पास 76, 151, 226 की संख्या में तीन प्रकार के फूल हैं। वह इनसे अधिकतम संख्या के बराबर-बराबर ढेरियां बनाता है तो प्रत्येक प्रकार के फूलों से एक फूल शेष रह जाता है। प्रत्येक ढेरी में फूलों की संख्या ज्ञात कीजिए।
4. किस बड़ी से बड़ी संख्या से 351, 524 तथा 697 में भाग दिया जाए कि प्रत्येक दशा में समान शेष बचे?
5. वह बड़ी से बड़ी संख्या ज्ञात कीजिए जिससे 545, 863 तथा 969 में भाग देने पर प्रत्येक दशा में समान शेष बचे। वह शेष भी ज्ञात कीजिए।

हल

1. $134 - 9 = 125$
   $159 - 9 = 150$
   $184 - 9 = 175$, अतः अभीष्ट सं. = 125, 150, 175 का म०स० $= 5 \times 5 = 25$
2. $2934 - 11 = 2923, 3254 - 15 = 3239$
   अतः बड़ी से बड़ी संख्या = 2923, 3239 का म०स०
   = अन्तिम भाजक = 79

   2923) 3239 (1
   2923
   316) 2923 (9
   2844
   79) 316 (4
   316
   000

3. $76 - 1 = 75$
   $151 - 1 = 150$
   $226 - 1 = 225$, अतः प्रत्येक ढेरी में फूलों की संख्या = 75, 150, 225 का म०स० $= 5 \times 5 \times 3 = 75$
4. $524 - 351 = 173$
   $697 - 524 = 173$
   $697 - 351 = 346$, अतः अभीष्ट संख्या = 173, 173, 346 का म०स० = 173
5. $863 - 545 = 318$
   $969 - 863 = 106$
   $969 - 545 = 424$, अतः अभीष्ट संख्या = 318, 106, 424 का म०स० $= 2 \times 53 = 106$
   अब शेष के लिए 545, 863, 969 में से किसी एक में म०स० से भाग देना होगा।
   $\therefore$ अभीष्ट शेष = 15

   106) 545 (5
   530
   15

3 ल०स० से साधारण प्रश्न

1. वह छोटी से छोटी संख्या ज्ञात कीजिए जो 18, 21, 24, 27 से पूरी तरह विभाजित हो जाए।
2. वह छोटी से छोटी संख्या ज्ञात कीजिए जिसमें 36, 45, 63, 60 से पूरी-पूरी भाग जा सके।
3. तीन पैमाने क्रमशः 40 सेमी., 50 सेमी., 60 सेमी. के हैं। वह कम से कम लम्बाई क्या होगी जिसको ये तीनों पैमाने सही-सही नाप सकें?
4. वह न्यूनतम संख्या ज्ञात कीजिए जो 12 तक के सभी सम संख्याओं से पूरी-पूरी कट जाए।
5. 15 तक के सभी विषम संख्याओं से विभाजित होने वाली न्यूनतम संख्या कौन सी है?
6. वह छोटी से छोटी संख्या ज्ञात कीजिए जो 20 तक के अभाज्य संख्याओं से पूरी-पूरी कट जाए।
7. तीन साइकिल सवारों की चाल क्रमशः 10 किमी./घण्टा, 12 किमी./घण्टा, 15 किमी./घण्टा है। तीनों द्वारा चली गयी कम से कम वह दूरी ज्ञात कीजिए जिसमें वे पूर्ण घण्टों में समय लें।
8. 40 मी. लम्बे वृत्ताकार पथ पर तीन साइकिल सवार क्रमशः 15 किमी./घण्टा, 20 किमी./घण्टा तथा 25 किमी./घण्टा की चाल से चक्कर लगाते हुए कम से कम कितने समय बाद उस बिन्दु पर एक साथ पहुँचेंगे, जहां से एक साथ चलना आरम्भ किये थे?
9. वह छोटी से छोटी संख्या ज्ञात कीजिए जो पूर्ण वर्ग भी हो और 3, 4, 7, 10, 12 से पूरी-पूरी विभाजित भी हो।

हल

1. अभीष्ट संख्या = 18, 21, 24, 27 का ल०स०
= 2 × 2 × 2 × 3 × 3 × 3 × 7
= 1512

2	18, 21, 24, 27
2	9, 21, 12, 27
2	9, 21, 6, 27
3	9, 21, 3, 27
3	3, 7, 1, 9
3	1, 7, 1, 3
7	1, 7, 1, 1
	1, 1, 1, 1

2. अभीष्ट संख्या = 36, 45, 63, 60 का ल०स०
= 2 × 2 × 3 × 3 × 5 × 7
= 1260

2	36, 45, 63, 60
2	18, 45, 63, 30
3	9, 45, 63, 15
3	3, 15, 21, 5
5	1, 5, 7, 5
7	1, 1, 7, 1
	1, 1, 1, 1

3. कम से कम लम्बाई = 40 सेमी., 50 सेमी., 60 सेमी. का ल०स०
= 2 × 2 × 2 × 3 × 5 × 5
= 600 सेमी.
= 6 मी.

2	40, 50, 60
2	20, 25, 30
2	10, 25, 15
3	5, 25, 15
5	5, 25, 5
5	1, 5, 1
	1, 1, 1

4. न्यूनतम संख्या = 2, 4, 6, 8, 10, 12 का ल०स०
= 2 × 2 × 2 × 3 × 5
= 120

2	2, 4, 6, 8, 10, 12
2	1, 2, 3, 4, 5, 6
2	1, 1, 3, 2, 5, 3
3	1, 1, 3, 1, 5, 3
5	1, 1, 1, 1, 5, 1
	1, 1, 1, 1, 1, 1

5. न्यूनतम संख्या = 3, 5, 7, 9, 11, 13, 15 का ल०स०
= 3 × 3 × 5 × 7 × 11 × 13
= 45045

3	3, 5, 7, 9, 11, 13, 15
3	1, 5, 7, 3, 11, 13, 5
5	1, 5, 7, 1, 11, 13, 5
7	1, 1, 7, 1, 11, 13, 1
11	1, 1, 1, 1, 11, 13, 1
13	1, 1, 1, 1, 1, 13, 1
	1, 1, 1, 1, 1, 1, 1

6. अभीष्ट संख्या = 2, 3, 5, 7, 11, 13, 17, 19 का ल०स० = 9699690

7. कम से कम दूरी = 10, 12, 15 का ल०स०
= 2 × 2 × 3 × 5
= 60 किमी.

2	10, 12, 15
2	5, 6, 15
3	5, 3, 15
5	5, 1, 5
	1, 1, 1

8. पहले सवार द्वारा एक चक्कर पूरा
करने में लगा समय $= \frac{40}{15}$ घण्टा $= \frac{40}{15} \times 60$ मिनट = 160 मिनट

दूसरे ,, ,, ,, ,, $= \frac{40}{20} \times 60$ मिनट = 120 मिनट

तीसरे ,, ,, ,, ,, $= \frac{40 \times 60}{25}$ मिनट = 96 मिनट

2	160, 120, 96
2	80, 60, 48
2	40, 30, 24
2	20, 15, 12
2	10, 15, 6
3	5, 15, 3
5	5, 5, 1
	1, 1, 1

अभीष्ट समय $= 160, 120, 96$ का ल०स० $= 2\times 2\times 2\times 2\times 2\times 3\times 5$ मिनट

$= \frac{2\times 2\times 2\times 2\times 2\times 3\times 5}{60}$ घण्टे = 8 घण्टे

9. दी हुई संख्याओं का ल०स० $= 2\times 2\times 3\times 5\times 7$

2	3,	4,	7,	10,	12
2	3,	2,	7,	5,	6
3	3,	1,	7,	5,	3
5	1,	1,	7,	5,	1
7	1,	1,	7,	1,	1
	1,	1,	1,	1,	1

अभीष्ट पूर्ण वर्ग संख्या $= 2\times 2\times 3\times 3\times 5\times 5\times 7\times 7$

(पूर्ण वर्ग के गुणनखण्डों को जोड़े में होना चाहिए)

$= 44100$

4 ल०स० से शेष पर आधारित प्रश्न

1. वह छोटी से छोटी संख्या ज्ञात कीजिए जिसमें यदि 8, 9, 12 तथा 15 से भाग दिया जाय तो सदैव 1 शेष बचे।
2. वह छोटी से छोटी संख्या ज्ञात कीजिए जिसमें 4, 5, 6, 7, 8 से भाग देने पर 3, 4, 5, 6, 7 शेष बचे।
3. चार अंकों की वह छोटी से छोटी संख्या ज्ञात कीजिए जिसमें 12, 15, 18, 21 से भाग देने पर क्रमशः 7, 10, 13, 16 शेष बचे।
4. पांच अंकों की वह छोटी से छोटी संख्या कौन सी है जिसमें 20, 25, 30 से भाग देने पर प्रत्येक दशा में 15, 20, 25 शेष बचता है?
5. 2000 के निकटतम वह संख्या ज्ञात कीजिए जिसमें 15, 18, 25 से भाग देने पर शेष क्रमशः 10, 13, 20 शेष बचे।

हल

1. 8, 9, 12, 15 का ल०स० $= 360$

   अभीष्ट संख्या $= 360 + 1 = 361$

2. $4-3=1$ चूंकि, 4, 5, 6, 7, 8 का ल०स० $= 840$

   $5-4=1$ अभीष्ट संख्या $= 840 - 1 = 839$

   $6-5=1$

   $7-6=1$

   $8-7=1$

3. $12-7=5$ 12, 15, 18, 21 का ल०स० $= 1260$

   $15-10=5$ चार अंकों की छोटी से छोटी संख्या = 1000

   $18-13=5$ अतः अभीष्ट संख्या $= 1260 - 5 = 1255$

   $21-16=5$

4. $20-15=5$ 20, 25, 30 का ल०स० $= 300$

   $25-20=5$ पाँच अंकों की छोटी संख्या = 10000

   $30-25=5$

   अब 300) 10000 (33
   900
   1000
   900
   100

   ∴ ल०स० का 34वां गुणज $= 300\times 34 = 10200$

   ∴ अभीष्ट संख्या $= 10200 - 5 = 10195$

5. $15-10=5$ अतः 15, 18, 25 का ल०स० $= 450$

   $18-13=5$

   $25-20=5$

   450) 2000 (4
   1800
   200

   2000 के निकटतम संख्या = ल०स० का चौथा गुणज $= 450\times 4 = 1800$

   अभीष्ट संख्या $= 1800 - 5 = 1795$

5 समापवर्त्यों पर आधारित प्रश्न

1. 54547 के निकटतम वह संख्या ज्ञात कीजिए जो 40, 45, 50 या 55 से पूरी-पूरी विभाजित हो जाय।
2. पाँच अंकों की वह बड़ी से बड़ी संख्या ज्ञात कीजिए जो 70, 75, 80 से पूरी-पूरी विभाजित हो जाये।
3. पाँच अंकों की वह छोटी से छोटी संख्या ज्ञात कीजिए जो 10, 15, 20 से पूरी-पूरी विभाजित हो जाये?
4. पाँच अंकों की वह बड़ी से बड़ी संख्या ज्ञात कीजिए जिसमें 45 जोड़ देने पर प्राप्त नयी संख्या 60, 65, 75, 80 से पूरी-पूरी विभाजित हो जाये।
5. 88977 के निकटतम वह संख्या ज्ञात कीजिए जिसमें से 13 घटा देने पर प्राप्त नयी संख्या 225, 250, 275 से पूरी-पूरी विभाजित हो जाए।

6. 1847 में से कौन छोटी से छोटी संख्या घटा दें कि प्राप्त नयी संख्या 30, 45, 60 से पूरी-पूरी विभाजित हो जाय?
7. 36010 में कौन छोटी से छोटी संख्या जोड़ दें कि प्राप्त नयी संख्या 72, 90, या 120 से पूरी-पूरी विभाजित हो जाय?
8. चार घण्टियां 6, 8, 12, 18 सेकेण्ड के अन्तर पर बजती हैं। यदि वे 10 बजे से एक साथ बजना आरम्भ करें तो वे 12 बजे तक कितनी बार साथ-साथ बजेंगीं?

हल

1.

2	40, 45, 50, 55,
2	20, 45, 25, 55,
2	10, 45, 25, 55,
3	5, 45, 25, 55,
3	5, 15, 25, 55,
5	5, 5, 25, 55,
5	1, 1, 5, 11,
11	1, 1, 1, 11,
	1, 1, 1, 1,

∴ ल०स० $= 2 \times 2 \times 2 \times 3 \times 3 \times 5 \times 5 \times 11 = 19800$

अब $19800\overline{)54547}(2$

$$\begin{array}{r} 54547 \\ \underline{39600} \\ 14947 \end{array}$$

∴ 54547 के निकट ऐसी दो संख्याएं होंगी जो 19800 (40, 45, 50, 55 की लघुतम समापवर्त्य) की अपवर्त्य होंगी। इन दोनों में एक 19800 का दूसरा गुणज होगी तथा दूसरी 19800 का तीसरा गुणज होगी। यदि शेष 14947 ल०स० (भाजक) 19800 के आधे से कम हो तो अभीष्ट निकटतम संख्या दूसरा गुणज होगा जबकि शेष 14947 ल०स० (भाजक) 19800 के आधे से अधिक हो तो निकटतम संख्या तीसरा गुणज होगी। परन्तु यदि शेष 14947 ल०स० (भाजक) 19800 का ठीक आधा हो तो दूसरा और तीसरा गुणज (दोनों) 54547 से बराबर दूरी (अन्तर) पर होंगे।

अब चूंकि शेष $14947 > 19800$ का आधा

अभीष्ट निकटतम संख्या = ल०स० का तीसरा गुणज $= 19800 \times 3 = 59400$

2. 70, 75, 80 का ल०स० $= 2 \times 2 \times 2 \times 2 \times 3 \times 5 \times 5 \times 7 = 8400$

2	70, 75, 80
2	35, 75, 40
2	35, 75, 20
2	35, 75, 10
3	35, 75, 5
5	35, 25, 5
5	7, 5, 1
7	7, 1, 1
	1, 1, 1

पाँच अंकों की बड़ी से बड़ी संख्या = 99999

∴ $8400\overline{)99999}(11$

$$\begin{array}{r} 99999 \\ \underline{8400} \\ 15999 \\ \underline{8400} \\ 7599 \end{array}$$

∴ अभीष्ट संख्या = 8400 का 11वां गुणज $= 8400 \times 11 = 92400$

3. पाँच अंकों की छोटी से छोटी संख्या = 10000

10, 15, 20 का ल०स० $= 2 \times 2 \times 3 \times 5 = 60$

∴ अभीष्ट संख्या = ल.स. का 167वां गुणज $= 60 \times 167 = 10020$

$60\overline{)10000}(166$

$$\begin{array}{r} 10000 \\ \underline{60} \\ 400 \\ \underline{360} \\ 400 \\ \underline{360} \\ 40 \end{array}$$

4. पांच अंकों की बड़ी से बड़ी संख्या = 99999

60, 65, 70, 80 का ल०स० $= 2 \times 2 \times 2 \times 2 \times 3 \times 5 \times 7 \times 13 = 21840$

अब $21840\overline{)99999}(4$

$$\begin{array}{r} 99999 \\ \underline{87360} \\ 12639 \end{array}$$

∴ 60, 65, 70, 80 से विभाजित होने वाली पांच अंकों की बड़ी से बड़ी संख्या = ल०स० का चौथा गुणज = ल०स० $\times 4 = 21840 \times 4 = 87360$

∴ अभीष्ट संख्या $= 87360 - 45 = 87315$

5. 225, 250, 275 का ल०स० $= 2 \times 3 \times 3 \times 5 \times 5 \times 5 \times 11 = 24750$

अब 24750) 88977 (3
74250
14727

$\because$ शेष 14727 > भाजक (ल०स०) 24750 का आधा

$\therefore$ 88977 की निकटतम संख्या = ल०स० का चौथा गुणज $= 24750 \times 4 = 99000$

$\therefore$ अभीष्ट संख्या $= 99000 + 13 = 99013$

6. 30, 45, 60 का ल०स० $= 2 \times 2 \times 3 \times 3 \times 5 = 180$

अब 180) 1847 (10
180
47

$\therefore$ अभीष्ट संख्या = शेष = 47

7. 72, 90, 120 का ल०स० $= 2 \times 2 \times 2 \times 3 \times 3 \times 5 = 360$

360) 36010 (100
360
00010

$\therefore$ 360 का 101वां गुणज $= 360 \times 101 = 36360$

$\therefore$ अभीष्ट संख्या $= 36360 - 36010 = 350$

8. 6, 8, 12, 18 का ल०स० = 72

10 बजे से 12 बजे तक का समय = 2 घण्टे $= 2 \times 60 \times 60$ सेकेण्ड = 7200 सेकण्ड

चूंकि $\frac{7200}{\text{ल०स०}} = \frac{7200}{72} = 100$

अतः 10 बजे से बजना आरम्भ करने पर 12 बजे तक एक साथ बजने की संख्या $= 100 + 1 = 101$

6 समापवर्त्यों पर आधारित विशेष प्रश्न

1. वह छोटी से छोटी संख्या कौन सी है जिसमें 8, 10, 12 से भाग देने पर प्रत्येक दशा में 5 शेष बचे परन्तु 13 से भाग देने पर कुछ भी शेष न बचे?
2. एक माली के पास फूलों के कुछ पौधें हैं। जब वह 4, 6, 8 या 12 फूलों के ढेर बनाता है तो प्रत्येक दशा में 2 फूल बच जाते हैं परन्तु 14 फूलों की ढेर बनाता है तो एक भी फूल नहीं बचता है। ज्ञात कीजिए माली के पास कुल कितने फूल हैं?
3. 7 से विभाजित होने पर वह छोटी से छोटी संख्या ज्ञात कीजिए जिसमें 5, 10, 12, 15 से भाग देने पर प्रत्येक दशा में 2 शेष बचे।

हल

पहले निम्नलिखित बातों पर ध्यान दें –

7 से विभाजित होने वाली वह छोटी से छोटी संख्या ज्ञात कीजिए जिसमें 6, 9, 15 या 18 से भाग देने पर शेष 4 आये।

अथवा

7 का वह छोटा से छोटा अपवर्त्य ज्ञात कीजिए, जिसमें 6, 9, 15 या 18 से भाग देने पर शेष 4 आये।

अथवा

7 का वह छोटा से छोटा गुणज ज्ञात कीजिए, जिसमें 6, 9, 15 या 18 से भाग देने पर शेष 4 आये।

अथवा

वह छोटी से छोटी संख्या ज्ञात कीजिए, जिसमें 6, 9, 15 या 18 से भाग देने पर शेष 4 आये, परन्तु 7 से भाग देने पर शेष कुछ भी न आये।

अथवा

एक माली कुछ पौधे क्यारियों में लगाता है। जब वह प्रत्येक क्यारी में 6 पौधे या 9 पौधे या 15 पौधे या 18 पौधे लगाता है तो प्रत्येक दशा में 4 पौधे बच जाते हैं परन्तु जब वह प्रत्येक क्यारी में 7 पौधे लगाता है तो एक भी पौधा नहीं बचता। ज्ञात कीजिए माली के पास कम से कम कितने पौधे हैं?

इस प्रकार के प्रश्नों को हल करने के लिए सर्वप्रथम उन संख्याओं का ल०स० ज्ञात करते हैं जिनसे भाग देने पर कुछ शेष प्राप्त होता है। इसके बाद ल०स० का ऐसा अपवर्त्य ज्ञात करते हैं जो उस संख्या से विभाजित हो, जिससे भाग देने पर कुछ भी शेष नहीं बचता। अर्थात् सबसे पहले 6, 9, 15, 18 का ल०स० ज्ञात करेंगे, फिर इस ल०स० का ऐसा अपवर्त्य ज्ञात करेंगे, जिसमें शेष 4 जोड़ने पर प्राप्त योगफल 7 से भाज्य हो। यह क्रिया इस प्रकार होगी–

6, 9, 15, 18 का ल०स० $= 2 \times 3 \times 3 \times 5 = 90$

2	6, 9, 15, 18,
3	3, 9, 15, 9,
3	1, 3, 5, 3,
5	1, 1, 5, 1,
	1, 1, 1, 1,

अब माना अभीष्ट संख्या $= 90K +$ शेष $4 = 7 \times 12K + 6K + 4$

$= 7 \times 12K + (6K + 4)$

यहाँ K का ऐसा मान ढूँढ़ना है कि (6K + 4), 7 से विभाजित हो जाय।

$\therefore$ *यदि K = 4 रखा जाय तो* $6K + 4 = 6 \times 4 + 4 = 24 + 4 = 28$ *जो 7 से भाज्य है।*

अतः अभीष्ट संख्या $= 90K + 4 = 90 \times 4 = 360 + 4 = 364$

अब देखें प्रश्नों के निम्नलिखित हल –

1. अतः 8, 10, 12 का ल०स० $= 2 \times 2 \times 2 \times 3 \times 5 = 120$

2	8, 10, 12
2	4, 5, 6
2	2, 5, 3
3	1, 5, 3
5	1, 5, 1
	1, 1, 1

अब माना अभीष्ट संख्या $= 120K + 5 = 13 \times 9K + 3K + 5 = 13 \times 9K + (3K + 5)$
यहाँ K का ऐसा मान ढूंढ़ना है कि $(3K + 5)$, 13 से विभाजित हो जाए।
$\therefore$ यदि $K = 7$ रखा जाय तो $3K + 5 = 3 \times 7 + 5 = 21 + 5 = 26$, जो 13 से भाज्य है।
$\therefore$ अभीष्ट संख्या $= 120K + 5 = 120 \times 7 + 5 = 840 + 5 = 845$

2. 4, 6, 8, 12 का ल०स० $= 24$
अब माना फूलों की संख्या $= 24K + 2 = 14 \times 1K + 10K + 2 = 14 \times K + (10K + 2)$
$\therefore$ यदि $K = 4$ रखा जाय तो $10K + 2 = 10 \times 4 + 2 = 40 + 2 = 42$ जो 14 से भाज्य है।
$\therefore$ अभीष्ट फूलों की संख्या $= 24K + 2 = 24 \times 4 + 2 = 96 + 2 = 98$

3. 5, 10, 12, 15 का ल०स० $= 60$
$\therefore$ माना अभीष्ट संख्या $= 60K + 2 = 7 \times 8K + 4K + 2 = 7 \times 8K + (4K + 2)$
$\therefore$ यदि $K = 3$ रखा जाय तो $4K + 2 = 4 \times 3 + 2 = 12 + 2 = 14$ जो 7 से भाज्य है।
$\therefore$ अभीष्ट संख्या $= 60K + 2 = 60 \times 3 + 2 = 180 + 2 = 182$

7 म०स० एवं ल०स० के मिश्रित प्रश्न

1. दो संख्याओं का म०स० 11 तथा ल०स० 693 है। यदि एक संख्या 77 हो तो दूसरी संख्या ज्ञात कीजिए।
2. $\frac{3}{7}, \frac{2}{5}, \frac{5}{14}$ का म०स० तथा $\frac{2}{9}, \frac{3}{14}, \frac{7}{20}$ का ल०स० ज्ञात कीजिए।
3. दो संख्याओं का गुणनफल 1500 है। दोनों का म०स० 10 है। दोनों संख्याओं का ल०स० ज्ञात कीजिए।
4. दो संख्याओं का ल०स०, म०स० का 28 गुना है। दोनों संख्याओं के ल०स० तथा म०स० का योग 1740 है। दूसरी संख्या ज्ञात कीजिए यदि पहली संख्या 240 हो।

हल

> (a) दो संख्याओं का गुणनफल = दोनों का म०स० × दोनों का ल०स०
>
> (b) भिन्नों का म०स० $= \frac{\text{अंशों का म०स०}}{\text{हरों का ल०स०}}$ (c) भिन्नों का ल०स० $= \frac{\text{अंशों का ल०स०}}{\text{हरों का म०स०}}$

1. एक संख्या × दूसरी संख्या = दोनों का म०स० × दोनों का ल०स०
$77 \times$ दूसरी संख्या $= 11 \times 693$, अतः दूसरी संख्या $= \frac{11 \times 693}{77} = 99$

2. $\frac{3}{7}, \frac{2}{5}, \frac{5}{14}$ का म०स० $= \frac{\text{अंशों का म०स०}}{\text{हरों का ल०स०}} = \frac{1}{70}$
$\frac{2}{9}, \frac{3}{14}, \frac{7}{20}$ का ल०स० $= \frac{\text{अंशों का ल०स०}}{\text{हरों का म०स०}} = \frac{42}{1}$

3. $\because$ म०स० × ल०स० = दोनों संख्याओं का गुणनफल, अत : $10 \times$ ल०स० $= 1500$, अतः ल०स० $= \frac{1500}{10} = 150$

4. माना म०स० n तथा ल०स० 28 n है। अतः $n + 28n = 1740$ या $29n = 1740$, अतः $n = \frac{1740}{29} = 60$
$\therefore$ पहली संख्या × दूसरी संख्या = म०स० × ल०स०, अतः $240 \times$ दूसरी संख्या $= n \times 28n = 60 \times 28 \times 60$
$\therefore$ दूसरी संख्या $= \frac{60 \times 28 \times 60}{240} = 420$

8 योग-अन्तर एवं गुणा पर आधारित प्रश्न

A. 1. दो संख्याओं का म०स० 27 है जबकि उनका योग 216 है। इस प्रकार की संख्याओं के कितने और कौन-कौन से जोड़े सम्भव हैं?
2. दो संख्याओं का योग 275 है जबकि उनका म०स० 25 है। संख्याएं ज्ञात कीजिए।
3. दो संख्याओं का अन्तर 24 तथा उनका म०स० 12 है। इस प्रकार की संख्याओं के कितने जोड़े सम्भव हैं?
4. दो संख्याओं का गुणनफल 7168 है जबकि उनका म०स० 16 है। ऐसी संख्याओं के कितने जोड़े सम्भव हैं?
5. दो संख्याओं का गुणनफल 2700 है और उनका म०स० 15 है। संख्याएं कौन-कौन सी हैं?

हल

1. चूंकि दोनों संख्याओं का म०स० 27 है। अतः माना एक संख्या 27a तथा दूसरी संख्या 27b है।
   $\therefore$ प्रश्नानुसार $27a+27b=216$ या $27(a+b)=216$, अतः $a+b=\frac{216}{27}=8$
   $\therefore$ ऐसी संख्याओं के जोड़े, जिनका योग 8 हो $=(1,7),(2,6),(3,5),(4,4)$
   इनमें परस्पर अभाज्य जोड़े $=(1,7),(3,5)$, अतः संख्याओं के जोड़ों की संख्या $=2$
   संख्याओं का पहला जोड़ा $=27\times1, 27\times7=27, 189$ और संख्याओं का दूसरा जोड़ा $=27\times3, 27\times5=81, 135$
2. चूंकि दोनों संख्याओं का म०स० 25 है। अतः माना एक संख्या 25a तथा दूसरी संख्या 25b है।
   $\therefore$ प्रश्नानुसार $(25a+25b)=275$ या $25(a+b)=275$, अतः $(a+b)=\frac{275}{25}=11$
   $\therefore$ ऐसी संख्याओं के जोड़े जिनका योग 11 हो $=(1,10),(2,9),(3,8),(4,7),(5,6)$
   चूंकि ये सभी अभाज्य जोड़े है। अतः संख्याओं का पहला जोड़ा $=25\times1, 25\times10=25,250$
   संख्याओं का दूसरा जोड़ा $=25\times2, 25\times9=50, 225$ और संख्याओं का तीसरा जोड़ा $=25\times3, 25\times8=75, 200$
   संख्याओं का चौथा जोड़ा $=25\times4, 25\times7=100, 175$ तथा संख्याओं का पांचवां जोड़ा $=25\times5, 25\times6=125, 150$
3. माना संख्याएं 12a तथा 12b हैं। अत : प्रश्नानुसार $12a-12b=24$ या $12(a-b)=24$ या $a-b=\frac{24}{12}=2$
   अब ऐसी संख्याएं जिनका अन्तर 2 हो $=(3,1),(4,2),(5,3)$........अनन्त
   $\therefore$ परस्पर अभाज्य जोड़े $(3,1),(5,3)$..............अनन्त, अतः प्रश्न के अनुरूप संख्याओं के जोड़े अनन्त होंगे।
4. माना संख्याएं क्रमशः 16a तथा 16b है। अतः प्रश्नानुसार $16a\times16b=7168$ या $a\times b=\frac{7168}{16\times16}=28$
   ऐसी संख्याएं जिनका गुणनफल 28 हो $=(1,28),(2,14),(4,7)$
   इनमें परस्पर अभाज्य जोड़े $=(1,28)$ तथा $(4,7)$, अतः अभीष्ट जोड़े $=2$
5. माना संख्याएं क्रमशः 15 a तथा 15b है। अतः प्रश्नानुसार $15a\times15b=2700$ या $a\times b=\frac{2700}{15\times15}=12$
   $\therefore$ ऐसी संख्याएं जिनका गुणनफल 12 हो $=(1,12),(2,6),(3,4)$
   इनमें परस्पर अभाज्य जोड़े $=(1,12)$, तथा $(3,4)$
   $\therefore$ अभीष्ट संख्याएं $=15a$ तथा $15b=(15\times1)$ तथा (15×12) या (15×3) तथा $(15\times4)=(15$ तथा $180)$ या $(45$ तथा $60)$

B.1. वह छोटी से छोटी संख्या ज्ञात कीजिए जिसमें 7 जोड़ देने पर प्राप्त नयी संख्या 8, 10, 12, 16 से पूरी-पूरी विभाजित हो जाए।
2. वह छोटी से छोटी संख्या ज्ञात कीजिए जिसमें से 15 घटा देने पर प्राप्त नयी संख्या 13, 15, 18 से पूरी-पूरी विभाजित हो जाए।
3. एक सेनानायक अपने सैनिकों से जब 50, 60 या 75 सैनिकों की टोलियां बनाना चाहता है तो उसे 17 सैनिक कम पड़ जाते हैं। सेनानायक के पास कम से कम कितने सैनिक हैं?
4. एक माली के पास कुछ फूल है। वह उनसे यदि 120, 125 या 130 फूलों की माला बनाये तो 70 फूल शेष रह जाते हैं। ज्ञात कीजिए माली के पास कम से कम कितने फूल हैं?

हल

1. अभीष्ट संख्या $=8, 10, 12, 16$ का ल०स० -7
   $=(2\times2\times2\times2\times3\times5)-7$
   $=240-7$
   $=233$

2	8,	10,	12,	16
2	4,	5,	6,	8
2	2,	5,	3,	4
2	1,	5,	3,	2
3	1,	5,	3,	1
5	1,	5,	1,	1
	1,	1,	1,	1

2. अभीष्ट संख्या $=13, 15, 18$ का ल०स० $+15=1170+15=1185$
3. कम से कम सैनिक $=50, 60, 75$ का ल०स० $-17=300-17=283$
4. कम से कम फूल $=120, 125, 130$ का ल०स० $+70=39000+70=39070$

9 अनुपात पर आधारित प्रश्न

1. दो संख्याओं का अनुपात 3 : 4 है। यदि उनका म०स० 15 हो तो दोनों संख्याओं का ल०स० ज्ञात कीजिए।
2. दो संख्याएं 4 : 5 के अनुपात में हैं और उनका गुणनफल 5120 है। दोनों संख्याओं का म०स० ज्ञात कीजिए।
3. दो संख्याओं का अनुपात 7 : 9 है जबकि दोनों संख्याओं का अन्तर 10 है। बड़ी संख्या ज्ञात कीजिए।
4. दो संख्याओं का योग 520 है। यदि दोनों संख्याओं में अनुपात 11 : 15 हो तो छोटी संख्या ज्ञात कीजिए।

> *यदि दो संख्याओं का अनुपात $x : y$ हो और उनका म०स० n हो तो–*
> *पहली संख्या = nx और दूसरी संख्या = ny*

हल

1. चूंकि दो संख्याओं का अनुपात = 3 : 4 और म०स० = 15, अतः पहली संख्या = 15 × 3 = 45 और दूसरी संख्या = 15 × 4 = 60

   ∴ म०स० × ल०स० = दोनों संख्याओं का गुणनफल, अतः 15 × ल०स० = 45 × 60 या ल०स० = $\frac{45 \times 60}{15} = 180$
2. दोनों संख्याओं में अनुपात = 4 : 5, अतः माना दोनों संख्याओं का म०स० n है। अतः दोनों संख्याएं क्रमशः 4n तथा 5n होंगी।

   ∴ $4n \times 5n = 5120$ या $n^2 = 256$ या $n = 16$, अतः दोनों संख्याओं का म०स० = n = 16
3. दोनों संख्याओं में अनुपात = 7 : 9, अतः माना दोनों संख्याओं का म०स० n है।

   ∴ दोनों संख्या क्रमशः 7n तथा 9n होंगी $\Rightarrow 9n - 7n = 10$ या $2n = 10$ या $n = 5$, अतः बड़ी संख्या = $9n = 9 \times 5 = 45$
4. दोनों संख्याओं में अनुपात = 11 : 15

   माना दोनों संख्याओं का म०स० n है। अतः दोनों संख्याएं क्रमशः 11n तथा 15n होंगी

   ∴ $11n + 15n = 520$ या $26n = 520$, अतः $n = \frac{520}{26} = 20$, अतः छोटी संख्या = $11n = 11 \times 20 = 220$

10 म०स० की भाग विधि पर आधारित

1. यदि 34294 तथा 26841 में किसी तीन अंकों की संख्या से भाग देने पर समान शेष बचता है। वह संख्या और शेष ज्ञात कीजिए।
2. दो संख्याओं का भाग विधि से म०स० ज्ञात करते समय भागफल क्रमशः 1, 8, 2 प्राप्त होते हैं। यदि अन्तिम भाजक 105 हो तो दोनों संख्याएं ज्ञात कीजिए।
3. भाग विधि से दो संख्याओं का म०स० ज्ञात करते समय भागफल क्रमशः 1, 6 प्राप्त हुए। यदि उनका म०स० 300 प्राप्त हुआ हो, तो संख्याएं ज्ञात कीजिए।

हल

1. माना वह समान शेष x है, तब अभीष्ट संख्या = 34294 – x तथा 26841 – x का कोई एक अपवर्तक

   = [(34294 – x) – (26841 – x)] का कोई एक अपवर्तक = 34294 – x – 26841 + x का कोई एक अपवर्तक

   = 7453 का कोई एक अपवर्तक = 29 × 257 में से कोई एक अपवर्तक

   = 257 क्योंकि अभीष्ट संख्या में 3 अंक होने चाहिए।

   अब 257) 26841 (104
   257
   1141
   1028
   113

   अब 34294 या 26841 में से किसी एक में 257 से भाग देकर शेष ज्ञात कर सकते हैं।

   अतः अभीष्ट शेष = 113
2. माना दोनों संख्याएं क्रमशः a, b हैं।

   a) b (1
   c) a (8
   105) c (2
   00

   अन्तिम भाज्य c = भाजक × भागफल + शेष = 105 × 2 + 00 = 210

   भाज्य a = भाजक c × भागफल 8 + शेष 105 = 210 × 8 + 105 = 1680 + 105 = 1785

   भाज्य b = भाजक a × भागफल 1 + शेष c = 1785 × 1 + 210 = 1785 + 210 = 1995

   ∴ संख्याएं = a, b = 1785, 1995
3. a) b (1
   300) a (6
   0

   भाज्य a = भाजक 300 × भागफल 6 + शेष 0 = 300 × 6 + 0 = 1800

   भाज्य b = भाजक a × भागफल 1 + शेष 300 = 1800 × 1 + 300 = 1800 + 300 = 2100

   ∴ संख्याएं = a, b = 1800, 2100

अभ्यास प्रश्न

म. स. से साधारण प्रश्न

1. 20, 250 तथा 120 का महत्तम समापवर्तक (एच.सी.एफ.) कितना है?
(a) 15 (b) 10 (c) 25 (d) 20 *SSC CHSL (Tier-1) 19.8.2019*

2. 72, 48 का महत्तम समापवर्तक (म.स.) क्या होगा? *रेलवे एनटीपीसी ऑनलाइन परीक्षा, 19 जन., 22 फर., 2017*
(a) 36 (b) 12 (c) 18 (d) 24 *31 मार्च, 7 अप्रैल, 2016, 28 मार्च, 2016*

3. शीबा के पास 24 चॉकलेट, 36 बिस्कुट और 60 आइसक्रीम अपने सहपाठियों में बांटने के लिए है। वह चाहती है कि उसके प्रत्येक सहपाठी को प्रत्येक वस्तु समान संख्या में मिले। सहपाठियों की अधिकतम संख्या क्या है जिनमें वह एक भी चीज बचाए बिना पूरी तरह से बांट सकती है?
(a) 6 (b) 18 (c) 12 (d) 15 *रेलवे एनटीपीसी ऑनलाइन परीक्षा, 29 अप्रैल, 2016*

4. एक समूह में 8 बच्चे हैं। एक दर्जन पेंसिल होने वाले पैकेट्स हैं। प्रत्येक बच्चे को समान पेंसिलें मिलने के लिए वितरण किये जाने वाले पैकेट की न्यूनतम कितनी होनी चाहिए?
(a) 4 (b) 3 (c) 2 (d) 1 *रेलवे एनटीपीसी ऑनलाइन परीक्षा, 31 मार्च, 2016*

5. 48, 92 तथा 140 का महत्तम समापवर्तक (म.स.) ज्ञात कीजिए।
(a) 8 (b) 6 (c) 4 (d) 3 *रेलवे एनटीपीसी ऑनलाइन परीक्षा, 31 मार्च, 2016*
28 अप्रैल, 2016 (II,III पाली)

6. 0.32, 2.72, 12.8, 14.4 का महत्तम समापवर्तक (H.C.F.) ज्ञात कीजिए।
(a) 16 (b) 1.6 (c) 0.16 (d) 2.72 *रेलवे एनटीपीसी ऑनलाइन परीक्षा, 16 अप्रैल, 2016*

7. सबसे बड़ी संभावित लंबाई ज्ञात कीजिए, जो 2 मी. 76 सेमी., 5 मी. 52 सेमी., 11 मी. 96 सेमी. की लंबाइयों को पूरा-पूरा मापने के लिए उपयोग में लाया जा सके। *रेलवे एनटीपीसी ऑनलाइन परीक्षा, 18 अप्रैल, 2016*
(a) 92 सेमी. (b) 11.96 सेमी. (c) 92 मी. (d) 1196 सेमी *31 मार्च, 2016*

8. आपके पास 24 नोट बुक, 32 पेंसिल तथा 16 इरेजर (रबर) हैं। प्रत्येक वस्तु को प्रत्येक विद्यार्थियों के बीच बराबरी से इस तरह बांटा जाना है कि कुछ भी शेष न बचे। प्रत्येक विद्यार्थी को कितनी वस्तुएँ मिलेंगी?
(a) 6 (b) 9 (c) 7 (d) 8 *रेलवे एनटीपीसी ऑनलाइन परीक्षा, 22 फरवरी, 2016*

9. यहाँ पर चावल के 3 ढेर है जिनका वजन 120 किलो, 144 किलो और 204 किलो है। एक बैग की अधिकतम क्षमता ज्ञात करें ताकि प्रत्येक ढेर के चावल को बैग की सटीक संख्या में पैक किया जा सके?
(a) 12 (b) 10 (c) 15 (d) 18 *रेलवे एनटीपीसी ऑनलाइन परीक्षा, 29 मार्च, 2016*

10. 1048 तथा 1441 का म.स. ज्ञात कीजिए।
(a) 311 (b) 113 (c) 131 (d) 11 *रेलवे एनटीपीसी ऑनलाइन मुख्य परीक्षा, 19 जनवरी, 2017*

म. स. से शेष पर आधारित प्रश्न

11. वह सबसे बड़ी संख्या कौन-सी है जो 460, 491 तथा 553 को विभाजित करती है तो प्रत्येक मामले में 26 शेष रहता है?
(a) 27 (b) 35 (c) 33 (d) 31 *SSC MTS 6.8.2019*

12. वह बड़ी से बड़ी संख्या ज्ञात कीजिए जिससे 1250 तथा 1615 को विभाजित करने पर शेष क्रमशः 4 और 5 बचता है।
(a) 13 (b) 14 (c) 16 (d) 18 *रेलवे एनटीपीसी ऑनलाइन परीक्षा, 28 अप्रैल, 2016*

13. वह बड़ी से बड़ी संख्या ज्ञात कीजिए, जिससे 270, 675 और 1215 को विभाजित किया जाए, तो प्रत्येक दशा में समान शेष बचता है। *रेलवे एनटीपीसी ऑनलाइन परीक्षा, 19 अप्रैल, 2016*
(a) 45 (b) 135 (c) 270 (d) 75 *22 अप्रैल, 2016*

14. 78 पुस्तकें, 114 क्रेयॉन और 141 नोट बुकें स्कूली बच्चों में समान रूप से वितरित किये गये। यह पाया गया है कि प्रत्येक में से 6 अवितरित बचे हैं। बच्चों की कुल संख्या क्या थी? *रेलवे एनटीपीसी ऑनलाइन परीक्षा, 3 अप्रैल, 2016*
(a) 9 (b) 8 (c) 13 (d) 12 *31 मार्च, 2016*

15. यदि P वह सबसे बड़ी संख्या है, जिससे 60, 150 और 285 को विभाजित किया जाए, तो प्रत्येक दशा में समान शेष बचता है, तो P के अंकों का योगफल है–
(a) 7 (b) 5 (c) 4 (d) 9 *रेलवे एनटीपीसी ऑनलाइन परीक्षा, 19 अप्रैल, 2016*

16. वह सबसे बड़ी संख्या कौन-सी है, जो 411, 684, 821 को विभाजित करने के फलस्वरूप क्रमशः 3, 4 तथा 5 के शेषफल देती है?
(a) 136 (b) 204 (c) 254 (d) 146 *(SSC, FCI, 7.4.2013)*

17. वह सबसे बड़ी संख्या कौन-सी है, जिससे 1356, 1868, 2764 को विभाजित करने पर शेषफल, प्रत्येक स्थिति में एकसमान आए?
(a) 260 (b) 64 (c) 124 (d) 128 *(SSC, CAPF-SI, 23.6.2013)*

18. वह बड़ी-से-बड़ी संख्या, जिसके द्वारा संख्याओं 1657 तथा 2037 को भाग देने पर क्रमश; 6 तथा 5 शेष रहें, होगी–
(a) 127 (b) 133 (c) 235 (d) 305 *(SSC, 10+2, 28.10.2012)*

19. वह सबसे बड़ी संख्या जिससे 729 और 901 को भाग देने पर शेषफल क्रमशः 9 और 5 होगा–
(a) 15 (b) 16 (c) 19 (d) 20 *(SSC, 2.11.2014)*

ल. स. से साधारण प्रश्न

20. 0.63, 10.5, 2.1, 4.20 का ल.स.प. (L.C.M.) ज्ञात कीजिए। ***रेलवे एनटीपीसी ऑनलाइन परीक्षा, 16, 18, अप्रैल, 2016***
(a) 63 (b) 0.63 (c) 6.30 (d) 6300

21. एक दुकान प्रत्येक 30वें ग्राहक को एक गिफ्ट कूपन तथा प्रत्येक 100वें ग्राहक को एक निःशुल्क टीवी देती है। कौन-से ग्राहक को गिफ्ट कूपन और टेलीविजन दोनों प्राप्त होंगे?
(a) 100 (b) 150 (c) 210 (d) 300 ***रेलवे एनटीपीसी ऑनलाइन परीक्षा, 29 अप्रैल, 2016***

22. 15, 25 तथा 29 का लघुतम समापवर्त्य (ल.स.) ज्ञात कीजिए। ***रेलवे एनटीपीसी ऑनलाइन परीक्षा, 2, 28 अप्रैल, 2016, 28 अप्रैल, 2016***
(a) 2335 (b) 3337 (c) 2175 (d) 2375

23. चार अलग-अलग सड़क क्रॉसिंग पर ट्रैफिक लाइट क्रमशः प्रत्येक 15 सेकंड, 25 सेकंड और 30 सेकंड पर बदलती है। यदि वे सभी 6:12:00 बजे एक साथ बदली थीं तो अब वे एक साथ कितने बजे बदलेंगी?
(a) 6:14:30 बजे (b) 6:40:00 बजे ***रेलवे एनटीपीसी ऑनलाइन परीक्षा, 7, 16 अप्रैल, 2016***
(c) 6:14:00 बजे (d) 10:40:00 बजे ***30 अप्रैल, 2016***

24. तीन घड़ियाँ क्रमशः प्रत्येक घंटे, दो घंटे तथा तीन घंटे पर बजने के लिए डिजाइन की गयी हैं। यदि वे तीन घंटे पहले एक साथ बजीं थीं, तो अब से कितने घंटे बाद एक साथ बजेंगी? ***रेलवे एनटीपीसी ऑनलाइन परीक्षा, 27 अप्रैल, 2016 29 अप्रैल, 2016, 18 जनवरी, 2017***
(a) 3 घंटे (b) 6 घंटे (c) 2 घंटे (d) 1 घंटे

25. वह छोटी से छोटी संख्या कौन-सी है जिसे दोगुना करने पर वह 4, 6, 9, 12 और 14 से पूर्णतः विभाजित हो जाएगी?
(a) 126 (b) 252 (c) 504 (d) 63 ***रेलवे एनटीपीसी ऑनलाइन परीक्षा, 19 जनवरी, 2017***

26. वह छोटी से छोटी संख्या ज्ञात कीजिए जो 6, 8, 12 और 16 से पूर्णतः विभाजित हो जाए।
(a) 48 (b) 24 (c) 64 (d) 80 ***रेलवे एनटीपीसी ऑनलाइन परीक्षा, 27 अप्रैल, 2016***

ल. स. से शेष पर आधारित प्रश्न

27. यदि X वह छोटी से छोटी संख्या है जिसे 6, 7, 8, 9 तथा 12 से विभाजित करने पर शेष क्रमशः 2, 3, 4, 5 और 8 बचता है, तो X का 150% ज्ञात कीजिए।
(a) 750 (b) 500 (c) 1000 (d) 1200 ***रेलवे एनटीपीसी ऑनलाइन परीक्षा, 18 अप्रैल, 2016***

28. वह छोटी से छोटी संख्या ज्ञात कीजिए जिसे 16, 24, 36 तथा 54 से विभाजित करने पर शेष क्रमशः 12, 20, 32 और 50 बचता है।
(a) 432 (b) 444 (c) 428 (d) 452 ***रेलवे एनटीपीसी ऑनलाइन परीक्षा, 16 अप्रैल, 2016***

29. वह सबसे छोटी संख्या, जिसे 16, 18 तथा 21 से भाग देने पर शेषफल क्रमशः 3, 5 तथा 8 रहते हों, है–
(a) 1021 (b) 1008 (c) 995 (d) 992 *(SSC, TA, 30.1.2011)*

30. वह न्यूनतम संख्या क्या है जिसे 48, 64, 90, 120 से विभाजित करने पर क्रमशः 38, 54, 80, 110 शेष बचे?
(a) 2870 (b) 2860 (c) 2890 (d) 2880 *(SSC, Tier-1, 8.7.2012)*

31. चार अंकों की वह सबसे बड़ी संख्या कौन-सी है, जिसे यदि 3, 5, 7, 9 से विभाजित किया जाए, तो शेषफल क्रमशः 1, 3, 5, 7 रह जाए?
(a) 9763 (b) 9764 (c) 9766 (d) 9765 *(SSC, 10+2, 21.10.2012)*

32. वह सबसे छोटी संख्या कौन-सी है, जिसे यदि 25, 40 तथा 60 से विभाजित किया जाए, शेषफल हर बार 7 आता हो?
(a) 609 (b) 593 (c) 1207 (d) 607 ***(SSC, Tier-1, 8.7.2012)***

33. वह लघुत्तम संख्या ज्ञात कीजिए जिसे 15, 20, 36 और 48 से भाग दिये जाने पर हर बार 3 शेष रहे–
(a) 183 (b) 243 (c) 483 (d) 723 ***(SSC, 16.2.2014)***

34. वह लघुत्तम संख्या ज्ञात कीजिए जिसे 24 और 36 से विभाजित करने पर शेषफल क्रमशः 14 और 26 होंगे।
(a) 82 (b) 62 (c) 102 (d) 92 ***(SSC, MTS, 23.2.2014)***

35. 900 और 1000 के बीच आने वाली वह संख्या ज्ञात कीजिए जिसे 38 और 57 से विभाजित किये जाने पर प्रत्येक मामले में 23 शेषफल रहता है।
(a) 935 (b) 962 (c) 912 (d) 926 ***(SSC, MTS, 23.2.2014)***

36. 4218 में से घटाई जाने वाली वह सबसे छोटी संख्या बताएँ जिससे परिणामी संख्या को 13, 17 और 19 से विभाजित करने पर हमेशा समान शेषफल 10 हो।
(a) 3 (b) 7 (c) 5 (d) 9 ***(SSC, MTS, 16.2.2014)***

37. तीन अंकों की वह संख्या बताएँ जिसे 2, 5, 9, 11 से विभाजित करने पर प्रत्येक मामले में शेषफल 1 हो।
(a) 981 (b) 983 (c) 991 (d) 997 ***(SSC, MTS, 16.2.2014)***

38. वह लघुत्तम संख्या ज्ञात कीजिए जिसे 12, 18, 36 और 45 से विभाजित किये जाने पर क्रमशः 8, 14, 32 और 41 शेष रहें।
(a) 178 (b) 186 (c) 176 (d) 180 ***(SSC, 26.10.2014)***

समापवर्त्यों पर आधारित प्रश्न

39. 4 अंकों की सबसे बड़ी संख्या कौन सी है, जो 32, 40, 36 तथा 48 से विभाज्य है?
(a) 9220 (b) 8820 (c) 8640 (d) 9120 ***SSC MTS 5.8.2019***

40. A वह तीन अंकों की सबसे छोटी संख्या है, जो 3, 4 तथा 5 से विभाजित करने पर क्रमशः 1, 2 तथा 3 शेषफल देती है। A के अंकों का योग कितना है?
(a) 11 (b) 10 (c) 6 (d) 8 ***SSC MTS 5.8.2019***

41. 5 अंकों की छोटी से छोटी संख्या क्या है, जो 12, 24, 48, 60 और 96 से पूर्णतः विभाजित होती है?
(a) 10000 (b) 10024 (c) 10160 (d) 10080 ***रेलवे एनटीपीसी ऑनलाइन परीक्षा, 3.4.2016***

42. चार पहियों की परिधि 16 सेमी., 24 सेमी., 32 सेमी. और 40 सेमी. है। वे एक साथ घूमना शुरू करते हैं। यदि प्रत्येक पहिया एक पूरा चक्कर लगाता है, तो उनके द्वारा कम से कम कितना दूरी तय की जाएगी?
(a) 480 सेमी. (b) 40 सेमी. (c) 520 सेमी. (d) 560 सेमी. ***रेलवे एनटीपीसी ऑनलाइन परीक्षा, 28.4.2016***

43. वह छोटी से छोटी संख्या ज्ञात कीजिए जिसको 1456 में जोड़ने पर यह 6,5 और 4 से पूर्णतः विभाजित हो जाती है।
(a) 6 (b) 61 (c) 44 (d) 16 ***रेलवे एनटीपीसी ऑनलाइन परीक्षा, 18.1.2017***

44. वह बड़ी से बड़ी संख्या ज्ञात कीजिए जो 15, 18, 27 तथा 30 से पूर्णतः विभाजित है।
(a) 870 (b) 900 (c) 810 (d) 780 ***रेलवे एनटीपीसी ऑनलाइन परीक्षा, 12.4.2016***

45. 1500 और 2000 के बीच वह संख्या कौन-सी है जो 36 तथा 102 से विभाज्य हो?
(a) 1632 (b) 1734 (c) 1836 (d) 1944 ***(SSC, 10+2, 4.11.2012)***

46. 10, 15, 20 से पूर्णतः विभाज्य 4 अंकों वाली महत्तम संख्या कौन-सी है?
(a) 9990 (b) 9960 (c) 9980 (d) 9995 ***(SSC, Tier-2, 29.9.2013)***

47. वह 4 अंकीय सबसे बड़ी संख्या, जो 12, 15, 18 तथा 27 में से प्रत्येक द्वारा पूर्णतः विभाजित होती है, है–
(a) 9690 (b) 9720 (c) 9930 (d) 9960 ***(SSC, 10+2, 28.10.2012)***

48. पाँच घंटियाँ एक साथ बजना आरंभ होकर, क्रमशः 3, 6, 9, 12 तथा 15 सेकंडों के अंतराल पर बजती रहती हैं। तद्नुसार, 36 मिनटों में वे एक साथ कितनी बार बजेंगी?
(a) 13 (b) 12 (c) 6 (d) 5 ***(SSC, Tier-1, 16.9.2012)***

49. तीन घंटियाँ एक साथ 11 बजे प्रातः बजती हैं। वे तीनों क्रमशः 20 मिनट, 30 मिनट तथा 40 मिनट के अंतराल पर बजती रहती हैं। तदनुसार वे दुबारा एक साथ किस समय बजेंगी?
(a) 2 बजे अपराह्न (b) 1 बजे अपराह्न
(c) 1:15 बजे अपराह्न (d) 1:30 बजे अपराह्न *(SSC, Tier-1, 19.6.2011)*

50. तीन अलग-अलग चौराहों पर यातायात से सम्बन्धित बत्तियाँ क्रमशः 24 सेकेण्ड, 36 सेकेण्ड तथा 54 सेकंड बाद रंग बदलती रहती हैं। यदि वे तीनों 10 : 15 : 00 प्रातः के समय एक साथ रंग बदलती रहती हैं, तो अगली बार वे तीनों एक साथ किस समय रंग बदलेंगी?
(a) 10 : 16 : 54 प्रातः (b) 10 : 18 : 36 प्रातः
(c) 10 : 17 : 02 प्रातः (d) 10 : 22 : 12 प्रातः *(SSC, Tier-1, 26.6.2011)*

समापवर्त्यों पर आधारित विशेष प्रश्न

51. निम्न में वह सबसे छोटी संख्या कौन-सी है, जिसे 5, 6, 7, 8 से विभाजित करने पर शेषफल 3 प्राप्त होता है, लेकिन वह 9 द्वारा विभाज्य भी है?
(a) 1463 (b) 1573 (c) 1683 (d) 1793 *(SSC, Tier-1, 26.6.2011)*

52. वह सबसे छोटी संख्या कौन-सी है, जो 16, 18, 20 तथा 25 से भाग देने पर हर बार शेषफल 4 देती है, लेकिन जब वही संख्या 7 से विभाजित की जाती है, तो शेषफल शून्य देती है?
(a) 17004 (b) 18000 (c) 18002 (d) 18004 *(SSC, 10+2, 4.12.2011)*

53. 13 का वह सबसे छोटा गुणज कौन-सा है, जिसे यदि 4, 5, 6, 7 से विभाजित किया जाए, तो हर बार शेषफल 3 हो जाए?
(a) 3780 (b) 3783 (c) 2520 (d) 2522 *(SSC, Tier-1, 8.7.2012)*

54. 13 का वह सबसे छोटा गुणज जिसे 4, 5, 6, 7 और 8 से भाग देने पर प्रत्येक दशा में 2 शेष बचता है? निम्न है–
(a) 2520 (b) 842 (c) 2522 (d) 840 ***S.S.C. 2001***

55. वह सबसे छोटी संख्या जिसे 4, 6, 8 और 9 से भाग देने पर प्रत्येक दशा में शून्य शेष आता हो तथा 13 से भाग देने पर 7 शेष आता हो, होगी –
(a) 144 (b) 72 (c) 36 (d) 85 ***S.S.C. स्नातक स्तरीय परीक्षा, 2004***

56. वह छोटी से छोटी संख्या जो 31 का गुणज है और उसे 15, 24 तथा 32 से भाग देने पर क्रमशः 2, 11 तथा 19 शेष बचे हैं –
(a) 2356 (b) 2387 (c) 2325 (d) 2418 ***R.R.B. सिकन्दराबाद (गुड्स गार्ड) परीक्षा, 2001***

57. 23 का ऐसा सबसे छोटा गुणज ज्ञात कीजिए जिसे 18, 21 और 24 से भाग देने पर क्रमशः 7, 10 और 13 शेष बचे –
(a) 3013 (b) 3024 (c) 3002 (d) 3036 ***S.S.C. स्नातक स्तरीय परीक्षा, 2001***

58. एक आदमी के पास निश्चित संख्या में छोटे बक्से हैं जिन्हें पार्सलों में रखना है। यदि वह 3, 4, 5 या 6 रखता है, तो उसके पास एक बच जाता है, यदि वह प्रत्येक पार्सल में 7 रखता है, तो उसके पास कुछ भी शेष नहीं बचता। रखे जाने वाले बक्सों की संख्या क्या है?
(a) 400 (b) 309 (c) 301 (d) 106 ***R.R.B. सिकन्दराबाद (गुड्स गार्ड) परीक्षा, 2001***

म. स. एवं ल. स. के मिश्रित प्रश्न

59. दो संख्याओं p तथा q का महत्तम समापवर्तक (एच.सी.एफ.) एवं लघुतम समापवर्त्य (एल.सी.एम.) क्रमशः A तथा B है। यदि $A + B = p + q$ है, तो $A^3 + B^3$ का मान है–
(a) p^3 (b) q^3 (c) $p^3 + q^3$ (d) $p^3 - q^3$ ***SSC MTS 9.8.2019***

60. दो संख्याओं का महत्तम समापवर्तक और लघुतम समापवर्त्य क्रमशः 20 और 120 है । यदि एक संख्या दूसरी संख्या से 50% अधिक है, तो छोटी संख्या कौन सी है?
(a) 20 (b) 60 (c) 40 (d) 80 ***SSC CHSL (Tier-1) 14.8.2019***

61. $A = \frac{3}{4}$ तथा $\frac{9}{16}$ का महत्तम समापवर्तक (एच.सी. एफ.) $B = \frac{16}{5}$ तथा $\frac{4}{25}$ का लघुतम समापवर्त्य (एल. सी. एम.) तो A+ B का मान कितना है?
(a) $\frac{250}{81}$ (b) $\frac{70}{23}$ (c) $\frac{271}{80}$ (d) $\frac{260}{71}$ ***SSC CHSL (Tier-1) 21.8.2019***

62. $\frac{7}{16}, \frac{21}{32}$ तथा $\frac{49}{8}$ का महत्तम समापवर्तक (एच.सी.एफ.) कितना है?
(a) $\frac{7}{64}$ (b) $\frac{147}{32}$ (c) $\frac{147}{8}$ (d) $\frac{7}{32}$ ***SSC MTS 6.8.2019***

63. दो संख्याओं का ल.स.प. (L.C.M.) उनके म.स.प. (H.C.F.) का 6 गुना है। यदि उनमें से एक संख्या 45 तथा म.स. और ल.स. का योग 315 है, तो दूसरी संख्या ज्ञात कीजिए। ***रेलवे एनटीपीसी ऑनलाइन परीक्षा, 22.4.2016***
(a) 190 (b) 360 (c) 270 (d) 300 ***19.1.2017***

64. दो संख्याओं का गुणनफल 1568 तथा लघुतम समापवर्त्य (ल.स.) 56 है, तो उनका महत्तम समापवर्तक (म.स.) है–
(a) 68 (b) 58 (c) 38 (d) 28 ***रेलवे एनटीपीसी ऑनलाइन परीक्षा, 7.4.2016 26.4.2016 (II पाली), 3.5.2016 (II पाली), 3.5.2016 (I पाली), 19.1.2017 (III पाली)***
रेलवे एनटीपीसी ऑनलाइन मुख्य परीक्षा, 19 जनवरी, 2017 (I पाली)

65. दो क्रमागत सम संख्याओं का लघुतम समापवर्त्य (ल.स.) 144 है। संख्याएँ ज्ञात करें।
(a) 16 और 18 (b) 14 और 16
(c) 18 और 20 (d) 22 और 24 ***रेलवे एनटीपीसी ऑनलाइन परीक्षा, 3.4.2016 (I पाली)***

66. 17/31, 34/62 तथा 48/93 का ल.स.प. (L.C.M.) ज्ञात कीजिए।
(a) 816/31 (b) 802/31 (c) 912/31 (d) 804/31 ***रेलवे एनटीपीसी ऑनलाइन परीक्षा, 2, 4, 12.4.2016 (III पाली), 18.4.2016 (I पाली)***

67. 16, 24 का महत्तम समापवर्तक (म.स.) और लघुतम समापवर्त्य (ल.स.) ज्ञात करें।
(a) 8 (b) 12 (c) 24 (d) 48 ***रेलवे एनटीपीसी ऑनलाइन परीक्षा, 6.4.2016 (I पाली)***

68. दो संख्याओं का ल.स. इनके म.स. का 40 गुना है। यदि दोनों संख्याओं का गुणनफल 1440 है, तो उनका म.स. ज्ञात कीजिए।
(a) 15 (b) 8 (c) 12 (d) 6 ***रेलवे एनटीपीसी ऑनलाइन परीक्षा, 18.1.2017 (II पाली)***

69. दो संख्याओं का म.स. (H.C.F.) 23 है तथा उनका (L.C.M.) 1035 है। यदि उनमें एक 207 तथा दूसरी X है, तो X/23 ज्ञात कीजिए।
(a) 15 (b) 7 (c) 5 (d) 9 ***रेलवे एनटीपीसी ऑनलाइन परीक्षा, 18.4.2016 (II पाली)***

70. दो संख्याओं का म.स. (H.C.F.) और ल. स. (L.C.M.) क्रमशः 29 और 435 है। यदि एक संख्या 145 है, तो दूसरी संख्या बताइए। ***रेलवे एनटीपीसी ऑनलाइन परीक्षा, 2, 3, 5, 4, 7, 16,***
(a) 58 (b) 87 (c) 29 (d) 23 ***3.4.2016 (III पाली), 22.2.2016 (II पाली)***

71. 2 संख्याओं का महत्तम समापवर्तक म.स.प. (H.C.F.) 24 है, इसका लघुतम समापवर्त्य ल.स.प. (L.C.M.) निम्नलिखित में से कौन-सा हो सकता है?
(a) 118 (b) 144 (c) 128 (d) 136 ***रेलवे एनटीपीसी ऑनलाइन परीक्षा, 29.3.2016 (II पाली)***

72. दो संख्याओं का म.स.प. (H.C.F.) और ल.स.प. (L.C.M.) क्रमशः 19 और 342 है, यदि एक संख्या को 2 से विभाजित करने पर भागफल 19 आता है, तो दूसरी संख्या ज्ञात कीजिए। ***रेलवे एनटीपीसी ऑनलाइन परीक्षा,***
(a) 133 (b) 171 (c) 198 (d) 114 ***9.4.2016, 3.5.2016 (III पाली)***

73. दो संख्याओं का म.स.प. (H.C.F.) 4 तथा ल.स.प. (L.C.M.) के अन्य दो गुणनखंड 5 और 7 हैं। इनमें से छोटी संख्या ज्ञात कीजिए–
(a) 10 (b) 14 (c) 20 (d) 28 ***रेलवे एनटीपीसी ऑनलाइन परीक्षा, 5.4.2016 (III पाली)***

74. तीन संख्याओं का ल.स. (L.C.M.) 4752 तथा उनका म.स. (H.C.F.) 6 है। यदि दो संख्याएँ 48 तथा 66 हैं तो तीसरी संख्या ज्ञात कीजिए।
(a) 54 (b) 56 (c) 58 (d) 52 ***रेलवे एनटीपीसी ऑनलाइन परीक्षा, 29.4.2016 (III पाली)***

75. 2 अंकों की दो संख्याओं का गुणनफल 2160 है। उनका ल.स.प. (ल.स.) 180 है। संख्याएँ ज्ञात करें।
(a) 72 और 30 (b) 36 और 60
(c) 45 और 48 (d) 54 और 40 ***रेलवे एनटीपीसी ऑनलाइन परीक्षा, 28.3.2016 (III पाली)***

76. 252, 294 और 3 # 8 का महत्तम समापवर्तक (H.C.F.) 42 है। # क्या है?
(a) 2 (b) 4 (c) 7 (d) 8 ***रेलवे एनटीपीसी ऑनलाइन परीक्षा, 31.3.2016 (III पाली)***

77. दो दी गयी संख्याओं का लघुतम समापवर्त्य उन संख्याओं के महत्तम समापवर्तक से 6 गुना है। तदनुसार, यदि दोनों में छोटी संख्या 6 हो, तो दूसरी संख्या कौन-सी है?
(a) 15 (b) 18 (c) 9 (d) 12 *(SSC, 10+2, 4.11.2012)*

78. दो संख्याओं का महत्तम समापवर्तक 96 है और उनका लघुतम समापवर्त्य 1296 है। यदि उनमें एक संख्या 864 हो, तो दूसरी कितनी है?
(a) 132 (b) 135 (c) 140 (d) 144 *(SSC, 10+2, 4.12.2011)*

79. दो संख्याओं का लघुतम समापवर्त्य 2079 है और उनका महत्तम समापवर्तक 27 है। तद्नुसार, यदि उनमें एक संख्या 189 हो, तो दूसरी संख्या कितनी है?
(a) 584 (b) 189 (c) 216 (d) 297 *(SSC, 10+2, 10.11.2013)*

80. यदि दो अभिव्यक्तियों का लघुतम समापवर्त्य और महत्तम समापवर्तक क्रमशः $(x^2+6x+8)(x+1)$ और $(x+1)$ है और एक अभिव्यक्ति $x^2 + 3x + 2$ है तो दूसरी क्या होगी?
(a) $x^2 + 5x + 4$ (b) $x^2 - 5x + 4$ (c) $x^2 + 4x + 5$ (d) $x^2 - 4x + 5$ *(SSC, 16.2.2014)*

81. तीन भिन्न संख्याओं का लघुतम समापवर्त्य (LMC) 120 हैं। तदनुसार निम्न में से कौन-सी संख्या उन संख्याओं की महत्तम समापवर्तक (HCF) नहीं हो सकती?
(a) 8 (b) 12 (c) 24 (d) 35 *(SSC, Tier-1, 26.6.2011)*

82. दो संख्याओं का म.स. 23 है तथा उनके ल.स. के अन्य दो गुणनखण्ड 13 तथा 14 है। उनमें से बड़ी संख्या होगी –
(a) 276 (b) 299 (c) 345 (d) 322 ***S.S.C. स्नातक स्तरीय परीक्षा, 2004***

83. दो संख्याओं का म०स० 13 व ल०स० 455 है। यदि इनमें से एक संख्या 75 और 125 के बीच में स्थिर हो, तो वह संख्या है–
(a) 78 (b) 104 (c) 91 (d) 117 ***S.S.C. स्नातक स्तरीय परीक्षा, 1999***

योग-अन्तर एवं गुणा पर आधारित प्रश्न

84. दो संख्याओं के बीच का अंतर 15 है और उनका महत्तम समापवर्तक (एच.सी.एफ.) और लघुतम समापवर्त्य (एल.सी.एम.) क्रमशः 3 और 108 है। उनके व्युत्क्रमों (रिसिप्रोकल्स) के बीच अंतर ज्ञात कीजिए।
(a) $\frac{5}{54}$ (b) $\frac{5}{108}$ (c) $\frac{5}{81}$ (d) $\frac{5}{112}$ ***SSC CHSL (Tier-1) 16.8.2019***

85. दो संख्याओं का म.स. 16 है तथा उनका अंतर 16 है। संख्या ज्ञात कीजिए।
(a) 64, 80 (b) 72, 88 (c) 80, 100 (d) 96, 120 ***रेलवे एनटीपीसी ऑनलाइन परीक्षा, 29.4.2016***

86. दो संख्याओं का ल.स.प. (L.C.M.) 495 तथा उनका म. स. प. (H.C.F.) 5 है। यदि उनका योग 100 है, तो इन दो संख्याओं के बीच अंतर ज्ञात कीजिए –
(a) 10 (b) 95 (c) 85 (d) 80 ***रेलवे एनटीपीसी ऑनलाइन परीक्षा, 30.4.2019***

87. दो संख्याओं का योगफल 119 है तथा उनका म. स.प. (H.C.F.) 17 और ल.स.प. (L.C.M.) 170 है, तो संख्याओं के व्युत्क्रम का योग.................है।
(a) $\frac{109}{501}$ (b) $\frac{501}{119}$ (c) $\frac{7}{170}$ (d) $\frac{170}{7}$ ***रेलवे एनटीपीसी ऑनलाइन परीक्षा, 9.4.2016, 3.5.2016***

88. दो संख्याओं का योग 528 है और उनका महत्तम समापवर्तक 33 है। तदनुसार, इस प्रकार की संख्याओं के कुल कितने जोड़े हो सकते हैं?
(a) 1 (b) 2 (c) 3 (d) 4 *(SSC, 10+2, 27.10.2013)*

89. दो संख्याओं का लघुतम समापवर्त्य (L C M) 120 है और उनका महत्तम समापवर्तक (HCF) 10 हैं। तद्नुसार निम्न में से कौन-सी संख्या उन दोनों संख्याओं का योग हो सकती है?
(a) 140 (b) 80 (c) 60 (d) 70 *(SSC, Tier-1, 19.6.2011)*

90. यदि दो (धनात्मक) सम संख्याओं के महत्तम समापवर्तक तथा लघुतम समापवर्त्य क्रमशः 2 तथा 84 हों, तो उन संख्याओं का जोड़ कितना होगा?
(a) 30 (b) 26 (c) 14 (d) 34 *(SSC, 10+2, 11.12.2011)*

91. दो संख्याओं का गुणनफल 2160 है और उनका महत्तम समापवर्तक 12 है। इस प्रकार की संख्याओं के कुल कितने जोड़े हो सकते हैं?
(a) 1 (b) 2 (c) 3 (d) 4 *(SSC, 10+2, 27.10.2013)*

92. दो धनात्मक पूर्णांकों का लघुतम समापवर्त्य (LCM) बड़ी संख्या का दुगुना है। इनमें छोटी संख्या और दोनों पूर्णांकों के महत्तम समापवर्तक (GCD) का अंतर 4 है। तद्नुसार, छोटी संख्या कितनी है?
(a) 6 (b) 8 (c) 10 (d) 12 *(SSC, 10+2, 21.10.2012)*

93. यदि किन्हीं दो संख्याओं का महतम समावर्तक (HCF) 12 और लघुतम समापवर्त्य (LCM) 924 हो तो ऐसी संख्याओं के कुल कितने जोड़े होंगे?
(a) 0 (b) 1 (c) 2 (d) 3 *(SSC, Tier-1, 26.6.2011)*

94. दो संख्याओं का गुणनफल 2028 है और उनका महत्तम समापवर्तक (H.C.F.) 13 है। तद्नुसार ऐसे जोड़ों की संख्या बताइये।
(a) 1 (b) 2 (c) 3 (d) 4 *(SSC, 10+2, 19.6.2011)*

95. दो प्राकृतिक संख्याओं के योगफल का उनके लघुत्तम समापवर्त्य के साथ अनुपात 7 : 12 है। यदि उनका महत्तम समापवर्तक 4 है तो छोटी संख्या है–
(a) 20 (b) 16 (c) 12 (d) 18 *(SSC, 10+2, 11.12.2011)*

अनुपात पर आधारित प्रश्न

96. यदि दो संख्याओं का अनुपात 7 : 11 है और उनका म.स. 13 है, तो उनका ल. स. है–
(a) 101 (b) 1001 (c) 143 (d) 234 ***SSC CHSL (Tier-1) 21.8.2019***

97. यदि p तथा q का अनुपात 4 : 3 तथा ल. स. 36 है, तो $p + q = ?$
(a) 12 (b) 18 (c) 21 (d) 24 ***रेलवे एनटीपीसी ऑनलाइन परीक्षा, 18.1.2017***

98. दो संख्याओं का अनुपात 8 : 9 तथा म. स. 14 है । उनका ल.स. ज्ञात कीजिए।
(a) 1008 (b) 112 (c) 126 (d) 1080 ***रेलवे एनटीपीसी ऑनलाइन परीक्षा, 3.5.2016***
7, 22, 26.8.2016 (II), 7.4.2016 (III), 19.1.2017 (I), रेलवे एनटीपीसी ऑनलाइन मुख्य परीक्षा 19.1.2017 (I,II)

99. दो संख्याओं का ल.स. 66 है। संख्याओं का अनुपात 2 : 3 है। संख्याओं का योग है?
(a) 60 (b) 55 (c) 50 (d) 65 ***रेलवे एनटीपीसी ऑनलाइन परीक्षा, 6.4.2016***

100. तीन संख्याओं का अनुपात 2 : 3 : 5 तथा म.स. (H.C.F.) 35 है। संख्याओं का ल.स. (L.C.M.) ज्ञात कीजिए।
(a) 900 (b) 1050 (c) 850 (d) 650 ***रेलवे एनटीपीसी ऑनलाइन परीक्षा, 18.4.2016***

101. तीन संख्याओं का अनुपात 2 : 3 : 6 तथा उनका म. स. (H.C.F.) 45 है। इन संख्याओं का योगफल ज्ञात कीजिए।
(a) 405 (b) 455 (c) 495 (d) 525 ***रेलवे एनटीपीसी ऑनलाइन परीक्षा, 18.4.2016***

102. दो संख्याओं का ल.स. 48 है। दोनों संख्याओं का अनुपात $1 : \frac{2}{3}$ है। संख्याओं का योग ज्ञात कीजिए।
रेलवे एनटीपीसी ऑनलाइन परीक्षा, 19.1.2017
(a) 60 (b) 40 (c) 20 (d) 50

103. दो संख्याएँ 3 : 4 के अनुपात में हैं तथा उनका म.स. 4 है। उनका ल.स. होगा–
(a) 48 (b) 36 (c) 24 (d) 12 *(SSC, TA, 30.1.2011)*

104. दो संख्याओं का अनुपात 3 : 4 तथा उनका महत्तम समापवर्तक 5 है। तद्नुसार, उनका लघुतम समापवर्त्य कितना होगा?
(a) 20 (b) 60 (c) 15 (d) 12 *(SSC, CAPF-SI, 23.6.2013)*

105. दो संख्याएँ 3 : 5 के अनुपात में हैं और उनका लघुतम समापवर्त्य 75 है। उनका महत्तम समापवर्तक क्या है?
(a) 10 (b) 15 (c) 3 (d) 5 *(SSC, 10+2, 20.10.2013)*

106. दो संख्याओं का महत्तम समापवर्तक (HCF) और लघुतम समापवर्त्य (L.C.M.) क्रमश; 44 और 264 है। यदि पहली संख्या को 2 से भाग दिया जाए, तो भागफल 44 होता है, दूसरी संख्या निम्नलिखित में से क्या होगी?
(SSC, 9.11.2014)
(a) 147 (b) 528 (c) 132 (d) 264

107. दो संख्याओं का अनुपात 3 : 4 है और उनका लघुतम समापवर्त्य 180 है। दूसरी संख्या क्या है?
(SSC, 26.10.2014)
(a) 90 (b) 30 (c) 60 (d) 45

108. यदि दो पूर्ण संख्याओं का अनुपात x : y हो और z उनका महत्तम समापवर्तक (H.C.F.) हो, तो इन दो संख्याओं का लघुतम समापवर्त्य (L.C.M.) क्या होगा?
(a) yz (b) xy (c) zx (d) xyz *(SSC, 9.11.2014)*

109. दो संख्याओं a, b का लघुतम समापवर्त्य 72 है और $72 > a > b$ है। तद्नुसार a, b के सबसे बड़े संभावित मान क्रमशः क्या होंगे?
(a) 36, 24 (b) 72, 48 (c) 24, 18 (d) 24, 9 *(SSC, FCI, 11.11.2012)*

उत्तरमाला

1. (b)	2. (d)	3. (c)	4. (a)	5. (c)	6. (c)	7. (a)	8. (b)	9. (a)
10. (c)	11. (d)	12. (b)	13. (b)	14. (a)	15. (d)	16. (a)	17. (d)	18. (a)
19. (b)	20. (a)	21. (d)	22. (c)	23. (a)	24. (a)	25. (a)	26. (a)	27. (a)
28. (c)	29. (c)	30. (a)	31. (a)	32. (d)	33. (d)	34. (b)	35. (a)	36. (d)
37. (c)	38. (c)	39. (c)	40. (b)	41. (d)	42. (a)	43. (c)	44. (c)	45. (c)
46. (b)	47. (b)	48. (a)	49. (b)	50. (b)	51. (c)	52. (d)	53. (b)	54. (c)
55. (b)	56. (b)	57. (a)	58. (c)	59. (c)	60. (c)	61. (c)	62. (d)	63. (c)
64. (d)	65. (a)	66. (a)	67. (d)	68. (d)	69. (c)	70. (b)	71. (b)	72. (b)
73. (c)	74. (a)	75. (b)	76. (c)	77. (c)	78. (d)	79. (d)	80. (a)	81. (d)
82. (d)	83. (c)	84. (b)	85. (a)	86. (a)	87. (c)	88. (d)	89. (d)	90. (b)
91. (b)	92. (b)	93. (c)	94. (b)	95. (c)	96. (b)	97. (c)	98. (a)	99. (b)
100. (b)	101. (c)	102. (b)	103. (a)	104. (b)	105. (d)	106. (c)	107. (c)	108. (d)
109. (a)								

अभ्यास प्रश्नों के हल

1. 20, 250, 120 का म. स. = 2 × 5 = 10

2	20,	250,	120
5	10,	125,	60
	2,	25,	12

2. 72, 48 का म.स. = 2.2.2.3 = 24

2	72,	48
2	36,	24
2	18,	12
3	9,	6
	3,	2

3. सहपाठियों की अधिकतम संख्या = 24, 36, 60 का म.स.

= 2.2.3 = 12

2	24,	36,	60
2	12,	18,	30
3	6,	9,	15
	2,	3,	5

4. पैकेट की न्यूनतम संख्या = 8, 12 का म.स. = 4

5. 48, 92, 140 का म.स. = 2 × 2 = 4

2	48,	92,	140
2	24,	46,	70
	12,	23,	35

6. 0.32, 2.72, 12.8, 14.4

= 0.32, 2.72, 12.80, 14.40

∴ 32, 272, 1280, 1440 का म.स. = 2.2.2.2 = 16

∴ 0.32, 2.72, 12.8, 14.4 का म.स. = 0.16

2	32,	272,	1280,	1440
2	16,	136,	640,	720
2	8,	68,	320,	360
2	4,	34,	160,	180
	2,	17,	80,	90

7. 2 मी. 76 सेमी. = 276 सेमी., 5 मी. 52 सेमी. = 552 सेमी.,
11मी. 96 सेमी. = 1196 सेमी.

2	276,	552,	1196
2	138,	276,	598
23	69,	138,	299
	3,	6,	13

∵ 276, 552, 1196 का म.स. = 2 × 2 × 23 = 92

∴ सम्भावित लम्बाई = 92 सेमी.

8. ∵ 24, 32, 16 का म.स. = 2.2.2. = 8

2	24,	32,	16
2	12,	16,	8
2	6,	8,	4
	3,	4,	2

∴ विद्यार्थियों की संख्या = 8

प्रत्येक विद्यार्थी को प्राप्त नोटबुकों की संख्या = $\frac{24}{8} = 3$

प्रत्येक विद्यार्थी को प्राप्त पेंसिलों की संख्या = $\frac{32}{8} = 4$

प्रत्येक विद्यार्थी को प्राप्त रबर की संख्या = $\frac{16}{8} = 2$, अतः प्रत्येक विद्यार्थी को प्राप्त वस्तुओं की संख्या = $3 + 4 + 2 = 9$

9. 120, 144, 204 का म.स. = 2 × 2 × 3 = 12

एक बैग की अधिकतम क्षमता = 12 किलो

2	120,	144,	204
2	60,	72,	102
3	30,	36,	51
	10,	12,	17

10.

```
1048)1441(1
     1048
     ----
      393)1048(2
           786
           ---
           262)393(1
               262
               ---
               131)262(2
                   262
                   ×××
```

अतः म.स. = अन्तिम भाजक = 131

11. 460 − 26 = 434
491 − 26 = 465
553 − 26 = 527

31	434,	465,	527
	14,	15,	17

∴ अभीष्ट संख्या = 434, 465, 527 का म.स. = 31

12. 1250 − 4 = 1246
1615 − 5 = 1610

2	1246,	1610
7	623,	805
	89,	115

∴ अभीष्ट संख्या = 1246, 1610 का म.स. = 2 × 7 = 14

13. 675 − 270 = 405
1215 − 675 = 540
1215 − 270 = 945

3	405,	540,	945
3	135,	180,	315
3	45,	60,	105
5	15,	20,	35
	3,	4,	7

∴ अभीष्ट संख्या = 405, 540, 945 का म.स. = 3 × 3 × 3 × 5 = 135

14. 78 − 6 = 72

114 − 6 = 108

141 − 6 = 135

3	72,	108,	135
3	24,	36,	45
	8,	12,	15

∴ बच्चों की कुल संख्या = 72, 108, 135 का म.स. = 3 × 3 = 9

15. 150 − 60 = 90

285 − 150 = 135

285 − 60 = 225

3	90,	135,	225
3	30,	45,	75
5	10,	15,	25
	2,	3,	5

∴ P = 90, 135, 225 का म.स. = 3 × 3 × 5 = 45

∴ P के अंकों का योग = 4 + 5 = 9

16. 411 − 3 = 408, 684 − 4 = 680, 821 − 5 = 816

∴ सबसे बड़ी अभीष्ट संख्या = 408, 680, 816 का म. स. = 136

17. 1868 − 1356 = 512, 2764 − 1868 = 896, 2764 − 1356 = 1408

∴ सबसे बड़ी अभीष्ट संख्या = 512, 896, 1408 का म.स. = 128

18. 1657 − 6 = 1651, 2037 − 5 = 2032, अतः बड़ी से बड़ी अभीष्ट संख्या = 1651, 2032 का म.स. = 127

19. 729 − 9 = 720, 901 − 5 = 896, अतः सबसे बड़ी अभीष्ट संख्या = 720, 896 का म. स. = 16

20. 0.63, 10.5, 2.1, 4.20 = 0.63, 10.50, 2.10, 4.20

∴ 63, 1050, 210, 420 का ल.स. = 2.2.3.3.5.5.7

= 6300

∴ 0.63, 10.5, 2.1, 4.20 का ल.स. = 63.00

= 63

2	63,	1050,	210,	420
2	63,	525,	105,	210
3	63,	525,	105,	105
3	21,	175,	35,	35
5	7,	175,	35,	35
5	7,	35,	7,	7
7	7,	7,	7,	7
	1,	1,	1,	1

21. 30 और 100 का ल.स. = 2.2.3.5.5 = 300

अतः 300वें ग्राहक को गिफ्ट कूपन और टेलीविजन दोनों प्राप्त होंगे।

2	30,	100
2	15,	50
3	15,	25
5	5,	25
5	1,	5
	1,	1

22. 15, 25, 29 का ल.स. = 3 × 5 × 5 × 29 = 2175

3	15,	25,	29
5	5,	25,	29
	1,	5,	29

23. ∵ 15, 25, 30 का ल.स. = 2 × 3 × 5 × 5 = 150

150 सेकण्ड = 2 मिनट 30 सेकण्ड

∴ 6 : 12 : 00 बजे के बाद समय = 6 : 14 : 30 बजे

2	15,	25,	30
3	15,	25,	15
5	5,	25,	5
5	1,	5,	1
	1,	1,	1

24. 1 घण्टे, 2 घण्टे, 3 घण्टे का ल.स. = 6 घण्टे

∴ 3 घण्टे पहले बजने पर अगली बार 3 घण्टे बाद एक साथ बजेगी।

25. 4, 6, 9, 12, 14 का ल.स. = 2.2.3.3.7 = 252

∴ अभीष्ट संख्या $= \frac{252}{2} = 126$

2	4,	6,	9,	12,	14
2	2,	3,	9,	6,	7
3	1,	3,	9,	3,	7
3	1,	1,	3,	1,	7
7	1,	1,	1,	1,	7
	1,	1,	1,	1,	1

26. अभीष्ट संख्या = 6, 8, 12, 16 का ल.स. = 2.2.2.2.3 = 48

2	6,	8,	12,	16
2	3,	4,	6,	8
2	3,	2,	3,	4
2	3,	1,	3,	2
3	3,	1,	3,	1
	1,	1,	1,	1

27. 6 − 2 = 4

7 − 3 = 4

8 − 4 = 4

9 − 5 = 4

12 − 8 = 4

∴ 6, 7, 8, 9, 12 का ल.स. = 2.2.2.3.3.7 = 504

∴ X = 504 − 4 = 500, अतः X का 150% $= 500 \times \frac{150}{100} = 750$

2	6,	7,	8,	9,	12
2	3,	7,	4,	9,	6
2	3,	7,	2,	9,	3
3	3,	7,	1,	9,	3
3	1,	7,	1,	3,	1
7	1,	7,	1,	1,	1
	1,	1,	1,	1,	1

28. 16 − 12 = 4

24 − 20 = 4

36 − 32 = 4

54 − 50 = 4

∴ 16, 24, 36, 54 का ल.स. = 2.2.2.2.3.9 = 432

∴ अभीष्ट संख्या = 432 − 4 = 428

2	16,	24,	36,	54
2	8,	12,	18,	27
2	4,	6,	9,	27
2	2,	3,	9,	27
3	1,	3,	3,	27
9	1,	1,	1,	9
	1,	1,	1,	1

29. 16 – 3 = 13, 18 – 5 = 13, 21 – 8 = 13

∴ 16, 18, 21 का ल.स. = 1008, अतः अभीष्ट संख्या = 1008 – 13 = 995

30. 48 – 38 = 10, 64 – 54 = 10, 90 – 80 = 10, 120 – 110 = 10

∴ 48, 64, 90, 120 का ल.स. = 2880, अतः अभीष्ट न्यूनतम संख्या = 2880 – 10 = 2870

31. 3 – 1 = 2, 5 – 3 = 2, 7 – 5 = 2, 9 – 7 = 2

∴ 3, 5, 7, 9 का ल.स. = 315

चार अंकों की सबसे बड़ी संख्या = 9999

315) 9 9 9 9 (31
9 4 5
5 4 9
3 1 5
2 3 4

∴ ल.स. का 31 वाँ गुणज = 315 × 31 = 9765, अतः अभीष्ट संख्या = 9765 – 2 = 9763

32. 25, 40, 60 का ल.स. = 2·2·2·3·5·6 = 600

∴ अभीष्ट संख्या = ल.स. + शेष = 600 + 7 = 607

2	25, 40, 60
2	25, 20, 30
2	25, 10, 15
3	25, 5, 15
5	25, 5, 5
5	5, 1, 1
	1, 1, 1

33. 15, 20, 36, 48 का ल.स. = 2·2·2·2·3·3·5 = 720

∴ अभीष्ट संख्या = ल. स. + शेष = 720 + 3 = 723

2	15, 20, 36, 48
2	15, 10, 18, 24
2	15, 5, 9, 12
2	15, 5, 9, 6
3	15, 5, 9, 3
3	5, 5, 3, 1
5	5, 5, 1, 1
	1, 1, 1, 1

34. 24 – 14 = 10, 36 – 26 = 10

24 और 36 का ल. स. = 2·2·2·3·3 = 72

∴ अभीष्ट संख्या = 72 – 10 = 62

2	24, 36
2	12, 18
2	6, 9
3	3, 9
3	1, 3
	1, 1

35. 38 तथा 57 का ल.स. = 2 × 3 × 19 = 114

∴ 900 से 1000 के बीच ल.स. का गुणज = 114 × 8 = 912

∴ अभीष्ट संख्या = 912 + 23 = 935

2	38, 57
3	19, 57
19	19, 19
	1, 1

36. 13, 17, 19 का ल. स. = 13 × 17 × 19 = 4199, अतः ल. स. + शेष = 4199 + 10 = 4209

∴ घटायी जाने वाली छोटी से छोटी संख्या = 4218 – 4209 = 9

37. 2, 5, 9, 11 का ल. स. = 2 × 5 × 9 × 11 = 990, अतः अभीष्ट संख्या = ल. स. + शेष = 990 + 1 = 991

38. 12 – 8 = 4, 18 – 14 = 4, 36 – 32 = 4, 45 – 41 = 4

∴ 12, 18, 36, 45 का ल.स. = 2·2·3·3·5 = 180

अभीष्ट संख्या = 180 – 4 = 176

2	12, 18, 36, 45
2	6, 9, 18, 45
3	3, 9, 9, 45
3	1, 3, 3, 15
5	1, 1, 1, 5
	1, 1, 1, 1

39. 32, 40, 36, 48 का ल.स. = 2.2.2.2.2.3.3.5 = 1440

4 अंकों की सबसे बड़ी संख्या = 9999

2	32,	40,	36,	48
2	16,	20,	18,	24
2	8,	10,	9,	12
2	4,	5,	9,	6
2	2,	5.	9,	3
3	1,	5,	9,	3
3	1,	5,	3,	1
5	1,	5,	1,	1
	1,	1,	1,	1

1440)9 9 9 9(6
8 6 4 0
1 3 5 9

∴ 4 अंकों की अभीष्ट संख्या = ल.स. का छठा गुणज

= ल.स. × 6 = 1440 × 6 = 8640

40. 3 − 1 = 2
4 − 2 = 2
5 − 3 = 2

3, 4, 5 का ल.स. = 3 × 4 × 5 = 60

3 अंकों की सबसे छोटी संख्या = 100

60)100(1
60
40

∴ ल.स. का दूसरा गुणज = ल.स. × 2 = 60 × 2 = 120

∴ अभीष्ट संख्या = A = 120 − 2 = 118, अतः A के अंकों का योग = 1 + 1 + 8 = 10

41.

2	12,	24,	48,	60,	96
2	6,	12,	24,	30,	48
2	3,	6,	12,	15,	24
2	3,	3,	6,	15,	12
2	3,	3,	3,	15,	6
3	3,	3,	3,	15,	3
5	1,	1,	1,	5,	1
	1,	1,	1,	1,	1

अतः 12, 24, 48, 60, 96 का ल.स. = 2.2.2.2.2.3.5 = 480

5 अंकों की छोटी से छोटी संख्या = 10000

480)10000(20
960
400

∴ अभीष्ट संख्या = ल.स. का 21वाँ गुणज = ल.स. × 21

= 480 × 21 = 10080

42. तय की गई कम से कम दूरी = 16, 24, 32, 40 का ल.स.

= 2.2.2.2.2.3.5 = 480 सेमी.

2	16,	24,	32,	40,
2	8,	12,	16,	20
2	4,	6,	8,	10
2	2,	3,	4,	5
2	1,	3,	2,	5
3	1,	3,	1,	5
5	1,	1,	1,	5
	1,	1,	1,	1

43. 6, 5, 4 का ल.स. = 2.2.3.5 = 60

60)1 4 5 6(24
1 2 0
2 5 6
2 4 0
1 6

2	6,	5,	4
2	3,	5,	2
3	3,	5,	1
5	1,	5,	1
	1,	1,	1

जोड़ी जाने वाली छोटी से छोटी संख्या = 60 − 16 = 44

44. अभीष्ट संख्या = $2 \times 3 \times 3 \times 3 \times 5 = 270$

प्रश्नानुसार बड़ी से बड़ी संख्या = ल. स. × 3

$= 270 \times 3 = 810$

2	15,	18,	27,	30
3	15,	9,	27,	15
3	5,	3,	9,	5
3	5,	1,	3,	5
5	5,	1,	1,	5
	1,	1,	1,	1

45. 36 तथा 102 का ल. स. = $2 \cdot 2 \cdot 3 \cdot 3 \cdot 17 = 612$

∴ ल. स. का तीसरा गुणज = $612 \times 3 = 1836$

2	36,	102
2	18,	51
3	9,	51
	3,	17

```
612 ) 2000 ( 3
      1836
      ----
       164
```

∴ अभीष्ट संख्या = 1836

46. 10, 15, 20 का ल. स. = 60

4 अंकों की महत्तम संख्या = 9999

अभीष्ट संख्या = ल. स. × 166

$= 60 \times 166 = 9960$

```
60 ) 9999 ( 166
     60
     ---
     399
     360
     ---
      399
      360
      ---
       39
```

47. 12, 15, 18, 27 का ल. स. = $2 \cdot 2 \cdot 3 \cdot 3 \cdot 3 \cdot 5 = 540$

4 अंकीय सबसे बड़ी संख्या = 9999

9999 ÷ ल. स. = $9999 \div 540 = 18.51$

∴ अभीष्ट संख्या = ल. स. का 18 वां गुणज

$= 540 \times 18 = 9720$

2	12,	15,	18,	27
2	6,	15,	9,	27
3	3,	15,	9,	27
3	1,	5,	3,	9
3	1,	5,	1,	3
5	1,	5,	1,	1
	1,	1,	1,	1

48. 3, 6, 9, 12, 15 का ल.स. = 180

36 मिनट = 36 × 60 सेकण्ड

∴ घण्टियों के एक साथ बजने की संख्या = $\frac{36 \times 60}{180} + 1 = 12 + 1 = 13$

49. 20 मिनट, 30 मिनट, 40 मिनट का ल.स. = 120 मिनट = 2 घण्टे

अतः तीनों घण्टियां प्रातः 11 बजे के 2 घण्टे बाद एक साथ बजेंगी ⇒ 1 बजे अपराह्न

50. 24 सेकण्ड,36 सेकण्ड, 54 सेकण्ड का ल.स. = 216 सेकण्ड = 3 मिनट 36 सेकण्ड

∴ एक साथ रंग बदलने का समय = 10 : 15 : 00 प्रातः + 3 मिनट 36 सेकण्ड = 10 : 18 : 36 प्रातः

51. 5, 6, 7, 8 का ल.स. = 840

चूंकि अभीष्ट संख्या 9 से विभाज्य है। अतः माना अभीष्ट संख्या 840 K + 3 है।

∴ $840K + 3 = 9 \times 93K + (3K + 3)$ अब 3K + 3 में K =2 रखने पर, $3 \times 2 + 3 = 6 + 3 = 9$ जो 9 से विभाज्य है।

∴ अभीष्ट संख्या = $840K + 3 = 840 \times 2 + 3 = 1680 + 3 = 1683$

52. 16, 18, 20, 25 का ल. स. = 3600

चूंकि अभीष्ट संख्या 7 से विभाज्य है। अतः माना अभीष्ट संख्या 3600 K + 4 है।

∴ $3600K + 4 = 7 \times 514K + (2K + 4)$

अब 2K + 4 में K = 5 रखने पर, $2 \times 5 + 4 = 10 + 4 = 14$ जो 7 से विभाज्य है।

∴ अभीष्ट संख्या = $3600K + 4 = 3600 \times 5 + 4 = 18000 + 4 = 18004$

53. 4, 5, 6, 7 का ल.स. = 420

चूंकि अभीष्ट संख्या 13 का सबसे छोटा गुणज है। अतः माना अभीष्ट संख्या 420 K + 3 है।

$\therefore$ 420 K + 3 = 32 × 13K + (4K + 3), अब 4K + 3 में K = 9 रखने पर 4 × 9 + 3 = 36 + 3 = 39 जो 13 का गुणज है

$\therefore$ अभीष्ट संख्या = 420 K + 3 = 420 × 9 + 3 = 3780 + 3 = 3783

54. 4, 5, 6, 7, 8 का ल०स० = 840

$\because$ 13 से भाग देने पर शेष शून्य आता है। अतः माना अभीष्ट संख्या 840K + 2 है।

$\therefore$ 840K + 2 = 13 × 64K + 8K + 2, अब 8K + 2 में K = 3 रखने पर 8 K + 2 = 8 × 3 + 2 = 24 + 2 = 26 जो 13 से भाज्य है।

$\therefore$ अभीष्ट संख्या = 840K + 2 = 840 × 3 + 2 = 2520 + 2 = 2522

55. 4, 6, 8, 9 का ल०स० = 72, चूंकि 72 में 13 से भाग देने पर शेष = 7, अतः अभीष्ट संख्या = 72

56. 15 – 2 = 13

24 – 11 = 13

32 – 19 = 13

अब 15, 24, 32 का ल०स० = 480, अतः माना अभीष्ट संख्या 480K – 13 है

480K – 13 = (31 × 15K) + (15K – 13)

$\therefore$ 15K – 13 में K = 5 रखने पर, 15K – 13 = 15 × 5 – 13 = 75 – 13 = 62 जो 31 का गुणज है।

$\therefore$ अभीष्ट संख्या = 480 × K – 13 = 480 × 5 – 13 = 2400 – 13 = 2387

57. 18 – 7 = 11

21 – 10 = 11

24 – 13 = 11

18, 21, 24 का ल०स० = 504, माना अभीष्ट संख्या 504K – 11 है।

$\therefore$ 504K – 11 = (23 × 21K) + (21K – 11)

21K – 11 में K = 6 रखने पर, 21K – 11 = 21 × 6 – 11 = 126 – 11 = 115 जो 23 का गुणज है।

$\therefore$ अभीष्ट संख्या = 504K – 11 = 504 × 6 – 11 = 3024 – 11 = 3013

58. 3, 4, 5, 6 का ल.स. = 60, माना अभीष्ट संख्या 60K + 1 है।

$\therefore$ 60K + 1 = (7 × 8K) + (4K + 1)

4K + 1 में K = 5 रखने पर, 4K + 1 = 4 × 5 + 1 = 20 + 1 = 21 जो 7 से भाज्य है।

$\therefore$ अभीष्ट संख्या = 60 K + 1 = 60 × 5 + 1 = 300 + 1 = 301

59. $\because$ p और q का म.स. A और ल.स. B है, अतः p.q = A.B परन्तु p + q = A + B, अतः $(p + q)^3 = (A + B)^3$

$\therefore p^3 + q^3 + 3pq\,(p + q) = A^3 + B^3 + 3AB\,(A + B) \Rightarrow p^3 + q^3 + 3pq\,(p + q) = A^3 + B^3 + 3pq\,(p + q)$

$\therefore p^3 + q^3 = A^3 + B^3 \Rightarrow A^3 + B^3 = p^3 + q^3$

60. माना छोटी संख्या N है, अतः बड़ी संख्या = $N \times \frac{150}{100} = \frac{3N}{2}$

अब दोनों संख्याओं का गुणनफल = दोनों संख्याओं का म.स. × ल.स.

$\therefore N \times \frac{3}{2} N = 20 \times 120 \Rightarrow N^2 = 20 \times \frac{120 \times 2}{3} = (40)^2 \Rightarrow N = 40$

$\therefore$ छोटी संख्या = N = 40

61. $A = \frac{3}{4}, \frac{9}{16}$ का म.स. $= \frac{\text{अंशों का म.स.}}{\text{हरों का ल.स.}} = \frac{\text{3, 9 अंशों का म.स.}}{\text{4, 16 अंशों का ल.स.}} = \frac{3}{16}$

$B = \frac{16}{5}, \frac{4}{25}$ का ल.स. $= \frac{\text{अंशों का ल.स.}}{\text{हरों का म.स.}} = \frac{\text{16, 4 का ल.स.}}{\text{5, 25 का म.स.}} = \frac{16}{5}$

$\therefore A + B = \frac{3}{16} + \frac{16}{5} = \frac{15 + 256}{80} = \frac{271}{80}$

62. $\frac{7}{16}, \frac{21}{32}, \frac{49}{8}$ का म.स. $= \frac{\text{अंशों का म.स.}}{\text{हरों का ल.स.}} = \frac{\text{7, 21, 49 का म.स.}}{\text{16, 32, 8 का ल.स.}} = \frac{7}{32}$

63. चूंकि दो संख्याओं का ल.स. उनके म.स. का 6 गुना है। अतः माना दोनों संख्याओं का ल.स. $6x$ और म.स. x है।

$\because$ म.स. + ल.स. = 315, अतः $x + 6x = 315 \Rightarrow 7x = 315 \Rightarrow x = 45$

$\therefore$ दोनों संख्याओं का म.स. = 45 और ल.स. = 6 × 45 = 270

$\therefore$ दोनों संख्याओं का गुणनफल = दोनों का म.स. × ल.स.

$\therefore$ 45 × दूसरी संख्या = 45 × 270 ⇒ दूसरी संख्या = 270

64. दो संख्याओं का म.स. × ल.स. = दोनों संख्याओं का गुणनफल

$\therefore$ म.स. × 56 = 1568 ⇒ म.स. $= \frac{1568}{56} = 28$

65. $\because$ दो क्रमागत सम संख्याओं का म.स. सदैव 2 होता है।

अतः पहली सम संख्या × दूसरी सम संख्या = दोनों का म. स. × ल. स. = 2 × 144

$= 2 \times 2 \times 2 \times 2 \times 2 \times 3 \times 3 = 16 \times 18$

$\therefore$ दोनों सम संख्याएँ = 16, 18

66. $\frac{17}{31}, \frac{34}{62}$ तथा $\frac{48}{93}$ का ल.स. $= \frac{\text{अंशों का ल.स.}}{\text{हरों का म.स.}} = \frac{\text{17, 34, 48 का ल.स.}}{\text{31, 62, 93 का म.स.}} = \frac{816}{31}$

67. 16, 24 का म.स. = 2.2.2 = 8

16, 24 का ल.स. = 2.2.2.2.3 = 48

2	16,	24
2	8,	12
2	4,	6
	2,	3

68. माना दोनों संख्याओं का म.स. x तथा ल.स. $40x$ है।

दोनों संख्याओं का म.स. × ल.स. = दोनों संख्याओं का गुणनफल

$x \times 40x = 1440 \Rightarrow x^2 = 36 \Rightarrow x^2 = 6^2 \Rightarrow x = 6$, अतः दोनों संख्याओं का म.स. $= x = 6$

69. दोनों संख्याओं का गुणनफल = दोनों संख्याओं का म.स. × ल.स.

$\therefore 207 \times X = 23 \times 1035 \Rightarrow X = \frac{23 \times 1035}{207} = 115$, अतः $\frac{X}{23} = \frac{115}{23} = 5$

70. दोनों संख्याओं का गुणनफल = दोनों संख्याओं का म.स. × ल.स.

$\therefore$ 145 × दूसरी संख्या = 29 × 435 ⇒ दूसरी संख्या $= \frac{29 \times 435}{145} = 87$

71. दो संख्याओं का म.स. = 24, चूंकि म.स., ल.स. का एक गुणनखण्ड होता है।

∴ दिये गये विकल्पों में 144 का गुणनखण्ड 24 है। अतः सम्भव ल.स. = 144

72. दो संख्याओं का म.स. = 19 और ल.स. = 342

एक संख्या = 2 × 19 = 38, अतः दोनों संख्याओं का गुणनफल = दोनों संख्याओं का म.स. × ल.स.

∴ 38 × दूसरी संख्या = 19 × 342 ⇒ दूसरी संख्या = $\frac{19 \times 342}{38}$ = 171

73. दो संख्याओं का म.स. = 4 तथा ल.स. के अन्य दो गुणनखण्ड = 5 × 7

∵ म.स., ल.स. का एक गुणनखण्ड होता है, अतः ल.स. = 4 × 5 × 7

छोटी संख्या × बड़ी संख्या = म.स. × ल.स. = 4 × 4 × 5 × 7 = (4 × 5) × (4 × 7)

∴ छोटी संख्या = 4 × 5 = 20

74. ∵ तीनों संख्याओं का म. स. 6 है। अतः माना तीसरी संख्या $6x$ है।

पहली संख्या = 48 = 6 × 8 और दूसरी संख्या = 66 = 6 × 11

∴ तीनों संख्याओं का ल. स. = $6 \times 8 \times 11 \times x$

∴ $6 \times 8 \times 11 \times x = 4752 \Rightarrow x = \frac{4752}{6 \times 8 \times 11} = 9$, अतः तीसरी संख्या = $6x = 6 \times 9 = 54$

75. दो अंकों की दो संख्याओं का गुणनफल = 2160

दोनों संख्याओं का ल.स. = 180, अतः दोनों संख्याओं का म.स. = $\frac{2160}{180}$ = 12

म.स. × ल.स. = 180 × 12 = 6 × 6 × 5 × 12, अतः दोनों संख्याएँ = (6 × 6), (5 × 12) = 36, 60

76. ∵ 252, 294 और 3 # 8 का म. स. 42 है। अतः 3 # 8 संख्या 42 से भाज्य होगी।

∴ 3 # 8 संख्या 42 के गुणनखण्डों 2 × 3 × 7 से भी भाज्य होगी।

∴ 3 द्वारा 3 # 8 के भाज्य होने पर 3 + # + 8 = 3 का उचित गुणज

∴ 11 + # = 18 ⇒ # = 18 – 11 = 7

77. माना दोनों संख्याओं का म.स. x तथा ल.स. 6x है।

∴ दोनों संख्याओं का म.स. × ल.स. = दोनों संख्याओं का गुणनफल

∴ $x \cdot 6x$ = 6 × दूसरी संख्या ⇒ दूसरी संख्या = $x^2 = 9$

78. पहली संख्या × दूसरी संख्या = म.स. × ल.स.

∴ 864 × दूसरी संख्या = 96 × 1296 ⇒ दूसरी संख्या = $\frac{96 \times 1296}{864}$ = 144

79. पहली संख्या × दूसरी संख्या = म.स. × ल.स.

∴ 189 × दूसरी संख्या = 27 × 2079 ⇒ दूसरी संख्या = $\frac{27 \times 2079}{189}$ = 297

80. ल.स. = $(x^2 + 6x + 8)(x + 1) = (x + 2)(x + 4)(x + 1)$

पहली अभिव्यक्ति = $x^2 + 3x + 2 = (x + 1)(x + 2)$

∵ पहली अभिव्यक्ति × दूसरी अभिव्यक्ति = म.स. × ल.स.

∴ $(x + 1)(x+2)$ × दूसरी अभिव्यक्ति = $(x + 1)(x + 2)(x + 4)(x + 1)$

∴ दूसरी अभिव्यक्ति = $(x + 4)(x + 1) = x^2 + 5x + 4$

81. ∵ म.स., ल.स. का एक गुणनखण्ड (अपवर्तक) होता है। और 8, 12, 24, 35 में से 8, 12, 24 ल.स. 120 के गुणनखण्ड हैं।

∴ 8, 12, 24, 35 में से 35 उन संख्याओं का म.स. नहीं हो सकती।

82. दो संख्याओं का म.स. = 23 और ल.स. के अन्य दो गुणनखण्ड = 13 × 14

$\therefore$ ल.स. के तीनों गुणनखण्ड = 13 × 14 × 23

$\because$ एक संख्या × दूसरी संख्या = ल.स. × म.स.

$\therefore$ एक संख्या × दूसरी संख्या = 13 × 14 × 23 × 23 = (13 × 23) × (14 × 23)

$\therefore$ बड़ी संख्या = 14 × 23 = 322

83. $\because$ एक संख्या × दूसरी संख्या = ल.स. × म.स.

$\therefore$ एक संख्या × दूसरी संख्या = 455 × 13 = 13 × 5 × 7 × 13 = 65 × 91

$\therefore$ 75 और 125 के बीच वाली संख्या = 91

84. दो संख्याओं का म.स. 3 है, अतः माना बड़ी संख्या $3x$ तथा छोटी संख्या 3y है।

$\therefore$ दोनों संख्याओं में अन्तर $\Rightarrow 3x - 3y = 15 \Rightarrow 3(x - y) = 15$, अतः $x - y = 5$..........(i)

$\because$ दोनों संख्याओं का गुणनफल = दोनों संख्याओं का म.स. × ल.स.

$\therefore$ $3x \times 3y = 3 \times 108 \Rightarrow xy = 36$............(ii)

सूत्र $(x + y)^2 = (x - y)^2 + 4xy \Rightarrow (x + y)^2 = (5)^2 + 4 \times 36$

$\therefore$ $(x + y)^2 = 25 + 144 \Rightarrow (x + y)^2 = 169 \Rightarrow (x + y)^2 = 13^2$, अतः $x + y = 13$..........(iii)

समीकरण (i) और (iii) को हल करने पर, $x = 9$ तथा y = 4

$\therefore$ बड़ी संख्या = $3x = 3 \times 9 = 27$ और छोटी संख्या = 3y = 3 × 4 = 12

$\therefore$ संख्याओं के व्युत्क्रमों का अन्तर $= \frac{1}{12} - \frac{1}{27} = \frac{9-4}{108} = \frac{5}{108}$

85. दो संख्याओं का म.स. 16 है। अतः माना दोनों संख्याएँ क्रमशः 16a तथा 16b हैं।

$\therefore$ 16a – 16b = 16 ⇒ 16(a – b) = 16 ⇒ a – b = 1

ऐसी संख्याओं के जोड़े, जिनका अन्तर 1 है = (2, 1), (3, 2), (4, 3), (5, 4)

$\therefore$ उचित जोड़ा = (a, b) = (4, 5)

$\therefore$ संख्याएँ = 16 × 4, 16 × 5 = 64, 80

86. दो संख्याओं का ल.स. = 495 और म.स. = 5, अतः माना बड़ी संख्या 5a तथा छोटी संख्या 5b है।

$\therefore$ 5a + 5b = 100 ⇒ 5 (a + b) = 100 ⇒ a + b = 20.............(i)

दोनों संख्याओं का गुणनफल = दोनों संख्याओं का म.स. × ल.स.

5a . 5b = 5 × 495 ⇒ ab = 99 ⇒ a . b = 11 × 9............(ii)

समीकरण (i) और (ii) समीकरण से a = 11, b = 9

$\therefore$ बड़ी संख्या = 5a = 5 × 11 = 55 और छोटी संख्या = 5b = 5 × 9 = 45

$\therefore$ दोनों संख्याओं में अन्तर = 55 – 45 = 10

87. दो संख्याओं का म.स. = 17 और ल.स. = 170, अतः माना छोटी संख्या 17a तथा बड़ी संख्या 17b है।

$\therefore$ 17a + 17b = 119 ⇒ 17 (a + b) = 119 ⇒ a + b = 7............(i)

दोनों संख्याओं का गुणनफल = दोनों संख्याओं का म.स. × ल.स.

$\therefore$ 17a × 17b = 17 × 170 ⇒ a . b = 10 ⇒ a . b = 2 × 5............(ii)

समीकरण (i) और समीकरण (ii) से a = 2, b = 5

$\therefore$ छोटी संख्या = 17a = 17 × 2 = 34 और बड़ी संख्या = 17b = 17 × 5 = 85

$\therefore$ संख्याओं के व्युत्क्रमों का योग = $\frac{1}{34} + \frac{1}{85} = \frac{5+2}{170} = \frac{7}{170}$

88. चूंकि दो संख्याओं का म.स. 33 है। अतः माना दोनों संख्याएँ क्रमश 33x तथा 33y हैं।

∴ $33x + 33y = 528 \Rightarrow 33(x + y) = 528 \Rightarrow x + y = 16$

∴ x, y के सम्भव मान = (1, 15) या (2, 14) या (3, 13) या (4, 12) या (5, 11) या (6, 10) या (7, 9) या (8, 8)

इनमें परस्पर अभाज्य जोड़े = (1, 15), (3, 13), (5, 11) (7, 9), अतः जोड़ों की संख्या = 4

89. माना एक संख्या 10x तथा दूसरी संख्या 10y है। सूत्र दोनों संख्याओं का गुणनफल = म.स. × ल.स.

∴ $10x \cdot 10y = 10 \times 120 \Rightarrow xy = 12$

∴ x, y के सम्भव मान = (3, 4) या (2, 6) या (1, 12) इसमें परस्पर अभाज्य जोड़ें (3, 4) और (1, 12)

∴ संख्याएँ = 10x, 10y = (30, 40) या (10, 120), अतः प्रश्नानुसार संख्याओं का योग = 30 + 40 = 70

90. माना दोनों संख्याएँ क्रमशः 2x तथा 2y हैं। अतः $2x \cdot 2y = 2 \times 84 \Rightarrow xy = 42$

∴ x, y के सम्भव मान = (6, 7), (14, 3), (2, 21), (1, 42)

परस्पर अभाज्य जोड़ें = (6,7), (14,3), (2, 21), (1, 42)

विकल्पों के अनुसार ग्राह्य जोड़ा = (6, 7)

∴ संख्याओं का योग = $2x + 2y = 2 \times 6 + 2 \times 7 = 12 + 14 = 26$

91. दो संख्याओं का म.स. 12 है। अतः माना दोनों संख्याएँ क्रमशः 12x तथा 12y हैं।

∴ $12x \cdot 12y = 2160 \Rightarrow x \cdot y = 15$

∴ x, y के सम्भव मान = (1, 15), (3, 5) जो परस्पर अभाज्य भी हैं। अतः संख्याओं के कुल 2 जोड़े सम्भव हैं।

92. माना बड़ी संख्या x तथा छोटी संख्या y है। अतः ल.स. = 2x और म.स. = y – 4

∴ संख्याओं का गुणनफल = म.स. × ल.स.

∴ $x \cdot y = 2x(y - 4) \Rightarrow y = 2y - 8 \Rightarrow y = 8 \Rightarrow$ छोटी संख्या = 8

93. माना दोनों संख्याएँ क्रमशः 12x तथा 12y है। सूत्र संख्याओं का गुणनफल = म.स. × ल.स.

∴ $12x \cdot 12y = 12 \times 924 \Rightarrow xy = 77$

∴ x, y के सम्भव मान = (1, 77), (7, 11) जो परस्पर अभाज्य भी हैं। अतः संख्याओं के जोड़े = 2

94. माना दोनों संख्याएँ क्रमशः 13x तथा 13y हैं। अतः $13x \,.\, 13y = 2028 \Rightarrow xy = 12$

∴ x. y के सम्भव मान = (1,12), (2, 6), (3, 4), अतः परस्पर अभाज्य जोड़े = (1, 12), (3, 4)

∴ संख्याओं के जोड़े = 2

95. चूंकि दो प्राकृतिक संख्याओं का म.स. 4 है, अतः माना बड़ी संख्या 4x तथा छोटी संख्या 4y है

∴ $\dfrac{\text{संख्याओं का योग}}{\text{उनका ल.स.}} = \dfrac{7}{12} \Rightarrow \dfrac{4x + 4y}{4xy} = \dfrac{7}{12} \Rightarrow \dfrac{x + y}{xy} = \dfrac{7}{12} \Rightarrow x = 4$ और $y = 3$

अतः छोटी संख्या = $4y = 4 \times 3 = 12$

96. दो संख्याओं का अनुपात = 7 : 11 और उनका म.स. = 13 ⇒ पहली संख्या = 7 × 13 और दूसरी संख्या = 11 × 13

∵ दो संख्याओं का ल.स. × म.स. = दोनों संख्याओं का गुणनफल

∴ दोनों संख्याओं का ल.स. × 13 = 7 × 13 × 11 × 13, अतः दोनों संख्याओं का ल.स. = 7 × 11 × 13 = 1001

97. चूंकि p : q = 4 : 3, अतः माना p और q का म.स. x है। अतः पहली संख्या $p = 4x$ तथा दूसरी संख्या $q = 3x$

∵ दोनों संख्याओं का गुणनफल = दोनों संख्याओं का म.स. × ल.स.

∴ $4x \times 3x = x \times 36 \Rightarrow x = 3 \Rightarrow p + q = 4x + 3x = 7x = 7 \times 3 = 21$

98. दो संख्याओं का अनुपात = 8 : 9 और म.स. = 14, अतः पहली संख्या = 8 × 14 और दूसरी संख्या = 9 × 14

∵ दोनों संख्याओं का म.स. × ल.स. = दोनों संख्याओं का गुणनफल

∴ 14 × दोनों संख्याओं का ल.स. = 8 × 14 × 9 × 14, अतः दोनों संख्याओं का ल.स. = 8 × 9 × 14 = 1008

99. दो संख्याओं का अनुपात 2 : 3 है। अतः माना दोनों संख्याओं का म.स. x है।

∴ पहली संख्या = $2x$ और दूसरी संख्या = $3x$ ⇒ दोनों संख्याओं का गुणनफल = दोनों संख्याओं का म.स. × ल.स.

∴ $2x \times 3x = x \times 66 \Rightarrow x = 11 \Rightarrow$ दोनों संख्याओं का योग = $2x + 3x = 5x = 5 \times 11 = 55$

100. तीन संख्याओं में अनुपात = 2 : 3 : 5 और तीनों संख्याओं का म.स. = 35

∴ तीनों संख्याएँ = 2 × 35, 3 × 35, 5 × 35 = 70, 105, 175

∴ तीनों संख्याओं का ल.स. = 2.3.5.5.7 = 1050

2	70,	105,	175
3	35,	105,	175
5	35,	35,	175
5	7,	7,	35
7	7,	7,	7
	1,	1,	1

101. तीन संख्याओं का अनुपात = 2 : 3 : 6 और उनका म.स. = 45

∴ तीनों संख्याएँ = 2 × 45, 3 × 45, 6 × 45 = 90, 135, 270

∴ तीनों संख्याओं का योगफल = 90 + 135 + 270 = 495

102. दोनों संख्याओं में अनुपात = $1 : \frac{2}{3} = 3 : 2$

माना दोनों संख्याओं का म.स. x है। अतः दोनों संख्याएँ = $3x, 2x$

∴ दोनों संख्याओं का गुणनफल = दोनों संख्याओं का म.स. × ल.स.

∴ $3x \,.\, 2x = x \,.\, 48 \Rightarrow x = \frac{48}{6} = 8$

∴ दोनों संख्याओं का योग = $3x + 2x = 5x = 5 \times 8 = 40$

103. दो संख्याओं में अनुपात = 3 : 4 और उनका म.स. = 4

∴ पहली संख्या = 4 × 3 = 12 और दूसरी संख्या = 4 × 4 = 16

∴ 12 और 16 का ल.स. = 48

104. दो संख्याओं में अनुपात = 3 : 4 और उनका म.स. = 5

∴ पहली संख्या = 5 × 3 = 15 और दूसरी संख्या = 5 × 4 = 20

∴ 15 और 20 का ल.स. = 60

105. दो संख्याओं में अनुपात = 3 : 5

माना दोनों संख्याओं का म.स. = x है।

अतः माना दोनों संख्याएँ = 3x तथा 5x

∴ संख्याओं का गुणनफल = म.स. × ल.स.

∴ $3x \cdot 5x = x \cdot 75 \Rightarrow x = 5$, अतः दोनों संख्याओं का म.स. = x = 5

106. पहली संख्या = 2 × 44 = 88

∴ 88 × दूसरी संख्या = म.स. × ल.स. = 44 × 264

∴ दूसरी संख्या = $\frac{44 \times 264}{88} = 132$

107. दो संख्याओं का अनुपात 3 : 4 है।

माना दोनों संख्याओं का म.स. x है।

∴ दोनों संख्याएँ = 3x तथा 4x

∴ दोनों संख्याओं का गुणनफल = म.स. × ल.स.

∴ $3x \cdot 4x = x \cdot 180 \Rightarrow x = 15$

∴ दूसरी संख्या = 4x = 4 × 15 = 60

108. दो पूर्ण संख्याओं का अनुपात = x : y और उनका म.स. = z

∴ दोनों संख्याएँ = xz, yz

∴ दोनों संख्याओं का गुणनफल = म.स. × ल.स.

∴ xz ·yz = z . ल.स. ⇒ ल.स. = xyz

109. दो संख्याओं a, b का ल.स. = 72 और 72 > a > b

∴ a तथा b के सबसे बड़े सम्भावित मान = 36, 24

7 अनुपात - समानुपात (Ratio and Proportion)

सजातीय राशियों के सम्बन्ध को उनका अनुपात कहते हैं। अनुपात से यह बात तय होती है कि एक राशि के इतना होने पर दूसरी राशि कितनी होगी या पहली और दूसरी राशि के इतना होने पर तीसरी राशि कितनी होगी। जैसे किसी कमरे की लम्बाई, चौड़ाई, ऊंचाई क्रमशः 12 मी., 10 मी., 8 मी. हो तो इनमें अनुपात 12 : 10 : 8 = 6 : 5 : 4 से यह निर्धारित होता है कि यदि लम्बाई 6 मीटर तथा चौड़ाई 5 मीटर है तो ऊंचाई 4 मीटर होगी। अनुपात की निम्नलिखित बातें स्मरणीय हैं।

(A) सजातीय राशियों में सम्बन्ध होने के कारण अनुपात का कोई मात्रक नहीं होता।

(B) सजातीय राशियों के म०स० से भाग देकर अनुपात को लघुतम रूप में लिखा जाता है जैसे किसी प्लाट की लम्बाई तथा चौड़ाई क्रमशः 60 मी. तथा 40 मी. के अनुपात 60 : 40 को 20 से भाग देकर 3 : 2 के रूप में लिखा जायेगा।

(C) यदि अनुपात के प्रत्येक संख्या में किसी एक ही संख्या से गुणा किया जाए तो उसके मान में कोई अन्तर नहीं पड़ता है। जैसे – 2 : 3 : 5 के प्रत्येक पद में यदि 7 से गुणा किया जाए तो 2 : 3 : 5 = 14 : 21 : 35

(D) भिन्नात्मक अनुपात को सरल अनुपात में बदलने के लिए हरों के ल०स० से प्रत्येक में गुणा कर देते हैं जैसे $\frac{1}{2}:\frac{1}{3}:\frac{1}{4}$ को सरल अनुपात में बदलने के लिए 2, 3, 4 के ल०स० 12 से गुणा किया जायेगा। अर्थात् $\frac{1}{2}:\frac{1}{3}:\frac{1}{4}=\frac{1}{2}\times 12:\frac{1}{3}\times 12:\frac{1}{4}\times 12=6:4:3$

अनुपात के विभिन्न प्रकार

अनुलोम अनुपात – दो राशियां इस प्रकार एक-दूसरे से सम्बन्धित हों कि एक के बढ़ने पर दूसरी भी बढ़े और एक के घटने पर दूसरी भी घटे तो दोनों राशियों के बीच अनुलोम अनुपात होता है। जैसे दूरी = चाल × समय में चाल को बढ़ाने पर दूरी भी बढ़ेगी और चाल को घटाने पर दूरी भी घटेगी। अतः दूरी और चाल में अनुलोम अनुपात होगा। इसी प्रकार दूरी और समय में भी अनुलोम अनुपात होता है।

प्रतिलोम अनुपात – दो राशियाँ एक-दूसरे से इस प्रकार सम्बन्धित हों कि एक को बढ़ाने पर दूसरी घटे अथवा एक को घटाने पर दूसरी बढ़े। तो दोनों में प्रतिलोम अनुपात होगा। जैसे, चाल = दूरी/समय में यदि समय को घटाया जाय तो चाल बढ़ जायेगी और यदि समय को बढ़ाया जाए तो चाल कम होगी। इसी प्रकार समय = दूरी/चाल में चाल अधिक रहने पर समय कम लगेगा और चाल कम होने पर समय अधिक लगेगा। इस प्रकार चाल और समय में प्रतिलोम अनुपात होगा।

मिश्रित अनुपात – दो या दो से अधिक अनुपातों के प्रथम पदों का गुणनफल और द्वितीय पदों के गुणनफल में जो अनुपात होगा, उसे मिश्रित अनुपात कहा जाता है जैसे, 3 : 1, 1 : 2, 4 : 3 का मिश्रित अनुपात = (3 × 1 × 4) : (1 × 2 × 3) = 12 : 6 = 2 : 1

वर्गानुपात – किसी अनुपात के प्रत्येक पदों के वर्गों से बना अनुपात वर्गानुपात होता है जैसे 4 : 5 का वर्गानुपात 16 : 25 है।

आधानुपात (Subduplicate Ratio) – किसी अनुपात के प्रत्येक पद के वर्गमूलों में जो अनुपात होता है उसे आधानुपात कहते हैं जैसे, 9 : 16 का आधानुपात 3 : 4 है।

तिहरानुपात (Tripplicate Ratio) – किसी अनुपात के प्रत्येक पद के घनों से बना अनुपात तिहरानुपात कहलाता है। जैसे, 3 : 4 का तिहरानुपात 27 : 64 है।

तिहाई अनुपात (Subtriplicate Ratio) – किसी अनुपात के प्रत्येक पद के घनमूलों से बना अनुपात तिहाई अनुपात कहलाता है। जैसे, 64 : 125 का तिहाई अनुपात 4 : 5 है।

समानुपात (Proportion)

यदि दो अनुपात परस्पर समान हों तो उनके चारों पद समानुपाती कहलाते हैं। जैसे यदि a : b = c : d तो a, b, c, d परस्पर समानुपाती कहे जायेंगे। इनको इस प्रकार लिखा जाता है, a : b : : c : d यहां b और c को मध्य पद तथा a और d को बाह्य पद कहते हैं। d को चतुर्थानुपाती कहा जाता है। समानुपात की अनिवार्य शर्त होती है –

मध्य पदों का गुणनफल = बाह्य पदों का गुणनफल। इससे bc = ad

वितानुपात (Continue Proportion)

यदि तीन राशियां इस प्रकार हों कि पहली राशि : दूसरी राशि = दूसरी राशि : तीसरी राशि तो तीनों में वितानुपात होता है। जैसे 2 : 4 = 4 : 8 इसको सांकेतिक भाषा में a : b = b : c के रूप में लिख सकते हैं जहाँ $b^2 = ac$ यहां b को मध्यानुपाती कहते हैं जैसे a, b, c से मध्यानुपाती $b = \sqrt{a.c}$

अध्याय पर आधारित प्रश्नों के प्रकार

'अनुपात-समानुपात' अध्याय से विभिन्न प्रतियोगी परीक्षाओं में पूछे गये और पूछे जा सकने वाले प्रश्नों को कुल 9 प्रकारों में बांट सकते हैं।

1. समानुपात पर आधारित प्रश्न
2. अनुपाती संख्याएं ज्ञात करना
3. अनुपातों का मान ज्ञात करना
4. जोड़-घटाव पर आधारित प्रश्न
5. संख्याओं पर आधारित प्रश्न
6. सम्मिलित अनुपात या खण्डित अनुपात ज्ञात करना
7. अनुपाती विभाजन पर आधारित प्रश्न
8. सिक्कों पर आधारित प्रश्न
9. आय-व्यय पर आधारित प्रश्न

उदाहरणार्थ हल प्रश्न

1 समानुपात पर आधारित प्रश्न

निम्नलिखित में प्रश्नवाचक चिह्न के जगह कौन सी संख्या होगी?

1. 3 : 5 : : 21 : ?
2. 1.2 : 3.5 : : ? : 14
3. 4.5 : ? : : 9 : 2.6
4. ? : 9 : : 1 : 4.5
5. 1.5 : 2.3 : : ? : 4.6
6. 7.1 : ? : : 14.2 : 2.8

यदि a : b : : c : d तो a और d वाह्य पद तथा b और c मध्य पद कहलाते हैं।
तब वाह्य पदों का गुणनफल = मध्य पदों का गुणनफल अर्थात् a. d = b. c

हल

1. चूंकि 3 : 5 : : 21 : ?, अतः वाह्य पदों का गुणनफल = मध्य पदों का गुणनफल $\Rightarrow 3 \times ? = 5 \times 21$ या $? = \frac{5\times21}{3} = 35$
2. $\because$ 1.2 : 3.5 : : ? : 14, अतः $3.5 \times ? = 1.2 \times 14$, अतः $? = \frac{1.2\times14}{3.5} = \frac{12\times14}{35} = 4.8$
3. $\because$ 4.5 : ? : : 9 : 2.6, अतः $? \times 9 = 4.5 \times 2.6$, अतः $? = \frac{4.5\times2.6}{9} = 1.30$
4. ? : 9 : : 1 : 4. 5, अतः $? \times 4.5 = 9 \times 1$, अतः $? = \frac{9\times1}{4.5} = \frac{90\times1}{45} = 2$
5. $\because$ 1.5 : 2.3 : : ? : 4.6, अतः $2.3 \times ? = 1.5 \times 4.6$, अतः $? = \frac{1.5\times4.6}{2.3} = \frac{1.5\times46}{23} = 3.0$
6. $\because$ 7.1 : ? : : 14.2 : 2.8, अतः $? \times 14.2 = 7.1 \times 2.8$, अतः $? = \frac{7.1\times2.8}{14.2} = \frac{71\times2.8}{142} = 1.4$

2 अनुपाती संख्याएं ज्ञात करना

1. 9 और 25 का मध्यानुपाती ज्ञात कीजिए।
2. 12 और 30 का तृतीयानुपाती ज्ञात कीजिए।
3. 6, 5, 21 का चतुर्थानुपाती ज्ञात कीजिए।
4. 8, 5, 2.5 का प्रथमानुपाती ज्ञात कीजिए।

(1) यदि तीन संख्याएं x, y, z इस प्रकार हों कि x : y = y : z तो y को मध्यानुपाती कहते हैं जबकि x को प्रथमानुपाती और z को तृतीयानुपाती कहते हैं। दो संख्याओं का मध्यानुपाती = $\sqrt{\text{दोनों संख्याओं का गुणनफल}}$

2. यदि चार संख्याएं a, b, c, d इस प्रकार हों कि a : b = c : d तो इसे इस प्रकार लिखते हैं a : b : : c : d यहां a को प्रथमानुपाती, b को द्वितीयानुपाती और c को तृतीयानुपाती तथा d को चतुर्थानुपाती कहते हैं। यहां मध्य पदों का गुणनफल = वाह्य पदों का गुणनफल

हल

1. 9 और 25 का मध्यानुपाती = $\sqrt{9\times25} = 3\times5 = 15$
2. माना 12 और 30 का तृतीयानुपाती x है। अतः 12 : 30 : : 30 : x
   $\therefore$ वाह्य पदों का गुणनफल = मध्य पदों का गुणनफल $\Rightarrow 12 \times x = 30 \times 30$ या $x = \frac{30\times30}{12} = 75$

3. माना 6, 5, 21 का चतुर्थानुपाती x है। अतः $6:5::21:x \Rightarrow 6\times x = 5\times 21$, अतः $x = \frac{5\times 21}{6} = 17.5$

4. माना 8, 5, 2.5 का प्रथमानुपाती x है। अतः $x:8::5:2.5 \Rightarrow x\times 2.5 = 8\times 5$, अतः $x = \frac{8\times 5}{2.5} = \frac{8\times 50}{25} = 16$

3 अनुपातों का मान ज्ञात करना

1. यदि $x:y = 4:5$ तो $(5x-3y):(6x+3y)$ का मान ज्ञात कीजिए।
2. यदि $a:b = 6:5$ तो $(5a+3b):(5a-3b)$ का मान ज्ञात कीजिए।
3. यदि $\frac{p}{q} = \frac{2}{3}$ तो $\frac{4p-2q}{3p+2q}$ का मान ज्ञात कीजिए।
4. यदि $\frac{x}{3} = \frac{y}{4}$ तो $(2x+y):(3x-2y)$ का मान ज्ञात कीजिए।

> *यदि $x:y = 5:6$ हो तो $x = 5$ या 10 या 15 या 20 या 5a कुछ भी माना जा सकता है। इसी प्रकार $y = 6$ या 12 या 18 या 24 या 6a कुछ भी माना जा सकता है। इसके बाद ये मान पूछे गये अनुपात में रखकर उसका सरल मान ज्ञात कर सकते हैं।*

हल

1. चूंकि $x:y = 4:5$, अतः माना $x = 4$ और $y = 5$
   $\therefore (5x-3y):(6x+3y) = (5\times 4 - 3\times 5):(6\times 4 + 3\times 5) = (20-15):(24+15) = 5:39$
2. चूंकि $a:b = 6:5$, अतः माना $a = 6$ तथा $b = 5$
   $\therefore (5a+3b):(5a-3b) = (5\times 6 + 3\times 5):(5\times 6 - 3\times 5) = (30+15):(30-15) = 45:15 = 3:1$
3. चूंकि $\frac{p}{q} = \frac{2}{3}$, अतः $p:q = 2:3$, अतः माना $p = 2$ और $q = 3$
   $\therefore \frac{4p-2q}{3p+2q} = \frac{4\times 2 - 2\times 3}{3\times 2 + 2\times 3} = \frac{8-6}{6+6} = \frac{2}{12} = \frac{1}{6}$
4. चूंकि $\frac{x}{3} = \frac{y}{4}$, अतः $\frac{x}{y} = \frac{3}{4}$, अतः माना $x = 3$ और $y = 4$
   $\therefore (2x+y):(3x-2y) = (2\times 3 + 4):(3\times 3 - 2\times 4) = (6+4):(9-8) = 10:1$

4 जोड़-घटाव पर आधारित प्रश्न

1. 17 : 19 के प्रत्येक पद में से क्या घटाया जाय कि अनुपात 5 : 7 हो जाए?
2. 3 : 5 के प्रत्येक पद में क्या जोड़ दें कि अनुपात 2 : 3 हो जाए?
3. दो संख्याओं में 7 : 9 का अनुपात है। प्रत्येक संख्या में 5 जोड़ दें तो उनमें 4 : 5 का अनुपात हो जाता है। बड़ी संख्या ज्ञात कीजिए।
4. दो राशियों में 2 : 3 का अनुपात है। प्रत्येक राशि में से 5 घटाया जाय तो उनमें 3 : 5 का अनुपात हो जायेगा। छोटी राशि ज्ञात कीजिए।

हल

1. माना 17 : 19 के प्रत्येक पद में से x घटाने पर अनुपात 5 : 7 होता है। अतः $(17-x):(19-x) = 5:7$
   $\therefore$ मध्य पदों का गुणनफल = वाह्य पदों का गुणनफल $\Rightarrow (19-x)\times 5 = (17-x)\times 7$, अतः $95 - 5x = 119 - 7x$
   $\therefore 7x - 5x = 119 - 95$, अतः $2x = 24$ या $x = 12$
2. माना 3 : 5 के प्रत्येक पद में x जोड़ने पर अनुपात 2 : 3 होता है।
   $\therefore (3+x):(5+x) = 2:3$, अतः $(5+x)\times 2 = (3+x)\times 3 \Rightarrow 10 + 2x = 9 + 3x$, अतः $3x - 2x = 10 - 9$, अतः $x = 1$
3. चूंकि दोनों संख्याओं में 7 : 9 का अनुपात है। अतः माना दोनों संख्याएं क्रमशः 7x तथा 9x हैं।
   $\therefore (7x+5):(9x+5) = 4:5$, अतः $(9x+5)\times 4 = (7x+5)\times 5$
   $\therefore 36x + 20 = 35x + 25$, अतः $36x - 35x = 25 - 20$, अतः $x = 5$, अतः बड़ी संख्या $= 9x = 45$
4. चूंकि दोनों राशियों में 2 : 3 का अनुपात है। चूंकि माना पहली राशि 2x तथा दूसरी राशि 3x है।
   $\therefore (2x-5):(3x-5) = 3:5$, अतः $(2x-5)\times 5 = (3x-5)\times 3$
   $\therefore 10x - 25 = 9x - 15$, अतः $10x - 9x = 25 - 15 \Rightarrow x = 10$, अतः छोटी राशि $= 2x = 20$

5 संख्याओं पर आधारित प्रश्न

1. तीन संख्याओं में 10 : 15 : 24 का अनुपात है। यदि तीनों संख्याओं का योग 98 हो तो बड़ी संख्या ज्ञात कीजिए।
2. एक विद्यालय में 400 विद्यार्थी थे जिनमें लड़के तथा लड़कियां 5 : 3 के अनुपात में थे। 50 लड़कियां और बढ़ गयीं। अब लड़के तथा लड़कियों का अनुपात क्या हो जायेगा?
3. दो संख्याओं में 3 : 2 का अनुपात है जबकि उनका योग 150 है। छोटी संख्या ज्ञात कीजिए।
4. तीन कक्षाओं में 4 : 5 : 3 के अनुपात में छात्र थे। प्रत्येक कक्षा में 15 छात्र और बढ़ गये जिससे उनका अनुपात 5 : 6 : 4 हो गया। प्रारम्भ में तीसरी कक्षा में कितने छात्र थे?
5. एक संख्या का 25% दूसरी संख्या के 20% के बराबर है। दोनों संख्याओं में अनुपात ज्ञात कीजिए।

हल

1. तीनों संख्याओं में अनुपात $= 10:15:24 \Rightarrow$ अनुपाती योग $= 10+15+24=49$

   $\therefore$ तीनों संख्याओं का योग $= 98 \Rightarrow$ सबसे बड़ी संख्या $= 98\times\frac{24}{49}=48$
2. लड़के : लड़कियां $= 5:3$, अतः अनुपाती योग $= 5+3=8$

   $\therefore$ 400 विद्यार्थियों में लड़के $= 400\times\frac{5}{8}=250$, अतः लड़कियां $= 400-250=150$

   50 लड़कियां बढ़ने पर लड़कियों की नई संख्या $= 150+50=200$, अतः लड़के : लड़कियां $= 250:200=5:4$
3. दो संख्याओं में अनुपात $= 3:2$, अतः अनुपाती योग $= 3+2=5$, अतः छोटी संख्या $= 150\times\frac{2}{5}=60$
4. माना प्रारम्भ में तीनों कक्षाओं में छात्रों की संख्या क्रमशः 4x, 5x, 3x थी।

   $\therefore$ प्रत्येक कक्षा में 15 छात्र बढ़ने पर अनुपात $= 5:6:4 \Rightarrow (4x+15):(5x+15):(3x+15)=5:6:4$

   $\therefore (4x+15):(5x+15)=5:6$, अतः $(4x+15)\times 6=(5x+15)\times 5$

   $\therefore 24x+90=25x+75$, अतः $x=90-75=15$, अतः प्रारम्भ में तीसरी कक्षा के छात्र $= 3x = 3\times 15 = 45$
5. $\because$ पहली संख्या का 25% = दूसरी संख्या का 20% $\Rightarrow$ पहली संख्या $\times\frac{25}{100}=$ दूसरी संख्या $\times\frac{20}{100}$

   $\therefore$ पहली संख्या $\times 5 =$ दूसरी संख्या $\times 4 \Rightarrow \frac{\text{पहली संख्या}}{\text{दूसरी संख्या}}=\frac{4}{5}$, अतः पहली संख्या : दूसरी संख्या $= 4:5$

6 सम्मिलित अनुपात या खण्डित अनुपात ज्ञात करना

1. यदि $x:y=2:3$ और $y:z=2:1$ तो $x:y:z$ ज्ञात कीजिए।
2. यदि $a:b=1:4, b:c=2:1$ और $c:d=1:2$ तो $a:b:c:d$ का मान ज्ञात कीजिए।
3. यदि $p:q=2:5, q:r=1:3, r:s=2:3$ तो $p:s$ का मान ज्ञात कीजिए।
4. यदि $x=\frac{1}{3}y$ और $y=\frac{1}{2}z$ तो $x:y:z$ ज्ञात कीजिए।

(A) यदि $x:y=a:b$ और $y:z=m:n$ तो $x:y:z=ma:mb:nb$	*(B)* यदि $p:q:r=a:b:c$ और $r:s=m:n$ तो $p:q:r:s=ma:mb:mc:nc$

हल

1. $\because x:y=2:3$ और $y:z=2:1$, अतः $x:y:z=2\times2:2\times3:1\times3=4:6:3$
2. $\because a:b=1:4$ और $b:c=2:1$

   $\therefore a:b:c=2\times1:2\times4:1\times4=1:4:2$ परन्तु $c:d=1:2$

   $\therefore a:b:c:d=1\times1:1\times4:1\times2:2\times2=1:4:2:4$
3. $p:q=2:5$ तथा $q:r=1:3$

   $\therefore p:q:r=1\times2:1\times5:3\times5=2:5:15$ परन्तु $r:s=2:3$

   $\therefore p:q:r:s=2\times2:2\times5:2\times15:3\times15=4:10:30:45$, अतः $p:s=4:45$
4. चूंकि $x=\frac{1}{3}y$, अतः $\frac{x}{y}=\frac{1}{3} \Rightarrow x:y=1:3$, पुनः $y=\frac{1}{2}z$ से $\frac{y}{z}=\frac{1}{2}\Rightarrow y:z=1:2$

   $\therefore x:y:z=1\times1:1\times3:2\times3=1:3:6$

7 अनुपाती विभाजन पर आधारित प्रश्न

1. सोनी, मोनी और टोनी को ₹2400, 2 : 3 : 5 के अनुपात में बांटे गये। सबसे अधिक धन किसको और कितना मिला?
2. A, B, C में ₹3500 इस प्रकार वितरित किये गये कि A : B = 5 : 4 तथा B : C = 3 : 2 तो B को कितने ₹ प्राप्त हुए?
3. ₹2000 P, Q, R को इस प्रकार बांटिये कि P को Q का दूना और Q को R का आधा मिले।
4. कोई धनराशि P, Q, R में 3 : 5 : 7 के अनुपात में बांटी गयी। यदि Q का भाग ₹1500 हो तो P और R के भागों में अन्तर ज्ञात कीजिए।
5. ₹2030 A, B, C में इस प्रकार बांटिये कि उनके भागों में से क्रमशः ₹15, ₹10, ₹5 घटा देने पर उनमें 8 : 7 : 5 का अनुपात हो जाए।
6. राम, श्याम और मोहन के बीच ₹1228 बांटे गये। उनके भागों में से क्रमशः ₹4, ₹8, ₹16 घटा देने पर उनमें 1 : 2 : 3 का अनुपात हो जाता है। मोहन को कितने रुपये मिलेंगे?

हल

1. सोनी, मोनी, टोनी के भागों में अनुपात = 2 : 3 : 5 ⇒ अनुपाती योग = 2 + 3 + 5 = 10

   अनुपात से स्पष्ट है कि टोनी को सबसे अधिक धन मिलेगा। अतः टोनी का भाग = 2400 का $\frac{5}{10} = 2400 \times \frac{5}{10} =$ ₹1200
2. A : B = 5 : 4 तथा B : C = 3 : 2

   ∴ A : B : C $= 3\times 5 : 3\times 4 : 2\times 4 = 15 : 12 : 8$ ⇒ अनुपाती योग = 15 + 12 + 8 = 35

   ∴ ₹3500 में B का भाग = $3500 \times \frac{12}{35} =$ ₹1200
3. चूंकि $P = Q \times 2$ या $\frac{P}{Q} = \frac{2}{1}$, अतः P : Q = 2 : 1 इसी प्रकार $Q = \frac{R}{2}$ या $\frac{Q}{R} = \frac{1}{2}$, अतः Q : R = 1 : 2

   ∴ P : Q : R = 2 : 1 : 2, अतः अनुपाती योग = 2 + 1 + 2 = 5

   P का भाग = ₹ $2000 \times \frac{2}{5} =$ ₹800 Q का भाग = $2000 \times \frac{1}{5} =$ ₹400, R का भाग = $2000 \times \frac{2}{5} =$ ₹800
4. P : Q : R = 3 : 5 : 7, अतः अनुपात के अनुसार P और R में अन्तर = 7 − 3 = 4

   ∴ Q के ₹5 पर P और R में अन्तर = ₹4

   ∴ Q के ₹1 पर P और R में अन्तर = ₹ $\frac{4}{5}$

   ∴ Q के ₹1500 पर P और R में अन्तर = $\frac{4}{5} \times 1500 =$ ₹1200
5. ∵ A, B, C के भागों में से क्रमशः ₹15, ₹10, ₹5 घटाने पर शेष भागों में अनुपात 8 : 7 : 5 होता है।

   ∴ माना A, B, C के भाग क्रमशः ₹(8x + 15), ₹(7x + 10), ₹(5x + 5) है।

   ∴ $8x + 15 + 7x + 10 + 5x + 5 = 2030$, अतः $20x + 30 = 2030$, अतः $20x = 2000$ या $x = 100$

   ∴ A का भाग = 8x + 15 = 800 + 15 = ₹815

   B का भाग = 7x + 10 = 700 + 10 = ₹710

   C का भाग = 5x + 5 = 500 + 5 = ₹505
6. ∵ राम, श्याम और मोहन के भागों में से क्रमशः ₹4, ₹8, ₹16 घटाने पर शेष भागों में अनुपात 1 : 2 : 3 होता है।

   ∴ माना राम, श्याम, मोहन के भाग क्रमशः ₹(x + 4), ₹(2x + 8), ₹(3x + 16) हैं।

   ∴ x + 4 + 2x + 8 + 3x + 16 = ₹1228 ⇒ 6x + 28 = 1228, अतः 6x = 1200 या x = 200

   ∴ मोहन का भाग = 3x + 16 = 3 × 200 + ₹16 = 600 + 16 = ₹616

8 सिक्कों पर आधारित प्रश्न

1. एक थैली में 1 रुपये, 50 पैसे, 25 पैसे के सिक्कों की संख्या 1 : 4 : 4 की अनुपात में हैं। यदि उनका कुल मूल्य ₹200 है तो 25 पैसे के सिक्कों की संख्या ज्ञात कीजिए।
2. एक बक्से में 1 रुपये, 50 पैसे, 25 पैसे के सिक्के 4 : 3 : 8 के अनुपात में हैं। यदि बक्से की कीमत ₹150 हो तो रुपये के कितने सिक्के हैं?
3. एक सन्दूक में 1 रुपये, 50 पैसे, 25 पैसे के सिक्के 2 : 3 : 4 के अनुपात में हैं। यदि कुल सिक्कों का मूल्य ₹180 है तो किस प्रकार के सिक्कों की संख्या सबसे अधिक है और कितनी?
4. एक थैली में 25 पैसे के 50 सिक्के, 20 पैसे के 150 सिक्के तथा 10 पैसे के 200 सिक्के रखे हैं। (a) सिक्कों की संख्या में अनुपात तथा (b) सिक्कों की कीमतों में अनुपात ज्ञात कीजिए।

> *रुपये के एक सिक्के की कीमत = ₹ 1*
> *50 पैसे के एक सिक्के की कीमत = ₹ $\frac{1}{2}$, 20 पैसे के एक सिक्के की कीमत = ₹ $\frac{1}{5}$*
> *25 पैसे के एक सिक्के की कीमत = ₹ $\frac{1}{4}$, 10 पैसे के एक सिक्के की कीमत = ₹ $\frac{1}{10}$*

हल

1. माना 1 रुपये, 50 पैसे, 25 पैसे के सिक्कों की संख्या क्रमशः x, 4x, 4x है।
   थैली की कुल कीमत = $x+\frac{4x}{2}+\frac{4x}{4}$ ₹ = x + 2x + x = ₹4x ⇒ 4x = 200 या x = 50
   ∴ 25 पैसे के सिक्कों की संख्या = 4x = 4 × 50 = 200
2. माना 1 रुपये, 50 पैसे, 25 पैसे के सिक्कों की संख्या क्रमशः 4x, 3x, 8x है।
   $\therefore\ 4x+\frac{3x}{2}+\frac{8x}{4}=150 \Rightarrow \frac{16x+6x+8x}{4}=150$
   $\therefore\ \frac{30x}{4}=150$ या $x=\frac{150\times 4}{30}=20$, अतः रुपये के सिक्कों की संख्या = 4x = 4 × 20 = 80
3. माना सिक्कों की संख्या क्रमश : 2x, 3x, 4x है।
   $\therefore\ 2x+\frac{3x}{2}+\frac{4x}{4}=180 \Rightarrow \frac{8x+6x+4x}{4}=180 \Rightarrow \frac{18x}{4}=180$ या x = 40
   अनुपात से स्पष्ट है कि सबसे अधिक संख्या 25 पैसे के सिक्कों की है।
   ∴ 25 पैसे के सिक्कों की संख्या = 4x = 4 × 40 = 160
4. (a) सिक्कों की संख्या में अनुपात = 50 : 150 : 200 = 1 : 3 : 4
   (b) सिक्कों की कीमतों में अनुपात = 25 × 50 पैसे : 20 × 150 पैसे : 10 × 200 पैसे = 5 × 1 : 4 × 3 : 2 : 4 = 5 : 12 : 8

9 आय-व्यय पर आधारित प्रश्न

1. दो व्यक्तियों की आय का अनुपात 5 : 3 है जबकि उनके व्यय का अनुपात 9 : 5 है। यदि वे क्रमशः ₹1300 और ₹900 बचाते हैं तो प्रत्येक की आय ज्ञात कीजिए।
2. राम और श्याम की आय में 3 : 2 का अनुपात है तथा उनके व्यय में 2 : 1 का अनुपात है। यदि प्रत्येक ₹4000 की बचत करते हैं तो राम की आय कितनी है?
3. A और B की आय का योग ₹33000 है। A अपनी आय का 60% और B अपनी आय का 75% खर्च करता है। यदि उनकी बचतों में 4 : 3 का अनुपात हो तो B की आय बताइये।
4. रीता और गीता प्रतिमाह क्रमशः ₹6000 और ₹8000 पाती हैं। दोनों क्रमशः 70% और 80% प्रतिशत खर्च करती हैं। दोनों की बचतों में अनुपात ज्ञात कीजिए।

हल

1. ∵ दोनों व्यक्तियों की आय में अनुपात = 5 : 3, अतः माना पहले व्यक्ति की आय ₹5x तथा दूसरे व्यक्ति की आय ₹3x है।
   पुनः माना दोनों के व्यय क्रमश; ₹9y तथा ₹5y है।
   ∴ पहले व्यक्ति की बचत ⇒ 5x – 9y = 1300............(1) दूसरे व्यक्ति की बचत ⇒ 3x – 5y = 900..............(2)
   दोनों समीकरणों को हल करने पर, x = 800 तथा y = 300
   ∴ पहले व्यक्ति की आय = 5x = 5 × 800 = ₹ 4000 और दूसरे व्यक्ति की आय = 3x = 3 × 800 = ₹ 2400
2. माना राम की आय ₹ 3x और श्याम की आय ₹ 2x है।
   पुनः माना राम का व्यय ₹ 2y और श्याम का व्यय ₹ y है।
   ∴ राम की बचत ⇒ 3x – 2y = 4000 ....(1) श्याम की बचत ⇒ 2x – y = 4000 ....(2)
   दोनों समीकरणों को हल करने पर x = 4000 और y = 4000, अतः राम की आय = 3x = 3 × 4000 = ₹ 12000
3. माना A और B की आय क्रमशः ₹ x तथा ₹ y है। अतः x + y = 33000 ....(1)
   ∵ A अपनी आय का 60% और B अपनी आय का 75% खर्च करता है।
   ∴ A अपनी आय का 40% और B अपनी आय का 25% बचत करता है।

$\therefore$ x का 40% : y का 25% = 4 : 3 $\Rightarrow x \times \frac{40}{100} : y \times \frac{25}{100} = 4:3 \Rightarrow 8x : 5y = 4:3$

$\therefore \frac{8x}{5y} = \frac{4}{3}$ या $x = \frac{5y}{6}$, अतः समी (1) में x का मान रखने पर, $\frac{5y}{6} + y = 33000$

$\therefore \frac{11y}{6} = 33000$ या y = ₹ 18000, अतः B की आय = ₹ 18000

4. $\because$ रीता अपनी आय का 70% और गीता अपनी आय का 80% खर्च करती है।

$\therefore$ रीता अपनी आय का 30% और गीता अपनी आय का 20% बचत करती है।

$\therefore$ रीता की बचत = $6000 \times \frac{30}{100}$ = ₹ 1800 और गीता की बचत = $8000 \times \frac{20}{100}$ = ₹ 1600

$\therefore$ दोनों की बचतों में अनुपात = 1800 : 1600 = 9 : 8

अभ्यास प्रश्न

समानुपात पर आधारित प्रश्न

1. दो शहरों के बीच का बस का भाड़ा 11 : 18 के अनुपात में बढ़ाया गया है। यदि मूल भाड़ा ₹550 है, तो भाड़े में कितनी वृद्धि हुई?
(a) ₹350 (b) ₹900 (c) ₹180 (d) ₹360 ***SSC CHSL (Tier-1) 9.1.2017***

2. 7, 17, 22 तथा 47 प्रत्येक में कौन-सी संख्या जोड़ी जानी चाहिए ताकि परिणामी संख्याएँ एक समानुपात में हों?
(a) 1 (b) 3 (c) 2 (d) 4 ***SSC CHSL (Tier-1) 23.3.2018***

3. यदि 0.8 : X :: 5 : 8, तो X किसके बराबर?
(a) 1.28 (b) 1.16 (c) 1.32 (d) 1.24 ***SSC CHSL (Tier-1) 16.8.2019***

4. यदि ab, bc, x तथा c^2 एक जैसे अनुपात में हैं और उनमें कोई भी शून्य नहीं है, तो x का मान ज्ञात कीजिए।
(a) a c (b) $a^2 c^2$ (c) $a^2 c$ (d) $c^2 a$ ***(SSC, 10+2, 4.11.2012)***

5. यदि 1.2 : 3.9 : : 2 : ?, तो ? का मान क्या होगा?
(a) 5.6 (b) 6.5 (c) 1.8 (d) 4.5 ***R.R.B. चेन्नई (T.C. & C.C.) 2002***

6. यदि 5 : 8 = 150 : X, तो X का मान होगा –
(a) 180 (b) 190 (c) 200 (d) 240 ***R.R.B. बंग्लौर (डी.असि. ड्राइवर) परीक्षा, 2004***

7. 8 : 25 :: 56 : x, में x का मान ज्ञात करें –
(a) 220 (b) 175 (c) 102 (d) 112 ***रांची (A.S.M.) 2003***

8. अनुपस्थित संख्या ज्ञात कीजिए –
5 : 8 : : 15 : ? ***कोलकाता, भुवनेश्वर (ट्रैफिक अप्रेंटिस), 2002***
(a) 19 (c) 20 (c) 24 (d) 21 (e) 17

9. यदि $\sqrt{2} : (1+\sqrt{3}) :: \sqrt{6} : x$, तो x का मान होगा – ***रांची (ASM), 2002***
(a) $\sqrt{3}-3$ (b) $1+\sqrt{3}$ (c) $1-\sqrt{3}$ (d) $\sqrt{3}+3$

10. $a : b : c = 1 : \sqrt{3} : 2$, यदि c = 4 तो b होगा –
(a) $\frac{\sqrt{3}}{2}$ (b) $2\sqrt{3}$ (c) 3 (d) $\sqrt{3}+2$ ***कोलकाता (T.A. 2007), रांची (ASM) 2003***

अनुपाती संख्याएँ ज्ञात करना

11. दो संख्याओं 9 और 15 का तृतीय अनुपात क्या होगा?
(a) 21 (b) 30 (c) 25 (d) 45 ***SSC CHSL (Tier-1) 8.2.2017***

12. दो संख्याओं 4 और 28 का तृतीय अनुपात क्या होगा?
(a) 52 (b) 56 (c) 84 (d) 196 ***SSC CHSL (Tier-1) 29.1.2017***

13. दो संख्याओं 12 और 48 का तृतीय अनुपात क्या होगा?
(a) 84 (b) 96 (c) 192 (d) 144 ***SSC CHSL (Tier-1) 24.1.2017***

14. x और y ऐसी दो संख्याएँ हैं जिनका माध्य अनुपात 8 है और तृतीय अनुपात 512 है। x और y का मान क्या है?
(a) 2 और 16 (b) 2 और 32 (c) 4 और 32 (d) 4 और 16 ***SSC CHSL (Tier-1) 10.1.2017***

15. दो संख्याओं 24 और 36 का तृतीय अनुपात क्या होगा?
(a) 48 (b) 54 (c) 72 (d) 108 ***SSC CHSL (Tier-1) 22.1.2017***

16. x और y ऐसी दो संख्याएँ हैं जिनका माध्य अनुपात 6 है और तृतीय अनुपात 48 है। x और y का मान क्या है?
(a) 3 और 6 (b) 6 और 12 (c) 6 और 6 (d) 3 और 12 ***SSC CHSL (Tier-1) 3.1.2017***

17. यदि 21, 22, 60 और 64 में से, प्रत्येक से x घटाया जाता है तो इस क्रम में प्राप्त संख्याएँ समानुपात में हैं। (x + 1) और (7x + 8) के बीच मध्यानुपाती (mean proportional) क्या होगा?
(a) 24 (b) 21 (c) 18 (d) 27 ***SSC CGL (Tier-1) 6.6.2019***

18. किसी विद्यालय में 150 छात्र हैं। यदि लड़के और लड़कियों की संख्या का अनुपात 4 : 1 है, तो विद्यालय में लड़कों और लड़कियों की संख्या के बीच मध्यानुपात कितना है?
(a) 50 (b) 40 (c) 30 (d) 60 ***SSC MTS 5.8.2019***

19. मान लीजिए कि x, 25.6 और 32.4 का मध्यानुपाती है और y, 32 एवं 48 का तृतीयानुपाती है। तब 3x : 2y = ...
(a) 5 : 3 (b) 3 : 5 (c) 4 : 5 (d) 5 : 4 ***SSC CHSL (Tier-1) 19.8.2019***

20. a और b दो संख्याएँ हैं जिनका माध्य अनुपात 6 और तृतीय अनुपात 48 है। a और b का मान कितना है?
(a) 3, 12 (b) 3, 6 (c) 6, 6 (d) 6, 12 ***SSC MTS 9.8.2019***

21. किसी विद्यालय में 150 छात्र हैं। यदि लड़के और लड़कियों की संख्या का अनुपात 4 : 1 है, तो विद्यालय में लड़कों और लड़कियों की संख्या के बीच मध्यानुपात कितना है?
(a) 50 (b) 40 (c) 30 (d) 60

22. 4.8 और 10.8 के बीच मध्यानुपाती तथा 0.4 और 2.4 के बीच तृतीयानुपाती का अनुपात है?
(a) 2 : 1 (b) 3 : 2 (c) 1 : 2 (d) 2 : 3 ***SSC CGL (Tier-1) 10.6.2019***

23. यदि 12, 28, 21 और 45 में से, प्रत्येक में x जोड़ा जाता है, तो इस क्रम में, प्राप्त संख्याएँ समानुपात में हैं। (x + 3) और (4x + 1) के बीच मध्यानुपाती (mean proportional) क्या होगा?
(a) 15 (b) 12 (c) 10 (d) 18 ***SSC CGL (Tier-1) 4.6.2019***

24. यदि 23, 39, 32 और 56 में से, प्रत्येक से x को घटाया जाता है, तो इस क्रम में प्राप्त संख्याएँ समानुपात में हैं। (x + 4) और (3x + 1) के बीच मध्यानुपाती (mean proportional) क्या होगा?
(a) 12 (b) 15 (c) 14 (d) 10 ***SSC CGL (Tier-1) 4.6.2019***

25. यदि 21, 22, 60 और 64 में से, प्रत्येक से x घटाया जाता है, तो इस क्रम में प्राप्त संख्याएँ अनुपात में हैं। (x + 1) और (7x + 8) के बीच मध्यानुपाती (mean proportional) क्या होगा?
(a) 18 (b) 24 (c) 27 (d) 21 ***SSC CGL (Tier-1) 6.6.2019***

26. दो संख्याएँ 5 : 7 के अनुपात में हैं। यदि पहली संख्या 20 है, तो दूसरी संख्या ज्ञात करिए।
(a) 18 (b) 22 (c) 8 (d) 28 ***SSC CGL (Tier-1) 9.3.2020***

अनुपातों का मान ज्ञात करना

27. 54.x : yz, y : zx, z : xy अनुपातों के व्युत्क्रमी अनुपातों का मिश्र अनुपात बताइये?
(a) 1 : xyz (b) xyz : 1 (c) 1 : 1 (d) 10 : 11 ***SSC CGL (Tier-1) 30.8.2016***

28. यदि y : x : z = 4 : 5 : 6 है, तो $\frac{x-y+z}{x+y-z}$ का मान ज्ञात करें।
(a) 3/3 (b) 3/7 (c) 5/7 (d) 7/3 ***SSC CHSL (Tier-1) 15-3-2018***

29. यदि P का 4/7 भाग Q के 12/14 भाग के बराबर है, तो P : Q क्या है?
(a) 15 : 8 (b) 14 : 9 (c) 7 : 8 (d) 3 : 2 ***SSC CHSL (Tier-1) 20.3.2018***

30. यदि A : B = 3 : 5 है, तो A + B : B का मान क्या है?
(a) 2 : 1 (b) 6 : 5 (c) 8 : 5 (d) 8 : 3 ***15.3.2018***

31. यदि x : y = 1 : 3 है, तो $(3y^2 + 3x^2) : (2y^2 - 8x^2)$ का अनुपात क्या होगा–
(a) 4 : 1 (b) 2 : 1 (c) 3 : 1 (d) 5 : 1 ***SSC CHSL (Tier-1) 19.3.2018***

32. यदि u : v = v : w है, तो $u^4 : v^4$ का मान क्या है?
(a) $u^2 : wv$ (b) $u^2 : w^2$ (c) $u^2 v : w^3$ (d) u : w ***SSC CHSL (Tier-1) 14.3.2018***

33. यदि 5A = 13B = 7C है, तो A : B : C का मान ज्ञात कीजिए।
(a) 91 : 35 : 65 (b) 65 : 35 : 91 (c) 35 : 91 : 65 (d) 7 : 13 : 5 ***SSC CHSL (Tier-1) 7.1.2017***

34. यदि P : Q = 9 : 7 है, तो (P – Q) : (P + Q) का मान क्या है?
(a) 1 : 2 (b) 1 : 8 (c) 1 : 4 (d) 2 : 13 ***SSC CHSL (Tier-1) 21.3.2018***

35. यदि A : B = 5 : 3 है, तो (A + B) : (A – B) का मान क्या है?
(a) 4 : 1 (b) 2 : 1 (c) 4 : 3 (d) 8 : 3 ***SSC CHSL (Tier-1) 15.3.2018***

36. यदि 3P = 2 Q तथा 2Q = 3R हो, तो P : Q : R क्या होगा?
(a) 6 : 9 : 1 (b) 2 : 3 : 2 (c) 4 : 6 : 9 (d) 4 : 6 : 1 ***SSC CPO 5.7.2017***

37. यदि 2A = 3B तथा 3B = 2C हो, तो A : B : C क्या होगा?
(a) 3 : 2 : 3 (b) 2 : 3 : 2 (c) 1 : 3 : 1 (d) 2 : 3 : 2 ***SSC CPO 1.7.2017***

38. यदि a : b = 2 : 3 है, तो (5a + 3b) : (6a – 2b) बराबर है?
(a) 3 : 2 (b) 10 : 7 (c) 19 : 6 (d) 17 : 5 ***SSC CGL (Tier-1) 12.6.2019***

39. यदि (5a – 3b) : (4a – 2b) = 2 : 3 है, तो a : b बराबर है?
(a) 2 : 3 (b) 3 : 4 (c) 5 : 7 (d) 5 : 8 ***SSC CGL (Tier-1) 13.6.2019***

40. यदि a : b = 3 : 2 है, तो (5a + 2b) : (3a + 4b) बराबर है?
(a) 16 : 15 (b) 19 : 17 (c) 17 : 14 (d) 8 : 7 ***SSC CGL (Tier-1) 10.6.2019***

41. यदि a : b = 2 : 3, तो $\frac{3a+4b}{4a+5b}$ बराबर है?
(a) 6 : 7 (b) 20 : 23 (c) 19 : 23 (d) 18 : 23 ***SSC CHSL (Tier-1) 21.8.2019***

42. यदि a : b = 2 : 3 है, तो (5a – 2b) : (5a + 2b) बराबर है?
(a) 1 : 4 (b) 2 : 7 (c) 3 : 7 (d) 1 : 3 ***SSC CGL (Tier-1) 12.6.2019***

43. यदि a : b = 2 : 3 है, तो (5a + 3b) : (6a - 2b) बराबर है?
(a) 3 : 2 (b) 19 : 6 (c) 17 : 5 (d) 10 : 7 ***SSC CGL (Tier-1) 12.6.2019***

44. यदि a : b = 5 : 7 है, तो (5a - 3b) : (4a - 2b) बराबर है?
(a) 5 : 4 (b) 3 : 2 (c) 2 : 3 (d) 4 : 3 ***SSC CGL (Tier-1) 13.6,2019***

45. यदि x + y + z = 400 तथा x : y : z = 1 : 1 : 2 है, तो Z का मान कितना है?
(a) 100 (b) 150 (c) 120 (d) 200 ***SSC CHSL (Tier-1) 2.8.2019***

46. यदि a : b = 5 : 3 है, तो (8a – 5b) : (8a + 5b) किसके बराबर?
(a) 3 : 13 (b) 2 : 5 (c) 5 : 11 (d) 3 : 11 ***SSC CGL (Tier-1) 11.6.2019***

47. यदि a : b = 5 : 8 और c : b = 4 : 3 है, तो a : b : c बराबर?
(a) 15 : 24 : 32 (b) 5 : 6 : 8 (c) 15 : 24 : 28 (d) 5 : 8 : 6 ***SSC CGL (Tier-1) 11.6.2019***

48. यदि a : b = 2 : 5, c : b = 3 : 4 है, तो a : b : c बराबर?
(a) 8 : 20 : 15 (b) 2 : 5 : 3 (c) 6 : 15 : 20 (d) 2 : 5 : 4 ***SSC CGL (Tier-1) 13.6.2019***

49. यदि a : b = 4 : 5 है, तो (2a + 3b) : (3a + 2b) बराबर?
(a) 10 : 9 (b) 22 : 23 (c) 9 : 10 (d) 23 : 22 ***SSC CGL (Tier-1) 10.6.2019***

50. यदि a : b = 2 : 3 और c : b = 5 : 6 है, तो a : b : c बराबर है?
(a) 4 : 6 : 5 (b) 6 : 9 : 12 (c) 10 : 15 : 18 (d) 6 : 9 : 16 ***SSC CGL (Tier-1) 11.6.2019***

51. यदि 3A = 4B = 5C, तो A : B : C का मान क्या होगा?
(a) 10 : 7 : 6 (b) 10: 5 : 4 (c) 20 : 15 : 12 (d) 20 : 15 : 16 ***SSC CGL (Tier-1) 7.3.2020***

52. यदि x, 12.8 और 64.8 का मध्यानुपाती है और y, 38.4 और 57.6 का तृतीयानुपाती पद है, तो $2x$: y..... के बराबर होगा
(a) 3 : 4 (b) 1 : 2 (c) 2 : 3 (d) 4 : 5 ***SSC CGL (Tier-1) 3.3.2020***

53. यदि a : b : : 3 : 4 है, तो व्यंजक $\frac{5a-3b}{7a+2b}$ का मान ज्ञात कीजिए।
(a) $\frac{29}{3}$ (b) $\frac{7}{29}$ (c) $\frac{3}{29}$ (d) $\frac{7}{3}$ ***RRB NTPC (Tier-1) 1.2.2021***

54. 45 : 75, 3 : 5, 51 : 68 और 256 : 81 का मिश्र अनुपात (Compound ratio) क्या है?
(a) $\frac{64}{75}$ (b) $\frac{32}{45}$ (c) $\frac{128}{75}$ (d) $\frac{75}{32}$ ***RRB NTPC (Tier-1) 1.2.2021***

जोड़-घटाव पर आधारित प्रश्न

55. 2 संख्याएँ 3 : 5 के अनुपात में है। यदि उन दोनों में 6 जोड़ दिया जाए तो अनुपात 2 : 3 हो जाता है। वे संख्याएँ क्या हैं?
(a) 21 और 35 (b) 30 और 50 (c) 24 और 40 (d) 18 और 30 ***SSC CGL (Tier-1) 10.9.2016***

56. दो संख्याओं का अनुपात 5 : 4 हैं। यदि दोनों संख्याओं का योग 180 है, तो दोनों संख्याओं में से छोटी संख्या क्या है?
(a) 100 (b) 80 (c) 60 (d) 75 ***SSC CHSL (Tier-1) 10.3.2018***

57. दो संख्याओं का अनुपात 3 : 7 हैं। यदि उनका गुणनफल 1344 है, तो दोनों संख्याओं का योग क्या है?
(a) 80 (b) 60 (c) 30 (d) 168 ***SSC CHSL (Tier-1) 10.3.2018***

58. तीन संख्याओं का अनुपात 3 : 6 : 8 हैं। यदि उनका गुणनफल 9216 है, तो तीनों संख्याओं का योग क्या है?
(a) 96 (b) 72 (c) 144 (d) 68 ***SSC CHSL (Tier-1) 4.3.2018***

59. तीन संख्याओं का अनुपात 2 : 5 : 7 है। यदि उनका गुणनफल 1890 है, तो तीनों संख्याओं का योग क्या है?
(a) 82 (b) 140 (c) 42 (d) 72 ***SSC CHSL (Tier-1) 13.3.2018***

60. दो संख्याओं का अनुपात 5 : 9 है तथा उनका अंतर 44 है। दोनों संख्याओं में से छोटी संख्या क्या होगी?
(a) 50 (b) 65 (c) 55 (d) 70 ***SSC CHSL (Tier-1) 16.3.2018***

61. तीन संख्याओं का योग 162 है। यदि पहली संख्या का दूसरी संख्या से अनुपात 5 : 7 है तथा दूसरी संख्या का तीसरी संख्या से अनुपात 5 : 3 है, तो दूसरी संख्या क्या है?
(a) 35 (b) 70 (c) 80 (d) 40 ***SSC CHSL (Tier-1) 7.3.2018***

62. दो संख्याएँ 3 : 4 के अनुपात में है। प्रत्येक में 30 बढ़ाने पर, उनका अनुपात 9 : 10 हो जाता है। संख्याओं का योगफल है–
(a) 30 (b) 32 (c) 25 (d) 35 ***SSC CHSL (Tier-1) 8.7.2019***

63. A और B दो संख्याओं का अनुपात 5 : 2 है। यदि प्रत्येक संख्या में 4 जोड़ दिया जाये तो यह अनुपात 9 : 4 हो जाता है। यदि प्रत्येक मूल संख्या में से 5 घटाया जाता है, तो A और B का अनुपात होगा–
(a) 8 : 3 (b) 4 : 1 (c) 3 : 1 (d) 7 : 2 ***SSC CHSL (Tier-1) 3.7.2019***

64. यदि u + v = 84 तथा u – v = 4 है, तो u : v किसके बराबर है?
(a) 11 : 10 (b) 10 : 11 (c) 10 : 9 (d) 9 : 10 ***SSC CHSL (Tier-1) 19.8.2019***

65. दी गई दो संख्याओं का अनुपात 9 : 7 है। यदि प्रत्येक संख्या में 6 जोड़कर उसे बढ़ा दिया जाये तो अनुपात 21 : 17 हो जाता है। दी गई दो संख्याओं के बीच क्या अन्तर है?
(a) 4 (b) 16 (c) 8 (d) 12 ***SSC CHSL (Tier-1) 19.8.2019***

66. मान लें कि, y > o, यदि 5 : 15 :: x : 90 और 162 : y :: y : 128 है, तब 8x : yकिसके बराबर है?
(a) 5 : 3 (b) 10 : 7 (c) 3 : 2 (d) 4 : 3 ***SSC CHSL (Tier-1) 21.8.2019***

67. यदि u + v = 80 तथा u : v = 5 : 3 है, तो u – v का मान कितना है?
(a) 20 (b) 15 (c) 30 (d) 25 ***SSC CHSL (Tier-1) 21.8.2019***

68. यदि x : y : z = 3 : 4 : 5 और x + y + z = 96 है, तो z का मान कितना है?
(a) 42 (b) 36 (c) 32 (d) 40 ***SSC MTS 5.8.2019***

69. यदि x : y : z = 1 : 2 : 3 और $x^2 + y^2 + z^2 = 224$ है, तो x + y + z का मान कितना है?
(a) 48 (b) 32 (c) 36 (d) 24 ***SSC MTS 6.8.2019***

70. यदि $x + y = 52$ तथा $x - y = 20$ है, तो $x : y$ का मान कितना है?

(a) 3 : 2 (b) 3 : 4 (c) 9 : 4 (d) 7 : 5 ***SSC MTS 6.8.2019***

71. यदि $x + y + z = 360$ तथा $x : y : z = 4 : 3 : 2$ है, तो $y + z - x$ का मान कितना है?

(a) 80 (b) 60 (c) 30 (d) 40 ***SSC MTS 6.8.2019***

72. दो संख्याओं का योग और अंतर क्रमशः 27 और 3 है। दो संख्याओं का अनुपात कितना है?

(a) 5 : 3 (b) 2 : 1 (c) 4 : 7 (d) 5 : 4 ***SSC CHSL (Tier-1) 16.8.2019***

73. विपिन और दिनेश के वेतनों का अनुपात 5 : 8 है। यदि प्रत्येक के वेतन में ₹4,800 की वृद्धि होती है, तो नया अनुपात 7 : 10 हो जाता है। विपिन का वेतन ज्ञात करें।

(a) ₹12,000 (b) ₹13,000 (c) ₹10,000 (d) ₹12,500 ***SSC CHSL (Tier-1) 20.10.2020***

संख्याओं पर आधारित प्रश्न

74. एक आर्मी की भर्ती प्रक्रिया में, चयनित और अचयनित का अनुपात 3 : 1 था। यदि 60 से कम ने आवेदन किया होता और 30 कम चयनित होते, तो चयनित और अचयनित का अनुपात 5 : 1 होता। कितने उम्मीदवारों ने प्रक्रिया के लिए आवेदन किया था?

(a) 240 (b) 480 (c) 120 (d) 720 ***SSC CHSL (Tier-1) 7-2-2017***

75. एक आर्मी की भर्ती प्रक्रिया में, चयनित और अचयनित का अनुपात 6 : 1 था। यदि 90 कम ने आवेदन किया होता और 30 कम चयनित होते, तो चयनित और अचयनित का अनुपात 8 : 1 होता। कितने उम्मीदवारों ने प्रक्रिया के लिए आवेदन किया था?

(a) 3150 (b) 6300 (c) 4725 (d) 1575 ***SSC CHSL (Tier-1) 23.1.2017***

76. तीन कक्षाओं में विद्यार्थियों का अनुपात 3 : 4 : 5 है। यदि प्रत्येक कक्षा में 20 छात्र बढ़ा दिये जाते हैं तो अनुपात बदलकर 4 : 5 : 6 हो जाता है। तीनों कक्षाओं को मिलाकर उनमें छात्रों की आरंभिक संख्या कितनी है?

(a) 280 (b) 240 (c) 320 (d) 300 ***SSC MTS 6.8.2019***

77. एक विद्यालय में विद्यार्थियों की कुल संख्या 640 है, जिनमें लड़कों की संख्या का, लड़कियों की संख्या से अनुपात 5 : 3 है। यदि विद्यालय में और 30 लड़कियों का नामांकन किया जाता है, तो विद्यालय में और कितने लड़कों का नामांकन होना चाहिए, ताकि लड़कों की संख्या का लड़कियों की संख्या से अनुपात 14 : 9 हो जाए?

(a) 25 (b) 15 (c) 20 (d) 30 ***SSC CGL (Tier-1) 3.3.2020***

78. एक समूह में लड़के और लड़कियों का अनुपात 7 : 6 है। यदि 4 और लड़के उस समूह में शामिल हो जाते हैं और 3 लड़कियों का समूह छोड़ देती हैं, तो लड़कों का लड़कियों से अनुपात 4 : 3 हो जाता है। समूह में लड़कों और लड़कियों की कुल प्रारम्भिक संख्या क्या है?

(a) 117 (b) 91 (c) 78 (d) 104 ***SSC CGL (Tier-1) 4.3.2020***

79. दो संख्याए 2 : 3 के अनुपात में हैं। यदि उनका योगफल 125 है, तो संख्याएँ ज्ञात कीजिए।

(a) 50, 75 (b) 24, 36 (c) 20, 30 (d) 32, 78 ***(SSC, 16.11.2014)***

80. एक विद्यालय के छात्रों की कुल संख्या 660 थी। उसमें लड़कों तथा लड़कियों का अनुपात 13 : 9 था। कुछ दिनों बाद 30 लड़कियाँ विद्यालय में और आ गयीं, पर कुछ लड़के चले गये, तद्नुसार लड़के-लड़कियों का नया अनुपात 6 : 5 हो गया। अतः विद्यालय से जाने वाले लड़कों की संख्या कितनी थी?

(a) 50 (b) 40 (c) 30 (d) 60 ***(SSC, 10+2, 21.10.2012)***

81. एक स्कूल में लड़कों और लड़कियों का अनुपात 3 : 2 है। यदि 6 लड़कियाँ और आ जाएँ, तो अनुपात 6 : 5 हो जाता है। स्कूल में लड़कों की संख्या है–

(a) 42 (b) 36 (c) 24 (d) 30 ***(SSC, 10+2, 21.10.2012)***

82. तीन कक्षाओं में छात्रों की संख्या का अनुपात 2 : 3 : 5 है। प्रत्येक कक्षा में 20 छात्रों की वृद्धि होने पर अनुपात 4 : 5 : 7 हो जाता है। तदनुसार, इस वृद्धि से पहले छात्रों की कुल संख्या कितनी थी?

(a) 100 (b) 120 (c) 150 (d) 104 ***(SSC, 10+2, 28.10.2012)***

83. एक फैक्टरी में नियुक्त पुरुषों, स्त्रियों तथा लड़कों की संख्या का अनुपात 5 : 7 : 10 है। यदि उसमें कुल कामगारों की संख्या 660 हो तो उनमें लड़कों की संख्या कितनी है?
(a) 150 (b) 300 (c) 500 (d) 100 ***(SSC, 10+2, 28.10.2012)***

84. एक विद्यालय में लड़कियों की संख्या का 10%, लड़कों की संख्या के $\frac{1}{2}$ के बराबर है। तदनुसार, लड़कों तथा लड़कियों की संख्या का अनुपात कितना है?
(a) 1 : 2 (b) 2 : 1 (c) 1 : 4 (d) 4 : 1 ***(SSC, Tier-1, 19.5.2013)***

85. एक विद्यालय में लड़कों तथा लड़कियों का अनुपात 4 : 3 है और लड़कियों तथा शिक्षकों का अनुपात 8 : 1 है। तद्नुसार, सभी विद्यार्थियों और शिक्षकों के बीच का अनुपात कितना है?
(a) 56 : 3 (b) 55 : 1 (c) 49 : 3 (d) 56 : 1 ***(SSC, 10+2, 4.11.2012)***

86. एक महाविद्यालय में लड़कों तथा लड़कियों का अनुपात 5 : 3 है। उसमें से यदि 50 लड़के महाविद्यालय छोड़ दें और 50 लड़कियाँ महाविद्यालय में आ जाए, तो उनका अनुपात 9 : 7 हो जाता है। तद्नुसार, उस महाविद्यालय में लड़कों की संख्या कितनी है?
(a) 600 (b) 300 (c) 400 (d) 500 ***(SSC, 10+2, 10.11.2013)***

87. यदि एक कक्षा में लड़कों तथा लड़कियों की संख्या का अनुपात 7 : 5 हो, तो निम्न में कौन-सी संख्या कक्षा के छात्रों की कुल संख्या के बराबर नहीं हो सकती?
(a) 36 (b) 50 (c) 60 (d) 120 ***(SSC, FCI, 5.2.2012)***

सम्मिलित अनुपात या खण्डित अनुपात ज्ञात करने

88. यदि a : b = 2 : 5, b : c = 4 : 7 और c : d = 9 : 14, तो a : b : c : d कितना है?
(a) 72 : 180 : 245 : 490 (b) 72 : 180 : 315 : 490
(c) 72 : 144 : 315 : 490 (d) 36 : 180 : 315 : 490 ***SSC CHSL (Tier-1) 14.8.2019***

89. यदि A : B = 3 : 4 तथा B : C = 6 : 5 हो, तो C : A कितना होगा?
(a) 9 : 8 (b) 10 : 9 (c) 9 : 10 (d) 8 : 9 ***(SSC, 10+2, 10.11.2013)***

90. यदि A : B = 2 : 3, B : C = 6 : 11 तब A : B : C क्या होगा?
(a) 2 : 3 : 11 (b) 4 : 6 : 22 (c) 4 : 6 : 11 (d) 2 : 6 : 11 ***(SSC, FCI, 5.2.2012)***

91. यदि A : B = 7 : 9 और B : C = 3 : 5 है, तो A : B : C किसके बराबर है?
(a) 7 : 9 : 5 (b) 21 : 35 : 45 (c) 7 : 9 : 15 (d) 7 : 3 : 15 ***(SSC, 2.11.2014)***

92. A का धन B के धन का $\frac{2}{3}$ है और B का धन C के धन का $\frac{9}{11}$ है, तो A के धन से C के धन का अनुपात बताएँ।
(a) 15 : 22 (b) 9 : 11 (c) 6 : 11 (d) 9 : 22 ***(SSC, MTS, 16.2.2014)***

93. यदि $A = \frac{2}{3}B$ और $B = \frac{3}{4}C$ है, तो A : C कितना होगा?
(a) 2 : 1 (b) 1 : 2 (c) 2 : 3 (d) 5 : 7 ***(SSC, MTS, 16.2.2014)***

अनुपाती विभाजन पर आधारित प्रश्न

94. ₹490 को A, B, C में इस प्रकार विभाजित किया जाता है कि A का शेयर B के शेयर से आधा है। और C के शेयर से तीन गुना है। C का शेयर कितना है?
(a) ₹49 (b) ₹147 (c) ₹294 (d) ₹245 ***SSC CGL (Tier-1) 27.8.2016***

95. ₹770 को A, B, C में इस प्रकार विभाजित किया गया है कि जितना धन B और C को मिलाकर मिला उसका 2/9 वॉं हिस्सा A को मिला। A का हिस्सा कितना है?
(a) ₹140 (b) ₹154 (c) ₹165 (d) ₹170 ***SSC CGL (Tier-1) 28.8.2016***

96. यदि 177 को 1/2 : 2/3 : 4 /5 के अनुपात में तीन भागों में विभक्त किया जाए तो बताएं दूसरा भाग क्या होगा?
(a) 75 (b) 45 (c) 72 (d) 60 ***SSC CGL (Tier-1) 1.9.2016***

97. ₹960 के लाभ को A तथा B में 1/3 : 1/5 के अनुपात में बाँटा गया है। उनके लाभों का अन्तर क्या होगा?
(a) ₹120 (b) ₹160 (c) ₹180 (d) ₹240 ***SSC CGL (Tier-1) 29.8.2016***

98. कोई धनराशि A, B और C के बीच 5 : 6 : 9 के अनुपात में विभाजित की गई। यदि A को ₹450 मिले हो तो कुल धनराशि कितनी थी?
(a) 2000 (b) 1800 (c) 2250 (d) 1000 ***SCC CGL (Tier-1) 9.9.2016***

99. ₹125 की एक राशि को u, v तथा w में इस प्रकार विभाजित किया गया है कि u को v से ₹10 अधिक प्राप्त होते हैं तथा v को w से ₹5 अधिक प्राप्त होते हैं। उनके हिस्सों का अनुपात क्या है?
(a) 12 : 10 : 9 (b) 10 : 8 : 7 (c) 13 : 10 : 7 (d) 5 : 4 : 3 ***SSC CHSL (Tier-1) 17.3.2018***

100. ₹936000 के लाभ को 2 : 3 : 5 के अनुपात में अनिरुद्ध, बलवंत और चारुदत्ता में बांटा जाना है। चारुदत्ता को कितने ₹ मिलेंगे?
(a) 280800 (b) 187200 (c) 468000 (d) 234000 ***SSC CHSL (Tier-1) 21.1.2017***

101. u, v तथा w के वेतन का अनुपात 8 : 7 : 13 है। यदि w को v से ₹3384 अधिक मिलते हैं, तो u का वेतन (₹ में) क्या है?
(a) 4432 (b) 4512 (c) 4642 (d) 5144 ***SSC CHSL (Tier-1) 16.3.2018***

102. यदि गफूर का वेतन हाशिम के वेतन से 4/3 गुना है और सतीश का वेतन हाशिम के वेतन से 5/4 गुना है, तो गफूर और सतीश के वेतन का अनुपात क्या होगा?
(a) 16 : 15 (b) 3 : 5 (c) 5 : 3 (d) 15 : 16 ***SSC CHSL (Tier-1) 21.1.2017***

103. ₹18200 को X, Y तथा Z में 1/3 : 1/4 : 1/2 के अनुपात में विभाजित किया गया है। X का हिस्सा (₹ में) क्या है?
(a) 7000 (b) 4400 (c) 4200 (d) 5600 ***SSC CHSL (Tier-1) 8.3.2018***

104. ₹2489 की राशि को A, B तथा C में इस प्रकार विभाजित किया गया है कि यदि A, B तथा C के हिस्सों में से क्रमशः ₹12, ₹12 तथा ₹5 कम कर दिये जाए, तो उनके हिस्सों 5 : 3 : 4 के अनुपात में होंगे। C का नया हिस्सा (₹ में) क्या है?
(a) 750 (b) 1060 (c) 1475 (d) 820 ***SSC CHSL (Tier-1) 7.3.2018***

105. ₹3170 की राशि को X, Y तथा Z में इस प्रकार विभाजित किया गया है कि यदि X, Y तथा Z के हिस्सों में से क्रमशः ₹13, ₹12 तथा ₹18 कम कर दिये जाए, तो उनके हिस्से 20 : 18 : 21 के अनुपात में होंगे। Z का आरंभिक हिस्सा (₹ में) क्या है?
(a) 1131 (b) 1530 (c) 910 (d) 1350 ***SSC CHSL (Tier-1) 6.3.2018***

106. ₹6859 की राशि को A, B, C और D के बीच इस प्रकार विभाजित किया जाता है कि A और B के अंशों का अनुपात 4 : 3 होता है, B और C के अंशों का अनुपात 5 : 4 होता है और C और D के अंशों का अनुपात 6 : 5 है। B का अंश कितना है?
(a) ₹1805 (b) ₹1444 (c) ₹ 2508 (d) ₹2407 ***SSC CHSL (Tier-1) 21.8.2019***

107. किसी राशि को राम तथा रहीम के बीच 3 : 2 के अनुपात में बाँटा जाता है। यदि राम का हिस्सा ₹36,000 है, तो कुल राशि कितनी है?
(a) ₹60,000 (b) ₹40,000 (c) ₹90,000 (d) ₹72,000 ***SSC CHSL (Tier-1) 19.8.2019***

108. A, B, C और D को 4 : 8 : 11 : 15 के अनुपात में लाभ बाँटना है। यदि न्यूनतम और अधिकतम अनुपातों के बीच ₹22,000 का अन्तर है, तो अन्य दो अनुपातों का योग क्या है?
(a) ₹39,900 (b) ₹37,050 (c) ₹36,100 (d) ₹38,000 ***SSC CHSL (Tier-1) 16.8.2019***

109. ₹ x की राशि को A, B और C के बीच इस प्रकार वितरित किया जाता है कि A और B के शेयरों का अनुपात 7 : 12 है और B और C के शेयरों का अनुपात 8 : 5 है। यदि A और C के शेयरों में अन्तर ₹214 है, तो x का मान है–
(a) 11,556 (b) 11,770 (c) 11,342 (d) 11,128 ***SSC CGL (Tier-1) 7.6.2019***

110. एक निश्चित राशि सुनीता, अमित और विभा के बीच 2 : 3 : 4 के अनुपात में बाँटी जाती है। यदि विभा को ₹14,416 मिलते हैं, तो कुल राशि .... है।
(a) ₹43,248 (b) ₹32,436 (c) ₹3,604 (d) ₹16,219 ***SSC CGL (Tier-1) 5.3.2020***

सिक्कों पर आधारित प्रश्न

111. एक बैग में 4 : 2 : 5 के अनुपात में 1 रुपये, 50 पैसे और 10 पैसे के रूप में ₹11 है। 50 पैसे के सिक्कों की संख्या पता करें।
(a) 10 (b) 8 (c) 4 (d) 2 *SSC CHSL (Tier-1) 30.1.2017*

112. एक संदूक में 1 रुपये, 2 रुपये तथा 5 रुपये के सिक्के को बराबर संख्या में रखा गया हैं। यदि कुल राशि ₹184 है, तो प्रत्येक प्रकार के कितने सिक्के हैं?
(a) 18 (b) 26 (c) 25 (d) 23 *SSC CHSL (Tier-1)12.3.2016*

113. एक बैग में 6 : 3 : 2 के अनुपात में 1 रुपये, 50 पैसे और 10 पैसे के रूप में ₹30.8 है। 50 पैसे के सिक्कों की संख्या क्या है?
(a) 8 (b) 24 (c) 12 (d) 4 *SSC CHSL (Tier-1) 9.1.2017*

114. एक थैले में 1 रुपये, 50 पैसे तथा 25 पैसे के सिक्के बराबर संख्या में उपस्थित हैं। यदि कुल राशि ₹105 है, तो प्रत्येक प्रकार के सिक्के हैं?
(a) 15 (b) 45 (c) 60 (d) 80 *SSC CHSL (Tier-1) 10.3.2018*

115. एक बैग में 3 : 2 : 3 के अनुपात में 1 रुपये, 50 पैसे और 10 पैसे के रूप में ₹25.8 की राशि है। बैग में 50 पैसे के कितने सिक्के हैं?
(a) 18 (b) 3 (c) 36 (d) 12 *SSC MTS 9.8.2019*

116. एक बैग में 1 रुपये, 50 पैसे और 25 पैसे के सिक्कों की संख्या का अनुपात 1 : 2 : 4 है। यदि बैग में कुल धन ₹225 है, तो उसमें 50 पैसे के कितने सिक्के हैं? *SSC MTS 5.8.2019*
(a) 150 (b) 125 (c) 175 (d) 200 *SSC MTS 9.8.2019*

117. एक थैले में 1 रुपये, 50 पैसे और 25 पैसे के सिक्के 5 : 6 : 8 के अनुपात में हैं। यदि कुल राशि ₹240 हो, तो 25 पैसे के सिक्के की संख्या है–
(a) 144 (b) 192 (c) 48 (d) 120 *(SSC, 10+2, 21.10.2012)*

118. एक व्यक्ति के पास 1 रुपये, पाँच रुपये तथा दस रुपये के नोटों के रूप में कुल धनराशि ₹640 है। प्रत्येक प्रकार के नोटों की संख्या समान है। कुल मिलाकर उसके पास कितने नोट हैं?
(a) 150 (b) 120 (c) 100 (d) 90 *(SSC, 10+2, 28.10.2012)*

119. एक थैले में तीन प्रकार के 1 रुपये वाले, 50 पैसे वाले तथा 25 पैसे वाले सिक्के हैं, जिनकी कुल संख्या 175 है। यदि प्रत्येक प्रकार के सिक्कों का कुल मूल्य बराबर हो, तो थैले के सिक्कों का कुल मिलाकर मूल्य है–
(a) ₹75 (b) ₹175 (c) ₹300 (d) ₹126 *(SSC, 10+2, 28.10.2012)*

120. एक थैले में ₹121 मूल्य के सिक्के, 1 रुपये, 50 पैसे और 25 पैसे के रूप में 1 : 2 : 3 अनुपात में हैं। तदनुसार, प्रत्येक प्रकार के सिक्कों की संख्या (क्रमशः ₹1, 50 पैसे, 25 पैसे) ज्ञात कीजिए।
(a) 40, 92, 140 (b) 42, 92, 132 (c) 45, 90, 132 (d) 44, 88, 132 *(SSC, FCI, 11.11.2012)*

121. एक बॉक्स में 1 रुपये, 50 पैसे और 25 पैसे के 280 सिक्के हैं। प्रत्येक प्रकार के सिक्कों के मूल्य 8 : 4 : 3 के अनुपात में हैं। तो 50 पैसे के सिक्कों की संख्या बताइये–
(a) 70 (b) 60 (c) 80 (d) 90 *(SSC, 16.11.2014)*

आय-व्यय पर आधारित प्रश्न

122. P तथा Q की आय 4 : 7 के अनुपात में है तथा उनके व्यय 3 : 7 में हैं। यदि P, ₹10000 बचाता है तथा Q, ₹7000 बचाता है, तो P की आय (₹ में) क्या होगी?
(a) 28000 (b) 23000 (c) 30000 (d) 19000 *SSC CHSL (Tier-1) 11.3.2018*

123. X, Y तथा Z के वेतन का अनुपात 15 : 3 : 8 है। यदि Z को Y से ₹3960 अधिक मिलते हैं, तो X का वेतन (₹ में) क्या है?
(a) 11880 (b) 12360 (c) 9900 (d) 10240 *SSC CHSL (Tier-1) 15.3.2018*

124. P, Q तथा R की आय क्रमशः 5 : 4 : 3 के अनुपात में हैं तथा उनका व्यय क्रमशः 6 : 5 : 4 के अनुपात में है। यदि P, ₹10000 की आय में से ₹4000 बचाता है, तो Q की बचत (₹ में) क्या होगी?
(a) 3000 (b) 4500 (c) 2000 (d) 2500 *SSC CHSL (Tier-1) 17.3.2018*

125. एक व्यक्ति अपनी मासिक आय का कुछ भाग खर्च करता है और बाकी की बचत करता है। उसके व्यय और बचत का अनुपात 61 : 6 है। यदि उसकी मासिक आय ₹8710 हो, तो उसकी मासिक बचत की राशि कितनी है?
(a) ₹870 (b) ₹690 (c) ₹980 (d) ₹780 *SSC CGL (Tier-1) 28.8.2016*

126. यदि गिरीश का वेतन हरिशंकर के वेतन से 4/9 गुना है और शिरीष का वेतन हरिशंकर के वेतन से 5/6 गुना है, तो गिरीश और शिरीष के वेतन का अनुपात क्या होगा?
(a) 27 : 10 (b) 10 : 27 (c) 8 : 15 (d) 15 : 8 *SSC CHSL (Tier-1) 24.1.2017*

127. महेश का वेतन सुमित के वेतन से ₹12000 अधिक है। यदि महेश तथा सुमित के वेतन का अनुपात 7 : 4 है, तो सुमित का वेतन कितना है?
(a) ₹16,000 (b) ₹12,000 (c) ₹18,000 (d) ₹20,000 *SSC CHSL (Tier-1) 21.8.2019*

128. तीन श्रेणी के कर्मचारी A, B और C 1 : 2 : 3 के अनुपात में मजदूरी प्राप्त करते हैं, यदि वे क्रमशः 5%, 10% एवं 15% की वेतन-वृद्धि प्राप्त करते हैं। उनकी मजदूरियों का नया अनुपात क्या होगा?
(a) 21 : 44 : 69 (b) 7 : 22 : 23 (c) 21 : 22 : 23 (d) 7 : 21 : 23 *SSC MTS 9.8.2019*

129. A तथा B की मासिक आय का अनुपात 3 : 4 है तथा उनके मासिक व्यय का अनुपात 2 : 3 है। यदि प्रत्येक ₹4000 प्रति माह बचाता है, तो B की आय कितनी है?
(a) ₹20,000 (b) ₹14,000 (c) ₹16,000 (d) ₹12,000 *SSC MTS 5.8.2019*

130. A तथा B की मासिक आय क्रमशः ₹12,000 तथा ₹8,000 है। उनके मासिक व्यय का अनुपात 5 : 3 है। यदि वे प्रति माह समान राशि बचाते हैं, तो उनमें से प्रत्येक हर माह कितनी राशि बचाता है?
(a) ₹2000 (b) ₹1500 (c) ₹800 (d) ₹1000 *SSC MTS 6.8.2019*

131. A तथा B की आय का अनुपात और B तथा C की आय का अनुपात 3 : 2 है। तद्नुसार, यदि A की आय का तिहाई भाग, C की आय के चौथाई भाग से ₹1000 अधिक हो, तो B की आय कितनी है?
(a) ₹3000 (b) ₹2500 (c) ₹3500 (d) ₹4000 *(SSC, 10+2, 28.10.2012)*

132. एक परिवार की आय एवं व्यय का अनुपात 10 : 7 है। यदि उस परिवार का व्यय ₹10,500 हो, तो उसकी बचत कितनी है?
(a) ₹4,500 (b) ₹10,000 (c) ₹4,000 (d) ₹5,000 *(SSC, Tier-1, 19.6.2011)*

133. A तथा B की साप्ताहिक आय का अनुपात 9 : 7 है और उनके व्यय का अनुपात 4 : 3 है। यदि दोनों व्यक्ति हर सप्ताह ₹200 बचा लेते हों, तो उन दोनों की साप्ताहिक आय का योग कितना होगा?
(a) ₹3,600 (b) ₹3,200 (c) ₹4,800 (d) ₹5,600 *(SSC, Tier-1, 26.6.2011)*

134. A तथा B की आय का अनुपात 2 : 3 है और उनके व्यय का अनुपात 1 : 2 है। यदि उनमें से प्रत्येक की बचत ₹24,000 हों, तो A की आय ज्ञात कीजिए–
(a) ₹24,000 (b) ₹72,000 (c) ₹19,200 (d) ₹48,000 *(SSC, CAPF-SI, 28.8.2011)*

135. A एवं B की मासिक आय का अनुपात 6 : 5 है और उनका मासिक व्यय 4 : 3 के अनुपात में है। यदि प्रत्येक प्रति माह ₹400 की बचत करता है तो उनकी मासिक आय की राशि ज्ञात कीजिए।
(a) ₹2300 (b) ₹2400 (c) ₹2200 (d) ₹2500 *(SSC, Tier-1, 21.4.2013)*

विविध प्रश्न

136. एक मेले की प्रवेश टिकट के मूल्य में 9 : 13 के अनुपात में वृद्धि करने पर, मेले में आने वाले लोगों की संख्या 7 : 4 अनुपात में कम हो गयी है। कुल संकलन में किस अनुपात में वृद्धि या कमी हुई है?
(a) 52 : 63 अनुपात में वृद्धि हुई है (b) 36 : 91 के अनुपात में वृद्धि हुई है
(c) 63 : 52 के अनुपात में कमी हुई है (d) 91 : 36 के अनुपा में कमी हुई है *SSC CHSL (Tier-1) 3-2-2017*

137. एक मेले की प्रवेश टिकट के मूल्य में 11 : 16 के अनुपात में वृद्धि करके, मेले में आने वाले लोगां की संख्या 19 : 9 के अनुपात में कम हो गयी है। कुल संकलन में किस अनुपात में वृद्धि या कमी हुई है?
(a) 209 : 144 के अनुपात में कमी हुई है (b) 155 : 209 के अनुपात में वृद्धि हुई है
(c) 99 : 304 के अनुपात में वृद्धि हुई है (d) 304 : 99 के अनुपात में कमी हुई है *SSC CHSL (Tier-1) 30.1.2017*

138. एक मेले की प्रवेश टिकट के मूल्य में 17 : 19 के अनुपात में वृद्धि करके, मेले में आने वाले लोगों की संख्या 11 : 10 के अनुपात में कम हो गयी है। कुल संकलन में किस अनुपात में वृद्धि या कमी हुई है?
(a) 190 : 187 के अनुपात में कमी हुई है (b) 187 : 190 के अनुपात में वृद्धि हुई है
(c) 170 : 209 के अनुपात में वृद्धि हुई है (d) 209 : 170 के अनुपात में कमी हुई है *SSC CHSL (Tier-1) 17.1.2017*

139. एक मेले की प्रवेश टिकट के मूल्य में 3 : 7 के अनुपात में वृद्धि करके, मेले में आने वाले लोगों की संख्या 16 : 13 के अनुपात में कम हो गयी है। कुल संकलन में किस अनुपात में वृद्धि या कमी हुई है?
(a) 91 : 48 के अनुपात में कमी हुई है (b) 48 : 91 के अनुपात में वृद्धि हुई है
(c) 39 : 112 के अनुपात में वृद्धि हुई है (d) 112 : 39 के अनुपात में कमी हुई है *SSC CHSL (Tier-1) 25.1.2017*

उत्तरमाला

1. (a)	2. (b)	3. (a)	4. (a)	5. (b)	6. (d)	7. (b)	8. (c)	9. (d)
10. (b)	11. (c)	12. (d)	13. (c)	14. (b)	15. (b)	16. (d)	17. (a)	18. (d)
19. (b)	20. (a)	21. (d)	22. (c)	23. (a)	24. (a)	25. (b)	26. (d)	27. (b)
28. (d)	29. (d)	30. (c)	31. (c)	32. (b)	33. (a)	34. (b)	35. (a)	36. (b)
37. (a)	38. (c)	39. (c)	40. (b)	41. (d)	42. (a)	43. (b)	44. (c)	45. (d)
46. (c)	47. (d)	48. (a)	49. (d)	50. (a)	51. (c)	52. (c)	53. (c)	54. (a)
55. (d)	56. (b)	57. (a)	58. (d)	59. (c)	60. (c)	61. (b)	62. (d)	63. (c)
64. (a)	65. (a)	66. (a)	67. (a)	68. (d)	69. (d)	70. (c)	71. (d)	72. (d)
73. (a)	74. (a)	75. (d)	76. (b)	77. (c)	78. (d)	79. (a)	80. (c)	81. (b)
82. (a)	83. (b)	84. (a)	85. (a)	86. (d)	87. (b)	88. (b)	89. (b)	90. (c)
91. (c)	92. (c)	93. (b)	94. (a)	95. (a)	96. (d)	97. (d)	98. (c)	99. (b)
100. (c)	101. (b)	102. (c)	103. (d)	104. (d)	105. (a)	106. (a)	107. (a)	108. (d)
109. (c)	110. (b)	111. (c)	112. (d)	113. (c)	114. (c)	115. (d)	116. (a)	117. (b)
118. (b)	119. (a)	120. (d)	121. (c)	122. (a)	123. (a)	124. (a)	125. (d)	126. (c)
127. (a)	128. (a)	129. (c)	130. (a)	131. (a)	132. (a)	133. (b)	134. (d)	135. (c)
136. (c)	137. (a)	138. (b)	139. (b)					

अभ्यास प्रश्नों के हल

1. $\because$ भाड़ा 11 : 18 के अनुपात में बढ़ाया गया। अतः 11 : 18 = 550 : नया भाड़ा
$\therefore$ बाह्य पदों का गुणनफल = मध्य पदों का गुणनफल
$\therefore$ 11 × नया भाड़ा = 18 × 550 ⇒ नया भाड़ा = $\frac{18 \times 550}{11}$ = ₹900
$\therefore$ भाड़े में वृद्धि = 900 – 550 = ₹350

2. माना प्रत्येक संख्या में x जोड़ा जाना चाहिए। अतः $(7 + x) : (17 + x) :: (22 + x) : (47 + x)$
$\therefore$ बाह्य पदों का गुणनफल = मध्य पदों का गुणनफल $\Rightarrow (7 + x)\ (47 + x) = (17 + x)\ (22 + x)$
$\therefore$ $329 + 7x + 47x + x^2 = 374 + 17x + 22x + x^2$
$54x + 329 = 39x + 374 \Rightarrow 54x - 39x = 374 - 329$, अतः $15x = 45 \Rightarrow x = 3$
$\therefore$ जोड़ी जाने वाली संख्या = 3

3. चूंकि $0.8 : X :: 5 : 8$, अतः $X \times 5 = 0.8 \times 8 = 6.4 \Rightarrow X = \frac{6\cdot4}{5} = 1.28$

4. $\because$ ab, bc, x तथा c^2 एक जैसे अनुपात में हैं।

$\therefore$ $ab : bc :: x : c^2 \Rightarrow$ मध्य पदों का गुणनफल = बाह्य पदों का गुणनफल

$\therefore$ $bc \times x = ab \times c^2 \Rightarrow x = \frac{ab \times c^2}{bc} = ac$

5. $1.2 : 3.9 :: 2 : ?$, अतः वाह्य पदों का गुणनफल = मध्य पदों का गुणनफल

$\therefore$ $1.2 \times ? = 3.9 \times 2$, अतः $? = \frac{3.9 \times 2}{1.2} = \frac{39 \times 2}{12} = \frac{13}{2} = 6.5$

6. $\because$ $5 : 8 :: 150 : x$, अतः $5 \times x = 8 \times 150$ या $x = \frac{8 \times 150}{5} = 240$

7. $\because$ $8 : 25 :: 56 : x$, अतः $8 \times x = 25 \times 56$ या $x = \frac{25 \times 56}{8} = 175$

8. $\because$ $5 : 8 :: 15 : ?$, अतः $5 \times ? = 8 \times 15$ या $? = \frac{8 \times 15}{5} = 24$

9. $\because$ $\sqrt{2} : (1+\sqrt{3}) :: \sqrt{6} : x$, अतः $\sqrt{2} \times x = (1+\sqrt{3}) \times \sqrt{6}$

$\therefore$ $x = \frac{(1+\sqrt{3}) \times \sqrt{6}}{\sqrt{2}} = (1+\sqrt{3}) \times \sqrt{3} = \sqrt{3} + 3$

10. $\because$ $a : b : c = 1 : \sqrt{3} : 2$ और $c = 4$

$\therefore$ $a : b : 4 = 1 : \sqrt{3} : 2$ या $b : 4 = \sqrt{3} : 2$, अतः $b \times 2 = 4 \times \sqrt{3}$ या $b = 2\sqrt{3}$

11. माना 9 और 15 का तृतीयानुपात x है। अतः $\sqrt{\text{प्रथम संख्या} \times \text{तृतीय संख्या}}$ = द्वितीय संख्या

$\therefore$ $\sqrt{9 \times x} = 15 \Rightarrow 9x = 225 \Rightarrow x = 25$

12. माना 4 और 28 का तृतीयानुपात x है। अतः $\sqrt{\text{प्रथम संख्या} \times \text{तृतीय संख्या}}$ = द्वितीय संख्या

$\therefore$ $\sqrt{4 \times x} = 28 \Rightarrow 4 \times x = 28^2 = 784 \Rightarrow x = \frac{784}{4} = 196$

13. माना 12 और 48 का तृतीयानुपात x है। अतः $\sqrt{\text{प्रथम संख्या} \times \text{तृतीय संख्या}}$ = द्वितीय संख्या

$\therefore$ $\sqrt{12 \times x} = 48 \Rightarrow 12 \times x = 48^2 = 2304 \Rightarrow x = \frac{2304}{12} = 192$

14. $\because$ x और y का माध्य अनुपात 8 है। अतः $xy = 8^2 = 64$ और x तथा y का तृतीया अनुपात 512 है। अतः $x \cdot 512 = y^2$

$\therefore$ $\frac{xy}{x \cdot 512} = \frac{64}{y^2} \Rightarrow \frac{y}{512} = \frac{64}{y^2} \Rightarrow y^3 = 512 \times 64 = (32)^3 \Rightarrow y = 32$

$\therefore$ $xy = 64 \Rightarrow x \cdot 32 = 64 \Rightarrow x = 2$, अतः x और y के मान = 2 और 32

15. माना 24 और 36 का तृतीयानुपात x है। अतः $\sqrt{\text{प्रथम संख्या} \times \text{तृतीय संख्या}}$ = द्वितीय संख्या

$\therefore$ $\sqrt{24 \times x} = 36^2 \Rightarrow 24 \times x = 1296 \Rightarrow x = \frac{1296}{24} = 54$

16. x और y का माध्य अनुपात 6 है। अतः $xy = 6^2 \Rightarrow xy = 36$

पुनः x और y का तृतीय अनुपात 48 है। अतः $x \cdot 48 = y^2$

$\therefore$ $\frac{xy}{x \cdot 48} = \frac{36}{y^2} \Rightarrow y^3 = 36 \times 48 = (4 \times 3)^3 \Rightarrow y = 4 \times 3 = 12$

$\therefore$ $xy = 36$ से $x \times 12 = 36 \Rightarrow x = 3$

$\therefore$ x और y के मान = 3 और 12

17. $\because$ 21, 22, 60 और 64 में से प्रत्येक से x घटाया जाता है तो इस क्रम में प्राप्त संख्याएँ समानुपात में हैं।

$\therefore$ $(21-x):(22-x)::(60-x):(64-x) \Rightarrow$ मध्य पदों का गुणनफल = बाह्य पदों का गुणनफल

$\therefore$ $(22-x)(60-x)=(21-x)(64-x) \Rightarrow \quad 1320-22x-60x+x^2=1344-21x-64x+x^2$

$\therefore$ $85x-82x=1344-1320 \quad \Rightarrow 3x=24 \quad \Rightarrow x=8$

$\therefore$ $(x+1)$ तथा $(7x+8)$ का मध्यानुपाती = $\sqrt{(x+1)(7x+8)}=\sqrt{9\times 64}=3\times 8=24$

18. लड़कों की संख्या : लड़कियों की संख्या = 4 : 1, अतः अनुपाती योग = 4 + 1 = 5

$\therefore$ लड़कों की संख्या = $150\times\frac{4}{5}=120$ और लड़कियों की संख्या = $150\times\frac{1}{5}=30$

$\therefore$ 120 और 30 का मध्यानुपात = $\sqrt{120\times 30}=\sqrt{3600}=60$

19. $\because$ x, 25.6 और 32.4 का मध्यानुपाती है। $\Rightarrow x=\sqrt{25.6\times 32.4}=\sqrt{\frac{256}{10}\times\frac{324}{10}}=\frac{16\times 18}{10}=\frac{144}{5}$

$\because$ y, 32 और 48 का तृतीयानुपाती है। $\Rightarrow \sqrt{y\times 32}=48 \Rightarrow y\times 32=48\times 48 \Rightarrow y=\frac{48\times 48}{32}=72$

$\therefore$ $3x:2y=3\times\frac{144}{5}:2\times 72=\frac{3}{5}:1=3:5$

20. चूंकि a तथा b का माध्य अनुपात = 6, अतः $\sqrt{a\,b}=6 \Rightarrow a\,b=36$ ....(i)

चूंकि a तथा b का तृतीयानुपात 48 है। अतः $\sqrt{a\cdot 48}=b \Rightarrow 48\,a=b^2$ ....(ii)

समीकरण (i) में समीकरण (ii) से भाग देने पर –

$\frac{a\,b}{48\,a}=\frac{36}{b^2} \Rightarrow \frac{b}{48}=\frac{36}{b^2} \Rightarrow b^3=48\times 36=(12)^3 \Rightarrow b=12 \Rightarrow a\cdot b=36$ से $a\times 12=36 \Rightarrow a=3$

21. लड़के और लड़कियों की संख्या का अनुपात = 4 : 1 $\Rightarrow$ अनुपाती योग = 4 + 1 = 5

$\therefore$ लड़कों की संख्या = $150\times\frac{4}{5}=120$ और लड़कियों की संख्या = $150\times\frac{1}{5}=30$

$\therefore$ लड़के और लड़कियों की संख्या के बीच मध्यानुपात = $\sqrt{120\times 30}=\sqrt{3600}=60$

22. 4.8 और 10.8 का मध्यानुपाती = $\sqrt{4.8\times 10.8}=\sqrt{\frac{48}{10}\times\frac{108}{10}}=\sqrt{\frac{16\times 3\times 27\times 4}{100}}=\sqrt{\frac{64\times 81}{100}}=\frac{8\times 9}{10}=\frac{36}{5}$

माना 0.4 और 2.4 का तृतीयानुपाती x है। अतः $2.4=\sqrt{0.4\times x}$

$\therefore$ $0.4\times x=2.4^2 \Rightarrow x=\frac{2.4\times 2.4}{0.4}=14.4=\frac{144}{10}=\frac{72}{5}$

$\therefore$ अभीष्ट अनुपात = $\frac{36}{5}:\frac{72}{5}=1:2$

23. $(12+x):(28+x)::(21+x):(45+x)$, अतः मध्य पदों का गुणनफल = वाह्य पदों का गुणनफल

$\therefore$ $(28+x)(21+x)=(12+x)\,45+x)$

$\therefore$ $588+28x+21x+x^2=540+12x+45x+x^2$

$\therefore$ $588+49x=540+57x \Rightarrow 57x-49x=588-540$

$\therefore$ $8x=48 \Rightarrow x=\frac{48}{8}=6$

$\therefore$ $x+3=6+3=9$ और $4x+1=4\times 6+1=24+1=25$

$\therefore$ 9 और 25 का मध्यानुपाती = $\sqrt{9\times 25}=3\times 5=15$

24. $[23-x]:(39-x)::(32-x):(56-x)$, अतः मध्य पदों का गुणनफल = वाह्य पदों का गुणनफल

$\therefore$ $(39-x)(32-x)=(23-x)(56-x) \Rightarrow 1248-39x-32x+x^2=1288-23x-56x+x^2$

$\therefore$ $1248-71x=1288-79x \Rightarrow 79x-71x=1288-1248 \quad \Rightarrow 8x=40 \Rightarrow x=\frac{40}{8}=5$

$\therefore$ $x+4=5+4=9$ और $3x+1=3\times 5+1=15+1=16$

$\therefore$ 9 और 16 के बीच मध्यानुपाती = $\sqrt{9\times 16}=3\times 4=12$

25. $(21-x):(22-x)::(60-x):(64-x)$, अतः मध्यपदों का गुणनफल = वाह्य पदों का गुणनफल

$\therefore$ $(22-x)(60-x)=(21-x)(64-x) \Rightarrow 1320-22x-60x+x^2=1344-21x-64x+x^2$

$\therefore$ $1320-82x=1344-85x \Rightarrow 85x-82x=1344-1320 \Rightarrow 3x=24 \Rightarrow x=\frac{24}{3}=8$

$\therefore$ $x+1=8+1=9$ और $7x+8=7\times8+8=56+8=64$

$\therefore$ 9 और 64 के बीच मध्यानुपाती = $\sqrt{9\times64}=3\times8=24$

26. माना दूसरी संख्या x है। अतः $20:x=5:7 \Rightarrow x\times5=20\times7 \Rightarrow x=\frac{20\times7}{5}=28$

27. x : yz का व्युत्क्रमी अनुपात = y z : x.......(i), y : zx का व्युत्क्रमी अनुपात = zx : y.......(ii),

z : xy का व्युत्क्रमी अनुपात = xy : z ....(iii)

$\therefore$ मिश्र अनुपात = पूर्व पदों का गुणनफल : उत्तर पदों का गुणनफल

$$=(yz\cdot zx\cdot xy):(x\,y\,z)=x^2y^2z^2:x\,y\,z=xyz:1$$

28. $\because$ $y:x:z=4:5:6$, अतः माना $y=4a, x=5a, z=6a$, अतः $\frac{x-y+z}{x+y-z}=\frac{5a-4a+6a}{5a+4a-6a}=\frac{7a}{3a}=\frac{7}{3}$

29. P का $\frac{4}{7}$ = Q का $\frac{12}{14} \Rightarrow P\times\frac{4}{7}=Q\times\frac{12}{14} \Rightarrow P\times4=Q\times6 \Rightarrow \frac{P}{Q}=\frac{6}{4}=\frac{3}{2} \Rightarrow P:Q=3:2$

30. $\because$ $A:B=3:5$, अतः माना $A=3x$ तथा $B=5x \Rightarrow (A+B):B=(3x+5x):5x=8x:5x=8:5$

31. $x:y=1:3 \Rightarrow x=1$ और $y=3$

$\therefore$ $(3x^2+3x^2):(2y^2-8x^2)=(3\times9+3\times1):(2\times9-8\times1)=(27+3):(18-8)=30:10=3:1$

32. $\because$ $u:v=v:w$, अतः मध्य पदों का गुणनफल = वाह्य पदों का गुणनफल $\Rightarrow v\cdot v=u\cdot w \Rightarrow v^2=u\cdot w$

$\therefore$ $u^4:v^4=u^4:(v^2)^2=u^4:(u\,w)^2=u^4:u^2w^2=u^2:w^2$

33. $\because$ $5A=13B=7C$, अतः $A:B:C=\frac{1}{5}:\frac{1}{13}:\frac{1}{7} \Rightarrow A:B:C=455\times\frac{1}{5}:455\times\frac{1}{13}:455\times\frac{1}{7}=91:35:65$

34. $\because$ $P:Q=9:7$, अतः माना $P=9x$ और $Q=7x$

$\therefore$ $(P-Q):(P+Q)=(9x-7x):(9x+7x)=2x:16x=1:8$

35. $A:B=5:3$ और माना $A=5x$ तथा $B=3x$

$\therefore$ $(A+B):(A-B)=(5x+3x):(5x-3x)=8x:2x=4:1$

36. $3P=2Q \Rightarrow \frac{P}{Q}=\frac{2}{3} \Rightarrow P:Q=2:3$ और $2Q=3R \Rightarrow \frac{Q}{R}=\frac{3}{2} \Rightarrow Q:R=3:2$

$\therefore$ $P:Q:R=3\times2:3\times3:2\times3=2:3:2$

37. $2A=3B \Rightarrow \frac{A}{B}=\frac{3}{2} \Rightarrow A:B=3:2$ और $3B=2C \Rightarrow \frac{B}{C}=\frac{2}{3} \Rightarrow B:C=2:3$

$\therefore$ $A:B:C=2\times3:2\times2:3\times2=3:2:3$

38. $a:b=2:3$, अतः माना $a=2x$ तथा $b=3x$

$\therefore$ $(5a+3b):(6a+2b)=(5\times2x+3\times3x):(6\times2x-2\times3x)$

$$=(10x+9x):(12x-6x)=19x:6x=19:6$$

39. $(5a-3b):(4a-2b)=2:3$, अतः बाह्य पदों का गुणनफल = मध्य पदों का गुणनफल

$\therefore$ $(5a-3b)\times3=(4a-2b)\times2 \Rightarrow 15a-9b=8a-4b$

$\therefore$ $15a-8a=9b-4b \Rightarrow 7a=5b \Rightarrow \frac{a}{b}=\frac{5}{7} \Rightarrow a:b=5:7$

40. $a:b=3:2$, अतः माना $a=3x$ तथा $b=2x$

$\therefore$ $(5a+2b):(3a+4b)=(5\times3x+2\times2x):(3\times3x+4\times2x)=(15x+4x):(9x+8x)$

$$=19x:17x=19:17$$

41. a : b = 2 : 3, अतः माना a = 2x तथा b = 3x

$\therefore \frac{3a+4b}{4a+5b} = \frac{3\times 2x+43x}{4\times 2x+5\times 3x} = \frac{6x+12x}{8x+15x} = \frac{18x}{23x} = 18:23$

42. a : b = 2 : 3, अतः माना a = 2x तथा b = 3x

$\therefore$ (5a – 2b) : (5a + 2b) = (5 × 2x – 2 × 3x) : (5 × 2x + 2 × 3x)

= (10x – 6x) : (10x + 6x) = 4x : 16x = 1 : 4

43. a : b = 2 : 3, अतः माना a = 2x तथा b = 3x

$\therefore$ (5a + 3b) : (6a – 2b) = (5 × 2x + 3 × 3x) : (6 × 2x – 2 × 3x)

= (10x + 9x) : (12x – 6x) = 19x : 6x = 19 : 6

44. a : b = 5 : 7, अतः माना a = 5x तथा b = 7x

$\therefore$ (5a – 3b) : (4a – 2b) = (5 × 5x – 3 × 7x) : (4 × 5x – 2 × 7x)

= (25x – 21x) : (20 x – 14 x) = 4x : 6 x = 2 : 3

45. चूंकि x : y : z = 1 : 1 : 2, अतः माना x = a, y = a, z = 2a

$\therefore$ x + y + z = 400 ⇒ a + a + 2a = 400 ⇒ 4a = 400 ⇒ a = 100

$\therefore$ z = 2a = 2 × 100 = 200

46. चूंकि a : b = 5 : 3, अतः माना a = 5x तथा b = 3x

$\therefore$ (8a – 5b) : (8a + 5b) = (8 × 5x – 5 × 3x) : (8 × 5x + 5 × 3x) = (40x – 15x) : (40x + 15x)

= 25x : 55x = 5 : 11

47. a : b = 5 : 8 और c : d = 4 : 3 ⇒ a : b : c = 4 × 5 : 4 × 8 : 3 × 8= 5 : 8 : 6

48. a : b = 2 : 5 तथा c : b = 3 : 4 ⇒ b : c = 4 : 3

$\therefore$ a : b : c = 4 × 2 : 4 × 5 : 3 × 5 = 8 : 20 : 15

49. चूंकि a : b = 4 : 5, अतः माना a = 4x तथा b = 5x

$\therefore$ (2a + 3b) : (3a + 2b) = (2 × 4x + 3 × 5x) : (3 × 4x + 2 × 5 x) = (8x + 15x) : (12x + 10x)

= 23x : 22x = 23 : 22

50. a : b = 2 : 3 तथा c : b = 5 : 6 ⇒ b : c = 6 : 5 ⇒ a : b : c = 6 × 2 : 6 × 3 : 5 × 3 = 4 : 6 : 5

51. $\because$ $3A = 4B = 5C \Rightarrow A:B:C = \frac{1}{3}:\frac{1}{4}:\frac{1}{5} = 60\times\frac{1}{3}:60\times\frac{1}{4}:60\times\frac{1}{5} = 20:15:12$

52. चूंकि x, 12.8 और 64.8 का मध्यानुपाती है। अतः x^2 = 12.8 × 64.8

$\therefore x = \sqrt{12.8\times 64.8} = \sqrt{\frac{128}{10}\times\frac{648}{10}} = \frac{288}{10} = 28.8$

पुनः y, 38.4 और 57.6 का तृतीयानुपाती है। अतः $57.6^2 = 38.4 \times y \Rightarrow y = \frac{57.6\times 57.6}{38.4} = 86.4$

$\therefore$ 2x : y = 2 × 28.8 : 86.4 = 57.6 : 86.4 = 576 : 864 = 2 : 3

53. a : b : : 3 : 4 ⇒ मध्य पदों का गुणनफल = बाह्य पदों का गुणनफल

$\therefore b\times 3 = a\times 4 \Rightarrow b = \frac{4a}{3}$

$\therefore \frac{5a-3b}{7a+2b} = \frac{5a-3\times\frac{4a}{3}}{7a+2\times\frac{4a}{3}} = \frac{5a-4a}{7a+\frac{8a}{3}} = \frac{a}{\frac{29a}{3}} = \frac{a\times 3}{29a} = \frac{3}{29}$

54. 45 : 75, 3 : 5, 51 : 68, 256 : 81 का मिश्र अनुपात = पूर्व पदों का गुणनफल : उत्तर पदों का गुणनफल

$= (45 \times 3 \times 51 \times 256) : (75 \times 5 \times 68 \times 81) = 64 : 75 = \frac{64}{75}$

55. माना दोनों संख्याएँ क्रमशः $3x$ तथा $5x$ हैं। अतः प्रत्येक संख्या में 6 जोड़ने पर $(3x + 6) : (5x + 6) = 2 : 3$

$\because$ मध्य पदों का गुणनफल = बाह्य पदों का गुणनफल $\Rightarrow (5x + 6) \times 2 = (3x + 6) \times 3$

$\therefore$ $10x + 12 = 9x + 18 \Rightarrow 10x - 9x = 18 - 12 \Rightarrow x = 6$, अतः संख्याएँ $= 3x, 5x = 18, 30$

56. 5 : 4 का अनुपाती योग = 5 + 4 = 9, अतः छोटी संख्या = 180 का $\frac{4}{9} = 180 \times \frac{4}{9} = 80$

57. दो संख्याओं का अनुपात 3 : 7 है। अतः माना वे संख्याएँ $3x$ तथा $7x$ हैं।

$\therefore$ $3x \times 7x = 1344 \Rightarrow x^2 = 64 = 8^2 \Rightarrow x = 8$, अतः दोनों संख्याओं का योग $= 3x + 7x = 10x = 10 \times 8 = 80$

58. माना तीनों संख्याएँ क्रमशः $3x, 6x, 8x$ हैं। अतः $3x \times 6x \times 8x = 9216 \Rightarrow x^3 = \frac{9216}{144} = 64 = 4^3 \Rightarrow x = 4$

$\therefore$ तीनों संख्याओं का योग $= 3x + 6x + 8x = 17x = 17 \times 4 = 68$

59. माना तीनों संख्याएँ क्रमशः $2x, 5x$ तथा $7x$ हैं। अतः $2x \times 5x \times 7x = 1890 \Rightarrow x^3 = \frac{1890}{70} = 27 = 3^3 \Rightarrow x = 3$

$\therefore$ तीनों संख्याओं का योग $= 2x + 5x + 7x = 14x = 14 \times 3 = 42$

60. माना छोटी संख्या $5x$ तथा बड़ी संख्या $9x$ है।

$\therefore$ $9x - 5x = 44 \Rightarrow 4x = 44 \Rightarrow x = 11$, अतः छोटी संख्या $= 5x = 5 \times 11 = 55$

61. पहली संख्या : दूसरी संख्या = 5 : 7 और दूसरी संख्या : तीसरी संख्या = 5 : 3

$\therefore$ पहली संख्या : दूसरी संख्या : तीसरी संख्या = $5 \times 5 : 5 \times 7 : 3 \times 7 = 25 : 35 : 21$

$\therefore$ अनुपाती योग = 25 + 35 + 21 = 81, अतः दूसरी संख्या $= 162 \times \frac{35}{81} = 70$

62. माना दोनों संख्याएँ क्रमशः $3x$ तथा $4x$ हैं।

$\therefore$ $(3x + 30) : (4x + 30) = 9 : 10$, अतः मध्य पदों का गुणनफल = वाह्य पदों का गुणनफल

$\therefore$ $(4x + 30) \times 9 = (3x + 30) \times 10 \Rightarrow 36x + 270 = 30x + 300$

$\therefore$ $36x - 30x = 300 - 270 \Rightarrow 6x = 30 \Rightarrow x = 5$, अतः दोनों संख्याओं का योग $= 3x + 4x = 7x = 7 \times 5 = 35$

63. A और B का अनुपात = 5 : 2, अतः माना $A = 5x$ तथा $B = 2x$

$\therefore$ $(5x + 4) : (2x + 4) = 9 : 4$, अतः वाह्य पदों का गुणनफल = मध्य पदों का गुणनफल

$\therefore$ $(5x + 4) \times 4 = (2x + 4) \times 9 \Rightarrow 20x + 16 = 18x + 36$

$\therefore$ $20x - 18x = 36 - 16 \Rightarrow 2x = 20 \Rightarrow x = 10$

$\therefore$ $A = 5x = 5 \times 10 = 50$ और $B = 2x = 2 \times 10 = 20$

$\therefore$ $(A - 5) : (B - 5) = (50 - 5) : (20 - 5) = 45 : 15 = 3 : 1$

64. u + v = 84 ....(i) u − v = 4 ....(ii)

दोनों समीकरणों को जोड़ने पर 2u = 88 ⇒ u = 44

समीकरण (i) u = 44 रखने पर, 44 + v = 84 ⇒ v = 84 − 44 = 40

$\therefore$ u : v = 44 : 40 = 11 : 10

65. दो संख्याओं में अनुपात = 9 : 7, अतः माना पहली संख्या $9x$ तथा दूसरी संख्या $7x$ है।

$\therefore$ $(9x + 5) : (7x + 6) = 21 : 17$, अतः वाह्य पदों का गुणनफल = मध्य पदों का गुणनफल

$\therefore$ $(9x + 6) \times 17 = (7x + 6) \times 21 \Rightarrow 153x + 102 = 147x + 126$

$\therefore$ $153x - 147x = 126 - 102 \Rightarrow 6x = 24 \Rightarrow x = 4$

66. $5 : 15 :: x : 90 \Rightarrow 15 \times x = 5 \times 90 \Rightarrow x = 30$

162 : y : : y : 128 ⇒ y · y = 162 × 128 ⇒ y = 144, अतः $8x$: y = 8 × 30 : 144 = 5 : 3

67. चूंकि u : v = 5 : 3, अतः माना u = $5x$ तथा v = $3x$, अतः u + v = 80 ⇒ $5x + 3x = 80 \Rightarrow 8x = 80 \Rightarrow x = 10$

$\therefore$ u − v = $5x - 3x = 2x = 2 \times 10 = 20$

68. $x : y : z = 3 : 4 : 5$, अतः माना x = 3a, y = 4a और z = 5a

$\therefore$ $x + y + z = 96 \Rightarrow 3a + 4a + 5a = 96 \Rightarrow 12a = 96 \Rightarrow a = 8$

$\therefore$ z = 5a = 5 × 8 = 40

69. $x : y : z = 1 : 2 : 3$, अतः माना $x = a, y = 2a. z = 3a$

$\therefore$ $x^2 + y^2 + z^2 = 224 \Rightarrow (a)^2 + (2a)^2 + (3a)^2 = 224$

$\therefore$ $a^2 + 4a^2 + 9a^2 = 224 \Rightarrow 14\ a^2 = 224 \quad \Rightarrow a^2 = 16 \quad \Rightarrow a = 4$

$\therefore$ $x + y + z = a + 2a + 3a = 6a = 6 \times 4 = 24$

70. $x + y = 52$ ....(i) $x - y = 20$ ....(ii)

दोनों समीकरणों को जोड़ने पर, $2x = 72 \Rightarrow x = 36$

समीकरण (i) से $36 + y = 52 \Rightarrow y = 52 - 36 = 16$, अतः $x : y = 36 : 16 = 9 : 4$

71. चूंकि $x : y : z = 4 : 3 : 2$, अतः माना $x = 4a, y = 3a, z = 2a$

$\because$ $x + y + z = 360 \Rightarrow 4a + 3a + 2a = 360 \Rightarrow 9\ a = 360 \Rightarrow a = 40$

$\therefore$ $y + z - x = 3a + 2a - 4a = a = 40$

72. माना बड़ी संख्या a तथा छोटी संख्या b है।

$\therefore$ $a + b = 27$....................(i) $a - b = 3$ ....(ii)

दोनों समीकरणों को हल करने पर $a = 15$ तथा $b = 12$

$\therefore$ दोनों संख्याओं का अनुपात $= a : b = 15 : 12 = 5 : 4$

73. विपिन और दिनेश के प्रारम्भिक वेतनों में अनुपात $= 5 : 8$

$\therefore$ माना विपिन का प्रारम्भिक वेतन ₹$5x$ और दिनेश का प्रारम्भिक वेतन ₹$8x$ है।

$\therefore$ प्रत्येक के वेतन में ₹4800 की वृद्धि होने पर, $\dfrac{5x + 4800}{8x + 4800} = \dfrac{7}{10}$

$\therefore$ $(8x + 4800) \times 7 = (5x + 4800) \times 10$

$\therefore$ $56x + 33600 = 50x + 48000 \Rightarrow 6x = 14400 \Rightarrow x = 2400$

$\therefore$ विपिन का वेतन $= 5x = 5 \times 2400 =$ ₹12000

74. चयनित और अचयनित का अनुपात $= 3 : 1$, अतः माना चयनितों की संख्या $3x$ और अचयनितों की संख्या x है।

$\therefore$ आवेदकों की कुल संख्या $= 3x + x = 4x$, अतः 60 कम आवेदन पर आवेदकों की संख्या $= (4x - 60)$

30 कम चयनित होने पर चयनितों की संख्या $= (3x - 30)$

तब अचयनितों की संख्या $= 4x - 60 - 3x + 30 = (x - 30)$

प्रश्नानुसार $(3x - 30) : (x - 30) = 5 : 1$

$\therefore$ मध्य पदों का गुणनफल = बाह्य पदों का गुणनफल $\Rightarrow (x - 30) \times 5 = (3x - 30) \times 1$

$\therefore$ $5x - 150 = 3x - 30 \Rightarrow 5x - 3x = 150 - 30 \Rightarrow 2x = 120 \Rightarrow x = 60$

उम्मीदवारों की कुल संख्या $= 4x = 4 \times 60 = 240$

75. चयनित और अचयनित का अनुपात $= 6 : 1$, अतः माना चयनितों की संख्या $6x$ तथा अचयनितों की संख्या x

$\therefore$ आवेदकों की कुल संख्या $= 6x + x = 7x$ और 90 कम आवेदन पर आवेदकों की संख्या $= (7x - 90)$

30 कम चयनित होने पर चयनितों की संख्या $= (6x - 30)$

तब अचयनितों की संख्या $= (7x - 90) - (6x - 30) = 7x - 90 - 6x + 30 = x - 60$

$\therefore$ प्रश्नानुसार $(6x - 30) : (x - 60) = 8 : 1$

$\therefore$ मध्य पदों का गुणनफल = बाह्य पदों का गुणनफल $\Rightarrow (x - 60) \times 8 = (6x - 30) \times 1$

$\therefore$ $8x - 480 = 6x - 30 \Rightarrow 2x = 450 \Rightarrow x = 225$

$\therefore$ उम्मीदवारों की कुल संख्या $= 7x = 7 \times 225 = 1575$

76. माना तीनों कक्षाओं की आरम्भिक संख्या क्रमशः $3x$, $4x$ तथा $5x$ है।

प्रत्येक कक्षा में 20 छात्र बढ़ाने पर, $(3x + 20) : (4x + 20) : (5x + 20) = 4 : 5 : 6$

$\therefore$ $(3x + 20) : (4x + 20) = 4 : 5 \Rightarrow (4x + 20) \times 4 = (3x + 20) \times 5$

$\therefore$ $16x + 80 = 15x + 100 \Rightarrow 16x - 15x = 100 - 80 \Rightarrow x = 20$

$\therefore$ तीनों कक्षाओं को मिलाकर छात्रों की आरम्भिक संख्या $= 3x + 4x + 5x = 12x = 240$

77. लड़कों की संख्या : लड़कियों की संख्या = 5 : 3 $\Rightarrow$ अनुपाती योग = 5 + 3 = 8

$\therefore$ लड़कों की संख्या = $640\times\frac{5}{8}$ = 400 और लड़कियों की संख्या = $640\times\frac{3}{8} = 240$

30 लड़कियों के बढ़ने पर लड़कियों की नई संख्या = 240 + 30 = 270

माना x नये लड़के और नामांकित होने चाहिए तब लड़कों की नई संख्या : लड़कियों की नई संख्या = 14 : 9

$\therefore$ $(400 + x) : 270 = 14 : 9$, अतः वाह्य पदों का गुणनफल = मध्य पदों का गुणनफल

$\therefore$ $(400 + x) \times 9 = 270 \times 14 \Rightarrow 400 + x = \frac{270\times14}{9} = 420 \Rightarrow x = 420 - 400 = 20$

78. प्रारम्भ में लड़कों की संख्या और लड़कियों की संख्या में अनुपात = 7 : 6

$\therefore$ माना प्रारम्भ में लड़कों की संख्या $7x$ और लड़कियों की संख्या $6x$ थी।

नये 4 लड़कों के शामिल होने और 3 लड़कियों के समूह छोड़ने पर–

$(7x + 4) : (6x - 3) = 4 : 3$, अतः मध्यपदों का गुणनफल = वाह्य पदों का गुणनफल

$\therefore$ $(6x - 3) \times 4 = (7x + 4) \times 3 \Rightarrow 24x - 12 = 21x + 12$

$\therefore$ $24x - 21x = 12 + 12 \Rightarrow 3x = 24 \Rightarrow x = 8$

$\therefore$ समूह में लड़के और लड़कियों की प्रारम्भिक संख्या = $7x + 6x = 13x = 13 \times 8 = 104$

79. माना दोनों संख्याएँ क्रमशः 2x तथा 3x हैं।

$\therefore$ $2x + 3x = 125 \Rightarrow 5x = 125 \Rightarrow x = 25$, अतः संख्याएँ = 2x, 3x = 50, 75

80. लड़कों की संख्या : लड़कियों की संख्या = 13 : 9 $\Rightarrow$ 13 + 9 = 22

$\therefore$ लड़कों की संख्या = $\frac{660\times13}{22} = 390$ और लड़कियों की संख्या = $\frac{660\times9}{22} = 270$

माना 30 लड़कियों के आने के बाद x लड़के चले गये। अतः $(390–x) : (270 + 30) = 6 : 5$

$\therefore$ $(390–x) : 300 = 6 : 5 \Rightarrow 300\times6 = 5\ (390 - x) \Rightarrow 360 = 390 - x \Rightarrow x = 390 - 360 = 30$

81. माना लड़कों की संख्या 3x तथा लड़कियों की संख्या 2x है।

6 लड़कियां और आ जाने पर, $3x : (2x + 6) = 6 : 5$

$\therefore$ $(2x + 6) \times 6 = 3x \times 5 \Rightarrow 12x + 36 = 15x \Rightarrow 3x = 36 \Rightarrow x = 12$

$\therefore$ स्कूल में लड़कों की संख्या = $3x = 3\times 12 = 36$

82. माना तीनों कक्षाओं में छात्रों की संख्या क्रमशः 2x, 3x, 5x थी।

$\therefore$ प्रत्येक कक्षा में 20 छात्रों की वृद्धि होने पर, $(2x+20) : (3x + 20) : (5x +20) = 4:5:7$

$\therefore$ $(2x+20):(3x+20) = 4:5 \Rightarrow (2x+20)\times5 = (3x+20)\times4$

$\therefore$ $10x+100 = 12x + 80 \Rightarrow 2x = 20 \Rightarrow x = 10$

$\therefore$ वृद्धि से पहले छात्रों की कुल संख्या = $2x + 3x + 5x = 10x = 10 \times 10 = 100$

83. पुरुष : स्त्रियाँ : लड़के = 5 : 7 : 10 $\Rightarrow$ अनुपाती योग = 5 + 7 + 10 = 22

लड़कों की संख्या = $\frac{660\times10}{22} = 300$

84. लड़कियों की संख्या $\times \frac{10}{100}$ = लड़कों की संख्या $\times \frac{1}{20}$

$$= \frac{\text{लड़कियों की संख्या}}{\text{लड़कों की संख्या}} = \frac{1\times10}{20} = \frac{1}{2} = 1:2$$

85. लड़के : लड़कियाँ = 4 : 3, लड़कियाँ : शिक्षक = 8 : 1

$\therefore$ लड़के : लड़कियाँ : शिक्षक = 32 : 24 : 3, अतः सभी विद्यार्थी : शिक्षक = (32+24) : 3 = 56 : 3

86. माना लड़कों की संख्या 5x तथा लड़कियों की संख्या 3x है।

50 लड़कों के महाविद्यालय छोड़ने तथा 50 लड़कियों के और आ जाने पर –

$(5x - 50) : (3x + 50) = 9 : 7 \Rightarrow (5x - 50) \times 7 = (3x + 50) \times 9$

$\therefore$ $35x - 350 = 27x + 450 \Rightarrow 8x = 800 \Rightarrow x = 100$

$\therefore$ महाविद्यालय में लड़कों की संख्या $= 5x = 5 \times 100 = 500$

87. लड़के तथा लड़कियों की संख्या में अनुपात $= 7 : 5 \Rightarrow$ अनुपाती योग $= 7 + 5 = 12$

$\therefore$ छात्रों की कुल संख्या = 12 का कोई गुणज, अतः संख्या 50 छात्रों की कुल संख्या के बराबर नहीं हो सकती।

88. $a : b = 2 : 5$ तथा $b : c = 4 : 7 \Rightarrow a : b : c = 4 \times 2 : 4 \times 5 : 5 : 7 \times 5 = 8 : 20 : 35$

चूंकि $c : d = 9 : 14$, अतः $a : b : c : d = 9 \times 8 : 9 \times 20 : 9 \times 35 : 14 \times 35 = 72 : 180 : 315 : 490$

89. $A : B = 3 : 4$ तथा $B : C = 6 : 5$

$\therefore$ $A : B : C = 6 \times 3 : 6 \times 4 : 5 \times 4 = 18 : 24 : 20 \Rightarrow C : A = 20 : 18 = 10 : 9$

90. $A : B = 2 : 3$ तथा $B : C = 6 : 11$

$\therefore$ $A : B : C = 6 \times 2 : 6 \times 3 : 11 \times 3 = 12 : 18 : 33 = 4 : 6 : 11$

91. $A : B = 7 : 9$ तथा $B : C = 3 : 5 \Rightarrow A : B : C = 3 \times 7 : 3 \times 9 : 5 \times 9 = 7 : 9 : 15$

92. $A = \frac{B \times 2}{3} \Rightarrow \frac{A}{B} = \frac{2}{3} \Rightarrow A : B = 2 : 3$ और $B = \frac{C \times 9}{11} \Rightarrow \frac{B}{C} = \frac{9}{11} \Rightarrow B : C = 9 : 11$

$\therefore$ $A : B : C = 9 \times 2 : 9 \times 3 : 11 \times 3 = 6 : 9 : 11 \Rightarrow$ A का धन : C का धन = 6 : 11

93. $A = \frac{2}{3} B \Rightarrow \frac{A}{B} = \frac{2}{3} \Rightarrow A : B = 2 : 3$ और $B = \frac{3}{4} C \Rightarrow \frac{B}{C} = \frac{3}{4} \Rightarrow B : C = 3 : 4$

$\therefore$ $A : B : C = 2 : 3 : 4 \Rightarrow A : C = 2 : 4 = 1 : 2$

94. A का शेयर = B के शेयर का $\frac{1}{2} \Rightarrow$ A का शेयर : B का शेयर $= 1 : 2 \Rightarrow B : A = 2 : 1$

इसी प्रकार A का शेयर = C का शेयर $\times 3 \Rightarrow$ A का शेयर : C का शेयर $= 3 : 1 \Rightarrow A : C = 3 : 1$

$\therefore$ $B : A : C = 3 \times 2 : 3 \times 1 : 1 \times 1 = 6 : 3 : 1 \Rightarrow$ अनुपाती योग $= 6 + 3 + 1 = 10$

$\therefore$ ₹490 में C का शेयर $= 490 \times \frac{1}{10} =$ ₹49

95. A का हिस्सा = B और C का हिस्सा $\times \frac{2}{9} \Rightarrow \frac{\text{A का हिस्सा}}{\text{B और C का हिस्सा}} = \frac{2}{9}$

$\therefore$ A का हिस्सा : B और C का हिस्सा $= 2 : 9 \Rightarrow$ अनुपाती योग $= 2 + 9 = 11$

$\therefore$ ₹770 में A का हिस्सा $= 770 \times \frac{2}{11} =$ ₹140

96. $\frac{1}{2} : \frac{2}{3} : \frac{4}{5} = 30 \times \frac{1}{2} : 30 \times \frac{2}{3} : 30 \times \frac{4}{5} = 15 : 20 : 24 \Rightarrow$ अनुपाती योग $= 15 + 20 + 24 = 59$

177 में दूसरा भाग $= 177 \times \frac{20}{59} = 60$

97. $\frac{1}{3} : \frac{1}{5} = 15 \times \frac{1}{3} : 15 \times \frac{1}{5} = 5 : 3 \Rightarrow$ अनुपाती योग $= 5 + 3 = 8$

A और B के लाभों के अन्तर $= \frac{960 \times (5 - 3)}{8} = 120 \times 2 =$ ₹240

98. 5 : 6 : 9 का अनुपाती योग = 5 + 6 + 9 = 20

∴ कुल धनराशि × $\frac{5}{20}$ = 450 ⇒ कुल धनराशि = $\frac{450 \times 20}{5}$ = ₹1800

99. माना W को ₹ x प्राप्त होते हैं। अतः V को प्राप्त ₹ = $x + 5$ और U को प्राप्त ₹ = $x + 5 + 10 = x + 15$

∴ तीनों का योग = 125 ⇒ $x + 15 + x + 5 + x = 125$

∴ $3x + 20 = 125 \Rightarrow 3x = 105 \Rightarrow x = \frac{105}{3} = 35$, अतः U का हिस्सा = $x + 15 = 35 + 15$ = ₹ 50

V का हिस्सा = $x + 5 = 35 + 5$ = ₹ 40 और W का हिस्सा = x = ₹ 35

u, v, w के हिस्सों में अनुपात = 50 : 40 : 35 = 10 : 8 : 7

100. अनिरुद्ध, बलवंत और चारुदत्ता के भागों में अनुपात = 2 : 3 : 5, अतः अनुपाती योग = 2 + 3 + 5 = 10

∴ ₹ 936000 में चारुदत्ता का भाग = $936000 \times \frac{5}{10}$ = ₹ 468000

101. U, V तथा W के वेतन में अनुपात = 8 : 7 : 13, अतः माना तीनों के वेतन क्रमशः ₹ $8x$, ₹ $7x$ तथा ₹ $13x$ हैं।

∴ $13x - 7x = 3384 \Rightarrow 6x = 3384 \Rightarrow x = 564$, अतः U का वेतन = $8x = 8 \times 564$ = ₹ 4512

102. गफूर का वेतन = हाशिम का वेतन × $\frac{3}{4}$ ⇒ $\frac{\text{गफूर का वेतन}}{\text{हासिम का वेतन}} = \frac{4}{3}$

∴ गफूर का वेतन : हाशिम का वेतन = 4 : 3 ....(i)

इसी प्रकार हाशिम के वेतन × $\frac{3}{4}$ = सतीश का वेतन ⇒ $\frac{\text{गफूर का वेतन}}{\text{सतीश का वेतन}} = \frac{5}{4}$

∴ हासिम का वेतन : सतीश का वेतन = 5 : 4....................................(ii)

दोनों समीकरणों से, गफूर का वेतन : हाशिम का वेतन : सतीश का वेतन = 4 × 5 : 3 × 5 : 3 × 4

∴ गफूर का वेतन : सतीश का वेतन = 4 × 5 : 3 × 4 = 5 : 3

103. X, Y, Z के हिस्सों में अनुपात = $\frac{1}{3}:\frac{1}{4}:\frac{1}{2} = 12\times\frac{1}{3}:12\times\frac{1}{4}:12\times\frac{1}{2} = 4:3:6$

∴ अनुपाती योग = 4 + 3 + 6 = 13, अतः ₹ 18200 में X का हिस्सा = $18200 \times \frac{4}{13}$ = ₹ 5600

104. 5 : 3 : 4 के अनुपात में बंटी राशि = 2489 – (12 + 12 + 5) = 2489 – 29 = 2460

5 : 3 : 4 का अनुपाती योग = 5 + 3 + 4 = 12, अतः C का नया हिस्सा = $2460 \times \frac{4}{12}$ = ₹ 820

105. 20 : 18 : 21 का अनुपाती योग = 20 + 18 + 21 = 59

20 : 18 : 21 के अनुपात में बंटी राशि = 3170 – (13 + 12 + 18) = 3170 – 43 = 3127

∴ 20 : 18 : 21 के अनुपातों में Z का हिस्सा = $3127 \times \frac{21}{59} = 1113$

∴ Z का आरम्भिक हिस्सा = 1113 + 18 = ₹ 1131

106. A : B = 4 : 3 और B : C = 5 : 4

∴ A : B : C = 5 × 4 : 5 × 3 : 4 × 3 = 20 : 15 : 12

परन्तु C : D = 6 : 5, अतः A : B : C : D = 6 × 20 : 6 × 15 : 6 × 12 : 5 × 12 = 20 : 15 : 12 : 10

∴ आनुपाती योग = 20 + 15 + 12 + 10 = 57, अतः ₹ 6859 में B का अंश = $6859 \times \frac{15}{57}$ = ₹ 1805

107. राम का हिस्सा : रहीम का हिस्सा = 3 : 2, अतः अनुपाती योग = 3 + 2 = 5

∴ कुल राशि का $\frac{3}{5}$ = राम का हिस्सा, अतः कुल राशि × $\frac{3}{5}$ = 36000

∴ कुल राशि = $36000 \times \frac{5}{3}$ = ₹ 60000

108. A, B, C तथा D के लाभों में अनुपात = 4 : 8 : 11 : 15

∴ माना A, B, C तथा D के लाभ क्रमशः ₹ $4x$, ₹ $8x$, ₹ $11x$ तथा ₹ $15x$ हैं।

∴ अधिकतम लाभ – न्यूनतम लाभ = 22000 $\Rightarrow 15x - 4x = 22000$

∴ $11x = 22000 \Rightarrow x = \frac{22000}{11} = 2000$

∴ अन्य दो अनुपातों के लाभों का योग = $8x + 11x = 19x = 19 \times 2000$ = ₹ 38000

109. A : B = 7 : 12 तथा B : C = 8 : 5 ⇒ A : B : C= 8 × 7 : 8 × 12 : 5 × 12 = 14 : 24 : 15

∴ माना A, B, C के शेयर क्रमशः ₹14a, ₹24a, तथा ₹15a मूल्य के हैं

∵ A और C के शेयरों में अन्तर = 214, अतः 15a – 14a = 214 ⇒ a = 214

∴ ₹ x = 14a + 24a + 15a = 53a = 53 × 214 = ₹11342

110. सुनीता, अमित और विभा के भागों में अनुपात = 2 : 3 : 4 ⇒ अनुपाती योग = 2 + 3 + 4 = 9

कुल राशि का $\frac{4}{9}$ = विभा का भाग ⇒ कुल राशि × $\frac{4}{9}$ = 14416

∴ कुल राशि = $14416 \times \frac{9}{4}$ = ₹32436

111. 1 रुपये, 50 पैसे, 10 पैसे की सिक्कों का अनुपात = 4 : 2 : 5

∴ माना 1 रुपये, 50 पैसे, 10 पैसे के सिक्कों की संख्या क्रमशः $4x$, $2x$. $5x$ है।

∴ $4x + \frac{2x}{2} + \frac{5x}{10} = 11 \Rightarrow 4x + x + \frac{x}{2} = 11 \Rightarrow 5x + \frac{x}{2} = 11 \Rightarrow \frac{11x}{2} = 11 \Rightarrow x = \frac{11 \times 2}{11} = 2$

∴ 50 पैसे के सिक्कों की संख्या = $2x = 2 \times 2 = 4$

112. माना 1 रुपये, 2 रुपये तथा 5 रुपये के प्रत्येक प्रकार के सिक्कों की संख्या x है।

∴ ₹ x + ₹ $2x$ + ₹ $5x$ = ₹ 184 $\Rightarrow 8x = 184 \Rightarrow x = 23$

∴ प्रत्येक प्रकार के सिक्कों की संख्या = 23

113. 1 रुपये, 50 पैसे, 10 पैसे के सिक्कों की संख्या में अनुपात = 6 : 3 : 2

∴ माना 1 रुपये, 50 पैसे, 10 पैसे के सिक्कों की संख्या क्रमशः $6x$, $3x$, $2x$ है।

∴ कुल कीमत $\Rightarrow 6x + \frac{3x}{2} + \frac{2x}{10} = 30.8 \Rightarrow \frac{60x + 15x + 2x}{10} = 30.8$

∴ $\frac{77x}{10} = 30.8 \Rightarrow x = \frac{30.8 \times 10}{77} = \frac{308}{77} = 4$, अतः 50 पैसे के सिक्कों की संख्या = $3x = 3 \times 4 = 12$

114. माना 1 रुपये, 50 पैसे तथा 25 पैसे में से प्रत्येक प्रकार के सिक्कों की संख्या x है।

∴ कुल राशि $\Rightarrow x + \frac{x}{2} + \frac{x}{4} = 105 \Rightarrow \frac{4x + 2x + x}{4} = 105$

∴ $\frac{7x}{4} = 105 \Rightarrow x = \frac{105 \times 4}{7} = 60$, अतः प्रत्येक प्रकार के सिक्कों की संख्या = $x = 60$

115. 1 रुपये, 50 पैसे तथा 10 पैसे के सिक्कों की संख्या में अनुपात = 3 : 2 : 3

∴ माना इन सिक्कों की संख्या क्रमशः $3x$, $2x$ तथा $3x$ है।

∴ $3x + \frac{2x}{2} + \frac{3x}{10} = 25.8 \Rightarrow \frac{30x + 10x + 3x}{10} = 25.8$

∴ $\frac{43x}{10} = 25.8 \Rightarrow 43x = 258 \Rightarrow x = \frac{258}{43} = 6$, अतः 50 पैसे के सिक्कों की संख्या = $2x = 2 \times 6 = 12$

116. माना 1 रुपये, 50 पैसे तथा 25 पैसे के सिक्कों की संख्या क्रमशः x, $2x$, $4x$ है।

∴ कुल धन $\Rightarrow x + \frac{2x}{2} + \frac{4x}{4} = 225 \Rightarrow x + x + x = 225$ अतः $3x = 225 \Rightarrow x = \frac{225}{3} = 75$

∴ 50 पैसे के सिक्कों की संख्या = $2x = 2 \times 75 = 150$

117. 1 रुपये, 50 पैसे, 25 पैसे के सिक्कों की संख्या में अनुपात = 5 : 6 : 8

∴ माना रुपये के 5x, 50 पैसे के 6x तथा 25 पैसे के 8 x सिक्के हैं।

∴ $5x+\frac{6x}{2}+\frac{8x}{4}=240 \Rightarrow \frac{20x+12x+8x}{4}=240 \Rightarrow \frac{40x}{4}=240 \Rightarrow x=24$

∴ 25 पैसे के सिक्कों की संख्या = 8x = 8 × 24 = 192

118. माना प्रत्येक प्रकार के x नोट हैं।

∴ x + x × 5 + x × 10 = 640 ⇒ x + 5x + 10x = 640 ⇒ 16x = 640 ⇒ x = 40

∴ नोटों की कुल संख्या = 40 + 40 + 40 = 120

119. चूंकि तीनों प्रकार के सिक्कों का मूल्य समान है।

∴ 1 रुपये, 50 पैसे, 25 पैसे के सिक्कों की संख्या में अनुपात = 1 : 2 : 4

∴ कुल 175 सिक्कों में रुपये के सिक्के = 25, 50 पैसे के सिक्के = 50 और 25 पैसे के सिक्के = 100

∴ कुल कीमत = $25+50\times\frac{1}{2}+100\times\frac{1}{4}$ = 25 + 25 + 25 = ₹ 75

120. माना 1 रुपये, 50 पैसे, 25 पैसे के सिक्कों की संख्या क्रमशः x, 2x, 3x है।

∴ $x+\frac{2x}{2}+\frac{3x}{4}=121 \Rightarrow \frac{11x}{4}=121 \Rightarrow x=44$, अतः सिक्कों की संख्या = x, 2x, 3x = 44, 88, 132

121. ∵ प्रत्येक प्रकार के सिक्कों के मूल्य में अनुपात = 8 : 4 : 3

∴ माना 1 रुपये के सिक्कों, 50 पैसे के सिक्कों, 25 पैसे के सिक्कों का मूल्य क्रमशः ₹ 8 x, ₹ 4x, ₹ 3x है।

∴ 1 रुपये के सिक्कों, 50 पैसे के सिक्कों, 25 पैसे के सिक्कों की संख्या = 8 x , 4x × 2 , 3x × 4 = 8 x, 8x, 12x

∴ 8 x + 8x + 12x = 280 ⇒ 28x = 280 ⇒ x = 10 ⇒ 50 पैसे के सिक्कों की संख्या = 8 x = 8 × 10 = 80

122. माना P और Q की आय क्रमशः ₹ $4x$ तथा ₹ $7x$ है। पुनः माना उनके व्यय क्रमशः ₹ 3y और 7y हैं।

P की बचत ⇒ $4x - 3y = 10000$ ....(i)

Q की बचत ⇒ $7x - 7y = 7000 \Rightarrow x - y = 1000 \Rightarrow 3x - 3y = 3000$ ....(ii)

समीकरण (i) में से समीकरण (ii) को घटाने पर, $4x - 3x = 10000 - 3000 \Rightarrow x = 7000$

∴ P की आय = $4x$ = 4 × 7000 = ₹ 28000

123. चूंकि X, Y तथा Z के वेतनों में अनुपात = 15 : 3 : 8, अतः माना तीनों के वेतन क्रमशः ₹ $15x$. ₹ $3x$ तथा ₹ $8x$ हैं।

चूंकि Z को Y से ₹ 3960 अधिक मिलते हैं। अतः $8x - 3x = 3960 \Rightarrow 5x = 3960 \Rightarrow x = 792$

∴ X का वेतन = $15x$ = 15 × 792 = ₹ 11880

124. P, Q तथा R की आय में अनुपात = 5 : 4 : 3

P की आय : Q की आय = 5 : 4 ⇒ 10000 : Q की आय = 5 : 4

∴ Q की आय × 5 = 10000 × 4 ⇒ Q की आय = $\frac{10000\times4}{5}$ = ₹ 8000

P, Q तथा R की व्यय में अनुपात = 6 : 5 : 4

∴ P का व्यय : Q का व्यय = 6 : 5 ⇒ 6000 : Q का व्यय = 6 : 5

∴ Q का व्यय × 6 = 6000 × 5 ⇒ Q का व्यय = $\frac{6000\times5}{6}$ = ₹ 5000

∴ Q की बचत = 8000 – 5000 = ₹ 3000

125. ∵ व्यय : बचत = 61 : 6, अतः माना व्यय ₹ $61x$ तथा बचत ₹ $6x$ है।

∴ आय ⇒ $61x + 6x = 8710 \Rightarrow 67x = 8710 \Rightarrow x = \frac{8710}{67}$ = 130

∴ मासिक बचत की राशि = $6x$ = 6 × 130 = ₹ 780

126. $\because$ गिरीश का वेतन = हरिशंकर का वेतन $\times \frac{4}{9}$, अतः $\frac{\text{गिरीश का वेतन}}{\text{हरिशंकर का वेतन}} = \frac{4}{9} \Rightarrow$ गिरीश का वेतन : हरिशंकर का वेतन = 4 : 9

$\because$ हरिशंकर का वेतन $\times \frac{5}{6}$ = शिरीश का वेतन $\Rightarrow \frac{\text{हरिशंकर का वेतन}}{\text{गिरीश का वेतन}} = \frac{6}{5} \Rightarrow$ हरिशंकर का वेतन : शिरीश का वेतन = 6 : 5

$\therefore$ गिरीश का वेतन : हरिशंकर का वेतन : शिरीश का वेतन = 6 × 4 : 6 × 9 : 5 × 9

$\therefore$ गिरीश का वेतन : शिरीश का वेतन = 6 × 4 : 5 × 9 = 8 : 15

127. $\because$ महेश तथा सुमित के वेतन में अनुपात = 7 : 4 $\Rightarrow$ माना महेश का वेतन ₹ $7x$ तथा सुमित का वेतन ₹ $4x$ है।

$\therefore$ $7x - 4x = 12000 \Rightarrow 3x = 12000 \Rightarrow x = 4000$, अतः सुमित का वेतन = $4x = 4 \times 4000$ = ₹ 16000

128. A, B तथा C के मजदूरी में अनुपात = 1 : 2 :3, अतः माना इनकी मजदूरी क्रमशः ₹ x, ₹ $2x$ तथा ₹ $3x$ है।

$\therefore$ इनकी मजदूरियों में क्रमशः 5%, 10%, 15% की वेतन वृद्धि पर नयी मजदूरियों में अनुपात

$$= x \times \frac{105}{100} : 2x \times \frac{110}{100} : 3x \times \frac{115}{100} = 21 : 44 : 69$$

129. माना A और B की मासिक आय क्रमशः $3x$ तथा $4x$ हैं।

$\therefore$ A का व्यय = $3x - 4000$ और B का व्यय = $4x - 4000$

$\therefore$ $(3x - 4000) : (4x - 4000) = 2 : 3 \Rightarrow (3x - 4000) \times 3 = (4x - 4000) \times 2$

$\therefore$ $9x - 12000 = 8x - 8000 \Rightarrow 9x - 8x = 12000 - 8000 \Rightarrow x = 4000$

$\therefore$ B की आय = $4x = 4 \times 4000$ = ₹ 16000

130. A और B के मासिक व्यय का अनुपात = 5 : 3

$\therefore$ माना A का मासिक व्यय ₹ $5x$ तथा B का मासिक व्यय ₹ $3x$ है।

$\because$ दोनों प्रतिमाह समान राशि बचाते हैं। अतः $12000 - 5x = 8000 - 3x$

$\therefore$ $5x - 3x = 12000 - 8000 \Rightarrow 2x = 4000 \Rightarrow x = 2000$

$\therefore$ A की बचत = $12000 - 5x = 12000 - 10000$ = ₹ 2000

B की बचत = $8000 - 3x = 8000 - 6000$ = ₹ 2000

131. A : B = 3 : 2 तथा B : C = 3 : 2 $\Rightarrow$ A : B : C = 3 × 3 : 3 × 2 : 2 × 2 = 9 : 6 : 4

माना A, B, C की आय क्रमशः 9x, 6x, 4x है।

$\because$ A की आय का तिहाई भाग − C की आय का चौथाई भाग = 1000

$\therefore$ $\frac{9x}{3} - \frac{4x}{4} = 1000 \Rightarrow 3x - x = 1000 \Rightarrow 2x = 1000 \Rightarrow x = 500$

$\therefore$ B की आय = 6x = 6 × 500 = ₹ 3000

132. $\frac{\text{आय}}{\text{व्यय}} = \frac{10}{7} \Rightarrow \frac{\text{आय}}{10500} = \frac{10}{7} \Rightarrow$ आय = $\frac{10500 \times 10}{7}$ = ₹ 15000

$\therefore$ बचत = आय − व्यय = 15000 − 10500 = ₹ 4500

133. माना A की साप्ताहिक आय ₹ 9x तथा B की ₹ 7x है। पुनः माना A का व्यय ₹ 4y तथा B का व्यय ₹ 3y है

$\therefore$ 9x − 4y = 200 ....(i) 7x − 3y = 200 ....(ii)

समीकरण (i) में 3 से तथा समीकरण (ii) में 4 से गुणा करने पर,

27x − 12y = 600 ....(iii) 28x − 12y = 800 ....(iv)

समीकरण (iv) में से समीकरण (iii) को घटाने पर, x = 800 − 600 = 200

$\therefore$ दोनों की साप्ताहिक आय = 9x + 7x = 16x = 16 × 200 = ₹ 3200

134. माना A की आय ₹ 2x तथा b की आय ₹ 3x है। पुनः माना A का व्यय ₹ y तथा B का व्यय ₹ 2y है।

∴ $2x - y = 24000$ .....(i) $3x - 2y = 24000$ ....(ii)

समीकरण (i) में 2 से गुणा करने पर, $4x - 2y = 48000$ ....(iii)

समीकरण (iii) में से समीकरण (ii) को घटाने पर, $x = 24000$

∴ A की आय = $2x = 2 \times 24000$ = ₹ 48000

135. माना A की मासिक आय ₹ 6x तथा B की ₹ 5x है पुनः माना A का व्यय ₹ 4y तथा B का व्यय ₹ 3y है।

∴ $6x - 4y = 400$ ....(i) $5x - 3y = 400$ ....(ii)

समीकरण (i) में 3 से तथा समीकरण (ii) में 4 से गुणा करने पर,

$18x - 12y = 1200 \rightarrow$ (iii) $20x - 12y = 1600 \rightarrow$ (iv)

समीकरण (iv) में से समीकरण (iii) को घटाने पर, $2x = 400 \Rightarrow x = 200$

∴ दोनों की मासिक आय = $6x + 5x = 11x = 11 \times 200$ = ₹ 2200

136. माना एक टिकट का प्रारम्भिक मूल्य ₹ $9x$ तथा बढ़ा हुआ मूल्य ₹ $13x$ है।

पुनः माना पहले 7y व्यक्ति आते परन्तु $4y$ व्यक्ति आये।

∴ पहले का संकलन = $9x \times 7y$ = ₹ 63 xy और बाद का संकलन = $13x \times 4y$ = ₹ 52 xy

∴ दोनों में अनुपात = $63xy : 52\,xy = 63 : 52$ की कमी हुई

137. माना प्रवेश टिकट का मूल्य ₹ $11x$ तथा बढ़ा हुआ मूल्य ₹ $16x$ था।

पुनः माना लोगों की प्रारम्भिक संख्या 19y तथा घटी हुई संख्या 9y थी।

∴ प्रारम्भिक संकलन = $19y \times 11x = 209\,xy$ और बाद का संकलन = $16x \times 9y = 144\,xy$

∴ संकलन का अनुपात = $209xy : 144\,xy \Rightarrow 209 : 144$ के अनुपात में कमी

138. माना प्रवेश टिकट का प्रारम्भिक मूल्य ₹ $17x$ तथा बढ़ा हुआ मूल्य ₹ $19x$ है।

पुनः माना लोगों की प्रारम्भिक संख्या 11 y तथा बाद वाली संख्या 10y है।

∴ प्रारम्भिक संकलन = $17x \times 11y = 187\,xy$ और बाद वाला संकलन = $19x \times 10\,y = 190\,x\,y$

∴ संकलन में वृद्धि का अनुपात = $187\,x\,y : 190\,x\,y = 187 : 190$ के अनुपात में वृद्धि

139. माना प्रवेश टिकट का प्रारम्भिक मूल्य ₹ $3x$ तथा बढ़ा हुआ मूल्य ₹ $7x$ है।

पुनः माना लोगों की प्रारम्भिक संख्या 16y तथा बाद वाली संख्या 13y है।

∴ प्रारम्भिक संकलन = $3x \times 16y = 48\,x\,y$ और बाद वाला संकलन = $7x \times 13\,y = 91\,x\,y$

∴ संकलन में अनुपात = $48\,x\,y : 91\,x\,y = 48 : 91$ के अनुपात में वृद्धि

8 आयु सम्बन्ध (Age Relation)

इस अध्याय के अन्तर्गत दो या तीन व्यक्तियों की आयु में सम्बन्धों के आधार पर प्रश्न पूछे जाते हैं। दो व्यक्तियों की वर्तमान आयु में अन्तर सदैव स्थिर रहता है। जैसे यदि राम और श्याम की वर्तमान आयु में 5 वर्ष का अन्तर हो तो कुछ वर्षों पहले भी उनकी आयु में 5 वर्ष का अन्तर रहा होगा और कुछ वर्षों बाद भी उनकी आयु में 5 वर्ष का ही अन्तर रहेगा। इस अध्याय से विभिन्न प्रतियोगी परीक्षाओं में पूछे गये और पूछे जा सकने वाले प्रश्नों को कुल 6 प्रकारों में बांट सकते हैं।

1. उम्रों की योग पर आधारित प्रश्न
2. उम्रों की अन्तर पर आधारित प्रश्न
3. उम्रों की योग-अन्तर पर आधारित प्रश्न
4. अनुपात पर आधारित प्रश्न
5. गुना पर आधारित प्रश्न
6. विविध प्रश्न

उदाहरणार्थ हल प्रश्न

1 उम्रों की योग पर आधारित प्रश्न

1. A और B की वर्तमान आयु का योग 22 वर्ष है। यदि A, B से 4 वर्ष बड़ा हो तो A की वर्तमान आयु ज्ञात कीजिए।
2. रमेश और गनेश मिलकर इस समय 28 वर्ष के हैं। यदि गनेश रमेश से 6 वर्ष छोटा है तो गनेश की आयु कितनी है?

हल

1. माना A की वर्तमान आयु $x+4$ वर्ष तथा B की वर्तमान आयु x वर्ष है।
   $\therefore$ $x+4+x=22$ या $2x=22-4$, अतः $2x=18$ या $x=9$ वर्ष
   $\therefore$ A की वर्तमान आयु $= x+4=9+4=13$ वर्ष
2. माना रमेश और गनेश की वर्तमान आयु क्रमशः x वर्ष, $x-6$ वर्ष है।
   $\therefore$ $x+x-6=28$ या $2x=28+6=34$, अतः $2x=34$ या $x=17$ वर्ष
   $\therefore$ गनेश की वर्तमान आयु $= x-6=17-6=11$ वर्ष

2 अन्तर पर आधारित प्रश्न

1. सोनी और मोनी की वर्तमान आयु में 7 वर्ष का अन्तर है। यदि मोनी की आयु सोनी की दो तिहाई हो तो सोनी की आयु ज्ञात कीजिए।
2. टीना और मीना की वर्तमान आयु में 5 वर्ष का अन्तर है। यदि मीना की आयु टीना की आयु की 3/4 हो तो टीना की आयु ज्ञात कीजिए।

हल

जब दो व्यक्तियों में एक व्यक्ति की आयु दूसरे व्यक्ति की आयु की एक तिहाई, दो तिहाई, एक चौथाई, तीन चौथाई इत्यादि तरह की हो तो सर्वप्रथम दोनों व्यक्तियों की आयु में सम्बन्ध ज्ञात करते हैं। इस सम्बन्ध के आधार पर दोनों की आयु मानकर अन्तर करते हैं। इसके बाद दोनों की आयु ज्ञात करते हैं।

1. $\because$ मोनी की आयु = सोनी की आयु का $\frac{2}{3}$

   $\therefore$ मोनी की आयु = सोनी की आयु $\times \frac{2}{3}$, अतः $\frac{\text{मोनी की आयु}}{\text{सोनी की आयु}} = \frac{2}{3} = 2:3$

   $\therefore$ माना मोनी और सोनी की आयु क्रमशः $2x$ वर्ष तथा $3x$ वर्ष है।
   $\therefore$ दोनों में अन्तर $=7$ या $3x-2x=7$ या $x=7$, अतः सोनी की आयु $=3x=3\times7=21$ वर्ष

2. मीना = टीना $\times \frac{3}{4}$ या $\frac{\text{मीना}}{\text{टीना}} = \frac{3}{4}$, अतः मीना : टीना = 3 : 4
   $\therefore$ माना मीना और टीना की वर्तमान आयु क्रमशः $3x$ तथा $4x$ वर्ष है।
   $\therefore$ $4x-3x=5$ या $x=5$, अतः टीना की आयु $=4x=4\times5=20$ वर्ष

3 योग-अन्तर पर आधारित प्रश्न

1. दो वर्ष पूर्व दो बच्चों की आयु का योग 18 वर्ष था जबकि 3 वर्ष बाद दोनों की आयु में अन्तर 2 वर्ष हो जायेगा। बड़े बच्चों की आयु ज्ञात कीजिए।
2. रहीम और करीम की वर्तमान आयु का योग 65 वर्ष है। 10 वर्ष पहले दोनों की आयु में 5 वर्ष का अन्तर था। करीम की आयु ज्ञात कीजिए।

दो व्यक्तियों की आयु में अन्तर सदैव समान रहता है अर्थात् दो व्यक्तियों की आयु में अन्तर सदैव स्थिर रहता है जैसे यदि A और B की वर्तमान आयु में 6 वर्ष का अन्तर हो तो कुछ वर्षों पहले भी इनकी आयु में अन्तर 6 वर्ष का रहा होगा और कुछ वर्षों बाद भी इनकी आयु में अन्तर 6 वर्ष का ही रहेगा। अब यदि छोटे व्यक्ति की आयु x वर्ष मानी जाए तो बड़े व्यक्ति की आयु $x + 6$ वर्ष होगी।

हल

1. माना बड़े बच्चे की वर्तमान आयु x वर्ष तथा छोटे बच्चे की y वर्ष है।
   $\therefore$ 2 वर्ष पूर्व उनकी आयु क्रमशः $x - 2$ वर्ष तथा $y - 2$ वर्ष होगी।
   $\therefore$ $x-2+y-2=18$ या $x+y=22$ ....(i)
   पुनः 3 वर्ष बाद दोनों की आयु मे अन्तर = 2 वर्ष
   $\therefore$ वर्तमान आयु में भी अन्तर = 2 वर्ष, अतः $x - y = 2$ ....(ii)
   दोनों समीकरणों को जोड़ने पर $2x = 24$ या $x = 12$ वर्ष, अतः बड़े बच्चे की आयु = x वर्ष = 12 वर्ष
2. माना रहीम और करीम की वर्तमान आयु क्रमशः x वर्ष, y वर्ष है।
   $\therefore$ $x+y=65$ ....(i) और $x-y=5$........................(ii)
   दोनों समीकरणों को हल करने पर, $x = 35$ तथा $y = 30$, अतः करीम की वर्तमान आयु = y = 30 वर्ष

4 अनुपात पर आधारित प्रश्न

1. A और B की वर्तमान आयु में 5 : 4 का अनुपात है। 2 वर्ष पूर्व उनकी आयु में 4 : 3 का अनुपात था। A की वर्तमान आयु कितनी है?
2. पिता-पुत्र की वर्तमान आयु में 3 : 1 का अनुपात है। 5 वर्ष बाद दोनों की आयु में 7 : 3 का अनुपात हो जायेगा। 5 वर्ष पूर्व पिता की आयु कितनी थी?

यदि दो व्यक्तियों की वर्तमान आयु में $m : n$ का अनुपात हो तो उनकी वर्तमान आयु mx तथा nx मानी जायेगी। जैसे यदि मोहन और सोहन की वर्तमान आयु में 2 : 3 का अनुपात हो तो मोहन की वर्तमान आयु $2x$ वर्ष तथा सोहन की वर्तमान आयु $3x$ वर्ष मानी जायेगी।

हल

1. माना A और B की वर्तमान आयु क्रमशः 5x वर्ष तथा 4x वर्ष है।
   $\therefore$ 2 वर्ष पूर्व उनकी आयु क्रमशः $(5x - 2)$ वर्ष तथा $(4x - 2)$ वर्ष होगी।
   $\therefore$ $(5x-2):(4x-2)=4:3$, अतः $(5x-2)\times 3=(4x-2)\times 4$
   $\therefore$ $15x-6=16x-8$, अतः $16x-15x=8-6$ या $x=2$, अतः A की वर्तमान आयु $= 5x = 10$ वर्ष
2. माना पिता और पुत्र की वर्तमान आयु क्रमशः 3x वर्ष तथा 1x वर्ष है।
   $\therefore$ 5 वर्ष बाद दोनों की आयु क्रमशः $(3x + 5)$ वर्ष तथा $(x + 5)$ वर्ष होगी।
   $\therefore$ $(3x+5):(x+5)=7:3$, अतः $(3x+5)\times 3=(x+5)\times 7$, अतः $9x+15=7x+35$, अतः $2x=20$ या $x=10$
   $\therefore$ पिता की वर्तमान आयु $= 3x = 30$ वर्ष, अतः 5 वर्ष पूर्व पिता की आयु $= 30 - 5 = 25$ वर्ष

5 गुना पर आधारित प्रश्न

1. A की आयु B की आयु की दुगुनी है। 8 वर्ष पहले A की आयु B की आयु की 4 गुनी थी। 8 वर्ष बाद B की आयु कितनी हो जायेगी?
2. 10 वर्ष पूर्व रोहित की आयु मोहित की आयु की दुगुनी थी। यदि 10 वर्ष बाद मोहित की आयु 40 वर्ष हो जाए तो रोहित की वर्तमान आयु ज्ञात कीजिए।

हल

1. $\because$ A की आयु B की आयु की दुगुनी है। अतः माना A की आयु 2x वर्ष है और B की आयु x वर्ष है।
$\therefore$ 8 वर्ष पहले A की आयु = B की आयु × 4 $\Rightarrow$ $(2x-8)=(x-8)\times 4$, अतः $2x-8=4x-32$
$\therefore$ $4x-2x=32-8$, अतः $2x=24$ या $x=12$, अतः 8 वर्ष बाद B की आयु $= x+8=12+8=20$ वर्ष
2. 10 वर्ष बाद मोहित की आयु = 40 वर्ष अतः मोहित की वर्तमान आयु = 40 – 10 = 30 वर्ष
$\therefore$ 10 वर्ष पूर्व मोहित की आयु = 30 – 10 = 20 वर्ष, अतः 10 वर्ष पूर्व रोहित की आयु = 20 × 2 = 40 वर्ष
$\therefore$ रोहित की वर्तमान आयु = 40 + 10 = 50 वर्ष

6 विविध प्रश्न

1. एक पिता अपने पुत्र से कहता है, "जब तुम पैदा हुए थे उस समय मेरी उम्र तुम्हारी वर्तमान उम्र की दुगुनी थी। आज मेरी उम्र और तुम्हारे मां की उम्र का योग 58 वर्ष है।" यदि पुत्र की वर्तमान उम्र 10 वर्ष हो तो मां की वर्तमान उम्र कितनी है?
2. तीन व्यक्तियों की औसत आयु 25 वर्ष है। यदि उनकी वर्तमान आयु का अनुपात 4 : 5 : 6 हो तो सबसे बड़े व्यक्ति की आयु कितनी है?
3. 3 साल पहले A, B और C की औसत आयु 27 साल थी। 5 साल पहले B और C की औसत आयु 20 साल थी। A की वर्तमान आयु ज्ञात कीजिए।
4. पिता की वर्तमान आयु अपने पुत्र की आयु के 3 गुने से 3 वर्ष अधिक है। 3 वर्ष बाद पिता की आयु पुत्र की आयु के दुगुने से 10 वर्ष अधिक होगी। पिता की वर्तमान आयु ज्ञात कीजिए।

हल

1. पुत्र के जन्म के समय पिता की उम्र = पुत्र की वर्तमान उम्र × 2 = 10 × 2 = 20 वर्ष
$\therefore$ पिता की वर्तमान उम्र = 20 + 10 = 30 वर्ष, अतः माँ की वर्तमान उम्र + पिता की वर्तमान उम्र = 58
$\therefore$ माँ की वर्तमान उम्र + 30 = 58, अतः माँ की वर्तमान उम्र = 58 – 30 = 28 वर्ष
2. माना तीनों व्यक्तियों की वर्तमान उम्र क्रमशः 4x, 5x, 6x वर्ष है। चूंकि $\frac{4x+5x+6x}{3}=25$
$\therefore$ $\frac{15x}{3}=25$ या $x=\frac{25\times 3}{15}=5$, अतः सबसे बड़े व्यक्ति की उम्र $= 6x = 6\times 5 = 30$ वर्ष
3. 3 साल पहले A, B, C की आयु का योग = औसत × संख्या = 27 × 3 = 81
$\therefore$ A, B, C की वर्तमान आयु का योग = 81 + 3 + 3 + 3 = 90 वर्ष
5 साल पहले B और C की आयु का योग = औसत × संख्या = 20 × 2 = 40 वर्ष
$\therefore$ B और C की वर्तमान आयु का योग = 40 + 5 + 5 = 50 वर्ष
$\therefore$ A की वर्तमान आयु = (A + B + C) की आयु – (B + C) की आयु = 90 – 50 = 40 वर्ष
4. माना पिता और पुत्र की वर्तमान आयु क्रमशः x वर्ष तथा y वर्ष है। अतः $x=3y+3$ ....(i)
और $x+3=(y+3)2+10$ या $x+3=2y+6+10=2y+16$
$3y+3+3=2y+16$, अतः $y=16-6=10$
$\therefore$ समी. (1) से $x=3\times 10+3=30+3=33$ वर्ष, अतः पिता की वर्तमान आयु = 33 वर्ष

अभ्यास प्रश्न

उम्रों की योग पर आधारित प्रश्न

1. चार भाइयों की आयु का जोड़ 56 वर्ष है। उनकी आयु का अन्तर क्रमशः समान रुप से 4 वर्ष है। सबसे बड़े भाई की आयु कितनी है? ***R.R.B. कोलकाता (गुड्स गार्ड) परीक्षा, 2005***
(a) 16 वर्ष (b) 32 वर्ष (c) 24 वर्ष (d) 20 वर्ष (e) 28 वर्ष

2. पिता एवं पुत्र की वर्तमान आयु एक साथ मिलाकर 46 वर्ष होती है। 5 वर्ष पूर्व पिता की आयु पुत्र की आयु की 11 गुनी थी। 5 वर्ष बाद पुत्र की आयु होगी –
(a) 13 वर्ष (b) 14 वर्ष (c) 12 वर्ष (d) 11 वर्ष ***R.R.B. कोलकाता (T.A./A.S.M.) परीक्षा, 2001***

3. एक पिता एवं उसके पुत्र की आयु का योग 56 वर्ष है। 4 वर्ष बाद, पिता की आयु उसके पुत्र की आयु की 3 गुनी हो जाएगी। उनकी आयु क्रमशः है – ***R.R.B. सिकन्दराबाद (T.A.) परीक्षा, 2004***
(a) 44 वर्ष तथा 12 वर्ष (b) 16 वर्ष तथा 44 वर्ष (c) 16 वर्ष तथा 42 वर्ष (d) 18 वर्ष तथा 36 वर्ष

4. पिता और पुत्र की वर्तमान आयु का योग 60 वर्ष है। यदि 6 वर्ष पूर्व पिता की आयु पुत्र की आयु की पाँच गुनी थी तो, 6 वर्ष बाद पुत्र की आयु क्या होगी?

(a) 20 वर्ष (b) 14 वर्ष (c) 12 वर्ष (d) 18 वर्ष *R.R.C. महेन्द्रूघाट परीक्षा, 2001*

5. सुरेश की उम्र किरण की उम्र की दोगुनी है यदि दोनों की उम्र का जोड़ 24 वर्ष हो, तो सुरेश की उम्र बताइये –

(a) 16 (b) 24 (c) 20 (d) 14 *R.R.B. जम्मू (जू० क्लर्क) परीक्षा, 2001*

6. पिता की उम्र बेटे की उम्र की 7 गुनी है। 4 वर्ष बाद उनके उम्रों का योग 56 वर्ष होगा। पुत्र की वर्तमान उम्र है –

(a) 5 वर्ष (b) 6 वर्ष (c) 8 वर्ष (d) 9 वर्ष *मुम्बई, भोपाल (गुड्स गार्ड), 2003*

7. वर्तमान में पिता और पुत्र की उम्र का योग 33 है। 2 साल पहले उनकी उम्र का गुणनफल 28 था। उन पिता और पुत्र की उम्र क्या है?

(a) 27, 7 (b) 30, 3 (c) 29, 4 (d) 32, 1 *SSC CHSL (Tier-1) 21.1.2017*

8. वर्तमान में पति और पत्नी की उम्र का योग 60 है। चार साल पहले उनकी उम्र का अनुपात 7 : 6 था। पति की उम्र क्या है?

(a) 28 वर्ष (b) 32 वर्ष (c) 42 वर्ष (d) 38 वर्ष *SSC CHSL (Tier-1) 24.1.2017*

उम्रों की अन्तर पर आधारित प्रश्न

9. एक आदमी की उम्र अपने लड़के की उम्र से 24 वर्ष अधिक है। दो वर्षों में उसकी उम्र लड़के की उम्र से दोगुनी हो जाएगी। लड़के की वर्तमान आयु ज्ञात कीजिए –

(a) 14 वर्ष (b) 18 वर्ष (c) 20 वर्ष (d) 22 वर्ष *R.R.B. (मुम्बई) ग्रुप 'डी' परीक्षा 16-11-2003*

10. पिता, माता से 5 वर्ष बड़ा है और माता की वर्तमान आयु पुत्री की आयु की तीन गुनी है। पुत्री अब 10 वर्ष की है। पुत्री के जन्म के समय पिता की आयु क्या थी?

(a) 20 वर्ष (b) 15 वर्ष (c) 25 वर्ष (d) इनमें से कोई नहीं *R.R.B. बंग्लोर (A.S.M.) परीक्षा, 2001*

11. एक भाई अपनी बहन से 6 साल बड़ा है। सात साल पहले उनकी उम्र का गुणनफल 72 था। भाई की उम्र क्या है?

(a) 13 वर्ष (b) 12 वर्ष (c) 6 वर्ष (d) 19 वर्ष *SSC CHSL (Tier-1) 24.1.2017*

उम्रों की योग-अन्तर पर आधारित प्रश्न

12. पिता की वर्तमान आयु अपने पुत्र की आयु के तिगुने से 3 वर्ष अधिक है, तीन वर्ष के बाद, पिता की आयु पुत्र की आयु के दोगुने से 10 वर्ष अधिक होगी, पिता की वर्तमान आयु है –

(a) 33 वर्ष (b) 39 वर्ष (c) 45 वर्ष (d) 40 वर्ष *S.S.C. स्नातक स्तरीय परीक्षा, 2002*

13. 10 वर्ष में A की उम्र, 10 साल पहले के B की उम्र से दोगुनी होगी, यदि अब A, B से 9 साल छोटा है, तो B की वर्तमान आयु है –

(a) 3 वर्ष (b) 4 वर्ष (c) 5 वर्ष (d) 6 वर्ष *मुम्बई, भोपाल (A.S.M), 2003*

(e) इनमें से कोई नहीं *इलाहाबाद (A.S.M.), 2002*

14. A और B की वर्तमान आयु का योग उनकी आयु के बीच अन्तर का सात गुना है। 5 वर्ष पश्चात् उनकी आयु का योग उनकी आयु के बीच अन्तर का 9 गुना हो जाएगा। दोनों में से बड़े की वर्तमान आयु क्या है?

(a) 10 वर्ष (b) 20 वर्ष (c) 35 वर्ष (d) ज्ञात नहीं हो सकती *मेट्रो रेलवे, 2002*

15. पिता की उम्र बड़े पुत्र की उम्र की दोगुनी है। 10 साल बाद पिता की उम्र छोटे पुत्र की उम्र की तीन गुनी हो जायेगी। यदि दोनों पुत्रों के बीच 15 वर्ष का अन्तर है, तो पिता की उम्र है –

(a) 50 वर्ष (b) 55 वर्ष (c) 60 वर्ष (d) 70 वर्ष *R.R.B. सिकन्दराबाद (गुड्स गार्ड) परीक्षा, 2001*

अनुपात पर आधारित प्रश्न

16. दो व्यक्तियों की आयु का अनुपात 5 : 7 है। 18 वर्ष पहले उनकी उम्र 8 : 13 के अनुपात में थी। उनकी उम्र है –

(a) 50 वर्ष एवं 70 वर्ष (b) 25 वर्ष एवं 35 वर्ष

(c) 45 वर्ष एवं 63 वर्ष (d) 40 वर्ष एवं 56 वर्ष *गोरखपुर (A.S.M.), 2003*

17. रीना की आयु और मीना की आयु के बीच का अनुपात 3 : 1 है। यदि 10 वर्ष बाद रीना की आयु, मीना की दुगुनी थी तो 5 वर्ष पहले दोनों की आयु के बीच अनुपात था –

(a) 4 : 3 (b) 5 : 1 (c) 1 : 3 (d) 3 : 4 *R.R.B. रांची (T.A.) परीक्षा, 2005*

18. विक्की तथा सुमी की आयु का अनुपात 2 : 3 है। 12 वर्ष बाद दोनों की आयु का अनुपात 11 : 15 होता है। सुमी की वर्तमान आयु है?
(a) 56 वर्ष (b) 32 वर्ष (c) 42 वर्ष (d) 48 वर्ष ***R.R.C. महेन्द्रूघाट परीक्षा, 2001***

19. 6 वर्ष पहले कमल एवं सुरेश की उम्र का अनुपात 6 : 5 था जबकि 4 वर्ष बाद उनकी उम्र का अनुपात 11 : 10 हो जाएगा। वर्तमान में सुरेश की उम्र क्या है?
(a) 16 वर्ष (b) 18 वर्ष (c) 22 वर्ष (d) 66 वर्ष ***मुम्बई, भोपाल (गुड्स गार्ड), 2003***

20. हर्ष की आयु 40 वर्ष है और रिथ की आयु 60 वर्ष है, कितने वर्ष पहले उनकी आयु का अनुपात 3 : 5 था?
(a) 10 वर्ष (b) 20 वर्ष (c) 37 वर्ष (d) 5 वर्ष ***S.S.C. स्नातक स्तरीय परीक्षा, 2002***

21. किरन, संयोग और नम्रता की उम्रों का योग 93 है, 10 वर्ष पूर्व, उनकी उम्रों में अनुपात 2 : 3 : 4 था तो संयोग की वर्तमान आयु है –
(a) 42 वर्ष (b) 32 वर्ष (c) 31 वर्ष (d) 24 वर्ष ***R.R.B. सिकन्दराबाद (गुड्सगार्ड) परीक्षा, 2001***

22. यदि x तथा y की उम्रों का योग 50 वर्ष तथा उनकी उम्रों का क्रमशः अनुपात 7 : 3 हो, तब x की उम्र............वर्ष है –
(a) 35 (b) 25 (c) 20 (d) 15 ***R.R.B सिकन्दराबाद (गुड्सगार्ड) परीक्षा, 2001***

23. दो भाइयों की वर्तमान आयु का अनुपात 1 : 2 है तथा 5 वर्ष पहले यह अनुपात 1 : 3 था। 5 वर्ष पश्चात् उनकी आयु का क्या अनुपात होगा –
(a) 1 : 4 (b) 2 : 3 (c) 3 : 5 (d) 5 : 6 ***S.S.C. स्नातक स्तरीय परीक्षा, 2001***

24. नम्रता और दिव्या की आयु में 4 : 3 का अनुपात है। उनकी आयु का योग 28 वर्ष है, तो 4 वर्ष बाद उनकी आयु में अनुपात होगा –
(a) 5 : 4 (b) 5 : 6 (c) 6 : 5 (d) 3 : 4 ***R.R.B. सिकन्दराबाद (A.S.M.) परीक्षा, 2001***

25. राम तथा मोहन की उम्र का अनुपात 4 : 5 एवं राम तथा अनिल के उम्र का अनुपात 5 : 6 है। यदि उनकी उम्रों का योग 69 वर्ष है, तो राम की उम्र क्या है?
(a) 24 वर्ष (b) 20 वर्ष (c) 30 वर्ष (d) 25 वर्ष ***मुम्बई भोपाल (गुड्सगार्ड) 2003 वर्ष***

26. दस वर्ष पहले दिव्या की उम्र नम्रता की उम्र की आधी थी। यदि आज दोनों की उम्रों का अनुपात 3 : 4 है, तो उनकी वर्तमान उम्रों का योग होगा –
(a) 18 वर्ष (b) 25 वर्ष (c) 30 वर्ष (d) 35 वर्ष, ***R.R.B. सिकन्दराबाद (A.S.M.) परीक्षा, 2001***

27. एक पिता की आयु का अपने पुत्र की आयु से अनुपात 4 : 1 है। उनकी आयु का गुणनफल 196 है। 5 वर्ष बाद उनकी आयु का अनुपात होगा –
(a) 10 : 5 (b) 14 : 5 (c) 11 : 4 (d) 3 : 1 ***गोरखपुर (A.S.M.), 2002***

28. इस समय अशोक की आयु तथा प्रदीप की आयु का अनुपात 4 : 3 है। 6 वर्ष बाद अशोक की आयु 26 वर्ष हो जाएगी। इस समय प्रदीप की आयु कितनी है?
(a) 12 वर्ष (b) 15 वर्ष (c) $19\frac{1}{2}$ वर्ष (d) 21 वर्ष ***मेट्रो रेलवे, 2003***

29. A, B और C की वर्तमान आयु का योग 90 वर्ष है। 6 वर्ष पहले उनकी आयु में 1 : 2 : 3 का अनुपात था। C की वर्तमान आयु कितनी है?
(a) 45 वर्ष (b) 36 वर्ष (c) 42 वर्ष (d) 40 वर्ष ***R.R.B. चंडीगढ़ (A.S.M.) परीक्षा, 2004***

30. राम और रहीम की आयु में 10 : 11 का अनुपात है। राम की आयु से रहीम की आयु का प्रतिशत बताइए?
(a) $109\frac{1}{11}\%$ (b) 110% (c) $111\frac{1}{9}\%$ (d) 111% ***SSC CGL(Tier-1) 1.9.2016***

31. मोहित तथा सुनील की आयु का वर्तमान अनुपात 7 : 9 है। मोहित, सुनील से 4 वर्ष छोटा है। 6 वर्ष पश्चात् मोहित तथा सुनील की आयु का अनुपात क्या होगा?
(a) 5 : 6 (b) 4 : 5 (c) 6 : 7 (d) 5 : 7 ***SSC CHSL (Tier-1) 14.3.2018***

32. रंजना और सईद की वर्तमान आयु का अनुपात 7 : 5 है। 11 वर्षों बाद उनकी आयु का अनुपात 4 : 3 है। रंगना की वर्तमान आयु कितनी है?
(a) 55 (b) 77 (c) 70 (d) 96 ***SSC CHSL (Tier-1) 16.1.2017***

33. दो लड़कों की आयु का अनुपात 3 : 4 है। 3 वर्ष बाद यह अनुपात 4 : 5 हो जाता है। 21 वर्ष के बाद उनकी आयु में क्या अनुपात होगा?
(a) 14 : 17 (b) 17 : 19 (c) 11 : 12 (d) 10 : 11 ***SSC CGL (Tier-1) 4.9.2016***

34. A की आयु और B की आयु का अनुपात 4 : 3 है। 6 वर्ष पश्चात् A 26 वर्ष का हो जाएगा। B की वर्तमान आयु क्या है?
(a) 19 ½ वर्ष (b) 12 वर्ष (c) 21 वर्ष (d) 15 वर्ष ***SSC CGL (Tier-1) 8.9.2016***

35. चार वर्ष पूर्व A और B की आयु का अनुपात 4 : 5 था। अब से आठ वर्ष बाद A और B की आयु का अनुपात 11 : 13 होगा। उन दोनों की वर्तमान आयु का कुल योग क्या है?
(a) 96 वर्ष (b) 80 वर्ष (c) 76 वर्ष (d) 72 वर्ष ***SSC CGL (Tier-1) 4.6.2019***

36. A और B की वर्तमान आयु का अनुपात 5 : 3 है 9 वर्ष पहले, उनकी आयु का अनुपात 23 : 12 था। अब से 15 वर्ष बाद उनकी आयु का अनुपात क्या होगा?
(a) 35 : 24 (b) 7 : 5 (c) 34 : 25 (d) 3 : 2 ***SSC CHSL (Tier-1) 19.8.2019***

37. A और B की वर्तमान आयु का अनुपात 8 : 9 है। 9 वर्ष के बाद यह अनुपात 19 : 21 हो जाता है। C, B से 3 वर्ष छोटा है। C की वर्तमान आयु (वर्षों में) कितनी है?
(a) 51 (b) 52 (c) 49 (d) 48 ***SSC CGL (Tier-1) 6.6.2019***

38. A और B की वर्तमान आयु का अनुपात 8 : 15 है। 8 वर्ष पहले, उनकी आयु का अनुपात 6 : 13 था। अब से 8 वर्ष बाद A और B की आयु का अनुपात क्या होगा?
(a) 10 : 17 (b) 5 : 8 (c) 9 : 14 (d) 5 : 9 ***SSC CGL (Tier-1) 7.6.2019***

39. A और B की आयु का अनुपात 8 वर्ष पहले 2 : 3 था। 4 वर्ष पहले इसकी आयु का अनुपात 5 : 7 था। अब से 8 वर्ष बाद उनकी आयु का अनुपात क्या होगा?
(a) 5 : 6 (b) 3 : 4 (c) 7 : 8 (d) 4 : 5 ***SSC CGL (Tier-1) 5.3.2020***

40. A और B की वर्तमान आयु में 1 : 3 का अनुपात है। 10 वर्ष के बाद, उनकी आयु में 2 : 5 का अनुपात होगा। B की वर्तमान आयु है–
(a) 80 वर्ष (b) 85 वर्ष (c) 70 वर्ष (d) 90 वर्ष ***SSC CHSL (Tier-1) 21.10.2020***

41. सात वर्ष पहले A और B की आयु का अनुपात 4 : 5 था। आठ वर्ष बाद A और B की आयु का अनुपात 9 : 10 होगा। उनकी वर्तमान आयु का योगफल (वर्ष में) ज्ञात करें।
(a) 41 (b) 82 (c) 32 (d) 56 ***SSC CAPF : 23.11.2020***

गुना पर आधारित प्रश्न

42. पिता की उम्र उसके पुत्र की उम्र की चौगुनी है। पाँच वर्ष पहले पिता की उम्र पुत्र की उम्र की नौगुनी थी। पिता की वर्तमान उम्र क्या है?
(a) 28 वर्ष (b) 32 वर्ष (c) 40 वर्ष (d) 44 वर्ष ***भोपाल (वाणिज्यिक लिपिक), 2003***

43. यदि 5 वर्ष पूर्व राम की आयु श्याम की आयु का 1/3 था और राम की वर्तमान आयु 17 वर्ष है, तो श्याम की आयु क्या है? ***दिल्ली मेट्रो रेल जे० एस० सी० परीक्षा, सितम्बर, 2003***
(a) 18 वर्ष (b) 41 वर्ष (c) 45 वर्ष (c) 36 वर्ष

44. मेरी वर्तमान आयु मेरे पुत्र की वर्तमान आयु से तिगुनी है। पाँच वर्ष पश्चात् मेरी आयु मेरे पुत्र की आयु से ढाई गुनी हो जाएगी, तो मेरी वर्तमान आयु क्या है?
(a) 26 वर्ष (b) 39 वर्ष (c) 42 वर्ष (d) 45 वर्ष ***चेन्नई (TC & CC), 2002***

45. एक पिता अपने पुत्र से उम्र में पाँच गुना बड़ा है। 15 वर्ष बाद वह अपने पुत्र से उम्र में $2\frac{1}{2}$ गुना बड़ा हो जाएगा। पिता की वर्तमान आयु क्या है?
(a) 35 वर्ष (b) 40 वर्ष (c) 45 वर्ष (d) 50 वर्ष ***R.R.B. सिकन्दराबाद (A.S.M.) परीक्षा, 2001***

46. पाँच वर्षों के बाद पिता की आयु पुत्र की आयु की तिगुनी होगी। जबकि पाँच वर्षों के पहले वह अपने पुत्र की आयु का सात गुना था। पिता की वर्तमान आयु क्या है? ***R.R.B. त्रिवेन्द्रम (डीजल/इले० असिस्टेंट) परीक्षा, 2004***
(a) 35 वर्ष (b) 40 वर्ष (c) 45 वर्ष (d) 50 वर्ष

47. पिता की आयु 10 वर्ष पूर्व अपने पुत्र की आयु की तिगुनी थी। अब से 10 वर्ष बाद पिता की आयु अपने पुत्र की आयु की दोगुनी होगी। उनकी वर्तमान आयु का अनुपात है –
(a) 8 : 5 (b) 7 : 3 (c) 5 : 2 (d) 9 : 5 ***R.R.B. त्रिवेन्द्रम (डीजल/इले० असिस्टेंट) परीक्षा, 2004***

48. रेनू, मीनू, और सोनू तीन चचेरी बहने हैं। रेनू और मीनू की आयु समान है। तीनों की आयु का योग सोनू की आयु से पांच गुना है। तीन वर्ष पहले रेनू की आयु, सोनू की आयु से तीन गुना अधिक थी। चार वर्ष बाद सोनू की आयु क्या होगी?
(a) 8 वर्ष (b) 10 वर्ष (c) 7 वर्ष (d) 12 वर्ष ***R.R.B. महेन्द्रूघाट (A.S.M.) परीक्षा, 2004***

49. 10 वर्ष पूर्व महेश की माता की आयु उसकी आयु से चौगुनी थी। 10 वर्ष बाद माता की आयु पुत्र की आयु से दुगुनी होगी। महेश की वर्तमान आयु क्या है? ***R.R.B. सिकन्दराबाद (A.S.M.) परीक्षा, 2004***
(a) 25 वर्ष (b) 15 वर्ष (c) 20 वर्ष (d) 30 वर्ष (e) आंकड़े आधूरे हैं

50. एक पिता की आयु, पुत्र की आयु की 4 गुनी है। 5 वर्ष पहले पिता की आयु पुत्र की आयु से 7 गुनी थी। अब पिता की वर्तमान आयु कितनी है?
(a) 40 वर्ष (b) 30 वर्ष (c) 45 वर्ष (d) 35 वर्ष ***R.R.B. गोरखपुर डीजल असिस्टेंट परीक्षा, 2004***

51. अन्ना रीता से 5 गुना बड़ी है। 2 वर्ष में अन्ना रीता से 3 गुनी बड़ी हो जायेगी। सात वर्ष में अन्ना की आयु कितनी होगी?
(a) 17 वर्ष (b) 15 वर्ष (c) 21 वर्ष (d) 32 वर्ष ***R.R.C. कोलकाता (डी०/इले०/अ० लोपाय) परीक्षा, 2005***

52. दो साल पहले एक आदमी आयु में अपने पुत्र से 6 गुना बड़ा था। 18 वर्षों में वह अपने पुत्र की आयु से दुगुना आयु वाला हो जाएगा, उनकी वर्तमान आयु है –
(a) 32 वर्ष, 7 वर्ष (b) 36 वर्ष 9 वर्ष (c) 36 वर्ष, 11 वर्ष (d) इनमें से कोई नहीं ***R.R.B. बंग्लौर (A.S.M.) परीक्षा, 2001***

53. 10 वर्ष पूर्व, सुलोचना की माँ की आयु सुलोचना से चार गुनी थी। 10 वर्ष पश्चात् उनकी आयु सुलोचना से दुगुनी हो जाएगी। आज सुलोचना की आयु क्या है?
(a) 20 वर्ष (b) 10 वर्ष (c) 30 वर्ष (d) 15 वर्ष ***R.R.B. सिकन्दराबाद (T.A.) परीक्षा, 2004***

54. श्रीमान `X' की आयु अपनी पुत्री की वर्तमान आयु से दुगुनी है। यदि पुत्री की वर्तमान आयु 20 वर्ष है, तो कितने वर्ष पूर्व `X' की आयु अपनी पुत्री की आयु से तीन गुनी थी?
(a) 15 (b) 12 (c) 10 (d) 8 ***R.R.B. मुम्बई (से०रे०इले० सि.मेंटेनर) परीक्षा, 2004***

55. एक पिता अपने पुत्र की आयु से दोगुनी आयु का है। 20 वर्ष पूर्व पिता की आयु पुत्र की आयु से 12 गुना अधिक थी। पिता की वर्तमान आयु कितने वर्ष है? ***R.R.B. भुवनेश्वर (केसिंग इंस्पे०) परीक्षा, 2005***
(a) 45 (b) 32 (c) 44 (d) 40 (e) 56

56. एक पिता की आयु पुत्र की आयु से 30 गुनी है। 18 वर्ष बाद, उसकी आयु उसके पुत्र से केवल तीन गुनी रहेगी। पिता की वर्तमान आयु क्या है?
(a) 25 (b) 30 (c) 40 (d) 45 ***भुवनेश्वर (A.S.M.), 2002***

57. रीता की शादी 6 वर्ष पूर्व हुई थी। आज उसकी उम्र शादी के समय के उम्र की $1\frac{1}{4}$ गुना है, यदि उसके पुत्र की उम्र उसकी उम्र की $\frac{1}{10}$ गुना है तो उसके पुत्र की उम्र है – ***(मुम्बई, भोपाल A.S.M. 2003)***
(a) 3 वर्ष (b) 4 वर्ष (c) 5 वर्ष (d) 6 वर्ष ***(इलाहाबाद A.S.M. 2002 द्वितीय पाली)***

58. कमला का विवाह 6 वर्ष पूर्व हुआ। आज उसकी आयु उसके विवाह के समय की आयु से $1\frac{1}{4}$ गुना है। उसके पुत्र की आयु उसकी विवाह की $\frac{1}{10}$ गुना है। 5 वर्ष बाद उसके पुत्र की आयु कितनी होगी?
(a) 5 वर्ष (b) 8 वर्ष (c) 10 वर्ष (d) 9 वर्ष
(e) उपर्युक्त में से कोई नहीं ***कोलकाता भुवनेश्वर (टिकट कलेक्टर), 2003***

59. एक पिता अपने पुत्र से कहता है "मेरी उम्र तुम्हारी वर्तमान उम्र के बराबर थी, जब तुम पैदा हुए थे।" यदि इस समय पिता की आयु 36 वर्ष है, तो पुत्र की आयु 5 वर्ष पहले कितनी थी?
(a) 13 वर्ष (b) 15 वर्ष (c) 17 वर्ष (d) 20 वर्ष ***R.R.B. सिकन्दराबाद (गुड्सगार्ड) परीक्षा, 2001***

60. रमेश, सुरेश से तीन गुना बड़ा है। दो वर्ष बाद रमेश, सुरेश से दोगुना बड़ा होगा। रमेश की वर्तमान आयु (वर्षों में) है–
(a) 4 (b) 6 (c) 3 (d) 2 ***SSC CHSL (Tier-1) 21.8.2019***

61. नरेन्द्र की माँ की आयु नरेन्द्र की आयु की चार गुनी है। चार वर्ष पहले, उसकी माँ की आयु, उसकी तत्कालीन आयु से छः गुनी थी। उन दोनों की वर्तमान आयु ज्ञात कीजिए।
(a) 7 वर्ष, 28 वर्ष (b) 10 वर्ष, 40 वर्ष
(c) 5 वर्ष, 20 वर्ष (d) 20 वर्ष, 80 वर्ष ***RRB NTPC (Tier-1) 1.2.2021***

विविध प्रश्न

62. किसी परिवार के 6 पुत्रों की औसत आयु 8 वर्ष है पुत्रों और उनके माता-पिता को मिलाकर उनकी औसत आयु 22 वर्ष है, यदि पिता उनकी माता से 8 वर्ष बड़ा है, तो माता की आयु (वर्षों में) है –
(a) 44 (b) 52 (c) 60 (d) 68 ***S.S.C. स्नातक स्तरीय परीक्षा, 2002***

63. किसी संयुक्त परिवार में दादा-दादियों की औसत आयु 67 वर्ष है, माता-पिताओं की औसत आयु 35 वर्ष तथा तीन पौत्र-पौत्रियों की औसत आयु 6 वर्ष है। सम्पूर्ण परिवार की औसत आयु होगी –
(a) $48\frac{4}{7}$ वर्ष (b) $31\frac{5}{7}$ वर्ष (c) $32\frac{1}{2}$ वर्ष (d) आँकड़े अपर्याप्त हैं ***चण्डीगढ़ (A.S.M.) 2003***

64. एक पिता ने अपने पुत्र से कहा, ''तुम्हारे जन्म के समय, मेरी उम्र, तुम्हारी वर्तमान उम्र से पाँच वर्ष अधिक थी।'' यदि अब पिता की उम्र 39 वर्ष है, तो पुत्र की उम्र पाँच वर्ष पहले कितनी थी?
(a) 17 वर्ष (b) 15 वर्ष (c) 12 वर्ष (d) इनमें से कोई नहीं ***कोलकाता (गुड्सगार्ड), 2002***

65. मेरी माता की उम्र मेरी उम्र की दुगुनी है और वह मेरे भाई से 20 वर्ष बड़ी है। जब मैं पैदा हुआ था, तब मेरा भाई 5 वर्ष का था। मेरी बहन मेरी माता से 24 वर्ष छोटी है। मेरी बहन मुझसे.............है।
(a) 1 वर्ष छोटी (b) 2 वर्ष छोटी (c) 1 वर्ष बड़ी (d) 2 वर्ष बड़ी ***मुम्बई, भोपाल (गुड्सगार्ड), 2003***

66. किसी व्यक्ति से उसकी आयु बताने को कहा गया। उसका उत्तर था ''तीन वर्ष के बाद की मेरी आयु लीजिए, उसे 3 गुणा कीजिए, गुणनफल में से तीन वर्ष पहले की आयु के तिगुने को घटाइए और फिर आपको उत्तर प्राप्त हो जाएगा कि मेरी वर्तमान आयु क्या है''। उस व्यक्ति की वर्तमान आयु क्या थी?
(a) 24 वर्ष (b) 20 वर्ष (c) 32 वर्ष (d) 18 वर्ष ***S.S.C. स्नातक स्तरीय परीक्षा, 2004***

उत्तरमाला

1. (d)	2. (a)	3. (a)	4. (a)	5. (a)	6. (b)	7. (b)	8. (b)	9. (d)
10. (c)	11. (d)	12. (a)	13. (e)	14. (b)	15. (a)	16. (a)	17. (b)	18. (d)
19. (a)	20. (a)	21. (c)	22. (a)	23. (c)	24. (a)	25. (b)	26. (d)	27. (c)
28. (b)	29. (c)	30. (b)	31. (a)	32. (b)	33. (d)	34. (d)	35. (b)	36. (a)
37. (a)	38. (a)	39. (b)	40. (d)	41. (a)	42. (b)	43. (b)	44. (d)	45. (c)
46. (b)	47. (b)	48. (b)	49. (c)	50. (a)	51. (a)	52. (a)	53. (a)	54. (c)
55. (c)	56. (c)	57. (a)	58. (b)	59. (a)	60. (b)	61. (b)	62. (c)	63. (b)
64. (c)	65. (c)	66. (d)						

अभ्यास प्रश्नों के हल

1. ∵ चारों भाइयों की आयु में अन्तर समान रूप से 4 वर्ष है।
∴ माना उनकी आयु क्रमशः x वर्ष, x + 4 वर्ष, x + 8 वर्ष x + 12 वर्ष है।
∴ $x + x + 4 + x + 8 + x + 12 = 56 \Rightarrow 4x + 24 = 56$, अतः $4x = 32$ या $x = 8$
∴ सबसे बड़े भाई की आयु $= x + 12 = 8 + 12 = 20$ वर्ष

2. माना पिता और पुत्र की वर्तमान आयु क्रमशः x वर्ष और y वर्ष है। अतः $x + y = 46$ ....(i)
5 वर्ष पहले पिता की आयु = $(x - 5)$ वर्ष और 5 वर्ष पहले पुत्र की आयु = $(y - 5)$ वर्ष
∴ $(x - 5) = (y - 5) \times 11$, अतः $x - 5 = 11y - 55$ या $x = 11y - 50$
∴ समी. (1) में x का मान रखने पर, $11y - 50 + y = 46$, अतः $12y = 96$ या $y = 8$ वर्ष
∴ पुत्र की वर्तमान आयु = 8 वर्ष, अतः 5 वर्ष बाद पुत्र की आयु = 8 + 5 = 13 वर्ष

3. माना पिता एवं पुत्र की वर्तमान आयु क्रमशः x वर्ष, y वर्ष है। अतः $x + y = 56$..............(i)
4 वर्ष बाद पिता एवं पुत्र की आयु = $x + 4$ वर्ष एवं $y + 4$ वर्ष
∴ $x + 4 = (y + 4) \times 3 = 3y + 12$, अतः $x = 3y + 8$ ....(ii)
समीकरण (1) और (2) को हल करने पर, $x = 44$ वर्ष, $y = 12$ वर्ष

4. यदि पिता, पुत्र की वर्तमान आयु क्रमशः x वर्ष, y वर्ष हो तो, $x + y = 60$...................(i)
6 वर्ष पूर्व क्रमशः उनकी आयु = $x - 6$ वर्ष एवं $y - 6$ वर्ष
∴ $x - 6 = (y - 6) \times 5 = 5y - 30$, अतः $x = 5y - 24$ ....(ii)
दोनों समीकरणों को हल करने पर $x = 46$, $y = 14$, अतः 6 वर्ष बाद पुत्र की आयु = 14 + 6 = 20 वर्ष

5. यदि सुरेश की उम्र 2x वर्ष तथा किरण की उम्र x वर्ष हो तो, $2x + x = 24$ या $3x = 24$
∴ $x = \frac{24}{3} = 8$ वर्ष ⇒ सुरेश की उम्र = $2x = 16$ वर्ष

6. यदि पुत्र की वर्तमान उम्र x वर्ष हो तो, पिता की वर्तमान उम्र = 7x वर्ष
∴ 4 वर्ष बाद उनके उम्रों का योग = 56 वर्ष, अतः $7x + 4 + x + 4 = 56$
∴ $8x + 8 = 56$ या $8x = 48$, अतः $x = 6$ वर्ष, अतः पुत्र की वर्तमान उम्र = $x = 6$ वर्ष

7. माना पिता की वर्तमान उम्र x वर्ष तथा पुत्र की वर्तमान उम्र y वर्ष है।
∴ वर्तमान उम्रों का योग ⇒ $x + y = 33$ ....(i)
चूंकि 2 वर्ष पहले पिता की उम्र × पुत्र की उम्र = 28, अतः $(x - 2)(y - 2) = 28$
∴ $xy - 2x - 2y + 4 = 28 \Rightarrow xy - 2(x + y) = 28 - 4$
∴ $xy - 2 \times 33 = 24 \Rightarrow xy - 66 = 24 \Rightarrow xy = 90$ ....(ii)
दोनों समीकरणों को हल करने पर, $x = 30$ और $y = 3$
∴ पिता और पुत्र की वर्तमान उम्र = x वर्ष, y वर्ष = 30 वर्ष, 3 वर्ष

8. ∵ 4 साल पहले पति और पत्नी की उम्र में अनुपात = 7 : 6
अतः माना 4 साल पहले पति की उम्र $7x$ वर्ष तथा पत्नी की उम्र $6x$ वर्ष थी।
∴ वर्तमान उम्र का योग ⇒ $7x + 4 + 6x + 4 = 60 \Rightarrow 13x = 52 \Rightarrow x = 4$
∴ पति की वर्तमान उम्र = $7x + 4 = 7 \times 4 + 4 = 28 + 4 = 32$ वर्ष

9. यदि लड़के की वर्तमान उम्र x वर्ष हो तो आदमी की उम्र = $x + 24$ वर्ष
2 वर्ष बाद आदमी की उम्र = लड़के की उम्र × 2
∴ $x + 24 + 2 = (x + 2) \times 2$, अतः $x + 26 = 2x + 4$, अतः $x = 22$ वर्ष

10. माता की वर्तमान आयु = पुत्री की आयु × 3 = 10 × 3 = 30 वर्ष
∴ पिता की वर्तमान आयु = 30 + 5 = 35 वर्ष, अतः पुत्री की जन्म के समय पिता की आयु = 35 – 10 = 25 वर्ष

11. माना बहन की वर्तमान उम्र x वर्ष और भाई की वर्तमान उम्र $x + 6$ वर्ष है।
∴ 7 साल पहले बहन की उम्र = $x - 7$ वर्ष और 7 साल पहले भाई की उम्र = $x + 6 - 7 = x - 1$ वर्ष
∴ दोनों का गुणनफल ⇒ $(x - 7)(x - 1) = 72 \Rightarrow x^2 - x - 7x + 7 = 72$
∴ $x^2 - 8x + 7 - 72 = 0 \Rightarrow x^2 - 8x - 65 = 0 \Rightarrow x^2 - 13x + 5x - 65 = 0$
∴ $(x - 13)(x + 5) = 0 \Rightarrow x + 5 \neq 0$, अतः $x - 13 = 0 \Rightarrow x = 13$
∴ भाई की वर्तमान उम्र = $x + 6 = 13 + 6 = 19$ वर्ष

12. यदि पुत्र की वर्तमान आयु x वर्ष हो तो, पिता की वर्तमान आयु = 3x + 3 वर्ष
3 वर्ष बाद पिता की आयु = पुत्र की आयु × 2 + 10
∴ 3x + 3 + 3 = (x + 3) × 2 + 10, अतः 3x + 6 = 2x + 6 + 10, अतः x = 10
∴ पिता की वर्तमान आयु = 3x + 3 = 3 × 10 + 3 = 30 + 3 = 33 वर्ष

13. यदि A की वर्तमान उम्र x वर्ष और B की वर्तमान उम्र y वर्ष हो तो, x + 10 = (y – 10) × 2 = 2y – 20
∴ x = 2y – 30 ....(i), x = y – 9 ....(ii)
दोनों समीकरणों को हल करने पर y = 21 वर्ष, x = 12 वर्ष, अतः B की वर्तमान आयु = 21 वर्ष

14. माना बड़े की वर्तमान आयु x वर्ष और छोटे की वर्तमान आयु y वर्ष है।
∴ x + y = (x – y) × 7 ⇒ x + y = 7x – 7y या 6x = 8y, अतः 3x = 4y.............(i)
5 वर्ष बाद योग = अन्तर × 9, अतः x + 5 + y + 5 = [(x + 5) – (y + 5)] × 9
∴ x + y + 10 = (x + 5 – y – 5) × 9, अतः x + y + 10 = (x – y) × 9
∴ x + y + 10 = 9x – 9y, अतः 8x – 10y = 10 ⇒ 4x – 5y = 5 ....(ii)
समी. (1) और (2) को हल करने पर, x = 20 वर्ष, y = 15 वर्ष
∴ दोनों में से बड़े की आयु = x = 20 वर्ष

15. माना छोटे पुत्र की उम्र x वर्ष है। अतः बड़े पुत्र की उम्र = x + 15 वर्ष
∴ पिता की उम्र = (x + 15) × 2 = 2x + 30 वर्ष और 10 साल बाद पिता की उम्र = छोटे पुत्र की उम्र × 3
2x + 30 + 10 = (x + 10) × 3 ⇒ 2x + 40 = 3x + 30, अतः x = 10 वर्ष
∴ पिता की उम्र = 2x + 30 = 20 + 30 = 50 वर्ष

16. दोनों व्यक्तियों की वर्तमान आयु 5x वर्ष, 7x वर्ष हो तो
18 वर्ष पहले उनकी आयु = (5x – 18) वर्ष तथा (7x – 18) वर्ष
∴ (5x – 18) : (7x – 18) = 8 : 13, अतः (5x – 18) × 13 = (7x – 18) × 8
65x – 234 = 56x – 144, अतः 9x = 90 या x = 10
∴ दोनों व्यक्तियों की उम्र = 5x, 7x = 50 वर्ष, 70 वर्ष

17. यदि रीना और मीना की वर्तमान आयु क्रमशः 3x वर्ष, x वर्ष है तो 10 वर्ष बाद रीना की आयु = मीना की आयु × 2
∴ 3x + 10 = (x + 10)2 = 2x + 20, अतः x = 10 और 3x = 30
∴ 5 वर्ष पहले रीना और मीना की आयु = 25 वर्ष, 5 वर्ष, अतः अनुपात = 25 : 5 = 5 : 1

18. यदि विक्की और सुमी की वर्तमान आयु क्रमशः 2x वर्ष, 3x वर्ष है।
∴ 12 वर्ष बाद दोनों की क्रमशः आयु = (2x + 12) तथा (3x + 12), अतः (2x + 12) : (3x + 12) = 11 : 15
∴ (2x + 12) × 15 = (3x + 12) × 11, अतः 30x + 180 = 33x + 132, अतः 3x = 48 या x = 16
∴ सुमी की वर्तमान आयु = 3x = 48 वर्ष

19. माना 6 वर्ष पहले कमल और सुरेश की उम्र क्रमशः 6 x वर्ष तथा 5x वर्ष थी।
∴ कमल और सुरेश की क्रमशः वर्तमान उम्र = (6x + 6) वर्ष तथा (5x + 6) वर्ष
∴ 4 वर्ष बाद दोनों की क्रमशः उम्र = (6x + 6 + 4) तथा (5x + 6 + 4) = (6x + 10) वर्ष तथा (5x + 10 वर्ष)
∴ (6x + 10) : (5x + 10) = 11 : 10, अतः (6x + 10) × 10 = (5x + 10) × 11
∴ 60x + 100 = 55x + 110, अतः 5x = 10 या x = 2
∴ सुरेश की वर्तमान उम्र = 5x + 6 = 5 × 2 + 6 = 16 वर्ष

20. हर्ष और रिथ की वर्तमान आयु क्रमशः = 40 वर्ष तथा 60 वर्ष
∴ माना x वर्ष पहले दोनों की आयु में अनुपात 3 : 5 था।
∴ (40 – x) : (60 – x) = 3 : 5, अतः (40 – x) × 5 = (60 – x) × 3
∴ 200 – 5x = 180 – 3x, अतः 5x – 3x = 200 – 180 ⇒ 2x = 20 या x = 10 वर्ष

21. $\because$ 10 वर्ष पूर्व किरन, संयोग और नम्रता की उम्रों में अनुपात = 2 : 3 : 4
$\therefore$ माना 10 वर्ष पूर्व तीनों की उम्र क्रमशः 2x, 3x, 4x वर्ष थी।
$\therefore$ तीनों की क्रमशः वर्तमान उम्र = (2x + 10), (3x + 10), (4x + 10)
$\therefore$ 2x + 10 + 3x + 10 + 4x + 10 = 93, अतः 9x + 30 = 93, अतः 9x = 63 या x = 7
$\therefore$ संयोग की वर्तमान आयु = 3x + 10 = 3 × 7 + 10 = 31 वर्ष

22. $\because$ x तथा y की उम्रों का अनुपात 7 : 3 है। $\Rightarrow$ माना इनकी वर्तमान उम्र क्रमशः 7a तथा 3a वर्ष है।
$\therefore$ 7a+ 3a = 50 या 10a = 50, अतः a = 5 $\Rightarrow$ x की उम्र = 7a = 7 × 5 = 35 वर्ष

23. माना छोटे भाई की उम्र x वर्ष तथा बड़े भाई की उम्र 2x वर्ष है।
5 वर्ष पहले पहले दोनों की उम्र = x – 5 वर्ष तथा 2x - 5 वर्ष
$\therefore$ (x – 5) : (2x – 5) = 1 : 3, अतः (x – 5) × 3 = (2x – 5) × 1, अतः 3x – 15 = 2x – 5 या x = 10
$\therefore$ 5 वर्ष बाद दोनों की उम्र = x + 5 वर्ष तथा 2x + 5 वर्ष = 10 + 5 वर्ष तथा 20 + 5 वर्ष = 15 वर्ष तथा 25 वर्ष
$\therefore$ अनुपात = 15 : 25 = 3 : 5

24. $\because$ नम्रता और दिव्या की आयु में अनुपात = 4 : 3 $\Rightarrow$ माना नम्रता की आयु 4x वर्ष तथा दिव्या की आयु 3x वर्ष है।
$\therefore$ 4x + 3x = 28, अतः 7x = 28 या x = 4
$\therefore$ नम्रता और दिव्या की वर्तमान आयु = 4x तथा 3x = 16 वर्ष तथा 12 वर्ष
$\therefore$ 4 वर्ष बाद की आयु = 16 + 4 वर्ष तथा 12 + 4 वर्ष = 20 वर्ष तथा 16 वर्ष
$\therefore$ अनुपात = 20 : 16 = 5 : 4

25. $\because$ राम : मोहन = 4 : 5, अतः मोहन : राम = 5 : 4 तथा राम : अनिल = 5 : 6
$\therefore$ मोहन : राम : अनिल = 5 × 5 : 5 × 4 : 6 × 4 = 25 : 20 : 24
$\therefore$ माना उनकी उम्र क्रमशः 25x वर्ष, 20x वर्ष, 24x वर्ष है।
$\therefore$ 25x + 20x + 24x = 69, अतः 69x = 69 = x = 1, अतः राम की उम्र = 20x = 20 × 1 = 20 वर्ष

26. माना दिव्या और नम्रता की उम्र क्रमशः 3x वर्ष तथा 4x वर्ष है।
$\therefore$ 10 वर्ष पहले दिव्या की उम्र = $\frac{\text{नम्रता की उम्र}}{2}$
$\therefore$ $(3x - 10) = \frac{(4x-10)}{2} = 2x - 5$, अतः 3x – 2x = 10 – 5 या x = 5
$\therefore$ वर्तमान उम्रों का योग = 3x + 4x = 7x = 7 × 5 = 35 वर्ष

27. माना पिता की आयु 4x वर्ष तथा पुत्र की उम्र 1x वर्ष है।
$\therefore$ 4x . x = 196 या $x^2 = 49$, अतः $x^2 = 7^2$ या x = 7
$\therefore$ 5 वर्ष बाद पिता की आयु = 4x + 5 = 4 × 7 + 5 = 28 + 5 = 33 वर्ष
और 5 वर्ष बाद पुत्र की आयु = x + 5 = 7 + 5 = 12 वर्ष, अतः अनुपात = 33 : 12 = 11 : 4

28. माना अशोक और प्रदीप की वर्तमान आयु क्रमशः 4x वर्ष, 3x वर्ष है।
$\therefore$ 6 वर्ष बाद अशोक की उम्र $\Rightarrow$ 4x + 6 = 26, अतः 4x = 20 या x = 5
$\therefore$ इस समय प्रदीप की आयु = 3x = 3 × 5 = 15 वर्ष

29. माना 6 वर्ष पूर्व A, B, C की आयु क्रमः x, 2x, 3x वर्ष थी
$\therefore$ A, B, C की क्रमशः वर्तमान आयु = x + 6, 2x + 6, 3x + 6
$\therefore$ x + 6 + 2x + 6 + 3x + 6 = 90 या 6x = 72 या x = 12
$\therefore$ C की वर्तमान आयु = 3x + 6 = 3 × 12 + 6 = 36 + 6 = 42 वर्ष

30. राम और रहीम की आयु में अनुपात = 10 : 11
$\therefore$ माना राम की आयु $10x$ वर्ष और रहीम की आयु $11x$ वर्ष है।
$\therefore$ राम की आयु से रहीम का आयु का प्रतिशत = $\frac{\text{रहीम की आयु} \times 100}{\text{राम की आयु}} = \frac{11x \times 100}{10x} = 110\%$

31. मोहित तथा सुनील की आयु का वर्तमान अनुपात 7 : 9 है।
∴ माना मोहित की वर्तमान आयु $7x$ वर्ष और सुनील की वर्तमान आयु $9x$ वर्ष है।
∵ मोहित सुनील से 4 वर्ष छोटा है। अतः $9x - 7x = 4 \Rightarrow 2x = 4 \Rightarrow x = 2$
∴ मोहित की वर्तमान आयु $= 7x = 7 \times 2 = 14$ वर्ष और सुनील की वर्तमान आयु $= 9x = 9 \times 2 = 18$ वर्ष
∴ 6 वर्ष बाद दोनों की आयु में अनुपात $= (14 + 6) : (18 + 6) = 20 : 24 = 5 : 6$

32. ∵ रंजना एवं सईद की वर्तमान आयु का अनुपात 7 : 5 है
∴ माना रंजना की वर्तमान आयु $7x$ वर्ष तथा सईद की वर्तमान आयु $5x$ वर्ष है
∴ 11 वर्ष बाद का अनुपात $\Rightarrow (7x + 11) : (5x + 11) = 4 : 3$
∴ बाह्य पदों का गुणनफल = मध्य पदों का गुणनफल $\Rightarrow (7x + 11) \times 3 = (5x + 11) \times 4$
∴ $21x + 33 = 20x + 44 \Rightarrow 21x - 20x = 44 - 33 \Rightarrow x = 11$
∴ रंजना की वर्तमान आयु $= 7x = 7 \times 11 = 77$ वर्ष

33. दोनों लड़कों की आयु में अनुपात = 3 : 4, अतः माना उनकी आयु क्रमशः $3x$ वर्ष तथा $4x$ वर्ष है।
∴ 3 वर्ष बाद अनुपात $\Rightarrow (3x + 3) : (4x + 3) = 4 : 5$
∴ मध्य पदों का गुणनफल = बाह्य पदों का गणुनफल $\Rightarrow (4x + 3) \times 4 = (3x + 3) \times 5$
∴ $16x + 12 = 15x + 15 \Rightarrow 16x - 15x = 15 - 12 \Rightarrow x = 3$
∴ दोनों लड़कों की वर्तमान आयु $= 3x$ वर्ष, $4x$ वर्ष = 9 वर्ष, 12 वर्ष
∴ 21 वर्ष बाद उनकी आयु में अनुपात $= (9 + 21) : (12 + 21) = 30 : 33 = 10 : 11$

34. A और B की आयु का अनुपात = 4 : 3
∴ माना A की वर्तमान आयु $4x$ वर्ष तथा B की वर्तमान आयु $3x$ वर्ष है।
∴ 6 वर्ष बाद A की आयु = 26 वर्ष, अतः $4x + 6 = 26 \Rightarrow 4x = 20 \Rightarrow x = 5$
∴ B की वर्तमान आयु $= 3x = 3 \times 5 = 15$ वर्ष

35. 4 वर्ष पूर्व A और B की आयु का अनुपात = 4 : 5
∴ माना 4 वर्ष पूर्व A और B की आयु क्रमशः $4x$ वर्ष तथा $5x$ वर्ष थी।
∴ A की वर्तमान आयु $= 4x + 4$ वर्ष और B की वर्तमान आयु $= 5x + 4$ वर्ष
∴ 8 वर्ष बाद अनुपात $\Rightarrow (4x + 4 + 8) : (5x + 4 + 8) = 11 : 13$
∴ $(4x + 12) : (5x + 12) = 11 : 13$, अतः मध्य पदों का गुणनफल = वाह्य पदों का गुणनफल
∴ $(5x + 12) \times 11 = (4x + 12) \times 13 \Rightarrow 55x + 132 = 52x + 156$
∴ $55x - 52x = 156 - 132 \Rightarrow 3x = 24 \Rightarrow x = 8$
∴ A की वर्तमान आयु $= 4x + 4 = 4 \times 8 + 4 = 32 + 4 = 36$ वर्ष
और B की वर्तमान आयु $= 5x + 4 = 5 \times 8 + 4 = 40 + 4 = 44$ वर्ष
∴ वर्तमान आयु का योग $= 36 + 44 = 80$ वर्ष

36. माना A और B की वर्तमान आयु क्रमशः $5x$ वर्ष तथा $3x$ वर्ष है।
∴ 9 वर्ष पहले का अनुपात $= 23 : 12 \Rightarrow (5x - 9) : (3x - 9) = 23 : 12$
∴ $(3x - 9) \times 23 = (5x - 9) \times 12 \Rightarrow 69x - 207 = 60x - 108$
∴ $69x - 60x = 207 - 108 \Rightarrow 9x = 99 \Rightarrow x = 11$
∴ 15 वर्ष बाद A की आयु $= 5x + 15 = 5 \times 11 + 15 = 55 + 15 = 70$ वर्ष
और B की आयु $= 3x + 15 = 3 \times 11 + 15 = 33 + 15 = 48$ वर्ष
∴ अभीष्ट अनुपात $= 70 : 48 = 35 : 24$

37. माना A और B की वर्तमान आयु क्रमशः $8x$ वर्ष तथा $9x$ वर्ष है।
9 वर्ष बाद अनुपात = 19 : 21, अतः $(8x + 9) : (9x + 9) = 19 : 21$
∴ $(8x + 9) \times 21 = (9x + 9) \times 19 \Rightarrow 168x + 189 = 171x + 171$
∴ $171x - 168x = 189 - 171 \Rightarrow 3x = 18 \Rightarrow x = 6$
∴ C की आयु = B कीं आयु $-3 = 9x - 3 = 9 \times 6 - 3 = 54 - 3 = 51$ वर्ष

38. माना A की वर्तमान आयु $8x$ वर्ष तथा B की वर्तमान आयु $15x$ वर्ष है।

∴ 8 वर्ष पहले उनकी आयु में अनुपात $\Rightarrow (8x-8) : (15x-8) = 6 : 13$

∴ $(8x-8) \times 13 = (15x-8) \times 6 \Rightarrow 104x - 104 = 90x - 48 \Rightarrow 14x = 56 \Rightarrow x = 4$

∴ 8 वर्ष बाद उनकी आयु में अनुपात $= (8x+8) : (15x+8) = (32+8) : (60+8) = 40 : 68 = 10 : 17$

39. चूंकि 8 वर्ष पहले A और B का अनुपात = 2 : 3, अतः माना 8 वर्ष पहले A और B की आयु क्रमशः $2x$ वर्ष, $3x$ वर्ष है।

∴ 4 वर्ष पहले A की आयु $= (2x+4)$ वर्ष और B की आयु $= (3x+4)$ वर्ष

∴ $(2x+4) : (3x+4) = 5 : 7$, अतः मध्य पदों का गुणनफल = बाह्य पदों का गुणनफल

∴ $(3x+4) \times 5 = (2x+4) \times 7 \Rightarrow 15x + 20 = 14x + 28 \Rightarrow x = 8$

∴ A की वर्तमान आयु $= 2x + 8 = 2 \times 8 + 8 = 16 + 8 = 22$ वर्ष

B की वर्तमान आयु $= 3x + 8 = 3 \times 8 + 8 = 24 + 8 = 32$ वर्ष

∴ अब से 8 वर्ष बाद उनकी आयु में अनुपात $= (22+8) : (32 : 8) = 30 : 40 = 3 : 4$

40. A और B की वर्तमान आयु में अनुपात = 1 : 3

∴ माना A की वर्तमान आयु x वर्ष और B की वर्तमान आयु $3x$ वर्ष है।

∴ 10 वर्ष बाद A की आयु $= (x+10)$ वर्ष और B की आयु $= (3x+10)$ वर्ष

∴ $\dfrac{x+10}{3x+10} = \dfrac{2}{5} \Rightarrow (x+10) \times 5 = (3x+10) \times 2$

∴ $5x + 50 = 6x + 20 \Rightarrow 6x - 5x = 50 - 20 \Rightarrow x = 30$

∴ B की वर्तमान आयु $= 3x = 3 \times 30 = 90$ वर्ष

41. 7 वर्ष पहले A और B की आयु का अनुपात = 4 : 5

∴ माना 7 वर्ष पहले A की आयु $4x$ वर्ष और B की आयु $5x$ वर्ष थी

∴ 8 वर्ष बाद A की आयु $= 4x + 7 + 8 = 4x + 15$ वर्ष और B की आयु $= 5x + 7 + 8 = 5x + 15$ वर्ष

∴ प्रश्नानुसार, $\dfrac{4x+15}{5x+15} = \dfrac{9}{10} \Rightarrow (5x+15) \times 9 = (4x+15) \times 10$

∴ $45x + 135 = 40x + 150 \Rightarrow 5x = 15 \Rightarrow x = 3$

∴ दोनों की वर्तमान आयु का योगफल $= 4x + 7 + 5x + 7 = 9x + 14 = 9 \times 3 + 14 = 27 + 14 = 41$ वर्ष

42. माना पिता की उम्र 4x वर्ष तथा पुत्र की उम्र x वर्ष है। अतः $(4x - 5) = (x - 5) \times 9 = 9x - 45$

∴ $9x - 4x = 45 - 5 = 40$, अतः $5x = 40$ या $x = 8$, अतः पिता की वर्तमान उम्र $= 4x = 4 \times 8 = 32$ वर्ष

43. 5 वर्ष पूर्व राम की आयु $= 17 - 5 = 12$ वर्ष, अतः 5 वर्ष पूर्व श्याम की आयु $= 12 \times 3 = 36$ वर्ष

∴ श्याम की वर्तमान आयु $= 36 + 5 = 41$ वर्ष

44. माना मेरी आयु 3x तथा पुत्र की आयु x वर्ष है। अतः 5 वर्ष पश्चात् मेरी आयु = पुत्र की आयु $\times 2\frac{1}{2}$

∴ $(3x + 5) = (x + 5) \times \dfrac{5}{2}$, अतः $(3x + 5) \times 2 = (x + 5) \times 5$

∴ $6x + 10 = 5x + 25$, अतः $x = 25 - 10 = 15$, अतः मेरी वर्तमान आयु $= 3x = 3 \times 15 = 45$ वर्ष

45. पिता की वर्तमान आयु 5x वर्ष हो तो पुत्र की आयु x वर्ष होगी।

15 वर्ष बाद पिता की आयु = पुत्र की आयु $\times 2\frac{1}{2} \Rightarrow (5x + 15) = (x + 15) \times \dfrac{5}{2}$

∴ $(5x + 15) \times 2 = (x + 15) \times 5 \Rightarrow 10x + 30 = 5x + 75$, अतः $5x = 45$ या $x = 9$

∴ पिता की वर्तमान आयु $= 5x = 45$ वर्ष

46. माना 5 वर्षों पहले पिता की आयु 7x वर्ष तथा पुत्र की आयु x वर्ष थी।

∴ पिता की वर्तमान आयु $= (7x + 5)$ वर्ष और पुत्र की वर्तमान आयु $= (x + 5)$ वर्ष

∴ 5 वर्ष बाद पिता की आयु = पुत्र की आयु × 3

∴ $(7x + 5 + 5) = (x + 5 + 5) \times 3$, अतः $7x + 10 = 3x + 30$, अतः $4x = 20$ या $x = 5$

∴ पिता की वर्तमान आयु $= 7x + 5 = 7 \times 5 + 5 = 35 + 5 = 40$ वर्ष

47. माना 10 वर्ष पूर्व पिता की आयु 3x वर्ष तथा पुत्र की आयु x वर्ष थी।

$\therefore$ पिता की वर्तमान आयु = (3x + 10) वर्ष और पुत्र की वर्तमान आयु = (x + 10) वर्ष

$\therefore$ 10 वर्ष बाद पिता की आयु = पुत्र की आयु × 2

$\therefore$ (3x + 10 + 10) = (x + 10 + 10) × 2, अतः 3x + 20 = 2x + 40, अतः x = 20

$\therefore$ वर्तमान आयु का अनुपात = (3x + 10) : (x + 10)= (60 + 10) : (20 + 10) = 70 : 30 = 7 : 3

48. माना रेनू, मीनू, सोनू की आयु क्रमशः x वर्ष, x वर्ष, y वर्ष है।

$\therefore$ x + x + y = 5y या 2x = 4y, अतः x = 2y ....(i)

3 वर्ष पहले रेनू की आयु = सोनू की आयु × 3 ⇒ x – 3 = (y – 3) × 3

$\therefore$ x – 3 = 3y – 9, अतः x = 3y – 6 ....(ii)

समीकरण (1) और (2) को हल करने पर, अतः x = 12, y = 6

$\therefore$ 4 वर्ष बाद सोनू की आयु = y + 4 = 6 + 4 = 10 वर्ष

49. माना 10 वर्ष पूर्व महेश की आयु x वर्ष तथा माता की आयु 4x वर्ष थी।

$\therefore$ महेश की वर्तमान आयु = (x + 10) वर्ष और माता की वर्तमान आयु = (4x + 10) वर्ष

$\therefore$ 10 वर्ष, बाद माता की आयु = 4x + 10 + 10 = 4x + 20 वर्ष

$\therefore$ पुत्री की आयु × 2 = 4x + 20 ⇒ (x + 10 + 10) × 2 = 4x + 20 ⇒ 2x+ 40 = 4x + 20

$\therefore$ 2x = 20 ⇒ x = 10, अतः महेश की वर्तमान आयु = x + 10 = 10 + 10 = 20 वर्ष

50. माना पिता की आयु 4x वर्ष तथा पुत्र की आयु x वर्ष है।

चूंकि 5 वर्ष पहले पिता की आयु = पुत्र की आयु × 7, अतः 4x – 5 = (x – 5)7 = 7x – 35, अतः 7x – 4x = 35 – 5

$\therefore$ 3x = 30 या x = 10, अतः पिता की वर्तमान आयु = 4x = 40 वर्ष

51. माना अन्ना की आयु 5x वर्ष तथा रीता की आयु x वर्ष है।

2 वर्ष बाद अन्ना की आयु = रीता की आयु × 3 ⇒ 5x + 2 = 3(x + 2) = 3x + 6, अतः 2x = 4 या x = 2

$\therefore$ 7 वर्ष बाद अन्ना की आयु = 5x + 7 = 5 × 2 + 7 = 10 + 7 = 17 वर्ष

52. माना 2 वर्ष पहले आदमी की आयु 6x वर्ष तथा पुत्र की आयु x वर्ष थी।

$\therefore$ आदमी की वर्तमान आयु = (6x + 2) वर्ष और पुत्र की वर्तमान आयु = (x + 2) वर्ष

$\therefore$ 18 वर्ष बाद आदमी की आयु = पुत्र की आयु × 2

$\therefore$ 6x + 2 + 18 = (x + 2 + 18) × 2, अतः 6x + 20 = (x + 20) × 2

$\therefore$ 6x + 20 = 2x + 40, अतः 4x = 20 या x = 5

$\therefore$ आदमी की वर्तमान आयु = 6x + 2 = 30 + 2 = 32 वर्ष और पुत्र की वर्तमान आयु = x + 2 = 5 + 2 = 7 वर्ष

53. माना 10 वर्ष पूर्व माँ की आयु 4x वर्ष और सुलोचना की आयु x वर्ष थी।

$\therefore$ माँ की वर्तमान आयु = 4x + 10 वर्ष और सुलोचना की वर्तमान आयु = x + 10 वर्ष

$\therefore$ 10 वर्ष बाद माँ की आयु = सुलोचना की आयु × 2

4x + 10 + 10 = (x + 10 + 10) × 2, अतः 4x + 20 = (x + 20) × 2 = 2x + 40

$\therefore$ 2x = 20 या x = 10, अतः सुलोचना की वर्तमान आयु = x + 10 = 10 + 10 = 20 वर्ष

54. पुत्री की आयु = 20 वर्ष, अतः x की आयु = 20 × 2 = 40 वर्ष

माना a वर्ष पहले x की आयु = पुत्री की आयु × 3, अतः (40 – a) = (20 – a) × 3, अतः 40 – a = 60 – 3a

$\therefore$ 3a – a = 60 – 40, अतः 2a = 20 या a = 10 वर्ष, अतः 10 वर्ष पहले x की आयु पुत्री की आयु की तीन गुनी थी।

55. माना पिता की आयु 2x वर्ष तथा पुत्र की आयु x वर्ष है। अतः 20 वर्ष पूर्व पिता की आयु = पुत्र की आयु × 12

$\therefore$ 2x – 20 = (x – 20) × 12, अतः 2x – 20 = 12x – 240

$\therefore$ 12x – 2x = 240 – 20, अतः 10x = 220 या x = 22 वर्ष

$\therefore$ पिता की वर्तमान आयु = 2x = 2 × 22 = 44 वर्ष

56. माना पिता की आयु 30x वर्ष तथा पुत्र की आयु x वर्ष है। अतः 18 वर्ष बाद पिता की आयु = पुत्र की आयु × 3

$\therefore$ 30x + 18 = (x + 18) × 3, अतः 10x + 6 = x + 18

$\therefore$ 9x = 12 या $x = \frac{12}{9} = \frac{4}{3}$, अतः पिता की वर्तमान आयु = $30x = 30 \times \frac{4}{3} = 40$ वर्ष

57. माना आज रीता की उम्र x वर्ष है। अतः शादी के समय रीता की उम्र = (x – 6) वर्ष

∴ $x = (x-6) \times 1\frac{1}{4} = (x-6)\frac{5}{4} \Rightarrow 4x = 5x - 30$ या $x = 30 \Rightarrow$ पुत्र की उम्र $= 30 \times \frac{1}{10} = 3$ वर्ष

58. माना कमला की वर्तमान आयु x वर्ष है। अतः शादी के समय कमला की आयु = (x – 6) वर्ष

∴ $x = (x-6) \times \frac{5}{4}$, अतः $5x - 30 = 4x$ या $x = 30$ वर्ष

∴ पुत्र की वर्तमान आयु $= 30 \times \frac{1}{10} = 3$ वर्ष 5 वर्ष बाद पुत्र की आयु = 3 + 5 = 8 वर्ष

59. माना पुत्र की वर्तमान उम्र x वर्ष है। पिता की वर्तमान उम्र = 36 वर्ष

∴ पुत्र के जन्म के समय पिता की उम्र = 36 – x वर्ष

∴ 36 – x = x, अतः 2x = 36 या x = 18 वर्ष, अतः 5 वर्ष पहले पुत्र की आयु = 18 – 5 = 13 वर्ष

60. चूंकि रमेश, सुरेश से 3 गुना बड़ा है। अतः माना रमेश की वर्तमान आयु 3x वर्ष और सुरेश की वर्तमान आयु x वर्ष है।

∵ 2 वर्ष बाद रमेश सुरेश से 2 गुना बड़ा होगा।

∴ $(3x + 2) = (x + 2) \times 2 \Rightarrow 3x + 2 = 2x + 4 \Rightarrow 2x = 2 \Rightarrow x = 2$

∴ रमेश की वर्तमान आयु = 3x = 3 × 2 = 6 वर्ष

61. माना नरेन्द्र की आयु x वर्ष और उसके माँ की आयु 4x वर्ष है।

∴ 4 वर्ष पहले नरेन्द्र की आयु = (x – 4) वर्ष और उसके माँ की आयु = (4x – 4) वर्ष

∴ $(x - 4) \times 6 = (4x - 4) \Rightarrow 6x - 24 = 4x - 4 \Rightarrow 2x = 20 \Rightarrow x = 10$

∴ दोनों की वर्तमान आयु = x वर्ष, 4x वर्ष = 10 वर्ष, 40 वर्ष

62. 6 पुत्रों की औसत आयु = 8 वर्ष, अतः 6 पुत्रों की आयु का योग = 8 × 6 = 48 वर्ष

(6 पुत्रों + माता + पिता) की औसत आयु = 22 वर्ष

∴ 6 पुत्रों + माता + पिता की आयु = 22 × 8 = 176 ⇒ 48 + माता + पिता की आयु = 176

∴ माता की आयु + पिता की आयु = 176 – 48 = 128 ⇒ माता की आयु + माता की आयु + 8 = 128

∴ 2× माता की आयु = 128 – 8 = 120 ⇒ माता की आयु $= \frac{120}{2} = 60$ वर्ष

63. दादा + दादी की आयु का योग = 67 × 2 = 134 वर्ष, माता + पिता की आयु का योग = 35 × 2 = 70 वर्ष

3 पौत्र-पौत्रियों की आयु का योग = 6 × 3 = 18 वर्ष

∴ सम्पूर्ण परिवार की आयु का योग = 134 + 70 + 18 = 222 वर्ष, अतः कुल संख्या = 2 + 2 + 3 = 7

∴ सम्पूर्ण परिवार की औसत आयु $= \frac{222}{7} = 31\frac{5}{7}$ वर्ष

64. माना पुत्र की वर्तमान उम्र x वर्ष है। पिता की वर्तमान उम्र = 39 वर्ष

∴ पुत्र के जन्म के समय पिता की उम्र = 39 – x वर्ष

∴ 39 – x = x + 5, अतः x + x = 39 – 5, अतः 2x = 34 या x = 17

∴ 5 वर्ष पहले पुत्र की उम्र = x – 5 = 17 – 5 = 12 वर्ष

65. यदि मेरी वर्तमान उम्र x वर्ष हो तो मेरे भाई की वर्तमान उम्र = (x + 5) वर्ष

और मेरे माता की उम्र = 2x वर्ष, अतः माता – मेरा भाई = 20

∴ 2x – (x + 5) = 20, अतः 2x – x – 5 = 20

∴ x = 25 वर्ष ⇒ मेरी उम्र, अतः माता की उम्र = 2x = 2 × 25 = 50 वर्ष

∴ बहन की उम्र = 50 – 24 = 26 वर्ष, अतः बहन मुझसे 1 वर्ष बड़ी है।

66. माना व्यक्ति की वर्तमान आयु x वर्ष है।

∴ 3 वर्ष बाद की आयु = x + 3 वर्ष, अतः 3 से गुणनफल = (x + 3) 3 = 3x + 9

3 वर्ष पहले की आयु का 3 गुना = (x – 3) 3 = 3x – 9

∴ (3x + 9) – (3x – 9) = 3x + 9 – 3x + 9 = 18 वर्ष, अतः व्यक्ति की वर्तमान आयु = 18 वर्ष

9 साझा (Partnership)

जब दो या दो से अधिक व्यक्ति अपनी-अपनी पूंजी लगाकर कोई धन्धा या व्यापार करते हैं तो इस कार्य को साझा या साझेदारी कहते हैं और प्रत्येक व्यक्ति को साझेदार कहते हैं।

अध्याय पर आधारित प्रश्नों के प्रकार

'साझा' अध्याय से विभिन्न प्रतियोगी परीक्षाओं में पूछे गये और पूछे जा सकने वाले प्रश्नों को कुल 6 प्रकारों में बांट सकते हैं।

1. जब भिन्न-भिन्न पूंजियां समान समय के लिए लगायी जाएं
2. जब समान पूंजियां भिन्न-भिन्न समय के लिए लगायी जाएं
3. जब भिन्न-भिन्न पूंजियां भिन्न-भिन्न समय के लिए लगायी जाएं
4. जब बीच में ही कुछ धन वापस कर लिया जाय या कुछ और धन निवेश किया जाए
5. जब लाभ को बराबर-बराबर बांटा जाए (A)
6. जब लाभ को बराबर-बराबर बांटा जाय (B)

उदाहणार्थ हल प्रश्न

1 जब भिन्न-भिन्न पूंजियां समान समय के लिए लगायी जाएं

1. राम, श्याम और मोहन ने क्रमशः ₹ 15000, ₹ 18000, ₹ 21000 लगाकर एक धन्धा, शुरू किया। 1 वर्ष के अन्त में कुल ₹ 90000 का लाभ हुआ। बताइये मोहन को कुल कितने ₹ लाभ के रूप में प्राप्त होंगे?
2. रीता, गीता और सीता ने क्रमशः ₹ 10000, ₹ 12000, ₹ 14000 का निवेश करके साझे में एक व्यापार शुरू किया। 2 वर्ष की अवधि में कुल ₹ 72000 का लाभ हुआ। सीता को कुल कितने रुपये मिलेंगे?
3. दो व्यक्तियों ने 3 वर्ष तक साझे का एक धन्धा करके क्रमशः ₹ 50000 तथा ₹ 60000 लाभ के रूप में प्राप्त किया। यदि पहला व्यक्ति ₹ 20000 निवेश किया तो दूसरा व्यक्ति कितने ₹ निवेश किया था?
4. तीन साझेदार क्रमशः ₹ 60000, ₹ 90000 तथा ₹ x लगाकर 6 महीने का व्यापार करते हैं। यदि अवधि के अन्त में प्रत्येक को क्रमशः ₹ 30000, ₹ 45000, तथा ₹ 40000 लाभ के रूप में प्राप्त हों तो x का मान ज्ञात कीजिए।

यदि भिन्न-भिन्न पूंजियां समान समय के लिए लगायी जाएं तो साझेदारों के लाभों में अनुपात = उनके द्वारा लगायी गयी पूंजियों में अनुपात

अर्थात्

यदि A, B, C क्रमशः ₹P_1, ₹P_2, ₹P_3 समान समय के लिए लगायें तो A, B, C के लाभों में अनुपात = $P_1 : P_2 : P_3$

हल

1. राम, श्याम, मोहन के लाभों में अनुपात = $15000 : 18000 : 21000 = 5 : 6 : 7 \Rightarrow$ अनुपाती योग $= 5 + 6 + 7 = 18$

   $\therefore$ ₹ 90000 में मोहन का लाभ = $90000 \times \frac{7}{18}$ = ₹ 35000
2. रीता, गीता, सीता के लाभों में अनुपात = $10000 : 12000 : 14000 = 5 : 6 : 7 \Rightarrow$ अनुपाती योग $= 5 + 6 + 7 = 18$

   $\therefore$ ₹ 72000 में सीता का लाभ = $72000 \times \frac{7}{18}$ = ₹ 28000
3. पहले व्यक्ति की पूंजी : दूसरे व्यक्ति की पूंजी = पहले व्यक्ति का लाभ : दूसरे व्यक्ति का लाभ

   $\therefore$ $20000 : x = 50000 : 60000$, अतः $x \times 50000 = 20000 \times 60000$

   $\therefore$ $x = \frac{20000 \times 60000}{50000}$ = ₹ 24000, अतः दूसरे व्यक्ति की पूंजी = ₹ 24000
4. $60000 : 90000 : x = 30000 : 45000 : 40000$

   $\therefore$ $90000 : x = 45000 : 40000$, अतः $x \times 45000 = 90000 \times 40000$ या x = ₹ 80000

2 जब समान पूंजियां भिन्न-भिन्न समय के लिए लगायी जायं

1. दो व्यक्तियों ने साझे में एक व्यापार इस प्रकार किया कि पहले व्यक्ति की पूंजी 3 वर्ष के लिए तथा दूसरे व्यक्ति की पूंजी 5 वर्ष के लिए निवेशित रही। यदि दोनों ने समान पूंजियाँ लगाया हो तो कुल ₹160000 के लाभ में दूसरे व्यक्ति का हिस्सा ज्ञात कीजिए।
2. राम और रहीम ने समान पूंजी लगाकर एक व्यापार किया जिसमें A की पूंजी प्रारम्भ के 8 महीने तक तथा B की पूंजी बाद के 6 महीने तक के लिए लगी रही। यदि कुल ₹ 42000 का लाभ हुआ हो तो राम को लाभ के रूप में कितने ₹ प्राप्त होंगें?

> *यदि समान पूंजियां क्रमशः t_1, t_2, t_3.......... समय के लिए निवेशित हों तो लाभों में अनुपात = $t_1 : t_2 : t_3$...........*

हल

1. लाभों में अनुपात = 3 : 5, अतः अनुपाती योग = 3 + 5 = 8

   $\therefore$ ₹ 160000 में दूसरे व्यक्ति का लाभ = $160000 \times \frac{5}{8}$ = ₹ 100000
2. राम और रहीम के लाभों में अनुपात = $8 : 6 = 4 : 3 \Rightarrow$ अनुपाती योग = 4 + 3 = 7

   $\therefore$ ₹ 42000 में राम का लाभांश = $42000 \times \frac{4}{7}$ = ₹ 24000

3 जब भिन्न-भिन्न पूंजियाँ भिन्न-भिन्न समय के लिए लगायी जायं

1. A, B तथा C ने क्रमशः ₹ 20000, ₹ 25000, ₹ 30000 लगाकर साझे में एक व्यापार शुरू किया। A की पूंजी 3 वर्ष तक, B की पूंजी 2 वर्ष तक तथा C की पूंजी 1 वर्ष तक व्यापार में लगी रही। यदि कुल ₹ 70000 का लाभ हुआ हो तो B को कुल लाभ में से कितने रुपये प्राप्त होंगें?
2. रमन और शौरी ने क्रमशः 8 माह और 6 माह के लिए क्रमशः ₹ 10000 तथा ₹ 12000 से व्यापार करके कुल ₹ 9500 का लाभ प्राप्त किया। रमन का लाभांश ज्ञात कीजिए।

> *यदि A, B, C तीन व्यक्ति ₹ x, y, z क्रमशः t_1, t_2, t_3 समय के लिए निवेश करके कोई व्यापार करें तो उनके लाभांशों में अनुपात = संगत पूंजी और समय के गुणनफलों में अनुपात = $xt_1 : yt_2 : zt_3$*

हल

1. A, B, C के लाभों में अनुपात = $20000 \times 3 : 25000 \times 2 : 30000 \times 1 = 6 : 5 : 3 \Rightarrow$ अनुपाती योग = 6 + 5 + 3 = 14

   $\therefore$ ₹ 70000 में B का लाभांश = $70000 \times \frac{5}{14}$ = ₹ 25000
2. रमन और शौरी के लाभों में अनुपात = $10000 \times 8 : 12000 \times 6 = 10 : 9 \Rightarrow$ अनुपाती योग = 10 + 9 = 19

   $\therefore$ ₹ 9500 में रमन का लाभांश = $9500 \times \frac{10}{19}$ = ₹ 5000

4 जब बीच में कुछ धन वापस कर लिया जाय या कुछ और धन निवेश किया जाए

1. राम और श्याम क्रमशः ₹ 60000 और ₹ 80000 लगाकर व्यापार शुरू किये परन्तु 6 माह बाद राम ₹ 40000 और निवेश किया जबकि 9 माह बाद श्याम ₹ 20000 वापस कर लिया। वर्ष के अन्त में ₹ 93000 का लाभ हुआ। प्रत्येक का लाभांश ज्ञात कीजिए।
2. करीना, करिश्मा और सलीमा तीन सहेलियों ने क्रमशः ₹ 25000, ₹ 40000, ₹ 30000 के साथ एक साझे का धन्धा शुरू किया। 4 महीने बाद करीना ने ₹ 15000 और निवेश किया तथा करिश्मा 6 महीने बाद ₹ 10000 वापस कर ली, जबकि सलीमा ने 8 महीने बाद ₹ 20000 और निवेश किया। वर्ष के अन्त में ₹ 128000 का लाभ हुआ। करीना का लाभांश ज्ञात कीजिए।

> *इस प्रकार के प्रश्नों में प्रत्येक साझेदार के लिए एक माह के लिए आवश्यक धन की गणना करते हैं। इसके बाद इन धनों में अनुपात ज्ञात करते हैं। इसी अनुपात में लाभ बांटा जाता है। जैसे यदि एक साझेदार एक वर्ष के साझा में ₹6000 का निवेश करे और 8 माह बाद ₹4000 वापस कर ले तो उसका ₹6000 8 माह तक और ₹2000 अगले 4 माह तक निवेश रहा। लाभ के अनुपात के लिए इसका धन = $6000 \times 8 + 2000 \times 4 = 48000 + 8000$ = ₹56000*
>
> *इसी प्रकार दूसरे और अन्य साझेदार के लाभ के अनुपात के लिए धन ज्ञात करते हैं तथा अन्त में उनका अनुपात ज्ञात करते हैं।*

हल

1. लाभ के अनुपात के लिए राम का धन = 60000 × 6 + 100000 × 6 = 360000 + 600000 = ₹ 960000
   लाभ के अनुपात के लिए श्याम का धन = 80000 × 9 + 60000 × 3 = 720000 + 180000 = ₹ 900000
   ∴ राम, श्याम के लाभों मे अनुपात = 960000 : 900000 = 16 : 15 ⇒ अनुपाती योग = 16 + 15 = 31
   ∴ ₹ 93000 में राम का लाभांश = $93000 \times \frac{16}{31}$ = ₹ 48000 और श्याम का लाभांश = $93000 \times \frac{15}{31}$ = ₹ 45000
2. लाभ के अनुपात के लिए करीना का धन = 25000 × 4 + 40000 × 8 = 100000 + 320000 = ₹ 420000
   लाभ के अनुपात के लिए करिश्मा का धन = 40000 × 6 + 30000 × 6 = 240000 + 180000 = ₹ 420000
   लाभ के अनुपात के लिए सलीमा का धन = 30000 × 8 + 50000 × 4 = 240000 + 200000 = ₹ 440000
   ∴ तीनों के लाभों में अनुपात = 420000 : 420000 : 440000 = 21 : 21 : 22
   ∴ अनुपाती योग = 21 + 21 + 22 = 64, अतः करीना का लाभांश = $128000 \times \frac{21}{64} = 42000$

5 जब लाभ को बराबर-बराबर बांटा जाए (A)

1. तीन साझेदार अलग-अलग पूंजी क्रमशः 8 माह, 10 तथा 12 माह के लिए लगाकर कोई व्यापार करते हैं और व्यापार से प्राप्त कुल लाभ बराबर-बराबर बांटते हैं। ज्ञात कीजिए कि उनकी पूंजी किस अनुपात में लगी है?
2. A, B, C समान लाभ देने की शर्त पर एक व्यापार करते हैं। यदि A की पूंजी 2 वर्ष, B की पूंजी $2\frac{1}{2}$ वर्ष तथा C की पूंजी $1\frac{1}{2}$ वर्ष तक लगी रही, तो वे किस अनुपात में पूंजी निवेश किये हैं?

समान लाभ के पूंजियों में अनुपात $= \frac{1}{t_1} : \frac{1}{t_2} : \frac{1}{t_3}$

हल

1. तीनों की पूंजियों में अनुपात $= \frac{1}{8} : \frac{1}{10} : \frac{1}{12} = \frac{1}{4} : \frac{1}{5} : \frac{1}{6} = 60 \times \frac{1}{4} : 60 \times \frac{1}{5} : 60 \times \frac{1}{6} = 15 : 12 : 10$
2. A, B, C की पूंजियों में अनुपात $= \frac{1}{2} : \frac{1}{\frac{5}{2}} : \frac{1}{\frac{3}{2}} = \frac{1}{2} : \frac{2}{5} : \frac{2}{3} = 30 \times \frac{1}{2} : 30 \times \frac{2}{5} : 30 \times \frac{2}{3} = 15 : 12 : 20$

6 जब लाभ को बराबर-बराबर बांटा जाए (B)

1. 3 व्यक्ति क्रमशः ₹ 15000, ₹ 18000 तथा ₹ 21000 भिन्न-भिन्न समय के लिए लगाकर प्राप्त कुल लाभ को बराबर-बराबर बांटते हैं। बताइये समय के किस अनुपात में उनकी पूंजियां लगी रहीं?
2. A, B, C क्रमशः ₹ 200000, ₹ 150000 तथा ₹ 100000 अलग-अलग समय के लिए निवेशित करते हैं। यदि वे 26 माह के अन्त में कुल लाभ को बराबर-बराबर बांटे तो B की पूँजी कितने माह तक लगी रही?
3. एक व्यापार में A, B, C द्वारा निवेशित की गयी पूंजियों में 3 : 2 : 5 का अनुपात है। समान लाभ प्राप्त करने के लिए उनकी पूंजी समय के किस अनुपात में लगानी पड़ेगी?

यदि ₹x , ₹y, ₹z लगाकर कुल लाभ को बराबर-बराबर बांटना हो तो उनके समयों में अनुपात $= \frac{1}{x} : \frac{1}{y} : \frac{1}{z}$

हल

1. समयों में अनुपात $= \frac{1}{15000} : \frac{1}{18000} : \frac{1}{21000} = \frac{1}{5} : \frac{1}{6} : \frac{1}{7} = 210 \times \frac{1}{5} : 210 \times \frac{1}{6} : 210 \times \frac{1}{7} = 42 : 35 : 30$
2. A, B, C के समयों में अनुपात $= \frac{1}{200000} : \frac{1}{150000} : \frac{1}{100000} = \frac{1}{4} : \frac{1}{3} : \frac{1}{2} = 3 : 4 : 6$
   अनुपाती योग = 3 + 4 + 6 = 13, अतः 26 माह में B का समय $= 26 \times \frac{4}{13} = 8$ माह
3. A, B, C के समयों में अनुपात $= \frac{1}{3} : \frac{1}{2} : \frac{1}{5} = 30 \times \frac{1}{3} : 30 \times \frac{1}{2} : 30 \times \frac{1}{5} = 10 : 15 : 6$

अभ्यास प्रश्न

जब भिन्न-भिन्न पूंजी समान समय के लिए निवेशित हों

1. तीन व्यक्ति साझेदारी में ₹ 600, ₹ 800 तथा ₹ 1000 लगाते हैं। यदि ₹ 480 का मुनाफा हुआ, तो पहले व्यक्ति को कितना मिलेगा?

(a) ₹ 90 (b) ₹ 100 (c) ₹ 120 (d) ₹ 85 ***R.R.B. जम्मू (जू० क्लर्क) परीक्षा, 2001***

2. दो साझेदार एक व्यवसाय में क्रमशः ₹ 9000 एवं ₹ 10500 का निवेश करते हैं। यदि पूँजी निवेश के अनुपात में ₹ 6500 का एक लाभ बाँटना पड़ता है, तो द्वितीय साझेदार को मिलेगा –

(a) ₹ 3000 (b) ₹ 3500 (c) ₹ 4000 (d) ₹ 6000 ***R.R.B. जम्मू (T.A.) परीक्षा, 2001***

3. संयोग, किरण और किशोर ने एक दुकान क्रमशः ₹ 27000, ₹ 81000 और ₹ 72000 लगाकर खोली, एक साल के अन्त में लाभ तीनों में बाँटा गया। यदि किरण का लाभ-अंश ₹ 36000 है, तो कुल लाभ रहा होगा –

(a) ₹ 80000 (b) ₹ 98000 (c) ₹ 108000 (d) ₹ 116000 ***R.R.B. सिकन्दराबाद (गुड्स गार्ड) परीक्षा, 2008***

4. तीन भागीदार एक व्यवसाय में ₹ 2000, ₹ 2500 और ₹ 1000 लगाते हैं। लाभ ₹ 880 होने पर अन्तिम भागीदार को कितनी लाभ राशि मिलेगी?

(a) ₹ 400 (b) ₹ 350 (c) ₹ 180 (d) ₹ 160 ***R.R.B. सिकन्दराबाद (A.S.M.) परीक्षा, 2001***

5. किसी पूंजी के साथ A, B और C साझेदार हैं जिसमें A का अंशदान ₹ 10,000 है। यदि 1000 के कुल लाभ में से A को ₹ 500 मिलता है और B को ₹ 300 मिलता है, तो C की पूँजी है –

(a) ₹ 4000 (b) ₹ 5000 (c) ₹ 6000 (d) ₹ 9000 ***R.R.B. बंग्लोर (A.S.M.) परीक्षा, 2004***

6. किरण, संयोग और किशोर ने एक व्यवसाय ₹ 4700 से आरम्भ किया। किरण ने संयोग से ₹ 500 अधिक लगाए और संयोग ने किशोर से ₹ 300 अधिक लगाए। यदि लाभ ₹ 1410 है, तो किरण को कितना लाभांश मिलेगा?

(a) ₹ 360 (b) ₹ 450 (c) ₹ 480 (d) ₹ 600 ***R.R.B. सिकन्दराबाद (गुड्स गार्ड) परीक्षा, 2001***

7. A, B, C किसी कारोबार के लिए ₹ 47000 अंशदान देते हैं। यदि A, B से ₹ 7000 अधिक और B, C से ₹ 5000 अधिक अंशदान देते हों, तो कुल लाभ ₹ 9400 में से B प्राप्त करता है –

(a) ₹ 1737.90 (b) ₹ 2000 (c) ₹ 3000 (d) ₹ 4400 ***R.R.B. बंग्लौर (A.S.M.) परीक्षा, 2004***

8. किसी व्यापार में A और C की पूँजियों में 2 : 1 का अनुपात है, जबकि A और B की पूँजियों में 3 : 2 का अनुपात है। यदि उनको ₹ 157300 का लाभ होता है, तो B को कितने रुपये लाभ में से मिलेंगे?

(a) ₹ 72600 (b) ₹ 48400 (c) ₹ 36300 (d) ₹ 24200 ***R.S.C. महेन्द्रघाट, परीक्षा, 2001***

9. A और B ने क्रमशः 92,500 रुपये और 1,12,500 रुपये के निवेश से व्यवसाय शुरू किया। यदि उनके द्वारा अर्जित लाभ में B का हिस्सा 9,000 रुपये है तो A द्वारा अर्जित लाभ (रुपये में) ज्ञात करें।

(a) 9,000 (b) 7,400 (c) 11,240 (d) 10,000 ***SSC CAPAF : 24.11.2020***

10. A, B और C क्रमशः 13750, 16250 और 18750 निवेशित करके कोई व्यवसाय शुरू करते हैं। यदि उनके द्वारा प्राप्त लाभ में B का हिस्सा 5200 है तो एक साथ तीनों को प्राप्त कुल लाभ (रुपये में) ज्ञात करें।

(a) 15,600 (b) 17,500 (c) 18,200 (d) 16,600 ***SSC CAPF : 23.11.2020***

जब भिन्न-भिन्न पूंजी भिन्न-भिन्न समय के लिए निवेशित हों

11. A और B ने एक संयुक्त कम्पनी शुरू की। A का निवेश B के निवेश का तिगुना था और उसकी निवेश की अवधि B के निवेश की अवधि की दोगुनी थी। अगर B को लाभ के तौर पर ₹ 4000 मिले तो उनके कुल लाभ हैं –

(a) ₹ 24000 (b) ₹ 16000 (c) ₹ 28000 (d) ₹ 2000 ***R.R.B. त्रिवेन्द्रम (डीजल/इले० असिस्टेंट) परीक्षा, 2004***

12. एक व्यापार में A, B, C तीनों साझेदारों को ₹ 95000 का कुल लाभ होता है। A ने कुल पूंजी का आधा, आधे समय के लिए लगाया है, B ने कुल पूंजी का एक-तिहाई, एक तिहाई समय के लिए लगाया है। तीसरे हिस्सेदार ने अपना हिस्सा पूरे समय के लिए लगाया है, तो B का लाभ में कितना हिस्सा होगा?

(a) ₹ $\frac{95000}{9}$ (b) ₹ 19000 (c) ₹ 38000 (d) ₹ 20000 ***R.R.B. महेन्द्रघाट (T.A.) परीक्षा, 2004***

13. A, B और C एक चरागाह किराए पर लेते हैं, A उस पर 7 महीने तक 10 बैल चराता है, B उस पर 5 महीने तक 12 बैल और C उस पर 3 महीने तक 15 बैल चराता है। अगर चरागाह का किराया ₹175 हो तो C को अपने हिस्से का कितना किराया देना होगा?

(a) ₹ 45 (b) ₹ 50 (c) ₹ 55 (d) ₹ 60 ***S.S.C. स्नातक स्तरीय परीक्षा, 2002***

14. X और Y का एक व्यापार में साझीदार हैं। X पूँजी का $\frac{1}{3}$ भाग 9 महीने के लिए लगाता है और Y लाभ का $\frac{2}{5}$ भाग प्राप्त करता है, तो Y का धन व्यापार में कितने महीने लगा था?

(a) 2 महीना (b) 3 महीना (c) 4 महीना (d) 5 महीना ***R.R.B. सिकन्दराबाद (A.S.M.) परीक्षा, 2001***

जब बीच में ही पूंजी वापस कर ली जाए या कुछ और पूंजी निवेश की जाए

15. A, B एवं C ने मिलकर 3 : 4 : 5 के अनुपात में धन लगाकर एक व्यवसाय आरम्भ किया। 6 महीने बाद C ने अपने द्वारा लगाई धनराशि का आधा भाग निकाल लिया। यदि A द्वारा लगाई गयी धनराशि ₹ 27000 थी और वर्ष के अन्त में मुनाफा ₹ 86000 था, तो उस लाभ में A और C के हिस्से के बीच अन्तर क्या होगा?

(a) ₹ 3000 (b) ₹ 5000 (c) ₹ 4000 (d) ₹ 6000 ***R.R.B. रांची (T.A.) परीक्षा, 2004***

16. A एक व्यवसाय ₹ 3500 से आरम्भ करता है, 5 महीने के बाद B उसका साझीदार बन जाता है, एक वर्ष बाद दोनों के बीच लाभ को 2 : 3 के अनुपात में विभाजित कर दिया जाता है, तो B का पूँजी निवेश ज्ञात कीजिए –

(a) ₹ 8000 (b) ₹ 8500 (c) ₹ 9000 (d) ₹ 7500 ***R.R.B. रांची T.A. 2008, स्नातक स्तरीय परीक्षा, 2000***

17. A, B और C साझेदारी में सम्मिलित हुए और उनकी पूंजियाँ $\frac{1}{3}:\frac{1}{4}:\frac{1}{5}$ के अनुपात में हैं। A, 4 महीने के अन्त में अपनी पूंजी का आधा वापस लेता है, तो कुल लाभ ₹ 847 में A का अंश है –

(a) ₹ 252 (b) ₹ 280 (c) ₹ 315 (d) ₹ 412 ***R.R.B. त्रिवेन्द्रम (डीजल/इले० असिस्टेंट) परीक्षा, 2004***

विविध प्रश्न

18. एक व्यक्ति को कुल धन का 3/8 भाग मिला तथा उसके साझीदार को शेष धन का 3/8 भाग मिला। यदि दोनों के भागों का अन्तर ₹ 36 हो तो कुल धन था –

(a) ₹ 236 (b) ₹ 272 (c) ₹ 240 (d) ₹ 256 ***R.R.B. रांची (T.A.) परीक्षा, 2005***

19. A, B और C एक कम्पनी में हिस्सेदार है। किसी एक वर्ष में A को लाभ का $\frac{1}{3}$ भाग मिला, B को $\frac{1}{4}$ भाग मिला और C को ₹ 5000। तब A को लाभ के फलस्वरूप कितने रुपये मिले?

(a) 5000 (b) 4000 (c) 3000 (c) 1000 ***भोपाल, A.S.M. 2007, S.S.C. स्नातक स्तरीय परीक्षा, 2001***

20. दो आदमी रमेश और सुरेश क्रमशः ₹ 15000 और ₹ 25000 एक व्यापार में निवेश करते हैं। वर्ष के अन्त में दोनों को ₹ 1000 का लाभ होता है। वे अपने लाभ का 12% फिर से व्यापार में लगाते हैं। बची हुई राशि में से प्रत्येक ₹ 10000 लेते हैं तथा फिर बची हुई राशि उनके मूल निवेश के अनुपात के अनुसार बांट लेते हैं। तब रमेश का हिस्सा कितना होगा –

(a) ₹ 3300 (b) ₹ 3000 (c) ₹ 2925 (d) ₹ 3550 ***R.R.B. महेन्द्र घाट (T.A.) परीक्षा, 2004***

21. एक व्यक्ति 3 विभिन्न योजनाओं में 6 वर्ष, 10 वर्ष और 12 वर्ष के लिए क्रमशः 10%, 12% और 15% की दर पर धन निवेश करता है। प्रत्येक योजना की अवधि पूरी होने पर, उसे समान राशि मिलती है। उसके निवेशों का अनुपात क्या है?

(a) 6 : 3 : 2 (b) 2 : 3 : 4 (c) 3 : 4 : 6 (d) 4 : 6 : 2 ***भुवनेश्वर (A.S.M.), 2002***

22. कोई व्यक्ति विभिन्न योजनाओं में 10%, 12% और 15% की दर से क्रमशः 6 वर्ष, 10 वर्ष और 12 वर्ष के लिए धन का निवेश करता है, प्रत्येक योजना की अवधि समाप्त होने के पश्चात् उसे समान राशि प्राप्त होती है, उसके निविष्ट धन का अनुपात क्या था?

(a) 6 : 3 : 2 (b) 2 : 3 : 4 (c) 3 : 4 : 6 (d) इनमें से कोई नहीं *मेट्रो रेलवे, 2002*

23. 8200 रुपये की राशि को A, B और C में इस प्रकार विभाजित किया गया कि A को B से 500 रुपये अधिक और C को A से 300 अधिक मिले। C का हिस्सा (रुपये में) ज्ञात करें।

(a) 2,300 (b) 2,000 (c) 2,800 (d) 3,100 ***SSC CAPF : 24.11.2020***

उत्तरमाला

1. (c)	2. (b)	3. (a)	4. (d)	5. (a)	6. (d)	7. (c)	8. (b)	9. (b)
10. (a)	11. (c)	12. (d)	13. (a)	14. (b)	15. (d)	16. (c)	17. (b)	18. (d)
19. (b)	20. (d)	21. (a)	22. (a)	23. (d)				

अभ्यास प्रश्नों के हल

1. तीनों व्यक्तियों के लाभों में अनुपात = 600 : 800 : 1000 = 3 : 4 : 5 $\Rightarrow$ अनुपाती योग = 3 + 4 + 5 = 12

$\therefore$ ₹480 में पहले व्यक्ति का लाभ = $480 \times \frac{3}{12}$ = ₹120

2. दोनों साझेदारों के लाभों में अनुपात = 9000 : 10500 = 6 : 7 $\Rightarrow$ अनुपाती योग = 6 + 7 = 13

$\therefore$ दूसरे साझेदार का लाभ = $6500 \times \frac{7}{13}$ = ₹3500

3. संयोग, किरण और किशोर के लाभों में अनुपात = 27000 : 81000 : 72000 = 3 : 9 : 8

$\therefore$ अनुपाती योग = 3 + 9 + 8 = 20, अतः किरण का लाभांश = कुल लाभ का $\frac{9}{20}$

$\therefore$ 36000 = कुल लाभ × $\frac{9}{20}$, अतः कुल लाभ = $\frac{36000 \times 20}{9}$ = ₹80000

4. तीनों भागीदारों के लाभों में अनुपात = 2000 : 2500 : 1000 = 4 : 5 : 2 $\Rightarrow$ अनुपाती योग = 4 + 5 + 2 = 11

$\therefore$ ₹ 880 में तीसरे भागीदार का लाभ = $880 \times \frac{2}{11}$ = ₹160

5. $\because$ ₹ 1000 के लाभ में से A को ₹ 500 और B को ₹ 300 मिला।

$\therefore$ C का लाभ = 1000 – (500 + 300) = 10000 – 800 = ₹ 200

$\therefore$ A की पूँजी : B की पूजी : C की पूंजी = 500 : 300 : 200

$\therefore$ A की पूँजी : C की पूंजी = 500 : 200, अतः 10000 : C की पूंजी = 5 : 2

$\therefore$ C की पूँजी × 5 = 10000 × 2, अतः C की पूंजी = $\frac{10000 \times 2}{5}$ = ₹4000

6. माना किशोर ने ₹ x, संयोग ने ₹ (x + 300) तथा किरण ने ₹ (x + 300 + 500) में व्यापार में लगाया।

$\therefore$ x + x + 300 + x + 300 + 500 = 4700, अतः 3x + 1100 = 4700

$\therefore$ 3x = 3600 या x = 1200, अतः किशोर का धन = x = ₹ 1200

संयोग का धन = 1200 + 300 = ₹ 1500 और किरण का धन = 1200 + 300 + 500 = ₹ 2000

$\therefore$ किरण, संयोग, किशोर के लाभों में अनुपात = 2000 : 1500 : 1200 = 20 : 15 : 12

$\therefore$ अनुपाती योग = 20 + 15 + 12 = 47, अतः ₹ 1410 में किरण का लाभांश = $1410 \times \frac{20}{47}$ = ₹600

7. माना C की पूंजी ₹ x, B की पूंजी ₹ (x + 5000) तथा A की पूंजी ₹ (x + 5000 + 7000) है।

∴ $x + x + 5000 + x + 5000 + 7000 = 47000$, अतः $3x + 17000 = 47000$, अतः $3x = 30000$ या x = ₹ 10000

∴ A की पूंजी = x + 5000 + 7000 = ₹ 22000

B की पूँजी = x + 5000 = ₹ 15000 और C की पूँजी = x = ₹ 10000

∴ A, B, C के लाभों में अनुपात = 22000 : 15000 : 10000 = 22 : 15 : 10

अनुपाती योग = 22 + 15 + 10 = 47 और ₹ 9400 में B का लाभ = $9400 \times \frac{15}{47}$ = ₹ 3000

8. A : C = 2 : 1 तथा A : B = 3 : 2

∴ C : A = 1 : 2 तथा A : B = 3 : 2 से C : A : B = 3 : 6 : 4 ⇒ अनुपाती योग = 3 + 6 + 4 = 13

∴ ₹157300 में B का लाभ = $157300 \times \frac{4}{13}$ = ₹ 48400

9. A द्वारा अर्जित लाभ : B द्वारा अर्जित लाभ = A का निवेश : B का निवेश

∴ A द्वारा अर्जित लाभ : 9000 = 92500 : 112500 ⇒ बाह्य पदों का गुणनफल = मध्य पदों का गुणनफल–

∴ A द्वारा अर्जित लाभ × 112500 = 9000 × 92500 ⇒ A द्वारा अर्जित लाभ = $\frac{9000 \times 92500}{112500}$ = ₹ 7400

10. A, B और C के लाभों में अनुपात = उनके निवेशों में अनुपात = 13750 : 16250 : 18750 = 11 : 13 : 15

∴ अनुपाती योग = 11 + 13 + 15 = 39

∴ कुल लाभ का $\frac{13}{39}$ = B का लाभ ⇒ कुल लाभ × $\frac{13}{39}$ = 5200

∴ कुल लाभ = $\frac{5200 \times 39}{13}$ = 15600 ⇒ तीनों को प्राप्त कुल लाभ = ₹ 15600

11. माना A का निवेश ₹ 3x तथा B का निवेश ₹ x था। पुनः माना A की अवधि 2t तथा B की अवधि t था।

∴ A और B के लाभों में अनुपात = 3x.2t : : x.t = 6 : 1 ⇒ अनुपाती योग = 6 + 1 = 7

∴ कुल लाभ का $\frac{1}{7}$ = ₹ 4000 ⇒ कुल लाभ × $\frac{1}{7}$ = 4000, अतः कुल लाभ = 4000 × 7 = ₹ 28000

12. माना कुल पूंजी ₹ x तथा कुल समय t माह है। अतः C की पूँजी = $x - \left(\frac{x}{2} + \frac{x}{3}\right) = \frac{x}{6}$

∴ A, B, C के लाभों में अनुपात = $\left(\frac{x}{2} \cdot \frac{t}{2}\right) : \left(\frac{x}{3} \cdot \frac{t}{3}\right) : \left(\frac{x}{6} . t\right) = \frac{1}{4} : \frac{1}{9} : \frac{1}{6} = 36 \times \frac{1}{4} : 36 \times \frac{1}{9} : 36 \times \frac{1}{6} = 9 : 4 : 6$

अनुपाती योग = 9 + 4 + 6 = 19, अतः 95000 रु० में B का लाभ = $95000 \times \frac{4}{19} = 20000$

13. A, B, C के किरायों में अनुपात = 7 × 10 : 5 × 12 : 3 × 15 = 14 : 12 : 9

∴ अनुपाती योग = 14 + 12 + 9 = 35, अतः ₹ 175 में C का किराया = $175 \times \frac{9}{35}$ = ₹ 45

14. ∵ X की पूंजी = कुल पूंजी का $\frac{1}{3}$, अतः Y की पूंजी = कुल पूंजी का $\frac{2}{3}$

∵ Y का लाभ = $\frac{2}{5}$ भाग, अतः X का लाभ = $\frac{3}{5}$ भाग

∴ X की पूंजी × X का समय : Y की पूंजी × Y का समय = X का लाभ : Y का लाभ

∴ $\frac{1}{3} \times 9 : \frac{2}{3} \times$ Y का समय = $\frac{3}{5} : \frac{2}{5}$, अतः 9 : 2 × Y का समय = 3 : 2

∴ 2 × Y का समय × 3 = 9 × 2, अतः Y का समय = $\frac{9 \times 2}{2 \times 3}$ = 3 माह

15. $\because$ A की पूंजी : B की पूँजी : C की पूंजी = 3 : 4 : 5 $\Rightarrow$ 27000 : B की पूंजी : C की पूंजी = 3 : 4 : 5

$\therefore$ $\frac{2700}{\text{B की पूंजी}} = \frac{3}{4}$ से B की पूंजी = ₹ 36000 और $\frac{2700}{\text{C की पूंजी}} = \frac{3}{5}$ से C की पूंजी = ₹ 45000

$\because$ C ने 6 महीने बाद अपनी धनराशि का आधा निकाल लिया।

$\therefore$ A, B, C के लाभों मे अनुपात = $(27000 \times 12) : (36000 \times 12) : (45000 \times 6 + \frac{45000}{2} \times 6)$

$= (27000 \times 12) : (36000 \times 12) : (45000 \times 9) = 12 : 16 : 15$

$\therefore$ अनुपाती योग = 12 + 16 + 15 = 43

$\therefore$ A और C के हिस्सों में अन्तर = $\frac{86000 \times (15-12)}{43} = 2000 \times 3 =$ ₹ 6000

16. A की पूंजी × A का समय : B की पूंजी × B का समय = 2 : 3

$\therefore$ 3500 × 12 : B की पूंजी × 7 = 2 : 3, अतः B की पूंजी × 7 × 2 = 35000 × 12 × 3

$\therefore$ B की पूंजी = $\frac{3500 \times 12 \times 3}{7 \times 2} =$ ₹ 9000

17. A, B, C की पूंजियों में अनुपात = $\frac{1}{3} : \frac{1}{4} : \frac{1}{5} = 60 \times \frac{1}{3} : 60 \times \frac{1}{4} : 60 \times \frac{1}{5} = 20 : 15 : 12$

माना A, B, C क्रमशः ₹ 20, ₹ 15, ₹ 12 की पूंजी लगाये।

$\therefore$ A, B, C के लाभों में अनुपात = $(20 \times 4 + 10 \times 8) : 15 \times 12 : 12 \times 12$

$= (80 + 80) : 15 \times 12 : 12 \times 12 = 160 : 15 \times 12 : 12 \times 12 = 40 : 45 : 36$

$\therefore$ अनुपाती योग = 40 + 45 + 36 = 121, अतः ₹ 847 में A का लाभांश = $847 \times \frac{40}{121} = 280$

18. माना कुल धन ₹ x था। अतः पहले व्यक्ति को मिला धन = x का $\frac{3}{8} = \frac{3x}{8}$

इसके बाद शेष धन = $x - \frac{3x}{8} = \frac{5x}{8}$, अतः दूसरे व्यक्ति को मिलाधन = $\frac{5x}{8} \times \frac{3}{8} = \frac{15x}{64}$ ₹

$\therefore$ $\frac{3x}{8} - \frac{15x}{64} = 36$ अतः $\frac{24x - 15x}{64} = 36 \Rightarrow \frac{9x}{64} = 36$ या x = ₹ 256, अतः कुल धन = ₹ 256

19. (A + B) का भाग = $\frac{1}{3} + \frac{1}{4} = \frac{7}{12}$, अतः C का भाग = $1 - \frac{7}{12} = \frac{5}{12}$

$\therefore$ कुल लाभ का $\frac{5}{12} = 5000$, अतः कुल लाभ × $\frac{5}{12} = 5000 \Rightarrow$ कुल लाभ = ₹ 12000

$\therefore$ A का लाभ = कुल लाभ का $\frac{1}{3} = 12000 \times \frac{1}{3} = 4000$

20. रमेश की पूंजी : सुरेश की पूंजी = 15000 : 25000 = 3 : 5 $\Rightarrow$ अनुपाती योग = 3 : 5 = 8

$\because$ ₹ 10000 के लाभ का 12% पुनः व्यापार में लगता है। अतः बचा हुआ लाभ = $10000 \times \frac{88}{100} = 8800$

पुनः बचे लाभ में से एक-एक हजार बांटने के बाद शेष = 8800 – (1000 + 1000) = ₹6800

$\therefore$ इस शेष लाभ 6800 में से पूंजी के अनुपात में रमेश का लाभ = $6800 \times \frac{3}{8} =$ ₹ 2550

$\therefore$ रमेश को प्राप्त कुल लाभ = 2550 + 1000 = ₹ 3550

21. माना तीनों धन क्रमशः ₹ x, ₹ y, ₹ z हैं। अतः $\frac{x \times 6 \times 10}{100} = \frac{y \times 10 \times 12}{100} = \frac{z \times 12 \times 15}{100}$, अतः $x = 2y = 3z$

$\therefore$ $x : y : z = \frac{1}{1} : \frac{1}{2} : \frac{1}{3} = 6 \times \frac{1}{1} : 6 \times \frac{1}{2} : 6 \times \frac{1}{3} = 6 : 3 : 2$

22. Repeated Q.N. 19

23. माना A का हिस्सा ₹ x है। अतः B का हिस्सा = x – 500 और C का हिस्सा = x + 300

$\therefore$ $x + x - 500 + x + 300 = 8200 \Rightarrow 3x = 8200 + 200 = 8400 \Rightarrow x = 2800$

$\therefore$ C का हिस्सा = x + 300 = 2800 + 300 = ₹ 3100

10 मिश्रण (Alligation)

जब कई वस्तुएं आपस में मिलाकर कोई नयी वस्तु बनायी जाती है तो इस नयी वस्तु को मिश्रण कहते हैं और यह क्रिया Alligation कहलाती है। इस अध्याय से विभिन्न प्रतियोगी परीक्षाओं में पूछे गये और पूछे जा सकने वाले प्रश्नों को 9 प्रकारों से बाँट सकते हैं।

1. जब दो दरों की वस्तुएं आपस में मिलायी जाय
2. जब % लाभ या हानि पर मिश्रण को बेचा जाय
3. जब पहली वस्तु की मात्रा बढ़ायी या घटायी जाय
4. जब दूसरी वस्तु की मात्रा बढ़ायी या घटायी जाय
5. जब दोनों वस्तुओं की मात्रा बढ़ायी या घटायी जाय

6. जब समान मात्रा कई बार घटायी-बढ़ायी जाय
8. जब दो मिश्रणों से कोई तीसरा मिश्रण बनाया जाय
7. जब भिन्न-भिन्न मात्रा घटायी-बढ़ायी जायं
9. तीसरे मिश्रण में अवयवों का अनुपात ज्ञात करना

उदाहरणार्थ हल प्रश्न

1 जब दो दरों की वस्तुएं आपस में मिलायी जायं

1. ₹12 प्रति किग्रा. की वस्तु में ₹18 प्रति किग्रा. की वस्तु किस अनुपात में मिलाकर बेचा जाय कि मिश्रण का क्रय मूल्य ₹15 प्रति किग्रा. हो जाय?
2. एक ₹25 प्रति किग्रा. की वस्तु में ₹20 प्रति किग्रा. की वस्तु किस अनुपात में मिलाकर बेची जाय कि मिश्रण का क्रय मूल्य ₹22 प्रति किग्रा. रहे?

$$\frac{\text{पहली वस्तु}}{\text{दूसरी वस्तु}} = \frac{\text{मिश्रण का भाव} \sim \text{दूसरी वस्तु का भाव}}{\text{मिश्रण का भाव} \sim \text{पहली वस्तु का भाव}}$$

हल

1. $\frac{\text{पहली वस्तु}}{\text{दूसरी वस्तु}} = \frac{15 \sim 18}{15 \sim 12} = \frac{18-15}{15-12} = \frac{3}{3} = \frac{1}{1} = 1:1$

2. $\frac{\text{पहली वस्तु}}{\text{दूसरी वस्तु}} = \frac{22 \sim 20}{22 \sim 25} = \frac{22-20}{25-22} = \frac{2}{3} = 2:3$

2 जब % लाभ या हानि पर मिश्रण को बेचा जाय

1. ₹10 प्रति किग्रा. का चावल और ₹16 प्रति किग्रा. का चावल किस अनुपात में मिलाकर ₹18 प्रति किग्रा. के भाव से बेचा जाय कि 20% का लाभ हो?
2. ₹25 प्रति किग्रा. और ₹30 प्रति किग्रा. की दो वस्तुएं किस अनुपात में मिलाकर ₹21 प्रति किग्रा. बेची जाएं कि 25% की हानि हो?

इन प्रश्नों में सर्वप्रथम निम्नलिखित सूत्र से मिश्रण का क्रय भाव ज्ञात करते हैं–

1. $\text{मिश्रण का क्रय भाव} = \frac{\text{विक्रय भाव} \times 100}{100 + \%\ \text{लाभ}}$ *2.* $\text{मिश्रण का क्रय भाव} = \frac{\text{विक्रय भाव} \times 100}{100 - \%\ \text{हानि}}$

इसके बाद पहले प्रकार वाले सूत्र से दोनों वस्तुओं में अनुपात ज्ञात करते हैं।

हल

1. 20% लाभ पर मिश्रण का क्रय भाव $= \frac{\text{विक्रय भाव} \times 100}{100 + \%\ \text{लाभ}} = \frac{18 \times 100}{120} =$ ₹15 प्रति किग्रा.

   अब $\frac{\text{पहली वस्तु}}{\text{दूसरी वस्तु}} = \frac{15 \sim 16}{15 \sim 10} = \frac{1}{5} = 1:5$

2. 25% हानि पर मिश्रण का क्रय भाव $= \frac{\text{विक्रय भाव} \times 100}{100 - \%\ \text{हानि}} = \frac{21 \times 100}{75} =$ ₹28 प्रति किग्रा.

   अब $\frac{\text{पहली वस्तु}}{\text{दूसरी वस्तु}} = \frac{28 \sim 30}{28 \sim 25} = \frac{2}{3} = 2:3$

3 जब पहली वस्तु की मात्रा बढ़ायी जाय या घटायी जाय

1. दो वस्तुओं A तथा B के 120 ग्राम के मिश्रण में A तथा B, 2 : 3 के अनुपात में हैं। वस्तु A की कितनी मात्रा बढ़ायी जाए कि दोनों में 3 : 2 का अनुपात हो जाय?
2. किसी मिश्रण के 72 किग्रा में दो प्रकार के चावल 7 : 5 के अनुपात में मिलाए गये हैं। मिश्रण में पहला चावल कितने किग्रा कम मिलाया जाता कि दोनों में अनुपात 7 : 6 होता?

हल

1. A तथा B के 2 : 3 का अनुपाती योग $= 2 + 3 = 5$

$\therefore$ 120 ग्राम में A की मात्रा $= 120 \times \frac{2}{5} = 48$ ग्राम और 120 ग्राम में B की मात्रा $= \frac{120 \times 3}{5} = 72$ ग्राम

माना A की x मात्रा बढ़ायी जायेगी। अतः $\frac{48 + x}{72} = \frac{3}{2} \Rightarrow 96 + 2x = 216$

$2x = 216 - 96 = 120 \Rightarrow x = \frac{120}{2} = 60$ ग्राम

2. 7 : 5 का अनुपाती योग $= 7 + 5 = 12$

$\therefore$ 72 किग्रा. में पहला चावल $= \frac{72 \times 7}{12} = 42$ किग्रा. और 72 किग्रा में दूसरा चावल $= \frac{72 \times 5}{12} = 30$ किग्रा.

माना पहला चावल x किग्रा. कम मिलाया जाता।

$\therefore \frac{42 - x}{30} = \frac{7}{6} \Rightarrow 210 = 252 - 6x$, अतः $6x = 252 - 210 = 42$ या $x = \frac{42}{6} = 7$ किग्रा.

4 जब दूसरी वस्तु की मात्रा बढ़ायी जाय या घटायी जाय

1. दो धातुओं के 80 ग्राम मिश्रण में दोनों का अनुपात 5 : 3 है। दूसरी धातु की कितनी मात्रा बढ़ा दी जाए कि अनुपात 5 : 4 हो जाय?
2. दो प्रकार की दालों के 150 किग्रा के मिश्रण में उनका अनुपात 2 : 3 है। दूसरी दाल की कितनी मात्रा घटा दी जाए कि उनमें 3 : 2 का अनुपात हो जाय?

हल

1. 5 : 3 का अनुपाती योग $= 5 + 3 = 8$

$\therefore$ पहली धातु की मात्रा $= 80 \times \frac{5}{8} = 50$ ग्राम और दूसरी धातु की मात्रा $= \frac{80 \times 3}{8} = 30$ ग्राम

माना दूसरी वस्तु की x मात्रा बढ़ायी जाती है।

$\therefore \frac{50}{30 + x} = \frac{5}{4} \Rightarrow 150 + 5x = 200$, अतः $5x = 200 - 150 = 50$ या $x = \frac{50}{5} = 10$ ग्राम

2. 150 किग्रा. में पहली दाल $= 150 \times \frac{2}{5} = 60$ किग्रा. और 150 किग्रा. में दूसरी दाल $= 150 \times \frac{3}{5} = 90$ किग्रा.

माना दूसरी दाल की मात्रा x किग्रा. घटायी जाती है।

$\therefore \frac{60}{90 - x} = \frac{3}{2} \Rightarrow 120 = 270 - 3x$, अतः $3x = 270 - 120 = 150$ या $x = \frac{150}{3} = 50$ किग्रा.

5 जब दोनों वस्तुओं की मात्रा घटायी या बढ़ायी जाय

1. 42 किग्रा. के मिश्रण में दो प्रकार के चावल 4 : 3 के अनुपात में मिलाये गये हैं। दोनों प्रकार के चावल यदि x किग्रा. कम मिलाये गये होते तो उनका अनुपात 7 : 5 होता है। x का मान ज्ञात कीजिए।
2. एलकोहल और पानी के 50 ली. मिश्रण में दोनों का अनुपात 2 : 3 है। दोनों की कितनी मात्रा बढ़ा दी जाए कि मिश्रण में उनका अनुपात 5 : 7 हो जाय?

हल

1. 4 : 3 का अनुपाती योग $= 4 + 3 = 7$, अतः 42 किग्रा. में पहला चावल $= 42 \times \frac{4}{7} = 24$ किग्रा.

और 42 किग्रा. में दूसरा चावल $= 42 \times \frac{3}{7} = 18$ किग्रा.

$\therefore \frac{24 - x}{18 - x} = \frac{7}{5}$ या $120 - 5x = 126 - 7x$, अतः $7x - 5x = 126 - 120$ या $2x = 6$ या $x = 3$ किग्रा.

2. 2 : 3 का अनुपाती योग = 2 + 3 = 5, अतः 50 ली. में एलकोहल $= 50 \times \frac{2}{5} = 20$ ली. और पानी $= 50 \times \frac{3}{5} = 30$ ली.

$\therefore$ माना दोनों की x ली. मात्रा बढ़ायी जाती है।

$\therefore \frac{20 + x}{30 + x} = \frac{5}{7}$ या $140 + 7x = 150 + 5x$, अतः $2x = 10$ या $x = 5$ ली.

6 जब समान मात्रा कई बार घटायी जाय और बढ़ायी जाय

1. किसी बर्तन में 50 ली. द्रव रखा गया है। उसमें से 5 ली. द्रव निकालकर इतना ही एक दूसरा द्रव डाल दिया जाता है पुनः इस मिश्रण से 5 ली. निकालकर इतना ही दूसरा द्रव डाल दिया जाता है और यह क्रिया 3 बार की गयी। अन्त में बर्तन में पहले द्रव की कितनी मात्रा रह जायेगी?
2. 35 ली. के द्रव में से 3 ली. निकालकर उतना ही पानी डाला गया। पुनः मिश्रण में से 3 ली. निकालकर उतना ही पानी डाला गया और यह क्रिया 4 बार की गयी। अन्त में बर्तन में कितना शुद्ध द्रव रह जायेगा?

यदि किसी बर्तन में रखे x ली. शुद्ध द्रव में से y ली. निकालकर उतना ही पानी डाला जाय और पुनः मिश्रण में से y ली. निकालकर उतना ही पानी डाला जाय तथा यह क्रिया n बार दुहरायी जाय तो अन्त में बर्तन में द्रव x की मात्रा $= x\left(\frac{x-y}{x}\right)^n$

हल

1. द्रव की मात्रा $= 50\left(\frac{50-5}{50}\right)^3 = 50\left(\frac{45}{50}\right)^3 = 50\left(\frac{9}{10}\right)^3 = 50 \times \frac{729}{1000} = 36.45$ ली.
2. शुद्र द्रव की मात्रा $= 35\left(\frac{35-3}{35}\right)^4 = 35 \times \left(\frac{32}{35}\right)^4 = \frac{(32)^4}{(35)^3} = \frac{1048576}{42875} = 24.46$ ली.

7 जब भिन्न-भिन्न मात्रा घटायी-बढ़ायी जाय

1. एक बर्तन में 40 लीटर ग्लिसरीन रखा है। उसमें से 5 लीटर ग्लिसरीन निकालकर इतना ही पानी डाला गया। इसके बाद 10 लीटर मिश्रण निकाला गया और इतना ही पानी डाला गया। पुनः 8 लीटर मिश्रण निकालकर इतना ही पानी डाला गया। अब अन्त में बर्तन में ग्लिसरीन की कितनी मात्रा रह जायेगी?
2. एक पात्र में 60 लीटर एल्कोहल रखा गया है। उसमें से 10 लीटर एल्कोहल निकालकर इतना ही पानी डाला गया। इसके बाद 15 लीटर मिश्रण निकाला गया और इतना ही पानी डाला गया। पुनः 12 लीटर मिश्रण निकाला गया और इतना ही पानी डाला गया अन्त में पात्र में शुद्ध एल्कोहल कितना रह जायेगा?

यदि किसी पात्र से a ली. द्रव निकालकर इतना ही दूसरा द्रव डाला जाय, पुनः b ली. मिश्रण निकालकर इतना ही दूसरा द्रव डाला जाय, फिर c ली. मिश्रण निकालकर इतना ही दूसरा द्रव डाला जाय तो अन्त में शुद्ध द्रव की मात्रा = प्रारम्भिक मात्रा $\left(\frac{\text{प्रारम्भिक मात्रा} - a}{\text{प्रारम्भिक मात्रा}}\right)\left(\frac{\text{प्रारम्भिक मात्रा} - b}{\text{प्रारम्भिक मात्रा}}\right)\left(\frac{\text{प्रारम्भिक मात्रा} - c}{\text{प्रारम्भिक मात्रा}}\right)$

हल

1. अन्त में ग्लिसरीन की मात्रा $= 40 \times \left(\frac{40-5}{40}\right) \times \left(\frac{40-10}{40}\right) \times \left(\frac{40-8}{40}\right) = 40 \times \frac{35}{40} \times \frac{30}{40} \times \frac{32}{40} = 21$ ली.
2. अन्त में शुद्ध एल्कोहल $= 60 \times \left(\frac{60-10}{60}\right) \times \left(\frac{60-15}{60}\right) \times \left(\frac{60-12}{60}\right) = 60 \times \frac{50}{60} \times \frac{45}{60} \times \frac{48}{60} = 30$ ली.

8 जब दो मिश्रणों से कोई तीसरा मिश्रण बनाया जाए

1. दो मिश्र धातुओ में तांबा और जस्ता का अनुपात क्रमशः 5 : 2 तथा 8 : 5 है। दोनों मिश्र धातुओं को किस अनुपात में मिलाया जाए कि तीसरी मिश्र धातु में तांबा और जस्ता का अनुपात 9 : 4 हो जाय?
2. एल्कोहल और पानी के दो मिश्रणों में एल्कोहल तथा पानी का अनुपात क्रमशः 5 : 2 तथा 7 : 6 है। दोनों मिश्रणों को किस अनुपात में मिला दें कि नये मिश्रण में एल्कोहल और पानी का अनुपात 8 : 5 हो जाय?

या तो दोनों मिश्रणों से एल्कोहल और तीसरे मिश्रण से एल्कोहल या दोनों मिश्रणों से पानी और तीसरे मिश्रण से पानी लेकर मिश्रण नियम से अनुपात ज्ञात किया जायेगा। देखें प्रश्नों के हल–

हल

1. **प्रथम विधि** – पहले मिश्रण में तांबा $=\frac{5}{7}$ और दूसरे मिश्रण में तांबा $=\frac{8}{13}$, तीसरे मिश्रण में तांबा $=\frac{9}{13}$

$$\therefore \frac{\text{पहली मिश्र धातु}}{\text{दूसरी मिश्र धातु}}=\frac{\frac{9}{13}\sim\frac{8}{13}}{\frac{9}{13}\sim\frac{5}{7}}=\frac{\frac{1}{13}}{\frac{63\sim 65}{91}}=\frac{\frac{1}{13}}{\frac{2}{91}}=\frac{1}{13}\times\frac{91}{2}=7:2$$

द्वितीय विधि – पहले मिश्रण में जस्ता $=\frac{2}{7}$ और दूसरे मिश्रण में जस्ता $=\frac{5}{13}$, तीसरे मिश्रण में जस्ता $=\frac{4}{13}$

$$\therefore \frac{\text{पहली मिश्र धातु}}{\text{दूसरी मिश्र धातु}}=\frac{\frac{4}{13}\sim\frac{5}{13}}{\frac{4}{13}\sim\frac{2}{7}}=\frac{\frac{1}{13}}{\frac{28\sim 26}{91}}=\frac{\frac{1}{13}}{\frac{2}{91}}=\frac{1}{13}\times\frac{91}{2}=\frac{7}{2}=7:2$$

2. **प्रथम विधि** – पहले मिश्रण में एल्कोहल $=\frac{5}{7}$, दूसरे मिश्रण में एल्कोहल $=\frac{7}{13}$, तीसरे मिश्रण में एल्कोहल $=\frac{8}{13}$

$$\therefore \frac{\text{पहला मिश्रण}}{\text{दूसरा मिश्रण}}=\frac{\frac{8}{13}\sim\frac{7}{13}}{\frac{8}{13}\sim\frac{5}{7}}=\frac{\frac{1}{13}}{\frac{56\sim 65}{91}}=\frac{\frac{1}{13}}{\frac{9}{91}}=\frac{1}{13}\times\frac{91}{9}=7:9$$

द्वितीय विधि – पहले मिश्रण में पानी $=\frac{2}{7}$, दूसरे मिश्रण में पानी $=\frac{6}{13}$, तीसरे मिश्रण में पानी $=\frac{5}{13}$

$$\therefore \frac{\text{पहला मिश्रण}}{\text{दूसरा मिश्रण}}=\frac{\frac{5}{13}\sim\frac{6}{13}}{\frac{5}{13}\sim\frac{2}{7}}=\frac{\frac{1}{13}}{\frac{35\sim 26}{91}}=\frac{\frac{1}{13}}{\frac{9}{91}}=\frac{1}{13}\times\frac{91}{9}=\frac{7}{9}=7:9$$

9 तीसरे मिश्रण में अवयवों का अनुपात ज्ञात करना

1. सोने और ताँबे के दो मिश्र धातुओं को क्रमशः 7 : 2 तथा 7 : 11 के अनुपात में मिलाकर बनाया गया है। दोनों मिश्र धातुओं के समान मात्राओं को पिघलाकर एक तीसरी मिश्र धातु बनायी जाती है। बताइये तीसरी मिश्रधातु में सोना और ताँबा का अनुपात क्या होगा?
2. दो बर्तनों में स्प्रिट और पानी का मिश्रण 5 : 3 तथा 2 : 3 के अनुपात में तैयार किया गया है। इन दोनों मिश्रणों को बराबर-बराबर लेकर एक तीसरा मिश्रण बनाया गया है। तीसरे मिश्रण में स्प्रिट और पानी का अनुपात बताइये।

यदि दो मिश्रणों में उनके अवयवों के अनुपात क्रमशः $a : b$ तथा $c : d$ हों और दोनों मिश्रणों की समान मात्राएं मिलाकर तीसरा मिश्रण बनाया जाय तो तीसरे मिश्रण में अवयवों का अनुपात$=\frac{a(c+d)+c(a+b)}{b(c+d)+d(a+b)}$

हल

1. तीसरी मिश्र धातुओं में सोना : तांबा $=\frac{7(7+11)+7(7+2)}{2(7+11)+11(7+2)}=\frac{7\times18+7\times9}{2\times18+11\times9}=\frac{126+63}{36+99}=\frac{189}{135}$

$\therefore$ **सोना** : तांबा = 189 : 135 = 7 : 5

2. तीसरे मिश्रण में स्प्रिट : पानी $=\frac{5(2+3)+2(5+3)}{3(2+3)+3(5+3)}=\frac{5\times5+2\times8}{3\times5+3\times8}=\frac{25+16}{15+24}=\frac{41}{39}$, अतः स्प्रिट : पानी = 41 : 39

अभ्यास प्रश्न

जब दो दरों की वस्तुएँ आपस में मिलायी जायं

1. ₹17 प्रति किग्रा. मूल्य वाली गेहूँ को ₹12 प्रति किग्रा. मूल्य वाली गेहूँ के साथ किस अनुपात में मिलाया जाए ताकि ₹13.5 प्रति किग्रा. मूल्य वाला एक मिश्रण प्राप्त हो जाए?

(a) 1 : 2 (b) 2 : 5 (c) 3 : 7 (d) 4 : 9 **SSC *CHSL (Tier-1) 20.3.2018***

2. ₹6.20 प्रति किलो वाले चावल और ₹7.20 प्रति किलो वाले चावल को किस अनुपात में मिलाया जाए कि मिश्रण ₹6.50 प्रति किलो हो जाए?

(a) 3 : 7 (b) 7 : 3 (c) 6 : 4 (d) 2 : 5 ***R.R.B. सिकन्दराबाद (गुड्स गार्ड) परीक्षा 2001***

3. एक व्यापारी ₹15 प्रति किलो ग्राम तथा ₹20 प्रति किलो ग्राम भाव की दो चायों को किस अनुपात में मिलाए, ताकि मिश्रण का भाव ₹16.50 प्रति किलोग्राम हो जाए?

(a) 7 : 3 (b) 3 : 7 (c) 4 : 5 (d) 4 : 7 ***R.R.B. भोपाल (गुड्स गार्ड) परीक्षा, 2001***

जब प्रतिशत लाभ या हानि पर मिश्रण को बेचा जाय

4. ₹38 प्रति किग्रा. तथा ₹30 प्रति किग्रा. वाली चीनी को किस अनुपात में मिलाया जाए, ताकि मिश्रण को ₹35.2 प्रति किग्रा. बेचने पर 10% का लाभ हो जाए?

(a) 1 : 3 (b) 3 : 7 (c) 13 : 7 (d) 9 : 4 ***SSC CHSL (Tier-1) 6.3.2018***

5. ₹54 प्रति किग्रा. वाला कितने किग्रा. चावल को ₹40 प्रति किग्रा. वाले 30 किग्रा. चावल के साथ मिलाना चाहिए ताकि मिश्रण को ₹48.4 प्रति किग्रा. में बेचने पर 10% का लाभ होगा?

(a) 22 (b) 18 (c) 15 (d) 12 ***SSC CHSL (Tier-1) 15.3.2018***

6. ₹84 प्रति किग्रा. वाली कितनी (किग्रा. में) गेहूँ को ₹60 प्रति किग्रा. वाले 81 किग्रा. गेहूँ के साथ मिलाना चाहिए ताकि मिश्रण को ₹75.9 प्रति किग्रा. में बेचने पर 15% का लाभ हो?

(a) 27 (b) 20.5 (c) 22.75 (d) 24 ***SSC CHSL (Tier-1) 21.3.2018***

7. 40 लीटर खाद्य तेल में 10% मिलावट है। इस 40 लीटर में कितना खाद्य तेल मिलाना जरूरी है जिससे अशुद्धता घटकर 5% हो जाए?

(a) 50 लीटर (b) 10 लीटर (c) 20 लीटर (d) 40 लीटर ***SSC MTS 5.8.2019***

8. चाय का एक उत्पादक चाय के दो बगीचों से दो प्रकार की चाय को 5 : 3 के अनुपात में मिलाता है। एक की लागत ₹240 प्रति किलोग्राम है और दूसरी की ₹300 प्रति किग्रा.। यदि वह मिश्रित चाय को ₹315 प्रति किग्रा. की दर से बेचे, तो उसका लाभ प्रतिशत होगा–

(a) $16\frac{2}{3}$ (b) $11\frac{1}{9}$ (c) 10 (d) 20 ***(SSC, 10+2, 20.10.2013)***

9. नीता चाय की दो किस्मों– एक ₹180 प्रति किग्रा. मूल्य वाली तथा दूसरी ₹200 प्रति किग्रा. मूल्य वाली, को 5 : 3 के अनुपात में मिलाती है। यदि वह मिश्रित चाय को ₹210 प्रति किग्रा. के भाव से बेचती है, तो उसका लाभ होगा–

(a) 10% (b) 11% (c) 12% (d) 13% ***(SSC, 10+2, 28.10.2012)***

10. एक दुकानदार ने 15 किग्रा. चावल ₹29 प्रति किग्रा. की दर पर खरीदे और 25 किग्रा., ₹20 प्रति किग्रा. की दर पर। उसने दोनों प्रकार के चावलों का मिश्रण ₹27 प्रति किग्रा. की दर पर बेचा। तदनुसार उसे कितना लाभ हुआ?

(a) ₹125 (b) ₹150 (c) ₹140 (d) ₹145 ***(SSC, 10+2, 28.10.2012)***

11. एक दुकानदार ₹18 और ₹13 प्रति 100 ग्राम लागत वाली दो प्रकार की चाय 7 : 3 के अनुपात में मिलाता है। वह सम्मिश्रित चाय ₹18.15 प्रति 100 ग्राम की दर से बेचता है। सौदे में उसका प्रतिशत लाभ है–

(a) 8% (b) 10% (c) 12% (d) 14% ***(SSC, 10+2, 20.10.2013)***

12. सौरभ ने 30 किग्रा. चावल ₹10 प्रति किग्रा. की दर पर खरीदे और 35 किग्रा. ₹11 प्रति किग्रा की दर पर। उसने उन दोनों को मिला दिया। तब उसे उस मिश्रण को 30% लाभ प्राप्त करने के लिए, कितने ₹ प्रति किग्रा. की दर पर बेचना चाहिए?

(a) 12.5 (b) 13 (c) 13.7 (d) 14.25 ***(SSC, Tier-2, 29.9.2013)***

13. चाय का एक उत्पादक, चाय बागानों की दो प्रकार की चाय, एक ₹18 प्रति किग्रा. वाली और दूसरी ₹20 प्रति किग्रा. वाली 5 : 3 अनुपात में मिश्रित करके चाय तैयार करता है। तदनुसार, यदि वह उस मिश्रित चाय को ₹21 प्रति किग्रा. के भाव पर बेचे तो उसे कितने प्रतिशत लाभ होगा?

(a) 18 (b) 8 (c) 10 (d) 12 ***(SSC, FCI, 11.11.2012)***

जब पहली वस्तु की मात्रा बढ़ाई या घटायी जाय

14. एक मिश्रण में अम्ल और पानी की मात्रा का अनुपात 1 : 3 हैं यदि उसी मिश्रण में 5 लीटर अम्ल और डाल दिया जाए, तो मिश्रण का अनुपात 1 : 2 हो जाएगा। तदनुसार उस नए मिश्रण की कुल मात्रा कितने लीटर है?

(a) 32 (b) 40 (c) 42 (d) 45 ***(SSC, Tier-1, 19.6.2011)***

15. पानी तथा ग्लिसरीन के 240 cc के मिश्रण में उनके आयतनों का अनुपात 1 : 3 है। तद्नुसार उस मिश्रण में कितना पानी (cc में) और मिलाया जाए कि उससे पानी तथा ग्लिसरीन के आयतनों का अनुपात 2 : 3 हो जाए?
(a) 55 (b) 60 (c) 62.5 (d) 64 *(SSC, Tier-1, 19.6.2011)*

16. एल्कोहल और पानी के एक लीटर के मिश्रण में पानी 30% हैं उस मिश्रण में कितना एल्कोहल और डाला जाए कि पानी का प्रतिशत 15% हो जाए?
(a) 1000 मिली. (b) 700 मिली. (c) 300 मिली. (d) 900 मिली. *(SSC, 10+2, 11.12.2011)*

17. 80% बोरिक अम्ल वाले 100 मिली पानी के घोल में कितना पानी और मिलाया जाए कि घोल में बोरिक अम्ल 50% हो जाए?
(a) 30 मिली. (b) 40 मिली. (c) 50 मिली. (d) 60 मिली. *(SSC, 10+2, 11.12.2011)*

18. 30% अलकोहल घोल के 6 लीटर में एक लीटर शुद्ध अलकोहल मिलाया गया। घोल में जल का प्रतिशत है–
(a) 50% (b) 65% (c) 60% (d) 40% *(SSC, 10+2, 11.12.2011)*

19. 75 ग्रा. चीनी के एक घोल में 30% चीनी हैं तद्नुसार उस घोल में कितनी चीनी और मिलानी चाहिए कि घोल में चीनी का प्रतिशत 70% हो जाए?
(a) 125 ग्राम (b) 100 ग्राम (c) 120 ग्राम (d) 130 ग्राम *(SSC, 10+2, 4.12.2011)*

20. एक प्रकार की मिश्र धातु में सीसा तथा टीन का अनुपात 5 : 6 है। तद्नुसार उस अनुपात को 1:1 करने के लिए इस मिश्रधातु के 12.1 किग्रा. में कितना सीसा और मिलाना चाहिए?
(a) 1.1 किग्रा. (b) 1 किग्रा. (c) 0.9 किग्रा.(d) 1.5 किग्रा. *(SSC, 10+2, 27.10.2013)*

जब मिश्रण में दूसरी वस्तु की मात्रा बढ़ायी या घटायी जाय

21. 5 लीटर शहद में 80% चीनी है। इस शहद में 3 लीटर जल मिलाया जाता है। नये मिश्रण में चीनी का प्रतिशत क्या है?
(a) 40 (b) 50 (c) 60 (d) 75 ***SSC CHSL (Tier-1) 19.3.2018***

22. जल तथा अम्ल के 80 लीटर के एक मिश्रण में 20% अम्ल है। नये मिश्रण में 60% अम्ल करने के लिए कितना अम्ल मिलाया जाए?
(a) 60 (b) 80 (c) 70 (d) 90 ***SSC CHSL (Tier-1) 16.3.2018***

23. 45 लीटर के एक मिश्रण में, तरल A तथा तरल B का अनुपात 7 : 2 है। यदि मिश्रण में तरल B का 11 लीटर मिलाया जाए, तो नये मिश्रण में तरल A तथा तरल B का अनुपात क्या होगा?
(a) 7 : 4 (b) 8 : 5 (c) 6 : 5 (d) 5 : 3 ***SSC CHSL (Tier-1) 16.3.2018***

24. 25 लीटर के मिश्रण में दूध और पानी का अनुपात क्रमशः 4 : 1 है। यदि मिश्रण में 3 लीटर पानी और मिला दिया जाए तो मिश्रण में दूध और पानी का अनुपात क्या होगा?
(a) 5 : 1 (b) 5 : 2 (c) 5 : 3 (d) 5 : 4 ***SSC CGL (Tier-1) 9.9.2016***

25. जल तथा एल्कोहल के एक 50 लीटर के मिश्रण में 10% एल्कोहल है। नये मिश्रण में एल्कोहल की मात्रा 40% करने के लिए कितना और एल्कोहल मिलाया जाना चाहिए?
(a) 25 (b) 30 (c) 20 (d) 23 ***SSC CHSL (Tier-1) 12.3.2016***

26. एक मिश्रण में ऐल्कोहल तथा जल क्रमशः 7 : 8 के अनुपात में है। यदि इसमें 11 लीटर जल मिलाया जाए, तो नये मिश्रण में ऐल्कोहल तथा जल का अनुपात 3 : 5 हो जाता है। नये मिश्रण में ऐल्कोहल की कुल मात्रा (लीटर में) क्या है?
(a) 21 (b) 24 (c) 35 (d) 32 ***SSC CHSL (Tier-1) 10.3.2018***

27. एक मिश्रण में, चीनी तथा दूध 4 : 5 के अनुपात में है। यदि इसमें 7 लीटर दूध मिलाया जाए, तो नये मिश्रण में चीनी तथा दूध का अनुपात 2 : 3 हो जाता है। नये मिश्रण में चीनी की कुल मात्रा (लीटर में) क्या है?
(a) 35 (b) 28 (c) 42 (d) 24 ***SSC CHSL (Tier-1) 15.3.2018***

28. दूध और पानी के 60 लीटर मिश्रण में दूध एवं पानी की मात्रा का अनुपात 3 : 2 है। यदि हम दूध और पानी की मात्रा का अनुपात 1 : 1 करना चाहते हैं, सब मिश्रण में कितना और पानी मिलाया जाना चाहिए?
(a) 10 लीटर (b) 16 लीटर (c) 12 लीटर (d) 14 लीटर ***SSC MTS 5.8.2019***

29. अम्ल और पानी के 729 लीटर विलयन में अम्ल और पानी का अनुपात 7 : 2 है। ऐसा विलयन प्राप्त करने के लिए उसमें कितने लीटर पानी मिलाया जाना चाहिए, जिसमें अम्ल और पानी का अनुपात 5 : 3 हो?
(a) 180.4 (b) 178.2 (c) 182.4 (d) 187.2 ***SSC CHSL (Tier-1) 19.8.2019***

30. एक मिश्रण में दूध तथा पानी (मात्रा में) का अनुपात 4 : 3 है। यदि इसमें 4 लीटर पानी मिलाया जाए तो अनुपात 1 : 1 हो जाता है। शुरुआती मिश्रण में दूध की मात्रा कितनी थी?
(a) 16 लीटर (b) 20 लीटर (c) 18 लीटर (d) 12 लीटर *SSC MTS 5.8.2019*

31. एक मिश्रण में अल्कोहल तथा जल का अनुपात 4 : 3 है। यदि उसी मिश्रण में 5 लीटर जल और मिला दिया जाए, तो अनुपात 4 : 5 हो जाता है। तद्नुसार, उस नये मिश्रण में अल्कोहल की मात्रा कितनी है?
(a) 3 लीटर (b) 4 लीटर (c) 15 लीटर (d) 10 लीटर *(SSC, 10+2, 27.10.2013)*

32. एक मिश्रधातु के 400 ग्राम में जस्ता तथा ताँबा 5 : 3 के अनुपात में हैं। तद्नुसार, उस अनुपात को 5 : 4 में परिवर्तित करने के लिए कितने ग्राम ताँबा और मिलाना चाहिए?
(a) 66 (b) 72 (c) 200 (d) 50 *(SSC, 10+2, 10.11.2013)*

33. दूध और पानी के 45 लीटर मिश्रण में दूध का पानी से अनुपात 2 : 1 है। जब मिश्रण में पानी की कुछ और मात्रा मिला दी जाती है, तो यह अनुपात 1 : 2 हो जाता है। मिश्रण में पानी की कितनी मात्रा और मिलाई गई?
(a) 10 लीटर (b) 21 लीटर (c) 35 लीटर (d) 45 लीटर *(SSC, FCI, 5.2.2012)*

34. 60 लीटर के एक मिश्रण में अम्ल तथा जल का अनुपात 2 : 1 है। तद्नुसार, यदि उसमें अम्ल तथा जल का अनुपात 1 : 2 करना हो, तो उस मिश्रण में कितने लीटर अतिरिक्त जल मिलाना होगा?
(a) 55 (b) 60 (c) 50 (d) 45 *(SSC, CAPF-SI, 23.6.2013)*

35. 15 लीटर मिश्रण में 1 : 4 के अनुपात में अल्कोहल और पानी है। यदि मिश्रण में 3 लीटर पानी मिलाया जाता है तो नए मिश्रण में अल्कोहल का प्रतिशत कितना होगा?
(a) 15% (b) $16\frac{2}{3}\%$ (c) 17% (d) $18\frac{1}{2}\%$ *(SSC, Tier-1, 21.4.2013)*

जब दो मिश्रणों से कोई तीसरा मिश्रण बनाया जाय

36. 40% अम्ल वाले मिश्रण को 60% अम्ल वाले मिश्रण में किस अनुपात के साथ मिलाया जाए ताकि 49% अम्ल वाला मिश्रण प्राप्त हो जाए?
(a) 2 : 1 (b) 3 : 2 (c) 11 : 9 (d) 9 : 7 ***SSC CHSL (Tier-1) 20.3.2018***

37. एक मिश्रण में, जल तथा दूध 3 : 5 के अनुपात में है। दूसरे मिश्रण में जल तथा दूध का अनुपात 9 : 11 है। यदि इन दोनों मिश्रणों को मिलाकर एक नया मिश्रण बनाया जाए जिसमें जल तथा दूध 5 : 7 के अनुपात में हैं, तो नये मिश्रण में इन दोनों मिश्रणों का अनुपात क्या है?
(a) 1 : 2 (b) 3 : 2 (c) 4 : 5 (d) 4 : 7 ***SSC CHSL (Tier-1) 15.3.2018***

38. दो बर्तनों में क्रमशः दूध तथा जल 3 : 1 तथा 7 : 11 के अनुपात में है। दोनों बर्तनों के तरलों को किस अनुपात में मिलाया जाए जिससे आधे दूध तथा आधे जल वाला एक नया मिश्रण प्राप्त हो जाए?
(a) 5 : 7 (b) 4 : 9 (c) 1 : 1 (d) 4 : 7 ***SSC CHSL (Tier-1) 6.3.2018***

39. 15% स्पिरीट मात्रा वाले मिश्रण को 25% स्पिरीट मात्रा वाले मिश्रण के साथ किस अनुपात में मिलाया जाए जिससे कि एक 21% स्पिरीट मात्रा वाला नया मिश्रण मिल जाए?
(a) 1 : 3 (b) 2 : 3 (c) 3 : 4 (d) 4 : 5 ***SSC CHSL (Tier-1) 23.3.2018***

40. 20% दूध मात्रा वाले मिश्रण को 60% दूध मात्रा वाले मिश्रण के साथ किस अनुपात में मिलाया जाए जिससे कि 25% दूध मात्रा वाला एक नया मिश्रण मिल जाए?
(a) 7 : 1 (b) 4 : 1 (c) 5 : 2 (d) 9 : 2 ***SSC CHSL (Tier-1) 8.3.2018***

41. दो पात्रों A तथा B में क्रमश; 4 : 3 और 5 : 3 के अनुपात में अम्ल तथा जल हैं, तो इन मिश्रणों को किस अनुपात में मिलाया जाए कि पात्र C में मिलने वाले नए मिश्रण में अम्ल तथा जल 3 : 2 के अनुपात में हों?
(a) 5 : 8 (b) 7 : 8 (c) 7 : 5 (d) 4 : 7 *(SSC, 10+2, 4.12.2011)*

42. एक प्रयोगशाला में, दो बोतलों में क्रमशः 2:5 तथा 7:3 के अनुपात में अम्ल तथा जल का मिश्रण है। इन दोनों बोतलों की सामग्री को किस अनुपात में मिलाया जाए कि नए मिश्रण में अम्ल तथा जल का अनुपात 2 : 3 हो ?
(a) 4 : 15 (b) 9 : 8 (c) 21 : 8 (d) 1 : 2 *(SSC, Tier-2, 4.9.2011)*

43. दो बर्तनों A तथा B में दूध और पानी को क्रमशः 4 : 3 तथा 2 : 3 के अनुपात में मिलाया गया है। तद्नुसार, उन दोनों को परस्पर किस अनुपात में मिलाया जाए, कि नया मिश्रण आधे दूध और आधे पानी के अनुपात में तैयार हो जाए?
(a) 7 : 5 (b) 6 : 5 (c) 5 : 6 (d) 4 : 3 *(SSC, 10+2, 28.10.2012)*

44. दो बर्तनों A तथा B में, दूध एवं पानी के मिश्रणों में, दूध तथा पानी का अनुपात क्रमशः 8 : 5 तथा 5 : 2 है। तद्नुसार, उक्त दोनों मिश्रणों को किस अनुपात में मिलाया जाए, कि उस नये मिश्रण में दूध $69\frac{3}{13}\%$ रहे?

(a) 3 : 5 (b) 5 : 2 (c) 5 : 7 (d) 2 : 7 *(SSC, 10+2, 21.10.2012)*

45. दो बर्तनों A तथा B के मिश्रणों में दूध और पानी क्रमशः 4 : 5 तथा 5 : 1 के अनुपात में हैं। A तथा B के मिश्रणों की मात्राएँ किस अनुपात में ली जाएँ ताकि एक ऐसा मिश्रण बने जिसमें दूध तथा पानी 5 : 4 के अनुपात में हों?

(a) 2 : 5 (b) 4 : 3 (c) 5 : 2 (d) 2 : 3 *(SSC, 10+2, 28.10.2012)*

46. दो प्रकार के पीतल में, कॉपर और जिंक का अनुपात क्रमशः 2 : 1 और 4 : 1 है। इन दो प्रकार के पीतलों को किस अनुपात में मिलाया जाए, ताकि इस नए प्रकार के पीतल में कॉपर और जिंक का अनुपात 3 : 1 हो जाए?

(a) 7 : 4 (b) 2 : 5 (c) 3 : 2 (d) 3 : 5 *(SSC, 10+2, 21.10.2012)*

47. दो प्रकार के स्टेनलेस स्टील में, क्रोमियम और स्टील का अनुपात क्रमशः 2 : 11 और 5 : 21 है। उन दोनों को किस अनुपात में मिलाया जाए जिससे मिश्रित प्रकार में क्रोमियम और स्टील का अनुपात 7 : 32 हो जाए?

(a) 2 : 3 (b) 3 : 4 (c) 1 : 2 (d) 1 : 3 *(SSC, 10+2, 21.10.2012)*

48. दो पात्रों A तथा B में 2 : 3 तथा 4 : 3 के अनुपात में मिश्रित अम्ल तथा जल है। इन दोनों मिश्रणों को किस अनुपात में मिलाया जाए कि नये मिश्रण में आधा अम्ल और आधा जल हो?

(a) 5 : 7 (b) 1 : 2 (c) 2 : 1 (d) 7 : 5 *(SSC, 10+2, 11.12.2011)*

49. दो बर्तनों में अम्ल और पानी क्रमशः 3 : 1 तथा 5 : 3 के अनुपात में मिलाकर घोल बनाया गया है। उन घोलों से एक नया मिश्रित घोल अम्ल तथा पानी का 2 : 1 अनुपात में तैयार करने के लिए दोनों प्रकार के घोलों को परस्पर किस अनुपात में मिलाना चाहिए?

(a) 1 : 2 (b) 2 : 1 (c) 2 : 3 (d) 3 : 2 *(SSC, 10+2, 4.12.2011)*

50. दो बर्तनों A तथा B में अम्ल तथा पानी की मात्रा क्रमशः 4 : 3 तथा 2 : 3 के अनुपात में है। तद्नुसार उन मिश्रणों से C बर्तन में एक नया मिश्रण तैयार करने के लिए उन्हें किस अनुपात में मिलाना चाहिए, ताकि नये मिश्रण में अम्ल और पानी की मात्रा आधी-आधी हो जाए?

(a) 7 : 5 (b) 5 : 7 (c) 7 : 3 (d) 5 : 3 *(SSC, 10+2, 4.12.2011)*

51. 90% तथा 97% शुद्धता वाले दो घोल मिलाकर 94% शुद्धता वाला 21 लीटर का घोल किया गया है। तद्नुसार उस मिश्रित घोल में दूसरे घोल की मात्रा कितने लीटर है?

(a) 15 (b) 12 (c) 9 (d) 6 *(SSC, 10+2, 4.12.2011)*

जब तीसरे मिश्रण में अवयवों का अनुपात ज्ञात करना हो

52. एक मिश्रधातु में, ऐल्यूमिनियम तथा टिन 4 : 5 के अनुपात में है। दूसरे मिश्रधातु में समान तत्वों का अनुपात 4 : 7 है। यदि एक नया मिश्रधातु बनाने के लिए इन दोनों मिश्रधातु को बराबर मात्रा में मिलाया जाए, तो नये मिश्रधातु में इन दोनों तत्वों का अनुपात क्या होगा?

(a) 2 : 3 (b) 16 : 35 (c) 4 : 5 (d) 40 : 59 *SSC CHSL (Tier-1) 7.3.2018*

53. एक मिश्रधातु में, सीसा तथा टीन 2 : 3 के अनुपात में है। दूसरे मिश्रधातु में समान तत्वों का अनुपात 3 : 4 है। यदि एक नया मिश्रधातु बनाने के लिए इन दोनों मिश्रधातुओं को बराबर मात्रा में मिलाया जाए, तो नये मिश्र धातु में इन दोनों तत्वों का अनुपात क्या होगा?

(a) 1 : 3 (b) 29 : 41 (c) 25 : 37 (d) 31 : 43 *SSC CHSL (Tier-1) 17.3.2018*

54. X तथा Y दो मिश्रधातु हैं जो कि जस्ता तथा एल्युमिनियम को क्रमशः 1 : 4 तथा 11 : 8 के अनुपात में मिलाकर बनाये गये हैं। यदि मिश्र धातुओं की बराबर मात्राओं को पिघलाकर, एक नया मिश्रधातु Z बनाया गया है, तो मिश्रधातु Z में जस्ता तथा एल्युमिनियम का अनुपात क्या है?

(a) 32 : 47 (b) 37 : 58 (c) 37 : 95 (d) 74 : 95 *SSC CHSL (Tier-1) 17.3.2018*

55. A और B सोने तथा तांबे के दो मिश्र धातु हैं जो धातुओं को क्रमशः 7 : 2 तथा 7 : 11 के अनुपात में मिश्रित करके बनाये गये हैं। यदि एक तीसरा मिश्रधातु C बनाने के लिए उन मिश्र धातुओं की बराबर मात्राएँ पिघलाई जाएँ, तो C में सोने तथा ताँबे का अनुपात क्या होगा?

(a) 5 : 7 (b) 5 : 9 (c) 7 : 5 (d) 9 : 5 *(SSC, Tier-2, 4.9.2011)*

56. 20 लीटर और 36 लीटर के दो मिश्रणों में स्पिरिट और जल का अनुपात क्रमशः 3 : 7 और 7:5 है। दोनों मिश्रणों को इकट्ठा मिला दिया गया। नये मिश्रण में स्पिरिट और जल का अनुपात है–
(a) 25 : 29 (b) 9 : 10 (c) 27 : 29 (d) 27 : 31 ***(SSC, 10+2, 11.12.2011)***

57. एक प्रकार के द्रव में 20% जल है और दूसरे प्रकार के द्रव में 35% जल है। पहले द्रव के 10 अंश और दूसरे द्रव के 4 अंश मिलाकर एक गिलास में भरे गये हैं। तदनुसार, उस गिलास के नये मिश्रण में जल कितना होगा?
(a) 46% (b) $12\frac{1}{7}\%$ (c) $24\frac{2}{7}\%$ (d) 37% ***(SSC, 10+2, 10.11.2013)***

58. दो मिश्र धातुओं A तथा B में, जस्ता तथा टिन का अनुपात क्रमशः 5 : 2 तथा 3 : 4 है। इन मिश्र धातुओं में से A का सात किग्रा. तथा B का 21 किग्रा. मिलाकर एक नई मिश्र धातु बनायी गयी है। तदनुसार, इस नई मिश्र धातु में जस्ता तथा टिन का अनुपात कितना हो जाएगा?
(a) 1 : 1 (b) 2 : 1 (c) 1 : 2 (d) 2 : 3 ***(SSC, 10+2, 10.11.2013)***

विविध प्रश्न

59. एक मिश्रण में, चावल के साबुत तथा खंडित दानें 3 : 2 के अनुपात में है। मिश्रण में से कितना भाग निकाला जाए तथा उतने ही खंडित दानें मिलाए जाए जिससे साबुत तथा खंडित दोनों का अनुपात 1 : 1 हो जाए?
(a) $\frac{1}{3}$ (b) $\frac{1}{6}$ (c) $\frac{1}{4}$ (d) $\frac{2}{5}$ ***SSC CHSL (Tier-1) 14.3.2018***

60. एक मिश्रण में 80% अम्ल है और शेष जल। अम्ल तथा जल का अनुपात 4 : 3 करने के लिए मिश्रण का कितना भाग निकाला जाए और जल की उतनी ही मात्रा मिला दी जाए?
(a) $\frac{1}{3}$ (b) $\frac{3}{7}$ (c) $\frac{2}{3}$ (d) $\frac{2}{7}$ ***(SSC, Tier-2, 4.9.2011)***

61. ₹126 प्रति किग्रा. और ₹135 प्रति किग्रा. की चाय को एक तीसरी किस्म में 1 : 1 : 2 के अनुपात में मिलाया गया है। यदि मिश्रण ₹153 प्रति किग्रा. का हो, तो तीसरी किस्म की कीमत प्रति किग्रा. होगी–
(a) ₹175.5 (b) ₹180.0 (c) ₹168.5 (d) ₹170.0 ***(SSC, 10+2, 20.10.2012)***

62. एक अयस्क में किसी मिश्रधातु का 25% है, जिसमें 90% आयरन है। इसके अतिरिक्त, अयस्क के शेष 75% में कोई आयरन नहीं है। 60 किग्रा शुद्ध आयरन के लिए अयस्क की अपेक्षित मात्रा किग्रा में है, लगभग–
(a) 250.57 (b) 266.67 (c) 275.23 (d) 300 ***(SSC, 10+2, 11.10.2012)***

63. एक डिब्बे में A तथा B दो तरल पदार्थों का मिश्रण 7 : 5 अनुपात में है। यदि उस डिब्बे में से 9 लीटर मिश्रण निकाल लिया जाये और उसके स्थान पर केवल B को मिला दिया जाए, तो उस मिश्रण में A तथा B का अनुपात 7 : 9 हो जाएगा। तदनुसार ज्ञात कीजिए कि उस डिब्बे में आरंभ में A की मात्रा कितने लीटर थी?
(a) 10 (b) 20 (c) 21 (d) 25 ***(SSC, Tier-1, 26.6.2011)***

64. एक मिश्र धातु में जिंक, कॉपर तथा ऐलुमिनियम का भार 2 : 3 : 7 के अनुपात में है। 48 किग्रा. भार के मिश्र धातु में जिंक तथा ऐलुमिनियम के भार में अंतर है–
(a) 20 किग्रा. (b) 4 किग्रा. (c) 5 किग्रा. (d) 16 किग्रा. ***(SSC, CAPF-SI, 27.5.2012)***

65. एक मर्तबान में A तथा B द्रवों का मिश्रण 4 : 1 अनुपात में है। यदि उस मिश्रण में से 10 लीटर निकालकर उसके स्थान पर उतनी ही मात्रा में द्रव B मिला दिया जाए, तो मिश्रण का अनुपात 2:3 हो जाएगा। तद्नुसार मर्तबान के आरंभिक मिश्रण में द्रव A की मात्रा कितनी थी?
(a) 20 लीटर (b) 10 लीटर (c) 16 लीटर (d) 15 लीटर ***(SSC, Tier-1, 1.7.2012)***

66. एक बर्तन में A और B दो द्रव-पदार्थ 7 : 5 अनुपात में हैं। उस घोल में से 9 लीटर निकालने के बाद उतना ही B द्रव भर दिया गया है, तो A तथा B का अनुपात 1 : 1 हो गया है। तद्नुसार उस बर्तन में आरंभ में ही द्रव A की मात्रा कितने लीटर थी?
(a) 6 (b) $6\frac{1}{2}$ (c) $5\frac{1}{4}$ (d) $36\frac{3}{4}$ ***(SSC, 10+2, 11.12.2011)***

67. 40 लीटर मिश्रण में ऐल्कोहॉल और जल का अनुपात 5 : 3 है। 8 लीटर मिश्रण निकाल कर उसकी जगह जल डाल दिया गया। तब परिणामी मिश्रण में ऐल्कोहॉल और जल का अनुपात है–
(a) 1 : 2 (b) 1 : 1 (c) 2 : 1 (d) 1 : 3 ***(SSC, FCI, 15.4.2012)***

68. अम्ल और जल के तीन नमूनों में उनका अनुपात 2 : 1, 3 : 2 तथा 5 : 3 है। उन तीनों नमूनों को बराबर मात्रा में मिलाकर एक मिश्रण बनाया जाता है। तदनुसार, उस मिश्रण में अम्ल तथा जल का अनुपात क्या होगा?
(a) 120 : 133 (b) 227 : 133 (c) 227 : 120 (d) 133 : 227 ***(SSC, CAPF-SI, 21.6.2013)***

69. दूध और पानी का एक मिश्रण ऐसा है, जिसमें दूध, पानी का $\frac{3}{5}$ भाग है। तदनुसार, उस पूरे मिश्रण में दूध का भाग कितना है?
(a) $\frac{3}{8}$ (b) $\frac{5}{8}$ (c) $\frac{1}{8}$ (d) $\frac{1}{2}$ ***(SSC, 10+2, 4.11.2012)***

उत्तरमाला

1. (c)	2. (b)	3. (a)	4. (a)	5. (d)	6. (a)	7. (d)	8. (d)	9. (c)
10. (d)	11. (b)	12. (c)	13. (d)	14. (d)	15. (b)	16. (a)	17. (d)	18. (c)
19. (b)	20. (a)	21. (b)	22. (b)	23. (d)	24. (b)	25. (a)	26. (a)	27. (b)
28. (c)	29. (b)	30. (a)	31. (d)	32. (d)	33. (d)	34. (b)	35. (b)	36. (c)
37. (c)	38. (b)	39. (b)	40. (a)	41. (b)	42. (c)	43. (a)	44. (d)	45. (c)
46. (d)	47. (c)	48. (a)	49. (b)	50. (a)	51. (b)	52. (d)	53. (b)	54. (b)
55. (c)	56. (c)	57. (c)	58. (a)	59. (b)	60. (d)	61. (a)	62. (b)	63. (c)
64. (a)	65. (c)	66. (d)	67. (b)	68. (b)	69. (a)			

अभ्यास प्रश्नों के हल

1.

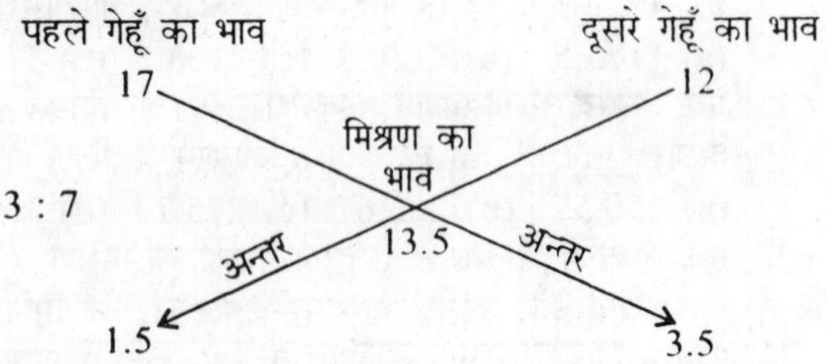

∴ दोनों गेहूँ का अनुपात = 1.5 : 3.5 = 15 : 35 = 3 : 7

2.

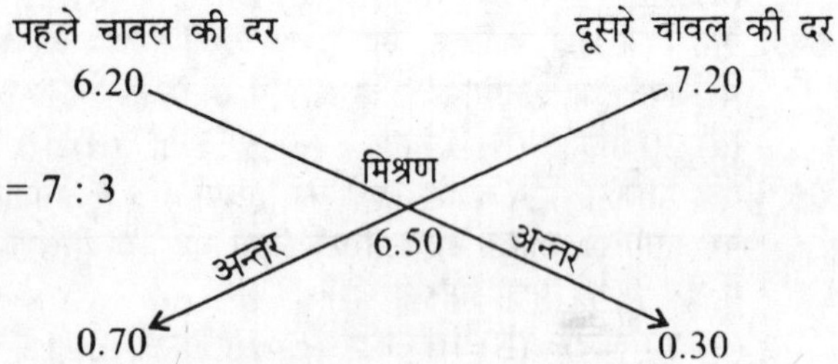

दोनों प्रकार के चावलों में अनुपात = 0.70 : 0.30 = 7 : 3

3.

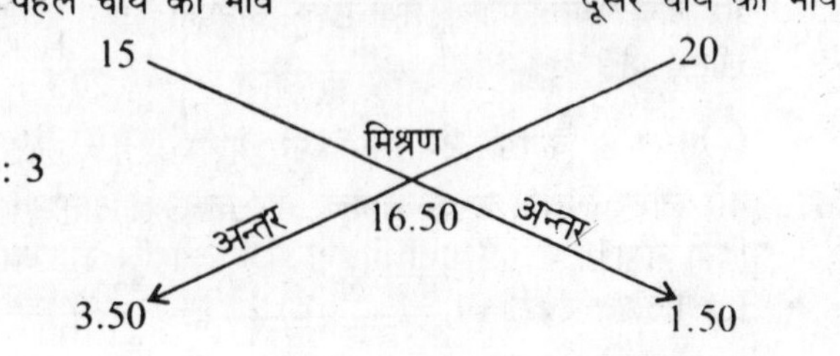

दोनों प्रकार की चायों का अनुपात = 3.50 : 1.50 = 7 : 3

4. मिश्रण का प्रतिकिग्रा. क्रय मूल्य= $\frac{\text{विक्रय मूल्य} \times 100}{100 + \text{प्रतिशत लाभ}}$

$= \frac{35.2 \times 100}{110} = ₹32$

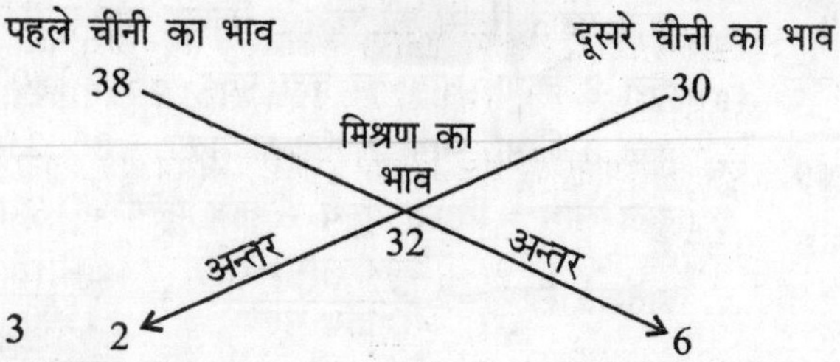

∴ दोनों प्रकार की चीनी का अनुपात = 2 : 6 = 1 : 3

5. मिश्रण का क्रय भाव = $\frac{\text{विक्रय मूल्य} \times 100}{100 + \text{प्रतिशत लाभ}}$

$= \frac{48.4 \times 100}{110} = ₹44$ प्रति किग्रा.

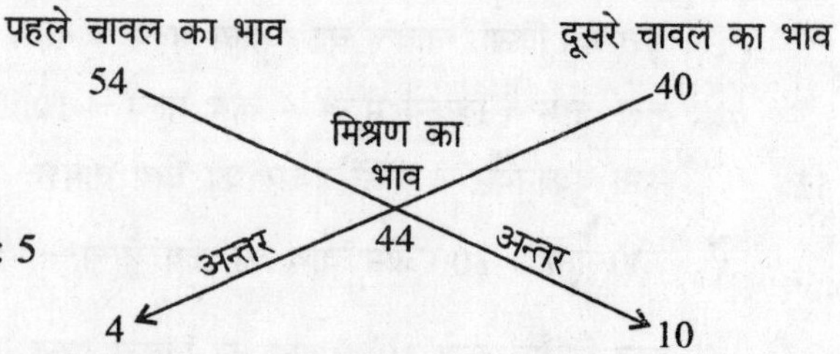

दोनों प्रकार के चावलों में अनुपात = 4 : 10 = 2 : 5

∴ पहले प्रकार के चावल की मात्रा : 30 = 2 : 5

∴ $\frac{\text{पहले प्रकार के चावल की मात्रा}}{30} = \frac{2}{5} \Rightarrow$ पहले प्रकार के चावल की मात्रा = $\frac{2}{5} \times 30 = 12$ किग्रा.

6. मिश्रण का क्रय भाव = $\frac{\text{विक्रय भाव} \times 100}{100 + \text{प्रतिशत लाभ}}$

$= \frac{75.9 \times 100}{115} = ₹\ 66$ प्रति किग्रा.

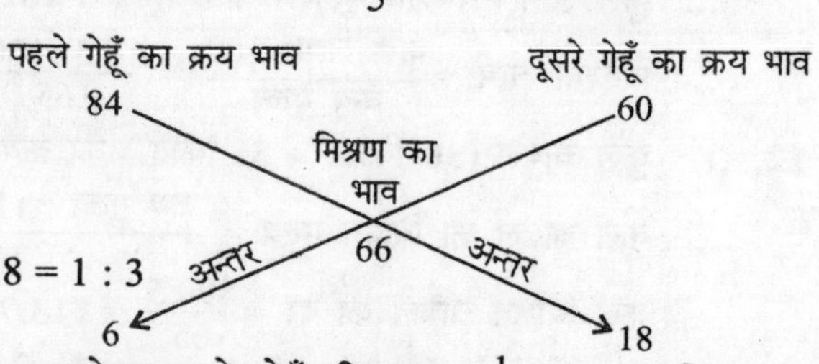

∴ दोनों प्रकार के गेहूँ का मात्राओं में अनुपात = 6 : 18 = 1 : 3

∴ $\frac{\text{पहले प्रकार के गेहूँ का मात्राओं में अनुपात}}{81} = \frac{1}{3} \Rightarrow$ पहले प्रकार के गेहूँ की मात्रा = $\frac{1}{3} \times 81 = 27$ किग्रा.

7. 40 ली.

मिलावट ↓ $40 \times \frac{10}{100} = 4$

शुद्धता ↓ $40 - 4 = 36$

माना x लीटर खाद्य तेल मिलाने पर अशुद्धता घटकर 5% रह जायेगी।

∴ $\frac{\text{शुद्धता}}{\text{मिलावट}} \Rightarrow \frac{36 + x}{4} = \frac{95}{5} = \frac{19}{1} \Rightarrow 36 + x = 76 \Rightarrow x = 76 - 36 = 40$ लीटर

8. माना दोनों बगीचों से क्रमशः 5 किग्रा. तथा 3 किग्रा. चाय मिलायी जाती है।

∴ कुल 8 किग्रा. चाय का क्रयमूल्य = 5 × 240 + 3 × 300 = 1200 + 900 = ₹2100

कुल 8 किग्रा. चाय का विक्रय मूल्य = 8 × 315 = ₹2520

∴ कुल लाभ = विक्रय मूल्य − क्रयमूल्य = 2520 − 2100 = ₹420

∴ प्रतिशत लाभ = $\frac{\text{कुल लाभ} \times 100}{\text{क्रय मूल्य}} = \frac{420 \times 100}{2100} = 20\%$

9. माना पहले किस्म की चाय 5 किग्रा. और दूसरे किस्म की चाय 3 किग्रा. मिलायी जाती है।

$\therefore$ कुल 8 किग्रा. चाय का क्रय मूल्य $= 5 \times 180 + 3 \times 200 = 900 + 600 =$ ₹1500

कुल 8 किग्रा. चाय का विक्रय मूल्य $= 8 \times 210 =$ ₹1680

$\therefore$ कुल लाभ = विक्रय मूल्य – क्रय मूल्य $= 1680 - 1500 =$ ₹180

$\therefore$ प्रतिशत लाभ $= \dfrac{\text{कुल लाभ} \times 100}{\text{क्रय मूल्य}} = \dfrac{180 \times 100}{1500} = 12\%$

10. कुल (15 + 25) किग्रा. चावल का क्रय मूल्य $= 15 \times 29 + 25 \times 20 = 435 + 500 =$ ₹935

कुल 40 किग्रा. चावल का विक्रय मूल्य $= 40 \times 27 =$ ₹1080

$\therefore$ कुल लाभ = विक्रय मूल्य – क्रय मूल्य $= 1080 - 935 =$ ₹145

11. माना दुकानदार ने दोनों प्रकार की चाय क्रमशः 700 ग्राम तथा 300 ग्राम मिलाया है।

$\therefore$ 700 ग्राम + 300 ग्राम चाय का क्रय मूल्य $= \dfrac{700 \times 18}{100} + \dfrac{300 \times 13}{100} = 126 + 39 =$ ₹165

$\therefore$ कुल मिश्रित चाय 1000 ग्राम का विक्रय मूल्य $= \dfrac{18.15 \times 1000}{100} =$ ₹181.5

$\therefore$ कुल लाभ = विक्रय मूल्य – क्रय मूल्य $= 181.5 - 165 =$ ₹16.5

$\therefore$ प्रतिशत लाभ $= \dfrac{\text{कुल लाभ} \times 100}{\text{क्रय मूल्य}} = \dfrac{16.5 \times 100}{165} = 10\%$

12. कुल चावल (30 किग्रा. + 35 किग्रा.) का क्रय मूल्य $= 30 \times 10 + 35 \times 11 = 300 + 385 =$ ₹685

$\therefore$ कुल चावल का विक्रय मूल्य $= \dfrac{\text{क्रय मूल्य} \times (100 + \%\ \text{लाभ})}{100} = \dfrac{685 \times 130}{100} =$ ₹890.5

$\therefore$ कुल मिश्रित चावल का दर $= \dfrac{890.5}{65} =$ ₹13.7 प्रति किग्रा.

13. माना पहले प्रकार की चाय 5 किग्रा. तथा दूसरे प्रकार की चाय 3 किग्रा. मिश्रित की गयी

$\therefore$ कुल मिश्रित चाय (5 किग्रा. + 3 किग्रा.) का क्रय मूल्य $= 5 \times 18 + 3 \times 20 = 90 + 60 =$ ₹150

$\therefore$ कुल मिश्रित चाय का विक्रय मूल्य $= 8 \times 21 =$ ₹168

$\therefore$ कुल लाभ = विक्रय मूल्य – क्रय मूल्य $= 168 - 150 =$ ₹18

$\therefore$ प्रतिशत लाभ $= \dfrac{\text{कुल लाभ} \times 100}{\text{क्रय मूल्य}} = \dfrac{18 \times 100}{150} = 12\%$

14. माना प्रारम्भ में मिश्रण में x लीटर अम्ल और 3x लीटर पानी था।

$\therefore$ 5 लीटर अम्ल और डाल देने पर $\dfrac{\text{अम्ल की नयी मात्रा}}{\text{पानी की पूर्व मात्रा}} = \dfrac{1}{2}$

$\therefore$ $\dfrac{x+5}{3x} = \dfrac{1}{2} \Rightarrow 3x = 2x + 10 \Rightarrow 3x - 2x = 10 \Rightarrow x = 10$

$\therefore$ नये मिश्रण की कुल मात्रा $= x + 3x + 5 = 10 + 30 + 5 = 45$ लीटर

15. पानी और ग्लिसरीन की मात्रा में अनुपात $= 1 : 3 \Rightarrow$ अनुपाती योग $= 1 + 3 = 4$

$\therefore$ 240 cc के मिश्रण में पानी $= \dfrac{240 \times 1}{4} = 60$ cc और ग्लिसरीन = 180 cc

माना x cc पानी मिलाने पर अनुपात 2 : 3 होता है

$\therefore$ $\dfrac{60+x}{180} = \dfrac{2}{3} \Rightarrow 180 + 3x = 360 \Rightarrow 3x = 180 \Rightarrow x = 60\text{cc}$

16. 1 लीटर मिश्रण में पानी = $\frac{1000 \times 30}{100}$ मिली. = 300 मिली., अतः मिश्रण में एल्कोहल = 1000–300 = 700 मिली.

माना मिश्रण में x मिली. एल्कोहल और डाला जाता है

$\therefore \frac{\text{पानी की पूर्व मात्रा}}{\text{एल्कोहल की नई मात्रा}} \Rightarrow \frac{300}{700+x} = \frac{15}{85} \Rightarrow (700 + x) \times 15 = 300 \times 85$

$\therefore$ 700 + x = 1700 ⇒ x = 1700 − 700 = 1000 मिली.

17. 100 मिली घोल में बोरिक अम्ल = 80 मिली. और पानी = 20 मिली.

माना घोल में x मिली. और पानी मिलाने पर बोरिक अम्ल 50% हो जायेगा।

$\therefore \frac{\text{पानी की नई मात्रा}}{\text{बोरिक अम्ल की पूर्व मात्रा}} = \frac{x+2}{80} = \frac{50}{50} = \frac{1}{1} \Rightarrow x + 20 = 80 \Rightarrow x = 60$ मिली.

18. 6 लीटर के घोल में एल्कोहल की मात्रा = $\frac{6 \times 30}{100}$ = 1.8 लीटर

6 लीटर के घोल में जल की मात्रा = 6 − 1.8 = 4.2 लीटर

1 लीटर एल्कोहल और मिलाने पर, नया घोल = 6 + 1 = 7 लीटर

नये घोल में जल का प्रतिशत = $\frac{\text{जल की मात्रा}}{\text{नया घोल}} = \frac{4.2 \times 100}{7} = 60\%$

19. 75 ग्राम घोल में चीनी की मात्रा = $\frac{75 \times 30}{100}$ = 22.5 ग्राम

और पानी की मात्रा = 75 − 22.5 = 52.5 ग्राम

माना x ग्राम चीनी और मिलानी चाहिए।

$\therefore \frac{\text{चीनी की नई मात्रा}}{\text{पानी की पूर्व मात्रा}} \Rightarrow \frac{22.5+x}{52.5} = \frac{70}{30} = \frac{7}{3}$

$\therefore$ 67.5 + 3x = 367.5 ⇒ 3x = 367.5 − 67.5 = 300 ⇒ x = 100 ग्राम

20. मिश्र धातु के 12.1 किग्रा. में सीसा की मात्रा = $\frac{12.1 \times 5}{11}$ = 5.5 किग्रा.

मिश्र धातु के 12.1 किग्रा. में टीन की मात्रा = $\frac{12.1 \times 6}{11}$ = 6.6 किग्रा.

सीसा और टीन का अनुपात 1 : 1 अर्थात् दोनों की मात्रा बराबर करने के लिए मिलाया जाने वाला सीसा = 6.6 − 5.5 = 1.1 किग्रा.

21. 5 लीटर शहद में चीनी = $5 \times \frac{80}{100}$ = 4 लीटर, अतः जल = 5 − 4 = 1 लीटर

3 लीटर जल मिलाने पर मिश्रण की नयी मात्रा = 5 + 3 = 8 लीटर

$\therefore$ नये मिश्रण में चीनी का प्रतिशत = $\frac{4 \times 100}{8} = 50\%$

22. 80 लीटर मिश्रण में अम्ल = $\frac{80 \times 20}{100}$ = 16 लीटर, अतः जल = 80 − 16 = 64 लीटर

माना नये मिश्रण में अम्ल 60% करने के लिए x लीटर अम्ल मिलाना पड़ेगा।

$\therefore \frac{\text{अम्ल}}{\text{जल}} \Rightarrow \frac{16+x}{64} = \frac{60}{40} = \frac{3}{2} \Rightarrow (16+x) \times 2 = 64 \times 3 \Rightarrow \quad 16 + x = 96 \Rightarrow x = 96 - 16 = 80$ लीटर

23. तरल A : तरल B = 7 : 2 ⇒ अनुपाती योग = 7 + 2 = 9

∴ 45 लीटर मिश्रण में तरल A की मात्रा = $45\times\frac{7}{9}$ = 35 लीटर और तरल B की मात्रा = $45\times\frac{2}{9}$ =10 लीटर

मिश्रण में तरल B का 11 लीटर मिलाने पर तरल B की नयी मात्रा = 10 + 11 = 21 लीटर

तब तरल A : तरल B = 35 : 21 = 5 : 3

24. दूध : पानी = 4 : 1 ⇒ अनुपाती योग = 4 + 1 = 5

25 लीटर मिश्रण में दूध = $25\times\frac{4}{5}$ = 20 लीटर और पानी = 25 – 20 = 5 लीटर

मिश्रण में 3 लीटर पानी और मिला दिया जाय तो पानी की नयी मात्रा = 5 + 3 = 8 लीटर

तब दूध : पानी = 20 : 8 = 5 : 2

25. 50 लीटर मिश्रण में एल्कोहल = $50\times\frac{10}{100}$ = 5 लीटर, अतः जल = 50 – 5 = 45 लीटर

माना एल्कोहल की मात्रा 40% करने के लिए x लीटर एल्कोहल मिलाना पड़ेगा।

∴ $\frac{\text{एल्कोहल}}{\text{जल}} \Rightarrow \frac{5+x}{45}=\frac{40}{60}=\frac{2}{3} \Rightarrow (5+x)\times 3 = 45\times 2 \Rightarrow 5+x=30 \Rightarrow x = 30-5=25$ लीटर

26. माना मिश्रण की मात्रा x लीटर है। अतः x लीटर मिश्रण में एल्कोहल = $x\times\frac{7}{15}$ और जल = $x\times\frac{8}{15}$

∴ 11 लीटर जल मिलाने पर जल की मात्रा = $\frac{8x}{15}+11=\frac{8x+165}{15}$

∴ $\frac{7x}{15}:\frac{8x+165}{15}=3:5 \Rightarrow \frac{7x}{15}\times 5=\frac{(8x+165)}{15}\times 3$

∴ $\frac{7x}{3}=\frac{8x+165}{5} \Rightarrow 35x=24x+495 \Rightarrow 35x-24x=495 \Rightarrow 11x=495 \Rightarrow x=45$

∴ नये मिश्रण में एल्कोहल की मात्रा = $x\times\frac{7}{15}=\frac{45\times 7}{15}$ = 21 लीटर

27. माना मिश्रण की मात्रा x लीटर है। अतः x लीटर मिश्रण में चीनी = $x\times\frac{4}{9}=\frac{4x}{9}$ और दूध = $\frac{5x}{9}$

7 लीटर दूध मिलाने पर दूध की नयी मात्रा = $\frac{5x}{9}+7=\frac{5x+63}{9}$ लीटर

∴ $\frac{4x}{9}:\frac{(5x+63)}{9}=2:3 \Rightarrow \frac{4x}{9}\times 3=\frac{(5x+63)}{9}\times 2$

∴ $\frac{4x}{3}=\frac{10x+126}{9} \Rightarrow 36x=30x+378 \Rightarrow 6x=378 \Rightarrow x=\frac{378}{6}=63$

∴ नये मिश्रण में चीनी की मात्रा = $\frac{4x}{3}=\frac{4\times 63}{9}$ = 28 लीटर

28. अनुपात 3 : 2 का अनुपाती योग = 3 + 2 = 5

60 लीटर मिश्रण में दूध = $60\times\frac{3}{5}$ = 36 लीटर और पानी = $60\times\frac{2}{5}$ = 24 लीटर

मिलाया जाने वाला पानी = 36 – 24 = 12 लीटर

29. अम्ल : पानी = 7 : 2, अतः अनुपाती योग = 7 + 2 = 9

729 लीटर विलयन में अम्ल = $729\times\frac{7}{9}$ = 567 लीटर और पानी = $729\times\frac{2}{9}$ = 162 लीटर

माना x लीटर पानी मिलाया जाता है। चूंकि 567 : (162 + x) = 5 : 3, अतः (162 + x) × 5 = 567 × 3

∴ $810+5x=1701 \Rightarrow 5x=1701-810=891 \Rightarrow x=\frac{891}{5}$ = 178.2 लीटर

∴ मिलाया जो वाला पानी = 36 – 24 = 12 लीटर

30. $\quad$ मिश्रण में दूध तथा पानी का अनुपात = 4 : 3

$\therefore$ मान शुरुआती मिश्रण में दूध की मात्रा $4x$ लीटर तथा पानी की मात्रा $3x$ लीटर थी।

$\therefore$ 4 लीटर पानी मिलाने पर दूध : पानी $\Rightarrow 4x : (3x + 4) = 1 : 1$

$\therefore$ $(3x + 4) \times 1 = 4x \times 1 \Rightarrow 3x + 4 = 4x \Rightarrow x = 4$

$\therefore$ शुरुआती मिश्रण में दूध की मात्रा $= 4x = 4 \times 4 = 16$ लीटर

31. $\quad$ माना मिश्रण में एल्कोहल और जल की मात्रा क्रमशः 4x तथा 3x लीटर है।

$\therefore$ मिश्रण में 5 लीटर जल डाल देने पर, $\dfrac{\text{एल्कोहल की पूर्व मात्रा}}{\text{जल की नई मात्रा}} \Rightarrow \dfrac{4x}{3x+5} = \dfrac{4}{5}$

$\therefore$ $12x + 20 = 20x \Rightarrow 8x = 20 \Rightarrow x = \dfrac{20}{8} = \dfrac{5}{2}$, अतः एल्कोहल की मात्रा $= 4x = \dfrac{4\times5}{2} = 10$ लीटर

32. $\quad$ जस्ता : ताँबा = 5 : 3 $\Rightarrow$ अनुपाती योग = 5 + 3 = 8

400 ग्राम मिश्र धातु में जस्ता $= \dfrac{400\times5}{8} = 250$ ग्राम, और ताँबा = 150 ग्राम

माना x ग्राम ताँबा और मिलाना चाहिए।

$\therefore$ $\dfrac{\text{जस्ता की पूर्व मात्रा}}{\text{ताँबा की नई मात्रा}} \Rightarrow \dfrac{250}{x+150} = \dfrac{5}{4} \Rightarrow 5x + 750 = 1000 \Rightarrow 5x = 250 \Rightarrow x = 50$ ग्राम

33. $\quad$ दूध : पानी = 2 : 1 $\Rightarrow$ अनुपाती योग = 2 + 1 = 3

45 लीटर मिश्रण में दूध $= \dfrac{45\times2}{3} = 30$ लीटर और पानी = 15 लीटर

माना मिश्रण में x लीटर पानी और मिलाया गया।

$\therefore$ $\dfrac{\text{दूध की पूर्व मात्रा}}{\text{पानी की नई मात्रा}} \Rightarrow \dfrac{30}{x+15} = \dfrac{1}{2} \Rightarrow x + 15 = 60 \Rightarrow x = 60 - 15 = 45$ लीटर

34. $\quad$ अम्ल : जल = 2 : 1 $\Rightarrow$ अनुपाती योग = 2 + 1 = 3

$\therefore$ 60 लीटर के मिश्रण में अम्ल $= \dfrac{60\times2}{3} = 40$ लीटर, अतः जल = 20 लीटर

माना मिश्रण में x लीटर अतिरिक्त जल मिलाना पड़ेगा।

$\therefore$ $\dfrac{\text{अम्ल की पूर्व मात्रा}}{\text{पानी की नई मात्रा}} \Rightarrow \dfrac{40}{x+20} = \dfrac{1}{2} \Rightarrow x + 20 = 80 \Rightarrow x = 80 - 20 = 60$ लीटर

35. $\quad$ एल्कोहल : पानी = 1 : 4 $\Rightarrow$ अनुपाती योग = 1 + 4 = 5

15 लीटर मिश्रण में एल्कोहल की मात्रा $= \dfrac{15\times1}{5} = 3$ लीटर

3 लीटर पानी और मिलाने पर मिश्रण की नई मात्रा = 15 + 3 = 18 लीटर

$\therefore$ नये मिश्रण में एल्कोहल की प्रतिशत मात्रा $= \dfrac{3\times100}{18} = \dfrac{50}{3} = 16\dfrac{2}{3}\%$

36.

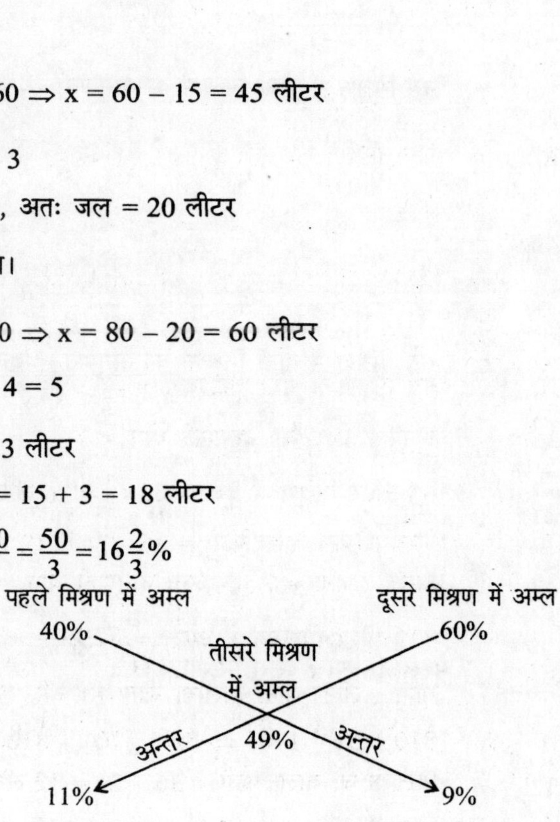

तीसरे मिश्रण में दोनों मिश्रणों का अनुपात = 11% : 9%

= 11 : 9

37.

पहले मिश्रण में जल का भाग $\frac{3}{8}$ दूसरे मिश्रण में जल का भाग $\frac{9}{20}$

तीसरे मिश्रण में जल का भाग $\frac{5}{12}$

अन्तर   अन्तर

$\frac{9}{20} \sim \frac{5}{12} = \frac{27 \sim 25}{60} = \frac{2}{60} = \frac{1}{30}$ $\frac{3}{8} \sim \frac{5}{12} = \frac{9 \sim 10}{24} = \frac{1}{24}$

$\therefore$ तीसरे मिश्रण में दोनों मिश्रणों का अनुपात

$= \frac{1}{30} : \frac{1}{24} = \frac{1}{5} : \frac{1}{4} = 4 : 5$

38.

पहले बर्तन में दूध का भाग $\frac{3}{4}$ दूसरे बर्तन में दूध का भाग $\frac{7}{18}$

नये मिश्रण में दूध का भाग $\frac{1}{2}$

अन्तर   अन्तर

$\frac{7}{18} \sim \frac{1}{2} = \frac{7 \sim 9}{18} = \frac{2}{18} = \frac{1}{9}$ $\frac{3}{4} \sim \frac{1}{2} = \frac{3 \sim 2}{4} = \frac{1}{4}$

$\therefore$ नये मिश्रण में दोनों मिश्रणों का अनुपात $= \frac{1}{9} : \frac{1}{4}$

$= 4 : 9$

39.

पहले मिश्रण में स्पिरिट 15%   दूसरे मिश्रण में स्पिरिट 25%

नये मिश्रण में स्पिरिट 21%

अन्तर   अन्तर

4%   6%

$\therefore$ नये मिश्रण में दोनों मिश्रणों का अनुपात = 4% : 6%

= 2 : 3

40.

पहले मिश्रण में दूध 20%   दूसरे मिश्रण में दूध 60%

नये मिश्रण में दूध 25%

अन्तर   अन्तर

35%   5%

$\therefore$ नये मिश्रण में दोनों मिश्रणों का अनुपात = 35% : 5%

= 7 : 1

41.

पहले मिश्रण में अम्ल $\frac{4}{7}$ दूसरे मिश्रण में अम्ल $\frac{5}{8}$

तीसरे मिश्रण में अम्ल $\frac{3}{5}$

अन्तर   अन्तर

$\frac{5}{8} \sim \frac{3}{5} = \frac{25 \sim 24}{40} = \frac{1}{40}$ $\frac{4}{7} \sim \frac{3}{5} = \frac{20 \sim 21}{35} = \frac{1}{35}$

$\therefore$ पहला मिश्रण : दूसरा मिश्रण $= \frac{1}{40} : \frac{1}{35}$

$= \frac{1}{8} : \frac{1}{7} = 7 : 8$

42.

पहले मिश्रण में अम्ल $\frac{2}{7}$ दूसरे मिश्रण में अम्ल $\frac{7}{10}$

तीसरे मिश्रण में अम्ल $\frac{2}{5}$

अन्तर   अन्तर

$\frac{7}{10} \sim \frac{2}{5} = \frac{7 \sim 4}{10} = \frac{3}{10}$ $\frac{2}{7} \sim \frac{2}{5} = \frac{10 \sim 14}{35} = \frac{4}{35}$

$\therefore$ दोनों मिश्रणों में अनुपात $= \frac{3}{10} : \frac{4}{35} = \frac{3}{2} : \frac{4}{7}$

$= 21 : 8$

43.

बर्तन A में दूध $\frac{4}{7}$ बर्तन B में दूध $\frac{2}{5}$

नये मिश्रण में दूध $\frac{2}{5}$

अन्तर   अन्तर

$\frac{1}{2} \sim \frac{2}{5} = \frac{5 \sim 4}{10} = \frac{1}{10}$ $\frac{1}{2} \sim \frac{4}{7} = \frac{7 \sim 8}{14} = \frac{1}{14}$

$\therefore$ दोनों मिश्रणों में अनुपात $= \frac{1}{10} : \frac{1}{14} = \frac{1}{5} : \frac{1}{7}$

$= 7 : 5$

44.

बर्तन A में दूध $\frac{8}{13}$ बर्तन B में दूध $\frac{5}{7}$

तीसरे मिश्रण में दूध

अन्तर $\left[69\frac{3}{13}\% = \frac{9}{13}\right]$ अन्तर

$\frac{5}{7} \sim \frac{9}{13} = \frac{65 \sim 63}{91} = \frac{2}{91}$ $\frac{8}{13} \sim \frac{9}{13} = \frac{1}{13}$

$\therefore$ दोनों मिश्रणों में अनुपात $= \frac{2}{91} : \frac{1}{13} = \frac{2}{7} : \frac{1}{1}$

$= 2 : 7$

45.

पहले मिश्रण में दूध $\frac{4}{9}$ दूसरे मिश्रण में दूध $\frac{5}{6}$

तीसरे मिश्रण में दूध $\frac{5}{9}$

अन्तर   अन्तर

$\frac{5}{6} \sim \frac{5}{9} = \frac{15 \sim 10}{18} = \frac{5}{18}$ $\frac{4}{9} \sim \frac{5}{9} = \frac{1}{9}$

$\therefore$ दोनों मिश्रणों में अनुपात $= \frac{5}{18} : \frac{1}{9} = \frac{5}{2} : \frac{1}{1}$

$= 5 : 2$

46.

पहले पीतल में कापर $\frac{2}{3}$ दूसरे पीतल में कापर $\frac{4}{5}$

तीसरे पीतल में कापर $\frac{3}{4}$

अन्तर   अन्तर

$\frac{4}{5} \sim \frac{3}{4} = \frac{16 \sim 15}{20} = \frac{1}{20}$ $\frac{2}{3} \sim \frac{3}{4} = \frac{8 \sim 9}{12} = \frac{1}{12}$

$\therefore$ दोनों मिश्रणों में अनुपात $= \frac{1}{20} : \frac{1}{12} = \frac{60 \times 1}{20} : \frac{60 \times 1}{12}$

$= 3 : 5$

47.

पहले मिश्रण में क्रोमियम $\frac{2}{13}$ — दूसरे मिश्रण में क्रोमियम $\frac{5}{26}$

तीसरे मिश्रण में क्रोमियम $\frac{7}{39}$

अन्तर — अन्तर

$\frac{5}{26} \sim \frac{7}{39} = \frac{15 \sim 14}{78} = \frac{1}{78}$ — $\frac{2}{13} \sim \frac{7}{39} = \frac{6 \sim 7}{39} = \frac{1}{39}$

$\therefore$ दोनों मिश्रणों में अनुपात $= \frac{1}{78} : \frac{1}{39} = \frac{1}{2} : \frac{1}{1}$

$= 1 : 2$

48.

पहले मिश्रण में अम्ल $\frac{2}{5}$ — दूसरे मिश्रण में अम्ल $\frac{4}{7}$

तीसरे मिश्रण में अम्ल $\frac{1}{2}$

अन्तर — अन्तर

$\frac{4}{7} \sim \frac{1}{2} = \frac{8 \sim 7}{14} = \frac{1}{14}$ — $\frac{2}{5} \sim \frac{1}{2} = \frac{4 \sim 5}{10} = \frac{1}{10}$

$\therefore$ दोनों मिश्रणों में अनुपात $= \frac{1}{14} : \frac{1}{10} = \frac{1}{7} : \frac{1}{5}$

$= 5 : 7$

49.

पहले मिश्रण में अम्ल $\frac{3}{4}$ — दूसरे मिश्रण में अम्ल $\frac{5}{8}$

नये मिश्रण में अम्ल $\frac{2}{3}$

अन्तर — अन्तर

$\frac{5}{8} \sim \frac{2}{3} = \frac{15 \sim 16}{24} = \frac{1}{24}$ — $\frac{3}{4} \sim \frac{2}{3} = \frac{9 \sim 8}{12} = \frac{1}{12}$

$\therefore$ दोनों मिश्रणों में अनुपात $= \frac{1}{24} : \frac{1}{12} = \frac{1}{2} : \frac{1}{1}$

$= 2 : 1$

50.

पहले मिश्रण में अम्ल $\frac{4}{7}$ — दूसरे मिश्रण में अम्ल $\frac{2}{5}$

तीसरे मिश्रण में अम्ल $\frac{1}{2}$

अन्तर — अन्तर

$\frac{2}{5} \sim \frac{1}{2} = \frac{4 \sim 5}{10} = \frac{1}{10}$ — $\frac{4}{7} \sim \frac{1}{2} = \frac{8 \sim 7}{14} = \frac{1}{14}$

$\therefore$ दोनों मिश्रणों में अनुपात $= \frac{1}{10} : \frac{1}{14} = \frac{1}{5} : \frac{1}{7}$

$= 7 : 5$

51.

पहले घोल में शुद्धता 90% — दूसरे घोल में शुद्धता 97%

तीसरे मिश्रण में शुद्धता 94%

अन्तर — अन्तर

3% — 4%

$\therefore$ दोनों घोलों में अनुपात = 3% : 4% = 3 : 4

$\therefore$ अनुपाती योग = 3 + 4 = 7

$\therefore$ तीसरे घोल के 21 लीटर में दूसरा घोल $= \frac{21 \times 4}{7}$

= 12 लीटर

52. बराबर मात्रा के पहली मिश्र धातु में एल्युमीनियम का भाग = $\frac{4}{9}$ और टिन का भाग = $\frac{5}{9}$

बराबर मात्रा के दूसरी मिश्र धातु में एल्युमीनियम का भाग = $\frac{4}{11}$ और टिन का भाग = $\frac{7}{11}$

$\therefore$ नयी मिश्र धातु में एल्युमीनियम का भाग = $\frac{4}{9}+\frac{4}{11}=\frac{44+36}{99}=\frac{80}{99}$

नयी मिश्र धातु में टिन का भाग = $\frac{5}{9}+\frac{7}{11}=\frac{55+63}{99}=\frac{118}{99}$

$\therefore$ नयी मिश्र धातु में एल्युमीनियम : टिन = $\frac{80}{99}:\frac{118}{99}=80:118=40:59$

53. पहली मिश्रधातु में सीसा : टीन = 2 : 3 $\Rightarrow$ अनुपाती योग = 2 + 3 = 5

$\therefore$ पहली मिश्रधातु में सीसा = $\frac{2}{5}$ भाग और टीन = $\frac{3}{5}$ भाग

दूसरी मिश्रधातु में सीसा : टीन = 3 : 4 $\Rightarrow$ अनुपाती योग = 3 + 4 = 7

$\therefore$ दूसरी मिश्रधातु में सीसा = $\frac{3}{7}$ भाग और टीन = $\frac{4}{7}$ भाग

$\because$ दोनों मिश्र धातु की समान मात्राएँ मिलाकर तीसरी मिश्रधातु बनायी जाती है।

$\therefore$ तीसरी मिश्रधातु में सीसा = $\frac{2}{5}+\frac{3}{7}=\frac{14+15}{35}=\frac{29}{35}$ और टीन = $\frac{3}{5}+\frac{4}{7}=\frac{21+20}{35}=\frac{41}{35}$

$\therefore$ अभीष्ट अनुपात = $\frac{29}{35}:\frac{41}{35}=29:41$

54. मिश्रधातु X में जस्ता : एल्युमिनियम = 1 : 4 $\Rightarrow$ अनुपाती योग = 1 + 4 = 5

$\therefore$ मिश्रधातु X में जस्ता = $\frac{1}{5}$ भाग और एल्युमिनियम = $\frac{4}{5}$ भाग

मिश्रधातु Y में जस्ता : एल्युमिनियम = 11 : 8 $\Rightarrow$ अनुपाती योग = 11 + 8 = 19

$\therefore$ मिश्रधातु Y में जस्ता = $\frac{11}{19}$ भाग और एल्युमिनियम = $\frac{8}{19}$

$\therefore$ दोनों मिश्रधातुओं की बराबर मात्राओं से तीसरी मिश्रधातु Z बनायी जाती है।

$\therefore$ मिश्र धातु Z में जस्ता = $\frac{1}{5}+\frac{11}{19}=\frac{19+55}{95}=\frac{74}{95}$ भाग और एल्युमिनियम = $\frac{4}{5}+\frac{110}{19}=\frac{76+40}{95}=\frac{116}{95}$ भाग

$\therefore$ जस्ता : एल्युमिनियम = $\frac{74}{95}:\frac{116}{95}=74:116=37:58$

55. माना दोनों मिश्र धातुओं से एक-एक इकाई मात्रा मिलाकर तीसरी मिश्र धातु बनायी गयी।

$\therefore$ मिश्र धातु A में सोना = $\frac{7}{9}$ इकाई और ताँबा = $\frac{2}{9}$ इकाई

$\therefore$ मिश्र धातु B की एक इकाई में सोना = $\frac{7}{18}$ इकाई और ताँबा = $\frac{11}{18}$ इकाई

$\therefore$ मिश्रधातु C में सोना = $\frac{7}{9}+\frac{7}{18}=\frac{14+7}{18}=\frac{21}{18}$ और ताँबा = $\frac{2}{9}+\frac{11}{18}=\frac{4+11}{18}=\frac{15}{18}$ इकाई

$\therefore$ मिश्र धातु C में सोना : ताँबा = $\frac{21}{18}:\frac{15}{18}=7:5$

56. 20 लीटर के मिश्रण में स्पिरिट = $\frac{20\times3}{10}=6$ लीटर और जल = $\frac{20\times7}{10}=14$ लीटर

36 लीटर के मिश्रण में स्पिरिट = $\frac{36\times7}{12}=21$ लीटर और जल = $\frac{36\times5}{12}=15$ लीटर

$\therefore$ नये मिश्रण में स्पिरिट : जल = (6 + 21) : (14 + 15) = 27 : 29

57. पहले द्रव के 10 अंश में जल = $\frac{10\times20}{100}=2$ अंश और दूसरे द्रव के 4 अंश में जल = $\frac{4\times35}{100}=1.4$ अंश

$\therefore$ तीसरे द्रव के 10+ 4 = 14 अंश में जल = 2 + 1.4 = 3.4 अंश

$\therefore$ तीसरे द्रव के 14 अंश में जल की प्रतिशत मात्रा = $\frac{3.4\times100}{14}=\frac{340}{14}=\frac{170}{7}=24\frac{2}{7}\%$

58. मिश्र धातु A के 7 किग्रा में जस्ता $=\frac{7\times5}{7}=5$ किग्रा, अतः टिन $=7-5=2$ किग्रा

मिश्र धातु B के 21 किग्रा में जस्ता $=\frac{21\times3}{7}=9$ किग्रा, अतः टिन $=21-9=12$ किग्रा

$\therefore$ नई मिश्र धातु में जस्ता : टिन $=(5+9):(2+12)=14:14=1:1$

59. माना मिश्रण a ग्राम है और उसमें से x ग्राम निकालकर x ग्राम खंडित दाने मिलाये गये।

$\therefore$ शेष मिश्रण $(a-x)$ ग्राम में साबूत $=(a-x)\times\frac{3}{5}=\frac{3(a-x)}{5}$ ग्राम

और शेष मिश्रण $(a-x)$ ग्राम में खंडित दाने $=\frac{2\,(a-x)}{5}$ ग्राम

$\therefore$ x ग्राम खण्डित दाने मिलाने पर कुल खंडित दाने $=\frac{2\,(a-x)}{5}+x=\frac{2a-2x+5x}{5}=\frac{2a+3x}{5}$

प्रश्नानुसार, $\frac{3\,(a-x)}{5}:\frac{2a+3x}{5}=1:1\Rightarrow\frac{3a-3x}{5}=\frac{2a+3x}{5}$

$\therefore$ $3a-3x=2a+3x \Rightarrow 3x+3x=3a-2a \Rightarrow 6x=a \Rightarrow x=\frac{a}{6}\Rightarrow\frac{1}{6}$ भाग

60. माना मिश्रण a लीटर है और उसका x भाग निकाल कर इतना ही जल मिलाया गया।

$\therefore$ शेष मिश्रण (a – x) लीटर में अम्ल $=\frac{(a-x)\times80}{100}=\frac{(a-x)4}{5}$ ली.

और शेष मिश्रण (a – x) लीटर में जल $=\frac{(a-x)\times20}{100}=\frac{(a-x)}{5}$ ली.

x भाग जल मिलाने पर जल $=\frac{a-x}{5}+x=\frac{a-x+5x}{5}=\frac{a+4x}{5}$ ली.

प्रश्नानुसार, $\frac{(a-x)\times4}{5}:\frac{(a+4x)}{5}=4:3$, अतः $\frac{(a-x)\times4\times3}{5}=\frac{(a+4x)\times4}{5}\Rightarrow 3a-3x=a+4x$

$4x+3x=3a-a\Rightarrow7x=2a\Rightarrow x=\frac{2a}{7}=\frac{a\times2}{7}\Rightarrow\frac{2}{7}$ भाग

61. माना तीसरी किस्म की कीमत ₹x प्रतिकिग्रा. है।

$\therefore$ पहली किस्म के 1 किग्रा चाय की कीमत = 126 × 1 = ₹126

दूसरी किस्म के 1 किग्रा चाय की कीमत = 135 × 1 = ₹135

तीसरी किस्म के 2 किग्रा चाय की कीमत = x × 2 = ₹2x

$\therefore$ मिश्रण की कुल क्रय कीमत = 126 + 135 + 2x = 261 + ₹2x

$\therefore$ $153\times(1+1+2)=261+2x\Rightarrow153\times4=261+2x$

$\therefore$ $612=261+2x\Rightarrow2x=351\Rightarrow x=$ ₹175.5 प्रति किग्रा.

62. माना 60 किग्रा. शुद्ध आयरन के लिए अयस्क की अपेक्षित मात्रा x किग्रा. है।

$\therefore$ $\frac{x\times25}{100}\times\frac{90}{100}=60\Rightarrow x=\frac{60\times4\times10}{9}=266.67$ किग्रा.

63. माना डिब्बे में A की मात्रा 7x तथा B की मात्रा 5x लीटर थी।

5 लीटर मिश्रण निकालने के बाद शेष मिश्रण में A की मात्रा $=\frac{(12x-9)\times7}{12}=7x-\frac{21}{4}$ ली. $=5x-\frac{15}{4}$ ली.

और B की मात्रा $=(12x-9)\times\frac{5}{12}=5x-\frac{15}{4}$ लीटर

9 लीटर B को मिलाने पर B की नई मात्रा $=5x-\frac{15}{4}+9=\frac{20x-15+36}{4}=\frac{20x+21}{4}$

$\therefore$ $\frac{\frac{28x-21}{4}}{\frac{20x+21}{4}}=\frac{7}{9}\Rightarrow\frac{28x-21}{20x+21}=\frac{7}{9}\Rightarrow\frac{4x-3}{20x+21}=\frac{1}{9}$, अतः $36x-27=20x+21\Rightarrow16x=48\Rightarrow x=3$

$\therefore$ आरम्भ में डिब्बे में A की मात्रा = 7x = 7 × 3 = 21 लीटर

64. जिंक : कापर : एल्युमिनियम = 2 : 3 : 7 ⇒ अनुपाती योग = 2 + 3 + 7 = 12

∴ 48 किग्रा. मिश्रधातु में जिंक और एल्युमिनियम का अन्तर = $\frac{48\times(7-2)}{12}$ = 20 किग्रा.

65. माना मर्तबान में A की मात्रा 4x लीटर तथा B की मात्रा x ली. थी।

∴ 10 लीटर मिश्रण निकालने के बाद शेष मिश्रण = (5x – 10) लीटर

∴ शेष मिश्रण में A की मात्रा = $(5x-10)\frac{4}{5} = 4x-8$ लीटर

शेष मिश्रण में B की मात्रा = $(5x-10)\frac{1}{5} = x-2$ लीटर

10 लीटर B मिलाने पर B की नई मात्रा = x – 2 + 10 = x + 8

∴ प्रश्नानुसार, $\frac{4x-8}{x+8} = \frac{2}{3} \Rightarrow 12x-24 = 2x+16$

∴ 12x – 2x = 24 + 16 = 40 ⇒ 10x = 40 ⇒ x = 4

∴ मर्तबान में A की प्रारम्भिक मात्रा = 4x = 4 × 4 = 16 लीटर

66. माना बर्तन में A की मात्रा 7x लीटर और B की मात्रा 5x लीटर है।

∴ 9 लीटर मिश्रण निकालने के बाद शेष मिश्रण = (12x – 9) लीटर

∴ शेष मिश्रण में A की मात्रा = $\frac{(12x-9)\times 7}{12} = 7x-\frac{21}{4} = \frac{28x-21}{4}$

शेष मिश्रण में B की मात्रा = $\frac{(12x-9)\times 5}{12} = 5x-\frac{15}{4} = \frac{20x-15}{4}$

∴ B की नई मात्रा = $\frac{20x-15}{4}+9 = \frac{20x-15+36}{4} = \frac{20x+21}{4}$

प्रश्नानुसार, $\frac{28x-21}{4} = \frac{20x+21}{4} \Rightarrow 28x-21 = 20x+21$

∴ $8x = 42 \Rightarrow x = \frac{42}{8} = \frac{21}{4}$

∴ प्रारम्भ में A की मात्रा = $7x = \frac{7\times 21}{4} = \frac{147}{4} = 36\frac{3}{4}$ ली.

67. एल्कोहल : जल = 5 : 3 ⇒ अनुपाती योग = 5 + 3 = 8

8 लीटर मिश्रण निकालने के बाद शेष मिश्रण = 40 – 8 = 32 लीटर

∴ शेष मिश्रण में एल्कोहल = $\frac{32\times 5}{8}$ = 20 लीटर और जल = $\frac{32\times 3}{8}$ =12 लीटर

8 लीटर जल और डालने पर अनुपात = 20 : (12 + 8) = 20 : 20 = 1 : 1

68. तीनों नमूनों में अम्ल : जल = 2 : 1, 3 : 2, 5 : 3

माना तीनों नमूनों से एक-एक लीटर मिलाकर चौथा मिश्रण बनाया जाता है।

∴ चौथे मिश्रण में अम्ल की मात्रा = $\frac{2}{3}+\frac{3}{5}+\frac{5}{8} = \frac{80+72+75}{120} = \frac{227}{120}$

और जल की मात्रा = $\frac{1}{3}+\frac{2}{5}+\frac{3}{8} = \frac{40+48+45}{120} = \frac{133}{120}$

∴ चौथे मिश्रण में अम्ल : जल = $\frac{227}{120}:\frac{133}{120} = 227:133$

69. चूंकि दूध = पानी × $\frac{3}{5}$, अतः $\frac{\text{दूध}}{\text{पानी}} = \frac{3}{5}$ ⇒ दूध : पानी = 3 : 5

∴ पूरे मिश्रण में दूध का भाग = $\frac{3}{8}$

11 औसत (Average)

सजातीय राशियों के योगफल को उनकी संख्या से भाग देने पर जो भागफल प्राप्त होता है उसे औसत या मध्यमान कहते हैं।

$$\text{औसत या मध्यमान} = \frac{\text{सभी राशियों का योग}}{\text{राशियों की कुल संख्या}}$$

अथवा

$$\text{सभी राशियों का योग} = \text{औसत} \times \text{राशियों की कुल संख्या}$$

अध्याय पर आधारित प्रश्नों के प्रकार

'औसत' अध्याय से विभिन्न प्रतियोगी परीक्षाओं में पूछे गये और पूछे जा सकने वाले प्रश्नों को 10 प्रकारों में बांट सकते हैं।

1. साधारण प्रश्न
2. जब समूह में कोई नया व्यक्ति शामिल हो जाय
3. जब समूह से कोई व्यक्ति निकल जाय
4. जब समूह में एक व्यक्ति के स्थान पर कोई नया व्यक्ति रख लिया जाय
5. जब समूह में कई व्यक्ति शामिल हो जायं
6. जब समूह से कई व्यक्ति निकल जायं
7. जब समूह से कुछ व्यक्तियों की संख्या ज्ञात करनी हो
8. जब बीच की कोई संख्या ज्ञात करनी हो (A)
9. जब बीच की कोई संख्या ज्ञात करनी हो (B)
10. विविध प्रश्न

उदाहरणार्थ हल प्रश्न

1 साधारण प्रश्न

1. जुलाई, अगस्त, सितम्बर और अक्टूबर महीने में किसी स्थान पर वर्षा क्रमशः 70 सेमी., 65 सेमी., 55 सेमी. तथा 90 सेमी. हुई। उस स्थान पर औसत वर्षा कितनी हुई?
2. रीता, गीता और संगीता तीन बहनों का भार क्रमशः 35.5 किग्रा., 28.5 किग्रा. और 24.5 किग्रा. है। तीनों बहनों का औसत भार ज्ञात कीजिए।

$$\textit{औसत} = \frac{\textit{सभी राशियों का योग}}{\textit{उनकी कुल संख्या}}$$

हल

1. औसत वर्षा $= \frac{70+65+55+90}{4} = \frac{280}{4} = 70$ सेमी.
2. औसत भार $= \frac{35.5+28.5+24.5}{3} = \frac{88.5}{3} = 29.5$ किग्रा.

2 जब समूह में कोई नया व्यक्ति शामिल हो जाय

1. क्रिकेट टीम के 10 सदस्यों की औसत आयु 30 वर्ष है। उनके साथ कप्तान को शामिल कर लेने पर औसत आयु 1 वर्ष बढ़ जाती है। कप्तान की आयु ज्ञात कीजिए।
2. किसी दफ्तर के 6 कर्मचारियों की औसत आयु 37 वर्ष है। एक नया कर्मचारी नियुक्त हो जाने पर औसत आयु 2 वर्ष कम हो जाती है। नये कर्मचारी की आयु ज्ञात कीजिए।

नये व्यक्ति की आयु = नया औसत ± (वृद्धि/कमी) × पूर्व संख्या
यहां वृद्धि होने पर '+' चिन्ह और कमी होने पर '–' चिन्ह का प्रयोग होगा

हल

1. कप्तान की आयु $= 31 + 1 \times 10 = 31 + 10 = 41$ वर्ष
2. नये कर्मचारी की आयु $= 35 - 2 \times 6 = 35 - 12 = 23$ वर्ष

3 जब समूह से एक व्यक्ति निकल जाय

1. किसी कक्षा के 20 लड़कों की औसत आयु 12 वर्ष है। एक लड़के ने अपना स्थानान्तरण करा लिया, जिससे औसत आयु में 0.2 वर्ष की कमी हो गयी। उस लड़के की आयु ज्ञात कीजिए।
2. एक परिवार में 10 व्यक्ति रहते हैं जिनकी औसत आयु 28 वर्ष है। एक व्यक्ति नौकरी पर चला गया जिससे औसत आयु 1 वर्ष बढ़ गयी। नौकरी पर जाने वाले व्यक्ति की आयु ज्ञात कीजिए।

> *जाने वाले व्यक्ति की उम्र = पूर्व औसत ± (कमी/वृद्धि) × नयी संख्या*
> *कमी होने पर '+' चिन्ह और वृद्धि होने पर '–' चिन्ह का प्रयोग होगा*

हल

1. स्थानान्तरण वाले लड़के की आयु $= 12 + 0.2 \times 19 = 12 + 3.8 = 15.8$ वर्ष
2. नौकरी पर जाने वाले व्यक्ति की आयु $= 28 - 1 \times 9 = 28 - 9 = 19$ वर्ष

4 जब समूह में एक व्यक्ति के स्थान पर कोई नया व्यक्ति रख लिया जाय

1. 10 व्यक्तियों के समूह में से 60 किग्रा. के एक व्यक्ति को हटाकर उसके स्थान पर एक दूसरा व्यक्ति रख लिया गया, जिससे औसत भार 1 किग्रा. बढ़ गया। नये व्यक्ति का भार ज्ञात कीजिए।
2. एक समूह में 6 व्यक्ति थे उनमें से 80 किग्रा. भार वाले एक व्यक्ति के स्थान पर दूसरा व्यक्ति ले लिया गया। अब औसत भार 3 किग्रा. कम हो गया। नये व्यक्ति का भार ज्ञात कीजिए।

> *नये व्यक्ति का भार = गये व्यक्ति का भार ± (वृद्धि/कमी) × संख्या*
> *वृद्धि के लिए '+' चिन्ह और कमी के लिए '–' चिन्ह का प्रयोग होगा*

हल

1. नये व्यक्ति का भार $= 60 + 1 \times 10 = 60 + 10 = 70$ किग्रा.
2. नये व्यक्ति का भार $= 80 - 3 \times 6 = 80 - 18 = 62$ किग्रा.

5 जब समूह में कई व्यक्ति शामिल हो जायं

1. 20 व्यक्तियों की औसत आयु 25 वर्ष है। 20 वर्ष औसत आयु के 5 व्यक्ति उनके साथ हो जायं तो सबकी औसत आयु कितनी होगी?
2. 40 व्यक्तियों की औसत आय ₹ 4200 जबकि 35 अन्य व्यक्तियों की औसत आय ₹ 4000 है। सभी व्यक्तियों की औसत आय ज्ञात कीजिए।
3. 10 छात्रों का औसत प्राप्तांक 45 और 15 अन्य छात्रों का औसत प्राप्तांक 40 है। सभी छात्रों का औसत प्राप्तांक ज्ञात कीजिए।
4. 12 यात्रियों का औसत भार 60 किग्रा. है जबकि शेष 18 यात्रियों का औसत भार 55 किग्रा. है। सभी यात्रियों का औसत भार ज्ञात कीजिए।

> *यदि m व्यक्तियों के समूह में n व्यक्ति शामिल हो जायं तो*
> *सभी $(m+n)$ व्यक्तियों का औसत* $= \dfrac{m \text{ व्यक्तियों का योग} + n \text{ व्यक्तियों का योग}}{\text{कुल संख्या } (m+n)}$

हल

1. 20 व्यक्तियों की आयु का योग = संख्या × औसत $= 20 \times 25 = 500$ वर्ष

   5 व्यक्तियों की आयु का योग $= 5 \times 20 = 100$, अतः $(20+5)$ अर्थात् 25 व्यक्तियों की औसत आयु $= \dfrac{500+100}{25} = \dfrac{600}{25} = 24$
2. $(40+35)$ व्यक्तियों की औसत आय $= \dfrac{40 \times 4200 + 35 \times 4000}{(40+35)} = \dfrac{168000+140000}{75} = \dfrac{308000}{75} =$ ₹ $4160\dfrac{2}{3}$
3. सभी $(10+15)$ छात्रों का औसत प्राप्तांक $= \dfrac{10 \times 45 + 15 \times 40}{(10+15)} = \dfrac{450+600}{25} = \dfrac{1050}{25} = 42$
4. सभी $(12+18)$ यात्रियों का औसत भार $= \dfrac{12 \times 60 + 18 \times 55}{(12+18)} = \dfrac{720+990}{30} = \dfrac{1710}{30} = 57$ किग्रा.

6 जब समूह से कई व्यक्ति निकल जायं

1. 8 व्यक्तियों की औसत आयु 42 वर्ष है। यदि 6 व्यक्ति, जिनकी औसत आयु 48 वर्ष है, कहीं चले जायं तो शेष व्यक्तियों की औसत आयु क्या होगी?
2. 15 मजदूरों की औसत आदमनी ₹ 65 है। यदि ₹ 60 औसत आमदनी वाले 10 मजदूरों की छटनी कर दी जाय तो शेष मजदूरों की औसत आमदनी बताइये।

> *यदि m व्यक्तियों के समूह से n व्यक्ति निकल जायं तो शेष व्यक्तियों का*
>
> *औसत* $= \dfrac{m \text{ व्यक्तियों का योग} - n \text{ व्यक्तियों का योग}}{\text{कुल संख्या } (m-n)}$

हल

1. 8 व्यक्तियों की आयु का योग = औसत × संख्या $= 42 \times 8 = 336$ वर्ष
   6 व्यक्तियों की आयु का योग $= 48 \times 6 = 288$ वर्ष
   $\therefore$ शेष $(8 - 6 = 2)$ व्यक्तियों की औसत आयु $= \dfrac{336 - 288}{2} = \dfrac{48}{2} = 24$
2. शेष $(15 - 10 = 5)$ मजदूरों की औसत आमदनी $= \dfrac{65 \times 15 - 60 \times 10}{5} = \dfrac{975 - 600}{5} = \dfrac{375}{5} =$ ₹ 75

7 जब समूह से कुछ व्यक्तियों की संख्या ज्ञात करनी हो

1. किसी कक्षा के 60 छात्रों का औसत भार 55 किग्रा. है। यदि लड़कियों का औसत भार 50 किग्रा. और लड़कों का औसत भार 65 किग्रा. हो तो लड़कियों तथा लड़कों की अलग-अलग संख्या ज्ञात कीजिए।
2. किसी कार्यालय में कुल 80 कर्मचारी हैं, जिनकी औसत आयु 50 वर्ष है। यदि पुरुष कर्मचारियों की औसत आयु 54 वर्ष और महिला कर्मचारियों की औसत आयु 38 वर्ष हो तो पुरुष और महिला कर्मचारियों की अलग-अलग संख्या ज्ञात कीजिए।

हल

1.

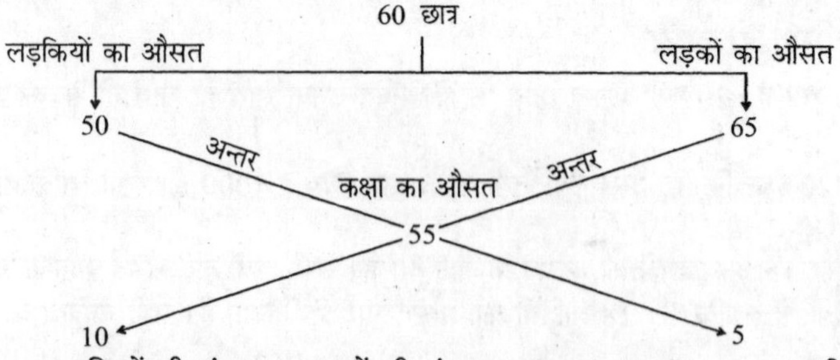

$\therefore$ लड़कियों की संख्या : लड़कों की संख्या $= 10 : 5 = 2 : 1 \Rightarrow$ अनुपाती योग $= 2 + 1 = 3$
$\therefore$ लड़कियों की संख्या $= 60 \times \dfrac{2}{3} = 40$ और लड़कों की संख्या $= 60 \times \dfrac{1}{3} = 20$

2.

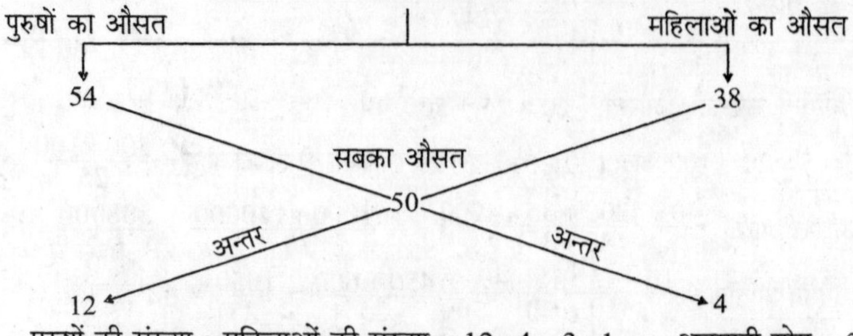

$\therefore$ पुरुषों की संख्या : महिलाओं की संख्या $= 12 : 4 = 3 : 1 \Rightarrow$ अनुपाती योग $= 3 + 1 = 4$
$\therefore$ पुरुषों की संख्या $= 80 \times \dfrac{3}{4} = 60$ और महिलाओं की संख्या $= 80 \times \dfrac{1}{4} = 20$

8 जब बीच की कोई संख्या ज्ञात करनी हो (A)

1. 12 संख्याओं का औसत 20 है। प्रथम 5 संख्याओं का औसत 18 तथा अन्तिम 6 संख्याओं का औसत 22 है। छठीं संख्या ज्ञात कीजिए।
2. 20 संख्याओं का औसत 15 है। प्रथम 12 संख्याओं का औसत 18 और अन्तिम 7 संख्याओं का औसत 11 है। 13वीं संख्या ज्ञात कीजिए।
3. 24 संख्याओं का औसत 25 है। प्रथम 15 संख्याओं का औसत 20 तथा अन्तिम 8 संख्याओं का औसत 35 है। 16वीं संख्या ज्ञात कीजिए।
4. 11 संख्याओं का औसत 12 है। प्रथम 6 संख्याओं का औसत 15 तथा अन्तिम 4 संख्याओं का औसत 8 है। 7वीं संख्या ज्ञात कीजिए।

हल

1. 12 संख्याओं का योग $= 12 \times 20 = 240$ और प्रथम 5 संख्याओं का योग $= 5 \times 18 = 90$
   अन्तिम 6 संख्याओं का योग $= 6 \times 22 = 132$, अतः छठीं संख्या $= 240 - (90 + 132) = 240 - 222 = 18$
2. 20 संख्याओं का योग $= 20 \times 15 = 300$ और प्रथम 12 संख्याओं का योग $= 12 \times 18 = 216$
   अन्तिम 7 संख्याओं का योग $= 7 \times 11 = 77$, अतः 13वीं संख्या $= 300 - (216 + 77) = 300 - 293 = 7$
3. 24 संख्याओं का योग $= 24 \times 25 = 600$ और प्रथम 15 संख्याओं का योग $= 15 \times 20 = 300$
   अन्तिम 8 संख्याओं का योग $= 8 \times 35 = 280$, अतः 16वीं संख्या $= 600 - (300 + 280) = 600 - 580 = 20$
4. 11 संख्याओं का योग $= 11 \times 12 = 132$ और प्रथम 6 संख्याओं का योग $= 6 \times 15 = 90$
   अन्तिम 4 संख्याओं का योग $= 4 \times 8 = 32$, अतः 7वीं संख्या $= 132 - (90 + 32) = 132 - 122 = 10$

9 जब बीच की संख्या ज्ञात करनी हो (B)

1. 40 संख्याओं का औसत 35 है। प्रथम 25 संख्याओं का औसत 30 और अन्तिम 16 संख्याओं का औसत 42 है। 25वीं संख्या ज्ञात कीजिए।
2. 50 संख्याओं का औसत 45 है। प्रथम 20 संख्याओं का औसत 50 तथा अन्तिम 31 संख्याओं का औसत 42 है। 20वीं संख्या ज्ञात कीजिए।
3. 30 संख्याओं का औसत 46 है। प्रथम 15 संख्याओं का औसत 47 तथा अन्तिम 14 संख्याओं का औसत 45 है। 16वीं संख्या ज्ञात कीजिए।

हल

1. 40 संख्याओं का योग $= 40 \times 35 = 1400$ और प्रथम 25 संख्याओं का योग $= 25 \times 30 = 750$
   अन्तिम 16 संख्याओं का योग $= 16 \times 42 = 672$, अतः 25वीं संख्या $= (750 + 672) - 1400 = 1422 - 1400 = 22$
2. 50 संख्याओं का योग $= 50 \times 45 = 2250$ और प्रथम 20 संख्याओं का योग $= 20 \times 50 = 1000$
   अन्तिम 31 संख्याओं का योग $= 31 \times 42 = 1302$, अतः 20वीं संख्या $(1000 + 1302) - 2250 = 2302 - 2250 = 52$
3. 30 संख्याओं का योग $= 30 \times 46 = 1380$ और प्रथम 15 संख्याओं का औसत $= 15 \times 47 = 705$
   अन्तिम 14 संख्याओं का औसत $= 14 \times 45 = 630$, अतः 16वीं संख्या $= 1380 - (705 + 630) = 1380 - 1335 = 45$

10 विविध प्रश्न

A. निम्नलिखित का औसत ज्ञात कीजिए –

1. 1 से 90 तक की समस्त पूर्णांक संख्याएं।
2. 50 से 120 तक की समस्त पूर्णांक संख्याएं।
3. 2 से 88 तक की समस्त सम संख्याएं।
4. 120 से 248 तक की समस्त सम संख्याएं।
5. 1 से 71 तक की समस्त विषम संख्याएं।
6. 51 से 137 तक की समस्त विषम संख्याएं।
7. 10 के प्रथम 12 गुणज (अपवर्त्य)
8. 10 के 18वें गुणज से 40वें गुणज तक के गुणज
9. 130, 145, 160 900
10. 144, 156, 168, 180....................360

> *यदि संख्याओं की श्रृंखला इस प्रकार हो कि उसके किन्हीं दो निकटतम पदों का अन्तर सदैव समान हो तो पूरी श्रृंखला का औसत* $= \frac{\text{प्रथम संख्या + अन्तिम संख्या}}{2}$

हल

1. 1 से 90 तक की समस्त पूर्णांकों का औसत $= \frac{1+90}{2} = \frac{91}{2} = 45.5$
2. 50 से 120 तक के समस्त पूर्णांकों का औसत$= \frac{50+120}{2} = \frac{170}{2} = 85$
3. 2 से 88 तक की समस्त सम संख्याओं का औसत $= \frac{2+88}{2} = \frac{90}{2} = 45$
4. 120 से 248 तक की समस्त सम संख्याओं का औसत $= \frac{120+248}{2} = \frac{368}{2} = 184$
5. 1 से 71 तक की समस्त विषम संख्याओं का औसत $= \frac{1+71}{2} = \frac{72}{2} = 36$
6. 51 से 137 तक की समस्त विषम संख्याओं का औसत $= \frac{51+137}{2} = \frac{188}{2} = 94$
7. 10 के प्रथम 12 गुणजों (अर्थात् 10, 20, 30 ....120) का औसत $= \frac{10+120}{2} = \frac{130}{2} = 65$
8. 10 के 18वें गुणज से 40वें गुणज अर्थात् 180, 190, 200, ...390, 400 का औसत $= \frac{180+400}{2} = \frac{580}{2} = 290$
9. 130, 145, 160 ....900 का औसत $= \frac{130+900}{2} = \frac{1030}{2} = 515$
10. 144, 156, 168, 180....................360 का औसत $= \frac{144+360}{2} = \frac{504}{2} = 252$

B. 1. सोमवार, मंगलवार तथा बुधवार का औसत तापमान 45^0 सेन्टीग्रेट था। मंगलवार, बुधवार तथा बृहस्पतिवार का औसत तापमान 42^0 सेन्टीग्रेट था। यदि सोमवार का तापमान 49^0 सेन्टीग्रेट रहा हो तो बृहस्पतिवार का तापमान कितना था?

2. 30 छात्रों की औसत ऊँचाई 165 सेमी. है। किसी दिन राम, श्याम और मोहन कक्षा में गैर हाजिर रहे, जिससे औसत ऊँचाई 164 सेमी. हो गयी। यदि राम और श्याम की ऊँचाई समान हो और दोनों मोहन से 3 सेमी. छोटे हों तो राम, श्याम और मोहन तीनों की ऊँचाई ज्ञात कीजिए।

3. एक खिलाड़ी 8 पालियों में कुछ रन बनाया। नवीं पाली में 60 रन बनाकर औसत रन संख्या में 2 की वृद्धि कर लिया। नौ पालियों के बाद उसका रन औसत कितना होगा?

हल

1. सोमवार + मंगलवार + बुधवार का ताप $= 45 \times 3 = 135^0C$

$\therefore$ 49 + मंगलवार + बुधवार का ताप = 135, अतः मंगलवार + बुधवार का ताप $= 135 - 49 = 86^0C$

अब मंगलवार + बुधवार + बृहस्पतिवार का ताप $= 42 \times 3 = 126^0C$

$\therefore$ 86 + बृहस्पतिवार का ताप = 126, अतः बृहस्पतिवार का ताप $= 126 - 86 = 40^0C$

2. 30 छात्रों की ऊंचाइयों का योग $= 30 \times 165 = 4950$ सेमी $\Rightarrow$ राम + श्याम + मोहन + शेष 27 छात्रों की ऊंचाई = 4950

$\therefore$ राम + श्याम + मोहन $+ 27 \times 164 = 4950 \Rightarrow$ राम + श्याम + मोहन की ऊंचाई $= 4950 - 4428 = 522$

चूंकि माना मोहन की ऊँचाई x सेमी. है, अतः $x - 3 + x - 3 + x = 522 \Rightarrow 3x - 6 = 522$ या $3x = 528$, अतः $x = 176$ सेमी.

$\therefore$ मोहन की ऊंचाई = 176 सेमी., राम की ऊंचाई $= 176 - 3 = 173$ सेमी., श्याम की ऊंचाई $= 176 - 3 = 173$ सेमी.

3. माना 8 पालियों का रन औसत x था। अतः 8 पालियों के रनों का योग $= 8x$

$\therefore$ 9वीं पालियों के बाद रन औसत $= (x + 2)$, अतः 9 पालियों के रनों का योग $= (x + 2) \times 9 = 9x + 18$

$\therefore$ 8 पालियों का कुल रन + 60 रन = 9 पालियों का कुल रन $\Rightarrow 8x + 60 = 9x + 18$ या $9x - 8x = 60 - 18$, अतः $x = 42$

$\therefore$ 9 पालियों के बाद रन औसत $= x + 2 = 42 + 2 = 44$

अभ्यास प्रश्न

साधारण प्रश्न

1. 11 सदस्यों की एक क्रिकेट टीम ने औसत 23 रन बनाए। यदि पहले खिलाड़ी ने 113 रन बनाए हों तो अन्य खिलाड़ियों के औसत रन ज्ञात कीजिए?

(a) 8 रन (b) 12 रन (c) 14 रन (d) 27 रन *SSC CGL (Tier-1) 30-8-2016*

2. लड़कों एवं लड़कियों की संख्या क्रमशः 'x' और 'y' है। एक लड़की और एक लड़के की आयु क्रमशः 'a' वर्ष और 'b' वर्ष है। सभी लड़कों और लड़कियों की औसत आयु कितनी (वर्षों में) है?

(a) $\frac{x+y}{bx+ay}$ (b) $\frac{bx+ay}{x+y}$ (c) $\frac{ax+by}{x+y}$ (d) $\frac{x+y}{ax+by}$ *SSC CGL (Tier-1) 6.9.2016*

3. यदि 7, 5, 13, x तथा 9 का औसत 10 हो, तो x का मान क्या होगा?

(a) 10 (b) 12 (c) 14 (d) 16 *SSC CGL (Tier-1) 8.9.2016*

4. a, b, c का औसत 20 है और b, c, d का औसत 25 है। यदि d = 30, तो a का मान क्या है?

(a) 25 (b) 45 (c) 30 (d) 15 *SSC CGL (Tier-1) 29.8.2016*

5. सभी एक अंक, दो अंकों तथा तीन अंकों वाली प्राकृतिक संख्याओं का औसत क्या है?

(a) 300 (b) 500 (c) 1000 (d) 1250 *SSC CHSL (Tier-1) 11.3.2018*

6. 19 सदस्यों के एक ग्रुप का औसत मासिक वेतन ₹ 16000 है। तो यदि उस ग्रुप में ₹ 20000 मासिक वेतन वाला एक अन्य सदस्य भी शामिल हो जाए, तो उस ग्रुप का औसत मासिक वेतन कितना हो जाएगा?

(a) ₹ 18250 (b) ₹ 16200 (c) ₹ 18000 (d) ₹ 16250 *SSC CGL (Tier-1) 29.8.2016*

7. एक पंक्ति में बैठे चार विद्यार्थियों में से, अंतिम तीन विद्यार्थियों की औसत आयु 20 वर्ष है तथा प्रथम तीन विद्यार्थियों की औसत आयु 21 वर्ष है। यदि प्रथम विद्यार्थी की आयु 26 वर्ष है, तो अंतिम विद्यार्थी की आयु (वर्षों में) क्या है?

(a) 23 (b) 37 (c) 24 (d) 29 *SSC CHSL (Tier-1) 6.3.2018*

8. 20 और 50 के बीच सभी अभाज्य संख्याओं की औसत का पता लगाएँ।

(a) 35.857 (b) 35.657 (c) 34.857 (d) 36.657 *SSC CHSL (Tier-1) 6.3.2018*

9. 3 संख्याओं का औसत 112 है, उनमें से पहली संख्या अन्य 2 संख्याओं के योग का 3/13 गुना है। वह पहली संख्या है।

(a) 63 (b) 95 (c) 42 (d) 126 *SSC CHSL (Tier-1) 24.1.2017*

10. चार थैलों में से, अंतिम तीन थैलों का औसत भार 18 किग्रा. है तथा प्रथम तीन थैलों का औसत भार 19 किग्रा. है। यदि अंतिम थैले का भार 22 किग्रा. है तो प्रथम थैले का भार (किग्रा. मे) क्या है?

(a) 32 (b) 24 (c) 33 (d) 25 *SSC CHSL (Tier-1) 7.3.2018*

11. शिवशंकर, गोपेश और रीना का औसत वजन 97 किग्रा. है। यदि शिवशंकर और गोपेश का औसत वजन 93 किग्रा. है और गोपेश और रीना का औसत वजन 82 किग्रा. है, तो गोपेश का वजन कितना है?

(a) 72 (b) 56 (c) 59 (d) 63 *SSC CHSL (Tier-1) 10.1.2017*

12. A, B तथा C की औसत ऊँचाई 148 सेमी. है। यदि A एवं B की औसत ऊँचाई 136 सेमी. है तथा B एवं C की औसत ऊँचाई 125 सेमी. है, तो B की ऊँचाई (सेमी. में) कितनी है?

(a) 56 (b) 78 (c) 112 (d) 130 *SSC CHSL (Tier-1) 21.3.2018*

13. किसी मन्दिर में एक सप्ताह में औसतन 75 फल चढ़ाये गये। मंगलवार को छोड़ कर शेष 6 दिनों में औसत 72 फल चढ़ाये गये। मंगलवार के दिन कितने फल चढ़ाये गये?

(a) 90 (b) 93 (c) 72 (d) 92 *SSC CGL (Tier-1) 27.8.2016*

14. 10 संख्याओं का औसत X है तथा उनमें से एक संख्या 38 है। यदि 38 को 19 से बदल दिया जाए, तो नया औसत क्या होगा?

(a) X–(1/2) (b) X–(1/19) (c) X–(19/10) (d) X–19/9) *SSC CHSL (Tier-1) 14.3.2018*

15. यदि 31x + 31y = 403 है, तो x तथा y का औसत क्या है?

(a) 3.5 (b) 5 (c) 6.5 (d) 13 *SSC CHSL (Tier-1) 10.3.2018*

16. 5 संख्याओं का औसत 76 है, उनमें से पहली संख्या अन्य 4 संख्याओं के योग का 3/7 गुना है। वह पहली संख्या क्या है?
(a) 171 (b) 114 (c) 76 (d) 228 ***SSC CHSL (Tier-1) 9.1.2017***

17. 19 के पूर्व सभी अभाज्य संख्याओं का औसत क्या होगा?
(a) 8.28 (b) 11.5 (c) 5.34 (d) 9.63 ***SSC CHSL (Tier-1) 17.3.2018***

18. 1 से 50 के बीच अभाज्य संख्याओं का औसत ज्ञात करें।
(a) 21.867 (b) 22.857 (c) 23.887 (d) 24.867 ***SSC CHSL (Tier-1) 15.3.2018***

19. 7 के पहले 30 गुणकों का औसत ज्ञात करें।
(a) 94.8 (b) 99.6 (c) 104.4 (d) 108.5 ***SSC CHSL (Tier-1) 14.3.2018***

20. यदि 46, x, 30, 36, 59, 82, 68 तथा 94 का औसत 56.5 है, तो x का मान क्या है?
(a) 40 (b) 37 (c) 29 (d) 23 ***SSC CHSL (Tier-1) 20.3.2018***

21. एक कारखाने में 10 मशीनों को शरीदा जाता है। इनमें 2 मशीन A, 3 मशीन B और बाकी की मशीन C हैं। इन मशीनों के मूल्य क्रमशः ₹95000, ₹60000 और ₹50000 है। इन मशीनों का औसत मूल्य क्या होगा?
(a) 62000 (b) 68333 (c) 74666 (d) 60500 ***SSC CHSL (Tier-1) 16.1.2017***

22. 19 लगातार सम पूर्णांकों का औसत 50 हैं। इन पूर्णांकों की सर्वोच्च संख्या है?
(a) 88 (b) 68 (c) 126 (d) 100 ***SSC CHSL (Tier-1) 17.1.2017***

23. एक मैच में पाँच खिलाड़ियों के रनों की औसत 49 है। यदि 4 खिलाड़ियों के रन क्रमशः 75, 30, 62 तथा 21 हैं, तो 5वें खिलाड़ी ने कितने रन बनाये होंगे?
(a) 43 (b) 49 (c) 57 (d) 89 ***SSC CPO 1.7.2017***

24. 13 विद्यार्थियों तथा उनके अध्यापक का औसत वजन 24.5 किलोग्राम है। यदि अध्यापक का वजन 31 किलोग्राम है, तो 13 विद्यार्थियों का औसत वजन कितना है?
(a) 23.5 किग्रा. (b) 23 किग्रा. (c) 24 किग्रा. (d) 25 किग्रा. ***SSC CHSL (Tier-1) 19.8.2019***

25. 4 संख्याओं का औसत 9 है। यदि एक और संख्या 14 को भी शामिल किया जाये, तो नया औसत कितना है?
(a) 9.5 (b) 10.5 (c) 9 (d) 10 ***SSC MTS 5.8.2019***

26. 49, 62, 37, 55 तथा X का औसत 53 है। X का मान कितना है?
(a) 56 (b) 68 (c) 76 (d) 62 ***SSC CHSL (Tier-1) 21.8.2019***

27. A, B और C की औसत आयु 20 वर्ष तथा B और C की औसत आयु 25 वर्ष है। A की आयु क्या है?
(a) 20 वर्ष (b) 10 वर्ष (c) 15 वर्ष (d) 25 वर्ष ***SSC CGL (Tier-1) 7.3.2020***

28. 6 संख्याओं में प्रथम 5 संख्याओं का योग छठी संख्या का सात गुना है। यदि उन संख्याओं का औसत 136 है तो छठी संख्या का मान..............है।
(a) 116 (b) 102 (c) 84 (d) 96 ***SSC CGL (Tier-1) 3.3.2020***

29. पहली चार संख्याओं का औसत, पाँचवीं संख्या का तीन गुना है। यदि उन सभी पाँच संख्याओं का औसत 85.8 है, तो पाँचवीं संख्या बताइए।
(a) 34 (b) 39 (c) 33 (d) 29 ***SSC CGL (Tier-1) 3.3.2020***

30. 4 संख्याओं का औसत 30 है और पहली संख्या शेष संख्याओं के योग के $\frac{1}{3}$ भाग के बराबर है। पहली संख्या ज्ञात कीजिए।
(a) 40 (b) 30 (c) 20 (d) 60 ***SSC CGL (Tier-1) 9.3.2020***

31. चार क्रमागत विषम प्राकृत संख्याओं का औसत, तीन क्रमागत प्राकृत सम संख्याओं के औसत से आंठ कम है। यदि इन तीन सम संख्याओं का योग ऊपर दी गई चार विषम संख्याओं के योग के बराबर है, तो आरंभिक चार विषम संख्याओं का औसत है–
(a) 36 (b) 32 (c) 18 (d) 24 ***SSC CHSL (Tier-1) 20.10.2020***

जब समूह में कोई नया व्यक्ति शामिल हो जाय

32. 36 छात्रों के एक समूह की औसत आयु 14 वर्ष है। जब उसमें शिक्षक की आयु शामिल कर दी जाती है तो औसत एक बढ़ जाता है। शिक्षक की आयु कितने वर्ष है?

(a) 31 (b) 51 (c) 36 (d) 50 ***SSC CGL (Tier-1) 7.9.2016***

33. 10 पार्सलों का औसत वजन 1.7 किग्रा. है। एक नया पार्सल मिलाने पर औसत वजन 60 ग्राम कम हो जाता है। नये पार्सल का वजन किग्रा. है?

(a) 1.04 (b) 1.08 (c) 1.4 (d) 1.8 ***SSC CGL (Tier-1) 10.9.2016***

34. एक बल्लेबाज की 12वीं पारी का स्कोर 120 रन है और इस तरह से उसके औसत में 5 रन की वृद्धि होती है। बताएं कि 12वीं पारी के बाद उसका औसतन स्कोर क्या है?

(a) 60 (b) 55 (c) 65 (d) 70 ***SSC CGL (Tier 1) 2.9.2016***

35. पन्द्रह व्यक्तियों की औसत आयु 32 वर्ष है। दो और व्यक्तियों को शामिल किये जाने पर, औसत आयु 3 वर्ष बढ़ जाती है। नये व्यक्तियों की आयु में 7 वर्षों का अन्तर है। नये व्यक्तियों में छोटे व्यक्ति की आयु (वर्ष में) है–

(a) 61 (b) 58 (c) 54 (d) 50 ***SSC CHSL (Tier-1) 8.7.2019***

36. पन्द्रह व्यक्तियों की औसत आयु 32 वर्ष है। अगर दो और व्यक्तियों को जोड़ दिया जाये तो औसत 3 वर्ष बढ़ जाता है। नये व्यक्तियों की आयु में 9 वर्ष का अन्तर है। नये व्यक्तियों में से छोटे आयु क्या है।

(a) 51 (b) 53 (c) 56 (d) 59 ***SSC CHSL (Tier-1) 9.7.2019***

37. 14 बच्चों का औसत वजन 22 किलोग्राम है। यदि अध्यापक का वजन भी मिला लिया जाय तो औसत वजन 23 किलोग्राम हो जाता है। अध्यापक का वजन कितना है?

(a) 34 किग्रा. (b) 37 क्रिग्रा. (c) 35 किग्रा. (d) 36 किग्रा. ***SSC MTS 6.8.2019***

38. एक समूह में 5 लड़कों की औसत ऊँचाई 175 सेमी. है। एक छठा लड़का उस समूह में शामिल हो गया और अब समूह में सभी लड़कों की औसत ऊँचाई एक सेमी. बढ़ गयी। छठे लड़के की ऊँचाई ज्ञात कीजिए।

(a) 175 सेमी. (b) 179 सेमी. (c) 180 सेमी. (d) 181 सेमी. ***SSC CGL (Tier-1) 5.3.2020***

39. 30 बालकों के एक समूह की औसत आयु 12 वर्ष है। जब उनमें दो नये बालक आ जाते हैं, तो औसत आयु 1/4 वर्ष बढ़ जाती है। दो नये बालकों की औसत आयु (वर्षों में) क्या है?

(a) 12 (b) 13 (c) 14 (d) 16 ***(SSC, Tier-1, 1.7.2012)***

40. पाँच वर्ष पहले, चार लड़कों की औसत आयु 9 वर्ष थी। उनमें एक नये लड़के के शामिल होने से उन पाँचों की वर्तमान औसत आयु 15 वर्ष हो गयी। तदनुसार, नये लड़के की वर्तमान आयु कितनी है?

(a) 14 वर्ष (b) 16 वर्ष (c) 15 वर्ष (d) 19 वर्ष ***(SSC, Tier-1, 1.7.2012)***

41. एक बल्लेबाज 19वीं पारी में 78 रन बनाता है और उसका औसत रन 2 कम हो जाता है। 19वीं पारी के बाद औसत रन है–

(a) 156 (b) 114 (c) 118 (d) 122 ***(SSC, Delhi-SI, 19.8.2012)***

42. एक बल्लेबाज 15वीं पारी में 58 रन बनाता है और इस प्रकार अपने औसत में 3 की वृद्धि करता है। 15वीं पारी के बाद उसका औसत क्या है?

(a) 12 (b) 14 (c) 16 (d) 18 ***(SSC, Tier-1, 8.7.2012)***

43. एक स्कूल के 34 छात्रों का माध्य भार 42 किग्रा. है। यदि अध्यापक का भार भी शामिल कर दिया जाए, तो माध्य भार 400 ग्राम बढ़ जाता है। अध्यापक का भार (किग्रा. में) ज्ञात कीजिए।

(a) 55 (b) 57 (c) 66 (d) 56 ***(SSC, 10+2, 21.10.2012)***

44. एक क्रिकेटर का 10 पारियों में रनों का औसत 60 है। ग्यारहवीं पारी में वह कितने रन बनाए ताकि उसका औसत बढ़कर 62 रन हो जाए?

(a) 83 (b) 82 (c) 80 (d) 81 ***(SSC, 10+2, 21.10.2012)***

45. चार खिलाड़ियों की औसत उम्र 18.5 वर्ष है। अगर कोच की उम्र भी इसमें शामिल की जाए तो औसत उम्र 20% बढ़ जाती है, तो कोच की उम्र है–

(a) 28 वर्ष (b) 31 वर्ष (c) 34 वर्ष (d) 37 वर्ष ***PET : 24.8.2021***

जब समूह से कोई व्यक्ति निकल जाय

46. पाँच संख्याओं का औसत 27 है। यदि उनमें से एक संख्या निकाल दी जाए, तो औसत में 2 की कमी आ जाती है। तदनुसार, निकाली गई संख्या ज्ञात कीजिए–
(a) 25 (b) 35 (c) 45 (d) 55 *(SSC, 10+2, 4.11.2012)*

47. 50 संख्याओं का औसत 38 है। यदि दो संख्याएँ अर्थात् 45 तथा 55 हटा दी जाए, तो शेष संख्याओं का औसत कितना रह जाएगा?
(a) 32.5 (b) 37.5 (c) 36 (d) 35 *(SSC, Tier-1, 21.4.2013)*

48. पाँच संख्याओं का औसत 140 है। यदि उनमें से एक संख्या हटा दी जाए, तो शेष चार का औसत 130 हो जाता है। तदनुसार हटाई गई संख्या कौन-सी है?
(a) 135 (b) 134 (c) 180 (d) 150 *(SSC, FCI, 5.2.2012)*

49. 14 छात्राओं और उनकी एक शिक्षिका की औसत आयु 15 वर्ष है। यदि शिक्षिका की आयु को हटा दिया जाए तो औसत में 1 वर्ष की कमी हो जाती है। तब शिक्षिका की आयु क्या है?
(a) 29 वर्ष (b) 35 वर्ष (c) 32 वर्ष (d) 30 वर्ष *(SSC, Tier-1, 21.4.2013)*

50. 24 लड़कों तथा उनके शिक्षकों की औसत आयु 15 वर्ष है। यदि शिक्षक की आयु हटा दी जाए, तो औसत आयु में 1 वर्ष की कमी हो जाती है। शिक्षक की आयु होगी–
(a) 38 वर्ष (b) 39 वर्ष (c) 40 वर्ष (d) 41 वर्ष *(SSC, 10+2, 28.10.2012)*

51. 6 संख्याओं का औसत 20 है। यदि एक संख्या हटा दी जाए तो औसत 15 हो जाता है। कौन-सी संख्या हटाई गयी है?
(a) 5 (b) 35 (c) 112 (d) 45 *(SSC, 21.9.2014)*

जब समूह में एक व्यक्ति के स्थान पर कोई नया व्यक्ति रख लिया जाय

52. किसी विद्यालय में 8 अध्यापकों की औसत आयु 40 वर्ष है। उनमें से 55 वर्ष के एक अध्यापक की मृत्यु हो जाती है और 39 वर्ष का एक अन्य अध्यापक नियुक्त कर लिया जाता है। विद्यालय में अध्यापकों की वर्तमान औसत आयु (वर्षों में) ज्ञात कीजिए।
(a) 35 (b) 36 (c) 38 (d) 39 ***SSC CGL (Tier-1) 4.9.2016***

53. एक समिति में 25 सदस्य हैं। यदि दो सदस्य जिनकी आयु 64 वर्ष तथा 40 वर्ष है, को दो नये सदस्यों द्वारा बदल दिया जाता है, तो 25 सदस्यों की औसत आयु 2 वर्ष से घट जाती है। नये सदस्यों की औसत आयु (वर्षों में) क्या है?
(a) 27 (b) 32 (c) 38 (d) 44 ***SSC CHSL (Tier-1) 12.3.2016***

54. एक समिति में 15 सदस्य हैं। यदि दो सदस्य जिनकी आयु 45 वर्ष तथा 55 वर्ष है, को दो नये सदस्यों द्वारा बदल दिया जाता है, तो 15 सदस्यों की औसत आयु 2 वर्ष बढ़ जाती है। नये सदस्यों की औसत आयु (वर्षों में) क्या है?
(a) 59 (b) 61 (c) 65 (d) 68 ***SSC CGL (Tier-1) 10.3.2018***

55. एक क्रिकेट खिलाड़ी 10 टेस्ट खेलने के बाद 11वें टेस्ट में 100 रन बनाता है। परिणामस्वरूप, उसके रनों का औसत 5 बढ़ जाता हैं। रनों का वर्तमान औसत कितना है?
(a) 45 (b) 40 (c) 50 (d) 55 *(SSC, Tier-1, 21.4.2013)*

56. एक विद्यालय के 10 अध्यापकों में एक के सेवानिवृत्त होने पर 25 वर्ष का एक नया अध्यापक उसके स्थान पर आ जाता है। परिणामस्वरूप उन अध्यापकों की औसत आयु 3 वर्ष कम हो जाती है। तदनुसार, उस सेवानिवृत्त हुए अध्यापक की आयु कितने वर्ष की है?
(a) 60 (b) 55 (c) 50 (d) 58 *(SSC, Tier-1, 21.4.2013)*

57. 5 सदस्यों के एक क्लब, में एक पुराने सदस्य के स्थान पर एक नये सदस्य को शामिल करने पर यह पाया गया कि उन सदस्यों की औसत आयु वही है, जो वहाँ 3 वर्ष पहले थी। तदनुसार, उस पुराने सदस्य और उसके सथान पर लिये गये नये सदस्य की आयु का अंतर कितना है?
(a) 15 वर्ष (b) 8 वर्ष (c) 4 वर्ष (d) 2 वर्ष *(SSC, FCI, 10.11.2012)*

58. 8 व्यक्तियों के औसत भार में 2.5 किग्रा. की वद्धि हो जाती है जब उसमें से 56 किग्रा. भार वाले एक व्यक्ति के स्थान पर नया आदमी आ जाता है। नये आदमी का भार है–
(a) 58.5 किग्रा. (b) 76 किग्रा. (c) 20 किग्रा. (d) 64 किग्रा. *(SSC, CAPF-SI, 27.5.2012)*

59. 8 नाविकों वाली एक नाव में, उनके नाविकों के औसत भार में $1^1/_2$ किग्रा. की वृद्धि हो जाती है, क्योंकि 60 किग्रा. वाले एक नाविक के स्थान पर एक नया नाविक आ जाता है। तद्नुसार, उस नये नाविक का भार कितना है?
(a) 70 किग्रा. (b) 68 किग्रा. (c) 71 किग्रा. (d) 72 किग्रा. ***(SSC, 10+2, 28.10.2012)***

60. एक स्कूल के 30 शिक्षकों में से 60 वर्ष की आयु का एक शिक्षक सेवानिवृत्त हो गया। उसके स्थान पर 30 वर्ष की आयु के एक अन्य शिक्षक को नियुक्त किया गया। परिणामस्वरूप, शिक्षकों की माध्य आयु –
(a) उतनी ही रहेगी (b) 2 वर्ष घट जाएगी (c) 6 माह घट जाएगी (d) 1 वर्ष घट जाएगी ***(SSC, 26.10.2014)***

जब समूह में कई व्यक्ति शामिल हो जाय

61. दसवीं कक्षा के डिवीजन A में 60 छात्रों द्वारा प्राप्त किये गये अंकों का औसत 66 है। डिवीजन B के 45 छात्रों के अंकों का औसत 62 है और डिवीजन C के 75 छात्रों का औसत 60 है। दसवीं कक्षा के तीनों डिवीजन के छात्रों के अंकों का औसत ज्ञात करें।
(a) 61.8 (b) 62.5 (c) 61.1 (d) 63.9 ***SSC CHSL (Tier-1) 29.1.2017***

62. 50 लड़कों की एक कक्षा में 30 लड़कों की औसत लम्बाई 160 सेमी. है। यदि शेष लड़कों की औसत लम्बाई 165 सेमी. है, तो पूरी कक्षा की औसत लम्बाई (सेमी. में) कितनी होगी?
(a) 161 (b) 162 (c) 163 (d) 164 ***SSC CGL (Tier-1) 27.8.2016***

63. दसवीं कक्षा के डिवीजन-A में 55 छात्रों द्वारा प्राप्त किये गये अंकों का औसत 55 है, डिवीजन–B के 45 छात्रों के अंकों का औसत 51 है और डिवीजन-C के 40 छात्रों के अंकों का औसत 49 है। दसवीं कक्षा के तीनों डिवीजन के छात्रों के अंकों का औसत क्या है?
(a) 51.3 (b) 50.6 (c) 52 (d) 53.4 ***SSC CHSL (Tier-1) 3.1.2017***

64. दसवीं कक्षा के डिवीजन-A में 30 छात्रों द्वारा प्राप्त किये गये अंकों का औसत 67 है, डिवीजन-B के 55 छात्रों के अंकों का औसत 63 है और डिवीजन-C के 40 छात्रों के अंकों का औसत 61 है। दसवीं कक्षा के तीनों डिवीजन के छात्रों के अंकों का औसत क्या है?
(a) 63.32 (b) 62.62 (c) 61.92 (d) 64.72 ***SSC CHSL (Tier-1) 9.1.2017***

65. दसवीं कक्षा के डिवीजन-A में 50 छात्रों द्वारा प्राप्त किये गये अंकों का औसत 61 है, डिवीजन-B के 25 छात्रों के अंकों का औसत 57 है और डिवीजन-C के 50 छात्रों के अंकों का औसत 55 है। दसवीं कक्षा के तीनों डिवीजन के छात्रों के अंकों का औसत क्या होगा?
(a) 57.1 (b) 56.4 (c) 59.2 (d) 57.8 ***SSC CHSL (Tier-1) 21.1.2017***

66. 6 लड़कों की औसत आयु 14 वर्ष है। 11 लड़कियों की औसत आयु 12 वर्ष है। सभी लड़के तथा लड़कियों की औसत आयु (वर्षों में) क्या है?
(a) 12.7 (b) 14.6 (c) 19.3 (d) 8.5 ***SSC CHSL (Tier-1) 17.3.2018***

67. पन्द्रह व्यक्तियों की औसत आयु 32 वर्ष है। यदि दो और व्यक्तियों को जोड़ दिया जाये तो औसत 3 वर्ष बढ़ जाता है। नये व्यक्तियों की आयु में 9 वर्ष का अन्तर है। नये व्यक्तियों में सबसे बड़े की आयु क्या है।
(a) 58 (b) 50 (c) 53 (d) 62 ***SSC CHSL (Tier-1) 8.7.2019***

68. 40 विद्यार्थियों की कक्षा में 60% लड़कियाँ हैं। लड़कियों के अंकों का औसत 72 है और लड़कों के अंकों का औसत 54 है। पूरी कक्षा का औसत अंक क्या है?
(a) 65.4 (b) 65 (c) 65.2 (d) 64.8 ***SSC CGL (Tier-1) 13.6.2019***

69. 50 विद्यार्थियों की एक कक्षा में 60% लड़के हैं। लड़कों के अंकों का औसत 62 है और लड़कियों के अंकों का औसत 68 है। पूरी कक्षा का औसत अंक क्या है?
(a) 65.2 (b) 64.6 (c) 64.4 (d) 64.8 ***SSC CGL (Tier-1) 13.6.2019***

70. 60 विद्यार्थियों की एक कक्षा में 40% लड़के हैं। लड़कों का औसत वजन 62 किलोग्राम और लड़कियों औसत वजन 55 किलोग्राम है। पूरी कक्षा का औसत वजन क्या है?
(a) 57.8 किग्रा. (b) 59 किग्रा. (c) 58.6 किग्रा. (d) 59.2 किग्रा. ***SSC CGL (Tier-1) 12.6.2019***

71. 8 सोने के सिक्कों का औसत भार 20 ग्राम प्रति सिक्का है। चाँदी के 12 सिक्कों का औसत भार 35 ग्राम प्रति सिक्का है। 20 सिक्कों के लिए प्रति सिक्का औसत भार कितना है?
(a) 25 ग्राम (b) 29 ग्राम (c) 21 ग्राम (d) 31 ग्राम ***SSC CHSL (Tier-1) 12.8.2019***

72. 50 विद्यार्थियों की कक्षा में, 46% लड़कियाँ हैं और शेष लड़के हैं। लड़कों के अंकों का औसत 58 है और लड़कियों के अंकों का औसत 62 है। पूरी कक्षा का औसत अंक क्या है?
(a) 60.65 (b) 60.12 (c) 60.38 (d) 59.84 ***SSC CGL (Tier-1) 11.6.2019***

73. एक कक्षा में कुछ छात्रों के वजन का औसत 58.4 किग्रा था। जब 62.8 किग्रा औसत वजन वाले 5 छात्र उस कक्षा में और शामिल हुए, तो कक्षा में सभी छात्रों का औसत वजन 0.55 किग्रा बढ़ गया। प्रारंभ में कक्षा में छात्रों की संख्या कितनी थी?
(a) 40 (b) 25 (c) 30 (d) 35 ***SSC CGL (Tier-1) 4.3.2020***

जब समूह से कई व्यक्ति निकल जायं

74. 65 छात्रों की एक कक्षा में 39 लड़कियाँ हैं। इन लड़कियों का औसत वजन 60 किग्रा. है, और पूर्ण कक्षा का औसत वजन 64 किग्रा. है। कक्षा के लड़कों का औसत वजन क्या है?
(a) 69 (b) 66 (c) 68 (d) 70 ***SSC CHSL (Tier-1) 3.2.2017***

75. 14 संख्याओं का औसत 32 है। यदि अंतिम 5 संख्याओं का औसत 26 है, तो शेष संख्याओं का औसत क्या है?
(a) 35.33 (b) 41.33 (c) 27.5 (d) 44.5 ***SSC CHSL (Tier-1) 6-3-2018***

76. 12 संख्याओं का औसत 35 है। यदि चार संख्या 20, 27, 15 तथा 29 को हटा दिया जाए, तो शेष संख्याओं का औसत क्या होगा?
(a) 41.125 (b) 49.5 (c) 52.5 (d) 38.375 ***SSC CHSL (Tier-1) 14.3.2018***

77. 40 छड़ियों की औसत ऊँचाई 154 सेमी. है। 160 सेमी. औसत ऊँचाई वाली कुछ छड़ियाँ निकाल ली जाती है। यदि नई औसत ऊँचाई 150 सेमी. है, तो कितनी छड़ियाँ बची हुई है?
(a) 12 (b) 16 (c) 24 (d) 28 ***SSC CHSL (Tier-1) 12.3.2018***

78. 39 छात्रों की एक कक्षा में 36 लड़कियाँ हैं। इन लड़कियों का औसत वजन 38 किलो है और पूर्ण कक्षा का औसत वजन 40 किग्रा. है। कक्षा के लड़कों का औसत वजन क्या है?
(a) 42 (b) 64 (c) 20 (d) 62 ***SSC CHSL (Tier-1) 22.1.2017***

79. एक लड़के ने ₹ 1000 में 50 चॉकलेट खरीदी। यदि 30 चॉकलेट का औसत मूल्य ₹ 25 है, तो शेष चॉकलेट का औसत मूल्य (₹ में) क्या है?
(a) 10 (b) 12.5 (c) 15 (d) 17.5 ***SSC CGL (Tier-1) 4.3.2018***

80. 50 विद्यार्थियों की एक कक्षा में 40% लड़कियाँ हैं। पूरी कक्षा का औसत अंक 64.4 है और लड़कों का औसत अंक 62 है। लड़कियों का औसत अंक क्या है?
(a) 68 (b) 67 (c) 66.4 (d) 66.8 ***SSC CGL (Tier-1) 13.6.2019***

81. 30 छात्रों के समूह की औसत आयु 25 वर्ष है। 22 वर्ष की औसत आयु वाले 14 छात्र समूह छोड़ देते हैं। नये समूह की औसत आयु वर्षों में (एक दसमलव स्थान तक) कितनी है?
(a) 24.4 (b) 24.5 (c) 23.8 (d) 27.6

82. 60 विद्यार्थियों की कक्षा में, 40% लड़कियाँ हैं। पूरी कक्षा का औसत वजन 59.2 किलोग्राम और लड़कियों का औसत वजन 55 किलोग्राम है। लड़कों का औसत वजन कितना होगा?
(a) 61 किग्रा. (b) 62 किग्रा. (c) 60 किग्रा. (d) 63 किग्रा. ***SSC CGL (Tier-1) 12.6.2019***

83. 36 छात्रों के समूह की औसत आयु 23 वर्ष है। 22 वर्ष की औसत आयु वाले 4 छात्र समूह छोड़ देते हैं। नये समूह की औसत आयु वर्षों में (एक दशमलव स्थान तक) कितनी है?
(a) 24.4 (b) 24.5 (c) 23.8 (d) 23.1 ***SSC MTS 5.8.2019***

84. एक कक्षा की परीक्षा में, पाँच छात्रों के प्राप्तांकों का औसत 39.20 है और उनमें से तीन के प्राप्तांकों का औसत 41 है। शेष दो छात्रों के प्राप्तांकों का औसत ज्ञात कीजिए।
(a) 37.5 (b) 36.5 (c) 39.5 (d) 38.5 ***RRB NTPC (Tier-1) 1.2.2021***

जब समूह से कुछ व्यक्तियों की संख्या ज्ञात करनी हो

85. किसी फर्म के पुरुष कर्मचारियों का औसत वेतन ₹ 5200 था और महिला कर्मचारियों का ₹ 4200 था। यदि सभी कर्मचारियों को मिलाकर औसत वेतन ₹ 5000 हो, तो महिला कर्मचारियों का प्रतिशत क्या है?
(a) 80% (b) 20% (c) 40% (d) 30% ***SSC CGL (Tier-1) 9.9.2016***

86. एक महाविद्यालय के 132 विद्यार्थियों के अंकों का औसत 40 है। यदि उत्तीर्ण हुए विद्यार्थियों के अंकों का औसत 42 है तथा अनुत्तीर्ण हुए विद्यार्थियों के अंकों का औसत 20 है, तो उत्तीर्ण हुए विद्यार्थियों के कुल अंकों तथा अनुत्तीर्ण हुए विद्यार्थियों के कुल अंकों का क्रमशः अनुपात क्या होगा?

(a) 21 : 1 (b) 23 : 2 (c) 19 : 11 (d) 9 : 2 ***SSC CHSL (Tier-1) 19.3.2018***

87. एक परीक्षा में 140 छात्रों के द्वारा प्राप्त औसत अंक 90 है। यदि उत्तीर्ण छात्रों के औसत अंक 120 हैं तथा अनुत्तीर्ण छात्रों की संख्या 90 है, तो परीक्षा में अनुत्तीर्ण हुए छात्रों के औसत अंक क्या हैं?

(a) 60 (b) 73.33 (c) 85.66 (d) 88 ***SSC CPO 5.7.2017***

88. दो कक्षाओं M तथा N के औसत अंक क्रमशः 25 तथा 40 हैं, और प्राप्त समग्र औसत 30 है। कक्षा M और N के छात्रों का अनुपात है–

(a) 2 : 1 (b) 5 : 6 (c) 1 : 2 (d) 5 : 3 ***SSC MTS 9.8.2019***

89. एक उद्योग में सभी कर्मचारियों का औसत मासिक वेतन ₹ 12,000 है। उनमें पुरुष कर्मचारियों का औसत वेतन ₹ 15,000 है और महिला कर्मचारियों का ₹ 8,000 है। तदनुसार, पुरुष एवं महिला कर्मचारियों का अनुपात कितना है?

(a) 4 : 3 (b) 2 : 5 (c) 5 : 2 (d) 3 : 4 ***(SSC, FCI, 7.4.2013)***

90. एक विद्यालय के 600 विद्यार्थियों में लड़कों की औसत आयु 12 वर्ष है और लड़कियों की 11 वर्ष। तदनुसार यदि उस विद्यालय में कुल औसत आयु 11 वर्ष 9 महीने हो, तो विद्यालय में लड़कियों की संख्या कितनी है?

(a) 450 (b) 150 (c) 250 (d) 350 ***(SSC, Tier-2, 16.9.2012)***

91. कक्षा IX के दो सेक्सनों A तथा B की वार्षिक परीक्षा में गणित के प्राप्तांकों का औसत 74 है। उसमें सेक्शन A के प्राप्तांकों का औसत 77.5 है तथा सेक्सन B के प्राप्तांकों का औसत 70 है। तदनुसार सेक्शन A तथा B में छात्रों की संख्या का अनुपात कितना है?

(a) 7 : 8 (b) 7 : 5 (c) 8 : 7 (d) 8 : 5 ***(SSC, Tier-1, 19.6.2011)***

92. एक स्कूल में 180 छात्रों का औसत भार 50 किग्रा. है। लड़कों का औसत भार 60 किग्रा. है और लड़कियों का 45 किग्रा. है। स्कूल में लड़कों और लड़कियों की संख्या ज्ञात कीजिए।

(a) 80, 100 (b) 65, 115 (c) 60, 120 (d) 70, 111 ***(SSC, 10+2, 21.10.2012)***

93. एक संस्था में सभी कामगारों का प्रति व्यक्ति औसत वेतन ₹ 60 है। 12 अधिकारियों का औसत वेतन ₹ 400 है; शेष का प्रति व्यक्ति औसत वेतन ₹ 56 है। संस्था में शेष कामगारों की कुल संख्या कितनी है?

(a) 1020 (b) 1032 (c) 1030 (d) 1035 ***(SSC, 26.10.2014)***

94. एक विद्यालय की परीक्षा में लड़कों का औसत अंक 71 और लड़कियों की 73 है। परीक्षा में सारे विद्यार्थियों का औसत अंक 71.8 है। परीक्षा देने वाले लड़कों और लड़कियों का अनुपात बताएँ?

(a) 3 : 2 (b) 2 : 3 (c) 3 : 4 (d) 4 : 3 ***(SSC, MTS, 16.2.2014)***

95. किसी कारखाने में सभी श्रमिकों का औसत वेतन ₹ 8,000 है। 7 तकनीशियनों का औसत वेतन ₹ 12,000 है और शेष का औसत वेतन ₹ 6,000 है, तो कारखाने में कुल कितने श्रमिक हैं?

(a) 20 (b) 21 (c) 22 (d) 23 ***(SSC, 9.11.2014)***

जब बीच की कोई संख्या ज्ञात करनी हो (A)

96. नौ संख्याओं का औसत 50 है। पहली पाँच संख्याओं का औसत 54 है और अंतिम तीन संख्याओं का 52 है। तो छठी संख्या है–

(a) 30 (b) 34 (c) 24 (d) 44 ***(SSC, Tier-1, 19.5.2013)***

97. 9 संख्याओं का औसत 30 है। प्रथम 5 संख्याओं का औसत 25 और अन्तिम 3 संख्याओं का औसत 35 हो, तो छठी संख्या क्या होगी?

(a) 20 (b) 30 (c) 40 (d) 50 ***S.S.C. स्नातक स्तरीय परीक्षा, 2000***

98. 25 संख्याओं का औसत 18 है। प्रथम 12 संख्याओं का औसत 14 तथा अन्तिम 12 संख्याओं का औसत 17 हो तो तेरहवीं संख्या होगी –

(a) 72 (b) 78 (c) 85 (d) 28 ***R.R.B. अजमेर (A.S.M.) परीक्षा, 2001***

99. एक निश्चित क्रम में व्यवस्थित 9 पूर्ण संख्याओं का औसत 32 है। यदि प्रथम चार पूर्ण संख्याओं का औसत 26 हो एवं अन्तिम चार पूर्ण संख्याओं का औसत 28 हो, तो पाँचवीं पूर्ण संख्या है –

(a) 76 (b) 72 (c) 68 (d) 58 ***R.R.B. कोलकाता (T.A./A.S.M.) परीक्षा, 2001***

100. 11 पूर्णांकों का औसत 30 है। यदि वे संख्याएं एक क्रम में आयोजित की जाएं तो प्रथम पाँच का औसत 25 तथा अन्तिम पाँच का औसत 28 है, तो छठवीं संख्या क्या है?

(a) 75 (b) 70 (c) 65 (d) 60 ***R.S.C. महेन्द्रघाट, परीक्षा, 2001***

101. किसी कक्षा के 15 विद्यार्थियों की औसत आयु 15 वर्ष है इनमें से 5 विद्यार्थियों की औसत आयु 14 वर्ष है तथा अन्य 9 विद्यार्थियों की औसत आयु 16 वर्ष है। 15वें विद्यार्थी की आयु है –

(a) 11 वर्ष (b) 15 वर्ष (c) $15\frac{2}{7}$ वर्ष (d) 14 वर्ष ***S.S.C. स्नातक स्तरीय परीक्षा, 2001***

जब बीच की कोई संख्या ज्ञात करनी हो (B)

102. एक कंपनी का लगातार 9 साल का औसत राजस्व ₹ 68 लाख है। यदि पहले 5 साल का औसत ₹ 63 लाख है और अंतिम 5 वर्षों का औसत ₹ 75 लाख है, तो 5वें वर्ष का राजस्व ज्ञात कीजिए।

(a) ₹ 80 लाख (b) ₹ 76 लाख (c) ₹ 78 लाख (d) ₹ 74 लाख ***SSC CHSL (Tier-1) 3-2-2017***

103. एक कंपनी का लगातार 9 साल का औसत राजस्व ₹ 80 लाख है। यदि पहले 5 साल का औसत ₹ 75 लाख है और अंतिम 5 वर्षों का औसत ₹ 87 लाख है, तो 5वें वर्ष का राजस्व ज्ञात कीजिए।

(a) ₹ 90 लाख (b) ₹ 92 लाख (c) ₹ 88 लाख (d) ₹ 86 लाख ***SSC CHSL (Tier-1) 7.2.2017***

104. एक कम्पनी का लगातार 9 साल का औसत राजस्व ₹ 65 लाख है। यदि पहले 5 साल का औसत ₹ 60 लाख है और अंतिम 5 वर्षों का औसत ₹ 72 लाख है, तो पांचवें वर्ष का राजस्व ज्ञात कीजिये।

(a) ₹ 77 लाख (b) ₹ 75 लाख (c) ₹ 73 लाख (d) ₹ 71 लाख ***SSC CHSL (Tier-1) 30.1.2017***

105. एक कंपनी का लगातार 11 साल का औसत राजस्व ₹ 77 लाख है। यदि पहले 6 साल का औसत ₹ 72 लाख है और अंतिम 6 वर्षों का औसत ₹ 84 लाख है, तो छठें वर्ष का राजस्व ज्ञात कीजिए।

(a) ₹ 91 लाख (b) ₹ 87 लाख (c) ₹ 85 लाख (d) ₹ 89 लाख ***SSC CHSL (Tier-1) 24.1.2017***

106. एक कंपनी का लगातार 13 साल का औसत राजस्व ₹ 82 लाख है। यदि पहले 7 साल का औसत ₹ 77 लाख है और अंतिम 7 वर्षों का औसत ₹ 89 लाख है, तो 7वें वर्ष का राजस्व ज्ञात कीजिए।

(a) ₹ 98 लाख (b) ₹ 94 लाख (c) ₹ 96 लाख (d) ₹ 92 लाख ***SSC CHSL (Tier-1) 7.1.2019***

107. चार संख्याओं में से पहली तीन का औसत 15 है और अंतिम तीन का औसत 16 है। यदि अन्तिम संख्या 19 है, तो पहली संख्या है–

(a) 18 (b) 19 (c) 15 (d) 16 ***(SSC, Tier-1, 19.5.2013)***

108. 19 प्रेक्षणों का औसत 24 है। तदनुसार, यदि प्रथम 10 प्रेक्षणों का औसत 17 हो और अंतिम 10 प्रेक्षणों का औसत 24 हो, तो 10वाँ प्रेक्षण कितना है?

(a) 65 (b) 37 (c) – 46 (d) 53 ***(SSC, Tier-1, 1.7.2012)***

109. 15 संख्याओं का औसत 7 है। यदि पहली 8 संख्याओं का औसत 6.5 है और अंतिम 8 संख्याओं का औसत 8.5 है, तो मध्य संख्या है–

(a) 13 (b) 15 (c) 10 (d) 23 ***(SSC, 10+2, 20.10.2013)***

110. 11 परिणामों का औसत 50 है। यदि उनमें पहले 6 परिणामों का औसत 49 हो और अंतिम 6 का 52 हो, तो छठा परिणाम कितना होगा?

(a) 48 (b) 50 (c) 52 (d) 56 ***(SSC, Tier-2, 29.9.2013)***

111. 11 संख्याओं का औसत 35 है। यदि प्रथम 6 संख्याओं का औसत 32 हो और अंतिम 6 का 37 हो, तो छठीं संख्या क्या है?

(a) 28 (b) 29 (c) 30 (d) 27 ***(SSC, 10+2, 28.10.2012)***

112. 11 परिणामों का औसत 60 अंक है। यदि पहले 6 परिणामों का औसत 59 अंक है और अंतिम 6 परिणामों का औसत 62 अंक है। तो छठे परिणाम के कितने अंक हैं?

(a) 65 अंक (b) 66 अंक (c) 60 अंक (d) 61 अंक ***(SSC, MTS, 16.2.2014)***

जब गलत संख्या/संख्याएँ संगणित हो जायं

113. 56 छात्रों के औसत अंक 60 हैं। इसमें 29 अंकों के बजाय 92 अंकों की एक गलत प्रविष्टि भी शामिल है, सही औसत.........है।
(a) 58.875 अंक (b) 61.125 अंक (c) 63.375 अंक (d) 56.625 अंक *SSC CHSL (Tier-1) 23.1.2017*

114. 20 संख्याओं का औसत 35 परिकलित किया गया है। बाद में यह देखा गया कि औसत का परिकलन करते समय एक संख्या 85 को गलती से 45 पढ़ा गया था। सही औसत क्या है?
(a) 36 (b) 36.5 (c) 37 (d) 37.5 *SSC CGL (Tier-1) 28.8.2016*

115. 10 संख्याओं का औसत 30 है। यदि गणना के समय एक संख्या 69 के बजाय गलती से 36 ले ली गयी थी, तो सही औसत क्या होगा?
(a) 33 (b) 33.3 (c) 36 (d) 39 *SSC CHSL (Tier-1) 15.3.2018*

116. 100 प्रेक्षणों का माध्य 40 परिकलित किया गया है। बाद में यह देखा गया कि एक प्रेक्षण 53 के बजाय गलती से 83 पढ़ा गया था। सही माध्य क्या है?
(a) 39 (b) 39.7 (c) 40.3 (d) 42.7 *SSC CGL (Tier-1) 28.8.2016*

117. 40 विद्यार्थियों के औसत अंक 68 रहे। यदि दो विद्यार्थियों के अंक 84 और 46 के स्थान पर गलती से क्रमशः 48 और 64 दर्ज हो गये हों, तो सही औसत क्या होगा?
(a) 68.15 (b) 68.45 (c) 68.25 (d) 68.35 SSC CGL (Tier-1) 10.6.2019

118. किसी कक्षा में 50 विद्यार्थियों के औसत अंक 64 रहा। यदि दो विद्यार्थियों के अंक 83 और 24 के स्थान पर गलती से क्रमशः 38 और 42 दर्ज हो गये हों, तो सही औसत क्या होगी?
(a) 61.86 (b) 61.24 (c) 62.32 (d) 64.54 *SSC CGL (Tier-1) 10.6.2019*

119. 20 अवलोकनों का माध्य 85 था, परन्तु बाद में यह पाया गया कि 97 को गलती से 79 पढ़ लिया गया था। सही माध्य है –
(a) 85.8 (b) 85.7 (c) 85.6 (d) 85.9 *SSC MTS 9.8.2019*

120. अंग्रेजी की परीक्षा में 40 छात्रों के औसत अंक 72 हैं। बाद में यह पता चला कि तीन अंक 64, 62 और 84 गलती से 68, 65 और 73 लिख लिये गये थे। गलतियाँ सुधारने के बाद औसत है –
(a) 70 (b) 72 (c) 71.9 (d) 72.1 *(SSC, Tier-1, 4.9.2011)*

121. 50 संख्याओं का औसत 30 आया है। बाद में पता चला कि दो संख्याएँ गलती से 28 तथा 31 की बजाय 82 तथा 13 लिख दी गयी थीं। तद्नुसार सही औसत कितना है?
(a) 36.12 (b) 30.66 (c) 29.28 (d) 38.21 *(SSC, Tier-1, 26.6.2011)*

122. एक परीक्षा के 100 छात्रों के औसत प्राप्तांकों की गणना में उसका सारणीयक, गलती से 86 की जगह 68 अंकित कर देता है और 58 का औसत प्राप्त कर लेता है। तद्नुसार उन छात्रों के वास्तविक प्राप्तांकों का औसत कितना है?
(a) 58.18 (b) 57.82 (c) 58.81 (d) 57.28 *(SSC, 10+2, 4.12.2011)*

123. 25 प्रेक्षणों का औसत 13 है। बाद में पता चला कि एक प्रेक्षण को 73 की बजाय 48 के रूप में शामिल कर लिया गया था। तदनुसार नया औसत कितना होगा?
(a) 12.6 (b) 14 (c) 15 (d) 13.8 *(SSC, Tier-1, 26.6.2011)*

124. 100 चीजों का औसत 46 है। बाद में यह पता चला कि उसमें 16 को गलती से 61 पढ़ लिया था और 43 को 34 पढ़ लिया था। यह भी पता चला कि चीजों की संख्या 100 नहीं, बल्कि मात्र 90 थी। तद्नुसार, सही औसत कितना था?
(a) 50 (b) 50.7 (c) 52 (d) 52.7 *(SSC, Tier-2, 16.9.2012)*

125. 36 विद्यार्थियों को औसतन 52 अंक प्राप्त हुए। किन्तु बाद में पता चला कि पद 64 को गलती से 46 पढ़ा गया। अंकों का सही माध्य क्या होगा?
(a) 54 (b) 53.5 (c) 53 (d) 52.5 *(SSC, 9.11.2014)*

विविध प्रश्न

126. 7 वर्ष पहले A, B और C की औसत आयु 51 वर्ष थी। यदि A, B से 3 वर्ष बड़ा है और B, C से 3 वर्ष बड़ा है, तो A, B और C की वर्तमान आयु (वर्षों में) कितनी है?
(a) 61, 58 और 55 (b) 54, 51 और 48 (c) 55, 58 और 61 (d) 48, 51 और 54 *SSC CGL (Tier-1) 3.9.2016*

127. 24 मई 2008 को दिल्ली, कोलकाता और मुम्बई का अधिकतम तापमान क्रमशः 35⁰C, 33⁰C और 34⁰C दर्ज किया गया। चेन्नई का अधिकतम तापमान क्या था यदि इन शहरों का औसत अधिकतम तापमान 35⁰C होता?

(a) 34⁰C (b) 35⁰C (c) 36⁰C (d) 38⁰C *SSC CGL (Tier-1) 3.9.2016*

128. 12 संख्याओं का औसत 9 है। यदि प्रत्येक संख्या को 2 से गुणा किया जाए और 3 जोड़ा जाए तो संख्याओं के नये सेट का औसत क्या होगा?

(a) 9 (b) 18 (c) 21 (d) 27 *SSC CGL (Tier-1) 1.9.2016*

129. एक विद्यालय के 5 विद्यार्थियों की औसत आयु 14 वर्ष है। विद्यार्थियों तथा उनके गणित तथा विज्ञान के अध्यापकों की औसत आयु 30 वर्ष है। यदि विज्ञान के अध्यापक की आयु, गणित के अध्यापक की आयु से 6 वर्ष अधिक है, तो गणित के अध्यापक की आयु (वर्षों में) क्या है?

(a) 67 (b) 68 (c) 56 (d) 74 *SSC CHSL (Tier-1) 20.3.2018*

130. 3 संख्याओं का औसत 77 है, उनमें से पहली संख्या अन्य 2 संख्याओं के योग का ¾ गुना है। वह पहली संख्या क्या है?

(a) 148 (b) 66 (c) 99 (d) 198 *SSC CHSL (Tier-1) 21.1.2017*

131. किसी कक्षा में सभी छात्रों की औसत लंबाई 'a' सेमी. है। इनमें से 10 छात्रों की औसत लंबाई 'b' सेमी. है। और शेष छात्रों की औसत लंबाई 'c' सेमी. है। कक्षा में छात्रों की संख्या ज्ञात कीजिए?

(a) [a(b – c)]/(a – c) (b) [(b – c)]/[(a – c)]

(c) (b – c)/[10(a – c)] (d) [10(b – c)]/(a – c) *SSC CGL (Tier-1) 1.9.2016*

132. ₹ 10,000 को 3 कारीगरों, 5 सहायकों और 6 श्रमिकों में इस प्रकार वितरित किया जाना है कि प्रत्येक सहायक को एक श्रमिक को प्राप्त होने वाली धनराशि से दोगुनी धनराशि प्राप्त हो, और प्रत्येक कारीगर को एक श्रमिक को प्राप्त होने वाली धनराशि से तीन गुनी धनराशि प्राप्त हो। तीनों कारीगरों द्वारा प्राप्त धनराशि कितनी है?

(a) ₹ 4,000 (b) ₹2,400 (c) ₹ 2,700 (d) ₹ 3,600 *SSC CHSL (Tier-1) 10.7.2019*

133. चार अलग-अलग संख्याएँ दी हुई हैं। उनमें से पहली तीन संख्याओं का औसत, चौथी संख्या का चार गुना है और सभी चार संख्याओं का औसत 52 है। पहली तीन संख्याओं का औसत क्या है?

(a) 64 (b) 65 (c) 70 (d) 39 *SSC CHSL (Tier-1) 3.7.2019*

134. किसी व्यक्ति को स्वयं के वजन के बारे में अनुमान लगाने के लिए कहा गया। उसने अनुमान लगाया कि उसका वजन 70 किग्रा. से अधिक लेकिन 80 किग्रा. से कम है। उसके दोस्त ने उसके वजन का अनुमान 74 किग्रा. से अधिक लेकिन 84 किग्रा. से कम लगाया। उसकी माता ने कहा कि उसका वजन 78 किग्रा. से कम है। यह मानते हुए कि वजन एक पूर्णांक संख्या है और तीनों ने सही अनुमान लगाया था, तो संभावित वजनों का औसत कितना है?

(a) 76.5 किग्रा. (b) 76 किग्रा. (c) 77 किग्रा. (d) 75 किग्रा. *SSC CHSL (Tier-1) 14.8.2019*

135. एक कक्षा में लड़के और लड़कियों की संख्या का अनुपात 2 : 3 है और कक्षा में सभी छात्रों के गणित में औसत प्राप्तांक 54 है। लड़कों का औसत प्राप्तांक लड़कियों के औसत प्राप्तांक से 50% अधिक है। लड़कियों का औसत प्राप्तांक कितना है?

(a) 50 (b) 42 (c) 45 (d) 40 *SSC CHSL (Tier-1) 19.8.2019*

136. चार अलग-अलग धन संख्याएँ आरोही क्रम में लिखा गई हैं। सभी चार संख्याओं के औसत का एक-तिहाई, इन संख्याओं में सबसे बड़ी संख्या से 19 कम है। यदि पहली तीन संख्याओं का औसत 12 है, तो दी गई संख्याओं में सबसे बड़ी संख्या है–

(a) 25 (b) 22 (c) 21 (d) 24 *SSC CGL (Tier-1) 7.6.2019*

137. एस कक्षा के A और B सेक्शनों के छात्रों की कुल संख्या 110 है। सेक्शन A में छात्रों की संख्या सेक्शन B की तुलना में 10 अधिक है। एक टेस्ट में A सेक्शन के छात्रों का औसत स्कोर की तुलना में B के छात्रों का औसत स्कोर 20% अधिक है। यदि कक्षा में सभी छात्रों का औसत स्कोर 72 है, तो A में छात्रों का औसत स्कोर क्या है?

(a) 63 (b) 66 (c) 68 (d) 70 *SSC CGL (Tier-1) 7.6.2019*

138. बारह संख्याओं का औसत 46है। पहली चार संख्याओं का औसत 43 है और अंतिम पाँच संख्याओं का औसत 49.4 है। पाँचवीं और छठी संख्याएँ 7वीं संख्या से क्रमशः 4 और 6 ज्यादा है। 5वीं और 7वीं संख्याओं का औसत कितना है?

(a) 43 (b) 43.5 (c) 44.5 (d) 44 *SSC CGL (Tier-1) 6.6.2019*

139. 45 विद्यार्थियों के औसत अंक 66 पाए गये। यदि दो विद्यार्थियों के अंक 82 और 46 के स्थान पर गलती से क्रमशः 28 और 64 दिये गये हों, तो सही औसत क्या होगा?
(a) 66.8 (b) 66.6 (c) 66.4 (d) 67.2 *SSC CGL (Tier-1) 11.6.2019*

140. एक कक्षा में, लड़कियों की संख्या लड़कों की संख्या से 60% अधिक है। लड़कियों की तुलना में लड़कों का औसत वजन 2.6 किलोग्राम अधिक है। यदि सभी लड़कों और लड़कियों का औसत वजन 50 किलोग्राम है, तो लड़कियों का औसत वजन (किलोग्राम में) में कितना होगा?
(a) 48.8 (b) 49.2 (c) 49 (d) 48 *SSC CHSL (Tier-1) 21.8.2019*

141. 15 संख्याओं का औसत 45 है। प्रथम छह संख्याओं का औसत 42 है और अंतिम छह संख्याओं का औसत 43 है। 7वीं संख्या, 8वीं संख्या की दोगुनी है, लेकिन 9वीं संख्या से 5 अधिक है। तो 7वीं और 9वीं संख्याओं का औसत कितना है?
(a) 65.5 (b) 64 (c) 55.5 (d) 65 *SSC CHSL (Tier-1) 21.8.2019*

142. 50 लोगों के लिए एक पार्टी का आयोजन उन्हीं के खर्च पर किया गया। उनमें से 48 लोगों ने, प्रत्येक ने, ₹950 का भुगतान किया, जबकि अन्य दो ने समूह के औसत व्यय से ₹1200 अधिक का भुगतान किया। खर्च किया गया कुल व्यय था–
(a) ₹75,000 (b) ₹40,000 (c) ₹25,000 (d) ₹50,000 *SSC CHSL (Tier-1) 14.8.2019*

143. ग्यारह संख्याओं का औसत 54 है। पहली चार संख्याओं का औसत 48 है और अगली चार संख्याओं का औसत पहले चार की तुलना में 25% अधिक है। 9वीं संख्या 11वीं संख्या से 8 अधिक है और दसवीं संख्या 11 की संख्या से 4 अधिक है। 9वीं और 10वीं संख्याओं का औसत क्या है?
(a) 54 (b) 52.6 (c) 56 (d) 54.4 *SSC CGL (Tier-1) 6.6.2019*

144. 40 विद्यार्थियों की कक्षा में 45% लड़कियाँ हैं और शेष लड़के हैं। यदि लड़कियों द्वारा प्राप्त अंकों का औसत 54 है और लड़कों के द्वारा प्राप्त अंकों का औसत 46 है, तो सभी विद्यार्थियों द्वारा प्राप्त अंकों का औसत क्या है?
(a) 49.7 (b) 49.6 (c) 49.8 (d) 49.5 *SSC CGL (Tier-1) 11.6.2019*

145. 39 संख्याओं का औसत शून्य है। उनमें से अधिकतम कितनी संख्याएँ, शून्य से अधिक हो सकती हैं?
(a) 39 (b) 20 (c) 38 (d) 0 *SSC CGL (Tier-1) 19.6.2019*

146. a तथा b का औसत 10 है, b तथा c का औसत 12 है और c तथा a का औसत 15 है। a, b और c का औसत कितना है?
(a) $\frac{37}{3}$ (b) $\frac{74}{3}$ (c) 74 (d) 37 *SSC CHSL (Tier-1) 19.8.2019*

147. तीन संख्याएँ इस प्रकार हैं कि यदि उनमें से किसी दो का औसत तीसरे नंबर में जोड़ा जाता है, तो प्राप्त संख्याएँ क्रमशः 168, 174 और 180 हैं। तीनों मूल संख्याओं का औसत क्या है?
(a) 84 (b) 86 (c) 89 (d) 87 *SSC CGL (Tier-1) 4.6.2019*

148. a, b तथा c का औसत 9 है। b तथा c का औसत 10 है। a का मान कितना है?
(a) 6 (b) 7 (c) 8 (d) 9 *SSC MTS 5.8.2019*

149. 15 छात्रों के एक समूह का गणित में औसत अंक 87 है। फिर अन्य 25 छात्र शामिल होते हैं और कुल औसत अंक 79.5 हो जाता है। दूसरे समूह के 24 छात्रों का औसत 74 है। दूसरे समूह के 25वें छात्र द्वारा प्राप्त अंक है–
(a) 82 (b) 99 (c) 76 (d) 89 *SSC MTS 5.8.2019*

150. बारह संख्याओं का औसत 42 है। अंतिम पाँच संख्याओं का औसत 40 है और पहली चार संख्याओं का औसत 44 है। छठीं संख्या, पाँचवीं संख्या से 6 कम है और 7वीं संख्या से 5 कम है। 5वीं और 7वीं संख्याओं का औसत क्या होगा?
(a) 44 (b) 44.5 (c) 43 (d) 43.5 *SSC CGL (Tier-1) 4.6.2019*

151. तेरह संख्याओं का औसत 80 है। पहली पाँच संख्याओं का औसत 74.5 है और अगली पाँच संख्याओं का औसत 82.5 है। 11वीं संख्या, 12वीं संख्या से 6 अधिक है और 12वीं संख्या, 13वीं संख्या से 6 कम है। 11वीं और 13वीं संख्याओं का औसत क्या है?
(a) 86 (b) 87 (c) 87.5 (d) 86.5 *SSC CGL (Tier-1) 6.6.2019*

152. सप्ताह के पहले तीन दिनों का औसत तापमान 23^0C है और अगले तीन दिनों का औसत तापमान 24^0C है और पूरे सप्ताह का औसत तापमान 23.5^0C है। सप्ताह के अंतिम दिन का तापमान है–
(a) 22.5^0C (b) 21.5^0C (c) 24.5^0C (d) 23.5^0C *SSC CHSL (Tier-1) 21.8.2019*

153. a तथा b का औसत 36 है, b तथा c का औसत 42 है। c तथा a के बीच कितना अन्तर है?
(a) 18 (b) 12 (c) 16 (d) 14 ***SSC MTS 6.8.2019***

154. 36 परिणामों का औसत 18 है। यदि प्रत्येक परिणाम से दो घटाया जाता है, तो परिणामों का नया औसत क्या होगा?
(a) 9 (b) 16 (c) 17 (d) 17.5 ***SSC CPO 5.7.2017***

155. एक कक्षा में कुछ विद्यार्थियों का औसत भार 68.5 किलोग्राम है। यदि 72.2 किलोग्राम, 70.8 किलोग्राम, 70.3 किलोग्राम, 66.7 किलोग्राम भार वाले चार नये विद्यार्थी कक्षा में दाखिला लेते हैं तो सभी विद्यार्थियों का औसत भार 300 ग्राम बढ़ जाता है। शुरू में, कक्षा में कितने विद्यार्थी थे?
(a) 11 (b) 21 (c) 26 (d) 16 ***SSC CGL (Tier-1) 4.6.2019***

156. कुछ संख्याओं का औसत 54.6 है। यदि 75% संख्याओं में से प्रत्येक में 5.6 की वृद्धि कर दी जाए, और शेष में से प्रत्येक में 8.4 की कमी कर दी जाए, तो इस तरह प्राप्त संख्याओं का औसत क्या होगा?
(a) 55.8 (b) 55.6 (c) 56.3 (d) 56.7 ***SSC CGL (Tier-1) 5.3.2020***

157. बारह संख्याओं का औसत 45.5 है। पहली चार संख्याओं का औसत 41.5 है और अगली पाँच संख्याओं का औसत 48 है। 10वीं संख्या, 11वीं संख्या से 4 अधिक और 12वीं संख्या से 9 अधिक है। 10वीं और 12वीं संख्याओं का औसत क्या है?
(a) 47.8 (b) 46.5 (c) 47 (d) 46 ***SSC CGL (Tier-1) 4.3.2020***

158. 30 लड़कों के प्राप्तांकों का औसत 88 है, और जब शीर्ष दो प्राप्तांकों को निकाल दिया गया, तो औसत प्राप्तांक घटकर 87.5 हो गया। यदि शीर्ष दो प्राप्तांकों में 2 का अंतर है, तो उच्चतम प्राप्तांक .... है।
(a) 90 (b) 94 (c) 96 (d) 92 ***SSC CGL (Tier-1) 6.3.2020***

159. जब दी गयी संख्याओं *n* में से प्रत्येक से 2 हटाया जाता है, तो प्राप्त संख्याओं का योग 102 हो जाता है। जब उनमें से प्रत्येक से 5 घटाया जाता है, तो प्राप्त संख्याओं का योग 12 हो जाता है। दी गयी *n* संख्याओं का औसत क्या है?
(a) 5.8 (b) 5.4 (c) 6.6 (d) 6.2 ***SSC CGL (Tier-1) 9.3.2020***

160. 24 संख्याओं का औसत 56 है। पहली 10 संख्याओं का औसत 71.7 है और अगली 11 संख्याओं का औसत 42 है। अगली तीन संख्याएँ (अर्थात् 22वीं, 23वीं और 24वीं) $\frac{1}{2}:\frac{1}{3}:\frac{5}{12}$ के अनुपात में हैं। 22वीं और 24वीं संख्याओं का औसत क्या है?
(a) 58 (b) 49.5 (c) 55 (d) 60.5 ***SSC CGL (Tier-1) 5.3.2020***

161. पाँच क्रमागत सम संख्याओं का औसत M है। यदि अगली पाँच सम संख्याएँ भी शामिल कर ली जाती हैं, तो दस संख्याओं का औसत क्या होगा?
(a) M + 5 (b) M + 10 (c) 10 (d) 11 ***SSC CGL (Tier-1) 9.3.2020***

162. A, B और C का औसत 18 है तथा C, D और E का औसत 12 तथा E और F का औसत 6.5 तथा E और C का औसत 3.5 है। A, B, C, D, E और F का औसत क्या है?
(a) 18 (b) 22 (c) 24 (d) 16 ***SSC CHSL (Tier-1) 21.10.2020***

163. 3 व्यक्तियों A, B और C वाले समूह का औसत वजन 70 किग्रा. है। जब इस समूह में D शामिल होता है, तो औसत 60 किग्रा. हो जाता है। एक व्यक्ति E जिसका वजन D के वजन से 5 किग्रा. अधिक है A का स्थान ले लेता है और अब B, C, D और E का औसत वजन 59 किग्रा. हो जाता है। A, D और E का औसत वजन (किग्रा. में) ज्ञात करें। (निकटतम पूर्णांक तक शुद्ध)।
(a) 39 (b) 35 (c) 30 (d) 40 ***SSC CAPAF : 24.11.2020***

164. A, B और C का औसत वजन 65 किग्रा. है और A और B का औसत वजन 63.5 किग्रा. है और A और C का औसत वजन 67.5 किग्रा. है तो A का वजन (किग्रा. में) ज्ञात करें।
(a) 65 (b) 67 (c) 60 (d) 68 ***SSC CAPF : 23.11.2020***

165. 12 संख्याओं का औसत 39 है। अन्तिम पांच संख्याओं का औसत 35 है और पहली चार संख्याओं का औसत 40 है। पांचवीं संख्या छठी संख्या से 6 कम और सातवीं संख्या से 5 अधिक है। पांचवीं और छठीं संख्या का औसत ज्ञात करें।
(a) 39 (b) 50 (c) 44 (d) 47 ***SSC CAPF : 23.11.2020***

उत्तरमाला

1. (c)	2. (c)	3. (d)	4. (d)	5. (b)	6. (b)	7. (a)	8. (a)	9. (a)
10. (d)	11. (c)	12. (b)	13. (b)	14. (c)	15. (c)	16. (b)	17. (a)	18. (a)
19. (d)	20. (b)	21. (a)	22. (b)	23. (c)	24. (c)	25. (d)	26. (d)	27. (b)
28. (b)	29. (c)	30. (b)	31. (d)	32. (b)	33. (a)	34. (c)	35. (c)	36. (b)
37. (b)	38. (d)	39. (d)	40. (d)	41. (b)	42. (c)	43. (d)	44. (b)	45. (d)
46. (b)	47. (b)	48. (c)	49. (a)	50. (b)	51. (d)	52. (c)	53. (a)	54. (c)
55. (c)	56. (b)	57. (a)	58. (b)	59. (d)	60. (d)	61. (b)	62. (b)	63. (c)
64. (a)	65. (d)	66. (a)	67. (d)	68. (d)	69. (c)	70. (a)	71. (b)	72. (d)
73. (d)	74. (d)	75. (a)	76. (a)	77. (c)	78. (b)	79. (b)	80. (a)	81. (d)
82. (b)	83. (d)	84. (b)	85. (b)	86. (a)	87. (b)	88. (a)	89. (a)	90. (b)
91. (c)	92. (c)	93. (b)	94. (a)	95. (b)	96. (c)	97. (c)	98. (b)	99. (b)
100. (c)	101. (a)	102. (c)	103. (a)	104. (b)	105. (d)	106. (c)	107. (d)	108. (c)
109. (b)	110. (d)	111. (b)	112. (b)	113. (a)	114. (c)	115. (b)	116. (b)	117. (b)
118. (d)	119. (d)	120. (d)	121. (c)	122. (a)	123. (b)	124. (b)	125. (d)	126. (a)
127. (d)	128. (c)	129. (a)	130. (c)	131. (d)	132. (d)	133. (a)	134. (c)	135. (c)
136. (d)	137. (b)	138. (a)	139. (a)	140. (c)	141. (a)	142. (d)	143. (c)	144. (b)
145. (b)	146. (a)	147. (d)	148. (b)	149. (b)	150. (b)	151. (b)	152. (d)	153. (b)
154. (b)	155. (d)	156. (d)	157. (b)	158. (c)	159. (b)	160. (d)	161. (a)	162. (d)
163. (b)	164. (b)	164. (d)						

अभ्यास प्रश्नों के हल

1. 11 खिलाड़ियों के रनों का योग = औसत × संख्या = 23 ×11= 253

पहले खिलाड़ी को छोड़कर शेष 10 खिलाड़ियों के रनों का योग = 253 − 113 = 140

∴ शेष 10 खिलाड़ियों का रन औसत = $\frac{140}{10} = 14$

2. सभी लड़कों और लड़कियों की औसत आयु = $\frac{ax+by}{x+y}$

3. $7 + 5 + 13 + x + 9 = 10 \times 5 \Rightarrow 34 + x = 50 \Rightarrow x = 50 - 34 = 16$

4. a, b, c का औसत = 20 ⇒ a + b + c = 20 × 3 ⇒ a + b + c = 60 ....(i)

इसी प्रकार b + c + d = 25 × 3 = 75 ⇒ b + c + 30 = 75 ⇒ b + c = 75 − 30 = 45

∴ b + c = 45 समीकरण (i) में रखने पर, a + 45 = 60 ⇒ a = 60 − 45 = 15

5. सभी एक अंक, दो अंकों तथा तीन अंकों वाली प्राकृतिक संख्याओं का औसत = 1 से 999 तक की

प्राकृतिक संख्याओं का औसत = $\frac{(\text{प्रथम संख्या + अन्तिम संख्या})}{2} = \frac{1+999}{2} = \frac{1000}{2} = 500$

6. 19 सदस्यों का कुल वेतन = औसत वेतन × 19 = 16000 × 19 = ₹ 304000

20 सदस्यों का कुल वेतन = 304000 + 20000 = ₹ 324000

∴ ग्रुप का औसत मासिक वेतन = $\frac{324000}{20}$ = ₹ 16200

7. अन्तिम 3 विद्यार्थियों की आयु का योग = 20 × 3 = 60 वर्ष और प्रथम 3 विद्यार्थियों की आयु का योग = 21 × 3 = 63 वर्ष

चूंकि प्रथम विद्यार्थी की आयु = 26 वर्ष, अतः दूसरे और तीसरे विद्यार्थी की आयु का योग = 63 − 26 = 37 वर्ष

∴ अन्तिम विद्यार्थी की आयु = 60 − 37 = 23 वर्ष

8. 20 से 50 के बीच अभाज्य संख्याएँ = 23, 29, 31, 37, 41, 43, 47

∴ औसत = $\frac{23+29+31+37+41+43+47}{7} = \frac{251}{7} = 35.857$

9. 3 संख्याओं का योग = 112 × 3 = 336, दो संख्याओं का योग × $\frac{3}{13}$ = पहली संख्या

∴ $\frac{\text{दो संख्याओं का योग}}{\text{पहली संख्या}} = \frac{13}{3}$ ⇒ पहली संख्या : दो संख्याओं का योग = 3 : 13

∴ अनुपाती योग = 3 + 13 =16, अतः पहली संख्या = $336 \times \frac{3}{16} = 63$

10. (द्वितीय + तृतीय + चतुर्थ) थैलों का भार = 18 × 3 = 54 किग्रा.⇒ द्वितीय + तृतीय थैलों का भार = 54 – 22 = 32 किग्रा.
प्रथम + द्वितीय + तृतीय थैलों का भार = 19 × 3 = 57 किग्रा. ⇒ प्रथम थैले का भार = 57 – 32 = 25 किग्रा.

11. शिवशंकर + गोपेश + रीना = 97 × 3 = 291 किग्रा. और शिवशंकर + गोपेश = 93 × 2 = 186 किग्रा.

∴ रीना = 291 – 186 = 105 किग्रा.

चूंकि गोपेश + रीना = 82 × 2 = 164 किग्रा., अतः गोपेश = 164 – 105 = 59 किग्रा.

12. A + B + C = 148 × 3 = 444 सेमी. और A + B = 136 × 2 = 272 सेमी., अतः C = 444 – 272 = 172 सेमी.
B + C = 125 × 2 = 250 सेमी, अतः B = 250 – 172 = 78 सेमी.

13. 7 दिनों में चढ़ाये गये कुल फूल = 75 × 7 = 525 और 6 दिनों में चढ़ाये गये कुल फूल = 72 × 6 = 432

∴ मंगलवार के दिन चढ़ाये गये कुल फूल = 525 – 432 = 93

14. 10 संख्याओं का योग = X · 10 = 10 X
38 को 19 से बदलने पर योग = 10 X – 38 + 19 = 10 X – 19

∴ नया औसत = $\frac{10X-19}{10} = \frac{10X}{10} - \frac{19}{10} = X - \frac{19}{10}$

15. $31x + 31y = 403 \Rightarrow 31(x+y) = 403 \Rightarrow x + y = \frac{403}{31} = 13$, अतः x और y का औसत = $\frac{x+y}{2} = \frac{13}{2} = 6.5$

16. 5 संख्याओं का योग = 76 × 5 = 380
पहली संख्या = अन्य चार संख्याओं का योग × $\frac{3}{7}$ ⇒ $\frac{\text{पहली संख्या}}{\text{चार संख्याओं का योग}} = \frac{3}{7}$ = 3 : 7
अतः अनुपाती योग = 3 + 7 = 10, अतः पहली संख्या = $380 \times \frac{3}{10} = 114$

17. 19 के पूर्व सभी अभाज्य संख्याएँ = 2, 3, 5, 7, 11, 13, 17 ⇒ औसत = $\frac{2+3+5+7+11+13+17}{7} = \frac{58}{7} = 8.28$

18. 1 से 50 के बीच अभाज्य संख्याओं का औसत
$= \frac{2+3+5+7+11+13+17+19+23+29+31+37+41+43+47}{15} = \frac{328}{15} = 21.867$

19. 7 के पहले 30 गुणज = 7, 14, 21, 28, ...210

∴ 7 के पहले 30 गुणजों का औसत = $\frac{\text{पहला गुणज + अन्तिम गुणज}}{2} = \frac{7+210}{2} = \frac{217}{2} = 108.5$

20. 46, x, 30, 36, 59, 82, 68 तथा 94 का औसत = 56.5 ⇒ $\frac{46+x+30+36+59+82+68+94}{8} = 56.5$

∴ $x + 415 = 56.5 \times 8 \Rightarrow x + 415 = 452 \Rightarrow x = 452 - 415 = 37$

21. मशीनों का औसत मूल्य = $\frac{95000 \times 2 + 60000 \times 3 + 50000 \times 5}{10} = \frac{190000 + 180000 + 250000}{10}$
$= \frac{620000}{10} = 62000$

22. माना पहला समपूर्णांक x तथा 19वाँ समपूर्णांक $x + 36$ है।

∵ सम पूर्णांकों का औसत = $\frac{\text{पहला समपूर्णांक + अन्तिम समपूर्णांक}}{2} \Rightarrow 50 = \frac{x+x+36}{2} \Rightarrow 2x + 36 = 100$

∴ $2x = 64 \Rightarrow x = 32$, अतः सर्वोच्च संख्या = $x + 36 = 32 + 36 = 68$

23. पांचों खिलाड़ियों के रनों का योग = 49 × 5 = 245 अतः 75 + 30 + 62 + 21 + 5वें खिलाड़ी के रन = 245

∴ 188 + 5 वें खिलाड़ी के रन = 245 ⇒ 5 वें खिलाड़ी के रन = 245 – 188 = 57

24. 13 विद्यार्थियों और अध्यापकों के वजन का योग = 24.5 × 14 = 343 किग्रा.

13 विद्यार्थियों के वजन का योग = 343 – 31 = 312 किग्रा. ⇒ 13 विद्यार्थियों का औसत वजन = $\frac{312}{13}$ = 24 किग्रा.

25. 4 संख्याओं का योग = 9 × 4 = 36, अतः 5 संख्याओं का योग = 14 + 36 = 50, अतः नया औसत = $\frac{50}{5} = 10$

26. 49, 62, 37, 55 तथा X का औसत = 53

∴ 49 + 62 + 37 + 55 + X = 53 × 5 = 265 ⇒ 203 + X = 265 ⇒ X = 265 – 203 = 62

27. A, B और C की आयु का योग = औसत × संख्या = 20 × 3 = 60 वर्ष

B और C की आयु का योग = औसत × संख्या = 25 × 2 = 50 वर्ष, अतः A की आयु = 60 – 50 = 10 वर्ष

28. माना छठीं संख्या x है। अतः 5 संख्याओं का योग = $7x$

5 संख्याओं का योग = औसत × 6 ⇒ $7x + x = 136 \times 6 \Rightarrow 8x = 816 \Rightarrow x = \frac{816}{8} = 102$

29. माना 5वीं संख्या x है। अतः 4 संख्याओं का औसत = $3x$ ⇒ 4 संख्याओं का योग = $3x \times 4 = 12x$

∴ 5 संख्याओं का योग ⇒ $12x + x = 85.8 \times 5 \Rightarrow 13x = 429.0 \Rightarrow x = \frac{429}{13} = 33$, अतः 5वीं संख्या = x = 33

30. 4 संख्याओं का योग = औसत × 4 = 30 × 4 = 120

पहली संख्या = शेष 3 संख्याओं का योग × $\frac{1}{3}$ ⇒ शेष 3 संख्याओं का योग = 3 × पहली संख्या

∵ पहली संख्या + शेष 3 संख्याओं का योग = 120 ⇒ पहली संख्या + 3 × पहली संख्या = 120

∴ 4 × पहली संख्या = 120 ⇒ पहली संख्या = $\frac{120}{4} = 30$

31. माना 3 क्रमागत सम संख्याओं का औसत x है। अतः 4 क्रमागत विषम संख्याओं का औसत = $(x - 8)$

∵ 3 क्रमागत सम संख्याओं का योग = 4 क्रमागत विषम संख्याओं का योग

∴ $x \times 3 = (x - 8) \times 4 = 4x - 32 \Rightarrow 4x - 3x = 32 \Rightarrow x = 32$

∴ 4 विषम संख्याओं का औसत = $x - 8 = 32 - 8 = 24$

32. शिक्षक की आयु = नया औसत + वृद्धि × पूर्व संख्या = 15 + 1 × 36 =15 + 36 = 51 वर्ष

33. 10 पार्सलों के वजन का योग = 1.7 × 10 = 17 किग्रा.

11 पार्सलों का औसत वजन = 1.7 किग्रा. – 60 ग्राम. = 1.7 किग्रा. – 0.06 किग्रा. = 1.64 किग्रा.

∴ 11 पार्सलों के वजन का योग = 1.64 × 11 = 18.04 किग्रा.

∴ नये पार्सल का वजन = 18.04 – 17 = 1.04 किग्रा.

34. अन्तिम पारी के बाद औसत स्कोर = अंतिम पारी का रन – औसत में वृद्धि × पूर्व संख्या

∴ 12वीं पारी के बाद औसत स्कोर = 120 – 5 × 11 = 120 – 55 = 65

35. माना नये व्यक्तियों की आयु क्रमशः x वर्ष तथा $x + 7$ वर्ष है। और 15 व्यक्तियों की आयु का योग = 32×15 = 480 वर्ष

17 व्यक्तियों की औसत आयु = 32 + 3 = 35 वर्ष, अतः 17 व्यक्तियों की आयु का योग = 35 × 17 = 595 वर्ष

∴ $480 + x + x + 7 = 595 \Rightarrow 2x = 595 - 487 = 108 \Rightarrow x = 54$ वर्ष

∴ छोटे व्यक्ति की आयु = x = 54 वर्ष

36. माना नये व्यक्तियों की आयु क्रमशः x वर्ष तथा $x + 9$ वर्ष है और 15 व्यक्तियों की आयु का योग = 32 × 15 = 480 वर्ष

17 व्यक्तियों की औसत आयु = 32 + 3 = 35 वर्ष, अतः 17 व्यक्तियों की आयु का योग = 35 × 17 = 595 वर्ष

∴ $480 + x + x + 9 = 595 \Rightarrow 2x = 595 - 489 = 106 \Rightarrow x = 53$ वर्ष

∴ छोटे व्यक्ति की आयु = x = 53 वर्ष

37. 14 बच्चों के वजन का योग = $22\times14 = 308$ किग्रा., अध्यापक और 14 बच्चों के वजन का योग = $23 \times 15 = 345$ किग्रा.

∴ अध्यापक का वजन = $345 - 308 = 37$ किग्रा.

38. 5 लड़कों की ऊँचाई का योग = $175 \times 5 = 875$ और 6 लड़कों की ऊँचाई का योग = $176 \times 6 = 1056$

∴ छठें लड़के की ऊँचाई = $1056 - 875 = 181$ सेमी.

39. 30 बालकों की आयु का योग = $12 \times 30 = 360$ वर्ष

32 बालकों की औसत आयु = $12 + \frac{1}{4} = 12.25$ वर्ष ⇒ 32 बालकों की आयु का योग = $12.25 \times 32 = 392$ वर्ष

∴ 2 नये बालकों की आयु का योग = $392 - 360 = 32$ वर्ष ⇒ 2 नये बालकों की औसत आयु = $\frac{32}{2} = 16$ वर्ष

40. 5 वर्ष पहले 4 लड़कों की आयु का योग = $9 \times 4 = 36$ वर्ष

∴ 4 लड़कों की वर्तमान आयु का योग = $36 + 4 \times 5 = 36 + 20 = 56$ वर्ष

5 लड़कों की वर्तमान आयु का योग = $15 \times 5 = 75$ वर्ष, अतः नये लड़कों की वर्तमान आयु = $75 - 56 = 19$ वर्ष

41. अन्तिम पारी (नई पारी) की रन संख्या = नया औसत – कमी × पूर्व संख्या

∴ 78 = नया औसत – 2 × 18 ⇒ नया औसत = 78+ 36 = 114, अतः 19वीं पारी के बाद औसत रन = 114

42. नई पारी (अन्तिम पारी) में रन = नया रन औसत + वृद्धि × पूर्व संख्या

∴ 58 = नया रन औसत + 3 × 14 ⇒ नया रन औसत = $58 - 42 = 16$, अतः 15वीं पारी के बाद औसत = 16

43. अध्यापक (नये व्यक्ति) का भार = नया औसत + वृद्धि × पूर्व संख्या

$= 42.400 + 0.400 \times 34 = 42.4 + 13.6 = 56$ किग्रा.

44. 11वीं पारी (नई पारी) में रन = नया रन औसत + वृद्धि × पूर्व संख्या = $62 + 2 \times 10 = 62 + 20 = 82$

45. 4 खिलाड़ियों का औसत उम्र = 18.5 वर्ष ⇒ कोच सहित औसत उम्र = $\frac{18.5\times120}{100} = 22.2$ वर्ष

∴ 4 खिलाड़ियों की उम्र का योग = $18.5 \times 4 = 74.0$ वर्ष

और कोच सहित 4 खिलाड़ियों की उम्र का योग = $22.2 \times 5 = 111.0$ वर्ष

∴ कोच की उम्र = $111 - 74 = 37$ वर्ष

46. निकाली गयी संख्या = पूर्व औसत + कमी × नई संख्या = $27 + 2 \times 4 = 27 + 8 = 35$

47. 50 संख्याओं का योग = औसत × संख्या = $38 \times 50 = 1900$

शेष 48 संख्याओं का योग = $1900 - (45 + 55) = 1900 - 100 = 1800$

∴ शेष 48 संख्याओं का औसत = $\frac{1800}{48} = 37.5$

48. हटाई गयी संख्या = पूर्व औसत + कमी × नई संख्या = $140 + 10 \times 4 = 140 + 40 = 180$

49. शिक्षिका की आयु = पूर्व औसत + कमी × नई संख्या = $15 + 1 \times 14 = 15 + 14 = 29$ वर्ष

50. शिक्षक की आयु = पूर्व औसत + कमी × नई संख्या = $15 + 1 \times 24 = 15 + 24 = 39$ वर्ष

51. हटायी गयी संख्या = पूर्व औसत + कमी × नई संख्या = $20 + 5 \times 5 = 20 + 25 = 45$ वर्ष

52. पूर्व के 8 अध्यापकों की आयु का योग = औसत × संख्या = $40 \times 8 = 320$ वर्ष

बाद में 8 अध्यापकों की आयु का योग = $320 - 55 + 39 = 304$ वर्ष

∴ वर्तमान औसत आयु = $\frac{\text{आयु का योग}}{\text{कुल संख्या}} = \frac{304}{8} = 38$ वर्ष

53. माना पहले के 25 सदस्यों की औसत आयु x वर्ष है। ⇒ पहले के 25 सदस्यों की आयु का योग = $25x$

64 वर्ष तथा 40 वर्ष के सदस्यों को हटाने पर योग = $25x - 64 - 40 = 25x - 104$ वर्ष

2 नये सदस्यों को शामिल करने पर नया औसत = $(x - 2)$ वर्ष

25 नये सदस्यों की आयु का योग = $(x - 2) \times 25 = 25x - 50$ वर्ष

$\therefore$ 2 नये सदस्यों की आयु का योग $= 25x - 50 - (25x - 104) = 25x - 50 - 25x + 104 = 54$ वर्ष

$\therefore$ 2 नये सदस्यों की औसत आयु $= \frac{54}{2} = 27$ वर्ष

54. 2 व्यक्तियों की आयु = गये व्यक्तियों की आयु + वृद्धि × संख्या $= 45 + 55 + 2 \times 15 = 100 + 30 = 130$

$\therefore$ 2 नये सदस्यों की औसत आयु $= \frac{130}{2} = 65$ वर्ष

55. 11वें टेस्ट में रन संख्या = वर्तमान औसत + वृद्धि × पूर्व संख्या
100 = वर्तमान औसत + 5×10, अतः वर्तमान औसत $= 100 - 50 = 50$

56. नये अध्यापक की आयु = सेवा निवृत्त अध्यापक की आयु − कमी × संख्या
25 = सेवा निवृत्त अध्यापक की आयु − 3×10, अतः सेवा निवृत्त अध्यापक की आयु $= 25 + 30 = 55$ वर्ष

57. पुराने सदस्य और नये सदस्य की आयु का अन्तर $= 5 \times 3 = 15$ वर्ष

58. नये आदमी का भार = गये व्यक्ति का भार + वृद्धि × संख्या $= 56 + 2.5 \times 8 = 56 + 20.0 = 76$ किग्रा.

59. नये नाविक का भार= गये नाविक का भार + वृद्धि × संख्या $= 60 + \frac{3}{2} \times 8 = 60 + 12 = 72$ किग्रा.

60. शिक्षकों की आयु के योग में कमी $= 60 - 30 = 30$ वर्ष, अतः माध्य आयु में कमी $= \frac{30}{30} = 1$ वर्ष

61. तीनों डिविजन के छात्रों के अंकों का औसत $= \frac{66 \times 60 + 62 \times 45 + 60 \times 75}{(60 + 45 + 75)} = \frac{3960 + 2790 + 4500}{180} = \frac{11250}{180} = 62.5$

62. शेष लड़कों की संख्या $= 50 - 30 = 20$

$\therefore$ पूरी कक्षा की औसत लम्बाई $= \frac{160 \times 30 + 165 \times 20}{(30 + 20)} = \frac{4800 + 3300}{50} = \frac{8100}{50} = 162$ सेमी.

63. तीनों डिवीजन के छात्रों का औसत अंक $= \frac{55 \times 55 + 51 \times 45 + 49 \times 40}{(55 + 45 + 40)} = \frac{3025 + 2295 + 1960}{140} = \frac{7280}{140} = 52$

64. तीनों डिवीजन के छात्रों का औसत अंक $= \frac{(67 \times 30) + (63 \times 55) + (61 \times 40)}{30 + 55 + 40} = \frac{2010 + 3465 + 2440}{125} = \frac{7915}{125} = 63.32$

65. तीनों डिवीजनों के छात्रों का औसत अंक $= \frac{61 \times 50 + 57 \times 25 + 55 \times 50}{50 + 25 + 50} = \frac{3050 + 1425 + 2750}{125} = \frac{7225}{125} = 57.8$

66. सभी लड़के तथा लड़कियों की औसत आयु $= \frac{14 \times 6 + 12 \times 11}{6 + 11} = \frac{84 + 132}{17} = \frac{216}{17} = 12.7$

67. 15 व्यक्तियों की आयु का योग $= 32 \times 15 = 480$ वर्ष
माना नये व्यक्तियों में छोटे व्यक्ति की आयु x वर्ष तथा बड़े व्यक्ति की आयु $x + 9$ वर्ष है।

$\therefore$ 17 व्यक्तियों की आयु का औसत $= 32 + 3 = 35$ वर्ष

$\therefore$ 15 व्यक्तियों की आयु का योग + 2 व्यक्तियों की आयु का योग $= 35 \times 17$

$\therefore$ $480 + x + x + 9 = 595 \Rightarrow 2x = 595 - 489$

$\therefore$ $2x = 106 \Rightarrow x = 53$, अतः बड़े व्यक्ति की आयु $= x + 9 = 62$ वर्ष

68. लड़कियों की संख्या $= 40 \times \frac{60}{100} = 24$, अतः लड़कों की संख्या $= 40 - 24 = 16$

$\therefore$ लड़कियों के अंकों का योग $= 72 \times 24 = 1728$ और लड़कों के अंकों का योग $= 54 \times 16 = 864$

$\therefore$ पूरी कक्षा का औसत $= \frac{1728 + 864}{40} = \frac{2592}{40} = 64.8$

69. लड़कों की संख्या $= \frac{50 \times 60}{100} = 30$, अतः लड़कियों की संख्या $= 50 - 30 = 20$

$\therefore$ पूरी कक्षा का औसत अंक $= \frac{62 \times 30 + 68 \times 20}{50} = \frac{1860 + 1360}{50} = \frac{3220}{50} = 64.4$

70. लड़कों की संख्या $= 60 \times \frac{40}{100} = 24$, अतः लड़कियों की संख्या $= 60 - 24 = 36$

पूरी कक्षा का औसत वजन $= \frac{62 \times 24 + 55 \times 36}{60} = \frac{1488 + 1980}{60} = \frac{3468}{60} = 57.8$ किग्रा.

71. 20 सिक्कों के लिए प्रति सिक्का औसत भार $= \frac{20 \times 8 + 35 \times 12}{20} = \frac{160 + 420}{20} = \frac{580}{20} = 29$ ग्राम

72. 50 विद्यार्थियों में लड़कियों की संख्या $= 50 \times \frac{46}{100} = 23$, अतः लड़के $= 50 - 23 = 27$

लड़कों के अंकों का योग $= 58 \times 27 = 1566$ और लड़कियों के अंकों का योग $= 62 \times 23 = 1426$

$\therefore$ पूरी कक्षा का औसत अंक $= \frac{1566 + 1426}{50} = \frac{2992}{50} = 59.84$

73. माना प्रारम्भ में n छात्रों के वजन का औसत 58.4 किग्रा था। अतः n छात्रों के वजन का योग = 58.4n किग्रा.

5 नये छात्रों के वजन का योग $= 62.8 \times 5 = 314.0 = 314$ किग्रा.

$\therefore$ (n + 5) छात्रों का औसत वजन $= 58.4 + 0.55 = 58.95$ किग्रा.

$\therefore$ अतः (n + 5) छात्रों के वजन का योग $= 5.95 \times (n + 5)$

$58.4n + 314 = 58.95n + 294.75 \Rightarrow 58.95n - 58.4n = 314 - 294.75$

$\therefore$ $0.55n = 19.25 \quad \Rightarrow n = \frac{19.25}{0.55} = \frac{1925}{55} = 35$

74. पूरी कक्षा का औसत वजन $= 64 \times 65 = 4160$ किग्रा.

39 लड़कियों का औसत वजन $= 60 \times 39 = 2340$ किग्रा.

शेष 65 – 39 अर्थात् 26 लड़कों के वजन का योग $= 4160 - 2340 = 1820$ किग्रा.

$\therefore$ शेष 26 लड़कों का औसत वजन $= \frac{1820}{26} = 70$ किग्रा.

75. शेष 9 संख्याओं का औसत $= \frac{\text{14 संख्याओं का योग} - \text{अन्तिम 5 संख्याओं का योग}}{9}$

$= \frac{32 \times 14 - 26 \times 5}{9} = \frac{448 - 130}{9} = \frac{318}{9} = 35.33$

76. 12 संख्याओं का योग $= 35 \times 12 = 420$

20, 27, 15, 29 को हटाने पर शेष 8 संख्याओं का योग $= 420 - (20 + 27 + 15 + 29)$

$= 420 - 91 = 329$

$\therefore$ शेष 8 संख्याओं का औसत $= \frac{329}{8} = 41.125$

77.

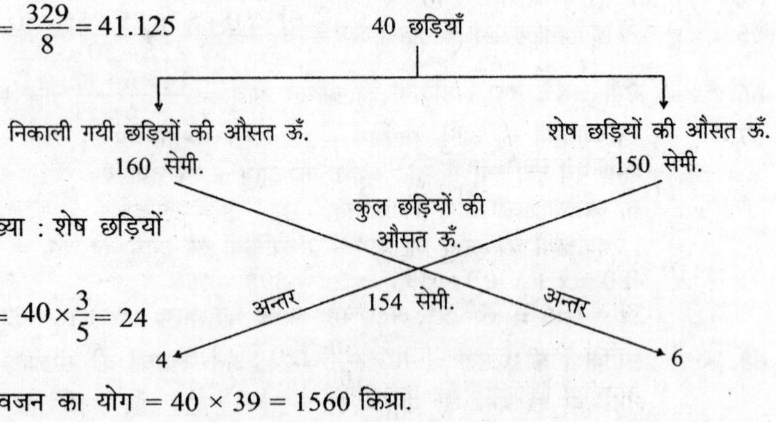

निकाली गयी छड़ियों की संख्या : शेष छड़ियों की संख्या = 4 : 6 = 2 : 3

बची हुई छड़ियों की संख्या $= 40 \times \frac{3}{5} = 24$

78. पूर्ण कक्षा के कुल छात्रों के वजन का योग $= 40 \times 39 = 1560$ किग्रा.

36 लड़कियों के वजन का योग $= 38 \times 36 = 1368$ किग्रा.

लड़कों की कुल संख्या $= 39 - 36 = 3$, अतः 3 लड़कों के वजन का योग $= 1560 - 1368 = 192$ किग्रा.

$\therefore$ लड़कों का औसत वजन $= \frac{192}{3} = 64$ किग्रा.

79. 50 चाकलेटों का कुल मूल्य = ₹ 1000 और 30 चाकलेटों का कुल मूल्य $= 25 \times 30 =$ ₹ 750

$\therefore$ शेष 20 चाकलेटों का कुल मूल्य $= 1000 - 750 =$ ₹ 250

$\therefore$ शेष 20 चाकलेटों का औसत मूल्य $= \frac{250}{20} =$ ₹ 12.50

80. लड़कियों की संख्या = $50 \times \frac{40}{100} = 20$, अतः लड़कों की संख्या = $50 - 20 = 30$

पूरी कक्षा के अंकों का योग = $64.4 \times 50 = 3220.0$

लड़कों के अंकों का योग = $62 \times 30 = 1860$ और लड़कियों के अंकों का योग = $3220 - 1860 = 1360$

$\therefore$ लड़कियों का औसत अंक = $\frac{1360}{20} = 68$

81. 30 छात्रों की आयु का योग = $25 \times 30 = 750$ वर्ष और 14 छात्रों की आयु का योग = $22 \times 14 = 308$ वर्ष

$\therefore$ शेष 16 छात्रों की आयु का योग = $750 - 308 = 442$ वर्ष, अतः औसत आयु = $\frac{442}{16} = 27.6$ वर्ष

82. लड़कियों की संख्या = $60 \times \frac{40}{100} = 24$, अतः लड़कों की संख्या = $60 - 24 = 36$

पूरी कक्षा के वजन का योग = $59.2 \times 60 = 3552$ किग्रा और 24 लड़कियों के वजन का योग = $55 \times 24 = 1320$ किग्रा.

$\therefore$ 36 लड़कों के वजन का योग = $3552 - 1320 = 2232$ किग्रा., अतः 36 लड़कों का औसत वजन = $\frac{2232}{36} = 62$ किग्रा.

83. नये समूह की औसत आयु = $\frac{36 \times 23 - 22 \times 4}{36 - 4} = \frac{828 - 88}{32} = \frac{740}{32} = 23.1$

84. शेष 2 छात्रों का औसत = $\frac{\text{5 छात्रों के प्राप्तांकों का योग} - \text{3 छात्रों के प्राप्तांकों का योग}}{2}$

$$= \frac{39.20 \times 5 - 41 \times 3}{2} = \frac{196.00 - 123}{2} = \frac{73}{2} = 36.5$$

85.

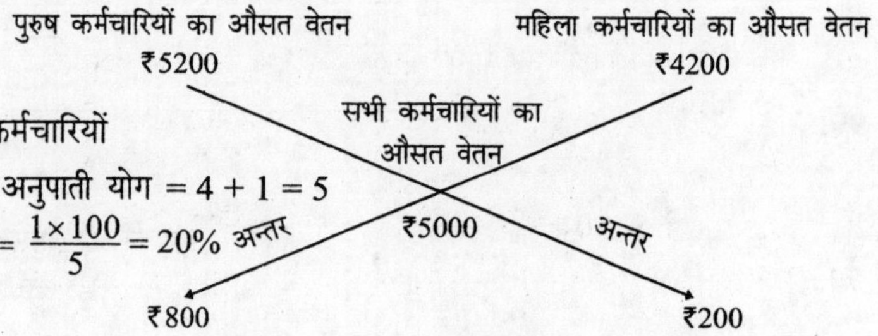

पुरुष कर्मचारियों की संख्या : महिला कर्मचारियों की संख्या = 800 : 200 = 4 : 1 $\Rightarrow$ अनुपाती योग = 4 + 1 = 5

$\therefore$ महिला कर्मचारियों की प्रतिशत संख्या = $\frac{1 \times 100}{5} = 20\%$

86.

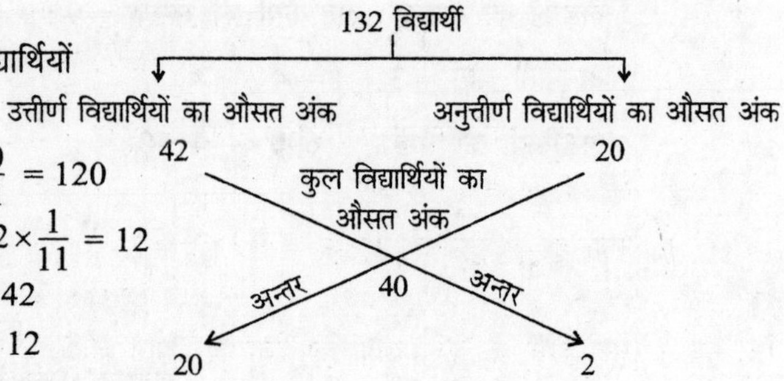

$\therefore$ उत्तीर्ण विद्यार्थियों की संख्या : अनुत्तीर्ण विद्यार्थियों की संख्या = 20 : 2 = 10 : 1

$\therefore$ उत्तीर्ण विद्यार्थियों की संख्या = $132 \times \frac{10}{11} = 120$

और अनुत्तीर्ण विद्यार्थियों की संख्या = $132 \times \frac{1}{11} = 12$

उत्तीर्ण विद्यार्थियों के कुल अंक = 120×42

अनुत्तीर्ण विद्यार्थियों के कुल अंक = 20×12

$\therefore$ अभीष्ट अनुपात = $(120 \times 42) : (20 \times 12) = 21 : 1$

87. उत्तीर्ण छात्रों की संख्या = $140 - 90 = 50$

140 छात्रों के प्राप्तांकों का योग = औसत अंक × 140 = $90 \times 140 = 12600$

उत्तीर्ण 50 छात्रों के प्राप्तांकों का योग = $120 \times 50 = 6000$

अनुत्तीर्ण 90 छात्रों के प्राप्तांकों का योग = $12600 - 6000 = 6600$

$\therefore$ अनुत्तीर्ण 90 छात्रों का औसत अंक = $\frac{6600}{90} = 73.33$

88.

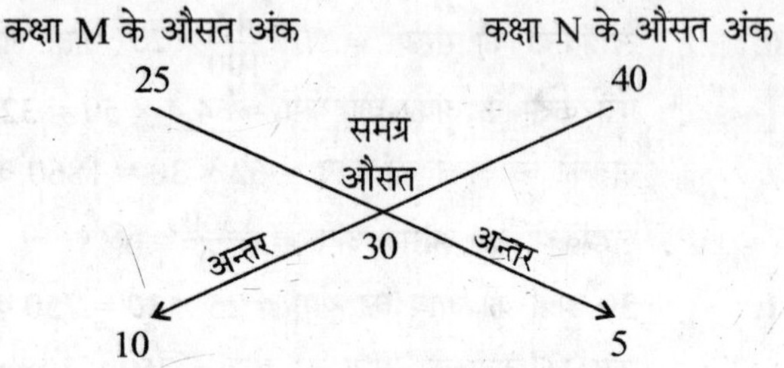

छात्रों का अनुपात = 10 : 5 = 2 : 1

89.

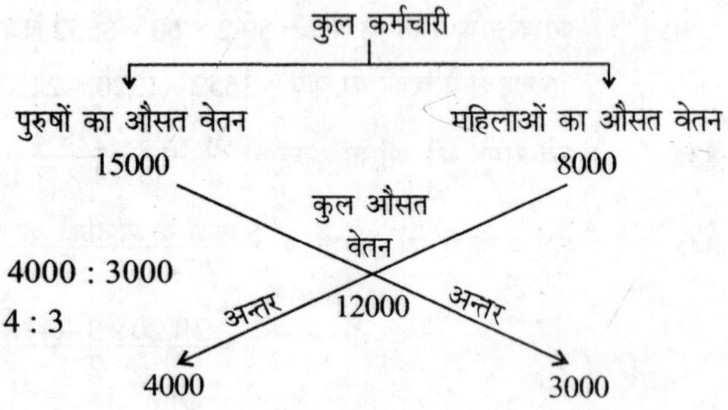

∴ पुरुषों की संख्या : महिलाओं की संख्या = 4000 : 3000

= 4 : 3

90.

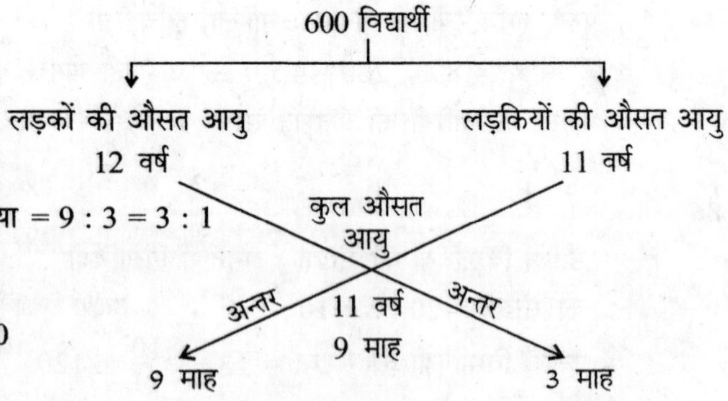

∴ लड़कों की संख्या : लड़कियों की संख्या = 9 : 3 = 3 : 1

∴ अनुपाती योग = 3 + 1 = 4

∴ लड़कियों की संख्या = $600 \times \frac{1}{4} = 150$

91.

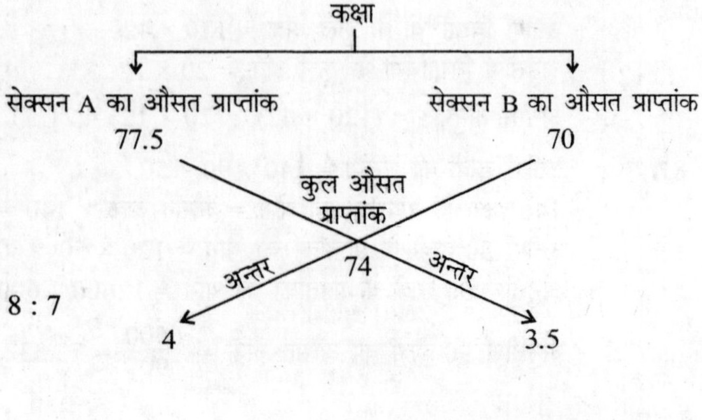

∴ कक्षा A और कक्षा B के छात्रों

की संख्या में अनुपात = 4 : 3.5

= 40 : 35 = 8 : 7

92.

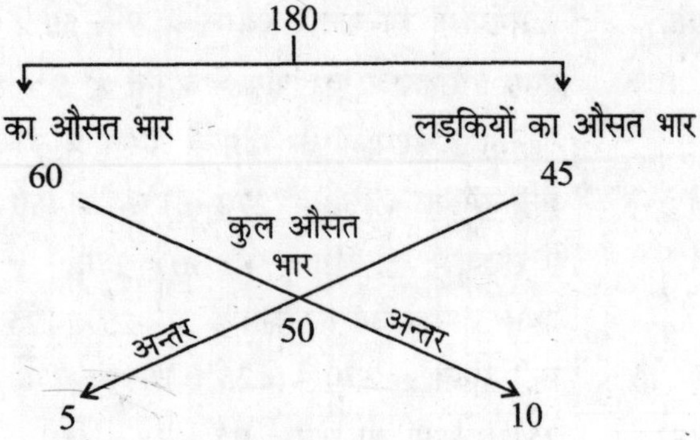

∴ लड़कों की संख्या : लड़कियों की संख्या

$= 5 : 10 = 1 : 2$

∴ लड़कों की संख्या $= 180 \times \frac{1}{3} = 60$

और लड़कियों की संख्या $= 180 \times \frac{2}{3} = 120$

93. ∴ शेष कामगारों की संख्या : अधिकारियों की संख्या $= 340 : 4 = 85 : 1$

∴ शेष कामगारों की संख्या $85 \times 12 = 1020$

∴ कामगारों की कुल संख्या $= 12 + 1020 = 1032$

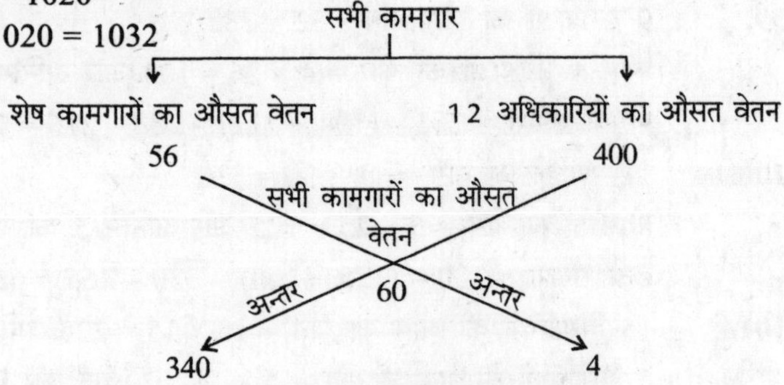

94.

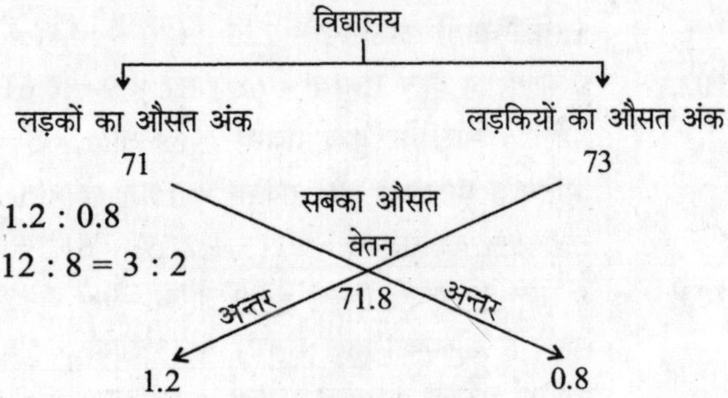

∴ लड़कों की संख्या : लड़कियों की संख्या $= 1.2 : 0.8$

$= 12 : 8 = 3 : 2$

95.

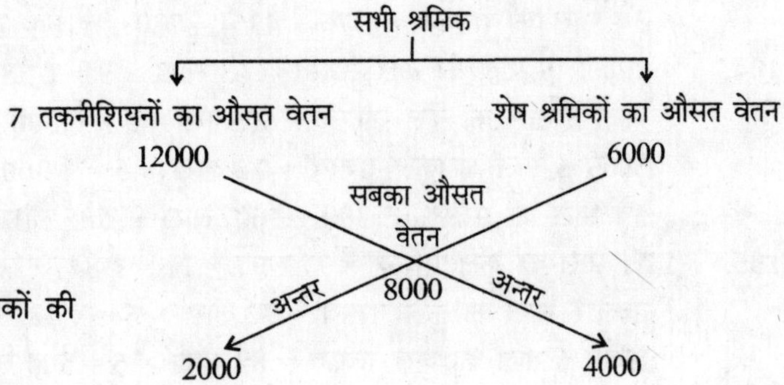

∴ तकनीशियनों की संख्या : शेष श्रमिकों की संख्या $= 2000 : 4000 = 1 : 2$

∴ कुल संख्या $\times \frac{1}{3} = 7 \Rightarrow$ कुल संख्या $= 7 \times 3 = 21$

96. 9 संख्याओं का योग = औसत × 9 = 50 × 9 = 450

प्रथम 5 संख्याओं का योग = औसत × 5 = 54 × 5 = 270

अन्तिम 3 संख्याओं का योग = औसत × 3 = 52 × 3 = 156

∴ छठीं संख्या = 450 – (270 + 156) = 450 – 426 = 24

97. 9 संख्याओं का योग = 9 × 30 = 270

प्रथम 5 संख्याओं का योग = 5 × 25 = 125 और अन्तिम 3 संख्याओं का योग = 3 × 35 = 105

∴ छठी संख्या = 270 – (125 + 105) = 270 – 230 = 40

98. 25 संख्याओं का योग = 25 × 18 = 450

प्रथम 12 संख्याओं का योग = 12 × 14 = 168 और अन्तिम 12 संख्याओं का योग = 12 × 17 = 204

∴ 13वीं संख्या = 450 – (168 + 204) = 450 – 372 = 78

99. 9 संख्याओं का योग = 9 × 32 = 288

प्रथम 4 संख्याओं का योग = 4 × 26 = 104 और अन्तिम 4 संख्याओं का योग = 4 × 28 = 112

∴ पांचवीं संख्या = 288 – (104 + 112) = 288 – 216 = 72

100. 11 पूर्णांकों का योग = 11 × 30 = 330

प्रथम 5 का योग = 5 × 25 = 125 और अन्तिम 5 का योग = 5 × 28 = 140

∴ छठी संख्या = 330 – (125 + 140) = 330 – 265 = 65

101. 15 विद्यार्थियों की आयु का योग = 15 × 15 = 225 वर्ष,

5 विद्यार्थियों की आयु का योग = 5 × 14 = 70 वर्ष और 9 विद्यार्थियों की आयु का योग = 9 × 16 = 144 वर्ष

15वें विद्यार्थी की आयु = 225 – (70 + 144) = 225 – 214 = 11 वर्ष

102. 9 साल का कुल राजस्व = 68 लाख × 9 = ₹ 612 लाख

पहले 5 साल का कुल राजस्व = 63 लाख × 5 = ₹ 315 लाख

अंतिम 5 साल का कुल राजस्व = 75 लाख × 5 = ₹ 375 लाख

∴ 5वें साल का राजस्व = (315 + 375) – 612 = 690 – 612 = 78 लाख

103. 9 साल का कुल राजस्व = 80 लाख × 9 = ₹ 720 लाख

पहले 5 साल का कुल राजस्व = 75 लाख × 5 = ₹ 375 लाख

अंतिम 5 साल का कुल राजस्व = 87 लाख × 5 = ₹ 435 लाख

∴ 5वें साल का राजस्व = (375 + 435) – 720 = 810 – 720 = ₹ 90 लाख

104. लगातार 9 साल का कुल राजस्व = 65 लाख × 9 = ₹ 585 लाख

पहले 5 साल का कुल राजस्व = 60 लाख × 5 = ₹ 300 लाख

अंतिम 5 साल का कुल राजस्व = 72 लाख × 5 = ₹ 360 लाख

∴ 5वें साल का राजस्व = (300 + 360) लाख – 585 लाख = ₹ 75 लाख

105. 11 साल का कुल राजस्व = 77 लाख × 11 = ₹ 847 लाख

पहले 6 साल का कुल राजस्व = 72 लाख × 6 = ₹ 432 लाख

अंतिम 6 साल का कुल राजस्व = 84 लाख × 6 = 504 लाख

∴ छठें वर्ष का राजस्व = (432 + 504) लाख – 847 लाख = 936 लाख – 847 लाख = ₹ 89 लाख

106. लगातार 13 साल का राजस्व = 82 लाख × 13 = ₹ 1066 लाख

पहले 7 साल का राजस्व = 77 × 7 = ₹ 539 लाख और अंतिम 7 साल का राजस्व = 89 × 7 = ₹ 623 लाख

∴ 7वें साल का राजस्व = (539 + 623) लाख −1066 लाख = 1162 लाख − 1066 लाख = ₹ 96 लाख

107. पहली 3 संख्याओं का योग = औसत × 3 = 15 × 3 = 45

अन्तिम 3 संख्याओं का योग = औसत × 3 = 16 × 3 = 48

दूसरी संख्या + तीसरी संख्या = 48 − अन्तिम संख्या = 48 − 19 = 29

∴ पहली संख्या = 45 − 29 = 16

108. 19 प्रेक्षणों का योग = औसत × 19 = 24 × 19 = 456

प्रथम 10 प्रेक्षणों का योग = औसत × 10 = 17 × 10 = 170

अन्तिम 10 प्रेक्षणों का योग = औसत × 10 = 24 × 10 = 240

∴ 10वाँ प्रेक्षण = (170 + 240) − 456 = 410 − 456 = − 46

109. 15 संख्याओं का योग = औसत × 15 = 7 × 15 = 105

पहली 8 संख्याओं का योग = औसत × 8 = 6.5 × 8 = 52.0

अन्तिम 8 संख्याओं का योग = औसत × 8 = 8.5 × 8 = 68.0

∴ मध्य संख्या (8वीं संख्या) = (52 + 68) − 105 = 120 − 105 =15

110. 11 परिणामों का योग = औसत × 11 = 50 × 11 = 550

पहले 6 परिणामों का योग = औसत × 6 = 49 × 6 = 294

अन्तिम 6 परिणामों का योग = औसत × 6 = 52 × 6 = 312

∴ छठा परिणाम = (294 + 312) − 550 = 606 − 550 = 56

111. 11 संख्याओं का योग = औसत × 11 = 35 × 11 = 385

प्रथम 6 संख्याओं का योग = औसत × 6 = 32 × 6 = 192

अन्तिम 6 संख्याओं का योग = औसत × 6 = 37 × 6 = 222

∴ छठीं संख्या = (192 + 222) − 385 = 414 − 385 = 29

112. 11 परिणामों का योग = औसत × 11 = 60 × 11 = 660

प्रथम 6 परिणामों का योग = औसत × 6 = 59 × 6 = 354

अन्तिम 6 परिणामों का योग = औसत × 6 = 62 × 6 = 372

∴ छठें परिणाम के अंक = (354 + 372) − 660 = 726 − 660 = 66

113. अंकों का गलत योग = 60 × 56 = 3360, अतः अंकों का सही योग = 3360 − 92 + 29 = 3297

∴ सही औसत = $\frac{3297}{56}$ = 58.875

114. संख्याओं का गलत योग = 35 × 20 = 700, अतः संख्याओं का सही योग = 700 − 45 + 85 = 740

∴ सही औसत = $\frac{740}{20}$ = 37

115. 10 संख्याओं का गलत योग = 30 × 10 = 300, अतः सही योग = 300 − 36 + 69 = 369 − 36 = 333

∴ सही औसत = $\frac{333}{10}$ = 33.3

116. 100 प्रेक्षणों का गलत योग = 40 × 100 = 4000, अतः सही योग = 4000 − 83 + 53 = 3970

∴ सही माध्य = $\frac{3970}{100}$ = 39.70

117. 40 विद्यार्थियों के अंकों का गलत योग = $68 \times 40 = 2720$

$\therefore$ 40 विद्यार्थियों के अंकों का सही योग = $2720 - (48 + 64) + (84 + 46) = 2720 - 112 + 130 = 2738$

$\therefore$ सही औसत = $\frac{2738}{40} = 68.45$

118. 50 विद्यार्थियों के अंकों का गलत योग = $64 \times 50 = 3200$

$\therefore$ 50 विद्यार्थियों के अंकों का सही योग = $3200 - (38 + 42) + (83 + 24) = 3200 - 80 + 107 = 3227$

$\therefore$ सही औसत = $\frac{3227}{50} = 64.54$

119. 20 अवलोकनों का गलत योग = $85 \times 20 = 1700$

$\therefore$ 20 अवलोकनों का सही योग = $1700 - 79 + 97 = 1718$, अतः सही माध्य = $\frac{1718}{20} = 85.9$

120. 40 छात्रों के अंकों का गलत योग = औसत $\times$ 40 = $72 \times 40 = 2880$

$\therefore$ अंकों का सही योग = $2880 - 68 - 73 + 64 + 62 + 84 = 2884$

$\therefore$ अंकों का सही औसत = $\frac{2884}{40} = 72.1$

121. 50 संख्याओं का गलत योग = औसत $\times$ 50 = $30 \times 50 = 1500$

$\therefore$ 50 संख्याओं का सही योग = $1500 - 82 - 13 + 28 + 31 = 1464$, अतः सही औसत = $\frac{1464}{50} = 29.28$

122. 100 प्राप्तांकों का गलत योग = औसत $\times$ 100 = $58 \times 100 = 5800$

$\therefore$ सही योग = $5800 - 68 + 86 = 5818$, अतः सही औसत = $\frac{5818}{100} = 58.18$

123. 25 प्रेक्षणों का गलत योग = औसत $\times$ 25 = $13 \times 25 = 325$

$\therefore$ सही योग = $325 - 48 + 73 = 350$, अतः सही औसत = $\frac{350}{25} = 14$

124. 100 चीजों का गलत योग = औसत $\times$ 100 = $46 \times 100 = 4600$

$\therefore$ सही योग = $4600 - 61 - 34 + 16 + 43 = 4564$, अतः सही औसत = $\frac{4564}{90} = 50.7$

125. 36 विद्यार्थियों के अंकों का गलत योग = औसत $\times$ 36 = $52 \times 36 = 1872$

$\therefore$ अंकों का सही योग = $1872 - 46 + 64 = 1890$, अतः सही माध्य = $\frac{1890}{36} = 52.5$

126. 7 वर्ष पहले A, B तथा C की आयु का योग = $51 \times 3 = 153$ वर्ष

$\therefore$ A, B, C की वर्तमान आयु का योग = $153 + 7 + 7 + 7 = 174$ वर्ष

माना A की आयु $(x + 6)$ वर्ष, B की आयु $(x + 3)$ वर्ष और C की आयु x वर्ष है।

$\therefore$ $(x + 6) + (x + 3) + x = 174 \Rightarrow 3x + 9 = 174$

$\therefore$ $3x = 174 - 9 \Rightarrow 3x = 165 \Rightarrow x = 55$ वर्ष

$\therefore$ A, B, C की वर्तमान आयु = $(x + 6), (x + 3), x$ = 61 वर्ष, 58 वर्ष, 55 वर्ष

127. $\because$ चेन्नई, दिल्ली, कोलकाता, मुम्बई के तापमानों का योग = औसत $\times 4 = 35 \times 4 = 140^0$C

$\therefore$ चेन्नई का अधिकतम तापमान = $140 - (35 + 33 + 34) = 140 - 102 = 38^0$C

128. 12 संख्याओं का योग = औसत $\times 12 = 9 \times 12 = 108$

प्रत्येक संख्या को 2 से गुणा करने के बाद योग = $108 \times 2 = 216$

पुनः 3 जोड़ा जाय तो नया योग = $216 + 12 \times 3 = 216 + 36 = 252$, अतः नये सेट का औसत = $\frac{252}{12} = 21$

129. माना गणित के अध्यापक की आयु x वर्ष तथा विज्ञान के अध्यापक की आयु $x + 6$ वर्ष है।

5 विद्यार्थियों की आयु का योग = $14 \times 5 = 70$ वर्ष

5 विद्यार्थियों, गणित के अध्यापक की आयु तथा विज्ञान के अध्यापक की आयु का योग = 30×7

$\therefore$ $70 + x + x + 6 = 210 \Rightarrow 2x = 210 - 76 \Rightarrow 2x = 134 \Rightarrow x = 67$

$\therefore$ गणित के अध्यापक की आयु $x = 67$ वर्ष

130. 3 संख्याओं का योग = 77 × 3 = 231 परन्तु पहली संख्या = अन्य दो संख्याओं के योग का $\frac{3}{4}$

$\therefore$ $\frac{\text{पहली संख्या}}{\text{अन्य दो संख्याओं का योग}} = \frac{3}{4} = 3:4 \Rightarrow$ अनुपाती योग = 3 + 4 = 7, अतः पहली संख्या = $231 \times \frac{3}{7} = 99$

131. माना कक्षा में छात्रों की संख्या n है। चूंकि 10 छात्रों की औसत लम्बाई b है। अतः (n –10) छात्रों की औसत लम्बाई c है।

$\therefore$ $n \times a = b \times 10 + c(n - 10) = 10b + cn - 10c$

$\therefore$ $na - nc = 10b - 10c \Rightarrow n(a - c) = 10(b - c) \Rightarrow n = \frac{10(b-c)}{(a-c)}$

132. माना प्रत्येक कारीगर को ₹ 3*x*, प्रत्येक सहायक को ₹ 2*x* तथा प्रत्येक श्रमिक को ₹*x* मिलते हैं।

$\therefore$ (3 कारीगरों + 5 सहायकों + 6 श्रमिकों) को प्राप्त धनराशि = ₹ 10000 $\Rightarrow 3 \times 3x + 5 \times 2x + 6 \times x = 10000$

$\therefore$ $9x + 10x + 6x = 10000 \Rightarrow 25x = 10000 \Rightarrow x = 400$

$\therefore$ तीनों कारीगरों को प्राप्त धनराशि = $3 \times 3x = 3 \times 3 \times 400$ = ₹ 3600

133. सभी चार संख्याओं का योग = 52 × 4 = 208, माना चौथी संख्या *x* है। अतः पहली 3 संख्याओं का औसत = 4*x*

$\therefore$ पहली 3 संख्याओं का योग = $4x \times 3 = 12x$, अतः पहली 3 संख्याओं का योग + चौथी संख्या = 208

$\therefore$ $12x + x = 208 \Rightarrow 13x = 208 \Rightarrow x = 16$, अतः पहली तीन संख्याओं का औसत = $4x = 4 \times 16 = 64$

134. संभावित वजनों का औसत = $\frac{70+80+74+84+78}{5} = \frac{386}{5}$ = 77.2 किग्रा. $\Rightarrow$ पूर्णांक में औसत = 77 किग्रा.

135. माना लड़कों की संख्या 2*x* तथा लड़कियों की संख्या 3*x* है। अतः सभी छात्रों की संख्या = $2x + 3x = 5x$

सभी छात्रों के प्राप्तांकों का योग = $54 \times 5x = 270x$

माना लड़कियों का औसत प्राप्तांक y है। अतः लड़कों का औसत प्राप्तांक = $y \times \frac{150}{100} = \frac{3y}{2}$

$\therefore$ $\frac{3y}{2} \times 2x + y \times 3x = 270x \Rightarrow 3xy + 3xy = 270x \Rightarrow 6xy = 270x \Rightarrow y = \frac{270}{6} = 45$

$\therefore$ लड़कियों का औसत प्राप्तांक = y = 45

136. पहली तीन संख्याओं का योग = 12 × 3 = 36

माना चारों संख्याओं का औसत *x* है। अतः चारों संख्याओं का योग = 4*x*, अतः सबसे बड़ी संख्या = $4x - 36$

$\because$ चारों संख्याओं का औसत का एक तिहाई = सबसे बड़ी संख्या −19

$\therefore$ $\frac{x}{3} = 4x - 36 - 19 = 4x - 55 \Rightarrow 4x - \frac{x}{3} = 55 \Rightarrow \frac{11x}{3} = 55 \Rightarrow x = \frac{55 \times 3}{11} = 15$

$\therefore$ सबसे बड़ी संख्या = $4x - 36 = 4 \times 15 - 36 = 60 - 36 = 24$

137. A और B सेक्शनों के छात्रों के कुल स्कोर का योग = 72 × 110 = 7920

सेक्शन B के छात्रों की संख्या = $\frac{110-10}{2} = \frac{100}{2} = 50$, अतः सेक्शन A के छात्रों की संख्या = 50 + 10 = 60

माना सेक्शन A के छात्रों का औसत स्कोर *x* है। अतः सेक्शन B के छात्रों का औसत स्कोर = $x \times \frac{120}{100} = \frac{6x}{5}$

$\therefore$ $x \times 60 + \frac{6x}{5} \times 50 = 7920 \Rightarrow 60x + 60x = 7920 \Rightarrow 120x = 7920 \Rightarrow x = 66$

$\therefore$ सेक्शन A के छात्रों का औसत स्कोर = 66

138. 12 संख्याओं का योग = 46 × 12 = 552

पहली 4 संख्याओं का योग = 43 × 4 = 72 और अन्तिम 5 संख्याओं का योग = 49.4 × 5 = 247.0

$\therefore$ 5वीं संख्या + 6ठीं संख्या + 7वीं संख्या = 552 – (172 + 247)

$\therefore$ 7वीं संख्या + 4 + 7वीं संख्या + 6 + 7वीं संख्या = 552 – 419

$\therefore$ 3 × 7वीं संख्या + 10 = 133 $\Rightarrow$ 3 × 7वीं संख्या = 123 $\Rightarrow$ 7वीं संख्या = 41, अतः 5वीं संख्या = 41 + 4 = 45

$\therefore$ 5वीं संख्या और 7वीं संख्या का औसत = $\frac{45+41}{2} = \frac{86}{2} = 43$

139. 45 विद्यार्थियों के अंकों का गलत योग = 66 × 45 = 2970

45 विद्यार्थियों के अंकों का सही योग = 2970 – (28 + 64) + (82 + 46) = 2970 – 92 + 128 = 3006

∴ सही औसत = $\frac{3006}{45} = 66.8$

140. माना कक्षा में x लड़के हैं। अतः लड़कियों की संख्या = $x \times \frac{160}{100} = \frac{8x}{5}$

∴ कुल छात्रों की संख्या = $x + \frac{8x}{5} = \frac{13x}{5}$, अतः सभी छात्रों के वजन का योग = $\frac{13x}{5} \times 50 = 130x$ किग्रा.

माना लड़कियों का औसत वजन y किग्रा. है। अतः लड़कियों के वजन का योग = $y \times \frac{8x}{5} = \frac{8xy}{5}$ किग्रा.

∴ लड़कों का औसत वजन = (y + 2.6) किग्रा., अतः लड़कों के वजन का योग = $(y + 2.6) \times x = xy + 2.6x$ किग्रा.

∴ $xy + 2.6x + \frac{8xy}{5} = 130x \Rightarrow x\left(y + 2.6 + \frac{8y}{5}\right) = 130x$

∴ $y + \frac{8y}{5} + 2.6 = 130 \Rightarrow \frac{13y}{5} = 127.4 \Rightarrow y = \frac{127.4 \times 5}{13} = 49$ किग्रा.

141. 15 संख्याओं का योग = 45 × 15 = 675 और प्रथम 6 संख्याओं का योग = 42 × 6 = 252

चूंकि अन्तिम 6 संख्याओं का योग = 43 × 6 = 258, अतः प्रथम 9 संख्याओं का योग = 675 – 258 = 417

माना 7वीं संख्या $2x$, 8वीं संख्या x तथा 9वीं संख्या $2x - 5$ है।

प्रथम 6 संख्याओं का योग + 7वीं संख्या + 8वीं संख्या + 9वीं संख्या = 417

∴ $252 + 2x + x + 2x - 5 = 417 \Rightarrow 5x = 417 - 247 \Rightarrow 5x = 170 \Rightarrow x = \frac{170}{5} = 34$

∴ 7वीं और 9वीं संख्या का औसत = $\frac{2x + 2x - 5}{2} = \frac{4x - 5}{2} = \frac{4 \times 34 - 5}{2} = \frac{136 - 5}{2} = \frac{131}{2} = 65.5$

142. 48 लोगों द्वारा किया गया भुगतान = 950 × 48 = ₹ 45600

माना 50 लोगों का औसत भुगतान ₹ x था, अतः 50 लोगों का कुल भुगतान = ₹ $50x$

अन्य 2 लोगों का भुगतान = $(x + 1200) \times 2 = 2x + 2400$

∴ $45600 + 2x + 2400 = 50x \Rightarrow 50x - 2x = 48000 \Rightarrow 48x = 48000 \Rightarrow x = \frac{4800}{48} = 1000$

∴ खर्च किया गया कुल व्यय = $50x$ = 50 × 1000 = ₹ 50000

143. ग्यारह संख्याओं का योग = 54 × 11 = 594 और पहली चार संख्याओं का योग = 48 × 4 = 192

अगली चार संख्याओं का औसत = $48 \times \frac{125}{100} = 60$, अतः अगली चार संख्याओं का योग = 60 × 4 = 240

9वीं संख्या से लेकर 11वीं संख्या का योग = 594 – (192 + 240) = 594 – 432 = 162

∴ माना ग्यारहवीं संख्या x है। अतः 9वीं संख्या = $x + 8$, 10वीं संख्या = $x + 4$

∴ 9वीं संख्या + 10वीं संख्या + 11वीं संख्या = $162 \Rightarrow x + 8 + x + 4 + x = 162 \Rightarrow 3x = 150 \Rightarrow x = 50$

∴ 9वीं संख्या = 50 + 8 = 58 और 10वीं संख्या = 50 + 4 = 54

∴ 9वीं संख्या और 10वीं संख्या का औसत = $\frac{58 + 54}{2} = \frac{112}{2} = 56$

144. लड़कियों की संख्या = $40 \times \frac{45}{100} = 18$ और लड़कों की संख्या = 40 – 18 = 22

लड़कियों के अंकों का योग = 54 × 18 = 972 और लड़कों के अंकों का योग = 64 × 22 = 1012

∴ सभी विद्यार्थियों द्वारा प्राप्त अंकों का औसत = $\frac{972 + 1012}{40} = \frac{1984}{40} = 49.6$

145. 39 संख्याओं का औसत शून्य है। अतः उनमें से 20 संख्याएँ शून्य से अधिक हो सकती हैं।

146. $a + b = 10 \times 2 \Rightarrow a + b = 20$ इसी प्रकार $b + c = 12 \times 2 \Rightarrow b + c = 24$

$c + a = 15 \times 2 \Rightarrow c + a = 30$

तीनों समीकरणों को जोड़ने पर, $2(a + b + c) = 20 + 24 + 30 = 74$

$\therefore$ $a + b + c = \frac{74}{2} = 37$, अतः a, b तथा c का औसत $= \frac{a+b+c}{3} = \frac{37}{3}$

147. माना तीनों संख्याएँ क्रमशः x, y, z हैं। अतः $\frac{x+y}{2} + z = 168 \Rightarrow \frac{x+y+2z}{2} = 168 \Rightarrow x+y+2z = 336$

$\frac{y+z}{2} + x = 174 \Rightarrow \frac{y+z+2x}{2} = 174 \Rightarrow y+z+2x = 348$

$\frac{z+x}{2} + y = 180 \Rightarrow \frac{z+x+2y}{2} = 180 \Rightarrow z+x+2y = 360$

तीनों समीकरणों को जोड़ने पर, $x + y + 2z + y + z + 2x + z + x + 2y = 336 + 348 + 360$

$\therefore$ $4(x + y + z) = 1044 \Rightarrow x + y + z = \frac{1044}{4} = 261$, अतः तीनों मूल संख्याओं का औसत $= \frac{261}{3} = 87$

148. $a + b + c = 9 \times 3 = 27$ परन्तु $b + c = 10 \times 2 = 20$, अतः $a = 27 - 20 = 7$

149. 15 छात्रों के अंकों का योग $= 87 \times 15 = 1305$

(25 + 15) छात्रों के अंकों का योग $= 79.5 \times 40 = 3180$ और 24 छात्रों के अंकों का योग $= 74 \times 24 = 1776$

$\therefore$ दूसरे समूह के 25वें छात्र का अंक $= 3180 - (1305 + 1776) = 3180 - 3081 = 99$

150. 12 संख्याओं का योग $= 42 \times 12 = 504$

अंतिम 5 संख्याओं का योग $= 40 \times 5 = 200$ परन्तु पहली 4 संख्याओं का योग $= 44 \times 4 = 176$

$\therefore$ 5वीं संख्या + छठीं संख्या + 7वीं संख्या $= 504 - (200 + 176) = 504 - 376 = 128$

माना छठीं संख्या x है। अतः 5 वीं संख्या $= x + 6$ और 7वीं संख्या $= x + 5$

$\therefore$ $x + 6 + x + x + 5 = 128 \Rightarrow 3x = 117 \Rightarrow x = 39$

$\therefore$ 5वीं संख्या और 7वीं संख्या का औसत $= \frac{x+6+x+5}{2} = \frac{2x+11}{2} = \frac{2\times39+11}{2} = \frac{78+11}{2} = \frac{89}{2} = 44.5$

151. 13 संख्याओं का योग $= 80 \times 13 = 1040$

पहली 5 संख्याओं का योग $= 74.5 \times 5 = 372.5$ और अगली 5 संख्याओं का योग $= 82.5 \times 5 = 412.5$

$\therefore$ 11वीं संख्या + 12वीं संख्या + 13वीं संख्या $= 1040 - (372.5 + 412.5) = 1040 - 785 = 255$

माना तेरहवीं संख्या $= x$, अतः बारहवीं संख्या $= x - 6$, और 11वीं संख्या $= x$

$\therefore$ $x + x - 6 + x = 255 \Rightarrow 3x = 261 \Rightarrow x = 87$

$\therefore$ 11वीं संख्या $= x = 87$ और 13वीं संख्या $= x = 87$, अतः दोनों संख्याओं का औसत $= \frac{87+87}{2} = \frac{174}{2} = 87$

152. पहले तीन दिनों के तापमानों का योग $= 23 \times 3 = 69^0C$

अगले 3 दिनों के तापमानों का योग $= 24 \times 3 = 72^0C$

पूरे सप्ताह के तापमानों का योग $= 23.5 \times 7 = 164.5^0C$

$\therefore$ अंतिम दिन का तापमान $= 164.5 - (69 + 72) = 164.5 - 141 = 23.5^0C$

153. $a + b = 36 \times 2 = 72$ तथा $b + c = 42 \times 2 = 84$

$\therefore$ $(b + c) - (a + b) = 84 - 72 \Rightarrow b + c - a - b = 12 \Rightarrow c - a = 12$

154. 36 परिणामों का योग $= 18 \times 36 = 648$

प्रत्येक परिणाम से 2 घटाने पर नया योग $= 648 - 36 \times 2 = 648 - 72 = 576$, अतः नया औसत $= \frac{576}{36} = 16$

155. माना शुरू में कक्षा में x विद्यार्थी थे, अतः x विद्यार्थियों के भारों का योग = $68.5 \times x$ किग्रा. = $68.5x$ किग्रा.
$(x + 4)$ विद्यार्थियों का औसत भार = $68.5 + 0.300 = 68.8$ किग्रा.
$\therefore$ $(x + 4)$ विद्यार्थियों के भारों का योग = $68.8 \times (x + 4) = 68.8x + 275.2$
$\therefore$ $68.5x + 72.2 + 70.8 + 70.3 + 66.7 = 68.8x + 275.2$
$\therefore$ $68.5x + 280 = 68.8x + 275.2 \Rightarrow 68.8x - 68.5x = 280 - 275.2 \Rightarrow 0.3x = 4.8 \Rightarrow x = \frac{4.8}{0.3} = 16$
$\therefore$ शुरू में कक्षा में विद्यार्थियों की संख्या = $x = 16$

156. माना कुल 4n संख्याएँ हैं। अतः सभी संख्याओं का योग = $54.6 \times 4n = 218.4\, n$
75% संख्याओं अर्थात् 3n संख्याओं में कुल वृद्धि = $5.6 \times 3n = 16.8n$
शेष 25% संख्याओं अर्थात् n संख्याओं में कुल कमी = $8.4 \times n = 8.4n$
इस प्रकार प्राप्त संख्याओं का योग = $218.4n + 16.8n - 8.4n = 226.8n$
अतः इन संख्याओं का औसत = $\frac{\text{योग}}{\text{कुल व्यय}} = \frac{226.8n}{4n} = 56.7$

157. 12 संख्याओं का योग = औसत × संख्या = $45.5 \times 12 = 546.0 = 546$
पहली 4 संख्याओं का योग = $41.5 \times 4 = 166.0 = 166$ और अगली 5 संख्याओं का योग = $48 \times 5 = 240$
माना दसवीं संख्या $x + 9$, ग्यारहवीं संख्या $x + 5$ तथा बारहवीं संख्या x है।
$\therefore$ $166 + 240 + x + 9 + x + 5 + x = 546 \Rightarrow 3x + 420 = 546$
$\therefore$ $3x = 546 - 420 = 126 \Rightarrow x = \frac{126}{3} = 42$
$\therefore$ दसवीं और बारहवीं संख्या का औसत = $\frac{x+9+x}{2} = \frac{2x+9}{2} = \frac{2\times 42+9}{2} = \frac{84+9}{2} = \frac{93}{2} = 46.5$

158. 30 लड़कों के प्राप्तांकों का योग = $88 \times 30 = 2640$ और 28 लड़कों के प्राप्तांकों का योग = $87.5 \times 28 = 2450$
$\therefore$ शीर्ष 2 प्राप्तांकों का योग = $2640 - 2450 = 190$, अतः उच्चतम प्राप्तांक + उच्चतम प्राप्तांक − 2 = 190
$\therefore$ 2 × उच्चतम प्राप्तांक = 192 $\Rightarrow$ उच्चतम प्राप्तांक = $\frac{192}{2} = 96$

159. चूंकि n संख्याओं में से प्रत्येक से 2 घटाने पर प्राप्त संख्याओं का योग = 102, अतः n संख्याओं का योग = $102 + 2n$
इसी प्रकार प्रत्येक संख्या से 5 घटाने पर प्राप्त संख्याओं का योग = 12, अतः n संख्याओं का योग = $12 + 5n$
$\therefore$ $12 + 5n = 102 + 2n \Rightarrow 5n - 2n = 102 - 12 \Rightarrow 3n = 90 \Rightarrow n = 30$
$\therefore$ n अर्थात् 30 संख्याओं का औसत = $\frac{102+2n}{30} = \frac{102+2\times 30}{30} = \frac{162}{30} = 5.4$

160. 22वीं, 23वीं, 24वीं संख्याओं में अनुपात = $\frac{1}{2}:\frac{1}{3}:\frac{5}{12} = 12\times\frac{1}{2}:12\times\frac{1}{3}:12\times\frac{5}{12} = 6:4:5$
माना 22वीं, 23वीं, 24वीं संख्याएँ क्रमशः $6x, 4x, 5x$ हैं। अतः $71.7 \times 10 + 42 \times 11 + 6x + 4x + 5x = 56 \times 24$
$\therefore$ $717 + 462 + 15x = 1344 \Rightarrow 15x = 1344 - 717 - 462$
$\therefore$ $15x = 1344 - 1179 = 165 \Rightarrow x = \frac{165}{15} = 11$
$\therefore$ 22वीं और 24वीं संख्याओं का औसत = $\frac{6x+5x}{2} = \frac{66+55}{2} = \frac{121}{2} = 60.5$

161. माना 5 सम संख्याएँ क्रमशः $x, x + 2, x + 4, x + 6, x + 8$ हैं।
$\therefore$ $x + x + 2 + x + 4 + x + 6 + x + 8 = 5\text{ M} \Rightarrow 5x = 5\text{M} - 20 \Rightarrow x = \text{M} - 4$
अगली 5 क्रमागत सम संख्याओं को जोड़ने पर कुल 10 क्रमागत सम संख्याओं का योग
$= x + x + 2 + x + 4 + x + 6 + x + 8 + x + 10 + x + 12 + x + 14 + x + 16 + x + 18$
$= 10x + 90 = 10(\text{M} - 4) + 90 = 10\text{M} - 40 + 90 = 10\text{M} + 50$
$\therefore$ औसत = $\frac{10\text{M}+50}{10} = \text{M} + 5$

162. $A + B + C =$ औसत $\times 3 = 18 \times 3 = 54 \Rightarrow A + B + C = 54$..........................(i)

$C + D + E =$ औसत $\times 3 = 12 \times 3 = 36 \Rightarrow C + D + E = 36$..........................(ii)

$E + F =$ औसत $\times 2 = 6.5 \times 2 = 13 \Rightarrow E + F = 13$ ....(iii)

$E + C =$ औसत $\times 2 = 3.5 \times 2 = 7 \Rightarrow E + C = 7$ ....(iv)

समीकरण (ii) में से समीकरण (iv) घटाने पर, $D = 36 - 7 = 29$..........................(v)

समीकरण (i) + (v) + (iii) $\Rightarrow A + B + C + D + E + F = 54 + 29 + 13 = 96$

$\therefore$ A, B, C, D, E और F का औसत $= \frac{\text{योग}}{\text{संख्या}} = \frac{96}{6} = 16$

163. A, B और C के वजनों का योग = औसत वजन $\times 3 = 70 \times 3 = 210$ किग्रा.

A, B, C और D के वजनों का योग = औसत वजन $\times 4 = 60 \times 4 = 240$ किग्रा.

$\therefore$ D का वजन $= 240 - 210 = 30$ किग्रा $\Rightarrow$ E का वजन $= 30 + 5 = 35$ किग्रा.

$\therefore$ B, C, D और E के वजन का योग = औसत वजन $\times 4 = 59 \times 4 = 236$ किग्रा.

$\therefore$ B और C का वजन $+ 30 + 35 = 236 \Rightarrow$ B और C का वजन $= 236 - 65 = 171$ किग्रा.

$\therefore$ A का वजन = A, B, C के वजन का योग − B, C के वजन का योग $= 210–171 = 39$ किग्रा.

$\therefore$ A, D और E का औसत वजन $= \frac{39 + 30 + 35}{3} = \frac{104}{3} = 34.66 = 35$ किग्रा.

164. A, B और C के वजनों का योग = औसत वजन $\times 3 = 65 \times 3 = 195$ किग्रा

A और B के वजनो का योग = औसत वजन $\times 2 = 63.5 \times 2 = 127.0$ किग्रा.

A और C के वजनों का योग = औसत वजन $\times 2 = 67.5 \times 2 = 135.0$ किग्रा.

$\therefore$ C का वजन = A, B, C का वजन − A, B का वजन $= 195 - 127 = 68$ किग्रा.

$\therefore$ A का वजन = A, C का वजन − C का वजन $= 135 - 68 = 67$ किग्रा.

165. 12 संख्याओं का योग = औसत $\times 12 = 39 \times 12 = 468$ ....(i)

अन्तिम 5 संख्याओं का योग = औसत $\times 5 = 35 \times 5 = 175$ ....(ii)

पहली 4 संख्याओं का योग = औसत $\times 4 = 40 \times 4 = 160$ ....(iii)

$\therefore$ प्रारम्भ से 5वी, 6वीं, 7वीं संख्याओं का योग $= 468 - (175 + 160) = 468 - 335 = 133$

माना 5वीं संख्या x है, अतः 6वीं संख्या $= 4 + 6$ और 7वीं संख्या $= x - 5$

$\therefore$ $x + x + 6 + x - 5 = 133 \Rightarrow 3x = 132 \Rightarrow x = 44$

$\therefore$ 5वीं और 6वीं संख्या का औसत $= \frac{x + x + 6}{2} = \frac{44 + 44 + 6}{2} = \frac{94}{2} = 47$

12 प्रतिशतता (Percentage)

प्रतिशत का अर्थ है – प्रति सैकड़ा। दूसरे शब्दों में कह सकते हैं कि प्रतिशत वह भिन्न है, जिसका हर 100 होता है। जैसे – $10\% = \frac{10}{100}, 15\% = \frac{15}{100}$ इत्यादि

प्रतिशत वृद्धि का अर्थ

यदि किसी राशि में 10% की वृद्धि की जाय तो उसका नया मान पहले मान का 110% हो जाता है। इसी प्रकार यदि किसी राशि को 20% बढ़ाया जाय तो उसका नया मान पहले मान का 120% हो जाता है। जैसे –

1. एक व्यक्ति 60 किमी/घण्टा की चाल से गाड़ी चला रहा है। यदि वह चाल को 25% बढ़ा दे तो उसकी नयी चाल = प्रारम्भिक चाल का $125\% = 60 \times \frac{125}{100} = 75$ किमी/घण्टा
2. किसी वस्तु का मूल्य ₹ 80 है। यदि मूल्य को 15% बढ़ाया जाय तो वस्तु का नया मूल्य = प्रारम्भिक मूल्य का 115% $= 80 \times \frac{115}{100} = 92$

प्रतिशत कमी का अर्थ

यदि किसी राशि में 10% की कमी की जाय तो उसका नया मान पहले मान का 90% हो जाता है। इसी प्रकार यदि किसी राशि को 20% घटाया जाय तो उसका नया मान पहले मान का 80% हो जाता है। जैसे–

1. एक व्यक्ति की मासिक आय ₹6000 थी। यदि उसकी आय 20% घट जाए तो व्यक्ति की नयी आय = प्रारम्भिक आय का $80\% = 6000 \times \frac{80}{100} =$ ₹4800
2. किसी गाड़ी की चाल 75 किमी/घण्टा थी। ब्रेक द्वारा उसकी चाल में 10% की कमी कर दी जाती है। अब उसकी नयी चाल = प्रारम्भिक चाल का $90\% = 75 \times \frac{90}{100} = 67.5$ किमी/घण्टा

प्रतिशत वृद्धि ज्ञात करना

$$\% \text{ वृद्धि} = \frac{\text{कुल वृद्धि} \times 100}{\text{प्रारम्भिक मान}}$$

जैसे – (1) एक व्यक्ति की आय ₹ 80 प्रतिदिन है। परन्तु कुछ दिनों बाद उसकी आय ₹ 96 प्रतिदिन हो गयी। इसलिए उसकी आय में प्रतिदिन ₹ 16 की वृद्धि हुई।

अतः व्यक्ति की आय में % वृद्धि $= \frac{\text{आय में कुल वृद्धि} \times 100}{\text{प्रारम्भिक आय}} = \frac{16 \times 100}{80} = 20\%$

(2) किसी वस्तु की कीमत ₹ 1200 थी। बाद में उसकी कीमत ₹ 1500 हो गयी। इस प्रकार कीमत में कुल ₹ 300 की वृद्धि हुई।

अतः वस्तु की कीमत में % वृद्धि $= \frac{\text{कीमत में कुल वृद्धि} \times 100}{\text{प्रारम्भिक कीमत}} = \frac{300 \times 100}{1200} = 25\%$

प्रतिशत कमी ज्ञात करना

$$\% \text{ कमी} = \frac{\text{कुल कमी} \times 100}{\text{प्रारम्भिक मान}}$$

जैसे – (1) किसी पेड़ पर 60 तोते रहते थे। उनमें से 20 तोते किसी अन्य पेड़ पर चले गये। इस प्रकार उनकी संख्या में 20 की कमी हो गयी।

अतः उनकी संख्या में % कमी $= \frac{\text{कुल कमी} \times 100}{\text{प्रारम्भिक संख्या}} = \frac{20 \times 100}{60} = 33\frac{1}{3}\%$

(2) एक धावक 30 किमी/घण्टा की चाल से दौड़ता है। यदि वह 25 किमी/घण्टा की चाल से दौड़े तो,

$$\text{उसकी चाल में \% कमी} = \frac{\text{चाल में कुल कमी} \times 100}{\text{प्रारम्भिक चाल}} = \frac{5 \times 100}{30} = 16\frac{2}{3}\%$$

अध्याय पर आधारित प्रश्नों के प्रकार

'प्रतिशतता' अध्याय से विभिन्न प्रतियोगी परीक्षाओं में पूछे गये और पूछे जा सकने वाले प्रश्नों को 11 प्रकारो में बांट सकते हैं–

1. प्रतिशत कमी पर आधारित प्रश्न
2. प्रतिशत वृद्धि पर आधारित प्रश्न
3. प्रतिशत वृद्धि और कमी दोनों पर आधारित प्रश्न
4. क्षेत्रफल और आयतन पर आधारित प्रश्न
5. आय-व्यय पर आधारित प्रश्न
6. चुनाव पर आधारित प्रश्न
7. मिश्रण पर आधारित प्रश्न
8. जनसंख्या पर आधारित प्रश्न
9. संख्याओं पर आधारित प्रश्न
10. परीक्षा में फेल-पास पर आधारित प्रश्न
11. विविध प्रश्न

उदारणार्थ हल प्रश्न

1 प्रतिशत कमी पर आधारित प्रश्न

1. सीता की आय गीता की आय से 10% कम है। बताइये गीता की आय सीता की आय से कितने % अधिक है?
2. चीनी का मूल्य 20% घट गया। ज्ञात कीजिए कि उपभोक्ता पहले जितने व्यय में कितने % अधिक चीनी प्राप्त करेगा?
3. एक पुस्तक का अंकित मूल्य क्रय मूल्य से 20% कम है। बताइये उसे कितने % अधिक में बेचा जाय कि न लाभ हो न हानि?
4. रहीम की ऊँचाई करीम की ऊँचाई से 50% कम थी। ज्ञात कीजिए कि करीम रहीम से कितने % अधिक ऊँचा है?
5. दो राशियों के गुणनफल में एक राशि 30% कम हो गयी। दूसरी राशि को कितने प्रतिशत बढ़ाया जाय की गुणनफल शुद्ध-शुद्ध प्राप्त हो?

$$\text{प्रतिशत वृद्धि या अधिकता} = \frac{100 \times \text{\% कमी}}{100 - \text{\% कमी}}$$

हल

1. $\text{गीता की आय में \% अधिकता} = \frac{100 \times 10}{90} = \frac{100}{9} = 11\frac{1}{9}\%$
2. $\text{चीनी की प्रतिशत अधिकता} = \frac{100 \times 20}{80} = 25\%$
3. $\text{मूल्य में \% अधिकता} = \frac{100 \times 20}{80} = 25\%$
4. $\text{प्रतिशत अधिक ऊँचाई} = \frac{100 \times 50}{50} = 100\%$
5. $\text{दूसरी राशि में \% वृद्धि} = \frac{100 \times 30}{70} = \frac{300}{7} = 42\frac{6}{7}\%$

2 प्रतिशत वृद्धि या अधिकता पर आधारित प्रश्न

1. राम की आय श्याम की आय से 20% अधिक है। ज्ञात कीजिए की श्याम की आय राम की आय से कितने % कम है?
2. खाद्य सामग्री का मूल्य 10% बढ़ गया। उपभोक्ता खाद्य सामग्री का प्रयोग कितने % कम कर दे कि उसका खर्च न बढ़े?
3. किसी वस्तु का अंकित मूल्य क्रय मूल्य से 25% अधिक है। उसे कितने % कम में बेचा जाय कि न लाभ हो, न हानि?
4. सरसों के तेल का दाम 15% बढ़ गया। उसकी बिक्री कितने % कम होने पर दुकानदार के लाभ-हानि पर असर नहीं पड़ेगा?
5. एक व्यक्ति किसी कारण से अपना खर्च 20% बढ़ा दिया। पुनः कारण समाप्त होने पर वह अपना खर्च कितने % घटाये कि उसके बचत पर कोई असर न पड़े?

$$\text{प्रतिशत कमी} = \frac{100 \times \text{\% वृद्धि}}{100 + \text{\% वृद्धि}}$$

हल

1. राम की आय से श्याम की आय में % कमी $= \frac{100\times 20}{120} = \frac{50}{3} = 16\frac{2}{3}\%$
2. खाद्य सामग्री के प्रयोग में % कमी $= \frac{100\times 10}{110} = \frac{100}{11} = 9\frac{1}{11}\%$
3. मूल्य में % कमी $= \frac{100\times 25}{125} = \frac{100}{5} = 20\%$
4. बिक्री में % कमी $= \frac{100\times 15}{115} = \frac{100\times 3}{23} = \frac{300}{23} = 13\frac{1}{23}\%$
5. व्यक्ति के खर्च में % कमी $= \frac{100\times 20}{120} = \frac{100}{6} = \frac{50}{3} = 16\frac{2}{3}\%$

3 प्रतिशत वृद्धि और कमी दोनों पर आधारित प्रश्न

1. एक व्यक्ति की आय 10% बढ़ी। कुछ दिनों बाद पुनः 20% बढ़ गयी। इस प्रकार व्यक्ति की आय में कुल कितने प्रतिशत की वृद्धि हुई?
2. मोहन ने अपना व्यय पहले 15% घटाया, पुनः 5% घटाया। इस प्रकार उसके व्यय में कुल कितने प्रतिशत की कमी हुई?
3. एक व्यक्ति की मजदूरी पहले 20% बढ़ी परन्तु कुछ ही दिनों बाद मजदूरी 10% घट गयी। इस प्रकार उसके मजदूरी में कितने प्रतिशत का परिवर्तन हुआ?
4. बाजार मन्द रहने के कारण राम की आय 10% घटी परन्तु कुछ दिनों बाद आय 15% बढ़ गयी। इस प्रकार उसके आय में कितने प्रतिशत का परिवर्तन हुआ?
5. एक कारखाने के उत्पादन में पहले 25% की वृद्धि हुई परन्तु कुछ दिनों बाद उत्पादन 15% कम हो गया। इस प्रकार कारखाने के उत्पादन में कितने % की कमी या वृद्धि हुई?
6. एक दुकानदार माल खरीदते समय 10% ठगता है और बेचते समय 5% ठगता है। इस प्रकार उसे कुल कितने % का लाभ हुआ?

> *यदि एक बार प्रतिशत वृद्धि या कमी करने के बाद पुनः प्रतिशत वृद्धि या कमी की जाय तो अन्तिम रूप से राशि के मान में प्रतिशत परिवर्तन = पहला % + दूसरा % + $\frac{\text{पहला \%} \times \text{दूसरा \%}}{100}$, % वृद्धि होने पर धनात्मक और % कमी होने पर ऋणात्मक मान रखे जायेंगे। यदि परिणाम धनात्मक आता है तो % वृद्धि होगी और यदि परिणाम ऋणात्मक आता है तो % कमी होगी।*

हल

1. व्यक्ति की आय में % परिवर्तन $= 10 + 20 + \frac{10\times 20}{100} = 30 + 2 = 32\%$ वृद्धि
2. मोहन के व्यय में % परिवर्तन $= -15 - 5 + \frac{-15\times -5}{100} = -20 + \frac{3}{4} = -19\frac{1}{4}\% \Rightarrow 19\frac{1}{4}\%$ कमी
3. मजदूरी में % परिवर्तन $= 20 - 10 + \frac{20\times -10}{100} = 20 - 10 - 2 = 8\% \Rightarrow 8\%$ वृद्धि
4. आय में % परिवर्तन $= -10 + 15 + \frac{-10\times 15}{100} = -10 + 15 - \frac{3}{2} = 5 - \frac{3}{2} = \frac{10-3}{2} = \frac{7}{2}\% \Rightarrow 3\frac{1}{2}\%$ वृद्धि
5. उत्पादन में % परिवर्तन $= 25 - 15 + \frac{25\times -15}{100} = 10 - \frac{15}{4} = \frac{40-15}{4} = \frac{25}{4}\%$ वृद्धि
6. % लाभ $= 10 + 5 + \frac{10\times 5}{100} = 15 + \frac{1}{2} = 15\frac{1}{2}\%$

4 क्षेत्रफल और आयतन पर आधारित प्रश्न

[A] क्षेत्रफल

1. एक आयत की लम्बाई 5 % बढ़ायी गयी। जबकि चौड़ाई 10% बढ़ायी गयी। इस प्रकार उसके क्षेत्रफल में कितने प्रतिशत वृद्धि हुई?
2. एक आयताकार खेत की लम्बाई 20% बढ़ायी गयी जबकि चौड़ाई 10% घटा दी गयी। उसके क्षेत्रफल मे कितने प्रतिशत का परिवर्तन हुआ?

3. एक वर्ग की भुजा 25% बढ़ायी गयी। उसका क्षेत्रफल कितने प्रतिशत बढ़ जायेगा?
4. किसी त्रिभुज का आधार और ऊँचाई क्रमशः 8%, 12% बढ़ाये गये। बताइये उसके क्षेत्रफल में कितने प्रतिशत की वृद्धि होगी?
5. एक समान्तर चतुर्भुज के आधार में 25% की वृद्धि की गयी जबकि आधार से उसकी ऊँचाई में 10% की कमी की गयी। इस प्रकार उसके क्षेत्रफल में कितने % परिवर्तन हुआ?
6. एक वृत्त की परिधि में 5% की वृद्धि की गयी। उसका क्षेत्रफल कितने प्रतिशत बढ़ जायेगा?
7. एक वृत्ताकार क्यारी के व्यास में 15% की कमी की गयी। तब उसका क्षेत्रफल कितने % घट जायेगा?
8. एक वृत्ताकार पार्क की त्रिज्या में 10% की वृद्धि हुई। उसके क्षेत्रफल में % वृद्धि ज्ञात कीजिए।
9. एक ठोस गोले का व्यास 20% बढ़ गया। उसके पृष्ठ क्षेत्रफल में कितने % की वृद्धि होगी?

हल

> *(i) क्षेत्रफल द्विविमीय गुणनफल होता है। यदि एक बीमा में % वृद्धि या कमी करके दूसरी विमा में % वृद्धि या कमी की जाय तो क्षेत्रफल में प्रतिशत परिवर्तन = पहला % + दूसरा % + $\frac{\text{पहला}\% \times \text{दूसरा}\%}{100}$*
>
> *वृद्धि होने पर धनात्मक और कमी होने पर ऋणात्मक मान रखा जायेगा।*
>
> *(ii) वृत्त की त्रिज्या, व्यास और परिधि इन तीनों में से किसी भी एक को x% बदला जाय तो अन्य दो भी x% ही बदलेंगे। जैसे यदि त्रिज्या को 10% बढ़ाया जाय तो व्यास भी 10% बढ़ेगा तथा परिधि भी 10% बढ़ेगी। इसी प्रकार यदि व्यास को 20% घटाया जाए तो त्रिज्या भी 20% घटेगी और परिधि भी 20% ही घटेगी।*

1. क्षेत्रफल में % परिवर्तन $= 5+10+\frac{5\times10}{100} = 5+10+\frac{1}{2} = 15\frac{1}{2}\%$ वृद्धि
2. क्षेत्रफल में % परिवर्तन $= 20-10+\frac{20\times-10}{100} = 10-2 = 8\%$ वृद्धि
3. क्षेत्रफल में % परिवर्तन $= 25+25+\frac{25\times25}{100} = 50+6\frac{1}{4} = 56\frac{1}{4}\%$ वृद्धि
4. त्रिभुज के क्षेत्रफल में % परिवर्तन $= 8+12+\frac{8\times12}{100} = 20+0.96 = 20.96\%$ वृद्धि
5. चतुर्भुज के क्षेत्रफल में % परिवर्तन $= 25-10+\frac{25\times-10}{100} = 15-2.5 = 12.5\%$ वृद्धि
6. वृत्त के क्षेत्रफल में % परिवर्तन $= 5+5+\frac{5\times5}{100} = 10+\frac{1}{4} = 10\frac{1}{4}\%$ वृद्धि
7. क्यारी के क्षेत्रफल में % परिवर्तन $= -15-15+\frac{-15\times-15}{100} = -30+2.25 = -27.75 \Rightarrow 27.75\%$ कमी
8. पार्क के क्षेत्रफल में % परिवर्तन $= 10+10+\frac{10\times10}{100} = 20+1 = 21\%$ वृद्धि
9. पृष्ठ क्षेत्रफल में % परिवर्तन $= 20+20+\frac{20\times20}{100} = 40+4 = 44\%$ वृद्धि

[B] आयतन

1. एक गोले के व्यास में 10% की कमी की गयी। उसके आयतन में कितने % की कमी होगी?
2. किसी बेलन की त्रिज्या 5% बढ़ायी गयी और ऊँचाई 10%। इस प्रकार बेलन के आयतन में कितने प्रतिशत की वृद्धि होगी?
3. एक घन की भुजा में 10% की वृद्धि हुई। उसके आयतन में कितने % की वृद्धि होगी?
4. एक हाल की लम्बाई, चौड़ाई, ऊँचाई क्रमशः 10%, 20%, 10% घटायी गयी। हाल के आयतन में कितने प्रतिशत का परिवर्तन हो जायेगा?
5. एक निश्चित माप के प्रस्तावित कमरे की लम्बाई 10% घटायी गयी, चौड़ाई 20% घटायी गयी, जबकि ऊँचाई 5% बढ़ायी गयी। इस प्रकार कमरे के आयतन में कितने % का परिवर्तन हुआ?

> *आयतन त्रिविमीय गुणनफल होता है। यदि तीनों विमाओं में प्रतिशत वृद्धि या कमी की जाय तो सर्वप्रथम दो विमाओं में परिणामी प्रतिशत परिवर्तन निम्नलिखित सूत्र से ज्ञात करेंगे–*
>
> $$\text{दो विमाओं में परिणामी \% परिवर्तन} = \text{पहला \%} + \text{दूसरा \%} + \frac{\text{पहला \%} \times \text{दूसरा \%}}{100}$$
>
> *इसके बाद तीनों विमाओं अर्थात् आयतन में % परिवर्तन निम्नलिखित सूत्र से ज्ञात करेंगे–*
>
> *तीनों विमाओं अर्थात् आयतन में % परिवर्तन =*
>
> $$\text{परिणामी \% परिवर्तन} + \text{तीसरा \%} + \frac{\text{परिणामी \% परिवर्तन} \times \text{तीसरा \%}}{100}$$

हल

1. पहली दो विमाओं में % परिवर्तन $= -10-10+\frac{-10\times-10}{100} = -20+1 = -19\%$

   अब आयतन में % परिवर्तन $= -19-10+\frac{-19\times-10}{100} = -29+1.9 = -27.1\% \Rightarrow 27.1\%$ कमी

2. पहली दो विमाओं में % परिवर्तन $= 5+5+\frac{5\times5}{100} = 10+\frac{1}{4} = 10.25\%$ वृद्धि

   $\therefore$ आयतन में % परिवर्तन $= 10.25+10+\frac{10.25\times10}{100} = 21.275\%$ वृद्धि

3. पहली दो विमाओं में % परिवर्तन $= 10+10+\frac{10\times10}{100} = 21\%$ वृद्धि

   $\therefore$ आयतन में % परिवर्तन $= 21+10+\frac{21\times10}{100} = 31+2.1 = 33.1\%$ वृद्धि

4. पहली दो विमाओं में % परिवर्तन $= -10-20+\frac{-10\times-20}{100} = -30+2 = -28\%$

   $\therefore$ आयतन में % परिवर्तन $= -28-10+\frac{-28\times-10}{100} = -38+2.8 = -35.2\% \Rightarrow 35.2\%$ कमी

5. पहली दो विमाओं में % परिवर्तन $= -10-20+\frac{-10\times-20}{100} = -30+2 = -28\%$

   $\therefore$ आयतन में % परिवर्तन $= -28+5+\frac{-28\times5}{100} = -23-1.4 = -24.4\% \Rightarrow 24.4\%$ कमी

5 आय-व्यय पर आधारित प्रश्न

1. गोपाल अपनी मासिक आय का 30% भोजन पर खर्च करता है। शेष का 40% परिवहन पर खर्च करता है। इसके बाद शेष का 50% बचाता है। यदि उसकी मासिक आय ₹ 18400 हो तो वह प्रतिमाह कितने ₹ बचाता है?
2. नारायण अपने मासिक वेतन का 30% शिक्षा पर व्यय करता है। शेष का 50% वह भोजन तथा परिवर्तन पर व्यय करता है। इसके बाद शेष में से ₹1000 मकान का किराया देता है अंत में उसके पास ₹1800 बचते हैं। नारायण का मासिक वेतन ज्ञात कीजिए।
3. एक आदमी अपनी आय का 5% निर्धन कोष में दान करता है, शेष आय का 20% बचत बैंक में जमा करता है। अन्त में उसके पास ₹ 1919 बच जाते हैं। उसकी आय कितनी है?
4. नीलम अपनी कुल आय का 20% मकान के किराये पर तथा शेष का 70% घरेलू मदों पर खर्च करती है। यदि वह ₹ 3600 की बचत करती है तो उसकी कुल आय कितनी है?

> *किसी व्यक्ति द्वारा अपनी आय का 40% खर्च करने के बाद उसके आय का 60% शेष रहेगा। इसी प्रकार यदि व्यक्ति अपनी आय का 35% खर्च करता है तो उसकी आय का 65% शेष रहेगा। यदि व्यक्ति अपनी आय का 55% खर्च करता है तो उसकी आय का 45% शेष रहेगा।*

हल

1. गोपाल की प्रतिमाह बचत $= 18400\times\frac{70}{100}\times\frac{60}{100}\times\frac{50}{100} = 3864$

2. मासिक वेतन $\times\frac{70}{100}\times\frac{50}{100}-1000 = 1800$

   $\therefore$ मासिक वेतन $\times\frac{7\times5}{100} = 2800$, अतः मासिक वेतन $= \frac{2800\times100}{7\times5} = 8000$

3. आय $\times \frac{95}{100} \times \frac{80}{100} = 1919$, अतः आय $= \frac{1919 \times 100 \times 100}{95 \times 80} = 2525$

4. आय $\times \frac{80}{100} \times \frac{30}{100} = 3600$, अतः आय $= \frac{3600 \times 100}{8 \times 3} = 15000$

6 चुनाव पर आधारित प्रश्न

1. एक चुनाव में दो उम्मीदवार थे। जीतने वाले उम्मीदवार को कुल मतों का 65% मत प्राप्त हुआ और वह 900 मतों से विजयी हुआ। ज्ञात कीजिए कि मतदाता सूची में कितने मतदाताओं के नाम दर्ज हैं?
2. किसी चुनाव में A और B दो प्रत्याशी थे। A ने कुल मतों का 45% मत प्राप्त किया परन्तु 1000 मतों से चुनाव हार गया। कुल मतदाताओं की संख्या ज्ञात कीजिए।
3. एक चुनाव में 3 उम्मीदवारों ने भाग लिया। जीतने वाले उम्मीदवार को 45% मत मिला तथा तीसरे स्थान पर रहने वाले उम्मीदवार को 25% मत मिला। यदि दूसरे स्थान पर रहने वाला उम्मीदवार 4500 मतों से चुनाव हारा हो तो कुल कितने मतदाताओं ने मतदान किया?
4. किसी त्रिपक्षीय चुनाव में A को कुल मतों का 10% मत प्राप्त हुए और वह तीसरे स्थान पर रहा। B को 48% मत मिले और वह 1200 मतों से चुनाव जीत गया। C दूसरे स्थान पर रहा। चुनाव में कुल कितने मतदाताओं ने मत दिये?
5. एक चुनाव में 20% मत अवैध घोषित हो गये। करीम और रावत दो उम्मदीवार थे। रावत वैध मतों का 40% मत प्राप्त किया और 1600 मतों से पराजित हो गया। ज्ञात कीजिए कि कितने मतदाताओं ने अपने मतों का प्रयोग किया?

(a) दो उम्मदीवारों में से यदि एक उम्मीदवार 40% मत पाता है तो दूसरा उम्मीदवार 100% – 40% = 60% मत पायेगा। इसी प्रकार यदि एक उम्मीदवार 55% मत पाता है तो दूसरा उम्मीदवार 100% – 55 % = 45% मत पायेगा।

(b) यदि 3 उम्मीदवार हों और दो उम्मीदवार क्रमशः 30%, 35% मत पायें तो तीसरा उम्मीदवार 100% – (30% + 35%) = 35% मत पायेगा।

(c) यदि एक प्रत्याशी x मतों से चुनाव जीतता है तो इसका अर्थ है कि दूसरा प्रत्याशी x मतों से चुनाव हारता है। इस प्रकार हार-जीत x मतों से होती है अर्थात् दोनों के प्राप्त मतों का अन्तर x है।

हल

1. $\therefore$ दोनों उम्मीदवारों के % मतों में अन्तर = 65% – 35% = 30%

$\therefore$ कुल मतों का 30% = 900

$\therefore$ कुल मत $\times \frac{30}{100} = 900$ या कुल मत = 3000

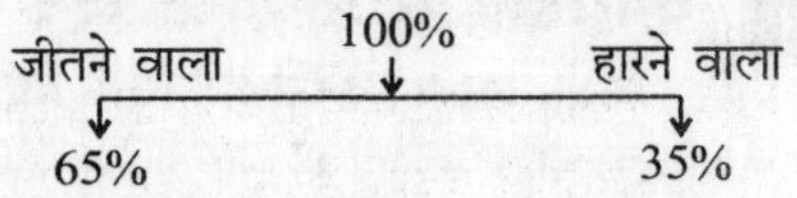

2. 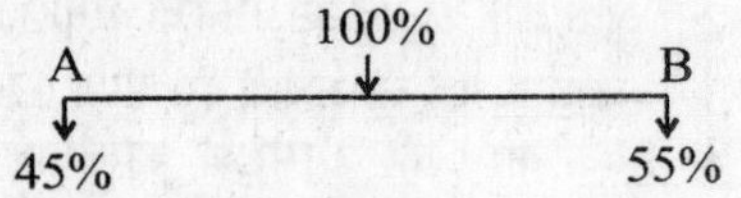

$\therefore$ A और B के % मतों मे अन्तर = 55% – 45% = 10%

$\therefore$ कुल मत $\times \frac{10}{100} = 1000$ या कुल मत = 10000

3. 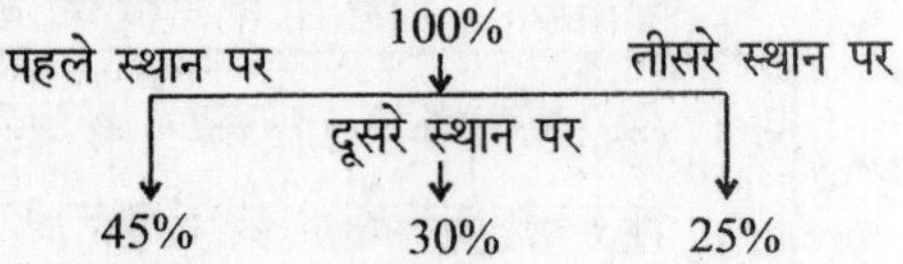

हार-जीत में % अन्तर = 45% – 30% = 15%

$\therefore$ कुल मत $\times \frac{15}{100} = 4500$ या कुल मत = 30000

4. 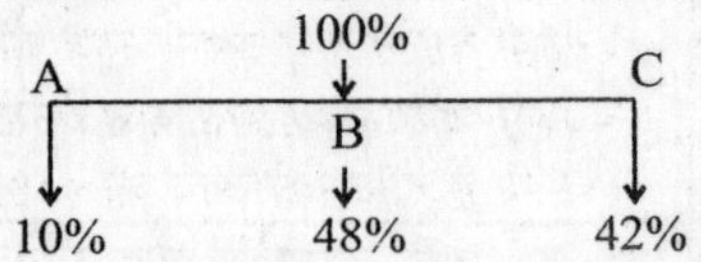

$\therefore$ हार-जीत में % अन्तर = 48% – 42% = 6%

$\therefore$ कुल मत $\times \frac{6}{100} = 1200$ या कुल मत = 20000

5. हार-जीत में % अन्तर = 60% – 40% = 20%

$\therefore$ कुल मत के 80% का 20% = 1600

$\therefore$ कुल मत $\times \frac{80}{100} \times \frac{20}{100} = 1600$

$\therefore$ कुल मत $= \frac{1600 \times 100 \times 100}{80 \times 20} = 10000$

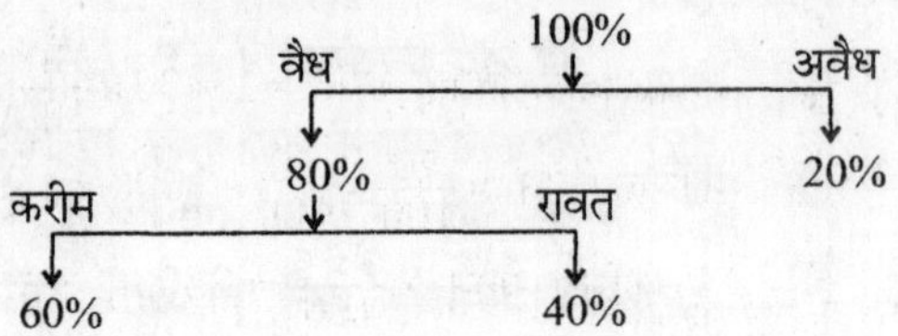

7 मिश्रण पर आधारित प्रश्न

1. 15 ली० घोल में 40% चीनी है। इसमें 3 ली. पानी और मिला दिया गया। नये घोल में चीनी का प्रतिशत ज्ञात कीजिए।
2. बालू और लोहे के 10 किग्रा. मिश्रण में 20% लोहा है। उसमें कितनी बालू और मिलायी जाय कि लोहा 10% हो जाय?
3. एल्कोहल और पानी के 40 ली. विलयन में 25% एल्कोहल है। उसमें एल्कोहल कितने ली. कम डाला गया होता कि वह 20% होता?
4. दो धातुओं के 25 ग्राम मिश्रण में 40% पहली धातु है। दूसरी धातु कितनी कम कर दी जाय कि उसका प्रतिशत 50% हो जाय?

हल

1. 3 ली पानी और डालने पर नया घोल $= 15 + 3 = 18$ ली.

$\therefore$ नये गोल में चीनी की प्रतिशत मात्रा $= \dfrac{\text{चीनी की मात्रा} \times 100}{\text{नया घोल}}$

$= \dfrac{6\times100}{18} = 33\dfrac{1}{3}\%$

15 ली घोल
चीनी: $\dfrac{15 \times 40}{100} = 6$ ली
पानी: $15 - 6 = 9$ ली

2. माना x किग्रा और बालू मिलायी जायेगी।

$\dfrac{\text{बालू}}{\text{लोहा}} \Rightarrow \dfrac{8+x}{2} = \dfrac{90}{10} = \dfrac{9}{1}$

अतः $8 + x = 18$ या $x = 18 - 8 = 10$ किग्रा.

10 किग्रा मिश्रण
बालू: $10 - 2 = 8$ किग्रा
लोहा: $10\times\dfrac{20}{100} = 2$ किग्रा

3. माना x ली. कम एल्कोहल डाला गया होता।

$\therefore \dfrac{\text{एल्कोहल}}{\text{पानी}} \Rightarrow \dfrac{10-x}{30} = \dfrac{20}{80} = \dfrac{1}{4}$

$\therefore 30 = 40 - 4x$ या $4x = 10$, अतः $x = \dfrac{10}{4} = 2.5$ ली.

40 ली. विलयन
एल्कोहल: $40\times\dfrac{25}{100} = 10$ ली.
पानी: $40 - 10 = 30$

4. माना दूसरी धातु x ग्राम कम की जाती है।

$\therefore \dfrac{\text{पहली धातु}}{\text{दूसरी धातु}} \Rightarrow \dfrac{10}{15-x} = \dfrac{50}{50} = \dfrac{1}{1}$

$\therefore 10 = 15 - x$ या $x = 15 - 10 = 5$ ग्राम

25 ग्राम मिश्रण
पहली धातु: $25\times\dfrac{40}{100} = 10$ ग्राम
दूसरी धातु: $25 - 10 = 15$ ग्राम

8 जनसंख्या पर आधारित प्रश्न

1. किसी नगर की जनसंख्या 10% वार्षिक दर से बढ़ रही है। वहां की वर्तमान जनसंख्या 100000 है। 3 वर्ष बाद नगर की जनसंख्या कितनी हो जायेगी?
2. एक गाँव की वर्तमान आबादी 40000 है। यदि आबादी 5% वार्षिक दर से बढ़ती है तो $2\frac{3}{5}$ वर्ष बाद आबादी कितनी हो जायेगी?
3. मोहन के गांव की आबादी इस समय 6760 है। यदि उसमें 4% वार्षिक दर से वृद्धि हो रही हो तो 2 वर्ष पूर्व गांव की आबादी कितनी थी?
4. एक कस्बे की जनसंख्या पहले वर्ष 5% घटी, दूसरे वर्ष 8% बढ़ी और तीसरे वर्ष 10% घटी। यदि 3 वर्ष पूर्व वहां की जनसंख्या 5 लाख थी तो कस्बे की वर्तमान जनसंख्या ज्ञात कीजिए।

[A] यदि वर्तमान जनसंख्या P, जनसंख्या वृद्धि की दर r% वार्षिक, हो तो t वर्षों बाद जनसंख्या $A = P\left(1+\dfrac{r}{100}\right)^t$

[B] यदि जनसंख्या r% वार्षिक दर से घट रही हो तो t वर्षों बाद जनसंख्या $A = P\left(1-\dfrac{r}{100}\right)^t$

[C] यदि समय भिन्नात्मक (जैसे $3\frac{1}{5}$ वर्ष) हो तो जनसंख्या $A = P\left(1+\dfrac{r}{100}\right)^3\left(1+\dfrac{r\times\frac{1}{5}}{100}\right)$

[D] यदि जनसंख्या वृद्धि प्रथम वर्ष 10% द्वितीय वर्ष 5%, तृतीय वर्ष 8%..... हो तो
t वर्ष बाद जनसंख्या $A = P\times\dfrac{110}{100}\times\dfrac{105}{100}\times\dfrac{108}{100}\times$ ....

[E] यदि जनसंख्या में कमी प्रथम वर्ष 10% द्वितीय वर्ष 5%, तृतीय वर्ष 8%........हो तो
t वर्षों बाद जनसंख्या $A = P\times\dfrac{90}{100}\times\dfrac{95}{100}\times\dfrac{92}{100}\times$ ....

[F] यदि जनसंख्या प्रथम वर्ष 10% बढ़े, दूसरे वर्ष 5% घटे, तीसरे वर्ष 8% बढ़े, चौथे वर्ष 12% घटे तो
4 वर्ष बाद जनसंख्या $A = P\times\dfrac{110}{100}\times\dfrac{95}{100}\times\dfrac{108}{100}\times\dfrac{88}{100}$

हल

1. 3 वर्ष बाद जनसंख्या $A = 100000\left(1+\frac{10}{100}\right)^3 = 100000\left(\frac{110}{100}\right)^3 \Rightarrow 100000\left(\frac{11}{10}\right)^3 = 100000 \times \frac{1331}{1000} = 133100$

2. $2\frac{3}{5}$ वर्ष बाद गाँव की जनसंख्या $= 40000\left(1+\frac{5}{100}\right)^2\left(1+\frac{5\times\frac{3}{5}}{100}\right) = 40000\left(\frac{21}{20}\right)^2\left(1+\frac{3}{100}\right)$

$$= 40000 \times \frac{441}{400} \times \frac{103}{100} = 441 \times 103 = 45423$$

3. $6760 = P\left(1+\frac{4}{100}\right)^2 = P\left(1+\frac{1}{25}\right) = P\left(\frac{26}{25}\right)^2 = P\left(\frac{676}{625}\right)$

$\therefore P \times 676 = 625 \times 6760$ या $P = \frac{625 \times 6760}{676} = 6250$

4. वर्तमान जनसंख्या = 3 वर्ष पूर्व की जनसंख्या $\times \frac{95}{100} \times \frac{108}{100} \times \frac{90}{100} = 500000 \times \frac{95}{100} \times \frac{108}{100} \times \frac{90}{100} = 461700$

9 संख्याओं पर आधारित प्रश्न

1. एक संख्या का 80% दूसरी संख्या के 50% के बराबर है। यदि दूसरी संख्या पहली संख्या का x% है तो x का मान ज्ञात कीजिए।
2. किसी संख्या का $\frac{4}{5}$ भाग उसके 65% से 60 अधिक है। संख्या ज्ञात कीजिए।
3. एक संख्या का $\frac{3}{7}$ भाग उसके 40% से 12 अधिक है। संख्या का 60% कितना होगा?
4. किसी संख्या का 14वाँ भाग 12 के बराबर है। संख्या का 150% कितना होगा?

हल

1. चूंकि पहली संख्या $\times \frac{80}{100}$ = दूसरी संख्या $\times \frac{50}{100}$, अतः पहली संख्या = दूसरी संख्या $\times \frac{5}{8}$

   पुनः दूसरी संख्या = पहली संख्या का x% $\Rightarrow$ दूसरी संख्या = दूसरी संख्या $\times \frac{5}{8} \times \frac{x}{100}$, अतः $x = \frac{8 \times 100}{5} = 160$

2. यदि संख्या x है। तो $x \times \frac{4}{5} - x \times \frac{65}{100} = 60$, अतः $\frac{4x}{5} - \frac{13x}{20} = 60$

   $\therefore \frac{16x-13x}{20} = 60$ या $\frac{3x}{20} = 60$ या $x = 400$

3. यदि वह संख्या x है। तो x का $\frac{3}{7}$ − x का $\frac{40}{100} = 12$, अतः $\frac{3x}{7} - \frac{2x}{5} = 12$

   $\therefore \frac{15x-14x}{35} = 12$ या $\frac{x}{35} = 12$ या $x = 420$, अतः संख्या का 60% $= 420 \times \frac{60}{100} = 252$

4. संख्या $\times \frac{1}{14} = 12$, अतः संख्या $= 14 \times 12 = 168$, अतः संख्या का 150% $= 168 \times \frac{150}{100} = 252$

10 परीक्षा में फेल-पास पर आधारित प्रश्न

[A] 1. किसी परीक्षा में 60% विद्यार्थी गणित में 70% अंग्रेजी में और 50% विद्यार्थी दोनों में उत्तीर्ण हुए। बताइये कुल कितने % विद्यार्थी उत्तीर्ण हुए?

2. एक परीक्षा में हिन्दी में 40%, संस्कृत में 25% और दोनों विषयों में 20% विद्यार्थी अनुत्तीर्ण हुए। बताइये कुल कितने % विद्यार्थी उत्तीर्ण हुए?
3. हिन्दी की परीक्षा में दो प्रश्न पत्र थे। प्रथम प्रश्न पत्र में 75% छात्र तथा द्वितीय प्रश्न पत्र में 55% छात्र उत्तीर्ण हुए जबकि दोनों प्रश्नपत्रों में 35% छात्र अनुत्तीर्ण रहे। कुल कितने % छात्र अनुत्तीर्ण हुए?
4. किसी परीक्षा में गणित में 60% लड़के तथा विज्ञान में 65% लड़के उत्तीर्ण हुए जबकि दोनों विषयों में कुल 30% लड़के अनुत्तीर्ण हुए। यदि परीक्षा में कुल 600 लड़के बैठे हों तो कुल कितने लड़के उत्तीर्ण हुए?

यदि किसी विषय में 65% छात्र उत्तीर्ण हों तो इसका अर्थ है कि उस विषय में 35% अनुत्तीर्ण हैं। इसी प्रकार यदि किसी विषय में 30% छात्र अनुत्तीर्ण हों तो इसका अर्थ है कि उस विषय में 70% छात्र उत्तीर्ण हैं। इस आधार पर निम्नलिखित सूत्र से % उत्तीर्ण संख्या ज्ञात करेंगे– % उत्तीर्ण छात्र = 100 – एक विषय में अनुत्तीर्ण % – दूसरे विषय में अनुत्तीर्ण % + दोनों विषयों में अनुत्तीर्ण %

हल

1. % उत्तीर्ण विद्यार्थी = 100 − 40 − 30 + 50 = 150 − 70 = 80%
2. % उत्तीर्ण विद्यार्थी = 100 − 40 − 25 + 20 = 120 − 65 = 55%
3. % उत्तीर्ण छात्र = 100 − 25 − 45 + 35 = 135 − 70 = 65%, अतः % अनुत्तीर्ण छात्र = (100 − 65) % = 35%
4. % उत्तीर्ण छात्र = 100 − 40 − 35 + 30 = 130 − 75 = 55%, अतः 600 लड़कों में उत्तीर्ण लड़के = $600 \times \frac{55}{100} = 330$

[B] 1. किसी परीक्षा में एक लड़का 40% तथा दूसरा लड़का 45% अंक प्राप्त करता है। दोनों लड़के उत्तीर्ण होने के लिए आवश्यक न्यूनतम अंक से क्रमशः 35, 60 अंक अधिक पाते हैं। परीक्षा का पूर्णांक ज्ञात कीजिए।

2. एक परीक्षा में राम 30% अंक प्राप्त करके 30 अंकों से फेल हो जाता है जबकि श्याम 25% अंक प्राप्त करके 80 अंकों से फेल हो जाता है। परीक्षा का पूर्णांक ज्ञात कीजिए।

3. सीता 40% अंक प्राप्त करती है और गीता 30% अंक प्राप्त करती है। सीता के प्राप्तांक पास होने के लिए आवश्यक न्यूनतम अंक से 56 अधिक और गीता के प्राप्तांक 24 कम हैं। परीक्षा का पूर्णांक ज्ञात कीजिए।

4. हाईस्कूल की परीक्षा में मोहन 35% अंक पाता है तो उसके प्राप्तांक न्यूनतम उत्तीर्णांक से 30 अधिक रहते हैं जबकि सोहन 25% अंक पाता है तो उसके प्राप्तांक न्यूनतम उत्तीर्णांक से 30 कम रहते हैं। परीक्षा का पूर्णांक तथा न्यूनतम उत्तीर्णांक ज्ञात कीजिए।

> *(a) यदि दोनों लड़कों के प्राप्तांक न्यूनतम उत्तीर्णांक से अधिक हों या दोनों के प्राप्तांक न्यूनतम उत्तीर्णांक से कम हों तो –*
>
> $$\text{परीक्षा का पूर्णांक} = \frac{\text{उनके अंकों का अन्तर} \times 100}{\text{उनके प्रतिशतों का अन्तर}}$$
>
> *(b) यदि एक लड़के का प्राप्तांक न्यूनतम उत्तीर्णांक से अधिक हो और एक लड़के का प्राप्तांक न्यूनतम उत्तीर्णांक से कम हो तो–*
>
> $$\text{परीक्षा का पूर्णांक} = \frac{\text{उनके अंकों का योग} \times 100}{\text{उनके प्रतिशतों का अन्तर}}$$

हल

1. परीक्षा का पूर्णांक $= \frac{(35 \sim 60) \times 100}{40 \sim 45} = \frac{25 \times 100}{5} = 500$
2. परीक्षा का पूर्णांक $= \frac{(30 \sim 80) \times 100}{30 \sim 25} = \frac{50 \times 100}{5} = 1000$
3. परीक्षा का पूर्णांक $= \frac{(56 + 24) \times 100}{40 \sim 30} = \frac{80 \times 100}{10} = 800$
4. परीक्षा का पूर्णांक $= \frac{(30 + 30) \times 100}{35 \sim 25} = \frac{60 \times 100}{10} = 600$

   अब न्यूनतम उत्तीर्णांक = मोहन का प्राप्तांक − 30 = $600 \times \frac{35}{100} - 30 = 210 - 30 = 180$

[C] 1. एक परीक्षा में 78% लड़के उत्तीर्ण हुए। यदि 110 लड़के अनुत्तीर्ण हुए हों तो ज्ञात कीजिए कि परीक्षा में कुल कितने लड़के सम्मिलित हुए?

2. किसी परीक्षा में 500 लड़के और 300 लड़कियां सम्मिलित हुई? यदि लड़के 70% तथा लड़कियां भी 70% उत्तीर्ण हुई हों तो कुल कितने % परीक्षार्थी अनुत्तीर्ण हुए?

3. एक प्रतियोगिता में 12% प्रतियोगी अपात्र घोषित कर दिये गये। पात्र प्रतियोगियों में 75% प्रतियोगी सफल हुए। आवेदन करने वाले कुल प्रतियोगियों के कितने % प्रतियोगी सफल हुए?

हल

1. चूंकि उत्तीर्ण % = 78%, अतः अनुत्तीर्ण % = (100 − 78) % = 22%

   ∴ कुल लड़कों की संख्या $\times \frac{22}{100} = 110$ ⇒ कुल लड़कों की संख्या $= \frac{110 \times 100}{22} = 500$

2. 500 लड़कों में अनुत्तीर्ण लड़के $= 500\times\frac{30}{100} = 150$ और 300 लड़कियों में अनुत्तीर्ण लड़कियां $= 300\times\frac{30}{100} = 90$

$\therefore$ कुल अनुत्तीर्ण परीक्षार्थी $= 150 + 90 = 240$

$\therefore$ % अनुत्तीर्ण परीक्षार्थी $= \frac{\text{कुल अनुत्तीर्ण परीक्षार्थी} \times 100}{\text{कुल परीक्षार्थी}} = \frac{240\times100}{800} = 30\%$

3. माना कुल 100 प्रतियोगियों ने आवेदन किया था।

$\therefore$ 12% अपात्र घोषित करने पर पात्र प्रतियोगी $= 100 - 12 = 88$

$\therefore$ सफल प्रतियोगियों की संख्या $= 88\times\frac{75}{100} = 66$, अतः 66% आवेदक सफल हुए।

11 विविध प्रश्न

[A] 1. एक छात्रावास में 800 लड़के रहते हैं। 75% लड़के हॉकी तथा 50% लड़के फुलबाल खेलते हैं। यदि प्रत्येक लड़का हाँकी अथवा फुटबाल अथवा दोनों अवश्य खेलता हो तो कितने लड़के दोनों खेल खेलते हैं?

2. एक कार्यालय में 70% कर्मचारी चाय तथा 40% कॉफी पीते हैं। यदि इनमें से प्रत्येक कर्मचारी कोई न कोई एक पेय अथवा दोनों पेय लेता हो। तथा 25 कर्मचारी दोनों पेय लेते हों तो कार्यालय में कुल कितने कर्मचारी है?

> *यदि प्रत्येक सदस्य (व्यक्ति) एक आयटम अथवा दूसरे आयटम अथवा दोनों आयटम में अवश्य भाग लेता हो तो–*
> *कुल संख्या = एक आयटम की संख्या + दूसरे आयटम की संख्या – दोनों आयटमों की संख्या*

हल

1. माना x लड़के दोनों खेल खेलते हैं। अतः 800 = 800 का 75% + 800 का 50% – x

$\therefore$ $800 = 800\times\frac{75}{100} + 800\times\frac{50}{100} - x \Rightarrow 800 = 600 + 400 - x$, अतः $x = 1000 - 800 = 200$

2. माना कार्यालय में कुल x कर्मचारी हैं। अतः $x = x\times\frac{70}{100} + x\times\frac{40}{100} - 25$

$\therefore$ $x = \frac{7x}{10} + \frac{4x}{10} - 25$, अतः $x = \frac{11x}{10} - 25 \Rightarrow \frac{11x}{10} - x = 25$

$\therefore$ $\frac{11x-10x}{10} = 25$ या $\frac{x}{10} = 25$, अतः $x = 250 =$ कुल कर्मचारी

[B] 1. एक पार्टी में 68% लोगों ने कॉफी, 62% लोगों ने चाय पी। जबकि 25% लोगों ने कोई पेय नहीं लिया। यदि कॉफी और चाय दोनों पीने वालों की संख्या 550 हो तो पार्टी मे कुल कितने लोगों ने भाग लिया?

2. एक परिवार में 60% व्यक्ति चावल पसन्द करते हैं। जबकि 50% व्यक्ति रोटी पसन्द करते हैं। यदि 20% व्यक्ति दोनों चीजें पसन्द करते हैं तो उन लोगों का प्रतिशत क्या होगा, जो न तो चावल पसन्द करते हैं और न ही रोटी?

> *यदि कुछ लोग ऐसे भी हों, जो कोई भी आयटम न लेते हों तो*
> *कुल संख्या = एक आयटम की संख्या + दूसरे आयटम की संख्या – दोनों आयटमों की संख्या + कोई भी आयटम न लेने वालों की संख्या*

हल

1. माना पार्टी में कुल x लोगों ने भाग लिया। अतः $x = x\times\frac{68}{100} + x\times\frac{62}{100} - 550 + \frac{x\times25}{100}$

$\therefore$ $x = \frac{155x}{100} - 550 \Rightarrow \frac{155x}{100} - x = 550$ या $\frac{155x-100x}{100} = 550 \Rightarrow \frac{55x}{100} = 550$ या $x = 1000$

2. माना x% लोग न तो चावल पसन्द करते हैं और न ही रोटी।

$\therefore$ $100\% = 60\% + 50\% - 20\% + x\% \Rightarrow 100\% = 90\% + x\%$, अतः $x\% = 100\% - 90\% = 10\%$

[C] 1. एक वृक्ष की ऊँचाई 10% वार्षिक दर से बढ़ती है। यदि वृक्ष इस समय 5 फीट ऊँचा हो तो 3 वर्ष बाद यह कितना ऊँचा हो जायेगा?

2. 24.02 का 10%, 24.2 के 10% से कितना कम है?

3. यदि P का P% = 36 तो P का मान ज्ञात कीजिए।

4. यदि (A + B) का 15% = (A – B) का 25% तो B का कितने % A है?

हल

1. 3 वर्ष बाद वृक्ष की ऊँचाई = वर्तमान ऊँचाई × $\left(\frac{110}{100}\right)^3 = 5\times\left(\frac{11}{10}\right)^3 = \frac{5\times1331}{1000} = \frac{6655}{1000} = 6.66$ फीट

2. 24.02 का 10% = $24.02\times\frac{10}{100} = 2.402$ और 24.2 का 10% = $24.2\times\frac{10}{100} = 2.42$

$\therefore$ दोनों में अन्तर = 2.42 − 2.402 = 0.018

3. चूंकि P का P% = 36, अतः $P\times\frac{P}{100} = 36$ या $P^2 = 3600$, अतः $P^2 = (60)^2$ या P = 60

4. चूंकि $(A+B)\times\frac{15}{100} = (A-B)\times\frac{25}{100}$, अतः $(A+B)\times3 = (A-B)\times5$

$\therefore$ 3A + 3B = 5A − 5B, अतः 3B + 5B = 5A − 3A

$\therefore$ 8B = 2A या A = 4B = B का 4 गुना = B का 400%

अभ्यास प्रश्न

प्रतिशत कमी पर आधारित प्रश्न

1. यदि A, B से 40% कम है, तो B, A से कितना प्रतिशत अधिक है?
(a) 72.33 (b) 60 (c) 40 (d) 66.66 *SSC : CHSL (Tier-1) 16.3.2018*

2. यदि U = 450 तथा V = 585 हैं, तो V, U से कितना प्रतिशत अधिक है?
(a) 130 (b) 23.07 (c) 25 (d) 30 *SSC : CHSL (Tier-1) 10.3.2018*

3. किसी वस्तु के मूल्यों में 10% की कमी की गयी है। इसे पुराने मूल्य पर लाने के लिए नये मूल्य में कितनी वृद्धि करनी होगी?
(a) $9\frac{1}{11}$% (b) 10% (c) 11% (d) $11\frac{1}{9}$% *SSC : CGL (Tier-1) 29.8.2016*

4. एक कर्मचारी की मजदूरी में 20% की कटौती की गयी है। यदि उसकी मजदूरी को पुनः पहले की मजदूरी के बराबर लाना हो, तो उसमें कितनी वृद्धि करनी पड़ेगी?
(a) 27.5% (b) 25.0% (c) 22.5% (d) 20.0% *(SSC FCI,5.2.2012)*

5. A का वेतन, B के वेतन से $33^1/_3$% कम है। तदनुसार B का वेतन A के वेतन से कितने प्रतिशत ज्यादा है?
(a) 20 (b) 25 (c) 50 (d) $16^2/_3$ *(SSC FCI, 11.11.2012)*

6. एक वस्तु का दाम 10% घटाया गया। पूर्व मान में उसको पुनः लगाने के लिए नये दाम को कितने % बढ़ाना है?
(a) 10 % (b) $9\frac{1}{11}$ % (c) $11\frac{1}{9}$% (d) 11% *R.R.B. त्रिवेन्द्रम (डी./इले.असि.) परीक्षा, 2004*

प्रतिशत वृद्धि पर आधारित प्रश्न

7. A का वेतन B के वेतन से 50% अधिक है तो B का वेतन A से कितना कम है?
(a) 50% (b) $33\frac{1}{3}$% (c) $33\frac{1}{4}$% (d) $44\frac{1}{2}$% *SSC : CHSL (Tier-1) 7.9.2016*

8. A, B से 15% अधिक है। B, A से कितने प्रतिशत कम (दशमलव के दो स्थान तक) है–
(a) 9.17% (b) 16.14% (c) 13.04% (d) 6.14% *SSC MTS 6.8.2019*

9. यदि दूध का मूल्य ₹60 प्रति किग्रा. से बढ़कर ₹70 प्रति किग्रा. हो जाता है, तो एक व्यक्ति को दूध की खपत कितने प्रतिशत से कम कर देनी चाहिए, ताकि खर्चा समान रहे?
(a) 16.66 (b) 14.28 (c) 12.33 (d) 17.33 *SSC CPO 5.7.2017*

10. चीनी की कीमत में 20% की वृद्धि की गई है। चीनी की खपत में कितने प्रतिशत की कटौती की जानी चाहिए, जिससे चीनी पर हुए व्यय में कोई अतिरिक्त वृद्धि न हो?
(a) 80% (b) $16\frac{2}{3}$ (c) 20% (d) $83\frac{1}{3}$ *SSC CGL (Tier-1) 5.3.2020*

11. खाद्य तेल की कीमत में 25% की वृद्धि हो गयी। उसी बजट को बनाये रखने के लिए एक परिवार को अपने उपभोग में कितने प्रतिशत की कमी करनी चाहिए?
(a) 70% (b) 20% (c) 30% (d) 80% *SSC CGL (Tier-1) 9.3.2020*

12. यदि चाय के मूल्य में 20% की बढ़ोत्तरी हो जाए, तो उसकी खपत में कितने प्रतिशत की कमी की जाए ताकि चाय पर होने वाले व्यय में कोई वृद्धि न हो?
(a) $83\frac{1}{3}\%$ (b) 20% (c) $16\frac{2}{3}\%$ (d) $8\frac{1}{3}\%$ ***(SSC FCI, 5.2.2012)***

13. खाद्य तेल का दाम 25% बढ़ गया है। इस मद पर व्यय न बढ़ाने के लिए परिवार को खाद्य तेल के प्रयोग में कितने प्रतिशत कमी करनी होगी?
(a) 15% (b) 20% (c) 25% (d) 30% ***(SSC FCI, 15.4.2012)***

14. A का वेतन B के वेतन से 30% अधिक है। A के वेतन के संदर्भ में B के वेतन की प्रतिशत कमी है–
(a) 20% (b) 25% (c) 30% (d) $23\frac{1}{13}\%$ ***(SSC 10+2, 20.10.2013)***

15. यदि नीता का वेतन पपीया के वेतन से 25% अधिक हो, तो पपीया का वेतन नीता के वेतन से कितने प्रतिशत कम होगा?
(a) 15 (b) 20 (c) 25 (d) 32 ***(SSC 10+2, 28.10.2012)***

16. एक व्यक्ति का वेतन 7000 रूपये से बढ़कर 12000 रुपये हो गया। उसके वेतन में कितने प्रतिशत की वृद्धि हुई?
(a) $71\frac{3}{7}\%$ (b) $61\frac{1}{7}\%$ (c) $69\frac{1}{7}\%$ (d) $76\frac{4}{7}\%$ ***SSC CAPF : 24.11.2020***

17. यदि A का वेतन से 60% अधिक है, तो B का वेतन A के वेतन से कितने प्रतिशत कम है?
(a) 47.7% (b) 33.33% (c) 37.5% (d) 45% ***SSC CAPF : 23.11.2020***

प्रतिशत वृद्धि और कमी दोनों पर आधारित प्रश्न

18. एक पंखे के मूल्य को 40% से कम करने पर उसकी बिक्री 50% बढ़ जाती है। उसके राजस्व में कितने प्रतिशत की वृद्धि अथवा कमी होगी?
(a) 15% की वृद्धि (b) 15% की कमी (c) 10% की कमी (d) 10% की वृद्धि ***SSC : CHSL (Tier-1) 06.3.2018***

19. जब किसी संख्या को पहले 10% घटाया जाता है और फिर 10% बढ़ाया जाता है तो, उस संख्या में कितने प्रतिशत परिवर्तन होगा?
(a) 0.1% वृद्धि (b) 1% कमी (c) 0.1%कमी (d) कोई परिवर्तन नहीं ***SSC : CGL (Tier-1) 1.9.2016***

20. A का वेतन 50% घटा दिया गया और बाद में 50% बढ़ा दिया गया। उसे कितने प्रतिशत की हानि हुई?
(a) 25% (b) 40% (c) 12 ½% (d) कोई हानि नहीं हुई ***SSC : CGL (Tier-1) 8.9.2016***

21. जब किसी वस्तु की मूल्य में 20% की कमी हुई तो उसकी बिक्री में x% की वृद्धि हुई। यदि राजस्व प्राप्ति में 60% की वृद्धि हुई है तो x का मान है?
(a) 100 (b) 80 (c) 120 (d) 96 ***SSC CGL (Tier-1) 6.6.2019***

22. एक वस्तु का विक्रय मूल्य 20% कम करने पर उसकी बिक्री में 80% की वृद्धि हो गयी। तदनुसार उसकी कुल बिक्री वास्तव में कितनी प्रभावित हुई?
(a) 44% वृद्धि (b) 44% कमी (c) 66% वृद्धि (d) 75% वृद्धि ***(SSC Tier-1, 19.6.2011)***

23. एक प्रेक्षागृह की सीटों की संख्या में 25% की वृद्धि की गयी है और उसके टिकटों की कीमत में भी, 12% की वृद्धि कर दी गयी है। तदनुसार, उस प्रेक्षागृह की आय में कितनी वृद्धि हो जाएगी?
(a) 40% (b) 35% (c) 45% (d) 48% ***(SSC Tier-1, 8.7.2012)***

24. यदि एक संख्या में 25% वृद्धि कर दी जाए और उससे प्राप्त संख्या में 25% कमी कर दी जाए, तो उसकी अंतिम प्रतिशत वृद्धि या कमी होगी?
(a) 6% की वृद्धि (b) कोई परिवर्तन नहीं (c) $6\frac{1}{4}\%$ की कमी (d) $6\frac{1}{4}\%$ की वृद्धि ***(SSC 10+2, 10.11.2013)***

25. एक व्यापारी एक गलत तराजू के माध्यम से वस्तुओं को खरीदते समय 10% का घोटाला करता है तथा बेचते समय भी 10% का घोटाला करता है। उसका लाभ प्रतिशत है–
(a) 10 (b) 11 (c) 21 (d) 100 ***(SSC 10+2, 28.10.2012)***

26. A का वेतन 10% बढ़ाया गया और फिर 10% घटाया गया। वेतन में परिवर्तन है–
(a) 0% (b) 1% कमी (c) 1% वृद्धि (d) 2% कमी ***(SSC 10+2, 4.11.2012)***

27. एक संख्या पहले 20% कम की जाती है। फिर इस कम की हुई संख्या में 20% वृद्धि की जाती है। परिणामी संख्या मूल संख्या से 20 कम है, तो मूल संख्या है–
(a) 200 (b) 400 (c) 500 (d) 600 ***(SSC, 2.11.2014)***

क्षेत्रफल और आयतन पर आधारित प्रश्न

28. यदि किसी आयत की लम्बाई 40% तक बढ़ा दी जाती है और चौड़ाई 20% तक घटा दी जाती है तो आयत का क्षेत्रफल x% बढ़ जाता है, तो x का मान क्या है?
(a) 20 (b) 12 (c) 16 (d) 6 ***SSC CGL (Tier-1) 3.3.2020***

29. यदि किसी वृत्त की त्रिज्या उसकी मूल मान से 25% तक कम हो जाती है, तो फिर वृत्त के क्षेत्रफल में प्रतिशत में कमी की गणना करें।
(a) 25% (b) 43.75% (c) 50% (d) 93.75% ***SSC : CHSL (Tier-1) 06.3.2018***

30. यदि किसी वर्ग की प्रत्येक भुजा को 10% बढ़ा दिया जाए तो उसके क्षेत्रफल में कितने प्रतिशत की वृद्धि होगी?
(a) 20 (b) 11 (c) 121 (d) 21 ***SSC : CGL (Tier-1) 30.8.2016***

31. यदि एक वृत्ताकार की त्रिज्या में 31% की वृद्धि की जाती है, तो उसका क्षेत्रफल कितने प्रतिशत बढ़ जाएगा?
(a) 62 प्रतिशत (b) 31 प्रतिशत (c) 35.805 प्रतिशत (d) 71.61 प्रतिशत ***SSC : CHSL (Tier-1) 29.1.2017***

32. यदि एक वृत्ताकार की त्रिज्या में 17% की वृद्धि की जाती है, तो उसका क्षेत्रफल कितने प्रतिशत बढ़ जाएगा?
(a) 34 प्रतिशत (b) 36.89 प्रतिशत (c) 17 प्रतिशत (d) 18.445 प्रतिशत ***SSC : CHSL (Tier-1) 23.1.2017***

33. यदि एक घन की भुजा को 10% से बढ़ाया जाता है, तो उसके आयतन में कितने प्रतिशत की वृद्धि होगी?
(a) 30 (b) 31.3 (c) 136.1 (d) 33.1 ***SSC : CHSL (Tier-1)8.3.2018***

34. यदि एक वृत्त की त्रिज्या में 50% की वृद्धि की जाती है, तो वृत्त के क्षेत्रफल में कितने प्रतिशत की वृद्धि होगी?
(a) 225 (b) 125 (c) 150 (d) 175 ***SSC CPO 5.7.2017***

35. यदि आयत की प्रत्येक भुजा 13% कम कर दी जाए, तो इसका क्षेत्रफल कितने प्रतिशत घट जाएगा :
(a) 21.69% (b) 26% (c) 13% (d) 24.31% ***SSC CHSL (Tier-1) 8.7.2019***

36. एक वर्ग की भुजा पहले 10% बढ़ाया गया और फिर उसे 20% कम किया गया। क्षेत्रफल में कुल प्रतिशत परिवर्तन कितना है?
(a) 18.24% की गिरावट (b) 12% की वृद्धि
(c) 18.254% की वृद्धि (d) 22.56% की गिरावट ***SSC MTS 5.8.2019***

37. यदि एक बेलन की ऊँचाई में 35% की वृद्धि की जाती है तथा त्रिज्या में 10% की वृद्धि की जाती है, तो बेलन के वक्र पृष्ठीय क्षेत्रफल में कितने प्रतिशत की वृद्धि होगी?
(a) 46.5 (b) 45 (c) 48.5 (d) 49.7 ***SSC CPO 5.7.2017***

38. यदि एक आयत की लम्बाई में 20% की वृद्धि तथा चौड़ाई में 30% की वृद्धि की जाती है, तो आयत के क्षेत्रफल में कितने प्रतिशत की वृद्धि होगी?
(a) 50 (b) 46 (c) 56 (d) 62 ***SSC CPO 5.7.2017***

39. यदि किसी आयत की प्रत्येक भुजा को 22% बढ़ाया जाय तो इसके क्षेत्रफल में वृद्धि होगी?
(a) 50% (b) 48.84% (c) 46.65% (d) 44% ***SSC CHSL (Tier-1) 8.7.2019***

40. एक गोले के व्यास को 40% कम कर दिया गया है। उसका आयतन कितने प्रतिशत कम हो जाएगा?
(a) 72.5% (b) 64% (c) 78.4% (d) 60% ***SSC CGL (Tier-1) 10.6.2019***

41. एक गोले के व्यास को 140% अधिक कर दिया गया है। उसका आयतन कितने प्रतिशत अधिक हो जाएगा?
(a) 1282.4% (b) 174.4% (c) 1382.4% (d) 274.4% ***SSC CGL (Tier-1) 10.6.2019***

42. यदि किसी बेलन (सिलेंडर) की त्रिज्या को दोगुना किया जाता है और ऊचाई को 50% कम किया जाता है, तो आयतन में कितने प्रतिशत वृद्धि/ गिरावट होती है?
(a) 100% (b) 66.67% (c) 75% (d) 50% ***SSC CHSL (Tier-1) 16.8.2019***

43. यदि एक लम्ब वृत्तीय शंकु की त्रिज्या को 10% कम किया जाता है और उसकी ऊँचाई को 40% बढ़ाया जाता है तब उसके आयतन में कितने प्रतिशत की वृद्धि या गिरावट होती है?
(a) 13.4% की गिरावट (b) 1.34% की गिरावट
(c) 1.34% की वृद्धि (d) 13.4% की वृद्धि ***SSC CHSL (tier-1) 19.8.2019***

44. यदि एक गोलक की त्रिज्या में 50% की वृद्धि कर दी जाए, तो उसके आयतन में कितने प्रतिशत की वृद्धि हो जाएगी?
(a) 625 (b) 150 (c) 125 (d) 237.5 ***(SSC 10+2, 28.10.2012)***

45. यदि एक घन की प्रत्येक भुजा को 10% बढ़ा दिया जाए तो घन का आयतन कितना बढ़ जाएगा?
(a) 30% (b) 10% (c) 33.1% (d) 25% ***(SSC , 21.9.2014)***

46. यदि एक सिलिन्डर की त्रिज्या 50% कम कर दी जाती है और ऊँचाई 50% बढ़ा दी जाती है, तो आयतन में कितना परिवर्तन होगा?
(a) 52.5% (b) 67.5% (c) 57.5% (d) 62.5% ***(SSC, 2.11.2014)***

47. यदि एक गोले की त्रिज्या दुगुनी कर दी जाए, तो आयतन में वृद्धि का प्रतिशत कितना होगा?
(a) 500% (b) 700% (c) 600% (d) 800% ***(SSC , 16.11.2014)***

48. यदि किसी आयात की प्रत्येक भुजा में 11% की कमी हो तो इसके क्षेत्रफल में हुई कमी ज्ञात करें।
(a) 24.31% (b) 25% (c) 21.13% (d) 20.79% ***SSC CAPF : 23.11.2020***

आय-व्यय पर आधारित प्रश्न

49. सोनू अपनी आय का 15% बचा लेती है। यदि उसकी आय में 20% की वृद्धि होती है और वह अब भी पहले जितनी ही बचत करती हो, तो उसके खर्च में कितने प्रतिशत की वृद्धि हुई है? (दशमलव के एक स्थान तक ज्ञात करें)।
(a) 22.8 (b) 24.2 (c) 23.8 (d) 23.5 ***SSC CGL (Tier-1) 4.3.2020***

50. A और B अपनी आय का क्रमशः 60% और 75% खर्च करते हैं। यदि A की बचत B की बचत की तुलना में 20% अधिक है, तो A की आय B की आय से कितने प्रतिशत कम है?
(a) 10 (b) 15 (c) 25 (d) 20 ***SSC CGL (Tier-1) 5.3.2020***

51. A की आय B की तुलना में 60% कम है, और A का व्यय B के व्यय के 60% के बराबर है। यदि A की आय, B के व्यय के 70% के बराबर है, तो A और B की बचत का अनुपात क्या है?
(a) 3 : 8 (b) 4 : 7 (c) 5 : 9 (d) 2 : 15 ***SSC CGL (Tier-1) 4.3.2020***

52. P की आय Q की आय से 50% अधिक है तथा Q की आय R की आय से 50% अधिक है। P की आय R की आय से कितने प्रतिशत अधिक है?
(a) 225 (b) 150 (c) 125 (d) 100 ***SSC : CHSL (Tier-1) 23.3.2018***

53. X की आय Y की आय से 60% अधिक है तथा Y की आय Z की आय से 40% अधिक है। X की आय Z की आय से कितने प्रतिशत अधिक है?
(a) 134 (b) 224 (c) 100 (d) 124 ***SSC : CHSL (Tier-1) 19.3.2018***

54. एक आदमी अपनी आय का 59% खर्च करता है और बाकी की बचत करता है। वह अपने खर्चे का कितनी प्रतिशत बचत करता है?
(a) 72.57% (b) 83.19% (c) 89.09% (d) 69.49% ***SSC : CHSL (Tier-1) 14.1.2017***

55. किसी व्यक्ति के वेतन का 20% भाग किराए पर खर्च होता है, 60% भाग जीवन-यापन पर खर्च होता है और 10% भाग की वह बचत करता है। यदि वह शेष ₹30 बच्चों की शिक्षा पर खर्च करे, तो उसका वेतन कितना है?
(a) 300 (b) 900 (c) 3000 (d) 9000 ***SSC : CGL (Tier-1) 27.8.2016***

56. एक व्यक्ति अपनी 75% राशि पहली बाजी में, शेष की 75% दूसरी बाजी में और शेष की 75% तीसरी बाजी में हार गया और केवल ₹2 लेकर अपने घर पहुँचा। उसकी प्रारम्भिक राशि कितनी थी?
(a) ₹64 (b) ₹128 (c) ₹256 (d) ₹512 ***SSC : CGL (Tier-1) 28.8.2016***

57. A और B के वेतनों का योगफल ₹43000 है। A अपने वेतन का 95% खर्च करता है और B अपने वेतन का 80% खर्च करता है। यदि उनकी बचत समान है, तो A का वेतन (₹ में) कितना है?
(a) 8000 (b) 35000 (c) 10600 (d) 34400 ***SSC CHSL (Tier-1) 8.7.2019***

58. A और B के वेतन का योग ₹45000 है। A अपने वेतन का 85% और B अपने वेतन का 70% खर्च करता है। यदि अब उनकी बचत समान है, तो B का वेतन क्या है?
(a) 12,600 (b) 30,000 (c) 18,000 (d) 15,000 ***SSC CHSL (Tier-1) 8.7.2019***

59. A और B के वेतन का योग ₹42000 है। A अपने वेतन का 75% और B अपने वेतन का 90% खर्च करता है। यदि अब उनकी बचत समान है, तो B का वेतन क्या है?
(a) 30000 (b) 20000 (c) 28000 (d) 16000 ***SSC CGL (Tier-1) 10.7.2019***

60. राजू की आय उसके व्यय से 20% अधिक है। यदि उसकी आय में 60% और उसके व्यय में 70% की वृद्धि होती है, तो उसकी बचत कितने प्रतिशत बढ़ेगी/कम होगी।
(a) 2% बढेगी (b)10% कम होगी (c) 10% बढ़ेगी (d) 2% कम होगी ***SSC CGL (Tier-1) 4.6.2019***

61. B की तुलना में A की आय 25% अधिक है। C की आय, A और B की कुल आय से 65% कम है। C की आय A की आय से कितने प्रतिशत कम है?
(a) 35 (b) 32 (c) 28 (d) 37 ***SSC CGL (Tier-1) 4.6.2019***

62. A की आय B की आय से 50% अधिक है। यदि A की आय में 40% की वृद्धि हुई है, और B की आय में 90% की वृद्धि हुई है, तो उनकी संयुक्त आय में प्रतिशत वृद्धि होगी?
(a) 70 (b) 60 (c) 64 (d) 55 ***SSC CGL (Tier-1) 6.6.2019***

63. एक व्यक्ति अपने वेतन का 10% भोजन पर खर्च करता है। वह शेष भाग का 20% ईंधन पर खर्च करता है। यदि उसके पास ₹4680 शेष है, तो उसका वेतन कितना है?
(a) ₹6000 (b) ₹5000 (c) ₹6500 (d) ₹5500 ***SSC CHSL (Tier-1) 2.8.2019***

64. A और B की आय का योग ₹ 165000 है। A अपनी आय का 70% और B अपनी आय का 80% खर्च करते हैं। यदि A की बचत B की तुलना में 25% अधिक है, तो उनकी आय में कितना अंतर है?
(a) ₹12,000 (b) ₹18,000 (c) ₹15,000 (d) ₹10,000 ***SSC CHSL (Tier-1) 19.8.2019***

65. A की आय B से 40% अधिक है। यदि A की आय में 25% की वद्धि होती है और B की आय में 40% वृद्धि होती है तो A और B के संयुक्त आय में वृद्धि प्रतिशत है।
(a) 31.25 (b) 34.5 (c) 28.25 (d) 24.5 ***SSC CGL (Tier-1) 10.6.2019***

66. सुधा अपनी आय का 15% बचाती है। यदि उसका व्यय 20% बढ़ता है और बचत में 60% की वृद्धि होती है, तो उसकी आय में कितने प्रतशत की वृद्धि हुई है?
(a) 26 (b) 24 (c) 35 (d) 30 ***SC CGL (Tier-1) 6.6.2019***

67. बाला ने अपने वेतन का 10% पी. एम. केयर फंड में दान देने का निर्णय लिया। जिस दिन दान देना था उसने उस दिन अपना विचार बदल दिया और ₹1,800 का दान दिया, जो कि उसके द्वारा पहले तय की गई दान राशि का 60% था। उसका वेतन कितना है?
(a) ₹36,000 (b) ₹40,000 (c) ₹32,000 (d) ₹30,000 ***SSC CHSL (Tier-1) 21.10.2020***

68. रविन्दर एक मेडिकल इंश्योरेंस पॉलिसी में ₹3,750 का निवेश करता है, जो कि उसके मासिक वेतन का 15% है। इसके बाद वह अपने मासिक वेतन का 25% और 8% क्रमशः एक बाल शिक्षा पॉलिसी, और म्यूचुअल फंड में निवेश करता है। उसके पास बची कुल राशि है–
(a) ₹12,000 (b) ₹13,000 (c) ₹15,000 (d) ₹8,000 ***SSC CHSL (Tier-1) 20.10.2020***

69. एक व्यक्ति का मासिक वेतन 75,000 रुपये था, जिसे वह पारिवारिक खर्चों (E) कारों (T), दान (C) पर व्यय किया करता था और शेष राशि बचाता था। E आय का 60% था T, E का 20% था और C, T का 15% था। जब उसके वेतन में 40% की वृद्धि हुई, तो उसने E का प्रतिशत स्तर तो बनाए रखा, लेकिन T, E का 30% और C, T का 20% हो गया उसके पूर्व वेतन की बचत और उसके वर्तमान वेतन की बचत का अनुपात ज्ञात करें।
(a) 655 : 644 (b) 325 : 337 (c) 644 : 655 (d) 337 : 325 ***SSC CAPF : 24.11.2020***

70. एक व्यक्ति अपनी आय का 75% व्यय करता है। यदि उसकी आय में 28% की वृद्धि के साथ ही उसके व्यय में 20% की वृद्धि हो जाती है तो उसकी बचत में कितने प्रतिशत की वृद्धि या कमी हुई?

(a) 52% वृद्धि (b) 15% कमी (c) 13% वृद्धि (d) 52% कमी ***SSC CAPF : 24.11.2020***

चुनाव पर आधारित प्रश्न

71. एक विधानसभा के चुनाव में, एक उम्मीदवार को कुल वैध मतों के 55% मत मिले। उसमें कुल मतों के 2% मत, अवैध घोषित कर दिये गये। तदनुसार, यदि कुल मतदाताओं की संख्या 104000 रही हो, तो उस उम्मीदवार के पक्ष में कुल कितने वैध मत पड़े?

(a) 56650 (b) 56605 (c) 56056 (d) 56506 ***(SSC 10+2, 21.10.2012)***

72. एक चुनाव में दो उम्मीदवारों ने भाग लिया। उनमें एक को 60% मत मिले और वह 1600 मतों से जीत गया। तदनुसार डाले गये कुल मतों की संख्या कितनी थी?

(a) 9000 (b) 8000 (c) 10000 (d) 7500 ***(SSC 10+2, 21.10.2012)***

73. एक चुनाव में केवल दो उम्मीदवार थे। उनमें एक उम्मीदवार को 40% मत मिले और वह एक अन्य उम्मीदवार से 298 मतों से हार गया। तदनुसार, डाले गये कुल मतों की संख्या कितनी थी?

(a) 745 (b) 1460 (c) 1490 (d) 1500 ***(SSC Tier-2, 16.9.2012)***

74. एक चुनाव में केवल दो उम्मीदवार हैं। उनमें से 63% मत पाने वाला उम्मीदवार 650 मतों के बहुमत से निर्वाचित हो जाता है। चुनाव हारने वाले उम्मीदवार को प्राप्त मतों की संख्या बताएँ –

(a) 1300 (b) 925 (c) 2500 (d) 3145 ***(SSC MTS , 16.2.2014)***

75. एक चुनाव में एक उम्मीदवार जिसे 84% मत प्राप्त हुए 476 मतों के बहुमत से निर्वाचित होता है। डाले गये मतों की कुल संख्या कितनी है?

(a) 600 (b) 700 (c) 900 (d) 810 ***(SSC , 26.10.2014)***

76. एक चुनाव में दो उम्मीदवार थे। एक उम्मीदवार को 38% मत मिले और उसे 7200 मतों का नुकसान हुआ। वैध मतों की कुल संख्या कितनी थी?

(a) 13000 (b) 13800 (c) 16200 (d) 30000 ***(SSC , 16.11.2014)***

77. दो प्रत्याशियों के बीच हुए एक चुनाव में 75% मतदाताओं ने अपने मत डाले, जिनमें से 2% मत अवैध घोषित कर दिये गये, एक प्रत्याशी ने 9261 मत प्राप्त किये जो वैध मतों के 75% थे इस चुनाव में पंजीकृत मतदाताओं की कुल संख्या थी –

(a) 16000 (b) 16400 (c) 16800 (d) 18000 ***S.S.C. स्नातक स्तरीय परीक्षा, 2002***

78. किसी चुनाव में 8% मतदाताओं ने अपने मत नहीं डाले, इस चुनाव में केवल दो ही प्रत्याशी थे, जीतने वाले प्रत्याशी ने कुल मतों के 48% मत प्राप्त कर 1100 मतों से चुनाव में दूसरे प्रत्याशी को हरा दिया, चुनाव में कुल मत थे –

(a) 21000 (b) 23500 (c) 22000 (d) 27500 ***S.S.C. स्नातक स्तरीय परीक्षा, 2002***

79. दो उम्मीदवारों के बीच हुए चुनाव में एक उम्मीदवार कुल वैध वोटों का 55% प्राप्त करता है। 20% वोट अवैध थे। यदि वोटों की कुल संख्या 7500 थी, तो दूसरे उम्मीदवार को प्राप्त वैध वोटों की संख्या होगी –

(a) 2700 (b) 2900 (c) 3000 (d) 3100

R.R.B. (गोरखपुर) ई०एस०एम० III, II पथ उपनिरीक्षक परीक्षा 2003

80. दो उम्मदीवारों के मध्य होने वाले किसी चुनाव में पहले उम्मदीवार को कुल वैध मतों के 80% मत मिले। यदि कुल 180000 मतों में 10% मत अवैध घोषित किए गए हों, तो दूसरे उम्मीदवार के पक्ष में कितने वैध मत पड़े?

(a) 31400 (b) 31500 (c) 32400 (d) 32420 ***S.S.C. 2006***

81. एक चुनाव में, एक उम्मीदवार, जिसने 37% मत प्राप्त किए, और विजयी उम्मीदवार से 52,0000 मतों के अंतर से हारा। इस चुनाव में दोनों उम्मीदवारों को डाले गये मतों की कुल संख्या ज्ञात कीजिए।

(a) 1500000 (b) 2000000 (c) 2200000 (d) 1700000 ***SSC CHSL (Tier-1) 20.10.2020***

जनसंख्या पर आधारित प्रश्न

82. एक शहर की जनसंख्या पहले वर्ष में 30% बढ़ी और अगले वर्ष 15% कम हो गयी। यदि वर्तमान जनसंख्या 11,050 है तो 2 वर्ष पहले की जनसंख्या कितनी थी?
(a) 10,050 (b) 99,000 (c) 10,000 (d) 99,500 ***SSC CGL (Tier-1) 6.3.2020***

83. यदि एक शहर की जनसंख्या पहले वर्ष में 25% बढ़ती है तथा दूसरे वर्ष में 36% बढ़ती है, तो जनसंख्या में वृद्धि की औसत दर (प्रतिशत में) क्या है?
(a) 26 (b) 30.5 (c) 31.66 (d) 35 ***SSC : CHSL (Tier-1) 16.3.2018***

84. पटना शहर की आबादी 96,000 है, आबादी का घटती दर प्रति साल 800 है। पाटलिपुत्र की जनसंख्या 68,000 है, आबादी की बढ़ती दर प्रति वर्ष 1200 है। दोनों जगहों की आबादी कितने साल में बराबर होगी?
(a) 10 (b) 14 (c) 18 (d) 22 ***SSC : CHSL (Tier-1) 23.3.2018***

85. एक शहर की जनसंख्या पहले वर्ष में 5%, दूसरे वर्ष में 6% तथा तीसरे वर्ष में 8% बढ़ती है। शहर की वर्तमान जनसंख्या 120204 है। 3 वर्ष पूर्व शहर की जनसंख्या क्या थी?
(a) 102000 (b) 100000 (c) 98000 (d) 101204 ***SSC : CHSL (Tier-1) 6.3.2018***

86. एक स्कूल में 1400 छात्र हैं, उनमें 25% चश्मा लगाते हैं और चश्मा लगाने वालों में 2/7 लड़के हैं। स्कूल में कितनी लड़कियाँ चश्मा लगाती हैं?
(a) 250 (b) 100 (c) 200 (d) 300 ***SSC : CGL (Tier-1) 27.8.2016***

87. एक ग्राम पंचायत संस्था में 574 नाम 'गरीबी रेखा से नीचे'' की सूची में शामिल हैं। यदि गाँव के 14% लोग गरीबी रेखा से नीचे हैं, तो गाँव वालों की कुल संख्या कितनी है?
(a) 4100 (b) 4200 (c) 4000 (d) 3800 ***SSC : CGL (Tier-1) 1.9.2016***

88. एक स्कूल में 1500 छात्र हैं। उनमें से 44% लड़कियाँ हैं। प्रत्येक लड़के की मासिक फीस 540 है और प्रत्येक लड़की की फीस लड़के की फीस से 25% कम है। लड़कों और लड़कियों की फीस का योग क्या है?
(a) 720600 (b) 720800 (c) 720900 (d) 721000 ***SSC : CGL (Tier-1) 3.9.2016***

89. यदि किसी विद्यालय में 60% विद्यार्थी लड़के हैं और लड़कियों की संख्या 812 है तो विद्यालय में कुल कितने लड़के हैं?
(a) 1128 (b) 1218 (c) 1821 (d) 1281 ***SSC : CGL (Tier-1) 2.9.2016***

90. एक गाँव की आबादी 20% प्रतिवर्ष की दर से घट रही है। यदि 2 वर्ष पूर्व उसकी आबादी 10,000 थी तो वर्तमान आबादी है–
(a) 4600 (b) 6400 (c) 7600 (d) 6000 ***(SSC 10+2, 4.11.2013)***

91. यदि एक नगर की जनसंख्या 64000 हो और उसमें 10% वार्षिक वृद्धि होती हो, तो 3 वर्षों बाद उस नगर की सही जनसंख्या कितनी हो जाएगी?
(a) 80000 (b) 85184 (c) 85000 (d) 85100 ***(SSC 10+2, 21.10.2012)***

92. एक नगर की जनसंख्या 3,11,250 है। उसमें स्त्रियों तथा पुरुषों का अनुपात 43 : 40 है। तदनुसार, यदि पुरुषों में साक्षरों की संख्या 24% हो और स्त्रियों में 8% हो, तो उस नगर में साक्षर की कुल संख्या कितनी है?
(a) 41,800 (b) 48,900 (c) 56,800 (d) 99,600 ***(SSC Tier-2, 19.9.2012)***

93. एक नगर की जनसंख्या 15000 है। यदि उसमें पुरुषों की संख्या में 8% और स्त्रियों की संख्या में 10% की वृद्धि हो जाए, तो जनसंख्या बढ़कर 16300 हो जाएगी। तदनुसार उस नगर में स्त्रियों की संख्या ज्ञात कीजिए–
(a) 4000 (b) 6000 (c) 3000 (d) 5000 ***(SSC 10+2, 01.7.2012)***

94. किसी गाँव की 5,000 लोगों की कुल आबादी में पुरुष 10% बढ़ें और महिलाएँ 15%। इससे एक वर्ष में कुल आबादी 5,600 हो गयी। गाँव में मूलतः महिलाओं की आबादी थी–
(a) 4,000 (b) 3,500 (c) 2,000 (d) 3,000 ***(SSC CAPF-SI, 27.5.2012)***

95. एक गाँव में 30% लोग शिक्षित हैं। यदि गाँव की कुल जनसंख्या 6,600 हो, तो उसमें अशिक्षित लोगों की संख्या बताएँ
(a) 1980 (b) 4620 (c) 2200 (d) 3280 ***(SSC , 26.10.2014)***

96. यदि किसी विद्यालय के 75% विद्यार्थी लड़के हैं और लड़कियों की संख्या 420 है तो लड़कों की संख्या कितनी है?
(a) 1,176 (b) 1,350 (c) 1,260 (d) 1,125 ***(SSC MTS , 16.2.2014)***

संख्याओं पर आधारित प्रश्न

97. यदि किसी संख्या के 62% और 80% के बीच का अंतर 198 है, तो उस संख्या के 92% और 56% के बीच का अंतर ज्ञात कीजिए।
(a) 3564 (b) 360 (c) 396 (d) 1100 ***SSC CGL (Tier-1) 9.3.2020***

98. एक परीक्षा, जिसमें पूर्णांक 500 था, A को B की तुलना में 25% अधिक अंक प्राप्त हुए, B को C की तुलना में 60% अधिक अंक प्राप्त हुए और C को D की तुलना में 20% कम अंक प्राप्त हुए हैं। यदि A को 80% अंक मिले हों, तो D को कितने प्रतिशत अंक मिले?
(a) 65% (b) 54% (c) 50% (d) 60% ***SSC CGL (Tier-1) 5.3.2020***

99. रवि परीक्षाओं में 72% अंक प्राप्त करता है। अगर ये 360 अंक हैं, तो अधिकतम अंक कितने हैं?
(a) 350 (b) 450 (c) 400 (d) 500 ***SSC CGL (Tier-1) 7.3.2020***

100. किसी संख्या में जब 38 का योग किया जाए, तो वह अपने आप की 119% हो जाती है। वह संख्या क्या है?
(a) 200 (b) 456 (c) 570 (d) 342 ***SSC : CHSL (Tier-1) 17.1.2017***

101. दो संख्याएँ एक तीसरी संख्या की तुलना में 40% और 50% कम है। दूसरी संख्या को पहली संख्या के बराबर करने के लिए कितने प्रतिशत से बढ़ाना होगा?
(a) 16.67% (b) 20% (c) 10% (d) 25% ***SSC : CHSL (Tier-1) 22.1.2017***

102. एक संख्या अन्य संख्या की 25% है। बड़ी संख्या छोटी संख्या से 12 अधिक है। बड़ी संख्या क्या है?
(a) 48 (b) 16 (c) 4 (d) 12 ***SSC : CGL (Tier-1) 4.9.2016***

103. एक संख्या में 30% की वृद्धि हुई फिर 25% की कमी आई, फिर 25% की वृद्धि हुई। संख्या में कितने प्रतशत की शुद्ध वृद्धि/कमी हुई?
(a) 22% कमी (b) 22% वृद्धि (c) 21% कमी (d) 21% वृद्धि ***SSC CHSL (Tier -1) 4.7.2019***

104. कोई संख्या X से 50% कम है और अन्य संख्या X से 20% कम है। दोनों संख्याओं का अनुपात कितना है?
(a) 5 : 8 (b) 2 : 3 (c) 3 : 8 (d) 3 : 5 ***SSC CHSL (Tier-1) 14.8.2019***

105. दो संख्याएँ किसी तीसरी संख्या से क्रमशः 80% और 35% बड़ी हैं। दो संख्याओं का अनुपात कितना है?
(a) 4 : 3 (b) 17 : 6 (c) 8 : 5 (d) 8 : 3 ***SSC CHSL (Tier-1) 16.8.2019***

106. दो संख्याओं का योग 520 है। यदि उनमें बड़ी संख्या को 4% कम कर दिया जाए और छोटी को 12% बढ़ा दिया जाये, तो प्राप्त संख्याएँ एकसमान होंगी। तद्नुसार, उनमें छोटी संख्या कौन-सी है?
(a) 280 (b) 210 (c) 240 (d) 300 ***(SSC 10+2, 27.10.2013)***

107. यदि 120, एक संख्या का 20% हो, तो उस संख्या का 120% कितना होगा?
(a) 720 (b) 20 (c) 120 (d) 360 ***(SSC 10+2, 10.11.2013)***

108. एक संख्या का 13% उसी संख्या के 5% से 16 ज्यादा है। तदनुसार वह संख्या क्या है?
(a) 500 (b) 450 (c) 300 (d) 200 ***(SSC FCI, 11.11.2012)***

109. यदि एक संख्या 10% कम कर दी जाए, तो वह 54 हो जाती है। तदनुसार, उसे 72 करने के लिए उसमें कितने प्रतिशत की वृद्धि करनी होगी?
(a) 12 (b) 21 (c) 10 (d) 20 ***(SSC FCI, 10.11.2012)***

110. जब एक संख्या का 60% किसी अन्य संख्या से घटाया जाए तो दूसरी संख्या घटकर अपना 52% रह गयी है। पहली संख्या का दूसरी संख्या से अनुपात है–
(a) 6 : 5 (b) 5 : 3 (c) 5 : 4 (d) 4 : 5 ***(SSC 10+2, 11.12.2011)***

111. यदि किसी संख्या को उसके 25% से गुणा करने पर मिलने वाली संख्या उस संख्या से 200% अधिक हो, तो वह संख्या है–
(a) 12 (b) 16 (c) 20 (d) 24 ***(SSC Tier-2, 4.9.2011)***

112. एक संख्या को दो भागों में इस प्रकार बाँटा गया है कि पहले भाग का 80% दूसरे भाग के 60% से 3 अधिक है और दूसरे भाग का 80%, पहले भाग के 90% से 6 अधिक है। तद्नुसार वह संख्या कितनी है?
(a) 125 (b) 130 (c) 135 (d) 145 ***(SSC 10+2, 28.10.2012)***

113. एक संख्या को पहले 10% बढ़ाया गया, फिर 20% और बढ़ाया गया। मूल संख्या में कुल कितनी वृद्धि हुई?
(a) 30% (b) 15% (c) 32% (d) 36% ***(SSC FCI, 5.2.2012)***

114. किसी संख्या को 25% कम करने पर 225 प्राप्त होता है। उसमें कितने प्रतिशत की बढ़ोत्तरी की जाए ताकि 375 प्राप्त हो?
(a) 25% (b) 30% (c) 35% (d) 75% ***(SSC FCI, 5.2.2012)***

115. तीन संख्याओं में पहली तथा दूसरी संख्याएँ, तीसरी संख्या से क्रमशः 30% तथा 37% कम है। दूसरी संख्या, पहली की तुलना में कितनी कम है?
(a) 7% (b) 4% (c) 3% (d) 10% ***(SSC Tier-1, 19.6.2011)***

परीक्षा में फेल-पास पर आधारित प्रश्न

116. दो छात्र एक परीक्षा में बैठें। उनमें से एक ने दूसरे की तुलना में 22 अंक अधिक हासिल किये और उसके अंक उन दोनों के अंक के योग का 55% थे। उन दोनों ने...............अंक प्राप्त किये।
(a) 121 और 99 (b) 43 और 21 (c) 58 और 36 (d) 86 और 64 ***SSC : CHSL (Tier-1) 24.01.2017***

117. एक इंजीनियरिंग छात्र को उत्तीर्ण होने के लिए 36% अंक हासिल करने होते हैं। उसे 53 अंक मिलते हैं और वह 37 अंकों से अनुत्तीर्ण हो जाता है। उस परीक्षा के अधिकतम अंक कितने होंगे?
(a) 275 अंक (b) 250 अंक (c) 300 अंक (d) 325 अंक ***SSC : CHSL (Tier-1) 7.1.2017***

118. दो छात्र एक परीक्षा में बैठे। उनमें से एक ने दूसरे की तुलना में 20 अंक अधिक हासिल किये और उसके अंक उन दोनों के अंकों के योग का 55% थे। उन दोनों ने कितने अंक प्राप्त किये?
(a) 92 और 72 (b) 83 और 63 (c) 110 और 90 (d) 64 और 44 ***SSC : CHSL (Tier-1) 9.1.2017***

119. एक इंजीनियरिंग छात्र को उत्तीर्ण होने के लिए 24% अंक हासिल करने होते हैं। उसे 61 अंक मिलते हैं, और वह 29 अंकों से अनुत्तीर्ण हो जाता है। उस परीक्षा के अधिकतम अंक कितने होंगे?
(a) 375 अंक (b) 400 अंक (c) 425 अंक (d) 450 अंक ***SSC : CHSL (Tier-1) 8.2.2017***

120. दो छात्र एक परीक्षा में बैठें। उनमें से एक ने दूसरे की तुलना में 10 अंक अधिक हासिल किये और उसके अंक उन दोनों के अंक के योग का 75% थे। उन दोनों ने कितने अंक प्राप्त किये?
(a) 52 और 42 (b) 68 और 58 (c) 63 और 53 (d) 15 और 5 ***SSC : CHSL (Tier-1) 25.1.2017***

121. दो विद्यार्थी, A और B किसी परीक्षा में शामिल हुए। A को B से 8 अंक अधिक मिले और पूर्ववर्ती का अंक, उनके अंकों के योगफल का 55% था। A और B के प्राप्तांकों का योगफल है–
(a) 90 (b) 80 (c) 100 (d) 75 ***SSC CHSL (Tier-1) 8.7.2019***

122. पांच विषयों पर एक परीक्षा आयोजिहत की गयी जहाँ प्रत्येक विषय के लिए अधिकतम अंक 100 थे। X ने 4 विषयों क्रमशः 82, 97, 88 और 91 अंक प्राप्त किए। यदि उसके कुल अंक 90% थे, तो पांचवें विषय में उसने कितने अंक प्राप्त किये?
(a) 92 (b) 94 (c) 89 (d) 79 ***SSC CHSL (Tier-1) 16.8.2019***

123. एक छात्र ने 32% अंक प्राप्त किए और 6 अंकों से फेल हो गया रहा। यदि उसने 36% अंक प्राप्त किया होता, तो वह 2 अंकों से उत्तीर्ण हो गया होता। उत्तीर्ण अंक (स्कोर) कितना है?
(a) 66 (b) 75 (c) 80 (d) 70 ***SSC CHSL (Tier-1) 16.8.2019***

वस्तु के मूल्य, उपभोग और व्यय में प्रतिशत वृद्धि/कमी पर आधारित प्रश्न

124. चीनी के मूल्य में 25% की वृद्धि हुई है। चीनी पर व्यय का वहीं स्तर बनाये रखने के लिए, एक व्यक्ति ने अपने उपभोग में 4% की कमी कर दी और चीनी पर अपने व्यय में x% की वृद्धि कर ली। x का मान क्या है?
(a) 20 (b) 19.5 (c) 21 (d) 18.75 ***SSC CHSL (Tier-1) 10.7.2019***

125. पेट्रोल की कीमत 28% बढ़ गई। कोई व्यक्ति अपने खर्च को केवल 22% बढ़ाना चाहता है। उसे अपनी खपत को लगभग कितने प्रतिशत कम करना होगा?
(a) 4.9% (b) 5.1% (c) 4.7% (d) 5.3% ***SSC CGL (Tier-1) 13.6.2019***

126. यदि चीनी के मूल्य में 17% की वृद्धि हो जाती है और कोई व्यक्ति अपने खर्च में केवल 5% की ही वृद्धि करना चाहता है तो उसे खपत में कितने प्रतिशत की कमी करनी होगी?
(a) 10.9 (b) 10.7 (c) 10.3 (d) 9.9 ***SSC CGL (Tier-1) 13.6.2019***

127. यदि चीनी के मूल्य में 20% की वृद्धि हो जाती है और कोई व्यक्ति अपने खर्च में केवल 8% की ही वृद्धि करना चाहता है तो उसे अपनी खपत में कितने प्रतिशत की कमी करनी होगी?
(a) 11% (b) 12% (c) 10% (d) 9% ***SSC CGL (Tier-1) 10.6.2019***

128. यदि चीनी के मूल्य में 17% की वृद्धि हो जाती है और कोई व्यक्ति अपने खर्च में केवल 7% की ही वृद्धि करना चाहता है तो उसे खपत में कितने प्रतिशत की कमी करनी होगी?
(a) 8.1% (b) 8.7% (c) 8.5% (d) 8.3% ***SSC CGL (Tier-1) 12.6.2019***

129. यदि चीनी के मूल्य में 24% की वृद्धि हो जाती है और कोई व्यक्ति अपने खर्च में केवल 15% की ही वृद्धि करना चाहता है तो उसे खपत मे कितने प्रतिशत की कमी करनी होगी?
(a) 7.3 (b) 7.1 (c) 6.9 (d) 7.5 ***SSC CGL (Tier-1) 12.6.2019***

130. यदि चीनी के मूल्य में 17% की वृद्धि हो जाती है और कोई व्यक्ति अपने खर्च में केवल 8% की ही वृद्धि करना चाहता है तो उसे अपनी खपत में कितने प्रतिशत की कमी करनी होगी? (दशमलव के एक स्थान तक)
(a) 8.1% (b) 8.3% (c) 7.9% (d) 7.7% ***SSC CGL (Tier-1) 11.6.2019***

131. यदि चीनी के मूल्य में 18% की वृद्धि हो जाती है और कोई व्यक्ति अपने खर्च में केवल 12% की ही वृद्धि करना चाहता है तो उसे अपनी खपत में कितने प्रतिशत की कमी करनी होगी? (दशमलव के एक स्थान तक)
(a) 6% (b) 5.1% (c) 5.3% (d) 5.6% ***SSC CGL (Tier-1) 10.6.2019***

132. यदि चीनी के मूल्य में 24% की वृद्धि हो जाती है और कोई व्यक्ति अपने खर्च में केवल 15% की ही वृद्धि करना चाहता है तो उसे खपत में कितने प्रतिशत की कमी करनी होगी?
(a) 7. 5 (b) 6.9 (c) 7.1 (d) 7.3 ***SSC CGL (Tier-1) 12.6.2019***

133. यदि चीनी के मूल्य में 22% की वृद्धि की जाती है और कोई व्यक्ति अपने खर्च में केवल 12% की ही वृद्धि करना चाहता है तो उसे खपत में कितने प्रतिशत की कमी करनी होगी। (दशमलव के एक स्थान तक)
(a) 7.8% (b) 10% (c) 8.6% (d) 8.2% ***SSC CGL (Tier-1) 11.6.2019***

134. यदि चीनी के मूल्य में 24% की वृद्धि हो जाती है और कोई व्यक्ति अपने खर्च में केवल 18% की ही वृद्धि करना चाहता है, तो उसे खपत में कितने प्रतिशत की कमी करनी होगी?
(a) 4.8% (b) 5.3% (c) 5.1% (d) 4.6% ***SSC CGL (Tier-1) 13..6.2019***

135. यदि चीनी के मूल्य में 21% की वृद्धि हो जाती है और कोई व्यक्ति अपने खर्च में केवल 12% की ही वृद्धि करना चाहता है तो उसे खपत में कितने प्रतिशत की कमी करनी होगी?
(a) 7.8% (b) 7.4% (c) 7.2% (d) 7.6% ***SSC CGL (Tier-1) 11.6.2019***

136. डीजल की कीमत में 16% की वृद्धि होती है। एक व्यक्ति अपने डीजल के व्यय में केवल 10% की वृद्धि करना चाहता है। उसे अपनी खपत को कितने प्रतिशत (दशमलव के एक स्थान तक शुद्ध) कम करना होगा?
(a) 6.5% (b) 5.2% (c) 4.5% (d) 3.7% ***SSC CAPF : 23.11.2020***

विविध प्रश्न

137. 36 मिनट एक दिन का कितना प्रतिशत होगा?
(a) 25% (b) 2.5% (c) 3.6% (d) 0.25% ***SSC CGL (Tier-1) 3.9.2016***

138. यदि A का A%, 196 है, तो A का मान क्या है?
(a) 170 (b) 160 (c) 120 (d) 140 ***SSC : CHSL (Tier-1) 12.3.2018***

139. 26 किस संख्या का 0.4% है?
(a) 6500 (b) 650 (c) 13000 (d) 16250 ***SSC : CHSL (Tier-1) 10.1.2017***

140. 8100 के 75% के 64% का मान क्या है?
(a) 4212 (b) 3426 (c) 2916 (d) 3888 ***SSC : CHSL (Tier-1) 15.3.2018***

141. यदि एक वर्ग की भुजा को 20% बढ़ाया जाता है, तो उसके परिमाप में कितने प्रतिशत की वृद्धि होगी?
(a) 20 (b) 40 (c) 100 (d) 50 ***SSC : CHSL (Tier-1) 15.3.2018***

142. X का 90% = Y का 40% तथा Y = X का a% है। a का मान क्या है?
(a) 225 (b) 125 (c) 2.25 (d) 1.25 ***SSC : CHSL (Tier-1) 7.3.2018***

143. यदि x का 15%, y के 10% का तिगुना है, तो x : y किसके बराबर होगा?
(a) 1 : 2 (b) 2 : 1 (c) 3 : 2 (d) 2 : 3 ***SSC : CGL (Tier-1) 27.8.2016***

144. x, y से 5 गुना लंबा है। y, x से कितने प्रतिशत कम है?
(a) 50% (b) 40% (c) 80% (d) 70% ***SSC : CGL (Tier-1) 6.9.2016***

145. एक छात्र ने एक संख्या का गुणा 13/11 के बजाय 11/13 से कर दिया। इस गणना में प्रतिशत त्रुटि कितनी होगी?
(a) 39.67 प्रतिशत (b) 28.4 प्रतिशत (c) 14.2 प्रतिशत (d) 19.83 प्रतिशत ***SSC : CGL (Tier-1) 30.1.2017***

146. एक छात्र ने एक संख्या का गुणा 13/6 के बजाय 6/13 से कर दिया। इस गणना में प्रतिशत त्रुटि कितनी होगी?
(a) 369.44 प्रतिशत (b) 39.35 प्रतिशत (c) 184.72 प्रतिशत (d) 78.7 प्रतिशत ***SSC : CHSL (Tier-1) 7.2.2017***

147. यदि A, B के 20% के बराबर है और B, C के 25% के बराबर है, तो C का कितना प्रतिशत A के बराबर होगा?
(a) 10 (b) 15 (c) 5 (d) 20 ***SSC : CGL (Tier-1) 29.8.2016***

148. P का वेतन Q के वेतन से 25% अधिक है। Q का वेतन P के वेतन से कितना % कम है?
(a) 20 (b) 29 (c) 31 (d) 331/3 ***SSC : CGL (Tier-1) 28.8.2016***

149. एक छात्र ने एक संख्या का गुणा 7/5 के बजाय 5/7 से कर दिया। इस गणना में प्रतिशत त्रुटि कितनी होगी?
(a) 48.98 प्रतिशत (b) 96 प्रतिशत (c) 24.49 प्रतिशत (d) 48 प्रतिशत ***SSC : CGL (Tier-1) 3.2.2017***

150. एक वस्तु की कीमत हर वर्ष 20% बढ़ जाती है। यदि तीसरे और चौथे वर्ष के अंत में कीमतों का अन्तर 259.20 है, तो दूसरे वर्ष के अन्त में कीमत का 40% होगा–
(a) 384 (b) 432 (c) 472 (d) 484 ***SSC CHSL (Tier-1) 3.8.2019***

151. एक मेज के मूल्य में प्रत्येक वर्ष 20% का ह्रास होता है। यदि 2 वर्ष बाद मेज का मूल्य ₹32000 होगा तो मेज का वर्तमान मूल्य (₹ में) क्या है?
(a) 48000 (b) 44000 (c) 50000 (d) 51000 ***SSC CPO 1.7.2017***

152. A, B से 20% अधिक है। B, C से 25% अधिक है। C, A से कितने प्रतिशत कम है?
(a) 33.33% (b) 37.5% (c) 50.% (d) 66.66% ***SSC MTS 5.8.2019***

153. A का 26% = 832 है। A के 31% का मान कितना है?
(a) 968 (b) 876 (c) 854 (d) 992 ***SSC MTS 6.8.2019***

154. A, B से 20% कम है, जबकि C, D से 20% अधिक है। यदि D, A से 25% कम है , तो निम्नलिखित में से कौन सा सही है ?
(a) B = 0.72 C (b) B = 0.675 C (c) C = 0.675 B (d) C = 0.72 B ***SSC CGL (Tier-1) 7.6.2019***

155. A, B से 20% कम है और C, D से 30% अधिक है। यदि D, A से 25% कम है तो निम्न में से कौन सा सही है?
(a) B = 0.39 C (b) C = 0.78 B (c) C = 0.39 B (d) B = 0.78 C ***SSC CGL(Tier-1) 7.6.2019***

156. 1440 के 30% के 12.5% का मान कितना है?
(a) 64 (b) 44 (c) 50 (d) 54 ***SC CHSL (Tier-1) 19.8.2019***

157. यदि 120 को x% कम किया जाए तो वही परिणाम प्राप्त होगा जो 40 को x% बढ़ाने पर प्राप्त होता है। तब 210 का x%, 180 के (x + 20)% से कितने प्रतिशत कम होगा?
(a) $16\frac{2}{3}$ (b) 20 (c) $33\frac{1}{3}$ (d) 18 ***SSC CGL (Tier-1) 4.6.2019***

158. 180000 का $33\frac{1}{3}\%$ का 0.15% है–
(a) 9 (b) 90 (c) 150 (d) 900 ***SSC MTS 9.8.2019***

159. A, B और C अपने वेतन का क्रमशः 8%, 7% और 9% किसी धर्मार्थ ट्रस्ट को दान करते हैं। A और B का वेतन समान है और उनके दान के बीच का अंतर ₹259 है। A और B का कुल दान C की तुलना में ₹1,185 अधिक है। A और C का कुल दान A, B और C के कुल वेतन का कितना प्रतिशत है? (दशमलव के एक स्थान तक सही करें)
(a) 7.1% (b) 5.8% (c) 6.2% (d) 6.4% ***SSC CGL (Tier-1) 4.3.2020***

160. नियत तिथि से पूर्व, गृह कर का भुगतान करने वाले बिल की राशि पर 12% की छूट मिलती है। एक व्यक्ति को नियत तिथि से पूर्व, भुगतान करने पर ₹2,100 की छूट मिली। भुगतान की गयी गृह कर की राशि (₹ में) ज्ञात करें।
(a) 25,000 (b) 15,400 (c) 21,000 (d) 17,500 ***SSC CAPF : 24.11.2020***

161. 18 कैरेट सोने में खरे सोने का प्रतिशत है–
(a) 60% (b) 75% (c) 80% (d) 100%

162. यदि 110 को x% कम करने पर प्राप्त परिणाम, 50 को x% बढ़ाने पर प्राप्त परिणाम के समान है तो 650 का x%, 180 के (x + 20)% से कितने प्रतिशत अधिक होगी? (निकटतम पूर्णांक तक शुद्ध)
(a) 80% (b) 90% (c) 136% (d) 154% ***SSC CAPF : 23.11.2020***

उत्तरमाला

1. (d)	2. (d)	3. (d)	4. (b)	5. (c)	6. (c)	7. (b)	8. (c)	9. (b)
10. (b)	11. (b)	12. (c)	13. (b)	14. (d)	15. (b)	16. (a)	17. (c)	18. (c)
19. (b)	20. (a)	21. (a)	22. (a)	23. (a)	24. (c)	25. (c)	26. (b)	27. (c)
28. (b)	29. (b)	30. (d)	31. (d)	32. (b)	33. (d)	34. (b)	35. (d)	36. (d)
37. (c)	38. (c)	39. (b)	40. (c)	41. (a)	42. (a)	43. (d)	44. (d)	45. (c)
46. (d)	47. (b)	48. (d)	49. (d)	50. (c)	51. (d)	52. (c)	53. (d)	54. (d)
55. (a)	56. (b)	57. (d)	58. (d)	59. (a)	60. (c)	61. (d)	62. (b)	63. (c)
64. (c)	65. (a)	66. (a)	67. (d)	68. (b)	69. (a)	70. (a)	71. (c)	72. (b)
73. (c)	74. (b)	75. (b)	76. (d)	77. (c)	78. (d)	79. (a)	80. (c)	81. (b)
82. (c)	83. (d)	84. (b)	85. (b)	86. (a)	87. (a)	88. (c)	89. (b)	90. (b)
91. (b)	92. (b)	93. (d)	94. (c)	95. (b)	96. (c)	97. (c)	98. (c)	99. (d)
100. (a)	101. (b)	102. (b)	103. (b)	104. (a)	105. (a)	106. (c)	107. (a)	108. (d)
109. (d)	110. (d)	111. (a)	112. (c)	113. (c)	114. (a)	115. (d)	116. (a)	117. (b)
118. (c)	119. (a)	120. (d)	121. (b)	122. (a)	123. (d)	124. (a)	125. (c)	126. (c)
127. (c)	128. (c)	129. (a)	130. (d)	131. (b)	132. (d)	133. (d)	134. (a)	135. (b)
136. (b)	137. (a)	138. (d)	139. (a)	140. (d)	141. (a)	142. (a)	143. (b)	144. (c)
145. (b)	146. (d)	147. (c)	148. (a)	149. (a)	150. (b)	151. (c)	152. (a)	153. (d)
154. (d)	155. (b)	156. (d)	157. (b)	158. (b)	159. (b)	160. (b)	161. (b)	162. (c)

अभ्यास प्रश्नों के हल

1. B, A से कितना प्रतिशत अधिक है $= \frac{100 \times 40}{60} = \frac{200}{3} = 66.66\%$

2. U = 450, V = 585, अतः दोनों में अन्तर = 585 – 450 = 135

∴ V, U से कितना प्रतिशत अधिक है $= \frac{\text{दोनों में अन्तर} \times 100}{\text{U का मान}} = \frac{135 \times 100}{450} = 30\%$

3. पुराने मूल्य पर लाने के लिए नये मूल्य में प्रतिशत कमी $= \frac{10 \times 100}{90} = 11\frac{1}{9}\%$

4. प्रतिशत वृद्धि $= \frac{100 \times 20}{80} = 25\%$

5. B का वेतन A के वेतन से % ज्यादा $= \frac{100 \times 33\frac{1}{3}}{66\frac{2}{3}} = \frac{100 \times \frac{100}{3}}{\frac{200}{3}} = 100 \times \frac{100}{3} \times \frac{3}{200} = 50$

6. नये दाम में % वृद्धि $= \frac{100 \times 10}{90} = \frac{100}{9} = 11\frac{1}{9}\%$

7. B का वेतन A से कितना प्रतिशत कम है $= \frac{50 \times 100}{150} = 33\frac{1}{3}\%$

8. B,A से कितने प्रतिशत कम है $= \frac{100 \times 15}{115} = 13.04\%$

9. दूध के मूल्य में कुल वृद्धि = 70 – 60 = 10

∴ मूल्य में प्रतिशत वृद्धि $= \dfrac{\text{कुल वृद्धि} \times 100}{\text{प्रारम्भिक खर्च}} = \dfrac{10 \times 100}{60} = \dfrac{50}{3}\%$

∴ खपत में प्रतिशत कमी $= \dfrac{100 \times \frac{50}{3}}{\left(100 + \frac{50}{3}\right)} = \dfrac{\left(\frac{5000}{3}\right)}{\left(\frac{350}{3}\right)} = \dfrac{5000}{3} \times \dfrac{3}{350} = 14.28$

10. चीनी की खपत में प्रतिशत कटौती $= \dfrac{100 \times 20}{100 + 20} = \dfrac{100 \times 20}{120} = 16\frac{2}{3}\%$

11. उपभोग में प्रतिशत कमी $= \dfrac{100 \times 25}{100 + 25} = \dfrac{100 \times 25}{125} = 20\%$

12. चाय की खपत में % कमी $= \dfrac{100 \times 20}{120} = \dfrac{50}{3} = 16\frac{2}{3}\%$

13. खाद्य तेल के प्रयोग में प्रतिशत कमी $= \dfrac{100 \times 25}{125} = 20\%$

14. A के वेतन के संदर्भ में B के वेतन में प्रतिशत कमी $= \dfrac{100 \times 30}{130} = \dfrac{300}{13} = 23\frac{1}{13}\%$

15. पपीया का वेतन नीता के वेतन से % कम $= \dfrac{100 \times 25}{125} = 20\%$

16. व्यक्ति के वेतन में कुल वृद्धि = 12000 – 7000 = ₹ 5000

∴ वेतन में प्रतिशत वृद्धि $= \dfrac{\text{कुल वृद्धि} \times 100}{\text{प्रारंभिक वेतन}} = \dfrac{5000 \times 100}{7000} = 71\frac{3}{7}\%$

17. प्रतिशत कमी $= \dfrac{100 \times 60}{100 + 60} = \dfrac{100 \times 60}{160} = 37.5\%$

18. राजस्व में परिवर्तन $= -40 + 50 + \dfrac{-40 \times 50}{100} = -40 + 50 - 20 = -10 \Rightarrow 10\%$ कमी

19. संख्या में सदैव कमी होगी और प्रतिशत कमी $= \left(\dfrac{10 \times 100}{100}\right)\% = 1\%$ कमी

20. A को प्रतिशत हानि $= \dfrac{50 \times 50}{100} = 5 \times 5 = 25\%$

21. $60 = -20 + x + \dfrac{-20 \times x}{100} \Rightarrow 60 + 20 = x - \dfrac{x}{5} = \dfrac{4x}{5} \Rightarrow 80 = \dfrac{4x}{5} \Rightarrow x = \dfrac{80 \times 5}{4} = 100$

22. बिक्री पर प्रतिशत प्रभाव $= -20 + 80 + \dfrac{-20 \times 80}{100} = 60 - 16 = 44\%$ वृद्धि

23. प्रेक्षागृह की आय में प्रतिशत वृद्धि $= 25 + 12 + \dfrac{25 \times 12}{100} = 25 + 12 + 3 = 40\%$

24. अन्तिम प्रतिशत कमी $= \dfrac{25^2}{100} = \dfrac{25 \times 25}{100} = 6\frac{1}{4}\%$

25. चूंकि व्यापारी दोनों बार घोटाला करके लाभ प्राप्त करता है। अतः व्यापारी का कुल प्रतिशत लाभ $= 10 + 10 + \dfrac{10 \times 10}{100} = 10+10+1 = 21\%$

26. A के वेतन में प्रतिशत कमी $= \dfrac{10^2}{100} = \dfrac{100}{100} = 1\%$

27. चूंकि संख्या में अन्तिम रूप से प्रतिशत कमी $= \dfrac{20 \times 20}{100} = 4\%$

∴ मूल संख्या का 4% = 20 ⇒ मूल संख्या $\times \dfrac{4}{100} = 20 \Rightarrow$ मूल संख्या $= \dfrac{20 \times 100}{4} = 500$

28. $x = 40 - 20 + \dfrac{40 \times -20}{100} = 20 - 8 = 12$

29. वृत्त के क्षेत्रफल में प्रतिशत कमी $= -25 - 25 + \dfrac{-25 \times -25}{100} = -50 + 6.25 = -43.75\% \Rightarrow 43.75\%$

30. क्षेत्रफल में प्रतिशत वृद्धि $= 10 + 10 + \frac{10 \times 100}{100} = 10 + 10 + 1 = 21\%$

31. क्षेत्रफल में प्रतिशत वृद्धि $= 31 + 31 + \frac{31 \times 31}{100} = 62 + 9.61 = 71.61\%$

32. क्षेत्रफल में प्रतिशत वृद्धि $= 17 + 17 + \frac{17 \times 17}{100} = 17 + 17 + 2.89 = 36.89\%$

33. घन की दो विमाओं में प्रतिशत वृद्धि $= 10 + 10 + \frac{10 \times 10}{100} = 10 + 10 + 1 = 21\%$

$\therefore$ घन की तीनों विमाओं (आयतन) में प्रतिशत वृद्धि $= 21 + 10 + \frac{21 \times 10}{100} = 31 + 2.1 = 33.1\%$

34. वृत्त के क्षेत्रफल में प्रतिशत वृद्धि $= 50 + 50 + \frac{50 \times 50}{100} = 50 + 50 + 25 = 125\%$

35. आयत के क्षेत्रफल में प्रतिशत कमी $= -13 - 13 + \left(\frac{-13 \times -13}{100}\right) = -13 - 13 + 1.69$

$= -24.31 \Rightarrow 24.31\%$

36. माना वर्ग की भुजा 100 इकाई है। अतः वर्ग का क्षे. $= 100^2 = 100 \times 100 = 10000$ वर्ग इकाई

10% बढ़ाने पर वर्ग की नई भुजा = 10 इकाई, पुनः 20% घटाने पर नई भुजा $= \frac{110 \times 80}{100} = 88$ इकाई

नया क्षे. $= 88 \times 88 = 7744$ वर्ग इकाई, अतः क्षे. में कमी $= 10000 - 7744 = 2256$ वर्ग इकाई

क्षे. में प्रतिशत गिरावट $= \frac{2256 \times 100}{10000} = 22.56$

37. वक्रपृष्ठीय क्षेत्रफल में प्रतिशत वृद्धि $= 35 + 10 + \frac{35 \times 10}{100} = 35 + 10 + 3.5 = 48.5\%$

38. आयत के क्षेत्रफल में प्रतिशत वृद्धि $= 20 + 30 + \frac{20 \times 30}{100} = 20 + 30 + 6 = 56\%$

39. आयत के क्षेत्रफल में प्रतिशत वृद्धि $= 22 + 22 + \frac{22 \times 22}{100} = 44 + 4.84 = 48.84\%$

40. दो विमाओं में प्रतिशत परिवर्तन $= -40 - 40 + \frac{-40 \times -40}{100} = -80 + 16 = -64\%$

$\therefore$ तीनों विमाओं में (आयतन में) प्रतिशत परिवर्तन $= -64 - 40 + \frac{-64 \times -40}{100}$

$= -104 + 25.6 = -78.4 \Rightarrow 78.4\%$ कमी

41. दो विमाओं में प्रतिशत वृद्धि $= 140 + 140 + \frac{140 \times 140}{100} = 280 + 196 = 476\%$

$\therefore$ तीनों विमाओं (आयतन) में प्रतिशत वृद्धि $= 476 + 140 + \frac{476 \times 140}{100} = 1282.4\%$

42. $\because$ त्रिज्या को दुगुना किया जाता है। अतः त्रिज्या में प्रतिशत वृद्धि = 100%

$\therefore$ दो विमाओं में प्रतिशत वृद्धि $= 100 + 100 + \frac{100 \times 100}{100} = 100 + 100 + 100 = 300\%$

अब तीनों विमाओं (आयतन) में प्रतिशत वृद्धि $= 300 - 50 + \frac{300 \times -50}{100} = 250 - 150 = 100\%$ वृद्धि

43. दो विमाओं में प्रतिशत परिवर्तन $= -10 - 10 + \frac{-10 \times -10}{100} = -20 + 1 = -19\%$

$\therefore$ तीनों विमाओं में प्रतिशत परिवर्तन $= -19 + 40 + \frac{-19 \times 40}{100} = 21 - 7.6 = 13.4\%$

$\therefore$ आयतन में प्रतिशत वृद्धि = 13.4%

44. गोलक की दो विमाओं में % वृद्धि $= 50+50+ \frac{50 \times 50}{100} = 100+25 = 125\%$

$\therefore$ गोलक की तीनों विमाओं (आयतन) में % वृद्धि $= 50 + 125 + \frac{50 \times 125}{100} = 175 + 62.5 = 237.5\%$

45. घन की दो विमाओं में % वृद्धि $= 10+10+ \frac{10 \times 10}{100} = 20+1 = 21\%$

$\therefore$ घन की तीनों विमाओं (आयतन) में % वृद्धि $= 21+10 + \frac{21 \times 10}{100} = 31+2.1 = 33.1\%$

46. सिलिण्डर की दो विमाओं में % कमी $= -50 - 50 + \frac{(-50)\times(-50)}{100} = -100 + 25 = -75\%$

$\therefore$ सिलिण्डर की तीनों विमाओं (आयतन) में % कमी $= -75 + 50 + \frac{-75\times 50}{100} = -25 - 37.5 = -62.5 \Rightarrow 62.5\%$

47. गोले की त्रिज्या दुगुनी करने पर त्रिज्या में % वृद्धि = 100%

$\therefore$ गोले की दो विमाओं में % वृद्धि $= 100+100+\frac{100\times 100}{100} = 200+100 = 300\%$

$\therefore$ गोले की तीनों विमाओं में % वृद्धि $= 300+100+\frac{300\times 100}{100} = 400+300 = 700\%$

48. क्षेत्रफल में प्रतिशत कमी $= -11 - 11 + \frac{-11\times -11}{100} = -22 + 1.21 = -20.79 \Rightarrow 20.79\%$

49. माना सोनू की आय ₹100 है। अतः उसकी बचत = ₹ 15 और खर्च = 100 – 15 = ₹ 85

आय में 20% की वृद्धि होने पर नई आय = 100 + 20 = ₹ 120

$\because$ अब भी वह पहले जितनी बचत करती है अतः नया खर्च = 120 – 15 = ₹ 105

$\therefore$ खर्च में कुल वृद्धि = नया खर्च – प्रारम्भिक खर्च = 105 – 85 = ₹ 20

$\therefore$ खर्च में प्रतिशत वृद्धि $= \frac{\text{कुल वृद्धि}\times 100}{\text{प्रारम्भिक खर्च}} = \frac{20\times 100}{85} = 23.5\%$

50. $\because$ A और B अपनी आय का क्रमशः 60% और 75% खर्च करते हैं।

$\therefore$ A की बचत = A का वेतन $\times \frac{40}{100}$ = A का वेतन $\times \frac{2}{5}$ और B की बचत = B का वेतन $\times \frac{25}{100}$ = B का वेतन $\times \frac{1}{4}$

$\because$ A की बचत, B की बचत से 20% अधिक है। अतः A की बचत = B की बचत × 120%

$\therefore$ A का वेतन $\times \frac{2}{5}$ = B का वेतन $\times \frac{1}{4}\times\frac{120}{100} \Rightarrow$ A का वेतन $\times \frac{2}{5}$ = B का वेतन $\times \frac{3}{10}$

$\therefore$ A का वेतन = B का वेतन $\times \frac{3}{10}\times\frac{5}{2}$ = B का वेतन $\times \frac{3}{4}$ = B का वेतन का 75%

$\therefore$ A का वेतन B के वेतन से 25% कम है।

51. A की आय B की आय से 60% कम है, अतः A की आय = B की आय $\times \frac{40}{100}$

$\therefore$ $\frac{\text{A का आय}}{\text{B का व्यय}} = \frac{2}{5} \Rightarrow$ A की आय : B की आय = 2 : 5

$\therefore$ माना A की आय ₹ $2x$ तथा B की आय ₹ $5x$ है। पुनः A का व्यय B के व्यय के 60% के बराबर है।

$\therefore$ A का व्यय = B का व्यय $\times \frac{60}{100} \Rightarrow \frac{\text{A का आय}}{\text{B का व्यय}} = \frac{60}{100} = \frac{3}{5} \Rightarrow$ A का व्यय : B का व्यय = 3 : 5

$\therefore$ माना A का व्यय ₹ 3y और B का व्यय ₹5y है।

$\because$ A की आय = B का व्यय का 70% $\Rightarrow 2x = 5y \times \frac{70}{100} \Rightarrow x = \frac{7y}{4}$

$\therefore$ A की बचत : B की बचत $= (2x - 3y) : (5x - 5y) = \left(2\times\frac{7y}{4} - 3y\right):\left(5\times\frac{7y}{4} - 5y\right)$

$$= \left(\frac{14y-12y}{4}\right):\left(\frac{35y-20y}{4}\right) = \frac{2y}{4}:\frac{15y}{4} = 2:15$$

52. माना R की आय ₹ 100 है। अतः Q की आय = 100 + 50 = ₹ 150

$\therefore$ P की आय = Q की आय का 150% $= 150 \times \frac{150}{100}$ = ₹ 225

$\therefore$ P और R की आयों में अन्तर = 225 – 100 = ₹ 125

$\therefore$ P की आय R की आय से कितने प्रतिशत अधिक है $= \frac{\text{दोनों में अन्तर}\times 100}{\text{R की आय}} = \frac{125\times 100}{100} = 125\%$

53. मान Z की आय ₹ 100 है। अतः Y की आय = Z की आय का 140% = $\frac{100 \times 140}{100}$ = ₹ 140

∴ X की आय = Y की आय का 160% = $\frac{140 \times 160}{100}$ = ₹ 224

∴ X की आय और Z की आय में अन्तर = 224 – 100 = ₹ 124

∴ X की आय Z की आय से कितने प्रतिशत अधिक है = 124%

54. यदि व्यक्ति की आय ₹ 100 हो, तो उसका खर्च = ₹ 59 और बचत = 100 – 59 = ₹ 41

∴ खर्च का कितना प्रतिशत बचत = $\frac{\text{बचत} \times 100}{\text{खर्च}} = \frac{41 \times 100}{59}$ = 69.49%

55. (किराया + जीवन यापन + बचत) पर कुल प्रतिशत = 20% + 60% + 10% = 90%

∴ शेष प्रतिशत = 100% – 90% = 10% = बच्चों की शिक्षा पर खर्च = ₹ 30

∴ वेतन का 10% = 30 ⇒ वेतन × $\frac{10}{100}$ = 30 ⇒ वेतन = ₹ 300

56. माना प्रारम्भिक राशि ₹ x थी। अतः पहली बाजी के बाद शेष राशि = x का 25%

दूसरी बाजी के बाद शेष राशि = x का 25% का 25%

और तीसरी बाजी के बाद शेष राशि = x का 25% का 25% का 25% = ₹ 2

∴ $x \times \frac{25}{100} \times \frac{25}{100} \times \frac{25}{100} = 2 \Rightarrow x = 2 \times 4 \times 4 \times 4$ = ₹ 128

57. ∵ A की बचत = B की बचत ⇒ A का वेतन × 5% = B का वेतन × 20%

∴ A का वेतन : B का वेतन = 20% : 5% = 4 : 1 ⇒ अनुपाती योग = 4 + 1 = 5

∴ A का वेतन = 43000 × $\frac{4}{5}$ = 8600 × 4 = ₹ 34400

58. ∵ A की बचत = B की बचत, अतः A के वेतन का 15% = B के वेतन का 30%

∴ A का वेतन : B का वेतन = 30% : 15% = 2 : 1 ⇒ अनुपाती योग = 2 + 1 = 3

∴ B का वेतन = 45000 × $\frac{1}{3}$ = ₹ 15000

59. ∵ A की बचत = B की बचत ⇒ A के वेतन का 25% = B के वेतन का 10%

∴ A का वेतन : B का वेतन = 10 : 25 = 2 : 5 ⇒ अनुपाती योग = 2 + 5 = 7

∴ B का वेतन = 42000 का $\frac{5}{7}$ = 42000 × $\frac{5}{7}$ = ₹ 30000

60. माना राजू का व्यय ₹ 100 है। अतः उसका आय = 100 + 20 = ₹ 120

60% वृद्धि पर नयी आय = 120 का 160% = 120 × $\frac{160}{100}$ = ₹ 192

70% वृद्धि पर नया व्यय = 100 का 170% = 100 × $\frac{170}{100}$ = ₹ 170

∴ नयी बचत = नयी आय – नयी व्यय = 192 – 170 = ₹ 22

चूंकि पूर्व में बचत ₹20 का है, अतः बचत में वृद्धि = 22 – 20 = ₹ 2

∴ बचत में प्रतिशत वृद्धि = $\frac{\text{कुल वृद्धि} \times 100}{\text{पूर्व बचत}} = \frac{2 \times 100}{20}$ = 10%

61. माना B की आय ₹ 100 है। अतः A की आय = 100 + 25 = ₹ 125

∴ C की आय = (A + B) की आय का 35% = (100 + 125) × $\frac{35}{100} = \frac{225 \times 35}{100}$ = ₹ $\frac{315}{4}$

∴ A और C की आय में अन्तर = $125 - \frac{315}{4} = \frac{500 - 315}{4}$ = ₹ $\frac{185}{4}$

∴ C की आय A की आय से कितने प्रतिशत कम है = $\frac{\text{दोनों की आय में अन्तर} \times 100}{\text{A का मान}} = \frac{\frac{185}{4} \times 100}{125}$

$= \frac{185 \times 100}{4 \times 125}$ = 37%

62. माना B की आय ₹ 100 है। अतः A की आय = 100 + 50 = ₹ 150

40% की वृद्धि पर A की नयी आय = 150 का 140% = $\frac{150 \times 140}{100}$ = ₹ 210

90% की वृद्धि पर B की नयी आय = 100 + 90 = ₹ 190

∴ दोनों की संयुक्त नयी आय = 210 + 190 = ₹ 400

∴ दोनों की संयुक्त पूर्व आय = 100 + 150 = ₹ 250

∴ दोनों संयुक्त आयों में अन्तर = 400 − 250 = ₹ 150

∴ संयुक्त आय में प्रतिशत वृद्धि = $\frac{\text{कुल वृद्धि} \times 100}{\text{संयुक्त पूर्व आय}} = \frac{15 \times 100}{250}$ = 60%

63. भोजन के बाद शेष वेतन = वेतन का 90%, पुनः ईंधन पर खर्च के बाद शेष = वेतन का 90% का 80%

∴ वेतन × $\frac{90}{100} \times \frac{80}{100}$ = 480 ⇒ वेतन = $\frac{4680 \times 100}{9 \times 8}$ = ₹6500

64. A की बचत = A के वेतन का 30% और B की बचत = B के वेतन का 20%

∴ A के वेतन का 30% = B के वेतन का 20% का 125%, अतः A का वेतन × $\frac{30}{100}$ = B का वेतन × $\frac{20}{100} \times \frac{125}{100}$

∴ $\frac{\text{A का वेतन}}{\text{B का वेतन}} = \frac{20 \times 125}{30 \times 100} = \frac{5}{6}$ ⇒ A का वेतन : B का वेतन = 5 : 6

∴ दोनों की आय में अन्तर = 165000 × $\frac{(6-5)}{11}$ = 15000 × 1 = ₹ 15000

65. माना B की आय ₹ 100 है। अतः A की आय = 100 + 40 = ₹ 140

∴ A और B की संयुक्त आय = 100 + 140 = ₹ 240

अब 25% वृद्धि पर A की नयी आय = 140 × $\frac{125}{100}$ = ₹ 175

और 40% वृद्धि पर B की नयी आय = 100 + 40 = ₹ 140

∴ A और B की संयुक्त नयी आय = 175 + 140 = ₹ 315

∴ संयुक्त आयों में अन्तर = 315 − 240 = ₹ 75

∴ संयुक्त आय में प्रतिशत वृद्धि = $\frac{\text{दोनों में अन्तर} \times 100}{\text{प्रारम्भिक संयुक्त आय}} = \frac{75 \times 100}{240}$ = 31.25%

66. माना सुधा की आय ₹ 100 थी। अतः बचत = ₹ 15 और खर्च = ₹ 85

20% की वृद्धि पर नया व्यय = 85 × $\frac{120}{100}$ = ₹ 102 और 60% की वृद्धि पर नया बचत = 15 × $\frac{160}{100}$ = ₹ 24

∴ नयी आय = 102 + 24 = 126 ⇒ आय में प्रतिशत वृद्धि = 26%

67. माना बाला का वेतन ₹ x है। अतः वेतन का 10% = $\frac{x \times 10}{100} = \frac{x}{10}$

∴ दान के लिए पहले से तय की गई राशि = ₹ $\frac{x}{10}$

∴ $\frac{x}{10}$ का 60% = 1800 ⇒ $\frac{x}{10} \times \frac{60}{100}$ = 1800 ⇒ $x = \frac{1800 \times 100}{6}$ = ₹ 30000

∴ बाला का वेतन = x = ₹ 30000

68. रविन्दर के मासिक वेतन का 15% = ₹ 3750

∴ मासिक वेतन × $\frac{15}{100}$ = 3750 ⇒ मासिक वेतन = $\frac{3750 \times 100}{15}$ = ₹ 25000

∵ कुल निवेश % = 15% + 25% + 8% = 48% ⇒ कुल बचत % = 100% − 48% = 52%

∴ रविन्दर के पास बची कुल राशि = 25000 का 52% = 25000 × $\frac{52}{100}$ = ₹ 13000

69. प्रारम्भ में पारिवारिक खर्च E = मासिक वेतन का 60% = $75000\times\frac{60}{100}$ = ₹ 45000

कारों पर खर्च T = E का 20% = $45000\times\frac{20}{100}$ = ₹ 9000

दान पर खर्च C = T का 15% = $9000\times\frac{15}{100}$ = ₹ 1350

∴ कुल प्रारम्भिक बचत = 75000 – (45000 + 9000 + 1350) = 75000 – 55350 = ₹ 19650

40% की वृद्धि पर नया मासिक वेतन = $75000\times\frac{140}{100}$ = ₹ 105000

∴ नया पारिवारिक खर्च E = $105000\times\frac{60}{100}$ = ₹ 63000

नया कारों पर खर्च T = E का 30% = $63000\times\frac{30}{100}$ = ₹ 18900

नया दान पर खर्च C = T का 20% = $18900\times\frac{20}{100}$ = ₹ 3780

∴ कुल नई बचत = 105000 – (63000 + 18900 + 3780) = 105000 – 85680 = ₹ 19320

∴ प्रारम्भिक बचत : वर्तमान बचत = 19650 : 19320 = 655 : 644

70. माना व्यक्ति की आय ₹ 100 है। अतः व्यय = ₹ 75 और बचत = ₹ 25

28% वृद्धि पर नई आय = ₹ 128 और नया व्यय = $75\times\frac{120}{100}$ = ₹ 90

∴ नई बचत = 128 – 90 = ₹ 38 ⇒ बचत में वृद्धि = 38 – 25 = ₹ 13

∴ बचत में प्रतिशत वृद्धि = $\frac{13\times100}{25} = 52\%$

71. 2% मत अवैध होने पर वैध मत = $104000\times\frac{98}{100} = 101920$

∴ उम्मीदवार के पक्ष में पड़े वैध मत = $101920\times\frac{55}{100} = 56056$

72. जीतने वाले उम्मीदवार को प्राप्त मत = 60%, अतः हारने वाले उम्मीदवार को प्राप्त मत = 40%

∴ हार-जीत में अन्तर का प्रतिशत = 60% – 40% = 20%

∴ कुल मत का 20% = 1600 ⇒ कुल मत × $\frac{20}{100}$ = 1600 ⇒ कुल मत = $\frac{1600\times100}{200} = 8000$

73. एक उम्मीदवार को प्राप्त मत = 40% ⇒ दूसरे उम्मीदवार को प्राप्त मत = 60%

∴ हार-जीत में अन्तर का प्रतिशत = 60% – 40% = 20%

∴ डाले गये कुल मत × $\frac{20}{100}$ = 298 ⇒ डाले गये कुल मत = $\frac{298\times100}{20} = 1490$

74. जीतने वाला उम्मीदवार = 63% ⇒ हारने वाला उम्मीदवार = 37%

∴ हार-जीत के अन्तर का प्रतिशत = (63 – 37)% = 26%

∴ कुल मत × $\frac{26}{100}$ = 650 ⇒ कुल मत = $\frac{650\times100}{26} = 2500$

∴ हारने वाले उम्मीदवार को प्राप्त मत = $2500\times\frac{37}{100} = 925$

75. जीता उम्मीदवार = 84% ⇒ हारा उम्मीदवार = 16%, अतः हार जीत के अन्तर का प्रतिशत = 84% – 16% = 68%

∴ कुल मत का 68% = 476 ⇒ कुल मत × $\frac{68}{100}$ = 476 ⇒ कुल मत = $\frac{476\times100}{68} = 700$

76. एक उम्मीदवार = 38% ⇒ दूसरा उम्मीदवार = 62%, अतः हार-जीत के अन्तर का % = 62% – 38% = 24%

∴ कुल मत × $\frac{24}{100}$ = 7200 ⇒ कुल मत = $\frac{7200\times100}{24} = 30000$

77. माना पंजीकृत मतदाताओं की संख्या x थी। अतः डाले गये मत = x का 75% = $x\times\frac{75}{100}=\frac{3x}{4}$

2% मत अवैध होने पर वैध मत = $\frac{3x}{4}\times\frac{98}{100}$, अतः वैध मतों का 75% = 9261

∴ $\frac{3x}{4}\times\frac{98}{100}\times\frac{75}{100}=9261$, अतः $x=\frac{9261\times4\times100\times100}{3\times98\times75}=16800$

78. माना चुनाव में कुल x मत थे। अतः डाले गये मत = x का 92% = $x\times\frac{92}{100}=\frac{92x}{100}$

जीतने वाले प्रत्याशी के मत = $x\times\frac{48}{100}=\frac{48x}{100}$ और हारने वाले प्रत्याशी के मत $=\frac{92x}{100}-\frac{48x}{100}$

∴ $\frac{48x}{100}-\left(\frac{92x}{100}-\frac{48x}{100}\right)=1100$, अतः $\frac{48x}{100}-\frac{92x}{100}+\frac{48x}{100}=1100$

∴ $\frac{96x}{100}-\frac{92x}{100}=1100$, अतः $\frac{4x}{100}=1100$ या $x=\frac{1100\times100}{4}=27500$

79. वैध वोट $=7500\times\frac{80}{100}=6000$

चूंकि एक उम्मीदवार 55% वैध मत पाता है। अतः दूसरे उम्मीदवार के वैध मत = $6000\times\frac{45}{100}=2700$

80. वैध मत $=180000\times\frac{90}{100}=162000$, अतः एक उम्मीदवार वैध मतों का 80% पाता है।

∴ दूसरे उम्मदीवार के मत = वैध मतों का 20% = $162000\times\frac{20}{100}=32400$

81. ∵ एक उम्मीदवार 37% मत पाया, अतः दूसरा उम्मीदवार 100% – 37% = 63% मत पाया

∴ हार जीत का मत प्रतिशत = 63% – 37% = 26%

∴ कुल मतों का 26% मत = 520000 ⇒ कुल मत × $\frac{26}{100}$ = 520000

∴ कुल मतों की संख्या = $\frac{520000\times100}{26}$ = 2000000

82. वर्तमान जनसंख्या = 2 वर्ष पूर्व की जनसंख्या का 130% का 85%

∴ 11050 = 2 वर्ष पूर्व की जनसंख्या $\times\frac{130}{100}\times\frac{85}{100}$ ⇒ वर्ष पूर्व की जनसंख्या = $\frac{11050\times100\times100}{130\times85}=10000$

83. यदि प्रारम्भ में शहर की जनसंख्या 100 रही हो तो, 2 वर्ष बाद शहर की जनसंख्या = $100\times\frac{125}{100}\times\frac{136}{100}=170$

∴ 2 वर्ष में जनसंख्या में % वृद्धि = 170 – 100 = 70%, अतः जनसंख्या में औसत % वृद्धि = $\frac{70\%}{2}$ = 35%

84. माना दोनों जगहों की आबादी n वर्षों में बराबर होगी।

∴ n वर्षों बाद पटना शहर की आबादी = 96000 – 800 n और n वर्षों बाद पाटलिपुत्र की आबादी = 68000 + 1200 n

∴ 96000 – 800 n = 68000 + 1200 n ⇒ 2000 n = 28000 ⇒ n = 14 वर्ष

85. 3 वर्ष पूर्व की जनसंख्या × $\frac{105}{100}\times\frac{106}{100}\times\frac{108}{100}$ = वर्तमान जनसंख्या = 120204

∴ 3 वर्ष पूर्व की जनसंख्या = $\frac{120204\times100\times100\times100}{105\times106\times108}$ = 100000

86. चश्मा लगाने वाले छात्रों की संख्या = 1400 का 25% = $1400\times\frac{25}{100}$ = 350

चश्मा लगाने वाले लड़कों की संख्या = 350 का $\frac{2}{7}=350\times\frac{2}{7}$ = 100

चश्मा लगाने वाली लड़कियों की संख्या = 350 – 100 = 250

87. गाँव वालों की कुल संख्या का 14% = 574 ⇒ कुल संख्या × $\frac{14}{100}$ = 574

∴ गाँव वालों की कुल संख्या = $\frac{574\times100}{14}$ = 4100

88. लड़कियों की कुल संख्या = 1500 का 44% = 1500 × $\frac{44}{100}$ = 660

∴ लड़कों की कुल संख्या = 1500 – 660 = 840 और लड़कों की कुल फीस = 840 × 540 = ₹ 453600

एक लड़की की फीस = एक लड़के की फीस का 75% = $540\times\frac{75}{100}$ = ₹ 405

∴ लड़कियों की कुल फीस = 660 × 405 = ₹ 267300, अतः फीस का योग = 453600 + 267300 = ₹ 720900

89. $\because$ 60% विद्यार्थी लड़के हैं। अतः 40% विद्यार्थी लड़कियाँ होंगी।

चूंकि 40% विद्यार्थी = 812, अतः 1% विद्यार्थी = $\frac{812}{40}$

$\therefore$ 60% विद्यार्थी = $\frac{812 \times 60}{40}$ = 406 × 3=1218, अतः विद्यालय में लड़कों की कुल संख्या = 1218

90. वर्तमान आबादी = 2 वर्ष पूर्व की आबादी $\left(1-\frac{\text{दर}}{100}\right)^{\text{समय}} = \left(\frac{80}{100}\right)^2 = 10000\left(\frac{4}{5}\right)^2 = 10000 \times \frac{16}{25} = 6400$

91. 3 वर्ष बाद जनसंख्या = वर्तमान जनसंख्या $\left(1+\frac{\text{दर}}{100}\right)^{\text{समय}} = 64000 \left(\frac{110}{100}\right)^3 = 64000 \times \frac{1331}{1000} = 85184$

92. स्त्रियों तथा पुरुषों का अनुपात = 43 : 40 ⇒ अनुपाती योग = 43 + 40 = 83

$\therefore$ स्त्रियों की संख्या = 311250 × $\frac{43}{83}$ = 161250 और पुरुषों की संख्या = 311250 × $\frac{40}{83}$ = 150000

$\therefore$ नगर में कुल साक्षरों की संख्या = 150000 × $\frac{24}{100} + \frac{161250 \times 8}{100}$ = 36000 + 12900 = 48900

93. माना नगर में पुरुषों की संख्या x तथा स्त्रियों की संख्या 15000 – x है।

$\therefore$ पुरुषों की नयी संख्या + स्त्रियों की नयी संख्या = नयी जनसंख्या $\Rightarrow x \times \frac{108}{100} + (15000 - x) \times \frac{110}{100} = 16300$

$\therefore$ $\frac{108x + 1650000 - 110x}{100} = 16300 \Rightarrow 1650000 - 2x = 1630000$

$\therefore$ $2x = 1650000 - 1630000 = 20000 \Rightarrow x = 10000$, अतः स्त्रियों की संख्या = 15000 – 10000 = 5000

94. माना गाँव में पुरुषों की आबादी x तथा महिलाओं की आबादी 5000 – x थी।

$\therefore$ पुरुषों की नयी आबादी + महिलाओं की नयी आबादी = कुल नयी आबादी

$\therefore$ $x \times \frac{110}{100} + (5000 - x) \times \frac{115}{100} = 5600 \Rightarrow \frac{110x + 575000 - 115x}{100} = 5600 \Rightarrow 575000 - 5x = 560000$

$\therefore$ 5x = 575000 – 560000 = 15000 ⇒ x = 3000

$\therefore$ गाँव में मूलतः महिलाओं की आबादी = 5000 – x = 5000 – 3000 = 2000

95. वर्तमान जनसंख्या = 2 वर्ष पूर्व जनसंख्या $\left(1+\frac{\text{दर}}{100}\right)^{\text{समय}}$

$\therefore$ 4410 = 2 वर्ष पूर्व जनसंख्या $\left(\frac{105}{100}\right)^2$ = 2 वर्ष पूर्व जनसंख्या $\left(\frac{21}{20}\right)^2$

$\therefore$ 4410 = 2 वर्ष पूर्व जनसंख्या × $\frac{441}{400}$ ⇒ 2 वर्ष पूर्व जनसंख्या = $\frac{4410 \times 400}{441}$ = 4000

30 % शिक्षित ⇒ 70% अशिक्षित, अतः अशिक्षित लोगों की संख्या = 6600 × $\frac{70}{100}$ = 4620

96. चूंकि लड़के = 75% ⇒ लड़कियाँ = 25%, अतः कुल संख्या × $\frac{25}{100}$ = 420 ⇒ कुल संख्या = 1680

$\therefore$ लड़कों की संख्या = 1680 × $\frac{75}{100}$ =1260

97. संख्या का 80% – संख्या का 62% = 198 ⇒ संख्या का (80% – 62%) = 198

$\therefore$ संख्या का 18% = 198 ⇒ संख्या × $\frac{18}{100}$ = 198 ⇒ संख्या = 198 × $\frac{100}{18}$ = 1100

$\therefore$ संख्या के 92% और 56% का अन्तर = $1100 \times \frac{(92-56)}{100} = 1100 \times \frac{36}{100} = 396$

98. A का प्राप्तांक = 500 का 80% = $500 \times \frac{80}{100} = 400$

चूंकि A को B से 25% अंक प्राप्त हुए, अतः B का अंक × $\frac{125}{100}$ = 400 ⇒ B का अंक = $\frac{400 \times 100}{125}$ = 320

इसी प्रकार C का अंक × $\frac{160}{100}$ = B का अंक = 320, अतः C का अंक = $\frac{320 \times 100}{160}$ = 200

$\therefore$ D के अंक का 80% = C का अंक ⇒ D का अंक = C का अंक × $\frac{100}{80} = \frac{200 \times 100}{80}$ = 250

$\therefore$ D का प्रतिशत अंक = $\frac{250 \times 100}{500}$ = 50%

99. अधिकतम अंक का 72% = 360 $\Rightarrow$ अधिकतम अंक $\times \frac{72}{100} = 360$

$\therefore$ अधिकतम अंक $= \frac{360 \times 100}{72} = 500$

100. माना वह संख्या x है। अतः संख्या + 38 = संख्या का 119%

$\therefore$ $x + 38 = x \times \frac{119}{100} \Rightarrow x - \frac{119x}{100} = -38 \Rightarrow \frac{-19x}{100} = -38 \Rightarrow x = 200$, अतः अभीष्ट संख्या $= x = 200$

101. माना तीसरी संख्या 100 है। अतः पहली संख्या = 60 और दूसरी संख्या = 50

$\therefore$ पहली संख्या और दूसरी संख्या में अन्तर = 60 – 50 = 10

$\therefore$ दूसरी संख्या को पहली संख्या के बराबर करने के लिए प्रतिशत वृद्धि = $\frac{\text{दोनों में अन्तर} \times 100}{\text{दूसरी संख्या}}$

$= \frac{10 \times 100}{50} = 20\%$

102. माना बड़ी संख्या x है। अतः छोटी संख्या $= x$ का 25% $= x \times \frac{25}{100} = \frac{x}{4}$

$\therefore$ $x - \frac{x}{4} = 12 \Rightarrow \frac{4x - x}{4} = 12 \Rightarrow \frac{3x}{4} = 12 \Rightarrow x = \frac{12 \times 4}{3} = 16$

103. माना संख्या 100 है। अतः 30% की वृद्धि पर नयी संख्या = 130

अब 25% की कमी पर नयी संख्या $= 130 \times \frac{75}{100}$, फिर 25% वृद्धि पर नयी संख्या

$= 130 \times \frac{75}{100} \times \frac{125}{100} = 121.875$

$\therefore$ संख्या में कुल वृद्धि = 121.875 – 100 = 21.875, अतः शुद्ध प्रतिशत वृद्धि = 22% लगभग

104. माना X = 100, अतः दूसरी संख्या = 50 और तीसरी संख्या = 80

$\therefore$ दूसरी संख्या : तीसरी संख्या = 50 : 80 = 5 : 8

105. माना तीसरी संख्या 100 है। अतः पहली संख्या = 180 और दूसरी संख्या = 135

$\therefore$ दोनों संख्याओं में अनुपात = 180 : 135 = 4 : 3

106. बड़ी संख्या $\times \frac{96}{100}$ = छोटी संख्या $\times \frac{112}{100} \Rightarrow$ बड़ी संख्या × 96 = 112 × छोटी संख्या

बड़ी संख्या : छोटी संख्या = 112 : 96 = 7 : 6

$\therefore$ 7 : 6 का अनुपाती योग = 7 + 6 = 13, अतः छोटी संख्या $= 520 \times \frac{6}{13} = 240$

107. संख्या का 20% = 120 $\Rightarrow$ संख्या $\times \frac{20}{100} = 120 \Rightarrow$ संख्या $= \frac{120 \times 100}{20} = 600$

$\therefore$ संख्या का 120% $= 600 \times \frac{120}{100} = 720$

108. यदि संख्या x हो तो x का 13% – x का 5% = 16 $\Rightarrow \frac{x \times 13}{100} - \frac{x \times 5}{100} = 16$

$\therefore$ $\frac{13x - 5x}{100} = 16 \Rightarrow \frac{8x}{100} = 16 \Rightarrow x = \frac{16 \times 100}{8} = 200$, अतः वह संख्या $= x = 200$

109. चूंकि संख्या को 10% कम करने पर वह 54 हो जाती है अतः संख्या $\times \frac{90}{100} = 54 \Rightarrow$ संख्या $= \frac{54 \times 100}{90} = 60$

संख्या 60 को 72 करने के लिए की जाने वाली वृद्धि = 72 – 60 = 12

$\therefore$ प्रतिशत वृद्धि $= \frac{\text{कुल वृद्धि} \times 100}{\text{प्रारम्भिक खर्च}} = \frac{12 \times 100}{60} = 20\%$

110. दूसरी संख्या – पहली संख्या $\times \frac{60}{100}$ = दूसरी संख्या $\times \frac{52}{100}$

$\therefore$ दूसरी संख्या – दूसरी संख्या $\times \frac{52}{100}$ = पहली संख्या $\times \frac{60}{100}$

$\frac{\text{दूसरी संख्या} \times 100 - \text{दूसरी संख्या} \times 52}{100}$ = पहली संख्या $\times \frac{60}{100}$

$\therefore$ $\frac{48 \times \text{दूसरी संख्या}}{100} = \frac{\text{पहली संख्या} \times 60}{100} \Rightarrow$ 48 × दूसरी संख्या = पहली संख्या × 60

$\therefore$ $\frac{\text{पहली संख्या}}{\text{दूसरी संख्या}} = \frac{48}{60} = \frac{4}{5} \Rightarrow$ पहली संख्या : दूसरी संख्या = 4 : 5

111. माना वह संख्या x है, अतः $x \times x$ का $\frac{25}{100} = x + x$ का $\frac{200}{100}$

$x \,.\, x \,.\, \frac{25}{100} = x + x \,.\, \frac{200}{100} \Rightarrow x^2 \cdot \frac{25}{100} = \frac{300x}{100} \Rightarrow x = \frac{300}{25} = 12$

$\therefore$ वह संख्या = x = 12

112. माना संख्या का पहला भाग x तथा दूसरा भाग y है, अतः x का 80% – y का 60% = 3

$\therefore$ $\frac{x \times 80}{100} - \frac{y \times 60}{100} = 3 \Rightarrow \frac{4x}{5} - \frac{3y}{5} = 3 \Rightarrow \frac{4x - 3y}{5} = 3 \Rightarrow 4x - 3y = 15$...........(i)

पुनः x का 90% + 6 = y का 80% $\Rightarrow \frac{x \times 90}{100} - \frac{y \times 80}{100} = -6$

$\frac{9x}{10} - \frac{8y}{10} = -6 \Rightarrow \frac{9x - 8y}{10} = -6 \Rightarrow 9x - 8y = -60$ ....(ii)

दोनों समीकरणों को हल करने पर, $x = 60$ और $y = 75$

$\therefore$ वह संख्या = $x + y = 60 + 75 = 135$

113. मूल संख्या में कुल % वृद्धि = $10 + 20 + \frac{10 \times 20}{100} = 10 + 20 + 2 = 32\%$

114. चूंकि संख्या को 25% कम करने पर 225 प्राप्त होता है। अतः संख्या $\times \frac{75}{100} = 225 \Rightarrow$ संख्या $= \frac{225 \times 100}{75} = 300$

संख्या 300 को 375 करने के लिए की जाने वाली वृद्धि = 375 – 300 = 75

$\therefore$ प्रतिशत बढ़ोत्तरी = $\frac{\text{कुल वृद्धि} \times 100}{\text{प्रारम्भिक खर्च}} = \frac{75 \times 100}{300} = 25\%$

115. यदि तीसरी संख्या 100 हो तो पहली संख्या = 70 और दूसरी संख्या = 63

$\therefore$ पहली संख्या और दूसरी संख्या में अन्तर = 70 – 63 = 7

$\therefore$ दूसरी संख्या, पहली संख्या की तुलना में % कम = $\frac{\text{दोनों में अन्तर} \times 100}{\text{पहली संख्या}} = \frac{7 \times 100}{70} = 10\%$

116. माना पहले छात्र के x अंक और दूसरे छात्र के $x - 22$ अंक हैं।

$\therefore$ पहले छात्र के अंक = दोनों के अंकों के योग का 55% $\Rightarrow x = (x + x - 22) \times \frac{55}{100}$

$\therefore$ $\frac{x}{1} = \frac{(2x - 22) \times 11}{20} \Rightarrow 22x - 242 = 20x \Rightarrow 2x = 242 \Rightarrow x = 121$

$\therefore$ पहले छात्र के अंक = x = 121 और दूसरे छात्र के अंक = $x - 22 = 121 - 22 = 99$

117. माना परीक्षा के अधिकतम अंक x हैं। अतः उत्तीर्णांक = x का 36% = $x \times \frac{36}{100}$

$\therefore$ $x \times \frac{36}{100} = 53 + 37 = 90 \Rightarrow x = \frac{90 \times 100}{36} = 250$

118. माना पहले छात्र के x अंक और दूसरे छात्र के $x - 20$ अंक थे।

$\therefore$ पहले छात्र के अंक = दोनों छात्रों के अंकों का योग का 55% $\Rightarrow x = (x + x - 20) \times \frac{55}{100}$

$\therefore$ $\frac{x}{1} = \frac{(2x - 20) \times 11}{20} \Rightarrow 22\,x - 220 = 20\,x \Rightarrow 2x = 220 \Rightarrow x = 110$

$\therefore$ पहले छात्र के अंक = x = 100 और दूसरे छात्र के अंक = $x - 20 = 110 - 20 = 90$

119. माना परीक्षा के अधिकतम अंक x है। अतः उत्तीर्णांक = x का 24% = $x \times \frac{24}{100}$

$\therefore$ $x \times \frac{24}{100} = 61 + 29 = 90 \Rightarrow x = \frac{90 \times 100}{24} = 375$

120. माना पहले छात्र के अंक x तथा दूसरे के अंक $x - 10$ थे।

$\therefore$ पहले छात्र के अंक = दोनों के अंकों का योग का 75% $\Rightarrow X = (x + x - 10) \times \frac{75}{100}$

$\therefore$ $x = \frac{(2x - 10) \times 3}{4} \Rightarrow 6x - 30 = 4x \Rightarrow 2x = 30 \Rightarrow x = 15$

$\therefore$ पहले छात्र के अंक = x = 15 और दूसरे छात्र के अंक = $x - 10 = 15 - 10 = 5$

121. माना A को x अंक और B को $x - 8$ अंक मिले।

$\therefore$ A का अंक = दोनों के अंकों का योग का 55% $\Rightarrow x = (x + x - 8) \times \frac{55}{100}$

$\therefore$ $\frac{x}{1} = \frac{(2x-8)\times 11}{20} \Rightarrow 22x - 88 = 20x \Rightarrow 2x = 88 \Rightarrow x = 44$

$\therefore$ A और B के प्राप्तांकों का योग $= x + x - 8 = 44 + 44 - 8 = 80$

122. पाँचों विषयों के कुल पूर्णांक $= 100 \times 5 = 500$

पाँचों विषयों में X के प्राप्तांक = 500 का 90% $= 500 \times \frac{90}{100} = 450$

चार विषयों में X के प्राप्तांक $= 82 + 97 + 88 + 91 = 358$

पाँचवें विषय में प्राप्तांक $= 450 - 358 = 92$

123. परीक्षा का पूर्णांक $= \frac{(6+2)\times 100}{32 \sim 36} = \frac{8 \times 100}{4} = 200$

$\therefore$ उत्तीर्णांक = 200 का 32% + 6 = $\frac{200 \times 32}{100} + 6 = 64 + 6 = 70$

124. व्यय में प्रतिशत वृद्धि $(x) = 25 - 4 + \frac{25 \times -4}{100} \Rightarrow x = 21 - 1 = 20$

125. माना व्यक्ति को अपना खपत $x\%$ तक कम करना होगा, अतः $22 = 28 - x + \frac{28 \times -x}{100} \Rightarrow x + \frac{28x}{100} = 28 - 22 = 6$

$\therefore$ $\frac{100x + 28x}{100} = 6 \Rightarrow \frac{128x}{100} = 6 \Rightarrow x = \frac{6 \times 100}{128} = 4.6875 = 4.7\%$

126. माना व्यक्ति को खपत में $x\%$ की कमी करनी पड़ेगी।

$\therefore$ $5 = 17 - x + \frac{17 \times -x}{100} = 17 - x - \frac{17x}{100} \Rightarrow x + \frac{17x}{100} = 17 - 5 = 12$

$\therefore$ $\frac{100x + 17x}{100} = 12 \Rightarrow \frac{117x}{100} = \frac{12}{1} \Rightarrow x = \frac{1200}{117} = 10.3\%$

127. खपत में प्रतिशत कमी $= \frac{(\text{मूल्य में प्रतिशत वृद्धि} - \text{खर्च में प्रतिशत कमी})}{(100+\text{मूल्य में प्रतिशत वृद्धि})} \times 100$

$= \frac{(20-8)\times 100}{120} = \frac{12 \times 100}{120} = 10\%$

128. खपत में प्रतिशत कमी $= \frac{(17-7)\times 100}{117} = \frac{10 \times 100}{117} = 8.5\%$

129. खपत में प्रतिशत कमी $= \frac{(24-15)\times 100}{124} = \frac{9 \times 100}{124} = 7.3\%$

130. खपत में प्रतिशत की कमी $= \frac{(17-8)\times 100}{117} = \frac{9 \times 100}{117} = 7.7$

131. खपत में प्रतिशत कमी $= \frac{(18-12)\times 100}{118} = \frac{600}{118} = 5.1\%$

132. खपत में प्रतिशत कमी $= \frac{(24-15)\times 100}{(24+100)} = \frac{9 \times 199}{124} = 7.3\%$

133. खपत में प्रतिशत कमी $= \frac{(22-12)\times 100}{(22+100)} = \frac{10 \times 100}{122} = 8.2\%$

134. खपत में प्रतिशत कमी $= \frac{(24-18)\times 100}{(24+100)} = \frac{6 \times 100}{124} = 4.8\%$

135. खपत में प्रतिशत कमी $= \frac{(21-12)\times 100}{(21+100)} = \frac{9 \times 100}{121} = 7.4\%$

136. खपत में प्रतिशत कमी $= \frac{(16-10)\times 100}{100+16} = \frac{6\times 100}{116} = 5.17\% = 5.2\%$

137. एक दिन = 24 घण्टे = 24 × 60 मिनट = 1440 मिनट

$\therefore$ 36 मिनट एक दिन का कितने % होगा $= \frac{36\times 100}{1440} = 25\%$

138. चूंकि A का % = 196, अतः $A \times \frac{A}{100} = 196 \Rightarrow A^2 = 19600 = (140)^2 \Rightarrow A = 140$

139. माना x का 0.4% = 26, अतः $x \times \frac{0.4}{100} = 26 \Rightarrow x = \frac{26\times 100}{0.4} = 6500$

$\therefore$ अभीष्ट संख्या $= x = 6500$

140. 8100 का 75% का 64% $= 8100 \times \frac{75}{100}\times\frac{64}{100} = 3888$

141. वर्ग के परिमाप में प्रतिशत वृद्धि = वर्ग की भुजा में प्रतिशत वृद्धि = 20%

142. $\because$ Y = X का a% $= X \times \frac{a}{100}$

पुनः X का 90% = Y का 40% $\Rightarrow X \times \frac{90}{100} = Y \times \frac{40}{100} \Rightarrow 9X = 4Y$

$\therefore$ $9X = 4 \times X \times \frac{a}{100} \Rightarrow a = 9 \times 25 = 225$

143. x का 15% = y का 10% × 3 $\Rightarrow x \times \frac{15}{100} = y \times \frac{10}{100} \times 3$

$\therefore x \times 15 = y \times 10 \times 3 \Rightarrow \frac{x}{y} = \frac{10\times 3}{15} = \frac{2}{1} \Rightarrow x : y = 2 : 1$

144. माना x की लम्बाई $5l$ तथा y की लम्बाई l है। अतः दोनों की लम्बाइयों में अन्तर $= 5l - l = 4l$

$\therefore$ y, x से कितने प्रतिशत कम है $= \frac{\text{लम्बाईयों में अन्तर} \times 100}{x \text{ की लम्बाई}} = \frac{4l \times 100}{5l} = 80\%$

145. माना संख्या x है। अतः सही गुणनफल $= x \times \frac{13}{11} = \frac{13x}{11}$ और गलत गुणनफल $= x \times \frac{11}{13} = \frac{11x}{13}$

$\therefore$ गुणनफल में कुल त्रुटि $= \frac{13x}{11} - \frac{11x}{13} = \frac{169x - 121x}{11\times 13} = \frac{48x}{11\times 13}$

$\therefore$ गुणनफल (गणना) में प्रतिशत त्रुटि $= \frac{\text{कुल त्रुटि}\times 100}{\text{सही गुणनफल}} = \frac{\left(\frac{48x}{11\times 13}\times 100\right)}{\frac{13x}{11}}$

$$= \frac{48x \times 100}{11\times 13} \times \frac{11}{13x} = \frac{4800}{169} = 28.4\%$$

146. माना संख्या x है। अतः सही गुणनफल $= x \times \frac{13}{6} = \frac{13x}{6}$ और गलत गुणनफल $= x \times \frac{6}{13} = \frac{6x}{13}$

$\therefore$ गुणनफल में कुल त्रुटि $= \frac{13x}{6} - \frac{6x}{13} = \frac{169x - 36x}{6\times 13} = \frac{133x}{6\times 13}$

$\therefore$ गणना में प्रतिशत त्रुटि $= \frac{\text{कुल त्रुटि}\times 100}{\text{सही गुणनफल}} = \frac{\left(\frac{133x}{6\times 13}\times 100\right)}{\frac{13x}{6}} = \frac{133x}{6\times 13} \times 100 \times \frac{6}{13x} = 78.7\%$

147. माना C का मान 100 है। अतः B का मान = 100 का 25% $= 100 \times \frac{25}{100} = 25$

$\therefore$ A का मान = B के मान का 20% $= 25 \times \frac{20}{100} = 5$

$\therefore$ C का कितना प्रतिशत A के बराबर है = $\frac{\text{A का मान} \times 100}{\text{C का मान}} = \frac{5 \times 100}{100} = 5\%$

148. Q का वेतन P के वेतन से कितना प्रतिशत कम है = $\frac{25 \times 100}{125} = 20\%$

149. माना संख्या x है। अतः सही गुणनफल $= x \times \frac{7}{5} = \frac{7x}{5}$ और गलत गुणनफल $= x \times \frac{5}{7} = \frac{5x}{7}$

$\therefore$ गुणनफल (गणना) में कुल त्रुटि = $\frac{7x}{5} - \frac{5x}{7} = \frac{49x - 25x}{35} = \frac{24x}{35}$

$\therefore$ गणना में प्रतिशत त्रुटि = $\frac{\text{कुल त्रुटि} \times 100}{\text{सही गुणनफल}} = \frac{\left(\frac{24x}{35} \times 100\right)}{\frac{7x}{5}} = \frac{24x}{35} \times 100 \times \frac{5}{7x} = 48.98$

150. माना पहले वर्ष के प्रारम्भ में वस्तु की कीमत ₹ x थी।

$\therefore$ तीसरे वर्ष के अन्त में वस्तु की कीमत $= x \times \left(\frac{120}{100}\right)^3 = x \times \left(\frac{6}{5}\right)^3 = \frac{216}{125}x$

$\therefore$ और चौथे वर्ष के अन्त में वस्तु की कीमत $= x \times \left(\frac{120}{100}\right)^4 = x \times \left(\frac{6}{5}\right)^4 = \frac{1296}{625}x$

$\therefore$ $\frac{1296x}{625} - \frac{216x}{125} = 259.20 \Rightarrow \frac{1296x - 1080x}{625} =$ ₹ 259.20

$\therefore$ $\frac{216x}{625} = 259.20 \Rightarrow x = \frac{259.20 \times 625}{216} =$ ₹ 750

$\therefore$ दूसरे वर्ष के अन्त में वस्तु की कीमत $= x \times \left(\frac{120}{100}\right)^2 = 750 \times \left(\frac{6}{5}\right)^2 = 750 \times \frac{36}{25} =$ ₹ 1080

$\therefore$ दूसरे वर्ष के अन्त में वस्तु की कीमत का 40% $= 1080 \times \frac{40}{100} =$ ₹ 432

151. मेज का वर्तमान मूल्य $\times \left(\frac{80}{100}\right)^2 = 32000 \Rightarrow$ वर्तमान मूल्य $\times \left(\frac{4}{5}\right)^2 = 32000$

$\therefore$ मेज का वर्तमान मूल्य = $\frac{32000 \times 25}{16} =$ ₹ 50000

152. माना C का मान 100 है। अतः B का मान = 100 + 25 = 125

$\therefore$ A का मान = B के मान का 120% $= 125 \times \frac{120}{100} = 150$, अतः A और C में अन्तर = 150 – 100 = 50

$\therefore$ C, A से कितने प्रतिशत कम है = $\frac{\text{दोनों में अन्तर} \times 100}{\text{A का मान}} = \frac{50 \times 100}{150} = 33.33\%$

153. A का 26% = 832 $\Rightarrow A \times \frac{26}{100} = 832 \Rightarrow A = \frac{832 \times 100}{26} = 3200$

$\therefore$ A के 31% का मान = $3200 \times \frac{31}{100} = 32 \times 31 = 992$

154. माना B = 100, अतः A = 80, अब D = A का 75% $= 80 \times \frac{75}{100} = 60$

$\therefore$ C = D का 120% $= 60 \times \frac{120}{100} = 72$, अतः C = B का 72% $= B \times \frac{72}{100} \Rightarrow C = 0.72\,B$

155. मान B = 100, अतः A = 80 , अब D = A का 75% = $80 \times \frac{75}{100} = 60$

∴ C = D का 130% = $60 \times \frac{130}{100} = 78$, अतः C = B का 78% = $B \times \frac{78}{100} \Rightarrow C = 0.78\ B$

156. 1440 के 30% के 125% का मान = $1440 \times \frac{30}{100} \times \frac{12.5}{100} = 54$

157. 120 का $\frac{(100-x)}{100}$ = 40 का $\frac{(100+x)}{100} \Rightarrow 120 \times (100-x) = 40 \times (100+x)$

∴ $12000 - 120x = 4000 + 40x \Rightarrow 160\ x = 8000 \Rightarrow x = 50$

∴ 210 का $x\% = 210 \times \frac{50}{100} = 105$ और 180 का $(x+20)\% = 180 \times (50+20)\ \% = 180 \times \frac{70}{100} = 126$

दोनों में अन्तर = 126 – 105 = 21, अतः प्रतिशत कमी = $\frac{21 \times 100}{126} = 16\frac{2}{3}\%$

158. 180000 का $33\frac{1}{3}\%$ का 0.15% = $180000 \times \frac{\left(\frac{100}{3}\right)}{100} \times \frac{0.15}{100} = 180000 \times \frac{100}{3 \times 100} \times \frac{0.15}{100} = 90$

159. माना A और B प्रत्येक का वेतन ₹ x है।

∵ A और B के दान का अन्तर ₹ 259 है। अतः $\frac{x \times (8-7)}{100} = 259$

∴ $x \times \frac{1}{100} = 259$, अतः $x = 25900 \Rightarrow$ A और B प्रत्येक का वेतन = ₹ 25900

∵ A और B का दान – C का दान = ₹ 1185

∴ $25900 \times \frac{8}{100} + 25900 \times \frac{7}{100}$ – C का वेतन $\times \frac{9}{100} = 1185$

∴ 2072 + 1813 – C का वेतन $\times \frac{9}{100} = 1185 \Rightarrow$ 3885 – C का वेतन $\times \frac{9}{100} = 1185$

∴ C का वेतन $\times \frac{9}{100} = 3885 - 1185 = 2700 \Rightarrow$ C का वेतन = $\frac{2700 \times 100}{9}$ = ₹30000

∴ A और C का कुल दान = $2590 \times \frac{8}{100} + 30000 \times \frac{9}{100} = 2072 + 2700$ = ₹ 4772

∴ A, B और C का कुल वेतन = 25900 + 25900 + 30000 = ₹ 81800

∴ अभीष्ट प्रतिशत = $\frac{\text{A और C का कुल दान} \times 100}{\text{A, B और C का कुल वेतन}} = \frac{4772 \times 100}{81800} = 5.8\%$

160. ∵ बिल की राशि का 12% = ₹ 2100 ⇒ बिल की राशि $\times \frac{12}{100} = 2100$

∴ बिल की राशि = $\frac{2100 \times 100}{12}$ = ₹ 17500

∴ भुगतान की गई गृह कर की राशि = 17500 – 2100 = ₹ 15400

161. ∵ सोने की शुद्धता = 24 कैरेट

18 कैरेट सोने में सोने का प्रतिशत = $\frac{18 \times 100}{24} = 75\%$

162. ∵ 110 को $x\%$ कम करने पर प्राप्त परिणाम = 50 को $x\%$ बढ़ाने पर प्राप्त परिणाम

∴ $110 \times \frac{(100-x)}{100} = 50 \times \frac{(100+x)}{100} \Rightarrow 1100 - 11x = 500 + 5x$

∴ $5x + 11x = 1100 - 500 \Rightarrow 16x = 600 \Rightarrow x = 37.5$

∴ 650 का $x\% = 650 \times \frac{37.5}{100} = 243.75$

और 180 का $(x + 20)\% = 180 \times (37.5 + 20)\% = 180 \times \frac{57.5}{100} = 103.5$

∴ दोनों में अन्तर = 243.75 – 103.5 = 140.25

∴ अभीष्ट प्रतिशत = $\frac{140.25 \times 100}{103.5} = 135.50 \Rightarrow 136\%$

13 लाभ-हानि (Profit and Loss)

क्रय मूल्य $\Rightarrow$ जिस मूल्य पर कोई वस्तु खरीदी जाय। और विक्रय मूल्य $\Rightarrow$ जिस मूल्य पर कोई वस्तु बेची जाय।

लागत $\Rightarrow$ जिस खर्च पर कोई वस्तु निर्मित की जाय।

विक्रय मूल्य > क्रय मूल्य $\Rightarrow$ लाभ परन्तु विक्रय मूल्य < क्रय मूल्य $\Rightarrow$ हानि

विक्रय मूल्य = क्रय मूल्य $\Rightarrow$ न लाभ न हानि

कुल लाभ = विक्रय मूल्य − क्रय मूल्य और कुल हानि = क्रय मूल्य − विक्रय मूल्य

% लाभ $= \dfrac{\text{कुल लाभ} \times 100}{\text{क्रय मूल्य}}$ और % हानि $= \dfrac{\text{कुल हानि} \times 100}{\text{क्रय मूल्य}}$

विक्रय मूल्य $= \dfrac{\text{क्रय मूल्य} \times (100 + \%\ \text{लाभ})}{100}$ (यदि सौदे में लाभ होता हो)

विक्रय मूल्य $= \dfrac{\text{क्रय मूल्य} \times (100 - \%\ \text{हानि})}{100}$ (यदि सौदे में हानि होती हो)

क्रय मूल्य $= \dfrac{\text{विक्रय मूल्य} \times 100}{(100 + \%\ \text{लाभ})}$ (यदि सौदे में लाभ होता हो)

क्रय मूल्य $= \dfrac{\text{विक्रय मूल्य} \times 100}{(100 - \%\ \text{हानि})}$ (यदि सौदे में हानि होती हो)

अध्याय पर आधारित प्रश्नों के प्रकार

'लाभ-हानि' अध्याय से विभिन्न प्रतियोगी परीक्षाओं में पूछे गये और पूछे जा सकने वाले प्रश्नों को कुल 13 प्रकारों में बांट सकते हैं।

1. साधारण प्रश्न
2. जब कोई वस्तु दो बार बेची जाय
3. जब कोई वस्तु कई बार बेची जाय
4. जब कोई वस्तु कम या अधिक में बेची जाय
5. जब दो वस्तुएं समान मूल्य पर बेची जायं
6. जब कुछ वस्तुओं का क्रय मूल्य कुछ अन्य वस्तुओं के विक्रय मूल्य के बराबर हो।
7. जब ₹ a में b वस्तुएं खरीदकर ₹ b में a वस्तुएं बेची जायं।
8. जब ₹ a में b के भाव से वस्तुएं खरीदी जायं और ₹ c में d के भाव से बेची जायं।
9. जब मूल्य में % कमी होने पर वस्तु की कुछ मात्रा अधिक मिले।
10. जब प्रतिशत लाभ या हानि क्रय मूल्य की संख्या के बराबर हो।
11. जब क्रय मूल्य और विक्रय मूल्य दोनों ही बढ़ाये या घटाये जायं।
12. अनुपात पर आधारित प्रश्न
13. विविध प्रश्न

उदाहरणार्थ हल प्रश्न

1 साधारण प्रश्न

1. एक वस्तु ₹ 500 में खरीदकर ₹ 600 में बेच दी गयी। इस सौदे में कुल लाभ तथा प्रतिशत लाभ ज्ञात कीजिए।
2. ₹ 742 की लागत से तैयार एक वस्तु को ₹ 700 में बेचा गया। इस प्रकार वस्तु पर कितने % की हानि हुई?
3. 10 किग्रा. चावल ₹ 10 प्रति किग्रा. तथा 15 किग्रा. चावल ₹ 12 प्रति किग्रा. की दर से खरीदा गया। कुल चावल को ₹16 प्रति किग्रा. की दर से बेचने पर कितने % का लाभ होगा?
4. एक कुर्सी की लागत ₹ 180 आयी। उसे ₹ 216 में बेचने पर कितने % का लाभ हुआ?
5. मोहन ने ₹ 500000 में एक प्लाट खरीदकर आधा प्लाट 10% लाभ पर तथा शेष आधा 15% लाभ पर बेचा। इस प्रकार उसे कुल पर कितने % का लाभ प्राप्त हुआ?

हल

1. कुल लाभ = 600 − 500 = ₹ 100, अतः % लाभ $= \dfrac{\text{कुल लाभ} \times 100}{\text{क्रय मूल्य}} = \dfrac{100 \times 100}{500} = 20\%$

2. कुल हानि = 742 − 700 = ₹ 42, अतः % हानि $= \dfrac{\text{कुल हानि} \times 100}{\text{लागत}} = \dfrac{42 \times 100}{742} = 5\dfrac{35}{53}\%$

3. 10 किग्रा चावल का क्रय मूल्य $= 10 \times 10 =$ ₹ 100 और 15 किग्रा. चावल का क्रय मूल्य $= 15 \times 12 =$ ₹ 180

$\therefore$ $(10+15) = 25$ किग्रा. चावल का क्रय मूल्य $= 100 + 180 =$ ₹ 280

$\therefore$ 25 किग्रा. चावल का विक्रय मूल्य $= 25 \times 16 =$ ₹ 400

$\therefore$ कुल लाभ $= 400 - 280 =$ ₹ 120, अतः % लाभ $= \frac{120 \times 100}{280} = 42\frac{6}{7}\%$

4. कुल लाभ $= 216 - 180 =$ ₹ 36, अतः % कुल लाभ $= \frac{36 \times 100}{180} = 20\%$

5. आधे प्लाट पर 10% का लाभ $= \frac{500000}{2} \times \frac{10}{100} =$ ₹ 25000

शेष आधे प्लाट पर 15% का लाभ $= \frac{500000}{2} \times \frac{15}{100} =$ ₹ 37500

$\therefore$ कुल लाभ $= 25000 + 37500 =$ ₹ 62500, अतः कुल पर % लाभ $= \frac{62500 \times 100}{500000} = \frac{625}{50} = 12.5\%$

2 जब कोई वस्तु दो बार बेची जाय

1. एक घोड़े को ₹ 20000 में बेचने पर 25% का लाभ होता है। यदि उसे 40% लाभ पर बेचा जाता तो घोड़ा कितने रुपये में बिकता?
2. एक दुकानदार ने एक साइकिल 10% हानि पर बेची। वह साइकिल को कितने ₹ में बेचता कि उसे 19% की हानि होती? यदि 10% हानि पर विक्रय मूल्य ₹ 1200 हो।
3. मोहन ने अपना प्लाट 2 लाख रुपये में 20% घाटे पर बेचा। वह उसे कितने रुपये में बेचता कि उसे 10% का लाभ होता?
4. एक व्यक्ति ने अपनी गाड़ी 35% लाभ पर ₹ 15000 में बेचा। वह उसे कितने रुपये से बेचता कि उसे 10% की हानि होती?

दूसरी बार का विक्रय मूल्य $= \frac{\text{पहली बार का विक्रय मूल्य} \times (100 \pm \text{दूसरा } \%)}{(100 \pm \text{पहला } \%)}$

% लाभ होने पर '+' चिन्ह और हानि होने पर '–' चिन्ह लिखा जायेगा।

हल

1. दूसरा विक्रय मूल्य $= \frac{20000 \times 140}{125} =$ ₹ 22400
2. दूसरा विक्रय मूल्य $= \frac{1200 \times 81}{90} =$ ₹ 1080
3. दूसरा विक्रय मूल्य $= \frac{200000 \times 110}{80} =$ ₹ 27500
4. दूसरा विक्रय मूल्य $= \frac{15000 \times 90}{135} =$ ₹ 10000

3 जब एक ही वस्तु कई बार खरीदी-बेची जाय

1. राम ने एक साइकिल ₹ 1000 में खरीदा और 20% का लाभ लेकर उसे श्याम को बेच दिया। श्याम ने 10% का घाटा सहकर उसे मोहन को बेच दिया। बताइये मोहन ने साइकिल कितने ₹ में खरीदा?
2. रीता अपना मकान ₹ 4 लाख में खरीदी। उसने 25% लाभ पर मकान को सीता को बेच दिया। सीता ने 10% लाभ पर मकान गीता को बेच डाला। यदि गीता 5% लाभ लेकर संगीता को मकान बेचे तो संगीता को कितने ₹ देने पड़ेगें?
3. A ने एक वस्तु 10% लाभ पर B को, B ने 10% हानि पर C को तथा C ने 20% लाभ पर D को बेचा। यदि D सामान को ₹ 8000 में खरीदा हो तो बताइये A उसे कितने रुपये में खरीदा था?
4. रमेश ने एक गाय ₹ 10000 में खरीदकर उसे गनेश को कुछ % लाभ पर बेच दिया। गनेश ने 5% घाटा उठाकर उसे सुरेश को बेच दिया। सुरेश 10% के लाभ पर उसे महेश को ₹ 15000 में बेच दिया। बताइये रमेश ने गाय को कितने % लाभ पर बेचा?

अन्तिम मूल्य = प्रथम मूल्य × (100 ± पहला % लाभ / हानि) × (100 ± दूसरा % लाभ / हानि) ×...........

% लाभ पर + का तथा % हानि पर – का प्रयोग किया जायेगा।

हल

1. अन्तिम मूल्य $= 1000 \times \frac{120}{100} \times \frac{90}{100} = 1080$, अतः मोहन ने ₹ 1080 में साइकिल खरीदा
2. अन्तिम मूल्य $= 400000 \times \frac{125}{100} \times \frac{110}{100} \times \frac{105}{100} = 577500$, अतः संगीता को ₹ 577500 देने पड़ेगें।
3. $8000 =$ प्रथम मूल्य $\times \frac{110}{100} \times \frac{90}{100} \times \frac{120}{100}$

$\therefore$ प्रथम मूल्य $= \frac{8000 \times 100 \times 100 \times 100}{110 \times 90 \times 120} = 6734$, अतः A ने वस्तु को ₹ 6734 में खरीदा था।

4. $15000 = 10000 \times \frac{(100+x)}{100} \times \frac{95}{100} \times \frac{110}{100} = \frac{(100+x) \times 19 \times 11}{2}$

$\therefore \quad 100 + x = \frac{15000 \times 2}{19 \times 11} = \frac{30000}{209} = 143.54$

$\therefore \quad x = 143.54 - 100 = 43.54\%$, अतः रमेश ने गाय को 43.54% लाभ पर बेचा।

4 जब कोई वस्तु कम या अधिक में बेची जाय

1. एक व्यक्ति अपना सामान 10% लाभ पर बेचता है। यदि वह 15% लाभ पर बेचता तो उसे ₹ 200 अधिक मिलते। सामान का क्रय मूल्य ज्ञात कीजिए।
2. महेश ने एक घड़ी 10% हानि पर बेचा। यदि वह उसे 5% हानि पर बेचता तो उसे ₹ 60 अधिक मिलते। महेश ने घड़ी कितने ₹ में खरीदा था?
3. एक व्यक्ति ने अपना फर्नीचर 15% लाभ पर बेचा। यदि वह 10% हानि पर बेचता तो उसे ₹ 500 कम मिलते। फर्नीचर का क्रय मूल्य ज्ञात कीजिए।
4. एक घोड़ा 10% हानि के जगह 20% लाभ पर बेचा जाता तो ₹ 3000 अधिक मिलते। घोड़े का क्रय मूल्य ज्ञात कीजिए।
5. राम और रहीम समान मूल्य पर एक-एक गायें खरीदे। राम ने अपनी गाय 20% लाभ पर तथा रहीम ने अपनी गाय 25% हानि पर बेच दिया। यदि राम रहीम से ₹ 4500 अधिक पाया हो तो प्रत्येक गाय का क्रय मूल्य ज्ञात कीजिए।

(A) यदि दोनों बार लाभ हो या दोनों बार हानि हो तो वस्तु का क्रयमूल्य $= \frac{\text{अधिक या कम मूल्य} \times 100}{\text{दोनों प्रतिशतों का अन्तर}}$

(B) यदि एक बार लाभ हो तथा एक बार हानि हो तो वस्तु का क्रय मूल्य $= \frac{\text{अधिक या कम मूल्य} \times 100}{\text{दोनों प्रतिशतों का योग}}$

हल

1. सामान का क्रय मूल्य $= \frac{200 \times 100}{10 \sim 15} = \frac{200 \times 100}{5} =$ ₹ 4000
2. घड़ी का क्रय मूल्य $= \frac{60 \times 100}{10 - 5} = \frac{60 \times 100}{5} =$ ₹ 1200
3. फर्नीचर का क्रय मूल्य $= \frac{500 \times 100}{15 + 10} = \frac{500 \times 100}{25} =$ ₹ 2000
4. घोड़े का क्रय मूल्य $= \frac{3000 \times 100}{10 + 20} = \frac{3000 \times 100}{30} =$ ₹ 10000
5. प्रत्येक गाय का क्रय मूल्य $= \frac{4500 \times 100}{20 + 25} = \frac{4500 \times 100}{45} =$ ₹ 10000

5 जब दो वस्तुएं समान मूल्य पर बेची जायं

[A] 1. एक दुकानदार दो टी०वी० सेटों को एक ही मूल्य पर बेचता है। एक पर उसे 20% का लाभ होता है और दूसरे पर 20% की हानि होती है। तो उसे दोनों पर कुल मिलाकर कितने % का लाभ या हानि होती है?

2. एक व्यक्ति दो वस्तुओं में से प्रत्येक को ₹ 99 में बेचता है। एक पर उसे 10% की हानि होती है तथा दूसरी पर 10% का लाभ होता है। पूरे सौदे में उसे कितने % का लाभ या हानि होती है?

3. एक दुकानदार दो घड़ी, ₹ 300 प्रति घड़ी की दर से बेचता है एक घड़ी में उसे 5% का लाभ तथा दूसरी घड़ी पर 5% की हानि होती है। दुकानदार को कुल कितने % का लाभ या हानि होती है?

4. एक व्यक्ति ने दो साइकिलों में प्रत्येक को ₹ 1200 में बेचा। एक साइकिल पर उसे 25% लाभ तथा दूसरे साइकिल पर 25% की हानि हुई। दोनों पर मिलाकर उसे कुल कितने % लाभ या हानि होगी? दोनों पर कुल लाभ या हानि भी ज्ञात कीजिए।

यदि दो वस्तुएं समान मूल्य पर बेची जायं और एक वस्तु पर $x\%$ लाभ तथा दूसरी पर $x\%$ की हानि हो तो दोनों वस्तुओं पर कुल मिलाकर सदैव $\frac{x^2}{100}\%$ की हानि ही होती है।

और दोनों वस्तुओं पर कुल हानि $= \frac{\text{दोनों वस्तुओं का विक्रय मूल्य}}{\left(\frac{100}{x}\right)^2 - 1}$

हल

1. $\% \text{ हानि} = \frac{20^2}{100}\% = \frac{400}{100}\% = 4\%$
2. $\% \text{ हानि} = \frac{10^2}{100}\% = \frac{100}{100}\% = 1\%$
3. $\% \text{ हानि} = \frac{5^2}{100}\% = \frac{25}{100}\% = 0.25\%$
4. $\% \text{ हानि} = \frac{25^2}{100}\% = \frac{625}{100}\% = 6.25\%$

$$\text{और कुल हानि} = \frac{1200+1200}{\left(\frac{100}{25}\right)^2 - 1} = \frac{2400}{16-1} = \frac{2400}{15} = ₹\,160$$

[B] 1. एक व्यक्ति दो वस्तुएं एक ही मूल्य पर बेचता है। पहली वस्तु पर उसे 20% का लाभ तथा दूसरी वस्तु पर 25%का लाभ हुआ। यदि पहली वस्तु का क्रय मूल्य ₹ 10000 हो तो दूसरी वस्तु का क्रय मूल्य ज्ञात कीजिए।

2. महेश अपनी दो गायें समान मूल्य पर बेचता है। एक गाय पर उसे 10% हानि तथा दूसरी गाय पर 5% की हानि होती है। यदि पहली गाय ₹ 9500 में खरीदा हो तो दूसरी गाय कितने ₹ में खरीदा था?

3. सियाराम अपनी दो कारें बराबर-बराबर मूल्य पर बेचा। एक कार पर उसे 10% का लाभ तथा दूसरी पर 20% की हानि हुई। यदि वह दूसरी कार ₹ 121000 में खरीदा हो तो पहली कार का क्रय मूल्य ज्ञात कीजिए।

4. संगीता ने सिलाई की दो मशीनें एक ही मूल्य पर बेची। पहली मशीन पर उसे 20% की हानि तथा दूसरी पर 25% का लाभ हुआ। यदि पहली मशीन ₹ 6250 की खरीदी गयी हो तो दूसरी मशीन कितने ₹ में खरीदी गयी थी?

5. राकेश दो साइकिलें क्रमशः ₹ 1200, ₹ 1500 में खरीद कर एक को 20% लाभ पर बेच दिया। बताइये दूसरी साइकिल को कितने % लाभ या हानि पर बेचे कि दोनों साइकिलों का विक्रय मूल्य समान रहे?

> *यदि दो वस्तुएं भिन्न-भिन्न मूल्य पर खरीदकर समान मूल्य पर बेची जायं और उन पर अलग-अलग प्रतिशत लाभ या हानि होती हो तो –*
>
> $$\frac{\text{पहली वस्तु का क्रय मूल्य}}{\text{दूसरी वस्तु का क्रय मूल्य}} = \frac{100 \pm \text{दूसरी वस्तु\% पर लाभ या हानि}}{100 \pm \text{पहली वस्तु\% पर लाभ या हानि}}$$
>
> *यहाँ % लाभ होने पर '+' तथा % हानि होने पर '–' का प्रयोग किया जायेगा।*

हल

1. $\frac{10000}{\text{दूसरी वस्तु का क्रय मूल्य}} = \frac{100+25}{100+20} = \frac{125}{120} = \frac{25}{24}$

$\therefore$ $\text{दूसरी वस्तु का क्रय मूल्य} = \frac{10000\times24}{25} = 24\times400 = ₹9600$

2. $\frac{9500}{\text{दूसरी गाय का क्रय मूल्य}} = \frac{100-5}{100-10} = \frac{95}{90}$, अतः $\text{दूसरी गाय का क्रय मूल्य} = \frac{9500\times90}{95} = ₹\,9000$

3. $\frac{\text{पहली कार का क्रय मूल्य}}{121000} = \frac{100-20}{100+10} = \frac{80}{110}$, अतः $\text{पहली कार का क्रय मूल्य} = \frac{121000\times80}{110} = ₹\,88000$

4. $\frac{6250}{\text{दूसरी मशीन का क्रय मूल्य}} = \frac{100+25}{100-20} = \frac{125}{80}$, अतः $\text{दूसरी मशीन का क्रय मूल्य} = \frac{6250\times80}{125} = ₹\,4000$

5. $\frac{1200}{1500} = \frac{100+x}{100+20} \Rightarrow \frac{4}{5} = \frac{100+x}{120} \Rightarrow 500+5x = 480$ या $5x = 480-500 = -20$

$\therefore$ $x = \frac{-20}{5} = -4$, अतः दूसरी साइकिल पर 4% की हानि हुई ।

6 जब कुछ वस्तुओं का क्रय मूल्य कुछ अन्य वस्तुओं के विक्रय मूल्य के बराबर हो

1. एक दुकानदार ने जितने ₹ में 20 कलमें खरीदा, उतने ही रुपये में 15 कलमें बेचा। दुकानदार को कितने % लाभ या हानि हुई?
2. एक बनिया जिस मूल्य पर 25 वस्तुएं क्रय किया उसी मूल्य पर 18 वस्तुएं विक्रय कर दिया। बनिया का प्रतिशत लाभ या हानि ज्ञात कीजिए।

3. रहीम कुछ सन्तरे इस प्रकार खरीदा-बेचा कि 40 सन्तरों का क्रय मूल्य 50 सन्तरों के विक्रय मूल्य के बराबर रहा। रहीम को कितने % लाभ या हानि हुई?
4. करीम ने कुछ अण्डे इस प्रकार क्रय–विक्रय किया कि 60 अण्डों का क्रय मूल्य 75 अण्डों के विक्रय मूल्य के बराबर रहा। उसका प्रतिशत लाभ या हानि ज्ञात कीजिए।

> *जब कुछ वस्तुओं का क्रय मूल्य कुछ अन्य वस्तुओं के विक्रय मूल्य के बराबर हो तो सौदे में प्रतिशत लाभ या हानि*
>
> $$= \frac{\text{क्रय वस्तुओं की संख्या} - \text{विक्रय वस्तुओं की संख्या}}{\text{विक्रय वस्तुओं की संख्या}} \times 100$$
>
> *यदि उपर्युक्त मान धनात्मक आये तो लाभ होगा और यदि उपर्युक्त मान ऋणात्मक आये तो हानि होगी।*

हल

1. % लाभ या हानि $= \frac{20-15}{15} \times 100 = \frac{5}{15} \times 100 = \frac{100}{3} \Rightarrow 33\frac{1}{3}$% लाभ
2. % लाभ या हानि $= \frac{25-18}{18} \times 100 = \frac{7 \times 50}{9} = \frac{350}{9} \Rightarrow 38\frac{8}{9}$% लाभ
3. % लाभ या हानि $= \frac{40-50}{50} \times 100 = \frac{-10 \times 100}{50} = -20 \Rightarrow 20\%$ हानि
4. लाभ या हानि $= \frac{60-75}{75} \times 100 = \frac{-15 \times 4}{3} = -20 \Rightarrow 20\%$ हानि

7 जब ₹ a में b वस्तुएं खरीदकर ₹ b में a वस्तुएं बेची जायं

1. रीता ने ₹ 10 में 15 खिलौनें खरीदकर ₹ 15 में 10 खिलौने बेच दिया। बताइये उसे कितने प्रतिशत लाभ या हानि हुई?
2. गीता ने कुछ कलमें ₹ 8 में 10 के भाव से खरीदकर उन्हें ₹ 10 में 8 के भाव से बेच दिया। बताइये उसे कितने प्रतिशत लाभ या हानि हुई?
3. संगीता 500 कापियां ₹ 20 में 15 के भाव से खरीदी और उन्हें ₹ 15 में 20 के भाव से बेची। उसे इस सौदे में कितने % लाभ या हानि हुई?
4. सुनीता ने 80 टाफियां ₹ 5 में 4 के भाव से खरीदकर ₹ 4 में 5 के भाव से बेच दिया। बताइये उसे कितने प्रतिशत लाभ या हानि हुई?

> $$\text{\% लाभ या हानि} = \frac{\text{क्रय वस्तुओं की संख्या}^2 - \text{विक्रय वस्तुओं की संख्या}^2}{\text{विक्रय वस्तुओं की संख्या}^2} \times 100$$
>
> *उपर्युक्त मान यदि धनात्मक आये तो लाभ होगा परन्तु यदि ऋणात्मक आये तो हानि होगी।*

हल

1. प्रतिशत लाभ या हानि $= \frac{15^2-10^2}{10^2} \times 100 = \frac{225-100}{100} \times 100 = 125\%$ लाभ
2. प्रतिशत लाभ या हानि $= \frac{10^2-8^2}{8^2} \times 100 = \frac{100-64}{64} \times 100 = \frac{36 \times 100}{64} \Rightarrow 56\frac{1}{4}$% लाभ
3. प्रतिशत लाभ या हानि $= \frac{15^2-20^2}{20^2} \times 100 = \frac{225-400}{400} \times 100 = -43\frac{3}{4} \Rightarrow 43\frac{3}{4}$% हानि
4. प्रतिशत लाभ या हानि $= \frac{4^2-5^2}{5^2} \times 100 = \frac{16-25}{25} \times 100 = -36 \Rightarrow 36\%$ हानि

8 जब ₹ a में b वस्तुएं खरीदकर ₹ c में d वस्तुएं बेची जायं

1. रमेश ने कुछ वस्तुएं ₹ 5 में 4 के भाव से खरीदा और उन्हें ₹ 8 में 6 के भाव से बेच दिया। उसे इस क्रय-विक्रय में कितने % लाभ या हानि हुई?
2. महेश ₹ 10 में 12 अण्डे खरीदता है और ₹ 20 में 16 अण्डे बेचता है। इस प्रकार उसे कितने प्रतिशत लाभ या हानि हुई?

3. गनेश ने कुछ सन्तरे ₹ 25 में 20 के भाव से खरीदकर उन्हें ₹ 18 में 15 के भाव से बेच दिया। गनेश का प्रतिशत लाभ या हानि ज्ञात कीजिए।
4. दिनेश ने 500 कापियां ₹ 28 में 25 के भाव से खरीदा और उन्हें ₹ 20 में 18 के भाव से बेच दिया। इस प्रकार उसे कितने % लाभ या हानि हुई?

> *% लाभ या हानि* $= \dfrac{\text{बीच वाली संख्याओं का गुणनफल} - \text{किनारे वाली संख्याओं का गुणनफल}}{\text{किनारे वाली संख्याओं का गुणनफल}} \times 100$
>
> *उपर्युक्त के मान धनात्मक होने पर लाभ और ऋणात्मक होने पर हानि होगी।*

हल

1. % लाभ या हानि $= \dfrac{4\times8-5\times6}{5\times6}\times100 = \dfrac{2\times100}{5\times6} = 6\dfrac{2}{3} \Rightarrow 6\dfrac{2}{3}\%$ लाभ
2. % लाभ या हानि $= \dfrac{12\times20-10\times16}{10\times16}\times100 = \dfrac{80\times100}{10\times16} = 50 \Rightarrow 50\%$ लाभ
3. % लाभ या हानि $= \dfrac{20\times18-25\times15}{25\times15}\times100 = \dfrac{-15\times100}{25\times15} = -4 \Rightarrow 4\%$ हानि
4. % लाभ या हानि $= \dfrac{25\times20-28\times18}{28\times18}\times100 = \dfrac{-4\times100}{28\times18} = -.79 \Rightarrow .79\%$ हानि

9 वस्तु के मूल्य में % वृद्धि या कमी होने पर वस्तु की कुछ मात्रा कम या अधिक मिलना

1. चावल का दाम 25% बढ़ गया, जिससे ₹ 400 में 10 किग्रा. कम चावल मिलता है। चावल का नया भाव ज्ञात कीजिए।
2. मैदा 10% महंगा हो गया, जिससे ₹ 440 से 2 किग्रा. कम मैदा मिलता है। मैदा का पूराना भाव ज्ञात कीजिए।
3. किसी सामान की कीमत 20% कम हो गयी। अब ग्राहक को वह सामान ₹ 240 में 6 किग्रा. अधिक मिलता है। सामान का नया भाव ज्ञात कीजिए।
4. एक वस्तु 20% सस्ती होने पर ₹ 500 में 5 किग्रा. अधिक मिलती है। ज्ञात कीजिए कि वह वस्तु पहले किस दर से मिलती थी?
5. चीनी का भाव 25% घट गया। अब ₹ 480 में 10 किग्रा. चीनी अधिक मिलती है। चीनी का नया और पूराना भाव ज्ञात कीजिए।

> *नया भाव* $= \dfrac{\text{कीमत} \times \%\ \text{वृद्धि या कमी}}{\text{अधिक या कम मात्रा} \times 100}$
>
> *पूराना भाव* $= \dfrac{\text{कीमत} \times \%\ \text{वृद्धि या कमी}}{\text{अधिक या कम मात्रा} \times (100 \pm \%\ \text{वृद्धि या कमी})}$
>
> *भाव में % कमी होने पर '–' तथा वृद्धि होने पर '+' का प्रयोग होगा।*

हल

1. चावल का नया भाव $= \dfrac{400\times25}{10\times100} =$ ₹ 10 प्रति किग्रा.
2. मैदा का पुराना भाव $= \dfrac{440\times10}{2\times(100+10)} =$ ₹ 20 प्रति किग्रा.
3. सामान का नया भाव $= \dfrac{240\times20}{6\times100} =$ ₹ 8 प्रति किग्रा.
4. वस्तु की पुरानी दर $= \dfrac{500\times20}{5\times(100-20)} = \dfrac{500\times20}{5\times80} =$ ₹ 25 /किग्रा.
5. चीनी का नया भाव $= \dfrac{480\times25}{10\times100} =$ ₹ 12 /किग्रा.

   चीनी का पुराना भाव $= \dfrac{480\times25}{10\times(100-25)} = \dfrac{480\times25}{10\times75} =$ ₹ 16 /किग्रा.

10 जब प्रतिशत लाभ या हानि क्रयमूल्य की संख्या के बराबर हो

[A] 1. किसी वस्तु को ₹ 24 में बेचने पर उतने ही प्रतिशत लाभ होता है, जितना वस्तु का क्रय मूल्य है। वस्तु का क्रय मूल्य ज्ञात कीजिए।

2. एक कुर्सी जब ₹ 144 में बेची जाती है तो उतने ही % लाभ होता है, जितना कुर्सी की लागत है। कुर्सी की लागत ज्ञात कीजिए।

$$\text{क्रय मूल्य} = 10 \times \sqrt{25 + \text{विक्रय मूल्य}} - 50$$

हल

1. वस्तु का क्रय मूल्य $= 10 \times \sqrt{25+24} - 50 = 10 \times \sqrt{49} - 50 = 10 \times 7 - 50 = 70 - 50 =$ ₹ 20
2. कुर्सी की लागत $= 10 \times \sqrt{25+144} - 50 = 10 \times \sqrt{169} - 50 = 10 \times 13 - 50 = 130 - 50 =$ ₹ 80

[B] 1. एक पुस्तक को ₹ 24 में बेचने पर उतने ही % की हानि होती है, जितना पुस्तक का क्रय मूल्य है। पुस्तक का क्रय मूल्य ज्ञात कीजिए।

2. एक वस्तु जब ₹ 21 में बेची जाती है तो उतने ही प्रतिशत की हानि होती है, जितने में वस्तु खरीदी गयी है। वस्तु को कितने रुपये में खरीदा गया है?

$$\text{क्रय मूल्य} = 10 \times \sqrt{25 - \text{विक्रय मूल्य}} - 50$$

नोट – हानि वाले प्रश्न के दो उत्तर होते हैं। जिनका योग अनिवार्य रुप से 100 होता है।

हल

1. पुस्तक का क्रय मूल्य $= 10 \times \sqrt{25-24} - 50 = 10 \times 1 - 50 = 10 - 50 = -40 \Rightarrow 40$ अथवा ₹ 60 क्योंकि दोनों का योग ₹ 100 होगा।
2. वस्तु का क्रय मूल्य $= 10 \times \sqrt{25-21} - 50 = 10 \times \sqrt{4} - 50 = 10 \times 2 - 50 = 20 - 50 = -30 \Rightarrow$ ₹ 30 अथवा ₹ 70 क्योंकि दोनों का योग ₹ 100 होगा।

11 जब क्रय मूल्य और विक्रय मूल्य दोनों ही बढ़ाये या घटाये जायं

1. एक दुकानदार अपना सामान 20% लाभ पर बेचता है। यदि वह सामान को 10% अधिक पर खरीदता और 25% लाभ पर बेचता तो उसे ₹ 14 अधिक मिलते। सामान का क्रय मूल्य ज्ञात कीजिए।
2. एक व्यक्ति अपना सामान 20% लाभ पर बेचता है। यदि वह सामान को 20% अधिक पर खरीदा होता और 10% लाभ पर बेचा होता तो उसे ₹ 120 अधिक मिलते। सामान का क्रय मूल्य ज्ञात कीजिए।
3. एक व्यक्ति अपना माल 10% लाभ पर बेचता है। यदि वह माल को 10% कम पर खरीदता और 20% लाभ पर बेचता तो उसे ₹ 8 कम मिलते। माल का क्रय मूल्य ज्ञात कीजिए।
4. राम कोई सामान 10% लाभ पर बेचता है। यदि वह 10% कम में खरीदा होता और 25% लाभ पर बेचा होता तो ₹ 15 अधिक मिलते। सामान का क्रय मूल्य ज्ञात कीजिए।
5. एक व्यापारी अपना सामान 30% लाभ पर बेचता है। यदि वह 20% कम पर सामान खरीदता और उसे 40% लाभ पर बेचता तो उसे ₹ 144 कम मिलते। सामान का क्रय मूल्य ज्ञात कीजिए।

[A] यदि सामान x% अधिक में खरीदा जाय तो क्रय मूल्य =

$$\frac{\text{अधिक या कम मूल्य} \times 10000}{(100 + x)\,(100 + \text{दूसरा लाभ\%}) \sim (100 + \text{पहला लाभ\%}) \times 100}$$

[B] यदि सामान x% कम में खरीदा जाय तो सामान का क्रय मूल्य =

$$\frac{\text{अधिक या कम मूल्य} \times 10000}{(100 - x)\,(100 + \text{दूसरा लाभ\%}) \sim (100 + \text{पहला लाभ\%}) \times 100}$$

हल

1. सामान का क्रय मूल्य $= \frac{14\times10000}{(110\times125)\sim(120\times100)} = \frac{14\times10000}{13750\sim12000} = \frac{14\times10000}{1750} = 80$
2. सामान का क्रय मूल्य $= \frac{120\times10000}{(120\times110)\sim(120\times100)} = \frac{120\times10000}{13200\sim12000} = \frac{120\times10000}{1200} = 1000$
3. माल का क्रय मूल्य $= \frac{8\times10000}{(90\times120)\sim(110\times100)} = \frac{8\times10000}{10800\sim11000} = \frac{8\times10000}{200} = 400$
4. सामान का क्रय मूल्य $= \frac{15\times10000}{(90\times125)\sim(110\times100)} = \frac{15\times10000}{11250\sim11000} = \frac{15\times10000}{250} = 600$
5. सामान का क्रय मूल्य $= \frac{144\times10000}{(80\times140)\sim(130\times100)} = \frac{144\times10000}{11200\sim13000} = \frac{144\times10000}{1800} = 800$

12 अनुपात पर आधारित प्रश्न

1. किसी वस्तु के विक्रय मूल्य और क्रय मूल्य में 5 : 4 का अनुपात है। बताइये वस्तु को बेचने में कितने % लाभ होता है?
2. एक सामान के क्रय मूल्य और विक्रय मूल्य में 2 : 3 का अनुपात है तो % लाभ ज्ञात कीजिए।
3. किसी वस्तु का क्रय मूल्य, विक्रय मूल्य का $\frac{3}{4}$ है तो उस पर कितने % का लाभ होगा?
4. किसी वस्तु को बेचने पर उसका लाभ विक्रय मूल्य का $\frac{2}{7}$ है। तो % लाभ ज्ञात कीजिए।

> *[A] यदि विक्रय मूल्य : क्रय मूल्य = x : y तो इसका अर्थ है कि वस्तु का विक्रय मूल्य ₹x तथा क्रय मूल्य ₹y है तब कुल लाभ = ₹x − y*
>
> *और % लाभ* $= \frac{\text{कुल लाभ}\times100}{\text{क्रय मूल्य}} = \frac{(x-y)\times100}{y}$
>
> *[B] यदि लाभ : विक्रय मूल्य = a : b तो इसका अर्थ है कि वस्तु को ₹b में बेचने पर ₹a का लाभ होता है।*
>
> *तब वस्तु का क्रय मूल्य = b − a और % लाभ* $= \frac{a\times100}{b-a}$

हल

1. चूंकि विक्रय मूल्य : क्रय मूल्य = 5 : 4, अतः विक्रय मूल्य = ₹ 5 और क्रय मूल्य = ₹ 4

   ∴ कुल लाभ = 5 − 4 = ₹ 1, अतः % लाभ $= \frac{1\times100}{4} = 25\%$
2. चूंकि क्रय मूल्य : विक्रय मूल्य = 2 : 3, अतः क्रय मूल्य = ₹ 2 और विक्रय मूल्य = ₹ 3

   ∴ कुल लाभ = 3 − 2 = ₹ 1, अतः % लाभ $= \frac{1\times100}{2} = 50\%$
3. चूंकि क्रय मूल्य = विक्रय मूल्य $\times\frac{3}{4}$, अतः $\frac{\text{क्रय मूल्य}}{\text{विक्रय मूल्य}} = \frac{3}{4} = 3:4$, अतः क्रय मूल्य = ₹3 और विक्रय मूल्य = ₹ 4

   ∴ कुल लाभ = 4 − 3 = ₹ 1, अतः % लाभ $= \frac{1\times100}{3} = 33\frac{1}{3}\%$
4. ∵ लाभ = विक्रय मूल्य $\times\frac{2}{7}$, अतः $\frac{\text{लाभ}}{\text{विक्रय मूल्य}} = \frac{2}{7} = 2:7$

   क्रय मूल्य = 7 − 2 = ₹ 5, अतः % लाभ $= \frac{2\times100}{5} = 40\%$

13 विविध प्रश्न

[A] जब m वस्तुओं को बेचने पर n वस्तुओं के क्रय मूल्य या विक्रय मूल्य के बराबर लाभ या हानि हो

1. 15 अण्डों को बेचने पर 3 अण्डों के क्रय मूल्य के बराबर लाभ होता है। इस क्रय-विक्रय में % लाभ ज्ञात कीजिए।
2. 24 सन्तरे बेचने पर 4 सन्तरों के क्रय मूल्य के बराबर हानि होती है तो कितने प्रतिशत हानि हुई?
3. रामू 33 सेब बेचकर 11 सेबों के विक्रय मूल्य के बराबर लाभ प्राप्त करता है। बताइये रामू को कितने % लाभ हुआ?
4. श्याम 65 नीबू बेंचकर 13 नीबूओं के विक्रय मूल्य के बराबर हानि उठाता है। उसे कुल कितने % हानि हुई?

> *[i] m वस्तुओं को बेचने पर n वस्तुओं के क्रय मूल्य के बराबर लाभ या हानि हो तो, प्रतिशत लाभ-हानि* $= \frac{n \times 100}{m}$
>
> *[ii] m वस्तुओं के बेचने पर n वस्तुओं के विक्रय मूल्य के बराबर लाभ हो तो, प्रतिशत लाभ* $= \frac{n \times 100}{m-n}$
>
> *[iii] m वस्तुओं को बेचने पर n वस्तुओं के विक्रय मूल्य के बराबर हानि हो तो, प्रतिशत हानि* $= \frac{n \times 100}{m+n}$

हल

1. प्रतिशत लाभ $= \frac{3 \times 100}{15} = 20\%$
2. प्रतिशत हानि $= \frac{4 \times 100}{24} = \frac{50}{3} = 16\frac{2}{3}\%$
3. प्रतिशत लाभ $= \frac{11 \times 100}{33-11} = \frac{11 \times 100}{22} = 50\%$
4. प्रतिशत हानि $= \frac{13 \times 100}{65+13} = \frac{13 \times 100}{78} = \frac{50}{3} = 16\frac{2}{3}\%$

[B] 1. एक व्यक्ति ने दो घड़ियां ₹ 1500 में खरीदकर एक को 12% लाभ पर तथा दूसरी को 18% लाभ पर बेचा जिससे उसे कुल पर 15% का लाभ हुआ। घड़ियों का अलग-अलग क्रयमूल्य ज्ञात कीजिए।

2. एक फर्नीचर निर्माता ₹ 10000 में दो आलमारियां तैयार किया। उसने एक को 15% लाभ पर तथा दूसरी को 10% लाभ पर बेचा। इस प्रकार दोनों पर उसे 12% का लाभ प्राप्त हुआ। प्रत्येक आलमारी की लागत ज्ञात कीजिए।

3. मैंने ₹ 25000 में दो टेपरिकार्डर खरीदकर एक को 10% लाभ पर तथा दूसरे को 20% लाभ पर बेचा। इससे मुझे कुल 14% का लाभ प्राप्त हुआ। बताइये मैंने पहला टेपरिकार्डर कितने रुपये में खरीदा था?

4. मोहन ने ₹ 18000 में दो पुराने स्कूटर खरीदे। एक को 25% लाभ तथा दूसरे को 20% हानि पर बेचने से उसे कुल मिलाकर न तो कोई लाभ होता है, न कोई हानि। स्कूटरों के अलग-अलग क्रयमूल्य ज्ञात कीजिए।

हल

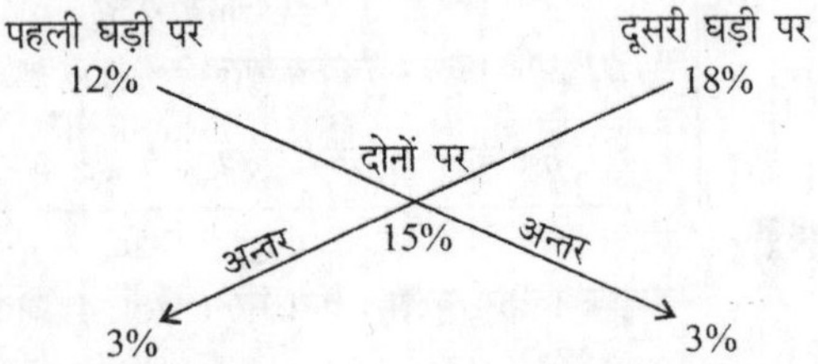

1. $\therefore$ दोनों के क्रय मूल्यों में अनुपात = 3% : 3% = 1 : 1

$\therefore$ अनुपाती योग = 1 + 1 = 2

$\therefore$ पहली घड़ी का क्रय मूल्य $= 1500 \times \frac{1}{2} =$ ₹ 750

और दूसरी घड़ी का क्रय मूल्य $= 1500 \times \frac{1}{2} =$ ₹ 750

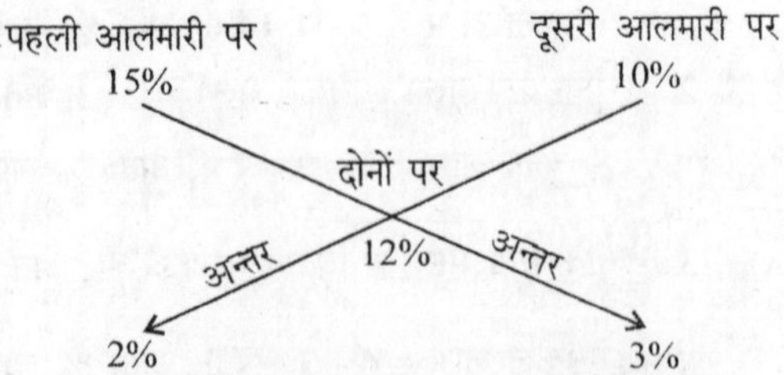

2. $\therefore$ दोनों की लागत में अनुपात = 2% : 3% = 2 : 3

$\therefore$ अनुपाती योग = 2 + 3 = 5

$\therefore$ पहली आलमारी की लागत $= 10000 \times \frac{2}{5} =$ ₹ 4000

और दूसरी आलमारी की लागत $= 10000 \times \frac{3}{5} =$ ₹ 6000

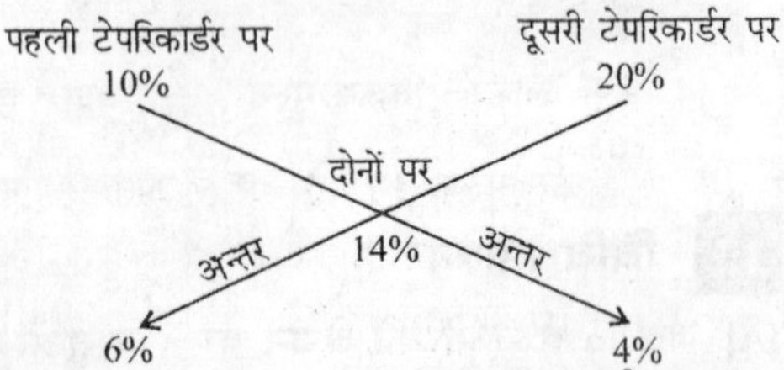

3. $\therefore$ दोनों के क्रय मूल्यों में अनुपात = 6% : 4% = 3 : 2

$\therefore$ अनुपाती योग = 3 + 2 = 5

$\therefore$ पहले टेप रिकार्डर का क्रय मूल्य $= 25000 \times \frac{3}{5} =$ ₹ 15000

और दूसरे टेप रिकार्डर का क्रय मूल्य $= 25000 \times \frac{2}{5} =$ ₹ 10000

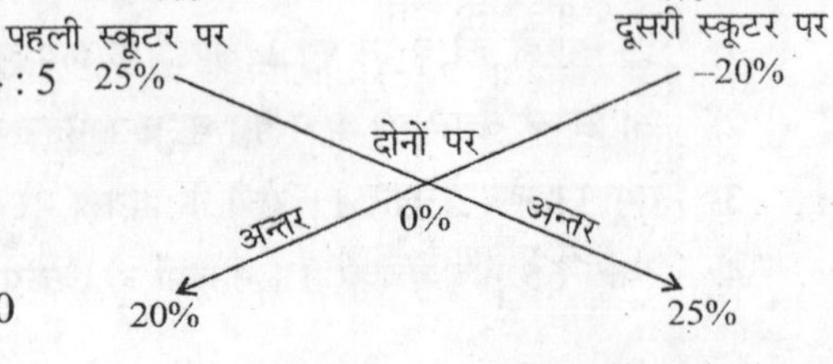

4. $\therefore$ दोनों स्कूटरों के क्रय मूल्यों में अनुपात = 20% : 25% = 4 : 5

$\therefore$ अनुपाती योग = 4 + 5 = 9

$\therefore$ पहले स्कूटर का क्रय मूल्य $= 18000 \times \frac{4}{9} =$ ₹ 8000

और दूसरे स्कूटर का क्रय मूल्य $= 18000 \times \frac{5}{9} =$ ₹ 10000

[C] 1. एक दुकानदार क्रयमूल्य पर ही अपना सामान बेचने का दावा करता है परन्तु 1 किग्रा. के स्थान पर 950 ग्राम ही तौलता है। बताइये उसे कितने प्रतिशत का लाभ होता है?

2. एक बेईमान व्यापारी ग्राहकों से कहता है कि वह क्रय मूल्य पर ही सामान बेचता है परन्तु गलत बाट का प्रयोग करके 20% का लाभ प्राप्त करता है। बताइये वह 1 किग्रा. के स्थान पर कितने ग्राम तौलता है?

$$\% \text{ लाभ या } \% \text{ त्रुटि} = \frac{\text{कुल त्रुटि या कुल कमी} \times 100}{\text{गलत तौल की मात्रा}}$$

हल

1. 1 किग्रा में की गयी कमी = 1000 – 950 = 50 ग्राम, अतः % लाभ = $\frac{50\times100}{950}=\frac{100}{19}=5\frac{5}{19}\%$

2. माना व्यापारी 1 किग्रा. के स्थान पर x ग्राम तौलता है। तब तौल में कुल कमी = 1000 – x ग्राम

$\therefore \quad \frac{20}{1}=\frac{(1000-x)\times100}{x} \Rightarrow 20x=(1000-x)\times100 \Rightarrow x=(1000-x)5=5000-5x$

$\therefore \quad 6x=5000$ या $x=\frac{5000}{6}=\frac{2500}{3}$, अतः $x=833\frac{1}{3}$ ग्राम

अभ्यास प्रश्न

साधारण प्रश्न

1. किसी पुस्तक विक्रेता ने 500 पाठ्य पुस्तकें ₹20000 में खरीदी। वह उन्हें ऐसे लाभ पर बेचना चाहता है ताकि उसे 50 पुस्तकें निःशुल्क पड़ें। उसे कितने प्रतिशत लाभ पर अपनी पुस्तकें बेचनी चाहिए?
(a) 10 (b) 20 (c) 15 (d) 10.5 ***SSC : CGL (Tier-1) 27.8.2016***

2. राजेश एक मशीन ₹57 लाख में घाटे में बेचता है। यदि उसने उसे ₹67 लाख में बेचा होता, तो उसका लाभ उसके पूर्व घाटे का 7 गुना होता। मशीन का क्रय मूल्य क्या होगा?
(a) ₹58.25 लाख (b) ₹65.75 लाख (c) ₹75.14 लाख (d) ₹50.75 लाख ***SSC : CHSL (Tier-1) 30.1.2017***

3. एक चावल व्यापारी ₹8,580 में 20 क्विंटल चावल खरीदता है। जबकि 22% चावल परिवहन में खराब/गुम हो जाता है। उसे 20% लाभ प्राप्त करने के लिए किस दर चावल बेचना चाहिए?
(a) ₹278.8 प्रति क्विंटल (b) ₹514.8 प्रति क्विंटल
(c) ₹660 प्रति क्विंटल (d) ₹654.2 प्रति क्विंटल ***SSC : CHSL (Tier-1) 29.1.2017***

4. एक स्टोर में लागत मूल्य के 25% लाभ पर घड़ी बेची जाती है। विक्रय मूल्य पर लाभ का प्रतिशत कितना होगा?
(a) 22% (b) 20% (c) 18% (d) 15% ***SSC : CGL (Tier-1) 29.8.2016***

5. किसी वस्तु को ₹69 में बेचने के बजाय ₹78 में बेचने से लाभ का प्रतिशत दुगुना होता है। उस वस्तु का क्रय मूल्य क्या होगा?
(a) ₹ 49 (b) ₹ 51 (c) ₹ 57 (d) ₹ 60 ***SSC : CGL (Tier-1) 1.9.2016***

6. एक दुकानदार ₹1140 प्रति किग्रा. की दर से पिस्ता बेचता है और 5% हानि वहन करता है। अब उसने ₹1260 प्रति किग्रा. से बेचने का फैसला किया है, तो इसका क्या परिणाम होगा?
(a) 10 प्रतिशत लाभ (b) 5 प्रतिशत लाभ
(c) 5 प्रतिशत हानि (d) 10 प्रतिशत हानि ***SSC : CHSL (Tier-1) 3.2.2017***

7. एक दुकानदार ₹1,190 प्रति किग्रा. की दर से अखरोट बेचता है और 10% हानि वहन करता है। अब उसने ₹1249.5 प्रति किग्रा. से बेचने का फैसला किया है, तो इसका क्या परिणाम होगा?
(a) 11 प्रतिशत हानि (b) 5.5 प्रतिशत हानि
(c) 5.5 प्रतिशत लाभ (d) 11 प्रतिशत लाभ ***SSC : CHSL (Tier-1) 23.1.2017***

8. एक कारखाने में 8 मशीनों को खरीदा जाता है। इनमें 3मशीनें A, 2 मशीनें B और बाकी मशीनें C हैं। इन मशीनों के दाम क्रमशः ₹100000, ₹80000 और ₹45000 हैं। इन मशीनों की औसत लागत की गणना करें।
(a) 74375 (b) 75000 (c) 75625 (d) 72875 ***SSC : CHSL (Tier-1) 25.1.2017***

9. एक टेपरिकार्डर को ₹1040 में बेचने पर एक व्यक्ति को 4% का लाभ होता है। यदि वह इसे ₹950 में बेचे तो उसे कितने प्रतिशत हानि होगी?
(a) 5% (b) 4% (c) 4.5% (d) 9% ***SSC : CGL (Tier-1) 30.8.2016***

10. एक व्यक्ति ने 30 खराब मशीनें ₹1000 में खरीदी। उसने उनकी मरम्मत करा कर उन्हें ₹300 प्रति मशीन की दर से बेच दिया। उसे ₹150 प्रति मशीन लाभ हुआ। उसने मरम्मत पर कितने रुपये खर्च किए?
(a) 5500 (b) 4500 (c) 3500 (d) 2500 ***SSC : CGL (Tier-1) 6.9.2016***

11. जब कोई वस्तु ₹78 में बेची जाती है तो उसका लाभ उसी वस्तु को ₹69 में बेचने पर होने वाले लाभ से दुगुना है। वस्तु का लागत मूल्य क्या है?
(a) ₹ 60 (b) ₹ 51 (c) ₹ 55.50 (d) ₹ 70 ***SSC : CGL (Tier-1) 1.9.2016***

12. किसी वस्तु को ₹524 में बेचने पर उतना ही लाभ होता है जितना उसे ₹452 में बेचने पर हानि होती है। वस्तु का क्रय मूल्य क्या है?
(a) ₹ 480 (b) ₹ 485 (c) ₹ 488 (d) ₹ 500 ***SSC : CGL (Tier-1) 2.9.2016***

13. पिछले वित्त वर्ष में एक कार कंपनी ने 41,800 कारें बेंची। इस वर्ष 51,300 कारें बेचने का लक्ष्य है। बिक्री को कितने प्रतिशत बढ़ाना होगा?
(a) $11\frac{9}{22}\%$ (b) $8\frac{9}{22}\%$ (c) $8\frac{11}{23}\%$ (d) $22\frac{8}{11}\%$ ***SSC : CGL (Tier-1) 10.9.2016***

14. एक आदमी ने 4 दर्जन अण्डे ₹ 24 प्रति दर्जन तथा 2 दर्जन अण्डे ₹ 32 प्रति दर्जन के भाव से खरीदे। कुल अण्डों पर 20% लाभ प्राप्त करने के लिए वह अण्डों को किस भाव पर बेचेगा?
(a) 16 प्रति दर्जन (b) 21 प्रति दर्जन (c) 32 प्रति दर्जन (d) 35 प्रति दर्जन ***SSC : CGL (Tier-1) 28.8.2016***

15. एक कैलकुलेटर का विक्रय मूल्य ₹13924 है तथा लाभ प्रतिशत 18% है। यदि विक्रय मूल्य ₹10266 हो, तो हानि प्रतिशत क्या होगा?
(a) 17.2 (b) 13 (c) 14.9 (d) 11 ***SSC : CHSL (Tier-1) 10.3.2018***

16. क्रय मूल्य तथा विक्रय मूल्य के मध्य अंतर ₹12.54 है। यदि हानि प्रतिशत 33% है, तो क्रय मूल्य (₹ में) क्या है?
(a) 35.44 (b) 50.54 (c) 41 (d) 38 ***SSC : CHSL (Tier-1) 10.3.2018***

17. एक रेफ्रीजरेटर का क्रय मूल्य ₹13400 है। यदि हानि प्रतिशत 4% है, तो रेफ्रीजरेटर का विक्रय मूल्य (₹ में) क्या है?
(a) 12203 (b) 12864 (c) 14420 (d) 11312 ***SSC : CHSL (Tier-1) 11.3.2018***

18. एक पंखे का विक्रय मूल्य ₹4644 है। यदि लाभ प्रतिशत 29% है, तो पंखे का क्रय मूल्य (₹ में) क्या है?
(a) 5900 (b) 3500 (c) 3800 (d) 3600 ***SSC : CHSL (Tier-1) 8.3.2018***

19. एक दुकानदार ₹1250 प्रति किलोग्राम की दर से बादाम बेचता है और 7% हानि वहन करता है। अब यदि उसने ₹1375 प्रति किलोग्राम से बेचने का फैसला किया है, तो इसका क्या परिणाम होगा?
(a) 4.6 प्रतिशत लाभ (b) 2.3 प्रतिशत हानि
(c) 2.3 प्रतिशत लाभ (d) 4.6 प्रतिशत हानि ***SSC : CHSL (Tier-1) 9.1.2017***

20. क्रय मूल्य तथा विक्रय मूल्य के मध्य अंतर ₹221 है। यदि लाभ प्रतिशत 17% है, तो विक्रय मूल्य (₹ में) क्या है?
(a) 1079 (b) 1300 (c) 1521 (d) 1724 ***SSC : CHSL (Tier-1) 7.3.2018***

21. एक घड़ी का क्रय मूल्य ₹530 है। यदि हानि प्रतिशत 24% है, तो हानि का मान (₹ में) क्या है?
(a) 127.2 (b) 153.2 (c) 139.4 (d) 114.2 ***SSC : CHSL (Tier-1) 6.3.2018***

22. एक लड़का ₹3 प्रति की दर से 5 पेंसिल, ₹2 प्रति की दर से 3 रबड़ तथा ₹5 प्रति की दर से 3 शार्पनर खरीदता है। प्रति वस्तु औसत व्यय (₹ में) क्या है?
(a) 3.27 (b) 3.5 (c) 4 (d) 5 ***SSC : CHSL (Tier-1) 10.3.2018***

23. दो कलम ₹20 प्रति की दर से खरीदे गये हैं। दुकानदार पहले को 25% के लाभ पर तथा दूसरे को 25% की हानि पर बेचता है। पूरे लेनदेन में कुल लाभ अथवा हानि क्या होगी?
(a) कोई लाभ/हानि नहीं (b) ₹ 1 का लाभ
(c) ₹ 1 की हानि (d) ₹ 2 की हानि ***SSC : CHSL (Tier-1) 10.3.2018***

24. एक चावल व्यापारी ₹1,280 में 16 क्विंटल चावल खरीदता है। 18% चावल परिवहन में ख़राब/गुम हो जाता है। उसे 23% लाभ प्राप्त करने के लिए कितनी दर पर चावल बेचना चाहिए?
(a) ₹ 53.33 प्रति क्विंटल (b) ₹ 98.4 प्रति क्विंटल
(c) ₹ 122.5 प्रति क्विंटल (d) ₹ 120 प्रति क्विंटल ***SSC : CHSL (Tier-1) 3.1.2017***

25. राज एक मशीन ₹51 लाख में घाटे में बेचता है। यदि उसने उसे ₹60 लाख में बेचा होता, तो उसका लाभ उसके पूर्व घाटे का 8 गुना होता। मशीन का क्रय मूल्य क्या है?
(a) ₹ 59 लाख (b) ₹ 52 लाख (c) ₹ 66.375 लाख (d) ₹ 45 लाख ***SSC : CHSL (Tier-1) 10.1.2017***

26. क्रय मूल्य तथा विक्रय मूल्य के मध्य अंतर ₹451 है। यदि हानि प्रतिशत 11% है, तो विक्रय मूल्य (₹ में) क्या है?
(a) 3254 (b) 3649 (c) 3857 (d) 4100 ***SSC : CHSL (Tier-1) 12.3.2018***

27. एक व्यक्ति ने ₹40000 में 100 गाड़ियाँ खरीदीं। यदि 60 गाड़ियों का औसत मूल्य ₹500 है, तो शेष गाड़ियों का औसत मूल्य (₹ में) क्या होगा?
(a) 200 (b) 250 (c) 300 (d) 350 ***SSC : CHSL (Tier-1) 13.3.2018***

28. एक वस्तु का विक्रय मूल्य ₹1144 है। यदि हानि प्रतिशत 12% है, तो वस्तु का क्रय मूल्य (₹ में) क्या है?
(a) 1300 (b) 1006 (c) 1242 (d) 1440 ***SSC : CHSL (Tier-1) 13.3.2018***

29. यदि कुल वस्तुओं के 80% को 15% हानि पर बेचा गया है तथा शेष वस्तुओं को 15% के लाभ पर बेचा गया है, तो कुल हानि प्रतिशत क्या होगा?
(a) 15 (b) 6 (c) 9 (d) 12 ***SSC : CHSL (Tier-1) 15.3.2018***

30. यदि कुल वस्तुओं के 60% को 50% हानि पर बेचा गया है तथा शेष वस्तुओं को 50% लाभ पर बेचा गया, तो कुल हानि प्रतिशत क्या होगा?
(a) 20 (b) 15 (c) 25 (d) 10 ***SSC : CHSL (Tier-1) 21.3.2018***

31. एक वस्तु का क्रय मूल्य ₹360 है। यदि लाभ प्रतिशत 32% है, तो लाभ का मान (₹ में) क्या है?
(a) 126.2 (b) 108.2 (c) 115.2 (d) 105.2 ***SSC : CHSL (Tier-1) 7.3.2018***

32. किसी माल का एक तिहाई भाग 15% लाभ पर बेचा जाता है, 25% भाग 20% लाभ पर बेचा जाता है और शेष भाग 20% हानि पर बेचा जाता है। यदि पूरे लेनदेन में कुल ₹138.50 का लाभ होता है, तो माल का मूल्य बताइए।
(a) ₹8,587 (b) ₹8,310 (c) ₹7,756 (d) ₹8,030 ***SSC CGL (Tier-1) 4.3.2020***

33. सुधीर ने ₹42,000 में एक लैपटॉप और ₹8,000 में एक स्कैनर-कम-प्रिंटर खरीदा। उसने 10% के लाभ पर लैपटॉप और 5% के लाभ पर स्कैनर-कम-प्रिंटर को बेच दिया। उसका लाभ प्रतिशत क्या है?
(a) 15% (b) $9\frac{2}{5}\%$ (c) $9\frac{1}{5}\%$ (d) $7\frac{1}{2}\%$ ***SSC CGL (Tier-1) 5.3.2020***

34. एक व्यक्ति 5 मेज और 9 कुर्सियाँ ₹15,400 में खरीदता है। वह 10% लाभ पर मेजों को बेचता है और 20% लाभ पर कुर्सियों को बेचता हैं। यदि सभी मेजों और कुर्सियों को बेचने पर उसका कुल लाभ ₹2,080 होता है, तो 3 कुर्सियों का क्रय-मूल्य क्या है?
(a) ₹1,890 (b) ₹1,860 (c) ₹1.740 (d) ₹1,800 ***SSC CGL (Tier-1) 4.3.2020***

35. राम एक वस्तु को बेकर 30% लाभ कमाता है। इसे क्रय मूल्य के स्थान पर यदि विक्रय मूल्य पर गणना की जाए, तो लाभ प्रतिशत कितना होगा? (दशमलव के एक स्थान तक सही)
(a) 20.1% (b) 24.2% (c) 23.1% (d) 22.4% ***SSC CGL (Tier-1) 7.3.2020***

36. एक कार डीलर ने ₹1,08,500 में एक पुरानी कार खरीदी और उसकी मरम्मत पर कुछ राशि खर्च की। उसने इसे ₹1,56,250 में बेच दिया, जिससे उसे 25% का लाभ हुआ। कार की मरम्मत पर उसने कितना धन खर्च किया?
(a) ₹16,500 (b) ₹47,750 (c) ₹20,625 (d) ₹8,687.5 ***SSC CGL (Tier-1) 9.3.2020***

37. अमित ने एक वस्तु ₹7,000 में बेची और इस सौदे में उसे हानि हुई। यदि उसने इसे ₹8,750 में बेचा होता, तो उसे हानि की राशि के तीन-चौथाई के बराबर लाभ हुआ होता। 10% लाभ प्राप्त करने के लिए उसे इस वस्तु को किस मूल्य पर बेचना चाहिए?

(a) ₹ 7,800 (b) ₹ 8,400 (c) ₹ 8,000 (d) ₹ 8,800 ***SSC CHSL (Tier-1) 20.10.2020***

38. मालती ने 10% GST सहित ₹ 8,800 में TV खरीदा। TVकी मूल लागत ज्ञात करें।

(a) ₹ 8,000 (b) ₹ 8,800 (c) ₹ 7,920 (d) ₹ 9,600 ***SSC CHSL (Tier-1) 20.10.2020***

जब कोई वस्तु दो बार बेची जाय

39. किसी बैग को ₹230 में बेचे जाने पर 15% का लाभ होता है। यदि बैग को 20% लाभ पर बेचा जाए तो उसकी बिक्री कीमत बताइए?

(a) ₹ 250 (b) ₹ 205 (c) ₹ 240 (d) ₹ 200 ***SSC : CGL (Tier-1) 9.9.2016***

40. एक व्यक्ति को एक पंखा ₹1900 में बेचने पर 5% की हानि होती है, तो पंखे को उसे किस कीमत (₹ में) पर बेचना चाहिए जिसकी उसे 20% का लाभ हो?

(a) 2000 (b) 2400 (c) 2600 (d) 2800 ***SSC CPO 1.7.2017***

41. किसी वस्तु को 15% लाभ पर ₹1725 में बेचा जाता है। यदि इसे 15% की हानि पर बेचा जाता है तो विक्रय मूल्य कितना होगा?

(a) ₹1275 (b) ₹1475 (c) ₹1025 (d) ₹1325 ***SSC CHSLT (Tier-1) 2.8.2019***

42. एक विक्रेता ने ₹63,000 में 6 सिलाई मशीनें बेचीं और उसे 5% का लाभ हुआ। यदि वह 15% लाभ अर्जित करना चाहता है, तो उसे 8 मशीनें कितने में बेचनी चाहिए?

(a) ₹88,200 (b) ₹92,400 (c) ₹69,300 (d) ₹92,000 ***SSC CGL (Tier-1) 9.3.2020***

43. सुधा ने रेनू को एक वस्तु 20% की हानि पर ₹576 में बेची। रेनू ने उसके परिवहन पर ₹224 की राशि खर्च की और इसे रघु को ऐसी कीमत पर बेचा जिससे सुधा को 24% का लाभ प्राप्त हुआ होता। रेनू के लिए लाभ का प्रतिशत ज्ञात कीजिए।

(a) 10.5% (b) 11.6% (c) 12.9% (d) 13.2% ***SSC CGL (Tier-1) 5.3.2020***

44. रीमा ने ₹2,160 में 48 वस्तुएँ बेंची और 10% की हानि उठाई। 12% का लाभ कमाने के लिए उसे ₹2,016 में कितनी वस्तुएँ बेचनी चाहिए?

(a) 28 (b) 40 (c) 32 (d) 36 ***SSC CGL (Tier-1) 5.3.2020***

45. जब किसी वस्तु को ₹720 में बेचा जाता है तो x% लाभ प्राप्त होता है। जब उसी वस्तु को ₹750 में बेचा जाता है तो (x + 5%) लाभ प्रापत होता है। x का मान है–

(a) 15 (b) 18 (c) 20 (d) 25 ***SSC CHSL (Tier-1) 21.10.2020***

जब कोई वस्तु कई बार बेची जाय

46. एक थोक व्यापारी एक खुदरा व्यापारी को एक घड़ी 36% लाभ के साथ बेच देता है, और खुदरा व्यापारी उसे ग्राहक को 25% हानि के साथ बेच देता है। यदि ग्राहक ₹2499 का भुगतान करता है, तो थोक व्यापारी की लागत क्या थी?

(a) ₹ 2548 (b) ₹ 2450 (c) ₹ 3123 (d) ₹ 2352 ***SSC : CHSL (Tier-1) 30.1.2017***

47. एक थोक व्यापारी एक खुदरा व्यापारी को एक घड़ी 20% लाभ के साथ बेच देता है और खुदरा व्यापारी उसे ग्राहक को 10% हानि के साथ बेच देता है। यदि ग्राहक ने ₹874.8 का भुगतान करता है, तो थोक व्यापारी की लागत क्या थी?

(a) ₹ 945 (b) ₹ 810 (c) ₹ 994 (d) ₹ 675 ***SSC : CHSL (Tier-1) 7.1.2017***

48. A 20% की हानि पर B को कोई वस्तु बेचता है, B इसे 12.5% के लाभ पर C को बेचता है और C इसे 8% की हानि पर D को बेचता है। यदि D इसे ₹248.40 में खरीदता है, तो A और C को हुई हानियों के बीच कितना अंतर है?

(a) ₹36.80 (b) ₹38.40 (c) ₹42.60 (d) ₹39.20 ***SSC CGL (Tier-1) 4.3.2020***

49. A एक वस्तु B को 20% लाभ पर बेचता है। B उसे C को 10% और C उसे D को $12\,^1/_2$% लाभ पर बेचता है। तद्नुसार यदि D ने ₹29.70 मूल्य दिया हो, तो A ने उसे कितने में खरीदा होगा?
(a) ₹ 20 (b) ₹ 39 (c) ₹ 40 (d) ₹ 10 ***(SSC FCI, 7.4.2013)***

50. A, B को एक सूटकेस 10% लाभ पर बेच देता है। B उसे C को 30% लाभ पर बेच देता है। तद्नुसार यदि C ने उसके लिए ₹2,860 दिये हों, तो A ने उसे कितने में खरीदा था?
(a) ₹ 1,000 (b) ₹ 1,600 (c) ₹ 2,000 (d) ₹ 2,500 ***(SSC Tier-2, 29.9.2013)***

51. A एक साइकिल B को 5% लाभ पर बेचता है। B उसी को C को 10% लाभ पर बेच देता है। तद्नुसार यदि C ने ₹2310 दिये हों, तो A का लागत मूल्य कितने ₹ है?
(a) ₹ 2000 (b) ₹ 2100 (c) ₹ 1900 (d) ₹ 2010 ***(SSC 10+2, 28.10.2012)***

52. योगिता ने श्यामला को 20% के अभिलाभ पर एक प्लाज्मा टीवी बेचा। श्यामला ने उसे दीपा को 10% के लाभ पर बेच दिया। यदि दीपा को प्लाज्मा टीवी के लिए ₹33,000 का भुगतान करना पड़ा, तो योगिता के लिए प्लाज्मा टीवी का लागत मूल्य ज्ञात कीजिए।
(a) ₹ 30,000 (b) ₹ 25,000 (c) ₹ 35,000 (d) ₹ 40,000 ***(SSC, 2.11.2014)***

53. A ने B को ₹ 4800 में एक घोड़ा बेचा जिस पर उसे 20% की हानि हुई। B उसे C को इतनी कीमत पर बेचता है कि A को 15% का लाभ होता है। B को कितना अभिलाभ हुआ?
(a) ₹ 1800 (b) ₹ 1900 (c) ₹ 2000 (d) ₹ 2100 ***(SSC, 21.9.2014)***

जब कोई वस्तु कम या अधिक में बेची जाय

54. एक विक्रेता ने किसी वस्तु को 6% की हानि पर बेचा। यदि उसने उस वस्तु को ₹64 अधिक में बेचा होता तो उसे 10% का लाभ होता है। वस्तु की लागत कितनी है?
(a) ₹ 400 (b) ₹ 200 (c) ₹ 164 (d) ₹ 464 ***SSC : CGL (Tier-1) 27.8.2016***

55. एक व्यक्ति किसी वस्तु को 15% लाभ पर बेचता है। यदि उसने इसे ₹6 अधिक पर बेचा होता, तो उसे 18% का लाभ होता। व्यक्ति ने वह वस्तु कितने रुपये में खरीदी थी?
(a) 100 (b) 150 (c) 200 (d) 250 ***SSC : CGL (Tier-1) 8.9.2016***

56. किसी घड़ी को ₹340 के बजाय यदि ₹350 में बेचा जाए तो 5% अतिरिक्त लाभ होता है। घड़ी का क्रय मूल्य बताइए?
(a) ₹ 110 (b) ₹ 140 (c) ₹ 200 (d) ₹ 250 ***SSC : CGL (Tier-1) 2.9.2016***

57. किसी वस्तु के 4% और 3% के लाभों पर बेचे गये विक्रय मूल्यों का अन्तर 3 है। उस वस्तु का क्रय मूल्य होगा।
(a) 400 (b) 350 (c) 300 (d) 100 ***SSC : CGL (Tier-1) 3.9.2016***

58. एक टी.वी. 5% लाभ पर बेचा गया। यदि इसे 10% लाभ पर बेचा जाता तो ₹ 1000 का अधिक लाभ होता। उसका क्रय मूल्य बताइए।
(a) 20000 (b) 5000 (c) 10000 (d) 15000 ***SSC : CGL (Tier-1) 29.8.2016***

59. एक व्यक्ति 30% के लाभ पर गेहूँ बेचता है। यदि वह उसके विक्रय मूल्य को ₹60 से कम कर देता है, तो उसे 10% की हानि होती है। गेहूँ का आरंभिक विक्रय मूल्य (₹ में) क्या था?
(a) 195 (b) 210 (c) 180 (d) 130 ***SSC : CHSL (Tier-1) 16.3.2018***

60. एक व्यक्ति 8% की हानि पर एक सामान बेचता है। यदि उसने इसे 10.5% के लाभ पर बेचा होता, तो उसे ₹92.50 अधिक मिलते। 12% लाभ प्राप्त करने के लिए, उसे किस मूल्य पर बेचना चाहिए था?
(a) ₹537.40 (b) ₹540.50 (c) ₹580 (d) ₹560 ***SSC CGL (Tier-1) 6.6.2019***

61. किसी व्यक्ति ने एक वस्तु को 15% की हानि पर बेचा। अगर वह उसे ₹30.60 अधिक पर बेचता तो उसे 9% का लाभ होता। 10% लाभ प्राप्त करने के लिए, उसे उस वस्तु को कितने में बेचना चाहिए था?
(a) ₹128.40 (b) ₹140.25 (c) ₹132 (d) ₹130 ***SSC CGL (Tier-1) 4.6.2019***

62. एक व्यक्ति 8% की हानि पर एक समान बेचता है। यदि उसने इसे 10.5% के लाभ पर बेचा होता, तो उसे ₹185 अधिक मिलते। 12% लाभ प्राप्त करने के लिए, उसे किस मूल्य पर बेचना चाहिए था :
(a) ₹1060 (b) ₹1020 (c) ₹1180 (d) ₹1120

63. किसी वस्तु को 20% लाभ पर तथा 18% हानि पर बेचने पर विक्रय मूल्य का अंतर ₹570 है। यदि इसे 12% हानि पर बेचा जाए, तो वस्तु का विक्रय मूल्य कितना होगा?
(a) ₹1760 (b) ₹1540 (c) ₹1320 (d) ₹1650 ***SSC MTS 6.8.2019***

64. किसी वस्तु को 25% के लाभ तथा 37.5% हानि पर बेचने से विक्रय मूल्य का अंतर ₹1250 है। जब इसे 12.5% लाभ पर बेचा जाता है तो इसका विक्रय मूल्य कितना होगा?
(a) ₹ 1800 (b) ₹ 2500 (c) ₹ 2400 (d) ₹2250 ***SSC CHSLT (Tier-1) 21.8.2019***

65. सोनू ने अपनी बाइक को 13.5% हानि पर बेचा। अगर वह उसे ₹8900 अधिक में बेचता तो इसे 31% लाभ मिलता। अगर उसने उसे ₹20740 में बेचा होता, तो इसका लाभ या हानि होता–
(a) 3.9% का लाभ (b) 3.7%का लाभ
(c) 3.2% की हानि (d) 3.7% की हानि ***SSC CHSL (Tier-1) 21.8.2019***

66. एक व्यक्ति एक वस्तु को उसके क्रय मूल्य से 10% कम पर बेचता है। यदि उसने इसे ₹332 अधिक में बेचा होता तो उसने 20% का लाभ कमाया होता। वस्तु का आरंभिक विक्रय मूल्य (₹ में) क्या है?
(a) 1,328 (b) 1,028 (c) 896 (d) 996 ***SSC CGL (Tier-1) 3.3.2020***

67. कोई वस्तु 18% के लाभ पर बेची गयी। यदि यह ₹49 अधिक पर बेची जाती, तो लाभ 25% होता। उस वस्तु का क्रय मूल्य है ज्ञात कीजिए।
(a) ₹ 890 (b) ₹ 700 (c) ₹650 (d) ₹570 ***SSC CGL (Tier-1) 6.3.2020***

68. एक वस्तु 12% की हानि पर बेची गयी। यदि यह ₹630 अधिक में बेची जाती, तो 6% का लाभ होता। वस्तु का क्रय मूल्य ज्ञात करें।
(a) ₹3,500 (b) ₹2,800 (c) ₹3,000 (d) ₹2,500 ***SSC CHSL (Tier-1) 20.10.2020***

69. कोई व्यक्ति, किसी वस्तु को 16% की हानि पर बेचता है। यदि वह इस वस्तु को 660 रुपये अधिक में बेचता, तो उसे 8% का लाभ होता। 12% का लाभ प्राप्त करने के लिए विक्रय मूल्य (रुपये में) कितना होना चाहिए?
(a) 3,080 (b) 3,200 (c) 2,750 (d) 2,970 ***SSC CAPF : 23.11.2020***

जब दो वस्तुएँ समान मूल्य पर बेची जायं

70. राहुल दो हेलमेट ₹1232 प्रति की दर से बेचता है। उसे एक पर 12% लाभ तथा दुसरे पर 12% हानि होती है। पूरे सौदे में कुल हानि (₹ में) क्या होगी?
(a) 54 (b) 36 (c) 18 (d) 72 ***SSC : CHSL (Tier-1) 23.3.2018***

71. दो वस्तुओं में से प्रत्येक को ₹4752 में बेचा जाता है। विक्रेता को एक वस्तु की बिक्री पर 32% का लाभ और दूसरों पर 28% की हानि होती है। समग्र रूप से लाभ या हानि प्रतिशत क्या है। (दशमलव के एक स्थान तक)
(a) 6.8% लाभ (b) 7.3% लाभ (c) 7.3% हानि (d) 6.8% हानि ***SSC CGL (Tier-1) 13.6.2019***

72. दो वस्तुओं में से प्रत्येक को ₹975 के मूल्य पर बेचा जाता है। उनमें से एक वस्तु पर विक्रेता को 30% लाभ होता है और दूसरी पर 25% की हानि होती है। विक्रेता को कुल मिलाकर कितना प्रतिशत लाभ अथवा हानि हुई। दशमलव के एक स्थान तक)?
(a) 5.3% लाभ (b) 4.9% हानि (c) 4.9% लाभ (d) 5.1% हानि ***SSC CGL (Tier-1) 13.6.2019***

73. दो वस्तुओं में से प्रत्येक को ₹10,005 की मूल्य पर बेचा जाता है। उनमें से एक वस्तु पर विक्रेता को 15% लाभ होता है और दूसरी वस्तु पर 13% की हानि होती है। विक्रेता को कुल मिलाकर कितने प्रतिशत लाभ अथवा हानि हुई? (दशमलव के दो स्थानों तक सही)
(a) 1.42% हानि (b) 1.42% लाभ (c) 0.94% लाभ (d) 0.94% हानि ***SSC CGL (Tier-1) 11.6.2019***

74. दो वस्तुओं में से प्रत्येक को ₹2508 के मूल्य पर बेचा जाता है। उनमें से एक वस्तु पर विक्रता को 14% लाभ होता है और दूसरी वस्तु पर 12% की हानि होती है। विक्रेता को कुल मिलाकर कितने प्रतिशत लाभ अथवा हानि हुई? (दशमलव के एक स्थान तक)
(a) 0.5% हानि (b) 0.7% हानि (c) 0.5% लाभ (d) 0.7% लाभ ***SSC CGL (Tier-1) 11.6.2019***

75. दो वस्तुओं में से प्रत्येक को ₹962 के मूल्य पर बेचा जाता है। उनमें से एक वस्तु पर विक्रेता को 30% लाभ होता है और दूसरी वस्तु पर 26% की हानि होती है। विक्रेता को कुल मिलाकर कितना प्रतिशत लाभ अथवा हानि हुई? (दशमलव के एक स्थान तक)

(a) 6.0% लाभ (b) 5.7% हानि (c) 6.0% हानि (d) 5.7% लाभ ***SSC CGL (Tier-1) 13.6.2019***

76. एक व्यापारी दो वस्तुओं को ₹1875 प्रति वस्तु के दाम पर बेचता है। यदि उसे एक वस्तु पर 25% का लाभ तथा दूसरी वस्तु पर 25% की हानि होती है, तो हानि का मान (₹ में) क्या होगा?

(a) 150 (b) 250 (c) 400 (d) 500 ***SSC CPO 5.7.2017***

77. किसी व्यक्ति ने 2 वस्तुएँ खरीदी जिनमें से प्रत्येक की कीमत ₹2650 थी। उसने एक वस्तु को 10% लाभ पर तथा दूसरी को 5% लाभ पर बेच दिया। उसने कुल कितने प्रतिशत लाभ कमाया?

(a) 8.5% (b) 7.5% (c) 10% (d) 8% ***SSC CHSLT (Tier-1) 4.7.2019***

78. दो वस्तुओं में से प्रत्येक को ₹4880 के मूल्य पर बेचा जाता है। उनमें से एक वस्तु पर विक्रेता को 22% लाभ होता है और दूसरी वस्तु पर 20% की हानि होती है। विक्रेता को कुल मिलाकर कितने प्रतिशत लाभ अथवा हानि हुई? (दशमलव के एक स्थान तक)

(a) 3.4% हानि (b) 3.6% हानि (c) 3.6% लाभ (d) 3.4% लाभ ***SSC CGL (Tier-1) 12.6.2019***

79. दो वस्तुओं में से प्रत्येक को ₹4,956 के मूल्य पर बेचा जाता है। उनमें से एक वस्तु पर विक्रेता को 18% लाभ होना है और दूसरी वस्तु पर 16% की हानि होती है। विक्रेता को कुल मिलाकर कितने प्रतिशत लाभ अथवा हानि हुई? (दशमलव के एक स्थान तक)

(a) 1.9% हानि (b) 2.1% हानि (c) 2.1% लाभ (d) 1.9% लाभ ***SSC CGL (Tier-1) 12.6.2019***

80. दो वस्तुओं में से प्रत्येक को ₹4880 के मूल्य पर बेचा जाता है। उसमें से एक वस्तु पर विक्रेता को 22% लाभ होता है और दूसरी वस्तु पर 20% की हानि होती है। विक्रेता को कुल मिलाकर कितने प्रतिशत लाभ अथवा हानि हुई? (दशमलव के एक स्थान तक)

(a) 3.6% हानि (b) 3.4% हानि (c) 3.6% लाभ (d) 3.4% लाभ ***SSC CGL (Tier-1) 12.6.2019***

81. दो वस्तुओं में से प्रत्येक को ₹5,104 के मूल्य पर बेचा जाता है। उनमें से एक वस्तु पर विक्रेता को 16% लाभ होता है और दूसरी वस्तु पर 12% की हानि होती है। विक्रेता को कुल मिलाकर कितना प्रतिशत लाभ हुआ? (दशमलव के दो स्थान तक)

(a) 0.08% (b) 0.14% (c) 0.12% (d) 0.10% ***SSC CGL (Tier-1) 11.6.2019***

82. दो वस्तुओं में से प्रत्येक को ₹10,384 की कीमत पर बेचा जाता है। उनमें से एक वस्तु पर विक्रेता को 18% लाभ होता है और दूसरी वस्तु पर 12% की हानि होती है। विक्रेता को कुल मिलाकर कितने रुपये का लाभ अथवा हानि हुई?

(a) ₹178 हानि (b) ₹168 हानि (c) ₹178 लाभ (d) ₹168 लाभ ***SSC CGL (Tier-1) 10.6.2019***

जब कुछ वस्तुओं का क्रय मूल्य कुछ अन्य वस्तुओं के विक्रय मूल्य के बराबर हो

83. 25 पुस्तकों का क्रय मूल्य 20 पुस्तकों के बिक्री मूल्य के बराबर है। लाभ प्रतिशत बताइए।

(a) 20% (b) 22% (c) 24% (d) 25% ***SSC : CGL (Tier-1) 4.9.2016***

84. यदि 28 वस्तुओं का लागत मूल्य 21 वस्तुओं के बिक्री मूल्य के बराबर है, तो लाभ प्रतिशत कितना है?

(a) 12% (b) 331/3% (c) 20% (d) 25% ***SSC : CGL (Tier-1) 10.9.2016***

85. यदि 16 वस्तुओं का विक्रय मूल्य 20 वस्तुओं के क्रय मूल्य के बराबर हो, तो हमें प्राप्त होगा–

(a) 25% का लाभ (b) 20% का लाभ (c) 20% की हानि (d) 4% की हानि ***(SSC FCI, 5.2.2012)***

86. 20 संतरों का लागत मूल्य 16 संतरों के बिक्री मूल्य के बराबर है। तदनुसार उन पर प्राप्त लाभ कितने प्रतिशत रहेगा?

(a) 30% (b) 20% (c) 25% (d) 16% ***(SSC 10+2, 4.12.2011)***

87. एक व्यक्ति 400 आम 320 आमों के क्रय मूल्य पर बेचता है। उसकी हानि का प्रतिशत है–

(a) 10 (b) 15 (c) 20 (d) 25 ***(SSC 10+2, 11.12.2011)***

88. 12 वस्तुओं का बिक्री मूल्य 15 वस्तुओं के लागत मूल्य के बराबर है। तदनुसार लाभ का प्रतिशत कितना होगा?
(a) $6^2/_3$% (b) 20% (c) 25% (d) 80% ***(SSC 10+2, 11.12.2011)***

89. यदि 15 वस्तुओं का लागत मूल्य 12 वस्तुओं के विक्रय मूल्य के बराबर हो, तो लाभ का प्रतिशत कितना रहेगा?
(a) 20 (b) 25 (c) 18 (d) 21 ***(SSC Tier-1, 19.6.2011)***

90. यदि 10 वस्तुओं का लागत-मूल्य 16 वस्तुओं के बिक्री-मूल्य के बराबर हो, तो उन वस्तुओं की बिक्री पर कितने प्रतिशत लाभ या हानि होगी?
(a) 28% लाभ (b) $37\frac{1}{2}$% लाभ (c) 28% हानि (d) $37\frac{1}{2}$% हानि ***(SSC 10+2, 4.12.2011)***

91. 25 वस्तुओं का क्रय मूल्य उनमें से 20 के विक्रय मूल्य के बराबर है। लाभ या हानि प्रतिशत है–
(a) 20% हानि (b) 25% लाभ (c) 60% हानि (d) 75% लाभ ***(SSC FCI, 5.2.2012)***

92. 12 पेनों का विक्रय मूल्य 20 पेनों के लागत मूल्य के बराबर है। तदनुसार, लाभ का प्रतिशत कितना होगा?
(a) 40 (b) $66\frac{2}{3}$% (c) 55 (d) $55\frac{2}{3}$% ***(SSC Tier-1, 25.8.2013)***
(SSC CRPF-SI, 23.6.2013)

93. यदि 16 मेजों की लागत मूल्य 12 मेजों के बिक्री मूल्य के बराबर हो, तो उस पर लाभ का प्रतिशत कितना होगा?
(a) $33\frac{1}{3}$% (b) 20% (c) 30% (d) 15% ***(SSC CRPF-SI, 23.6.2013)***

जब ₹a में b वस्तुएँ खरीदकर ₹ b में a वस्तुएँ बेची जाय

94. यदि राजन ₹20 में 21 कलम खरीदता है तथा सभी कलम ₹21 में 20 कलम की दर से बेच देता है, तो लाभ प्रतिशत क्या होगा?
(a) 12.5 (b) 13.33 (c) 10.25 (d) 16.66 ***SSC : CHSL (Tier-1) 17.3.2018***

95. एक फल विक्रेता ने x अमरूद ₹ y में खरीदे और y अमरूद ₹ x में बेचे। यदि x > y तो उसे हुआ–
(a) $\frac{x^2-y^2}{xy}$% हानि (b) $\frac{x^2-y^2}{xy}$% लाभ
(c) $\frac{x^2-y^2}{y^2}$% हानि (d) $\frac{x^2-y^2}{y^2}$% लाभ ***(SSC Tier-1, 4.9.2011)***

96. एक दुकानदार किसी वस्तु के 10 नग ₹ 8.00 में खरीदता है और 8 नगों को ₹ 10.00 में बेचता है। दुकानदार की लाभ प्रतिशतता कितनी है?
(a) 56.50% (b) 56.25% (c) 25.50% (d) 26.25% ***(SSC MTS, 16.2.2014)***

97. कुछ वस्तुएँ ₹ 5 में 6 के हिसाब से खरीदी गयीं तथा ₹ 6 के 5 के हिसाब से बेची गयीं। लाभ होगा–
(a) 5% (b) 6% (c) 30% (d) 44% ***S.S.C. स्नातक स्तरीय परीक्षा, 2004***

98. यदि मैं ₹ 10 के 11 की दर से कुछ वस्तुएं खरीद कर उन्हें ₹ 11 के 10 की दर से बेचता, तो लाभ प्रतिशत होता–
(a) 10% (b) 11% (c) 21% (d) 100% ***S.S.C. स्नातक स्तरीय परीक्षा, 2001***

99. एक आदमी ने ₹ 4 में 5 के भाव से संतरे खरीदे और उन्हें ₹ 5 में 4 के भाव से बेचा। उसका लाभ है—
(a) 30.25% (b) 40% (c) 44.25% (d) 56.25% ***(S.S.C. Tax Assistant 13.12.2009)***

100. ₹ 5 के 6 की दर से केले खरीदकर ₹ 6 के 5 की दर से बेचे जाते हैं। लाभ प्रतिशत है–
(a) 26% (b) 42% (c) 44% (d) 48% ***S.S.C. स्नातक स्तरीय परीक्षा, 2004***

101. ₹ 10 में 12 की दर से पेन्सिलें खरीदकर ₹ 12 में 10 की दर से बेंची जायं तो % लाभ या हानि क्या होगी?
(a) 30 % (b) 44 % (c) 35 % (d) 33.3 %
(e) इनमें से कोई नहीं ***कोलकाता, भुवनेश्वर (ट्रैफिक अप्रेंटिस), 2002***

जब ₹a में b के भाव से वस्तुएँ खरीदी जायं और ₹c में d के भाव से बेची जायं

102. एक विक्रेता ₹7 में 21 के हिसाब से सेब खरीदता है और ₹2 में 5 के हिसाब से बेच देता है। इसका क्या परिणाम होगा?
(a) 20 प्रतिशत हानि (b) 20 प्रतिशत लाभ
(c) 16.66 प्रतिशत लाभ (d) 16.6 प्रतिशत हानि ***SSC : CHSL (Tier-1) 22.1.2017***

103. एक व्यक्ति ने ₹ 34 में 8 की दर से संतरे खरीदे और उन्हें ₹ 57 में 12 की दर से बेचा। तद्नुसार ₹ 45 का लाभ कमाने के लिए उसने कुल कितने संतरे बेचे?
(a) 90 (b) 100 (c) 135 (d) 150 ***(SSC Tier-1, 26.6.2011)***

104. एक लड़के ने ₹ 16 के 18 की दर से अण्डे खरीदे और ₹ 20 के 22 की दर से बेच दिए। उसका लाभ अथवा हानि प्रतिशत है– ***R.R.B. सिकन्दराबाद (A.S.M.) परीक्षा, 2001***
(a) $2\frac{3}{11}$% लाभ (b) $7\frac{1}{11}$% लाभ (c) $2\frac{3}{11}$% हानि (d) $7\frac{1}{11}$% हानि

105. ₹ 3 में 7 संतरे की दर से संतरे खरीदे जाते हैं। प्रति सैकड़ा संतरे किस दर पर बेचे जाएँ कि 33% लाभ हो?
(a) ₹ 56 (b) ₹ 60 (c) ₹ 58 (d) ₹ 57 ***S.S.C. स्नातक स्तरीय परीक्षा, 1999***

106. 100 संतरे ₹ 350 में खरीदे गए तथा ₹ 48 प्रति दर्जन की दर से बेच दिए गए, प्रतिशत लाभ या हानि है–
(a) 15% हानि (b) 15% लाभ (c) $14\frac{2}{7}$% हानि (d) $14\frac{2}{7}$% लाभ ***मेट्रो रेलवे 2002***

107. रमण ₹ 25 में 20 के भाव से कलमें खरीदता है और उन्हें ₹ 18 में 15 के भाव से बेचता है। रमण का प्रतिशत लाभ या हानि ज्ञात कीजिए–
(a) 4% लाभ (b) 4% हानि (c) 5% लाभ (d) 5% हानि ***मेट्रो रेलवे 2002***

जब मूल्य में प्रतिशत वृद्धि/कमी होने पर वस्तु की कुछ मात्रा अधिक/कम मिले

108. यदि मेज का मूल्य 25% से बढ़ाया जाता है, तो एक व्यक्ति ₹25000 में 25 मेज कम खरीद पाता है। मेज का वास्तविक मूल्य (₹ में) क्या है?
(a) 225 (b) 250 (c) 200 (d) 167 ***SSC : CHSL (Tier-1) 17.3.2018***

109. यदि चीनी का मूल्य 18% से कम किया जाता है, तो एक व्यक्ति ₹4500 में 16.2 किग्रा. चीनी अधिक खरीद पाता है। चीनी का नया मूल्य (₹ में) प्रति किग्रा. क्या होगा?
(a) 40 (b) 60 (c) 45 (d) 50 ***SSC : CHSL (Tier-1) 17.3.2018***

110. चीनी की कीमत 10% कम हो जाने पर एक उपभोक्ता 270 रुपये में 5 किग्रा. चीनी ज्यादा खरीद सकता है। तदनुसार, चीनी की मूल कीमत और कम हुई कीमत का अन्तर प्रति किग्रा0 कितना है?
(a) 62 पैसे (b) 60 पैसे (c) 75 पैसे (d) 53 पैसे ***(SSC Tier-1, 21.4.2013)***

111. कुछ पुस्तकों के मूल्य में 40% वृद्धि हो जाने पर, मुझे ₹ 84 में पहले से 8 पुस्तकें कम मिलीं। तद्नुसार, प्रत्येक पुस्तक का आरंभिक मूल्य ज्ञात कीजिए।
(a) ₹ 2 (b) ₹ 3 (c) ₹ 4 (d) ₹ 5 ***(SSC Tier-1, 25.8.2013)***

112. चीनी की कीमत में 20% कमी हो जाने पर, मुझे ₹ 600 में 5 किलो अतिरिक्त चीनी खरीदने का अवसर मिल गया। तद्नुसार कीमत में कमी होने से पहले चीनी की कीमत कितने ₹ प्रति किलो थी?
(a) ₹ 24 (b) ₹ 30 (c) ₹ 32 (d) ₹ 36 ***(SSC Tier-1, 19.6.2011)***

113. एक वस्तु की कीमत में 10% की कमी हो जाने पर, एक व्यक्ति ₹ 225 में उस वस्तु को 25 किग्रा. ज्यादा खरीद सकता है। तद्नुसार, उस वस्तु की मूल कीमत प्रति किग्रा0 कितनी थी?
(a) ₹ 1 (b) ₹ 2.50 (c) ₹ 1.50 (d) ₹ 2 ***(SSC 10+2, 10.11.2013)***

114. गेहूँ के मूल्य में 10% की कमी होने पर एक व्यक्ति ₹ 1 में 50 ग्राम गेहूँ अधिक खरीद सकता है। तद्नुसार उस कमी से पहले, ₹ 1 में कितना गेहूँ खरीदा जा सकता था?
(a) 400 ग्राम (b) 500 ग्राम (c) 450 ग्राम (d) 350 ग्राम ***(SSC 10+2, 28.10.2012)***

115. चीनी की कीमत में 20% कमी हो जाने पर श्री भद्र ₹ 320 में 5 किग्रा. चीनी ज्यादा खरीद लेते हैं। तदनुसार, चीनी की मूल कीमत प्रति किग्रा. कितनी है?

(a) ₹ 12 (b) ₹ 15 (c) ₹ 16 (d) ₹ 20 ***(SSC 10+2, 27.10.2013)***

116. चीनी की कीमत 10% कम हो जाने पर एक व्यक्ति ने ₹ 270 में एक किग्रा. चीनी ज्यादा खरीदी। तदनुसार चीनी की मूल कीमत प्रति किग्रा. कितनी थी?

(a) ₹ 25 (b) ₹ 30 (c) ₹ 27 (d) ₹ 32 ***(SSC Tier-1, 26.6.2011)***

117. एक सेब की कीमत में 20% कमी होने पर एक व्यक्ति ₹ 54 में 10 सेब ज्यादा खरीद सकता है। तद्नुसार सेबों की कम की गयी कीमत प्रति दर्जन कितनी होगी?

(a) ₹ 4.32 (b) ₹ 12.96 (c) ₹ 10.80 (d) ₹ 14.40 ***(SSC Tier-1, 26.6.2011)***

118. किसी वस्तु की कीमत में 21% की कमी करने पर कोई व्यक्ति ₹ 100 में 3 किग्रा अधिक वस्तु खरीद सकता है। वस्तु की प्रतिकिग्रा कम की गयी कीमत कितनी होगी?

(a) ₹ 5.50 (b) ₹ 7.5 (c) ₹ 10.50 (d) ₹ 7.00 ***(SSC, 21.9.2014)***

जब प्रतिशत लाभ या हानि क्रय मूल्य की संख्या के बराबर हो

119. एक वस्तु को ₹ 96 में बेचा गया है। यदि उस पर प्राप्त लाभ का प्रतिशत, संख्या में उसके लागत मूल्य के बराबर हो, तो उस वस्तु का लागत मूल्य कितना है?

(a) ₹ 70 (b) ₹ 60 (c) ₹ 90 (d) ₹ 100 ***(SSC Tier-1, 8.7.2012)***

120. एक वस्तु ₹ 144 में बचेने पर एक व्यक्ति को जो लाभ होता है, वह प्रतिशत लाभ उस वस्तु के लागत मूल्य के बराबर है। तद्नुसार उस वस्तु का लागत मूल्य ज्ञात कीजिए।

(a) ₹ 90 (b) ₹ 80 (c) ₹ 75 (d) ₹ 60 ***(SSC Tier-1, 26.6.2011)***

121. एक वस्तु का विक्रय मूल्य ₹ 39 है। यदि उसका लागत मूल्य संख्यात्मक रूप से उसके लाभ प्रतिशत के बराबर है, तो उसका लागत मूल्य (₹ में) है–

(a) 35 (b) 37 (c) 25 (d) 30 ***(SSC 10+2, 21.10.2013)***

122. कुमार एक वस्तु ₹ 21 में बेचता है जिससे उसको उतने प्रतिशत की हानि होती है, जितने की उसने वस्तु क्रय की थी, तो वस्तु का क्रय मूल्य होगा–

(a) ₹ 21 या ₹ 100 (b) ₹ 36 या ₹ 27

(c) ₹ 28 या ₹ 43 (d) ₹ 30 या ₹ 70 ***चण्डीगढ़ (टिकट कलेक्टर), 2002***

123. विनय ने हाथ-घड़ी ₹ 75 में बेची, जिससे उसे घड़ी की लागत कीमत के बराबर प्रतिशत लाभ प्राप्त हुआ। लागत मूल्य क्या है?

(a) ₹ 150 (b) ₹ 175 (c) ₹ 60 (d) ₹ 50

(e) इनमें से कोई नहीं ***R.R.B. कोलकाता (गुड्सगार्ड) परीक्षा, 2005***

जब क्रयमूल्य और विक्रयमूल्य दोनों ही बढ़ाये या घटाये जाये

124. अनु किसी वस्तु का विक्रय मूल्य उसके उत्पादन की लागत से 25% अधिक निश्चित करती है। यदि उस उत्पादन की लागत 20% बढ़ जाती है और वह उसका विक्रय मूल्य 10% बढ़ा देती है, तो उसका लाभ प्रतिशत क्या है? (दशमलव के एक स्थान तक सही)

(a) 15.2% (b) 13.8% (c) 16.4% (d) 14.6% ***SSC CGL (Tier-1) 3.3.2020***

125. एक आदमी एक वस्तु को 20% के लाभ पर बेचता है। यदि उसने वह 20% कम पर खरीदी होती और ₹ 5 कम पर बेची होती, तो उसे 25% लाभ होता। वस्तु का क्रय मूल्य है–

(a) ₹ 25 (b) ₹ 30 (c) ₹ 15 (d) ₹ 20 ***(SSC Delhi-SI, 19.8.2012)***

126. एक व्यक्ति एक वस्तु 25% लाभ पर बेचता है। यदि उसने वही वस्तु 20% से कम कीमत पर खरीदी होती और उसे ₹ 10.50 कम कीमत पर बेचा होता, तो उसे 30% का लाभ होता। तद्नुसार, उस वस्तु का लागत मूल्य (₹ में) ज्ञात कीजिए।

(a) 50 (b) 20 (c) 25 (d) 35 ***(SSC FCI, 11.11.2012)***

127. एक वस्तु 12% लाभ पर बेची गयी। यदि उसका लागत मूल्य 10% कम होता और बिक्री मूल्य ₹ 5.75 अधिक होता, तो लाभ 30% हो जाता। उस पर 20% लाभ पाने के लिए उसे कितने रुपयों में बेचना चाहिए?
(a) ₹ 115 (b) ₹ 120 (c) ₹ 138 (d) ₹ 215 ***(SSC 10+2, 27.10.2013)***

128. एक पुस्तक-विक्रेता 10% के लाभ पर पुस्तक बेचता है। यदि उसने वह पुस्तक 4% कम पर खरीदी होती और ₹ 6 अधिक पर बेची होती, तो उसे $18\frac{3}{4}\%$ का अधिक लाभ होता। पुस्तक की लागत कीमत क्या है?
(a) ₹ 150 (b) ₹ 155 (c) ₹ 160 (d) ₹ 170 ***(SSC MTS, 23.2.2014)***

129. एक पुस्तक विक्रेता पुस्तक को 10% लाभ पर बेचता है। यदि वह उसे 4% कम मूल्य पर खरीदे और 60 पैसा अधिक मूल्य पर बेचे, तो वह $18\frac{3}{4}\%$ लाभ प्राप्त करता है। पुस्तक विक्रेता को लाभ किस मूल्य पर मिला होगा?
(a) ₹ 11 (b) ₹ 4 (c) ₹ 10 (d) ₹ 15 ***R.R.B. चेन्नई (वाणि. क्लर्क एवं (T.C.) परीक्षा, 2001***

130. एक व्यक्ति किसी वस्तु को 20% लाभ पर बेचता है। यदि वह इसे 20% कम में खरीदता है तथा ₹ 5 कम से बेचता है, तो उसे 25% लाभ होता है। वस्तु का क्रय मूल्य ज्ञात कीजिए–
(a) ₹ 30 (b) ₹ 60 (c) ₹ 25 (d) ₹ 40 ***R.R.B. अहमदाबाद (A.S.M.) परीक्षा, 2004***

131. एक व्यक्ति एक मेज 20% लाभ पर बेचता है। यदि उसने इसे 10% कम मूल्य पर खरीदा होता तथा ₹ 105 अधिक में बेचा होता तो उसे 35% का लाभ हुआ होता, मेज का क्रय मूल्य है।
(a) ₹ 7000 (b) ₹ 7350 (c) ₹ 9200 (d) ₹ 8140 ***S.S.C. 2006***

अनुपात पर आधारित प्रश्न

132. यदि एक वस्तु के लाभ और बिक्री मूल्य के बीच 1 : 5 का अनुपात है, तो उस वस्तु के बिक्री मूल्य और लागत मूल्य के बीच अनुपात क्या है?
(a) 3 : 2 (b) 4 : 3 (c) 5 : 4 (d) 6 : 5 ***SSC : CGL (Tier-1) 3.9.2016***

133. एक खिलौने को अंकित मूल्य के 20/31 पर बेचने से 20% की हानि होती है। खिलौने के अंकित मूल्य तथा क्रय मूल्य का अनुपात क्या होगा?
(a) 31 : 18 (b) 25 : 18 (c) 31 : 25 (d) 23 : 18 ***SSC : CHSL (Tier-1) 11.3.2018***

134. विक्रय मूल्य का क्रय मूल्य से 21 : 16 का अनुपात है। लाभ प्रतिशत क्या है?
(a) 35.75 (b) 21.75 (c) 27.75 (d) 31.25 ***SSC : CHSL (Tier-1) 17.3.2018***

135. यदि एक वस्तु को बेचने पर 23% की हानि होती है, तो उसके क्रय मूल्य तथा विक्रय मूल्य का अनुपात क्या होगा?
(a) 100 : 77 (b) 100 : 23 (c) 123 : 100 (d) 77 : 23 ***SSC : CHSL (Tier-1) 20.3.2018***

136. वस्तु 1 का लागत मूल्य उसे SP_1 पर बेचने से हुए लाभ का 6 गुना है। वस्तु 2 का लागत मूल्य उसे SP_2 पर बेचने से हुई हानि का 3 गुना है। यदि दोनों वस्तुओं का लागत मूल्य समान है, तो SP_1 तथा SP_2 का अनुपात कितना है?
(a) 7 : 4 (b) 4 : 3 (c) 6 : 5 (d) 7 : 5 ***SSC MTS 6.8.2019***

137. A तथा B के लागत मूल्यों का योग ₹1200 है। A तथा B के विक्रय मूल्यों का योग ₹1390 है । यदि A तथा B पर क्रमशः 10% तथा 20% लाभ कमाया जाता है, तो A तथा B के लागत मूल्यों का अनुपात कितना है?
(a) 5 : 7 (b) 5 : 9 (c) 7 : 13 (d) 6 : 11 ***SSC CHSL (Tier-1) 19.8.2019***

138. दो वस्तुओं की कीमतें 4 : 5 के अनुपात में हैं। यदि पहले की कीमत में x% की वृद्धि हुई है और दूसरे की कीमत में 30% की कमी हुई है, तो A और B की नई कीमतें 10 : 7 के अनुपात में होंगी। x का मान है–
(a) 25 (b) 24.5 (c) 22.5 (d) 20 ***SSC CGL (Tier-1) 7.6.2019***

139. किसी ट्रांजेक्शन पर एक दुकानदार लागत पर 400% मुनाफा कमाता है। यदि लागत 100% बढ़ जाती है और विक्रय मूल्य में परिवर्तन नहीं होता है, तो नए लाभ और विक्रय मूल्य के बीच का अनुपात है–
(a) 1 : 3 (b) 2 : 5 (c) 3 : 5 (d) 1 : 2 ***SSC CHSL (Tier-1) 14.8.2019***

विविध प्रश्न

140. एक कुर्सी का विक्रय मूल्य ₹1386 है। यदि हानि प्रतिशत 23% है, तो कुर्सी का क्रय मूल्य (₹ में) क्या है?
(a) 1600 (b) 1800 (c) 1900 (d) 1067 ***SSC : CHSL (Tier-1) 4.3.2018***

141. एक दुकानदार को 20 टाइमेक्स घड़ियाँ बेच कर 4 टाइमेक्स घड़ियों की बिक्री कीमत के बराबर लाभ होता है। उसका लाभ प्रतिशत कितना होगा?
(a) 20 प्रतिशत (b) 25 प्रतिशत (c) 40 प्रतिशत (d) 15 प्रतिशत *SSC : CHSL (Tier-1) 3.2.2017*

142. एक व्यापारी के पास 12 क्विंटल गेहूँ था। उसने कुछ हिस्सा 13% लाभ और बाकी का हिस्सा 23% लाभ पर बेच दिया, इस प्रकार उसे कुल 17% लाभ हुआ। उसने 23% लाभ पर कितना गेहूँ बेचा?
(a) 720 किग्रा. (b) 240 किग्रा. (c) 480 किग्रा. (d) 960 किग्रा. *SSC : CHSL (Tier-1) 7.2.2017*

143. एक बेईमान दुकानदार अपने माल को क्रय-मूल्य पर बेचने का दावा किन्तु वह एक किलोग्राम के स्थान पर 950 ग्राम का बांट इस्तेमाल करता है। उसका लाभ प्रतिशत कितना है?
(a) $6\frac{1}{4}\%$ (b) $5\frac{5}{19}\%$ (c) $5\frac{3}{17}\%$ (d) $6\frac{2}{7}\%$ *SSC : CGL (Tier-1) 8.09.2016*

144. एक वाशिंग मशीन और इलेक्ट्रिक चिमनी की कुल कीमत ₹ 57,750 थी। इलेक्ट्रिक चिमनी को 34% लाभ के साथ और वाशिंग को 24% हानि के साथ बेच दिया गया। यदि दोनों वस्तु का बिक्री मूल्य समान था, तो सस्ती वस्तु का क्रय मूल्य क्या था?
(a) ₹ 26850 (b) ₹ 20900 (c) ₹ 28875 (d) ₹ 25850 *SSC : CHSL (Tier-1) 25.1.2017*

145. एक दुकानदार को 9 रोलेक्स घड़ियाँ बेच कर 4 रोलेक्स घड़ियों की बिक्री कीमत के बराबर लाभ होता है। उसका लाभ प्रतिशत कितना होगा?
(a) 44.4 प्रतिशत (b) 88.8 प्रतिशत (c) 80 प्रतिशत (d) 8.8 प्रतिशत *SSC : CHSL (Tier-1) 8.2.2017*

146. एक बेईमान विक्रेता अपना सामान लागत मूल्य पर बेचने का दावा करता है लेकिन किलोग्राम वजन के बदले में 875 ग्राम के वजन (बांट) का इस्तेमाल करता है। उसका लाभ प्रतिशत कितना होगा?
(a) 17% (b) $14\frac{5}{7}\%$ (c) $14\frac{2}{7}\%$ (d) 14% *SSC : CGL (Tier-1) 7.9.2016*

147. 30 टोपी बेचने पर, एक दुकानदार 3 टोपी के विक्रय मूल्य के बराबर लाभ कमाता है। लाभ प्रतिशत क्या है?
(a) 12.5 (b) 11.11 (c) 10 (d) 14.28 *SSC : CHSL (Tier-1) 12.3.2016*

148. एक दुकानदार को 17 ओमेगा घड़ियाँ बेच कर 7 ओमेगा घड़ियों की बिक्री कीमत के बराबर लाभ होता है। उसका लाभ प्रतिशत कितना होगा?
(a) 41.1% (b) 82.2% (c) 70% (d) 12.2% *SSC : CHSL (Tier-1) 9.1.2017*

149. 25 कमीज बेचने पर एक विक्रेता 8 कमीज के क्रय मूल्य के बराबर लाभ कमाता है। लाभ का प्रतिशत क्या है?
(a) 47.05 (b) 32 (c) 25 (d) 34.5 *SSC : CHSL (Tier-1) 14.3.2018*

150. 3 परीक्षा पैड और 2 पेंसिल की लागत मूल्य ₹96 है। 4 परीक्षा पैड और 3 पेंसिल लागत ₹134 है। एक परीक्षा पैड और एक पेंसिल की कुल लागत (₹ में) ज्ञात कीजिये।
(a) 36 (b) 38 (c) 40 (d) 42 *SSC : CHSL (Tier-1) 23.3.2018*

151. एक लड़का ₹1 प्रति की दर से टॉफिया खरीदने के लिए ₹20 खर्च करता है। अगले दिन, वह प्रति टॉफी पर 50 पैसे की छूट के साथ ₹40 की कुछ टॉफियाँ खरीदता है। प्रत्येक टॉफी का औसत मूल्य (पैसों में) क्या है?
(a) 45 (b) 60 (c) 40 (d) 55 *SSC : CHSL (Tier-1) 15.3.2018*

152. यदि एक वस्तु के विक्रय मूल्य को दोगुना किया जाता है, तो उसका हानि प्रतिशत बराबर लाभ प्रतिशत में परिवर्तित हो जाता है। हानि प्रतिशत क्या है?
(a) 16.66 (b) 50 (c) 33.33 (d) 37.5 *SSC : CHSL (Tier-1) 19.3.2018*

153. एक व्यापारी के पास 16 क्विंटल गेहूँ था। उसने कुछ हिस्सा 17% लाभ और बाकी का हिस्सा 27% लाभ पर बेच दिया, इस प्रकार उसे कुल 21% का लाभ हुआ। उसने 27% लाभ पर कितना गेहूँ बेचा?
(a) 960 किग्रा. (b) 640 किग्रा. (c) 320 किग्रा. (d) 1280 किग्रा. *SSC : CHSL (Tier-1) 24.1.2017*

154. राजन एक मशीन ₹52 लाख में घाटे में बेचता है। यदि उसने उसे ₹62 लाख में बेचा होता, तो उसका लाभ उसके पूर्व घाटे का 9 गुना होता। मशीन का क्रय मूल्य क्या होगा?
(a) ₹ 61 लाख (b) ₹ 53 लाख (c) ₹ 67.77 लाख (d) ₹ 45 लाख *SSC : CHSL (Tier-1) 24.1.2017*

155. एक बेईमान दुकानदार 1 किग्रा. की जगह पर 850 ग्राम. के भार का प्रयोग करता है तथा चावल को उसके क्रय मूल्य पर बेचता है। 5 किग्रा. चावल बेचने पर उसे कितना प्रतिशत लाभ होगा?
(a) 18.24 (b) 17.65 (c) 15 (d) 13.04 ***SSC : CHSL (Tier-1) 14.3.2018***

156. एक व्यापारी अपनी वस्तुओं के मूल्य को क्रय मूल्य से 30% अधिक अंकित करता है। वह उस पर कुछ छूट देता है तथा 13.75% का लाभ कमाता है। छूट प्रतिशत क्या है?
(a) 12.5 (b) 13.75 (c) 16.25 (d) 10.25 ***SSC : CHSL (Tier-1) 10.3.2018***

157. यदि कुल वस्तुओं के 70% को 20% के लाभ पर बेचा गया है तथा शेष वस्तुओं को 20% की हानि पर बेचा गया। कुल लाभ प्रतिशत क्या होगा?
(a) 8 (b) 12 (c) 16 (d) 6 ***SSC : CHSL (Tier-1) 15.3.2018***

158. 120 बोतलें बेचने पर विजय 10 बोतलों के क्रय मूल्य के बराबर लाभ कमाता है। लाभ प्रतिशत क्या है?
(a) 8.33 (b) 9.09 (c) 7.7 (d) 12.5 ***SSC : CHSL (Tier-1) 16.3.2018***

159. 56 कुर्सियाँ बेचने पर, मोहन 6 कुर्सियों के विक्रय मूल्य के बराबर लाभ कमाता है। लाभ प्रतिशत क्या है?
(a) 9.28 (b) 10.71 (c) 12 (d) 13.7 ***SSC : CHSL (Tier-1) 15.3.2018***

160. एक दुकानदार अंतिम मूल्य पर 10% की छूट देने के बाद 12% लाभ अर्जित करता है। पुस्तक के क्रय मूल्य और अंकित मूल्य के बीच अनुपात बताइये।
(a) 45 : 56 (b) 50 : 61 (c) 99 : 125 (d) इनमें से कोई नहीं ***SSC : CGL (Tier-1) 2.9.2016***

161. मेट्रो ट्रेन के दैनिक टिकट का मूल्य ₹120 है और मासिक पास का मूल्य ₹3276 है। यदि सोहन मासिक पास खरीदता है और महीने में 30 दिन यात्रा करता है, तो उसकी कितनी प्रतिशत बचत होगी?
(a) 15% (b) 12% (c) 9% (d) 18% ***SSC MTS 9.8.2019***

162. शिव ने एक मेज ₹135000 में खरीदी और उसे ₹110000 में बेच दिया, हानि प्रतिशत क्या है?
(a) $\frac{500}{27}\%$ (b) 30% (c) $\frac{270}{22}\%$ (d) $\frac{2200}{27}\%$ ***SSC MTS 9.8.2019***

163. वस्तु 1 को ₹180 में बेचा गया। वस्तु 2 को ₹240 में बेचा गया। वस्तु 1 पर लाभ 20% है और वस्तु 2 पर हानि 20% है। दोनों वस्तुओं के लागत मूल्यों का योग कितना है?
(a) ₹ 450 (b) ₹ 480 (c) ₹ 520 (d) ₹ 400 ***SSC MTS 5.8.2019***

164. किसी वस्तु का अंकित मूल्य ₹315 है। उसे ₹288 में बेचा जाता है। यदि इससे 4% हानि होती है, तो वस्तु को लागत से कितने प्रतिशत अधिक अंकित किया गया था?
(a) 5 (b) $6\frac{1}{2}$ (c) $5\frac{1}{2}$ (d) 8 ***SSC CGL (Tier-1) 4.6.2019***

165. यदि 40 वस्तुओं का विक्रय मूल्य 50 वस्तुओं के क्रय मूल्य के बराबर है, तो लाभ अथवा हानि कितने प्रतिशत होगी?
(a) 25% हानि (b) 20% लाभ (c) 25% हानि (d) 25% लाभ ***SSC CGL (Tier-1) 13.6.2019***

166. एक वस्तु का अंकित मूल्य ₹2800 है। वस्तु का विक्रय मूल्य ₹2408 है। छूट प्रतिशत कितना है?
(a) 18% (b) 24% (c) 16% (d) 14% ***SSC MTS 6.8.2019***

167. यदि लाभ, विक्रय मूल्य का 20% है, तो लाभ, लागत मूल्य का कितना प्रतिशत है?
(a) 15% (b) 25% (c) 22.5% (d) 20% ***SSC MTS 6.8.2019***

168. एक व्यापारी किसी वस्तु को ₹2400 पर बेचकर 25% लाभ प्राप्त करता है। यदि उसने वस्तु को ₹2160 में बेचा होता तो उसका लाभ या हानि प्रतिशत कितना था?
(a) $12\frac{1}{2}\%$ हानि (b) 15% हानि (c) $12\frac{1}{2}\%$ लाभ (d) 15% लाभ ***SSC MTS 9.8.2019***

169. किसी वस्तु को ₹800 में बेचने पर एक व्यक्ति को उस वस्तु के विक्रय मूल्य पर 20% की हानि होती है। क्रय मूल्य पर 25% लाभ प्राप्त करने के लिए उसे किस मूल्य पर बेचना चाहिए?
(a) ₹ 1,152 (b) ₹ 1,200 (c) ₹1,280 (d) ₹1,250 ***SSC CGL (Tier-1) 4.6.2019***

170. रेनू ने एक वस्तु ₹1,240 से खरीदी और उसे 25% घाटे पर बेच दिया। उस राशि से उसने एक और वस्तु खरीदी और उसे 40% लाभ पर बेच दिया। रेनू को कुल मिलाकर कितने प्रतिशत लाभ हुआ?

(a) 15 (b) 5 (c) $6\frac{2}{3}$ (d) 12 *SSC CGL (Tier-1) 4.6.2019*

171. वस्तु A और वस्तु B के लागत मूल्य क्रमश ₹1200 एवं ₹1600 है। वस्तु A का विक्रय मूल्य ₹1380 है तथा दोनों वस्तुओं को बेचने पर कुल लाभ 25% है। वस्तु B को बेचने पर लाभ प्रतिशत कितना है?

(a) 27.5 (b) 32.5 (c) 29.5 (d) 35.5 *SSC MTS 5.8.2019*

172. किसी वस्तु का लागत मूल्य ₹1800 है। यदि लाभ 32% है, तो विक्रय मूल्य कितना है?

(a) ₹ 2288 (b) ₹ 2376 (c) ₹2456 (d) ₹2496 *SSC MTS 6.8.2019*

173. A ने किसी वस्तु को 15% लाभ पर ₹1495 में बेचा। उसने एक अन्य वस्तु खरीदी जिसका लागत मूल्य पहले खरीदी गई वस्तु के बराबर है। उसने इस नई वस्तु को 10% के लाभ पर बेचा। A ने कुल कितना लाभ कमाया?

(a) ₹ 325 (b) ₹ 450 (c) ₹ 375 (d) ₹ 425 *SSC MTS 5.8.2019*

174. किसी वस्तु को 22.5% के लाभ पर बेचा गया। लागत मूल्य तथा विक्रय मूल्य का अनुपात कितना है?

(a) 31 : 57 (b) 39 : 69 (c) 40 : 49 (d) 34 : 63 *SSC MTS 5.8.2019*

175. किसी वस्तु के अंकित मूल्य तथा विक्रय मूल्य का अनुपात 12 : 7 है। छूट प्रतिशत कितना है?

(a) 41.67 (b) 37.5 (c) 39.33 (d) 42.33 *SSC MTS 5.8.2019*

176. रोहित एक पुराना बल्ला ₹1230 में खरीदता है तथा ₹ 180 में उसकी मरम्मत पर खर्चता करता है। यदि वह बल्ले को रु. 1128 में बेचता है, तो उसका हानि प्रतिशत क्या है?

(a) 42.5 (b) 15 (c) 20 (d) 25 *SSC CPO 5.7.2017*

177. एक वस्तु को ₹ 2,300 बेचकर रेखा ने 25% लाभ कमाया। यदि वह इसे ₹ 1955 में बेचती है तो उसे कितने प्रतिशत हानि/लाभ होगी/होगा–

(a) हानि, 6.5% (b) हानि, 6.25% (c) लाभ, 6.25% (d) लाभ, 6.5% *SSC CHSL (Tier-1) 3.7.2019*

178. एक व्यक्ति रु. 1 में 15 आम खरीदता है। ₹1 में उसने कितने आम बेचे होंगे ताकि उसे 25% की हानि हुई हो?

(a) 10 (b) 12 (c) 18 (d) 20 *SSC CPO 1.7.2017*

179. एक दुकानदार अपने सामान का क्रय मूल्य पर बचने का दावा करता है लेकिन वह एक किग्रा. के बाट के स्थान पर 930 ग्राम के बाट का प्रयोग करता है। दुकानदार का लाभ प्रतिशत क्या होगा?

(a) 3.76 (b) 7.52 (c) 9.85 (d) 10.36 *SSC CPO 5.7.2017*

180. किसी व्यक्ति ने तीन वस्तुएँ खरीदी जिनमें से प्रत्येक की कीमत ₹3000 थी। उसने उन वस्तुओं को क्रमशः 15% लाभ, 10% लाभ और 15% हानि पर बेच दिया। उसके द्वारा अर्जित कुल लाभ/हानि प्रतिशत है–

(a) 10/3% हानि (b) 10/3% लाभ (c) 10% हानि (d) ना लाभ ना हानि *SSC CGL (Tier-1) 10.7.2019*

181. एक पेंसिल का क्रयमूल्य एक कलम के क्रय मूल्य से 331/3 प्रतिशत कम है। यदि एक व्यक्ति 4 पेंसिल को 5 कलम के क्रय मूल्य पर बेचता है, तो उसका लाभ प्रतिशत क्या होगा?

(a) 50 (b) 66.66 (c) 75 (d) 87.5 *SSC CPO 5.7.2017*

182. एक वस्तु ₹x में बेची जाती है। यदि इस कीमत के 100/3% पर इसे बेचा जाए, तो 20% की हानि होती है। जब इसे ₹x पर बेचा जाता है तो प्रतिशत लाभ क्या है?

(a) 125 (b) 120 (c) 130 (d) 140 *SSC CHSL (Tier-1) 3.7.2019*

183. एक वस्तु को ₹144 में बेचने पर दुकानदार को 28% की हानि होती है। हानि को कम करके 14% तक लाने के लिए विक्रय मूल्य क्या होना चाहिए?

(a) ₹ 156 (b) ₹ 172 (c) ₹180 (d) ₹182 *SSC CHSL (Tier-1) 10.7.2019*

184. एक व्यक्ति ने ₹4,89,828 में एक वाहन खदीदा और ₹5,89,828 में बेच दिया। इस वाहन पर उसे कितने प्रतिशत लाभ प्राप्त हुआ (दो दशमलव स्थानों तक सही करें)?

(a) 15% (b) 25% (c) 18.65% (d) 20.42% *SSC CHSL (Tier-1) 8.7.2019*

185. किसी व्यक्ति ने तीन वस्तुएँ खरीदी, जिनमें से प्रत्येक की कीमत ₹3000 थी। उसने तीन वस्तुओं को क्रमशः 10% लाभ, 5% हानि और 5% हानि पर बेच दिया। उसके द्वारा अर्जित कुल लाभ/हानि प्रतिशत है–

(a) 10% हानि (b) 5% हानि (c) ना लाभ ना हानि (d) 5% लाभ *SSC CHSL (Tier-1) 8.7.2019*

186. एक सब्जी विक्रेता ने कुछ आम खरीदे और उनमें से 33 1/3% को 22.5% लाभ पर, 25% को 25% हानि पर और शेष को 3% हानि पर बेच दिया। उसका समग्र लाभ या हानि है–

(a) कोई लाभ या हानि नहीं (b) $3\frac{1}{3}\%$ का लाभ

(c) $5\frac{1}{2}\%$ की हानि (d) $3\frac{1}{3}\%$ की हानि *SSC CHSL (Tier-1) 21.8.2019*

187. एक कम्पनी ने ₹40000 में एक मशीन खरीदी और ₹10000 उसकी मरम्मत पर खर्च किए। कुछ समय बाद, मशीन को ₹ 45000 में बेच दिया गया। कितनी छूट की पेशकश की गई?

(a) 5% (b) $\frac{100}{9}\%$ (c) 10% (d) $7\frac{1}{2}\%$ *SSC CHSL (Tier-1) 16.8.2019*

188. यदि वस्तुओं का दो-तिहाई हिस्सा 25% लाभ पर, 20% हिस्सा 20% की हानि पर और शेष हिस्सा 20% के लाभ पर बेचा जाता है, तो ₹3,312 का लाभ होता है। वस्तुओं का लागत मूल्य है–

(a) ₹18,600 (b) ₹21,400 (c) ₹21,600 (d) ₹20,000 *SSC CHSLT (Tier-1) 19.8.2019*

189. A ने ₹5,400 में एक वस्तु खरीदी और इसे 30% की हानि पर बेचा। इस प्राप्त राशि से उसने एक और वस्तु खरीदी और उसे 60% के लाभ पर बेचा। इस प्रकार उसका कुल लाभ या हानि प्रतिशत क्या है?

(a) लाभ, 12% (b) हानि, 12% (c) लाभ, 1.2% (d) हानि, 1.2% *SSC CGL (Tier-1) 10.6.2019*

190. दो बाइक प्रत्येक की लागत ₹40000 है। उनमें से एक को ₹ 48000 में बेचा गया। दूसरी बाइक को कितने में बेचा जाए ताकि 25% का समग्र लाभ प्राप्त किया जा सके?

(a) ₹60000 (b) ₹48000 (c) ₹52000 (d) ₹50000 *SSC CHSL (Tier-1(16.8.2019*

191. एक बाइक का मालिक लगातार 3 वर्षों तक क्रमशः ₹64, ₹80 और ₹320 प्रति लीटर के हिसाब से पेट्रोल खरीदता है। यदि वह पेट्रोल खरीदने में हर वर्ष ₹320000 खर्च करता है, तो पेट्रोल का प्रति लीटर औसत मूल्य कितना है?

(a) ₹ 120 (b) ₹ 84 (c) ₹ 108 (d) ₹ 96 *SSC CHSL (Tier-1) 16.8.2019*

192. दो वस्तुएँ समान कीमत पर खरीदी जाती हैं। एक वस्तु को 20% लाभ पर बेचा जाता है और दूसरे को 10% हानि पर बेचा जाता है। कुल लाभ/हानि प्रतिशत है–

(a) 5% हानि (b) 5% लाभ (c) 10% लाभ (d) 10% हानि *SSC CHSLT (Tier-1) 21.8.2019*

193. एक कैमरे का क्रय मूल्य उसके विक्रय मूल्य का 90% है। लाभ प्रतिशत है–

(a) $11\frac{1}{9}\%$ (b) 10% (c) 12% (d) $9\frac{1}{11}\%$ *SSC CHSLT (Tier-1) 21.8.2019*

194. किसी व्यक्ति ने ₹ 70 प्रति वस्तु की दर से 15 वस्तुएँ, ₹ 60 की वस्तु की दर से 13 वस्तुएँ और ₹ 65 प्रति वस्तु की दर से 12 वस्तुएँ खरीदी। प्रति वस्तु औसत मूल्य (₹ में) हैं–

(a) 65.25 (b) 63.25 (c) 65.00 (d) 65.75 *SSC CHSLT (Tier-1) 21.8.2019*

195. किसी वस्तु का अंकित मूल्य उसके लागत मूल्य से 42% अधिक था। यदि वस्तु को बेचने पर 20.7% का लाभ होता है, तो वस्तु के अंकित मूल्य पर दी गयी छूट का प्रतिशत है–

(a) 15.6 (b) 16 (c) 15 (d) 14.3 *SSC CHLT (Tier-1) 21.8.2019*

196. एक व्यक्ति ने ₹2,500 में 25 वस्तुए बेंची और उसे 10% की हानि हुई। 20% का लाभ कमाने के लिए उसे ₹2,400 में कितने वस्तुएँ बेचनी चाहिए?

(a) 20 (b) 15 (c) 18 (d) 16 *SSC CGL (Tier-1) 7.6.2019*

197. अभि ने ₹624 में दो वस्तुएँ खरीदी, उसने एक वस्तु को 14% की हानि पर बेचा और दूसरी वस्तु को 14% के लाभ पर बेचा। यदि दोनों वस्तुओं का विक्रय मूल्य समान है, तो उनकी लागत मूल्यों मे अंतर (₹ में) है–

(a) 88.84 (b) 87.36 (c) 89.68 (d) 89.64 ***SSC CGL (Tier-1) 6.6.2019***

198. सुजाता ने ₹1,250 में 25 वस्तुएँ बेंची और उसे 10% की हानि हुई। उसे ₹2,600 में कितनी वस्तुए बेंचनी चाहिए ताकि वह 17% का लाभ कमा सके?

(a) 26 (b) 40 (c) 25 (d) 42 ***SSC CHSLT (Tier-1) 19.8.2019***

199. किसी वस्तु का अंकित मूल्य उसके लागत मूल्य से 20% अधिक है। अंकित मूल्य पर x% छूट देने के बाद दुकानदार को 10% की हानि होती है। x का मान कितना है?

(a) 30 (b) 28 (c) 20 (d) 25 ***SSC CHSL (Tier-1) 19.8.2019***

200. 30 दर्जन अखरोट (नट) ₹14400 में खरीदे गये और 32 पैकेट अखरोट (प्रत्येक पैकेट में 20 अखरोट) ₹57600 में खरीदा गया। यदि अखरोटों को मिलाकर एक पैकेट में पांच के हिसाब से 432 रुपये में बेचा गया, तो लाभ प्रतिशत कितना था?

(a) 10% (b) 15% (c) 20% (d) 25% ***SSC CHSLT (Tier-1) 16.8.2019***

201. कुछ फलों को ₹100 में 11 की दर से और उतने ही फल ₹100 में 9 की दर से खरीदे जाते है। यदि सभी फलों को ₹100 में 10 की दर से बेचा जाता है तो पूरे लेनदेन से लाभ या हानि प्रतिशत क्या है?

(a) हानि, 1% (b) लाभ, 5% (c) लाभ, 1 % (d) हानि, 5% ***SSC CGL (Tier-1) 6.6.2019***

202. सुषमा ने ₹12,000 में 6 मेज और 12 कुर्सियाँ खरीदी। उसने मेज 15% के लाभ पर और कुर्सियाँ 10% की हानि पर बेच दी। यदि उसे कुल ₹300 का लाभ हुआ था, तो मेजों की कुल लागत थी?

(a) ₹6,000 (b) ₹4,800 (c) ₹5,400 (d) ₹5,000 ***SSC CGL (Tier-1) 7.6.2019***

203. एक व्यक्ति 12% के लाभ पर एक वस्तु बेचता है। यदि उसने इसे 12% कम में खरीदा होता और इसे ₹9 कम से कम बेचा होता तो उसे 27% का लाभ होता। वस्तु की मूल लागत क्या है?

(a) ₹ 3,750 (b) ₹ 4,250 (c) ₹4,500 (d) ₹4,000 ***SSC CGL (Tier-1) 7.6.2019***

204. किसी बक्से में 780 केले हैं जिनमें से 130 केले सड़े हुए हैं और शेष अच्छी गुणवत्ता वाले है। अच्छी गुणवत्ता वाले केलों का प्रतिशत (दशमलव क दो स्थान तक) है–

(a) 71.12% (b) 65.35% (c) 83.33% (d) 53.33% ***SSC CHSLT (Tier-1) 21.8.2019***

205. यदि किसी उत्पाद के विक्रय मूल्य को 2 से गुणा करने पर परिणामी लाभ मूल लाभ का 6 गुणा होता है। मूल लाभ प्रतिशत कितना है?

(a) 25 (b) 20 (c) 10 (d) 15 ***SSC CHSL (Tier-1) 16.8.2019***

206. एक रबड़ का मूल्य ₹3 है। 20 रबड़ों का मूल्य तीन कलमों के मूल्य के बराबर है। एक कलम का मूल्य दो पेंसिल के मूल्य के बराबर है और छह पेंसिल का मूल्य पांच मार्कर के मूल्य के बराबर हैं। एक मार्कर का मूल्य कितना है?

(a) ₹9 (b) ₹12 (c) ₹ 13.50 (d) ₹ 15 ***SSC CHSLT (Tier-1) 14.8.2019***

207. एक स्कूटर ₹30000 में खरीदा गया और उसकी मरम्मत के लिए ₹3000 खर्च किये गये। उसे ₹39600 रुपये में बेच दिया गया। लाभ प्रतिशत कितना था?

(a) 15 (b) 25 (c) 20 (d) 10 ***SSC CHSLT (Tier-1) 14.8.2019***

208. 6 पेंसिल का मूल्य ₹30 है और 12 कलमों का मूल्य ₹120 है। 50 पेंसिल और 50 कलमों का औसत मूल्य कितना है?

(a) ₹ 6.75 (b) ₹ 7.5 (c) ₹5 (d) ₹ 5.75 ***SSC CHSL (Tier-1) 16.8.2019***

209. किसी वस्तु को ₹500 में बेचा गया। यदि विक्रय मूल्य 10% कम रहता, तो लाभ 12.5% होता। वस्तु का लागत मूल्य कितना है?

(a) ₹ 380 (b) ₹ 480 (c) ₹ 400 (d) ₹ 420 ***SSC CHSL (Tier-1) 16.8.2019***

210. एक दुकानदार ₹300 में दो पुस्तकें खरीदता है। वह पहली पुस्तक को 20% के लाभ पर तथा दूसरी पुस्तक को 10% हानि पर बेचता है। यदि पूरे लेन-देन में न लाभ होता है और न ही हानि, तो पहली पुस्तक का विक्रय मूल्य क्या होगा?

(a) ₹115 (b) ₹125 (c) ₹120 (d) ₹110 ***SSC CGL (Tier-1) 9.3.2020***

211. किसी व्यक्ति ने एक वस्तु खरीदी और उसे 10% के लाभ पर बेच दिया। यदि उसने वस्तु को 20% कम मूल्य पर खरीदा होता और उससे 1,000 और अधिक में बेचा होता तो उसे 40% का लाभ मिलता। वस्तु का पूर्व वाला विक्रय मूल्य (रुपये मे) ज्ञात करें।

(a) 40,000 (b) 50,000 (c) 60,000 (d) 55,000 ***SSC CAPF : 24.11.2020***

उत्तरमाला

1. (a)	2. (a)	3. (c)	4. (b)	5. (d)	6. (b)	7. (b)	8. (a)	9. (a)
10. (c)	11. (a)	12. (c)	13. (d)	14. (c)	15. (b)	16. (d)	17. (b)	18. (d)
19. (c)	20. (c)	21. (a)	22. (a)	23. (a)	24. (d)	25. (b)	26. (b)	27. (b)
28. (a)	29. (c)	30. (d)	31. (c)	32. (b)	33. (c)	34. (d)	35. (c)	36. (a)
37. (d)	38. (a)	39. (c)	40. (b)	41. (a)	42. (d)	43. (b)	44. (d)	45. (c)
46. (b)	47. (b)	48. (b)	49. (a)	50. (c)	51. (a)	52. (b)	53. (d)	54. (a)
55. (c)	56. (c)	57. (c)	58. (a)	59. (a)	60. (d)	61. (b)	62. (d)	63. (c)
64. (d)	65. (b)	66. (d)	67. (b)	68. (a)	69. (a)	70. (b)	71. (d)	72. (b)
73. (d)	74. (b)	75. (b)	76. (b)	77. (b)	78. (b)	79. (a)	80. (b)	81. (a)
82. (d)	83. (d)	84. (b)	85. (a)	86. (c)	87. (c)	88. (c)	89. (b)	90. (d)
91. (b)	92. (b)	93. (a)	94. (c)	95. (d)	96. (b)	97. (d)	98. (c)	99. (d)
100. (c)	101. (b)	102. (b)	103. (a)	104. (a)	105. (d)	106. (d)	107. (b)	108. (b)
109. (d)	110. (b)	111. (b)	112. (b)	113. (a)	114. (c)	115. (c)	116. (b)	117. (b)
118. (d)	119. (b)	120. (b)	121. (d)	122. (d)	123. (d)	124. (d)	125. (a)	126. (a)
127. (c)	128. (a)	129. (d)	130. (c)	131. (a)	132. (c)	133. (c)	134. (d)	135. (a)
136. (a)	137. (a)	138. (a)	139. (c)	140. (b)	141. (b)	142. (c)	143. (b)	144. (b)
145. (c)	146. (c)	147. (b)	148. (c)	149. (b)	150. (b)	151. (b)	152. (c)	153. (b)
154. (b)	155. (b)	156. (a)	157. (a)	158. (a)	159. (c)	160. (a)	161. (c)	162. (a)
163. (a)	164. (a)	165. (b)	166. (d)	167. (b)	168. (c)	169. (b)	170. (b)	171. (b)
172. (b)	173. (a)	174. (c)	175. (a)	176. (c)	177. (c)	178. (d)	179. (b)	180. (b)
181. (d)	182. (d)	183. (b)	184. (d)	185. (c)	186. (a)	187. (c)	188. (c)	189. (a)
190. (c)	191. (d)	192. (b)	193. (a)	194. (a)	195. (c)	196. (c)	197. (b)	198. (b)
199. (d)	200. (c)	201. (a)	202. (a)	203. (a)	204. (c)	205. (a)	206. (b)	207. (c)
208. (b)	209. (c)	210. (c)	211. (b)					

अभ्यास प्रश्नों के हल

1. $\because$ 500 पुस्तकें इस प्रकार बेची जाती हैं कि 50 पुस्तकें निःशुल्क पड़ें।

$\therefore$ 500 पुस्तकों के विक्रय पर 50 पुस्तकें लाभ के रूप में पड़ेगी। अतः प्रतिशत लाभ $= \frac{50 \times 100}{500} = 10\%$

2. माना मशीन को 57 लाख रुपये में बेचने पर x रुपये का घाटा हुआ।

$\therefore$ मशीन को 67 लाख रुपये में बेचने पर कुल लाभ $= 7x$

$\therefore$ 57 लाख $+ x =$ 67 लाख $- 7x \Rightarrow x + 7x =$ 67 लाख $-$ 57 लाख

$\therefore$ $8x = 10$ लाख $\Rightarrow x = \frac{10}{8}$ लाख = 1.25 लाख, अतः मशीन का क्रय मूल्य = 57 लाख + 1.25 लाख = 58.25 लाख

3. ₹ 8580 क्रय मूल्य और 20% लाभ पर विक्रय मूल्य $= \frac{8580 \times 120}{100} =$ ₹ 10296

खराब / गुम होने के बाद शेष चावल = 20 का 78% $= \frac{20 \times 78}{100} = 15.6$ क्विंटल

$\therefore$ प्रति क्विंटल चावल का विक्रय दर $= \frac{10296}{15.6} = \frac{102960}{156} =$ ₹ 660 प्रति क्विंटल

4. माना लागत मूल्य ₹ 100 है। अतः 25% लाभ पर कुल लाभ = ₹ 25

∴ विक्रय मूल्य = 100 + 25 = ₹ 125, अतः विक्रय मूल्य पर लाभ का प्रतिशत = $\frac{25 \times 100}{125} = 20\%$

5. माना वस्तु को ₹ 69 में बेचने पर $x\%$ और ₹ 78 में बेचने पर $2x\%$ लाभ होता है।

∴ विक्रय मूल्य ₹ 69 से क्रय मूल्य = $\frac{69 \times 100}{(100+x)}$ और विक्रय मूल्य ₹ 78 से क्रय मूल्य = $\frac{78 \times 100}{100+2x}$

∴ $\frac{69 \times 100}{(100+x)} = \frac{78 \times 100}{(100+2x)} \Rightarrow 69\ (100 + 2x) = 78\ (100 + x)$

∴ $6900 + 138x = 7800 + 78x \quad 138x - 78x = 7800 - 6900 \Rightarrow 60x = 900 \Rightarrow x = \frac{900}{60} = 15$

∴ वस्तु का क्रय मूल्य = $\frac{69 \times 100}{100+15} = \frac{69 \times 100}{115}$ = ₹ 60

6. विक्रय मूल्य ₹ 1140 और 5% हानि से क्रय मूल्य = $\frac{1140 \times 100}{95}$ = ₹ 1200

विक्रय मूल्य ₹ 1260 पर कुल लाभ = 1260 – 1200 = ₹ 60, अतः प्रतिशत लाभ = $\frac{60 \times 100}{1200} = 5\%$

7. ₹ 1190 विक्रय मूल्य और 10% हानि से क्रय मूल्य = $\frac{1190 \times 100}{90}$ = ₹ 1322.2

अब ₹ 1249.5 में बेचने पर कुल हानि = 1322.2 – 1249.5 = ₹ 72.7

∴ प्रतिशत हानि = $\frac{\text{कुल हानि} \times 100}{\text{क्रय मूल्य}} = \frac{72.7 \times 100}{1322.20} = 5.49 = 5.5\%$

8. 3 मशीनों A की लागत = 100000 × 3 = ₹ 300000, अतः 2 मशीनों B की लागत = 80000 × 2 = ₹ 160000

बाकी 3 मशीनों C की लागत = 45000 × 3 = ₹ 135000

∴ कुल 8 मशीनों की औसत लागत = $\frac{300000 + 160000 + 135000}{8} = \frac{595000}{8}$ = ₹ 74375

9. ₹ 1040 विक्रय मूल्य और 4% लाभ पर क्रय मूल्य = $\frac{1040 \times 100}{104}$ = ₹ 1000

₹ 950 में बेचने पर कुल हानि = 1000 – 950 = ₹ 50

∴ प्रतिशत हानि = $\frac{\text{कुल हानि} \times 100}{\text{क्रय मूल्य}} = \frac{50 \times 100}{1000} = 5\%$

10. 30 मशीनों का क्रयमूल्य = 30 × 300 = ₹ 9000 और 30 मशीनों पर कुल लाभ = 30 × 150 = ₹ 4500

∴ 30 मशीनों का क्रय मूल्य (मरम्मत खर्च सहित) = 9000 – 4500 = ₹ 4500

∴ मरम्मत पर किया गया खर्च = 4500 – 1000 = ₹ 3500

11. माना ₹ 78 में बेचने पर लाभ ₹ $2x$ तथा 69 में बेचने पर ₹x का लाभ होता है।

∴ ₹ 78 से क्रय मूल्य = $78 - 2x$ और ₹ 69 से क्रय मूल्य = $69 - x$

∴ $78 - 2x = 69 - x \Rightarrow 2x - x = 78 - 69 \Rightarrow x$ = ₹ 9

∴ वस्तु का क्रय मूल्य (लागत) = 78 –2 x = 78 – 18 = ₹ 60

12. माना ₹ 524 में बेचने पर ₹ x और ₹ 452 से क्रय मूल्य = $452 + x$

∴ $524 - x = 452 + x \Rightarrow 2x = 72 \Rightarrow x$ = ₹ 36, अतः वस्तु का क्रय मूल्य = 524 – 36 = ₹ 488

13. बिक्री में कुल वृद्धि = 51300 – 41800 = 9500, अतः बिक्री में प्रतिशत वृद्धि = $\frac{9500 \times 100}{41800} = \frac{25}{11} = 22\frac{8}{11}\%$

14. कुल 6 दर्जन अण्डों का क्रय मूल्य = (4 × 24) + (2 × 32) = 96 + 64 = ₹ 160

20% लाभ के लिए विक्रय मूल्य = $160 \times \frac{120}{100}$ = ₹ 16 × 12, अतः प्रति दर्जन विक्रय मूल्य = $\frac{16 \times 12}{6}$ = ₹ 32

15. विक्रय मूल्य 13924 और 18% लाभ से क्रय मूल्य $= \frac{13924 \times 100}{118} =$ ₹ 11800

$\therefore$ विक्रय मूल्य ₹ 10266 पर कुल हानि $= 11800 - 10266 =$ ₹ 1534

$\therefore$ प्रतिशत हानि $= \frac{\text{कुल हानि} \times 100}{\text{क्रय मूल्य}} = \frac{1534 \times 100}{11800} = 13\%$

16. माना क्रय मूल्य ₹x तथा विक्रय मूल्य ₹ $(x - 12.54)$ है।

$\because$ विक्रय मूल्य $= \frac{\text{क्रय मूल्य} \times (100 - \%\ \text{हानि})}{100} \Rightarrow x - 12.54 = \frac{x \times 67}{100}$

$\therefore$ $100x - 1254 = 67x \Rightarrow 33x = 1254 \Rightarrow x = \frac{1254}{33} =$ ₹ 38, अतः वस्तु का क्रय मूल्य $= x =$ **₹ 38**

17. रेफ्रिजरेटर का विक्रय मूल्य $= 13400 \times \frac{96}{100} =$ ₹ 12864

18. पंखे का क्रय मूल्य $= \frac{\text{विक्रय मूल्य} \times 100}{100 + \%\ \text{लाभ}} = \frac{4644 \times 100}{129} =$ ₹ 3600

19. ₹ 1250 विक्रय मूल्य और 7% हानि से क्रय मूल्य $= \frac{1250 \times 100}{93} =$ ₹ $\frac{125000}{93}$

$\therefore$ ₹ 1375 विक्रय मूल्य पर कुल लाभ $= 1375 - \frac{125000}{93} = \frac{127875 - 125000}{93} =$ ₹ $\frac{2875}{93}$

$\therefore$ प्रतिशत लाभ $= \frac{\text{कुल लाभ} \times 100}{\text{क्रय मूल्य}} = \frac{\left(\frac{2875}{93} \times 100\right)}{\frac{125000}{93}} = \frac{2875 \times 100}{125000} = 2.3\%$

20. कुल लाभ = ₹ 221 और प्रतिशत लाभ = 17%

$\therefore$ क्रय मूल्य $\times \frac{17}{100} = 221 \Rightarrow$ क्रय मूल्य $= \frac{221 \times 100}{17} =$ ₹ 1300

$\therefore$ विक्रय मूल्य = क्रय मूल्य + कुल लाभ $= 1300 + 221 =$ ₹ 1521

21. हानि का मान = क्रय मूल्य का 24% $= 530 \times \frac{24}{100} =$ ₹ 127.2

22. 5 पेन्सिलों का मूल्य $= 5 \times 3 =$ ₹ 15, 3 रबड़ का मूल्य $= 3 \times 2 =$ ₹ 6 और 3 शार्पनर का मूल्य $= 3 \times 5 =$ **₹ 15**

$\therefore$ $(5 + 3 + 3)$ वस्तुओं का मूल्य $= 15 + 6 + 15 \Rightarrow 11$ वस्तुओं का मूल्य = ₹ 36

$\therefore$ प्रति वस्तु औसत व्यय $= \frac{36}{11} =$ ₹ 3.27

23. $\because$ दोनों कलमों का क्रय मूल्य समान (₹ 20) है और एक पर जितने प्रतिशत (25%) का लाभ होता है दूसरे पर उतने ही प्रतिशत (25%) की हानि होती है। अतः पूरे लेन देन में कोई लाभ/हानि नहीं होगी।

24. विक्रय योग्य चावल की मात्रा $= 16 \times \frac{82}{100} = \frac{328}{25}$ क्विंटल

$\therefore$ $\frac{328}{25}$ क्विंटल चावल का विक्रय मूल्य $= 1280 \times \frac{123}{100} = \frac{128 \times 123}{10}$

$\therefore$ प्रति क्विंटल विक्रय मूल्य $= \left(\frac{128 \times 123}{10}\right) \% \ \frac{328}{25} = \frac{128 \times 123}{10} \times \frac{25}{328} =$ ₹ 120

25. माना विक्रय मूल्य ₹ 51 लाख पर ₹ x का घाटा और विक्रय मूल्य ₹ 60 लाख पर ₹8 x का लाभ हुआ।

$\therefore$ विक्रय मूल्य ₹ 51 लाख से क्रय मूल्य = 51 लाख + x और विक्रय मूल्य ₹ 60 लाख से क्रय मूल्य = 60 लाख − $8x$

$\therefore$ 51 लाख + x = 60 लाख − $8x \Rightarrow 9x$ = 9 लाख $\Rightarrow x$ = ₹ 1 लाख

$\therefore$ मशीन का क्रय मूल्य = 51 लाख + x = 51 लाख + 1 लाख = ₹ 52 लाख

26. माना विक्रय मूल्य ₹ x है। अतः क्रय मूल्य $= x + 451$

चूंकि क्रय मूल्य का 89% = विक्रय मूल्य $\Rightarrow (x + 451) \times \frac{89}{100} = x$

$\therefore$ $100x = 89x + 40139 \Rightarrow 11x = 40139 \Rightarrow x =$ ₹ 3649, अतः विक्रय मूल्य $= x =$ ₹ 3649

27. 60 गाड़ियों का कुल मूल्य $= 500 \times 60 =$ ₹ 30000

शेष 40 गाड़ियों का कुल मूल्य $= 40000 - 30000 =$ ₹ 10000

$\therefore$ शेष 40 गाड़ियों का औसत मूल्य $= \frac{10000}{40} =$ ₹ 250

28. वस्तु का क्रय मूल्य $= \frac{\text{विक्रय मूल्य} \times 100}{100 - \%\ \text{हानि}} = \frac{1144 \times 100}{88} =$ ₹ 1300

29. माना कुल वस्तुओं का क्रय मूल्य ₹ 100 है।

$\therefore$ 80% का विक्रय मूल्य $= \frac{80 \times 85}{100} =$ ₹ 68 और शेष 20% का विक्रय मूल्य $= \frac{20 \times 115}{100} =$ ₹ 23

$\therefore$ कुल विक्रय मूल्य $= 68 + 23 =$ ₹ 91, अतः कुल हानि $= 100 - 91 =$ ₹ 9, अतः प्रतिशत हानि = 9%

30. माना कुल वस्तुओं का क्रय मूल्य ₹ 100 है।

$\therefore$ 60% का विक्रय मूल्य $= 60 \times \frac{50}{100} =$ ₹ 30 और शेष 40% का विक्रय मूल्य $= 40 \times \frac{150}{100} =$ ₹ 60

$\therefore$ कुल विक्रय मूल्य $= 30 + 60 =$ ₹ 90, अतः कुल हानि $= 100 - 90 =$ ₹10 $\Rightarrow$ प्रतिशत हानि = 10%

31. कुल लाभ = क्रय मूल्य का 32% $= 360 \times \frac{32}{100} =$ ₹ 115.2

32. शेष भाग $= 1 - \frac{1}{3} - 25\% = 1 - \frac{1}{3} - \frac{1}{4} = \frac{12-4-3}{12} = \frac{5}{12}$

माना माल का मूल्य ₹x है। अतः $\frac{x}{3}$ का 15% + $\frac{x}{4}$ का 20% $- \frac{5x}{12}$ का 20% = कुल लाभ

$\therefore$ $\frac{x}{3} \times \frac{15}{100} + \frac{x}{4} \times \frac{20}{100} - \frac{5x}{12} \times \frac{20}{100} = 138.50 \Rightarrow \frac{x}{20} + \frac{x}{20} - \frac{x}{12} = 138.50 \Rightarrow \frac{3x + 3x - 5x}{60} = 138.50$

$\therefore$ $\frac{x}{60} = 138.50 \Rightarrow x = 138.50 \times 60 =$ ₹ 8310, अतः माल का मूल्य $= x =$ ₹ 8310

33. लैपटॉप और प्रिन्टर का क्रय मूल्य $= 42000 + 8000 =$ ₹ 50000

लैपटॉप पर कुल लाभ $= 42000 \times \frac{10}{100} =$ ₹ 4200

स्कैनर – कम – प्रिंटर पर प्राप्त कुल लाभ $= 8000 \times \frac{5}{100} =$ ₹ 400

$\therefore$ दोनों पर प्राप्त कुल लाभ $= 4200 + 400 =$ ₹ 4600

$\therefore$ दोनों पर प्राप्त प्रतिशत लाभ $= \frac{\text{कुल लाभ} \times 100}{\text{दोनों का क्रय मूल्य}} = \frac{4600 \times 100}{50000} = 9\frac{1}{5}\%$

34. माना 9 कुर्सियों का क्रय मूल्य ₹x तथा 5 मेजों का क्रय मूल्य $(15400 - x)$ है।

$\therefore$ 5 मेजों पर कुल लाभ + 9 कुर्सियों पर कुल लाभ = 2080

$\therefore$ $(15400 - x) \times \frac{10}{100} + \frac{x \times 20}{100} = 2080 \Rightarrow \frac{(15400 - x) + 2x}{10} = 2080$

$\therefore$ $15400 - x + 2x = 20800 \Rightarrow x = 20800 - 15400 =$ ₹5400

$\therefore$ 9 कुर्सियों का क्रय मूल्य = ₹5400, अतः 3 कुर्सियों का क्रय मूल्य $= \frac{5400 \times 3}{9} =$ ₹ 1800

35. माना वस्तु का क्रय मूल्य ₹100 है। अतः 30% लाभ पर विक्रय मूल्य = ₹130

विक्रय मूल्य ₹ 130 पर लाभ ₹ 30 की प्रतिशतता $= \frac{30 \times 100}{130} = 23.1\%$

36. माना कार की मरम्मत पर ₹x खर्च किया गया।

∴ $(108500 + x) \times \frac{125}{100} = 156250 \Rightarrow (108500 + x) = \frac{156250 \times 4}{5}$

∴ $108500 + x = 125000 \Rightarrow x = 125000 - 108500 =$ ₹16500

∴ कार की मरम्मत पर किया गया खर्च = x = ₹ 16500

37. माना वस्तु को ₹ 7000 में बेचने पर ₹x की हानि हुई। अतः क्रय मूल्य = $7000 + x$

∴ ₹ 8750 में बेचने पर होने वाला लाभ = $\frac{3x}{4}$, अतः क्रय मूल्य = $8750 - \frac{3x}{4}$

∴ $7000 + x = 8750 - \frac{3x}{4} \Rightarrow x + \frac{3x}{4} = 8750 - 7000 = 1750$

∴ $\frac{4x + 3x}{4} = 1750 \Rightarrow \frac{7x}{4} = 1750 \Rightarrow x = \frac{1750 \times 4}{7}$ = ₹ 1000

∴ वस्तु का क्रय मूल्य = $7000 + x = 7000 + 1000$ = ₹ 8000

∴ 10% लाभ प्राप्त करने के लिए वस्तु का विक्रय मूल्य = $8000 \times \frac{110}{100}$ = ₹ 8800

38. TV की मूल लागत का 110% = 8800 ⇒ TV की मूल लागत × $\frac{110}{100}$ = 8800

∴ TV की मूल लागत = $\frac{8800 \times 100}{110}$ = ₹ 8000

39. विक्रय मूल्य ₹ 230 तथा 15% लाभ पर क्रय मूल्य = $\frac{230 \times 100}{115}$ = ₹ 200

∴ 20% लाभ पर विक्रय मूल्य = $200 \times \frac{120}{100}$ = ₹ 240

40. पंखे का क्रय मूल्य = $\frac{1900 \times 100}{95}$ = ₹2000, अतः 20% के लाभ पर विक्रय मूल्य = $2000 \times \frac{120}{100}$ = ₹ 2400

41. विक्रय मूल्य ₹ 1725 क्रय मूल्य = $\frac{1725 \times 100}{115}$ = ₹ 1500, अतः 15% हानि पर विक्रय मूल्य = $\frac{1500 \times 85}{100}$ = ₹ 1275

42. 6 सिलाई मशीनों का क्रय मूल्य = $\frac{\text{विक्रय मूल्य} \times 100}{100 + \%\ \text{लाभ}} = \frac{63000 \times 100}{105}$ = ₹60000

∴ 1 सिलाई मशीन का क्रय मूल्य = $\frac{60000}{6}$ = ₹ 10000

∴ 8 सिलाई मशीनों का क्रय मूल्य = 8 × 10000 = ₹80000

∴ 15% लाभ पर 8 मशीनों का विक्रय मूल्य = $\frac{80000 \times 115}{100}$ = ₹92000

43. सुधा के लिए वस्तु का क्रय मूल्य = $\frac{\text{विक्रय मूल्य} \times 100}{100 - \%\ \text{हानि}} = \frac{576 \times 100}{80}$ = ₹ 720

∴ सुधा को 24% लाभ के लिए वस्तु का विक्रय मूल्य = $\frac{720 \times 124}{100}$ = ₹892.8

रेनू के लिए वस्तु का वास्तविक क्रय मूल्य = 576 + 224 = ₹800

यदि रेनू वस्तु को ₹892.8 में बेचती तो उसे प्राप्त लाभ = 892.8 − 800 = ₹ 92.8

∴ रेनू का प्रतिशत लाभ = $\frac{\text{कुल लाभ} \times 100}{\text{क्रय मूल्य}} = \frac{92.8 \times 100}{800} = 11.6\%$

44. 48 वस्तुओं का क्रय मूल्य = $\frac{\text{विक्रय मूल्य} \times 100}{100 - \%\ \text{हानि}} = \frac{2160 \times 100}{90}$ = ₹ 2400

∴ एक वस्तु का क्रय मूल्य = $\frac{2400}{48}$ = ₹ 50

∴ 12% लाभ के लिए एक वस्तु का विक्रय मूल्य = $\frac{\text{क्रय मूल्य} \times 112}{100} = \frac{50 \times 112}{100}$ = ₹ 56

∴ ₹ 2016 में बिकने वाली वस्तुओं की संख्या = $\frac{2016}{56} = 36$

45. विक्रय मूल्य ₹ 720 और $x\%$ लाभ पर क्रय मूल्य $= \frac{720 \times 100}{(100+x)}$

विक्रय मूल्य ₹ 750 और $(x + 5)$ % लाभ पर क्रय मूल्य $= \frac{720 \times 100}{(100+x+5)} = \frac{750 \times 100}{105+x}$

$\therefore \frac{720 \times 100}{100+x} = \frac{750 \times 100}{105+x} \Rightarrow (100 + x) \times 75 = (105 + x) \times 72$

$\therefore 7500 + 75x = 7560 + 72x \Rightarrow 75x - 72x = 7560 - 7500$

$\therefore 3x = 60 \Rightarrow x = 20 \Rightarrow 20\%$

46. थोक व्यापारी की लागत $\times \frac{136}{100} \times \frac{75}{100}$ = ₹ 2499

$\therefore$ थोक व्यापारी की लागत $= \frac{2499 \times 100 \times 100}{136 \times 75}$ = ₹ 2450

47. थोक व्यापारी की लागत का 120% का 90% = 874.8, अतः थोक व्यापारी की लागत $\times \frac{120}{100} \times \frac{90}{100}$ = ₹874.8

$\therefore$ थोक व्यापारी की लागत $= \frac{874.8 \times 100}{12 \times 9}$ = ₹ 810

48. A का क्रय मूल्य $\times \frac{80}{100} \times \frac{112.5}{100} \times \frac{92}{100} = 248.40$, अतः A का क्रय मूल्य $= \frac{248.40 \times 100 \times 100 \times 100}{8 \times 1125 \times 92}$ = ₹ 300

$\therefore$ A के लिए वस्तु पर प्राप्त लाभ $= 300 \times \frac{20}{100}$ = ₹ 60

C के लिए वस्तु का क्रय मूल्य $= 300 \times \frac{80}{100} \times \frac{112.5}{100}$ = ₹ 270

$\therefore$ C को प्राप्त कुल हानि = 270 – 248.40 = ₹ 21.60

$\therefore$ A और C को हुई हानियों का अन्तर = 60 – 21.60 = ₹ 38.40

49. D के लिए क्रय मूल्य = A के लिए क्रय मूल्य का 120% का 110% का 112.5%

$\therefore$ 29.70 = A के लिए क्रय मूल्य $\times \frac{120}{100} \times \frac{110}{100} \times \frac{112.5}{100}$, अतः A के लिए क्रय मूल्य $= \frac{29.70 \times 100 \times 100}{12 \times 11 \times 112.5}$ = ₹20

50. A की क्रय मूल्य का 110% का 130% = C का क्रय मूल्य

$\therefore$ A का क्रय मूल्य $\times \frac{110}{100} \times \frac{130}{100} = 2860 \Rightarrow$ A का क्रय मूल्य $= \frac{2860 \times 100}{11 \times 13}$ = ₹ 2000

51. A का लागत मूल्य का 105% का 110% = C द्वारा किया गया भुगतान

$\therefore$ A का लागत मूल्य $\times \frac{105}{100} \times \frac{110}{100} = 2310 \Rightarrow$ A का लागत मूल्य $= \frac{2310 \times 10000}{105 \times 110}$ = ₹ 2000

52. योगिता के लिए लागत मूल्य का 120% का 110% = दीपा द्वारा किया गया भुगतान

$\therefore$ योगिता के लिए लागत मूल्य $\times \frac{120}{100} \times \frac{110}{100} = 33000$, अतः योगिता के लिए लागत मूल्य $= \frac{33000 \times 100}{12 \times 11}$ = ₹25000

53. चूंकि A ने B को ₹ 4800 में 20% हानि पर एक घोड़ा बेचा, अतः A के लिए घोड़े का क्रय मूल्य $= \frac{4800 \times 100}{80}$ = ₹6000

$\therefore$ 15% लाभ पर A के लिए घोड़ा का विक्रय मूल्य $= \frac{6000 \times 115}{100}$ = ₹ 6900

$\therefore$ B ने घोड़ा को ₹ 6900 में C को बेचा, अतः B को प्राप्त कुल लाभ = 6900 – 4800 = ₹ 2100

54. वस्तु की लागत $= \frac{\text{अधिक मूल्य} \times 100}{\text{\% हानि + \% लाभ}} = \frac{64 \times 100}{6 + 10} = \frac{64 \times 100}{16}$ = ₹ 400

55. वस्तु का क्रय मूल्य $= \frac{\text{अधिक मूल्य} \times 100}{\text{प्रतिशत लाभों में अन्तर}} = \frac{6 \times 100}{15 \sim 18} = \frac{6 \times 100}{3}$ = ₹ 200

56. घड़ी का क्रय मूल्य $= \frac{\text{दोनों विक्रय मूल्यों में अन्तर} \times 100}{\text{अतिरिक्त प्रतिशत लाभ}} = \frac{10 \times 100}{5}$ = ₹ 200

57. वस्तु का क्रय मूल्य $= \dfrac{\text{विक्रय मूल्यों में अन्तर} \times 100}{\text{प्रतिशत लाभों में अन्तर}} = \dfrac{3 \times 100}{4 \sim 3} = \dfrac{300}{1} =$ ₹ 300

58. टी. वी. का क्रय मूल्य $= \dfrac{\text{विक्रय मूल्यों में अन्तर} \times 100}{\text{प्रतिशत लाभों में अन्तर}} = \dfrac{1000 \times 100}{10 \sim 5} = \dfrac{100000}{5} =$ ₹ 20000

59. गेहूँ का क्रय मूल्य $= \dfrac{\text{दोनों विक्रय मूल्यों में अन्तर} \times 100}{\text{\% लाभ \% हानि}} = \dfrac{60 \times 100}{30 + 10} = \dfrac{6000}{40} =$ ₹ 150

$\therefore$ गेहूँ का आरंभिक विक्रय मूल्य $= \dfrac{150 \times 130}{100} =$ ₹ 195

60. सामान का क्रय मूल्य $= \dfrac{\text{विक्रय मूल्यों में अन्तर} \times 100}{\text{\% हानि} + \text{\% लाभ}} = \dfrac{92.50 \times 100}{8 + 10.5} = \dfrac{9250}{18.5} =$ ₹ 500

$\therefore$ 12% लाभ पर विक्रय मूल्य = 500 का 112% $= \dfrac{500 \times 112}{100} =$ ₹ 560

61. वस्तु का विक्रय मूल्य $= \dfrac{\text{विक्रय मूल्यों में अन्तर} \times 100}{\text{प्रतिशत हानि} + \text{लाभ}} = \dfrac{30.60 \times 100}{15 + 9} = \dfrac{3060}{24} =$ ₹ 127.5

$\therefore$ 10% लाभ पर विक्रय मूल्य $= \dfrac{127.5 \times 110}{100} =$ ₹ 140.25

62. सामान का क्रय मूल्य $= \dfrac{\text{विक्रय मूल्यों में अन्तर} \times 100}{\text{प्रतिशत हानि} + \text{प्रतिशत लाभ}} = \dfrac{185 \times 100}{8 + 10.5} = \dfrac{18500}{18.5} =$ ₹ 1000

$\therefore$ 12% लाभ पर विक्रय मूल्य $= 1000 \times \dfrac{112}{100} =$ ₹ 1120

63. वस्तु का क्रय मूल्य $= \dfrac{\text{विक्रय मूल्यों में अन्तर} \times 100}{\text{प्रतिशत हानि} + \text{प्रतिशत लाभ}} = \dfrac{570 \times 100}{20 + 18} = \dfrac{57000}{38} =$ ₹ 1500

$\therefore$ 12% हानि पर विक्रय मूल्य $= \dfrac{1500 \times 88}{100} =$ ₹ 1320

64. वस्तु का क्रय मूल्य $= \dfrac{\text{विक्रय मूल्यों में अन्तर} \times 100}{\text{प्रतिशत हानि} + \text{प्रतिशत लाभ}} = \dfrac{1250 \times 100}{25 + 37.5} = \dfrac{1250 \times 100}{62.5} = \dfrac{1250000}{625} =$ ₹ 2000

$\therefore$ 12.5% लाभ पर वस्तु का विक्रय मूल्य $= 2000 \times \dfrac{112.5}{100} =$ ₹ 2250

65. बाइक का क्रयमूल्य $= \dfrac{\text{विक्रय मूल्यों में अन्तर} \times 100}{\text{प्रतिशत हानि} + \text{प्रतिशत लाभ}} = \dfrac{8900 \times 100}{13.5 + 31} = \dfrac{890000}{44.5} =$ ₹ 20000

$\therefore$ ₹ 20740 में बेचने पर कुल लाभ = 20740 − 20000 = ₹ 740

$\therefore$ प्रतिशत लाभ $= \dfrac{\text{कुल लाभ} \times 100}{\text{क्रय मूल्य}} = \dfrac{740 \times 100}{20000} = 3.7\%$

66. वस्तु का क्रय मूल्य $= \dfrac{\text{अधिक विक्रय मूल्य} \times 100}{\text{प्रतिशतों का योग}} = \dfrac{332 \times 100}{10 + 20} = \dfrac{332 \times 100}{30}$

$\therefore$ वस्तु का आरम्भिक विक्रय मूल्य = क्रय मूल्य का 90% $= \dfrac{332 \times 100}{30} \times \dfrac{90}{100} =$ ₹ 996

67. वस्तु का क्रय मूल्य $= \dfrac{\text{अधिक विक्रय मूल्य} \times 100}{\text{प्रतिशत लाभों में अन्तर}} = \dfrac{49 \times 100}{25 - 18} = \dfrac{49 \times 100}{7} =$ ₹ 700

68. वस्तु का क्रय मूल्य $= \dfrac{\text{अधिक मूल्य} \times 100}{\text{\% हानि} + \text{\% लाभ}} = \dfrac{630 \times 100}{12 + 6} = \dfrac{630 \times 100}{18} =$ ₹ 3500

69. वस्तु का क्रय मूल्य $= \dfrac{\text{अधिक विक्रय मूल्य} \times 100}{\text{\% हानि} + \text{\% लाभ}} = \dfrac{660 \times 100}{16 + 8} = \dfrac{660 \times 100}{24} =$ ₹ 2750

$\therefore$ 12% लाभ पर विक्रय मूल्य = क्रय मूल्य $\times \dfrac{112}{100} = 2750 \times \dfrac{112}{100} =$ ₹ 3080

70. पहले हेलमेट का क्रय मूल्य $= \frac{1232 \times 100}{112}$ = ₹ 1100 और दूसरे हेलमेट का क्रय मूल्य $= \frac{1232 \times 100}{88}$ = ₹ 1400

∴ कुल हानि = दोनों का क्रय मूल्य – दोनों का विक्रय मूल्य = 1100 + 1400 – 1232 × 2 = 2500 – 2464 = ₹ 36

71. पहली वस्तु का क्रय मूल्य $= \frac{4752 \times 100}{132}$ = ₹ 3600 और दूसरी वस्तु का क्रय मूल्य $= \frac{4752 \times 100}{72}$ = ₹ 6600

∴ दोनों वस्तुओं का क्रय मूल्य = 3600 + 6600 = ₹ 10200

दोनों वस्तुओं का विक्रय मूल्य = 4752 × 2 = ₹ 9504

∴ समग्र रूप से हानि = क्रय मूल्य – विक्रय मूल्य = 10200 – 9504 = ₹ 696

∴ समग्र रूप से हानि प्रतिशत $= \frac{\text{कुल हानि} \times 100}{\text{दोनों वस्तुओं का क्रय मूल्य}} = \frac{696 \times 100}{10200} = 6.8\%$

72. पहली वस्तु का क्रय मूल्य $= \frac{975 \times 100}{130}$ = ₹ 750 और दूसरी वस्तु का क्रय मूल्य $= \frac{975 \times 100}{75}$ = ₹ 1300

∴ दोनों वस्तुओं का क्रय मूल्य = 750 + 1300 = ₹ 2050 और दोनों वस्तुओं का विक्रय मूल्य = 975 × 2 = ₹ 1950

∴ समग्र रूप से हानि = दोनों वस्तुओं का क्रय मूल्य – दोनों वस्तुओं का विक्रय मूल्य = 2050 – 1950 = ₹ 100

∴ प्रतिशत हानि $= \frac{\text{कुल हानि} \times 100}{\text{दोनों वस्तुओं का क्रय मूल्य}} = \frac{100 \times 100}{2050} = 4.9\%$

73. पहली वस्तु का क्रय मूल्य $= \frac{10005 \times 100}{115}$ = ₹ 8700 और दूसरी वस्तु का क्रय मूल्य $= \frac{10005 \times 100}{87}$ = ₹ 11500

∴ दोनों वस्तुओं का क्रय मूल्य = 8700 + 11500 = ₹ 20200

दोनों वस्तुओं का विक्रय मूल्य = 10005 × 2 = ₹ 20010

∴ समग्र रूप से हानि = दोनों वस्तुओं का क्रय मूल्य – दोनों वस्तुओं का विक्रय मूल्य = 20200 – 20010 = ₹ 190

∴ प्रतिशत हानि $= \frac{\text{कुल हानि} \times 100}{\text{दोनों वस्तुओं का क्रय मूल्य}} = \frac{190 \times 100}{20200} = 0.94\%$

74. पहली वस्तु का क्रय मूल्य $= \frac{2508 \times 100}{114}$ = ₹ 2200 और दूसरी वस्तु का क्रय मूल्य $= \frac{2508 \times 100}{88}$ = ₹ 2850

∴ दोनों वस्तुओं का क्रय मूल्य = 2200 + 2850 = ₹ 5050 और दोनों वस्तुओं का विक्रय मूल्य = 2508 × 2 = ₹ 5016

∴ समग्र रूप से हानि = दोनों वस्तुओं का क्रय मूल्य – दोनों वस्तुओं का विक्रय मूल्य = 5050 – 5016 = ₹ 34

∴ प्रतिशत हानि $= \frac{\text{कुल हानि} \times 100}{\text{दोनों वस्तुओं का क्रय मूल्य}} = \frac{34 \times 100}{5050} = 0.67 = 0.7\%$

75. पहली वस्तु का क्रय मूल्य $= \frac{962 \times 100}{74}$ = ₹ 740 और दूसरी वस्तु का क्रय मूल्य $= \frac{962 \times 100}{130}$ = ₹ 1300

∴ दोनों वस्तुओं का क्रय मूल्य = 740 + 1300 = ₹ 2040 और दोनों वस्तुओं का विक्रय मूल्य = 962 × 2 = ₹ 1924

∴ समग्र रूप से हानि = दोनों वस्तुओं का क्रय मूल्य – दोनों वस्तुओं का विक्रय मूल्य = 2040 – 1924 = ₹ 116

∴ प्रतिशत हानि $= \frac{\text{कुल हानि} \times 100}{\text{दोनों वस्तुओं का क्रय मूल्य}} = \frac{116 \times 100}{2040} = 5.7\%$

76. कुल हानि $= \frac{\text{दोनों वस्तुओं का विक्रय मूल्य}}{\frac{(100)^2 - 1}{\text{दर}}} = \frac{2 \times 1875}{\frac{(100)^2 - 1}{25}} = \frac{2 \times 1875}{16 - 1} = \frac{2 \times 1875}{15}$ = ₹ 250

77. पहली वस्तु का क्रय मूल्य $= \frac{2650 \times 100}{110}$ = ₹ $\frac{26500}{2040}$ = ₹ 2409.09

दूसरी वस्तु का क्रय मूल्य $= \frac{2650 \times 100}{105}$ = ₹ $\frac{53000}{21}$ = ₹ 2523.81

∴ दोनों वस्तुओं का क्रय मूल्य = 2409.09 + 2523.8 = ₹ 4932.9

दोनों वस्तुओं का विक्रय मूल्य = 2650 × 2 = ₹ 5300

∴ समग्र रूप से हानि = दोनों वस्तुओं का क्रय मूल्य − दोनों वस्तुओं का विक्रय मूल्य = 5300 − 4932.9 = ₹ 367.1

∴ प्रतिशत हानि $= \frac{\text{कुल हानि} \times 100}{\text{दोनों वस्तुओं का क्रय मूल्य}} = \frac{367.1 \times 100}{4932.9} = 7.5\%$

78. 22% लाभ वाला क्रय मूल्य $= \frac{\text{विक्रय मूल्य} \times 100}{100 + \%\ \text{लाभ}} = \frac{4880 \times 100}{122} =$ ₹ 4000

20% हानि वाला क्रय मूल्य $= \frac{\text{क्रय मूल्य} \times 100}{100 - \%\ \text{हानि}} = \frac{4880 \times 100}{80} =$ ₹ 6100

∴ दोनों वस्तुओं का क्रय मूल्य = 4000 + 6100 = ₹ 10100 और दोनों वस्तुओं का विक्रय मूल्य = 4880 × 2 = ₹ 9760

∴ दोनों पर कुल हानि = 10100 − 9760 = ₹ 340, अतः प्रतिशत हानि $= \frac{340 \times 100}{10100} = 3.66\%$

79. 18% लाभ वाला क्रय मूल्य $= \frac{\text{विक्रय मूल्य} \times 100}{100 + \%\ \text{लाभ}} = \frac{4956 \times 100}{118} =$ ₹ 4200

16% हानि वाला क्रय मूल्य $= \frac{\text{क्रय मूल्य} \times 100}{100 - \%\text{हानि}} = \frac{4956 \times 100}{84} =$ ₹ 5900

∴ दोनों वस्तुओं का क्रय मूल्य = 4200 + 5900 = ₹ 10100 और दोनों वस्तुओं का विक्रय मूल्य = 4956 × 2 = ₹ 9912

∴ दोनों वस्तुओं पर कुल हानि = 10100 − 9912 = ₹ 188

∴ प्रतिशत हानि $= \frac{\text{कुल हानि} \times 100}{\text{दोनों वस्तुओं का क्रय मूल्य}} = \frac{188 \times 100}{10100} = 1.9\%$

80. पहली वस्तु का क्रय मूल्य $= \frac{4880 \times 100}{122} =$ ₹ 4000 और दूसरी वस्तु का क्रय मूल्य $= \frac{4880 \times 100}{80} =$ ₹ 6100

∴ दोनों वस्तुओं का क्रय मूल्य = 4000 + 6100 = ₹ 10100 और दोनों वस्तुओं का विक्रय मूल्य = 4880 × 2 = ₹ 9760

∴ समग्र रूप से हानि = दोनों वस्तुओं का क्रय मूल्य − दोनों वस्तुओं का विक्रय मूल्य = 10100 − 9760 = ₹ 340

∴ प्रतिशत हानि $= \frac{\text{कुल हानि} \times 100}{\text{दोनों वस्तुओं का क्रय मूल्य}} = \frac{340 \times 100}{10100} = 3.4\%$

81. पहली वस्तु का क्रय मूल्य $= \frac{5104 \times 100}{116} =$ ₹ 4400 और दूसरी वस्तु का क्रय मूल्य $= \frac{5104 \times 100}{88} =$ ₹ 5800

∴ दोनों वस्तुओं का संयुक्त क्रय मूल्य = 4400 + 5800 = ₹ 10200

और दोनों वस्तुओं का संयुक्त विक्रय मूल्य = 5104 × 2 = ₹ 10208

∴ दोनों वस्तुओं पर संयुक्त लाभ = 10208 − 10200 = ₹ 8

∴ प्रतिशत लाभ $= \frac{\text{संयुक्त लाभ} \times 100}{\text{संयुक्त क्रय मूल्य}} = \frac{800 \times 100}{10200} = 0.078 = 0.08\%$

82. पहली वस्तु का क्रय मूल्य $= \frac{10384 \times 100}{118} =$ ₹ 8800 और दूसरी वस्तु का क्रय मूल्य $= \frac{10384 \times 100}{88} =$ ₹ 11800

∴ दोनों वस्तुओं का संयुक्त क्रय मूल्य = 8800 + 11800 = ₹ 20600

दोनों वस्तुओं का संयुक्त विक्रय मूल्य = 10384 × 2 = ₹ 20768

∴ दोनों वस्तओं का पर कुल मिलाकर लाभ = 20768 − 20600 = ₹ 168

83. लाभ प्रतिशत $= \frac{\text{क्रय वस्तुओं की संख्या} - \text{विक्रय वस्तुओं की संख्या}}{\text{विक्रय वस्तुओं की संख्या}} \times 100$

$= \frac{(25 - 20) \times 100}{20} = \frac{5 \times 100}{20} = 25\%$

84. प्रतिशत लाभ $= \frac{\text{क्रय वस्तुओं की संख्या} - \text{विक्रय वस्तुओं की संख्या}}{\text{विक्रय वस्तुओं की संख्या}} \times 100$

$= \frac{(298 - 21) \times 100}{21} = \frac{7 \times 100}{21} = 33\frac{1}{3}\%$

85. प्रतिशत लाभ या हानि $= \frac{\text{क्रय वस्तुओं की संख्या} - \text{विक्रय वस्तुओं की संख्या}}{\text{विक्रय वस्तुओं की संख्या}} \times 100$

$= \frac{(20-16)\times100}{16} = \frac{4\times100}{16} = 25\%$ लाभ

86. लाभ प्रतिशत $= \frac{(20-16)\times100}{16} = \frac{4\times100}{16} = 25\%$ लाभ

87. प्रतिशत हानि $= \frac{(320-400)\times100}{400} = \frac{-80\times100}{400} = -20 \Rightarrow 20\%$

88. लाभ का प्रतिशत $= \frac{(15-12)\times100}{12} = \frac{3\times100}{12} = 25\%$

89. प्रतिशत लाभ / हानि $= \frac{(15-12)\times100}{12} = \frac{3\times100}{12} = 25\%$ लाभ

90. प्रतिशत लाभ / हानि $= \frac{(10-16)\times100}{16} = \frac{-6\times100}{16} = \frac{-75}{2} = 37\frac{1}{2}\%$ हानि

91. लाभ या हानि प्रतिशत $= \frac{(25-20)\times100}{20} = \frac{5\times100}{20} = 25\%$ लाभ

92. लाभ का प्रतिशत $= \frac{(20-12)\times100}{12} = \frac{8\times100}{12} = 66\frac{2}{3}\%$

93. लाभ का प्रतिशत $= \frac{(16-12)\times100}{12} = \frac{4\times100}{12} = 33\frac{1}{3}\%$

94. प्रतिशत लाभ $= \frac{(\text{क्रय संख्या}^2 - \text{विक्रय संख्या}^2)\times100}{\text{विक्रय संख्या}^2} = \frac{(21^2-20^2)\times100}{20^2}$

$= \frac{(441-400)\times100}{400} = \frac{4100}{400} = 10.25\%$

95. प्रतिशत लाभ $= \frac{(\text{क्रय वस्तुओं की संख्या}^2 - \text{विक्रय वस्तुओं की संख्या}^2)\times100}{\text{विक्रय वस्तुओं की संख्या}^2} = \frac{x^2-y^2}{y^2}\%$

96. लाभ प्रतिशतता $= \frac{(10^2-8^2)\times100}{8^2} = \frac{(100-64)\times100}{64} = \frac{36\times100}{64} = 56.25\%$

97. प्रतिशत लाभ $= \frac{(6^2-5^2)\times100}{5^2} = \frac{(36-25)\times100}{25} = \frac{11\times100}{25} = 44\%$

98. लाभ प्रतिशत $= \frac{(11^2-10^2)\times100}{10^2} = \frac{(121-100)\times100}{100} = \frac{21\times100}{100} = 21\%$

99. लाभ प्रतिशत $= \frac{(5^2-4^2)\times100}{4^2} = \frac{(25-16)\times100}{16} = \frac{9\times100}{16} = \frac{225}{4} = 56.25\%$

100. लाभ प्रतिशत $= \frac{(6^2-5^2)\times100}{5^2} = \frac{(36-25)\times100}{25} = \frac{11\times100}{25} = 44\%$

101. प्रतिशत लाभ या हानि $= \frac{(12^2-10^2)\times100}{10^2} = \frac{(144-100)\times100}{100} = \frac{44\times100}{100} = 44\%$

102. प्रतिशत लाभ/हानि $= \frac{(21\times2-7\times5)\times100}{7\times5} = \frac{(42-35)\times100}{7\times5} = \frac{7\times100}{7\times5} = 20\%$ लाभ

103. 8 सन्तरों का क्रय मूल्य = ₹ 34

चूंकि 12 संतरों का विक्रय मूल्य = 57, अतः 18 सन्तरों का विक्रय मूल्य $= \frac{57\times8}{12} =$ ₹ 38

∴ 8 सन्तरों के क्रय-विक्रय पर कुल लाभ = 38 − 34 = ₹ 4

∵ ₹ 4 के लाभ के लिए बेचे गये सन्तरों की संख्या = 8

∴ ₹ 1 के लाभ के लिए बेचे गये सन्तरों की संख्या $= \frac{8}{4} = 2$

∴ ₹ 45 के लाभ के लिए बेचे गये सन्तरों की संख्या = 45 × 2 = 90

104. $\% \text{ लाभ या हानि} = \dfrac{(\text{बीच वाली संख्याओं का गुणनफल} - \text{किनारे वाली संख्याओं का गुणनफल})\times 100}{\text{किनारे वाली संख्याओं का गुणनफल}}$

$= \dfrac{(18\times20-16\times22)\times100}{16\times22} = \dfrac{(360-352)}{16\times22}\times 100 = \dfrac{8\times100}{16\times22} = \dfrac{25}{11} \Rightarrow 2\dfrac{3}{11}\%$ लाभ

105. माना ₹ 3 में 7 सन्तरे की दर से सन्तरे खरीदकर ₹ x में 100 की दर से बेचे जाते हैं।

∴ $\% \text{ लाभ} = \dfrac{(7\times x-3\times100)\times100}{3\times100} = \dfrac{(7x-300)}{3}$

∴ $33 = \dfrac{(7x-300)}{3}$ या $7x-300=99$, अतः $7x = 399$ या $x = \dfrac{399}{7} =$ ₹ 57

106. ∵ ₹ 350 में 100 सन्तरे खरीदकर ₹ 48 में 12 सन्तरे बेचे गये

∴ $\% \text{ लाभ या हानि} = \dfrac{(100\times48-350\times12)\times100}{350\times12} = \dfrac{(4800-4200)\times100}{350\times12} = \dfrac{600\times100}{350\times12} = 14\dfrac{2}{7}\%$ लाभ

107. $\% \text{ लाभ या हानि} = \dfrac{(20\times18-25\times15)\times100}{25\times15} = \dfrac{(360-375)\times100}{25\times15} = \dfrac{-15\times100}{25\times15} = -4 \Rightarrow 4\%$ हानि

108. 25 मेजों का वास्तविक क्रय मूल्य $= 25000\times\dfrac{25}{100} =$ ₹ 250×25

∴ एक मेज का वास्तविक क्रय मूल्य $= \dfrac{250\times25}{25} =$ ₹ 250

109. 16.2 किग्रा. चीनी का नया मूल्य = 4500 का 18% $= \dfrac{4500\times18}{100} =$ ₹ 810

∴ प्रतिकिग्रा नया मूल्य $= \dfrac{810}{16.2} = \dfrac{8100}{162} =$ ₹ 50

110. 5 किग्रा. चीनी की नई कीमत = 270 का 10% $= \dfrac{270\times10}{100} =$ ₹ 27

∴ प्रतिकिग्रा चीनी की नई कीमत $= \dfrac{27}{5} =$ ₹ 5.40, अतः प्रति किग्रा. चीनी की मूल कीमत $= \dfrac{5.4\times100}{90} =$ ₹ 6

∴ मूल कीमत और नई कीमत में अन्तर = 6 – 5.40 = ₹ 0.60 = 60 पैसे

111. 8 पुस्तकों का नया मूल्य = 84 का 40% = ₹ $\dfrac{84\times40}{100}$, अतः प्रति पुस्तक का नया मूल्य $= \dfrac{84\times40}{100\times8} =$ ₹ 4.20

∴ प्रत्येक पुस्तक का आरम्भिक मूल्य का 140% = नया मूल्य

∴ प्रत्येक पुस्तक का आरम्भिक मूल्य $\times\dfrac{140}{100} = 4.20 \Rightarrow$ आरम्भिक मूल्य $= \dfrac{4.20\times100}{140} =$ ₹ 3

112. 5 किग्रा. चीनी की नयी कीमत $= \dfrac{600\times20}{100} =$ ₹ 120, अतः प्रति किग्रा. चीनी की नयी कीमत $= \dfrac{120}{5} =$ ₹ 24

∴ प्रति किग्रा. चीनी की पहली कीमत $\times\dfrac{80}{100} =$ नयी कीमत = ₹ 24

∴ प्रति किग्रा. चीनी की पहली कीमत $= \dfrac{24\times100}{80} =$ ₹ 30

113. 25 किग्रा. वस्तु की नई कीमत $= \dfrac{225\times10}{100} = 22.5$ किग्रा., अतः प्रति किग्रा. नई कीमत $= \dfrac{22.5}{25} =$ ₹ 0.90

∴ प्रति किग्रा. मूल कीमत का 90% = नई कीमत = ₹ 0.90

∴ प्रति किग्रा. मूल कीमत $\times\dfrac{90}{100} = 0.90 \Rightarrow$ प्रति किग्रा. मूल कीमत $= \dfrac{0.90\times100}{90} =$ ₹ 1

114. 50 ग्राम गेहूँ का नया मूल्य = ₹ $\dfrac{1\times10}{100} =$ ₹ $\dfrac{1}{10}$

∴ 50 ग्राम गेहूँ का पहला मूल्य $\times\dfrac{90}{100} =$ नया मूल्य = ₹ $\dfrac{1}{10}$

∴ 50 ग्राम गेहूँ का पहला मूल्य $= \dfrac{1}{10}\times\dfrac{100}{90} =$ ₹ $\dfrac{1}{9}$, अतः पहले मूल्य पर ₹ 1 में प्राप्त गेहूँ = 50 × 9 = 450 ग्राम

115. 5 किग्रा. चीनी की नई कीमत $= \frac{320 \times 20}{100} =$ ₹ 64, अतः प्रति किग्रा. चीनी की नई कीमत = ₹ $\frac{64}{5}$

∴ प्रति किग्रा. चीनी की मूल कीमत $\times \frac{80}{100} =$ नई कीमत = ₹ $\frac{64}{5}$

∴ प्रति किग्रा. चीनी की मूल कीमत $= \frac{64}{5} \times \frac{100}{80} =$ ₹ 16

116. 1 किग्रा. चीनी की नई कीमत $= \frac{270 \times 10}{100} =$ ₹ 27

∴ 1 किग्रा. चीनी की मूल कीमत $\times \frac{90}{100} =$ नई कीमत = ₹ 27, अतः 1 किग्रा. चीनी की मूल कीमत $= \frac{27 \times 100}{90} =$ ₹ 30

117. 10 सेबों की नई कीमत $= \frac{54 \times 20}{100} =$ ₹ $\frac{54}{5}$, अतः 1 सेब की कम की गयी कीमत = ₹ $\frac{54}{5 \times 10}$

∴ प्रति दर्जन सेब की कम की गयी कीमत $= \frac{54 \times 12}{5 \times 10} =$ ₹ 12.96

118. 3 किग्रा. वस्तु की कम की गयी (नई) कीमत $= \frac{100 \times 21}{100} =$ ₹ 21

∴ प्रति किग्रा. कम की गयी कीमत $= \frac{21}{3} =$ ₹ 7

119. वस्तु का लागत मूल्य $= 10 \times \sqrt{25 + \text{विक्रय मूल्य}} - 50 = 10 \times \sqrt{25 + 96} - 50 = 10\sqrt{121} - 50$

$= 10 \times 11 - 50 = 110 - 50 =$ ₹ 60

120. वस्तु का लागत मूल्य $= 10 \times \sqrt{25 + 144} - 50 = 10 \times \sqrt{169} - 50 = 10 \times 13 - 50 = 130 - 50 =$ ₹ 80

121. वस्तु का लागत मूल्य $= 10 \times \sqrt{25 + 39} - 50 = 10 \times \sqrt{64} - 50 = 10 \times 8 - 50 = 80 - 50 =$ ₹ 30

122. वस्तु का क्रय मूल्य $= 10 \times \sqrt{25 - \text{विक्रय मूल्य}} - 50 = 10 \times \sqrt{25 - 21} - 50$

$= 10 \times \sqrt{4} - 50 = 10 \times 2 - 50 = 20 - 50 = -30$

अतः वस्तु का क्रय मूल्य = ₹ 30 या ₹ 70

123. घड़ी का लागत मूल्य $= 10 \times \sqrt{25 + 75} - 50 = 10 \times \sqrt{100} - 50 = 10 \times 10 - 50 = 100 - 50 =$ ₹50

124. माना वस्तु का लागत मूल्य ₹100 है। अतः विक्रय मूल्य = ₹ 125

20% बढ़ने पर नया लागत मूल्य = 100 + 20 = ₹ 120 और 10% बढ़ाने पर नया विक्रय मूल्य $= 125 \times \frac{110}{100} =$ ₹137.5

इस स्थिति में कुल लाभ = 137.5 – 120 = ₹17.5, अतः प्रतिशत लाभ $= \frac{17.5 \times 100}{120} = 14.6\%$

125. माना वस्तु का क्रय मूल्य ₹ 100 है, अतः 20% लाभ पर विक्रय मूल्य = ₹ 120

20% कम पर खरीदने पर क्रय मूल्य = ₹ 80 और 25% लाभ पर विक्रय मूल्य $= \frac{80 \times 125}{100} =$ ₹ 100

∴ दोनों विक्रय मूल्यों में अन्तर = 120 – 100 = ₹ 20 और विक्रय मूल्यों में ₹ 20 के अन्तर पर क्रय मूल्य = ₹ 100

∴ विक्रय मूल्यों में ₹ 5 के अन्तर पर क्रय मूल्य $= \frac{100 \times 5}{20} =$ ₹ 25

126. यदि लागत मूल्य ₹ 100 हो तो 25% लाभ पर विक्रय मूल्य = ₹ 125

20% कम पर खरीदने पर लागत मूल्य = 80 ₹ और 30% लाभ पर विक्रय मूल्य $= \frac{80 \times 130}{100} =$ ₹ 104

∴ दोनों विक्रय मूल्यों में अन्तर = 125 – 104 = ₹ 21

∵ विक्रय मूल्यों में अन्तर ₹ 21 रहने पर लागत मूल्य = ₹ 100

∴ विक्रय मूल्यों में अन्तर ₹ 10.50 रहने पर लागत मूल्य $= \frac{100 \times 10.50}{21} =$ ₹ 50

127. यदि लागत मूल्य ₹100 हो तो 12% लाभ पर विक्रय मूल्य = ₹112

10% कम पर लागत मूल्य = ₹90 और 30% लाभ पर विक्रय मूल्य = $\frac{90 \times 130}{100}$ = ₹117

दोनों विक्रय मूल्यों में अन्तर = 117 – 112 = ₹5

$\because$ विक्रय मूल्यों में ₹5 के अन्तर पर लागत मूल्य = ₹100

$\therefore$ विक्रय मूल्यों में ₹5.75 के अन्तर पर लागत मूल्य = $\frac{100 \times 5.75}{5}$ = ₹115

$\therefore$ 20% लाभ पर विक्रय मूल्य = $\frac{115 \times 120}{100}$ = ₹138

128. यदि लागत कीमत ₹100 हो तो 10% लाभ पर विक्रय मूल्य = ₹110

4% कम पर लागत कीमत = ₹96 और विक्रय मूल्य = $\frac{96 \times 118 \cdot 75}{100}$ = ₹114

$\therefore$ दोनों विक्रय मूल्यों में अन्तर = 114 – 110 = ₹4, अतः विक्रय मूल्यों में ₹4 के अन्तर पर लागत कीमत = ₹100

$\therefore$ विक्रय मूल्यों में ₹6 के अन्तर पर लागत कीमत = $\frac{100 \times 6}{4}$ = ₹150

129. माना क्रय मूल्य ₹100 है अतः 10% लाभ पर विक्रय मूल्य = ₹110

4% कम पर क्रय मूल्य = ₹96 तथा $18\frac{3}{4}$% लाभ पर विक्रय मूल्य = $\frac{96 \times 118 \cdot 75}{100}$ = ₹114

$\therefore$ दोनों विक्रय मूल्यों में अन्तर = 114 – 110 = ₹4

$\because$ विक्रय मूल्यों में ₹4 के अन्तर पर क्रय मूल्य = ₹100

$\therefore$ विक्रय मूल्यों में 60 पैसे के अन्तर पर क्रय मूल्य = $\frac{100}{4} \times \frac{60}{100}$ = ₹15

$\therefore$ पुस्तक विक्रेता को ₹15 के मूल्य पर लाभ मिला।

130. माना वस्तु का क्रय मूल्य ₹100 है, अतः 20% लाभ पर विक्रय मूल्य = ₹120

20% कम पर क्रय मूल्य = ₹80 और 25% लाभ पर विक्रय मूल्य = $\frac{80 \times 125}{100}$ = ₹100

$\therefore$ दोनों विक्रय मूल्यों में अन्तर = 120 – 100 = ₹20

$\because$ विक्रय मूल्यों में ₹20 के अन्तर पर क्रय मूल्य = ₹100

$\therefore$ विक्रय मूल्यों में ₹5 के अन्तर पर क्रय मूल्य = $\frac{100 \times 5}{20}$ = ₹25

131. माना मेज का क्रय मूल्य ₹100 है, अतः 20% लाभ पर विक्रय मूल्य = ₹120

10% कम मूल्य पर क्रय मूल्य = ₹90 और 35% लाभ पर विक्रय मूल्य = $\frac{90 \times 135}{100}$ = ₹121.5

$\therefore$ दोनों विक्रय मूल्यों में अन्तर = 121.5 – 120 = ₹1.5

$\because$ विक्रय मूल्यों में ₹1.5 के अन्तर पर क्रय मूल्य = ₹100

$\therefore$ विक्रय मूल्यों में ₹105 के अन्तर पर क्रय मूल्य = $\frac{100 \times 105}{1.5}$ = ₹7000

132. $\because$ लाभ : बिक्री मूल्य = 1 : 5, अतः माना लाभ = ₹x तथा बिक्री मूल्य = ₹$5x$

$\therefore$ लागत = $5x$ – x = ₹$4x$, अतः बिक्री मूल्य : लागत मूल्य = $5x : 4x$ = 5 : 4

133. माना खिलौने का अंकित मूल्य ₹x है। अतः विक्रय मूल्य = क्रय मूल्य का 80%

$\therefore$ $x \times \frac{20}{31}$ = क्रय मूल्य × $\frac{80}{100} \Rightarrow \frac{x}{\text{क्रय मूल्य}} = \frac{80}{100} \times \frac{31}{20} = \frac{31}{25}$

$\therefore$ अंकित मूल्य : क्रय मूल्य = 31 : 25

134. विक्रय मूल्य : क्रय मूल्य = 21 : 16 $\Rightarrow$ विक्रय मूल्य ₹21 पर क्रय मूल्य ₹16

$\therefore$ कुल लाभ = 21 – 16 = ₹5, अतः प्रतिशत लाभ = $\frac{5 \times 100}{16}$ = 31.25%

135. माना वस्तु का क्रय मूल्य ₹100 है। अतः 23% हानि पर विक्रय मूल्य = ₹77

$\therefore$ क्रय मूल्य : विक्रय मूल्य = 100 : 77

136. माना वस्तु 1 को SP_1 पर बेचने पर ₹ x का लाभ होता है। अतः वस्तु 1 का क्रय मूल्य = ₹6x

$\therefore$ विक्रय मूल्य = क्रय मूल्य + लाभ $\Rightarrow SP_1 = 6x + x = 7x$

पुनः माना वस्तु 2 को SP_2 पर बेचने पर ₹ y की हानि होती है। अतः वस्तु 2 का क्रय मूल्य = ₹3y

$\therefore$ विक्रय मूल्य = क्रय मूल्य − हानि $\Rightarrow SP_2 = 3y - y = 2y$

$\because$ दोनों वस्तुओं का लागत मूल्य समान है, अतः $6x = 3y \Rightarrow 2x = y$

अब $SP_1 : SP_2 = 7x : 2y = 7x : 2.2x = 7x : 4x = 7 : 4$

137. माना A का लागत मूल्य ₹ x तथा B का लागत मूल्य ₹$(1200 - x)$ है।

$\therefore \quad x \times \frac{110}{100} + (1200 - x) \times \frac{120}{100} = 1390 \Rightarrow \frac{11x + 14400 - 12x}{10} = 1390$

$\therefore \quad 14400 - x = 13900 \Rightarrow x = 14400 - 13900 = ₹500$

$\therefore$ A का लागत मूल्य = ₹500 और B का लागत मूल्य = ₹700

$\therefore$ दोनों में अनुपात = 500 : 700 = 5 : 7

138. माना पहली वस्तु की कीमत ₹ 400 तथा दूसरी वसतु की कीमत ₹ 500 है।

नई कीमतों में अनुपात $\Rightarrow \frac{400 \times (100 + x)}{100} : \frac{500 \times 70}{100} = 10 : 7$

$(400 + 4x) : 350 = 10 : 7 \Rightarrow (400 + 4x) \times 7 = 350 \times 10$

$\therefore \quad 400 + 4x = 500 \Rightarrow 4x = 100 \Rightarrow x = 25$

139. माना लागत ₹100 है। तब 400% का लाभ = ₹ 400 और विक्रय मूल्य = ₹500

100% बढ़ने पर नई लागत = ₹200, और नया विक्रय मूल्य = ₹500

$\therefore$ नया लाभ = 500 − 200 = ₹300

$\therefore$ नया लाभ : विक्रय मूल्य = 300 : 500 = 3 : 5

140. क्रय मूल्य $= \frac{\text{विक्रय मूल्य} \times 100}{100 - \%\ \text{हानि}} = \frac{1386 \times 100}{100 - 23} = \frac{1386 \times 100}{77} = ₹1800$

141. लाभ प्रतिशत $= \frac{4 \times 100}{20 - 4} = \frac{4 \times 100}{16} = 25\%$

142. दोनों हिस्सों में अनुपात = 6% : 4% = 3 : 2

$\therefore$ अनुपाती योग = 3 + 2 = 5

$\therefore$ 23% लाभ पर बिका गेहूँ $= 1200 \times \frac{2}{5} = 480$ किग्रा.

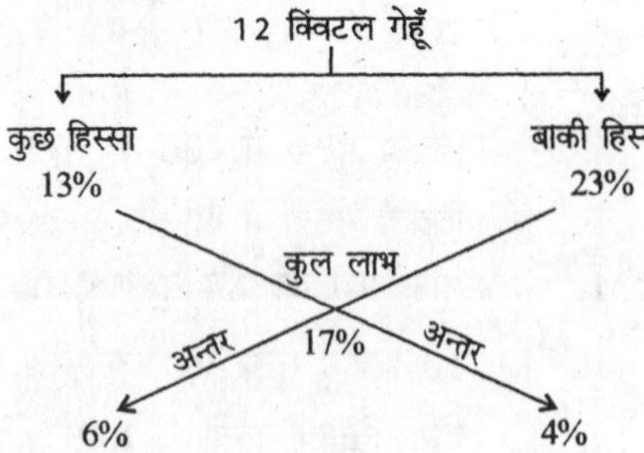

143. लाभ प्रतिशत $= \frac{\text{तौल में कमी} \times 100}{\text{तौली गयी मात्रा}} = \frac{50 \times 100}{950} = \frac{100}{19} = 5\frac{5}{19}\%$

144. माना वाशिंग मशीन का क्रय मूल्य ₹x और इलेक्ट्रिक चिमनी का मूल्य $(37750 - x)$ था

चूंकि दोनों विक्रय मूल्य समान है। अतः x का 76% = $(57750 - x)$ का 134%

$\therefore \quad x \times \frac{76}{100} = (57750 - x) \times \frac{134}{100} \Rightarrow 38x = 3869250 - 67x$

$\therefore \quad 38x + 67x = 3869250 \Rightarrow 105x = 3869250 \Rightarrow x = 36850$

$\therefore$ वाशिंग मशीन का क्रय मूल्य $x = 36850$ और इलेक्ट्रानिक चिमनी का क्रयमूल्य = 57750 − 36850 = ₹20900

145. लाभ प्रतिशत $= \frac{4 \times 100}{9 - 4} = \frac{4 \times 100}{5} = 80\%$

146. तौल में कमी = 1000 − 875 = 125 ग्राम

$\therefore$ विक्रेता का प्रतिशत लाभ $= \frac{\text{तौल में कमी} \times 100}{\text{तौली गयी मात्रा}} = \frac{125 \times 100}{875} = 14\frac{2}{7}\%$

147. प्रतिशत लाभ $= \frac{3 \times 100}{30 - 3} = \frac{3 \times 100}{27} = \frac{100}{9} = 11.11\%$

148. प्रतिशत लाभ $= \frac{7 \times 100}{17 - 7} = \frac{7 \times 100}{10} = 70\%$

149. प्रतिशत लाभ $= \frac{8 \times 100}{25} = 8 \times 4 = 32\%$

150. माना 1 परीक्षा पैड की लागत ₹ x तथा 1 पेंसिल की लागत ₹ y है।

$\therefore$ $3x + 2y = 96$ ....(i) और $4x + 3y = 134$ ....(ii)

समीकरण (i) में 3 से और समीकरण (ii) में 2 से गुणा करने पर–

$9x + 6y = 288$ ....(iii) $8x + 6y = 268$ ....(iv)

समीकरण (iii) में से समीकरण (iv) को घटाने पर, $x = 20$

समीकरण (i) में $x = 20$ रखने पर, $60 + 2y = 96 \Rightarrow 2y = 36 \Rightarrow y = 18$

$\therefore$ 1 परीक्षा पैड और 1 पेंसिल की कुल लागत $= x + y = 20 + 18 =$ ₹ 38

151. पहले दिन 20 टाफियों का क्रय मूल्य = ₹20

दूसरे दिन ₹40 में खरीदी गयी कुल टाफियाँ $= 40 \times 2 = 80$

$\therefore$ कुल टाफियाँ $= 20 + 80 = 100$ और कुल क्रय मूल्य $= 20 + 40 =$ ₹ 60

$\therefore$ प्रत्येक टाफी का औसत मूल्य = ₹ $\frac{60}{100}$ = ₹ $\frac{3}{5} = \frac{3 \times 100}{5}$ पैसे = 60 पैसे

152. माना विक्रय मूल्य ₹x पर हानि y% है। अतः विक्रय मूल्य ₹2x पर लाभ = y%

$\therefore$ विक्रय मूल्य ₹ x से क्रय मूल्य $= \frac{x \times 100}{100 - y}$ और विक्रय मूल्य 2x से क्रय मूल्य $= \frac{2x \times 100}{100 + y}$

$\therefore$ $\frac{x \times 100}{(100 - y)} = \frac{2x \times 100}{(100 + y)} \Rightarrow 100 + y = (100 - y) \times 2 = 200 - 2y$

$\therefore$ $y + 2y = 200 - 100 \Rightarrow 3y = 100 \Rightarrow y = \frac{100}{3} = 33.33$

153. दोनों हिस्सों में अनुपात = 6% : 4% = 3 : 2

अतः आनुपाती योग = 3 + 2 = 5

$\therefore$ 27% लाभ पर बिका गेहूँ $= 16 \times \frac{2}{5} = \frac{32}{5}$

= 6.4 क्विंटल = 640 किग्रा.

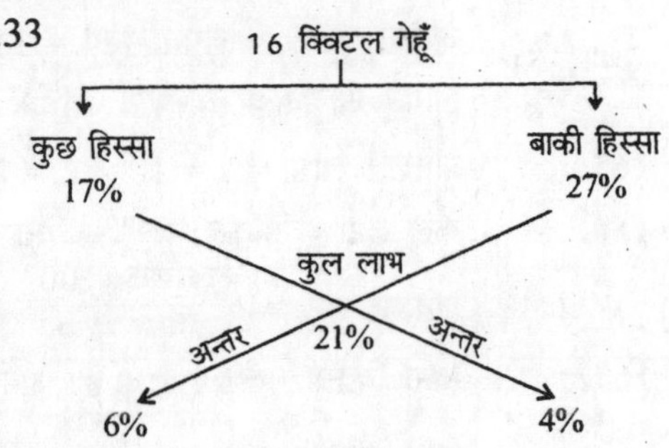

154. माना ₹ 52 लाख पर घाटा = ₹ x और ₹ 62 लाख पर लाभ = ₹ $9x$

$\therefore$ विक्रय मूल्य ₹ 52 लाख पर क्रय मूल्य = 52 लाख + x

और विक्रय मूल्य 62 लाख पर क्रय मूल्य = 52 लाख + x

$\therefore$ 52 लाख + x = 62 लाख − 9 $x \Rightarrow x + 9x$ = 62 लाख − 52 लाख

$\therefore$ 10 x = 10 लाख $\Rightarrow x$ = 1 लाख

$\therefore$ मशीन का क्रय मूल्य = 52 लाख + x = 52 लाख + 1 लाख = 53 लाख

155. दुकानदार का प्रतिशत लाभ $= \frac{\text{तौल में कमी} \times 100}{\text{तौली गयी मात्रा}} = \frac{150 \times 100}{850} = \frac{300}{17} = 17.65\%$

156. माना क्रय मूल्य ₹ 100 है, अतः विक्रय मूल्य = ₹ 130

13.75% लाभ पर विक्रय मूल्य = 100 + 13.75 = ₹ 113.75, अतः कुल छूट = 130 − 113.75 = ₹ 16.25

$\therefore$ छूट प्रतिशत $= \frac{\text{कुल छूट} \times 100}{\text{अंकित मूल्य}} = \frac{16.25 \times 100}{130} = \frac{1625}{130} = 12.5\%$

157. माना वस्तुओं का क्रय मूल्य ₹ 100 है।

$\therefore$ 70% का विक्रय मूल्य = $\frac{70 \times 120}{100}$ = ₹ 84 और शेष 30% का विक्रयमूल्य = $\frac{30 \times 80}{100}$ = ₹ 24

$\therefore$ कुल विक्रय मूल्य =84 + 24 = ₹ 108, अतः प्रतिशत लाभ = 108 – 100 = 8%

158. प्रतिशत लाभ = $\frac{10 \times 100}{120}$ = 8.33%

159. प्रतिशत लाभ = $\frac{6 \times 100}{56 - 6} = \frac{6 \times 100}{50}$ = 12%

160. माना क्रय मूल्य ₹ 100 है। अतः 12% लाभ पर विक्रय मूल्य = 100 + 12 = ₹ 112

$\because$ अंमित मूल्य का 90% = 112 $\Rightarrow$ अंकित मूल्य $\times \frac{90}{100}$ = 112 $\Rightarrow$ अंकित मूल्य = $\frac{1120}{9}$

$\therefore$ क्रय मूल्य : अंकित मूल्य = 100 : $\frac{1120}{9}$ = 900 : 1120 = 45 : 56

161. 30 दिन का कुल दैनिक किराया = 120 × 30 = ₹ 3600

$\therefore$ कुल बचत = 3600 – 3276 = ₹ 324, अतः प्रतिशत बचत = $\frac{324 \times 100}{3600}$ = 9%

162. कुल हानि = 135000 – 110000 = ₹ 25000

प्रतिशत हानि = $\frac{\text{कुल हानि} \times 100}{\text{क्रय मूल्य}} = \frac{25000 \times 100}{135000} = \frac{25 \times 100}{135} = \frac{500}{27}\%$

163. वस्तु 1 का लागत मूल्य = $\frac{180 \times 100}{120}$ = ₹ 150 और वस्तु 2 का लागत मूल्य = $\frac{240 \times 100}{80}$ = ₹ 300

$\therefore$ दोनों लागत मूल्यों का योग = 150 + 300 = ₹ 450

164. वस्तु का लागत मूल्य = $\frac{\text{विक्रय मूल्य} \times 100}{100 - \%\ \text{हानि}} = \frac{288 \times 100}{96}$ = ₹ 300

$\therefore$ अंकित मूल्य – लागत मूल्य = 315 – 300 = ₹ 15

$\therefore$ लागत को कितने प्रतिशत अधिक अंकित किया गया = $\frac{15 \times 100}{300}$ = 5%

165. प्रतिशत लाभ = ? = 10 × 2 = 20%

166. कुल छूट = अंकित मूल्य – विक्रय मूल्य = 2800 – 2408 = ₹ 392

$\therefore$ प्रतिशत छूट = $\frac{\text{कुल छूट} \times 100}{\text{अंकित मूल्य}} = \frac{392 \times 100}{2800}$ = 14%

167. माना विक्रय मूल्य ₹ 100 है। अतः लाभ = ₹ 20 और लागत = ₹ 80

$\therefore$ लाभ, लागत मूल्य का कितना प्रतिशत है = $\frac{\text{लाभ} \times 100}{\text{लागत मूल्य}} = \frac{20 \times 100}{80}$ = 25%

168. विक्रय मूल्य ₹ 2400 से क्रय मूल्य = $\frac{2400 \times 100}{125}$ = ₹ 1920

₹ 2160 में बेचने पर कुल लाभ = 2160 – 1920 = ₹ 240, अतः प्रतिशत लाभ = $\frac{240 \times 100}{1920} = 12\frac{1}{2}\%$

169. $\because$ विक्रय मूल्य पर 20% हानि होती है। अतः कुल हानि = $\frac{800 \times 20}{100}$ = ₹ 160

$\therefore$ वस्तु का क्रय मूल्य = 800 + 160 = ₹ 960

$\therefore$ 25% के लाभ पर विक्रय मूल्य = 960 × $\frac{960 \times 125}{100}$ = ₹1200

170. अन्तिम विक्रय मूल्य = 1240 × $\frac{75}{100} \times \frac{140}{100}$ = ₹ 1302

$\therefore$ रेनू को प्राप्त कुल लाभ = 1302 – 1240 = ₹ 62, अतः प्रतिशत लाभ = $\frac{62 \times 100}{1240}$ = 5%

171. दोनों वस्तुओं का संयुक्त विक्रय मूल्य = $(1200 + 1600) \times \frac{125}{100} = \frac{2800 \times 125}{100}$ = ₹ 3500

चूंकि वस्तु B का विक्रय मूल्य = 3500 – 1380 = ₹ 2120, अतः वस्तु B पर कुल लाभ = 2120 – 1600 = ₹ 520

∴ वस्तु B पर प्रतिशत लाभ = $\frac{520 \times 100}{1600} = 32.5\%$

172. वस्तु का विक्रय मूल्य = $1800 \times \frac{132}{100}$ = ₹ 2376

173. पहली वस्तु का लागत मूल्य = $\frac{1495 \times 100}{115}$ = ₹ 1300

∴ पहली वस्तु पर प्राप्त कुल लाभ = 1495 – 1300 = ₹ 195

अब दूसरी वस्तु पर प्राप्त लाभ = $1300 \times \frac{10}{100}$ = ₹ 130, अतः दोनों से प्राप्त कुल लाभ = 195 + 130 = ₹ 325

174. माना लागत मूल्य ₹ 100 है। अतः विक्रय मूल्य = 100 + 22.5 = ₹ 122.5

∴ लागत मूल्य : विक्रय मूल्य = 100 : 122.5 = 1000 : 1225 = 40 : 49

175. माना अंकित मूल्य ₹ $12x$ तथा विक्रय मूल्य ₹ $7x$ है। अतः कुल छूट = $12x - 7x = 5x$

∴ प्रतिशत छूट = $\frac{\text{कुल छूट} \times 100}{\text{अंकित मूल्य}} = \frac{5x \times 100}{12x} = \frac{500}{12} = 41.67\%$

176. बल्ले का मरम्मत के बाद क्रय मूल्य = 1230 + 180 = ₹ 1410

₹ 1128 में बेचने पर कुल हानि = 1410 – 1128 = ₹ 282

∴ प्रतिशत हानि = $\frac{\text{कुल हानि} \times 100}{\text{क्रय मूल्य}} = \frac{282 \times 100}{1410} = 20\%$

177. वस्तु का क्रय मूल्य = $\frac{2300 \times 100}{125}$ = ₹ 1840, अतः ₹ 1955 में बेचने पर कुल लाभ = 1955 – 1840 = ₹ 115

∴ प्रतिशत लाभ = $\frac{\text{कुल लाभ} \times 100}{\text{क्रय मूल्य}} = \frac{115 \times 100}{1840} = 6.25\%$

178. 25% की हानि पर 15 आमों का विक्रय मूल्य = $\frac{100 \text{ पैसे} \times 75}{100}$ = 75 पैसे

∴ 75 पैसे में बेचे गये आमों की संख्या = 15

∴ 100 पैसे में बेचे गये आमों की संख्या = $\frac{15 \times 100}{75} = 20$

179. दुकानदार का प्रतिशत लाभ = $\frac{\text{तौल में कमी} \times 100}{\text{तौली गयी मात्रा}} = \frac{70 \times 100}{930} = 7.52\%$

180. पहली वस्तु पर लाभ = $3000 \times \frac{15}{100}$ = ₹ 450 और दूसरी वस्तु पर लाभ = $3000 \times \frac{10}{100}$ = ₹ 300

तीसरी वस्तु पर हानि = $3000 \times \frac{15}{100}$ = ₹ 450

∴ कुल (3000 × 3) पर अर्जित लाभ = 450 + 300 – 450 = ₹ 300

∴ प्रतिशत लाभ = $\frac{300 \times 100}{3000 \times 3} = \frac{10}{3}\%$

181. माना एक कलम का क्रय मूल्य ₹ 100 है।

∴ एक पेंसिल का क्रय मूल्य = $100 - 33\frac{1}{3} = 100 - \frac{100}{3}$ = ₹ $\frac{200}{3}$

∴ 4 पेंसिलों का क्रय मूल्य = $4 \times \frac{200}{3}$ = ₹ $\frac{800}{3}$ और 5 कलमों का क्रय मूल्य = 100 × 5 = ₹ 500

∴ 4 पेंसिलों का विक्रय मूल्य = 5 कलमों का क्रय मूल्य = ₹ 500

$\therefore$ 4 पेंसिलों पर कुल लाभ $= 500 - \frac{800}{3} = \frac{1500 - 800}{3} = ₹\frac{700}{3}$

$\therefore$ लाभ प्रतिशत $= \frac{\left(\frac{700}{3} \times 100\right)}{\left(\frac{800}{3}\right)} = \frac{700}{3} \times 100 \times \frac{3}{800} = \frac{700}{8} = 87.5\%$

182. माना वस्तु x को ₹ में बेचने पर a% का लाभ होता है। तब वस्तु का क्रय मूल्य $= \frac{x \times 100}{100 + a}$

20% की हानि पर विक्रय मूल्य $\Rightarrow \frac{x \times 100}{(100+a)} \times \frac{80}{100} = \frac{x \times 100}{3 \times 100}$

$\therefore$ $\frac{80}{(100+a)} = \frac{1}{3} \Rightarrow 100 + a = 240 \Rightarrow a = 240 - 100 = 140$

$\therefore$ ₹ x पर बेचने पर प्रतिशत लाभ = 140%

183. विक्रय मूल्य ₹ 144 और हानि 28% से वस्तु का क्रय मूल्य $= \frac{144 \times 100}{72} = ₹\ 200$

हानि 14% पर विक्रय मूल्य $= \frac{200 \times 86}{100} = ₹\ 172$

184. वाहन पर कुल लाभ = 589828 – 489828 = ₹ 100000

$\therefore$ प्रतिशत लाभ $= \frac{\text{कुल लाभ} \times 100}{\text{क्रय मूल्य}} = \frac{100000 \times 100}{489828} = 20.42\%$

185. पहली वस्तु पर कुल लाभ $= 3000 \times \frac{10}{100} = ₹\ 300$ और दूसरी वस्तु पर कुल हानि $= 3000 \times \frac{5}{100} = ₹\ 150$

एवं तीसरी वस्तु पर कुल हानि $= 3000 \times \frac{5}{100} = ₹\ 150$, अतः अर्जित कुल लाभ / हानि $= 300 - 15 - 150 = 0$

186. $33\frac{1}{3}\% = \frac{100}{3}\% = \frac{100}{3 \times 100} = \frac{1}{3}$, $25\% = \frac{25}{100} = \frac{1}{4}$, अतः आम का शेष भाग $= 1 - \left(\frac{1}{3} + \frac{1}{4}\right) = 1 - \frac{7}{12} = \frac{5}{12}$

$\therefore$ माना आम का कुल क्रय मूल्य ₹ 100 था। अतः $33\frac{1}{3}\%$ भाग पर प्राप्त कुल लाभ $= 100\frac{1}{3} \times \frac{22.5}{100} = ₹\ 7.5$

25% भाग पर प्राप्त कुल हानि $= 100 \times \frac{1}{4} \times \frac{25}{100} = ₹\ 6.25$

शेष भाग पर प्राप्त हानि $= 100 \times \frac{5}{12} \times \frac{3}{100} = ₹\ 1.25$

$\therefore$ समग्र लाभ/हानि $= 7.5 - 6.25 - 1.25 = 7.5 - 7.5 = 0 \Rightarrow$ न लाभ न हानि

187. मरम्मत सहित मशीन का क्रय मूल्य = 40000 + 10000 = ₹ 50000

मशीन का क्रय मूल्य ₹ 45000 पर कुल छूट= 50000 – 45000 = ₹ 5000

$\therefore$ प्रतिशत छूट $= \frac{5000 \times 100}{50000} = 10\%$

188. 20% हिस्सा $= \frac{20}{100} = \frac{1}{5}$ और शेष हिस्सा $= 1 - \left(\frac{2}{3} + \frac{1}{5}\right) = 1 - \frac{13}{15} = \frac{2}{15}$

माना वस्तु का लागत मूल्य ₹ x है। अतः $\frac{2x}{3} \times \frac{25}{100} - \frac{x}{5} \times \frac{20}{100} + \frac{2x}{15} \times \frac{20}{100} = ₹\ 3312$

$\therefore$ $\frac{x}{6} - \frac{x}{25} + \frac{2x}{75} = 3312 \Rightarrow \frac{25x - 6x + 4x}{150} = ₹\ 3312$

$\therefore$ $\frac{23x}{150} = 3312 \Rightarrow x = \frac{3312 \times 150}{23} = 21600$, अतः वस्तुओं का लागत मूल्य $= x = ₹\ 21600$

189. दूसरी बार का विक्रय मूल्य = $5400 \times \frac{70}{100} \times \frac{160}{100}$ = ₹ 6048

∴ कुल लाभ = 6048 – 5400 = ₹ 648, अतः प्रतिशत लाभ = $\frac{648 \times 100}{5400} = 12\%$

190. दोनों बाइकों का संयुक्त विक्रय मूल्य = $40000 \times \frac{2 \times 125}{100}$ = ₹ 10000

∴ दूसरी बाइक का विक्रय मूल्य = 100000 – 48000 = ₹ 52000

191. तीनों वर्ष क्रय किया गया कुल पेट्रोल = $\frac{320000}{64} + \frac{320000}{80} + \frac{320000}{320} = 5000 + 4000 + 1000 = 10000$ ली.

∴ पेट्रोल का प्रति लीटर औसत मूल्य = $\frac{320000 \times 3}{10000}$ = ₹ 96

192. माना दोनों वस्तुएँ ₹ 100 प्रति वस्तु की दर से खरीदी जाती हैं।

∴ पहली वस्तु का विक्रय मूल्य = ₹ 120 और दूसरी वस्तु का विक्रय मूल्य = ₹ 90

∴ दोनों वस्तुओं का विक्रय मूल्य = 120 + 90 = ₹ 210

∴ दोनों वस्तुओं पर कुल लाभ = 210 – 200 = ₹ 10, अतः प्रतिशत लाभ = $\frac{10 \times 100}{200} = 5\%$

193. माना विक्रय मूल्य ₹ 100 है। अतः क्रय मूल्य = ₹ 90

∴ कुल लाभ = ₹ 10 और प्रतिशत लाभ = $\frac{10 \times 100}{90} = 11\frac{1}{9}\%$

194. (15 + 13 + 12) वस्तुओं का कुल मूल्य = 15 × 70 + 13 × 60 + 12 × 65

∴ 40 वस्तुओं का कुल मूल्य = 1050 + 780 + 780 = ₹ 2610

∴ 40 वस्तुओं का औसत मूल्य = $\frac{2610}{40}$ = ₹ 65.25

195. माना वस्तु का लागत मूल्य ₹ 100 था। अतः अंकित मूल्य = ₹ 142

20.7% लाभ पर विक्रय मूल्य = 100 + 20.7 = ₹ 120.7

∴ दी गयी कुल छूट = 142 – 120.7 = ₹ 21.3और छूट का प्रतिशत = $\frac{\text{कुल छूट} \times 100}{\text{अंकित मूल्य}} = \frac{21.3 \times 100}{142} = 15\%$

196. विक्रय मूल्य ₹ 2500 से 25 वस्तुओं का क्रय मूल्य = $\frac{2500 \times 100}{90}$ = ₹ $\frac{25000}{9}$

∴ एक वस्तु का क्रय मूल्य = $\frac{25000}{9 \times 25}$ = ₹ $\frac{1000}{9}$

∴ 20% लाभ के लिए एक वस्तु का विक्रय मूल्य = $\frac{1000}{9} \times \frac{120}{100}$ = ₹ $\frac{400}{3}$

∴ ₹ 2400 में बेची जाने वाली वस्तुओं की संख्या = $\frac{2400}{\left(\frac{400}{3}\right)} = 2400 \times \frac{3}{400} = 18$

197. माना एक वस्तु का लागत मूल्य ₹x तथा दूसरी वस्तु का लागत मूल्य ₹ $(624 - x)$ है।

∴ पहली वस्तु का विक्रय मूल्य = दूसरी वस्तु का विक्रय मूल्य ⇒ $x \times \frac{86}{100} = (624 - x) \times \frac{114}{100}$

∴ $43x = (624 - x) \times 57 \Rightarrow 43x = 624 \times 57 - 57x \Rightarrow 100x = 624 \times 57 \Rightarrow x = \frac{624 \times 57}{100}$ = ₹355.68

∴ पहली वस्तु का लागत मूल्य = ₹ 355.68 और दूसरी वस्तु का लागत मूल्य = 624 – 355.68 = ₹ 268.32

∴ दोनों लागत मूल्यों में अन्तर = 355.68 – 268.32 = ₹ 87.36

198. 25 वस्तुओं का क्रय मूल्य = $\frac{1250\times100}{90}$, अतः एक वस्तु का क्रय मूल्य = $\frac{1250\times100}{25\times90}$ = ₹ $\frac{500}{9}$

∴ 17% के लाभ पर एक वस्तु का विक्रय मूल्य = $\frac{500}{9}\times\frac{117}{100}$ = ₹ 65

∴ ₹ 2600 में बेची जाने वाली वस्तओं की संख्या = $\frac{2600}{65}=40$

199. माना वस्तु का लागत मूल्य ₹ 100 है। अतः अंकित मूल्य = ₹ 120
10% की हानि पर वस्तु का विक्रय मूल्य = 100 – 10 = ₹ 90

∴ कुल छूट = 120 – 90 = ₹ 30, अतः % छूट (x%) = $\frac{\text{कुल छूट}\times100}{\text{अंकित मूल्य}}=\frac{30\times100}{120}=25\%$

200. अखरोटों की कुल संख्या = (30 × 12) + (32 × 20) = 360 + 640 = 1000
कुल 1000 अखरोटों का क्रय मूल्य = 14400 + 57600 = ₹ 72000
एक अखरोट का विक्रय मूल्य = ₹ $\frac{432}{5}$, अतः 1000 अखरोटों का विक्रय मूल्य = 1000 × $\frac{432}{5}$ = ₹ 86400

∴ कुल लाभ = 86400 – 72000 = ₹ 14400, अतः प्रतिशत लाभ = $\frac{14400\times100}{72000}=20\%$

201. माना 100 फल पहली दर पर और 100 फल दूसरी दर पर खरीदे गये।

∴ पहले 100 फलों का क्रय मूल्य = $\frac{100\times100}{11}$ = ₹ $\frac{10000}{11}$

इसी प्रकार दूसरे 100 फलों का क्रय मूल्य = $\frac{100\times100}{9}$ = ₹ $\frac{10000}{9}$

∴ कुल 200 फलों का क्रय मूल्य = $\frac{10000}{11}+\frac{10000}{9}=\frac{90000+110000}{99}$ = ₹ $\frac{200000}{99}$

∴ कुल 200 फलों का विक्रय मूल्य = $\frac{200\times100}{10}$ = ₹ 2000

∴ पूरे लेन देन में कुल हानि = $\frac{200000}{99}-2000=\frac{200000-198000}{99}$ = ₹ $\frac{2000}{99}$

∴ प्रतिशत हानि = $\frac{\left(\frac{2000}{99}\times100\right)}{\left(\frac{200000}{99}\right)}=\frac{2000\times100}{99}\times\frac{99}{200000}=1\%$

202. माना मेजों की लागत ₹x तथा कुर्सियों की लागत ₹(12000–x) थी।

∴ मेजों और कुर्सियों का विक्रय मूल्य $= x\times\frac{115}{100}+(12000-x)\times\frac{90}{100}$

$$=\frac{115x+1080000-90x}{100}=\frac{25x+1080000}{100}$$

∴ कुल लाभ = विक्रय मूल्य – क्रय मूल्य ⇒ $300=\frac{25x+1080000}{100}-12000$

∴ $12300=\frac{25x+1080000}{100}\Rightarrow 25x+1080000=1230000$

∴ $25x = 1230000 - 1080000 = 150000 \Rightarrow x = 6000$, अतः मेजों की कुल लागत = x = ₹ 6000

203. माना वस्तु की मूल लागत ₹ 100 है। अतः 12% लाभ पर विक्रय मूल्य = ₹ 112

12% कम पर लागत = ₹ 88, तब 27% लाभ पर विक्रय मूल्य = $\frac{88\times127}{100}$ = ₹ 111.76

∴ दोनों विक्रय मूल्यों में अन्तर = 112 – 111.76 = ₹ 0.24

चूंकि ₹ 0.24 कम मिलने पर मूल लागत = ₹ 100, अतः ₹ 1 कम मिलने पर मूल लागत = $\frac{100}{0.24}$

∴ ₹ 9 कम मिलने पर मूल लागत = $\frac{100\times9}{0.24}$ = ₹ 3750

204. अच्छी गुणवत्ता वाले केलों की संख्या = 780 – 130 = 650, अतः अभीष्ट प्रतिशत = $\frac{650 \times 100}{780} = 83.33\%$

205. माना उत्पाद की लागत ₹x तथा लाभ ₹ y है। तब विक्रय मूल्य = $x + y$

2 से गुणा करने पर विक्रय मूल्य = $2(x + y)$ तब लाभ = ₹ 6y

∴ लागत = विक्रय मूल्य – लाभ ⇒ $x = 2(x + y) - 6y = 2x + 2y - 6y$

∴ $x = 2x - 4y \Rightarrow$ x`y $= x \Rightarrow y = \frac{x}{4}$ = क्रय मूल्य का 25%, अतः मूल लाभ प्रतिशत = y = 25%

206. 3 कलमों का मूल्य = 20 रबड़ों का मूल्य = 20 × 3 = ₹ 60

∴ 1 कलम का मूल्य = ₹ $\frac{60}{3}$, अतः 2 पेंसिलों का मूल्य = ₹ $\frac{60}{3}$, अतः 6 पेंसिलों का मूल्य = $\frac{60 \times 6}{3 \times 2}$ = ₹ 60

∴ 5 मार्करों का मूल्य = ₹ 60 ⇒ एक मार्कर का मूल्य = $\frac{60}{5}$ = ₹ 12

207. मरम्मत के बाद स्कूटर का मूल्य = 30000 + 3000 = ₹ 33000

₹ 39600 में बेचने पर कुल लाभ = 39600 – 33000 = ₹ 6600, अतः प्रतिशत लाभ = $\frac{6600 \times 100}{33000} = 20\%$

208. 50 पेंसिलों का मूल्य = $\frac{30}{6} \times 50$ = ₹ 250 और 50 कलमों का मूल्य = $\frac{120}{12} \times 50$ = ₹ 500

∴ 50 पेंसिलों और 50 कलमों का औसत मूल्य = $\frac{250 + 500}{100} = \frac{750}{100}$ = ₹ 7.5

209. 10% कम रहने पर विक्रय मूल्य = $\frac{500 \times 90}{100}$ = ₹ 450

∴ 12.5% लाभ पर लागत मूल्य = $\frac{\text{विक्रय मूल्य} \times 100}{100 + \%\ \text{लाभ}} = \frac{450 \times 100}{112.5} = \frac{450000}{1125}$ = ₹ 400

210.

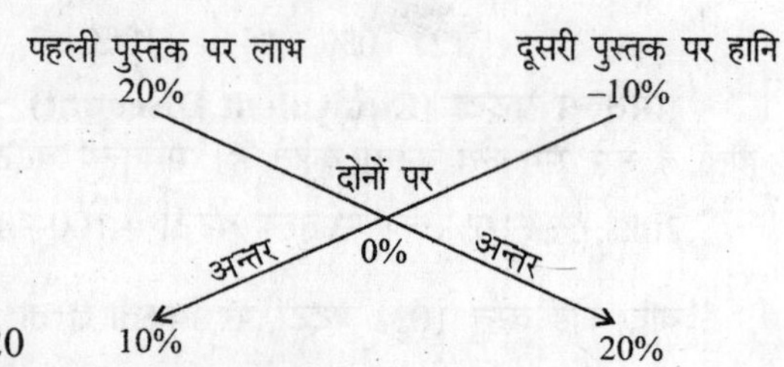

दोनों पुस्तकों के क्रय मूल्यों में अनुपात = 10% : 20%

= 1 : 2

∴ अनुपाती योग = 1 + 2 = 3

∴ पहली पुस्तक का क्रय मूल्य = $300 \times \frac{1}{3}$ = ₹100

20% के लाभ पर पहली पुस्तक का विक्रय मूल्य = ₹120

211. माना व्यक्ति ने वस्तु को ₹ 100 में खरीदा। अतः 10% लाभ पर वस्तु का विक्रय मूल्य = ₹ 110

20% कम पर वस्तु का क्रय मूल्य = ₹ 80, तब 40% लाभ पर विक्रय मूल्य = $\frac{80 \times 140}{100}$ = ₹ 112

∴ दोनों विक्रय मूल्यों में अन्तर = 112 – 110 = ₹ 2

∵ विक्रय मूल्यों में अन्तर ₹ 2 पर क्रय मूल्य = ₹ 100

∴ विक्रय मूल्य में अन्तर ₹ 1000 पर क्रय मूल्य = $\frac{100}{2} \times 1000$ = ₹ 50000

14 बट्टा (Discount)

बट्टा का सरलतम अर्थ है– किसी वस्तु के मूल्य में कटौती। जैसे यदि किसी पुस्तक का अंकित मूल्य ₹ 150 हो और वह ₹ 120 में बिकती हो तो उसके अंकित मूल्य में ₹ 30 की कटौती हुई। यह कटौती जब ₹ 100 पर निर्धारित की जायेगी अर्थात् जो कटौती ₹ 100 पर होती है उसे बट्टे की दर कहते हैं। जैसे यदि ₹ 100 अंकित मूल्य वाली वस्तु ₹ 85 में बिके तो बट्टे की दर 15% होगी।

$$\text{बट्टा की दर} = \frac{\text{कुल कटौती या कुल बट्टा} \times 100}{\text{अंकित मूल्य}}$$

$25, \frac{20}{10}, \frac{10}{15}, \frac{5}{20}, \frac{n}{25}$, का अर्थ – यह बट्टे की एक शर्त है। जिसके अनुसार यदि पूरा भुगतान तुरन्त कर दिया जाय तो अंकित मूल्य पर 25% बट्टा प्राप्त होगा। अर्थात् अंकित मूल्य में 25% की कटौती होगी। परन्तु क्रय तिथि के दूसरे दिन से 10वें दिन तक किसी भी दिन भुगतान करने पर 20% कटौती, 11 वें दिन से 15वें दिन तक भुगतान करने पर 10% की कटौती, 16वें दिन से 20वें दिन तक भुगतान करने पर 5% की कटौती प्राप्त होगी। यदि भुगतान 21वें दिन से 25वें दिन तक किसी भी दिन की जाये तो No Discount अर्थात् कोई कटौती नहीं मिलेगी।

बट्टा श्रेणी – जब किसी वस्तु पर कोई एक बट्टा के बजाय दो या दो से अधिक बट्टों की कोई श्रेणी दी जाये तो उसे बट्टा श्रेणी कहते हैं। जैसे –

(1) 5%, 10%, 15%,
(2) 10%, 15%, 20%
(3) 5%, 15%
(4) 10%, 20%, 25% इत्यादि।

समतुल्य बट्टा (Equivalent Discount) – किसी बट्टा श्रेणी के बराबर जो एकल बट्टा (Single Discount) होता है उसे समतुल्य बट्टा कहते हैं। समतुल्य बट्टा, बट्टा श्रेणी के सभी दरों के योग से हमेशा छोटा होता है। जैसे–

20%, 5% 10% का समतुल्य बट्टा $= 100 - 100 \times \frac{80}{100} \times \frac{95}{100} \times \frac{90}{100} = 100 - \frac{8 \times 95 \times 9}{100} = 100 - 68.4 = 31.6\%$

यदि कोई वस्तु 10% बट्टा पर बिकती है तो उसका विक्रय मूल्य = अंकित मूल्य $\times \frac{90}{100}$

यदि कोई वस्तु 20% बट्टा पर बिकती है तो उसका विक्रय मूल्य = अंकित मूल्य $\times \frac{80}{100}$

बट्टा श्रेणी के लिए क्रम की कोई बाध्यता नहीं

जैसे – = 10%, 15%, 5%, 10% = 15%, 5%, 10%, 10%,
= 5%, 10%, 10%, 15% = 10%, 10%, 15%, 5%
= 15%, 10%, 5%, 10% = 5%, 15%, 10%, 10%

अध्याय पर आधारित प्रश्नों के प्रकार

'बट्टा' अध्याय से विभिन्न प्रतियोगी परीक्षाओं में पूछे गये और आगामी परीक्षाओं में पूछे जा सकने वाले प्रश्नों को 8 प्रकारों में बांट सकते हैं।

1. अंकित मूल्य से विक्रय मूल्य ज्ञात करना
2. अंकित मूल्य से क्रय मूल्य ज्ञात करना
3. विक्रय मूल्य से अंकित मूल्य ज्ञात करना
4. मूल्य बढ़ाकर छूट देने के बाद प्रतिशत लाभ या हानि ज्ञात करना।
5. अंकित मूल्य क्रय मूल्य से कितने % अधिक होगा?
6. समतुल्य बट्टा पर आधारित प्रश्न
7. अपठनीय बट्टा पर आधारित प्रश्न
8. विविध प्रश्न

उदाहरणार्थ हल प्रश्न

1 अंकित मूल्य से विक्रय मूल्य निर्धारित करना

1. एक सामान का अंकित मूल्य ₹ 1000 है जो 10%, 5%, 20% के बट्टे पर उपलब्ध है। सामान का विक्रय मूल्य ज्ञात कीजिए।
2. 20%, 25%, 10% बट्टा श्रेणी पर अंकित मूल्य ₹ 1500 वाली वस्तु का विक्रय मूल्य ज्ञात कीजिए।
3. एक पुस्तक का अंकित मूल्य ₹ 100 है। 20%, 40% के बट्टा श्रेणी पर उसका विक्रय मूल्य ज्ञात कीजिए।
4. एक आलमारी का अंकित मूल्य ₹ 5000 है। 10%, 20%, 30% के बट्टे पर उसका विक्रय मूल्य ज्ञात कीजिए।

यदि किसी अंकित मूल्य पर कोई बट्टा श्रेणी 10%, 8%, 15% उपलब्ध हो तो वस्तु का विक्रय मूल्य = अंकित मूल्य $\times \frac{90}{100} \times \frac{92}{100} \times \frac{85}{100}$ *को हल करके विक्रय मूल्य प्राप्त किया जायेगा। देखें प्रश्नों के निम्नलिखित हल।*

हल

1. सामान का विक्रय मूल्य $= 1000 \times \frac{90}{100} \times \frac{95}{100} \times \frac{80}{100} = \frac{9 \times 95 \times 8}{10} =$ ₹ 684
2. वस्तु का विक्रय मूल्य $= 1500 \times \frac{80}{100} \times \frac{75}{100} \times \frac{90}{100} = \frac{15 \times 8 \times 75 \times 9}{100} =$ ₹810
3. पुस्तक का विक्रय मूल्य $= 100 \times \frac{80}{100} \times \frac{60}{100} = 8 \times 6 =$ ₹48
4. आलमारी का विक्रय मूल्य $= 5000 \times \frac{90}{100} \times \frac{80}{100} \times \frac{70}{100} = 5 \times 9 \times 8 \times 7 =$ ₹ 2520

2 अंकित मूल्य से क्रयमूल्य ज्ञात करना

1. किसी वस्तु का अंकित मूल्य ₹ 600 है, विक्रेता 20% का बट्टा देने के बाद भी 20% का लाभ प्राप्त करता है। वस्तु का क्रय मूल्य ज्ञात कीजिए।
2. एक मेज का सूची मूल्य ₹ 800 है। उसे 25% छूट पर बेचने पर भी 20% का लाभ होता है। मेज का क्रय मूल्य ज्ञात कीजिए।
3. एक पुस्तक विक्रेता 10% छूट पर पुस्तक बेचता है। यदि उसे 8% का लाभ होता है तो पुस्तक का क्रय मूल्य ज्ञात कीजिए। यदि अंकित मूल्य ₹ 120 है।
4. एक घड़ी का अंकित मूल्य ₹ 1600 है। वह 25% बट्टे पर बेची जाती है तो 20% का लाभ होता है। घड़ी का क्रय मूल्य ज्ञात कीजिए।

$$\text{क्रय मूल्य} = \frac{\text{अंकित मूल्य} \times (100 - \%\ \text{छूट})}{100 + \%\ \text{लाभ}}$$

हल

1. वस्तु का क्रय मूल्य $= \frac{600 \times 80}{120} =$ ₹ 400
2. मेज का क्रय मूल्य $= \frac{800 \times 75}{120} =$ ₹ 500
3. पुस्तक का क्रय मूल्य $= \frac{120 \times 90}{108} =$ ₹100
4. घड़ी का क्रय मूल्य $= \frac{1600 \times 75}{120} =$ ₹1000

3 विक्रय मूल्य से अंकित मूल्य ज्ञात करना

1. कोई वस्तु अंकित मूल्य पर 20% छूट देकर ₹ 24 में बेची गयी। वस्तु का अंकित मूल्य ज्ञात कीजिए।
2. वस्तु के अंकित मूल्य पर $2\frac{1}{2}$% का बट्टा दिया जाता है। एक व्यक्ति उसे ₹ 39 में खरीदा। वस्तु का अंकित मूल्य कितना है?
3. एक सूटकेस का विक्रय मूल्य ₹ 864 है, जो अंकित मूल्य पर 20%, 10% के क्रमिक छूट पर मिलता है। सूटकेस का अंकित मूल्य ज्ञात कीजिए।

यदि कोई वस्तु 40% छूट पर बेची जाती है तो वस्तु का विक्रय मूल्य = अंकित मूल्य $\times \frac{60}{100}$

अर्थात् अंकित मूल्य $= \frac{\text{विक्रय मूल्य} \times 100}{100 - \%\ \text{छूट}}$

हल

1. वस्तु का अंकित मूल्य $= \frac{24 \times 100}{80} =$ ₹ 30
2. वस्तु का अंकित मूल्य $= \frac{39 \times 100}{97.5} =$ ₹ 40
3. सूटकेस का अंकित मूल्य $\times \frac{80 \times 90}{100 \times 100} =$ ₹ 864
4. सूटकेस का अंकित मूल्य $= \frac{864 \times 100}{8 \times 9} =$ ₹1200

4 मूल्य बढ़ाकर छूट देने के बाद % लाभ या हानि ज्ञात करना

1. एक वस्तु का अंकित मूल्य उसके क्रय मूल्य से 20% बढ़ाकर रखा गया है। यदि उसे 25% की छूट पर बेचा जाय तो कितने % लाभ या हानि होगी?
2. एक साइकिल का सूची मूल्य उसके क्रय मूल्य से 10% अधिक है। वह 20% छूट पर बेची जाती है। इस प्रकार साइकिल पर कितने % लाभ या हानि होती है?
3. राम ने एक आलमारी का मूल्य उसके क्रय मूल्य से 30% बढ़ाकर अंकित किया। यदि वह 20% की छूट पर आलमारी को बेचे तो उसे कितने % का लाभ या हानि होगी?
4. यदि किसी सामान का अंकित मूल्य क्रय मूल्य से 40% अधिक हो और वह 25% की छूट पर बिके तो कितने % का लाभ या हानि होगी?

> *% लाभ या हानि = % अधिकता –%छूट –* $\frac{\text{\% अधिकता} \times \text{\% छूट}}{100}$
>
> *उपर्युक्त मान धनात्मक आने पर लाभ और ऋणात्मक आने पर हानि होगी।*

हल

1. % लाभ/हानि $= 20 - 25 - \frac{20 \times 25}{100} = 20 - 25 - 5 = -10 \Rightarrow 10\%$ हानि
2. % लाभ/हानि $= 10 - 20 - \frac{10 \times 20}{100} = 10 - 20 - 2 = -12 \Rightarrow 12\%$ हानि
3. % लाभ/हानि $= 30 - 20 - \frac{30 \times 20}{100} = 30 - 20 - 6 = 4 \Rightarrow 4\%$ लाभ
4. % लाभ/हानि $= 40 - 25 - \frac{40 \times 25}{100} = 40 - 25 - 10 = 5 \Rightarrow 5\%$ लाभ

5 अंकित मूल्य क्रय मूल्य से कितने % अधिक होगा

1. 20% की छूट देकर 12% का लाभ लेने के लिए अंकित मूल्य क्रय मूल्य से कितने % बढ़ाकर रखना होगा?
2. एक पुस्तक 18% की छूट देकर 23% के लाभ पर बेची गयी। उसका अंकित मूल्य क्रय मूल्य से कितने % अधिक है?
3. 25% की छूट देकर 20% का लाभ लेने के लिए अंकित मूल्य क्रय मूल्य से कितने % अधिक रखना होगा?
4. कोई वस्तु 35% की छूट देकर भी 17% लाभ पर बेची गयी। वस्तु का अंकित मूल्य क्रय मूल्य से कितने % अधिक है?

> *कुछ % छूट देकर, कुछ % लाभ लेना हो तो अंकित मूल्य क्रय मूल्य से कितने % बढ़ाकर रखना होगा*
>
> *इसके लिए* $\frac{\text{\% लाभ} + \text{\% छूट}}{100 - \text{\% छूट}} \times 100$ *को ज्ञात कीजिए –*

हल

1. क्रय मूल्य से अंकित मूल्य की अधिकता $= \left[\frac{12+20}{100-20} \times 100\right]\% = \left[\frac{32 \times 100}{80}\right]\% = 40\%$
2. क्रय मूल्य से अंकित मूल्य की अधिकता $= \left[\frac{23+18}{100-18} \times 100\right]\% = \left[\frac{41}{82} \times 100\right]\% = 50\%$
3. क्रय मूल्य से अंकित मूल्य की अधिकता $= \left[\frac{20+25}{100-25} \times 100\right]\% = \left[\frac{45}{75} \times 100\right]\% = 60\%$
4. क्रय मूल्य से अंकित मूल्य की अधिकता $= \left[\frac{17+35}{100-35} \times 100\right]\% = \left[\frac{52}{65} \times 100\right]\% = 80\%$

6 समतुल्य बट्टा पर आधारित प्रश्न

[A] निम्नलिखित बट्टों का समतुल्य बट्टा ज्ञात कीजिए।

1. 10%, 20% 3. 20%, 15% 5. 20%, 25%, 10%
2. 20%, 40% 4. 10%, 20%, 30%

> *यदि बट्टा श्रेणी 20%, 5%, 10% हो तो, समतुल्य बट्टा* $= 100 - 100 \times \frac{80}{100} \times \frac{95}{100} \times \frac{90}{100}$

हल

1. 10%, 20% का समतुल्य बट्टा $= 100 - 100 \times \frac{90}{100} \times \frac{80}{100} = 100 - 72 = 28\%$
2. 20%, 40% का समतुल्य बट्टा $= 100 - 100 \times \frac{80}{100} \times \frac{60}{100} = 100 - 48 = 52\%$
3. 20%, 15% का समतुल्य बट्टा $= 100 - 100 \times \frac{80}{100} \times \frac{85}{100} = 100 - 68 = 32\%$
4. 10%, 20%, 30% का समतुल्य बट्टा $= 100 - 100 \times \frac{90}{100} \times \frac{80}{100} \times \frac{70}{100} = 100 - 50.4 = 49.6\%$
5. 20%, 25%, 10% का समतुल्य बट्टा $= 100 - 100 \times \frac{80}{100} \times \frac{75}{100} \times \frac{90}{100} = 100 - 54 = 46\%$

[B] 1. निम्नलिखित बट्टा श्रेणियों में किसका समतुल्य बट्टा सबसे अधिक होगा?

(a) 20%, 5%, 10% (b) 5%, 10%, 20% (c) 10%, 20%, 5% (d) सभी समान हैं।

2. निम्नलिखित बट्टा श्रेणियों में किसका समतुल्य बट्टा सबसे बड़ा है?

(a) 10%, 5%, 15% (b) 5%, 10%, 15% (c) 15%, 10%, 5% (d) सभी समान हैं।

3. निम्नलिखित बट्टा श्रेणियों में कौन ग्राहक के लिए और कौन दुकानदार के लिए सर्वाधिक फायदेमन्द होगी?

(a) 20%, 5%, 10% (b) 15%, 15%, 5% (c) 10%, 10%, 15% (d) सभी समान हैं।

4. निम्नलिखित बट्टा श्रेणियों में कौन ग्राहक के लिए और कौन दुकानदार के लिए सर्वाधिक फायदेमन्द होगी?

(a) 15%, 5% (b) 12%, 8% (c) 6%, 14% (d) 10, 10%

> *(a) बट्टा श्रेणी के लिए क्रम की कोई बाध्यता नहीं होती। अर्थात बट्टा श्रेणी x%, y%, z% का समतुल्य बट्टा = y %, z %, x % का समतुल्य बट्टा = z %, x%, y% का समतुल्य बट्टा = z%, y%, x% का समतुल्य बट्टा*
>
> *(b) कई बट्टा श्रेणियों में जिसका समतुल्य बट्टा सर्वाधिक होगा वह ग्राहक के लिए सर्वाधिक फायदेमन्द होती है और जिसका समतुल्य बट्टा सबसे कम होता है वह दुकानदार के लिए सर्वाधिक फायदेमन्द होती है।*
>
> *(c) यदि बट्टा श्रेणी में दो-दो दरें दी गयी हों और उनका योग समान होता हो तो जिस श्रेणी के दरों में अन्तर सर्वाधिक होता है, वह बट्टा श्रेणी ग्राहक के लिए सर्वाधिक फायदेमन्द होती है और जिसका अन्तर सबसे कम होता है वह दुकानदार के लिए सर्वाधिक फायदेमन्द होती है।*

हल

1. तीनों बट्टा श्रेणियों की दरों का केवल क्रम बदला है अतः तीनों बट्टा श्रेणियों का समतुल्य बट्टा समान होगा। अर्थात्
20%, 5%, 10% = 5%, 10%, 20% = 10%, 20%, 5%
2. तीनों श्रेणियों का समतुल्य बट्टा समान है अर्थात् 10%, 5%, 15% = 5%, 10%, 15% = 15%, 10%, 5%
3. 20% 5%, 10% का समतुल्य बट्टा $= 100 - 100 \times \frac{80}{100} \times \frac{95}{100} \times \frac{90}{100} = 100 - 68.40 = 31.60\%$

15%, 15%, 5% का समतुल्य बट्टा $= 100 - 100 \times \frac{85}{100} \times \frac{85}{100} \times \frac{95}{100} = 100 - 68.64 = 31.36\%$

10%, 10%, 15% का समतुल्य बट्टा $= 100 - 100 \times \frac{90}{100} \times \frac{90}{100} \times \frac{85}{100} = 100 - 68.85 = 31.15\%$

स्पष्ट है कि पहले बट्टा श्रेणी का समतुल्य बट्टा सर्वाधिक और तीसरे बट्टा श्रेणी का समतुल्य बट्टा सबसे कम है अतः पहला बट्टा श्रेणी ग्राहक के लिए और तीसरा बट्टा श्रेणी दुकानदार के लिए फायदेमन्द है।

4. चूंकि चारों विकल्पों में से पहले विकल्प की दरों में अन्तर सबसे अधिक (10) है जबकि चौथे विकल्प की दरों में अन्तर सबसे कम है। अतः पहले विकल्प का समतुल्य बट्टा सबसे अधिक और चौथे विकल्प का समतुल्य बट्टा सबसे कम होगा। अतः पहला विकल्प ग्राहक के लिए और चौथा विकल्प दुकानदार के लिए फायदेमन्द होगा।

7 अपठनीय बट्टा पर आधारित प्रश्न

1. एक घड़ी का निर्धारित मूल्य ₹ 720 था। एक व्यक्ति ने दो बट्टों पर उसे ₹ 550.80 में खरीदा। यदि पहला बट्टा 10% और दूसरा बट्टा अपठनीय है तो दूसरा बट्टा ज्ञात कीजिए।
2. एक वस्तु का अंकित मूल्य ₹ 200 है। श्याम ने उसे 20% तथा x% के बट्टे पर ₹ 96 में खरीदा। x का मान ज्ञात कीजिए।

हल

1. माना अपठनीय बट्टा x% है। अतः $720 \times \frac{90}{100} \times \frac{(100-x)}{100} = 550.80$

$\therefore \quad 100 - x = \frac{550.80 \times 100}{72 \times 9} = \frac{55080}{72 \times 9} = 85$, अतः $x = 100 - 85 = 15\%$

2. $200 \times \frac{80}{100} \times \frac{(100-x)}{100} = 96$, अतः $100 - x = \frac{96 \times 10}{2 \times 8} = 60$, अतः $x = 100 - 60 = 40\%$

8 विविध प्रश्न

[A] छूट देकर लाभ लेने के लिए अंकित मूल्य निर्धारित करना

1. एक पुस्तक विक्रेता ₹ 95 में पुस्तक खरीदता है। 5% की छूट देकर 10% लाभ लेने के लिए वह पुस्तक पर कितना मूल्य अंकित करेगा?
2. एक दुकानदार ₹ 460 में एक सामान खरीदा। वह 8% छूट देकर 12% लाभ लेने के लिए सामान का अंकित मूल्य कितना रखेगा?
3. एक फर्नीचर ₹ 1740 की लागत पर तैयार हुआ। 15% लाभ लेने के लिए 13% छूट पर फर्नीचर का अंकित मूल्य कितना होगा?
4. उस सोफासेट का अंकित मूल्य कितना होगा जिसकी लागत ₹ 3320 है और उस पर 17% का छूट देते हुए 21% का लाभ लिया जाता है?

> *अंकित मूल्य पर कुछ % छूट देकर कुछ % लाभ लेने के लिए अंकित मूल्य* $= \frac{\text{क्रय मूल्य} \times (100 + \%\ \text{लाभ})}{100 - \%\ \text{छूट}}$

हल

1. पुस्तक का अंकित मूल्य $= 95 \times \frac{(100+10)}{(100-5)} = 95 \times \frac{110}{95} =$ ₹ 110
2. सामान का अंकित मूल्य $= 460 \times \frac{(100+12)}{(100-8)} = 460 \times \frac{112}{92} =$ ₹ 560
3. फर्नीचर का अंकित मूल्य $= 1740 \times \frac{(100+15)}{(100-13)} = 1740 \times \frac{115}{87} =$ ₹ 2300
4. सोफासेट का अंकित मूल्य $= 3320 \times \frac{(100+21)}{(100-17)} = 3320 \times \frac{121}{83} =$ ₹ 4840

[B] जब कुछ वस्तुएं मुफ्त में मिलें

1. एक दुकानदार 6 खिलौने खरीदने पर 2 खिलौने मुफ्त में देता है। बताइये ग्राहक को कितने % छूट प्राप्त होती है?
2. संगीता जब 12 चूड़ियां खरीदती है तो उसे 3 चूड़ियां मुफ्त में मिलती हैं। उसे कितने % की छूट मिलती है?

> *जब कुछ वस्तुओं को खरीदने पर कुछ वस्तुएं मुफ्त में मिलें तो, % छूट* $= \frac{\text{मुफ्त की वस्तुओं की संख्या} \times 100}{\text{कुल वस्तुओं की संख्या}}$

1. ग्राहक को प्राप्त % छूट $= \frac{2 \times 100}{(6+2)} = \frac{2 \times 100}{8} = 25\%$ 2. संगीता को प्राप्त % छूट $= \frac{3 \times 100}{(12+3)} = \frac{3 \times 100}{15} = 20\%$

[C] 1. एक दुकानदार ₹ 800 निर्धारित मूल्य वाली कुर्सी 10%, 15% के क्रमिक बट्टे पर खरीदता है और उसके ढुलाई आदि पर ₹ 28 व्यय करता है। उसे वह ₹ 800 में बेचा हो तो कितने % लाभ प्राप्त किया?

2. एक फर्नीचर की कीमत ₹ 3000 है। इस पर 20% का बट्टा काटकर उसके मूल्य में 10% की वृद्धि कर दी जाती है। अब फर्नीचर का नया मूल्य कितना हो जायेगा?

3. ₹ 1000 अंकित मूल्य वाली वस्तु 10%, 10%, 30% या 20%, 20%, 10% पर उपलब्ध है। लाभदायक बट्टा पर वस्तु खरीदने पर कितने रुपये की बचत होगी।

4. ₹ 800 पर 40% छूट तथा इसी मूल्य पर 36%, 4% के क्रमागत छूट का अन्तर कितने रुपये होगा?

हल

1. 10%, 15% के बट्टे पर मूल्य $= 800 \times \frac{90}{100} \times \frac{85}{100} =$ ₹ 612

$\therefore$ कुर्सी का वास्तविक क्रयमूल्य $= 612 + 28 =$ ₹ 640

₹ 800 में बेचने पर कुल लाभ $= 800 - 640 =$ ₹ 160, अतः % लाभ $= \frac{\text{कुल लाभ} \times 100}{\text{क्रय मूल्य}} = \frac{160 \times 100}{640} = 25\%$

2. 20% के बट्टा पर मूल्य $= 3000 \times \frac{80}{100} = 2400$, अतः 10% बढ़ाने पर नया मूल्य $= 2400 \times \frac{110}{100} = 2640$

3. $1000 \times \frac{90}{100} \times \frac{90}{100} \times \frac{70}{100} = 567$ और $1000 \times \frac{80}{100} \times \frac{80}{100} \times \frac{90}{100} = 576$, अतः बचत $= 576 - 567 =$ ₹ 9

4. ₹ 800 पर 40% की छूट $= 800 \times \frac{40}{100} =$ ₹ 320 और 36%, 4% का समतुल्य बट्टा

$$= 100 - 100 \times \frac{64}{100} \times \frac{96}{100} = 38.56\%$$

$\therefore$ ₹ 800 पर छूट $= 800 \times \frac{38.56}{100} =$ ₹ 308.48, अतः अभीष्ट अन्तर $= 320 - 308.48 =$ ₹ 11.52

अभ्यास प्रश्न

अंकित मूल्य और विक्रय मूल्य से बट्टे की दर ज्ञात करना

1. एक वस्तु का अंकित मूल्य ₹3600 है तथा विक्रय मूल्य ₹3132 है। छूट प्रतिशत क्या है?
(a) 12% (b) 13% (c) 17.21% (d) 14.94% ***SSC : CHSL (Tier-1) 7.3.2018***

2. यदि एक दुकानदार ₹2275 में एक वस्तु बेचता है, जो ₹3250 के रूप में अंकित है तो वह कितने छूट की पेशकश कर रहा है?
(a) 30% (b) 20% (c) 25% (d) 37.5% ***SSC : CHSL (Tier-1) 3.2.2017***

3. यदि एक दुकानदार ₹1000 में एक वस्तु बेचता है, जो ₹1250 के रूप में चिन्हित है वह कितने छूट की पेशकश कर रहा है?
(a) 25 प्रतिशत (b) 33.3 प्रतिशत (c) 250 प्रतिशत (d) 20 प्रतिशत ***SSC : CHSL (Tier-1) 7.2.2017***

4. एक कमीज पर दी जा रही छूट की दर क्या होगी जिसका विक्रय मूल्य उसके अंकित मूल्य पर ₹109 की छूट काटने के बाद ₹576 हो?
(a) 14% (b) 16% (c) 250% (d) 20% ***SSC : CGL (Tier-1) 6.9.2016***

5. एक वस्तु जिसमें अंकित मूल्य ₹2400 है, को ₹1872 में बेचा जाता है। छूट का प्रतिशत क्या है?
(a) 21 (b) 22 (c) 24 (d) 26 ***SSC CPO (5.7.2017)***

6. अंकित मूल्य का $\frac{3}{4}$ विक्रय मूल्य के 5/6 के बराबर है। छूट प्रतिशत क्या है?
(a) 12.5 (b) 10 (c) 15 (d) 11.11 ***SSC CPO 5.7.2017***

7. किसी वस्तु के अंकित मूल्य तथा विक्रय मूल्य का अनुपात 12 : 7 है। छूट प्रतिशत कितना है?
(a) 41.67 (b) 37.5 (c) 39.33 (d) 42.33

अंकित मूल्य से विक्रय मूल्य ज्ञात करना

8. महेश ₹300 की एक घड़ी खरीदता है तथा उसे बेच देता है। महेश ग्राहक को 15% तथा 6% की दो क्रमिक छूट देता है। घड़ी का विक्रय मूल्य (₹ में) क्या होगा?
(a) 213.4 (b) 242.3 (c) 239.7 (d) 247.4 ***SSC : CHSL (Tier-1) 6.3.2018***

9. 10% की छूट देने पर एक टोस्टर की बिक्री कीमत ₹18000 है। यदि छूट 37.5% दी जाती है, तो उसका बिक्री मूल्य क्या होगा?
(a) ₹7812.5 (b) ₹12500 (c) ₹8593.75 (d) ₹15468.75 ***SSC : CHSL (Tier-1) 8.2.2017***

10. एक घड़ी का मूल्य ₹230 है। वह 12% की छूट पर बेची जाती है, तो घड़ी का बिक्री मूल्य कितना होगा?
(a) ₹27.6 (b) ₹276 (c) ₹202.4 (d) ₹257.6 ***SSC : CGL (Tier-1) 2.9.2016***

11. एक कुर्सी की कीमत ₹500 है। इसे 10% की दो क्रमागत छूटों पर बेचा गया। उसका विक्रय मूल्य क्या है?
(a) ₹400 (b) ₹405 (c) ₹415 (d) ₹425 ***SSC : CGL (Tier-1) 1.9.2016***

12. एक होम थियेटर सेट ₹4950 का है। यदि उस पर 20% और 15% की दो क्रमिक छूट दी जाए तो उसका विक्रय मूल्य क्या होगा?
(a) ₹3366 (b) ₹6633 (c) ₹3636 (d) ₹6363 ***SSC : CGL (Tier-1) 27.8.2016***

13. एक पुस्तक विक्रेता ने बेची गई पुस्तकों पर 15% की छूट दी। सुनील ने ₹1500 की पुस्तकें खरीदी। पुस्तक विक्रेता को कितनी राशि का भुगतान करना होगा?
(a) ₹1200 (b) ₹1250 (c) ₹1275 (d) ₹ 1300 ***SSC : CGL (Tier-1) 3.9.2016***

14. एक वस्तु का अंकित मूल्य ₹900 है। यह 20% और 10% के दो क्रमागत छूटों के साथ मिलती है। वस्तु का विक्रय मूल्य कितना है?
(a) ₹640 (b) ₹648 (c) ₹540 (d) ₹548 ***SSC : CGL (Tier-1) 28.8.2016***

15. किसी टीवी सेट की मूल कीमत ₹6000 है। यदि उस कीमत पर 20% की छूट दिया जाए और फिर सेवा-संविदा के रूप में 10% राशि बढ़ा दी जाए तो दुकानदार उस टीवी की कीमत क्या लेगा?
(a) ₹5400 (b) ₹5280 (c) ₹5100 (d) ₹4200 ***SSC : CGL (Tier-1) 9.9.2016***

16. रोहित ₹450 की एक गेंद खरीदता है तथा उसे बेच देता है। रोहित ग्राहक को 20% तथा 5% की दो क्रमिक छूट देता है। गेंद का विक्रय मूल्य (₹ में) क्या होगा?
(a) 342 (b) 354 (c) 334 (d) 362 ***SSC : CHSL (Tier-1) 7.3.2018***

17. राजेश ₹900 की एक मेज खरीदता है तथा उसे बेच देता है। राजेश ग्राहक को 10% तथा 20% की दो क्रमिक छूट देता है। मेज का विक्रय मूल्य (₹ में) क्या होगा?
(a) 568 (b) 648 (c) 728 (d) 668 ***SSC : CHSL (Tier-1) 6.3.2018***

18. एक पंखे को 37.5% की छूट पर बेचा गया है। यदि पंखे का अंकित मूल्य ₹7200 है, तो पंखे का विक्रय मूल्य (₹ में) क्या है?
(a) 4500 (b) 4350 (c) 5240 (d) 5120 ***SSC : CHSL (Tier-1) 14.3.2018***

19. एक व्यक्ति अपने भोजन के 1250 के बिल पर 30% और फिर 20% की छूट प्राप्त करता है। उसे कितना भुगतान करना पड़ेगा?
(a) 700 (b) 500 (c) 550 (d) 350 ***SSC CHSL T\(Tier-1) 3.7.2019***

20. किसी वस्तु का अंकित मूल्य ₹2500 है। उसे क्रमशः 12% तथा 10% की दो क्रमिक छूटों पर बेचा जाता है। विक्रय मूल्य कितना है?
(a) ₹1870 (b) ₹2090 (c) ₹1760 (d) ₹1980 ***SSC CHSL (Tier-1) 21.8.2019***

21. एक फर्नीचर दुकानदार अपने ग्राहकों को सामान के अंकित मूल्य पर 16% की छूट देता है और फिर भी उसे 20% लाभ मिलता है। उस डाइनिंग टेबल का अंकित मूल्य क्या है, जिसका क्रय मूल्य ₹11,900 है।
(a) ₹15,000 (b) ₹12,376 (c) ₹16,000 (d) ₹17,000 ***SSC CGL (Tier-1) 5.3.2020***

22. एक दुकानदार वस्तुओं का मूल्य इस तरह अंकित करता है कि अंकित मूल्य पर 28% की छूट देने पर उसे 12% का लाभ हो। यदि अंकित मूल्य ₹224 है तो वस्तु का क्रय मूल्य ज्ञात कीजिए।
(a) ₹144 (b) ₹168 (c) ₹196 (d) ₹120 ***SSC CGL (Tier-1) 3.3.2020***

23. कोई दुकानदार एक वस्तु की कीमत को इस तरह से अंकित करता है कि 22% की छूट देने के बाद, उसे 11% का लाभ मिलता है। यदि अंकित मूल्य ₹888 है, तो उस वस्तु का क्रय मूल्य ज्ञात कीजिए।
(a) ₹550 (b) ₹895 (c) ₹624 (d) ₹782 *SSC CGL (Tier-1) 6.3.2020*

24. यदि किसी वस्तु का विक्रय मूल्य उसके क्रय मूल्य से 8% अधिक है और प्रस्तावित छूट उस वस्तु के अंकित मूल्य की 10% है, तो उसके क्रय मूल्य का उसके अंकित मूल्य से क्या अनुपात है?
(a) 5 : 6 (b) 8 : 9 (c) 4 : 5 (d) 3 : 4 *SSC CGL (Tier-1) 4.3.2020*

25. एक पुस्तक के अंकित मूल्य पर 30% की छूट मिलने से अरुण को ₹60 मूल्य का एक पेन मुफ्त मिलता है। पुस्तक के लिए अरुण ने कितना भुगतान किया?
(a) ₹140 (b) ₹130 (c) ₹160 (d) ₹150 *SSC CHSL (Tier-1) 21.10.2020*

अंकित मूल्य से क्रय मूल्य ज्ञात करना

26. एक दुकान में, एक घड़ी पर ₹825 कीमत की पर्ची लगी थी। विक्रेता ने अंकित कीमत पर 20% की छूट दे दी। यदि बिक्री पर उसे 10% लाभ हुआ, तो क्रय मूल्य (₹ में) क्या है?
(a) ₹500 (b) ₹600 (c) ₹400 (d) ₹660 *(SSC, 10+2, 21.10.2012)*

27. एक दुकानदार किसी वस्तु के अंकित मूल्य पर 10% छूट देने के बाद भी 20% लाभ कमाता है। यदि अंकित मूल्य ₹500 है, तो उस वस्तु का क्रय मूल्य है–
(a) ₹350 (b) ₹375 (c) ₹425 (d) ₹475 *(SSC, FCI, 5.2.2012)*

28. एक ऑटो व्यापारी, जो कार के अंकित मूल्य पर 12% छूट देता है, 10% लाभ अर्जित करता है। यदि सूची मूल्य ₹126000 हो, तो क्रय मूल्य क्या है?
(a) ₹1028000 (b) ₹103800 (c) ₹100800 (d) ₹101800 *(SSC, Delhi-SI, 19.8.2012)*

29. एक वस्तु का निर्धारित मूल्य ₹275 है। एक दुकानदार उस पर 5% छूट देता है और 4.5% लाभ कमाता है। तद्नुसार उस वस्तु का वास्तविक कीमत कितनी है?
(a) ₹250 (b) ₹225 (c) ₹215 (d) ₹210 *(SSC, Tier-1, 19.6.2011)*

30. एक साड़ी के अंकित मूल्य पर 20% का एक बट्टा देने के उपरांत एक व्यापारी को 12% का लाभ होता है। यदि उसका अंकित मूल्य ₹840 है तो साड़ी का क्रय मूल्य कितना है?
(a) ₹738 (b) ₹720 (c) ₹672 (d) ₹600 *(SSC, TA, 30.1.2011)*

31. ₹850 लागत वाली एक वस्तु पर क्रमानुसार 5% तथा 10% की छूट दी जाती है। तदनुसार उस वस्तु की वर्तमान लागत (₹ में) क्या होगी?
(a) 725 (b) 726.75 (c) 700 (d) 650 *(SSC, FCI, 5.2.2011)*

32. एक व्यापारी, अपने अंकित मूल्य पर 10% छूट देकर 25% लाभ प्राप्त कर लेता है। तद्नुसार, यदि वस्तु का अंकित मूल्य ₹50 हो, तो उसका लागत मूल्य कितना होगा?
(a) ₹25 (b) ₹55 (c) ₹36 (d) ₹45 *(SSC, 10+2, 4.11.2011)*

33. एक व्यापारी अपने सभी सामान पर 8% की छूट देता है और फिर भी 15% का लाभ कमाता है। यदि एक वस्तु पर ₹250 अंकित है, तो उसका लागत मूल्य क्या होगा?
(a) ₹180 (b) ₹200 (c) ₹230 (d) ₹187 *(SSC, 16.11.2014)*

34. एक व्यापारी अपने माल पर मूल्य इस प्रकार से अंकित करता है कि इस मूल्य पर 15% बट्टा देने के बाद भी , उसे 27.5% का लाभ प्राप्त होता है। यदि माल का क्रय मूल्य ₹200 है तो उसका अंकित मूल्य है–
(a) ₹350 (b) ₹300 (c) ₹250 (d) ₹400 *SSC CHSL (Tier-1) 20.10.2020*

विक्रय मूल्य से अंकित मूल्य ज्ञात करना

35. किसी व्यक्ति ने एक घड़ी 10% की छूट पर खरीदी। यदि वह उसे 20% की छूट पर खरीदता है तो उसे घड़ी ₹125 कम में मिलती। घड़ी का अंकित मूल्य बताइये।
(a) ₹2500 (b) ₹1250 (c) ₹3750 (d) ₹1000 *SSC : CGL (Tier-1) 30.3.2016*

36. एक वस्तु अंकित मूल्य पर 5% की छूट देकर ₹950 की है। वस्तु का अंकित मूल्य क्या है?
(a) ₹960 (b) ₹1000 (c) ₹955 (d) ₹945 ***SSC : CGL (Tier-1) 28.8.2016***

37. किसी कमीज का मूल्य 15% की छूट देने के बाद ₹119 है। छूट के पहले कमीज का अंकित मूल्य क्या था?
(a) ₹129 (b) ₹140 (c) ₹150 (d) ₹160 ***SSC : CGL (Tier-1) 29.8.2016***

38. एक व्यक्ति ने मुद्रित मूल्य पर 16 2/3% की छूट देने के बाद कोई वस्तु ₹450 में बेची। मुद्रित मूल्य कितना है?
(a) ₹525 (b) ₹530 (c) ₹535 (d) ₹540 ***SSC : CGL (Tier-1) 28.8.2016***

39. एक वस्तु का विक्रय मूल्य ₹494 है तथा 5% की छूट दी गयी है। अंकित मूल्य (₹ में) क्या है?
(a) 524.5 (b) 587 (c) 520 (d) 540 ***SSC : CHSL (Tier-1) 10.3.2018***

40. एक वस्तु का विक्रय मूल्य ₹2397 है तथा 15% की छूट दी गयी है। अंकित मूल्य (₹ में) क्या है?
(a) ₹2756.5 (b) ₹2856.6 (c) ₹2740 (d) ₹2820 ***SSC : CHSL (Tier-1) 12.3.2018***

41. एक दुकानदार अपनी वस्तुओं के अंकित मूल्य पर 20% की छूट देता है। जिस वस्तु के लिए वह ₹740 वसूलता है, उस वस्तु का अंकित मूल्य ज्ञात कीजिये?
(a) ₹825 (b) ₹875 (c) ₹925 (d) ₹1040 ***SSC : CGL (Tier-1) 3.9.2016***

42. एक विक्रेता ने ₹900 में एक वस्तु खरीदी और सूची मूल्य इस प्रकार निर्धारित किया कि 10% छूट देने के बाद उसे 20% का लाभ हो, तो सूची मूल्य क्या है?
(a) ₹1180 (b) ₹1080 (c) ₹1200 (d) ₹1100 ***SSC : CGL (Tier-1) 10.9.2016***

43. यदि 16% की छूट मिलने के बाद बिक्री मूल्य ₹1680 है, तो उसकी चिन्हित कीमत क्या थी?
(a) ₹2000 (b) ₹1948 (c) ₹1411.2 (d) ₹1448 ***SSC : CHSL (Tier-1) 21.1.2017***

44. यदि 9% की छूट मिलने के बाद बिक्री मूल्य ₹728 है, तो उसकी चिन्हित कीमत क्या थी?
(a) ₹793.52 (b) ₹800 (c) ₹662.48 (d) ₹667 ***SSC : CHSL (Tier-1) 16.1.2017***

45. यदि किसी बिजली के बिल में 25% छूट दी जाती है, तो अभी भी ₹1788 का भुगतान होना बाकी रह जाता है। प्रारम्भ में बिल कितना था?
(a) ₹1430 (b) ₹2420 (c) ₹1466 (d) ₹2384 ***SSC : CHSL (Tier-1) 24.1.2018***

46. 15% की छूट के बाद एक वस्तु को ₹4080 में बेचा जाता है। वस्तु का अंकित मूल्य (₹ में) क्या है?
(a) ₹4600 (b) ₹4800 (c) ₹4950 (d) ₹5150 ***SSC CPO 5.7.2017***

47. 22% की छूट के बाद एक वस्तु को ₹6552 में बेचा जाता है। वस्तु का अंकित मूल्य (₹ में) क्या है?
(a) ₹8450 (b) ₹8425 (c) ₹8400 (d) ₹8750 ***SSC CPO 1.7.2017***

48. किसी वस्तु को 20% और 12% के क्रमिक छूट पर ₹528 में बेचा जाता है। वस्तु का अंकित मूल्य क्या है?
(a) ₹740 (b) ₹750 (c) ₹760 (d) ₹780 ***SSC CGL (Tier-1) 10.6.2019***

49. बेगो पर 29% की छूट थी। एक महिला ने एक बैग खरीदा और उसे नकद भुगतान करने पर 12% की छूट मिली। उसने ₹312.40 का भुगतान किया। बैग पर टैग की गई कीमत क्या है?
(a) ₹450 (b) ₹625 (c) ₹500 (d) ₹600 ***SSC CHSL (Tier-1) 4.7.2019***

50. किसी वस्तु को 15% और 10% के क्रमिक छट पर ₹657.90 पर बेचा जाता है, वस्तु का अंकित मूल्य क्या है?
(a) ₹880 (b) ₹900 (c) ₹860 (d) ₹920 ***SSC CGL (Tier-1) 11.6.2019***

51. एक वस्तु को 20% और 25% की क्रमिक छूट के बाद ₹288 में बेचा जाता है। उस वस्तु का अंकित मूल्य क्या है?
(a) ₹480 (b) ₹460 (c) ₹520 (d) ₹500 ***SSC CXGL (Tier-1) 13.6.2019***

52. किसी वस्तु को 10% और 20% को दो क्रमिक छूटों पर बेचा जाता है। यदि विक्रय मूल्य ₹1080 है, तो अंकित मूल्य कितना है?
(a) ₹1500 (b) ₹1600 (c) ₹1400 (d) ₹1300 ***SSC MTS 5.8.2019***

53. किसी वस्तु को 15% और 10% के क्रमिक छूट के बाद ₹642.60 में बेचा जाता है। वस्तु का अंकित मूल्य क्या है?
(a) ₹800 (b) ₹820 (c) ₹840 (d) ₹880 ***SSC CGL (Tier-1) 10.6.2019***

54. एक वस्तु 25% और 15% की दो क्रमिक छूट के बाद ₹535.5. में बेची जाती है। वस्तु का अंकित मूल्य क्या है?
(a) ₹820 (b) ₹840 (c) ₹800 (d) ₹830 ***SSC CGL (Tier-1) 11.6.2019***

55. एक वस्तु को 25% और 15% की क्रमिक छूट के बाद ₹612 में बेचा जाता है। उस वस्तु का अंकित मूल्य क्या है?
(a) ₹960 (b) ₹940 (c) ₹980 (d) ₹1000 ***SSC CGL (Tier-1) 12.6.2019***

56. एक वस्तु को 30% और 15% की क्रमिक छूट के बाद ₹547.40 में बेचा जाता है। उस वस्तु का अंकित मूल्य क्या है?
(a) ₹920 (b) ₹940 (c) ₹960 (d) ₹900 ***SSC CGL (Tier-1) 12.6.2019***

57. एक व्यक्ति अपने बल्ले को उसके अंकित मूल्य पर 8% की छूट पर बेचना चाहता था। उसका भाई, जो क्रिकेटर है, उसके अंकित मूल्य पर बल्ले को खरीदना चाहता था, इसलिए व्यक्ति उस बल्ले को 10% की छूट पर बेच देता है। इस सौदे में व्यक्ति के लाभ में ₹70 की कमी हो जाता है। बल्ले का अंकित मूल्य क्या था?
(a) ₹3,000 (b) ₹3,500 (c) ₹2,500 (d) ₹3,200 ***SSC CGL (Tier-1) 9.3.2020***

मूल्य बढ़ाकर छूट देने के बाद प्रतिशत लाभ या हानि ज्ञात करना

58. एक दुकानदार अपनी मेज के मूल्य को क्रय मूल्य से 30% अधिक अंकित करता है। वह अपने ग्राहकों को अंकित मूल्य पर 12% की छूट देता है। लाभ प्रतिशत क्या है?
(a) 14.4 (b) 18 (c) 16.66 (d) 12.5 ***SSC : CHSL (Tier-1) 12.3.2018***

59. एक विक्रेता अपने सामान का लागत मूल्य से 20% अधिक मूल्य अंकित करता है। उस पर वह कुछ छूट देता है और 8% का लाभ कमाता है। छूट की दर क्या है?
(a) 4% (b) 6% (c) 10% (d) 12% ***SSC : CGL (Tier-1) 7.9.2016***

60. एक मेज का अंकित मूल्य, उसके क्रय मूल्य से 50% अधिक है। दूकानदार द्वारा अपनी मेज को न किसी लाभ या न किसी हानि पर बेचने के लिए, कितने प्रतिशत की छूट दी जानी चाहिए?
(a) 66.66 (b) 33.33 (c) 40 (d) 25 ***SSC : CHSL (Tier-1) 23.3.2018***

61. एक दुकानदार क्रय मूल्य में 40% से अधिक पर अपने माल को अंकित करता है और अंकित मूल्य पर 25% की छूट देता है। उसका लाभ या हानि प्रतिशत है?
(a) 15% लाभ (b) 5% हानि (c) 10% हानि (d) 5% लाभ ***SSC CGL (Tier-1) 6.6.2019***

62. एक डीलर अपनी सूची कीमत पर 20% की छूट पर एक वस्तु खरीदता है और इसे सूची कीमत से 25% अधिक पर अंकित करना है। यदि वह नई सूची कीमत पर 20% की छूट देता है, तो उसका लाभ प्रतिशत है–
(a) 24 (b) 20 (c) 25 (d) 27 ***SSC CGL (Tier-1) 7.6.2019***

63. किसी वस्तु का अंकित मूल्य उसके क्रय मूल्य से 25% अधिक है। एक दुकानदार अंकित मूल्य पर x% की छूट देकर इसे बेचता है। यदि वह 8% की हानि उठाता है, तो x का मान ज्ञात कीजिए।
(a) 25.2% (b) 25.6% (c) 26.4% (d) 26.8% ***SSC CGL (Tier-1) 5.3.2020***

64. एक डीलर किसी वस्तु का मूल्य, क्रय मूल्य से 40% ज्यादा अंकित करता है और उसे अंकित मूल्य पर 20% और 25% की दो क्रमिक छूट के साथ एक ग्राहक को बेच देता है। यदि उसे ₹140 की हानि होती है, तो उस वस्तु का क्रय मूल्य (₹ में) बताइए।
(a) ₹872 (b) ₹875 (c) ₹840 (d) ₹900 ***SSC CGL (Tier-1) 3.3.2020***

65. एक सेल-फोन का मूल्य उसके क्रय मूल्य से 20% अधिक अंकित किया गया और उसके अंकित मूल्य पर 10% की छूट दी गयी। लाभ प्रतिशत क्या होगा?
(a) 8% (b) 9% (c) 10% (d) 11% ***SSC CGL (Tier-1) 9.3.2020***

66. एक व्यक्ति ने अपनी किसी वस्तु पर इस प्रकार मूल्य अंकित किया जिसमें उसे 40% का लाभ हो। लेकिन उसने एक सेल (Sale) की घोषणा की और उस वस्तु के अंकित मूल्य पर 20% की छूट दी। इस पूरे लेन-देन की प्रक्रिया में व्यक्ति को होने वाला लाभ प्रतिशत क्या है?
(a) 12% (b) 20% (c) 32% (d) 30% ***SSC CGL (Tier-1) 9.3.2020***

67. एक व्यापारी अपने माल को लागत मूल्यसे 25% अधिक अंकित करता है। यदि वह अपने ग्राहकों को 10% छूट देता है तो उसे कितने प्रतिशत लाभ होता है?
(a) 7.5% (b) 8.5% (c) 10.5% (d) 12.5% ***(SSC, MTS, 16.2.2014)***

68. एक रेडियो निर्माता रेडियो की निर्माण लागत से 30% अधिक वसूलने के लिए रेडियो पर ₹286 की कीमत का लेबल लगाता है। परन्तु उसे बेचते समय, वह लेबल कीमत पर 10% की छूट देता है। उसे कितने प्रतिशत अभिलाभ होगा?
(a) 12% (b) 15% (c) 17% (d) 20% ***(SSC, 26.10.2014)***

69. एक व्यापारी अपने माल को लागत मूल्य से 25% अधिक अंकित करता है। यदि वह अपने ग्राहकों को 10% छूट देता है तो उसे कितने प्रतिशत लाभ होता है?
(a) 7.5% (b) 8.5% (c) 10.5% (d) 12.5% ***(SSC, MTS, 16.2.2014)***

70. किसी वस्तु की अंकित कीमत उसकी लागत कीमत से 10% अधिक है। अंकित कीमत पर 10% की छूट दी जाती है। इस प्रकार की बिक्री से विक्रेता को क्या होता है?
(a) न हानि, न लाभ (b) 5% हानि (c) 1% लाभ (d) 1% हानि ***(SSC, 2.11.2014)***

71. यदि एक विक्रेता अपने माल का अंकित मूल्य क्रय मूल्य से 20% अधिक रखता है और 20% की छूट देता है, तो उसका प्रतिशत लाभ या हानि ज्ञात कीजिए।
(a) 6% लाभ (b) 4% हानि (c) 6% हानि (d) 4% लाभ ***RRB NTPC (Tier-1) 1.2.2021***

72. टी.वी. सेट का मूल्य 30% घटाने पर उसकी बिक्री 20% बढ़ गयी। दुकानदार की आय पर उसका क्या प्रभाव पड़ा?
(a) 10% बढ़ी (b) 10% घटी (c) 16% बढ़ी (d) 16% घटी ***PET : 24.8.2021***

अंकित मूल्य क्रय मूल्य से कितने प्रतिशत अधिक होगा

73. रोहित एक बेल्ट पर 45% छूट देने के पश्चात् 21% लाभ कमाना चाहता है। उसे अपनी वस्तु के मूल्य को क्रय मूल्य से कितने प्रतिशत अधिक अंकित करना चाहिए?
(a) 75.45 (b) 120 (c) 66 (d) 102.5 ***SSC : CHSL (Tier-1) 10.3.2018***

74. बिक्री के लिए किसी वस्तु के मूल्य को उसके लागत मूल्य से कितना अधिक अंकित किया जाना चाहिए ताकि उस पर 20% और 6.25% के दो क्रमिक छूट देने के बाद भी लागत मूल्य पर 20% का लाभ प्राप्त हो सके?
(a) 46 ¼% (b) 66 2/3% (c) 50% (d) 60% ***SSC CGL (Tier-1) 7.6.2019***

75. एक व्यापारी किसी वस्तु के अंकित मूल्य पर 18% की छूट देता है। 6.6% का लाभ प्राप्त करने के लिए उसे इस पर क्रय मूल्य से कितना प्रतिशत अधिक मूल्य अंकित करना चाहिए?
(a) 24 (b) 30 (c) 25 (d) 28 ***SSC CGL (Tier-1) 4.3.2020***

76. एक दुकानदार अंकित मूल्य पर एक 10% की कटौती देने के बाद भी 8% का लाभ अर्जित करता है। उसका अंकित मूल्य उसके क्रय मूल्य से कितना प्रतिशत अधिक है?
(a) 8 (b) 18 (c) 20 (d) 24 ***(SSC, 10+2, 28.10.2012)***

77. एक दुकानदार को अपनी चीजों की लागत से कितने प्रतिशत ज्यादा अंकित मूल्य रखने चाहिए, ताकि वह उन पर 12% छूट देकर भी, 32% लाभ प्राप्त कर सके?
(a) 50% (b) 40% (c) 60% (d) 45% ***(SSC, FCI, 11.11.2012)***

78. एक व्यापारी अंकित मूल्य पर 10% छूट देता है। 17% लाभ कमाने के लिए वह अपनी वस्तुओं पर क्रय मूल्य से कितना अधिक अंकित करे?
(a) 30% (b) 20% (c) 27% (d) 18% ***(SSC, Tier-1, 8.7.2012)***

79. किसी वस्तु को 10% छूट देकर 8% लाभ पर बेचने के लिए, अंकित मूल्य में लागत मूल्य की कितनी वृद्धि करनी होगी?
(a) 9% (b) 11% (c) 18% (d) 20% ***(SSC, 10+2, 28.10.2012)***

80. किसी वस्तु पर 16% छूट देने पर भी 5% का लाभ प्राप्त हो जाता है। तदनुसार उस वस्तु का अंकित मूल्य उसके लागत मूल्य से कितने प्रतिशत ज्यादा है?
(a) 15% (b) 18% (c) 21% (d) 25% ***(SSC, CAPF-SI, 28.8.2011)***

81. एक दुकानदार अपनी चीजों के बिक्री मूल्य को इस प्रकार अंकित करता है कि उन पर 10% की छूट देकर, 17% लाभ ले सके। तदनुसार, उन चीजों का अंकित मूल्य, उनके लागत मूल्य से कितने प्रतिशत अधिक है?
(a) 36% (b) 27% (c) 30% (d) 40% ***(SSC, CAPF-SI, 23.6.2013)***

82. एक व्यापारी अंकित मूल्य पर 10% की छूट देता है। उसे 17% का लाभ कमाने के लिए अपने सामान के लागत मूल्य से कितने प्रतिशत अधिक मूल्य अंकित करना होगा?
(a) 30% (b) 20% (c) 27% (d)18% ***(SSC, 26.10.2014)***

83. बिग मार्ट कार्ड से भुगतान करने पर 5% की छूट देता है। किसी वस्तु पर 10% का लाभ प्राप्त करने के लिए अंकित मूल्य क्रय मूल्य से कितने प्रतिशत अधिक होना चाहिए?
(a) $15\frac{5}{19}\%$ (b) $14\frac{16}{19}\%$ (c) $16\frac{14}{19}\%$ (d) $15\frac{15}{19}\%$ ***RRB NTPC (Tier-1) 1.2.2021***

समतुल्य बट्टा पर आधारित प्रश्न

84. 15%, 20% और 25% की छूट शृंखला कितने % की एकल छूट के बराबर है?
(a) 48% (b) 49% (c) 15% (d) 16% ***SSC : CGL (Tier-1) 27.8.2016***

85. यदि 20%, 30% तथा 40% की तीन क्रमिक छूट दी जाती है, तो निवल (नेट) छूट (प्रतिशत में) क्या होगी?
(a) 80 (b) 87.6 (c) 90 (d) 66.4 ***SSC : CHSL (Tier-1) 23.3.2018***

86. यदि 10%, 15% तथा 30% की तीन क्रमिक छूट दी जाती है, तो निवल (नेट) छूट (प्रतिशत में) क्या होगी?
(a) 53.15 (b) 55 (c) 46.45 (d) 43.45 ***SSC : CHSL (Tier-1) 15.3.2018***

87. 30% तथा 20% की दो क्रमिक छूट के लिए निवल (नेट) छूट (प्रतिशत में) क्या होगी?
(a) 50 (b) 56 (c) 44 (d) 54 ***SSC : CHSL (Tier-1) 14.3.2018***

88. एक आदमी को अपने खाने के बिल पर 30% और फिर 20% की छूट मिलती है। उसे कितनी छूट मिलती है?
(a) 35% (b) 40% (c) 50% (d) 44% ***SSC CHSLT (Tier-1) 3.7.2019***

89. 40% तथा 20% की दो क्रमिक छूट के बाद निवल (नेट) छूट (% में) क्या होगी?
(a) 60 (b) 68 (c) 52 (d) 42 ***SSC CPO 1.7.2017***

90. 20% तथा 10% की दो क्रमिक छूट के बाद निवल (नेट) छूट (प्रतिशत) में क्या होगी?
(a) 28 (b) 30 (c) 32 (d) 42 ***SSC CPO 5.7.2017***

91. ₹2000 की खरीदारी करने पर एक एकल 30% की छूट तथा 25% एवं 5% की दो क्रमिक छूट के समतुल्य एकल छूट में क्या अन्तर है?
(a) कोई अंतर नहीं (b) ₹25 (c) ₹15 (d) ₹20 ***SSC CGL (Tier-1) 13.6.2019)***

92. किसी मद पर 20% छूट की पेशकश की गई है। एक प्रोमो कोड का प्रयोग कर ऋषि 4% नकद वापस प्राप्त करता है। समतुल्य एकल छूट कितनी है?
(a) 22.60% (b) 33% (c) 24% (d) 23.20% ***SSC MTS 9.8.2019***

93. 20% के प्रत्येक 4 क्रमिक छूटों की प्रभावी छूट क्या है?
(a) 64% (b) 59.04% (c) 40.96% (d) 48% ***SSC CHSLT (Tier-1) 14.8.2019***

94. 20%, 10% और 15% के क्रमिक छूट, किस एकल छूट के समतुल्य है?
(a) 43.5% (b) 44.5% (c) 38.8% (d) 42.2%

95. 20% और 15% के दो क्रमिक छूट के समतुल्य एकल छूट कितनी होगी?
(a) 32% (b) 30% (c) 28% (d) 22% ***SSC CGL (Tier-1) 7.3.2020***

96. 6%, 15% और 14% की तीन क्रमागत छूट के समतुल्य एकल छूट ज्ञात करें।
(a) 68.71% (b) 34.357% (c) 31.286% (d) 17.5% ***SSC CAPF : 24. 11. 2020***

97. 22%, 17% और 11% की तीन क्रमागत छूट............के एकल छूट के समतुल्य है।
(a) लगभग 45% (b) लगभग 50% (c) लगभग 42% (d) लगभग 25% ***SSC CAPF : 23. 11. 2020***

अपठनीय बट्टा पर आधारित प्रश्न

98. एक कम्प्यूटर का अंकित मूल्य ₹48000 है तथा छूट 13% है। ग्राहक को कितनी अतिरिक्त छूट (प्रतिशत में) दी जानी चाहिए। जिससे कम्प्यूटर का मूल्य ₹39672 हो जाए?
(a) 10 (b) 5 (c) 8 (d) 9 ***SSC : CHSL (Tier-1) 4.3.2018***

99. एक कुर्सी का अंकित मूल्य ₹800 है तथा छूट 15% है। ग्राहक को कितनी अतिरिक्त छूट (प्रतिशत में) दी जानी चाहिए। जिसकें कि कुर्सी का मूल्य ₹578 हो जाए?

(a) 15 (b) 10 (c) 16.5 (d) 17.5 ***SSC : CHSL (Tier-1) 13.3.2018***

100. एक वस्तु को 25% और x% की क्रमिक छूट के बाद ₹612 में बेचा जाता है। उस वस्तु का अंकित मूल्य ₹960 है तो x का मान क्या है?

(a) 14 (b) 12 (c) 15 (d) 10 ***SSC CGL (Tier-1) 13.6.2019***

101. एक वस्तु को 25% और x% की क्रमिक छूट के बाद ₹288 में बेचा जाता है। यदि उस वस्तु का अंकित मूल्य ₹480 है तो x का मान क्या है?

(a) 16 (b) 18 (c) 15 (d) 20 ***SSC CGL (Tier-1) 13.6.2019***

102. किसी वस्तु के अंकित मूल्य पर क्रमिक दो छूट प्रत्येक x% देने के बाद कुल छूट ₹259.20 है। यदि वस्तु का अंकित मूल्य ₹720 है, तो x का मान क्या होगा?

(a) 20 (b) 25 (c) 24 (d) 18 ***SSC CGL (Tier-1) 4.6.2019***

103. किसी वस्तु की कीमत ₹10,000 थी। इसे तीन क्रमिक छूटों के बाद ₹7866 में किसी खुदरा विक्रेता को बेच दिया गया, जिसमें से पहली दो छूट 10% और 8% थी। तीसरी छूट का प्रतिशत कितना था?

(a) 5 (b) 3 (c) 6.5 (d) 4.5 ***SSC MTS 5.8.2019***

104. उत्पाद का विक्रय मूल्य उसके लागत मूल्य के 50% के बराबर था। उत्पाद पर दो क्रमिक छूट की पेशकश की गयी। यदि पहली छूट 20% थी, तो दूसरी छूट कितनी थी?

(a) 37.5% (b) 33.33% (c) 30% (d) 25% ***SSC CHSL (Tier-1) 14.8.2019***

105. किसी वस्तु का अंकित मूल्य ₹740 है। लगातार 15% और x% छूट के बाद यह ₹566.10 में बेच दी जाती है। x का मान क्या है?

(a) 12 (b) 10 (c) 20 (d) 5 ***SSC CGL (Tier-1) 4.3.2020***

106. एक पुस्तक का मुद्रित मूल्य ₹320 हैं एक खुदरा व्यापारी उसके लिए ₹244.80 का भुगतान करता है। उस पर दो क्रमिक छूटें 10% तथा एक अन्य मिल जाती हैं। तदनुसार, उसकी दूसरी छूट कितनी है?

(a) 15% (b) 16% (c) 14% (d) 12% ***(SSC, 10+2, 4.11.2012)***

107. एक मोबाइल फोन का अंकित मूल्य ₹1,500 है और उस पर 10% की छूट प्रस्तावित है। तदनुसार, किसी ग्राहक को कितनी छूट अतिरिक्त दी जानी चाहिए, ताकि उसका वास्तविक मूल्य ₹1,242 हो जाए?

(a) 10% (b) 8% (c) 12% (d) 18% ***(SSC, TA, 30.1.2011)***

108. एक व्यक्ति ने एक वस्तु ₹1,500 के घोषित मूल्य के अनुसार उस पर 20% छूट प्राप्त करके खरीदी। उस व्यक्ति को कितने प्रतिशत अतिरिक्त छूट दी जाए, ताकि वह वही वस्तु ₹1,104 के निवल मूल्य में खरीद सके?

(a) 8% (b) 10% (c) 12% (d) 15% ***(SSC, Tier-1, 19.6.2011)***

109. एक मिक्सी का अंकित मूल्य ₹1,600 है। उस पर दुकानदार अपने खरीदार को 10% तथा x% की क्रमिक छूटें देता है। तदनुसार, यदि खरीदार ने उस मिक्सी के ₹1224 दिये हों, तो x का मान ज्ञात कीजिए।

(a) 12% (b) 15% (c) 8% (d) 10% ***(SSC, Tier-1, 21.4.2013)***

110. ₹8,000 की लागत मूल्य वाली एक वस्तु पर ₹11,200 का बिक्री मूल्य अंकित हैं उस पर x% छूट देकर भी यदि उसे 12% लाभ पर बेचा जाए, तो x का मान क्या होगा?

(a) 21% (b) 20% (c) 22% (d) 23% ***(SSC, FCI, 4.12.2011)***

जब कुछ वस्तुएँ मुफ्त में मिलें

111. यदि प्रत्येक ₹1200 कीमत वाले 6 दुपट्टों की खरीद पर 3 दुपट्टे मुफ्त पाने की पेशकश की जाती है, तो प्रत्येक दुपट्टे पर प्रभावी छूट क्या होगी?

(a) 25% (b) 20% (c) 12.5% (d) 33.33% ***SSC : CHSL (Tier-1) 3.2.2017***

112. यदि प्रत्येक ₹900 कीमत वाली 3 पतलून के जोड़ी की खरीद पर 2 पतलून के जोड़ी मुफ्त पाने की पेशकश की जाती है, तो प्रत्येक पतलून के जोड़ी पर प्रभावी छूट क्या होगी?
(a) 40% (b) 33.33% (c) 30% (d) 20% ***SSC : CHSL (Tier-1) 30.1.2017***

विविध प्रश्न

113. यदि एक व्यापारी सूची मूल्य पर 4% की छूट प्रदान करती है, तो उसे 10% का नुकसान होता है। अगर वह सूची मूल्य पर 20% की छूट पर माल बेचती है, तो उसे कितने प्रतिशत लाभ या कितने प्रतिशत हानि होगी?
(a) 25 प्रतिशत हानि (b) 4 प्रतिशत हानि (c) 50 प्रतिशत लाभ (d) 26 प्रतिशत लाभ ***SSC : CHSL (Tier-1) 9.1.2017***

114. एक वस्तु की चिन्हित कीमत ₹300 है। 2 वस्तु की खरीद पर 24% छूट मिलती है, 5 वस्तु की खरीद पर 38% छूट मिलती है। रचना 7 वस्तु खरीदती है, तो उसे कितनी प्रभावी छूट मिलेगी?
(a) 17.5 प्रतिशत (b) 20.4 प्रतिशत (c) 34 प्रतिशत (d) 12.8 प्रतिशत ***SSC : CHSL (Tier-1) 22.1.2017***

115. किसी वस्तु का अंकित मूल्य ₹800 है। एक वस्तु की खरीद पर 15% छूट मिलती है, 4 वस्तुओं की खरीद पर 38% छूट मिलती है। राजश्री 5 वस्तुएँ खरीदती है, तो उसे कितनी प्रभावी छूट मिलेगी?
(a) 33.4 प्रतिशत (b) 16 प्रतिशत (c) 9 प्रतिशत (d) 17.5 प्रतिशत ***SSC : CHSL (Tier-1) 30.1.2017***

116. यदि एक व्यापारी सूची मूल्य पर 40% की छूट प्रदान करता है, तो उसे 10% का नुकसान होता है। अगर वह सूची मूल्य पर 20% की छूट पर माल बेचता है, तो उसे कितने प्रतिशत लाभ या कितने प्रतिशत हानि होगी?
(a) 4% हानि (b) 14% लाभ (c) 5.5% हानि (d) 20% लाभ ***SSC : CHSL (Tier-1) 29.1.2017***

117. एक वयस्क के टिकट का मूल्य ₹500 है और एक बच्चे के टिकट का मूल्य ₹200 है। दो वयस्कों के साथ 1 बच्चा निःशुल्क जा सकता है। यदि एक समूह में 20 वयस्क और 8 बच्चे हैं तो उस समूह को कितनी छूट मिलेगी?
(a) 53.43% (b) 13.79% (c) 32.2% (d) 35.06% ***SSC : CHSL (Tier-1) 25.1.2017***

118. एक वयस्क के टिकट का मूल्य ₹1000 है और एक बच्चे के टिकट का मूल्य ₹500 है। दो वयस्कों के साथ एक बच्चा निःशुल्क जा सकता है। यदि एक समूह में 17 वयस्क और 5 बच्चे हैं तो उस समूह को कितनी छूट मिलेगी?
(a) 14.7 प्रतिशत (b) 32 प्रतिशत (c) 12.82 प्रतिशत (d) 22 प्रतिशत ***SSC : CHSL (Tier-1) 23.1.2017***

119. कोई दुकानदार अपने सामान पर क्रय मूल्य से 40% अधिक मूल्य अंकित करता है और उस पर 25% का छूट देता है। उसका लाभ प्रतिशत बताइए?
(a) 5% (b) 10% (c) 15% (d) 20% ***SSC : CGL (Tier-1) 4.9.2016***

120. किसी व्यापारी ने अपने व्यवसायी बट्टे की दर 25% से 15% कर दी। इससे विक्रय मूल्य में कितनी वृद्धि होगी?
(a) $3\frac{1}{2}\%$ (b) $6\frac{1}{4}\%$ (c) $13\frac{1}{3}\%$ (d) $16\frac{1}{2}\%$ ***SSC : CGL (Tier-1) 1.9.2016***

121. एक हेल्मेट का अंकित मूल्य उसके क्रय मूल्य से 30% अधिक है। यदि हेल्मेट को ₹36 की छूट के पश्चात् ₹744 में बेचा गया है, तो लाभ प्रतिशत क्या होगा?
(a) 24 (b) 18 (c) 21 (d) 27 ***SSC : CHSL (Tier-1) 8.3.2018***

122. एक कपड़ा व्यापारी ने अपनी कीमतों में 25% छूट की घोषणा की, तदानुसार यदि किसी को ₹40 की छूट लेनी हो, तो उसे ₹32 प्रति मीटर वाले कपड़े को कितने मीटर कपड़ा खरीदना होगा?
(a) 6 मी. (b) 5 मी. (c) 10 मी. (d) 7 मी. ***SSC : CGL (Tier-1) 29.8.2016***

123. जब एक क्रुज ट्रिप पर 25% की छूट दी जाती है, तो 41% का लाभ होता है। यदि छूट 26% हो, तो लाभ कितना होगा?
(a) 39.12 प्रतिशत (b) 67 प्रतिशत (c) 94.88 प्रतिशत (d) 11.24 प्रतिशत ***SSC : CHSL (Tier-1) 21.1.2017***

124. एक दुकानदार एक कुर्सी जिसका अंकित मूल्य ₹1400 है, को क्रमशः 20% तथा 30% की दो क्रमिक छूट पर खरीदता है। यदि वह कुर्सी को ₹1176 में बेचता है, तो लाभ प्रतिशत क्या है?
(a) 50 (b) 33.53 (c) 37.5 (d) 57.5 ***SSC : CHSL (Tier-1) 15.3.2018***

125. एक व्यक्ति ₹150 प्रति कमीज वाली 10 कमीजें खरीदता है । अगले दिन उसने फिर से ₹150 प्रति कमीज वाली कमीजें, ₹30 प्रति कमीज की छूट पर खरीदी तथा उसने उस दिन कुल ₹1800 खर्च किये। प्रति कमीज का औसत मूल्य (₹ में) क्या है?

(a) 125 (b) 132 (c) 138 (d) 144 ***SSC : CHSL (Tier-1) 16.3.2018***

126. एक कमीज का अंकित मूल्य ₹1800 है तथा विक्रेता को 40% की छूट प्राप्त होती है। यदि वह उस कमीज को ₹1800 में बेचता है तो विक्रेता का लाभ प्रतिशत क्या है?

(a) 40 (b) 66.66 (c) 37.6 (d) 62.5 ***SSC : CHSL (Tier-1) 16.3.2018***

127. यदि एक खुदरा व्यापारी अपने माल के चिन्हित कीमत पर 28% की छूट प्रदान करता है और इस तरह लागत मूल्य पर माल बेचता है, तो प्रतिशत चिन्हित मूल्य क्या था?

(a) 18.25% (b) 22% (c) 38.88% (d) 28% ***SSC : CHSL (Tier-1) 17.1.2017***

128. जब एक लंच बूफे पर 20% की छूट दी जाती है तो 42% का लाभ होता है। यदि छूट 15% हो, तो लाभ कितना होगा?

(a) 57% (b) 50.87% (c) 63.125% (d) 44/75% ***SSC : CHSL (Tier-1) 17.1.2017***

129. एक वस्तु की कीमत में 36% की छूट दी जाती है। पुराना मूल्य वापस लाने के लिए वर्तमान मूल्य में कितने प्रतिशत की वृद्धि करनी चाहिए?

(a) 56.25% (b) 36 % (c) 2647% (d) 45% ***SSC : CHSL (Tier-1) 21.1.2017***

130. 22% की छूट देने पर एक रेफ्रीजरेटर की बिक्री कीमत ₹26000 है। यदि छूट 40% दी जाती है, तो उसका बिक्री मूल्य क्या होगा?

(a) ₹12000 (b) ₹14640 (c) ₹21840 (d) ₹20000 ***SSC : CHSL (Tier-1) 10.3.2017***

131. एक वयस्क के टिकट का मूल्य ₹1200 है और एक बच्चे के टिकट का मूल्य ₹800 है। दो वयस्कों के साथ एक बच्चा निःशुल्क जा सकता है। यदि एक समूह में 25 वयस्क और 5 बच्चे हैं तो उस समूह को कितनी छूट मिलेगी?

(a) 17.24% (b) 24% (c) 4.41% (d) 11.76% ***SSC : CHSL (Tier-1) 24.1.2017***

132. एक वस्तु की चिन्हित कीमत ₹100 है। 2 वस्तु की खरीद पर 25% छूट मिलती है। 4 वस्तु की खरीद पर 43% छूट मिलती है। राजसी 6 वस्तु खरीदती है, तो उसे कितनी प्रभावी छूट मिलेगी?

(a) 37% (b) 26.25% (c) 9.6% (d) 24.6% ***SSC : CHSL (Tier-1) 21.1.2017***

133. एक वस्तु की कीमत में 21% की छूट दी जाती है। पुराना मूल्य वापस लाने के लिए कितने प्रतिशत की वृद्धि करनी चाहिए?

(a) 21% (b) 26.58% (c) 17.36% (d) 26.25% ***SSC : CHSL (Tier-1) 21.1.2017***

134. यदि एक व्यापारी अंकित मूल्य पर 25% की छूट प्रदान करता है, तो उसे 5% का नुकसान होता है। अगर वह सूची मूल्य पर 10% की छूट पर माल बेचता है तो उसे कितने प्रतिशत लाभ या कितने प्रतिशत हानि होगी?

(a) 5.5% हानि (b) 14% लाभ (c) 50% लाभ (d) 26% हानि ***SSC : CHSL (Tier-1) 7.1.2017***

135. एक वस्तु की चिन्हित कीमत ₹400 है। 1 वस्तु की खरीद पर 6% छूट मिलती है और 4 वस्तुओं की खरीद पर 24% छूट मिलती है। रचिता 5 वस्तुएँ खरीदती है, तो उसे कितनी प्रभावी छूट मिलेगी?

(a) 34% (b) 20.4% (c) 12.8% (d) 23/25% ***SSC : CHSL (Tier-1) 9.1.2017***

136. एक वस्तु का अंकित मूल्य ₹1200 है तथा विक्रेता को 25% की छूट प्राप्त होती है। यदि वह उस वस्तु को ₹1200 में बेचता है, तो विक्रेता का लाभ प्रतिशत क्या है?

(a) 33.33 (b) 25 (c) 37.5 (d) 16.66 ***SSC : CHSL (Tier-1) 15.3.2018***

137. यदि एक व्यापारी सूची मूल्य पर 20% की छूट प्रदान करता है, तो उसे 10% का नुकसान होता है। अगर वह सूची मूल्य पर 5% की छूट पर माल बेचती है तो उसे कितने प्रतिशत लाभ या कितने प्रतिशत हानि होगी?

(a) 6.875% लाभ (b) 20% लाभ (c) 14% लाभ (d) 30% हानि ***SSC : CHSL (Tier-1) 24.1.2018***

138. एक डीलर ₹20000 के अंकित मूल्य पर 20% और 5% की दो क्रमिक छूट के साथ एक वस्तु खरीदता है। वह इसकी मरम्मत के लिए ₹1000 खर्च करता है और इसे ₹20000 में बेच देता है। उसका लाभ/हानि प्रतशत कितना है। (दो दशमलव स्थानों तक ज्ञात करें)?

(a) 25.64% लाभ (b) 23.64% हानि (c) 25.64% हानि (d) 23.46%लाभ ***SSC CHSLT (Tier-1) 8.7.2019***

139. एक वस्तु का अंकित मूल्य ₹400 है। अंकित मूल्य पर 20% की छूट की अनुमति देने के बाद एक दुकानदार ₹32 का लाभ कमाता है। उसका लाभ प्रतिशत है–

(a) 8 (b) 100/9 (c) 9 (d) 109.9 ***SSC CHSLT (Tier-1) 3.7.2019***

140. एक डीलर ₹20000 अंकित मूल्य का कोई सामान 20% और 5% की दो क्रमिक छूट पर खरीदता है। वह उसकी मरम्मत पर ₹1800 खर्च करता है और उसे ₹20000 में बेच देता है। उसका लाभ/हानि प्रतशत क्या है?

(a) 76.65% हानि (b) 17.65% लाभ (c) 23.46% लाभ (d) 23.64% हानि ***SSC CHLT (Tier-1) 8.7.2019***

141. किसी वस्तु के अंकित मूल्य पर 20% की छूट देने के बाद इसे 360 मे बेचा जाता है। अगर उस वस्तु पर छूट नहीं दी गयी होती, तो 50% का लाभ होता। वस्तु का क्रय मूल्य है–

(a) 360 (b) 320 (c) 350 (d) 300 ***SSC CHLT (Tier-1) 3.7.2019***

142. एक डीलर ₹30,000 अंकित मूल्य का कोई सामान 20% और 5% की दो क्रमिक छूट पर खरीदता है। वह उसकी मरम्मत ₹1200 पर खर्च करता है और उसे ₹30000 में बेच देता है। उसका लाभ/हानि प्रतिशत क्या है?

(a) 20% हानि (b) 25% लाभ (c) 20% लाभ (d) 25% हानि ***SSC CGL (Tier-1) 10.7.2019***

143. एक दुकानदार आम तौर पर प्रत्येक वस्तु के अंकित मूल्य पर 10% की छूट देता है। एक सेल सीजन के दौरान वह दो और छूट देने का निर्णय लेता है– पहली छूट मूल छूट के 50% की दर से और दूसरी छूट, पहली की 40% की दर से। यह सारे छूट की समतुल्य एकल छूट की प्रतिशत दर (दशमलव के दो स्थानों तक सही) क्या होगी?

(a) 13.27 (b) 14.85 (c) 11.25 (d) 17.92 ***SSC CHSLT (Tier-1) 10.7.2019***

144. एक व्यक्ति ने प्रकाशक से किसी पुस्तक की 100 प्रतियाँ खरीदी और 25% की छूट प्राप्त की। उसने फुटकर विक्रेता से 10% की छूट पर 50 प्रतियाँ खरीदी, कुल मिलाकर उसे छूट प्राप्त हुई?

(a) 35% (b) 16.5% (c) 20% (d) 17.5% ***SSC CGL (Tier-1) 4.6.2019***

145. अनू किसी वस्तु के अंकित मूल्य पर 20% की छूट देती है और फिर भी उसे 25% का लाभ होता है। यदि उसे वस्तु की विक्री पर ₹44.80 का लाभ होता है, तो उस वस्तु का क्रय मूल्य है–

(a) ₹192.80 (b) ₹179.20 (c) ₹188.80 (d) ₹184.20 ***SSC CGL (Tier-1) 4.6.2019***

146. किसी वस्तु पर 20% की छूट देने के पश्चात् कोई दूकानदार 30% का लाभ कमाता है। अंकित मूल्य, लागत मूल्य का कितना प्रतिशत है?

(a) 122.5% (b) 137.5% (c) 150% (d) 162.5% ***SSC MTS 6.8.2019***

147. एक वस्तु की कीमत ₹40,000 रखी है। एक खुदरा व्यापारी पहली 62.5% कीमत पर 10% की छूट देता है। शेष कीमत पर वह 4% की छूट देता है। तो वस्तु पर दी गयी समग्र छूट प्रतिशत क्या है?

(a) 8.5 (b) 7.75 (c) 8.25 (d) 8.0 ***SSC CGL (Tier-1) 19.6.2019***

148. कोई व्यक्ति ₹16 में एक वस्तु खरीदता है। यदि उसे एक दर्जन वस्तुएँ खरीदनी होती तो उसे ₹160 की कुल राशि का भुगतान करना पड़ता। एक दर्जन वस्तुए खरीदने पर उसे मिलने वाली छूट लगभग कितनी प्रतिशत (निकटतम पूर्णांक मे) होती?

(a) 10% (b) 17% (c) 12% (d) 22% ***SSC CHSL (Tier-1) 21.8.2019***

149. एक वस्तु का अंकित मूल्य ₹550 है। एक दुकानदार इस पर 20% की छूट देता है और इसके बाद भी 10% का लाभ प्राप्त करता है। यदि वह इसे ₹470 में बेचता है तो उसका लाभ प्रतिशत होगा?

(a) 16.8 (b) 17.5 (c) 16 (d) 18 ***SSC CHSL (Tier-1) 21.8.2019***

150. एक दुकानदार किसी सामान को अंकित मूल्य पर 18% छूट देने के बाद ₹492 में बेचता है। अगर उसने कोई छूट नहीं दी होती, तो उसे लागत मूल्य पर 20% का लाभ होता। वस्तु का लागत मूल्य क्या है?

(a) ₹500 (b) ₹600 (c) ₹640 (d) ₹540 ***SSC CGL (Tier-1) 7.6.2019***

151. एक व्यक्ति ने ₹1000 में एक कमीज और ₹2000 में एक जोड़ी पतलून खरीदी। कमीज और पतलून पर दी गयी छूट क्रमशः 20% और 50% थी कुल मिलाकर, उसे कितनी छूट दी गयी?

(a) 25% (b) 40% (c) 60% (d) 45% ***SSC CHSL (Tier-1) 16.8.2019***

152. एक वस्तु का अंकित मूल्य उसके क्रय मूल्य का 7/5 है। यदि अंकित मूल्य पर 20% की छूट दी जाती है तो लाभ कितना प्रतिशत है?

(a) 22% (b) 12% (c) 18% (d) 15% ***SSC CHSL (Tier-1) 19.89.2019***

उत्तरमाला

1. (b)	2. (a)	3. (d)	4. (b)	5. (b)	6. (b)	7. (a)	8. (c)	9. (b)
10. (c)	11. (b)	12. (a)	13. (c)	14. (b)	15. (b)	16. (a)	17. (c)	18. (a)
19. (a)	20. (d)	21. (d)	22. (a)	23. (c)	24. (a)	25. (a)	26. (b)	27. (b)
28. (c)	29. (a)	30. (d)	31. (b)	32. (c)	33. (b)	34. (b)	35. (b)	36. (b)
37. (b)	38. (d)	39. (c)	40. (d)	41. (c)	42. (c)	43. (a)	44. (b)	45. (d)
46. (b)	47. (c)	48. (b)	49. (c)	50. (c)	51. (a)	52. (a)	53. (c)	54. (b)
55. (a)	56. (a)	57. (b)	58. (a)	59. (c)	60. (b)	61. (d)	62. (c)	63. (c)
64. (b)	65. (a)	66. (a)	67. (d)	68. (c)	69. (d)	70. (d)	71. (b)	72. (d)
73. (b)	74. (d)	75. (b)	76. (c)	77. (a)	78. (a)	79. (d)	80. (d)	81. (c)
82. (a)	83. (d)	84. (b)	85. (d)	86. (c)	87. (c)	88. (d)	89. (c)	90. (a)
91. (b)	92. (d)	93. (b)	94. (c)	95. (a)	96. (c)	97. (c)	98. (b)	99. (a)
100. (c)	101. (d)	102. (a)	103. (a)	104. (a)	105. (b)	106. (a)	107. (b)	108. (a)
109. (b)	110. (b)	111. (d)	112. (a)	113. (a)	114. (c)	115. (a)	116. (d)	117. (b)
118. (c)	119. (a)	120. (c)	121. (a)	122. (b)	123. (a)	124. (a)	125. (b)	126. (b)
127. (c)	128. (b)	129. (a)	130. (d)	131. (d)	132. (a)	133. (b)	134. (b)	135. (b)
136. (a)	137. (a)	138. (d)	139. (b)	140. (b)	141. (d)	142. (b)	143. (d)	144. (c)
145. (b)	146. (d)	147. (b)	148. (b)	149. (b)	150. (a)	151. (b)	152. (b)	

अभ्यास प्रश्नों के हल

1. कुल छूट = अंकित मूल्य − विक्रय मूल्य = 3600 − 3132 = ₹ 468

$\therefore$ छूट प्रतिशत = $\frac{\text{कुल छूट} \times 100}{\text{अंकित मूल्य}} = \frac{468 \times 100}{3600} = 13\%$

2. कुल छूट = अंकित मूल्य − विक्रय मूल्य = 3250 − 2275 = ₹ 975 $\Rightarrow$ प्रतिशत छूट = $\frac{975 \times 100}{3250} = 30\%$

3. कुल छूट = चिन्हित मूल्य − विक्रय मूल्य = 1250 − 1000 = ₹ 250 $\Rightarrow$ प्रतिशत छूट = $\frac{250 \times 100}{1250} = 20\%$

4. अंकित मूल्य = विक्रय मूल्य + कुल छूट = 576 + 109 = ₹ 685

$\therefore$ छूट की दर = $\frac{\text{कुल छूट} \times 100}{\text{अंकित मूल्य}} = \frac{109 \times 100}{685} = 15.91 = 16\%$

5. कुल छूट = 2400 − 1872 = ₹ 528 $\Rightarrow$ छूट का प्रतिशत = $\frac{528 \times 100}{2400} = 22\%$

6. अंकित मूल्य $\frac{3}{4}$ = विक्रय मूल्य का $\frac{5}{6} \Rightarrow$ अंकित मूल्य $\times \frac{3}{4}$ = विक्रय मूल्य $\times \frac{5}{6}$

$\therefore \frac{\text{अंकित मूल्य}}{\text{विक्रय मूल्य}} = \frac{5}{6} \times \frac{4}{3} = \frac{10}{9} \Rightarrow$ अंकित मूल्य : विक्रय मूल्य = 10 : 9

$\therefore$ अंकित मूल्य ₹ $10x$ तथा अंकित मूल्य ₹ $9x$ होने पर कुल छूट = $10x - 9x$ = ₹ x

$\therefore$ छूट प्रतिशत = $\frac{\text{कुल छूट} \times 100}{\text{अंकित मूल्य}} = \frac{x \times 100}{10x} = 10\%$

7. माना अंकित मूल्य ₹ $12x$ तथा विक्रय मूल्य ₹ $7x$ है। अतः कुल छूट= अंकित मूल्य − विक्रय मूल्य = $12x - 7x$ = ₹ $5x$

$\therefore$ छूट प्रतिशत = $\frac{\text{कुल छूट} \times 100}{\text{अंकित मूल्य}} = \frac{5x \times 100}{12x} = \frac{125}{3} = 41.67\%$

8. घड़ी का विक्रय मूल्य = $300 \times \frac{85}{100} \times \frac{94}{100}$ = ₹ 239.7

9. अंकित मूल्य पर 10% की छूट के बाद विक्रय मूल्य = ₹18000

∴ अंकित मूल्य का 90% = 18000 ⇒ अंकित मूल्य × $\frac{90}{100}$ = 18000

∴ अंकित मूल्य = $\frac{18000 \times 100}{90}$ = ₹ 20000, अतः 37.5% की छूट पर विक्रय मूल्य = $\frac{20000 \times 62.5}{100}$ = ₹ 12500

10. घड़ी का विक्रय मूल्य = अंकित मूल्य का 88% = $\frac{230 \times 88}{100}$ = ₹ 202.4

11. विक्रय मूल्य = अंकित मूल्य का 90% का 90% = $\frac{500 \times 90}{100} \times \frac{90}{100}$ = ₹ 405

12. विक्रय मूल्य = 4950 का 80% का 85% = $\frac{4950 \times 80}{100} \times \frac{85}{100}$ = ₹ 3366

13. भुगतान की राशि = 1500 का 85% = 1500 × $\frac{85}{100}$ = ₹ 1275

14. वस्तु का विक्रय मूल्य = अंकित मूल्य का 80% का 90% = 900 × $\frac{80}{100} \times \frac{90}{100}$ = ₹ 648

15. टी.वी. की कीमत = 6000 का 80% का 110% = 6000 × $\frac{80}{100} \times \frac{110}{100}$ = ₹ 5280

16. गेंद का विक्रय मूल्य = 450 × $\frac{80}{100} \times \frac{95}{100}$ = ₹ 342

17. मेज का क्रय मूल्य = 900 × $\frac{90}{100} \times \frac{80}{100}$ = ₹ 728

18. पंखे का विक्रय मूल्य = $\frac{7200 \times 62.5}{100}$ = ₹ 4500

19. कुल भुगतान = 1250 × $\frac{70}{100} \times \frac{80}{100}$ = ₹ 700

20. विक्रय मूल्य = अंकित मूल्य का 88% का 90% = 2500 × $\frac{88}{100} \times \frac{90}{100}$ = ₹ 1980

21. अंकित मूल्य = क्रय मूल्य × $\frac{(100 \pm \%\text{ लाभ})}{(100 - \%\text{ छूट})} = \frac{11900 \times 120}{84}$ = ₹17000

22. क्रय मूल्य = $\frac{\text{अंकित मूल्य} \times (100 - \%\text{ छूट})}{(100 + \%\text{ लाभ})} = \frac{224 \times 72}{112}$ = ₹144

23. क्रय मूल्य = $\frac{\text{अंकित मूल्य} \times (100 - \%\text{ छूट})}{(100 + \%\text{ लाभ})} = \frac{888 \times 78}{111}$ = ₹ 624

24. माना वस्तु का क्रय मूल्य ₹100 है। अतः विक्रय मूल्य = 100 + 8 = ₹108

चूंकि प्रस्तावित छूट 10% है। अतः अंकित मूल्य का 90% = विक्रय मूल्य

∴ अंकित मूल्य × $\frac{90}{100}$ = 108 ⇒ अंकित मूल्य = $\frac{108 \times 100}{90}$ = ₹120

∴ क्रय मूल्य : अंकित मूल्य = 100 : 120 = 5 : 6

25. अंकित मूल्य का 30% = ₹ 60 ⇒ अंकित मूल्य × $\frac{30}{100}$ = 60 ⇒ अंकित मूल्य = ₹ 200

∴ पुस्तक के लिए भुगतान = 200 − 60 = ₹ 140

26. क्रय मूल्य = $\frac{\text{अंकित मूल्य} \times (100 - \%\text{ छूट})}{(100 + \%\text{ लाभ})} = \frac{825 \times 80}{110}$ = ₹ 600

27. वस्तु का क्रय मूल्य = $\frac{\text{अंकित मूल्य} \times (100 - \%\text{ छूट})}{(100 + \%\text{ लाभ})} = \frac{500 \times 90}{120}$ = ₹ 375

28. कार का क्रय मूल्य $= \frac{\text{सूची मूल्य} \times (100 - \% \text{ छूट})}{(100 + \% \text{ लाभ})} = \frac{126000 \times 88}{110} = ₹\ 100800$

29. वस्तु की वास्तविक कीमत $= \frac{\text{निर्धारित मूल्य} \times (100 - \% \text{ छूट})}{(100 + \% \text{ लाभ})} = \frac{275 \times 95}{104.5} = ₹\ 250$

30. साड़ी का क्रय मूल्य $= \frac{\text{अंकित मूल्य} \times (100 - \% \text{ छूट})}{(100 + \% \text{ लाभ})} = \frac{840 \times 80}{112} = ₹\ 600$

31. वर्तमान लागत = पूर्व लागत $\times \frac{95}{100} \times \frac{90}{100} = \frac{850 \times 95}{100} \times \frac{90}{100} = ₹\ 726.75$

32. लागत मूल्य $= \frac{\text{अंकित मूल्य} \times (100 - \% \text{ छूट})}{(100 + \% \text{ लाभ})} = \frac{50 \times 90}{125} = ₹\ 36$

33. लागत मूल्य $= \frac{\text{अंकित मूल्य} \times (100 - \% \text{ छूट})}{(100 + \% \text{ लाभ})} = \frac{250 \times 92}{115} = ₹\ 200$

34. अंकित मूल्य $= \frac{\text{क्रय मूल्य} \times (100 + \% \text{ लाभ})}{(100 - \% \text{ बट्टा})} = \frac{200 \times 127.5}{85} = ₹\ 300$

35. घड़ी का अंकित मूल्य $= \frac{\text{कुल मूल्य} \times 100}{\text{प्रतिशत छूटों में अन्तर}} = \frac{125 \times 100}{20 - 10} = \frac{125 \times 100}{10} = ₹\ 1250$

36. अंकित मूल्य का 95% = 950 ⇒ अंकित मूल्य $\times \frac{95}{100} = 950$ ⇒ अंकित मूल्य = ₹ 1000

37. अंकित मूल्य का 85% = विक्रय मूल्य = 119

∴ अंकित मूल्य $\times \frac{85}{100} = 119$ ⇒ अंकित मूल्य $= \frac{119 \times 100}{85} = ₹\ 140$

38. ∵ $16\frac{2}{3}\%$ की छूट पर वस्तु का विक्रय मूल्य = ₹ 450

∴ अंकित मूल्य का $83\frac{1}{3}\%$ = विक्रय मूल्य ⇒ अंकित मूल्य $\times \frac{250}{3}\% = 450$

∴ अंकित मूल्य $\times \frac{250}{3 \times 100} = 450$ ⇒ अंकित मूल्य $= \frac{450 \times 3 \times 100}{250} = ₹\ 540$

39. अंकित मूल्य का 95% = विक्रय मूल्य ⇒ अंकित मूल्य $\times \frac{95}{100} = 494$ ⇒ अंकित मूल्य $= \frac{494 \times 100}{95} = ₹\ 520$

40. अंकित मूल्य का 85% = विक्रय मूल्य ⇒ अंकित मूल्य $\times \frac{80}{100} = 2397$ ⇒ अंकित मूल्य $= \frac{2397 \times 100}{85} = ₹\ 2820$

41. अंकित मूल्य का 80% = 740 ⇒ अंकित मूल्य $\times \frac{88}{100} = 740$ ⇒ अंकित मूल्य $= \frac{740 \times 100}{80} = ₹\ 925$

42. सूची मूल्य $= \frac{\text{क्रय मूल्य} \times (100 + \text{प्रतिशत लाभ})}{(100 - \text{प्रतिशत छूट})} = \frac{900 \times 120}{90} = ₹\ 1200$

43. चिन्हित कीमत $\times \frac{84}{100} = 1680$ ⇒ चिन्हित कीमत $= \frac{1680 \times 100}{84} = ₹\ 2000$

44. चिन्हित कीमत का 91% = विक्री मूल्य ⇒ चिन्हित कीमत $\times \frac{91}{100} = 728$ ⇒ चिन्हित कीमत $= \frac{728 \times 100}{91} = ₹\ 800$

45. प्रारम्भिक बिल का 75% = 1788 ⇒ प्रारम्भिक बिल $\times \frac{75}{100} = 1788$ ⇒ प्रारम्भिक बिल $= \frac{1788 \times 100}{75} = ₹\ 2384$

46. अंकित मूल्य $\times \frac{85}{100} = 4080$ ⇒ अंकित मूल्य $= \frac{4080 \times 100}{85} = ₹\ 4800$

47. अंकित मूल्य का 78% = विक्रय मूल्य = 6552 ⇒ अंकित मूल्य $\times \frac{78}{100} = 6552$

∴ अंकित मूल्य $= \frac{6552 \times 100}{78} = ₹\ 8400$

48. अंकित मूल्य का 80% का 88% = विक्रय मूल्य ⇒ अंकित मूल्य × $\frac{80}{100}\times\frac{88}{100} = 528$

∴ अंकित मूल्य = $\frac{528\times100\times100}{80\times88}$ = ₹ 750

49. टैग की गयी कीमत का 71% का 88% = विक्रय मूल्य

∴ टैग की गयी कीमत × $\frac{71}{100}\times\frac{88}{100} = 312.40$ ⇒ टैग की गयी कीमत = $\frac{312.40\times100\times100}{71\times88}$ = ₹ 500

50. अंकित मूल्य का 85% का 90% = विक्रय मूल्य ⇒ अंकित मूल्य × $\frac{85}{100}\times\frac{90}{100} = 657.90$

∴ अंकित मूल्य = $\frac{657.90\times100\times100}{85\times90}$ = ₹ 860

51. वस्तु का अंकित मूल्य का 80% का 75% = विक्रय मूल्य

∴ वस्तु का अंकित मूल्य × $\frac{80}{100}\times\frac{75}{100}$ = ₹ 288 ⇒ वस्तु का अंकित मूल्य = $\frac{288\times100\times100}{80\times75}$ = ₹ 480

52. अंकित मूल्य का 90% का 80% = विक्रय मूल्य ⇒ अंकित मूल्य × $\frac{90}{100}\times\frac{80}{100} = 1080$

∴ अंकित मूल्य = $\frac{1080\times100}{9\times8}$ = ₹ 1500

53. अंकित मूल्य × $\frac{85}{100}\times\frac{90}{100} = 642.60$ ⇒ अंकित मूल्य = $\frac{642.60\times1000}{85\times9}$ = ₹ 840

54. अंकित मूल्य × $\frac{75}{100}\times\frac{85}{100} = 535.5$ ⇒ अंकित मूल्य = $\frac{535.5\times100\times100}{75\times85}$ = ₹ 840

55. अंकित मूल्य × $\frac{75}{100}\times\frac{85}{100} = 612$ ⇒ अंकित मूल्य = $\frac{612\times100\times100}{75\times85}$ = ₹ 960

56. विक्रय मूल्य × $\frac{75}{100}\times\frac{85}{100} = 547.40$ ⇒ अंकित मूल्य = $\frac{547.40\times10000}{70\times85}$ = ₹ 920

57. बल्ले का अंकित मूल्य = $\frac{\text{लाभ में कमी}\times100}{\text{प्रतिशत छूटों में अन्तर}} = \frac{70\times100}{10-8} = \frac{70\times100}{2}$ = ₹3500

58. प्रतिशत लाभ = प्रतिशत वृद्धि − प्रतिशत छूट − $\frac{\text{प्रतिशत वृद्धि + प्रतिशत छूट}}{100} = 30-12-\frac{30\times12}{100}$

$= 30 - 12 - 3.6 = 14.4\%$

59. प्रतिशत लाभ = प्रतिशत अधिकता − प्रतिशत छूट − $\frac{\text{प्रतिशत अधिकता}\times\text{प्रतिशत छूट}}{100}$

∴ $8 = 20 - x - \frac{20\times x}{100} = 20 - x - \frac{x}{5} = 20 - \frac{6x}{5}$

∴ $\frac{6x}{5} = 20 - 8 = 12 \Rightarrow x = \frac{12\times5}{6} = 10\%$

60. माना मेज का अंकित मूल्य ₹ 100 है। अतः अंकित मूल्य = 100 + 50 = ₹ 150

बिना किसी लाभ / हानि के लिए विक्रय मूल्य = ₹ 100

∴ दी जाने वाली कुल छूट = 150 − 100 = ₹ 50, अतः प्रतिशत छूट = $\frac{50\times100}{150} = \frac{100}{3} = 33.33\%$

61. लाभ/हानि प्रतिशत = $40 - 25 - \frac{40\times25}{100} = 40 - 25 - 10 = 5$ ⇒ 5% लाभ

62. माना सूची कीमत ₹ 100 है, तब क्रय कीमत = 100 − 20 = ₹ 80

25% अधिक पर नया अंकित मूल्य = 100 + 25 = ₹ 125

20% की छूट पर नया विक्रय मूल्य = $125\times\frac{80}{100}$ = ₹ 100

∴ डीलर को प्राप्त लाभ = 100 − 80 = ₹ 20, अतः डीलर को प्राप्त प्रतिशत लाभ = $\frac{20\times100}{80} = 25\%$

63. प्रतिशत लाभ/हानि = प्रतिशत अधिकता − प्रतिशत छूट − $\frac{\text{प्रतिशत अधिकता}\times\text{प्रतिशत छूट}}{100}$

∴ $-8 = 25 - x - \frac{25\times x}{100} \Rightarrow -8 = 25 - x - \frac{x}{4} = 25 - \frac{5x}{4} \Rightarrow \frac{5x}{4} = 25 + 8 = 33 \Rightarrow x = \frac{33\times4}{5} = 26.4\%$

64. 20%, 25% की समतुल्य छूट $= 100 - 100 \times \frac{80}{100} \times \frac{75}{100} = 100 - 60 = 40\%$

∴ प्रतिशत हानि $= 40 - 40 - \frac{40 \times 40}{100} = -16 \Rightarrow 16\%$

∴ क्रय मूल्य का 16% = कुल हानि = ₹ 140 ⇒ क्रय मूल्य $\times \frac{16}{100} = 140$ ⇒ क्रय मूल्य $= \frac{140 \times 100}{16}$ = ₹875

65. लाभ प्रतिशत $= 20 - 10 - \frac{20 \times 10}{100} = 20 - 10 - 2 = 8\%$

66. प्रतिशत लाभ $= 40 - 20 - \frac{40 \times 20}{100} = 40 - 20 - 8 = 12\%$

67. प्रतिशत लाभ $= 25 - 10 - \frac{25 \times 10}{100} = 25 - 10 - 2.5 = 25 - 12.5 = 12.5\%$

68. प्रतिशत अभिलाभ $= 30 - 10 - \frac{30 \times 10}{100} = 30 - 10 - 3 = 30 - 13 = 17\%$

69. प्रतिशत लाभ $= 25 - 10 - \frac{25 \times 10}{100} = 25 - 10 - 2.5 = 25 - 12.5 = 12.5\%$

70. प्रतिशत लाभ / हानि $= 10 - 10 - \frac{10 \times 10}{100} = 10 - 10 - 1 = -1 \Rightarrow 1\%$ हानि

71. प्रतिशत लाभ या हानि $= 20 - 20 + \frac{20 \times -20}{100} = -4 \Rightarrow 4\%$ हानि

72. आय पर प्रतिशत प्रभाव $= -30 + 20 + \frac{-30 \times 20}{100} = -10 - 6 = -16 \Rightarrow 16\%$ घटी

73. वस्तु का अंकित मूल्य क्रय मूल्य से कितने प्रतिशत अधिक $= \frac{(\text{प्रतिशत छूट} + \text{प्रतिशत छूट}) \times 100}{(100 - \text{प्रतिशत छूट})}$

$= \frac{(21 + 45) \times 100}{(100 - 45)} = \frac{66 \times 100}{55} = 120\%$

74. माना वस्तु का लागत मूल्य ₹ 100 है। अतः 20% लाभ के लिए विक्रय मूल्य = ₹ 120

∴ अंकित मूल्य का 80% का 93.75% = विक्रय मूल्य

∴ अंकित मूल्य $\times \frac{80}{100} \times \frac{93.75}{100} = 120$ ⇒ अंकित मूल्य $= \frac{120 \times 100 \times 100}{80 \times 93.75}$ = ₹ 160

∴ मूल्य को लागत मूल्य से 60% अधिक अंकित किया जाना चाहिए

75. अभीष्ट प्रतिशत $= \frac{(\%\text{ छूट} + \%\text{ लाभ}) \times 100}{(100 - \%\text{ छूट})} = \frac{(6.6 + 18) \times 100}{(100 - 18)} = \frac{24.6 \times 100}{82} = 30\%$

76. क्रय मूल्य से अंकित मूल्य की प्रतिशत अधिकता $= \frac{(\%\text{ छूट} + \%\text{ लाभ}) \times 100}{(100 - \%\text{ छूट})}$

$= \frac{(10 + 8) \times 100}{(100 - 10)} = \frac{18 \times 100}{90} = 20\%$

77. क्रय मूल्य से अंकित मूल्य की प्रतिशत अधिकता $= \frac{(\%\text{ छूट} + \%\text{ लाभ}) \times 100}{(100 - \%\text{ छूट})}$

$= \frac{(12 + 32) \times 100}{(100 - 12)} = \frac{44 \times 100}{88} = 50\%$

78. क्रय मूल्य से अंकित मूल्य की प्रतिशत अधिकता $= \frac{(\%\text{ छूट} + \%\text{ लाभ}) \times 100}{(100 - \%\text{ छूट})}$

$= \frac{(10 + 17) \times 100}{(100 - 10)} = \frac{27 \times 100}{90} = 30\%$

79. लागत मूल्य से अंकित मूल्य की प्रतिशत अधिकता $= \frac{(\%\text{ छूट} + \%\text{ लाभ}) \times 100}{(100 - \%\text{ छूट})}$

$= \frac{(10 + 8) \times 100}{(100 - 10)} = \frac{18 \times 100}{90} = 20\%$

80. लागत मूल्य से अंकित मूल्य की प्रतिशत अधिकता $= \dfrac{(\%\text{ छूट} + \%\text{ लाभ})\times 100}{(100 - \%\text{ छूट})}$

$$= \frac{(16+5)\times 100}{(100-16)} = \frac{21\times 100}{84} = 25\%$$

81. लागत मूल्य से अंकित मूल्य की प्रतिशत अधिकता $= \dfrac{(\%\text{ छूट} + \%\text{ लाभ})\times 100}{(100 - \%\text{ छूट})}$

$$= \frac{(10+17)\times 100}{(100-10)} = \frac{27\times 100}{90} = 30\%$$

82. लागत मूल्य से अंकित मूल्य की प्रतिशत अधिकता $= \dfrac{(\%\text{ छूट} + \%\text{ लाभ})\times 100}{(100 - \%\text{ छूट})}$

$$= \frac{(10+17)\times 100}{(100-10)} = \frac{27\times 100}{90} = 30\%$$

83. अंकित मूल्य क्रय मूल्य से कितने % अधिक $= \dfrac{\%\text{ लाभ} + \%\text{ छूट}}{100 - \%\text{ छूट}}\times 100 = \dfrac{(5+10)}{95}\times 100$

$$= \frac{15\times 100}{95} = \frac{300}{19} = 15\frac{15}{19}\%$$

84. एकल छूट $= 100 - 100 \times \dfrac{85}{100}\times\dfrac{80}{100}\times\dfrac{75}{100} = 100 - 51 = 49\%$

85. निवल छूट प्रतिशत $= 100 - 100 \times \dfrac{80}{100}\times\dfrac{70}{10}\times\dfrac{60}{100} = 100 - 33.6 = 66.4\%$

86. निवल प्रतिशत छूट $= 100 - 100 \times \dfrac{90}{100} = \dfrac{85}{100}\times\dfrac{70}{100} = 100 - 53.55 = 46.45\%$

87. निवल छूट $= 100 - 100 \times \dfrac{70}{100}\times\dfrac{80}{100} = 100 - 56 = 44\%$

88. कुल छूट $= 100 - 100 \times \dfrac{70}{100}\times\dfrac{80}{100} = 100 - 56 = 44\%$

89. निवल छूट $= 100 - 100 \times \dfrac{60}{100}\times\dfrac{80}{100} = 100 - 48 = 52\%$

90. निवल छूट $= 100 - 100 \times \dfrac{80}{100}\times\dfrac{90}{100} = 100 - 72 = 28\%$

91. 30% की छूट पर देय राशि = 2000 का 70% $= 2000 \times \dfrac{75}{100} =$ ₹ 1400

25%, 5% की क्रमिक छूट पर देय राशि $= 2000 \times \dfrac{70}{100}\times\dfrac{95}{100} =$ ₹ 1425

∴ अभीष्ट अन्तर = 1425 – 1400 = ₹ 25

92. समतुल्य एकल छूट $= 100 - 100 \times \dfrac{80}{100}\times\dfrac{96}{100} = 100 - 76.8 = 23.2\%$

93. प्रभावी छूट $= 100 - 100 \times \dfrac{80}{100}\times\dfrac{80}{100}\times\dfrac{80}{100}\times\dfrac{80}{100} = 100 - 40.96 = 59.04\%$

94. एकल छूट $= 100 - 100 \times \dfrac{80}{100}\times\dfrac{90}{100}\times\dfrac{85}{100} = 100 - 61.20 = 38.8\%$

95. समतुल्य एकल छूट $= 100 - 100 \times \dfrac{80}{100}\times\dfrac{85}{100} = 100 - 68 = 32\%$

96. 6%, 15% और 14% का समतुल्य एकल छूट $= 100 - 100\times\dfrac{94}{100}\times\dfrac{85}{100}\times\dfrac{86}{100}$

$$= 100 - 68.714 = 31.286\%$$

97. 22%, 17% और 11% का समतुल्य एकल छूट $= 100 - 100 \times \frac{78}{100} \times \frac{83}{100} \times \frac{89}{100}$

$= 100 - 57.62 = 42.38 \Rightarrow 42\%$

98. माना अतिरिक्त छूट $x\%$ दी जानी चाहिए। अतः अंकित मूल्य का 87% का $(100 - x)\%$ = विक्रय मूल्य

$\therefore\ 48000 \times \frac{87}{100} \times \frac{(100-x)}{100} = 39672 \Rightarrow (100 - x) = \frac{39672 \times 10}{48 \times 87} = 95 \Rightarrow x = 100 - 95 = 5\%$

99. माना अतिरिक्त छूट $x\%$ है। अतः अंकित मूल्य का 85% का $(100 - x)\% = 578$

$\therefore\ 800 \times \frac{85}{100} \times \frac{(100-x)}{100} = 578 \Rightarrow 100 - x = \frac{578 \times 100}{8 \times 85}$

$\therefore\ 100 - x = 85 \Rightarrow x = 100 - 85 = 15\%$

100. अंकित मूल्य का 75% का $(100 - x)\%$ = विक्रय मूल्य $\Rightarrow 960 \times \frac{75}{100} \times \frac{(100-x)}{100} = 612$

$\therefore\ 100 - x = \frac{612 \times 100 \times 100}{960 \times 75} = 85 \Rightarrow x = 100 - 85 = 15$

101. अंकित मूल्य का 75% का $(100 - x)\%$ = विक्रय मूल्य $\Rightarrow 480 \times \frac{75}{100} \times \frac{(100-x)}{100} = 288$

$\therefore\ (100 - x) = \frac{288 \times 100 \times 100}{480 \times 75} = 80 \Rightarrow x = 100 - 80 = 20$

102. अंकित मूल्य का $(100 - x)\%$ का $(100 - x)\%$ = विक्रय मूल्य

$\therefore\ 720 \times \frac{(100-x)}{100} \times \frac{(100-x)}{100} = 720 - 259.20 = 460.8$

$\therefore\ (100 - x)^2 = \frac{460.8 \times 10000}{720} = 6400 = (80)^2 \Rightarrow 100 - x = 80 \Rightarrow x = 20$

103. माना तीसरी छूट $x\%$ थी। अतः अंकित मूल्य का 90% का 92% का $(100 - x)\%$ = विक्रय मूल्य

$\therefore\ 10000 \times \frac{90}{100} \times \frac{92}{100} \times \frac{(100-x)}{100} = 7866 \Rightarrow (100 - x) = \frac{78660}{9 \times 92} \Rightarrow 100 - x = 95 \Rightarrow x = 100 - 95 = 5$

104. माना उत्पाद का लागत मूल्य ₹ 100 था। तब विक्रय मूल्य = ₹ 50

यदि दूसरी छूट $x\%$ हो तो $100 \times \frac{80}{100} \times \frac{(100-x)}{100} = 50$

$\therefore\ 100 - x = \frac{50 \times 100}{80} = 62.5 \Rightarrow x = 100 - 62.5 = 37.5\%$

105. अंकित मूल्य का 85% का $(100 - x)\%$ = विक्रय मूल्य

$\therefore\ 740 \times \frac{85}{100} \times \frac{(100-x)}{100} = 566.10 \Rightarrow (100 - x) = \frac{566.10 \times 10 \times 100}{74 \times 85}$

$\therefore\ 100 - x = 90 \Rightarrow x = 100 - 90 = 10$

106. यदि दूसरी छूट x% हो तो, $\frac{320 \times 90}{100} \times \frac{(100-x)}{100} = 244.80$

$\therefore\ 100 - x = \frac{244.80 \times 100}{32 \times 9} = 85 \Rightarrow x = 100 - 85 = 15\%$, अतः दूसरी छूट = x% = 15%

107. माना अतिरिक्त छूट x% दी जाती है, अतः $\frac{1500 \times 90}{100} \times \frac{(100-x)}{100} = 1242 \Rightarrow 100 - x = \frac{1242 \times 10}{135} = 92$

$\therefore$ x = 100 – 92 = 8%, अतः अतिरिक्त छूट = 8%

108. माना अतिरिक्त छूट x% दी जाती है, अतः $\frac{1500 \times 80}{100} \times \frac{(100-x)}{100} = 1104 \Rightarrow 100 - x = \frac{1104 \times 10}{120}$

$\therefore$ 100 – x = 92 ⇒ x = 100 – 92 = 8% ⇒ अतिरिक्त छूट = 8%

109. $\frac{1600 \times 90}{100} \times \frac{(100-x)}{100} = 1224 \Rightarrow 100 - x = \frac{1224 \times 10}{16 \times 9}$

$\therefore\ 100 - x = 85 \Rightarrow x = 100 - 85 = 15\%$

110. लागत मूल्य $= \dfrac{\text{अंकित मूल्य} \times (100 - \%\ \text{छूट})}{(100 + \%\ \text{लाभ})} \Rightarrow 8000 = \dfrac{11200 \times (100 - x)}{112}$

$\therefore$ $80 = 100 - x \Rightarrow x = 100 - 80 = 20\%$

111. प्रत्येक दुपट्टे पर प्रतिशत छूट $= \dfrac{\text{मुफ्त दुपट्टों की संख्या} \times 100}{\text{कुल दुपट्टों की संख्या}} = \dfrac{3 \times 100}{6+3} = \dfrac{300}{9} = 33\frac{1}{3}\%$

112. प्रत्येक पतलून की जोड़ी पर प्रभावी छूट $= \dfrac{\text{मुफ्त जोड़ी संख्या} \times 100}{\text{कुल जोड़ी संख्या}} = \dfrac{2 \times 100}{5} = 40\%$

113. माना सूची मूल्य ₹ 100 है। तब 4% की छूट पर विक्रय मूल्य = ₹ 96

10% के नुकसान पर क्रय मूल्य $= \dfrac{\text{विक्रय मूल्य} \times 100}{100 - \%\ \text{नुकसान}} = \dfrac{96 \times 100}{90} =$ ₹ $\dfrac{320}{3}$

सूची मूल्य पर 20% की छूट पर विक्रय मूल्य = ₹ 80

तब कुल हानि $= \dfrac{320}{3} - 80 = \dfrac{320 - 240}{3} =$ ₹ $\dfrac{80}{3}$

$\therefore$ प्रतिशत हानि $= \dfrac{\text{कुल हानि} \times 100}{\text{क्रय मूल्य}} = \dfrac{\left(\dfrac{80 \times 100}{3}\right)}{\left(\dfrac{320}{3}\right)} = \dfrac{80 \times 100}{3} \times \dfrac{3}{320} = 25\%$

114. 2 वस्तुओं पर प्राप्त कुल छूट $= \dfrac{300 \times 2 \times 24}{100} =$ ₹ 144 और 5 वस्तुओं पर प्राप्त कुल छूट $= \dfrac{300 \times 5 \times 24}{100} =$ ₹ 570

$\therefore$ 7 वस्तुओं पर प्राप्त कुल छूट = 144 + 570 = ₹ 714

$\therefore$ प्रभावी छूट प्रतिशत $= \dfrac{\text{कुल छूट} \times 100}{\text{7 वस्तुओं का अंकित मूल्य}} = \dfrac{714 \times 100}{300 \times 7} = 34\%$

115. एक वस्तु पर प्राप्त छूट $= \dfrac{800 \times 15}{100} =$ ₹ 120 और चार वस्तुओं पर प्राप्त छूट $= \dfrac{800 \times 4 \times 38}{100} =$ ₹ 1216

$\therefore$ पाँच वस्तुओं पर प्राप्त कुल छूट = 120 + 1216 = ₹ 1336

$\therefore$ प्रभावी छूट प्रतिशत $= \dfrac{\text{कुल छूट} \times 100}{\text{पांच वस्तुओं को अंकित मूल्य}} = \dfrac{1336 \times 100}{800 \times 5} = 33.4\%$

116. माना सूची मूल्य ₹ 100 है। तब 40% की छूट पर विक्रय मूल्य = ₹ 60

$\therefore$ 10% के नुकसान से क्रय मूल्य $= \dfrac{\text{विक्रय मूल्य} \times 100}{100 - \%\ \text{नुकसान}} = \dfrac{60 \times 100}{90} =$ ₹ $\dfrac{200}{3}$

सूची मूल्य पर 20% की छूट पर विक्रय मूल्य = 100 – 20 = ₹ 80

तब कुल लाभ $= 80 - \dfrac{200}{3} = \dfrac{240 - 200}{3} =$ ₹ $\dfrac{40}{3}$

$\therefore$ प्रतिशत लाभ $= \dfrac{\text{कुल लाभ} \times 100}{\text{क्रय मूल्य}} = \dfrac{\dfrac{40}{3} \times 100}{\dfrac{200}{3}} = \dfrac{40}{3} \times 100 \times \dfrac{3}{200} = 20\%$

117. यदि छूट का आफर न रहता तब कुल किराया = 500 × 20 + 200 × 8 = 10000 + 1600 = ₹11600

चूंकि 2 वयस्कों के साथ 1 बच्चा निःशुल्क जा सकता है। अतः 16 वयस्कों के साथ 8 बच्चे निःशुल्क जा सकते हैं।

$\therefore$ 20 वयस्क और 8 बच्चों के लिए टिकट = 16 वयस्क + 4 वयस्क का टिकट = 20 वयस्क का टिकट

= 20 × 500 = ₹ 10000

$\therefore$ कुल छूट = 11600 – 10000 = ₹ 1600, अतः प्रतिशत छूट $= \dfrac{1600 \times 100}{11600} = 13.79\%$

118. यदि छूट का आफर न रहता तब कुल किराया = 17 × 1000 + 5 × 500 = 17000 + 2500 = ₹ 19500

छूट के कारण 17 वयस्क और 5 बच्चे = 10 वयस्क + 7 वयस्क = 17 वयस्क = 17 × 1000 = ₹ 17000

∴ किराया में कुल छूट = 19500 – 17000 = ₹ 2500, अतः प्रतिशत छूट = $\frac{2500 \times 100}{19500} = 12.82\%$

119. प्रतिशत लाभ = $40 - 25 - \frac{40 \times 25}{100} = 40 - 25 - 10 = 5\%$

120. माना अंकित मूल्य ₹ 100 है। अतः 25% बट्टा पर विक्रय मूल्य = ₹ 75 परन्तु 15% बट्टा पर विक्रय मूल्य = ₹ 85

∴ विक्रय मूल्य में कुल वृद्धि = 85 – 75 = ₹ 10

∴ विक्रय मूल्य में प्रतिशत वृद्धि = $\frac{\text{कुल वृद्धि} \times 100}{\text{प्रारम्भिक विक्रय मूल्य}} = \frac{10 \times 100}{75} = 13\frac{1}{3}\%$

121. अंकित मूल्य = विक्रय मूल्य + कुल छूट = 744 + 36 = ₹ 780

∵ अंकित मूल्य क्रय मूल्य से 30% अधिक है, अतः क्रय मूल्य का 130% = अंकित मूल्य

∴ क्रय मूल्य × $\frac{130}{100} = 780 \Rightarrow$ क्रय मूल्य = $\frac{780 \times 10}{13}$ = ₹ 600

∴ कुल लाभ = विक्रय मूल्य – क्रय मूल्य = 744 – 600 = ₹ 144

∴ प्रतिशत लाभ = $\frac{\text{कुल लाभ} \times 100}{\text{क्रय मूल्य}} = \frac{144 \times 100}{600} = 24\%$

122. 25% छूट ⇒ अंकित मूल्य ₹100 पर कुल छूट = ₹ 25 और विक्रय मूल्य = ₹ 75

∵ ₹ 25 की छूट पर विक्रय मूल्य = ₹ 75 ₹ 40 की छूट पर विक्रय मूल्य = $\frac{75}{25} \times 40$ = ₹ 120

25% की छूट पर प्रति मीटर कपड़े का विक्रय मूल्य = $\frac{75}{25} \times 40$ = ₹ 24

∴ ₹ 120 में कुल कपड़ा = $\frac{120}{24}$ = 5 मीटर

123. माना क्रुज ट्रिप का अंकित मूल्य ₹ 100 है। अतः 25% छूट पर विक्रय मूल्य = ₹ 75

∴ 41% लाभ पर क्रय मूल्य = $\frac{\text{विक्रय मूल्य} \times 100}{100 + \text{प्रतिशत लाभ}} = \frac{75 \times 100}{141}$ = ₹ 53.19

26% की छूट पर विक्रय मूल्य = 100 – 26 = ₹ 74

तब कुल लाभ = 74 – 53.19 = ₹ 20.81 ⇒ प्रतिशत लाभ = $\frac{\text{कुल लाभ} \times 100}{\text{क्रय मूल्य}} = \frac{20.81 \times 100}{53.19} = 39.12\%$

124. कुर्सी का क्रय मूल्य = $1400 \times \frac{80}{100} \times \frac{70}{100}$ = ₹ 784

₹ 1176 में बेचने पर कुल लाभ = 1176 – 784 = ₹ 392, अतः प्रतिशत लाभ = $\frac{392 \times 100}{784} = 50\%$

125. 10 कमीजों का क्रय मूल्य = 150 × 10 = ₹ 1500 परन्तु अगले दिन प्रति कमीज क्रय मूल्य = 150 – 30 = ₹ 120

∴ ₹ 1800 में खरीदी गयी कमीजों की संख्या = $\frac{1800}{120} = 15$

∴ (10 + 15) कमीजों का कुल मूल्य = 1500 + 1800 = ₹ 3300

∴ 25 कमीजों का औसत मूल्य = $\frac{3300}{25}$ = ₹ 132

126. विक्रेता के लिए कमीज का क्रय मूल्य = $1800 \times \frac{60}{100}$ = ₹1080

विक्रय मूल्य ₹ 1800 पर कुल लाभ = 1800 – 1080 = ₹720, अतः प्रतिशत लाभ = $\frac{720 \times 100}{1080} = 66.66\%$

127. माना माल की चिन्हित कीमत ₹ 100 थी तब 28% की छूट पर विक्रय मूल्य = ₹ 72

∵ विक्रय मूल्य = लागत मूल्य ⇒ लागत मूल्य = ₹ 72, अतः चिन्हित प्रतिशत = $\frac{28 \times 100}{72} = 38.88\%$

128. माना लंच बुफे का अंकित मूल्य ₹ 100 है, अतः 20% की छूट पर विक्रय मूल्य = ₹ 80

42% के लाभ से क्रय मूल्य = $\frac{\text{विक्रय मूल्य} \times 100}{100 + \text{प्रतिशत लाभ}} = \frac{80 \times 100}{142}$ = ₹ 56.34

15% के छूट पर विक्रय मूल्य = 100 – 15 = ₹ 85

तब कुल लाभ = 85 – 56.34 = ₹ 28.66, अतः प्रतिशत लाभ = $\frac{28.66 \times 100}{56.34}$ = 50.87%

129. प्रतिशत वृद्धि = $\frac{100 \times 36}{100 - 36} = \frac{100 \times 36}{64}$ = 56.25%

130. रेफ्रिजरेटर का अंकित मूल्य का 78% = बिक्री कीमत

अतः अंकित मूल्य × $\frac{78}{100}$ = 26000 ⇒ अंकित मूल्य = $\frac{26000 \times 100}{78}$ = ₹ $\frac{100000}{3}$

∴ 40% की छूट पर विक्री मूल्य = $\frac{100000}{3} \times \frac{60}{100}$ = ₹ 20000

131. 25 वयस्कों और 5 बच्चों का कुल किराया = 25 × 1200 + 5 × 800 = 30000 + 4000 ⇒ ₹ 34000

∵ 2 वयस्कों के साथ 1 बच्चा निःशुल्क जा सकता है

∴ 10 वयस्कों के साथ 5 बच्चे निःशुल्क जायेंगे।

∴ 25 वयस्क और 5 बच्चे = 10 वयस्क और 15 वयस्क = 25 वयस्क = 25 × 1200 = ₹ 30000

∴ किराया में कुल छूट = 34000 – 30000 = ₹ 4000, अतः प्रतिशत छूट = $\frac{4000 \times 100}{34000}$ = 11.76%

132. 6 वस्तुओं का कुल चिन्हित मूल्य = 100 × 6 = ₹ 600

2 वस्तुओं का विक्रय मूल्य = $\frac{100 \times 2 \times 75}{100}$ = ₹ 150 और 4 वस्तुओं का विक्रय मूल्य = 100 × 4 × $\frac{57}{100}$ = ₹ 228

∴ 6 वस्तुओं का विक्रय मूल्य = 150 + 228 = ₹ 378

∴ कुल छूट = 600 – 378 = ₹ 222, अतः प्रभावी छूट प्रतिशत = $\frac{222 \times 100}{600} = \frac{111}{3}$ = 37%

133. प्रतिशत वृद्धि = $\frac{100 \times 21}{100 - 21} \times \frac{100 \times 21}{79}$ = 26.58%

134. माना अंकित मूल्य ₹ 100 है। तब 25% छूट पर विक्रय मूल्य = 100 – 25 = ₹ 75

5% के नुकसान से क्रय मूल्य = $\frac{\text{विक्रय मूल्य} \times 100}{100 - \% \text{ नुकसान}} = \frac{75 \times 100}{95}$ = ₹ $\frac{1500}{19}$

10% की छूट पर विक्रय मूल्य = ₹ 90

तब कुल लाभ = $90 - \frac{1500}{19} = \frac{1710 - 1500}{19}$ = ₹ $\frac{210}{19}$ % लाभ = $\frac{\left(\frac{210}{19}\right) \times 100}{\left(\frac{1500}{19}\right)} = \frac{210 \times 100}{19} \times \frac{19}{1500}$ = 14%

135. 5 वस्तुओं का चिन्हित मूल्य = 5 × 400 = ₹ 2000

5 वस्तुओं का विक्रय मूल्य = 400 × $\frac{94}{100}$ + 400 × 4 × $\frac{76}{100}$ = 376 + 1216 = ₹ 1592

∴ कुल छूट = 2000 – 1592 = ₹ 408, अतः प्रतिशत प्रभावी छूट = $\frac{408 \times 100}{2000} = \frac{102}{5}$ = 20.4%

136. 25% की छूट पर विक्रेता के लिए क्रय मूल्य = 1200 × $\frac{75}{100}$ = ₹ 900

और विक्रेता के लिए विक्रय मूल्य = ₹ 1200

∴ विक्रेता को प्राप्त लाभ = 1200 – 900 = ₹ 300, अतः विक्रेता का % लाभ = $\frac{300 \times 100}{900} = \frac{100}{3}$ = 33.33%

137. माना सूची मूल्य ₹ 100 है। अतः 20% की छूट पर विक्रय मूल्य = 100 – 20 = ₹ 80

10% के नुकसान से क्रय मूल्य = $\frac{\text{विक्रय मूल्य} \times 100}{100 - \% \text{ नुकसान}} = \frac{80 \times 100}{90}$ = ₹ $\frac{800}{9}$

परन्तु 5% की छूट पर विक्रय मूल्य = 100 – 5 = ₹ 95

∴ इससे प्राप्त कुल लाभ = $95 - \frac{800}{9} = \frac{855 - 800}{9}$ = ₹ $\frac{55}{9}$

∴ प्रतिशत लाभ = $\frac{\frac{55}{9} \times 100}{\frac{800}{9}} = \frac{55}{9} \times 100 \times \frac{9}{800} = \frac{55}{8}$ = 6.875%

138. 20%, 5% के क्रमिक छूट पर मूल्य = $20000 \times \frac{80}{100} \times \frac{95}{100}$ = ₹ 15200

मरम्मत के बाद वास्तविक मूल्य = 15200 + 1000 = ₹ 16200

₹ 20000 में बेचने पर कुल लाभ = 20000 – 16200 = ₹ 3800

$\therefore$ अतः % लाभ = $\frac{3800 \times 100}{16200} = 23.46\%$

139. 20% की छूट पर विक्रय मूल्य = $400 \times \frac{80}{100}$ = ₹ 320 और ₹ 32 के लाभ पर क्रय मूल्य = 320 – 32 = ₹ 288

$\therefore$ प्रतिशत लाभ = $\frac{\text{कुल लाभ} \times 100}{\text{क्रय मूल्य}} = \frac{32 \times 100}{288} = \frac{100}{9}\%$

140. 20%, 5% के क्रमिक छूट पर मूल्य = $20000 \times \frac{80}{100} \times \frac{95}{100}$ = ₹ 15200

मरम्मत के बाद वास्तविक मूल्य = 15200 + 1800 = ₹ 17000

₹ 20000 में बेचने पर कुल लाभ = 20000 – 17000 = ₹ 3000

$\therefore$ प्रतिशत लाभ = $\frac{3000 \times 100}{17000} = \frac{300}{17} = 17.65\%$

141. अंकित मूल्य का 80% = 360 $\Rightarrow$ अंकित मूल्य $\times \frac{80}{100} = 360 \Rightarrow$ अंकित मूल्य = $\frac{360 \times 100}{80}$ = ₹ 450

$\therefore$ क्रय मूल्य = $\frac{\text{अंकित मूल्य} \times 100}{100 + \%\ \text{लाभ}} = \frac{450 \times 100}{150}$ = ₹ 300

142. 20%, 5% के क्रमिक छूट पर मूल्य = $30000 \times \frac{80}{100} \times \frac{95}{100}$ = ₹ 22800

मरम्मत के बाद वास्तविक मूल्य = 22800 + 1200 = ₹ 24000

₹ 30000 में बेचने पर कुल लाभ = 30000 – 24000 = ₹ 6000

$\therefore$ प्रतिशत लाभ = $\frac{\text{कुल लाभ} \times 100}{\text{वास्तविक क्रय मूल्य}} = \frac{6000 \times 100}{24000} = 25\%$

143. $\because$ पहली छूट = 10% $\Rightarrow$ दूसरी छूट = $10\% \times \frac{50}{100} = 5\%$ और तीसरी छूट = $10\% \times \frac{40}{100} = 4\%$

$\therefore$ समतुल्य एकल छूट = $100 - 100 \times \frac{90}{100} \times \frac{95}{100} \times \frac{96}{100} = 100 - 82.08 = 17.92\%$

144. माना व्यकित ने अंकित मूल्य ₹x वाली 100 प्रतियाँ प्रकाशक से और 50 प्रतियाँ फुटकर विक्रेता से खरीदा।

$\therefore$ कुल 150 प्रतियों का कुल अंकित मूल्य = $(100 + 50) \times x$ = ₹ $150x$

अब 25% की छूट पर 100 प्रतियों का विक्रय मूल्य = $100x \times \frac{75}{100}$ = ₹ $75x$

और 10% की छूट पर 50 प्रतियों का विक्रय मूल्य = $50x \times \frac{90}{100}$ = ₹ $45x$

$\therefore$ 150 प्रतियों का कुल विक्रय मूल्य = $75x + 45x$ = ₹ $120x \Rightarrow$ कुल छूट = $150x - 120x$ = ₹ $30x$

$\therefore$ प्राप्त कुल छूट = $\frac{30x \times 100}{150x} = 20\%$

145. क्रय मूल्य का 25% = कुल लाभ $\Rightarrow$ क्रय मूल्य $\times \frac{25}{100} = 44.80$

$\therefore$ क्रय मूल्य = $\frac{44.80 \times 100}{25}$ = ₹ 179.20

146. माना लागत मूल्य ₹ 100 है। अतः विक्रय मूल्य = 100 + 30 = ₹ 130

$\because$ अंकित मूल्य का 80% = विक्रय मूल्य $\Rightarrow$ अंकित मूल्य $\times \frac{80}{100} = 130$

$\therefore$ अंकित मूल्य = $\frac{130 \times 100}{80}$ = ₹ 162.5, अतः अंकित मूल्य, लागत मूल्य का प्रतिशत = 162.5%

147. पहली 62.5% कीमत पर छूट= $40000 \times \frac{62.5}{100} \times \frac{10}{100} =$ ₹ 2500

दूसरी शेष कीमत पर 4% की छूट = $40000 \times \frac{37.5}{100} \times \frac{4}{100} =$ ₹ 600

∴ कुल छूट = 2500 + 600 = ₹ 3100, अतः समग्र छूट प्रतिशत = $\frac{3100 \times 100}{40000} = 7.75\%$

148. एक दर्जन वस्तुओं का बिना छूट दिये मूल्य = 12 × 16 = ₹ 192

परन्तु छूट पर एक दर्जन वस्तुओं का मूल्य = ₹ 160

∴ कुल प्राप्त छूट = 192 – 160 = ₹ 32, अतः प्रतिशत छूट = $\frac{32 \times 100}{192} = \frac{50}{3} = 16\frac{2}{3} = 17\%$

149. 20% की छूट पर विक्रय मूल्य = अंकित मूल्य का 80% = $\frac{550 \times 80}{100} =$ ₹ 440

∵ इससे 10% का लाभ होता है। अतः क्रय मूल्य = $\frac{\text{विक्रय मूल्य} \times 100}{100 + \text{प्रतिशत लाभ}} = \frac{440 \times 100}{110} =$ ₹ 400

∴ ₹ 470 में बेचने पर कुल लाभ = 470 – 400 = ₹ 70 तब प्रतिशत लाभ = $\frac{70 \times 100}{400} = 17.5\%$

150. अंकित मूल्य का 82% = विक्रय मूल्य ⇒ अंकित मूल्य × $\frac{82}{100} = 492$ ⇒ अंकित मूल्य = ₹ 600

∴ 20% के लाभ के लिए विक्रय मूल्य = अंकित मूल्य = ₹ 600

∴ क्रय मूल्य अर्थात् लागत मूल्य = $\frac{\text{विक्रय मूल्य} \times 100}{100 + \text{प्रतिशत लाभ}} = \frac{600 \times 100}{120} =$ ₹ 500

151. कमीज का विक्रय मूल्य = $1000 \times \frac{80}{100} =$ ₹ 800 और पतलून का विक्रय मूल्य = $2000 \times \frac{50}{100} =$ ₹ 1000

∴ दोनों का विक्रय मूल्य = 800 + 1000 = ₹ 1800 और दोनों का अंकित मूल्य = 1000 + 2000 = ₹ 3000

∴ दोनों पर कुल छूट = 3000 – 1800 = ₹ 1200

∴ छूट की दर = $\frac{\text{कुल छूट} \times 100}{\text{दोनों का अंकित मूल्य}} = \frac{1200 \times 100}{3000} = 40\%$

152. अंकित मूल्य = क्रय मूल्य का $\frac{7}{5}$ = क्रय मूल्य × $\frac{7}{5}$

∴ $\frac{\text{अंकित मूल्य}}{\text{क्रय मूल्य}} = \frac{7}{5}$ ⇒ अंकित मूल्य : क्रय मूल्य = 7 : 5

∴ माना अंकित मूल्य = ₹ $7x$ और क्रय मूल्य = ₹ $5x$

∴ अंकित मूल्य पर 20% की छूट से विक्रय मूल्य = $\frac{7x \times 80}{100} =$ ₹ $\frac{28x}{5}$

∴ कुल लाभ = $\frac{28x}{5} - 5x = \frac{28x - 25x}{5} =$ ₹ $\frac{3x}{5}$

∴ प्रतिशत लाभ = $\frac{\frac{3x}{5} \times 100}{5x} = \frac{3x}{5} \times \frac{100}{5x} = 12\%$

15 साधारण ब्याज (Simple Interest)

उधार ली गयी धनराशि को वापस करते समय जो अतिरिक्त राशि दी जाती है, उसे ब्याज कहते हैं। उधार ली गयी राशि को मूलधन (P) कहा जाता है। ब्याज जब केवल मूलधन पर जोड़ा जाता है तो उसे साधारण ब्याज कहते हैं। यदि कोई धन (P) साधारण ब्याज की वार्षिक दर (r) पर t समय के लिए दिया गया हो तो मूलधन (P) तथा साधारण ब्याज का योग, साधारण मिश्रधन (A) कहलाता है। दूसरे शब्दों में जो धनराशि वापस की जाती है उसे साधारण मिश्रधन (A) कहते हैं।

1. साधारण ब्याज (S.I.) $= \dfrac{\text{मूलधन} \times \text{दर} \times \text{समय}}{100} = \dfrac{P.r.t.}{100}$

2. ब्याज की दर (r) $= \dfrac{\text{ब्याज} \times 100}{\text{मूलधन} \times \text{समय}} = \dfrac{S.I. \times 100}{P \times t}$

3. समय (t) $= \dfrac{\text{ब्याज} \times 100}{\text{मूलधन} \times \text{दर}} = \dfrac{S.I. \times 100}{P \times r}$

4. मूलधन (P) $= \dfrac{\text{ब्याज} \times 100}{\text{दर} \times \text{समय}} = \dfrac{S.I. \times 100}{r \times t}$

5. मिश्रधन (A) = मूलधन + साधारण ब्याज $= P + \dfrac{P.r.t}{100}$

$\therefore$ मिश्रधन (A) $= P\left(\dfrac{100 + r.t.}{100}\right)$

$\therefore$ मिश्रधन = मूलधन $\times \dfrac{(100 + \text{दर} \times \text{समय})}{100}$

6. मूलधन $= \dfrac{\text{मिश्रधन} \times 100}{(100 + \text{दर} \times \text{समय})} = \dfrac{A \times 100}{(100 + r.t.)}$

अध्याय पर आधारित प्रश्नों के प्रकार

'साधारण ब्याज' अध्याय से विभिन्न प्रतियोगी परीक्षाओं में पूछे गये और पूछे जा सकने वाले प्रश्नों को 10 प्रकारों में बांट सकते हैं।

1. साधारण प्रश्न
2. जब मूलधन अपने का a/b गुना हो जाय
3. जब ब्याज मूलधन का a/b हो जाय
4. जब ब्याजों का योग या अन्तर ज्ञात हो
5. जब दो समयों का मिश्रधन ज्ञात हो
6. ब्याज की औसत दर पर आधारित प्रश्न
7. जब ब्याज की कई दरें हों
8. जब धन अपने का n गुना हो जाय
9. जब धन t_1 वर्ष में अपने का n_1 गुना और t_2 वर्ष में अपने का n_2 गुना हो जाय
10. विविध प्रश्न

उदाहरणार्थ हल प्रश्न

1 साधारण प्रश्न

1. ₹ 500 की धनराशि 10% वार्षिक साधारण ब्याज की दर पर 3 वर्ष के लिए उधार दी गयी। उसका साधारण ब्याज ज्ञात कीजिए।
2. साधारण ब्याज की किस वार्षिक दर से ₹ 600 का 10 वर्ष का साधारण ब्याज ₹ 120 हो जायेगा?
3. वह धनराशि ज्ञात कीजिए जिस पर 7% वार्षिक ब्याज की दर से साधारण ब्याज ₹ 280 है जो 4 वर्ष की अवधि के लिए उधार दी गयी है।
4. ₹ 1500 का धन 6% वार्षिक दर से 5 वर्ष के लिए उधार दिया गया। अवधि के अन्त में मिश्रधन कितना हो जायेगा?
5. 5% वार्षिक ब्याज की दर से ₹ 500 का कितने वर्ष में साधारण ब्याज ₹ 150 हो जायेगा?
6. कोई धन 3% वार्षिक ब्याज की दर से 10 वर्ष में ₹ 650 हो जाता है। वह धन ज्ञात कीजिए।

हल

1. साधारण ब्याज (S.I.) $= \frac{P.r.t.}{100} = \frac{500.10.3}{100} =$ ₹ 150
2. ब्याज की दर (r) $= \frac{\text{ब्याज} \times 100}{\text{मूलधन} \times \text{समय}} = \frac{120 \times 100}{600 \times 10} = 2\%$
3. मूलधन (p) $= \frac{\text{ब्याज} \times 100}{\text{दर} \times \text{समय}} = \frac{280 \times 100}{7 \times 4} =$ ₹ 1000
4. मिश्रधन $= \frac{\text{मूलधन} \times (100 + \text{दर} \times \text{समय})}{100} = \frac{1500 \times (100 + 6 \times 5)}{100} = 15 \times 130 =$ ₹ 1950
5. समय $= \frac{\text{ब्याज} \times 100}{\text{मूलधन} \times \text{दर}} = \frac{150 \times 100}{500 \times 5} = 6$ वर्ष
6. मूलधन $= \frac{\text{मिश्रधन} \times 100}{(100 + \text{दर} \times \text{समय})} = \frac{650 \times 100}{(100 + 3 \times 10)} = \frac{650 \times 100}{130} =$ ₹ 500

2 जब मूलधन अपने का $\frac{a}{b}$ गुना हो जाय

1. कोई धन साधारण ब्याज की वार्षिक दर से 5 वर्ष में अपने का $\frac{3}{2}$ गुना हो जाता है। ब्याज की वार्षिक दर ज्ञात कीजिए।
2. एक धनराशि साधारण ब्याज की वार्षिक दर पर उधार दी गयी। वह 3 वर्ष में अपने की $\frac{5}{4}$ गुना हो गयी। ब्याज की वार्षिक दर ज्ञात कीजिए।
3. रमेश ने सुरेश को कुछ धन साधारण ब्याज पर 4 वर्ष के लिए उधार दिया। अवधि की अन्त में सुरेश ने $\frac{6}{5}$ गुना धन वापस किया। ब्याज की दर ज्ञात कीजिए।
4. एक व्यक्ति ने किसी महाजन से साधारण ब्याज की दर पर एक धनराशि उधार लिया और 2 वर्ष बाद $\frac{11}{10}$ गुना धन महाजन को वापस किया। ज्ञात कीजिए कि व्यक्ति ने ब्याज की किस दर पर उधार को चुकाया?

यदि कोई धन अपने का $\frac{a}{b}$ गुना होता है तो इसका अर्थ है, मिश्रधन = मूलधन$\times \frac{a}{b}$

अतः $\frac{\text{मिश्रधन}}{\text{मूलधन}} = \frac{a}{b}$ अर्थात् मूलधन का मान ₹b तथा मिश्रधन का मान ₹a हुआ

अतः ब्याज $= a - b$, इसलिए ब्याज की दर $= \frac{(a-b) \times 100}{b \times \text{समय}}$

हल

1. ब्याज की दर $= \frac{(3-2) \times 100}{2 \times 5} = \frac{1 \times 100}{2 \times 5} = 10\%$ वार्षिक
2. ब्याज की दर $= \frac{(5-4) \times 100}{4 \times 3} = \frac{1 \times 100}{4 \times 3} = \frac{25}{3}\%$ वार्षिक
3. ब्याज की दर $= \frac{(6-5) \times 100}{5 \times 4} = \frac{1 \times 100}{20} = 5\%$ वार्षिक
4. ब्याज की दर $= \frac{(11-10) \times 100}{10 \times 2} = \frac{1 \times 100}{10 \times 2} = 5\%$ वार्षिक

3 जब ब्याज मूलधन का $\frac{a}{b}$ हो जाय

1. कोई धन साधारण ब्याज पर उधार दिया गया। 3 वर्ष में उसका साधारण ब्याज मूलधन का $\frac{3}{5}$ हो गया। ब्याज की वार्षिक दर ज्ञात कीजिए।
2. साधारण ब्याज पर दिये गये किसी धन का ब्याज उस धन के $\frac{3}{16}$ के बराबर है। यदि समय की वर्षों में संख्या दर की 3 गुने के बराबर हो तो ब्याज की दर क्या है?
3. कोई धन साधारण ब्याज की वार्षिक दर पर दिया गया। 5 वर्ष बाद उसका साधारण ब्याज उसके $\frac{1}{4}$ के बराबर हो जाता है। ब्याज की वार्षिक दर ज्ञात कीजिए।
4. किसी धन का साधारण ब्याज उस धन का $\frac{4}{25}$ हो जाता है। यदि वर्षों की संख्या दर की संख्या के बराबर हो तो ब्याज की दर ज्ञात कीजिए।

यदि साधारण ब्याज मूलधन का $\frac{a}{b}$ गुना हो जाय तो साधारण ब्याज = मूलधन $\times \frac{a}{b}$ अर्थात् $\frac{\text{साधारण ब्याज}}{\text{मूलधन}} = \frac{a}{b}$

इसका अर्थ यह है कि मूलधन ₹b का साधारण ब्याज ₹a है, अतः ब्याज की दर $= \frac{\text{ब्याज} \times 100}{\text{मूलधन} \times \text{समय}} = \frac{a \times 100}{b \times \text{समय}}$

हल

1. चूंकि ब्याज = मूलधन $\times \frac{3}{5}$, अतः $\frac{\text{ब्याज}}{\text{मूलधन}} = \frac{3}{5}$

$\therefore$ मूलधन ₹ 5 का 3 वर्ष का ब्याज = ₹ 3, अतः ब्याज की दर = $\frac{3\times100}{5\times3} = 20\%$

2. चूंकि ब्याज = मूलधन $\times \frac{3}{16}$, अतः $\frac{\text{ब्याज}}{\text{मूलधन}} = \frac{3}{16}$ $\Rightarrow$ मूलधन ₹ 16 का ब्याज = ₹ 3

$\therefore$ माना दर x% तथा समय 3x वर्ष है, अतः दर = $\frac{\text{ब्याज} \times 100}{\text{मूलधन} \times \text{समय}}$

$x = \frac{3\times100}{16\times3x}$ या $x^2 = \frac{100}{16} = \frac{25}{4}$, अतः $x = \sqrt{\frac{25}{4}} = \frac{5}{2} = 2.5\%$ वार्षिक

3. चूंकि ब्याज = मूलधन का $\frac{1}{4}$, अतः $\frac{\text{ब्याज}}{\text{मूलधन}} = \frac{1}{4} \Rightarrow$ 5 वर्ष में ₹ 4 का ब्याज = ₹ 1, अतः दर = $\frac{1\times100}{4\times5} = 5\%$

4. चूंकि ब्याज = मूलधन का $\frac{4}{25}$, अतः $\frac{\text{ब्याज}}{\text{मूलधन}} = \frac{4}{25}$ $\Rightarrow$ ₹ 25 का साधारण ब्याज ₹ 4 हुआ।

माना दर x% तथा समय x वर्ष है। अतः $x = \frac{4\times100}{25\times x} = \frac{4\times4}{x}$, अतः $x^2 = 16$ या $x = 4\%$

4 जब ब्याजों का योग या अन्तर ज्ञात हो

1. किसी धन के 7 वर्ष और 10 वर्ष के साधारण ब्याजों का अन्तर ₹ 150 है। यदि ब्याज की दर 5% वार्षिक हो तो वह धन ज्ञात कीजिए।
2. एक धन का 4% वार्षिक ब्याज की दर से 3 वर्ष के ब्याज उसके 5 वर्ष के ब्याज से ₹ 400 कम है। वह धन ज्ञात कीजिए।
3. एक व्यक्ति ने बराबर-बराबर धन 6% वार्षिक दर पर राम को 8 वर्ष के लिए तथा श्याम को 10 वर्ष के लिए उधार दिया। दोनों से व्यक्ति को कुल ₹ 2160 ब्याज के रूप में प्राप्त हुए। प्रत्येक को दिया गया धन ज्ञात कीजिए।
4. किसी धन के 6% वार्षिक दर से 3 वर्ष के ब्याज और 6 वर्ष के ब्याज का योग ₹ 270 है। वह धन ज्ञात कीजिए।

[A] मूलधन = $\frac{\text{ब्याजों का योग} \times 100}{\text{दर} \times \text{समयों का योग}}$ *[B] मूलधन* = $\frac{\text{ब्याजों का अन्तर} \times 100}{\text{दर} \times \text{समयों का अन्तर}}$

हल

1. वह धन = $\frac{150\times100}{5\times(10-7)} = \frac{150\times100}{5\times3} =$ ₹1000
2. वह धन = $\frac{400\times100}{4\times(5-3)} = \frac{400\times100}{4\times2} =$ ₹5000
3. प्रत्येक को दिया गया धन = $\frac{2160\times100}{6\times(10+8)} = \frac{2160\times100}{6\times18} =$ ₹2000
4. वह धन = $\frac{270\times100}{6\times(6+3)} = \frac{270\times100}{6\times9} =$ ₹500

5 जब दो समयों का मिश्रधन ज्ञात हो

1. कोई धन साधारण ब्याज की दर पर 3 वर्ष में ₹ 575 तथा 5 वर्ष में ₹ 625 हो जाता है। ब्याज की दर ज्ञात कीजिए।
2. ब्याज की किस दर से कोई धन 4 वर्ष में ₹ 928 तथा 6 वर्ष में ₹ 992 हो जायेगा?
3. कोई धन 7% वार्षिक ब्याज की दर से 3 वर्ष में ₹ 1210 हो जाता है तो कितने वर्षों में ₹ 1350 हो जायेगा?
4. कोई धन 5% वार्षिक दर से 6 वर्ष में ₹ 1950 हो जाता है तो 8 वर्षों में कितने ₹ हो जायेगा?

हल

1. 3 वर्ष का मिश्रधन = ₹ 575 और 5 वर्ष का मिश्रधन = ₹ 625

$\therefore$ 2 वर्ष का साधारण ब्याज = 625 – 575 = ₹ 50, अतः 1 वर्ष का साधारण ब्याज = ₹ 25

$\therefore$ 3 वर्ष का साधारण ब्याज = 25 × 3 = ₹ 75, अतः मूलधन = 575 – 75 = ₹ 500

$\therefore$ ब्याज की दर = $\frac{\text{ब्याज} \times 100}{\text{मूलधन} \times \text{समय}} = \frac{75\times100}{500\times3} = 5\%$

2. 4 वर्ष का मिश्रधन = ₹ 928 और 6 वर्ष का मिश्रधन = ₹ 992

$\therefore$ 2 वर्ष का ब्याज = 992 – 928 = ₹ 64, अतः 1 वर्ष का ब्याज = ₹ 32

$\therefore$ 4 वर्ष का ब्याज = 32 × 4 = ₹ 128, अतः मूलधन = 928 – 128 = ₹ 800

$\therefore$ ब्याज की दर $= \frac{\text{ब्याज} \times 100}{\text{मूलधन} \times \text{समय}} = \frac{128 \times 100}{800 \times 4} = 4\%$

3. मूलधन $= \frac{\text{मिश्रधन} \times 100}{100 + \text{दर} \times \text{समय}} = \frac{1210 \times 100}{100 + 7 \times 3} = \frac{1210 \times 100}{100 + 21} = \frac{1210 \times 100}{121} =$ ₹1000

$\therefore$ मिश्रधन 1350 रु० में ब्याज = 1350 – 1000 = ₹ 350, अतः समय $= \frac{\text{ब्याज} \times 100}{\text{मूलधन} \times \text{दर}} = \frac{350 \times 100}{1000 \times 7} = 5$ वर्ष

4. मूलधन $= \frac{\text{मिश्रधन} \times 100}{100 + \text{दर} \times \text{समय}} = \frac{1950 \times 100}{100 + 5 \times 6} = \frac{1950 \times 100}{100 + 30} = \frac{1950 \times 100}{130} =$ ₹1500

$\therefore$ 8 वर्षों का मिश्रधन $= \frac{\text{मूलधन } (100 + \text{ दर } \times \text{समय})}{100} = \frac{1500 \times (100 + 5 \times 8)}{100} = 15 \times 140 =$ ₹ 2100

6 ब्याज की औसत दर पर आधारित प्रश्न

1. गोपाल ने ₹ 5000 आंशिक रूप से 4%, 5% वार्षिक दरों पर दो लोगों को उधार दिया। 2 वर्ष बाद उसे 4.2% वार्षिक औसत दर से ब्याज प्राप्त हुआ। 4% की दर पर दिया गया धन ज्ञात कीजिए।

हल

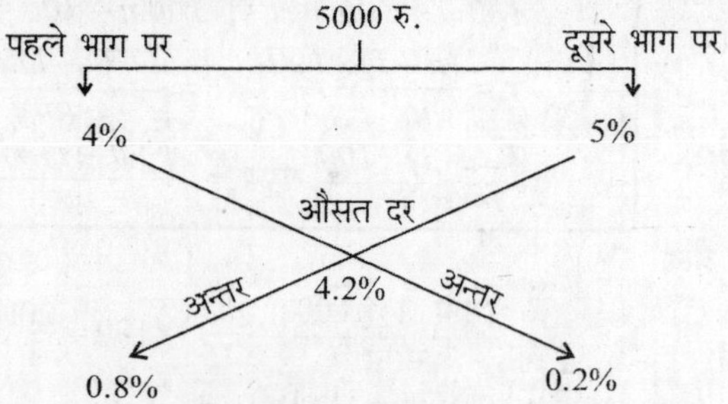

$\therefore$ पहला भाग : दूसरा भाग = 0.8% : 0.2% = 4 : 1

अतः अनुपाती योग = 4+1 = 5

$\therefore$ 4% की दर पर दिया गया भाग $= 5000 \times \frac{4}{5} =$ ₹ 4000

2. एक व्यक्ति ने ₹ 15000 का कुछ भाग 15% और शेष भाग 10% वार्षिक ब्याज की दर पर उधार दिया। व्यक्ति को कुल पर 12% औसत वार्षिक दर से ब्याज प्राप्त हुआ। 10% की दर पर दिया गया धन ज्ञात कीजिए।

हल

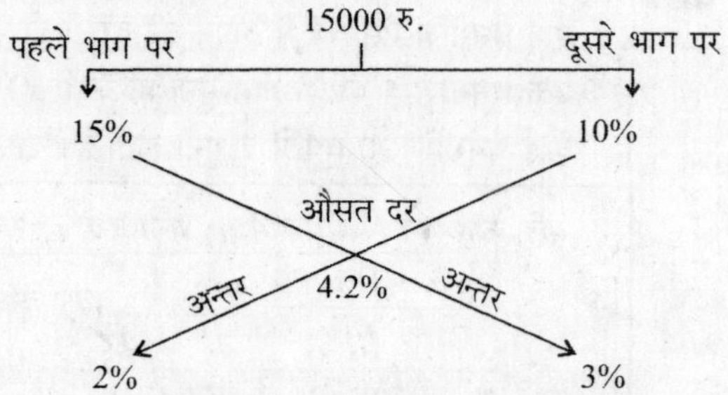

दोनों भागों में अनुपात = 2% : 3% = 2 : 3

अतः अनुपाती योग = 2 + 3 = 5

$\therefore$ 10% दर पर दिया गया धन $= 15000 \times \frac{3}{5} =$ ₹ 9000

7 जब ब्याज की कई दरें हों

1. एक व्यक्ति ने बैंक से ₹ 8000 इस शर्त पर उधार लिया कि पहले 5 वर्ष के लिए 6% अगले 3 वर्षों के लिए 8% तथा इसके बाद 8 वर्षों के लिए 10% वार्षिक साधारण ब्याज लगेगा। यदि वह 12 वर्ष के अन्त में उधार लौटाये तो उसे कितना ब्याज देना पड़ेगा?

2. किसी धनराशि पर पहले 2 वर्षों के लिए 4% अगले 4 वर्षों के लिए 6% और इससे अधिक समय के लिए 8%वार्षिक ब्याज जोड़ा गया। यदि 9 वर्षों में कुल साधारण ब्याज ₹ 1120 हों तो वह धनराशि ज्ञात कीजिए।

यदि कोई धन t_1 समय के लिए r_1 दर पर, अगले t_2 समय के लिए r_2 दर पर और उसके बाद t_3 समय के लिए r_3 दर पर उधार दिया जाय तो अन्त में कुल ब्याज $= \frac{\text{मूलधन} \times (r_1.t_1 + r_2.t_2 + r_3 t_3)}{100}$

हल

1. ब्याज $= \frac{8000(6\times5+8\times3+10\times4)}{100} = \frac{800\times(30+24+40)}{100} = 80\times94 =$ ₹ 7520

2. माना वह धनराशि P है। अतः $\frac{P(4\times2+6\times4+3\times8)}{100} = 1120$, अतः $\frac{P(8+24+24)}{100} = 1120$

   या $P\times56 = 1120\times100$, अतः धनराशि $= \frac{1120\times100}{56} =$ ₹ 2000

8 जब धन अपने का n गुना हो जाय।

1. कोई धन 15 वर्ष में साधारण ब्याज की दर से अपने का दुगुना हो जाता है। ब्याज की दर ज्ञात कीजिए।
2. साधारण ब्याज की किस दर से कोई धन 5 वर्ष में अपने का दुगुना हो जायेगा?
3. एक धन 10% वार्षिक साधारण ब्याज की दर से कितने वर्षों में 4 गुना हो जायेगा?
4. कोई धन 5% वार्षिक ब्याज की दर से कितने वर्षों में 3 गुना हो जायेगा?

माना कोई धन P. ब्याज की r दर से t वर्ष में n गुना हो जाता है। अर्थात् मिश्रधन A = nP

$\therefore\ A = \frac{P(100+rt)}{100}$ से $nP = \frac{P(100+rt)}{100}$

$\therefore\ 100n = 100 + rt$ या $100n - 100 = rt$ या $100\ (n-1) = rt$

$\therefore\ r = \frac{(n-1)\times100}{t}$ दर $= \frac{(\text{गुना}-1)\times100}{\text{समय}}$

$t = \frac{(n-1)\times100}{r}$ समय $= \frac{(\text{गुना}-1)\times100}{\text{दर}}$

हल

1. दर $= \frac{(\text{गुना}-1)\times100}{\text{समय}} = \frac{2-1}{15}\times100 = \frac{20}{3} = 6\frac{2}{3}\%$

2. दर $= \frac{(\text{गुना}-1)\times100}{\text{समय}} = \frac{2-1}{5}\times100 = 20\%$

3. समय $= \frac{(\text{गुना}-1)\times100}{\text{दर}} = \frac{4-1}{10}\times100 = 30$ वर्ष

4. समय $= \frac{(\text{गुना}-1)\times100}{\text{दर}} = \frac{3-1}{5}\times100 = 40$ वर्ष

9 जब धन t_1 वर्ष में अपने का n_1 गुना और t_2 वर्ष में अपने का n_2 गुना हो जाय

1. एक धनराशि 20 वर्ष में अपने की दुगुनी हो जाती है। वह कितने वर्षों में अपने की चार गुनी हो जायेगी?
2. एक धनराशि 5 वर्ष में तीन गुनी हो जाती है। वह कितने वर्षों में 5 गुनी होगी?
3. कोई धनराशि 20 वर्ष में 7 गुनी होती है। वह कितने वर्षों में 13 गुनी हो जायेगी?

यदि कोई धन t_1 समय में n_1 गुना तथा t_2 समय में n_2 गुना हो तो सूत्र $t = \frac{(n-1)}{r}\times100$ *से*

$t_1 = \frac{(n_1-1)\times100}{r}$ ....(1) तथा $t_2 = \frac{(n_2-1)}{r}\times100$ ....(2)

समी (1) में समी (2) से भाग देने पर, $\frac{t_1}{t_2} = \frac{\frac{(n_1-1)\times100}{r}}{\frac{(n_2-1)\times100}{r}} = \frac{(n_1-1)\times100}{r}\times\frac{r}{(n_2-1)\times100}$

$\therefore\ \frac{t_1}{t_2} = \frac{n_1-1}{n_2-1}$

हल

1. $\frac{20}{t_2} = \frac{2-1}{4-1} = \frac{1}{3} \Rightarrow t_2 = 20\times3 = 60$ वर्ष

2. $\frac{5}{t_2} = \frac{3-1}{5-1} = \frac{2}{4} = \frac{1}{2} \Rightarrow t_2 = 5\times2 = 10$ वर्ष

3. $\frac{20}{t_2} = \frac{7-1}{13-1} = \frac{6}{12} = \frac{1}{2} \Rightarrow t_2 = 20\times2 = 40$ वर्ष

10 विविध प्रश्न

जब भिन्न-भिन्न दो धनों का भिन्न-भिन्न अवधि पर भिन्न-भिन्न ब्याज दर हो –

1. ₹ 1500 का 6% वार्षिक ब्याज की दर से 10 वर्ष का साधारण ब्याज उतना ही है जितना 5% वार्षिक दर से ₹ 3000 का t वर्ष का। t का मान ज्ञात कीजिए।
2. किस धन का 8% वार्षिक दर से 7 वर्ष का ब्याज उतना ही होगा, जितना ₹ 8000 का 14 वर्ष में 2% वार्षिक दर से ब्याज होगा?
3. रमेश ने ₹ 10000 12% वार्षिक दर से 5 वर्ष के लिए उधार लिया और गनेश ने ₹ 5000 20 वर्ष के लिए उधार लिया दोनों अपनी-अपनी अवधि के अन्त में समान साधारण ब्याज अदा करें तो गनेश ने किस दर पर उधार लिया था?

> *यदि एक व्यक्ति ₹P_1, r_1 दर पर t_1 समय के लिए तथा दूसरा व्यक्ति ₹P_2 r_2 दर पर t_2 समय के लिए उधार लें और दोनों अपनी-अपनी अवधि के अन्त में समान ब्याज अदा करें तो, पहले व्यक्ति का ब्याज = दूसरे व्यक्ति का ब्याज*
> *अर्थात्* $\frac{P_1r_1t_1}{100} = \frac{P_2r_2t_2}{100}$ या $P_1r_1t_1 = P_2r_2t_2$

हल

1. $P_1r_1t_1 = P_2r_2t_2$ से $1500 \times 6 \times 10 = 3000 \times 5 \times t$ अर्थात् $t = \frac{1500 \times 6 \times 10}{3000 \times 5} = 6$ वर्ष
2. $P \times 8 \times 7 = 8000 \times 14 \times 2 \Rightarrow P = \frac{8000 \times 14 \times 2}{8 \times 7} =$ ₹ 4000
3. $10000 \times 12 \times 5 = 5000 \times 20 \times r_2 \Rightarrow r_2 = \frac{10000 \times 12 \times 5}{5000 \times 20} = 6\%$

अभ्यास प्रश्न

साधारण प्रश्न

1. यदि ₹1 पर 1 माह का साधारण ब्याज 1 पैसा है, तो वार्षिक दर प्रतिशत कितना होगा?
(a) 10% (b) 8% (c) 12% (d) 6% *SSC CGL (Tier-1) 7.9.21016*

2. ₹7500 की एक राशि को दो भागों में विभाजित किया गया है। पहले भाग पर 12% की वार्षिक दर से साधारण ब्याज दूसरे भाग पर 18% की वार्षिक दर से साधारण ब्याज के बराबर है। प्रत्येक भाग पर एक वर्ष के लिए ब्याज (₹) में क्या है?
(a) 600 (b) 360 (c) 480 (d) 540 *SSC CHSL (Tier-1) 10.3.2018*

3. ₹1400 की एक राशि पर 3 वर्ष तथा 4 महीने का साधारण ब्याज ₹700 है। ब्याज की वार्षिक दर (प्रतिशत में) क्या है?
(a) 17 (b) 15 (c) 18 (d) 12 *SSC CHSL (Tier-1) 10.3.2018*

4. ₹3300 की एक धनराशि पर 5 वर्ष का साधारण ब्याज ₹1980 है। ब्याज की वार्षिक दर (प्रतिशत में) क्या है?
(a) 10 (b) 15 (c) 12 (d) 9 *SSC CHSL (Tier-1) 12.3.2016*

5. ₹2000 पर ₹75 प्रति हजार वार्षिक दर पर 2 वर्ष का साधारण ब्याज क्या होगा?
(a) ₹150 (b) ₹300 (c) ₹600 (d) ₹400 *SSC CGL (Tier-1) 27.8.2016*

6. ₹3000 की राशि पर 12% वार्षिक के साधारण ब्याज पर ₹1080 का ब्याज कितने सालों में मिलेगा?
(a) 4 साल (b) 3 साल (c) 5 साल (d) 21/2 साल *SSC CGL (Tier-1) 29.8.2016*

7. ₹50200 की एक राशि पर 3 महीनों का साधारण ब्याज ₹1380.5 है। ब्याज की वार्षिक दर (प्रतिशत में) क्या है?
(a) 11 (b) 9 (c) 9.5 (d) 8.5 *SSC CHSL (Tier-1) 16.3.2018*

8. यदि ₹400 पर 10 वर्ष के लिए साधारण ब्याज ₹280 हो तो वार्षिक दर ज्ञात करें।
(a) 7% (b) $7\frac{1}{2}\%$ (c) $7\frac{1}{4}\%$ (d) $8\frac{1}{4}\%$ *SSC CGL (Tier-1) 4.9.2016*

9. ₹67400 की एक राशि पर 14 महीनों का साधारण ब्याज ₹4718 है। ब्याज की वार्षिक दर (प्रतिशत में) क्या है?
(a) 5.5 (b) 6 (c) 8 (d) 7 *SSC CHSL (Tier-1) 14.3.2018*

10. एक राशि पर 10 वर्षों का साधारण ब्याज मूलधन के 5% के बराबर है। कितने वर्षों में ब्याज मूलधन के बराबर हो जाएगा?
(a) 100 (b) 150 (c) 200 (d) 250 ***SSC CHSL (Tier-1) 17.3.2018***

11. 5 वर्षों में 7% वार्षिक दर से एक राशि पर ₹5320 का साधारण ब्याज बन जाता है। यह राशि कितनी है?
(a) ₹18240 (b) ₹12160 (c) ₹15200 (d) ₹9120 ***SSC CHSL (Tier-1) 24.1.2017***

12. एक व्यक्ति साधारण ब्याज की दर से 4 वर्षों के लिए कुछ धनराशि उधार लेता है। यदि मूलधन तथा कुल ब्याज का अनुपात 5 : 1 है, तो ब्याज की दर (प्रतिशत में) क्या है?
(a) 5 (b) 25 (c) 10 (d) 20 ***SSC CHSL (Tier-1) 6.3.2018***

13. एक राशि पर 25% प्रतिवर्ष की दर से 12 महीनों का साधारण ब्याज ₹935 है। राशि का मान (₹) में क्या है?
(a) 3740 (b) 3200 (c) 4410 (d) 4720 ***SSC CHSL (Tier-1) 12.3.2018***

14. एक राशि पर 5% प्रतिवर्ष की दर से छह महीनों का साधारण ब्याज ₹65.5 है। राशि का मान (₹ में) क्या है?
(a) 2600 (b) 2620 (c) 1320 (d) 2880 ***SSC CHSL (Tier-1) 7.3.2018***

15. एक राशि साधारण ब्याज पर 25% की वार्षिक ब्याज दर से 4 वर्षों में ₹8800 हो जाती है। राशि (₹ में) क्या है?
(a) 4400 (b) 6600 (c) 7040 (d) 6400 ***SSC CHSL (Tier-1) 7.3.2018***

16. A ने 31 दिसम्बर, 2011 को अपने मित्र B से मिलकर ₹2,000 की राशि इस शर्त पर उधार ली कि वह एक वर्ष बाद इसे 8% के साधारण ब्याज के साथ लौटा देगा। किन्तु A, 1 जुलाई 2012 को ही धन-राशि लौटाने की स्थिति में आ जाता है। उसे B को कितनी धन-राशि लौटानी है?
(a) ₹2,200 (b) ₹2,080 (c) ₹2,088 (d) ₹2,070 ***SSC CHSL (Tier-1) 10.7.2019***

17. ₹640 के मूलधन को 2.5% वार्षिक साधारण ब्याज दर से ₹768 का मिश्रधन बनने में कितना समय लगेगा?
(a) 10 साल (b) 8 साल (c) 9 साल (d) 11 साल ***SSC CHSL (Tier-1) 16.8.2019***

18. यदि ₹1000 को 12.5% प्रति वर्ष की दर से साधारण ब्याज पर 2 वर्ष के लिए निवेश किया गया है, तो मिश्रधन कितना है?
(a) ₹1125 (b) ₹1250 (c) ₹1325 (d) ₹1275 ***SSC MTS 6.8.2019***

19. रमेश ने 13% प्रतिवर्ष साधारण ब्याज की दर से ₹12000 उधार लिए। रमेश उधार चुकता करने के लिए 5 वर्षों में कितनी राशि का भुगतान करेगा?
(a) ₹18800 (b) ₹20000 (c) ₹19800 (d) ₹18600 ***SSC MTS 9.8.2019***

20. निश्चित साधारण ब्याज दर पर ₹500 की राशि 2 वर्ष में ₹600 हो जाती है। यदि ब्याज दर को आधा कर दिया जाता है, तो ₹500 की राशि 2 वर्ष में कितनी होगी?
(a) ₹500 (b) ₹520 (c) ₹560 (d) ₹550 ***SSC MTS 5.8.2019***

21. किसी राशि पर 7% प्रतिवर्ष की दर से पाँच वर्षों के लिए साधारण ब्याज ₹700 है। तो मूलधन कितना है?
(a) ₹1800 (b) ₹1600 (c) ₹2000 (d) ₹2100 ***SSC CHSL (Tier-1) 16.8.2019***

22. साधारण ब्याज पर किसी वार्षिक ब्याज दर प्रतिशत से ₹4,300 की एक राशि 2 वर्ष में बढ़कर ₹4,644 हो जाती है। कौन-सी राशि साधारण ब्याज द्वारा इसी ब्याज दर पर 5 वर्ष में बढ़कर ₹10,104 हो जाएगी?
(a) ₹5,710 (b) ₹7,200 (c) ₹8,420 (d) ₹9,260 ***SSC CGL (Tier-1) 3.3.2020***

23. सुनीता, किसी निश्चित अवधि के बाद 20,400 प्राप्त करने के लिए 12,000 की राशि को 10% वार्षिक साधारण ब्याज पर निवेशित करती है। उपरोक्त राशि प्राप्त करने के लिए वह कितने वर्ष के लिए निवेश करती है?
(a) 6 (b) 7 (c) 9 (d) 8 ***SSC CAPF : 23.11.2020***

जब मूलधन अपने का $\frac{a}{b}$ गुना हो जाय

24. किसी धनराशि पर किसी वार्षिक ब्याज की दर से साधारण ब्याज मूलधन का $\frac{25}{16}$ है। यदि दर प्रतिशत तथा वर्षों में समय को निरूपित करने वाली संख्याएँ बराबर हो, तो ब्याज की दर है–

(a) 8% (b) $11\frac{1}{2}$% (c) $12\frac{1}{2}$% (d) $12\frac{1}{4}$% ***S.S.C. स्नातक स्तरीय परीक्षा, 2004***

25. कोई राशि साधारण ब्याज द्वारा किसी दर से 3 वर्ष में स्वयं की $\frac{7}{6}$ गुनी हो जाती है। ब्याज की प्रतिशत वार्षिक दर है–

(a) $5\frac{5}{9}$% (b) 18% (c) $6\frac{5}{9}$% (d) 25% ***S.S.C. स्नातक स्तरीय परीक्षा, 1999***

26. साधारण ब्याज की कितने प्रतिशत वार्षिक दर पर एक धनराशि 5 वर्ष में मूल धनराशि के $\frac{8}{5}$ के बराबर हो जाती है?

(a) 11 (b) 15 (c) 13 (d) 12 ***RRB NTPC (Tier-1) 1.2.2021***

27. साधारण ब्याज पर 5 वर्षों में किसी राशि में 60% की वृद्धि होती है। उसी ब्याज दर पर दो वर्ष में ₹6,250 की एक राशि पर चक्रवृद्धि ब्याज कितना होगा यदि ब्याज वार्षिक संयोजित होता है?

(a) ₹1,590 (b) ₹1, 500 (c) ₹1,560 (d) ₹1,480 ***SSC CHSL (Tier-1) 20.10.2020***

जब ब्याज मूलधन का $\frac{a}{b}$ हो जाय

28. एक राशि पर साधारण ब्याज मूलधन का 16/25 है। ब्याज की वार्षिक दर वर्षों की संख्या के बराबर है। ब्याज की वार्षिक दर (प्रतिशत में) क्या है?

(a) 4 (b) 16 (c) 8 (d) 12 ***SSC CHSL (Tier-1) 17.3.2018***

जब ब्याजों का योग या अन्तर ज्ञात हो

29. यदि समय 7 वर्ष से बढ़ जाता है, तो ₹6000 की एक राशि पर साधारण ब्याज ₹8400 से बढ़ जाता है। ब्याज की वार्षिक दर (प्रतिशत में) क्या है?

(a) 18 (b) 12 (c) 20 (d) 24 ***SSC CHSL (Tier-1) 11.3.2018***

30. एक राशि पर 8 वर्षों का साधारण ब्याज ₹47500 है। पहले 5 वर्षों के लिए ब्याज की दर 10% प्रतिवर्ष है तथा अगले 3 वर्षों के लिए 15% प्रतिवर्ष है। राशि का मान (₹) में क्या है?

(a) 50000 (b) 60000 (c) 45000 (d) 62500 ***SSC CHSL (Tier-1) 4.3.2018***

31. एक साहूकार एक व्यक्ति को ₹400, 3 वर्ष के लिए तथा एक अन्य व्यक्ति को ₹500, 4 वर्ष के लिए साधारण ब्याज की दर पर उधार देता है। यदि कुल मिलाकर उसे ₹160 का ब्याज प्राप्त हो, तो वार्षिक ब्याज की दर क्या होगी?

(a) 5% (b) 7% (c) 9% (d) 10% ***SSC CGL (Tier-1) 8.9.2016***

32. एक निश्चित राशि पर 8% की वार्षिक दर से 18 महीने तथा 24 महीने के साधारण ब्याज का अंतर ₹452 है। राशि (₹ में) क्या है?

(a) 10500 (b) 14600 (c) 11300 (d) 13600 ***SSC CHSL (Tier-1) 20.3.2018***

33. एक राशि पर 5 वर्षों का साधारण ब्याज ₹16800 है। पहले 3 वर्षों के लिए ब्याज की दर 8% प्रतिवर्ष है तथा अगले 2 वर्षों के लिए 12% प्रतिवर्ष है। राशि का मान (₹ में) क्या है?

(a) 30000 (b) 38000 (c) 32000 (d) 35000 ***SSC CHSL (Tier-1) 13.3.2018***

34. एक धनराशि पर 5 वर्षों का साधारण ब्याज, उस राशि का चौथाई है। तदनुसार उस ब्याज की वार्षिक दर कितनी है?

(a) 5% (b) 6% (c) 4% (d) 8% ***(SSC, Tier-1, 26.6.2011)***

35. किसी धनराशि पर 6 वर्षों का साधारण ब्याज उस राशि का $\frac{9}{25}$ है। तद्नूसार उस ब्याज की दर कितनी है?

(a) 6% (b) $6\frac{1}{2}$% (c) 8% (d) $8\frac{1}{2}$% ***(SSC, Tier-1, 19.6.2011)***

36. एक धनराशि पर साधारण ब्याज उस राशि का $\frac{1}{16}$ है। उसमें यदि वर्षों की संख्या, वार्षिक दर की संख्या के बराबर हो, तो वार्षिक प्रतिशत दर कितनी है?

(a) $3\frac{1}{3}$ (b) $6\frac{2}{3}$ (c) $2\frac{1}{2}$ (d) $7\frac{1}{2}$ ***(SSC, 10+2, 27.10.2013)***

37. किसी राशि पर $6\frac{1}{4}$ वर्षों बाद का साधारण ब्याज, उस राशि का $\frac{3}{8}$ हो जाता है। तद्नुसार उस ब्याज की दर को बताइये।

(a) 5% (b) 6% (c) 7% (d) 8% ***(SSC, CAPF-SI, 28.8.2011)***

38. किसी निश्चित राशि का साधारण ब्याज उस राशि का $\frac{16}{25}$ है। तद्नुसार यदि ब्याज की प्रतिशत दर और उसका समय (वर्षों में) एक समान हो, तो ब्याज की दर कितनी होगी?

(a) 6% (b) 8% (c) 10% (d) 12% ***(SSC, Tier-1, 26.6.2011)***

39. किसी धनराशि पर साधारण ब्याज मूलधन का 1/9 है और वर्षों की संख्या, दर प्रतिशत प्रति वर्ष के बराबर है। दर प्रतिशत प्रति वर्ष है–

(a) 3% (b) $\frac{1}{3}$% (c) $\frac{1}{10}$% (d) $3\frac{1}{3}$% ***(SSC, FCI, 15.4.2012)***

40. यदि साधारण ब्याज की वार्षिक दर 11% से बढ़कर $17\frac{1}{2}$% हो जाती है तो एक व्यक्ति की वार्षिक आय ₹1,071.20 तक बढ़ जाती है। उसी राशि पर 5 वर्ष के लिए 10% की दर से साधारण ब्याज (रुपये में) ज्ञात करे।

(a) 16,480 (b) 9,120 (c) 7,250 (d) 8,240 ***SSC CAPF : 24.11.2020***

जब दो समयों का मिश्रधन ज्ञात हो

41. साधारण ब्याज की किसी दर से कोई धनराशि $2\frac{1}{2}$ वर्ष में ₹1012 तथा 4 वर्ष में ₹1067.20 होती है। ब्याज की वार्षिक दर होगी–

(a) 2.5% (b) 3% (c) 4% (d) 5% ***S.S.C. स्नातक स्तरीय परीक्षा, 2004***

42. कोई धनराशि साधारण ब्याज की किसी दर से 2 वर्षों में ₹756 हो जाती है तथा $3\frac{1}{2}$ वर्षों में ₹873 हो जाती है, तो वार्षिक ब्याज की दर है–

(a) 10% (b) 11% (c) 12% (d) 13% ***S.S.C. स्नातक स्तरीय परीक्षा, 2002***

43. कोई धन साधारण ब्याज की दर से 2 वर्ष में ₹550 तथा 3 वर्ष में ₹575 हो तो 4 वर्ष में वह धन कितना हो जाएगा?

(a) ₹650 (b) ₹560 (c) ₹600 (d) ₹850 ***R.R.B. चंडीगढ़ परीक्षा, 2001***

44. एक रकम साधारण ब्याज में दो वर्षों में ₹2240 बनती है और पाँच वर्षों में ₹2600 बनती है, तो रकम है–

(a) ₹1880 (b) ₹2000 (c) ₹2120 (d) आँकड़े अपर्याप्त हैं ***R.R.B. त्रिवेंद्रम (डी/इले.असि.) परीक्षा, 2004***

45. साधारण ब्याज पर, और ब्याज की समान दर पर एक धनराशि 5 वर्षों में ₹7,500 और 7 वर्षों में ₹8,500 हो जाती है। ब्याज की वार्षिक दर है–

(a) 9% (b) 12% (c) 8% (d) 10% ***SSC CHSL (Tier-1) 21.10.2020***

ब्याज की औसत दर पर आधारित प्रश्न

46. एक ₹9500 की राशि का कुछ भाग साधारण ब्याज की 15% प्रति वर्ष की दर पर तथा बचा हुआ भाग साधारण ब्याज की 20% प्रति वर्ष की दर पर उधार दिया गया। 3/2 वर्ष पश्चात् कुल ₹2565 ब्याज प्राप्त होता है। 15% तथा 20% की दर से उधार दी गई राशियों का अनुपात क्या है?

(a) 11 : 8 (b) 12 : 7 (c) 2 : 3 (d) 5 : 4 ***SSC CHSL (Tier-1) 15.3.2018***

47. एक ₹17500 की राशि का कुछ भाग साधारण ब्याज की 24% की वार्षिक दर तथा बचा हुआ साधारण ब्याज की 10% की वार्षिक दर पर उधार दिया गया। 5 वर्ष पश्चात् कुल ₹13300 ब्याज प्राप्त होता है। 24% तथा 10% की दर से उधार दी गई राशियों का अनुपात क्या है?

(a) 12 : 13 (b) 3 : 4 (c) 3 : 2 (d) 13 : 22 ***SSC CHSL (Tier-1) 21.3.2018***

48. एक व्यक्ति के पास ₹2,000 थे। उसने कुछ रुपये 5% साधारण ब्याज पर और शेष रुपये 4% पर उधार दे दिये। उसे एक वर्ष में कुल ₹92 ब्याज के रुप में मिले। तदनुसार उसने 5% की दर पर कितने ₹ उधार दिए थे?
(a) 1, 150 (b) 1,050 (c) 1,200 (d) 1,100 ***(SSC, 10+2, 28.10.2012)***

49. अरुण ₹20,000 अपने दो दोस्तों को उधार देता है। वह पहले दोस्त को ₹12,000, 8% वार्षिक साधारण ब्याज की दर पर देता है। अरुण अपनी कुल राशि पर 10% लाभ चाहता है। अत उसे शेष राशि दूसरे दोस्त को किस साधारण ब्याज दर पर देनी चाहिए, ताकि उसे इच्छित लाभ मिल सके?
(a) 8% (b) 16% (c) 12% (d) 13% ***(SSC, Tier-2, 16.9.2012)***

50. एक व्यक्ति ₹10,000 का ऋण लेता है। उसका एक भाग वह 8% वार्षिक की दर पर एक बैंक से लेता है और 10% वार्षिक की दर पर दूसरे बैंक से लेता है। अनंतर वह कुल ब्याज के रूप में ₹950 वार्षिक का भुगतान करता है। तद्नुसार उसका पहले बैंक से लिया गया ऋण कितना था?
(a) ₹2500 (b) ₹5200 (c) ₹2050 (d) ₹5020 ***(SSC, Tier-1, 8.7.2012)***

51. प्रकाश ₹20,000 में से कुछ राशि 8% के साधारण ब्याज पर और शेष राशि $\frac{4}{3}$% के साधारण ब्याज पर उधार देता है। एक वर्ष के बाद कुल ₹800 की आय होती है। 8% पर दी गयी राशि ज्ञात कीजिए।
(a) ₹8,000 (b) ₹12,000 (c) ₹6,000 (d) ₹10,000 ***(SSC, MTS, 16.2.2014)***

52. ₹10,000 की एक राशि का कुछ भाग 8% वार्षिक की दर पर तथा शेष 10% की वार्षिक दर पर उधार दिया जाता है, यदि औसत वार्षिक ब्याज 9.2% हो, तो वे दोनों भाग है–
(a) ₹4000, ₹6000 (b) ₹4500 ₹5500
(c) ₹5000 ₹5000 (d) ₹5500 ₹4500 ***S.S.C. स्नातक स्तरीय परीक्षा, 2001***

53. ₹1550 की एक धनराशि आंशिक रुप से 5% और आंशिक रूप से 8% वार्षिक दरों से साधारण ब्याज पर लगाई जाती है। 3 वर्षों के बाद ब्याज के रूप में कुल ₹300 प्राप्त हुए तो 5% और 8% की दरों पर लगाई गई राशियों का अनुपात है–
(a) 5 : 8 (b) 8 : 5 (c) 31 : 6 (d) 16 : 15 ***S.S.C. स्नातक स्तरीय परीक्षा, 2001***

54. ₹100000 की राशि को दो प्रकार के शेयरों में निवेश किया जाता है, पहले पर 9% ब्याज प्रतिवर्ष मिलता है और दूसरे पर 11% प्रतिवर्ष। यदि एक साल के बाद कुल ब्याज $9\frac{3}{4}$% है, तो प्रत्येक शेयर में निवेशित राशि क्या है?
(a) ₹72500, ₹27500 (b) ₹62500, ₹37500
(c) ₹52500, ₹47500 (d) ₹82500, ₹17500 ***R.R.B. जम्मू (T.C.) परीक्षा, 2001***

55. एक व्यक्ति बोनस के रूप में ₹12000 रुपये पाता है। वह उसके एक अंश को 5% प्रतिवर्ष पर एवं शेष अंश 6% प्रतिवर्ष पर विनियोग करता है, जबकि प्रत्येक अवस्था में साधारण ब्याज अनुमत है। 4 वर्षों में उसके द्वारा कुल उपार्जित ब्याज ₹2580 है। 5% प्रतिवर्ष पर विनियोजित राशि है–
(a) ₹4000 (b) ₹4500 (c) ₹7500 (d) ₹8000 ***R.R.B. कोलकाता (T.A./A.S.M.) परीक्षा, 2001***

जब ब्याज की कई दरें हों

56. नितिन ने कुछ धनराशि पहले तीन वर्षों के लिए 6% वार्षिक ब्याज की दर पर उधार ली। अनन्तर वह राशि अगले पाँच वर्षों के लिए 9% वार्षिक ब्याज पर और 8 वर्षों के बाद 13% वार्षिक ब्याज पर रखी। तदनुसार यदि उसने ग्यारह वर्षों के बाद कुल ₹8,160 ब्याज का भुगतान किया हो, तो उसकी उधार ली गयी वह राशि कितने ₹ थी?
(a) ₹8,000 (b) ₹10,000 (c) ₹12,000 (d) ₹6,000 ***(SSC, FCI, 7.4.2013)***

57. किसी धनराशि पर ब्याज की दर प्रथम दो वर्षों के लिए 4% प्रति वर्ष, तदोपरांत 4 वर्षों के लिए 6% प्रति वर्ष एवं 6 वर्षों के बाद 8% प्रति वर्ष है। यदि 9 वर्षों की पूरी अवधि के लिए राशि द्वारा उपचित सरल ब्याज ₹1120 है, तो धनराशि थी–
(a) ₹1500 (b) ₹2000 (c) ₹2500 (d) ₹3000
R.R.B. कोलकाता (ट्रैफिक असिस्टेंट ड्राइवर) परीक्षा, 2001

58. प्रथम चार वर्षों के लिए एक धनराशि पर ब्याज की दर 3% प्रतिवर्ष अगले चार वर्षों के लिए 5% प्रतिवर्ष एवं 8 वर्षों से अधिक के लिए 6% प्रतिवर्ष है। यदि कुल 9 वर्षों की अवधि के लिए एकत्रित साधारण ब्याज ₹817 हो, तो वह राशि है–

(a) ₹2150 (b) ₹1850 (c) ₹2400 (d) ₹1975 ***R.R.B. कोलकाता (T.A./A.S.M.) परीक्षा, 2002***

59. प्रताप ने अरुण से कोई धनराशि साधारण ब्याज पर प्रथम तीन वर्ष के लिए 12% वार्षिक दर से, अगले 5वर्ष के लिए 16% वार्षिक दर से तथा 8 वर्ष के पश्चात् की समयावधि के लिए 20% की वार्षिक दर से उधार ली। यदि 11 वर्ष के उपरान्त ब्याज मूलधन से ₹6,080 अधिक हो गया हो, तो उधार ली गयी धनराशि थी।

(a) ₹8,000 (b) ₹12,000 (c) ₹6,000 (d) ₹10,000 ***S.S.C. 2006***

जब धन अपने का n गुना हो जाय

60. कोई धनराशि 8 वर्ष में स्वतः दुगुनी हो जाती है, तो ब्याज दर (प्रतिशत में) कितनी है?

(a) $8\frac{1}{2}\%$ (b) 10% (c) $10\frac{1}{2}\%$ (d) $12\frac{1}{2}\%$ ***SSC CGL (Tier-1) 10.9.2016***

61. कोई मूल राशि कितने प्रतिशत के साधारण ब्याज पर 15 वर्ष में दुगुनी हो जाएगी?

(a) $\frac{1}{3}\%$ (b) $6\frac{1}{3}\%$ (c) $6\frac{1}{2}\%$ (d) $6\frac{2}{3}\%$ ***SSC CGL (Tier-1) 3.9.2016***

62. 10% प्रतिवर्ष साधारण ब्याज की दर से कोई धन कितने वर्षों में स्वयं का तीन गुना हो जाएगा?

(a) 25 (b) 20 (c) 15 (d) 18 ***SSC CHSL (Tier-1) 21.8.2019***

63. किसी राशि को साधारण ब्याज पर निवेशित किया जाता है। यदि ब्याज दर 20% प्रतिवर्ष है तो कितने समय में राशि दुगुनी हो जाएगी?

(a) 10 वर्ष (b) 8 वर्ष (c) 4 वर्ष (d) 5 वर्ष ***SSC CHSL (tier-1) 19.8.2019***

64. निवेश से सम्बन्धित एक योजना में निवेश की राशि 8 वर्षों में तिगुना करने की घोषणा की गयी है। तदनुसार, यदि उसी योजना के अन्तर्गत आप अपनी राशि को चार गुना करना चाहें, तो आपको अपना निवेश कितने वर्षों के लिए करना होगा?

(a) 11 वर्ष 6 महीने (b) 10 वर्ष 8 महीने

(c) 10 वर्ष (d) 12 वर्ष ***(SSC, 10+2, 21.10.2012)***

65. कोई धनराशि 12% वार्षिक ब्याज की दर से कितने वर्षों में दुगुनी हो जाएगी?

(a) 6 वर्ष, 9 महीने (b) 8 वर्ष, 4 महीने

(c) 7 वर्ष, 6 महीने (d) 8 वर्ष, 6 महीने ***(SSC, 10+2, 21.10.2012)***

66. कोई राशि 15 वर्ष में किस साधारण ब्याज प्रतिशत प्रतिवर्ष की दर से दोगुनी हो जाएगी?

(a) $6\frac{2}{3}\%$ (b) 25% (c) $5\frac{1}{2}\%$ (d) 6% ***(SSC, Tier-1, 19.5.2013)***

67. एक बैंक एक निवेशक को, साधारण ब्याज की दर पर 5 वर्षों में मूल निवेश की दुगुनी राशि दे देता है। तदनुसार उस ब्याज की दर कितनी है?

(a) 15% (b) 16% (c) 18% (d) 20% ***(SSC, FCI, 5. 2.2012)***

68. साधारण ब्याज की किस वार्षिक दर से कोई धनराशि 8 वर्ष में स्वयं के दुगुने के बराबर होगी?

(a) 10% (b) $10\frac{1}{2}\%$ (c) 12% (d) $12\frac{1}{2}\%$ ***(SSC, TA, 30.1.2011)***

69. यदि कोई धनराशि 25 वर्षों में तिगुनी हो जाए, तो उसके लिए साधारण ब्याज की दर कितनी होगी?

(a) 8% (b) 5% (c) 4% (d) 6% ***(SSC, Tier-1, 1.7.2012)***

70. कितने वर्षों में कोई धनराशि 25% प्रतिवर्ष साधारण ब्याज की दर पर तिगुनी हो जाएगी?

(a) 12 वर्ष (b) 15 वर्ष (c) 10 वर्ष (d) 8 वर्ष ***(SSC, MTS 23.9.2014)***

जब धन t_1 वर्ष में n_1 गुना और t_2 वर्ष में n_2 गुना हो जाय

71. यदि साधारण ब्याज पर लगाई गई कोई धनराशि 3 वर्षों में 5 गुना हो जाती है, तो कितने वर्षों में वह 13 गुना हो जाएगी?
(a) 6 (b) 15 (c) 9 (d) 12 ***SSC CPO 5.7.2017***

72. कोई धनराशि 10 वर्ष में अपने की दुगुनी हो जाती है। साधारण ब्याज की उसी दर से वह अपने की तीन गुनी कितने वर्ष में होगी?
(a) 12 (b) 15 (c) 18 (d) 20 ***(S.S.C. 2006)***

73. एक निश्चित राशि निश्चित साधारण ब्याज की दर से 7 वर्ष में दूनी हो जाती है, तो वही राशि उसी ब्याज की दर से कितने वर्षों में 5 गुनी हो जाएगी?
(a) 15 वर्ष (b) 25 वर्ष (c) 28 वर्ष (d) 30 वर्ष ***R.R.B. सिकन्दराबाद (T.A.) परीक्षा, 2004***

74. एक धनराशि सात वर्ष में सरल ब्याज से दोगुनी हो जाती है, तो वही राशि कितने वर्षों में चार गुना हो जायेगी?
(a) 28 (b) 35 (c) 14 (d) 21 ***पटना (गुड्सगार्ड) 2002***

75. कोई धनराशि सरल ब्याज पर 20 सालों में दुगुनी हो जाती है कितने वर्षों में वह चौगुनी हो जायेगी?
(a) 40 वर्ष (b) 50 वर्ष (c) 60 वर्ष (d) 80 वर्ष ***(गोरखपुर A.S.M., 31.5.2009)***

विविध प्रश्न

76. एक राशि साधारण ब्याज से 3 वर्षों में ₹2286 तथा 4 वर्षों में ₹2448 ₹हो जाती है। ब्याज की वार्षिक दर (प्रतिशत में) क्या है?
(a) 10 (b) 9 (c) 8 (d) 11 ***SSC CHSL (Tier-1) 8.3.2018***

77. कोई व्यक्ति 2 वर्षों के लिए ₹500, 5 वर्षों में लिए ₹600 तथा 6 वर्षों के लिए ₹1000 सभी को साधारण ब्याज की समान दर पर जमा करता है। यदि वह कुल ₹1000 का साधारण ब्याज प्राप्त करता है, तो प्रति वर्ष ब्याज की दर कितनी है?
(a) 15% (b) 5% (c) 10% (d) 20% ***SSC CHSL (Tier-1) 2.8.2019***

78. यदि ₹26,000 की राशि को तीन भागों में इस प्रकार विभाजित किया जाए, कि दो वर्षों का पहले भाग का 4% दर पर साधारण ब्याज, 6% दर पर दूसरे भाग का ब्याज और 8% दर पर तीसरे भाग का ब्याज परस्पर एकसमान हों, तो पहला भाग किसके बराबर होगा?
(a) ₹7,000 (b) ₹7,500 (c) ₹10,000 (d) ₹12,000 ***(SSC, Tier-1, 25.8.2013)***

79. एक आदमी ₹15,860 का निवेश अपने तीन पुत्रों A, B और C के नाम में इस प्रकार करता है कि क्रमशः 2,3 और 4 वर्षों के बाद उन्हें बराबर राशि मिले। यदि साधारण ब्याज की दर 5% है तो A, B और C के नाम में निवेश की गयी राशियों का अनुपात है–
(a) 4 : 3 : 6 (b) 4 : 6 : 3 (c) 6 : 4 : 3 (d) 6 : 3 : 4 ***(SSC, Tier-1, 1.7.2012)***

80. यदि किसी धनराशि पर अब से दो वर्ष बाद का 5% की दर से वास्तिविक बट्टा ₹15 हो, तो वह धनराशि कितनी है?
(a) ₹150 (b) ₹165 (c) ₹170 (d) ₹16 ***(SSC, FCI, 5. 2.2012)***

81. एक आदमी ने ₹1,20,000 की राशि छोड़ी है जो 14 वर्ष और 12 वर्ष के उसके दो पुत्रों के बीच इस प्रकार विभाजित की जानी है कि प्रत्येक के 18 वर्ष की आयु प्राप्त करने पर उन्हें बराबर राशि मिले। यदि राशि पर 5% प्रतिवर्ष की दर से साधारण ब्याज मिलता है तो इस समय छोटे पुत्र का हिस्सा है–
(a) ₹48800 (b) ₹57600 (c) ₹62400 (d) ₹84400 ***(SSC, Tier-1, 4.9.2011)***

82. राम 8% प्रति वर्ष की साधारण ब्याज दर पर कुछ राशि उधार लेता है और रहीम 5% प्रति वर्ष की साधारण ब्याज दर पर ₹2,000 उधार लेता है। यदि 3 वर्ष के अंत में ब्याज बराबर हो, तो राम द्वारा उधार ली गयी राशि है–
(a) ₹2,000 (b) ₹1,000 (c) ₹1,250 (d) ₹1,500 ***(SSC, MTS, 23.2.2014)***

उत्तरमाला

1. (c)	2. (d)	3. (b)	4. (c)	5. (b)	6. (b)	7. (a)	8. (a)	9. (b)
10. (c)	11. (c)	12. (a)	13. (a)	14. (b)	15. (a)	16. (b)	17. (b)	18. (b)
19. (c)	20. (d)	21. (c)	22. (c)	23. (b)	24. (c)	25. (a)	26. (d)	27. (a)
28. (c)	29. (c)	30. (a)	31. (a)	32. (c)	33. (d)	34. (a)	35. (a)	36. (c)
37. (b)	38. (b)	39. (d)	40. (d)	41. (c)	42. (d)	43. (c)	44. (b)	45. (d)
46. (c)	47. (d)	48. (c)	49. (d)	50. (a)	51. (a)	52. (a)	53. (d)	54. (b)
55. (c)	56. (a)	57. (b)	58. (a)	59. (a)	60. (d)	61. (d)	62. (b)	63. (d)
64. (d)	65. (b)	66. (a)	67. (d)	68. (d)	69. (a)	70. (d)	71. (c)	72. (d)
73. (c)	74. (d)	75. (c)	76. (b)	77. (c)	78. (d)	79. (c)	80. (a)	81. (b)
82. (c)								

अभ्यास प्रश्नों के हल

1. चूंकि ₹ 1 का 1 माह का साधारण ब्याज 1 पैसा है। अतः साधारण ब्याज की वार्षिक प्रतिशत दर = 12%

2. $\because$ पहले भाग पर 12% की दर से साधारण ब्याज = दूसरे भाग पर 18% की दर से साधारण ब्याज

$\therefore$ पहला भाग : दूसरा भाग = 18% : 12% = 3 : 2 $\Rightarrow$ अनुपाती योग = 3 + 2 = 5

$\therefore$ पहला भाग = $7500 \times \frac{3}{5}$ = ₹ 4500 और दूसरा भाग = 7500 − 4500 = ₹3000

$\therefore$ पहले भाग पर 1 वर्ष के लिए ब्याज $= \frac{\text{P.r.t.}}{100} = \frac{4500 \times 12 \times 1}{100} =$ ₹ 540

$\therefore$ प्रत्येक भाग पर एक वर्ष के लिए साधारण ब्याज = ₹ 540

3. समय = 3 वर्ष 4 माह = 3 वर्ष + $\frac{4}{12}$ वर्ष $= \left(3 + \frac{1}{3}\right)$ वर्ष $= \frac{10}{3}$ वर्ष

$\therefore$ ब्याज की दर $= \frac{\text{साधारण ब्याज} \times 100}{\text{मूलधन} \times \text{समय}} = \frac{700 \times 100}{1400 \times \frac{10}{3}} = \frac{700 \times 100 \times 3}{1400 \times 10} = 15\%$

4. साधारण ब्याज की वार्षिक दर $= \frac{\text{साधारण ब्याज} \times 100}{\text{मूलधन} \times \text{समय}} = \frac{1980 \times 100}{3300 \times 5} = 12\%$

5. चूंकि ₹ 1000 का 1 वर्ष का साधारण ब्याज = ₹ 75, अतः ₹ 100 का 1 वर्ष का साधारण ब्याज $= \frac{75 \times 100}{1000} = 7.5$

$\therefore$ साधारण ब्याज की वार्षिक दर = 7.5% वार्षिक

$\therefore$ ₹ 2000 का 2 वर्ष का साधारण ब्याज $= \frac{\text{P.r.t.}}{100} = \frac{2000 \times 7.5 \times 2}{100} =$ ₹ 300

6. समय $= \frac{\text{ब्याज} \times 100}{\text{राशि} \times 100} = \frac{1080 \times 100}{3000 \times 12} = 3$ साल

7. समय = 3 माह $= \frac{3}{12}$ वर्ष $= \frac{1}{4}$ वर्ष

$\therefore$ ब्याज की वार्षिक दर $= \frac{\text{साधारण ब्याज} \times 100}{\text{मूलधन} \times \text{समय}} = \frac{1380.5 \times 100}{50200 \times \frac{1}{4}} = \frac{1380.5 \times 100 \times 4}{50200} = 11\%$

8. ब्याज की वार्षिक दर $= \frac{\text{ब्याज} \times 100}{\text{मूलधन} \times \text{समय}} = \frac{280 \times 100}{400 \times 10} = 7\%$

9. समय = 14 महीने $= \frac{14}{12}$ वर्ष $= \frac{7}{6}$ वर्ष

$\therefore$ साधारण ब्याज की वार्षिक दर $= \frac{\text{साधारण ब्याज} \times 100}{\text{मूलधन} \times \text{समय}} = \frac{4718 \times 100}{67400 \times \frac{7}{6}} = \frac{4718 \times 100 \times 6}{67400 \times 7} = 6\%$

10. चूंकि 10 वर्षों का साधारण ब्याज मूलधन का 5% है। अतः साधारण ब्याज की वार्षिक दर = $\frac{5}{10}\% = \frac{1}{2}\%$

माना n वर्षों में ब्याज मूलधन के बराबर हो जायेगा अर्थात् मूलधन = ब्याज = x

अतः समय = $\frac{\text{साधारण ब्याज} \times 100}{\text{मूलधन} \times \text{समय}} = \frac{x \times 100}{x \times \frac{1}{2}} = 2 \times 100 = 200$ वर्ष

11. राशि (अर्थात् मूलधन) = $\frac{\text{ब्याज} \times 100}{\text{मूलधन} \times \text{दर}} \Rightarrow \frac{5320 \times 100}{5 \times 7} =$ ₹ 15200

12. माना मूलधन ₹ $5x$ तथा साधारण ब्याज ₹ x है।

$\therefore$ साधारण ब्याज की दर = $\frac{\text{साधारण ब्याज} \times 100}{\text{मूलधन} \times \text{समय}} \Rightarrow \frac{x \times 100}{5x \times 4} = 5\%$

13. समय = 12 महीने = 1 वर्ष, अतः राशि का मान = $\frac{\text{साधारण ब्याज} \times 100}{\text{दर} \times \text{समय}} = \frac{935 \times 100}{25 \times 1} =$ ₹ 3740

14. समय = 6 महीने = $\frac{6}{12}$ वर्ष = $\frac{1}{2}$ वर्ष

$\therefore$ राशि का मान = $\frac{\text{साधारण ब्याज} \times 100}{\text{दर} \times \text{समय}} = \frac{65.5 \times 100}{5 \times \frac{1}{2}} = \frac{65.5 \times 100 \times 2}{5} =$ ₹ 2620

15. मूलधन (अर्थात् राशि) = $\frac{\text{मिश्रधन} \times 100}{(100 + \text{दर} \times \text{समय})} = \frac{8800 \times 100}{(100 + 25 \times 4)} = \frac{8800 \times 100}{(100 + 100)} = \frac{8800 \times 100}{200} =$ ₹ 4400

16. समय = 6 माह = $\frac{6}{12}$ वर्ष = $\frac{1}{2}$ वर्ष

$\therefore$ मिश्रधन = $\frac{\text{मूलधन } (100 + \text{दर} \times \text{समय})}{100} = \frac{2000\left(100 + 8 \times \frac{1}{2}\right)}{100} = 20 \times (100 + 4) = 20 \times 104 =$ ₹ 2080

17. साधारण ब्याज = मिश्रधन − मूलधन = 768 − 640 = ₹ 128

$\therefore$ समय = $\frac{\text{साधारण ब्याज} \times 100}{\text{मूलधन} \times \text{दर}} = \frac{128 \times 100}{640 \times 2.5} = 8$ वर्ष

18. मिश्रधन = $\frac{\text{मूलधन } (100 + \text{दर} \times \text{समय})}{100} = \frac{1000(100 + 12.5 \times 2)}{100} = \frac{1000(100 + 25)}{100} = \frac{1000 \times 125}{100} =$ ₹1250

19. भुगतान राशि (अर्थात् मिश्रधन) = $\frac{\text{मूलधन } (100 + \text{दर} \times \text{समय})}{100} = \frac{12000(100 + 13 \times 5)}{100}$

$= \frac{12000(100 + 65)}{100} = 120 \times 165 =$ ₹ 19800

20. 2 वर्ष का साधारण ब्याज = 600 − 500 = ₹ 100

$\therefore$ साधारण ब्याज की दर = $\frac{\text{साधारण ब्याज} \times 100}{\text{मूलधन} \times \text{समय}} = \frac{100 \times 100}{500 \times 2} = 10\%$ वार्षिक

$\therefore$ साधारण ब्याज की आधी दर = $\frac{10\%}{2} = 5\%$ वार्षिक

$\therefore$ 2 वर्ष का मिश्रधन = $\frac{\text{मूलधन } (100 + \text{दर} \times \text{समय})}{100} = \frac{500 \times (100 + 5 \times 2)}{100}$

$= \frac{500 \times (100 + 10)}{100} = \frac{500 \times 110}{100} =$ ₹550

21. मूलधन = $\frac{\text{ब्याज} \times 100}{\text{दर} \times \text{समय}} = \frac{700 \times 100}{7 \times 5} =$ ₹ 2000

22. 2 वर्ष का साधारण ब्याज = 4644 – 4300 = ₹ 344, अतः ब्याज की वार्षिक दर = $\frac{\text{ब्याज} \times 100}{\text{समय} \times \text{मूलधन}} = \frac{344 \times 100}{2 \times 4300} = 4\%$

∴ माना राशि P इसी दर पर 5 वर्ष में बढ़कर ₹10104 हो जायेगी।

∴ मूलधन = $\frac{\text{मिश्रधन} \times 100}{(100 + \text{दर} \times \text{समय})} = \frac{10104 \times 100}{100 + 4 \times 5} = \frac{10104 \times 100}{120}$ = ₹8420

23. मिश्रधन ₹ 20400 और मूलधन ₹ 12000 पर ब्याज = 20400 – 12000 = ₹ 8400

∴ समय = $\frac{\text{ब्याज} \times 100}{\text{मूलधन} \times \text{दर}} = \frac{8400 \times 100}{12000 \times 10}$ = 7 वर्ष

24. साधारण ब्याज = मूलधन $\times \frac{25}{16}$ अर्थात् $\frac{\text{साधारण ब्याज}}{\text{मूलधन}} = \frac{25}{16}$ ⇒ मूलधन ₹16 का साधारण ब्याज = ₹25

∴ माना ब्याज की दर x % तथा समय x वर्ष है। अतः दर = $\frac{\text{ब्याज} \times 100}{\text{मूलधन} \times \text{समय}}$ से $x = \frac{25 \times 100}{16 \times x}$

∴ $x^2 = \frac{25 \times 100}{16} = \frac{25 \times 25}{4} = \left(\frac{25}{2}\right)^2 \Rightarrow x = \frac{25}{2} = 12\frac{1}{2}\%$ वार्षिक

25. मिश्रधन = मूलधन $\times \frac{7}{6}$ अर्थात् $\frac{\text{मिश्रधन}}{\text{मूलधन}} = \frac{7}{6}$

∴ मूलधन ₹6 का मिश्रधन = ₹7, अतः मूलधन 6 का ब्याज = 7 – 6 = ₹1

∴ ब्याज की दर = $\frac{\text{ब्याज} \times 100}{\text{मूलधन} \times \text{समय}} = \frac{1 \times 100}{6 \times 3} = \frac{50}{9} = 5\frac{5}{9}\%$

26. चूंकि मिश्रधन = मूलधन का $\frac{8}{5}$, अतः मिश्रधन = मूलधन × $\frac{8}{5}$

∴ $\frac{\text{मिश्रधन}}{\text{मूलधन}} = \frac{8}{5}$ ⇒ मिश्रधन : मूलधन = 8 : 5

∴ माना मिश्रधन = ₹ 8 और मूलधन = ₹ 5, अतः साधारण ब्याज = 8 – 5 = ₹ 3

∴ साधारण ब्याज की दर = $\frac{\text{ब्याज} \times 100}{\text{मूलधन} \times \text{समय}} = \frac{3 \times 100}{5 \times 5} = 12\%$

27. ∵ साधारण ब्याज पर 5 वर्षों में किसी राशि में 60% की वृद्धि होती है।

∴ मूलधन ₹ 100 का 5 वर्ष का साधारण ब्याज = ₹ 60

∴ ब्याज की दर = $\frac{\text{ब्याज} \times 100}{\text{मूलधन} \times \text{समय}} = \frac{60 \times 100}{100 \times 5} = 12\%$

∴ ₹ 6250 का 2 वर्ष का चक्रवृद्धि मिश्रधन = $6250 \times \left(\frac{112}{100}\right)^2 = 6250 \times \frac{12544}{10000}$ = ₹ 7840

∴ चक्रवृद्धि ब्याज = 7840 – 6250 = ₹ 1590

28. चूंकि साधारण ब्याज = मूलधन $\times \frac{16}{25}$, अतः $\frac{\text{साधारण ब्याज}}{\text{मूलधन}} = \frac{16}{25}$

∴ साधारण ब्याज : मूलधन = 16 : 25 ⇒ साधारण ब्याज = ₹16 और मूलधन = ₹25

माना ब्याज की वार्षिक दर $x\%$ तथा वर्षों की संख्या x है।

∴ ब्याज की वार्षिक दर = $\frac{\text{साधारण ब्याज} \times 100}{\text{मूलधन} \times \text{समय}} \Rightarrow x = \frac{16 \times 100}{25 \times x}$

∴ $x^2 = 64 = (8)^2 \Rightarrow x = 8$ ⇒ ब्याज की वार्षिक दर = 8%

29. ब्याज की वार्षिक दर = $\frac{\text{ब्याजों में अन्तर} \times 100}{\text{मूलधन} \times \text{समयों में अन्तर}} = \frac{8400 \times 100}{6000 \times 7} = 20\%$

30. राशि (अर्थात् मूलधन) $= \dfrac{\text{साधारण ब्याजों का योग} \times 100}{r_1t_1 + r_2t_2} = \dfrac{47500 \times 100}{(10 \times 5) + (15 \times 3)}$

$= \dfrac{47500 \times 100}{50 + 45} = \dfrac{47500 \times 100}{95} =$ ₹50000

31. ब्याज की वार्षिक दर $= \dfrac{\text{साधारण ब्याजों का योग} \times 100}{P_1t_1 + P_2t_2} = \dfrac{160 \times 100}{(400 \times 3) + (500 \times 4)} = \dfrac{160 \times 100}{1200 + 2000}$

$= \dfrac{160 \times 100}{3200} = 5\%$

32. समयों का अन्तर = (24 − 18) माह = 6 माह $= \dfrac{1}{2}$ वर्ष

$\therefore$ राशि (अर्थात् मूलधन) $= \dfrac{\text{ब्याजों में अन्तर}}{\text{दर} \times \text{समयों में अन्तर}} = \dfrac{452 \times 100}{8 \times \frac{1}{2}} =$ ₹ 11300

33. राशि (अर्थात् मूलधन) $= \dfrac{\text{साधारण ब्याजों का योग} \times 100}{(r_1t_1 + r_2t_2)} = \dfrac{16800 \times 100}{(8 \times 3) + (12 \times 2)}$

$= \dfrac{16800 \times 100}{24 + 24} = \dfrac{16800 \times 100}{48} =$ ₹ 35000

34. यदि राशि x ₹ हो तो 5 वर्षों का साधारण ब्याज = ₹ $\dfrac{x}{4}$

$\therefore$ ब्याज की वार्षिक दर $= \dfrac{\text{ब्याज} \times 100}{\text{मूलधन} \times \text{समय}} = \dfrac{\frac{x}{4} \times 100}{x \times 5} = \dfrac{x \times 25}{x \times 5} = 5\%$

35. ब्याज $= \dfrac{\text{राशि} \times 9}{25} \Rightarrow \dfrac{\text{ब्याज}}{\text{राशि}} = \dfrac{9}{25} \Rightarrow$ ब्याज = ₹ 9 और राशि = ₹ 25

$\therefore$ ब्याज की दर $= \dfrac{\text{ब्याज} \times 100}{\text{राशि} \times \text{समय}} = \dfrac{9 \times 100}{25 \times 6} = 6\%$ वार्षिक

36. साधारण ब्याज $= \dfrac{\text{राशि} \times 1}{16} \Rightarrow \dfrac{\text{ब्याज}}{\text{राशि}} = \dfrac{1}{16} \Rightarrow$ ब्याज = ₹ 1 और राशि = ₹ 16

माना ब्याज की दर x% तथा वर्षों की संख्या x है। अतः ब्याज की वार्षिक दर $= \dfrac{\text{ब्याज} \times 100}{\text{राशि} \times \text{समय}} \Rightarrow x = \dfrac{1 \times 100}{16 \times x}$

$\therefore$ $x^2 = \dfrac{25}{4} = \left(\dfrac{5}{2}\right)^2 \Rightarrow x = \dfrac{5}{2} = 2\dfrac{1}{2}\%$, अतः ब्याज की वार्षिक दर $= 2\dfrac{1}{2}\%$

37. साधारण ब्याज $= \dfrac{\text{राशि} \times 3}{8} \Rightarrow \dfrac{\text{ब्याज}}{\text{राशि}} = \dfrac{3}{8} \Rightarrow$ ब्याज = ₹ 3 और राशि = ₹ 8

$\therefore$ ब्याज की दर $= \dfrac{\text{ब्याज} \times 100}{\text{राशि} \times \text{समय}} = \dfrac{3 \times 100}{8 \times 25/4} = \dfrac{3 \times 100}{50} = 6\%$

38. साधारण ब्याज $= \dfrac{\text{राशि} \times 16}{25} \Rightarrow \dfrac{\text{ब्याज}}{\text{राशि}} = \dfrac{16}{25}$, अतः ब्याज = ₹ 16 तथा राशि = ₹ 25

माना वर्षों की संख्या x तथा दर प्रतिशत प्रतिवर्ष x % है।

$\therefore$ दर $= \dfrac{\text{ब्याज} \times 100}{\text{राशि} \times \text{समय}} \Rightarrow x = \dfrac{16 \times 100}{25 \times x} \Rightarrow x^2 = 64 \Rightarrow x = 8\%$ वार्षिक

39. ब्याज $= \dfrac{\text{मूलधन} \times 1}{9} \Rightarrow \dfrac{\text{ब्याज}}{\text{मूलधन}} = \dfrac{1}{9}$, अतः ब्याज = ₹ 1 तथा मूलधन = ₹ 9

माना वर्षों की संख्या x तथा वार्षिक दर x% है।

$\therefore$ ब्याज की दर $= \dfrac{\text{ब्याज} \times 100}{\text{मूलधन} \times \text{समय}} \Rightarrow x = \dfrac{1 \times 100}{9 \times x} \Rightarrow x^2 = \left(\dfrac{10}{3}\right)^2 \Rightarrow x = \dfrac{10}{3} = 3\dfrac{1}{3}\%$

40. $\text{मूल राशि} = \dfrac{\text{वार्षिक आय में वृद्धि} \times 100}{\text{दरों में अंतर} \times \text{समय}} = \dfrac{1071.20 \times 100}{\left(17\frac{1}{2} - 11\right) \times 1} = \dfrac{107120}{6\frac{1}{2}}$

$= \dfrac{107120}{\left(\frac{13}{2}\right)} = \dfrac{107120 \times 2}{13} = ₹\ 16480$

$\therefore$ 10% दर से 5 वर्ष का साधारण ब्याज $= \dfrac{\text{मूलधन} \times \text{दर} \times \text{समय}}{100} = \dfrac{16480 \times 10 \times 5}{100} = ₹\ 8240$

41. $2\frac{1}{2}$ वर्ष का मिश्रधन = ₹ 1012 और 4 वर्ष का मिश्रधन = ₹ 1067.20

$\therefore$ $1\frac{1}{2}$ वर्ष का ब्याज = 1067.20 − 1012 = ₹ 55.20, अत: $\frac{3}{2}$ वर्ष का ब्याज = ₹ 55.20

$\therefore$ 1 वर्ष का ब्याज $= \dfrac{55.20 \times 2}{3} = 36.8 \Rightarrow 2\frac{1}{2}$ अर्थात् $\frac{5}{2}$ वर्ष का ब्याज $= 36.8 \times \frac{5}{2} = ₹ 92$

अत: मूलधन = 1012 − 92 = ₹ 920 $\Rightarrow$ ब्याज की दर $= \dfrac{\text{ब्याज} \times 100}{\text{मूलधन} \times \text{समय}} = \dfrac{92 \times 100}{920 \times \frac{5}{2}} = 4\%$

42. 2 वर्ष का मिश्रधन = ₹ 756

$3\frac{1}{2}$ वर्ष का मिश्रधन = ₹ 873, अत: $1\frac{1}{2}$ वर्ष का ब्याज = 873 − 756 = ₹ 117

$\therefore$ $\frac{3}{2}$ वर्ष का ब्याज = ₹ 117, अत: 1 वर्ष का ब्याज $= \dfrac{117 \times 2}{3} = 39 \times 2 = 78$

$\therefore$ 2 वर्ष का ब्याज $= 78 \times 2 = 156$, अत: मूलधन = 756 − 156 = ₹ 600

$\therefore$ दर $= \dfrac{\text{ब्याज} \times 100}{\text{मूलधन} \times \text{समय}} = \dfrac{156 \times 100}{600 \times 2} = 13\%$

43. 2 वर्ष का मिश्रधन = ₹ 550 और 3 वर्ष का मिश्रधन = ₹ 575

$\therefore$ 1 वर्ष का ब्याज = 575 − 550 = ₹ 25, अत: 2 वर्ष का ब्याज = ₹ 50

$\therefore$ मूलधन = 550 − 50 = ₹ 500, अत: 4 वर्ष का ब्याज $= 25 \times 4 = 100$

$\therefore$ 4 वर्ष का मिश्रधन = 500 + 100 = ₹ 600

44. 2 वर्ष का मिश्रधन = ₹ 2240 और 5 वर्ष का मिश्रधन = ₹ 2600

$\therefore$ 3 वर्ष का ब्याज = 2600 − 2240 = ₹ 360, अत: 2 वर्ष का ब्याज $= \dfrac{360 \times 2}{3} = ₹ 240$

$\therefore$ रकम = 2240 − 240 = ₹ 2000

45. 5 वर्ष का मिश्रधन = ₹ 7500 और 7 वर्ष का मिश्रधन = ₹ 8500

$\therefore$ 2 वर्ष का साधारण ब्याज = 8500 − 7500 = 1000

$\therefore$ 1 वर्ष का साधारण ब्याज $= \dfrac{1000}{2} = 500 \Rightarrow$ 5 वर्ष का साधारण ब्याज = 500 × 5 = ₹ 2500

$\therefore$ मूलधन = 7500 − 2500 = ₹ 5000

$\therefore$ ब्याज की वार्षिक दर $= \dfrac{\text{ब्याज} \times 100}{\text{मूलधन} \times \text{समय}} = \dfrac{2500 \times 100}{5000 \times 5} = 10\%$

46. पूरी राशि पर ब्याज की औसत दर $= \dfrac{2565 \times 100}{9500 \times \frac{3}{2}}$

$= \dfrac{2565 \times 100 \times 2}{9500 \times 3}$

$= 18\%$

दोनों भागों में अनुपात = 2% : 3% = 2 : 3

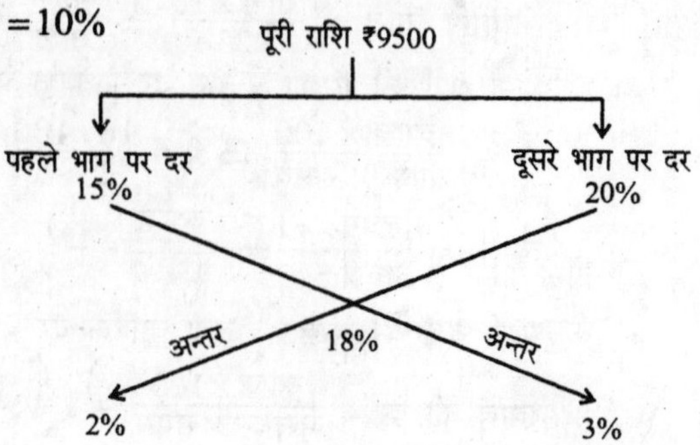

47. कुल राशि पर ब्याज की औसत दर $= \frac{13300 \times 100}{17500 \times 5}$

$= 15.2\%$

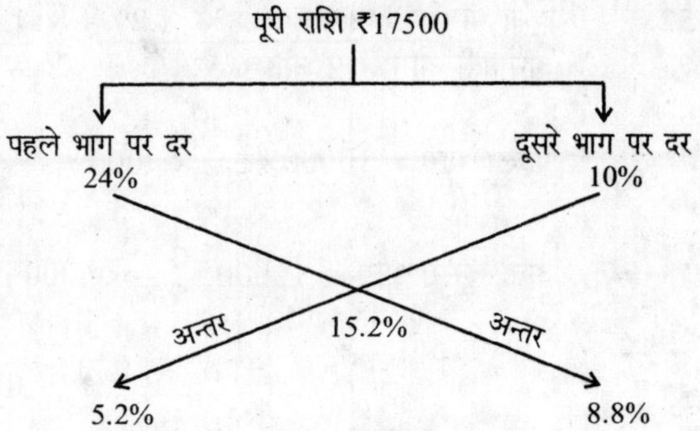

दोनों राशियों में अनुपात = 5.2% : 8.8%

= 52 : 88 = 13 : 22

48. ब्याज की औसत दर $= \frac{\text{कुल ब्याज} \times 100}{\text{मूलधन} \times \text{समय}}$

$= \frac{92 \times 100}{2000 \times 1} = 4.6\%$

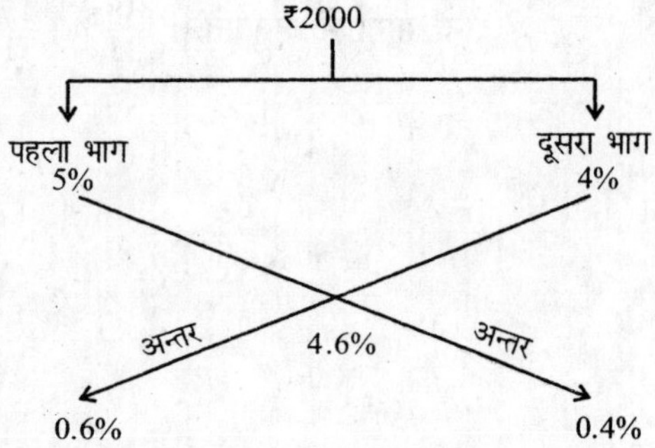

दोनों भागों में अनुपात = 0.6% : 0.4% = 3 : 2

∴ अनुपाती योग = 3 + 2 = 5

∴ 5% ब्याज दर पर दिया गया उधार $= \frac{2000 \times 3}{5} =$ ₹1200

49. पहले दोस्त से प्राप्त ब्याज $= \frac{\text{मूलधन} \times \text{दर} \times \text{समय}}{100} = \frac{12000 \times 8 \times 1}{100} =$ ₹ 960

कुल धन पर वांछित ब्याज $= \frac{20000 \times 10 \times 1}{100} =$ ₹ 2000

∴ दूसरे दोस्त से वांछित ब्याज = 2000 − 960 = ₹ 1040

∴ दूसरे दोस्त के लिए ब्याज दर $= \frac{\text{ब्याज} \times 100}{\text{उधार की राशि} \times \text{समय}} = \frac{1040 \times 100}{8000 \times 1} = 13\%$

50. ब्याज की औसत दर $= \frac{\text{कुल ब्याज} \times 100}{\text{मूलधन} \times \text{समय}}$

$= \frac{950 \times 100}{10000} = 9.5\%$

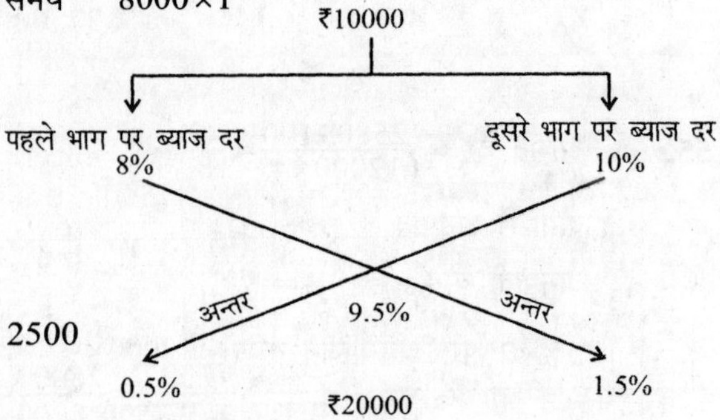

दोनों भागों में अनुपात = 0.5% : 1.5% = 1 : 3

∴ अनुपाती योग = 1 + 3 = 4

∴ पहले बैंक से लिया गया ऋण $= \frac{10000 \times 1}{4} =$ ₹ 2500

51. ब्याज की औसत दर $= \frac{\text{कुल ब्याज} \times 100}{\text{मूलधन} \times \text{समय}}$

$= \frac{800 \times 100}{20000 \times 1} = 4\%$

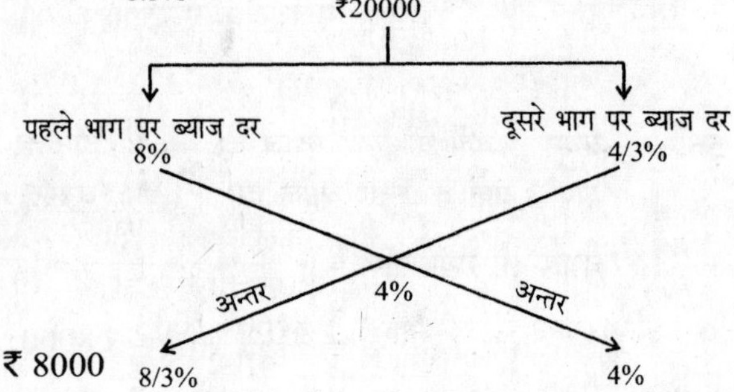

दोनों भागों में अनुपात $= \frac{8}{3} : 4 = 8 : 12 = 2 : 3$

∴ अनुपाती योग = 2 + 3 = 5

∴ 8% ब्याज दर पर दी गयी राशि $= \frac{20000 \times 2}{5} =$ ₹ 8000

52. दोनों भागों में अनुपात $= 0.8\% : 1.2\% = 8 : 12 = 2 : 3$

अनुपाती योग $= 2 + 3 = 5$

$\therefore$ पहला भाग $= 10000 \times \frac{2}{5} =$ ₹ 4000

अतः दूसरा भाग $= 10000 \times \frac{3}{5} =$ ₹ 6000

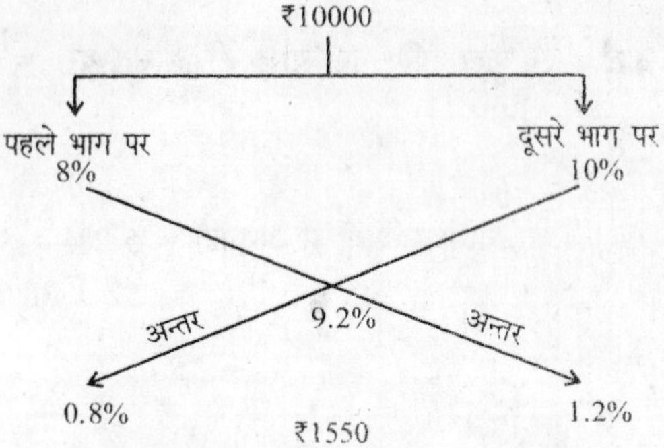

53.

$\therefore$ दोनों भागों में अनुपात $= \frac{48}{31}\% : \frac{45}{31}\% = 48 : 45 = 16 : 15$

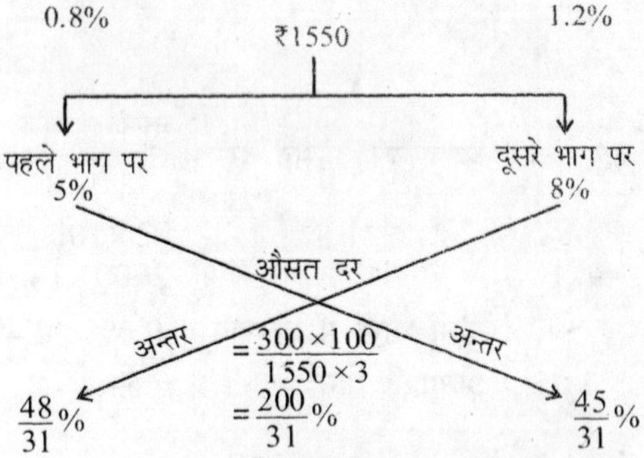

54.

$\therefore$ दोनों में अनुपात $= \frac{5}{4} : \frac{3}{4} = 5 : 3$

अतः अनुपाती योग $= 5 + 3 = 8$

$\therefore$ पहले शेयर पर निवेशित राशि $= 100000 \times \frac{5}{8}$

$=$ ₹ 62500

और दूसरे शेयर पर निवेशित राशि $= 100000 \times \frac{3}{8}$

$=$ ₹ 37500

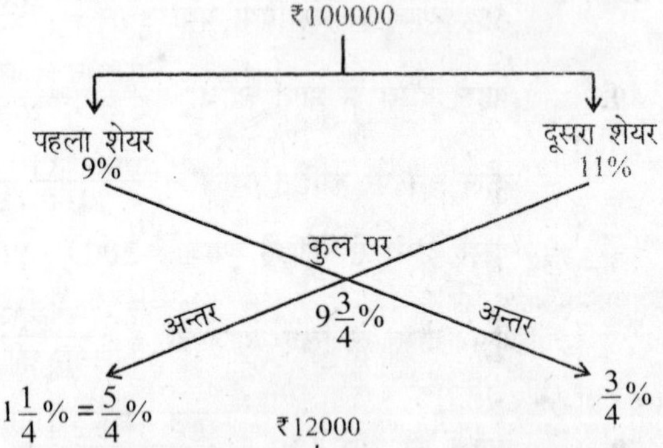

55. औसत दर $= \frac{2580 \times 100}{12000 \times 4} = \frac{43}{8}\%$

$\therefore$ दोनों में अनुपात $= \frac{5}{8} : \frac{3}{8} = 5 : 3$

$\therefore$ अनुपाती योग $= 5 + 3 = 8$

$\therefore$ 5% दर पर विनियोजित राशि $= 12000 \times \frac{5}{8}$

$=$ ₹ 7500

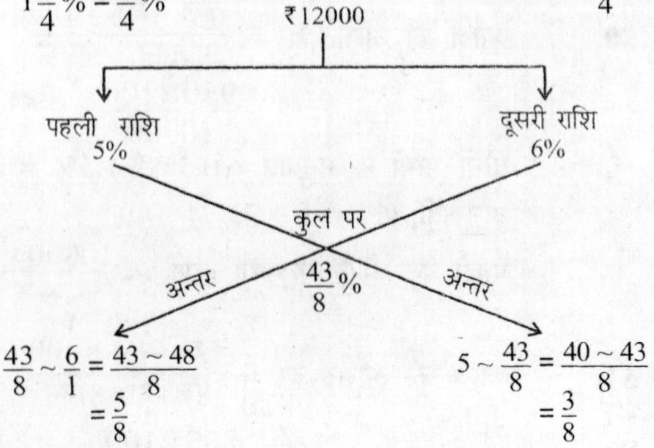

56. प्रथम 3 वर्षों के लिए ब्याज दर = 6%, अनन्तर 5 वर्षों के लिए ब्याज दर = 9%

शेष 3 वर्षों के लिए ब्याज दर = 13% (क्योंकि कुल समय = 11 वर्ष)

$\therefore$ उधार ली गयी राशि $= \frac{\text{कुल ब्याज} \times 100}{r_1t_1 + r_2t_2 + r_3t_3} = \frac{8160 \times 100}{(3 \times 6) + (9 \times 5) + (13 \times 3)} = \frac{8160 \times 100}{18 + 45 + 39}$

$= \frac{8160 \times 100}{102} =$ ₹ 8000

57. प्रथम 2 वर्ष के लिए ब्याज दर = 4% वार्षिक = r_1 और अगले 4 वर्ष के लिए ब्याज दर = 6% वार्षिक = r_2

∴ शेष 3 वर्ष के लिए ब्याज दर = 8% वार्षिक = r_3

∴ धनराशि $= \frac{\text{कुल ब्याज} \times 100}{r_1t_1 + r_2t_2 + r_3t_3} = \frac{1120 \times 100}{(4 \times 2) + (6 \times 4) + (8 \times 3)} = \frac{1120 \times 100}{8 + 24 + 24} = \frac{1120 \times 100}{56} =$ ₹ 2000

58. प्रथम 4 वर्ष के लिए ब्याज दर = 3% वार्षिक = r_1 और अगले 4 वर्ष के लिए ब्याज दर = 5% वार्षिक = r_2

शेष 1 वर्ष के लिए ब्याज दर = 6% वार्षिक = r_3

∴ राशि अर्थात मूलधन $= \frac{\text{कुल ब्याज} \times 100}{r_1t_1 + r_2t_2 + r_3t_3} = \frac{817 \times 100}{(3 \times 4) + (5 \times 4) + (6 \times 1)} = \frac{817 \times 100}{12 + 20 + 6} = \frac{817 \times 100}{38} =$ ₹ 2150

59. माना उधार ली गयी धनराशि ₹ P है। अतः ब्याज = ₹ (P + 6080)

प्रथम 3 वर्ष के लिए ब्याज दर r_1 = 12% और अगले 5 वर्ष के लिए ब्याज दर r_2 = 16%

शेष 3 वर्ष के लिए ब्याज दर r_3 = 20%, अतः मूलधन $= \frac{\text{कुल ब्याज} \times 100}{r_1t_1 + r_2t_2 + r_3t_3}$

∴ $P = \frac{(P + 6080) \times 100}{36 + 80 + 60} = \frac{(P + 6080) \times 100}{176}$, अतः 176 P = 100 P + 608000

∴ 76 P = 608000 या $P = \frac{608000}{76} =$ ₹ 8000, अतः उधार ली गयी धनराशि = ₹ 8000

60. ब्याज दर $= \frac{(\text{गुना} - 1) \times 100}{\text{समय}} = \frac{(2-1) \times 100}{2} = \frac{1 \times 100}{8} = 12\frac{1}{2}\%$

61. साधारण ब्याज दर $= \frac{(\text{गुना} - 1) \times 100}{\text{समय}} = \frac{(2-1) \times 100}{15} = \frac{1 \times 100}{15} = 6\frac{2}{3}\%$

62. समय $= \frac{(\text{गुना} - 1) \times 100}{\text{समय}} = \frac{(3-1) \times 100}{10} = \frac{2 \times 100}{10} = 20$ वर्ष

63. समय $= \frac{(\text{गुना} - 1) \times 100}{\text{समय}} = \frac{(2-1) \times 100}{20} = \frac{1 \times 100}{20} = 5\%$ वर्ष

64. $\frac{t_1}{t_2} = \frac{\text{गुना} - 1}{\text{गुना} - 1} \Rightarrow \frac{8}{t_2} = \frac{3-1}{4-1} = \frac{2}{3} \Rightarrow t_2 = \frac{8 \times 3}{2} = 12$ वर्ष

65. समय $= \frac{(\text{गुना} - 1) \times 100}{\text{ब्याज दर}} = \frac{(2-1) \times 100}{12} = \frac{1 \times 100}{12} = \frac{25}{3} = 8\frac{1}{3}$ वर्ष = 8 वर्ष 4 महीने

66. ब्याज दर $= \frac{(\text{गुना} - 1) \times 100}{\text{ब्याज दर}} = \frac{(2-1) \times 100}{15} = \frac{1 \times 100}{15} = \frac{20}{3} = 6\frac{2}{3}\%$ वार्षिक

67. ब्याज दर $= \frac{(\text{गुना} - 1) \times 100}{\text{ब्याज दर}} = \frac{(2-1) \times 100}{5} = \frac{1 \times 100}{5} = 20\%$ वार्षिक

68. ब्याज दर $= \frac{(\text{गुना} - 1) \times 100}{\text{ब्याज दर}} = \frac{(2-1) \times 100}{8} = \frac{1 \times 100}{8} = \frac{25}{2} = 12\frac{1}{2}\%$ वार्षिक

69. ब्याज दर $= \frac{(\text{गुना} - 1) \times 100}{\text{समय}} = \frac{(3-1) \times 100}{25} = \frac{2 \times 100}{25} = 8\%$ वार्षिक

70. समय $= \frac{(\text{गुना} - 1) \times 100}{\text{ब्याज दर}} = \frac{(3-1) \times 100}{25} = \frac{2 \times 100}{25} = 8$ वर्ष

71. ∵ धनराशि t_1 = 3 वर्ष में n_1 = 5 गुना हो जाती है।

∴ माना धनराशि t_2 वर्ष में n_2 = 13 गुना हो जायेगी।

∴ $\frac{t_1}{t_2} = \frac{n_1 - 1}{n_2 - 1}$ से $\frac{3}{t_2} = \frac{5-1}{13-1} = \frac{4}{12} = \frac{1}{3} \Rightarrow \frac{3}{t_2} = \frac{1}{3} \Rightarrow t_2 = 3 \times 3 = 9$ वर्ष

72. $\frac{t_1}{t_2} = \frac{\text{गुना} - 1}{\text{गुना} - 1} \Rightarrow \frac{10}{t_2} = \frac{2-1}{3-1} = \frac{1}{2}$, अतः $\frac{10}{t_2} = \frac{1}{2} \Rightarrow t_2 = 20$ वर्ष

73. $\frac{t_1}{t_2} = \frac{n_1 - 1}{n_2 - 1} \Rightarrow \frac{7}{t_2} = \frac{2-1}{5-1} = \frac{1}{4}$, अतः $t_2 = 7 \times 4 = 28$ वर्ष

74. $\frac{t_1}{t_2} = \frac{n_1 - 1}{n_2 - 1} \Rightarrow \frac{7}{t_2} = \frac{2-1}{4-1} = \frac{1}{3}$, अतः $t_2 = 7 \times 3 = 21$ वर्ष

75. $\frac{20}{t_2} = \frac{2-1}{4-1}$, अतः $\frac{20}{t_2} = \frac{1}{3} \Rightarrow t_2 = 60$ वर्ष

76. ∵ राशि 3 वर्ष में ₹ 2286 और 4 वर्ष में ₹ 2448 होती है।

∴ राशि पर 1 वर्ष में साधारण ब्याज = 2448 − 2286 = ₹ 162

∴ राशि पर 3 वर्ष में साधारण ब्याज = 162 × 3 = ₹ 486

∴ मूल राशि = 2286 − 486 = ₹1800

∴ ब्याज की वार्षिक दर $= \frac{\text{साधारण ब्याज} \times 100}{\text{मूलधन} \times \text{समय}} = \frac{486 \times 100}{1800 \times 3} = 9\%$

77. ब्याज की दर $= \frac{\text{साधारण ब्याजों का योग} \times 100}{P_1t_1 + P_2t_2 + P_3t_3} = \frac{1000 \times 100}{(500 \times 2) + (600 \times 5) + (1000 \times 6)}$

$= \frac{1000 \times 100}{1000 + 3000 + 6000} = \frac{1000 \times 100}{10000} = 10\%$

78. $\frac{\text{पहला भाग} \times 4 \times 2}{100} = \frac{\text{दूसरा भाग} \times 6 \times 2}{100} = \frac{\text{तीसरा भाग} \times 8 \times 2}{100}$

∴ पहला भाग × 2 = दूसरा भाग × 3 = तीसरा भाग × 4

∴ पहला भाग : दूसरा भाग : तीसरा भाग $= \frac{1}{2} : \frac{1}{3} : \frac{1}{4} = \frac{12 \times 1}{2} : \frac{12 \times 1}{3} : \frac{12 \times 1}{4} = 6 : 4 : 3$

अनुपाती योग = 6 + 4 + 3 = 13

∴ पहला भाग $= \frac{26000 \times 6}{13} =$ ₹ 12000

79. $\frac{A \times 5 \times 2}{100} = \frac{B \times 5 \times 3}{100} = \frac{C \times 5 \times 4}{100} \Rightarrow A \times 2 = B \times 3 = C \times 4$

∴ $A : B : C = \frac{1}{2} : \frac{1}{3} : \frac{1}{4} = \frac{12 \times 1}{2} : \frac{12 \times 1}{3} : \frac{12 \times 1}{4} = 6 : 4 : 3$

∴ A, B, C के नाम निवेश राशियों में अनुपात = 6 : 4 : 3

80. $\frac{\text{धनराशि} \times 5 \times 2}{100} = 15 \Rightarrow \text{धनराशि} = \frac{15 \times 100}{5 \times 2} =$ ₹ 150

81. 18 वर्ष की आयु पूरी करने में बड़े पुत्र के लिए समय = 18 − 14 = 4 वर्ष

18 वर्ष की आयु पूरी करने में छोटे पुत्र के लिए समय = 18 − 12 = 6 वर्ष

∴ 4 वर्ष में बड़े पुत्र को प्राप्त मिश्रधन = 6 वर्ष में छोटे पुत्र को प्राप्त मिश्रधन

∴ बड़े पुत्र का मूलधन $\times \frac{(100 + 5 \times 4)}{100} =$ छोटे पुत्र का मूलधन $\times \frac{(100 + 5 \times 6)}{100}$

∴ बड़े पुत्र का मूलधन × 120 = छोटे पुत्र का मूलधन × 130

∴ बड़े पुत्र का मूलधन : छोटे पुत्र का मूलधन $= \frac{1}{12} : \frac{1}{13} = 13 : 12$

∴ अनुपाती योग = 13 + 12 = 25

∴ छोटे पुत्र का हिस्सा $= \frac{120000 \times 12}{25} =$ ₹ 57600

82. राम के धन पर ब्याज = रहीम के धन पर ब्याज

∴ राम का धन $\times \frac{8 \times 3}{100} = \frac{2000 \times 5 \times 3}{100} \Rightarrow$ राम का धन $= \frac{2000 \times 5}{8} =$ ₹ 1250

∴ राम द्वारा उधार ली गयी राशि = ₹ 1250

16 चक्रवृद्धि ब्याज (Compound Interest)

जब मूलधन के साथ-साथ प्रतिवर्ष ब्याज पर भी ब्याज जोड़ा जाता है तो उसे चक्रवृद्धि ब्याज कहा जाता है। मूलधन और चक्रवृद्धि ब्याज का योग चक्रवृद्धि मिश्रधन कहलाता है। यदि मूलधन p, ब्याज की दर r तथा समय t और चक्रवृद्धि मिश्रधन A हो तो

$$\text{चक्रवृद्धि मिश्रधन} = \text{मूलधन}\left(1+\frac{\text{दर}}{100}\right)^{\text{समय}} \text{ या } A = P\left(1+\frac{r}{100}\right)^t$$

$$\text{चक्रवृद्धि ब्याज} = \text{मिश्रधन} - \text{मूलधन} = P\left(1+\frac{r}{100}\right)^t - P = P\left[\left(1+\frac{r}{100}\right)^t - 1\right]$$

अध्याय पर आधारित प्रश्नों के प्रकार

'चक्रवृद्धि ब्याज' अध्याय से विभिन्न प्रतियोगी परीक्षाओं में पूछे गये और पूछे जा सकने वाले प्रश्नों को कुल 6 प्रकारों में बांट सकते हैं।

1. साधारण प्रश्न
2. गुना पर आधारित प्रश्न
3. जब दो समयों के चक्रवृद्धि मिश्रधन ज्ञात हों
4. जब चक्रवृद्धि ब्याज और साधारण ब्याज में अन्तर ज्ञात हो
5. जब ब्याज छमाही या तिमाही जोड़ा जाय।
6. विविध प्रश्न

उदाहरणार्थ हल प्रश्न

1 साधारण प्रश्न

1. ₹ 3000 का 20% वार्षिक चक्रवृद्धि ब्याज की दर से 2 वर्ष का चक्रवृद्धि मिश्रधन ज्ञात कीजिए।
2. ₹ 10000 10% वार्षिक दर पर 3 वर्ष के लिए दिये गये। अवधि के अन्त में चक्रवृद्धि ब्याज के कितने रुपये प्राप्त होंगे?
3. किसी धन का 10% वार्षिक ब्याज की दर से चक्रवृद्धि मिश्रधन ₹ 6655 हो जाता है। वह धन ज्ञात कीजिये। यदि धन 3 वर्ष तक ब्याज पर रहा हो।

हल

1. $A = p\left(1+\frac{r}{100}\right)^t = 3000\left(1+\frac{20}{100}\right)^2 = 3000 \times \frac{36}{25} = ₹\,4320$

2. $\text{चक्रवृद्धि ब्याज} = p\left[\left(1+\frac{r}{100}\right)^t - 1\right] = 10000\left[\left(1+\frac{10}{100}\right)^3 - 1\right] = 10000 \times \left[\frac{1331}{1000} - 1\right] = 10000 \times \frac{331}{1000} = ₹\,3310$

3. $A = p\left(1+\frac{r}{100}\right)^t$ से $6655 = P\left(1+\frac{10}{100}\right)^3$, अतः $6655 = P \times \frac{1331}{1000}$ या $P = \frac{6655 \times 1000}{1331} = ₹\,5000$

2 गुना पर आधारित प्रश्न

1. कोई धन चक्रवृद्धि ब्याज पर 3 वर्ष में अपने का 3 गुना हो जाता है। वही धन उसी दर से कितने वर्षों में 9 गुना हो जायेगा?
2. कोई धन चक्रवृद्धि ब्याज पर 5 वर्ष में 2 गुना हो जाय तो वह उसी दर से 8 गुना कितने वर्षों में हो जायेगा?
3. एक धन चक्रवृद्धि वार्षिक ब्याज पर 4 वर्ष में दो गुना हो जाता है। वह धन उसी दर पर कितने वर्षों में 16 गुना हो जायेगा?

यदि कोई धन t_1 वर्ष में n गुना तथा t_2 वर्ष में m गुना (माना $m = n^a$) हो जाता है तो

$np = P\left(1+\frac{r}{100}\right)^{t_1}$ या $n = \left(1+\frac{r}{100}\right)^{t_1}$ ....(1)

पुनः $mp = P\left(1+\frac{r}{100}\right)^{t_2}$ या $n^a = \left(1+\frac{r}{100}\right)^{t_2}$ ....(2)

समी० (1) से n का मान समी० (2) में रखने पर, $\left(1+\frac{r}{100}\right)^{t_1 a} = \left(1+\frac{r}{100}\right)^{t_2}$, अतः $t_2 = t_1.a$

हल

1. 3 वर्ष में 3 गुना, माना t_2 वर्ष में 9 गुना अर्थात 3^2 गुना अतः $t_2 = 3 \times 2 = 6$ वर्ष
2. 5 वर्ष में 2 गुना, माना t_2 वर्ष में 8 गुना अर्थात 2^3 गुना अतः $t_2 = 5 \times 3 = 15$ वर्ष
3. 4 वर्ष में 2 गुना, माना t_2 वर्ष में 16 गुना अर्थात 2^4 गुना अतः $t_2 = 4 \times 4 = 16$ वर्ष

3 जब दो समयों के चक्रवृद्धि मिश्रधन ज्ञात हों

[A] 1. कोई धन चक्रवृद्धि ब्याज की दर से 2 वर्ष में ₹ 672 तथा 3 वर्ष में ₹ 714 हो जाता है। ब्याज की वार्षिक दर ज्ञात कीजिए।

2. एक धनराशि चक्रवृद्धि ब्याज पर 3 वर्ष में ₹ 800 तथा 4 वर्ष में ₹ 840 हो जाती है। ब्याज की वार्षिक दर ज्ञात कीजिए।

3. कोई धन चक्रवृद्धि ब्याज पर दिया गया। वह पहले वर्ष के अन्त में ₹ 200 तथा दूसरे वर्ष के अन्त में ₹ 220 हो गयी। ब्याज की दर ज्ञात कीजिए।

4. एक धनराशि चक्रवृद्धि ब्याज की दर से 2 वर्ष में ₹ 2420 तथा 3 वर्ष में ₹ 2662 हो गयी। ब्याज की वार्षिक दर ज्ञात कीजिए।

> *यदि किसी धन का दो लगातार वर्षों (जैसे 2 वर्ष, 3 वर्ष या 3 वर्ष, 4 वर्ष या 5 वर्ष इत्यादि) का चक्रवृद्धि मिश्रधन ज्ञात हो तो ब्याज की दर* $= \dfrac{\text{दोनों मिश्रधनों का अन्तर} \times 100}{\text{पहला मिश्रधन}}$

हल

1. 2 वर्ष का चक्रवृद्धि मिश्रधन = ₹ 672 और 3 वर्ष का चक्रवृद्धि मिश्रधन = ₹ 714

$\therefore$ ब्याज की दर $= \dfrac{(714-672)\times 100}{672} = \dfrac{42\times 100}{672} = 6\dfrac{1}{4}\%$

2. 3 वर्ष का चक्रवृद्धि मिश्रधन = ₹ 800 और 4 वर्ष का चक्रवृद्धि मिश्रधन = ₹ 840

$\therefore$ ब्याज की दर $= \dfrac{(840-800)\times 100}{800} = \dfrac{40\times 100}{800} = 5\%$

3. 1 वर्ष का चक्रवृद्धि मिश्रधन = ₹ 200 और 2 वर्ष का चक्रवृद्धि मिश्रधन = ₹ 220

$\therefore$ ब्याज की दर $= \dfrac{(220-200)\times 100}{200} = \dfrac{20\times 100}{200} = 10\%$

4. 2 वर्ष का चक्रवृद्धि मिश्रधन = ₹ 2420 और 3 वर्ष का चक्रवृद्धि मिश्रधन = ₹ 2662

$\therefore$ ब्याज की दर $= \dfrac{(2662-2420)\times 100}{2420} = \dfrac{242\times 100}{2420} = 10\%$

[B] 1. कोई धन चक्रवृद्धि ब्याज पर 2 वर्ष में ₹ 3600 तथा 4 वर्ष में ₹ 5184 हो जाता है। ब्याज की वार्षिक दर ज्ञात कीजिए।

2. एक धनराशि 3 वर्ष में ₹ 133100 तथा 5 वर्ष में ₹ 161051 हो जाती है। चक्रवृद्धि ब्याज की वार्षिक दर ज्ञात कीजिए।

> *यदि कोई धनराशि t_1 वर्ष में ₹A_1 तथा t_2 वर्ष में ₹A_2 हो जाय तो चक्रवृद्धि ब्याज की वार्षिक दर निम्नलिखित सूत्र से ज्ञात करेंगे–*
>
> $$\left(1+\frac{\text{दर}}{100}\right)^{\text{समयों का अन्तर}} = \frac{\text{दूसरा चक्रवृद्धि मिश्रधन}}{\text{पहला चक्रवृद्धि मिश्रधन}}$$

हल

1. $\left(1+\dfrac{\text{दर}}{100}\right)^{4-2} = \dfrac{5184}{3600}$ या $\left(1+\dfrac{\text{दर}}{100}\right)^2 = \dfrac{36}{25} = \left(\dfrac{6}{5}\right)^2$

$\therefore 1+\dfrac{\text{दर}}{100} = \dfrac{6}{5}$ या $\dfrac{\text{दर}}{100} = \dfrac{6}{5} - 1 = \dfrac{6-5}{5} = \dfrac{1}{5}$, अतः $\dfrac{\text{दर}}{100} = \dfrac{1}{5} \Rightarrow$ दर $= 100\times\dfrac{1}{5} = 20\%$ वार्षिक

2. $\left(1+\dfrac{\text{दर}}{100}\right)^{5-3} = \dfrac{161051}{133100}$ या $\left(1+\dfrac{\text{दर}}{100}\right)^2 = \dfrac{121}{100} = \left(\dfrac{11}{10}\right)^2$

$\therefore \left(1+\dfrac{\text{दर}}{100}\right) = \dfrac{11}{10}$ या $\dfrac{\text{दर}}{100} = \dfrac{11}{10} - 1 = \dfrac{1}{10}$, अतः $\dfrac{\text{दर}}{100} = \dfrac{1}{10}$ या दर $= 100\times\dfrac{1}{10} = 10\%$

4 जब चक्रवृद्धि ब्याज और साधारण ब्याज का अन्तर ज्ञात हो

[A] 1. 4% वार्षिक ब्याज की दर से 2 वर्ष में किसी धन के चक्रवृद्धि ब्याज और साधारण ब्याज में अन्तर ₹ 8 है। वह धन ज्ञात कीजिए।

2. एक धनराशि के 2 वर्ष के चक्रवृद्धि ब्याज और साधारण ब्याज का अन्तर ₹ 1.25 है। यदि ब्याज की वार्षिक दर 5% हो तो वह धन राशि ज्ञात कीजिए।

यदि मूलधन P, ब्याज की दर r तथा समय t वर्ष हो तो चक्रवृद्धि ब्याज $= P\left(1+\frac{r}{100}\right)^t - p$

और साधारण ब्याज $= \frac{P.r.t.}{100}$

$\therefore$ *दोनों ब्याजों में अन्तर* $= P\left(1+\frac{r}{100}\right)^t - p - \frac{P.r.t.}{100} = p\left[\left(1+\frac{r}{100}\right)^t - 1 - \frac{r.t}{100}\right]$

अब t = 2 वर्ष रखने पर–

$\therefore$ *दोनों ब्याजों में अन्तर* $= P\left[\left(1+\frac{r}{100}\right)^2 - 1 - \frac{r.2}{100}\right]$

$\therefore$ *दोनों ब्याजों में अन्तर* $= P\left[1+\left(\frac{r}{100}\right)^2 + \frac{2r}{100} - 1 - \frac{2r}{100}\right] = P\left(\frac{r}{100}\right)^2$

दोनों ब्याजों में अन्तर = मूलधन $\times\left(\frac{\text{दर}}{100}\right)^2$

मूलधन = दोनों ब्याजों में अन्तर $\times\left(\frac{100}{\text{दर}}\right)^2$

हल

1. मूलधन $= 8\times\left(\frac{100}{4}\right)^2 = 8\times(25)^2 = 8\times 625 =$ ₹ 5000

2. मूलधन $= 1.25\times\left(\frac{100}{5}\right)^2 = 1.25\times(20)^2 = 1.25\times 400 =$ ₹ 500

[B] 1. किसी धन के 3 वर्ष के चक्रवृद्धि ब्याज और साधारण ब्याज में ₹ 31 का अन्तर है। यदि ब्याज की वार्षिक दर 10% हो तो वह धन ज्ञात कीजिए।

2. एक धनराशि के 3 वर्ष का चक्रवृद्धि ब्याज उसके 3 वर्ष के साधारण ब्याज से ₹ 155 अधिक है। यदि ब्याज की वार्षिक दर 10% हो तो वह धनराशि कितनी है?

यदि मूलधन P, ब्याज की दर r तथा समय t वर्ष हो तो चक्रवृद्धि ब्याज और साधारण ब्याज में अन्तर = P $\left[1+\left(\frac{r}{100}\right)^t - 1 - \frac{r.t}{100}\right]$

अब उपर्युक्त सूत्र में t = 3 रखने पर–

दोनों ब्याजों में अन्तर $= P\left[\left(1+\frac{r}{100}\right)^3 - 1 - \frac{r.3}{100}\right] = P\left[1+\left(\frac{r}{100}\right)^3 + 3.\frac{r}{100}\left(1+\frac{r}{100}\right) - 1 - \frac{3r}{100}\right]$

$= P\left[1+\left(\frac{r}{100}\right)^3 + \frac{3r}{100} + 3\left(\frac{r}{100}\right)^2 - 1 - \frac{3r}{100}\right] = P\left[\left(\frac{r}{100}\right)^3 + 3\left(\frac{r}{100}\right)^2\right]$

$= P\left[\left(\frac{r}{100}\right)^2\left(\frac{r}{100}+\frac{3}{1}\right)\right]$

दोनों ब्याजों में अन्तर $= P\left[\left(\frac{r}{100}\right)^2\left(\frac{r+300}{100}\right)\right] =$ *मूलधन* $\left(\frac{\text{दर}}{100}\right)^2\left(\frac{\text{दर}+300}{100}\right)$

मूलधन = दोनों ब्याजों में अन्तर $\times\left(\frac{100}{\text{दर}}\right)^2\left(\frac{100}{\text{दर}+300}\right)$

हल

1. मूलधन $= 31\times\left(\frac{100}{10}\right)^2\left(\frac{100}{300+10}\right) = 31\times100\times\frac{100}{310} = ₹\ 1000$
2. मूलधन $= 155\times\left(\frac{100}{10}\right)^2\left(\frac{100}{300+10}\right) = 155\times100\times\frac{100}{310} = ₹\ 5000$

[C] 1. किसी धन का 4 वर्ष के चक्रवृद्धि ब्याज और साधारण ब्याज में अन्तर ₹ 684 है। यदि ब्याज की वार्षिक दर 20% हो तो वह धन ज्ञात कीजिए।

2. एक धनराशि के 5 वर्ष के चक्रवृद्धि ब्याज और साधारण ब्याज में अन्तर ₹ 11051 है। यदि ब्याज की दर 10% वार्षिक हो तो वह धन ज्ञात कीजिए।

> *यदि मूलधन P, दर r तथा समय t हो तो चक्रवृद्धि ब्याज और साधारण ब्याज में अन्तर* $= P\left[\left(1+\frac{r}{100}\right)^t - 1 - \frac{r.t}{100}\right]$

हल

1. $684 = P\left[\left(\frac{120}{100}\right)^4 - 1 - \frac{20\times4}{100}\right] = P\left[\left(\frac{6}{5}\right)^4 - 1 - \frac{4}{5}\right]$

$\therefore\ 684 = P\left[\frac{1296}{625} - 1 - \frac{4}{5}\right] = P\left[\frac{1296-625-500}{625}\right]$, अतः $684 = P\times\frac{171}{625}$ या $P = \frac{684\times625}{171} = ₹\ 2500$

2. $11051 = P\left[\left(\frac{110}{100}\right)^5 - 1 - \frac{10\times5}{100}\right] = P\left[\left(\frac{11}{10}\right)^5 - 1 - \frac{1}{2}\right]$, अतः $11051 = P\left[\frac{161051}{100000} - \frac{3}{2}\right] = P\left[\frac{161051-150000}{100000}\right]$

$\therefore\ 11051 = \frac{P\times11051}{100000}$ अर्थात् $P = \frac{11051\times100000}{11051} = ₹\ 100000$

5 जब ब्याज छमाही या तिमाही जोड़ा जाय

1. ₹ 4000 का 8% वार्षिक ब्याज की दर से 2 वर्ष का चक्रवृद्धि ब्याज ज्ञात कीजिए, यदि ब्याज छमाही जोड़ा जाय।
2. यदि ब्याज तिमाही जोड़ा जाय तो ₹ 2000 का 12% वार्षिक ब्याज की दर से 9 माह का चक्रवृद्धि ब्याज कितना होगा?
3. राम ने छमाही ब्याज पर रहीम को ₹ 800 10% वार्षिक दर से $1\frac{1}{2}$ वर्ष के लिए उधार दिया। अवधि के अन्त में रहीम को कितना धन लौटाना पड़ेगा?

> [A] ब्याज की तिमाही दर $= \frac{\text{वार्षिक दर}}{4}$, समय = वर्षों की संख्या $\times 4$
>
> [B] ब्याज की छमाही दर $= \frac{\text{वार्षिक दर}}{2}$, समय = वर्षों की संख्या $\times 2$

हल

1. $P = ₹4000\quad r = \frac{8}{2}\%$ छमाही = 4% छमाही और समय t = 2 वर्ष = 2 × 2 छमाहियां = 4 छमाहियां

$\therefore$ चक्रवृद्धि ब्याज $= P\left[\left(1+\frac{r}{100}\right)^t - 1\right] = 4000\left[\left(1+\frac{4}{100}\right)^4 - 1\right] = 4000\left[\left(\frac{26}{25}\right)^4 - 1\right] = 4000\left[\frac{456976}{390625} - 1\right]$

$= 4000\times\frac{66351}{390625} = ₹\,679.43$

2. $P = ₹\ 2000,\ r = \frac{12\%}{4}$ तिमाही = 3% तिमाही और $t = \frac{9\text{ माह}}{3} = 3$ तिमाहियां

$\therefore$ चक्रवृद्धि ब्याज $= 2000\left[\left(1+\frac{3}{100}\right)^3 - 1\right] = 2000\left[\left(\frac{103}{100}\right)^3 - 1\right] = \frac{2000\times92727}{1000000} = ₹185.45$

3. $P = ₹800,\ r = \frac{10\%}{2}$ छमाही = 5% छमाही और समय $= \frac{3}{2}\times2$ छमाहियां = 3 छमाहियां

$\therefore\ A = 800\left(1+\frac{5}{100}\right)^3 = 800\times\left(\frac{21}{20}\right)^3 = 800\times\frac{9261}{8000} = ₹926.1$

6 विविध प्रश्न

[A] किस्तों पर आधारित प्रश्न

1. ₹ 16400 के ऋण को 5% वार्षिक ब्याज की दर से दो समान वार्षिक किस्तों में चुकाया जाना है। प्रत्येक किस्त का मान ज्ञात कीजिए।
2. 20% वार्षिक चक्रवृद्धि ब्याज की दर से ₹ 550 का ऋण दो समान वार्षिक किस्तों में अदा करना है। प्रत्येक किस्त कितने ₹ की होगी?
3. चक्रवृद्धि ब्याज की 10% वार्षिक दर से कोई धन उधार लेकर ₹ 2500 की 3 समान वार्षिक किस्तों में चुकाया जाता है। वह धन ज्ञात कीजिए।

यदि प्रत्येक किस्त ₹x तथा उधार की कुल राशि ₹p हो तो, $\frac{x}{\left(1+\frac{r}{100}\right)}+\frac{x}{\left(1+\frac{r}{100}\right)^2}+\frac{x}{\left(1+\frac{r}{100}\right)^3}+---=P$

हल

1. $$\frac{x}{\left(1+\frac{5}{100}\right)}+\frac{x}{\left(1+\frac{5}{100}\right)^2}=16400 \Rightarrow \frac{x}{\frac{21}{20}}+\frac{x}{\left(\frac{21}{20}\right)^2}=16400 \text{ या } \frac{20x}{21}+\frac{400x}{441}=16400$$

$$\therefore \frac{420x+400x}{441}=16400 \text{ या } \frac{820x}{441}=16400 \Rightarrow x=\frac{16400\times 441}{820}=₹8820$$

2. $$\frac{x}{\left(1+\frac{20}{100}\right)}+\frac{x}{\left(1+\frac{20}{100}\right)^2}=550 \text{ या } \frac{5x}{6}+\frac{25x}{36}=550 \Rightarrow \frac{55x}{36}=550 \Rightarrow x=\frac{550\times 36}{55}=₹360$$

3. $$\frac{2500}{\left(1+\frac{10}{100}\right)}+\frac{2500}{\left(1+\frac{10}{100}\right)^2}+\frac{2500}{\left(1+\frac{10}{100}\right)^3}=P, \text{ अतः } P=\frac{25000}{11}+\frac{250000}{121}+\frac{2500000}{1331}=₹6217.13$$

[B] जब दो वर्ष का चक्रवृद्धि ब्याज और साधारण ब्याज ज्ञात हो

1. किसी राशि का 2 वर्ष का चक्रवृद्धि ब्याज ₹ 328 तथा साधारण ब्याज ₹ 320 है। ब्याज की दर ज्ञात कीजिए।
2. एक धन का 2 वर्ष का चक्रवृद्धि ब्याज ₹ 410 तथा साधारण ब्याज ₹ 400 है। ब्याज की वार्षिक दर ज्ञात कीजिए।
3. किसी धन का 2 वर्ष में चक्रवृद्धि ब्याज ₹ 105 तथा साधारण ब्याज ₹ 100 प्राप्त होता है। ब्याज की वार्षिक दर ज्ञात कीजिए।

ब्याज की दर $=\frac{\text{दोनों ब्याजों में अन्तर}\times 2\times 100}{\text{साधारण ब्याज}}$

हल

1. ब्याज की दर $=\frac{(328-320)\times 2\times 100}{320}=\frac{8\times 2\times 100}{320}=5\%$
2. ब्याज की दर $=\frac{(410-400)\times 2\times 100}{400}=\frac{10\times 2\times 100}{400}=5\%$
3. ब्याज की दर $=\frac{(105-100)\times 2\times 100}{100}=\frac{5\times 2\times 100}{100}=10\%$

अभ्यास प्रश्न

साधारण प्रश्न

1. एक ₹2500 की राशि चक्रवृद्धि ब्याज की एक निश्चित दर से 2 वर्ष में ₹8100 हो जाती है। 4 वर्ष पश्चात् राशि (₹ में) क्या होगी?

(a) 29824 (b) 36284 (c) 41624 (d) 26244 ***SSC CHSL (Tier-1) 23.3.2018***

2. एक ₹8000 की राशि चक्रवृद्धि ब्याज की एक निश्चित दर से 2 वर्ष में ₹12500 हो जाती है। 3 वर्ष पश्चात् राशि (₹ में) क्या होगी?

(a) 13175 (b) 14225 (c) 12575 (d)15625 ***SSC CHSL (Tier-1) 19.3.2018***

3. ₹2000 की राशि चक्रवृद्धि ब्याज पर 2 वर्ष में ₹4000 हो जाती है। वह राशि कितने वर्षों में ₹8000 हो जाएगी?
(a) 2 (b) 4 (c) 6 (d) 8 ***SSC CGL (Tier-1) 29.8.2016)***

4. ₹50,000 की राशि प्रति वर्ष चक्रवृद्धि ब्याज की किस दर से 2 वर्षों में ₹73205 हो जाएगी?
(a) 21 प्रतिशत (b) 19 प्रतिशत (c) 17 प्रतिशत (d) 15 प्रतिशत ***SSC CHSL (Tier-1) 9.1.2017***

5. एक राशि में 8 वर्षों में साधारण ब्याज पर 40% की वृद्धि होती है। उसी दर पर 3 वर्षों में ₹10000 का चक्रवृद्धि ब्याज कितना होगा?
(a) ₹1576.25 (b) ₹6305 (c) ₹7881.25 (d) ₹4728.75 ***SSC CHSL (Tier-1) 21.1.2017***

6. ₹6000 की एक राशि साधारण ब्याज वाली एक योजना में निवेश करने पर 2 वर्ष में ₹7200 हो जाती है। यदि वही राशि समान वार्षिक दर वाली एक चक्रवृद्धि ब्याज की एक योजना में निवेश की गयी (ब्याज का संयोजन वार्षिक है), तो 3 वर्ष पश्चात् मिश्रधन (₹ में) क्या होगा?
(a) ₹7434 (b) ₹8244 (c) ₹7864 (d) ₹7986 ***SSC CHSL (Tier-1) 20.3.2018***

7. किसी राशि पर 10% वार्षिक दर से 2 वर्ष का चक्रवृद्धि ब्याज ₹525 है। उसी राशि पर दुगुने समय के लिए वार्षिक दर प्रतिशत आधी होने पर साधारण ब्याज कितना होगा।
(a) ₹520 (b) ₹550 (c) ₹500 (d) ₹515 ***SSC CGL (Tier-1) 30.8.2016***

8. 64000 की राशि पर 7.5% वार्षिक की दर से 3 वर्ष का चक्रवृद्धि ब्याज (जिसे प्रति वर्ष संयोजित किया जाता है), क्या होगा?
(a) ₹14,400 (b) ₹15,705 (c) ₹15,507 (d) ₹15,075 ***SSC CGL (Tier-1) 1.9.2016***

9. वार्षिक संयोजित किये जाने वाले चक्रवृद्धि ब्याज पर जिसमें पहले वर्ष की ब्याज दर 10% हो और दूसरे वर्ष की ब्याज दर 12% वार्षिक हो तो, ₹10,000 की राशि 2 वर्ष के पश्चात् (₹ में) क्या होगी?
(a) 11,320 (b) 12,000 (c) 12,320 (d) 12,500 ***SSC CGL (Tier-1) 2.9.2016***

10. कोई धनराशि 10% चक्रवृद्धि वार्षिक दर पर 3 वर्ष में ₹6655 हो जाती है। धनराशि कितनी है?
(a) ₹5000 (b) ₹5500 (c) ₹6000 (d) ₹6100 ***SSC CGL (Tier-1) 6.9.2016***

11. 14% वार्षिक दर से 3 वर्षों के लिए एक निश्चित राशि पर साधारण ब्याज 10% वार्षिक दर से 2 वर्षों के लिए ₹10000 की राशि पर चक्रवृद्धि ब्याज से आधा है। साधारण ब्याज पर दी गयी राशि कितनी है?
(a) ₹5000 (b) ₹1250 (c) ₹2000 (d) ₹2500 ***SSC CHSL (Tier-1) 7.2.2017***

12. 10% वार्षिक दर से 3 वर्षों के लिए एक निश्चित राशि पर साधारण ब्याज 10% वार्षिक दर से 2 वर्षों के लिए ₹6000 की राशि पर चक्रवृद्धि ब्याज से आधा है। साधारण ब्याज पर दी गयी राशि कितनी है?
(a) ₹4200 (b) ₹2100 (c) ₹1050 (d) ₹1680 ***SSC CHSL (Tier-1) 3.2.2017***

13. किसी निश्चित राशि पर 15% प्रति वर्ष चक्रवृद्धि ब्याज की दर से 3 वर्ष के लिए वार्षिक आधार पर संयोजित चक्रवृद्धि ब्याज ₹4167 है। उसी राशि पर, उसी दर से, 24/5 वर्ष में साधारण ब्याज क्या होगा?
(a) ₹5760 (b) ₹6144 (c) ₹6000 (d) ₹4800 ***SSC CHSL (Tier-1) 3.7.2019***

14. एक ब्याज वार्षिक संयोजित होता है तो 10% प्रति वर्ष की दर से 4 साल में कोई निश्चित राशि ₹29282 हो जाती है, उसी राशि पर, उसी ब्याज दर से, उतने ही समय का साधारण ब्याज क्या है?
(a) ₹8500 (b) ₹8400 (c) ₹8000 (d) ₹7600 ***SSC CHSL (Tier-1) 3.7.2019***

15. एक निश्चित अवधि के लिए, किसी निश्चित दर पर निवेश की गई ₹60000 की राशि, जिसका ब्याज वार्षिक संयोजित होता है, बढ़कर ₹63,654 हो जाती है। यदि उसी दर पर, आधी अवधि के लिए उस राशि को निवेश किया जाता है तो वह बढ़कर कितनी हो जाती?
(a) ₹61675 (b) ₹61809 (c) ₹61800 (d) ₹61827 ***SSC CHSL (Tier-1) 4.7.2019***

16. किसी निश्चित राशि पर 21% से 2 वर्षों के लिए चक्रवृद्धि ब्याज ₹9282 है। इसी दर से और उतने ही समय के लिए इसका साधारण ब्याज है–
(a) ₹84,00 (b) ₹8,000 (c) ₹8,750 (d) ₹8,500 ***SSC CHSL (Tier-1) 8.7.2019***

17. किसी निश्चित राशि पर 21% से 2 वर्षों के लिए चक्रवृद्धि ब्याज ₹6961.5 है। इसी दर से और उतने ही समय के लिए इसका साधारण ब्याज है–

(a) ₹6100 (b) ₹6200 (c) ₹6300 (d) ₹6400 ***SSC CHSL (Tier-1) 9.7.2019***

18. एक राशि निश्चित वार्षिक प्रतिशत ब्याज दर पर 3 वर्षों में ₹12,000 से ₹20,736 हो जाती है, जबकि ब्याज वार्षिक संयोजित होता है। चक्रवृद्धि ब्याज की उसी दर से 2 वर्ष में वह राशि कितनी हो जाएगी?

(a) ₹17,280 (b) ₹14,520 (c) ₹15,640 (d) ₹17,820 ***SSC CGL (Tier-1) 10.6.2019***

19. कोई मूलधन साधारण ब्याज दर पर पांच वर्षों में 50% बढ़ जाता है। समान ब्याज दर के साथ ₹20,000 पर 3 वर्षों के लिए चक्रवृद्धि ब्याज कितना होगा?

(a) ₹6620 (b) ₹3310 (c) ₹5760 (d) ₹2880 ***SSC CHSL (Tier-1) 16.8.2019***

20. ₹10,000 की राशि पर 14% प्रति वर्ष की दर से $2\frac{5}{7}$ वर्षों में चक्रवृद्धि ब्याज कितना होगा, जबकि ब्याज वार्षिक रूप से संयोजित होता है। (₹1 के निकटतम)

(a) ₹4,394 (b) ₹4,259 (c) ₹4,296 (d) ₹4, 439 ***SSC CGL (Tier-1) 6.6.2019***

21. कोई मूलधन चक्रवृद्धि ब्याज के साथ 2 वर्षों में 21% बढ़ जाता है। ₹1000 पर समान ब्याज दर से 4 वर्षों में साधारण ब्याज कितना होगा?

(a) ₹320 (b) ₹400 (c) ₹360 (d) ₹420 ***SSC CHSL (Tier-1) 14.8.2019***

22. ₹6000 की राशि 3 वर्ष में कितने प्रतिशत प्रतिवर्ष पर ₹7986 हो जाएगी, यदि ब्याज वार्षिक रूप से संयोजित की जाती है?

(a) 10% (b) 8% (c) 12.5% (d) 11% ***SSC MTS 9.8.2019***

23. ₹3000 की राशि को 20% प्रतिवर्ष की चक्रवृद्धि ब्याज दर (वार्षिक रूप से संयोजित) पर निवेश किया गया है। 2 वर्षों का चक्रवृद्धि ब्याज कितना है?

(a) ₹1360 (b) ₹1200 (c) ₹1320 (d) ₹1440 ***SSC MTS 6.8.2019***

24. किसी निश्चित राशि पर 20% प्रतिवर्ष की ब्याज दर दो वर्षों का साधारण ब्याज ₹250 है। समान ब्याज दर पर समान अवधि के लिए समान राशि पर चक्रवृद्धि ब्याज (वार्षिक रूप से संयोजित) कितनी है?

(a) ₹275 (b) ₹900 (c) ₹550 (d) ₹750 ***SSC MTS 5.8.2019***

25. ₹2000 की राशि को चक्रवृद्धि ब्याज (वार्षिक रूप से संयोजित) पर निवेश किया जाता है। यदि ब्याज की दर 10% प्रतिवर्ष है, तो 30 माह के बाद मिश्रधन कितना होगा?

(a) ₹2538 (b) ₹2524 (c) ₹2541 (d) ₹2532 ***SSC MTS 5.8.2019***

26. 6.25% वार्षिक चक्रवृद्धि ब्याज की दर से 3 वर्ष में देय ₹14739 की राशि का आज का मान कितना है?

(a) ₹12184 (b) ₹12288 (c) ₹12473 (d) ₹12148 ***SSC CHSL (Tier-1) 21.8.2019***

27. यदि ₹12000 को 20% प्रति वर्ष की दर से चक्रवृद्धि ब्याज (वार्षिक रूप से संयोजित) पर 2 वर्ष के लिए निवेश किया गया है। तो ब्याज कितनी है?

(a) ₹5280 (b) ₹4280 (c) ₹4800 (d) ₹5640 ***SSC MTS 6.8.2019***

28. यदि चक्रवृद्धि ब्याज वार्षिक रूप से संयोजित किया जाता है, तो 8% वार्षिक चक्रवृद्धि ब्याज की दर से कितनी राशि 2 वर्ष में ₹24494.40 हो जाएगी?

(a) ₹21200 (b) ₹22400 (c) ₹21000 (d) ₹22000 ***SSC CHSL (Tier-1) 21.8.2019***

29. 10% प्रति वर्ष की चक्रवृद्धि ब्याज दर से किसी निश्चित राशि पर 21/2 वर्षों में ब्याज ₹1,623 है, जब ब्याज वार्षिक संयोजित है। राशि क्या है?

(a) ₹6,500 (b) ₹5,000 (c) ₹6,000 (d) ₹7,200 ***SSC CGL (Tier-1) 4.6.2019***

30. एक निश्चित राशि पर $16\frac{2}{3}$ प्रति वर्ष की दर से 3 वर्ष के लिए चक्रवृद्धि ब्याज ₹6,350 है। उसी राशि का उसी दर पर $5\frac{2}{3}$ वर्ष के लिए साधारण ब्याज क्या होगा?

(a) ₹11,400 (b) ₹7,620 (c) ₹9,600 (d) ₹10,200 ***SSC CGL (Tier-1) 5.3.2020***

31. एक निश्चित धनराशि पर 5% वार्षिक ब्याज दर पर साधारण ब्याज की धनराशि तीन साल के अंत में ₹1,200 हो जाती है। उसी धनराशि पर समान दर पर समान अवधि के लिए चक्रवृद्धि ब्याज (वार्षिक रूप से चक्रवृद्धि ब्याज) की गणना करें।
(a) ₹1,261 (b) ₹820 (c) ₹1,260 (d) ₹1,800 ***SSC CGL (Tier-1) 9.3.2020***

32. $2\frac{1}{3}$ वर्षों के लिए 10% वार्षिक दर पर ब्याज-गणना वर्ष के अंत में करते हुए एक निश्चित राशि का चक्रवृद्धि ब्याज ₹1,201.60 होता है। वह धनराशि कितनी है?
(a) ₹4,500 (b) ₹4,200 (c) ₹4,800 (d) ₹5,400 ***SSC CGL (Tier-1) 3.3.2020***

33. ₹12,000 की राशि पर $2\frac{5}{8}$ वर्षों के लिए 8% वार्षिक दर से चक्रवृद्धि ब्याज कितना होगा, जब ब्याज को वार्षिक रूप से चक्रवृद्धि किया जाता है? (निकटतम एक रुपया तक)
(a) ₹2,697 (b) ₹2,654 (c) ₹2,642 (d) ₹2,712 ***SSC CGL (Tier-1) 4.3.2020***

34. A और B ने मिलकर 7% वार्षिक चक्रवृद्धि ब्याज दर पर ₹51,750 की राशि इस तरह से उधार ली कि ऋण का निपटान करने के लिए A ने तीन वर्ष के बाद उतनी राशि चुकाई जितनी B ने उधार की तारीख से 4 वर्ष बाद चुकाई। A द्वारा उधार ली गई राशि (₹ में) की गणना कीजिए।
(a) 24,860 (b) 25,000 (c) 26,750 (d) 25,650 ***SSC CGL (Tier-1) 5.3.2020***

35. कोई एक धनराशि 6% वार्षिक चक्रवृद्धि ब्याज (वार्षिक रूप से) की दर पर 2 वर्षों में ₹280900 हो जाती है। वह धनराशि ज्ञात कीजिए।
(a) ₹350000 (b) ₹250000 (c) ₹200000 (d) ₹550000 ***SSC CGL (Tier-1) 9.3.2020***

गुना पर आधारित प्रश्न

36. यदि कोई धनराशि चक्रवृद्धि ब्याज पर 5 वर्षों में 2 गुना हो जाती है, तो कितने वर्षों में वह 8 गुना हो जाएगी?
(a) 10 (b) 20 (c) 15 (d) 30 ***SSC CPO 5.7.2017***

37. यदि कोई राशि चार वर्षों में चक्रवृद्धि ब्याज पर तीन गुना हो जाती है तो उसी ब्याज दर पर वह राशि कितने वर्षां में 27 गुना हो जाएगी?
(a) 15 वर्ष (b) 12 वर्ष (c) 10 वर्ष (d) 16 वर्ष ***SSC CGL (Tier-1) 19.6.2019***

38. एक धनराशि, चक्रवृद्धि ब्याज पर 3 वर्षों में तीन गुनी हो जाती है। तद्नुसार, वह अपनी मूल राशि की 9 गुनी कितने वर्षों में हो जाएगी?
(a) 9 (b) 27 (c) 6 (d) 3 ***(SSC, Tier-2, 16.9.2012)***

39. एक धनराशि चक्रवृद्धि ब्याज पर जमा करने पर चार वर्षों में अपनी दुगुनी हो जाती है। तद्नुसार वह कितने वर्षों में अपनी चार गुनी हो जाएगी?
(a) 12 वर्ष (b) 13 वर्ष (c) 8 वर्ष (d) 16 वर्ष ***(SSC, Tier-1, 26.6.2011)***

40. चक्रवृद्धि ब्याज पर निवेशित एक धनराशि 5 वर्षों में दुगुनी हो जाती है। तदनुसार, वह मूल की आठ गुनी कितने समय में हो पाएगी?
(a) 15 वर्ष (b) 12 वर्ष (c) 10 वर्ष (d) 20 वर्ष ***(SSC, CAPF-SI, 23.6.2013)***

41. कोई धनराशि किसी निश्चित चक्रवृद्धि ब्याज की वार्षिक दर पर 3 वर्षों में आठ गुनी हो जाती है, तब वही धनराशि उसी चक्रवृद्धि ब्याज की दर पर कितने वर्षों में 16 गुनी हो जाएगी?
(a) 6 वर्ष (b) 4 वर्ष (c) 8 वर्ष (d) 5 वर्ष ***(SSC, Tier-1, 19.6.2011)***

42. यदि वार्षिक चक्रवृद्धि ब्याज पर रखी कोई राशि 5 वर्ष में दुगुनी हो जाती है, तो वही राशि आठ गुणा होने में कितना समय लेगी?
(a) 25 वर्ष (b) 20 वर्ष (c) 15 वर्ष (d) 10 वर्ष ***(SSC, Tier-1, 4.9.2011)***

43. यदि कोई धनराशि वार्षिक चक्रवृद्धि ब्याज के आधार पर 3 वर्षों का चक्रवृद्धि ब्याज जोड़कर $3\frac{3}{8}$ गुनी हो जाए, तो ब्याज की वार्षिक दर कितनी है?
(a) $33\frac{1}{3}\%$ (b) 25% (c) 50% (d) $16\frac{2}{3}\%$ ***(SSC, 10+2, 10.11.2013)***

जब दो समयों के चक्रवृद्धि मिश्रधन ज्ञात हों

44. यदि किसी मूलधन पर चक्रवृद्धि ब्याज पर दूसरे और तीसरे वर्ष प्राप्त होने वाली राशि क्रमानुसार ₹16854 और ₹17865.24 है, तो ब्याज दर क्या होगी?
(a) 3 प्रतिशत (b) 12 प्रतिशत (c) 6 प्रतिशत (d) 10 प्रतिशत ***SSC CHSL (Tier-1) 24.1.2017***

45. यदि किसी मूलधन पर चक्रवृद्धि ब्याज पर दूसरे और तीसरे वर्ष प्राप्त होने वाली राशि क्रमानुसार ₹34992 और ₹37791.36 है, तो ब्याज दर कितनी है?
(a) 4 प्रतिशत (b) 16 प्रतिशत (c) 8 प्रतिशत (d) 13 प्रतिशत ***SSC CHSL (Tier-1) 21.1.2017***

46. यदि किसी मूलधन पर चक्रवृद्धि ब्याज पर दूसरे और तीसरे वर्ष प्राप्त होने वाली राशि क्रमानुसार ₹22472 और ₹23820.32 है, तो ब्याज दर कितनी है?
(a) 3 प्रतिशत (b) 6 प्रतिशत (c) 12 प्रतिशत (d) 10 प्रतिशत ***SSC CHSL (Tier-1) 22.1.2017***

47. कोई राशि एक निश्चित वार्षिक दर प्रतशत पर, 3 वर्षों के बाद ₹18600 और 6 वर्षों के बाद ₹27,900 हो जाती हैं। जब ब्याज प्रतिशत संयोजित किया जाता है। तो राशि है–
(a) ₹14,400 (b) ₹14,600 (c) ₹11,800 (d) ₹12,400 ***SSC CGL (Tier-1) 7.6.2019***

48. वार्षिक रूप से संयोजित किसी राशि को चक्रवृद्धि ब्याज पर निवेश किया जाता है, जो 3 वर्षों के बाद बढ़कर ₹1000 तथा 4 वर्षों के बाद ₹1100 हो जाती है। प्रति वर्ष ब्याज की दर कितनी है?
(a) 12.5% (b) 10% (c) 15% (d) 20% ***SSC MTS 5.8.2019***

49. यदि एक राशि चक्रवृद्धि ब्याज द्वारा 4 वर्षों में ₹2,190 और 5 वर्षों में ₹2,409 हो जाती है, जबकि ब्याज वार्षिक संयोजित होता है तो वार्षिक ब्याज दर है–
(a) 8% (b) 10% (c) 11% (d) 9% ***SSC CGL (Tier-1) 13.6.2019***

50. एक निश्चित धनराशि चक्रवृद्धि ब्याज पर 3 वर्ष में ₹66,550 और 4 वर्ष में ₹73,205 हो जाती है। वार्षिक ब्याज दर प्रतिशत कितनी है?
(a) 5% (b) 10% (c) 9% (d) 11% ***SSC CGL (Tier-1) 5.3.2020***

51. कोई राशि एक निश्चित प्रतिशत ब्याज दर पर 3 वर्षां में ₹8028 और 6 वर्षों में ₹12,042 हो जाती है, जब ब्याज वार्षिक संयोजित है। राशि है?
(a) ₹5,325 (b) ₹5,352 (c) ₹5,253 (d) ₹5,235 ***SSC CGL (Tier-1) 5.3.2020***

52. एक धनराशि, वार्षिक चक्रवृद्धि ब्याज की दर पर 2 वर्षों में ₹500 और 3 वर्षों में ₹540 हो जाती है; तदनुसार, उस चक्रवृद्धि ब्याज की वार्षिक दर कितनी है?
(a) 8% (b) 10% (c) 6% (d) 7% ***(SSC, 10+2, 28.10.2012)***

53. एक धनराशि r% प्रतिवर्ष के चक्रवृद्धि ब्याज दर पर दो वर्षों तथा 3 वर्षों के बाद क्रमशः ₹1440 तथा ₹1728 हो जाती है। तदनुसार r का मान क्या है?
(a) 5 (b) 10 (c) 15 (d) 20 ***(SSC, 10+2, 28.10.2012)***

54. एक धनराशि, चक्रवृद्धि ब्याज पर 4 वर्षों में ₹3,840 हो जाती है और पाँच वर्षों में ₹3,936। तदनुसार ब्याज की दर कितनी है?
(a) 2.5% (b) 2% (c) 3.5% (d) 2.05% ***(SSC, Tier-2, 16.8.2012)***

55. जब ब्याज की गणना वार्षिक चक्रवृद्धि आधार पर होती है, तो कोई राशि किसी निश्चित वार्षिक ब्याज दर पर 4 वर्ष में 7,562 रुपये और 5 वर्ष में 8,469 रुपये हो जाती है। ब्याज दर ज्ञात करें।
(a) 8% (b) 12% (c) 20% (d) 15% ***SSC CAPF : 23.11.2020***

जब चक्रवृद्धि ब्याज और साधारण ब्याज में अन्तर ज्ञात हो

56. ₹3000 के मूलधन पर 20% की वार्षिक दर से 3 वर्षों के चक्रवृद्धि ब्याज (वार्षिक संयोजन) तथा साधारण ब्याज के मध्य अंतर (₹ में) क्या है?
(a) ₹464 (b) ₹384 (c) ₹356 (d) ₹424 ***SSC CHSL (Tier-1) 14.3.2018***

57. 8% वार्षिक की दर पर (वर्ष में देय) 2 वर्ष का ₹5000 पर चक्रवृद्धि ब्याज और साधारण ब्याज के बीच कितना अन्तर है?
(a) ₹30 (b) ₹31 (c) ₹33 (d) ₹32 ***SSC CGL (Tier-1) 3.9.2016***

58. किसी राशि पर 4% वार्षिक की दर से 2 वर्ष के लिए (वार्षिक रूप से संयोजित) साधारण ब्याज और चक्रवृद्धि ब्याज का अन्तर ₹1 है। वह धनराशि क्या है?
(a) ₹620 (b) ₹630 (c) ₹640 (d) ₹625 ***SSC CGL (Tier-1) 9.9.2016***

59. एक निश्चित राशि पर 2 वर्षों के लिए 16% वार्षिक दर से वार्षिक रूप से संयोजित होने वाले साधारण ब्याज और चक्रवृद्धि ब्याज में अन्तर ₹320 है। दी गयी राशि का मान (₹) में क्या है?
(a) ₹25000 (b) ₹50000 (c) ₹37500 (d) ₹12500 ***SSC CHSL (Tier-1) 9.1.2017***

60. किसी राशि पर 5% प्रति वर्ष पर 2 वर्ष के चक्रवृद्धि ब्याज और साधारण ब्याज के बीच अन्तर ₹41 है। तो राशि कितनी है?
(a) ₹7200 (b) ₹9600 (c) ₹16400 (d) ₹8400 ***SSC CGL (Tier-1) 28.8.2016***

61. एक निश्चित राशि पर 2 वर्षों के लिए 12% वार्षिक दर से वार्षिक रूप से संयोजित होने वाले साधारण ब्याज और चक्रवृद्धि ब्याज में अंतर ₹72 है। दी गयी राशि का मान (₹ में) क्या है?
(a) 10000 (b) 20000 (c) 5000 (d) 15000 ***SSC CHSL (Tier-1) 10.1.2017***

62. एक निश्चित राशि पर 2 वर्षों के लिए 8% वार्षिक दर से वार्षिक रूप से संयोजित होने वाले साधारण ब्याज और चक्रवृद्धि ब्याज में अंतर ₹40 है। राशि कितनी है?
(a) ₹12500 (b) ₹6250 (c) ₹25000 (d) ₹18750 ***SSC CHSL (Tier-1) 17.1.2017***

63. ₹15,000 की राशि पर 2 वर्ष के चक्रवृद्धि ब्याज और साधारण ब्याज के बीच ₹96 का अन्तर है। वार्षिक ब्याज दर कितनी होगी?
(a) 6% (b) 7% (c) 8% (d) 9% ***SSC CGL (Tier-1) 1.9.2016***

64. 8% प्रतिवर्ष की दर पर ₹40,000 का 3 वर्ष के साधारण ब्याज और चक्रवृद्धि ब्याज (जिसे प्रतिवर्ष संयोजत किया जाता हो) का अंतर कितना है?
(a) ₹684.32 (b) ₹788.48 (c) ₹784.58 (d) ₹4000 ***SSC CGL (Tier – 1) 28-8-2016***

65. 10% प्रतिवर्ष पर 3 वर्ष के लिए किसी राशि पर साधारण और चक्रवृद्धि ब्याज (जिसे प्रतिवर्ष संयोजित किया जाता है) के बीच अंतर का ₹93 का है। राशि कितनी (₹ में) है?
(a) 30000 (b) 30300 (c) 3000 (d) 3030 ***SSC CGL (Tier-1) 27.8.2016***

66. 2 वर्षों के लिए 8% प्रति वर्ष की दर से ₹ x पर चक्रवृद्धि ब्याज और साधारण ब्याज के बीच का अंतर ₹48 है। x का मूल्य क्या है?
(a) 7400 (b) 7500 (c) 7800 (d) 8000 ***SSC CGL (Tier-1) 12.6.2016***

67. ₹ x की एक राशिं पर 8% प्रतिशत की दर से दो वर्ष के लिए चक्रवृद्धि ब्याज और साधारण ब्याज का अंतर ₹19.20 है। x का मान क्या होगा?
(a) 2,800 (b) 2,500 (c) 3,200 (d) 3,000 ***SSC CGL (Tier-1) 10.6.2019***

68. ₹ x की एक राशि पर 9 प्रतिशत की दर से दो वर्ष के लिए चक्रवृद्धि ब्याज और साधारण ब्याज का अंतर ₹20.25 है। x का मान क्या होगा?
(a) 2,400 (b) 2,200 (c) 2,800 (d) 2,500 ***SSC CGL (Tier-1) 10.6.2019***

69. ₹ x की एक राशि पर 8.5% प्रतिशत की दर से दो वर्ष के लिए चक्रवृद्धि ब्याज और साधारण ब्याज का अंतर ₹28.90 है। x का मान क्या होगा?
(a) 4000 (b) 3800 (c) 3500 (d) 4500 ***SSC CGL (Tier-1) 11.6.2019***

70. ₹ x की एक राशि पर 7.5% प्रतिशत की दर से दो वर्ष के लिए चक्रवृद्धि ब्याज और साधारण ब्याज का अंतर ₹45 है। x का मान क्या होगा?
(a) 9,000 (b) 10,000 (c) 7,000 (d) 8,000 ***SSC CGL (Tier-1) 11.6.2019***

71. 2 वर्षों के लिए 12% प्रति वर्ष की दर से ₹ x पर चक्रवृद्धि ब्याज और साधारण ब्याज के बीच का अंतर ₹18 है। x का मूल्य क्या है?
(a) 1,340 (b) 1,300 (c) 1,250 (d) 1,280 *SSC CGL (Tier-1) 11.6.2019*

72. 11% प्रतिवर्ष की दर से 2 वर्षों के लिए ₹ x पर चक्रबृद्धि ब्याज और साधारण ब्याज का अंतर ₹60.50 है, तो x का मान क्या होगा?
(a) 5000 (b) 4800 (c) 4000 (d) 4500 *SSC CGL (Tier-1) 13.6.2019*

73. 15% प्रतिवर्ष की दर से 2 वर्षों के लिए ₹ x पर चक्रवृद्धि ब्याज और साधारण ब्याज का अंतर ₹9 है। x का मान क्या है?
(a) 600 (b) 500 (c) 450 (d) 400 *SSC CGL (Tier-1) 13.6.2019*

74. 2 वर्ष के लिए 7% प्रतिवर्ष की दर से ₹ x पर चक्रवृद्धि ब्याज और साधारण ब्याज के बीच का अंतर ₹24.50 है। x का मूल्य क्या है?
(a) 5,000 (b) 4,800 (c) 5.400 (d) 6,000 *SSC CGL (Tier-1) 13.6.2019*

75. किसी मूलधन पर 5% वार्षिक ब्याज की दर से 2 वर्षों के साधारण ब्याज तथा चक्रवृद्धि ब्याज का अंतर ₹25 है। मूलधन कितना है?
(a) ₹10000 (b) ₹15000 (c) ₹12000 (d) ₹5000 *SSC MTS 6.8.2019*

76. 2 वर्षों के लिए 8% प्रतिवर्ष की दर से ₹ x पर चक्रवृद्धि ब्याज और साधारण ब्याज के बीच का अंतर ₹48 है। x का मूल्य क्या है?
(a) 7400 (b) 8000 (c) 7500 (d) 7800 *SSC CGL (Tier-1) 12.6.2019*

77. 2 वर्ष के लिए 12% प्रति वर्ष की दर से ₹ x पर चक्रवृद्धि ब्याज और साधारण ब्याज के बीच का अंतर ₹43.20 है। x का मूल्य क्या है?
(a) 3,000 (b) 2,800 (c) 2,400 (d) 2,500 *SSC CGL (Tier-1) 12.6.2019*

78. यदि किसी निश्चित धनराशि पर 10% प्रति वर्ष की दर से तीन वर्ष में चक्रवृद्धि ब्याज और साधारण ब्याज के बीच अंतर ₹558 है, तो धन-राशि ज्ञात करें।
(a) ₹18,500 (b) ₹15,000 (c) ₹16,000 (d) ₹18,000 *SSC CHSL (Tier-1) 20.10.2020*

79. यदि किसी धनराशि का 17% वार्षिक दर से (वार्षिक चक्रवृद्धि के आधार पर) 2 वर्ष के लिए चक्रवृद्धि ब्याज और साधारण ब्याज का अंतर 433.50 है तो चक्रवृद्धि ब्याज (रुपये में) ज्ञात करें।
(a) 2,500 (b) 2,735.50 (c) 5,533.50 (d) 5,100 *SSC CAPF : 24.11.2020*

जब ब्याज तिमाही या छमाही जोड़ा जाय

80. एक बैंक अर्द्धवार्षिक रूप से 10% चक्रवृद्धि ब्याज की पेशकश करता है। एक ग्राहक एक वर्ष में 1 जनवरी और 1 जुलाई को ₹3600 जमा करता है। वर्ष के अंत में ब्याज के माध्यम से उसे कितनी राशि का लाभ होगा?
(a) ₹1116 (b) ₹2232 (c) ₹558 (d) ₹279 *SSC CHSL (Tier-1)7.1.2019*

81. ₹10000 की एक धनराशि जब 20% प्रतिवर्ष की चक्रवृद्धि ब्याज दर से ब्याज पर निवेश की जाती है तो ₹14641 हो जाती है। यदि ब्याज का संयोजन अर्द्धवार्षिक किया गया है, तो धनराशि कितने वर्षों के लिए निवेश की गयी थी?
(a) 1 (b) 2 (c) 3 (d) 4 *SSC CHSL (Tier-1) 16.3.2018*

82. एक बैंक अर्द्धवार्षिक रूप से 5% चक्रवृद्धि ब्याज की पेशकश करता है। एक ग्राहक एक वर्ष में 1 जनवरी और 1 जुलाई को ₹8000 जमा करता है। वर्ष के अंत में ब्याज के माध्यम से उसे कितनी राशि का लाभ होगा?
(a) ₹2440 (b) ₹610 (c) ₹1220 (d) ₹305 *SSC CHSL (Tier-1) 3.1.2017*

83. एक बैंक अर्द्धवार्षिक रूप से 20% चक्रवृद्धि ब्याज की पेशकश करता है। एक ग्राहक एक वर्ष में 1 जनवरी और 1 जुलाई को ₹2800 जमा करता है। वर्ष के अंत में ब्याज के माध्यम से उसे कितनी राशि का लाभ होगा?
(a) ₹3584 (b) ₹896 (c) ₹1792 (d) ₹448 *SSC CHSL (Tier-1) 23.1.2017*

84. एक बैंक अर्द्धवार्षिक रूप से 5% चक्रवृद्धि ब्याज की पेशकश करता है। एक ग्राहक एक वर्ष में 1 जनवरी और 1 जुलाई को ₹3200 जमा करता है। वर्ष के अंत में ब्याज के माध्यम से उसे कितनी राशि का लाभ होगा?
(a) ₹976 (b) ₹244 (c) ₹488 (d) ₹122 ***SSC CHSL (Tier-1) 30.1.2017***

85. एक बैंक अर्द्धवार्षिक रूप से 20% चक्रवृद्धि ब्याज की पेशकश करता है। एक ग्राहक एक वर्ष में 1 जनवरी और 1 जुलाई को ₹6000 जमा करता है। वर्ष के अंत में ब्याज के माध्यम से उसे कितनी राशि का लाभ होगा?
(a) ₹7660 (b) ₹3840 (c) ₹1920 (d) ₹960 ***SSC CHSL (Tier-1) 29.1.2017***

86. एक बैंक अर्द्धवार्षिक रूप से 5% चक्रवृद्धि ब्याज की पेशकश करता है। एक ग्राहक एक वर्ष में 1 जनवरी और 1 जुलाई को ₹6400 जमा करता है। वर्ष के अंत में ब्याज के माध्यम से उसे कितनी राशि का लाभ होगा?
(a) ₹1952 (b) ₹488 (c) ₹976 (d) ₹244 ***SSC CHSL (Tier-1) 3.2.2017***

87. एक धनराशि पर प्रतिवर्ष संयोजन द्वारा 2 वर्षों के लिए 20 प्रतिशत प्रति वर्ष चक्रवृद्धि ब्याज की दर से उधार दिया गया। चक्रवृद्धि ब्याज अर्धवार्षिक होने पर, ब्याज ₹241 बढ़ जाता है। उधार दी गयी धनराशि (₹ में) क्या होगी?
(a) 10000 (b) 12000 (c) 20000 (d) 24000 ***SSC CPO 1.7.2017***

88. एक धनराशि को 1 वर्ष के लिए 18 प्रतिशत प्रति वर्ष चक्रवृद्धि ब्याज की दर से उधार दिया गया। चक्रवृद्धि ब्याज अर्धवार्षिक होने पर, ब्याज ₹324 बढ़ जाता है। उधार दी गयी धनराशि (₹में) क्या थी?
(a) 32000 (b) 36000 (c) 40000 (d) 72000 ***SSC CPO 5.7.2017***

89. यदि चक्रवृद्धि ब्याज दर 20% प्रतिवर्ष है, अर्ध वार्षिक रूप से संयोजित, तो ₹100000 के मूलधन पर दो वर्षों का ब्याज कितना होगा?
(a) ₹46,410 (b) ₹44.000 (c) ₹21,000 (d) ₹33, 100 ***SSC CHSL (Tier-1) 14.8.2019***

90. ₹8,100 की राशि पर $1\frac{1}{4}$ वर्षों के लिए 8 प्रतिशत प्रति वर्ष की दर से चक्रवृद्धि ब्याज क्या होगा, जबकि ब्याज प्रति 5 माह पर संयोजित है? (₹ 1 से निकटतम)
(a) ₹837 (b) ₹842 (c) ₹873 (d) ₹824 ***SSC CGL (Tier-1) 7.6.2019***

91. ₹10000 की राशि पर 2 वर्ष के लिए 20% वार्षिक दर पर चक्रवृद्धि ब्याजों में क्या अन्तर है? जब ब्याजों को क्रमशः अर्ध-वार्षिक और वार्षिक रूप से संयोजित किया जाता है?
(a) ₹440 (b) ₹241 (c) ₹441 (d) ₹240 ***SSC CHSL (Tier-1) 16.8.2019***

92. ₹25,000 की राशि पर 12% प्रति वर्ष की दर से 2 वर्षों के लिए चक्रवृद्धि ब्याज (₹1 के निकटतम) क्या होगा, यदि ब्याज प्रति 8 महीने पर संयोजित होता है?
(a) ₹6,493 (b) ₹6,349 (c) ₹6,394 (d) ₹6,439 ***SSC CGL (Tier-1) 14.6.2019***

93. किसी धनराशि पर 10% वार्षिक ब्याज दर पर एक वर्ष के उन चक्रवृद्धि ब्याजों का अंतर ₹88.80 है, जब ब्याज को छमाही और वार्षिक आधार पर चक्रवृद्धि किया जाता है। उसी धनराशि का, उसी ब्याज दर पर $1\frac{2}{3}$ वर्ष का साधारण ब्याज ज्ञात कीजिए।
(a) ₹5,920 (b) ₹5,916 (c) ₹5,986 (d) ₹5,980 ***SSC CGL (Tier-1) 4.3.2020***

94. 10% वार्षिक ब्याज की दर पर निवेश की गई ₹8,000 की राशि, ब्याज को छमाही आधार पर चक्रवृद्धि किये जाने पर एक निश्चित अवधि में ₹9,261 हो जाती है। उसी धनराशि पर पूर्व की ब्याज दर से दोगुनी दर पर उतनी ही अवधि का चक्रवृद्धि ब्याज कितना होगा, यदि ब्याज को वार्षिक आधार पर चक्रवृद्धि किया जाता हो?
(a) ₹2,520 (b) ₹2,480 (c) ₹2,500 (d) ₹2,560 ***SSC CGL (Tier-1) 4.3.2020***

95. जब ब्याज का, वार्षिक और छमाही आधार पर भुगतान किया जाता हो, तो ₹7,800 पर 8% वार्षिक ब्याज की दर पर 1 वर्ष के चक्रवृद्धि ब्याजों में क्या अंतर होगा?
(a) ₹19.46 (b) ₹12.48 (c) ₹29.18 (d) ₹24.72 ***SSC CGL (Tier-1) 6.3.2020***

जब दो वर्षों का साधारण ब्याज और चक्रवृद्धि ब्याज ज्ञात हो

96. किसी मूलधन पर यदि दो वर्षों का साधारण ब्याज ₹3000 और चक्रवृद्धि ब्याज ₹3225 है, तो ब्याज दर कितनी है?
(a) 7.5 प्रतिशत (b) 30 प्रतिशत (c) 15 प्रतिशत (d) 22.5 प्रतिशत ***SSC CHSL (Tier-1) 8.2.2017***

97. दो वर्ष के अंत में एक निश्चित राशि पर चक्रवृद्धि ब्याज ₹408 होता है। उसी अवधि के लिए समान राशि पर साधारण ब्याज ₹400 है। वार्षिक ब्याज दर ज्ञात कीजिए।
(a) 8% (b) 4% (c) 80% (d) 40% ***SSC CGL (Tier-1) 9.3.2020***

98. किसी राशि पर दो वर्षों के लिए चक्रवृद्धि ब्याज ₹40.80 है तथा साधारण ब्याज ₹40.00 है, तो प्रतिशत ब्याज दर ज्ञात कीजिए–
(a) 6% (b) 4% (c) 8% (d) 4.5% ***R.R.B. चंडीगढ़ (ASM) परीक्षा, 2004***

99. किसी धनराशि के 2 वर्ष के साधारण ब्याज तथा चक्रवृद्धि ब्याज (जबकि ब्याज वार्षिक रूप में संयोजित होता है) क्रमशः ₹500 तथा ₹520 हैं। ब्याज की वार्षिक दर है।
(a) 10% (b) 8% (c) 9% (d) 6% ***S.S.C. 2006***

किस्तों पर आधारित प्रश्न

100. ₹ x की एक राशि उधार ली गयी और उसका ₹35,280 के दो बराबर वार्षिक किश्तों में भुगतान किया गया। यदि ब्याज की दर 5% वार्षिक थी, और ब्याज वार्षिक संयोजित था, तो x का मूल्य है –
(a) 65,600 (b) 64,400 (c) 65,400 (d) 64,800 ***SSC CGL (Tier-1) 7.6.2019***

101. एक आदमी 10% चक्रवृद्धि ब्याज पर 21000 रुपये का ऋण लेता है। हर वर्ष के अंत में उसे बराबर कितनी राशि देनी पड़ेगी कि दो वर्षों में ऋण का भुगतान हो जाए?
(a) ₹12000 (b) ₹12100 (c) ₹12200 (d) ₹12300 ***(SSC, Tier-1, 21.4.2013)***

102. ₹11000 की धनराशि का ऋण लिया गया। उसे दो एकसमान वार्षिक किश्तों में वापस करना है। यदि उस पर चक्रवृद्धि ब्याज 20% वार्षिक देना हो, तो प्रत्येक किश्त की धनराशि कितनी होगी?
(a) ₹7500 (b) ₹7000 (c) ₹7100 (d) ₹7200 ***(SSC, CAPF-SI, 23.6.2013)***

103. ₹210 की राशि कर्ज पर ली गयी, जिसकी अदायकी दो बराबर किस्तों में की जानी है। यदि ब्याज की अदायगी वार्षिक 10% चक्रवृद्धि दर पर की जाए, तो प्रत्येक किस्त कितनी राशि की होगी?
(a) ₹127 (b) ₹121 (c) ₹210 (d) ₹225 ***(SSC, 9.11.2014)***

104. उधार ली गयी कोई राशि 5% प्रतिवर्ष के चक्रवृद्धि ब्याज के साथ ₹882 की दो बराबर वार्षिक किश्तों में लौटा दी गयी। उधार ली गयी राशि थी।
(a) ₹1600 (b) ₹1620 (c) ₹1640 (d) ₹1700 ***(S.S.C. Tax Assistant, 13.12.2009)***

105. एक भवन निर्माता ने ₹2550 उधार लिए, तो उसे 4% वार्षिक चक्रवृद्धि ब्याज की दर पर दो वर्षों के अन्तराल से दो बराबर की वार्षिक किश्तों में लौटाने थे, तब प्रत्येक किश्त कितने रुपये की होगी?
(a) ₹1352 (b) ₹1377 (c) ₹1275 (d) ₹1283 ***S.S.C. स्नातक स्तरीय परीक्षा, 2000***

विविध प्रश्न

106. एक समान धनराशि को दो अलग-अलग योजनाओं में निवेश किया गया है। एक योजना साधारण ब्याज तथा दूसरी चक्रवृद्धि ब्याज (वार्षिक संयोजन) देती है। 2 वर्ष पश्चात् दोनों योजनाओं से मिलाकर कुल ₹2090 ब्याज प्राप्त हुआ है। यदि दोनों योजनाओं में 18% प्रति वर्ष की ब्याज दर है, तो साधारण ब्याज वाली योजना का पहले वर्ष का ब्याज (₹) में कितना है?
(a) 1000 (b) 500 (c) 545 (d) 1045 ***SSC CHSL (Tier-1) 10.3.2018***

107. किसी मूलधन पर यदि दो वर्षों का साधारण ब्याज ₹2400 और चक्रवृद्धि ब्याज ₹2544 है, तो ब्याज दर कितनी है?
(a) 12% (b) 6% (c) 24% (d) 18% ***SSC CHSL (Tier-1) 30.1.2017***

108. कोई धनराशि साधारण ब्याज पर 3 वर्षों में ₹840 तथा 7 वर्षों में ₹1200 हो जाती है। मूलधन का मान (₹ में) क्या है?
(a) 520 (b) 570 (c) 620 (d) 670 ***SSC CPO 5.7.2017***

109. ₹12500 पर वार्षिक संयोजन द्वारा 12 प्रतिशत प्रति वर्ष की दर से 2 वर्षां में मिलने वाला चक्रवृद्धि ब्याज (₹ में) क्या है?
(a) 3000 (b) 2980 (c) 3050 (d) 3180 ***SSC CPO 1.7.2017***

110. किसी व्यक्ति ने एक निश्चित राशि 10% वार्षिक दर पर तीन वर्ष के लिए उधार ली, जबकि ब्याज वार्षिक संयोजित था। दो वर्ष पश्चात् उसने ₹6,634 का भुगतान किया और तीसरे वर्ष के अंत में उसने ₹13,200 का भुगतान करके पूरा कर ऋण चुका दिया। उसके द्वारा उधार ली गयी राशि थी–
(a) ₹16,400 (b) ₹15,600 (c) ₹16,500 (d) ₹15,400 ***SSC CGL (Tier-1) 6.6.2019***

111. चक्रवृद्धि ब्याज पर निवेशित ₹3600, 2 वर्ष में ₹4900 हो जाता है (ब्याज वार्षिक रूप से संयोजित) प्रतिवर्ष ब्याज दर कितनी है?

(a) $18\frac{1}{3}\%$ (b) $17\frac{1}{3}\%$ (c) $15\frac{2}{3}\%$ (d) $16\frac{2}{3}\%$ ***SSC CHSL (Tier-1) 19.8.2019***

112. यदि ₹28000 की राशि पर 3 वर्षों में किसी दर पर साधारण बयाज, ₹27000 की राशि पर 3 वर्षों में उसी दर की साधारण ब्याज से ₹225 अधिक है, तो उसी दर पर ₹35500 पर 23/5 वर्षों की साधारण ब्याज कितनी होगी?

(a) ₹6966.50 (b) ₹6922.50 (c) ₹6953.00 (d) ₹6723.50 ***SSC CHSL (Tier-1) 21.8.2019***

उत्तरमाला

1. (d)	2. (d)	3. (b)	4. (a)	5. (a)	6. (d)	7. (c)	8. (c)	9. (c)
10. (a)	11. (d)	12. (b)	13. (a)	14. (c)	15. (c)	16. (a)	17. (c)	18. (a)
19. (a)	20. (c)	21. (b)	22. (a)	23. (c)	24. (a)	25. (c)	26. (b)	27. (a)
28. (c)	29. (c)	30. (d)	31. (a)	32. (c)	33. (a)	34. (c)	35. (b)	36. (c)
37. (b)	38. (c)	39. (c)	40. (a)	41. (b)	42. (c)	43. (c)	44. (c)	45. (c)
46. (b)	47. (d)	48. (b)	49. (b)	50. (b)	51. (b)	52. (a)	53. (d)	54. (a)
55. (b)	56. (b)	57. (d)	58. (d)	59. (d)	60. (c)	61. (c)	62. (b)	63. (c)
64. (b)	65. (c)	66. (b)	67. (d)	68. (d)	69. (a)	70. (d)	71. (c)	72. (a)
73. (d)	74. (a)	75. (a)	76. (c)	77. (a)	78. (d)	79. (c)	80. (a)	81. (b)
82. (c)	83. (c)	84. (c)	85. (b)	86. (c)	87. (a)	88. (c)	89. (a)	90. (a)
91. (b)	92. (a)	93. (a)	94. (d)	95. (b)	96. (c)	97. (b)	98. (b)	99. (b)
100. (a)	101. (b)	102. (d)	103. (b)	104. (c)	105. (a)	106. (b)	107. (a)	108. (b)
109. (d)	110. (d)	111. (d)	112. (b)					

अभ्यास प्रश्नों के हल

1. सूत्र $A = P\left(1+\frac{r}{100}\right)^t$ से $8100 = 2500\left(1+\frac{r}{100}\right)^2 \Rightarrow \left(1+\frac{r}{100}\right) = \frac{9}{5}$

$\therefore$ 4 वर्ष बाद राशि $= P\left(1+\frac{r}{100}\right)^t = 2500\left(\frac{9}{5}\right)^4 = 2500 \times \frac{6561}{625} =$ ₹ 26244

2. सूत्र $A = P\left(1+\frac{r}{100}\right)^t$ से $12500 = 8000\left(1+\frac{r}{100}\right)^2 \Rightarrow \left(1+\frac{r}{100}\right) = \frac{5}{4}$

$\therefore$ 3 वर्ष बाद राशि $= P\left(1+\frac{r}{100}\right)^1 = 8000\left(\frac{5}{4}\right)^3 = 8000 \times \frac{125}{64} =$ ₹ 15625

3. माना ब्याज की दर r है। अतः सूत्र $A = P\left(1+\frac{r}{100}\right)^t$ से

$4000 = 2000\left(1+\frac{r}{100}\right)^2 \left(1+\frac{r}{100}\right)^2 = 2 \Rightarrow \left(1+\frac{r}{100}\right) = 2^{\frac{1}{2}}$

$\therefore$ माना वह राशि t वर्षों में ₹ 8000 हो जायेगी। अतः $8000 = 2000\left(1+\frac{r}{100}\right)^t \Rightarrow \left(1+\frac{r}{100}\right)^t = 4$

$\therefore \left(2^{\frac{1}{2}}\right)^t = 4 \Rightarrow 2^{t/2} = 2^2 \Rightarrow t/2 = 2 \Rightarrow t = 4$ वर्ष

4. यदि ब्याज की दर r हो तो सूत्र $A = P\left(1+\frac{r}{100}\right)^t$ से $73205 = 50000\left(1+\frac{r}{100}\right)^2$

$\therefore \left(1+\frac{r}{100}\right)^2 = \frac{73205}{50000} = \frac{14641}{10000} = \left(\frac{121}{100}\right)^2 \Rightarrow 1+\frac{r}{100} = \frac{121}{100} \Rightarrow \frac{r}{100} = \frac{121}{100} - 1 = \frac{21}{100} \Rightarrow r = 21\%$

5. चूंकि एक राशि में 8 वर्षों में साधारण ब्याज पर 40% की वृद्धि होती है। अतः ब्याज की वार्षिक दर $=\frac{40\%}{8}=5\%$

$\therefore$ 3 वर्ष में 10000 का चक्रवृद्धि मिश्रधन $=10000\times\left(\frac{105}{100}\right)^3=10000\times\frac{9261}{8000}=11576.25$

$\therefore$ चक्रवृद्धि ब्याज = 11576.25 − 10000 = ₹ 1576.25

6. साधारण ब्याज = 7200 − 6000 = ₹ 1200, अतः ब्याज की वार्षिक दर $=\frac{\text{ब्याज}\times 100}{\text{मूलधन}\times\text{समय}}=\frac{1200\times100}{6000\times2}=10\%$

$\therefore$ 3 वर्ष बाद चक्रवृद्धि मिश्रधन = $6000\left(\frac{110}{100}\right)^3=6000\times\frac{1331}{1000}$ = ₹ 7986

7. यदि मूलधन P हो तो चक्रवृद्धि ब्याज = $P\left[\left(1+\frac{r}{100}\right)^1-1\right]$

$\therefore$ $525=P\left[\left(\frac{110}{100}\right)^2-1\right]=P\left[\left(\frac{11}{10}\right)^2-1\right]=P\left[\frac{121}{100}-1\right]=P\times\frac{21}{100}$

$\therefore$ $525=P\times\frac{21}{100}\Rightarrow P=\frac{525\times100}{21}=2500$

$\therefore$ दुगुने समय के लिए आधी दर से साधारण ब्याज $=\frac{2500\times5\times4}{100}$ = ₹ 500

8. चक्रवृद्धि ब्याज = $P\left[\left(1+\frac{r}{100}\right)^3-1\right]=64000\left[\left(\frac{107.5}{100}\right)^3-1\right]=64000\left[\left(\frac{1075}{1000}\right)^3-1\right]$

$=64000\left[\left(\frac{43}{40}\right)^3-1\right]=64000\left[\frac{79507}{64000}-1\right]=64000\times\left(\frac{79507-64000}{64000}\right)$

$=64000\times\frac{15507}{64000}$ = ₹ 15507

9. 2 वर्ष बाद राशि = $10000\times\frac{110}{100}\times\frac{112}{100}=12320$

10. सूत्र $A=P\left(1+\frac{r}{100}\right)^t$ से $6655=P\left(1+\frac{110}{100}\right)^3=P\left(\frac{11}{10}\right)^3$

$\therefore$ $6655=P\times\frac{1331}{1000}\Rightarrow P=\frac{6655\times1000}{1331}$ = ₹ 5000

11. माना साधारण ब्याज पर दी गई राशि ₹ P है। अतः साधारण ब्याज = $\frac{P.r.t.}{100}=\frac{P\times14\times3}{100}$ = ₹ $\frac{21P}{50}$

₹ 10000 का चक्रवृद्धि मिश्रधन = $10000\left(\frac{110}{100}\right)^2=10000\times\frac{121}{100}$ = ₹ 12100

$\therefore$ चक्रवृद्धि ब्याज = 12100 − 10000 = ₹ 2100

चूंकि साधारण ब्याज = चक्रवृद्धि ब्याज का आधा, अतः $\frac{21P}{50}=2100\times\frac{1}{2}\Rightarrow P=2100\times\frac{1}{2}\times\frac{50}{21}$ = ₹ 2500

12. माना साधारण ब्याज पर दी गई राशि ₹ P है। अतः साधारण ब्याज $=\frac{P.r.t.}{100}=\frac{P\times10\times3}{100}$ = ₹ $\frac{3P}{10}$

₹ 6000 का चक्रवृद्धि मिश्रधन = $6000\left(\frac{110}{100}\right)^2=6000\times\frac{121}{100}$ = ₹ 7260

$\therefore$ चक्रवृद्धि ब्याज = 7260 − 6000 = ₹ 1260

चूंकि साधारण ब्याज = चक्रवृद्धि ब्याज का आधा, अतः $\frac{3P}{10}=1260\times\frac{1}{2}\Rightarrow P=1260\times\frac{1}{2}\times\frac{10}{3}$ = ₹ 2100

13. माना राशि ₹ P है। अतः 3 वर्ष का चक्रवृद्धि मिश्रधन $= P\left(\frac{115}{100}\right)^3 = P\left(\frac{23}{20}\right)^3 = \frac{12167P}{8000}$

$\therefore$ चक्रवृद्धि ब्याज $\Rightarrow \frac{12167P}{8000} - P = 4167$

$\therefore \frac{12167P - 8000P}{8000} = 4167 \Rightarrow \frac{4167P}{8000} = \frac{4167}{1} \Rightarrow P =$ ₹ 8000

$\therefore$ साधारण ब्याज $= \frac{P.r.t.}{100} = \frac{8000 \times 15}{100} \times \frac{25}{5} =$ ₹ 5760

14. माना वह राशि ₹ P है। अतः $29281 = P\left(\frac{110}{100}\right)^4 = P\left(\frac{11}{10}\right)^4 \Rightarrow 29282 = \frac{14641P}{10000}$

$\therefore P = \frac{29282 \times 10000}{14641} =$ ₹ 20000, अतः साधारण ब्याज $= \frac{P.r.t.}{100} = \frac{20000 \times 10 \times 4}{100} =$ ₹ 8000

15. माना निश्चित अवधि t वर्ष तथा निश्चित दर r% वार्षिक है। अतः $63654 = 60000\left(1 + \frac{r}{100}\right)^t = \frac{63654}{60000} = \frac{10609}{10000}$

$\therefore$ आधी अवधि के लिए बढ़ी राशि $= 60000\left(1 + \frac{r}{100}\right)^{1/2} = 60000\left[\left(1 + \frac{r}{100}\right)^1\right]^{\frac{1}{2}}$

$$= 60000\left[\left(\frac{10609}{1000}\right)^2\right]^{\frac{1}{2}} = 60000\left[\left(\frac{103}{100}\right)^2\right]^{\frac{1}{2}}$$

$$= 60000 \times \frac{103}{100} = 600 \times 103 = ₹\ 61800$$

16. यदि राशि ₹ P है तो 2 वर्ष का चक्रवृद्धि मिश्रधन $= P\left(\frac{121}{100}\right)^2 = \frac{14641P}{10000}$

$\therefore$ 2 वर्ष का चक्रवृद्धि ब्याज $\Rightarrow \frac{14641P}{10000} - P = 9282$

$\therefore \frac{14641P - 10000P}{10000} = 9282 \Rightarrow \frac{4641P}{10000} = 9282 \Rightarrow P = \frac{9282 \times 10000}{4641} =$ ₹ 20000

$\therefore$ साधारण ब्याज $= \frac{P.r.t.}{100} = \frac{20000 \times 21 \times 2}{100} =$ ₹ 8400

17. यदि निश्चित राशि हो तो 2 वर्ष का चक्रवृद्धि मिश्रधन $= P\left(\frac{121}{100}\right)^2 = \frac{14641P}{10000}$

$\therefore$ 2 वर्ष का चक्रवृद्धि ब्याज $\Rightarrow \frac{14641P}{10000} - P = 6961.5$

$\therefore \frac{14641P - 10000P}{10000} = 6961.5 \Rightarrow \frac{4641P}{10000} = 6961.5 \Rightarrow P = \frac{69615000}{4641} =$ ₹ 15000

$\therefore$ साधारण ब्याज $= \frac{P.r.t.}{100} = \frac{15000 \times 21 \times 2}{100} =$ ₹ 6300

18. सूत्र $A = P\left(1 + \frac{r}{100}\right)^t$ से $20736 = 12000 \times \left(1 + \frac{r}{100}\right)^3$

$\therefore \frac{20736}{12000} = \left(1 + \frac{r}{100}\right)^3 \Rightarrow \frac{1728}{1000} = \left(1 + \frac{r}{100}\right)^3 \Rightarrow \left(\frac{12}{10}\right)^3 = \left(1 + \frac{r}{100}\right)^3 \Rightarrow \left(1 + \frac{r}{100}\right)^3 = \frac{12}{10}$

$\therefore$ 2 वर्ष में चक्रवृद्धि मिश्रधन $= P\left(1 + \frac{r}{100}\right)^2 = 12000\left(\frac{12}{10}\right)^2 = 12000 \times \frac{144}{100} =$ ₹ 17280

19. $\because$ मूलधन साधारण ब्याज दर पर 5 वर्ष में 50% बढ़ जाता है।

$\therefore$ यदि मूलधन हो तो 5 वर्ष का साधारण ब्याज $= P \times \frac{50}{100} = \frac{P}{2}$, अतः ब्याज की दर $= \frac{\frac{P}{2} \times 100}{P \times 5} = \frac{P \times 100}{2 \times P \times 5} = 10\%$

$\therefore$ ₹ 20000 का 3 वर्षों का चक्रवृद्धि मिश्रधन $= 20000 \times \left(\frac{110}{100}\right)^3 = 20000 \times \frac{1331}{1000} =$ ₹ 26620

$\therefore$ चक्रवृद्धि ब्याज = 26620 − 20000 = ₹ 6620

20. चक्रवृद्धि मिश्रधन $= 10000\left(\frac{114}{100}\right)^2 \left(1 + \frac{14 \times \frac{5}{7}}{100}\right) = 10000\left(\frac{114}{100}\right)^2 \left(1 + \frac{10}{100}\right)$

$= 10000 \times \frac{114}{100} \times \frac{114}{100} \times \frac{11}{10} = 14295.6 =$ ₹14296

$\therefore$ चक्रवृद्धि ब्याज = 14296 − 10000 = ₹ 4296

21. माना मूलधन ₹ 100 है। अतः चक्रवृद्धि मिश्रधन = ₹ 121

$\therefore$ सूत्र $A = P\left(1 + \frac{r}{100}\right)^t$ से $121 = 100\left(1 + \frac{r}{100}\right)^2$

$\therefore$ $\left(1 + \frac{r}{100}\right)^2 = \frac{121}{100} = \left(\frac{11}{10}\right)^2 \Rightarrow 1 + \frac{r}{100} = \frac{11}{10} \Rightarrow \frac{r}{100} = \frac{11}{10} - 1 = \frac{1}{10} \Rightarrow r = \frac{1}{10} \times 100 = 10\%$

$\therefore$ ₹ 1000 पर 4 वर्षों का साधारण ब्याज $= \frac{P.r.t.}{100} = \frac{1000 \times 10 \times 4}{100} =$ ₹ 400

22. सूत्र $A = P\left(1 + \frac{r}{100}\right)^2 \Rightarrow 7986 = 6000\left(1 + \frac{r}{100}\right)^3 \Rightarrow \left(1 + \frac{r}{100}\right)^3 \Rightarrow \frac{7986}{6000} = \frac{1331}{1000} = \left(\frac{11}{10}\right)^3$

$\therefore$ $1 + \frac{r}{100} = \frac{11}{10} \Rightarrow \frac{r}{100} = \frac{11}{10} - 1 = \frac{11 - 10}{10} = \frac{1}{10} \Rightarrow r = \frac{1}{10} \times 100 = 10\%$

23. 2 वर्ष का चक्रवृद्धि मिश्रधन = ₹3000 $\left(\frac{120}{100}\right)^2 = 3000 \times \frac{36}{25} =$ ₹ 4320

$\therefore$ 2 वर्ष का चक्रवृद्धि ब्याज = मिश्रधन − मूलधन = 4320 − 3000 = ₹ 1320

24. मूलधन $= \frac{\text{साधारण ब्याज} \times 100}{\text{पहला मिश्रधन}} = \frac{250 \times 100}{20 \times 2} =$ ₹ 625

$\therefore$ 2 वर्ष का चक्रवृद्धि मिश्रधन $= 625\left(\frac{120}{100}\right)^2 = 625 \times \frac{36}{25} =$ ₹ 900

$\therefore$ चक्रवृद्धि ब्याज = मिश्रधन − मूलधन = 900 − 625 = ₹ 275

25. समय = 30 माह $= \frac{30}{12}$ वर्ष $= \frac{5}{2}$ वर्ष $= 2\frac{1}{2}$ वर्ष

$\therefore$ चक्रवृद्धि मिश्रधन $= 2000\left(\frac{110}{100}\right)^2 \left(1 + \frac{10 \times \frac{1}{2}}{100}\right) = 2000 \times \left(\frac{11}{10}\right)^2 \times \frac{21}{20} = 2000 \times \frac{121}{100} \times \frac{21}{20} =$ ₹ 2541

26. माना आज का मान अर्थात् मूलधन ₹ P है। माना $P\left(\frac{106.25}{100}\right)^3 = 14739 \Rightarrow P\left(\frac{10625}{10000}\right)^3 =$ ₹ 14739

$\therefore$ $P\left(\frac{17}{16}\right)^3 = 14739 \Rightarrow P = \frac{14739 \times 16 \times 16 \times 16}{17 \times 17 \times 17} =$ ₹ 12288

27. चक्रवृद्धि मिश्रधन $= 12000\left(\frac{120}{100}\right)^2 = 12000 \times \frac{36}{25} =$ ₹ 17280

$\therefore$ चक्रवृद्धि ब्याज = मिश्रधन − मूलधन = 17280 − 12000 = ₹ 5280

28. सूत्र $A = P\left(1+\frac{r}{100}\right)^t$ से $24494.40 = P\left(\frac{108}{100}\right)^2 = P\left(\frac{27}{25}\right)^2 = \frac{729P}{625}$

$\therefore \frac{24494.40}{1} = \frac{729P}{625} \Rightarrow P = \frac{24494.40 \times 625}{729} =$ ₹ 21000

29. माना राशि ₹ P है। अतः चक्रवृद्धि मिश्रधन $= P\left(\frac{110}{100}\right)^2\left(1+\frac{10\times\frac{1}{2}}{100}\right) = \left(\frac{11}{10}\right)^2\left(1+\frac{1}{20}\right)$

$= P\left(\frac{121}{100}\right)\times\frac{21}{20} = \frac{2541P}{2000}$

$\therefore$ चक्रवृद्धि ब्याज $\Rightarrow \frac{2541P}{2000} - P = 1623 \Rightarrow \frac{2541P - 2000P}{2000} = 1623$

$\therefore \frac{541P}{2000} = 1623 \Rightarrow P = \frac{1623 \times 2000}{541} =$ ₹ 6000

30. ब्याज की दर $= 16\frac{2}{3}\% = \frac{50}{3}\%$, समय = 3 वर्ष

$\therefore$ चक्रवृद्धि मिश्रधन $= P\left(\frac{+\frac{50}{3}}{100}\right)^3 = P\left(\frac{350}{300}\right)^3 = P\left(\frac{7}{6}\right)^3 = \frac{343P}{216}$

$\therefore$ चक्रवृद्धि मिश्रधन − मूलधन = चक्रवृद्धि ब्याज $\Rightarrow \frac{343P}{216} - P = 6350$

$\therefore \frac{343P - 216P}{216} = 6350 \Rightarrow \frac{127P}{216} = 6350 \Rightarrow P = \frac{6350 \times 216}{127} =$ ₹ 10800

$\therefore$ उसी दर पर $5\frac{2}{3}$ वर्ष का साधारण ब्याज $= \frac{P.r.t.}{100} = \frac{10800}{100}\times\frac{50}{3}\times\frac{17}{3} =$ ₹ 10200

31. धनराशि $= \frac{\text{साधारण ब्याज} \times 100}{\text{धन} \times \text{समय}} = \frac{1200\times100}{5\times3} =$ ₹8000

$\therefore$ चक्रवृद्धि मिश्रधन $= 8000\left(\frac{105}{100}\right)^3 = 8000\left(\frac{21}{20}\right)^3 = 8000\times\frac{9261}{8000} =$ ₹9261

$\therefore$ चक्रवृद्धि ब्याज = चक्रवृद्धि मिश्रधन − मूलधन = 9261 − 8000 = ₹1261

32. माना धनराशि P है। अतः $2\frac{1}{3}$ वर्ष का चक्रवृद्धि मिश्रधन $= P\left(\frac{110}{100}\right)^2\left(1+\frac{10\times\frac{1}{3}}{100}\right) = P\left(\frac{11}{10}\right)^2\left(1+\frac{10}{3\times100}\right)$

$= P\left(\frac{121}{100}\right)\left(1+\frac{1}{30}\right) = P\left(\frac{121}{100}\right)\left(\frac{31}{30}\right) = \frac{2751P}{3000}$

$\therefore$ चक्रवृद्धि मिश्रधन − मूलधन = चक्रवृद्धि ब्याज $\Rightarrow \frac{3751P}{3000} - P = 1201.60$

$\therefore \frac{3751P}{3000} - 1201.60 \Rightarrow P = \frac{1201.60 \times 3000}{751} =$ ₹4800

33. $2\frac{5}{8}$ वर्ष का चक्रवृद्धि मिश्रधन $= 12000\left(\frac{108}{100}\right)^2\left(1+\frac{8\times\frac{5}{8}}{100}\right) = 12000\left(\frac{27}{25}\right)^2\left(1+\frac{5}{100}\right) = 12000\times\frac{729}{625}\times\frac{21}{20}$

= ₹14697

$\therefore$ चक्रवृद्धि ब्याज = चक्रवृद्धि मिश्रधन − मूलधन = 14697 − 12000 = ₹ 2697

34. मान A द्वारा उधार ली गयी धनराशि P_1 और B द्वारा उधार ली गयी धनराशि P_2 है।

∴ A द्वारा 3 वर्ष में दी गयी धनराशि = B द्वारा 4 वर्ष में दी गयी धनराशि

∴ $P_1\left(\frac{107}{100}\right)^3 = P_2\left(\frac{107}{100}\right)^4 \Rightarrow P_1 = P_2\left(\frac{107}{100}\right) \Rightarrow \frac{P_1}{P_2} = \frac{107}{100}$

∴ $P_1 : P_2 = 107 : 100$ ⇒ अनुपाती योग = 107 + 100 = 207

∴ A द्वारा उधार ली गयी राशि = $51750 \times \frac{107}{207}$ = ₹26750

35. सूत्र $A = P\left(1+\frac{r}{100}\right)^t$ से $280900 = P\left(\frac{106}{100}\right)^2 \Rightarrow 280900 = P\left(\frac{53}{50}\right)^2$

∴ $280900 = P \times \frac{2809}{2500} \Rightarrow P = \frac{280900 \times 2500}{2809}$ = ₹ 250000, अतः वह धनराशि = P = ₹ 250000

36. ∵ धनराशि 5 वर्ष में 2 गुना होती है।

∴ माना t वर्ष में 8 गुना अर्थात् 2^3 गुना होगी। अतः t = 5 × 3 = 15 वर्ष

37. ∵ राशि 4 वर्षों में तीन गुना होती है।

अतः माना वह t वर्ष में 27 गुना अर्थात् 3^3 गुना होगी। अतः t = 4 × 3 = 12

38. धनराशि 3 वर्षों में 3 गुनी होती है।

माना वह t वर्षों में 9 गुनी = 3^2 गुनी होगी। अतः t = 3 × 2 = 6 वर्ष

39. धनराशि 4 वर्षों में 2 गुनी होती है।

माना वह t वर्षों में 4 गुनी = 2^2 गुनी होगी। अतः t = 4 × 2 = 8 वर्ष

40. धनराशि 5 वर्षों में 2 गुनी होती है।

माना वह t वर्षों में 8 गुनी = 2^3 गुनी होगी। अतः t = 5 × 3 = 15 वर्ष

41. माना वह धनराशि P, ब्याज की दर r है । अतः सूत्र $A = P\left(1+\frac{r}{100}\right)^t$ से

$$8P = P\left(1+\frac{r}{100}\right)^3 \Rightarrow 8 = \left(1+\frac{r}{100}\right)^3 \Rightarrow 2^3 = \left(1+\frac{r}{100}\right)^3 \Rightarrow 1+\frac{r}{100} = 2$$

माना वह धनराशि t वर्षों में अपने की 16 गुनी हो जायेगी

∴ $16P = P\left(1+\frac{r}{100}\right)^t \Rightarrow 16 = \left(1+\frac{r}{100}\right)^t \Rightarrow 2^4 = 2^t \Rightarrow t = 4$ वर्ष

42. धनराशि 5 वर्ष में 2 गुनी होती है।

माना वह t वर्षों में 8 गुनी = 2^3 गुनी होगी। अतः t = 5 × 3 = 15 वर्ष

43. माना वह धनराशि P तथा चक्रवृद्धि ब्याज की दर r है।

∴ 3 वर्षों में चक्रवृद्धि मिश्रधन = $3\frac{3}{8} \times P = \frac{27P}{8}$

सूत्र $A = P\left(1+\frac{r}{100}\right)^t$ से $\frac{27P}{8} = P\left(1+\frac{r}{100}\right)^3 \Rightarrow \frac{27}{8} = \left(1+\frac{r}{100}\right)^3$

∴ $\left(\frac{3}{2}\right)^3 = \left(1+\frac{r}{100}\right)^2 \Rightarrow \frac{3}{2} = 1+\frac{r}{100} \Rightarrow \frac{r}{100} = \frac{3}{2} - 1 = \frac{1}{2} \Rightarrow r = 50\%$

44. चक्रवृद्धि ब्याज की दर = $\frac{\text{दोनों मिश्रधनों में अन्तर} \times 100}{\text{पहला मिश्रधन}} = \frac{(17865.24 - 16854) \times 100}{16854}$

$$= \frac{1011.24 \times 100}{16854} = 6\%$$

45. ब्याज की दर $= \frac{\text{चक्रवृद्धि मिश्रधनों का अन्तर} \times 100}{\text{पहला चक्रवृद्धि मिश्रधन}} = \frac{(37791.36 - 34992) \times 100}{34992}$

$= \frac{2799.36 \times 100}{34992} = 8\%$

46. ब्याज दर $= \frac{\text{चक्रवृद्धि मिश्रधनों में अन्तर} \times 100}{\text{पहला चक्रवृद्धि मिश्रधन}} = \frac{1348.32 \times 100}{22472} = 6\%$ वार्षिक

47. माना वह धनराशि P है। अतः 3 वर्ष का मिश्रधन $\Rightarrow 18600 = P\left(1+\frac{r}{100}\right)^3$ .... (i)

और 6 वर्ष का मिश्रधन $\Rightarrow 27900 = P\left(1+\frac{r}{100}\right)^6$ .... (ii)

समीकरण (ii) में समीकरण (i) से भाग देने पर–

$\left(1+\frac{r}{100}\right)^3 = \frac{27900}{18600} = \frac{279}{186} = \frac{3}{2}$, अतः समीकरण (i) में $\left(1+\frac{r}{100}\right)^3 = \frac{3}{2}$ रखने पर–

$18600 = P \times \frac{3}{2} \Rightarrow P = \frac{18600 \times 2}{3} =$ ₹ 12400, अतः धनराशि = ₹ 12400

48. 3 वर्ष का चक्रवृद्धि मिश्रधन = ₹ 1000 और 4 वर्ष का चक्रवृद्धि मिश्रधन = ₹ 1100

$\therefore$ ₹ 1000 का 1 वर्ष का साधारण ब्याज = 1100 − 100 = ₹ 1000

$\therefore$ ब्याज की वार्षिक दर $= \frac{\text{ब्याज} \times 100}{\text{मूलधन}} = \frac{100 \times 100}{1000 \times 1} = 10\%$

49. ब्याज की दर $= \frac{\text{दोनों मिश्रधनों का अन्तर} \times 100}{\text{पहला मिश्रधन}} = \frac{(2409 - 2190) \times 100}{2190} = \frac{219 \times 100}{2190} = 10\%$ वार्षिक

50. वार्षिक ब्याज दर $= \frac{\text{दोनों मिश्रधनों में अन्तर} \times 100}{\text{पहला मिश्रधन}} = \frac{(73205 - 66550) \times 100}{66550} = \frac{6655 \times 100}{66550} = 10\%$

51. माना वह राशि P है।

$\therefore$ $8028 = P\left(1+\frac{r}{100}\right)^3$ और $12042 = P\left(1+\frac{r}{100}\right)^6$, अतः $\frac{12042}{8028} = \frac{\left(1+\frac{r}{100}\right)^6}{\left(1+\frac{r}{100}\right)^3} = \left(1+\frac{r}{100}\right)^3$

$\therefore$ पहले समीकरण में $\left(1+\frac{r}{100}\right)^3 = \frac{12042}{8028}$ रखने पर, $8028 = P\left(\frac{12042}{8028}\right) \Rightarrow P = \frac{8928 \times 8028}{12042} =$ ₹ 5352

52. चक्रवृद्धि ब्याज की दर $= \frac{\text{दोनों मिश्रधनों का अन्तर} \times 100}{\text{पहला मिश्रधन}} = \frac{(540 - 500) \times 100}{500} = \frac{40 \times 100}{500} = 8\%$

53. चक्रवृद्धि ब्याज की दर $= \frac{\text{दोनों मिश्रधनों का अन्तर} \times 100}{\text{पहला मिश्रधन}} = \frac{(1728 - 1440) \times 100}{1440} = \frac{288 \times 100}{1440} = 20\%$

54. चक्रवृद्धि ब्याज की दर $= \frac{(3936 - 3840) \times 100}{3840} = \frac{96 \times 100}{3840} = 2.5\%$

55. ब्याज की दर $= \frac{\text{दोनों मिश्रधनों में अंतर} \times 100}{\text{पहला मिश्रधन}} = \frac{(8469 - 7562)}{7562} \times 100 = \frac{907 \times 100}{7562} = 11.99 = 12\%$

56. चूंकि मूलधन = दोनों ब्याजों में अन्तर $\times \left(\frac{100}{\text{दर}}\right)^2 \left(\frac{100}{\text{दर} + 300}\right)$, अतः 3000 = दोनों ब्याजों में अन्तर $\times \left(\frac{100}{20}\right)^2 \left(\frac{100}{20+300}\right)$

$\therefore$ 3000 = ब्याजों में अन्तर $\times 25 \times \frac{100}{320} \Rightarrow$ दोनों ब्याजों में अन्तर $= \frac{3000 \times 320}{25 \times 100} =$ ₹ 384

57. $\therefore$ मूलधन = ब्याजों में अन्तर $\left(\frac{100}{दर}\right)^2 \Rightarrow 5000$ = ब्याजों में अन्तर $\times \left(\frac{100}{8}\right)^2$

$\therefore$ 5000 = ब्याजों में अन्तर $\times \frac{625}{4} \Rightarrow$ ब्याजों में अन्तर = $\frac{5000 \times 4}{625}$ = ₹ 32

58. धनराशि = ब्याजों में अन्तर $\times \left(\frac{100}{दर}\right)^2 \Rightarrow$ धनराशि = $1 \times \left(\frac{100}{4}\right)^2 = 1 \times 25^2$ = ₹ 625

59. दी गई धनराशि = ब्याजों में अन्तर $\times \left(\frac{100}{दर}\right)^2$ $320 \times \left(\frac{100}{16}\right)^2 = 320 \times \frac{625}{16}$ = ₹ 12500

60. राशि = ब्याजों में अन्तर $\times \left(\frac{100}{दर}\right)^2$ $41 \times \left(\frac{100}{5}\right)^2 = 41 \times 400$ = ₹16400

61. दी गई राशि = ब्याजों में अन्तर $\times \left(\frac{100}{दर}\right)^2 = 72 \times \left(\frac{100}{12}\right)^2 = 72 \times \left(\frac{25}{3}\right)^2 = 72 \times \frac{625}{9}$ = ₹ 5000

62. राशि = ब्याजों में अन्तर $\times \left(\frac{100}{दर}\right)^2 = 40 \times \left(\frac{100}{8}\right)^2 = 40 \times \left(\frac{25}{2}\right)^2 = \frac{40 \times 625}{4}$ = ₹ 6250

63. मूलधन = ब्याजों में अन्तर $\times \left(\frac{100}{दर}\right)^2 \Rightarrow 15000 = 96 \times \left(\frac{100}{दर}\right)^2$

$\therefore$ $\left(\frac{100}{दर}\right)^2 = \frac{15000}{96} = \frac{625}{4} = \left(\frac{25}{2}\right)^2 \Rightarrow \frac{100}{दर} = \frac{25}{2} =$ दर $= \frac{100 \times 2}{25} = 8\%$

64. चूंकि मूलधन = दोनों ब्याजों में अन्तर $\times \left(\frac{100}{दर}\right)^2 \left(\frac{100}{दर + 300}\right)$, अतः 40000 = ब्याजों में अन्तर $\times \left(\frac{100}{8}\right)^2 \times \left(\frac{100}{8+300}\right)$

$\therefore$ 40000 = ब्याजों में अन्तर $\times \frac{625}{4} \times \frac{100}{308}$, अतः ब्याजों में अन्तर = $\frac{40000 \times 4 \times 308}{625 \times 100}$ = ₹ 788.48

65. राशि = $93 \times \left(\frac{100}{10}\right)^2 \times \left(\frac{100}{10+300}\right) = 93 \times 100 \times \frac{100}{310}$ = ₹ 3000

66. मूलधन = ब्याजों में अन्तर $\left(\frac{100}{दर}\right)^2 \Rightarrow x = 48 \times \left(\frac{100}{8}\right)^2 \Rightarrow x = 48 \times \left(\frac{25}{2}\right)^2 = 48 \times \frac{625}{4}$ = ₹ 7500

67. मूलधन = ब्याजों में अन्तर $\left(\frac{100}{दर}\right)^2 \Rightarrow x = 19.20 \times \left(\frac{100}{8}\right)^2 \Rightarrow x = 19.20 \times \frac{625}{4}$ = ₹ 3000

68. मूलधन = ब्याजों में अन्तर $\left(\frac{100}{दर}\right)^2 \Rightarrow x = 20.25 \times \left(\frac{100}{9}\right)^2 \Rightarrow x = 20.25 \times \frac{100}{9} \times \frac{100}{9}$ = ₹ 2500

69. मूलधन = ब्याजों का अन्तर $\left(\frac{100}{दर}\right)^2$, अतः $x = 28.90\left(\frac{100}{8.5}\right)^2$

$\therefore$ $x = 28.90 \left(\frac{100}{85}\right)^2 = 28.90\left(\frac{200}{17}\right)^2 = 28.90 \times \frac{200}{17} \times \frac{200}{17}$ = ₹ 4000

70. मूलधन = ब्याजों का अन्तर $\left(\frac{100}{दर}\right)^2 \Rightarrow x = 45 \left(\frac{100}{7.5}\right)^2 = 45\left(\frac{100}{75}\right)^2$

$\therefore$ $x = 45\left(\frac{40}{3}\right)^2 = 45 \times \frac{40}{3} \times \frac{40}{3}$ = ₹ 8000

71. मूलधन = ब्याजों का अन्तर $\left(\frac{100}{दर}\right)^2 \Rightarrow x = 18\left(\frac{100}{12}\right)^2 \Rightarrow x = 18\left(\frac{25}{3}\right)^2 = 18 \times \frac{25}{3} \times \frac{25}{3}$ = ₹ 1250

72. मूलधन = ब्याजों का अन्तर $\left(\frac{100}{\text{दर}}\right)^2 \Rightarrow x = 60.50\left(\frac{100}{11}\right)^2 = \frac{60.50 \times 10000}{121} =$ ₹ 5000

73. मूलधन = ब्याजों का अन्तर $\left(\frac{100}{\text{दर}}\right)^2 \Rightarrow x = 9\left(\frac{110}{15}\right)^2 = 9 \times \frac{400}{9} =$ ₹ 400

74. मूलधन = ब्याजों में अन्तर $\left(\frac{100}{\text{दर}}\right)^2 \Rightarrow x = 24.50 \times \left(\frac{100}{7}\right)^2 = \frac{24.50 \times 10000}{49} =$ ₹ 5000

75. मूलधन = ब्याजों में अन्तर $\left(\frac{100}{\text{दर}}\right)^2 = 25\left(\frac{100}{5}\right) = 25 \times 400 =$ ₹ 10000

76. मूलधन = ब्याजों में अन्तर $\left(\frac{100}{\text{दर}}\right)^2 \Rightarrow x = 48\left(\frac{100}{8}\right)^2 = 48 \times \frac{625}{4} =$ ₹ 7500

77. मूलधन = ब्याजों में अन्तर $\left(\frac{100}{\text{दर}}\right)^2 \Rightarrow x = 43.20\left(\frac{100}{12}\right)^2 = 43.20 \times \frac{625}{9} =$ ₹ 3000

78. धनराशि = दोनों ब्याजों में अन्तर × $\left(\frac{100}{\text{दर}}\right)^2\left(\frac{100}{\text{दर}+300}\right) = 558 \times \left(\frac{100}{10}\right)^2\left(\frac{100}{10+300}\right) = 558 \times 100 \times \frac{100}{310}$

$=$ ₹ 18000

79. माना मूलधन ₹ P है। अतः साधारण ब्याज = $\frac{\text{P.r.t.}}{100} = \frac{P \times 17 \times 2}{100} = \frac{17P}{50}$

चक्रवृद्धि ब्याज = $P\left[\left(1+\frac{r}{100}\right)^t - 1\right] = P\left[\left(\frac{117}{100}\right)^2 - 1\right] = P\left[\frac{13689}{10000} - 1\right]$

$= P\,\frac{(13689 - 10000)}{10000} = \frac{3689P}{10000}$

प्रश्नानुसार, $\frac{3689P}{10000} - \frac{17P}{50} = 433.50 \Rightarrow \frac{3689P - 3400\,P}{10000} = 433.50$

$\therefore$ $\frac{289P}{10000} = 433.50 \Rightarrow P = \frac{433.50 \times 10000}{289} =$ ₹ 15000

$\therefore$ चक्रवृद्धि ब्याज $= \frac{3689P}{10000} = \frac{3689 \times 15000}{10000} =$ ₹ 5533.50

80. 1 जनवरी को जमा राशि के लिए समय t = 2 छमाहियाँ

$\therefore$ 1 जनवरी को जमा राशि का चक्रवृद्धि मिश्रधन $= 3600\left(\frac{110}{100}\right)^2 = \frac{3600 \times 121}{100} =$ ₹ 4356

$\therefore$ इस राशि से प्राप्त चक्रवृद्धि ब्याज = 4356 − 3600 = ₹ 756

$\therefore$ 1 जुलाई को जमा राशि से प्राप्त ब्याज = $\frac{3600 \times 10 \times 1}{100} =$ ₹ 360

$\therefore$ वर्ष के अन्त में प्राप्त कुल ब्याज = 756 + 360 = ₹ 1116

81. चूंकि ब्याज की वार्षिक दर = 20%, अतः अर्द्धवार्षिक दर $= \frac{20\%}{2} = 10\%$

माना धनराशि n छमाहियों के लिए निवेशित की गई थी।

$\therefore$ सूत्र $A = P\left(1+\frac{r}{100}\right)^t$ से $14641 = 10000\left(\frac{110}{100}\right)^n \Rightarrow \frac{14641}{10000} = \left(\frac{11}{10}\right)^n$

$\therefore$ $\left(\frac{11}{10}\right)^4 = \left(\frac{11}{10}\right) \Rightarrow n = 4 = 4$ छमाहियाँ = 2 वर्ष

82. 1 जनवरी को जमा राशि के लिए समय t = 2 छमाहियाँ

$\therefore$ 1 जनवरी को जमा राशि का चक्रवृद्धि मिश्रधन $= 8000 \times \left(\frac{105}{100}\right)^2 = 8000 \times \left(\frac{21}{20}\right)^2$

$= 8000 \times \frac{441}{400} =$ ₹ 8820

$\therefore$ इस राशि से प्राप्त चक्रवृद्धि ब्याज = 8820 – 8000 = ₹ 820

$\therefore$ 1 जुलाई को जमा राशि से प्राप्त ब्याज $= \frac{8000 \times 5 \times 1}{100} =$ ₹ 400

$\therefore$ वर्ष के अन्त में प्राप्त कुल ब्याज = 820 + 400 = ₹ 1220

83. 1 जनवरी को जमा राशि के लिए समय = 2 छमाहियाँ

$\therefore$ 1 जनवरी को जमा राशि का चक्रवृद्धि मिश्रधन $= 28000\left(\frac{120}{100}\right)^2 = 28000 \times \left(\frac{6}{5}\right)^2 = 28000 \times \frac{36}{25} =$ ₹ 4032

इस राशि से प्राप्त चक्रवृद्धि ब्याज = 4032 – 2800 = ₹ 1232

अब 1 जुलाई को जमा राशि से प्राप्त ब्याज $= \frac{2800 \times 20 \times 1}{100} =$ ₹ 560

$\therefore$ वर्ष के अन्त में प्राप्त कुल ब्याज = 1232 + 560 = ₹ 1792

84. 1 जनवरी को जमा राशि के लिए समय = 2 छमाहियाँ

$\therefore$ 1 जनवरी को जमा राशि का चक्रवृद्धि मिश्रधन $= 3200\left(\frac{105}{100}\right)^2 = 3200\left(\frac{21}{20}\right)^2 200 \times \frac{441}{400} =$ ₹ 3528

इस राशि से प्राप्त चक्रवृद्धि ब्याज = 3528 – 3200 = ₹ 328

अब 1 जुलाई को जमा राशि से प्राप्त ब्याज $= \frac{3200 \times 5 \times 1}{100} =$ ₹160

$\therefore$ वर्ष के अन्त में प्राप्त कुल ब्याज = 328 + 160 = ₹ 488

85. 1 जनवरी को जमा राशि के लिए समय = 2 छमाहियाँ

$\therefore$ 1 जनवरी को जमा राशि का चक्रवृद्धि मिश्रधन $= 6000\left(\frac{120}{100}\right)^2 = 6000 \times \left(\frac{6}{5}\right)^2 = 6000 \times \frac{36}{25} =$ ₹ 8640

इस राशि से प्राप्त चक्रवृद्धि ब्याज = 8640 – 6000 = ₹ 2640

अब 1 जुलाई को जमा राशि से प्राप्त ब्याज $= \frac{6000 \times 20 \times 1}{100} =$ ₹1200

$\therefore$ वर्ष के अन्त में प्राप्त कुल ब्याज = 2640 + 1200 = ₹ 3840

86. 1 जनवरी को जमा राशि के लिए समय = 2 छमाहियाँ

$\therefore$ 1 जनवरी को जमा राशि का चक्रवृद्धि मिश्रधन $= 6400 \times \left(\frac{105}{100}\right)^2 = 6400 \times \left(\frac{21}{20}\right)^2 = 6400 \times \frac{441}{400} =$ ₹ 7056

इस राशि से प्राप्त चक्रवृद्धि ब्याज = 7056 – 6400 = ₹ 656

अब 1 जुलाई को जमा राशि से प्राप्त ब्याज $= \frac{6400 \times 5 \times 1}{100} =$ ₹ 320

$\therefore$ वर्ष के अन्त में प्राप्त कुल ब्याज = 656 + 320 = ₹ 976

87. माना उधार दी गई धनराशि ₹ P है।

$\therefore$ वार्षिक दर पर चक्रवृद्धि मिश्रधन $= P\left(\frac{120}{100}\right)^2 = P\left(\frac{6}{5}\right)^2 = \frac{36P}{25}$

अर्द्धवार्षिक दर $= \frac{20\%}{2} = 10\%$ और समय = 4 छमाहियाँ

$\therefore$ अर्द्धवार्षिक दर पर चक्रवृद्धि मिश्रधन $= P\left(\frac{110}{100}\right)^3 = P\left(\frac{11}{10}\right)^4 = \frac{14641P}{10000}$

प्रश्नानुसार $\frac{14641P}{10000} - \frac{36P}{25} = 241 \Rightarrow \frac{14641P - 14400P}{10000} = 241$

$\therefore \frac{241P}{10000} = 241 \Rightarrow P = \frac{241 \times 10000}{241} =$ ₹ 10000

88. माना उधार दी गई धनराशि ₹ P है।

∴ एक वर्ष का चक्रवृद्धि ब्याज = 1 वर्ष का साधारण ब्याज $= \frac{P.r.t.}{100} = \frac{P \times 18 \times 1}{100} = \frac{9P}{50}$

ब्याज दर अर्द्धवार्षिक $= \frac{18\%}{9} = 9\%$ और छमाहियों की संख्या = 2

∴ 2 छमाहियों का चक्रवृद्धि मिश्रधन = $P\left(\frac{109}{100}\right)^2 = \frac{11881P}{10000}$

∴ चक्रवृद्धि ब्याज = चक्रवृद्धि मिश्रधन − मूलधन $= \frac{11881P}{10000} - P = \frac{11881P - 10000P}{10000} = \frac{1881P}{10000}$

∴ प्रश्नानुसार $\frac{11881P}{10000} - \frac{9P}{50} = 324 \Rightarrow \frac{1881P - 1800P}{10000} = 324$

∴ $\frac{81P}{10000} = 324 \Rightarrow P = \frac{10000 \times 324}{81}$ = ₹ 40000

89. अर्द्धवार्षिक दर = $\frac{20\%}{2} = 10\%$, समय = 2 वर्ष = 4 छमाहियाँ

∴ चक्रवृद्धि मिश्रधन = $100000\left(\frac{110}{100}\right)^4 = 100000\left(\frac{11}{10}\right)^4 = 100000 \times \frac{14641}{10000}$ = ₹ 146410

∴ चक्रवृद्धि ब्याज = 146410 − 100000 = ₹ 46410

90. समय = $1\frac{1}{4}$ वर्ष = $\frac{5}{4}$ वर्ष = $\frac{5}{4} \times 12$ माह = 5 × 3 माह ⇒ 3 पंचमाह

ब्याज दर = 8% वार्षिक = $\frac{8 \times 5}{12}\%$ पंचमाह = $\frac{10}{3}\%$ पंचमाह

∴ चक्रवृद्धि मिश्रधन = $8100\left[\left(1 + \frac{\left(\frac{10}{3}\right)}{100}\right)\right]^3 = 8100\left(1 + \frac{10}{3 \times 100}\right)^3 = 8100\left(1 + \frac{1}{30}\right)^3$

$= 8100 \times \left(\frac{31}{30}\right)^3 = 8100 \times \frac{31}{30} \times \frac{31}{30} \times \frac{31}{30}$ = ₹ 8937.3

चक्रवृद्धि मिश्रधन = चक्रवृद्धि मिश्रधन − मूलधन = 8937.3 − 8100 = 837.3 = ₹ 837

91. वार्षिक दर पर मिश्रधन = $10000\left(\frac{120}{100}\right)^2 = 10000 \times \frac{36}{25}$ = ₹ 14400

अर्द्धवार्षिक दर $= \frac{20\%}{2} = 10\%$ और छमाहियों की संख्या = 2 × 2 = 4

∴ अर्द्धवार्षिक दर पर चक्रवृद्धि मिश्रधन = $10000\left(\frac{110}{100}\right)^4 = 10000 \times \frac{14641}{1000}$ = ₹ 14641

∴ अभीष्ट अन्तर = 14641 − 14400 = ₹ 241

92. ∵ ब्याज की वार्षिक = 12% ⇒ ब्याज की अष्ट मासिक दर = 8%

∴ समय = 2 वर्ष = 24 माह = $\frac{24}{8}$ अष्ट मास = 3 अष्ट मास

∴ चक्रवृद्धि मिश्रधन = $25000\left(\frac{108}{100}\right)^2 = 25000\left(\frac{29}{25}\right)^2 = 25000 \times \frac{19683}{15625}$ = ₹ 31493

∴ चक्रवृद्धि ब्याज = मिश्रधन − मूलधन = 31493 − 25000 = ₹ 6493

93. चक्रवृद्धि ब्याज की वार्षिक दर = 10%, अतः छमाही दर = $\frac{10\%}{2} = 5\%$

समय = 1 वर्ष और छमाहियों की संख्या = 2

∴ वार्षिक दर से 1 वर्ष का चक्रवृद्धि मिश्रधन = $P\left(\frac{110}{100}\right)^1 = P\times\frac{11}{10} = \frac{11P}{10}$

छमाही दर से 2 छमाहियों (1 वर्ष) का चक्रवृद्धि मिश्रधन = $P\left(\frac{105}{100}\right)^2 = P\left(\frac{21}{20}\right)^2 = \frac{441P}{400}$

∴ प्रश्नानुसार $\frac{441P}{400} - \frac{11P}{10} = 88.80 = \frac{441P - 440P}{400} = 88.80$

∴ $\frac{P}{400} = 88.80 \Rightarrow P = 88.80\times 400 = 35520$

∴ $1\frac{2}{3}$ वर्ष का साधारण ब्याज = $\frac{P.r.t.}{100} = \frac{35520\times 10}{100}\times\frac{5}{3}$ = ₹5920

94. माना ₹ 8000, 10% वार्षिक अर्थात् 5% छमाही दर से n छमाहियों में ₹9261 हो जाता है।

∴ $9261 = 8000\left(\frac{105}{100}\right)^n = \frac{9261}{8000} \Rightarrow \left(\frac{21}{20}\right)^n = \left(\frac{21}{20}\right)^n = \left(\frac{21}{20}\right)^n$ ⇒ n = 3 छमाहियाँ

∴ अवधि अर्थात् समय = 3 छमाहियाँ = $\frac{3}{2}$ वर्ष = $1\frac{1}{2}$ वर्ष

∴ नई ब्याज की दर = पूर्व की दुगुनी दर = 10% × 2 = 20% वार्षिक

∴ नई ब्याज की दर से चक्रवृद्धि मिश्रधन = $8000\left(\frac{120}{100}\right)^1\left(1+20\times\frac{\frac{1}{2}}{100}\right) = 8000\times\frac{6}{5}\times\left(1+\frac{1}{10}\right) = 8000\times\frac{6}{5}\times\frac{11}{10}$ = ₹10560

∴ चक्रवृद्धि ब्याज = चक्रवृद्धि मिश्रधन – मूलधन = 10560 – 8000 = ₹2560

95. ब्याज की छमाही दर = $\frac{\text{वार्षिक दर}}{2} = \frac{8\%}{2} = 4$ = 4% और समय = 1 वर्ष = 2 छमाहियाँ

∴ वार्षिक दर से चक्रवृद्धि मिश्रधन = $7800\left(\frac{108}{100}\right)^1 = 7800\times\frac{27}{25}$ = ₹8424

छमाही दर से चक्रवृद्धि मिश्रधन = $7800\left(\frac{104}{100}\right)^2 = 7800\left(\frac{26}{25}\right)^2 = 7800\times\frac{676}{625}$ = ₹8436.48

∴ चक्रवृद्धि ब्याजों में अन्तर = चक्रवृद्धि मिश्रधनों में अन्तर = 8436.48 – 8424 = ₹ 12.48

96. ब्याज की दर = $\frac{\text{दोनों ब्याजों में अन्तर}\times 2\times 100}{\text{साधारण ब्याज}} = \frac{(3225-3000)\times 2\times 100}{3000} = \frac{225\times 2\times 100}{3000} = 15\%$

97. ब्याज की वार्षिक दर = $\frac{\text{दोनों ब्याजों में अन्तर}\times 2\times 100}{\text{साधारण ब्याज}} = \frac{(408-400)\times 2\times 100}{400} = \frac{9\times 2\times 100}{400} = 4\%$

98. एक वर्ष का साधारण ब्याज = ₹ 20, अत: साधारण ब्याज ₹ 20 का ब्याज = 40.80 – 40 = 0.80

ब्याज की दर = $\frac{\text{ब्याज}\times 100}{\text{मूलधन}\times\text{समय}} = \frac{0.80\times 100}{20\times 1} = \frac{80}{20} = 4\%$

99. एक वर्ष का साधारण ब्याज = $\frac{500}{2} = 250$

∴ ₹ 250 का ब्याज = 520 – 500 = ₹ 20, अत: ब्याज की दर = $\frac{20\times 100}{250\times 1} = 8\%$

100. $\frac{35280}{\left(\frac{105}{100}\right)}+\frac{35280}{\left(\frac{105}{100}\right)^2}=x \Rightarrow \frac{35280}{\left(\frac{21}{20}\right)}+\frac{35280}{\left(\frac{21}{20}\right)^2}=x \Rightarrow \frac{35280}{\left(\frac{21}{20}\right)}+\frac{35280}{\frac{441}{400}}=x$

$\therefore \quad 20\times\frac{35280\times400}{21}+\frac{35280\times400}{441}=x \Rightarrow 35280\times\frac{20}{21}\left(1+\frac{20}{21}\right)^1=x$

$\therefore \quad 35280\times\frac{20}{21}\times\frac{41}{21}=x$, अतः $x=65600$

101. माना हर वर्ष के अन्त में ₹ x की राशि (वार्षिक किस्त) देनी पड़ेगी।

$\therefore \quad \frac{x}{\left(\frac{110}{100}\right)}+\frac{x}{\left(\frac{110}{100}\right)^2}=21000 \Rightarrow \frac{x}{\left(\frac{11}{10}\right)}+\frac{x}{\left(\frac{11}{10}\right)^2}=21000 \Rightarrow \frac{10x}{11}+\frac{100x}{121}=21000$

$\therefore \quad \frac{110x+100x}{121}=21000$, अतः $\frac{210x}{121}=21000 \Rightarrow x=\frac{21000\times121}{210}=$ ₹ 12100

102. माना प्रत्येक वार्षिक किस्त ₹ x की है।

$\therefore \quad \frac{x}{\left(\frac{120}{100}\right)}+\frac{x}{\left(\frac{120}{100}\right)^2}=11000 \Rightarrow \frac{x}{\left(\frac{6}{5}\right)}+\frac{x}{\left(\frac{6}{5}\right)^2}=11000$

$\therefore \quad \frac{5x}{6}+\frac{25x}{36}=11000 \Rightarrow \frac{30x+25x}{36}=11000 \Rightarrow \frac{55x}{36}=11000 \Rightarrow x=$ ₹ 7200

103. माना प्रत्येक वार्षिक किस्त ₹ x की है।

$\therefore \quad \frac{x}{\left(\frac{110}{100}\right)}+\frac{x}{\left(\frac{110}{100}\right)^2}=210 \Rightarrow \frac{x}{\left(\frac{11}{10}\right)}+\frac{x}{\left(\frac{11}{10}\right)^2}=210$

$\therefore \quad \frac{10x}{11}+\frac{100x}{121}=210 \Rightarrow \frac{110x+100x}{121}=210 \Rightarrow \frac{210x}{121}=210 \Rightarrow x=$ ₹ 121

104. $\frac{882}{\left(\frac{105}{100}\right)^1}+\frac{882}{\left(\frac{105}{100}\right)^2}=$ उधार ली गयी राशि, अतः $\frac{882}{\left(\frac{21}{20}\right)}+\frac{882}{\frac{441}{400}}=P$

$\therefore \quad \frac{882\times20}{21}+\frac{882\times400}{441}=P$, अतः $840+800=P \Rightarrow P=$ ₹ 1640

105. माना प्रत्येक किस्त ₹ x की है। अतः $\frac{x}{\frac{104}{100}}+\frac{x}{\left(\frac{104}{100}\right)^2}=2550$, अतः $\frac{x}{\frac{26}{25}}+\frac{x}{\left(\frac{26}{25}\right)^2}=2550$

$\therefore \quad \frac{25x}{26}+\frac{625x}{676}=2550$, अतः $\frac{650x+625x}{676}=2550 \Rightarrow \frac{1275x}{676}=2550 \Rightarrow x=2\times676=$ ₹ 1352

106. माना समान राशि ₹ x है। अतः 2 वर्ष बाद साधारण ब्याज $=\frac{x\cdot18.2}{100}=$ ₹ $\frac{9x}{25}$

2 वर्ष का चक्रवृद्धि मिश्रधन $=x\left(\frac{118}{100}\right)^2=x\left(\frac{59}{50}\right)^2=$ ₹ $\frac{3481x}{2500}$

$\therefore$ 2 वर्ष का चक्रवृद्धि ब्याज $\Rightarrow \frac{3481x}{2500}-x=\frac{3481x-2500x}{2500}=$ ₹ $\frac{981x}{2500}$

$\therefore$ दोनों योजनाओं पर कुल ब्याज $=\frac{9x}{25}+\frac{981x}{2500}=2090$

$\therefore \quad \frac{900x+981x}{2500}=2090 \Rightarrow \frac{1881x}{2500}=2090 \Rightarrow x=\frac{2090\times2500}{1881}$

$\therefore$ पहली योजना पर पहले वर्ष का ब्याज $=\frac{x\cdot18.1}{100}=\frac{2090\times2500\times18\times1}{1881\times100}=$ ₹ 500

107. यदि दो वर्ष के साधारण ब्याज और चक्रवृद्धि ब्याज ज्ञात हों तो ब्याज की वार्षिक दर

$$= \frac{\text{दोनों ब्याजों में अन्तर } 2\times100}{\text{साधारण ब्याज}} = \frac{(2544-2400)\times2\times100}{2400} = \frac{144\times2\times100}{2400} = 12\%$$

108. 3 वर्ष का साधारण मिश्रधन = ₹ 840 और 7 वर्ष का साधारण मिश्रधन = ₹ 1200

∴ 4 वर्ष का साधारण ब्याज = 1200 − 840 = ₹ 360

∴ 3 वर्ष का साधारण ब्याज $= \frac{360\times3}{4} =$ ₹ 270, अतः मूलधन = 840 − 270 = ₹ 570

109. चक्रवृद्धि मिश्रधन $= 12500 \left(\frac{112}{100}\right)^2 = 12500\times\frac{784}{625} =$ ₹ 15680

∴ चक्रवृद्धि ब्याज = 15680 − 12500 = ₹ 3180

110. माना उधार ली गई राशि ₹ P थी। अतः 2 वर्ष का चक्रवृद्धि मिश्रधन $= P\left(\frac{110}{100}\right)^2 = P\left(\frac{11}{10}\right)^2 = \frac{121P}{100}$

∴ ₹ 6634 का भुगतान करने के बाद शेष ऋण $= \frac{121P}{100} - 6634 = \frac{121P-663400}{100}$

∴ तीसरे वर्ष देय राशि $\Rightarrow \frac{(121P-663400)}{100}\times\frac{110}{100} = 13200$

∴ $(121\ P - 663400) = \frac{13200\times1000}{11} = 1200000$

∴ 121 P = 1200000 + 663400 = 1863400, अतः $P = \frac{1863400}{121} =$ ₹ 15400

111. सूत्र $A = P\left(1+\frac{r}{100}\right)^t$ से $4900 = 3600\left(1+\frac{r}{100}\right)^2 \Rightarrow \left(1+\frac{r}{100}\right)^2 = \frac{4900}{3600}$

∴ $\left(1+\frac{r}{100}\right)^2 = \left(\frac{7}{6}\right)^2 \Rightarrow 1+\frac{r}{100} = \frac{7}{6} \Rightarrow \frac{r}{100} = \frac{7}{6}-1 = \frac{7-6}{6} = \frac{1}{6}$

∴ $\frac{r}{100} = \frac{1}{6} \Rightarrow r = \frac{1}{6}\times100 = \frac{50}{3} = 16\frac{2}{3}\%$

112. ∵ साधारण ब्याज की वार्षिक दर $= \frac{\text{साधारण ब्याजों में अन्तर }\times100}{\text{मूलधनों में अन्तर }\times\text{ समय}}$

∴ दर $= \frac{250\times100}{(28000-27000)\times3} = \frac{225\times100}{1000\times3} = \frac{13}{2}\%$

∴ 35500 पर $2\frac{3}{5}$ वर्ष का साधारण ब्याज $= \frac{P.r.t.}{100} = \frac{35500}{100}\times\frac{15}{2}\times\frac{13}{5} =$ ₹ 6922.50

17 काम और समय (Work and Time)

1. काम करने की क्षमता = इकाई समय में किया गया काम $= \frac{1}{\text{पूरा काम करने में लगा समय}}$
2. पूरा काम करने में लगा समय $= \frac{1}{\text{काम करने की क्षमता}} = \frac{1}{\text{इकाई समय में किया गया काम}}$
3. इकाई समय में किया गया काम = एक घण्टा या एक मिनट या एक दिन में किया गया काम
4. आंशिक काम (जैसे $\frac{1}{2}, \frac{2}{5}$ इत्यादि) करने में लगा समय $= \frac{\text{आंशिक काम}}{\text{काम करने की क्षमता}}$

अध्याय पर आधारित प्रश्नों के प्रकार

'काम-समय' अध्याय से विभिन्न प्रतियोगी परीक्षाओं में पूछे गये और पूछे जा सकने वाले प्रश्नों को 9 प्रकारों में बांट सकते हैं।

1. साधारण प्रश्न
2. मजदूरी पर आधारित प्रश्न
3. कुछ दिन काम करने के बाद जब कोई व्यक्ति काम करना छोड़ दे
4. काम समाप्त होने के पूर्व ही जब कोई व्यक्ति काम करना छोड़ दे
5. कार्य क्षमता पर आधारित प्रश्न
6. सूत्र पर आधारित प्रश्न
7. ठेकेदारी पर आधारित प्रश्न
8. पुरुष, स्त्री एवं बच्चों पर आधारित प्रश्न
9. जब बारी-बारी से काम किया जाय

उदाहरणार्थ हल प्रश्न

1 साधारण प्रश्न

1. राम किसी काम को 8 घण्टे में तथा श्याम उसे 12 घण्टे में कर सकता है। यदि दोनों एक साथ काम करें तो काम कितने घण्टे में पूरा होगा?
2. रीता, गीता, संगीता क्रमशः 10 घण्टे, 12 घण्टे, 15 घण्टे में कोई काम कर लेती हैं। यदि तीनों एक साथ काम करें तो पूरा काम कितने दिन में समाप्त हो जाएगा?
3. A और B एक साथ किसी काम को 20 दिन में कर सकते हैं। B और C एक साथ उसे 12 दिनों में जबकि C और A एक साथ 15 दिन में कर सकते हैं। यदि A, B, C तीनों एक साथ काम करें तो पूरा काम कितने दिन में समाप्त होगा?
4. राम और श्याम किसी काम को एक साथ 10 दिन में कर लेते हैं, श्याम और मोहन एक साथ 15 दिन में तथा मोहन और राम एक साथ उसे 20 दिन में करते हैं। बताइये अकेले मोहन उस काम को कितने दिन में कर लेगा?

कार्य क्षमता और समय में विलोम अनुपात (सम्बन्ध) होता है।
अर्थात् कार्य क्षमता = इकाई समय में किया गया काम $= \frac{1}{\text{पूरा काम करने में लगा समय}}$
या पूरा काम करने में लगा समय $= \frac{1}{\text{कार्य क्षमता}}$
उपर्युक्त का अर्थ यह है कि (1) यदि कोई व्यक्ति 25 दिन में किसी काम को करता है तो उसकी कार्य क्षमता $\frac{1}{25}$ *है।*
(2) यदि किसी व्यक्ति की कार्य क्षमता $\frac{1}{30}$ *हो तो वह व्यक्ति पूरा काम 30 दिन में कर लेगा।*

हल

1. राम और श्याम की कार्य क्षमता = दोनों द्वारा एक दिन में किया गया काम $= \frac{1}{8} + \frac{1}{12} = \frac{3+2}{24} = \frac{5}{24}$ भाग
   $\therefore$ राम और श्याम दोनों एक साथ पूरा काम $\frac{24}{5} = 4\frac{4}{5}$ दिन में कर लेंगें।
2. रीता + गीता + संगीता की कार्य क्षमता $= \frac{1}{10} + \frac{1}{12} + \frac{1}{15} = \frac{6+5+4}{60} = \frac{15}{60} = \frac{1}{4}$ भाग
   $\therefore$ तीनों एक साथ पूरा काम $\frac{4}{1} = 4$ दिन में कर लेंगी।

3. A+B की कार्य क्षमता $= \frac{1}{20}$ .....(i) B+C की कार्य क्षमता $= \frac{1}{12}$ .....(ii) C+A की कार्य क्षमता $= \frac{1}{15}$ .....(iii)

तीनों समीकरणों को जोड़ने पर (A+B+B+C+C+A) की कार्य क्षमता $= \frac{1}{20}+\frac{1}{12}+\frac{1}{15}$

$\therefore$ (2A+2B+2C) की कार्य क्षमता $= \frac{3+5+4}{60} = \frac{12}{60} = \frac{1}{5} \Rightarrow$ 2(A+B+C) की कार्य क्षमता $= \frac{1}{5}$

$\therefore$ (A+B+C) की कार्य क्षमता $= \frac{1}{5\times 2} = \frac{1}{10}$, अतः A, B, C तीनों एक साथ पूरा काम $\frac{10}{1} = 10$ दिन में करेंगे।

4. राम + श्याम की कार्य क्षमता $= \frac{1}{10}$ ......(i) श्याम + मोहन की कार्य क्षमता $= \frac{1}{15}$ ......(ii)

मोहन + राम की कार्य क्षमता $= \frac{1}{20}$ ......(iii)

तीनों समीकरणों को जोड़ने पर 2 (राम + श्याम + मोहन) की कार्य क्षमता $= \frac{1}{10}+\frac{1}{15}+\frac{1}{20} = \frac{6+4+3}{60} = \frac{13}{60}$

$\therefore$ (राम+श्याम+ मोहन) की कार्य क्षमता $= \frac{13}{60\times 2} = \frac{13}{120}$ ......(iv)

समीकरण (iv) में से समीकरण (i) को घटाने पर मोहन की कार्य क्षमता $= \frac{13}{120} - \frac{1}{10} = \frac{13-12}{120} = \frac{1}{120}$

$\therefore$ मोहन पूरा काम अकेले 120 दिन में करेगा।

2 मजदूरी पर आधारित प्रश्न

[A] 1. राम, श्याम और मोहन कोई काम क्रमशः 20 दिन, 25 दिन, 30 दिन में कर सकते हैं। तीनों ने मिलकर पूरा काम किया और ₹ 3700 पारिश्रमिक के रूप में प्राप्त किया। मोहन का पारिश्रमिक ज्ञात कीजिए।

2. A तथा B किसी नाली को अलग-अलग 10 दिन, 15 दिन में खोद सकते हैं। यदि पूरी खुदाई का व्यय ₹ 450 हो तो B को कितने ₹ प्राप्त होंगे?

> *यदि कई लोग मिलकर कोई काम पूरा करें तो उनके पारिश्रमिक में अनुपात = उनकी कार्य क्षमताओं में अनुपात*

हल

1. राम, श्याम और मोहन की पारिश्रमिकों में अनुपात = उनकी कार्यक्षमताओं में अनुपात $= \frac{1}{20}:\frac{1}{25}:\frac{1}{30}$

$$= 300\times\frac{1}{20}:300\times\frac{1}{25}:300\times\frac{1}{30} = 15:12:10$$

$\therefore$ अनुपाती योग = 15 + 12 + 10 = 37, अतः ₹ 3700 में मोहन का पारिश्रमिक $= 3700 \times \frac{10}{37} =$ ₹1000

2. A और B के पारिश्रमिक में अनुपात $= \frac{1}{10}:\frac{1}{15} = 30\times\frac{1}{10}:30\times\frac{1}{15} = 3:2$

$\therefore$ अनुपाती योग = 3 + 2 = 5, अतः ₹ 450 में B का पारिश्रमिक $= 450\times\frac{2}{5} =$ ₹180

[B] 1. रहीम, करीम और डेविड ने एक काम इस प्रकार किया कि रहीम पूरे काम का $\frac{1}{2}$, करीम $\frac{1}{3}$ और डेविड ने शेष काम किया। पूरे काम की मजदूरी ₹ 1200 मिली। करीम की मजदूरी ज्ञात कीजिए।

2. A ने किसी काम का $\frac{1}{3}$ भाग, B ने $\frac{2}{5}$ भाग तथा C ने शेष काम किया। पूरे काम की मजदूरी ₹ 1350 मिली हो तो C की मजदूरी ज्ञात कीजिए।

> *यदि कई लोग किसी काम का आंशिक भाग (अलग-अलग) करें तो उनके पारिश्रमिक में अनुपात = उनके द्वारा किये गये कामों में अनुपात*

हल

1. डेविड द्वारा किया गया काम = शेष काम $= 1 - \left(\frac{1}{2}+\frac{1}{3}\right) = 1 - \frac{5}{6} = \frac{6-5}{6} = \frac{1}{6}$

$\therefore$ रहीम, करीम, डेविड के पारिश्रमिकों में अनुपात $= \frac{1}{2}:\frac{1}{3}:\frac{1}{6} = 6\times\frac{1}{2}:6\times\frac{1}{3}:6\times\frac{1}{6} = 3:2:1$

$\therefore$ अनुपाती योग = 3 + 2 + 1 = 6, अतः ₹ 1200 में करीम की मजदूरी $= 1200\times\frac{2}{6} =$ ₹400

2. C द्वारा किया गया काम = शेष काम $= 1-\left(\frac{1}{3}+\frac{2}{5}\right)=1-\left(\frac{5+6}{15}\right)=1-\frac{11}{15}=\frac{15-11}{15}=\frac{4}{15}$

$\therefore$ A, B, C की मजदूरी में अनुपात $=\frac{1}{3}:\frac{2}{5}:\frac{4}{15}=15\times\frac{1}{3}:15\times\frac{2}{5}:15\times\frac{4}{15}=5:6:4$

$\therefore$ अनुपाती योग $= 5+6+4=15$, अतः ₹ 1350 में C की मजदूरी $= 1350\times\frac{4}{15}=$ ₹ 360

[C] 1. यदि 5 पुरुष तथा 3 महिलाएं 4 दिन में ₹ 580 कमाते हैं तथा 2 पुरुष और 5 महिलाओं का 6 दिन का वेतन ₹ 690 हैं तो एक पुरुष का 1 दिन का वेतन कितना होगा?

2. 5 आदमी और 4 लड़के प्रतिदिन ₹ 500 मजदूरी पाते हैं जबकि 3 आदमी और 2 लड़के प्रतिदिन ₹ 280 पाते हैं। एक लड़के की 1 दिन की मजदूरी ज्ञात कीजिए।

> *इस प्रकार के प्रश्नों को हल करने के लिए प्रत्येक व्यक्ति की एक दिन की मजदूरी x, y में मानकर दो समीकरण बनाये जाते हैं। इन समीकरणों को हल करके x और y के मान ज्ञात किये जाते हैं, जिससे प्रत्येक व्यक्ति की दैनिक मजदूरी ज्ञात हो जाती है।*

हल

1. माना 1 पुरुष का 1 दिन का वेतन ₹ x तथा 1 महिला का 1 दिन का वेतन ₹ y है।

$\therefore$ 5 पुरुष और 3 महिलाओं का 1 दिन का वेतन = ₹ $(5x+3y)$

$\therefore$ $(5x+3y)\times 4=580$ या $5x+3y=145$..(i)

पुनः 2 पुरुष और 5 महिलाओं का 1 दिन का वेतन = ₹ $(2x+5y)$

$\therefore$ $(2x+5y)\times 6=690$ या $2x+5y=115$ ....(ii)

समी. (i) में 5 से और समी. (ii) में 3 से गुणा करने पर–

$25x+15y=725$..(iii)

$6x+15y=345$..(iv)

समी. (iii) में से समी. (iv) को घटाने पर, $19x=380$, अतः $x=\frac{380}{19}=$ ₹ 20

$\therefore$ एक पुरूष का एक दिन का वेतन = ₹ 20

2. माना एक आदमी की 1 दिन की मजदूरी ₹ x तथा 1 लड़के की एक दिन की मजदूरी ₹ y है।

$\therefore$ $5x+4y=500$ ....(i) और $3x+2y=280$ ....(ii)

समी. (ii) में 2 से गुणा करने पर, $6x+4y=560$ ....(iii)

समी. (iii) – समी. (i) से, $6x-5x=560-500$ या $x=60$

$\therefore$ समी. (i) में x का मान रखने पर, $5\times 60+4y=500$ या $4y=500-300$

$\therefore$ $4y=200$ या $y=\frac{200}{4}=$ ₹ 50, अतः एक लड़के की एक दिन की मजदूरी = y = ₹ 50

3 कुछ दिन काम करने के बाद जब कोई व्यक्ति काम छोड़ दे

1. A और B किसी काम को क्रमशः 10 दिन, 15 दिन में कर लेते हैं। दोनों ने एक साथ काम शुरू किया परन्तु 2 दिन काम करने के बाद A काम छोड़ दिया। ज्ञात कीजिए शेष काम B ने अकेले कितने दिन में पूरा किया?
2. राम, श्याम, मोहन एक नाली की खुदाई अलग-अलग 10, 12, 15 दिनों में पूरी कर लेते हैं। तीनों ने एक साथ खुदाई शुरू किया परन्तु 2 दिन बाद श्याम खुदाई का काम छोड़ कर चला गया। अब शेष खुदाई राम और मोहन कितने दिन में करेंगे?
3. A, B, C किसी काम को क्रमशः 10 दिन, 15 दिन, 20 दिन में कर सकते हैं। तीनों ने एक साथ काम आरम्भ किया परन्तु 2 दिन बाद A तथा 3 दिन बाद B ने काम छोड़ दिया। शेष काम C अकेले कितने दिन में पूरा करेगा?

> *मान लीजिए शेष काम x दिन में पूरा हुआ, तब*
> *प्रारम्भ में किया गया काम + x दिन में किया गया काम = 1*

हल

1. माना शेष काम B अकेले x दिन में पूरा करेगा। अतः (A+B) का 2 दिन का काम +B का x दिन का काम = 1

$\therefore$ $\left(\frac{1}{10}+\frac{1}{15}\right)\times 2+x\times\frac{1}{15}=1$ या $\left(\frac{3+2}{30}\right)\times 2+\frac{x}{15}=1$, अतः $\frac{1}{3}+\frac{x}{15}=1$ या $\frac{x}{15}=\frac{2}{3}\Rightarrow x=\frac{2}{3}\times 15=10$ दिन

2. माना शेष खुदायी राम और मोहन x दिन में करेंगे। अतः तीनों की 2 दिन की खुदाई + (राम+मोहन) की x दिन की खुदाई = 1

$\therefore \left(\frac{1}{10}+\frac{1}{12}+\frac{1}{15}\right)\times 2+\left(\frac{1}{10}+\frac{1}{15}\right)\times x=1$ या $\left(\frac{6+5+4}{60}\right)\times 2+\left(\frac{3+2}{30}\right)x=1$

$\therefore \frac{1}{2}+\frac{x}{6}=1$ या $\frac{x}{6}=\frac{1}{2}\Rightarrow x=\frac{1}{2}\times 6=3$ दिन

3. माना पूरा काम x दिन में समाप्त हुआ। अतः $2\times\frac{1}{10}+3\times\frac{1}{15}+x\times\frac{1}{20}=1$ या $\frac{x}{20}=1-\frac{1}{5}-\frac{1}{5}$

$\therefore \frac{x}{20}=1-\frac{2}{5}=\frac{3}{5}=x=\frac{3}{5}\times 20=12$ दिन, अतः शेष काम C पूरा किया = 12 – 3 = 9 दिन में

4 जब काम समाप्त होने के कुछ दिन पूर्व कोई व्यक्ति काम छोड़ दे

1. A तथा B किसी दीवार को अलग-अलग 10 दिन, 15 दिन में बना सकते हैं। यदि दोनों एक साथ काम करें तो काम समाप्त होने के कितने दिन पूर्व B काम करना छोड़ दे कि पूरी दीवार 8 दिन में बन जाय?
2. A,B,C किसी खेत की निराई क्रमशः 36 दिन, 54 दिन, 72 दिन में कर लेते हैं। तीनों ने एक साथ निराई आरम्भ किया परन्तु निराई पूरी होने के 8 दिन पहले A और 12 दिन पहले B ने काम छोड़ दिया। पूरी निराई कितने दिन में हुई?

> *यदि पूरा काम x दिन में हो और कोई व्यक्ति y दिन पूर्व चला जाय तो –*
> *x दिन का काम + (x – y) दिन का काम = 1*

हल

1. माना B ने x दिन पहले काम छोड़ा, अतः A का 8 दिन का काम + B का (8 – x) दिन का काम = 1

$\therefore 8\times\frac{1}{10}+(8-x)\times\frac{1}{15}=1$ या $\frac{8-x}{15}=1-\frac{4}{5}=\frac{1}{5}\Rightarrow 8-x=\frac{1}{5}\times 15=3$ या $x=8-3=5$ दिन

2. माना पूरी निराई x दिन में समाप्त हुई।

$\therefore$ A की (x – 8) दिन की निराई + B की (x – 12) दिन की निराई + C की x दिन की निराई = 1

$\therefore \frac{x-8}{36}+\frac{x-12}{54}+\frac{x}{72}=1\Rightarrow\frac{6x-48+4x-48+3x}{216}=1$ या $\frac{13x-96}{216}=1$

$\therefore 13x-96=216$ या $13x=216+96=312\Rightarrow x=\frac{312}{13}=24$ दिन

5 कार्य क्षमता पर आधारित प्रश्न

1. A में काम करने की क्षमता B से तीन गुनी है। अतः वह किसी काम को करने में B से 20 दिन कम समय लेता है। ज्ञात कीजिए कि B अकेले उस काम को कितने दिन में कर लेगा?
2. राम की कार्य क्षमता श्याम से दुगुनी है। दोनों मिलकर एक कार्य 15 दिन में पूरा कर लेते हैं। बताइये अकेले राम उस कार्य को कितने दिन में पूरा कर लेगा?
3. A तथा B किसी कार्य को क्रमशः 8 दिन में तथा 12 दिन में कर लेते हैं। C की कार्य क्षमता A की डेढ़ गुनी है। तीनों एक साथ कार्य को कितने दिन में कर लेंगें?
4. मोहन की कार्य क्षमता सोहन से 25% अधिक है। यदि सोहन काम को 20 दिन में कर लेता हो तो बताइये–
   A. मोहन अकेले काम को कितने दिन में करेगा?
   B. मोहन और सोहन दोनों एक साथ काम को कितने दिन में करेगें?
5. दो व्यक्तियों की कार्य क्षमताओं में 3 : 2 का अनुपात है। यदि दोनों मिलकर पूरा कार्य 6 दिन में करें तो प्रत्येक अकेले कितने-कितने दिन में करेंगे।

> *कार्य क्षमता और समय में विलोम अनुपात होता है। जैसे –*
> *(a) A तथा B की क्षमता में 2 : 3 का अनुपात हो तो A और B की समयों में अनुपात* $=\frac{1}{2}:\frac{1}{3}=6\times\frac{1}{2}:6\times\frac{1}{3}=3:2$
> *(b) यदि A, B, C की क्षमताओं में अनुपात 2 : 3 : 4 हो तो*
> *A, B, C के समयों में अनुपात* $=\frac{1}{2}:\frac{1}{3}:\frac{1}{4}=12\times\frac{1}{2}:12\times\frac{1}{3}:12\times\frac{1}{4}=6:4:3$

हल

1. A की कार्य क्षमता = B की कार्य क्षमता × 3, अतः $\frac{\text{A की कार्य क्षमता}}{\text{B की कार्य क्षमता}} = \frac{3}{1}$

$\therefore$ A और B की कार्य क्षमताओं में अनुपात = 3 : 1, अतः A और B के समयों में अनुपात = $\frac{1}{3} : \frac{1}{1} = 1 : 3$

$\therefore$ माना A पूरा काम x दिन में तथा B उसे 3x दिन में करता है। अतः प्रश्नानुसार, $3x - x = 20$ या $2x = 20$ या $x = 10$

$\therefore$ B को पूरा काम करने में लगा समय = $3x = 3 \times 10 = 30$ दिन

2. राम की कार्य क्षमता = श्याम की कार्य क्षमता × 2, अतः $\frac{\text{राम की कार्य क्षमता}}{\text{श्याम की कार्य क्षमता}} = \frac{2}{1}$

$\therefore$ राम और श्याम की कार्य क्षमताओं में अनुपात = 2 : 1, अतः राम और श्याम के समयों में अनुपात = 1 : 2

$\therefore$ माना राम अकेले उस कार्य को x दिन में तथा श्याम 2x दिन में करता है।

$\therefore$ $\frac{1}{x} + \frac{1}{2x} = \frac{1}{15}$ या $\frac{2+1}{2x} = \frac{1}{15} \Rightarrow \frac{3}{2x} = \frac{1}{15}$ या $x = \frac{45}{2} = 22\frac{1}{2}$ दिन, अतः राम पूरा काम अकेले $22\frac{1}{2}$ दिन में कर लेगा।

3. A की कार्य क्षमता = $\frac{1}{8}$ और B की कार्य क्षमता = $\frac{1}{12}$, अतः C की क्षमता = A की कार्य क्षमता × $\frac{3}{2} = \frac{1}{8} \times \frac{3}{2} = \frac{3}{16}$

$\therefore$ तीनों द्वारा एक साथ एक दिन में किया गया कार्य = $\frac{1}{8} + \frac{1}{12} + \frac{3}{16} = \frac{6+4+9}{48} = \frac{19}{48}$

$\therefore$ तीनों एक साथ पूरा काम $\frac{48}{19} = 2\frac{10}{19}$ दिन में कर लेगें।

4. सोहन की कार्य क्षमता = $\frac{1}{20}$, अतः मोहन की कार्य क्षमता = सोहन की कार्य क्षमता × 125% = $\frac{1}{20} \times \frac{125}{100} = \frac{1}{16}$

(a) मोहन पूरा काम अकेले $\frac{16}{1} = 16$ दिन में कर लेगा।

(b) मोहन और सोहन, द्वारा एक साथ एक दिन में किया गया काम = $\frac{1}{16} + \frac{1}{20} = \frac{5+4}{80} = \frac{9}{80}$

$\therefore$ दोनों एक साथ पूरे काम को $\frac{80}{9} = 8\frac{8}{9}$ दिन में करेगें

5. दो व्यक्तियों की कार्य क्षमताओं में अनुपात = 3 : 2, अतः दोनों के समयों में अनुपात = $\frac{1}{3} : \frac{1}{2} = 6 \times \frac{1}{3} : 6 \times \frac{1}{2} = 2 : 3$

$\therefore$ माना पहला व्यक्ति अकेले पूरा काम 2x दिन में तथा दूसरा व्यक्ति अकेले 3x दिन में कर लेगा।

$\therefore$ $\frac{1}{2x} + \frac{1}{3x} = \frac{1}{6}$ या $\frac{3+2}{6x} = \frac{1}{6}$, अतः $\frac{5}{6x} = \frac{1}{6}$ या $x = 5$

$\therefore$ पहले व्यक्ति का समय = $2x = 10$ दिनऔर दूसरे व्यक्ति का समय = $3x = 15$ दिन

6 सूत्र पर आधारित प्रश्न

[A] 1. 12 व्यक्ति किसी काम को 8 दिन में कर लेते हैं। 16 व्यक्ति उसे कितने दिन में करेगें?

2. 15 आदमी 8 घण्टे प्रतिदिन काम करके 10 दिन में एक बांध बना लेते हैं। 12 व्यक्ति 10 घण्टे प्रतिदिन काम करके कितने दिन में बांध को बना लेगें?

> *जब प्रश्न के दोनों वाक्यों में काम की मात्रा समान हो तो, पहले वाक्य का गुणनफल = दूसरे वाक्य का गुणनफल*
> *नोट – जिस राशि का मान पूछा गया हो उसे x मान लेगें।*

हल

1. $12 \times 8 = 16 \times x$, अतः $x = \frac{12 \times 8}{16} = 6$ दिन

2. $15 \times 8 \times 10 = 12 \times 10 \times x$, अतः $x = \frac{15 \times 8 \times 10}{12 \times 10} = 10$ दिन

[B] 1. 20 व्यक्ति 7 घण्टे प्रतिदिन काम करके 12 दिन में एक तालाब खोदते हैं। 24 व्यक्ति कितने घण्टे प्रतिदिन काम करके दुगुना बड़ा तालाब 14 दिन में खोद लेगें?

2. 24 मजदूर 8 घण्टे प्रतिदिन काम करके एक सड़क 15 दिन में बना लेते हैं। 48 मजदूर 6 घण्टे प्रतिदिन काम करके उससे तीन गुनी लम्बी सड़क कितने दिन में बना लेगें?

3. 12 आदमी 8 घण्टे प्रतिदिन काम करके ₹ 480 कमाते हैं। 18 आदमी 12 घण्टे प्रतिदिन काम करके कितने ₹ कमा लेंगे?

4. 8 महिलाएं 10 घण्टे प्रतिदिन काम करके 6 दिन में 100 डलिया बनाती हैं, कितनी महिलाएं 8 घण्टे प्रतिदिन काम करके 12 दिन में 200 डलिया बनायेंगी?

> *यदि प्रश्न के दोनों वाक्यों में काम की मात्रा अलग-अलग हो तो,* $\frac{\text{पहले वाक्य का गुणनफल}}{\text{पहले वाक्य का काम}} = \frac{\text{दूसरे वाक्य का गुणनफल}}{\text{दूसरे वाक्य का काम}}$
>
> *नोट – जिस राशि का मान पूछा गया हो उसे x मान लेगें।*

हल

1. $\frac{20\times7\times12}{1\text{ तालाब}} = \frac{24\times x\times14}{2\text{ तालाब}}$ या $\frac{20\times7\times12}{1} = \frac{24\times x\times14}{2}$, अतः $x = 10$ घण्टे प्रतिदिन
2. $\frac{24\times8\times15}{1} = \frac{48\times6\times x}{3}$, अतः $x = 30$ दिन
3. $\frac{12\times8}{480} = \frac{18\times12}{x}$, अतः $x = \frac{480\times18\times12}{12\times8} = 1080$
4. $\frac{8\times10\times6}{100} = \frac{x\times8\times12}{200}$, अतः $x = \frac{8\times10\times6\times2}{8\times12} = 10$ महिलाएँ

[C] 1. 48 मजदूर 7 घण्टे प्रतिदिन काम करके 15 दिन में 300 मी. लम्बी नाली खोद लेते हैं। 90 मजदूर 8 घण्टे प्रतिदिन काम करके 35 दिन में कितने मी. लम्बी नाली खोद लेंगें?

2. 28 श्रमिक 8 घण्टे प्रतिदिन काम करके 5 दिन में 20 मी. चौड़ी और 120 मी. लम्बी सड़क बना लेते हैं। 35 श्रमिक 10 घण्टे प्रतिदिन काम करके 15 दिन में 25 मी. चौड़ी कितने मी. लम्बी सड़क बनायेंगे?

3. 50 व्यक्ति 10 दिन में 100 मी. लम्बी, 50 मी. चौड़ी, 10 मी. गहरी खाई खोदते हैं। 100 व्यक्ति 30 दिन में 25 मी. चौड़ी, 15 मी. गहरी कितने मी. लम्बी खाई खोदेंगे?

> *(a) पहले प्रकार के प्रश्न में काम की मात्रा = लम्बाई*
>
> *(b) दूसरे प्रकार के प्रश्न में काम की मात्रा = लम्बाई × चौड़ाई*
>
> *(c) तीसरे प्रकार के प्रश्न में काम की मात्रा = लम्बाई × चौड़ाई × गहराई*
>
> *तब* $\frac{\text{पहले वाक्य का गुणनफल}}{\text{पहले वाक्य का काम}} = \frac{\text{दूसरे वाक्य का गुणनफल}}{\text{दूसरे वाक्य का काम}}$
>
> *नोट – जिस राशि का मान ज्ञात करना हो, उसे x मान लेगें।*

हल

1. $\frac{48\times7\times15}{300} = \frac{90\times8\times35}{x}$ या $x = \frac{300\times90\times8\times35}{48\times7\times15} = 1500$ मी.
2. $\frac{28\times8\times5}{120\times20} = \frac{35\times10\times15}{x\times25}$ या $x = \frac{120\times20\times35\times10\times15}{28\times8\times5\times25} = 450$ मी.
3. $\frac{50\times10}{100\times50\times10} = \frac{100\times30}{x\times25\times15}$ या $x = \frac{100\times50\times10\times100\times30}{50\times10\times25\times15} = 800$ मी.

7 ठेकेदारी पर आधारित प्रश्न

[A] 1. एक ठेकेदार ने 62 दिन में किसी कार्य को पूरा करने का ठेका लिया। उसने 32 व्यक्ति कार्य पर लगाया परन्तु 30 दिन में $\frac{1}{3}$ कार्य ही हो पाया। अब उसे कितने और व्यक्ति लगाना चाहिए, जिससे शेष काम समय पर पूरा हो जाय?

2. सुधीर ने 30 दिन में एक कार्य को पूरा करने का ठेका लिया। उसने कार्य पर 400 मजदूर लगाया, जो 9 घण्टे प्रतिदिन कार्य करके 10 दिन में $\frac{1}{4}$ कार्य कर सके। अब शेष कार्य समय पर पूरा करने के लिए वह कितने मजदूर और लगाये कि वे सब 8 घण्टे प्रतिदिन कार्य करके समय पर कार्य सम्पन्न कर दें?

> *(a) सर्वप्रथम शेष समय और शेष कार्य ज्ञात करेंगें*
>
> *(b) किये गये कार्य और उसमें लगे समय से एक वाक्य बनायेंगें*
>
> *(c) शेष कार्य और शेष समय से दूसरा वाक्य बनायेंगें*
>
> *तब* $\frac{\text{पहले वाक्य का गुणनफल}}{\text{पहले वाक्य का कार्य}} = \frac{\text{दूसरे वाक्य का गुणनफल}}{\text{दूसरे वाक्य का कार्य}}$
>
> *नोट–आवश्यक व्यक्तियों की संख्या अर्थात् बढ़ाये जाने वाले व्यक्तियो की संख्या को x मानेंगें*

हल

1. कुल समय = 62 दिन और कुल कार्य = 1 और 30 दिन के बाद शेष समय = 62 – 30 = 32 दिन

$\frac{1}{3}$ कार्य होने के बाद शेष कार्य $= 1 - \frac{1}{3} = \frac{2}{3}$

∴ 32 व्यक्ति 30 दिन में $\frac{1}{3}$ कार्य करते हैं। ....पहला वाक्य

माना (32 + x) व्यक्ति शेष 32 दिन में शेष $\frac{2}{3}$ कार्य करेंगे। ....दूसरा वाक्य

$$\therefore \frac{32 \times 30}{\frac{1}{3}} = \frac{(32+x) \times 32}{\frac{2}{3}} \Rightarrow \frac{32 \times 30 \times 3}{1} = \frac{(32+x) \times 32 \times 3}{2}$$

∴ $32 \times 30 = (32 + x) \times 16$ या $2 \times 30 = 32 + x$

∴ $32 + x = 60$ या $x = 60 - 32 = 28$, अतः 28 व्यक्ति और बढ़ाने पड़ेंगे।

2. कुल समय = 30 दिन और कुल कार्य = 1 और 10 दिन के बाद शेष समय = 30 – 10 = 20 दिन

$\frac{1}{4}$ कार्य होने के बाद शेष कार्य $= 1 - \frac{1}{4} = \frac{3}{4}$

∴ 400 मजदूर 9 घण्टे प्रतिदिन कार्य करके 10 दिन में $\frac{1}{4}$ कार्य करते हैं। ....पहला वाक्य

माना (400 + x) मजदूर 8 घण्टे प्रतिदिन कार्य करके 20 दिन में $\frac{3}{4}$ कार्य करेंगे। ....दूसरा वाक्य

$$\therefore \frac{400 \times 9 \times 10}{\frac{1}{4}} = \frac{(400+x) \times 8 \times 20}{\frac{3}{4}} \text{ या } 400 \times 9 \times 10 \times 3 = (400 + x) \times 8 \times 20$$

$$\therefore (400 + x) = \frac{400 \times 9 \times 10 \times 3}{8 \times 20} = 675 \Rightarrow x = 675 - 400 = 275,$$ अतः 275 मजदूर बढ़ाने पड़ेंगे।

[B] 1. रामेश्वर ने 20 दिन में एक नहर बनवाने का ठेका लिया। उसने 100 मजदूर काम पर लगाया परन्तु 15 दिन बाद उसे पता चला कि पूरी नहर समय पर तैयार नहीं हो पायेगी। अतः उसने 200 मजदूर और काम पर लगा दिया और नहर समय पर बनकर तैयार हो गयी। यदि रामेश्वर अतिरिक्त मजदूर न लगाया होता तो, नहर निश्चित समय के कितने दिन बाद तैयार हो पाती?

2. एक ठेकेदार 60 दिन में एक बाँध बनवाने का ठेका लिया। उसने 40 मजदूरों से काम शुरू कराया परन्तु 40 दिन बाद उसने 50 मजदूर और लगाकर बांध समय पर पूरा तैयार कर लिया। यदि वह 50 अतिरिक्त मजदूर न लगाता तो बांध कितने दिन बाद बनकर तैयार हो पाता?

> *इन प्रश्नों को हल करने के लिए शेष समय ज्ञात करेंगे। इस शेष समय और पहले से मौजूद व्यक्तियों (मजदूरों) की संख्या से एक वाक्य बनायेंगे। फिर कुल मजदूरों की संख्या से दूसरा वाक्य बनायेंगे। इसके बाद –*
> *पहले वाक्य का गुणनफल = दूसरे वाक्य का गुणनफल*

हल

1. 15 दिन के बाद शेष समय = 20 – 15 = 5 दिन

प्रारम्भ में मौजूद मजदूर = 100 और बाद में मौजूद मजदूर = 100 + 200 = 300

∴ 300 मजदूर 5 दिन में शेष नहर बनाते हैं। .... पहला वाक्य

यदि 200 मजदूर न बढ़ाये जाते तो, माना 100 मजदूर x दिन में शेष नहर बनाते। .... दूसरा वाक्य

∴ $300 \times 5 = 100 \times x$ या $x = 15$ दिन, अतः अधिक समय = 15 – 5 = 10 दिन

2. 40 दिन बाद शेष समय = 60 – 40 = 20 दिन

प्रारम्भ में मौजूद मजदूर = 40 और बाद में मौजूद मजदूर = 50 + 40 = 90

यदि 50 अतिरिक्त मजदूर न लगाता तो –

माना 40 मजदूर x दिन में शेष बांध बनाते। .... पहला वाक्य

परन्तु 90 मजदूर 20 दिन में शेष बांध बनाते हैं। ....दूसरा वाक्य

∴ $40 \times x = 90 \times 20$ या $x = 45$ दिन, अतः अधिक समय = 45 – 20 = 25 दिन

[C] 1. एक सैनिक कैम्प में 500 ग्राम प्रति सैनिक की दर से 950 सैनिकों के लिए 200 दिन की खाद्य सामग्री थी। 300 सैनिक 70 दिन बाद किसी दूसरे कैम्प में चले गये। अब यह खाद्य सामग्री शेष सैनिकों के लिए कितने दिन और चलेगी?

2. एक सैनिक छावनी में 900 ग्राम प्रति व्यक्ति की दर से दिये जाने पर 330 सैनिकों के लिए 35 दिन की खाद्य सामग्री थी। 10 दिन बाद कुछ और सैनिक आ गये और 825 ग्राम प्रति व्यक्ति दिये जाने पर शेष सामग्री 18 दिन ही चली। आने वाले सैनिकों की संख्या ज्ञात कीजिए।

> *कुछ सैनिकों के चले जाने या कुछ और सैनिकों के चले आने पर सैनिकों की संख्या और शेष समय ज्ञात करेंगें। इसके बाद, पहले वाक्य का गुणनफल = दूसरे वाक्य का गुणनफल*

हल

1. प्रारम्भ में कुल सैनिक = 950, अतः 300 सैनिकों के चले जाने के बाद शेष सैनिक = 950 − 300 = 650

शेष समय = 200 − 70 = 130 दिन। अब यदि 300 सैनिक न जाते तो–

950 सैनिक 500 ग्राम प्रति सैनिक की दर से शेष सामग्री 130 दिन खाते।.................................. पहला वाक्य

अब माना शेष 650 सैनिक 500 ग्राम प्रति सैनिक की दर से शेष सामग्री (130 + x) दिन खायेंगे।..... दूसरा वाक्य

$\therefore\ 950\times500\times130 = 650\times500\times(130+x)$

$\therefore\ 190 = 130 + x$ या $x = 190 - 130 = 60$ दिन, अतः शेष सामग्री 60 दिन और चलेगी।

2. 10 दिन बाद शेष समय = 35 − 10 = 25 दिन। माना आने वाले सैनिकों की संख्या x है।

यदि x सैनिक न आते तो –

330 सैनिक 900 ग्राम प्रति सैनिक की दर से शेष सामग्री 25 दिन खाते।......................................पहला वाक्य

अब माना (330 + x) सैनिक 825 ग्राम प्रति सैनिक की दर से शेष सामग्री 18 दिन में खाते हैं।.........दूसरा वाक्य

$\therefore\ 330\times900\times25 = (330+x)\times825\times18 \Rightarrow (330+x) = \dfrac{330\times900\times25}{825\times18} = 500$

$\therefore\ x = 500 - 330 = 170$, अतः आने वाले सैनिकों की संख्या = 170

8 पुरुष, स्त्री एवं बच्चों पर आधारित प्रश्न

[A] 1. 10 आदमी अथवा 20 स्त्रियां किसी काम को 13 दिन में पूरा करती हैं। 24 आदमी और 17 स्त्रियां उसके दुगुने काम को कितने दिन में पूरा करेगें?

2. यदि 4 पुरुष या 6 लड़के एक काम को 20 दिन में कर लें तो 6 पुरुष और 11 लड़के उसे कितने दिन में कर लेगें?

> *इन प्रश्नों को हल करने के लिए सर्वप्रथम आदमी और स्त्री अथवा आदमी और लड़के का सम्बन्ध ज्ञात करेंगें। इसके बाद दो वाक्य बनायेंगें तब*
>
> $$\frac{\text{पहले वाक्य का गुणनफल}}{\text{पहले वाक्य का काम}} = \frac{\text{दूसरे वाक्य का गुणनफल}}{\text{दूसरे वाक्य का काम}}$$

हल

1. पहली शर्त से स्पष्ट है कि 10 आदमी = 20 स्त्रियां, अतः 1 आदमी = 2 स्त्रियां

∴ 24 आदमी और 17 स्त्रियां = 48 स्त्रियां + 17 स्त्रियां = 65 स्त्रियां

∴ 20 स्त्रियां किसी काम को 13 दिन में करती है।..पहला वाक्य

अब माना 65 स्त्रियां दुगुने काम को x दिन में करती हैं।...दूसरा वाक्य

$\therefore\ \dfrac{20\times13}{1} = \dfrac{65\times x}{2}$ या $x = \dfrac{20\times13\times2}{65} = 8$ दिन

2. चूंकि 4 पुरुष = 6 लड़के, अतः 1 पुरुष = $\dfrac{6}{4}$ लड़के = $\dfrac{3}{2}$ लड़के

∴ 6 पुरुष और 11 लड़के = $6\times\dfrac{3}{2}$ + 11 लड़के = 9 लड़के + 11 लड़के = 20 लड़के

अब 6 लड़के काम को 20 दिन में करते हैं।..पहला वाक्य

माना 20 लड़के काम को x दिन में करेंगे।...दूसरा वाक्य

$\therefore\ 6\times20 = 20\times x$ या $x = 6$ दिन

[B] 1. 6 पुरुष और 8 लड़के किसी काम को 10 दिन में जबकि 26 पुरुष और 48 लड़के उसे 2 दिन में पूरा करते हैं। 15 पुरुष और 20 लड़के उसे कितने दिन में पूरा करेंगे?

2. 4 आदमी तथा 6 लड़के किसी काम को 5 दिन में पूरा करते हैं। जबकि 6 आदमी और 4 लड़के उसे 4 दिन में पूरा कर लेते हैं। 8 आदमी और 12 लड़के उस काम को कितने दिन में पूरा कर लेंगे?

> *यदि x पुरुष और y लड़के किसी काम को m दिन में करें तथा a पुरुष और b लड़के उसी काम को n दिन में करें तो $(x$ पुरुष $+ y$ लड़के$) \times m = (a$ पुरुष $+ b$ लड़के$) \times n$*
> *उपर्युक्त सूत्र से पुरुष और लड़के का सम्बन्ध ज्ञात करके पूर्व की भांति दो वाक्य बनायेंगें। इसके बाद –*
> *पहले वाक्य का गुणनफल = दूसरे वाक्य का गुणनफल का प्रयोग करेंगे।*

हल

1. $(6$ पुरुष $+ 8$ लड़के $) \times 10 = (26$ पुरुष $+ 48$ लड़के $) \times 2 \Rightarrow 60$ पुरुष $+ 80$ लड़के $= 52$ पुरुष $+ 96$ लड़के

$\therefore$ $(60 - 52)$पुरुष $= (96 - 80)$ लड़के $\Rightarrow 8$ पुरुष $= 16$ लड़के अर्थात् 1 पुरुष = 2 लड़के

अब प्रश्न की प्रथम शर्त से – $(6 \times 2$ लड़के $+ 8$ लड़के$)$ काम को 10 दिन में करते हैं।

$\therefore$ 20 लड़के काम को 10 दिन में करते हैं।..पहला वाक्य

प्रश्न की तृतीय शर्त से – माना $(15 \times 2$ लड़के $+ 20$ लड़के$)$ काम को x दिन में करते हैं।

$\therefore$ 50 लड़के काम को x दिन में करते हैं।..दूसरा वाक्य

$\therefore$ पहले वाक्य का गुणनफल = दूसरे वाक्य का गुणनफल $\Rightarrow 20 \times 10 = 50 \times x$ या $x = \frac{20 \times 10}{50} = 4$ दिन

2. $(4$ आदमी $+ 6$ लड़के$) \times 5 = (6$ आदमी $+ 4$ लड़के$) \times 4 \Rightarrow 20$ आदमी $+ 30$ लड़के $= 24$ आदमी $+ 16$ लड़के

$\therefore$ $(24 - 20)$ आदमी $= (30 - 16)$ लड़के $\Rightarrow 4$ आदमी $= 14$ लड़के $\Rightarrow 1$ आदमी $= \frac{14}{4}$ लड़के $= \frac{7}{2}$ लड़के

अब प्रश्न की प्रथम शर्त से –

$(4 \times \frac{7}{2}$ लड़के $+ 6$ लड़के $)$ काम को 5 दिन में करते हैं।

$\therefore$ 20 लड़के काम को 5 दिन में करेंगें।..पहला वाक्य

प्रश्न की तृतीय शर्त से – माना $(8 \times \frac{7}{2}$ लड़के $+ 12$ लड़के $)$ काम को x दिन में करते हैं।

$\therefore$ 40 लड़के काम को x दिन में करते हैं।..दूसरा वाक्य

$\therefore$ पहले वाक्य का गुणनफल = दूसरे वाक्य का गुणनफल $\Rightarrow 20 \times 5 = 40 \times x$ या $x = 2\frac{1}{2}$ दिन

9 जब काम बारी-बारी से किया जाय

1. A किसी काम को 40 दिन में तथा B उसे 50 दिन में कर लेता हैं। यदि दोनों बारी-बारी से एक-एक दिन काम करें तो पूरा काम कितने दिन में समाप्त हो जायेगा?
2. राम, श्याम, मोहन किसी काम को क्रमशः 20 दिन, 25 दिन, 30 दिन में कर लेते हैं। यदि तीनों बारी-बारी से एक-एक दिन काम करें तो पूरा काम कितने दिन में समाप्त होगा और अन्तिम बारी किसकी होगी?

> *(A) जब दो व्यक्ति बारी-बारी से काम करेंगें तब 2 दिन में एक चक्र (One Round) होगा।*
> *(B) जब तीन व्यक्ति बारी-बारी से काम करेंगें तब 3 दिन में एक चक्र (One Round) होगा।*
> *चक्र के आधार पर ही दिनों की संख्या ज्ञात की जायेगी देखें प्रश्नों के अग्रलिखित हल–*

हल

1. बारी-बारी से एक चक्र में (अर्थात् 2 दिन में) किया गया काम $= \frac{1}{40} + \frac{1}{50} = \frac{5+4}{200} = \frac{9}{200}$

$\therefore$ बारी-बारी से 22 चक्र में (अर्थात् 44 दिन में) किया गया काम $= \frac{9 \times 22}{200} = \frac{99}{100}$ भाग

चक्र ज्ञात करने के लिए 200 में 9 से भाग करेंगें। पूर्णाक में प्राप्त भागफल ही चक्रों की संख्या होगी। जैसे –

$$\begin{array}{r} 9\overline{)200}(22 \\ \underline{18} \\ 20 \\ \underline{18} \\ 2 \end{array}$$

अब 44 दिन के बाद शेष काम $= 1 - \frac{99}{100} = \frac{1}{100}$ भाग और 45 वें दिन A की बारी होगी।

अतः शेष काम A द्वारा करने में लगा समय $= \frac{\frac{1}{100}}{\frac{1}{40}} = \frac{1}{100} \times \frac{40}{1} = \frac{2}{5}$ दिन

$\therefore$ कुल समय $= 44 + \frac{2}{5} = 44\frac{2}{5}$ दिन

2. बारी-बारी से एक चक्र अर्थात् 3 दिन में किया गया काम $= \frac{1}{20} + \frac{1}{25} + \frac{1}{30} = \frac{15+12+10}{300} = \frac{37}{300}$

$\therefore$ 8 चक्र अर्थात् 24 दिन में किया गया काम $= \frac{37}{300} \times 8 = \frac{74}{75}$

$\therefore$ 24 दिन के बाद शेष काम $= 1 - \frac{74}{75} = \frac{1}{75}$, अब 25वें दिन A काम करेगा।

$\therefore$ शेष काम A द्वारा करने में लगा समय $= \frac{\frac{1}{75}}{\frac{1}{20}} = \frac{1}{75} \times \frac{20}{1} = \frac{4}{15}$

$\therefore$ कुल समय $= 24 + \frac{4}{15} = 24\frac{4}{15}$ दिन

अभ्यास प्रश्न

साधारण प्रश्न

1. रंगकर्मी A, एक घर 40 दिन में रंग सकता है तथा रंगकर्मी B 60 दिन में रंग सकता है। C की सहायता से उन्होंने केवल 20 ही दिन में यह काम कर लिया तो C अकेले यह काम कितने दिन में कर सकता है?
(a) 120 दिन (b) 20 दिन (c) 225 दिन (d) 15 दिन ***SSC CHSL (Tier-1) 3.2.2017***

2. मम्मी 15 घंटे में 75 केक बना सकती है, बहन और मम्मी एक साथ मिलकर 20 घंटे में 120 केक बना सकती हैं। बहन 30 घंटे में कितने केक बना सकती है?
(a) 45 (b) 30 (c) 60 (d) 10 ***SSC CHSL (Tier-1) 29.1.2017***

3. A और B मिलकर किसी काम को 24 दिन में करते हैं और A, B, C मिलकर उसी काम को 8 दिन में समाप्त कर सकते हैं। C अकेला उस कार्य को कितने दिन में समाप्त करेगा?
(a) 12 दिन (b) 14 दिन (c) 16 दिन (d) 24 दिन ***SSC CGL (Tier-1) 9.9.2016***

4. A और B मिलकर किसी काम को 36 दिन में कर सकते हैं, B और C मिलकर उसे 24 दिनों में कर सकते हैं। A और C मिलकर उसे 18 दिन में कर सकते हैं। तीनों मिलकर काम करें तो उसे कितने दिन में पूरा करेंगे?
(a) 8 दिन (b) 16 दिन (c) 30 दिन (d) 32 दिन ***SSC CGL (Tier-1) 7.9.2016***

5. X अकेला एक कार्य को 12 दिन में कर सकता है तथा Y अकेला उसी कार्य को 6 दिन में कर सकता है। दोनों मिलकर उसी कार्य को कितने दिन में पूरा करेंगे?
(a) 3 (b) 4 (c) 5 (d) 2 ***SSC CHSL (Tier-1) 10.3.2018***

6. गणेश, राम और सोहन मिलकर किसी काम को 16 दिन में पूरा कर सकते हैं। यदि गणेश और राम मिलकर उसी काम को 24 दिन में पूरा कर सकते हैं, तो सोहन को अकेले उस काल को करने में कितने दिन लगेंगे?
(a) 40 (b) 48 (c) 32 (d) 30 ***SSC CGL (Tier-1) 3.9.2016***

7. एक पिता उतनी जल्दी किसी काम को कर सकता है जितनी जल्दी उसके दो बेटे मिलकर कर सकते है।। यदि एक बेटा 3 घंटे में काम कर सकता है और दूसरा 6 घंटे में कर सकता है तो उस काम को करने में पिता को कितना समय लगेगा?
(a) 1 (b) 2 (c) 3 (d) 4 ***SSC CGL (Tier-1) 28.8.2016***

8. X तथा Y दोनों मिलकर एक कार्य को 12 दिन में पूरा कर सकते हैं तथा Y अकेला उसी कार्य को 30 दिन में पूरा कर सकता है। X अकेला कार्य को कितने दिन में पूरा करेगा?
(a) 15 (b) 20 (c) 18 (d) 16 ***SSC CHSL (Tier-1) 12.3.2018***

9. A और B मिलकर एक काम को 6 दिन में पूरा कर सकते हैं। और A अकेला उसे 9 दिन में कर सकता है। B अकेले उस काम को कितने दिन में कर सकेगा?
(a) 18 दिन (b) 24 दिन (c) 9 दिन (d) 12 दिन ***SSC CGL (Tier-1) 27.8.2016***

10. A किसी काम को 18 दिन में कर सकता है। उसने 12 दिन काम किया और शेष काम B ने 8 दिन में पूरा किया। B अकेले पूरे काम को कितने दिन में पूरा कर सकता था?
(a) 16 दिन (b) 24 दिन (c) 28 दिन (d) 29 दिन ***SSC CGL (Tier-1) 28.8.2016***

11. 20 महिलाएँ किसी काम को 16 दिन में कर सकती हैं। 16 पुरुष उसी काम को 15 दिन में कर सकते हैं। एक पुरुष और एक महिला की क्षमता के बीच अनुपात कितना है?
(a) 3 : 4 (b) 4 : 3 (c) 5 : 3 (d) 5 : 7 ***SSC CGL (Tier-1) 29.8.2016***

12. A और B किसी काम को मिलकर 12 दिन में कर सकते हैं जबकि A अकेला उसी काम को 30 दिन में कर सकता है। B अकेले उसी काम को कितने दिन में कर सकता है?
(a) 18 दिन (b) 20 दिन (c) 15 दिन (d) 22 दिन ***SSC CGL (Tier-1) 2.9.2016***

13. प्रफुल्ल ने 30 दिन में एक काम का आधा भाग पूरा कर लिया है। सरबजीत बचा हुआ काम 10 दिन में पूरा करता है। दोनों मिलकर यह काम कितने दिन में पूरा कर सकते हैं?
(a) 30 दिन (b) 45 दिन (c) 15 दिन (d) 60 दिन ***SSC CHSL (Tier-1) 25.1.2017***

14. छुटकी 15 घंटे में 30 केक बना सकती है। छुटकी और बड़की साथ मिलकर 30 घंटे में 90 केक बना सकती है। बड़की 10 घंटे में कितने केक बना सकती है?
(a) 75 (b) 20 (c) 10 (d) 60 ***SSC CHSL (Tier-1) 30.1.2017***

15. राहुल एक कार्य को 18 दिन में पूरा कर सकता है तथा सोनू उसी कार्य को 15 दिन में पूरा कर सकता है। यदि दोनों मिलकर 5 दिन कार्य करते हैं तो कुल कार्य का कितना गुना बचा हुआ है?
(a) 7/15 (b) 11/18 (c) 7/18 (d) 8/15 ***SSC CHSL (Tier-1) 16.3.2018***

16. पंकज ने 12 दिन में एक काम का 1/2 भाग पूरा कर लिया है, सांईंनाथ बचा हुआ काम 6 दिन में पूरा करता है। दोनों मिलकर यह काम कितने दिन में पूरा कर सकते हैं?
(a) 4 दिन (b) 12 दिन (c) 8 दिन (d) 16 दिन ***SSC CHSL (Tier-1) 17.1.2017***

17. प्रदीप ने 14 दिन में एक काम का 1/4 भाग पूरा कर लिया है। सकीब बचा हुआ काम 56 दिन में पूरा करता है। दोनों मिलकर यह काम कितने दिन में पूरा कर सकते हैं?
(a) 64 दिन (b) 32 दिन (c) 16 दिन (d) 8 दिन ***SSC CHSL (Tier-1) 9.1.2017***

18. X तथा Y मिलकर किसी कार्य को 30 दिनों में पूरा कर सकते हैं। Y तथा Z मिलकर उस कार्य को 20 दिनों में पूरा कर सकते हैं। X कार्य आरंभ करता है तथा 15 दिन तक कार्य करता है फिर Y उस कार्य को ले लेता है तथा 27 दिन कार्य करता है। अंततः Z शेष कार्य को 9 दिनों में पूरा करता है। Y अकेला पूरे कार्य को कितने दिनों में पूरा कर सकता है?
(a) 60 (b) 45 (c) 50 (d) 65 ***SSC CHSL (Tier-1) 12-3-2018***

19. रंगकर्मी A एक घर 50 दिन में रंग सकता है तथा B 25 दिन में कर सकता है। C की सहायता से, उन्होंने केवल 10 ही दिन में यह काम कर लिया। तब, C अकेले यह काम कितने दिन में कर सकता है?
(a) 8 दिन (b) 16 दिन (c) 25 दिन (d) 15 दिन ***SSC CHSL (Tier-1) 21.1.2017***

20. X किसी काम को 'p' दिनों में कर सकता है और Y उसी काम को 'q' दिनों में कर सकता है, तो X और Y मिलकर उस काम को कितने दिनों में पूरा करेंगे?
(a) $\frac{p+q}{2}$ (b) $\frac{1}{p}+\frac{1}{q}$ (c) $\frac{pq}{p+q}$ (d) p q ***SSC CGL (Tier-1) 4.9.2016***

21. 9 घंटे प्रतिदिन कार्य करके मनीष एक पुस्तक को 16 दिन में पढ़ सकता है। यदि वही कार्य 24 दिन में पूरा करना हो, तो उसे प्रतिदिन कितने घंटे कार्य करना चाहिए?
(a) 5 (b) 7 (c) 8 (d) 6 ***SSC CGL (Tier-1) 23.3.2018***

22. मनीष एक कार्य को 21 दिन में पूरा कर सकता है तथा करन उसी कार्य को 28 दिन में पूरा कर सकता है। यदि दोनों मिलकर 7 दिन तक कार्य करते हैं, तो कुल कार्य का जितना हिस्सा बचा हुआ है?
(a) 3/5 (b) 2/3 (c) 7/12 (d) 5/12 ***SSC CGL (Tier-1) 14.3.2018***

23. A तथा B दोनों मिलकर एक कार्य को 20 दिन में पूरा कर सकते हैं तथा B अकेला उसी कार्य को 36 दिन में पूरा कर सकता है। A अकेला कार्य को कितने दिन में पूरा करेगा?
(a) 30 (b) 50 (c) 45 (d) 42 ***SSC CGL (Tier-1) 15.3.2018***

24. A और B मिलकर 10 दिनों में एक काम कर सकते हैं B और C मिलकर 15 दिनों में कर सकते हैं जबकि C और A मिलकर 20 दिनों में कर सकते हैं। वे 8 दिनों तक एक साथ काम करते हैं। C अकेले शेष कार्य को पूरा करेगा–
(a) 16/3 दिनों में (b) 16 दिनों में (c) 12 दिनों में (d) 16/5 दिनों में ***SSC CHSL (Tier-1) 3.7.2019***

25. A, B और C किसी काम को क्रमशः 10, 20 और 60 दिनों में पूरा कर सकते हैं। एक साथ मिलकर काम करते हुए वे उसी काम को कितने दिनों में पूरा करेंगे?
(a) 5 (b) 10 (c) 6 (d) 8 ***SSC CHSL (Tier-1) 4.7.2019***

26. P, Q तथा R मिलकर किसी कार्य को 40 दिनों में पूरा कर सकते हैं। P तथा Q उसी कार्य को 90 दिनों में पूरा कर सकते हैं। R अकेला उस कार्य को कितने दिनों में पूरा कर सकता है?
(a) 40 (b) 72 (c) 84 (d) 90 ***SSC CPO 5.7.2017***

27. A किसी कार्य को अकेला 20 दिनों में कर सकता है। A तथा B मिलकर उसी कार्य को 15 दिनों में कर सकते हैं। B तथा C मिलकर उसी कार्य को 75/2 दिनों कर सकते हैं। कार्य करने की दृष्टि से **A, B** तथा **C** की दक्षता का अनुपात कितना है?
(a) 5 : 3 : 1 (b) 10 : 4 : 1 (c) 5 : 4 : 3 (d) 15 : 5 : 3 ***SSC MTS 6.8.2019***

28. स्टूडियो A के 5 तकनीशियन किसी कार्य को 30 दिनों में कर सकते हैं। स्टूडियो B के 8 तकनीशियन इसी कार्य को 15 दिनों में कर सकते हैं। स्टूडियो A के 1 तकनीशियन और स्टूडियो B के 1 तकनीशियन मिलकर उसी कार्य को कितने दिनों में कर सकते हैं?
(a) $\frac{100}{3}$ (b) $\frac{200}{3}$ (c) $\frac{250}{9}$ (d) $\frac{220}{9}$ ***SSC MTS 6.8.2019***

29. A किसी कार्य को अकेले 10 दिन में कर सकता है। A तथा B उसी कार्य को मिलकर 20/3 दिनों में कर सकते हैं। A, B तथा C उसी कार्य को मिकर 40/7 दिनों में कर सकते हैं। B तथा C उसी कार्य को मिलकर कितने दिनों में कर सकते हैं?
(a) $\frac{44}{3}$ (b) $\frac{20}{3}$ (c) $\frac{40}{3}$ (d) $\frac{44}{7}$ ***SSC MTS 5.8.2019***

30. A तथा B किसी कार्य को क्रमशः 20 दिनों तथा 30 दिनों में पूरा कर सकते हैं। A पूरे समय कार्य करता है जबकि B आधे समय कार्य करता है। पूरा कार्य कितने दिनों में समाप्त हो जाएगा?
(a) 9 दिन (b) 15 दिन (c) 12 दिन (d) 10 दिन ***SSC CHSL (Tier-1) 21.8.2019***

31. A किसी कार्य को अकेला 30 दिन में कर सकता है। B उसी कार्य को अकेला 60 दिन में कर सकता ह। यदि वे 5 दिन तक एक साथ कार्य करते हैं, तो कार्य का कितना हिस्सा शेष रह जाएगा?
(a) $\frac{2}{3}$ (b) $\frac{1}{2}$ (c) $\frac{3}{4}$ (d) $\frac{5}{6}$ ***SSC MTS 6.8.2019***

32. X किसी कार्य को अकेला 15 दिन में कर सकता है। Y उसी कार्य को अकेला 30 दिन में कर सकता है। X, Y तथा Z एक साथ मिलकर उस कार्य को 9 दिन में कर सकते हैं। Z उस कार्य को अकेला कितने दिन में कर सकता है?
(a) 120 (b) 90 (c) 45 (d) 60 ***SSC MTS 6.8.2019***

33. आदित्य किसी कार्य को अकेला 24 दिन में पूरा कर सकता है। रमन उसी कार्य को अकेला 45 दिन में पूरा कर सकता है। वे दोनों मिलकर कार्य को कितने दिन में पूरा कर सकते हैं?
(a) $\frac{720}{13}$ (b) $\frac{1080}{43}$ (c) $\frac{360}{23}$ (d) $\frac{960}{33}$ ***SSC CHSL (Tier-1) 19.8.2019***

34. A किसी कार्य को अकेले 10 दिन में कर सकता है। A तथा B उसी कार्य को मिलकर 20/3 दिनों में कर सकते हैं। A, B तथा C उसी कार्य को मिलकर 40/7 दिनों में कर सकते हैं। B तथा C उसी कार्य को मिलकर कितने दिनों में कर सकते हैं?
(a) $\frac{44}{3}$ (b) $\frac{20}{3}$ (c) $\frac{40}{3}$ (d) $\frac{44}{7}$ ***SSC MTS 5.8.2019***

35. किसी कार्य को A, 20 दिनों में पूरा कर सकता है और B उसे $22\frac{1}{2}$ दिनों में पूरा कर सकता है। वे दोनों मिलकर 6 दिनों तक एक साथ कार्य करते हैं और शेष कार्य को C द्वारा 26 दिनों में पूरा किया गया है। तीनों एक साथ मिलकर उसी कार्य को कितने दिनों में पूरा करेंगे?

(a) 8 दिन (b) 9 दिन (c) 12 दिन (d) 10 दिन ***SSC C HSL (Tier-1) 21.8.2019***

36. A, B और C किसी कार्य को 16 दिनों में कर सकते हैं, जबकि A और B उसी कार्य को 40 दिनों में कर सकते हैं। C उस कार्य को अकेले कितने दिनों में कर सकता है?

(a) 26.67 (b) 25 (c) 23.33 (d) 30 ***SSC CHSL (Tier-1) 16.8.2019***

37. A किसी कार्य को अकेले 30 दिनों में पूरा कर सकता है। उसने आधा कार्य करके छोड़ दिया। यदि B अकेले पूरा कार्य को 16 दिनों में कर सकता है, तो B को शेष कार्य को पूरा करने में कितने दिन लगेंगे?

(a) 9 (b) 12 (c) 6 (d) 8 ***SSC CHSL (Tier-1) 14.8.2019***

38. X किसी कार्य को पूरा करने में Y की तुलना में 10 दिन कम समय लेता है। X और Y दोनों मिलकर कार्य को 12 दिन में पूरा कर सकते हैं। Y कितने दनों में अकेले कार्य को पूरा करेगा?

(a) 22.5 दिन (b) 25 दिन (c) 30 दिन (d) 20 दिन ***SSC MTS 9.8.2019***

39. A तथा B मिलकर किसी कार्य को 20 दिन में कर सकते हैं। B और C मिलकर उसी कार्य को 25 दिन में कर सकते हैं। C तथा A मिलकर उसी कार्य को 15 दिन में कर सकते हैं। A अकेला उस कार्य को कितने दिनों में कर सकता है?

(a) $\frac{600}{17}$ (b) $\frac{600}{23}$ (c) $\frac{1200}{23}$ (d) $\frac{1200}{17}$ ***SSC CHSL (Tier-1) 2.8.2019***

40. P और Q क्रमशः 25 और 50 दिनो में एक परियोजना कर सकते हैं। कितने दिनों में वे परियोजना का 18% पूरा करते हैं, यदि वे एक साथ काम करें?

(a) 6 दिन (b) 3 दिन (c) 12 दिन (d) 9 दिन ***SSC CHSL (Tier-1) 300.1.2017***

41. A एक काम का 30%, 30 दिन में करता है। फिर वह B को बुलाता है तथा वे दोनों मिलकर बचा हुआ काम 20 दिन में पूरा करते हैं। पूरा काम करने में अकेले B को कितना समय लगेगा?

(a) 40 दिन (b) 80 दिन (c) 120 दिन (d) 20 दिन ***SSC CHSL (Tier-1) 21.1.2017***

42. A एक काम का 80%, 20 दिन में करता है। फिर वह B को बुलाता है तथा वे दोनों मिलकर बचा हुआ काम 3 दिन में पूरा करते हैं। पूरा काम अकेले करने में B को कितना समय लगेगा?

(a) 75 दिन (b) 37.5 दिन (c) 17.5 दिन (d) 35 दिन ***SSC CGL (Tier-1) 24.1.2017***

43. P और Q क्रमशः 24 और 12 दिनों में एक कार्य पूरा कर सकते है। यदि वे एक साथ काम करें तो कितने दिनों में वे कार्य का 50% काम पूरा कर सकते हैं?

(a) 8 दिन (b) 2 दिन (c) 4 दिन (d) 16 दिन ***SSC CGL (Tier-1) 3.1.2017***

44. A एक काम का 75%, 50 दिन में पूरा करता है फिर वो B को बुलाता है और वे दोनों मिलकर बचा हुआ काम 10 दिन में करते है। पूरा काम अकले करने में B को कितना समय लगेगा?

(a) 200 दिन (b) 50 दिन (c) 100 दिन (d) 125 दिन ***SSC CGL (Tier-1) 10.1.2017***

45. P और Q क्रमशः 150 और 100 दिनों में एक परियोजना कर सकते हैं। कितने दिनों में वे परियोजना के 60% को पूरा करता है, यदि वे एक साथ काम करें?

(a) 12 दिन (b) 72 दिन (c) 42 दिन (d) 36 दिन ***SSC CGL (Tier-1) 7.1.2017***

46. P और Q क्रमशः 50 और 20 दिनों में एक कार्य पूरा कर सकते हैं। यदि वे एक साथ काम करें तो कितने दिनों में वे 70% कार्य पूरा करेंगे?

(a) 20 दिन (b) 30 दिन (c) 40 दिन (d) 10 दिन ***SSC CGL (Tier-1)16.1.2018***

47. A किसी कार्य को 30 दिनों में कर सकता है। उसने 40% कार्य पूरा कर उसे छोड़ दिया। B ने शेष कार्य 21 दिनों में पूरा किया। एक साथ मिलकर कार्य करते हुए A और B उसी कार्य का 65% कितने दिनों में पूरा करेंगे?

(a) 13 दिन (b) 10 दिन (c) $10\frac{1}{2}$ दिन (d) $13\frac{1}{2}$ दिन ***SSC CHSL (Tier-1) 19.8.2019***

मजदूरी पर आधारित प्रश्न

48. A, B और C मिलकर किसी काम को ₹550 में पूरा करते हैं। Aऔर B को मिलकर काम का 7/11 भाग पूरा करना है। C का हिस्सा कितना होगा?
(a) ₹200 (b) ₹300 (c) ₹400 (d) ₹450 ***SSC CGL (Tier-1) 1.9.2016***

49. A एक कार्य को 12 दिन में पूरा कर सकता है जबकि B उसे 15 दिन में पूरा कर सकता है। वे उसे एक साथ मिलकर ₹450 में करने को तैयार हो जाते हैं। इस धनराशि में A का हिस्सा कितना होगा?
(a) ₹200 (b) ₹240 (c) ₹250 (d) ₹300 ***SSC CGL (Tier-1) 29.8.2016***

50. A और B एक काम को ₹250 में करने की जिम्मेदारी लेते हैं। A उस काम को अकेले 5 दिन में और B उस काम को अकेले 15 दिन में कर सकता है। वे C की मदद से काम को 3 दिन में पूरा कर लेते हैं। यदि सभी को कार्य के अनुपात में पारिश्रमिक मिलता है तो C को कितनी राशि मिलेगी?
(a) ₹50 (b) ₹100 (c) ₹150 (d) ₹200 ***SSC CGL (Tier-1) 10.9.2016***

51. सुमित तथा अमित ने एक कार्य को ₹7200 में लिया। सुमित अकेला उस कार्य को 5 दिनों में तथा अमित अकेला उसी कार्य को 4 दिनों में कर सकता है। यदि दोनों साथ कार्य करें, तो दोनों को मिलने वाली राशि का अंतर (₹ में) क्या होगा?
(a) 800 (b) 1600 (c) 1200 (d) 1400 ***SSC CGL (Tier-1) 7.3.2018***

52. A प्रतिदिन ₹640 कमाता है और 8 घंटे काम करता है। B प्रतिदिन ₹360 कमाता है और 6 घंटे काम करता है। B और A की प्रतिदिन की मजदूरी का अनुपात है।
(a) 5 : 4 (b) 4 : 5 (c) 16 : 9 (d) 9 : 16 ***SSC CGL (Tier-1) 10.7.2019***

53. A और B किसी काम को क्रमशः 15 दिनों और 10 दिनों में पूरा कर सकते हैं। एक काम को ₹75000 में पूरा करने के लिए उन्हें ठेका मिला। ठेके की राशि में B का हिस्सा होगा–
(a) 40,000 (b) 35,000 (c) 30,000 (d) 45,000 ***SSC CHSL (Tier-1) 8.7.2019***

54. A और B किसी काम को क्रमशः 15 दिनों और 10 दिनों में पूरा कर सकते हैं। एक काम को ₹75000 में पूरा करने के लिए ठेका मिला। ठेके की राशि में A का हिस्सा होगा–
(a) 45000 (b) 30000 (c) 25000 (d) 35000 ***SSC CGL (Tier-1) 10.7.2019***

55. A और B किसी काम को क्रमशः 15 और 10 दिनों में पूरा कर सकते हैं। उन्हें ₹35000 में काम पूरा करने का ठेका (कान्ट्रैक्ट) मिला। ठेके की राशि में A का हिस्सा (₹ में) होगा–
(a) 14000 (b) 15000 (c) 21000 (d) 7000 ***SSC CHSL (Tier-1) 8.7.2019***

56. A अकेला किसी कार्य को 10 दिनों में पूरा कर सकता है, B अकेला उसी कार्य को 12 दिनों में पूरा कर सकता है तथा C अकेला उसी कार्य को 15 दिनों में पूरा कर सकता है। यह एक साथ कार्य को पूरा करते हैं तथा ₹4500 कमाते हैं। C का हिस्सा क्या होगा?
(a) 1800 (b) 900 (c) 1200 (d) 1500 ***SSC CPO 5.7.2017***

57. A, B और C किसी कार्य को अकेले-अकेले कर उसे क्रमशः 12, 24 और 36 दिनों में पूरा कर सकते है। वे मिलकर उसी कार्य को पूरा कर ₹3850 प्राप्त करते हैं। B तथा C के हिस्से की राशियों में कितना अंतर है?
(a) ₹ 350 (b) ₹ 1400 (c) ₹ 1050 (d) ₹ 700 ***SSC MTS 5.8.2019***

58. A प्रतिदिन 7 घंटे काम करता है और ₹180 प्रति घंटे की दर से कमाता है। B प्रतिदिन 5 घंटे काम करता है और ₹160 प्रति घंटे की दर से कमाता है। A और B की प्रतिदिन मजदूरी का अनुपात क्या है?
(a) 20 : 30 (b) 33 : 20 (c) 63 : 40 (d) 40 : 61 ***SSC CGL (Tier-1) 13.6.2019***

59. A प्रतिदिन 8 घंटे काम करता है और ₹80 प्रति घंटा की दर से कमाता है। B प्रतिदिन 6 घंटे काम करता है और ₹60 प्रति घंटा की दर से कमाता है। A और B की प्रतिदिन मजदूरी का अनुपात क्या है?
(a) 9 : 10 (b) 16 : 9 (c) 5 : 16 (d) 16 : 5 ***SSC CGL (Tier-1) 19.6.2019***

60. नरेन्द्र एक कार्य को 10 दिन में पूरा कर लेता है। अमित उसी कार्य को 12 दिन में पूरा कर लेता है। उन दोनों को एक साथ मिलकर उसी कार्य को पूरा करने में कितने दिन का समय लगेगा?
(a) $5\frac{5}{11}$ (b) $6\frac{5}{11}$ (c) $5\frac{6}{11}$ (d) $6\frac{6}{11}$ ***RRB NTPC (Tier-1) 1.2.2021***

61. A किसी काम को 15 दिन में पूरा कर सकता है और B इसी काम को 10 दिन में पूरा कर सकता है। यदि वे 4 दिन तक एक साथ मिलकर काम करते हैं, तो काम का कितना भाग बचा हुआ है?

(a) $\frac{3}{4}$ (b) $\frac{2}{3}$ (c) $\frac{1}{4}$ (d) $\frac{1}{3}$ *SSC CHSL (Tier-1) 21.10.2020*

कुछ दिन काम करने के बाद या काम समाप्त होने के कुछ दिन पहले जब कोई व्यक्ति काम करना छोड़ दे

62. A और B मिलकर एक काम को 30 दिन में समाप्त कर सकते हैं। उन्होंने 20 दिन काम किया, उसके बाद B ने काम छोड़ दिया। शेष काम A ने अकेले किया जिसमें 20 दिन का समय और लगा। बताइये A अकेला वह काम कितने दिन में कर सकता है।

(a) 48 दिन (b) 50 दिन (c) 54 दिन (d) 60 दिन *SSC CGL (Tier-1) 1.9.2016*

63. A तथा B एक कार्य को मिलकर 20 दिन में पूरा कर सकते है।। वे एक साथ कार्य करना आरंभ करते हैं परन्तु 4 दिनों के बाद A कार्य छोड़कर देता है। शेष कार्य B अकेला 24 अतिरिक्त दिनों में पूरा करता है। A सम्पूर्ण कार्य को अकेला कितने दिनों में पूरा कर सकता है?

(a) 75 (b) 25 (c) 45 (d) 60 *SSC CPO 5.7.2017*

64. सत्यम और शिवम किसी कार्य को क्रमशः 10 दिनों और 15 दिनों में कर सकते हैं। दोनों साथ कार्य मिलकर शुरू करते हैं। 4 दिन बाद सत्यम कार्य करना छोड़ देता है। शेष कार्य शिवम को पूरा करना है। पूरा कार्य कितने दिनों में समाप्त हो जाएगा?

(a) 9 (b) 12 (c) 10 (d) 6 *SSC CHSL (Tier-1) 21.8.2019*

65. A किसी कार्य को अकेला 10 दिन में कर सकता है। B उसी कार्य को अकेला 15 दिन में कर सकता है। वे एक साथ मिलकर कार्य शुरू करते हैं परन्तु B कार्य आरंभ होने के 2 दिन बाद कार्य छोड़ देता है तथा A शेष कार्य को अकेला पूरा करता है। कार्य को पूरा होने में कुल कितने दिन लगेंगे?

(a) $\frac{17}{3}$ (b) $\frac{21}{3}$ (c) $\frac{26}{3}$ (d) $\frac{13}{3}$ *SSC CHSL (Tier-1) 19.8.2019*

66. A, B और C अकेले किसी काम को क्रमशः 40, 120 और 36 दिनों में कर सकते हैं। A और B एक साथ मिलकर 20 दिनों तक कार्य कर उसे अधूरा छोड़ देते हैं। C कार्य को आगे बढ़ाता है और उसे अकेले पूरा करता है। कार्य पूरा करने में C को कितने दिन लगे?

(a) 12 (b) 18 (c) 20 (d) 16 *SSC CHSL (Tier-1) 16.8.2019*

67. A, B और C अकेले-अकेले एक काम को क्रमशः 24 दिन, 16 दिन और 32 दिनों में पूरा कर सकते हैं। यदि A और C कार्य शुरू करते हैं और 6 दिनों तक कार्य करके छोड़ देते हैं, तो शेष कार्य को पूरा करने के लिए अकेले B को कितने दिन लगेंगे?

(a) 9 (b) $7\frac{1}{2}$ (c) $17\frac{1}{2}$ (d) $12\frac{1}{2}$ *SSC CGL (Tier-1) 9.3.2020*

68. A किसी कार्य को 20 दिनों में पूरा कर सकता है और B उसी कार्य को 25 दिनों में पूरा कर सकता है। उन्होंने एक साथ कार्य प्रारंभ किया, लेकिन B ने 5 दिनों के बाद काम छोड़ दिया। शेष कार्य को पूरा करने में A को कितने दिन और लगेंगे?

(a) 11 (b) 16 (c) 8 (d) 21 *SSC CGL (Tier-1) 9.3.2020*

69. A, B और C अलग-अलग एक कार्य को क्रमशः 24, 15 और 12 दिनों में पूरा कर सकते हैं। B और C ने कार्य प्रारंभ किया और तीन दिन के बाद उसे छोड़ दिया। A अकेले शेष कार्य को कितने दिन में पूरा करेगा?

(a) 11 (b) $13\frac{1}{5}$ (c) 18 (d) $15\frac{1}{2}$ *SSC CGL (Tier-1) 3.3.2020*

70. A और B एक साथ काम करते हुए किसी कार्य को d दिनों में पूरा कर सकते हैं। अकेले A को उसी कार्य को पूरा करने में (8 + d) दिन और अकेले B को (18 + d) दिन लगते हैं। A, 4 दिनों तक काम करता है। शेष कार्य पूरा करने में अकेले B द्वारा लगाया गया समय .... है।

(a) 20 दिन (b) 24 दिन (c) 16 दिन (d) 18 दिन *SSC CGL (Tier-1) 4.3.2020*

71. राम और श्याम एक काम को क्रमशः $6\frac{2}{3}$ दिनों और 15 दिनों में पूरा कर सकते हैं। उन्होंने मिलकर चार दिन काम किया और उसके बाद राम काम छोड़कर चला गया। शेष बचे काम को श्याम अकेले ही कितने दिन में पूरा कर लेगा?
(a) $1\frac{1}{2}$ दिन (b) 2 दिन (c) 3 दिन (d) 4 दिन *SSC CGL (Tier-1) 7.3.2020*

72. A, B और C एक कार्य को अकेले क्रमशः 24 दिन, 20 दिन और 18 दिन में पूरा कर सकते हैं। B और C काम प्रारंभ करते हैं, और वे 6 दिन काम करके उसे छोड़ देते हैं। शेष कार्य को समाप्त करने के लिए A को अकेले कितने दिन लगेंगे?
(a) 10 दिन (b) $15\frac{2}{3}$ दिन (c) $8\frac{4}{5}$ दिन (d) $12\frac{1}{2}$ दिन *SSC CGL (Tier-1) 6.3.2020*

73. P एक कार्य को 15 दिन में तथा Q, 24 दिन में पूरा कर सकता है। उन्होंने एक साथ मिलकर कार्य करना आरंभ किया परन्तु Q कार्य को पूरा होने से 2 दिन पूर्व छोड़कर चला गया। कार्य को पूरा होने में कितने दिन लगे?
(a) 12 (b) 10 (c) 9 (d) 11 *SSC CGL (Tier-1) 6.3.2018*

74. A और B किसी कार्य को क्रमशः 18 और 15 दिन में पूरा कर सकते हैं। वे 5 दिन तक मिलकर काम करते हैं उसके बाद B कार्य छोड़ देता है और शेष कार्य A द्वारा पूरा किया जाता है। पूरे कार्य को A कितने दिन में पूरा करेगा?
(a) 7 दिन (b) $2\frac{1}{5}$ दिन (c) $1\frac{5}{6}$ दिन (d) $5\frac{1}{2}$ दिन *(SSC, MTS, 16.2.2014)*

75. किसी कार्य को A, 10 दिन में कर सकता है और उसी कार्य को B, 20 दिन में कर सकता है। वे दोनों साथ-साथ कार्य आरंभ करते हैं किन्तु 5 दिन के बाद A कार्य छोड़ देता है। शेष कार्य को B कितने दिन में पूरा करेगा?
(a) 5 दिन (b) 10 दिन (c) 6 दिन (d) 8 दिन *(SSC, MTS, 16.2.2014)*

76. A और B मिलकर एक कार्य को 30 दिन में पूरा कर सकते हैं। उन्होंने 20 दिन कार्य किया और तब B ने कार्य करना छोड़ दिया। शेष कार्य A ने अकेले और 20 दिन में पूरा किया। A अकेले उस कार्य को कितने दिन में पूरा कर सकता है?
(a) 48 दिन (b) 50 दिन (c) 60 दिन (d) 54 दिन *(SSC, 26.10.2014)*

77. A, B और C किसी कार्य को क्रमशः 6 दिन, 12 दिन और 15 दिन में पूरा कर सकते हैं। 1/8 कार्य के पूरा हो जाने के बाद C कार्य छोड़ देता है। शेष कार्य A और B मिलकर पूरा करते हैं। कार्य पूरा करने में कितना समय लगा?
(a) $5\frac{5}{6}$ दिन (b) $5\frac{1}{4}$ दिन (c) $3\frac{1}{2}$ दिन (d) $3\frac{3}{4}$ दिन *(SSC, 16.10.2014)*

78. A और B किसी कार्य को क्रमशः 10 और 5 दिन में कर सकते हैं। दोनों एक साथ मिलकर दो दिन तक कार्य करते हैं, उसके बाद B के स्थान पर C कार्य करता है और कार्य अगले तीन दिन में पूरा हो जाता है। अकेले C उस कार्य का 60% भाग कितने दिन में पूरा करेगा ?
(a) 30 दिन (b) 25 दिन (c) 18 दिन (d) 24 दिन *SSC CAPF : 23.11.2020*

कार्य क्षमता पर आधारित प्रश्न

79. अजित बद्रीनाथ से दो गुना अधिक अच्छा कर्मचारी है और इस कारण वह एक काम उससे 30 दिन कम में पूरा कर सकता है। दोनों साथ मिलकर वह काम कितने दिन में पूरा करेंगे?
(a) 10 दिन (b) 30 दिन (c) 15 दिन (d) 20 दिन *SSC CHSL (Tier-1) 8.2.2017*

80. मनजीत एक काम 18 घंटे में पूरा कर सकता है। यदि उसे जया ने सहायता की, जो कि 100% अधिक कार्य करता है, तो कितने समय में दोनों मिलकर वह काम पूरा कर लेंगे?
(a) 6 घंटे (b) 3 घंटे (c) 12 घंटे (d) 24 घंटे *SSC CHSL (Tier-1) 7.2.2017*

81. मंदा समर्थ से 3 गुना तेज काम करता है। यदि समर्थ अकेले एक काम 28 दिन में पूरा कर सकता है, तब कितने दिन में वे दोनों काम पूरा कर सकते हैं?
(a) 4 दिन (b) 5 दिन (c) 8 दिन (d) 7 दिन *SSC CHSL (Tier-1) 3.2.2017*

82. A, B से 40% अधिक कार्य कुशल है। यदि B अकेला एक कार्य को 42 दिन में कर सकता है, तो A अकेला उसी कार्य को कितने दिनों में पूरा कर सकता है?
(a) 36 (b) 40 (c) 30 (d) 32 *SSC CHSL (Tier-1)15.3.2018*

83. मधुर, सागर से 2 गुना तेज काम करता है। यदि सागर अकेले एक काम 18 दिन में कर सकता है, तब वे दोनों मिलकर कितने दिन में काम पूरा कर सकते हैं?

(a) 5 दिन (b) 2 दिन (c) 6 दिन (d) 4 दिन *SSC CHSL (Tier-1) 9.1.2017*

84. मनीष, पुनीत से चार गुना कार्य कुशल है। मनीष एक पुस्तक को पूरा करने में पुनीत से 90 दिन कम लेता है। यदि वे दोनों मिलकर कार्य करते हैं, तो वह पुस्तक कितने दिन में पूरी हो जाएगी?

(a) 28 (b) 25 (c) 24 (d) 30 *SSC CHSL (Tier-1) 10.3.2018*

85. X, Y से 25% अधिक कार्य कुशल है। यदि Y अकेला एक कुर्सी को 10 दिन में बना सकता है, तो X अकेला कुर्सी को कितने दिनों में बना सकता है?

(a) 8 (b) 12 (c) 12.5 (d) 7.5 *SSC CHSL (Tier-1) 15.3.2018*

86. मेघनाद एक काम 45 घंटे में पूरा कर सकता है। यदि उसकी जय श्री ने सहायता की, जो कि 50% अधिक कार्य क्षमता है, तो कितने समय में दोनों काम साथ मिलकर पूरा कर लेंगे?

(a) 9 घंटे (b) 6 घंटे (c) 12 घंटे (d) 18 घंटे *SSC CGL (Tier-1) 24.1.2017*

87. S, T तथा U मिलकर एक कार्य को 30 दिनों में पूरा कर सकते हैं। यदि S, T तथा U की कार्य कुशलता का अनुपात क्रमशः 20 : 15 : 12 है, तो U अकेला उस कार्य को कितने दिनों में पूरा कर सकता है?

(a) 195/2 (b) 235/2 (c) 225/2 (d) 215/2 *SSC CGL (Tier-1)8 .3.2018*

88. महमूद काम का एक भाग 40 घंटे में पूरा कर सकता है। यदि उसे जानकी ने सहायता की, जो कि 50% अधिक कार्य क्षमता है, तो कितने समय में दोनों काम साथ मिलकर पूरा कर लेंगे?

(a) 2 घंटे (b) 6 घंटे (c) 16 घंटे (d) 3 घंटे *SSC CGL (Tier-1) 22.1.2017*

89. P की क्षमता Q से चार गुना है। P एक कार्य को करने में Q के द्वारा लिये गये समय से 45 दिन कम लेता है। यदि दोनों मिलकर कार्य करते हैं तो कार्य कितने दिन में पूरा होगा?

(a) 10 (b) 12 (c) 15 (d) 30 *SSC CPO 1.7.2017*

90. राम की क्षमता रोहित से पाँच गुनी है। राम एक कार्य को करने में रोहित से 60 दिनों तक काम लेता है। यदि दोनों मिलकर उस कार्य को करते हैं, तो वह कार्य कितने दिन में पूरा होगा?

(a) 10 (b) 12.5 (c) 15 (d) 20 *SSC CPO 5.7.2017*

91. A, B और C की दक्षताओं का अनुपात 4 : 5 : 3 है। एक साथ काम करने पर वे तीनों उस काम को 25 दिनों में पूरा कर लेते हैं। A और C दोनों मिलकर 35% काम को कितने दिनों में पूरा करेंगे?

(a) 10 दिनों में (b) 12 दिनों में (c) 18 दिनों में (d) 15 दिनों में *SSC CGL (Tier-1) 4.6.2019*

92. एक कार्य करने के लिए A, B और C की दक्षताओं का अनुपात 7 : 3 : 5 हैं। एक साथ काम करते हुए वे 21 दिनों में उस काम को पूरा कर सकते हैं। 15 दिनों के लिए A और C ने एक साथ काम किया। शेष कार्य B द्वारा अकेले कितनों दिनों में पूरा किया जाएगा?

(a) 63 दिन (b) 60 दिन (c) 45 दिन (d) 54 दिन *SSC CGL (Tier-1) 10.6.2019*

93. A किसी कार्य को अकेले 96 दिनों में पूरा कर सकता है। B, A से तीन गुना कुशल हैं। A ने 24 दिनों तक अकेले कार्य किया जिसके बाद B उससे जुड़ गया। वे एक साथ मिलकर शेष कार्य को कितने दिनों में पूरा करेंगे?

(a) 18 (b) 16 (c) 21 (d) 14 *SSC CHSL (Tier-1) 16. 8. 2019*

94. A, B और C की दक्षता का अनुपात 2 : 3 : 5 है। वे एक कार्य को साथ मिलकर 6 दिनों में पूरा कर सकते हैं। A अकेले उस कार्य के 20% भाग को कितने दिनों में पूरा करेगा?

(a) 8 (b) 4 (c) 6 (d) 5 *SSC CGL (Tier-1) 12.6.2019*

95. A, B और C की दक्षताओं का अनुपात 7 : 5 : 8 है। एक साथ मिलकर वे किसी काम को 42 दिनों में पूरा कर सकते हैं। B और C ने 21 दिनों तक एक साथ काम किया और शेष कार्य A ने अकेले पूरा किया। काम को पूरा होने में कितना समय लगा?

(a) 96 दिन (b) 102 दिन (c), 93 दिन (d) 99 दिन *SSC CHSL (Tier-1) 7.6.2019*

96. C किसी कार्य को 120 दिनों में अकेले कर सकता है। B, C से दो गुना कुशल है और A, B से तिगुना कुशल है। वे एक साथ मिलकर कार्य को कितने दिनों में पूरा कर सकते हैं?

(a) 13.33 (b) 16.67 (c) 12.5 (d) 15 *SSC CHSL (Tier-1) 14.8.2019*

97. B की तुलना में A, 40% अधिक दक्ष है तथा B की तुलना में C, 20% कम दक्ष है। एक साथ मिलकर वे तीनों किसी काम को 5 दिनों में पूरा करते हैं। A अकेले ही उस काम को 70% कितने दिनों में पूरा करेगा?
(a) 10 (b) 8 (c) 9 (d) 7 ***SSC CGL (Tier-1) 10.6.2019***

98. B की तुलना में A, 50% अधिक दक्ष है और C की तुलना में B, 40% कम दक्ष है। एक साथ कार्य करने पर, वे तीनों एक कार्य को 20 दिन में पूरा कर सकते हैं। C अकेला उस कार्य का 30% कितने दिनों में पूरा करेगा?
(a) 31 (b) 29 (c) 33 (d) 15 ***SSC CGL (Tier-1) 12.6.2019***

99. A, B और C की दक्षता का अनुपात 2 : 5 : 3 है। एक साथ मिलकर काम करते हुए वे तीनों किसी काम को 12 दिनों में पूरा करते हैं। A अकेला उस काम के 30% भाग को कितने दिनों में पूरा करेगा?
(a) 20 (b) 16 (c) 18 (d) 15 ***SSC CGL (Tier-1) 13.6.2019***

100. B की तुलना A, 40% अधिक दक्ष है तथा B की तुलना में C, 20% कम दक्ष है। एक साथ मिलकर वे तीनों किसी काम को 15 दिनों में पूरा करते हैं। B अकेले ही उस काम को 75% कितने दिनों में पूरा करेगा?
(a) 44 (b) 36 (c) 48 (d) 32 ***SSC CGL (Tier-1) 11.6.2019***

101. B की तुलना में A, 50% अधिक दक्ष है और B की तुलना में C, 40% कम दक्ष है। एक साथ कार्य करने पर, वे तीनों एक कार्य को 10 दिनों में पूरा कर सकते हैं। अकेले A उस कार्य के 150% कितने दिनों में पूरा करेगा?
(a) 35 (b) 28 (c) 31 (d) 33 ***SSC CGL (Tier-1) 11.6.2019***

102. किसी काम को करने के लिए A, B और C की क्षमता का अनुपात 7 : 5 : 6 है। एक साथ काम करते हुए वे उस काम को 35 दिनों में पूरा कर सकते हैं। B और C ने मिलकर 21 दिन काम किया। शेष काम को A द्वारा अकेले पूरा करने में कितना समय लगेगा?
(a) 54 दिन (b) 50 दिन (c) 57 दिन (d) 60 दिन ***SSC CGL (Tier-1) 6.6.2019***

103. A, B और C की दक्षता का अनुपात 5 : 3 : 8 है। वे एक कार्य को साथ मिलकर 30 दिनों में पूरा कर सकते है।। A और B ने मिलकर 20 दिनों तक काम किया। बाकी बचे कार्य को C अकेले कितने दिनों में पूरा करेगा?
(a) 32 दिन (b) 30 दिन (c) 40 दिन (d) 36 दिन ***SSC CGL (Tier-1) 6.6.2019***

104. B की तुलना में A, 40% अधिक दक्ष है और B की तुलना में C, 20% कम दक्ष है। एक साथ कार्य करने पर वे तीनों एक कार्य को 20 घंटे में पूरा कर सकते हैं। A अकेला उस कार्य का 35% कितने घंटों में पूरा करेगा?
(a) 14 (b) 16 (c) 15 (d) 13 ***SSC CGL (Tier-1) 11.6.2019***

105. A, B और C की दक्षता का अनुपात 5 : 3 : 2 हैं एक साथ मिलकर काम करते हुए वे किसी काम को 21 घंटे में पूरा करते हैं। B अकेला उस कार्य के 40% भाग को कितने घंटे में पूरा करेगा?
(a) 21 (b) 35 (c) 28 (d) 24 ***SSC CGL (Tier-1) 13.6.2019***

106. A, B और C की कार्य क्षमताओं का अनुपात 3 : 5 : 1 है। वे एक साथ काम करते हुए उस काम को 5 दिनों में पूरा कर सकते हैं। A और B, 3 दिनों के लिए एक साथ काम करते हैं। शेष कार्य C के द्वारा अकेले कितने दिनों में पूरा किया जाएगा?
(a) 18 दिन (b) 21 दिन (c) 15 दिन (d) 24 दिन ***SSC CGL (Tier-1) 7.6.2019***

107. अमल भैरव से 5 गुना अधिक अच्छा कर्मचारी है और इसी कारण वह एक काम भैरव से 48 दिन कम में पूरा कर सकता है। दोनों साथ मिलकर वह काम .... में करेंगे।
(a) 20 दिन (b) 5 दिन (c) 25 दिन (d) 10 दिन ***SSC CHSL (Tier-1) 23.1.2017***

108. A, B और C की दक्षताओं का अनुपात 7 : 5 : 4 है। एक साथ काम करने पर वे तीनों उस काम को 35 दिनों में पूरा कर लेते हैं। A और B दोनों ने मिलकर 28 दिन काम किया। शेष काम को C अकेले कितने दिन में पूरा करेगा?
(a) 49 (b) 60 (c) 56 (d) 63 ***SSC CGL (Tier-1) 4.6.2019***

109. A, B और C की दक्षताओं का अनुपात 2 : 5 : 3 है। एक साथ काम करने पर वे तीनों उसे 27 दिनों में पूरा कर सकते हैं। B और C दोनों मिलकर उस काम के 4/9वें हिस्से को कितने दिनों में पूरा करेंगे?
(a) 15 दिनों में (b) 27 दिनों में (c) $17\frac{1}{7}$ दिनों में (d) 24 दिनों में ***SSC CGL (Tier-1) 4.6.2019***

110. A एक निश्चित कार्य को 40 दिनों में पूरा कर सकता है। B, A से 25% अधिक कुशल है और C, B से 28% अधिक कुशल है। एक साथ वे 5 दिनों तक काम करते हैं। अकेले B द्वारा शेष कार्य को .... में पूरा किया जाएगा।
(a) $16\frac{1}{5}$ दिनों (b) $20\frac{3}{4}$ दिनों (c) $16\frac{3}{5}$ दिनों (d) $20\frac{1}{2}$ दिनों ***SSC CGL (Tier-1) 3.3.2020***

111. A एक निश्चित काम को 30 दिनों में पूरा कर सकता है। B, A से 25% अधिक कुशल है और C, B से 20% अधिक कुशल है। उन सभी ने 3 दिनों तक एक साथ मिलकर काम किया। बचा हुआ काम अकेले B........ में पूरा करेगा।
(a) 20 दिनों (b) 15 दिनों (c) 18 दिनों (d) 12 दिनों ***SSC CGL (Tier-1) 4.3.2020***

112. एक निश्चित कार्य को पूरा करने में X, Y की तुलना में 40% अधिक कुशल हैं और Z, Y की तुलना में 40% कम कुशल हैं। एक साथ काम करने पर, वे 21 दिनों में काम पूरा कर सकते हैं। Y और Z ने मिलकर 35 दिनों तक काम किया। शेष कार्य अकेले A द्वारा कितने दिनों में पूरा किया जाएगा?
(a) 5 दिन (b) 8 दिन (c) 4 दिन (d) 6 दिन ***SSC CGL (Tier-1) 5.3.2020***

113. A और B एक साथ मिलकर किसी कार्य को 15 दिन में पूरा कर सकते हैं। B और C एक साथ मिलकर उसी कार्य को 24 दिन में पूरा कर सकते हैं। यदि A, के काम करने की कुशलता C से दुगुनी है, तो B अकेले उस कार्य को कितने दिन में पूरा कर सकता है?
(a) 60 दिन (b) 52 दिन (c) 40 दिन (d) 45 दिन ***SSC CHSL (Tier-1) 20.10.2020***

114. A और B मिलकर काम करते हुए किसी काम का 30%, 6 दिन में पूरा कर सकते हैं। B अकेले उसी काम को 25 दिन में पूरा कर सकता है। उसी काम को अकेले पूरा करने में A को कितने दिन लगेंगे?
(a) 80 दिन (b) 100 दिन (c) 75 दिन (d) 60 दिन ***SSC CHSL (Tier-1) 20.10.2020***

115. A और B किसी काम को 25 दिनों में कर सकते हैं। B अकेले उसी काम को $66\frac{2}{3}\%$ भाग को 30 दिनों में कर सकता है। A अकेले उसी काम के $\frac{4}{15}$ भाग को कितने दिनों में कर सकता है?
(a) 15 (b) 20 (c) 18 (d) 12 ***SSC CAPF : 24.11.2020***

116. A, B की तुलना में दोगुना मजदूर है और वे एक साथ मिलकर किसी कार्य को 13 दिन में पूरा करते हैं। अकेले B उसी कार्य को कितने दिन में पूरा कर पाएगा?
(a) 18.5 (b) 21 (c) 39 (d) 42 ***SSC CAPF : 23.11.2020***

सूत्र पर आधारित प्रश्न

117. 36 आदमी मिलकर 140 मी. लम्बी दीवार 21 दिन में बना सकते हैं, यदि वह दीवार 14 दिन में उसी औसत से बनाई जानी हो तो कितने आदमियों की आवश्यकता होगी?
(a) 54 (b) 48 (c) 36 (d) 18 ***SSC CGL (Tier-1) 30.8.2016***

118. यदि 100 बिल्लियाँ 100 दिन में 100 चूहे मारती हैं तो 4 बिल्लियाँ 4 चूहे कितने दिन में मारेगी?
(a) 4 दिन (b) 3 दिन (c) 40 दिन (d) 100 दिन ***SSC CGL (Tier-1) 3.9.2016***

119. कुछ व्यक्ति किसी काम को 60 दिन में कर सकते हैं। यदि 6 व्यक्ति और हों तो काम 20 दिन पहले पूरा हो सकता है। कार्यरत व्यक्तियों की संख्या कितनी है?
(a) 6 (b) 12 (c) 18 (d) 24 ***SSC CGL (Tier-1) 6.9.2016***

120. यदि 20 व्यक्ति 8 घंटे प्रति दिन काम करके किसी काम को 21 दिन में पूरा कर सकते हैं तो बताएं 48 व्यक्ति प्रति दिन कितने घंटे काम करें कि वह काम 7 दिन में पूरा हो जाए।
(a) 12 (b) 20 (c) 10 (d) 15 ***SSC CGL (Tier-1) 2.9.2016***

121. 24 पुरुष एक सड़क की मरम्मत 50 दिन में कर सकते हैं। यदि उनके साथ 16 अन्य पुरुष जुड़ जाते हैं, तो कितने समय (दिन मे) मैं सड़क की मरम्मत हो सकती है?
(a) 28 (b) 25 (c) 32 (d) 30 ***SSC CHSL (Tier-1) 14.3.2018***

122. 18 लड़के एक कार्य को 24 दिन में पूरा कर सकते हैं। यदि 6 लड़के 12 दिन के पश्चात् कार्य छोड़कर चले जाएँ, तो शेष कार्य को पूरा करने में कितने दिन लगेंगे?
(a) 12 (b) 15 (c) 18 (d) 24 ***SSC CGL (Tier-1) 7.3.2018***

123. 28 महिलाएँ एक कार्य को 36 दिन में पूरा कर सकती हैं। यदि 4 महिलाएँ 18 दिन के पश्चात् कार्य छोड़कर चली जाएँ, तो बचे हुए कार्य को पूरा होने में कितने दिन लगेंगे?
(a) 24 (b) 21 (c) 27 (d) 25 ***SSC CGL (Tier-1) 6. 3. 2018***

124. यदि 40 पुरुष प्रतिदिन 12 घंटे कार्य करते हुए किसी कार्य को 8 दिनों में पूर्ण कर सकते हैं, तो कितने पुरुष प्रतिदिन 4 घंटे कार्य करते हुए उसी कार्य को 16 दिनों में पूर्ण कर सकते हैं?
(a) 60 (b) 50 (c) 54 (d) 45 ***SSC CHSL (Tier-1) 10.7.2019***

125. 18 पुरुष किसी काम को 9 दिनों में पूरा कर सकते हैं। 5 दिनों तक काम करने के बाद, 6 और पुरुष उनसे जुड़ते हैं। बचे हुए काम को पूरा करने में उन्हें कितने दिन लगेंगे?
(a) 2 (b) 5/2 (c) 3 (d) 7/2 ***SSC CHSL (Tier-1) 3.7.2019***

126. किसी कार्य को 10 पुरुष प्रतिदिन 8 घंटों तक कार्य कर 30 दिनों में पूरा कर सकते हैं। 12 पुरुष प्रतिदिन 4 घंटे कार्य कर उसी कार्य को कितने दिनों में पूरा करेंगे?
(a) 30 दिन (b) 50 दिन (c) 40 दिन (d) 60 दिन ***SSC MTS 5.8.2019***

127. आठ व्यक्ति किसी काम को 20 दिन में पूरा कर सकते हैं। 5 दिन के बाद उनसे अगले 8 दिनों में काम पूरा करने का अनुरोध किया गया था। उस काम को पूरा करने के लिए कितने और व्यक्तियों को समूह में शामिल किया जाना चाहिए?
(a) 23 (b) 12 (c) 15 (d) 7 ***SSC CGL (Tier-1) 9.3.2020***

128. 40 व्यक्ति, 200 मी. लम्बी एक दीवार प्रतिदिन 8 घंटे काम करके 12 दिनों में बना सकते हैं। तद्नुसार, 30 व्यक्ति उस जैसी 300 मी. लम्बी दीवार, प्रतिदिन 6 घंटे काम करके, कितने दिनों में बना पाएँगे?
(a) 32 (b) 18 (c) 36 (d) 9 ***(SSC, FCI, 11.11.2012)***

129. एक छात्रावास में, 120 छात्र हैं और खाद्य-सामग्री 45 दिनों के लिए है। यदि उस छात्रावास में 30 छात्र नये और आ जाएँ, तो वही खाद्य-सामग्री कितने दिनों में समाप्त हो जाएगी?
(a) 38 (b) 40 (c) 32 (d) 36 ***(SSC, FCI, 11.11.2012)***

130. एक दुर्ग में 200 सैनिकों के लिए 31 दिन के लिए पर्याप्त आहार था। 27 दिन के बाद, 120 सैनिक दुर्ग को छोड़ गये। शेष सैनिकों के लिए बाकी आहार कितने और अधिक दिन तक चलेगा?
(a) 4 दिन (b) 12 दिन (c) 10 दिन (d) 6 दिन ***(SSC, FCI, 15.4.2012)***

131. 550 व्यक्तियों के एक सहायता कैंप में उपलब्ध खाद्य-पदार्थ 28 दिनों के लिए पर्याप्त थे। यदि उस कैंप में 150 अतिरिक्त व्यक्ति आ जाएँ तो वही खाद्य पदार्थ कितने दिनों के लिए पर्याप्त होंगे?
(a) 22 दिन (b) 35 दिन (c) 25 दिन (d) 10 दिन ***(SSC, CAPF-SI, 27.5.2012)***

132. 100 ग्रामवासी नदी के एक टूटे किनारे के 2/3 भाग की मरम्मत 6 घंटों में कर देते है। अनंतर कुछ अन्य ग्रामवासी भी इस काम में जुट जाते हैं और शेष मरम्मत का काम उसी दर से 2 घंटों में पूरा कर देते हैं। तदनुसार बाद में शामिल ग्रामवासियों की संख्या थी –
(a) 30 (b) 40 (c) 45 (d) 50 ***(SSC, Tier-2, 4.9.2011)***

133. प्रतिदिन 8 घण्टे कार्य करके, 120 व्यक्ति 162 मी. लम्बी, 12 मी. चौड़ी तथा 2 मी. गहरी एक नहर 8 दिन में खोद सकते हैं। तद्नुसार प्रतिदिन 6 घण्टे कार्य करके 729 मी. लम्बी, 10 मी. चौड़ी तथा 3 मी. गहरी नहर, 32 दिनों में कितने व्यक्ति खोद पाएँगे?
(a) 250 (b) 175 (c) 200 (d) 225 ***(SSC, CAPF-SI, 23.6.2013)***

134. 12 आदमी 1.5 किमी. सड़क 7 दिन में बनाते हैं। 28 आदमी 12 किमी. सड़क कितने दिन में बनाएँगे?
(a) 20 दिन (b) 24 दिन (c) 28 दिन (d) 38 दिन ***(SSC, Tier-1, 19.5.2013)***

ठेकेदारी पर आधारित प्रश्न

135. एक ठेकेदार ने एक सड़क 100 दिनों में बनाने का ठेका लिया। उसने उसके लिए 90 व्यक्तियों को नियुक्त किया। 40 दिनों बाद, उसे पता चला कि निर्माण-कार्य का $\frac{1}{3}$ ही हो पाया है। तदनुसार, कार्य को समयानुसार पूरा करने के लिए, उसे कितने व्यक्ति और नियुक्त करने होंगे?
(a) 30 (b) 60 (c) 120 (d) 54 ***(SSC, FCI, 11.11.2012)***

136. एक व्यक्ति एक कार्य 150 दिनों में पूरा करने के लिए लेता है। उसमें वह 200 व्यक्ति नियुक्त करता है। उसे पता चलता है कि 50 दिनों में केवल एक चौथाई काम पूरा हुआ है। तदनुसार वह पूरा कार्य निश्चित समय पर पूरा करने के लिए, उसे कितने व्यक्ति अतिरिक्त नियुक्त करने होंगे?

(a) 100 (b) 125 (c) 50 (d) 75 ***(SSC, Tier-1, 21.4.2013)***

137. एक ठेकेदार ने एक कार्य 124 दिनों में करने का ठेका लिया और उसके लिए 120 व्यक्ति नियुक्त किये। 64 दिनों बाद उसे पता लगा कि उसने 2/3 कार्य पूरा कर लिया है। तद्नुसार वह कितने व्यक्तियों को हटाकर वह कार्य निश्चित समय में पूरा कर सकता है?

(a) 40 (b) 50 (c) 48 (d) 56 ***(SSC, Tier-1, 21.4.2013)***

138. एक ठेकेदार किसी सड़क का 25 दिन में निर्माण करने की जिम्मेदारी लेता है और 28 मजदूरों को काम पर लगाता है। 18 दिन बाद वह देखता है कि केवल 2/3 काम पूरा हुआ है। उसे अब समय पर काम पूरा करने के लिए कितने और मजदूर काम पर लगाने चाहिए?

(a) 36 (b) 21 (c) 18 (d) 8 ***(SSC, MTS, 16.2.2014)***

पुरुष, स्त्री एवं बच्चों पर आधारित प्रश्न

139. 18 आदमी अथवा 36 लड़के 6 घंटे प्रतिदिन काम करके एक खेत को 24 दिन में जोत सकते हैं। 24 आदमी तथा 24 लड़के मिलकर 9 घण्टे प्रतिदिन काम करके उसी खेत को कितने दिन में जोतेंगे?

(a) 9 (b) 10 (c) 6 (d) 8 ***SSC CGL (Tier-1) 8.9.2016***

140. 3 पुरुष 4 महिलाएँ और 6 लड़के मिलकर किसी काम को 6 दिनों में पूरा करते हैं। एक दिन में एक पुरुष जितना काम करता है, महिला उससे तीन गुना काम करती है और एक पुरुष की तुलना में एक लड़का आधा काम करता है। कितनी महिलाएँ अकेले ही उस काम को 4 दिनों में पूरा कर सकगी?

(a) 7 (b) 6 (c) 9 (d) 8 ***SSC CGL (Tier-1) 13.6.2019***

141. 3 पुरुष, 4 महिलाएँ और 6 लड़के मिलकर किसी काम को 5 दिनों में पूरा करते हैं। एक दिन में एक पुरुष जितना काम करता है, महिला उससे दो गुना काम करती है और एक पुरुष की तुलना में एक लड़का आधा काम करता है। कितनी महिलाएँ अकेले ही उस काम को 7 दिनों में पूरा कर सकेंगी?

(a) 8 (b) 5 (c) 14 (d) 7 ***SSC CGL (Tier-1) 19.6.2019***

142. सोलह पुरुष एक काम को 8 दिन में पूरा कर सकते हैं। एक साथ मिलकर आठ पुरुष और नौ महिलाएँ उसी काम को 10 दिनों में पूरा कर सकते हैं। बीस महिलाएँ उसी काम को कितने दिनों में पूरा करेंगी?

(a) 12 (b) 13 (c) 9 (d) 11 ***SSC CGL (Tier-1) 5.3.2020***

143. चार पुरुष और 6 महिलाएँ 5 दिन में एक निश्चित काम को पूरा कर सकते हैं, जबकि तीन पुरुष और 4 महिलाएँ इसे 7 दिनों में पूरा कर सकते हैं। उस काम का $2\frac{1}{2}$ गुना काम 5 दिनों में पूरा करने के लिए कितने पुरुषों को 25 महिलाओं की सहायता करनी चाहिए।

(a) 10 (b) 8 (c) 4 (d) 5 ***SSC CGL (Tier-1) 4.3.2020***

144. 2 आदमी और 3 लड़के एक काम को 10 दिन में कर सकते हैं, जबकि 3 आदमी 2 लड़के उसी काम को 8 दिन में कर सकते हैं। दो आदमी और एक लड़का उस काम को कितने दिन में कर लेंगे?

(a) 2 दिन (b) 8 दिन (c) 7 दिन (d) $12^1/_2$ दिन ***(SSC, Tier-1, 19.5.2013)***

145. 3 पुरुष या 5 स्त्रियाँ एक कार्य 12 दिनों में पूरा कर सकते हैं तदनुसार 6 पुरुषों तथा 5 स्त्रियों को वही कार्य पूरा करने में कितना समय लगेगा?

(a) 4 दिन (b) 5 दिन (c) 6 दिन (d) 7 दिन ***(SSC, Tier-1, 19.5.2013)***

146. यदि 8 आदमी या 12 बालक एक काम को 16 दिन में कर सकते हैं, तो 20 आदमियों और 6 बालकों को वह काम पूरा करने में कितने दिन लगेंगे?

(a) $5\frac{1}{3}$ (b) $6\frac{1}{3}$ (c) $8\frac{1}{3}$ (d) $7\frac{1}{3}$ ***(SSC, Tier-2, 21.4.2013)***

147. 3 पुरुष तथा 7 स्त्रियाँ एक कार्य 5 दिनों में कर सकते हैं, जबकि 4 पुरुष तथा 6 स्त्रियाँ उसी को 4 दिनों में कर सकते हैं। तदनुसार, 10 स्त्रियों के एक दल को उसी गति से वह कार्य पूरा करने में कितने दिन लगेंगे?
(a) 30 (b) 36 (c) 40 (d) 20 ***(SSC, CAPF-SI, 23.6.2013)***

148. यदि 12 आदमी या 24 लड़के एक काम को 66 दिन में कर सकते हैं, तो 15 आदमी और 6 लड़के उस काम को कितने दिन में करेंगे।
(a) 44 (b) 33 (c) 55 (d) 66 ***(SSC, 9.11.2014)***

149. सोलह आदमी एक कार्य को पन्द्रह दिन में पूरा कर सकते हैं, चौबीस बच्चे उसी कार्य को बीस दिन में कर सकते हैं। आठ आदमी और आठ बच्चे उस कार्य को कितने दिन में पूरा करेंगे?
(a) 20 दिन (b) 18 दिन (c) 16 दिन (d) $13^1/_3$ दिन ***(SSC, 26.10.2014)***

150. एक कार्य जिसे 12 पुरुष 8 दिनों में पूरा कर सकते हैं उसे 16 महिलाएँ 12 दिनों में पूरा करती हैं। 16 पुरुषों ने कार्य करना आरंभ किया और 3 दिन के बाद 10 व्यक्ति चले गये और 4 महिलाएँ काम पर आ गयीं। शेष कार्य पूरा करने में कितने दिन लगेगे?
(a) 4 (b) 6 (c) 8 (d) 10 ***(SSC, 2.11.2014)***

151. यदि 5 पुरुष या 9 महिलाएँ किसी कार्य को 19 दिन में पूरा कर सकते हैं, तो 3 पुरुष और 6 महिलाएँ उसी कार्य को कितने दिन में पूरा करेंगे?
(a) 10 दिन (b) 12 दिन (c) 13 दिन (d) 15 दिन ***(SSC, MTS, 16.2.2014)***

152. 15 पुरुष और 18 महिलाएँ मिलकर एक कार्य को 6 दिन में पूरा करते हैं। एक अकेला पुरुष उस कार्य को 150 दिन में पूरा करता है। एक महिला उस कार्य को अकेले कितने दिन में पूरा करेगी?
(a) 170 दिन (b) 225 दिन (c) 230 दिन (d) 270 दिन ***(SSC, MTS, 23.2.2014)***

153. किसी कार्य को एक पुरुष या दो स्त्रियाँ या तीन लड़के 88 दिन में कर सकते हैं। एक पुरुष, एक स्त्री और एक लड़का उस कार्य को कितने दिन में करेंगे?
(a) 44 दिन (b) 24 दिन (c) 48 दिन (d) 20 दिन ***(SSC, 16.11.2014)***

154. किसी कार्य को एक आदमी एक औरत से दुगुनी तेजी से करता है और एक औरत एक लड़के से दुगुनी तेजी से करती है। यदि आदमी, औरत और लड़का मिलकर उस कार्य को 7 दिन में पूरा कर सकते हैं तो लड़का अकेला उस कार्य को कितने दिन में पूरा करेगा?
(a) 49 (b) 7 (c) 6 (d) 42 ***(SSC, 16.2.2014)***

जब बारी-बारी से काम किया जाय

155. एक निश्चित काम पूरा करने के लिए, A और B बारी-बारी एक-एक दिन काम करते हैं, जिसमें B पहले दिन काम शुरु करता है। A अकेले 48 दिनों में काम पूरा कर सकता है। अगर वह काम $11\frac{1}{3}$ दिनों में पूरा हो जाता है तो B अकेले इसी काम के 4 गुने को कितने दिनों में पूरा कर सकता है।
(a) 24 दिनों में (b) 32 दिनों में (c) 27 दिनों में (d) 30 दिनों में ***SSC CGL (Tier-1) 7.6.2019***

156. A अकेला किसी कार्य को 30 दिन में कर सकता है। B अकेला उसी कार्य को 40 दिन में कर सकता है। यदि A से शुरुआत करके वे एकांतर दिनों (अल्टरनेट क्षेत्र) में काम करते हैं, तो कार्य कितने दिनों में (दशमलव के दो स्थानों तक) पूरा हो जाएगा?
(a) 34.25 (b) 32.33 (c) 16.33 (d) 17.25 ***SSC CHSL (Tier-1) 2.8.2019***

157. A, B तथा C एक कार्य क्रमशः 30, 20 तथा 10 दिनों में कर सकते हैं। A को एक दिन के काम में B का सहयोग मिलता है और अगले दिन C का सहयोग मिलता है। यही क्रम आगे चलता है। तदनुसार काम पूरा होने में कितना समय लगेगा?
(a) $9\frac{3}{8}$ दिन (b) $4\frac{8}{13}$ दिन (c) $8\frac{4}{13}$ दिन (d) $3\frac{9}{13}$ दिन ***(SSC, Tier-2, 16.9.2012)***

158. A तथा B अलग-अलग काम करते हुए एक कार्य क्रमशः 9 तथा 12 दिनों में पूरा कर सकते हैं। यदि A काम आरंभ करें और उसके बाद दोनों बारी-बारी से एक-एक दिन काम करते रहें, तो वह कार्य कितने दिनों में पूरा हो जाएगा?
(a) $10\frac{2}{3}$ दिन (b) $10\frac{1}{2}$ दिन (c) $10\frac{1}{4}$ दिन (d) $10\frac{1}{3}$ दिन ***(SSC, Tier-1, 26.6.2011)***

159. A, B और C एक काम को क्रमशः 20, 30 और 60 दिन में कर सकते है।। A उस काम को कितने दिन में पूरा कर सकता है, यदि B और C द्वारा हर तीसरे दिन उसकी मदद की जाए?
(a) 20 दिन (b) 10 दिन (c) 12 दिन (d) 15 दिन ***(SSC, Tier-1, 19.5.2013)***

160. 'क' और 'ख' अलग-अलग काम करते हुए किसी कार्य को क्रमशः 9 और 15 दिन में समाप्त कर सकते है। यदि वे एक-एक दिन बारी-बारी से (अर्थात् alternately) कार्य करें और 'क' कार्य को आरम्भ करे, तो कार्य कितने दिन में समाप्त हो जाएगा?
(a) 10 दिन (b) 11 दिन (c) 9 दिन (d) 12 दिन ***(SSC, 9.11.2014)***

161. A किसी काम को 20 दिन में, B 15 दिन में और C 12 दिन में कर सकता है, 'A' उस काम को कितने दिन में समाप्त कर सकता है, यदि उसे एक दिन `B' और अगले दिन C एकान्तर क्रम में मदद करें?
(a) 14 (b) 6 (c) 8 (d) इनमें से कोई नहीं ***R.R.B. बंग्लौर (A.S.M.) परीक्षा, 2001***

उत्तरमाला

1. (a)	2. (b)	3. (a)	4. (b)	5. (b)	6. (b)	7. (b)	8. (b)	9. (a)
10. (b)	11. (b)	12. (b)	13. (c)	14. (c)	15. (c)	16. (c)	17. (b)	18. (a)
19. (c)	20. (c)	21. (d)	22. (d)	23. (c)	24. (b)	25. (c)	26. (b)	27. (d)
28. (b)	29. (c)	30. (b)	31. (c)	32. (b)	33. (c)	34. (c)	35. (b)	36. (a)
37. (d)	38. (c)	39. (b)	40. (b)	41. (a)	42. (b)	43. (c)	44. (c)	45. (d)
46. (d)	47. (c)	48. (a)	49. (c)	50. (a)	51. (a)	52. (d)	53. (d)	54. (b)
55. (a)	56. (c)	57. (a)	58. (c)	59. (b)	60. (a)	61. (d)	62. (d)	63. (d)
64. (a)	65. (c)	66. (a)	67. (a)	68. (a)	69. (b)	70. (b)	71. (b)	72. (c)
73. (b)	74. (a)	75. (a)	76. (c)	77. (c)	78. (c)	79. (d)	80. (a)	81. (d)
82. (c)	83. (c)	84. (c)	85. (a)	86. (d)	87. (b)	88. (c)	89. (b)	90. (b)
91. (d)	92. (c)	93. (a)	94. (c)	95. (b)	96. (a)	97. (b)	98. (d)	99. (c)
100. (b)	101. (c)	102. (c)	103. (c)	104. (b)	105. (c)	106. (b)	107. (d)	108. (c)
109. (a)	110. (c)	111. (b)	112. (a)	113. (a)	114. (b)	115. (a)	116. (c)	117. (a)
118. (d)	119. (b)	120. (c)	121. (d)	122. (c)	123. (b)	124. (a)	125. (c)	126. (b)
127. (c)	128. (a)	129. (d)	130. (d)	131. (a)	132. (d)	133. (d)	134. (b)	135. (a)
136. (a)	137. (d)	138. (d)	139. (d)	140. (c)	141. (b)	142. (a)	143. (d)	144. (d)
145. (a)	146. (a)	147. (d)	148. (a)	149. (a)	150. (b)	151. (d)	152. (d)	153. (c)
154. (a)	155. (c)	156. (a)	157. (a)	158. (c)	159. (d)	160. (b)	161. (c)	

अभ्यास प्रश्नों के हल

1. A की कार्य क्षमता $=\frac{1}{40}$, B की कार्य क्षमता $=\frac{1}{60}$ परन्तु A, B, C तीनों की एक साथ कार्य क्षमता $=\frac{1}{20}$

∴ अकेले C की कार्य क्षमता $=\frac{1}{20}-\left(\frac{1}{40}+\frac{1}{60}\right)=\frac{6-3-2}{120}=\frac{1}{120}$

∴ पूरा काम अकेले C द्वारा करने में आवश्यक दिनों की संख्या = 120

2. मम्मी द्वारा एक घण्टे में बनाये गये केकों की संख्या $=\frac{75}{15}=5$

बहन और मम्मी द्वारा एक साथ एक घण्टे में बनाये गये केकों की संख्या $=\frac{120}{20}=6$

∴ बहन द्वारा अकेले एक घण्टे में बनाये गये केकों की संख्या = 6 − 5 = 1

∴ 30 घण्टे में बनाये गये केकों की संख्या = 30 × 1 = 30

3. A और B की संयुक्त कार्य क्षमता $=\frac{1}{24}$ परन्तु A, B तथा C की संयुक्त कार्य क्षमता $=\frac{1}{8}$

∴ अकेले C की कार्य क्षमता $=\frac{1}{8}-\frac{1}{24}=\frac{3-1}{24}=\frac{2}{24}=\frac{1}{12}$

∴ अकेला C उस काम को करने में समय लेगा = 12 दिन

4. $(A + B)$ की कार्य क्षमता $= \frac{1}{36}$ .... (i)

$(B + C)$ की कार्य क्षमता $= \frac{1}{24}$ .... (ii)

$(C + A)$ की कार्य क्षमता $= \frac{1}{18}$ .... (iii)

तीनों समीकरणों को जोड़ने पर, $2(A + B + C)$ की कार्य क्षमता $= \frac{1}{36} + \frac{1}{24} + \frac{1}{18} = \frac{2+3+4}{72} = \frac{9}{72} = \frac{1}{8}$

∴ $A + B + C$ की कार्य क्षमता $= \frac{1}{8 \times 2} = \frac{1}{16}$, अतः तीनों मिलकर उस काम को 16 दिन में करेंगे।

5. X और Y की संयुक्त कार्य क्षमता $= \frac{1}{12} + \frac{1}{6} = \frac{1+2}{12} = \frac{3}{12} = \frac{1}{4}$, अतः दोनों मिलकर उस कार्य को 4 दिन में पूरा करेंगे।

6. गणेश, राम और सोहन की संयुक्त कार्य क्षमता $= \frac{1}{16}$ और गणेश और राम की संयुक्त कार्य क्षमता $= \frac{1}{24}$

∴ अकेले सोहन की कार्य क्षमता $= \frac{1}{16} - \frac{1}{24} = \frac{3-2}{48} = \frac{1}{48}$, अतः सोहन को अकेले उस काम को करने में 48 दिन लगेंगे।

7. दोनों बेटों की कार्य क्षमता $= \frac{1}{3} + \frac{1}{6} = \frac{2+1}{6} = \frac{3}{6} = \frac{1}{2}$

∴ पिता की कार्य क्षमता $= \frac{1}{2}$, अतः उस काम को करने में पिता को 2 घण्टे लगेंगे।

8. X और Y की संयुक्त कार्य क्षमता $= \frac{1}{12}$, अकेले Y की कार्य क्षमता $= \frac{1}{30}$

∴ अकेले X की कार्य क्षमता $= \frac{1}{12} - \frac{1}{30} = \frac{5-2}{60} = \frac{3}{60} = \frac{1}{20}$, अतः X अकेला कार्य को 20 दिन में करेगा।

9. A और B की संयुक्त कार्य क्षमता $= \frac{1}{6}$ और अकेले A की कार्य क्षमता $= \frac{1}{9}$

∴ अकेले B की कार्य क्षमता $= \frac{1}{6} - \frac{1}{9} = \frac{3-2}{18} = \frac{1}{18}$, अतः B अकेला कार्य को 18 दिन में करेगा।

10. A की कार्य क्षमता (अर्थात् 1 दिन में किया गया काम) $= \frac{1}{18}$, अतः A द्वारा 12 दिन में किया गया काम $= \frac{1}{18} \times 2 = \frac{2}{3}$ भाग

∴ B द्वारा 8 दिन में किया गया काम = शेष काम $= 1 - \frac{2}{3} = \frac{3-2}{3} = \frac{1}{3}$ भाग

∴ B द्वारा 1 दिन में किया गया काम $= \frac{1}{3 \times 8} = \frac{1}{24}$ भाग, अतः B अकेले पूरे काम को 24 दिन में कर सकता है।

11. चूंकि एक महिला अकेले पूरा काम $20 \times 16 = 320$ दिन में करेगी। अतः एक महिला की कार्य क्षमता $= \frac{1}{320}$

इसी प्रकार एक पुरुष अकेले पूरा काम $16 \times 15 = 240$ दिन में करेगा। अतः एक पुरुष की कार्य क्षमता $= \frac{1}{240}$

∴ एक पुरुष और एक महिला की कार्य क्षमता में अनुपात $= \frac{1}{320} : \frac{1}{240} = \frac{1}{4} : \frac{1}{3} = 4 : 3$

12. A और B की संयुक्त कार्य क्षमता $= \frac{1}{12}$ और अकेले A की कार्य क्षमता $= \frac{1}{30}$

∴ अकेले B की कार्य क्षमता $= \frac{1}{12} - \frac{1}{30} = \frac{5-2}{60} = \frac{3}{60} = \frac{1}{20}$, अतः अकेले B उस काम को 20 दिन में कर सकता है।

13. चूंकि प्रफुल्ल 30 दिन में $\frac{1}{2}$ काम करता है। अतः प्रफुल्ल की कार्य क्षमता $= \frac{1}{2 \times 30} = \frac{1}{60}$

और सरबजीत शेष $\frac{1}{2}$ काम 10 दिन में करता है। अतः सरबजीत की कार्य क्षमता $= \frac{1}{2 \times 10} = \frac{1}{20}$

∴ दोनों की संयुक्त कार्य क्षमता $= \frac{1}{60} + \frac{1}{20} = \frac{1+3}{60} = \frac{4}{60} = \frac{1}{15}$, अतः दोनों मिलकर उस काम को 15 दिन में पूरा करेंगे।

14. छुटकी द्वारा एक घण्टे में बनाये गये केकों की संख्या $= \frac{30}{15} = 2$

छुटकी और बड़की द्वारा एक साथ एक घण्टे में बनाये गये केकों की संख्या $= \frac{90}{30} = 3$

∴ बड़की द्वारा अकेले एक घण्टे में बनाये गये केकों की संख्या $= 3 - 2 = 1$

∴ बड़की द्वारा 10 घण्टे में बनाये गये केकों की संख्या $= 10 \times 1 = 10$

15. राहुल और सोनू की कार्य क्षमता $=\frac{1}{18}+\frac{1}{15}=\frac{5+6}{90}=\frac{11}{90}$,

$\therefore$ दोनों द्वारा 5 दिन में किया गया कार्य $=\frac{11}{90}\times 5=\frac{11}{18}$ भाग, अतः बचा हुआ कार्य $=1-\frac{11}{18}=\frac{7}{18}$

16. पंकज $\frac{1}{2}$ काम 12 दिन में करता है। अतः पूरा काम 24 दिन में करेगा। अतः पंकज की कार्य क्षमता $=\frac{1}{24}$

सांईनाथ बचा हुआ $\frac{1}{2}$ काम 6 दिन में करता है। अतः वह पूरा काम 12 दिन में करेगा।

$\therefore$ दोनों की संयुक्त कार्य क्षमता $=\frac{1}{24}+\frac{1}{12}+\frac{1+2}{24}=\frac{3}{24}=\frac{1}{8}$, अतः दोनों मिलकर वह काम 8 दिन में करेंगे।

17. प्रदीप 14 दिन में $\frac{1}{4}$ काम करता है। अतः प्रदीप पूरा काम 56 दिन में करेगा। $\Rightarrow$ प्रदीप की कार्य क्षमता $=\frac{1}{56}$

सकीब 56 दिन में बचा हुआ $\frac{3}{4}$ काम करता है, अतः वह पूरा काम $\frac{56\times 4}{3}$ दिन में करेगा।

$\therefore$ सकीब की कार्य क्षमता $=\frac{3}{56\times 4}=\frac{3}{224}$

$\therefore$ दोनों की संयुक्त कार्य क्षमता $=\frac{1}{56}+\frac{3}{224}=\frac{4+3}{224}=\frac{7}{224}=\frac{1}{32}$, अतः दोनों मिलकर यह काम 32 दिन में पूरा करेंगे।

18. $(X+Y)$ द्वारा एक दिन में किया गया काम $=\frac{1}{30}$ और $(Y+Z)$ द्वारा एक दिन में किया गया काम $=\frac{1}{20}$

X द्वारा 15 दिन में किया गया काम + Y द्वारा 27 दिन में किया गया काम + Z द्वारा 9 दिन में किया गया काम = 1

$\therefore$ $(X+Y)$ द्वारा 15 दिन में किया गया काम + $(Y+Z)$ द्वारा 9 दिन में किया गया काम + Y द्वारा 3 दिन में किया गया काम = 1

$\therefore$ $\left(\frac{1}{30}\times 15\right)+\left(\frac{1}{20}\times 9\right)$ + Y द्वारा 3 दिन में किया गया काम = 1

$\therefore$ $\left(\frac{1}{2}+\frac{9}{20}\right)$ + Y द्वारा 3 दिन में किया गया काम = 1, अतः $\frac{19}{20}$ + Y द्वारा 3 दिन में किया गया काम = 1

$\therefore$ Y द्वारा 3 दिन में किया गया काम $=1-\frac{19}{20}=\frac{1}{20}$, अतः Y द्वारा एक दिन में किया गया काम $=\frac{1}{20\times 3}=\frac{1}{60}$

$\therefore$ Y अकेले पूरा काम 60 दिन में कर सकता है।

19. A की कार्य क्षमता $=\frac{1}{50}$ और B की कार्य क्षमता $=\frac{1}{25}$ और A, B तथा C की संयुक्त कार्य क्षमता $=\frac{1}{10}$

$\therefore$ अकेले C की कार्य क्षमता $=\frac{1}{10}-\left(\frac{1}{50}+\frac{1}{25}\right)=\frac{5-1-2}{50}=\frac{2}{50}=\frac{1}{25}$

$\therefore$ अकेले C यह काम 25 दिन में कर सकता है।

20. X और Y की संयुक्त कार्य क्षमता $=\frac{1}{p}+\frac{1}{q}=\frac{q+p}{pq}=\frac{p+q}{pq}$, अतः दोनों मिलकर उस काम को $\frac{pq}{p+q}$ दिनों में पूरा करेंगे।

21. पूरी पुस्तक पढ़ने में कुल घण्टे = 16×9, अतः 24 दिन में पूरा करने के लिए प्रतिदिन घण्टे $=\frac{16\times 9}{24}=6$

22. मनीष की कार्य क्षमता $=\frac{1}{21}$ और करन की कार्य क्षमता $=\frac{1}{28}$

$\therefore$ दोनों की कार्य क्षमता $=\frac{1}{21}+\frac{1}{28}=\frac{4+3}{84}=\frac{7}{84}=\frac{1}{12}$

$\therefore$ 7 दिन में दोनों द्वारा किया गया काम $=\frac{1}{12}\times 7=\frac{7}{12}$, अतः बचा हुआ कार्य $=1-\frac{7}{12}=\frac{5}{12}$

23. A और B की संयुक्त कार्य क्षमता $=\frac{1}{20}$ परन्तु अकेले B की कार्य क्षमता $=\frac{1}{36}$

$\therefore$ अकेले A की कार्य क्षमता $=\frac{1}{20}-\frac{1}{36}=\frac{9-5}{180}=\frac{4}{180}=\frac{1}{45}$, अतः अकेले A पूरा कार्य 45 दिन में करेगा।

24 (A + B) की कार्य क्षमता $=\frac{1}{10}$ .... (i)

(B + C) की कार्य क्षमता $=\frac{1}{15}$ .... (ii)

(C + A) की कार्य क्षमता $=\frac{1}{20}$ .... (iii)

तीनों समीकरणों को जोड़ने पर, 2 (A + B + C) की कार्य क्षमता $= \frac{1}{10}+\frac{1}{15}+\frac{1}{20}=\frac{6+4+3}{60}=\frac{13}{60}$

$\therefore$ A + B + C की कार्य क्षमता $=\frac{13}{60\times 2}=\frac{13}{120}$, अतः तीनों द्वारा 8 दिन में किया गया काम $= \frac{13}{120}\times 8=\frac{13}{15}$

$\therefore$ शेष काम $=1-\frac{13}{15}=\frac{2}{15}$, अतः अकेले C की कार्य क्षमता $=\frac{13}{120}-\frac{1}{10}=\frac{13-12}{120}=\frac{1}{120}$

$\therefore$ अकेले C द्वारा शेष काम करने में लगा समय $=\frac{\text{शेष काम}}{\text{C की कार्य क्षमता}}=\frac{\left(\frac{2}{15}\right)}{\left(\frac{1}{120}\right)}=\frac{2}{15}\times\frac{120}{1}=16$

25. A, B तथा C की संयुक्त कार्य क्षमता $=\frac{1}{10}+\frac{1}{20}+\frac{1}{60}=\frac{6+3+1}{60}=\frac{10}{60}=\frac{1}{6}$

$\therefore$ वे तीनों एक साथ मिलकर उस काम को 6 दिन में पूरा करेंगे।

26. P, Q तथा R की संयुक्त कार्य क्षमता $=\frac{1}{40}$ तथा P और Q की संयुक्त कार्य क्षमता $=\frac{1}{90}$

$\therefore$ अकेले R की कार्यक्षमता $=\frac{1}{40}-\frac{1}{90}=\frac{9-4}{360}=\frac{5}{360}=\frac{1}{72}$

$\therefore$ अकेले R उस कार्य को 72 दिन में पूरा कर लेगा।

27. A की कार्य क्षमता $= \frac{1}{20}$, A और B की संयुक्त कार्य क्षमता $= \frac{1}{15}$

$\therefore$ B की कार्य क्षमता $= \frac{1}{15}-\frac{1}{20}=\frac{4-3}{60}=\frac{1}{60}$, पुनः B और C की कार्य क्षमता $= \frac{2}{75}$

$\therefore$ C की कार्य क्षमता $= \frac{2}{75}-\frac{1}{60}=\frac{8-5}{300}=\frac{3}{300}=\frac{1}{100}$

$\therefore$ A, B, C की कार्य क्षमताओं (दक्षताओं) में अनुपात $=\frac{1}{20}:\frac{1}{60}:\frac{1}{100}=\frac{1}{1}:\frac{1}{3}:\frac{1}{5}$

$= 15\times\frac{1}{1}:15\times\frac{1}{3}:15\times\frac{1}{5}=15:5:3$

28. स्टूडियो A का एक तकनीशियन उस काम को 30 × 5 = 150 दिन में करेगा।

स्टूडियो B का एक तकनीशियन उस काम को 8 × 15 = 120 दिन में करेगा।

$\therefore$ दोनों तकनीशियनों की संयुक्त कार्य क्षमता $= \frac{1}{150}+\frac{1}{120}=\frac{4+5}{600}=\frac{9}{600}$

$\therefore$ दोनों तकनीशियनों द्वारा कार्य करने में लिया गया समय $= \frac{600}{9}=\frac{200}{3}$ दिन

29. A की कार्य क्षमता $= \frac{1}{10}$, A और B की संयुक्त कार्य क्षमता $= \frac{3}{20}$

$\therefore$ B की कार्य क्षमता $=\frac{3}{20}-\frac{1}{10}=\frac{3-2}{20}=\frac{1}{20}$

चूंकि A, B तथा C तीनों की संयुक्त कार्य क्षमता $= \frac{7}{40}$, अतः C की कार्य क्षमता $= \frac{7}{40}-\frac{3}{20}=\frac{7-6}{40}=\frac{1}{40}$

$\therefore$ B तथा C की संयुक्त कार्य क्षमता $= \frac{1}{20}+\frac{1}{40}=\frac{2+1}{40}=\frac{3}{40}$

$\therefore$ B तथा C मिलकर उस कार्य को $\frac{40}{3}$ दिन में करेंगे।

30. A द्वारा एक दिन में किया गया काम = $\frac{1}{20}$ और B द्वारा आधा दिन में किया गया काम $=\frac{1}{30\times 2}=\frac{1}{60}$

$\therefore$ दोनों द्वारा एक साथ एक दिन में किया गया काम $=\frac{1}{20}+\frac{1}{60}=\frac{3+1}{60}=\frac{4}{60}=\frac{1}{15}$

$\therefore$ पूरा काम 15 दिन में समाप्त हो जाएगा।

31. A और B द्वारा एक दिन में किया गया काम $=\frac{1}{30}+\frac{1}{60}=\frac{2+1}{60}=\frac{3}{60}=\frac{1}{20}$

$\therefore$ 5 दिन में किया गया काम $=5\times\frac{1}{20}=\frac{1}{4}$, अतः शेष काम $=1-\frac{1}{4}=\frac{3}{4}$

32. X की कार्य क्षमता $=\frac{1}{15}$, Y की कार्य क्षमता $=\frac{1}{30}$, परन्तु X, Y तथा Z तीनों की एक साथ कार्य क्षमता $=\frac{1}{9}$

$\therefore$ Z की कार्य क्षमता $=\frac{1}{9}-\left(\frac{1}{15}+\frac{1}{30}\right)=\frac{10-6-3}{90}=\frac{1}{90}$, अतः Z उस कार्य को अकेला 90 दिन में कर सकता है।

33. आदित्य और रमन की संयुक्त कार्य क्षमता $=\frac{1}{24}+\frac{1}{45}=\frac{15+8}{360}=\frac{23}{360}$

$\therefore$ वे दोनों मिलकर $\frac{360}{23}$ दिन में पूरा काम कर सकते हैं।

34. A की कार्य क्षमता $=\frac{1}{10}$, A तथा B की कार्य क्षमता $=\frac{3}{20}$

चूंकि A, B, C तीनों की कार्य क्षमता $=\frac{7}{40}$, अतः B और C की कार्य क्षमता $=\frac{7}{40}-\frac{1}{10}=\frac{7-4}{40}=\frac{3}{40}$

$\therefore$ B तथा C मिलकर उस कार्य को $\frac{40}{3}$ दिन में करेंगे।

35. A द्वारा एक दिन में किया गया काम $=\frac{1}{20}$

B द्वारा पूरा काम करने में लिया गया समय $=22\frac{1}{2}=\frac{45}{2}$ दिन, अतः B द्वारा एक दिन में किया गया काम $=\frac{2}{45}$

$\therefore$ A और B द्वारा एक साथ एक दिन में किया गया काम $=\frac{1}{20}+\frac{2}{45}=\frac{9+8}{180}=\frac{17}{180}$

$\therefore$ A और B द्वारा 6 दिन में किया गया काम $=\frac{17}{180}\times 6=\frac{17}{30}$

$\therefore$ C द्वारा 26 दिन में किया गया काम शेष काम $=1-\frac{17}{30}=\frac{13}{30}$, अतः C द्वारा एक दिन में किया गया काम $=\frac{13}{30\times 26}=\frac{1}{60}$

$\therefore$ A, B, C की संयुक्त कार्य क्षमता $=\frac{1}{20}+\frac{2}{45}+\frac{1}{60}=\frac{9+8+3}{180}=\frac{20}{180}=\frac{1}{9}$

$\therefore$ तीनों एक साथ मिलकर उस कार्य को 9 दिन में पूरा करेंगे।

36. A, B, C की कार्य क्षमता $=\frac{1}{16}$ तथा A और B की संयुक्त कार्य क्षमता $=\frac{1}{40}$

$\therefore$ अकेले C की कार्य क्षमता $=\frac{1}{16}-\frac{1}{40}=\frac{5-2}{80}=\frac{3}{80}$, अतः C द्वारा अकेले काम करने में लगा समय $=\frac{80}{3}$
$= 26.67$ दिन

37. B की कार्य क्षमता $=\frac{1}{16}$

$\therefore$ आधा काम (शेष काम) B द्वारा करने में लगा समय $=\dfrac{\text{शेष काम}}{\text{B की कार्य क्षमता}}=\dfrac{\left(\frac{1}{2}\right)}{\left(\frac{1}{16}\right)}=\frac{1}{2}\times\frac{16}{1}=8$ दिन

38. माना Y उस काम को n दिन में करता है। अतः x उस काम को (n – 10) दिन में करेगा

$\therefore$ दोनों की संयुक्त कार्य क्षमता $\Rightarrow \frac{1}{n-10}+\frac{1}{n}=\frac{1}{12}\Rightarrow\frac{n+n-10}{(n-10)\,n}=\frac{1}{12}$

$\therefore$ $\frac{2n-10}{n^2-10n}=\frac{1}{12}\Rightarrow n^2-10n=24n-120\quad\Rightarrow n^2-34n+120=0$

$\therefore$ $n^2-30n-4n+120=0\quad\Rightarrow (n-30)(n-4)=0$, चूंकि $n-4\neq 0$, अतः $n-30=0\quad\Rightarrow n=30$

39. A+ B की कार्य क्षमता = $\frac{1}{20}$ ....(i), B + C की कार्य क्षमता = $\frac{1}{25}$ ....(ii)

C + A की कार्य क्षमता = $\frac{1}{15}$ ....(iii), तीनों समीकरणों को जोड़ने पर –

2 (A + B + C) की कार्य क्षमता $= \frac{1}{20}+\frac{1}{25}+\frac{1}{15}=\frac{15+12+20}{300}=\frac{47}{300}$

∴ A + B + C की कार्य क्षमता $= \frac{47}{300\times 2}=\frac{47}{600}$

∴ A की कार्य क्षमता $= \frac{47}{600}-\frac{1}{25}=\frac{47-24}{600}=\frac{23}{600}$, अतः पूरा कार्य करने में A द्वारा लिया गया समय $= \frac{600}{23}$ दिन

40. P और Q की संयुक्त कार्य क्षमता $= \frac{1}{25}+\frac{1}{50}=\frac{2+1}{50}=\frac{3}{50}$

∴ दोनों द्वारा पूरा काम एक साथ करने में लगा समय $= \frac{50}{3}$ दिन

∴ परियोजना का 18% करने में लगा समय $= \frac{50}{3}$ का 18% $= \frac{50}{3}\times\frac{18}{100}=$ 3 दिन

41. A द्वारा 30% काम करने में लिया गया समय = 30 दिन

∴ A द्वारा 100% काम (पूरा काम) करने में लिया गया समय $= \frac{30\times 100}{30}=$ 100 दिन

∴ A की कार्य क्षमता $= \frac{1}{100}$, अतः A और B द्वारा 20 दिन में किया गया काम = 70%

∴ A और B द्वारा एक दिन में किया गया काम $= \frac{70}{100\times 20}=\frac{7}{200}$

∴ B की कार्य क्षमता $= \frac{7}{200}-\frac{1}{100}=\frac{7-2}{200}=\frac{5}{200}=\frac{1}{40}$, अतः पूरा काम B को अकेले करने में 40 दिन लगेंगे।

42. A द्वारा 80% काम करने में लिया गया समय = 20 दिन

∴ A द्वारा 100% (पूरा काम) करने में लिया गया समय = $\frac{20}{80}\times 100$ = 25 दिन ⇒ A की कार्य क्षमता $= \frac{1}{25}$

A और B द्वारा 3 दिन में किया गया काम = शेष काम = 20% $= \frac{20}{100}=\frac{1}{5}$

∴ A और B द्वारा 1 दिन में किया गया काम $= \frac{1}{5\times 3}=\frac{1}{15}$

∴ अकेले B की कार्य क्षमता $= \frac{1}{15}-\frac{1}{25}=\frac{5-3}{75}=\frac{2}{75}$, अतः B को अकेले पूरा करने में लगा समय $= \frac{75}{2}=$ 37.5 दिन

43. P और Q की संयुक्त कार्य क्षमता $= \frac{1}{24}+\frac{1}{12}=\frac{1+2}{24}=\frac{3}{24}=\frac{1}{8}$

∴ P और Q पूरा काम एक साथ 8 दिन में कर लेंगे। अतः 50% (अर्थात् आधा काम) करने में लगा समय $= \frac{8}{2}=$ 4 दिन

44. ∵ A द्वारा 75% काम करने में लगा समय = 50 दिन

∴ A द्वारा 100% (पूरा काम) करने में लगा समय $= \frac{50}{75}\times 100=\frac{200}{3}$ दिन ⇒ A की कार्य क्षमता $= \frac{3}{200}$

A और B दोनों द्वारा 10 दिन में किया गया काम = 25% $= \frac{25}{100}=\frac{1}{4}$

∴ A और B दोनों द्वारा एक दिन में किया गया काम $= \frac{1}{4\times 10}=\frac{1}{40}$

∴ अकेले B की कार्य क्षमता $= \frac{1}{40}-\frac{3}{200}=\frac{5-3}{200}=\frac{2}{200}=\frac{1}{100}$

∴ पूरा काम अकेले करने में B को 100 दिन लगेंगे।

45. P और Q की संयुक्त कार्य क्षमता $= \frac{1}{150}+\frac{1}{100}=\frac{2+3}{300}=\frac{5}{300}=\frac{1}{60}$

∴ P और Q एक साथ पूरा काम (100%) 60 दिन में करेंगे।

∴ 60% काम एक साथ करने में लगा समय $= 60\times\frac{60}{100}=$ 36 दिन

46. P और Q की संयुक्त कार्य क्षमता $= \frac{1}{50} + \frac{1}{20} = \frac{2+5}{100} = \frac{7}{100}$

∴ P और Q एक साथ पूरा काम $\frac{100}{7}$ दिन में करेंगे।

∴ 70% काम एक साथ करने में लगा समय $= \frac{100}{7} \times \frac{70}{100}$ = 10 दिन

47. चूंकि A ने 40% कार्य किया। अतः शेष काम = 60%

∴ B द्वारा 21 दिनों में किया गया काम = 60% $= \frac{60}{100} = \frac{3}{5}$, अतः B द्वारा 1 दिन में किया गया काम $= \frac{3}{5 \times 21} = \frac{1}{35}$

∴ A और B की संयुक्त कार्य क्षमता $= \frac{1}{30} + \frac{1}{35} = \frac{7+6}{210} = \frac{13}{210}$

∴ 65% काम करने में लगा समय $= \dfrac{65\%}{\text{A और B की कार्य क्षमता}} = \dfrac{\left(\frac{65}{100}\right)}{\left(\frac{13}{210}\right)} = \frac{65}{100} \times \frac{210}{13} = 10\frac{1}{2}$ दिन

48. A और B मिलकर $\frac{7}{11}$ भाग करते हैं। अतः C का काम $= 1 - \frac{7}{11} = \frac{4}{11}$ भाग

∴ (A और B) का हिस्सा : C का हिस्सा = किये गये कामों में अनुपात $= \frac{7}{11} : \frac{4}{11} = 7:4$

∴ अनुपाती योग = 7 + 4 = 11, अतः ₹ 550 में C का हिस्सा $= 55 \times \frac{4}{11}$ = ₹ 200

49. A की कार्य क्षमता $= \frac{1}{12}$ और B की कार्य क्षमता $= \frac{1}{15}$

∴ इनकी मजदूरी में अनुपात = कार्य क्षमताओं में अनुपात $= \frac{1}{12} : \frac{1}{15} = \frac{1}{12} \times 60 : \frac{1}{15} \times 60$

= 5 : 4 ⇒ अनुपाती योग = 5 + 4 = 9

∴ ₹ 450 में A का हिस्सा $= 450 \times \frac{5}{9}$ = ₹ 250

50. A की कार्य क्षमता $= \frac{1}{5}$, B की कार्य क्षमता $= \frac{1}{15}$

चूंकि A, B, C की संयुक्त कार्य क्षमता $= \frac{1}{3}$, अतः अकेले C की कार्य क्षमता $= \frac{1}{3} - \left(\frac{1}{5} + \frac{1}{15}\right) = \frac{5-3-1}{15} = \frac{1}{15}$

∴ तीनों के पारिश्रमिकों में अनुपात = कार्य क्षमताओं में अनुपात $= \frac{1}{5} : \frac{1}{15} : \frac{1}{15}$

$= \frac{1}{5} \times 15 : \frac{1}{15} \times 15 : \frac{1}{15} \times 15$ = 3 : 1 : 1

∴ अनुपाती योग = 3 + 1 + 1 = 5, अतः ₹ 250 में C का राशि $= 250 \times \frac{1}{5}$ = ₹50

51. सुमित और अमित की राशियों में अनुपात $= \frac{1}{5} : \frac{1}{4}$ = 4 : 5 ⇒ अनुपाती योग = 4 + 5 = 9

∴ दोनों की राशियों में अन्तर $= 7200 \times \frac{(5-4)}{9} = 7200 \times \frac{1}{9}$ = ₹ 800

52. B और A की प्रतिदिन की मजदूरी का अनुपात = 360 : 640 = 9 : 16

53. A और B की कार्य क्षमताओं में अनुपात् $= \frac{1}{15} : \frac{1}{10} = 30 \times \frac{1}{15} : 30 \times \frac{1}{10}$ = 2 : 3

∴ A और B की राशियों में अनुपात = 2 : 3 ⇒ अनुपाती योग = 2 + 3 = 5

∴ ₹ 75000 में B का हिस्सा $= 75000 \times \frac{3}{5}$ = ₹ 45000

54. A और B की कार्य क्षमताओं में अनुपात् $= \frac{1}{15} : \frac{1}{10} = 30 \times \frac{1}{15} : 30 \times \frac{1}{15} : 30 \times \frac{1}{10}$ = 2 : 3

∴ A और B हिस्सों में अनुपात = 2 : 3 ⇒ अनुपाती योग = 2 + 3 = 5

∴ ₹ 75000 में A का हिस्सा $= 75000 \times \frac{2}{5}$ = ₹ 30000

55. A और B की कार्य क्षमताओं में अनुपात् $=\frac{1}{15}:\frac{1}{10}=30\times\frac{1}{15}:30\times\frac{1}{10}=2:3$

∴ A और B की राशियों में अनुपात = 2 : 3 ⇒ अनुपाती योग = 2 + 3 = 5

∴ ₹ 35000 में A का हिस्सा = $35000\times\frac{2}{5}$ = ₹ 14000

56. A, B, C की हिस्सों में अनुपात = उनकी कार्य क्षमताओं में अनुपात $=\frac{1}{10}:\frac{1}{12}:\frac{1}{15}=60\times\frac{1}{10}:60\times\frac{1}{12}:60\times\frac{1}{15}$

= 6 : 5 : 4 ⇒ अनुपाती योग = 6 + 5 + 4 = 15

∴ ₹ 4500 में C का हिस्सा $=4500\times\frac{4}{15}$ = ₹ 1200

57. A, B तथा C की राशियों में अनुपात $=\frac{1}{12}:\frac{1}{24}:\frac{1}{36}=72\times\frac{1}{12}:72\times\frac{1}{24}:72\times\frac{1}{36}=6:3:2$

अनुपाती योग = 6 + 3 + 2 = 11, अतः B और C के राशियों में अन्तर $=\frac{3850\times(3-2)}{11}=350\times1=$ ₹ 350

58. A की प्रतिदिन की मजदूरी = ₹ 180 × 7 और B की प्रतिदिन की मजदूरी = ₹ 160 × 5

∴ अभीष्ट अनुपात = 180 × 7 : 160 × 5 = 63 : 40

59. A की प्रतिदिन की मजदूरी = ₹ 80 × 8 और B की प्रतिदिन की मजदूरी = ₹ 60× 6

∴ अभीष्ट अनुपात = 80 × 8 : 60 × 6 = 16 : 9

60. नरेन्द्र और अमित की एक साथ कार्यक्षमता $=\frac{1}{10}+\frac{1}{12}=\frac{6+5}{60}=\frac{11}{60}$

∴ दोनों को मिलकर पूरा काम एक साथ करने में आवश्यक समय $=\frac{60}{11}=5\frac{5}{11}$ दिन

61. A और B द्वारा मिलकर 1 दिन में किया गया काम $=\frac{1}{15}+\frac{1}{10}=\frac{2+3}{30}=\frac{5}{30}=\frac{1}{6}$

∴ A और B द्वारा मिलकर 4 दिन में किया गया काम $=\frac{4\times1}{6}=\frac{2}{3}$, अतः बचा हुआ काम $=1-\frac{2}{3}=\frac{1}{3}$

62. A और B द्वारा एक साथ 1 दिन में किया गया काम $=\frac{1}{30}$

∴ A और B द्वारा एक साथ 20 दिन में किया गया काम $=\frac{1}{30}\times20=\frac{2}{3}$

∴ अकेले A द्वारा 20 दिन में किया गया काम = शेष काम $=1-\frac{2}{3}=\frac{3-2}{3}=\frac{1}{3}$

∴ अकेले A द्वारा एक दिन में किया गया काम $=\frac{1}{3\times20}=\frac{1}{60}$, अतः अकेले A उस काम को 60 दिन में करेगा।

63. A और B की संयुक्त कार्य क्षमता $=\frac{1}{20}$, अतः A और B द्वारा 4 दिन में किया गया कार्य $=\frac{1}{20}\times4=\frac{1}{5}$

∴ B द्वारा 24 दिन में किया गया कार्य = शेष कार्य $=1-\frac{1}{5}=\frac{4}{5}$

∴ B द्वारा एक दिन में किया गया कार्य $=\frac{4}{5\times24}=\frac{1}{30}$

∴ A द्वारा एक दिन में किया गया कार्य $=\frac{1}{20}-\frac{1}{30}=\frac{3-2}{60}=\frac{1}{60}$

∴ अकेला A उस कार्य को 60 दिन में पूरा कर सकता है।

64. सत्यम और शिवम द्वारा एक साथ एक दिन में किया गया काम $=\frac{1}{10}+\frac{1}{15}=\frac{3-2}{30}=\frac{5}{30}=\frac{1}{6}$

∴ दोनों द्वारा4 दिन में किया गया काम $=4\times\frac{1}{6}=\frac{2}{3}$, अतः शेष काम $=1-\frac{2}{3}=\frac{3-2}{3}=\frac{1}{3}$

∴ शेष काम शिवम द्वारा करने में लगा समय $=\frac{\text{शेष काम}}{\text{शिवम की कार्य क्षमता}}=\frac{\left(\frac{1}{3}\right)}{\left(\frac{1}{15}\right)}=\frac{1}{3}\times\frac{15}{1}=5$ दिन

∴ पूरा काम समाप्त होने में लगा कुल समय = 4 + 5 = 9 दिन

65. A और B द्वारा मिलकर 2 दिन में किया गया काम $= 2\times\left(\frac{1}{10}+\frac{1}{15}\right)=2\times\frac{5}{30}=\frac{1}{3}$

$\therefore$ शेष काम $= 1-\frac{1}{3}=\frac{3-1}{3}=\frac{2}{3}$

$\therefore$ शेष काम A द्वारा पूरा करने में लगे दिन $= \frac{\text{शेष काम}}{\text{A की कार्य क्षमता}} = \frac{\left(\frac{2}{3}\right)}{\left(\frac{1}{10}\right)}=\frac{2}{3}\times\frac{10}{1}=\frac{20}{3}$ दिन

$\therefore$ कुल समय $= 2+\frac{20}{3}=\frac{6+20}{3}=\frac{26}{3}$ दिन

66. A और B की संयुक्त कार्य क्षमता $= \frac{1}{40}+\frac{1}{120}=\frac{3+1}{120}=\frac{4}{120}=\frac{1}{30}$

$\therefore$ 20 दिनों में A और B द्वारा किया गया काम $= \frac{1}{30}\times 20=\frac{2}{3}$, अतः शेष काम $= 1-\frac{2}{3}=\frac{1}{3}$

$\therefore$ शेष काम C द्वारा करने में लगा समय $= \frac{\text{शेष काम}}{\text{C की कार्य क्षमता}} = \frac{\left(\frac{1}{3}\right)}{\left(\frac{1}{36}\right)}=\frac{1}{3}\times\frac{36}{1}=12$ दिन

67. A, B, C की क्रमशः कार्य क्षमता $= \frac{1}{24}, \frac{1}{16}, \frac{1}{32}$

A और C द्वारा 6 दिनों किया गया काम $= 6\left(\frac{1}{24}+\frac{1}{32}\right)=6\left(\frac{4+3}{96}\right)=\frac{7}{16}$, अतः शेष काम $= 1-\frac{7}{16}=\frac{9}{16}$

$\therefore$ शेष काम B द्वारा पूरा करने में लगा समय $= \frac{\text{शेष काम}}{\text{A की कार्य क्षमता}} = \frac{\left(\frac{9}{16}\right)}{\left(\frac{1}{16}\right)}=\frac{9}{16}\times\frac{16}{1}=9$ दिन

68. 5 दिनों में A और B द्वारा किया गया काम $= \left(\frac{1}{20}+\frac{1}{25}\right)\times 5=\left(\frac{5+4}{100}\right)\times 5=\frac{9}{20}$, अतः शेष काम $= 1-\frac{9}{20}=\frac{11}{20}$

$\therefore$ शेष काम A द्वारा पूरा करने में लगा समय $= \frac{\text{शेष काम}}{\text{A की कार्य क्षमता}} = \frac{\left(\frac{11}{20}\right)}{\left(\frac{1}{20}\right)}=\frac{11}{20}\times\frac{20}{1}=11$ दिन

69. A, B, C की क्रमशः कार्य क्षमता $= \frac{1}{24}:\frac{1}{15}:\frac{1}{12}$

B और C द्वारा 3 दिन में किया काम $= 3\times\left(\frac{1}{15}+\frac{1}{12}\right)=3\times\left(\frac{4+5}{60}\right)=3\times\frac{9}{60}=\frac{9}{20}$, अतः शेष काम $= 1-\frac{9}{20}=\frac{11}{20}$

$\therefore$ शेष काम अकेले A द्वारा करने में लगा समय $= \frac{\text{शेष काम}}{\text{A की कार्य क्षमता}} = \frac{\left(\frac{11}{20}\right)}{\left(\frac{1}{24}\right)}=\frac{11}{20}\times\frac{24}{1}=\frac{66}{5}=13\frac{1}{5}$ दिन

70. A और B की संयुक्त कार्य क्षमता $= \frac{1}{d}$, अतः $\frac{1}{(8+d)}+\frac{1}{(18+d)}=\frac{1}{d}\Rightarrow\frac{18+d+8+d}{(8+d)(18+d)}=\frac{1}{d}$

$\therefore$ $\frac{2d+26}{144+26d+d^2}=\frac{1}{d}\Rightarrow 2d^2+26d=144+26d+d^2\Rightarrow 2d^2-d^2=144\Rightarrow d^2=12^2\Rightarrow d=12$

$\therefore$ पूरा काम करने में A का समय $= 8+d=8+12=20$ दिन और B का समय $= 18+d=18+12=30$ दिन

$\therefore$ 4 दिन तक A द्वारा किया गया काम $= 4\times\frac{1}{20}=\frac{1}{5}$ शेष काम $= 1-\frac{1}{5}=\frac{4}{5}$

शेष काम पूरा करने में B को लगा समय $= \frac{\text{शेष काम}}{\text{B की कार्य क्षमता}} = \frac{\left(\frac{4}{5}\right)}{\frac{1}{30}}=\frac{4}{5}\times\frac{30}{1}=24$ दिन

71. राम की कार्यक्षमता $= \frac{3}{20}$ और श्याम की कार्य क्षमता $= \frac{1}{15}$

$\therefore$ दोनों द्वारा 4 दिन में किया गया काम $= \left(\frac{3}{20}+\frac{1}{15}\right)\times 4 = \left(\frac{9+4}{60}\right)\times 4 = \frac{13}{60}\times 4 = \frac{13}{15}$, अतः शेष काम $= 1-\frac{13}{15}=\frac{2}{15}$

श्याम द्वारा शेष काम करने में लगा समय $= \frac{\text{शेष काम}}{\text{शिवम की कार्य क्षमता}} = \frac{\left(\frac{2}{15}\right)}{\left(\frac{1}{15}\right)} = \frac{2}{15}\times\frac{15}{1} = 2$ दिन

72. A, B, C की कार्यक्षमता $= \frac{1}{24}, \frac{1}{20}, \frac{1}{18}$

$\therefore$ 6 दिन में B और C द्वारा किया गया काम $= 6\times\left(\frac{1}{20}+\frac{1}{18}\right) = 6\times\left(\frac{9+10}{180}\right) = 6\times\frac{19}{180} = \frac{19}{30}$

$\therefore$ शेष काम $= 1-\frac{19}{30} = \frac{11}{30}$

$\therefore$ शेष काम को समाप्त करने के लिए A द्वारा लिया गया समय $= \frac{\text{शेष काम}}{\text{A की कार्य क्षमता}}$

$$= \frac{\left(\frac{11}{30}\right)}{\left(\frac{1}{24}\right)} = \frac{11}{30}\times\frac{24}{1} = \frac{44}{5} = 8\frac{4}{5} \text{ दिन}$$

73. P और Q की संयुक्त कार्य क्षमता $= \frac{1}{15}+\frac{1}{24} = \frac{8+5}{120} = \frac{13}{120}$, अतः अन्त के 2 दिन केवल P ने काम किया।

$\therefore$ अन्त के दो दिन में P द्वारा किया गया काम $= \frac{1}{15}\times 2 = \frac{2}{15}$, अतः प्रारम्भ में P और Q द्वारा किया गया काम $= 1-\frac{2}{15} = \frac{13}{15}$

$\therefore$ प्रारम्भ में P और Q द्वारा लिया गया समय $= \frac{\text{किया गया काम}}{\text{दोनों की कार्य क्षमता}} = \frac{\left(\frac{13}{15}\right)}{\left(\frac{13}{120}\right)} = \frac{13}{15}\times\frac{120}{13} = 8$ दिन

$\therefore$ कार्य को पूरा होने में लगे कुल दिन $= 8 + 2 = 10$

74. A और B द्वारा 5 दिन में किया गया कार्य $= 5\times\left(\frac{1}{18}+\frac{1}{15}\right) = 5\times\frac{(5+6)}{90} = \frac{11}{18}$

$\therefore$ शेष कार्य A द्वारा पूरा करने में लगा समय $= \frac{\text{शेष काम}}{\text{A की कार्य क्षमता}} = \frac{\frac{7}{18}}{\frac{1}{18}} = \frac{7}{18}\times\frac{18}{1} = 7$ दिन

75. A और B द्वारा 5 दिन में किया गया कार्य $= 5\times\left(\frac{1}{10}+\frac{1}{20}\right) = 5\times\left(\frac{2+1}{20}\right) = \frac{3}{4}$

$\therefore$ शेष कार्य B द्वारा पूरा करने में लगा समय $= \frac{\text{शेष काम}}{\text{B की कार्य क्षमता}} = \frac{\frac{1}{4}}{\frac{1}{20}} = \frac{1}{4}\times\frac{20}{1} = = 5$ दिन

76. A और B द्वारा 20 दिन में किया गया कार्य $= \frac{20\times 1}{30} = \frac{2}{3}$

$\therefore$ अकेले A द्वारा 20 दिन में किया गया कार्य = शेष कार्य $= 1-\frac{2}{3} = \frac{1}{3}$

$\therefore$ अकेले A द्वारा एक दिन में किया गया कार्य $= \frac{1}{3\times 20} = \frac{1}{60}$, अतः अकेले A उस कार्य को पूरा करेगा = 60 दिन में

77. $\frac{1}{8}$ कार्य होने के बाद शेष कार्य $= 1-\frac{1}{8} = \frac{7}{8}$

A और B की कार्यक्षमता $= \frac{1}{6}+\frac{1}{12} = \frac{2+1}{12} = \frac{3}{12} = \frac{1}{4}$

शेष कार्य पूरा होने में लगा समय $= \frac{\text{शेष कार्य}}{\text{A और B की कार्य क्षमता}} = \frac{\frac{7}{8}}{\frac{1}{4}} = \frac{7}{8}\times\frac{4}{1} = 3\frac{1}{2}$ दिन

78. $\because$ A और B द्वारा एक साथ 1 दिन में किया गया काम $= \frac{1}{10}+\frac{1}{5}=\frac{1+2}{10}=\frac{3}{10}$

$\therefore$ A और B द्वारा एक साथ 2 दिन में किया गया काम $= 2\times\frac{3}{10}=\frac{3}{5}$

$\therefore$ शेष काम = A और C द्वारा 3 दिन में किया गया काम $= 1-\frac{3}{5}=\frac{2}{5}$

$\therefore$ A और C द्वारा 1 दिन में किया गया काम $= \frac{2}{5\times3}=\frac{2}{15}$

$\therefore$ अकेले C द्वारा 1 दिन में किया गया काम $= \frac{2}{15}-\frac{1}{10}=\frac{4-3}{30}=\frac{1}{30}$

$\therefore$ अकेले C द्वारा पूरा काम करने में लगा समय = 30 दिन

$\therefore$ अकेले C द्वारा 60% काम करने में लगा समय $=\frac{30\times60}{100}=18$ दिन

79. $\because$ अजित बद्रीनाथ से 2 गुना अधिक अच्छा कर्मचारी है।

$\therefore$ माना अजित काम को अकेले x दिन में तथा बद्रीनाथ उसे 2x दिन में कर लेता है।

$\therefore$ $2x - x = 30 \Rightarrow x = 30$ दिन, अतः अजित अकेले काम को 30 दिन में और बद्रीनाथ उसे 60 दिन में कर लेता है।

$\therefore$ दोनों की संयुक्त क्षमता $= \frac{1}{30}+\frac{1}{60}=\frac{2+1}{60}=\frac{3}{60}=\frac{1}{20}$, अतः दोनों साथ मिलकर वह काम 20 दिन में पूरा करेंगे।

80. मनजीत की कार्य क्षमता $=\frac{1}{18}$, चूंकि जया मनजीत से 100% अधिक कार्य करता है।

$\therefore$ जया की कार्य क्षमता = मनजीत की कार्य क्षमता का दूना $= \frac{1}{18}\times2=\frac{1}{9}$

$\therefore$ दोनों की संयुक्त कार्य क्षमता $= \frac{1}{18}+\frac{1}{9}+\frac{1+2}{18}=\frac{3}{18}=\frac{1}{6}$

$\therefore$ दोनों मिलकर वह काम 6 घण्टे में पूरा करेंगे।

81. समर्थ की कार्य क्षमता $= \frac{1}{28}$, अतः मंदार की कार्य क्षमता $= 3\times\frac{1}{28}=\frac{3}{28}$

$\therefore$ दोनों की संयुक्त कार्य क्षमता $=\frac{1}{28}+\frac{3}{28}=\frac{4}{28}=\frac{1}{7}$, अतः दोनों एक साथ 7 दिन में पूरा काम करेंगे।

82. B की कार्य क्षमता $= \frac{1}{42}$, अतः A की कार्य क्षमता $=\frac{1}{42}\times\frac{140}{100}=\frac{1}{30}$

$\therefore$ A अकेला उसी कार्य को 30 दिन में पूरा करेगा।

83. सागर की कार्य क्षमता $=\frac{1}{18}$, अतः मधुर की कार्य क्षमता $= \frac{1}{18}\times2=\frac{1}{9}$

$\therefore$ दोनों की संयुक्त कार्य क्षमता $= \frac{1}{18}+\frac{1}{9}=\frac{1+2}{18}=\frac{3}{18}=\frac{1}{6}$, अतः वे दोनों मिलकर 6 दिन में काम पूरा करेंगे।

84. $\because$ मनीष, पुनीत से चार गुना कार्य कुशल है।

$\therefore$ माना मनीष उस पुस्तक को दिन में चार और पुनीत उसे $4x$ दिन में पूरा करता है।

$\therefore$ $4x - x = 90 \Rightarrow 3x = 90 \Rightarrow x = 30$

$\therefore$ मनीष उस पुस्तक को 30 दिन में और पुनीत उसे 120 दिन में पूरा करता है।

$\therefore$ दोनों की संयुक्त कार्य क्षमता $= \frac{1}{30}+\frac{1}{120}=\frac{4+1}{120}=\frac{5}{120}=\frac{1}{24}$

$\therefore$ दोनों साथ मिलकर पुस्तक को 24 दिन में कर लेंगे।

85. Y की कार्य क्षमता $= \frac{1}{10}$, अतः X की कार्य क्षमता $= \frac{1}{10}\times\frac{125}{100}=\frac{1}{8}$

$\therefore$ X अकेले उस कुर्सी को 8 दिन में बना सकता है।

86. मेघनाद की कार्य क्षमता $=\frac{1}{45}$, अतः जय श्री की कार्य क्षमता $= \frac{1}{45}\times\frac{150}{100}=\frac{1}{30}$

$\therefore$ दोनों की संयुक्त कार्य क्षमता $= \frac{1}{45}+\frac{1}{30}=\frac{2+3}{90}=\frac{5}{90}=\frac{1}{18}$, अतः दोनों एक साथ 18 घण्टे में काम पूरा कर लेंगे।

87. S, T, U की कार्य कुशलता का अनुपात = 20 : 15 : 12

∴ S, T, U के समयों का अनुपात = $\frac{1}{20}:\frac{1}{15}:\frac{1}{12}=\frac{1}{20}\times 60:\frac{1}{15}\times 60:\frac{1}{12}\times 60$ = 3 : 4 : 5

∴ माना S उस काम को 3x दिन में, T उसे 4x दिन में और U उसे 5x दिन में पूरा कर लेता है।

∴ $\frac{1}{3x}+\frac{1}{4x}+\frac{1}{5x}=\frac{1}{30}\Rightarrow\frac{20+15+12}{60x}=\frac{1}{30}\Rightarrow\frac{47}{60x}=\frac{1}{30}\Rightarrow x=\frac{47\times 30}{60}=\frac{47}{2}$

∴ पूरा काम करने में U द्वारा लिया गया समय = $5x=5\times\frac{47}{2}=\frac{235}{2}$

88. महमूद की कार्य क्षमता = $\frac{1}{40}$, अतः जानकी की कार्य क्षमता = $\frac{1}{40}\times\frac{150}{100}=\frac{3}{80}$ दिन

∴ दोनों की संयुक्त कार्य क्षमता = $\frac{1}{40}+\frac{3}{80}=\frac{2+3}{80}=\frac{5}{80}=\frac{1}{16}$

∴ दोनों साथ मिलकर उस काम को 16 घण्टे में पूरा करेंगे।

89. माना P उस कार्य को x दिन में और Q, 4x दिन में करता है। अतः $4x-x=45\Rightarrow 3x=45\Rightarrow x=15$ दिन

∴ P उस कार्य को 15 दिन में और Q उसे 60 दिन में कर लेता है।

∴ दोनों की संयुक्त कार्य क्षमता = $\frac{1}{15}+\frac{1}{60}=\frac{4+1}{60}=\frac{5}{60}=\frac{1}{12}$, अतः दोनों मिलकर उस कार्य को 12 दिन में पूरा करेंगे।

90. माना राम काम को x दिन में और रोहित उसे $5x$ दिन में कर लेता है।

∴ $5x-x=60\Rightarrow 4x=60\Rightarrow x=\frac{60}{4}=15$ दिन, अतः राम पूरा काम 15 दिन में और रोहित 75 दिन में कर लेता है।

∴ दोनों की संयुक्त कार्य क्षमता = $\frac{1}{15}+\frac{1}{75}=\frac{5+1}{75}=\frac{6}{75}=\frac{2}{25}$

∴ दोनों द्वारा एक साथ पूरा काम करने में लगा समय = $\frac{25}{2}=12.5$ दिन

91. ∵ A, B तथा C की दक्षताओं का अनुपात = 4 : 5 : 3

∴ A, B, C की समयों का अनुपात = $\frac{1}{4}:\frac{1}{5}:\frac{1}{3}=60\times\frac{1}{4}:60\times\frac{1}{5}:60\times\frac{1}{3}=15:12:20$

∴ माना पूरा काम A अकेले 15x दिन में, B अकेले 12x दिन में तथा C अकेले 20x दिन में पूरा कर लेता है।

∴ $\frac{1}{15x}+\frac{1}{12x}+\frac{1}{20x}=\frac{1}{25}\Rightarrow\frac{4+5+3}{60x}=\frac{1}{25}$

∴ $\frac{12}{60x}=\frac{1}{25}\Rightarrow x=\frac{12\times 25}{60}=5$, अतः A का पूरा समय = 15x = 75 दिन और C का समय = 20x = 100 दिन

∴ A और C की संयुक्त कार्य क्षमता = $\frac{1}{75}+\frac{1}{100}=\frac{4+3}{300}=\frac{7}{300}$

∴ A और C एक साथ पूरा काम $\frac{300}{7}$ दिन में करेंगे। अतः 35% काम करने में लगा समय = $\frac{300}{7}\times\frac{35}{100}=15$ दिन

92. ∵ A, B तथा C की दक्षताओं में अनुपात = 7 : 3 : 5

∴ A, B तथा C के समयों में अनुपात = $\frac{1}{7}:\frac{1}{3}:\frac{1}{5}=105\times\frac{7}{7}:105\times\frac{1}{3}:105\times\frac{1}{5}=15:35:21$

∴ माना A 15x दिन में, B 35x दिन में तथा C 21x दिन में काम करता है।

∴ $\frac{1}{15x}+\frac{1}{35x}+\frac{1}{21x}=\frac{1}{21}\Rightarrow\frac{7+3+5}{105x}=\frac{1}{21}\Rightarrow\frac{15}{105x}=\frac{1}{21}\Rightarrow x=\frac{15\times 21}{105}=3$

∴ A का समय = 15x = 45 दिन, B का समय = 35x = 105 दिन और C का समय = 21x = 63 दिन

अब A और C द्वारा एक दिन में किया गया काम = $\frac{1}{45}+\frac{1}{63}=\frac{7+5}{315}=\frac{12}{315}$

∴ A और C द्वारा 15 दिनों में किया गया काम = $\frac{12}{315}\times 15=\frac{4}{7}\Rightarrow$ शेष काम = $1-\frac{4}{7}=\frac{7-4}{7}=\frac{3}{7}$

∴ शेष काम B द्वारा करने में लगा समय = $\frac{\text{शेष काम}}{\text{B की कार्य क्षमता}}=\frac{\frac{3}{7}}{\frac{1}{105}}=\frac{3}{7}\times\frac{105}{1}=45$ दिन

93. A की कार्य क्षमता $= \frac{1}{96}$ तथा B की कार्य क्षमता $= \frac{1}{96} \times 3 = \frac{1}{32}$

A द्वारा 24 दिन में किया गया कार्य $= \frac{1}{96} \times 24 = \frac{1}{4}$ भाग

A और B की संयुक्त क्षमता $= \frac{1}{96} + \frac{1}{32} = \frac{1+3}{96} = \frac{4}{96} = \frac{1}{24}$

$\therefore$ शेष $\frac{3}{4}$ काम होने में लगा समय $= \frac{\left(\frac{3}{4}\right)}{\left(\frac{1}{24}\right)} = \frac{3}{4} \times \frac{24}{1} = 18$ दिन

94. A, B तथा C की दक्षताओं में अनुपात = 2 : 3 : 5

$\therefore$ A, B तथा C के समयों में अनुपात $= \frac{1}{2} : \frac{1}{3} : \frac{1}{5} = 30 \times \frac{1}{2} : 30 \times \frac{1}{3} : 30 \times \frac{1}{5} = 15 : 10 : 6$

$\therefore$ माना A, B, C क्रमशः 15x दिन, 10x दिन तथा 6x दिन में काम को करते हैं।

$\therefore$ $\frac{1}{15x} + \frac{1}{10x} + \frac{1}{6x} = \frac{1}{6} \Rightarrow \frac{2+3+5}{30x} = \frac{1}{6} \Rightarrow \frac{10}{30x} = \frac{1}{6} \Rightarrow x = 2$

$\therefore$ A द्वारा पूरा काम अकेले करने में लगा समय = 15x = 15 × 2 = 30 दिन

$\therefore$ 20% काम करने में लगा समय $= 30 \times \frac{20}{100} = 6$ दिन

95. A, B और C की दक्षताओं का अनुपात = 7 : 5: 8

$\therefore$ A, B और C के समयों में अनुपात $= \frac{1}{7} : \frac{1}{5} : \frac{1}{8} = 280 \times \frac{1}{7} : 280 \times \frac{1}{5} : 280 \times \frac{1}{8} = 40 : 56 : 35$

$\therefore$ माना A, B, C उस काम को क्रमशः 40x दिन, 56x दिन, 35x दिन में करेंगे।

$\therefore$ $\frac{1}{40x} + \frac{1}{56x} + \frac{1}{35x} = \frac{1}{42} \Rightarrow \frac{7+5+8}{280x} = \frac{1}{42} \Rightarrow \frac{20}{280x} = \frac{1}{42} \Rightarrow x = \frac{20 \times 42}{280} = 3$

$\therefore$ A का समय = 40x = 40 × 3 = 120 दिन, B का समय = 56x = 56 × 3 = 168 दिन

C का समय = 35x = 35 × 3 = 105 दिन

$\therefore$ 21 दिन में B और C द्वारा किया गया काम $= 21 \times \left(\frac{1}{168} + \frac{1}{105}\right) = \frac{13}{40}$, अतः शेष काम $= 1 - \frac{13}{40} = \frac{27}{40}$

$\therefore$ शेष काम A द्वारा पूरा करने में लगा समय $= \frac{\left(\frac{27}{40}\right)}{\left(\frac{1}{120}\right)} = \frac{27}{40} \times \frac{120}{1} = 81$ दिन

काम को पूरा होने में लगा समय = 21 दिन + 81 दिन = 102 दिन

96. C की कार्य क्षमता $= \frac{1}{120}$, अतः B की कार्य क्षमता $= \frac{1}{120} \times 2 = \frac{1}{60}$ और A की कार्य क्षमता $= \frac{1}{60} \times 3 = \frac{1}{20}$

$\therefore$ A, B तथा C की संयुक्त कार्य क्षमता $= \frac{1}{120} + \frac{1}{60} + \frac{1}{20} = \frac{1+2+6}{120} = \frac{9}{120} = \frac{3}{40}$

$\therefore$ तीनों द्वारा एक साथ काम करने में लगा समय $= \frac{40}{3} = 13.33$ दिन

97. माना B अकेले पूरा काम x दिन में करता है। अतः B की दक्षता $= \frac{1}{x}$

$\therefore$ A की दक्षता $= \frac{1}{x} \times \frac{140}{100} = \frac{7}{5x}$ और C की दक्षता $= \frac{1}{x} \times \frac{80}{100} = \frac{4}{5x}$

$\therefore$ $\frac{7}{5x} + \frac{1}{x} + \frac{4}{5x} = \frac{1}{5} = \frac{7+5+4}{5x} = \frac{1}{5} \Rightarrow \frac{16}{5x} = \frac{1}{5} \Rightarrow x = 16$ दिन, अतः A की दक्षता $= \frac{7}{5x} = \frac{7}{5 \times 16} = \frac{7}{80}$

$\therefore$ A द्वारा पूरा काम करने में लगा समय $= \frac{80}{7}$, अतः 70% काम करने में लगा समय $= \frac{80}{7} \times \frac{70}{100} = 8$ दिन

98. माना C अकेले काम को x दिन में करता है। अतः C की दक्षता $= \frac{1}{x}$

$\therefore$ B की दक्षता $= \frac{1}{x}\times\frac{60}{100}=\frac{3}{5x}$ और A की दक्षता $= \frac{3}{5x}\times\frac{150}{100}=\frac{9}{10x}$

$\therefore \frac{9}{10x}+\frac{3}{5x}+\frac{1}{x}=\frac{1}{20}\Rightarrow\frac{9+6+10}{10x}=\frac{1}{20}\Rightarrow\frac{25}{10x}=\frac{1}{20}\Rightarrow x=50$

$\therefore$ अकेले C पूरा काम 50दिन में करता है, अतः 30% काम करने में लगा समय $= \frac{50\times30}{100}$ = 15 दिन

99. $\because$ A, B तथा C की दक्षता का अनुपात = 2 : 5 : 3

$\therefore$ A, B तथा C के समयों में अनुपात $= \frac{1}{2}:\frac{1}{5}:\frac{1}{3}=30\times\frac{1}{2}:30\times\frac{1}{5}:30\times\frac{1}{3}$ = 15 : 6 : 10

$\therefore$ माना तीनों क्रमशः 15x दिन, 6x दिन, 10x दिन में काम कर लेंगे।

$\therefore \frac{1}{15x}+\frac{1}{6x}+\frac{1}{10}=\frac{1}{12}\Rightarrow\frac{2+5+3}{30x}=\frac{1}{12}\Rightarrow\frac{10}{30x}=\frac{1}{12}\Rightarrow x=4$

$\therefore$ अकेले A द्वारा पूरा काम करने में लगा समय = 15x = 15 × 4 = 60 दिन

$\therefore$ 30% भाग करने में लगा समय $= 60\times\frac{30}{100}$ = 18 दिन

100. माना B अकेले काम को x दिन में करता है। अतः B की दक्षता $= \frac{1}{x}$

$\therefore$ A की दक्षता $= \frac{1}{x}\times\frac{140}{100}=\frac{7}{5x}$ और C की दक्षता $= \frac{1}{x}\times\frac{80}{100}=\frac{4}{5x}$

$\therefore \frac{7}{5x}+\frac{1}{x}+\frac{4}{5x}=\frac{1}{15}\Rightarrow\frac{7+5+4}{5x}=\frac{1}{15}\Rightarrow\frac{16}{5x}=\frac{1}{15}\Rightarrow$ x = 48 दिन

$\therefore$ B अकेले पूरा काम करने में 48 दिन लेगा। अतः 75% काम करने में लगा समय $= 48\times\frac{75}{100}$ = 36 दिन

101. माना B अकेला काम को x दिन में करता है। अतः B की दक्षता $= \frac{1}{x}$

$\therefore$ A की दक्षता $= \frac{1}{x}\times\frac{150}{100}=\frac{3}{2x}$ और C की दक्षता $= \frac{1}{x}\times\frac{60}{100}=\frac{3}{5x}$

$\therefore \frac{3}{2x}+\frac{1}{x}+\frac{3}{5x}=\frac{1}{10}\Rightarrow\frac{15+10+6}{10x}=\frac{1}{10}\Rightarrow\frac{31}{10x}=\frac{1}{10}\Rightarrow x=31$ दिन

$\therefore$ A की दक्षता $= \frac{3}{2x}=\frac{3}{2\times31}=\frac{3}{62}$, अतः अकेले A पूरा काम (100%) करने में $\frac{62}{3}$ दिन लेगा।

$\therefore$ 150% काम करने में लगा समय $=\frac{62}{3}\times\frac{150}{100}$ = 31 दिन

102. $\because$ A, B तथा C की दक्षता का अनुपात = 7 : 5 : 6

$\therefore$ A, B, C के समयों में अनुपात $= \frac{1}{7}:\frac{1}{5}:\frac{1}{6}=210\times\frac{1}{7}:210\times\frac{1}{5}:210\times\frac{1}{6}=30:42:35$

$\therefore$ माना तीनों क्रमशः 30x दिन, 42x दिन तथा 35x दिन में काम करेंगे।

$\therefore \frac{1}{30x}+\frac{1}{42x}+\frac{1}{35x}=\frac{1}{35}\Rightarrow\frac{7+5+6}{210x}=\frac{1}{35}\Rightarrow\frac{18}{210x}=\frac{1}{35}\Rightarrow x=\frac{18\times35}{210}=3$

$\therefore$ A का समय = 30x = 90 दिन, B का समय = 42x = 126 दिन, C का समय = 35x = 105 दिन

$\therefore$ B और C द्वारा 1 दिन में किया गया काम $= \frac{1}{126}+\frac{1}{105}=\frac{5+6}{630}=\frac{11}{630}$

$\therefore$ B और C द्वारा 21 दिन में किया गया काम $= \frac{11}{630}\times21=\frac{11}{30}$, अतः शेष काम $= 1-\frac{11}{30}=\frac{19}{30}$

$\therefore$ शेष काम A द्वारा पूरा करने में लगा समय $= \frac{\text{शेष काम}}{\text{A की कार्य क्षमता}}=\frac{\left(\frac{19}{30}\right)}{\left(\frac{1}{90}\right)}=\frac{19}{30}\times\frac{90}{1}$ = 57 दिन

103. A, B, C की दक्षता का अनुपात = 5 : 3 : 8

∴ A, B तथा C के समयों में अनुपात = $\frac{1}{5}:\frac{1}{3}:\frac{1}{8} = 120\times\frac{1}{5}:120\times\frac{1}{3}:120\times\frac{1}{8} = 24:40:15$

∴ माना तीनों काम को क्रमशः 24x दिन, 40x दिन, 15x दिन में करेंगे।

∴ $\frac{1}{24x}+\frac{1}{40x}+\frac{1}{15x}=\frac{1}{30} \Rightarrow \frac{5+3+8}{120x}=\frac{1}{30} \Rightarrow \frac{16}{120x}=\frac{1}{30} \Rightarrow x=4$

∴ A का समय = 24x = 96 दिन, B का समय = 40x = 160 दिन, C का समय = 15x = 60 दिन

∴ A और B द्वारा एक साथ एक दिन में किया गया काम $=\frac{1}{96}+\frac{1}{160}=\frac{5+3}{480}=\frac{8}{480}=\frac{1}{60}$

∴ A और B द्वारा 20दिन में किया गया काम = $\frac{1}{60}\times 20=\frac{1}{3}$, अतः शेष काम = $1-\frac{1}{3}=\frac{2}{3}$

∴ शेष काम C द्वारा करने में लगा समय = $\frac{\text{शेष काम}}{\text{C की दक्षता}} = \frac{\left(\frac{2}{3}\right)}{\left(\frac{1}{60}\right)} = \frac{2}{3}\times\frac{60}{1} = 40$ दिन

104. माना B काम को x घण्टों में करता है। अतः B की दक्षता = $\frac{1}{x}$

∴ A की दक्षता = $\frac{1}{x}\times\frac{140}{100}=\frac{7}{5x}$ तथा C की दक्षता = $\frac{1}{x}\times\frac{80}{100}=\frac{4}{5x}$

∴ $\frac{7}{5x}+\frac{1}{x}+\frac{4}{5x}=\frac{1}{20} \Rightarrow \frac{7+5+4}{5x}=\frac{1}{20} \Rightarrow \frac{16}{5x}=\frac{1}{20} \Rightarrow$ x = 64 घण्टे

∴ A की दक्षता = $\frac{7}{5x}+\frac{7}{5\times 64}=\frac{7}{320}$, अतः A द्वारा पूरा काम करने में लगा समय = $\frac{320}{7}$ घण्टे

∴ कार्य का 35% करने में लगा समय = $\frac{320}{7}\times\frac{35}{100}$ = 16 घण्टे

105. A, B, C की दक्षता का अनुपात = 5 : 3 : 2, अतः अनुपाती योग = 5 + 3 + 2 = 10

चूंकि तीनों एक साथ मिलकर काम को 21 घण्टों में करते हैं। अतः तीनों की संयुक्त दक्षता = $\frac{1}{21}$

∴ B की दक्षता = $\frac{1}{21}\times\frac{3}{10}=\frac{1}{70}$, अतः B पूरे काम को 70 घण्टों में कर लेगा।

∴ 40% को करने में समय = $70\times\frac{40}{100}$ = 28 घण्टे

106. A, B, C की कार्य क्षमताओं में अनुपात = 3 : 5 : 1 ⇒ अनुपाती योग = 3 + 5 + 1= 9

A, B, C की संयुक्त कार्य क्षमता = $\frac{1}{5}$, अतः A और B की संयुक्त कार्य क्षमता = $\frac{1}{5}\times\frac{(3+5)}{9}=\frac{1}{5}\times\frac{8}{9}=\frac{8}{45}$

∴ A और B द्वारा 3दिन में किया गया कार्य = $\frac{8}{45}\times 3=\frac{8}{15}$ भाग

∴ शेष कार्य = $1-\frac{8}{15}=\frac{7}{15}$ और C की कार्यक्षमता = $\frac{1}{5}\times\frac{1}{9}=\frac{1}{45}$

∴ शेष कार्य C द्वारा करने में लगा समय = $\frac{\text{शेष काम}}{\text{C की कार्य क्षमता}} = \frac{\left(\frac{7}{15}\right)}{\left(\frac{1}{45}\right)} = \frac{7}{15}\times\frac{45}{1} = 21$ दिन

107. ∵ अमल भैरव से 5 गुना अधिक अच्छा कर्मचारी है।

∴ माना अमल उस काम को x दिन में तथा भैरव उसे $5x$ दिन में कर लेता है।

∴ 5x – x = 48 ⇒ 4x = 48 ⇒ x = 12

∴ अमल उस काम को 12 दिन में और भैरव 12 × 5 = 60 दिन में कर लेगा।

∴ दोनों की संयुक्त कार्य क्षमता = $\frac{1}{12}+\frac{1}{60}=\frac{5+1}{60}=\frac{6}{60}=\frac{1}{10}$

∴ दोनों साथ मिलकर उस काम को 10 दिन में करेंगे।

108. A, B तथा C की क्षमताओं का अनुपात = 7 : 5 : 4, अतः अनुपाती योग = 7 + 5 + 4 = 16

$\therefore$ A, B तथा C की संयुक्त क्षमता = $\frac{1}{35}$, अतः A और B की संयुक्त क्षमता = $\frac{1}{35}\times\frac{(7+5)}{16}=\frac{1\times12}{35\times16}=\frac{3}{140}$

$\therefore$ A और B द्वारा 28 दिन में किया गया काम = $\frac{3}{140}\times28=\frac{3}{5}$

$\therefore$ शेष काम = $1-\frac{3}{5}=\frac{5-3}{5}=\frac{2}{5}$ और C की क्षमता = $\frac{1}{35}\times\frac{4}{16}=\frac{1}{140}$

$\therefore$ शेष काम C द्वारा करने में लगा समय = $\frac{\text{शेष काम}}{\text{C की कार्य क्षमता}}=\frac{\left(\frac{2}{5}\right)}{\left(\frac{1}{140}\right)}=\frac{2}{5}\times\frac{140}{1}$ = 56 दिन

109. A, B, C की क्षमताओं का अनुपात = 2 : 5 : 3, अतः अनुपाती योग = 2 + 5 + 3 = 10

A, B, C की संयुक्त क्षमता = $\frac{1}{27}$, अतः B और C की संयुक्त क्षमता = $\frac{1}{27}\times\frac{(5+3)}{10}=\frac{1}{27}\times\frac{8}{10}=\frac{4}{135}$

$\therefore$ B और C को मिलाकर $\frac{4}{9}$ काम करने में लगा समय = $\frac{\left(\frac{4}{9}\right)}{\text{B और C की संयुक्त क्षमता}}=\frac{\left(\frac{4}{9}\right)}{\left(\frac{4}{135}\right)}=\frac{4}{9}\times\frac{135}{4}$ = 15 दिन

110. A की कार्यक्षमता = $\frac{1}{40}$, अतः B की कार्य क्षमता = $\frac{1}{40}\times\frac{125}{100}=\frac{1}{32}$ और C की कार्य क्षमता = $\frac{1}{32}\times\frac{128}{100}=\frac{1}{25}$

$\therefore$ 5 दिन में तीनों द्वारा किया गया काम = $5\times\left(\frac{1}{40}+\frac{1}{32}+\frac{1}{25}\right)=5\times\left(\frac{20+25+32}{800}\right)=5\times\frac{77}{800}=\frac{77}{160}$

$\therefore$ शेष काम = $1-\frac{77}{160}=\frac{160-77}{160}=\frac{83}{160}$

$\therefore$ अकेले B द्वारा शेष काम करने में लगा समय = $\frac{\text{शेष काम}}{\text{A की कार्य क्षमता}}=\frac{\left(\frac{83}{160}\right)}{\left(\frac{1}{32}\right)}=\frac{83}{160}\times\frac{32}{1}=\frac{83}{5}=16\frac{3}{5}$ दिन

111. A की कार्य क्षमता = $\frac{1}{30}$, B की कार्य क्षमता = $\frac{1}{30}\times\frac{125}{100}=\frac{1}{24}$ और C की कार्य क्षमता = $\frac{1}{24}\times\frac{120}{100}=\frac{1}{20}$

$\therefore$ 3 दिन में तीनों द्वारा किया गया काम = $3\times\left(\frac{1}{30}+\frac{1}{24}+\frac{1}{20}\right)=3\times\left(\frac{4+5+6}{120}\right)=\frac{15\times3}{120}=\frac{3}{8}$

$\therefore$ शेष काम = $1-\frac{3}{8}=\frac{5}{8}$

$\therefore$ शेष काम को B द्वारा करने में लगा समय = $\frac{\text{शेष काम}}{\text{B की कार्य क्षमता}}=\frac{\left(\frac{5}{8}\right)}{\frac{1}{24}}=\frac{5}{8}\times\frac{24}{1}$ = 15 दिन

112. माना अकेले Y उस काम को n दिनों में कर लेता है। अतः Y की कार्य क्षमता = $\frac{1}{n}$

$\therefore$ X की कार्य क्षमता = $\frac{1}{n}\times\frac{140}{100}=\frac{7}{5n}$ और Z की कार्य क्षमता = $\frac{1}{n}\times\frac{60}{100}=\frac{3}{5n}$

$\therefore$ X की कार्य क्षमता + Y का कार्य क्षमता + Z की कार्य क्षमता = $\frac{1}{21}$

$\therefore$ $\frac{7}{5n}+\frac{1}{n}+\frac{3}{5n}=\frac{1}{21}\Rightarrow\frac{7+5+3}{5n}=\frac{1}{21}\Rightarrow\frac{15}{5n}=\frac{1}{21}\Rightarrow5n=15\times21\Rightarrow n=\frac{15\times21}{5}=63$

Y और Z द्वारा 35 दिन में किया गया काम = $35\times\left(\frac{1}{63}+\frac{3}{5\times63}\right)=\frac{8}{9}$

शेष काम = $1-\frac{8}{9}=\frac{1}{9}$ और A की कार्य क्षमता = $\frac{7}{5n}=\frac{7}{5\times63}=\frac{1}{45}$

शेष काम होने में लगा समय = $\frac{\text{शेष काम}}{\text{A की कार्य क्षमता}}=\frac{\left(\frac{1}{9}\right)}{\left(\frac{1}{45}\right)}=\frac{1}{9}\times\frac{45}{1}$ = 5 दिन

113. चूंकि A की काम करने की कुशलता C से 2 गुनी है अतः माना A काम को x दिन में और C उसे $2x$ दिन में करेगा।

$\therefore$ A की कार्यक्षमता $= \frac{1}{x}$ और C की कार्यक्षमता $= \frac{1}{2x}$

$\because$ A और B की कार्यक्षमता $= \frac{1}{15} \Rightarrow \frac{1}{x} +$ B की कार्यक्षमता $= \frac{1}{15}$ ....(i)

तथा B और C की कार्यक्षमता $= \frac{1}{24} \Rightarrow$ B की कार्यक्षमता $+ \frac{1}{2x} = \frac{1}{24}$ ....(ii)

$\therefore$ समीकरण (i) में से समीकरण (ii) को घटाने पर, $\frac{1}{x} - \frac{1}{2x} = \frac{1}{15} - \frac{1}{24}$

$\therefore$ $\frac{2-1}{2x} = \frac{8-5}{120} \Rightarrow \frac{1}{2x} = \frac{3}{120} = \frac{1}{40} \Rightarrow 2x = 40 \Rightarrow x = 20$ दिन

$\therefore$ समीकरण (i) में $x = 20$ रखने पर, $\frac{1}{20} +$ B की कार्यक्षमता $= \frac{1}{15}$

$\therefore$ B की कार्यक्षमता $= \frac{1}{15} - \frac{1}{20} = \frac{4-3}{60} = \frac{1}{60}$, अतः B उस कार्य को 60 दिन में पूरा कर सकता है।

114. $\because$ A और B द्वारा 30% काम करने में लगा समय = 6 दिन

$\therefore$ A और B द्वारा 1% कार्य करने में लगा समय $= \frac{6}{30}$ दिन

$\therefore$ A और B द्वारा 100% काम करने में लगा समय $= \frac{6}{30} \times 100 = 20$ दिन

$\therefore$ A और B की एक साथ कार्यक्षमता $= \frac{1}{20}$ और B की कार्यक्षमता $= \frac{1}{25}$

$\therefore$ अकेले A की कार्यक्षमता $= \frac{1}{20} - \frac{1}{25} = \frac{5-4}{100} = \frac{1}{100}$

$\therefore$ अकेले पूरा काम करने में A को 100 दिन लगेंगे।

115. A और B द्वारा एक साथ 1 दिन में किया गया काम $= \frac{1}{25}$ ....(i)

$\because$ अकेले B उस काम के $66\frac{2}{3}\%$ भाग को 30 दिन में करता है।

$\therefore$ अकेले B उस काम के $\frac{200}{3}\%$ भाग को 30 दिन में करता है।

$\therefore$ अकेले B पूरा काम करेगा $= \frac{30}{\left(\frac{200}{3}\right)} \times 100$ दिन में $= \frac{30 \times 3 \times 100}{200} = 45$ दिन में

$\therefore$ B द्वारा 1 दिन में किया गया काम $= \frac{1}{45}$ ....(ii)

$\therefore$ समीकरण (i) में से समीकरण (ii) को घटाने पर,

A द्वारा 1 दिन में किया गया काम $= \frac{1}{25} - \frac{1}{45} = \frac{9-5}{225} = \frac{4}{225}$

$\therefore$ अकेले A उस काम को करेगा $= \frac{225}{4}$ दिन में

$\therefore$ अकेले A उस काम के $\frac{4}{15}$ भाग को करेगा $= \frac{225}{4} \times \frac{4}{15}$ दिन में = 15 दिन में

116. A, B की तुलना में दो गुना मजदूर है। अतः माना A उस काम को x दिन में और B उसे $2x$ दिन में करेगा।

$\therefore$ A की कार्य क्षमता + B की कार्यक्षमता $= \frac{1}{13} \Rightarrow \frac{1}{x} + \frac{1}{2x} = \frac{1}{13}$

$\therefore$ $\frac{2+1}{2x} = \frac{1}{13} \Rightarrow \frac{3}{2x} = \frac{1}{13} \Rightarrow 2x = 39$, अतः अकेले B उस काम को 39 दिन में करेगा।

117. 36 आदमी 140 मी. लम्बी दीवार 21 दिन में बनाते हैं। ....(i)

माना x आदमी उसी दीवार को 14 दिन में बना लेंगे। ....(ii)

चूंकि दोनों वाक्यों में काम की मात्रा समान है। अतः प्रथम वाक्य का गुणनफल = द्वितीय वाक्य का गुणनफल

$\therefore$ $36 \times 21 = x \times 14 \Rightarrow x = \frac{36 \times 21}{14} = 54$

118. 100 बिल्लियाँ 100 दिन में 100 चूहे मारती है। ....(i)

माना 4 बिल्लियाँ x दिन में 4 चूहे मारेंगी। ....(ii)

$\therefore \dfrac{\text{पहले वाक्य का गुणनफल}}{\text{पहले वाक्य का काम}} = \dfrac{\text{दूसरे वाक्य का गुणनफल}}{\text{दूसरे वाक्य का काम}} \Rightarrow \dfrac{100 \times 100}{100} = \dfrac{4 \times x}{4} \Rightarrow x = 100$ दिन

119. माना कार्यरत व्यक्तियों की संख्या x है।

$\therefore$ x व्यक्ति किसी काम को 60 दिन में कर सकते हैं। ....(i)

और $(x + 6)$ व्यक्ति उसी काम को 40 दिन में करते हैं। ....(ii)

$\because$ पहले वाक्य का गुणनफल = दूसरे वाक्य का गुणनफल

$\therefore x \times 60 = (x+ 6) \times 40 \Rightarrow 3x = (x + 6) \times 2 = 2x + 12 \Rightarrow x = 12$

120. 20 व्यक्ति 8 घण्टे/दिन काम करके किसी काम को 21 दिन में पूरा करते हैं।..............(i)

माना 48 व्यक्ति x घण्टे/दिन काम करके वह काम 7 दिन में पूरा करेंगे।...................(ii)

$\therefore$ पहले वाक्य का गुणनफल = दूसरे वाक्य का गुणनफल $\Rightarrow 20 \times 8 \times 21 = 48 \times x \times 7 \Rightarrow x = \dfrac{20 \times 8 \times 21}{48 \times 7} = 10$

121. 24 पुरुष एक सड़क की मरम्मत 50 दिन में करते हैं।..(i)

माना 40 पुरुष उस सड़क की मरम्मत x दिन में करेंगे।..(ii)

$\therefore 24 \times 50 = 40 \times x \Rightarrow x = \dfrac{24 \times 50}{40} = 30$ दिन

122. चूंकि 6 लड़के 12 दिन के पश्चात् कार्य छोड़कर चले जाते हैं। $\Rightarrow$ शेष लड़के = 18 − 6 = 12 और शेष कार्य = $\dfrac{1}{2}$

$\because$ 18 लड़के 12 दिन में $\dfrac{1}{2}$ काम करते हैं।..(i)

$\therefore$ माना शेष 12 लड़के x दिन में शेष $\dfrac{1}{2}$ काम करेंगे।...(ii)

$\therefore$ पहले वाक्य का गुणनफल = दूसरे वाक्य का गुणनफल $\Rightarrow 18 \times 12 = 12 \times x \Rightarrow x = 18$

123. $\because$ 4 महिलाएँ 18 दिन पश्चात् कार्य छोड़कर चली जाती हैं।

$\therefore$ शेष महिलाओं की संख्या = 28 − 4 = 24 और शेष काम = $\dfrac{1}{2}$

$\because$ 28 महिलाएँ 18 दिन में $\dfrac{1}{2}$ काम करती हैं।...(i)

$\therefore$ माना 24 महिलाएँ x दिन में शेष $\dfrac{1}{2}$ काम करेंगी।..(ii)

$\therefore$ पहले वाक्य का गुणनफल = दूसरे वाक्य का गुणनफल $\Rightarrow 28 \times 18 = 24 \times x \Rightarrow x = \dfrac{28 \times 18}{24} = 21$

124. 40 पुरुष प्रतिदिन 12 घण्टे काम करकें कार्य को 8 दिन में पूरा करते हैं।....................(i)

माना x पुरुष प्रतिदिन 4 घण्टे कार्य करके कार्य को 16 दिन में पूरा करेंगे।............... (ii)

$\therefore$ प्रथम वाक्य का गुणनफल = द्वितीय वाक्य का गुणनफल

$\therefore 40 \times 12 \times 8 = x \times 4 \times 16 \Rightarrow x = \dfrac{40 \times 12 \times 8}{4 \times 16} = 60$

125. चूंकि 18 पुरुष किसी काम को 9 दिन में पूरा करते हैं, अतः 5 दिन में किया गया काम $= \dfrac{5}{9}$

5 दिन के बाद शेष काम $= 1 - \dfrac{5}{9} = \dfrac{4}{9}$ और कुल पुरुष = 18 + 6 = 24

$\therefore$ 18 पुरुष 5 दिन में $\dfrac{5}{9}$ काम करते हैं।..............(i), माना 24 पुरुष दिन में शेष $\dfrac{4}{9}$ काम करेंगे।............(ii)

$\therefore \dfrac{\text{पहले वाक्य का गुणनफल}}{\text{पहले वाक्य का काम}} = \dfrac{\text{दूसरे वाक्य का गुणनफल}}{\text{दूसरे वाक्य की कार्यक्षमता}} \Rightarrow \dfrac{18 \times 5}{\frac{5}{9}} = \dfrac{24 \times x}{\left(\frac{4}{9}\right)}$

$\therefore \dfrac{18 \times 5 \times 9}{5} = \dfrac{24 \times x \times 9}{4} \Rightarrow x = 3$ दिन

126. 10 पुरुष प्रतिदिन 8 घण्टे कार्य कर 30 दिनों में पूरा करते हैं। ....(i)
माना 12 पुरुष प्रतिदिन 4 घण्टे कार्य कर उसे x दिन में पूरा करेंगे। ....(ii)

∴ प्रथम वाक्य का गुणनफल = द्वितीय वाक्य का गुणनफल $\Rightarrow 10\times 8\times 30 = 12\times 4\times x \Rightarrow x = \frac{10\times 8\times 30}{12\times 4} = 50$ दिन

127. 8 व्यक्तियों द्वारा 1 दिन में किया गया काम = $\frac{1}{20}$, अतः 8 व्यक्तियों द्वारा 5 दिन में किया गया काम = $5\times\frac{1}{20}=\frac{1}{4}$

∴ 5 दिन के बाद शेष काम = $1-\frac{1}{4}=\frac{3}{4}$

∴ माना x व्यक्ति शेष $\frac{3}{4}$ काम 8 दिन में करेंगे।........(i) परन्तु 8 व्यक्ति $\frac{1}{4}$ काम 5 दिन में करते हैं। ......(ii)

∴ $\frac{x\times 8}{\frac{3}{4}} = \frac{8\times 5}{\frac{1}{4}} \Rightarrow \frac{x\times 8\times 1}{4} = 8\times 5\times\frac{3}{4} \Rightarrow x = 15$

∴ शामिल किये जाने वाले व्यक्तियों की संख्या = 15 – 8 = 7

128. 40 व्यक्ति 200 मी. लम्बी दीवार 8 घण्टे/दिन काम करके 12 दिन में बनाते हैं।...........(i)
माना 30 व्यक्ति 300 मी. लम्बी दीवार 6 घण्टे/दिन काम करके x दिन में बनायेंगे।.........(ii)

∴ $\frac{\text{पहले वाक्य का गुणनफल}}{\text{पहले वाक्य का काम}} = \frac{\text{दूसरे वाक्य का गुणनफल}}{\text{दूसरे वाक्य का काम}} \Rightarrow \frac{40\times 8\times 12}{200} = \frac{30\times 6\times x}{300} \Rightarrow 20\times 8\times 12$

$= 10\times 6\times x \Rightarrow x = 32$ दिन

129. 120 छात्र खाद्य सामग्री 45 दिन में समाप्त करते हैं। ....(i)
नये 30 छात्रों के आ जाने पर कुल छात्र संख्या = 120+30 = 150
माना 150 छात्र वही खाद्य सामग्री x दिन में समाप्त करेंगे। ....(ii)

∴ पहले वाक्य का गुणनफल = दूसरे वाक्य का गुणनफल $\Rightarrow 120\times 45 = 150\times x \Rightarrow x = \frac{120\times 45}{150} = 36$

130. शेष समय = 31 – 27 = 4 दिन। यदि 120 सैनिक दुर्ग न छोड़ते तो –
200 सैनिक शेष आहार शेष 4 दिन में खाते। ....(i)
120 सैनिकों के दुर्ग छोड़ने पर बचे सैनिक = 200 – 120 = 80
माना 80 सैनिक शेष आहार x दिन में खायेंगे। ....(ii)

∴ $200\times 4 = 80\times x \Rightarrow x = \frac{200\times 4}{80} = 10$ दिन, अतः अधिक दिनों की संख्या = 10 – 4 = 6 दिन

131. 550 व्यक्तियों के लिए खाद्य पदार्थ 28 दिनों तक चलता। ....(i)
150 अतिरिक्त व्यक्ति आने पर कुल संख्या = 550 + 150 = 700
माना 700 व्यक्तियों के लिए खाद्य पदार्थ x दिनों तक पर्याप्त होगा। ....(ii)

∴ $550\times 28 = 700\times x \Rightarrow x = \frac{550\times 28}{700} = 22$ दिन

132. 100 ग्रामवासी नदी किनारे के $\frac{2}{3}$ भाग की मरम्मत 6 घण्टों में करते हैं। ....(i)
माना x ग्रामवासी और शामिल हुए तथा शेष काम = $1-\frac{2}{3}=\frac{1}{3}$ भाग

∴ (100 + x) ग्रामवासी नदी के किनारे के $\frac{1}{3}$ भाग की मरम्मत 2 घण्टे में पूरा किये। ......(ii)

∴ $\frac{100\times 6}{\frac{2}{3}} = \frac{(100+x)\times 2}{\frac{1}{3}} \Rightarrow 100\times 3 = (100+2)2 = 200+2x \Rightarrow 2x = 300-200 = 100 \Rightarrow x = \frac{100}{2} = 50$

133. प्रतिदिन 8 घण्टे काम करके 120 व्यक्ति 162 मी. लम्बी, 12 मी. चौड़ी, 2 मी. गहरी, एक नहर 8 दिन में खोद सकते हैं। ....(i)

माना प्रतिदिन 6 घण्टे काम करके x व्यक्ति 729 मी. लम्बी, 10 मी. चौड़ी, 3 मी. गहरी नहर 32 दिनों में खोद पायेंगे। ....(ii)

$\therefore \frac{8\times120\times8}{162\times12\times2}=\frac{6\times x\times32}{729\times10\times3}\Rightarrow x=\frac{8\times120\times8\times729\times10\times3}{162\times12\times2\times6\times32}=225$

134. 12 आदमी 1.5 किमी. सड़क 7 दिन में बनाते हैं। ....(i)

माना 28 आदमी 12 किमी. सड़क x दिन में बनायेंगे। ....(ii)

$\therefore \frac{12\times7}{1.5}=\frac{28\times x}{12}\Rightarrow x=\frac{12\times7\times12}{28\times1.5}=24$ दिन

135. शेष समय = 100 – 40 = 60 दिन, शेष कार्य = $1-\frac{1}{3}=\frac{2}{3}$ भाग

90 व्यक्ति 40 दिन में निर्माण कार्य का $\frac{1}{3}$ भाग करते हैं। ....(i)

माना कार्य पूरा करने के लिए x व्यक्ति और नियुक्त करने होगे।

$\therefore$ (90 + x) व्यक्ति 60 दिन में निर्माण कार्य का $\frac{2}{3}$ भाग करेंगे। ....(ii)

$\therefore \frac{\frac{90\times40}{\frac{1}{3}}}{}=\frac{(90+x)\times60}{\frac{2}{3}}\Rightarrow 90+x=120\Rightarrow x=120-90=30$

136. शेष समय = 150 – 50 = 100 दिन, शेष कार्य = $1-\frac{1}{4}=\frac{3}{4}$ भाग

200 व्यक्ति 50 दिन में कार्य का $\frac{1}{4}$ भाग करते हैं। ....(i)

माना समय पर कार्य पूरा करने के लिए x व्यक्ति और नियुक्त करने पड़ेंगे।

$\therefore$ (200 + x) व्यक्ति 100 दिन में कार्य का $\frac{3}{4}$ भाग करेंगे। ....(ii)

$\frac{200\times50}{\frac{1}{4}}=\frac{(200+x)\times100}{\frac{3}{4}}\Rightarrow 200+x=2\times50\times3=300\Rightarrow x=300-200=100$

137. शेष समय = 124 – 64 = 60 दिन, शेष कार्य = $1-\frac{2}{3}=\frac{1}{3}$

120 व्यक्ति 64 दिनों में $\frac{2}{3}$ कार्य करते हैं। ....(i)

माना ठेकेदार को x व्यक्ति हटाने पड़ेंगे।

$\therefore$ (120 – x) व्यक्ति 60 दिन में $\frac{1}{3}$ कार्य करेंगे। ....(ii)

$\therefore \frac{120\times64}{\frac{2}{3}}=\frac{(120-x)\times60}{\frac{1}{3}}\Rightarrow 64=120-x\Rightarrow x=120-64=56$

138. शेष समय = 25 – 18 = 7 दिन, शेष कार्य = $1-\frac{2}{3}=\frac{1}{3}$

28 मजदूर 18 दिन में $\frac{2}{3}$ कार्य करते हैं। ....(i)

माना समय पर काम पूरा करने के लिए x मजदूर और लगाने चाहिए।

$\therefore$ (28 + x) मजदूर 7 दिन में $\frac{1}{3}$ काम करेंगे। ....(ii)

$\therefore \frac{28\times18}{\frac{2}{3}}=\frac{(28+x)\times7}{\frac{1}{3}}\Rightarrow 36=28+x\Rightarrow x=36-28=8$

139. चूंकि 18 आदमी = 36 लड़के। अतः 1 आदमी = 2 लड़के

$\because$ 36 लड़के 6 घण्टे/दिन काम करके खेत को 24 दिन में जोत सकते हैं।................(i)

$\therefore$ माना 24 आदमी तथा 24 लड़के 9 घण्टे/दिन काम करके उसी खेत को x दिन में जोतेंगे।

$\therefore$ 24×2 लड़के तथा 24 लड़के 9 घण्टे/दिन काम करके उसे x दिन में जोतेंगे।

$\therefore$ 72 लड़के 9 घण्टे/दिन काम करके उसे x दिन में जोतेंगे।................................(ii)

$\therefore$ पहले वाक्य का गुणनफल = दूसरे वाक्य का गुणनफल

$\therefore$ $36 \times 6 \times 24 = 72 \times 9 \times x \Rightarrow x = \frac{36 \times 6 \times 24}{72 \times 9} = 8$ दिन

140. 1 महिला = 3 पुरुष और 1 पुरुष = 2 लड़के। अतः 1 महिला = 6 लड़के।

$\because$ 3 पुरुष 4 महिलाएँ और 6 लड़के काम को 6 दिन में करते हैं।

$\therefore$ 1 महिला + 4 महिलाएँ + 1 महिला काम को 6 दिन में करेंगी।

$\therefore$ 6 महिलाएँ उस काम को 6 दिन में करेंगी।

$\therefore$ 4 दिन में काम करने के लिए महिलाओं की संख्या = $\frac{6 \times 6}{4} = 9$

141. 1 पुरुष = 2 लड़के और 1 महिला = 2 पुरुष = 4 लड़के

$\therefore$ 3 पुरुष + 4 महिलाएँ + 6 लड़के = $\frac{3}{2}$ महिलाएँ + 4 महिलाएँ + $\frac{3}{2}$ महिलाएँ

$= \frac{3+8+3}{2}$ महिलाएँ = $\frac{14}{2}$ महिलाएँ = 7 महिलाएँ

$\therefore$ 7 महिलाएँ काम को 5 दिन में करती हैं। अतः 5 महिलाएँ काम को 7 दिन में करेंगी।

142. 16 पुरुष × 8 दिन = 8 पुरुष × 10 दिन + 9 महिलाएँ × 10 दिन

$\therefore$ 128 पुरुष = 80 पुरुष + 90 महिलाएँ $\Rightarrow$ (128 –80) पुरुष = 90 महिलाएँ

$\therefore$ 48 पुरुष = 90 महिलाएँ $\Rightarrow$ 8 पुरुष = 15 महिलाएँ

$\therefore$ 8 पुरुष और 9 महिलाएँ = 15 महिलाएँ + 9 महिलाएँ = 24 महिलाएँ

$\therefore$ 24 महिलाएँ उस काम को 10 दिन में करती हैं।

$\therefore$ 20 महिलाएँ उस काम को $\frac{24 \times 10}{20}$ दिन = 12 दिन में करेंगी।

143. प्रथम शर्त से व्यक्ति × समय = द्वितीय शर्त से व्यक्ति × समय

(4 पुरुष + 6 महिलाएँ) × 5 = (3 पुरुष + 4 महिलाएँ) × 7

$\therefore$ 20 पुरुष + 30 महिलाएँ = 21 पुरुष + 28 महिलाएँ $\Rightarrow$ 1 पुरुष = 2 महिलाएँ

$\therefore$ प्रथम शर्त से 4 पुरुष और 6 महिलाएँ काम को 5 दिन में करती हैं।

$\therefore$ 8 महिलाएँ + 6 महिलाएँ काम को 5 दिनमें करेंगी।

$\therefore$ 14 महिलाएँ काम को 5 दिन में करेंगी। ....(i)

माना x पुरुष 25 महिलाओं के साथ $2\frac{1}{2}$ काम करेंगे।

$\therefore$ $(2x + 25)$ महिलाएँ $\frac{5}{2}$ गुना काम 5 दिन में करेंगीं। ....(ii)

$\therefore$ $\frac{\text{पहले वाक्य का गुणनफल}}{\text{पहले वाक्य का काम}} = \frac{\text{दूसरे वाक्य का गुणनफल}}{\text{द्वितीय वाक्य का काम}}$

$\therefore$ $\frac{14 \times 5}{1} = \frac{(2x+25) \times 5}{\left(\frac{5}{2}\right)} \Rightarrow (2x+25) \times 5 = 14 \times 5 \times \frac{5}{2}$

$\therefore$ $2x + 25 = 35 \Rightarrow 2x = 35 - 25 = 10 \Rightarrow x = 5$ पुरुष

144. (2 आदमी + 3 लड़के) × 10 = (3 आदमी + 2 लड़के) × 8

∴ 20 आदमी + 30 लड़के = 24 आदमी + 16 लड़के

∴ (24 – 20) आदमी = (30 – 16) लड़के ⇒ 4 आदमी = 14 लड़के ⇒ 2 आदमी = 7 लड़के

∵ 2 आदमी और 3 लड़के एक काम को 10 दिनों में करते हैं।

∴ 7 लड़के + 3 लड़के उस काम को 10 दिन में करेंगे। ....(i)

माना 2 आदमी और 1 लड़का उस काम को x दिन में करेंगे।

∴ 7 लड़के + 1 लड़का उस काम को x दिन में करेंगे। अतः 8 लड़के उस काम को x दिन में करेंगे। ......(ii)

∴ $10 \times 10 = 8 \times x \Rightarrow x = \frac{10\times10}{8} = 12\frac{1}{2}$ दिन

145. 3 पुरुष = 5 स्त्रियाँ ⇒ 6 पुरुष = 10 स्त्रियाँ

∵ 5 स्त्रियाँ एक कार्य को 12 दिन में पूरा करती हैं। ....(i)

∴ माना 6 पुरुष और 5 स्त्रियाँ उस कार्य को x दिन में पूरा करेंगीं।

∴ 10 स्त्रियाँ + 5 स्त्रियाँ उस कार्य को x दिन में पूरा करेंगी।

∴ 15 स्त्रियाँ उस कार्य को x दिन में पूरा करेंगी। ....(ii)

∴ $5 \times 12 = 15 \times x \Rightarrow x = \frac{5\times12}{15} = 4$ दिन

146. 8 आदमी = 12 बालक ⇒ 4 आदमी = 6 बालक

∵ 8 आदमी एक काम को 16 दिनमें करते हैं। ....(i)

∴ माना 20 आदमी और 6 बालक उसे x दिन में करेंगे।

∴ 20 आदमी + 4 आदमी उसे x दिन में करेंगे। ⇒ 24 आदमी उसे x दिन में करेंगे।......(ii)

∴ $8 \times 16 = 24 \times x \Rightarrow x = \frac{8\times16}{24} = 5\frac{1}{3}$

147. (3 पुरुष + 7 स्त्रियाँ) × 5 = (4 पुरुष + 6 स्त्रियाँ) × 4 और 15 पुरुष + 35 स्त्रियाँ = 16 पुरुष + 24 स्त्रियाँ

∴ 16 पुरुष – 15 पुरुष = (35 – 24) स्त्रियाँ ⇒ 1 पुरुष = 11 स्त्रियाँ

∴ 3 पुरुष + 7 स्त्रियाँ = 33 स्त्रियाँ + 7 स्त्रियाँ = 40 स्त्रियाँ

∴ 40 स्त्रियाँ एक कार्य 5 दिन में करती हैं। ....(i), माना 10 स्त्रियाँ उसे x दिन में करेंगी। ....(ii)

∴ $40 \times 5 = 10 \times x \Rightarrow x = 20$ दिन

148. 12 आदमी = 24 लड़के ⇒ 1 आदमी = 2 लड़के

∵ 24 लड़के एक काम 66 दिन में कर सकते हैं। ....(i)

∴ माना 15 आदमी और 6 लड़के उस काम को x दिन में करेंगे

∴ 30 लड़के + 6 लड़के उस काम को x दिन में करेंगे।

∴ 36 लड़के उस काम को x दिन में करेंगे। ....(ii)

∴ $24 \times 66 = 36 \times x \Rightarrow x = \frac{24\times66}{36} = 44$ दिन

149. 16 आदमी × 15 दिन = 24 बच्चे × 20 दिन ⇒ 1 आदमी = 2 बच्चे

∵ 24 बच्चे एक काम को 20 दिन में करते हैं। ....(i)

∴ माना 8 आदमी और 8 बच्चे उस काम को x दिन में करेंगे।

∴ 8 × 2 बच्चे + 8 बच्चे उस काम को x दिन में करेंगे।

∴ 24 बच्चे उस काम को x दिन में करेंगे। ....(ii)

∴ $24 \times 20 = 24 \times x \Rightarrow x = 20$ दिन

150. 12 पुरुष × 8 दिन = 16 महिलाएँ × 12 दिन ⇒ 1 पुरुष = 2 महिलाएँ

चूंकि 12 पुरुष एक कार्य 8 दिन में करते हैं। अतः 16 पुरुष उस कार्य को $\frac{12\times8}{16} = 6$ दिन में करेंगे।

∴ 16 पुरुष 3 दिन में $\frac{1}{2}$ कार्य करेंगे। ....(i)

∴ शेष कार्य = $1-\frac{1}{2}=\frac{1}{2}$ और 10 पुरुषों के चले जाने के बाद शेष पुरुष = 16 – 10 = 6 पुरुष

∴ माना 6 पुरुष और 5 महिलाएँ x दिन में शेष कार्य $\frac{1}{2}$ करेंगे।

∴ 6 पुरुष + 2 पुरुष x दिन में शेष $\frac{1}{2}$ कार्य करेंगे। अतः 8 पुरुष x दिन में शेष $\frac{1}{2}$ कार्य करेंगे। ....(ii)

∴ $16 \times 3 = 8 \times x \Rightarrow x = \frac{16\times3}{8} = 6$ दिन

151. 5 पुरुष या 9 महिलाएँ कार्य को 19 दिन में पूरा करती हैं अतः 5 पुरुष = 9 महिलाएँ

माना 3 पुरुष और 6 महिलाएँ कार्य को x दिन में करेंगी। अतः 3 पुरुष + $\frac{5\times6}{9}$ पुरुष कार्य को x दिन में करेंगे।

∴ 3 पुरुष + $\frac{10}{3}$ पुरुष कार्य को x दिन में करेंगे। अतः $\frac{19}{3}$ पुरुष कार्य को x दिन में करेंगे।

∴ $5 \times 19 = \frac{19}{3} \times x \Rightarrow x = 5 \times 3 = 15$ दिन

152. (15 पुरुष + 18 महिलाएँ) × 6 = 1 पुरुष × 150

90 पुरुष + 108 महिलाएँ = 150 पुरुष ⇒ 60 पुरुष = 108 महिलाएँ ⇒ 5 पुरुष = 9 महिलाएँ

चूंकि 1 पुरुष उस कार्य को 150 दिन में पूरा करता है। अतः $\frac{9}{5}$ महिलाएँ उस कार्य को 150 दिन में पूरा करेंगी।

∴ 1 महिला उस कार्य को पूरा करेगी = $\frac{150\times9}{5} = 270$ दिन में

153. चूंकि किसी कार्य को 1 पुरुष या 2 स्त्रियाँ या 3 लड़के 88 दिन में कर सकते हैं। अतः 1 पुरुष = 2 स्त्रियाँ = 3 लड़के

∴ 1 पुरुष, 1 स्त्री, 1 लड़का = 3 लड़के + $\frac{3}{2}$ लड़के + 1 लड़का = $\frac{11}{2}$ लड़के

∴ 1 पुरुष, 1 स्त्री, 1 लड़का अर्थात् $\frac{11}{2}$ लड़के कार्य को करेंगे। = $\frac{3\times88}{\frac{11}{2}}$ दिन में = $\frac{3\times88\times2}{11} = 48$ दिन में

154. ∵ कार्य एक आदमी एक औरत से दुगुनी तेजी और औरत 1 लड़के से दुगुनी तेजी से करती है।

∴ 1 आदमी = 2 औरतें = 4 लड़के

∵ आदमी, औरत ओर लड़का मिलकर उस कार्य को 7 दिन में पूरा कर सकते हैं।

∴ 4 लड़के + 2 लड़के + 1 लड़का मिलकर उसे 7 दिन में करेंगें।

∴ 7 लड़के मिलकर उस कार्य को 7 दिन में करेंगे। अतः 1 लड़का उस कार्य को पूरा करेगा = 7 × 7 = 49 दिन में

155. A द्वारा एक दिन में किया गया काम = $\frac{1}{48}$

∵ A और B बारी-बारी एक-एक दिन काम करते हैं और B पहले दिन काम शुरू करता है जबकि पूरा काम $11\frac{1}{3}$ दिन में समाप्त होता है।

∴ B कुल 6 दिन तथा A कुल $5\frac{1}{3}$ दिन अर्थात् $\frac{16}{3}$ दिन काम करता है।

∴ A द्वारा $\frac{16}{3}$ दिन में किया गया काम = $\frac{1}{48}\times\frac{16}{3}=\frac{1}{9}$ भाग और B द्वारा 6 दिन में किया गया काम = $1-\frac{1}{9}=\frac{9-1}{9}=\frac{8}{9}$ भाग

∴ B द्वारा 1 दिन में किया गया काम = $\frac{8}{9\times6}=\frac{4}{27}$ भाग

∴ B द्वारा 4 गुना काम करने में लगा समय = $\frac{4}{\left(\frac{4}{27}\right)} = 4\times\frac{27}{4} = 27$ दिन

156. A द्वारा एक दिन में किया गया काम = $\frac{1}{30}$ तथा B द्वारा एक दिन में किया गया काम = $\frac{1}{40}$

∴ 1 चक्र (अर्थात् 2 दिन) में किया गया काम = $\frac{1}{30}+\frac{1}{40}=\frac{4+3}{120}=\frac{7}{120}$ दिन

∴ 17 चक्र (अर्थात् 34 दिन) में किया गया काम = $\frac{7\times17}{120}=\frac{119}{120}$ भाग

$\therefore$ 34 दिन के बाद शेष काम $= 1-\frac{119}{120}=\frac{1}{120}$ भाग

$\therefore$ अगले दिन A द्वारा $\frac{1}{120}$ भाग करने में लगा समय $= \frac{\left(\frac{1}{120}\right)}{\left(\frac{1}{30}\right)}=\frac{1}{120}\times\frac{30}{1} = 0.25$ भाग

$\therefore$ कुल समय $= 34 + 0.25 = 34.25$ दिन

157. 1 चक्र अर्थात् 2 दिन में किया गया कार्य $= \frac{1}{30}+\frac{1}{20}+\frac{1}{30}+\frac{1}{10}=\frac{2+3+2+6}{60}=\frac{13}{60}$

$\therefore$ 4 चक्र अर्थात् 8 दिन में किया गया कार्य $= \frac{13\times 4}{60}=\frac{13}{15}$, अतः 8 दिन के बाद शेष कार्य $= 1-\frac{13}{15}=\frac{2}{15}$

$\therefore$ 9 वें दिन A और B की बारी होगी । अतः 9 वें दिन A और B द्वारा किया गया कार्य $= \frac{1}{30}+\frac{1}{20}=\frac{2+3}{60}=\frac{5}{60}=\frac{1}{12}$

$\therefore$ 9 दिन के बाद शेष कार्य $= \frac{2}{15}-\frac{1}{12}=\frac{8-5}{60}= \frac{3}{60}=\frac{1}{20}$

अब A और C की बारी होगी, अतः A और C की कार्य क्षमता $= \frac{1}{30}+\frac{1}{10}=\frac{1+3}{30}=\frac{4}{30}=\frac{2}{15}$

$\therefore$ शेष $\frac{2}{15}$ काम होने में लगा समय $= \frac{\text{शेष कार्य}}{\text{A और C की कार्य क्षमता}}=\frac{\left(\frac{1}{20}\right)}{\frac{2}{15}}=\frac{1}{20}\times\frac{15}{2}=\frac{3}{8}$

$\therefore$ काम पूरा होने में कुल समय $= 9\frac{3}{8}$ दिन

158. 1 चक्र अर्थात् 2 दिन में किया गया कार्य $= \frac{1}{9}+\frac{1}{12}=\frac{4+3}{36}=\frac{7}{36}$

$\therefore$ 5 चक्र अर्थात् 10 दिन में किया गया कार्य $= \frac{7\times 5}{36}=\frac{35}{36}$, अतः 10 दिन के बाद शेष कार्य $= 1-\frac{35}{36}=\frac{1}{36}$

$\therefore$ शेष कार्य होने में लगा समय $= \frac{\text{शेष काम}}{\text{A की कार्य क्षमता}}=\frac{\left(\frac{1}{36}\right)}{\frac{1}{9}}=\frac{1}{36}\times\frac{9}{1}=\frac{1}{4}$ दिन

$\therefore$ पूरा कार्य होने में लगा कुल समय $= 10\frac{1}{4}$ दिन

159. 1 चक्र अर्थात् 3 दिन में किया गया कार्य $= \frac{1}{20}+\frac{1}{20}+\frac{1}{20}+\frac{1}{30}+\frac{1}{60}=\frac{3}{20}+\frac{1}{30}+\frac{1}{60}$

$= \frac{9+2+1}{60}=\frac{12}{60}=\frac{1}{5}$

$\therefore$ पूरा काम 5 चक्र अर्थात् $5 \times 3 = 15$ दिन में समाप्त होगा।

160. 1 चक्र अर्थात् 2 दिन में किया गया कार्य $= \frac{1}{9}+\frac{1}{15}=\frac{5+3}{45}=\frac{8}{45}$

$\therefore$ 5 चक्र अर्थात् 10 दिन में किया गया कार्य $= \frac{8\times 5}{45}=\frac{8}{9}$, अतः शेष कार्य $= 1-\frac{8}{9}=\frac{9-8}{9}=\frac{1}{9}$

$\therefore$ शेष कार्य पूरा होने में लगा समय = क द्वारा लिया गया समय = 1 दिन

$\therefore$ पूरा कार्य होने में लगा कुल समय $= 10 + 1 = 11$ दिन

161. 1 चक्र अर्थात् 2 दिन $\Rightarrow \begin{cases}\text{प्रथम दिन} \rightarrow A+B \\ \text{द्वितीय दिन} \rightarrow A+C\end{cases}$

$\therefore$ 1 चक्र अर्थात् 2 दिन में किया गया काम $=\frac{1}{20}+\frac{1}{15}+\frac{1}{20}+\frac{1}{12} =\frac{3+4+3+5}{60}=\frac{15}{60}=\frac{1}{4}\Rightarrow \frac{\text{पूरा काम}}{\text{चक्रों की संख्या}}$

$\therefore$ पूरा काम 4 चक्र अर्थात् $4\times 2=8$ दिन में समाप्त होगा।

18 पाइप और टंकी
(Pipe & Cistern)

1. किसी नल की पानी भरने की क्षमता = इकाई समय में उसके द्वारा भरा गया जल
= उसके द्वारा 1 घण्टे या 1 मिनट में भरा गया जल
$= \frac{1}{\text{उसके द्वारा पूरी टंकी भरने में लगा समय}}$

2. किसी नल की पानी निकालने की क्षमता = उसके द्वारा इकाई समय में निकाला गया पानी
= उसके द्वारा 1 घण्टा या 1 मिनट में खाली किया गया पानी
$= \frac{1}{\text{उसके द्वारा पूरी टंकी खाली करने में लगा समय}}$

3. पूरी टंकी को भरने में लगा समय $= \frac{1}{\text{पाइप की क्षमता}}$

4. आंशिक टंकी ($\frac{1}{2}$, $\frac{3}{5}$ इत्यादि) भरने मे लगा समय $= \frac{\text{आंशिक भाग}}{\text{पाइप की क्षमता}}$

अध्याय पर आधारित प्रश्नों के प्रकार

'पाइप-टंकी' अध्याय से विभिन्न प्रतियोगी परीक्षाओं में पूछे गये और पूछे जा सकने वाले प्रश्नों को 6 प्रकारों में बांट सकते हैं—

1. साधारण प्रश्न
2. जब एक नल पानी भरे और एक नल खाली करे
3. जब दो से अधिक नल एक साथ काम करें
4. जब बीच में ही किसी नल को बन्द कर दिया जाय या खोल दिया जाय
5. जब टंकी का आंशिक भाग ही भरा जाय
6. विविध प्रश्न

उदाहरणार्थ हल प्रश्न

1 साधारण प्रश्न

1. दो टोटियां एक हौज को क्रमशः 80 मिनट तथा 120 मिनट में भर सकती हैं। यदि दोनों को एक साथ खोल दिया जाय तो पूरा हौज कितने मिनट में भरेगा?
2. A, B, C तीन पाइप टंकी को अलग-अलग 12 घण्टे, 15 घण्टे, 18 घण्टे में भर सकते हैं। यदि तीनों को एक साथ खोल दिया जाय तो पूरी टंकी कितनी देर में भर जायेगी?
3. दो नल एक भरे तालाब को क्रमशः 20 घण्टे तथा 25 घण्टे में खाली कर देते हैं। यदि दोनों को एक साथ चालू किया जाय तो भरा तालाब कितने घण्टे में खाली हो जायेगा?

किसी नल की पानी भरने की क्षमता = नल द्वारा इकाई समय में भरा गया पानी $= \frac{1}{\text{पूरा हौज भरने में लगा समय}}$

अथवा पूरा हौज भरने में लगा समय $= \frac{1}{\text{पानी भरने की क्षमता}}$

अर्थात् समय और पानी भरने की क्षमता में विलोम सम्बन्ध होता है। इसका अर्थ यह है कि

1. यदि कोई नल किसी हौज को 40 मिनट में भर देता है तो उसकी कार्य क्षमता $\frac{1}{40}$ *होगी।*

2. यदि किसी नल की क्षमता हो $\frac{1}{15}$ *तो वह हौज को 15 मिनट में भर देगा।*

हल

1. दोनों टोटियों की कार्यक्षमता = दोनों द्वारा एक साथ एक मिनट में भरा गया भाग $= \frac{1}{80} + \frac{1}{120} = \frac{3+2}{240} = \frac{5}{240} = \frac{1}{48}$

$\therefore$ दोनों टोटियां एक साथ हौज को $\frac{48}{1} = 48$ मिनट में भरेंगी

2. A, B, C तीनों पाइपों की कार्य क्षमता $= \frac{1}{12}+\frac{1}{15}+\frac{1}{18}=\frac{15+12+10}{180}=\frac{37}{180}$

$\therefore$ तीनों द्वारा एक साथ पूरी टंकी $\frac{180}{37}=4\frac{32}{37}$ मिनट में भर जायेगी

3. दोनों नलों की क्षमता $= \frac{1}{20}+\frac{1}{25}=\frac{5+4}{100}=\frac{9}{100}$

$\therefore$ पूरा तालाब $\frac{100}{9}=11\frac{1}{9}$ घण्टे में खाली हो जायेगा

2 जब एक नल पानी भरे और दूसरा नल खाली करे

1. पाइप A किसी टंकी को 6 घण्टे में भरता है जबकि पाइप B उसे 8 घण्टे में खाली करता है। यदि दोनों को एक साथ खोल दिया जाय तो खाली टंकी कितने समय में भरेगी?
2. एक नल किसी हौज को 10 घण्टे में भरता है जबकि दूसरा नल उसे 5 घण्टे में खाली कर देता है। यदि भरे हौज में दोनों को खोल दिया जाय तो भरा हौज कितने घण्टे में खाली हो जायेगा?

जब एक नल पानी भरे और दूसरा नल खाली करे तो अभीष्ट समय $= \frac{\text{दोनों के समयों का गुणनफल}}{\text{दोनों के समयों का अन्तर}}$

हल

1. समय $= \frac{6\times 8}{6\sim 8}=\frac{6\times 8}{8-6}=\frac{6\times 8}{2}=24$ घण्टे
2. समय $= \frac{10\times 5}{10\sim 5}=\frac{10\times 5}{10-5}=\frac{10\times 5}{5}=10$ घण्टे

3 जब दो से अधिक नल एक साथ काम करें

1. पाइप A किसी टंकी को 20 मिनट में, पाइप B उसे 30 मिनट में भरता है। जबकि पाइप C भरी टंकी को.एक घण्टे में खाली करता है। यदि खाली टंकी में तीनों नल एक साथ खोल दिये जायं तो वह कितने मिनट में भर जायेगी?
2. नल A किसी हौज को 60 मिनट में तथा नल B उसे 75 मिनट में भरता है। तीसरा नल C उसे खाली करता है। तीनों नलों को एक साथ खोल देने पर हौज 50 मिनट में भर जाता है। बताइये तीसरा नल C भरे हौज को कितने मिनट में खाली कर देगा?
3. नल A एक टंकी को 5 घंटे में तथा नल B उसे 20 घंटे में भरता है। दोनों नलों को एक साथ खोल दिया जाता है, परन्तु टंकी में एक छेद होने के कारण इसे भरने में 30 मिनट और अधिक समय लगता है। यदि टंकी पानी से पूरी भरी हो तो छेद उसे कितने समय में खाली कर देगा?

सभी नलों द्वारा इकाई समय (अर्थात् एक घण्टा या 1 मिनट) में भरा गया या खाली किया गया भाग ज्ञात करेंगें। उसी का व्युत्क्रम कर देने पर अभीष्ट समय प्राप्त हो जायेगा।

हल

1. A, B, C, तीनों नलों को एक साथ खोल देने पर एक मिनट में भरी गयी टंकी $= \frac{1}{20}+\frac{1}{30}-\frac{1}{60}=\frac{3+2-1}{60}=\frac{4}{60}=\frac{1}{15}$

$\therefore$ तीनों के खुले रहने पर पूरी टंकी $\frac{15}{1}=15$ मिनट में भर जायेगी

2. माना तीसरा नल C हौज को x मिनट में खाली कर देगा। अतः $\frac{1}{60}+\frac{1}{75}-\frac{1}{x}=\frac{1}{50}$ या $\frac{1}{x}=\frac{1}{60}+\frac{1}{75}-\frac{1}{50}$

$\therefore$ $\frac{1}{x}=\frac{5+4-6}{300}=\frac{3}{300}=\frac{1}{100}$, अतः तीसरा नल हौज को 100 मिनट में खाली कर देगा।

3. A और B की क्षमता $= \frac{1}{5}+\frac{1}{20}=\frac{4+1}{20}=\frac{5}{20}=\frac{1}{4}$, अतः दोनों एक साथ 4 घण्टे में टंकी को भरेंगें।

परन्तु छेद के कारण भरने में लगा समय = 4 घण्टे + 30 मिनट $=(4+\frac{1}{2})$ घण्टे $=4\frac{1}{2}=\frac{9}{2}$ घण्टे

माना छेद पूरी भरी टंकी को x घण्टे में खाली कर देता है।

$\therefore$ $\frac{1}{5}+\frac{1}{20}-\frac{1}{x}=\frac{2}{9}$ या $\frac{1}{x}=\frac{1}{5}+\frac{1}{20}-\frac{2}{9}$ $\Rightarrow \frac{1}{x}=\frac{36+9-40}{180}=\frac{5}{180}=\frac{1}{36}$

$\therefore$ x = 36 अर्थात् छेद 36 घण्टे में खाली करेगा।

4 जब बीच में ही किसी नल को बन्द कर दिया जाय या खोल दिया जाय

1. एक टब को नल A, 12 मिनट में तथा नल B, 15 मिनट में भर देता है। यदि दोनों को एक साथ खोल दिया जाय और 3 मिनट बाद A को बन्द कर दिया जाय तो शेष टब को नल B कितने मिनट में भर देगा?

2. दो नल किसी हौज को क्रमशः 6 घण्टे, 8 घण्टे में भरते हैं। दोनों को एक साथ खोल दिया गया। पहले नल को कितने घण्टे बाद बन्द कर दिया जाय कि पूरा हौज 4 घण्टे में भर जाय?
3. नल A किसी टंकी को 10 घण्टे में तथा नल B, उसे 8 घण्टे में भरता है। दोनों को एक साथ खोल देने पर कितने घण्टे पहले, दूसरे नल को बन्द कर दिया जाय कि पूरी टंकी भरने में कुल 5 घण्टे लगें?

पहले भरा भाग + बाद में भरा भाग = 1

हल

1. माना शेष टब को नल B, x मिनट में भर देगा। अतः $\left(\frac{1}{12}+\frac{1}{15}\right)\times 3+x\times\frac{1}{15}=1$ या $\frac{9}{20}+\frac{x}{15}=1$

$\frac{x}{15}=1-\frac{9}{20}=\frac{11}{20}$ या $x=\frac{11}{20}\times 15=\frac{33}{4}=8\frac{1}{4}$ मिनट

2. माना पहला नल x घण्टे बाद बन्द किया जायेगा। अतः $\left(\frac{1}{6}+\frac{1}{8}\right)\times x+\frac{1}{8}\times(4-x)=1$

$\therefore \frac{7}{24}\times x+\frac{4-x}{8}=1$ या $\frac{7x+12-3x}{24}=1 \Rightarrow \frac{4x+12}{24}=1$ या $4x+12=24$ या $4x=12 \Rightarrow x=3$ घण्टे

3. माना दूसरे नल को x घण्टे पहले बन्द किया जाता है।

$\therefore \frac{1}{10}\times 5+(5-x)\times\frac{1}{8}=1$ या $\frac{5-x}{8}=1-\frac{1}{2}=\frac{1}{2} \Rightarrow 5-x=4$ या $x=5-4=1$ घण्टा

5 जब टंकी का आंशिक भाग ही भरा जाय

1. किसी टैंक के $\frac{1}{4}$ भाग भरे होने पर उसमें 135 ली. पानी आता है। यदि उसमें 180 ली. पानी हो तो उसका कौन सा भाग पानी से भरा है?
2. किसी टंकी में 350 ली. पानी भरा है। यदि टंकी का $\frac{3}{10}$ भाग खाली हो तो पूरी टंकी भरने के लिए कितने ली. पानी और डालना पड़ेगा?
3. किसी टंकी में 450 ली. पानी डालने पर उसका $\frac{9}{16}$ भाग ही भर पाता है। पूरी टंकी की धारिता ज्ञात कीजिए।

हल

1. चूंकि 135 ली. से भरा भाग = $\frac{1}{4}$, अतः 1 ली. से भरा भाग = $\frac{1}{4\times 135}$

$\therefore$ 180 ली. से भरा भाग = $\frac{1\times 180}{4\times 135}=\frac{1}{3}$ भाग

2. भरा भाग = $1-\frac{3}{10}=\frac{7}{10}$ भाग

चूंकि $\frac{7}{10}$ भाग = 350 ली., अतः 1 भाग अर्थात् पूरा भाग = $\frac{350}{\frac{7}{10}}=\frac{350\times 10}{7}=500$

$\therefore$ डाला जाने वाला पानी = 500 − 350 = 150 ली.

3. $\because \frac{9}{16}$ भाग धारिता = 450 ली., अतः 1 भाग अर्थात् पूरी धारिता = $\frac{450}{\frac{9}{16}}=\frac{450\times 16}{9}=800$ ली.

6 विविध प्रश्न

[A] जब नलों को बारी-बारी से खोला जाय

1. दो पाइप किसी टंकी को अलग-अलग 20 मिनट एवं 25 मिनट में भर सकते हैं। यदि दोनों को बारी-बारी से एक-एक मिनट के लिए खोला जाय तो पूरी टंकी कितने मिनट में भर जायेगी?
2. एक नल किसी हौज को 10 मिनट में भरता है जबकि दूसरा नल उसे 12 मिनट में खाली करता है। यदि खाली हौज में दोनों नलों को बारी-बारी से एक-एक मिनट के लिए खोला जाय तो हौज कितने मिनट में भरेगा?

हल

1. एक चक्र में (अर्थात् 2 मिनट में) भरी टंकी = $\frac{1}{20}+\frac{1}{25}=\frac{5+4}{100}=\frac{9}{100}$

$\therefore$ 11 चक्र में (अर्थात् 22 मिनट में) भरी टंकी = $\frac{9\times 11}{100}=\frac{99}{100}$, अतः शेष हौज = $1-\frac{99}{100}=\frac{1}{100}$ भाग

$\therefore$ 23वें मिनट में पहले पाइप की बारी होगी।

$\therefore$ शेष हौज पहले पाइप द्वारा भरने में लगा समय $= \dfrac{\frac{1}{100}}{\frac{1}{20}} = \dfrac{1}{100} \times \dfrac{20}{1} = \dfrac{1}{5}$ मिनट

$\therefore$ कुल समय $= 22 + \dfrac{1}{5} = 22\dfrac{1}{5}$ मिनट

2. 1 चक्र में (2 घण्टे में) भरा हौज $= \dfrac{1}{10} - \dfrac{1}{12} = \dfrac{6-5}{60} = \dfrac{1}{60}$ भाग

$\therefore$ 54 चक्र में (अर्थात् 108 घण्टे में) भरा हौज $= \dfrac{1}{60} \times 54 = \dfrac{9}{10}$ भाग, अतः शेष हौज $= 1 - \dfrac{9}{10} = \dfrac{1}{10}$ भाग

$\therefore$ 109वें मिनट में पहले नल की बारी होगी, अतः शेष भाग भरने में लगा समय $= \dfrac{\frac{1}{10}}{\frac{1}{10}} = 1$ मिनट

$\therefore$ कुल समय = 109 मिनट

[B] 1. दो नल एक साथ किसी तालाब को 12 घण्टे में भरते हैं। यदि अकेले पहला नल उसे 20 घण्टे में भर सके तो अकेले दूसरा कितने घण्टे में भरेगा?

2. एक टंकी की पेंदी में दो छिद्र हैं। दोनों एक साथ खुले रहने पर टंकी को 6 घण्टे में खाली कर देते हैं। यदि अकेले पहला छिद्र टंकी को 15 घण्टे में खाली कर दे तो अकेले दूसरा कितने घण्टे में खाली करेगा?

> *जब दो नलों का एक साथ काम करने का समय और एक नल का अकेले समय ज्ञात हो और दूसर नल का अकेले समय ज्ञात करना हो तो, अभीष्ट समय* $= \dfrac{\text{दोनों समयों का गुणनफल}}{\text{दोनों समयों का अन्तर}}$

हल

1. समय $= \dfrac{12 \times 20}{12 \sim 20} = \dfrac{12 \times 20}{20-12} = \dfrac{12 \times 20}{8} = 30$ घण्टे **2.** समय $= \dfrac{6 \times 15}{6 \sim 15} = \dfrac{6 \times 15}{15-6} = \dfrac{6 \times 15}{9} = 10$ घण्टे

अभ्यास प्रश्न

साधारण प्रश्न

1. पाइप A व B एक टैंक को क्रमशः 10 घण्टे व 15 घण्टे में भर सकते हैं। दोनों एक साथ उसे भर सकते हैं–
(a) $12\frac{1}{2}$ घण्टे में (b) 6 घण्टे में (c) 5 घण्टे में (d) इनमें से कोई नहीं ***भोपाल (ट्रेन क्लर्क), 2003***

2. दो पाइप A और B एक टैंक को क्रमशः 20 मिनट और 30 मिनट में भर सकते हैं। यदि दोनों पाइप एक साथ खोल दिए जाए तो टैंक को भरने में समय लगेगा–
(a) 50 मिनट (b) 12 मिनट (c) 25 मिनट (d) 15 मिनट ***S.S.C. स्नातक स्तरीय परीक्षा, 2002***

3. नल A एक तालाब को भरने में 3 घण्टे लेता है, जबकि नल B उसी के लिए 6 घण्टे लेता है, यदि दोनों नलों को चालू रखा जाए, तो तालाब को भरने के लिए वे कितने घण्टे लेगें?
(a) 1.75 घण्टे (b) 2.5 घण्टे (c) 2 घण्टे (d) 2.25 घण्टे ***चेन्नई, बंग्लौर (डीजल ड्राइवर), 2002***

4. पाइप A किसी टंकी को 30 घण्टे में भर सकता है तथा पाइप B 45 घण्टे में। यदि खाली टंकी में दोनों पाइप खोल दिए जाएं तो इसे भरने में समय लगेगा–
(a) 12 घण्टे (b) 9 घण्टे (c) 18 घण्टे (d) 16 घण्टे ***गोरखपुर (A.S.M.) 2002***

5. एक नलका किसी टैंक को एक घंटे में खाली कर सकता है, दूसरा नलका उसी टैंक को 30 मिनट में खाली कर सकता है, यदि दोनों नलके एक साथ चालू किए जाएं, तो टैंक को खाली करने में कितना समय लगेगा?
(a) 20 मिनट (b) 30 मिनट (c) 40 मिनट (d) 45 मिनट ***S.S.C. स्नातक स्तरीय परीक्षा, 2000***

6. बराबर क्षमता के 15 पम्प किसी टैंक को 7 दिन में भरते हैं, टैंक को 5 दिन में भरने के लिए कितने अतिरिक्त पम्पों की जरूरत होगी?
(a) 6 (b) 7 (c) 14 (d) 21 ***R.R.B. बंग्लौर (A.S.M.) परीक्षा, 2001***

7. एक टंकी नल के द्वारा 12 घण्टों में एवं दूसरे नल के द्वारा 8 घंटों में भरी जा सकती है, उन्हें $2\frac{1}{2}$ घण्टों तक खुला रखा जाता है, टंकी का भरा हुआ भाग है–
(a) $\frac{25}{48}$ (b) $\frac{5}{6}$ (c) $\frac{25}{36}$ (d) $\frac{12}{25}$ ***R.R.B. कोलकाता (T.A./A.S.M.) परीक्षा, 2001***

8. दो पाइप A और B किसी टंकी को क्रमशः 15 घंटे और 18 घंटे में भर सकते हैं। टंकी को भरने के लिए दोनों पाइप एक साथ खोली जाती है। खाली टंकी कितने घंटे में भरेगी?

(a) $7\frac{2}{11}$ (b) $9\frac{2}{11}$ (c) $10\frac{2}{11}$ (d) $8\frac{2}{11}$ ***SSC CAPF : 23.11.2020***

जब एक नल पानी भरे और एक नल खाली करें

9. एक नल किसी हौज को 25 मिनट में भर सकता है और दूसरा 50 मिनट में खाली कर सकता है, यदि दोनों नल एक साथ खोल दिए जाए, तो हौज भरेगा–

(a) 20 मिनट में (b) 30 मिनट में (c) 40 मिनट में (d) 50 मिनट में ***चण्डीगढ़ (A.S.M.) 2003***

10. पानी की एक टंकी में $\frac{2}{5}$ भाग पानी भरा हुआ है। A नल उस टंकी को 10 मिनट में भर सकता है, जबकि B नल उसको 6 मिनट में खाली कर सकता है। यदि दोनों नल खोल दिए जाए, तो टंकी कितने समय में पूर्णतः खाली या भरी जा सकती है?

(a) 6 मिनट खाली करने में (b) 6 मिनट भरने में
(c) 9 मिनट खाली करने में (d) 9 मिनट भरने में ***R.R.B. महेन्द्रूघाट परीक्षा, 2001***

11. एक टंकी को नल A के द्वारा 9 मिनट में भरा जा सकता है। इसमें लगे नल B के द्वारा इसे खाली होने में कुल कितना समय लगेगा जब नल A और B दोनों साथ-साथ खुले होते हैं तो टंकी 10 मिनट में भरती है–

(a) 12 मिनट (b) 11 मिनट (c) $12\frac{1}{2}$ मिनट (d) 90 मिनट ***R.R.B. गोरखपुर डी.असि. परीक्षा, 2004***

12. एक पाइप किसी टंकी को 5 घंटों में पानी से भर सकता है और इस टंकी को कोई दूसरा पाइप 4 घण्टों में खाली कर सकता है यदि टंकी पूर्णतया भरी हुई हो और दोनों पाइपों को खोल दिया जाए, तो टंकी निम्न समय में खाली हो जाएगी–

(a) 9 घण्टे (b) 18 घण्टे (c) 20 घण्टे (d) $20\frac{1}{2}$ घण्टे ***S.S.C. स्नातक स्तरीय परीक्षा, 2001***

13. एक पम्प किसी टंकी को पानी से 2 घण्टों में भर सकता है। टंकी में पानी चूने से इसको भरने में $2\frac{1}{3}$ घण्टे लगते हैं। भरी हुई टंकी, पानी चूने के कारण कितने समय में खाली हो जाएगी?

(a) 8 घण्टे (b) 7 घण्टे (c) $4\frac{1}{3}$ घण्टे (d) 14 घण्टे ***S.S.C. स्नातक स्तरीय परीक्षा, 2001***

14. एक हौज 9 घण्टे में भरता है, परन्तु इसकी तली में एक छेद होने से यह एक घण्टा अधिक लेता है, यदि हौज पूरा भरा हो, तो यह छेद कितनी देर में हौज खाली कर देगा?

(a) 30 घण्टे (b) 90 घण्टे (c) 45 घण्टे (d) 60 घण्टे ***R.R.B. (वाणि.क्लर्क एवं T.C.) परीक्षा, 2006***

15. एक हौज की तली में एक छिद्र है। यदि हौज में छिद्र नहीं होता, तो हौज 9 घंटे में भर जाता, परन्तु छिद्र होने के कारण उसे भरने में एक घंटा समय अधिक लगता है। यदि हौज पूरा भरा हो तो छिद्र उसे कितने समय में खाली कर देगा?

(a) 30 घण्टे (b) 90 घण्टे (c) 45 घण्टे (d) 60 घण्टे ***चेन्नई (T.C. & CC), 2002***

16. एक विद्युत पम्प एक टैंक को 3 घण्टे में भर सकता है, किन्तु टैंक में एक लीक होने के कारण वह टैंक को भरने में 4 घण्टे लेता है, यह लीकेज टैंक के पूरे पानी को......में खाली कर सकता है–

(a) 21 घण्टे (b) $6\frac{1}{2}$ घण्टे (c) $10\frac{1}{2}$ घण्टे (d) 12 घण्टे

17. एक पाइप किसी हौज को 12 घंटे में भर सकता है तथा एक अन्य पाइप पूरे भरे हौज को 18 घंटे में खाली कर सकता है। यदि दोनों पाइप एक साथ खोल दिए जाएँ, तो हौज को पूरा भरने में कितना समय लगेगा?

(a) 30 घंटे (b) 36 घंटे (c) 40 घंटे (d) 44 घंटे

18. पाइप A किसी खाली टैंक को 11 घंटे में पूर्ण रूप से भर सकता है। पाइप B इस पूर्ण रूप से भरे गये टैंक को 15 घंटे में खाली कर सकता है। यदि दोनों पाइपों को एक साथ खोला जाता है, तो खाली टैंक कितने समय में भरेगा?

(a) 41 घंटे 15 मिनट (b) 49 घंटे 45 मिनट
(c) 47 घंटे 30 मिनट (d) 39 घंटे 15 मिनट ***SSC MTS 5.8.2019***

19. एक पाइप 56 घंटों में किसी टैंक को भर सकता है, लेकिन इसकी तली में रिसाव के कारण उसे भरने में 16 घंटे अधिक समय लगता है। मात्र रिसाव टैंक के $80\frac{1}{3}\%$ हिस्से को कितने समय (घंटों में) खाली कर सकता है?

(a) 126 (b) 210 (c) 252 (d) 105 ***SSC CHSL (Tier-1) 19.8.2019***

जब दो से अधिक नल एक साथ काम करें

20. दो नल एक हौज को क्रमशः 3 तथा 4 घंटे में भर सकते हैं तथा एक निकास-नल उसे 2 घंटे में खाली कर सकता है। यदि तीनों नल खोल दिए जाएँ, तो हौज कितने समय में भरेगा?
(a) 5 घण्टे (b) 8 घण्टे (c) 10 घण्टे (d) 12 घण्टे ***S.S.C. स्नातक स्तरीय परीक्षा, 2004***

21. यदि दो नल A और B एक हौज को क्रमशः 28 और 42 मिनट में भरते हैं। तीसरा नल C, इस हौज को 42 मिनट में खाली करता है। यदि तीनों नल एक साथ खोल दिए जाएं, तो हौज भरने में कितना समय लगेगा?
(a) 12 मिनट (b) 28 मिनट (c) 16.8 मिनट (d) 42 मिनट ***R.R.B. महेन्द्रूघाट (A.S.M.) परीक्षा, 2004***

22. किसी हौज को नल, A, 4 घण्टे में भर सकता है, जबकि नल B उसे 6 घण्टे में भर सकता है। पूरे भरे हौज को नल C 8 घण्टे में खाली कर सकता है। यदि तीनों नलों को एक साथ खोल दिया जाए, तो हौज को भरने में लगा समय होगा–
(a) 3 घण्टे 18 मिनट (b) 3 घण्टे, 26 मिनट
(c) 3 घण्टे, 42 मिनट (d) 3 घण्टे, 48 मिनट ***भोपाल (ट्रेन क्लर्क), 2003***

23. दो पाइप एक टंकी को क्रमशः 15 एवं 12 घण्टों में भर सकते हैं, जबकि एक तीसरा पाइप इसे 20 घण्टों में खाली कर सकता है। यदि टंकी खाली है तथा सभी तीनों पाइपों को खोल दिया जाता है, तो टंकी भर जाएगी–
(a) 14 घण्टों में (b) 10 घण्टों में (c) 16 घण्टों (d) 7 घण्टों में ***कोलकाता (ट्रैफिक स० ड्राइवर), 2002***
भूवनेश्वर (A.S.M.) 2002

24. दो पाइप A और B अलग-अलग किसी टंकी को क्रमशः 60 मिनट और 75 मिनट में भर सकते हैं, टंकी की तली में उसको खाली करने के लिए एक तीसरा पाइप लगा है, यदि तीनों पाइपों को एक साथ खोल दिया जाए, तो टंकी 50 मिनट में भर जाती है, अकेला तीसरा पाइप टंकी को कितने समय में खाली कर सकता है?
(a) 110 मिनट (b) 100 मिनट (c) 120 मिनट (d) 90 मिनट ***S.S.C. स्नातक स्तरीय परीक्षा, 2002***

25. एक नल किसी टंकी को 6 घण्टे में भर सकता है, जब टंकी आधी भर जाती है, तो इसी प्रकार के तीन और नल खोल दिए जाते हैं, टंकी को पूरा भरने में लगा कुल समय कितना है?
(a) 4 घण्टे (b) 4 घण्टे 15 मि. (c) 3 घण्टे 45 मि. (d) 45 मिनट ***S.S.C. स्नातक स्तरीय परीक्षा, 2002***

26. तीन पाइप एक टैंक को पृथक रूप से क्रमशः 10 मिनट, 20 मिनट एवं 30 मिनट में भरते हैं। एक निर्गम पाइप पूरे टैंक को 15 मिनट में खाली कर सकता है, जब इसमें कोई पानी नहीं जा रहा है। जब टैंक खाली है, तो सभी पाइपों को खोलने पर टंकी को भरने में कितने मिनट का समय लगेगा?
(a) $9\frac{1}{7}$ (b) $8\frac{4}{7}$ (c) $7\frac{1}{2}$ (d) $6\frac{2}{3}$ ***दिल्ली मेट्रो रेल जे०एस०सी० परीक्षा सित., 2003***

27. दो पाइप किसी टंकी को क्रमशः 15 और 12 घण्टे में पानी से भर सकते हैं और एक तीसरा पाइप इस टंकी को 4 घण्टे में खाली कर सकता है। यदि इन पाइपों को क्रमशः प्रातः 8, 9 और 11 बजे खोला जाए, तो टंकी कितने बजे खाली होगी?
(a) 11 : 40 पूर्वाह्न (b) 12 : 40 अपराह्न (c) 1 : 40 अपराह्न (d) 2 : 40 अपराह्न ***S.S.C. 2005***

28. किसी टैंक को दो पाइप A तथा B अलग-अलग क्रमशः 3 घंटे तथा 3 घंटे 45 मिनट में भर सकते हैं। एक तीसरा पाइप C पूरे भरे टैंक को 1 घंटे में खाली कर सकता है। जिस समय टैंक पानी से ठीक आधा भरा था, तीनों पाइप खोल दिए गए। कितने समय पश्चात् टैंक खाली हो जाएगा?
(a) 1 घंटा 15 मि. (b) 2 घंटे 30 मि. (c) 3 घंटे 15 मि. (d) 4 घंटे 10 मि. ***S.S.C. 2006***

29. पाइप A और B एक टैंक क्रमशः 10 घंटे और 40 घंटे में भर सकते हैं। C टैंक से जुड़ा हुआ एक आउटलेट पाइप है। यदि सभी तीन पाइपों को एक साथ खोला जाता है, तो A और B द्वारा मिलकर टैंक को भरने में लगने वाले समय से 80 मिनट अधिक समय लगता है। A और B को 7 घंटे तक खोला जाता है और फिर बंद कर दिया जाता है और C को खोल दिया जाता है। C अब टैंक को कितने घंटे में खाली कर सकेगा?
(a) 42 घंटे (b) 49 घंटे (c) 45.5 घंटे (d) 38.5 घंटे ***SSC CGL (Tier-1) 5.3.2020***

30. दो पाईप X तथा Y एक खाली टंकी को क्रमशः 16 घंटे तथा 20 घंटे में भर सकते हैं। पाईप Z अकेला एक भरी हुई टंकी को 25 घंटों में खाली कर सकता है। पहले दोनों पाइप X तथा Y को खोला जाता है तथा 6 घंटे पश्चात् पाइप Z को भी खोला जाता है। टंकी को पूरा भरने में कुल कितना समय (घंटों में) लगेगा?
(a) 80/7 (b) 67/7 (c) 28/3 (d) 304/29 ***SSC CGL (Tier-1) 11.3.2018***

31. दो नल एक टंकी को क्रमशः 28 तथा 21 घंटे में भर सकते हैं तथा एक और नल प्रति घंटा 30 गैलन पानी खाली कर सकता है। एक साथ तीनों नल खाली टंकी को 84 घंटे में भर सकते हैं। टंकी की क्षमता (गैलन में) क्या है?
(a) 350 (b) 450 (c) 420 (d) 480 ***SSC CGL (Tier-1) 13.3.2018***

32. दो न एक टंकी को क्रमशः 10 तथा 12 घंटे में भर सकते हैं और एक निकासी वाला नल एक घंटे में 80 गैलन पानी खाली कर सकता है। एक साथ तीनों नल खाली टंकी को 20 घंटे में भर सकते हैं। टंकी की क्षमता (गैलन में) क्या है?
(a) 360 (b) 300 (c) 600 (d) 900 ***SSC CPO 1.7.2017***

33. पाइप A और B एक भरे टैंक को क्रमशः 20 घंटे और 15 घंटे में खाली कर सकते हैं, जबकि उसी टैंक को पाइप C अकेले X घंटों में भर सकता है। तीनों पाइप एक साथ खोल दिये गये और उन्होंने टैंक के 1/18 भाग को खाली करने में 40 मिनट का समय लिया। X का मान है–
(a) 21 (b) 30 (c) 26 (d) 24 ***SSC CHSL (Tier-1) 21.8.2019***

34. पाइप A और B क्रमशः एक घंटे और दो घंटे में एक टैंक भर सकते है। जबकि पाइप C भरे हुए टैंक को एक घंटे और पन्द्रह मिनट में खाली कर सकता है। A और C को 9 a.m. पर एक साथ चालू किया जाता है। 2 घंटे के बाद केवल A को बंद कर दिया जाता है और B को चालू कर दिया जाता है। टैंक कब खाली होगा?
(a) 10 : 30 a.m. (b) 12 : 10 p. m. (c) 12 : 20 p.m. (d) 11 : 30 a. m. ***SSC CGL (Tier-1) 6.6.2019***

35. तीन पाइप A, B और C को एक साथ खोलने पर ये किसी खाली टंकी को $\frac{30}{7}$ घंटे में भर सकते हैं। A और B भरने वाले पाइप हैं और C खाली करने वाला पाइप है। पाइप A टैंक 15 घण्टे में भर सकता है और पाइप C इसे 12 घंटे में खाली कर सकता है। पाइप B अकेले उस खाली टंकी को कितने समय में (घंटों में) भर सकता है?
(a) 4 (b) 6 (c) 3 (d) 5 ***SSC CAPF : 24.11.2020***

36. पाइप A और B किसी टंकी को क्रमशः 16 और 24 घंटे में भर सकते हैं, जबकि C भरी हुई टंकी को 40 घंटे में खाली कर सकता है। तीनों पाइप एक साथ खोले जाते हैं लेकिन 10 घंटे बाद पाइप A को बंद कर दिया जाता है। टंकी का शेष भाग कितने घंटे बाद भरेगा?
(a) $15\frac{1}{2}$ (b) $12\frac{1}{2}$ (c) 20 (d) 10 ***SSC CAPF : 23.11.2020***

जब बीच में ही किसी नल को बन्द किया जाए या खोला जाए

37. A व B नल एक बाल्टी को क्रमशः 12 मिनट व 15 मिनट में भरते हैं। यदि दोनों खुले है और A को 3 मिनट के बाद बन्द कर देते हैं तो B उस बाल्टी को भरने में आगे और कितना समय लेगा?
(a) 8 मि. 5 से. (b) 8 मि. 15 से. (c) 7 मि. 45 से. (d) 7 मि. 15 से. ***इलाहाबाद (A.S.M.), 2002***

38. दो पाइप A तथा B एक हौज को क्रमशः 30 मिनट तथा 40 मिनट में भर सकते हैं। दोनों पाइपों को एक साथ चालू किया जाता है। यदि हौज को 24 मिनट में भरना हो तो, दूसरे पाइप को कब बन्द करना चाहिए?
(a) 6 मिनट (b) 8 मिनट (c) 10 मिनट (d) 12 मिनट ***R.R.B. बंगलौर गुड्‌सगार्ड परीक्षा, 2003***

39. A तथा B दो पाइप एक हौज को क्रमशः 20 मिनट तथा 25 मिनट में भर सकते हैं। दोनों पाइप साथ-साथ खोले जाते हैं, लेकिन 5 मिनट पश्चात् B को बंद कर दिया जाता है। हौज भरने में लगने वाला समय होगा–
(a) 17 मिनट (b) 16 मिनट (c) 15 मिनट (d) 10 मिनट ***R.R.B. गोरखपुर (A.S.M.) परीक्षा, 2001***

40. दो पाइप A और B किसी टंकी को क्रमशः $37\frac{1}{2}$ मिनट और 45 मिनट में भर सकते हैं। दोनों पाइपों को खोल दिया जाता है। टंकी को ठीक आधे घंटे में भरने के लिए पाइप B को कितने समय बाद बन्द कर देना होगा?
(a) 15 मिनट (b) 10 मिनट (c) 5 मिनट (d) 9 मिनट ***S.S.C. स्नातक स्तरीय परीक्षा, 2002***

41. एक बर्तन दो पाइप से अलग-अलग क्रमशः 20 तथा 30 मिनटों में भरा जा सकता है। दोनों पाइप खोल देने पर पहला पाइप कब बन्द किया जाना चाहिए कि बर्तन दस मिनट के बाद भर जाए?
(a) 10 मिनट बाद (b) 12 मिनट बाद (c) 20 मिनट बाद (d) 8 मिनट बाद ***कोलकाता, भुवनेश्वर (ट्रै अप्रेंटिस), 2002***

42. दो नल A और B एक टंकी को क्रमशः 15 एवं 20 घण्टे में भरते है। जबकि तीसरा नल C भरी टंकी को 25 घण्टे में खाली कर देता है। प्रारम्भ में तीनों नल खोल दिए जाते हैं और 10 घण्टे बाद C बन्द कर दिया जाता है तो टंकी कितने समय में भरेगी?
(a) 12 घण्टे (b) 13 घण्टे (c) 16 घण्टे (d) 18 घण्टे ***R.R.B. जम्मू (T.C.) परीक्षा, 2001***

43. दो नल A तथा B किसी हौज को क्रमशः 10 मिनट एवं 15 मिनट में भर सकते हैं। एक व्यक्ति दोनो नलों को एक साथ खोल देता है। जब हौज भर जाना चाहिए, उस समय देखा गया कि निकास नल भी खुला हुआ है। वह अविलम्ब निकास नल बन्द कर दिया। इसके बाद 4 मिनट में हौज भर गया। निकास नल के द्वारा हौज खाली करने में लगा समय ज्ञात करें।

(a) 7 मिनट (b) 8 मिनट (c) 9 मिनट (d) 10 मिनट ***R.R.B. सिकन्दराबाद (T.A.) परीक्षा, 2004***

44. तीन पाईप A, B तथा C एक हौज को 6 घण्टे में भर सकते हैं। 2 घण्टे एक साथ चलाने के बाद C को बन्द कर दिया जाता है एवं A तथा B, बाद के 7 घण्टों में पूरा भरते हैं, तो हौज को भरने में C अकेला समय लेगा–

(a) 12 घण्टा (b) 10 घण्टा (c) 14 घण्टा (d) 16 घण्टा ***मुजफ्फरपुर (A.S.M.), 2003***

45. दो नल A तथा B किसी टंकी को क्रमशः 15 एवं 20 घण्टे में भरते हैं, जबकि एक तीसरा नल C भरी टंकी को 25 घण्टे में खाली कर देता है। प्रारम्भ में तीनों नल खोल दिए जाते है और 10 घण्टे बाद C बन्द कर दिया जाता है। टंकी कितने समय में भरेगी?

(a) 12 घण्टे (b) 13 घण्टे (c) 16 घण्टे (d) 18 घण्टे ***R.R.B. इलाहाबाद (A.S.M.) परीक्षा, 2001***

46. एक भरने वाले पाइप के द्वारा एक ड्रम को 40 मिनट में तेल से भरा जा सकता है। एक अन्य खाली करने वाला पाइप पूरे भरे ड्रम को 60 मिनट में खाली कर सकता है। जब ड्रम का $\frac{2}{3}$ भाग तेल से भरा था, खाली करने वाले पाइप को खोल दिया गया तथा 15 मिनट के पश्चात् बन्द कर दिया गया। यदि इस समय भरने वाले पाइप को खोलें, तो ड्रम को भरने में लगने वाला समय होगा।

(a) $23\frac{1}{3}$ मिनट (b) $25\frac{2}{3}$ मिनट (c) $27\frac{1}{3}$ मिनट (d) $28\frac{2}{3}$ मिनट ***(S.S.C. – 2006)***

47. दो नल P तथा Q, एक टंकी को क्रमशः 24 तथा 18 घंटे में भर सकते हैं। यदि दोनों नलों को 11 पूर्वान्ह (ए.एम.) पर खोल दिया जाए, तो ठीक 2 पूर्वाह्न (ए.एम.) पर टंकी को पूरा भरने के लिए नल P को कितने बजे (अपराह्न-पी.एम.) में बंद कर देना चाहिए?

(a) 5 (b) 2 (c) 3 (d) 4 ***SSC CGL (Tier-1) 10.3.2018***

जब टंकी का आंशिक भाग ही भरा जाए

48. यदि किसी टैंक के $\frac{1}{3}$ भरे होने पर उसमें 80 लीटर पानी आता है, तो उसके आधा भरे होने पर उसमें कितना पानी होगा–

(a) 240 लीटर (b) 120 लीटर (c) 80/3 लीटर (d) 100 लीटर ***S.S.C. स्नातक स्तरीय परीक्षा, 1999***

49. जल से पूरे भरे बर्तन का वजन 16.5 kg है। जब बर्तन $\frac{1}{4}$ भाग भरा है उसका वजन 5.25 kg. है। खाली बर्तन का वजन क्या है? ***R.R.B. चेन्नई (T.C.) परीक्षा, 2005***

(a) 1.5 kg (b) 2 kg (c) 2.5 kg (d) तीनों में से कोई भी सही नहीं है।

50. किसी टंकी का $\frac{3}{4}$ भाग पानी से भरा हुआ है। उसमें से 30 लीटर पानी निकाला जाए, तो टंकी खाली हो जाती है। टंकी की धारिता है

(a) 36 लीटर (b) 42 लीटर (c) 40 लीटर (d) 38 लीटर ***S.S.C. 2005***

51. एक टंकी का 6/7 भाग तेल से भरा है। 60 लीटर तेल निकाल लेने के बाद टंकी का 4/5 भाग भरा रहता है। टंकी की क्षमता (लीटर में) क्या है?

(a) 350 (b) 700 (c) 360 (d) 1050 ***SSC CPO 5.7.2017***

विविध प्रश्न

52. यदि एक टंकी में लगे दो पाईप एक साथ कार्यरत हों, तो टंकी 12 घंटे में भर जाती है। यदि एक पाईप दूसरी से 10 घंटे जल्दी भरे, तो दूसरा पाईप टंकी को भरने में कितना समय लेगा?

(a) 15 घंटे (b) 10 घंटे (c) 20 घंटे (d) 30 घंटे ***R.R.B. सिकन्दराबाद ASM परीक्षा, 2004***

53. पानी से भरी 12 बाल्टियों से एक टंकी भरी जा सकती है, जबकि प्रत्येक बाल्टी में 13.5 लीटर पानी आता है। इस टंकी को 9 लीटर क्षमता की कितनी बाल्टियाँ भर सकती हैं?

(a) 10 (b) 18 (c) 15 (d) 13 ***R.R.B. सिकन्दराबाद (A.S.M.) परीक्षा, 2004***

54. d व्यास वाले एक पाइप के द्वारा कोई पानी की टंकी 40 मिनट में खाली की जा सकती है, तो 2d व्यास वाले पाइप को उसे खाली करने में कितना समय लगेगा?

(a) 5 मिनट (b) 10 मिनट (c) 20 मिनट (d) 80 मिनट ***S.S.C. स्नातक स्तरीय परीक्षा, 2000***

55. पाइपों की त्रिज्या के वर्ग के अनुसार पाइपों में पानी के प्रवाह के दर का अनुपात प्रतिलोमित बदलता है। 2 सेमी. व 4 सेमी. ब्यास वाले दो पाइपों में पानी के प्रवाह का अनुपात कितना है?

(a) 1 : 2 (b) 1 : 8 (c) 2 : 1 (d) 4 : 1 ***भुवनेश्वर (A.S.M.) 2002***

56. तीन नल A, B और C एक टंकी को क्रमशः 12, 15 और 20 घण्टों में भर सकते हैं, यदि नल A पूरे समय खुला रहे तथा B और C बारी-बारी से एक-एक घण्टे के लिए खोले जाते हैं, तो टंकी कितने समय में भर जाएगी?

(a) 6 घंटे (b) $6\frac{2}{3}$ घंटे (c) 7 घंटे (d) $7\frac{1}{2}$ घंटे ***S.S.C. स्नातक स्तरीय परीक्षा, 1999***

57. पाइप X एक टंकी को 20 घंटे में भर सकता है तथा पाईप Y उस टंकी को 35 घंटे में भर सकता है। दोनों पाईपों को बारी-बारी से एक-एक घंटे में खोला जाता है। यदि पाईप Y को पहले खोला जाता है, तो टंकी कितने समय (घंटों में) में भरेगी?

(a) $\frac{269}{7}$ (b) $\frac{280}{7}$ (c) $\frac{179}{7}$ (d) $\frac{172}{7}$ ***SSC CGL (Tier-1) 4.3.2018***

58. अलग-अलग समय पर चालू किये जाने पर किसी टंकी को भरने में पाइप A पाइप B की तुलना में 5 घंटे कम समय लेता है, और एक साथ चालू किये जाने पर टंकी 6 घंटे में भर जाती है। यदि पाइप A को अकेले चालू किया जाए, तो वह टंकी को कितने समय में (घंटों में) भर देगा?

(a) 10 (b) 18 (c) 9 (d) 15 ***SSC CAPF : 24.11.2020***

उत्तरमाला

1. (b)	2. (b)	3. (c)	4. (c)	5. (a)	6. (a)	7. (a)	8. (d)	9. (d)
10. (a)	11. (d)	12. (c)	13. (d)	14. (b)	15. (b)	16. (d)	17. (b)	18. (a)
19. (b)	20. (d)	21. (b)	22. (b)	23. (b)	24. (b)	25. (c)	26. (b)	27. (d)
28. (a)	29. (b)	30. (d)	31. (c)	32. (c)	33. (b)	34. (c)	35. (a)	36. (b)
37. (b)	38. (b)	39. (b)	40. (d)	41. (d)	42. (a)	43. (c)	44. (c)	45. (a)
46. (a)	47. (c)	48. (b)	49. (a)	50. (c)	51. (d)	52. (d)	53. (b)	54. (b)
55. (d)	56. (c)	57. (c)	58. (a)					

अभ्यास प्रश्नों के हल

1. A और B की एक साथ कार्य क्षमता $= \frac{1}{10}+\frac{1}{15}=\frac{3+2}{30}=\frac{5}{30}=\frac{1}{6}$

$\therefore$ A और B दोनों एक साथ टैंक को $\frac{6}{1}=6$ घण्टे में भर देंगें।

2. A और B दोनों पाइपों की एक साथ कार्य क्षमता $= \frac{1}{20}+\frac{1}{30}=\frac{5}{60}=\frac{1}{12}$

$\therefore$ दोनों एक साथ $\frac{12}{1}=12$ मिनट में टैंक को भर देंगें।

3. नल A और B की एक साथ कार्य क्षमता $= \frac{1}{3}+\frac{1}{6}=\frac{2+1}{6}=\frac{3}{6}=\frac{1}{2}$

$\therefore$ दोनों नल एक साथ तालाब को $\frac{2}{1}=2$ घण्टे में भर देंगें।

4. A और B की एक साथ कार्य क्षमता $= \frac{1}{30}+\frac{1}{45}=\frac{3+2}{90}=\frac{5}{90}=\frac{1}{18}$

$\therefore$ दोनों पाइप एक साथ टंकी को $\frac{18}{1}=18$ घण्टे में भर देंगें।

5. दोनों नलकों की एक साथ कार्य क्षमता $= \frac{1}{60} + \frac{1}{30} = \frac{1+2}{60} = \frac{3}{60} = \frac{1}{20}$

$\therefore$ दोनों नलके टैंक को 20 मिनट में खाली कर देंगें।

6. टैंक को 7 दिन में भरते हैं = 15 पम्प, अतः टैंक को 1 दिन में भरते हैं = 15 × 7 पम्प

$\therefore$ टैंक को 5 दिन में भरते हैं $= \frac{15\times7}{5} = 21$ पम्प, अतः अतिरिक्त पम्पों की संख्या = 21 – 15 = 6 पम्प

7. दोनों नलों का एक घण्टे का काम $= \frac{1}{12} + \frac{1}{8} = \frac{2+3}{24} = \frac{5}{24}$

$\therefore$ $2\frac{1}{2}$ घण्टों में किया गया काम $= \frac{5}{24} \times \frac{5}{2} = \frac{25}{48}$ भाग, अतः $2\frac{1}{2}$ घण्टों में भरा गया भाग = $\frac{25}{48}$ भाग

8. पाइप A और B द्वारा एक साथ 1 घण्टे में भरी गयी टंकी $= \frac{1}{15} + \frac{1}{18} = \frac{6+5}{90} = \frac{11}{90}$

$\therefore$ दोनों पाइप एक साथ खोलने पर टंकी भरने में समय $= \frac{90}{11} = 8\frac{2}{11}$ घण्टे

9. हौज भरने में लगा समय $= \frac{\text{दोनों समयों का गुणनफल}}{\text{दोनों समयों का अन्तर}} = \frac{25\times50}{25} = 50$ मिनट

10. $\because$ नल A टंकी को 10 मिनट में भरता है और B उसे 6 मिनट में खाली करता है।

$\therefore$ दोनों द्वारा एक साथ 1 मिनट में खाली किया गया भाग $= \frac{1}{6} - \frac{1}{10} = \frac{5-3}{30} = \frac{2}{30} = \frac{1}{15}$

$\therefore$ $\frac{2}{5}$ भरा भाग खाली होने में लगा समय $= \frac{\frac{2}{5}}{\frac{1}{15}} = \frac{2}{5} \times \frac{15}{1} = 6$ मिनट

11. अभीष्ट समय $= \frac{\text{दोनों समयों का गुणनफल}}{\text{दोनों समयों का अन्तर}} = \frac{9\times10}{10-9} = \frac{90}{1} = 90$ मिनट

12. खाली होनों में लगा समय $= \frac{\text{दोनों समयों का गुणनफल}}{\text{दोनों समयों का अन्तर}} = \frac{5\times4}{1} = 20$ घण्टे

13. चूने के कारण खाली होने में लगा समय $= \frac{2\times2\frac{1}{3}}{2\sim2\frac{1}{3}} = \frac{2\times\frac{7}{3}}{\frac{1}{3}} = 2\times\frac{7}{3}\times\frac{3}{1} = 14$ घण्टे

14. छेद द्वारा हौज खाली होने में लगा समय $= \frac{9\times10}{9\sim10} = \frac{9\times10}{1} = 90$ घण्टे

15. Repeated Q.N. 14

16. लीकेज द्वारा टैंक खाली होने में लगा समय $= \frac{3\times4}{3\sim4} = \frac{3\times4}{1} = 12$ घण्टे

17. हौज भरने में लगा समय $= \frac{12\times18}{12\sim18} = \frac{12\times18}{6} = 36$ घण्टे

18. दोनों पाइपों को एक साथ खोलने पर 1 घण्टे में भरा गया भाग $= \frac{1}{11} - \frac{1}{15} = \frac{15-11}{11\times15} = \frac{4}{165}$ भाग

$\therefore$ खाली टैंक को भरने में लगा समय $= \frac{165}{4}$ घण्टे $= 41\frac{1}{4}$ घण्टे = 41 घण्टे 15 मिनट

19. 56 घण्टे + 16 घण्टे = 72 घण्टे

$\therefore$ रिसाव द्वारा 1 घण्टे में खाली किया गया भाग $= \frac{1}{56} - \frac{1}{72} = \frac{9-7}{504} = \frac{2}{504} = \frac{1}{252}$

$\therefore$ रिसाव भरे पूरे टैंक को 252 घण्टे में खाली कर सकता है

$\therefore$ $80\frac{1}{3}\%$ अर्थात् $\frac{250}{3}\%$ भाग खाली करने में लगा समय $= \frac{252\times250}{3\times100} = 210$ घण्टे

20. तीनों नलों द्वारा एक साथ 1 घण्टे में किया गया काम $= \frac{1}{3} + \frac{1}{4} - \frac{1}{2} = \frac{4+3-6}{12} = \frac{1}{12}$ भाग

$\therefore$ तीनों नलों के खुले रहने पर हौज 12 घण्टे में भरेगा।

21. तीनों द्वारा एक साथ 1 मिनट में भरा गया भाग = $\frac{1}{28}+\frac{1}{42}-\frac{1}{42}=\frac{1}{28}$

∴ तीनों के खुले रहने पर हौज 28 मिनट में भरेगा।

22. तीनों नलों के खुले रहने पर 1 घण्टे में भरा गया भाग = $\frac{1}{4}+\frac{1}{6}-\frac{1}{8}=\frac{6+4-3}{24}=\frac{7}{24}$ भाग

∴ पूरा हौज भरने में लगा समय = $\frac{24}{7}$ घण्टे = $3\frac{3}{7}$ घण्टे = 3 घण्टे $\frac{3\times 60}{7}$ मिनट = 3 घण्टे 26 मिनट

23. तीनों पाइपों के खुले रहने पर 1 घण्टे में भरा भाग = $\frac{1}{15}+\frac{1}{12}-\frac{1}{20}=\frac{4+5-3}{60}=\frac{6}{60}=\frac{1}{10}$ भाग

∴ टंकी को भरने में लगा समय = $\frac{10}{1}=10$ घण्टे

24. माना अकेला तीसरा पाइप टंकी को x मिनट में खाली कर देगा।

∴ $\frac{1}{60}+\frac{1}{75}-\frac{1}{x}=\frac{1}{50}\Rightarrow\frac{1}{x}=\frac{1}{60}+\frac{1}{75}-\frac{1}{50}=\frac{5+4-6}{300}=\frac{3}{300}=\frac{1}{100}\Rightarrow x=100$ मिनट

25. पहले नल द्वारा आधी टंकी भरने में लगा समय = $\frac{6}{2}=3$ घण्टे और चारों नलों की एक साथ क्षमता = $4\times\frac{1}{6}=\frac{2}{3}$

∴ शेष आधी टंकी को भरने में लगा समय = $\frac{\text{शेष टंकी}}{\text{चारों नलों की क्षमता}}=\frac{\frac{1}{2}}{\frac{2}{3}}=\frac{1}{2}\times\frac{3}{2}=\frac{3}{4}$ घण्टे = 45 मिनट

∴ कुल समय = 3 घण्टे + 45 मिनट = 3 घण्टे 45 मिनट

26. सभी पाइपों को खोलने पर एक मिनट में भरा गया भाग = $\frac{1}{10}+\frac{1}{20}+\frac{1}{30}-\frac{1}{15}=\frac{6+3+2-4}{60}=\frac{7}{60}$ भाग

∴ टंकी को भरने में लगा समय = $\frac{60}{7}=8\frac{4}{7}$ मिनट

27. 8 बजे पहले नल तथा 9 बजे दूसरे नल को खोलने पर

11 बजे तक भरी गयी टंकी = $3\times\frac{1}{15}+2\times\frac{1}{12}=\frac{1}{5}+\frac{1}{6}=\frac{6+5}{30}=\frac{11}{30}$ भाग

∵ 11 बजे के बाद तीनों नलों की एक साथ कार्य क्षमता = $\frac{1}{4}-\frac{1}{15}-\frac{1}{12}=\frac{15-4-5}{60}=\frac{6}{60}=\frac{1}{10}$

∴ 11 बजे के बाद भरी टंकी ($\frac{11}{30}$ भाग) खाली होने में लगा समय = $\frac{\frac{11}{30}}{\frac{1}{10}}=\frac{11}{30}\times\frac{10}{1}=\frac{11}{3}$ घण्टे = $3\frac{2}{3}$ घण्टे

= 3 घण्टे $\frac{2}{3}\times 60$ मिनट = 3 घण्टे 40 मिनट

∴ टंकी अपराह्न 2 : 40 बजे खाली होगी।

28. पहले पाइप का समय = 3 घण्टे और दूसरे पाइप का समय = 3 घण्टे 45 मिनट = $3\frac{45}{60}$ घण्टे = $3\frac{3}{4}$ घण्टे = $\frac{15}{4}$ घण्टे

तीसरे पाइप का समय = 1 घण्टे, अतः तीनों पाइपों को एक साथ खोलने पर 1 घण्टे में

खाली किया गया भाग = $\frac{1}{1}-\frac{1}{3}-\frac{4}{15}=\frac{15-5-4}{15}=\frac{6}{15}=\frac{2}{5}$

$\frac{1}{2}$ भाग भरे टैंक को खाली होने में लगा समय = $\frac{\frac{1}{2}}{\frac{2}{5}}=\frac{1}{2}\times\frac{5}{2}=\frac{5}{4}=1\frac{1}{4}$ घण्टे =1 घण्टा $\frac{1}{4}\times 60$ मिनट

= 1 घण्टा 15 मिनट

29. A और B की टैंक भरने की क्षमता = $\frac{1}{10}+\frac{1}{40}=\frac{5}{40}=\frac{1}{8}$

∴ A और B एक साथ टैंक को 8 घण्टे अर्थात् 8 × 60 = 480 मिनट लगते हैं।

∴ A, B और आउटलेट पाइप C के खुले रहने पर कुल समय = 480 + 80 मिनट = 560 मिनट

= $\frac{560}{60}$ घण्टे = $\frac{3}{28}$ घण्टे

चूंकि A, B और C की एक साथ कार्य क्षमता = $\frac{3}{28}$, अतः $\frac{1}{8}-C$ की खाली करने की क्षमता = $\frac{3}{28}$

$\therefore$ C की खाली करने की क्षमता $= \frac{1}{8} - \frac{3}{28} = \frac{7-6}{56} = \frac{1}{56}$

परन्तु A और B द्वारा 7 घण्टे में भरा गया भाग $= \frac{1}{8} \times 7 = \frac{7}{8}$

अतः इस भरे भाग को C द्वारा खाली करने में लगा समय $= \frac{\left(\frac{7}{8}\right)}{\left(\frac{1}{56}\right)} = \frac{7}{8} \times \frac{56}{1} = 49$ घण्टे

30. X और Y की पानी भरने की संयुक्त कार्य क्षमता $= \frac{1}{16} + \frac{1}{20} = \frac{5+4}{80} = \frac{9}{80}$

$\therefore$ दोनों द्वारा 6 घंटें में भरी गयी टंकी $= 6 \times \frac{9}{80} = \frac{27}{40}$ भाग, अतः खाली टंकी $= 1 - \frac{27}{40} = \frac{13}{40}$ भाग

तीनों नलों X, Y तथा Z तीनों को एक साथ खोल देने पर 1 घंटे में भरा गया भाग $= \frac{9}{80} - \frac{1}{25} = \frac{45-16}{400} = \frac{29}{400}$ भाग

$\therefore$ 6 घण्टे के बाद खाली टंकी भरने में लगा समय $= \frac{\left(\frac{13}{40}\right)}{\left(\frac{29}{400}\right)} = \frac{13}{40} \times \frac{400}{29} = \frac{130}{29}$ घण्टे

$\therefore$ कुल समय $= 6 + \frac{130}{29} = \frac{174+130}{29} = \frac{304}{29}$ घण्टे

31. माना टंकी की क्षमता X गैलन है। अतः दोनों नलों की भरने की संयुक्त क्षमता $= \frac{x}{28} + \frac{x}{21} = \frac{3x+4x}{84} = \frac{7x}{84} = \frac{x}{12}$

$\therefore$ तीनों नलों को एक साथ खोलने पर 1 घण्टे में भरी टंकी $= \frac{x}{12} - 30$

परन्तु प्रश्नानुसार तीनों नलों द्वारा 1 घण्टे में भरी गयी टंकी $= \frac{x}{84}$ भाग

$\therefore \frac{x}{12} - 30 = \frac{x}{84} \Rightarrow \frac{x}{12} - \frac{x}{84} = 30 \Rightarrow \frac{7x-x}{84} = 30$

$\therefore \frac{6x}{84} = 30 \Rightarrow x = \frac{30 \times 84}{6} = 420$ गैलन, अतः टंकी की क्षमता = x = 420 गैलन

32. माना टंकी की क्षमता x गैलन है। अतः पहले दो नलों द्वारा एक साथ 1 घण्टे में भरा भाग $= \frac{x}{10} + \frac{x}{12}$

निकासी नल के साथ दोनों नलों को चालू रखने पर एक घण्टे में भरा भाग $= \frac{x}{20}$

$\therefore \frac{x}{10} + \frac{x}{12} - 80 = \frac{x}{20} \Rightarrow \frac{x}{10} + \frac{x}{12} - \frac{x}{20} = 80 \Rightarrow \frac{6x+5x-3x}{60} = 80 \Rightarrow \frac{8x}{60} = 80 \Rightarrow$ x = 600 गैलन

33. तीनों पाइपों के खुले होने पर 1 घण्टा में खाली किया गया भाग $= \left(\frac{1}{20} + \frac{1}{15} - \frac{1}{x}\right) = \left(\frac{7}{60} - \frac{1}{x}\right)$ भाग

$\therefore$ 40 मिनट में खाली किया गया भाग $= \frac{40}{60}\left(\frac{7}{60} - \frac{1}{x}\right) = \frac{2}{3}\left(\frac{7}{60} - \frac{1}{x}\right)$

$\therefore \frac{2}{3}\left(\frac{7}{60} - \frac{1}{x}\right) = \frac{1}{18} \Rightarrow \frac{7}{60} - \frac{1}{x} = \frac{1}{18} \times \frac{3}{2} = \frac{1}{12} \Rightarrow \frac{1}{x} = \frac{7}{60} - \frac{1}{12} = \frac{7-5}{60} = \frac{2}{60} = \frac{1}{30} \Rightarrow x = 30$

34. पाइप A टैंक को 1 घण्टे अर्थात् 60 मिनट में भरता है। अतः पाइप A द्वारा 1 मिनट में भरा गया भाग $= \frac{1}{60}$

पाइप B टैंक को 2 घण्टे अर्थात् 120 मिनट में भरता है। अतः पाइप B द्वारा 1 मिनट में भरा गया भाग $= \frac{1}{120}$

पाइप C भरे टैंक को एक घण्टे 15 मिनट अर्थात् 75 मिनट में खाली करता है।

$\therefore$ पाइप C द्वारा 1 मिनट में खाली किया गया भाग $= \frac{1}{75}$

अब A और C को चालू रखने पर 2 घण्टे में भरा भाग $= \left(\frac{1}{60} - \frac{1}{75}\right) \times 2 \times 60 = \frac{(5-4)}{300} \times 120 = \frac{1}{300} \times 120 = \frac{2}{5}$ भाग

B और C के चालू रहने पर 1 मिनट में खाली किया गया भाग $= \frac{1}{75} - \frac{1}{120} = \frac{8-5}{600} = \frac{3}{600} = \frac{1}{200}$

$\frac{2}{5}$ भाग को खाली होने में लगा समय $= \frac{\left(\frac{2}{5}\right)}{\left(\frac{1}{200}\right)} = \frac{2}{5} \times \frac{200}{1} = 80$ मिनट = 1 घण्टे 20 मिनट

$\therefore$ 9 बजे के 2 घण्टे, 1 घण्टे 20 मिनट बाद समय = 12 : 20 P.m.

35. $\because$ पाइप A, B और C एक साथ खोलने पर खाली टंकी को $\frac{30}{7}$ घण्टे में भरते हैं।

$\therefore$ पाइप A, B और C द्वारा 1 घण्टे में भरा गया भाग $= \frac{7}{30}$

$\therefore$ $\frac{1}{15}$ + पाइप B द्वारा 1 घण्टे में भरा गया भाग $- \frac{1}{12} = \frac{7}{30}$

$\therefore$ पाइप B द्वारा 1 घण्टे में भरा गया भाग $= \frac{7}{30} + \frac{1}{12} - \frac{1}{15} = \frac{14+5-4}{60} = \frac{15}{60} - \frac{1}{4}$

$\therefore$ पाइप B अकेले उस खाली टंकी को भरने में समय लेगा = 4 घण्टे

36. तीनों पाइपों A, B और C द्वारा एक 1 घण्टे में भरी गयी टंकी $= \frac{1}{16} + \frac{1}{24} - \frac{1}{40} = \frac{15+10-6}{240} = \frac{19}{240}$

$\therefore$ तीनों पाइपों द्वारा 10 घण्टे में भरी गयी टंकी $= \frac{19}{240} \times 10 = \frac{19}{24}$

$\therefore$ टंकी का खाली भाग $= 1 - \frac{19}{24} = \frac{24-19}{24} = \frac{5}{24}$

$\therefore$ A को बन्द करने के बाद पाइप B और C की एक साथ कार्यक्षमता $= \frac{1}{24} - \frac{1}{40} = \frac{5-3}{120} = \frac{2}{120} = \frac{1}{60}$

$\therefore$ खाली टंकी भरने में लगा समय $= \frac{\text{खाली भाग}}{\text{B और C की कार्य क्षमता}} = \frac{\left(\frac{5}{24}\right)}{\left(\frac{1}{60}\right)} = \frac{5}{24} \times \frac{60}{1} = \frac{25}{2} = 12\frac{1}{2}$ = घण्टे

37. 3 मिनट में भरी गयी बाल्टी $= 3 \times \left(\frac{1}{12} + \frac{1}{15}\right) = 3 \times \frac{9}{60} = \frac{9}{20}$, अतः खाली बाल्टी $= 1 - \frac{9}{20} = \frac{11}{20}$ भाग

$\therefore$ खाली बाल्टी B द्वारा भरने में लगा समय $= \frac{\frac{11}{20}}{\frac{1}{15}} = \frac{11}{20} \times \frac{15}{1} = \frac{33}{4} = 8\frac{1}{4}$ मिनट

$= 8$ मिनट $\frac{1}{4} \times 60$ सेकेण्ड = 8 मिनट 15 सेकण्ड

38. $\because$ हौज को 24 मिनट में भरना है। और पहला पाइप अन्त तक चलता है।

$\therefore$ पहले पाइप द्वारा 24 मिनट में भरा गया भाग $= 24 \times \frac{1}{30} = \frac{4}{5} \Rightarrow$ दूसरे पाइप द्वारा भरा गया भाग $= 1 - \frac{4}{5} = \frac{1}{5}$

$\therefore$ दूसरे पाइप द्वारा लिया गया समय $= \frac{\frac{1}{5}}{\frac{1}{40}} = \frac{1}{5} \times \frac{40}{1} = 8$, अतः दूसरे पाइप को 8 मिनट बाद बन्द करना चाहिए।

39. 5 मिनट में दोनों पाइपों द्वारा भरा गया हौज $= 5 \times \left(\frac{1}{20} + \frac{1}{25}\right) = 5 \times \frac{(5+4)}{100} = \frac{9}{20}$

खाली हौज $= 1 - \frac{9}{20} = \frac{11}{20}$, अतः अकेले पाइप A द्वारा खाली हौज भरने में लगा समय $= \frac{\frac{11}{20}}{\text{पाइप A की कार्य क्षमता}}$

$= \frac{\frac{11}{20}}{\frac{1}{20}} = \frac{11}{20} \times \frac{20}{1} = 11$ मिनट, अतः कुल समय $= 5 + 11 = 16$ मिनट

40. पाइप A की कार्य क्षमता $= \frac{1}{37\frac{1}{2}} = \frac{1}{\frac{75}{2}} = \frac{2}{75}$ भाग और पाइप B की कार्य क्षमता $= \frac{1}{45}$ भाग

$\because$ टंकी को 30 मिनट में भरना है और पाइप A अन्त तक चलता है।

$\therefore$ 30 मिनट में पहले पाइप द्वारा भरा गया भाग $= 30 \times \frac{2}{75} = \frac{4}{5} \Rightarrow$ खाली टंकी $= 1 - \frac{4}{5} = \frac{1}{5}$

$\therefore$ खाली टंकी $\frac{1}{5}$ भाग को B द्वारा भरने में लगा समय $= \frac{\frac{1}{5}}{\text{B की क्षमता}} = \frac{\frac{1}{5}}{\frac{1}{45}} = \frac{1}{5} \times \frac{45}{1} = 9$ मिनट

$\therefore$ 9 मिनट बाद पाइप B को बन्द करना चाहिए।

41. $\because$ पहले पाइप के बन्द करने के बाद 10 मिनट में बर्तन भरता है। अन्त के 10 मिनट में केवल दूसरा पाइप चलता है।

$\therefore$ दूसरे पाइप द्वारा 10 मिनट में भरा भाग $= 10 \times \frac{1}{30} = \frac{1}{3}$ भाग, अतः प्रारम्भ में दोनों द्वारा भरा गया भाग $= 1 - \frac{1}{3} = \frac{2}{3}$ भाग

दोनों पाइपों की कार्य क्षमता $= \frac{1}{20} + \frac{1}{30} = \frac{3+2}{60} = \frac{5}{60} = \frac{1}{12}$ भाग

$\therefore$ प्रारम्भ में $\frac{2}{3}$ भाग भरने में लगा समय $= \frac{\frac{2}{3}}{\frac{1}{12}} = \frac{2}{3} \times \frac{12}{1} = 8$ मिनट, अतः 8 मिनट बाद पहला पाइप बन्द करना चाहिए।

42. 10 घण्टे में तीनो नलों द्वारा भरा गया भाग $= \left(\frac{1}{15} + \frac{1}{20} - \frac{1}{25}\right) \times 10 = \left(\frac{20+15-12}{300}\right) \times \frac{23 \times 10}{300}$ भाग $= \frac{23}{30}$

A और B की कार्य क्षमता $= \frac{1}{15} + \frac{1}{20} = \frac{4+3}{60} = \frac{7}{60}$ और 10 घण्टे के बाद खाली टंकी $= 1 - \frac{23}{30} = \frac{7}{30}$

$\therefore$ खाली टंकी को A और B द्वारा भरने में लगा समय $= \frac{\text{खाली भाग}}{\text{A और B की कार्य क्षमता}} = \frac{\frac{7}{30}}{\frac{7}{60}} = \frac{7}{30} \times \frac{60}{7} = 2$ घण्टे

$\therefore$ टंकी भरने में कुल समय $= 10 + 2 = 12$ घण्टे

43. नल A और B की कार्य क्षमता $= \frac{1}{10} + \frac{1}{15} = \frac{3+2}{30} = \frac{5}{30} = \frac{1}{6}$

$\therefore$ यदि निकास नल न खुला होता तो हौज 6 मिनट में भर जाता। अतः निकास नल 6 मिनट बाद बन्द किया गया। इसके 4 मिनट बाद हौज भर जाता है।

माना निकास नल हौज को x मिनट में खाली कर सकता है।

$\therefore$ प्रारम्भ के 6 मिनट में तीनों नलों का काम + बाद में 4 मिनट में A और B का काम = 1

$\therefore \left(\frac{1}{6} - \frac{1}{x}\right) \times 6 + \frac{1}{6} \times 4 = 1 \Rightarrow \left(\frac{1}{6} - \frac{1}{x}\right) \times 6 = 1 - \frac{2}{3} = \frac{1}{3} \Rightarrow \frac{1}{6} - \frac{1}{x} = \frac{1}{3 \times 6} = \frac{1}{18}$

$\therefore \frac{1}{x} = \frac{1}{6} - \frac{1}{18} = \frac{3-1}{18} = \frac{2}{18} = \frac{1}{9}$, अतः $x = 9$ मिनट

44. A, B, C तीनों द्वारा 1 घण्टे में भरा गया भाग $= \frac{1}{6}$ भाग

$\therefore$ तीनों द्वारा 2 घण्टे में भरा भाग $= \frac{1}{6} \times 2 = \frac{1}{3}$ भाग, अतः शेष भाग $= 1 - \frac{1}{3} = \frac{2}{3}$ भाग

$\therefore$ A और B द्वारा 7 घण्टे में भरा गया भाग $= \frac{2}{3}$ भाग

$\therefore$ A और B द्वारा 1 घण्टे में भरा गया भाग $= \frac{2}{3 \times 7} = \frac{2}{21}$ भाग

$\therefore$ C द्वारा 1 घण्टे में भरा गया भाग $= \frac{1}{6} - \frac{2}{21} = \frac{7-4}{42} = \frac{3}{42} = \frac{1}{14}$, अतः अकेले C हौज को 14 घण्टे में भर देगा।

45. 10 घण्टे में तीनो नलों द्वारा भरा गया भाग $= \left(\frac{1}{15}+\frac{1}{20}-\frac{1}{25}\right)\times 10 = \left(\frac{20+15-12}{300}\right)\times\frac{23\times 10}{300}$ भाग $= \frac{23}{30}$

A और B की कार्य क्षमता $= \frac{1}{15}+\frac{1}{20}=\frac{4+3}{60}=\frac{7}{60}$ परन्तु 10 घण्टे के बाद खाली टंकी $= 1-\frac{23}{30}=\frac{7}{30}$

$\therefore$ खाली टंकी को A और B द्वारा भरने में लगा समय $= \frac{\text{खाली भाग}}{\text{A और B की कार्य क्षमता}} = \frac{\frac{7}{30}}{\frac{7}{60}} = \frac{7}{30}\times\frac{60}{7} = 2$ घण्टे

$\therefore$ टंकी भरने में कुल समय = 10 + 2 = 12 घण्टे

46. भरने वाले पाइप की कार्य क्षमता $= \frac{1}{40}$ और खाली करने वाले पाइप की कार्य क्षमता $= \frac{1}{60}$

15 मिनट में खाली किया गया भाग $= \frac{1}{60}\times 15 = \frac{1}{4}$ भाग

$\therefore$ ड्रम का भरा भाग $= \frac{2}{3}-\frac{1}{4}=\frac{8-3}{12}=\frac{5}{12}$, इसके बाद खाली ड्रम $= 1-\frac{5}{12}=\frac{7}{12}$

$\therefore$ $\frac{7}{12}$ भाग को भरने में लगा समय $= \frac{\frac{7}{12}}{\frac{1}{40}}=\frac{7}{12}\times\frac{40}{1}=\frac{70}{3}$ मिनट $= 23\frac{1}{3}$ मिनट

47. 11 पूर्वाह्न से 2 पूर्वाह्न तक कुल समय = 1+ 12 + 2 = 15 घण्टे

15 घण्टे में Q द्वारा भरी गयी टंकी $= 15\times\frac{1}{18}=\frac{5}{6}$ भाग

P द्वारा भरी गयी टंकी $= 1-\frac{5}{6}=\frac{1}{6}$ भाग, अतः P द्वारा लिया गया समय $= \frac{1}{6}\Big/\frac{1}{24}=\frac{1}{6}\times\frac{24}{1}=4$

11 पूर्वाह्न के 4 घण्टे बाद अर्थात् 3 PM पर नल P को बन्द कर देना चाहिए।

48. चूंकि $\frac{1}{3}$ भाग = 80 ली., अतः 1 भाग = 80 × 3 ली.

$\therefore$ $\frac{1}{2}$ भाग $= \frac{80\times 3}{2}$ ली. = 120 ली.

49. (बर्तन + पूरा भरा पानी) का वजन = 16.5 किग्रा. ....(i)

परन्तु (बर्तन + $\frac{1}{4}$ भाग पानी) का वजन = 5.25 किग्रा.

$\therefore$ $\frac{(4\times \text{ बर्तन} + \text{पूरा भरा पानी})}{4}$ का वजन = 5.25 किग्रा.

$\therefore$ (4 × बर्तन + पूरा भरा पानी) का वजन = 5.25 × 4 किग्रा. = 21.00 किग्रा.

(4 × बर्तन + पूरा भरा पानी) का वजन = 21.00 किग्रा. ....(ii)

समी. (ii) − समी. (i) से, 3 × बर्तन का वजन = 21.00 − 16.5 = 4.5 किग्रा.

$\therefore$ बर्तन का वजन $=\frac{4.5}{3}=1.5$ किग्रा.

50. धारिता का $\frac{3}{4}$ भाग = 30 ली., अतः धारिता × $\frac{3}{4}$ = 30 ली. ⇒ धारिता $= \frac{30\times 4}{3} = 40$ ली.

51. $\frac{6}{7}$ भाग − 60 ली. = $\frac{4}{5}$ भाग ⇒ $\frac{6}{7}$ भाग − $\frac{4}{5}$ भाग = 60 ली.

$\therefore$ $\frac{30-28}{35}$ भाग = 60 ली. ⇒ $\frac{2}{35}$ भाग = 60 ली.

$\therefore$ पूरा भाग $= \frac{60\times 35}{2}$ ली. = 1050 ली., अतः टंकी की क्षमता = 1050 ली.

52. माना एक पाइप x घण्टे में तथा दूसरा (x + 10) घण्टे में भरता है।

$\therefore$ $\frac{1}{x}+\frac{1}{x+10}=\frac{1}{12}$ अर्थात् $\frac{x+10+x}{x(x+10)}=\frac{1}{12} \Rightarrow \frac{2x+10}{x^2+10x}=\frac{1}{12} \Rightarrow x^2+10x=24x+120$

$\therefore$ $x^2-14x-120=0$ या $x^2-20x+6x-120=0 \Rightarrow x(x-20)+6(x-20)=0$ या $(x-20)(x+6)=0$

$\therefore$ $x+6\neq 0$, अतः $x-20=0 \Rightarrow x=20$ घण्टे, अतः दूसरा पाइप $x+10=20+10=30$ घण्टे का समय लेगा।

53. टंकी की धारिता = 12 × 13.5 = 162 ली., अतः 9 ली. क्षमता वाली बाल्टियों की संख्या = $\frac{162}{9}=18$

54. यदि दो पाइपों की त्रिज्याएं r_1 तथा r_2 हों तथा उनके द्वारा हौज या टंकी को भरने में लगा समय t_1, t_2 हों तो –

$$\frac{t_1}{t_2}=\left(\frac{r_2}{r_1}\right)^2 \Rightarrow \frac{40}{t_2}=\left(\frac{\frac{2d}{2}}{\frac{d}{2}}\right)^2=\left(\frac{\frac{d}{1}}{\frac{d}{2}}\right)^2=\left(\frac{d}{1}\times\frac{2}{d}\right)^2$$, अतः $\frac{40}{t_2}=\left(\frac{2}{1}\right)^2=\frac{4}{1}\Rightarrow t_2=\frac{40}{4}=10$ मिनट

55. प्रवाहों में अनुपात $=\left(\frac{r_2}{r_1}\right)^2=\left(\frac{2}{1}\right)^2=\frac{4}{1}=4:1$

56. एक चक्र अर्थात् 2 घण्टे $\Rightarrow$ {पहले घण्टे में $\rightarrow A+B$; दूसरे घण्टे में $\rightarrow A+C$}

∴ एक चक्र (2 घण्टे) में भरा गया भाग $=\frac{1}{12}+\frac{1}{15}+\frac{1}{12}+\frac{1}{20}=\frac{5+4+5+3}{60}=\frac{17}{60}$ भाग

∴ 3 चक्र में भरा भाग अर्थात् 6 घण्टों में भरा भाग $=\frac{17}{60}\times 3=\frac{17}{20}$, अतः शेष भाग $=1-\frac{17}{20}=\frac{3}{20}$ भाग

अब 7वें घण्टे में A और B की बारी होगी जिनकी कार्य क्षमता $=\frac{1}{12}+\frac{1}{15}=\frac{5+4}{60}=\frac{9}{60}=\frac{3}{20}$

∴ 7वें घण्टे में शेष भाग भी भर जायेगा। अतः कुल समय = 7 घण्टे

57. पाइप X की कार्य क्षमता $=\frac{1}{20}$ तथा पाइप Y की कार्य क्षमता $=\frac{1}{35}$

∴ एक चक्र (अर्थात् 2 घण्टे) में भरी गयी टंकी $=\frac{1}{20}+\frac{1}{35}=\frac{7+4}{140}=\frac{11}{140}$

∴ 12 चक्र अर्थात् 24 घण्टे में भरी गयी टंकी $=\frac{11}{140}\times 12=\frac{33}{35}$ भाग

∴ 24 घंटे बाद खाली टंकी $=1-\frac{33}{35}=\frac{2}{35}$

∵ 25वें घण्टे में Y का क्रम होगा और वह $\frac{1}{35}$ भाग टंकी का भर देगा।

∴ 25 घण्टे बाद खाली टंकी $=\frac{2}{35}-\frac{1}{35}=\frac{1}{35}$ भाग, अतः अब पाइप X खाली $\frac{1}{35}$ भाग को भरेगा।

∴ $\frac{1}{35}$ भाग भरने में X द्वारा लिया गया समय $=\frac{\left(\frac{1}{35}\right)}{\text{X कार्य क्षमता}}=\frac{\left(\frac{1}{35}\right)}{\left(\frac{1}{20}\right)}=\frac{1}{35}\times\frac{20}{1}=\frac{4}{7}$ घण्टे

∴ कुल समय $=25+\frac{4}{7}=\frac{179}{7}$ घण्टे

58. माना पाइप A अकेले x घण्टे में और पाइप B $(x+5)$ घण्टों में टंकी को भर लेता है।

∴ $\frac{1}{x}+\frac{1}{(x+5)}=\frac{1}{6}\Rightarrow\frac{x+5+x}{x(x+5)}=\frac{1}{6}\Rightarrow\frac{2x+5}{x^2+5x}=\frac{1}{6}\Rightarrow x^2+5x=12x+30$

∴ $x^2+5x-12x-30\Rightarrow x^2-7x-30=0\Rightarrow(x-10)(x+3)=0$

∴ $x+3\neq 0$, अतः $x-10=0\Rightarrow x=10$ घण्टे

∴ पाइप A को अकेले चालू करने पर लगने वाला समय = 10 घण्टे

19 चाल, समय और दूरी (Speed, Time & Distance)

1. दूरी = चाल × समय 2. चाल $= \frac{\text{दूरी}}{\text{समय}}$ 3. समय $= \frac{\text{दूरी}}{\text{चाल}}$

4. 1 किमी./घण्टा $= \frac{5}{18}$ मी./से. 5. 1मी./से. $= \frac{18}{5}$ किमी./घण्टा

अध्याय पर आधारित प्रश्नों के प्रकार

'चाल, समय और दूरी' अध्याय से विभिन्न प्रतियोगी परीक्षाओं में पूछे गये और पूछे जा सकने वाले प्रश्नों को 10 प्रकारों में बांट सकते है।

1. साधारण प्रश्न
2. जब कोई दूरी भिन्न-भिन्न चाल से चली जाय
3. जब दो व्यक्ति एक ही दिशा में चलें
4. जब दो व्यक्ति परस्पर विपरीत दिशा में चलें
5. औसत चाल पर आधारित प्रश्न
6. जब कोई व्यक्ति अपनी आंशिक चाल से चले
7. अनुपात पर आधारित प्रश्न
8. जब व्यक्ति पहले या देर से पहुँचे
9. वृत्तीय गति पर आधारित प्रश्न
10. विविध प्रश्न

उदाहरणार्थ हल प्रश्न

1 साधारण प्रश्न

1. एक स्कूटर चालक 60 किमी./घण्टा की चाल से चल रहा है। $1\frac{1}{2}$ घण्टे में वह कितनी दूरी चल लेगा?
2. एक गाड़ी 180 किमी. की दूरी 4 घण्टे में तय करती है। यदि वह दो तिहाई चाल से चले तो कितना अधिक समय लगेगा?
3. एक घोड़ा 30 किमी./घण्टा की रफ्तार से दौड़ता है और उसकी दौड़ 2 घण्टे में पूरी हो जाती है यदि वह $1\frac{1}{2}$ घण्टे में ही दौड़ पूरी करना चाहे तो उसे किस चाल से दौड़ना पड़ेगा?
4. 50 किमी./घण्टा की चाल से चलती हुई एक कार $2\frac{1}{2}$ घण्टे तक यात्रा करती है यदि वह 20% तेज चले तो उस यात्रा को कितने समय में पूरा कर लेगी?

1. दूरी = चाल × समय 2. चाल $= \frac{\text{दूरी}}{\text{समय}}$ 3. समय $= \frac{\text{दूरी}}{\text{चाल}}$

4. यदि वस्तु 20% तेज चले तो नयी चाल = प्रारम्भिक चाल $\times \frac{120}{100}$

5. यदि वस्तु 20% धीमी चले तो नयी चाल = प्रारम्भिक चाल $\times \frac{80}{100}$

हल

1. 60 किमी/घण्टा की चाल से $1\frac{1}{2} = \frac{3}{2}$ घण्टे में चली गयी दूरी = चाल × समय $= 60 \times \frac{3}{2} = 90$ किमी.
2. गाड़ी की चाल $= \frac{\text{दूरी}}{\text{समय}} = \frac{180}{4} = 45$ किमी./घण्टा, अतः दो तिहाई चाल $= 45 \times \frac{2}{3} = 30$ किमी./घण्टा
   $\therefore$ इस चाल से समय $= \frac{\text{दूरी}}{\text{चाल}} = \frac{180}{3} = 6$ घण्टे, अतः अधिक समय $= 6 - 4 = 2$ घण्टे
3. दौड़ की दूरी = चाल × समय $= 30 \times 2 = 60$ किमी.
   $1\frac{1}{2}$ घण्टे में दौड़ पूरी करने के लिए चाल $= \frac{\text{दूरी}}{\text{समय}} = \frac{60}{\frac{3}{2}} = 60 \times \frac{2}{3} = 40$ किमी./घण्टा
4. दूरी $= 50 \times \frac{5}{2} = 125$ किमी. और 20 % तेज चलने पर नयी चाल $= 50 \times \frac{120}{100} = 60$ किमी./घण्टा
   नयी चाल से समय $= \frac{125}{60}$ घण्टे $= 2\frac{1}{12}$ घण्टे = 2 घण्टे 5 मिनट

2 जब कोई दूरी भिन्न-भिन्न चाल से चली जाय

1. क्योंकि किसी यात्रा का आधा भाग 21 किमी./घण्टा तथा शेष भाग 24 किमी./घण्टा की चाल से चल कर पूरी यात्रा 10 घण्टे में चल लेता है। यात्रा की कुल दूरी ज्ञात कीजिए।
2. एक साइकिल सवार एक निश्चित दूरी का आधा 6 किमी./घण्टा तथा शेष आधा 5 किमी./घण्टा की चाल से चल कर कुल 11 घण्टे का समय लेता है। वह दूरी कितनी है?
3. एक व्यक्ति तीन समान दूरियों को क्रमशः 15 किमी./घण्टा, 12 किमी./घण्टा तथा 20 किमी./घण्टा की चाल से तय करता है। यदि तीनों दूरियों को तय करने में कुल 12 घण्टे लगे हों तो प्रत्येक दूरी कितनी-कितनी है?

हल

1. माना यात्रा की कुल दूरी $2x$ किमी. है।

$\therefore \frac{x}{21}+\frac{x}{24}=10$ या $\frac{8x+7x}{168}=10$ या $\frac{15x}{168}=10 \Rightarrow x=\frac{10\times 168}{15}=112$

$\therefore$ कुल दूरी $= 2x = 2\times 112 = 224$ किमी.

2. माना वह निश्चित दूरी $2x$ किमी. है। अतः $\frac{x}{6}+\frac{x}{5}=11$ या $\frac{5x+6x}{30}=11$ किमी.

$\therefore \frac{11x}{30}=11$ या $x=\frac{11\times 30}{11}=30$ किमी., अतः निश्चित दूरी $=2x=2\times 30=60$ किमी.

3. माना प्रत्येक दूरी x किमी. है। अतः $\frac{x}{15}+\frac{x}{12}+\frac{x}{20}=12 \Rightarrow \frac{4x+5x+3x}{60}=12$

$\therefore \frac{12x}{60}=12$ या $x=\frac{60\times 12}{12}=60$ किमी., अतः प्रत्येक दूरी $=x=60$ किमी.

3 जब दो व्यक्ति एक ही दिशा में चलें

[A] 1. स्थान A पर एक सिपाही खड़ा था। उससे 500 मी. दूरी पर स्थान B पर एक चोर उसे देखता है और आगे की ओर 15 किमी./घण्टा की रफ्तार से भागता है। उसी क्षण सिपाही 20 किमी./घण्टा की रफ्तार से उसका पीछा करता है। ज्ञात कीजिए कि (a) सिपाही चोर को कितने समय में पकड़ लेगा? (b) सिपाही अपने स्थान से कितनी दूरी पर चोर को पकड़ेगा?

2. एक कुत्ता 260 मी. दूरी पर बिल्ली को देखता है। बिल्ली तुरन्त 12 किमी./घण्टा की चाल से भागी उसी क्षण कुत्ता 25 किमी./घण्टा की चाल से उसे पकड़ने के लिए दौड़ता है। बताइये (a) कुत्ता बिल्ली को कितने देर में पकड़ लेगा? (b) बिल्ली के स्थान से कितनी दूरी पर कुत्ता उसे पकड़ेगा?

> *पहला व्यक्ति – – – – – – – – दूसरा व्यक्ति – – – – – पकड़ने का स्थान*
> *यदि दो व्यक्ति दो स्थानों पर हों और पहला व्यक्ति दूसरे व्यक्ति को पकड़ने के लिए दौड़े तथा दूसरा व्यक्ति भी अपने स्थान से आगे की ओर भागे तो पकड़ने में लगा समय* $=\frac{\text{दोनों की बीच की दूरी}}{\text{दोनों की चालों में अन्तर}}$

हल

1. (a) चोर को पकड़ने का समय $=\frac{500 \text{ मी.}}{(20-15) \text{ किमी./ घण्टा}}=\frac{0.500 \text{ किमी.}}{5 \text{ किमी./ घण्टा}}=0.1$ घण्टा $=6.0$ मिनट

(b) सिपाही के स्थान से पकड़ने की दूरी = सिपाही की चाल × समय $= 20 \times 0.1 = 2.0$ किमी.

$\therefore$ सिपाही अपने स्थान से 2 किमी की दूरी पर 6 मिनट बाद चोर को पकड़ लेगा।

2. (a) बिल्ली को पकड़ने में लगा समय $=\frac{260 \text{ मी.}}{(25-12) \text{ किमी./ घण्टा}}=\frac{0.260 \text{ किमी.}}{13 \text{ किमी./ घण्टा}}=0.02$ घण्टे $=1.2$ मिनट

(b) बिल्ली के स्थान से पकड़ने की दूरी = बिल्ली की चाल × समय $=12\times 0.02=0.240$ किमी. $=240$ मी.

$\therefore$ कुत्ता बिल्ली के स्थान से 240 मी. दूरी पर 1.2 मिनट बाद उसे पकड़ लेगा।

[B] 1. दो व्यक्ति एक स्थान से क्रमशः 8 किमी./घण्टा तथा 10 किमी./घण्टा की चाल से चलते हैं। यदि पहला व्यक्ति गन्तव्य तक जाने में दूसरे व्यक्ति से 30 मिनट अधिक समय ले तो उनके द्वारा चली गयी दूरी ज्ञात कीजिए।

2. एक कार किसी स्थान से 40 किमी./घण्टे की चाल से चली। उसके आधे घण्टे बाद दूसरी कार उसी स्थान से उसी दिशा में 50 किमी./घण्टा की चाल से चली। बताइये दूसरी कार पहली कार को कितने समय बाद और कितनी दूरी पर पकड़ लेगी?

> *(a) यदि दो व्यक्ति एक ही स्थान से भिन्न-भिन्न चाल से किसी दूसरे स्थान तक चलें और एक व्यक्ति दूसरे से t घण्टे अधिक समय ले तो चली गयी दूरी* $= \dfrac{\text{दोनों की चालों का गुणनफल}}{\text{दोनों की चालों का अन्तर}} \times t$
>
> *(b) यदि दो व्यक्ति दो स्थानों से एक साथ चलना शुरू करें तो तेज व्यक्ति द्वारा धीमे व्यक्ति को पकड़ने में लगा समय* $= \dfrac{\text{दोनों की बीच की दूरी}}{\text{दोनों की चालों में अन्तर}}$

हल

1. $t = 30$ मिनट $= \dfrac{30}{60}$ घण्टे $= \dfrac{1}{2}$ घण्टे, अतः चली गयी दूरी $= \dfrac{8\times10\times\frac{1}{2}}{10-8} = \dfrac{4\times10}{2} = 20$ किमी.

2. ⟵ 20 किमी. ⟶

पहली कार 40 किमी./घंटा →→→→→→→→→→ आधे घंटे बाद पहली कार 40 किमी./घं.

दूसरी कार 50 किमी./घंटा →→→→→→

∴ आधे घण्टे में पहली कार द्वारा चली गयी दूरी $= 40\times\dfrac{1}{2} = 20$ किमी.

∴ दूसरी कार द्वारा पहली कार को पकड़ने में लगा समय $= \dfrac{\text{दोनों की बीच की दूरी}}{\text{दोनों की चालों में अन्तर}} = \dfrac{20}{10}$ घण्टे $= 2$ घण्टे

पकड़ने में चली गयी दूरी = दूसरी कार की चाल × समय $= 50 \times 2 = 100$ किमी.

∴ दूसरी कार 100 किमी दूरी पर 2 घण्टे बाद पहली कार को पकड़ लेगी।

4 जब दो व्यक्ति परस्पर विपरीत दिशा में चले

[A] 1. दो मित्रों का घर एक-दूसरे से 90 किमी. दूर है। दोनों अपने घर से क्रमशः 20 किमी./घण्टा और 25 किमी./घण्टा की चाल से एक-दूसरे से मिलने चलते हैं। दोनों पहले मित्र के घर से कितनी दूरी पर मिलेंगे? और कितने समय बाद मिलेंगे?

2. एक मोटर साइकिल सवार स्थान P से 50 किमी./घण्टा की चाल से स्थान Q के लिए 10 बजे प्रातः चला। उसी समय एक दूसरा मोटर साइकिल सवार 40 किमी./घण्टा की चाल से Q से P की ओर चला। यदि P से Q की दूरी 120 किमी. हो तो वे कितने बजे एक दूसरे से मिलेंगे?

3. दो स्थान एक-दूसरे से 100 किमी. दूर हैं। एक व्यक्ति पहले स्थान से प्रातः 8 बजे 30 किमी./घण्टा की चाल से दूसरे स्थान को चला। उसके 1 घण्टे बाद दूसरा व्यक्ति 40 किमी./घण्टा की चाल से दूसरे स्थान से पहले स्थान को चला। दोनों कितने बजे और किस स्थान पर एक-दूसरे से मिलेंगें?

> मिलने का स्थान
>
> ♀ पहला व्यक्ति →→→→→→→→ ¦ ←←←←←←←← दूसरा व्यक्ति ♀
>
> *यदि दो व्यक्ति दो स्थानों से एक दूसरे की ओर चलें तो दोनों के एक दूसरे से मिलने में लगा समय*
>
> $= \dfrac{\text{दोनों स्थानों के बीच की दूरी}}{\text{दोनों व्यक्तियों की चालों का योग}}$

हल

1. दोनों मित्रों के मिलने में लगा समय $= \dfrac{90}{20+25} = \dfrac{90}{45} = 2$ घण्टे

∴ पहले मित्र के घर से मिलने तक की दूरी = पहले मित्र की चाल × समय $= 20 \times 2 = 40$ किमी.

अतः पहले मित्र के घर से 40 किमी. दूरी पर दोनो 2 घण्टे बाद मिलेंगें।

2. स्थान P ⟵ 120 किमी ⟶ स्थान Q

प्रातः 10 बजे — प्रातः 10 बजे

50 किमी./घण्टा →→→→→→ मिलने का स्थान ←←←←←← 40 किमी./घण्टा

मिलने में लगा समय $= \dfrac{\text{दोनों की बीच की दूरी}}{\text{दोनों की चालों का योग}} = \dfrac{120}{90} = 1\dfrac{1}{3}$ घण्टे = 1घण्टे 20 मिनट

अतः दोनों 11 बजकर 20 मिनट पर मिलेंगे

3. पहला स्थान ←———— 100 किमी ————→ दूसरा स्थान

पहला व्यक्ति ♀ पहला व्यक्ति ♀ दूसरा व्यक्ति ♀

प्रातः 8 बजे 30 किमी/घण्टा → → → → 9 बजे ← ← ← ← ← 9 बजे 40 किमी/घण्टा

1 घण्टे में पहले व्यक्ति द्वारा चली गयी दूरी $= 30 \times 1 = 30$ किमी.

∴ 9 बजे दोनों व्यक्तियों के बीच की दूरी $= 100 - 30 = 70$

∴ 9 बजे के बाद दोनों के मिलने का समय $= \dfrac{\text{9 दोनों बजे के बीच की दूरी}}{\text{दोनों की चालों का योग}} = \dfrac{70}{70} = 1$ घण्टे

अतः 9 बजे के 1घण्टे बाद अर्थात 10 बजे दोनों व्यक्ति मिलेंगे।

अब पहले व्यक्ति द्वारा लिया गया समय $= 10 - 8 = 2$ घण्टे, अतः मिलने तक की दूरी = पहले व्यक्ति की चाल $\times 2 = 30 \times 2 = 60$

∴ पहले स्थान से 60 किमी दूरी पर 10 बजे दोनों मिलेंगे।

[B] 1. रोडवेज की दो बसें दो स्टेशनों से एक-दूसरे की ओर प्रस्थान करती हैं और दोनों स्टेशनों के बीच किसी स्थान पर मिलने के बाद क्रमशः 6 घण्टे 40 मिनट तथा 3 घण्टे 45 मिनट बाद अपने गन्तव्य स्टेशन पर पहुँचती हैं। यदि दूसरी बस 60 किमी./घण्टा की चाल से चली हो तो पहली बस किस चाल से चली होगी?

2. दो ट्रेन, एक हावड़ा से पटना एवं दूसरी पटना से हावड़ा के लिए एक ही समय में चलना शुरू की। उनके मिलने के बाद, गन्तव्यों पर दोनों ट्रेन क्रमशः 9 घण्टे एवं 16 घण्टे बाद पहुँची। उनकी प्रति घण्टा चाल का अनुपात ज्ञात कीजिए।

पहला स्थान ● *● दूसरा स्थान*

पहली वस्तु → → → → → *← ← ← ← ← दूसरी वस्तु*

यदि दो वस्तुएं दो स्थानों से एक-दूसरे की ओर चले और बीच में कहीं एक-दूसरे से मिलने के बाद क्रमशः t_1 तथा t_2 समय में अपने-अपने गन्तव्य पर पहुँचे तो, $\dfrac{\text{पहली वस्तु की चाल}}{\text{दूसरी वस्तु की चाल}} = \sqrt{\dfrac{\text{दूसरी वस्तु का समय } t_2}{\text{पहली वस्तु का समय } t_1}}$

हल

1. $t_1 = 6$ घण्टे 40 मिनट $= 6 \times 60$ मिनट + 40 मिनट = 400 मिनट

$t_2 = 3$ घण्टे 45 मिनट $= 3 \times 60$ मिनट + 45 मिनट = 225 मिनट

∴ $\dfrac{\text{पहली बस की चाल}}{\text{दूसरी बस की चाल}} = \sqrt{\dfrac{\text{दूसरी बस का समय } t_2}{\text{पहली बस का समय } t_1}}$

∴ $\dfrac{\text{पहली बस की चाल}}{60} = \sqrt{\dfrac{225}{400}} = \dfrac{15}{20} = \dfrac{3}{4}$, अतः पहली बस की चाल $= 60 \times \dfrac{3}{4} = 45$ किमी./घण्टा

2. $\dfrac{\text{पहली ट्रेन की चाल}}{\text{दूसरी ट्रेन की चाल}} = \sqrt{\dfrac{16}{9}} = \dfrac{4}{3} = 4:3$

5 औसत चाल पर आधारित प्रश्न

1. एक व्यक्ति स्थान A से स्थान B तक 12 किमी./घण्टा की चाल से जाता है जबकि स्थान B से स्थान A को 15 किमी./घण्टा की चाल से वापस आता है। व्यक्ति की औसत चाल ज्ञात कीजिए।
2. मोहन A से B तक 10 किमी./घण्टा, B से C तक 15 किमी./घण्टा तथा C से D तक 25 किमी./घण्टा की चाल से चलता है। यदि AB = BC = CD तो पूरी यात्रा में उसकी औसत चाल क्या होगी?
3. एक व्यक्ति 10 किमी. की दूरी 5 किमी./घण्टा, 12 किमी. की दूरी 4 किमी./घण्टा तथा 15 किमी. की दूरी 3 किमी./घण्टा की चाल से चलता है। पूरी यात्रा में उसकी औसत चाल ज्ञात कीजिए।

(A) यदि x और y चाल से दो बराबर दूरियाँ चली गयी हों तो औसत चाल $= \frac{2xy}{x+y}$
(B) यदि x, y और z चाल से तीन बराबर दूरियां चली गयी हों तो औसत चाल $= \frac{3xyz}{xy+yz+zx}$
(C) यदि भिन्न-भिन्न चालों से भिन्न-भिन्न दूरियां चली गयी हों तो औसत चाल $= \frac{\text{पूरी यात्रा की कुल दूरी}}{\text{पूरी यात्रा में लगा कुल समय}}$

1. औसत चाल $= \frac{2\times12\times15}{12+15} = \frac{2\times12\times15}{27} = \frac{40}{3} = 13\frac{1}{3}$ किमी./घण्टा
2. औसत चाल $= \frac{3\times10\times15\times25}{10\times15+15\times25+25\times10} = \frac{3\times10\times15\times25}{775} = 14\frac{16}{31}$ किमी./घण्टा
3. 10 किमी. में समय $= \frac{10}{5} = 2$ घण्टे, अतः 12 किमी. में समय $= \frac{12}{4} = 3$ घण्टे, अतः कुल समय $= 2+3+5 = 10$ घण्टे

   15 किमी. में समय $= \frac{15}{3} = 5$ घण्टे, अतः औसत चाल $= \frac{10+12+15}{10} = \frac{37}{10} = 3.7$ किमी./घण्टा

6 जब कोई व्यक्ति अपनी आंशिक चाल से चले

1. एक विद्यार्थी साइकिल द्वारा घर से स्कूल जाता है। यदि वह अपनी नियत चाल के $\frac{4}{5}$ चाल से चले तो 18 मिनट देर से पहुँचता है। नियत चाल से जाने पर कितना समय लगेगा?
2. एक व्यक्ति अपने घर से दुकान तक पैदल जाता है। यदि वह अपनी सामान्य चाल के $\frac{5}{4}$ चाल से चले तो 24 मिनट पहले पहुँच जायेगा। सामान्य चाल से चलने पर कितना समय लगेगा?
3. राम 12 किमी./घण्टा की चाल से अपने घर से दफ्तर जाता है। यदि वह अपनी $\frac{5}{6}$ चाल से चले तो 20 मिनट देर से पहुँचेगा। उसके घर से दफ्तर की दूरी ज्ञात कीजिए।

यदि कोई व्यक्ति अपनी नियत चाल के $\frac{a}{b}$ चाल (अर्थात आंशिक चाल) से चलने पर अपने गन्तव्य तक t घण्टे बाद में पहुँचें, अथवा   *यदि कोई व्यक्ति अपनी नियत चाल के $\frac{a}{b}$ चाल (अर्थात नियत चाल से अधिक चाल) से चलने पर अपने गन्तव्य तक t घण्टे पहले पहुँचें, तो नियत चाल से जाने में लगा समय* $= \frac{a}{a\sim b}\times t$

हल

1. नियत चाल से समय $= \frac{4}{4\sim5}\times\frac{18}{60}$ घण्टे $= \frac{4}{(5-4)}\times\frac{18}{60} = \frac{4}{1}\times\frac{18}{60} = \frac{6}{5} = 1\frac{1}{5}$ घण्टे
2. सामान्य चाल से समय $= \frac{5}{5\sim4}\times\frac{24}{60}$ घण्टे $= \frac{5\times24}{1\times60} = 2$ घण्टे
3. सामान्य चाल से समय $= \frac{5}{5\sim6}\times\frac{20}{60}$ घण्टे $= \frac{5\times20}{1\times60} = \frac{5}{3}$ घण्टे, अतः घर से दफ्तर की दूरी = चाल × समय $= 12\times\frac{5}{3} = 20$ किमी.

7 अनुपात पर आधारित प्रश्न

1. A और B की चालों का अनुपात 5 : 4 है। किसी दूरी को तय करने में B, A से 2 घण्टे अधिक समय लेता है। बताइये दोनों वह दूरी कितने-कितने समय में तय करेंगे।
2. दो व्यक्ति एक स्थान से दूसरे स्थान तक जाने में 5 : 4 के अनुपात में समय लगाते हैं। यदि पहले व्यक्ति की चाल 16 किमी./घण्टा हो तो दूसरे व्यक्ति की चाल ज्ञात कीजिए।
3. दो साइकिल सवार कोई दूरी 8 : 5 की चाल से तय करते हैं। यदि पहला साइकिल सवार दूसरे साइकिल सवार से 15 किमी./घण्टा तेज चले तो दूसरे साइकिल सवार की चाल ज्ञात कीजिए।

चाल और समय में प्रतिलोम (विलोम) अनुपात होता है। अर्थात यदि दो व्यक्तियों की चालों में $x : y$ का अनुपात हो तो किसी दूरी को तय करने में उनके द्वारा लिये गये समयों में $y : x$ का अनुपात होगा।

हल

1. A तथा B की चालों में अनुपात = 5 : 4, अतः A और B द्वारा लिये गये समयों में अनुपात = 4 : 5

   ∴ माना A, 4 t घण्टे में तथा B, 5 t घण्टे में वह दूरी तय करता है। अतः 5 t − 4 t = 2 अर्थात t = 2 घण्टे

   ∴ A का समय = 4 t = 4 × 2 = 8 घण्टे और B का समय = 5 t = 5 × 2 = 10 घण्टे

2. दोनों व्यक्तियों के समयों में अनुपात $= 5 : 4$ और दोनों की चालों में अनुपात $= 4 : 5$

$\therefore \dfrac{\text{पहले व्यक्ति की चाल}}{\text{दूसरे व्यक्ति की चाल}} = \dfrac{4}{5}$ अर्थात $\dfrac{16}{v} = \dfrac{4}{5} \Rightarrow v = 20$ किमी./ घण्टा

3. दोनों की चालों में अनुपात $= 8 : 5$, अतः माना दोनों की चाल क्रमशः 8x तथा 5x है।

$\therefore 8x - 5x = 15$ या $3x = 15$ या $x = 5$

$\therefore$ दूसरे साइकिल सवार की चाल $= 5x = 5 \times 5 = 25$ किमी./ घण्टा

8 जब व्यक्ति पहले या देर से पहुँचे

[A] 1. एक डाकियां रोज एक नियत चाल से अपने घर से पोस्ट आफिस जाता है। परन्तु जब वह 10 किमी./घण्टा चलता है तो 1 घण्टा पहले पहुँच जाता है और जब 5 किमी./घण्टा चलता है तो 3 घण्टे देर से पहुँचता हैं। डाकिया के घर से पोस्ट आफिस कितना दूर है?

2. एक व्यक्ति 4 किमी./घण्टा चलता है तो गन्तव्य तक $1\frac{1}{2}$ घण्टे विलम्ब से पहुँचता है। परन्तु जब वह 6 किमी./घण्टा चलता है तो 1 घण्टा पहले पहुँच जाता है। उसकी यात्रा की दूरी बताइये।

> *यदि u चाल से चलने पर a घण्टे पहले और v चाल से चलने पर b घण्टे देर से पहुँचा जाय*
>
> *अथवा*
>
> *यदि u चाल से चलने पर a घण्टे देर से और v चाल से चलने पर b घण्टे पहले पहुँचा जाय तो –*
>
> *यात्रा की दूरी* $= \dfrac{u.v}{u \sim v} \times (a + b)$
>
> *अर्थात यात्रा की दूरी* $= \dfrac{\text{दोनों चालों का गुणनफल}}{\text{दोनों चालों का अन्तर}} \times$ *दोनों समयों का योग*
>
> *'~' का अर्थ है बड़े से छोटे को घटाना*

हल

1. घर से पोस्ट आफिस की दूरी $= \dfrac{10 \times 5}{10 \sim 5} \times (1 + 3) = \dfrac{10 \times 5}{5} \times 4 = 40$ किमी.

2. यात्रा की दूरी $= \dfrac{4 \times 6}{4 \sim 6} \times \left(1\frac{1}{2} + 1\right) = \dfrac{4 \times 6}{2} \times \dfrac{5}{2} = 30$ किमी.

[B] 1. राधेश्याम 5 किमी./घण्टा की चाल से चलते हुए अपने दफ्तर 50 मिनट देर से पहुँचता है। यदि वह 4 किमी./घण्टा चले तो 2 घण्टे 5 मिनट देर से पहुँचेगा। राधेश्याम के घर से दफ्तर की दूरी ज्ञात कीजिए।

2. मोहन अपने स्कूटर से रोज विश्वविद्यालय जाता है। यदि वह 25 किमी./घण्टा चले तो 45 मिनट देर से पहुँचेगा और जब 30 किमी./घण्टा चले तो 25 मिनट देर से पहुँचेगा। उसका घर विश्वविद्यालय से कितना दूर है?

3. रीता 6 किमी./घण्टा चलती है तो अपनी यात्रा 1 घण्टा पहले पूरी कर लेती है परन्तु जब वह 8 किमी./घण्टा चलती है तो वह यात्रा $2\frac{1}{4}$ घण्टे पहले पूरी हो जाती है। यात्रा की दूरी ज्ञात कीजिए।

> *यदि u चाल से चलने पर a घण्टे पहले और v चाल से चलने पर b घण्टे पहले पहुँचा जाय अथवा*
>
> *यदि u चाल से चलने पर a घण्टे देर से और v चाल से चलने पर b घण्टे देर से पहुँचा जाय तो –*
>
> *यात्रा की दूरी* $= \dfrac{u.v}{u \sim v} \times (a \sim b) = \dfrac{\text{दोनों चालों का गुणनफल}}{\text{दोनों चालों का अन्तर}} \times$ *दोनों समयों का अन्तर*
>
> *'~' का अर्थ है बड़े से छोटे को घटाना*

हल

1. घर से दफ्तर की दूरी $= \dfrac{5 \times 4}{5 \sim 4} \times \left(\dfrac{50}{60} \sim 2\dfrac{5}{60}\right) = \dfrac{5 \times 4}{1} \times \left(\dfrac{5}{6} \sim 2\dfrac{1}{12}\right) = 20 \times \left(\dfrac{10}{12} \sim \dfrac{25}{12}\right) = 20 \times \dfrac{15}{12} = 25$ किमी.

2. घर से विश्वविद्यालय की दूरी $= \dfrac{25 \times 30}{25 \sim 30}\left(\dfrac{45 \sim 25}{60}\right) = \dfrac{25 \times 30}{5} \times \dfrac{20}{60} = 50$ किमी.

3. यात्रा की दूरी $= \dfrac{6 \times 8}{6 \sim 8} \times \left(1 \sim 2\dfrac{1}{4}\right) = \dfrac{6 \times 8}{2} \times 1\dfrac{1}{4} = \dfrac{6 \times 8}{2} \times \dfrac{5}{4} = 30$ किमी.

9 वृत्तीय गति पर आधारित प्रश्न

[A] 1. यदि एक बाइसिकिल का पहिया 5.5 किमी. चलने में 2500 चक्र पूरे करता है तो पहिये का व्यास ज्ञात कीजिए।

2. एक गाड़ी का पहिया जिसका व्यास 28 सेमी. है, एक मिनट में 100 चक्कर लगाता है। गाड़ी की चाल ज्ञात कीजिए।

3. एक वृत्तीय पहिये की त्रिज्या 35 सेमी. है। यदि यह एक मिनट में 500 चक्कर लगाये तो इसकी चाल ज्ञात कीजिए।

4. एक साइकिल के पहिये की त्रिज्या 35 सेमी. है साइकिल 16.5 किमी./घण्टा की चाल से जा रही है। साइकिल का पहिया प्रति मिनट कितने चक्कर कर रहा है?

> *(a) किसी पहिये द्वारा एक चक्कर में चली गयी दूरी = पहिये की परिधि = $2\pi r$*
> *(b) n चक्कर में चली गयी दूरी = n × पहिये की परिधि*
> *(c) किसी दूरी को तय करने में चक्करों की संख्या = $\frac{\text{दूरी}}{\text{पहिए की परिधि}}$*
> *(d) परिधि = व्यास × π या $2\pi r$*

हल

1. चूंकि 2500 चक्र = 5.5 किमी. = 5.5 × 1000 मी., अतः 2500 × परिधि = 5500 मी.

$\therefore$ 2500 × व्यास × $\frac{22}{7}$ = 5500, अतः व्यास = $\frac{5500\times7}{2500\times22}$ = 0.7 मी = 70 सेमी.

2. पहिए की परिधि = व्यास × $\pi = 28\times\frac{22}{7}$ सेमी. = 88 सेमी. = .88 मी.

$\therefore$ 1 मिनट में चली गयी दूरी = 100 चक्करों में चली गयी दूरी

$\therefore$ 1 मिनट में चली गयी दूरी = 100 × परिधि = 100 × .88 = 88 मी., अतः गाड़ी की चाल = 88 मी. प्रति मिनट

3. पहिए की परिधि = $2\pi r = 2\times\frac{22}{7}\times35$ = 220 सेमी.

$\therefore$ 1 मिनट में चली गयी दूरी = 500 चक्कर में चली गयी दूरी = 500 × परिधि = 500 × 220 सेमी.
= 5 × 220 मी. = 1100 मी., अतः चाल = 1100 मी. प्रति मिनट

4. पहिए की परिधि = $2\pi r = 2\times\frac{22}{7}\times35$ = 220 सेमी. = 2.20 मी.

$\because$ साइकिल की चाल 16.5 किमी/घण्टा है। ⇒ 1 घण्टे में चली गयी दूरी = 16.5 किमी. = 16.5 × 1000 मी.

$\therefore$ 60 मिनट में चली गयी दूरी = 16500 मी. ⇒ 1 मिनट में चली गयी दूरी = $\frac{16500}{60}$ मी. = 275 मी.

$\therefore$ प्रति मिनट में चक्करों की संख्या = $\frac{\text{1 मिनट में चली गयी दूरी}}{\text{परिधि}} = \frac{275}{2.20} = \frac{2750}{22} = 125$

[B] 1. तीन व्यक्ति 480 मी. परिधि वाले वृत्ताकार खेत के चारों ओर क्रमशः 48 मी. प्रति मिनट, तथा 60 मी. प्रति मिनट तथा 80 मी. प्रति मिनट चलते हैं। वे पुनः एक साथ कब मिलेंगे?

2. दो धावक 770 मी घेरे के वृत्ताकार पथ पर क्रमशः 35 मी./मिनट, 55 मी./मिनट की चाल से एक स्थान से एक ही साथ चलना आरम्भ करते हैं। वे कितनी देर में पुनः एक साथ उसी स्थान पर मिलेंगे?

3. 72 किमी. के चक्कर में दो धावक क्रमशः 20 किमी./घण्टा, 16 किमी./घण्टा की चाल से विपरीत दिशाओं में दौड़ लगाते हैं। वे गमन स्थान से कितनी दूरी पर पहली बार तथा कितनी दूरी पर दूसरी बार मिलेंगे?

हल

1. एक चक्कर में पहले व्यक्ति का समय = $\frac{480}{48}$ = 10 मिनट

एक चक्कर में दूसरे व्यक्ति का समय = $\frac{480}{60}$ = 8 मिनट

एक चक्कर में तीसरे व्यक्ति का समय = $\frac{480}{80}$ = 6 मिनट

तीनों के एक साथ मिलने का समय = 10, 8, 6 का ल.स. = 120 मिनट = $\frac{120}{60}$ घण्टे = 2 घण्टे

2. एक चक्कर में पहले धावक का समय = $\frac{770}{35}$ = 22 मिनट

एक चक्कर में दूसरे धावक का समय = $\frac{770}{55}$ = 14 मिनट

दोनों के मिलने का समय = 22, 14 का ल. स. = 154 मिनट

3. सापेक्ष चाल = 20 + 16 = 36 किमी./घण्टा

उनके पहली बार मिलने का समय $= \frac{72}{36} = 2$ घण्टे $\Rightarrow$ 2 घण्टे में पहले धावक द्वारा चली गयी दूरी $= 20 \times 2 = 40$ किमी.

उनके दूसरी बार मिलने का समय $= 2 \times 2 = 4$ घण्टे $\Rightarrow$ 4 घण्टे में पहले धावक द्वारा चली गयी दूरी $= 20 \times 4 = 80$ किमी.

$\therefore$ पहली बार मिलने की दूरी = प्रारम्भिक स्थान से 40 किमी., अतः दूसरी बार मिलने की दूरी $= 80 - 72 = 8$ किमी.

10 विविध प्रश्न

1. A और B दौड़ की एक प्रतियोगिता में शामिल हुए। जब A ने 400 मी. की दौड़ समाप्त किया तब B उससे 20 मी. पीछे था। दोनों की चालों में अनुपात ज्ञात कीजिए।
2. A और B 100 मी. की दूरी को क्रमशः 9 सेकेण्ड और 11 सेकेण्ड में दौड़ सकते हैं। 500 मी. की दौड़ प्रतियोगिता में जब A अपनी दौड़ पूरी कर लेगा तब B उससे कितना पीछे रहेगा?
3. A तथा B, 100 मी. की दौड़ क्रमशः $11\frac{1}{2}$ सेकण्ड तथा $10\frac{1}{2}$ सेकण्ड में पूरी करते हैं। यदि दोनों एक साथ दौड़ना आरम्भ करें तो A, B से कितना पीछे होगा जब B अपनी दौड़ पूरी कर लेगा?
4. एक गेंद जमीन पर ठप्पा खाकर पूर्व ऊँचाई की $\frac{3}{4}$ ऊपर उठती है। यदि गेंद को 32 मी. की ऊँचाई से फेंका जाय तो तीसरे ठप्पे के बाद कितनी ऊँचाई तक जायेगी?

हल

1. माना A की चाल X तथा B की चाल Y है। और दौड़ समाप्त होने पर B द्वारा चली गयी दूरी $= 400 - 20 = 380$ मी.

$\because$ दौड़ समाप्त होने पर A द्वारा लिया गया समय = B द्वारा लिया गया समय

$\therefore \frac{400}{x} = \frac{380}{y}$ या $\frac{x}{y} = \frac{400}{380} = \frac{20}{19} = 20:19$

2. A की चाल $= \frac{100}{9}$ मी/से तथा B की चाल $= \frac{100}{11}$ मी./से.

500 मी की दौड़ पूरी करने में A द्वारा लिया गया समय $= \frac{500}{\frac{100}{9}} = \frac{500 \times 9}{100} = 45$ सेकण्ड

$\therefore$ 45 सेकेण्ड में B द्वारा चली गयी दूरी $= 45 \times \frac{100}{11}$ मी. $= \frac{4500}{11}$ मी.

$\therefore$ दोनों के बीच की दूरी $= 500 - \frac{4500}{11} = \frac{5500 - 4500}{11} = \frac{1000}{11}$ मी.

3. A की चाल $= \frac{100}{\frac{23}{2}} = 100 \times \frac{2}{23} = \frac{200}{23}$ मी./से.

$10\frac{1}{2}$ सेकण्ड में A द्वारा चली गयी दूरी $= \frac{200}{23} \times \frac{21}{2} = \frac{2100}{23}$ मी.

$\therefore 10\frac{1}{2}$ सेकण्ड में B द्वारा चली गयी दूरी = 100 मी.

$10\frac{1}{2}$ सेकण्ड में A और B के बीच की दूरी $= 100 - \frac{2100}{23} = \frac{2300 - 2100}{23} = \frac{200}{23}$ मी.

4. 3 ठप्पे के बाद ऊँचाई $= 32 \times \frac{3}{4} \times \frac{3}{4} \times \frac{3}{4} = \frac{27}{2} = 13\frac{1}{2}$ मी.

अभ्यास प्रश्न

साधारण प्रश्न

1. एक मिसाइल 1260 किमी/घंटा की गति से चलती है। एक सेकंड में वह कितने मीटर की दूरी तय करती है?
(a) 322 मीटर (b) 369 मीटर (c) 384 मीटर (d) 350 मीटर ***SSC CHSL (Tier-1) 9.1.2017***

2. एक मिसाइल 1296 किमी/घंटा की गति से चलती है। एक सेकंड में वह कितनी दूरी तय करती है?
(a) 320 मीटर (b) 360 मीटर (c) 341 मीटर (d) 334 मीटर ***SSC CHSL (Tier-1) 30.1.2017***

3. एक मिसाइल 1116 किमी./घंटा की गति से चलती है। एक सेकंड में वह कितनी दूरी तय करती है?
(a) 360 मीटर (b) 368 मीटर (c) 310 मीटर (d) 348 मीटर ***SSC CHSL (Tier-1) 29.1.2017***

4. 2.8 घंटों में 315 किमी. की दूरी तय करने के लिए मीटर/सेकंड में कार की औसत गति कितनी होनी चाहिए?
(a) 112.5 मीटर/सेकंड (b) 56.25 मीटर/सेकंड
(c) 62.5 मीटर/सेकंड (d) 31.25 मीटर/सेकंड ***SSC CHSL (Tier-1) 25.1.2017***

5. 4.4 घंटों में 297 किमी. की दूरी तय करने के लिए, मीटर/सेकंड में कार की औसत गति कितनी होनी चाहिए?
(a) 67.5 मीटर/सेकंड (b) 33.75 मीटर/सेकेंड
(c) 37.5 मीटर/सेकंड (d) 18.75 मीटर/सेकंड ***SSC CHSL (Tier-1) 21.1.2017***

6. एक बन्दूक राम से 6.64 किमी. की दूरी से दागी जाती है। राम 20 सेकण्ड बाद उसकी आवाज (ध्वनि) सुनता है। उस ध्वनि की गति क्या है?
(a) 644 मी./से. (b) 664 मी./से. (c) 332 मी./से. (d) 332 किमी./से. ***SSC CGL (Tier-1) 27.8.2016***

7. 2.5 घंटों में 252 किमी. की दूरी तय करने के लिए, मीटर/सेकण्ड में कार की औसत गति कितनी होनी चाहिए?
(a) 100.8 मीटर/सेकंड (b) 50.4 मीटर/सेकेंड
(c) 28 मीटर/सेकंड (d) 56 मीटर/सेकंड ***SSC CHSL (Tier-1) 22.1.2016***

8. एक बस 36 किमी./घंटा की गति से चलती है। बताइए वह एक सेकण्ड में कितनी दूरी तय करेगी?
(a) 10 मीटर (b) 15 मीटर (c) 12.5 मीटर (d) 13.5 मीटर ***SSC CGL (Tier-1) 9.9.2016***

9. राम से 1.7 किमी. दूरी से किसी बंदूक से गोली चलाई जाती है और वह उसकी आवाज 25 सेकंड बाद सुनता है। आवाज की गति कितने मीटर प्रति सेकंड है?
(a) 60 (b) 62 (c) 64 (d) 68 ***SSC CGL (Tier-1) 29.8.2016***

10. अंकित अपने फिटनेस के लिए हर दिन 324 मीटर दौड़ता है। अपने दैनिक दिनचर्या के अनुसार वह कितने दिनों में 8.1 किमी. की दूरी तय करता है?
(a) 21 (b) 23 (c) 25 (d) 27 ***SSC CHSL (Tier-1) 13.3.2018***

11. एक कार की गति 20 m/s है। कार 2.5 घंटे में कितनी दूरी (km. में) तय करेगी?
(a) 108 (b) 180 (c) 144 (d) 72 ***SSC CHSL (Tier-1) 19.8.2019***

12. एक व्यक्ति 390 km. की दूरी 3.25 घंटों में तय करता है। उसकी गति, m/sec. में है–
(a) $33\frac{1}{3}$ (b) 24 (c) $30\frac{2}{3}$ (d) 25 ***SSC CHSL (Tier-1) 21.8.2019***

13. एक कार 6 मिनट में 300 मीटर की दूरी तय कर सकती है। उसकी औसत गति km/h में कितनी है?
(a) 50 (b) 3 (c) 12 (d) 6 ***SSC CHSL (Tier-1) 2.8.2019***

14. यदि शिवान 19 किमी./घं. की गति से चलता है, तो 665 मी. की दूरी तय करने में उसे कितना समय (मिनट में) लगेगा?
(a) 3 (b) $2\frac{1}{10}$ (c) $1\frac{1}{2}$ (d) 2 ***SSC CHSL (Tier-1) 21.8.2019***

15. एक लड़ाकू विमान 1440 km/h की गति से चलता है। एक सेकंड में वह कितने मीटर की दूरी तय करता है?
(a) 394 (b) 385 (c) 374 (d) 400 ***SSC MTS 9.8.2019***

16. एक कार की औसत गति 600 मीटर/मिनट है। कोई धावक, जो 9.6 सेकंड में 100 मीटर की दूरी तय करता है, की तुलना में कार कितनी धीमी गति (मीटर/सेकंड में) से चलती है?
(a) $\frac{5}{24}$ (b) $\frac{1}{2}$ (c) $\frac{7}{12}$ (d) $\frac{5}{12}$ ***SSC MTS 5.8.2019***

17. एक कार 24 मिनट में 18 किमी. की दूरी तय कर सकती है। किसी बस की गति कार की दुगुनी है। बस 135 किमी. की दूरी कितने मिनट में तय कर सकती है?
(a) 48 मिनट (b) 90 मिनट (c) 50 मिनट (d) 75 मिनट ***SSC MTS 6.8.2019***

18. कोई कार 7 घंटे में 420 किमी. की दूरी तय कर सकती है। दूरी को 6 घंटा में तय करने के लिए गति कितनी बढ़ानी होगी?
(a) 7.5 किमी./घं. (b) 10 किमी./घं. (c) 8 किमी./घं. (d) 5 किमी./घं. ***SSC CHSL (Tier-1) 14.8.2019***

जब कोई दूरी भिन्न-भिन्न चाल से चली जाय

19. दो कारें क्रमशः 30 और 36 किमी./घंटा की गति से शहर A से शहर B तक यात्रा करती हैं। एक कार यात्रा के लिए दूसरी कार की तुलना में 3 घंटा कम समय लेती है, तो शहर A से शहर B के बीच की दूरी कितनी होगी?
(a) 648 किमी. (b) 810 किमी. (c) 432 किमी. (d) 540 किमी. ***SSC CHSL (Tier-1) 7.2.2017***

20. 24 और 32 किमी./घंटा की गति से शहर A से शहर B तक यात्रा करती हैं। एक कार यात्रा के लिए दूसरी कार की तुलना में 2.5 घंटा कम समय लेती है, तो शहर A से शहर B के बीच की दूरी कितनी होगी?
(a) 288 किमी. (b) 360 किमी. (c) 240 किमी. (d) 192 किमी. ***SSC CHSL (Tier-1) 16.1.2017***

21. रामेश्वर अपनी मोटर साइकिल से 405 किमी. यात्रा करता है। यदि वह 45 किमी./घंटा की गति से 6 घंटे तक मोटर साइकिल चलाता है तो वह शेष 3 घंटे की यात्रा किस गति से तय करता है?
(a) 55 किमी./घण्टा (b) 52 किमी./घंटा
(c) 45 किमी./घंटा (d) 40 किमी/घंटा ***SSC CHSL (Tier-1) 21.1.2017***

22. 2 कारें क्रमशः 30 और 48 किमी./घंटा की गति से शहर A से शहर B तक यात्रा करती हैं। एक कार यात्रा के लिए दूसरी कार की तुलना में 3 घंटा कम समय लेती है, तो शहर A से शहर B के बीच की दूरी कितनी होगी?
(a) 288 किमी. (b) 240 किमी. (c) 360 किमी. (d) 192 किमी. ***SSC CHSL (Tier-1) 3.2.2017***

23. एक व्यक्ति एक स्थान X से चलना आरंभ करता है तथा स्थान Y पर 12 घंटे में पहुँच जाता है। वह कुल दूरी का $\frac{3}{7}$, 3 किमी./घंटा की गति से तय करता है तथा शेष दूरी 4 किमी./घंटा की गति से तय करता है। X तथा Y के मध्य दूरी (किमी. में) क्या है?
(a) 28 (b) 36 (c) 40 (d) 42 ***SSC CHSL (Tier-1) 10.3.2018***

24. एक आदमी यात्रा पर निकलता है। उसने कुल 16 घंटों की यात्रा की। दूरी का पहला आधा भाग उसने 40 km/h और दूसरा आधा भाग 60 km/h की गति से तय किया। उसने कुल कितनी दूरी तय की?
(a) 384 km (b) 768 km (c) 576 km (d) 960 km ***SSC CHSL (Tier-1) 16.8.2019***

25. अमित ने 50 किमी. की दूरी 9 घंटे में तय की। उसने 5 किमी/घंटा की चाल से आंशिक दूरी पैदल और 10 किमी/घंटा की चाल से आंशिक दूरी साइकिल द्वारा तय की। साइकिल द्वारा उसने कितनी दूरी तय की?
(a) 12 किमी. (b) 13 किमी. (c) 10 किमी. (d) 11 किमी. ***SSC CGL (Tier-1) 9.3.2020***

26. एक व्यक्ति ने 5 घंटे में 35 किमी. की दूरी तय की। कुछ दूरी 4 किमी./घंटा की चाल से पैदल और बाकी की दूरी साइकिल से 9 किमी./घंटा की चाल से तय की। पैदल तय की गई दूरी है–
(a) 10 किमी. (b) 15 किमी. (c) 8 किमी. (d) 12 किमी. ***SSC CHSL (Tier-1) 20.10.2020***

जब दो व्यक्ति एक ही दिशा में चले

27. एक चोर को एक पुलिसकर्मी 250 मीटर की दूरी से रोक लेता है। पुलिसकर्मी जब चोर का पीछा करना शुरू करता होता है, तो चोर भी दौड़ना शुरू करता है। यह मानते हुए कि चोर की गति 5 किमी./घंटा है और पुलिसकर्मी की गति 7 किमी./घंटा है तो पुलिसकर्मी के द्वारा चोर तक पहुचने तक चोर कितनी दूरी तय कर लेगा?
(a) 500 मीटर (b) 750 मीटर (c) 375 मीटर (d) 625 मीटर ***SSC CHSL (Tier-1) 30.1.2017***

28. एक चोर को एक पुलिसकर्मी 500 मीटर की दूरी से रोक लेता है। पुलिसकर्मी जब चोर का पीछा करना शुरू करता होता है, तो चोर भी दौड़ना शुरू करता है। यह मानते हुए कि चोर की गति 10 किमी. घंटा है और पुलिसकर्मी की गति 18 किमी./घंटा है, तो पुलिसकर्मी के चोर तक पहुँचने तक चोर कितनी दूरी तय कर लेगा?
(a) 625 मीटर (b) 500 मीटर (c) 750 मीटर (d) 375 मीटर ***SSC CHSL (Tier-1)3.2.2017***

29. सुबह के कोहरे में चलती हुई एक कार उसी दिशा में 4 किमी./घंटा की चाल से पैदल चलते हुए एक आदमी को पार करती है। आदमी 3 मिनट तक कार को देख सकता है तथा कोहरे के कारण केवल 130 मीटर की दूरी तक देखा जा सकता है। कार की चाल क्या है?
(a) $7\frac{3}{5}$ किमी. (b) $6\frac{3}{5}$ किमी. (c) 7 किमी./घंटा (d) 5 किमी./घंटा ***SSC CGL (Tier-1) 8.9.2016***

30. A ने 4 km/ph की गति से चलना शुरू किया और 4 घंटों के बाद, उसी स्थान से, B ने उसी दिशा में 10 km/ph की गति से साइकिल से जाना शुरू किया। आरंभिक स्थान से कितनी दूरी तय करने के बाद B, A को पकड़ पायेगा? (दशमलव के दो स्थानों तक सही)
(a) 24.67 km (b) 26.67 km. (c) 25.67 km. (d) 23.67 km. ***SSC CGL (Tier-1) 13.6.2019***

31. एक सिपाही किसी चोर के पीछे जाता है जो 100 मीटर दूर है। यदि सिपाही 8 मिनट में 1 किलोमीटर भागे और चोर 10 मिनट में एक किलोमीटर, तो चोर को पकड़े जाने से पहले उसके द्वारा तय की गयी दूरी है–
(a) 350 मीटर (b) 400 मीटर (c) 320 मीटर (d) 420 मीटर ***(SSC, Tier-1, 21.4.2013)***

32. एक लड़का अपने घर से अपनी साइकिल से प्रातः 10 बजे 12 किमी. प्रतिघंटे की गति से चलता है। उसका बड़ा भाई अपने स्कूटर से 1 घंटा 15 मिनट बाद उसी रास्ते से चलकर अपराह्न 1.30 पर उस लड़के को पकड़ लेता है। तदनुसार स्कूटर की गति कितनी (किमी./घंटा में) होगी?

(a) $18^2/_3$ (b) 9 (c) 4.5 (d) 36 ***(SSC, FCI, 7.4.2013)***

33. 36 किमी/घंटा की गति से कार चला रहा ड्राइवर अपने से 40 मी. आगे एक बस देखता है। 20 सेकेण्ड के बाद बस 60 मी. पीछे रह जाती है। बस की गति है–

(a) 72 मी./से. (b) 18 किमी./घंटा (c) 36 किमी./घंटा (d) 20 मी./से. ***(SSC, 10+2, 20.10.2013)***

34. साइकिल-सवार A ने सुबह 7:30 बजे अपनी साइकिल पर 8 किमी./घंटा की चाल से यात्रा शुरू की। 30 मिनट के बाद साइकिल सवार B ने उसी स्थान से 10 किमी./घंटा की चाल से यात्रा शुरू की। B किस समय A से आगे निकल गया?

(a) 9 am (b) 8:30 am (c) 8 am (d) 10 am ***(SSC, FCI, 27.5.2012)***

35. एक पुलिस कर्मी ने, एक चोर को 200 मी. की दूरी से देखा। तदोपरांत चोर ने भागना शुरू कर दिया और पुलिसकर्मी ने उसका पीछा किया। उस चोर तथा पुलिसकर्मी के दौड़ने की गति क्रमशः 10 किमी. तथा 11 किमी. प्रति घंटा थी। तद्नुसार, 6 मिनट बाद उस दोनों के बीच की दूरी (मीटर में) कितनी रह जाएगी?

(a) 190 (b) 200 (c) 100 (d) 150 ***(SSC, Tier-1, 1.7.2012)***

जब दो व्यक्ति विपरीत दिशा में चलें

36. दो मोटर साइकिल एक दूसरे की तरफ क्रमशः 38 किमी./घंटा तथा 88 किमी./घंटा की गति से चल रही हैं। टकराने से एक सेकण्ड पहले दोनों मोटरसाइकिल के बीच कितनी दूरी (मीटर में) होगी?

(a) 42 (b) 40 (c) 34 (d) 35 ***SSC CHSL (Tier-1) 14.3.2018***

37. A और B क्रमशः P और Q के बिन्दुओं से एक दूसरे की ओर यात्रा कर रहे हैं। एक दूसरे को पार करने के बाद, A और B क्रमशः अपने गंतव्य Q और P तक पहुँचने के लिए क्रमशः $6\frac{1}{8}$ घंटे और 8 घंटे का समय लेते है। यदि B की गति 16.8 है, तो A की गति (km/h) है–

(a) 20.8 (b) 20.4 (c) 19.8 (d) 19.2 ***SSC CGL (Tier-1) 6.6.2019***

38. A और B एक ही समय पर क्रमशः 10 किमी./घं. और 20 किमी./घं. की गति से एक दूसरे की ओर चलना शुरू करते हैं और उनके बीच की दूरी 49 km. है। आपस में मिलने से 5 मिनट पहले, उनके बीच की दूरी, मिनट में कितनी है?

(a) 1600 (b) 1800 (c) 2500 (d) 2000 ***SSC CHSL (Tier-1) 19.8.2019***

39. A और B एक ही समय पर क्रमशः X और Y स्थानों से एक दूसरे की ओर बढ़ते हुए चलना शुरू करते हैं। A की चाल B की चाल से 20% अधिक है। रास्ते में मिलने के बाद A और B क्रमशः Y और X तक पहुँचने में $2\frac{1}{2}$ घंटे और x घंटे लगते हैं। x का मान क्या है?

(a) $3\frac{2}{3}$ (b) $3\frac{1}{2}$ (c) $3\frac{3}{5}$ (d) $3\frac{2}{5}$ ***SSC CGL (Tier-1) 3.3.2020***

40. स्थान x से स्थान y की दूरी 144 किमी. है। दो कारें एक साथ चलना प्रारंभ करती हैं, एक x से और दूसरी y से। यदि वे एक ही दिशा में चलती हैं, तो वे 12 घंटे बाद मिलती हैं, लेकिन यदि वे एक-दूसरे की ओर बढ़ती हैं तो वे $\frac{9}{8}$ घंटे बाद मिलती हैं। तेज चाल से चलने वाली कार की चाल (किमी./घंटा में) ज्ञात कीजिए।

(a) 64 (b) 60 (c) 70 (d) 72 ***SSC CGL (Tier-1) 4.3.2020***

औसत चाल पर आधारित प्रश्न

41. एक कार 32 किमी./घंटा से एक निश्चित दूरी तय करती है और 68 किमी./घंटा से वापस आती है। इस पूरी यात्रा की औसत गति क्या है?

(a) 50 किमी./घंटा (b) 37.04 किमी./घंटा

(c) 43.52 किमी./घंटा (d) 56.48 किमी./घंटा ***SSC CHSL (Tier-1) 8.2.2017***

42. गौतम 32 किमी./घंटा की चाल से 160 किमी. चलता है और 40 किमी./घंटा की चाल से लौटता है। औसत चाल बताइए?

(a) 72 किमी./घण्टा (b) 71.11 किमी./घण्टा

(c) 36 किमी./घण्टा (d) 35.55 किमी./घण्टा ***SSC CGL (Tier-1)1.9.2016***

43. A किसी निश्चित दूरी को तीन भिन्न गतियों के साथ तय करता है, पहली 3 किमी. की दूरी 9 किमी. की गति के साथ, दूसरी 6 किमी. की दूरी 15 किमी./घं. की गति के साथ, और तीसरी 9 किमी. की दूरी 18 की गति के साथ तय करता है। A की पूरी यात्रा की औसत गति कितनी होगी?

(a) $\frac{660}{37}$ किमी./घं.(b) $\frac{480}{37}$ किमी./घं.(c) $\frac{460}{37}$ किमी./घं. (d) $\frac{540}{37}$ किमी./घं. ***SSC MTS 5.8.2019***

44. एक व्यक्ति A से B तक 30 किमी./घं. की गति से जाता है। वह B से A तक 20 किमी./घं. की गति से वापस लौट आता है। पूरी यात्रा में उसकी औसत गति कितनी है?

(a) 26.5 किमी./घं. (b) 24 किमी./घं. (c) 25 किमी./घं. (d) 27.5 किमी./घं. ***SSC MTS 6.8.2019***

45. एक कार स्थान A से चलकर 120 किमी. की दूरी पर स्थित स्थान B को 60 किमी./घंटा की एक समान चाल से जाती है किन्तु लौटने में B से A की वही दूरी 40 किमी./घंटा की एक समान चाल से तय करती है। पूरी यात्रा में कार की औसत चाल (किमी./घंटा में) है–

(a) 50 (b) 49.5 (c) 48.5 (d) 48 ***(SSC, TA, 30.1.2011)***

46. एक मोटर कार किसी स्थान पर 20 किमी./घंटा की चाल से जाती है और वहाँ से 30 किमी./घंटा की चाल से वापस आती है। पूरी यात्रा में कार की औसत चाल किमी./घंटा है–

(a) 26 (b) 25 (c) 24 (d) 24.5 ***(SSC, Tier-1, 1.7.2012)***

47. एक मोटरकार एक निश्चित दूरी की यात्रा 60 किमी./घंटा की गति से तय करती है और वह वापसी यात्रा 40 किमी./घंटा की गति से तय करती है। तद्नुसार, उस निश्चित दूरी तक जाने और वापस आने तक कुल यात्रा की औसत गति कितनी है?

(a) 50 किमी./घंटा (b) 45 किमी./घंटा (c) 40 किमी./घंटा (d) 48 किमी./घंटा ***(SSC, 10+2, 21.10.2012)***

48. एक कार 6 किमी. की चार क्रमिक दूरियाँ क्रमशः 25 किमी./घंटा, 50 किमी./घंटा, 75 किमी./घंटा और 150 किमी./घंटा की चाल से तय करती है। इस दूरी पर उसकी औसत चाल है–

(a) 25 किमी./घंटा (b) 50 किमी./घंटा (c) 75 किमी./घंटा (d) 150 किमी./घंटा ***(SSC, Tier-1, 8.7.2012)***

जब कोई व्यक्ति अपनी आंशिक चाल से चले

49. एक कार कुछ दूरी 25 घण्टे में तय करती है। यदि वह अपनी कार की गति $\frac{1}{5}$ भाग कम कर दें, तो कार उतने समय में 200 किमी. कम दूरी तय कर सकेगी। कार की गति कितनी है?

(a) 60 किमी./घंटा (b) 30 किमी./घंटा (c) 40 किमी./घंटा (d) 50 किमी./घंटा ***SSC CGL (T ier-1) 3.9.2016***

50. एक व्यक्ति अपनी सामान्य गति की 5/7 गति से चलते हुए अपने कार्यालय में सामान्य समय से 10 मिनट देरी से पहुँचता है। कार्यालय पहुँचने का उसका समय सामान्य मिनटों में है?

(a) 28 (b) 30 (c) 35 (d) 25 ***SSC CGL (Tier-1) 13.6.2019***

51. एक व्यक्ति अपनी सामान्य गति के 3/4 गति पर चलते हुए अपने कार्यालय में सामान्य समय से 18 मिनट देरी से पहुँचता है। कार्यालय पहुँचने का उसका मिनटों में सामान्य समय है?

(a) 45 (b) 54 (c) 60 (d) 72 ***SSC CGL (Tier-1) 12.6.2019***

52. एक व्यक्ति अपनी सामान्य गति के 7/9 की गति से चलते हुए अपने कार्यालय में सामान्य समय से 10 मिनट देरी से पहुँचता है। कार्यालय पहुँचने का उसका, सामान्य समय (मिनटों में) है?

(a) 30 (b) 35 (c) 27 (d) 42 ***SSC CGL (Tier-1) 13.6.2019***

53. एक व्यक्ति अपनी सामान्य गति के 3/5 की गति पर चलते हुए अपने कार्यालय में सामान्य समय से 20 मिनट देरी से पहुँचता है। कार्यालय पहुँचने का उसका मिनटों में सामान्य समय है?

(a) 30 (b) 20 (c) 25 (d) 40 ***SSC CGL (Tier-1) 13.6.2019***

54. एक व्यक्ति अपनी सामान्य गति की 3/4 गति से चलकर अपने कार्यालय अपने सामान्य समय से 20 मिनट देरी से पहुँचता है। तद्नुसार, उसका सामान्य समय कितना है?

(a) 30 मिनट (b) 75 मिनट (c) 90 मिनट (d) 60 मिनट ***(SSC, Tier-1, 19.5.2013)***

55. एक व्यक्ति, अपनी सामान्य गति की 3/4 की दर से चलने पर, $1^1/_2$ घंटे देर से पहुच पाता है। तद्नुसार उस व्यक्ति का उसी दूरी को तय करने का सामान्य समय कितने घंटे का है?

(a) $4\frac{1}{2}$ (b) 4 (c) $5\frac{1}{2}$ (d) 5 ***(SSC, Tier-1, 19.6.2011)***

56. एक आदमी अपनी मूल गति के 3/4 पर चलता हुआ अपने गंतव्य स्थान पर सामान्य समय से 20 मिनट देरी से पहुँचा। उसका सामान्य समय है–

(a) 45 मिनट (b) 60 मिनट (c) 75 मिनट (d) 120 मिनट ***(SSC, Tier-2, 4.9.2011)***

57. अपनी सामान्य गति की तुलना में उसकी 6/7 गति से चलने पर, एक व्यक्ति 25 मिनट देरी से पहुँचता है। तद्नुसार उस व्यक्ति का उस दूरी तक चल पाने का सामान्य समय कितना है?

(a) 2 घंटे 30 मिनट (b) 2 घंटे 15 मिनट

(c) 2 घंटे 25 मिनट (d) 2 घंटे 10 मिनट ***(SSC, Tier-1, 19.6.2011)***

58. एक व्यक्ति अपनी सामान्य गति के $\frac{3}{4}$ दर पर टहलते हुए $1\frac{1}{2}$ घण्टे देर से पहुँचता है। उसकी सामान्य गति दर क्या है?

(a) 3 घण्टे (b) $4\frac{1}{2}$ घण्टे (c) 6 घण्टे (d) 12 घण्टे ***R.R.M. चण्ड़ीगढ़ (E.S.M.) परीक्षा, 2004***

अनुपात पर आधारित प्रश्न

59. 600 किमी. लम्बी यात्रा में से यदि 120 किमी. की यात्रा ट्रेन से की जाये और शेष यात्रा कार से, तो यात्रा 8 घण्टे में पूरी होती है और यदि वही यात्रा ट्रेन से 200 किमी. और शेष यात्रा कार से तय की जाए तो 20 मिनट का समय अधिक लगता है। ट्रेन और कार की चाल का अनुपात बताइए?

(a) 3 : 5 (b) 3 : 4 (c) 4 : 3 (d) 4 : 5 ***SSC CGL (Tier-1) 2.9.2016***

60. एक ट्रक एक मिनट में 550 मीटर की दूरी तय करता है जबकि बस ¾ घंटे में 33 किमी. दूरी तय करती है। उनकी गति का अनुपात क्या है?

(a) 1 : 3 (b) 2 : 3 (c) 3 : 4 (d) 1 : 4 ***SSC CGL (Tier-1)3.9.2016***

61. A और B की गति का अनुपात 3 : 5 है। यदि A एक निश्चित दूरी तय करने में B से 24 मिनट अधिक लेता है, तो B उसी दूरी को तय करने में कितना समय (मिनटों में) लेगा?

(a) 36 (b) 18 (c) 20 (d) 40 ***SSC CHSL (Tier-1) 3.7.2019***

62. दो हवाई जहाजों की गतियों का अनुपात 7 : 15 है। यदि पहला हवाई जहाज 3 घंटों में 1050 किमी. की दूरी तय करता है, तो दूसरे हवाई जहाज की गति कितनी है?

(a) 720 km/h (b) 675 km/h (c) 900 km/h (d) 750 km/h ***SSC CHSL (Tier-1) 16.8.2019***

63. दो हवाई जहाजों की गतियों का अनुपात 11 : 18 है। यदि पहला हवाई जहाज 3 घंटों में 1650 किमी. की दूरी तय करता है, तो दूसरे हवाई जहाज की गति (मि./से. में) कितनी है?

(a) 270 (b) 200 (c) 225 (d) 250 ***SSC CHSL (Tier-1) 14.8.2019***

64. एक साइकिल चालक ने एक निश्चित गति से एक निश्चित दूरी तय की। यदि एक जॉगर उसकी आधी दूरी, दुगुने समय में तय करे, तो उस जॉगर और साइकिल चालक की गतियों का अनुपात क्या होगा?

(a) 1 : 4 (b) 4 : 1 (c) 1 : 2 (d) 2 : 1 ***(SSC, Tier-2, 29.9.2013)***

65. कुछ दूरी किसी विशिष्ट गति से तय की गयी है। यदि इससे आधी दूरी दुगुने समय में तय की जाए, तो दोनों गतियों का अनुपात है–

(a) 1 : 2 (b) 4 : 1 (c) 1 : 4 (d) 2 : 1 ***(SSC, Tier-1, 19.5.2013)***

66. एक बस 1 घंटे 30 मिनट में 60 किलोमीटर की दूरी तय करती है जबकि उसी दूरी को एक कार द्वारा 45 मिनट में तय किया जाता है। कार की चाल और बस की चाल का अनुपात ज्ञात करें।

(a) 2 : 1 (b) 1 : 2 (c) 3 : 5 (d) 5 : 3 ***SSC CAPF : 24.11.2020***

जब व्यक्ति पहले या देर से पहुँचे

67. यदि अनुज 4 किमी./घंटा की गति से चलता है, तो अपने विद्यालय 6 मिनट देरी से पहुँचता है, परन्तु यदि वह 5 किमी./घंटा की गति से चलता है, तो वह निर्धारित समय से 6 मिनट पहले पहुँच जाता है। उसके घर से उसके विद्यालय की दूरी (किमी. में) क्या है?

(a) 4 (b) 3 (c) 6 (d) 3.5 ***SSC CHSL (Tier-1) 10.3.2018***

68. यदि मैं 4 किमी./घंटा की गति से चलूँ, तो मेरी बस 10 मिनट पहले छूट जाती है। यदि मैं 5 किमी. / घंटा की गति से चलूँ, तो मैं बस के लिए 5 मिनट पहले पहुँच जाता हूँ। तदनुसार, मुझे बस-अड्डे तक जाने के लिए कितना चलना होता है?

(a) 4 किमी. (b) 6 किमी. (c) 3 किमी. (d) 5 किमी. ***(SSC, 10+2, 4.11.2012)***

69. 3 किमी. प्रति घंटा की गति से चल कर पिन्टू 5 मिनट देरी से स्कूल पहुँचता है। यदि वह 4 किमी. प्रति घंटा की गति से चले तो वह 5 मिनट जल्दी पहुँच जाएगा। पिन्टू के घर से उसके स्कूल की दूरी है–

(a) 4 किमी. (b) 2 किमी. (c) 3 किमी. (d) 5 किमी. ***(SSC, Tier-2, 4.9.2011)***

70. श्रीमान X अपने कार्यालय अपने स्कूटर से 30 किमी. / घंटा की गति से जाने पर 6 मिनट जल्दी पहुँच जाते हैं। यदि वे 24 किमी/घंटा की गति से स्कूटर चलाएँ, तो 5 मिनट देर से पहुँच पाते हैं। तदनुसार उनके कार्यालय की दूरी कितनी है?

(a) 20 किमी (b) 21 किमी. (c) 22 किमी. (d) 24 किमी. ***(SSC, Tier-1, 19.6.2011)***

71. एक व्यक्ति को एक निश्चित स्थान पर नियत समयानुसार पहुँचना है। उसे पता चलता है कि यदि वह 3 किमी/घंटा की गति से चले, तो वह 20 मिनट देरी से वहाँ पहुँचेगा, किन्तु यदि वह 4 किमी./घटा की गति से चले, तो 10 मिनट पहले पहुँच जाएगा। तद्नुसार उस व्यक्ति को कितनी दूर चलना है?

(a) 24 किमी. (b) 12.5 किमी. (c) 10 किमी. (d) 6 किमी. ***(SSC, CAPF-SI, 28.8.2011)***

72. यदि कोई गाड़ी 40 किमी./घंटा पर चले तो अपने गतव्य स्थान पर 11 मिनट देर से पहुँचती है। यदि वह 50 किमी/घंटा पर चले तो केवल 5 मिनट देर से पहुँचती है। यात्रा पूरी करने के लिए गाड़ी का सही समय (मिनट में) है–

(a) 13 (b) 15 (c) 19 (d) 21 ***(SSC, FCI, 5.2.2012)***

73. एक छात्र अपने विद्यालय $2^1/_2$ किमी. / घंटा की गति से जाने पर 6 मिनट देरी से पहुँचता है। यदि वह 3 किमी./घंटा की गति से चले, तो वह 10 मिनट पहले पहुँच जाता है। तद्नुसार उस छात्र के घर तथा विद्यालय के बीच की दूरी कितने किमी. है?

(a) 5 (b) 4 (c) 3 (d) 1 ***(SSC, Tier-1, 26.6.2011)***

74. 5 किमी./घंटा की गति से चलने पर एक छात्र अपने विद्यालय 15 मिनट पहले पहुँच जाता है और 3 किमी./घंटा की गति से चलने पर 9 मिनट देर से पहुँच पाता है। तद्नुसार उस छात्र के घर तथा विद्यालय के बीच की दूरी कितनी है?

(a) 5 किमी. (b) 8 किमी. (c) 3 किमी. (d) 2 किमी. ***(SSC, Tier-1, 19.6.2011)***

75. हरि अपने घर से 5 किमी./घंटा की गति से चलकर अपने कार्यालय 3 मिनट देर से पहुँचता है। अगले दिन वह अपनी गति 1 किमी./घंटा बढ़ा देता है और 3 मिनट पहले पहुँच जाता है। तद्नुसार उसके घर से कार्यालय की दूरी कितनी है?

(a) 1 किमी. (b) 2 किमी. (c) 3 किमी. (d) $3^1/_2$ किमी. ***(SSC, FCI, 5.2.2012)***

76. यदि एक लड़का अपने घर से 4 किमी. प्रति घंटा की गति से चले, तो वह अपने विद्यालय निश्चित समय से 10 मिनट पहले पहुँच जाता है। पर यदि वह 3 किमी. प्रति घंटा की गति से चले, तो वह 10 मिनट देरी से पहुँच पाता है। तद्नुसार, उसके घर से विद्यालय की दूरी ज्ञात कीजिए।

(a) 5 किमी. (b) 4 किमी. (c) 6 किमी. (d) 4.5 किमी. ***(SSC, Tier-2, 29.9.2013)***

77. यदि मैं 5 किमी./घंटा की गति से चलता हूँ, तो मेरी गाड़ी 7 मिनट पहले छूट चुकी होती है। किन्तु यदि मैं 6 किमी./घंटा की गति से चलूँ, तो मैं स्टेशन पर गाड़ी छूटने से 5 मिनट पहले पहुँच जाता हूँ। तद्नुसार मेरे घर और स्टेशन के बीच की दूरी कितने किमी. है?

(a) 6 (b) 5 (c) 4 (d) 3 ***(SSC, Tier-1, 26.6.2011)***

वृत्तीय गति पर आधारित प्रश्न

78. A और B एक ही समय पर और एक ही बिन्दु से वृत्त के चारों ओर दौड़ना शुरू करते हैं। यदि A एक चक्कर 40 सेकण्ड में लगाए और B 50 सेकण्ड में लगाए, तो उन्हें प्रारम्भिक बिन्दु पर एक साथ पहुँचने में कितना समय लगेगा?
(a) 10 (b) 200 (c) 90 (d) 2000 ***SSC CGL (Tier-1) 28.8.2016***

79. एक पहिया एक चक्कर में 1,100 सेमी की दूरी तय करता है। पहिये का अर्द्ध व्यास............है।
(a) 100 सेमी. (b) 175 सेमी. (c) 125 सेमी. (d) 150 सेमी. ***SSC CGL (Tier-1) 9.3.2020***

80. गाड़ी के ड्राइविंग पहिये का व्यास 154 सेमी. है। 33 किलो मीटर प्रति घंटे की गति रखने के लिए पहिये की रेवोलुशन प्रति मिनट (RPM) की गणना करें।
(a) 114 (b) 112 (c) 110 (d) 108 ***SSC CHSL (Tier-1) 7.3.2018***

81. एक पहिए की त्रिज्या 14 सेमी. है। 15 चक्करों में पहिया कितनी दूरी (सेमी. में) तय करेगा?
(a) 440 (b) 660 (c) 1320 (d) 1980 ***SSC CPO 5.7.2017***

82. एक इन्जन का पहिया अपनी धुरी के चारों ओर 350 बार घूमकर 1.76 किमी. की दूरी तय कर लेता है। तद्नुसार, उस पहिए का व्यास कितना है?
(a) 120 सेमी. (b) 150 सेमी. (c) 90 सेमी. (d) 160 सेमी. ***(SSC, FCI, 11.11.2012)***

83. साइकिल का एक पहिया 11 किमी. की दूरी तय करने में 5000 चक्कर लगाता है। पहिए का व्यास है–
(a) 35 सेमी. (b) 70 सेमी. (c) 84 सेमी. (d) 110 सेमी. ***(SSC, TA, 30.1.2011)***

84. एक पहिए का व्यास 98 सेमी. है। तदनुसार उस पहिए को 1540 मी. की दूरी तक चलाने में, उसके कितने चक्कर लगाने पड़ेंगे?
(a) 500 (b) 600 (c) 700 (d) 800 ***(SSC, Tier-1, 19.6.2011)***

85. एक साइकिल का पहिया 5000 चक्कर पूरे कर के 11 किमी. चलता है। तद्नुसार उस पहिए का व्यास कितने सेमी. होगा?
(a) 35 (b) 55 (c) 65 (d) 70 ***(SSC, Tier-1, 26.6.2011)***

86. एक बस के पहिए की त्रिज्या 0.75 मी. है और वह आधे मिनट में 84 चक्कर पूरे कर लेता है। तद्नुसार, उस बस की गति, कितने किमी. प्रति घंटा है?
(a) 17.82 (b) 47.52 (c) 23.76 (d) 33.26 ***(SSC, 10+2, 28.10.2012)***

87. चार धावकों ने एक वृत्ताकार पथ पर एक ही बिन्दु से अपनी दौड़ आरम्भ की। उन्होंने उस पथ का एक चक्कर पूरा करने में क्रमशः 200 से., 300 से., तथा 450 से. लगाए। तदनुसार वे दुबारा पहली बार अपने आरम्भिक बिन्दु पर कितने समय बाद मिल पायेंगे?
(a) 1800 से. (b) 3600 से. (c) 2400 से. (d) 4800 से. ***(SSC, Tier-1, 19.6.2011)***

88. एक मोटरकार का पहिया 1000 बार घूमने पर 440 मी. की दूरी तय कर लेता है। तद्नुसार उस पहिये का व्यास कितने मीटर है?
(a) 0.44 (b) 0.14 (c) 0.24 (d) 0.34 ***(SSC, Tier-1, 19.6.2011)***

89. एक साइकिल के पहिए का व्यास (टायर सहित) 56 सेमी. है। पहिया 2.2 किमी. की दूरी तय करने में कितनी बार घूमेगा? (माना कि $\pi = \frac{22}{7}$)
(a) 625 (b) 1250 (c) 1875 (d) 2500 ***(SSC, 16.11.2014)***

विविध

90. प्रत्येक रविवार को जिन 3 मील जॉगिंग करता है। सप्ताह के शेष दिनों में वह प्रत्येक दिन पिछले दिन की अपेक्षा 1 मील अधिक जॉगिग करता है। बताइए 2 सप्ताह में जिन कितने मील की जॉगिंग करता है?
(a) 42 (b) 63 (c) 84 (d) 98 ***SSC CGL (Tier-1) 30.8.2016***

91. एक मोटर साईकिल 45 किमी./लीटर का औसत देती है। यदि पेट्रोल की कीमत ₹20 प्रति लीटर है, तो 540 किमी. की यात्रा पूरी करने में कितनी राशि की (₹ में) आवश्यकता होगी?
(a) 120 (b) 360 (c) 200 (d) 240 ***SSC CGL (Tier-1) 6.9.2016***

92. राकेश अपनी मोटर साइकिल पर की गई एक यात्रा में 368 किमी. की दूरी तय करता है। यदि वह 49 किमी./घंटा से 5 घंटे तक मोटर साइकिल चलाता है, तो वह शेष 3 घंटे की यात्रा किस गति से तय करता है?

(a) 58 किमी./घण्टा (b) 41 किमी./घंटा (c) 54 किमी./घंटा (d) 46 किमी./घंटा ***SSC CHSL (Tier-1) 10.1.2017***

93. एक कार मरम्मत कराने के पश्चात् 72 किमी./घंटा की गति से चलती है तथा मरम्मत कराने से पहले 54 किमी./घण्टा की गति से चलती है। मरम्मत कराने के पश्चात् वह x दूरी को 6 घण्टे में तय करती है। मरम्मत कराने से पहले 3x दूरी करने में तय कितना समय (घंटों में) लेगी?

(a) 20 (b) 24 (c) 18 (d) 21 ***SSC CHSL (Tier-1) 6.3.2018***

94. रवि के पास प्रति 18 किमी. के लिए 1.5 सेमी. वाला रोडमैप है। वह उस सड़क पर 72 किमी. चलता है। उस मैप में तय की गई दूरी कितनी होगी?

(a) 4 सेमी. (b) 6 सेमी. (c) 8 सेमी. (d) 7 सेमी. ***SSC CGL (Tier-1) 2.9.2016***

95. एक बस मरम्मत कराने के पश्चात् 84 किमी. प्रति घंटा की गति से चलती है तथा मरम्मत कराने से पहले 56 किमी. प्रति घंटा की गति से चलती है। मरम्मत कराने के पश्चात् वह 2x दूरी को 8 घंटे में तय करती है। मरम्मत कराने से पहले x दूरी को तय करने में वह कितना समय (घंटों में) लेगी?

(a) 8 (b) 5 (c) 6 (d) 9 ***SSC CHSL (Tier-1) 6.3.2016***

96. 29 लड़के एक सीधी पंक्ति में इस प्रकार खड़े हैं कि किसी भी दो क्रमागत लड़कों के बीच की दूरी एक समान है। एक शिक्षक पहले लड़के से 15वें लड़के तक पहुँचने में 7 सेकंड लेता है। 22वें लड़के तक पहुँचने में वह कितना समय (सेकण्ड में) और लेगा?

(a) 2.5 (b) 3 (c) 3.5 (d) 4 ***SSC CPO 5.7.2017***

97. एक मोटरसाइकिलिस्ट अपने निर्धारित समय से $6\frac{6}{9}$ मिनट की देरी से निकलता है लेकिन अपने 21 किमी. दूर गंतव्य स्थान पर समय से पहुँचने के लिए उसे अपनी सामान्य गति में 12 किमी. प्रति घंटा की वृद्धि करनी पड़ेगी। मोटरसाइकिलिस्ट की सामान्य गति (किमी. प्रति घंटा में) क्या है?

(a) 28 (b) 35 (c) 42 (d) 64 ***SSC CPO 1.7.2017***

98. एक बस 33 किमी. प्रति घंटा की प्रारंभिक गति से चलना आरंभ करती है तथा उसकी गति में प्रत्येक घंटे में कुछ वृद्धि होती है। यदि वह 315 किमी. की दूरी को 7 घंटे में तय कर लेती है, तो बस की गति में प्रति घंटा वृद्धि (किमी. प्रति घंटा में) क्या होगी?

(a) 1 (b) 2 (c) 3 (d) 4 ***SSC CPO 1.7.2017***

99. एक ट्रक किसी निश्चित गति से 384 किमी. की दूरी तय करता है। यदि गति को 16 किमी./घं. कम किया जाता है तो उसी दूरी को तय करने में दो घंटे अधिक लगेंगे। मूल गति (km/h में) का 75% कितना है?

(a) 45 (b) 48 (c) 54 (d) 42 ***SSC CGL (Tier-1) 4.6.2019***

100. एक व्यक्ति अपने कार्यालय से जिस गति से घर वापस आता है, उससे एक चौथाई गति से वह अपने कार्यालय जाता है। यदि पूरे फेरे (trip) के दौरान औसत गति 15 किमी./घं. है, तो कार्यालय जाने के दौरान उसकी गति क्या रही होगी?

(a) $\frac{17}{3}$ किमी./घं. (b) $\frac{75}{8}$ किमी./घं. (c) 9 किमी./घं. (d) $\frac{15}{2}$ किमी./घं. ***SSC CGL (Tier-1) 19.6.2019***

101. किसी निश्चित गति से 15 km. की दूरी तय करने में B की तुलना में A को 30 मिनट ज्यादा समय लगता है। किन्तु, यदि A अपनी गति को दोगुना कर दे तो वह उसी दूरी को B की तुलना में एक घंटा कम समय में तय कर लेता है। B की गति (किमी./घं. में) क्या है?

(a) $6\frac{1}{2}$ (b) 5 (c) $5\frac{1}{2}$ (d) 6 ***SSC CGL (Tier-1) 4.6.2019***

102. दो धावक क्रमशः 100 मीटर प्रति मिनट और 120 मीटर प्रति मिनट की गति से दौड़ते हैं। अगर दूसरा धावक दौड़ पूरी करने में, पहले धावक से 10 मिनट कम समय लेता है, तो दौड़ कितनी लंबी है?

(a) 2 किमी. (b) 4 किमी. (c) 6 किमी. (d) 1 किमी. ***SSC CGL (Tier-1) 9.3.2020***

103. एक छात्र को 4 किमी./घण्टा की चाल से घर से स्कूल जाने में 1.25 घंटे लगते हैं। स्कूल से घर तक की वही दूरी 25% तक कम समय में तय करने के लिए उसे अपनी चाल को कितने प्रतिशत बढ़ाना होगा?

(a) $33\frac{1}{3}\%$ (b) 45% (c) 25% (d) 50% *SSC CGL (Tier-1) 6.3.2020*

104. एक व्यक्ति 300 किमी. की दूरी तय करता है और फिर आरंभिक बिन्दु पर लौट आता है। जाने में उसके द्वारा लिया गया समय, वापस आने में लिये गये समय से 5 घंटे अधिक है। यदि वह जाने की चाल की तुलना में 10 किमी./घंटा अधिक चाल से लौटा हो तो जाते समय उसकी चाल (किमी./घंटा में) क्या थी?

(a) 30 (b) 15 (c) 25 (d) 20 *SSC CAPF : 24.11.2020*

105. 40 किमी. की दूरी तय करने में A को B से 2 घंटे 30 मिनट अधिक लगते हैं। यदि A अपनी चाल दोगुनी करता है तो वह इसे B से 1 घंटा कम समय में तय कर सकता है। A द्वारा 40 किमी. की दूरी तय करने में लगने वाला समय (घंटे में) ज्ञात करें।

(a) 7 (b) 5 (c) 6 (d) 9 *SSC CAPF : 23.11.2020*

उत्तरमाला

1. (d)	2. (b)	3. (c)	4. (d)	5. (d)	6. (c)	7. (c)	8. (a)	9. (d)
10. (c)	11. (d)	12. (a)	13. (b)	14. (b)	15. (d)	16. (d)	17. (b)	18. (b)
19. (d)	20. (c)	21. (c)	22. (b)	23. (d)	24. (b)	25. (c)	26. (c)	27. (d)
28. (a)	29. (b)	30. (b)	31. (b)	32. (a)	33. (b)	34. (d)	35. (c)	36. (d)
37. (d)	38. (c)	39. (c)	40. (c)	41. (c)	42. (d)	43. (d)	44. (b)	45. (d)
46. (c)	47. (d)	48. (b)	49. (c)	50. (d)	51. (b)	52. (b)	53. (a)	54. (d)
55. (a)	56. (b)	57. (a)	58. (b)	59. (b)	60. (c)	61. (a)	62. (d)	63. (d)
64. (a)	65. (b)	66. (b)	67. (a)	68. (d)	69. (b)	70. (c)	71. (d)	72. (c)
73. (b)	74. (c)	75. (c)	76. (b)	77. (a)	78. (b)	79. (b)	80. (a)	81. (c)
82. (d)	83. (b)	84. (a)	85. (d)	86. (b)	87. (a)	88. (b)	89. (b)	90. (c)
91. (d)	92. (b)	93. (b)	94. (b)	95. (c)	96. (c)	97. (c)	98. (d)	99. (b)
100. (b)	101. (d)	102. (c)	103. (a)	104. (d)	105. (a)			

अभ्यास प्रश्नों के हल

1. मिसाइल की गति = 1260 किमी/घण्टा = $1260\times\frac{5}{18}$ मी./से. = 350 मी/से. $\Rightarrow$ 1 सेकण्ड में चली गयी दूरी = 350 मी.

2. मिसाइल की चाल = 1296 किमी/घण्टा = $1296\times\frac{5}{18}$ मी./से. = 360 मी./से. $\Rightarrow$ 1 सेकण्ड में चली गयी दूरी = 360 मी.

3. मिसाइल की गति = 1116 किमी/घण्टा = $1116\times\frac{5}{18}$ मी./से. = 310 मी./से. $\Rightarrow$ 1 सेकण्ड में चली गयी दूरी = 310 मी.

4. कार की गति = $\frac{\text{दूरी}}{\text{समय}}=\frac{315}{2.8}$ किमी./घण्टा = $\frac{315}{2.8}\times\frac{5}{18}$ मी/से. = 31.25 मी./से.

5. कार की गति = $\frac{\text{दूरी}}{\text{समय}}=\frac{297}{4.4}$ किमी./घण्टा = $\frac{297}{4.4}\times\frac{5}{18}$ मी./से = 18.75मी./से.

6. दूरी = 6.64 किमी. = 6.64 × 1000 मी. = 6640 मी./से. $\Rightarrow$ ध्वनि की चाल = $\frac{\text{दूरी}}{\text{समय}}=\frac{6640}{20}$ = 332 मी./से.

7. चाल = $\frac{\text{दूरी}}{\text{समय}}=\frac{252}{2.5}$ किमी./घण्टा = $\frac{252}{2.5}\times\frac{5}{18}$ मी./से. = 28 मी./से.

8. बस की चाल = 36 किमी./घण्टा = $\frac{36\times5}{18}$ मी./से. = 10 मी./से $\Rightarrow$ 1 सेकण्ड में तय की गयी दूरी = 10 मी.

9. ध्वनि द्वारा चली गयी दूरी = 1.7 किमी. = 1.7 × 1000 मी. = 1700 मी. $\Rightarrow$ ध्वनि की चाल = $\frac{\text{दूरी}}{\text{समय}}=\frac{1700}{25}$ = 68 मी./से.

10. दिनों की संख्या = $\frac{8.1 \text{ किमी.}}{324 \text{ मी.}} = \frac{8100 \text{ मी.}}{324 \text{ मी.}} = 25$

11. कार की गति = 20 मी/से. = $20 \times \frac{18}{5}$ किमी./घण्टा = 72 किमी./घण्टा

12. गति = $\frac{\text{दूरी}}{\text{समय}} = \frac{390}{3.25}$ किमी./घण्टा = $\frac{390}{3.25} \times \frac{5}{18}$ मी/से. = $33\frac{1}{3}$ मी./से.

13. औसत = $\frac{\text{दूरी}}{\text{समय}} = \frac{300 \text{ मीटर}}{6 \text{ मिनट}} = \frac{\frac{300}{1000} \text{ किमी.}}{\frac{6}{60} \text{ घंटा}} = \frac{3}{10} \times \frac{10}{1}$ किमी./घण्टा = 3 किमी./घण्टा

14. शिवान की गति = 19 किमी./घण्टा = $\frac{19 \times 5}{18}$ मी./से.

∴ 665 मी. की दूरी तय करने में लगा समय = $\frac{665}{\left(\frac{19 \times 5}{18}\right)}$ सेकण्ड = $\frac{665 \times 18}{19 \times 5 \times 60}$ मिनट= $2\frac{1}{10}$

15. विमान की गति = 1440 किमी./घण्टा = $1440 \times \frac{5}{18}$ = 400 मी/से. ⇒ 1 सेकण्ड में तय की गयी दूरी = 40 मी.

16. कार की गति = 600 मी./मिनट = $\frac{600}{60}$ मी./से.= 10 मी/से. और धावक की गति = $\frac{100}{9.6} = \frac{1000}{96} = \frac{125}{12}$ मी./से.

∴ दोनों गतियों में अन्तर = $\frac{125}{12} - 10 = \frac{125 - 120}{12} = \frac{5}{12}$ मी./से.

17. कार की गति = $\frac{\text{दूरी}}{\text{समय}} = \frac{18 \text{ किमी.}}{24 \text{ मि.}} = \frac{3}{4}$ किमी./मि. और बस की गति = कार की गति × 2 = $\frac{3}{4} \times 2 = \frac{3}{2}$ किमी./मि.

∴ 135 किमी. दूरी बस द्वारा तय करने में समय = $\frac{135}{\left(\frac{3}{2}\right)} = 135 \times \frac{2}{3}$ = 90 मिनट

18. 7 घण्टे में 420 किमी. दूरी तय करने पर चाल = $\frac{420}{7}$ = 60 किमी./घण्टा

6 घण्टे में 420 किमी. दूरी तय करने पर चाल = $\frac{420}{6}$ = 70 किमी./घण्टा

∴ चाल में होने वाली वृद्धि = 70 – 60 = 10 किमी./घण्टा

19. माना शहर A से शहर B के बीच की दूरी x किमी. है।

पहली कार द्वारा लिया गया समय = $\frac{x}{30}$ घण्टे और दूसरी कार द्वारा लिया गया समय = $\frac{x}{36}$ घण्टे

∴ $\frac{x}{30} - \frac{x}{36} = 3 \Rightarrow \frac{6x - 5x}{180} = 3 \Rightarrow \frac{x}{180} = 3 \Rightarrow x = 540$ किमी.

∴ शहर A से शहर B तक की दूरी = x = 540 किमी.

20. माना शहर A से शहर B के बीच की दूरी x किमी. है।

पहली कार द्वारा लिया गया समय = $\frac{x}{24}$ घण्टे और दूसरी कार द्वारा लिया गया समय = $\frac{x}{32}$ घण्टे

∴ $\frac{x}{24} - \frac{x}{32} = 2.5 \Rightarrow \frac{4x - 3x}{96} = 2.5 \Rightarrow \frac{x}{96} = 2.5 \Rightarrow x = 240$ किमी.

21. 6 घण्टे में चली गयी दूरी = चाल × समय = 45 × 6 = 270 किमी.

यात्रा की शेष दूरी = 405 – 270 = 135 किमी., अतः शेष दूरी में गति = $\frac{\text{दूरी}}{\text{समय}} = \frac{135}{3}$ = 45 किमी./घण्टा

22. माना शहर A से शहर B के बीच की दूरी x किमी. है

∴ $\frac{x}{30} - \frac{x}{48} = 3 \Rightarrow \frac{8x - 5x}{240} = 3 \Rightarrow \frac{3x}{240} = 3 \quad x = \frac{3 \times 240}{3}$ = 240 किमी.

23. माना X तथा Y के मध्य दूरी x किमी. है। अतः $\frac{\left(\frac{3x}{7}\right)}{3}+\frac{\left(\frac{4x}{7}\right)}{4}=12 \Rightarrow \frac{3x}{7\times3}+\frac{4x}{7\times4}=12$

$\therefore$ $\frac{x}{7}+\frac{x}{7}=12 \Rightarrow \frac{2x}{7}=12 \Rightarrow x=\frac{12\times7}{2}=42$ किमी.

24. माना आदमी ने कुल 2x किमी की दूरी तय की।

$\therefore$ $\frac{x}{40}+\frac{x}{60}=16 \Rightarrow \frac{3x+2x}{120}=16 \Rightarrow \frac{5x}{120}=\frac{16}{1} \Rightarrow x=\frac{16\times120}{5}=384$

$\therefore$ कुल दूरी 2x = 2 × 384 = 768 किमी.

25. माना अमित ने साइकिल द्वारा x किमी. दूरी तय की। अतः पैदल चली गयी दूरी = (50 – x) किमी.

$\therefore$ $\frac{50-x}{5}+\frac{x}{10}=9 \Rightarrow \frac{100-2x+x}{10}=9 \Rightarrow 100-x=90 \Rightarrow x=100-90=10$ किमी.

26. माना पैदल तय की गई दूरी x किमी और साइकिल से तय की गयी दूरी (35 – x) किमी है।

$\therefore$ पैदल चलने में लगा समय + साइकिल से चलने में लगा समय = 5 घण्टे

$\therefore$ $\frac{x}{4}+\frac{(35-x)}{9}=5 \Rightarrow \frac{9x+140-4x}{36}=5 \Rightarrow \frac{5x+140}{36}=5 \Rightarrow 5x+140=180$

$\therefore$ $5x=40 \Rightarrow x=\frac{40}{5}=8$ किमी. ⇒ पैदल तय की गई दूरी = x = 8 किमी.

27. चोर के सापेक्ष सिपाही की चाल = 7– 5 = 2 किमी./घण्टा

चोर और सिपाही के बीच की दूरी = 250 मी. = $\frac{250}{1000}$ किमी. = $\frac{1}{4}$ किमी.

$\therefore$ सिपाही को चोर तक पहुँचने में लगा समय = $\frac{\text{दोनों के बीच के दूरी}}{\text{सापेक्ष चाल}}=\frac{\left(\frac{1}{4}\right)}{2}$ घण्टे = $\frac{1}{4\times2}$ घण्टे = $\frac{1}{8}$ घण्टे

$\therefore$ चोर द्वारा तय की गयी दूरी = $5\times\frac{1}{8}$ किमी. = $5\times\frac{1}{8}\times1000$ मी. = 625 मीटर

28. चोर के सापेक्ष सिपाही की चाल = 18 – 10 = 8 किमी./घण्टा

दोनों के बीच की दूरी = 500 मी. = $\frac{500}{1000}$ किमी. = $\frac{1}{2}$ किमी.

सिपाही को चोर तक पहुँचने में लगा समय = $\frac{\text{दोनों के बीच के दूरी}}{\text{सापेक्ष चाल}}=\frac{\left(\frac{1}{2}\right)}{8}=\frac{1}{2\times8}$ घण्टे = $\frac{1}{16}$ घण्टे

$\therefore$ चोर द्वारा तय की गयी दूरी = चाल × समय = $10\times\frac{1}{16}$ किमी. = $10\times\frac{1}{16}\times1000$ मी. = 625 मी.

29. माना कार की चाल x किमी./घण्टा है। अतः आदमी के सापेक्ष कार की चाल = (x – 4) किमी./घण्टा

$\therefore$ सापेक्ष चाल × समय = दूरी ⇒ $(x-4)\times\frac{3}{60}=\frac{130}{1000}$

$\therefore$ $x-4=\frac{130}{1000}\times\frac{60}{3}=\frac{13}{5} \Rightarrow x=\frac{13}{5}+4=\frac{13+20}{5}=\frac{33}{5}=6\frac{3}{5}$ किमी./घण्टा

30. 4 घण्टों में A द्वारा चली गयी दूरी = A की चाल × समय = 4 × 4 = 16 किमी.

$\therefore$ 4 घण्टों में A और B के बीच की दूरी = 16 किमी.

$\therefore$ A को पकड़ने में B द्वारा लिया गया समय = $\frac{\text{दोनों के बीच के दूरी}}{\text{सापेक्ष चाल}}=\frac{16}{10-4}=\frac{16}{6}=\frac{8}{3}$ घण्टे

$\therefore$ आरम्भिक स्थान से दूरी = B की चाल × समय = $10\times\frac{8}{3}=\frac{80}{3}$ = 26.67 किमी.

31. सिपाही की चाल $= \frac{1000 \text{ मी}}{8 \text{ मिनट}} = 125$ मी./मिनट और चोर की चाल $= \frac{1000 \text{ मी}}{10 \text{ मिनट}} = 100$ मी./मिनट

∴ चोर के पकड़े जाने में लगा समय $= \frac{\text{दोनों के बीच की दूरी}}{\text{दोनों की चालों में अन्तर}} = \frac{100}{125-100} = \frac{100}{25} = 4$ मिनट

∴ पकड़े जाने तक चोर द्वारा चली गयी दूरी = चाल × समय = 100 × 4 = 400 मी.

32. साइकिल सवार लड़का 10 बजे चलता है और 1.30 बजे पकड़ लिया जाता है

∴ 3.30 घण्टे अर्थात् $\frac{7}{2}$ घण्टे में चली गयी दूरी = चाल × समय $= \frac{12 \times 7}{2} = 42$ किमी.

∵ उसका बड़ा भाई 1 घण्टा 15 मिनट बाद स्कूटर से चलता है

∴ स्कूटर द्वारा लिया गया समय = 3 घण्टा 30 मिनट − 1 घण्टा 15 मिनट = 2 घण्टा 15 मिनट

∴ स्कूटर की गति $= \frac{\text{दूरी}}{\text{समय}} = \frac{42 \text{ किमी.}}{2\frac{1}{4}\text{घण्टा}} = \frac{42 \text{ किमी.}}{\frac{9}{4}\text{घण्टा}} = \frac{42 \times 4}{9} = 18\frac{2}{3}$ किमी/घण्टा

33. कार द्वारा 20 सेकण्ड में चली गयी दूरी = चाल × समय $= \frac{36 \times 5}{18} \times 20 = 200$ मी.

∵ बस 40 मी. आगे थी और 20 सेकण्ड बाद 60 मी. पीछे हो गयी

∴ बस द्वारा 20 सेकण्ड में चली गयी दूरी = 200 − (40 + 60) = 200 − 100 = 100 मी.

∴ बस की गति $= \frac{\text{दूरी}}{\text{समय}} = \frac{100}{20} = 5$ मी /से $= \frac{5 \times 18}{5}$ किमी./घण्टा = 18 किमी./घण्टा

34. 30 मिनट में A द्वारा चली गयी दूरी = चाल × समय $= \frac{8 \times 30}{60} = 4$ किमी.

∴ 7.30 के 30 मिनट बाद अर्थात् 8 बजे A और B के बीच की दूरी = 4 किमी.

∴ 8 बजे के बाद दोनों के मिलने में लगा समय $= \frac{\text{दोनों के बीच की दूरी}}{\text{दोनों की चालों में अन्तर}} = \frac{4}{10-8} = \frac{4}{2} = 2$ घण्टे

∴ B, 8 बजे के 2 घण्टे बाद अर्थात् 10 a.m. पर A से आगे निकल गया।

35. $\frac{\text{स्थान A पर}}{\text{सिपाही}} \longleftarrow 200 \text{ मी} \longrightarrow \frac{\text{स्थान B पर}}{\text{चोर}}$

6 मिनट में सिपाही द्वारा चली गयी दूरी = चाल × समय $= \frac{11 \times 1000 \times 6}{60} = 1100$ मी.

6 मिनट में चोर द्वारा चली गयी दूरी = चाल × समय $= \frac{10 \times 1000 \times 6}{60} = 1000$ मी.

∴ 6 मिनट बाद स्थान A से चोर की दूरी = 200 + 1000 = 1200 मी.

∴ 6 मिनट बाद दोनों के बीच की दूरी = 1200 − 1100 = 100 मी.

36. दोनों के बीच की दूरी = सापेक्ष चाल × समय = (33 + 88) किमी./घण्टा × 1 सेकण्ड

$= 126 \times \frac{5}{18} \frac{\text{मीटर}}{\text{सेकण्ड}} \times 1$ सेकण्ड= 35 मीटर

37. $\frac{\text{A की गति}}{\text{B की गति}} = \sqrt{\frac{\text{B का समय}}{\text{A का समय}}} = \sqrt{\frac{8}{\left(\frac{49}{8}\right)}} = \sqrt{\frac{8 \times 8}{49}} = \frac{8}{7}$

∴ A की गति = B की गति $\times \frac{8}{7} = 16.8 \times \frac{8}{7} = 19.2$ किमी./घण्टा

38. आपस में मिलने तक लगा समय $= \frac{\text{दोनों के बीच की दूरी}}{\text{दोनों की चालों का योग}}$

∴ दोनों के बीच की दूरी = 5 मिनट × (10 + 20) किमी./घण्टा $= \frac{5}{60}$ घण्टे $\times \frac{30 \text{ किमी.}}{\text{घण्टा}} = 2.5$ किमी. = 2500 मी

39. माना B की चाल v है। अतः A की चाल $= \frac{v \times 120}{100} = \frac{6v}{5}$

$\therefore \frac{\text{A की चाल}}{\text{B की चाल}} = \sqrt{\frac{\text{B का समय}}{\text{A का समय}}} \Rightarrow \frac{\left(\frac{6v}{5}\right)}{v} = \sqrt{\frac{x}{\left(\frac{5}{2}\right)}} \Rightarrow \frac{6v}{5} \times \frac{1}{v} = \sqrt{x \times \frac{2}{5}}$

$\therefore \frac{6}{5} = \sqrt{\frac{2x}{5}} \Rightarrow \frac{36}{25} = \frac{2x}{5} \Rightarrow x = \frac{36 \times 5}{25 \times 2} = \frac{18}{5} = 3\frac{3}{5}$ घण्टे

40. माना तेज चलने वाली कार की चाल x किमी./घण्टा और धीमी चलने वाली कार की चाल y किमी./घण्टा है।
जब दोनों कार एक ही दिशा में चलती हैं, तब–
दोनों की चालों का अन्तर × मिलने में लगा समय = दोनों के बीच की दूरी

$\therefore (x - y) \times 12 = 144 \Rightarrow x - y = 12$ ....(i)

जब दोनों कार एक-दूसरे की विपरीत दिशा में चलती है, तब–
दोनों की चालों का योग × मिलने में लगा समय = दोनों के बीच की दूरी

$\therefore (x + y) \times \frac{9}{8} = 144 \Rightarrow x + y = 128$ ....(ii)

दोनों समीकरणों को जोड़ने पर, $2x = 140 \Rightarrow x = \frac{140}{2} = 70$ किमी./घंटा

$\therefore$ तेज चलने वाली कार की चाल = x = 70 किमी./घण्टा

41. औसत गति $= \frac{2 \times 32 \times 68}{(32 + 68)} = \frac{2 \times 32 \times 68}{100} = 43.52$ किमी./घण्टा

42. गौतम की औसत चाल $= \frac{2 \times 32 \times 40}{(32 + 40)} = \frac{2 \times 32 \times 40}{72} = 35.55$ किमी./घण्टा

43. 3 किमी. की दूरी में समय $= \frac{3}{9} = \frac{1}{3}$ घण्टा, 6 किमी. की दूरी में समय $= \frac{6}{15} = \frac{2}{5}$ घण्टा

9 किमी. की दूरी में समय $= \frac{9}{18} = \frac{1}{2}$ घण्टा

$\therefore$ कुल दूरी = 3 + 6 + 9 = 18 किमी. और कुल समय $= \frac{1}{3} + \frac{2}{5} + \frac{1}{2} = \frac{10 + 12 + 15}{30} = \frac{37}{30}$ घण्टा

$\therefore$ औसत गति $= \frac{\text{कुल दूरी}}{\text{कुल समय}} = \frac{18}{\left(\frac{37}{30}\right)} = \frac{18 \times 30}{37} = \frac{540}{37}$ किमी./घण्टा

44. औसत गति $= \frac{2 \times 30 \times 20}{30 + 20} = \frac{2 \times 30 \times 20}{50} = 24$ किमी./घण्टा

45. कार की औसत चाल $= \frac{2 \times \text{ चालों का गुणनफल}}{\text{चालों का योग}} = \frac{2 \times 60 \times 40}{60 + 40} = \frac{2 \times 60 \times 40}{100} = 48$ किमी./घण्टा

46. कार की औसत चाल $= \frac{2 \times 20 \times 30}{20 + 30} = \frac{2 \times 20 \times 30}{50} = 24$ किमी./घण्टा

47. औसत गति $= \frac{2 \times 60 \times 40}{60 + 40} = \frac{2 \times 60 \times 40}{100} = 48$ किमी./घण्टा

48. चारों दूरियों में लगा कुल समय $= \frac{6}{25} + \frac{6}{50} + \frac{6}{75} + \frac{6}{150} = \frac{72 + 36 + 24 + 12}{300} = \frac{144}{300} = \frac{12}{25}$ घण्टे

$\therefore$ औसत चाल $= \frac{\text{कुल दूरी}}{\text{कुल समय}} = \frac{6 \times 4}{\frac{12}{25}} = \frac{6 \times 4 \times 25}{12} = 50$ किमी./घण्टा

49. चूंकि $\frac{1}{5}$ गति से दूरी = 200 किमी., अतः पूरी गति से दूरी = 200 × 5 = 1000 किमी.

$\therefore$ कार की गति $= \frac{\text{दूरी}}{\text{समय}} = \frac{1000}{25} = 40$ किमी./घण्टा

50. सामान्य समय $= \frac{5}{5\sim7}\times10=\frac{5\times10}{2}$ =25 मिनट

51. सामान्य समय $= \frac{3}{3\sim4}\times18=\frac{3\times18}{1}$ मिनट = 54 मिनट

52. सामान्य समय $= \frac{7}{7\sim9}\times10= \frac{7}{2}\times10$ = 35 मिनट

53. सामान्य समय $= \frac{3}{3\sim5}\times20=\frac{3}{2}\times20$ = 30 मिनट

54. यदि व्यक्ति $\frac{a}{b}$ चाल से चलकर t समय देर से पहुँचे तो सामान्य चाल से चलने पर लगने वाला

सामान्य समय $= \frac{a}{a\sim b}\times t = \frac{3}{3\sim4}\times$ 20 मिनट $=\frac{3\times20}{1}$ मिनट = 60 मिनट

55. सामान्य समय $= \frac{3}{3\sim4}\times1\frac{1}{2}=\frac{3}{4-3}\times\frac{3}{2}=\frac{3}{1}\times\frac{3}{2}=4\frac{1}{2}$ घण्टे

56. सामान्य समय $= \frac{3}{3\sim4}\times$ 20 मिनट $=\frac{3\times20}{4-3}=\frac{3\times20}{1}$ मिनट = 60 मिनट

57. सामान्य समय $= \frac{6}{6\sim7}\times25$ मिनट $=\frac{6\times25}{7-6}$ मिनट $=\frac{6\times25}{1}$ = 150 मिनट = 2 घण्टे 30 मिनट

58. सामान्य गति दर (समय) $= \frac{3}{3\sim4}\times\frac{3}{2}$ घण्टे $=\frac{3}{4-3}\times\frac{3}{2}=\frac{3\times3}{1\times2}=4\frac{1}{2}$ घण्टे

59. माना ट्रेन की चाल x किमी./घण्टा और कार की चाल y किमी./घण्टा है।

∴ प्रथम शर्त से, $\frac{120}{x}+\frac{480}{y}=8\Rightarrow\frac{15}{x}+\frac{60}{y}=1$ ....(i)

द्वितीय शर्त से, $\frac{200}{x}+\frac{400}{y}=8$ घण्टे 20 मिनट $= 8\frac{20}{60}$ घण्टे $= 8\frac{1}{3}=\frac{25}{3}$ घण्टे

∴ $25\left(\frac{8}{x}+\frac{16}{y}\right)=\frac{25}{3}\Rightarrow\frac{8}{x}+\frac{16}{y}=\frac{1}{3}\Rightarrow\frac{24}{x}+\frac{48}{y}=1$ ....(ii)

दोनों समीकरणों की तुलना करने पर, $\frac{15}{x}+\frac{60}{y}=\frac{24}{x}+\frac{48}{y}$

∴ $\frac{24}{x}-\frac{15}{x}=\frac{60}{y}-\frac{48}{y}\Rightarrow\frac{9}{x}=\frac{12}{y}\Rightarrow\frac{x}{y}=\frac{9}{12}=\frac{3}{4}=3:4$, अतः ट्रेन और कार की चाल का अनुपात = 3 : 4

60. ट्रक की चाल = 550 मी./मिनट, $\frac{3}{4}$ घण्टे $=\frac{3}{4}\times60$ मिनट = 45 मिनट और 33 किमी. = 33000 मी.

∴ बस की चाल $= \frac{\text{दूरी}}{\text{समय}}=\frac{33000}{45}=\frac{2200}{3}$ मी./मिनट

∴ दोनों चालों में अनुपात $= 550:\frac{2200}{3}=550\times3:2200=3:4$

61. A तथा B की गति का अनुपात = 3 : 5 ⇒ एक निश्चित दूरी तय करने में A तथा B के समयों में अनुपात = 5 : 3

∴ माना एक निश्चित दूरी तय करने में A 5x मिनट तथा B 3x मिनट लेता है।

∴ 5x – 3x = 24 ⇒ 2x = 24 ⇒ x = 12, अतः B द्वारा लिया गया समय = 3x = 3 × 12 = 36 मिनट

62. पहले हवाई जहाज की गति $= \frac{\text{दूरी}}{\text{समय}}=\frac{1050}{3}$ = 350 किमी./घण्टा

∴ $\frac{\text{पहले हवाई जहाज की गति}}{\text{दूसरे हवाई जहाज की गति}}=\frac{7}{15}\Rightarrow\frac{350}{\text{दूसरे हवाई जहाज की गति}}=\frac{7}{15}$

∴ दूसरे हवाई जहाज की गति $= \frac{350\times15}{7}$ = 750 किमी./घण्टा

63. पहले हवाई जहाज की गति $= \frac{\text{दूरी}}{\text{समय}} = \frac{1650}{3} = 550$ किमी./घण्टा

$\therefore$ $\frac{\text{पहले हवाई जहाज की गति}}{\text{दूसरे हवाई जहाज की गति}} = \frac{11}{18} \Rightarrow \frac{550}{\text{दूसरे हवाई जहाज की गति}} = \frac{11}{18}$ $= 900 \times \frac{5}{18}$ मी./से. $= 250$ मी./से.

$\therefore$ दूसरे हवाई जहाज की गति $= \frac{550 \times 18}{11} = 900$ किमी./घण्टा

64. माना साइकिल चालक वह दूरी t समय में तय किया।

$\therefore$ जागर आधी दूरी 2t समय में तय किया, अतः जागर पूरी दूरी 4t समय में तय करेगा।

$\therefore$ जागर और साइकिल चालक के समयों में अनुपात = 4t : t = 4 : 1

$\therefore$ जागर और साइकिल चालक के गतियों में अनुपात = 1 : 4

65. यदि कुछ दूरी विशिष्ट गति से तय करने में t समय लगे तो –

दूसरी गति से आधी दूरी 2t समय में तय होगी। अतः दूसरी गति से पूरी दूरी 4t समय में तय होगी।

$\therefore$ विशिष्ट गति का समय : दूसरी गति का समय = t : 4 t = 1 : 4 $\Rightarrow$ विशिष्ट गति : दूसरी गति = 4 : 1

66. बस द्वारा लिया गया समय = 1 घण्टे 30 मिनट = (60 + 30) मिनट = 90 मिनट

$\therefore$ बस की चाल $= \frac{\text{दूरी}}{\text{समय}} = \frac{60 \text{ किमी.}}{90 \text{ मिनट}} = \frac{2}{3}$ किमी./मिनट

और कार की चाल $= \frac{\text{दूरी}}{\text{समय}} = \frac{60 \text{ किमी.}}{45 \text{ मिनट}} = \frac{4}{3}$ किमी./मिनट

$\therefore$ कार की चाल : बस की चाल $= \frac{4}{3} : \frac{2}{3} = 4 : 2 = 1 : 2$

67. घर से विद्यालय की दूरी $= \frac{\text{चालों का गुणनफल}}{\text{चालों का अन्तर}} \times$ समयों का योग $= \frac{4 \times 5}{4 \sim 5} \times \frac{(6+6)}{60} = \frac{4 \times 5}{1} \times \frac{12}{60} = 4$ किमी.

68. बस अड्डे तक की दूरी $= \frac{\text{दोनों चालों का गुणनफल}}{\text{दोनों चालों का अन्तर}} \times$ समयों का योग

$$= \frac{4 \times 5}{4 \sim 5} \times \frac{(10+5)}{60} = \frac{4 \times 5}{1} \times \frac{15}{60} = 5 \text{ किमी.}$$

69. पिन्टू के घर से स्कूल की दूरी $= \frac{3 \times 4}{3 \sim 4} \times \frac{(5+5)}{60} = \frac{3 \times 4}{1} \times \frac{10}{60} = 2$ किमी.

70. कार्यालय की दूरी $= \frac{30 \times 24}{30 \sim 24} \times \frac{(6+5)}{60} = \frac{30 \times 24}{6} \times \frac{11}{60} = 22$ किमी.

71. दूरी $= \frac{3 \times 4}{3 \sim 4} \times \frac{(20+10)}{60} = \frac{3 \times 4}{1} \times \frac{30}{60} = 6$ किमी.

72. यात्रा की दूरी $= \frac{40 \times 50}{40 \sim 50} \times \frac{(11-5)}{60} = \frac{40 \times 50}{10} \times \frac{6}{60} = 20$ किमी.

40 किमी/घण्टा से लगा समय $= \frac{\text{दूरी}}{\text{चाल}} = \frac{20}{40} = \frac{1}{2}$ घण्टे = 30 मिनट

परन्तु इस स्थिति में गाड़ी 11 मिनट देर से पहुँचती है। अतः यात्रा पूरी करने के लिए सही समय = 30 – 11 = 19 मिनट

73. घर तथा विद्यालय के बीच की दूरी $= \frac{2.5 \times 3}{2.5 \sim 3} \times \frac{(6+10)}{60} = \frac{2.5 \times 3 \times 16}{0.5 \times 60} = 4$ किमी.

74. घर से विद्यालय की दूरी $= \frac{5 \times 3}{5 \sim 3} \times \frac{(15+9)}{60} = \frac{5 \times 3 \times 24}{2 \times 60} = 3$ किमी.

75. पहले दिन की चाल = 5 किमी./घण्टा तथा अगले दिन की चाल = 5+1 = 6 किमी./घण्टा

∴ घर से कार्यालय तक की दूरी = $\frac{5\times6}{5\sim6}\times\frac{(3+3)}{60}=\frac{5\times6\times6}{1\times60}$ = 3 किमी.

76. घर से विद्यालय की दूरी = $\frac{4\times3}{4\sim3}\times\frac{(10+10)}{60}=\frac{4\times3\times20}{1\times60}$ = 4 किमी.

77. घर और स्टेशन के बीच की दूरी = $\frac{5\times6}{5\sim6}\times\frac{(7+5)}{60}=\frac{5\times6\times12}{1\times60}$ = 6 किमी.

78. प्रारम्भिक बिन्दु पर पहुँचने में लगा समय = 40 तथा 50 का ल.स. = 200 सेकण्ड

79. कोई पहिया एक चक्कर में अपनी परिधि के बराबर दूरी चलती है।

∴ परिधि =1100 ⇒ व्यास $\times\frac{22}{7}$ = 1100 ⇒ व्यास = $\frac{1100\times7}{22}$ = 350 ⇒ पहिये का अर्धव्यास = $\frac{350}{2}$ = 175 सेमी.

80. प्रति घण्टे तय की गयी दूरी = 33 किमी. = 33000 मी., अतः प्रति मिनट तय की गयी दूरी = $\frac{33000}{60}$ मी. = 550 मी.

पहिए की परिधि = π × व्यास = $\frac{22}{7}$ × 154 सेमी. = $\frac{22}{7}\times\frac{154}{100}$ मी. = $\frac{121}{25}$ मी.

रिवोलुशन प्रति मिनट अर्थात् चक्कर प्रति मिनट = $\frac{\text{प्रति मिनट तय की गयी दूरी}}{\text{पहिए की परिधि}}=\frac{550}{\left(\frac{121}{25}\right)}=550\times\frac{25}{121}$

= 113.6 ⇒ 114

81. पहिए की परिधि = $2\pi r=2\times\frac{22}{7}\times14$ = 88 सेमी.

∴ 15 चक्करों में चली गयी दूरी = 15 परिधि = 15 × 88 = 1320 सेमी.

82. माना पहिये का व्यास 2R तथा परिधि $2\pi R$ है। अतः 350 बार घूमने में चली गयी दूरी = 1.76 किमी. = 1760 मी.

∴ 350 × परिधि = 1760 ⇒ 350 × 2 × $\frac{22}{7}$ R = 1760

∴ 2 R = $\frac{1760\times7}{350\times22}$ = 1.6 मी. = 160 सेमी., अतः व्यास = 160 सेमी.

83. ∵ 5000 चक्कर लगाने में चली गयी दूरी = 11 किमी. = 11 × 1000×100 सेमी.

∴ 5000 × परिधि = 11 × 1000 × 100 ⇒ 5000 × 2 × $\frac{22}{7}$ × R = 1100000

∴ 2R = $\frac{1100000\times7}{5000\times22}$ = 70 सेमी., अतः व्यास = 70 सेमी.

84. पहिये का व्यास = 98 सेमी., अतः परिधि = व्यास × π = $\frac{98\times22}{7}$ = 14 × 22 सेमी. = $\frac{14\times22}{100}$ मी.

∴ 1540 मी. की दूरी चलने में लगे चक्करों की संख्या = $\frac{\text{दूरी}}{\text{परिधि}}=\frac{1540}{\left(\frac{14\times22}{100}\right)}=\frac{1540\times100}{14\times22}$ = 500

85. 5000 चक्कर में चली गयी दूरी = 11 किमी. = 1100000 सेमी.

∴ 5000 × परिधि = 1100000 ⇒ 5000 × व्यास × $\frac{22}{7}$ = 1100000 ⇒ व्यास = $\frac{1100000\times7}{5000\times22}$ = 70 सेमी.

86. आधे मिनट में चली गयी दूरी = 84 चक्कर की दूरी = 84 × परिधि

∴ 30 सेकण्ड में चली गयी दूरी = $\frac{84\times2\times22}{7}$ × 0.75 मी. = 396 मी.

∴ बस की गति = $\frac{396}{30}$ मी./से = $\frac{396}{30}\times\frac{18}{5}$ किमी./घण्टा = 47.52 किमी./घण्टा

87. आरम्भिक बिन्दु पर पहुँचने में समय = 200, 300, 450 का L.C.M. = 1800 सेकण्ड

88. 1000 बार घूमने में तय की गयी दूरी = 440 मी.

$\therefore$ $1000 \times \text{व्यास} \times \frac{22}{7} = 440 \Rightarrow \text{व्यास} = \frac{440 \times 7}{1000 \times 22} = 0.14$ मी.

89. 2.2 किमी. अर्थात् 220000 सेमी घूमने में चक्कर $= \frac{220000}{\text{परिधि}} = \frac{220000}{\text{व्यास} \times \frac{22}{7}} = \frac{220000}{56 \times \frac{22}{7}} = \frac{220000 \times 7}{56 \times 22} = 1250$

90.

रवि	सोम	मंगल	बुध	वृहस्पति	शुक्र	शनि
↓	↓	↓	↓	↓	↓	↓
3 मील	4 मील	5 मील	6 मील	7 मील	8 मील	9 मील

$\therefore$ एक सप्ताह में कुल दुरी = 3 + 4 + 5 + 6 + 7 + 8 + 9 = 42 मील, अतः 2 सप्ताह में कुल दूरी = 42 × 2 = 84 मील

91. 540 किमी. दूरी के लिए आवश्यक पेट्रोल $= \frac{540}{45} = 12$ लीटर

$\therefore$ आवश्यक राशि = 12 ×20 = ₹ 240

92. 5 घण्टे में चली गयी दूरी = चाल × समय = 49 × 5 = 245 किमी

$\therefore$ यात्रा की शेष दूरी = 368 – 245 = 123 किमी.

$\therefore$ शेष दूरी में गति $= \frac{\text{दूरी}}{\text{समय}} = \frac{123}{3} = 41$ किमी./घण्टा

93. दूरी x = मरम्मत के बाद की चाल × समय = 72 × 6 = 432 किमी.

$\therefore$ मरम्मत से पहले $3x$ दूरी में समय $= \frac{3x}{\text{मरम्मत से पहले की चाल}} = \frac{3 \times 432}{54} = 24$ घण्टे

94. 18 किमी के लिए रोडमैप = 1.5 सेमी.

$\therefore$ 1 किमी. के लिए रोडमैप $= \frac{1.5}{18}$ सेमी. = 72 किमी. के लिए रोडमैप $= \frac{1.5}{18} \times 72 = 6$ सेमी.

95. दूरी 2x = मरम्मत के बाद की चाल × समय = 84 × 8 = 672 किमी.

$\therefore$ मरम्मत से पहले x दूरी तय करने में समय $= \frac{x}{\text{मरम्मत से पहले की चाल}} = \frac{\left(\frac{672}{2}\right)}{56} \times \frac{336}{56} = 6$ घण्टे

96. चूंकि दो क्रमागत लड़कों के बीच की दूरी एक समान है। अतः पहले लड़के से 15वें लड़के तक कुल 14 दूरियां बनेंगी।

$\therefore$ 14 दूरियों में 7 सेकण्ड का समय लगता है। अतः क्रमागत दो लड़के के बीच $\frac{1}{2}$ सेकण्ड का समय लगेगा।

$\therefore$ 15 वें लड़के से 22वें लड़के तक 7 दूरियाँ बनेंगी।

$\therefore$ 15वें लड़के से 22 वें लड़के तक पहुँचने में समय $= 7 \times \frac{1}{2} = 3.5$ सेकण्ड

97. माना मोटर साइकिलिस्ट की सामान्य गति x किमी./घण्टा है।

$\therefore$ गन्तव्य स्थान तक पहुंचने के लिए निर्धारित समय $= \frac{21}{x}$ घण्टे

12 किमी./घण्टा बढ़ाने पर नयी चाल = (x + 12) किमी./घण्टा

नयी गति से गन्तव्य स्थान तक पहुंचने में लगा समय $= \frac{21}{x+12}$ घण्टे

$\therefore$ देर से निकलने वाला समय $= 6\frac{6}{9}$ मिनट $= \frac{60}{9}$ मिनट $= \frac{1}{9}$ घण्टा

$$\therefore \frac{21}{x} - \frac{21}{(x+12)} = \frac{1}{9} \Rightarrow \frac{21(x+12) - 21x}{x(x+12)} = \frac{1}{9} \Rightarrow \frac{21x + 252 - 21x}{x^2 + 12x} = \frac{1}{9} \Rightarrow \frac{252}{x^2 + 12x} = \frac{1}{9}$$

$\therefore$ $x^2 + 12x = 2268 \Rightarrow x^2 + 12x - 2268 = 0 \Rightarrow x^2 + 54x - 42x - 2268 = 0 \Rightarrow (x + 54)(x - 42) = 0$

$\therefore$ $x + 54 \neq 0 \Rightarrow x - 42 = 0 \Rightarrow x = 42$ किमी./घण्टा

98. माना बस की गति में प्रति घण्टा (दूसरे घण्टे से 7वें घण्टे तक) x किमी. वृद्धि होती है।

$\therefore$ $33 + (33 + x) + (33 + 2x) + (33 + 3x) + (33 + 4x) + (33 + 5x) + (33 + 6x) = 315$

$\therefore$ $231 + 21x = 315 \Rightarrow 21x = 315 - 231 = 84$, अतः $x = \frac{84}{21} = 4$ किमी./घण्टा

99. माना मूल गति x किमी. है। अतः इस गति से लगा समय $= \frac{384}{x}$ घण्टे

16 किमी./घण्टा कम करने पर लगा समय $= \frac{384}{x-16}$ घण्टे

$\therefore$ $\frac{384}{x-16} - \frac{384}{x} = 2 \Rightarrow \frac{384x - 384(x-16)}{(x-16)x} = 2$

$\therefore$ $\frac{384x - 384x + 6144}{x^2 - 16x} = 2 \Rightarrow \frac{6144}{x^2 - 16x} = \frac{2}{1} \Rightarrow x^2 - 16x = 3072$

$\therefore$ $x^2 - 16x - 3072 = 0 \Rightarrow x^2 - 64 + 48x - 3072 = 0$

$\therefore$ $(x - 64)(x + 48) = 0 \Rightarrow x + 48 \neq 0$

$\therefore$ $x - 64 = 0 \Rightarrow x = 64$, अतः मूल गति का 75% $= 64 \times \frac{75}{100} = 48$ किमी./घण्टा

100. माना व्यक्ति कार्यालय से घर $4x$ किमी/घण्टा तथा घर से कार्यालय x किमी./घण्टा की गति से चलता है।

$\therefore$ औसत गति $\Rightarrow \frac{2 \times 4x \times x}{4x + x} = 15 \Rightarrow \frac{8 \times x \times x}{5x} = 15 \Rightarrow \frac{8x}{5} = 15 \Rightarrow x = \frac{15 \times 5}{8} = \frac{75}{8}$ किमी./घण्टा

$\therefore$ कार्यालय जाने के दौरान व्यक्ति की गति $= \frac{75}{8}$ किमी./घण्टा

101. माना A की गति a तथा B की गति b है। $\frac{15}{a} - \frac{15}{b} = \frac{30}{60} \Rightarrow \frac{15}{a} - \frac{15}{b} = \frac{1}{2}$ ....(i)

पुनः A द्वारा गति दुगुनी करने पर, $\frac{15}{b} - \frac{15}{2a} = 1$ ....(ii)

दोनों समीकरणों को जोड़ने पर, $\frac{15}{a} - \frac{15}{2a} = \frac{1}{2} + 1 \Rightarrow \frac{30-15}{2a} = \frac{3}{2} \Rightarrow \frac{15}{2a} = \frac{3}{2} \Rightarrow a = 5$

समीकरण (ii) में $a = 5$ रखने पर, $\frac{15}{b} - \frac{15}{2 \times 5} = 1 \Rightarrow \frac{15}{b} - 1.5 = 1$

$\therefore$ $\frac{15}{b} = 1 + 1.5 = 2.5 \Rightarrow b = \frac{15}{2.5} = \frac{150}{25} = 6$ किमी./घण्टा

102. माना दौड़ की लम्बाई x मी. है। अतः $\frac{x}{100} - \frac{x}{120} = 10$

$\therefore$ $\frac{6x - 5x}{600} = 10 \Rightarrow \frac{x}{600} = 10 \Rightarrow x = 600$ मी. = 6 किमी.

103. स्कूल से घर तक की दूरी = चाल × समय = 4 × 1.25 = 5.00 = 5 किमी.

समय में 25% की कमी करने पर नया समय $= 1.25 \times \frac{75}{100}$ घंटे $= \frac{3.75}{4}$ घण्टे

$\therefore$ इस समय में दूरी तय करने के लिए चाल $= \frac{\text{दूरी}}{\text{समय}} = \frac{5}{\left(\frac{3.75}{4}\right)} = \frac{5 \times 4}{3.75} = \frac{16}{3}$ किमी./घण्टा

$\therefore$ चाल में कुल वृद्धि $= \frac{16}{3} - 4 = \frac{16-12}{3} = \frac{4}{3}$ किमी./घण्टा

$\therefore$ चाल में प्रतिशत वृद्धि $= \frac{\text{कुल वृद्धि} \times 100}{\text{प्रारम्भिक चाल}} = \frac{\frac{4}{3} \times 100}{4} = \frac{4}{3} \times \frac{100}{4} = 33\frac{1}{3}\%$

104. माना जाते समय व्यक्ति की चाल x किमी./घण्टा और वापस आते समय $(x + 10)$ किमी./घण्टा

∴ जाने में लगा समय − वापस आने में लगा समय = 5 घण्टे ⇒ $\frac{300}{x} - \frac{300}{(x+10)} = 5$

∴ $\frac{300(x+10) - 300x}{x(x+10)} = 5 \Rightarrow \frac{300x + 3000 - 300x}{x^2 + 10x} = 5$

∴ $\frac{3000}{x(x+10)} = \frac{5}{1} \Rightarrow x^2 + 10x = \frac{3000}{5} = 600 \Rightarrow x^2 + 10x - 600 = 0$

∴ $x^2 + 30x - 20x - 600 \Rightarrow (x + 30)(x - 20) = 0 \Rightarrow x - 20 = 0 \Rightarrow x = 20$

∴ जाते समय व्यक्ति की चाल = x = 20 किमी./घण्टा

105. माना A की चाल x किमी./घण्टा और B की चाल y किमी./घण्टा है।

∴ प्रथम स्थिति में $\frac{40}{x} - \frac{40}{y}$ = 2 घण्टे 30 मिनट = $2\frac{1}{2}$ घण्टे

∴ $\frac{40}{x} - \frac{40}{y} = \frac{5}{2}$ ....(i)

द्वितीय स्थिति में $\frac{40}{y} - \frac{40}{2x} = 1$ ....(ii)

दोनों समीकरणों को जोड़ने पर $\frac{40}{x} - \frac{40}{2x} = \frac{5}{2} + 1 \Rightarrow \frac{40}{2x} = \frac{7}{2} \Rightarrow x = \frac{40}{7}$

∴ A की चाल = $\frac{40}{7}$ किमी./घण्टा, अतः 40 किमी. दूरी में समय = $\frac{40}{\left(\frac{40}{7}\right)} = 40 \times \frac{7}{40} = 7$ घण्टे

20 रेलगाड़ी (Train)

1. दूरी = चाल × समय
2. चाल = दूरी/समय
3. समय = दूरी/चाल
4. किमी./घण्टा में चाल = मी./से. में चाल × $\frac{18}{5}$
5. मी./से. में चाल = किमी./घण्टा में चाल × $\frac{5}{18}$

अध्याय पर आधारित प्रश्नों के प्रकार

'रेलगाड़ी' अध्याय से विभिन्न प्रतियोगी परीक्षाओं में पूछे गये और पूछे जा सकने वाले प्रश्नों को 10 प्रकारों में बाँट सकते हैं।

1. साधारण प्रश्न
2. जब रेलगाड़ी किसी खड़े व्यक्ति या खम्भे को पार करे
3. जब रेलगाड़ी किसी गतिशील व्यक्ति को पार करे
4. जब रेलगाड़ी किसी रेलगाड़ी में बैठे व्यक्ति को पार करे
5. जब रेलगाड़ी किसी पुल या प्लेटफार्म को पार करे
6. जब रेलगाड़ी प्लेटफार्म और व्यक्ति दोनों को पार करे
7. जब एक रेलगाड़ी दूसरी रेलगाड़ी को पार करे
8. जब दो रेलगाड़ी एक ही स्थान से एक ही दिशा में चलें
9. जब दो रेलगाड़ियाँ दो स्थानों से एक-दूसरे की ओर चलें
10. विविध प्रश्न

उदाहरणार्थ हल प्रश्न

1 साधारण प्रश्न

1. एक रेलगाड़ी 72 किमी./घण्टा की चाल से चल रही है। उसकी चाल मी./से. में ज्ञात कीजिए।
2. कोई रेलगाड़ी 25 मी./से. की चाल से चलती है। उसकी चाल किमी./घण्टा में ज्ञात कीजिए।

हल

1. मी./से. में चाल = $72 \times \frac{5}{18} = 20$ मी./से.
2. किमी./घण्टा में चाल = $25 \times \frac{18}{5} = 90$ किमी./घण्टा

2 जब कोई रेलगाड़ी किसी खड़े व्यक्ति को पार करे

1. एक रेलगाड़ी की लम्बाई 150 मी. है और उसकी चाल 54 किमी./घण्टा है। वह रेलवे पटरी के किनारे खड़े व्यक्ति को कितने समय में पार कर लेगी?
2. 72 किमी./घण्टा की चाल से चलती हुई रेलगाड़ी 180 मी. लम्बी है। वह किसी सिग्नल को कितनी देर में पार कर जायेगी?

किसी व्यक्ति या सिग्नल या खम्भे को पार करने में रेलगाड़ी द्वारा चली गयी दूरी = रेलगाड़ी की लम्बाई

हल

1. व्यक्ति को पार करने में चली गयी दूरी = रेलगाड़ी की चाल × समय $\Rightarrow$ रेलगाड़ी की लम्बाई = रेलगाड़ी की चाल × समय

$\therefore$ $150 = 54 \times \frac{5}{18} \times$ समय $= 3 \times 5 \times$ समय, अतः समय $= \frac{150}{3\times5} = 10$ सेकण्ड

2. सिग्नल को पार करने में चली गयी दूरी = रेलगाड़ी की चाल × समय

$180 = \frac{72\times5}{18} \times$ समय $= 4 \times 5 \times$ समय, अतः समय $= \frac{180}{4\times5} = 9$ सेकण्ड

3 जब कोई रेलगाड़ी किसी गतिशील व्यक्ति को पार करे

1. 40 किमी./घण्टे की चाल से चल रही 300 मी. लम्बी रेलगाड़ी अपने ही दिशा में 4 किमी./घण्टा की चाल से जा रहे व्यक्ति को कितने समय में पार कर लेगी?
2. एक रेलगाड़ी 150 मी. लम्बी है। वह 54 किमी./घण्टे की चाल से चल रही है। अपने विपरीत दिशा में 6 किमी./घण्टा की चाल से चल रहे यात्री को कितने समय में पार कर लेगी?

[A] जब रेलगाड़ी और व्यक्ति एक ही दिशा में चलें तो व्यक्ति के सापेक्ष रेलगाड़ी की चाल = रेलगाड़ी की चाल − व्यक्ति की चाल

[B] जब रेलगाड़ी और व्यक्ति विपरीत दिशा में चले तो व्यक्ति के सापेक्ष रेलगाड़ी की चाल = रेलगाड़ी की चाल + व्यक्ति की चाल

[C] व्यक्ति को पार करने में चली गयी दूरी (रेलगाड़ी की लम्बाई) = सापेक्ष चाल × समय या समय = $\frac{\text{रेलगाड़ी की लम्बाई}}{\text{सापेक्ष चाल}}$

हल

1. सापेक्ष चाल = (40 – 4) = 36 किमी./घण्टा = $\frac{36\times5}{18}$ मी./से. = 10 मी./से.

$\therefore$ पार करने में लगा समय = $\frac{\text{रेलगाड़ी की लम्बाई}}{\text{सापेक्ष चाल}}$ = $\frac{300}{10}$ = 30 सेकण्ड

2. सापेक्ष चाल = 54 + 6 = 60 किमी./घण्टा = $60\times\frac{5}{18}$ मी./से. = $\frac{50}{3}$ मी./से.

$\therefore$ पार करने में लगा समय = $\frac{\text{रेलगाड़ी की लम्बाई}}{\text{सापेक्ष चाल}}$ = $\frac{150}{\frac{50}{3}}$ = $\frac{150\times3}{50}$ = 9 सेकण्ड

4 जब रेलगाड़ी किसी रेलगाड़ी में बैठे व्यक्ति को पार करे

1. 30 किमी./घण्टा की चाल से जा रही रेलगाड़ी में बैठा व्यक्ति देखता है कि उसके विपरीत दिशा में जाने वाली 200 मी. लम्बी रेलगाड़ी उसे 9 सेकण्ड में पार कर जाती है। दूसरी रेलगाड़ी की चाल ज्ञात कीजिए।
2. 100 मी. लम्बी रेलगाड़ी 54 किमी./घण्टा की चाल से चल रही है। वह अपने आगे 36 किमा./घण्टा की चाल से चल रही रेलगाड़ी में बैठे व्यक्ति को कितने समय में पार कर जायेगी?

> *a.* *रेलगाड़ी में बैठे व्यक्ति की चाल = रेलगाड़ी की चाल*
> *b.* *यदि दोनों रेलगाड़ियाँ विपरीत दिशा में चल रही हो तो सापेक्ष चाल = दोनों की चालों का योग*
> *c.* *यदि दोनों रेलगाड़ियाँ एक ही दिशा में चल रही हों तो सापेक्ष चाल = दोनों की चालों का अन्तर*
> *d.* *व्यक्ति को पार करने में चली गयी दूरी = पार करने वाली रेलगाड़ी की लम्बाई = सापेक्ष चाल × समय*

हल

1. माना दूसरी रेलगाड़ी की चाल x किमी./घण्टा है।

व्यक्ति को पार करने में चली गयी दूरी = सापेक्ष चाल × समय $\Rightarrow 200 = (x+30)\times\frac{5}{18}\times9 = (x+30)\times\frac{5}{2}$

$\therefore$ $5x + 150 = 400$ या $5x = 250 \Rightarrow x = \frac{250}{5}$ = 50 किमी./घण्टा

2. सापेक्ष चाल = 54 – 36 = 18 किमी./घण्टा = $18\times\frac{5}{18}$ मी./से. = 5 मी./से.

$\therefore$ व्यक्ति को पार करने में लगा समय = $\frac{\text{पार करने वाली रेलगाड़ी की लम्बाई}}{\text{सापेक्ष चाल}}$ = $\frac{100}{5}$ = 20 सेकण्ड

5 जब रेलगाड़ी किसी पुल या प्लेटफार्म को पार करे

1. 270 मी. लम्बी रेलगाड़ी 30मी./से. चाल से चल रही है। वह 180 मी. लम्बे पुल को कितने समय में पार कर लेगी?
2. एक रेलगाड़ी 450 मी. लम्बे प्लेटफार्म को 20 सेकण्ड में पार कर लेती है। यदि रेलगाड़ी 150 मी. लम्बी है। तो उसकी चाल ज्ञात कीजिए।

> *प्लेटफार्म या पुल को पार करने में चली गयी दूरी = रेलगाड़ी की लम्बाई + प्लेटफार्म या पुल की लम्बाई*

हल

1. पुल को पार करने में चली गयी दूरी = 270 + 180 = 450 मी., अतः पुल को पार करने में लगा समय = $\frac{\text{दूरी}}{\text{चाल}}$ = $\frac{450}{30}$ = 15 सेकण्ड
2. प्लेटफार्म को पार करने में चली गयी = 450 + 150 = 600 मी., अतः रेलगाड़ी की चाल = $\frac{\text{दूरी}}{\text{समय}}$ = $\frac{600}{20}$ = 30 मी./से.

6 जब रेलगाड़ी प्लेटफार्म और व्यक्ति दोनों को पार करे

1. एक रेलगाड़ी 50 मी. लम्बे प्लेटफार्म को 14 सेकण्ड में तथा प्लेटफार्म पर खड़े व्यक्ति को 10 सेकण्ड में पार कर जाती है रेलगाड़ी की चाल ज्ञात कीजिए।
2. 120 मी. लम्बी एक रेलगाड़ी प्लेटफार्म पर खड़े व्यक्ति को पार करने में 10 सेकण्ड का समय लेती है। रेलगाड़ी की चाल क्या है?
3. एक रेलगाड़ी प्लेटफार्म पर खड़े व्यक्ति को 8 सेकण्ड में पार करती है। तथा 264 मी. लम्बे इस प्लेटफार्म को 20 सेकण्ड में पार कर जाती है। रेलगाड़ी की लम्बाई है।

हल

1. माना रेलगाड़ी की चाल x मीटर/सेकण्ड तथा लम्बाई y मी. है।

$\therefore$ प्लेटफार्म को पार करने में चली गयी दूरी = चाल × समय $\Rightarrow (50+y) = x \times 14$ .... (i)

व्यक्ति को पार करने में चली गयी दूरी = चाल × समय $\Rightarrow y = x \times 10 = 10x$

$\therefore$ समीकरण (i) में $y = 10x$ रखने पर, $50 + 10x = 14x$ या $4x = 50 \Rightarrow x = \frac{50}{4}$ मी./से. $= \frac{50}{4} \times \frac{18}{5} = 45$ किमी./घ.

2. रेलगाड़ी की चाल $= \frac{\text{दूरी}}{\text{समय}} = \frac{120}{10}$ मी./से. = 12 मी./से.

3. माना रेलगाड़ी की लम्बाई y मी. है। अतः रेलगाड़ी की चाल $= \frac{y}{8}$ मी./से.

अब प्लेटफार्म को पार करने में चली गयी दूरी = चाल × समय $\Rightarrow (264 + y) = \frac{y}{8} \times 20 = \frac{5y}{2}$

$\therefore 5y = 528 + 2y$ या $3y = 528 \Rightarrow y = \frac{528}{3} = 176$ मी.

7 जब एक रेलगाड़ी किसी दूसरी रेलगाड़ी को पार करे

1. 190 मी. तथा 230 मी. लम्बी दो रेलगाड़ियाँ क्रमशः 35 किमी./घण्टा और 55 किमी./घण्टा की चाल से एक ही दिशा में चल रही हैं। तेज गाड़ी धीमी गाड़ी को कितने समय में पार कर लेगी?
2. 50 किमी./घण्टा और 52 किमी./घण्टा की चाल से परस्पर विपरीत दिशा में जा रही दो रेलगाड़ियों की लम्बाईयां क्रमशः 250 मी., 260 मी. हैं। वे एक दूसरे को कितने समय में पार करेंगी?

A. जब दो रेलगाड़ियां एक ही दिशा में गतिशील हों तो –
धीमी गाड़ी के सापेक्ष तेजगाड़ी की चाल = तेज गाड़ी की चाल – धीमी गाड़ी की चाल
B. जब दो रेलगाड़ियां परस्पर विपरीत दिशा में गतिशील हों तो –
एक – दूसरे के सापेक्ष उनकी चाल = दोनों की चालों का योग
C. एक – दूसरे को पार करने में चली गयी दूरी = दोनों की लम्बाइयों का योग
D. एक – दूसरे को पार करने में चली गयी दूरी = सापेक्ष चाल × पार करने में लगा समय

$$\text{या पार करने में लगा समय} = \frac{\text{दोनों की लम्बाइयों का योग}}{\text{सापेक्ष चाल}}$$

हल

1. सापेक्ष चाल = 55 − 35 = 20 किमी./घण्टा $= 20 \times \frac{5}{18}$ मी./से.

$\therefore$ पार करने में लगा समय $= \frac{(190+230)}{20 \times \frac{5}{18}} = \frac{420 \times 18}{20 \times 5} = 75.6$ सेकण्ड

2. सापेक्ष चाल = 50 + 52 = 102 किमी./घण्टा $= 102 \times \frac{5}{18}$ मी./से.

$\therefore$ एक-दूसरे को पार करने में लगा समय $= \frac{(250+260)}{102 \times \frac{5}{18}} = \frac{510 \times 18}{102 \times 5} = 18$ से.

8 जब दो रेलगाड़ियां एक ही स्थान से एक ही दिशा में चलें

1. एक रेलगाड़ी स्टेशन A से प्रातः 8 बजे 20 किमी./घण्टा की चाल से स्टेशन B को चली। एक दूसरी रेलगाड़ी स्टेशन A से ही प्रातः 9 बजे 25 किमी./घण्टा की चाल से चली। दोनों गाड़ियां स्टेशन A से कितनी दूरी पर और कितने बजे एक-दूसरे से मिलेंगी ?
2. एक रेलगाड़ी दिल्ली से प्रातः 10 बजे 60 किमी./घण्टा की चाल से पटना के लिए रवाना हुई। एक दूसरी रेलगाड़ी दिल्ली से ही दोपहर 12 बजे 75 किमी./घण्टा की चाल से पटना के लिए चली। वे दोनों कितने बजे और दिल्ली से कितनी दूरी पर मिलेंगी?

हल

1. माना दोनों गाड़ियां 9 बजे के t घण्टे के बाद एक – दूसरे से मिलेंगी।

$\therefore$ पहली गाड़ी द्वारा (t + 1) घण्टे में चली गयी दूरी = दूसरी गाड़ी द्वारा t घण्टे में चली गयी दूरी

$\therefore 20(t+1) = 25 \times t$ या $20t + 20 = 25t \Rightarrow 5t = 20$ या $= t = \frac{20}{5} = 4$ घण्टे

$\therefore$ दोनों गाड़ियां 9 बजे के 4 घण्टे बाद अर्थात 1 बजे मिलेंगी। और A से दूरी $= 25t = 25 \times 4 = 100$ किमी.

2. माना दोनों गाड़ियां 12 बजे के t घण्टे बाद एक – दूसरे से मिलेंगी।

∴ पहली गाड़ी द्वारा (t + 2) घण्टे में चली गयी दूरी = दूसरी गाड़ी द्वारा t घण्टे में चली गयी दूरी

∴ $60 \times (t+2) = 75\,t$ या $60\,t + 120 = 75\,t \Rightarrow 15\,t = 120$ या $t = \frac{120}{15} = 8$ घण्टे

∴ दोनों गाड़ियां सायं 8 बजे एक दूसरे से मिलेंगी। और दिल्ली से दूरी = $75 \times 8 = 600$ किमी.

9 जब दो रेलगाड़ियां दो स्थानों से एक-दूसरे की ओर चलें

1. स्थान A, स्थान B से 120 किमी. दूर है। एक रेलगाड़ी स्थान A से 3 बजे सायं 40 किमी./घण्टा की चाल से B की ओर चली। जबकि एक दूसरी रेलगाड़ी 3:45 बजे 50 किमी./घण्टा की चाल से B से A की ओर चली। दोनों रेलगाड़ियां एक-दूसरे से कब मिलेंगी?
2. दो स्टेशन एक-दूसरे से 75 किमी. दूर हैं। एक रेलगाड़ी पहले स्टेशन से 40 किमी./घण्टा की चाल से दूसरे स्टेशन को चली। ठीक उसी समय एक दूसरी रेलगाड़ी 35 किमी./घण्टा की चाल से दूसरे स्टेशन से पहले स्टेशन की ओर चली। दोनों किस स्थान पर मिलेंगी?

हल

1. माना दोनों गाड़ियां 3 बजे सायं के t घण्टे बाद एक दूसरे से मिलेंगी

∴ पहली रेलगाड़ी द्वारा चली गयी दूरी + दूसरी रेलगाड़ी द्वारा चली गयी दूरी = 120 किमी.

∴ $40 \times t + 50 \times \left(t - \frac{3}{4}\right) = 120$ या $40\,t + 50 \times \frac{(4t-3)}{4} = 120$

∴ $\frac{160\,t + 200\,t - 150}{4} = 120$ या $360\,t - 150 = 480$

∴ $360\,t = 630$ या $t = \frac{630}{360} = \frac{7}{4} = 1\frac{3}{4}$ घण्टे = 1घण्टे 45 मिनट अर्थात दोनों गाड़ियां 4 बजकर 45 मिनट पर मिलेंगी।

2. माना दोनों गाड़ियां पहले स्टेशन से x किमी. की दूरी पर मिलेंगी।

∴ पहली गाड़ी द्वारा चली गयी दूरी = x किमी. और दूसरी गाड़ी द्वारा चली गयी दूरी = (75 – x) किमी.

∴ पहली गाड़ी द्वारा लिया गया समय = दूसरी गाड़ी द्वारा लिया गया समय

∴ $\frac{x}{40} = \frac{75-x}{35}$ या $35\,x = 3000 - 40\,x \Rightarrow 75\,x = 3000$ या $x = \frac{3000}{75} = 40$ किमी.

अर्थात दोनों गाड़ियां पहले स्टेशन से 40 किमी. की दूरी पर मिलेंगी।

10 विविध प्रश्न

[A] 1. एक रेलगाड़ी बिना रुके 90 किमी./घण्टा की औसत चाल से एक स्थान से दूसरे स्थान तक जाती है। जबकि दूसरी रेलगाड़ी रुक-रुक कर वही यात्रा 75 किमी./घण्टा की औसत चाल से पूरी करती है। बताइये वह प्रति घण्टा कितने मिनट रुकती है?

2. कोई रेलगाड़ी प्रतिदिन बिना रुके 80 किमी./घण्टा की औसत चाल से अपनी यात्रा पूरी करती है। परन्तु किसी दिन किन्हीं विशेष कारणों से बार-बार रुकने के कारण 60 किमी./घण्टा की औसत चाल से वही यात्रा पूरी करती है। ज्ञात कीजिए कि वह प्रति घण्टा कितने मिनट रुकती है?

$$\textit{अभीष्ट समय} = \frac{\textit{चालों में अन्तर}}{\textit{नियत चाल या बिना रुके चाल}} \text{ घण्टे}$$

हल

1. अभीष्ट समय = $\frac{90-75}{90}$ घण्टे = $\frac{15}{90}$ घण्टे = $\frac{1}{6}$ घण्टे = 10 मिनट
2. अभीष्ट समय = $\frac{80-60}{80}$ घण्टे = $\frac{20}{80}$ घण्टे = $\frac{1}{4}$ घण्टे = 15 मिनट

[B] 1. एक रेलगाड़ी के पहिए की परिधि $4\frac{2}{7}$ मी. है। वह 4 सेकण्ड में 7 चक्कर लगाती है। रेलगाड़ी की चाल ज्ञात कीजिए।

2. एक रेलगाड़ी अपनी स्वयं की चाल के $\frac{7}{11}$ चाल से चलकर किसी स्थान पर 22 घण्टे में पहुँचती है। यदि वह स्वयं की चाल से चले तो कितने समय की बचत होगी?

3. कोई रेलगाड़ी एक नियत दूरी नियत चाल से तय करती है। यदि वह आधी दूरी दुगुने समय में पार करे तो इस चाल और नियत चाल में अनुपात क्या होगा?

हल

1. 4 सेकण्ड में चली गयी दूरी $= 7 \times$ परिधि $= 7 \times \frac{30}{7} = 30$ मी.

$\therefore$ रेलगाड़ी की चाल $= \frac{30}{4}$ मी./से. $= \frac{30}{4} \times \frac{18}{5}$ किमी./घण्टा $= 27$ किमी./घण्टा

2. माना रेलगाड़ी की चाल x किमी./घण्टा है। अतः दूरी $= \frac{7x}{11} \times 22 = 14\,x$ किमी.

$\therefore$ x चाल से समय $= \frac{14x}{x} = 14$ घण्टे तब समय की बचत $= 22 - 14 = 8$ घण्टे

3. माना नियत चाल x किमी./घण्टा तथा नियत दूरी y किमी. है। अतः नियत समय $= \frac{y}{x}$ घण्टे

$\therefore$ आधी दूरी का नियत समय $= \frac{y}{2x}$ घण्टे और दूसरी स्थिति में आधी दूरी का समय $= 2 \times \frac{y}{2x} = \frac{y}{x}$ घण्टे

$\therefore$ आधी दूरी में चाल $= \frac{\frac{y}{2}}{\frac{y}{x}} = \frac{y}{2} \times \frac{x}{y} = \frac{x}{2}$, अतः नयी चाल और नियत चाल में अनुपात $\frac{x}{2} : x = \frac{1}{2} : 1 = 1 : 2$

अभ्यास प्रश्न

साधारण प्रश्न

1. एक रेलगाड़ी 36 किमी./घंटा की गति से चल रही है। 600 मीटर की दूरी तय करने में वह कितने सेकण्ड लेगी?
(a) 60 (b) 120 (c) 30 (d) 40 ***SSC CHSL (Tier-1) 13.3.2018***

2. एक रेलगाड़ी 90 किमी./घंटा की गति से चल रही है। 2275 मीटर की दूरी तय करने में वह कितने सेकण्ड लेगी?
(a) 96 (b) 91 (c) 86 (d) 93 ***SSC CHSL (Tier-1) 8.3.2018***

3. 40 किमी./घंटा की औसत गति से चलकर एक रेलगाड़ी अपने गंतव्य पर, समय पर पहुँच जाती है। यदि वह 35 किमी./घंटा की औसत गति से चले तो वह 15 मिनट देरी से पहुँचती है। तद्नुसार उस पूरी यात्रा की दूरी कितनी है?
(a) 35 किमी. (b) 60 किमी. (c) 70 किमी. (d) 50 किमी. ***(SSC, Tier-1, 8.7.2012)***

4. A तथा B स्थानों के बीच की दूरी 999 किमी. है। एक एक्सप्रेस गाड़ी स्थान A से 6 बजे प्रातः 55.5 किमी./घंटा की गति से छूटती है। वह गाड़ी रास्ते में एक स्थान पर 1 घंटा 20 मिनट रुकती है। तद्नुसार, वह B तक किस समय पहुँचेगी?
(a) 1.20 am (b) 12 pm (c) 6 pm (d) 11 pm ***(SSC, Tier-2, 29.9.2013)***

5. एक रेलगाड़ी 80 किमी./घंटा की गति से चलती है और कुछ दूरी 4.5 घंटों में पूरी करती है। उसी दूरी को 4 घंटों में पूरा करने के लिए रेलगाड़ी की गति है–
(a) 90 किमी./घंटा (b) 100 किमी./घं. (c) 70 किमी./घं. (d) 85 किमी./घं. ***(SSC, 10+2, 20.10.2013)***

6. एक रेलगाड़ी एक स्थान A से 6:00 प्रातः छूटकर उसी दिन, दूसरे स्थान B पर 4:30 सायं पहुँचती है। यदि उस रेलगाड़ी की गति 40 किमी. प्रति घंटा रही हो, तो रेलगाड़ी द्वारा तय की गयी दूरी कितनी थी?
(a) 420 किमी. (b) 230 किमी. (c) 320 किमी. (d) 400 किमी. ***(SSC, 10+2, 28.10.2012)***

7. एक रेलगाड़ी 10 किमी. की दूरी 12 मिनटों में तय करती है। यदि उसकी गति में 5 किमी./घंटा की कमी कर दी जाए, तो वह गाड़ी उतनी ही दूरी कितने समय में तय कर लेगी?
(a) 13 मि. 20 से. (b) 13 मिनट (c) 11 मि. 20 से. (d) 10 मिनट ***(SSC, 10+2, 21.10.2012)***

8. 55 किमी./घंटा की गति से चलने वाली रेलगाड़ी X स्थान से Y स्थान की यात्रा 4 घंटे में तय करती है। यदि उसकी गति 5 किमी./घंटा बढ़ा दी जाये, तो यात्रा में कितना समय कम लगेगा?
(a) 20 मिनट (b) 30 मिनट (c) 25 मिनट (d) 35 मिनट ***(SSC, 16.10.2014)***

9. एक ट्रेन 12 मिनट में 12 किमी. की दूरी तय करती है। यदि इसकी गति 5 किमी/घंटा कम हो जाए, तो इसे 22 किमी. की दूरी तय करने में कितना समय लगेगा?
(a) 20 मिनट (b) 24 मिनट (c) 22 मिनट (d) 18 मिनट ***SSC CHSL (Tier-1) 20.10.2020***

जब रेलगाड़ी किसी खड़े व्यक्ति या खम्भे को पार करे

10. 75 मी. लम्बी एक रेलगाड़ी 60 किमी./घंटे की चाल से किसी टेलीग्राफ के खम्भे को पार करने में कितना समय लेगी।
(a) 3.5 सेकण्ड (b) 4.5 सेकण्ड (c) 5 सेकण्ड (d) 5.4 सेकण्ड ***SSC CHSL (Tier-1) 2.9.2016***

11. 72 किमी./घंटे की गति से चलने वाली 160 मी. लम्बी ट्रेन को एक विद्युत खम्भे को पार करने में कितना समय लगता है?
(a) 8 सेकण्ड (b) 9 सेकण्ड (c) 6 सेकण्ड (d) 4 सेकण्ड ***SSC CGL (Tier-1)28.8.2016***

12. 240 मी. लम्बी ट्रेन एक टेलीग्राफ खंभे को 16 सेकण्ड्स में पार करती है। ट्रेन की गति कितनी है?
(a) 50 किमी./घण्टा (b) 52 किमी./घण्टा (c) 54 किमी./घण्टा (d) 56 किमी./घण्टा ***SSC CGL (Tier-1) 1.9.2016***

13. एक रेलगाड़ी किसी स्थिर वस्तु (स्टेशनरी ऑब्जेक्ट) को 25 सेकंड में पार करती है। यदि रेलगाड़ी की गति 25मीटर/सेकंड है तो रेलगाड़ी की लम्बाई कितनी है?
(a) 625 m (b) 500 m (c) 300 m (d) 620 m ***SSC MTS 9.8.2019***

14. एक रेलगाड़ी 36 किमी./घंटा की गति से चलकर, एक खड़े हुए व्यक्ति को पार करने में 10 सेकेंड लगाती है। तद्नुसार, वह 55 मीटर लम्बाई के प्लेटफार्म को पार करने में कितना समय लगाएगी?
(a) 7 सेकेण्ड (b) $15\frac{1}{2}$ सेकेण्ड (c) 13 सेकण्ड (d) 6 सेकण्ड ***(SSC, Tier-1, 21.4.2013)***

15. एक रेलगाड़ी 36 किमी. / घंटा की गति से चलकर एक खम्भे को 25 सेकेण्ड में पार कर लेती है। तद्नुसार, उस गाड़ी की लम्बाई कितनी है?
(a) 225 मीटर (b) 275 मीटर (c) 250 मीटर (d) 300 मीटर ***(SSC, 10+2, 4.11.2012)***

16. एक गाड़ी 90 किमी./घण्टा की चाल से चल रही है। यदि वह एक सिग्नल को 10 सेकण्ड में पार कर ले, तो मीटर में गाड़ी की लम्बाई है–
(a) 150 (b) 324 (c) 900 (d) 250 ***(SSC, 10+2, 4.11.2012)***

17. 300 मी. लम्बी एक ट्रेन 54 किमी./घंटा की गति से चल रही है। यह कितने समय में टेलीफोन खंभे को पार करेगी?
(a) 20 सेकंड (b) 15 सेकंड (c) 17 सेकंड (d) 18 सेकंड ***(SSC, 21.9.2014)***

18. एक 100 मीटर लम्बी रेलगाड़ी 30 किमी/घंटा की रफ्तार से चल रही है। यह रेलवे लाइन के पास खड़े व्यक्ति के सामने से कितने समय में गुजरेगी?
(a) 12 सेकण्ड (b) 15 सेकण्ड (c) 10 सेकण्ड (d) 13 सेकण्ड ***(SSC, MTS, 23.10.2014)***

19. यदि 100 मीटर लम्बी किसी रेलगाड़ी की चाल 144 किमी./घण्टा है, तो वह रेलगाड़ी एक बिजली के खम्भे को कितने समय में पार कर जाएगी?
(a) 2.5 सेकेण्ड (b) 5 सेकेण्ड (c) 12.5 सेकेण्ड (d) $3\frac{3}{4}$ सेकेण्ड ***S.S.C. स्नातक स्तरीय परीक्षा, 2002***

जब रेलगाड़ी किसी गतिशील व्यक्ति को पार करे

20. एक व्यक्ति 50 किमी./घंटा की गति वाली रेलगाड़ी द्वारा एक निश्चित दूरी तय करता है तथा वह दूरी वह वापसी में 5 किमी./घंटा की गति से पैदल चलकर तय करता है। यदि पूरी यात्रा में 5 घंटे 30 मिनट लगते हैं, तो एक तरफ की दूरी (किमी. में) क्या थी?
(a) 30 (b) 25 (c) 20 (d) 18 ***SSC CHSL (Tier-1) 7.3.2018***

21. 44 किमी./घं की गति से चल रही एक रेलगाड़ी उसी दिशा में 8 किमी/घं. की गति से चल रहे व्यक्ति को 15 सेकंड में पार करती है। यदि रेलगाड़ी विपरीत दिशा में चल रही महिला को 10 सेकंड में पार करती है, तो महिला की गति (किमी. में) क्या है?
(a) 10.5 (b) 9 (c) 8.5 (d) 10 ***SSC CGL (Tier-1) 6.6.2019***

22. 20 m/sec. की गति से चल रही 180 मी. लम्बी एक रेलगाड़ी 10 मी./से. की गति से उसी दिशा में चल रहे एक बच्चे को पार करने में कितना समय (Sec. में) लेगी?
(a) 12 (b) 36 (c) 15 (d) 18 ***SSC CHSL (Tier-1) 21.8.2019***

23. 100 मीटर लम्बी एक रेलगाड़ी, विपरीत दिशा में 5 किमी./घंटा की गति से चलने वाले एक व्यक्ति को $7\frac{1}{5}$ सेकण्ड में पार कर लेती है। तदनुसार, उस रेलगाड़ी की गति कितनी है?
(a) 45 किमी./घंटा (b) 60 किमी./घंटा (c) 55 किमी./घंटा (d) 50 किमी./घंटा ***(SSC, 10+2, 4.11.2012)***

24. एक रेलगाड़ी, दो ऐसे व्यक्तियों को क्रमशः 9 तथा 10 सेकण्डों में पूरी तरह पार कर लेती है, जो उसी रेलगाड़ी की दिशा में 2 किमी. प्रति घंटा तथा 4 किमी. प्रति घंटा की गति से चल रहे हैं। तदनुसार उस रेलगाड़ी की लम्बाई कितने मीटर है?
(a) 72 (b) 45 (c) 54 (d) 50 ***(SSC, Tier-1, 1.7.2012)***

25. 270 मीटर लम्बी एक रेलगाड़ी 25 किमी.प्रति घण्टा की रफ्तार से चल रही है। 2 किमी. प्रति घण्टे की रफ्तार में विपरीत दिशा से आते मनुष्य को वह कितने समय में पार कर लेगी? ***R.R.B. त्रिवेन्द्रम (डी./इले० असि.) परीक्षा, 2004***
(a) 36 सेकेण्ड (b) 32 सेकेण्ड (c) 28 सेकेण्ड (d) 24 सेकेण्ड

26. 110 मीटर लंबी एक ट्रेन विपरीत दिशा में 6 किमी. प्रति घंटा से दौड़कर आते हुए व्यक्ति के पास 6 सेकण्ड में गुजर जाती है। ट्रेन की गति है–
(a) 54 किमी./घंटा (b) 72 किमी./घंटा (c) 60 किमी./घंटा (d) 66 किमी./घंटा ***इलाहाबाद (ASM)***

27. 180 मी. लम्बी एक रेलगाड़ी 20 मी./से. की गति से चलती हुई एक व्यक्ति को जो गाड़ी की दिशा में 10 मी./से. की गति से चल रहा है, पार करती है। रेलगाड़ी व्यक्ति को निम्न समय में पार करती है–
(a) 6 से. (b) 9 से. (c) 18 से. (d) 27 से. ***S.S.C. स्नातक स्तरीय परीक्षा, 1999***

28. एक ट्रेन 40 किमी./घण्टा की रफ्तार से चलती है। एक आदमी 25 किमी./घण्टा की रफ्तार से समान दिशा में ट्रेन के समान्तर चल रहा है। यदि ट्रेन 48 सेकेण्ड में उस आदमी को पार करती है, तो ट्रेन की लम्बाई है–
(a) 100 मीटर (b) 50 मीटर (c) 150 मीटर (d) 200 मीटर ***मुजफ्फरपुर (ASM), 2003***

29. 60 किमी/घण्टा की रफ्तार पर चलती हुई एक गाड़ी उसी दिशा में पटरी के समान्तर दौड़ते हुए एक व्यक्ति को 7 सेकण्ड में पार कर लेती है। गाड़ी की लम्बाई क्या है?
(a) 110 मी. (b) $116\frac{2}{3}$ मी. (c) 100 मी. (d) ज्ञात नहीं हो सकता ***(दिल्ली मेट्रो रेल – 31.11.2008)***

30. एक रेलगाड़ी 45 किमी./घं. की चाल से चल रही है तथा एक आदमी 5 किमी./घं. की चाल से विपरीत दिशा में पैदल चल रहा है। यदि रेलगाड़ी आदमी को 18 सेकण्ड में पार करती है, तो इसकी लम्बाई होगी?
(a) 200 मी. (b) 220 मी. (c) 180 मी. (d) 250 मी. ***(S.S.C.2006)***

जब रेलगाड़ी दूसरी रेलगाड़ी में बैठे व्यक्ति को पार करे

31. दो रेलगाड़ी एक ही दिशा में क्रमशः 40 किमी./घंटा तथा 20 किमी./घंटा की गति से चल रही है। उनमें तेज रेलगाड़ी, धीमी रेलगाड़ी में बैठे हुए एक व्यक्ति को 5 सेकेण्ड में पार कर लेती है। तदनुसार, तेज रेलगाड़ी की लम्बाई कितनी है?
(a) 28 मी. (b) 27 मी. (c) $27\frac{7}{9}$ मी. (d) 23मी. ***(SSC, Tier-2, 16.9.2012)***

32. दो रेलगाड़ी एक ही दिशा में 56 किमी. प्रति घण्टा और 29 किमी. प्रतिघण्टा की चाल से चलती हैं। तेज चलने वाली रेलगाड़ी धीमी चलने वाली रेलगाड़ी में बैठे एक आदमी को 16 सेकण्ड में पार कर जाती है, तो तेज चलने वाले रेलगाड़ी की लम्बाई क्या होगी? ***R.R.B. चेन्नई (वाणिज्य क्लर्क एवं (T.C.) परीक्षा, 2001***
(a) 100 मीटर (b) 110 मीटर (c) 120 मीटर (d) 125 मीटर

33. दो रेलगाड़ियां समानान्तर लाइन में एक ही दिशा की ओर क्रमशः 50 किमी. प्रति घण्टे और 30 किमी. प्रति घण्टे की रफ्तार से चल रही हैं। तीव्र गाड़ी मन्द गाड़ी के एक आदमी को 18 सेकेण्ड में पार करती है। तेज गाड़ी की लम्बाई है–
(a) 170 मीटर (b) 100 मीटर (c) 98 मीटर (d) 85 मीटर ***R.R.B. त्रिवेन्द्रम (डी./इले असि.) परीक्षा, 2004***

34. दो रेलगाड़ियां क्रमशः 72 किमी./घण्टा तथा 36 किमी./घण्टे की गति से एक ही दिशा में चल रही हैं। तेज गति से चलने वाली रेलगाड़ी कम गति से चलने वाली रेलगाड़ी में बैठे हुए एक व्यक्ति के पास से 5 सेकण्ड में गुजर जाती है। तेज गति से चलने वाली रेलगाड़ी की लम्बाई है–
(a) 150 मी. (b) 100 मी. (c) 50 मी. (d) 120 मी. ***R.R.B. गोरखपुर (ASM) परीक्षा, 2001***

35. दो गाड़ियाँ क्रमशः 30 तथा 58 किलोमीटर प्रति घण्टा की गति से एक ही दिशा में चल रही हैं। धीमी गति से चलने वाली गाड़ी में एक व्यक्ति को तेज चलने वाली गाड़ी 18 सेकेण्ड में पार कर जाती है, तो तेज चलने वाली गाड़ी की लम्बाई क्या है?
(a) 150 मीटर (b) 70 मीटर (c) 100 मीटर (d) 140 मीटर ***R.R.B. भोपाल परीक्षा, 2001***

36. दो रेलगाड़ियाँ एक ही दिशा में 56 किमी./घंटा एवं 29 किमी/घण्टा की चाल से चलती हैं। तेज चलने वाली रेलगाड़ी धीमी चलने वाली रेलगाड़ी में बैठे एक व्यक्ति को 16 सेकण्ड में पार कर जाती है। तेज चलने वाली रेलगाड़ी की लम्बाई क्या होगी?

(a) 100 मीटर (b) 102 मीटर (c) 120 मीटर (d) 125 मीटर ***चेन्नई (TC & CC), 2002***

37. दो रेलगाड़ी एक ही दिशा में क्रमशः 90 किमी./घण्टा तथा 70 किमी./घण्टा की गति से जा रही हैं। यदि तेज रेलगाड़ी, धीमी रेलगाड़ी में बैठे एक व्यक्ति को 36 सेकेण्ड में पार कर जाती है तो तेज रेलगाड़ी की लम्बाई ज्ञात कीजिए।

(a) 150 मीटर (b) 190 मीटर (c) 200 मीटर (d) 100 मीटर ***राँची (सहायक ड्राइवर), 2003***

38. 2 गाड़ियाँ क्रमशः 40 किमी./घण्टा एवं 20 किमी./घण्टा की गति से एक ही दिशा में जा रही हैं। धीमी गाड़ी में बैठे एक व्यक्ति को तेज गाड़ी 5 सेकण्ड में पार कर जाती हैं। तेज गाड़ी की लम्बाई क्या होगी?

(a) $23\frac{2}{9}$ मीटर (b) 27 मीटर (c) $27\frac{7}{9}$ मीटर (d) 23 मीटर ***R.R.B. जम्मू (T.C.) परीक्षा, 2001***

जब रेलगाड़ी किसी पुल या प्लेटफार्म को पार करे

39. एक रेलगाड़ी एक समान गति से चलते हुए 270 मीटर तथा 450 मीटर लम्बाई वाली दो सुरंगों को क्रमशः 12 सेकेण्ड तथा 15 सेकण्ड में पार करती है। रेलगाड़ी की गति (किमी./घंटा में) क्या है?

(a) 144 (b) 169 (c) 196 (d) 216 ***SSC CHSL (Tier-1) 14.3.2018***

40. 220 मीटर लम्बी एक रेलगाड़ी एक 440 मीटर लम्बे पुल को पार करने में 33 सेकण्ड लेती है। एक 350 मीटर लम्बे पुल को पार करने में रेलगाड़ी कितना समय (सेकण्ड में) लेगी?

(a) 28.5 (b) 17.5 (c) 23.5 (d) 27.5 ***SSC CHSL (Tier-1) 12.3.2018***

41. 35 मी./से. की गति से चलती है तथा 960 मीटर लम्बी एक सुरंग को 40 सेकण्ड में पार करती है। रेलगाड़ी की लम्बाई (मीटर में) क्या है?

(a) 360 (b) 440 (c) 530 (d) 560 ***SSC CGL (Tier-1) 16.3.2018***

42. 500 मी. लम्बी एक रेलगाड़ी, जो एक समान चाल पर चल रही है, किसी स्टेशन को 35 सेकण्ड में पार कर लेती है। यदि प्लेटफार्म की लम्बाई 221 मी. हो तो रेलगाड़ी की चाल किमी./घंटा में क्या होगी?

(a) 721/35 (b) 74.16 (c) 24.76 (d) 78.54 ***SSC CGL (Tier-1) 4.9.2016***

43. 600 मीटर लम्बी एक रेलगाड़ी 81 किमी./घंटा की गति से चल रही है। यदि वह एक प्लेटफॉर्म को 40 सेकण्ड में पार कर जाती है, तो प्लटाफार्म की लम्बाई (मीटर में) क्या है?

(a) 220 (b) 300 (c) 360 (d) 410 ***SSC CHSL (Tier-1) 12.3.2018***

44. 72 किमी./घंटा की गति से चलने वाली 110 मीटर लम्बी ट्रेन को 132 मीटर लम्बे पुल को पार करने में कितना समय लगेगा?

(a) 9.8 सेकण्ड (b) 12.1 सेकण्ड (c) 12.42 सेकण्ड (d) 14.3 सेकण्ड ***SSC CGL (Tier-1) 3.9.2016***

45. एक 800 मीटर लम्बी रेलगाड़ी 90 किमी./घंटा की गति से चल रही है। यदि वह एक पुल को 50 सेकण्ड में पार करती है, तो पुल की लम्बाई (मीटर में) क्या है?

(a) 250 (b) 300 (c) 350 (d) 450 ***SSC CHSL (Tier-1) 10.3.2018***

46. कोई रेलगाड़ी एक खंभे को 12 सेकण्ड और 170 मीटर लम्बे एक पुल को 36 सेकण्ड में पार कर लेती है, तो उस रेलगाड़ी की चाल..............है।

(a) 25.5 km/h (b) 30.75 km/h (c) 10.8 km/h (d) 32.45 km/h ***SSC CGL (Tier-1) 3.3.2020***

जब रेलगाड़ी प्लेटफार्म और व्यक्ति दोनों को पार करे

47. एक चलती हुई रेलगाड़ी किसी 50 मीटर लम्बे प्लेट फार्म को 14 सेकण्ड में और एक बिजली के खम्भे को 10 सेकण्ड में पार करती है। रेलगाड़ी की चाल (किमी./घंटा) में क्या है?

(a) 24 (b) 36 (c) 40 (d) 45 ***SSC CGL (Tier-1) 29.8.2016***

48. कोई रेलगाड़ी किसी स्थिर खंभे (स्टेशनरी पोल) को 3 मिनट में पार करती है। वह 600 मीटर लंबे प्लेटफार्म को 5 मिनट में पार करती है। रेलगाड़ी की लम्बाई तथा गति कितनी है?

(a) 3600 m, 18 km/h (b) 900 m, 18 km/h
(c) 900 m, 15 km/h (d) 1200 m, 15 km/h ***SSC MTS 6.8.2019***

49. एक रेलगाड़ी 900 मीटर लंबे प्लेटफार्म को 300 सेकेण्ड में पार करती है। यदि रेलगाड़ी की लम्बाई 600 मीटर है, तो वह एक स्थिर खंभे (स्टेशनरी पोल) को कितने समय में पार सकती है?

(a) 5 मिनट (b) 2 मिनट (c) 3 मिनट (d) 4 मिनट ***SSC MTS 5.8.2019***

50. एक रेलगाड़ी किसी स्थिर खंभे (स्टेशनरी पोल) को पार करने में 1 मिनट का समय लेती है। किसी पुल, जिसकी लम्बाई रेलगाड़ी की लम्बाई से दोगुनी है, को पार करने में रेलगाड़ी को कितना समय लगेगा (सेकंड में)?

(a) 150 (b) 90 (c) 120 (d) 180 ***SSC MTS 5.8.2019***

51. एक रेलगाड़ी टेलीग्राफ के एक खम्भे और 264 मी. लम्बे एक पुल को क्रमशः 8 सेकण्ड और 20 सेकण्ड में पार करती है। रेलगाड़ी की गति कितनी है?

(a) 69.5 किमी./घंटा (b) 70 किमी./घंटा (c) 79 किमी./घंटा (d) 79.2 किमी./घंटा ***S.S.C. स्नातक स्तरीय परीक्षा, 2004***

52. 240 मीटर लम्बी रेलगाड़ी एक खम्भे को 24 सेकण्ड में पार करती है। वह रेलगाड़ी 650 मीटर लम्बे प्लेटफार्म को कितने समय में पार करेगी?

(a) 89 सेकेण्ड (b) 50 सेकेण्ड (c) 100 सेकेण्ड (d) 150 सेकेण्ड ***R.R.B जम्मू (जू. क्लर्क) परीक्षा,2001***

53. एक रेलगाड़ी 50 मीटर लम्बे प्लेटफार्म को 14 सेकण्ड में पार कर लेती है और प्लेटफार्म पर खड़े आदमी को 10 सेकण्ड में पार कर जाती है। रेलगाड़ी की गति क्या है?

(a) 24 किमी./घंटा (b) 36 किमी./घंटा (c) 40 किमी./घंटा (d) 45 किमी./घंटा ***S.S.C. स्नातक स्तरीय परीक्षा, 2000***

54. एक रेलगाड़ी 108 मीटर लम्बे एक स्टेशन को 12 सेकण्ड में एवं एक दूसरे 164 मीटर लम्बे स्टेशन को 16 सेकेण्ड में पूर्ण रूप से पार करती है तो रेलगाड़ी की लम्बाई है–

(a) 64 मीटर (b) 60 मीटर (c) 80 मीटर (d) 84 मीटर ***R.R.B कोलकत्ता(T.A./A.S.M.) परीक्षा,2001***

55. समान लम्बाई वाली दो रेलगाड़ियाँ एक टेलीग्राफ के खम्भे को क्रमशः 10 सेकेण्ड तथा 15 सेकेण्ड में पार करती हैं। यदि प्रत्येक रेलगाड़ी की लम्बाई 120 मी. हो तो विपरीत दिशाओं में चलते हुए वे एक दूसरे को कितने समय (सेकेण्ड) में पार करेंगी?

(a) 16 (b) 15 (c) 12 (d) 10 ***S.S.C. स्नातक स्तरीय परीक्षा, 2004***

56. एक रेलगाड़ी प्लेटफार्म पर खड़े एक व्यक्ति को 8 सेकण्ड में पार करती है तथा 264 मीटर लम्बे इस प्लेटफार्म को 20 सेकण्ड में पार करती है। रेलगाड़ी की लम्बाई (मीटर में) है

(a) 188 (b) 176 (c) 175 (d) 96 ***(S.S.C. 2005)***

जब एक रेलगाड़ी दूसरी रेलगाड़ी को पार करे

57. दो रेलगाड़ियाँ समान गति से विपरीत दिशाओं में चल रही हैं। यदि प्रत्येक रेलगाड़ी की लम्बाई 80 मीटर है तथा वे एक दूसरे को 16 सेकण्ड में पार करती हैं, तो प्रत्येक रेलगाड़ी की गति (किमी./घंटा में) क्या है?

(a) 12 (b) 18 (c) 24 (d) 30 ***SSC CHSL (Tier-1) 23.3.2018***

58. 180 मीटर लम्बी एक रेलगाड़ी एक वृक्ष को 15 सेकण्ड में पार करती है तथा विपरीत दिशा से आने वाली उतनी ही लम्बी दूसरी रेलगाड़ी को 20 सेकण्ड में पार करती है। दूसरी रेलगाड़ी की गति (किमी./घंटा में) क्या है?

(a) 21.6 (b) 6 (c) 33.4 (d) 36.6 ***SSC CHSL (Tier-1) 15.3.2018***

59. दो रेलगाड़ियाँ 42 किमी./घंटा तथा 84 किमी./घंटा की गति से समान दिशा में चल रही है जिनकी लम्बाई क्रमशः 320 मीटर तथा 380 मीटर है। तेज गति वाली रेलगाड़ी धीमी गति वाली रेलगाड़ी को पार करने में कितना समय (सेकंड में) लेगी?

(a) 60 (b) 80 (c) 90 (d) 120 ***SSC CHSL (Tier-1)7.3.2018***

60. 180 मीटर तथा 120 मीटर लम्बी दो रेलगाड़ियाँ समांतर पटरियों पर एक दूसरे की विपरीत दिशाओं में, क्रमशः 65 किमी./घंटा तथा 55 किमी./घंटा की गति से चल रही हैं। तदनुसार, जब वे एक दूसरे को मिलेंगी, तो कितने सेकण्ड बाद एक दूसरे को पूरी तरह पार कर लेंगी?

(a) 15 (b) 6 (c) 9 (d) 12 ***(SSC, 10+2, 10.11.2013)***

61. दो एक समान लम्बाई वाली रेलगाड़ियाँ समांतर पटरियों पर क्रमशः 65 किमी./घंटा तथा 85 किमी./घंटा की गति से विपरीत दिशा में चल रही है।। वे एक दूसरे को 6 सेकेंडों में पार कर लेती है। तदनुसार, प्रत्येक रेलगाड़ी की लम्बाई कितनी है?
(a) 100 मीटर (b) 115 मीटर (c) 125 मीटर (d) 150 मीटर ***(SSC, 10+2, 27.10.2013)***

62. 100 मीटर लम्बी एक गाड़ी 50 किमी./घंटा की चाल से चलते हुए विपरीत दिशा से आ रही 120 मीटर लंबी गाड़ी को 6 सेकेण्ड में पार करती है। दूसरी गाड़ी की चाल है–
(a) 60 किमी./घंटा (b) 82 किमी./घंटा (c) 70 किमी./घंटा (d) 74 किमी./घंटा ***(SSC, Tier-1, 19.5.2013)***

63. 180 मीटर तथा 220 मीटर लम्बी दो रेलगाड़ियाँ, विपरीत दिशाओं में क्रमशः 40 किमी./घंटा तथा 50 किमी./घंटा की गति से चल रही है। तदनुसार, वे एक दूसरे को कितने समय बाद पार कर लेंगी?
(a) 17 सेकण्ड (b) 20 सेकण्ड (c) 16 सेकण्ड (d) 18 सेकण्ड ***(SSC, 10+2, 4.11.2012)***

64. एक समान लम्बाई की दो रेलगाड़ियाँ, समांतर पटरियों पर एक ही दिशा में क्रमशः 46 किमी./घंटा तथा 36 किमी./घंटा की गति से चल रही हैं। उनमें तेज गति वाली गाड़ी, धीमी गति की गाड़ी को 36 सेकेण्ड में पार कर लेती है। तदनुसार प्रत्येक रेलगाड़ी की लम्बाई कितनी है?
(a) 50 मी. (b) 80 मी. (c) 72 मी. (d) 82 मी. ***(SSC, 10+2, 21.10.2012)***

65. 150 मी. लम्बी एक रेलगाड़ी एक मील पत्थर को 15 सेकण्ड में पार कर लेती है और विपरीत दिशा में चल रही उसी लम्बाई की एक अन्य रेलगाड़ी को 12 सेकण्ड में पार कर लेती है। दूसरी रेलगाड़ी की चाल (किमी./घंटा में) है–
(a) 58 (b) 52 (c) 56 (d) 54 ***(SSC, Tier-1, 19.5.2013)***

66. एक समान लम्बाई वाली दो रेलगाड़ियाँ समांतर पटरियों पर क्रमशः 60 किमी./घंटा तथा 90 किमी./घंटा की गति से एक ही दिशा में चल रही हैं। तदनुसार, यदि दूसरी रेलगाड़ी पहली को 30 सेकण्ड में पूरी तरह पार कर लेती है, तो प्रत्येक रेलगाड़ी की लम्बाई (मीटर में) कितनी है?
(a) 150 (b) 100 (c) 115 (d) 125 ***(SSC, 10+2, 10.11.2013)***

67. प्रत्येक 125 मीटर लम्बी दो रेलगाड़ियाँ समांतर पटरियों पर विपरीत दिशा में चल रही हैं। उनमें एक रेलगाड़ी 65 किमी./घण्टा की गति से चल रही है और दोनों एक-दूसरे को 6 सेकंडों में पार कर लेती है। दूसरी रेलगाड़ी की गति कितनी किमी./घंटा होगी?
(a) 75 (b) 85 (c) 95 (d) 105 ***(SSC, 10+2, 27.10.2013)***

68. समान लम्बाई की दो ट्रेनें समांतर लाइनों पर एक ही दिशा में क्रमशः 46 किमी./घंटा और 36 किमी./घंटा की दर पर चल रही है। तेज चलने वाली ट्रेन धीमी ट्रेन से 36 सेकण्ड में आगे निकल जाती है। प्रत्येक ट्रेन की लम्बाई कितनी है?
(a) 50 मी. (b) 72 मी. (c) 80 मी. (d) 82 मी. ***(SSC, 21.9.2014)***

जब दो रेलगाड़ी एक ही स्थान से एक ही दिशा में चले

69. एक मालगाड़ी के द्वारा स्टेशन पार करने के 4 घंटे बाद, उसका पीछा करते हुए एक और रेलगाड़ी ने 60 किमी./घंटा की गति से यात्रा करते हुए उसी स्टेशन को पार किया। यदि स्टेशन पार करने के 8 घंटे के बाद रेलगाड़ी मालगाड़ी से आगे निकल जाती है, तो मालगाड़ी की गति क्या होगी?
(a) 40 किमी./घंटा (b) 48 किमी./घंटा (c) 60 किमी./घंटा (d) 32 किमी./घंटा **SSC CHSL (Tier-1) 23.3.2017**

70. 60 किमी./घंटा की चाल से चलने वाली एक रेलगाड़ी X, 225 मीटर लम्बी किसी दूसरी रेलगाड़ी (समान दिशा में) Y को ओवरटेक करती है और 72 सेकंडों में उसे पूरी तरह से पार कर लेती है। यदि ये रेलगाड़ियाँ विपरीत दिशाओं में जा रही होतीं, तो वे एक दूसरे को 18 सेकंडों में पार कर जातीं। X की लंबाई (मीटर में) और Y की चाल (किमी./घंटा में) क्रमशः .... हैं।
(a) 245 और 45 (b) 245 और 54 (c) 255 और 36 (d) 255 और 40 **SSC CGL (Tier-1) 9.3.2020**

71. दो रेलगाड़ियाँ एक स्थान से दो समांतर पटरियों पर एक ही दिशा में चलना आरंभ करती है। उन रेलगाड़ियों की गति क्रमशः 45 किमी./घंटा तथा 40 किमी./घंटा है। तदनुसार, 45 मिनटों बाद उन रेलगाड़ियों के बीच कितनी दूरी हो जाएगी?
(a) 2 किमी. 500 मी. (b) 2 किमी. 750 मी.
(c) 3 किमी. 750 मी. (d) 3 किमी. 250 मी. ***(SSC, FCI, 11.11.2012)***

72. दो ट्रेनें चण्डीगढ़ के लिये दिल्ली से शाम 6 बजे और शाम 6:30 बजे चलती हैं और उनकी चाल क्रमशः 60 किमी./घण्टे और 75 किमी./घण्टे है। दिल्ली से कितने किलोमीटर दूरी पर वे दोनों ट्रेनें मिलेंगी?

(a) 67.5 (b) 150 (c) 75 (d) 60 ***मुंबई, भोपाल (गुड्सगार्ड), 2003***

73. 90 किमी. प्रति घण्टा की गति से चल रही एक यात्री गाड़ी एक स्टेशन से माल गाड़ी जाने के 6 घण्टे बाद चलती है और 4 घण्टे में उसको पकड़ लेती है, तो मालगाड़ी की गति बताएं–

(a) 36 किमी. प्रति घण्टा (b) 38 किमी. प्रति घण्टा
(c) 40 किमी. प्रति घण्टा (d) 34 किमी. प्रति घण्टा ***R.R.B जम्मू (जू० क्लर्क) परीक्षा,2001***

जब दो रेलगाड़ियाँ दो स्थानों से एक दूसरे की ओर चलें

74. X से एक रेलगाड़ी 5:00 बजे अपराह्न (पी.एम.) चलना आरंभ करती है तथा Y की ओर 55 किमी./घंटा की गति से चलती है। एक अन्य रेलगाड़ी Y से 7:00 बजे अपराह्न (पी.एम.) चलना आरंभ करती है तथा X की ओर 40 किमी./घंटा की गति से चलती है। दोनों रेलगाड़ियों Z पर 11:00 बजे अपराह्न (पी.एम.) मिलती है। XZ तथा YZ का अनुपात क्या है?

(a) 33 : 16 (b) 7 : 5 (c) 29 : 27 (d) 11 : 9 ***SSC CHSL (Tier-1) 15.3.2018***

75. 72 km/h और 108 km/h की गति से विपरीत दिशाओं में आ रही समान लम्बाई की दो रेलगाड़ियाँ एक-दूसरे को 10 सेकंड में पार कर जाती हैं। 350 मीटर लम्बे प्लेटफॉर्म को पहली रेलगाड़ी कितने समय में पार करेगी?

(a) 32 (b) 30 (c) 36 (d) 32 ***SSC CHSL (Tier-1) 3.7.2019***

76. दो गाड़ियाँ एक-दूसरे की तरफ क्रमशः 45 किमी. प्रति घंटा तथा 63 किमी. प्रति घंटा की गति से चल रही हैं। टकराने से 10 सेकंड पहले उनके बीच कितनी दूरी (किलोमीटर में) होगी?

(a) 0.5 (b) 0.2 (c) 0.3 (d) 0.45 ***SSC CPO 5.7.2017***

77. ट्रेन A और ट्रेन B की लंबाइयों का अनुपात 5 : 3 है और उनकी गतियों का अनुपात 2 : 3 है। विपरीत दिशा में चलते हुए, ट्रेन A द्वारा B को पार करने में $2\frac{1}{2}$ मिनट का समय लगा। एक स्थिर स्तम्भ (स्टेशनरी पोल) को पार करने में A द्वारा लिया गया समय (मिनट में) है?

(a) 2 (b) 3 (c) $\frac{125}{32}$ (d) $\frac{25}{16}$ ***SSC CHSL (Tier-1) 21.8.2019***

78. दो स्टेशनों A और B के बीच की दूरी 800 km है। एक रेलगाड़ी X, A स्टेशन से चलना शुरू करती है और B स्टेशन की ओर 40 km/h की चाल से चलती है और दूसरी रेलगाड़ी Y, B स्टेशन से चलना शुरू करती है और A स्टेशन की ओर 60 km/h की चाल से चलती है। दोनों रेलगाड़ी A स्टेशन से कितनी दूरी पर एक दूसरे को पार करेगी?

(a) 360 km (b) 380 km (c) 300 km (d) 320 km ***SSC CGL (Tier-1) 6.6.2019***

79. X और Y दो स्टेशन हैं, जो एक दूसरे से 280 किमी. की दूरी पर स्थित हैं। एक निश्चित समय पर X से एक ट्रेन 60 किमी./घंटा की चाल से Y की ओर चलती है। 2 घंटे के बाद, एक दूसरी ट्रेन Y से X की ओर 20 किमी./घण्टा की चाल से चलती है। कितने घंटों के बाद X से चली ट्रेन, Y से चली ट्रेन से मिलेगी?

(a) 3 घंटे (b) 6 घंटे (c) 2 घंटे (d) 4 घंटे ***SSC CGL (Tier-1) 7.3.2020***

80. दो स्टेशनों A और B के बीच की दूरी, 428 किमी. है। एक ट्रेन 6.00 a.m. पर स्टेशन 'A' से प्रस्थान करती है और 48 किमी./घंटा की औसत चाल से स्टेशन 'B' की ओर बढ़ती है। दूसरी ट्रेन 6:20 a.m. पर स्टेशन 'B' से प्रस्थान करती है और 55 किमी./घण्टा की औसत चाल से स्टेशन 'A' की ओर बढ़ती है। ये ट्रेनें किस समय पर आपस में मिलेंगी?

(a) 10:20 a.m. (b) 10:00 a.m. (c) 10:40 a.m. (d) 9:40 a.m. ***SSC CGL (Tier-1) 5.3.2020***

81. दो स्टेशनों A और B के बीच की दूरी 575 किमी. है। एक ट्रेन स्टेशन 'A' से 3:00 p.m. पर प्रस्थान करती है और 50 किमी./घण्टे की औसत चाल से स्टेशन 'B' की ओर बढ़ती है। एक दूसरी ट्रेन स्टेशन 'B' से 3:30 p.m. पर प्रस्थान करती है और 60 किमी./घंटा की औसत चाल से स्टेशन 'A' की ओर बढ़ती है। स्टेशन 'A' से कितनी दूरी पर ये ट्रेनें एक दूसरे से मिलेंगी?

(a) 275 किमी. (b) 225 किमी. (c) 300 किमी. (d) 325 किमी. ***SSC CGL (Tier-1) 9.3.2020***

82. 200 किमी. दूर, दो स्टेशनों से दो रेलगाड़ियाँ एक ही समय पर छूटकर विपरीत दिशाओं में जाती हैं और एक स्टेशन से 110 किमी. की दूरी पर एक दूसरे को पार करती हैं। तद्नुसार, उन रेलगाड़ियों की गति का अनुपात क्या है?
(a) 11 : 20 (b) 20 : 9 (c) 9 : 20 (d) 11 : 9 ***(SSC, Tier-1, 8.7.2012)***

83. दो रेलगाड़ियाँ A तथा B, X तथा Y स्टेशनों से क्रमशः Y तथा X की दिशा में प्रस्थान करती हैं। एक-दूसरे को पार करने के बाद, वे क्रमशः 4 घंटे 48 मिनटों तथा 3 घंटे 20 मिनटों बाद, Y तथा X पर पहुँचती हैं। तद्नुसार, यदि रेलगाड़ी A की गति 45 किमी. / घंटा हो, तो रेलगाड़ी B की गति कितनी है?
(a) 60 किमी./घंटा (b) 64.8 किमी./घंटा
(c) 54 किमी./घंटा (d) 37.5 किमी./घंटा ***(SSC, Tier-2, 16.9.2012)***

84. एक रेलगाड़ी Q जाने के लिए P से चलती है; उसी समय एक अन्य रेलगाड़ी P जाने के लिए Q से चलती है। दोनों रेलगाड़ियाँ 6 घंटे बाद मिलती हैं। P से Q जाने वाली रेलगाड़ी दूसरी रेलगाड़ी से 8 किमी./घंटा अधिक चली है। यदि P से Q की दूरी 528 किमी. है, तो P से Q जाने वाली रेलगाड़ी की प्रति घंटा गति (किमी.) में है?
(a) 40 (b) 48 (c) 45 (d) 50 ***(SSC, MTS, 16.2.2014)***

85. दो रेलगाड़ियाँ A और B स्टेशनों से रवाना हांती हैं और क्रमशः 50 किमी./घंटा व 60 किमी./घं. की चाल से एक दूसरे की ओर चलती हैं। जब वे एक दूसरे से मिलती हैं उस स्थान तक दूसरी रेलगाड़ी पहली वाली की अपेक्षा 120 किमी. अधिक यात्रा करती है। A और B के बीच की दूरी बताएँ
(a) 1200 किमी. (b) 1440 किमी. (c) 1320 किमी. (d) 990 किमी. ***(SSC, 26.10.2014)***

86. 74 किमी./घंटा से चलने वाली रेलगाड़ी x विपरीत दिशा में 52 किमी./घंटा की चाल से चलने वाली रेलगाड़ी y को 12 सेकंड में पार करती है। यदि रेलगाड़ी y की लम्बाई रेलगाड़ी x की लम्बाई की दो-तिहाई है तो रेलगाड़ी x की लम्बाई (मी. में) ज्ञात करें।
(a) 168 (b) 252 (c) 210 (d) 200 ***SSC CAPS : 23.11.2020***

विविध प्रश्न

87. लोकल ट्रेन के दैनिक टिकट का मूल्य ₹140 है और मासिक पास का मूल्य ₹3276 हैं। यदि मोहन मासिक पास खरीदता है और एक महीने में 30 दिन यात्रा करता है, तो उसकी कितनी बचत होगी?
(a) 18 प्रतिशत (b) 16 प्रतिशत (c) 15 प्रतिशत (d) 22 प्रतिशत ***SSC CHSL (Tier-1) 3.1.2017***

88. एक रेलगाड़ी एक समान गति से 360 किमी. की दूरी तय करती है। यदि रेलगाड़ी की गति 10 किमी./घंटा अधिक होती, तो वह उस यात्रा को 3 घंटे कम समय में पूरा कर लेती है। रेलगाड़ी की गति क्या है?
(a) 25 (b) 50 (c) 30 (d) 40 ***SSC CHSL (Tier-1) 4.7.2019***

89. दो ट्रेनों की चालों का अनुपात 2 : 5 है। यदि पहली ट्रेन 5 घंटे में 350 किमी. तय करती है, तो दूसरी ट्रेन की चाल में (किमी./घंटा) कितनी है?
(a) 175 (b) 165 (c) 150 (d) 180 ***SSC CHSL (Tier-1) 8.7.2019***

90. दो रेलगाड़ियों की गति के बीच का अनुपात 2 : 5 है। यदि पहली रेलगाड़ी 5 घंटे में 350 किमी. चलती है, तो दोनों रेलगाड़ियों की गति में अन्तर है?
(a) 305 (b) 105 (c) 180 (d) 165 ***SSC CHSL (Tier-1) 8.7.2019***

91. एक रेलगाड़ी एक कार से 25% तेज चलती है। दोनों बिंदु A से एक ही समय पर प्रारंभ करते हैं तथा 165 किमी. दूर स्थित बिंदु B पर एक ही समय पहुँचते हैं। मार्ग में रेलगाड़ी स्टेशनों पर रुकने के लिए 40 मिनट लेती है। रेलगाड़ी तथा कार की गति में क्या अंतर (किमी. प्रति घंटा) है?
(a) 6.375 (b) 7.635 (c) 9.75 (d) 12.375 ***SSC CPO 5.7.2017***

92. दो रेलगाड़ियों की गति के बीच का अनुपात 2 : 5 है। यदि पहली रेलगाड़ी 5 घंटे में 250 किमी. चलती है, तो दोनों रेलगाड़ियों की गति में अन्तर है?
(a) 68 (b) 78 (c) 75 (d) 65 ***SSC CHSL (Tier-1) 9.7.2019***

93. ट्रेन A की गति ट्रेन B की गति से 25 km/h अधिक है। ट्रेन B द्वारा 250 km. की दूरी तय करने में जितना समय लगता है, A को 300 km. की दूरी तय करने में उससे 4 घंटे कम लगते हैं, तो A की गति (km/h में) क्या है?
(a) 60 (b) 50 (c) 55 (d) 65 ***SSC CGL (Tier-1) 10.6.2019***

94. फास्ट ट्रेन (A), धीमी गति से चलने वाली ट्रेन (B) की तुलना में 96 किमी. की दूरी एक घंटे कम समय में तय करती है। यदि B की औसत गति A की तुलना में 16 किमी./घं. कम है, तो A की औसत गति (किमी./घं. में) है–
(a) 54 (b) 48 (c) 60 (d) 64 ***SSC CGL (Tier-1) 7.6.2019***

95. 648 किमी. की यात्रा करने के लिए, एक एक्सप्रेस ट्रेन राजधानी से 12 घंटे अधिक लेती है। यदि एक्सप्रेस ट्रेन की गति दुगुनी कर दी जाती है, तो वह राजधानी की तुलना में 6 घंटे कम समय लेती है। राजधानी की गति क्या है?
(a) 36 किमी./घंटा (b) 18 किमी./घंटा (c) 45 किमी./घंटा (d) 27 किमी./घंटा ***SSC CHSL (Tier-1) 24.1.2017***

96. 708 किमी. की यात्रा करने के लिए, एक एक्सप्रेस ट्रेन राजधानी ट्रेन से 6 घंटे अधिक लेती है। यदि एक्सप्रेस ट्रेन की गति दुगनी कर दी जाती है, तो वह राजधानी ट्रेन की तुलना में 3 घण्टे कम समय लेती है। राजधानी ट्रेन की गति क्या है?
(a) 59 किमी./घंटा (b) 78.7 किमी./घंटा
(c) 39.3 किमी./घण्टा (d) 98.3 किमी./घंटा ***SSC CHSL (Ter-1) 7.1.2017***

97. 612 किमी. की यात्रा करने के लिए, एक एक्सप्रेस ट्रेन राजधानी से 9 घंटे अधिक समय लेती है। यदि एक्सप्रेस ट्रेन की गति दुगुनी कर दी जाती है, तो वह राजधानी की तुलना में 3 घंटे कम समय लेती है। राजधानी की गति (किमी./घंटा में) क्या है?
(a) 40.8 (b) 51 (c) 30.6 (d) 61.2 ***SSC CHSL (Tier-1) 9.1.2017***

98. 780 किमी. की यात्रा करने के लिए, एक एक्सप्रेस ट्रेन राजधानी से 8 घंटे अधिक लेती है। यदि एक्सप्रेस ट्रेन की गति दुगनी कर दी जाती है, तो वह राजधानी की तुलना में 6 घंटे कम समय लेती है। राजधानी की गति (किमी./घंटा में) क्या है?
(a) 39 किमी./घंटा (b) 55.7 किमी./घंटा
(c) 22.3 किमी./घंटा (d) 72.4 किमी./घंटा ***SSC CHSL (Tier-1) 3.1.2017***

99. 660 किमी. की यात्रा के लिए, एक एक्सप्रेस ट्रेन राजधानी से 10 घंटे अधिक लेती है। यदि एक्सप्रेस ट्रेन की गति दुगुनी कर दी जाती है, तो वह राजधानी की तुलना में 7 घंटे कम समय लेती है। राजधानी की गति क्या है?
(a) 38.8 किमी./घंटा (b) 16.2 किमी./घंटा
(c) 50.1 किमी./घंटा (d) 27.5 किमी./घंटा ***SSC CHSL (Tier-1) 17.1.2017***

100. एक रेलगाड़ी बिना रुके (स्टापेज) 80 किमी./घं. की औसत गति से और रुकने के साथ 72 किमी./घं की औसत गति से चलती है। रेलगाड़ी, औसतन प्रति घंटा कितने मिनट रुकती है?
(a) 6 (b) 8 (c) 7 (d) 9 ***SSC CGL (Tier-1) 11.6.2019***

101. एक रेलगाड़ी बिना रुके (स्टापेज) 70 किमी./घं. की औसत गति से और रुकने के साथ 56 किमी./घं. की औसत गति से चलती है। रेलगाड़ी, औसतन प्रति घंटा कितने मिनट रुकती है?
(a) 14 (b) 12 (c) 16 (d) 15 ***SSC CGL (Tier-1) 10.6.2019***

102. एक रेलगाड़ी बिना रुके (स्टापेज) 80 किमी./घं की औसत गति से और रुकने के साथ 64 किमी./घं की औसत गति से चलती है। रेलगाड़ी, औसतन प्रति घंटा कितने मिनट रुकती है?
(a) 10 (b) 12 (c) 14 (d) 8 ***SSC CGL (Tier-1) 12.6.2019***

103. एक रेलगाड़ी बिना रुके (स्टापेज) 72 किमी./घं. की औसत गति से और रुकने के साथ 60 किमी./घं. की औसत गति से चलती है। रेलगाड़ी, औसतन प्रति घंटा कितने मिनट रुकती है?
(a) 10 (b) 12 (c) 6 (d) 8 ***SSC CGL (Tier-1) 11.6.2019***

104. एक रेलगाड़ी बिना रुके (स्टापेज) 50 किमी./घं. की औसत गति से और रुकने के साथ 40 किमी./घं. की औसत गति से चलती है। रेलगाड़ी, औसतन प्रति घंटा कितने मिनट रुकती है?
(a) 12 (b) 15 (c) 14 (d) 13 ***SSC CGL (Tier-1) 10.6.2019***

105. एक रेलगाड़ी बिना रुके (स्टापेज) 65 किमी./घं. की औसत गति से और रुकने के साथ 52 किमी./घं. की औसत गति से चलती है। रेलगाड़ी, औसतन प्रति घंटा कितने मिनट रुकती है?
(a) 12 (b) 14 (c) 13 (d) 15 ***SSC CGL (Tier-1) 11.6.2019***

106. अगर एक रेलगाड़ी की चाल उसकी सामान्य चाल से 20 किमी./घण्टा बढ़ा दी जाती है तो उसे 300 किमी. की दूरी तय करने में $2\frac{1}{2}$ घंटे कम लगते हैं। रेलगाड़ी को अपनी सामान्य चाल से 192 किमी. की दूरी तय करने में कितना समय लगेगा?
(a) 2.4 घंटे (b) 3 घंटे (c) 6 घंटे (d) 4.8 घंटे ***SSC CGL (Tier-1) 5.3.2020***

उत्तरमाला

1. (a)	2. (b)	3. (c)	4. (a)	5. (a)	6. (a)	7. (a)	8. (a)	9. (b)
10. (b)	11. (a)	12. (c)	13. (a)	14. (b)	15. (c)	16. (d)	17. (a)	18. (a)
19. (a)	20. (b)	21. (d)	22. (d)	23. (a)	24. (d)	25. (a)	26. (c)	27. (c)
28. (d)	29. (d)	30. (d)	31. (c)	32. (c)	33. (b)	34. (c)	35. (d)	36. (c)
37. (c)	38. (c)	39. (d)	40. (a)	41. (b)	42. (b)	43. (b)	44. (b)	45. (d)
46. (a)	47. (d)	48. (b)	49. (b)	50. (d)	51. (d)	52. (a)	53. (d)	54. (b)
55. (c)	56. (b)	57. (b)	58. (a)	59. (a)	60. (c)	61. (c)	62. (b)	63. (c)
64. (a)	65. (d)	66. (d)	67. (b)	68. (a)	69. (a)	70. (c)	71. (c)	72. (b)
73. (a)	74. (a)	75. (b)	76. (c)	77. (c)	78. (d)	79. (c)	80. (a)	81. (a)
82. (d)	83. (c)	84. (b)	85. (c)	86. (b)	87. (d)	88. (c)	89. (a)	90. (b)
91. (d)	92. (c)	93. (b)	94. (b)	95. (d)	96. (a)	97. (a)	98. (a)	99. (d)
100. (a)	101. (b)	102. (b)	103. (a)	104. (a)	105. (a)	106. (d)		

अभ्यास प्रश्नों के हल

1. रेलगाड़ी की गति = 36 किमी./घण्टा = $36 \times \frac{5}{18}$ मी./से. = 10 मी./से.

$\therefore$ 600 मी. दूरी तय करने में समय = $\frac{\text{दूरी}}{\text{चाल}} = \frac{600}{10}$ = 60 सेकण्ड

2. रेलगाड़ी की गति = 90 किमी./घण्टा = $90 \times \frac{5}{18}$ मी./से. = 25 मी./से.

2275 मी. की दूरी तय करने में समय = $\frac{2275}{25}$ = 91 सेकण्ड

3. माना यात्रा की दूरी x किमी है। अतः 40 किमी/घण्टा से समय = $\frac{x}{40}$ घण्टे और 35 किमी/घण्टे से समय = $\frac{x}{35}$ घण्टे

$\therefore$ $\frac{x}{35} - \frac{x}{40} = \frac{15}{60} \Rightarrow \frac{8x-7x}{280} = \frac{1}{4} \Rightarrow \frac{x}{280} = \frac{1}{4} \Rightarrow$ x = 70 किमी

4. 55.5 किमी/घण्टा की गति से 999 किमी चलने में समय = $\frac{999}{55.5}$ = 18 घण्टे

रुकने के समय 1 घण्टे 20 मिनट को मिलाकर कुल समय = 19 घण्टे 20 मिनट

$\therefore$ प्रातः 6 बजे के 19 घण्टे 20 मिनट बाद समय = 1:20 a.m.

5. दूरी = चाल × समय = 80× 4.5 = 360 किमी

दूरी को 4 घण्टे में पूरा करने के लिए रेलगाड़ी की गति = $\frac{360}{4}$ = 90 किमी/घण्टा

6. प्रातः 6:00 बजे से सायं 4:30 बजे तक का समय = 10 घण्टे 30 मिनट = $10\frac{1}{2}$ घण्टे

$\therefore$ 40 किमी/घण्टा की गति से दूरी = $40 \times 10\frac{1}{2}$ = 420 किमी

7. रेलगाड़ी की चाल (गति) = $\frac{10 \text{ किमी}}{12 \text{ मिनट}} = \frac{10 \text{ किमी}}{\frac{12}{60} \text{ घण्टे}} = \frac{10 \times 60}{12}$ किमी/घण्टा = 50 किमी/घण्टा

5 किमी/घण्टा कम करने पर रेलगाड़ी की गति = 50 – 5 = 45 किमी/घण्टा

$\therefore$ नयी गति से वही दूरी तय करने में समय = $\frac{10}{45}$ घण्टे= $\frac{10 \times 60}{45}$ मिनट = $\frac{40}{3}$ मिनट

= $13\frac{1}{3}$ मिनट = 13 मिनट 20 सेकण्ड

8. स्थान X से स्थान Y की दूरी = 55 × 4 = 220 किमी.

5 किमी/घण्टा बढ़ा देने पर नई गति = 55 + 5 = 60 किमी/घण्टा

तब समय = $\frac{\text{दूरी}}{\text{नई गति}} = \frac{220}{60} = \frac{11}{3} = 3\frac{2}{3}$ घण्टे = 3 घण्टे 40 मिनट

∴ समय में कमी = 4 घण्टे − 3 घण्टे 40 मिनट = 20 मिनट

9. ट्रेन की गति = $\frac{\text{दूरी}}{\text{समय}} = \frac{12 \text{ किमी}}{12 \text{ मिनट}} = \frac{12\text{किमी}}{\frac{12}{60}\text{घण्टा}} = \frac{12 \times 60}{12}$ किमी/घण्टा = 60 किमी/घण्टा

∴ 5 किमी/घण्टा कम होने पर नई गति = 60 − 5 = 55 किमी/घण्टा

∴ 22 किमी की दूरी तय करने में लगा समय = $\frac{\text{दूरी}}{\text{नई गति}} = \frac{22}{55}$ घण्टा $= \frac{2}{5}$ घण्टा $= \frac{2}{5} \times 60$ मिनट = 24 मिनट

10. रेलगाड़ी की चाल = 60 किमी./घण्टा = $60 \times \frac{5}{18}$ मी./से. = $\frac{50}{3}$ मी./से.

∴ खम्भे को पार करने में लगा समय = $\frac{\text{रेलगाड़ी की लम्बाई}}{\text{रेलगाड़ी की चाल}} = \frac{75}{\left(\frac{50}{3}\right)} = 75 \times \frac{3}{50}$ सेकण्ड = 4.5 सेकण्ड

11. ट्रेन की गति = 72 किमी./घण्टा = $72 \times \frac{5}{18}$ = 20 मी.से.

∴ खम्भे को पार करने में लगा समय = $\frac{\text{ट्रेन की लम्बाई}}{\text{ट्रेन की गति}} = \frac{160}{20}$ = 8 सेकण्ड

12. ट्रेन की गति = $\frac{\text{ट्रेन की लम्बाई}}{\text{ट्रेन की गति}} = \frac{240}{16}$ मी./से. = $\frac{240}{16} \times \frac{18}{5}$ किमी./घण्टा = 54 किमी./घण्टा

13. रेलगाड़ी की लम्बाई = रेलगाड़ी की चाल × स्थिर वस्तु को पार करने में लगा समय = 25 × 25 = 625 मी.

14. रेलगाड़ी की चाल = 36 किमी/घण्टा = $\frac{36 \times 5}{18}$ मी/से = 10 मी/से

∴ रेलगाड़ी की लम्बाई = चाल × व्यक्ति को पार करने में समय = 10×10=100 मी.

∴ प्लेट फार्म को पार करने में लगा समय = $\frac{\text{प्लेटफार्म की लम्बाई} + \text{रेलगाड़ी की लम्बाई}}{\text{रेलगाड़ी की चाल}}$

$= \frac{55+100}{10} = \frac{155}{10}$ सेकण्ड = $15\frac{1}{2}$ सेकण्ड

15. रेलगाड़ी की लम्बाई = रेलगाड़ी की चाल × खम्भे को पार करने में लगा समय

$= \left(\frac{36 \times 5}{18}\text{मी./से.}\right) \times 25$ सेकण्ड = 250 मी.

16. रेलगाड़ी की लम्बाई = रेलगाड़ी की चाल × सिग्नल को पार करने में लगा समय

$= \left(\frac{90 \times 5}{18}\text{मी./से.}\right) \times 10$ सेकण्ड = 250 मी.

17. खम्भे को पार करने में लगा समय = $\frac{\text{रेलगाड़ी की लम्बाई}}{\text{रेलगाड़ी की चाल}} = \frac{300 \text{ मी.}}{\left(\frac{54 \times 5}{18}\right)\text{मी./से.}} = \frac{300}{15}$ सेकण्ड = 20 सेकण्ड

18. व्यक्ति को पार करने में लगा समय = $\frac{\text{रेलगाड़ी की लम्बाई}}{\text{रेलगाड़ी की चाल}} = \frac{100 \text{ मी.}}{\left(\frac{30 \times 5}{18}\right)\text{मी./से.}} = \frac{100 \times 18}{30 \times 5}$ सेकण्ड= 12 सेकण्ड

19. खम्भे को पार करने में लगा समय = $\frac{100}{144 \times \frac{5}{18}} = \frac{100}{8 \times 5}$ सेकण्ड =2.5 सेकण्ड

20. माना एक तरफ की दूरी x किमी. है। अतः $\frac{x}{50} + \frac{x}{5}$ = 5 घण्टे 30 मिनट $\Rightarrow \frac{x + 10x}{50} = 5\frac{1}{2} = \frac{11}{2}$

∴ $2 \times 11x = 50 \times 11 \Rightarrow x = \frac{50 \times 11}{11 \times 2}$ = 25 किमी./घण्टा

21. व्यक्ति के सापेक्ष रेलगाड़ी की चाल = (44 – 8) किमी./घण्टा = $36 \times \frac{5}{18}$ मी./से. = 10 मी./से.

∴ रेलगाड़ी की लम्बाई = सापेक्ष चाल × व्यक्ति को पार करने में लगा समय = 10 × 15 = 150 मी.

माना महिला की गति x किमी./घण्टा है।

∴ महिला के विपरीत दिशा में रेलगाड़ी चल रही है। अतः सापेक्ष चाल = $(x + 44) = (x + 44) \times \frac{5}{18}$ मी./से.

∴ सापेक्ष चाल × महिला को पार करने में लगा समय = रेलगाड़ी की लम्बाई

∴ $(x + 44) \times \frac{5}{18} \times 10 = 150 \Rightarrow x + 44 = 54 \Rightarrow x = 10$ किमी./घं., अतः महिला की गति = x = 10 किमी./घं.

22. बच्चे के सापेक्ष रेलगाड़ी की चाल = 20 – 10 = 10 मी./से.

∴ बच्चे को पार करने में लगा समय = $\frac{\text{रेलगाड़ी की लम्बाई}}{\text{सापेक्ष चाल}} = \frac{180}{10} = 18$ सेकण्ड

23. माना रेलगाड़ी की गति x किमी/घण्टा है।

∴ विपरीत दिशा में चलने वाले व्यक्ति के सापेक्ष चाल = (x + 5) किमी/घण्टा = $\frac{(x + 5) \times 5}{18}$ मी/से.

∴ सापेक्ष चाल × व्यक्ति को पार करने में लगा समय = रेलगाड़ी की लम्बाई

∴ $\frac{(x + 5) \times 5}{18} \times \frac{36}{5} = 100 \Rightarrow (x + 5) \times 2 = 100 \Rightarrow x = 45$ किमी/घण्टा

24. माना रेलगाड़ी की चाल x किमी / घण्टा है। अतः पहले व्यक्ति के सापेक्ष रेलगाड़ी की चाल = $\frac{(x - 2) \times 5}{18}$ मी/से.

∴ रेलगाड़ी की लम्बाई = सापेक्ष चाल × समय = $\frac{(x - 2) \times 5}{18} \times 9$ मी. ....(i)

दूसरे व्यक्ति के सापेक्ष रेलगाड़ी की चाल = $\frac{(x - 4) \times 5}{18}$ मी/से.

∴ रेलगाड़ी की लम्बाई = सापेक्ष चाल × समय = $\frac{(x - 4) \times 5}{18} \times 10$ मी. ....(ii)

∴ समीकरण (i) और (ii) की तुलना से, $(x - 2) \times 9 = (x - 4) \times 10 \Rightarrow 9x - 18 = 10x - 40 \Rightarrow x = 22$

∴ समीकरण (i) में x = 22 रखने पर, रेलगाड़ी की लम्बाई = $\frac{(22 - 2) \times 5 \times 9}{18} = \frac{20 \times 5}{2}$ = 50 मी.

25. मनुष्य को पार करने में लगा समय = $\frac{\text{रेलगाड़ी की लम्बाई}}{\text{सापेक्ष चाल (मी./से. में)}} = \frac{270}{27 \times \frac{5}{18}} = \frac{270 \times 18}{27 \times 5} = 36$ सेकण्ड

26. माना ट्रेन की गति x किमी./घण्टा है। अतः सापेक्ष चाल × समय = रेलगाड़ी की लम्बाई

∴ $(x + 6) \times \frac{5}{18} \times 6 = 110 \Rightarrow (x + 6) = \frac{110 \times 3}{5} = 22 \times 3 = 66 \Rightarrow x = 66 - 6 = 60$ किमी./घण्टा

27. व्यक्ति को पार करने में लगा समय = $\frac{\text{रेलगाड़ी की लम्बाई}}{\text{सापेक्ष चाल}} = \frac{180}{(20 - 10)} = \frac{180}{10}$ =18 सेकण्ड

28. ट्रेन की लम्बाई = सापेक्ष चाल (मी./से. में) × समय = $(40 - 25) \times \frac{5}{18} \times 48 = \frac{15 \times 5 \times 48}{18}$ = 200 मी.

29. जब तक दौड़ते हुए व्यक्ति की चाल (रफ्तार) ज्ञात नहीं होगी, तब तक गाड़ी की लम्बाई ज्ञात नहीं की जा सकती।

30. रेलगाड़ी की लम्बाई = सापेक्ष चाल × समय = $(45 + 5) \times \frac{5}{18} \times 18 = 50 \times 5$ = 250 मी.

31. धीमी रेलगाड़ी में बैठे व्यक्ति के सापेक्ष तेज रेलगाड़ी की चाल = (40 – 20) किमी/घं. = $\frac{20 \times 5}{18}$ मी/से = $\frac{50}{9}$ मी/से

∴ तेज रेलगाड़ी की लम्बाई = सापेक्ष चाल × व्यक्ति को पार करने में लगा समय = $\frac{50 \times 5}{9} = \frac{250}{9} = 27\frac{7}{9}$ मी.

32. तेज रेलगाड़ी की लम्बाई = सापेक्ष चाल × समय $= (56-29) \times \frac{5}{18} \times 16 = 27 \times \frac{5}{18} \times 16 = 120$ मी.

33. तेज गाड़ी की लम्बाई $= (50-30) \times \frac{5}{18} \times 18 = 20 \times 5 = 100$ मी.

34. तेज रेलगाड़ी की लम्बाई $= (72-36) \times \frac{5}{18} \times 5 = \frac{36 \times 5 \times 5}{18} = 50$ मी.

35. तेज गाड़ी की लम्बाई $= (58-30) \times \frac{5}{18} \times 18 = 28 \times 5 = 140$ मी.

36. तेज रेलगाड़ी की लम्बाई = सापेक्ष चाल × व्यक्ति को पार करने में लगा समय

$= (56-29) \times \frac{5}{18} \times 16 = 27 \times \frac{5}{18} \times 16 = 120$ मी.

37. रेलगाड़ी की लम्बाई $= (90-70) \times \frac{5}{18} \times 36 = 20 \times 5 \times 2 = 200$ मी.

38. तेज रेलगाड़ी की लम्बाई $= (40-20) \times \frac{5}{18} \times 5 = \frac{20 \times 5 \times 5}{18}$ मी. $= 27\frac{7}{9}$ मी.

39. माना रेलगाड़ी की लम्बाई x मीटर है।

पहली सुरंग को पार करने में चली गयी दूरी $= (x+270)$ मीटर $\Rightarrow$ रेलगाड़ी की गति $= \frac{x+270}{12}$ मी./से.

दूसरी सुरंग को पार करने में चली गयी दूरी $= (x+450)$ मीटर

$\therefore$ रेलगाड़ी की गति $= \frac{x+450}{15}$ मी./से. $\Rightarrow \frac{x+270}{12} = \frac{x+450}{15} \Rightarrow \frac{x+270}{4} = \frac{x+450}{5}$

$\therefore$ $5x + 1350 = 4x + 1800 \Rightarrow 5x - 4x = 1800 - 1350 \Rightarrow x = 450$ मी.

$\therefore$ रेलगाड़ी की गति $= \frac{x+270}{12} = \frac{450+270}{12} = \frac{720}{12}$ मी./से. $= \frac{720}{12} \times \frac{18}{5}$ किमी./घण्टा = 216 किमी./घण्टा

40. रेलगाड़ी की चाल $= \frac{\text{रेलगाड़ी की लम्बाई + पुल की लम्बाई}}{\text{पुल पार करने में लगा समय}} = \frac{220+440}{33} = \frac{660}{33} = 20$ मी./से.

$\therefore$ 350 मीटर लम्बे पुल को पार करने में समय $= \frac{\text{रेलगाड़ी की लम्बाई + पुल की लम्बाई}}{\text{रेलगाड़ी की चाल}}$

$= \frac{220+350}{20} = \frac{570}{20} = 28.5$ सेकण्ड

41. माना रेलगाड़ी की लम्बाई x मी. है।

$\therefore$ रेलगाड़ी की लम्बाई + सुरंग की लम्बाई = रेलगाड़ी की चाल × पार करने में लगा समय

$\therefore$ $x + 960 = 35 \times 40 = 1400 \Rightarrow x = 1400 - 960 = 440$ मी.

42. रेलगाड़ी की चाल $= \frac{\text{रेलगाड़ी की लम्बाई + प्लेटफर्म की लम्बाई}}{\text{प्लेटफार्म (स्टेशन) पार करने में लगा समय}} = \frac{500+221}{35}$ मी./से.

$= \frac{721}{35} \times \frac{18}{5}$ किमी./घण्टा = 74.16 किमी./घण्टा

43. रेलगाड़ी की गति = 81 किमी./घण्टा $= 81 \times \frac{5}{18}$ मी./से. $= \frac{45}{2}$ मी.से.

रेलगाड़ी की लम्बाई + प्लेटफार्म की लम्बाई = रेलगाड़ी की चाल × पार करने में लगा समय

$\therefore$ 600 + प्लेटफार्म की लम्बाई $= \frac{45}{2} \times 40 = 900 \Rightarrow$ प्लेटफार्म की लम्बाई $= 900 - 600 = 300$ मीटर

44. ट्रेन की गति = 72 किमी./घण्टा $= 72 \times \frac{5}{18}$ मी./से. = 20 मी.से.

पुल को पार करने में लगाय समय $= \frac{\text{प्लेटफार्म की लम्बाई + रेलगाड़ी की लबाई}}{\text{रेलगाड़ी की चाल}}$

$= \frac{132+110}{20} = \frac{242}{20} = 12.1$ सेकण्ड

45. रेलगाड़ी की गति = 90 किमी./घण्टा = $90 \times \frac{5}{18} = 25$ से.

पुल की लम्बाई + रेलगाड़ी की लम्बाई = ट्रेन की गति × पुल को पार करने में लगा समय

∴ पुल की लम्बाई + 800 = 25 × 50 = 1250 ⇒ पुल की लम्बाई = 1250 − 800 = 450 मी.

46. माना रेलगाड़ी की लम्बाई l मीटर है।

चूंकि रेलगाड़ी खम्भे को 12 सेकण्ड में पार करती है। अतः रेलगाड़ी की चाल = $\frac{l}{12}$ मी./से.

170 मीटर लम्बे पुल को पार करने में, रेलगाड़ी की लम्बाई + पुल की लम्बाई = चाल × समय

∴ $l + 170 = \frac{l}{12} \times 36 = 3l \Rightarrow 3l - l = 170 \Rightarrow 2l = 170 \Rightarrow l = \frac{170}{2} = 85$ मिनट

∴ रेलगाड़ी की चाल = $\frac{l}{12} = \frac{85}{12}$ मी/से = $\frac{85}{12} \times \frac{18}{5}$ किमी/घण्टा = 25.5 किमी/घण्टा

47. माना रेलगाड़ी की लम्बाई x मी. है।

चूंकि रेलगाड़ी खम्भे को 10 सेकण्ड में पार करती है। अतः रेलगाड़ी की चाल = $\frac{x}{10}$ मी./से.

प्लेटफार्म को पार करने में लगा समय = $\frac{\text{प्लेटफार्म की लम्बाई − रेलगाड़ी की लम्बाई}}{\text{रेलगाड़ी की चाल}}$

∴ $14 = \frac{50 + x}{\left(\frac{x}{10}\right)} \Rightarrow 50 + x = 14 \times \frac{x}{10} = \frac{7x}{5}$

∴ $5(50 + x) = 7x \Rightarrow 250 + 5x = 7x \Rightarrow 2x = 250 \Rightarrow x = 125$ मी.

∴ रेलगाड़ी की चाल = $\frac{x}{10} = \frac{125}{10}$ मी./से. = $\frac{125}{10} \times \frac{18}{5}$ किमी./घण्टा = 45 किमी./घण्टा

48. माना रेलगाड़ी की लम्बाई x मी. है।

चूंकि रेलगाड़ी खम्भे को 3 मिनट में पार करती है। अतः रेलगाड़ी की चाल = $\frac{x}{3}$ मी./मिनट

प्लेटफार्म को पार करने में,

रेलगाड़ी की लम्बाई + प्लेटफार्म की लम्बाई = रेलगाड़ी की चाल × पार करने में लगा समय

∴ $x + 600 = \frac{x}{3} \times 5 \Rightarrow \frac{5x}{3} - x = 600 \Rightarrow \frac{2x}{3} = 600 \Rightarrow x = 900$ मी.

∴ रेलगाड़ी की लम्बाई = $x = 900$ मी.

रेलगाड़ी की चाल = $\frac{x}{3} = \frac{900}{3}$ मी./मिनट = 300 मी./मिनट

$= \frac{\frac{300}{1000}\text{ किमी.}}{\frac{1}{60}\text{ घण्टा}} = \frac{3}{10} \times \frac{60}{1}$ किमी./घण्टा = 18 किमी./घण्टा

49. रेलगाड़ी की चाल = $\frac{\text{प्लेटफार्म की लम्बाई + रेलगाड़ी की लम्बाई}}{\text{प्लेटफार्म को पार करने में लगा समय}} = \frac{(900 + 600)}{300} = \frac{1500}{300} = 5$ मी./से.

∴ खम्भे को पार करने में लगा समय = $\frac{\text{रेलगाड़ी की लम्बाई}}{\text{रेलगाड़ी की चाल}} = \frac{600}{5}$ = 120 सेकण्ड = 2 मिनट

50. माना रेलगाड़ी की लम्बाई x मी. तथा पुल की लम्बाई $2x$ मी. है।

चूंकि रेलगाड़ी स्थिर खम्भे को 60 सेकण्ड में पार करती है। अतः रेलगाड़ी की चाल = $\frac{x}{60}$ मी./से.

∴ पुल को पार करने में लिया गया समय = $\frac{\text{रेलगाड़ी की लम्बाई + पुल की लम्बाई}}{\text{रेलगाड़ी की चाल}}$

$$= \frac{(x+2x)}{\left(\frac{x}{60}\right)} = \frac{3x \times 60}{x} = 180 \text{ सेकण्ड}$$

51. माना रेलगाड़ी की लम्बाई ℓ है। अतः रेलगाड़ी की चाल $= \frac{\ell}{8}$ मी./से.

∴ (प्लेटफार्म की ल. + रेलगाड़ी की ल.) = रेलगाड़ी की चाल × समय

∴ $(264 + \ell) = \frac{\ell}{8} \times 20 = \frac{5\ell}{2} \Rightarrow 528 + 2\ell = 5\ell \Rightarrow 3\ell = 528$ या $\ell = 176$ मी.

∴ रेलगाड़ी की चाल $= \frac{\ell}{8} = \frac{176}{8}$ मी./से. = 22 मी/से = $22 \times \frac{18}{5}$ किमी/घण्टा = 79.2 किमी/घण्टा

52. रेलगाड़ी की चाल $= \frac{240}{24} = 10$ मी./से.

∴ 650 मी. लम्बे प्लेटफार्म को पार करने में लगा समय $= \frac{(650+240)}{10} = \frac{(650+240)}{10} = \frac{890}{10} = 89$ सेकण्ड

53. माना रेलगाड़ी की लम्बाई ℓ है। अतः रेलगाड़ी की चाल $= \frac{\ell}{10}$

∴ (प्लेटफार्म की ल. + रेलगाड़ी की ल.) = चाल × समय

∴ $(50 + \ell) = \frac{\ell}{10} \times 14 = \frac{7\ell}{5} \Rightarrow 250 + 5\ell = 7\ell$ या $2\ell = 250 \Rightarrow \ell = 125$ मी.

∴ रेलगाड़ी की चाल $= \frac{\ell}{10} = \frac{125}{10} = 12.5$ मी./से.$= \frac{12.5 \times 18}{5}$ किमी./घण्टा = 45 किमी./घण्टा

54. माना रेलगाड़ी की लम्बाई ℓ मी. है।

चूंकि रेलगाड़ी 108 मी. लम्बे प्लेटफार्म को 12 सेकण्ड में पार करती है। अतः रेलगाड़ी की चाल $= \frac{108+\ell}{12}$ मी./से.

∵ रेलगाड़ी 164 मी. लम्बे प्लेटफार्म को 16 सेकण्ड में पार करती है। अतः रेलगाड़ी की चाल $= \frac{164+\ell}{16}$ मी./से.

∴ $\frac{108+\ell}{12} = \frac{164+\ell}{16}$, अतः $\frac{108+\ell}{3} = \frac{164+\ell}{4}$

∴ $432 + 4\ell = 492 + 3\ell$, अतः $4\ell - 3\ell = 492 - 432 \Rightarrow \ell = 60$ मी.

55. पहली रेलगाड़ी की चाल $= \frac{120}{10} = 12$ मी./से. और दूसरी रेलगाड़ी की चाल $= \frac{120}{15} = 8$ मी./से.

विपरीत दिशा में चलते हुए एक-दूसरे को पार करने में लगा

समय $= \frac{\text{दोनों की लम्बाईयों का योग}}{\text{दोनों की चालों का योग}} = \frac{120+120}{12+8} = \frac{240}{20} = 12$ सेकण्ड

56. माना प्रत्येक रेलगाड़ी की लम्बाई ℓ मी. है, अतः इस रेलगाड़ी की चाल $= \frac{\ell}{8}$ मी./से.

∴ प्लेटफार्म को पार करने में चली गयी दूरी = चाल × समय

∴ $(\ell + 264) = \frac{\ell}{8} \times 20 = \frac{5\ell}{2} \Rightarrow 5\ell = 2\ell + 528 \Rightarrow 3\ell = 528 \Rightarrow \ell = 176$ मी.

57. माना प्रत्येक रेलगाड़ी की गति x मी./से. है।

$\therefore$ सापेक्ष चाल × पार करने में लगा समय = दोनों रेलगाड़ियों की लम्बाइयों का योग

$\therefore$ $(x + x) \times 16 = (80 + 80) \Rightarrow 2x \times 16 = 160 \Rightarrow x = 5$ मी./से.

$\therefore$ प्रत्येक रेलगाड़ी की गति $= x = 5$ मी./से. $= 5 \times \frac{18}{5}$ किमी./घण्टा = 18 किमी./घण्टा

58. रेलगाड़ी की गति $= \frac{\text{रेलगाड़ी की लम्बाई}}{\text{वृक्ष को पार करने में लगा समय}} = \frac{180}{15} = 12$ मी./से.

माना दूसरी रेलगाड़ी की गति x मी./से. है। अतः सापेक्ष चाल × समय = दोनों रेलगाड़ियों की लम्बाइयों का योग

$\therefore$ $(x + 12) \times 20 = 180 + 180 \Rightarrow x + 12 = \frac{360}{20} = 18$

$\therefore$ $x = 18 - 12 = 6$ मी./से. $= 6 \times \frac{18}{5}$ किमी./घण्टा = 21.6 किमी./घण्टा

59. धीमी रेलगाड़ी के सापेक्ष तेज रेलगाड़ी की चाल = 84 – 42 = 42 किमी./घण्टा

$= 42 \times \frac{5}{18}$ मी./से. $= \frac{35}{3}$ मी./से.

$\therefore$ धीमी रेलगाड़ी को पार करने में लगा समय $= \frac{\text{दोनों गाड़ियों की लम्बाइयों का योग}}{\text{सापेक्ष चाल}}$

$= \frac{320 + 380}{\frac{35}{3}} = 700 \times \frac{3}{35} = 60$ सेकण्ड

60. एक-दूसरे को पार करने में लगा समय $= \frac{\text{दोनों की लम्बाईयों का योग}}{\text{दोनों की चालों का योग}}$

$= \frac{(180+120)}{\frac{(65+55)\times 5}{18}} = \frac{300\times 18}{120\times 5} = 9$ सेकण्ड

61. माना प्रत्येक रेलगाड़ी की लम्बाई ℓ मी. है

$\therefore$ दोनों की लम्बाईयों का योग = उनकी चालों का योग × पार करने में लगा समय

$\therefore$ $(\ell + \ell) = \frac{(65+85)\times 5\times 6}{18} = \frac{150\times 5\times 6}{18} = 250$ मी. $\Rightarrow 2\ell = 250$ मी. $\Rightarrow \ell = \frac{250}{2} = 125$ मी.

62. माना दूसरी गाड़ी की चाल x किमी/घण्टा है।

$\therefore$ दो गाड़ियों की चालों का योग × समय = दोनों गाड़ियों की लम्बाईयों का योग

$\therefore$ $\frac{(50+x)\times 5\times 6}{18} = 100 + 120 = 220 \Rightarrow (50 + x) = \frac{220\times 3}{5} = 132 \Rightarrow x = 132 - 50 = 82$ किमी/घण्टा

63. एक दूसरे को पार करने में लगा समय $= \frac{\text{दोनों रेलगाड़ियों की लम्बाई का योग}}{\text{दोनों की चालों का योग}}$

$= \frac{(180+220)}{\frac{(40+50)\times 5}{18}} = \frac{400\times 18}{90\times 5} = 16$ सेकण्ड

64. माना प्रत्येक रेलगाड़ी की लम्बाई ℓ मी. है

$\therefore$ दोनों की लम्बाईयों का योग = दोनों की चालों का अंतर × पार करने में लगा समय

$\therefore$ $(\ell + \ell) = \frac{(46-36)\times 5\times 36}{18} = \frac{10\times 5\times 36}{18} = 100$ मी. $\Rightarrow 2\ell = 100$ मी. $\Rightarrow \ell = 50$ मी.

65. 150 मी. लम्बी रेलगाड़ी मील के पत्थर को 15 सेकण्ड में पार करती हैं।

$\therefore$ इस रेलगाड़ी की चाल $= \frac{150}{15} = 10$ मी./से. अब माना उसी लम्बाई की दूसरी गाड़ी की चाल x मी./से. है।

$\therefore$ दोनों की चालों का योग × पार करने में लगा समय = दोनों की लम्बाइयों का योग

$\therefore$ $(x + 10) \times 12 = 150 + 150 = 300 \Rightarrow x + 10 = \frac{300}{12} = 25$

$\therefore$ $x = 25 - 10 = 15$ मी./से. $= \frac{15 \times 18}{5}$ किमी./घण्टा = 54 किमी./घण्टा

66. माना प्रत्येक रेलगाड़ी की लम्बाई ℓ मी. है

$\therefore$ दोनों की लम्बाईयों का योग = दोनों की चालों का अंतर × पार करने में लगा समय

$\therefore$ $\ell + \ell = \frac{(90-60)\times 5 \times 30}{18} = \frac{30 \times 5 \times 30}{18} = 250$

$\therefore$ $2\ell = 250 \Rightarrow \ell = \frac{250}{2} = 125$ मी.

67. माना दूसरी रेलगाड़ी की चाल x किमी/घण्टा है।

$\therefore$ दोनों की चालों का योग × पार करने में लगा समय = दोनों की लम्बाइयों का योग

$\therefore$ $\frac{(65+x)\times 5 \times 6}{18} = 125 + 125 = 250 \Rightarrow (65+x) = \frac{250 \times 3}{5} = 150 \Rightarrow x = 150 - 65 = 85$ किमी./घं.

68. माना प्रत्येक ट्रेन की लम्बाई ℓ मीटर है।

$\therefore$ दोनों ट्रेनों की लम्बाईयों का योग = सापेक्ष चाल × पार करने में लगा समय

$\therefore$ $(\ell + \ell) = \frac{(46-36)\times 5 \times 36}{18} = \frac{10 \times 5 \times 36}{18} \Rightarrow 2\ell = 100 \Rightarrow \ell = 50$ मी.

69. माना मालगाड़ी की गति x किमी./घण्टा है।

$\therefore$ 4 घण्टे में दोनों गाड़ियों के बीच की दूरी = मालगाड़ी द्वारा 4 घण्टे में तय दूरी

चाल × समय $= x \times 4 = 4x$ किमी.

$\therefore$ दूसरी रेलगाड़ी 8 घण्टे में मालगाड़ी से आगे निकल जाती है।

$\therefore$ मालगाड़ी के सापेक्ष दूसरी गाड़ी की चाल × समय = दोनों के बीच की दूरी

$\therefore$ $(60 - x) \times 8 = 4x \Rightarrow (60 - x) \times 2 = x \Rightarrow 120 - 2x = x \Rightarrow 3x = 120 \Rightarrow x = 40$ किमी./घण्टा

70. माना रेलगाड़ी X की लम्बाई l मीटर तथा रेलगाड़ी Y की चाल v किमी./घण्टा है।

$\therefore$ समान दिशा में चलने पर दोनों रेलगाड़ियों की लम्बाइयों का योग = दोनों की चालों में अन्तर × समय

$\therefore$ $(l + 225) = (60 - v) \times \frac{5}{18} \times 72 = (60 - v) \times 5 \times 4 = 1200 - 20v$

$\therefore$ $l + 225 = 1200 - 20v \Rightarrow l + 20v = 975$ ....(i)

विपरीत दिशा में चलने पर दोनों रेलगाड़ियों की लम्बाईयों का योग = दोनों चालों का योग × समय

$\therefore$ $l + 225 = (60 + v) \times \frac{5}{18} \times 18 = 300 + 5v \Rightarrow l - 5v = 75$ ....(ii)

समीकरण (i) में से (ii) को घटाने पर, $25v = 900 \Rightarrow v = 36$ किमी./घं.

समीकरण (ii) में $v = 36$ रखने पर $l - 5 \times 36 = 75$

$\therefore$ $l = 75 + 180 = 255$ मीटर, अतः लम्बाई = 255 मीटर और चाल = 36 किमी./घण्टा

71. रेलगाड़ियों के बीच की दूरी = सापेक्ष चाल × समय = $\frac{(45-40)\times 45}{60} = \frac{5\times 3}{4}$ किमी.

$= 3\frac{3}{4}$ किमी. = 3 किमी. 750 मी.

72. 6:30 बजे तक पहली ट्रेन द्वारा चली गयी दूरी = चाल × समय = $60 \times \frac{30}{60}$ = 30 किमी.

∴ 6:30 बजे दोनों ट्रेनों के बीच की दूरी = 30 किमी.

∴ 6:30 बजे के बाद दोनों ट्रेनों के मिलने का समय = $\frac{\text{दोनों के बीच की दूरी}}{\text{सापेक्ष चाल (अर्थात चालों में अन्तर)}}$

$= \frac{30}{70-60} = \frac{30}{10} = 3$ घण्टे

∴ मिलने की दूरी = दूसरी ट्रेन द्वारा 3 घण्टे में चली गयी दूरी = 150 किमी.

∴ दोनों ट्रेनें दिल्ली से 150 किमी. दूरी पर मिलेंगी।

73. यात्री गाड़ी जो दूरी 4घण्टे में चलती है,वही दूरी मालगाड़ी 10 घण्टे में चलती है।

∴ यात्री गाड़ी द्वारा चली गयी दूरी = 90 × 4 = 360 किमी., अतः मालगाड़ी की चाल = $\frac{360}{10}$ = 36 किमी./घण्टा

74. x--------------------z------------------y

5 बजे से 11 बजे तक से चलने वाली रेलगाड़ी द्वारा तय की गयी दूरी = चाल × समय

∴ x z = 55 × 6 = 330 किमी.

7 बजे से 11 बजे तक से चलने वाली रेलगाड़ी द्वारा तय की गयी दूरी = चाल × समय

∴ y z = 40 × 4 = 160 किमी., अतः x z : y z = 330 : 160 = 33 : 16

75. माना प्रत्येक रेलगाड़ी की लम्बाई x मी. है।

दोनों रेलगाड़ियों की सापेक्ष चाल = (72 + 108) किमी./घण्टा = $\frac{180 \times 5}{18}$ मी./से. = 50 मी./से.

∴ दोनों रेलगाड़ियों की लम्बाइयों का योग = सापेक्ष चाल × पार करने में लगा समय

∴ $x + x = 50 \times 10 \Rightarrow 2x = 500 \Rightarrow x = 250$ मी.

पहली रेलगाड़ी की चाल = 72 किमी./घण्टा = $\frac{72 \times 5}{18}$ मी./से. = 20 मी./से.

∴ 350 मी. लम्बे प्लेटफार्म को पार करने में लगा समय = $\frac{350 + 250}{20} = \frac{600}{20}$ = 30 सेकण्ड

76. दोनों गाड़ियों की सापेक्ष चाल = 45 + 64 = 108 किमी./घण्टा = $\frac{108 \times 5}{18}$ मी./से. = 30 मी./से.

∴ टकराने से 10 सेकण्ड पहले दोनों के बीच की दूरी = सापेक्ष चाल × समय = 30 × 10 = 300 मी.

$= \frac{300}{1000}$ किमी. = 0.3 किमी.

77. माना A और B की लम्बाइयाँ क्रमशः 5x मी. तथा 3x मी. हैं।

पुनः माना A और B की गतियाँ क्रमशः 2y तथा 3y हैं।

ट्रेन A द्वारा B को पार करने में, दोनों की लम्बाइयों का योग = सापेक्ष चाल × पार करने में लगा समय

∴ $5x + 3x = (2y + 3y) \times 2\frac{1}{2} \Rightarrow 8x = 5y \times \frac{5}{2} \Rightarrow x = \frac{25y}{16}$

∴ स्थिर पोल को पार करने में A द्वारा लिया गया समय = $\frac{\text{A की लम्बाई}}{\text{A की चाल}} = \frac{5x}{2y}$

$= \frac{5 \times \frac{25y}{16}}{2y} = \frac{5 \times 25y}{16 \times 2y} = \frac{125}{32}$ मिनट

78. एक दूसरे को पार करने में लगा समय = $\frac{\text{दोनों के बीच की दूरी}}{\text{सापेक्ष चाल}} = \frac{800}{(40+60)} = \frac{800}{100} = 8$ घण्टे

∴ स्टेशन A से दूरी = X की चाल × 8 = 40 × 8 = 320 किमी.

79. 2 घण्टे में ट्रेन X द्वारा चली गयी दूरी = 60 × 2 = 120 किमी.

2 घण्टे बाद दोनों ट्रेनों के बीच की दूरी = 280 – 120 = 160 किमी.

दोनों ट्रेनों के मिलने में लगा समय = $\frac{\text{दोनों ट्रेनों की बीच की दूरी}}{\text{दोनों ट्रेनों की चालों का योग}} = \frac{160}{60+20} = \frac{160}{80} = 2$ घंटे

80. 20 मिनट में A वाली ट्रेन द्वारा चली गयी दूरी = $48 \times \frac{20}{60} = 16$ किमी.

∴ 6:20 A.M. पर दोनों ट्रेनों के बीच की दूरी = 428 – 16 = 412 किमी.

∴ 6:20 A.M. के बाद दोनों ट्रेनों के मिलने में लगा समय = $\frac{\text{उनके बीच की दूरी}}{\text{दोनों ट्रेनों की चालों का योग}} = \frac{412}{48+55} = \frac{412}{103}$

= 4 घण्टे

∴ 6:20 A.M. के बाद मिलने का समय = 6:20 A.M. + 4 घंटे = 10:20 A.M.

81. स्टेशन A वाली ट्रेन द्वारा 30 मिनट में चली गयी दूरी = $50 \times \frac{30}{60} = 25$ किमी.

∴ 3 : 30 P.M. पर दोनों ट्रेनों के बीच की दूरी = 575 – 25 = 550 किमी.

∴ 3 : 30 P.M. के बाद दोनों ट्रेनों के मिलने में लगा समय = $\frac{\text{दोनों ट्रेनों की बीच की दूरी}}{\text{दोनों ट्रेनों की चालों का योग}} = \frac{550}{50+60} = \frac{550}{110}$

= 5 घंटे

∴ स्टेशन A वाली ट्रेन द्वारा 5 घण्टे में चली गयी दूरी = 50 × 5 = 250 किमी.

∴ स्टेशन A से मिलने तक की दूरी = 250 + 25 = 275 किमी.

82. एक दूसरे को पार करने में पहली गाड़ी द्वारा चली गयी दूरी = 110 किमी.

एक-दूसरे को पार करने में दूसरी गाड़ी द्वारा चली गयी दूरी = 200 – 110 = 90 किमी.

∴ दोनों द्वारा चली गयी ये दूरियाँ समान समय में तय की गयी हैं।

∴ दोनों गाड़ियों की गतियों में अनुपात = 110 : 90 = 11 : 9

83. t_1 = 4 घण्टे 48 मिनट = 288 मिनट, t_2 = 3 घण्टे 20 मिनट = 200 मिनट

∴ $\frac{\text{पहली रेलगाड़ी की गति}}{\text{दूसरी रेलगाड़ी की गति}} = \sqrt{\frac{t_2}{t_1}} = \sqrt{\frac{200}{288}} = \sqrt{\frac{100}{144}} = \frac{10}{12} = \frac{5}{6}$

∴ $\frac{45}{V} = \frac{5}{6} \Rightarrow V = \frac{45 \times 6}{5}$ = 54 किमी./घण्टा

84. P Q

(x + 8) किमी./घण्टा →→→→x किमी./घण्टा

माना P से चलने वाली रेलगाड़ी की चाल (x + 8) किमी./घं. और Q से चलने वाली रेलगाड़ी की चाल x किमी./घं. है।

∴ पहली द्वारा 6 घण्टे में तय दूरी + दूसरी द्वारा 6 घण्टे में तय दूरी = 528 किमी.

∴ $(x+8) \times 6 + x \times 6 = 528 \Rightarrow 6x + 48 + 6x = 528 \Rightarrow 12x = 528 - 48 = 480 \Rightarrow x = \frac{480}{12}$ = 40 किमी./घं.

∴ P से चलने वाली रेलगाड़ी की चाल = 40 + 8 = 48 किमी./घण्टा

85. माना दोनों रेलगाड़ियाँ t घण्टे बाद एक दूसरे से मिलती हैं।

$\therefore$ मिलने तक पहली रेलगाड़ी द्वारा चली गयी दूरी = 50t किमी.

और मिलने तक दूसरी रेलगाड़ी द्वारा चली गयी दूरी = 60t किमी.

$\therefore$ $60t - 50t = 120 \Rightarrow 10t = 120 \Rightarrow t = 12$ घण्टे

$\therefore$ A और B के बीच की दूरी $= 50t + 60t = 110t = 110 \times 12 = 1320$ किमी.

86. $\because$ रेलगाड़ी x की लम्बाई का दो तिहाई = रेलगाड़ी y की लम्बाई

$\therefore$ रेलगाड़ी x की लम्बाई $\times \frac{2}{3}$ = रेलगाड़ी y की लम्बाई $\Rightarrow \frac{x \text{ की लम्बाई}}{y \text{ की लम्बाई}} = \frac{3}{2} = 3:2$

$\therefore$ माना रेलगाड़ी x की लम्बाई $3l$ और रेलगाड़ी y की लम्बाई $2l$ है।

$\therefore$ रेलगाड़ी x की लम्बाई + रेलगाड़ी y की लम्बाई = सापेक्ष चाल $\times$ पार करने में लगा समय

$\therefore$ $(3\ell + 2\ell) = (74 + 52) \times \frac{5}{18} \times 12 \Rightarrow 5\ell = 126 \times \frac{5}{18} \times 12 \Rightarrow \ell = 84$ मीटर

$\therefore$ रेलगाड़ी x की लम्बाई = 3 × 84 मीटर = 252 मीटर

87. 30 दिन का दैनिक किराया = 30 × 140 = ₹4200 और मासिक पास से किराया = ₹3276

$\therefore$ कुल बचत = 4200 – 3276 = ₹924, अतः प्रतिशत बचत $= \frac{924 \times 100}{4200} = 22\%$

88. माना मालगाड़ी की गति x किमी./घण्टा है। अतः 360 किमी. की दूरी तय करने में समय $= \frac{360}{x}$ घण्टे

10 किमी./घण्टा अधिक होने पर गति $= (x + 10)$ किमी./घण्टा

$\therefore$ 360 किमी. की दूरी तय करने में समय $= \frac{360}{(x + 10)}$ घण्टे

$\therefore$ $\frac{360}{x} - \frac{360}{(x+10)} = 3 \Rightarrow \frac{360\,(x+10) - 360x}{x\,(x+10)} = 3 \Rightarrow \frac{360x + 3600 - 360x}{x^2 + 10x} = 3 \Rightarrow \frac{3600}{x^2 + 10x} = \frac{3}{1}$

$\therefore$ $x^2 + 10x = 1200 \Rightarrow x^2 + 10x - 1200 = 0 \Rightarrow x^2 + 40x - 30x - 1200 = 0 \Rightarrow (x + 40)\,(x - 30) = 0$

$\therefore$ $x + 40 \neq 0$, अतः $x - 30 = 0 \Rightarrow x = 30$ किमी./घण्टा

89. पहली ट्रेन की चाल $= \frac{\text{दूरी}}{\text{समय}} = \frac{350}{5} = 70$ किमी./घण्टा, अतः पहली ट्रेन की चाल : दूसरी ट्रेन की चाल = 2 : 5

$\therefore$ 70 : दूसरी ट्रेन की चाल = 2 : 5 $\Rightarrow$ दूसरी ट्रेन की चाल $= \frac{70 \times 5}{2} = 175$ किमी./घण्टा

90. पहली रेलगाड़ी की गति $= \frac{\text{दूरी}}{\text{समय}} = \frac{350}{5} = 70$ किमी./घण्टा

$\therefore$ 70 : दूसरी रेलगाड़ी की गति = 2 : 5 $\Rightarrow$ दूसरी रेलगाड़ी की गति $= \frac{70 \times 5}{2} = 175$ किमी./घण्टा

$\therefore$ दोनों रेलगाड़ियों की गति में अन्तर = 175 − 70 = 105 किमी./घण्टा

91. माना कार की गति x किमी./घण्टा है। अतः रेलगाड़ी की गति $= \frac{x \times 125}{100} = \frac{5x}{4}$ किमी./घण्टा

$\therefore$ कार द्वारा A से B तक पहुँचने में लिया गया समय $= \frac{165}{x}$ घण्टे

रेलगाड़ी द्वारा A से B तक पहुँचने में लिया गया समय $= \frac{165}{\left(\frac{5x}{4}\right)} = \frac{165 \times 4}{5x} = \frac{132}{x}$ घण्टे

$\therefore$ $\frac{165}{x} - \frac{132}{x} = \frac{40}{60} = \frac{2}{3} \Rightarrow \frac{33}{x} = \frac{2}{3} \Rightarrow x = \frac{99}{2}$ किमी./घण्टा

$\therefore$ दोनों की चालों में अन्तर $= \frac{5x}{4} - x = \frac{5x - 4x}{4} = \frac{x}{4} = \frac{99}{2 \times 4} = 12.375$

92. पहली रेलगाड़ी की गति = $\frac{\text{दूरी}}{\text{समय}} = \frac{250}{5}$ = 50 किमी./घण्टा

$\therefore$ 50 : दूसरी रेलगाड़ी की गति = 2 : 5 $\Rightarrow$ दूसरी रेलगाड़ी की गति = $\frac{50 \times 5}{2}$ = 125 किमी./घण्टा

$\therefore$ दोनों रेलगाड़ियों की गति में अन्तर = 125 – 50 = 75 किमी./घण्टा

93. माना A की गति x किमी./घण्टा तथा B की गति $(x - 25)$ किमी./घण्टा है।

B द्वारा 250 किमी. की दूरी तय करने में लगा समय = $\frac{250}{(x-25)}$ घण्टे

A द्वारा 300 किमी. की दूरी तय करने में लगा समय = $\frac{300}{x}$ घण्टे

$\therefore \frac{250}{(x-25)} - \frac{300}{x} = 4 \Rightarrow \frac{250x - 300(x-25)}{(x-25)x} = 4 \Rightarrow \frac{250x - 300x + 7500}{x^2 - 25x} = 4 \Rightarrow \frac{7500 - 50x}{x^2 - 25x} = \frac{4}{1}$

$\therefore 4x^2 - 100x = 7500 - 50x \Rightarrow 4x^2 - 50x - 7500 = 0$

$\therefore 2x^2 - 25x - 3750 = 0 \Rightarrow 2x^2 - 100x + 75x - 3750 = 0$

$\therefore (x - 50)(2x + 75) = 0 \Rightarrow x - 50 = 0 \Rightarrow x = 50$, अतः ट्रेन की गति = $x = 50$ किमी./घण्टा

94. माना A की गति x किमी./घण्टा तथा B की गति $(x - 16)$ किमी./घण्टा है।

$\therefore$ 96 किमी. की दूरी तय करने में A द्वारा लिया गया समय = $\frac{96}{x}$ घण्टे

96 किमी. की दूरी तय करने में B द्वारा लिया गया समय = $\frac{96}{x-16}$ घण्टे

$\therefore \frac{96}{x-16} - \frac{96}{x} = 1 \Rightarrow 96\left(\frac{1}{x-16} - \frac{1}{x}\right) = 1 \Rightarrow \frac{x - x + 16}{(x-16)x} = \frac{1}{96}$

$\therefore \frac{16}{x^2 - 16x} = \frac{1}{96} \Rightarrow x^2 - 16x = 16 \times 96 \Rightarrow x^2 - 16x - 1536 = 0$

$\therefore x^2 - 48x + 32x - 1536 = 0 \Rightarrow (x - 48)(x + 32) = 0$

$\therefore x + 32 \neq 0 \Rightarrow x - 48 = 0 \Rightarrow x = 48$ किमी./घण्टा, अतः A की औसत गति = 48 किमी./घण्टा

95. माना एक्सप्रेस ट्रेन की गति x किमी./घण्टा और राजधानी की गति y किमी./घण्टा है।

$\therefore \frac{648}{x} - \frac{648}{y} = 12 \Rightarrow 648\left(\frac{1}{x} - \frac{1}{y}\right) = 12 \Rightarrow \frac{1}{x} - \frac{1}{y} = \frac{12}{648} \Rightarrow \frac{1}{x} - \frac{1}{y} = \frac{1}{54}$ ....(i)

एक्सप्रेस ट्रेन की गति दुगुनी करने पर–

$\frac{648}{y} - \frac{648}{2x} = 6 \Rightarrow 648\left(\frac{1}{y} - \frac{1}{2x}\right) = 6 \Rightarrow \frac{1}{y} - \frac{1}{2x} = \frac{6}{648} \Rightarrow \frac{1}{y} - \frac{1}{2x} = \frac{1}{108}$ ....(ii)

दोनों समीकरणों को जोड़ने पर, $\frac{1}{x} - \frac{1}{2x} = \frac{1}{54} + \frac{1}{108}$

$\therefore \frac{2-1}{2x} = \frac{2+1}{108} \Rightarrow \frac{1}{2x} = \frac{3}{108} \Rightarrow x = \frac{108}{2 \times 3}$ = 18 किमी./घण्टा

समीकरण (ii) में $x = 18$ रखने पर, $\frac{1}{y} - \frac{1}{2 \times 18} = \frac{1}{108} \Rightarrow \frac{1}{y} - \frac{1}{36} = \frac{1}{108}$

$\therefore \frac{1}{y} = \frac{1}{108} + \frac{1}{36} = \frac{1+3}{108} = \frac{4}{108} = \frac{1}{27} \Rightarrow \frac{1}{y} = \frac{1}{27} \Rightarrow y = 27$ किमी./घण्टा

96. माना एक्सप्रेस ट्रेन की गति x किमी./घण्टा और राजधानी की गति y किमी./घण्टा है।

$\therefore \quad \frac{708}{x} - \frac{708}{y} = 6 \Rightarrow 708\left(\frac{1}{x} - \frac{1}{y}\right) = 6 \Rightarrow \frac{1}{x} - \frac{1}{y} = \frac{6}{708} \Rightarrow \frac{1}{x} - \frac{1}{y} = \frac{1}{118}$ .... (i)

एक्सप्रेस ट्रेन की गति दुगुनी करने पर, $\frac{708}{y} - \frac{708}{2x} = 3$

$\therefore \quad 708\left(\frac{1}{y} - \frac{1}{2x}\right) = 3 \Rightarrow \frac{1}{y} - \frac{1}{2x} = \frac{3}{708} \Rightarrow \frac{1}{y} - \frac{1}{2x} = \frac{1}{236}$ ....(ii)

दोनों समीकरणों को जोड़ने पर, $\frac{1}{x} - \frac{1}{2x} = \frac{1}{118} + \frac{1}{236}$

$\therefore \quad \frac{2-1}{2x} - \frac{2+1}{236} = \frac{3}{236} \Rightarrow \frac{1}{2x} = \frac{3}{236} \Rightarrow x = \frac{236}{2 \times 3} = \frac{118}{3}$

समीकरण (i) में $x = \frac{118}{3}$ रखने पर, $\frac{1}{\left(\frac{118}{3}\right)} - \frac{1}{y} = \frac{1}{118} \Rightarrow \frac{3}{118} - \frac{1}{y} = \frac{1}{118}$

$\therefore \quad \frac{1}{y} = \frac{3}{118} - \frac{1}{118} = \frac{2}{118} = \frac{1}{59} \Rightarrow \frac{1}{y} = \frac{1}{59} \Rightarrow y = 59$ किमी./घण्टा

$\therefore$ राजधानी ट्रेन की गति = y = 59 किमी./घण्टा

97. माना एक्सप्रेस ट्रेन की गति x किमी./घण्टा और राजधानी की गति y किमी./घण्टा है।

$\therefore \quad \frac{612}{x} - \frac{612}{y} = 9 \Rightarrow 612\left(\frac{1}{x} - \frac{1}{y}\right) = 9 \Rightarrow \frac{1}{x} - \frac{1}{y} = \frac{9}{612} \Rightarrow \frac{1}{x} - \frac{1}{y} = \frac{1}{68}$ ....(i)

एक्सप्रेस ट्रेन की गति दुगुनी करने पर, $\frac{612}{y} - \frac{612}{2x} = 3$

$\therefore \quad 612\left(\frac{1}{y} - \frac{1}{2x}\right) = 3 \Rightarrow \frac{1}{y} - \frac{1}{2x} = \frac{3}{612} \Rightarrow \frac{1}{y} - \frac{1}{2x} = \frac{1}{204}$ ....(ii)

दोनों समीकरणों को जोड़ने पर, $\frac{1}{x} - \frac{1}{2x} = \frac{1}{68} + \frac{1}{204} = \frac{3+1}{204}$

$\therefore \quad \frac{2-1}{2x} = \frac{4}{204} \Rightarrow \frac{1}{2x} = \frac{1}{51} \Rightarrow 2x = 51$ किमी./घण्टा

समीकरण (ii) में 2x = 51 रखने पर, $\frac{1}{y} - \frac{1}{51} = \frac{1}{204}$

$\therefore \quad \frac{1}{y} = \frac{1}{204} + \frac{1}{51} = \frac{1+4}{204} = \frac{5}{204} \Rightarrow y = \frac{204}{5} = 40.8$ किमी./घण्टा

$\therefore$ राजधानी ट्रेन की गति = 40.8 किमी./घण्टा

98. माना एक्सप्रेस ट्रेन की गति x किमी./घण्टा और राजधानी की गति y किमी./घण्टा है।

$\therefore \quad \frac{780}{x} - \frac{780}{y} = 8 \Rightarrow 780\left(\frac{1}{x} - \frac{1}{y}\right) = 8 \Rightarrow \frac{1}{x} - \frac{1}{y} = \frac{8}{780} \Rightarrow \frac{1}{x} - \frac{1}{y} = \frac{2}{195}$ ....(i)

एक्सप्रेस ट्रेन की गति दुगुनी करने पर, $\frac{780}{y} - \frac{780}{2x} = 6$

$\therefore \quad 780\left(\frac{1}{y} - \frac{1}{2x}\right) = 6 \Rightarrow \frac{1}{y} - \frac{1}{2x} = \frac{6}{780} \Rightarrow \frac{1}{y} - \frac{1}{2x} = \frac{1}{130}$ ....(ii)

दोनों समीकरणों को जोड़ने पर, $\frac{1}{x} - \frac{1}{2x} = \frac{2}{195} + \frac{1}{130}$

$\therefore \quad \frac{2-1}{2x} = \frac{4+3}{390} \Rightarrow \frac{1}{2x} = \frac{7}{390} \Rightarrow x = \frac{390}{2 \times 7} = \frac{195}{7}$

समीकरण (i) में $x = \frac{195}{7}$ रखने पर, $\frac{1}{\left(\frac{195}{7}\right)} - \frac{1}{y} = \frac{2}{195} \Rightarrow \frac{7}{195} - \frac{1}{y} = \frac{2}{195}$

$\therefore \frac{1}{y} = \frac{7}{195} - \frac{2}{195} \Rightarrow \frac{1}{y} = \frac{5}{195} = \frac{1}{39} \Rightarrow y = 39$

$\therefore$ राजधानी ट्रेन की गति = y = 39 किमी./घण्टा

99. माना एक्सप्रेस ट्रेन की गति x किमी./घण्टा और राजधानी की गति y किमी./घण्टा है।

$\therefore \frac{660}{x} - \frac{660}{y} = 10 \Rightarrow 660\left(\frac{1}{x} - \frac{1}{y}\right) = 10 \Rightarrow \frac{1}{x} - \frac{1}{y} = \frac{10}{660} \Rightarrow \frac{1}{x} - \frac{1}{y} = \frac{1}{66}$ ....(i)

एक्सप्रेस ट्रेन की गति दुगुनी करने पर, $\frac{660}{y} - \frac{660}{2x} = 7 \Rightarrow 660\left(\frac{1}{y} - \frac{1}{2x}\right) = 7 \Rightarrow \frac{1}{y} - \frac{1}{2x} = \frac{7}{660}$ .....(ii)

दोनों समीकरणों को जोड़ने पर, $\frac{1}{x} - \frac{1}{2x} = \frac{1}{66} + \frac{7}{660} \Rightarrow \frac{2-1}{2x} = \frac{10+7}{660} \Rightarrow \frac{1}{2x} = \frac{17}{660} \Rightarrow 2x = \frac{660}{17}$

समीकरण (ii) में $2x = \frac{660}{77}$ रखने पर, $\frac{1}{y} - \frac{1}{\left(\frac{660}{17}\right)} = \frac{7}{660} \Rightarrow \frac{1}{y} - \frac{17}{660} = \frac{7}{660}$

$\therefore \frac{1}{y} = \frac{7}{660} + \frac{17}{660} = \frac{24}{660} \Rightarrow y = \frac{660}{24} = 27.5$ किमी./घण्टा

$\therefore$ राजधानी ट्रेन की गति = 27.5 किमी./घण्टा

100. औसतन प्रति घण्टा समय = $\frac{\text{चालों में अन्तर}}{\text{बिना रुके चाल}} = \frac{80-72}{80} = \frac{8}{80}$ घण्टे = $\frac{1}{10}$ घण्टे = $\frac{1}{10} \times 60$ मिनट = 6 मिनट

101. औसतन प्रति घण्टा रुकने में समय = $\frac{\text{चालों में अन्तर}}{\text{बिना रुके चाल}} = \frac{70-56}{70}$ घण्टे = $\frac{14}{70}$ घण्टे

$= \frac{14}{70} \times 60$ मिनट = 12 मिनट

102. औसतन प्रति घण्टा रुकने में समय = $\frac{\text{चालों में अन्तर}}{\text{बिना रुके चाल}} = \frac{80-64}{80}$ घण्टे = $\frac{16}{80}$ घण्टे

$= \frac{16}{80} \times 60$ मिनट = 12 मिनट

103. औसतन प्रति घण्टा रुकने में समय = $\frac{\text{चालों में अन्तर}}{\text{बिना रुके चाल}} = \frac{72-60}{72}$ घण्टे = $\frac{12}{72}$ घण्टे = 10 मिनट

104. औसतन प्रति घण्टा रुकने में समय = $\frac{\text{चालों में अन्तर}}{\text{बिना रुके चाल}} = \frac{50-40}{50} = \frac{10}{50} = \frac{1}{5}$ घण्टे

$= \frac{1}{5} \times 60$ मिनट = 12 मिनट

105. औसतन प्रति घण्टा रुकने में लगा समय = $\frac{\text{दोनों के चालों में अन्तर}}{\text{नियत चाल}} \times 60$ मिनट = $\frac{(65-52)}{65} \times 60$ मिनट

$= \frac{13}{65} \times 60$ मिनट = 12 मिनट

106. माना रेलगाड़ी की सामान्य चाल x किमी./घण्टा है।

$\therefore$ 300 किमी. दूरी तय करने में लगा समय = $\frac{300}{x}$ घण्टे और (x + 20) किमी./घं. चाल से लगा समय = $\frac{300}{x+20}$ घण्टे

$\therefore \frac{300}{x} - \frac{300}{x+20} = \frac{5}{2} \Rightarrow 300\left(\frac{x+20-x}{x(x+20)}\right) = \frac{5}{2} \Rightarrow \frac{300 \times 20}{x^2 + 20x} = \frac{5}{2} \Rightarrow x^2 + 20x = \frac{300 \times 20 \times 2}{5} = 2400$

$\therefore x^2 + 20x - 2400 = 0 \Rightarrow x^2 + 60x - 40x - 2400 = 0$

$\therefore (x + 60)(x - 40) = 0 \Rightarrow x + 60 \neq 0$, अतः $x - 40 = 0 \Rightarrow x = 40$ किमी./घण्टा

$\therefore$ 192 किमी. की दूरी तय करने में लगा समय = $\frac{192}{40}$ = 4.8 घण्टे

21 नाव और नदी (Boat & Stream)

जब कोई नाव नदी की जल-प्रवाह के अनुकूल अर्थात जलप्रवाह के दिशा में चलती है, तो वह अपनी सामान्य चाल से कुछ तेज चलती है परन्तु जब वह जल-प्रवाह के विपरीत दिशा में चलती है तो वह अपनी सामान्य चाल से कुछ धीमी चलती है अतः

[A] जल-प्रवाह के अनुकूल नाव की चाल = स्थिर जल में नाव की चाल (सामान्य चाल) + जल-प्रवाह

[B] जल-प्रवाह के प्रतिकूल नाव की चाल = स्थिर जल में नाव की चाल (सामान्य चाल) – जल-प्रवाह

[C] स्थिर जल में नाव की चाल = $\dfrac{\text{जल-प्रवाह के अनुकूल चाल + जल-प्रवाह के प्रतिकूल चाल}}{2}$

[D] जल-प्रवाह की गति = $\dfrac{\text{जल-प्रवाह के अनुकूल चाल – जल-प्रवाह के प्रतिकूल चाल}}{2}$

अध्याय पर आधारित प्रश्नों के प्रकार

'नाव-नदी' अध्याय से विभिन्न प्रतियोगी परीक्षाओं में पूछे गये और पूछे जा सकने वाले प्रश्नों को 4 प्रकारों में बांट सकते हैं।

1. अनुकूल चाल पर आधारित प्रश्न
2. प्रतिकूल चाल पर आधारित प्रश्न
3. अनुकूल और प्रतिकूल दोनों चालों पर आधारित प्रश्न
4. गुना पर आधारित प्रश्न

उदाहरणार्थ हल प्रश्न

1 जल-प्रवाह के अनुकूल चाल पर आधारित प्रश्न

1. एक नाविक स्थिर जल में 8 किमी./घंटा की चाल से नाव चला सकता है। यदि नदी का जल-प्रवाह 3 किमी./घंटा हो तो जल-प्रवाह के अनुकूल नाविक की चाल ज्ञात कीजिए।
2. एक नदी का जल 2 किमी./घंटा की रफ्तार से प्रवाहित हो रहा है तथा एक नाविक शान्त जल में 4 किमी./घंटा की चाल से नाव ले जा सकता है। जल-प्रवाह के साथ नाव ले जाने में वह 12 किमी. की दूरी कितने समय में तय करेगा?
3. एक नाव धारा के साथ-साथ 3 घण्टे में 18 किमी. जाती है। यदि शान्त जल में नाव 5 किमी./घंटा की चाल से चले तो धारा की गति ज्ञात कीजिए।
4. हवा 25 किमी./घंटा तेज चल रही है और एक विमान शान्त हवा में 150 किमी./घंटा की चाल से उड़ सकता है। यदि विमान हवा के अनुकूल $3\frac{1}{5}$ घण्टे चले तो वह कितनी दूरी तय करेगा?
5. एक नाविक अपनी नाव से धारा के अनुकूल 2.5 घण्टे में 25 किमी. चला जाता है। यदि धारा की गति 3 किमी./घंटा हो तो नाविक की सामान्य चाल ज्ञात कीजिए।

जल-प्रवाह के अनुकूल नाव की चाल = स्थिर जल में नाव की चाल + जल-प्रवाह

हल

1. जल-प्रवाह के अनुकूल नाविक की चाल = 8 + 3 = 11 किमी./घंटा
2. जल-प्रवाह के अनुकूल नाविक की चाल = 4 +2 = 6 किमी./घंटा

$\therefore$ 12 किमी. जाने में लगा समय = $\frac{\text{दूरी}}{\text{चाल}} = \frac{12}{6} = 2$ घण्टे

3. माना धारा की गति x है। तब धारा के अनुकूल नाव की चाल = (5 + x) किमी./घण्टे

$\therefore$ दूरी = चाल × समय या 18 = 3 × (5 + x) या 5 + x = 6 या x = 1 किमी./घण्टे

4. हवा के अनुकूल विमान की चाल = 150 + 25 = 175 किमी./घण्टे

$\therefore$ $3\frac{1}{5}$ घण्टे में चली गयी दूरी = $175 \times 3\frac{1}{5} = 175 \times \frac{16}{5} = 35 \times 16 = 560$ किमी.

5. माना नाविक की सामान्य चाल x किमी./घंटा है। तब धारा के अनुकूल नाविक की चाल = (x + 3) किमी./घंटा

$\therefore$ चाल × समय = दूरी से, चाल = $\frac{\text{दूरी}}{\text{समय}} \Rightarrow x+3=\frac{25}{2.5}$ या $x+3=\frac{250}{25}=10$ या $x=10-3=7$ किमी./घण्टे

2 जल-प्रवाह के प्रतिकूल चाल पर आधारित प्रश्न

1. धारा प्रवाह 1.5 किमी./घंटा है जबकि एक नाव स्थिर जल में 6.5 किमी./घंटा चलती है। धारा के विपरीत नाव की चाल ज्ञात कीजिए।
2. एक नदी का जल 2.5 किमी./घंटा बह रहा है। कोई तैराक स्थिर जल में 8.5 किमी./घंटा तैर सकता है। नदी के विपरीत वह 21 किमी. कितने समय में तैर लेगा?
3. एक स्टीमर धारा के विपरीत दिशा में 3 घण्टे में 72 किमी. जाता है। यदि धारा की रफ्तार 3 किमी./घंटा हो तो शान्त जल में स्टीमर की चाल ज्ञात कीजिए।
4. कोई मोटरबोट शान्त जल में 18.5 किमी./घंटा तेज चलता है। यदि जल-प्रवाह के विपरीत वह 60 किमी. की दूरी 4 घण्टे में जाता है तो जल-प्रवाह की गति क्या है?
5. मोहन शान्त जल में प्रति घंटा 12 किमी. तैर लेता है। 2.5 किमी./घंटा की रफ्तार वाली नदी के विपरीत वह 2.5 घण्टे में कितनी दूरी तैर लेगा?

जल-प्रवाह के प्रतिकूल नाव की चाल = स्थिर जल में नाव की चाल – जल-प्रवाह

हल

1. जल-प्रवाह के विपरीत नाव की चाल = 6.5 – 1.5 = 5 किमी./घंटा
2. नदी के विपरीत तैराक की चाल = 8.5 – 2.5 = 6 किमी./घंटा, अतः 21 किमी जाने में लगा समय = $\frac{21}{6}=\frac{7}{2}=3.5$ घण्टे
3. माना शान्त जल में स्टीमर की चाल x किमी./घंटा है। तब धारा के विपरीत स्टीमर की चाल = (x – 3) किमी./घंटा

   $\therefore$ चाल = $\frac{\text{दूरी}}{\text{समय}}$ से $x-3=\frac{72}{3}=24$ या $x=24+3=27$ किमी./घंटा
4. माना जल-प्रवाह की गति x किमी./घंटा है। तब जल-प्रवाह के विपरीत मोटर बोट की चाल = (18.5 – x) किमी./घंटा

   $\therefore (18.5-x)=\frac{60}{4}=15$ या $x=18.5-15=3.5$ किमी./घंटा
5. नदी के विपरीत मोहन की चाल = 12 – 2.5 = 9.5 किमी./घंटा, अतः 2.5 घण्टे में चली गयी दूरी = 2.5 × 9.5 = 23.75 किमी.

3 अनुकूल और प्रतिकूल दोनों चालों पर आधारित प्रश्न

1. एक नाव नदी में एक स्थान से दूसरे स्थान तक जाने और पुनः वापस आने में 4 घण्टे का समय लेती है। यदि नदी का वेग 2 किमी./घंटा तथा स्थिर जल में नाव की चाल 4 किमी./घंटा हो तो दोनों स्थानों के बीच की दूरी ज्ञात कीजिए।
2. नदी का जल-प्रवाह 3 किमी./घंटा है तथा एक नाविक स्थिर जल में 7 किमी./घंटा की चाल से नाव चला लेता है। नदी के साथ-साथ 20 किमी. जाने और पुनः वापस आने में उसे कितना समय लगेगा?
3. कल्लू जल-प्रवाह के साथ 75 किमी. तक अपनी नाव 3 घण्टे में ले जाकर पुनः 5 घण्टे में वापस आता है। शान्त जल में नाव की चाल तथा नदी की चाल ज्ञात कीजिए।
4. एक व्यक्ति शान्त जल में 10 किमी./घंटा की चाल से नाव चलाता है जबकि नदी का जल-प्रवाह 2 किमी./घंटा है। वह जल-प्रवाह के अनुकूल 24 किमी. जाने तथा 16 किमी. प्रतिकूल आने में कितना समय लेगा?
5. एक नाविक धारा के विपरीत 40 किमी. तथा अनुकूल 55 किमी. कुल 13 घण्टे में जाता है। जबकि धारा के विपरीत 30 किमी. तथा अनुकूल 44 किमी. कुल 10 घण्टे में जाता है। स्थिर जल में नाविक की चाल तथा धारा की गति ज्ञात कीजिए।

[A] स्थिर जल में नाव की चाल = $\frac{\text{अनुकूल चाल + प्रतिकूल चाल}}{2}$

[B] जल-प्रवाह या धारा की गति = $\frac{\text{अनुकूल चाल – प्रतिकूल चाल}}{2}$

हल

1. नदी के अनुकूल नाव की चाल = 4 + 2 = 6 किमी./घंटा और नदी के प्रतिकूल नाव की चाल = 4 – 2 = 2 किमी./घंटा

   माना दोनों स्थानों के बीच की दूरी x किमी. है।

   $\therefore \frac{x}{6}+\frac{x}{2}=4$ या $\frac{x+3x}{6}=4 \Rightarrow \frac{4x}{6}=4$ या $x=\frac{6\times 4}{4}=6$ किमी.

2. नदी के साथ-साथ नाविक की चाल = 7 + 3 = 10 किमी./घंटा और
नदी के विपरीत नाविक की चाल = 7 – 3 = 4 किमी./घंटा

∴ 20 किमी. जाने और वापस आने का कुल समय = $\frac{20}{10}+\frac{20}{4}=2+5=7$ घण्टे

3. जल-प्रवाह के अनुकूल नाव की चाल = $\frac{\text{दूरी}}{\text{समय}}=\frac{75}{3}=25$ किमी./घंटा

जल-प्रवाह के प्रतिकूल नाव की चाल = $\frac{75}{5}=15$ किमी./घंटा

∴ शान्त जल में नाव की चाल = $\frac{\text{अनुकूल चाल + प्रतिकूल चाल}}{2}=\frac{25+15}{2}=\frac{40}{2}=20$ किमी./घंटा

और नदी की चाल = $\frac{\text{अनुकूल चाल − प्रतिकूल चाल}}{2}=\frac{25-15}{2}=5$ किमी./घंटा

4. अनुकूल चाल = 10 + 2 = 12 किमी./घंटा और प्रतिकूल चाल = 10 – 2 = 8 किमी./घंटा

∴ कुल समय = $\frac{24}{12}+\frac{16}{8}=2+2=4$ घण्टे

5. माना धारा के अनुकूल नाविक की चाल x किमी/घंटा तथा प्रतिकूल चाल y किमी/घंटा है।

तब प्रथम शर्त के अनुसार $\frac{40}{y}+\frac{55}{x}=13$ ....(i) और दूसरे शर्त के अनुसार $\frac{30}{y}+\frac{44}{x}=10$ .... (ii)

समीकरण (i) में 3 से और समीकरण (ii) में 4 से गुणा करने पर,

$\frac{120}{y}+\frac{165}{x}=39$ .... (iii) $\frac{120}{y}+\frac{176}{x}=40$ .... (iv)

समीकरण (iv) में से समीकरण (iii) को घटाने पर, $\frac{11}{x}=1$ या x = 11 अर्थात धारा के अनुकूल चाल = 11 किमी./घंटा

समीकरण (1) में x = 11 रखने पर $\frac{40}{y}+\frac{55}{x}=13$ या $\frac{40}{y}=13-5=8$

∴ $y=\frac{40}{8}=5$ अर्थात धारा के प्रतिकूल चाल = y = 5 किमी./घंटा

∴ स्थिर जल में नाविक की चाल = $\frac{\text{अनुकूल चाल + प्रतिकूल चाल}}{2}=\frac{11+5}{2}=\frac{16}{2}=8$ किमी./घंटा

और धारा की गति = $\frac{\text{अनुकूल चाल − प्रतिकूल चाल}}{2}=\frac{11-5}{2}=\frac{6}{2}=3$ किमी./घंटा

4 गुना पर आधारित प्रश्न

1. एक तैराक नदी की धारा के अनुकूल एक स्थान से दूसरे स्थान तक जाने में जितना समय लेता है उसका दुगुना समय वापस आने में लगाता है। यदि धारा की गति 2 किमी./घंटा हो तो स्थिर जल में तैराक की चाल कितनी होगी?
2. एक नाविक जल के प्रवाह के साथ स्थान A से स्थान B तक जाने में जितना समय लेता है उसके तिगुने समय में प्रवाह के विरूद्ध B से A तक वापस आता है। यदि शान्त जल में वह 10 किमी./घंटा नाव चलाये तो जल-प्रवाह की गति कितनी होगी?
3. एक स्टीमर नदी की धारा के अनुकूल एक निश्चित दूरी तक जितने समय में जाता है उसके 4 गुने समय में धारा के प्रतिकूल वापस आ जाता है। स्थिर जल में स्टीमर की चाल ज्ञात कीजिए, यदि धारा की गति 6 किमी./घंटा हो।

जल-प्रवाह × (गुना + 1) = स्थिर जल में चाल × (गुना –1)

हल

1. स्थिर जल में तैराक की चाल × (2 – 1) = धारा की गति × (2 + 1)

∴ स्थिर जल में तैराक की चाल × 1 = 2 × 3 = 6, अतः स्थिर जल में तैराक की चाल = 6 किमी./घंटा

2. जल-प्रवाह की गति × (3 + 1) = शान्त जल में नाविक की गति × (3 – 1)

∴ जल-प्रवाह की गति = $\frac{10\times2}{4}=\frac{20}{4}=5$ किमी./घंटा

3. स्थिर जल में स्टीमर की चाल × (4 – 1) = धारा की गति × (4 + 1)

∴ स्थिर जल में स्टीमर की चाल = $\frac{6\times5}{3}=10$ किमी./घंटा

अभ्यास प्रश्न

अनुकूल चाल पर आधारित प्रश्न

1. एक नदी की धारा की गति 3 किमी./घंटा और स्थिर पानी में एक व्यक्ति के तैरने की गति 5 किमी./घंटा है। तद्नुसार, उस व्यक्ति को धारा के साथ 26 किमी. तैरने में कितना समय लगेगा?

(a) $8\frac{2}{3}$ घंटे (b) $3\frac{1}{4}$ घंटे (c) 13 घंटे (d) $5\frac{1}{2}$ घंटे ***(SSC, 10+2, 21.10.2012)***

2. एक लड़का स्थिर पानी में 10 किमी./घंटा की गति से तैर सकता है। तद्नुसार, यदि पानी में धारा की गति 5 किमी./घंटा हो, तो लड़के को 60 किमी. तक तैरने में कितना समय लगेगा?

(a) धारा के विरुद्ध 4 घंटों में (b) धारा के साथ 12 घंटों में

(c) धारा के विरुद्ध 6 घंटों में (d) धारा के साथ 4 घंटों में ***(SSC, 10+2, 28.10.2012)***

3. एक नाव (न बहते हुए) जल में 13 किमी./घंटा की चाल से चल सकती है, यदि धारा की गति 4 किमी./घंटा है, तो 68 किमी. अनुप्रवाह (बहाव के अनुकूल) चलने में नाव को कितना समय लगेगा?

(a) 2 घंटे (b) 3 घंटे (c) 4 घंटे (d) 5 घंटे ***R.R.B (मुम्बई) ग्रुप 'डी' परीक्षा 16.11.2003***

4. एक नाव स्थिर जल में 13 किमी. प्रति घंटा की गति से जाती है। यदि धारा की गति 4 किमी. प्रति घंटा है, तो नाव द्वारा धारा की दिशा में 68 किमी जाने में लिया गया समय है–

(a) 4 घंटे (b) 3 घंटे (c) 8 घंटे (d) 6 घंटे ***R.R.B कोलकत्ता (गुड्स गार्ड) परीक्षा, 2005***

5. यदि स्थिर जल में नौका की गति 20 किमी./घंटा है और धारा की गति 5 किमी./घंटा हो तो धारा की गति के साथ 100 किमी. की यात्रा तय करने में नौका को कितना समय लगेगा?

(a) 2 घंटे (b) 3 घंटे (c) 4 घंटे (d) 7 घंटे ***SSC CGL (Tier-1) 10.9.2016***

प्रतिकूल चाल पर आधारित प्रश्न

6. कोई मोटरबोट शान्त जल में 18.5 किमी./घंटा की चाल से चल सकता है। यदि वह जल-प्रवाह के विपरीत 60 किमी. की दूरी 4 घंटे में जाता हो तो जल-प्रवाह की रफ्तार क्या है?

(a) 3 किमी./घंटा (b) 3.5 किमी./घंटा (c) 4 किमी./घंटा (d) 4.5 किमी./घंटा ***मेट्रो रेलवे 2003***

7. एक स्टीमर धारा के विपरीत दिशा में 3 घण्टे में 72 किमी. जाता है। यदि धारा की रफ्तार 3 किमी./घंटा हो तो शान्त जल में स्टीमर की चाल होगी–

(a) 24 किमी./घंटा (b) 21 किमी./घंटा (c) 27 किमी./घंटा (d) 18 किमी./घंटा ***R.R.B जम्मू –T.C. 2002***

8. शांत जल में एक नाव की गति 8 किमी./घं. है। यदि धारा की गति 2 किमी./घं. है, तो धारा के प्रतिकूल जाते हुए 2 घंटे में नाव कितनी दूरी तय करेगी?

(a) 16 किमी. (b) 14 किमी. (c) 20 किमी. (d) 12 किमी. ***SSC CHSL (Tier-1) 2.8.2019***

अनुकूल और प्रतिकूल दोनों चालों पर आधारित प्रश्न

9. एक तैराक एक बिन्दु A से धारा के विरुद्ध 5 मिनट तक तैरता है और उसके बाद धारा के साथ अगले 5 मिनट तक तैरकर बिन्दु B तक पहुँच जाता है। तद्नुसार, यदि AB = 100 मी. हो, तो धारा की गति (किमी. प्रति घंटा) कितनी है?

(a) 1 (b) 0.6 (c) 0.4 (d) 0.2 ***(SSC, Tier-1, 21.4.2013)***

10. 2 किमी./घंटा की गति से बह रही एक सरिता में एक मोटरबोट 10 किमी. ऊर्ध्व प्रवाह जाती है और 55 मिनट में वापस आरंभिक स्थल पर आ जाती है। स्थिर जल में मोटरबोट की चाल है–

(a) 24 किमी./घंटा (b) 22 किमी/घंटा (c) 32 किमी/घंटा (d) 28 किमी/घंटा ***(SSC, 10+2, 4.11.2012)***

11. एक आदमी स्थिर पानी में 4 किमी./घंटा की दर से तैर सकता है। यदि पानी की चाल 2 किमी./घंटा हो, तो 10 किमी. ऊर्ध्व प्रवाह तैरने के लिए उसे कितना समय लगेगा?

(a) 2 घंटे (b) 3 घंटे (c) 5 घटे (d) 4 घंटे ***(SSC, 10+2, 4.11.2012)***

12. स्थिर जल में एक नौका की चाल 5 किमी. प्रति घंटा है और धारा की चाल 3 किमी. प्रति घंटा है। यदि नौका को एक स्थान पर जाने और वापस आने में 3 घंटे लगते हैं, तो उस स्थान की दूरी है–
(a) 3.75 किमी. (b) 4 किमी. (c) 4.8 किमी. (d) 4.25 किमी. ***(SSC, 10+2, 11.12.2011)***

13. एक व्यक्ति स्थिर जल में 3 किमी./घंटा की गति से तैर सकता है। तदनुसार, यदि जल-धारा की गति 2 किमी./घंटा हो, तो उस व्यक्ति को 10 किमी. धारा के विरुद्ध तैरने और वापस आने में कितना समय लगेगा?
(a) 10 घंटे (b) 12 घंटे (c) 13 घंटे (d) 14 घंटे ***(SSC, Tier-1, 21.4.2013)***

14. एक धारा की चाल 5 किमी./घंटा है। एक मोटरबोट धारा के विपरीत 10 किमी. जाने में और वापस आरम्भिक बिन्दु पर आने में 50 मिनट लेती है। तदनुसार शांत जल में उस मोटरबोट की गति कितने किमी./घंटा होगी?
(a) 20 (b) 26 (c) 25 (d) 28 ***(SSC, CAPF-SI, 28.8.2011)***

15. एक व्यक्ति बहाव के साथ नदी में 3 घण्टे में 15 किमी. दूरी तय करता है और $7^1/_2$ घंटे में वापस लौटता है। शांत जल में उसकी गति क्या है?
(a) 2.5 किमी./घंटा (b) 1.5 किमी./घंटा (c) 3.5 किमी./घंटा (d) 4.5 किमी./घंटा ***(SSC, Tier-1, 21.4.2013)***

16. एक मोटर बोट खड़े पानी में 10 किमी./घंटा की गति से चल सकती है। वह नदी में 91 किमी. अनुप्रवाह चली और वहीं लौट आई। उसे कुल 20 घंटे लगे। नदी के प्रवाह की गति क्या है?
(a) 3 किमी./घंटा (b) 4 किमी./घंटा (c) 2 किमी./घंटा (d) 5 किमी./घंटा ***(SSC, Tier-2, 4.9.2011)***

17. एक आदमी नौका को 8 घंटे में 40 किमी. ऊर्ध्व प्रवाह चलाता है और 6 घंटे में 36 किमी. अनुप्रवाह। तो सरिता की चाल है–
(a) 0.5 किमी./घंटा (b) 1.5 किमी./घंटा (c) 1 किमी./घंटा (d) 3 किमी./घंटा ***(SSC, 10+2, 4.12.2011)***

18. एक व्यक्ति धारा की दिशा में तैरते हुए 15 किमी. एक घंटे में तैर लेता है। यदि धारा की गति 5 किमी./घंटा हो, तो वही व्यक्ति उतनी दूरी धारा के विरुद्ध तैरते हुए कितने समय में तय कर लेगा?
(a) 1 घंटा 30 मिनट (b) 45 मिनट (c) 2 घंटा 30 मिनट (d) 3 घंटा ***SSC, 10+2, 11.12.2011)***

19. एक व्यक्ति एक किमी. ऊर्ध्वप्रवाह की दूरी दस मिनट में खो सकता है और अनुप्रवाह चार मिनट में। प्रवाह की गति क्या है?
(a) 5.6 किमी./घंटा (b) 4.5 किमी./घंटा (c) 4 किमी./घंटा (d) 9 किमी./घंटा ***(SSC, Tier-1, 19.5.2013)***

20. एक नदी की धारा 4 किमी. प्रति घंटा की गति से बहती है। उसमें एक नाव 6 किमी. जाकर अपने प्रस्थान-बिन्दु पर 2 घंटों में वापस आ जाती है। तदनुसार स्थिर पानी में उस नाव की गति कितनी रहेगी?
(a) 6 किमी./घंटा (b) 8 किमी./घंटा (c) 7.5 किमी./घंटा (d) 6.8 किमी./घंटा ***(SSC, 10+2, 4.12.2011)***

21. यदि एक नाव 10 घंटों में धारा की दिशा में 100 किमी. चल पाती है और धारा के विरुद्ध 15 घंटों में 75 किमी. चलती है, तो धारा की गति कितनी है?
(a) 2 किमी./घंटा (b) 2.5 किमी./घंटा (c) 3 किमी./घंटा (d) 3.5 किमी./घंटा ***(SSC, 10+2, 4.12.2011)***

22. एक व्यक्ति 6 किमी./घंटा की गति से स्थिर पानी में नाव चला सकता है। यदि धारा की गति 2 किमी./घंटा हो, तो धारा के विरुद्ध जाने में उसे एक खास दूरी तक धारा के साथ जाने की तुलना में 3 घंटे अधिक लगते हैं। तदनुसार वह दूरी कितनी है?
(a) 30 किमी. (b) 24 किमी. (c) 25 किमी. (d)32 किमी. ***SSC, Tier-1, 26.6.2011)***

23. एक नाव, धारा के विपरीत दिशा में 6 घंटों में 24 किमी. चलती है और धारा की दिशा में 4 घंटों में 20 किमी. चलती है। तदनुसार स्थिर पानी में नाव की गति तथा उस पानी में धारा की गति कितनी है?
(a) 4 किमी./घंटा तथा 3 किमी./घंटा (b) 4.5 किमी./घंटा तथा 0.5 किमी./घंटा
(c) 4 किमी./घंटा तथा 2 किमी./घंटा (d) 5 किमी./घंटा तथा 2 किमी./घंटा ***(SSC, 10+2, 4.12.2011)***

24. एक नाव, धारा के विपरीत 12 किमी. तथा धारा के साथ 18 किमी. की दूरी 3 घंटों में तय कर लेती है, जबकि वही नाव धारा के विपरीत 36 किमी. तथा धारा के साथ 24 किमी. की दूरी, $6\frac{1}{2}$ घंटों में तय करती है। तदनुसार उस धारा की गति कितनी है?
(a) 1.5 किमी./घंटा (b) 1 किमी./घंटा (c) 2 किमी./घंटा (d) 2.5 किमी./घंटा ***(SSC, Tier-1, 16.9.2012)***

25. एक मोटर-बोट, एक गति से 8 घंटे में धारा के विपरीत 25 किमी. तथा अनुदिश 39 किमी. जा सकती है। साथ ही उसी गति से यह 11 घंटे में धारा के विपरीत 35 किमी. तथा अनुदिश 52 किमी. जा सकती है। धारा की चाल है–
(a) 2 किमी./घंटा (b) 3 किमी./घंटा (c) 4 किमी./घंटा (d) 5 किमी./घंटा ***(SSC, Tier-1, 4.9.2011)***

26. एक व्यक्ति अपनी यात्रा धारा के प्रतिकूल 16 किमी. प्रति घंटा की दर से और धारा के अनुकूल 28 किमी. प्रतिघंटा की दर से करे, तो उसकी वास्तविक चाल क्या होगी?
(a) 32 किमी. प्रति घंटा (b) 56 किमी. प्रति घंटा
(c) 22 किमी. प्रति घंटा (d) इनमें से कोई नहीं ***R.R.B बंग्लौर (A.S.M.) परीक्षा, 2001***

27. एक व्यक्ति 1 किमी की दूरी को धारा की दिशा में 10 मिनट में और धारा के विपरीत दिशा में 30 मिनट में तय करता है तो धारा की गति क्या है?
(a) 1 किमी/घंटा (b) 2 किमी/घंटा (c) 3 किमी/घंटा (d) 4 किमी/घंटा ***(दिल्ली पुलिस S.I. – 7.6.2009)***

28. 34 किमी/घंटा की गति से अनुप्रवाह चल रही एक नाव 8 मिनट में 4.8 किमी दूरी तय करती है। यही नाव इसी गति से प्रतिप्रवाह चलते हुए इसी दूरी को 9 मिनट में तय करती है। धारा की गति क्या है?
(a) 2.4 किमी/घंटा (b) 3 किमी/घंटा (c) 2 किमी/घंटा (d) 3.2 किमी/घंटा
(e) इनमें से कोई नहीं ***(पी० एन० बी० कृषि अधिकारी परीक्षा– 16.8.2009)***

29. एक नौका B से A तक ऊर्ध्वप्रवाह और A से B तक अनुप्रवाह 3 घण्टे में चलती है। यदि स्थिर पानी में नौका की चाल 9 किमी/घंटा है और धारा की चाल 3 किमी/घंटा है तो A और B के बीच की दूरी (किमी में) है –
(a) 12 (b) 8 (c) 6 (d) 4 ***(S.S.C. Tax Assistant – 13-12-2009)***

30. एक व्यक्ति 6 किमी./घंटा पर डाउनस्ट्रीम और 2 किमी./घंटा पर अपस्ट्रीम में तैर सकता है। स्थिर जल में उसकी गति बताइये। ***R.R.B भुवनेश्वर (केसिंग इंस्पे०) परीक्षा, 2005***
(a) 4 किमी./घंटा (b) 2 किमी./घंटा (c) 3 किमी./घंटा (d) 2.5 किमी./घंटा

31. एक व्यक्ति धारा की दिशा में 11 किमी./घंटा की गति से व धारा के विपरीत दिशा में 8 किमी./घंटा की गति से नाव चला सकता है। धारा की गति है–
(a) 3 किमी./घंटा (b) 9.5 किमी./घंटा (c) 1.5 किमी./घंटा (d) 6 किमी./घंटा ***भोपाल (ट्रेन क्लर्क), 2003***

32. एक व्यक्ति धारा के विपरीत 16 किमी. और धारा की दिशा में 28 किमी. तैरता है। और प्रत्येक बार उसे 5 घंटे का समय लगता है। धारा की गति है–
(a) 2.4 किमी./घंटा (b) 1.2 किमी./घंटा (c) 3.6 किमी./घंटा (d) 1.8 किमी./घंटा ***भोपाल (वाणि. लिपिक), 2003***

33. एक नाव 8 घंटे में धारा के विपरीत दिशा में 40 किमी. चलती है तथा 6 घंटे में धारा के अनुकूल 36 किमी. जाती है।शांत जल में नाव की चाल है–
(a) 6.5 किमी./घंटा (b) 5.5 किमी./घंटा (c) 6 किमी./घंटा (d) 5 किमी./घंटा ***S.S.C. स्नातक स्तरीय परीक्षा, 2004***

34. एक नाविक धारा के विरूद्ध 11 किमी. जाता है तथा धारा की दिशा में 27 किमी.। उसे प्रत्येक दशा में 4 घण्टे लगते हैं। धारा का वेग ज्ञात करें– ***R.R.B सिकन्दराबाद (A.S.M.) परीक्षा, 2004***
(a) 9 किमी./घंटा (b) 4 किमी./घंटा (c) 2 किमी./घंटा (d) 5 किमी./घंटा

35. यदि शांत जल में नाव की चाल 9 किमी./घंटा तथा धारा की चाल 3 किमी./घंटा हो, किसी स्थान A से B की ओर धारा के अनुकूल जाने व वापस आने में लगा समय 3 घंटा हो, तो A और B के बीच कितनी दूरी है?
(a) 14 किमी. (b) 12 किमी. (c) 15 किमी (d) 10 किमी. ***R.R.B गोरखपुर डीजल असि. परीक्षा, 2004***

36. एक नाव धारा के साथ तथा धारा के विपरीत कुल 8 किमी. 3 घंटों में जाता-आता है।यदि धारा की चाल 1 किमी./घंटा है, तो नाव की चाल ज्ञात करें।
(a) 4.5 किमी./घंटा (b) 5.2 किमी./घंटा (c) 2.5 किमी./घंटा (d) 3 किमी./घंटा ***R.R.B राँची (T.A.) परीक्षा, 2005***

37. एक नदी में, एक आदमी 3 किमी. धारा की विपरीत दिशा में अथवा 15 किमी. धारा की दिशा में नाव खेने में 3 घण्टे लेता है, धारा की चाल कितनी है? ***R.R.B चण्डीगढ़ (A.S.M.) परीक्षा, 2004***
(a) 9 किमी./घंटा (b) 2 किमी./घंटा (c) 4 किमी./घंटा (d) 6 किमी./घंटा

38. एक व्यक्ति धारा के विरूद्ध नौका को तीन चौथाई किमी. खेने में $11\frac{1}{4}$ मिनट लेता है और वापस लौटने में $7\frac{1}{2}$ मिनट लेता है। स्थिर जल में व्यक्ति की गति बताइए– ***R.R.B इला. (A.S.M.) परीक्षा, 2001, R.R.B. जम्मू (T.C.) परीक्षा, 2001***
(a) 2 किमी./घंटा (b) 3 किमी./घंटा (c) 4 किमी./घंटा (d) 5 किमी./घंटा

39. एक व्यक्ति शान्त जल में $7\frac{1}{2}$ किमी./घंटा के चाल से नाव चला सकता है, यदि नदी की चाल 1.5 किमी./घंटा हो, तो वह एक स्थान पर जा कर तथा वापस लौटने में 50 मिनट समय लेता है, तो स्थान कितनी दूर है?
(a) 3 किमी. (b) 4 किमी. (c) 1 किमी. (d) 2 किमी. ***पटना (गुड्स गार्ड), 2002***

40. एक नाविक धारा के विपरीत 2 किमी. एक घण्टे में जाता है तथा धारा की दिशा में 1 किमी. 10 मिनट में जाता है। रुके पानी में 5 किमी. कितनी देर में जाएगा?
(a) 1 घण्टे में (b) 1 घण्टे 15 मि. में (c) $1\frac{1}{2}$ घण्टे में (d) 40 मिनट में ***गोरखपुर (ASM), 2002***

41. एक नाव प्रवाह के विपरीत P से Q तक और प्रवाह की दिशा में Q से P तक की दूरी 3 घण्टे में तय करती है, यदि स्थिर जल में नाव की गति 9 किमी./घंटा हो और धारा की गति 3 किमी./घंटा हो, तो P और Q के बीच की दूरी कितनी है?
(a) 14 किमी. (b) 8 किमी. (c) 12 किमी. (d) 6 किमी. ***R.R.B महेन्द्रूघाट परीक्षा, 2001***

42. एक नाव 6 घण्टे में प्रतिकूल प्रवाह में 24 किमी. और अनुकूल प्रवाह में 36 किमी. की दूरी तय करती है। यही नाव 36 किमी. प्रतिकूल प्रवाह में और 24 किमी. अनुकूल प्रवाह में तय करने के लिए 6 घण्टे और 30 मिनट लेती है, तो स्थिर पानी में नाव की गति होगी – ***R.R.B. चेन्नई (वाणिज्य क्लर्क एवं T.C.) परीक्षा, 2001***
(a) 15 किमी./घंटा (b) 12 किमी./घंटा (c) 10 किमी./घंटा (d) 4 किमी./घंटा

43. एक आदमी धारा की प्रतिकूल दिशा में 12 किमी./घंटा और अनुकूल दिशा में 18 किमी./घंटा की गति से नौका चला सकता है। स्थिर जल में उसकी नौका चलाने की गति कितनी होगी?
(a) 15 किमी./घंटा (b) 5 किमी./घंटा (c) 3 किमी./घंटा (d) 10 किमी./घंटा ***SSC CGL (Tier-1) 27.8.2016***

44. एक नौका की गति धारा के साथ और प्रतिकूल दिशा में क्रमशः 14 किमी./घंटा और 8 किमी./घंटा है। धारा की गति कितनी है?
(a) 11 किमी/घंटा (b) 6 किमी./घंटा (c) 5.5 किमी./घंटा (d) 3 किमी./घंटा ***SSC CGL (Tier-1) 7.9.2016***

45. एक नाव 20 मिनट में 2 किमी. धारा के प्रतिकूल तथा 3 किमी. धारा के अनुकूल जाती है। वह 53 मिनट में 7 किमी. धारा के प्रतिकूल तथा 2 किमी. धारा के अनुकूल जाती है। स्थिर जल में नाव की गति (किमी. प्रति घंटा में) क्या है?
(a) 75/7 (b) 120/7 (c) 135/7 (d) 150/7 ***SSC CPO 5.7.2017***

46. एक नाव 7.2 किमी. की दूरी धारा की दिशा में और 3.2 किमी. की दूरी धारा के विपरीत दिशा में 2 घंटे में तय कर सकती है। यह 1.5 किमी. की दूरी धारा की दिशा में और 0.6 किमी. की दूरी धारा के विपरीत दिशा में 24 मिनट में तय कर सकती है। धारा की दिशा में जाते हुए नाव की गति (किमी./घं में) क्या है?
(a) $4\frac{1}{2}$ (b) 5 (c) 6 (d) $7\frac{1}{2}$ ***SSC CGL (Tier-1) 7.6.2019***

47. एक नाव की अनुप्रवाह (डाउनस्ट्रीम) गति 14 किमी./घं. है। नाव की उर्ध्वप्रवाह (अपस्ट्रीम) गति 10 km/h है। वह नाव शांत जल में 72 km की दूरी कितने समय में तय कर सकती है?
(a) 8 घंटे (b) 6 घंटे (c) 4 घंटे (d) 12 घंटे ***SSC MTS 6.8.2019***

48. एक नाव 7 घंटे में 10 किमी. उर्ध्वप्रवाह (अपस्ट्रीम) तथा 20 किमी. अनुप्रवाह (डाउनस्ट्रीम) चल सकती है। वह 11 घंटे में 20 किमी. उर्ध्वप्रवाह (अपस्ट्रीम) तथा 10 किमी. अनुप्रवाह (डाउनस्ट्रीम) चल सकती है। स्थिर जल में नाव की गति कितनी है?
(a) 2 किमी./घं. (b) 8 किमी./घं. (c) 6 किमी./घं. (d) 4 किमी./घं. ***SSC CHSL (Tier-1) 19.8.2019***

49. एक नाव को 3 किमी.. उर्ध्वप्रवाह (upstream) और $4\frac{1}{2}$ किमी.अनुप्रवाह (downstream) दूरी तय करने में 45 मिनट लगते हैं, जबकि वह 3.6 किमी./घं. उर्ध्वप्रवाह (upstream) और 2.4 किमी. अनुप्रवाह (downstrem) दूरी 39 मिनट में तय कर लेती है। नाव की अनुप्रवाह (downstream) चलने की गति (किमी./घं. में) है–
(a) 12 (b) 16 (c) 9 (d) 10 ***SSC CHSL (Tier-1) 19.8.2019***

50. कोई नाव 20 किमी./घं. की गति से उर्ध्वप्रवाह (अपस्ट्रीम) और 30 किमी./घं. की गति से अनुप्रवाह (डाउनस्ट्रीम) चलती है। स्थिर जल (स्टिल वाटर) में नाव की गति कितनी है?
(a) 26 किमी./घं. (b) 24 किमी./घं. (c) 25 किमी./घं. (d) 22.50 किमी./घं. ***SSC CHSL (Tier-1) 16.8.2019***

51. एक व्यक्ति 1 घंटा 20 मिनट में पानी की धारा के विपरीत दिशा में 4 किमी. की दूरी तय कर सकता है, और केवल 24 मिनट में उसी स्थान पर वापस आ जाता है। तो उसे स्थिर पानी में 13 किमी. जाने के लिए कितना समय (घंटों में) लगेगा?
(a) $2\frac{1}{2}$ (b) 2 (c) 3 (d) $3\frac{1}{2}$ ***SSC CGL (Tier-1) 7.6.2019***

52. एक नाव द्वारा बहाव की दिशा में 13 किमी. की यात्रा में लिया गया समय, उसके द्वारा बहाव के विपरीत 7 किमी. की यात्रा में लिये गये समय के बराबर है। यदि धारा की चाल 3 किमी./घंटा है, तो स्थिर पानी में 44.8 किमी. की दूरी तय करने में कितना समय (घंटों में) लगेगा?

(a) $4\frac{13}{25}$ (b) $5\frac{2}{5}$ (c) $5\frac{3}{5}$ (d) $4\frac{12}{25}$ ***SSC CGL (Tier-1) 4.3.2020***

53. एक नाव 55 मिनट में धारा प्रवाह के विपरीत दिशा में 3 किमी और धारा प्रवाह की दिशा में 5 किमी. की दूरी तय कर सकती है। यह 1 घंटा और 25 मिनट में धारा प्रवाह के विपरीत दिशा में 4 किमी. और धारा प्रवाह की दिशा में 9 किमी. की दूरी भी तय कर सकती है। धारा प्रवाह की दिशा में यह 43.2 किमी. की दूरी तय करने में कितना समय (घंटों में) लेगी?

(a) 4.4 (b) 3.6 (c) 4.8 (d) 5.4 ***SSC CGL (Tier-1) 4.3.2020***

54. एक नाव 54 मिनट में धारा प्रवाह की प्रतिकूल दिशा में 3.6 किमी. और धारा-प्रवाह की दिशा में 5.4 किमी. जा सकती है। जबकि यह 58.5 मिनट में धारा-प्रवाह की प्रतिकूल दिशा में 5.4 किमी. और धारा-प्रवाह की दिशा में 3.6 किमी. जा सकती है। नाव को धारा प्रवाह की दिशा में 10 किमी. जाने में कितना समय (मिनट में) लगेगा?

(a) 45 (b) 50 (c) 48 (d) 54 ***SSC CGL (Tier-1) 5.3.2020***

गुना पर आधारित प्रश्न

55. एक आदमी नौका को 30 किमी. अनुप्रवाह चला कर कुल 8 घण्टे में लौट आता है। यदि खड़े पाने में नौका की चाल धारा की चाल से चार गुणा है तो धारा की चाल है–

(a) 1 किमी./घंटा (b) 2 किमी./घंटा (c) 4 किमी./घंटा (d) 3 किमी./घंटा ***(SSC, 10+2, 11.12.2011)***

56. एक व्यक्ति स्थिर पानी में $7^1/_2$ किमी. प्रति घंटा की गति से नौका चला सकता है। उसे पता चलता है कि उसे नदी के विरुद्ध जाने में उसकी धारा के साथ जाने से दुगुना समय लगता है। तदनुसार नदी की धारा की गति कितनी है?

(a) 2 किमी. / घंटा (b) 3 किमी./घंटा (c) $2\frac{1}{2}$ किमी./घंटा (d) 32 किमी./घंटा ***(SSC, 10+2, 11.12.2011)***

57. एक मोटरबोट स्थल A से स्थल B तक और फिर वापस चलती है। दोनों स्थल नदी के किनारे स्थित है। यदि स्थिर जल में बोट की चाल दोगुनी कर दी जाए, तो A से B और फिर वापस यात्रा में मूल समय से 20% समय लगेगा। मोटरबोट की वास्तविक चाल का नदी की चाल के साथ अनुपात है–

(a) 2 : 3 (b) 3 : 2 (c) $\sqrt{6}:2$ (d) $\sqrt{5}:2$ ***(SSC, DP, 19.8.2012)***

58. एक नौका स्थिर जल में 9 किमी. प्रति घंटा चलती है। किन्तु वह उसी दूरी को धारा के विरुद्ध चलते हुए तिगुने समय में तय करती है। धारा की गति क्या है?

(a) 4 किमी./घंटा (b) 5 किमी./घंटा (c) 6 किमी./घंटा (d) 8 किमी./घंटा

59. एक नाव शांत जल में एक घण्टे में 6 किमी. जाती है, परन्तु वह धारा के प्रतिकूल यही दूरी चलने में तीन गुना समय लेती है धारा की चाल (किमी/घंटा में) है –

(a) 4 (b) 5 (c) 3 (d) 2 ***S.S.C. स्नातक स्तरीय परीक्षा, 2002***

60. एक स्टीमर नदी की धारा के अनुकूल एक निश्चित दूरी तक जितने समय में जाता है उसके 4 गुने समय में धारा के प्रतिकूल वापस आता है। यदि धारा की गति 6 किमी./घंटा हो तो स्थिर जल में स्टीमर की चाल ज्ञात कीजिए –

(a) 15 किमी./घंटा (b) 7 किमी./घंटा (c) 8 किमी./घंटा (d) 10 किमी./घंटा ***चेन्नई, T.C. & C.C. 2002***

उत्तरमाला

1. (b)	2. (d)	3. (c)	4. (a)	5. (c)	6. (b)	7. (c)	8. (d)	9. (b)
10. (b)	11. (c)	12. (c)	13. (b)	14. (c)	15. (c)	16. (a)	17. (a)	18. (a)
19. (b)	20. (b)	21. (b)	22. (b)	23. (b)	24. (c)	25. (c)	26. (c)	27. (b)
28. (c)	29. (a)	30. (a)	31. (c)	32. (b)	33. (b)	34. (c)	35. (b)	36. (d)
37. (b)	38. (d)	39. (a)	40. (b)	41. (c)	42. (c)	43. (a)	44. (d)	45. (c)
46. (c)	47. (b)	48. (c)	49. (a)	50. (c)	51. (b)	52. (d)	53. (b)	54. (b)
55. (b)	56. (c)	57. (c)	58. (c)	59. (a)	60. (d)			

अभ्यास प्रश्नों के हल

1. धारा के साथ व्यक्ति की चाल = 5 + 3 = 8 किमी./घंटा, अतः धारा के साथ 26 किमी तैरने में समय = $\frac{26}{8}=\frac{13}{4}=3\frac{1}{4}$ घण्टे

2. धारा के अनुकूल लड़के की चाल = 10+5 = 15 किमी./घंटा

धारा के अनुकूल 60 किमी तैरने में समय = $\frac{60}{15}$ = 4 घण्टे, अतः 60 किमी. तक तैरने में समय = धारा के साथ 4 घण्टे

3. बहाव के अनुकूल 68 किमी. चलने में समय = $\frac{\text{दूरी}}{\text{अनुकूल चाल}}=\frac{68}{13+4}=\frac{68}{17}=4$ घण्टे

4. बहाव के अनुकूल 68 किमी. चलने में समय = $\frac{\text{दूरी}}{\text{अनुकूल चाल}}=\frac{68}{13+4}=\frac{68}{17}=4$ घण्टे

5. धारा के अनुकूल नौका की चाल = 20 + 5 = 25 किमी./घंटा

धारा की गति के साथ 100 किमी. जाने में समय = $\frac{100}{25}$ = 4 घण्टे

6. माना जल-प्रवाह की रफ्तार x किमी./घंटा है।

∴ जल-प्रवाह के विपरीत चली गयी दूरी = प्रतिकूल चाल × समय

∴ $60 = (18.5 - x) \times 4$ या $15 = 18.5 - x \Rightarrow x = 18.5 - 15 = 3.5$ किमी./घंटा

7. माना शान्त जल में स्टीमर की चाल x किमी./घंटा है।

∴ धारा के विपरीत दिशा में चली गयी दूरी = प्रतिकूल चाल × समय

∴ $72 = (x - 3) \times 3$ या $24 = (x - 3) \Rightarrow x = 24 + 3 = 27$ किमी./घंटा

8. धारा के प्रतिकूल नाव की गति (चाल) = 8 − 2 = 6 किमी./घंटा

∴ 2 घण्टे में तय की गयी दूरी = 6 × 2 = 12 किमी.

9. B ←——— 100 मी. ———→ A ———→ P

धारा की दिशा ← ← ← ← ← ← ← ← ← ← ← ← ←

माना धारा के अनुकूल तैराक की चाल x किमी./घंटा तथा धारा के प्रतिकूल तैराक की चाल y किमी./घंटा है।

∴ धारा के विरुद्ध दूरी AP = प्रतिकूल चाल × समय $=\frac{y\times5}{60}=\frac{y}{12}$ किमी.

धारा के साथ दूरी B P = अनुकूल चाल × समय = $\frac{x\times5}{60}=\frac{x}{12}$ किमी.

∴ BP − AP = 100 मी. = $\frac{100}{1000}$ किमी. = $\frac{1}{10}$ किमी.

∴ $\frac{x}{12}-\frac{y}{12}=\frac{1}{10}\Rightarrow\frac{x-y}{12}=\frac{1}{10}\Rightarrow x-y=\frac{12}{10}=1.2$ किमी./घंटा

∴ धारा की गति = $\frac{\text{अनुकूल चाल} - \text{प्रतिकूल चाल}}{2}=\frac{x-y}{2}=\frac{1.2}{2}=0.6$ किमी./घंटा

10. माना स्थिर जल में मोटरबोट की चाल x किमी./घंटा है।

∴ $\frac{10}{\text{अनुकूल चाल}}+\frac{10}{\text{प्रतिकूल चाल}}$ = 55 मिनट = $\frac{55}{60}$ घण्टे

∴ $\frac{10}{x+2}+\frac{10}{x-2}=\frac{11}{12}\Rightarrow\frac{10x-20+10x+20}{x^2-4}=\frac{11}{12}\Rightarrow\frac{20x}{x^2-4}=\frac{11}{12}$

∴ $11x^2 - 44 = 240x \Rightarrow 11x^2 - 240x - 44 = 0$

∴ $11x^2 - 242x + 2x - 44 = 0 \Rightarrow 11x(x - 22) + 2(x - 22) = 0$

∴ $(x - 22)(11x + 2) = 0 \Rightarrow 11x + 2 \neq 0$ परन्तु $x - 22 = 0 \Rightarrow x = 22$ किमी./घंटा

11. 10 किमी ऊर्ध्व प्रवाह तैरने में लगा समय = $\frac{\text{दूरी}}{\text{प्रतिकूल}}=\frac{10}{4-2}=\frac{10}{2}=5$ घण्टे

12. माना स्थान की दूरी x किमी है। अतः $\frac{x}{\text{अनुकूल चाल}}+\frac{x}{\text{प्रतिकूल चाल}}=3\Rightarrow\frac{x}{6-2}-\frac{x}{6+2}=3$

∴ $\frac{x}{8}+\frac{x}{2}=3\Rightarrow\frac{x+4x}{8}=3\Rightarrow\frac{5x}{8}=\frac{3}{1}$, अतः $5x = 24 \Rightarrow x = \frac{24}{5} = 4.8$ किमी.

13. अभीष्ट समय = $\frac{10}{\text{अनुकूल चाल}} + \frac{10}{\text{प्रतिकूल चाल}} = \frac{10}{3+2} + \frac{10}{3-2} = \frac{10}{5} + \frac{10}{1} = 2 + 10 = 12$ घण्टे

14. माना शान्त जल में मोटर बोट की गति x किमी/घंटा है।

$\therefore \frac{10}{\text{अनुकूल चाल}} + \frac{10}{\text{प्रतिकूल चाल}} = \frac{50}{60} \Rightarrow \frac{10}{(x-5)} + \frac{10}{(x+5)} = \frac{5}{6}$

$\therefore \frac{10x+50+10x-50}{(x-5)(x+5)} = \frac{5}{6} \Rightarrow \frac{20x}{x^2-25} = \frac{5}{6} \Rightarrow x^2 - 25 = 24x$

$\therefore x^2 - 24x - 25 = 0 \Rightarrow x^2 - 25x + x - 25 = 0 \Rightarrow x(x-25) + 1(x-25) = 0 \Rightarrow (x-25)(x+1) = 0$

$\therefore x + 1 \neq 0$ परन्तु $x - 25 = 0 \Rightarrow x = 25$ किमी./घंटा

15. अनुकूल चाल = $\frac{15}{3} = 5$ किमी./घंटा, प्रतिकूल चाल = $\frac{15}{7\frac{1}{2}} = \frac{15}{\frac{15}{2}} = \frac{15 \times 2}{15} = 2$ किमी./घंटा

$\therefore$ शान्त जल में व्यक्ति की गति = $\frac{\text{अनुकूल चाल} + \text{प्रतिकूल चाल}}{2} = \frac{5+2}{2} = \frac{7}{2} = 3.5$ किमी./घंटा

16. माना नदी के प्रवाह की गति x किमी./घंटा है।

$\therefore \frac{91}{\text{अनुकूल चाल}} + \frac{91}{\text{अनुकूल चाल}} = 20 \Rightarrow \frac{91}{10+x} + \frac{91}{10-x} = 20$

$\therefore \frac{910-91x+910+91x}{(10+x)(10-x)} = 20 \Rightarrow \frac{1820}{(100-x^2)} = \frac{20}{1}$

$100 - x^2 = \frac{1820}{20} = 91 \Rightarrow x^2 = 100 - 91 = 9 \Rightarrow x = 3$ किमी./घंटा

17. प्रतिकूल चाल = $\frac{40}{8} = 5$ किमी./घंटा, अनुकूल चाल = $\frac{36}{6} = 6$ किमी./घंटा

$\therefore$ सरिता की चाल = $\frac{\text{अनुकूल चाल} - \text{प्रतिकूल चाल}}{2} = \frac{6-5}{2} = \frac{1}{2} = 0.5$ किमी./घंटा

18. व्यक्ति की धारा के अनुकूल चाल = 15 किमी./घंटा, अतः धारा के प्रतिकूल व्यक्ति की चाल = 15 – 5 = 10 किमी./घंटा

$\therefore$ धारा के विरुद्ध 15 किमी तैरने में समय = $\frac{15}{\text{प्रतिकूल चाल}} = \frac{15}{10} = 1\frac{1}{2} = 1$ घंटा 30 मिनट

19. 10 मिनट में ऊर्ध्व प्रवाह चली गयी दूरी = 1 किमी.

$\therefore$ 60 मिनट में ऊर्ध्व प्रवाह चली गयी दूरी = 6 किमी., अतः प्रतिकूल चाल = 6 किमी./घंटा

$\because$ 4 मिनट में अनुप्रवाह चली गयी दूरी = 1 किमी.

$\therefore$ 60 मिनट में अनुप्रवाह चली गयी दूरी = 15 किमी., अतः अनुकूल चाल = 15 किमी./घंटा

$\therefore$ प्रवाह की गति = $\frac{\text{अनुकूल चाल} - \text{प्रतिकूल चाल}}{2} = \frac{15-6}{2} = \frac{9}{2} = 4.5$ किमी./घंटा

20. माना स्थिर पानी में नाव की गति x किमी./घंटा है।

$\therefore \frac{6}{\text{अनुकूल चाल}} + \frac{6}{\text{प्रतिकूल चाल}} = 2 \Rightarrow \frac{6}{x+4} + \frac{6}{x-4} = 2$

$\therefore \frac{6x-24+6x+24}{x^2-16} = 2 \Rightarrow \frac{12x}{x^2-16} = \frac{2}{1} \Rightarrow x^2 - 16 = 6x$

$\therefore x^2 - 6x - 16 = 0 \Rightarrow x^2 - 8x + 2x - 16 = 0 \Rightarrow x(x-8) + 2(x-8) = 0 \Rightarrow (x-8)(x+2) = 0$

$\therefore x + 2 \neq 0$ अतः $x - 8 = 0 \Rightarrow x = 8$ किमी./घंटा

21. धारा के अनुकूल नाव की चाल = $\frac{100}{10} = 10$ किमी./घंटा और धारा के प्रतिकूल नाव की चाल = $\frac{75}{15} = 5$ किमी./घंटा

$\therefore$ धारा की गति = $\frac{\text{अनुकूल चाल} - \text{प्रतिकूल चाल}}{2} = \frac{10-5}{2} = \frac{5}{2} = 2.5$ किमी./घंटा

22. माना वह दूरी x किमी. है। अतः $\frac{x}{\text{प्रतिकूल चाल}}-\frac{x}{\text{अनुकूल चाल}}=3\Rightarrow\frac{x}{6-2}-\frac{x}{6+2}=3$

$\therefore\ \frac{x}{4}-\frac{x}{8}=3\Rightarrow\frac{2x-x}{8}=3\Rightarrow\frac{x}{8}=3\Rightarrow x=24$ किमी.

23. धारा के प्रतिकूल नाव की चाल $=\frac{24}{6}=4$ किमी./घंटा और धारा के अनुकूल नाव की चाल $=\frac{20}{4}=5$ किमी./घंटा

$\therefore$ स्थिर पानी में नाव की गति $=\frac{\text{अनुकूल चाल}+\text{प्रतिकूल चाल}}{2}=\frac{5+4}{2}=\frac{9}{2}=4.5$ किमी./घंटा

धारा की गति $=\frac{\text{अनुकूल चाल}-\text{प्रतिकूल चाल}}{2}=\frac{5-4}{2}=\frac{1}{2}=0.5$ किमी./घंटा

24. माना धारा के अनुकूल चाल x किमी./घंटा और प्रतिकूल चाल y किमी./घंटा है।

$\therefore\ \frac{12}{y}+\frac{18}{x}=3\Rightarrow\frac{4}{y}+\frac{6}{x}$ ....(i)

और $\frac{36}{y}+\frac{24}{x}=\frac{13}{2}\Rightarrow 4\left(\frac{9}{y}+\frac{6}{x}\right)=\frac{13}{2}\Rightarrow\frac{9}{y}+\frac{6}{x}=\frac{13}{8}$ ....(ii)

समीकरण (ii) में से समीकरण (i) को घटाने पर, $\frac{9}{y}-\frac{4}{y}=\frac{13}{8}-1\Rightarrow\frac{5}{y}=\frac{5}{8}\Rightarrow y=8$ किमी./घंटा

समीकरण (i) में y = 8 रखने पर, $\frac{4}{8}+\frac{6}{x}=1\Rightarrow\frac{6}{x}=1-\frac{1}{2}=\frac{1}{2}\Rightarrow x=12$

$\therefore$ धारा की गति $=\frac{\text{अनुकूल चाल}-\text{प्रतिकूल चाल}}{2}=\frac{12-8}{2}=\frac{4}{2}=2$ किमी./घंटा

25. माना धारा के अनुकूल मोटर बोट की चाल x किमी./घंटा और प्रतिकूल चाल y किमी./घंटा है।

$\therefore\ \frac{25}{y}+\frac{39}{x}=8$ ....(i) और $\frac{35}{y}+\frac{52}{x}=11$ ....(ii)

समीकरण (i) में 7 से और समीकरण (ii) में 5 से गुणा करने पर–

$\frac{175}{y}+\frac{273}{x}=56$ ....(iii) और $\frac{175}{y}+\frac{260}{x}=55$.................................(iv)

समीकरण (iii) में से समीकरण (iv) को घटाने पर, $\frac{13}{x}=1\Rightarrow x=13$ किमी./घंटा

समीकरण (i) में x = 13 रखने पर, $\frac{25}{y}+\frac{39}{13}=8\Rightarrow\frac{25}{y}+3=8\Rightarrow\frac{25}{y}=5\Rightarrow y=\frac{25}{5}=5$ किमी./घंटा

$\therefore$ धारा की चाल $=\frac{\text{अनुकूल चाल}-\text{प्रतिकूल चाल}}{2}=\frac{13-5}{2}=\frac{8}{2}=4$ किमी./घंटा

26. वास्तविक चाल $=\frac{\text{अनुकूल चाल}+\text{प्रतिकूल चाल}}{2}=\frac{28+16}{2}=\frac{44}{2}=22$ किमी./घंटा

27. धारा की दिशा में व्यक्ति की चाल $=\frac{1\text{ किमी}}{10\text{ मिनट}}=\frac{1\text{ किमी.}}{\frac{10}{60}\text{ घण्टे}}=\frac{1\times60}{10}$ किमी./घंटा = 6 किमी./घंटा

धारा के विपरीत दिशा में चाल $=\frac{1\text{ किमी.}}{\frac{30}{60}\text{ घण्टे}}=\frac{1\times60}{30}$ किमी./घंटा = 2 किमी./घंटा

$\therefore$ धारा की गति $=\frac{6-2}{2}=\frac{4}{2}=2$ किमी./घंटा

28. धारा के अनुकूल दिशा में नाव की चाल $=\frac{\text{दूरी}}{\text{समय}}=\frac{4.8\text{ किमी.}}{\frac{8}{60}\text{ घण्टे}}=\frac{4.8\times60}{8}$ किमी./घंटा

$\therefore$ 34 किमी/घंटा + धारा की गति = 36 किमी./घंटा, अतः धारा की गति = 36 – 34 = 2 किमी./घंटा

29. माना A से B तक की दूरी x किमी है। अतः x किमी. जाने में समय + x किमी. आने में समय = 3 घण्टे

$\therefore \frac{x}{\text{अनुकूल चाल}} + \frac{x}{\text{प्रतिकूल चाल}} = 3 \Rightarrow \frac{x}{12} + \frac{x}{6} = 3$ या $\frac{x+2x}{12} = 3$, अतः $\frac{3x}{12} = \frac{3}{1} \Rightarrow x = 12$ किमी.

30. स्थिर जल में गति $= \frac{6+2}{2} = \frac{8}{2} = 4$ किमी./घंटा

31. धारा की गति $= \frac{\text{अनुकूल चाल} - \text{प्रतिकूल चाल}}{2} = \frac{11-8}{2} = \frac{3}{2} = 1.5$ किमी./घंटा

32. धारा के प्रतिकूल व्यक्ति की चाल $= \frac{16}{5} = 3.2$ किमी./घंटा

धारा के अनुकूल व्यक्ति की चाल $= \frac{28}{5} = 5.6$ किमी./घंटा

$\therefore$ धारा की गति $= \frac{\text{अनुकूल चाल} - \text{प्रतिकूल चाल}}{2} = \frac{5.6-3.2}{2} = \frac{2.4}{2} = 1.2$ किमी./घंटा

33. धारा के प्रतिकूल चाल $= \frac{40}{8} = 5$ किमी./घंटा और धारा के अनुकूल चाल $= \frac{36}{6} = 6$ किमी./घंटा

$\therefore$ शान्त जल में नाव की चाल $= \frac{6+5}{2} = \frac{11}{2} = 5.5$ किमी./घंटा

34. धारा के प्रतिकूल चाल $= \frac{11}{4} = 2.75$ किमी./घंटा और धारा के अनुकूल चाल $= \frac{27}{4} = 6.75$ किमी./घंटा

$\therefore$ धारा का वेग $= \frac{6.75-2.75}{2} = \frac{4}{2} = 2$ किमी./घंटा

35. माना A और B के बीच की दूरी x किमी. है। और $\frac{x}{\text{अनुकूल चाल}} + \frac{y}{\text{प्रतिकूल चाल}} =$ कुल समय

$\therefore \frac{x}{12} + \frac{x}{6} = 3$ अर्थात $\frac{x+2x}{12} = 3 \Rightarrow \frac{3x}{12} = 3 \Rightarrow x = \frac{3\times12}{3} = 12$ किमी.

36. माना नाव की चाल x किमी./घंटा है। अतः $\frac{4}{x+1} + \frac{4}{x-1} = 3$ या $\frac{4(x-1)+4(x+1)}{(x+1)(x-1)} = 3$

$\therefore \frac{4(x-1+x+1)}{x^2-1} = 3$ या $\frac{8x}{x^2-1} = 3 \Rightarrow 3x^2 - 3 = 8x$ अर्थात $3x^2 - 8x - 3 = 0$

$\therefore 3x^2 - 9x + x - 3 = 0 \Rightarrow 3x(x-3) + 1(x-3) = 0 \Rightarrow (x-3)(3x+1) = 0$

परन्तु $3x + 1 \neq 0$ अतः $x - 3 = 0$, अतः $x = 3$ किमी./घंटा

37. धारा के प्रतिकूल नाव की चाल $= \frac{3}{3} = 1$ किमी./घंटा और धारा के अनुकूल नाव की चाल $= \frac{15}{3} = 5$ किमी./घंटा

$\therefore$ धारा की चाल $= \frac{\text{अनुकूल चाल} - \text{प्रतिकूल चाल}}{2} = \frac{5-1}{2} = \frac{4}{2} = 2$ किमी./घंटा

38. दूरी = तीन चौथाई किमी. $= \frac{3}{4}$ किमी.

$11\frac{1}{4}$ मिनट $= \frac{45}{4}$ मिनट $= \frac{45}{4\times60}$ घंटा $= \frac{3}{16}$ घण्टे और $7\frac{1}{2}$ मिनट $= \frac{15}{2}$ मिनट $= \frac{15}{2\times60}$ घण्टे $= \frac{1}{8}$ घण्टे

$\therefore$ अनुकूल चाल $= \frac{\text{दूरी}}{\text{समय}} = \frac{\frac{3}{4}}{\frac{1}{8}} = \frac{3}{4}\times\frac{8}{1} = 6$ किमी./घंटा और प्रतिकूल चाल $= \frac{\frac{3}{4}}{\frac{3}{16}} = \frac{3}{4}\times\frac{16}{3} = 4$ किमी./घंटा

$\therefore$ स्थिर जल में व्यक्ति की चाल $= \frac{\text{अनुकूल चाल} + \text{प्रतिकूल चाल}}{2} = \frac{6+4}{2} = \frac{10}{2} = 5$ किमी./घंटा

39. माना स्थान की दूरी x किमी. है। अतः $\frac{x}{7.5+1.5} + \frac{x}{7.5-1.5} = \frac{50}{60}$

$\therefore \frac{x}{9} + \frac{x}{6} = \frac{5}{6}$ या $\frac{2x+3x}{18} = \frac{5}{6} \Rightarrow \frac{5x}{18} = \frac{5}{6} \Rightarrow x = 3$ किमी.

40. प्रतिकूल चाल $= \frac{2}{1} = 2$ किमी./घंटा और अनुकूल चाल $= \frac{1}{\frac{10}{60}} = 6$ किमी./घंटा

$\therefore$ रुके पानी में नाविक की चाल $= \frac{6+2}{2} = \frac{8}{2} = 4$ किमी./घंटा

$\therefore$ रुके पानी में 5 किमी जाने में समय $= \frac{5}{4} = 1\frac{1}{4}$ घण्टे = 1घंटा 15 मिनट

41. अनुकूल चाल = 9 + 3 = 12 किमी./घंटा और प्रतिकूल चाल = 9 – 3 = 6 किमी./घंटा
माना P और Q के बीच की दूरी x किमी. है।
$\therefore \frac{x}{12}+\frac{x}{6}=3$ अर्थात $\frac{x+2x}{12}=3 \Rightarrow \frac{3x}{12}=3 \Rightarrow x=12$ किमी.

42. माना जल-प्रवाह के अनुकूल चाल x तथा प्रतिकूल चाल y है।
$\therefore \frac{24}{y}+\frac{36}{x}=6$ या $\frac{4}{y}+\frac{6}{x}=1$ .... (i) और $\frac{36}{y}+\frac{24}{x}=\frac{13}{2}$ .... (ii)
समी (1) में 9 से गुणा करने पर $\frac{36}{y}+\frac{54}{x}=9$ .... (iii)
समी (3) – समी (2) से, $\frac{30}{x}=9-\frac{13}{2}=\frac{18-13}{2}=\frac{5}{2} \Rightarrow \frac{30}{x}=\frac{5}{2} \Rightarrow x=12$ किमी./घंटा
समी. (1) में x का मान रखने पर
$\frac{4}{y}+\frac{6}{12}=1$ या $\frac{4}{y}+\frac{1}{2}=1$, अतः $\frac{4}{y}=1-\frac{1}{2}=\frac{1}{2} \Rightarrow y=8$ किमी./घंटा
$\therefore$ स्थिर पानी में नाव की चाल = $\frac{x+y}{2}=\frac{12+8}{2}=\frac{20}{2}=10$ किमी./घंटा

43. स्थिर जल में नौका चलाने की गति = $\frac{\text{अनुकूल चाल + प्रतिकूल चाल}}{2}=\frac{18+12}{2}=\frac{30}{2}=15$ किमी./घंटा

44. धारा की गति = $\frac{\text{प्रतिकूल चाल – अनुकूल चाल}}{2}=\frac{14-8}{2}=\frac{6}{2}=3$ किमी./घंटा

45. माना धारा के अनुकूल नाव की चाल x किमी./घंटा तथा प्रतिकूल चाल y किमी./घंटा है।
$\therefore$ प्रथम शर्त से $\frac{2}{y}+\frac{3}{x}=\frac{20}{60} \Rightarrow \frac{3}{x}+\frac{2}{y}=\frac{1}{3}$ ....(i) द्वितीय शर्त से $\frac{7}{y}+\frac{2}{x}=\frac{53}{60} \Rightarrow \frac{2}{x}+\frac{7}{y}=\frac{53}{60}$ ....(ii)
समीकरण (i) में 7 से तथा समीकरण (ii) में 2 से गुणा करने पर–
$\frac{21}{x}+\frac{14}{y}=\frac{7}{3}$ .... (iii), $\frac{4}{x}+\frac{14}{y}=\frac{53}{30}$ .... (iv)
समीकरण (iii) में से समीकरण (iv) को घटाने पर –
$\frac{21}{x}-\frac{4}{x}=\frac{7}{3}-\frac{53}{30} \Rightarrow \frac{17}{x}=\frac{70-53}{30}=\frac{17}{30} \Rightarrow x=30$
समीकरण (i) में $x=30$ रखने पर, $\frac{3}{30}+\frac{2}{y}=\frac{1}{3}$
$\therefore \frac{1}{10}+\frac{2}{y}=\frac{1}{3} \Rightarrow \frac{2}{y}=\frac{1}{3}-\frac{1}{10}=\frac{10-3}{30}=\frac{7}{30} \Rightarrow y=\frac{2\times 30}{7}=\frac{60}{7}$
$\therefore$ स्थिर जल में नाव की चाल = $\frac{\text{अनुकूल चाल + प्रतिकूल चाल}}{2}=\frac{\left(30+\frac{60}{7}\right)}{2}$
$=\frac{\left(\frac{210+60}{7}\right)}{2}=\frac{\left(\frac{270}{7}\right)}{2}=\frac{270}{7}\times\frac{1}{2}=\frac{135}{7}$ किमी./घंटा

46. माना धारा के अनुकूल नाव की चाल x किमी./घंटा तथा प्रतिकूल चाल y किमी./घंटा है।
$\therefore$ प्रथम शर्त से $\frac{7.2}{x}+\frac{3.2}{y}=2 \Rightarrow \frac{72}{x}+\frac{32}{y}=20 \Rightarrow \frac{18}{x}+\frac{8}{y}=5$ .... (i)
द्वितीय शर्त से $\frac{1.5}{x}+\frac{0.6}{y}=\frac{24}{60}=\frac{2}{5} \Rightarrow \frac{15}{x}+\frac{6}{y}=4$ ....(ii)
समीकरण (i) में 6 से तथा समीकरण (ii) में 8 से गुणा करने पर–
$\frac{108}{x}+\frac{48}{y}=30$ .... (iii), $\frac{120}{x}+\frac{48}{y}=32\frac{1}{2}$ .... (iv)

समीकरण (iv) में से समीकरण (iii) को घटाने पर–

$$\frac{120}{x}-\frac{108}{y}=32-30 \Rightarrow \frac{12}{x}=2 \Rightarrow x=\frac{12}{2}=6 \text{ किमी./घंटा}$$

∴ धारा की दिशा में जाते हुए नाव की गति = अनुकूल चाल = 6 किमी./घंटा

47. शान्त जल में नाव की चाल = $\frac{\text{अनुप्रवाह गति + उर्ध्व प्रवाह गति}}{2}=\frac{14+10}{2}=\frac{24}{2}=12$ किमी./घंटा

∴ शान्त जल में 72 किमी. जाने में समय = $\frac{72}{12}=6$ घण्टे

48. माना नाव की धारा के अनुकूल चाल x किमी./घंटा तथा प्रतिकूल चाल y किमी./घंटा है।

∴ प्रथम शर्त से, $\frac{10}{y}+\frac{20}{x}=7 \Rightarrow 10\left(\frac{1}{y}+\frac{2}{x}\right)=7 \Rightarrow \frac{2}{x}+\frac{1}{y}=\frac{7}{10}$ .... (i)

द्वितीय शर्त से, $\frac{20}{y}+\frac{10}{x}=11 \Rightarrow 10\left(\frac{2}{y}+\frac{1}{x}\right)=11 \Rightarrow \frac{1}{x}+\frac{2}{y}=\frac{11}{10}$ .... (ii)

समीकरण (i) में 2 से गुणा करने पर, $\frac{4}{x}+\frac{2}{y}=\frac{7}{5}$ .... (iii)

समीकरण (iii) में से समीकरण (ii) को घटाने पर,

$$\frac{4}{x}-\frac{1}{x}=\frac{7}{5}-\frac{11}{10} \Rightarrow \frac{3}{x}=\frac{3}{10} \Rightarrow x=10 \text{ किमी./घंटा}$$

समीकरण (i) में $x=10$ रखने पर, $\frac{2}{10}+\frac{1}{y}=\frac{7}{10} \Rightarrow \frac{1}{y}=\frac{7}{10}-\frac{2}{10}=\frac{5}{10}=\frac{1}{2} \Rightarrow y=2$ किमी./घंटा

∴ स्थिर जल में नाव की गति = $\frac{\text{अनुकूल चाल + प्रतिकूल चाल}}{2}=\frac{10+2}{2}=\frac{12}{2}=6$ किमी./घंटा

49. माना नाव की अनुप्रवाह गति x किमी./घंटा तथा उर्ध्वप्रवाह गति y किमी./घंटा है।

∴ प्रथम शर्त से, $\frac{3}{y}+\frac{4\frac{1}{2}}{x}=\frac{45}{60} \Rightarrow \frac{3}{y}+\frac{9}{2x}=\frac{3}{4}$

∴ $3\left(\frac{1}{y}+\frac{3}{2x}\right)=\frac{3}{4} \Rightarrow \frac{3}{2x}+\frac{1}{y}=\frac{1}{4}$ .... (i)

द्वितीय शर्त से, $\frac{3.6}{y}+\frac{2.4}{x}=\frac{39}{60} \Rightarrow 10\times\left(\frac{3.6}{y}+\frac{2.4}{x}\right)=\frac{39}{60}\times 10$

∴ $\frac{36}{y}+\frac{24}{x}=\frac{13}{2} \Rightarrow \frac{24}{x}+\frac{36}{y}=\frac{13}{2}$ .... (ii)

समीकरण (i) में 36 से गुणा करने पर, $\frac{54}{x}+\frac{36}{y}=9$ .... (iii)

समीकरण (iii) में से समीकरण (ii) को घटाने पर,

$$\frac{54}{x}-\frac{24}{x}=9-\frac{13}{2}=\frac{5}{2} \Rightarrow \frac{30}{x}=\frac{5}{2} \Rightarrow x=\frac{30\times 2}{5}=12 \text{ किमी./घंटा}$$

∴ नाव की अनुप्रवाह चलने की गति = x = 12 किमी./घंटा

50. स्थिर जल में नाव की गति = $\frac{\text{अनुप्रवाह गति + उर्ध्व प्रवाह गति}}{2}=\frac{30+20}{2}=\frac{50}{2}=25$ किमी./घंटा

51. 1 घंटा 20 मिनट = $1\frac{20}{60}$ घण्टे = $1\frac{1}{3}$ घण्टे = $\frac{4}{3}$ घण्टे

∴ धारा के प्रतिकूल व्यक्ति की चाल = $\frac{4}{\left(\frac{4}{3}\right)}=4\times\frac{3}{4}=3$ किमी/घंटा

$\therefore$ धारा के अनुकूल व्यक्ति की चाल $= \dfrac{4}{\left(\dfrac{24}{60}\right)} = 4 \times \dfrac{60}{24} = 10$ किमी/घंटा

$\therefore$ स्थिर पानी में व्यक्ति की चाल $= \dfrac{\text{अनुकूल चाल + प्रतिकूल चाल}}{2} = \dfrac{10+3}{2} = \dfrac{13}{2}$ किमी./घंटा

$\therefore$ अतः स्थिर पानी में 13 किमी. जाने में समय $= \dfrac{13}{\left(\dfrac{13}{2}\right)} = 13 \times \dfrac{2}{13} = 2$ किमी/घंटा

52. माना स्थिर पानी में नाव की चाल x किमी/घंटा है। अतः बहाव की दिशा में नाव की चाल $= (x + 3)$ किमी/घंटा
बहाव के विपरीत दिशा में नाव की चाल $= (x - 3)$ किमी./घंटा

$\therefore$ बहाव की दिशा में 13 किमी. जाने में समय = विपरीत दिशा में 7 किमी. जाने में समय

$\therefore$ $\dfrac{13}{x+3} = \dfrac{7}{x-3} \Rightarrow 13x - 39 = 7x + 21 \Rightarrow 13x - 7x = 21 + 39$

$\therefore$ $6x = 60 \Rightarrow x = \dfrac{60}{6} = 10$ किमी./घंटा

$\therefore$ स्थिर पानी में 44.8 किमी. की दूरी तय करने में लगा समय $= \dfrac{44.8}{10} = 4.48$ घंटे $= 4 + \dfrac{48}{100} = 4\dfrac{12}{25}$ घंटे

53. माना धारा प्रवाह के अनुकूल दिशा में नाव की चाल x किमी/घंटा और प्रतिकूल दिशा में नाव की चाल y किमी/घंटा है।

$\therefore$ प्रश्न की प्रथम शर्त से, $\dfrac{3}{y} + \dfrac{5}{x} = \dfrac{55}{60} \Rightarrow \dfrac{3}{y} + \dfrac{5}{x} = \dfrac{11}{12}$ ....(i)

प्रश्न की द्वितीय शर्त से, $\dfrac{4}{y} + \dfrac{9}{x} = 1\dfrac{25}{60} \Rightarrow \dfrac{4}{y} + \dfrac{9}{x} = \dfrac{17}{12}$ ....(ii)

समीकरण (i) में 4 से और समीकरण (ii) में 3 से गुणा करने पर–

$\dfrac{12}{y} + \dfrac{20}{x} = \dfrac{11}{3}$ .... (iii), $\dfrac{12}{y} + \dfrac{27}{x} = \dfrac{17}{4}$ ....(iv)

समीकरण (iv) में से समीकरण (iii) को घटाने पर, $\dfrac{7}{x} = \dfrac{17}{4} - \dfrac{11}{3} = \dfrac{51-44}{12} \Rightarrow \dfrac{7}{x} = \dfrac{7}{12} \Rightarrow x = 12$ किमी./घंटा

$\therefore$ धारा प्रवाह की दिशा में 43.2 किमी. दूरी तय करने में समय $= \dfrac{43.2}{12} = 3.6$ घंटे

54. माना धारा प्रवाह के अनुकूल दिशा में नाव की चाल x किमी./घंटा और
प्रतिकूल दिशा में नाव की चाल y किमी/घंटा है।

$\therefore$ प्रश्न की प्रथम शर्त से, $\dfrac{3.6}{y} + \dfrac{5.4}{x} = \dfrac{54}{60} \Rightarrow \dfrac{3.6}{y} + \dfrac{5.4}{x} = \dfrac{9}{10} \Rightarrow \dfrac{4}{y} + \dfrac{6}{x} = 1$ ....(i)

प्रश्न की द्वितीय शर्त से, $\dfrac{5.4}{y} + \dfrac{3.6}{x} = \dfrac{58.5}{60} \Rightarrow \dfrac{54}{y} + \dfrac{36}{x} = \dfrac{585}{60} \Rightarrow \dfrac{6}{y} + \dfrac{4}{x} = \dfrac{13}{12}$ ....(ii)

समीकरण (i) में 6 से और समीकरण (ii) में 4 से गुणा करने पर –

$\dfrac{24}{y} + \dfrac{36}{x} = 6$ ....(iii), $\dfrac{24}{y} + \dfrac{16}{x} = \dfrac{13}{3}$ ....(iv)

समीकरण (iii) में से समीकरण (iv) को घटाने पर, $\dfrac{20}{x} = 6 - \dfrac{13}{3} = \dfrac{18-13}{3}$

$\therefore$ $\dfrac{20}{x} = \dfrac{5}{3} \Rightarrow x = \dfrac{20 \times 3}{5} = 12$ किमी./घंटा

$\therefore$ धारा प्रवाह की दिशा में 10 किमी. जाने में लगा समय $= \dfrac{10}{12}$ घंटे $= \dfrac{10}{12} \times 60$ मिनट $= 50$ मिनट

55. माना खड़े पानी में नौका की चाल 4x किमी/घंटा और धारा की चाल x किमी/घंटा है।

$\therefore \frac{30}{\text{अनुकूल चाल}} + \frac{30}{\text{प्रतिकूल चाल}} = 8 \Rightarrow \frac{30}{4x+x} + \frac{30}{4x-x} = 8$

$\therefore \frac{30}{5x} + \frac{30}{3x} = 8 \Rightarrow \frac{6}{x} + \frac{10}{x} = 8 \Rightarrow \frac{16}{x} = 8 \Rightarrow x = 2$ किमी/घंटा

56. धारा की गति × (गुना +1) = नौका की गति × (गुना-1)

$\therefore$ धारा की गति $\times (2+1) = \frac{15}{2} \times (2-1) = \frac{15}{2} \times 1 = \frac{15}{2}$

$\therefore$ धारा की गति $\times 3 = \frac{15}{2} \Rightarrow$ धारा की गति $= \frac{15}{2\times 3} = \frac{5}{2} = 2\frac{1}{2}$ किमी/घंटा

57. माना स्थिर जल में मोटर बोट की चाल x किमी/घंटा तथा धारा की चाल y किमी/घंटा है।

$\therefore$ A से B तक जाने और आने में समय $= \frac{AB}{x+y} + \frac{AB}{x-y}$ घण्टे

स्थिर जल में मोटर बोट की चाल दुगुनी करने पर –

A से B तक जाने और आने में समय $= \frac{AB}{2x+y} + \frac{AB}{2x-y}$ घण्टे

प्रश्नानुसार $\left(\frac{AB}{x+y} + \frac{AB}{x-y}\right)$ का 20% $= \left(\frac{AB}{2x+y} + \frac{AB}{2x-y}\right)$

$\therefore AB\left[\frac{1}{x+y} + \frac{1}{x-y}\right] \times \frac{20}{100} = AB\left[\frac{1}{2x+y} + \frac{1}{2x-y}\right]$

$\therefore \left[\frac{x-y+x+y}{(x+y)(x-y)}\right] \times \frac{1}{5} = \left[\frac{2x-y+2x+y}{(2x+y)(2x-y)}\right] \Rightarrow \frac{2x}{(x^2-y^2)} \times \frac{1}{5} = \frac{4x}{(4x^2-y^2)}$

$\therefore \frac{1}{(x^2-y^2)\times 5} = \frac{2}{(4x^2-y^2)} \Rightarrow 10x^2 - 10y^2 = 4x^2 - y^2 \Rightarrow 6x^2 = 9y^2 \Rightarrow \frac{x^2}{y^2} = \frac{9}{6}$

$\therefore \frac{x}{y} = \frac{3}{\sqrt{6}} = \frac{3\times\sqrt{6}}{\sqrt{6}\times\sqrt{6}} = \frac{3\times\sqrt{6}}{6} = \frac{\sqrt{6}}{2} \Rightarrow x : y = \sqrt{6} : 2$

58. माना उसी दूरी को तय करने में t घण्टे लगते हैं।

दूरी = स्थिर जल में चाल × समय = 9 × t = 9t किमी.

यदि धारा की गति x किमी/घंटा हो तो धारा के विरुद्ध चाल = (9 – x) किमी / घंटा

$\therefore$ वह दूरी $= (9-x) \times 3t \Rightarrow 9t = (9-x) \times 3t \Rightarrow 9 = 27 - 3x$

$\therefore 3x = 18 \Rightarrow x = 6$ किमी./घंटा, अतः धारा की गति x = 6 किमी/घंटा

59. नाव की शान्त जल में चाल = 6 किमी./घंटा

धारा के प्रतिकूल 6 किमी. जाने में लगा समय = 3 × 1 = 3 घण्टे

$\therefore$ धारा के प्रतिकूल नाव की चाल $= \frac{\text{दूरी}}{\text{समय}} = \frac{6}{3} = 2$ किमी./घंटा

$\therefore$ शान्त जल में नाव की चाल – धारा की चाल = 2

$\therefore$ 6 – धारा की चाल = 2, अतः धारा की चाल = 6 – 2 = 4 किमी./घंटा

60. स्थिर जल में स्टीमर की चाल × (गुना – 1) = धारा की गति × (गुना + 1)

$\therefore$ स्टीमर की चाल × (4 – 1) = 6 × (4 + 1) = 6 × 5

$\therefore$ स्टीमर की चाल × 3 = 30, अतः स्टीमर की चाल = 10 किमी./घंटा

22 क्षेत्रफल (Area)

'क्षेत्रफल' अध्याय में त्रिभुज, आयत, वर्ग, समचतुर्भुज, समषट्भुज, समलम्ब, वृत्त तथा त्रिज्यखण्ड पर आधारित प्रश्न पूछे जाते हैं। इस अध्याय से विभिन्न प्रतियोगी परीक्षाओं में पूछे गये और पूछे जा सकने वाले प्रश्नों को कुल 13 प्रकारों में बांट सकते हैं –

1. त्रिभुज पर आधारित प्रश्न
2. आयत पर आधारित प्रश्न
3. वर्ग पर आधारित प्रश्न
4. समचतुर्भुज पर आधारित प्रश्न
5. समषट्भुज पर आधारित प्रश्न
6. समलम्ब चतुर्भुज पर आधारित प्रश्न
7. वृत्त पर आधारित प्रश्न
8. आयत और वर्ग दोनों पर आधारित प्रश्न
9. आयत और वृत्त दोनों पर आधारित प्रश्न
10. वर्ग और वृत्त दोनों पर आधारित प्रश्न
11. त्रिज्यखण्ड पर आधारित प्रश्न
12. प्रतिशत पर आधारित प्रश्न
13. विविध प्रश्न

उदाहरणार्थ हल प्रश्न

1 त्रिभुज पर आधारित प्रश्न

1. किसी त्रिभुज की भुजाएं क्रमशः 15 सेमी., 13 सेमी., 14 सेमी. हैं। क्षेत्रफल ज्ञात कीजिए।
2. एक त्रिभुज की कोई एक भुजा 12 सेमी. है और इस भुजा से त्रिभुज की ऊंचाई 8 सेमी. है। त्रिभुज का क्षेत्रफल कितना होगा?
3. 12 सेमी., 18 सेमी. तथा 26 सेमी. भुजा वाले त्रिभुज की तीनों भुजाओं के मध्य बिन्दुओं को मिलाया गया है। इससे ठीक बीच में बने त्रिभुज का क्षेत्रफल कितना होगा?
4. किसी समबाहु त्रिभुज की भुजा 8 सेमी. है। त्रिभुज का क्षेत्रफल ज्ञात कीजिए।
5. एक समबाहु Δ का क्षेत्रफल $25\sqrt{3}$ वर्ग सेमी. है। त्रिभुज की भुजा ज्ञात कीजिए।
6. एक समबाहु त्रिभुज की भुजा 6 सेमी. है। उसकी ऊंचाई ज्ञात कीजिए।
7. एक समद्विबाहु त्रिभुज का आधार 12 सेमी. और आधार से उसकी ऊंचाई 9 सेमी. है। त्रिभुज का क्षेत्रफल ज्ञात कीजिए।
8. किसी समद्विबाहु त्रिभुज ABC में AB = 8 सेमी., BC = 10 सेमी., CA = 8सेमी. और AD भुजा BC पर लम्ब है। Δ ABD का क्षेत्रफल ज्ञात कीजिए।
9. किसी समकोण त्रिभुज का लम्ब 6 सेमी. और आधार 8 सेमी. है। कर्ण की लम्बाई ज्ञात कीजिए।
10. एक समकोण त्रिभुज का लम्ब और आधार क्रमशः 5 सेमी.,12 सेमी. है। Δ का क्षेत्रफल ज्ञात कीजिए।
11. किसी समद्विबाहु समकोण त्रिभुज का कर्ण $10\sqrt{2}$ सेमी. है। उसका लम्ब और आधार ज्ञात कीजिए।
12. किसी समद्विबाहु समकोण त्रिभुज का क्षेत्रफल 64 वर्ग सेमी. है उसका कर्ण ज्ञात कीजिए।
13. एक समद्विबाहु समकोण त्रिभुज का क्षेत्रफल 36 वर्ग सेमी. है। उसका आधार ज्ञात कीजिए।

(i) यदि त्रिभुज की भुजाएँ क्रमशः a, b, c हों तो त्रिभुज का अर्ध परिमाप (s) = $\frac{a+b+c}{2}$

और त्रिभुज का क्षेत्रफल = $\sqrt{s(s-a)(s-b)(s-c)}$

(ii) त्रिभुज का क्षेत्रफल = $\frac{1}{2}$ *× कोई एक भुजा × उस भुजा से त्रिभुज की ऊँचाई।*

(iii) समबाहु त्रिभुज की भुजा a हो तो उसका क्षेत्रफल = $\frac{\sqrt{3}}{4}\cdot a^2$

(iv) समकोण त्रिभुज में पाइथागोरस प्रमेय से, कर्ण² = लम्ब² + आधार²

और समकोण त्रिभुज का क्षेत्रफल = $\frac{1}{2}\times$ *लम्ब × आधार*

(v) समद्विबाहु समकोण त्रिभुज का क्षेत्रफल = $\frac{\text{कर्ण}^2}{2} = \frac{\text{लम्ब}^2}{2} = \frac{\text{आधार}^2}{2}$

हल

1. अर्ध परिमाप $(s) = \frac{a+b+c}{2} = \frac{15+13+14}{2} = \frac{42}{2} = 21$ सेमी.

$\therefore$ त्रिभुज का क्षेत्रफल $= \sqrt{s.(s-a)(s-b)(s-c)} = \sqrt{21(21-15)(21-13)(21-14)} = \sqrt{21\times6\times8\times7}$
$= \sqrt{3\times7\times3\times2\times2\times2\times2\times7} = \sqrt{2\times2\times2\times2\times3\times3\times7\times7} = 2\times2\times3\times7 = 84$ वर्ग सेमी.

2. त्रिभुज का क्षे. $= \frac{\text{कोई एक भुजा} \times \text{उस भुजा से } \Delta \text{ की ऊँचाई}}{2} = \frac{12\times8}{2} = 48$ वर्ग सेमी.

3. तीनों भुजाओं के मध्य बिन्दुओं D, E, F को मिलाने पर Δ चार बराबर क्षेत्रफल वाले त्रिभुजों में बंट जाता है।

ΔDEF की भुजाएं $= \frac{26}{2}, \frac{12}{2}, \frac{18}{2} = 13$ सेमी., 6 सेमी., 9 सेमी.,

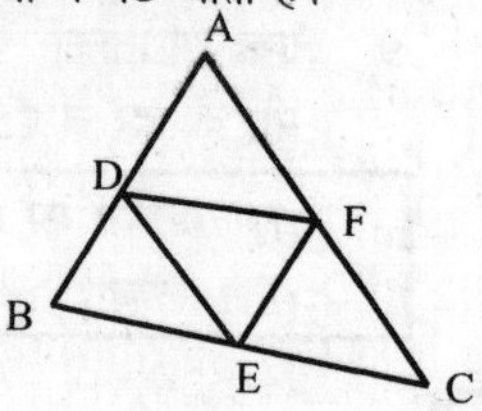

$\therefore$ अर्ध परिमाप $= (s) = \frac{13+6+9}{2} = \frac{28}{2} = 14$

$\therefore$ ΔDEF का क्षे. $= \sqrt{14(14-13)(14-6)(14-9)}$
$\sqrt{14\times1\times8\times5} = \sqrt{560} = 23.66$ वर्ग सेमी.

4. समबाहु त्रिभुज का क्षेत्रफल $= \frac{\sqrt{3}}{4}$ भुजा$^2 = \frac{\sqrt{3}}{4}\times8\times8 = 16\sqrt{3}$ वर्ग सेमी.

5. $25\sqrt{3} = \frac{\sqrt{3}}{4}a^2$ या $\sqrt{3}a^2 = 4\times25\sqrt{3} \Rightarrow a^2 = \frac{4\times25\sqrt{3}}{\sqrt{3}} = 100 = 10^2$ या $a = 10$ सेमी. भुजा

6. समबाहु त्रिभुज की ऊंचाई $= \frac{\sqrt{3}}{2}\times$ भुजा $= \frac{\sqrt{3}}{2}\times6 = 3\sqrt{3}$ सेमी.

7. Δ का क्षेत्रफल $= \frac{\text{आधार}\times\text{ऊँचाई}}{2} = \frac{12\times9}{2} = 54$ वर्ग सेमी.

8. $\because$ $AD \perp BC \Rightarrow BD = DC = \frac{BC}{2} = \frac{10}{2} = 5$

$\therefore$ ΔABD में $AD^2 + BD^2 = AB^2$

$\because$ $AD^2 = AB^2 - BD^2 = 64 - 25 = 39$

$\therefore$ $AD = \sqrt{39} = 6.24$ सेमी.

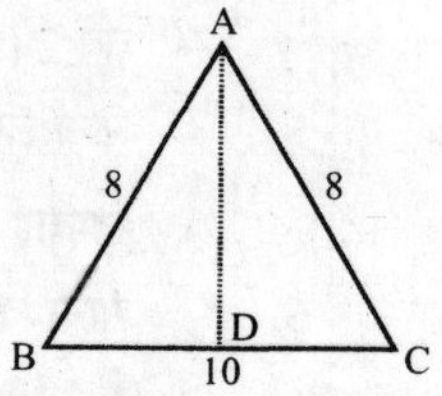

$\therefore$ ΔABD का क्षेत्रफल $= \frac{AD\times BD}{2} = \frac{6.24\times5}{2} = 15.6$ वर्ग सेमी.

9. कर्ण^2 = लम्ब^2 + आधार^2 $= 36+64 = 100 \Rightarrow$ कर्ण$^2 = 10^2 \Rightarrow$ कर्ण $= 10$ सेमी.

10. समकोण त्रिभुज का क्षेत्रफल $= \frac{\text{लम्ब}\times\text{आधार}}{2} = \frac{5\times12}{2} = 30$ वर्ग सेमी.

11. समद्विबाहु समकोण त्रिभुज का लम्ब^2 या आधार^2 $= \frac{\text{कर्ण}^2}{2} = \frac{(10\sqrt{2})^2}{2}$

$\therefore$ लम्ब^2 या आधार$^2 = \frac{100\times2}{2} = 100$, अतः लम्ब या आधार $= \sqrt{100} = 10$ सेमी.

12. समद्विबाहु समकोण त्रिभुज का क्षेत्रफल $= \frac{\text{कर्ण}^2}{4}$

$\therefore$ $\frac{\text{कर्ण}^2}{4} = 64$ या कर्ण$^2 = 64\times4$, अतः कर्ण $= \sqrt{64\times4} = 8\times2 = 16$ सेमी.

13. समद्विबाहु समकोण त्रिभुज का क्षेत्रफल $= \frac{\text{आधार}^2}{2}$ या $\frac{\text{लम्ब}^2}{2}$

$\therefore$ $\frac{\text{आधार}^2}{2} = 36$ या आधार$^2 = 36\times2$, अतः आधार $= \sqrt{36\times2} = 6\sqrt{2}$ सेमी.

2 आयत पर आधारित प्रश्न

1. एक आयत की लम्बाई और चौड़ाई क्रमशः 10 सेमी. तथा 8 सेमी. है। आयत का क्षेत्रफल कितना होगा?
2. किसी आयत का परिमाप 56 सेमी. और लम्बाई 15 सेमी. है। आयत का क्षेत्रफल ज्ञात कीजिए।
3. एक आयत का विकर्ण 25 सेमी. और लम्बाई 20 सेमी. है। आयत का क्षेत्रफल ज्ञात कीजिए।

4. एक आयताकार खेत की लम्बाई और चौड़ाई में 3:2 का अनुपात है। यदि खेत का परिमाप 100 मी. हो तो उसकी लम्बाई ज्ञात कीजिए।
5. किसी आयताकार हाल की चौड़ाई उसके लम्बाई की $\frac{3}{4}$ है। जबकि फर्श का क्षेत्रफल 768 वर्ग सेमी. है। हाल के लम्बाई और चौड़ाई का अन्तर ज्ञात कीजिए।
6. एक आयताकार कालीन का क्षेत्रफल 120 वर्ग मी. है। जबकि इसका परिमाप 46 मी. है। इसके विकर्ण का माप है।
7. किसी आयत का परिमाप 60 सेमी. है जबकि उसके क्षेत्रफल और लम्बाई में अनुपात 12:1 है। आयत की लम्बाई ज्ञात कीजिए।
8. किसी आयताकार प्लाट की लम्बाई उसकी चौड़ाई से 60 प्रतिशत अधिक है। यदि लम्बाई चौड़ाई से 24 सेमी. अधिक हो तो प्लाट का क्षेत्रफल ज्ञात कीजिए।
9. एक आयताकार प्लाट की लम्बाई, चौड़ाई से 20 मी. अधिक है। प्लाट के चारों ओर बाड़ लगाने का खर्च ₹26.50 प्रति मी. की दर से ₹5300 है। प्लाट की लम्बाई कितनी होगी?

(i) आयत का क्षेत्रफल = लम्बाई × चौड़ाई	*(ii) आयत का परिमाप = 2 (लम्बाई + चौड़ाई)*
(iii) लम्बाई^2 + चौड़ाई^2 = विकर्ण^2	*(iv) आयत का विकर्ण = $\sqrt{\text{ल.}^2 + \text{चौ.}^2}$*

हल

1. आयत का क्षेत्रफल = लम्बाई × चौड़ाई = 10 × 8 = 80 वर्ग सेमी.

2. आयत का परिमाप = 2 × (ल. + चौ.)

$\therefore$ $56 = 2 \times (15 + \text{चौ.}) \Rightarrow 15 + \text{चौ.} = \frac{56}{2} = 28$ या चौ. = 28 – 15 = 13 सेमी.

$\therefore$ आयत का क्षेत्रफल = ल. × चौ. = 15 × 13 = 195 वर्ग सेमी.

3. लम्बाई^2 + चौड़ाई^2 = विकर्ण^2 $\Rightarrow 400 +$ चौड़ाई$^2 = 625$

$\therefore$ चौड़ाई$^2 = 625 - 400 = 225 = 15^2$ या चौड़ाई = 15 सेमी.

$\therefore$ क्षेत्रफल = लम्बाई × चौड़ाई = 20 × 15 = 300 वर्ग सेमी.

4. माना लम्बाई 3x मी. तथा चौड़ाई 2 x मी. है।

तब $2(3x + 2x) = 100$ या $10x = 100 \Rightarrow x = 10$, अतः लम्बाई $= 3x = 3 \times 10 = 30$ मी.

5. माना लम्बाई x तथा चौड़ाई $\frac{3x}{4}$ है। अतः $x \times \frac{3x}{4} = 768 \Rightarrow x^2 = \frac{768 \times 4}{3} \Rightarrow x^2 = 1024 \Rightarrow x = \sqrt{1024} = 32$

$\therefore$ लम्बाई = 32 मी. और चौड़ाई $= \frac{3 \times 32}{4} = 24$ मी., अतः लम्बाई – चौड़ाई = 32 – 24 = 8 मी.

6. माना कालीन की लम्बाई a तथा चौड़ाई b है। अतः $a.b = 120$ ....(i)

$2 \times (a + b) = 46 \Rightarrow a + b = 23$ ....(ii)

सूत्र $(a - b)^2 = (a + b)^2 - 4ab$ से

$(a - b)^2 = 529 - 480 = 49 \Rightarrow a - b = 7$ ....(iii)

समी. (ii) + (iii) से $2a = 30 \Rightarrow a = 15$, अतः समी. (i) से $15 \times b = 120 \Rightarrow b = 8$

$\therefore$ विकर्ण $= \sqrt{\text{लम्बाई}^2 + \text{चौड़ाई}^2} = \sqrt{15^2 + 8^2} = \sqrt{225 + 64} = \sqrt{289} = 17$ मी.

7. माना आयत की लम्बाई a तथा चौड़ाई b है। अतः $2(a + b) = 60 \Rightarrow a + b = 30$ ......(i)

$\frac{\text{क्षेत्रफल}}{\text{लम्बाई}} = \frac{12}{1}$ या $\frac{a.b}{a} = \frac{12}{1} \Rightarrow b = 12$

$\therefore$ समी. (1) से $a + 12 = 30 \Rightarrow a = 18 \Rightarrow$ लम्बाई

8. $\ell = b + b \times \frac{60}{100} = b + 0.6b = 1.6b$, अतः $\ell - b = 24$ या $1.6b - b = 24$

$\therefore$ $0.6b = 24$ या $b = \frac{24}{0.6} = \frac{240}{6} = 40$ सेमी.

$\therefore$ $\ell = 1.6 \times 40 = 64$, अतः क्षेत्रफल $= 64 \times 40 = 2560$ वर्ग सेमी.

9. माना प्लाट की लम्बाई (x + 20) मी. तथा चौड़ाई x मी. है। अतः प्लाट का परिमाप $= 2(x + 20 + x) = 2(2x + 20)$

$\therefore$ $2(2x + 20) \times 26.5 = 5300$, अतः $2x + 20 = 100$ या $2x = 80$ या $x = 40$

$\therefore$ प्लाट की लम्बाई $= x + 20 = 40 + 20 = 60$ मी.

3 वर्ग पर आधारित प्रश्न

1. किसी वर्गाकार खेत की भुजा 45 मी. है। खेत का क्षेत्रफल कितना होगा?
2. एक वर्गाकार मैदान का क्षेत्रफल 16 एअर है। उसकी भुजा ज्ञात कीजिए।
3. किसी वर्ग का क्षेत्रफल 256 वर्ग मी. है। उसके विकर्ण की माप ज्ञात कीजिए।
4. दो वर्गों के क्षेत्रफलों का अनुपात 9:1 है। उनके परिमापों का अनुपात ज्ञात कीजिए।

(i) वर्ग का परिमाप = 4 × भुजा *(ii) वर्ग का विकर्ण = भुजा × $\sqrt{2}$*

(iii) वर्ग का क्षे. = भुजा^{2} *(iv) वर्ग का क्षेत्रफल = $\frac{\text{विकर्ण}}{2}$*

हल

1. खेत का क्षेत्रफल = भुजा^{2} = $45^2 = 2025$ वर्ग मी.
2. वर्गाकार मैदान का क्षेत्रफल = 16 एअर = 16×100 वर्ग मी.

$\therefore$ भुजा^{2} = 16×100 या भुजा = $\sqrt{16 \times 100} = 4 \times 10 = 40$ मी.

3. वर्ग का क्षेत्रफल = $\frac{\text{विकर्ण}^2}{2} \Rightarrow 256 = \frac{\text{विकर्ण}^2}{2}$, अतः विकर्ण^2 = $256 \times 2 \Rightarrow$ विकर्ण = $\sqrt{256 \times 2} = 16\sqrt{2}$ मी.
4. वर्गों की भुजाओं में अनुपात = $\sqrt{\text{क्षेत्रफलों का अनुपात}} = \sqrt{9:1} = 3:1$

$\therefore$ परिमापों में अनुपात = $4 \times 3 : 4 \times 1 = 3 : 1$

4 समचतुर्भुज पर आधारित प्रश्न

1. किसी समचतुर्भुज के विकर्ण क्रमशः 16 सेमी. तथा 12 सेमी. है। इसका क्षेत्रफल कितना होगा?
2. 40 सेमी. तथा 30 सेमी. माप के विकर्ण वाले समचतुर्भुज का परिमाप ज्ञात कीजिए।
3. किसी समचतुर्भुज के विकर्णों पर बने वर्गों के क्षेत्रफलों का योग 400 वर्ग मी. है। समचतुर्भुज की भुजा ज्ञात कीजिए।
4. एक समचतुर्भुज की भुजा और एक विकर्ण क्रमशः 5 मी., 8 मी. है। चतुर्भुज का क्षेत्रफल कितना होगा?
5. एक समुचतुर्भुज के विकर्ण 2:3 के अनुपात में हैं। यदि उसका क्षेत्रफल 1200 वर्ग मी. हो तो चतुर्भुज की भुजा ज्ञात कीजिए।

जिस चतुर्भुज की चारों भुजाएँ बराबर हों और दोनों विकर्ण एक-दूसरे को समकोण पर समद्विभाजित करते हों उसे समचतुर्भुज कहते हैं। जैसे, सम्मुख चतुर्भुज ABCD में विकर्ण AC और BD एक-दूसरे को बिन्दु E पर 90^0 के कोण पर समद्विभाजित कर रहे हैं। अतः $AE = EC = \frac{AC}{2}$ और $BE = ED = \frac{BD}{2}$ तथा $\angle AEB = \angle BEC = \angle CED = \angle DEA = 90$

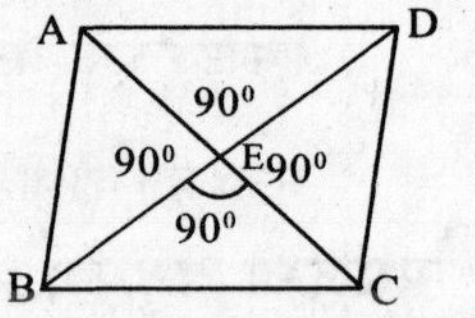

(i) समचतुर्भुज का क्षेत्रफल = $\frac{\text{दोनों विकर्णों का गुणनफल}}{2}$

(ii) समचतुर्भुज का परिमाप = भुजा × 4

(iii) विकर्णों पर बने वर्गों का योग = भुजा^{2} × 4

हल

1. सम चतुर्भुज का क्षेत्रफल = $\frac{\text{विकर्णों का गुणनफल}}{2} = \frac{16 \times 12}{2} = 96$ वर्ग सेमी.
2. समचतुर्भुज की भुजा^{2} = $\left(\frac{40}{2}\right)^2 + \left(\frac{30}{2}\right)^2 = 20^2 + 15^2 = 400 + 225 = 625 = 25^2$

$\therefore$ समचतुर्भुज की भुजा = 25 सेमी. अतः परिमाप = 4 × भुजा = $4 \times 25 = 100$ सेमी.

3. 4 × भुजा^{2} = विकर्णों पर बने वर्गों का योग = 400, अतः भुजा^{2} = $\frac{400}{4} = 100 = 10^2$ या भुजा = 10 मी.
4. सम्मुख चित्र से, $AE^2 + BE^2 = AB^2 \Rightarrow AE^2 = AB^2 - BE^2 = 25 - 16 = 9$

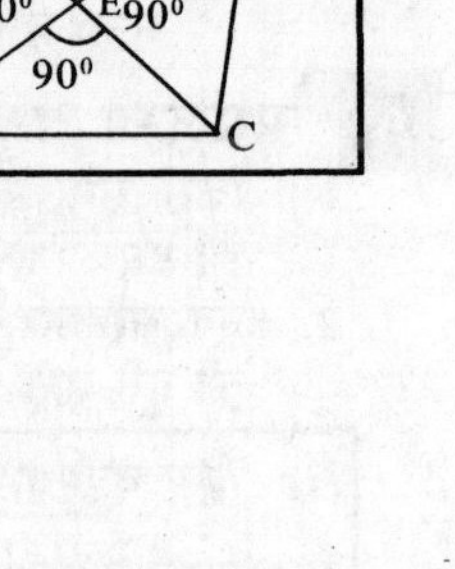

$\therefore$ $AE = \sqrt{9} = 3$ सेमी., अतः $AC = 2 \times 3 = 6$ सेमी.

$\therefore$ क्षेत्रफल = $\frac{\text{विकर्णों का गुणनफल}}{2} = \frac{6 \times 8}{2} = 24$ वर्ग सेमी.

5. माना विकर्ण क्रमशः 2x तथा 3x हैं। अतः $\frac{2x \times 3x}{2} = 1200 \Rightarrow x^2 = \frac{1200}{3} = 400 \Rightarrow x = 20$

$\therefore$ विकर्ण $AC = 2x = 2 \times 20 = 40$ मी. और विकर्ण $BD = 3x = 3 \times 20 = 60$ मी.

$\therefore$ $AE = \frac{40}{2} = 20$ मी. और $BE = \frac{60}{2} = 30$ मी.

$\therefore$ $AB^2 = 20^2 + 30^2 = 400 + 900 = 1300$, अतः $AB = \sqrt{1300} = 10\sqrt{13}$ मी.

5 समषट्भुज पर आधारित प्रश्न

1. किसी समषट्भुज की भुजा 12 सेमी. है। समषट्भुज का क्षेत्रफल ज्ञात कीजिए।
2. एक समषट्भुज का क्षेत्रफल $54\sqrt{3}$ सेमी. है। उसके भुजा की माप ज्ञात कीजिए।
3. एक समषट्भुज का विकर्ण 16 सेमी. है। उसका क्षेत्रफल कितना होगा?
4. 7 सेमी. भुजा के समषट्भुज के परिवृत्त का क्षेत्रफल ज्ञात कीजिए।
5. 14 सेमी. भुजा के समषट्भुज के अन्तःवृत्त का क्षेत्रफल ज्ञात कीजिए।

(i) 6 समान भुजाओं से घिरी आकृति समषट्भुज कहलाती है।

(ii) समषट्भुज की भुजा a हो तो विकर्ण की लम्बाई = $2a$ अर्थात् $AD = BE = CF = 2a$

(iii) समषट्भुज का परिमाप = 6 × भुजा = $6a$

(iv) समषट्भुज का क्षेत्रफल = $\frac{6\sqrt{3}}{4} \cdot a^2$

(v) समषट्भुज के परिवृत्त की त्रिज्या = समषट्भुज की भुजा = a

(vi) समषट्भुज के अन्तः वृत्त की त्रिज्या = $\frac{\sqrt{3}}{2} \cdot$ भुजा = $\frac{\sqrt{3}}{2} \cdot a$

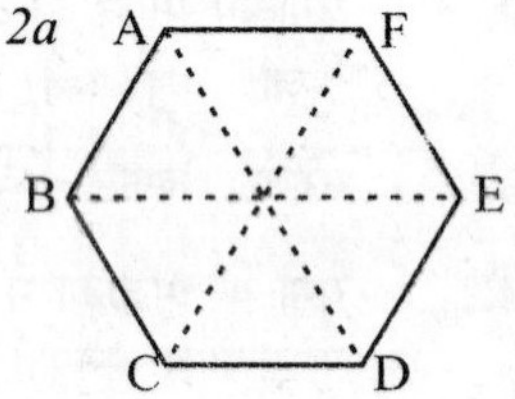

हल

1. समषट्भुज का क्षेत्रफल $= 6\frac{\sqrt{3}}{4} \times 12 \times 12 = 216\sqrt{3}$ वर्ग सेमी.
2. $6\frac{\sqrt{3}}{4}a^2 = 54\sqrt{3}$ या $\frac{6a^2}{4} = 54$ या $a^2 = \frac{54 \times 4}{6} = 36 \Rightarrow a = 6$ सेमी.
3. समषट्भुज की भुजा = $\frac{\text{विकर्ण}}{2} = \frac{16}{2} = 8$ सेमी., अतः क्षेत्रफल $= \frac{6\sqrt{3}}{4} \times 8 \times 8 = 96\sqrt{3}$ वर्ग सेमी.
4. समषट्भुज के परिवृत्त की त्रिज्या = समषट्भुज की भुजा = 7 सेमी.

   $\therefore$ परिवृत्त का क्षेत्रफल $= \pi r^2 = \frac{22}{7} \times 7 \times 7 = 154$ वर्ग सेमी.
5. समषट्भुज के अन्तः वृत्त की त्रिज्या $= \frac{\sqrt{3}}{2} \times$ भुजा $= \frac{\sqrt{3}}{2} \times 14 = 7\sqrt{3}$ सेमी.

   $\therefore$ अन्तः वृत्त का क्षेत्रफल $= \pi r^2 = \frac{22}{7} \times 7\sqrt{3} \times 7\sqrt{3} = 462$ वर्ग सेमी.

6 समलम्ब चतुर्भुज पर आधारित प्रश्न

1. किसी समलम्ब चतुर्भुज की समान्तर भुजाएं क्रमशः 20 सेमी. तथा 25 सेमी. हैं और इनके बीच की लम्बवत् दूरी 18 सेमी. है। इसका क्षेत्रफल ज्ञात कीजिए।
2. एक समलम्ब का क्षेत्रफल 580 वर्ग सेमी. है। यदि इसकी समान्तर भुजाएं क्रमशः 30 सेमी. तथा 28 सेमी. हों तो इनके बीच की दूरी ज्ञात कीजिए।

(i) जिस चतुर्भुज की आमने-सामने की केवल दो भुजाएँ समान्तर होती हैं उसे समलम्ब कहते हैं।

(ii) समलम्ब का क्षेत्रफल = $\frac{1}{2} \times$ समान्तर भुजाओं का योग × उनके बीच की दूरी

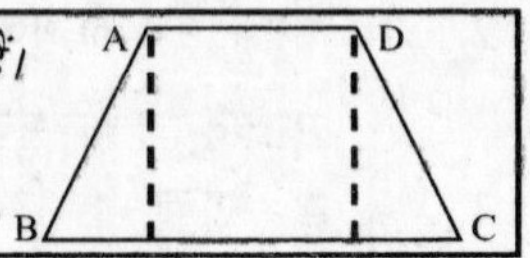

हल

1. समलम्ब का क्षेत्रफल $= \frac{\text{समान्तर भुजाओं का योग} \times \text{उनके बीच की दूरी}}{2} = \frac{(20+25) \times 18}{2} = 45 \times 9 = 405$ वर्ग सेमी.
2. $580 = \frac{(30+28) \times \text{भुजाओं के बीच की दूरी}}{2}$, अतः $58 \times$ भुजाओं के बीच की दूरी $= 580 \times 2$

   $\therefore$ भुजाओं की बीच की दूरी $= \frac{580 \times 2}{58} = 10 \times 2 = 20$ सेमी.

7 वृत्त पर आधारित प्रश्न

1. किसी वृत्त की परिधि 44 सेमी. हो तो उसका क्षेत्रफल ज्ञात कीजिए।
2. यदि वृत्ताकार क्यारी की त्रिज्या 2 गुनी कर दी जाय तो उसका क्षेत्रफल कितने गुना हो जायेगा?
3. यदि वृत्त की त्रिज्या एक तिहाई कर दी जाय तो उसका क्षेत्रफल पहले क्षेत्रफल का कौन-सा भाग होगा?
4. एक अर्ध वृत्त की व्यास 14 सेमी. है। अर्धवृत्त का क्षेत्रफल और परिमाप ज्ञात कीजिए।

वृत्त की त्रिज्या r हो तो

(i) वृत्त का व्यास $= 2r$ *(ii) परिधि* $= 2\pi r =$ *व्यास* $\times \pi$

(iii) वृत्त का क्षेत्रफल $= \pi r^2$

(iv) अर्धवृत्त का क्षेत्रफल $= \frac{1}{2}\pi r^2$

(v) अर्धवृत्त का परिमाप $= \frac{36r}{7}$

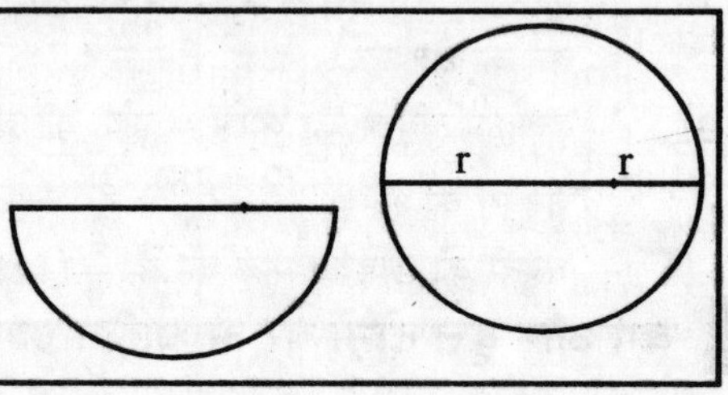

हल

1. चूंकि वृत्त की परिधि = 44 सेमी., अतः $2\pi r = 44$

$\therefore 2 \times \frac{22}{7} \times r = 44 \Rightarrow \frac{r}{7} = 1 \Rightarrow r = 7$ सेमी., अतः वृत्त का क्षेत्रफल $= \pi r^2 = \frac{22}{7} \times 7 \times 7 = 154$ सेमी.^{2}

2. यदि वृत्ताकार क्यारी की त्रिज्या r हो तो उसका क्षे. $= \pi r^2$

$\therefore$ त्रिज्या 2 गुनी करने पर नया क्षे. $= \pi(2r)^2 = 4\pi r^2 =$ पहले क्षे. का 4 गुना

3. यदि वृत्त की त्रिज्या हो तो उसका क्षे. $= \pi r^2$

त्रिज्या एक तिहाई करने पर नया क्षे. $= \pi\left(\frac{r}{3}\right)^3 = \frac{\pi r^2}{9}$ पहले क्षे. का $\frac{1}{9}$ भाग

4. चूंकि अर्धवृत्त का व्यास = 14 सेमी., अतः त्रिज्या $= \frac{14}{2} = 7$ सेमी.

$\therefore$ अर्धवृत्त का क्षे. $= \frac{1}{2}\pi r^2 = \frac{1}{2} \times \frac{22}{7} \times 7 \times 7 = 77$ सेमी.^{2} और अर्धवृत्त का परिमाप $= \frac{36}{7}r = \frac{36}{7} \times 7 = 36$ सेमी.

8 आयत और वर्ग दोनों पर आधारित प्रश्न

1. किसी आयत की लम्बाई, चौड़ाई क्रमशः 35मी., 30मी. है। इसमें से 5 मी. भुजा की कितनी वर्गाकार क्यारियाँ बनायी जा सकती हैं?
2. किसी कमरे के फर्श की माप 10 मी., 8मी. है। इस पर अधिकतम माप की कितनी वर्गाकार डिजाइने बनायी जा सकती हैं?
3. एक आयत और वर्ग का क्षेत्रफल समान है यदि आयत की लम्बाई 90 मी. और चौड़ाई 80 मी. हो तो वर्ग की भुजा ज्ञात कीजिए।
4. 25 मी. लम्बे और 20 मी. चौड़े आयताकार खेत से बनाये गये बड़े से बड़े वर्गाकार खेत का क्षेत्रफल कितना होगा?

(i) किसी आयताकार मैदान या क्षेत्र में बन सकने वाली अधिकतम माप की वर्गाकार क्यारियों की भुजा
= आयत की लम्बाई और चौड़ाई का म.स.

(ii) आयताकार कमरे की फर्श पर लगने वाली अधिकतम माप की वर्गाकार टाइलों की भुजा
= कमरे की लम्बाई और चौड़ाई का म.स.

(iii) यदि किसी आयत में से एक बड़ा से बड़ा वर्ग काटा जाये तो वर्ग की भुजा = आयत की चौड़ाई

हल

1. क्यारियों की संख्या $= \frac{\text{आयत का क्षेत्रफल}}{\text{एक क्यारी का क्षेत्रफल}} = \frac{35 \times 30}{5 \times 5} = 42$

2. वर्गाकार डिजाइन की भुजा = 10मी., 8मी., का म.स. = 2 मी.

$\therefore$ डिजाइनों की संख्या $= \frac{\text{फर्श का क्षेत्रफल}}{\text{एक डिजाइन का क्षेत्रफल}} = \frac{10 \times 8}{2 \times 2} = 20$

3. वर्ग का क्षे. = आयत का क्षे. $= 90 \times 80 = 7200$, अतः वर्ग की भुजा $= \sqrt{7200} = \sqrt{3600 \times 2} = 60\sqrt{2}$ मी.

4. बड़े से बड़े वर्गाकार खेत की भुजा = 20 मी., अतः क्षेत्रफल $= 20 \times 20 = 400$ वर्ग मी.

9 आयत और वृत्त दोनों पर आधारित प्रश्न

1. 18 सेमी. लम्बाई और 14 सेमी. चौड़ाई के आयत में बने बड़े से बड़े वृत्त का क्षेत्रफल ज्ञात कीजिए।
2. 40 मी. लम्बे और 28 मी. चौड़े आयताकार पार्क में अधिकतम क्षेत्रफल का वृत्ताकार चबूतरा बना है। चबूतरे को छोड़कर पार्क का क्षेत्रफल कितना है?

हल

1. आयत में बने बड़े से बड़े वृत्त का व्यास = आयत की चौड़ाई = 14 सेमी., अतः वृत्त की त्रिज्या $= \frac{14}{2} = 7$ सेमी.

$\therefore$ वृत्त का क्षेत्रफल = $\pi r^2 = \frac{22}{7} \times 7 \times 7 = 154$ वर्ग सेमी.

2. वृत्ताकार चबूतरे का व्यास = पार्क की चौड़ाई = 28 मी.

$\therefore$ चबूतरा का क्षे. $= \frac{22}{7} \times \frac{28}{2} \times \frac{28}{2} = 616$ वर्ग मी. और पार्क का क्षेत्र $= 40 \times 28 = 1120$ वर्ग मी.

$\therefore$ चबूतरे को छोड़कर पार्क का क्षे. $= 1120 - 616 = 504$ वर्ग मी.

10 वर्ग और वृत्त दोनों पर आधारित प्रश्न

1. एक वर्ग की भुजा 28 सेमी. है। इसमें बने बड़े से बड़े वृत्त का क्षेत्रफल कितना होगा?
2. 35 मी. भुजा के वर्गाकार खेत में अधिकतम माप की वृत्ताकार क्यारी बनी है। क्यारी का क्षेत्रफल कितना होगा?
3. 56 सेमी. त्रिज्या वाले वृत्ताकार तार को यदि वर्गाकार बनाया जाय तो वर्ग की भुजा कितनी होगी?
4. एक वर्गाकार क्षेत्र और एक वृत्ताकार क्षेत्र के परिमाप समान हैं। यदि वर्गाकार क्षेत्र का क्षेत्रफल 121 वर्गमीटर हो तो वृत्त की त्रिज्या ज्ञात कीजिए।

हल

1. वर्ग में बने बड़े से बड़े वृत्त का व्यास = वर्ग की भुजा = 28 सेमी.

वृत्त की त्रिज्या $= \frac{28}{2} = 14$ सेमी., अतः वृत्त का क्षेत्रफल $= \pi r^2 = \frac{22}{7} \times 14 \times 14 = 616$ वर्ग सेमी.

2. वृत्ताकार क्यारी का व्यास = वर्ग की भुजा = 35 मी.

$\therefore$ क्यारी का क्षे. $= \frac{22}{7} \times \frac{35}{2} \times \frac{35}{2} = \frac{11 \times 5 \times 35}{2} = 962.5$ वर्ग मी.

3. $\because$ वृत्ताकार तार से वर्गाकार तार बन रहा है।

$\therefore$ वर्गाकार तार का परिमाप = वृत्ताकार तार का परिमाप $\Rightarrow$ वर्ग का परिमाप = वृत्त की परिधि

$\therefore$ वर्ग की भुजा $\times 4 = 2 \times \frac{22}{7} \times r = 2 \times \frac{22}{7} \times 56 \Rightarrow$ वर्ग की भुजा $= \frac{2 \times 22 \times 56}{7 \times 4} = 88$ सेमी.

4. वर्गाकार क्षेत्र का क्षे. = 121 वर्ग मी. $\Rightarrow$ वर्ग की भुजा$^2 = 121 = 11^2$

$\therefore$ वर्ग की भुजा = 11 मी., अतः वर्ग का परिमाप $= 4 \times 11$ मी., अतः वृत्ताकार क्षेत्र का परिमाप = वर्ग का परिमाप

$\therefore$ $2 \times \frac{22}{7} \times r = 4 \times 11$, अतः $r = \frac{4 \times 11 \times 7}{2 \times 22} = 7$ मी.

11 त्रिज्यखण्ड पर आधारित प्रश्न

1. सम्मुख चित्र में वृत्त की त्रिज्या = 21 सेमी. और त्रिज्यखण्ड का कोण $\theta = 30^\circ$ तो त्रिज्यखण्ड की लम्बाई ज्ञात कीजिए।

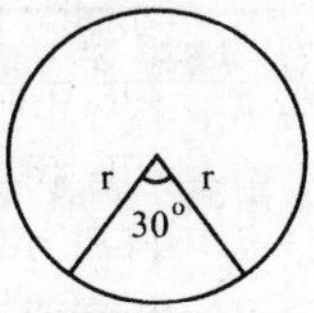

2. सामने प्रदर्शित चित्र की त्रिज्या 14 सेमी. और केन्द्र कोण θ का मान 90° है। त्रिज्यखण्ड का क्षेत्रफल ज्ञात कीजिए।

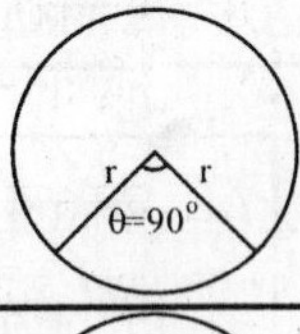

(A) त्रिज्यखण्ड AOB (छायांकित भाग) की लम्बाई AB $= \frac{\pi r \theta}{180}$

(B) त्रिज्यखण्ड AOB (छायांकित भाग) का क्षे. $= \frac{\pi r^2 \theta}{360}$

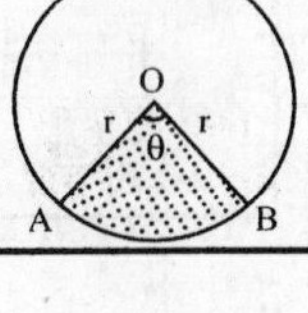

हल

1. त्रिज्यखण्ड की लम्बाई $= \frac{\pi r \theta}{180} = \frac{22}{7} \times \frac{21 \times 30}{180} = 11$सेमी.
2. त्रिज्यखण्ड का क्षे. $= \frac{\pi r^2 \theta}{360} = \frac{22}{7} \times \frac{14 \times 14 \times 90}{360} = 154$ वर्ग सेमी.

12 प्रतिशत पर आधारित प्रश्न

[A] जब एक विमा में % वृद्धि या कमी की जाय

1. एक आयताकार खेत की लम्बाई में 25% की वृद्धि की गयी। उसकी चौड़ाई में कितने % कमी की जाय कि उसका क्षेत्रफल न बदले?
2. किसी आयत की लम्बाई 10% कम की गयी उसकी चौड़ाई में कितने % वृद्धि की जाय की उसका क्षेत्रफल अपरिवर्तित रहे?
3. किसी वर्गाकार पार्क की चौड़ाई 20% कम की गयी। उसकी लम्बाई में कितने % वृद्धि कर दी जाय कि क्षेत्रफल ज्यों का त्यों बना रहे?
4. एक वर्ग और एक आयत के क्षेत्रफल समान हैं। यदि आयत की लम्बाई वर्ग की भुजा से 25% अधिक है तो आयत की चौड़ाई वर्ग की भुजा से कितने % कम है?
5. एक त्रिभुज का आधार 30% कम किया गया। ऊंचाई कितने % बढ़ा दी जाय की उसका क्षेत्रफल न बदलें?

क्षेत्रफल अपरिवर्तित रखने के लिए

A. यदि एक विमा में x% वृद्धि की जाय तो दूसरी विमा में % कमी $= \frac{100 \times x}{100 + x}$

B. यदि एक विमा में x% कमी की जाय तो दूसरी विमा में % वृद्धि $= \frac{100 \times x}{100 - x}$

हल

1. चौड़ाई में % कमी $= \frac{100 \times 25}{125} = 20\%$
2. चौड़ाई में % वृद्धि $= \frac{100 \times 10}{90} = \frac{100}{9} = 11\frac{1}{9}\%$
3. लम्बाई में % वृद्धि $= \frac{100 \times 20}{80} = 25\%$
4. % कम $= \frac{100 \times 25}{125} = 20\,\%$
5. ऊंचाई में % वृद्धि $= \frac{100 \times 30}{70} = \frac{300}{7} = 42\frac{6}{7}\%$

[B] जब दोनों विमाओं में % वृद्धि या % कमी की जाय

1. एक आयताकार प्लाट की लम्बाई 10% और चौड़ाई 5% बढ़ायी गयी। उसका क्षेत्रफल कितने प्रतिशत बढ़ जायेगा?
2. किसी आयत की लम्बाई को 20% और चौड़ाई को 15% कम कर देने पर उसका क्षेत्रफल कितने प्रतिशत कम हो जायेगा?
3. किसी आयताकार खेत की लम्बाई 18% बढ़ायी गयी जबकि उसकी चौड़ाई 12% कम की गयी। बताइये उसका क्षेत्रफल कितने प्रतिशत घटेगा या बढ़ेगा?
4. एक आयत की लम्बाई 22% कम की गयी जबकि उसकी चौड़ाई 15% बढ़ायी गयी। उसके क्षेत्रफल में कितने प्रतिशत कमी या वृद्धि होगी?
5. एक वर्गाकार खेल के मैदान की भुजा 25% बढ़ा देने पर उसका क्षेत्रफल कितने प्रतिशत बढ़ जायेगा?
6. एक वृत्त का व्यास 10% बढ़ा देने पर उसके क्षेत्रफल में प्रतिशत वृद्धि ज्ञात कीजिए।
7. किसी वृत्ताकार क्यारी की परिधि 5% कम कर दी गयी। उसका क्षेत्रफल कितने प्रतिशत कम हो जायेगा?
8. एक त्रिभुज की आधार भुजा 30% घटायी गयी जबकि उसकी ऊंचाई में 25% की वृद्धि कर दी गयी उसके क्षेत्रफल में कितने प्रतिशत की वृद्धि या कमी हो जायेगी?

(A) जब एक विमा को x % तथा दूसरी विमा को y % बदल दिया जाय तो क्षेत्रफल में % परिवर्तन $= x + y + \frac{x.y}{100}$

यहां वृद्धि होने पर x और y के मान धनात्मक और कमी होने पर ऋणात्मक रखा जायेगा।

तथा $x + y + \frac{x.y}{100}$ *का मान धनात्मक आने पर क्षेत्रफल में % वृद्धि और ऋणात्मक आने पर क्षेत्रफल में % कमी होगी?*

(B) वृत्त की परिधि, व्यास या त्रिज्या में से किसी भी एक को x % बदल दिया जाय तो शेष दो भी अलग-अलग x % बदल जायेंगे।

हल

1. क्षेत्रफल में % परिवर्तन $= 10+5+\dfrac{10\times5}{100} = 15+0.5 = 15.5\%$ वृद्धि
2. क्षेत्रफल में % परिवर्तन $= -20-15+\dfrac{-20\times-15}{100} = -35+3 = -32 \Rightarrow 32\%$ कमी
3. क्षेत्रफल में % परिवर्तन $= 18-12+\dfrac{18\times-12}{100} = 6+(-2.16) = 6-2.16 = 3.84\,\%$ वृद्धि
4. क्षेत्रफल में % परिवर्तन $= -22+15+\dfrac{-22\times15}{100} = -7+(-3.3) = -7-3.3 = -10.3 = 10.3\,\%$ कमी
5. क्षेत्रफल में % परिवर्तन $= 25+25+\dfrac{25\times25}{100} = 50+6.25 = 56.25\,\%$ वृद्धि
6. क्षेत्रफल में % परिवर्तन $= 10+10+\dfrac{10\times10}{100} = 20+1 = 21\,\%$ वृद्धि
7. क्षेत्रफल में % परिवर्तन $= -5-5+\dfrac{-5\times-5}{100} = -10+0.25 = -9.75 = 9.75\,\%$ कमी
8. क्षेत्रफल में % परिवर्तन $= -30+25+\dfrac{-30\times25}{100} = -5+(-7.5) = -5-7.5 = -12.5 = 12.5\,\%$ कमी

13 विविध प्रश्न

[A] जब आयत या वर्ग के बीचो-बीच या बाहर या भीतर चारों ओर कोई रास्ता बना हो –

1. 75 मी. लम्बे और 60 मी. चौड़े बाग के ठीक बीचों-बीच लम्बाई के समान्तर 5 मी. चौड़ा मार्ग बना है। मार्ग का क्षेत्रफल ज्ञात कीजिए।
2. एक आयताकार पार्क की लम्बाई 100 मी. तथा चौड़ाई 90 मी. है। पार्क के ठीक बीच में चौड़ाई के समान्तर 8 मी. चौड़ा रास्ता बना है। रास्ते का क्षेत्रफल कितना है?
3. 150 मी. लम्बे और 120 मी. चौड़े बाग के बीचो-बीच परस्पर समकोण पर काटते हुए 10 मी. चौड़े दो रास्ते बने हैं। ₹2 प्रति वर्ग मी. की दर से रास्तों पर गिट्टी कूटवाने का खर्च ज्ञात कीजिए।
4. 80 मी. लम्बे और 75 मी. चौड़े पार्क के बाहर चारों ओर 10 मी. चौड़ाई में बैठने के लिए स्थान बना है। इस स्थान का क्षेत्रफल कितना होगा?
5. एक आयताकार खेत के चारों ओर अन्दर से सीमा से लगा हुआ 8 मी. चौड़ा मार्ग बना है। यदि खेत की लम्बाई, चौड़ाई, क्रमशः 180 मी., 150 मी. हो तो मार्ग का क्षेत्रफल ज्ञात कीजिए?
6. 120 मी. भुजा के वर्गाकार ग्राउन्ड के बीचो-बीच परस्पर समकोण पर काटती हुई 20 मी. चौड़ी दो पट्टियां बनी हैं। पट्टियों को छोड़कर शेष ग्राउन्ड का क्षेत्रफल बताइये।

(A) लम्बाई के समान्तर बने रास्ते का क्षेत्रफल = लम्बाई × रास्ते की चौड़ाई

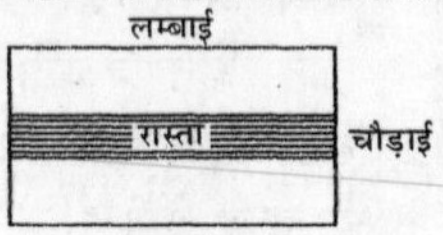

(B) चौड़ाई के समान्तर बने रास्ते का क्षेत्रफल = चौड़ाई × रास्ते की चौड़ाई

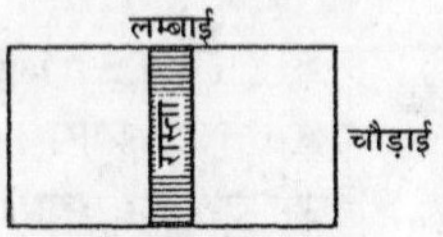

(C) रास्ते का क्षेत्रफल = रास्ते की चौड़ाई ×
(आयत की लम्बाई + आयत की चौड़ाई – रास्ते की चौड़ाई)

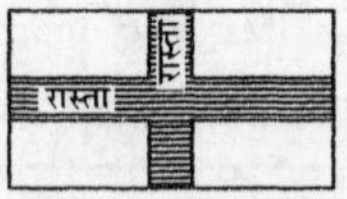

(D) बाहर बने रास्ते का क्षेत्रफल = 2 × रास्ते की चौड़ाई
(आयत की लम्बाई + आयत की चौड़ाई + 2 × रास्ते की चौड़ाई)

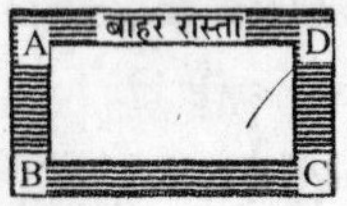

(E) अन्दर बने रास्ते का क्षेत्रफल = 2 × रास्ते की चौड़ाई
(आयत की लम्बाई + आयत की चौड़ाई – 2 × रास्ते की चौड़ाई)

हल

1. मार्ग का क्षेत्रफल = $75 \times 5 = 375$ वर्ग मी.
2. रास्ते का क्षेत्रफल = $90 \times 8 = 720$ वर्ग मी.
3. रास्ते का क्षेत्रफल = $10\,(150 + 120 - 10) = 10 \times 260 = 2600$ वर्ग मी.

   $\therefore$ खर्च = $2600 \times 2 =$ ₹5200
4. स्थान का क्षेत्रफल = $2 \times 10\,(80 + 75 + 2 \times 10) = 2 \times 10 \times 175 = 3500$ वर्ग मी.
5. मार्ग का क्षेत्रफल = $2 \times 8\,(180 + 150 - 2 \times 8) = 2 \times 8 \times 314 = 5024$ वर्ग मी.
6. पट्टियों का क्षेत्रफल = $20 \times (120 + 120 - 20) = 20 \times 220 = 4400$ वर्ग मी.

   पूरे ग्राउन्ड का क्षेत्रफल = $120 \times 120 = 14400$ वर्ग मी.

   $\therefore$ शेष ग्राउन्ड का क्षेत्रफल = $14400 - 4400 = 10000$ वर्ग मी.

[B] कुछ विशेष प्रकार के प्रश्न

1. किसी वर्ग के अन्तः वृत्त की त्रिज्या $2\sqrt{7}$ सेमी. है। वर्ग के परिवृत्त का क्षेत्रफल ज्ञात कीजिए।
2. एक त्रिभुज की तीनों शीर्षों को केन्द्र मानकर 3.5 सेमी. व्यास के तीन समान वृत्त खीचे गये हैं। त्रिभुज के उन भागों का कुल क्षेत्रफल ज्ञात कीजिए जो वृत्तों में पड़ते हों।
3. एक समबाहु त्रिभुज के तीनों शीर्षो को केन्द्र मानकर तीन समान वृत्त इस प्रकार खीचे गये है कि प्रत्येक एक-दूसरे को स्पर्श कर रहें हैं। यदि प्रत्येक की त्रिज्या 5 सेमी. हो तो त्रिभुज के उस भाग का क्षेत्रफल ज्ञात कीजिए जो वृत्तों से बाहर हो।
4. एक वर्ग की चारों भुजाओं पर अर्धवृत्त बनाये गये हैं। यदि वर्ग की भुजा 14 सेमी. हो तो पूरी आकृति का क्षेत्रफल ज्ञात कीजिए।
5. 24 सेमी. भुजा के वर्ग के चारों शीर्ष बिन्दुओं को केन्द्र मानकर चार वृत्त इस प्रकार बनाये गये हैं कि कोई दो वृत्त एक दूसरे को अवश्य स्पर्श करते हैं। इन चारों वृत्तों को स्पर्श करता हुआ एक छोटा वृत्त उनके बीच में बना है। छोटे वृत्त का क्षेत्रफल ज्ञात कीजिए।

हल

1. वर्ग के परिवृत्त का क्षे. = 2 × वर्ग के अन्तः वृत्त का क्षे. = $2 \times \pi \times \left(2\sqrt{7}\right)^2$

   $= 2 \times \frac{22}{7} \times 4 \times 7 = 176$ वर्ग सेमी.

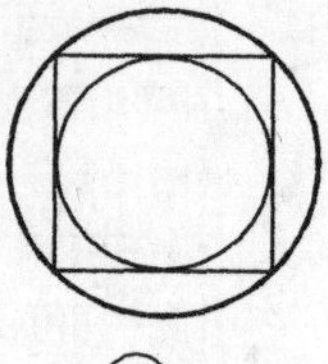

2. यदि r त्रिज्या के तीन समान वृत्त Δ के तीनों शीर्षो से खीचें जाय तो वृत्तों में पड़ने वाला Δ का क्षे. = $\frac{1}{2}\pi r^2 = \frac{1}{2} \times \frac{22}{7} \times \frac{3.5}{2} \times \frac{3.5}{2} = 4.8125$ वर्ग सेमी.= 4.81 वर्ग सेमी.

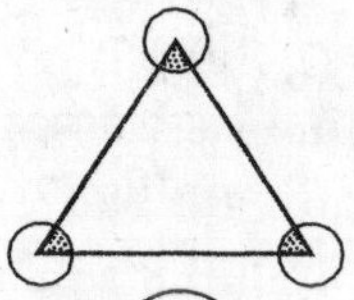

3. यदि प्रत्येक वृत्त की त्रिज्या r हो तो वृत्तों से बाहर पड़ने वाला त्रिभुज का क्षे.

   $= \left(\frac{2\sqrt{3} - \pi}{2}\right) r^2 = \left(\frac{2 \times 1.7 - \pi}{2}\right) r^2 = \left(\frac{3.4 - 3.1}{2}\right) \times 25 = 3.75$ वर्ग सेमी.

4. $\because$ अर्धवृत्तों का व्यास = वर्ग की भुजा = 14 सेमी.

   $\therefore$ पूरी आकृति का क्षे. = वर्ग का क्षे. + अर्धवृत्त का क्षे. × 4 = $14 \times 14 + \frac{1}{2}\left(\frac{22}{7} \times 7 \times 7\right) \times 4$

   $= 196 + 308 = 504$ वर्ग सेमी.

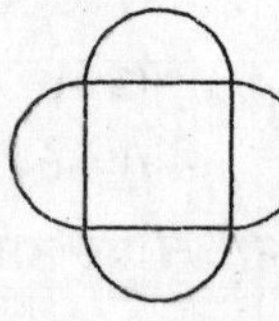

5. यदि वर्ग की भुजा a हो तो सबसे छोटे वृत्त का व्यास = $(\sqrt{2} - 1)\,a$

   $\therefore$ छोटे वृत्त का क्षे. $= \pi r^2 = \pi\left[\frac{(\sqrt{2} - 1)a}{2}\right]^2 = \pi \times \left[\frac{(\sqrt{2} - 1)}{2} \times 24\right]^2$

   $= \pi \times [(1.4 - 1) \times 12]^2 = \pi \times [0.4 \times 12]^2 = 23.04\pi$ वर्ग सेमी.

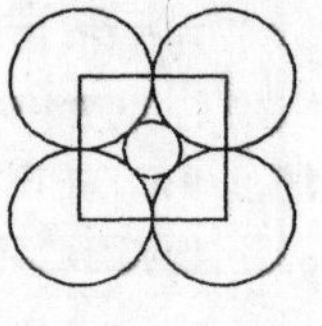

अभ्यास प्रश्न

त्रिभुज पर आधारित प्रश्न

1. एक समबाहु त्रिभुज का क्षेत्रफल $25\sqrt{3}$ वर्ग सेमी. है। इसकी भुजा (सेमी.) में ज्ञात करें।
(a) 10 (b) 5 (c) 20 (d) 30 ***SSC CHSL (Tier-1) 10.3.2018***

2. यदि ΔABC 16 सेमी. भुजा वाला समबाहु त्रिकोण हो, तो त्रिकोण की ऊँचाई बताएँ?
(a) $2\sqrt{3}$ सेमी. (b) $4\sqrt{3}$ सेमी. (c) $8\sqrt{3}$ सेमी. (d) $5\sqrt{3}$ सेमी. ***SSC CHSL (Tier-1) 27.8.2016***

3. यदि समबाहु त्रिभुज की ऊचाई $2\sqrt{3}$ सेमी. है, तो समबाहु त्रिभुज के क्षेत्रफल (सेमी.^{2} में) को निर्धारित करें।
(a) 6 (b) $2\sqrt{3}$ (c) $4\sqrt{3}$ (d) 12 ***SSC CHSL (Tier-1) 4.3.2018***

4. एक समबाहु त्रिभुज का क्षेत्रफल $9\sqrt{3}$ वर्ग सेमी. है, तो त्रिभुज की परिधि निकालें?
(a) 18 सेमी. (b) 9 सेमी. (c) $9\sqrt{3}$ सेमी. (d) $6\sqrt{3}$ सेमी. ***SSC CHSL (Tier-1) 7.1.2017***

5. निम्न में से कौन-सा विकल्प त्रिभुज के लिए सही है जिसकी भुजाओं का अनुपात 3 : 4 : 6 है?
(a) न्यून कोण (b) अधिक कोण (c) समकोण (d) या तो न्यून कोण या समकोण
SSC CHSL (Tier-1) 10.3.2018

6. Δ ABC एक समबाहु त्रिभुज है और D, E क्रमशः AB और BC के मध्य बिन्दु है। तो Δ ABC के क्षेत्रफल व समलम्ब ADEC के क्षेत्रफल का अनुपात कितना होगा?
(a) 5 : 3 (b) 4 : 1 (c) 8 : 5 (d) 4 : 3 ***SSC CGL (Tier-1) 7.9.2016***

7. किसी समकोण त्रिभुज का कर्ण 39 सेमी. है और अन्य दो भुजाओं का अन्तर 21 सेमी. है, तो त्रिभुज का क्षेत्रफल है–
(a) 360 cm^2 (b) 270 cm^2 (c) 280 cm^2 (d) 540 cm^2 ***SSC MTS 9.8.2019***

8. प्रत्येक भुजा x मीटर वाले एक त्रिकोणीय मैदान का क्षेत्रफल, 50m, 70m और 80m भुजाओं वाले एक अन्य त्रिकोणीय मैदान के क्षेत्रफल के बराबर है। x का मान किसके निकटतम् है?
(a) 61.8 (b) 62.4 (c) 65.5 (d) 63.2 ***SSC CGL (Tier-1) 7.6.2019***

9. दो समबाहु त्रिभुज किसी समद्विबाहु समकोण त्रिभुज के कर्ण पर और उसके लंबवत् भुजाओं में से किसी एक पर निर्मित किये जाते हैं। उनके क्षेत्रफल क्रमशः H और A हैं। A/H किसके समान है?
(a) 1/2 (b) 1/4 (c) $1/2\sqrt{2}$ (d) $1/\sqrt{2}$ ***SSC CHSL (Tier-1) 10.7.2019***

10. इकाई लम्बाई की प्रत्येक बारह छड़ों का प्रयोग एक समकोण त्रिभुज बनाने के लिए किया जाता है। त्रिभुज का क्षेत्रफल क्या होगा?
(a) 8 sq units (b) 4 sq units (c) 10 sq units (d) 6 sq units ***SSC CHSL (Tier-1) 10.7.2019***

11. एक समबाहु त्रिभुज की भुजा 4 सेमी. है। उसका क्षेत्रफल कितना है?
(a) $8\sqrt{3}$ सेमी.^{2} (b) $6\sqrt{3}$ सेमी.^{2} (c) $9\sqrt{3}$ सेमी.^{2} (d) $4\sqrt{3}$ सेमी.^{2} ***SSC MTS 5.8.2019***

12. 35 सेमी., 84 सेमी. तथा 91 सेमी. भुजाओं वाले किसी त्रिभुज का क्षेत्रफल कितना है?
(a) 2160 सेमी.^{2} (b) 1530 सेमी.^{2} (c) 1470 सेमी.^{2} (d) 1880 सेमी.^{2} ***SSC CHSL (Tier-1) 19.8.2019***

13. यदि एक समबाहु त्रिभुज का क्षेत्रफल $36\sqrt{3}$ सेमी.^{2} है, तो त्रिभुज का परिमाप बताइए।
(a) $36\sqrt{3}$ सेमी. (b) $18\sqrt{3}$ सेमी. (c) 12 सेमी. (d) 36 सेमी. ***SSC CGL (Tier-1) 6.3.2020***

आयत पर आधारित प्रश्न

14. यदि एक आयत की एक भुजा की लंबाई और विकर्ण क्रमशः 7 सेमी. और 25 सेमी. है, तो इसका परिमाप (सेमी.) में ज्ञात करें।
(a) 124 (b) 36 (c) 62 (d) 72 ***SSC CHSL (Tier-1) 4.3.2018***

15. एक आयत के विकर्ण की लम्बाई 26 सेमी. है और एक बाजू की लम्बाई 10 सेमी. है। इस आयत का क्षेत्रफल ज्ञात करें।
(a) 260 वर्ग सेमी. (b) 120 वर्ग सेमी. (c) 130 वर्ग सेमी. (d) 240 वर्ग सेमी. ***SSC CHSL (Tier-1) 7.1.2017***

16. एक आयत का परिमाप और चौड़ाई क्रमशः 68 सेंटीमीटर और 10 सेंटीमीटर है। इसके विकर्ण की लम्बाई (सेंमी में) की गणना करें।
(a) 52 (b) 25 (c) 26 (d) 50 ***SSC CHSL (Tier-1) 16.3.2018***

17. एक आयत के विकर्ण की लम्बाई 10 सेमी. है और एक भुजा की लम्बाई 8 सेमी. है। इस आयत का क्षेत्रफल क्या है?
(a) 80 वर्ग सेमी. (b) 48 वर्ग सेमी. (c) 60 वर्ग सेमी. (d) 32 वर्ग सेमी. ***SSC CHSL (Tier-1) 21.1.2017***

18. एक आयत का परिमाप और चौड़ाई क्रमशः 60 सेमी. और 14 सेमी. है। इसका क्षेत्रफल (वर्ग सेमी. में) ज्ञात करें।
(a) 112 (b) 448 (c) 224 (d) 336 ***SSC CHSL (Tier-1)6.3.2018***

19. एक आयत की विकर्ण की लम्बाई और चौड़ाई क्रमशः 25 सेमी. और 7 सेमी. है। इसका परिमाप (सेमी. में) ज्ञात करें।
(a) 124 (b) 41 (c) 82 (d) 62 ***SSC CHSL (Tier-1) 7.3.2019***

20. एक आयत के विकर्ण की लम्बाई और चौड़ाई क्रमशः 29 सेमी. और 20 सेमी. है। इसका परिमाप (सेमी. में) ज्ञात करें।
(a) 164 (b) 82 (c) 21 (d) 42 ***SSC CHSL (Tier-1) 7.3.2018***

21. एक आयत की लम्बाई और चौड़ाई क्रमशः 24 सेमी. और 7 सेमी. है। इसके परिमाप (सेमी में) की गणना करें।
(a) 124 (b) 48 (c) 62 (d) 96 ***SSC CHSL (Tier-1) 6.3.2018***

22. एक आयत की लम्बाई तथा चौड़ाई को क्रमशः 10% तथा 20% से बढ़ाया गया है। आयत के क्षेत्रफल में कितने प्रतिशत की वृद्धि होगी?
(a) 32% (b) 32% (c) 28% (d) 33% ***SSC CHSL (Tier-1) 4.3.2018***

23. एक आयत के विकर्ण की लम्बाई और उसकी चौड़ाई क्रमशः 13 सेमी. और 5 सेमी. है। इसके क्षेत्रफल की गणना करें। (वर्ग सेमी. में)
(a) 60 (b) 120 (c) 37 (d) 74 ***SSC CHSL (Tier-1)14.3.2018***

24. एक आयत का क्षेत्रफल 60 वर्ग सेमी. है और उसका परिमाप 34 सेमी. है तो उसके विकर्ण की लम्बाई कितनी होगी?
(a) 17 सेमी. (b) 11 सेमी. (c) 15 सेमी. (d) 13 सेमी. ***SSC CGL (Tier-1) 29.8.2016***

25. एक आयत के विकर्ण की लंबाई (सेमी. मे) क्या होनी चाहिए, यदि इसका क्षेत्रफल और चौड़ाई क्रमशः 60 वर्ग सेमी. और 5 सेमी. है।
(a) 26 (b) 8 (c) 16 (d) 13 ***SSC CHSL (Tier-1) 11.3.2018***

26. एक आयत के विकर्ण की लम्बाई और इस आयत की चौड़ाई क्रमशः 26 सेमी. और 10 सेंटीमीटर है। इसके क्षेत्रफल (वर्ग सेंटीमीटर) की गणना करें।
(a) 480 (b) 96 (c) 240 (d) 192 ***SSC CHSL (Tier-1) 10.3.2018***

27. एक आयत के विकर्ण की लम्बाई (सेमी. में) क्या होनी चाहिए, यदि इसका क्षेत्रफल और चौड़ाई क्रमशः 120 वर्ग सेमी. और 8 सेमी. है?
(a) 34 (b) 17 (c) 15 (d) 30 ***SSC CHSL (Tier-1) 8.3.2018***

28. एक आयत की लंबाई और चौड़ाई क्रमशः 24 सेमी. और 7 सेमी. है। इसके विकर्ण (सेमी. में) की लंबाई क्या होगी?
(a) 50 (b) 25 (c) 28 (d) 56 ***SSC CHSL (Tier-1) 10.3.2018***

29. एक 25 मीटर लंबे तथा 15 मीटर चौड़े माप के भवन के साथ 3.5 मीटर एकसमान चौड़ाई का मार्ग है। ₹25.50 प्रति वर्ग मीटर की दर से मार्ग की फ्लोरिंग लागत है–
(a) ₹8389.5 (b) ₹4186.50 (c) ₹8146.50 (d) ₹9149.50 ***SSC MTS 9.8.2019***

30. एक आयताकार पार्क की लम्बाई इसकी चौड़ाई से 20 मी. अधिक है। यदि रुपया 53 प्रति मीटर की दर से पार्क की दर से पार्क की चारदीवारी कराने का खर्च ₹21200 है तो पार्क का क्षेत्रफल क्या है?
(a) 9900 (b) 9504 (c) 9240 (d) 8925 ***SSC CHSL (Tier-1) 3.7.2019***

31. एक आयत का परिमाप 80 सेमी. है और इसका क्षेत्रफल 375 सेमी.^{2} है। आयत की लम्बाई और चौड़ाई में क्या अन्तर है?
(a) 12 सेमी. (b) 10 सेमी. (c) 16 सेमी. (d) 20 सेमी. ***SSC CHSL (Tier-1) 20.10.20***

वर्ग पर आधारित प्रश्न

32. एक वर्गाकार का परिमाप 30 सेंटीमीटर है। इसका क्षेत्रफल (वर्ग सेंटीमीटर) में ज्ञात करें।
(a) 56.25 (b) 112.5 (c) 60.25 (d) 120.5 ***SSC CHSL (Tier-1) 123.3.2018***

33. एक वर्गाकार का क्षेत्रफल 60.5 वर्ग सेंटीमीटर है। इसके विकर्ण की लम्बाई (सेंमी मे) ज्ञात करें।
(a) 5.5 (b) 22 (c) 11 (d) 16.5 ***SSC CHSL (Tier-1) 15.3.2018***

34. ....का क्षेत्रफल उसकी भुजा के वर्ग के बराबर होता है?
(a) समचतुर्भुज (b) चक्रीय चतुर्भुज (c) आयत (d) वर्ग ***SSC CHSL (Tier-1) 22.1.2017***

35. दो वर्गों के विकर्णों का अनुपात 5 : 2 है तो वर्ग के क्षेत्रफल का अनुपात ज्ञात कीजिए।
(a) 5 : 6 (b) 25 : 4 (c) 5 : 4 (d) 125 : 8 ***SSC CHSL (Tier-1) 9.9.2016***

36. एक वर्ग की परिधि 40 सेमी. है, तो उसका क्षेत्रफल निकालें।
(a) 100 वर्ग सेमी. (b) 25 वर्ग सेमी. (c) 50 वर्ग सेमी. (d) 160 वर्ग सेमी. ***SSC CHSL (Tier-1) 3.2.2017***

37. एक वर्ग के विकर्ण की लम्बाई 10 सेमी. है। इस वर्ग का क्षेत्रफल क्या है?
(a) 50 वर्ग सेमी. (b) 100 वर्ग सेमी. (c) 200 वर्ग सेमी. (d) 25 वर्ग सेमी. ***SSC CHSL (Tier-1) 8.2.2017***

38. एक वर्ग के विकर्ण की लम्बाई 14 सेमी. है। इस वर्ग का क्षेत्रफल ज्ञात करें।
(a) 49 वर्ग सेमी. (b) 196 वर्ग सेमी. (c) 98 वर्ग सेमी. (d) 77 वर्ग सेमी. ***SSC CHSL (Tier-1) 3.2.2017***

39. एक वर्ग का क्षेत्रफल 40.5 वर्ग सेमी. है। इसके विकर्ण की लंबाई (सेमी. में) ज्ञात करें।
(a) 9 (b) 4.5 (c) 18 (d) 13.5 ***SSC CHSL (Tier-1) 13.3.2018***

40. एक वर्ग का विकर्ण $10\sqrt{2}$ सेमी. है तो उसकी परिधि निकालें।
(a) 160 सेमी. (b) 80 सेमी. (c) 20 सेमी. (d) 40 सेमी. ***SSC CHSL (Tier-1) 3.2.2017***

41. किसी वर्ग की भुजा a cm. है, इसके विकर्ण और इसकी भुजा का अनुपात है–
(a) $\sqrt{2}:1$ (b) $1:2$ (c) $1:\sqrt{2}$ (d) 2 : 1 ***SSC CHSL (Tier-1) 21.8.2019***

42. एक वर्ग का विकर्ण 24 सेमी. है। उसका परिमाप कितना है?
(a) 28 सेमी. (b) $48\sqrt{2}$ सेमी. (c) $36\sqrt{2}$ सेमी. (d) $46\sqrt{2}$ सेमी. ***SSC MTS 6.8.2019***

43. एक वर्ग की परिधि 64 सेमी. है। इसका क्षेत्रफल कितना होगा?
(a) 256 सेमी.^{2} (b) 32 सेमी.^{2} (c) 8 सेमी.^{2} (d) 128 सेमी.^{2} ***SSC CGL (Tier-1) 5.3.2020***

44. एक वर्ग A का विकर्ण (a + b) इकाइयाँ हैं। वर्ग B के विकर्ण पर खींचे गये वर्ग का क्षेत्रफल (वर्ग इकाइयों में) कितना होगा, जिसका क्षेत्रफल A के क्षेत्रफल से दोगुना है?
(a) $2(a+b)^2$ (b) $4(a+b)^2$ (c) $8(a+b)^2$ (d) $(a+b)^2$ ***SSC CGL (Tier-1) 5.3.2020***

समचतुर्भुज पर आधारित प्रश्न

45. एक समचतुर्भुज के क्षेत्रफल और एक विकर्ण की लम्बाई क्रमशः 60 वर्ग सेंटीमीटर और 8 सेंटीमीटर है। इसके अन्य विकर्ण की लम्बाई (सेंटीमीटर में) ज्ञात करें।
(a) 7.5 (b) 30 (c) 22.5 (d) 15 ***SSC CHSL (Tier-1) 14.3.2018***

46. एक सम चतुर्भुज का एक विकर्ण दूसरे का आधा है। यदि सम चतुर्भुज के भुजा की लम्बाई 10 सेमी. है, तो उस सम चतुर्भुज का क्षेत्रफल क्या होगा?
(a) $75\sqrt{3}$ वर्ग सेमी. (b) $25\sqrt{3}$ वर्ग सेमी.
(c) 80 वर्ग सेमी. (d) 160 वर्ग सेमी. ***SSC CHSL (Tier-1) 3.1.2017***

47. एक समचतुर्भुज का परिमाप 240 मी. है और किन्हीं दो समांतर भुजाओं के बीच की दूरी 20 मी. है। समचतुर्भुज का क्षेत्रफल कितने वर्ग मीटर है?
(a) 600 (b) 1200 (c) 2400 (d) 4800 ***SSC CGL (Tier-1) 28.8.2016***

48. एक समचतुर्भुज का एक विकर्ण अन्य का आधा है। यदि उस समचतुर्भुज की भुजा की लम्बाई 10 सेमी. है, तो समचतुर्भुज का क्षेत्रफल क्या है?
(a) 40 वर्ग सेमी. (b) 20 वर्ग सेमी. (c) 100 वर्ग सेमी. (d) 80 वर्ग सेमी. ***SSC CHSL (Tier-1) 30.1.2017***

49. किसी समचतुर्भुज के विकर्णों की लम्बाई 24 सेमी. और 10 सेमी. है। इस समचतुर्भुज का परिमाप (सेमी. में) क्या होगा?
(a) 52 (b) 56 (c) 68 (d) 72 ***SSC CGL (Tier-1) 8.9.2016***

50. एक समचतुर्भुज ABCD में, कोण CAB का माप 35^0 है, कोण ABC का माप क्या होगा?
(a) 70^0 (b) 40^0 (c) 50^0 (d) 110^0 ***SSC CHSL (Tier-1) 17.1.2017***

51. एक समचतुर्भुज के दो विकर्णों की लम्बाई 7 सेमी. और और 24 सेमी. है। इसके परिमाप की लंबाई (सेमी. में) ज्ञात करें।
(a) 25 (b) 100 (c) 75 (d) 50 ***SSC CHSL (Tier-1) 12.3.2018***

52. उस समचतुर्भुज का क्षेत्रफल क्या है जिसकी भुजा 10 सेमी. है और छोटा विकर्ण 12 सेमी. है?
(a) 190 (b) 50 (c) 120 (d) 96 ***SSC CHSL (Tier-1) 4.7.2019***

53. यदि किसी समचतुर्भुज का परिमाप 80 सेमी. है तथा उसके एक विकर्ण का मान 24 सेमी. है, तो उस समजतुर्भुज का क्षेत्रफल (सेमी.^{2} में) क्या होगा?
(a) 218 (b) 192 (c) 384 (d) 768 ***SSC CPO 1.7.2017***

54. यदि किसी समचतुर्भुज का विकर्ण 16 सेमी. तथा 30 सेमी. है, तो उस समचतुर्भुज का परिमाप (सेमी. में) क्या है?
(a) 32 (b) 64 (c) 34 (d) 68 ***SSC CPO 1.7.2017***

55. किसी समचतुर्भुज की परिमाप 20 सेमी. है। इसके एक विकर्ण की लम्बाई 6 सेमी. है। दूसरे विकर्ण की लम्बाई कितनी है?
(a) 10 cm (b) 8 cm (c) 9 cm (d) 6 cm ***SSC CHSL (Tier-1) 2.8.2019***

56. यदि किसी समचतुर्भुज का परिमाप 40 सेमी. है तथा उसके एक विकर्ण का मान 16 सेमी. है, तो समचतुर्भुज का क्षेत्रफल (सेमी.^{2} में) क्या है?
(a) 72 (b) 48 (c) 96 (d) 192 ***SSC CPO 5.7.2017***

57. किसी समचतुर्भुज की एक भुजा 13 सेमी. है और इसका एक विकर्ण 10 सेमी. है। समचतुर्भुज का क्षेत्रफल (सेमी.^{2}) में ज्ञात करें।
(a) 30 (b) 60 (c) 120 (d) 90 ***SSC CAPF : 23.11.2020***

समषट्भुज पर आधारित प्रश्न

58. किसी समषट्भुज की भुजा 4 सेमी. है। किसी वर्ग की भुजा $4\sqrt{2}$ सेमी. है। उसके क्षेत्रफल का अनुपात कितना है?
(a) $3\sqrt{3}:2$ (b) $2\sqrt{3}:1$ (c) $3\sqrt{3}:4$ (d) $\sqrt{3/2}:1$ ***SSC MTS 6.8.2019***

59. एक समषट्भुज के आकार वाले किसी खेत का क्षेत्रफल $2400\sqrt{3}$ मी^{2} है। ₹16.80 प्रति मीटर की दर से खेत के चारों ओर बाड़ लगाने की लागत .... है।
(a) ₹3,528 (b) ₹4,536 (c) ₹4,032 (d) ₹3,024 ***SSC CGL (Tier-1) 4.3.2020***

60. समषट्भुज (रेगुलर हेक्सागोन) का क्षेत्रफल क्या होगा, जिसकी एक भुजा 'a' है?
(a) $\frac{6\sqrt{3}}{4}a^2$ वर्ग इकाई (b) $\frac{12}{2\sqrt{3}}a^2$ वर्ग इकाई
(c) $\frac{3\sqrt{3}}{2\sqrt{5}}$ वर्ग इकाई (d) $\frac{6}{\sqrt{2}}a^2$ वर्ग इकाई ***(SSC, 9.11.2014)***

61. एक समषट्भुज और एक समबाहु त्रिभुज जिनके परिमाप एक समान हों, तो दोनों के क्षेत्रफल का अनुपात कितना होगा?
(a) 2 : 3 (b) 6 : 1 (c) 3 : 2 (d) 1 : 6

62. किसी समषट्भुज, जिसकी प्रत्येक भुजा 2 सेमी. है, का क्षेत्रफल होगा –
(a) 8 वर्ग सेमी. (b) $6\sqrt{3}$ वर्ग सेमी. (c) 25/2 वर्ग सेमी. (d) 18 वर्ग सेमी. ***R.R.B. जम्मू (A.S.M.) परीक्षा,2004***

63. $2\sqrt{3}$ सेमी. भुजा वाले समषट्भुज का क्षेत्रफल होगा,
(a) $18\sqrt{3}$ सेमी.^{2} (b) $12\sqrt{3}$ सेमी.^{2} (c) $36\sqrt{3}$ सेमी.^{2} (d) $27\sqrt{3}$ सेमी.^{2} ***S.S.C. स्नातक स्तरीय परीक्षा, 2004***

64. एक समषट्भुज, जिसकी प्रत्येक भुजा 2 सेमी है, का क्षेत्रफल होगा –
(a) 8 वर्ग सेमी. (b) $6\sqrt{3}$ वर्ग सेमी. (c) 25/2 वर्ग सेमी. (d) 18 वर्ग सेमी. ***चण्डीगढ़ (टिकट कलेक्टर), 2002***

65. एक षट्भुजाकार खेत का क्षेत्रफल $1944\sqrt{3}$ मी.^{2} है। उसके चारों ओर 11.50 प्रति मीटर की दर से बाड़ लगाने में कितनी लागत (रुपये में) आएगी?
(a) 2,256 (b) 3,200 (c) 2,785 (d) 2,484

समलम्ब चतुर्भज पर आधारित प्रश्न

66. यदि एक समलम्ब चतुर्भुज के दो समानांतर भुजाओं की लम्बाई 4 सेंटीमीटर और 6 सेंटीमीटर है और इसका क्षेत्रफल 25 वर्ग सेंटीमीटर है। इसके समानांतर भुजाआं (सेंटीमीटर में) के बीच की दूरी ज्ञात करें।
(a) 2.5 (b) 10 (c) 5 (d) 7.5 ***SSC CHSL (Tier-1) 15.3.2018***

67. एक समलम्ब की दो समांतर भुजाओं की लम्बाई क्रमशः 16 मीटर और 20 मीटर है। यदि उसकी ऊँचाई 10 मीटर हो तो वर्ग मीटर में उसका क्षेत्रफल ज्ञात कीजिए।
(a) 360 (b) 260 (c) 240 (d) 180 ***SSC CHSL (Tier-1) 27.8.2016***

68. एक समलम्ब चतुर्भुज की समांतर भुजाएँ 26 सेमी. तथा 40 सेमी. हैं तथा उसका क्षेत्रफल 792 सेमी.^{2} है। समांतर भुजाओं के बीच की दूरी (सेमी. में) कितनी होगी?
(a) 24 (b) 48 (c) 12 (d) 36 ***SSC CPO 5.7.2017***

69. एक समलम्ब की समांतर भुजाएँ 2 : 3 के अनुपात में हैं और उनकी न्यूनतम दूरी 12सेमी. हैं। यदि उस समलंब का क्षेत्रफल 480 वर्ग सेमी. हो, तो समांतर भुजाओं में ज्यादा लम्बी भुजा की लम्बाई कितनी होगी?
(a) 36 सेमी. (b) 42 सेमी. (c) 48 सेमी. (d) 56 सेमी. ***(SSC, 10+2, 21.10.2012)***

70. ABCD एक समलंब है, जिसमें AB||DC है तथा AB = 2CD है। इसके विकर्ण AC तथा BD परस्पर O पर मिलते हैं। तदनुसार, त्रिभुजों AOB तथा COD के क्षेत्रफलों का अनुपात कितना होगा?
(a) $1 : \sqrt{2}$ (b) 4 : 1 (c) 1 : 4 (d) 1 : 2 ***(SSC, 10+2, 10.11.2013)***

71. एक समलम्ब का क्षेत्रफल 105 वर्ग मीटर है और उसकी समांतर भुजाओं की लम्बाइयाँ क्रमशः 9 मीटर तथा 12 मीटर हैं। तदनुसार, उस समलम्ब की ऊँचाई कितनी होगी?
(a) 15 मीटर (b) 12 मीटर (c) 5 मीटर (d) 10 मीटर ***(SSC, Tier-1, 8.7.2012)***

72. एक ट्रैपीजियम का क्षेत्रफल 384 सेमी.^{2} है। उसकी समांतर भुजाएँ 3 : 5 के अनुपात में हैं और उनके बीच की लम्बवत् दूरी 12 सेमी. है। तदनुसार, यदि प्रत्येक समांतर भुजा में 2 सेमी. की वृद्धि कर दी जाए, तो उस ट्रैपीजियम के क्षेत्रफल में कितनी वृद्धि हो जाएगी?
(a) 22 सेमी.^{2} (b) 24 सेमी.^{2} (c) 28 सेमी.^{2} (d) 18 सेमी.^{2} ***(SSC, FCI, 10.11.2012)***

73. एक समद्विबाहु ट्रैपीजियम का क्षेत्रफल 176 सेमी.^{2} है और उसकी ऊँचाई, उसकी समांतर भुजाओं के योग की $\frac{2}{11}$ है। तदनुसार, यदि समांतर भुजाओं की लम्बाई का अनुपात 4 : 7 हो, तो उसके विकर्ण की लम्बाई होगी–
(a) $\sqrt{168}$ सेमी. (b) $2\sqrt{147}$ सेमी. (c) $\sqrt{137}$ सेमी. (d) $2\sqrt{137}$ सेमी. ***(SSC, 10+2, 27.10.2013)***

74. ABCD एक AD और BC समांतर भुजाओं वाला समलम्ब है। E, BC पर एक बिन्दु है। ABCD और AED के क्षेत्रफल का अनुपात क्या होगा?
(a) $\frac{\overline{AD}}{\overline{BC}}$ (b) $\frac{\overline{BE}}{\overline{EC}}$ (c) $\frac{\overline{AD}+\overline{BE}}{\overline{AD}+\overline{CE}}$ (d) $\frac{\overline{AD}+\overline{BC}}{\overline{AD}}$ ***(SSC, 16.2.2014)***

75. एक समलम्ब की दो समान्तर भुजाओं की लम्बाइयाँ 6 सेमी. और 8 सेमी. हैं। यदि समलम्ब की ऊँचाई 4 सेमी. है, तो उसका क्षेत्रफल कितना होगा?
(a) 28 सेमी. (b) 28 वर्ग सेमी. (c) 30 वर्ग सेमी. (d) 30 सेमी. ***(SSC, 16.11.2014)***

76. समलम्ब आकार के एक क्षेत्र का क्षेत्रफल 1440 मी.^{2} है। समान्तर भुजाओं के बीच की लम्बवत् दूरी 24 मी. है। यदि समान्तर भुजाओं का अनुपात 5 : 3 हो, तो बड़ी समान्तर भुजा की लम्बाई होगी।
(a) 75 मी. (b) 45 मी. (c) 120 मी. (d) 60 मी. ***S.S.C. स्नातक स्तरीय परीक्षा, 2004***

77. एक समलम्ब चतुर्भुज की समान्तर भुजाएँ क्रमशः 1.5 मीटर तथा 2.5 मीटर लंबी हैं तथा इन भुजाओं के बीच की दूरी 6.5 मीटर है। इस चतुर्भुज का क्षेत्रफल क्या होगा?
(a) 13 वर्ग मीटर (b) 14 वर्ग मीटर (c) 12 वर्ग मीटर (d) 11 वर्ग मीटर
R.R.B. सिकन्दराबाद (A.S.M.) परीक्षा,2004

78. एक ट्रेपेजियम का क्षेत्रफल 475 वर्ग सेमी. एवं दो समानान्तर भुजाओं की लम्बवत् दूरी 19 सेमी. एवं दोनों की लम्बाइयों में अन्तर 4 सेमी. है, तो समानान्तर भुजाएँ होगी –
(a) 33 सेमी. व 29 सेमी. (b) 27 सेमी. व 23 सेमी.
(c) 30 सेमी. व 26 सेमी. (d) 24 सेमी. व 20 सेमी. ***गोरखपुर (A.S.M.), 2004***

79. किसी समलम्ब चतुर्भुज की दो समांतर भुजाएँ क्रमशः 17 सेमी. और 15 सेमी. है। यदि उस समलम्ब चतुर्भुज की ऊँचाई 6 सेमी. है, तो इसका क्षेत्रफल (मी.^{2} में) ज्ञात करें।
(a) 9.6 (b) 960 (c) 0.96 (d) 0.0096 ***SSC CAPF : 24.11.2020***

वृत्त पर आधारित प्रश्न

80. एक वृत्त का क्षेत्रफल 346.5 वर्ग सेंटीमीटर है। इसकी त्रिज्या (सेंटीमीटर में) ज्ञात करें।
(a) 10.5 (b) 21 (c) 7.5 (d) 15 ***SSC CHSL (Tier-1) 12.3.2018***

81. 14 सेंटीमीटर त्रिज्या वाले एक अर्द्धवृत्त का क्षेत्रफल (वर्ग सेंटीमीटर) में ज्ञात करें।
(a) 308 (b) 160 (c) 616 (d) 32 ***SSC CHSL (Tier-1) 16.3.2018***

82. एक वृत्ताकार क्रिकेट मैदान का क्षेत्रफल 24.64 हेक्टेयर है। अगर रस्सी से मैदान की सीमा बनायी जाए, तो ₹5.40 प्रति मीटर की दर से लागत का पता लगाए?
(a) ₹9,600 (b) ₹9,504 (c) ₹9,802 (d) ₹9,876 ***SSC CHSL (Tier-1) 7.3.2018***

83. यदि एक वृत्त की परिधि 44 सेंटीमीटर है, तो उसका क्षेत्रफल (वर्ग सेंटीमीटर में) क्या होना चाहिए?
(a) 308 (b) 240 (c) 154 (d) 480 ***SSC CHSL (Tier-1) 15.3.2018***

84. एक वृत्त का व्यास 28 सेमी. है तो उसका क्षेत्रफल निकालें?
(a) 616 वर्ग सेमी. (b) 308 वर्ग सेमी. (c) 154 वर्ग सेमी. (d) 77 वर्ग सेमी. ***SSC CHSL (Tier-1) 7.2.2017***

85. यदि एक अर्द्धवृत्त की परिमाप 36 सेंटीमीटर है, तो उसका क्षेत्रफल (वर्ग सेमी. में) ज्ञात करें।
(a) 154 (b) 35 (c) 77 (d) 70 ***SSC CHSL (Tier-1) 12.3.2018***

86. 10.5 सेमी. त्रिज्या वाले एक वृत्त की परिधि (सेमी. में) ज्ञात करें।
(a) 84 (b) 35 (c) 70 (d) 66 ***SSC CHSL (Tier-1) 10.3.2018***

87. 7 सेंटीमीटर की त्रिज्या वाले एक अर्ध-वृत्त का क्षेत्रफल (वर्ग सेंटीमीटर में) ज्ञात करें।
(a) 154 (b) 21 (c) 42 (d) 77 ***SC CHSL (Tier-1) 14.3.2018***

88. 17.5 सेमी. त्रिज्या वाले एक वृत्त के क्षेत्रफल (वर्ग सेमी में) की गणना करें।
(a) 1925 (b) 962.5 (c) 809.5 (d) 1619 ***SSC CHSL (Tier-1) 10.3.2018***

89. एक वृत्त का क्षेत्रफल 616 वर्ग सेंटीमीटर है। इसकी परिधि (सेंटीमीटर में) कितनी होगी?
(a) 176 (b) 88 (c) 70 (d) 140 ***SSC CHSL (Tier-1) 11.3.2018***

90. यदि किसी वृत्त का क्षेत्रफल 154 वर्ग सेमी. है, तो उस वृत्त की परिधि और 21 सेमी. त्रिज्या वाले किसी दूसरे वृत्त की परिधियों का अनुपात है–
(a) 1 : 3 (b) 2 : 3 (c) 2 : 1 (d) 1 : 2 ***SSC CHSL (Tier-1) 21.8.2019***

91. 0.64 π मी.^{2} क्षेत्रफल वाली एकगोलाकार डिस्क 1,408 किमी. की लम्बाई तक लुढ़कती है। इसके द्वारा लगाये जाने वाले चक्करों की संख्या ज्ञात कीजिए। (माना लें., $\pi = \frac{22}{7}$)
(a) 280 (b) 360 (c) 140 (d) 180 ***SSC CGL (Tier-1) 6.3.2020***

92. तीन वृत्त A, B तथा C एक दूसरे को चित्र में दिखाये ढंग से स्पर्श करते हैं। उनमें A तथा B वृत्तों में प्रत्येक की त्रिज्या $(\sqrt{2}+1)$ सेमी. है, जब कि छोटे वृत्त की 1 सेमी. है। तदनुसार, छायांकित क्षेत्र का परिमाप कितना है?

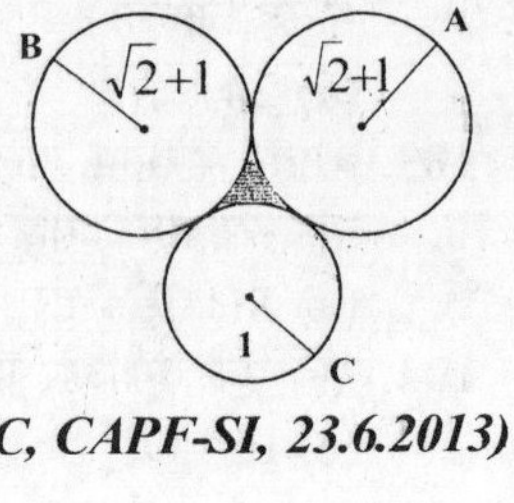

(a) $\frac{\pi}{4}(2\sqrt{2}-1)$ सेमी. (b) $\frac{\pi}{2}(2+\sqrt{2})$ सेमी.
(c) $\frac{\pi}{4}(2+\sqrt{2})$ सेमी. (d) $\frac{\pi}{4}(2-\sqrt{2})$ सेमी. ***(SSC, CAPF-SI, 23.6.2013)***

93. PQRS, 6 सेमी. त्रिज्या वाले एक वृत्त का व्यास है। PQ, QR और RS बराबर हैं। PQ और QS को व्यास लेकर अर्द्धवृत्त खींचे गये हैं। छायांकित क्षेत्र का अछायांकित क्षेत्र के साथ अनुपात है–

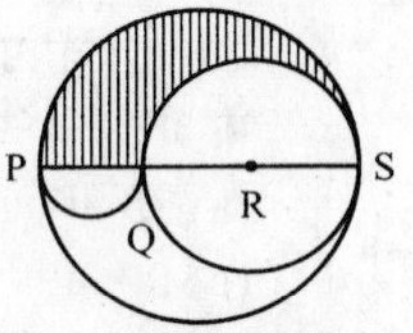

(a) 25 : 12 (b) 5 : 13
(c) 1 : 3 (d) 5 : 18 ***(SSC, Delhi-SI, 19.8.2012)***

94. निम्न चित्र O केन्द्र तथा 12 एकक त्रिज्या वाले एक वृत्त का है। उसमें छायांकित क्षेत्र का क्षेत्रफल, कितने वर्ग एकक होगा?

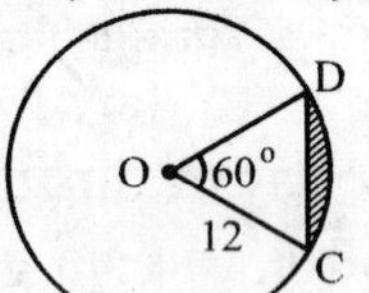

(a) $24\pi-36\sqrt{3}$ (b) $24\pi+36$ (c) $144\pi-36$ (d) $144\pi+36$
(SSC, Tier-1, 25.8.2013)

95. 'a' सेमी. एकसमान त्रिज्या वाले तीन वृत्त एक-दूसरे को स्पर्श कर रहे हैं। तदनुसार, छायांकित क्षेत्र का क्षेत्रफल कितना होगा?

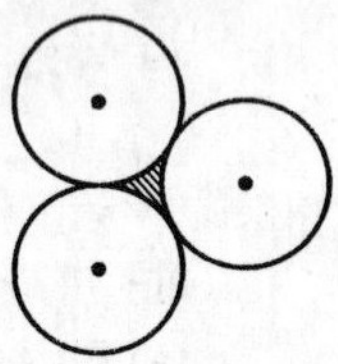

(a) $\left(\frac{\sqrt{3}+\pi}{2}\right)a^2$ वर्ग सेमी. (b) $\left(\frac{6\sqrt{3}-\pi}{6}\right)a^2$ वर्ग सेमी.

(c) $(\sqrt{3}-\pi)a^2$ वर्ग सेमी. (d) $\left(\frac{2\sqrt{3}-\pi}{2}\right)a^2$ वर्ग सेमी. ***(SSC, CAPF-SI, 23.6.2013)***

96. दो वृत्तों की त्रिज्याओं का अनुपात 1 : 2 है, तदनुसार उनके क्षेत्रफलों का अनुपात क्या होगा?
(a) 1 : 2 (b) 2 : 1 (c) 1 : 4 (d) 4 : 5 ***(SSC, FCI, 5.2.2012)***

97. A, 8 त्रिज्या वाले वृत्त का केन्द्र है और B, 8 व्यास वाले वृत्त का केन्द्र है। यदि ये दोनों वृत्त बाहर से स्पर्श करते हैं, तो AB व्यास वाले वृत्त का क्षेत्रफल कितना है?
(a) 36 π (b) 64 π (c) 144 π (d) 256 π ***(SSC, 16.2.2014)***

98. एक वृत्ताकार (गोल) भूखण्ड के चारों ओर वृत्ताकार (गोल) रास्ते पर की गयी बाहरी फेंसिंग (बाड़ लगाना), उसके अन्दर की तरफ की गयी फेंसिंग से 33 मी. अधिक है। भूखण्ड के चारों ओर रास्ते की चौड़ाई क्या होगी?
(a) 5.52 मी. (b) 5.25 मी. (c) 2.55 मी. (d) 2.25 मी. ***(SSC, 9.112014)***

आयत और वर्ग दोनों पर आधारित प्रश्न

99. एक वर्ग और आयत की परिधि बराबर है। यदि उनके क्षेत्रफल 'A' मी.^{2} और 'B' मी.^{2} हो तो सही कथन क्या है?
(a) $A < B$ (b) $A \leq B$ (c) $A > B$ (d) $A \geq B$ ***SSC CGL (Tier-1) 30.8.2016***

100. 8 मीटर लम्बे और 6 मीटर चौड़े कमरे के फर्श को ढकने के लिए 4 डेसीमीटर वर्ग क्षेत्रफल वाली कुल कितनी टाइलों की आवश्यकता होगी?
(a) 200 (b) 260 (c) 280 (d) 300 ***(SSC, Tier-2, 29.9.2013)***

101. यदि एक आयत और एक वर्ग के परिमाप बराबर हों और आयत की दो आसन्न भुजाओं का अनुपात 1 : 2 हो, तो आयत के क्षेत्रफल और वर्ग के क्षेत्रफल का अनुपात क्या होगा?
(a) 1 : 1 (b) 1 : 2 (c) 2 : 3 (d) 8 : 9 ***(SSC, Tier-1, 21.4.2013)***

102. एक कागज, एक आयत ABCD के आकार में है। उसमें AB = 22 सेमी. तथा BC = 14 सेमी. है। तदनुसार, यदि उस कागज से BC व्यास वाला एक अर्धवृत्ताकार भाग अलग कर दिया जाए, तो कागज का शेष क्षेत्रफल कितना (सेमी.^{2}) में रह जाएगा?
(a) 241 (b) 211 (c) 221 (d) 231 ***(SSC, 10+2, 4.11.2012)***

103. बराबर परिमाप वाले एक वर्ग तथा एक आयत के क्षेत्रफलों को क्रमशः S और R से व्यक्त किया गया है। निम्न में से कौन-सा एक सही है?
(a) $S < R$ (b) $S = 2R$ (c) $S = R$ (d) $S > R$ ***(SSC, CAPF-SI, 27.5.2012)***

104. यदि एक वर्ग और एक आयत के परिमाप एक समान हों, तो उनके क्षेत्रफलों, P तथा Q के बीच, किस प्रकार की स्थिति होगी?
(a) $P < Q$ (b) $P \leq Q$ (c) $P > Q$ (d) $P = Q$ ***(SSC, FCI, 11.11.2012)***

105. एक आयत का क्षेत्रफल एक वर्ग के क्षेत्रफल का तिगुना है। उस आयत की लम्बाई 20 सेमी. है और उसकी चौड़ाई, उस वर्ग की भुजा की $\frac{3}{2}$ गुनी है। तद्नुसार, उस वर्ग की एक भुजा कितने सेमी. है?

(a) 10 (b) 20 (c) 30 (d) 60 ***(SSC, Tier-2, 29.9.2013)***

106. किसी वर्ग का परिमाप, किसी आयत के परिमाप के बराबर है। वर्ग का परिमाप 40 मी. है। यदि इसकी चौड़ाई इसकी लम्बाई की दो-तिहाई है, तो आयत का क्षेत्रफल मी.^{2} में ज्ञात करें।

(a) 96 (b) 84 (c) 100 (d) 121 ***SSC CAPF : 23.11.2020***

आयत और वृत्त दोनों पर आधारित प्रश्न

107. एक आयत जिसकी एक भुजा 4 सेमी. लम्बी है, एक 5 सेमी. व्यास वाले वृत्त में अंकित है। आयत का क्षेत्रफल ज्ञात कीजिए।

(a) 21 सेमी.^{2} (b) 12 सेमी.^{2} (c) 4 सेमी.^{2} (d) 3 सेमी.^{2} ***SSC CGL (Tier-1) 30.8.2016***

108. 16 सेमी. लम्बाई और 6 सेमी. चौड़ाई वाले आयत में यथासंभव बड़ा वृत्त बनाया गया, तो उसका क्षेत्रफल है–

(a) 3π सेमी.^{2} (b) 4π सेमी.^{2} (c) 5π सेमी.^{2} (d) 9π सेमी.^{2} ***(SSC, Tier-1, 19.5.2013)***

109. 112 सेमी. व्यास का एक वृत्ताकार तार आयत के आकार में मोड़ा जाता है जिसकी भुजाएँ 9 : 7 के अनुपात में हैं, आयत की छोटी भुजा कितनी होगी?

(a) 67 सेमी. (b) 87 सेमी. (c) 77 सेमी. (d) 97 सेमी. ***(SSC, 26.10.2014)***

110. 42 सेमी. त्रिज्या वाले एक वृत्ताकार तार को एक आयत के रूप में मोड़ा जाता है जिसकी भुजाएँ 6 : 5 के अनुपात में हैं। इस आयत की छोटी भुजा होगी - [$\pi = \frac{22}{7}$ लीजिए]

(a) 60 सेमी. (b) 30 सेमी. (c) 25 सेमी. (d) 36 सेमी. ***S.S.C. स्नातक स्तरीय परीक्षा, 2004***

111. एक चतुर्भुज की उर्ध्वाधर भुजाएँ 8 सेमी. और 6 सेमी. एक वृत्त में हैं। चतुर्भुज के क्षेत्रफल को छोड़कर वृत्त का क्षेत्रफल वर्ग सेमी. में कितना होगा?

(a) 30.6 (b) 39 (c) 42.4 (d) 65.3 ***R.R.B. भोपाल (टि. कले.) परीक्षा, 2005***

112. एक आयताकार लॉन, जिसकी लम्बाई उसकी चौड़ाई की तुलना में दोगुनी है, भुजाओं पर चार अर्धवृत्ताकार भागों के साथ बढ़ाया जाता है। यदि आयत की छोटी भुजा 12 मीटर है, तो लॉन का कुल क्षेत्रफल (मीटर^2 में) ज्ञात करें। (π= 3.14 लें)

(a) 548.32 (b) 444 (c) 853.2 (d) 308.64 ***SSC CAPF : 24.11.2020***

वर्ग और वृत्त दोनों पर आधारित प्रश्न

113. एक वृत्त में एक वर्ग उत्कीर्ण है। यदि वर्ग की भुजा 14 सेमी. है, तो उस वृत्त का क्षेत्रफल (वर्ग सेमी. में) क्या होगा?

(a) 49π (b) 77π (c) 121π (d) 98π ***SSC CHSL (Tier-1) 9.1.2017***

114. एक वृत्त का व्यास एक वर्ग के भुजा के बराबर है। उस वर्ग का क्षेत्रफल क्या होगा, अगर उस वृत्त का क्षेत्रफल 36π वर्ग सेमी. है?

(a) 72 वर्ग सेमी. (b) 144 वर्ग सेमी. (c) 36 वर्ग सेमी. (d) 18 वर्ग सेमी. ***SSC CHSL (Tier-1) 21.1.2017***

115. एक वर्ग में एक वृत्त उत्कीर्ण है। यदि उस वर्ग के विकर्ण की लम्बाई $14\sqrt{2}$ सेमी. है तो उस वृत्त का क्षेत्रफल (वर्ग सेमी. में) क्या है?

(a) 308 (b) 462 (c) 154 (d) 616 ***SSC CHSL (Tier-1) 8.2.2017***

116. $6\sqrt{2}$ सेमी. विकर्ण वाले वर्ग में वृत्त का क्षेत्रफल सेमी.^{2} में ज्ञात कीजिए।

(a) 9π (b) 6π (c) 9π (d) $9\sqrt{2}\pi$ ***SSC CHSL (Tier-1) 9.9.2016***

117. एक वृत्त तथा एक वर्ग के क्षेत्रफल समान हैं। वर्ग की भुजा और वृत्त की त्रिज्या का अनुपात क्या है?

(a) $\sqrt{\pi}:1$ (b) $1:\sqrt{\pi}$ (c) $\pi^2 : 1$ (d) π ***SSC CHSL (Tier-1) 2.9.2016***

118. यदि किसी वर्ग की भुजा की लम्बाई किसी वृत्त के व्यास के बराबर है, तब वर्ग तथा वृत्त के क्षेत्रफल का अनुपात है– ($\pi = \frac{22}{7}$ से)

(a) 14 : 11 (b) 28 : 11 (c) 11 : 14 (d) 11 : 7 ***SSC MTS 9.8.2019***

119. एक वृत्त का क्षेत्रफल एक वर्ग के क्षेत्रफल के बराबर है। वृत्त के व्यास तथा वर्ग के विकर्ण का अनुपात क्या होगा?
(a) $1:\sqrt{\pi}$ (b): $2:\sqrt{\pi}$ (c) $\sqrt{2}:\sqrt{\pi}$ (d) $1:\pi$ ***SSC CPO 5.7.2017***

120. एक वर्ग की भुजा 6 सेमी. है। वर्ग के अंदर बनने वाले सबसे बड़े वृत्त का क्षेत्रफल कितना है? ($\pi = \frac{22}{7}$ सेमी.)
(a) $\frac{198}{7}$ cm² (b) $\frac{318}{7}$ cm² (c) $\frac{252}{7}$ cm² (d) $\frac{156}{7}$ cm² ***SSC CHSL (Tier-1) 2.8.2019***

121. किसी वर्गाकार भूखण्ड का परिमाप 35 मीटर और 15 मीटर की भुजाओं वाले एक आयताकार भूखण्ड के परिमाप के बराबर है। वर्गाकार भूखण्ड की भुजा की लम्बाई ज्ञात कीजिए।
(a) 50 मीटर (b) 20 मीटर (c) 25 मीटर (d) 100 मीटर ***SSC CGL (Tier-1) 9.3.2020***

122. एक वर्ग के अन्तर्वृत्त और परिवृत्त के क्षेत्रफलों का अनुपात होता है–
(a) 1 : 2 (b) 2 : 3 (c) 3 : 4 (d) 4 : 5 ***(SSC, 10+2, 11.12.2011)***

123. 8 सेमी. त्रिज्या वाले वृत्त के भीतर एक वर्ग बनाया गया है। वर्ग का क्षेत्रफल है–
(a) 16 वर्ग सेमी. (b) 64 वर्ग सेमी. (c) 128 वर्ग सेमी. (d) 148 वर्ग सेमी. ***(SSC, Tier-1, 19.5.2013)***

124. दो वृत्तों के व्यास एक वर्ग की भुजा और वर्ग का विकर्ण है। छोटे वृत्त और बड़े वृत्त के क्षेत्रफलों का अनुपात है–
(a) 1 : 2 (b) 1 : 4 (c) $\sqrt{2}:\sqrt{3}$ (d) $1:\sqrt{2}$ ***(SSC, Tier-1, 19.5.2013)***

125. एक वर्ग के अन्तर्वृत्त तथा परिवृत्त के क्षेत्रफल का अनुपात होगा–
(a) 1 : 2 (b) $\sqrt{2}:1$ (c) $1:\sqrt{2}$ (d) 2 : 1 ***(SSC, 10+2, 28.10.2012)***

126. एक वर्ग के विकर्ण की लम्बाई 8 सेमी. है। उस वर्ग को परिगत करते हुए एक वृत्त खींचा गया है। तद्नुसार, उस वृत्त तथा उस वर्ग के बीच के क्षेत्र का क्षेत्रफल (सेमी.² में) होगा–
(a) $16\frac{2}{7}$ (b) $18\frac{2}{7}$ (c) $10\frac{2}{7}$ (d) $12\frac{2}{7}$ ***(SSC, FCI, 11.11.2012)***

127. एक वर्ग जिसके विकर्ण की लम्बाई $12\sqrt{2}$ सेमी. है, के अन्तर्गत एक वृत्त बनाया गया है। उस वृत्त के अन्तर्गत एक समबाहु त्रिभुज बनाया गया है। तद्नुसार, उस त्रिभुज की भुजा की लम्बाई कितनी होगी?
(a) $4\sqrt{3}$ सेमी. (b) $8\sqrt{3}$ सेमी. (c) $6\sqrt{3}$ सेमी. (d) $11\sqrt{3}$ सेमी. ***(SSC, FCI, 11.11.2012)***

128. 2m² क्षेत्रफल वाले वर्ग में बनाए गए अंतवृत्त का क्षेत्रफल है–
(a) $\frac{\pi}{4}m^2$ (b) $\frac{\pi}{2}m^2$ (c) πm^2 (d) $2\pi m^2$ ***(SSC, FCI, 5.2.2012)***

129. एक वर्ग की एक भुजा की लम्बाई 14 सेमी. है। वर्ग के अन्तर्वृत्त और परिवृत्त की त्रिज्याओं का अनुपात ज्ञात कीजिए।
(a) $\sqrt{2}:1$ (b) $1:\sqrt{2}$ (c) $\sqrt{2}:3$ (d) 2 : 1 ***(SSC, Tier-1, 1.7.2012)***

130. एक वर्ग के चारों कोनों पर 4 सेमी. त्रिज्या के चार बराबर वृत्त एक-दूसरे को बाहर स्पर्श करते हैं। वर्ग और चारों त्रिज्या खण्डों के बीच अंश का क्षेत्रफल है–
(a) 9 (π – 4) वर्ग सेमी. (b) 16 (π – 4) वर्ग सेमी.
(c) 9 (4 – π) वर्ग सेमी. (d) 16 (4 – π) वर्ग सेमी. ***(SSC, 10+2, 4.12.2011)***

131. एक वर्ग की अन्तःत्रिज्या और परित्रिज्या का अनुपात कितना होता है?
(a) 2 : 5 (b) 1 : 3 (c) 1 : 2 (d) $1:\sqrt{2}$ ***(SSC, Tier-1, 21.4.2013)***

132. दो वृत्तों, एक परिवृत्त और एक अन्य वर्ग में अंतर्वृत्त के क्षेत्रफल का अंतर 77 वर्ग सेमी. है, तो वर्ग का क्षेत्रफल बताएँ।
(a) 50 वर्ग सेमी. (b) 49 वर्ग सेमी. (c) 98 वर्ग सेमी. (d) 14 वर्ग सेमी. ***(SSC, MTS, 16.2.2014)***

133. यदि एक वृत्त के अन्तर्गत एक वर्ग की भुजा की लम्बाई $a\sqrt{2}$ यूनिट है, तो वृत्त की परिधि है–
(a) 2 πa यूनिट (b) πa यूनिट (c) 4 πa यूनिट (d) $\frac{2a}{\pi}$ यूनिट ***(SSC, 2.11.2014)***

त्रिभुज और वृत्त दोनों पर आधारित प्रश्न

134. अगर समबाहु त्रिभुज के अन्तर्वृत की त्रिज्या 3 सेमी. है, तो समबाहु त्रिभुज की परिधि (सेमी.में) की गणना करें।
(a) $6\sqrt{3}$ (b) $3\sqrt{3}$ (c) $12\sqrt{3}$ (d) $18\sqrt{3}$ ***SSC CHSL (Tier-1) 16.3.2017***

135. एक वृत्त की परिधि एक समभुज त्रिभुज की परिधि के बराबर है। यदि उस वृत्त की त्रिज्या 7 सेमी. है, तो समभुज त्रिभुज के भुजा की लम्बाई क्या होगी?

(a) 22/3 सेमी. (b) 44/3 सेमी. (c) 44 सेमी. (d) 22 सेमी. ***SSC CHSL (Tier-1) 21.1.2017***

136. एक वृत्त की परिधि एक समबाहु त्रिभुज के परिमाप के बराबर है। यदि उस वृत्त की त्रिज्या 14 सेमी. है, तो समबाहु त्रिभुज की भुजा की लंबाई क्या है?

(a) 88 सेमी. (b) 88/3 सेमी. (c) $88\sqrt{3}$ सेमी. (d) $8\sqrt{3}$ सेमी. ***SSC CHSL (Tier-1) 29.1.2017***

137. एक समकोण त्रिभज है, उसके परिवृत्त की त्रिज्या 3 सेमी. है और विपरीत शिरोबिन्दु से कर्ण की ओर खींचे गये शीर्ष लम्ब की लम्बाई 2 सेमी. है तो त्रिभुज का क्षेत्रफल क्या होगा?

(a) 12 सेमी.^{2} (b) 3 सेमी.^{2} (c) 6 सेमी.^{2} (d) 5 सेमी.^{2} ***SSC CGL (Tier-1) 2.9.2016***

138. 6 मी. त्रिज्या वाले अर्धवृत्त में बनाये जा सकने वाले सबसे बड़े त्रिभुज का क्षेत्रफल कितना होगा?

(a) 36 मी.^{2} (b) 72 मी.^{2} (c) 18 मी.^{2} (d) 12 मी.^{2} ***SSC CGL (Tier-1) 29.8.2016***

139. किसी वृत्ताकार मैदान का क्षेत्रफल, किसी ऐसे त्रिभुजाकार मैदान, जिसकी भुजाएँ 400m, 420m और 580m हैं, के क्षेत्रफल के $73\frac{1}{3}\%$ के लगभग बराबर है। वृत्ताकार मैदान की परिधि (m में) कितनी है? ($\pi = \frac{22}{7}$ मानें)

(a) 880 m (b) 440 m (c) 1056 m (d) 528 m ***SSC CHSL (Tier-1) 21.8.2019***

140. एक समबाहु त्रिभुज के अंतःवृत्त के अन्दर एक वर्ग खींचा गया है। यदि त्रिभुज की एक भुजा X है, तो वर्ग का क्षेत्रफल ज्ञात कीजिए।

(a) $\frac{1}{6}x^2$ (b) $\frac{1}{9}x^2$ (c) $\frac{1}{3}x^2$ (d) $\frac{1}{2}x^2$ ***RRB NTPC (Tier-1) 1.2.2021***

त्रिज्य-खण्ड पर आधारित प्रश्न

141. 14 सेमी. त्रिज्या और 45° केंद्रीय कोण वाले एक वृत्त खंड का क्षेत्रफल कितना होगा? (मान लीजिए $\pi = \frac{22}{7}$)

(a) 67 सेमी.^{2} (b) 77 सेमी.^{2} (c) 70 सेमी.^{2} (d) 11 सेमी.^{2} ***SSC CGL (Tier-1) 7.3.2020***

142. एक त्रिभुजाकार खेत, जिसकी भुजाएँ 26 मी., 28 मी. तथा 30 मी. है, के प्रत्येक कोने पर एक गाय 7 मी. लम्बी रस्सी से बाँधी गयी है। तद्नुसार उन तीनों गायों के चरने से बचे हुए खेत का क्षेत्रफल कितने मी.^{2} होगा?

(a) 336 (b) 259 (c) 154 (d) 77 ***(SSC, Tier-1, 26.6.2011)***

143. एक घोड़े को खम्भे से रस्सी से बाँधा जाता है। यदि घोड़ा हमेशा रस्सी को खींचे हुए गोल घुमता है और 88 मीटर की दूरी तय करता है जब केन्द्र पर 72° का कोण अंतरित करता है, तो रस्सी की लम्बाई कितनी होगी?

(a) 70 मीटर (b) 75 मीटर (c) 80 मीटर (d) 65 मीटर ***(SSC, Tier-1, 21.4.2013)***

144. एक घड़ी की मिनट वाली सुई की लम्बाई 7 सेमी. है। तद्नुसार, वह सुई, 30 मिनटों में कितना क्षेत्रफल पार कर लेती है?

(a) 210 वर्ग सेमी. (b) 154 वर्ग सेमी. (c) 77 वर्ग सेमी. (d) 147 वर्ग सेमी. ***(SSC, 10+2, 4.11.2012)***

145. एक घोड़े को 7 मीटर लम्बी एक रस्सी से, 10 मीटर के बराबर भुजा वाले एक वर्गाकार खेत के एक कोने में बांधा गया है। तद्नुसार उस खेत को चरने से बचा हुआ न्यूनतम संभावित क्षेत्रफल कितना होगा? ($x = \frac{22}{7}$ मानकर)

(a) 56.1 मी.^{2} (b) 51.6 मी.^{2} (c) 65.1 मी.^{2} (d) 61.5 मी.^{2} ***(SSC, 10+2, 4.11.2012)***

146. एक वृत्त में 120^0 के खण्ड का क्षेत्रफल $9\frac{3}{7}$ वर्ग सेमी. है। वृत्त का अर्धव्यास होगा ($x = \frac{22}{7}$)

(a) 3.0 सेमी. (b) 3.6 सेमी. (c) 2.5 सेमी. (d) 4.00 सेमी.

कोलकत्ता, भुवनेश्वर, ट्रैफिक अप्रेंटिस 2002

147. एक रस्सी जिससे एक गाय बंधी है, अगर उसकी लम्बाई 12 मीटर से 23 मीटर कर दी जाए तो गाय कितने बढ़े क्षेत्र में चर सकेगी?

(a) 1210 वर्ग मीटर (b) 3850 वर्ग मीटर

(c) 1275 वर्ग मीटर (d) 3600 वर्ग मीटर ***R.R.B. रांची (A.S.M.)/ गुड्स गार्ड परीक्षा, 2004***

148. 60 मी. × 30 मी. माप के किसी आयताकार मैदान के एक कोने से बँधी, 16 मीटर लम्बी रस्सी के दूसरे छोर से एक गधे को बाँध दिया जाता है, गधा इस मैदान के लगभग ...... वर्ग मीटर क्षेत्र की घास को चरेगा।
(a) 402 (b) 128 (c) 805 (d) 201
R.R.B. बंगलौर (डीजल असिस्टेंट ड्राइवर) परीक्षा, 2004

149. यदि 8 सेमी आधार वाले किसी त्रिभुज का क्षेत्रफल उतना ही हो जितना कि एक 8 सेमी त्रिज्या वाले वृत्त का, तो त्रिभुज का संगत शीर्ष लम्ब (सेमी. में) होगा –
(a) 12π (b) 20π (c) 16π (d) 32π *(S.S.C. Data Entry Operator–2.8.2009)*

150. किसी वृत्त के एक त्रिज्य खण्ड का क्षेत्रफल, जिसकी त्रिज्या 5 सेमी. है तथा जो एक 3.5 सेमी. लम्बी चाप द्वारा बना है, होगा
(a) 8.5 सेमी.^{2} (b) 8.75 सेमी.^{2} (c) 7.75 सेमी.^{2} (d) 7.50 सेमी.^{2}
S.S.C. स्नातक स्तरीय परीक्षा, 1999 (द्वितीय पाली)

151. आरेखित भाग का क्षेत्रफल ज्ञात करो –
(a) 134.75 वर्ग सेमी. (b) 154 वर्ग सेमी.
(c) 143.75 वर्ग सेमी. (d) 154.75 वर्ग सेमी.

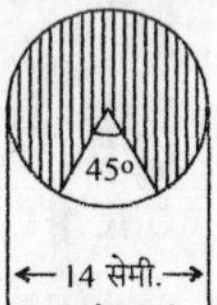

R.R.B. चेन्नई (वाणिज्य क्लर्क एवं T.C.) परीक्षा, 2001

152. नीचे दिए गये वृत्त में O वृत्त का केंद्र है। यदि वृत्त की परिधि 90 सेमी. है, तो चाप PQ की लम्बाई क्या होगी?
(a) 30 सेमी. (b) $22\frac{1}{2}$ सेमी.
(c) 45 सेमी. (d) $11\frac{1}{4}$ सेमी.

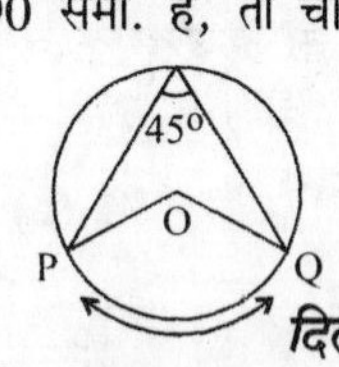

दिल्ली मेट्रो रेल जे.एस.सी. परीक्षा, 2003

153. वृत्त पर एक स्पर्श रेखा 'AB' है। वृत्त की त्रिज्या 2 सेमी. है, तो छायांकित भाग का क्षेत्रफल होगा –
(a) $2-\frac{\pi}{2}$ (b) $\frac{\pi}{2}-2$
(c) $4-\frac{\pi}{2}$ (d) $\frac{\pi}{2}-4$

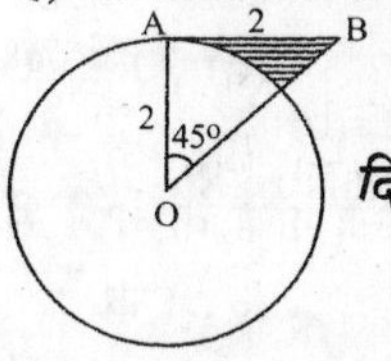

दिल्ली मेट्रो रेल जे.एस.सी. परीक्षा, 2003

प्रतिशत पर आधारित प्रश्न

154. एक आयताकार प्लॉट की लम्बाई को 60% से बढ़ाया गया है। उसकी चौड़ाई को कितना प्रतिशत से कम करना चाहिए जिससे उसका कुल क्षेत्रफल समान रहे?
(a) 52.5 (b) 60 (c) 40 (d) 37.5 ***SSC CHSL (Tier-1) 20.3.2018***

155. एक आयत की लम्बाई और चौड़ाई दुगुनी कर दी गयी है। क्षेत्रफल में प्रतिशत वृद्धि है–
(a) 400% (b) 150% (c) 200% (d) 300% ***(SSC, 10+2, 20.10.2013)***

156. एक वर्ग की लम्बाई और चौड़ाई क्रम से 30% और 25% अधिक की गई है। इससे बनने वाले आयत का क्षेत्रफल वर्ग के क्षेत्रफल से .... अधिक होता है।
(a) 60% (b) 75% (c) 62.5% (d) 55% *R.R.B. बंगलौर (गुड्सगार्ड) परीक्षा,2004*

157. यदि किसी वर्ग के क्षेत्रफल को 44% बढ़ा दिया जाए, तो उसकी प्रत्येक भुजा की लम्बाई में वृद्धि होगी –
(a) 12% (b) 16% (c) 20% (d) 28% *R.R.B. बंगलौर (गुड्सगार्ड) परीक्षा,2004*

158. एक आयत की लम्बाई में 10% वृद्धि तथा चौड़ाई में 10% की कमी कर देने से आयत के क्षेत्रफल में कितनी वृद्धि अथवा कमी होगी?
(a) 1% वृद्धि (b) 1% कमी (c) 1.5% कमी (d) कोई नहीं ***R.R.B. रांची (T.A.) परीक्षा,2005***

159. यदि किसी गोले की त्रिज्या को दोगुना कर दिया जाए, तो इसके सतह क्षेत्रफल में वृद्धि होगी –
(a) 50% (b) 75% (c) 100% (d) 200%
(e) इनमें से कोई नहीं *R.R.B. कोलकत्ता (डी./इले./अ.लोको पायलट) परीक्षा,2001*

160. यदि एक आयताकार भूमिखण्ड की लम्बाई को $12\frac{1}{2}\%$ बढ़ा दिया जाए एवं चौड़ाई को 10% कम कर दिया जाए, तो उसका क्षेत्रफल–

(a) 1.25% घट जाता है (b) 2.5% घट जाता है ***R.R.B. कोलकत्ता (T.A./A.S.M.) परीक्षा,2001,***

(c) 2.5% बढ़ जाता है (d) 1.25% बढ़ जाता है ***R.R.B. अजमेर (A.S.M.) परीक्षा,2001***

विविध प्रश्न

161. एक समांतर चतुर्भुज की दो आसन्न भुजाएँ 21 सेमी. और 20 सेमी. की है। इन दोनों भुजाओं के सिरों को जोड़ने वाला विकर्ण 29 सेमी. है। समांतर चतुर्भुज का क्षेत्रफल कितना (वर्ग सेमी.) होगा?

(a) 240 (b) 120 (c) 210 (d) 420 ***SSC CHSL (Tier-1) 7.9.2012***

162. दी गई आकृति में, समद्विबाहु त्रिभुज PQT का क्षेत्रफल 128 सेमी.^{2} है तथा QT = PQ तथा PQ = 4 PS, PT ‖ SR है, तो चतुर्भुज PTRS का क्षेत्रफल (सेमी.2 में) क्या है?

SSC CPO 1.7.2017

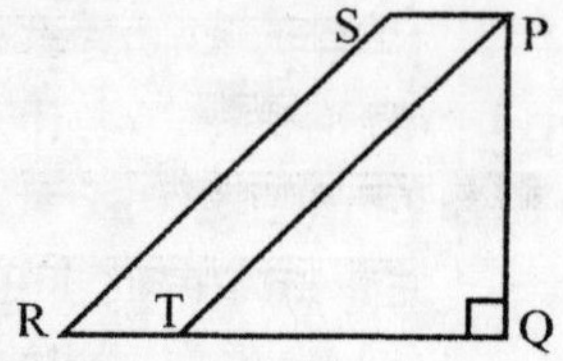

(a) 80 (b) 64 (c) 124 (d) 72

163. एक समांतर चतुर्भुज ABCD की एक भुजा AB = 24 सेमी. और दूसरी भुजा AD = 16 सेमी. है। भुजाओं AB तथा DC की दूरी 10 सेमी. है। तद्नुसार AD तथा BC भुजाओं के बीच की दूरी कितनी होगी?

(a) 16 सेमी. (b) 18 सेमी. (c) 15 सेमी. (d) 26 सेमी. ***(SSC, 10+2, 4.12.2011)***

164. एक समांतर चतुर्भुज की भुजाओं का अनुपात 5 : 4 है। उसका क्षेत्रफल 1000 वर्ग इकाई है। बड़ी भुजा पर तुंगता 20 इकाई है। छोटी भुजा पर तुंगता है–

(a) 30 इकाई (b) 25 इकाई (c) 10 इकाई (d) 15 इकाई ***(SSC, 10+2, 11.12.2011)***

165. एक समांतर चतुर्भुज की निकटवर्ती भुजाएँ 36 सेमी. तथा 27 सेमी. हैं। तद्नुसार यदि उस चतुर्भुज की छोटी भुजाओं की दूरी 12 सेमी. हो, तो बड़ी भुजाओं की दूरी कितनी होगी?

(a) 10 सेमी. (b) 12 सेंमी. (c) 16 सेमी. (d) 9 सेमी. ***(SSC, 10+2, 11.12.2011)***

166. एक तांबे के तार को मोड़कर एक समबाहु त्रिभुज बनाया गया है, जिसका क्षेत्रफल $121\sqrt{3}$ सेमी.^{2} है। यदि उसी तार को मोड़कर वृत्ताकार कर दिया जाए, तो उस वृत्त का क्षेत्रफल ($x = \frac{22}{7}$ मानकर) कितने सेमी.^{2} होगा?

(a) 364.5 (b) 693.5 (c) 346.5 (d) 639.5 ***(SSC, Tier-1, 19.6.2011)***

167. एक वर्ग की एक भुजा और एक विकर्ण को आधार बनाकर, दो समबाहु त्रिभुज बनाये गये हैं। तद्नुसार, उन दोनों त्रिभुजों के क्षेत्रफलों का अनुपात क्या होगा?

(a) $\sqrt{3} : 4$ (b) 1 : 4 (c) $1 : \sqrt{2}$ (d) 1 : 2 ***(SSC, 10+2, 4.11.2012)***

168. एक समान a त्रिज्या वाले दो वृत्त एक-दूसरे के केन्द्र से गुजरते हैं। यदि वे दोनों वृत्त एक-दूसरे को A तथा B पर काटते हों और O, O' उनके केन्द्र हों, तो चतुर्भुज AOBO' का क्षेत्रफल कितना होगा?

(a) $\frac{1}{4}a^2$ (b) $\frac{1}{2}a^2$ (c) $\frac{\sqrt{3}}{2}a^2$ (d) a^2 ***(SSC, Tier-1, 21.4.2013)***

169. ABC समकोणीय त्रिभुज है। B समकोण है। BC और AC के मध्य बिन्दु क्रमशः B' एवं A' हैं। चतुर्भुज AA' B'B के क्षेत्रफल और त्रिभुज ABC के क्षेत्रफल का अनुपात क्या होगा?

(a) 1 : 2 (b) 2 : 3 (c) 3 : 4 (d) इनमें से कोई नहीं ***(SSC, Tier-1, 21.4.2013)***

170. एक आयताकार बगीचा 100 मी. × 80 मी. का है। उसके बाहर, उसके साथ बना एक रास्ता भी है। उस रास्ते की चौड़ाई 10 मी. है। तद्नुसार, उस रास्ते का क्षेत्रफल कितना है?

(a) 1900 वर्ग मी. (b) 2400 वर्गमी. (c) 3660 वर्ग मी. (d) 4000 वर्ग मी. ***(SSC, Tier-1, 8.7.2012)***

171. ABCD एक समांतर चतुर्भुज है। BC को Q तक इस प्रकार बढ़ाया गया है कि BC = CQ , जहाँ AQ भुजा CD को बिन्दु P पर मिलती है तो– ***(SSC, Tier-1, 21.4.2013)***

(a) क्षेत्रफल (ΔBCP) = क्षेत्रफल (ΔDPQ) (b) क्षेत्रफल (ΔBCP) > क्षेत्रफल (ΔDPQ)
(c) क्षेत्रफल (ΔBCP) < क्षेत्रफल (ΔDPQ) (d) क्षेत्रफल (ΔBCP) + क्षेत्र. (ΔDPQ) = क्षेत्र. (ABCD)

172. एक वर्ग की प्रत्येक भुजा 3 सेमी. है। तद्नुसार, उस समबाहु त्रिभुज का क्षेत्रफल कितना होगा, जिसकी ऊँचाई दिये गये वर्ग के विकर्ण के बराबर है?

(a) $\frac{2\sqrt{3}}{3}$ वर्ग सेमी. (b) $\frac{3\sqrt{2}}{5}$ वर्ग सेमी. (c) $\frac{3\sqrt{2}}{2}$ वर्ग सेमी. (d) $6\sqrt{3}$ वर्ग सेमी. ***(SSC, Tier-1, 25.8.2013)***

173. एक समांतर चतुर्भुज की दो आसन्न भुजाओं की लम्बाई 15 सेमी. और 18 सेमी. है। यदि दो छोटी भुजाओं के बीच दूरी 12 सेमी. है, तो बड़ी भुजाओं के बीच दूरी है–

(a) 8 सेमी. (b) 10 सेमी. (c) 12 सेमी. (d) 15 सेमी. ***(SSC, 10+2, 4.12.2011)***

174. एक समबाहु त्रिभुज का क्षेत्रफल $4\sqrt{3}$ वर्ग सेमी. है। तद्नुसार, उस वर्ग के विकर्ण की लम्बाई कितने सेमी. होगी, जिसकी भुजा उक्त समबाहु त्रिभुज की ऊँचाई के बराबर है?

(a) 4 (b) $4\sqrt{6}$ (c) $2\sqrt{6}$ (d) $2\sqrt{3}$ ***(SSC, CAPF-SI, 23.6.2013)***

175. केन्द्र A तथा B और त्रिज्या 2 यूनिट वाले दो वृत्त एक दूसरे को बाहर से 'C' पर स्पर्श करते हैं। केन्द्र 'C' और त्रिज्या '2' यूनिट वाला एक तीसरा वृत्त अन्य दो वृत्तों को D तथा E पर मिलता है, तो चतुर्भुज ABDE का क्षेत्रफल है–

(a) $2\sqrt{2}$ वर्ग यूनिट (b) $3\sqrt{3}$ वर्ग यूनिट
(c) $3\sqrt{2}$ वर्ग यूनिट (d) $2\sqrt{3}$ वर्ग यूनिट ***(SSC, 10+2, 4.11.2012)***

176. एक आयताकार मैदान की लम्बाई तथा चौड़ाई 7 : 4 के अनुपात में है। उसके बाहर चारों ओर बनाया गया 4 मी. चौड़ा एक रास्ता, 416 मी.^{2} क्षेत्रफल का है। तद्नुसार, उस मैदान की चौड़ाई कितने मीटर की है?

(a) 16 (b) 28 (c) 14 (d) 15 ***(SSC, 10+2, 10.11.2013)***

177. असमान भुजाओं वाले चतुर्भुज ABCD में, यदि विकर्ण AC तथा BD समकोण पर प्रतिच्छेद करते हैं, तो–

(a) $AB^2 + BC^2 = CD^2 + DA^2$ (b) $AB^2 + CD^2 = BC^2 + DA^2$
(c) $AB^2 + AD^2 = BC^2 + CD^2$ (d) $AB^2 + BC^2 = 2(CD^2 + DA^2)$ ***(SSC, 10+2, 11.12.2011)***

178. एक वर्गाकार पतंग, जिसका विकर्ण 32 सेमी. है, 8 सेमी. आधार वाले एक समबाहु त्रिभुज से जोड़ी गयी है। तद्नुसार, उसे बनाने में लगभग कितना वर्ग सेमी. कागज इस्तेमाल हुआ होगा? ($\sqrt{3} = 1.732$ मानकर)

(a) 539.712 (b) 538.721 (c) 540.712 (d) 539.217 ***(SSC, 10+2, 27.10.2013)***

179. एक समचतुर्भुज की प्रत्येक भुजा की लम्बाई उस वर्ग की भुजा की लम्बाई के बराबर है, जिसका विकर्ण $40\sqrt{2}$ सेमी. है। तद्नुसार, यदि उस समचतुर्भुज के विकर्णों की लम्बाइयाँ 3 : 4 के अनुपात में हों, तो उसका क्षेत्रफल कितने सेमी.^{2} होगा?

(a) 1600 (b) 1535 (c) 1536 (d) 1550 ***(SSC, 10+2, 10.11.2013)***

180. एक भूखण्ड की दो भुजाएँ 32 मी. और 24 मी. की हैं और उनके बीच का समकोण पूर्ण समकोण है। अन्य दो भुजाएँ प्रति 25 मी. की हैं और अन्य तीन कोण समकोण नहीं हैं। भूखण्ड का क्षेत्रफल m^2 में कितना होगा?

(a) 768 (b) 534 (c) 696.5 (d) 684 ***(SSC, 16.2.2014)***

181. यदि एक समभुज त्रिभुज और एक वर्ग का परिमाप समान है, तो उनके क्षेत्रफल का अनुपात कितना होगा?

(a) 4 : 3 (b) $4 : \sqrt{3}$ (c) $4 : 3\sqrt{3}$ (d) $2 : 3\sqrt{3}$ ***(SSC, MTS, 16.2.2014)***

182. एक सेमी कम के मीटर स्टिक से मापे गये कपड़े की लम्बाई 100 मीटर है। माना कि मीटर स्टिक की माप सही है, तो कपड़े की वास्तविक लम्बाई (सेमी. में) कितनी है?

(a) 8,000 (b) 6,100 (c) 3,900 (d) 9,900 ***(SSC, 26.10.2014)***

183. एक समांतर चतुर्भुज की भुजाएँ 60 मीटर और 40 मीटर हैं और उसका एक विकर्ण 80 मीटर लम्बा है। उसका क्षेत्रफल कितना होगा?

(a) $400\sqrt{15}\,m^2$ (b) $450\sqrt{15}\,m^2$ (c) $500\sqrt{15}\,m^2$ (d) $600\sqrt{15}\,m^2$ ***(SSC, 26.10.2014)***

उत्तरमाला

1. (a)	2. (c)	3. (c)	4. (a)	5. (b)	6. (d)	7. (b)	8. (d)	9. (a)
10. (d)	11. (d)	12. (c)	13. (d)	14. (c)	15. (d)	16. (c)	17. (b)	18. (c)
19. (d)	20. (b)	21. (c)	22. (b)	23. (a)	24. (d)	25. (d)	26. (c)	27. (b)
28. (b)	29. (a)	30. (a)	31. (b)	32. (a)	33. (c)	34. (d)	35. (b)	36. (a)
37. (a)	38. (c)	39. (a)	40. (d)	41. (a)	42. (b)	43. (a)	44. (a)	45. (d)
46. (c)	47. (b)	48. (d)	49. (a)	50. (d)	51. (d)	52. (d)	53. (c)	54. (d)
55. (b)	56. (c)	57. (c)	58. (c)	59. (c)	60. (a)	61. (c)	62. (b)	63. (a)
64. (b)	65. (d)	66. (c)	67. (d)	68. (c)	69. (c)	70. (c)	71. (d)	72. (b)
73. (d)	74. (d)	75. (b)	76. (a)	77. (a)	78. (b)	79. (d)	80. (a)	81. (a)
82. (b)	83. (c)	84. (a)	85. (c)	86. (d)	87. (d)	88. (b)	89. (b)	90. (a)
91. (a)	92. (b)	93. (b)	94. (a)	95. (d)	96. (c)	97. (a)	98. (b)	99. (c)
100. (d)	101. (d)	102. (d)	103. (d)	104. (c)	105. (a)	106. (a)	107. (b)	108. (d)
109. (c)	110. (a)	111. (a)	112. (c)	113. (d)	114. (b)	115. (c)	116. (c)	117. (a)
118. (a)	119. (c)	120. (a)	121. (c)	122. (a)	123. (c)	124. (a)	125. (a)	126. (b)
127. (c)	128. (b)	129. (b)	130. (d)	131. (d)	132. (c)	133. (a)	134. (d)	135. (b)
136. (b)	137. (c)	138. (a)	139. (a)	140. (a)	141. (b)	142. (b)	143. (a)	144. (c)
145. (d)	146. (a)	147. (a)	148. (d)	149. (c)	150. (b)	151. (a)	152. (b)	153. (a)
154. (d)	155. (d)	156. (c)	157. (c)	158. (b)	159. (e)	160. (d)	161. (d)	162. (b)
163. (c)	164. (b)	165. (d)	166. (c)	167. (d)	168. (c)	169. (c)	170. (d)	171. (a)
172. (d)	173. (b)	174. (c)	175. (b)	176. (a)	177. (b)	178. (a)	179. (c)	180. (d)
181. (c)	182. (d)	183. (d)						

अभ्यास प्रश्नों के हल

1. समबाहु त्रिभुज का क्षेत्रफल = $\frac{\sqrt{3}}{4}$ · भुजा^{2} $\Rightarrow$ $25\sqrt{3} = \frac{\sqrt{3}}{4}$ · भुजा^{2}

$\therefore$ भुजा^{2} = $25 \times 4 = 100 = 10^2$ $\Rightarrow$ भुजा = 10 सेमी.

2. समबाहु त्रिकोण की ऊँचाई = $\frac{\sqrt{3}}{2}$ · भुजा = $\frac{\sqrt{3}}{2} \times 16 = 8\sqrt{3}$ सेमी.

3. चूँकि समबाहु त्रिभुज की ऊँचाई = $\frac{\sqrt{3}}{2}$ · भुजा, अतः $2\sqrt{3} = \frac{\sqrt{3}}{2} \times$ भुजा

$\therefore$ समबाहु त्रिभुज की भुजा = $2 \times 2 = 4$ सेमी.

$\therefore$ समबाहु त्रिभुज का क्षेत्रफल = $\frac{\sqrt{3}}{4}$ · भुजा^{2} = $\frac{\sqrt{3}}{4} \times 4 \times 4 = 4\sqrt{3}$ सेमी^{2}

4. समबाहु त्रिभुज का क्षेत्रफल = $\frac{\sqrt{3}}{4}$ भुजा^{2} $\Rightarrow$ $9\sqrt{3} = \frac{\sqrt{3}}{4}$ भुजा^{2}

$\therefore$ भुजा^{2} = $9 \times 4 = 36 = 6^2$ $\Rightarrow$ भुजा = 6 सेमी. $\Rightarrow$ समबाहु त्रिभुज की परिधि = $3 \times$ भुजा = $3 \times 6 = 18$ सेमी.

5. त्रिभुज की भुजाओं का अनुपात = 3 : 4 : 6, अतः माना तीनों भुजाएँ क्रमशः $3x$ सेमी, $4x$ सेमी तथा $6x$ सेमी हैं।

$\therefore$ छोटी भुजाओं के वर्गों का योग = $(3x)^2 + (4x)^2 = 9x^2 + 16x^2 = 25x^2$ और बड़ी भुजा का वर्ग = $(6x)^2 = 36x^2$

चूँकि बड़ी भुजा का वर्ग > छोटी भुजाओं के वर्गों का योग, अतः बड़ी भुजा के सामने का कोण अधिक कोण है।

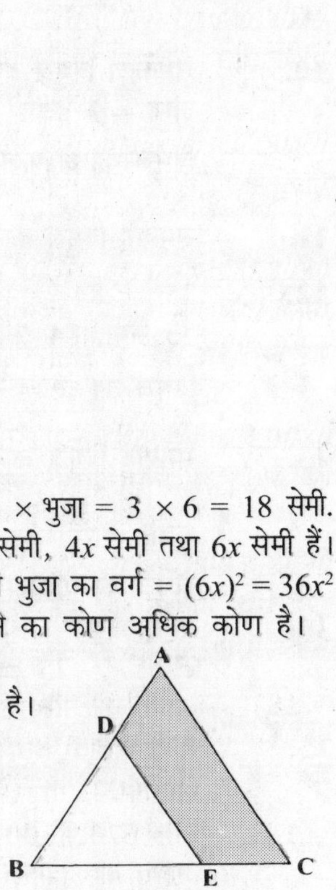

6. चित्रानुसार समबाहु Δ ABC में AB का मध्यबिन्दु D तथा BC का मध्यबिन्दु E है।

$\therefore$ Δ ABC का क्षेत्रफल : समलम्ब Δ ADEC का क्षेत्रफल = 4 : 3

7. समकोण त्रिभुज का कर्ण = 39 सेमी. और अन्य दो भुजाओं में अन्तर = 21 सेमी.

∴ माना एक भुजा x सेमी. और दूसरी भुजा $(x + 21)$ सेमी. है।

∴ $x^2 + (x + 21)^2 = 39^2 \Rightarrow x^2 + x^2 + 441 + 42x = 1521$

∴ $2x^2 + 42x = 1080 \Rightarrow x^2 + 21x = 540 \Rightarrow x^2 + 21x - 540 = 0$

∴ $x^2 + 36x - 15x - 540 = 0 \Rightarrow (x + 36)(x - 15) = 0$, परन्तु $x + 36 \neq 0$, अतः $x - 15 = 0 \Rightarrow x = 15$

∴ दोनों भुजाएँ $= x, (x + 21) = 15, 36$, अतः त्रिभुज का क्षे. $= \frac{1}{2} \times 15 \times 36 = 270$ सेमी.^{2}

8. अन्य त्रिकोणीय मैदान का अर्द्धपरिमाप $= \frac{50 + 70 + 80}{2} = \frac{200}{2} = 100$ मी.

∴ अन्य त्रिकोणीय मैदान का क्षे. $= \sqrt{100(100 - 50)(100 - 70)(100 - 80)}$

$= \sqrt{100 \times 50 \times 30 \times 20} = \sqrt{10 \cdot 10 \cdot 10 \cdot 10 \cdot 10 \cdot 10 \cdot 3} = 1000\sqrt{3}$ मी.^{2}

∴ प्रत्येक भुजा x वाले त्रिकोणीय मैदान का क्षेत्रफल $= \frac{\sqrt{3}}{4} . x^2$

∴ $\frac{\sqrt{3}}{4} . x^2 = 1000\sqrt{3} \Rightarrow x^2 = 4000 \Rightarrow x = \sqrt{4000} = 63.2 \text{ m}^2$

9. माना समद्विबाहु Δ ABC में AB = BC और कर्ण AC है। पुनः माना AB = BC = x सेमी.

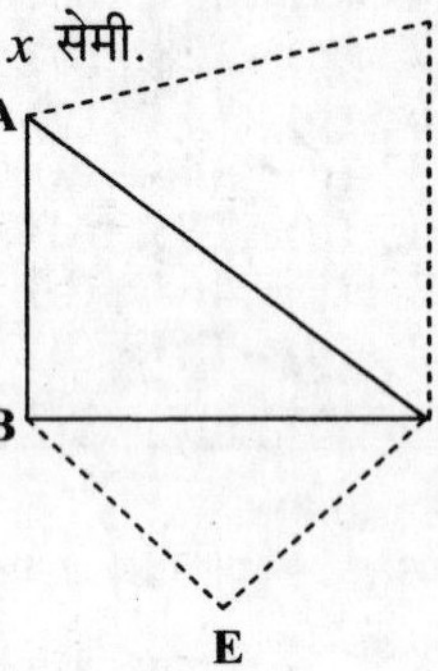

∴ कर्ण AC $= \sqrt{2} \cdot x$, अतः समबाहु Δ ACD की भुजा $= \sqrt{2} \cdot x$

समबाहु Δ ACD का क्षे. H $= \frac{\sqrt{3}}{4}\left(\sqrt{2} \cdot x\right)^2 = \frac{\sqrt{3}}{4} \cdot 2x^2 = \frac{\sqrt{3}x^2}{2}$

और समबाहु Δ BCE की भुजा $= x$ समबाहु Δ BCE का क्षे. A $= \frac{\sqrt{3}}{4}x^2$

∴ $\frac{A}{H} = \frac{\left(\frac{\sqrt{3}x^2}{4}\right)}{\frac{\sqrt{3}x^2}{2}} = \frac{\frac{1}{4}}{\frac{1}{2}} = \frac{1}{4} \times \frac{2}{1} = \frac{1}{2}$

10. ∵ समकोण त्रिभुज बनाने में 12 इकाई छड़ों का प्रयोग किया जाता है।

∴ लम्ब = 3 इकाई, आधार = 4 इकाई और कर्ण = 5 इकाई

∴ त्रिभुज का क्षेत्रफल $= \frac{\text{लम्ब} \times \text{आधार}}{2} = \frac{3 \times 4}{2} = 6$ वर्ग इकाई

11. समबाहु त्रिभुज का क्षे. $= \frac{\sqrt{3}}{4} \cdot \text{भुजा}^2 = \frac{\sqrt{3}}{4} \cdot 4 \cdot 4 = 4\sqrt{3}$ वर्ग सेमी.

12. ∵ $35^2 + 84^2 = 1225 + 7056 = 8281$ और $91^2 = 8281$

∴ 35 सेमी, 84 सेमी. और 91 सेमी. भुजाओं वाला त्रिभुज समकोण त्रिभुज होगा

∴ त्रिभुज का क्षे. $= \frac{\text{लम्ब} \times \text{आधार}}{2} = \frac{35 \times 84}{2} = 1470$ सेमी.^{2}

13. समबाहु त्रिभुज का क्षेत्रफल $= \frac{\sqrt{3}}{4}$ भुजा$^2 \Rightarrow 36\sqrt{3} = \frac{\sqrt{3}}{4} \cdot$ भुजा^{2}

∴ भुजा$^2 = \frac{36\sqrt{3} \times 4}{\sqrt{3}} \Rightarrow$ भुजा$^2 = 144 \Rightarrow$ भुजा$^2 = 12^2 \Rightarrow$ भुजा = 12 सेमी.

∴ त्रिभुज का परिमाप = भुजा × 3 = 12 × 3 = 36 सेमी.

14. माना आयत की दूसरी भुजा x सेमी. है। अतः लम्बाई^2 + चौड़ाई^2 = विकर्ण^2 से –

$x^2 + 7^2 = 25^2 \Rightarrow x^2 = 625 - 49 = 576 = 24^2 \Rightarrow x = 24$ सेमी.

∴ आयत का परिमाप = 2 (लम्बाई + चौड़ाई) = 2 (24 + 7) = 2 × 31 = 62 सेमी.

15. माना आयत के दूसरे बाजू (लम्बाई) की माप x सेमी. है।

∴ लम्बाई^2 + चौड़ाई^2 = विकर्ण^2 से $x^2 + 10^2 = 26^2 \Rightarrow x^2 + 100 = 676$

∴ $x^2 = 676 - 100 = 576 = 24^2 \Rightarrow x = 24$ सेमी.

∴ आयत का क्षेत्रफल = लम्बाई × चौड़ाई = 24 × 10 = 240 वर्ग सेमी.

16. चूँकि आयत का परिमाप = 2 (लम्बाई + चौड़ाई), अतः 68 = 2 (लम्बाई + 10)

∴ लम्बाई + 10 = $\frac{68}{2}$ = 34 ⇒ लम्बाई = 34 – 10 = 24 सेमी.

∴ आयत का विकर्ण = $\sqrt{\text{लं.}^2 + \text{चौ.}^2} = \sqrt{576+100} = \sqrt{676}$ = 26 सेमी.

17. माना आयत की दूसरी भुजा (चौड़ाई) की माप x सेमी. है।

∴ लम्बाई^2 + चौड़ाई^2 = विकर्ण^2 ⇒ $8^2 + x^2 = 10^2 \Rightarrow 64 + x^2 = 100$

∴ $x^2 = 100 - 64 = 36 \Rightarrow x^2 = 6^2 \Rightarrow x = 6$ सेमी.

∴ आयत का क्षेत्रफल = लम्बाई × चौड़ाई = 8 × 6 = 48 सेमी.^{2}

18. माना आयत की लम्बाई x सेमी. है। अतः आयत का परिमाप = 2 (लम्बाई + चौड़ाई) से–

60 = 2 (लम्बाई + 14) ⇒ लम्बाई + 14 = 30 ⇒ लम्बाई = 30 – 14 = 16 सेमी.

∴ आयत का क्षेत्रफल = लम्बाई × चौड़ाई = 16 × 14 = 224 सेमी.^{2}

19. माना आयत की लम्बाई x सेमी. है। अतः लम्बाई^2 + चौड़ाई^2 = विकर्ण^2 ⇒ $x^2 + 7^2 = 25^2 \Rightarrow x^2 + 49 = 625$

∴ $x^2 = 625 - 49 = 576 = 24^2 \Rightarrow x = 24$ सेमी.

∴ आयत का परिमाप = 2 (लम्बाई + चौड़ाई) = 2 (24 + 7) = 2 × 31 = 62 सेमी.

20. चूँकि आयत में, लम्बाई^2 + चौड़ाई^2 = विकर्ण^2, अतः लम्बाई^2 + $20^2 = 29^2$

∴ लम्बाई^2 + 400 = 841 ⇒ लम्बाई^2 = 841 – 400 = 441 ⇒ लम्बाई = 21 सेमी.

∴ आयत का परिमाप = 2 (लम्बाई + चौड़ाई) = 2 (21 + 20) = 2 × 41 = 82 सेमी.

21. आयत का परिमाप = 2 (लम्बाई + चौड़ाई) = 2 (24 + 7) = 2 × 31 = 62 सेमी.

22. आयत के क्षेत्रफल में प्रतिशत वृद्धि = 10 + 20 + $\frac{10 \times 20}{100}$ = 10 + 20 + 2 = 32%

23. आयत में, लम्बाई^2 + चौड़ाई^2 = विकर्ण^2 ⇒ लम्बाई^2 + $5^2 = 13^2$

∴ लम्बाई^2 + 25 = 169 ⇒ लम्बाई^2 = 169 – 25 = 144 = 12^2 ⇒ लम्बाई = 12 सेमी.

∴ आयत का क्षेत्रफल = लम्बाई × चौड़ाई = 12 × 5 = 60 सेमी.^{2}

24. माना आयत की लम्बाई x सेमी. और चौड़ाई y सेमी. है।

∴ क्षेत्रफल ⇒ x . y = 60 और परिमाप ⇒ 2 (x + y) = 36 ⇒ x + y = 17

∴ $(x + y)^2 = 17^2 \Rightarrow x^2 + y^2 + 2xy = 289 \Rightarrow x^2 + y^2 + 2 \times 60 = 289$

∴ $x^2 + y^2 = 289 - 120 = 169$

∴ आयत के विकर्ण की लम्बाई = $\sqrt{\text{ल.}^2 + \text{चौ.}^2} = \sqrt{x^2 + y^2} = \sqrt{169}$ = 13 सेमी.

25. आयत की लम्बाई = $\frac{\text{क्षेत्रफल}}{\text{चौड़ाई}} = \frac{60}{5}$ = 12 सेमी.

∴ आयत के विकर्ण की लम्बाई = $\sqrt{\text{ल.}^2 + \text{चौ.}^2} = \sqrt{144+25} = \sqrt{169}$ = 13 सेमी.

26. चूँकि आयत की लम्बाई^2 + चौड़ाई^2 = विकर्ण^2, अतः लम्बाई^2 = विकर्ण^2 – चौड़ाई^2

∴ लम्बाई^2 = $(26)^2 - (10)^2 = 676 - 100 = 576 = (24)^2$

∴ लम्बाई^2 = $(24)^2$ ⇒ लम्बाई = 24 मी.

∴ आयत का क्षेत्रफल = लम्बाई × चौड़ाई = 24 × 10 = 240 वर्ग सेमी.

27. आयत की लम्बाई = $\frac{\text{आयत का क्षेत्रफल}}{\text{चौड़ाई}} = \frac{120}{8}$ = 15 सेमी.

∴ आयत का विकर्ण = $\sqrt{\text{लं.}^2 + \text{चौ.}^2} = \sqrt{15^2 + 8^2} = \sqrt{225+64} = \sqrt{289}$ = 17 सेमी.

28. आयत का विकर्ण = $\sqrt{\text{लं.}^2 + \text{चौ.}^2} = \sqrt{24^2 + 7^2} = \sqrt{576+49} = \sqrt{625}$ = 25 सेमी.

29. मार्ग का क्षे. = 2 × मार्ग की चौ. (भवन की लम्बाई + भवन की चौड़ाई + 2 × मार्ग की चौड़ाई)

= 2 × 3.5 (25 + 15 + 2 × 3.5) = 7 (40 + 7) = 7 × 47 वर्ग मी.

∴ फ्लोरिंग की लागत = क्षे. × 25.50 = 7 × 47 × 25.50 = ₹8389.5

30. आयताकार पार्क की चौड़ाई x मी. तथा लम्बाई $(x + 20)$ मी. है।

$\therefore$ पार्क की चारदीवारी की लम्बाई = 2 (लम्बाई + चौड़ाई) = $2(x + 20 + x) = 2(2x + 20)$ मी.

$\therefore$ $2(2x + 20) \times 53 = 21200 \Rightarrow 2x + 20 = 200 \Rightarrow 2x = 180 \Rightarrow x = \frac{180}{2} = 90$

$\therefore$ पार्क की चौड़ाई = $x = 90$ मी. और लम्बाई = $x + 20 = 90 + 20 = 110$ मी.

$\therefore$ पार्क का क्षेत्रफल = लम्बाई × चौड़ाई = $110 \times 90 = 9900$ वर्ग मी.

31. माना आयत की लम्बाई a मी. और चौड़ाई b मी. है।

अतः क्षेत्रफल $\Rightarrow$ $a.b = 375$

परिमाप $\Rightarrow$ (लम्बाई + चौड़ाई) $\times 2 = 80 \Rightarrow (a+b)\times 2 = 80 \Rightarrow a+b = 40$

सूत्र $(a-b)^2 = (a+b)^2 - 4ab$ से

$(a-b)^2 = 40^2 - 4\times 375 = 1600 - 1500$

$(a-b)^2 = 100 = 10^2 \Rightarrow (a-b) = 10 \Rightarrow$ लम्बाई और चौड़ाई में अन्तर = 10 सेमी.

32. वर्गाकार का परिमाप = 30 सेमी., अतः वर्गाकार की भुजा $= \frac{\text{परिमाप}}{4} = \frac{30}{4} = \frac{15}{2}$ सेमी.

$\therefore$ वर्गाकार का क्षेत्रफल = भुजा^{2} = $\left(\frac{15}{2}\right)^2 = \frac{225}{4} = 56.25$ वर्ग सेमी.

33. वर्गाकार का क्षेत्रफल = $\frac{\text{विकर्ण}^2}{2}$, अतः $60.5 = \frac{\text{विकर्ण}^2}{2} \Rightarrow$ विकर्ण^2 = 60.5×2

$\therefore$ विकर्ण^2 = $121 = 11^2 \Rightarrow$ विकर्ण = 11 सेमी.

34. वर्ग का क्षेत्रफल उसकी भुजा के वर्ग के बराबर होता है।

35. दो वर्गों के विकर्णों का अनुपात = 5 : 2

$\therefore$ वर्गों के क्षेत्रफलों का अनुपात = विकर्णों के वर्गों का अनुपात = $(5 : 2)^2$ = 25 : 4

36. वर्ग की परिधि (परिमाप) = 40 सेमी., अतः वर्ग की भुजा $= \frac{40}{4} = 10$ सेमी.

$\therefore$ वर्ग का क्षेत्रफल = भुजा^{2} = $10^2 = 100$ सेमी.^{2}

37. वर्ग का क्षेत्रफल $= \frac{\text{विकर्ण}^2}{2} \Rightarrow \frac{10^2}{2} = \frac{100}{2} = 50$ सेमी.^{2}

38. वर्ग का क्षेत्रफल $= \frac{\text{विकर्ण}^2}{2} = \frac{14^2}{2} = \frac{196}{2} = 98$ सेमी.^{2}

39. वर्ग का क्षेत्रफल = $\frac{\text{विकर्ण}^2}{2} \Rightarrow$ विकर्ण^2 = वर्ग का क्षेत्रफल × 2 = $40.5 \times 2 = 81$

$\therefore$ विकर्ण^2 = $(9)^2 \Rightarrow$ विकर्ण = 9 सेमी.

40. चूंकि वर्ग की भुजा × $\sqrt{2}$ = वर्ग का विकर्ण, अतः वर्ग की भुजा = $\frac{\text{विकर्ण}^2}{\sqrt{2}} = \frac{10\sqrt{2}}{\sqrt{2}} = 10$ सेमी.

$\therefore$ वर्ग की परिधि (परिमाप) = 4 × भुजा = $4 \times 10 = 40$ सेमी.

41. वर्ग की भुजा = a cm, अतः वर्ग का विकर्ण = $a\sqrt{2}$ cm, अतः विकर्ण : भुजा = $a\sqrt{2} : a = \sqrt{2} : 1$

42. वर्ग की भुजा $= \frac{\text{विकर्ण}^2}{\sqrt{2}} = \frac{24}{\sqrt{2}} = \frac{24\times\sqrt{2}}{\sqrt{2}\times\sqrt{2}} = \frac{24\times\sqrt{2}}{2} = 12\sqrt{2}$ सेमी.

$\therefore$ वर्ग का परिमाप = भुजा × 4 = $12\sqrt{2}\times 4 = 48\sqrt{2}$ सेमी.

43. वर्ग की परिधि (परिमाप) = 64 सेमी $\Rightarrow$ वर्ग की भुजा = $\frac{64}{4} = 16$ सेमी.

$\therefore$ वर्ग का क्षेत्रफल = भुजा^{2} = $16^2 = 256$ वर्ग सेमी.

44. चूंकि वर्ग B का क्षेत्रफल = वर्ग A का क्षेत्रफल × 2 $\Rightarrow \frac{\text{वर्ग B का विकर्ण}^2}{2} = \frac{\text{वर्ग A का विकर्ण}^2}{2}\times 2$

$\therefore$ $\frac{\text{वर्ग B का विकर्ण}}{2} = \frac{(a+b)^2}{2}\times 2 = (a+b)^2 \Rightarrow$ वर्ग B का विकर्ण^2 = $2(a+b)^2$

45. चूँकि समचतुर्भुज का क्षेत्रफल = $\frac{\text{विकर्णों का गुणनफल}}{2}$, अतः $60 = \frac{8 \times \text{दूसरा विकर्ण}}{2}$

$\therefore$ दूसरा विकर्ण = $\frac{60 \times 2}{8} = 15$ सेमी.

46. माना समचतुर्भुज के दोनों विकर्णों की माप क्रमशः x सेमी. तथा $2x$ सेमी. है।

$\therefore$ समचतुर्भुज के विकर्णों पर बने वर्गों का योग = $4 \times$ भुजा^{2}

$\therefore$ $x^2 + (2x)^2 = 4 \times 10^2 \Rightarrow x^2 + 4x^2 = 400 \Rightarrow 5x^2 = 400 \Rightarrow x^2 = 80$

$\therefore$ समचतुर्भुज का क्षेत्रफल = $\frac{\text{विकर्णों का गुणनफल}}{2} \Rightarrow \frac{x \times 2x}{2} = x^2 = 80$ सेमी.^{2}

47. चूँकि समचतुर्भुज का परिमाप = 240 मी., अतः समचतुर्भुज की भुजा = $\frac{240}{4} = 60$ मी.

$\therefore$ समचतुर्भुज का क्षेत्रफल = आधार × ऊँचाई = 60 × 20 = 1200 वर्ग मीटर

48. माना समचतुर्भुज के दोनों विकर्णों की माप क्रमशः x सेमी. तथा $2x$ सेमी. है।

$\therefore$ समचतुर्भुज के विकर्णों पर बने वर्गों का योग = $4 \times$ भुजा^{2}

$\therefore$ $x^2 + (2x)^2 = 4 \times (10)^2 \Rightarrow x^2 + 4x^2 = 4 \times 100 \Rightarrow 5x^2 = 400 \Rightarrow x^2 = 80$

$\therefore$ समचतुर्भुज का क्षेत्रफल = $\frac{\text{विकर्णों का गुणनफल}}{2} = \frac{x \times 2x}{2} = x^2 = 80$ सेमी.^{2}

49 . चित्रानुसार समचतुर्भुज ABCD में,

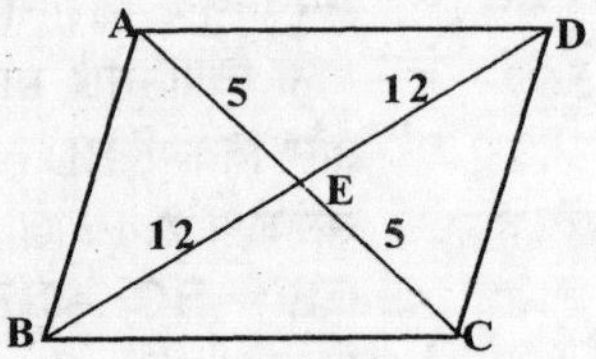

विकर्ण BD = 24 सेमी. $\Rightarrow$ BE = ED = $\frac{24}{2} = 12$ सेमी.

विकर्ण AC = 10 सेमी. $\Rightarrow$ AE = EC = $\frac{10}{2} = 5$ सेमी.

$\therefore$ Δ ABE में $\angle AEB = 90^0$, अतः पाइथागोरस प्रमेय से–

$AB^2 = 12^2 + 5^2 = 144 + 25 = 169 \Rightarrow AB^2 = 13^2 \Rightarrow AB = 13$ सेमी.

$\therefore$ समचतुर्भुज का परिमाप = $4 \times AB = 4 \times 13 = 52$ सेमी.

50. चित्रानुसार समचतुर्भुज ABCD में $\angle CAB = 35^0$

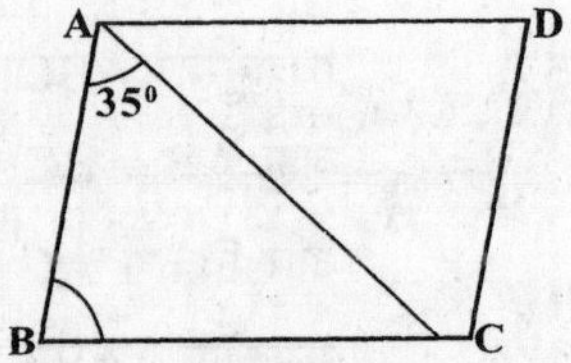

$\therefore$ पूरा $\angle A = 35 \times 2 = 70^0$

$\therefore$ पूरा $\angle C = \angle A = 70^0$

$\therefore$ $\angle B + \angle D = 360^0 - (70^0 + 70^0) = 360 - 140 = 220^0$

$\therefore$ $\angle B = \angle D = \frac{220^0}{2} = 110^0$, अतः $\angle ABC = 110^0$

51. $\therefore$ समचतुर्भुज के विकर्णों पर बने वर्गों का योग = $4 \times$ भुजा^{2}, अतः $7^2 + 24^2 = 4 \times$ भुजा$^2 \Rightarrow 49 + 576 = 4 \times$ भुजा^{2}

$\therefore$ $4 \times$ भुजा$^2 = 625 \Rightarrow$ भुजा$^2 = \frac{625}{4} = \left(\frac{25}{2}\right)^2 \Rightarrow$ भुजा $= \frac{25}{2}$

$\therefore$ समचतुर्भुज का परिमाप = $4 \times$ भुजा $= 4 \times \frac{25}{2} = 50$ सेमी.

52. माना समचतुर्भुज ABCD में AC = 12 सेमी.

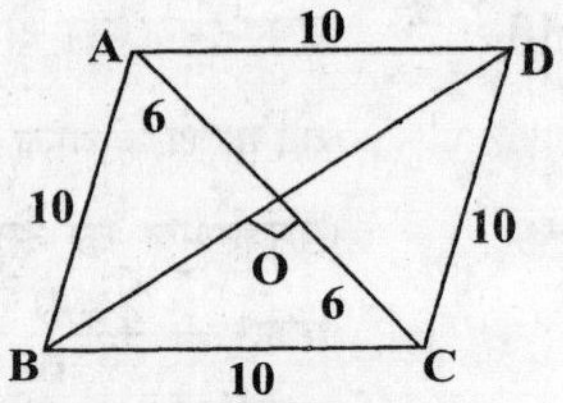

$\therefore$ $AO = OC = \frac{12}{2} = 6$ सेमी.

$\therefore$ समकोण त्रिभुज BOC में $OB^2 = BC^2 - OC^2 = 100 - 36$

$OB^2 = 64 \Rightarrow OB = 8$ सेमी $\Rightarrow$ विकर्ण BD = 8 × 2 = 16 सेमी.

$\therefore$ समचतुर्भुज का क्षे. = $\frac{\text{विकर्णों का गुणनफल}}{2} = \frac{12 \times 16}{2} = 96$ सेमी.^{2}

53. चित्रानुसार समचतुर्भुज AB . CD की भुजा $AB = BC = CD = DA = \frac{\text{परिमाप}}{4} = \frac{80}{4} = 20$ सेमी.

विकर्ण AC = 24 सेमी. $\Rightarrow AE = EC = 12$ सेमी.

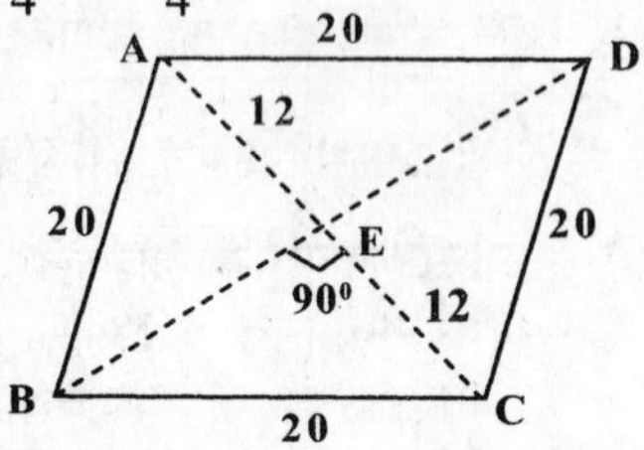

∴ समकोण ΔBEC में पाइथागोरस प्रमेय से,

$BE^2 = BC^2 - CE^2 = 400 - 144 = 256$

∴ $BE^2 = 16^2 \Rightarrow BE = 16$ सेमी.

∴ विकर्ण $BD = 2 \times 16 = 32$ सेमी.

∴ समचतुर्भुज ABCD का क्षे.$= \frac{\text{विकर्णों का गुणनफल}}{2} = \frac{24 \times 32}{2} = 384$ वर्ग सेमी.

54. समचतुर्भुज की भुजा$^2 \times 4$ = विकर्णों पर बने वर्गों का योग $= 16^2 + 30^2 = 256 + 900 = 1156$

∴ समचतुर्भुज की भुजा$^2 = \frac{1156}{4} = 289 = 17^2 \Rightarrow$ समचतुर्भुज की भुजा = 17 सेमी.

∴ समचतुर्भुज का परिमाप = भुजा $\times 4 = 17 \times 4 = 68$ सेमी.

55. चित्रानुसार समचतुर्भुज ABCD में भुजा $AB = BC = CD = DA = \frac{20}{4} = 5$ सेमी.

विकर्ण AC = 6 सेमी., अतः AE = EC = 3 सेमी.

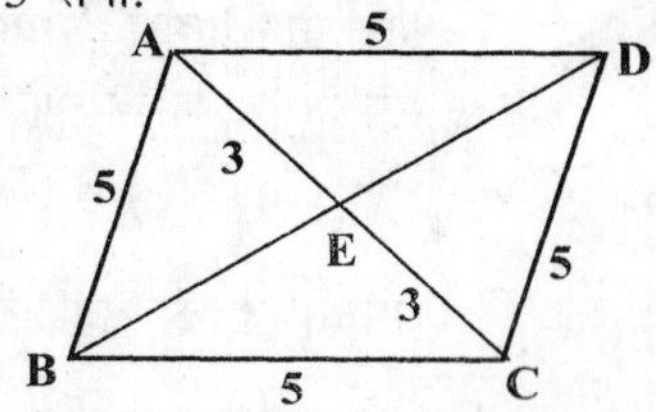

∴ समकोण ΔBEC में पाइथागोरस प्रमेय से,

$BE^2 = 25 - 9 = 16 = 4^2 \Rightarrow BE = 4$ सेमी.

∴ $BD = 2 \times BE = 2 \times 4 = 8$ सेमी.

∴ समचतुर्भुज का दूसरा विकर्ण BD = 8 सेमी.

56. माना चित्रानुसार समचतुर्भुज ABCD की भुजा $AB = BC = CD = DA = \frac{40}{4} = 10$ सेमी.

और विकर्ण BD = 16 सेमी. $\Rightarrow BE = ED = 8$ सेमी.

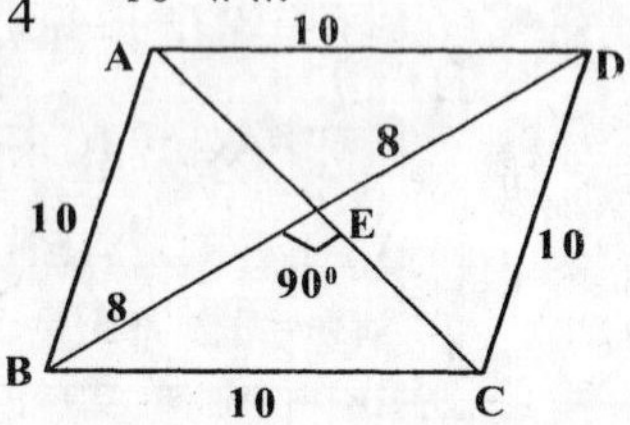

∴ समकोण ΔBEC में पाइथागोरस प्रमेय से–

$CE^2 = BC^2 - BE^2 = 100 - 64 = 36 = 6^2 \Rightarrow CE = 6$ सेमी.

∴ विकर्ण $AC = 2 \times CE = 2 \times 6 = 12$ सेमी.

∴ समचतुर्भुज का क्षे. $= \frac{\text{विकर्णों का गुणनफल}}{2} = \frac{12 \times 16}{2} = 96$ वर्ग सेमी.

57. चित्रानुसार ABCD समचतुर्भुज के विकर्ण AC और BD हैं।

जहाँ AB = BC = CD = DA = 13 सेमी.

और विकर्ण AC = 10 सेमी $\Rightarrow AE = EC = \frac{10}{2} = 5$ सेमी.

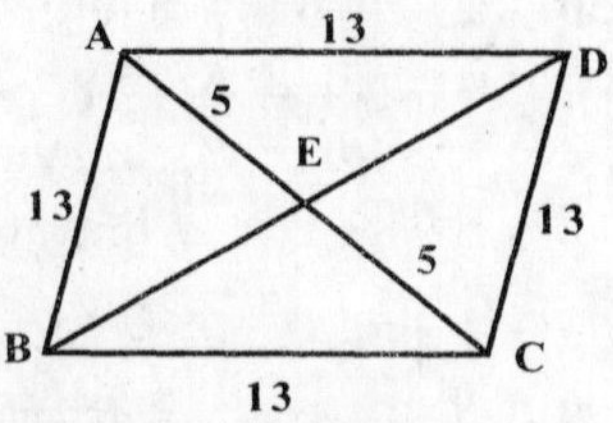

∴ समकोण ΔABE में पाइथागोरस प्रमेय से, $BE^2 = AB^2 - AE^2$

$= 13^2 - 5^2 = 169 - 25$

∴ $BE^2 = 144 = 12^2 \Rightarrow BE = 12$ सेमी.

∴ विकर्ण BD की लम्बाई $= 2 \times BE = 2 \times 12 = 24$ सेमी.

∴ सम चतुर्भुज ABCD का क्षेत्रफल $= \frac{1}{2} \times$ विकर्णों का गुणनफल $= \frac{1}{2} \times AC \times BD = \frac{10 \times 24}{2} = 120$ सेमी.^{2}

58. समषट्भुज का क्षे. $= \frac{6\sqrt{3}}{4} \cdot$ भुजा$^2 = \frac{6\sqrt{3}}{4} \cdot 4.4 = 24\sqrt{3}$ सेमी.^{2}

वर्ग का क्षे. = भुजा × भुजा $= 4\sqrt{2} \times 4\sqrt{2} = 32$ वर्ग सेमी., अतः दोनों क्षेत्रफलों में अनुपात $= 24\sqrt{3} : 32 = 3\sqrt{3} : 4$

59. समषट्भुज का क्षेत्रफल $= \frac{6\sqrt{3}}{4} \cdot$ भुजा$^2 \Rightarrow 2400\sqrt{3} = \frac{6\sqrt{3}}{4} \cdot$ भुजा^{2}

∴ भुजा$^2 = \frac{2400 \times 4}{6} = 1600 = 40^2 \Rightarrow$ भुजा = 40 मी.

∴ समषट्भुज का परिमाप = भुजा × 6 = 40 × 6 = 240 मी., अतः बाड़ लगाने की लागत = 240 × 16.80 = ₹4032

60. समषट्भुज का क्षेत्रफल = $\frac{6\sqrt{3}}{4}$ a^2 वर्ग इकाई

61. चूंकि समषट्भुज और समबाहु Δ के परिमाप समान हैं। अतः समषट्भुज की भुजा × 6 = समबाहु Δ की भुजा × 3

∴ समषट्भुज की भुजा : समबाहु त्रिभुज की भुजा = 3 : 6 = 1 : 2

∴ माना समषट्भुज की भुजा x सेमी तथा समबाहु त्रिभुज की भुजा 2x सेमी. है।

∴ समषट्भुज का क्षेत्रफल : समबाहु त्रिभुज का क्षेत्रफल = $\frac{6\sqrt{3}}{4}x^2 : \frac{\sqrt{3}}{4}(2x)^2 = 6x^2 : 4x^2 = 3 : 2$

62. समषट्भुज का क्षेत्रफल = $\frac{6\sqrt{3}}{4}$ भुजा^{2}= $\frac{6\sqrt{3}}{4} \times 2^2 = \frac{6\sqrt{3}}{4} \times 4 = 6\sqrt{3}$ वर्ग सेमी.

63. समषट्भुज का क्षे. = $\frac{6\sqrt{3}}{4} \times (2\sqrt{3})^2 = \frac{6\sqrt{3}}{4} \times 4 \times 3 = 18\sqrt{3}$ वर्ग सेमी.

64. समषट्भुज का क्षे. = $\frac{6\sqrt{3}}{4} \times (2)^2 = \frac{6\sqrt{3}}{4} \times 4 = 6\sqrt{3}$ वर्ग सेमी.

65. समषटभुजाकार खेत का क्षेत्रफल ⇒ $\frac{6\sqrt{3}}{4}$ भुजा^{2} = $1944\sqrt{3}$ ⇒ भुजा = 36 मी.

खेत का परिमाण = भुजा × 6 = 36 × 6 = 216 मी.

बाड़ लगाने की लागत = 216 × 11.50 = ₹2484

66. समलम्ब चतुर्भुज का क्षेत्रफल = $\frac{\text{समान्तर भुजाओं का योग} \times \text{उनके बीच की दूरी}}{2}$

$25 = \frac{(4+6) \times \text{बीच की दूरी}}{2} = \frac{10 \times \text{बीच की दूरी}}{2} = 5 \times \text{बीच की दूरी}$

∴ समान्तर भुजाओं के बीच की दूरी = $\frac{25}{5}$ = 5 सेमी.

67. समलम्ब का क्षेत्रफल = $\frac{\text{समान्तर भुजाओं का योग} \times \text{ऊँचाई}}{2} = \frac{(16+20)\times 10}{2} = \frac{36\times 10}{2}$ = 180 वर्ग मी.

68. समलम्ब चतुर्भुज का क्षे. = $\frac{\text{समान्तर भुजाओं का योग} \times \text{उनके बीच की दूरी}}{2}$

∴ समान्तर भुजाओं का योग × उनके बीच की दूरी = क्षे. × 2

∴ (26 + 40) × बीच की दूरी = 792 ⇒ बीच की दूरी = $\frac{792}{66}$ = 12 सेमी.

69. माना समलम्ब की समान्तर भुजाएँ क्रमशः 2x सेमी., 3x सेमी. है।

∴ क्षेत्रफल = $\frac{\text{समान्तर भुजाओं का योग} \times \text{उनके बीच की लम्बवत् दूरी}}{2}$

∴ $480 = \frac{(2x+3x)\times 12}{2} \Rightarrow 5x = 80 \Rightarrow x = 16$

∴ समान्तर भुजाओं में ज्यादा लम्बी भुजा की लम्बाई = 3x = 48 सेमी.

70. सम्मुख समलम्ब ABCD में,

AB ∥ CD और AB = x, CD = $2x$

∵ Δ AOB ~ Δ COD

∴ $\frac{\Delta\text{AOB का क्षेत्रफल}}{\Delta\text{COD का क्षेत्रफल}} = \frac{x^2}{(2x)^2} = \frac{x^2}{4x^2} = \frac{1}{4} = 1:4$

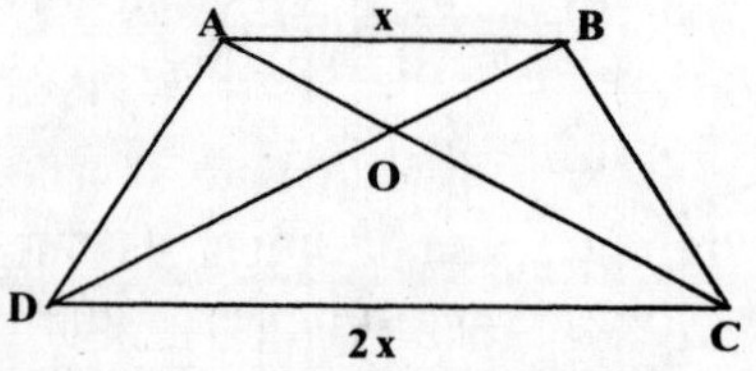

71. समलम्ब का क्षेत्रफल = $\frac{\text{समान्तर भुजाओं का योग} \times \text{उनके बीच की लम्बवत् दूरी}}{2}$

∴ $105 = \frac{(9+12) \times \text{ऊँचाई}}{2}$ ⇒ 21 × ऊँ. = 105 × 2 ⇒ ऊँचाई = 10 मीटर

72. माना समलम्ब की समान्तर भुजाएं क्रमशः 3x सेमी., 5x सेमी. हैं।

$\therefore$ $\frac{(3x+5x)\times 12}{2} = 384 \Rightarrow 8x = 64 \Rightarrow x = 8$

$\therefore$ समलम्ब की भुजाएँ $= 3x, 5x = 3 \times 8, 5 \times 8 = 24$ सेमी., 40 सेमी.

$\therefore$ समलम्ब की नई समान्तर भुजाएँ = 26 सेमी., 42 सेमी.

$\therefore$ नया क्षेत्रफल $= \frac{(26+42)\times 12}{2} = \frac{68\times 12}{2} = 408$ वर्ग सेमी., अतः क्षेत्रफल में वृद्धि $= 408 - 384 = 24$ वर्ग सेमी.

73. माना समलम्ब की समान्तर भुजाओं की माप क्रमशः 4x सेमी., 7x सेमी. हैं

$\therefore$ समलम्ब की ऊँचाई = समान्तर भुजाओं का योग $\times \frac{2}{11} = (4x+7x)\times\frac{2}{11} = \frac{11x\times 2}{11} = 2x$ सेमी.

$\therefore$ ट्रेपेजियम का क्षे. $= \frac{\text{समान्तर भुजाओं का योग} \times \text{ऊँ.}}{2} \Rightarrow 176 = \frac{(4x+7x)\times 2x}{2}$

$\therefore$ $11x \times x = 176 \Rightarrow x = 4$, अतः $AD = 4x = 16$ सेमी. और $BC = 7x = 28$ सेमी.

$\therefore$ $BE + FC = 28 - 16 = 12 \Rightarrow BE = FC = 6$ सेमी.

$\therefore$ $AE = 2x = 8$ सेमी. और $EC = 28 - 6 = 22$ सेमी.

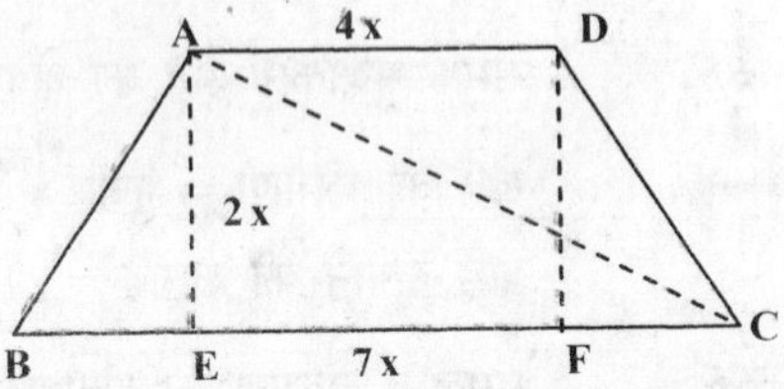

$\therefore$ समकोण त्रिभुज AEC में $AC^2 = AE^2 + EC^2 = 8^2 + 22^2$

$= 64 + 484 = 548$

$\therefore$ विकर्ण AC की लम्बाई $= \sqrt{548} = 2\sqrt{137}$ सेमी.

74. माना चित्रानुसार समलम्ब ABCD में $AD \parallel BC$

पुनः माना ऊँचाई h है, अतः समलम्ब ABCD का क्षेत्रफल $= \frac{(AD+BC)h}{2}$

$\therefore$ ΔAED का क्षेत्रफल $= \frac{AD.h}{2}$

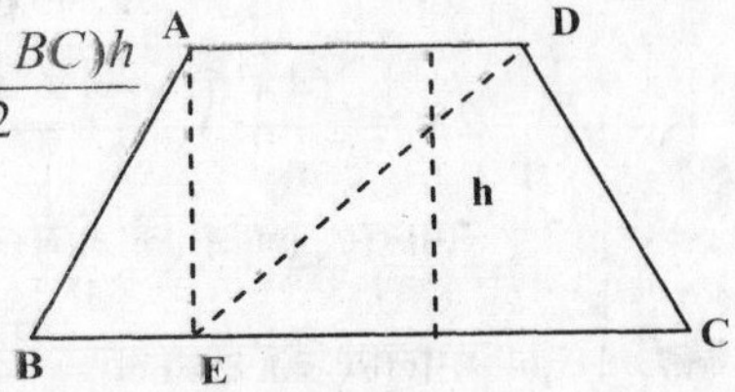

$\therefore$ $\frac{\text{समलम्ब का ABCD का क्षे.}}{\Delta \text{ ABCD का क्षे.}} = \frac{\frac{(AD+BC)h}{2}}{\frac{AD\cdot h}{2}} = \frac{AD+BC}{AD}$

75. समलम्ब का क्षेत्रफल $= \frac{\text{समान्तर भुजाओं का योग} \times \text{उनके बीच की लम्बवत् दूरी}}{2}$

$= \frac{(6+8)\times 4}{2} = \frac{14\times 4}{2} = 28$ वर्ग सेमी.

76. माना समान्तर भुजाएं क्रमशः 5 x मी. तथा 3 x मी. है।

$\therefore$ समलम्ब का क्षे. $= \frac{\text{समान्तर भुजाओं का योग} \times \text{उनके बीच की लम्बवत् दूरी}}{2}$

$\therefore$ $1440 = \frac{(5x+3x)\times 24}{2}$, अतः $1440 = 8x \times 12 \Rightarrow x = 15$

$\therefore$ बड़ी समान्तर भुजा $= 5x = 5 \times 15 = 75$ मी.

77. समलम्ब का क्षे. $= \frac{\text{समान्तर भुजाओं का योग} \times \text{उनके बीच की लम्बवत् दूरी}}{2}$

$= \frac{(1.5+2.5)\times 6.5}{2} = \frac{4\times 6.5}{2} = 13$ वर्ग मी.

78. $\because$ समान्तर भुजाओं में अन्तर 4 सेमी. है।

$\therefore$ माना बड़ी भुजा x सेमी. तथा छोटी भुजा (x – 4) सेमी. है।

$\therefore$ समलम्ब का क्षे. $= \frac{\text{समान्तर भुजाओं का योग} \times \text{उनके बीच की दूरी}}{2}$

$\therefore$ $475 = \frac{(x+x-4)\times 19}{2}$, अतः $\frac{475\times 2}{19} = (2x-4) \Rightarrow 50 = 2x - 4$ या $2x = 54 \Rightarrow x = \frac{54}{2} = 27$

$\therefore$ समान्तर भुजाएं = x सेमी., x – 4 सेमी.= 27 सेमी., 27 – 4 सेमी.= 27 सेमी., 23 सेमी.

79. समलम्ब चतुर्भुज का क्षेत्रफल = $\frac{\text{समान्तर भुजाओं का योग} \times \text{ऊँचाई}}{2} = \frac{(17+15)\times 6}{2} = 32 \times 3 = 96$ सेमी.^{2}

$= \frac{96}{100\times 100}$ मी.^{2} = 0.0096 मी.^{2}

80. $\because$ $\pi r^2 = 346.5$, अतः $\frac{22}{7} \times r^2 = 346.5$

$\therefore$ $r^2 = \frac{346.5\times 7}{22} = \frac{31.5\times 7}{2} = \frac{315\times 7}{20} = \frac{63\times 7}{4} = \frac{3\times 3\times 7\times 7}{4} = \left(\frac{21}{2}\right)^2$

$\therefore$ $r^2 = \left(\frac{21}{2}\right)^2 \Rightarrow r = \frac{21}{2} = 10.5$ सेमी.

81. अर्द्धवृत्त का क्षेत्रफल = $\frac{1}{2}\pi r^2 = \frac{1}{2}\times\frac{22}{7}\times 14 \times 14 = 308$ वर्ग सेमी.

82. वृत्ताकार क्रिकेट मैदान का क्षेत्रफल = 24.64 हेक्टेयर = 24.64 × 10000 वर्ग मी.

$\therefore$ $\frac{22}{7}\times r^2 = 246400 \Rightarrow r^2 = 246400\times\frac{7}{22} = (280)^2 \Rightarrow r = 280$ मी.

$\therefore$ रस्सी की लम्बाई = मैदान की परिधि = $2\pi r = 2 \times \frac{22}{7}\times 280 = 1760$ मी.

$\therefore$ रस्सी की लागत = 1760 × 5.40 = ₹9504

83. वृत्त की परिधि = 44 सेमी., अतः $2 \times \frac{22}{7}\times r = 44 \Rightarrow r = 7$ सेमी.

$\therefore$ वृत्त का क्षेत्रफल = $\pi r^2 = \frac{22}{7}\times 7\times 7 = 154$ वर्ग सेमी.

84. वृत्त का व्यास = 28 सेमी., अतः त्रिज्या $= \frac{28}{2} = 14$ सेमी.

$\therefore$ वृत्त का क्षेत्रफल = $\pi r^2 = \frac{22}{7}\times 14\times 14 = 616$ वर्ग सेमी.

85. चित्रानुसार अर्द्धवृत्त की त्रिज्या r हो तो

परिमाप = अर्द्धपरिधि + व्यास $\Rightarrow 36 = \pi r + 2r = r(\pi + 2)$

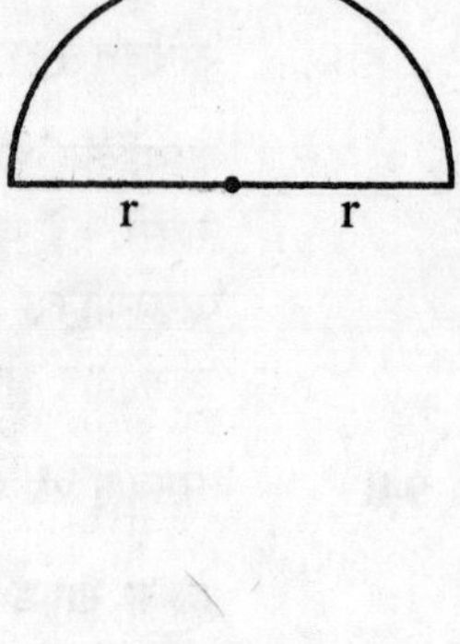

$\therefore$ $36 = r\left(\frac{22}{7}+2\right) = r\,\frac{(22+14)}{7} = \frac{r\cdot 36}{7}$

$\therefore$ $36 = r\cdot\frac{36}{7} \Rightarrow r = 7$ सेमी.

$\therefore$ अर्द्धवृत्त का क्षेत्रफल = $\frac{1}{2}\pi r^2 = \frac{1}{2}\times\frac{22}{7}\times 7\times 7 = 77$ वर्ग सेमी.

86. वृत्त की परिधि = $2\pi r = 2 \times\frac{22}{7}\times 10.5 = 2\times 22\times 1.5 = 66$ सेमी.

87. अर्द्धवृत्त का क्षेत्रफल = $\frac{1}{2}\pi r^2 = \frac{1}{2}\times\frac{22}{7}\times 7\times 7 = 77$ वर्ग सेमी.

88. वृत्त का क्षेत्रफल = $\pi r^2 = \frac{22}{7}\times 17.5\times 17.5 = 962.5$ वर्ग सेमी.

89. चूंकि वृत्त का क्षेत्रफल = 616 वर्ग सेमी., अतः $\frac{22}{7}r^2 = 616$

$\therefore$ $r^2 = \frac{616\times 7}{22} = 28\times 7 = 4\times 7\times 7 \Rightarrow r = 2\times 7 = 14$ सेमी.

$\therefore$ वृत्त की परिधि = $\pi r^2 = 2\times\frac{22}{7}\times 14 = 88$ सेमी.

90. पहले वृत्त का क्षे. $\Rightarrow \frac{22}{7}r^2 = 154 \Rightarrow r^2 = \frac{154\times 7}{22} = 7^2 \Rightarrow r = 7$ सेमी.

$\therefore$ पहले वृत्त की परिधि = $2\pi r = 2\times\pi\times 7 = 14\pi$ सेमी. और दूसरे वृत्त की परिधि = $2\pi\times 21 = 42\pi$ सेमी.

$\therefore$ दोनों परिधियों में अनुपात = $14\pi : 42\pi = 1 : 3$

91. गोलाकार डिस्क का क्षेत्रफल = $0.64\,\pi$ मी² $\Rightarrow \pi r^2 = 0.64\,\pi \Rightarrow r = 0.8$ मी.

$\therefore$ गोलाकार डिस्क की परिधि = $2\pi r = 2\times\frac{22}{7}\times 0.8$ मीटर

$\therefore$ 1.408 किमी. अर्थात् 1408 मीटर लम्बाई में चक्करों की संख्या = $\frac{\text{लम्बाई}}{\text{डिस्क की परिधि}} = \frac{1408}{2\times\frac{22}{7}\times 0.8}$

$= \frac{1408\times 7}{2\times 22\times 0.8} = 280$

92. चित्रानुसार तीनों वृत्तों के केन्द्रों से निर्मित Δ ABC समद्विबाहु समकोण Δ है।
जहाँ $\angle C = 90^0$, $\angle A = 45^0$, $\angle B = 45^0$

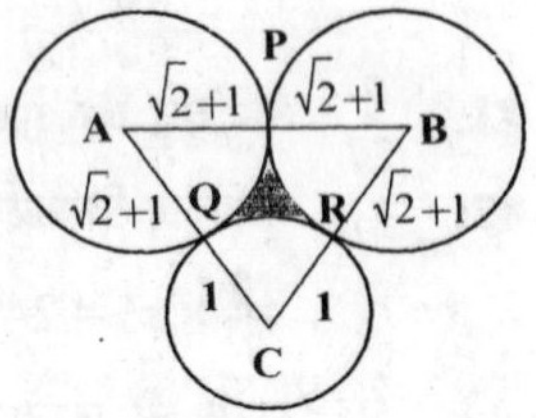

चाप PQ की लम्बाई = $\frac{\pi\, r\,\theta}{180} = \frac{\pi(\sqrt{2}+1)45}{180}$

चाप QR की लम्बाई = $\frac{\pi\cdot 1\cdot 90}{180} = \frac{\pi}{2}$

$\therefore$ छायांकित क्षेत्र का परिमाप = $\frac{\pi(\sqrt{2}+1)}{4} + \frac{\pi(\sqrt{2}+1)}{4} + \frac{\pi}{2}$

$= \frac{\pi}{2}\left[\frac{\sqrt{2}+1}{2} + \frac{\sqrt{2}+1}{2} + 1\right]$

$= \frac{\pi}{2}\left[\frac{\sqrt{2}+1+\sqrt{2}+1+2}{2}\right] = \frac{\pi}{2}\left[\frac{2\sqrt{2}+4}{2}\right] = \frac{\pi}{2}(\sqrt{2}+2)$ सेमी.

93. सम्मुख चित्र में व्यास PQRS = $6\times 2 = 12$ सेमी.

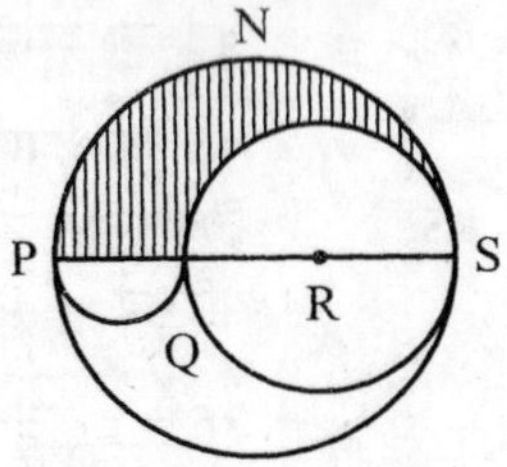

अतः PQ = QR = RS = $\frac{12}{3} = 4$ सेमी.

अर्धवृत्त PNS का क्षेत्रफल = $\frac{\pi\, r^2}{2} = \frac{\pi\cdot 6^2}{2} = 18\pi$

अर्धवृत्त QTS का क्षेत्रफल = $\frac{\pi\cdot RS^2}{2} = \frac{\pi\cdot 4^2}{2} = 8\pi$

$\therefore$ छायांकित भाग का क्षेत्रफल = PNS − QTS = $18\pi - 8\pi = 10\pi$

सबसे बड़े वृत्त (व्यास PS) का क्षेत्रफल = $\pi\cdot r^2 = \pi\times 6^2 = 36\pi$ सेमी.²

$\therefore$ अछायांकित भाग का क्षेत्रफल = पूरा वृत्त − छायांकित भाग = $36\pi - 10\pi = 26\pi$

$\therefore$ छायांकित क्षेत्र : अछायांकित क्षेत्र = $10\pi : 26\pi = 5 : 13$

94. समबाहु Δ OCD का क्षेत्रफल = $\frac{\sqrt{3}}{4}\times 12^2 = 36\sqrt{3}$

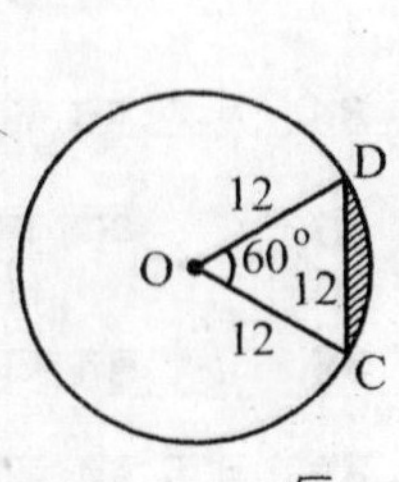

त्रिज्य खण्ड OCD का क्षेत्रफल = $\frac{\pi\, r^2\theta}{360} = \frac{\pi\times 12^2\times 60^0}{360^0}$

$= \frac{\pi\times 144}{6} = 24\pi$

$\therefore$ छायांकित क्षेत्र का क्षेत्रफल = त्रिज्य खण्ड OCD का क्षे. − समबाहु त्रिभुज OCD का क्षे. = $24\pi - 36\sqrt{3}$

95. यदि तीनों वृत्तों की त्रिज्याएँ समान हो तो −

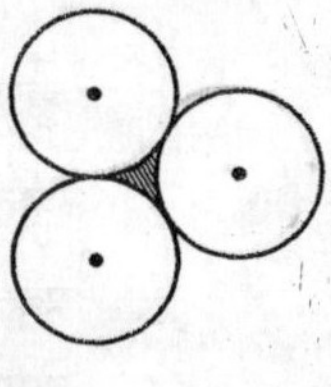

छायांकित क्षेत्र का क्षेत्रफल = $\left(\frac{2\sqrt{3}-\pi}{2}\right)$ त्रिज्या²

$= \left(\frac{2\sqrt{3}-\pi}{2}\right) a^2$ वर्ग सेमी

96. दो वृत्तों के क्षेत्रफलों का अनुपात = उनकी त्रिज्याओं के वर्गों का अनुपात = $1^2 : 2^2 = 1 : 4$

97. A केन्द्र वाले वृत्त की त्रिज्या = 8

B केन्द्र वाले वृत्त की त्रिज्या $= \frac{8}{2} = 4$

∴ AB = 8 + 4 = 12 सेमी

∴ AB व्यास वाले वृत्त की त्रिज्या $= \frac{12}{2} = 6$

∴ AB व्यास वाले वृत्त का क्षेत्रफल $= \pi r^2 = \pi \cdot 6^2 = 36\pi$ सेमी²

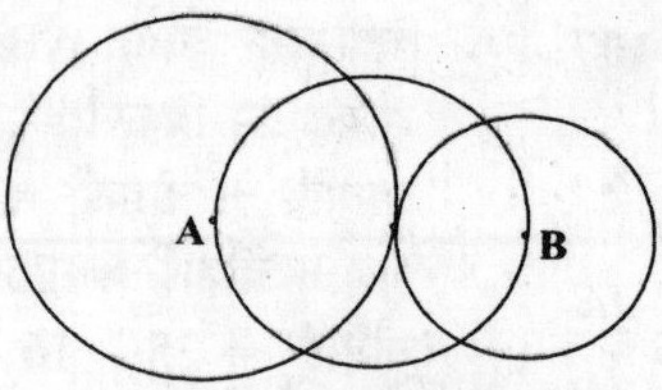

98. माना भूखण्ड की त्रिज्या r तथा भूखण्ड सहित रास्ते की त्रिज्या R है।

∴ रास्ते की बाहरी फेसिंग (परिधि) $= 2\pi R$

रास्ते की भीतरी फेसिंग (परिधि) $= 2\pi r$

∴ $2\pi R - 2\pi r = 33 \Rightarrow 2\pi(R - r) = 33$

∴ $\frac{2 \times 22}{7} \cdot (R - r) = 33 \Rightarrow R - r = \frac{33 \times 7}{2 \times 22} = \frac{21}{4} = 5.25$ मी.

∴ रास्ते की चौड़ाई = R – r = 5.25 मी.

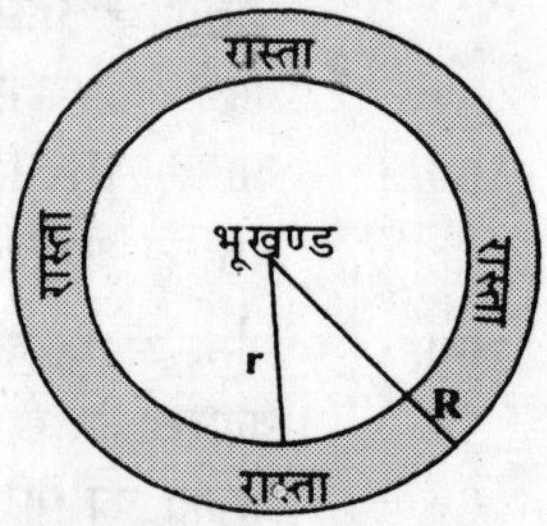

99. चूंकि वर्ग की परिधि = आयत की परिधि, अतः वर्ग की भुजा × 4 = 2 × आयत की (लम्बाई + चौड़ाई)

∴ वर्ग की भुजा × 2 = आयत की (लम्बाई + चौड़ाई) ⇒ वर्ग का क्षेत्रफल > आयत का क्षेत्रफल ⇒ A > B

100. टाइलों की संख्या $= \frac{\text{फर्श का क्षेत्रफल}}{\text{एक टाइल का क्षेत्रफल}} = \frac{8 \text{ मी.} \times 6 \text{ मी.}}{(4 \text{ डेसीमी})^2} = \frac{8 \text{ मी.} \times 6 \text{ मी.}}{(4/10 \times 4/10 \text{ मी.})} = \frac{8 \times 6 \times 10 \times 10}{4 \times 4} = 300$

101. ∵ आयत की दो आसन्न भुजाओं का अनुपात 1 : 2 है।

∴ माना आयत की चौड़ाई x इकाई और लम्बाई $2x$ इकाई है।

∴ आयत का परिमाप = वर्ग का परिमाप ⇒ $2(x + 2x)$ = वर्ग की भुजा × 4

∴ वर्ग की भुजा × 4 = $6x$ ⇒ वर्ग की भुजा $= \frac{3x}{2}$ इकाई

∴ आयत का क्षेत्रफल : वर्ग का क्षेत्रफल $= (x \cdot 2x) : \left(\frac{3x}{2}\right)^2 = 2x^2 : \frac{9}{4}x^2 = 2 : \frac{9}{4} = 8 : 9$

102. चित्रानुसार कागज ABCD में से BC व्यास वाला अर्धवृत्ताकार भाग अलग कर दिया गया है।

∴ अर्धवृत्ताकार भाग का क्षेत्रफल $= \frac{22}{7} \times 7 \times 7 \times \frac{1}{2} = 77$ सेमी.²

आयत A B CD का क्षेत्रफल = 22 × 14 = 308 सेमी.²

∴ शेष भाग का क्षे0 = ABCD का क्षे. – अर्धवृत्ताकार क्षे. = 308 – 77 = 231 सेमी.²

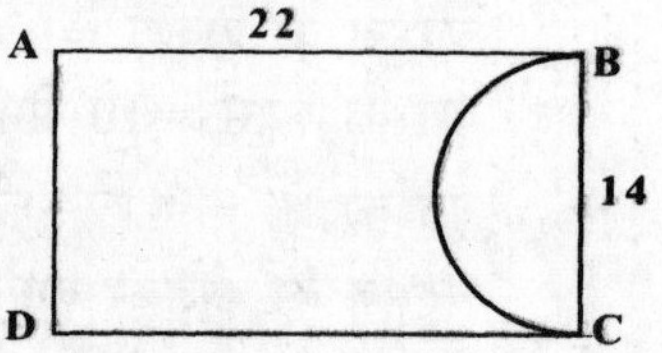

103. बराबर परिमाप वाले वर्ग और आयत में वर्ग का क्षेत्रफल आयत से बड़ा होगा।

∴ वर्ग का क्षेत्रफल > आयत का क्षेत्रफल ⇒ S > R

104. वर्ग का क्षेत्रफल > आयत का क्षेत्रफल = P > Q

105. माना वर्ग की भुजा a है। अतः आयत की चौड़ाई $= \frac{3}{2}a$

आयत का क्षेत्रफल = वर्ग का क्षेत्रफल × 3 ⇒ $\frac{20 \times 3a}{2} = a^2 \times 3 \Rightarrow a = 10$ सेमी.

∴ वर्ग की भुजा = a = 10 सेमी.

106. चूंकि आयत की चौड़ाई = लम्बाई × $\frac{2}{3} \Rightarrow \frac{\text{चौड़ाई}}{\text{लम्बाई}} = \frac{2}{3}$ ⇒ चौड़ाई : लम्बाई = 2 : 3

∴ माना आयत की चौड़ाई $2x$ मीटर और लम्बाई $3x$ मीटर है।

चूंकि आयत का परिमाप = वर्ग का परिमाप ⇒ $(3x + 2x) \times 2 = 40$

∴ $5x \times 2 = 40 \Rightarrow x = 4$ ⇒ आयत का क्षेत्रफल = लम्बाई × चौड़ाई $= 2x \times 3x = 2 \times 4 \times 3 \times 4 = 96$ मी.²

107. चित्रानुसार आयत ABCD वर्ग में अंकित है।

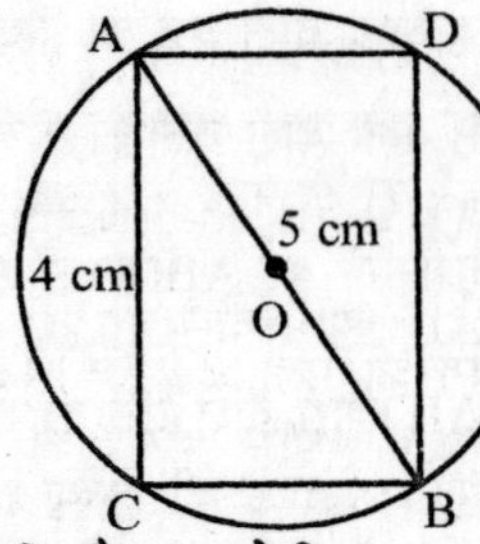

$\therefore$ आयत का विकर्ण = वृत्त का व्यास = 5 सेमी.

$\therefore$ लम्बाई^2 + चौड़ाई^2 = विकर्ण^2

$\therefore$ 16 + चौड़ाई^2 = 25

$\therefore$ चौड़ाई^2 = 25 – 16 = 9 = 3^2

$\therefore$ चौड़ाई = 3 सेमी.

$\therefore$ आयत का क्षेत्रफल = लम्बाई × चौड़ाई = 4 × 3 = 12 सेमी.^{2}

108. आयत ABCD में बनाये गये यथा संभव बड़े वृत्त का व्यास = आयत की चौ. = 6 सेमी.

$\therefore$ वृत्त का क्षेत्रफल = $\pi r^2 = \pi \times \frac{6}{2} \times \frac{6}{2} = 9\pi$ सेमी.^{2}

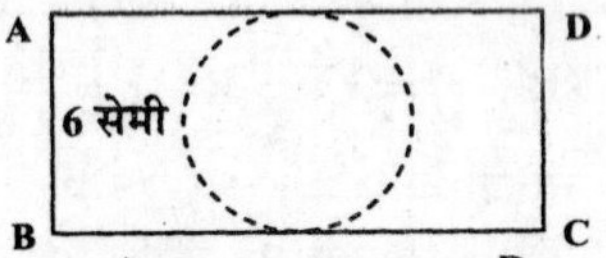

109. माना आयत की भुजाएँ क्रमशः 9x तथा 7x हैं।

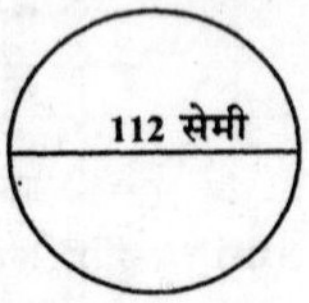

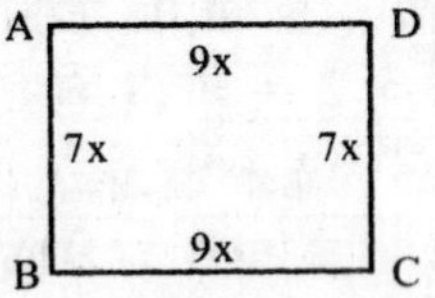

$\because$ वृत्ताकार तार से चित्रानुसार आयत ABCD बनाया गया है।

$\therefore$ आयत का परिमाप = वृत्ताकार तार की परिधि

$\therefore$ 2 (9 x + 7x) = व्यास × π = $\frac{112 \times 22}{7}$

$\therefore$ 2 × 16x = 16 × 22 ⇒ x = 11

$\therefore$ आयत की छोटी भुजा = 7x = 7 × 11 = 77 सेमी.

110. तार की लम्बाई = $2\pi r = 2 \times \frac{22}{7} \times 42 = 264$

माना आयत की भुजाएं क्रमशः 6x तथा 5x हैं।

$\therefore$ आयत का परिमाप = तार की लम्बाई, अतः 2 (लम्बाई + चौड़ाई) = 264

$\therefore$ 2 (6 x + 5 x) = 264, अतः 2 × 11 x = 264 ⇒ x = 12

$\therefore$ आयत की छोटी भुजा = 5x = 5 × 12 = 60 सेमी.

111. चित्रानुसार (आयत ABCD) चतुर्भुज का क्षे. = 8 × 6 = 48 सेमी.^{2}

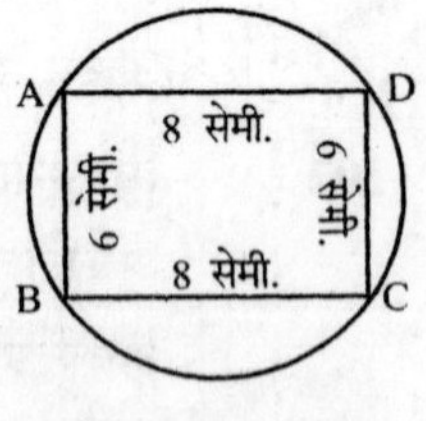

चतुर्भुज का विकर्ण = $\sqrt{8^2+6^2} = \sqrt{64+36} = \sqrt{100} = 10$ सेमी.

$\therefore$ वृत्त का व्यास = 10 सेमी.

$\therefore$ वृत्त का क्षे. = $\pi r^2 = \frac{22}{7} \times 5 \times 5 = 78.57$ सेमी.^{2}

$\therefore$ चतुर्भुज को छोड़कर वृत्त का क्षेत्रफल = 78.57 – 48 = 30.57 = 30.6 सेमी.^{2}

112. चित्रानुसार आयत ABCD की छोटी भुजा AD = DC = 12 मी.

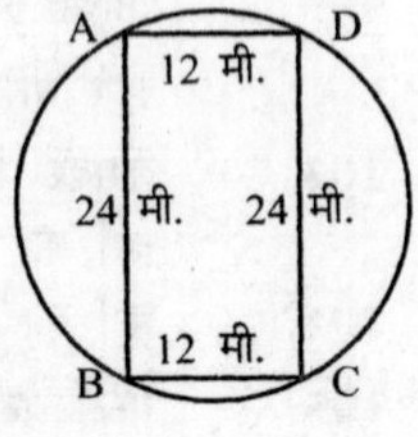

और बड़ी भुजा AB = CD = 12 × 2 = 24 मी.

भुजाओं को 4 अर्द्धवृत्ताकार बढ़ाया गया है।

$\therefore$ लम्बाई वाले अर्द्धवृत्तों का क्षेत्रफल = π × 12 = π × 144 = 144 π मी.^{2}

चौड़ाई वाले अर्धवृत्तों का क्षेत्रफल = π × 6^2 = π × 36 = 36 π मी.^{2}

$\therefore$ अर्धवृत्ताकार भागों का क्षेत्रफल = 144 π + 565.2 π = 180 π = 180 × 3.14 = 565.2 मी.^{2}

आयत ABCD का क्षेत्रफल = 12 × 24 = 288 मी.^{2}

$\therefore$ कुल क्षेत्रफल = 565.2 + 288 = 853.2 मी.^{2}

113. वर्ग की भुजा = 14 सेमी., अतः वर्ग का विकर्ण = $\sqrt{2}$ × भुजा = $\sqrt{2}$ × 14 सेमी.

$\therefore$ वृत्त का व्यास = $14\sqrt{2}$ सेमी., अतः वृत्त की त्रिज्या = $\frac{14\sqrt{2}}{2} = 7\sqrt{2}$ सेमी.

$\therefore$ वृत्त का क्षेत्रफल = $\pi r^2 = \pi \times (7\sqrt{2})^2 = \pi \times 49 \times 2 = 98\pi$ वर्ग सेमी.

114. वृत्त का क्षेत्रफल = 36π वर्ग सेमी., अतः $\pi r^2 = 36\pi \Rightarrow r^2 = 6^2 \Rightarrow r = 6$ सेमी.

$\therefore$ वर्ग की भुजा = वृत्त का व्यास = $2r = 2 \times 6 = 12$ सेमी.

$\therefore$ वर्ग का क्षेत्रफल = भुजा^{2} = 12^2 = 144 वर्ग सेमी.

115. चित्रानुसार वर्ग ABCD में एक वृत्त उत्कीर्ण किया गया है। वर्ग का विकर्ण = $14\sqrt{2}$ सेमी.

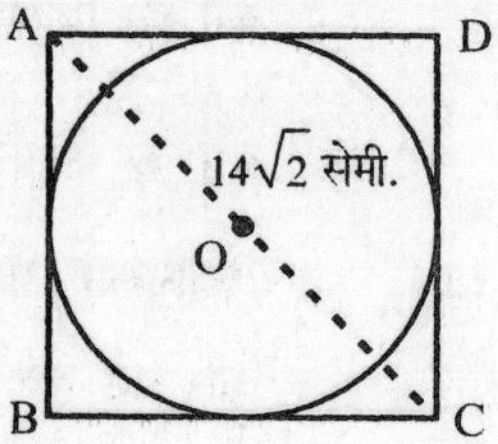

$\therefore$ वर्ग की भुजा $\times \sqrt{2} = 14\sqrt{2} \Rightarrow$ वर्ग की भुजा = 14 सेमी.

$\therefore$ वृत्त का व्यास = वर्ग की भुजा = 14 सेमी.

$\therefore$ वृत्त की त्रिज्या = $\frac{14}{2} = 7$ सेमी.

$\therefore$ वृत्त का क्षेत्रफल = $\pi r^2 = \frac{22}{7} \times 7 \times 7 = 154$ सेमी.^{2}

116. चित्रानुसार वर्ग ABCD का विकर्ण = $6\sqrt{2}$ सेमी.

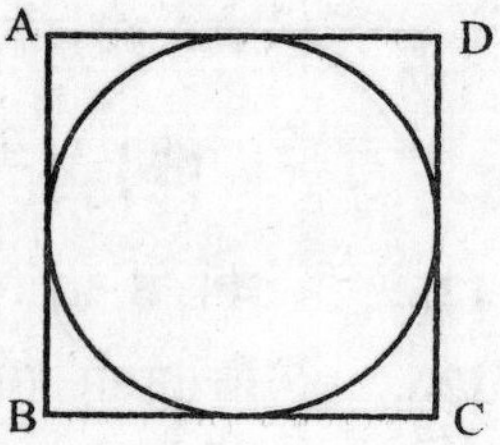

$\therefore$ $\sqrt{2}$ × भुजा = $6\sqrt{2} \Rightarrow$ भुजा = 6 सेमी.

$\therefore$ वृत्त का व्यास = वर्ग की भुजा = 6 सेमी.

$\therefore$ वृत्त की त्रिज्या = $\frac{6}{2} = 3$ सेमी.

$\therefore$ वृत्त का क्षेत्रफल = $\pi r^2 = \pi \times 3^2 = 9\pi$ सेमी.^{2}

117. $\because$ वृत्त का क्षे. = वर्ग का क्षे., अतः πr^2 = भुजा^{2}

$\therefore$ $\frac{\text{वर्ग की भुजा}^2}{\text{वृत्त की त्रिज्या}^2} = \frac{\sqrt{\pi}}{1} \Rightarrow \frac{\text{वर्ग की भुजा}}{\text{वृत्त की त्रिज्या}} = \frac{\pi}{1} = \sqrt{\pi} : 1$

118. $\because$ वर्ग की भुजा की लम्बाई वृत्त के व्यास के बराबर है।

अतः माना वर्ग की भुजा = $2x$ सेमी. और वृत्त का व्यास = $2x$ सेमी.

$\therefore$ वर्ग का क्षे. = भुजा^{2} = $(2x)^2 = 4x^2$ और वृत्त का क्षे. = $\pi r^2 = \frac{22}{7} \cdot x^2$

$\therefore$ दोनों क्षेत्रफलों में अनुपात = $4x^2 : \frac{22x^2}{7} = 2 : \frac{11}{7} = 14 : 11$

119. माना वृत्त का व्यास 2r तथा वर्ग का विकर्ण x है।

$\because$ वृत्त का क्षे. = वर्ग का क्षे. $\Rightarrow \pi r^2 = \frac{x^2}{2} \Rightarrow r^2 = \frac{x^2}{2\pi} \Rightarrow r = \frac{x}{\sqrt{2\pi}}$

$\therefore$ वृत्त का व्यास : वर्ग का विकर्ण = $2r : x = 2 \times \frac{x}{\sqrt{2\pi}} : x = \frac{2}{\sqrt{2\pi}} : 1 = \frac{\sqrt{2} \cdot \sqrt{2}}{\sqrt{2} \cdot \sqrt{\pi}} : 1 = \frac{\sqrt{2}}{\sqrt{\pi}} : 1 = \sqrt{2} : \sqrt{\pi}$

120. चित्रानुसार 6 सेमी. भुजा के वर्ग ABCD के अन्दर O केन्द्र वाला वृत्त बना है।

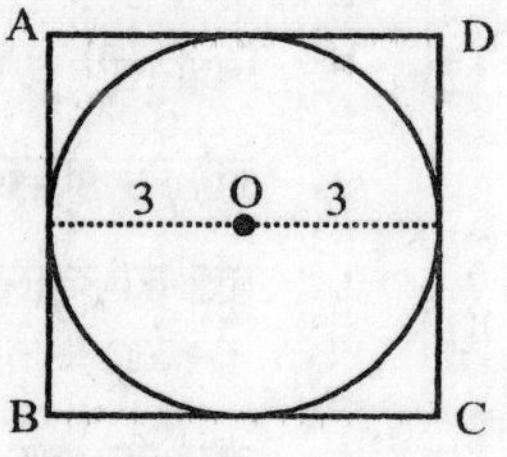

$\therefore$ वृत्त का व्यास = वर्ग की भुजा = 6 सेमी.

$\therefore$ वृत्त का क्षे. = $\pi r^2 = \frac{22}{7} \times 3 \times 3 = \frac{198}{7}$ सेमी.^{2}

121. वर्गाकार भूखण्ड का परिमाप = आयताकार भूखण्ड का परिमाप = 2 (ल. + चौ.)

$\therefore$ वर्गाकार भूखण्ड की भुजा × 4 = 2 (35 + 15) = 2 × 50 = 100

$\therefore$ वर्गाकार भूखण्ड की भुजा = $\frac{100}{4} = 25$ मी.

122. चित्रानुसार वर्ग ABCD की भुजा a हो तो

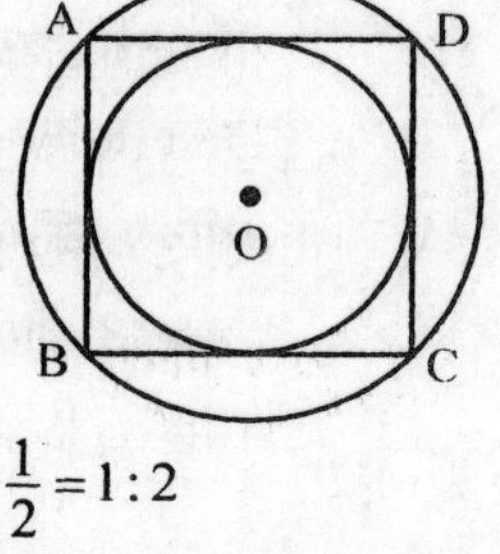

अन्तर्वृत्त का व्यास = वर्ग की भुजा = a

और परिवृत्त का व्यास = वर्ग का विकर्ण = $\sqrt{2} \cdot a$

$\therefore$ अंतर्वृत्त और परिवृत्त के क्षेत्रफलों में अनुपात = त्रिज्याओं के वर्गों में अनुपात

$$= \left(\frac{a}{2}\right)^2 : \left(\frac{\sqrt{2}a}{2}\right)^2 = \frac{a^2}{4} : \frac{2a^2}{4} = \frac{1}{4} : \frac{1}{2} = 1 : 2$$

123. चित्रानुसार 8 सेमी त्रिज्या वाले वृत्त के भीतर एक वर्ग ABCD बनाया गया है।

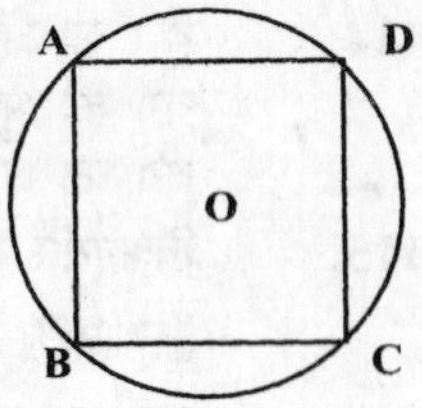

$\therefore$ वर्ग का विकर्ण = वृत्त का व्यास = 16 सेमी.

$\therefore$ वर्ग का क्षेत्रफल = $\frac{\text{विकर्ण}}{2} = \frac{16^2}{2} = \frac{256}{2} = 128$ सेमी.^{2}

124. चित्रानुसार छोटे वृत्त का व्यास = वर्ग ABCD की भुजा = a

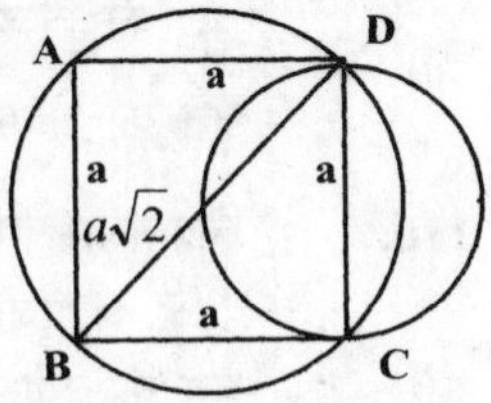

और बड़े वृत्त का व्यास = वर्ग ABCD का विकर्ण = $a\sqrt{2}$

$\therefore$ छोटे वृत्त और बड़े वृत्त के क्षेत्रफलों में अनुपात = त्रिज्याओं के वर्गों में अनुपात

$= \left(\frac{a}{2}\right)^2 : \left(\frac{a\sqrt{2}}{2}\right)^2 = \frac{a^2}{4} : \frac{2a^2}{4} = \frac{1}{4} : \frac{1}{2} = 1:2$

125. वर्ग के अन्तःवृत्त और परिवृत्त के क्षेत्रफलों में अनुपात = 1 : 2

126. चित्रानुसार वर्ग ABCD का विकर्ण AC = 8 सेमी.

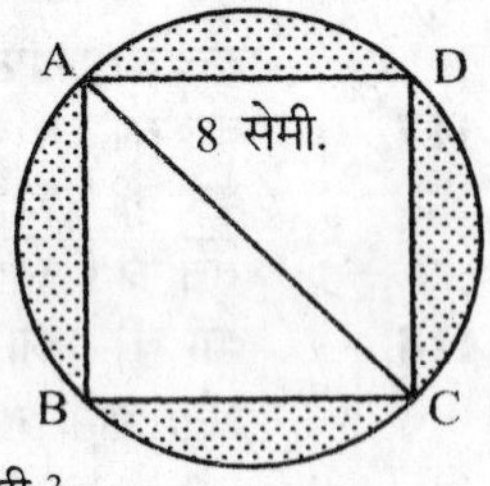

$\therefore$ परिवृत्त (परिगत वृत्त) का व्यास = 8 सेमी.

$\therefore$ परिगत वृत्त का क्षेत्रफल = $\pi r^2 = \frac{22}{7} \times 4^2 = \frac{22}{7} \times 16 = \frac{352}{7}$ सेमी.^{2}

वर्ग का क्षेत्रफल = $\frac{\text{विकर्ण}}{2} = \frac{64}{2} = 32$ सेमी.^{2}

$\therefore$ वृत्त और वर्ग के बीच का क्षेत्रफल = $\frac{352}{7} - 32 = \frac{352-224}{7} = \frac{128}{7} = 18\frac{2}{7}$ सेमी.^{2}

127. माना चित्रानुसार वर्ग ABCD का

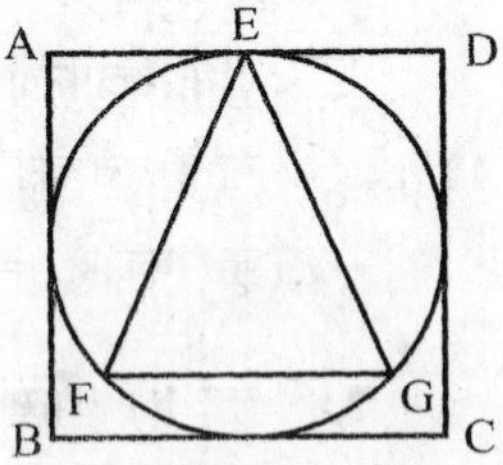

विकर्ण $\Rightarrow \sqrt{2} \times$ भुजा $= 12\sqrt{2} \Rightarrow$ भुजा = 12 सेमी.

$\therefore$ अन्तःवृत्त का व्यास = वर्ग की भुजा = 12 सेमी.

$\therefore$ अन्तःवृत्त की त्रिज्या = $\frac{12}{2} = 6$ सेमी.

$\therefore$ वृत्त के अन्तर्गत समबाहु Δ की भुजा = वृत्त की त्रिज्या $\times\sqrt{3} = 6\sqrt{3}$ सेमी.

128. चित्रानुसार वर्ग ABCD के अन्तर्गत वृत्त बनाया गया है।

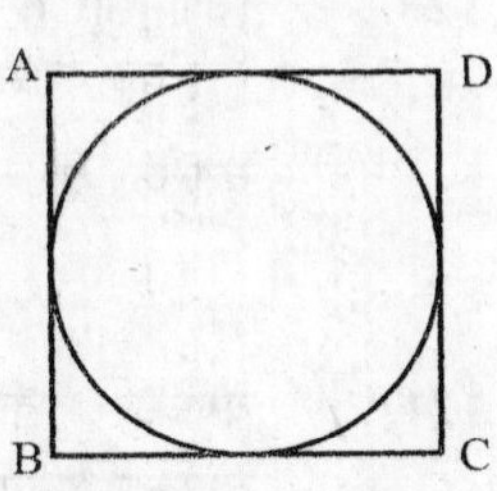

$\because$ वर्ग का क्षेत्रफल $\Rightarrow$ भुजा^{2} = $2m^2 \Rightarrow$ भुजा = $\sqrt{2}\cdot m$

$\therefore$ वृत्त का व्यास = वर्ग की भुजा = $\sqrt{2}\cdot m$

$\therefore$ अन्तःवृत्त का क्षेत्रफल = $\pi r^2 = \pi\left(\frac{\sqrt{2}m}{2}\right)^2 = \frac{\pi \cdot 2m^2}{4} = \frac{\pi}{2}m^2$

129. चित्रानुसार वर्ग ABCD की भुजा = 14 सेमी.

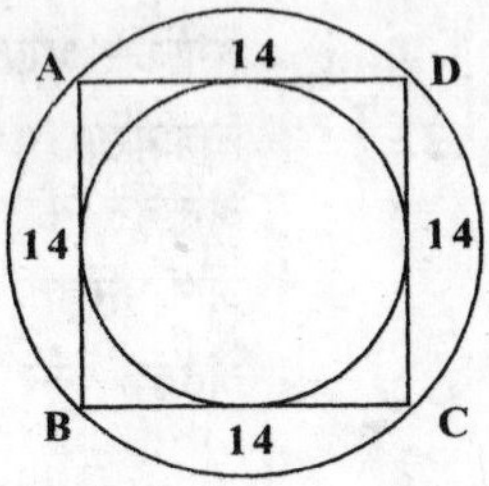

$\therefore$ अन्तर्वृत्त का व्यास = वर्ग की भुजा = 14 सेमी.

परिवृत्त का व्यास = वर्ग का विकर्ण = $14\sqrt{2}$ सेमी.

$\therefore$ अन्तर्वृत्त और परिवृत्त की त्रिज्याओं में अनुपात = व्यासों में अनुपात

$= 14 : 14\sqrt{2} = 1 : \sqrt{2}$

130. चित्रानुसार वर्ग ABCD के चारों कोनों पर चार वृत्त (त्रिज्या = 4 सेमी.) एक-दूसरे को बाहर से स्पर्श करते हैं।

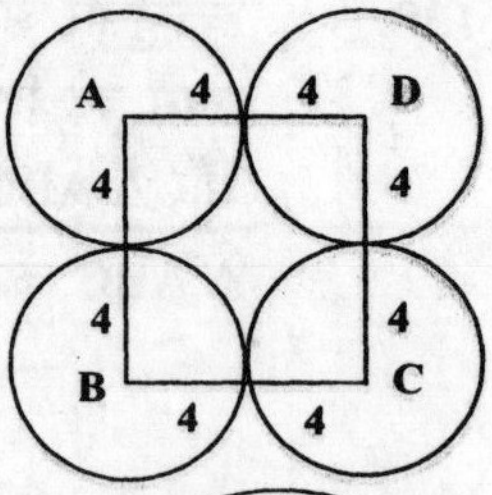

$\therefore$ वर्ग ABCD का क्षेत्रफल = भुजा^{2} = $8^2 = 64$ सेमी.^{2}

$\therefore$ चारों त्रिज्य खण्डों का क्षेत्रफल = $\pi r^2 = \pi \times 4^2 = 16\pi$ सेमी.^{2}

$\therefore$ त्रिज्य खण्डों के बीच का क्षेत्रफल = $64 - 16\pi = 16(4-\pi)$ सेमी.^{2}

131. चित्रानुसार वर्ग ABCD की भुजा = a और विकर्ण = $a\sqrt{2}$

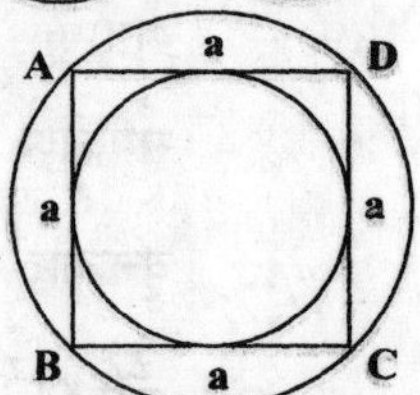

$\therefore$ वर्ग की अन्तर्त्रिज्या = $\frac{\text{भुजा}}{2} = \frac{a}{2}$

वर्ग की परित्रिज्या = $\frac{\text{विकर्ण}^2}{2} = \frac{a\sqrt{2}}{2}$

$\therefore$ अन्तर्त्रिज्या : परित्रिज्या = $\frac{a}{2} : \frac{a\sqrt{2}}{2} = 1 : \sqrt{2}$

132. माना चित्रानुसार वर्ग की भुजा a है। अतः अन्तःवृत्त का व्यास = a

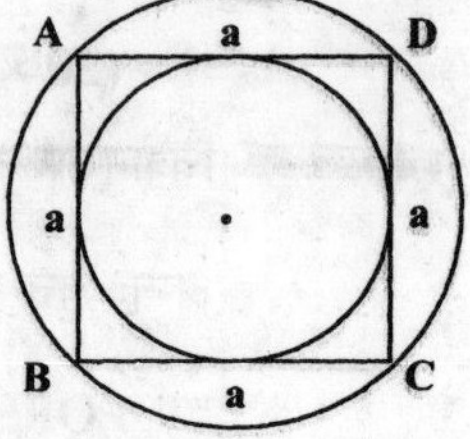

$\therefore$ अन्तःवृत्त का क्षेत्रफल = $\pi\left(\frac{a}{2}\right)^2 = \pi\frac{a^2}{4}$

परिवृत्त का व्यास = वर्ग का विकर्ण = $\sqrt{2}a$

$\therefore$ परिवृत्त का क्षेत्रफल = $\pi\left(\frac{\sqrt{2}\cdot a}{2}\right)^2 = \pi\frac{2a^2}{4} = \pi\frac{a^2}{2}$

प्रश्नानुसार, परिवृत्त का क्षेत्रफल − अन्तःवृत्त का क्षेत्रफल = 77 $\Rightarrow \frac{\pi a^2}{2} - \frac{\pi a^2}{4} = 77$

$\therefore$ $\pi\left(\frac{2a^2 - a^2}{4}\right) = 77 \Rightarrow \frac{22}{7}\cdot\frac{a^2}{4} = 77 \Rightarrow a^2 = 98$, अतः वर्ग का क्षेत्रफल = $a^2 = 98$ वर्ग सेमी.

133. वर्ग का विकर्ण = भुजा × $\sqrt{2}$ = $a\sqrt{2}\times\sqrt{2}$ = $2a$ यूनिट

$\therefore$ वृत्त का व्यास = वर्ग का विकर्ण = $2a$ यूनिट

$\therefore$ वृत्त की परिधि = व्यास × π = $2\pi a$ यूनिट

134. समबाहु त्रिभुज के अन्तर्वृत्त की त्रिज्या = 3 सेमी.

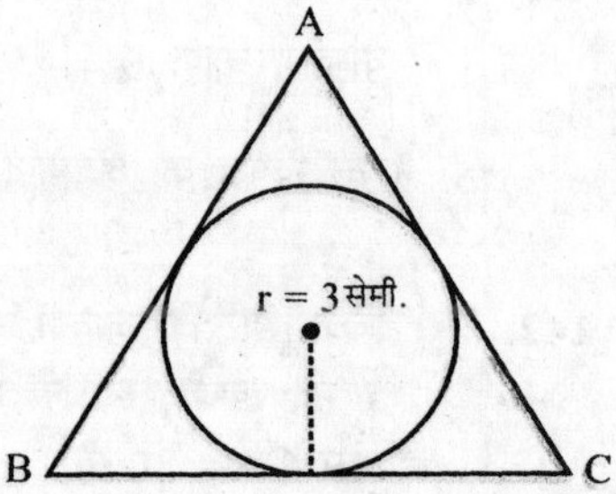

$\therefore$ समबाहु त्रिभुज की ऊँचाई = 3 × 3 = 9 सेमी.

$\therefore$ समबाहु त्रिभुज की भुजा= $\frac{2}{\sqrt{3}}$ × ऊँचाई = $\frac{2}{\sqrt{3}} \times 9$

$= \frac{2\times 9\times\sqrt{3}}{\sqrt{3}\times\sqrt{3}} = \frac{2\times 9\times\sqrt{3}}{3} = 6\sqrt{3}$ सेमी.

$\therefore$ समबाहु त्रिभुज की परिधि = 3 × भुजा = $3 \times 6\sqrt{3} = 18\sqrt{3}$ सेमी.

135. चूँकि वृत्त की परिधि = समभुज त्रिभुज की परिधि

अतः $2\pi r = 3 \times$ भुजा $\Rightarrow 2 \times \frac{22}{7} \times 7 = 3 \times$ समभुज त्रिभुज की भुजा, अतः समभुज त्रिभुज की भुजा = $\frac{44}{3}$ सेमी.

136. समबाहु त्रिभुज का परिमाप = वृत्त की परिधि, अतः 3 × समबाहु त्रिभुज की भुजा = $2\pi r$

$\therefore$ समबाहु त्रिभुज की भुजा = $\frac{2}{3}\times\frac{22}{7}\times 14 = \frac{88}{3}$ सेमी.

137. चित्रानुसार समकोण त्रिभुज ABC के परिवृत्त की त्रिज्या OA = OC = 3 सेमी.

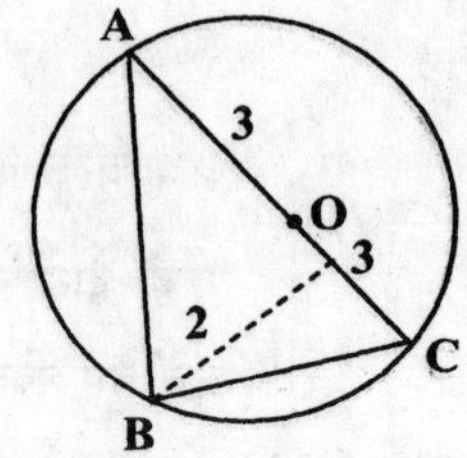

$\therefore$ Δ ABC का कर्ण AC = 3 + 3 = 6 सेमी.

Δ ABC की ऊँचाई = 2 सेमी.

$\therefore$ Δ ABC का क्षेत्रफल = $\frac{\text{कर्ण} \times \text{ऊँचाई}}{2} = \frac{6\times 2}{2} = 6$ सेमी.^{2}

138. चित्रानुसार अर्द्धवृत्त की त्रिज्या = 6 मी.

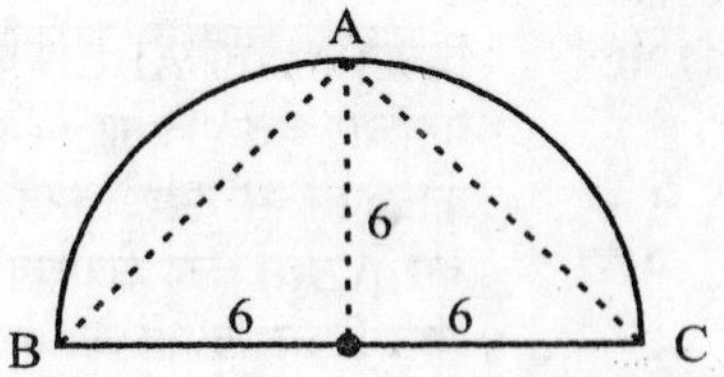

∴ सबसे बड़े त्रिभुज ABC का आधार AC = 12 मी.

और Δ ABC की ऊँचाई = 6 मी.

∴ Δ ABC का क्षेत्रफल $= \frac{1}{2} \times$ आधार $\times$ ऊँचाई

$$= \frac{1}{2} \times 12 \times 6 = 36 \text{ वर्ग मी.}$$

139. ∵ 400 m, 420m और 580m की भुजाओं से समकोण त्रिभुज बनता है।

∴ समकोण त्रिभुज का क्षे. $= \frac{\text{लम्ब} \times \text{आधार}}{2} = \frac{400 \times 420}{2} = 84000$ मी.^{2}

∴ वृत्ताकार मैदान का क्षे. = समकोण त्रिभुज का क्षेत्रफल का $73\frac{1}{3}\%$

∴ $\frac{22}{7} \times r^2 = 84000 \times \frac{220}{3 \times 100} = 2800 \times 22 \Rightarrow r^2 = \frac{2800 \times 22 \times 7}{22} = 2800 \times 7 = 400 \times 7 \times 7$

∴ $r^2 = (20 \times 7)^2 \Rightarrow r = 20 \times 7 = 140$m, अतः वृत्ताकार मैदान की परिधि $= 2\pi r = 2 \times \frac{22}{7} \times 140 = 880$ मी.

140. चित्रानुसार समबाहु ΔABC के अन्तः वृत्त के अन्दर वर्ग PQRS खींचा गया है।

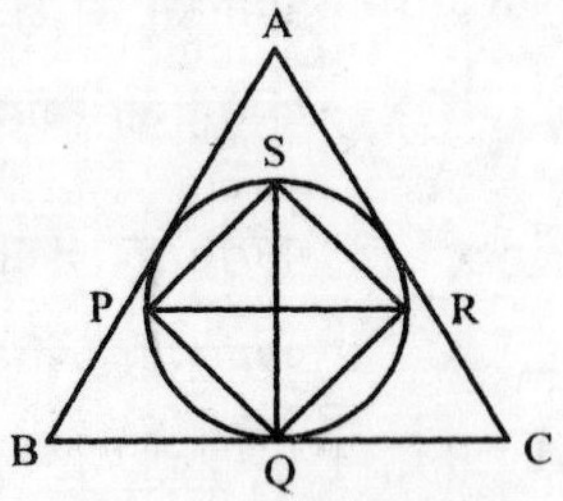

अन्तः वृत्त का व्यास $= \frac{\text{समबाहु } \Delta \text{ की भुजा}}{\sqrt{3}} = \frac{x}{\sqrt{3}}$

वर्ग PQRS का विकर्ण = अन्तःवृत्त का व्यास $= \frac{x}{\sqrt{3}}$

वर्ग PQRS का क्षेत्रफल $= \frac{\text{विकर्ण}^2}{2} = \frac{\left(\frac{x}{\sqrt{3}}\right)^2}{2} = \frac{\left(\frac{x^2}{3}\right)}{2} = \frac{x^2}{3} \times \frac{1}{2} = \frac{1}{6}x^2$

141. चित्रानुसार वृत्त की त्रिज्या r = 14 सेमी.

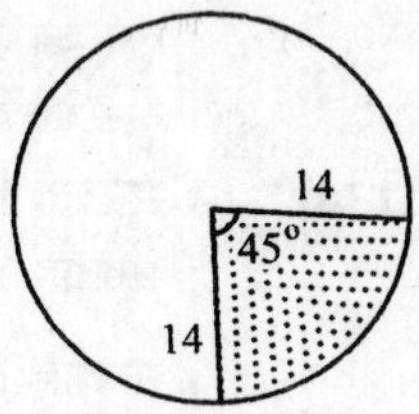

केन्द्रीय कोण $\theta = 45^0$

∴ वृत्त खण्ड का क्षेत्रफल $= \frac{\pi r^2 \theta}{460} = \frac{22}{7} \times \frac{14 \times 14 \times 45}{460} = 77$ सेमी.^{2}

142. चित्रानुसार त्रिभुजाकार खेत ABC के तीनों कोनों पर एक-एक गाय 7 मी. लम्बी रस्सी से बांधी गयी हैं। जहाँ AB = 26 मी., BC = 28 मी. और CA = 30 मी.

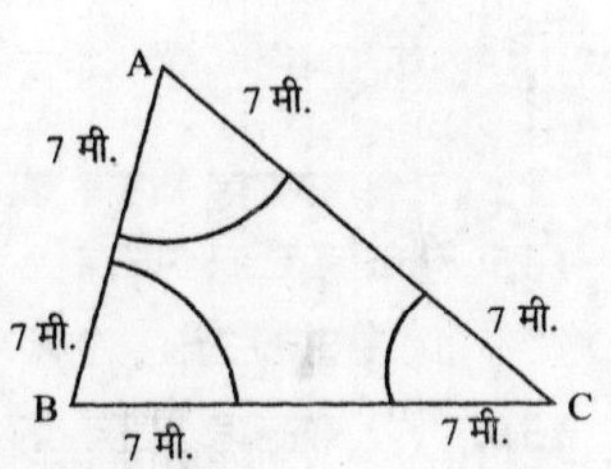

∴ त्रिभुजाकार खेत का अर्ध परिमाप $(S) = \frac{26 + 28 + 30}{2} = \frac{84}{2} = 42$ मी.

∴ त्रिभुजाकार खेत का क्षेत्रफल $= \sqrt{S(S-a)(S-b)(S-c)}$

$$= \sqrt{42(42-26)(42-28)(42-30)}$$

$$= \sqrt{42 \times 16 \times 14 \times 12} = \sqrt{7 \times 6 \times 16 \times 7 \times 2 \times 6 \times 2} = 7 \times 6 \times 4 \times 2 = 336$$

अब चूंकि कोण (A + B + C) = 180^0, अतः गायों द्वारा चरा गया क्षेत्र. $= \frac{\pi r^2}{2}$

∴ गायों द्वारा चरा गया क्षेत्रफल $= \frac{22}{7} \times 7 \times 7 \times \frac{1}{2} = 77$ मी.^{2}

∴ बचे हुए खेत का क्षेत्रफल = 336 − 77 = 259 मी.^{2}

143. माना चित्रानुसार खम्भा A से एक घोड़ा रस्सी द्वारा बंधा है जो B से C तक 88 मी. की दूरी तय करता है। जहाँ $\angle BAC = 72^0$

माना रस्सी की लम्बाई x मी. है।

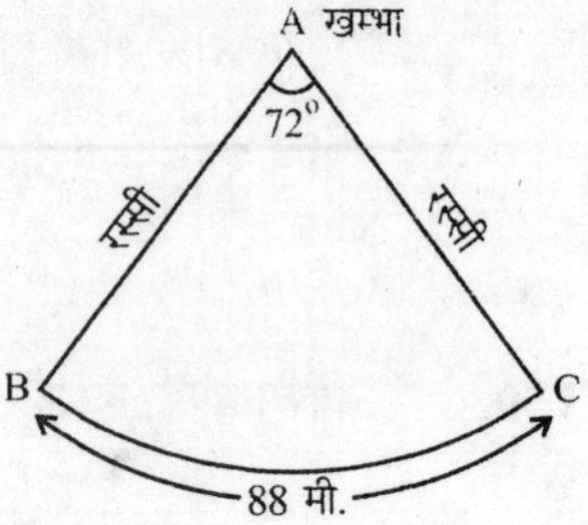

$\because$ BC एक वृत्त का चाप है जिसकी त्रिज्या x मी. है

$\therefore \quad BC = \frac{\pi r \theta}{180} \Rightarrow 88 = \frac{22}{7} \times \frac{x \times 72}{180}$

$\therefore \quad x = \frac{88 \times 7 \times 180}{22 \times 72} = 70$ मी.

$\therefore$ रस्सी की लम्बाई = x = 70 मी.

144. चूंकि 7 सेमी. लम्बाई की मिनट वाली सुई 30 मिनट में एक अर्धवृत्त बनायेगी।

अतः उस अर्धवृत्त की त्रिज्या = 7 सेमी.

$\therefore$ सुई द्वारा पार किया गया क्षे. = अर्धवृत्त का क्षे. = $\frac{1}{2} \times \frac{22}{7} \times 7 \times 7 = 77$ वर्ग सेमी.

145. चित्रानुसार 10 मी. भुजा के वर्गाकार खेत A B C D के D कोने पर एक घोड़ा 7 मीटर लम्बी रस्सी से बंधा है जो EFD क्षेत्रफल की घास चर पाता है।

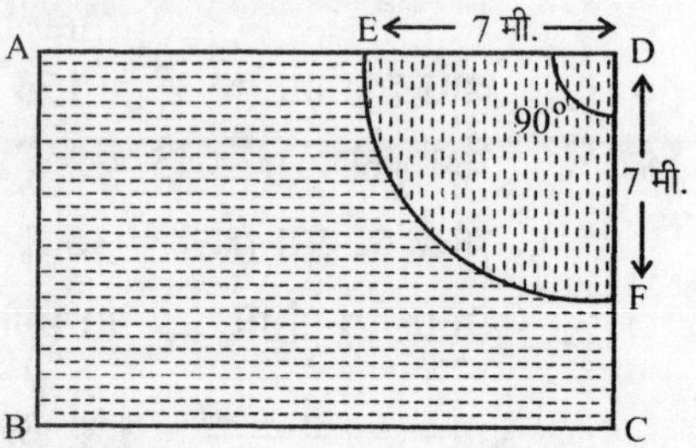

$\therefore$ EFD का क्षेत्रफल = $\frac{\pi r^2 \theta}{360} = \frac{22}{7} \times \frac{7 \times 7 \times 90}{360} = \frac{77}{2}$ वर्ग मी.

वर्गाकार खेत ABCD का क्षेत्रफल = भुजा^{2} = $10^2 = 100$ मी.^{2}

$\therefore$ चरने से बचा हुआ क्षेत्रफल = $100 - \frac{77}{2} = \frac{200 - 77}{2} = \frac{123}{2} = 61.5$ मी.^{2}

146. त्रिज्यखण्ड का क्षे. = $\frac{\pi r^2 \theta}{360}$

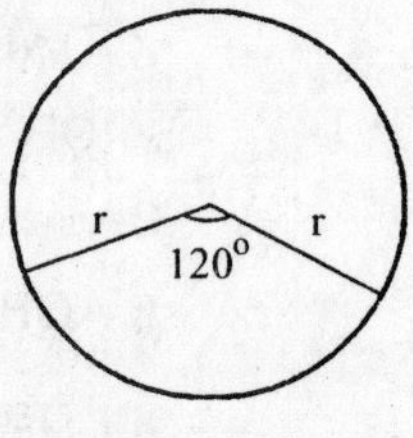

$\therefore \quad 9\frac{3}{7} = \frac{22}{7} \times \frac{r^2 \times 120}{360}$

$\therefore \quad \frac{66}{7} = \frac{22}{7} \times \frac{r^2}{3}$

$\therefore \quad r^2 = 3 \times 3 \Rightarrow r = 3$ सेमी.

147. अतिरिक्त क्षे. = $\pi (R^2 - r^2) = \frac{22}{7} \times (23^2 - 12^2)$

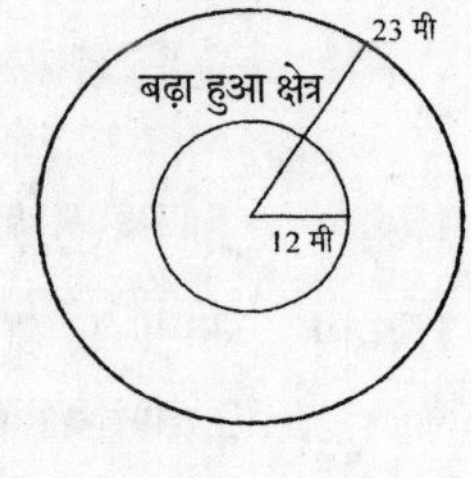

$= \frac{22}{7} \times (529 - 144) = \frac{22}{7} \times 385 = 1210$ वर्ग मी.

148. माना आयताकार खेत के A कोने पर 16 मी. लम्बी रस्सी से गधा बंधा हुआ है।

$\because$ गधा छायांकित भाग (त्रिज्यखण्ड) की घास चर सकता है।

जिसका कोण $A = 90^0$ और त्रिज्या = 16 मी.

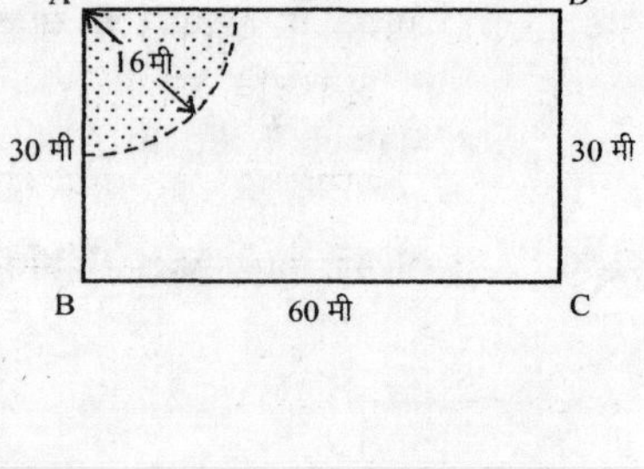

$\therefore$ त्रिज्याखण्ड का क्षे. = $\frac{\pi r^2 \theta}{360} = \frac{22}{7} \times \frac{16 \times 16 \times 90}{360}$

$= \frac{22}{7} \times 16 \times 4 = 201.14 = 201$ वर्ग मी. लगभग

149. Δ का क्षे. = वृत्त का क्षे.

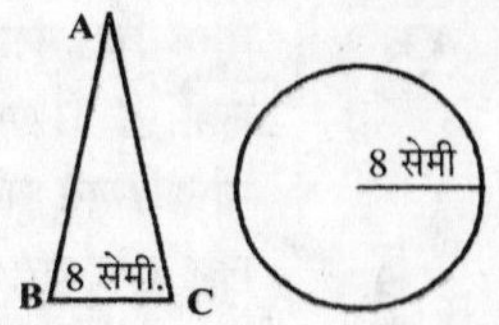

$\therefore$ $\frac{1}{2} \times 8 \times$ शीर्ष लम्ब $= \pi \times 8^2$

$\therefore$ शीर्ष लम्ब $= 16\pi$ सेमी.

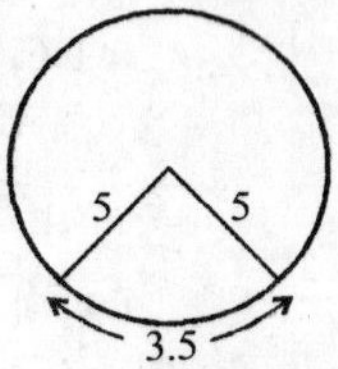

150. त्रिज्यखण्ड का क्षे. $= \frac{\text{चाप} \times \text{त्रिज्या}}{2} = \frac{3.5 \times 5}{2} = 8.75$ सेमी.^{2}

151. वृत्त की त्रिज्या $= \frac{14}{2} = 7$ सेमी.

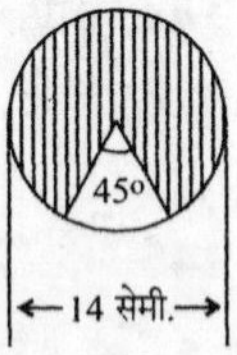

$\therefore$ वृत्त का क्षे. $= \pi r^2 = \frac{22}{7} \times 7 \times 7 = 154$

त्रिज्यखण्ड का क्षे. $= \frac{\pi r^2 \theta}{360} = \frac{22}{7} \times 7 \times 7 \times \frac{45}{360} = 19.25$ सेमी.^{2}

$\therefore$ आरेखित भाग का क्षे. $= 154 - 19.25 = 134.75$ सेमी.^{2}

152. केन्द्र कोण $\theta = 45 \times 2 = 90^0$

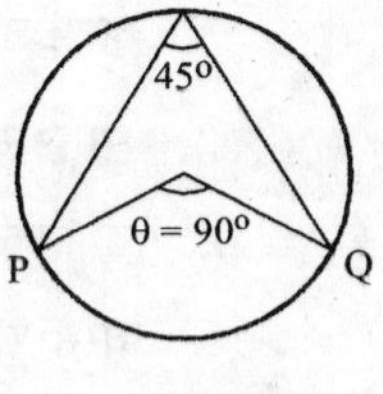

केन्द्र का पूरा कोण $= 360^0$

$\because$ $360^0 \Rightarrow$ परिधि $\Rightarrow 90$ सेमी., अतः $1^0 \Rightarrow \frac{90}{360}$

$\therefore$ $90^0 = \frac{90 \times 90}{360} = 22\frac{1}{2}$ सेमी., अतः चाप P Q की लम्बाई $= 22\frac{1}{2}$ सेमी.

153. $\because$ A B स्पर्श रेखा है।

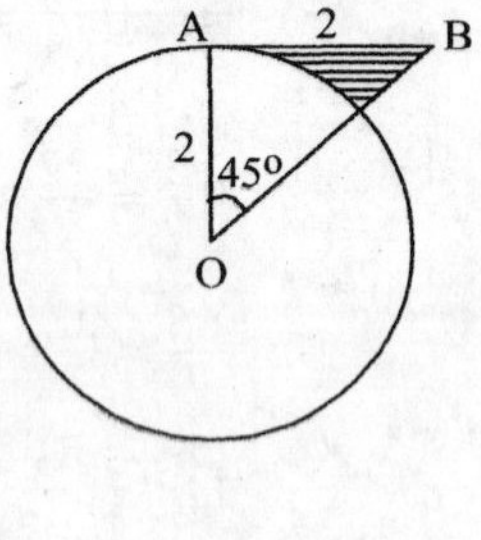

$\therefore$ $\angle OAB = 90^0$

$\therefore$ $\angle OBA = 45^0$

$\therefore$ $OA = AB = 2$

$\therefore$ ΔAOB का क्षे. $= \frac{2 \times 2}{2} = 2$ सेमी.

अब त्रिज्यखण्ड का क्षे. $= \frac{\pi r^2 \theta}{360} = \frac{\pi \times 2 \times 2 \times 45}{360} = \frac{\pi}{2}$

$\therefore$ छायांकित भाग का क्षे. $= \Delta AOB$ का क्षे. $-$ त्रिज्यखण्ड का क्षे.$= \left(2 - \frac{\pi}{2}\right)$ वर्ग सेमी.

154. चौड़ाई में प्रतिशत कमी $= \frac{100 \times \text{प्रतिशत की वृद्धि}}{100 + \text{प्रतिशत की वृद्धि}} = \frac{100 \times 60}{160} = 37.5\%$

155. माना आयत की लम्बाई x मीटर और चौड़ाई y मीटर थी।

$\therefore$ आयत का प्रारम्भिक क्षेत्रफल = लम्बाई $\times$ चौड़ाई $= xy$ मी.^{2}

नई लम्बाई $= 2x$ मी. और नई चौड़ाई $= 2y$ मी.

$\therefore$ आयत का नया क्षेत्रफल $= 2x \cdot 2y = 4xy$ मी.^{2}

$\therefore$ आयत के क्षेत्रफल में वृद्धि $= 4xy - xy = 3xy$ मी.^{2}

$\therefore$ क्षेत्रफल में प्रतिशत वृद्धि $= \frac{\text{वृद्धि} \quad \times 100}{\text{प्रारम्भिक क्षेत्रफल}} = \frac{3xy \times 100}{xy} = 300\%$

156. आयत के क्षेत्रफल में प्रतिशत वृद्धि $= 30 + 25 + \frac{30 \times 25}{100} = 30 + 25 + 7.5 = 62.5\%$

157. माना वर्ग की प्रारम्भिक भुजा a थी। अतः वर्ग का प्रारंभिक क्षेत्रफल = a^2

44 प्रतिशत बढ़ाने पर वर्ग का नया क्षेत्रफल = $\frac{a^2 \times 144}{100} = \frac{36a^2}{25} = \left(\frac{6a}{5}\right)^2$

∴ वर्ग की नयी भुजा = $\frac{6a}{5}$, अतः वर्ग की भुजा में कुल वृद्धि = $\frac{6a}{5} - a = \frac{6a - 5a}{5} = \frac{a}{5}$

∴ भुजा में प्रतिशत वृद्धि = $\frac{\text{भुजा में कुल वृद्धि} \times 100}{\text{प्रारम्भिक भुजा}} = \frac{\frac{a}{5} \times 100}{a} = 20\%$

158. क्षेत्रफल में प्रतिशत वृद्धि / कमी = $10 - 10 + \frac{10 \times -10}{100} = 10 - 10 - 1 = -1 \Rightarrow 1\%$ कमी

159. त्रिज्या दुगुनी करने पर त्रिज्या में प्रतिशत वृद्धि = 100%

∴ क्षेत्रफल में प्रतिशत वृद्धि = $100 + 100 + \frac{100 \times 100}{100} = 100 + 100 + 100 = 300\%$

160. क्षेत्रफल में प्रतिशत परिवर्तन = $12.5 - 10 + \frac{12.5 \times -10}{100} = 12.5 - 10 - 1.25 = 12.5 - 11.25 = 1.25\%$ वृद्धि

161. चित्रानुसार समान्तर चतुर्भुज ABCD की
भुजा AD = 21 सेमी, AB = 20 सेमी.
और विकर्ण BD = 29 सेमी.

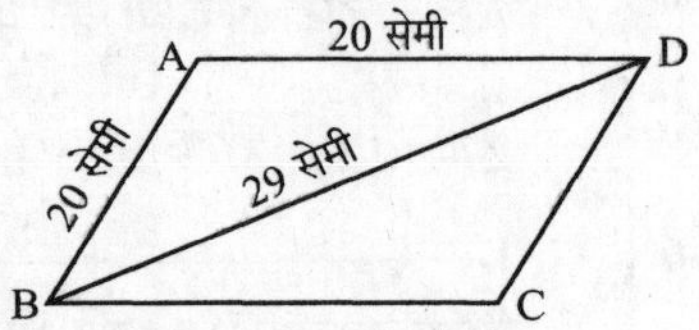

∴ Δ ABD का अर्द्धपरिमाप = $\frac{20 + 21 + 29}{2}$

∴ $s = \frac{70}{2} = 35$ सेमी.

∴ Δ ABD का क्षे. = $\sqrt{35(35-20)(35-21)(35-29)} = \sqrt{35 \times 15 \times 14 \times 6}$

$= \sqrt{7 \times 5 \times 3 \times 5 \times 2 \times 7 \times 2 \times 3} = 2 \times 3 \times 5 \times 7 = 210$ सेमी.^{2}

∴ समान्तर चतुर्भुज ABCD का क्षेत्रफल = 210 × 2 = 420 सेमी.^{2}

162. ∵ Δ PQT में PT = QT = x (माना)

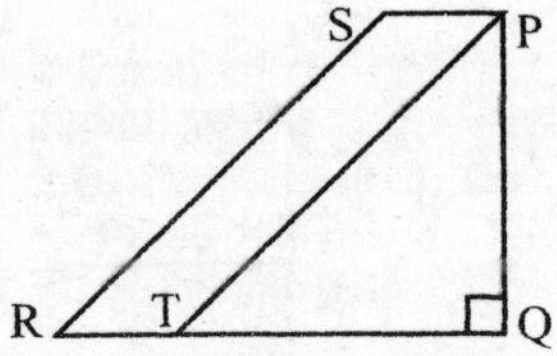

∴ Δ PQT का क्षे. = 128

∴ $\frac{x \times x}{2} = 128 \Rightarrow x^2 = 256 \Rightarrow x = 16$ सेमी.

∴ PQ = 4PS ⇒ PS = $\frac{PQ}{4} = \frac{16}{4} = 4$ सेमी.

∴ समान्तर चतुर्भुज PTRS का क्षे. = आधार × ऊँचाई = RT × PQ = PS × PQ = 4 × 16 = 64

163. चित्रानुसार समान्तर चतुर्भुज ABCD में
AB = DC = 24 सेमी और BC = DA = 16 सेमी.
भुजाओं AB और DC की दूरी = DE = 10 सेमी.
माना AD और BC की दूरी = x सेमी.

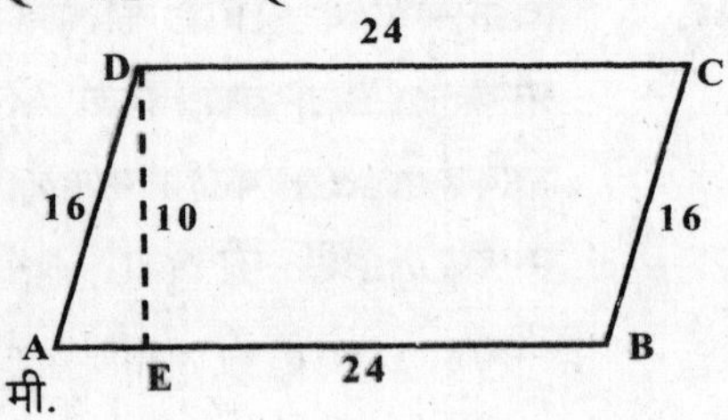

∴ समान्तर चतुर्भुज ABCD का क्षेत्रफल = AB × DE = 24 × 10 मी.

पुनः समान्तर चतुर्भुज का क्षेत्रफल = AD × x = 16 × x मी.^{2}

∴ 24 × 10 = 16 × x ⇒ x = 15 मी.

164. सम्मुख चित्र में समान्तर चतुर्भुज की भुजाओं

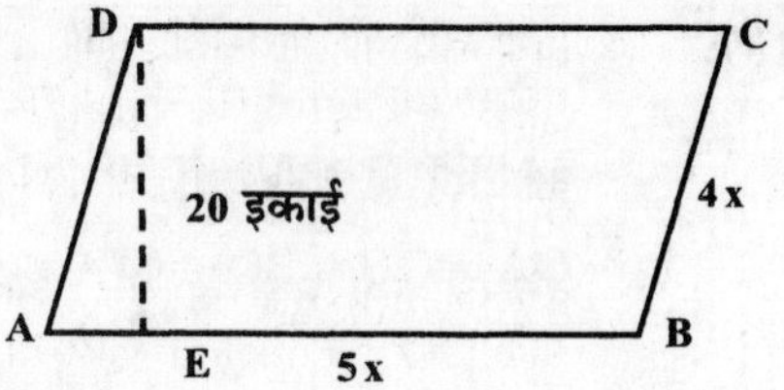

AB : BC = 5 : 4

$\therefore$ माना AB = 5x, BC = 4x

जहाँ बड़ी भुजा AB की तुंगता DE = 20 इकाई

$\therefore$ चतुर्भुज का क्षेत्रफल $\Rightarrow 5x \times 20 = 1000$

$\therefore$ $x = \dfrac{1000}{5 \times 20} = 10$, अतः छोटी भुजा BC = 4x = 40 इकाई

$\therefore$ माना छोटी भुजा की तुंगता (ऊँचाई) h है, अतः BC × तुंगता = $1000 \Rightarrow 40 \times h = 1000 \Rightarrow h = 25$ इकाई

165. चित्र में समान्तर चतुर्भुज ABCD में,

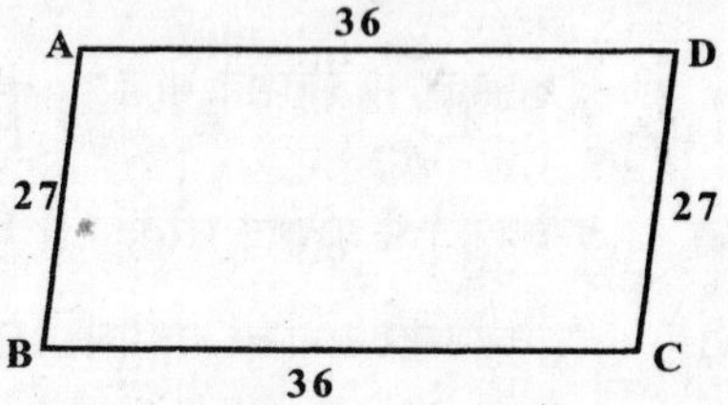

AB = DC = 27 सेमी.

और BC = AD = 36 सेमी.

$\therefore$ □ABCD का क्षेत्रफल $\Rightarrow$

AB × छोटी भुजाओं की दूरी = BC × लम्बवत दूरी.

$\therefore$ $27 \times 12 = 36 \times h \Rightarrow h = \dfrac{27 \times 12}{36} = 9$ सेमी.

166. L————————————————M

चित्रानुसार तार LM को मोड़कर समबाहु Δ ABC और O केन्द्र वाला वृत्त बनाया गया है।

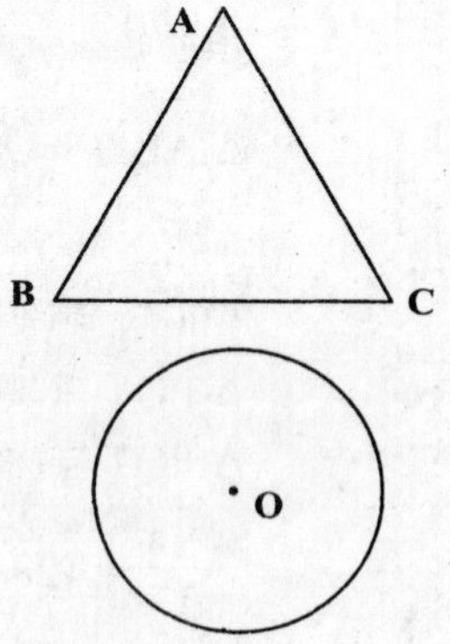

$\therefore$ समबाहु Δ ABC का क्षेत्रफल $\Rightarrow \dfrac{\sqrt{3}}{4}$ भुजा$^2 = 121\sqrt{3}$

$\therefore$ भुजा$^2 = 4 \times 121 \Rightarrow$ भुजा = 22 सेमी.

$\therefore$ वृत्त का परिमाप = समबाहु Δ ABC का परिमाप

$\therefore$ $\dfrac{2 \times 22 \times r}{7} = 22 \times 3 \Rightarrow r = \dfrac{21}{2}$ सेमी.

$\therefore$ वृत्त का क्षेत्रफल $= \pi r^2 = \dfrac{22}{7} \times \dfrac{21}{2} \times \dfrac{21}{2} = 346.5$ सेमी.^{2}

167. चित्रानुसार वर्ग ABCD की भुजा BC पर समबाहु Δ BCF तथा विकर्ण AC पर समबाहु Δ ACE बनाया गया है।

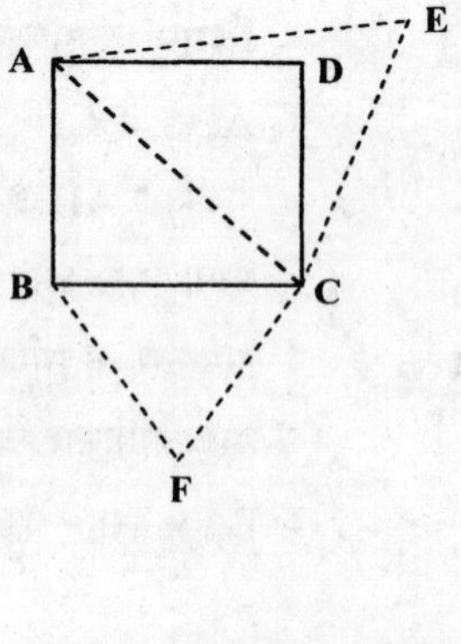

$\therefore$ समबाहु Δ BCF की भुजा = वर्ग की भुजा = a

समबाहु Δ ACE की भुजा = वर्ग का विकर्ण = $a\sqrt{2}$

$\therefore$ Δ ABC का क्षे. : Δ ACE का क्षे. = भुजाओं के वर्गों में अनुपात

$$= a^2 : (a\sqrt{2})^2 = a^2 : a^2 \times 2 = 1 : 2$$

168. चित्रानुसार दो वृत्त एक-दूसरे के केन्द्र से गुजरते हुए एक-दूसरे को A तथा B पर काट रहे हैं जहाँ वृत्तों की त्रिज्यायें

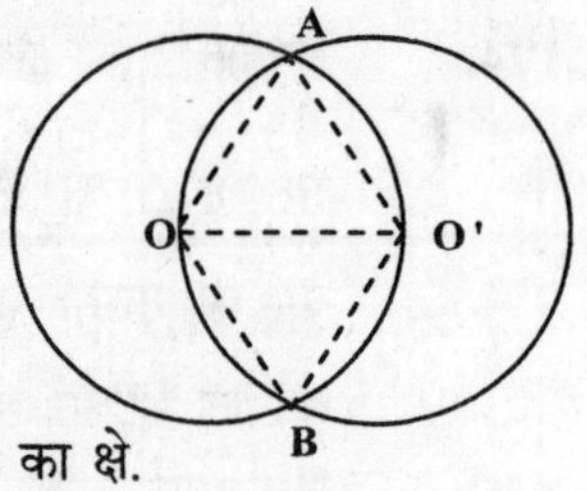

OA = OB = BO' = O'A = a

यदि OO' को मिलाया जाय तो OO' = a

∴ □AO BO' का क्षेत्रफल = समबाहु Δ AOO' का क्षेत्रफल + समबाहु Δ OO'B का क्षे.

$$= \frac{\sqrt{3}}{4}a^2 + \frac{\sqrt{3}}{4}a^2 = 2 \times \frac{\sqrt{3}}{4}a^2 = \frac{\sqrt{3}}{2}a^2$$

169. चित्रानुसार समकोण Δ ABC में ∠ B समकोण है।

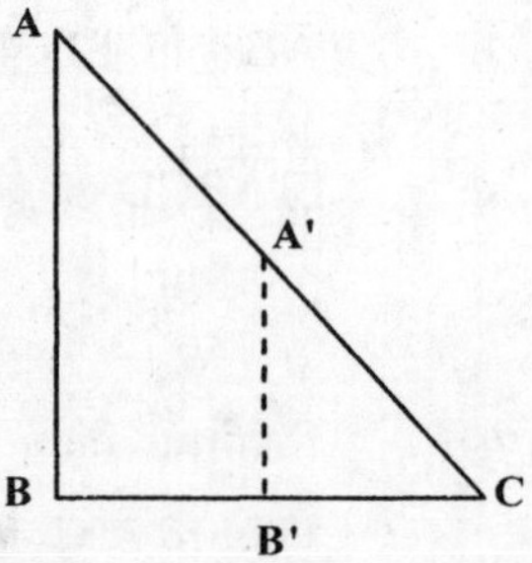

भुजा BC का मध्य बिन्दु B' तथा भुजा AC का मध्य बिन्दु A' है।

समलम्ब AA' B' B का क्षेत्रफल = Δ ABC का 75%

$$= \Delta ABC \times \frac{75}{100}$$

$$\therefore \frac{\text{समलम्ब AA'B'B का क्षेत्रफल}}{\Delta \text{ ABC का क्षेत्रफल}} = \frac{75}{100} = \frac{3}{4} = 3:4$$

170. चित्रानुसार आयताकार बगीचा ABCD है

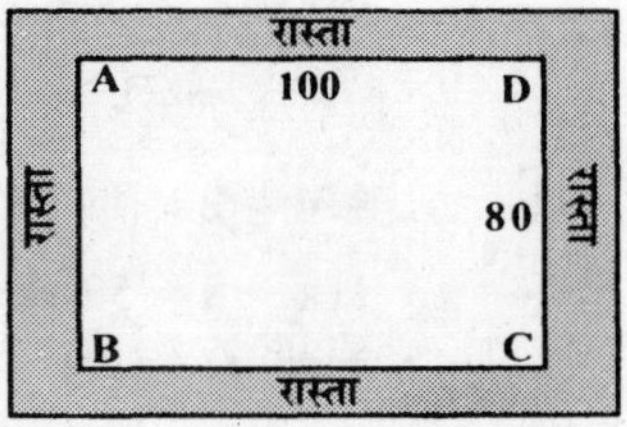

जिसके बाहर चारों ओर रास्ता बना है।

रास्ते की चौड़ाई = 10 मीटर

∴ रास्ते का क्षेत्रफल = 2 × रास्ते की चौड़ाई

(आयत की लम्बाई + आयत की चौड़ाई + 2 × रास्ते की चौ.)

= 2 × 10 (100 + 80 + 2 × 10) = 2 × 10 × 200 = 4000 मी.^{2}

171. चित्र में ABCD एक समान्तर चतुर्भुज है।

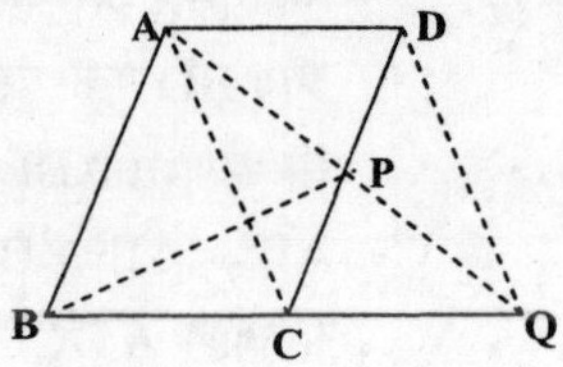

एक ही आधार PC तथा PC||AB के बीच Δ BCP तथा ΔACP बने हैं।

∴ Δ BCP = Δ ACP ....(i)

इसी प्रकार Δ DCQ = Δ ACQ.....................................(ii)

दोनों पक्षों में से Δ PCQ घटाने पर, Δ DPQ = Δ ACP ......(iii)

समीकरण (i) और समीकरण (iii) की तुलना से, Δ BCP = Δ DPQ

172. वर्ग की भुजा = 3 सेमी., अतः वर्ग का विकर्ण = $3\sqrt{2}$ सेमी.

चूंकि समबाहु Δ की ऊँचाई = वर्ग का विकर्ण = $3\sqrt{2}$

∴ समबाहु Δ की भुजा × $\frac{\sqrt{3}}{2} = 3\sqrt{2} \Rightarrow$ समबाहु Δ की भुजा = $\frac{3\sqrt{2} \times 2}{\sqrt{3}}$

∴ समबाहु Δ का क्षेत्रफल = $\frac{\sqrt{3}}{4} \cdot \text{भुजा}^2 = \frac{\sqrt{3}}{4} \cdot \left(\frac{3\sqrt{2} \times 2}{\sqrt{3}}\right)^2 = \frac{\sqrt{3}}{4} \times \frac{9 \cdot 2 \cdot 4}{3} = 6\sqrt{3}$ सेमी.^{2}

173. समान्तर □ का क्षेत्रफल = छोटी भुजा × छोटी भुजाओं के बीच की दूरी = 15 × 12 सेमी.^{2}

समान्तर □ का क्षेत्रफल = बड़ी भुजा × बड़ी भुजाओं के बीच की दूरी = 18 × x सेमी.^{2}

∴ $15 \times 12 = 18 \times x \Rightarrow x = \frac{15 \times 12}{18} = 10$ सेमी.

174. समबाहु Δ का क्षेत्रफल $\Rightarrow \frac{\sqrt{3}}{4} \times$ भुजा$^2 = 4\sqrt{3} \Rightarrow$ भुजा$^2 = 16 \Rightarrow$ भुजा $= 4$ सेमी.

$\therefore$ समबाहु Δ की ऊँचाई $= \frac{\sqrt{3}}{2}$ भुजा $= \frac{\sqrt{3}}{2} \times 4 = 2\sqrt{3}$ सेमी.

$\therefore$ वर्ग की भुजा = समबाहु Δ की ऊँचाई $= 2\sqrt{3}$

$\therefore$ वर्ग का विकर्ण = भुजा $\times \sqrt{2} = 2\sqrt{3} \times \sqrt{2} = 2\sqrt{6}$ सेमी.

175. चित्रानुसार A तथा B केन्द्र वाले दो वृत्त एक दूसरे को C पर वाह्यतः स्पर्श करते हैं। तीसरा वृत्त (केन्द्र C) दोनों को D तथा E पर मिलता है।

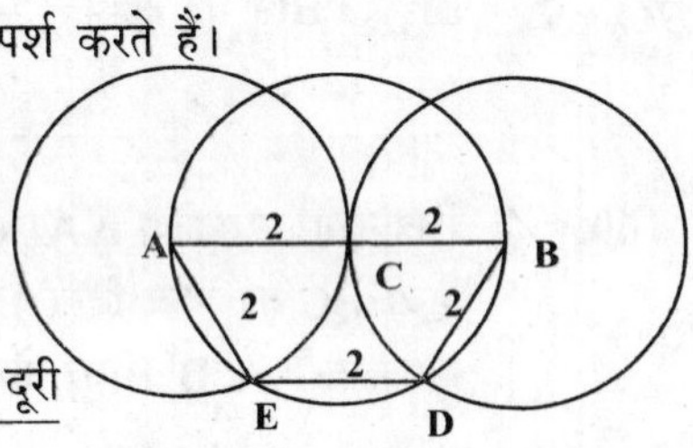

$\therefore$ $\square$ ABDE एक समलम्ब हुआ जिसमें AB $\parallel$ ED

AB और ED के बीच की दूरी $= \frac{\sqrt{3}}{2} \times 2 = \sqrt{3}$

$\therefore$ $\square$ABCD का क्षेत्रफल $= \frac{\text{समान्तर भुजाओं का योग} \times \text{उनके बीच की दूरी}}{2}$

$$= \frac{(4+2)\times\sqrt{3}}{2} = \frac{6\times\sqrt{3}}{2} = 3\sqrt{3}$$

176. चित्रानुसार मैदान ABCD की लम्बाई और चौड़ाई क्रमशः 7x तथा 4x है। मैदान के बाहर चारों ओर 4 मी. चौड़ा रास्ता है।

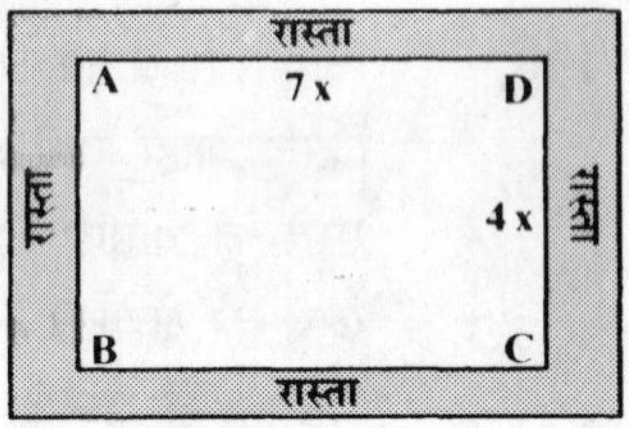

$\therefore$ रास्ते का क्षेत्रफल = 2 $\times$ रास्ते की चौ.
(मैदान की ल. + मैदान की चौ. + 2 $\times$ रास्ते की चौ.)

$\therefore$ $416 = 2 \times 4\ (7x + 4x + 2 \times 4) \Rightarrow \frac{416}{8} = 11x + 8$

$\therefore$ $11x + 8 = 52 \Rightarrow 11x = 44 \Rightarrow x = 4$

$\therefore$ मैदान की चौड़ाई $= 4x = 4 \times 4 = 16$ मी.

177. चित्रानुसार असमान भुजाओं वाला चतुर्भुज ABCD है, जिसके विकर्ण AC और BD एक दूसरे को समकोण पर बिन्दु E पर प्रतिच्छेद करते हैं।

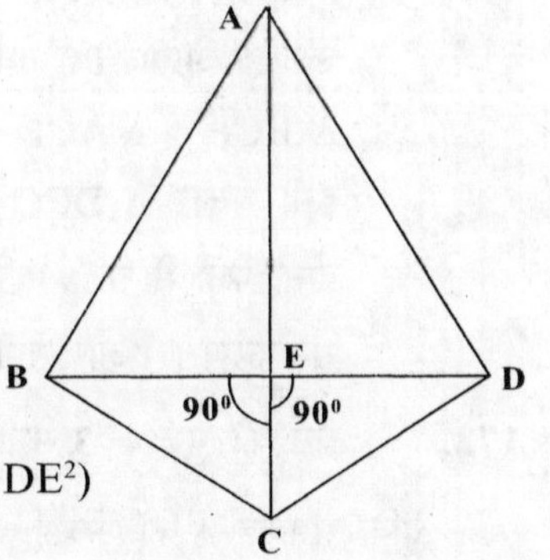

$\therefore$ समकोण ΔABE पाइथागोरस प्रमेय से,

$AB^2 = AE^2 + BE^2$ ....(i)

समकोण Δ DCE में पाइथागोरस प्रमेय से,

$CD^2 = DE^2 + CE^2$ ....(ii)

समीकरण (i) और समीकरण (ii) को जोड़ने पर,

$AB^2 + CD^2 = AE^2 + BE^2 + DE^2 + CE^2 = (BE^2 + CE^2) + (AE^2 + DE^2)$

$\therefore$ $AB^2 + CD^2 = BC^2 + DA^2$

178. चित्रानुसार पतंग में ABCD वर्ग तथा EFG समबाहु Δ है।

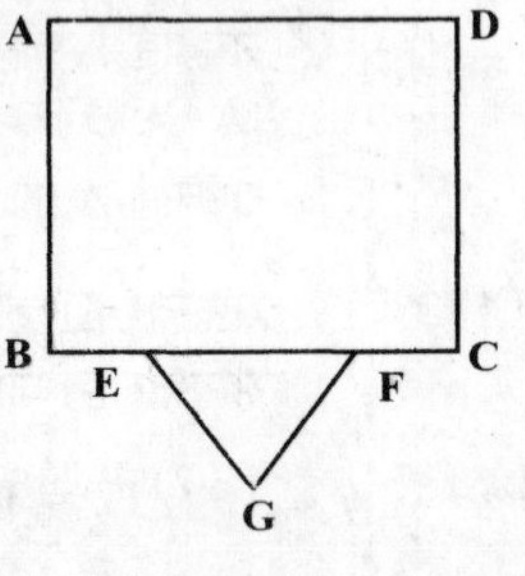

$\therefore$ वर्ग का क्षेत्रफल $= \frac{\text{विकर्ण}^2}{2} = \frac{32^2}{2} = 512$ सेमी.^{2}

Δ EFG का क्षेत्रफल $= \frac{\sqrt{4}}{3} \times$ भुजा$^2 = \frac{\sqrt{3}}{4} \times 8^2$

$$= \frac{1.732 \times 64}{4} = 27.712 \text{ सेमी.}$$

$\therefore$ कुल कागज = 512 + 27.712 = 539.712 सेमी.

179. वर्ग का विकर्ण = भुजा × $\sqrt{2}$ ⇒ $40\sqrt{2}$ = भुजा × $\sqrt{2}$ ⇒ भुजा = 40 सेमी.

∴ समचतुर्भुज की भुजा = वर्ग की भुजा = 40 सेमी.

माना समचतुर्भुज के विकर्ण क्रमशः 3x, 4x सेमी. हैं।

चूंकि समचतुर्भुज के विकर्णों पर बने वर्गों का योग = 4 × भुजा^{2}

∴ $(3x)^2 + (4x)^2 = 4 \times 40^2 \Rightarrow 9x^2 + 16x^2 = 4 \times 1600$

∴ $25x^2 = 6400 \Rightarrow x^2 = 256 = 16^2 \Rightarrow x = 16$ सेमी.

∴ समचतुर्भुज का क्षेत्रफल = $\frac{\text{विकर्णों का गुणनफल}}{2} = \frac{3x \times 4x}{2} = 6x^2 = 6 \times 256 = 1536$ सेमी.^{2}

180. चित्रानुसार भूखण्ड ABCD में,

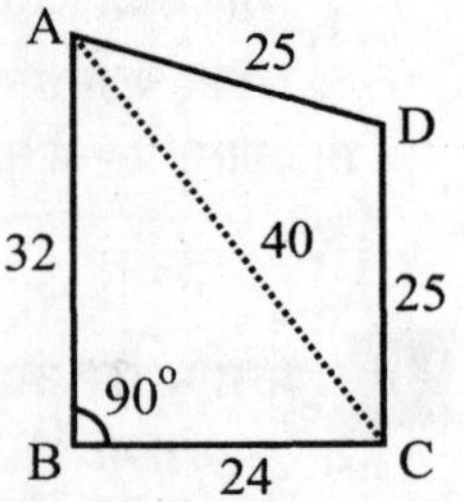

AB = 32, BC = 24, $\angle ABC = 90^0$, AD = DC = 25 मी.

समकोण ΔABC में पाइथागोरस प्रमेय से,

$AC^2 = 32^2 + 24^2 = 1024 + 576 = 1600$

∴ $AC^2 = 40^2 \Rightarrow AC = 40$ मी.

∴ ΔABC का क्षेत्रफल = $\frac{32 \times 24}{2} = 384$ मी.^{2}

ΔADC का अर्ध परिमाप $(S) = \frac{40+25+25}{2} = \frac{90}{2} = 45$ मी.

ΔADC का क्षेत्रफल = $\sqrt{S(S-a)(S-b)(S-c)} = \sqrt{45 \cdot (45-40)(45-25)(45-25)}$

$= \sqrt{45 \times 5 \times 20 \times 20} = \sqrt{9 \times 5 \times 5 \times 20 \times 20} = 300$ मीटर^2

∴ भूखण्ड का क्षेत्रफल = ΔABC का क्षेत्रफल + ΔADC का क्षेत्रफल = 384 + 300 = 684 मी.^{2}

181. माना वर्ग की भुजा a है। अतः समभुज त्रिभुज का परिमाप = वर्ग का परिमाप = $4a$

∴ समभुज त्रिभुज की भुजा = $\frac{4a}{3}$

∴ समभुज Δ का क्षे. : वर्ग का क्षे. = $\frac{\sqrt{3}}{4}\left(\frac{4a}{3}\right)^2 : a^2 = \frac{\sqrt{3}}{4} \cdot \frac{16a^2}{9} : a^2 = \frac{4}{3\sqrt{3}} : 1 = 4 : 3\sqrt{3}$

182. मीटर स्टिक की लम्बाई = 100 – 1 = 99 सेमी.

कपड़े की वास्तविक लम्बाई = 99 × 100 = 9900 सेमी.

183. चित्रानुसार समान्तर चतुर्भुज ABCD में

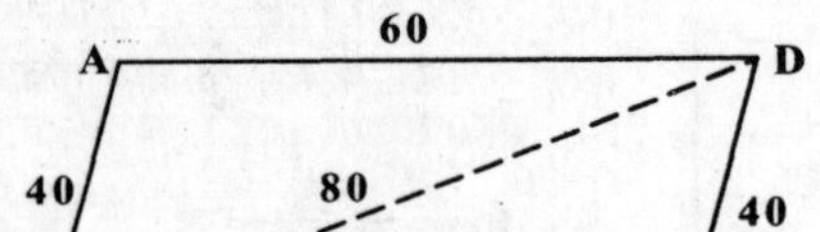

AB = CD = 40 मी. BC = AD = 60 मी.

विकर्ण BD = 80 मी.

∴ ΔBCD का अर्ध परिमाप $(S) = \frac{60+40+80}{2} = \frac{180}{2} = 90$ मी.

∴ ΔBCD का क्षेत्रफल = $\sqrt{S(S-a)(S-b)(S-c)} = \sqrt{90 \cdot (90-60)(90-40)(90-80)}$

$= \sqrt{90.30.50.10} = 300\sqrt{15}\ m^2$

∴ समान्तर चतुर्भुज ABCD का क्षेत्रफल = 2 × ΔBCD का क्षेत्रफल $= 2 \times 300\sqrt{15} = 600\sqrt{15}\ m^2$

23 आयतन (Volume)

अध्याय पर आधारित प्रश्नों के प्रकार

'आयतन' अध्याय से विभिन्न प्रतियोगी परीक्षाओं में पूछे गये और पूछे जा सकने वाले प्रश्नों को 12 प्रकारों में बांट सकते हैं।

1. घनाभ पर आधारित प्रश्न
2. घन पर आधारित प्रश्न
3. घनाभ और घन दोनों पर आधारित प्रश्न
4. बेलन पर आधारित प्रश्न
5. रिक्त बेलन पर आधारित प्रश्न
6. गोला पर आधारित प्रश्न
7. शंकु पर आधारित प्रश्न
8. बेलन और गोला दोनों पर आधारित प्रश्न
9. गोला और शंकु दोनों पर आधारित प्रश्न
10. शंकु और बेलन दोनों पर आधारित प्रश्न
11. गोला और घनाभ दोनों पर आधारित प्रश्न
12. छिन्नक पर आधारित प्रश्न

उदाहरणार्थ हल प्रश्न

1 घनाभ पर आधारित प्रश्न

1. एक कमरे की लम्बाई, चौड़ाई, ऊंचाई क्रमशः 12 मी., 10 मी., 8 मी. है। कमरे का आयतन और चारों दीवारों का क्षेत्रफल ज्ञात कीजिए।
2. 15 मी. लम्बे, 12 मी. चौड़े और 9 मी. ऊंचे किसी हाल में रखी जा सकने वाली बड़ी से बड़ी छड़ की लम्बाई ज्ञात कीजिए।
3. एक खुली टंकी, जिसकी लम्बाई 18 मी., चौड़ाई 10 मी. और गहराई 6 मी. है, के निर्माण में 2 मी. चौड़ी और कितने मी. लम्बी चादर की आवश्यकता होगी?
4. एक आयताकार चादर की लम्बाई 40 सेमी. तथा चौड़ाई 30 सेमी. है। चादर के चारों कोनों से 5 सेमी माप के वर्गाकार टुकड़े काटकर शेष चादर से खुली सन्दूक बनानी है। सन्दूक का आयतन कितना होगा?
5. एक घनाभ की विमाओं में 2 : 3 : 4 का अनुपात है। यदि उसका आयतन 3000 घन सेमी हो तो उसका सम्पूर्ण पृष्ठ ज्ञात कीजिए।
6. 20 मी. लम्बे, 12 मी. चौड़े और 8 मी. ऊंचे गोदाम में 800 बोरी सीमेन्ट रखी जा सकती है। यदि गोदाम की लम्बाई दूनी और चौड़ाई डेढ़ गुनी कर दी जाय तथा ऊंचाई अपरिवर्तित रखी जाय तो कितनी बोरी सीमेन्ट रखी जा सकेगी?

घनाभ (Cuboid)

(a) छः आयताकार फलकों से घिरी आकृति घनाभ कहलाती है।

(b) घनाभ का सम्पूर्ण पृष्ठ $= 2(\ell b + bh + h\ell)$

$= 2$ (ल. × चौ. + चौ. × ऊँ. + ऊँ. × ल.)

(c) घनाभ का आयतन = लम्बाई × चौड़ाई × ऊंचाई $= \ell bh$

(d) घनाभ (कमरा) के चारों दीवारों का क्षेत्रफल = 2 × (लम्बाई + चौड़ाई) × ऊंचाई

$= 2(\ell + b)h$

(e) घनाभ का विकर्ण $= \sqrt{\text{लम्बाई}^2 + \text{चौड़ाई}^2 + \text{ऊँचाई}^2} = \sqrt{\ell^2 + b^2 + h^2}$

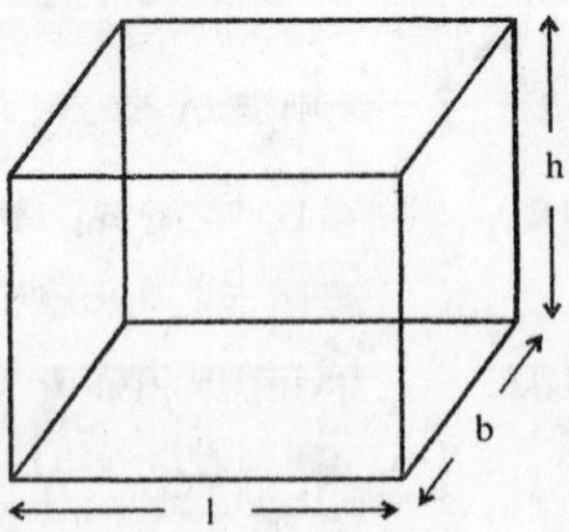

हल

1. कमरे का आयतन $= \ell bh = 12 \times 10 \times 8 = 960$ घन मी.

कमरे के चारों दीवारों का क्षेत्रफल $= 2(\ell + b)h = 2(12 + 10) \times 8 = 2 \times 22 \times 8 = 352$ वर्ग मी.

2. बड़ी से बड़ी छड़ की लम्बाई = हाल का विकर्ण $= \sqrt{\ell^2 + b^2 + h^2} = \sqrt{225 + 144 + 81}$

$= \sqrt{450} = \sqrt{225 \times 2} = 15\sqrt{2}$ मी०

3. टंकी की चारों दीवारों का क्षे. = 2 (ल. + चौ.) × ऊँचाई = 2 (18 + 10) × 6 = 2 × 28 × 6 = 336 वर्ग मी.
टंकी के आधार का क्षे. = ल. × चौ. = 18 × 10 = 180 वर्ग मी.
∴ टंकी के निर्माण में कुल चादर = 336 + 180 = 516 वर्ग मी., अतः चादर की लम्बाई = $\frac{516}{2}$ = 258 मी.
4. सन्दूक की लम्बाई = 40 − (5 + 5) = 30 सेमी., सन्दूक की चौड़ाई = 30 − (5 + 5) = 20 सेमी.
और सन्दूक की ऊंचाई = 5 सेमी., अतः सन्दूक का आयतन = 30 × 20 × 5 = 3000 घन सेमी.
5. माना घनाभ की विमाएं 2x, 3x 4x है।
∴ $2x \times 3x \times 4x = 3000 \Rightarrow x^3 = \frac{3000}{2 \times 3 \times 4} = 125 \Rightarrow x = \sqrt[3]{125} = 5$
∴ सम्पूर्ण पृष्ठ = $2(2x \times 3x + 3x \times 4x + 4x \times 2x) = 2(6x^2 + 12x^2 + 8x^2)$
$= 2 \times 26x^2 = 2 \times 26 \times 25 = 1300$ वर्ग सेमी.
6. एक बोरी सीमेन्ट का आयतन = $\frac{\text{गोदाम का आयतन}}{800} = \frac{20 \times 12 \times 8}{800} = 2.4$ = घन मी.
नयी गोदाम का आयतन = 40 × 18 × 8 घन मी
∴ नयी गोदाम में बोरियों की संख्या = $\frac{40 \times 18 \times 8}{2.4} = 2400$

2 घन पर आधारित प्रश्न

1. 8 सेमी. भुजा के घनाकार पत्थर का आयतन और सम्पूर्ण पृष्ठ ज्ञात कीजिए।
2. 12 मी. विमा के घनाकार कमरे में रखी जा सकने वाली बड़ी से बड़ी छड़ की लम्बाई बताइये।
3. दो घनों के आयतनों में 8 : 27 का अनुपात हैं। उनके पृष्ठ क्षेत्रफलों में अनुपात कितना होगा?
4. दो घनों के आयतनों में 27 : 1 का अनुपात हैं उनकी भुजाओं में अनुपात होगा –
5. किसी घन का विकर्ण $\sqrt{12}$ सेमी. है। उसका आयतन कितना होगा?
6. 18 सेमी. भुजा के घनाकार ठोस से 6 सेमी. भुजा के घनाकार ठोस बनाये जाते हैं। ऐसे बनाये गये ठोसों की संख्या ज्ञात कीजिए।

घन (Cube)
(a) छः समान और वर्गाकार फलकों से घिरी आकृति घन कहलाती है।
(b) घन की सभी विमाएं समान होती हैं।
अर्थात् $\ell = b = h = a$
(c) घन का सम्पूर्ण पृष्ठ = 6 × भुजा² = $6a^2$
(d) घन का आयतन = भुजा³ = a^3
(e) घन का विकर्ण = $\sqrt{3}$ भुजा = $\sqrt{3} \cdot a$

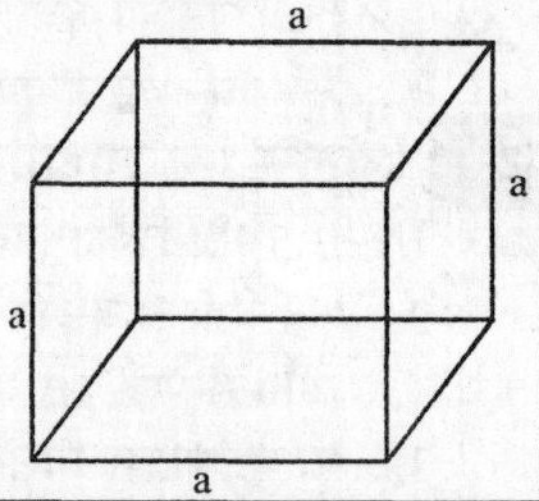

हल

1. पत्थर का आयतन = भुजा³ = $8^3 = 512$ घन सेमी., अतः पत्थर का सम्पूर्ण पृष्ठ = $6a^2 = 6 \times 8^2 = 6 \times 64 = 384$ वर्ग सेमी.
2. छड़ की लम्बाई = $\sqrt{3}$. भुजा = $\sqrt{3} \times 12 = 12\sqrt{3}$ मी.
3. घनों की भुजाओं में अनुपात = $\sqrt[3]{\frac{8}{27}} = \frac{2}{3}$, अतः पृष्ठ क्षेत्रफलों में अनुपात = $\left(\frac{2}{3}\right)^2 = \frac{4}{9} = 4 : 9$
4. घनों की भुजाओं में अनुपात = $\sqrt[3]{\text{आयतनों का अनुपात}} = \sqrt[3]{27:1} = 3:1$
5. घन का विकर्ण = $\sqrt{12} = 2\sqrt{3}$, अतः भुजा × $\sqrt{3} = 2 \times \sqrt{3} \Rightarrow$ भुजा = 2 सेमी.
∴ घन का आयतन = भुजा³ = $2^3 = 8$ घन सेमी.
6. ठोसों की संख्या = $\frac{\text{बड़े घन का आयतन}}{\text{छोटे घन का आयतन}} = \frac{18 \times 18 \times 18}{6 \times 6 \times 6} = 3 \times 3 \times 3 = 27$

3 घनाभ और घन दोनों पर आधारित प्रश्न

1. एक ईट की विमाएं क्रमशः 9 इंच, 4.5 इंच तथा 4 इंच हैं। इससे काटे गये बड़े से बड़े घनाकार टुकड़े का आयतन ज्ञात कीजिए।
2. एक हौज की लम्बाई 10 मी. तथा चौड़ाई 8 मी. है। इसमें 2 मी. भुजा के घनाकार पत्थर डाल देने पर हौज में रखा पानी कितना ऊपर उठ जायेगा?

3. एकांक घन मी. धातु से 6 एअर क्षेत्रफल की एक चादर बनायी गयी है। चादर की मोटाई ज्ञात कीजिए।
4. 6 मी. भुजा के ठोस घन को पिघलाकर 5 मी. लम्बा तथा 5 मी. चौड़ा कितना ऊंचा ठोस बनाया जा सकता है?
5. लोहे की एक चादर 27 सेमी. लम्बी 8 सेमी चौड़ी तथा 1 सेमी. मोटी है। इसे पिघलाकर एक घन बनाया गया है। दोनों के सम्पूर्ण पृष्ठों का अन्तर ज्ञात कीजिए।
6. एक घनाभ का आयतन एक घन के आयतन का दुगुना है। यदि घनाभ की विमाएं 9 सेमी, 8 सेमी और 6 सेमी है। तो घन का सम्पूर्ण पृष्ठीय क्षेत्रफल है।

हल

1. ईंट से काटे गये बड़े से बड़े घनाकर टुकड़े की भुजा = 4 इंच

$\therefore$ टुकड़े का आयतन = भुजा^{3} = $4^3 = 64$ इंच^3

2. पत्थर द्वारा हटाये गये पानी का आयतन = पत्थर का आयतन = $2 \times 2 \times 2 = 8$ घन मी.

उठे पानी की ऊंचाई = $\frac{8}{10 \times 8} = \frac{1}{10}$ मी. = 10 सेमी.

3. धातु का आयतन = 1 घन मी., अतः चादर का आयतन = धातु का आयतन = 1 घन मी.

$\therefore$ चादर की मोटाई = $\frac{\text{चादर का आयतन}}{\text{चादर का क्षे.}} = \frac{\text{1 घन मी.}}{\text{6 एअर}} = \frac{\text{1 घन मी.}}{\text{600 वर्ग मी.}} = \frac{1}{600}$ मी. $= \frac{1}{600} \times 100$ सेमी. $= \frac{1}{6}$ सेमी.

4. घन का आयतन = ठोस का आयतन, अतः $6 \times 6 \times 6 = 5 \times 4 \times$ ऊं या ऊं $= \frac{6 \times 6 \times 6}{5 \times 4} = 10.8$ मी.

5. चादर का सम्पूर्ण पृष्ठ $= 2(27 \times 8 + 8 \times 1 + 1 \times 27) = 2(216 + 8 + 27) = 2 \times 251 = 502$ वर्ग सेमी.

घन का आयतन = चादर का आयतन $= 27 \times 8 \times 1$, अतः घन की भुजा $= \sqrt[3]{27 \times 8 \times 1} = 3 \times 2 \times 1 = 6$ सेमी.

$\therefore$ घन का सम्पूर्ण पृष्ठ $= 6 \times$ भुजा$^2 = 6 \times 6^2 = 6 \times 36 = 216$ वर्ग सेमी.

$\therefore$ दोनों सम्पूर्ण पृष्ठों में अन्तर $= 502 - 216 = 286$ वर्ग सेमी.

6. घन का आयतन $\times 2$ = घनाभ का आयतन $= 9 \times 8 \times 6$ घन सेमी., अतः घन का आयतन $= \frac{9 \times 8 \times 6}{2} = 9 \times 8 \times 3$

$\therefore$ घन की भुजा $= \sqrt[3]{9 \times 8 \times 3} = \sqrt[3]{3.3.3.2.2.2} = 3 \times 2 = 6$ वर्ग सेमी.

$\therefore$ घन का सम्पूर्ण पृष्ठीय क्षेत्रफल $= 6\,a^2 = 6 \times 6^2 = 216$ वर्ग सेमी.

4 बेलन पर आधारित प्रश्न

1. 3.5 मी. त्रिज्या वाले 40 मी. गहरे कुएं की खुदाई से कितनी मिट्टी प्राप्त होगी?
2. 88 सेमी लम्बे और 24 सेमी चौड़े आयताकार कागज को उसकी लम्बाई में मोड़कर बेलन बनाया गया है। बेलन का आयतन और सम्पूर्ण पृष्ठ ज्ञात कीजिए।
3. दो बेलनाकार गिलासों की त्रिज्याओं में 1 : 3 का अनुपात है। इनकी ऊंचाईयों में 1 : 3 का अनुपात हो तो इनके आयतनों में अनुपात ज्ञात कीजिए।
4. दो बेलनों के आयतन समान हैं। यदि इनकी ऊंचाईयों में 2 : 3 का अनुपात हो तो उनके व्यासों में अनुपात ज्ञात कीजिए।
5. दो लम्बवृत्तीय बेलनों के आयतन समान है। यदि उनकी ऊंचाईयों में 1 : 2 का अनुपात हो तो इनके अर्ध व्यासों में अनुपात ज्ञात कीजिए।
6. एक कुएं का व्यास 8 मी. और गहराई 7 मी. है। कुएं से निकली मिट्टी से कुएं के चारों ओर 3मी. चौड़ाई का तटबन्ध बनाया गया है। तटबन्ध की ऊंचाई ज्ञात कीजिए।

बेलन (Cylinder)

(a) बेलन का वक्रपृष्ठ = आधार की परिधि × ऊंचाई $= 2\pi rh$

(b) बेलन का सम्पूर्ण पृष्ठ = वक्र पृष्ठ + दोनों सिरों का क्षेत्रफल $= 2\pi rh + 2\pi r^2$

$= 2\pi r(h + r)$

(c) बेलन का आयतन = आधार का क्षेत्रफल × ऊंचाई $= \pi r^2 h$

(d) बेलन से बने बड़े से बड़े घनाभ की ऊंचाई = बेलन की ऊंचाई

(e) बेलन से बने बड़े से बड़े घनाभ का आधार वर्ग होगा और आधार (वर्ग) की भुजा $= \sqrt{2} \times r$

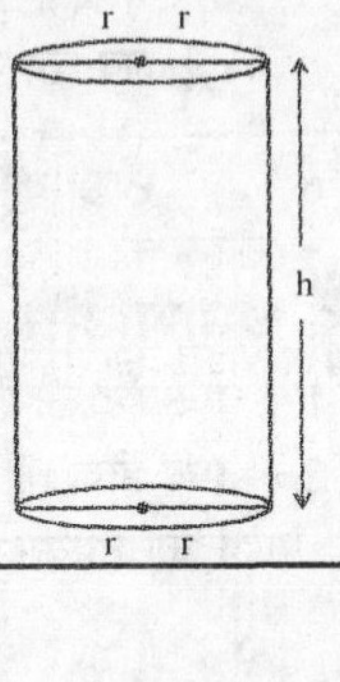

हल

1. मिट्टी का आयतन = कुएं का आयतन = $\pi r^2h = \frac{22}{7} \times 3.5 \times 3.5 \times 40 = 1540$ घन मी.

2. बेलन की परिधि = 88 सेमी. $\Rightarrow 2\pi r = 88$ या $2 \times \frac{22}{7} \times r = 88 \Rightarrow r = 14$ सेमी.
   बेलन की ऊंचाई h = 24 सेमी. अतः बेलन का आयतन = $\pi r^2h = \frac{22}{7} \times 14 \times 14 \times 24 = 14784$ घन सेमी.
   सम्पूर्ण पृष्ठ $= 2\pi r(r+h) = 2 \times \frac{22}{7} \times 14 \times (14+24) = 2 \times \frac{22}{7} \times 14 \times 38 = 2 \times 22 \times 2 \times 38 = 3344$ सेमी.^{2}

3. माना दोनों गिलासों की त्रिज्याएं क्रमशः r तथा 3r और उनकी ऊंचाईयां क्रमशः h तथा 3h हैं।
   $\therefore$ आयतनों में अनुपात $= \frac{\pi \times r^2h}{\pi(3r)^2.(3h)} = \frac{\pi r^2h}{27\pi r^2h} = \frac{1}{27} = 1:27$

4. माना दोनों बेलनों की ऊंचाइयां क्रमशः 2h तथा 3h हैं।
   $\therefore$ पहले बेलन का आयतन = दूसरे बेलन का आयतन
   $\therefore \pi r_1^2 \times 2h = \pi r_2^2 \times 3h \Rightarrow 2r_1^2 = 3r_2^2 \Rightarrow \frac{r_1^2}{r_2^2} = \frac{3}{2}$
   $\therefore \frac{r_1}{r_2} = \frac{\sqrt{3}}{\sqrt{2}} \Rightarrow r_1 : r_2 = \sqrt{3} : \sqrt{2} \Rightarrow$ व्यासों में अनुपात $= \sqrt{3} : \sqrt{2}$

5. माना दोनों बेलनों की ऊंचाईयाँ क्रमशः h तथा 2h और अर्द्धव्यास क्रमशः r_1 तथा r_2 है।
   $\therefore$ पहले बेलन का आयतन = दूसरे बेलन का आयतन
   $\therefore \pi r_1^2h = \pi r_2^2 2h \Rightarrow r_1^2 = 2r_2^2 \Rightarrow \frac{r_1^2}{r_2^2} = \frac{2}{1} \Rightarrow \frac{r_1}{r_2} = \frac{\sqrt{2}}{1} = \sqrt{2}:1$

6. मिट्टी का आयतन = कुंए का आयतन = $\pi r^2h = \frac{22}{7} \times 4 \times 4 \times 7 = 22 \times 4 \times 4$ घन मी.
   कुएं के आधार का क्षे. $= \pi \times 4 \times 4 = 16\pi$ वर्ग मी.
   $\therefore$ कुएं सहित तटबन्ध की त्रिज्या = (4 + 3) = 7 मी.
   $\therefore$ कुएं सहित तटबन्ध का क्षे. $= \pi \times 7 \times 7 = 49\pi$ वर्ग मी.
   $\therefore$ केवल तटबन्ध का क्षे. $= 49\pi - 16\pi = 33\pi = 33 \times \frac{22}{7}$ वर्ग मी.
   $\therefore$ तटबन्ध की ऊंचाई $= \frac{\text{मिट्टी का आयतन}}{\text{तटबन्ध का क्षे.}} = \frac{22 \times 4 \times 4}{33 \times \frac{22}{7}} = \frac{4 \times 4 \times 7}{33} = 3.39$ मी. लगभग

5 रिक्त बेलन पर आधारित प्रश्न

1. एक पाइप 125 सेमी. लम्बा है। उसकी आन्तरिक और वाह्य त्रिज्याएं क्रमशः 3 सेमी. तथा 4 सेमी. है। उसका वक्रपृष्ठ ज्ञात कीजिए।
2. 8 सेमी. तथा 6 सेमी. वाह्य और आन्तरित त्रिज्या वाले 200 सेमी .लम्बे पाइप का सम्पूर्ण पृष्ठ कितना होगा?
3. 175 सेमी. लम्बे उस पाइप का आयतन ज्ञात कीजिए जिसकी वाह्य एवं आन्तरिक त्रिज्याएं 14 सेमी. तथा 7 सेमी. है।

रिक्त बेलन (Hollow Cylinder)

(a) रिक्त बेलन का वक्रपृष्ठ $= 2\pi(r_1 + r_2)h$

(b) रिक्त बेलन का सम्पूर्ण पृष्ठ $= 2\pi(r_1 + r_2)(h + r_1 - r_2)$

(c) रिक्त बेलन का आयतन $= \pi(r_1^2 - r_2^2)h$

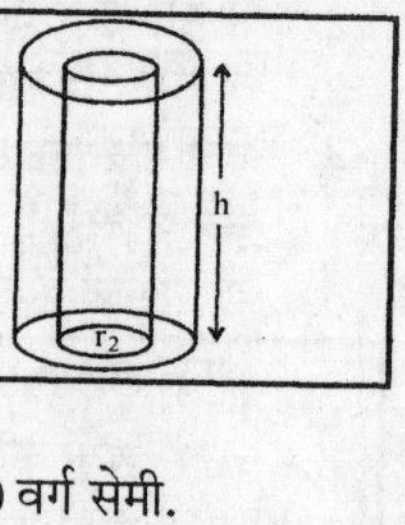

हल

1. पाइप का वक्रपृष्ठ $= 2\pi(r_1 + r_2)h = 2 \times \frac{22}{7}(3+4) \times 125 = 2 \times \frac{22}{7} \times 7 \times 125 = 5500$ वर्ग सेमी.

2. पाइप का सम्पूर्ण पृष्ठ $= 2\pi(r_1 + r_2)(h + r_1 - r_2) = 2 \times \frac{22}{7}(6+8)(200+8-6)$
   $= 2 \times \frac{22}{7} \times 14 \times 202 = 17776$ वर्ग सेमी.

3. पाइप का आयतन $= \pi(r_1^2 - r_2^2)h = \pi(196-49) \times 175 = \frac{22}{7} \times 147 \times 175 = 80850$ घन सेमी.

6 गोला पर आधारित प्रश्न

1. 14 सेमी. व्यास वाले गोले का आयतन और पृष्ठ क्षेत्रफल ज्ञात कीजिए।
2. एक खोखले गोले के वाह्य और आन्तरिक व्यास क्रमशः 28 सेमी., 14 सेमी. है। उसमें लगी धातु का आयतन कितना होगा?
3. एक अर्ध गोले का व्यास 14 सेमी. है। उसका आयतन और सम्पूर्ण पृष्ठ ज्ञात कीजिए।
4. 10 सेमी. त्रिज्या के गोले के केन्द्र से 6 सेमी. दूरी पर समतल द्वारा गोले को काटकर अलग-अलग दो टुकड़े बनाये गये हैं। समतल परिच्छेद की त्रिज्या ज्ञात कीजिए।

गोला (Sphare)

(a) गोले का सम्पूर्ण पृष्ठ $= 4\pi r^2$

(a) गोले का आयतन $= \frac{4}{3}\pi r^3$

(c) गोलीय कोश का आयतन $= \frac{4}{3}\pi (r_1^3 - r_2^3)$

(d) अर्धगोले का सम्पूर्ण पृष्ठ $= 3\pi r^2$

(e) अर्धगोले का आयतन $= \frac{2}{3}\pi r^3$

(f) समतल परिच्छेद की त्रिज्या $= \sqrt{r^2 - h^2}$

हल

1. गोले की त्रिज्या $= \frac{14}{2} = 7$ सेमी., अतः गोले का आयतन $= \frac{4}{3}\pi r^3 = \frac{4}{3} \times \frac{22}{7} \times 7 \times 7 \times 7 = 1437\frac{1}{3}$ घन सेमी.
गोले का पृष्ठ क्षेत्रफल $= 4\pi r^2 = 4 \times \frac{22}{7} \times 7 \times 7 = 616$ वर्ग सेमी.
2. धातु का आयतन = खोखले गोले का आयतन $= \frac{4}{3}\pi (r_1^3 - r_2^3) = \frac{4}{3} \times \frac{22}{7} \times (14^3 - 7^3)$
$= \frac{4}{3} \times \frac{22}{7} \times (2744 - 343) = \frac{4}{3} \times \frac{22}{7} \times 2401 = 10061\frac{1}{3}$ घन सेमी.
3. अर्ध गोले की त्रिज्या $= \frac{14}{2} = 7$ सेमी., अत: अर्ध गोले का आयतन $= \frac{2}{3}\pi r^3 = \frac{2}{3} \times \frac{22}{7} \times 7 \times 7 \times 7 = 718\frac{2}{3}$ घन सेमी.
अर्ध गोले का सम्पूर्ण पृष्ठ $= 3\pi r^2 = 3 \times \frac{22}{7}\ 7 \times 7 = 462$ वर्ग सेमी.
4. समतल परिच्छेद की त्रिज्या $= \sqrt{100 - 36} = \sqrt{64} = 8$ सेमी.

7 शंकु पर आधारित प्रश्न

1. एक शंकु की ऊंचाई 4 मी. तथा उसका व्यास 6 मी. है। शंकु की तिरछी ऊंचाई ज्ञात कीजिए।
2. 8 मी. ऊंचे तथा 12 मी. व्यास के शंक्वाकार तम्बू के निर्माण में कितनी चादर लगेगी?
3. 7 सेमी. त्रिज्या और 12 सेमी. ऊंचाई वाले शंकु का आयतन कितना होगा?
4. एक शंक्वाकार तम्बू के आधार का व्यास 14 मी. तथा ऊंचाई 24 मी. है। इसके निर्माण में 2.5मी. चौड़ाई का कितना लम्बा कपड़ा लगेगा?
5. दो शंकुओं के ऊंचाई में 5 : 8 का अनुपात है। यदि उनके व्यासों में 3 : 8 का अनुपात हो तो उनके आयतनों में अनुपात ज्ञात कीजिए।

शंकु (Cone)

(a) शंकु की तिरछी ऊंचाई $(\ell) = \sqrt{h^2 + r^2}$

(b) शंकु का तिरछा पृष्ठ $= \pi r \ell$

(c) शंकु का सम्पूर्ण पृष्ठ = तिरछा पृष्ठ + आधार का क्षेत्रफल
$= \pi r \ell + \pi r^2 = \pi r (\ell + r)$

(d) शंकु का आयतन $= \frac{1}{3}$ *आधार का क्षेत्रफल × लम्बवत् ऊंचाई* $= \frac{1}{3}\pi r^2 h$

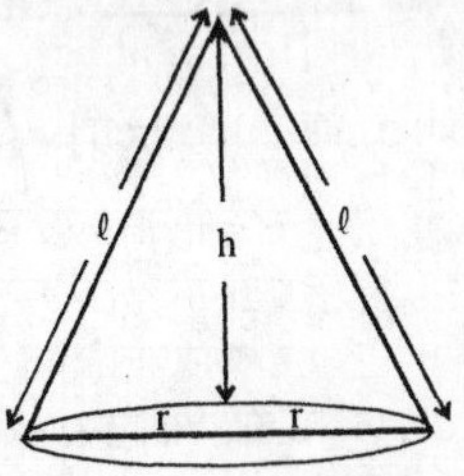

हल

1. शंकु की तिरछी ऊंचाई $= \sqrt{r^2+h^2} = \sqrt{9+16} = \sqrt{25} = 5$ मी.

2. तम्बू की तिरछी ऊंचाई $= \sqrt{64+36} = \sqrt{100} = 10$ मी.

$\therefore$ चादर = तिरछा पृष्ठ $= \pi r \ell = \pi \times 6 \times 10 = 60\,\pi$ वर्ग मी.

3. शंकु का आयतन $= \dfrac{\pi r^2 h}{3} = \dfrac{22}{7} \times \dfrac{7\times7\times12}{3} = 616$ घन सेमी.

4. तम्बू की तिरछी ऊंचाई $= \sqrt{r^2+h^2} = \sqrt{49+576} = \sqrt{625} = 25$ मी.

$\therefore$ तम्बू में लगे कपड़े का क्षेत्रफल = तिरछा पृष्ठ $= \pi r \ell = \dfrac{22}{7}\times7\times25$

$\therefore$ कपड़े की लम्बाई $= \dfrac{\text{क्षे.}}{\text{चौ.}} = \dfrac{22}{7}\times\dfrac{7\times25}{2.5} = 220$ मी.

5. माना दोनों शंकुओं की ऊंचाईयां क्रमशः 5h तथा 8h और उनकी त्रिज्याएं क्रमशः 3r तथा 8r है।

$$\frac{\text{पहले शंकु का आयतन}}{\text{दूसरे शंकु का आयतन}} = \frac{\pi\times3r\times3r\times5h}{\pi\times8r\times8r\times8h} = \frac{45}{512} = 45:512$$

8 बेलन और गोला दोनों पर आधारित प्रश्न

1. 3.5 सेमी. त्रिज्या और 40 सेमी. ऊंचाई वाले बेलन को पिघलाकर एक गोला बनाया गया है। गोले की त्रिज्या ज्ञात कीजिए।
2. 14 सेमी. व्यास के गोले के परिगत बेलन का आयतन ज्ञात कीजिए।
3. किसी गोले के आयतन और उसके परिगत बेलन के आयतन का अनुपात ज्ञात कीजिए।
4. एक गोला, एक बेलन की त्रिज्याएं और सम्पूर्ण पृष्ठ समान हैं। उनकी ऊंचाईयों में अनुपात ज्ञात कीजिए।

हल

1. गोले का आयतन = बेलन का आयतन $= \pi R^2 h$, अतः $\dfrac{4}{3}\pi r^3 = \pi\times3.5\times3.5\times40$

$r^3 = \dfrac{3.5\times3.5\times40\times3}{4} = 3.5\times3.5\times10\times3 = 5\times.7\times5\times.7\times2\times5\times3$

$\therefore$ $r = 5\sqrt[3]{2.94}$ सेमी.

2. परिगत बेलन की ऊंचाई = गोले का व्यास = 14 सेमी. और परिगत बेलन का व्यास = गोले का व्यास = 14 सेमी.

$\therefore$ आयतन $= \dfrac{22}{7}\times7\times7\times14 = 2156$ घन सेमी.

3. माना गोले की त्रिज्या r है। अतः गोले का आयतन $= \dfrac{4}{3}\pi r^3$

परिगत बेलन की ऊंचाई = 2r और परिगत बेलन की त्रिज्या = r

$\therefore$ परिगत बेलन का आयतन $= \pi r^2 . 2r = 2\pi r^3$

$$\therefore \frac{\text{गोले का आयतन}}{\text{परिगत बेलन का आयतन}} = \frac{\frac{4}{3}\pi r^3}{2\pi r^3} = \frac{4}{3}\times\frac{1}{2} = \frac{2}{3} = 2:3$$

4. गोले का सम्पूर्ण पृष्ठ = बेलन का सम्पूर्ण पृष्ठ, अतः $4\pi r^2 = 2\pi r(r+h) \Rightarrow 2r = r+h \Rightarrow r = h$

$\therefore$ गोले और बेलन की ऊंचाई में अनुपात $= 2r : h = 2r : r = 2:1$

9 गोला और शंकु दोनों पर आधारित प्रश्न

1. 14 सेमी. व्यास के गोले से 7 सेमी. ऊंचाई का अधिकतम आयतन का शंकु बनाया गया है। शंकु का आयतन कितना होगा?
2. एक अर्धगोला और एक शंकु के आयतन में 1 : 1 का अनुपात है। यदि शंकु की ऊंचाई आधार के व्यास के बराबर हो तो अर्धगोला और शंकु के व्यासों में अनुपात ज्ञात कीजिए।
3. एक गोले के व्यास तथा एक शंकु की ऊंचाई में 1 : 2 का अनुपात है। यदि दोनों के आयतन समान हों तो उनकी त्रिज्याओं में अनुपात ज्ञात कीजिए।

हल

1. शंकु की ऊंचाई = 7 सेमी., शंकु के आधार का व्यास = 14 सेमी. $\Rightarrow$ शंकु के आधार की त्रिज्या = $\frac{14}{2} = 7$ सेमी.

$\therefore$ शंकु का आयतन = $\frac{1}{3}\pi r^2 h = \frac{1}{3} \times \frac{22}{7} \times 7 \times 7 \times 7 = 359\frac{1}{3}$ घन सेमी.

2. माना अर्धगोले की त्रिज्या r_1 तथा शंकु की त्रिज्या r_2 है।

$\therefore \frac{\text{अर्धगोले का आयतन}}{\text{शंकु आयतन}} = \frac{\frac{2}{3}\pi r_1^3}{\frac{1}{3}\pi r_2^2 2r_2} = \frac{r_1^3}{r_2^3} \Rightarrow \frac{1}{1} = \frac{r_1^3}{r_2^3} \Rightarrow \frac{r_1}{r_2} = \frac{1}{1} \Rightarrow r_1 : r_2 = 1 : 1$

$\therefore$ व्यासों में अनुपात = त्रिज्याओं में अनुपात = 1 : 1

3. माना गोले का व्यास x तथा शंकु की ऊंचाई 2x है।

$\because$ गोले का आयतन = शंकु का आयतन, अतः $\frac{4}{3}\pi\left(\frac{x}{2}\right)^3 = \frac{1}{3}.\pi.(r)^2 \times 2x$

$4 \times \frac{x^3}{8} = r^2.2x$, अतः $\frac{x^3}{2} = r^2.2x \Rightarrow 4r^2 = x^2$

$\therefore$ $x = 2r \Rightarrow r = \frac{x}{2}$, अतः गोले की त्रिज्या : शंकु की त्रिज्या = $\frac{x}{2} : \frac{x}{2} = 1 : 1$

10 शंकु और बेलन दोनों पर आधारित प्रश्न

1. एक शंक्वाकार बर्तन की भीतरी त्रिज्या 12 सेमी. और ऊंचाई 50 सेमी. है। यह किसी तरल पदार्थ से भरा है। यह तरल पदार्थ 10 सेमी. त्रिज्या वाले बेलनाकार बर्तन में उलट दिया जाता है। बर्तन में तरल पदार्थ की ऊंचाई कितनी होगी?
2. एक बेलन और एक शंकु के आयतनों में 3 : 2 का अनुपात है। यदि उनके त्रिज्याओं में 3 : 4 का अनुपात हो तो उनकी ऊंचाईयों में अनुपात ज्ञात कीजिए।
3. समान व्यास और समान ऊंचाई वाले एक बेलन, एक शंकु और एक गोले के आयतनों का अनुपात क्या होगा?

हल

1. शंक्वाकार बर्तन के तरल पदार्थ का आयतन = $\frac{1}{3}\pi \times 12^2 \times 50$ घन सेमी.

बेलनाकार बर्तन में तरल पदार्थ की ऊंचाई = $\frac{\text{शंक्वाकार बर्तन के पानी का आयतन}}{\text{बेलनाकार बर्तन के आधार का क्षे.}}$

$= \frac{\frac{1}{3}\pi \times 12^2 \times 50}{\pi \times 10^2} = \frac{\frac{1}{3} \times 12 \times 12 \times 50}{10 \times 10} = 24$ सेमी.

2. $\frac{\text{बेलन का आयतन}}{\text{शंकु का आयतन}} = \frac{\pi(3r)^2.h_1}{\frac{1}{3}\pi(4r)^2.h_2} = \frac{9\pi r^2 h_1}{\frac{16}{3}\pi r^2 h_2}$

$\therefore \frac{3}{2} = \frac{9 \times 3 \times h_1}{16 \times h_2} \Rightarrow \frac{h_1}{h_2} = \frac{3 \times 16}{2 \times 9 \times 3} = \frac{8}{9} = 8 : 9$

3. बेलन, शंकु तथा गोले के आयतनों में अनुपात = $\pi r^2 h : \frac{1}{3}\pi r^2 h : \frac{4}{3}\pi r^3 = \pi r^2.2r : \frac{1}{3}\pi r^2 2r : \frac{4}{3}\pi r^3$

$= 2\pi r^3 : \frac{2}{3}\pi r^3 : \frac{4}{3}\pi r^3 = 1 : \frac{1}{3} : \frac{2}{3} := 3 : 1 : 2$

11 गोला और घनाभ दोनों पर आधारित प्रश्न

1. यदि किसी घनाभ की लम्बाई 20 मी., चौड़ाई 14 मी. तथा ऊंचाई 28 मी. हो तो उसमें रखे जा सकने वाले बड़े से बड़े गोले का पृष्ठ क्षेत्रफल कितना होगा?
2. 14 मी. विमा के घनाकार टंकी में रखे जा सकने वाले बड़े से बड़े गोले का आयतन और पृष्ठ क्षेत्रफल ज्ञात कीजिए।
3. एक घन में उसकी प्रत्येक सतह को छूता हुआ एक गोला रखा गया है। घन और गोले के आयतनों में अनुपात ज्ञात कीजिए।

हल

1. बड़े से बड़े गोले का व्यास = 14 मी.

$\therefore$ गोले का पृष्ठ क्षेत्रफल $= 4\pi r^2 = 4 \times \frac{22}{7} \times 7 \times 7 = 616$ वर्ग मी.

2. बड़े से बड़े गोले का व्यास = घनाकार टंकी की भुजा = 14 मी. $\Rightarrow$ गोले की त्रिज्या $= \frac{14}{2} = 7$ मी.

$\therefore$ आयतन $= \frac{4}{3}\pi r^3 = \frac{4}{3} \times \frac{22}{7} \times 7 \times 7 \times 7 = 1437\frac{1}{3}$ घन मी.

पृष्ठ क्षेत्रफल $= 4\pi r^2 = 4 \times \frac{22}{7} \times 7 \times 7 = 616$ वर्ग मी.

3. माना घन की भुजा 2x है। अतः घन का आयतन $= (2x)^3 = 8x^3$

चूंकि गोले की त्रिज्या = x, अतः गोले का आयतन $= \frac{4}{3}\pi x^3$

$$\frac{\text{घन का आयतन}}{\text{गोले का आयतन}} = \frac{8x^3}{\frac{4}{3}\pi x^3} = \frac{8}{\frac{4}{3} \times \frac{22}{7}} = \frac{8 \times 3 \times 7}{4 \times 22} = \frac{21}{11} = 21 : 11$$

12 छिन्नक पर आधारित प्रश्न

1. एक छिन्नक के दोनों सिरों की त्रिज्याएं क्रमशः 7 सेमी., 14 सेमी. और तिरछी ऊंचाई 8 सेमी. हो तो उसका वक्रपृष्ठ ज्ञात कीजिए।
2. किसी शंकु से काटे गये छिन्नक के दोनों सिरों के व्यास क्रमशः 18 सेमी. तथा 24 सेमी. और तिरछी ऊंचाई 5 सेमी. हो तो उसका सम्पूर्ण पृष्ठ ज्ञात कीजिए।
3. किसी छिन्नक की त्रिज्याएं 12 सेमी. तथा 15 सेमी. हैं और उसकी ऊंचाई 18 सेमी. है। छिन्नक का आयतन ज्ञात कीजिए।

छिन्नक (Frustum)

(a) शंकु के आधार के समान्तर तल पर शंकु को काट देने से आधार के तरफ जो भाग प्राप्त होता है उसे छिन्नक कहते हैं। चित्र में BCDE छिन्नक है।

(b) छिन्नक का वक्र पृष्ठ $= \pi (r_1 + r_2) \ell$

(c) छिन्नक का सम्पूर्ण पृष्ठ $= \pi [(r_1 + r_2) \ell + r_1^2 + r_2^2]$

(d) छिन्नक का आयतन $= \frac{\pi (r_1^2 + r_2^2 + r_1 r_2) h}{3}$

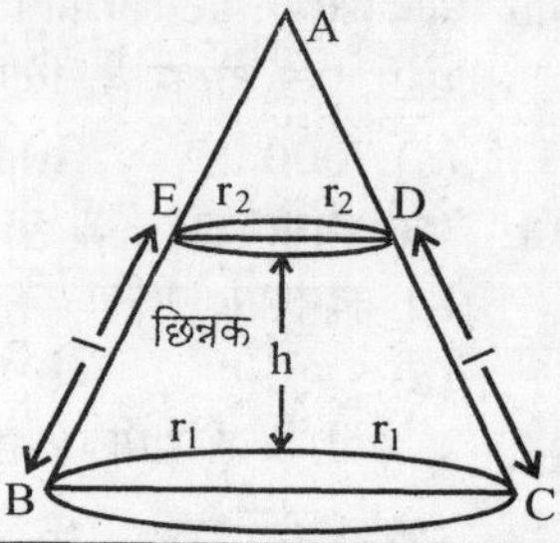

हल

1. वक्रपृष्ठ $= \pi (r_1 + r_2) \ell = \pi \times (7 + 14) \times 8 = 168\pi$ सेमी.^{2}
2. छिन्नक का सम्पूर्ण पृष्ठ $= \pi [(r_1 + r_2) \ell + r_1^2 + r_2^2] = \pi \times [(9 + 12) \times 5 + 81 + 144]$

$= \pi \times [105 + 81 + 144] = 330\pi$ वर्ग सेमी.

3. छिन्नक का आयतन $= \frac{\pi (r_1^2 + r_2^2 + r_1 r_2) h}{3} = \frac{\pi (144 + 225 + 12 \times 15) 18}{3} = 3294\pi$ घन सेमी.

अभ्यास प्रश्न

घनाभ पर आधारित प्रश्न

1. एक घनाभ का आयतन 320 घन सेमी. है। इसके कुल सतह के क्षेत्रफल का पता लगाएं, यदि इसकी लम्बाई और चौड़ाई क्रमशः 10 सेमी. और 8 सेमी. है?

(a) 608 वर्ग सेमी. (b) 304 वर्ग सेमी. (c) 152 वर्ग सेमी. (d) 456 वर्ग सेमी. ***SSC CHSL (Tier-1) 21.1.2017***

2. क्रमशः 10.5 सेमी. 8 सेमी. और 9 सेमी. की लम्बाई, चौड़ाई और ऊँचाई वाले एक घनाभ के सतह का कुल क्षेत्रफल (वर्ग सेमी. में) ज्ञात करें।

(a) 607 (b) 767 (c) 769 (d) 501 ***SSC CHSL (Tier-1) 10.3.2018***

3. किसी घनाभ की लम्बाई, चौड़ाई और ऊँचाई क्रमशः 15 cm, 12 cm तथा 11 cm है। लम्बाई को $6\frac{2}{3}\%$ घटा दिया जाता है और चौड़ाई को $8\frac{1}{3}\%$ बढ़ा दिया जाता है जबकि ऊँचाई को अपरिवर्तित रखा जाता है। घनाभ के (लम्बाई और चौड़ाई से बने आयत को आधार मानते हुए) चार पार्श्व-फलकों के कुल क्षेत्रफल में कितना परिवर्तन है?
(a) 22 सेमी.^{2} की कमी (b) 22 सेमी.^{2} की वृद्धि
(c) कोई परिवर्तन नहीं (d) 33 सेमी.^{2} की वृद्धि ***SSC CHSL (Tier-1) 2.8.2019***

4. एक 10 m × 8m × 6 m माप वाले आयताकार टैंक जिसके ऊपर एक मीटर के अर्द्ध व्यास का वृत्ताकार छेद हो, ऐसे टैंक को बनाने के लिए लोहे की कितनी चादर (m^2 में) की आवश्यकता होगी? (दशमलव के एक स्थान तक)–
(a) 371.6 (b) 370.4 (c) 372.9 (d) 370.8 ***SSC CGL (Tier-1) 4.6.2019***

5. एक घनाभ के तीन आसन्न फलकों का क्षेत्रफल 32 cm^2, 24 cm^2 और 48 cm^2 है। घनाभ का आयतन क्या होगा?
(a) 128 cm^3 (b) 256 cm^3 (c) 192 cm^3 (d) 288 cm^3 ***SSC CGL (Tier-1) 4.6.2019***

6. किसी घनाभ की लंबाई अपनी चौड़ाई की दोगुना है तथा उसकी ऊँचाई, उसकी चौड़ाई की आधी है। यदि घनाभ की ऊँचाई 2 सेमी. है, तब किसी घन का कोर (एज) कितना होगा जिसका आयतन उक्त घनाभ के समान है?
(a) 4 cm (b) 6.4 cm (c) 8 cm (d) 7.2 cm ***SSC MTS 5.8.2019***

7. उस घनाभ की ऊँचाई कितनी है, जिसका आयतन 330 सेमी^{3} और आधार का क्षेत्रफल 15 सेमी^{2} है?
(a) 22 सेमी (b) 21 सेमी (c) 19 सेमी (d) 24 सेमी ***SSC CGL (Tier-1) 9.3.2020***

8. 9 मी.लम्बी, 6 मी. ऊँची और 20 सेमी. मोटी एक दीवार 30 सेमी × 15 सेमी. × 10 सेमी. विमाओं की ईंटों का प्रयोग करके बनायी जानी है। कितनी ईंटें अपेक्षित होंगी?
(a) 3200 (b) 2400 (c) 2800 (d) 3600 ***(SSC, 10+2, 20.10.2013)***

9. यदि प्रत्येक ईंट का माप 25 सेमी. × 11.25 सेमी. × 6 सेमी. हो, तो 8 मीटर लम्बी, 6 मीटर ऊँची तथा 22.5 सेमी. मोटी एक दीवार के लिए कितनी ईंटों की आवश्यकता पड़ेगी?
(a) 7000 (b) 6400 (c) 6200 (d) 6550 ***(SSC, 10+2, 4.11.2012)***

10. एक आयताकार टंकी के आधार का क्षेत्रफल 6500 वर्ग सेमी. है और उसमें भरे हुए पानी का आयतन 2.6 घन मीटर है। तद्नुसार, पानी की गहराई कितनी है?
(a) 5 मी. (b) 8 मी. (c) 3.5 मी. (d) 4 मी. ***(SSC, 10+2, 28.10.2012)***

11. 8 सेमी. × 6 सेमी. × 2सेमी. विस्तार वाले एक बक्से में अधिकतम कितनी लम्बाई की एक पेंसिल रखी जा सकती है?
(a) $2\sqrt{13}$ सेमी. (b) $2\sqrt{14}$ सेमी. (c) $2\sqrt{26}$ सेमी. (d) $10\sqrt{2}$ सेमी. ***(SSC, 10+2, 28.10.2012)***

12. एक गोदाम 15 मीटर लम्बा तथा 12 मीटर चौड़ा है। उसमें उसके फर्श और भीतरी छत का क्षेत्रफल चारों दीवारों के क्षेत्रफल के योग के बराबर हैं। तद्नुसार, उस गोदाम का आयतन (मी.^{3}) में कितना होगा?
(a) 900 (b) 1200 (c) 1800 (d) 720 ***(SSC, CAPF-SI, 23.6.2013)***

13. आधार 150 × 100 मीटर वाली एक टंकी में नल से, जिसका अनुप्रस्थ-परिच्छेद 2 डेसीमीटर × 1.5 डेसीमीटर है, 15 किलोमीटर प्रति घंटा की गति से जल प्रवाह होता है। कितने समय में जल 3 मीटर गहरा हो जाएगा?
(a) 100 घंटे (b) 120 घंटे (c) 140 घंटे (d) 150 घंटे ***(SSC, FCI, 15.4.2012)***

14. 48 मी. लम्बी और 31.5 मीटर चौड़ी एक निम्न भूमि की ऊँचाई 6.5 डेमी. बढ़ाने के लिए पार्श्व के भूखंड में एक 27 मी. लम्बी और 18.2 मी. चौड़ी खाई खोदी गयी। खाई की गहराई कितनी होगी?
(a) 5 मीटर (b) 7 मीटर (c) 1 मीटर (d) 2 मीटर ***(SSC, MTS, 16.2.2014)***

15. कुछ ईंटें 20 cu. m माप के क्षेत्रफल में रखी जाती हैं। यदि प्रत्येक ईंट की लम्बाई, चौड़ाई और ऊँचाई क्रमशः 25 सेमी., 12.5 सेमी. और 8 सेमी. है, तो उस ढेर में ईंटों की संख्या कितनी होगी (माना कि दो ईंटों के बीच कोई अंतराल नहीं है)?
(a) 4,000 (b) 10,000 (c) 6,000 (d) 8,000 ***(SSC, 26.10.2014)***

16. एक आयताकार समांतर षट्फलक के तीन निकटवर्ती फलकों के क्षेत्रफल क्रमशः 12 वर्ग मी., 15 वर्ग मी. तथा 20 वर्ग मी. हैं। तद्नुसार, उस समांतर षट्फलक का आयतन (घन मीटर में) कितना है?
(a) 80 (b) 30 (c) 40 (d) 60 ***(SSC, FCI, 11.11.2012)***

17. एक लम्बकोणिक समांतर षट्फलक के तीन फलकों के क्षेत्रफल क्रमशः 12 सेमी.^{2} , 20 सेमी.^{2} तथा 15 सेमी.^{2} हैं। तद्नुसार उसका आयतन कितने क्यूबिक सेंटीमीटर होगा?
(a) 3600 (b) 100 (c) 80 (d) 60 ***(SSC, Tier-1, 19.6.2011)***

18. एक आयताकार समांतर षट्फलक के किनारों का अनुपात 1 : 2 : 3 है और उसका आयतन 1296 घन सेमी. है। तद्नुसार, उसका पूरा पृष्ठीय क्षेत्रफल कितने वर्ग सेमी. है?
(a) 696 (b) 792 (c) 824 (d) 548 ***(SSC, 10+2, 4.11.2012)***

19. यदि एक आयताकार समांतर षट्फलक (पैरललोपाइपेड) की दो आसन्न भुजाएँ 1 सेमी. तथा 2 सेमी. और समांतर षट्फलक का कुल पृष्ठ क्षेत्रफल 22 सेमी.^{2} है, तो समांतर षट्फलक का विकर्ण है–
(a) $\sqrt{10}$ सेमी. (b) $2\sqrt{3}$ सेमी. (c) $\sqrt{14}$ सेमी. (d) 4 सेमी. ***(SSC, 10+2, 4.11.2012)***

20. यदि किसी आयताकार समान्तर षट्फलक (रेक्टेंगुलर पैरेललपाइप्ड) के आयाम का जोड़ 24 सेमी. है और विकर्ण (डायगोनल) की लम्बाई 15 सेमी. है, तो उसका कुल पृष्ठीय क्षेत्रफल (सर्फेस एरिया) क्या होगा?
(a) 420 सेमी.^{2} (b) 275 सेमी.^{2} (c) 351 सेमी.^{2} (d) 378 सेमी.^{2}

21. एक षट्फलक की लम्बाई, चौड़ाई और ऊँचाई 3 : 4 : 6 के अनुपात में है और इसका आयतन 576 सेमी^{3} है। षट्फलक का पूरा पृष्ठ है–
(a) 216 सेमी^{2} (b) 324 सेमी^{2} (c) 432 सेमी^{2} (d) 460 सेमी^{2} ***(SSC, 2.11.2014)***

घन पर आधारित प्रश्न

22. एक घन के सतह का कुल क्षेत्रफल 73.5 वर्ग सेमी. है। इसकी भुजा (सेमी. में) ज्ञात करें।
(a) 3.5 (b) 4.5 (c) 7.5 (d) 5.5 ***SSC CHSL (Tier-1) 7.3.2018***

23. किसी घन का विकर्ण $\sqrt{192}$ सेमी. है। इसका आयतन (सेमी.^{3}) कितना होगा?
(a) 216 (b) 432 (c) 512 (d) 624 ***SSC CHSL (Tier-1) 2.9.2016***

24. 7.5 सेमी. की भुजा वाले एक घन का आयतन (घन सेमी. में) ज्ञात करें।
(a) 421.875 (b) 77.145 (c) 39.245 (d) 24.435 ***SSC CHSL (Tier-1) 6.3.2018***

25. 3.5 सेमी. भुजा वाले घन का आयतन (घन सेमी. में) ज्ञात करें।
(a) 69.845 (b) 42.875 (c) 19.765 (d) 11.165 ***SSC CHSL (Tier-1) 4.3.2018***

26. एक घन के सतह का कुल क्षेत्रफल 181.5 वर्ग सेंटीमीटर है। इसकी भुजा (सेंटीमीटर में) ज्ञात करें।
(a) 6.5 (b) 4.5 (c) 7.5 (d) 5.5 ***SSC CHSL (Tier-1) 15.3.2018***

27. 13824 सेमी.^{3} आयतन वाले एक ठोस घन को समान आयतन वाले आठ घनों में काटा जाता है। मूल घन के पृष्ठीय क्षेत्रफल तथा तीन छोटे घनों के पृष्ठीय क्षेत्रफल के कुल योग का अनुपात होगा–
(a) 4 : 3 (b) 8 : 3 (c) 2 : 1 (d) 2 : 3 ***SSC CGL (Tier-1) 14.6.2019***

28. 3 सेमी. किनारे वाले पाँच घनों को सिरे से जोड़ा जाता है। तब सेमी.^{2} में परिणामी घनाभ का कुल पृष्ठीय क्षेत्रफल क्या है?
(a) 244 (b) 280 (c) 198 (d) 270 ***SSC CGL (Tier-1) 13.6.2019***

29. एक घन, जिसकी भुजा 7.5 सेमी. है, का आयतन कितना है?
(a) 421.875 सेमी.^{3} (b) 759.375 सेमी.^{3}
(c) 631.81 सेमी.^{3} (d) 210.94 सेमी.^{3} ***SSC CHSL (Tier-1) 16.8.2019***

30. किसी घन का कुल पृष्ठ क्षेत्रफल 864 सेमी.^{2} है। उसका आयतन (सेमी.^{3} में) कितना है?
(a) 216 (b) 1728 (c) 729 (d) 512 ***SSC CHSL (Tier-1) 16.8.2019***

31. यदि किसी घन का पार्श्व (Lateral) पृष्ठ क्षेत्रफल 144 सेमी.^{2} है, तो उसकी भुजा की लंबाई कितनी है?
(a) 4 सेमी. (b) 8 सेमी. (c) 5 सेमी. (d) 6 सेमी. ***SSC CHSL (Tier-1) 19.8.2019***

32. 3.5 सेंटीमीटर भुजा वाले एक घन के सतह का कुल क्षेत्रफल (वर्ग सेंटीमीटर मे) ज्ञात करें।
(a) 91.7 (b) 64 (c) 88 (d) 73.5 ***SSC CHSL (Tier-1) 14.3.2018***

33. यदि एक घन का कुल पृष्ठीय क्षेत्रफल 96 सेमी.^{2} है, तो आयतन है–
(a) 36 सेमी.^{3} (b) 56 सेमी.^{3} (c) 16 सेमी.^{3} (d) 64 सेमी.^{3} ***(SSC, 10+2, 20.10.2013)***

34. एक घनाकार बक्से का आयतन 3.375 घन मीटर है। तद्नुसार, उस बक्से की लम्बाई कितनी है?
(a) 75 सेमी. (b) 1.5 मीटर (c) 1.125 मीटर (d) 2.5 मीटर ***(SSC, 10+2, 4.11.2012)***

35. एक घन का विकर्ण $6\sqrt{3}$ सेमी. है। तद्नुसार, उसके कुल पृष्ठीय क्षेत्रफल तथा आयतन का (संख्यात्मक) अनुपात कितना है?
(a) 2 : 1 (b) 1 : 6 (c) 1 : 1 (d) 1 : 2 ***(SSC, 10+2, 4.11.2012)***

36. तीन घन, जिनके किनारे क्रमशः 3 सेमी., 4 सेमी. तथा 5 सेमी. हैं, पिघलाकर एक अकेला घन बना दिया जाता है। तद्नुसार, उस नये घन का पृष्ठीय क्षेत्रफल कितना होगा?
(a) 215 वर्ग सेमी. (b) 216 वर्ग सेमी. (c) 115 वर्ग सेमी. (d) 150 वर्ग सेमी. ***(SSC, 10+2, 4.11.2012)***

37. यदि किसी घन के विकर्ण की लम्बाई $8\sqrt{3}$ सेमी. है तो उसका पृष्ठीय क्षेत्रफल है–
(a) 192 सेमी.^{2} (b) 512 सेमी.^{2} (c) 768 सेमी.^{2} (d) 384 सेमी.^{2} ***(SSC, FCI, 5.2.2012)***

38. यदि A, B तथा C क्रमशः एक घन के शीर्षों, किनारों तथा फलकों की संख्या के द्योतक हों, तो A + B + C कितना होगा?
(a) 24 (b) 26 (c) 20 (d) 22 ***(SSC, 10+2, 4.11.2012)***

39. लोहे के तीन ठोस घन, जिनकी भुजाएँ 4 सेमी., 5 सेमी. तथा 6 सेमी. की हैं, एक साथ पिघलाकर एक नये घन में ढाले गये हैं। इस प्रक्रिया में खराब प्रबंधन के कारण 62 सेमी.^{3} पिघली हुई धातु गुम हो गयी है। तदनुसार, नये बने घन का कुल पृष्ठीय क्षेत्रफल कितने सेमी.^{2} होगा?
(a) 343 (b) 125 (c) 216 (d) 294 ***(SSC, 10+2, 10.11.2013)***

40. एक घन का पूर्ण पृष्ठ 150 sq. cm. है, तो घन का आयतन क्या होगा?
(a) 125 cm^3 (b) 216 cm^3 (c) 343 cm^3 (d) 512 cm^3 ***(SSC, 26.10.2014)***

41. 1 मी., 6 मी. तथा 8 मी. किनारे वाले 3 घन पिघलाकर एक घन में परिवर्तित किये गये हैं। तद्नुसार उस नये घन की सतह का क्षेत्रफल कितना होगा?
(a) 294 मी.^{2} (b) 324 मी.^{2} (c) 486 मी.^{2} (d) 468 मी.^{2} ***(SSC, FCI, 5.2.2012)***

घनाभ और घन दोनों पर आधारित प्रश्न

42. एक ठोस घन, जिसका प्रत्येक सतह (फेस) विकर्ण $128\sqrt{2}$ सेमी. है, को घनाभ बनाने के लिए मोल्ड किया गया। घनाभ की लंबाई और चौड़ाई क्रमशः 512 सेमी. और 160 सेमी. है। घनाभ की ऊँचाई कितनी है?
(a) 25.6 cm (b) 16 cm (c) 20.8 cm (d) 16.4 cm ***SSC CHSL (Tier-1) 14.8.2019***

43. किसी घनाभ की लंबाई अपनी चौड़ाई की दोगुनी है तथा उसकी ऊँचाई, उसकी चौड़ाई की आधी है। यदि घनाभ की ऊँचाई 2 सेमी. है, तब किसी घन का कोर (एज) कितना होगा जिसका आयतन उक्त घनाभ के समान है?
(a) 4 सेमी. (b) 6.4 सेमी. (c) 8 सेमी. (d) 7.2 सेमी. ***SSC MTS 5.8.2019***

44. एक समांतर षट्फलक, जिसकी भुजाएँ 2 : 4 : 8 के अनुपात में हैं, का आयतन एक घन के बराबर है। तद्नुसार, उन दोनों के पृष्ठीय क्षेत्रफल का अनुपात कितना होगा?
(a) 4 : 3 (b) 8 : 5 (c) 7 : 6 (d) 7 : 5 ***(SSC, 10+2, 21.10.2012)***

45. 6 सेमी. भुजाओं वाले दो घनों को पास-पास रखकर एक आयताकार समांतर षट्फलक बनाया गया है। तद्नुसार, उस आयताकार समांतर षट्फलक के कुल पृष्ठ का क्षेत्रफल (वर्ग सेमी0 में) कितना होगा?
(a) 432 (b) 360 (c) 396 (d) 340 ***(SSC, FCI, 11.11.2012)***

46. 6 सेमी × 12 सेमी. × 15 सेमी. विमाओं वाले एक घनाभ को बराबर घनों की पूर्ण संख्या में काटा गया है। बिना किसी हानि के घनों की न्यूनतम सम्भावित संख्या होगी–
(a) 33 (b) 40 (c) 6 (d) 16 ***(SSC, Delhi-SI, 19.8.2012)***

47. 0.2 मीटर कोरों वाले ठोस घनों की अधिकतम संख्या, जिसे 1 मी. × 1 मी. × 2 मी. आंतरिक विमाओं वाले डिब्बे में बंद किया जा सकता है–
(a) 50 (b) 250 (c) 10 (d) 25 ***(SSC, 10+2, 20.10.2013)***

48. प्रत्येक 216 मी.^{3} आयतन के तीन घन सिरे-से-सिरे मिले हुए हैं। तो परिणामी घनाकृति (ठोस) का पृष्ठीय क्षेत्रफल क्या है?
(a) 432 मी.^{2} (b) 216 मी^{2} (c) 504 मी.^{2} (d) 698 मी.^{2} ***(SSC, M.T.S., 23.2.2014)***

बेलन पर आधारित प्रश्न

49. यदि एक सिलेंडर का आयतन 3850 घन सेमी. है और ऊँचाई 25 सेमी. है, तो इसकी त्रिज्या क्या है? ($\pi = 22/7$ लीजिए)

(a) 58 (b) 18 (c) 36 (d) 29 ***SSC CHSL (Tier-1) 9.1.2017***

50. एक लम्ब वृत्ताकार वेलन के वक्र सतह का क्षेत्रफल और ऊँचाई क्रमशः 660 वर्ग सेमी. और 10 सेमी. है। इसका व्यास (सेमी. में) ज्ञात करें।

(a) 14 (b) 10.5 (c) 21 (d) 17.5 ***SSC CHSL (Tier-1) 23.3.2018***

51. किसी बेलनाकार वस्तु के वक्र सतह का क्षेत्रफल 660 वर्ग सेमी. है। यदि इसके आधार की परिधि 44 सेमी. है, तो उस वस्तु की आयतन ज्ञात करें।

(a) 4620 घन सेमी. (b) 2310 घन सेमी.
(c) 6930 घन सेमी. (d) 1155 घन सेमी. ***SSC CHSL (Tier-1) 24.1.2017***

52. यदि किसी बेलनाकार वस्तु के वक्र सतह का क्षेत्रफल 616 वर्ग सेमी. और ऊँचाई 14 सेमी. है, तो उसकी त्रिज्या ज्ञात करें।

(a) 14 सेमी. (b) 7 सेमी. (c) 21 सेमी. (d) 3.5 सेमी. ***SSC CHSL (Tier-1) 24.1.2017***

53. एक लम्ब वृत्तीय बेलनाकार छड़ के अनुप्रस्थ काट की त्रिज्या 3.2डेसीमीटर है। छड़ को गलाकार 8 सेमी. वाले बराबर-बराबर के 44 ठोस घन बनाये जाते हैं। छड़ की लम्बाई कितनी है? ($\pi = 22/7$)

(a) 56 सेमी. (b) 7 सेमी. (c) 5.6 सेमी. (d) 0.7 सेमी. ***SSC CHSL (Tier-1)10.9.2016***

54. एक अर्द्धगोल का आयतन 5749.33 घन सेंटीमीटर है। इसका व्यास (सेंटीमीटर में) ज्ञात करें।

(a) 14 (b) 56 (c) 42 (d) 28 ***SSC CHSL (Tier-1) 15.3.2018***

55. यदि किसी बेलनाकार वस्तु का आयतन 2156 घन सेमी. और ऊँचाई 14 सेमी. है, तो उसकी त्रिज्या ज्ञात करें।

(a) 14 सेमी. (b) 21 सेमी. (c) 3.5 सेमी. (d) 7 सेमी. ***SSC CHSL (Tier-1) 25.1.2017***

56. 7 सेमी. आधार की त्रिज्या तथा 20 सेमी., ऊँचाई वाले एक ठोस बेलन को उसकी ऊँचाई से द्विभाजित करके दो एक समान बेलन बनाये जाते हैं, तो कुल पृष्ठीय क्षेत्रफल में कितने प्रतिशत की वृद्धि होगी?

(a) 29.78 (b) 25.93 (c) 27.62 (d) 32.83 ***SSC CPO 1.7.2017***

57. एक समान चौड़ाई वाले किसी रिब्बन, जिसकी लम्बाई l है को एक लंब वृत्तीय बेलन (सिलेंडर) के वक्र पृष्ठ (कण्र्ड सरफेस) पर पूर्ण रूप से कवर करने के लिए लपेटा जाता है। यदि बेलन (सिलेंडर) के आधार की परिधि c है, तो बेलन (सिलेंडर) पर रिब्बन को निम्न में से कितनी बार लपेटा गया?

(a) $\frac{\ell}{4c}$ (b) $\frac{\ell}{c}$ (c) $\frac{\ell}{2c}$ (d) $\frac{\ell}{c}$ ***SSC MTS 5.8.2019***

58. धातु के एक पाइप की लंबाई 7.56m है। इसकी बाहरी और आंतरिक त्रिज्याएँ क्रमशः 2.5 सेमी. और 1.5 सेमी. हैं। यदि धातु के 1 सेमी.^{2} का वजन 7.5 ग्राम है, तो पाइप का वजन है–($\pi = \frac{22}{7}$ लें)

(a) 69.68 किग्रा. (b) 70.14 किग्रा. (c) 71.28 किग्रा. (d) 72.82 किग्रा. ***SSC CGL (Tier-1) 6.6.2019***

59. किसी लंब वृत्तीय बेलन (सिलेंडर) की त्रिज्या 7 सेमी. है। उसकी ऊंचाई उसकी त्रिज्या की दोगुनी है। बेलन (सिलेंडर) का वक्र पृष्ठ क्षेत्रफल कितना है? ($\pi = \frac{22}{7}$ लें)

(a) 476 सेमी.^{2} (b) 1232 सेमी.^{2} (c) 616 सेमी.^{2} (d) 896 सेमी.^{2} ***SSC MTS 6.8.2019***

60. किसी बेलन (सिलेंडर) के आयतन (सेमी.^{2} में) तथा वक्र पृष्ठ क्षेत्रफल (सेमी.^{2} में) के बीच अनुपात संख्यात्मक रूप से 14 : 1 है। यदि बेलन (सिलेंडर) की ऊँचाई 50 सेमी. है, तो बेलन का आयतन कितना है? ($\pi = \frac{22}{7}$ लें)

(a) 61600 सेमी.^{3} (b) 92400 सेमी.^{3} (c) 123200 सेमी.^{3} (d) 184800 सेमी.^{3} ***SSC CHSL (Tier-1) 16.8.2019***

61. यदि किसी लम्ब वृत्तीय बेलन (सिलेंडर) की ऊँचाई 10 सेमी. है और उसका वक्र पृष्ठ क्षेत्रफल 440 सेमी.^{2} है, तो उसकी त्रिज्या कितना है?

(a) 17.5 सेमी. (b) 10.5 सेमी. (c) 14 सेमी. (d) 7 सेमी. ***SSC CHSL (Tier-1) 16.8.2019***

62. एक लंबवृत्तीय बेलन, जिसकी ऊँचाई और व्यास क्रमशः 10 सेमी. और 8 सेमी. है, के वक्र पृष्ठ का क्षेत्रफल (सेमी.^{2} में) कितना है?

(a) 20π (b) 80π (c) 160π (d) 40π ***SSC CHSL (Tier-1) 14.8.2019***

63. किसी बेलन (सिलेंडर) का वक्र पृष्ठ क्षेत्रफल 25344 सेमी.^{2} है तथा उसकी ऊँचाई 32 सेमी. है। उस बेलन (सिलेंडर) का आयतन कितना है जिसकी धारिता दिये गये बेलन (सिलेंडर) के आयतन की गुनी गुनी है?
(a) 3168 सेमी.^{3} (b) 6336 सेमी.^{3} (c) 1584 सेमी.^{3} (d) 1686 सेमी.^{3} ***SSC MTS 6.8.2019***

64. एक बेलन का वक्रपृष्ठीय क्षेत्रफल और आयतन क्रमशः 264 सेमी.^{2} और 924 सेमी.^{2} है। इसकी त्रिज्या और ऊचाई का अनुपात क्या है? (लीजिए)
(a) 3 : 2 (b) 7 : 6 (c) 5 : 4 (d) 4 : 3 ***SSC CGL (Tier-1) 10.6.2019***

65. किसी बेलनाकार वस्तु का आयतन 2310 घन सेमी. है। यदि इसके आधार की परिधि 44 सेमी. है, तो बेलनाकार वस्तु के वक्र सतह का क्षेत्रफल ज्ञात करें।
(a) 660 वर्ग सेमी. (b) 1320 वर्ग सेमी. (c) 1980 वर्ग सेमी. (d) 330 वर्ग सेमी. ***SSC CHSL (Tier-1) 30.1.2017***

66. 42 सेमी. व्यास और 14 सेमी. ऊँचाई वाले लम्ब वृत्तीय बेलन के सतह का कुल क्षेत्रफल (वर्ग सेमी. में) ज्ञात करें।
(a) 4488 (b) 4250 (c) 4010 (d) 4620 ***SSC CHSL (Tier-1) 10.3.2018***

67. किसी बेलनाकार वस्तु का आयतन 13860 घन सेमी. है। यदि इसके आधार की परिधि 132 सेमी. है, बेलनाकार वस्तु के वक्र सतह का क्षेत्रफल ज्ञात करें।
(a) 2640 वर्ग सेमी. (b) 3960 वर्ग सेमी.
(c) 1320 वर्ग सेमी. (d) 660 वर्ग सेमी. ***SSC CHSL (Tier-1) 23.1.2017***

68. यदि किसी लंब वृत्तीय बेलन की त्रिज्या 10% कम हो जाती है, और ऊँचाई 20% बढ़ जाती है, तो इसके आयतन में प्रतिशत वृद्धि/कमी क्या होगी?
(a) 2.8% की वृद्धि (b) 1.8% की वृद्धि
(c) 1.8% की कमी (d) 2.8% की कमी ***SSC CGL (Tier-1) 5.3.2020***

69. यदि 2 बेलनों के आधार की त्रिज्याओं का अनुपात 3 : 4 है और उनकी ऊँचाइयों का अनुपात 4 : 9 है, तो उनके आयतनों का अनुपात है–
(a) 2 : 1 (b) 1 : 4 (c) 4 : 1 (d) 1 : 2 ***SSC CGL (Tier-1) 3.3.2020***

70. नगण्य मोटाई वाली धातु की एक पाइप की त्रिज्या 21 सेमी. है और लम्बाई 90 सेमी. है। पाइप का बाह्य वक्र पृष्ठ क्षेत्रफल, वर्ग सेमी. में है–
(a) 11880 (b) 11680 (c) 11480 (d) 10080 ***(SSC, Tier-1, 8.7.2012)***

71. एक वृत्ताकार बेलन की ऊँचाई 6 गुनी बढ़ा दी जाती है और उसके आधार क्षे. में, उसके मान का $\frac{1}{9}$ भाग कर दिया जाता है। तद्नुसार, बेलन के पार्श्व पृष्ठ में कितने भाग की वृद्धि हो जाएगी?
(a) 2 (b) $\frac{1}{2}$ (c) $\frac{2}{3}$ (d) $\frac{3}{2}$ ***(SSC, Tier-2, 16.9.2012)***

72. एक बेलन की त्रिज्या 10 सेमी. तथा ऊँचाई 4 सेमी. है। तद्नुसार, उस बेलन की त्रिज्या या ऊँचाई में, कितने सेमी. जोड़े जायें, जिससे उस बेलन के आयतन में भी उतनी ही वृद्धि हो जाए?
(a) 5 (b) 4 (c) 25 (d) 16 ***(SSC, Tier-2, 16.9.2012)***

73. 5 सेमी. अर्द्धव्यास तथा 10 सेमी. ऊँचाई वाले एक ठोस लम्ब-वृत्तीय बेलन का सम्पूर्ण पृष्ठीय क्षेत्रफल है–
(a) 100π सेमी.^{2} (b) 125π सेमी.^{2} (c) 150π सेमी.^{2} (d) 175π सेमी.^{2} ***(SSC, TA, 30.1.2011)***

74. एक बेलन का व्यास 7 सेमी. और उसकी ऊँचाई 16 सेमी. है। $\pi = \frac{22}{7}$ मान का उपयोग करते हुए, उस बेलन के पार्श्वीय फलक का क्षेत्रफल कितना होगा?
(a) 352 सेमी.^{2} (b) 350 सेमी.^{2} (c) 355 सेमी.^{2} (d) 348 सेमी.^{2} ***(SSC, 10+2, 4.12.2011)***

75. दो ठोस लम्ब-वृत्तीय बेलनों की त्रिज्याएँ क्रमशः 4 सेमी. तथा 3 सेमी. हैं और उनकी ऊँचाईयाँ क्रमशः (h + 1) सेमी. तथा (2h + 1) सेमी. हैं। यदि उन दोनों बेलनों के कुल पृष्ठीय तलों के क्षेत्रफल बराबर हों, तो उनके आयतनों का अनुपात क्या होगा?
(a) 5 : 16 (b) 20 : 27 (c) 16 : 17 (d) 80 : 81 ***(SSC, FCI, 10.11.2012)***

76. यदि A एक ऐसे लम्ब वृत्तीय बेलन के आयतन का द्योतक हो, जिसकी ऊँचाई और व्यास एक समान हैं और B एक ऐसे गोलक के आयतन का द्योतक हो, जिसकी त्रिज्या उक्त बेलन की त्रिज्या के बराबर हो, तो A/B कितना होगा?

(a) $\frac{3}{2}$ (b) $\frac{2}{3}$ (c) $\frac{3}{4}$ (d) $\frac{4}{3}$ ***(SSC, 10+2, 21.10.2012)***

77. धातु की एक खोखली नली की आंतरिक त्रिज्या तथा मोटाई क्रमशः 24 सेमी. तथा 1 सेमी. है। उसे पिघलाकर, उसी लम्बाई के एक ठोस बेलन में ढाला गया है। तद्नुसार, उस ठोस बेलन का व्यास कितना होगा?

(a) 7 सेमी. (b) 14 सेमी. (c) 10 सेमी. (d) 5 सेमी. ***(SSC, FCI, 11.11.2012)***

78. एक खोखले मोटे बेलनाकार धातु के नलके की लम्बाई 6 सेमी. है और उसके सिरों के पृष्ठ सहित, उसका कुल पृष्ठीय क्षेत्रपल 98π वर्ग सेमी. है। तदनुसार, यदि उसका बाह्य व्यास 8 सेमी. हो, तो उसका आंतरिक व्यास (सेमी. में) कितना है?

(a) 6.5 (b) 7 (c) 5 (d) 6 ***(SSC, FCI, 11.11.2012)***

79. एक ठोस बेलन की कुल सतह का क्षेत्रफल 462 सेमी.^{2} है। उसकी वक्रीय सतह का क्षेत्रफल, कुल सतह के क्षेत्रफल का $\frac{1}{3}$ है। तद्नुसार उस बेलन की त्रिज्या कितनी है?

(a) 7 सेमी. (b) 3.5 सेमी. (c) 9 सेमी. (d) 11 सेमी. ***(SSC, 10+2, 4.12.2011)***

80 एक बेलन की त्रिज्या और ऊँचाई का अनुपात 5 : 7 है और उसका आयतन 550 सेमी.^{3} है। तद्नुसार, उसके वक्र पृष्ठ का क्षेत्रफल कितने सेमी.^{2} है?

(a) 110 (b) 444 (c) 220 (d) 616 ***(SSC, 10+2, 28.10.2012)***

81. एक लम्ब वृत्तीय बेलन के आधार का परिमाप a एकक हैं तद्नुसार, यदि उस बेलन का आयतन V घन एकक हो, तो बेलन की ऊँचाई कितनी होगी?

(a) $\frac{4a^2V}{\pi}$ एकक (b) $\frac{4\pi a^2}{V}$ एकक (c) $\frac{\pi a^2V}{4}$ एकक (d) $\frac{4\pi V}{a^2}$ एकक ***(SSC, Tier-1, 19.5.2013)***

82. धातु की एक पाइप 21 सेमी. लम्बी है और उसका बाहरी व्यास 8 सेमी. है। यदि पाइप की मोटाई 1 सेमी. है और धातु का भार 8 ग्राम/सेमी.^{3} , तो पाइप का भार (किग्रा. में) है– ($\pi = \frac{22}{7}$ लें)

(a) 3.696 (b) 3.669 (c) 3.966 (d) 3.699 ***(SSC, 10+2, 4.12.2011)***

83. एक बेलन के वक्रीय पृष्ठ और कुल पृष्ठ के क्षेत्रफलों का अनुपात 1 : 2 है। तद्नुसार, यदि उस लम्बवृत्तीय बेलन के कुल पृष्ठ का क्षेत्रफल 616 सेमी.^{2} हो, तो उसका आयतन कितना होगा?

(a) 1632 सेमी.^{3} (b) 1078 सेमी.^{3} (c) 1232 सेमी.^{3} (d) 1848 सेमी.^{3} ***(SSC, Tier-1, 21.4.2013)***

84. यदि एक लम्ब वृत्तीय बेलन के आयतन और उसके वक्र पृष्ठीय क्षेत्रफल का संख्यात्मक मान बराबर है, तो उसकी त्रिज्या है–

(a) 3 एकक (b) 6 एकक (c) 2 एकक (d) 4 एकक ***(SSC, CAPF-SI, 27.5.2012)***

85. दो बेलनाकार बर्तनों में एकसमान पानी भरा है। तद्नुसार, यदि उन बर्तनों के व्यासों का अनुपात 2 : 3 हो, तो उनके ऊँचाईयों का अनुपात कितना होगा?

(a) 4 : 9 (b) 2 : 3 (c) 9 : 2 (d) 9 : 4 ***(SSC, CAPF-SI, 23.6.2013)***

रिक्त बेलन पर आधारित प्रश्न

86. एक खोखले सिलेंडर के कुल सतह का क्षेत्रफल (वर्ग सेमी में) क्या होगा जो दोनों सिरों पर खुला है और यदि इसकी लंबाई 22 सेमी. बाहरी त्रिज्या 7 सेमी. और मोटाई 1 सेमी. है? ($\pi = 22/7$ लीजिए)

(a) 1879.43 (b) 3758.86 (c) 939.715 (d) 2819.145 ***SSC CHSL (Tier-1) 10.1.2017***

87. समान मोटाई वाले धातु के बेलनाकार पाईप का आयतन 748 सेमी.^{3} है। उसकी लम्बाई 14 सेमी. है और बाहरी त्रिज्या 9 सेमी है। पाईप की मोटाई कितनी है?

(a) 0.5 सेमी. (b) 1.5 सेमी. (c) 1 सेमी. (d) 2 सेमी. ***SSC CGL (Tier-1) 29.8.2016***

88. धातु से बना एक बेलनाकार रोड रोलर एम मीटर लम्बा है। इसकी आंतरिक त्रिज्या 27 सेमी. है और धातु की शीट की मोटाई 9 सेमी. है। रोलर का वजन कितना है, यदि 1 सेमी.^{3} धातु का वजन 8g है?

(a) 442.4 π किग्रा. (b) 453.6 π किग्रा.

(c) 441 π किग्रा. (d) 449 π किग्रा. ***SSC CGL (Tier-1) 7.6.2019***

89. धातु के एक बेलनाकार पाइप का आयतन 7480 सेमी.^{3} है। यदि इसकी लम्बाई 1.4 मी. है और इसकी बाहरी त्रिज्या 9 cm है, तो इसकी मोटाई ( ) है–

(a) 1 cm (b) 0.8 cm (c) 0.9 cm (d) 1.2 cm ***SSC CGL (Tier-1) 6.6.2019***

गोला पर आधारित प्रश्न

90. एक लकड़ी का कटोरा जिसकी आंतरिक त्रिज्या 7 सेमी. और मोटाई 1 सेमी. है वह एक खोखले गोलार्द्ध के आकार में है। कटोरे की सतह का कुल क्षेत्रफल (वर्ग सेमी. में) क्या होगा? ($\pi = 22/7$ लीजिए)

(a) 710.29 (b) 757.43 (c) 355.14 (d) 908.91 ***SSC CHSL (Tier-1) 9.1.2017***

91. 45 सेंटीमीटर व्यास वाले एक अर्द्धगोल का आयतन (घन सेंटीमीटर में) ज्ञात करें।

(a) 17832 (b) 153512 (c) 13858 (d) 19404 ***SSC CHSL (Tier-1) 12.3.2018***

92. किसी गोलक और अर्धगोलक की त्रिज्या एक समान है। उनके कुल प्रष्ठ के क्षेत्रफल का अनुपात बताएँ?

(a) 3 : 1 (b) 2 : 1 (c) 3 : 2 (d) 4 : 3 ***SSC CGL (Tier-1) 27.8.2016***

93. 21 सेंटी मीटर व्यास वाले एक गोले का आयतन (घन सेंटीमीटर में) ज्ञात करें।

(a) 4851 (b) 3628 (c) 3071 (d) 3724 ***SSC CHSL (Tier-1) 15.3.2018***

94. एक अर्द्धगोले की कुल सतह का क्षेत्रफल 1848 वर्ग सेमी. है, तो इसकी त्रिज्या क्या होगी? ($\pi = 22/7$ लीजिए)

(a) 28 सेमी (b) 7 सेमी. (c) 21 सेमी. (d) 14 सेमी. ***SSC CHSL (Tier-1) 3.1.2017***

95. लकड़ी का एक कटोरा आंतरिक त्रिज्या 9 सेमी. और मोटाई 1 सेमी. के एक खोखले गोलार्द्ध के आकार में बना है। उस कटोरे के सतह के कुल क्षेत्रफल का पता लगाएँ?

(a) 1376.58 वर्ग सेमी. (b) 2064.87 वर्ग सेमी.

(c) 344.15 वर्ग सेमी. (d) 1197.42 वर्ग सेमी. ***SSC CHSL (Tier-1) 17.1.2017***

96. एक गोले का व्यास दूसरे गोल के व्यास का दुगुना है। पहले का वक्रित सतही क्षेत्र दूसरे के आयतन के संख्या की दृष्टि से बराबर है। पहले गोले की त्रिज्या का संख्यात्मक मान कितना है?

(a) 3 (b) 24 (c) 8 (d) 16 ***SSC CHSL (Tier-1) 3.9.2016***

97. एक गोलार्द्ध के वक्र सतह का क्षेत्रफल 110.88 वर्ग सेमी. है और आयतन 155.232 घन सेमी. है। उसकी त्रिज्या ज्ञात करें।

(a) 8.4 सेमी. (b) 1.4 सेमी. (c) 4.2 सेमी. (d) 2.1 सेमी. ***SSC CHSL (Tier-1) 30.1.2017***

98. 48 सेमी. के व्यास वाली एक बड़ी गेंद को पिघलाकर 3 सेमी. की त्रिज्या वाली कितनी गेंदे बनाइ जा सकती है?

(a) 1024 (b) 512 (c) 64 (d) 256 ***SSC CHSL (Tier-1) 3.2.2017***

99. 21 सेमी. व्यास वाले एक अर्द्धगोल का आयतन (घन सेमी0 में) ज्ञात करें।

(a) 2235.5 (b) 2425.5 (c) 2040 (d) 1860 ***SSC CHSL (Tier-1) 8.3.2018***

100. एक अर्द्धगोल का आयतन 19404 घन सेमी. है। इसका व्यास (सेमी. में) ज्ञात करें।

(a) 42 (b) 21 (c) 84 (d) 63 ***SSC CHSL (Tier-1) 12.3.2018***

101. 7 सेमी. व्यास के एक गोले का आयतन (घन सेमी. में) ज्ञात करें।

(a) 140.25 (b) 179.67 (c) 337.16 (d) 213.74 ***SSC CHSL (Tier-1) 6.3.2018***

102. 42 सेंटिमीटर व्यास वाले एक अर्द्धगोल के वक्र सतह का क्षेत्रफल (वर्ग सेंटिमीटर में) कितना होगा?

(a) 2332 (b) 1778 (c) 1556 (d) 2772 ***SSC CHSL (Tier-1) 11.3.2018***

103. एक अर्द्धगोल का आयतन 2425.5 घन सेंटिमीटर है। इसका व्यास (सेंटिमीटर में) ज्ञात करें।

(a) 10.5 (b) 42 (c) 21 (d) 31.5 ***SSC CHSL (Tier-1) 16.3.2018***

104. एक अर्द्धगोल के सतह का कुल क्षेत्रफल 462 वर्ग सेमी. हैं। इसका व्यास (सेमी. में) ज्ञात करें।

(a) 7 (b) 28 (c) 21 (d) 14 ***SSC CHSL (Tier-1) 13.3.2018***

105. 6 सेमी. त्रिज्या वाले एक गोले को पिघलाकर 2 सेमी. त्रिज्या वाले छोटे-छोटे गोले बनाये जाते हैं। ऐसे कितने गोले बनाये जा सकते हैं?

(a) 4 (b) 8 (c) 16 (d) 32 ***SSC CGL (Tier-1) 13.6.2019***

106. 4 सेमी. त्रिज्या वाले एक गोले को पिघलाकर 2 सेमी. त्रिज्या वाले गोलों में ढाला जाता है। इस प्रकार के कितने गोले बनाये जा सकते हैं?

(a) 36 (b) 25 (c) 24 (d) 27 ***SSC CGL (Tier-1) 13.6.2019***

107. 5 सेमी. त्रिज्या वाले एक गोले को पिघलाकर 2 सेमी. त्रिज्या वाले गोले में से ढाला जाता है। इस प्रकार के कितने पूर्ण गोले बनाये जा सकते हैं?

(a) 15 (b) 18 (c) 12 (d) 16 ***SSC CGL (Tier-1) 19.6.2019***

108. किसी ठोस अर्ध-गोले का व्यास 35 सेमी. है। उसका कुल तल क्षेत्रफल कितना है? ($\pi = \frac{22}{7}$ लें)

(a) 2981 सेमी.^{2} (b) 2887.5 सेमी.^{2} (c) 3163 सेमी.^{2} (d) 2198.5 सेमी.^{2} ***SSC MTS 5.8.2019***

109. एक अर्धगोले की त्रिज्या एक गोले की त्रिज्या से दोगुनी है। अर्धगोले तथा गोले के कुल पृष्ठीय क्षेत्रफल का अनुपात क्या होगा?

(a) 3 : 1 (b) 12 :1 (c) 4 : 1 (d) 6 : 1 ***SSC CPO 1.7.2017***

110. 14 सेमी. की त्रिज्या वाले किसी ठोस अर्धगोले का पृष्ठ क्षेत्रफल तथा वक्र पृष्ठ क्षेत्रफल कितना है?

(a) 5544 cm^2, 1848 cm^2 (b) 1848 cm^2, 1232 cm^2

(c) 924 cm^2, 616 cm^2 (d) 2772 cm^2, 1848 cm^2 ***SSC MTS 6.8.2019***

111. 7 सेमी त्रिज्या वाले गोलार्ध का वक्र पृष्ठीय क्षेत्रफल ज्ञात कीजिए। ($\pi = \frac{22}{7}$ लें)

(a) 616 सेमी^{2} (b) 308 सेमी^{2} (c) 462 सेमी^{2} (d) 385 सेमी^{2} ***SSC CGL (Tier-1) 9.3.2020***

112. A और B गोलों के आयतन 125 : 64 के अनुपात में हैं। यदि A और B की त्रिज्याओं का योग 36 सेमी है, तो A का पृष्ठीय क्षेत्रफल (सेमी^{2} में) होगा–

(a) 800 π (b) 512 π (c) 1600 π (d) 1024 π ***SSC CGL (Tier-1) 9.3.2020***

113. यदि एक गोले की सतह का क्षेत्रफल S और आयतन V हो, तो $\frac{S^3}{V^2}$ का मान कितना होगा?

(a) 18π एकक (b) 27π एकक (c) 36π एकक (d) 9π एकक ***(SSC, FCI, 7.4.2013)***

114. 12 सेमी. त्रिज्या वाला एक धातु का गोला पिघलाकर, तीन छोटे गोले बनाये गये हैं। उनमें यदि दो छोटे गोलों की त्रिज्याएँ 6 सेमी. तथा 8 सेमी. हों, तो तीसरे गोले की त्रिज्या कितनी होगी?

(a) 14 सेमी. (b) 16 सेमी. (c) 10 सेमी. (d) 12 सेमी. ***(SSC, FCI, 11.11.2012)***

115. 6 सेमी. व्यास वाला एक ठोस गोला पिघलाकर एकसमान आयतन के 8 ठोस गोलों में ढाला गया। तद्नुसार, प्रत्येक छोटे गोले की त्रिज्या (सेमी. में) कितनी होगी?

(a) 1.5 (b) 3 (c) 2 (d) 2.5 ***(SSC, FCI, 11.11.2012)***

116. एक ठोस गोलार्ध का आयतन संख्यात्मक रूप से उसके कुल पृष्ठीय क्षेत्रफल के बराबर है। उसकी त्रिज्या है–

(a) $4\frac{1}{2}$ एकक (b) 9 एकक (c) 3 एकक (d) $1\frac{1}{2}$ एकक ***(SSC, CAPF-SI, 27.5.2012)***

117. दो अर्धगोलाकार बर्तनों की धारिता 6.4 लीटर तथा 21.6 लीटर है। तद्नुसार उनकी आंतरिक त्रिज्याओं का अनुपात कितना है?

(a) 4 : 6 (b) 16 : 81 (c) $\sqrt{2}:\sqrt{3}$ (d) $2:\sqrt{3}$ ***(SSC, Tier-1, 25.8.2013)***

118. यदि एक गोलक का आयतन और पृष्ठीय क्षेत्रफल संख्यात्मक रूप से बराबर हैं, तो गोलक की त्रिज्या का संख्यात्मक मान है–

(a) 3 (b) 4 (c) 1 (d) 2 ***(SSC, Tier-1, 21.4.2013)***

119. 4 सेमी व्यास वाले लेड के गोले को स्वर्ण से कवर किया जाता है। यदि स्वर्ण और लेड का आयतन बराबर है तो स्वर्ण की मोटाई लगभग कितनी होगी? (माना कि $\sqrt[3]{2} = 1.259$)

(a) 5.038 सेमी. (b) 5.190 सेमी. (c) 1.038 सेमी. (d) 0.518 सेमी. ***(SSC, 16.2.2014)***

120. सीसे की बनी 14 सेमी त्रिज्या वाली गोल गेंद गलाकर फिर से 2 सेमी त्रिज्या वाले गोलों में ढाली जाती है। छोटे गोलों की संख्या कितनी होगी?

(a) 343 (b) 450 (c) 300 (d) 525 ***(SSC, MTS, 23.2.2014)***

121. यदि एक गोले का पृष्ठ क्षेत्र 346.5 सेमी^{2} है, तो उसकी त्रिज्या होगी? (माना कि π = 22/7)

(a) 7 सेमी. (b) 3.25 सेमी. (c) 5.25 सेमी. (d) 9 सेमी. ***(SSC, 16.2.2014)***

शंकु पर आधारित प्रश्न

122. 21 सेमी. व्यास और 11 सेमी. तिरछी ऊँचाई वाले एक लम्ब वृत्तीय शंकु के सतह का कुल क्षेत्रफल (वर्ग सेमी. में) ज्ञात करें।

(a) 467.5 (b) 384 (c) 724 (d) 709.5 ***SSC CHSL (Tier-1) 10.3.2018***

123. एक लम्ब वृत्तीय शंकु के वक्र सतह का क्षेत्रफल और तिरछी ऊँचाई क्रमशः 99 वर्ग सेमी. और 9 सेमी. है। इसका व्यास (सेमी. में) ज्ञात करें।
(a) 3.5 (b) 7 (c) 14 (d) 10.5 ***SSC CHSL (Tier-1) 7.3.2018***

124. एक लंब वृत्तीय शंकु की आधार त्रिज्या 6 सेमी. है और उसकी तिर्यक ऊँचाई 10 सेमी. है। तो उसका आयतन क्या होगा?
(a) 301.71 सेमी.^{3} (b) 310.71 सेमी.^{3}
(c) 301.17 सेमी.^{3} (d) 310.17 सेमी.^{3} ***SSC CGL (Tier-1) 3.9.2016***

125. दो शंकुओं के वक्रपृष्ठ के क्षेत्रफलों का अनुपात 1 : 4 है तथा दोनों शंकुओं की तिरछी ऊँचाई का अनुपात 2 : 1 है। दोनों शंकुओं की त्रिज्या का अनुपात क्या होगा?
(a) 1 : 2 (b) 1 : 4 (c) 1 : 8 (d) 1 : 1 ***SSC CPO 1.7.2017***

126. यदि दिये गये शंकु की ऊँचाई चार गुना हो जाये तथा उसके आधार की त्रिज्या दो गुना हो जाये, तो दिये गये शंकु के आयतन का अनुपात क्या होगा?
(a) 1 : 4 (b) 1 : 8 (c) 1 : 16 (d) 1 : 32 ***SSC CPO 5.7.2017***

127. एक लंबवृत्तीय शंकु का आयतन 1232 सेमी^{3} है तथा उसकी ऊँचाई 24 सेमी. है। उसका वक्र पृष्ठ क्षेत्रफल कितना है? (लीजिए)
(a) 354 सेमी.^{2} (b) 550 सेमी.^{2} (c) 430 सेमी.^{2} (d) 530 सेमी.^{2} ***SSC MTS 5.8.2019***

128. किसी लंबवृत्तीय शंकु की ऊँचाई तथा त्रिज्या क्रमशः 4 सेमी. तथा 3 सेमी. है। शंकु का कुल पृष्ठ क्षेत्रफल कितना है?
(a) 12π सेमी.^{2} (b) 24π सेमी.^{2} (c) 7π सेमी.^{2} (d) 16π सेमी.^{2} ***SSC CHSL (Tier-1) 19.8.2019***

129. एक शंक्वाकार तंबू के आधार की परिधि 66 मीटर है। यदि तंबू की ऊँचाई 36 मीटर है, तो तंबू बनाने में उपयोग किये जाने वाले कैनवास का क्षेत्रफल (मी^{2} में) क्या है? (मानें $\pi = \frac{22}{7}$)
(a) 1254 (b) 1237.5 (c) 1171.5 (d) 1155 ***SSC CGL (Tier-1) 4.3.2020***

130. दो लम्ब वृत्ताकार शंकुओं के आयतन 4 : 1 अनुपात में हैं और उनके व्यास 5 : 4 अनुपात में हैं। तद्नुसार, उनकी ऊँचाइयों का अनुपात कितना होगा?
(a) 25 : 16 (b) 25 : 64 (c) 64 : 25 (d) 16 : 25 ***(SSC, CAPF-SI, 23.6.2013)***

131. दो लम्ब वृत्तीय शंकुओं के आयतनों का अनुपात 1 : 3 और उनके व्यासों का अनुपात 3 : 5 है। तद्नुसार, उनकी ऊँचाइयों का अनुपात कितना होगा?
(a) 25 : 27 (b) 1 : 5 (c) 3 : 5 (d) 5 : 27 ***(SSC, CAPF-SI, 23.6.2013)***

132. दो शंकुओं की त्रिज्याओं का अनुपात 3 : 4 है और उनकी ऊँचाइयों का अनुपात 4 : 3 है। तद्नुसार, उनके आयतनों का अनुपात क्या होगा?
(a) 3 : 4 (b) 4 : 3 (c) 9 : 16 (d) 16 : 9 ***(SSC, 10+2, 4.12.2011)***

133. एक लम्ब वृत्तीय शंकु के आधार का परिमाप 8 सेमी. है। यदि उस शंकु की ऊँचाई 21 सेमी.हो, तो उसका आयतन कितना होगा?
(a) $\frac{112}{\pi}$ सेमी.^{3} (b) 112π सेमी.^{3} (c) $\frac{108}{\pi}$ सेमी.^{3} (d) 108π सेमी.^{3} ***(SSC, Tier-1, 21.4.2013)***

134. दो शंकुओं की ऊँचाईयाँ 1 : 3 के अनुपात में हैं और उनके आधारों के व्यासों का अनुपात 3 : 5 है। तद्नुसार उनके आयतनों का अनुपात क्या होगा?
(a) 3 : 25 (b) 4 : 25 (c) 6 : 25 (d) 7 : 25 ***(SSC, FCI, 11.11.2012)***

135. किसी लम्बवृत्तीय शंकु का अर्ध-शीर्ष कोण 30^0 है। यदि आयतन और तिर्यक पृष्ठीय क्षेत्रफल के संख्यात्मक मान का अनुपात 1 : 3 है, तो आधार की त्रिज्या है–
(a) $\sqrt{3}$ एकक (b) 3 एकक (c) $\frac{2}{\sqrt{3}}$ एकक (d) 2 एकक ***(SSC, CAPF-SI, 27.5.2012)***

136. दो लम्ब-वृत्तीय शंकुओं के आधारों की त्रिज्याओं का अनुपात 3 : 4 और उनकी ऊँचाइयों का 4 : 3 हैं तद्नुसार, उनके आयतनों का अनुपात कितना होगा?
(a) 1 : 1 (b) 3 : 2 (c) 2 : 3 (d) 3 : 4 ***(SSC, Tier-1, 25.8.2013)***

137. एक लम्ब वृत्तीय शंकु की ऊँचाई और व्यास का अनुपात 3 : 2 है और आयतन 1078CC है; तो उसकी ऊँचाई है–
(a) 7 सेमी. (b) 14 सेमी. (c) 21 सेमी. (d) 28 सेमी. ***(SSC, 10+2, 4.12.2011)***

138. यदि एक लम्ब वृत्तीय शंकु की ऊँचाई, वक्रीय पृष्ठ का क्षेत्रफल तथा आयतन क्रमशः h, c, v हों, तो $3\pi vh^3 - c^2h^2 + 9v^2$ का मान कितना होगा?

(a) 2 (b) –1 (c) 1 (d) 0 ***(SSC, Tier-2, 29.9.2013)***

139. एक शंकु की त्रिज्या तथा ऊँचाई का अनुपात 4 : 3 है। तद्नुसार उसकी वक्राकार सतह के क्षेत्रफल तथा कुल सतह के क्षेत्रफल का अनुपात कितना होगा?

(a) 5 : 9 (b) 3 : 7 (c) 5 : 4 (d) 16 : 9 ***(SSC, 10+2, 4.12.2011)***

140. 7 सेमी. आधार त्रिज्या वाले 24 सेमी. ऊँचे शंकु को तैयार करने के लिए कितने क्षेत्रफल की लोह चादर की आवश्यकता है?

(a) 704 सेमी.^{2} (b) 408 सेमी.^{2} (c) 708 सेमी.^{2} (d) 804 सेमी.^{2} ***(SSC, 26.10.2014)***

141. एक शंकु की ऊँचाई 30 सेमी. है। एक छोटा शंकु तल के समांतर शीर्ष पर काटा जाता है। यदि इसका आयतन दिये हुए शंकु के आयतन का $\frac{1}{27}$ हो तो तल से कितनी ऊँचाई पर खंड किया जाएगा?

(a) 19 सेमी. (b) 20 सेमी. (c) 12 सेमी. (d) 15 सेमी. ***(SSC, 16.2.2014)***

बेलन और गोला दोनों पर आधारित प्रश्न

142. एक ठोस धातु के बेलन (सिलेंडर), जिसकी आधार त्रिज्या 4 सेमी. और ऊँचाई सेमी. है, को पिघलाकर एक गोले के रूप में परिवर्तित किया जाता है। गोले का पृष्ठ क्षेत्रफल, सेमी.^{2} में कितना है?

(a) 64π (b) 96π (c) 80π (d) 40π ***SSC CHSL (Tier-1) 19.8.2019***

143. किसी गोले की त्रिज्या, एक लंबवृत्तीय बेलन (सिलेंडर) के आधार की त्रिज्या तथा ऊँचाई के बराबर है। गोले की पृष्ठीय क्षेत्रफल (सरफेस एरिया) तथा बेलन (सिलेंडर) के वक्र पृष्ठ के क्षेत्रफल का अनुपात कितना है?

(a) 2 :1 (b) 1 : 2 (c) 1 : 1 (d) 2 : 3 ***SSC MTS 5.8.2019***

144. किसी गोले और किसी लंबवृत्तीय बेलन (सिलेंडर) का आयतन समान है। गोला और बेलन की त्रिज्या क्रमशः 21 सेमी. और 14 सेमी. है। बेलन की ऊँचाई कितनी है?

(a) 63 सेमी. (b) 56 सेमी. (c) 42 सेमी. (d) 49 सेमी. ***SSC CHSL (Tier-1) 16.8.2019***

145. 15 सेमी. त्रिज्या वाले पीतल के एक ठोस गोले को 6mm. व्यास के तार में खींचा जाता है। तार की लंबाई (सेमी. में) है–

(a) 50000 (b) 60000 (c) 55000 (d) 45000 ***SSC CHSL (Tier-1) 21.8.2019***

गोला और शंकु पर आधारित प्रश्न

146. 5 सेमी. त्रिज्या वाले एक गोले को समान त्रिज्या के आधार वाला एक शंकु बनाने के लिए गलाया जाता है। शंकु की ऊँचाई (सेमी. में) कितनी हागी?

(a) 5 (b) 10 (c) 20 (d) 22 ***SSC CGL (Tier-1) 28.8.2016***

147. 25 सेमी. की ऊँचाई और 21 सेमी. के व्यास वाले एक शंकु को उसी व्यास के एक अर्द्धगोल पर लगाया जाता है। इस प्रकार गठन किये गये ठोस का आयतन ज्ञात करें। ($\pi = 22/7$ लीजिए)

(a) 3155 घन सेमी. (b) 1533 घन सेमी.

(c) 3315 घन सेमी. (d) 5313 घन सेमी. ***SSC CHSL (Tier-1) 21.1.2017***

148. 12 सेमी. की ऊँचाई और 10 सेमी. के व्यास वाले एक शंकु को उसी व्यास वाले एक गोलार्द्ध पर मढा जाता है। इस तरह से निर्माण हुई ठोस वस्तु के आयतन को ज्ञात करें।

(a) 384.13 वर्ग सेमी. (b) 576.19 वर्ग सेमी.

(c) 192.06 वर्ग सेमी. (d) 288.1 वर्ग सेमी. ***SSC CHSL (Tier-1) 7.1.2017***

149. किसी गोलक का उतना ही वक्रपृष्ठ क्षेत्रफल है जितना कि एक 40 सेमी. ऊँचे और 30 सेमी. त्रिज्या वाले शंकु का गोलक की त्रिज्या बताइये।

(a) $5\sqrt{5}$ सेमी. (b) $5\sqrt{3}$ सेमी. (c) $5\sqrt{15}$ सेमी. (d) $5\sqrt{10}$ सेमी. ***SSC CHSL (Tier-1) 4.9.2016***

150. दो लम्ब वृत्ताकार शंकु, जिनकी ऊँचाई एक समान है और जिनके आधारों की त्रिज्याएँ 3 सेमी. तथा 4 सेमी. हैं, एक साथ पिघलाकर, 5 सेमी. त्रिज्या वाले एक ठोस गोले में ढाल दिये जाते हैं। तद्नुसार, एक शंकु की ऊँचाई कितनी होगी?

(a) 10 सेमी. (b) 20 सेमी. (c) 30 सेमी. (d) 40 सेमी. ***(SSC, 10+2, 27.10.2013)***

151. एक बच्चा मिट्टी से बने एक शंकु को, जिसकी ऊँचाई 24 सेमी. तथा त्रिज्या 6 सेमी. है, गोलाकार बना देता है। तदनुसार उस गोले की त्रिज्या कितने सेमी. हो जाएगी?

(a) 6 (b) 12 (c) 24 (d) 48 ***(SSC, Tier-1, 19.6.2011)***

152. 10.5 सेमी. त्रिज्या का एक धातु का गोला पिघलाकर, 3.5 सेमी. त्रिज्या तथा 3 सेमी. ऊँचाई वाले कई छोटे शंकुओं में ढाल दिया गया है। तदनुसार, इस प्रकार बने शंकुओं की संख्या कितनी होगी?

(a) 126 (b) 140 (c) 132 (d) 112 ***(SSC, 10+2, 10.11.2013)***

153. 4 सेमी. त्रिज्या वाले एक अर्धगोलाकार प्याले में, कॉफी ऊपर तक भर दी गयी है। उस कॉफी को, 8 सेमी. त्रिज्या तथा 16 सेमी. ऊँचाई वाले एक ऊर्ध्वाधर शंकु में डाला गया है। तदनुसार, उस शंकु का कितने प्रतिशत आयतन खाली रह जाएगा?

(a) 87.5% (b) 80.5% (c) 81.6% (d) 88.2% ***(SSC, 10+2, 21.10.2012)***

154. एक शंकु के आधार और एक गोले की त्रिज्या r समान है। उनके वक्र पृष्ठ का क्षेत्रफल भी वही है। शंकु की ऊँचाई है–

(a) 3 (b) $4r$ (c) $\sqrt{15}r$ (d) $5\sqrt{3}r$ ***(SSC, 10+2, 21.10.2012)***

155. एक ठोस, तले पर अर्ध-गोलाकार है और ऊपर शंक्वाकार। यदि दोनों भागों के पृष्ठ क्षेत्रफल बराबर हैं, तो उसके शंक्वाकार भाग की त्रिज्या और ऊँचाई का अनुपात है–

(a) 1 : 3 (b) 1 : 1 (c) $\sqrt{3}:1$ (d) $1:\sqrt{3}$ ***(SSC, Tier-2, 4.9.2011)***

156. एक लम्ब वृत्तीय शंकु की त्रिज्या और एक गोलक की त्रिज्या a के बराबर हैं। उस गोलक और शंकु के आयतन भी एक समान है। तदनुसार, उस शंकु की ऊँचाई कितनी है?

(a) 3a (b) 4a (c) $\frac{7}{4}a$ (d) $\frac{7}{3}a$ ***(SSC, 10+2, 28.10.2012)***

157. एक ठोस धात्विक गोले का पृष्ठीय क्षेत्रफल 1256 वर्ग सेमी. है। यदि उसे पिघलाकर, उससे 2.5 सेमी. त्रिज्या तथा 8 सेमी. ऊँचाई वाले ठोस लम्ब-वत्तीय शंकु बनाये जाएँ, तो ऐसे कितने शंकु बन सकते हैं? (मान लीजिए $\pi = 3.14$)

(a) 60 (b) 70 (c) 80 (d) 90 ***(SSC, 10+2, 28.8.2013)***

158. दो धात्विक लम्ब वृत्तीय शंकु, जिनकी ऊँचाईयाँ 3.8 सेमी. तथा 4.6 सेमी. हैं, और आधारों की त्रिज्याएँ, प्रत्येक 2.1 सेमी. हैं, एक साथ पिघलाकर एक गोले में ढाल दिये गये हैं। तदनुसार, उस गोले का व्यास कितने सेमी. होगा?

(a) 6.3 (b) 1.4 (c) 3.5 (d) 4.2 ***(SSC, CAPF-SI, 23.6.2013)***

159. दो एकसमान ऊँचाई और क्रमशः r_1 तथा r_2 त्रिज्याओं वाले ठोस शंकु पिघलाकर R त्रिज्या वाले एक ठोस गोले में बदल दिये जाते हैं। तदनुसार उन शंकुओं की ऊँचाई कितनी थी?

(a) $\frac{4R^3}{(r_1^2+r_2^2)}$ (b) $\frac{3R^3}{(r_1^2+r_2^2)}$ (c) $\frac{5R^3}{(r_1^2+r_2^2)}$ (d) $\frac{2R^3}{(r_1^2+r_2^2)}$ ***(SSC, 10+2, 4.12.2011)***

160. 28 सेमी. व्यास वाली एक अर्ध वृत्ताकार धातु की परत को मोड़कर एक खुले शंक्वाकार प्याले में परिवर्तित कर दिया गया है। तदनुसार उस प्याले की धारिता कितनी होगी?

(a) 622.56 सेमी.^{3} (b) 623.20 सेमी.^{3}

(c) 624.26 सेमी.^{3} (d) 622.16 सेमी.^{3} ***(SSC, FCI, 7.4.2013)***

161. एक शंकु के आधार का अर्द्धव्यास तथा एक गोले का अर्द्धव्यास दोनों में से प्रत्येक की माप 8 सेमी. है। साथ ही, इन दोनों ठोसों के आयतन बराबर हैं, तो शंकु की तिर्यक् ऊँचाई होगी–

(a) 8 सेमी. (b) $8\sqrt{17}$ सेमी. (c) $8\sqrt{14}$ सेमी. (d) 34 सेमी. ***(SSC, FCI, 5.2.2012)***

162. एक शंक्वाकार कप आइसक्रीम से भरा है। आइसक्रीम अपने खुले शीर्ष पर अर्धगोलाकार आकृति बनाती है। अर्धगोलाकार भाग की ऊँचाई 7 सेमी. है। अर्धगोलाकार भाग की त्रिज्या शंकु की ऊँचाई के बराबर है। तो आइसक्रीम का आयतन कितना होगा?

(a) 1078 घन सेमी. (b) 1708 घन सेमी

(c) 7108 घन सेमी. (d) 7180 घन सेमी. ***(SSC, 16.2.2014)***

163. एक बड़े ठोस गोले को गलाकार समरूप लंब वृत्ताकार शंकु बनाये जाते हैं जिनकी आधार त्रिज्या और ऊँचाई गोले की त्रिज्या के बराबर है। इनमें से एक शंकु को गलाकार छोटा ठोस गोला बनाया जाता है। छोटे गोले के पृष्ठ क्षेत्र और बड़े गोले के पृष्ठ क्षेत्र का अनुपात क्या होगा?

(a) $1:3^{4/3}$ (b) $1:2^{3/2}$ (c) $1:3^{2/3}$ (d) $1:2^{4/3}$ ***(SSC, 16.2.2014)***

164. 6 से.मी. व्यास की एक ठोस धात्विक गोल बॉल को पिघलाकर पुनः ढाला जाता है और शंकु आकार दिया जाता है जिसके आधार (बेस) का व्यास 12 सेमी. है। शंकु की ऊँचाई बताएँ–
(a) 2 सेमी. (b) 3 सेमी. (c) 4 सेमी. (d) 6 सेमी. ***(SSC, 26.10.2014)***

शंकु और बेलन दोनों पर आधारित प्रश्न

165. 10 सेमी. की त्रिज्या और 8 सेमी. की ऊँचाई वाले एक ठोस समकोण वृत्ताकार शंकु को 11 सेमी. त्रिज्या और 9 सेमी. की ऊँचाई वाले एक बेलनाकार बर्तन के अंदर डाल दिया जाता है। बेलनाकार बर्तन को पूरी तरह से भरने के लिए धन सेमी. में कितना पानी आवश्यक होगा?
(a) 5168.96 घन सेमी. (b) 2584.48 घन सेमी.
(c) 7753.44 घन सेमी. (d) 1292.24 घन सेमी. ***SSC CHSL (Tier-1) 22.1.2017***

166. यदि 3.5 सेमी. की त्रिज्या और 9.6 सेमी. की ऊँचाई वाले एक सिलेंडर को पिघलाया गया, और उसी त्रिज्या वाले एक शंकु में निर्माण किया गया, तो इस शंकु की ऊँचाई क्या होगी? ($\pi = 22/7$)
(a) 3.2 सेमी. (b) 6.4 सेमी. (c) 1.6 सेमी. (d) 28.8 सेमी. ***SSC CHSL (Tier-1) 8.2.2017***

167. यदि 7 सेमी की त्रिज्या और 9 सेमी. की ऊँचाई वाले एक बेलनाकार वस्तु को पिघलाकर उसी त्रिज्या के एक शंकु का निर्माण किया जाता है, तो उस शंकु की ऊँचाई कितनी होगी?
(a) 54 सेमी. (b) 9 सेमी. (c) 27 सेमी. (d) 13.5 सेमी. ***SSC CHSL (Tier-1) 7.2.2017***

168. यदि 10.5 सेमी. की त्रिज्या और 12 सेमी. की ऊँचाई वाले एक शंकु को पिघलाकर उसी त्रिज्या के एक बेलनाकार वस्तु का निर्माण किया जाता है, तो उस वस्तु की ऊँचाई कितनी होगी?
(a) 8 सेमी. (b) 1.33 सेमी. (c) 2 सेमी. (d) 4 सेमी. ***SSC CHSL (Tier-1) 3.2.2017***

169. एक बेलनाकार (सिलेंडरिकल) बाल्टी, जिसकी ऊँटाई 27 सेमी. और आधार त्रिज्या 48 सेमी. है, को रेत (सैंड) से भरा जाता है। जब बाल्टी को जमीन पर खाली किया जाता है और 54 सेमी. त्रिज्या का एक शंकुकार ढेर बन जाता है। ढेर की ऊँचाई (सेमी. में) कितनी है?
(a) 32 (b) 56 (c) 54 (d) 64 ***SSC CHSL (Tier-1) 21.8.2019***

170. एक शांकव फ्लास्क पानी से भरी हुई है। फ्लास्क की आधार त्रिज्या r है, और ऊँचाई h हैं यह पानी एक बेलनाकार फ्लास्क में डाला गया जिसकी आधार त्रिज्या mr है। बेलनाकार फलास्क में पानी की ऊँचाई है–
(a) $\frac{m}{2h}$ (b) $\frac{h}{2}m^2$ (c) $\frac{2h}{m}$ (d) $\frac{h}{3m^2}$ ***(SSC, Tier-1, 19.5.2013)***

171. 5 मिमी. व्यास वाली एक बेलनाकार नलिका में से जल 10 मीटर प्रति मिनट की गति से प्रवाहित होता है। तद्नुसार, उससे उस शांक्व बरतन को भरने में कितना समय लगेगा, जिसके आधार का व्यास 30 सेमी. तथा ऊँचाई 24 सेमी. है?
(a) 28 मिनट 48 सेकेंड (b) 51 मिनट 12 सेकंड
(c) 51 मिनट 24 सेकंड (d) 28 मिनट 36 सेकेंड ***(SSC, CAPF-SI, 21.6.2013)***

172. एक धातु के बेलन की त्रिज्या 3 सेमी. और उसकी ऊँचाई 5 सेमी. है। उसे पिघलाकर, प्रत्येक 1 सेमी. ऊँचाई और 1 मिमी. त्रिज्या के आधार वाले छोटे शंकुओं में ढाला गया है। तद्नुसार, इस प्रकार बने शंकुओं की संख्या कितनी होगी?
(a) 450 (b) 1350 (c) 8500 (d) 13500 ***(SSC, FCI, 11.11.2012)***

173. एक तम्बू 3 मीटर की ऊँचाई तक लम्बवृत्तीय बेलन के आकार का है और फिर जमीन के ऊपर 13.5 मीटर की अधिकतम ऊँचाई तक लम्ब-वृत्तीय शंकु बन जाता है। यदि आधार की त्रिज्या 14 मीटर हो, तो 2 रुपये प्रति वर्ग मीटर की दर से तम्बू के भीतरी भाग को पेंट करने की लागत है–
(a) 2,050 रुपये (b) 2,060 रुपये (c) 2,068 रुपये (d) 2,080 रुपये ***(SSC, FCI, 15.4.2012)***

174. एक ठोस लकड़ी का खिलौना, एक गोलार्ध के ऊपर लम्ब वृत्तीय शंकु के आकार का है। यदि उसके गोलार्ध की त्रिज्या 4.2 सेमी. हो और खिलौने की पूरी ऊँचाई 10.2 सेमी. हो, तो लकडी के खिलौने का आयतन कितना होगा?
(a) 104 सेमी.^{3} (b) 162 सेमी.^{3} (c) 427 सेमी.^{3} (d) 266 सेमी.^{3} ***(SSC, FCI, 15.4.2012)***

175. 9 सेमी. ऊँचाई और 18सेमी. व्यास का ठोस शंकु, 9 सेमी. त्रिज्या वाले एक ठोस लकड़ी के गोले को काटकर बनाया गया है। तद्नुसार नष्ट की गयी लकड़ी कितने प्रतिशत है?
(a) 25 (b) 30 (c) 50 (d) 75 ***(SSC, FCI, 5.2.2012)***

176. 10 सेमी. ऊँचाई और 6 सेमी. त्रिज्या के आधार वाले एक ठोस बेलन से उसी ऊँचाई और उसी जैसा आधार वाला एक शंकु निकाल लिया गया है। तदनुसार शेष बचे ठोस का आयतन कितना रह गया है?

(a) 240π घन सेमी. (b) 5280π घन सेमी.
(c) 620π घन सेमी. (d) 360π घन सेमी. ***(SSC, 10+2, 11.12.2011)***

177. एक सर्कस का तंबू 3 मी. की ऊँचाई तक बेलनाकार है और उसके ऊपर शंक्वाकार। यदि उसका व्यास 105 मी. है और शंक्वाकार भाग की तिरछी ऊँचाई 63 मीटर है, तो तम्बू बनाने के लिए अपेक्षित कैन्वस का कुल क्षेत्रफल है–

(a) 11385 मी.^{2} (b) 10395 मी.^{2} (c) 9900 मी.^{2} (d) 990 मी.^{2} ***(SSC, 10+2, 11.12.2011)***

178. एक बेलन और एक शंकु के आयतन 3 : 1 के अनुपात में हैं। उनके व्यास ज्ञात करें और उनकी तुलना करें जब उनकी ऊँचाइयाँ बराबर हैं?

(a) बेलन का व्यास < शंकु का व्यास (b) बेलन का व्यास = शंकु के व्यास का दुगुना
(c) बेलन का व्यास = शंकु का व्यास (d) बेलन का व्यास > शंकु का व्यास ***(SSC, 10+2, 20.10.2013)***

179. एक फ्लास्क (थर्मस) जो लम्ब वृत्तीय शंकु आकार का है और उसकी ऊँचाई 24 सेमी. है, वह पानी से भरा है। इस पानी को एक लम्ब वृत्तीय बेलनाकार फ्लास्क में उड़ेला जाता है, जिसकी त्रिज्या वृत्तीय शंकु के तले की त्रिज्या का $\frac{1}{3}$ है। तो बेलनाकार फ्लास्क में पानी की ऊँचाई क्या होगी?

(a) 32 सेमी. (b) 24 सेमी. (c) 48 सेमी. (d) 72 सेमी. ***(SSC, 9.11.2014)***

छिन्नक पर आधारित प्रश्न

180. दो बाल्टियाँ हैं, एक छोटी और एक बड़ी, छोटी वाली बाल्टी, बड़ी बाल्टी का केवल 3/5वां हिस्सा रख सकती हैं। यदि एक तालाब भरने के लिए 6,000 बड़ी क्षमता की बाल्टी की आवश्यकता होती है तो उसी तालाब को भरने के लिए कितनी छोटी क्षमता वाली बाल्टी चाहिए?

(a) 8000 (b) 10000 (c) 12000 (d) 15000 ***SSC CHSL (Tier-1) 7.3.2018***

181. एक 14 cm ऊँचे शंकु के छिन्नक (frustum) के दो वृत्ताकार फलकों की त्रिज्याएँ 5 सेमी. और 2 सेमी. हैं। सेमी.^{3} में, इसका आयतन क्या है? ($\pi = 22/7$)

(a) 540 (b) 560 (c) 572 (d) 520 ***SSC CGL (Tier-1) 11.6.2019***

182. एक शंकु के छिन्नक (frustum) के दो वृत्ताकार फलकों की त्रिज्याएँ 5 सेमी. और 4 सेमी. हैं। यदि छिन्नक की ऊँचाई 21 सेमी. है, तो सेमी.^{3} में इसका आयतन क्या है? ($\pi = 22/7$)

(a) 1342 (b) 638 (c) 902 (d) 1056 ***SSC CGL (Tier-1) 11.6.2019***

183. 21 सेमी. ऊँचाई वाले शंकु के छिन्नक (frustum) के दो वृत्तीय फलक के व्यास क्रमशः 3 सेमी. और 2 सेमी. हैं। सेमी.^{3} में, शंकु के छिन्नक का आयतन क्या होगा? ($\pi = 22/7$)

(a) 286 (b) 345 (c) 154 (d) 418 ***SSC CGL (Tier-1) 11.6.2019***

184. एक 10.5 सेमी. ऊँचे शंकु के छिन्नक (frustum) के दो वृत्ताकार फलकों की त्रिज्याएँ 5 सेमी. और 3 सेमी. हैं। सेमी. में, इसका आयतन क्या है? ($\pi = 22/7$)

(a) 539 (b) 545 (c) 552 (d) 564 ***SSC CGL (Tier-1) 12.6.2019***

185. एक 21 सेमी. ऊँचे शंकु के छिन्नक (frustum) के दो वृत्ताकार फलकों की त्रिज्याएँ 5 सेमी. और 3 सेमी. हैं। सेमी.^{3} में, इसका आयतन क्या है? ($\pi = 22/7$)

(a) 1058 (b) 1078 (c) 1025 (d) 1020 ***SSC CGL (Tier-1) 12.6.2019***

186. यदि एक समलम्बी वृत्ताकार शंकु को V_1, V_2, V_3 आयतन वाले तीन ऐसे ठोस खंडों में बांट दिया जाए, जिनके दो आधार, मूल आधार के समांतर हों और ऊँचाईयाँ भी समत्रिभाजित हों, तो $V_1 : V_2 : V_3$ का अनुपात कितना होगा?

(a) 1 : 2 : 3 (b) 1 : 4 : 6 (c) 1 : 6 : 9 (d) 1 : 7 : 19 ***(SSC, 10+2, 4.12.2011)***

187. यदि 45 सेमी. ऊँची किसी रुंडित शंकु बाल्टी के वृत्ताकार छोरों की त्रिज्याएँ 28 सेमी. तथा 7 सेमी. हैं तो घन सेंटीमीटरों में बाल्टी की धारिता है–

(a) 48510 सेमी.^{3} (b) 45810 सेमी.^{3} (c) 48150 सेमी.^{3} (d) 48051 सेमी.^{3} ***(SSC, 10+2, 11.12.2011)***

188. एक लम्ब वृत्तीय शंकु की ऊँचाई और उसके वृत्तीय आधार की त्रिज्या क्रमशः 9 सेमी. तथा 3 सेमी. हैं। शंकु को उसके आधार के समांतर एक तल द्वारा दो भागों में काटा गया। शंकु के छिन्नक (अर्थात् निचले भाग) का आयतन 44 घन सेमी. है। छिन्नक के ऊपरी वृत्तीय पृष्ठ त्रिज्या ($\pi = \frac{22}{7}$ लेकर) है–

(a) $\sqrt[3]{12}$ सेमी. (b) $\sqrt[3]{13}$ सेमी. (c) $\sqrt[3]{6}$ सेमी. (d) $\sqrt[3]{20}$ सेमी. ***(SSC, Tier-2, 4.9.2011)***

गोला, शंकु और बेलन तीनों पर आधारित प्रश्न

189. एक लम्ब वृत्तीय बेलन, एक अर्ध गोला और एक लम्ब वृत्तीय शंकु एक ही आधार पर स्थित हैं और उनकी ऊँचाई बराबर है। उनके आयतन का अनुपात है–

(a) 3 : 6 : 1 (b) 3 : 4 : 1 (c) 3 : 2 : 1 (d) 4 : 3 : 1 ***(SSC, FCI, 5.2.2012)***

190. एक शंकु, एक गोलार्ध और एक बेलन को समान आधार पर रखा गया है और उनकी ऊँचाई बराबर है। उनके आयतन का अनुपात है–

(a) 1 : 3 : 2 (b) 2 : 3 : 1 (c) 1 : 2 : 3 (d) 3 : 1 : 2 ***(SSC, 10+2, 11.12.2011)***

191. यदि एक गोलार्ध, एक वृत्ताकार बेलन तथा एक शंकु की त्रिज्याएँ तथा ऊँचाइयाँ परस्पर एकसमान हों, तो उनके आयतनों का अनुपात कितना होगा?

(a) 3 : 1 : 2 (b) 3 : 2 : 1 (c) 1 : 2 : 3 (d) 2 : 3 : 1 ***(SSC, Tier-1, 25.8.2013)***

192. यदि V_1, V_2 और V_3 ऐसे लम्ब वृत्तीय शंकु, गोलक और लम्ब वृत्तीय बेलन के आयतन हैं, जिनकी त्रिज्या और ऊँचाई समान है, तो

(a) $V_1 = \frac{V_2}{2} = \frac{V_3}{3}$ (b) $\frac{V_1}{2} = \frac{V_2}{3} = V_3$ (c) $\frac{V_1}{3} = \frac{V_2}{2} = V_3$ (d) $\frac{V_1}{3} = V_2 = \frac{V_3}{2}$ ***(SSC, 16.2.2014)***

उत्तरमाला

1. (b)	2. (d)	3. (c)	4. (c)	5. (c)	6. (a)	7. (a)	8. (b)	9. (b)
10. (d)	11. (c)	12. (b)	13. (a)	14. (d)	15. (d)	16. (d)	17. (d)	18. (b)
19. (c)	20. (c)	21. (c)	22. (a)	23. (c)	24. (a)	25. (b)	26. (d)	27. (a)
28. (c)	29. (a)	30. (b)	31. (d)	32. (d)	33. (d)	34. (b)	35. (c)	36. (b)
37. (d)	38. (d)	39. (d)	40. (a)	41. (c)	42. (a)	43. (a)	44. (c)	45. (b)
46. (b)	47. (c)	48. (c)	49. (d)	50. (c)	51. (b)	52. (b)	53. (b)	54. (d)
55. (d)	56. (b)	57. (b)	58. (c)	59. (c)	60. (c)	61. (d)	62. (b)	63. (b)
64. (b)	65. (a)	66. (d)	67. (c)	68. (d)	69. (b)	70. (a)	71. (a)	72. (a)
73. (c)	74. (a)	75. (d)	76. (a)	77. (b)	78. (d)	79. (a)	80. (c)	81. (d)
82. (a)	83. (b)	84. (c)	85. (d)	86. (a)	87. (c)	88. (b)	89. (a)	90. (b)
91. (d)	92. (d)	93. (a)	94. (d)	95. (d)	96. (b)	97. (c)	98. (b)	99. (b)
100. (a)	101. (b)	102. (d)	103. (c)	104. (d)	105. (b)	106. (d)	107. (a)	108. (b)
109. (a)	110. (b)	111. (b)	112. (c)	113. (c)	114. (c)	115. (a)	116. (a)	117. (a)
118. (a)	119. (d)	120. (a)	121. (c)	122. (d)	123. (b)	124. (c)	125. (c)	126. (c)
127. (b)	128. (b)	129. (b)	130. (c)	131. (a)	132. (a)	133. (a)	134. (a)	135. (c)
136. (d)	137. (c)	138. (d)	139. (a)	140. (a)	141. (b)	142. (a)	143. (c)	144. (a)
145. (a)	146. (c)	147. (d)	148. (b)	149. (c)	150. (b)	151. (a)	152. (a)	153. (a)
154. (c)	155. (d)	156. (b)	157. (c)	158. (d)	159. (a)	160. (d)	161. (b)	162. (a)
163. (d)	164. (b)	165. (b)	166. (d)	167. (c)	168. (d)	169. (c)	170. (d)	171. (a)
172. (d)	173. (c)	174. (d)	175. (d)	176. (a)	177. (a)	178. (d)	179. (d)	180. (b)
181. (c)	182. (a)	183. (d)	184. (a)	185. (b)	186. (d)	187. (a)	188. (b)	189. (c)
190. (c)	191. (d)	192. (a)						

अभ्यास प्रश्नों के हल

1. घनाभ का आयतन = ल. × चौ. × ऊँ. $\Rightarrow$ 320 = 10 × 8 × ऊँ. $\Rightarrow$ ऊँ. = 4 सेमी.

$\therefore$ घनाभ के कुल सतह का क्षे. = 2 (ल. चौ. + चौ. ऊँ + ऊँ. ल.) = 2 (10 × 8 + 8 × 4 + 4 × 10)

= 2(80 + 32 + 40) = 2 × 152 = 304 वर्ग सेमी.

2. घनाभ के कुल सतह का क्षे. = 2(ल.चौ. + चौ.ऊँ. + ऊँ.ल.) = 2(10.5 × 8 + 8 × 9 + 9 × 10.5)

= 2(84.0 + 72 + 94.5) = 2 × 250.5 = 501 वर्ग सेमी.

3. घनाभ की लम्बाई, चौड़ाई और ऊँचाई = 15 सेमी., 12 सेमी., 11 सेमी.

$\therefore$ घनाभ के चार पार्श्व फलकों का कुल क्षे. = 2 (लम्बाई + चौड़ाई) × ऊँचाई = 2 (15 + 12) × 11

= 2 × 27 × 11 = 594 वर्ग सेमी.

$6\frac{2}{3}\%$ घटाने पर नई लम्बाई = $15 \times 93\frac{1}{3}\% = 15 \times \frac{280}{3\times100}\%$ = 14 सेमी.

$8\frac{1}{3}\%$ बढ़ाने पर नयी चौड़ाई = $12 \times 108\frac{1}{3}\% = 12 \times \frac{325}{3\times100}$ = 13 सेमी.

$\therefore$ घनाभ की चार पार्श्व फलकों का नया क्षे. = 2 (नयी लम्बाई + नयी चौड़ाई) × ऊँचाई

= 2 (14 + 13) × 11 = 2 × 27 × 11 = 594 वर्ग सेमी.

$\therefore$ पार्श्व फलकों के कुल क्षेत्रफल में कोई परिवर्तन नहीं हुआ।

4. बिना छेद वाले टैंक के निर्माण में आवश्यक चादर = टैंक का सम्पूर्ण पृष्ठ = 2 (ल.चौ. + चौ.ऊँ. + ऊँ.ल.)

= 2 (10 × 8 + 8 × 6 + 6 × 10)

= 2(80 + 48 + 60) = 2 × 188 = 376 वर्ग मी.

टैंक के ऊपर वाले छेद का क्षे. = $\pi r^2 = \frac{22}{7} \times 1 \times 1$ वर्ग मी. = 3.14 वर्ग मी.

$\therefore$ टैंक के निर्माण में (छेद के कारण) आवश्यक चादर = 376 − 3.14 = 372.9 वर्ग मी.

5. माना घनाभ की लम्बाई, चौड़ाई और ऊँचाई क्रमशः l, b, h हैं।

$\therefore$ $l b = 32, bh = 24, hl = 48 \Rightarrow l b \times bh \times hl = 32 \times 24 \times 48 \Rightarrow (l b h)^2 = (8 \times 6 \times 4)^2$

$\therefore$ $l b h = 8 \times 6 \times 4$, अतः आयतन = $l b h = 8 \times 6 \times 4 = 192 \text{ cm}^2$

6. घनाभ का ऊँचाई = 2 सेमी., अतः घनाभ की चौड़ाई = 2 × 2 = 4 सेमी.

$\therefore$ घनाभ की लम्बाई = चौड़ाई × 2 = 4 × 2 = 8 सेमी.

$\therefore$ माना घन की कोर x सेमी. है। अतः घन का आयतन = घनाभ का आयतन

$\therefore$ $x^3 = 8\times4\times2 = 64 = 4^3$, अतः $x = 4$ सेमी. $\Rightarrow$ घन की कोर = $x = 4$ सेमी.

7. घनाभ का आयतन = आधार का क्षेत्रफल × ऊँचाई

$\therefore$ 330 = 15 × ऊँचाई $\Rightarrow$ ऊँचाई = $\frac{330}{15}$ = 22 सेमी.

8. ईंटों की अपेक्षित संख्या = $\frac{\text{दीवार का आयतन}}{\text{एक ईंट का आयतन}} = \frac{9 \text{ मी.} \times 6 \text{ मी.} \times 20 \text{ सेमी.}}{30 \text{ सेमी.} \times 15 \text{ सेमी.} \times 10 \text{ सेमी.}}$

$= \frac{900 \text{ सेमी.} \times 600 \text{ सेमी.} \times 20 \text{ सेमी.}}{30 \text{ सेमी.} \times 15 \text{ सेमी.} \times 10 \text{ सेमी.}} = 2400$

9. ईंटों की आवश्यक संख्या = $\frac{\text{दीवार का आयतन}}{\text{एक ईंट का आयतन}} = \frac{8 \text{ मी.} \times 6 \text{ मी.} \times 22.5 \text{ सेमी.}}{25 \text{ सेमी.} \times 11.25 \text{ सेमी.} \times 6 \text{ सेमी.}}$

$= \frac{800 \text{ सेमी.} \times 600 \text{ सेमी.} \times 22.5 \text{ सेमी.}}{25 \text{ सेमी.} \times 11.25 \text{ सेमी.} \times 6 \text{ सेमी.}} = 6400$

10. पानी की गहराई = $\frac{\text{पानी का आयतन}}{\text{आधार का क्षेत्रफल}} = \frac{2.6 \text{ घन मी.}}{6500 \text{ वर्ग सेमी.}} = \frac{2.6\times100\times100\times100 \text{ घन सेमी.}}{6500 \text{ वर्ग सेमी.}}$

= 400 सेमी. = 4 मी.

11. पेंसिल की अधिकतम लम्बाई = बक्से का विकर्ण = $\sqrt{\text{लम्बाई}^2 + \text{चौड़ाई}^2 + \text{ऊँचाई}^2}$

$= \sqrt{64+36+4} = \sqrt{104} = 2\sqrt{26}$ सेमी.

12. गोदाम की लं. = 15 मी., चौ. = 12 मी., माना ऊँचाई = x मी.

$\because$ फर्श + छत का क्षे. = चारों दीवारों का क्षे.

$\therefore$ (ल. × चौ.) × 2 = 2 × (ल. + चौ.) × ऊँ. $\Rightarrow 15 \times 12 \times 2 = 2\ (15+12)\cdot x$

$\therefore$ $15 \times 12 = 27\cdot x \Rightarrow x = \frac{15\times12}{27} = \frac{20}{3}$ मी.

$\therefore$ गोदाम का आयतन = लं. × चौ. × ऊँचाई = $\frac{15\times12\times20}{3} = 1200$ मी.^{3}

13. नल के अनुप्रस्थ परिच्छेद का क्षे. = 2 डेसीमी. × 1.5 डेसीमी. = $\frac{2}{10}$ मी. × $\frac{1.5}{10}$ मी.

$\therefore$ प्रतिघण्टा प्रवाहित जल का आयतन = $\frac{15000\times2}{10}\times\frac{1.5}{10} = 450$ मी.^{3}

3 मी. गहरे पानी का आयतन = $150 \times 100 \times 3$ मी.^{3}

$\therefore$ अभीष्ट समय = $\frac{\text{3 मी. गहरे पानी का आयतन}}{\text{प्रति घण्टा प्रवाहित जल का आयतन}} = \frac{150\times100\times3}{450} = 100$ घण्टे

14. माना खाई की गहराई x मी. है।

$\therefore$ खाई से निकली मिट्टी का आयतन = भूमि पर डाली गयी मिट्टी का आयतन

$\therefore$ $27 \times 18.2 \times x = 48 \times 31.5 \times \frac{6.5}{10} \Rightarrow x = \frac{48\times31.5\times.65}{27\times18.2} = 2$ मी.

15. ईंटों की संख्या = $\frac{20}{\frac{25}{100}\times\frac{12.5}{100}\times\frac{8}{100}} = \frac{20\times100\times100\times100}{25\times12.5\times8} = 8000$

16. माना षट्फलक की विमाएँ क्रमशः ℓ, b, h हैं।

$\therefore$ $\ell b = 12$ वर्ग मी., $bh = 15$ वर्ग मी., $\ell h = 20$ वर्ग मी.

$\therefore$ $\ell b \cdot bh \cdot \ell h = 12 \times 15 \times 20 \Rightarrow (\ell bh)^2 = 12 \times 15 \times 20$

$\therefore$ $\ell bh = \sqrt{12\times15\times20} = \sqrt{3600} = 60$ घन मी., अतः षट्फलक का आयतन = 60 घन मी.

17. समान्तर षट्फलक का आयतन = $\sqrt{12\times20\times15} = \sqrt{3600} = 60$ घन सेमी.

18. माना षट्फलक की विमाएँ क्रमशः x सेमी., 2x सेमी., 3x सेमी. हैं

$\therefore$ आयतन $\Rightarrow x \cdot 2x \cdot 3x = 1296 \Rightarrow x^3 = 216 = 6^3 \Rightarrow x = 6$

$\therefore$ षट्फलक की विमाएँ = x, 2x. 3x = 6, 12, 18

$\therefore$ षट्फलक का पूरापृष्ठीय क्षे. = $2\ (\ell b + bh + h\ell) = 2(6 \times 12 + 12 \times 18 + 18 \times 6)$

$= 2\ (72 + 216 + 108) = 2 \times 396 = 792$ सेमी.^{2}

19. माना समान्तर षट्फलक की तीसरी भुजा x सेमी. है।

$\therefore$ कुल पृ. क्षे. = $2\ (1 \times 2 + 2 \times x + x \times 1) = 2\ (2 + 2x + x) = 2\ (2 + 3x)$

$\therefore$ $22 = 4 + 6x \Rightarrow 6x = 18 \Rightarrow x = 3$ सेमी.

$\therefore$ समान्तर षट्फलक का विकर्ण = $\sqrt{1^2+2^2+3^2} = \sqrt{1+4+9} = \sqrt{14}$ सेमी.

20. माना समान्तर षट्फलक के तीनों आयाम (विमाएँ) x, y, z हैं।

$x + y + z = 24$ ……………………………………………………(i)

विकर्ण $\Rightarrow \sqrt{x^2+y^2+z^2} = 15 \Rightarrow x^2 + y^2 + z^2 = 225$ ……………………(ii)

समीकरण (i) के दोनों पक्षों का वर्ग करने पर, $(x+y+z)^2 = 24^2 \Rightarrow x^2+y^2+z^2+2(xy+yz+zx) = 576$

$\therefore$ $225 + 2\ (xy + yz + zx) = 576 \Rightarrow 2\ (xy + yz + zx) = 576 - 225 = 351$

$\therefore$ कुल पृष्ठीय क्षे. = 351 सेमी.^{2}

21. माना षट्फलक की लं., चौ., ऊँ. क्रमश 3x. 4x. 6x हैं।

$\therefore$ आयतन $\Rightarrow 3x \cdot 4x \cdot 6x = 576 \Rightarrow 72x^3 = 576 \Rightarrow x^3 = 8 \Rightarrow x^3 = 2^3 \Rightarrow x = 2$

$\therefore$ लं., चौ., ऊँ., = 3x, 4x, 6x, = 6, 8, 12

$\therefore$ षट्फलक का पूरा पृष्ठ $= 2\,(\ell b + bh + \ell h) = 2\,(6 \times 8 + 8 \times 12 + 12 \times 6)$

$= 2\,(48 + 96 + 72) = 2 \times 216 = 432$ सेमी.^{2}

22. घन के सतह का कुल क्षेत्रफल = 73.5 वर्ग सेमी.

$\therefore$ $6 \times$ भुजा$^2 = 73.5 \Rightarrow$ भुजा$^2 = \frac{73.5}{6} = 12.25 = (3.5)^2 \Rightarrow$ भुजा = 3.5 सेमी.

23. घन का विकर्ण $= \sqrt{192}$, अतः $\sqrt{3} \times$ भुजा $= \sqrt{64 \times 3} = 8\sqrt{3} \Rightarrow$ घन की भुजा = 8 सेमी.

$\therefore$ घन का आयतन = भुजा$^3 = 8^3 = 512$ घन सेमी.

24. घन का आयतन $= 7.5 \times 7.5 \times 7.5 = 421.875$ सेमी.^{3}

25. घन का आयतन $= 3.5 \times 3.5 \times 3.5 = 42.875$ घन सेमी.

26. घन के सतह का कुल क्षेत्रफल; $6 \times$ भुजा$^2 = 181.5$

$\therefore$ भुजा$^2 = \frac{181.5}{6} = \frac{1815}{60} = \frac{3 \times 5 \times 11 \times 11}{2 \times 2 \times 3 \times 5} = \left(\frac{11}{2}\right)^2 \Rightarrow$ घन की भुजा $= \frac{11}{2}$ सेमी. = 5.5 सेमी.

27. एक छोटे घन का आयतन $= \frac{13824}{8} = 1728$ घन सेमी. $= 12^3$ घन सेमी.

$\therefore$ छोटे घन की भुजा $= \sqrt[3]{1728} = 12$ सेमी.

बड़े घन का आयतन $= 13824 = (24)^3 \Rightarrow$ बड़े घन की भुजा = 24 सेमी.

$\therefore$ मूलघन का पृष्ठीय क्षे. $= 6 \times$ भुजा$^2 = 6 \times 24 \times 24$ वर्ग सेमी.

छोटे घन का पृष्ठीय क्षे. $= 6 \times$ भुजा$^2 = 6 \times 12 \times 12$ वर्ग सेमी.

3 छोटे घनों के पृष्ठीय क्षे. $= 3 \times 6 \times 12 \times 12$ वर्ग सेमी.

$\therefore$ अभीष्ट अनुपात $= 6 \times 24 \times 24 : 3 \times 6 \times 12 \times 12 = 4 : 3$

28. 5 घनों से बने परिणामी घनाभ की लम्बाई $= 5 \times 3 = 15$ सेमी., चौड़ाई = 3 सेमी., ऊँचाई = 3 सेमी.

$\therefore$ घनाभ का कुल पृष्ठीय क्षे. = 2 (ल.चौ. + चौ.ऊँ. + ऊँ.ल.) $= 2(15 \times 3 + 3 \times 3 + 3 \times 15)$

$= 2\,(45 + 9 + 45) = 2 \times 99 = 198$ सेमी.^{2}

29. घन का आयतन $= 7.5 \times 7.5 \times 7.5 = 421.875$ सेमी.^{3}

30. घन का कुल पृष्ठीय क्षेत्रफल, $6 \times$ भुजा$^2 = 864 \Rightarrow$ भुजा$^2 = 144 \Rightarrow$ भुजा = 12 सेमी.

$\therefore$ घन का आयतन = भुजा$^3 = 12^3 = 1728$ घन सेमी.

31. घन का पार्श्व (Lateral) पृष्ठ क्षेत्रफल = 144 सेमी.^{2}

$\therefore$ घन की भुजा$^2 \times 4 = 144 \Rightarrow$ घन की भुजा$^2 = \frac{144}{4} = 36 = 6^2 \Rightarrow$ घन की भुजा = 6 सेमी.

32. घन के सतह का कुल क्षेत्रफल $= 6 \times$ भुजा$^2 = 6 \times (3.5)^2 = 6 \times 12.25 = 73.5$ सेमी.

33. $\because$ घन का कुल पृष्ठीय क्षे. $= 6a^2$

$\therefore$ $96 = 6a^2 \Rightarrow a^2 = 16 = 4^2 \Rightarrow a = 4$, अतः घन का आयतन $= a^3 = 4^3 = 64$ सेमी.^{3}

34. घनाकार बक्से की लम्बाई $= \sqrt{3 \cdot 375} = \sqrt{\frac{3375}{1000}} = \sqrt{\frac{15 \cdot 15 \cdot 15}{10 \cdot 10 \cdot 10}} = 1.5$ मी.

35. घन का विकर्ण = भुजा $\times \sqrt{3} \Rightarrow 6\sqrt{3}$ = भुजा $\times \sqrt{3} \Rightarrow$ भुजा = 6 सेमी.

$\therefore$ घन का पृष्ठीय क्षे. : आयतन $= 6a^2 : a^3 = 6 : a = 6 : 6 = 1 : 1$

36. नये घन का आयतन = 3 घनों के आयतनों का योग

$\therefore$ नये घन का आयतन $= 3^3 + 4^3 + 5^3 = 27 + 64 + 125 = 216$

$\therefore$ नये घन की भुजा = 216 का घनमूल = 6 सेमी.

$\therefore$ नये घन का पृष्ठीय क्षे. $= 6a^2 = 6 \times 6^2 = 6 \times 36 = 216$ वर्ग सेमी.

37. घन का विकर्ण $\Rightarrow$ भुजा $\times \sqrt{3} = 8\sqrt{3} \Rightarrow$ भुजा = 8 सेमी.

$\therefore$ घन का पृष्ठीय क्षे. $= 6 \cdot$ भुजा$^2 = 6 \times 8^2 = 6 \times 64 = 384$ सेमी.^{2}

38. घन में शीर्षों की संख्या = A = 4, घन में किनारों की संख्या = B = 12, घन में फलकों की संख्या = C = 6

∴ A + B + C = 4 + 12 + 6 = 22

39. 3 ठोस घनों में लगी कुल धातु = $4^3 + 5^3 + 6^3 = 64 + 125 + 216 = 405$ सेमी.^{3}

∴ खराब प्रबन्धन के कारण गुम हुई धातु = 62 सेमी.^{3}

∴ नये घन की आयतन = 405 – 62 = 343 सेमी.^{3}

∴ नये घन की भुजा^{3} = 7^3 ⇒ नये घन की भुजा = 7 सेमी.

∴ नये घन का कुल पृष्ठीय क्षे. = 6 भुजा^{2} = 6 × 49 = 294 सेमी.^{2}

40. घन का सम्पूर्ण पृष्ठ = 150 ⇒ 6 × भुजा^{2} = 150 ⇒ भुजा^{2} = 25 ⇒ भुजा^{2} = 5 सेमी.

∴ घन का आयतन = भुजा^{3} = 5^3 = 125 सेमी.^{3}

41. नये घन का आयतन = तीनों घनों के आयतनों का योग = $1^3 + 6^3 + 8^3 = 1 + 216 + 512 = 729$

∴ नये घन की भुजा^{3} = 9^3 ⇒ नये घन की भुजा = 9 मी.

∴ नये घन की सतह का क्षे. = 6 · भुजा^{2} = $6 \times 9^2 = 6 \times 81 = 486$ मी.^{2}

42. घन की प्रत्येक सतह का विकर्ण = $128\sqrt{2}$ सेमी. ⇒ घन की प्रत्येक सतह की भुजा = 128 सेमी.

∴ घनाभ का आयतन = घन का आयतन ⇒ 512 × 160 × ऊँचाई = 128 × 128 × 128

∴ घनाभ की ऊँचाई = $\frac{128 \times 128 \times 128}{512 \times 160} = 25.6$ सेमी.

43. घनाभ की ऊँचाई = h = 2 सेमी., अतः घनाभ की चौड़ाई = 2 × 2 = 4 सेमी.

और घनाभ की लम्बाई = 4 × 2 = 8 सेमी.

∴ घनाभ का आयतन = ल. × चौ. × ऊँ = 8 × 4 × 2 = 64 घन सेमी.

∴ घन का आयतन = 64 घन सेमी., अतः घन की भुजा^{3} = 64 = 4^3 ⇒ घन की भुजा = 4 सेमी.

44. माना समान्तर षट्फलक की भुजाएँ 2x, 4x, 8x हैं।

∴ घन का आयतन = षट्फलक का आयतन = $2x \cdot 4x \cdot 8x = 64\ x^3$

∴ घन की भुजा^{3} = $(4x)^3$ ⇒ घन की भुजा = 4x

∴ षट्फलक का पृष्ठीय क्षे. = $2\,(2x \cdot 4x + 4x \cdot 8x + 8x \cdot 2x) = 2\,(8x^2 + 32x^2 + 16x^2) = 2 \times 56x^2 = 112x^2$

और घन का पृष्ठीय क्षे. = 6 · भुजा^{2} = $6 \times (4x)^2 = 6 \times 16\ x^2 = 96x^2$

∴ अभीष्ट अनुपात = $112\ x^2 : 96x^2 = 7 : 6$

45. समान्तर षट्फलक की लम्बाई = 6 + 6 = 12 सेमी., चौ. = 6 सेमी., ऊं = 6 सेमी.

∴ समान्तर षट्फलक का कुल पृष्ठ क्षे. = 2 (12 × 6 + 6 × 6 + 6 × 12)

= 2 (72 + 36 + 72) = 2 × 180 = 360 वर्ग सेमी.

46. घनाभ की विमाएँ = 6 सेमी., 12 सेमी., 15 सेमी., अतः एक घन की भुजा = 6, 12, 15 का म.स. = 3 सेमी.

∴ घनों की न्यूनतम संभावित संख्या = $\frac{\text{घनाभ का आयतन}}{\text{घन का आयतन}} = \frac{6 \times 12 \times 15}{3 \times 3 \times 3} = 40$

47. ठोस घनों की अधिकतम संख्या = $\frac{\text{डिब्बे का आयतन}}{\text{घन का आयतन}} = \frac{1 \times 1 \times 2}{0.2} = \frac{1 \times 1 \times 2 \times 10}{2} = 10$

48. घन का आयतन = 216 = 6^3 ⇒ घन की भुजा = 6 मी.

∴ तीन घनों को सिरे से मिलाने पर बने ठोस की लम्बाई = 6 + 6 + 6 = 18 मी.

चौड़ाई = 6 मी. और ऊँ = 6 मी.

∴ ठोस का पृष्ठीय क्षे. = 2 (18 × 6 + 6 × 6 + 6 × 18) = 2 (108 + 36 + 108) = 2 × 252 = 504 मी.^{2}

49. आयत का विकर्ण = $\sqrt{\text{लं.}^2 + \text{चौ.}^2} = \sqrt{21^2 + 20^2} = \sqrt{441 + 400} = \sqrt{841} = 29$ सेमी.

50. माना बेलन की त्रिज्या r है। अतः वक्र सतह का क्षे. = 2πrh से–

$660 = 2 \times \frac{22}{7} \times r \times 10 \Rightarrow r = \frac{660 \times 7}{2 \times 22 \times 10} = \frac{21}{2}$ सेमी.

∴ बेलन का व्यास = $2r = 2 \times \frac{21}{2} = 21$ सेमी.

51. चित्रानुसार बेलनाकार वस्तु के आधार की परिधि = 44 सेमी.

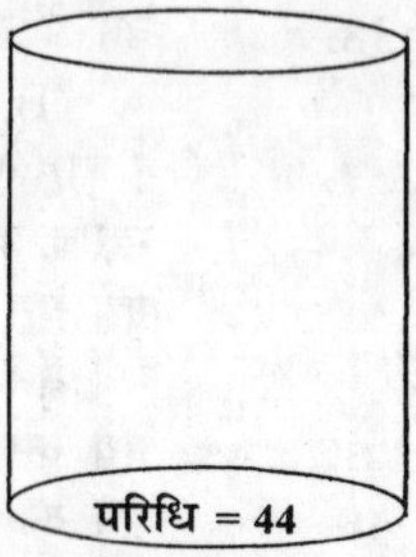

∴ $2\pi r = 44 \Rightarrow 2 \times \frac{22}{7} = 44 \Rightarrow r = 7$ सेमी.

∴ वक्र सतह का क्षे. = 660 सेमी.^{2}

∴ $2\pi rh = 660 \Rightarrow 2 \times \frac{22}{7} \times 7 \times h = 660$

∴ $h = \frac{660}{2 \times 22} = 15$ सेमी.

∴ वस्तु का आयतन = $\pi r^2 h = \frac{22}{7} \times 7 \times 7 \times 15 = 2310$ घन सेमी.

52. माना बेलनाकार वस्तु की त्रिज्या r है।

∴ वक्र सतह का क्षे. = 616 वर्ग सेमी. $\Rightarrow 2\pi rh = 616$

∴ $2 \times \frac{22}{7} \times r \times 14 = 616 \Rightarrow r = \frac{616 \times 7}{2 \times 22 \times 14} = 7$ सेमी.

53. बेलनाकार छड़ के अनुप्रस्थ काट की त्रिज्या = 3.2 डेसी मी. = 32 सेमी.

माना बेलनाकार छड़ की लम्बाई l सेमी. है।

∴ बेलनाकार छड़ का आयतन = 44 ठोस घनों का कुल आयतन

∴ $\pi r^2 l = 44 \times$ एक घन का आयतन $\Rightarrow \frac{22}{7} \times 32 \times 32 \times l = 44 \times 8 \times 8 \times 8$

∴ $l = \frac{44 \times 8 \times 8 \times 8 \times 7}{22 \times 32 \times 32} = 7$ सेमी., अतः बेलनाकार छड़ की लम्बाई = l = 7 सेमी.

54. यदि अर्द्धगोले का व्यास 2r है तो आयतन $\Rightarrow \frac{2}{3}\pi r^3 = 5749.33$

∴ $\frac{2}{3} \times \frac{22}{7} \times r^3 = 5749.33 \Rightarrow r^3 = \frac{5749 \cdot 33 \times 3 \times 7}{2 \times 22} = 14^3 \Rightarrow r = 14$ सेमी.

∴ व्यास = $2r = 2 \times 14 = 28$ सेमी.

55. माना बेलनाकार वस्तु की त्रिज्या r है। अतः आयतन, $\pi r^2 h = 2156$

∴ $\frac{22}{7} \cdot r^2 \cdot 14 = 2156 \Rightarrow r^2 = \frac{2156}{22 \times 2} = 49 \Rightarrow r = 7$ सेमी.

56. माना चित्रानुसार बेलन ABCD को ऊँचाई से द्विभाजित करके दो समान बेलन PQRS तथा TUVW बनाये गये हैं।

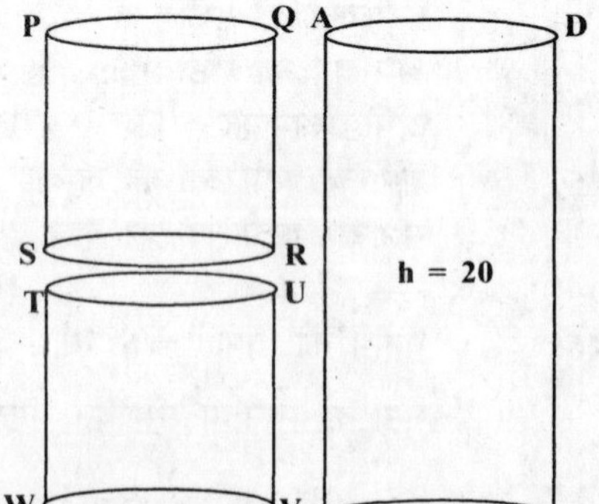

इस प्रकार पृष्ठीय क्षेत्रफल में जो वृद्धि होगी वह SR तथा TU के क्षेत्रफलों के योग के बराबर होगी।

अतः पृष्ठीय क्षेत्रफल में कुल वृद्धि = $2\pi r^2 = 2\pi \times 49 = 98\pi$

परन्तु प्रारम्भ में बेलन ABCD का कुल पृष्ठीय क्षेत्रफल

$= 2\pi r\,(r + h) = 2\pi \times 7\,(7 + 20)$

$= 2\pi \times 7 \times 27 = 378\pi$

∴ पृष्ठीय क्षेत्रफल में प्रतिशत वृद्धि = $\frac{98\pi \times 100}{378\,\pi} = 25.93\%$

57. बेलन के वक्रपृष्ठ पर एक बार में लपेटे गये रिब्बन की लम्बाई = बेलन की परिधि = c

∴ रिब्बन में लपेटों की संख्या = $\frac{\text{रिब्बन की लंबाई}}{\text{बेलन के आधार की परिधि}} = \frac{l}{c}$

58. पाइप की लम्बाई l = 7.56m = 756 सेमी., बाहरी त्रिज्या R = 2.5 सेमी., आन्तरिक त्रिज्या r = 1.5 सेमी.

∴ पाइप में लगी धातु का आयतन = $\pi\,(R^2 - r^2)\,l = \frac{22}{7} \times (2.5^2 - 1.5^2) \times 756$

$= \frac{22}{7} \times (2.5 + 1.5)(2.5 - 1.5) \times 7.56 = \frac{22}{7} \times 4 \times 1 \times 756 = 95.04$ घन सेमी.

∴ पाइप का वजन = 95.04 × 7.5 ग्राम = 71280 ग्राम = 71.28 किग्रा

59. बेलन की त्रिज्या = 7 सेमी., ऊँचाई = त्रिज्या × 2 = 7 × 2 = 14 सेमी.

बेलन का वक्रपृष्ठ क्षेत्रफल = $2\pi rh = 2 \times \frac{22}{7} \times 7 \times 14 = 616$ सेमी.^{2}

60. बेलन की ऊँचाई $h = 50$ सेमी., माना बेलन की आधार त्रिज्या r है।

$\therefore$ बेलन का आयतन $= \pi r^2 h = \pi r^2 . 50 = 50\pi r^2$ और वक्रपृष्ठीय क्षेत्रफल $= 2\pi rh = 2\pi \times r \times 50 = 100\pi r$

$\therefore$ $\frac{50\pi r^2}{100\pi r} = \frac{14}{1} \Rightarrow \frac{r}{2} = \frac{14}{1} \Rightarrow r = 28$ सेमी.

$\therefore$ बेलन का आयतन $= 50\pi r^2 = 50 \times \frac{22}{7} \times 28 \times 28 = 123200$ घन सेमी.

61. बेलन की ऊंचाई $h = 10$ सेमी., माना आधार की त्रिज्या r है।

$\therefore$ बेलन का वक्रपृष्ठीय क्षेत्रफल, $2\pi rh = 440 \Rightarrow 2 \times \frac{22}{7} \times r \times 10 = 440$, अतः $r = \frac{440 \times 7}{2 \times 22 \times 10} = 7$ सेमी.

62. लम्ब वृत्तीय बेलन का वक्र पृष्ठीय क्षेत्रफल $= 2\pi rh = 2 \times \pi \times 4 \times 10 = 80\pi$ सेमी.^{2}

63. $\because$ बेलन का वक्रपृष्ठ $= 25344$ वर्ग सेमी.

$\therefore$ $2 \times \pi \times r \times 32 = 25344 \Rightarrow r = \frac{25344}{2 \times \pi \times 32} = \frac{396}{\pi}$ सेमी.

$\therefore$ नये बेलन का आयतन = दिये गये बेलन का आयतन $\times \frac{\pi}{792} = \pi \times \frac{396}{\pi} \times \frac{396}{\pi} \times 32 \times \frac{\pi}{792} = 6336$ घन सेमी.

64. माना बेलन की त्रिज्या r तथा ऊँचाई h है। अतः $2\pi rh = 264$ और $\pi r^2 h = 924$

$\therefore$ $\frac{\pi r^2 h}{2\pi rh} = \frac{924}{264} \Rightarrow \frac{r}{2} = \frac{7}{2} \Rightarrow r = 7$ सेमी.

$\therefore$ $2 \times \frac{22}{7} \times 7 \times h = 264 \Rightarrow h = \frac{264}{2 \times 22} = 6$ सेमी., अतः त्रिज्या : ऊँचाई $= r : h = 7 : 6$

65. बेलनाकार वस्तु के आधार की परिधि $= 44$ सेमी., अतः $2 \times \frac{22}{7} \times r = 44 \Rightarrow r = 7$ सेमी.

बेलनाकार वस्तु का आयतन $= 2310$ घन सेमी., अतः $\pi r^2 h = 2310$

$\therefore$ $\frac{22}{7} \times 7 \times 7 \times h = 2310 \Rightarrow h = \frac{2310 \times 7}{22 \times 7 \times 7} = 15$ सेमी.

$\therefore$ बेलनाकार वस्तु की वक्र सतह का क्षे. $= 2\pi rh = 44 \times 15 = 660$ वर्ग सेमी.

66. बेलन की त्रिज्या $r = \frac{42}{7} = 21$ सेमी. और ऊँचाई $h = 14$ सेमी.

$\therefore$ बेलन के सतह का कुल क्षेत्रफल $= 2\pi r (r + h) = 2 \times \frac{22}{7} \times 21 \times (21 + 14)$

$= 2 \times 22 \times 3 \times 35 = 4620$ सेमी.^{2}

67. बेलनाकार वस्तु के आधार की परिधि $= 132$ सेमी., अतः $2 \times \frac{22}{7} \times r = 132 \Rightarrow r = \frac{132 \times 7}{2 \times 22} = 21$ सेमी.

$\because$ बेलनाकार वस्तु का आयतन $= 13860$ घन सेमी.

$\therefore$ $\pi r^2 h = 13860 \Rightarrow \frac{22}{7} \times 21 \times 21 \times h = 13860$, अतः $h = \frac{13860}{22 \times 3 \times 21} = 10$ सेमी.

$\therefore$ वक्र सतह का क्षेत्रफल $= 2\pi rh = 132 \times 10 = 1320$ वर्ग सेमी.

68. वेलन की दो विमाओं में प्रतिशत कमी $= -10 - 10 + \frac{-10 \times -10}{100} = -20 + 1 = -19\%$

$\therefore$ वेलन की तीनों विमाओं अर्थात् आयतन में प्रतिशत वृद्धि/कमी $= -19 + 20 + \frac{-19 \times 20}{100}$

$= 1 - 3.8 = -2.8 \Rightarrow 2.8\%$ कमी

69. दो बेलनों की त्रिज्याओं में अनुपात $= 3 : 4$, अतः माना बेलनों की त्रिज्याएँ क्रमशः $3r$ तथा $4r$ हैं।

दोनों बेलनों की ऊँचाइयों में अनुपात $= 4 : 9$, अतः माना बेलनों की ऊँचाइयाँ क्रमशः $4h$ तथा $9h$ हैं।

$\therefore$ पहले बेलन का आयतन $= \pi (3r)^2 \cdot 4h = \pi \cdot 9r^2 \cdot 4h = 36 \pi r^2 h$

दूसरे बेलन का आयतन $= \pi (4r^2) \cdot 9h = \pi \cdot 16 r^2 \cdot 9h = 144 \pi r^2 h$

$\therefore$ दोनों आयतनों में अनुपात $= 36 \pi r^2 h : 144 \pi r^2 h = 36 : 144 = 1 : 4$

70. पाइप का वक्र पृष्ठ $= 2\pi r \ell = \frac{2 \times 22}{7} \times 21 \times 90 = 11880$ वर्ग सेमी.

71. माना प्रारम्भ में बेलन की ऊँचाई h तथा आधार की त्रिज्या r है। अतः वेलन व.\ पार्श्व पृष्ठ $= 2\pi rh$

नई ऊँचाई $= 6h$ परन्तु आधार का क्षे. $\frac{1}{9}$ किया जाता है, अतः आधार की त्रिज्या $\frac{1}{3}$ हो जायेगी।

$\therefore$ नया पार्श्व पृष्ठ $= 2 \cdot \pi \cdot \frac{1}{3} r \cdot 6h = 2\pi rh \times 2 =$ प्रारम्भिक पार्श्व पृष्ठ का 2 भाग $\Rightarrow 2$

72. वेलन की त्रिज्या = 10 सेमी. और ऊचाई = 4 सेमी.

माना त्रिज्या तथा ऊँचाई में x सेमी. की वृद्धि की जाती है

∴ त्रिज्या में x सेमी. वृद्धि करने पर आयतन $= \pi (10 + x)^2 \cdot 4$ सेमी.^{3} $= 4\pi (10 + x)^2$ सेमी.^{3}

ऊँचाई में x सेमी. वृद्धि करने पर आयतन $= \pi \cdot 10^2 \cdot (4 + x) = 100\pi (4 + x)$ सेमी.^{3}

∵ दोनों स्थितियों में आयतन में भी उतनी ही वृद्धि होती है।

∴ $4\pi (10 + x)^2 = 100 \pi (4 + x) = 400 \pi + 100 \pi x \Rightarrow 4\pi (100 + x^2 + 20x) = 400 \pi + 100 \pi x$

∴ $400 \pi + 4\pi x^2 + 80 \pi x = 400 \pi + 100 \pi x \Rightarrow 4 \pi x^2 = 20 \pi x \Rightarrow x = 5$ सेमी.

73. बेलन का सम्पूर्ण पृष्ठीय क्षे. $= 2\pi r (r + h) = 2 \cdot \pi \cdot 5 \cdot (5 + 10) = 2\cdot\pi\cdot5\cdot15 = 150 \pi$ सेमी.^{2}

74. वेलन के पार्श्वीय फलक का क्षे.$= 2\pi rh = \frac{2 \times 22}{7} \times \frac{7}{2} \times 16 = 352$ सेमी.^{2}

75. पहले बेलन का कुल पृष्ठीय क्षेत्रफल = दूसरे बेलन का कुल पृष्ठीय क्षेत्रफल

∴ $2\pi \cdot r_1 (r_1 + h_1) = 2\pi r_2 (r_2 + h_2) \Rightarrow 2\pi\, 4 (4 + h + 1) = 2\pi\, 3 (3 + 2h + 1)$

∴ $4 (h + 5) = 3 (2h + 4) \Rightarrow 4h + 20 = 6h + 12 \Rightarrow 6h - 4h = 20 - 12 \Rightarrow 2h = 8 \Rightarrow h = 4$

∴ पहले बेलन का आयतन $= \pi r^2 (h + 1) = \pi \cdot 4^2 \cdot (4 + 1) = 16\pi \times 5 = 80\pi$

इसी प्रकार दूसरे बेलन का आयतन $= \pi r^2 (2h + 1) = \pi \cdot 3^2 \cdot (2 \times 4 + 1) = \pi . 9 . 9 = 81\pi$

∴ दोनों बेलनों के आयतनों में अनुपात $= 80\pi : 81 \pi = 80 : 81$

76. माना बेलन की व्यास 2r तथा ऊँचाई 2r है। अतः गोलक की त्रिज्या = r

∴ बेलन का आयतन $A = \pi r^2 h = \pi r^2 \cdot 2r = 2\pi r^3$ और गोलक का आयतन $B = \frac{4}{3} \pi r^3$

∴ $\frac{A}{B} = \frac{2\pi r^3}{\left(\frac{4}{3}\pi r^3\right)} = \frac{2 \times 3}{4} = \frac{3}{2}$

77. खोखली नली की आन्तरिक त्रिज्या = r = 24 सेमी. और मोटाई = 1 सेमी.

∴ बाहरी त्रिज्या R = 24 + 1 = 25 सेमी.

माना खोखली नली और ठोस बेलन प्रत्येक की लम्बाई ℓ है।

∵ ठोस बेलन का आयतन = खोखली नली का आयतन

∴ $\pi r^2 \cdot \ell = \pi (25^2 - 24^2) \ell \Rightarrow r^2 = (625 - 576) \Rightarrow r^2 = 49 = 7^2 \Rightarrow r = 7$ सेमी.

∴ ठोस बेलन का व्यास $= 2r = 2 \times 7 = 14$ सेमी.

78. नल का बाहरी वक्र पृष्ठ $= 2 \pi R \ell = 2\cdot\pi \cdot4\cdot6 = 48 \pi$ सेमी.^{2}

माना नल का आन्तरिक व्यास 2 r है।

∴ नल का आन्तरिक वक्र पृष्ठ $= 2\pi r \ell = 2\cdot\pi \cdot r\cdot6 = 12 \pi r$ सेमी.^{2}

दोनों सिरों का पृष्ठ क्षेत्रफल $= 2\pi (R^2 - r^2) = 2\pi (16 - r^2)$ सेमी.^{2}

∴ $48\pi + 12 \pi r + 2\pi (16 - r^2) = 98 \pi$

∴ $24 + 6r + 16 - r^2 = 49 \Rightarrow r^2 - 6r + 9 = 0 \Rightarrow (r - 3)^2 = 0 \Rightarrow r - 3 = 0 \Rightarrow r = 3$ सेमी.

∴ आन्तरिक व्यास $= 2r = 2 \times 3 = 6$ सेमी.

79. ∵ वक्रीय सतह का क्षेत्रफल = कुल सतह के क्षेत्रफल का $\frac{1}{3} = 462 \times \frac{1}{3}$

∴ $2\pi rh = 154 \Rightarrow \pi rh = 77$ ....(i)

परन्तु कुल सतह क्षे. $\Rightarrow 2\pi r (r + h) = 462$

∴ $\pi r (r + h) = 231 \Rightarrow \pi r^2 + \pi rh = 231$

∴ $\pi r^2 + 77 = 231 \Rightarrow \pi r^2 = 231 - 77 = 154$

∴ $\frac{22}{7} \cdot r^2 = 154 \Rightarrow r^2 = \frac{154 \times 7}{22} \Rightarrow r^2 = 7 \times 7 \Rightarrow r = 7$ सेमी.

80. माना बेलन की त्रिज्या और ऊँचाई क्रमशः 5x तथा 7x है।

∴ आयतन $\Rightarrow \pi r^2 h = 550 \Rightarrow \frac{22}{7} \cdot 25 x^2 \cdot 7x = 550$

∴ $x^3 = \frac{550}{22 \times 25} = 1 \Rightarrow x^3 = 1^3 \Rightarrow x = 1$

∴ वक्र पृष्ठ का क्षेत्रफल $= 2\pi rh = 2 \cdot \frac{22}{7} \cdot 5x \cdot 7x = \frac{2 \cdot 22 \cdot 5 \cdot 1 \cdot 7 \cdot 1}{7} = 220$ सेमी.^{2}

81. माना बेलन की आधार की त्रिज्या r तथा ऊँचाई h है, अतः आधार का परिमाप, $2\pi r = a \Rightarrow r = \frac{a}{2\pi}$

∵ बेलन का आयतन, $\pi r^2 h = V$

∴ $\pi \cdot \left(\frac{a}{2\pi}\right)^2 \cdot h = V \Rightarrow \pi \frac{a^2}{4\pi^2} \cdot h = V \Rightarrow \frac{a^2 \cdot h}{4\pi} = V \Rightarrow h = \frac{4\pi V}{a^2}$ एकक

82. पाइप की लम्बाई $\ell = 21$ सेमी., बाहरी त्रिज्या $R = \frac{8}{2} = 4$ सेमी.

पाइप की मोटाई = 1 सेमी., अतः भीतरी त्रिज्या r = 4 – 1 = 3 सेमी.

पाइप में लगी धातु का आयतन $= \pi (R^2 - r^2)\ \ell = \frac{22}{7} \times (16-9) \cdot 21 = \frac{22}{7} = 462$ सेमी.^{3}

∴ 8 ग्राम / सेमी.^{3} की दर से पाइप का भार = 462 × 8 = 3696 ग्राम = 3.696 किग्रा.

83. ∵ बेलन का वक्रीय पृष्ठ का क्षे. : कुल पृष्ठ का क्षे. = 1 : 2

∴ बेलन का वक्रीय पृष्ठ क्षे. $= \frac{\text{कुल पृ. क्षे.}}{2} = \frac{616}{2} = 308$ सेमी.^{2}

∴ $2\pi rh = 308 \Rightarrow \pi r h = 154$ ....(i)

कुल पृष्ठ क्षेत्रफल $\Rightarrow 2\pi r^2 + 2\pi rh = 616 \Rightarrow 2\pi r^2 + 308 = 616 \Rightarrow 2\pi r^2 = 308$

∴ $\frac{2 \times 22}{7} \cdot r^2 = 308 \Rightarrow r^2 = \frac{308 \times 7}{2 \times 22} = 7 \times 7 \Rightarrow r = 7$ सेमी.

∴ समीकरण (i) से $\pi rh = 154 \Rightarrow \frac{22}{7} \cdot 7 \cdot h = 154 \Rightarrow h = \frac{154}{22} = 7$ सेमी.

∴ बेलन का आयतन $= \pi r^2 h = \frac{22}{7} \times 7 \times 7 \times 7 = 1078$ सेमी.^{3}

84. ∵ लम्ब वृत्तीय बेलन का आयतन = वक्र पृष्ठीय क्षेत्रफल

∴ $\pi r^2 h = 2\pi rh \Rightarrow r = 2$ एकक

85. माना दोनों बेलनाकार बर्तनों की त्रिज्याएँ क्रमशः 2x तथा 3x और ऊँचाईयाँ h_1 h_2 हैं।

∴ $\pi r_1^2 h_1 = \pi r_2^2 h_2 \Rightarrow \pi \cdot 4x^2 h_1 = \pi \cdot 9x^2 h_2 \Rightarrow \frac{h_1}{h_2} = \frac{9}{4} \Rightarrow h_1 : h_2 = 9 : 4$

86. चित्रानुसार खोखले सिलिंडर की लम्बाई $l = 22$ सेमी.

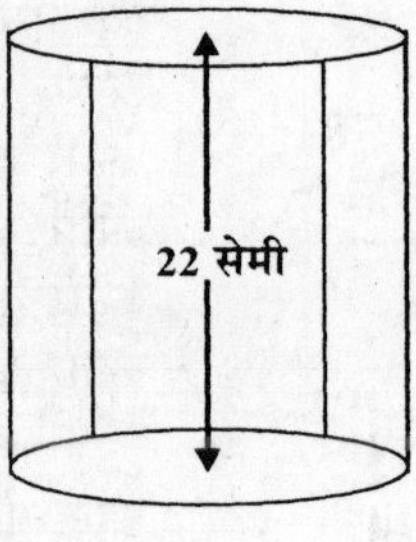

बाहरी त्रिज्या R = 7 सेमी., मोटाई = 1 सेमी.

∴ भीतरी त्रिज्या r = 7 – 1 = 6 सेमी.

∴ कुल सतह का क्षेत्रफल $= 2\pi\ (R + r)\ (l + R - r)$

$= 2 \times \frac{22}{7}\ (7 + 6)\ (22 + 7 - 6)$

$= 2 \times \frac{22}{7} \times 13 \times 23 = 1879.43$ वर्ग सेमी.

87. पाइप की बाहरी त्रिज्या R = 9 सेमी. और ऊँचाई h = 14 सेमी.

माना पाइप की भीतरी त्रिज्या r है।

∴ पाइप का आयतन $\Rightarrow \pi (R^2 - r^2) . h = 748 \Rightarrow \frac{22}{7}\ (9^2 - r^2)\ 14 = 748$

∴ $(9^2 - r^2) = \frac{748 \times 7}{22 \times 14} = 17 \Rightarrow 81 - r^2 = 17 \Rightarrow r^2 = 81 - 17 \Rightarrow r^2 = 64 \Rightarrow r = \sqrt{64} = 8$ सेमी.

∴ पाइप की मोटाई = R – r = 9 – 8 = 1 सेमी.

88. रोलर की लम्बाई l = 1 मी. = 100 सेमी., आन्तरिक त्रिज्या r = 27 सेमी.

धातु शीट की मोटाई = 9 सेमी., अतः वाह्य त्रिज्या R = 27 + 9 = 36 सेमी.

∴ रोलर में लगी धातु का आयतन $= \pi (R^2 - r^2)\ l = \pi\ (36^2 - 27^2)\ 100 = \pi \times (1296 - 729) \times 100$

$= \pi \times 567 \times 100$ घन सेमी.

∴ रोलर का वजन $= \pi \times 567 \times 100 \times 8$ ग्राम $= \frac{\pi \times 567 \times 100 \times 8}{1000}$ किग्रा. $= 453.6\pi$ किग्रा.

89. पाइप की लम्बाई l = 1.4 मी. = 140 सेमी., बाहरी त्रिज्या R = 9 सेमी.

माना पाइप की भीतरी त्रिज्या r है। अतः पाइप का आयतन $= 7480 \Rightarrow \pi (R^2 - r^2)\ l = 7480$ सेमी.^{3}

$\therefore \quad \frac{22}{7}(81 - r^2) \times 140 = 7480 \Rightarrow 81 - r^2 = \frac{7480 \times 7}{22 \times 140} = 17$

$\therefore \quad r^2 = 81 - 17 = 64 = 8^2 \Rightarrow r = 8$ सेमी., अतः पाइप की मोटाई $= R - r = 9 - 8 = 1$ सेमी.

90. चित्रानुसार गोलार्द्ध के आकार के कटोरे की आन्तरिक त्रिज्या 7 सेमी. और मोटाई 1 सेमी. है।

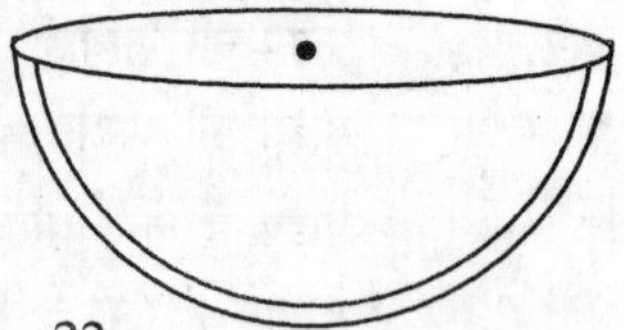

$\therefore$ कटोरे की वाह्य त्रिज्या 8 सेमी. होगी।

$\therefore$ कटोरे का आन्तरिक वक्रपृष्ठ $= 2\pi r^2 = 2\pi \times 7^2 = 98\pi$ सेमी.^{2}

कटोरे का वाह्य वक्रपृष्ठ $= 2\pi r^2 = 2\pi \times 8^2 = 2\pi \times 64 = 128\pi$ सेमी.^{2}

कटोरे के सिरे का पृष्ठ क्षे. $= \pi(8^2 - 7^2) = \pi(64 - 49) = 15\pi$ सेमी.^{2}

$\therefore$ कटोरे की सतह का कुल क्षे. $= 98\pi + 128\pi + 15\pi = 241\pi = 241 \times \frac{22}{7} = 757.43$ सेमी.^{2}

91. अर्द्धगोले की त्रिज्या $= \frac{42}{2} = 21$ सेमी.

$\therefore$ अर्द्धगोले का आयतन $= \frac{2}{3}\pi r^3 = \frac{2}{3} \times \frac{22}{7} \times 21 \times 21 \times 21 = 19404$ सेमी.^{3}

92. चित्रानुसार अर्द्धगोलक और गोलक की त्रिज्याएँ r हैं।

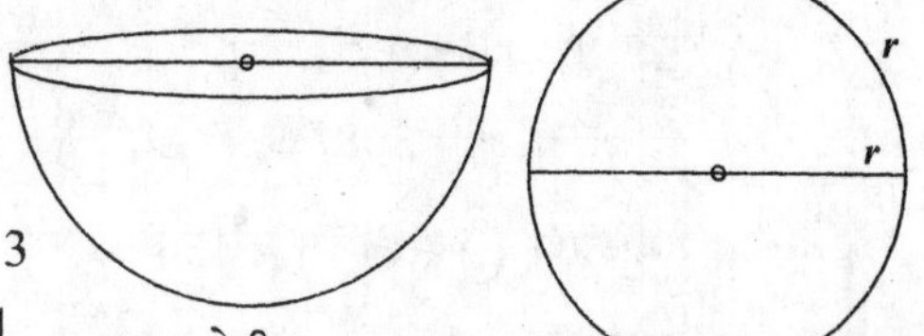

$\therefore$ गोलक का पृष्ठ क्षे. $= 4\pi r^2$

और अर्द्धगोलक का पृष्ठ क्षे. $= 2\pi r^2 + \pi r^2 = 3\pi r^2$

$\therefore$ दोनों के पृष्ठ क्षेत्रफलों में अनुपात $= 4\pi r^2 : 3\pi r^2 = 4 : 3$

93. गोले का आयतन $= \frac{4}{3}\pi r^3 = \frac{4}{3} \times \frac{22}{7} \times \frac{21}{2} \times \frac{21}{2} \times \frac{21}{2} = 4851$ सेमी.^{3}

94. अर्द्धगोले की कुल सतह का क्षेत्रफल $= 1848$ सेमी.^{2}

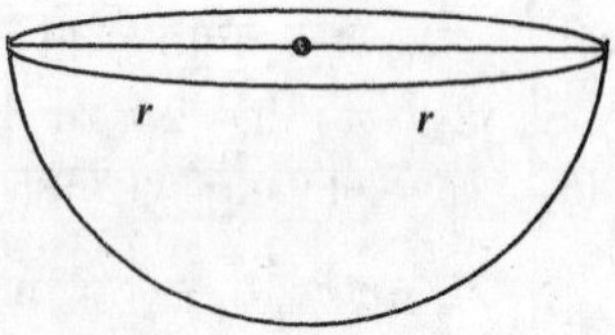

$\therefore \quad 3\pi r^2 = 1848 \Rightarrow 3 \times \frac{22}{7} \times r^2 = 1848$

$\therefore \quad r^2 = \frac{1848 \times 7}{3 \times 22} = 196 \Rightarrow r^2 = (14)^2 \Rightarrow r = 14$ सेमी.

95. चित्रानुसार गोलार्द्ध के आकार का लकड़ी का कटोरा है, जिसकी आन्तरिक त्रिज्या $r = 9$ सेमी. और मोटाई 1 सेमी. है। अतः वाह्य त्रिज्या $R = 10$ सेमी.

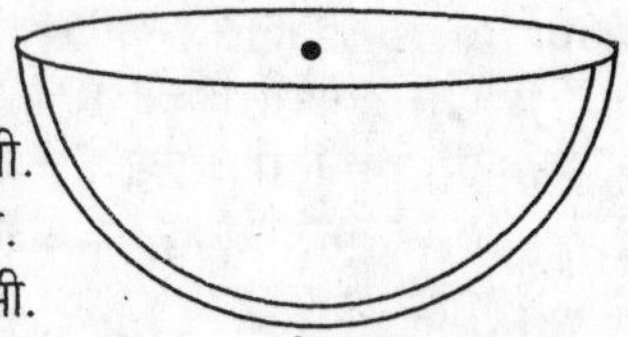

$\therefore$ कटोरे का आन्तरिक वक्र पृष्ठ $= 2\pi r^2 = 2 \times \pi \times 9 \times 9 = 162\pi$ वर्ग सेमी.

कटोरे का वाह्य वक्र पृष्ठ $= 2\pi R^2 = 2 \times \pi \times 10 \times 10 = 200\pi$ वर्ग सेमी.

कटोरे के सिरे का पृष्ठ क्षे. $= \pi(R^2 - r^2) = \pi(100 - 81) = 19\pi$ वर्ग सेमी.

$\therefore$ कटोरे के सतह का कुल क्षे. $= 162\pi + 200\pi + 19\pi = 381\pi$ वर्ग सेमी. $= 1197.42$ सेमी.^{2}

96. माना पहले गोले का व्यास 4r तथा दुसरे गोले का व्यास 2r है।

$\therefore$ पहले गोले का वक्रित सतही क्षेत्रफल $= 4\pi(2r)^2 = 4\pi \times 4r^2 = 16\pi r^2$ और दूसरे गोले का आयतन $= \frac{4}{3}\pi r^3$

$\therefore$ पहले गोले के वक्रित सतही क्षेत्रफल संख्या = दूसरे गोले की आयतन संख्या

$\therefore \quad 16\pi r^2 = \frac{4}{3}\pi r^3 \Rightarrow 16 \times 3 = 4r \Rightarrow r = \frac{16 \times 3}{4} = 12$ सेमी.

$\therefore$ पहले गोले की त्रिज्या $= 2r = 2 \times 12 = 24$ सेमी.

97. माना गोलार्द्ध की त्रिज्या r है। अतः वक्र सतह का क्षे. $\Rightarrow 2\pi r^2 = 110.88$ और आयतन $\Rightarrow \frac{2}{3}\pi r^3 = 155.232$

$\therefore \quad \frac{1}{3} \times 2\pi r^2 \times r = 155.232 \Rightarrow \frac{1}{3} \times 110.88 \times r = 155.232 \Rightarrow r = \frac{155.232 \times 3}{110.88} = 4.2$ सेमी.

98. बड़ी गेदों का आयतन $= \frac{4}{3}\pi \times 24 \times 24 \times 24$ घन सेमी.

छोटी गेद का आयतन $= \frac{4}{3}\pi \times 3 \times 3 \times 3$ घन सेमी.

$\therefore$ छोटी गेदों की संख्या $= \dfrac{\frac{4}{3}\pi \times 24 \times 24 \times 24}{\frac{4}{3}\pi \times 3 \times 3 \times 3} = 8 \times 8 \times 8 = 512$

99. अर्द्धगोले का आयतन $= \frac{2}{3}\pi r^3 = \frac{2}{3} \times \frac{22}{7} \times \frac{21}{2} \times \frac{21}{2} \times \frac{21}{2} = 2425.5$ घन सेमी.

100. माना अर्द्धगोले का व्यास 2r है। अतः आयतन, $\frac{2}{3}\pi r^3 = 19404$ घन सेमी.

$\therefore \quad \frac{2}{3} \times \frac{22}{7} \times r^3 = 19404 \Rightarrow r^3 = \frac{19404 \times 3 \times 7}{2 \times 22} = 9261 = (21)^3$

$\therefore$ r = 21 सेमी. $\Rightarrow$ व्यास = 2r = 2 × 21 = 42 सेमी.

101. गोले का व्यास = 7 सेमी., अतः त्रिज्या $r = \frac{7}{2}$ सेमी.

$\therefore$ गोले का आयतन $= \frac{4}{3}\pi r^3 = \frac{4}{3} \times \frac{22}{7} \times \frac{7}{2} \times \frac{7}{2} \times \frac{7}{2} = 179.67$ घन सेमी.

102. अर्द्धगोले का व्यास = 42 सेमी., अतः त्रिज्या $= \frac{42}{2} = 21$ सेमी.

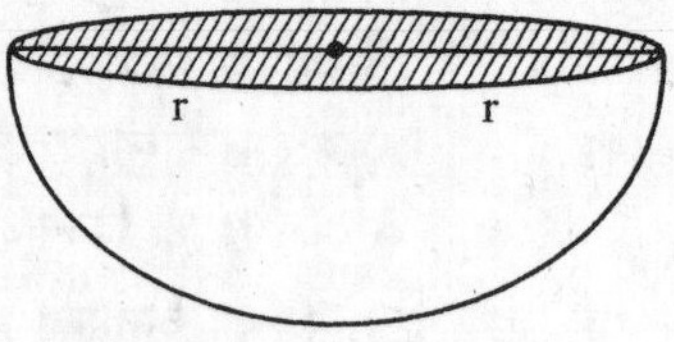

$\therefore$ अर्द्धगोले की वक्र सतह का क्षे. $= 2\pi r^2 = 2 \times \frac{22}{7} \times 21 \times 21$

$= 2772$ वर्ग सेमी.

103. अर्द्धगोला का आयतन, $\frac{2}{3}\pi r^3 = 2425.5 \Rightarrow \frac{2}{3} \times \frac{22}{7} \times r^3 = 2425.5$

$\therefore \quad r^3 = \frac{2425.5 \times 3 \times 7}{2 \times 22} = \frac{242550 \times 3 \times 7}{2 \times 22 \times 10} = \frac{21 \times 21 \times 21}{2 \times 2 \times 2} = \left(\frac{21}{2}\right)^3 \Rightarrow r = \frac{21}{2}$

$\therefore$ गोले का व्यास $= 2r = 2 \times \frac{21}{2} = 21$ सेमी.

104. अर्द्धगोले के सतह का कुल क्षे., $3\pi r^2 = 462$

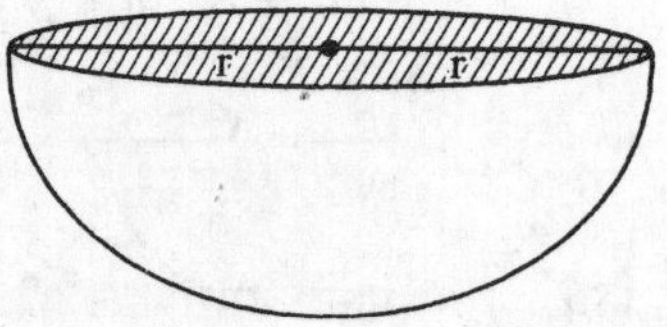

$\therefore \quad 3 \times \frac{22}{7} \times r^2 = 462 \Rightarrow r^2 = \frac{462 \times 7}{3 \times 22} = 7^2$

$\therefore$ r = 7 सेमी., अतः व्यास = 2r = 2 × 7 = 14 सेमी.

105. बड़े गोले का आयतन $= \frac{4}{3}\pi r^3 = \frac{4}{3}\pi \times 4^3 = \frac{256}{3}\pi$ सेमी.^{3}

छोटे गोले का आयतन $= \frac{4}{3}\pi r^3 = \frac{4}{3}\pi \times 2^3 = \frac{32}{3}\pi$ सेमी.^{3}

$\therefore$ छोटे गोलों की संख्या $= \frac{\text{बड़े गोले का आयतन}}{\text{छोटे गोले का आयतन}} = \frac{\frac{256\pi}{3}}{\frac{32\pi}{3}} = \frac{256\pi}{3} \times \frac{3}{32\pi} = 8$

106. बड़े गोले का आयतन $= \frac{4}{3}\pi r^3 = \frac{4}{3} \times \pi \times 6^3 = \frac{864\pi}{3}$ सेमी.^{3}

छोटे गोले का आयतन $= \frac{4}{3}\pi r^3 = \frac{4}{3}\pi \times 2^3 = \frac{32\pi}{3}$ सेमी.^{3}

$\therefore$ छोटे गोलों की संख्या $= \frac{\text{बड़े गोले का आयतन}}{\text{छोटे गोले का आयतन}} = \frac{\left(\frac{864\pi}{3}\right)}{\left(\frac{32\pi}{3}\right)} = \frac{864\pi}{3} \times \frac{3}{32\pi} = 27$

107. बड़े गोले का आयतन $= \frac{4}{3}\pi r^3 = \frac{4}{3}\pi (5)^3 = \frac{4}{3}\pi \times 125$ घन सेमी.

छोटे गोले का आयतन $= \frac{4}{3}\pi r^3 = \frac{4}{3}\pi (2)^3 = \frac{4}{3}\pi \times 8$ घन सेमी.

$\therefore$ बनाये गये गोलों की संख्या $= \frac{\frac{4}{3}\pi \times 125}{\frac{4}{3}\pi \times 8} = \frac{125}{8} = 15\frac{5}{8}$

$\therefore$ पूर्ण गोलों की संख्या = 15

108. ठोस अर्द्धगोले का व्यास = 35 सेमी., अतः त्रिज्या $= \frac{35}{2}$ सेमी.

ठोस अर्द्धगोले का कुल तल क्षे. $= 3\pi r^2 = 3 \times \frac{22}{7} \times \frac{35}{2} \times \frac{35}{2} = 2887.5$ सेमी.^{2}

109. माना अर्द्धगोले की त्रिज्या 2r तथा गोले की त्रिज्या r है।

$\therefore$ अर्द्धगोले का कुल पृष्ठीय क्षेत्रफल $= 3\pi (2r)^2 = 3\pi \times 4r^2 = 12\pi r^2$

और गोले का कुल पृष्ठीय क्षेत्रफल $= 4\pi r^2$, अतः दोनों क्षेत्रफलों में अनुपात $= 12\pi r^2 : 4\pi r^2 = 3 : 1$

110. ठोस अर्द्धगोले का पृष्ठ क्षे. $= 3\pi r^2 = 3 \times \frac{22}{7} \times 14 \times 14 = 1848$ वर्ग सेमी.

और वक्र पृष्ठ $= 2\pi r^2 = 2 \times \frac{22}{7} \times 14 \times 14 = 1232$ वर्ग सेमी.

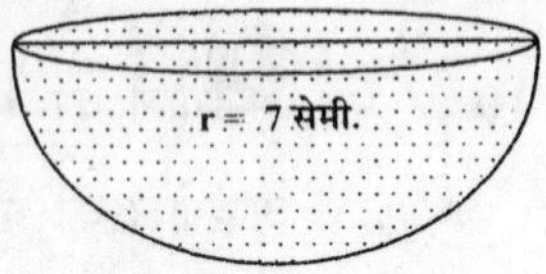

111. चित्रानुसार गोलार्द्ध की त्रिज्या r = 7 सेमी.

$\therefore$ गोलार्ध का वक्रपृष्ठीय क्षेत्रफल $= 2\pi r^2 = 2 \times \frac{22}{7} \times 7 \times 7 = 308$ सेमी.^{2}

112. A और B गोलों का अनुपात = 125 : 64

$\therefore$ A और B की त्रिज्याओं का अनुपात $= \sqrt[3]{125 : 64} = 5 : 4$

$\therefore$ 5 : 4 का अनुपाती योग = 5 + 4 = 9, अतः A की त्रिज्या $= 36 \times \frac{5}{9} = 20$ सेमी.

$\therefore$ गोला A का पृष्ठीय क्षेत्रफल $= 4\pi r^2 = 4 \times \pi \times 20^2 = 4 \times \pi \times 400 = 1600\pi$ सेमी.^{2}

113. गोले की सतह का क्षे. $S = 4\pi r^2 \Rightarrow S^3 = (4\pi r^2)^3 = 64\pi^3 r^6$

गोले का आयतन $V = \frac{4}{3}\pi r^3 \Rightarrow V^2 = \left(\frac{4}{3}\pi r^3\right)^2 = \frac{16}{9}\pi^2 r^6$

$\therefore \frac{S^3}{V^2} = \frac{64\pi^3 \cdot r^6}{\frac{16}{9}\pi^2 r^6} = \frac{64 \times 9}{16} \times \frac{\pi^3 r^6}{\pi^2 r^6} = 36\pi$ एकक

114. माना तीसरे गोले की त्रिज्या r है

$\therefore$ 12 सेमी. त्रिज्या वाले गोले का आयतन = तीनों छोटे गोलों के आयतनों का योग

$\therefore \frac{4}{3}\pi \cdot 12^3 = \frac{4}{3}\pi \cdot 6^3 + \frac{4}{3}\pi \cdot 8^3 + \frac{4}{3}\pi r^3$

$\therefore \frac{4}{3}\pi \cdot 1728 = \frac{4}{3}\pi (216 + 512 + r^3) \Rightarrow 1728 = 728 + r^3$

$\therefore r^3 = 1728 - 728 = 1000 = 10^3 \Rightarrow r = 10$ सेमी.

115. माना प्रत्येक छोटे गोले की त्रिज्या r सेमी. है। अतः 6 सेमी. व्यास वाले गोले का आयतन = 8 छोटे गोलों का आयतन

$\therefore \frac{4}{3}\pi \cdot 3^3 = 8 \times \frac{4}{3}\pi r^3 \Rightarrow 27 = 8r^3 \Rightarrow r^3 = \frac{27}{8} = \left(\frac{3}{2}\right)^3 \Rightarrow r = \frac{3}{2} = 1.5$ सेमी.

116. ठोस गोलार्द्ध का आयतन = कुल पृष्ठीय क्षेत्रफल $\Rightarrow \frac{2}{3}\pi r^3 = 3\pi r^2$

$\therefore \frac{2}{3}r = 3 \Rightarrow r = \frac{3 \times 3}{2} = \frac{9}{2} = 4\frac{1}{2}$ एकक

117. अर्ध गोलाकार बर्तनों की त्रिज्याओं का अनुपात = उनके धारिताओं के घनमूलों का अनुपात

$= \sqrt[3]{6.4 : 21.6} = \sqrt[3]{64 : 216} = 4 : 6$

118. गोलक का आयतन = पृष्ठ क्षेत्रफल $\Rightarrow \frac{4}{3}\pi r^3 = 4\pi r^2 \Rightarrow \frac{r}{3} = 1 \Rightarrow r = 3$

119. लेड के गोले की त्रिज्या $r = \frac{4}{2} = 2$ सेमी. माना स्वर्ण से कवर करने पर स्वर्ण की मोटाई x सेमी. होती है।

माना स्वर्ण से कवर करने पर गोले की त्रिज्या R है।

$\because$ स्वर्ण का आयतन = लेड का आयतन $\Rightarrow \frac{4}{3}\pi\left(R^3 - r^3\right) = \frac{4}{3}\pi r^3 \Rightarrow R^3 - r^3 = r^3$

$\therefore R^3 = 2r^3 \Rightarrow R = \sqrt[3]{2} \cdot r = 1.259 \times 2 = 2.518$ सेमी.

$\therefore$ स्वर्ण की मोटाई $x = R - r = 2.518 - 2 = 0.518$ सेमी.

120. 14 सेमी. त्रिज्या वाली गेंद का आयतन = $\frac{4}{3}\pi : 14^3$ सेमी.^{3} = $\frac{4}{3}\pi \times 2744$ सेमी.^{3}

2 सेमी. त्रिज्या वाली गेंद का आयतन = $\frac{4}{3}\pi \cdot 2^3 = \frac{4}{3}\pi \times 8$ सेमी.^{3}

$\therefore$ छोटे गोलों की संख्या = $\dfrac{\frac{4}{3}\pi \times 2744}{\frac{4}{3}\pi \times 8} = \frac{2744}{8} = 343$

121. गोले का पृष्ठ क्षेत्रफल $\Rightarrow 4\pi r^2 = 346.5 \Rightarrow \frac{4 \times 22}{7} \cdot r^2 = 346.5$

$\therefore$ $r^2 = \frac{346.5 \times 7}{4 \times 22} = 27.5625 \Rightarrow r^2 = (5.25)^2 \Rightarrow r = 5.25$ सेमी.

122. शंकु की त्रिज्या $r = \frac{21}{2}$ सेमी. और तिरछी ऊँचाई $l = 11$ सेमी.

$\therefore$ शंकु के सतह का कुल क्षे. = $\pi r (r + l) = \frac{22}{7} \times \frac{21}{2}\left(\frac{21}{2} + 11\right) = \frac{33 \times 43}{2} = 709.5$ सेमी.^{2}

123. शंकु की तिरछी ऊँचाई $l = 9$ सेमी., माना शंकु की त्रिज्या r है।

$\therefore$ शंकु के वक्र सतह का क्षे. = 99 सेमी.^{2} $\Rightarrow \pi r l = 99 \Rightarrow \frac{22}{7} \times r \times 9 = 99$ सेमी.^{2}

$\therefore$ $r = \frac{99 \times 7}{22 \times 9} = \frac{7}{2}$ सेमी. $\Rightarrow$ शंकु का व्यास = $2r = 2 \times \frac{7}{2} = 7$ सेमी.

124. शंकु के आधार की त्रिज्या r = 6 सेमी. और तिर्यक ऊँचाई $l = 10$ सेमी.

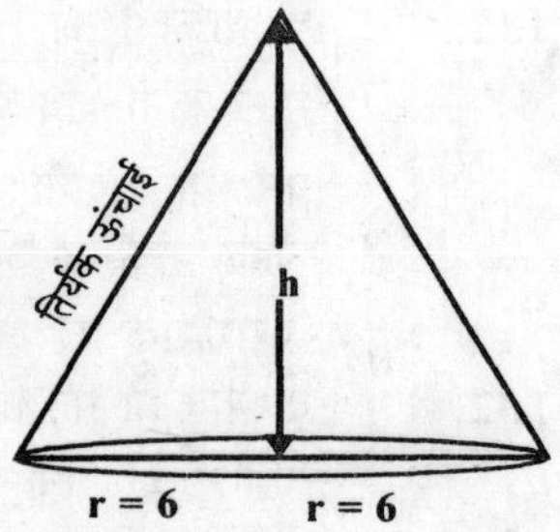

$\therefore$ $h^2 + r^2 = l^2 \Rightarrow h^2 + 36 = 100$

$\therefore$ $h^2 = 100 - 36 = 64 \Rightarrow h = 8$ सेमी.

$\therefore$ आयतन = $\frac{1}{3}\pi r^2 h = \frac{1}{3} \times \frac{22}{7} \times 36 \times 8 = 301.71$ सेमी.^{3}

125. दोनों शंकुओं की तिरछी ऊँचाई का अनुपात = 2 : 1

$\therefore$ माना उनकी तिरछी ऊँचाइयाँ क्रमशः $2l$ तथा l हैं। पुनः माना दोनों शंकुओं की त्रिज्याएँ क्रमशः r_1 तथा r_2 हैं।

$\because$ पहले शंकु के वक्र पृष्ठ का क्षे. : दूसरे शंकु के वक्र पृष्ठ का क्षे. = 1 : 4

$\therefore$ $\frac{\pi r_1 2l}{\pi r_2 l} = \frac{1}{4} \Rightarrow \frac{r_1 \times 2}{r_2} = \frac{1}{4} \Rightarrow \frac{r_1}{r_2} = \frac{1}{8} \Rightarrow r_1 : r_2 = 1 : 8$

126. माना गिये गये शंकु की ऊँचाई h तथा आधार त्रिज्या r है। अतः दिये गये शंकु का आयतन = $\frac{1}{3}\pi r^2 h$

अब ऊँचाई 4h तथा आधार त्रिज्या 2r हो जाने पर,

शंकु का आयतन = $\frac{1}{3}\pi (2r)^2 . 4h = \frac{1}{3}\pi \times 4r^2 \times 4h = 16 \times \frac{1}{3}\pi r^2 h$

$\therefore$ दोनों आयतनों में अनुपात = $\frac{1}{3}\pi r^2 h : 16 \times \frac{1}{3}\pi r^2 h = 1 : 16$

127. लम्बवृत्तीय शंकु का आयतन = $1232 \Rightarrow \frac{1}{3} \times \frac{22}{7} \times r^2 \times 24 = 1232$ सेमी.^{3}

$\therefore$ $r^2 = \frac{1232 \times 3 \times 7}{22 \times 24} = 49 = 7^2 \Rightarrow r = 7$ सेमी.

$\therefore$ शंकु की तिरछी ऊँचाई $l = \sqrt{h^2 + r^2} = \sqrt{24 + 7^2} = \sqrt{576 + 49} = \sqrt{625} = 25$

$\therefore$ शंकु का वक्र पृष्ठ (तिरछा पृष्ठ) = $\pi r l = \frac{22}{7} \times 7 \times 25 = 550$ वर्ग सेमी.

128. शंकु की तिरछी ऊँचाई $l = \sqrt{4^2 + 3^2} = \sqrt{16 + 9} = \sqrt{25} = 5$ सेमी.

$\therefore$ शंकु का कुल पृष्ठ क्षेत्रफल = $\pi r (l + r) = \pi \times 3 \times (5 + 3)$

$= \pi \times 3 \times 8 = 24\pi$ वर्ग सेमी.

129. शंक्वाकार तम्बू के आधार की परिधि = 66 मीटर

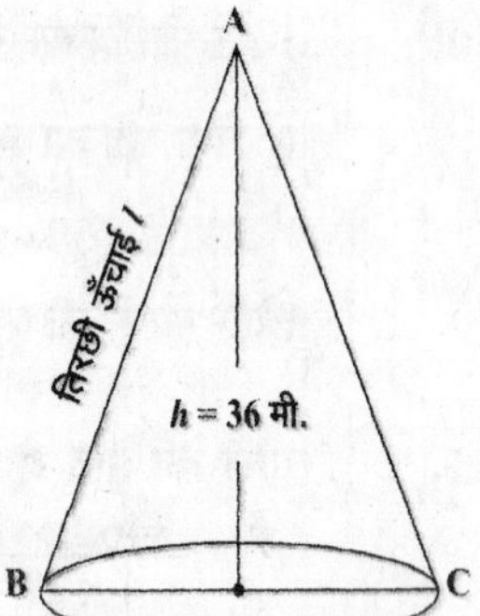

$\therefore$ $2\times\frac{22}{7}\times r = 66 \Rightarrow r = \frac{21}{2}$ मीटर

$\therefore$ तिरछी ऊँचाई $l = l = \sqrt{r^2+h^2} = \sqrt{\left(\frac{21}{2}\right)^2 + 36^2}$

$= \sqrt{110.25+1296} = \sqrt{1406.25} = 37.5$

$\therefore$ कैनवास का क्षेत्रफल $= \pi rl = \frac{22}{7}\times\frac{21}{2}\times 37.5 = 1237.5$ मी.^{2}

130. दो शंकुओं की त्रिज्याओं में अनुपात = व्यासों में अनुपात = 5 : 4

$\therefore$ माना दोनों शंकुओं की त्रिज्याएँ क्रमशः 5x तथा 4x हैं।

पुनः माना दोनों शंकुओं की ऊँचाईयाँ क्रमशः h_1 तथा h_2 हैं।

$\therefore$ $\frac{\text{पहले शंकु का आयतन}}{\text{दूसरे शंकु का आयतन}} = \frac{4}{1} \Rightarrow \frac{\frac{1}{3}\pi\cdot 25x^2\cdot h_1}{\frac{1}{3}\pi\cdot 16x^2\cdot h_2} = \frac{4}{1} \Rightarrow \frac{25h_1}{16h_2} = \frac{4}{1} \Rightarrow \frac{h_1}{h_2} = \frac{64}{25} \Rightarrow h_1 : h_2 = 64 : 25$

131. दो शंकुओं की त्रिज्याओं में अनुपात = व्यासों में अनुपात = 3 : 5

माना दोनों शंकुओं की त्रिज्याएँ क्रमशः 3x तथा 5x हैं।

पुनः माना दोनों शंकुओं की ऊँचाईयाँ क्रमशः h_1 तथा h_2 हैं।

$\therefore$ $\frac{\text{पहले शंकु का आयतन}}{\text{दूसरे शंकु का आयतन}} = \frac{1}{3} \Rightarrow \frac{\frac{1}{3}\pi\cdot 9x^2\cdot h_1}{\frac{1}{3}\pi\cdot 25x^2\cdot h_2} = \frac{1}{3} \Rightarrow \frac{9h_1}{25h_2} = \frac{1}{3} \Rightarrow \frac{h_1}{h_2} = \frac{1}{3}\times\frac{25}{9} = \frac{25}{27} \Rightarrow h_1 : h_2 = 25 : 27$

132. दो शंकुओं की त्रिज्याओं में अनुपात = 3 : 4

$\therefore$ माना दोनों शंकुओं की त्रिज्याएँ क्रमशः 3x तथा 4x हैं। पुनः माना उनकी ऊँचाइयाँ क्रमशः 4h तथा 3h हैं।

$\therefore$ $\frac{\text{पहले शंकु का आयतन}}{\text{दूसरे शंकु का आयतन}} = \frac{\frac{1}{3}\pi\cdot 9x^2\cdot 4h}{\frac{1}{3}\pi\cdot 16x^2\cdot 3h} = \frac{3}{4} = 3:4$

133. शंकु के आधार का परिमाप, $2\pi r = 8$ सेमी. $\Rightarrow r = \frac{8}{2\pi} = \frac{4}{\pi}$ सेमी.

$\therefore$ शंकु का आयतन $= \frac{1}{3}\pi r^2 h = \frac{1}{3}\cdot\pi\cdot\frac{16}{\pi^2}\cdot 21 = \frac{112}{\pi}$ सेमी.^{3}

134. माना शंकुओं की ऊचाइयाँ क्रमशः h तथा 3h और त्रिज्याएँ क्रमशः 3r तथा 5r हैं।

$\therefore$ पहले शंकु का आयतन $= \frac{1}{3}\pi(3r)^2\cdot h = \frac{1}{3}\pi\cdot 9r^2\cdot h = 3\pi r^2 h$

दूसरे शंकु का आयतन $= \frac{1}{3}\pi(5r)^2\cdot 3h = \frac{1}{3}\pi\cdot 25r^2\cdot 3h = 25\pi r^2 h$

$\therefore$ आयतनों में अनुपात $= 3\pi r^2 h : 25\pi r^2 h = 3 : 25$

135. चित्रानुसार शंकु ABC का अर्ध शीर्षकोण $= 30^0$

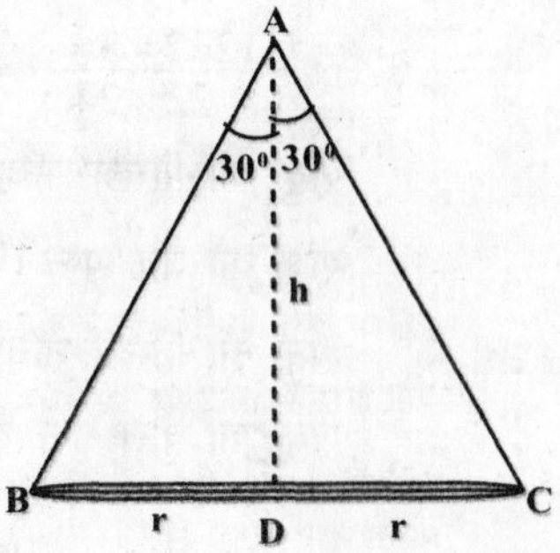

$\because$ समकोण Δ में 30^0 के सामने की भुजा $= \frac{\text{कर्ण}}{2}$, अतः $r = \frac{\ell}{2} \Rightarrow \ell = 2r$

$\therefore$ $\frac{\text{आयतन}}{\text{तिर्यक पृष्ठ क्षेत्रफल}} = \frac{1}{3} \Rightarrow \frac{\frac{1}{3}\pi r^2 h}{\pi r\ell} = \frac{1}{3} \Rightarrow \frac{rh}{3\ell} = \frac{1}{3}$

$\therefore$ $\frac{rh}{\ell} = \frac{1}{1} \Rightarrow \frac{rh}{2r} = \frac{1}{1} \Rightarrow \frac{h}{2} = \frac{1}{1} \Rightarrow h = 2$ एकक

$\because$ $\ell^2 = r^2 + h^2 \Rightarrow (2r)^2 = r^2 + 2^2 \Rightarrow 4r^2 = r^2 + 4$

$\therefore$ $3r^2 = 4 \Rightarrow r^2 = \frac{4}{3} \Rightarrow r = \frac{2}{\sqrt{3}}$ एकक

136. माना शंकुओं की त्रिज्याएँ क्रमशः 3r तथा 4r और ऊँचाइयाँ क्रमशः 4h तथा 3h हैं।

∴ पहले शंकु का आयतन $= \frac{1}{3}\pi(3r)^2 \cdot 4h = \frac{1}{3}\pi \cdot 9r^2 \cdot 4h = 12\pi r^2 h$

दूसरे शंकु का आयतन $= \frac{1}{3}\pi(4r)^2 \cdot 3h = \frac{1}{3}\pi \cdot 16r^2 \cdot 3h = 16\pi r^2 h$

∴ आयतनों में अनुपात $= 12\pi r^2 h : 16\pi r^2 h = 3 : 4$

137. माना शंकु की ऊँचाई 3x तथा व्यास 2x है।

∴ शंकु का आयतन $\Rightarrow \frac{1}{3}\pi x^2 \cdot 3x = 1078 \Rightarrow \pi x^3 = 1078$

∴ $\frac{22}{7} \cdot x^3 = 1078 \Rightarrow x^3 = \frac{1078 \times 7}{22} = 343 = 7^3 \Rightarrow x = 7$, अतः ऊँचाई $= 3x = 3 \times 7 = 21$ सेमी.

138. माना शंकु के आधार की त्रिज्या r, ऊँचाई h तथा तिरछी ऊँचाई ℓ है।

∴ $\ell = \sqrt{r^2 + h^2} \Rightarrow \ell^2 = r^2 + h^2$

वक्रीय पृष्ठ का क्षेत्रफल $\Rightarrow c = \pi r \ell \Rightarrow c^2 = \pi^2 r^2 \ell^2 = \pi^2 r^2 (r^2 + h^2)$

आयतन $\Rightarrow v = \frac{1}{3}\pi r^2 h \Rightarrow v^2 = \frac{1}{9}\pi^2 r^4 h^2$

∴ $3\pi v h^3 - c^2 h^2 + 9v^2 = 3\pi \cdot \frac{1}{3}\pi r^2 h \cdot h^3 - \pi^2 r^2 (r^2 + h^2) h^2 + 9 \cdot \frac{1}{9}\pi^2 r^4 h^2$

$= \pi^2 r^2 h^4 - \pi^2 r^4 h^2 - \pi^2 r^2 h^4 + \pi^2 r^4 h^2 = 0$

139. माना शंकु की त्रिज्या 4x तथा ऊँचाई 3x है।

∴ तिरछी ऊँचाई $\ell = \sqrt{(4x)^2 + (3x)^2} = \sqrt{16x^2 + 9x^2} = \sqrt{25x^2} = 5x$

∴ वक्राकार सतह का क्षे. $= \pi r \ell = \pi \cdot 4x \cdot 5x = 20\pi x^2$

कुल सतह का क्षेत्रफल $= \pi r \ell + \pi r^2 = 20\pi x^2 + \pi \cdot 16x^2 = 36\pi x^2$

∴ अभीष्ट अनुपात $= 20\pi x^2 : 36\pi x^2 = 5 : 9$

140. r = 7 सेमी., h = 24 सेमी., अतः $\ell = \sqrt{r^2 + h^2} = \sqrt{49 + 576} = \sqrt{625} = 25$ सेमी.

∴ शंकु का तिरछा पृष्ठ $= \pi r \ell = \frac{22}{7} \cdot 7 \cdot 25 = 550$ सेमी.^{2}

आधार का क्षे. $= \pi r^2 = \frac{22}{7} \times 7 \times 7 = 154$ सेमी.^{2}

∴ लौह चादर का क्षे. $= 550 + 154 = 704$ सेमी.^{2}

141. माना चित्रानुसार 30 सेमी. ऊँचे शंकु ABC को EFG तल द्वारा काटकर एक छोटा शंकु AEG अलग किया गया।

माना शंकु AEG की ऊँचाई AF = x सेमी.

पुनः माना EF = FG = r और BD = DC = R

समरूप त्रिभुजों AEF तथा ABD से–

$\frac{x}{r} = \frac{30}{R} \Rightarrow x = \frac{30r}{R}$ ....(i)

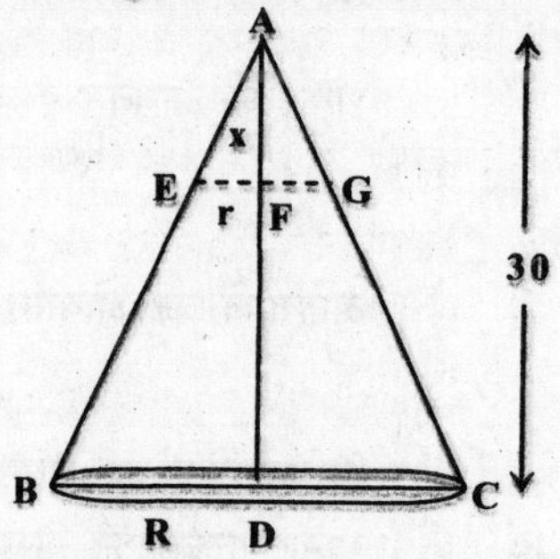

∵ शंकु AEG का आयतन $= \frac{1}{27} \cdot$ शंकु ABC का आयतन

∴ $\frac{1}{3} \cdot \pi r^2 \cdot x = \frac{1}{27} \cdot \frac{1}{3} \cdot \pi \cdot R^2 \cdot 30 \Rightarrow r^2 x = \frac{1}{27} \cdot R^2 \cdot 30$

∴ $r^2 \cdot \frac{30r}{R} = \frac{1}{27} \cdot R^2 \cdot 30 \Rightarrow \frac{r^3}{R^3} = \frac{1}{27} \Rightarrow \frac{r}{R} = \frac{1}{3}$

∴ समीकरण (i) से $x = 30 \times \frac{1}{3} = 10$ सेमी. $\Rightarrow$ FD = 30 – x = 30 – 10 = 20 सेमी.

अतः तल से खण्ड की ऊँचाई = 20 सेमी.

142. गोले का आयतन = बेलन का आयतन $\Rightarrow \frac{4}{3}\pi R^3 = \pi \times 4 \times 4 \times \frac{16}{3}$

∴ $R^3 = 4 \times 16 = 64 = (4)^3 \Rightarrow R = 4$ सेमी.

∴ गोले का पृष्ठ क्षे. $= 4\pi R^2 = 4\pi \times 4^2 = 4\pi \times 16 = 64\pi$ सेमी.^{2}

143. माना त्रिज्याएँ r तथा ऊँचाइयाँ h हैं। अतः $h = r$

$\therefore$ गोले का पृष्ठीय क्षे. $= 4\pi r^2$ और बेलन का वक्र पृष्ठीय क्षे. $= 4\pi rh = 4\pi r^2$

$\therefore$ दोनों में अनुपात $= 4\pi r^2 : 4\pi r^2 = 1 : 1$

144. माना बेलन की ऊंचाई h है।

$\therefore$ बेलन का आयतन $= \pi r^2 h = \pi \times 14^2 \times h = 196\pi.h$ घन सेमी.

गोले का आयतन $= \frac{4}{3}\pi r^3 = \frac{4}{3} \times \pi \times 21 \times 21 \times 21 = 4 \times 7 \times 21 \times 21 \times \pi$ घन सेमी.

$\because$ बेलन का आयतन = गोले का आयतन, अतः $196\pi.h = 4 \times 7 \times 21 \times 21 \times \pi$

$\therefore$ $h = \frac{4 \times 7 \times 21 \times 21}{196} = 63$ सेमी.

145. तार का व्यास = 6 मिमी., अतः त्रिज्या = 3 मिमी. $= \frac{3}{10}$ सेमी.

माना तार की लम्बाई l सेमी. है। अतः तार का आयतन $= \pi \cdot \frac{3}{10} \cdot \frac{3}{10} \cdot l$ घन सेमी.

ठोस गोले का आयतन $= \frac{4}{3}\pi \cdot 15 \cdot 15 \cdot 15$ घन सेमी.

$\therefore$ $\pi \cdot \frac{3}{10} \cdot \frac{3}{10} \cdot l = \frac{4}{3}\pi \cdot 15 \cdot 15 \cdot 15 \Rightarrow l = \frac{4 \cdot 15 \cdot 15 \cdot 15 \cdot 10 \cdot 10}{3 \cdot 3 \cdot 3} = 50000$ सेमी.

146. माना शंकु की ऊँचाई h है और गोले से बने शंकु की त्रिज्या r है।

$\because$ शंकु का आयतन = गोले का आयतन, अतः $\frac{1}{3}\pi r^2 h = \frac{4}{3}\pi r^3$, अतः $h = 4r = 4 \times 5 = 20$ सेमी.

147. सम्मुख चित्र में शंकु ABC को अर्द्धगोला ADCEA पर लगाया गया है। इस प्रकार ठोस ABCD गठित हुआ है।

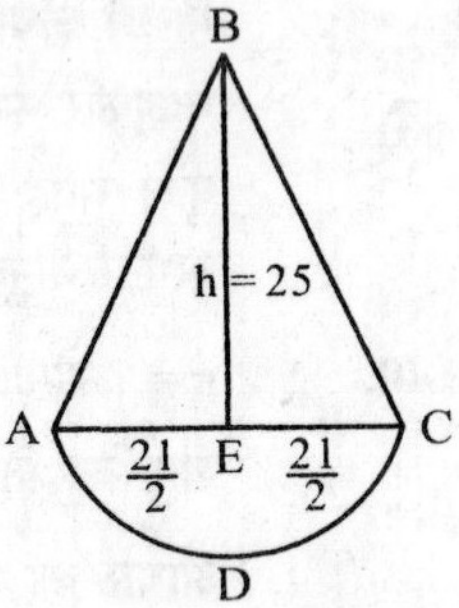

$\therefore$ शंकु का आयतन $= \frac{1}{3}\pi r^2 h = \frac{1}{3} \times \frac{22}{7} \times \frac{21}{2} \times \frac{21}{2} \times 25$

$= 2887.5$ घन सेमी.

अर्द्धगोले का आयतन $= \frac{2}{3}\pi r^3 = \frac{2}{3} \times \frac{22}{7} \times \frac{21}{2} \times \frac{21}{2} \times \frac{21}{2}$

$= 2425.5$ घन सेमी.

$\therefore$ ठोस का आयतन $= 2887.5 + 2425.5 = 5313$ घन सेमी.

148. सम्मुख चित्र में शंकु PQR को अर्द्धगोला PSRTP पर मढ़कर ठोस PQRS निर्मित किया गया है।

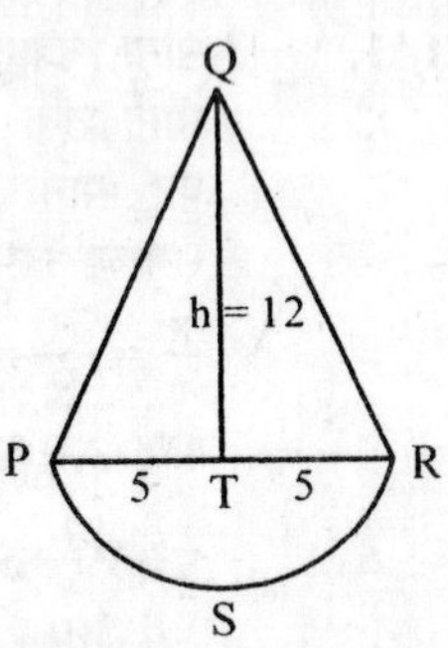

$\therefore$ शंकु का आयतन $= \frac{1}{3}\pi r^2 h = \frac{1}{3} \times \frac{22}{7} \times 5 \times 5 \times 12$

$= 314.29$ घन सेमी.

अर्द्धगोले का आयतन $= \frac{2}{3}\pi r^3 = \frac{2}{3} \times \frac{22}{7} \times 5 \times 5 \times 5$

$= 261.90$ घन सेमी.

$\therefore$ निर्मित ठोस का आयतन $= 314.29 + 261.90 = 576.19$ घन सेमी.

149. माना गोलक की त्रिज्या r है। चूंकि गोलक का वक्रपृष्ठ क्षेत्रफल = शंकु का तिरछा पृष्ठ (वक्र पृष्ठ)

$\therefore$ $4\pi r^2 = \pi \times 30 \times \sqrt{30^2 + 40^2} = \pi \times 30 \times \sqrt{900 + 1600} = \pi \times 30 \times \sqrt{2500}$

$\therefore$ $4\pi r^2 = \pi \times 30 \times 50 \Rightarrow r^2 = \frac{30 \times 50}{4} = 15 \times 25 \Rightarrow r = 5\sqrt{15}$ सेमी.

150. पहले शंकु की त्रिज्या = 3 सेमी., दूसरे शंकु की त्रिज्या = 4 सेमी.

माना दोनों शंकुओं की ऊँचाई h है।

पहले शंकु का आयतन + दूसरे शंकु का आयतन = गोले का आयतन

$\therefore \quad \frac{1}{3}\pi\cdot 3\cdot 3\cdot h+\frac{1}{3}\pi\cdot 4\cdot 4\cdot h=\frac{4}{3}\pi\cdot 5\cdot 5\cdot 5$

$\therefore \quad \frac{1}{3}\pi(9h+16h)=\frac{4}{3}\pi\cdot 125 \Rightarrow 25h=4\times 125 \Rightarrow h=20$ सेमी.

151. गोले का आयतन = शंकु का आयतन

$\therefore \quad \frac{4}{3}\pi r^3=\frac{1}{3}\pi\cdot 6\cdot 6\cdot 24 \Rightarrow 4r^3=6\cdot 6\cdot 24 \Rightarrow r^3=6\cdot 6\cdot 6=6^3 \Rightarrow r=6$ सेमी.

152. शंकुओं की संख्या $=\frac{\text{गोले का आयतन}}{\text{एक शंकु का आयतन}}=\frac{\frac{4}{3}\pi\times 10.5\times 10.5\times 10.5}{\frac{1}{3}\pi\times 3.5\times 3.5\times 3}$

$=\frac{4\times 10.5\times 10.5\times 10.5}{3.5\times 3.5\times 3}=\frac{4\times 105\times 105\times 10.5}{35\times 35\times 3}=126$

153. अर्ध गोलाकार प्याले का आयतन $=\frac{2}{3}\pi\cdot 4^3=\frac{128\pi}{3}$ सेमी.^{3}

शंकु का आयतन $=\frac{1}{3}\pi\cdot 8\cdot 8\cdot 16=\frac{1024\pi}{3}$ सेमी.^{3}

$\therefore$ शंकु का खाली आयतन $=\frac{1024\pi}{3}-\frac{128\pi}{3}=\frac{896}{3}\pi$ सेमी.^{3}

$\therefore$ खाली आयतन की प्रतिशतता $=\frac{\frac{896}{3}\pi\times 100}{\frac{1024}{3}\pi}=\frac{896\times 100}{1024}=87.5\%$

154. शंकु और गोले की त्रिज्या = r

माना शंकु की ऊँचाई h है।

$\therefore$ तिरछी ऊँचाई $\ell=\sqrt{r^2+h^2}$

$\because$ शंकु का वक्र पृष्ठ = गोले का वक्र पृष्ठ

$\therefore \quad \pi r\ell=4\pi r^2 \Rightarrow \ell=4r \Rightarrow \sqrt{r^2+h^2}=4r$

$\therefore \quad r^2+h^2=16r^2 \Rightarrow h^2=15r^2 \Rightarrow h=\sqrt{15}\cdot r$

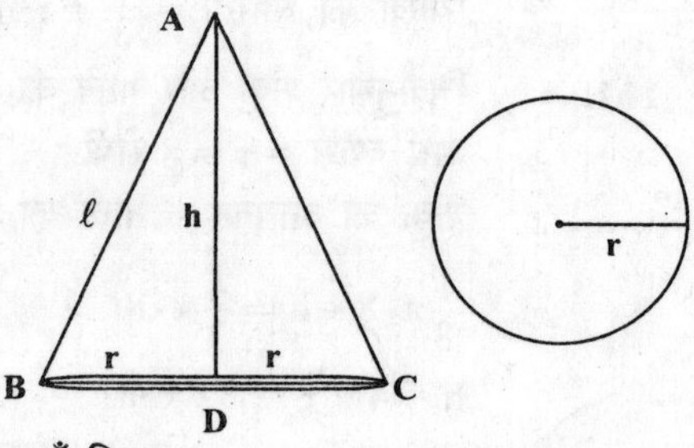

155. चित्रानुसार ठोस, तल पर अर्ध गोलाकार और ऊपर शंक्वाकार है जहाँ त्रिज्या = r और शंक्वाकार ऊँचाई = h

$\therefore$ शंक्वाकार भाग की तिरछी ऊँचाई $\ell=\sqrt{r^2+h^2}$

$\therefore$ शंकु का पृष्ठ क्षेत्रफल = अर्ध गोले का पृष्ठ क्षेत्रफल

$\therefore \quad \pi r\ell=2\pi r^2 \Rightarrow \ell=2r \Rightarrow \sqrt{r^2+h^2}=2r$

$\therefore \quad r^2+h^2=4r^2 \Rightarrow 3r^2=h^2 \Rightarrow \sqrt{3}\,r=h \Rightarrow \frac{r}{h}=\frac{1}{\sqrt{3}} \Rightarrow r:h=1:\sqrt{3}$

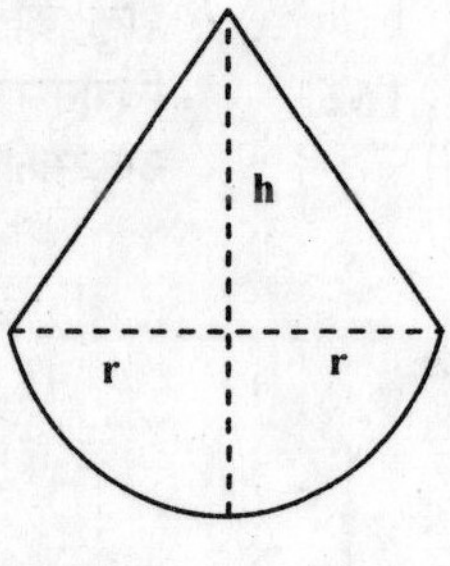

156. माना शंकु की ऊँचाई h है जबकि शंकु और गोलक की त्रिज्या = a

शंकु का आयतन = गोलक का आयतन $\Rightarrow \frac{1}{3}\pi a^2h=\frac{4}{3}\pi a^3$, अतः h = 4a, अतः शंकु की ऊँचाई = 4a

157. गोले का पृष्ठ क्षेत्रफल $\Rightarrow 4\pi r^2=1256 \Rightarrow 4\times\pi\times r^2=1256$

$\therefore \quad r^2=\frac{1256}{4\times\pi}=\frac{314}{\pi}=\frac{314}{3.14}=100 \Rightarrow r=10$ सेमी., गोले का आयतन $=\frac{4}{3}\pi r^3=\frac{4}{3}\pi\cdot 10^3=\frac{4000}{3}\pi$ सेमी.^{3}

एक शंकु का आयतन $=\frac{1}{3}\pi\times 2\cdot 5\times 2\cdot 5\times 8$ सेमी.^{3} $=\frac{50\pi}{3}$ सेमी.^{3}

$\therefore$ शंकुओं की संख्या $=\frac{\text{गोले का आयतन}}{\text{एक शंकु का आयतन}}=\frac{\frac{4000\pi}{3}}{\frac{50}{3}\pi}=80$

158. गोले का व्यास 2R हो तो, गोले का आयतन = दोनों शंकुओं के आयतनों का योग

$\therefore \quad \frac{4}{3}\pi R^3 = \left(\frac{1}{3}\pi \times 2.1 \times 2.1 \times 3.8\right) + \left(\frac{1}{3}\pi \times 2.1 \times 2.1 \times 4.6\right)$

$= \frac{1}{3}\pi \times 2.1 \times 2.1(3.8 + 4.6) = \frac{1}{3}\pi \cdot 2.1 \times 2.1 \times 8.4$

$\therefore \quad \frac{4}{3}\pi R^3 = \frac{1}{3}\pi \times 2{\cdot}1 \times 2{\cdot}1 \times 2{\cdot}1 \times 4 \Rightarrow R^3 = (2{\cdot}1)^3 \Rightarrow R = 2{\cdot}1$

$\therefore$ गोले का व्यास = $2R = 2 \times 2{\cdot}1 = 4{\cdot}2$ सेमी.

159. माना शंकुओं की ऊँचाई h थी। अतः शंकुओं के आयतनों का योग = गोले का आयतन

$\therefore \quad \frac{1}{3}\pi\left(r_1^2 + r_2^2\right) h = \frac{4}{3}\pi R^3 \Rightarrow \left(r_1^2 + r_2^2\right) h = 4R^3$ अतः $h = \frac{4R^3}{\left(r_1^2 + r_2^2\right)}$

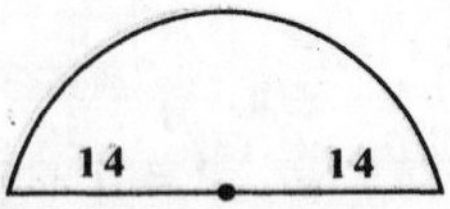

160. चित्रानुसार अर्धवृत्ताकार परत की त्रिज्या = $\frac{28}{2} = 14$ सेमी.

परत को मोड़कर शंक्वाकार प्याली ABC बनायी गयी है।

$\therefore$ शंक्वाकार प्याली की तिरछी ऊँचाई $\ell = 14$ सेमी. अर्ध वृत्त की परिधि = $\pi r = \frac{22}{7} \cdot 14 = 44$ सेमी.

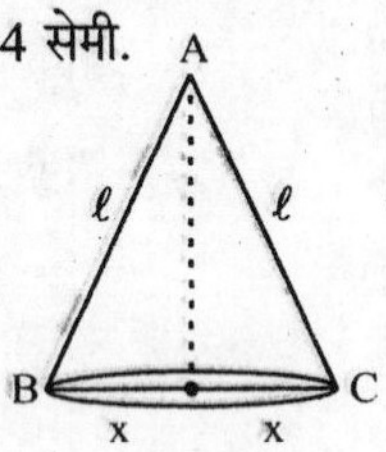

$\therefore$ शंक्वाकार प्याली की परिधि $2\pi x = 44$

$\therefore \quad \frac{2 \times 22}{7} \times x = 44 \Rightarrow x = 7$ सेमी.

$\therefore$ प्याली की गहराई = $\sqrt{\ell^2 - x^2} = \sqrt{14^2 - 7^2} = \sqrt{196 - 49} = \sqrt{147} = 12.12$ सेमी.

$\therefore$ प्याली की धारिता = $\frac{1}{3}\pi r^2 h = \frac{1}{3} \times \frac{22}{7} \times 7 \times 7 \times 12{\cdot}12 = 622.16$ सेमी.^{3}

161. चित्रानुसार शंकु और गोले का अर्ध व्यास = r = 8 सेमी.

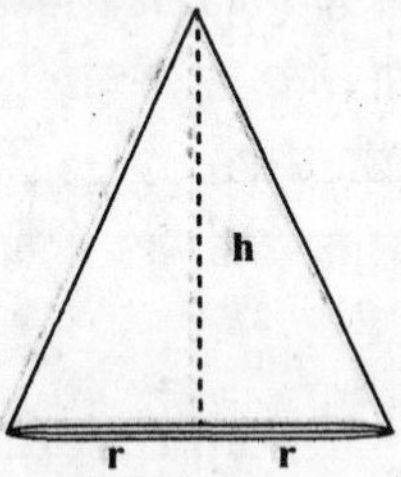

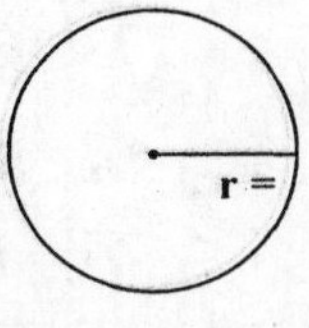

$\because$ शंकु का आयतन = गोले का आयतन

$\therefore \quad \frac{1}{3}\pi \cdot 8^2 \cdot h = \frac{4}{3}\pi \cdot 8^3$

$\therefore \quad h = 4 \times 8 = 32$ सेमी.

$\therefore$ शंकु की तिर्यक ऊँचाई = $\sqrt{r^2 + h^2} = \sqrt{64 + 1024} = \sqrt{1088} = 8\sqrt{17}$ सेमी.

162. चित्रानुसार आइसक्रीम ABCD आकार में है।

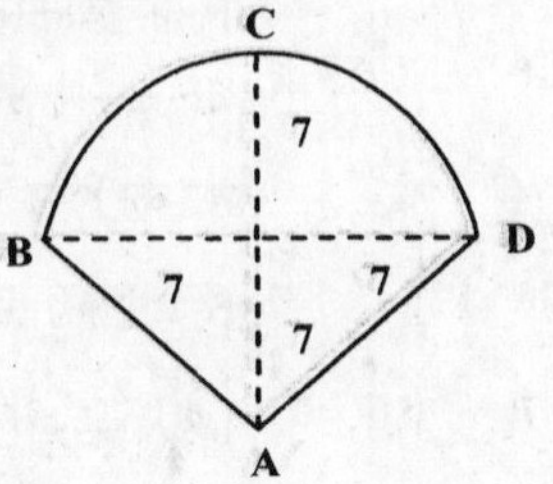

$\therefore$ आइसक्रीम का आयतन = (अर्धगोला + शंकु) का आयतन

$= \frac{2}{3}\pi \cdot r^3 + \frac{1}{3}\pi r^2 h$

$= \frac{2}{3} \cdot \frac{22}{7} \cdot 7^3 + \frac{1}{3} \times \frac{22}{7} \times 49 \times 7$

$= \frac{2156}{3} + \frac{1078}{3} = \frac{3234}{3} = 1078$ सेमी.^{3}

163. माना बड़े ठोस गोले की त्रिज्या R है, अतः एक शंकु की ऊँ. = R और त्रिज्या = R

$\therefore$ एक शंकु का आयतन = $\frac{1}{3}\pi R^2 \cdot R = \frac{1}{3}\pi R^3$

$\therefore$ एक शंकु को गलाकर बनाये गये छोटे गोले का आयतन = $\frac{1}{3}\pi R^3$

$\therefore \quad \frac{4}{3}\pi x^3 = \frac{1}{3}\pi R^3$ (जहाँ x छोटे गोले की त्रिज्या है) $\Rightarrow 4x^3 = R^3 \Rightarrow x^3 = \frac{R^3}{4} \Rightarrow x = \frac{R}{\sqrt[3]{4}}$

$\therefore$ छोटे गोले का पृष्ठ क्षेत्र = $4\pi x^2 = \frac{4\pi R^2}{\left(\sqrt[3]{4}\right)^2} = \frac{4\pi R^2}{4^{2/3}} = \frac{4\pi R^2}{2^{4/3}}$ एवं बड़े ठोस गोले का पृष्ठ क्षे. = $4\pi R^2$

$\therefore$ छोटे गोले का पृष्ठ क्षे. : बड़े ठोस गोले का पृष्ठ क्षे. = $\frac{4\pi R^2}{2^{4/3}} : 4\pi R^2 = \frac{1}{2^{4/3}} : 1 = 1 : 2^{4/3}$

164.. गोल बॉल का आयतन = शंकु का आयतन $\Rightarrow \frac{4}{3}\pi \cdot 3 \cdot 3 \cdot 3 = \frac{1}{3}\pi \cdot 6 \cdot 6 \cdot h \Rightarrow h = \frac{4 \cdot 3 \cdot 3 \cdot 3}{6 \cdot 6}$ = 3 सेमी.

165. चित्रानुसार बेलनाकार बर्तन ABCD है।

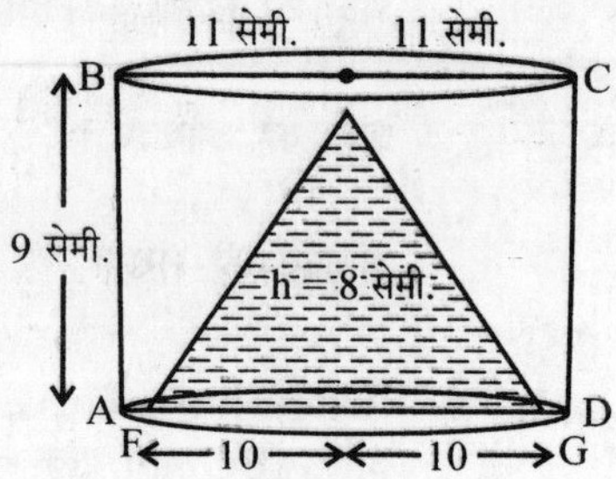

बर्तन में डाला गया शंकु EFG है।

बेलनाकार बर्तन का आयतन = $\pi r^2 h = \pi \times 11 \times 11 \times 9$

$= 1089\pi$ सेमी.^{3}

शंकु का आयतन $\frac{1}{3}\pi r^2 h = \frac{1}{3} \times \pi \times 10 \times 10 \times 8$

$= \frac{800}{3}\pi$ सेमी.^{3}

∴ बेलनाकार बर्तन को भरने के लिए आवश्यक पानी

= बेलन का आयतन − शंकु का आयतन $= 1089\pi - \frac{800}{3}\pi = \frac{3267\pi - 800\pi}{3}$

$= \frac{2467\pi}{3} = \frac{2467}{3} \times \frac{22}{7} = 2584.48$ घन सेमी.

166. माना शंकु की ऊँचाई h है।

∴ शंकु का आयतन = सिलिंडर का आयतन $\Rightarrow \frac{1}{3}\pi \times 3.5 \times 3.5 \times h = \pi \times 3.5 \times 3.5 \times 9.6$

∴ $\frac{1}{3} \times h = 9.6 \Rightarrow h = 9.6 \times 3 = 28.8$ सेमी.

167. माना शंकु की ऊँचाई h है। अतः शंकु का आयतन = बेलनाकार वस्तु का आयतन

∴ $\frac{1}{3}\pi \times 7 \times 7 \times h = \pi \times 7 \times 7 \times 9 \Rightarrow \frac{1}{3} \times h = 9 \Rightarrow h = 9 \times 3 = 27$ सेमी.

168. माना बेलनाकार वस्तु की ऊँचाई h है। अतः बेलनाकार वस्तु का आयतन = शंकु का आयतन

∴ $\pi \times 10.5 \times 10.5 \times h = \frac{1}{3}\pi \times 10.5 \times 10.5 \times 12 \Rightarrow h = \frac{1}{3} \times 12 = 4$ सेमी.

169. माना शंक्वाकार ढेर की ऊँचाई h है। अतः शंक्वाकार ढेर का आयतन = बाल्टी का आयतन

∴ $\frac{1}{3}\pi \times 54^2 \times h = \pi \times 48^2 \times 27 \Rightarrow h = \frac{48 \times 48 \times 27 \times 3}{54 \times 54} = 54$ सेमी.

170. माना बेलनाकार फ्लास्क में पानी की ऊँचाई x है।

∴ बेलनाकार फ्लास्क का आयतन = शांकव फ्लास्क का आयतन

∴ $\pi (mr)^2\ x = \frac{1}{3}\pi r^2 h \Rightarrow \pi m^2 r^2 \cdot x = \frac{1}{3}\pi \cdot r^2 h \Rightarrow x = \frac{h}{3m^2}$

171. बेलनाकार नलिका की त्रिज्या = $\frac{5}{2}$ मिमी. = $\frac{5}{2 \times 10}$ सेमी. = $\frac{1}{4}$ सेमी.

∴ प्रति मिनट निकलते पानी का आयतन = $\pi \left(\frac{1}{4}\right)^2 \cdot 10 \times 100$ सेमी.^{3} = $\pi \times \frac{1}{16} \times 1000 = \frac{125\pi}{2}$ सेमी.^{3}

∴ शांक्व बर्तन का आयतन = $\frac{1}{3}\pi(15)^2 \times 24 = \frac{1}{3} \times \pi \times 225 \times 24 = 1800\pi$ सेमी.^{3}

∴ शांक्व बर्तन को भरने में लगा समय = $\frac{\text{शांक्व बर्तन का आयतन}}{\text{प्रति मिनट निकलते पानी का आयतन}}$

$= \frac{1800\pi}{\left(\frac{125\pi}{2}\right)} = \frac{1800\pi \times 2}{125\pi} = \frac{144}{5}$ मिनट

$= 28\frac{4}{5}$ मिनट = 28 मिनट $\frac{4}{5} \times 60$ सेकेण्ड = 28 मिनट 48 सेकेण्ड

172. धातु के बेलन का आयतन $= \pi r^2h = \pi (3)^2 . 5 = \pi \cdot 9 \cdot 5 = 45\pi$ सेमी.^{3}

शंकु की त्रिज्या = 1 मिमी. $= \frac{1}{10}$ सेमी. और ऊँचाई = 1 सेमी.

$\therefore$ शंकु का आयतन $= \frac{1}{3}\pi \left(\frac{1}{10}\right)^2 \cdot 1 = \frac{1}{3}\pi \cdot \frac{1}{100} \cdot 1 = \frac{1}{300}\pi$ सेमी.^{3}

$\therefore$ शंकुओं की संख्या $= \frac{\text{बेलन का आयतन}}{\text{एक शंकु का आयतन}} = \frac{45\pi}{\frac{1}{300}\pi} = 45 \times 300 = 13500$

173. चित्रानुसार तम्बू का AEDC भाग बेलनाकार और ABC भाग शंकु के आकार का है।

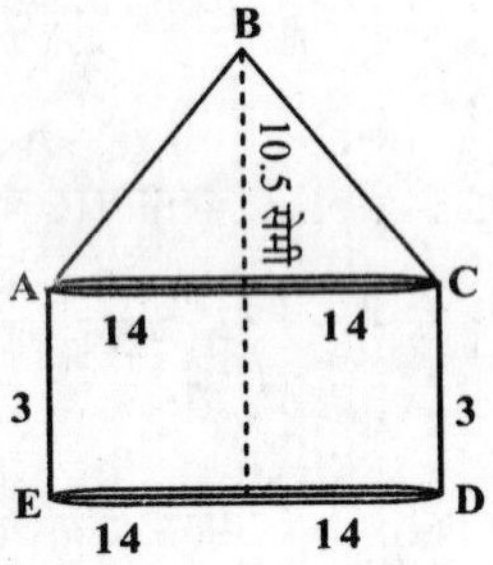

$\therefore$ शंक्वाकार भाग की तिर्यक ऊँचाई $\ell = \sqrt{14^2 + 10.5^2}$

$\therefore$ $\ell = \sqrt{196 + 100.25} = \sqrt{306.25}$

$\therefore$ शंक्वाकार भाग का पृष्ठ क्षे. $= \pi r \ell = \pi \times 14 \times 17.5 = 245\pi$ मी.^{2}

बेलनाकार भाग का पृष्ठ क्षे. $= 2\pi rh = 2\pi \cdot 14 \cdot 3 = 84\pi$ मी.^{2}

$\therefore$ पेंट करने योग्य कुल पृष्ठ क्षे. $= 245\pi + 84\pi = 329\pi$ मी.^{2}

$\therefore$ ₹ 2/मी.^{2} की दर से पेंट करने का खर्चा $= 329\pi \times 2 = \frac{329 \times 22}{7} \times 2 =$ ₹ 2068

174. चित्रानुसार खिलौने की ऊँचाई BD = 10.2 सेमी.

त्रिज्या AE = EC = ED = 4·2 सेमी.

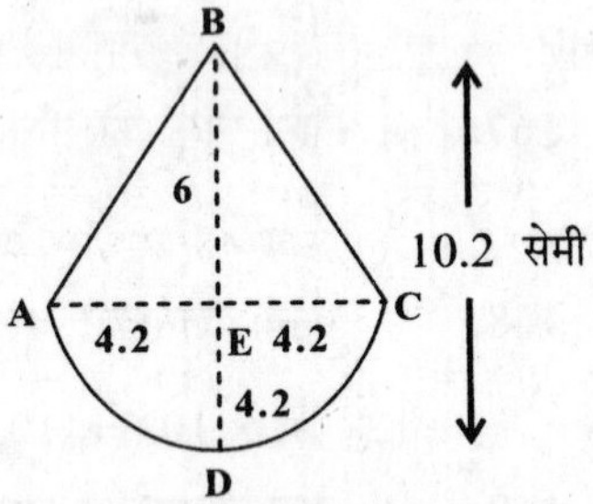

$\therefore$ शंकु की ऊँचाई BE = 10.2 – 4.2 = 6 सेमी.

$\therefore$ शंकु का आयतन $= \frac{1}{3}\pi \times (4.2)^2 \times 6$

$= \frac{1}{3} \times \frac{22}{7} \times 4.2 \times 4.2 \times 6 = 110.88$ सेमी.^{3}

अर्ध गोले का आयतन $= \frac{2}{3}\pi(4.2)^3 = 155.232$ सेमी.^{3}

$\therefore$ खिलौने का आयतन = 110.88 + 155·232 = 266.112 = 266 सेमी.^{3}

175. शंकु की ऊँचाई = 9 सेमी. और त्रिज्या $= \frac{18}{2} = 9$ सेमी.

$\therefore$ शंकु का आयतन $= \frac{1}{3}\pi \cdot (9)^2 \cdot 9 = \frac{1}{3} \cdot \pi \cdot 81 \cdot 9 = 243\pi$ सेमी.^{3}

गोले का आयतन $= \frac{4}{3}\pi \cdot (9)^3 = \frac{4}{3}\pi \cdot 9 \cdot 9 \cdot 9 = 972\pi$ सेमी.^{3}

$\therefore$ नष्ट की गयी लकड़ी का आयतन $= 972\pi - 243\pi = 729\pi$ सेमी.^{3}

$\therefore$ नष्ट की गयी लकड़ी की प्रतिशतता $= \frac{729\pi \times 100}{972\pi} = 75\%$

176. बेलन का आयतन $= \pi(6)^2 \cdot 10 = \pi \times 36 \times 10 = 360\pi$ सेमी.^{3}

शंकु का आयतन $= \frac{1}{3}\pi (6)^2 \cdot 10 = \frac{1}{3} \pi \times 36 \times 10 = 120\pi$ सेमी.^{3}

शेष बचे ठोस का आयतन $= 360\pi - 120\pi = 240\pi$ सेमी.^{3}

177. तम्बू के बेलनाकार भाग की ऊँ. = 3 मीटर और त्रिज्या $= \frac{105}{2}$ मी.

$\therefore$ बेलनाकार भाग का वक्र पृष्ठ $= 2\pi rh = \frac{2 \times 22}{7} \times \frac{105}{2} \times 3 = 990$ मी.^{2}

शंक्वाकार भाग की तिरछी ऊँचाई $\ell = 63$ मी. और त्रिज्या $= \frac{105}{2}$ मी.

$\therefore$ शंक्वाकार भाग का तिरछा पृष्ठ $= \pi r \ell = \frac{22}{7} \times \frac{105}{2} \times 63 = 10395$ मी.^{2}

$\therefore$ तम्बू बनाने में अपेक्षित कैन्वस = 990 + 10395 = 11385 मी.^{2}

178. माना बेलन और शंकु की व्यास क्रमशः 2R तथा 2r है। पुनः माना दोनों की ऊँचाई h है।

$\therefore$ $\frac{\text{बेलन का आयतन}}{\text{शंकु का आयतन}} = \frac{3}{1} \Rightarrow \frac{\pi \cdot R^2 \cdot h}{\frac{1}{3}\pi \cdot r^2 \cdot h} = \frac{3}{1}$

$\therefore$ $\frac{R^2}{r^2} = \frac{9}{1} \Rightarrow \frac{R}{r} = \frac{3}{1} \Rightarrow R:r = 3:1$, अतः बेलन का व्यास > शंकु का व्यास

179. माना शंकु के आकार वाले फलास्क की त्रिज्या 3r तथा बेलन के फ्लास्क की त्रिज्या r है।

$\therefore$ शंक्वाकार फ्लास्क का आयतन $= \frac{1}{3}\pi\,(3r)^2 \cdot 24 = 72\pi\, r^2$

माना बेलनाकार फ्लास्क में पानी की गहराई x सेमी. होगी।

$\therefore$ बेलनाकार फ्लास्क में पानी का आयतन = शंक्वाकार फ्लास्क में पानी का आयतन

$\therefore$ $\pi\, r^2 \cdot x = 72\,\pi\, r^2 \Rightarrow x = 72$ सेमी.

180. छोटी बाल्टी की क्षमता (धारिता) = बड़ी बाल्टी की क्षमता का $\frac{3}{5}$

$\therefore$ बड़ी बाल्टी की क्षमता = छोटी बाल्टी की क्षमता $\times \frac{5}{3}$

$\therefore$ 6000 बड़ी बाल्टियाँ = $6000 \times \frac{5}{3}$ छोटी बाल्टियाँ = 10000 छोटी बाल्टियाँ

$\therefore$ तालाब को भरने के लिए छोटी बाल्टियों की क्षमता = 10000

181. छिन्नक की ऊँचाई h= 14 सेमी., आधार की त्रिज्या R = 5 सेमी., ऊपरी सिरे की त्रिज्या r = 2 सेमी.

$\therefore$ छिन्नक का आयतन $= \frac{1}{3}\pi\,(R^2 + r^2 + R.r)h = \frac{1}{3} \times \frac{22}{7} \times (5^2 + 2^2 + 5 \times 2) \times 14$

$= \frac{1}{3} \times \frac{22}{7} \times (25 + 4 + 10) \times 14 = \frac{1}{3} \times \frac{22}{7} \times 39 \times 14 = 572$ घन सेमी.

182. छिन्नक के आधार की त्रिज्या R = 5 सेमी., ऊपरी सिरे की त्रिज्या r = 4 सेमी., ऊँचाई h = 21 सेमी.

$\therefore$ छिन्नक का आयतन $= \frac{1}{3}\pi\,(R^2 + r^2 + R.r)h = \frac{1}{3} \times \frac{22}{7} \times (5^2 + 4^2 + 5 \times 4) \times 21$

$= \frac{1}{3} \times \frac{22}{7} \times (25 + 16 + 20) \times 21 = \frac{1}{3} \times \frac{22}{7} \times 61 \times 21 = 1342$ सेमी.^{3}

183. छिन्नक की ऊँचाई h= 21 सेमी., आधार की त्रिज्या R = 3 सेमी., ऊपरी सिरे की त्रिज्या r = 2 सेमी.

$\therefore$ छिन्नक का आयतन $= \frac{1}{3}\pi\,(R^2 + r^2 + R.r)\,h = \frac{1}{3} \times \frac{22}{7} \times (3^2 + 2^2 + 3 \times 2) \times 21$

$= \frac{1}{3} \times \frac{22}{7} \times 19 \times 21 = 418$ घन सेमी.

184. छिन्नक की ऊँचाई h = 10.5 सेमी., आधार त्रिज्या R = 5 सेमी., ऊपरी सिरे की त्रिज्या r = 3 सेमी.

$\therefore$ छिन्नक का आयतन $= \frac{1}{3}\pi\,(R^2 + r^2 + R.r)h = \frac{1}{3} \times \frac{22}{7} \times (25 + 9 + 15) \times 10.5$

$= \frac{1}{3} \times \frac{22}{7} \times 49 \times 10.5 = 539$ घन सेमी.

185. छिन्नक की ऊँचाई h = 21 सेमी., आधार त्रिज्या R = 5 सेमी., ऊपरी सिरे की त्रिज्या r = 3 सेमी.

$\therefore$ छिन्नक का आयतन $= \frac{1}{3}\pi\,(R^2 + r^2 + R.r)\,h = \frac{1}{3} \times \frac{22}{7} \times (25 + 9 + 15) \times 21$

$= \frac{1}{3} \times \frac{22}{7} \times 49 \times 21 = 1078$ सेमी.^{3}

186. चित्रानुसार शंकु ABC को EF तथा GH तलों द्वारा इस प्रकार 3 खण्डों में बांटा गया है कि

AI = IJ = JD = h (माना)

$\therefore$ त्रिज्या GI : EJ : BD = 1 : 2 : 3

$\therefore$ माना $r_1 = x, r_2 = 2x, r_3 = 3x$

$\therefore$ खण्ड AGH का आयतन $V_1 = \frac{1}{3}\,\pi r_1^2\, h = \frac{1}{3}\,\pi\, x^2\, h$

खण्ड GEFH का आयतन $V_2 = \frac{1}{3}\pi(r_1^2 + r_2^2 + r_1 r_2)h$

$= \frac{1}{3}\pi(x^2 + 4x^2 + x \cdot 2x)h$

$= \frac{1}{3}\pi(x^2 + 4x^2 + 2x^2)h$

$= \frac{1}{3}\pi 7x^2 h = \frac{1}{3}\pi x^2 h \cdot 7$

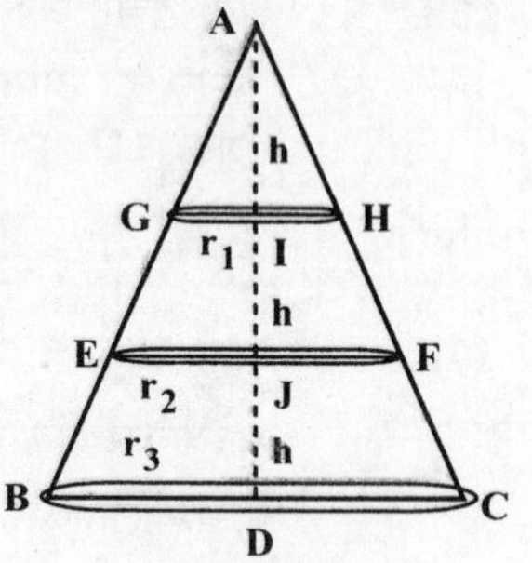

खण्ड EBCF का आयतन $V_3 = \frac{1}{3}\pi(r_2^2 + r_3^2 + r_2 r_3)h$

$= \frac{1}{3}\pi(4x^2 + 9x^2 + 2x \cdot 3x)h$

$= \frac{1}{3}\pi(4x^2 + 9x^2 + 6x^2)h = \frac{1}{3}\pi 19x^2 h = \frac{1}{3}\pi x^2 h \cdot 19$

$\therefore$ $V_1 : V_2 : V_3 = \frac{1}{3}\pi x^2 h : \frac{1}{3}\pi x^2 h \cdot 7 : \frac{1}{3}\pi x^2 h \cdot 19 = 1 : 7 : 19$

187. माना चित्रानुसार बाल्टी की ऊँचाई h = 45 सेमी.
आधार की त्रिज्या r = 7 सेमी. और ऊपरी त्रिज्या R = 28 सेमी.

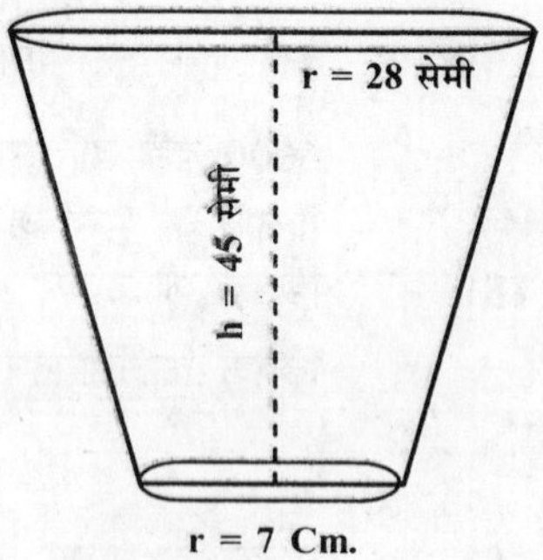

$\therefore$ बाल्टी की धारिता $= \frac{1}{3}\pi(r^2 + R^2 + r\ R)h$

$= \frac{1}{3}\pi(7^2 + 28^2 + 7 \times 28) \times 45$

$= \frac{1}{3}\pi(49 + 784 + 196) \times 45$

$= \frac{1}{3} \times \frac{22}{7} \times 1029 \times 45 = 48510$ सेमी.^{3}

188. चित्रानुसार शंकु ABC को तल EG द्वारा काटा गया है।
माना शंकु AEG की ऊँचाई x तथा त्रिज्या r है।

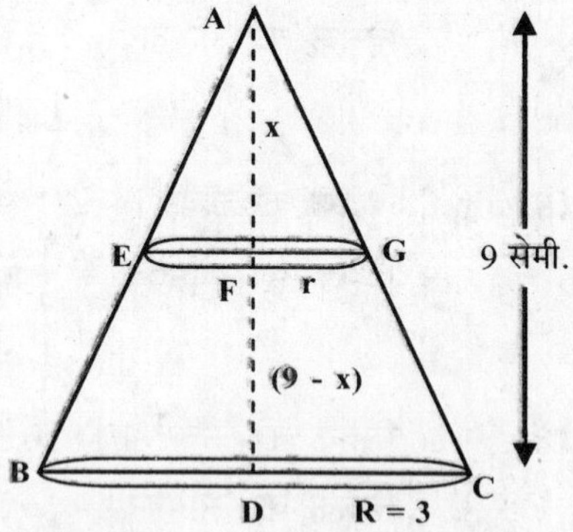

$\therefore$ समरूप त्रिभुजों AFG तथा ADC से, $\frac{x}{9} = \frac{r}{3} \Rightarrow x = 3r$

$\because$ छिन्नक BC GE का आयतन = 44

$\therefore$ $\frac{1}{3}\pi(R^2 + r^2 + Rr)(9 - x) = 44$

$\therefore$ $\frac{1}{3}\pi(3^2 + r^2 + 3r)(9 - 3r) = 44$

$\therefore$ $\frac{1}{3} \times \frac{22}{7} \times (3^2 + r^2 + 3 \cdot r)\, 3\, (3 - r) = 44$

$\therefore$ $(3 - r) \cdot (3^2 + r^2 + 3 \cdot r) = 14$

$\therefore$ $3^3 - r^3 = 14 \Rightarrow 27 - r^3 = 14 \Rightarrow r^3 = 13 \Rightarrow r = \sqrt[3]{13}$ सेमी.

189. चित्रानुसार एक ही आधार BC पर
बेलन ABCD, शंकु BCE तथा अर्धगोला स्थित हैं।
माना आधार की त्रिज्या R है अतः ऊँचाई = R

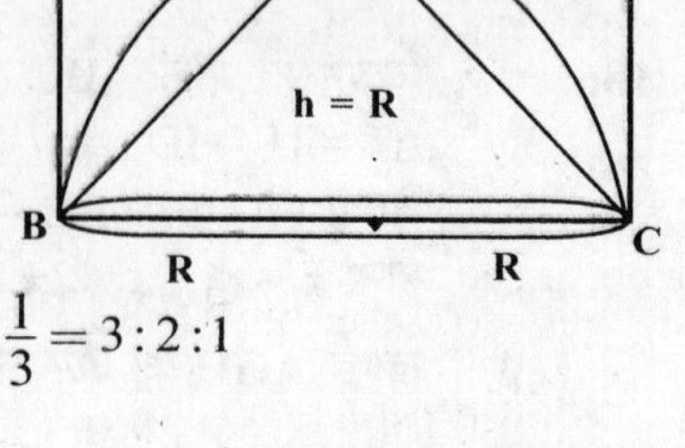

$\therefore$ बेलन का आयतन $= \pi R^2 \cdot R = \pi R^3$

अर्ध गोले का आयतन $= \frac{2}{3}\pi R^3$

शंकु का आयतन $= \frac{1}{3}\pi R^2 \cdot R = \frac{1}{3}\pi R^3$

$\therefore$ तीनों के आयतनों में अनुपात $= \pi R^3 : \frac{2}{3}\pi R^3 : \frac{1}{3}\pi R^3 = 1 : \frac{2}{3} : \frac{1}{3} = 3 : 2 : 1$

190. शंकु, गोलार्द्ध, बेलन के आयतनों में अनुपात

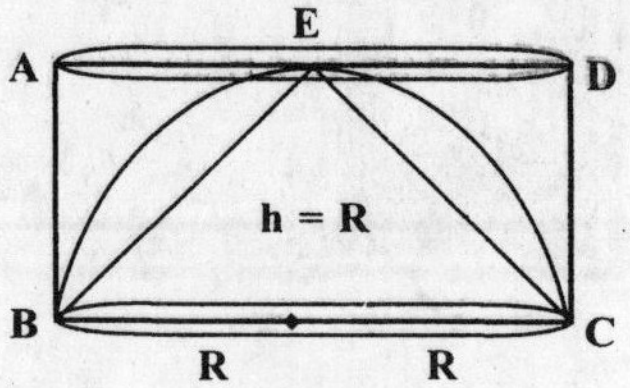

$$= \frac{1}{3}\pi R^3 : \frac{2}{3}\pi R^3 : \pi R^3$$

$$= \frac{1}{3} : \frac{2}{3} : 1 = 1:2:3$$

191. गोलार्द्ध; बेलन, शंकु के आयतनों में अनुपात

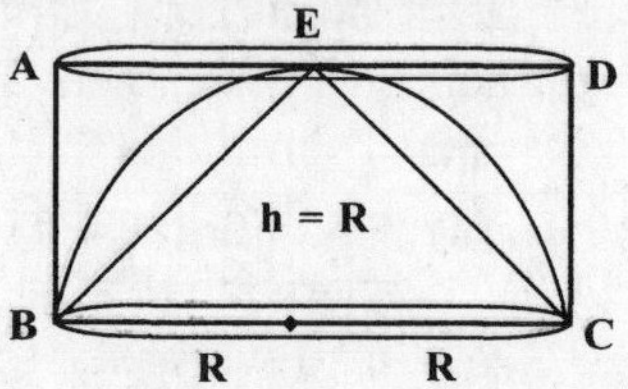

$$= \frac{2}{3}\pi R^3 : \pi R^3 : \frac{1}{3}\pi r^3$$

$$= \frac{2}{3} : 1 : \frac{1}{3} = 2:3:1$$

192.

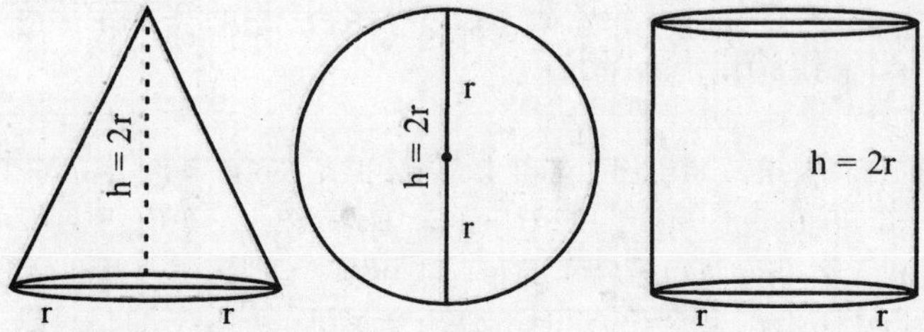

उपर्युक्त तीनों चित्रों में शंकु, गोलक तथा बेलन की त्रिज्याएँ समान (r) तथा तीनों की ऊँचाई भी समान (2r) है।

$\therefore$ शंकु का आयतन $V_1 = \frac{1}{3}\pi r^2 \cdot 2r = \frac{2}{3}\pi r^3$

गोलक का आयतन $V_2 = \frac{4}{3}\pi r^3 = 2.\frac{2}{3}\pi r^3 = 2.V_1$

वेलन का आयतन $V_3 = \pi r^2 \cdot 2r = 2\pi r^3 \; 3.\frac{2}{3}\pi r^3 = 3.V_1$

$\therefore \quad V_1 = \frac{V_2}{2} = \frac{V_3}{3}$

24 प्रिज्म और पिरामिड (Prism and Piramid)

प्रिज्म

किसी बहुभुज (त्रिभुज, चतुर्भुज, पंचभुज, षट्भुज इत्यादि) को आधार बनाकर उसकी भुजाओं पर आयताकार फलकें ऊर्ध्वाधरतः खड़ी करके उनके ऊपर आधार के सर्वांगसम बहुभुज का ढक्कन (Top) रख दिया जाए तो इससे बना ठोस, प्रिज्म होता है।

जैसे –

(a) यदि किसी त्रिभुज को आधार बनाकर उसकी तीनों भुजाओं पर 3 आयताकार फलकें खड़ी करके उनके ऊपर आधार के बराबर त्रिभुज का ढक्कन रख दिया जाए तो जो ठोस बनेगा, वह प्रिज्म होगा।

(b) यदि किसी चतुर्भुज को आधार बनाकर उसकी चारों भुजाओं पर 4 आयताकार फलकें खड़ी करके उनके ऊपर आधार के बराबर चतुर्भुज रख दिया जाए तो जो ठोस बनेगा, वह प्रिज्म होगा।

(c) यदि किसी पंचभुज को आधार बनाकर उसकी पांचों भुजाओं पर 5 आयताकार फलकें खड़ी करके उनके ऊपर आधार के बराबर पंचभुज रख देने पर बना हुआ ठोस प्रिज्म होगा।

नोट –

(a) आधार की भुजाओं पर जो आयताकार फलकें खड़ी की जाती हैं उन्हें पार्श्व फलकें कहते हैं। आधार में जितनी भुजाएं होती हैं, उतनी ही पार्श्व फलकें होती हैं अर्थात् पार्श्व फलकों की संख्या = आधार में भुजाओं की संख्या

(b) आधार और ऊपरी सिरा भी फलकें होती हैं। अतः प्रिज्म में कुल फलकों की संख्या = आधार में भुजाओं की संख्या +2, जैसे- यदि किसी प्रिज्म का आधार त्रिभुज हो तो उस प्रिज्म में पार्श्व फलकों की संख्या 3 और कुल फलकों की संख्या 3 + 2 = 5 होगी। इसी प्रकार यदि किसी प्रिज्म का आधार चतुर्भुज हो तो उस प्रिज्म में पार्श्व फलकों की संख्या 4 और कुल फलकों की संख्या 4 + 2 = 6 होगी।

(c) दो फलकों के सम्पर्क रेखा (Joint Line) को कोर कहते हैं। प्रिज्म में कोरों की संख्या = आधार में भुजाओं की संख्या × 3, जैसे- यदि प्रिज्म का आधार चतुर्भुज हो तो उस प्रिज्म में कोरों की संख्या 4 × 3 = 12 होगी। इसी प्रकार यदि प्रिज्म का आधार पंचभुज हो तो उस प्रिज्म में कोरों की संख्या 5 × 3 = 15 होगी।

(d) प्रिज्म की 3 फलकें जिस बिन्दु पर एक-दूसरे से मिलती हैं उस बिन्दु को शीर्ष कहते हैं। प्रिज्म में शीर्षों की संख्या = प्रिज्म के आधार में भुजाओं की संख्या × 2, जैसे जिस प्रिज्म का आधार त्रिभुज होगा, उसमें शीर्षों की संख्या 6 होगी और जिस प्रिज्म का आधार चतुर्भुज होगा, उसमें 8 शीर्ष होंगे।

(e) प्रिज्म में जितनी आयताकार फलकें ऊर्ध्वारतः खड़ी होती हैं, उनका कुल क्षेत्रफल पार्श्व पृष्ठ कहलाता है अर्थात् पार्श्व पृष्ठ = ऊर्ध्वाधरतः आयताकार फलकों (पार्श्व फलकों) का कुल क्षेत्रफल।

(f) यदि प्रिज्म का आधार समबहुभुज हो तो प्रिज्म का पार्श्व पृष्ठ = आधार का परिमाप × प्रिज्म की ऊँचाई

(g) प्रिज्म का सम्पूर्ण पृष्ठ = पार्श्व पृष्ठ + दोनों सिरों का क्षे. = पार्श्व पृष्ठ + आधार का क्षे. × 2

(h) प्रिज्म का आयतन = आधार का क्षेत्रफल × प्रिज्म की ऊँचाई

उदाहरणार्थ हल प्रश्न

उदाहरण 1 :

किसी प्रिज्म में शीर्षों, कोरों, पार्श्व फलकों तथा कुल फलकों की संख्या ज्ञात कीजिए यदि उसका आधार (a) त्रिभुज (b) चतुर्भुज (c) पंचभुज (d) षट्भुज हो।

हल :

(a)(i) यदि प्रिज्म का आधार त्रिभुज हो तो शीर्षों की संख्या = आधार में भुजाओं की संख्या × 2 = 3 × 2 =6

(ii) कोरों की संख्या = आधार में भुजाओं की संख्या × 3 = 3 × 3 = 9

(iii) पार्श्व फलकों की संख्या = आधार में भुजाओं की संख्या = 3

(iv) कुल फलकों की संख्या = पार्श्व फलकों की संख्या + 2 = 3 + 2 = 5

(b)(i) यदि प्रिज्म का आधार चतुर्भुज हो तो प्रिज्म में शीर्षों की संख्या = आधार में भुजाओं की संख्या $\times 2 = 4 \times 2 = 8$

(ii) कोरों की संख्या = आधार में भुजाओं की संख्या $\times 3 = 4 \times 3 = 12$

(iii) पार्श्व फलकों की संख्या = आधार में भुजाओं की संख्या = 4

(iv) कुल फलकों की संख्या = पार्श्व फलकों की संख्या $+ 2 = 4 + 2 = 6$

(c)(i) यदि प्रिज्म का आधार पंचभुज हो तो प्रिज्म में शीर्षों की संख्या = आधार में भुजाओं की संख्या $\times 2 = 5 \times 2 = 10$

(ii) कोरों की संख्या = आधार में भुजाओं की संख्या $\times 3 = 5 \times 3 = 15$

(iii) पार्श्व फलकों की संख्या = आधार में भुजाओं की संख्या = 5

(iv) कुल फलकों की संख्या = पार्श्व फलकों की संख्या $+ 2 = 5 + 2 = 7$

(d)(i) यदि प्रिज्म का आधार षट्भुज हो तो शीर्षों की संख्या $= 6 \times 2 = 12$

(ii) कोरों की संख्या = आधार में भुजाओं की संख्या $\times 3 = 6 \times 3 = 18$

(iii) पार्श्व फलकों की संख्या = आधार में भुजाओं की संख्या = 6

(iv) कुल फलकों की संख्या = पार्श्व फलकों की संख्या $+ 2 = 6 + 2 = 8$

उदाहरण 2 :

त्रिभुजीय आधार वाले प्रिज्म की ऊँचाई 15 सेमी. और आधार की सभी भुजाएं 6 सेमी. माप की हो तो प्रिज्म का (a) पार्श्व पृष्ठ (b) सम्पूर्ण पृष्ठ (c) आयतन ज्ञात कीजिए।

हल :

(a) यदि प्रिज्म की आधार की सभी भुजाएं समान हो अर्थात् प्रिज्म का आधार समबहुभुज हो तो प्रिज्म का पार्श्व पृष्ठ = आधार का परिमाप × प्रिज्म की ऊँचाई $= (6 \times 3) \times 15 = 270$ सेमी.^{2}

(b) प्रिज्म का सम्पूर्ण पृष्ठ = पार्श्व पृष्ठ + आधार का क्षे. × 2 = 270 + समबाहु Δ का क्षे. $\times 2 = 270 + \frac{\sqrt{3}}{4} \times 6 \times 6 \times 2$
$= 270 + 18\sqrt{3} = 18(15 + \sqrt{3})$ सेमी.^{2}

(c) प्रिज्म का आयतन = आधार का क्षे. × ऊँचाई $= \frac{\sqrt{3}}{4} \times 6 \times 6 \times 15 = 135\sqrt{3}$ सेमी.^{3}

उदाहरण 3 :

किसी प्रिज्म का आधार वर्गाकार है, जिसकी भुजा 10 सेमी. है। यदि प्रिज्म की ऊँचाई 8 सेमी. हो तो प्रिज्म का (a) पार्श्व पृष्ठ (b) सम्पूर्ण पृष्ठ (c) आयतन ज्ञात कीजिए।

हल :

(a) यदि प्रिज्म का आधार समबहुभुज (जैसे वर्ग) हो तो प्रिज्म का पार्श्व पृष्ठ = आधार का परिमाप × ऊँचाई
= (भुजा $\times 4) \times 8 = (10 \times 4) \times 8 = 320$ सेमी.^{2}

(b) प्रिज्म का सम्पूर्ण पृष्ठ = पार्श्व पृष्ठ + आधार का क्षे. $\times 2 = 320 + (10^2 \times 2) = 320 + 200 = 520$ वर्ग सेमी.

(c) प्रिज्म का आयतन = आधार का क्षे. × ऊँ. $= 10^2 \times 8 = 800$ घन सेमी.

उदाहरण 4 :

आयतीय आधार वाले प्रिज्म की ऊँचाई 12 सेमी. है जबकि आधार की लम्बाई 8 सेमी. और चौड़ाई 6 सेमी. है। प्रिज्म का (a) पार्श्व पृष्ठ (b) सम्पूर्ण पृष्ठ (c) आयतन ज्ञात कीजिए।

हल :

(a) यदि किसी प्रिज्म का आधार आयत हो तो प्रिज्म का पार्श्व पृष्ठ = 2 (लम्बाई + चौड़ाई) × ऊँचाई $= 2 \times (8 + 6) \times 12$
$= 2 \times 14 \times 12 = 336$ सेमी.^{2}

(b) प्रिज्म का सम्पूर्ण पृष्ठ = पार्श्व पृष्ठ + आधार का क्षे. $\times 2 = 336 + 8 \times 6 \times 2 = 336 + 96 = 432$ सेमी.^{2}

(c) प्रिज्म का आयतन = आधार का क्षे.×ऊँ. $= 8 \times 6 \times 12 = 576$ सेमी.^{3}

उदाहरण 5 :

5 मी. ऊँचा ऊर्ध्वाधर स्तम्भ का आधार समषट्भुज है, जिसकी भुजा 2 मी. है। स्तम्भ का (a) पार्श्व पृष्ठ (b) सम्पूर्ण पृष्ठ (c) आयतन ज्ञात कीजिए।

हल :

स्तम्भ एक प्रिज्म होगा, जिसका आधार समषट्भुज और ऊँचाई 5 मी. होगी।

(a) स्तम्भ (प्रिज्म) का पार्श्व पृष्ठ = आधार का परिमाप × ऊँ. $= (2 \times 6) \times 5 = 60$ वर्ग मी.

(b) स्तम्भ (प्रिज्म) का सम्पूर्ण पृष्ठ = पार्श्व पृष्ठ + आधार का क्षे. × 2 = 60 + समषट्भुज का क्षे. × 2

$$= 60 + \left(\frac{6\sqrt{3}}{4} \times 2 \times 2\right) \times 2 = 60 + 12\sqrt{3} = 12(5 + \sqrt{3}) \text{ वर्ग मी.}$$

(c) स्तम्भ (प्रिज्म) का आयतन = आधार का क्षे. × ऊँ. $= \frac{6\sqrt{3}}{4} \times 2 \times 2 \times 5 = 30\sqrt{3}$ मी.^{3}

उदाहरण 6 :

एक बाँध 100 मी. लम्बा है। बाँध का आधार 12 मी. तथा ऊपर की चौड़ाई 8 मी है। यदि बाँध 5 मी. ऊँचा बना हो तो बताइये उसके निर्माण में कितनी मिट्टी लगी है?

हल :

बाँध के निर्माण में लगी मिट्टी = बाँध का आयतन

$$= \frac{1}{2} \times (\text{बाँध की तली में चौ. + ऊपरी चौ.}) \times \text{बाँध की ऊँचाई} \times \text{बाँध की लम्बाई}$$

$$= \frac{1}{2} \times (12 + 8) \times 5 \times 100 = \frac{1}{2} \times 20 \times 5 \times 100 = 5000 \text{ घन मी.}$$

उदाहरण 7 :

किसी नहर की तली में चौड़ाई 6 मी., ऊपरी चौड़ाई 8 मी. और उसकी गहराई 5 मी. है। यदि नहर की लम्बाई 500 मी. हो तो उसमें कुल कितना पानी समा सकता है?

हल :

नहर में समा सकने वाला पानी = नहर का आयतन

$$= \frac{1}{2} \times (\text{तली में चौ. + ऊपरी चौ.}) \times \text{गहराई} \times \text{लम्बाई}$$

$$= \frac{1}{2} \times (6 + 8) \times 5 \times 500 = \frac{1}{2} \times 14 \times 5 \times 500 = 17500 \text{ घन मी.}$$

उदाहरण 8 :

एक नदी तली में 100 मी. तथा ऊपर 120 मी. चौड़ी है। उसकी गहराई 25 मी. हो तो उसके 200 मी. लम्बाई तक कितना पानी है?

हल :

नदी में पानी का आयतन $= \frac{1}{2} \times (\text{तली में चौ. + ऊपरी चौ.}) \times \text{गहराई} \times \text{लम्बाई}$

$$= \frac{1}{2} \times (100 + 120) \times 25 \times 200 = \frac{1}{2} \times 220 \times 25 \times 200 = 550000 \text{ घन मी.}$$

पिरामिड

किसी बहुभुज (त्रिभुज, चतुर्भुज, पंचभुज, षट्भुज इत्यादि) को आधार बनाकर उसकी भुजाओं पर त्रिभुजाकार फलकें इस प्रकार खड़ी की जाए कि सभी फलकों के शीर्ष एक बिन्दु पर मिलते रहें, तो इससे जो ठोस बनेगा, वह पिरामिड होगा। जैसे–

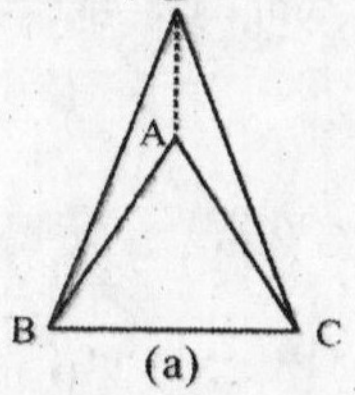

(a)

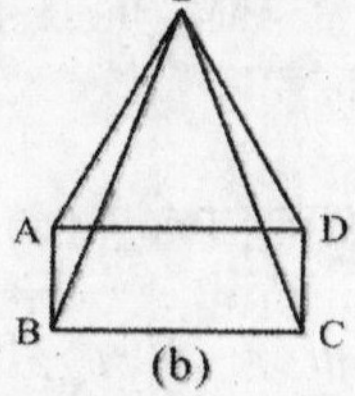

(b)

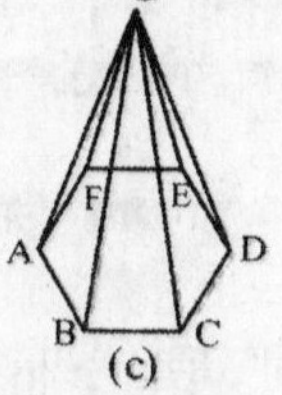

(c)

चित्र (a) में पिरामिड का आधार ΔABC है। भुजा AB पर खड़ी की गयी त्रिभुजाकार फलक ABD है जबकि भुजा AC पर फलक ACD और भुजा BC पर फलक BCD है।

चित्र (b) में पिरामिड का आधार आयत ABCD है, भुजा AB पर खड़ी की गयी त्रिभुजाकार फलक ABE है। जबकि भुजा AD पर फलक ADE भुजा DC पर फलक DCE तथा भुजा BC पर फलक BCE है।

चित्र (c) में पिरामिड का आधार समषट्भुज ABCDEF है जहाँ भुजा AB पर फलक ABG, भुजा BC पर फलक BCG, भुजा CD पर फलक CDG, भुजा DE पर फलक DEG तथा भुजा EF पर फलक EFG और भुजा FA पर फलक FAG है।

पिरामिड की तिर्यक कोर या तिरछी कोर

चित्र (a) में 3 तिर्यक कोर क्रमशः AD, BD, CD हैं। चित्र (b) में 4 तिर्यक कोर क्रमशः AE, BE, CE, DE हैं और चित्र (c) में कुल 6 तिर्यक कोर क्रमशः AG, BG, CG, DG, EG, FG हैं।

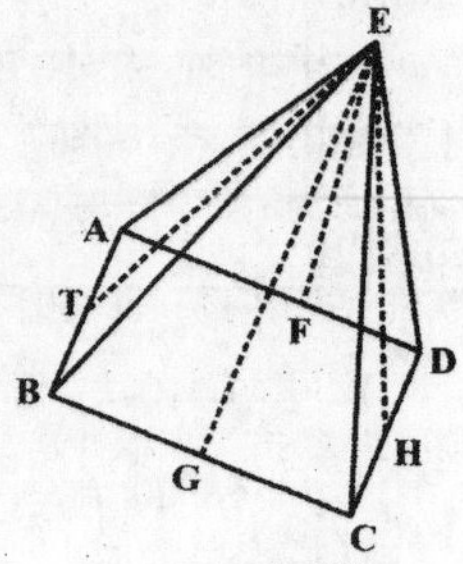

तिर्यक ऊँचाई या तिरछी ऊँचाई

पिरामिड के शीर्ष से त्रिभुजाकार फलकों पर डाला गया लम्ब तिरछी ऊँचाई कहलाता है। चित्र में पिरामिड का शीर्ष A है। और E से त्रिभुजाकार फलकों पर डाले गये लम्ब क्रमशः EF, EH, EG और ET हैं। अतः EF, EH, EG और ET तिरछी ऊँचाइयां हैं।

पिरामिड की लम्बवत् ऊँचाई

पिरामिड के शीर्ष से आधार पर डाला गया लम्ब पिरामिड की लम्बवत् ऊँचाई होतीं है। चित्र में पिरामिड के शीर्ष A से आधार पर डाला गया लम्ब EF है। अतः पिरामिड की लम्बवत् ऊँचाई EF है।

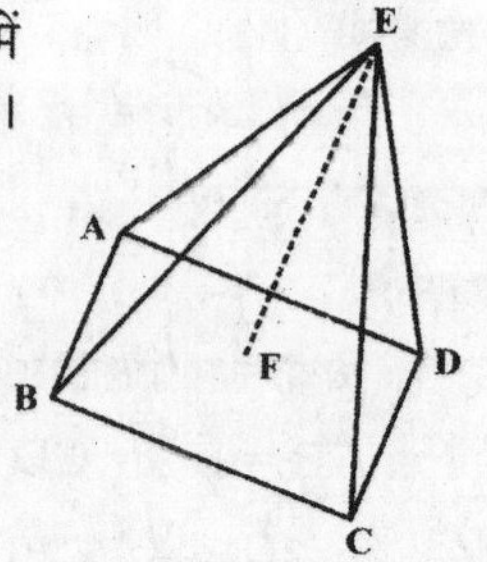

नोट-

(a) पिरामिड में तिरछी फलकों की संख्या = आधार में भुजाओं की संख्या

(b) पिरामिड में कुल फलकों की संख्या = आधार में भुजाओं की संख्या + 1

(c) पिरामिड में तिरछी कोरों की संख्या = आधार में भुजाओं की संख्या

(d) पिरामिड में कुल कोरों की संख्या = आधार में भुजाओं की संख्या $\times 2$

(e) पिरामिड में तिरछी ऊंचाइयों की संख्या = आधार में भुजाओं की संख्या

पिरामिड का तिरछा पृष्ठ या तिर्यक पृष्ठ या पार्श्व पृष्ठ

पिरामिड के आधार की भुजाओं पर जो त्रिभुजाकार फलकें लगायी जाती हैं उन सभी फलकों का कुल क्षेत्रफल तिरछा पृष्ठ या तिर्यक पृष्ठ या पार्श्व पृष्ठ कहलाता है। यदि पिरामिड का आधार समबहुभुज हो तो पिरामिड का तिरछा पृष्ठ = $\frac{1}{2}\times$ आधार का परिमाप $\times$ तिरछी ऊंचाई

पिरामिड का सम्पूर्ण पृष्ठ

तिरछा पृष्ठ और आधार के क्षेत्रफल का योग सम्पूर्ण पृष्ठ कहलाता है।

अतः पिरामिड का सम्पूर्ण पृष्ठ = तिरछा पृष्ठ + आधार का क्षेत्रफल

पिरामिडका आयतन

पिरामिड का आयतन = $\frac{1}{3}\times$ आधार का क्षेत्रफल $\times$ लम्बवत् ऊंचाई

उदाहरणार्थ हल प्रश्न

उदाहरण 1 :

एक पिरामिड का आधार वर्ग है जिसकी भुजा 10 सेमी. है। यदि पिरैमिड की लम्बवत् ऊंचाई 12 सेमी. हो तो ज्ञात कीजिए। (a) तिरछा पृष्ठ (b) सम्पूर्ण पृष्ठ और (c) आयतन

हल :

चित्र में पिरामिड का आधार वर्ग ABCD है जहां AB = BC = CD = DA = 10 सेमी.

लम्बवत् ऊंचाई EF = 12 सेमी. और $GF = \frac{10}{2} = 5$ सेमी.

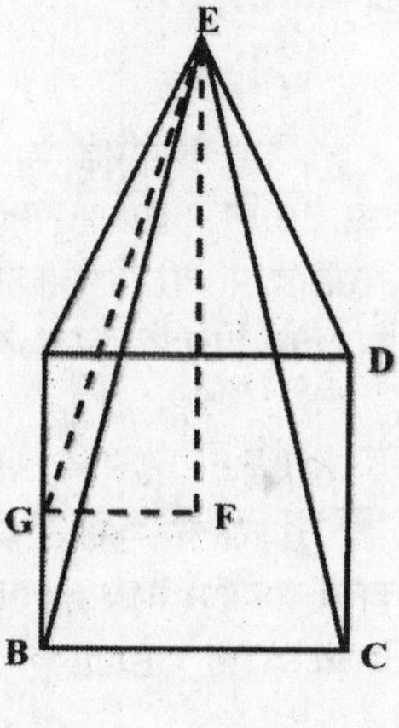

$\therefore$ समकोण ΔEFG में पाइथागोरस प्रमेय से,

$EG^2 = GF^2 + EF^2 = 5^2 + 12^2 = 25 + 144 = 169$

$\therefore$ सेमी. $\Rightarrow$ तिरछी ऊंचाई $= EG = 13$ सेमी.

(a) तिरछा पृष्ठ $= \frac{1}{2}\times$ आधार का परिमाप $\times$ तिरछी ऊंचाई $= \frac{1}{2}\times(10\times 4)\times 13 = 260$ सेमी.^{2}

(b) सम्पूर्ण पृष्ठ = तिरछा पृष्ठ + आधार का क्षे. $= 260 + 10^2 = 260 + 100 = 360$ सेमी.^{2}

(c) आयतन $= \frac{1}{3}\times$ आधार का क्षे. $\times$ लम्बवत् ऊंचाई $= \frac{1}{3}\times 10^2 \times 12 = 100\times 4 = 400$ सेमी.^{3}

उदाहरण 2 :

आयतीय आधार के पिरामिड की ऊंचाई 20 सेमी. है। पिरामिड का आयतन 1440 सेमी.^{3} है। यदि आधार की चौड़ाई 12 सेमी. है तो आधार की लम्बाई ज्ञात कीजिए।

हल :

पिरामिड का आयतन $= \frac{1}{3} \times$ आधार का क्षे. $\times$ लम्बत् ऊंचाई

$\therefore$ $1440 = \frac{1}{3} \times$ (लम्बाई $\times$ 12) $\times$ 20 = लम्बाई $\times$ 4 $\times$ 20

$\therefore$ लम्बाई $= \frac{1440}{4 \times 20} = 18$ सेमी.

उदाहरण 3 :

किसी पिरामिड का आधार 20 सेमी. भुजा का समषट्भुज है। यदि पिरामिड की लम्बवत् ऊँचाई 10 सेमी. हो तो उसका तिरछा पृष्ठ ज्ञात कीजिए।

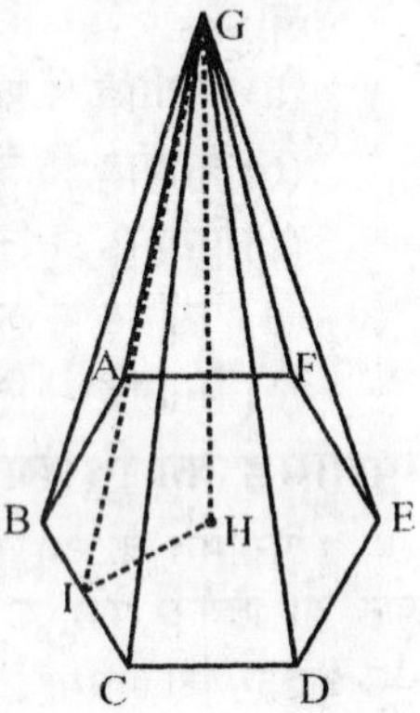

हल :

चित्रानुसार पिरामिड का आधार ABCDEF समषट्भुज है जिसकी भुजा

AB = BC = CD = DE = EF = FA = 20 सेमी.

$\therefore$ $IH = \frac{\sqrt{3}}{2} \times 20 = 10\sqrt{3}$ सेमी.

लम्बवत् ऊँचाई GH = 10 सेमी., अतः समकोण त्रिभुज GHI में,

$GI^2 = HI^2 + GH^2 = (10\sqrt{3})^2 + 10^2 = 300 + 100 = 400$

$\therefore$ $GI^2 = 20^2 \Rightarrow GI = 20$ सेमी. $\Rightarrow$ तिरछी ऊँचाई

$\therefore$ पिरामिड का तिरछा पृष्ठ $= \frac{1}{2} \times$ आधार का परिमाप $\times$ तिरछी ऊँचाई

$= \frac{1}{2} \times 20 \times 6 \times 20 = 1200$ सेमी.^{2}

उदाहरण 4 :

चित्रानुसार उस पिरामिड का आयतन ज्ञात कीजिए, जिसका आधार 6 सेमी. भुजा का समबाहु Δ है और उसकी लम्बवत् ऊँचाई $12\sqrt{3}$ सेमी. है।

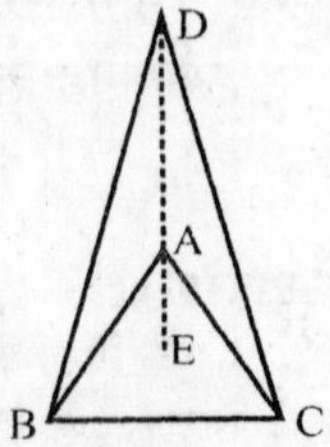

हल :

पिरामिड का आधार समबाहु ΔABC है और लम्बवत् ऊँचाई DE है।

$\therefore$ पिरामिड का आयतन $= \frac{1}{3} \times$ आधार का क्षेत्रफल$\times$लम्बवत् ऊँचाई

$= \frac{1}{3} \times \frac{\sqrt{3}}{4} \times 6 \times 6 \times 12\sqrt{3} = 108$ सेमी.^{3}

चतुष्फलक (Tetrahedron)

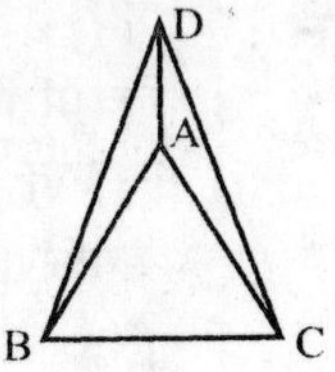

जिस पिरामिड का आधार त्रिभुज होता है उसमें कुल 4 त्रिभुजाकार सतहें (फलकें) बनती हैं। अतः उस पिरामिड को चतुष्फलक कहते हैं। जैसे– सम्मुख चित्र में पिरामिड का आधार एक त्रिभुज है अतः पिरामिड में चार त्रिभुजाकार फलकें क्रमशः $\Delta ABC, \Delta BCD, \Delta ACD$ और ΔABD हैं। अतः सम्मुख चित्र का पिरामिड एक चतुष्फलक है।

सम चतुष्फलक (Regular Tetrahedron)

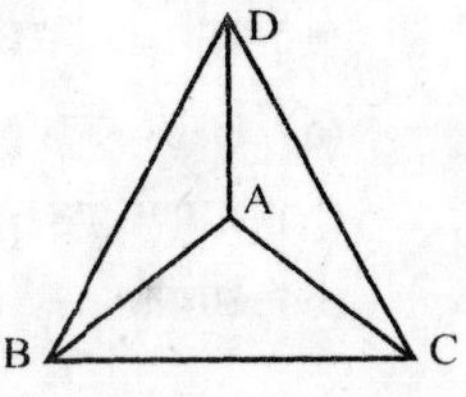

जिस चतुष्फलक की चारों सतहें (फलकें) समबाहु त्रिभुज होती हैं, उसे समचतुष्फलक कहते हैं। दूसरे शब्दों में जिस चतुष्फलक की सभी कोरें समान लम्बाई की होती हैं, उसे सम चतुष्फलक कहते हैं। फलक ABC = BCD = ACD = ABD = समबाहु त्रिभुज और कोर AB = BC = CA = AD = BD = DC।

यदि सम चतुष्फलक की प्रत्येक कोर a हो तो -

(i) लम्बवत् ऊँचाई (h) = $\sqrt{\frac{2}{3}} \cdot a$ *(ii) तिरछी ऊँचाई* $(\ell) = \frac{\sqrt{3}}{2} \cdot a$

(iii) तिरछा पृष्ठ (पार्श्व पृष्ठ) $= \frac{3\sqrt{3}}{4} \cdot a^2$ *(iv) सम्पूर्ण पृष्ठ =* $\sqrt{3} \cdot a^2$ *(v) आयतन =* $\frac{1}{12} \cdot a^3 \cdot \sqrt{2}$

उदाहरणार्थ हल प्रश्न

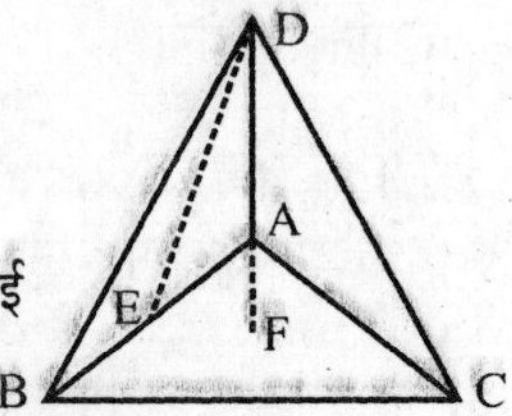

एक सम चतुष्फलक की प्रत्येक कोर $6\sqrt{3}$ इकाई है। ज्ञात कीजिए - (i) लम्बवत् ऊँचाई, (ii) तिरछी ऊँचाई, (iii) तिरछा पृष्ठ (पार्श्व पृष्ठ), (iv) सम्पूर्ण पृष्ठ, (v) आयतन।

हल :

(i) सम चतुष्फलक की लम्बवत ऊँचाई (h) = DF = $\sqrt{\frac{2}{3}} \cdot a = \sqrt{\frac{2}{3}} \times 6\sqrt{3} = 6\sqrt{2}$ इकाई

(ii) तिरछी ऊँचाई $(\ell) = \frac{\sqrt{3}}{2} \cdot a = \frac{\sqrt{3}}{2} \times 6\sqrt{3} = \frac{3 \times 6}{2} = 9$ इकाई

(iii) तिरछा पृष्ठ (पार्श्व पृष्ठ) $= \frac{3\sqrt{3}}{4} \cdot a^2 = \frac{3\sqrt{3}}{4} \times (6\sqrt{3})^2 = \frac{3\sqrt{3}}{4} \times 36 \times 3 = 81\sqrt{3}$ वर्ग इकाई

(iv) सम्पूर्ण पृष्ठ $= \sqrt{3} \cdot a^2 = \sqrt{3} \times (6\sqrt{3})^2 = \sqrt{3} \times 36 \times 3 = 108\sqrt{3}$ वर्ग इकाई

(v) आयतन $= \frac{1}{12} \cdot a^3 \cdot \sqrt{2} = \frac{1}{12} \times (6\sqrt{3})^3 \times \sqrt{2} = \frac{216 \times 3\sqrt{3} \times \sqrt{2}}{12} = 54\sqrt{6}$ घन इकाई

अभ्यास प्रश्न

प्रिज्म पर आधारित प्रश्न

1. किसी प्रिज्म का आयतन $1920\sqrt{3}$ घन सेमी. तथा समत्रिभुजीय आधार की भुजा 16 सेमी. है। प्रिज्म की ऊँचाई होगी–
(a) 19 सेमी. (b) 20 सेमी. (c) 35 सेमी. (d) 30 सेमी.

2. 25 सेमी. ऊँचे और 10, 8, 6 सेमी. भुजाओं के त्रिभुजीय आधार वाले प्रिज्म को एक ऐसे त्रिभुजीय प्रिज्म में बदल दिया गया जिसके आधार की भुजायें क्रमशः 5, 4, 3 सेमी. है। नये प्रिज्म की ऊँचाई होगी–
(a) 25 सेमी. (b) 50 सेमी. (c) 75 सेमी. (d) 100 सेमी.

3. एक लम्ब प्रिज्म का आधार समषट्भुज है। यदि उसकी प्रत्येक कोर 4 सेमी. हो तो उसका आयतन घन सेमी. में होगा–
(a) $100\sqrt{3}$ (b) $16\sqrt{3}$ (c) $96\sqrt{3}$ (d) $48\sqrt{3}$

4. 3 मीटर ऊँचे स्तम्भ के ऊर्ध्वाधर पृष्ठ पर ₹10. प्रति वर्ग मीटर के हिसाब से पॉलिश करने का खर्चा, जबकि स्तम्भ का आधार 20 सेमी. भुजा का समषट्भुज है और स्तम्भ लम्ब प्रिज्मीय आकार का है, होगा–
(a) ₹38 (b) ₹42 (c) ₹34 (d) ₹36

5. एक समषट्भुजीय प्रिज्म की ऊँचाई 10 सेमी. है और आधार की प्रत्येक भुजा उसके केन्द्र से 6 सेमी. दूरी पर है। प्रिज्म का पार्श्व पृष्ठ वर्ग सेमी. में होगा–
(a) $120\sqrt{3}$ (b) 480 (c) $240\sqrt{3}$ (d) इनमें से कोई नहीं

6. एक प्रिज्माकार पात्र में कुछ ऊँचाई तक जल भरा हुआ है। इसका आधार 6 सेमी. भुजा का समबाहु त्रिभुज है। इसमें 3 सेमी. भुजा का एक घन डाला जाता है जो पूर्णतः डूब जाता है। जल स्तर में वृद्धि होगी–
(a) $1/\sqrt{3}$ सेमी. (b) $\sqrt{3}$ सेमी. (c) 3 सेमी. (d) इनमें से कोई नहीं

7. किसी लम्ब प्रिज्म का आधार एक समलम्ब चतुर्भुज है, जिसकी समान्तर भुजायें 25 सेमी. तथा 9 सेमी. हैं तथा असमान्तर भुजायें 10 सेमी. की बराबर भुजायें हैं। यदि प्रिज्म की ऊँचाई 4 डेसी मीटर हो तो पार्श्व पृष्ठ वर्ग सेमी. में होगा–
(a) 216 सेमी.^{2} (b) 2160 सेमी.^{2} (c) 4320 सेमी.^{2} (d) 432 सेमी.^{2}

8. एक नहर का अनुप्रस्थ काट एक समलम्ब है। नहर शिखर पर 8 मीटर चौड़ी है और तली में 6 मीटर चौड़ी है। यदि 50 किमी. लम्बी नहर को तैयार करने में 112×10^4 घन मीटर मिट्टी की खुदाई की गई तो नहर की गहराई है–
(a) 3.2 मीटर (b) 3.8 मीटर (c) 4 मीटर (d) 4.2 मीटर

9. जमीन में पानी की एक टंकी बनाई गई है जिसकी चौड़ाई ऊपर से 6 मीटर और तह में 4 मीटर है। यदि इस टंकी की लम्बाई ऊपर नीचे एक समान 5 मीटर है और गहराई 2 मीटर है तो टंकी की क्षमता होगी–
(a) 75 घन मी. (b) 100 घन मी. (c) 50 घन मी. (d) 60 घन मी.

10. 50 मीटर ऊँचे बाँध की अनुप्रस्थ काट समलम्ब चतुर्भुज है जिसकी समान्तर भुजायें 4 मीटर तथा 20 मीटर है। यदि बाँध 200 मीटर लम्बा हो और चिनाई का भार 2 टन प्रति घन मीटर हो तो बाँध का भार होगा–
(a) 24000 टन (b) 240000 टन (c) 120000 टन (d) 180000 टन

11. 30 सेमी. × 60 सेमी. आयतीय कागज को मोड़ कर दो समषट्भुजीय प्रिज्म बनाये जा सकते हैं। उनके आयतनों में अनुपात होगा–
(a) 2 : 3 (b) 1 : 3 (c) 1 : 4 (d) 1 : 2

12. 120 सेमी. × 90 सेमी. आयतीय कागज को मोड़ कर दो समबाहु त्रिभुजीय प्रिज्म बनाये जाते हैं। इस प्रकार से बने प्रिज्मों के आयतनों में अनुपात होगा–
(a) 16 : 9 (b) 1 : 3 (c) 4 : 3 (d) 2 : 3

13. एक प्रिज्म का आधार एक त्रिभुज है जिसकी भुजायें क्रमशः 17 सेमी., 25 सेमी. तथा 28 सेमी. है। प्रिज्म का आयतन 4200 घन सेमी. हैं। इसका पार्श्व पृष्ठ होगा–
(a) 4200 वर्ग सेमी. (b) 2940 वर्ग सेमी. (c) 1400 वर्ग सेमी. (d) 2800 वर्ग सेमी.

14. एक लम्ब प्रिज्म का आधार 6 सेमी. भुजा वाला समबाहु त्रिभुज है। यदि प्रिज्म का आयतन $108\sqrt{3}$ घन सेमी. है, तो उसकी ऊँचाई है।
(a) 9 सेमी. (b) 10 सेमी. (c) 11 सेमी. (d) 12 सेमी. ***(S.S.C. 19.06.2011)***

15. किसी ठोस लम्ब प्रिज्म का आधार एक त्रिभुज है, जिसकी भुजाएँ क्रमशः 9 सेमी., 12 सेमी. तथा 15 सेमी. है। उस प्रिज्म की ऊँचाई 5 सेमी. है। तो प्रिज्म का कुल पृष्ठीय क्षेत्रफल कितना होगा?
(a) 180 सेमी.^{2} (b) 234 सेमी.^{2} (c) 288 सेमी.^{2} (d) 270 सेमी.^{2} ***(S.S.C. 4.9.2011)***

16. एक समलम्बी प्रिज्म का आधार 173 सेमी.^{2} क्षेत्रफल वाला एक समबाहु त्रिभुज है। उस प्रिज्म का आयतन 10380 सेमी.^{3} है। तद्नुसार उस प्रिज्म की पार्श्व सतह का क्षेत्रफल कितना होगा? ($\sqrt{3} = 1.73$ का प्रयोग करके)
(a) 1200 सेमी.^{2} (b) 2400 सेमी.^{2} (c) 3600 सेमी.^{2} (d) 4380 सेमी.^{2} ***(S.S.C. 10+2, 11.12.2011)***

17. किसी ठोस लम्ब प्रिज्म का आधार एक त्रिभुज है, जिसकी भुजाएँ क्रमशः 9 सेमी., 12 सेमी. तथा 15 सेमी. है। उस प्रिज्म की ऊँचाई 5 सेमी. है, तो प्रिज्म का कुल पृष्ठीय क्षेत्रफल कितना होगा?
(a) 180 सेमी.^{2} (b) 234 सेमी.^{2} (c) 288 सेमी.^{2} (d) 270 सेमी.^{2} ***(SSC, Tier-1, 25.8.2011)***

18. एक प्रिज्म का आधार एक समकोण त्रिभुज है जिसकी समकोण के आसन्न भुजाएँ 10 सेमी. और 12 सेमी. लम्बी हैं। प्रिज्म की ऊँचाई 20 सेमी. है। प्रिज्म की सामग्री का घनत्व 6 ग्राम/घन सेमी. है। प्रिज्म का भार है–
(a) 6.4 किग्रा. (b) 7.2 किग्रा. (c) 3.4 किग्रा. (d) 4.8 किग्रा. ***(SSC, 10+2, 21.10.2012)***

19. एक नदी जो 3 मीटर गहरी और 40 मीटर चौड़ी है 2 किमी. प्रति घंटे की गति से बह रही है। तद्नुसार उसका पानी सागर में एक मिनट में कितने लीटर गिरेगा?
(a) 4,00,000 (b) 40,.00,000 (c) 40,000 (d) 4,000 ***(SSC, Tier-1, 26.6.2011)***

20. एक समलम्बी प्रिज्म का आधार 173 सेमी.^{2} क्षेत्रफल वाला एक समबाहु त्रिभुज है। उस प्रिज्म का आयतन 10380 सेमी.^{3} है। तद्नुसार उस प्रिज्म का पार्श्व सतह का क्षेत्रफल कितना होगा? ($\sqrt{3} = 1.73$ का प्रयोग करके)
(a) 1200 सेमी.^{2} (b) 2400 सेमी.^{2} (c) 3600 सेमी.^{2} (d) 4380 सेमी.^{2} ***(SSC, 10+2, 4.12.2011)***

21. एक लम्ब प्रिज्म का आधार 6 सेमी. भुजा वाला समबाहु त्रिभुज है। यदि प्रिज्म का आयतन $108\sqrt{3}$ घन सेमी. है, तो उसकी ऊँचाई है–
(a) 9 सेमी. (b) 10 सेमी. (c) 11 सेमी. (d) 12 सेमी. ***(SSC, Tier-2, 4.9.2011)***

22: किसी समकोणीय प्रिज्म का आधार एक समलम्ब है। उसकी समांतर भुजाओं की लम्बाई 8 सेमी. तथा 14 सेमी. है और समांतर भुजाओं के बीच की दूरी 8 सेमी. है। तद्नुसार यदि प्रिज्म का आयतन 1056 सेमी.^{3} हो, तो उसकी ऊँचाई कितनी होगी?
(a) 44 सेमी. (b) 16.5 सेमी. (c) 12 सेमी. (d) 10.56 सेमी. ***(SSC, 10+2, 11.12.2011)***

23. एक प्रिज्म का आधार एक समबाहु त्रिभुज है जिसकी भुजा 12 सेमी. है। यदि प्रिज्म का आयतन 1080 सेमी.^{3} है, तो प्रिज्म का कुल पृष्ठीय क्षेत्रफल, वर्ग सेमी. में है–

(a) $432\sqrt{3}$ (b) 1080 (c) $72\sqrt{3}$ (d) $360\sqrt{3}$ ***(SSC, 10+2, 20.10.2013)***

24. एक लम्ब प्रिज्म का आधार एक त्रिभुज है जिसका परिमाप 28 सेमी. है और त्रिभुज की अंतः त्रिज्या 4 सेमी. है। यदि प्रिज्म का आयतन 366 सेमी.^{3} है, तो उसकी ऊँचाई है–

(a) 4 सेमी. (b) 8 सेमी. (c) 6 सेमी. (d) इनमें से कोई नहीं ***(SSC, FCI, 5.2.2012)***

25. एक समलम्ब प्रिज्म का आधार एक समकोण त्रिभुज है, जिसकी भुजाएँ 5 सेमी., 12 सेमी. तथा 13 सेमी. लम्बी हैं। तद्नुसार यदि उस प्रिज्म का कुल पृष्ठीय क्षेत्रफल 360 सेमी.^{2} हो, तो उसकी ऊँचाई कितने सेमी. होगी?

(a) 12 (b) 9 (c) 11 (d) 10 ***(SSC, 10+2, 10.11.2013)***

26. एक समलंबी प्रिज्म के त्रिभुजाकार आधार का परिमाप 15 सेमी. है और उस त्रिभुजाकार आधार के अंतःवृत्त की त्रिज्या 3 सेमी. है। तद्नुसार यदि उस प्रिज्म का आयतन 270 सेमी.^{3} हो, तो प्रिज्म की ऊँचाई कितनी होगी?

(a) 6 सेमी. (b) 7.5 सेमी. (c) 10 सेमी. (d) 12 सेमी. ***(SSC, 10+2, 4.12.2011)***

27. यदि एक समलम्ब प्रिज्म की ऊँचाई10 सेमी. हो और उसका आधार 12 सेमी. भुजा वाला एक समबाहु त्रिभुज हो, तो उसका कुल पृष्ठीय क्षेत्रफल कितने सेमी.^{2} होगा?

(a) $72(5+\sqrt{3})$ (b) $(5+3)$ (c) 36 (d) 360 ***(SSC, 10+2, 10.11.2013)***

28. यदि 20 सेमी. ऊँचाई वाले एक समलंब प्रिज्म का आधार, 14 सेमी. तथा 18 सेमी. की विकर्णों वाला एक समचतुर्भुज हो, तो उस प्रिज्म का आयतन कितने सेमी.^{3} होगा?

(a) 2520 (b) 2250 (c) 3520 (d) 1250 ***(SSC, 10+2, 27.10.2013)***

29. एक समलम्ब प्रिज्म 6 सेमी. आधार वाले समबाहु त्रिभुज पर स्थित है और उसका आयतन $81\sqrt{3}$ सेमी.^{3} है। तद्नुसार, उस प्रिज्म की ऊँचाई कितने सेमी. होगी?

(a) 9 (b) 10 (c) 12 (d) 15 ***(SSC, 10+2, 27.10.2013)***

30. एक लम्ब प्रिज्म का आधार समकोणिक त्रिभुज है जिसकी एक भुजा 7 मी. और इसकी ऊँचाई 24 मी. है। इसका आयतन बताएँ–

(a) 509 मी.^{3} (b) 1018 मी.^{3} (c) 529 मी.^{3} (d) 519 मी.^{3} ***(SSC, MTS, 16.2.2014)***

31. एक लम्ब प्रिज्म का आधार ऐसा त्रिभुज है जिसकी भुजाओं का अनुपात 3 : 4 : 5 है। प्रिज्म की ऊँचाई 12 सेमी और प्रिज्म का पार्श्व पृष्ठीय क्षेत्रफल 576 सेमी.^{2} है। उसका आयतन ज्ञात कीजिए।

(a) 1152 सेमी.^{3} (b) 1252 सेमी.^{3} (c) 1052 सेमी.^{3} (d) 1352 सेमी^{3} ***(SSC, MTS, 23.2.2014)***

32. एक लम्ब प्रिज्म का तल समभुजीय त्रिभुज है। यदि पार्श्व पृष्ठ क्षेत्रफल और आयतन क्रमशः 120 सेमी.^{2}, $40\sqrt{3}$ सेमी.^{3} है तो प्रिज्म के तल की भुजा कितनी होगी?

(a) 4 सेमी. (b) 5 सेमी. (c) 7 सेमी. (d) 40 सेमी. ***(SSC, 16.2.2014)***

33. एक प्रिज्म का तल समकोणीय त्रिभुज है जिसकी दो भुजाएँ 5 सेमी और 12 सेमी हैं। प्रिज्म की ऊँचाई 10 सेमी है। प्रिज्म का कुल पृष्ठीय क्षेत्रफल कितना है?

(a) 360 वर्ग सेमी. (b) 300 वर्ग सेमी. (c) 330 वर्ग सेमी. (d) 325 वर्ग सेमी. ***(SSC, 16.2.2014)***

पिरामिड पर आधारित प्रश्न

34. एक 10 मीटर लम्बे चौड़े वर्गाकार मैदान पर 12 मीटर ऊँचा पिरामिड के आकार का तंबू बनाना है तो आवश्यक कपड़े की मात्रा होगी–

(a) 360 वर्ग मी. (b) 400 वर्ग मी. (c) 240 वर्ग मी. (d) 260 वर्ग मी.

35. किसी लम्ब पिरामिड का आधार 10 सेमी. भुजा का वर्ग है। इसके पार्श्व फलक समबाहु त्रिभुज है। इसका आयतन घन सेमी. में है–

(a) $500\sqrt{2}$ (b) $500\sqrt{3}$ (c) $500/\sqrt{3}$ (d) $500\sqrt{2}/3$

36. एक लम्ब पिरामिड का आधार 6 मीटर भुजा का समबाहु त्रिभुज है। यदि उसकी पार्श्व कोर 5 मीटर लम्बी है तो उसका सम्पूर्ण पृष्ठ वर्ग मीटर में होगा–

(a) $9(4+\sqrt{3})$ (b) $18(2+\sqrt{3})$ (c) $9(8+\sqrt{3})$ (d) $18(4+\sqrt{3})$

37. एक लम्ब पिरामिड का आधार $10\sqrt{3}$ सेमी. भुजा का समबाहु त्रिभुज है। यदि उसकी तिर्यक ऊँचाई 13 सेमी. है तो आयतन घन सेमी. में होगा–

(a) 300 (b) $900\sqrt{3}$ (c) $1200\sqrt{3}$ (d) $300\sqrt{3}$

38. किसी लम्ब पिरामिड का आधार समषट्भुज है जिसका परिमाप 24 सेमी. है और ऊँचाई 26 सेमी. है। उसका आयतन घन सेमी. में होगा–

(a) $822\sqrt{3}$ (b) $911\sqrt{3}$ (c) $416\sqrt{3}$ (d) $208\sqrt{3}$

39. किसी लम्ब पिरामिड का आयतन 1470 घन सेमी. और आधार 441 वर्ग सेमी. का वर्ग है। उसका तिर्यक पृष्ठ होगा–

(a) 615 सेमी.^{2} (b) 610 सेमी.^{2} (c) 609 सेमी.^{2} (d) 608 सेमी.^{2}

40. किसी त्रिभुजीय पिरामिड की तीन आसन्न कोरें परस्पर लम्ब हैं। उनकी लम्बाईयाँ 3, 4 तथा 5 सेमी. हैं। उसका आयतन होगा–

(a) 10 सेमी.^{3} (b) 20 सेमी.^{3} (c) 30 सेमी.^{3} (d) 60 सेमी.^{3}

41. किसी लम्ब पिरामिड का आधार आयत है जिसकी भुजायें 24 और 18 सेमी. हैं। प्रत्येक तिर्यक कोर 17 सेमी. हैं पिरामिड का आयतन घन सेमी. में होगा–

(a) 1440 (b) 1152 (c) 3452 (d) इनमें से कोई नहीं

42. किसी लम्ब पिरामिड का आधार 30×40 मीटर का आयत है और उसकी ऊँचाई 20 मीटर है। सम्पूर्ण पृष्ठ वर्ग मीटर में होगा–

(a) 3048.4 (b) 3179.6 (c) 3204.2 (d) 3806.4

43. किसी लम्ब पिरामिड का आधार समषट्भुज है जिसकी भुजा 10 सेमी. है। उसकी तिर्यक ऊँचाई भी 10 सेमी. है। उसका आयतन घन सेमी. में होगा–

(a) 866 (b) 1299 (c) 433 (d) इनमें से कोई नहीं

44. किसी लम्ब पिरामिड का आधार 10 सेमी. भुजा का समबाहु त्रिभुज है। पिरामिड की ऊँचाई, तिर्यक ऊँचाई की आधी है। पिरामिड की तिर्यक कोर की लम्बाई सेमी. में होगी–

(a) $5\sqrt{3}/3$ (b) $5\sqrt{(13)}/3$ (c) $5\sqrt{2}/3$ (d) $5\sqrt{3}$

45. एक लम्ब पिरामिड का आयतन 8640 घन सेमी. तथा ऊँचाई 32 सेमी. है। यदि उसका आधार आयताकार हो तथा एक भुजा 45 सेमी. हो तो दूसरी भुजा होगी–

(a) 8 सेमी. (b) 13 सेमी. (c) 16 सेमी. (d) 18 सेमी.

46. किसी लम्ब पिरामिड का आधार 16 सेमी. का समषट्भुज है और उसका पार्श्व पृष्ठ 720 वर्ग सेमी. है। पिरामिड की ऊँचाई होगी–

(a) $\sqrt{(23)}$ सेमी. (b) $\sqrt{(33)}$ सेमी. (c) $\sqrt{(43)}$ सेमी. (d) $\sqrt{(34)}$ सेमी.

47. 12 सेमी. ऊँचे लम्ब पिरामिड का आधार आयताकार है। इसके फलकों की दो तिरछी ऊँचाईयाँ 20 सेमी. तथा 15 सेमी. हैं। उनका आयतन होगा–

(a) 2304 सेमी.^{3} (b) 2500 सेमी.^{3} (c) 2608 सेमी.^{3} (d) 1804 सेमी.^{3}

48. एक लम्ब पिरामिड का आधार आयताकार है जिसकी भुजायें 12 सेमी. और 9 सेमी. हैं और प्रत्येक तिरछी कोर 8.5 सेमी. है। पिरामिड की ऊँचाई है–

(a) 4 सेमी. (b) 5 सेमी. (c) 6 सेमी. (d) 7 सेमी.

49. उस पिरामिड का आयतन क्या होगा जिसका आधार 13 सेमी, 12 सेमी, और 5 सेमी भुजाओं का त्रिभुज है, और जिसकी ऊँचाई 19 सेमी है–

(a) 180 घन सेमी. (b) 190 घन सेमी. (c) 200 घन सेमी. (d) 210 घन सेमी.

50. एक सम बहुभुजीय पिरामिड का सम्पूर्ण पृष्ठ 200 वर्ग सेमी तथा आधार का क्षेत्रफल 80 वर्ग सेमी. है। यदि प्रत्येक तिर्यक फलक का क्षेत्रफल 20 वर्ग सेमी हो तो तिर्यक फलकों की संख्या होगी–

(a) 3 (b) 4 (c) 6 (d) 8

51. एक 15 मीटर ऊँचे झण्डा बाँधने वाले डण्डे को चार समान लम्बाई की रस्सियों द्वारा अपने स्थान पर रखा जाता है। प्रत्येक रस्सी का एक सिरा डण्डे के ऊपरी सिरे पर बँधा है जबकि दूसरा सिरा 6 मीटर भुजा के वर्ग के कोनों पर जमीन से बंधा है। प्रत्येक रस्सी की लम्बाई लगभग है–

(a) 15.6 मीटर (b) 16.2 मीटर (c) 17.2 मीटर (d) इनमें से कोई नहीं

52. किसी पिरामिड का आधार 8 सेमी की भुजा पर बना एक वर्ग है तथा इसकी तिर्यक ऊँचाई 5 सेमी है। पिरामिड का सम्पूर्ण पृष्ठ होगा–
(a) 144 वर्ग सेमी (b) 188 वर्ग सेमी (c) 192 वर्ग सेमी (d) 210 वर्ग सेमी

53. एक लम्ब पिरामिड की ऊँचाई 12 सेमी है तथा आयतन 144 घन सेमी है। यदि पिरामिड का आधार वर्गाकार हो तो आधार की भुजा होगी–
(a) 6 सेमी (b) 7 सेमी (c) 8 सेमी (d) 9 सेमी

54. एक पिरामिड के बहुभुजीय आधार में भुजाओं की संख्या n हो तो उसमें कोरों की संख्या होगा–
(a) 3n (b) 2n (c) (n + 3) (d) (n + 2)

55. एक समलम्ब पिरामिड का आधार 7 मीटर भुजा वाला एक वर्ग है और उसका आयतन 294 घन मीटर है। तद्नुसार उसकी ऊँचाई कितने मीटर होगी?
(a) 54 (b) 36 (c) 18 (d) 6 ***S.S.C. 26.2.2012***

56. एक लम्ब पिरामिड का आधार वर्गाकार है, आधार के विकर्ण की लम्बाई $24\sqrt{2}$ मी. है। यदि पिरामिड का आयतन 1728 घन मी. है, तो उसकी ऊँचाई है।
(a) 7 मी. (b) 8 मी. (c) 9 मी. (d) 10 मी. ***S.S.C. 19.06.2011***

57. किसी समलम्ब पिरामिड का आधार 16 सेमी. लम्बी भुजा वाला वर्ग है। यदि उसकी ऊँचाई 15 सेमी. हो, तो उस पिरामिड के पार्श्व पृष्ठ का क्षेत्रफल कितने वर्ग सेमी. होगा?
(a) 136 (b) 544 (c) 800 (d) 1280 ***S.S.C., D.E.O. 11.12.2011***

58. एक लम्ब पिरामिड का आधार 40 सेमी. लम्बी भुजा वाला वर्ग है। यदि पिरामिड का आयतन 8000 सेमी.^{3} है, तो उसकी ऊँचाई है–
(a) 5 सेमी. (b) 10 सेमी. (c) 15 सेमी. (d) 20 सेमी. ***(SSC, 10+2, 11.12.2011)***

59. एक लम्ब पिरामिड का आधार वर्गाकार है, आधार के विकर्ण की लम्बाई $24\sqrt{2}$ मी. है। यदि पिरामिड का आयतन 1728 घन मी. है, तो उसकी ऊँचाई है–
(a) 7 मी. (b) 8 मी. (c) 9 मी. (d) 10 मी. ***(SSC, Tier-2, 4.9.2011)***

60. यदि वर्गाकार आधार वाले एक लम्ब पिरामिड की तिर्यक ऊँचाई 4 मीटर हो और उस पिरामिड के तिर्यक पृष्ठ का क्षेत्रफल 12 वर्ग मीटर हो, तो उस तिर्यक पृष्ठ के क्षेत्रफल तथा आधार के क्षेत्रफल का अनुपात कितना होगा?
(a) 16 : 3 (b) 24 : 5 (c) 32 : 9 (d) 12 : 3 ***(SSC, 10+2, 21.10.2011)***

61. एक लम्ब पिरामिड का आयतन 500 घन मी. है। जबकि उसके आधार का क्षेत्रफल 30 वर्ग मीटर है। पिरामिड की ऊँचाई है –
(a) 60 मीटर (b) 50 मीटर (c) 40 मीटर (d) 30 मीटर ***(SSC, 10+2, 11.12.2011)***

62. एक पिरामिड के आधार का क्षेत्रफल 57 वर्ग सेमी. है और ऊँचाई 10 सेमी. है, तो उसका आयतन सेमी.^{3} में है–
(a) 570 (b) 390 (c) 190 (d) 590 ***(SSC, FCI, 5.2.2012)***

63. एक पिरामिड ऐसा है, जिसका आधार 2a सेमी. भुजा वाला एक सम षट्भुज है। यदि उस पिरामिड की प्रत्येक तिरछी भुजा $\frac{5a}{2}$ सेमी. लम्बी हो, तो उस पिरामिड का आयतन कितना होगा?
(a) $3a^3$ सेमी.^{3} (b) $3\sqrt{2}a^3$ सेमी.^{3} (c) $3\sqrt{3}a^3$ सेमी.^{3} (d) $6a^3$ सेमी.^{3} ***(SSC, 10+2, 4.12.2011)***

64. एक लम्ब पिरामिड का आधार 4 सेमी. भुजा वाला एक समबाहु त्रिभुज है। पिरामिड की ऊँचाई उसकी तिरछी ऊँचाई से आधी है। उसका आयतन है–
(a) $\frac{8}{9}\sqrt{2}$ सेमी.^{3} (b) $\frac{7}{9}\sqrt{3}$ सेमी.^{3} (c) $\frac{8}{9}\sqrt{3}$ सेमी.^{3} (d) $\frac{7}{9}\sqrt{2}$ सेमी.^{3} ***(SSC, FCI, 15.4.2011)***

65. यदि एक समलम्ब पिरामिड का आधार 21 सेमी. 20 सेमी. तथा 13 सेमी. भुजाओं वाला त्रिभुज हो और उसकी ऊँचाई 30 सेमी. हो, तो उसका आयतन कितने सेमी.^{3} होगा?
(a) 430 (b) 630 (c) 1068 (d) 1260 ***(SSC, 10+2, 27.10.2013)***

66. एक लम्ब पिरामिड का आधार एक $10\sqrt{3}$ सेमी. भुजा वाले समबाहु त्रिकोण पर है। यदि पिरामिड का कुल पृष्ठीय क्षेत्रफल $270\sqrt{3}$ वर्ग सेमी. है, तो उसकी ऊँचाई है–
(a) 13 सेमी. (b) 12 सेमी. (c) 10 सेमी. (d) 11 सेमी. ***(SSC, 10+2, 20.10.2013)***

67. एक समलम्ब पिरामिड का आधार 16 सेमी. का वर्ग है और उसकी ऊँचाई 15 सेमी. है। तद्नुसार, उसके तिरछे पृष्ठ [illegible]^2 होगा?
(a) 544 (b) 344 (c) 444 (d) 514 ***(SSC, 10+2, 10.11.2013)***

68. यदि एक समलम्ब पिरामिड का आधार 5 सेमी., 12 सेमी. तथा 13 सेमी. भुजाओं वाला त्रिभुज हो और उसका आयतन 330 सेमी.^{3} हो, तो उसकी ऊँचाई कितने सेमी. होगी?
(a) 33 (b) 32 (c) 11 (d) 22 ***(SSC, 10+2, 27.10.2013)***

69. $10\sqrt{2}$ सेमी. विकर्ण के वर्गाकार आधार पर एक समलम्ब पिरामिड स्थित है। यदि पिरामिड की ऊँचाई 12 सेमी. है, तो उसके तिरछे पृष्ठ का क्षेत्रफल कितने सेमी.^{2} होगा?
(a) 260 (b) 520 (c) 420 (d) 360 ***(SSC, 10+2, 10.11.2013)***

समचतुष्फलक पर आधारित प्रश्न

70. 5 सेमी. कोर वाले समचतुष्फलक का आयतन घन सेमी. में होगा–
(a) $25\sqrt{2}/12$ (b) $25\sqrt{3}/12$ (c) $125\sqrt{2}/12$ (d) $125\sqrt{3}/12$

71. एक समचतुष्फलक का आयतन $144\sqrt{2}$ घन सेमी. है तो उसकी कोर होगी–
(a) 14 सेमी. (b) 16 सेमी. (c) 12 सेमी. (d) $12\sqrt{2}$ सेमी.

72. एक सम चतुष्फलक की प्रत्येक कोर a है तो उसका आयतन होगा–
(a) $a^3\sqrt{3}$ (b) $a^3\sqrt{2}$ (c) $a^3\sqrt{5}$ (d) $\frac{a^3\sqrt{2}}{12}$

73. यदि किसी सम चतुष्फलक की हर भुजा की लम्बाई 12 सेमी. है तो चतुष्फलक का आयतन है।
(a) $144\sqrt{2}$ cu. cm. (b) $72\sqrt{2}$ cu. cm. (c) $8\sqrt{2}$ cu. cm. (d) $12\sqrt{2}$ cu. cm. ***(SSC (10+2), 4.12.2011)***

74. यदि किसी सम चतुष्फलक की हर भुजा की लम्बाई 12 सेमी. है तो चतुष्फलक का सम्पूर्ण पृष्ठ है–
(a) $144\sqrt{3}$ वर्ग सेमी. (b) $72\sqrt{2}$ वर्ग सेमी.
(c) $8\sqrt{2}$ वर्ग सेमी. (d) $12\sqrt{2}$ वर्ग सेमी. ***(SSC (10+2), 11.12.2011)***

75. एक सम चतुष्फलक के प्रत्येक सिरे की लम्बाई 12 सेमी. है। तद्नुसार, उस चतुष्फलक के कुल पृष्ठ का क्षेत्रफल (वर्ग सेमी. में) कितना होगा?
(a) $288\sqrt{3}$ (b) $144\sqrt{2}$ (c) $108\sqrt{3}$ (d) $144\sqrt{3}$ ***(SSC, FCI, 11.11.2012)***

76. एक समचतुष्फलक का हर कोर 3 सेमी. है, तो उसका आयतन है–
(a) $\frac{9\sqrt{2}}{4}$ घन सेमी. (b) $27\sqrt{3}$ घन सेमी. (c) $\frac{4\sqrt{2}}{9}$ घन सेमी. (d) $9\sqrt{3}$ घन सेमी. ***(SSC, 10+2, 4.12.2011)***

77. एक सम चतुष्फलक का प्रत्येक किनारा 4 सेमी. है। इसका आयतन (घन सेमी में) है
(a) $\frac{16\sqrt{3}}{3}$ (b) $16\sqrt{3}$ (c) $\frac{16\sqrt{2}}{3}$ (d) $16\sqrt{2}$

उत्तरमाला

1. (d)	2. (d)	3. (c)	4. (d)	5. (c)	6. (b)	7. (b)	8. (a)
9. (c)	10. (b)	11. (d)	12. (c)	13. (c)	14. (d)	15. (c)	16. (c)
17. (c)	18. (b)	19. (b)	20. (c)	21. (d)	22. (c)	23. (a)	24. (c)
25. (d)	26. (d)	27. (a)	28. (a)	29. (a)	30. (a)	31. (a)	32. (a)
33. (a)	34. (d)	35. (d)	36. (a)	37. (d)	38. (d)	39. (c)	40. (a)
41. (b)	42. (a)	43. (c)	44. (b)	45. (d)	46. (d)	47. (a)	48. (a)
49. (b)	50. (c)	51. (a)	52. (a)	53. (a)	54. (b)	55. (c)	56. (c)
57. (b)	58. (c)	59. (c)	60. (a)	61. (b)	62. (c)	63. (c)	64. (c)
65. (d)	66. (b)	67. (a)	68. (a)	69. (a)	70. (c)	71. (c)	72. (d)
73. (a)	74. (a)	75. (b)	76. (a)	77. (c)			

अभ्यास प्रश्नों के हल

1. चूंकि प्रिज्म का आयतन = समत्रिभुजीय आधार का क्षेत्रफल × ऊँचाई

अतः $1920\sqrt{3} = \frac{\sqrt{3}}{4} \times$ भुजा^{2} × ऊँ., अतः $1920\sqrt{3} = \frac{\sqrt{3}}{4} \times 16 \times 16 \times$ ऊँ., अतः ऊँ. = 30 सेमी.

2. पहले प्रिज्म के आधार की भुजाएं 10 सेमी., 8 सेमी., 6 सेमी. हैं, जिनसे समकोण त्रिभुज बनेगा।

∴ पहले प्रिज्म के आधार का क्षे. $= \frac{\text{लम्ब} \times \text{आधार}}{2} = \frac{8 \times 6}{2} = 24$ सेमी.^{2}

इसी प्रकार दूसरे प्रिज्म का आधार भी समकोण त्रिभुज होगा, जिसका क्षे.$= \frac{4 \times 3}{2} = 6$ सेमी.^{2}

अब पहले प्रिज्म का आयतन = दूसरे प्रिज्म का आयतन

∴ पहले प्रिज्म के आधार का क्षे. × ऊँचाई = दूसरे प्रिज्म के आधार का क्षे. × ऊँचाई

∴ 24 × 25 = 6 × ऊँचाई, अतः ऊँचाई $= \frac{24 \times 25}{6} = 100$ सेमी.

3. आधार समषट्भुज का क्षे. $= \frac{6\sqrt{3}}{4}$ भुजा^{2} $= \frac{6\sqrt{3}}{4} \times 4 \times 4 = 24\sqrt{3}$ सेमी.^{2}

∴ लम्ब प्रिज्म का आयतन = आधार का क्षे.× ऊँ.$= 24\sqrt{3} \times 4 = 96\sqrt{3}$ सेमी.^{3}

4. लम्ब प्रिज्मीय आकार के स्तम्भ का पार्श्व पृष्ठ = आधार का परिमाप × ऊँचाई

= 6 ×आधार की भुजा × ऊँचाई = 6 × 20 सेमी. × 3 मी.

$= 6 \times \frac{20}{100}$ मी. × 3 मी. $= \frac{18}{5}$ मी.^{2}

∴ ₹10/वर्ग मी. की दर से खर्च $= \frac{18}{5} \times 10 =$ ₹36

5. समषट्भुज के केन्द्र से भुजा की दूरी $= \frac{\sqrt{3}}{2} \times$ समषट्भुज की भुजा

∴ $6 = \frac{\sqrt{3}}{2} \times$ समषट्भुज की भुजा ⇒ समषट्भुज की भुजा $= \frac{12}{\sqrt{3}}$ सेमी.

∴ प्रिज्म का पार्श्व पृष्ठ = आधार का परिमाप × ऊँचाई = 6 × भुजा × ऊँ.

$= 6 \times \frac{12}{\sqrt{3}} \times 10 = \frac{6 \times 12 \times 10 \times \sqrt{3}}{\sqrt{3} \times \sqrt{3}} = 240\sqrt{3}$ वर्ग सेमी.

6. प्रिज्माकार पात्र में कोई भी वस्तु डूबाने पर वस्तु के आयतन के बराबर पानी ऊपर उठेगा और उस उठे पानी का आकार भी प्रिज्माकार ही होगा, जिसका आधार समबाहु त्रिभुज होगा।

∴ उठे पानी का आयतन = 3 सेमी. भुजा के घन का आयतन

∴ $\frac{\sqrt{3}}{4} \times 6 \times 6 \times$ पानी की ऊँचाई $= 3 \times 3 \times 3 \Rightarrow$ पानी की ऊँचाई $= \frac{3}{\sqrt{3}} = \frac{\sqrt{3} \times \sqrt{3}}{\sqrt{3}} = \sqrt{3}$ सेमी.

7. लम्ब प्रिज्म का पार्श्व पृष्ठ = आधार (समलम्ब) का परिमाप ×ऊँचाई

$= (25 + 9 + 10 + 10) \times 40 = 54 \times 40 = 2160$ सेमी.^{2}

8. ∵ नहर का आयतन $= \frac{(\text{ऊपरी चौड़ाई} + \text{तली में चौड़ाई}) \times \text{गहराई} \times \text{नहर की लम्बाई}}{2}$

∴ $112 \times 10^4 = \frac{(8 + 6) \times \text{गहराई} \times 50 \times 1000}{2} \Rightarrow 112 \times 10000 = \frac{14 \times \text{गहराई} \times 50 \times 1000}{2}$

∴ गहराई $= \frac{112 \times 10000 \times 2}{14 \times 50 \times 1000} = \frac{112}{7 \times 5} = \frac{16}{5} = 3.2$ मी.

9. टंकी की क्षमता (आयतन) $= \frac{(\text{ऊपरी चौड़ाई} + \text{तह में चौड़ाई}) \times \text{गहराई} \times \text{लम्बाई}}{2}$

$= \frac{(6 + 4) \times 2 \times 5}{2} = \frac{10 \times 2 \times 5}{2} = 50$ घन मी.

10. बाँध की मिट्टी का आयतन $= \dfrac{(\text{ऊपरी चौड़ाई} + \text{तली की चौड़ाई}) \times \text{ऊँचाई} \times \text{लम्बाई}}{2}$

$$= \frac{(4+20)\times 50\times 200}{2} = \frac{24\times 50\times 200}{2} = 120000 \text{ मी.}^3$$

$\therefore$ 2 टन/मी.^{3} की दर से बांध का भार = 120000 × 2 = 240000 टन

11. 30 सेमी. × 60 सेमी. आयतीय कागज को मोड़कर बनाये गये समषट्भुजीय प्रिज्मों में,

पहले प्रिज्म के आधार (समषट्भुज) की भुजा $= \frac{30}{6} = 5$ सेमी. और ऊँचाई = 60 सेमी.

$\therefore$ पहले प्रिज्म का आयतन = आधार का क्षे. × ऊँ. $= \frac{6\sqrt{3}}{4} \times 5 \times 5 \times 60$ सेमी.^{3}

और दूसरे प्रिज्म के आधार (समषट्भुज) की भुजा $= \frac{60}{6} = 10$ सेमी और ऊँचाई = 30 सेमी.

$\therefore$ दूसरे प्रिज्म का आयतन = आधार का क्षे.×ऊँ. $= \frac{6\sqrt{3}}{4} \times 10 \times 10 \times 30$ सेमी.^{3}

$\therefore$ दोनों आयतनों में अनुपात $= \frac{6\sqrt{3}}{4} \times 5 \times 5 \times 60 : \frac{6\sqrt{3}}{4} \times 10 \times 10 \times 30 = 1:2$

12. 120 सेमी. × 90 सेमी. आयतीय कागज को मोड़कर बनाये गये समबाहु त्रिभुजीय प्रिज्मों में,

पहले प्रिज्म के आधार की भुजा $= \frac{120}{3} = 40$ सेमी. और ऊँचाई = 90 सेमी.

$\therefore$ पहले प्रिज्म का आयतन = आधार का क्षे. × ऊँ. $= \frac{\sqrt{3}}{4} \times 40 \times 40 \times 90$ सेमी.^{3}

और दूसरे प्रिज्म के आधार (समबाहु त्रिभुज) की भुजा $= \frac{90}{3} = 30$ सेमी. और ऊँचाई = 120 सेमी.

$\therefore$ दूसरे प्रिज्म का आयतन = आधार का क्षे.×ऊँ. $= \frac{\sqrt{3}}{4} \times 30 \times 30 \times 120$ सेमी.^{3}

$\therefore$ दोनों आयतनों में अनुपात $= \frac{\sqrt{3}}{4} \times 40 \times 40 \times 90 : \frac{\sqrt{3}}{4} \times 30 \times 30 \times 120 = 4:3$

13. प्रिज्म का आधार त्रिभुज है, जिसकी भुजाएँ = 17 सेमी., 25 सेमी., 28 सेमी.

$\therefore$ आधार का परिमाप (2s) = 17 + 25 + 28 = 70 सेमी., अतः अर्ध परिमाप (s) $= \frac{70}{2} = 35$ सेमी.

$\therefore$ आधार का क्षेत्रफल $= \sqrt{s.(s-a)(s-b)(s-c)} = \sqrt{35(35-17)(35-25)(35-28)}$

$$= \sqrt{35\times 18\times 10\times 7} = \sqrt{5\times 7\times 2\times 3\times 3\times 2\times 5\times 7} = 5\times 2\times 7\times 3 = 210$$

$\because$ प्रिज्म का आयतन = आधार का क्षे. × ऊँचाई ⇒ 4200 = 210 × ऊँ. ⇒ ऊँचाई = 20 सेमी.

$\therefore$ प्रिज्म का पार्श्व पृष्ठ = आधार का परिमाप × ऊँचाई = 70 × 20 = 1400 वर्ग सेमी.

14. प्रिज्म का आयतन = आधार का क्षे. × ऊँ.

$\therefore$ $108\sqrt{3}$ = समबाहु Δ का क्षे. × ऊँ. ⇒ $108\sqrt{3} = \frac{\sqrt{3}}{4} \times 6 \times 6 \times$ ऊँचाई ⇒ ऊँचाई =12 सेमी.

15. प्रिज्म के आधार की भुजाएं = 9 सेमी., 12 सेमी., 15 सेमी.

इन भुजाओं से समकोण त्रिभुज बनेगा, जिसमें लम्ब = 9 सेमी., आधार = 12 सेमी., कर्ण = 15 सेमी.

$\therefore$ आधार का परिमाप = 9 + 12 + 15 = 36 सेमी. और आधार का क्षे. $= \frac{\text{ल.} \times \text{आ.}}{2} = \frac{9\times 12}{2} = 54$ सेमी.^{2}

$\therefore$ प्रिज्म का पार्श्व पृष्ठ = आधार का परिमाप × ऊँ. = 36 × 5 = 180 सेमी.^{2}

$\therefore$ कुल पृष्ठीय क्षे. = पार्श्व पृष्ठ + आधार का क्षे. × 2 = 180 + 54 × 2 = 180 + 108 = 288 सेमी.^{2}

16. प्रिज्म के आधार (समबाहु Δ) का क्षे. = 173

$\therefore$ $\frac{\sqrt{3}}{4}$ भुजा$^2 = 173$ ⇒ भुजा$^2 = \frac{173\times 4}{\sqrt{3}} = \frac{173\times 4}{1.73}$, अतः भुजा$^2 = \frac{173\times 4\times 100}{173} = 4\times 100$ ⇒ भुजा = 20 सेमी.

$\therefore$ प्रिज्म का आयतन = आधार का क्षे. × ऊँ. से $10380 = 173 \times$ ऊँ. ⇒ ऊँ. $= \frac{10380}{173} = 60$ सेमी.

$\therefore$ प्रिज्म की पार्श्व सतह का क्षे. = आधार का परिमाप × ऊँचाई = 20 × 3 × 60 = 3600 सेमी.^{2}

17. प्रिज्म के आधार की भुजाएँ = 9 सेमी., 12 सेमी., 15 सेमी.

चूंकि $9^2 + 12^2 = 25^2$, अतः आधार समकोण त्रिभुज है।

$\therefore$ प्रिज्म के दोनों सिरों का क्षे. = 2 × आधार (समकोण त्रिभुज) का क्षे. $= 2 \times \frac{1}{2} \times 9 \times 12 = 108$ सेमी.^{2}

प्रिज्म का पार्श्व पृष्ठ = आधार का परिमाप × ऊँचाई $= (9 + 12 + 15) \times 5 = 36 \times 5 = 180$ सेमी.^{2}

$\therefore$ प्रिज्म का कुल पृष्ठीय क्षेत्रफल = दोनों सिरों का क्षे. + पार्श्व पृष्ठ का क्षे. $= 108 + 180 = 288$ सेमी.^{2}

18. प्रिज्म के आधार (समकोण Δ) का क्षे. $= \frac{1}{2} \times 10 \times 12 = 60$ सेमी.^{2}

$\therefore$ प्रिज्म का आयतन = आधार का क्षे. × ऊँ. $= 60 \times 20 = 1200$ सेमी.^{3}

6 ग्राम / सेमी.^{3} की दर से प्रिज्म का भार $= 1200 \times 6 = 7200$ ग्राम = 7.2 किग्रा

19. प्रति घण्टे बहते पानी के लिए नदी की लम्बाई = 2 किमी = 2000 मी.

$\therefore$ प्रति मिनट बहते पानी के लिए नदी की लम्बाई $= \frac{2000}{60}$ मी. $= \frac{100}{3}$ मी.

$\therefore$ प्रति मिनट गिरते पानी का आयतन = लम्बाई × चौड़ाई × गहराई $= \frac{100}{3} \times 40 \times 3$ मी^{3}

$= 100 \times 40 \times 1000$ली $= 4000000$ ली.

20. समलम्बी प्रिज्म का आयतन = आधार (समबाहु Δ) का क्षे. × ऊँचाई

$\therefore$ $10380 = 173 \times$ ऊँचाई $\Rightarrow$ ऊँचाई $= \frac{10380}{173} = 60$ सेमी.

प्रिज्म के आधार (समबाहु Δ) का क्षे. = 173 सेमी.^{2} $\Rightarrow \frac{\sqrt{3}}{4} \cdot$ भुजा$^2 = 173$

$\therefore$ भुजा$^2 = \frac{173\times4}{\sqrt{3}} = \frac{173\times4}{1.73} = \frac{173\times4\times100}{173}$ $\Rightarrow$ भुजा$^2 = 4 \times 100 \Rightarrow$ भुजा $= 2 \times 10 = 20$ सेमी.

$\therefore$ प्रिज्म के पार्श्व सतह का क्षे. = आधार (समबाहु Δ) का परिमाप × ऊँचाई $= 3 \times 20 \times 60 = 3600$ सेमी.^{2}

21. प्रिज्म के आधार समबाहु Δ का क्षे. $= \frac{\sqrt{3}}{4}$ भुजा$^2 = \frac{\sqrt{3}}{4} \times 36 = 9\sqrt{3}$ सेमी.^{2}

चूंकि प्रिज्म का आयतन = आधार का क्षे. × ऊँचाई, अतः $108\sqrt{3} = 9\sqrt{3} \times$ ऊँचाई $\Rightarrow$ ऊँचाई $= \frac{108\sqrt{3}}{9\sqrt{3}} = 12$ सेमी.

22. प्रिज्म के आधार (समलम्ब) का क्षे. $= \frac{\text{समान्तर भुजाओं का योग} \times \text{उनके बीच की दूरी}}{2}$

$= \frac{(8+14)\times8}{2} = 22 \times 4 = 88$ सेमी.^{2}

$\therefore$ प्रिज्म का आयतन = आधार का क्षे. × ऊँचाई $\Rightarrow 1056 = 88 \times$ ऊँचाई $\Rightarrow$ ऊँचाई $= \frac{1056}{88} = 12$ सेमी.

23. प्रिज्म के आधार (समबाहु Δ) का क्षे. $= \frac{\sqrt{3}}{4} \cdot$ भुजा$^2 = \frac{\sqrt{3}}{4} \times 12^2 = 36\sqrt{3}$ सेमी.^{2}

चूंकि प्रिज्म का आयतन = आधार का क्षेत्रफल × ऊँचाई, अतः $1080 = 36\sqrt{3} \times$ ऊँचाई $\Rightarrow$ ऊँचाई $= \frac{1080}{36\sqrt{3}} = \frac{30}{\sqrt{3}}$ सेमी.

$\therefore$ प्रिज्म का पार्श्व पृष्ठ = आधार का परिमाप × ऊँचाई $= 3 \times 12 \times \frac{30}{\sqrt{3}} = 360\sqrt{3}$ सेमी.^{2}

$\therefore$ प्रिज्म का कुल पृष्ठीय क्षे. = पार्श्व पृष्ठ + 2 × आधार का क्षे.

$= 360\sqrt{3} + 2 \times 36\sqrt{3} = 360\sqrt{3} + 72\sqrt{3} = 432\sqrt{3}$ सेमी.^{2}

24. प्रिज्म के आधार (त्रिभुज) का क्षे. $= \frac{\text{परिमाप} \times \text{अन्तः त्रिज्या}}{2} = \frac{28\times4}{2} = 56$ सेमी.^{2}

चूंकि प्रिज्म का आयतन = आधार का क्षेत्रफल × ऊँचाई, अतः $366 = 56 \times$ ऊँचाई $\Rightarrow$ ऊँचाई $= \frac{366}{56} = 6$ सेमी.

25. प्रिज्म के आधार (समकोण Δ) का क्षे. $= \frac{5\times12}{2} = 30$ सेमी.^{2}

माना प्रिज्म की ऊँचाई h है, अतः प्रिज्म का पार्श्व पृष्ठ = आधार का परिमाप × ऊचाई

$= (5 + 12 + 13) \times h = 30\,h$ सेमी.^{2}

$\because$ प्रिज्म का कुल पृष्ठीय क्षे. = पार्श्व पृष्ठ + दोनों सिरों का क्षे.

$\therefore$ $360 = 30h + 2 \times 30 = 30h + 60 \Rightarrow 30h = 360 - 60 = 300 \Rightarrow h = \frac{300}{30} = 10$ सेमी.

26. समलम्बी प्रिज्म का आधार ΔABC है। जिसका परिमाप = 15 सेमी.

$\therefore$ आधार का क्षे. = $\frac{1}{2}\times$ परिमाप $\times$ अन्तःत्रिज्या = $\frac{1}{2}\times 15\times 3 = \frac{45}{2}$ सेमी.^{2}

$\therefore$ प्रिज्म का आयतन = आधार का क्षे. $\times$ ऊँचाई $\Rightarrow 270 = \frac{45}{2}\times h \Rightarrow h = \frac{270\times 2}{45} = 12$ सेमी.

27. चूंकि प्रिज्म का आधार 12 सेमी. भुजा वाला एक समबाहु त्रिभुज है।

$\therefore$ आधार का क्षेत्रफल = $\frac{\sqrt{3}}{4}\cdot$ भुजा^{2} = $\frac{\sqrt{3}}{4}\cdot 12^2 = 36\sqrt{3}$ सेमी.^{2}

आधार का परिमाप = 3 $\times$ भुजा = 3$\times$ 12 = 36 सेमी.

$\therefore$ प्रिज्म का पार्श्व पृष्ठ = आधार का परिमाप $\times$ ऊँचाई = 36 $\times$ 10 = 360 सेमी.^{2}

$\therefore$ प्रिज्म का कुल पृष्ठीय क्षे. = पार्श्व पृष्ठ + दोनों सिरों का क्षे. = $360 + 2\times 36\sqrt{3}$

$= 360 + 72\sqrt{3} = 72(5+\sqrt{3})$ सेमी.^{2}

28. $\because$ समलम्ब प्रिज्म का आधार समचतुर्भुज है।

$\therefore$ प्रिज्म के आधार का क्षे. = समचतुर्भुज का क्षेत्रफल = $\frac{\text{विकर्णों का गुणनफल}}{2} = \frac{14\times 18}{2} = 126$ सेमी.^{2}

$\therefore$ प्रिज्म का आयतन = आधार का क्षे. × ऊँचाई = 126 × 20 = 2520 सेमी.^{3}

29. समलम्ब प्रिज्म का आयतन = आधार (समबाहु Δ) का क्षे. $\times$ ऊँचाई

$\therefore 81\sqrt{3} = \frac{\sqrt{3}}{4}\times 6^2\times$ ऊँचाई $= \frac{\sqrt{3}}{4}\times 36\times$ ऊँचाई $\Rightarrow$ ऊँचाई $= \frac{81\sqrt{3}\times 4}{36\times\sqrt{3}} = 9$ सेमी.

30. लम्ब प्रिज्म का आधार समकोणिक (समान कोणिक अर्थात् समबाहु) त्रिभुज है।

$\therefore$ प्रिज्म का आयतन = आधार (समबाहु Δ) का क्षे. $\times$ ऊँचाई = $\frac{\sqrt{3}}{4}\times 7\times 7\times 24 = 509.22 = 509$ सेमी.^{3}

31. $\because$ प्रिज्म के आधार (त्रिभुज) की भुजाओं में अनुपात 3 : 4 : 5 है।

$\therefore$ माना आधार (त्रिभुज) की भुजाएँ 3x सेमी., 4x सेमी., 5x सेमी. हैं।

$\therefore$ आधार का क्षे. = $\frac{3x\times 4x}{2} = 6x^2$ सेमी.^{2} और आधार का परिमाप = 3x + 4x + 5x = 12x सेमी.

$\because$ प्रिज्म का पार्श्व पृष्ठीय क्षे. = आधार का परिमाप $\times$ ऊँचाई $\Rightarrow 576 = 12x\times 12 \Rightarrow x = \frac{576}{12\times 12} = 4$

$\therefore$ प्रिज्म का आयतन = आधार का क्षे. $\times$ ऊचाई = $6x^2\times 12 = 6\times 4^2\times 12 = 6\times 16\times 12 = 1152$ सेमी.^{3}

32. माना प्रिज्म के तल (समभुजीय त्रिभुज) की भुजा a है।

$\therefore$ प्रिज्म का पार्श्व पृष्ठ क्षेत्रफल = आधार का परिमाप $\times$ ऊँचाई $\Rightarrow 120 = 3\,ah \Rightarrow ah = 40$

$\because$ प्रिज्म का आयतन = आधार का क्षे. $\times$ ऊँचाई

$\therefore 40\sqrt{3} = \frac{\sqrt{3}}{4}a^2\cdot h = \frac{\sqrt{3}}{4}a\cdot ah \Rightarrow 40\sqrt{3} = \frac{\sqrt{3}}{4}\cdot a\cdot 40 \Rightarrow a = 4$ सेमी.

33. प्रिज्म के तल (समकोणीय त्रिभुज) की दो भुजाएँ = 5 सेमी., 12 सेमी.

$\therefore$ कर्ण$^2 = 5^2 + 12^2 = 25 + 144 = 169 \Rightarrow$ कर्ण = 13 सेमी.

$\therefore$ तल के आधार का क्षे. = $\frac{5\times 12}{2} = 30$ सेमी.^{2} और आधार का परिमाप = 5 + 12 + 13 = 30 सेमी.

$\therefore$ प्रिज्म का कुल पृष्ठीय क्षे. = पार्श्व पृष्ठ + दोनों सिरों का क्षेत्रफल

= आधार का परिमाप $\times$ ऊँ. + 2 $\times$ आधार का क्षे.

= 30 $\times$ 10 + 2 $\times$ 30 = 300 + 60 = 360 सेमी.^{2}

34. वर्गाकार मैदान की भुजा AB = BC = CD = DA = 10 मी.

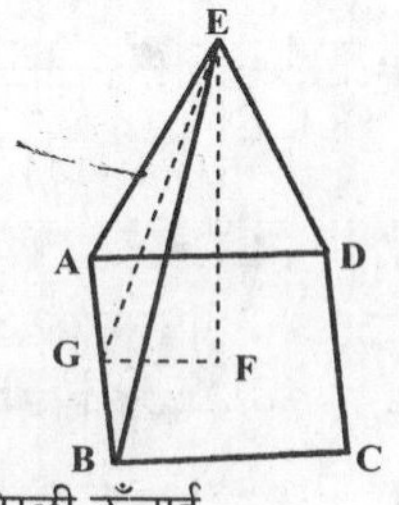

$\therefore GF = \frac{10}{2} = 5$ मी. और EF = 12 मी.

$\therefore$ समकोण त्रिभुज EGF में पाइथागोरस प्रमेय से,

$EG^2 = EF^2 + FG^2 = 144 + 25 = 169 = 13^2$

$\therefore$ EG = 13 मी. $\Rightarrow$ तिरछी ऊँचाई

$\therefore$ तम्बू के निर्माण में आवश्यक कपड़ा = पिरैमिड का तिरछा पृष्ठ = $\frac{\text{आधार का परिमाप}\times\text{तिरछी ऊँचाई}}{2}$

$= \frac{(10+10+10+10)\times 13}{2} = \frac{40\times 13}{2} = 260$ वर्ग मी.

35. पिरामिड के आधार ABCD की भुजा, $AB = BC = CD = DA = 10$ सेमी.

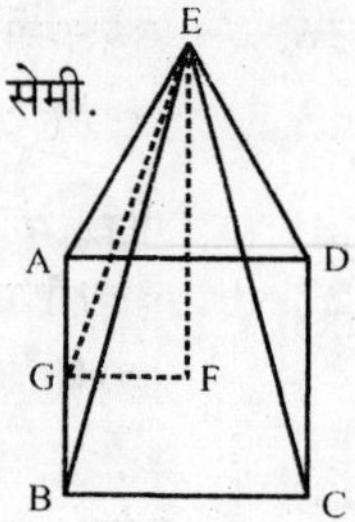

पिरामिड की पार्श्व फलकें EAB, EBC, ECD, EDA समबाहु त्रिभुज हैं, जिनकी भुजा = 10 सेमी.

$GF = \frac{10}{2} = 5$ सेमी., समबाहु ΔAEB से ऊँचाई $EG = \frac{\sqrt{3}}{2} \times 10 = 5\sqrt{3}$ सेमी.

$\therefore$ समकोण त्रिभुज EFG में पाइथागोरस प्रमेय से, $EF^2 + GF^2 = GE^2$

$\therefore$ $EF^2 + 5^2 = (5\sqrt{3})^2 \Rightarrow EF^2 = 75 - 25 = 50 \Rightarrow EF = 5\sqrt{2}$ सेमी. $\Rightarrow$ लम्बवत् ऊँचाई

$\therefore$ पिरामिड का आयतन $= \frac{1}{3} \times$ आधार का क्षे. $\times$ ऊँ. $= \frac{1}{3} \times 10 \times 10 \times 5\sqrt{2} = \frac{500\sqrt{2}}{3}$ घन सेमी.

36. चित्र में पिरामिड का आधार ΔABC समबाहु त्रिभुज है।

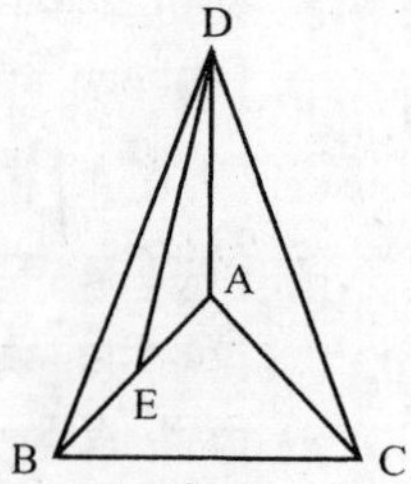

आधार की भुजाएँ, $AB = BC = CA = 6$ मी.

पिरामिड की पार्श्व कोरें, $AD = BD = CD = 5$ मी.

समद्विबाहु त्रिभुज ABD में भुजा AB पर लम्ब DE है।

$\therefore$ समकोण त्रिभुज BDE में पाइथागोरस प्रमेय से,

$DE^2 + BE^2 = BD^2 \Rightarrow DE^2 + 9 = 25$

$\therefore$ $DE^2 = 16 = 4^2 \Rightarrow DE = 4$ मी. $\Rightarrow$ तिरछी ऊँचाई

$\therefore$ पिरामिड का तिरछा पृष्ठ $= \frac{\text{आधार का परिमाप} \times \text{तिरछी ऊँचाई}}{2} = \frac{(6+6+6)\times 4}{2} = 18 \times 2 = 36$ वर्ग मी.

पिरामिड के आधार का क्षे. = समबाहु Δ का क्षे. $= \frac{\sqrt{3}}{4} \times 6 \times 6 = 9\sqrt{3}$ वर्ग मी.

$\therefore$ पिरामिड का सम्पूर्ण पृष्ठ = आधार का क्षे. + तिरछा पृष्ठ $= 9\sqrt{3} + 36 = 9(\sqrt{3} + 4)$ वर्ग मी.

37. पिरामिड का आधार समबाहु ΔABC है, जिसकी भुजाएँ, $AB = BC = CA = 10\sqrt{3}$ सेमी.

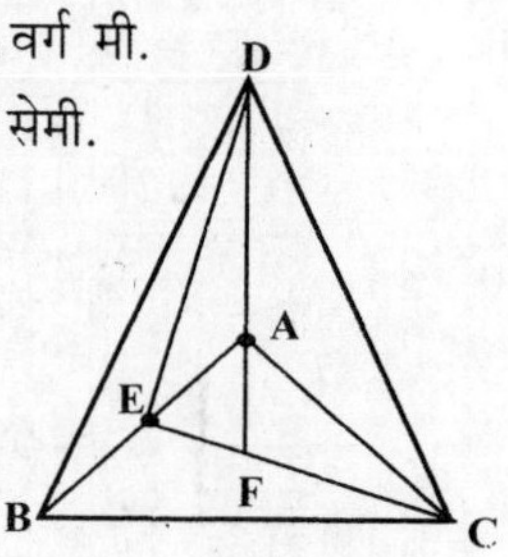

तिर्यक ऊँचाई $DE = 13$ सेमी.

समबाहु ΔABC की माध्यिका $CE = \frac{\sqrt{3}}{2} \times$ भुजा $= \frac{\sqrt{3}}{2} \times 10\sqrt{3} = 15$ सेमी.

$\therefore$ $EF = EC \times \frac{1}{3} = 15 \times \frac{1}{3} = 5$ सेमी.

समकोण त्रिभुज DEF में $\angle DFE = 90^0$

अतः पाइथागोरस प्रमेय से, $DF^2 + FE^2 = DE^2 \Rightarrow DF^2 + 25 = 169$

$\therefore$ $DF^2 = 169 - 25 = 144 = 12^2 \Rightarrow DF = 12$ सेमी. $\Rightarrow$ पिरामिड की लम्बवत् ऊँचाई

$\therefore$ पिरामिड का आयतन $= \frac{1}{3} \times$ आधार का क्षे.$\times$लम्बवत् ऊँचाई $= \frac{1}{3} \times \frac{\sqrt{3}}{4} \times 10\sqrt{3} \times 10\sqrt{3} \times 12 = 300\sqrt{3}$ सेमी.^{3}

38. चित्र में पिरामिड का आधार समषट्भुज ABCDEF है,

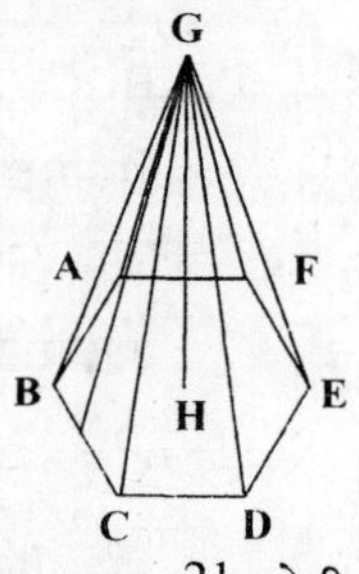

जहाँ $AB = BC = CD = DE = EF = \frac{24}{6} = 4$ सेमी. और ऊँचाई $GH = 26$ सेमी.

$\therefore$ पिरामिड का आयतन $= \frac{1}{3} \times$ आधार का क्षे.$\times$ऊँ.

$$= \frac{1}{3} \times \frac{6\sqrt{3}}{4} \times 4 \times 4 \times 26 = 208\sqrt{3} \text{ सेमी.}^3$$

39. चित्र में पिरामिड का आधार वर्ग ABCD है। वर्ग ABCD का क्षे. $\Rightarrow 441 =$ भुजा^{2}

$\therefore$ भुजा$^2 = 441 = 21^2$ सेमी. $\Rightarrow$ भुजा $= 21$ सेमी. अर्थात् $AB = BC = CD = DA = 21$ सेमी. $\Rightarrow GF = \frac{21}{2}$ सेमी.

$\because$ आयतन $= \frac{1}{3} \times$ आधार का क्षे.$\times$लम्बवत् ऊँचाई $\Rightarrow 1470 = \frac{1}{3} \times 441 \times h \Rightarrow h = 10$ सेमी. $= EF$

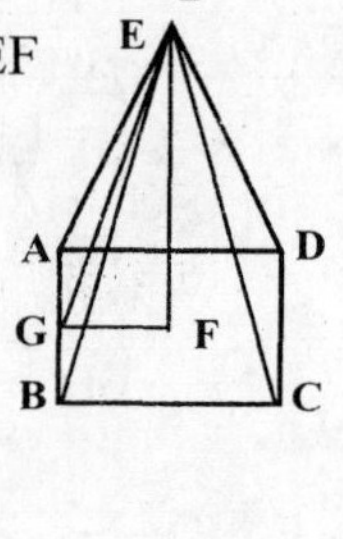

समकोण ΔEFG में पाइथागोरस प्रमेय से, $EG^2 = GF^2 + FE^2 = \left(\frac{21}{2}\right)^2 + (10)^2$

$EG^2 = \frac{441}{4} + 100 = \frac{441 + 400}{4} = \frac{841}{4} = \left(\frac{29}{2}\right)^2 \Rightarrow EG = \frac{29}{2} \Rightarrow$ तिर्यक ऊँचाई

$\therefore$ तिर्यक पृष्ठ $= \frac{\text{आधार का परिमाप} \times \text{तिरछी ऊँचाई}}{2} = \frac{4 \times 21}{2} \times \frac{29}{2} = 609$ सेमी.^{2}

40. यदि किसी पिरामिड की तीनों आसन्न कोरें परस्पर लम्ब हो तो उस पिरामिड का आयतन

$$=\frac{\text{तीनों कोरों का गुणनफल}}{6}=\frac{3\times4\times5}{6}=10 \text{ सेमी.}^3$$

41. चित्र में आयत ABCD पिरामिड का आधार है।

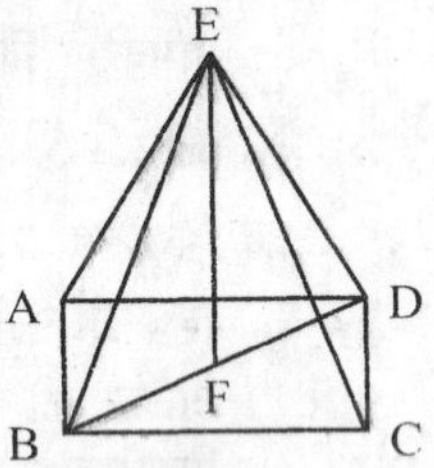

तिरछी कोर, AE = BE = CE = DE = 17 सेमी.

आयत का विकर्ण $BD=\sqrt{\text{ल.}^2+\text{चौ.}^2}=\sqrt{24^2+18^2}=\sqrt{576+324}$

$=\sqrt{900}=30$ सेमी.

$\therefore$ $BF=\frac{30}{2}=15$ सेमी.

$\therefore$ समकोण त्रिभुज EFB में पाइथागोरस प्रमेय से,

$EF^2+BF^2=EB^2\Rightarrow EF^2+225=289\Rightarrow EF^2=64\Rightarrow EF=8$ सेमी.

$\therefore$ पिरामिड का आयतन $=\frac{1}{3}\times$ आधार का क्षे. $\times$ लम्बवत् ऊँचाई $=\frac{1}{3}\times24\times18\times8=1152$ सेमी.^{3}

42. पिरामिड का आधार ABCD एक आयत है।

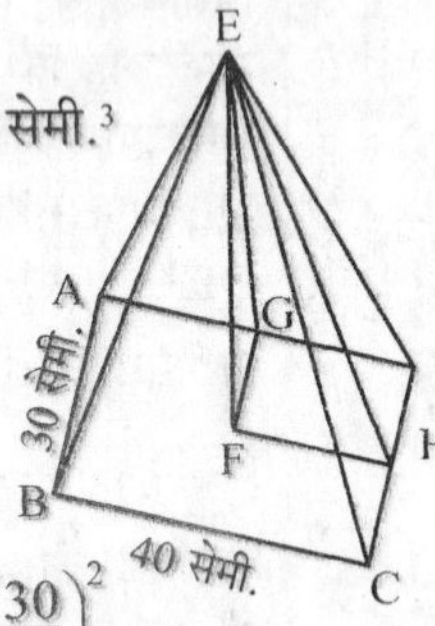

जहाँ AB = CD = 30 मी. और BC = AD = 40 मी., लम्बवत् ऊँचाई EF = 20 मी.

समकोण ΔEFH में, $\angle EFH=90^\circ$

$\therefore$ तिरछी ऊँचाई $EH^2=EF^2+FH^2=20^2+\left(\frac{40}{2}\right)^2=20^2+20^2$

$EH^2=400+400=800=(20\sqrt{2})^2\Rightarrow EH^2=(20\sqrt{2})^2\Rightarrow EH=20\sqrt{2}$ मी.

इसी प्रकार समकोण ΔEFG से $\angle EFG=90^\circ$, अतः $EG^2=EF^2+FG^2=20^2+\left(\frac{30}{2}\right)^2$

$\therefore$ $EG^2=20^2+15^2=400+225=625\Rightarrow EG^2=25^2\Rightarrow EG=25$ मी. $\Rightarrow$ तिरछी ऊँचाई

$\therefore$ तिरछा पृष्ठ = फलक EAB + फलक EBC + फलक ECD + फलक EDA

$$=\frac{30\times20\sqrt{2}}{2}+\frac{40\times25}{2}+\frac{30\times20\sqrt{2}}{2}+\frac{40\times25}{2}$$

$$=600\sqrt{2}+1000=848.4+1000=1848.4$$

$\therefore$ सम्पूर्ण पृष्ठ = आधार का क्षे. + तिरछा पृष्ठ = 40 × 30 + 1848.4 = 1200 + 1848.4 = 3048.4 वर्ग मी.

43. पिरामिड का आधार ABCDEF एक समषट्भुज है। जहाँ AB = BC = CD = DE = EF = FA = 10 सेमी.

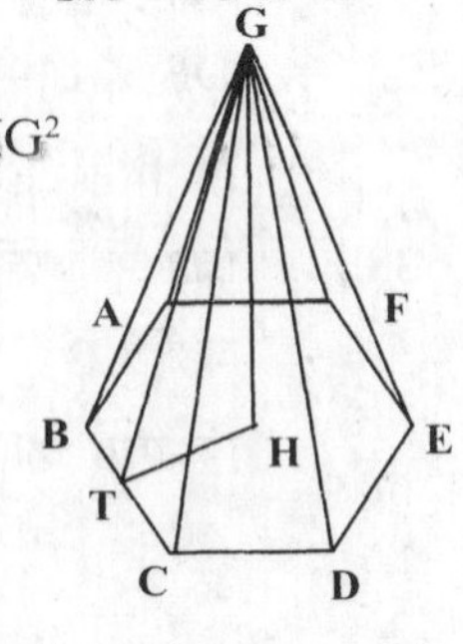

अतः $HT=\frac{\sqrt{3}}{2}\times10=5\sqrt{3}$ सेमी. और तिर्यक ऊँचाई GT = 10 सेमी.

$\therefore$ समकोण त्रिभुज GTH में $\angle GHT=90^\circ$, अतः पाइथागोरस प्रमेय से, $GT^2=HT^2+HG^2$

$\therefore$ $10^2=(5\sqrt{3})^2+HG^2\Rightarrow100=75+HG^2$

$\therefore$ $HG^2=100-75=25=5^2\Rightarrow HG=5$ सेमी. $\Rightarrow$ लम्बवत् ऊँचाई

$\therefore$ पिरामिड का आयतन $=\frac{\text{आधार का क्षे.}\times\text{लम्बवत् ऊँचाई}}{3}=\frac{6\sqrt{3}}{4}\times\frac{10\times10\times5}{3}$

$=250\sqrt{3}$ घन सेमी. $=250\times1.732=433.00$ घन सेमी.

44. आधार समबाहु ΔABC की भुजा AB = BC = CA = 10सेमी.

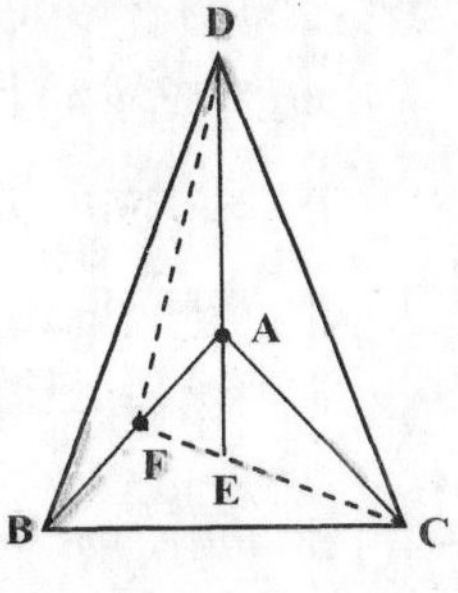

$\therefore$ $CF=\frac{\sqrt{3}}{2}\times10=5\sqrt{3}\Rightarrow EF=\frac{1}{3}\times5\sqrt{3}=\frac{5}{\sqrt{3}}$ सेमी.

माना तिर्यक ऊँचाई DF = $2x$ सेमी. और लम्बवत् ऊँचाई DE = x सेमी.

$\therefore$ समकोण त्रिभुज DFE में पाइथागोरस प्रमेय से,

$DF^2=FE^2+DE^2\Rightarrow4x^2=\frac{25}{3}+x^2\Rightarrow3x^2=\frac{25}{3}\Rightarrow x^2=\frac{25}{9}\Rightarrow x=\frac{5}{3}$ सेमी.

अब समकोण ΔBDF में $\angle BFD=90^\circ$, अतः पाइथागोरस प्रमेय से,

$BD^2=BF^2+DF^2=\left(\frac{10}{2}\right)^2+(2x)^2=5^2+\left(2\times\frac{5}{3}\right)^2=25+\frac{100}{9}=\frac{225+100}{9}$

$\therefore$ $BD^2=\frac{325}{9}\Rightarrow BD=\frac{5\sqrt{13}}{3}\Rightarrow$ तिर्यक कोर $=\frac{5\sqrt{13}}{3}$ सेमी.

45. पिरामिड का आधार आयत ABCD है। जहाँ आयत की लम्बाई BC=45 सेमी. और पिरामिड की ऊँचाई EF=32 सेमी.

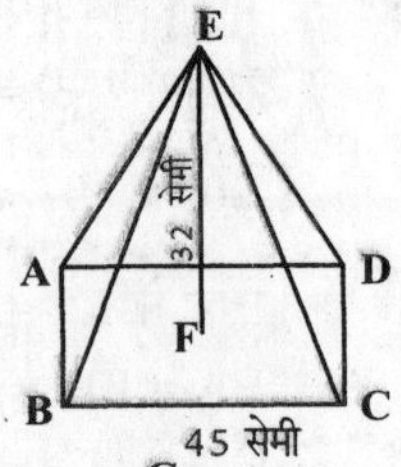

$\therefore$ पिरामिड का आयतन $=\frac{1}{3}\times$आधार का क्षे.$\times$लम्बवत् ऊँचाई

$\therefore 8640=\frac{1}{3}\times 45\times AB\times 32 \Rightarrow AB=18$ सेमी.

$\therefore$ आधार की दूसरी भुजा = 18 सेमी.

46. पिरामिड का आधार समषट्भुज ABCDEF है। जहाँ AB = BC = CD = DE = EF = FA = 16 सेमी.

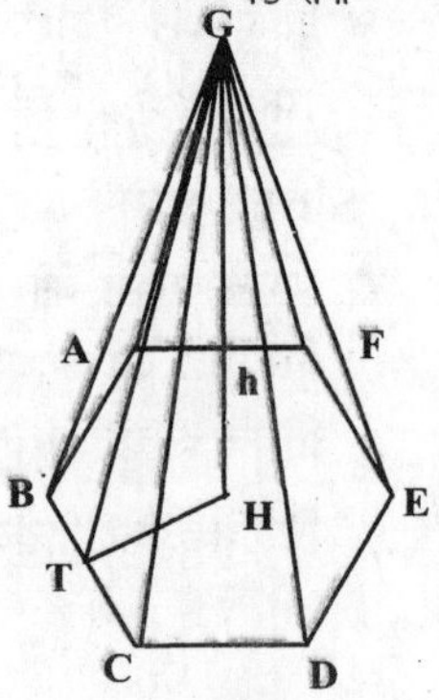

$\because$ पार्श्व पृष्ठ $=\frac{1}{2}\times$आधार का परिमाप $\times$ तिरछी ऊँचाई

$\therefore 720=\frac{1}{2}\times 6\times 16\times GT \Rightarrow GT=15$ सेमी.

$\therefore HT=\frac{\sqrt{3}}{2}\times$ समषट्भुज की भुजा $=\frac{\sqrt{3}}{2}\times 16=8\sqrt{3}$ सेमी.

$\therefore$ समकोण त्रिभुज GTH में $\angle GHT=90^o$

$\therefore$ पाइथागोरस प्रमेय से, $GH^2+TH^2=TG^2 \Rightarrow h^2+(8\sqrt{3})^2=15^2$

$\therefore h^2=225-192=34 \Rightarrow h=\sqrt{34}$ सेमी. $\Rightarrow$ पिरामिड की ऊँचाई $=\sqrt{34}$ सेमी.

47. पिरामिड का आधार ABCD आयत है, जहाँ पिरामिड की ऊँचाई EF = 12 सेमी. एक तिरछी ऊँचाई EH = 20 सेमी. और दूसरी तिरछी ऊँचाई EG = 15 सेमी.

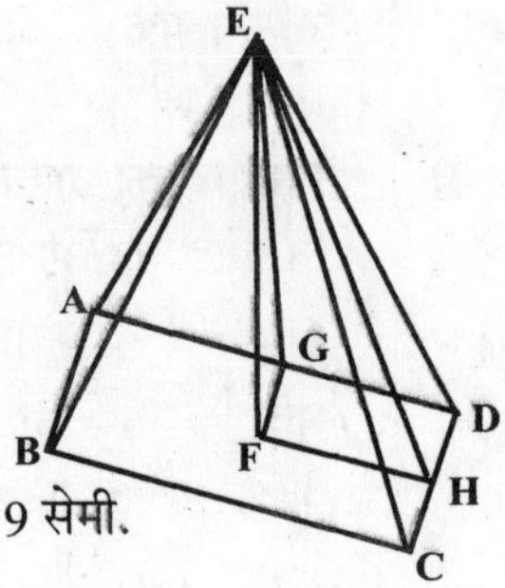

$\therefore$ समकोण त्रिभुज HEF में $\angle EFH=90^o$

$\therefore EF^2+FH^2=EH^2 \Rightarrow 144+FH^2=400$

$\therefore FH^2=400-144=256=16^2 \Rightarrow FH=16$ सेमी.

$\therefore$ आयत ABCD की लम्बाई BC = 16×2=32 सेमी.

इसी प्रकार समकोण त्रिभुज GEF में $\angle EFG=90^o$

$\therefore EF^2+FG^2=EG^2 \Rightarrow 144+FG^2=225 \Rightarrow FG^2=225-144=81=9^2 \Rightarrow FG=9$ सेमी.

$\therefore$ आयत ABCD की चौड़ाई AB = 2 × 9 = 18 सेमी.

$\therefore$ पिरामिड का आयतन $=\frac{1}{3}\times$आधार का क्षे.$\times$लम्बवत् ऊँचाई $=\frac{1}{3}\times BC\times AB\times EF$

$=\frac{1}{3}\times 32\times 18\times 12=2304$ घन सेमी.

48. पिरामिड का आधार ABCD आयत है, जहाँ BC = AD = 12 सेमी. और AB = DC = 9 सेमी.

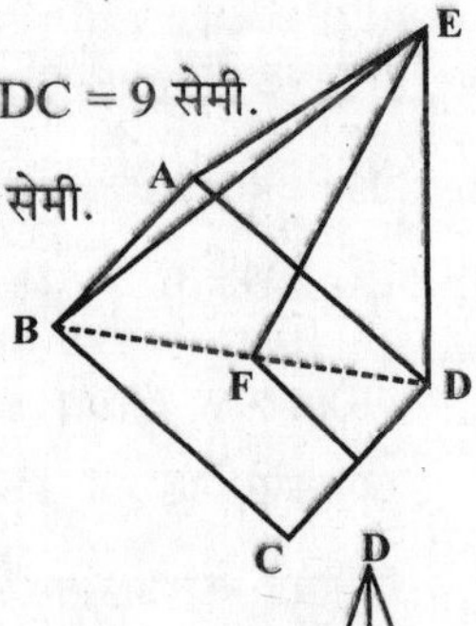

$\therefore$ आधार का विकर्ण $BD=\sqrt{\text{ल.}^2+\text{चौ.}^2}=\sqrt{12^2+9^2}=\sqrt{144+81}=\sqrt{225}=15$ सेमी.

$\therefore BF=\frac{BD}{2}=\frac{15}{2}$ सेमी., अतः समकोण त्रिभुज BEF में $\angle BFE=90^o$

$\therefore BF^2+EF^2=BE^2 \Rightarrow \left(\frac{15}{2}\right)^2+EF^2=(8.5)^2=\left(\frac{17}{2}\right)^2$

$\therefore EF^2=\frac{289}{4}-\frac{225}{4}=\frac{64}{4}=16=4^2 \Rightarrow EF=4$ सेमी. $\Rightarrow$ पिरामिड की ऊँचाई

49. पिरामिड का आधार समकोण त्रिभुज ABC है, जहाँ BC =13 सेमी., AB =12 सेमी., AC = 5 सेमी. पिरामिड की ऊँचाई DE =19 सेमी.

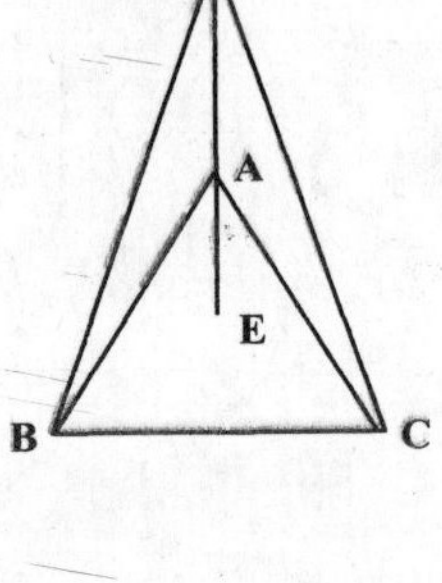

$\therefore$ पिरामिड का आयतन $=\frac{1}{3}\times$ आधार का क्षे. $\times$ लम्बवत् ऊँचाई

$=\frac{1}{3}\times\frac{\text{लम्ब}\times\text{आधार}}{2}\times DE=\frac{1}{3}\times\frac{12\times 5}{2}\times 19=190$ घन सेमी.

50. माना तिर्यक फलकों की संख्या n है।

$\therefore$ सम्पूर्ण पृष्ठ = आधार का क्षे. + n फलकों का क्षे.

$\therefore\ 200 = 80 + n \times 20 \Rightarrow n \times 20 = 120 \Rightarrow n = \frac{120}{20} = 6$

51. चित्र में EF = 15 मी. ऊँचा झण्डा है, जिसे चार रस्सियों EA = EB = EC = ED से बांधा गया है, जिससे ABCD एक वर्ग बनता है, जहाँ AB = BC = CD = DA = 6 मी., अतः वर्ग का विकर्ण BD = भुजा × $\sqrt{2} = 6\sqrt{2}$ मी.

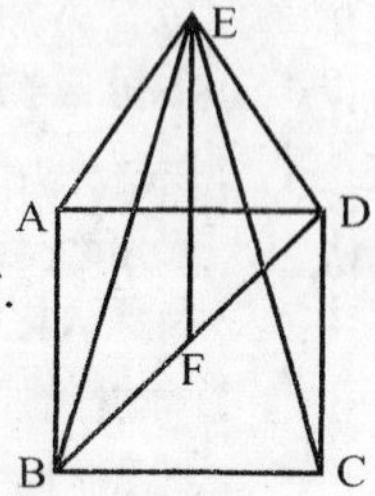

$\therefore\ BF = \frac{BD}{2} = \frac{6\sqrt{2}}{2} = 3\sqrt{2}$ मी., अतः समकोण त्रिभुज BEF में $\angle EFB = 90^o$

$\therefore\ BE^2 = BF^2 + FE^2 = (3\sqrt{2})^2 + 15^2 = 18 + 225 = 243 \Rightarrow BE = \sqrt{243} = 15.6$ मी.

$\therefore$ प्रत्येक रस्सी की लम्बाई = 15.6 मी. लगभग

52. पिरामिड का आधार ABCD वर्ग है। जिसकी भुजा AB = BC = CD = DA = 8 सेमी.
तिर्यक ऊँचाई EF = EG = EH = ET = 5 सेमी.

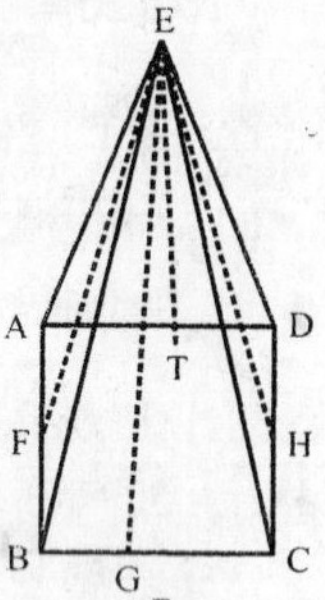

$\therefore$ पिरामिड का तिर्यक पृष्ठ $= \frac{1}{2} \times$ आधार का परिमाप × तिर्यक ऊँचाई

$= \frac{1}{2} \times (4 \times 8) \times 5 = 80$ सेमी.^{2}

$\therefore$ सम्पूर्ण पृष्ठ = आधार का क्षे. + तिर्यक पृष्ठ

$= 8^2 + 80 = 64 + 80 = 144$ वर्ग सेमी.

53. पिरामिड का आधार ABCD वर्ग है और ऊँचाई EF = 12 सेमी.

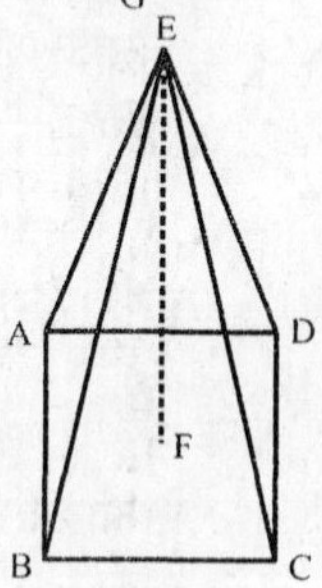

पिरामिड का आयतन $= \frac{1}{3} \times$ आधार का क्षे.×ऊँ.

$\therefore\ 144 = \frac{1}{3} \times$ भुजा$^2 \times 12$

$\therefore$ भुजा$^2 = 36 = 6^2 \Rightarrow$ भुजा = 6 सेमी.

$\therefore$ आधार की भुजा AB = BC = CD = DA = 6 सेमी.

54. पिरामिड में कोरों की संख्या = आधार में भुजाओं की संख्या $\times 2 = n \times 2 = 2n$

55. माना पिरामिड की ऊँचाई EF = h मी.

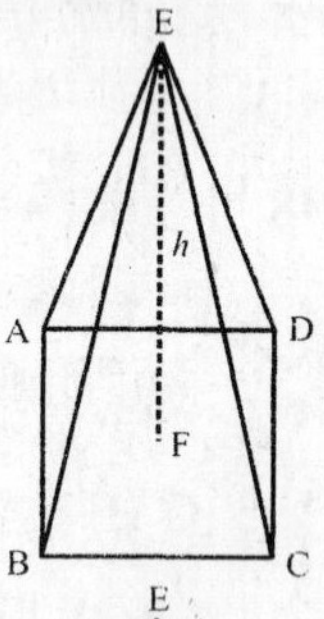

$\therefore$ पिरामिड का आयतन $= \frac{1}{3} \times$ आधार का क्षे. × ऊँ.

$\therefore\ 294 = \frac{1}{3} \times 7 \times 7 \times h$

$\therefore\ h = \frac{294 \times 3}{7 \times 7} = 18$ मी.

56. पिरामिड का आधार वर्ग ABCD है। आधार (वर्ग) का विकर्ण $= 24\sqrt{2}$ मी.
माना पिरामिड की ऊँचाई EF = h मी.

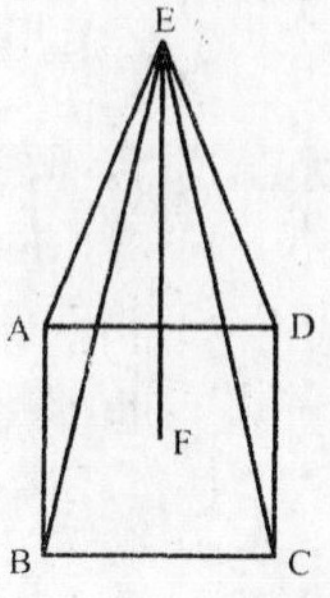

$\therefore$ पिरामिड का आयतन $= \frac{1}{3} \times$ आधार का क्षे. × ऊँ.

$\therefore\ 1728 = \frac{1}{3} \times \frac{\text{विकर्ण}^2}{2} \times h$

$\therefore\ 1728 = \frac{1}{3} \times \frac{(24\sqrt{2})^2}{2} \times h = \frac{1}{3} \times \frac{24 \times 24 \times 2 \times h}{2} \Rightarrow h = \frac{1728}{4 \times 24 \times 2} = 9$ मी.

57. $\because$ पिरामिड का आधार ABCD वर्ग है। जिसकी भुजाएं AB = BC = CD = DA = 16 सेमी.

$\therefore$ $GF = \frac{BC}{2} = \frac{16}{2} = 8$ सेमी., पिरामिड की ऊँचाई EF = 15 सेमी.

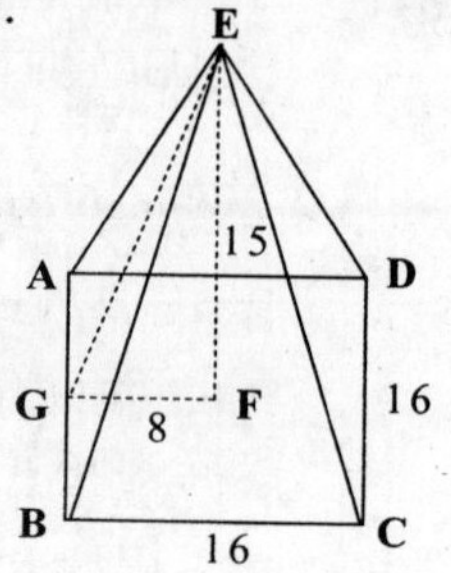

$\therefore$ समकोण त्रिभुज EFG में पाइथागोरस प्रमेय से,

$EG^2 = EF^2 + GF^2 = 225 + 64 = 289$

$\therefore$ $EG^2 = 17^2 \Rightarrow EG = 17$ सेमी. $\Rightarrow$ तिरछी ऊँचाई

$\therefore$ पिरामिड का पार्श्व पृष्ठ $= \frac{1}{2} \times$ आधार का परिमाप $\times$ तिरछी ऊँचाई

$= \frac{1}{2} \times 4 \times 16 \times 17 = 544$ सेमी.^{2}

58. पिरामिड का आयतन $= \frac{1}{3} \times$ आधार का क्षे. $\times$ ऊँचाई

$\therefore$ $8000 = \frac{1}{3} \times 40 \times 40 \times$ ऊँचाई $\Rightarrow$ ऊँचाई $= \frac{8000 \times 3}{40 \times 40} = 15$ सेमी.

59. पिरामिड के आधार (वर्ग) का क्षे. $= \frac{\text{विकर्ण}^2}{2} = \frac{(24\sqrt{2})^2}{2} = \frac{576 \times 2}{2} = 576$ मी.^{2}

$\therefore$ पिरामिड का आयतन $= \frac{1}{3} \times$ आधार का क्षे. $\times$ ऊँचाई

$\therefore$ $1728 = \frac{1}{3} \times 576 \times$ ऊँचाई $\Rightarrow$ ऊँचाई $= \frac{1728 \times 3}{576} = 9$ मी

60. पिरामिड का तिर्यक पृष्ठ क्षेत्रफल $= \frac{1}{2}$ आधार (वर्ग) का परिमाप $\times$ तिर्यक ऊँचाई

$\therefore$ $12 = \frac{1}{2} \times 4\,a \times 4 \Rightarrow a = \frac{3}{2} \Rightarrow$ आधार (वर्ग) की भुजा $= \frac{3}{2}$ मी.

$\therefore$ पिरामिड के आधार (वर्ग) का क्षे. $= \left(\frac{3}{2}\right)^2 = \frac{9}{4}$ मी.^{2}

$\therefore$ तिर्यक पृष्ठ का क्षे. : आधार का क्षे. $= 12 : \frac{9}{4} = 4 : \frac{3}{4} = 16:3$

61. $\because$ लम्ब पिरामिड का आयतन $= \frac{1}{3} \times$ आधार का क्षे. $\times$ ऊँचाई

$\therefore$ $500 = \frac{1}{3} \times 30 \times$ ऊँचाई $\Rightarrow$ ऊँचाई $= 50$ मी.

62. पिरामिड का आयतन $= \frac{1}{3} \times$ आधार का क्षे. $\times$ ऊँचाई $= \frac{1}{3} \times 57 \times 10 = 190$ सेमी.^{3}

63. चित्रानुसार पिरामिड का आधार समषट्भुज ABCDEF है जहाँ

AB = BC = CD = DE = EF = FA = 2a सेमी.

$\therefore$ AH = 2a सेमी.

तिरछी भुजा $AG = \frac{5a}{2}$ सेमी.

$\therefore$ समकोण त्रिभुज A G H में,

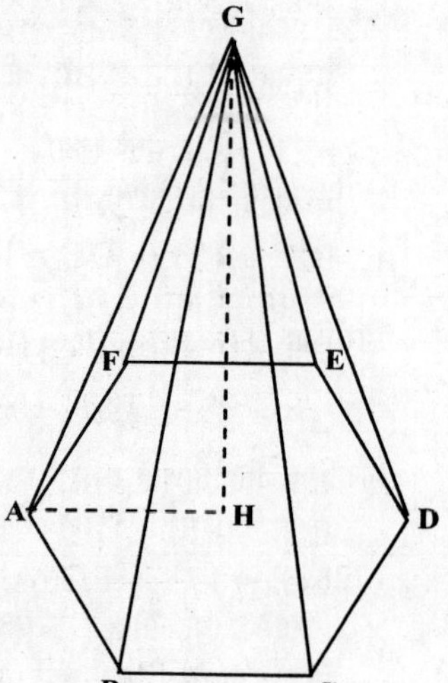

$GH^2 = AG^2 - AH^2 = \left(\frac{5a}{2}\right)^2 - (2a)^2 = \frac{25a^2}{4} - 4a^2$

$GH^2 = \frac{25a^2 - 16a^2}{4} = \frac{9a^2}{4}$

$\therefore$ $GH^2 = \left(\frac{3a}{2}\right)^2 \Rightarrow GH = \frac{3a}{2}$, अतः पिरामिड की ऊँचाई $= \frac{3a}{2}$

$\therefore$ पिरामिड का आयतन $= \frac{1}{3} \times$ आधार का क्षे. $\times$ लम्बवत् ऊँचाई

$= \frac{1}{3} \times \frac{6\sqrt{3}}{4}(2a)^2 \times \frac{3a}{2} = \frac{1}{3} \cdot \frac{6\sqrt{3}}{4} \cdot 4a^2 \cdot \frac{3a}{2} = 3\sqrt{3}\,a^3$ सेमी.^{3}

64. चित्रानुसार लम्ब पिरामिड का आधार समबाहु ΔABC है जिसकी भुजा $AB = BC = CA = 4$ सेमी.

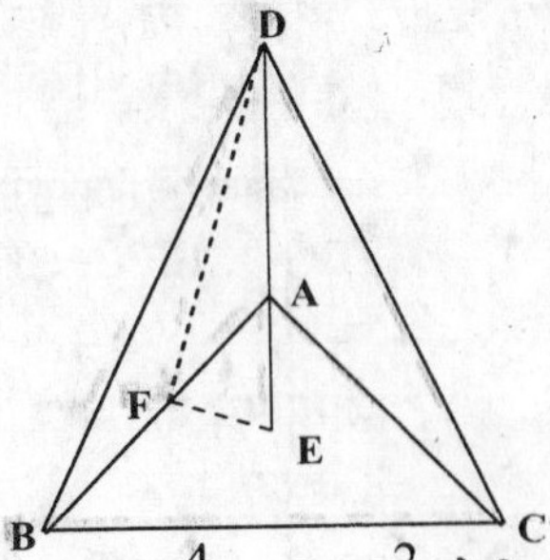

$\therefore$ समबाहु ΔABC की माध्यिका $= \frac{\sqrt{3}}{2} \cdot$ भुजा $= \frac{\sqrt{3}}{2} \times 4 = 2\sqrt{3}$ सेमी.

$\therefore$ $EF = \frac{1}{3} \times$ माध्यिका $= \frac{1}{3} \times 2\sqrt{3} = \frac{2}{\sqrt{3}}$ सेमी.

माना पिरामिड की ऊँचाई $DE = h$ और तिरछी ऊँचाई $DF = 2h$

अब समकोण त्रिभुज DEF में पाइथागोरस प्रमेय से–

$$DE^2 + EF^2 = DF^2 \Rightarrow h^2 + \left(\frac{2}{\sqrt{3}}\right)^2 = (2h)^2 \Rightarrow h^2 + \frac{4}{3} = 4h^2 \Rightarrow 3h^2 = \frac{4}{3} \Rightarrow h^2 = \frac{4}{9} \Rightarrow h = \frac{2}{3} \text{ सेमी.}$$

$\therefore$ पिरामिड का आयतन $= \frac{1}{3} \times$ आधार (समबाहु Δ का क्षे.) $\times$ ऊँचाई $= \frac{1}{3} \times \frac{\sqrt{3}}{4} \times 4^2 \times \frac{2}{3} = \frac{8}{9}\sqrt{3}$ सेमी.^{3}

65. चित्रानुसार ΔABC पिरामिड का आधार है।

जहाँ $BC = 21$ सेमी., $AC = 20$ सेमी., $AB = 13$ सेमी.

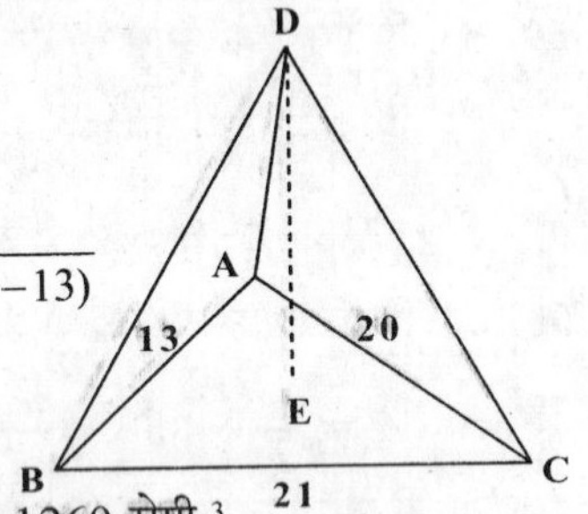

$\therefore$ ΔABC का अर्ध परिमाप $(S) = \frac{21+20+13}{2} = \frac{54}{2} = 27$ सेमी.

$\therefore$ ΔABC का क्षे. $= \sqrt{s(s-a)(s-b)(s-c)} = \sqrt{27(27-21)(27-20)(27-13)}$

$= \sqrt{27 \times 6 \times 7 \times 14} = 126$ सेमी.^{2}

पिरामिड की ऊँचाई $DE = 30$ सेमी.

$\therefore$ पिरामिड का आयतन $= \frac{1}{3} \times$ आधार का क्षे. $\times$ ऊँचाई $= \frac{1}{3} \times 126 \times 30 = 1260$ सेमी.^{3}

66. चित्रानुसार ΔABC लम्ब पिरामिड का आधार है। जहाँ $AB = BC = CA = 10\sqrt{3}$

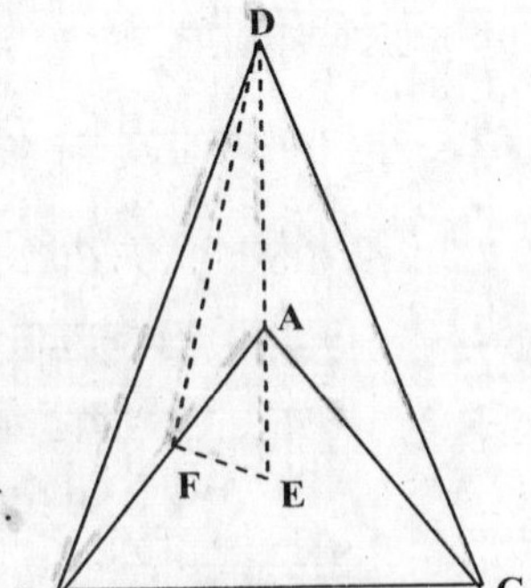

$\therefore$ आधार का क्षे. $= \frac{\sqrt{3}}{4}$ भुजा^{2} $= \frac{\sqrt{3}}{4} \times 100 \times 3 = 75\sqrt{3}$ सेमी.

$\therefore$ पिरामिड का तिरछा पृष्ठ = कुल पृष्ठीय क्षे. − आधार का क्षे.

$\therefore$ $\frac{1}{2} \times$ आधार का परिमाप $\times \ell = 270\sqrt{3} - 75\sqrt{3} = 195\sqrt{3}$

$\therefore$ $\frac{1}{2} \times 10\sqrt{3} \times 3 \times \ell = 195\sqrt{3} \Rightarrow \ell = 13$ सेमी.

$\therefore$ समबाहु त्रिकोण ABC की माध्यिका $= \frac{\sqrt{3}}{2} \cdot$ भुजा $= \frac{\sqrt{3}}{2} \times 10\sqrt{3} = 15$ सेमी.

$\therefore$ $EF = \frac{1}{3} \times$ माध्यिका $= \frac{1}{3} \times 15 = 5$ सेमी.

$\therefore$ समकोण त्रिभुज DEF में पाइथागोरस प्रमेय से, $DE^2 = DF^2 - EF^2 = 13^2 - 5^2 = 169 - 25 = 144$

$\therefore$ $DE^2 = 12^2 \Rightarrow DE = 12$ सेमी., अतः पिरामिड की ऊँचाई $= DE = 12$ सेमी.

67. चित्रानुसार वर्ग ABCD पिरामिड का आधार है।

जहाँ $AB = BC = CD = DA = 16$ सेमी.

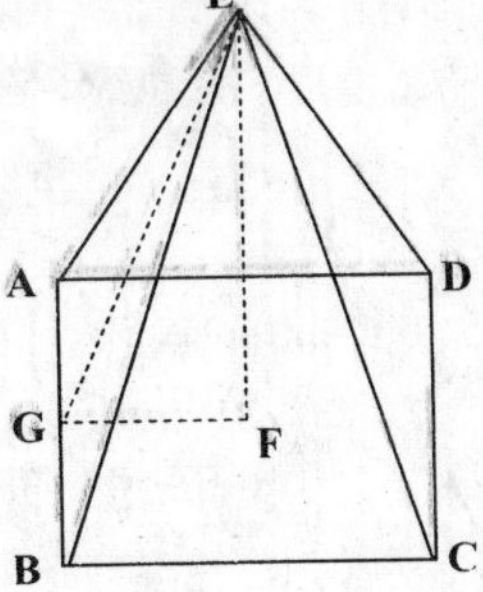

$\therefore$ $GF = \frac{BC}{2} = \frac{16}{2} = 8$ सेमी. और पिरामिड की ऊँचाई $EF = 15$ सेमी.

$\therefore$ समकोण त्रिभुज GEF में पाइथागोरस प्रमेय से–

$EG^2 = EF^2 + GF^2 = 15^2 + 8^2 = 225 + 64 = 289$

$EG^2 = 17^2 \Rightarrow EG = 17$ सेमी.

$\therefore$ पिरामिड की तिरछी ऊँचाई $\ell = EG = 17$ सेमी.

$\therefore$ पिरामिड के तिरछे पृष्ठ का क्षे. $= \frac{1}{2} \times$ आधार का परिमाप $\times$ तिरछी ऊँचाई

$= \frac{1}{2} \times 4 \times 16 \times 17 = 544$ सेमी.^{2}

68. $\because$ समलम्ब पिरामिड का आधार 5 सेमी., 12 सेमी., 13 सेमी. भुजाओं वाला त्रिभुज है।

$\therefore$ आधार एक समकोण त्रिभुज है, जिसमें लम्ब = 5 सेमी., आधार = 12 सेमी., कर्ण = 13 सेमी.

$\therefore$ आधार का क्षेत्रफल $= \frac{\text{लम्ब} \times \text{आधार}}{2} = \frac{5 \times 12}{2} = 30$ सेमी.^{2}

$\because$ पिरामिड का आयतन $= \frac{1}{3} \times$ आधार का क्षे. $\times$ ऊँचाई

$\therefore$ $330 = \frac{1}{3} \times 30 \times$ ऊँचाई $\Rightarrow$ ऊँचाई $= \frac{330 \times 3}{30} = 33$ सेमी.

69. चित्रानुसार वर्ग ABCD पिरामिड का आधार है।

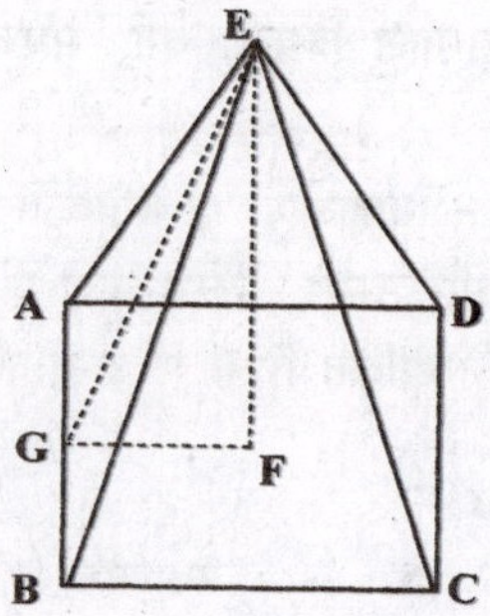

जिसका विकर्ण $= 10\sqrt{2} \Rightarrow$ भुजा $= \frac{10\sqrt{2}}{\sqrt{2}}$ सेमी. = 10 सेमी.

$\therefore$ $GF = \frac{\text{भुजा}}{2} = \frac{10}{2}$ सेमी. = 5 सेमी. और पिरामिड की ऊँचाई EF = 12 सेमी.

$\therefore$ समकोण त्रिभुज EFG में पाइथागोरस प्रमेय से, $GE^2 = EF^2 + GF^2 = 12^2 + 5^2$

$\therefore$ $GE^2 = 144 + 25 = 169 \Rightarrow GE^2 = 13^2 \Rightarrow GE = 13$ सेमी.

$\therefore$ पिरामिड की तिरछी ऊँचाई = GE = 13 सेमी.

$\therefore$ पिरामिड के तिरछे पृष्ठ का क्षे. $= \frac{1}{2} \times$ आधार का परिमाप $\times$ तिरछी ऊँचाई

$= \frac{1}{2} \times 4 \times 10 \times 13 = 260$ सेमी.^{2}

70. समचतुष्फलक का आयतन $= \frac{a^3\sqrt{2}}{12} = \frac{5 \times 5 \times 5 \times \sqrt{2}}{12} = \frac{125\sqrt{2}}{12}$ घन सेमी.

71. समचतुष्फलक की प्रत्येक कोर a हो तो आयतन $= \frac{a^3\sqrt{2}}{12}$

$\therefore$ $144\sqrt{2} = \frac{a^3\sqrt{2}}{12} \Rightarrow a^3 = 144 \times 12 = 12 \times 12 \times 12 \Rightarrow a^3 = 12^3 \Rightarrow a = 12$ सेमी.

72. समचतुष्फलक का आयतन $= \frac{a^3 \cdot \sqrt{2}}{12}$

73. समचतुष्फलक का आयतन $= \frac{1}{12} \times \text{भुजा}^3 \times \sqrt{2} = \frac{1}{12} \times 12 \times 12 \times 12 \times \sqrt{2} = 144\sqrt{2}$ सेमी.^{3}

74. समचतुष्फलक का सम्पूर्ण पृष्ठ $= \sqrt{3} \cdot \text{भुजा}^2 = \sqrt{3} \times 12^2 = \sqrt{3} \times 144 = 144\sqrt{3}$ सेमी.^{2}

75. समचतुष्फलक का आयतन $= \frac{a^3\sqrt{2}}{12} = \frac{12^3 \cdot \sqrt{2}}{12} = 12^2\sqrt{2} = 144\sqrt{2}$ सेमी.^{3}

76. समचतुष्फलक का आयतन $= \frac{a^3\sqrt{2}}{12} = \frac{3^3 \cdot \sqrt{2}}{12} = \frac{9\sqrt{2}}{4}$ सेमी.^{3}

77. समचतुष्फलक का आयतन $= \frac{\text{भुजा}^3 \cdot \sqrt{2}}{12} = \frac{4 \times 4 \times 4 \times \sqrt{2}}{12} = \frac{16\sqrt{2}}{3}$ सेमी.^{3}

25 बहुभुज एवं उनके कोण
(Polygons and Their Angles)

बहुभुज (Polygon) – तीन या तीन से अधिक भुजाओं से घिरी आकृति बहुभुज कहलाती है। जैसे– त्रिभुज, पंचभुज, षट्भुज, अष्टभुज आदि।

सम बहुभुज (Regular Polygon) -- बराबर माप की भुजाओं से निर्मित बहुभुज सम बहुभुज कहलाता है। जैसे– समबाहु त्रिभुज, वर्ग, समचतुर्भुज समषट्भुज, समअष्टभुज इत्यादि।

बहुभुज के कोण (Angles of Polygon) – किसी भी बहुभुज में दो प्रकार के कोण होते हैं -- (i) अन्तःकोण और (ii) बाह्यकोण या बहिष्कोण। बहुभुज की दो संलग्न भुजाओं के बीच का कोण अन्तःकोण कहलाता है जबकि किसी एक भुजा और उससे संलग्न भुजा को बाहर आगे बढ़ाने पर बनी रेखा के बीच बना कोण बाह्य कोण या बहिष्कोण कहलाता है। जैसे– निम्नांकित चित्रों में अन्तःकोण और बाह्यकोण प्रदर्शित किया गये हैं।

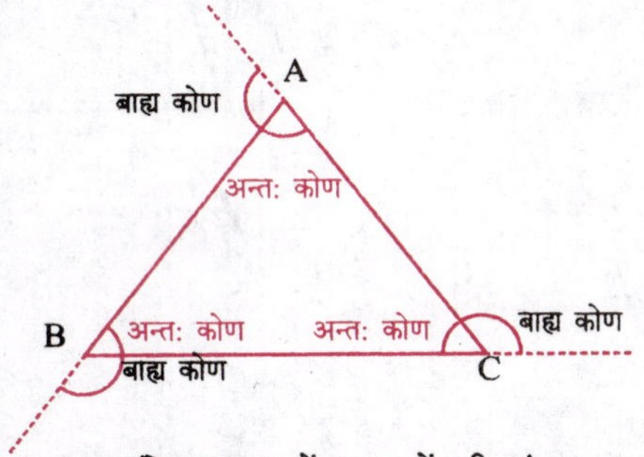

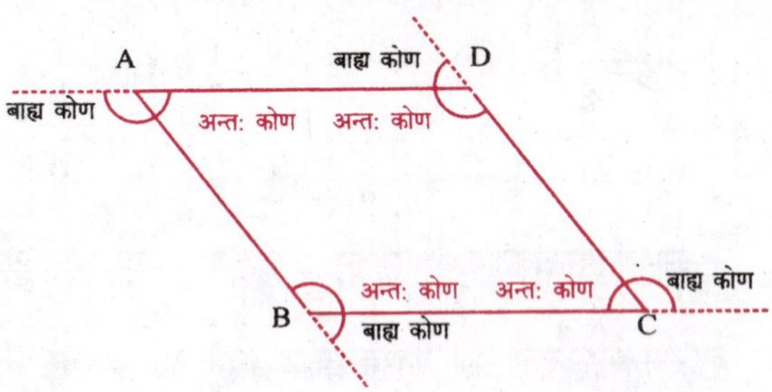

नोट – यदि बहुभुज में भुजाओं की संख्या n हो तो

(1) बहुभुज के सभी अन्त: कोणों का योग = $(2n - 4) \times 90^0$

(a) सम बहुभुज का एक अन्तःकोण = $\frac{(2n-4)\times 90}{n}$

(b) किसी भी बहुभुज के सभी बाह्यकोणों का योग = 360^0

(c) सम बहुभुज का एक बाह्यकोण = $\frac{360^0}{n}$

(d) बहुभुज में भुजाओं की संख्या = अन्तःकोणों की संख्या = वाह्य कोणों की संख्या = n

(e) बहुभुज के संलग्न अन्तःकोण और बाह्यकोण का योग = 180^0

अर्थात् अन्तःकोण + वाह्य कोण = 180^0

(2) किसी भी बहुभुज के सभी बहिष्कोणों का योग सदैव 360^0 होता है।

उदाहरणार्थ हल प्रश्न

उदाहरण 1 :

निम्नलिखित बहुभुजों के अन्तःकोणों का योग ज्ञात कीजिए।

(a) त्रिभुज, (b) चतुर्भुज, (c) पंचभुज, (d) षट्भुज, (e) अष्टभुज

हल :

(a) त्रिभुज में भुजाओं की संख्या $n = 3$

$\therefore$ त्रिभुज के सभी 3 अन्तःकोणों का योग = $(2n - 4) \times 90^0 = (2 \times 3 - 4) \times 90^0 = (6 - 4) \times 90^0$

$= 2 \times 90^0 = 180^0$

(b) चतुर्भुज में भुजाओं की संख्या $= n = 4$

$\therefore$ चतुर्भुज के चारों अन्तःकोणों का योग $= (2n - 4) \times 90^0 = (2 \times 4 - 4) \times 90^0 = (8 - 4) \times 90^0$
$= 4 \times 90^0 = 360^0$

(c) पंचभुज में भुजाओं की संख्या $n = 5$

$\therefore$ पंचभुज के पांचों अन्तःकोणों का योग $= (2n - 4) \times 90^0 = (2 \times 5 - 4) \times 90^0 = (10 - 4) \times 90^0$
$= 6 \times 90^0 = 540^0$

(d) षट्भुज के भुजाओं की संख्या $= n = 6$

$\therefore$ षट्भुज के सभी 6 अन्तःकोणों का योग $= (2n - 4) \times 90^0 = (2 \times 6 - 4) \times 90^0 = (12 - 4) \times 90^0$
$= 8 \times 90^0 = 720^0$

(e) अष्टभुज में भुजाओं की संख्या $= n = 8$

$\therefore$ अष्टभुज के सभी 8 अन्तःकोणों का योग $= (2n - 4) \times 90^0 = (2 \times 8 - 4) \times 90^0 = (16 - 4) \times 90^0$
$= 12 \times 90^0 = 1080^0$

उदाहरण 2 :

किसी पंचभुज के चार कोण क्रमशः 90^0, 120^0, 110^0 और 80^0 हैं। पंचभुज का पाँचवाँ कोण ज्ञात कीजिए।

हल :

माना पंचभुज का पाँचवाँ कोण x^0 का है।

$\therefore$ पाँचों कोणों का योग $= (2n - 4)\ ) \times 90^0 = (2 \times 5 - 4) \times 90^0$

$\therefore$ $90^0 + 120^0 + 110^0 + 80^0 + x^0 = (10 - 4) \times 90^0 = 6 \times 90^0$

$\therefore$ $400^0 + x^0 = 540^0 \Rightarrow x^0 = 540^0 - 400^0 = 140^0$

उदाहरण 3 :

किसी चतुर्भुज के कोणों में $2 : 5 : 3 : 2$ का अनुपात है। चतुर्भुज का सबसे बड़ा कोण कितने अंश का होगा?

हल :

$\because$ चतुर्भुज के अन्तःकोणों का अनुपात $= 2 : 5 : 3 : 2 \Rightarrow$ अनुपाती योग $= 2 + 5 + 3 + 2 = 12$

चतुर्भुज के अन्तःकोणों का योग $= (2n - 4)\ ) \times 90^0 = (2 \times 4 - 4) \times 90^0 = (8 - 4) \times 90^0$
$= 4 \times 90^0 = 360^0$

$\therefore$ चतुर्भुज का सबसे बड़ा कोण $= 360^0 \times \frac{5}{12} = 150^0$

उदाहरण 4 :

समपंचभुज और समषट्भुज के प्रत्येक अन्तःकोणों में अनुपात ज्ञात कीजिए।

हल :

पंचमुख के पांचों अन्तःकोणों का योग $= (2n - 4) \times 90^0 = (2 \times 5 - 4) \times 90^0 = (10 - 4) \times 90^0$
$= (10 - 4) \times 90^0 = 6 \times 90^0 = 540^0$

$\therefore$ समपंचभुज का प्रत्येक कोण $= \frac{540^0}{5} = 108^0$

समषट्भुज के सभी अन्तःकोणों का योग $= (2n - 4) \times 90^0 = (2 \times 6 - 4) \times 90^0 = (12 - 4) \times 90^0$
$= 8 \times 90^0 = 720^0$

$\therefore$ समषट्भुज का प्रत्येक अन्तःकोण $= \frac{720}{6} = 120^0 \Rightarrow$ अभीष्ट अनुपात $= 108^0 : 120^0 = 9 : 10$

उदाहरण 5 :

किसी सम बहुभुज के प्रत्येक अन्तःकोण और बाह्यकोण समान हैं। बहुभुज में भुजाओं की संख्या ज्ञात कीजिए।

हल :

माना सम बहुभुज में भुजाओं की संख्या n है।

$\therefore$ सम बहुभुज का एक अन्तःकोण $= \frac{(2n-4) \times 90^0}{n}$ और सम बहुभुज का एक बाह्यकोण $= \frac{360^0}{n}$

$\therefore$ प्रश्नानुसार, $\frac{(2n-4) \times 90^0}{n} = \frac{360^0}{n} \Rightarrow (2n-4) = 4 \Rightarrow 2n = 8 \Rightarrow n = 4$

$\therefore$ सम बहुभुज में भुजाओं की संख्या $= n = 4$

उदाहरण 6 :

एक सम बहुभुज के प्रत्येक अन्तःकोण और बाह्यकोण में 3 : 2 का अनुपात है। सम बहुभुज में भुजाओं की संख्या ज्ञात कीजिए।

हल :

माना सम बहुभुज में भुजाओं की संख्या n है।

$\therefore$ सम बहुभुज का प्रत्येक अन्तःकोण $= \dfrac{(2n-4)\times 90^0}{n}$ और सम बहुभुज का एक बाह्यकोण $= \dfrac{360^0}{n}$

$\therefore$ प्रश्नानुसार, $\dfrac{(2n-4)\times 90^0}{n} : \dfrac{360^0}{n} = 3:2 \Rightarrow (2n-4):4 = 3:2 \Rightarrow (2n-4)\times 2 = 4\times 3$

$\therefore$ $2n-4=6 \Rightarrow 2n = 6+4 = 10 \Rightarrow n = \dfrac{10}{2} = 5$

अतः बहुभुज में भुजाओं की संख्या $= n = 5$

उदाहरण 7 :

किसी सम बहुभुज का प्रत्येक अन्तःकोण उसके प्रत्येक बाह्यकोण का दुगुना है। सम बहुभुज में भुजाओं की संख्या ज्ञात कीजिए।

हल :

माना सम बहुभुज में भुजाओं की संख्या n है।

$\therefore$ सम बहुभुज का एक अन्तःकोण $= \dfrac{(2n-4)\times 90^0}{n}$ और सम बहुभुज का एक बाह्यकोण $= \dfrac{360^0}{n}$

प्रश्नानुसार, $\dfrac{(2n-4)\times 90^0}{n} = \dfrac{360^0}{n}\times 2 \Rightarrow 2n-4 = 8 \Rightarrow 2n = 12 \Rightarrow n = 6$

$\therefore$ सम बहुभुज में भुजाओं की संख्या $= n = 6$

उदाहरण 8 :

एक सम बहुभुज का प्रत्येक अन्तःकोण उसके बाह्य कोण से 90^0 अधिक है। सम बहुभुज में भुजाओं की संख्या ज्ञात कीजिए।

हल :

माना सम बहुभुज में भुजाओं की संख्या n है।

$\therefore$ सम बहुभुज का प्रत्येक अन्तःकोण $= \dfrac{(2n-4)\times 90^0}{n}$ और सम बहुभुज का प्रत्येक बाह्यकोण $= \dfrac{360^0}{n}$

प्रश्नानुसार, अन्तःकोण = बाह्यकोण + $90^0 \Rightarrow$ अन्तःकोण − बाह्य कोण $= 90^0$

$\therefore$ $\dfrac{(2n-4)\times 90^0}{n} - \dfrac{360^0}{n} = 90^0 \Rightarrow \dfrac{(2n-4)}{n} - \dfrac{4}{n} = 1 \Rightarrow \dfrac{2n-4-4}{n} = 1$

$\therefore$ $\dfrac{2n-8}{n} = 1 \Rightarrow 2n-8 = n \Rightarrow n = 8$, अतः सम बहुभुज में भुजाओं की संख्या $= n = 8$

उदाहरण 9 :

किसी सम बहुभुज का प्रत्येक अन्तःकोण दो समकोण का $\dfrac{4}{5}$ गुना है। सम बहुभुज में कितनी भुजाएँ हैं?

हल :

माना सम बहुभुज में n भुजाएँ हैं। अतः सम बहुभुज का प्रत्येक अन्तःकोण $= \dfrac{(2n-4)\times 90^0}{n}$

प्रश्नानुसार, $\dfrac{(2n-4)\times 90^0}{n} =$ दो समकोण $\times \dfrac{4}{5} \Rightarrow \dfrac{(2n-4)\times 90^0}{n} = 2\times 90\times \dfrac{4}{5} \Rightarrow (2n-4)\times 5 = 8n$

$\therefore$ $10n - 20 = 8n \Rightarrow 2n = 20 \Rightarrow n = 10$, अतः सम बहुभुज में भुजाओं की संख्या $= n = 10$

उदाहरण 10 :

एक सम दसभुज का एक अन्तःकोण किसी सम अष्टभुज के एक अन्तःकोण से x^0 बड़ा है। x का मान ज्ञात कीजिए।

हल :

सम दसभुज का एक अन्तःकोण $= \dfrac{(2n-4)\times 90^0}{n} = \dfrac{(2\times 10-4)\times 90^0}{10} = (20-4)\times 9 = 16\times 9 = 144^0$

सम अष्टभुज का एक अन्तःकोण $= \dfrac{(2n-4)\times 90^0}{n} = \dfrac{(2\times 8-4)\times 90^0}{8} = \dfrac{(16-4)\times 90^0}{8} = \dfrac{12\times 90^0}{8} = 135^0$

$\therefore$ प्रश्नानुसार, $x^0 = 144^0 - 135 = 9^0$

अभ्यास प्रश्न

1. 5 भुजाओं वाले एक नियमित बहुभुज के बाहरी कोण का माप क्या होगा?
(a) 72 (b) 60 (c) 45 (d) 40 *SSC : CHSL (Tier-1) 7.3.2018*

2. एक नियमित द्वादशभुज के आन्तरिक कोण का माप क्या है?
(a) 120^0 (b) 140^0 (c) 150^0 (d) 144^0 *SSC : CHSL (Tier-1) 7.2.2017*

3. त्रिकोण में, कोणों में से एक कोण, सबसे छोटे कोण का तीन गुना है और दूसरा, सबसे छोटे कोण का दो गुना है। तो सबसे छोटे कोण की गणना करें–
(a) 60^0 (b) 30^0 (c) 90^0 (d) 45^0 *SSC : CHSL (Tier-1) 16.3.2018*

4. एक दसभुज के सभी बाहरी कोणों के माप का योग निकालें–
(a) 720^0 (b) 2160^0 (c) 360^0 (d) 1800^0 *SSC : CHSL (Tier-1) 3.2.2017*

5. एक नियमित द्वादशभुज के बाहरी कोण का माप क्या है?
(a) 45^0 (b) 40^0 (c) 36^0 (d) 30^0 *SSC : CHSL (Tier-1) 3.2.2017*

6. 10 भुजाओं वाले एक बहुभुज के सभी आंतरिक कोणों के योग का पता लगाएँ–
(a) 2520^0 (b) 2880^0 (c) 1440^0 (d) 3240^0 *SSC : CHSL (Tier-1) 30.1.2017*

7. यदि एक नियमित बहुभुज में 5 भुजाएँ हैं, तो इसके आंतरिक कोण का माप इसके बाहरी कोण के माप से कितने डिग्री अधिक होगा?
(a) 60^0 (b) 36^0 (c) 90^0 (d) 100^0 *SSC : CHSL (Tier-1) 4.3.2018*

8. एक कोण उसके अनुपूरक कोण की तुलना में 30^0 से कम है। कोण का माप क्या होगा?
(a) 75^0 (b) 105^0 (c) 60^0 (d) 30^0 *SSC : CHSL (Tier-1) 9.1.2017*

9. 10 भुजाओं वाले एक नियमित बहुभुज के बाहरी कोण का माप क्या होगा?
(a) 30 (b) 24 (c) 36 (d) 20 *SSC : CHSL (Tier-1) 13.3.2018*

10. यदि एक नियमित बहुभुज की 6 भुजाएँ हैं, तो इसके आंतरिक कोण का माप इसके बाहरी कोण के माप से कितने डिग्री अधिक होगा?
(a) 90^0 (b) 100^0 (c) 60^0 (d) 108^0 *SSC : CHSL (Tier-1) 7.3.2018*

11. एक त्रिभुज के तीन कोणों का संभावित मान क्या होगा?
(a) $33^0, 42^0, 115^0$ (b) $40^0, 70^0, 80^0$
(c) $30^0, 60^0, 100^0$ (d) $50^0, 60^0, 70^0$ *SSC : CGL (Tier-1) 27.8.2016*

12. 6 भुजाओं वाले एक नियमित बहुभुज के सभी आंतरिक कोणों के मापों का योग क्या होगा?
(a) 1080 (b) 1260 (c) 1440 (d) 720 *SSC : CHSL (Tier-1) 15.3.2018*

13. नीचे दी गई आकृति में, $2\angle A + \angle B$ का मान (डिग्री में) ज्ञात करें –
(a) 180^0 (b) 202.5^0 (c) 250^0 (d) 2790^0 *SSC : CHSL (Tier-1) 15.3.2018*

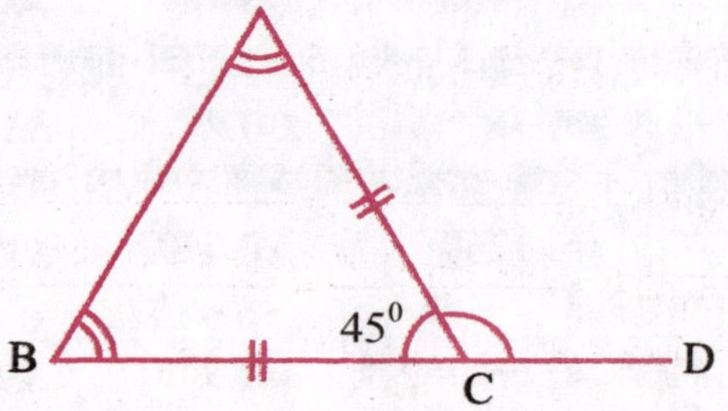

14. दिये गये चित्र में (जो माप के अनुसार नहीं है) यदि $AD = DC = BC$ और $\angle BCE = 96^0$ हो, तो $\angle DBC$ का मान क्या होगा?
(a) 32^0 (b) 84^0 (c) 64^0 (d) 96^0 *SSC : CGL (Tier-1) 8.9.2016*

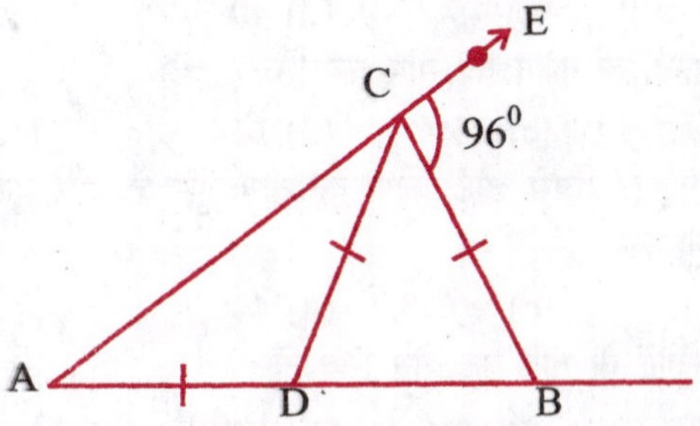

15. एक सम चतुर्भुज ABCD में, कोण CAB का माप 25^0 है, तो कोण ABC का माप क्या है?
(a) 65^0 (b) 50^0 (c) 40^0 (d) 130^0 *SSC : CHSL (Tier-1) 21.1.2017*

16. यदि ΔABC में $\angle A = 90^0$, $AD \perp BC$ और $AD = BD = 2$ सेमी. हो, तो CD की लम्बाई क्या होगी?
(a) 3 सेमी. (b) 3.5 सेमी. (c) 3.2 सेमी. (d) 2 सेमी. *SSC : CHL (Tier-1) 1.9.2016*

17. यदि किसी ΔABC की भुजा BC को बिन्दु D तक बढ़ा दिया जाये और अगर उसका $\angle ACD = 112^0$ तथ $\angle B = 3/4 \angle A$ हो, तो $\angle B$ का मान बताइये–
(a) 64^0 (b) 48^0 (c) 46^0 (d) 50^0 *SSC : CGL (Tier-1) 2.9.2016*

18. एक त्रिभुज PQR में, $PQ = PR$ और $\angle Q$, $\angle P$ से दुगुना है, तो $\angle Q$ किसके बराबर है?
(a) 72^0 (b) 36^0 (c) 144^0 (d) 108^0 *SSC : CGL (Tier-1) 3.9.2016*

19. एक त्रिभुज में उस कोण के विपरीत पक्ष की लंबाई $6\sqrt{3}$ सेमी. है, जिसका माप 60^0 है। उस कोण के विपरीत भुज की लंबाई क्या होगी, जिसका माप 90^0 है?
(a) $12\sqrt{3}$ सेमी. (b) 6 सेमी. (c) 12 सेमी. (d) $3\sqrt{3}$ सेमी. *SSC : CHSL (Tier-1) 9.1.2017*

20. एक त्रिभुज में उस कोण के विपरीत वाली भुजा की लंबाई 15 सेमी. है, जिसके कोण की माप 60^0 है। उस कोण े विपरीत वाली भुजा की लंबाई क्या है, जिसके कोण का माप 90^0 है?
(a) 15 सेमी. (b) $(15\sqrt{3})/2$ सेमी. (c) $10\sqrt{3}$ सेमी. (d) 10 सेमी. *SSC : CHSL (Tier-1) 24.1.2017*

21. यदि एक नियमित बहुभुज के आंतरिक कोण का माप उसके बाहरी कोण के माप से 90^0 अधिक है, तो उसकी कितन भुजाएँ हैं?
(a) 8 (b) 9 (c) 10 (d) 12 *SSC : CHSL (Tier-1) 8.3.2018*

22. यदि एक नियमित बहुभुज में 10 भुजाएँ हैं, तो इसके आंतरिक कोण का माप इसके बाहरी कोण के माप से कितने डिग्र अधिक होगा?
(a) 120 (b) 132 (c) 140 (d) 108 *SSC : CHSL (Tier-1) 10.3.2018*

23. एक त्रिभुज के तीन कोणों के मापों का अनुपात 3 : 4 : 5 है। सबसे बड़े कोण का माप क्या है?
(a) 75^0 (b) 60^0 (c) 45^0 (d) 30^0 *SSC : CHSL (Tier-1) 22.1.2017*

24. 5 भुजाओं वाले एक नियमित बहुभुज के सभी आंतरिक कोणों के मापों का योग क्या होगा?
(a) 720 (b) 1080 (c) 1260 (d) 540 *SSC : CHSL (Tier-1) 14.3.2018*

25. ....में सभी भुजाएँ सर्वांगसम होते हैं?
(a) आयत (b) समांतर चतुर्भुज (c) सम चतुर्भुज (d) पतंग *SSC : CHSL (Tier-1) 16.1.2017*

26. एक त्रिभुज में उस कोण के विपरीत वाली भुजा की लंबाई 12 सेमी. है, जिसके कोण का माप 30 डिग्री है। उस कोण के विपरीत वाली भुजा की लंबाई क्या है, जिसके कोण का माप 60 डिग्री है?

(a) 9 सेमी. (b) $12\sqrt{3}$ सेमी.

(c) $(15\sqrt{3})/2$ सेमी. (d) $(9\sqrt{3})/2$ सेमी. *SSC : CHSL (Tier-1) 23.1.2017*

27. एक त्रिकोण में उस कोण के विपरीत वाली भुजा की लंबाई $9\sqrt{3}$ सेमी. है, जिसके कोण का माप 30 डिग्री है। उस कोण के विपरीत वाली भुजा की लंबाई क्या है, जिसके कोण का माप 60 डिग्री है?

(a) 27 सेमी. (b) 9 सेमी. (c) $12\sqrt{3}$ सेमी. (d) $(15\sqrt{3})/2$ सेमी. *SSC : CHSL (Tier-1) 30.1.2017*

28. ΔABC में, $\angle A : \angle B : \angle C = 5 : 4 : 1$ है। $\angle B + \angle C$ का मान (डिग्री में) क्या है?

(a) 50 (b) 70 (c) 90 (d) 100 *SSC : CPO 5.7.2017*

29. ΔPQR में, $PQ = PR$ है तथा $\angle QPR$ का मान R के बाह्य कोण का आधा है। $\angle QPR$ का मान (डिग्री में) क्या है?

(a) 30 (b) 45 (c) 60 (d) 75 *SSC : CPO 5.7.2017*

30. यदि किसी सम बहुभुज का प्रत्येक कोण दो समकोणों के $\frac{3}{5}$ गुणा के बराबर है तो भुजाओं की संख्या है–

(a) 3 (b) 5 (c) 6 (d) 7 *SSC, 4.9.2011*

31. यदि एक सम बहुभुज का प्रत्येक आन्तरिक कोण 144 है तो उस बहुभुज में कुल भुजाएँ कितनी होंगी?

(a) 10 (b) 20 (c) 24 (d) 36 *SSC, 10+2, 4.12.2011*

32. किसी सम बहुभुज के एक शीर्ष पर बाह्य एवं आन्तरिक कोणों में 150^0 का अंतर है। बहुभुज की भुजाओं की संख्या है–

(a) 10 (b) 15 (c) 24 (d) 30 *SSC, 10+2, 4.12.2011*

33. यदि एक सम बहुभुज के आन्तरिक कोणों का योगफल 1080^0 हो तो उस बहुभुज में कितनी भुजाएँ होंगी?

(a) 6 (b) 8 (c) 10 (d) 12 *SSC, 10+2, 4.12.2011*

34. दो सम बहुभुजों में भुजाओं की संख्या 5 : 4 के अनुपात में हैं और बहुभुजों के हर भीतरी कोणों में अन्तर 6^0 है। भुजाओं की संख्या है–

(a) 15, 12 (b) 5, 4 (c) 10, 8 (d) 20, 16 *SSC, 10+2, 11.12.2011*

35. दो सम बहुभुजों में भुजाओं की संख्या का अनुपात 5 : 6 है और उनके प्रत्येक आन्तरिक कोणों का अनुपात 24 : 25 है। तदनुसार उन बहुभुजों की भुजाओं की संख्या कितनी है?

(a) 20, 24 (b) 15, 18 (c) 10, 12 (d) 5, 6 *SSC, 10+2, 11.12.2011*

36. एक सम बहुभुज का प्रत्येक भीतरी कोण बाह्य कोण से दुगुना है तो बहुभुज में भुजाओं की संख्या है–

(a) 8 (b) 6 (c) 5 (d) 7 *SSC, 10+2, 11.12.2011*

37. वह माप कौन-सा है, जो किसी सम बहुभुज के प्रत्येक आन्तरिक कोण का माप कभी नहीं हो सकता?

(a) 150^0 (b) 105^0 (c) 108^0 (d) 144^0 *SSC, 10+2, 11.12.2011*

38. एक त्रिभुज के कोण $(x + 5)^0$, $(2x - 3)^0$ और $(3x + 4)^0$ है। x का मान है–

(a) 30^0 (b) 31^0 (c) 29^0 (d) 28^0 *SSC, FCI, 5.2.2012*

39. किसी त्रिभुज के कोण हैं–$(3x)^0$, $(2x - 7)^0$ और $(4x - 11)^0$ तो x का मान होगा–

(a) 18^0 (b) 20^0 (c) 22^0 (d) 30^0 *SSC, FCI, 5.2.2012*

40. नीचे दिये गये त्रिभुज ABC में $AB = BC$, $\angle B = x^0$, $\angle A = (2x - 20)^0$ है तो $\angle B$ का मान क्या होगा?

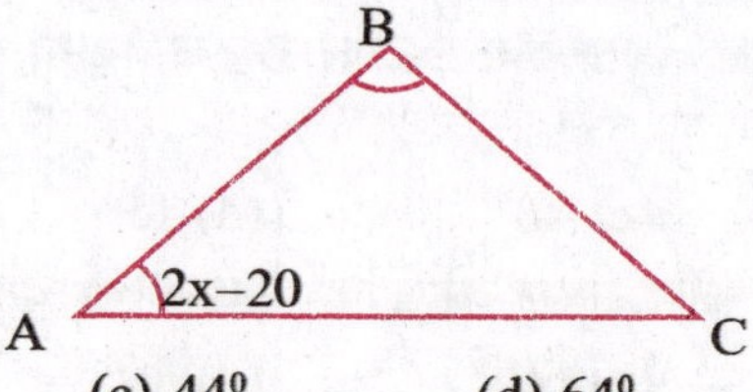

(a) 30^0 (b) 40^0 (c) 44^0 (d) 64^0 *SSC, FCI, 5.2.2012*

41. एक सम षट्भुज के आन्तरिक कोण और उसके बाह्य कोण के मापों का अनुपात कितना होगा?
(a) 2 : 1 (b) 1 : 2 (c) 3 : 2 (d) 3 : 1 *SSC, FCI, 5.2.2012*

42. एक सम बहुभुज के आन्तरिक कोणों का योग 1440^0 है। तदनुसार उस बहुभुज की भुजाएँ कितनी हैं?
(a) 10 (b) 12 (c) 8 (d) 15 *SSC, FCI, 5.2.212*

43. एक सम बहुभुज का प्रत्येक आन्तरिक कोण उसके बाह्य कोण का तिगुना है। तदनुसार उस सम बहुभुज की भुजाएँ कितनी हैं?
(a) 9 (b) 8 (c) 10 (d) 7 *SSC, FCI, 5.2.2012*

44. एक बहुभुज के पाँच कोणों में से प्रत्येक 172^0 है और अन्य कोणों में से प्रत्येक 160^0 हैं। बहुभुज की भुजाओं की संख्या है–
(a) 22 (b) 23 (c) 20 (d) 21 *CAPF, SI, 27.5.2012*

45. यदि n भुजाओं वाले एक सम बहुभुज में प्रत्येक आन्तरिक कोण प्रत्येक बाह्य कोण का दुगुना हो, तो n का मान क्या होगा
(a) 8 (b) 10 (c) 5 (d) 6 *SSC, CGL, 1.7.2012*

46. दो सम बहुभुजों की भुजाओं की संख्याओं में अनुपात 1 : 2 है और उनके आन्तरिक कोणों में अनुपात 2 : 3 है। तदनुसार उनकी भुजाओं की संख्या क्रमशः कितनी हैं?
(a) 6, 12 (b) 5, 8 (c) 4, 8 (d) 7, 14 *SSC, CGL, 16.9.2012*

47. एक त्रिभुज के कोण 1 : 4 : 5 के अनुपात में है तो त्रिभुज है–
(a) अधिककोण त्रिभुज (b) न्यूनकोण विषबाहु त्रिभुज
(c) समकोण त्रिभुज (d) समकोण समद्विबाहु त्रिभुज *SSC, CGL, 16.9.2012*

48. एक सम बहुभुज का आन्तरिक कोण 120^0 है। तद्नुसार उसकी भुजाओं की संख्या कितनी है?
(a) 5 (b) 6 (c) 3 (d) 4 *SSC, 10+2, 28.10.2012*

49. किसी सम बहुभुज के बाह्य तथा अन्तःकोण 1 : 4 के अनुपात में है। बहुभुज की भुजाओं की संख्या होगी–
(a) 10 (b) 12 (c) 15 (d) 16 *SSC, 10+2, 28.10.2012*

50. यदि किसी त्रिभुज का एक कोण अन्य दो कोणों के योगफल के बराबर है तो त्रिभुज है–
(a) समद्विबाहु त्रिभुज (b) अधिककोण त्रिभुज
(c) न्यूनकोण त्रिभुज (d) समकोण त्रिभुज *SSC, 10+2, 4.11.2012*

51. यदि सम बहुभुज का प्रत्येक आन्तरिक कोण 120^0 हो तो उस बहुभुज की भुजाएँ कितनी होंगी?
(a) तीन (b) छः (c) चार (d) पाँच *SSC, FCI, 10.11.2012*

52. एक सम बहुभुज का बाह्य कोण 72^0 है। तदनुसार उसके सभी अन्तःकोणों का कुल योग कितना होगा?
(a) 360^0 (b) 480^0 (c) 520^0 (d) 540^0 *SSC, FCI, 11.11.2012*

53. एक बहुभुज में आन्तरिक कोणों का योग बाह्य कोणों के योग का दोगुना है। तदनुसार उस बहुभुज में भुजाओं की संख्या कितनी है?
(a) 6 (b) 7 (c) 4 (d) 5 *SSC, FCI, 11.11.2012*

54. एक त्रिभुज ABC में AB = AC, $\angle BAC = 40^0$ है तो B पर बाह्य कोण कितना होगा?
(a) 70^0 (b) 110^0 (c) 80^0 (d) 90^0 *SSC, CGL, 21.4.2013*

55. यदि पांच भुजाओं वाले किसी बहुभुज के अन्तःकोण 2 : 3 : 3 : 5 : 5 के अनुपात में हैं तो सबसे छोटे कोण की माप है–
(a) 20^0 (b) 30^0 (c) 60^0 (d) 90^0 *SSC, CGL, 21.4.2013*

56. ΔABC में $\angle BAC = 75^0$, $\angle ABC = 45^0$ तथा BC को D तक बढ़ाया गया है। यदि $\angle ACD = x^0$ हो तो 60^0 का $\frac{x}{3}\%$ है–
(a) 24^0 (b) 30^0 (c) 48^0 (d) 15^0 *SSC, CGL, 19.5.2013*

57. यदि किसी त्रिभुज में यदि असमान कोण समान कोणों के योगफल का दुगुना हो तो प्रत्येक समान कोण हैं–
(a) 90^0 (b) 120^0 (c) 60^0 (d) 30^0 *SSC, CGL, 19.5.2013*

58. ΔABC में $AB = AC$ तथा BA को D तक ऐसे बढ़ाया जाता है कि $AC = AD$ हो तो $\angle BCD$ का मान होगा–
(a) 90^0 (b) 100^0 (c) 60^0 (d) 80^0 ***SSC, CGL, 19.5.2013***

59. D तथा E, ΔABC के AB और AC के मध्य बिन्दु हैं। यदि $A = 80^0$ $\angle C = 35^0$ तो $\angle EDB$ की माप है–
(a) 100^0 (b) 115^0 (c) 120^0 (d) 125^0 ***SSC, CGL 19.5.2013***

60. ΔABC में $\angle A + \angle B = 145^0$ तथा $\angle C + 2\angle B = 180^0$ है। तदनुसार निम्न में कौन-सा सम्बन्ध सही है?
(a) $CA = AB$ (b) $CA < AB$ (c) $BC > AB$ (d) $CA > AB$ ***SSC CAPF, SI, 23.6.2013***

61. एक त्रिभुज ABC में $\angle A : \angle B : \angle C = 2 : 4 : 3$ तदनुसार उसकी सबसे छोटी तथा सबसे बड़ी भुजाएँ क्रमशः कौन-सी होंगी?
(a) AC तथा B (b) AC तथा BC (c) BC तथा AC (d) AB तथा AC ***SSC CAPF SI 234.6.2013***

62. एक बहुभुज का प्रत्येक कोण 160^0 है तो बहुभुज में कितनी भुजाएँ हैं?
(a) 20 (b) 30 (c) 18 (d) 35 ***RRB अजमेर ASM 24.6.2007***

63. किसी त्रिभुज के कोणों में 1 : 2 : 3 का अनुपात है। सबसे बडत्रे कोण का मान होगा–
(a) 60^0 (b) 30^0 (c) 90^0 (d) 75^0 ***RRB अजमेर ASM 24.6.2008***

64. यदि सम अष्टभुज का प्रत्येक अन्तःकोण 135^0 का है तो अष्टभुज का बाह्यकोण होगा–
(a) 65^0 (b) 75^0 (c) 45^0 (d) 70^0 ***RRB CGL ASM/TA/CA/GG 2.12.2012***

65. एक सम बहुभुज का बाह्य कोण 72^0 है। तदनुसार उसके सभी अन्तःकोणों का कुल योग कितना होगा?
(a) 360^0 (b) 480^0 (c) 520^0 (d) 540^0 ***RRB CGL ASM/TA/GG/CA 9.12.2012***

66. एक सम बहुभुज का प्रत्येक आन्तरिक कोण 150^0 तो उसकी भुजाओं की संख्या कितनी होगी?
(a) 10 (b) 15 (c) 8 (d) इनमें से कोई नहीं ***SSC, 10+2, 10.11.2013***

67. $\angle A$ $\angle B$ तथा $\angle C$ एक त्रिभुज के तीन कोण हैं। यदि $\angle A - \angle B = 15^0$, $\angle B - \angle C = 30^0$ हो तो $\angle A$, $\angle B$ तथा $\angle C$ के मान क्या होंगे?
(a) 80^0 60^0 40^0 (b) 70^0 50^0 60^0 (c) 80^0 65^0 35^0 (d) 80^0 55^0 45^0 ***SSC MTS, 6.10.2013***

68. एक सम बहुभुज के आन्तरिक कोणों का योगफल 1440^0 है। तदनुसार उस बहुभुज में कितनी भुजाएँ हैं?
(a) 10 (b) 12 (c) 9 (d) 11 ***SSC10+2, 10.11.2013***

69. यदि त्रिभुज ABC के आधार BC को दोनों ओर बढ़ाने पर उस पर बने बाह्य कोण क्रमशः 120^0 तथा 105^0 है। तदनुसार त्रिभुज के शीर्ष कोण $\angle A$ का माप कितना होगा?
(a) 36^0 (b) 40^0 (c) 45^0 (d) 55^0 ***SSC, 10+2, 27.10.2013***

70. यदि एक सम बहुभुज के आन्तरिक कोण की माप उसके बाह्यकोण का दुगुना हो तो उस बहुभुज की भुजाओं की संख्या कितनी है?
(a) 6 (b) 8 (c) 10 (d) 12 ***SSC , 10+2, 27.10.2013***

71. यदि n भुजाओं वाले एक सम बहुभुज के बाह्य कोण तथा (n + 1) भुजाओं वाले एक अन्य सम बहुभुज के बाह्य कोण का अन्तर 5^0 हो तो n का मान कितना होगा?
(a) 5 (b) 6 (c) 7 (d) 8 ***SSC, 10+2, 27.10.2013***

72. एक वर्ग PQRS के भीतर एक समबाहु ΔTQR बनाया गया है। $\angle PTS$ का मान डिग्री में है–
(a) 120^0 (b) 150^0 (c) 75^0 (d) 90^0 ***SSC, 10+2, 21.10.2012***

73. यदि ABCDEF एक सम षट्भुज हो तो ΔACE कैसा होगा?
(a) एक समकोण त्रिभुज (b) एक अधिक कोण त्रिभुज
(c) एक समद्विबाहु त्रिभुज (d) एक समबाहु त्रिभुज ***SSC, CGL 8.7.2012***

74. यदि ΔABC में B तथा C के कोण क्रमशः A के कोण के 1.5 तथा 2.5 गुने हों तो B का कोण कितना होगा?
(a) 36^0 (b) 54^0 (c) 48^0 (d) 72^0 ***SSC CGL 8.7.2012***

75. यदि a, b, c एक त्रिभुज की भुजाएँ हैं और $a^2 + b^2 + c^2 = ab + bc + ca$ तो Δ है–
(a) समकोण त्रिभुज (b) अधिककोण त्रिभुज
(c) समबाहु त्रिभुज (d) समद्विबाहु त्रिभुज *SSC, 10+2, 21.10.2012*

76. किसी ΔPQR में PQ, PR तथा QR पर बिन्दु A,B तथा C इस प्रकार हैं कि QC = AC तथा CR = CB। तदनुसार यदि $\angle QPR = 40^0$ हो तो $\angle ACB$ कितना होगा?
(a) 40^0 (b) 70^0 (c) 100^0 (d) 140^0 *SSC, 10+2, 21.10.2012*

77. नीचे दिये गये चित्र में यदि AB || CD और CE ⊥ ED तो x का मान है–

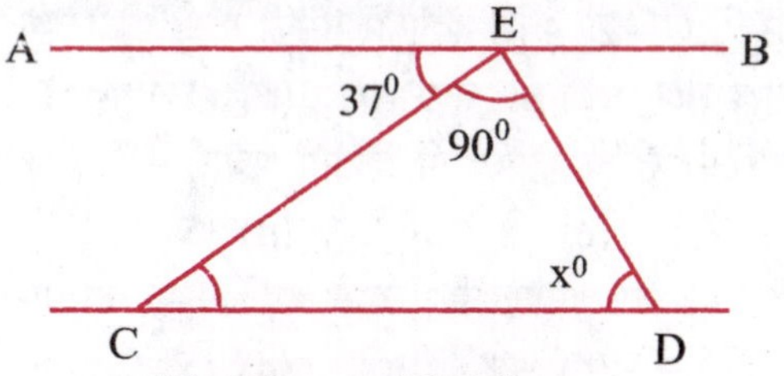

(a) 53^0 (b) 63^0 (c) 37^0 (d) 45^0 *SSC CAPF 27.5.2012*

उत्तरमाला

1. (a)	2. (c)	3. (b)	4. (c)	5. (d)	6. (c)	7. (b)	8. (d)	9. (c)
10. (c)	11. (d)	12. (d)	13. (b)	14. (c)	15. (d)	16. (d)	17. (b)	18. (a)
19. (c)	20. (c)	21. (a)	22. (d)	23. (a)	24. (d)	25. (c)	26. (b)	27. (a)
28. (c)	29. (c)	30. (b)	31. (a)	32. (c)	33. (b)	34. (a)	35. (c)	36. (b)
37. (a)	38. (c)	39. (c)	40. (c)	41. (a)	42. (a)	43. (b)	44. (d)	45. (d)
46. (c)	47. (c)	48. (b)	49. (a)	50. (d)	51. (b)	52. (d)	53. (a)	54. (b)
55. (c)	56. (a)	57. (d)	58. (a)	59. (b)	60. (d)	61. (c)	62. (c)	63. (c)
64. (c)	65. (d)	66. (d)	67. (c)	68. (a)	69. (c)	70. (a)	71. (d)	72. (b)
73. (d)	74. (b)	75. (c)	76. (c)	77. (a)				

अभ्यास प्रश्नों के हल

1. किसी भी बहुभुज के बाह्य कोणों का योग = 360^0

∴ 5 भुजाओं वाले नियमित बहुभुज (सम बहुभुज) के सभी वाह्य कोणों का योग = 360^0

∴ प्रत्येक बाहरी कोण की माप = $\frac{360^0}{5} = 72^0$

2. नियमित द्वादश भुज (सम द्वादशभुज) के सभी आन्तरिक कोणों का योग = $(2n - 4) \times 90^0 = (2 \times 12 - 4) \times 90^0$
$= 20 \times 90^0 = 1800^0$

∴ प्रत्येक आन्तरिक कोण की माप = $\frac{1800}{12} = 150^0$

3. माना त्रिकोण में सबसे छोटा कोण α है। अतः दूसरा कोण = 2 α और तीसरा कोण = 3α

∴ तीनों कोणों का योग = $180 \Rightarrow \alpha + 2\alpha + 3\alpha = 180^0 \Rightarrow 6\alpha = 180^0 \Rightarrow \alpha = 30^0$

∴ सबसे छोटे कोण की माप = $\alpha = 30^0$

4. दसभुज के सभी बाहरी कोणों के माप का योग = 360^0

5. नियमित द्वादशभुज के सभी बाहरी कोणों का योग = 360^0

∴ प्रत्येक बाहरी कोण की माप = $\frac{360^0}{12} = 30^0$

6. 10 भुजाओं वाले बहुभुज के सभी आन्तरिक कोणों का योग $= (2n - 4) \times 90^0 = (2 \times 10 - 4) \times 90^0$
$= (20 - 4) \times 90^0 = 16 \times 90^0 = 1440^0$

7. नियमित पंचभुज (सम पंचभुज) के सभी बाह्य कोणों का योग $= 360^0$

$\therefore$ प्रत्येक बाह्य कोण की माप $= \frac{360^0}{5} = 72^0$

नियमित पंचभुज के सभी अन्तःकोणों का योग $= (2n - 4) \times 90^0 = (2 \times 5 - 4) \times 90^0 = (10 - 4) \times 90^0$
$= 6 \times 90^0 = 540^0$

$\therefore$ प्रत्येक अन्तःकोण (आन्तरिक कोण) की माप $= \frac{540}{5} = 108^\circ$, अतः आन्तरिक कोण – बाह्य कोण $= 108^0 - 72 = 36^0$

8. माना पहला कोण α तथा उसका अनुपूरक कोण $\alpha + 30^0$ है।

$\therefore$ दोनों कोणों का योग $= 90^0 \Rightarrow \alpha + \alpha + 30^0 = 90^0 \Rightarrow 2\alpha = 60^0 \Rightarrow \alpha = 30^0$, अतः वह कोण $= \alpha = 30^0$

9. 10 भुजाओं वाले नियमित बहुभुज के सभी बाहरी कोणों की माप $= 360^0$

$\therefore$ प्रत्येक बाहरी कोण की माप $= \frac{360^0}{10} = 36^0$

10. $\because$ नियमित बहुभुज की 6 भुजाएँ हैं।

$\therefore$ सभी अन्तःकोणों का योग $= (2n - 4) \times 90^0 = (2 \times 6 - 4) \times 90^0 = (12 - 4) \times 90^0 = 8 \times 90^0 = 720^0$

$\therefore$ प्रत्येक अन्तःकोण की माप $= \frac{720^0}{6} = 120^0$ परन्तु प्रत्येक बाह्य कोण की माप $= \frac{360^0}{6} = 60^0$

$\therefore$ आन्तरिक कोण (अन्तःकोण) – बाह्य कोण $= 120^0 - 60^0 = 60^0$

11. (a) $33^0 + 42^0 + 115^0 = 190^0$ (b) $40^0 + 70^0 + 80^0 = 190^0$
(c) $30^0 + 60^0 + 100^0 = 190^0$ (d) $50^0 + 60^0 + 70^0 = 180^0$

$\therefore$ त्रिभुज के तीनों कोणों के सम्भावित मान $= 50^0, 60^0, 70^0$

12. 6 भुजाओं वाले एक नियमित बहुभुज के सभी आन्तरिक कोणों के मापों का योग $= (2n - 4) \times 90^0$
$= (2 \times 6 - 4) \times 90^0 = (12 - 4) \times 90^0 = 8 \times 90^0 = 720^0$

13. सम्मुख त्रिभुज A B C में भुजा B C = भुजा AC

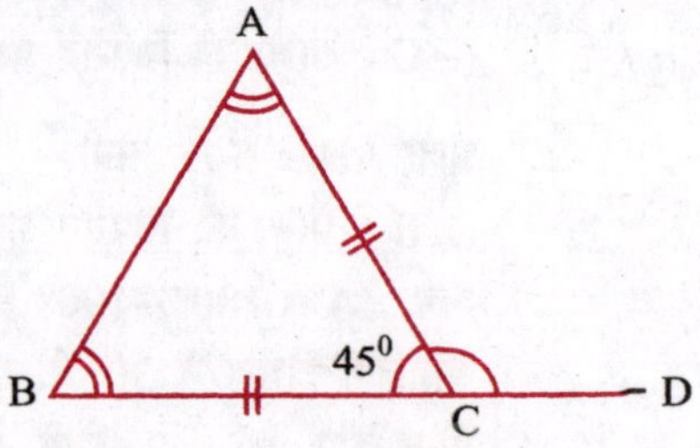

$\therefore$ $\angle A = \angle B = \alpha$ (माना)

$\therefore$ $\angle A + \angle B + \angle C = 180^0 \Rightarrow \alpha + \alpha + 45^0 = 180^0$

$\therefore$ $2\alpha = 180^0 - 45^0 = 135^0 \Rightarrow \alpha = \frac{135}{2}$

$\therefore$ $2\angle A + \angle B = 2\alpha + \alpha = 3\alpha = 3 \times \frac{135}{2} = 202.5^0$

14. चित्रानुसार $AD = DC \Rightarrow \angle DAC = \angle ACD = \alpha$ (माना)

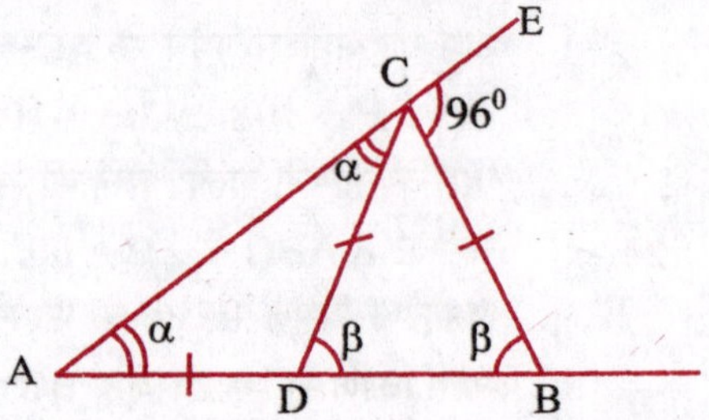

पुनः $DC = BC \Rightarrow \angle BDC = \angle DBC = \beta$ (माना)

$\because$ ΔACD का बहिष्कोण BDC = सम्मुख अन्तः कोणों का योग

$\therefore$ $\beta = \alpha + \alpha = 2\alpha$

$\because$ ΔABC का बहिष्कोण BCE = सम्मुख अन्तःकोणों का योग

$\therefore$ $96^0 = \angle CAB + \angle ABC = \alpha + \beta = \alpha + 2\alpha$

$\therefore$ $3\alpha = 96 \Rightarrow \alpha = 32^0$

$\therefore$ $\angle DBC = \beta = 2\alpha = 2 \times 32^0 = 64^0$

15. चित्रानुसार सम चतुर्भुज ABCD में

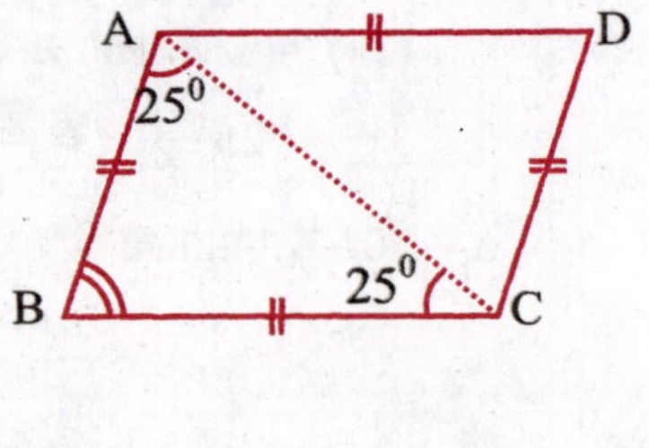

$\angle CAB = 25^0$ और $AB = BC = CD = DA$

अतः $\angle BCA = \angle CAB = 25^0$

$\therefore$ $\angle ABC = 180^0 - (25^0 + 25^0) = 180^0 - 50^0 = 130^0$

16. सम्मुख त्रिभुज ABC में $\angle A = 90^0$ और $AD \perp BC$

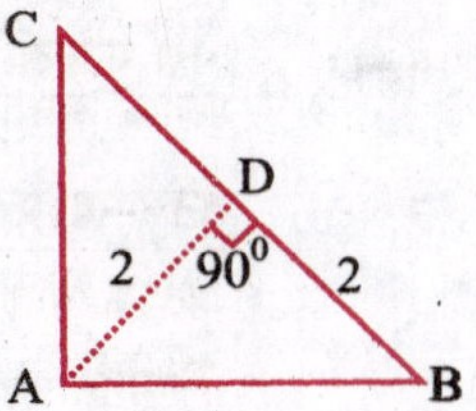

$AD = BD = 2$ सेमी.

$\therefore$ $BD \times DC = AD^2$

$\therefore$ $2 \times DC = 2^2 = 2 \times 2 \Rightarrow DC = 2$ सेमी.

17. चित्रानुसार ΔABC का बहिष्कोण $ACD = 112^0$

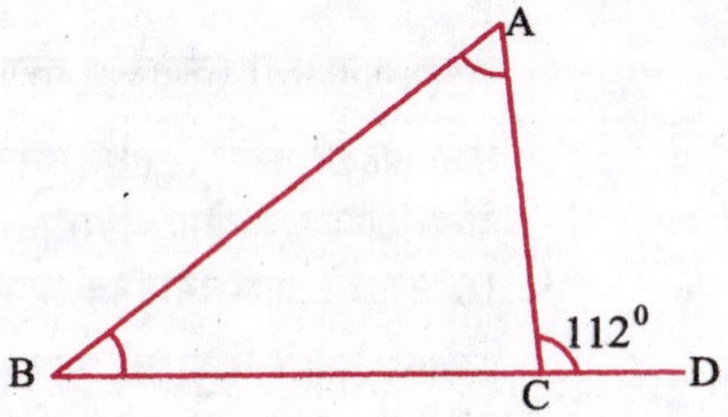

$\because$ $\angle B = \frac{3}{4} \times \angle A \Rightarrow \frac{\angle A}{\angle B} = \frac{4}{3} = 4:3$

माना $\angle A = 4\alpha$ और $\angle B = 3\alpha$

$\therefore$ बहिष्कोण = अन्तःकोणों का योग

$\therefore$ $\angle ACD = \angle A + \angle B$

$\therefore$ $112^0 = 4\alpha + 3\alpha = 7\alpha \Rightarrow \alpha = \frac{112^0}{7} = 16^0$

$\therefore$ $\angle B$ का मान $= 3\alpha = 3 \times 16^0 = 48^0$

18. चित्रानुसार ΔPQR में $PQ = PR$, अतः $\angle R = \angle Q = \alpha$ (माना)

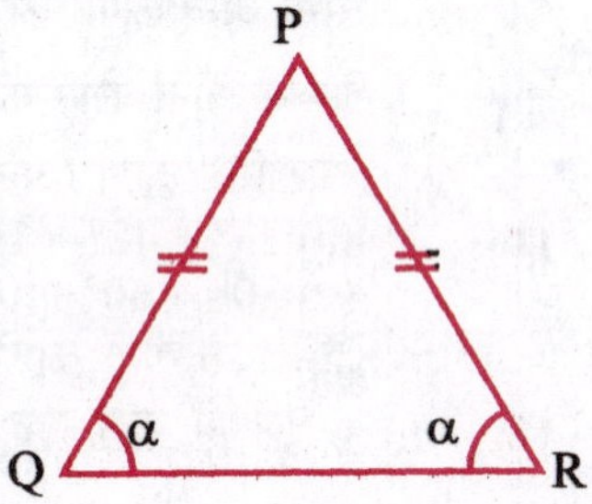

$\because$ $\angle Q = \angle P \times 2 \Rightarrow \angle P = \frac{\angle Q}{2} = \frac{\alpha}{2}$

$\because$ $\angle P + \angle Q + \angle R = 180^0 \Rightarrow \frac{\alpha}{2} + \alpha + \alpha = 180^0$

$\therefore$ $\frac{\alpha + 2\alpha + 2\alpha}{2} = 180^0 \Rightarrow \frac{5\alpha}{2} = 180^0 \Rightarrow \alpha = \frac{180^0 \times 2}{5} = 72^0$

$\therefore$ $\angle Q = \alpha = 72^0$

19. सम्मुख ΔABC में $\angle B = 90^0$ और $\angle C = 60^0$

$\because$ $(\angle C = 60^0)$ की विपरीत पक्ष अर्थात् सम्मुख भुजा AB है।

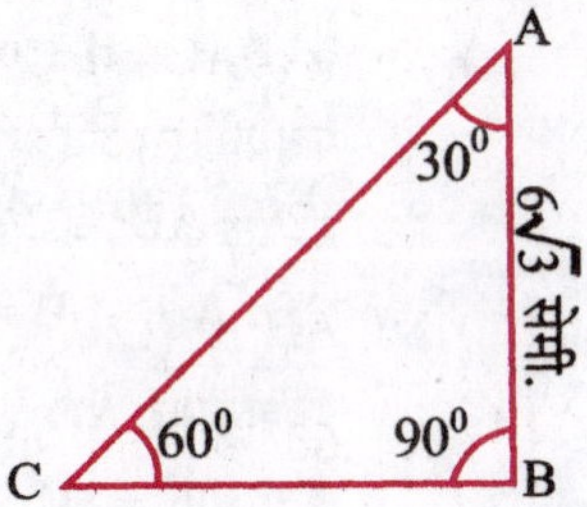

$\therefore$ भुजा $AB = 6\sqrt{3}$ सेमी.

$\because$ $(\angle B = 90^0)$ की विपरीत भुजा AC है। अतः AC कर्ण हुई।

अब $\angle A = 180^0 - (90^0 + 60^0) = 180^0 - 150^0 = 30^0$

$\because$ समकोण त्रिभुज में 30^0 के सामने वाली भुजा कर्ण की आधी होती है।

$\therefore$ माना कर्ण $AC = 2x$ सेमी. और भुजा $BC = x$ सेमी.

अब पाइथागोरस प्रमेय से $AC^2 = AB^2 + BC^2 \Rightarrow (2x)^2 = x^2 + (6\sqrt{3})^2$

$\therefore$ $4x^2 = x^2 + 108 \Rightarrow 3x^2 = 108 \Rightarrow x^2 = 36 = 6^2 \Rightarrow x = 6$ सेमी.

$\therefore$ 90^0 के सामने वाली भुजा की माप $= 2x = 2 \times 6 = 12$ सेमी.

20. सम्मुख ΔABC में $\angle C = 60^0$, अतः $AB = 15$ सेमी. और $\angle B = 90^0$, अतः $\angle A = 90^0 - 60^0 = 30^0$

$\because$ समकोण त्रिभुज में 30^0 के सामने की भुजा कर्ण की आधी होती है।

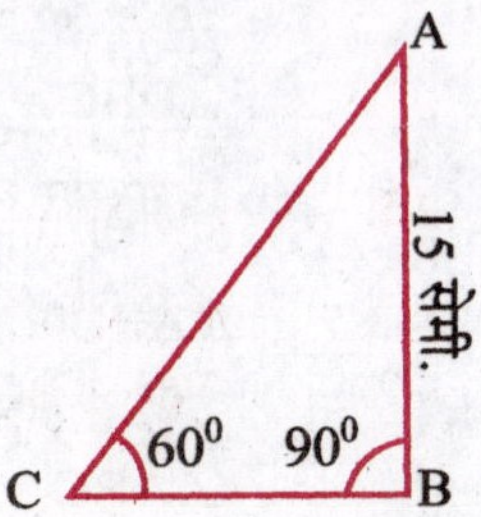

$\therefore$ माना कर्ण $AC = 2x$ और $BC = x$ सेमी.

$\therefore$ पाइथागोरस प्रमेय से $AC^2 = BC^2 + AB^2$

$\therefore$ $(2x)^2 = x^2 + 15^2 \Rightarrow 4x^2 = x^2 + 225$

$\therefore$ $3x^2 = 225 \Rightarrow x^2 = \frac{225}{3} \Rightarrow x = \frac{15}{\sqrt{3}} = \frac{15 \times \sqrt{3}}{\sqrt{3} \times \sqrt{3}} = \frac{15\sqrt{3}}{3} = 5\sqrt{3}$ सेमी.

$\therefore$ 90^0 के सामने वाली भुजा AC की लम्बाई $= 2x = 2 \times 5\sqrt{3} = 10\sqrt{3}$ सेमी.

21. माना बहुभुज में भुजाओं की संख्या n है। अतः सभी आन्तरिक कोणों की मापों का योग = $(2n - 4) \times 90^0$

$\therefore$ प्रत्येक आन्तरिक कोण की माप $= \frac{(2n-4)\times 90^0}{n}$ और प्रत्येक बाह्य कोण की माप $= \frac{360^0}{n}$

$\therefore$ $\frac{(2n-4)\times 90^0}{n} - \frac{360^0}{n} = 90^0 \Rightarrow 90^0\left[\frac{2n-4}{n} - \frac{4}{n}\right] = 90^0$

$\therefore$ $\frac{2n-4}{n} - \frac{4}{n} = 1 \Rightarrow \frac{2n-4-4}{n} = 1 \Rightarrow \frac{2n-8}{n} = 1 \Rightarrow 2n-8 = n$

$\therefore$ $2n - n = 8 \Rightarrow n = 8$, अतः बहुभुज में भुजाओं की संख्या = n = 8

22. 10 भुजाओं वाले नियमित बहुभुज के आन्तरिक कोणों का योग $= (2n - 4) \times 90^0 = (2 \times 10 - 4) \times 90^0$

$= (20 - 4) \times 90^0 = 16 \times 90^0 = 1440^0$

$\therefore$ प्रत्येक आन्तरिक कोण की माप $= \frac{1440^0}{10} = 144^0$ और प्रत्येक बाह्य कोण की माप $= \frac{360}{10} = 36$

$\therefore$ आन्तरिक कोण – बाह्य कोण $= 144 - 36 = 108^0$

23. त्रिभुज के तीनों कोणों का अनुपात = 3 : 4 : 5 $\Rightarrow$ आनुपातिक योग = 3 + 4 + 5 = 12

$\therefore$ सबसे बड़े कोण की माप $= 180 \times \frac{5}{12} = 75^0$

24. 5 भुजाओं वाले नियमित बहुभुज के सभी आन्तरिक कोणों के मापों का योग $= (2n - 4) \times 90^0$

$= (2 \times 5 - 4) \times 90^0 = (10 - 4) \times 90^0 = 6 \times 90^0 = 540^0$

25. सम चतुर्भुज में सभी भुजाएँ सर्वांगसम होती हैं।

26. सम्मुख ΔABC में $\angle A = 30^0$ और $\angle C = 60^0$

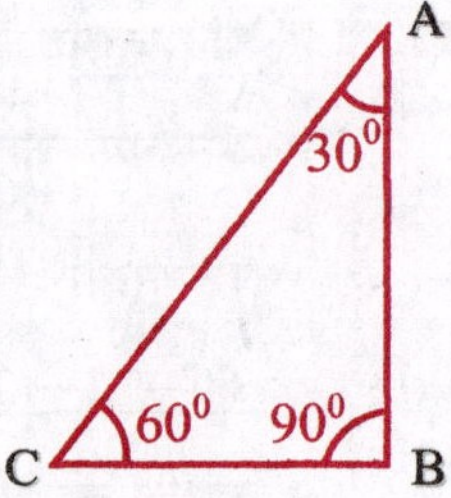

अतः $\angle B = 180^0 - (30^0 + 60^0) = 180^0 - 90^0 = 90^0$

$\therefore$ 30^0 के कोण की विपरीत भुजा BC = 12 सेमी.

$\because$ समकोण त्रिभुज में 30^0 के सामने वाली भुजा कर्ण की आधी होती है।

$\therefore$ कर्ण $AC = BC \times 2 = 12 \times 2 = 24$ सेमी.

$\therefore$ पाइथागोरस प्रमेय से $BC^2 + AB^2 = AC^2$

$\therefore$ $12^2 + AB^2 = 24^2 \Rightarrow 144 + AB^2 = 576 \Rightarrow AB^2 = 576 - 144 = 432$

$\therefore$ $AB^2 = (12\sqrt{3})^2 \Rightarrow AB = 12\sqrt{3}$ सेमी.

$\therefore$ 60^0 के सामने वाली भुजा की माप $= AB = 12\sqrt{3}$ सेमी.

27. सामने के ΔABC में $\angle A = 30^0$, अतः $BC = 9\sqrt{3}$ सेमी.

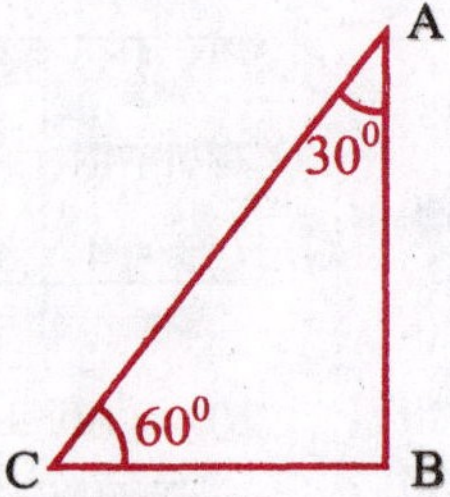

$\angle C = 60^0$, अतः $\angle B = 180^0 - (30^0 + 60^0) = 180^0 - 90^0 = 90^0$

$\therefore$ कर्ण AC = 30^0 के सामने वाली भुजा $\times 2 = 9\sqrt{3} \times 2 = 18\sqrt{3}$ सेमी.

$\therefore$ पाइथागोरस प्रमेय से, $BC^2 + AB^2 = AC^2$

$\therefore$ $(9\sqrt{3})^2 + AB^2 = (18\sqrt{3})^2 \Rightarrow 243 + AB^2 = 972$

$\therefore$ $AB^2 = 972 - 243 = 729 = 27^2 \Rightarrow AB = 27$ सेमी.

$\therefore$ 60^0 के सामने वाली भुजा की माप = AB = 27 सेमी.

28. ΔABC में $\angle A : \angle B : \angle C = 5 : 4 : 1 \Rightarrow$ अनुपाती योग = 5 + 4 + 1 = 10

$\therefore$ $\angle B + \angle C = 180^0 \times \frac{(4+1)}{10} = \frac{180 \times 5}{10} = 90^0$

29. चित्रानुसार ΔPQR में $PQ = PR$, अतः $\angle Q = \angle R = \alpha$ (माना)

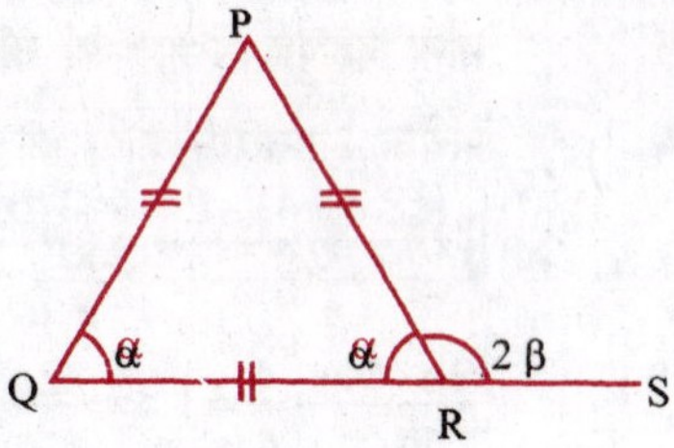

$\because$ $\angle QPR$ का मान बहिष्कोण R का आधा है।

माना $\angle PRS = 2\beta$ और $\angle QPR = \beta$

$\therefore$ बहिष्कोण PRS = अन्तःकोणों का योग = $\angle PQR + \angle QPR$

$\therefore$ $2\beta = \alpha + \beta \Rightarrow \beta = \alpha$

$\because$ $\angle P + \angle Q + \angle R = 180^0 \Rightarrow \beta + \alpha + \alpha = 180^0 \Rightarrow \alpha + \alpha + \alpha = 180^0 \Rightarrow 3\alpha = 180^0$

$\therefore$ $\angle QPR = \beta = \alpha = \frac{180^0}{3} = 60^0$

30. माना बहुभुज में भुजाओं की संख्या n है।

$\therefore$ बहुभुज के सभी कोणों का योग = $(2n - 4) \times 90^0$, अतः बहुभुज का प्रत्येक कोण = $\frac{(2n-4)\times 90}{n}$

$\therefore$ प्रश्नानुसार, $\frac{(2n-4)\times 90}{n} = 2\times 90\times\frac{3}{5}$, अतः $\frac{2n-4}{n} = \frac{6}{5} \Rightarrow 5(2n-4) = 6n$

$\therefore$ $10n - 20 = 6n \Rightarrow 4n = 20 \Rightarrow n = 5$, अतः बहुभुज में भुजाओं की संख्या = n = 5

31. माना बहुभुज में कुल n भुजाएँ हैं।

$\therefore$ प्रत्येक आन्तरिक कोण $\Rightarrow \frac{(2n-4)\times 90}{n} = 144$, अतः $2n - 4 = \frac{144\times n}{90} = \frac{8n}{5}$

$\therefore$ $(2n - 4)\, 5 = 8n \Rightarrow 10n - 20 = 8n \Rightarrow 10n - 8n = 20 \Rightarrow 2n = 20 \Rightarrow n = 10$

$\therefore$ बहुभुज में कुल भुजाएँ = n = 10

32. यदि बहुभुज में भुजाओं की संख्या n हो तो बहुभुज का एक आन्तरिक कोण = $\frac{(2n-4)\times 90}{n}$

और एक बाह्य कोण = $\frac{360}{n}$

$\therefore$ प्रश्नानुसार, $\frac{(2n-4)\times 90}{n} - \frac{360}{n} = 150^0$, अतः $\frac{(2n-4)\times 3}{n} - \frac{12}{n} = 5$

$\therefore$ $\frac{6n-12-12}{n} = 5 \Rightarrow 6n - 24 = 5n$, अतः $6n - 5n = 24 \Rightarrow n = 24$

$\therefore$ बहुभुज की भुजाओं की संख्या = n = 24

33. माना बहुभुज में भुजाओं की संख्या n है। अतः $(2n - 4) \times 90 = 1080 \Rightarrow 2n - 4 = 12$

$\therefore$ $2n = 12 + 4 = 16 \Rightarrow n = 8$, अतः भुजाओं की संख्या = n = 8

34. माना सम बहुभुजों में भुजाओं की संख्या क्रमशः $5x$ तथा $4x$ हैं।

$\therefore$ पहले बहुभुज का एक भीतरी कोण = $\frac{(2n-4)\times 90}{n} = \frac{(10x-4)\times 90}{5x}$

और दूसरे बहुभुज का एक भीतरी कोण = $\frac{(2n-4)\times 90}{n} = \frac{(8x-4)\times 90}{4x}$

$\therefore$ प्रश्नानुसार, $\frac{(10x-4)\times 90}{5x} - \frac{(8x-4)\times 90}{4x} = 6$

$\therefore$ $\frac{10x-4}{5x} - \frac{8x-4}{4x} = \frac{6}{90} = \frac{1}{15}$, अतः $\frac{40x-16-40x+20}{20x} = \frac{1}{15} \Rightarrow \frac{4}{20x} = \frac{1}{15}$

$\therefore$ $20x = 60 \Rightarrow x = \frac{60}{20} = 3$, अतः बहुभुजों में भुजाओं की संख्या = $5x, 4x$ = 15, 12

35. माना सम बहुभुजों में भुजाओं की संख्या क्रमशः $5x$ तथा $6x$ है।

$\therefore$ पहले सम बहुभुज का प्रत्येक आन्तरिक कोण = $\frac{(2n-4)\times 90}{n} = \frac{(10x-4)\times 90}{5x}$

और दूसरे सम बहुभुज का प्रत्येक आन्तरिक कोण = $\frac{(2n-4)\times 90}{n} = \frac{(12x-4)\times 90}{6x}$

प्रश्नानुसार, $\frac{(10x-4)\times 90}{5x}:\frac{(12x-4)\times 90}{6x}=24:25$, अतः $\frac{(10x-4)}{5}:\frac{(12x-4)}{6}=24:25$

$\therefore$ मध्य पदों का गुणनफल = बाह्य पदों का गुणनफल

$\therefore$ $\frac{(12x-4)\times 24}{6}=\frac{(10x-4)}{5}\times 25$, अतः $48x-16=50x-20 \Rightarrow 50x-48x=20-16$

$\therefore$ $2x=4 \Rightarrow x=2$, अतः भुजाओं की संख्या $=5x, 6x=10, 12$

36. यदि सम बहुभुज में भुजाओं की संख्या n हो तो प्रत्येक भीतरी कोण $=\frac{(2n-4)\times 90}{n}$

और प्रत्येक बाह्य कोण $=\frac{360}{n}$, अतः प्रश्नानुसार, $\frac{(2n-4)\times 90}{n}=\frac{360}{n}\times 2$

$\therefore$ $2n-4=8 \Rightarrow 2n=12 \Rightarrow n=6$, अतः बहुभुज में भुजाओं की संख्या $=n=6$

37. यदि बहुभुज में भुजाओं की संख्या n हो तो

(a) $\frac{(2n-4)\times 90}{n}=150 \Rightarrow 6n-12=5n \Rightarrow n=12$

(b) $\frac{(2n-4)\times 90}{n}=105 \Rightarrow 12n-24=7n \Rightarrow 5n=24 \Rightarrow n=\frac{24}{5}$

(c) $\frac{(2n-4)\times 90}{n}=108 \Rightarrow 10n-20=6n \Rightarrow 4n=20 \Rightarrow n=5$

(d) $\frac{(2n-4)\times 90}{n}=144 \Rightarrow 10n-20=8n \Rightarrow 2n=20 \Rightarrow n=10$

$\because$ विकल्प (b) में भुजाओं की संख्या $n=\frac{25}{4}$ भिन्नात्मक है और किसी भी बहुभुज में भुजाओं की संख्या भिन्नात्मक नहीं हो सकती।

$\therefore$ विकल्प (b) का कोण 150^0 किसी सम बहुभुज की आन्तरिक कोण का माप कभी नहीं हो सकता।

38. $\because$ त्रिभुज के तीन अन्तःकोणों का योग $=180^0$

$\therefore$ $(x+5)+(2x-3)+(3x+4)=180^0 \Rightarrow 6x+6=180 \Rightarrow 6x=174 \Rightarrow x=29^0$

39. $\because$ त्रिभुज के तीनों अन्तःकोणों का योग $=180^0$

$\therefore$ $(3x)+(2x-7)+(4x-11)=180^0 \Rightarrow 9x-18=180 \Rightarrow 9x=198 \Rightarrow x=22^0$

40. सम्मुख त्रिभुज ABC में AB = BC

$\therefore$ $\angle C=\angle A=2x-20$

$\therefore$ $\angle A+\angle B+\angle C=180^0$

$\therefore$ $2x-20+x+2x-20=180^0$

$\therefore$ $5x=220 \Rightarrow x=44^0$

$\therefore$ $\angle B=x=44^0$

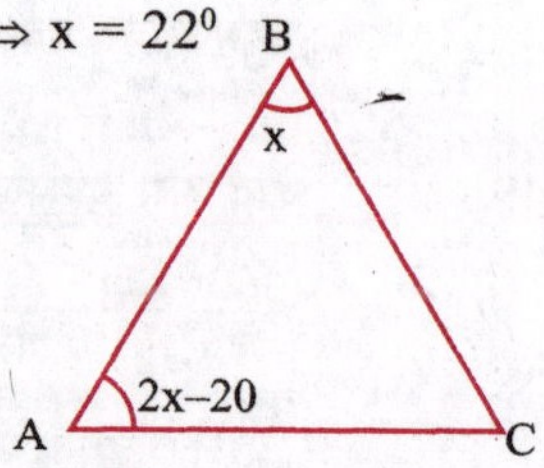

41. सम षट्भुज के सभी आन्तरिक कोणों का योग $=(2n-4)\times 90=(2\times 6-4)\times 90$
$=(12-4)\times 90=8\times 90=720^0$

सम षट्भुज के सभी बाह्य कोणों का योग $=360^0$

$\therefore$ आन्तरिक कोणों की माप : बाह्य कोणों की माप $=720:360=2:1$

42. यदि सम बहुभुज में n भुजाएँ हो तो, $(2n-4)\times 90=1440 \Rightarrow 2n-4=16$

$\therefore$ $2n=16+4=20 \Rightarrow n=10 \Rightarrow$ बहुभुज में भुजाओं की संख्या $=n=10$

43. माना सम बहुभुज में भुजाओं की संख्या n है। अतः प्रत्येक आन्तरिक कोण = प्रत्येक बाह्य कोण × 3

$\therefore$ $\frac{(2n-4)\times 90}{n}=\frac{360}{n}\times 3 \Rightarrow 2n-4=12$

$\therefore$ $2n=12+4=16 \Rightarrow n=8$, अतः बहुभुज में भुजाओं की संख्या $=n=8$

44. माना बहुभुज में भुजाओं की संख्या n है।

$\therefore$ बहुभुज के 5 कोणों का योग $= 172 \times 5 = 860^0$, अतः शेष (n – 5) कोणों का योग $= (n-5) \times 160^0$

$\therefore$ $(2n-4) \times 90 = 860 + (n-5) \times 160 = 860 + 160n - 800$

$\therefore$ $180n - 360 = 60 + 160n \Rightarrow 20n = 420 \Rightarrow n = \frac{420}{20} = 21$

$\therefore$ बहुभुज में भुजाओं की संख्या $= n = 21$

45. बहुभुज का प्रत्येक आन्तरिक कोण $= \frac{(2n-4)\times 90}{n}$ और बहुभुज का प्रत्येक बाह्य कोण $= \frac{360}{n}$

$\therefore$ आन्तरिक कोण = बाह्य कोण $\times 2 \Rightarrow \frac{(2n-4)\times 90}{n} = \frac{360}{n} \times 2$

$\therefore$ $2n - 4 = 8 \Rightarrow 2n = 12 \Rightarrow n = 6$

46. माना सम बहुभुजों में भुजाओं की संख्या क्रमशः x तथा $2x$ है।

$\therefore$ पहले सम बहुभुज का एक आन्तरिक कोण $= \frac{(2n-4)\times 90}{n} = \frac{(2x-4)90}{x}$

और दूसरे सम बहुभुज का एक आन्तरिक कोण $= \frac{(2n-4)\times 90}{n} = \frac{(4x-4)90}{2x}$

$\because$ दोनों बहुभुजों के आन्तरिक कोणों में अनुपात $= 2 : 3$

$\therefore$ $\frac{(2x-4)\times 90}{x} : \frac{(4x-4)\times 90}{2x} = 2 : 3 \Rightarrow (2x-4) : (2x-2) = 2 : 3$

$\therefore$ बाह्य पदों का गुणनफल = मध्य पदों का गुणनफल

$\therefore$ $(2x-4) \times 3 = (2x-2) \times 2 \Rightarrow 6x - 12 = 4x - 4 \Rightarrow 2x = 8 \Rightarrow x = 4$

$\therefore$ भुजाओं की संख्या $= x, 2x = 4, 8$

47. त्रिभुज के तीनों कोणों में अनुपात $= 1 : 4 : 5 \Rightarrow$ अनुपाती योग $= 1 + 4 + 5 = 10$

$\therefore$ त्रिभुज के तीनों कोणों का योग $= 180^0$, अतः त्रिभुज का पहला कोण $= 180 \times \frac{1}{10} = 18^0$

त्रिभुज का दूसरा कोण $= 180 \times \frac{4}{10} = 72^0$ और त्रिभुज का तीसरा कोण $= 180 \times \frac{5}{10} = 90^0$ = एक समकोण

$\because$ त्रिभुज का तीसरा कोण समकोण है। अतः त्रिभुज समकोण त्रिभुज है।

48. सम बहुभुज में भुजाओं की संख्या n हो तो,

बहुभुज का एक आन्तरिक कोण $\Rightarrow \frac{(2n-4)\times 90}{n} = 120 \Rightarrow (2n-4) \times 3 = 4n \Rightarrow 6n - 12 = 4n$

$\therefore$ $6n - 4n = 12 \Rightarrow 2n = 12 \Rightarrow n = 6$, अतः बहुभुज में भुजाओं की संख्या $= n = 6$

49. यदि सम बहुभुज में भुजाओं की संख्या n हो तो (बाह्य कोण) : (अन्तः कोण) = 1 : 4 से

$\frac{360}{n} : \frac{(2n-4)\times 90}{n} = 1 : 4 \Rightarrow 4 : (2n-4) = 1 : 4$

$\therefore$ मध्य पदों का गुणनफल = बाह्य पदों का गुणनफल

$\therefore$ $(2n-4) \times 1 = 4 \times 4 = 16$, अतः $2n - 4 = 16 \Rightarrow 2n = 20 \Rightarrow n = 10$

$\therefore$ भुजाओं की संख्या $= n = 10$

50. $\because$ त्रिभुज का एक कोण = अन्य दो कोणों का योगफल, अतः त्रिभुज समकोण त्रिभुज है।

51. यदि सम बहुभुज में भुजाओं की संख्या n हो तो सम बहुभुज का प्रत्येक आन्तरिक कोण $= \frac{(2n-4)\times 90}{n}$

$\therefore$ $\frac{(2n-4)\times 90}{n} = 120 \Rightarrow (2n-4)\,3 = 4n$

$\therefore$ $6n - 12 = 4n \Rightarrow 2n = 12 \Rightarrow n = 6$, अतः भुजाओं की संख्या $= n = 6$

52. किसी बहुभुज के सभी बाह्य कोणों का योग $= 360^0$

$\because$ दिये गये बहुभुज का एक बाह्य कोण $= 72^0 \Rightarrow$ दिये गये बहुभुज में भुजाओं की संख्या $= \frac{360}{72} = 5$

$\therefore$ बहुभुज के सभी अन्तःकोणों का योग $= (2n-4) \times 90 = (2 \times 5 - 4) \times 90 = 6 \times 90 = 540^0$

53. माना बहुभुज में भुजाओं की संख्या n है।

$\because$ आन्तरिक कोणों का योग = बाह्य कोणों के योग का दुगुना

$\therefore$ $(2n - 4) \times 90 = 360 \times 2 \Rightarrow 2n - 4 = 8$

$\therefore$ $2n = 8 + 4 = 12 \Rightarrow n = 6 \Rightarrow$ बहुभुज में भुजाओं की संख्या = n = 6

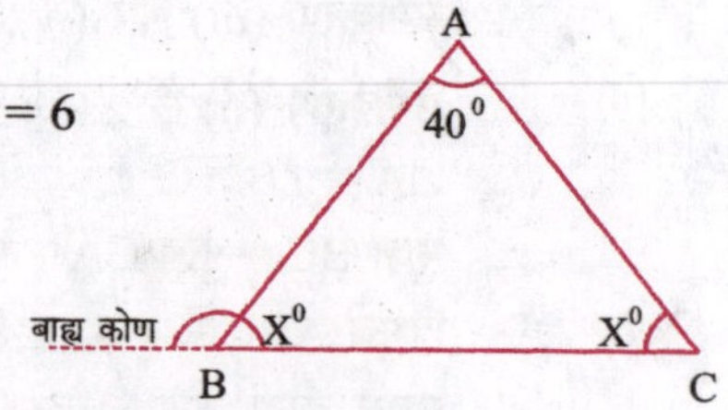

54. सम्मुख त्रिभुज ABC में AB = AC, अतः $\angle B = \angle C = x^0$ (माना)

$\therefore$ $\angle A + \angle B + \angle C = 180^0$, अतः $40 + x + x = 180$

$\therefore$ $2x = 140 \Rightarrow x = 70^0$

$\therefore$ B पर बाह्य कोण $= 180 - x = 180 - 70 = 110^0$

55. 5 भुजाओं वाले बहुभुज के अन्तःकोणों का योग $= (2n - 4) \times 90^0 = (5 \times 2 - 4) \times 90^0$
$= 6 \times 90^0 = 540^0$

पाँचों अन्तःकोणों का अनुपात = 2 : 3 : 3 : 5 : 5

$\therefore$ अनुपाती योग = 2 + 3 + 3 + 5 + 5 = 18

$\therefore$ सबसे छोटे कोण की माप $= 540^0 \times \frac{2}{18} = 60^0$

56. चित्रानुसार $\angle ACD$ त्रिभुज ABC का बहिष्कोण है।

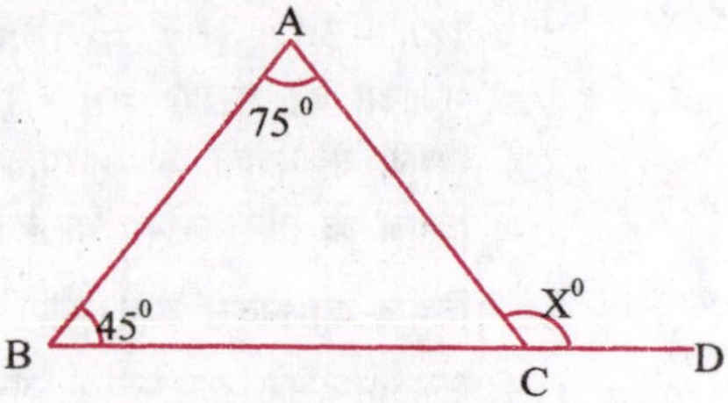

$\therefore$ $\angle ACD = \angle ABC + \angle BAC$, अतः $x^0 = 45 + 75 = 120^0$

$\therefore$ 60^0 का $\frac{x}{3}\% = 60 \times \frac{120}{3 \times 100} = 24^0$

57. चित्रानुसार ΔABC समद्विबाहु Δ है। जिसमें AB = AC

माना $\angle B = \angle C = x^0$ (माना) अतः $\angle BAC = (x + x) \times 2 = 4x$

$\because$ तीनों कोणों का योग $= 180^0$

$\therefore$ $4x + x + x = 180^0 \Rightarrow 6x = 180^0 \Rightarrow x = 30^0$

$\therefore$ प्रत्येक समान कोण $= x = 30^0$

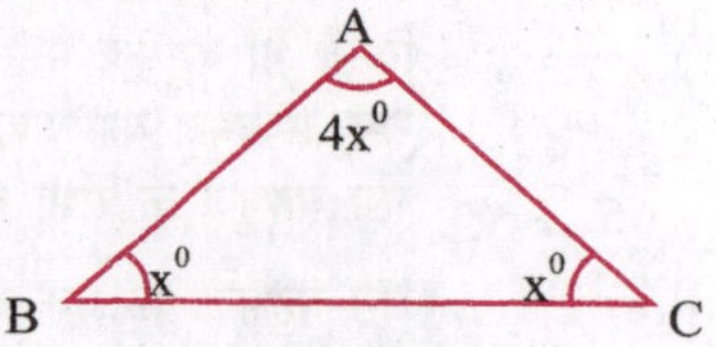

58. चित्र में ΔABC में भुजा AB = AC

$\therefore$ $\angle ABC = \angle ACB = x^0$ (माना) परन्तु AD = AC

$\therefore$ $\angle ACD = \angle ADC = y^0$ (माना)

$\because$ $\angle CAD$, त्रिभुज ABC का बहिष्कोण है।

$\therefore$ $\angle CAD = \Delta ABC$ के सम्मुख अन्तःकोणों का योग $= x^0 + x^0 = 2x^0$

$\therefore$ Δ ACD के तीनों कोणों का योग $= 180^0$

$\therefore$ $2x + y + y = 180 \Rightarrow 2x + 2y = 180^0$

$\therefore$ $2(x + y) = 180 \Rightarrow x + y = 90^0$, अतः $\angle BCD = x + y = 90^0$

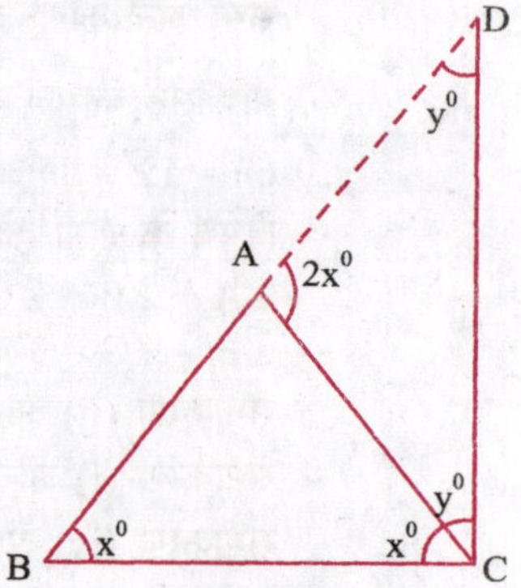

59. चित्रानुसार $\angle A + \angle B + \angle C = 180^0$, अतः $80^0 + \angle B + 35 = 180^0$

$\therefore$ $\angle B = 180 - 115 = 65^0$

$\because$ DE $\parallel$ BC $\Rightarrow \angle EDA = \angle ABC$ क्योंकि संगत कोण बराबर होते हैं।

$\therefore$ $\angle EDA = \angle ABC = 65^0$ अतः $\angle EDB = 180 - 65 = 115^0$

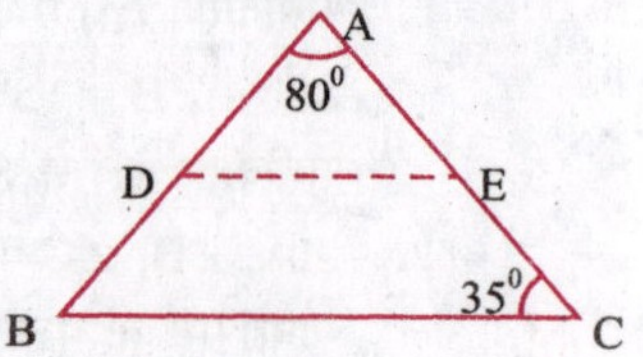

60. ΔABC में, $\angle A + \angle B = 145^0$ ....(i)

$\angle C + 2\angle B = 180^0$ ....(ii)

दोनों समीकरणों को जोड़ने पर, $\angle A + \angle B + \angle C + 2\angle B = 145^0 + 180^0$

$\therefore$ $180^0 + 2\angle B = 145^0 + 180^0 \Rightarrow 2\angle B = 145^0$ ....(iii)

समीकरण (i) से $\angle A + \frac{145}{2} = 145^0 \Rightarrow \angle A = 145 - \frac{145}{2} = \frac{145}{2} \Rightarrow 2\angle A = 145^0$ ....(iv)

समीकरण (iii) और (iv) से $2\angle A = 2\angle B \Rightarrow \angle A = \angle B = \frac{145}{2}$

समीकरण (ii) से $\angle C + 145 = 180^0 \Rightarrow \angle C = 180 - 145 = 35^0$

∴ $\angle A = \angle B > C$

∴ भुजा BC = भुजा CA > भुजा AB ⇒ CA > AB

61. ∵ त्रिभुज ABC में $\angle A : \angle B : \angle C = 2 : 4 : 3$

∴ सबसे छोटा कोण A तथा सबसे बड़ा कोण B होगा

∴ A के सामने की भुजा BC सबसे छोटी होगी और ∠B के सामने की भुजा AC सबसे बड़ी होगी।

∴ सबसे छोटी तथा सबसे बड़ी भुजा = BC तथा AC

62. यदि बहुभुज में n भुजाएँ हों तो प्रत्येक कोण ⇒ $\frac{(2n-4)\times 90}{n} = 160$

∴ $18n - 36 = 16n \Rightarrow 18n - 16n = 36 \Rightarrow 2n = 36 \Rightarrow n = \frac{36}{2} = 18$

∴ भुजाओं की संख्या = $n = 18$

63. त्रिभुज के कोणों का अनुपात = 1 : 2 : 3 ⇒ अनुपाती योग = 1 + 2 + 3 = 6

∴ त्रिभुज के तीनों कोणों का योग = 180^0

∴ त्रिभुज का सबसे बड़ा कोण = $180 \times \frac{3}{6} = 90^0$

64. सम अष्टभुज का प्रत्येक अन्तःकोण = 135^0

∴ किसी भी बहुभुज में संलग्न बाह्य कोण + अन्तःकोण = 180^0

∴ सम अष्टभुज का बाह्य कोण = 180 − अन्तःकोण = 180 − 135 = 45^0

65. सम बहुभुज के सभी बाह्य कोणों का योग = 360^0

सम बहुभुज का एक बाह्य कोण = 72^0, अतः सम बहुभुज में भुजाओं की संख्या = $\frac{360}{72} = 5$

सभी अन्तःकोणों का योग = $(2n - 4) \times 90 = (2 \times 5 - 4) \times 90 = 6 \times 90 = 540^0$

66. यदि सम बहुभुज में भुजाओं की संख्या n हो तो प्रत्येक आन्तरिक कोण ⇒ $\frac{(2n-4)\times 90}{n} = 150$

∴ $6n - 12 = 5n \Rightarrow 6n - 5n \Rightarrow n = 12$

67. ∵ त्रिभुज के तीनों कोणों का योग = 180^0

∴ $\angle A + \angle B + \angle C = 180^0$............(i) , $\angle A - \angle B = 15^0$ ....(ii)

$\angle B - \angle C = 30^0$ ....(iii)

समीकरण (ii) और समीकरण (iii) को जोड़ने पर, $\angle A - \angle C = 45^0$ ....(iv)

समीकरण (i) और समीकरण (ii) को जोड़ने पर, $2\angle A + \angle C = 195^0$ ....(v)

समीकरण (iv) और समीकरण (v) को जोड़ने पर, $3\angle A = 240^0 \Rightarrow \angle A = 80^0$

समीकरण (ii) में $\angle A = 80^0$ रखने पर–

$80^0 - \angle B = 15^0 \Rightarrow \angle B = 80^0 - 15^0 = 65^0$

समीकरण (i) से $80^0 + 65^0 + \angle C = 180^0 \Rightarrow \angle C = 180^0 - 145^0 = 35^0$

∴ $\angle A, \angle B, \angle C$ के मान = $80^0, 65^0, 35^0$

68. माना सम बहुभुज में n भुजाएँ हैं।

∴ आन्तरिक कोणों का योगफल ⇒ $(2n - 4) \times 90 = 1440$

∴ $2n - 4 = 16 \Rightarrow 2n = 20 \Rightarrow n = 10$

∴ बहुभुज में भुजाओं की संख्या = $n = 10$

69. चित्रानुसार बहिष्कोण $ABP = 120^0$

$\therefore$ अन्तःकोण $ABC = 180^0 - 120^0 = 60^0$

पुनः बहिष्कोण $ACQ = 105^0$

$\therefore$ अन्तःकोण $ACB = 180 - 105 = 75^0$

$\therefore$ शीर्षकोण $A = 180 - (60 + 75) = 180^0 - 135 = 45^0$

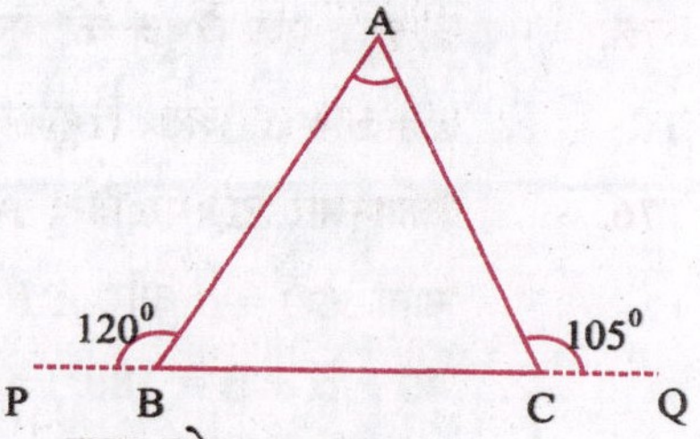

70. यदि बहुभुज में भुजाओं की संख्या n हो तो, आन्तरिक कोण की माप = बाह्य कोण का दुगुना

$\therefore \frac{(2n-4)\times 90}{n} = \frac{360}{n}\times 2 \Rightarrow 2n-4=8$

$\therefore 2n = 8 + 4 = 12 \Rightarrow n = \frac{12}{2} = 6 \Rightarrow$ भुजाओं की संख्या $= n = 6$

71. n भुजाओं वाले बहुभुज का बाह्य कोण $= \frac{360}{n}$

$(n+1)$ भुजाओं वाले बहुभुज का बाह्य कोण $= \frac{360}{(n+1)}$

$\therefore$ प्रश्नानुसार, $\frac{360}{n} - \frac{360}{(n+1)} = 5$, अतः $\frac{360n + 360 - 360n}{n(n+1)} = \frac{5}{1} \Rightarrow \frac{360}{n^2+n} = \frac{5}{1}$

$\therefore n^2 + n = 72 \Rightarrow n^2 + n - 72 = 0 \Rightarrow n^2 + 9n - 8n - 72 = 0$

$\therefore n(n+9) - 8(n+9) = 0 \Rightarrow (n+9)(n-8) = 0$

$\therefore n + 9 \neq 0$ क्योंकि इससे n का मान ऋणात्मक प्राप्त होगा। अतः $n - 8 = 0 \Rightarrow n = 8$

72. चित्रानुसार PQRS वर्ग तथा TQR समबाहु त्रिभुज है।

$\therefore \angle TQR = \angle QRT = \angle QTR = 60^0$

$\therefore \angle PQT = 90^0 - 60^0 = 30^0$ और $\angle TRS = 90^0 - 60^0 = 30^0$

$\because PQ = QR = RS = TQ = TR$

$\therefore \Delta PQT$ और ΔSRT समद्विबाहु त्रिभुज है।

$\therefore 2\angle\alpha = 180^0 - 30^0 = 150^0 \Rightarrow \angle\alpha = 75^0$

इसी प्रकार $2\angle\beta = 180^0 - 30^0 = 150^0 \Rightarrow \beta = 75^0$

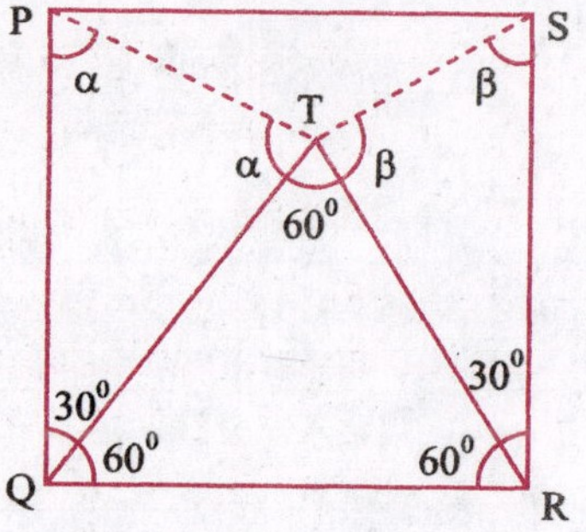

$\therefore \angle PTS = 360^0 - (\alpha + 60 + B) = 360 - (75 + 60 + 75) = 360^0 - 210^0 = 150^0$

73. सम्मुख चित्र में ABCDEF एक समषट्भुज है जहाँ $AC = CE = EA$

$\therefore \Delta ACE$ एक समबाहु त्रिभुज होगा।

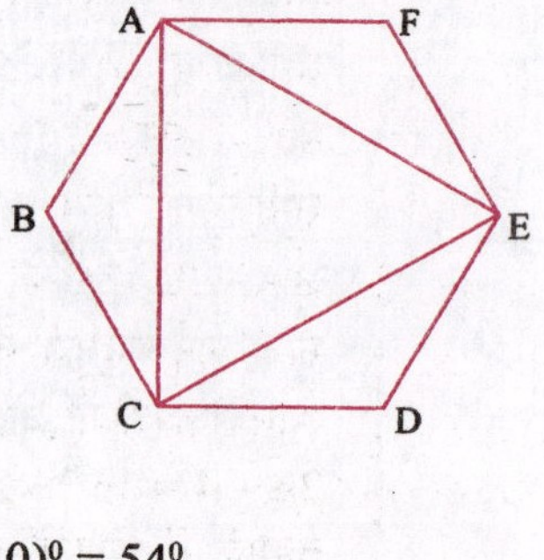

74. ΔABC में $\angle B = 1.5\ \angle A$ और $\angle C = 2.5\ \angle A$

परन्तु $\angle A + \angle B + \angle C = 180^0 \Rightarrow \angle A + 1.5\ \angle A + 2.5\ \angle A = 180^0$

$\therefore 5\ \angle A = 180^0 \Rightarrow \angle A = 36^0$, अतः $\angle B = 1.5\ \angle A = 1.5 \times 36^0 = (54.0)^0 = 54^0$

75. $\because$ a, b, c एक त्रिभुज की भुजाएँ हैं। और $a^2 + b^2 + c^2 = ab + bc + ca$

$\therefore$ $a = b = c$, अतः त्रिभुज समबाहु त्रिभुज है।

76. चित्रानुसार PQ पर बिन्दु A, PR पर बिन्दु B और QR पर बिन्दु C है। जहाँ $\angle PQR = 40^0$

माना $\angle Q = \alpha$ और $\angle R = \beta$

$\therefore$ $40 + \alpha + \beta = 180^0 \Rightarrow \alpha + \beta = 180^0 - 40^0 = 140^0$

$\because$ $QC = AC \Rightarrow \angle QAC = \angle CAQ = \alpha$ और $CR = BR \Rightarrow \angle RBC = \angle CRB = \beta$

(क्योंकि Δ में बराबर भुजाओं के सामने के कोण भी बराबर होते हैं।

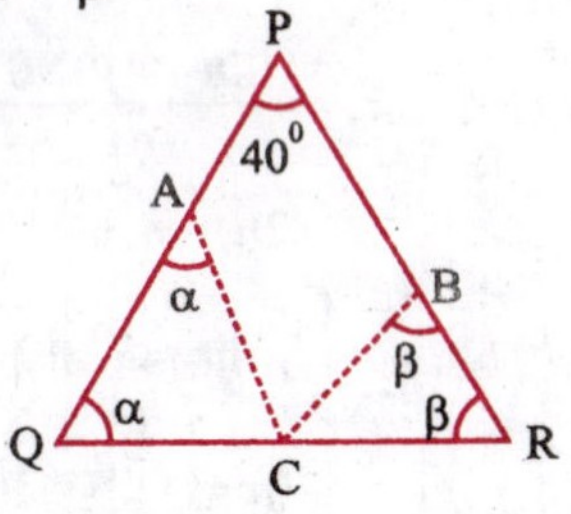

$\therefore$ $\angle PAC = 180 - \alpha$ और $\angle PBC = 180 - \beta$

$\because$ चतुर्भुज PACB के चारों कोणों का योग = 360^0

$\therefore$ $40 + 180 - \alpha + \angle ACB + 180 - \beta = 360^0$

$\therefore$ $40 + 180 - (\alpha + \beta) + \angle ACB + 180 = 360^0$

$\therefore$ $40 + 180 - 140 + \angle ACB + 180 = 360^0$

$\therefore$ $\angle ACB = 100^0$

77. चित्र में $AB \parallel CD$ और $CE \perp ED$

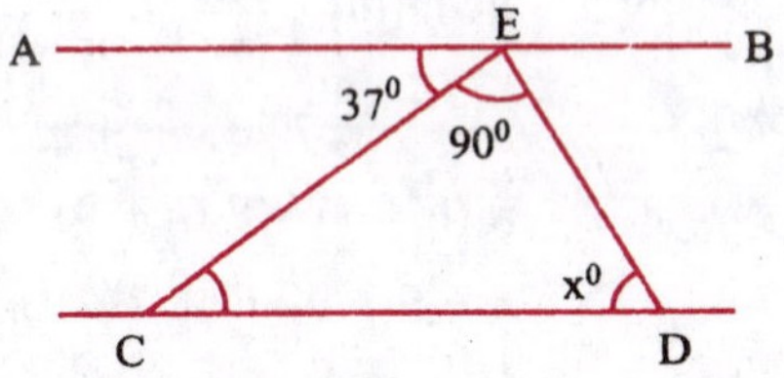

$\therefore$ ΔCDE के तीनों कोणों का योग = 180^0

$\therefore$ $90^0 + 37^0 + x = 180^0 \Rightarrow x = 180^0 - 127^0 = 53^0$

26 त्रिकोणमिति (Trigonometry)

'त्रिभुज की भुजाओं और कोणों से सम्बन्धित माप' को 'त्रिकोणमिति' कहते हैं। इस माप के लिए समकोण त्रिभुज के दोनों न्यूनकोणों के साथ उसकी भुजाओं के अनुपात (सम्बन्ध) का प्रयोग करते हैं, जिन्हें 'त्रिकोणमितीय अनुपात' (Trigonometric Ratio) या त्रिकोणमितीय फलन (Trigonometric Function) कहते हैं। कुल छः त्रिकोणमितीय अनुपात होतें है – sin, cos, tan, cot, sec, तथा cosec। समकोण त्रिभुज में इनका मान निम्नवत् होता है।

$\sin\theta = \frac{\text{लम्ब}}{\text{कर्ण}}$, $\cos\theta = \frac{\text{आधार}}{\text{कर्ण}}$, $\tan\theta = \frac{\text{लम्ब}}{\text{आधार}}$

$\cot\theta = \frac{\text{आधार}}{\text{लम्ब}}$, $\sec\theta = \frac{\text{कर्ण}}{\text{आधार}}$, $\text{cosec}\,\theta = \frac{\text{कर्ण}}{\text{लम्ब}}$

कर्ण, लम्ब और आधार का निर्धारण

जिस Δ में एक कोण 90^0 का होता है, उसे समकोण त्रिभुज कहते हैं। 90^0 के कोण के सामने वाली भुजा कर्ण कहलाती है, जो तीनों भुजाओं में सबसे बड़ी होती है। शेष दो भुजाओं में एक भुजा लम्ब और दूसरी भुजा आधार कहलाती है। लम्ब और आधार, कोण के अनुसार बदलते रहते हैं। परन्तु कर्ण सदैव 90^0 के कोण के सामने वाली भुजा ही होती है।

जिस कोण का त्रिकोणमितीय फलन (sin, cos, tan, cot, sec, cosec) लिया जाता है उसके ठीक सामने वाली भुजा लम्ब और दूसरी भुजा आधार होती है। इस तथ्य को निम्नलिखित चित्र के माध्यम से स्पष्ट रूप से समझा जा सकता है –

चित्र में ΔABC का $\angle B = 90^0$, अतः इसके सामने की भुजा AC कर्ण होगी। शेष दो भुजाओं AB और BC में किसी एक को लम्ब और दूसरी भुजा को आधार कहते हैं, वह इस प्रकार –

यदि कोण C का sin या cos या tan या cot या sec या cosec लें तो कोण C के सामने की भुजा AB लम्ब होगी और BC आधार। इसी प्रकार यदि कोण A का sin या cos या tan या cot या sec या cosec लें तो ∠A के सामने की भुजा BC लम्ब होगी और AB आधार।

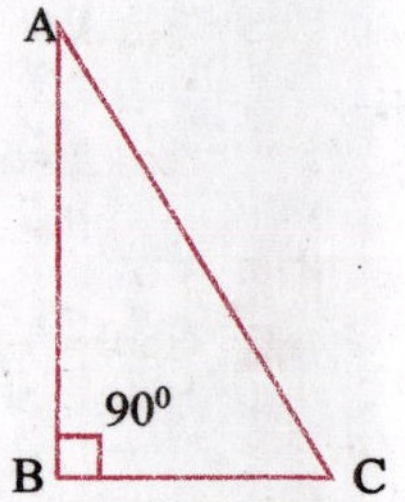

इस प्रकार ∠C के त्रिकोणमितीय फलनों के मान निम्नवत् होंगें –

$\sin C = \frac{\text{लम्ब}}{\text{कर्ण}} = \frac{AB}{AC}$, $\cos C = \frac{\text{आधार}}{\text{कर्ण}} = \frac{BC}{AC}$, $\tan C = \frac{\text{लम्ब}}{\text{आधार}} = \frac{AB}{BC}$,

$\cot C = \frac{\text{आधार}}{\text{लम्ब}} = \frac{BC}{AB}$, $\sec C = \frac{\text{कर्ण}}{\text{आधार}} = \frac{AC}{BC}$, $\text{cosec}\, C = \frac{\text{कर्ण}}{\text{लम्ब}} = \frac{AC}{AB}$

परन्तु इसी चित्र में ∠A के त्रिकोणमितीय फलनों के मान इस प्रकार बनेंगें –

$\sin A = \frac{\text{लम्ब}}{\text{कर्ण}} = \frac{BC}{AC}$, $\cos A = \frac{\text{आधार}}{\text{कर्ण}} = \frac{AB}{AC}$, $\tan A = \frac{\text{लम्ब}}{\text{आधार}} = \frac{BC}{AB}$,

$\cot A = \frac{\text{आधार}}{\text{लम्ब}} = \frac{AB}{BC}$, $\sec A = \frac{\text{कर्ण}}{\text{आधार}} = \frac{AC}{AB}$, $\text{cosec}\, A = \frac{\text{कर्ण}}{\text{लम्ब}} = \frac{AC}{BC}$

पाइथागोरस प्रमेय

समकोण त्रिभुज की तीनों भुजाओं से सम्बन्धित सूत्र पाइथागोरस प्रमेय से प्राप्त होता है, जो इस प्रकार है- ''कर्ण पर बना वर्ग शेष दोनों भुजाओं पर बने वर्गों के योग के बराबर होता है।'' अर्थात् किसी समकोण त्रिभुज में –

$$(\text{कर्ण})^2 = (\text{लम्ब})^2 + (\text{आधार})^2$$

त्रिकोणमितीय फलनों में पारस्परिक सम्बन्ध

(a) $\text{Sin}\,\theta = \dfrac{1}{\text{cosec}\,\theta}$ (b) $\tan\theta = \dfrac{1}{\cot\theta}$ (c) $\cos\theta = \dfrac{1}{\sec\theta}$ (d) $\tan\theta = \dfrac{\sin\theta}{\cos\theta}$

(e) $\text{cosec}\,\theta = \dfrac{1}{\sin\theta}$ (f) $\cot\theta = \dfrac{1}{\tan\theta}$ (g) $\sec\theta = \dfrac{1}{\cos\theta}$ (h) $\cot\theta = \dfrac{\cos\theta}{\sin\theta}$

उदाहरणार्थ हल प्रश्न

उदाहरण 1 :

सम्मुख चित्र में $\angle B = 90^0$, भुजा AB = 5 सेमी और कर्ण AC = 13 सेमी.। तो $\angle C$ के सभी त्रिकोणमितीय फलनों के मान ज्ञात कीजिए।

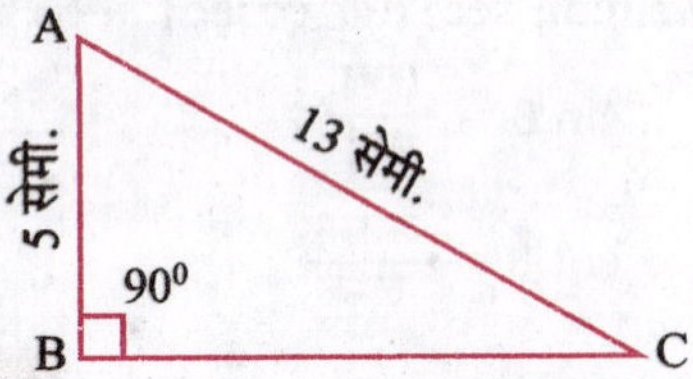

हल :

पाइथागोरस प्रमेय से कर्ण^2 = लम्ब^2 + आधार^2

$\therefore$ 169 = 25 + आधार^2, अतः आधार^2 = 144 = 12^2 या आधार = 12 सेमी.

$\therefore$ $\sin C = \dfrac{\text{लम्ब}}{\text{कर्ण}} = \dfrac{5}{13}$, $\cos C = \dfrac{\text{आधार}}{\text{कर्ण}} = \dfrac{12}{13}$, $\tan C = \dfrac{\text{लम्ब}}{\text{आधार}} = \dfrac{5}{12}$,

$\cot C = \dfrac{\text{आधार}}{\text{लम्ब}} = \dfrac{12}{5}$, $\sec C = \dfrac{\text{कर्ण}}{\text{आधार}} = \dfrac{13}{12}$, $\text{cosec}\, C = \dfrac{\text{कर्ण}}{\text{लम्ब}} = \dfrac{13}{5}$

उदाहरण 2 :

सामने के चित्र में $\angle B = 90$, कर्ण AC = 10 सेमी. और भुजा BC = 8 सेमी. तो $\angle A$ के सभी त्रिकोणमितीय फलनों के मान ज्ञात कीजिए।

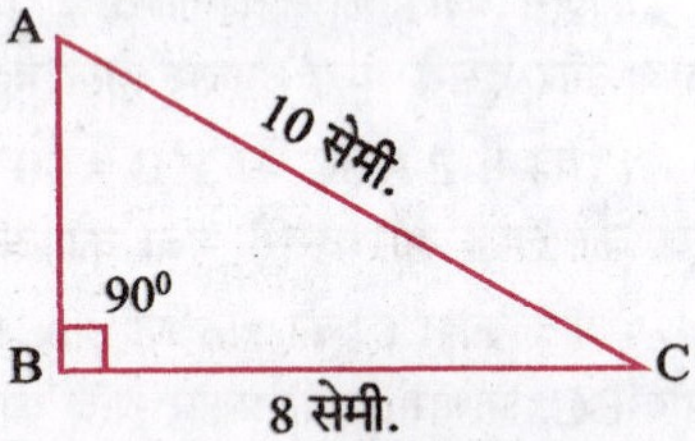

हल :

$AB^2 + 64 = 100$ या $AB^2 = 36 = 6^2$, अतः AB = 6 सेमी.

$\therefore$ $\sin A = \dfrac{\text{लम्ब}}{\text{कर्ण}} = \dfrac{8}{10} = \dfrac{4}{5}$, $\cos A = \dfrac{\text{आधार}}{\text{कर्ण}} = \dfrac{6}{10} = \dfrac{3}{5}$, $\tan A = \dfrac{\text{लम्ब}}{\text{आधार}} = \dfrac{8}{6} = \dfrac{4}{3}$,

$\cot A = \dfrac{\text{आधार}}{\text{लम्ब}} = \dfrac{6}{8} = \dfrac{3}{4}$, $\sec A = \dfrac{\text{कर्ण}}{\text{आधार}} = \dfrac{10}{6} = \dfrac{5}{3}$, $\text{cosec}\, A = \dfrac{\text{कर्ण}}{\text{लम्ब}} = \dfrac{10}{8} = \dfrac{5}{4}$

उदाहरण 3 :

यदि $\cos\theta = \dfrac{1}{\sqrt{5}}$ तो $\sin\theta$ और $\tan\theta$ के मान ज्ञात कीजिए।

हल :

$\cos\theta = \dfrac{1}{\sqrt{5}} = \dfrac{\text{आधार}}{\text{कर्ण}}$, अतः आधार = 1 और कर्ण = $\sqrt{5}$ सेमी.

$\therefore$ पाइथागोरस प्रमेय से, लम्ब^2 + आधार^2 = कर्ण^2 $\Rightarrow$ लम्ब^2 + 1 = 5 $\Rightarrow$ लम्ब^2 = 4 = 2^2 $\Rightarrow$ लम्ब = 2 सेमी.

$\therefore$ $\sin\theta = \dfrac{\text{लम्ब}}{\text{कर्ण}} = \dfrac{2}{\sqrt{5}}$ और $\tan\theta = \dfrac{\text{लम्ब}}{\text{आधार}} = \dfrac{2}{1} = 2$

उदाहरण 4 :

यदि $\sin\theta = \dfrac{\sqrt{3}}{2}$ तो $\sec\theta$ और $\cot\theta$ का मान ज्ञात कीजिए।

हल :

$\sin\theta = \dfrac{\sqrt{3}}{2} = \dfrac{\text{लम्ब}}{\text{कर्ण}}$ $\Rightarrow$ लम्ब = $\sqrt{3}$ और कर्ण = 2, अतः पाइथागोरस प्रमेय से, लम्ब^2 + आधार^2 = कर्ण^2 $\Rightarrow$ 3 + आधार^2 = 4

$\therefore$ आधार^2 = 4 − 3 = 1 = 1^2 $\Rightarrow$ आधार = 1 $\Rightarrow$ $\sec\theta = \dfrac{\text{कर्ण}}{\text{आधार}} = \dfrac{2}{1} = 2$ और $\cot\theta = \dfrac{\text{आधार}}{\text{लम्ब}} = \dfrac{1}{\sqrt{3}}$

उदाहरण 5 :

यदि $\tan\theta = \frac{1}{\sqrt{3}}$ तो $\sin\theta$ और $\cos\theta$ का मान ज्ञात कीजिए।

हल :

$\tan\theta = \frac{1}{\sqrt{3}} = \frac{\text{लम्ब}}{\text{आधार}} \Rightarrow$ लम्ब = 1 और आधार $= \sqrt{3}$

$\therefore$ पाइथागोरस प्रमेय से, $1^2 + (\sqrt{3})^2 =$ कर्ण$^2 \Rightarrow 1 + 3 =$ कर्ण$^2 \Rightarrow$ कर्ण$^2 = 4 \Rightarrow$ कर्ण $= 2$

$\therefore$ $\sin\theta = \frac{\text{लम्ब}}{\text{कर्ण}} = \frac{1}{2}$ और $\cos\theta = \frac{\text{आधार}}{\text{कर्ण}} = \frac{\sqrt{3}}{2}$

उदाहरण 6 :

यदि $\tan\theta = \frac{9}{40}$ तो $\sec\theta$ और $\text{cosec}\,\theta$ का मान ज्ञात कीजिए।

हल :

$\tan\theta = \frac{9}{40} = \frac{\text{लम्ब}}{\text{आधार}} \Rightarrow$ लम्ब = 9 और आधार = 40

$\therefore$ पाइथागोरस प्रमेय से, $9^2 + 40^2 =$ कर्ण$^2 \Rightarrow 81+1600 =$ कर्ण$^2 \Rightarrow$ कर्ण$^2 = 1681 \Rightarrow$ कर्ण $= 41$

$\therefore$ $\sec\theta = \frac{\text{कर्ण}}{\text{आधार}} = \frac{41}{40}$ और $\text{cosec}\,\theta = \frac{\text{कर्ण}}{\text{लम्ब}} = \frac{41}{9}$

उदाहरण 7 :

यदि $\sec A = \frac{25}{24}$ तो $\frac{\sin A + \cos A}{\sin A - \cos A}$ का मान ज्ञात कीजिए।

हल :

$\sec A = \frac{25}{24} = \frac{\text{कर्ण}}{\text{आधार}} \Rightarrow$ कर्ण = 25 और आधार = 24

$\therefore$ पाइथागोरस प्रमेय से, लम्ब^2 + आधार^2 = कर्ण$^2 \Rightarrow$ लम्ब$^2 + 24^2 = 25^2$

$\therefore$ लम्ब$^2 + 576 = 625 \Rightarrow$ लम्ब$^2 = 49 = 7^2 \Rightarrow$ लम्ब = 7, अतः $\sin A = \frac{\text{लम्ब}}{\text{कर्ण}} = \frac{7}{25}$ और $\cos A = \frac{\text{आधार}}{\text{कर्ण}} = \frac{24}{25}$

$$\therefore \frac{\sin A + \cos A}{\text{Sin}A - \cos A} = \frac{\frac{7}{25} + \frac{24}{25}}{\frac{7}{25} - \frac{24}{25}} = \frac{\frac{31}{25}}{-\frac{17}{25}} = \frac{31}{25} \times -\frac{25}{17} = -\frac{31}{17}$$

उदाहरण 8 :

यदि $\sin A = \frac{15}{17}$ तो $\frac{\text{cosec}\,A + \cot A}{\text{cosec}\,A - \cot A}$ का मान ज्ञात कीजिए।

हल :

$\sin A = \frac{15}{17} = \frac{\text{लम्ब}}{\text{कर्ण}} \Rightarrow$ लम्ब = 15 और कर्ण = 17

$\therefore$ पाइथागोरस प्रमेय से, $15^2 +$ आधार$^2 = 17^2 \Rightarrow$ आधार$^2 = 289 - 225 = 64 = 8^2 \Rightarrow$ आधार = 8

$$\therefore \text{cosec}\,A = \frac{\text{कर्ण}}{\text{लम्ब}} = \frac{17}{15} \text{ और } \cot A = \frac{\text{आधार}}{\text{लम्ब}} = \frac{8}{15} \Rightarrow \frac{\text{cosec}\,A + \cot A}{\text{cosec}\,A - \cot A} = \frac{\frac{17}{15} + \frac{8}{15}}{\frac{17}{15} - \frac{8}{15}} = \frac{\frac{25}{15}}{\frac{9}{15}} = \frac{25}{15} \times \frac{15}{9} = \frac{25}{9}$$

उदाहरण 9 :

यदि $\tan A = \frac{5}{12}$ तो $\frac{\sin A + \cos A - \tan A}{\sec A + \text{cosec}\,A - \cot A}$ का मान ज्ञात कीजिए।

हल :

$\tan A = \frac{5}{12} = \frac{\text{लम्ब}}{\text{आधार}} \Rightarrow$ लम्ब = 5 और आधार = 12

$\therefore$ पाइथागोरस प्रमेय से, कर्ण $= 25 + 144 = 169 = 13^2 \Rightarrow$ कर्ण $= 13$

$$\therefore \frac{\sin A + \cos A - \tan A}{\sec A + \operatorname{cosec} A - \cot A} = \frac{\frac{5}{13}+\frac{12}{13}-\frac{5}{12}}{\frac{13}{12}+\frac{13}{5}-\frac{12}{5}} = \frac{\frac{17}{13}-\frac{5}{12}}{\frac{13}{12}+\frac{1}{5}} = \frac{\frac{204-65}{13\times12}}{\frac{65+12}{12\times5}} = \frac{\frac{139}{13\times12}}{\frac{77}{12\times5}} = \frac{139}{13\times12}\times\frac{12\times5}{77} = \frac{695}{1001}$$

उदाहरण 10 :

यदि $\sec A = \frac{5}{4}$ तो $\frac{4\tan A + 3\cot A - 5\sin A}{5\sin A + 4\sec A - 8\tan A}$ का मान ज्ञात कीजिए।

हल :

$\sec A = \frac{5}{4} = \frac{\text{कर्ण}}{\text{आधार}} \Rightarrow$ कर्ण $= 5$ और आधार $= 4$

$\therefore$ पाइथागोरस प्रमेय से, लम्ब$^2 + 16 = 25 \Rightarrow$ लम्ब$^2 = 9 = 3^2 \Rightarrow$ लम्ब $= 3$

$$\therefore \frac{4\tan A + 3\cot A - 5\sin A}{5\sin A + 4\sec A - 8\tan A} = \frac{4\times\frac{3}{4}+3\times\frac{4}{3}-5\times\frac{3}{5}}{5\times\frac{3}{5}+4\times\frac{5}{4}-8\times\frac{3}{4}} = \frac{3+4-3}{3+5+(-6)} = \frac{4}{2} = 2$$

मानक सहरूप्यता (Standerd Identities) या मानक सर्वसमिकाएं

एक से अधिक चरों वाले उस समीकरण को सर्वसमिका कहते हैं जो उक्त चरों के सभी मानों से सन्तुष्ट हो जाता है। समीकरण के सन्तुष्ट होने का अर्थ यह है कि चर का मान रखने पर समीकरण के बायें पक्ष और दायें पक्ष का मान बराबर आये। त्रिकोणमिति में मूलभूत सर्वसमिकाएं (मानक सर्वसमिकाएं) निम्नलिखित हैं –

(1) $\sin^2\theta + \cos^2\theta = 1$ (2) $1 + \tan^2\theta = \sec^2\theta$ (3) $1 + \cot^2\theta = \operatorname{cosec}^2\theta$

इनसे हम निम्नलिखित अन्य सूत्र प्राप्त कर सकते हैं-

(1) $\sin^2\theta + \cos^2\theta = 1$ से $\sin^2\theta = 1 - \cos^2\theta$ या $\cos^2 = 1 - \sin^2\theta$

(2) $1 + \tan^2\theta = \sec^2\theta$ से $\tan^2\theta = \sec^2\theta - 1$ या $\sec^2 - \tan^2\theta = 1$

(3) $1 + \cot^2\theta = \operatorname{cosec}^2\theta$ से $\cot^2\theta = \operatorname{cosec}^2\theta - 1$ या $\operatorname{cosec}^2\theta - \cot^2\theta = 1$

उदाहरणार्थ हल प्रश्न

उदाहरण 1 :

यदि $\sin\theta = \frac{3}{5}$ तो $\sec\theta$ का मान ज्ञात कीजिए।

हल :

$\sin^2\theta + \cos^2\theta = 1$ से $\left(\frac{3}{5}\right)^2 + \cos^2\theta = 1$ या $\frac{9}{25} + \cos^2\theta = 1$

या $\cos^2\theta = 1 - \frac{9}{25} = \frac{16}{25} = \left(\frac{4}{5}\right)^2$, अतः $\cos\theta = \frac{4}{5} \Rightarrow \sec\theta = \frac{1}{\cos\theta} = 1\Big/\frac{4}{5} = \frac{5}{4}$

उदाहरण 2 :

यदि $\tan\theta = \frac{1}{\sqrt{3}}$ तो $\cos\theta$ का मान ज्ञात कीजिए।

हल :

$1 + \tan^2\theta = \sec^2\theta$ से $1 + \left(\frac{1}{\sqrt{3}}\right)^2 = \sec^2\theta$ या $1 + \frac{1}{3} = \sec^2\theta \Rightarrow \frac{4}{3} = \sec^2\theta$

या $\sec\theta = \sqrt{\frac{4}{3}} = \frac{2}{\sqrt{3}} \Rightarrow \cos\theta = \frac{1}{\sec\theta} = 1\Big/\frac{2}{\sqrt{3}} = \frac{\sqrt{3}}{2}$

उदाहरण 3 :

$\dfrac{\cot^2 A-1}{1-\tan^2 A}$ का मान क्या होगा?

हल :

$$\frac{\cot^2 A-1}{1-\tan^2 A}=\frac{\dfrac{\cos^2 A}{\sin^2 A}-\dfrac{1}{1}}{\dfrac{1}{1}-\dfrac{\sin^2 A}{\cos^2 A}}=\frac{\dfrac{\cos^2 A-\sin^2 A}{\sin^2 A}}{\dfrac{\cos^2-\sin^2 A}{\cos^2 A}}=\frac{(\cos^2 A-\sin^2 A)}{\sin^2 A}\times\frac{\cos^2 A}{(\cos^2 A-\sin^2 A)}=\frac{\cos^2 A}{\sin^2 A}=\cot^2 A$$

उदाहरण 4 :

$\dfrac{1}{\cos A}-\dfrac{1}{\sec A+\tan A}$ का मान ज्ञात कीजिए।

हल :

$$\frac{1}{\cos A}-\frac{1}{\sec A+\tan A}=\frac{1}{\cos A}-\frac{1}{\dfrac{1}{\cos A}+\dfrac{\sin A}{\cos A}}=\frac{1}{\cos A}-\frac{1}{\dfrac{(1+\sin A)}{\cos A}}=\frac{1}{\cos A}-\frac{\cos A}{(1+\sin A)}$$

$$=\frac{1+\sin A-\cos^2 A}{\cos A(1+\sin A)}=\frac{1-\cos^2 A+\sin A}{\cos A(1+\sin A)}=\frac{\sin^2 A+\sin A}{\cos A(1+\sin A)}=\frac{\sin A(1+\sin A)}{\cos A(1+\sin A)}=\tan A$$

उदाहरण 5 :

$\dfrac{1}{\sec A-\tan A}-\dfrac{1}{\cos A}$ का मान ज्ञात कीजिए।

हल :

$$\frac{1}{\sec A-\tan A}-\frac{1}{\cos A}=\frac{1}{\dfrac{1}{\cos A}-\dfrac{\sin A}{\cos A}}-\frac{1}{\cos A}=\frac{1}{\dfrac{(1-\sin A)}{\cos A}}-\frac{1}{\cos A}$$

$$=\frac{\cos A}{(1-\sin A)}-\frac{1}{\cos A}=\frac{\cos^2 A-1+\sin A}{(1-\sin A)\cos A}=\frac{\sin A-1+\cos^2 A}{(1-\sin A)\cos A}$$

$$=\frac{\sin A-(1-\cos^2 A)}{(1-\sin A).\cos A}=\frac{\sin A-\sin^2 A}{(1-\sin A).\cos A}=\frac{\sin A(1-\sin A)}{(1-\sin A)\cos A}=\tan A$$

उदाहरण 6 :

$(\sin A+\cos A)^2+(\sin A-\cos A)^2$ का मान ज्ञात कीजिए।

हल :

$$(\sin A+\cos A)^2+(\sin A-\cos A)^2=\sin^2 A+\cos^2 A+2\sin A\cdot\cos A+\sin^2 A+\cos^2 A-2\sin A\cdot\cos A$$

$$=(\sin^2 A+\cos^2 A)+(\sin^2 A+\cos^2 A)=1+1=2$$

उदाहरण 7 :

$\operatorname{cosec}\theta+\cot\theta$ का मान ज्ञात कीजिए।

हल :

$$\operatorname{cosec}\theta+\cot\theta=\frac{1}{\sin\theta}+\frac{\cos\theta}{\sin\theta}=\frac{1+\cos\theta}{\sin\theta}=\frac{1+2\cos^2\dfrac{\theta}{2}-1}{2\sin\dfrac{\theta}{2}\times\cos\dfrac{\theta}{2}}=\frac{2\cos^2\dfrac{\theta}{2}}{2\sin\dfrac{\theta}{2}\cos\dfrac{\theta}{2}}=\frac{\cos\dfrac{\theta}{2}.\cos\dfrac{\theta}{2}}{\sin\dfrac{\theta}{2}\cos\dfrac{\theta}{2}}=\frac{\cos\dfrac{\theta}{2}}{\sin\dfrac{\theta}{2}}=\cot\frac{\theta}{2}$$

उदाहरण 8 :

$\tan\theta+\cot\theta$ का मान ज्ञात कीजिए।

हल :

$$\tan\theta+\cot\theta=\frac{\sin\theta}{\cos\theta}+\frac{\cos\theta}{\sin\theta}=\frac{\sin^2\theta+\cos^2\theta}{\sin\theta.\cos\theta}=\frac{1}{\sin\theta\cdot\cos\theta}=\frac{1}{\sin\theta}\cdot\frac{1}{\cos\theta}=\operatorname{cosec}\theta\cdot\sec\theta$$

उदाहरण 9 :

$\cot\theta - \tan\theta$ का मान ज्ञात कीजिए।

हल :

$$\cot\theta - \tan\theta = \frac{\cos\theta}{\sin\theta} - \frac{\sin\theta}{\cos\theta} = \frac{\cos^2\theta - \sin^2\theta}{\sin\theta\cdot\cos\theta} = \frac{\cos 2\theta}{\sin\theta\cdot\cos\theta} = \frac{2\cdot\cos 2\theta}{2\sin\theta\cdot\cos\theta} = \frac{2\cos 2\theta}{\sin 2\theta} = 2\cot 2\theta$$

उदाहरण 10 :

$\frac{\sin 2\theta + \sin\theta}{\cos 2\theta + \cos\theta + 1}$ का मान ज्ञात कीजिए।

हल :

$$\frac{\sin 2\theta + \sin\theta}{\cos 2\theta + \cos\theta + 1} = \frac{2\sin\theta\cdot\cos\theta + \sin\theta}{2\cos^2\theta - 1 + \cos\theta + 1} = \frac{\sin\theta(2\cos\theta + 1)}{2\cos^2\theta + \cos\theta} = \frac{\sin\theta(2\cos\theta + 1)}{\cos\theta(2\cos\theta + 1)} = \frac{\sin\theta}{\cos\theta} = \tan\theta$$

डिग्री (अंश) और रेडियन माप [Degree And Radian Measures]

कोण मापने की वृत्तीय पद्धति में कोण की इकाई रेडियन होती है। किसी बिन्दु के चारों ओर 360^0 का कोण बनता है, जो रेडियन इकाई में 2π के बराबर होता है। अतः 2π रेडियन $= 360^0$ अर्थात् π रेडियन $= 180^0$ । रेडियन का संकेत c होता है इसलिए π रेडियन $= \pi^c = 180^0$।

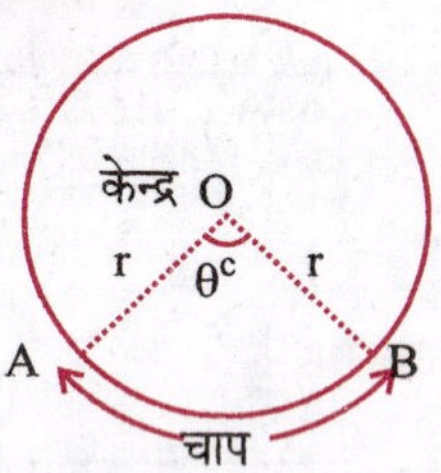

वृत्त के केन्द्र पर बना कोण – किसी चाप द्वारा वृत्त के केन्द्र पर बनाया गया कोण (रेडियन में), चाप और त्रिज्या की लम्बाइयों के अनुपात के बराबर होता है।

$$\text{अर्थात् केन्द्र कोण} = \frac{\text{चाप की लम्बाई}}{\text{त्रिज्या की लम्बाई}} \quad \text{अर्थात्} \quad \theta^c = \frac{AB}{r}$$

1 रेडियन – वृत्त की त्रिज्या के बराबर लम्बाई वाले चाप द्वारा वृत्त के केन्द्र पर बनाया गया कोण 1 रेडियन कहलाता है। जैसे चित्र में यदि चाप AB की लम्बाई त्रिज्या r के बराबर हो तो केन्द्र पर बना कोण AOB की मांप 1 रेडियन होगी।

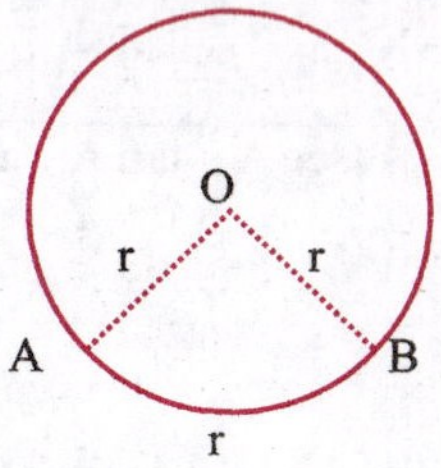

चूंकि $\pi^c = 180^0$, अतः $1^c = \left(\frac{180^0}{\pi}\right) = \left(\frac{180\times 7}{22}\right)^0 =$ 57 अंश 16 मिनट 21.8 सेकण्ड

$\therefore \quad 1^c = 57^0 16' 21.8''$

अनुपूरक कोण अर्थात् कोटिपूरक कोण अर्थात पूरककोण (Complementary Angles)

जिन दो कोणों का योग 90^0 होता है, उन्हें एक-दूसरे का कोटिपूरक कोण कहते हैं। जैसे

(a) 60^0 और 30^0 का योग 90^0 होता है। अतः 60^0 का कोटिपूरक कोण 30^0 है और 30^0 का कोटिपूरक कोण 60^0 है।

(b) 35^0 और 55^0 का योग 90^0 होता है। अतः 35^0 का कोटिपूरक कोण 55^0 है और 55^0 का कोटिपूरक कोण 35^0 है।

(c) 50^0 और 40^0 का योग 90^0 होता है। अतः 40^0 का कोटिपूरक कोण 50^0 है और 50^0 का कोटिपूरक कोण 40^0 है।

(d) यदि कोई कोण θ^0 हो तो उसका कोटिपूरक कोण $(90-\theta^0)$ है।

कोण θ के पूरक कोणों के त्रिकोणमितीय अनुपात निम्न प्रकार बदलते हैं –

← सूत्र → ← उदाहरण →

$\sin(90-\theta) = \cos\theta \Rightarrow \sin 50 = \cos 40,\ \sin 30 = \cos 60,\ \sin 35 = \cos 55$

$\cos(90-\theta) = \sin\theta \Rightarrow \cos 50 = \sin 40,\ \cos 30 = \sin 60,\ \cos 35 = \sin 55$

$\tan(90-\theta) = \cot\theta \Rightarrow \tan 50 = \cot 40,\ \tan 30 = \cot 60,\ \tan 35 = \cot 55$

$\cot(90-\theta) = \tan\theta \Rightarrow \cot 50 = \tan 40,\ \cot 30 = \tan 60,\ \cot 35 = \tan 55$

$\sec(90-\theta) = \text{cosec}\,\theta \Rightarrow \sec 50 = \text{cosec}\,40,\ \sec 30 = \text{cosec}\,60,\ \sec 35 = \text{cosec}\,55$

$\text{cosec}(90-\theta) = \sec\theta \Rightarrow \text{cosec}\,50 = \sec 40,\ \text{cosec}\,30 = \sec 60,\ \text{cosec}\,35 = \sec 55$

सम्पूरक कोण (Supplementary Angles)

जिन दो कोणों का योग 180^0 होता है, उन्हें एक-दूसरे का सम्पूरक कोण कहते हैं। जैसे –

(a) 110^0 और 70^0 के कोण एक-दूसरे के सम्पूरक कोण हैं।

(b) 95^0 और 85^0 के कोण एक-दूसरे के सम्पूरक कोण हैं।

(c) यदि एक कोण α हो तो उसका सम्पूरक कोण $(180-\alpha)$ होगा।

कोण θ के सम्पूरक कोणों के त्रिकोणमितीय अनुपात निम्न प्रकार बदलते हैं –

← सूत्र →		← उदाहरण →
$\sin(180-\theta)=\sin\theta$	$\Rightarrow$	$\sin 110=\sin 70,\ \sin 80=\sin 100$
$\cos(180-\theta)=-\cos\theta$	$\Rightarrow$	$\cos 110=-\cos 70,\ \cos 80=-\cos 100$
$\tan(180-\theta)=-\tan\theta$	$\Rightarrow$	$\tan 110=-\tan 70,\ \tan 80=-\tan 100$
$\cot(180-\theta)=-\cot\theta$	$\Rightarrow$	$\cot 110=-\cot 70,\ \cot 80=-\cot 100$
$\sec(180-\theta)=-\sec\theta$	$\Rightarrow$	$\sec 110=-\sec 70,\ \cot 80=-\cot 100$
$\text{cosec}(180-\theta)=\text{cosec}\,\theta$	$\Rightarrow$	$\text{cosec}\,110=\text{cosec}\,70,\ \text{cosec}\,80=\text{cosec}\,100$

उदाहरणार्थ हल प्रश्न

उदाहरण 1 :

निम्नलिखित के मान ज्ञात कीजिए।

(a) $\dfrac{\sin 43^0}{\cos 47^0}$ (b) $\dfrac{\tan 65^0}{\cot 25^0}$ (c) $\tan 46^0-\cot 44^0$

हल :

(a) $\dfrac{\sin 43^0}{\cos 47^0}=\dfrac{\sin 43^0}{\sin 43^0}=1$ (b) $\dfrac{\tan 65^0}{\cot 25^0}=\dfrac{\tan 65^0}{\tan 65^0}=1$ (c) $\tan 46^0-\cot 44^0=\tan 46^0-\tan 46^0=0$

उदाहरण 2 :

$\cos 51^0-\sin 39^0+\sin 37^0-\cos 53^0$ का मान क्या होगा?

हल :

$\cos 51^0-\sin 39^0+\sin 37^0-\cos 53^0=\sin 39^0-\sin 39^0+\sin 37^0-\sin 37^0=0$

उदाहरण 3 :

$\left(\dfrac{\sin 31^0}{\cos 59^0}\right)^2+\left(\dfrac{\cos 29^0}{\sin 61^0}\right)^2-1$ का मान ज्ञात कीजिए।

हल :

$$\left(\frac{\sin 31^0}{\cos 59^0}\right)^2+\left(\frac{\cos 29^0}{\sin 61^0}\right)^2-1=\left(\frac{\sin 30^0}{\sin 31^0}\right)^2+\left(\frac{\sin 61^0}{\sin 61^0}\right)^2-1=1^2+1^2-1=1+1-1=1$$

उदाहरण 4 :

$\dfrac{\sin(90-A)\cdot\cos(90-A)}{\cot A}$ का मान ज्ञात कीजिए।

हल :

$$\frac{\sin(90-A)\cdot\cos(90-A)}{\cot A}=\frac{\cos A\cdot\sin A}{\frac{\cos A}{\sin A}}=\frac{\cos A.\sin A.\sin A}{\cos A}=\sin^2 A$$

उदाहरण 5 :

$\cos(90-\theta) - \cos\theta \,.\, \cot(90-\theta)$ का मान क्या होगा?

हल :

$$\cos(90-\theta) - \cos\theta \,.\, \cot(90-\theta) = \sin\theta - \cos\theta \cdot \tan\theta = \sin\theta - \cos\theta \cdot \frac{\sin\theta}{\cos\theta} = \sin\theta - \sin\theta = 0$$

उदाहरण 6 :

$\tan 25^0 . \tan 55^0 . \tan 65^0 . \tan 35^0$ का सरलतम मान क्या होगा?

हल :

$$\tan 25^0 . \tan 55^0 . \tan 65^0 . \tan 35^0 = \tan 25^0 . \tan 55^0 . \cot 25^0 . \cot 55^0$$

$$= \tan 25^0 \times \tan 55^0 \; \frac{1}{\tan 55^0} . \frac{1}{\tan 25^0} = 1$$

उदाहरण 7 :

सरल कीजिए- $\sin 38^0 . \operatorname{cosec} 142^0 + \cos 35^0 . \sec 155^0$

हल :

$\sin 38^0 . \operatorname{cosec} 142^0 + \cos 35^0 . \sec 155^0$

$= \sin 38^0 . \operatorname{cosec}(180^0 - 38^0) + \cos 35^0 . \sec(180^0 - 35^0) = \sin 38^0 . \operatorname{cosec} 38^0 + \cos 35^0 . - \sec 35^0$

$$= \sin 38^0 \times \frac{1}{\sin 38^0} + \cos 35^0 \times - \frac{1}{\cos 35^0} = 1 - 1 = 0$$

उदाहरण 8 :

सरल कीजिए- $\cos 24^0 + \cos 55^0 + \cos 125^0 + \cos 156^0$

हल :

$$\cos 24^0 + \cos 55^0 + \cos 125^0 + \cos 156^0 = \cos 24^0 + \cos 55^0 + \cos(180^0 - 55^0) + \cos(180^0 - 24^0)$$

$$= \cos 24^0 + \cos 55^0 - \cos 55^0 - \cos 24^0 = 0$$

विशिष्ट कोणों के त्रिकोणमितीय अनुपात

कोण	0^0	30^0	45^0	60^0	90^0	120^0	135^0	150^0	180^0
sin	0	$\frac{1}{2}$	$\frac{1}{\sqrt{2}}$	$\frac{\sqrt{3}}{2}$	1	$\frac{\sqrt{3}}{2}$	$\frac{1}{\sqrt{2}}$	$\frac{1}{2}$	0
cos.	1	$\frac{\sqrt{3}}{2}$	$\frac{1}{\sqrt{2}}$	$\frac{1}{2}$	0	$-\frac{1}{2}$	$-\frac{1}{\sqrt{2}}$	$-\frac{\sqrt{3}}{2}$	-1
tan	0	$\frac{1}{\sqrt{3}}$	1	$\sqrt{3}$	∞	$-\sqrt{3}$	-1	$-\frac{1}{\sqrt{3}}$	0
cot	∞	$\sqrt{3}$	1	$\frac{1}{\sqrt{3}}$	0	$-\frac{1}{\sqrt{3}}$	-1	$-\sqrt{3}$	∞
sec	1	$\frac{2}{\sqrt{3}}$	$\sqrt{2}$	2	∞	-2	$-\sqrt{2}$	$-\frac{2}{\sqrt{3}}$	-1
cosec	∞	2	$\sqrt{2}$	$\frac{2}{\sqrt{3}}$	1	$\frac{2}{\sqrt{3}}$	$\sqrt{2}$	2	∞

अति विशिष्टि कोणों के त्रिकोणमितीय अनुपात

$\sin 15^0 = \frac{\sqrt{3}-1}{2\sqrt{2}}$ $\quad$ $\sin 75^0 = \frac{\sqrt{3}+1}{2\sqrt{2}}$ $\quad$ $\sin 18^0 = \frac{\sqrt{5}-1}{4}$

$\cos 15^0 = \frac{\sqrt{3}+1}{2\sqrt{2}}$ $\cos 75^0 = \frac{\sqrt{3}-1}{2\sqrt{2}}$ $\cos 18^0 = \frac{\sqrt{10+2\sqrt{5}}}{4}$

$\tan 15^0 = 2-\sqrt{3}$ $\tan 75^0 = 2+\sqrt{3}$ $\sin 36^0 = \frac{\sqrt{10-2\sqrt{5}}}{4}$

$\cot 15^0 = 2+\sqrt{3}$ $\cot 75^0 = 2-\sqrt{3}$ $\cos 36^0 = \frac{\sqrt{5}+1}{4}$

$\sin\left(22\frac{1}{2}\right)^0 = \frac{\sqrt{2-\sqrt{2}}}{2}$ $\cos\left(22\frac{1}{2}\right)^0 = \frac{\sqrt{2+\sqrt{2}}}{2}$ $\tan\left(22\frac{1}{2}\right)^0 = \sqrt{2}-1$

उदाहरण-1

$\frac{1-\sin 60^0}{\cos 60^0}$ का मान ज्ञात कीजिए।

हल :

$$\frac{1-\sin 60^0}{\cos 60^0} = \frac{1-\frac{\sqrt{3}}{2}}{\frac{1}{2}} = \frac{\frac{2-\sqrt{3}}{2}}{\frac{1}{2}} = \frac{2-\sqrt{3}}{2}\times\frac{2}{1} = 2-\sqrt{3}$$

उदाहरण-2

सरल कीजिए- $\frac{\cos 30^0 + \sin 60^0}{1+\sin 30^0 - \cos 60^0}$

हल :

$$\frac{\cos 30^0 + \sin 60^0}{1+\sin 30^0 - \cos 60^0} = \frac{\frac{\sqrt{3}}{2}+\frac{\sqrt{3}}{2}}{1+\frac{1}{2}-\frac{1}{2}} = \frac{\frac{2\sqrt{3}}{2}}{1} = \sqrt{3}$$

उदाहरण-3

$\sin\frac{\pi}{4}\cdot\cos\frac{\pi}{6}\cdot\tan\frac{\pi}{3}$ का सरलतम मान ज्ञात कीजिए।

हल :

$$\sin\frac{\pi}{4}\cdot\cos\frac{\pi}{6}\cdot\tan\frac{\pi}{3} = \sin\frac{180}{4}\cdot\cos\frac{180}{6}\cdot\tan\frac{180}{3} = \sin 45^0\cdot\cos 30^0\cdot\tan 60^0 = \frac{1}{\sqrt{2}}\cdot\frac{\sqrt{3}}{2}\cdot\frac{\sqrt{3}}{1} = \frac{3}{2\sqrt{2}}$$

उदाहरण-4

$\tan 30^0 \sec 45^0 - \tan 60^0 \sec 30^0$ का मान कितना होगा?

हल :

$$\tan 30^0\ \sec 45^0 - \tan 60^0 .\ \sec 30^0 = \frac{1}{\sqrt{3}}\cdot\sqrt{2} - \frac{\sqrt{3}}{1}\cdot\frac{2}{\sqrt{3}} = \frac{\sqrt{2}}{\sqrt{3}} - \frac{2}{1} = \frac{\sqrt{2}-2\sqrt{3}}{\sqrt{3}}$$

उदाहरण-5

सरल कीजिए $\frac{\sin 60^0 - \cos 60^0}{\sin 30^0 + \cos 30^0}$

हल :

$$\frac{\sin 60^0 - \cos 60^0}{\sin 30^0 + \cos 30^0} = \frac{\frac{\sqrt{3}}{2}-\frac{1}{2}}{\frac{1}{2}+\frac{\sqrt{3}}{2}} = \frac{\frac{\sqrt{3}-1}{2}}{\frac{1+\sqrt{3}}{2}} = \frac{\sqrt{3}-1}{\sqrt{3}+1} = \frac{(\sqrt{3}-1)}{(\sqrt{3}+1)}\frac{(\sqrt{3}-1)}{(\sqrt{3}-1)} = \frac{(\sqrt{3}-1)^2}{3-1}$$

$$= \frac{3+1-2\sqrt{3}}{2} = \frac{4-2\sqrt{3}}{2} = \frac{2(2-\sqrt{3})}{2} = (2-\sqrt{3})$$

उदाहरण-6

$\left[\sin\left(22\frac{1}{2}\right)^0.\cos\left(22\frac{1}{2}\right)^0\right]\div\left[\tan 75^0.\cot 75^0\right]$ का मान ज्ञात कीजिए।

हल :

$$\left[\sin\left(22\frac{1}{2}\right)^0.\cos\left(22\frac{1}{2}\right)^0\right]\div\left[\tan 75^0.\cot 75^0\right]=\left[\frac{\sqrt{2-\sqrt{2}}}{2}\times\frac{\sqrt{2+\sqrt{2}}}{2}\right]\div\left[(2+\sqrt{3})(2-\sqrt{3})\right]$$

$$=\frac{(\sqrt{2-\sqrt{2}})^2}{4}\div(4-3)=\frac{(2-\sqrt{2})}{4}\div 1=\frac{2-\sqrt{2}}{4}$$

उदाहरण-7

सरल कीजिए- $\sin 18^0.\cos 36^0-\sin 75^0.\cos 75^0$

हल :

$$\sin 18^0.\cos 36^0-\sin 75^0.\cos 75^0=\frac{(\sqrt{5}-1)}{4}.\frac{(\sqrt{5}+1)}{4}-\frac{(\sqrt{3}+1)}{2\sqrt{2}}.\frac{(\sqrt{3}-1)}{2\sqrt{2}}$$

$$=\frac{5-1}{16}-\frac{3-1}{8}=\frac{4}{16}-\frac{2}{8}=\frac{1}{4}-\frac{1}{4}=0$$

उदाहरण-8

सरल कीजिए- $\frac{\tan 15^0+\cot 15^0}{\sin 15^0.\cos 15^0}$

हल :

$$\frac{\tan 15^0+\cot 15^0}{\sin 15^0.\cos 15^0}=\frac{2-\sqrt{3}+2+\sqrt{3}}{\frac{(\sqrt{3}-1)}{2\sqrt{2}}\times\frac{(\sqrt{3}+1)}{2\sqrt{2}}}=\frac{4}{\frac{3-1}{8}}=\frac{4}{\left(\frac{2}{8}\right)}=4\times\frac{8}{2}=16$$

ऊँचाई और दूरी
(Height and Distance)

न्यन कोण और अवनमन कोण (Angle of Elevation & Angle of Depression)

चित्र में AB एक मीनार है, जिसकी आधार रेखा (क्षैतिज रेखा) AC है। जब आधार रेखा के बिन्दु C से मीनार की चोटी को देखा जायेगा तो आंख पर $\angle ACB$ बनेगा और जब चोटी से बिन्दु C को देखा जायेगा तो आंख पर $\angle CBD$ बनेगा। इस प्रकार आंख उठाकर किसी बिन्दु को देखने पर आंख पर बनने वाला कोण उन्नयन कोण कहलाता है। जबकि आंख को झुकाकर किसी बिन्दु को देखने पर आंख पर बनने वाला कोण अवनमन कोण कहलाता है। इस स्थिति में एक समकोण त्रिभुज की कल्पना की जाती है, जिससे सम्बन्धित जानकारी त्रिकोणमितीय फलनों के माध्यम से ज्ञात की जाती है।

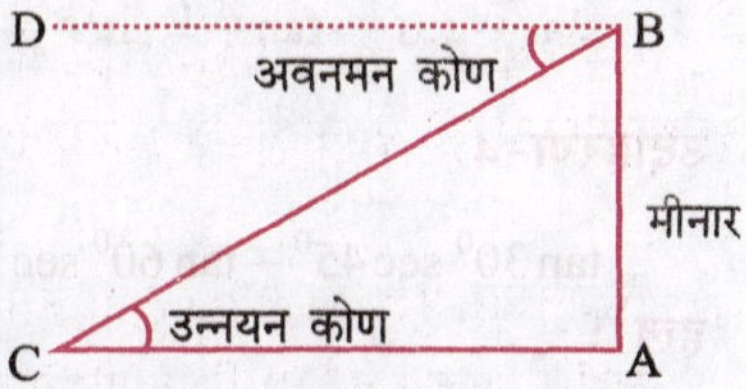

उदाहरणार्थ हल प्रश्न

उदाहरण-1

सम्मुख चित्र में BC एक वृक्ष है। किसी समय उसकी परछाई AB, $8\sqrt{3}$ मी. थी। यदि उस समय वृक्ष की चोटी का उन्नयन कोण 30^0 का रहा हो तो वृक्ष की ऊँचाई ज्ञात कीजिए।

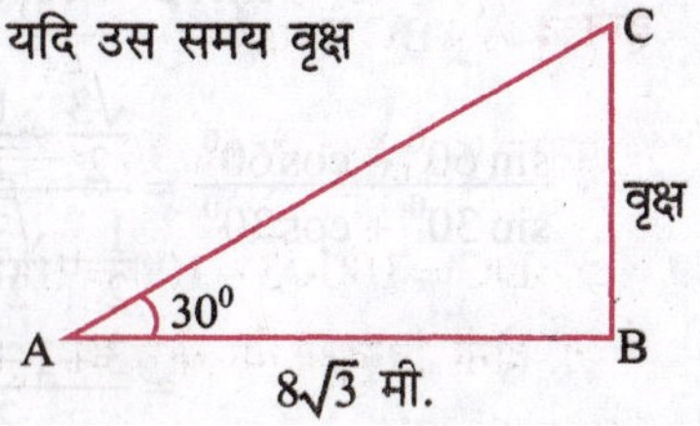

हल :

चूंकि $\tan 30=\frac{\text{लम्ब}}{\text{आधार}}$, अतः $\frac{1}{\sqrt{3}}=\frac{BC}{8\sqrt{3}}\Rightarrow BC=8$ मी.

$\therefore$ वृक्ष की ऊँचाई $=BC=8$ मी.

उदाहरण-2

10 मी. लम्बा खम्भा भूमि पर उर्ध्वाधर खड़ा है। उसके आधार से कितनी दूरी पर स्थित किसी बिन्दु पर उसके शिखर का उन्नयन कोण 30^0 का बनेगा।

हल :

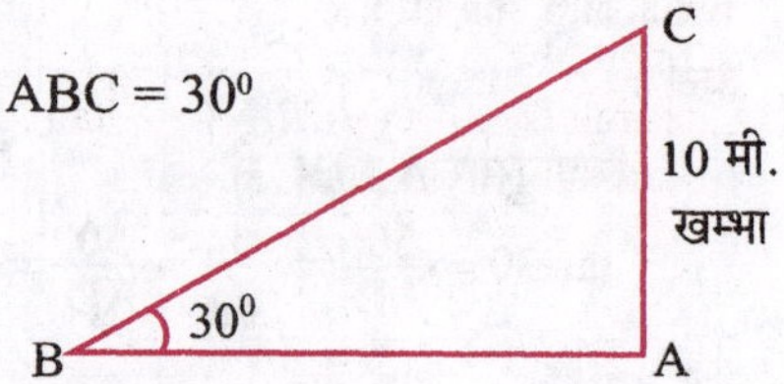

चित्रानुसार 10 मी. लम्बा खम्भा AC है और उसके शिखर का उन्नयन कोण $ABC = 30^0$

अब $\tan 30 = \frac{\text{लम्ब}}{\text{आधार}} = \frac{AC}{AB} \Rightarrow \frac{1}{\sqrt{3}} = \frac{10}{AB} \Rightarrow AB = 10\sqrt{3}$ मी.

अतः आधार A से $10\sqrt{3}$ मी. दूरी पर उन्नयन कोण बनेगा।

उदाहरण-3

$8\sqrt{3}$ मी. ऊँचे खम्भे के शिखर से एक तार को बांधकर तार का दूसरा सिरा जमीन में गाड़ा गया है। तार का दूसरा सिरा जमीन से 60^0 का कोण बना रहा हो तो तार की लम्बाई ज्ञात कीजिए।

हल :

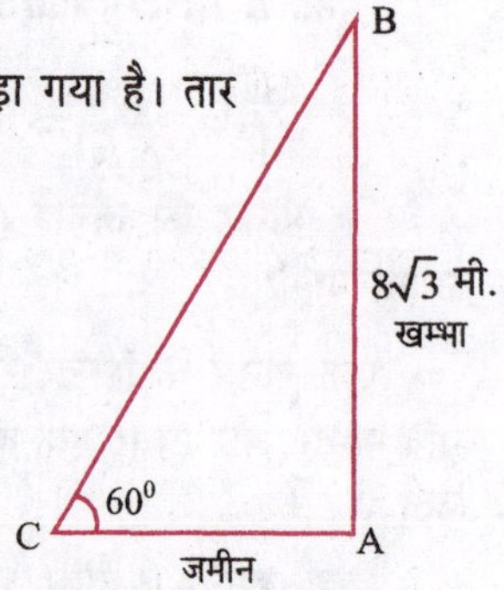

चित्रानुसार जमीन पर खड़ा खम्भा AB तथा उसके शिखर से बंधा तार BC है।

$\sin 60^0 = \frac{\text{लम्ब}}{\text{कर्ण}} = \frac{8\sqrt{3}}{BC} \Rightarrow \frac{\sqrt{3}}{2} = \frac{8\sqrt{3}}{BC} \Rightarrow BC = 16$ मी.

$\therefore$ तार की लम्बाई = BC = 16 मी.

उदाहरण-4

15 मी. ऊँचे बिजली के पोल की परछाई कितनी लम्बी होगी, यदि उसकी शिखर का उन्नयनकोण 15^0 का हो?

हल :

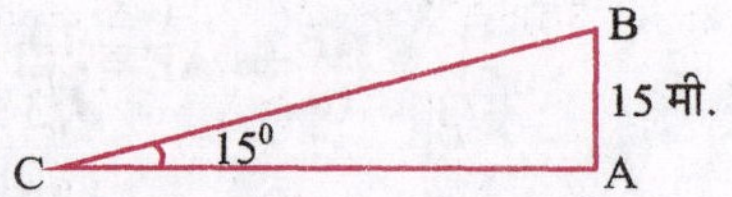

चित्रानुसार पोल AB की परछाई AC है।

$\therefore \quad \tan 15^0 = \frac{\text{लम्ब}}{\text{आधार}} = \frac{15}{AC} \Rightarrow 2-\sqrt{3} = \frac{15}{AC}$

$\therefore \quad AC = \frac{15}{2-\sqrt{3}} = \frac{15\times(2+\sqrt{3})}{(2-\sqrt{3})(2+\sqrt{3})} = \frac{30+15\sqrt{3}}{4-3} = 30 + 15 \times 1.732 = 30 + 25.980 = 55.98$ मी.

उदाहरण-5

एक नदी पर बना एक पुल 100 मी. ऊँचा है। नदी के जल सतह पर स्थित दो बिन्दुओं से (जो एक ही सीध में है) पुल के उच्चतम् बिन्दु से अवनमन कोण क्रमशः 30^0, 45^0 हैं। दोनों बिन्दुओं के बीच की दूरी ज्ञात कीजिए।

हल :

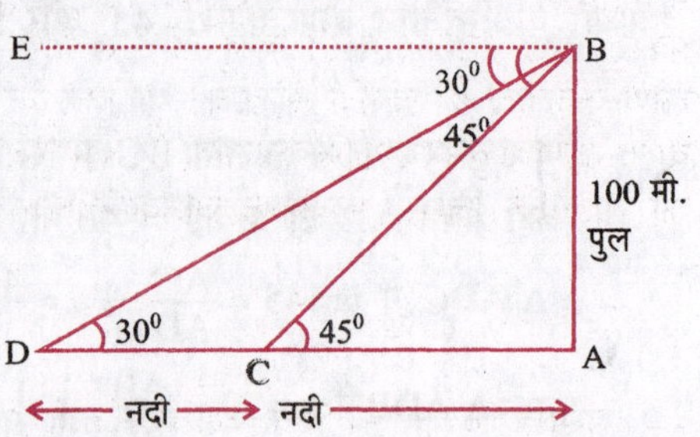

चित्रानुसार पुल की अधिकतम ऊँचाई का बिन्दु B है।

जहां से जल सतह पर स्थित दो बिन्दुओं D और C से बने अवनमन कोण क्रमशः $\angle DBE$ तथा $\angle CBE$ हैं।

$\therefore \angle ADB = \angle DBE = 30$ और $\angle ACB = \angle CBE = 45^0$

(क्योंकि एकान्तर कोण हैं)

अब ΔABC में $\tan 45 = \frac{100}{AC} \Rightarrow 1 = \frac{100}{AC} \Rightarrow AC = 100$ मी.

पुनः ΔABD में $\tan 30 = \frac{AB}{AD} \Rightarrow \frac{1}{\sqrt{3}} = \frac{100}{DC+100} \Rightarrow DC+100 = 100\sqrt{3}$

$\therefore DC = 100\sqrt{3} - 100 = 100\times1.732 - 100 = 173.2 - 100 = 73.2$ मी.

$\therefore$ दोनों बिन्दुओं के बीच की दूरी = DC = 73.2 मी.

उदाहरण-6

एक चिमनी और एक मीनार एक ही समतल पर खड़ी हैं। मीनार के ऊपरी सिरे से चिमनी के आधार का उन्नयन कोण 60^0 हैं। तथा चिमनी के उपरी सिरे से मीनार के आधार का उन्नयन कोण 30^0 है यदि चिमनी 50^0 मी. ऊँची हो तो मीनार की ऊँचाई ज्ञात कीजिए।

हल :

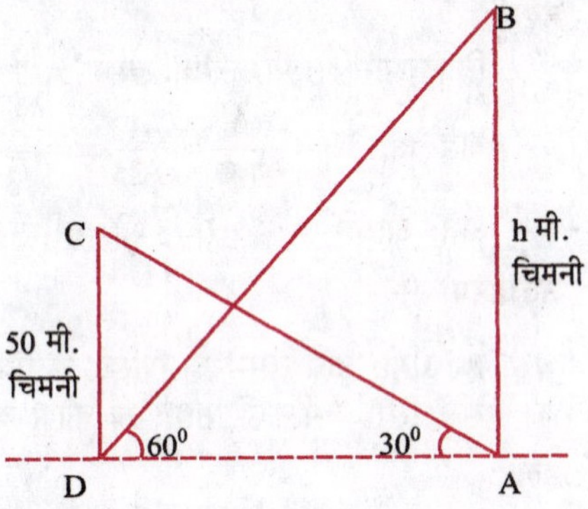

चित्रानुसार ΔADC में

$$\tan 30 = \frac{50}{AD} \Rightarrow \frac{1}{\sqrt{3}} = \frac{50}{AD} \Rightarrow AD = 50\sqrt{3}$$

पुनः Δ ABD में $\tan 60 = \frac{h}{AD}$

$$\therefore \frac{\sqrt{3}}{1} = \frac{h}{50\sqrt{3}} \Rightarrow h = 50\sqrt{3} \times \sqrt{3} = 150$$

$\therefore$ मीनार की ऊँचाई (h) = 150 मी.

उदाहरण-7

एक मन्दिर के शिखर से एक टावर के शिखर का उन्नयन कोण 60^0 तथा टावर के आधार का अवनमन कोण 30^0 है। यदि मन्दिर और टावर एक-दूसरे से 10 मी. दूरी पर हों तो, टावर की ऊँचाई ज्ञात कीजिए।

हल :

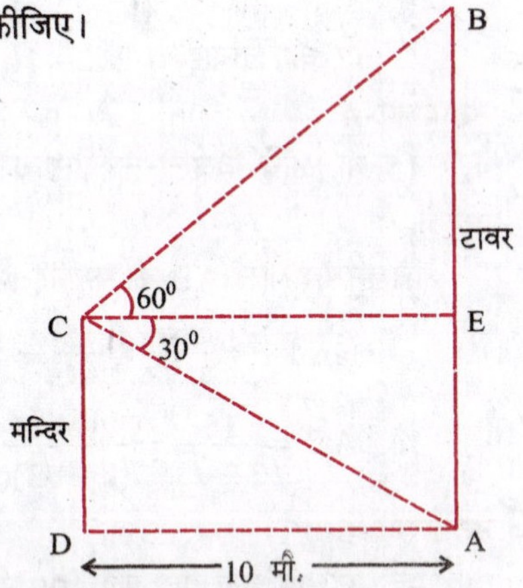

चित्रानुसार AB टावर और CD मन्दिर है।

Δ ACE में $\tan 30 = \frac{AE}{CE}$

$$\therefore \frac{1}{\sqrt{3}} = \frac{AE}{10} \Rightarrow AE = \frac{10}{\sqrt{3}} \text{ मी.}$$

पुनः Δ BCE में $\tan 60 = \frac{BE}{CE} \Rightarrow \frac{\sqrt{3}}{1} = \frac{BE}{10} \Rightarrow BE = 10\sqrt{3}$

$$\therefore \text{ टावर की ऊँचाई } = AE + BE = \frac{10}{\sqrt{3}} + \frac{10\sqrt{3}}{1} = \frac{10+30}{\sqrt{3}} = \frac{40}{\sqrt{3}} \text{ मी.}$$

ाहरण-8

एक भवन पर एक झण्डा लगा है। भवन के आधार से जाने वाले समतल पर स्थित किसी बिन्दु से झण्डे के शिखर और आधार के अवनमन कोण क्रमशः 45^0 और 30^0 है। यदि भवन 40 मी. ऊँचा है तो झण्डे की ऊँचाई ज्ञात कीजिए।

ल :

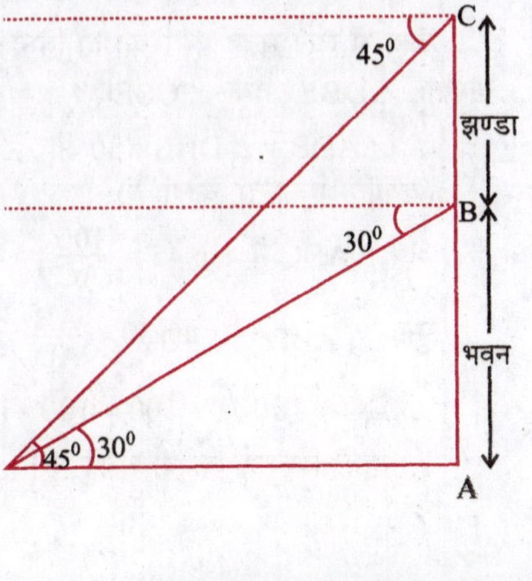

चित्रानुसार AB भवन तथा BC झण्डा है।

जहां भवन AB की ऊँचाई = 40 मी.

Δ ADC में $\tan 45 = \frac{AC}{AD} \Rightarrow 1 = \frac{40+BC}{AD} \Rightarrow AD = 40 + BC$

पुनः Δ ADB में $\tan 30 = \frac{AB}{AD} \Rightarrow \frac{1}{\sqrt{3}} = \frac{40}{40+BC}$

$\therefore 40 + BC = 40\sqrt{3}$

$\therefore BC = 40\sqrt{3} - 40 = 40 \times 1.7 - 40 = 68 - 40 = 28$ मी.

$\therefore$ झण्डे BC की ऊंचाई = 28 मी. लगभग

अभ्यास प्रश्न-1
(अंश और रेडियन माप)

1. $\frac{3\pi}{2}$ रेडियन का मान है –
(a) 225^0 (b) 270^0 (c) 260^0 (d) 150^0

2. $\frac{4\pi}{5}+\frac{2\pi}{3}$ का मान अंश में होगा –
(a) 264^0 (b) 250^0 (c) 224^0 (d) 144^0

3. 18^0 का मान रेडियन में होगा –
(a) $\frac{\pi}{5}$ (b) $\frac{\pi}{6}$ (c) $\frac{\pi}{10}$ (d) $\frac{\pi}{12}$

4. किसी त्रिभुज के दो कोण क्रमशः 35^0 तथा 45^0 के हैं। तीसरे कोण का मान है –
(a) $\frac{5\pi}{8}$ रेडियन (b) $\frac{5\pi}{9}$ रेडियन (c) $\frac{3\pi}{7}$ रेडियन (d) $\frac{2\pi}{7}$ रेडियन

5. समषट्भुज के प्रत्येक कोण का मान रेडियम में होगा –
(a) $\frac{2\pi}{8}$ रेडियन (b) $\frac{3\pi}{4}$ रेडियन (c) $\frac{5\pi}{2}$ रेडियन (d) इनमें से कोई नहीं

6. किसी समबहुभुज का प्रत्येक कोण $\frac{3\pi^c}{5}$ का है बहुभुज में कितनी भुजाएं है?
(a) 3 (b) 4 (c) 5 (d) 6

7. किसी त्रिभुज का एक कोण समकोण है। शेष दो कोणों का अन्तर $\frac{\pi^c}{6}$ है। दोनों का मान है –
(a) $\frac{\pi}{2},\frac{\pi}{3}$ (b) $\frac{\pi}{3},\frac{\pi}{6}$ (c) $\frac{\pi}{4},\frac{\pi}{6}$ (d) $\frac{\pi}{5},\frac{\pi}{3}$

8. किसी वृत्त की त्रिज्या के बराबर जीवा द्वारा केन्द्र पर अन्तरित कोण होगा –
(a) $\left(\frac{\pi}{3}\right)^C$ (b) $\left(\frac{\pi}{4}\right)^C$ (c) $\left(\frac{\pi}{5}\right)^C$ (d) $\left(\frac{\pi}{6}\right)^C$

9. किसी वृत्त की त्रिज्या, चाप की आधी है। चाप द्वारा अन्तरित केन्द्र कोण होगा –
(a) 2^C (b) 3^C (c) 4^C (d) 1^C

10. दो वृत्तों के बराबर चाप उनके केन्द्रों पर 60^0 तथा 75^0 के कोण बनाते हैं। वृत्तों की त्रिज्याओं में अनुपात है –
(a) 3 : 4 (b) 4 : 3 (c) 4 : 5 (d) 5 : 4

11. $63^0 14^1 51^{11}$ का रेडियन माप है –
(a) $\left(\frac{2811\pi}{8000}\right)^c$ (b) $\left(\frac{3811\pi}{8000}\right)^c$ (c) $\left(\frac{4811\pi}{8000}\right)^c$ (d) $\left(\frac{5811\pi}{8000}\right)^c$ *(S.S.C. CGL, 8.7.2012)*

12. एक त्रिभुज के कोण समानान्तर श्रेणी में है। उसके न्यूनतम कोण के अंश और अधिकतम कोण के रेडियन का अनुपात $60 : \pi$ है। तदनुसार वे कोण कितने अंश के है?
(a) $40^o, 50^o, 90^o$ (b) $40^o, 55^o, 85^o$ (c) $30^o, 60^o, 90^o$ (d) $35^o, 55^o, 90^o$ *(S.S.C. Mains, 2012)*

13. त्रिभुज ABC में AB = AC और BA को D तक इस प्रकार बढ़ाया गया है कि AC = AD । ∠BCD का वृत्तीय माप है –
(a) $\frac{\pi^c}{6}$ (b) $\frac{\pi^c}{3}$ (c) $\frac{2\pi^c}{3}$ (d) $\frac{\pi^c}{2}$ *(S.S.C. CGL, 8.7.2012)*

14. यदि $\text{Sin}(x + y) = \frac{\sqrt{3}}{2}$ तथा $\tan(x - y) = \frac{1}{\sqrt{3}}$ हो तो x का मान होगा –
(a) $\frac{\pi^c}{6}$ (b) $\frac{\pi^c}{4}$ (c) $\frac{\pi^c}{2}$ (d) $\frac{\pi^c}{3}$ *(S.S.C. (10 + 2), 28.10.2012)*

15. वृत्तीय माप में $11°15'$ माप का कोण कितना होगा?

(a) $\frac{\pi}{16}^c$ (b) $\frac{\pi}{8}^c$ (c) $\frac{\pi}{4}^c$ (d) $\frac{\pi}{12}^c$ *(S.S.C. (10 + 2), 4.11.2012)*

16. एक चतुर्भुज के तीन आन्तरिक कोण क्रमशः 60°, 120°, 90° हैं। तदनुसार शेष बचा कोण वृत्तीय माप में कितना होगा?

(a) $\frac{\pi}{4}^c$ (b) $\frac{3\pi}{4}^c$ (c) $\frac{\pi}{3}^c$ (d) $\frac{\pi}{2}^c$ *(S.S.C., F.C.I., 11.11.2012)*

17. 1 रेडियन का डिग्री में माप ($\pi = \frac{22}{7}$ मानकर) कितना होता है?

(a) $57°6'22''$ (b) $57°16'22''$ (c) $57°22'16''$ (d) $57°22'61''$ *(S.S.C. CGL, 21.4.2013)*

18. $\left(\frac{3\pi}{5}\right)$ रेडियन किसके बराबर है?

(a) 100° (b) 120° (c) 108° (d) 180° *(S.S.C. CGL, 19.5.2013)*

19. $\left(\frac{3\pi}{2}+\frac{2\pi}{3}\right)$ रेडियन किसके बराबर होगा?

(a) 270° (b) 390° (c) 250° (d) 225°

20. किसी समबहुभुज का प्रत्येक आन्तरिक कोण इसके बाह्य कोण के 8 गुने से $\left(\frac{\pi}{10}\right)^c$ अधिक है। उस बहुभुज में कुल कितनी भुजाएं हैं?

(a) 10 (b) 15 (c) 20 (d) 25

21. यदि एक समबहुभुज का प्रत्येक आन्तरिक कोण $\frac{4\pi}{5}$ रेडियन हो तो उस बहुभुज में कुल भुजाएं कितनी होगी?

(a) 10 (b) 20 (c) 24 (d) 36

22. एक समअष्टभुज का प्रत्येक आन्तरिक कोण कितने रेडियन का होता है?

(a) $\frac{\pi}{4}$ (b) $\frac{3\pi}{4}$ (c) $\frac{2\pi}{3}$ (d) $\frac{1}{3}\pi$ *(S.S.C., M.T.S., 6.10.2013)*

23. यदि $\frac{\sec\theta + \tan\theta}{\sec\theta - \tan\theta} = \frac{2+\sqrt{3}}{2-\sqrt{3}}$ है तो वृत्तीय माप में θ का मान होगा –

(a) $\frac{\pi}{12}$ (b) $\frac{\pi}{3}$ (c) $\frac{\pi}{6}$ (d) $\frac{\pi}{4}$ *(S.S.C. (10 + 2), 28.10.2013)*

24. 27° का कोण (रेडियन माप में) किसके बराबर है?

(a) $\frac{13\pi}{20}$ (b) $\frac{3\pi}{20}$ (c) $\frac{9\pi}{20}$ (d) $\frac{5\pi}{20}$ *(S.S.C., F.C.I., 5.2.2012)*

25. यदि $7\sin^2\theta + 3\cos^2\theta = 4$ तो θ का मान रेडियन इकाई में होगा?

(a) $\frac{\pi}{3}$ (b) $\frac{\pi}{2}$ (c) $\frac{\pi}{6}$ (d) $\frac{\pi}{4}$

26. यदि $3\cos\alpha - 4\cos^3\alpha = 0$ तो α का मान निम्नलिखित में होगा?

(a) $\frac{\pi^c}{6}$ (b) $\frac{\pi^c}{2}$ (c) $\frac{\pi^c}{5}$ (d) $\frac{3\pi^c}{4}$

27. यदि $\tan A = \frac{1}{3}$ और $\tan B = \frac{1}{2}$ तो (A + B) का मान होगा –

(a) $\frac{\pi}{2}$ रेडियन (b) $\frac{\pi}{4}$ रेडियन (c) $\frac{\pi}{3}$ रेडियन (d) $\frac{\pi}{5}$ रेडियन

28. यदि $\sin(A+B) = 1$ और $\cos(A-B) = 1$ तो A और B के मान रेडियन इकाई में क्या होंगे?

(a) $\frac{\pi^c}{2}, \frac{\pi^c}{3}$ (b) $\frac{\pi^c}{4}, \frac{\pi^c}{3}$ (c) $\frac{\pi^c}{4}, \frac{\pi^c}{4}$ (d) $\frac{\pi^c}{3}, \frac{\pi^c}{5}$

29. यदि $\tan(A+B) = \sqrt{3}$ और $\tan(A-B) = \frac{1}{\sqrt{3}}$ तो A और B का मान हैं।

(a) $\frac{\pi^c}{8}, \frac{\pi^c}{3}$ (b) $\frac{\pi^c}{5}, \frac{\pi^c}{6}$ (c) $\frac{\pi^c}{3}, \frac{\pi^c}{2}$ (d) $\frac{\pi^c}{4}, \frac{\pi^c}{12}$

30. α और β का मान रेडियन इकाई में ज्ञान कीजिए यदि $\sin(\alpha - \beta) = \frac{1}{2}$ और $\sin(\alpha + \beta) = 0$

(a) $\frac{\pi^c}{12}, -\frac{\pi^c}{12}$ (b) $\frac{\pi^c}{6}, -\frac{\pi^c}{6}$ (c) $\frac{\pi^c}{4}, \frac{\pi^c}{2}$ (d) $\frac{\pi^c}{3}, \frac{\pi^c}{6}$

31. $\dfrac{\sec\frac{\pi}{6} + \text{cosec}\frac{\pi}{3}}{1 + \text{cosec}\frac{\pi}{6} + \sec\frac{\pi}{3}}$ का सरलतम मान ज्ञात कीजिए।

(a) $\frac{4}{\sqrt{3}}$ (b) $\frac{4}{5\sqrt{3}}$ (c) $\frac{\sqrt{3}}{5}$ (d) $\frac{\sqrt{2}}{\sqrt{3}}$

32. $\cos^2\frac{\pi}{6} . \cos^2\frac{\pi}{4} + 4\sec^2\frac{\pi}{3} + \frac{1}{2}\cos^2\frac{\pi}{2} - 2\tan^2\frac{\pi}{3}$ का मान कितना होगा?

(a) $\frac{5}{23}$ (b) $\frac{23}{5}$ (c) $\frac{83}{8}$ (d) $\frac{8}{83}$

33. $\sin^2\frac{\pi}{6} . \cos^2\frac{\pi}{4} + 4\tan^2\frac{\pi}{3} + \frac{1}{2}\cos^2\frac{\pi}{2} - 2\tan^2\frac{\pi}{3}$ का मान कितना होगा?

(a) $\frac{13}{45}$ (b) $\frac{45}{13}$ (c) $\frac{48}{73}$ (d) $\frac{73}{48}$

34. $\tan^2\frac{\pi}{3} + 4\sin^2\frac{\pi}{4} + 3\sec^2\frac{\pi}{6} + 5\cos^2\frac{\pi}{2}$ का मान कितना होगा?

(a) 7 (b) 9 (c) 6 (d) 8

35. $\tan\frac{\pi}{6} . \text{cosec}\frac{\pi}{3} + \tan\frac{\pi}{3} . \sec\frac{\pi}{6}$ का मान क्या होगा?

(a) $\frac{7}{5}$ (b) $\frac{5}{7}$ (c) $\frac{8}{3}$ (d) $\frac{3}{8}$

36. $\text{cosec}\frac{\pi}{6} + \sec\frac{\pi}{3} - \cot^2\frac{\pi}{6}$ का मूल्य है –

(a) 1 (b) 2 (c) 3 (d) 4

37. $\dfrac{\tan\frac{\pi}{3} + \tan\frac{\pi}{6}}{1 + \tan\frac{\pi}{6} . \tan\frac{\pi}{3}}$ का सरलतम मान ज्ञात कीजिए।

(a) $\frac{\sqrt{3}}{2}$ (b) $\frac{2}{\sqrt{3}}$ (c) $\frac{\sqrt{5}}{3}$ (d) $\frac{3}{\sqrt{5}}$

38. $\dfrac{\cos\frac{\pi}{6} + \sin\frac{\pi}{3}}{1 + \sin\frac{\pi}{6} + \cos\frac{\pi}{3}}$ का सरलतम मान ज्ञात कीजिए।

(a) $\frac{2}{\sqrt{3}}$ (b) $\frac{2}{\sqrt{5}}$ (c) $\frac{\sqrt{3}}{2}$ (d) $\frac{\sqrt{5}}{2}$

39. $3\sin^2\frac{\pi}{4} - 3\sin^2\frac{\pi}{6} + 2\cos^2\frac{\pi}{3} + 2\cos^2\frac{\pi}{2} = x$ तो x का मान क्या होगा?

(a) $\frac{7}{5}$ (b) $\frac{5}{4}$ (c) $\frac{8}{3}$ (d) $\frac{3}{8}$

40. $4\cot^2\frac{\pi}{4} + \sin^2\frac{\pi}{6} - \sec^2\frac{\pi}{3}$ का मान क्या होगा?

(a) $\frac{1}{3}$ (b) $\frac{1}{4}$ (c) $\frac{1}{5}$ (d) $\frac{1}{6}$

41. $\dfrac{1+\sin\frac{\pi}{6}+\cos\frac{\pi}{3}}{\cos\frac{\pi}{6}+\sin\frac{\pi}{3}} = \dfrac{2x}{\sqrt{3}}$ हो तो x का मान ज्ञात कीजिए।

(a) 2 (b) −2 (c) 1 (d) −1

42. यदि $3\sin\frac{\pi}{6} - 4\sin^3\frac{\pi}{6} = 5P$ तो P का मान कितना होगा?

(a) $\frac{4}{5}$ (b) $\frac{3}{5}$ (c) $\frac{2}{5}$ (d) $\frac{1}{5}$

43. यदि $\tan\frac{\pi}{4} - \cos^2\frac{\pi}{6} = \frac{x}{2}$ तो x का मान कितना होगा?

(a) $\frac{1}{2}$ (b) $\frac{3}{2}$ (c) $\frac{2}{3}$ (d) $\frac{5}{3}$

उत्तरमाला

1. (b)	2. (a)	3. (c)	4. (b)	5. (d)	6. (c)	7. (b)	8. (a)	9. (a)
10. (d)	11. (a)	12. (c)	13. (d)	14. (b)	15. (a)	16. (d)	17. (b)	18. (c)
19. (b)	20. (c)	21. (a)	22. (b)	23. (b)	24. (b)	25. (c)	26. (a)	27. (b)
28. (c)	29. (d)	30. (a)	31. (b)	32. (c)	33. (d)	34. (b)	35. (c)	36. (a)
37. (b)	38. (c)	39. (b)	40. (b)	41. (c)	42. (d)	43. (a)		

अभ्यास प्रश्नों के हल

1. चूंकि π रेडियन $= 180^0$, अत: $\frac{3\pi}{2}$ रेडियन $= \frac{3\times180^0}{2} = 270^0$

2. $\frac{4\pi}{5}+\frac{2\pi}{3} = \frac{4\times180}{5}+\frac{2\times180}{3} = 144+120 = 264^0$

3. चूंकि $180^0 = \pi^c$, अत: $1^0 = \left(\frac{\pi}{180^0}\right)^c \Rightarrow 18^0 = \left(18\times\frac{\pi}{180^0}\right)^c = \left(\frac{\pi}{10}\right)^c$

4. 35^0+45^0+ तीसरा कोण $= 180^0$, अत: तीसरा कोण $= 180-80 = 100^0 = 100\times\frac{\pi}{180} = \frac{5\pi^c}{9}$

5. समषट्भुज के सभी 6 अन्त: कोणों का योग $= (2n-4)\times90 = (2\times6-4)\times90^0 = 720^0$

$\therefore$ समषट्भुज का एक कोण $= \frac{720^0}{6} = 120^0 = 120\times\frac{\pi}{180}$ रेडियन $= \frac{2\pi}{3}$ रेडियन

6. माना बहुभुज में n भुजाएं हैं। अत: n कोणों का योग $= (2n-4)\times90$

$\therefore$ बहुभुज का एक कोण $= \frac{(2n-4)\times90^0}{n} = \frac{(2n-4)\times90^0}{n}\times\frac{\pi}{180}$ रेडियन $= \frac{(2n-4)\pi^c}{2n}$

$\therefore \frac{(2n-4).\pi}{2n} = \frac{3\pi}{5} \Rightarrow 10n-20 = 6n \Rightarrow 4n \Rightarrow 20 \Rightarrow n = 5$

7. माना समकोण त्रिभुज के शेष दोनों कोण क्रमशः α और β हैं।

अत: $\alpha+\beta = \frac{\pi}{2}$ और $\alpha-\beta = \frac{\pi}{6}$, अत: दोनों समीकरणों को जोड़ने पर

$2\alpha = \frac{\pi}{2}+\frac{\pi}{6} = \frac{3\pi+\pi}{6} = \frac{4\pi}{6} = \frac{2\pi}{3}$, अत: $\alpha = \frac{\pi}{3}$

समीकरण 1 में α का मान रखने पर, $\frac{\pi}{3}+\beta = \frac{\pi}{2} \Rightarrow \beta = \frac{\pi}{2}-\frac{\pi}{3} = \frac{\pi}{6}$

8. माना चित्रानुसार जीवा AB = त्रिज्या OA = त्रिज्या OB, अत: ΔOAB एक समबाहु त्रिभुज हुआ। जिसका प्रत्येक कोण 60^0 का होगा।

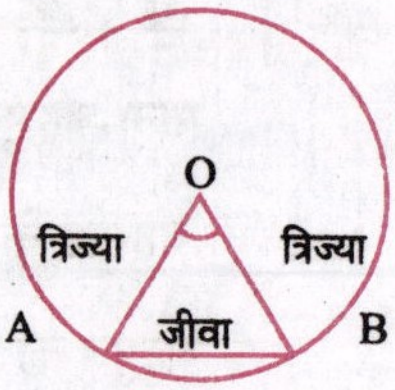

अत: केन्द्र पर अन्तरित कोण $= 60^0 = \left(60 \times \frac{\pi}{180}\right)^c = \left(\frac{\pi}{3}\right)^c$

9. माना वृत्त की त्रिज्या x सेमी तथा चाप $2x$ सेमी है।

अन्त: चाप द्वारा अन्तरित केन्द्र कोण $= \frac{\text{चाप}}{\text{त्रिज्या}} = \left(\frac{2x}{x}\right)^c = 2^C$

10. चित्रानुसार दोनों वृत्तों के चाप AB और CD बराबर माप के है।

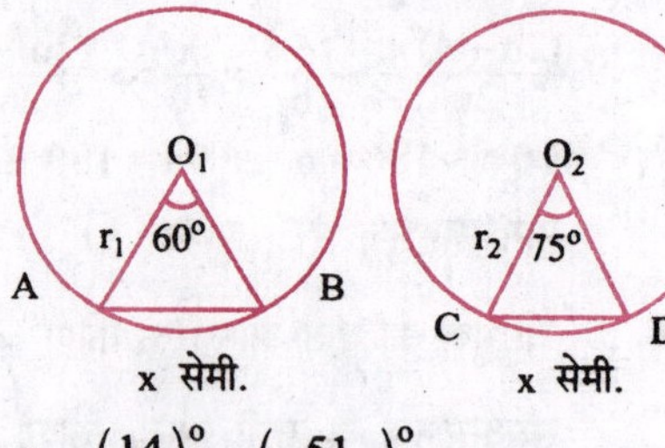

$\therefore \; 60 \times \frac{\pi}{180} = \frac{x}{r_1} \Rightarrow r_1 = \frac{3x}{\pi}$ और $75 \times \frac{\pi}{180^0} = \frac{x}{r_2} \Rightarrow r_2 = \frac{12x}{5\pi}$

$\therefore \; r_1 : r_2 = \frac{3x}{\pi} : \frac{12x}{5\pi} = \frac{1}{1} : \frac{4}{5} = 5 : 4$

11. $\because 1^o = 60^1$ और $1^1 = 60^{11}$

$\therefore 1^o = (60 \times 60)^{11} = 3600^{11}$, अत: $63^o 14^1 51^{11} = 63^o + 14^1 + 51^{11} = 60^o + \left(\frac{14}{60}\right)^o + \left(\frac{51}{3600}\right)^o$

$$= 63^o + \left(\frac{7}{30}\right)^o + \left(\frac{17}{1200}\right)^o = \left(\frac{75600 + 280 + 17}{1200}\right)^o = \left(\frac{75897}{1200}\right)^o$$

चूंकि $180^o = \pi^c \Rightarrow 1^o = \left(\frac{\pi}{180}\right)^c$, अत: $63^o 14^1 51^{11} = \left(\frac{75897}{1200} \times \frac{\pi}{180}\right)^c = \left(\frac{2811\pi}{8000}\right)^c$

12. न्यूनतम कोण : अधिकतम कोण $= 60^o : \pi^c = 60^o : 180^o = 1 : 3$

$\therefore$ मान लिया न्यूनतम कोण α^o तथा अधिकतम कोण $(3\alpha)^o$ है।

चूंकि तीनों कोण समानान्तर श्रेणी में हैं। अतः बीच वाला (अर्थात् दूसरा) कोण $= \frac{\alpha + 3\alpha}{3} = \frac{4\alpha}{2} = (2\alpha)^o$

$\therefore$ तीनों कोणों का योग $= 180^o \Rightarrow \alpha + 2\alpha + 3\alpha = 180^o \Rightarrow 6\alpha = 180 \Rightarrow \alpha = 30^o$

$\therefore \Delta$ के तीनों कोण $= \alpha, 2\alpha, 3\alpha = 30^o, 60^o, 90^o$

13. सम्मुख चित्र में AB = AC और BA को D तक इस प्रकार बढ़ाया गया है कि AC = AD

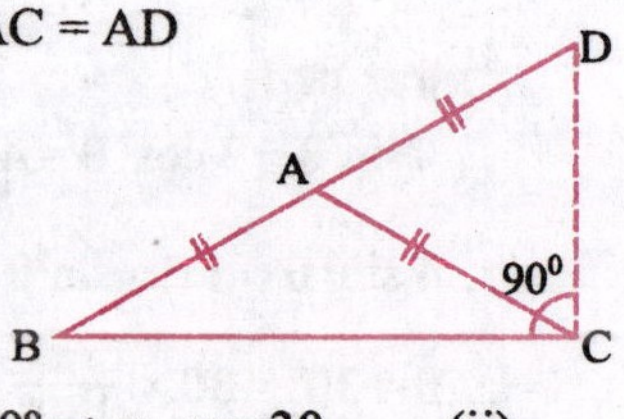

$\therefore \; AB = AC = AD = \frac{BD}{2}$

$\therefore \; \Delta BCD$ शीर्ष C पर समकोणिक होगा।

$\therefore \; \angle BCD = 90^o = \left(90 \times \frac{\pi}{180}\right)^c = \frac{\pi}{2}^c$

14. $\sin(x+y) = \frac{\sqrt{3}}{2} = \sin 60 \Rightarrow x + y = 60$..........(i), $\tan(x-y) = \frac{1}{\sqrt{3}} = \tan 30^o \Rightarrow x - y = 30$.........(ii)

दोनों समीकरणों को जोड़ने पर, $2x = 90^o \Rightarrow x = 45^o = \left(45 \times \frac{\pi}{180}\right)^c = \frac{\pi}{4}^c$

15. $\because 1^o = 60^1$ और $180^o = \pi^c$

$\therefore 11^o 15^1 = 11^o + 15^1 = 11^o + \left(\frac{15}{60}\right)^o = 11^o + \left(\frac{1}{4}\right)^o = \left(\frac{45}{4}\right)^o = \left(\frac{45}{4} \times \frac{\pi}{180}\right)^c = \frac{\pi}{16}^c$

16. $60^o + 120^o + 90^o +$ चौथा कोण $= 360^o$, अत: चौथा कोण (अर्थात् शेष बचा कोण) $= 360^o - 270^o = 90^o = \frac{\pi}{2}^c$

17. 1 रेडियन $= \left(\frac{180}{\pi}\right)^o = \left(\frac{180 \times 7}{22}\right)^o = \left(\frac{630}{11}\right)^o = 57^o \left(\frac{3}{11}\right)^o = 57^o \left(\frac{3 \times 60}{11}\right)^1 = 57^o \left(\frac{180}{11}\right)^1 = 57^o \left(16\frac{4}{11}\right)^1$

$$= 57^o 16^1 \left(\frac{4}{11}\right)^1 = 57^o 16^1 \left(\frac{4 \times 60}{11}\right)^{11} = 57^o 16^1 \left(\frac{240}{11}\right)^{11} = 57^o 16^1 21.8^{11} = 57^o 16^1 22^{11} \text{ लगभग}$$

18. चूंकि π रेडियन $= 180^o$, अत: $\frac{3\pi}{5}$ रेडियन $= \left(\frac{3 \times 150}{5}\right)^o = 108^o$

19. $\frac{3\pi}{2}+\frac{2\pi}{3}=\frac{3\times180^\circ}{2}+\frac{2\times180^\circ}{3}=270^\circ+120^\circ=390^\circ$

20. माना बहुभुज में कुल n भुजाएं हैं।

$\therefore$ बहुभुज के सभी आन्तरिक कोणों का योग $=(2n-4)\times90^\circ=(2n-4)\times90^\circ\times\frac{\pi^c}{180}=\frac{(2n-4)\cdot\pi^c}{2}$

$\therefore$ बहुभुज का एक आन्तरिक कोण $=\frac{(2n-4)\cdot\pi^c}{2n}$, अतः बहुभुज के सभी बाह्य कोणों का योग $=360^\circ=360\times\frac{\pi}{180}=2\pi^c$

$\therefore$ बहुभुज का एक बाह्य कोण $=\frac{2\pi^c}{n}$, अतः बाह्य कोण का 8 गुना $=8\times\frac{2\pi^c}{n}=\frac{16\pi^c}{n}$

$\therefore \frac{(2n-4)\pi}{2n}-\frac{16\pi}{n}=\frac{\pi}{10}\Rightarrow\frac{(2n-4)}{2n}-\frac{16}{n}=\frac{1}{10}\Rightarrow\frac{2n-4-32}{2n}=\frac{1}{10}\Rightarrow\frac{2n-36}{n}=\frac{1}{5}$

$\therefore 10n-180=n\Rightarrow 9n=180\Rightarrow n=20$

21. माना बहुभुज में n भुजाएं हैं।

$\therefore$ बहुभुज का एक आन्तरिक कोण $\Rightarrow\frac{(2n-4)\pi}{2n}=\frac{4\pi}{5}\Rightarrow 10n-20=8n\Rightarrow 2n=20\Rightarrow n=10$

22. समअष्टभुज के सभी अन्तः कोणों का योग $=(2n-4)\times90^\circ=(2\times8-4)\times90^\circ=12\times90^\circ$

$\therefore$ समअष्टभुज का एक अन्तःकोण $=\frac{12\times90^\circ}{8}=3\times45^\circ=3\times45\times\frac{\pi}{180}$ रेडियन $=\frac{3\pi}{4}$ रेडियन

23. $\frac{\sec\theta+\tan\theta}{\sec\theta-\tan\theta}=\frac{2+\sqrt3}{2-\sqrt3}=\frac{\sec60+\tan60}{\sec60-\tan60}\Rightarrow\theta=60^\circ=60\times\frac{\pi}{180}$ रेडियन $=\frac{\pi}{3}$ रेडयिन $=\frac{1}{3}\pi$ रेडियन

24. $\because 180^\circ=\pi^c\Rightarrow1^\circ=\frac{\pi^c}{180}\Rightarrow27^\circ=27\times\frac{\pi^c}{180}=\frac{3\pi^c}{20}$

25. प्रथम विधि

$7\sin^2\theta+3\cos^2\theta=4\Rightarrow4\sin^2\theta+3\sin^2\theta+3\cos^2\theta=4\Rightarrow4\sin^2\theta+3(\sin^2\theta+\cos^2\theta)=4$

$\therefore 4\sin^2\theta+3\times1=4\Rightarrow4\sin^2\theta+3=4\Rightarrow4\sin^2\theta=4-3=1\Rightarrow\sin^2\theta=\frac14=\left(\frac12\right)^2$

$\therefore \sin\theta=\frac12=\sin30^\circ\Rightarrow\theta=30^\circ=30\times\frac{\pi}{180^\circ}$ रेडियन $=\frac{\pi}{6}$ रेडियन

द्वितीय विधि

$7\sin^2\theta+3\cos^2\theta=4\Rightarrow7\sin^2\theta+3(1-\sin^2\theta)=4\Rightarrow7\sin^2\theta+3-3\sin^2\theta=4$

$\therefore 4\sin^2\theta=1\Rightarrow\sin^2\theta=\frac14\Rightarrow\sin^2\theta=\left(\frac12\right)^2\Rightarrow\sin\theta=\sin30^\circ$

$\therefore \theta=30^\circ=30\times\frac{\pi}{180^\circ}$ रेडियन $=\frac{\pi}{6}$ रेडियन

तृतीय विधि

$7\sin^2\theta+3\cos^2\theta=4\Rightarrow7(1-\cos^2\theta)+3\cos^2\theta=4\Rightarrow7-7\cos^2\theta+3\cos^2\theta=4$

$\therefore 7-4\cos^2\theta=4\Rightarrow4\cos^2\theta=7-4=3\Rightarrow\cos^2\theta=\frac34\Rightarrow\cos^2\theta=\left(\frac{\sqrt3}{2}\right)^2$

$\therefore \cos\theta=\frac{\sqrt3}{2}=\cos30^\circ\Rightarrow\theta=30^\circ=30\times\frac{\pi}{180^\circ}$ रेडियन $=\frac{\pi}{6}$ रेडियन

26. प्रथम विधि

$3\cos\alpha-4\cos^3\alpha=0\Rightarrow3\cos\alpha=4\cos^3\alpha\Rightarrow\frac{\cos^3\alpha}{\cos\alpha}=\frac34\Rightarrow\cos^2\alpha=\frac34$

$\therefore \cos^2\alpha=\left(\frac{\sqrt3}{2}\right)^2\Rightarrow\cos\alpha=\frac{\sqrt3}{2}\Rightarrow\cos\alpha=\frac{\sqrt3}{2}=\cos30^\circ\Rightarrow\alpha=30^\circ=30\times\frac{\pi}{180}$ रेडियन $=\frac{\pi}{6}$ रेडियन

द्वितीय विधि

$3\cos\alpha - 4\cos^3\alpha = 0 \Rightarrow \cos\alpha(3-4\cos^2\alpha)=0 \Rightarrow 3-4\cos^2\alpha = \frac{0}{\cos\alpha} = 0$

$\therefore\ 4\cos^2\alpha = 3 \Rightarrow \cos^2\alpha = \frac{3}{4} \Rightarrow \cos^2\alpha = \left(\frac{\sqrt{3}}{2}\right)^2 = \cos^2 30^\circ \Rightarrow \alpha = 30^\circ = 30\times\frac{\pi}{180}$ रेडियन $= \frac{\pi}{6}$ रेडियन

27. प्रथम विधि

$\tan\alpha = \frac{1}{3}$ और $\tan\beta = \frac{1}{2} \Rightarrow \tan(\alpha+\beta) = \frac{\tan\alpha + \tan\beta}{1-\tan\alpha\cdot\tan\beta}$ से $\tan(\alpha+\beta) = \frac{\frac{1}{3}+\frac{1}{2}}{1-\frac{1}{3}\times\frac{1}{2}} = \frac{\frac{2+3}{6}}{1-\frac{1}{6}}$

$\tan(\alpha+\beta) = \frac{\frac{5}{6}}{\frac{5}{6}} = 1 = \tan 45^\circ \Rightarrow \alpha+\beta = 45^\circ = 45\times\frac{\pi}{180}$ रेडियने $= \frac{\pi}{4}$ रेडियन

द्वितीय विधि

$\tan\alpha = \frac{1}{3} \Rightarrow \cot\alpha = 3 \Rightarrow \tan\beta = \frac{1}{2} \Rightarrow \cot\beta = 2$

$\therefore$ सूत्र $\cot(\alpha+\beta) = \frac{\cot\alpha\cdot\cot\beta - 1}{\cot\alpha + \cot\beta}$ से $\cot(\alpha+\beta) = \frac{3\times 2-1}{3+1} = \frac{6-1}{5} = \frac{5}{5} = 1$

$\therefore\ \cot(\alpha+\beta) = 1 = \cot 45^\circ \Rightarrow \alpha+\beta = 45^\circ = 45\times\frac{\pi}{180}$ रेडियन $= \frac{\pi}{4}$ रेडियन

28. $\sin(A+B) = 1 = \sin 90^\circ \Rightarrow A+B = 90^\circ$.......(i), $\cos(A-B) = 1 = \cos 0 \Rightarrow A-B = 0$ ....(ii)

दोनों समीकरणों को जोड़ने पर, $2A = 90^\circ \Rightarrow A = \frac{90^\circ}{2} = 45^\circ$, अतः $A = 45^\circ = 45\times\frac{\pi}{180}$ रेडियन $= \frac{\pi}{4}$ रेडियन

समीकरण (i) में $A = 45^\circ$ रखने पर, $45^\circ + B = 90^\circ \Rightarrow B = 90^\circ - 45^\circ = 45^\circ$

$\therefore\ B = 45^\circ = 45\times\frac{\pi}{180}$ रेडियन $= \frac{\pi}{4}$ रेडियन, अतः A और B के मान $= \frac{\pi^c}{4}, \frac{\pi^c}{4}$

29. $\tan(A+B) = \sqrt{3} = \tan 60^\circ \Rightarrow A+B = 60^\circ$ ......(i), $\tan(A-B) = \frac{1}{\sqrt{3}} = \tan 30^\circ \Rightarrow A-B = 30^\circ$ ......(ii)

दोनों समीकरणों को जोड़ने पर, $2A = 60^\circ + 30^\circ = 90^\circ$, अतः $2A = 90^\circ \Rightarrow A = 45^\circ = 45\times\frac{\pi^c}{180} = \frac{\pi^c}{4}$

समीकरण (i) में A = 45 रखने पर, $45 + B = 60^\circ \Rightarrow B = 60^\circ - 45^\circ = 15^\circ$

$\therefore\ B = 15^\circ = 15\times\frac{\pi^c}{180} = \frac{\pi^c}{12}$, अतः A और B के मान $= \frac{\pi^c}{4}, \frac{\pi^c}{12}$

30. $\sin(\alpha-\beta) = \frac{1}{2} = \sin 30^\circ \Rightarrow \alpha-\beta = 30^\circ$ ....(i)

$\sin(\alpha+\beta) = 0 = \sin 0^\circ \Rightarrow \alpha+\beta = 0^\circ$ ....(ii)

दोनों समीकरणों को जोड़ने पर, $2\alpha = 30^\circ \Rightarrow \alpha = 15^\circ = 15\times\frac{\pi^c}{180} = \frac{\pi^c}{12}$

समीकरण (i) में $\alpha = 15^\circ$ रखने पर, $15 - \beta = 30^\circ \Rightarrow \beta = 15^\circ - 30^\circ = -15^\circ$

$\therefore\ \beta = -15^\circ = -15\times\frac{\pi^c}{180} = -\frac{\pi^c}{12}$, अतः α और β के मान $= \frac{\pi^c}{12}, -\frac{\pi^c}{12}$

31. $$\frac{\sec\frac{\pi}{6} + \operatorname{cosec}\frac{\pi}{3}}{1+\operatorname{cosec}\frac{\pi}{6} + \sec\frac{\pi}{3}} = \frac{\sec\frac{180^\circ}{6} + \operatorname{cosec}\frac{180^\circ}{3}}{1+\operatorname{cosec}\frac{180^\circ}{6} + \sec\frac{180^\circ}{3}} = \frac{\sec 30^\circ + \operatorname{cosec} 60^\circ}{1+\operatorname{cosec} 30^\circ + \sec 60^\circ}$$

$$= \frac{\frac{2}{\sqrt{3}} + \frac{2}{\sqrt{3}}}{1+2+2} = \frac{\frac{4}{\sqrt{3}}}{5} = \frac{4}{\sqrt{3}}\times\frac{1}{5} = \frac{4}{5\sqrt{3}}$$

32. $$\cos^2\frac{\pi}{6}\cdot\cos^2\frac{\pi}{4}+\sec^2\frac{\pi}{3}+\frac{1}{2}\cos^2\frac{\pi}{2}-2\tan^2\frac{\pi}{3}$$

$$=\cos^2\frac{180^\circ}{6}\cdot\cos^2\frac{180^\circ}{4}+4\sec^2\frac{180^\circ}{3}+\frac{1}{2}\cos^2\frac{180^\circ}{2}-2\tan^2\frac{180^\circ}{3}$$

$$=\cos^2 30^\circ\cdot\cos^2 45^\circ+4\sec^2 60^\circ+\frac{1}{2}\cos^2 90^\circ-2\tan^2 60^\circ$$

$$=\left(\frac{\sqrt{3}}{2}\right)^2\cdot\left(\frac{1}{\sqrt{2}}\right)^2+4(2)^2+\frac{1}{2}\times(0)^2-2\times(\sqrt{3})^2$$

$$=\frac{3}{4}\times\frac{1}{2}+4\times4+\frac{1}{2}\times0-2\times3=\frac{3}{8}+16+0-6=\frac{3}{8}+10=\frac{83}{8}$$

33. $$\sin^2\frac{\pi}{6}\cdot\cos^2\frac{\pi}{4}+4\tan^2\frac{\pi}{6}+\frac{1}{8}\cos\frac{\pi}{3}=\sin^2\frac{180^\circ}{6}\cdot\cos^2\frac{180^\circ}{4}+4\tan^2\frac{180^\circ}{6}+\frac{1}{8}\cos\frac{180^\circ}{3}$$

$$=\sin^2 30^\circ\cdot\cos^2 45^\circ+4\tan^2 30^\circ+\frac{1}{8}\cos 60^\circ$$

$$=\left(\frac{1}{2}\right)^2\times\left(\frac{1}{\sqrt{2}}\right)^2+4\left(\frac{1}{\sqrt{3}}\right)^2+\frac{1}{8}\times\frac{1}{2}$$

$$=\frac{1}{4}\times\frac{1}{2}+4\times\frac{1}{3}+\frac{1}{16}=\frac{1}{8}+\frac{4}{3}+\frac{1}{16}=\frac{6+64+3}{48}=\frac{73}{48}$$

34. $$\tan^2\frac{\pi}{3}+4\sin^2\frac{\pi}{4}+3\sec^2\frac{\pi}{6}+5\cos^2\frac{\pi}{2}=\tan^2\frac{180^\circ}{3}+4\sin^2\frac{180^\circ}{4}+3\sec^2\frac{180^\circ}{6}+5\cos^2\frac{180^\circ}{2}$$

$$=\tan^2 60^\circ+4\sin^2 45^\circ+3\sec^2 30^\circ+5\cos^2 90^\circ$$

$$=(\sqrt{3})^2+4\times\left(\frac{1}{\sqrt{2}}\right)^2+3\times\left(\frac{2}{\sqrt{3}}\right)^2+5\times(0)^2$$

$$=3+4\times\frac{1}{2}+3\times\frac{4}{3}+5\times0=3+2+4+0=9$$

35. $$\tan\frac{\pi}{6}\cdot\text{cosec}\frac{\pi}{3}+\tan\frac{\pi}{3}\cdot\sec\frac{\pi}{6}=\tan\frac{180^\circ}{6}\cdot\text{cosec}\frac{180^\circ}{3}+\tan\frac{180^\circ}{3}\cdot\sec\frac{180^\circ}{6}$$

$$=\tan 30^\circ\cdot\text{cosec}\,60^\circ+\tan 60^\circ\cdot\sec 30^\circ=\frac{1}{\sqrt{3}}\times\frac{2}{\sqrt{3}}+\sqrt{3}\times\frac{2}{\sqrt{3}}=\frac{2}{3}+2=\frac{8}{3}$$

36. $$\text{cosec}\frac{\pi}{6}+\sec\frac{\pi}{3}-\cot^2\frac{\pi}{6}=\text{cosec}\frac{180^\circ}{6}+\sec\frac{180^\circ}{3}-\cot^2\frac{180^\circ}{6}=\text{cosec}\,30^\circ+\sec 60^\circ-\cot^2 30^\circ$$

$$=2+2-(\sqrt{3})^2=4-3=1$$

37. $$\frac{\tan\frac{\pi}{3}+\tan\frac{\pi}{6}}{1+\tan\frac{\pi}{6}\cdot\tan\frac{\pi}{3}}=\frac{\tan\frac{180^\circ}{3}+\tan\frac{180^\circ}{6}}{1+\tan\frac{180^\circ}{6}\cdot\tan\frac{180^\circ}{3}}=\frac{\tan 60^\circ+\tan 30^\circ}{1+\tan 30^\circ\cdot\tan 60^\circ}$$

$$=\frac{\sqrt{3}+\frac{1}{\sqrt{3}}}{1+\frac{1}{\sqrt{3}}\times\sqrt{3}}=\frac{\frac{3+1}{\sqrt{3}}}{1+1}=\frac{\left(\frac{4}{\sqrt{3}}\right)}{\left(\frac{2}{1}\right)}=\frac{4}{\sqrt{3}}\times\frac{1}{2}=\frac{2}{\sqrt{3}}$$

38. $$\frac{\cos\frac{\pi}{6}+\sin\frac{\pi}{3}}{1+\sin\frac{\pi}{6}+\cos\frac{\pi}{3}}=\frac{\cos\frac{180^\circ}{6}+\sin\frac{180^\circ}{3}}{1+\sin\frac{180^\circ}{6}+\cos\frac{180^\circ}{3}}=\frac{\cos 30^\circ+\sin 60^\circ}{1+\sin 30^\circ+\cos 60^\circ}=\frac{\frac{\sqrt{3}}{2}+\frac{\sqrt{3}}{2}}{1+\frac{1}{2}+\frac{1}{2}}=\frac{\frac{2\sqrt{3}}{2}}{1+1}=\frac{\sqrt{3}}{2}$$

39. $3\sin^2\frac{\pi}{4}-3\sin^2\frac{\pi}{6}+2\cos^2\frac{\pi}{3}+2\cos^2\frac{\pi}{2}=x \Rightarrow 3\sin^2\frac{180^\circ}{4}-3\sin^2\frac{180^\circ}{6}+2\cos^2\frac{180^\circ}{3}+2\cos^2\frac{180^\circ}{2}=x$

$\therefore\ 3\sin^2 45^\circ-3\sin^2 30^\circ+2\cos^2 60^\circ+2\cos^2 90^\circ=x \Rightarrow 3\times\left(\frac{1}{\sqrt{2}}\right)^2-3\left(\frac{1}{2}\right)^2+2\left(\frac{1}{2}\right)^2+2\times(0)^2=x$

$\therefore\ 3\times\frac{1}{2}-3\times\frac{1}{4}+2\times\frac{1}{4}+2\times 0=x \Rightarrow \frac{3}{2}-\frac{3}{4}+\frac{1}{2}+0=x \Rightarrow x=\frac{6-3+2}{4}=\frac{5}{4}$

40. $4\cot^2\frac{\pi}{4}+\sin^2\frac{\pi}{6}-\sec^2\frac{\pi}{3}=4\cot^2\frac{180^\circ}{4}+\sin^2\frac{180^\circ}{6}-\sec^2\frac{180^\circ}{3}=4\cot^2 45^\circ+\sin^2 30^\circ-\sec^2 60^\circ$

$=4\times(1)^2+\left(\frac{1}{2}\right)^2-(2)^2=4\times 1+\frac{1}{4}-4=4+\frac{1}{4}-4=\frac{1}{4}$

41. $\frac{1+\sin\frac{\pi}{6}+\cos\frac{\pi}{3}}{\cos\frac{\pi}{6}+\sin\frac{\pi}{3}}=\frac{2x}{\sqrt{3}} \Rightarrow \frac{1+\sin\frac{180^\circ}{6}+\cos\frac{180^\circ}{3}}{\cos\frac{180}{6}+\sin\frac{180^\circ}{3}}=\frac{2x}{\sqrt{3}} \Rightarrow \frac{1+\sin 30^\circ+\cos 60^\circ}{\cos 30^\circ+\sin 60^\circ}=\frac{2x}{\sqrt{3}}$

$\therefore\ \frac{1+\frac{1}{2}+\frac{1}{2}}{\frac{\sqrt{3}}{2}+\frac{\sqrt{3}}{2}}=\frac{2x}{\sqrt{3}} \Rightarrow \frac{1+1}{\frac{2\sqrt{3}}{2}}=\frac{2x}{\sqrt{3}} \Rightarrow \frac{2}{\left(\frac{2\sqrt{3}}{2}\right)}=\frac{2x}{\sqrt{3}} \Rightarrow \frac{2}{\sqrt{3}}=\frac{2x}{\sqrt{3}} \Rightarrow x=1$

42. $3\sin\frac{\pi}{6}-4\sin^3\frac{\pi}{6}=5P \Rightarrow 3\sin\frac{180^\circ}{6}-4\sin^3\frac{180^\circ}{6}=5P \Rightarrow 3\sin 30^\circ-4\sin^3 30^\circ=5P$

$\therefore\ 3\times\frac{1}{2}-4\times\left(\frac{1}{2}\right)^3=5P \Rightarrow \frac{3}{2}-4\times\frac{1}{8}=5P \Rightarrow \frac{3}{2}-\frac{1}{2}=5P \Rightarrow 5P=\frac{2}{2}=1 \Rightarrow P=\frac{1}{5}$

43. $\tan^2\frac{\pi}{4}-\cos^2\frac{\pi}{6}=\frac{x}{2} \Rightarrow \tan^2\frac{180^\circ}{4}-\cos^2\frac{180^\circ}{6}=\frac{x}{2} \Rightarrow \tan^2 45^\circ-\cos^2 30^\circ=\frac{x}{2}$

$\therefore\ (1)^2-\left(\frac{\sqrt{3}}{2}\right)^2=\frac{x}{2} \Rightarrow 1-\frac{3}{4}=\frac{x}{2} \Rightarrow \frac{4-3}{4}=\frac{x}{2} \Rightarrow \frac{1}{4}=\frac{x}{2} \Rightarrow 4x=2 \Rightarrow x=\frac{2}{4}=\frac{1}{2}$

अभ्यास प्रश्न-2
(त्रिकोणमितीय अनुपात)

1. Δ XYZ में कोण Y का माप 90^0 है। यदि cosec X = 13/12 और XY =1 सेमी. हैं, तो भुजा YZ की लंबाई (सेमी. में) क्या है?
(a) 2.6 (b) 1.5 (c) 2.4 (d) 2 *SSC CHSL (Tier-1) 8.3.2018*

2. Δ PQR में कोण Q का माप 90^0 है। यदि cos P = 5/13 और PQ = 2.5 सेंटीमीटर है, तो भुजा PR की लंबाई (सेंटीमीटर में) क्या है?
(a) 6 (b) 6.5 (c) 4 (d) 5.6 *SSC CHSL (Tier-1) 15.3.2018*

3. Δ XYZ में Y पर समकोण है। यदि cosecX = 17/15, तो cot Z का मान क्या है?
(a) 17/15 (b) 8/17 (c) 17/8 (d) 15/8 *SSC CHSL (Tier-1) 6.3.2018*

4. Δ DEF में कोण E का माप 90^0 है। यदि sec D = 25/7 और DE = 1.4 सेमी. है, तो भुजा DF की लंबाई (सेमी. में) क्या है?
(a) 5 (b) 4.8 (c) 4 (d) 5.6 *SSC CHSL (Tier-1) 7.3.2018*

5. Δ UVW में कोण V का माप 90^0 है। यदि tan U = 12/5 और UV = 10 सेमी. है, तो भुजा VW की लंबाई (सेमी. में) क्या है?
(a) 26 (b) 24 (c) 25 (d) 5 *SSC CHSL (Tier-1) 4.3.2018*

6. Δ PQR में Q पर समकोण है। यदि cos P = 5/13 तो cosec R का मान क्या है?
(a) 13/5 (b) 5/12 (c) 5/13 (d) 13/12 *SSC CHSL (Tier-1) 10.3.2018*

7. Δ PQR में Q पर समकोण है। यदि tan P = 24/7 तो cos R का मान क्या है?
(a) 25/7 (b) 24/25 (c) 24/7 (d) 7/24 *SSC CHSL (Tier-1) 13.3.2018*

8. Δ PQR में Q पर समकोण है। यदि cosP = 3/5 है, तो cos R का मान क्या है?
(a) 3/4 (b) 5/3 (c) 4/5 (d) 4/3 *SSC CHSL (Tier-1) 11.3.2018*

9. ΔPQR में कोण Q का माप 90^0 है। यदि tan P = 4/3 और PQ = 1.5 सेंटीमीटर है, तो भुजा PR की लंबाई (सेंटीमीटर में) क्या है?
(a) 2 (b) 2.5 (c) 3 (d) 4.8 *SSC CHSL (Tier-1) 15-3-2018*

10. Δ DEF में कोण E का माप 90^0 है। यदि tan D = 4/3 और DE = 6 सेंटीमीटर है, तो EF की लंबाई (सेंटीमीटर में) क्या है?
(a) 10 (b) 5 (c) 8 (d) 4 *SSC CHSL (Tier-1) 10.3.2018*

11. Δ DEF में E पर समकोण है। यदि secD=17/8 है, तो cos F का मान क्या है?
(a) 15/17 (b) 15/8 (c) 8/17 (d) 17/15 *SSC CHSL (Tier-1) 16.3.2018*

12. यह मानते हुए कि $\tan(\theta + 15^0) = \sqrt{3}$, तो θ का मान बताएं।
(a) 15^0 (b) 75^0 (c) 45^0 (d) 65^0 *SSC CGL (Tier-1) 27.8.2016*

13. यदि $\sin\theta + \cos\theta = 1$ है, तो $\sin\theta\cos\theta$ किसके बराबर होगा?
(a) 0 (b) 1 (c) 1/2 (d) –1/2 *SSC CGL (Tier-1) 4.9.2016*

14. $(\cot 30^0 + 2/\sqrt{3})$ का मान क्या है?
(a) $5/\sqrt{3}$ (b) $(1 + 2\sqrt{3})/2$ (c) 5/6 (d) $2/\sqrt{3}$ *SSC CHSL (Tier-1) 6.3.2018*

15. यदि $\pi\sin\theta = 1, \pi\cos\theta = 1$ हो, तो $\left\{\sqrt{3}\tan\left(\frac{2}{3}\theta\right)+1\right\}$ का मान क्या होगा?
(a) 1 (b) $\sqrt{3}$ (c) 2 (d) $1/\sqrt{3}$ *SSC CGL (Tier-1) 27.8.2016*

16. यदि $\tan\theta = \frac{8}{15}$ हों, तो $\frac{\sqrt{1-\sin\theta}}{\sqrt{1+\sin\theta}}$ है –
(a) 1/5 (b) 2/5 (c) 3/5 (d) 0 *SSC CGL (Tier-1) 29.8.2016*

17. Δ XYZ में Y पर समकोण है। यदि tan X = 24/7, तो cot Z का मान क्या है?
(a) 25/7 (b) 24/25 (c) 7/24 (d) 24/7 *SSC CHSL (Tier-1) 6.3.2018*

18. Δ ABC में B पर समकोण है। यदि cotA = 7/24 है, तो cosec C का मान क्या है?
(a) 7/25 (b) 25/7 (c) 24/7 (d) 7/24 *SSC CHSL (Tier-1) 14.3.2018*

19. Δ UVW में V पर समकोण है। यदि sec U = 5/3, तो tan W का मान क्या है?
(a) 3/4 (b) 5/3 (c) 4/5 (d) 4/3 *SSC CHSL (Tier-1) 14.3.2018*

20. Δ XYZ में Y पर समकोण है। यदि tan X = 15/8, तो sin Z का मान क्या है?
(a) 15/17 (b) 17/8 (c) 17/15 (d) 8/17 *SSC CHSL (Tier-1) 7.3.2018*

21. ΔABC में B पर समकोण है। यदि secA = 5/3, तो cosec C का मान क्या है?
(a) 5/3 (b) 3/4 (c) 4/5 (d) 4/3 *SSC CHSL (Tier-1) 15.3.2018*

22. Δ UVW में कोण V का माप 90^0 है। यदि sin U = 24/25 और UV = 0.7 सेंटीमीटर है, तो भुजा VW की लंबाई (सेंटीमीटर में) क्या है?
(a) 2.5 (b) 3 (c) 2.4 (d) 4 *SSC CHSL (Tier-1) 12.3.2018*

23. Δ ABC में कोण B का माप 90^0 है। यदि cos A = 5/13 और AB = 10 सेंटीमीटर है, तो भुजा BC की लंबाई (सेंटीमीटर में) क्या है?
(a) 26 (b) 24 (c) 25 (d) 5 *SSC CHSL (Tier-1) 12.3.2018*

24. ΔABC में कोण B का माप 90^0 है। यदि $\tan A = 15/8$ और $AB = 0.8$ सेमी. है, तो भुजा AC की लंबाई (सेमी. में) क्या है?
(a) 1.7 (b) 1.5 (c) 2 (d) 2.5 *SSC CHSL (Tier-1) 10.3.2018*

25. यदि $\tan 2A = x$, तो x का मान क्या है?
(a) $2\tan A/(1 - \tan^2 A)$ (b) $(1 - \tan^2 A)/2\tan A$
(c) $2\tan A/(1 + \tan^2 A)$ (d) $(\tan^2 A - 1)/2\tan A$ *SSC CHSL (Tier-1) 21.1.2017*

26. यदि $\sec A + \tan A = x$ है, तो x का मान क्या होगा?
(a) $\sqrt{[(1 - \sin A)/(1 + \sin A)]}$ (b) $(1 + \sin A)/(1 - \sin A)$
(c) $(1 - \sin A)/(1 + \sin A)$ (d) $\sqrt{[(1 + \sin A)/(1 - \sin A)]}$ *SSC CHSL (Tier-1) 7.1.2017*

27. यदि $\sqrt{[(1 + \cos A)/2]} = x$ है, तो x का मान क्या होगा?
(a) $\sin (A/2)$ (b) $\tan (A/2)$ (c) $\cot (A/2)$ (d) $\cos (A/2)$ *SSC CHSL (Tier-1) 7.1.2017*

28. यदि $\operatorname{cosec} A/(\operatorname{cosec} A - 1) + \operatorname{cosec} A / (\operatorname{cosec} A + 1) = x$, तो x का मान क्या है?
(a) $2 \operatorname{cosec}^2 A$ (b) $2 \operatorname{cosec} A$ (c) $2 \sec A$ (d) $2 \sec^2 A$ *SSC CHSL (Tier-1) 21.2017*

29. यदि $2\cos A \sin B = x$, है तो x का मान क्या है?
(a) $\sin (A + B) + \sin (A - B)$ (b) $\cos (A + B) + \cos (A - B)$
(c) $\sin (A + B) - \sin (A - B)$ (d) $\cos (A - B) - \cos (A + B)$ *SSC CHSL (Tier-1) 10.1.2017*

30. अगर $\cos\theta = 2P/P^2 + 1$ है, तो $\sin\theta$ बराबर है–
(a) $2P/P^2 + 1$ (b) $2P/P^2 - 1$ (c) $p^2 + 1/p^2 - 1$ (d) $P^2 - 1/P^2 + 1$ *SSC CHSL (Tier-1) 4.7.2019*

31. यदि $\cot\theta = 5x$ और $\operatorname{cosec}\theta = 5/x (x \neq 0)$ है, तो $5(x^2 - 1/x^2)$ का मान है –
(a) 1/5 (b) 1/2 (c) –1/4 (d) –1/5 *SSC CHSL (Tier) 8.7.2019*

32. अगर $\cos x = \frac{-\sqrt{3}}{2}$ तथा $\pi < x < \frac{3\pi}{2}$ है, तो $2\cot^2 x - 3\sec^2 x$ का मान है –
(a) 4 (b) 2 (c) 8 (d) 6 *SSC CHSL (Tier-1) 8.7.2019*

33. यदि $3\cot\theta = 4\cos\theta$ है, तो $\cos 2\theta$ का मान होगा –
(a) $\frac{2}{16}$ (b) $\frac{-1}{8}$ (c) $\frac{7}{16}$ (d) $\frac{9}{16}$ *SSC CPO 5.7.2017*

34. यदि $\operatorname{cosec}\theta = 3x$ और $\cot\theta = 3/x$, $(x \neq o)$ है, तो $(x^2 - 1/x^2)$ का मान है–
(a) 1/2 (b) 2/3 (c) 1/4 (d) 1/9 *SSC CHSL (Tier-1) 8.7.2019*

35. यदि $\sin\theta = \frac{a}{\sqrt{a^2+b^2}}$, $0^0 < \theta < 90^0$, तो $\sec\theta + \tan\theta$ का मान है–
(a) $\frac{\sqrt{a^2+b^2}+b}{2a}$ (b) $\frac{\sqrt{a^2+b^2}+a}{b}$ (c) $\frac{\sqrt{a^2+b^2}+a}{2b}$ (d) $\frac{\sqrt{a^2+b^2}+b}{a}$ *SSC CGL (Tier-1) 7.6.2019*

36. यदि $\frac{1}{\operatorname{cosec}\theta-1}+\frac{1}{\operatorname{cosec}\theta+1} = 2\sec\theta$, $0^0 < \theta < 90^0$ तो $(\cot\theta + \cos\theta)$ का मान है–
(a) $\frac{2+\sqrt{2}}{2}$ (b) $\frac{1+\sqrt{2}}{2}$ (c) $1+\sqrt{2}$ (d) $\frac{2+\sqrt{3}}{\sqrt{2}}$ *SSC CGL (Tier-1) 7.6.2019*

37. यदि $\cot = \frac{3}{4}$ है, तो $\sin\theta + \cos\theta - \tan\theta$ किसके बराबर होगा?
(a) $\frac{1}{20}$ (b) $\frac{1}{15}$ (c) $-\frac{1}{20}$ (d) $-\frac{1}{15}$ *SSC CGL (Tier-1) 11.6.2019*

38. यदि cot = $\sqrt{7}$ है, तो $\frac{\operatorname{cosec}^2\theta - \sec^2\theta}{\operatorname{cosec}^2\theta + \sec^2\theta}$ का मान है–

(a) $\frac{2}{3}$ (b) $\frac{8}{9}$ (c) $\frac{7}{9}$ (d) $\frac{3}{4}$ *SSC CGL (Tier-1) 7.6.2019*

39. यदि cos = $2p/(1+p^2)$ है, तो tan θ बराबर है–

(a) $\frac{1-p^2}{2p}$ (b) $\frac{p^2}{1+p^2}$ (c) $\frac{2p}{1-p^2}$ (d) $\frac{1-p^2}{1+p^2}$ *SSC CGL (Tier-1) 4.6.2019*

40. $\left(\frac{2\tan 30^0}{1-\tan^2 30^0}\right) = ?$

(a) $\sqrt{3}$ (b) $\frac{1}{\sqrt{3}}$ (c) $\frac{1}{3}$ (d) 3 *SSC CGL (Tier-1) 7.6.2019*

41. यदि $\tan\theta = \frac{2}{3}$ है, तो $\frac{3\sin\theta - 4\cos\theta}{3\sin\theta + 4\cos\theta}$ किसके बराबर होगा?

(a) $-\frac{2}{3}$ (b) $\frac{1}{3}$ (c) $-\frac{1}{3}$ (d) $\frac{2}{3}$ *SSC CGL (Tier-1) 10.6.2019*

42. यदि sec θ + cosec θ = $\sqrt{2}$ sec (90 – θ) है, तो cot θ का मान क्या है?

(a) $\sqrt{2}$ (b) 2 (c) $\sqrt{2}-1$ (d) $\sqrt{2}+1$ *SSC CPO 1.7.2017*

43. यदि X तथा Y धनात्मक न्यूनकोण है, sin (2x + 3y) = $\frac{\sqrt{3}}{2}$ तथा cos (4x – 3y) = $\frac{\sqrt{3}}{2}$ है, तो tan (6x – 3y) का मान क्या है?

(a) 0 (b) 1 (c) $1\sqrt{3}$ (d) $\sqrt{3}$ *SSC CPO 5. 7. 2017*

44. यदि cosec θ = $\frac{13}{12}$ है, तो sin θ + cos θ – tan θ बराबर है–

(a) $-\frac{71}{65}$ (b) $\frac{91}{65}$ (c) $\frac{71}{65}$ (d) $\frac{139}{65}$ *SSC CGL (Tier-1) 11.6.2019*

45. यदि 12 sin θ = 5 cos θ है, तो sin θ + cos θ – cot θ बराबर है –

(a) $-\frac{71}{65}$ (b) $\frac{139}{156}$ (c) $-\frac{16}{65}$ (d) $\frac{116}{156}$ *SSC CGL (Tier-1) 13.6.2019*

46. यदि sin θ = 4 cos θ है, तो sin θ cos θ का मान कितना है?

(a) $\frac{2}{9}$ (b) $\frac{4}{17}$ (c) $\frac{3}{4}$ (d) $\frac{3}{10}$ *SSC CGL (Tier-1) 6.6.2019*

47. यदि 3 sin θ = 4 cos θ है, तो $\tan^2\theta$ + sin θ – cos θ बराबर है –

(a) 2 (b) $\frac{88}{45}$ (c) $\frac{17}{9}$ (d) $\frac{89}{45}$ *SSC CGL (Tier-1) 12.6.2019*

48. $\frac{\sin\theta - \cos\theta + 1}{\sin\theta + \cos\theta - 1} = ?$

(a) sec θ sin θ (b) sec θ tan θ (c) sec θ + tan θ (d) sec θ – tan θ *SSC CGL (Tier-1) 6.6.2019*

49. जब $\sqrt{3}\cos\theta + \sin\theta = 1\ (0^0 \le \theta \le 90^0)$ हो, तो θ का मान है–

(a) 60^0 (b) 90^0 (c) 30^0 (d) 0^0 *SSC CGL (Tier-1) 4.6.2019*

50. $\frac{\sin\theta - \cos\theta + 1}{\sin\theta + \cos\theta - 1} = ?$

(a) sec θ – tan θ (b) sec θ tan θ (c) sec θ sin θ (d) sec θ + tan θ *SSC CGL (Tier-1) 6.6.2019*

51. यदि $\frac{\tan\theta}{1-\cot\theta} + \frac{\cot\theta}{1-\tan\theta}$ = 1 + k, तो k = ?

(a) cotθ + secθ (b) tanθ + secθ (c) cosecθ.secθ (d) tanθ.cosecθ *SSC CGL (Tier-1) 7.6.2019*

52. यदि $\frac{\tan\theta+\sin\theta}{\tan\theta-\sin\theta}=\frac{k+1}{k-1}$ है, तो k = ?
(a) $\cos\theta$ (b) $\operatorname{cosec}\theta$ (c) $\sin\theta$ (d) $\sec\theta$ *SSC CGL (Tier-1) 7.6.2019*

53. यदि $\cos\theta = 4/5$ है, तो $\sin^2\theta\cos\theta + \cos^2\theta\sin\theta$ बराबर है–
(a) $\frac{16}{25}$ (b) $\frac{14}{25}$ (c) $\frac{82}{125}$ (d) $\frac{84}{125}$ *SSC CGL (Tier-1) 12.6.2019*

54. यदि $\sin\theta = \frac{p^2-1}{p^2+1}$ है, तो $\cos\theta$ बराबर है–
(a) $\frac{2P}{P^2-1}$ (b) $\frac{2P}{1+P^2}$ (c) $\frac{P}{P^2-1}$ (d) $\frac{P}{1+P^2}$ *SSC CGL (Tier-1) 4.6.2019*

55. यदि $\sec\theta=\frac{13}{5}$ है, तो $\tan\theta-\sin\theta+\cos\theta$ बराबर है–
(a) $\frac{121}{65}$ (b) $\frac{118}{65}$ (c) $\frac{124}{65}$ (d) $\frac{23}{13}$ *SSC CGL (Tier-1) 11.6.2019*

56. यदि $\tan\theta=\sqrt{\frac{1}{13}}$ तथा θ न्यूनकोण है, तो $\frac{\operatorname{cosec}^2\theta-\sec^2\theta}{\operatorname{cosec}^2\theta+\sec^2\theta}$ का मान क्या है?
(a) 2/3 (b) 3/4 (c) 5/6 (d) 6/7 *SSC CPO 5.7.2017*

57. यदि $(\operatorname{cosec}^2\theta-1)=\frac{144}{25}$ तथा θ न्यूनकोण है, तो $(\sqrt{\cot\theta+\tan\theta})$ का मान क्या है?
(a) $\frac{13}{5}$ (b) $\frac{60}{13}$ (c) $\frac{2\sqrt{15}}{13}$ (d) $\frac{13}{2\sqrt{15}}$ *SSC CPO 5.7.2017*

58. यदि $\operatorname{cosec}^2\theta=\frac{25}{16}$ तथा θ न्यूनकोण है, तो $(\sqrt{\cot\theta+\tan\theta})$ का मान क्या है?
(a) $\frac{\sqrt{3}}{2}$ (b) $\frac{5}{2\sqrt{3}}$ (c) $\frac{12}{\sqrt{3}}$ (d) $\frac{2\sqrt{3}}{3}$ *SSC CPO 5.7.2017*

59. यदि $\tan\theta=\frac{3}{4}$ है, तो $\frac{4\sin\theta-\cos\theta}{4\sin\theta+\cos\theta}$ किसके बराबर होगा?
(a) $\frac{1}{4}$ (b) $\frac{3}{5}$ (c) $\frac{1}{2}$ (d) $\frac{2}{5}$ *SSC CGL (Tier-1) 10.6.2019*

60. यदि $2\sin\theta = 5\cos\theta$ है, तो $\frac{\sin\theta+\cos\theta}{\sin\theta-\cos\theta}$ बराबर है –
(a) $\frac{9}{5}$ (b) $\frac{2}{3}$ (c) $\frac{5}{3}$ (d) $\frac{7}{3}$

61. यदि $3\sin\theta = 2\cos\theta$ है, तो $\frac{4\sin\theta-\cos\theta}{4\sin\theta+\cos\theta}$ बराबर है –
(a) $\frac{5}{11}$ (b) $\frac{5}{7}$ (c) $\frac{5}{14}$ (d) $\frac{5}{8}$ *SSC CGL (Tier-1) 13.6.2019*

62. यदि $\frac{\cos\theta}{1-\sin\theta}+\frac{\cos\theta}{1+\sin\theta}=4,\ 0^0<\theta<90^0$, तब $(\tan\theta+\operatorname{cosec}\theta)$ का मान है–
(a) $\frac{5\sqrt{3}}{3}$ (b) $\frac{4\sqrt{3}}{3}$ (c) $\frac{5\sqrt{2}}{2}$ (d) $\frac{5\sqrt{2}}{3}$ *SSC CGL (Tier-1) 6.6.2019*

63. दी गई आकृति में, $\cot\theta$ का मान क्या है?
(a) $\frac{17}{18}$ (b) $\frac{8}{15}$ (c) $\frac{15}{8}$ (d) $\frac{15}{17}$
SSC CGL (Tier-1) 9.3.2020

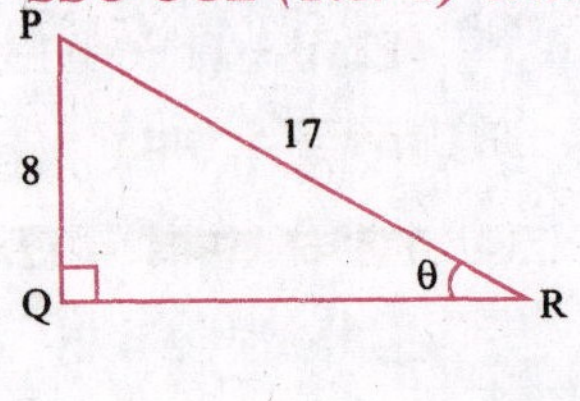

64. यदि 5 cot θ = 3 है, तो $\frac{6\sin\theta - 3\cos\theta}{7\sin\theta + 3\cos\theta}$ का मान ज्ञात कीजिए।

(a) $\frac{20}{21}$ (b) $\frac{44}{21}$ (c) $\frac{11}{40}$ (d) $\frac{21}{44}$ *SSC CGL (Tier-1) 9.3.2020*

65. यदि 5 sinθ = 4 है, तो $\frac{\sec\theta \pm 4\cot\theta}{4\tan\theta - 5\cos\theta}$ का मान ज्ञात कीजिए।

(a) $\frac{5}{4}$ (b) 2 (c) $\frac{3}{2}$ (d) 1 *SSC CGL (Tier-1) 5.3.2020*

66. (cosec A + cot A+ 1) (cosec A – cot A + 1) – 2 cosec A का मान ज्ञात कीजिए।

(a) 2 (b) 0 (c) 4cosec A (d) 2 cosec A *SSC CGL (Tier-1) 9.3.2020*

67. यदि $\frac{\sec\theta - \tan\theta}{\sec\theta + \tan\theta}$ है, तो $\frac{\text{cosec}\theta + \cot\theta}{\text{cosec}\,\theta - \cot\theta}$ का मान बताइए।

(a) $24+\sqrt{15}$ (b) $33+4\sqrt{15}$ (c) $27+\sqrt{15}$ (d) $31+8\sqrt{15}$ *SSC CGL (Tier-1) 3.3.2020*

68. यदि 5 cosθ – 12 sinθ = 0 है, $\frac{1+\sin\theta+\cos\theta}{1-\sin\theta+\cos\theta}$ तो का मान क्या है?

(a) $\frac{5}{4}$ (b) $\frac{3}{2}$ (c) $\frac{5}{2}$ (d) $\frac{3}{4}$ *SSC CGL (Tier-1) 5.3.2020*

69. यदि A प्रथम चतुर्थांश में अवस्थित है और 6 tan A = 5 है, तो $\frac{8\sin A - 4\cos A}{\cos A + 2\sin A}$ का मान बताइए।

(a) 4 (b) 16 (c) – 2 (d) 1 *SSC CGL (Tier-1) 3.3.2020*

70. दी गई आकृति, समकोण त्रिभुज में cosec θ का मान कितना है?

(a) $\frac{13}{5}$ (b) $\frac{12}{13}$ (c) $\frac{5}{13}$ (d) $\frac{5}{11}$ *SSC CGL (Tier-1) 7.3.2020*

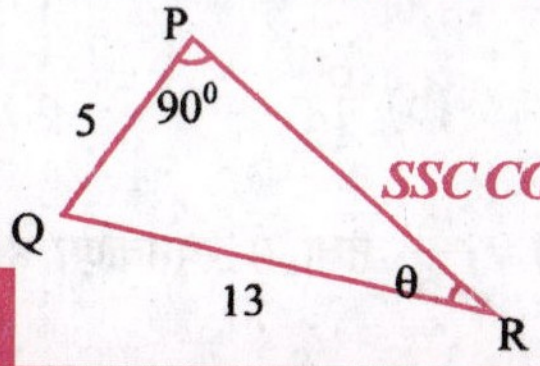

उत्तरमाला

1. (c)	2. (b)	3. (d)	4. (a)	5. (b)	6. (a)	7. (b)	8. (c)	9. (b)
10. (c)	11. (a)	12. (c)	13. (a)	14. (a)	15. (c)	16. (c)	17. (d)	18. (b)
19. (a)	20. (d)	21. (a)	22. (c)	23. (b)	24. (a)	25. (a)	26. (d)	27. (d)
28. (d)	29. (c)	30. (d)	31. (d)	32. (b)	33. (b)	34. (d)	35. (b)	36. (a)
37. (b)	38. (d)	39. (a)	40. (a)	41. (c)	42. (d)	43. (d)	44. (a)	45. (a)
46. (b)	47. (d)	48. (c)	49. (b)	50. (d)	51. (c)	52. (d)	53. (d)	54. (b)
55. (a)	56. (d)	57. (d)	58. (b)	59. (c)	60. (d)	61. (a)	62. (a)	63. (c)
64. (d)	65. (b)	66. (a)	67. (d)	68. (b)	69. (d)	70. (a)		

अभ्यास प्रश्नों के हल

1. सम्मुख Δ XYZ में ∠Y = 90⁰ और XY = 1 सेमी.

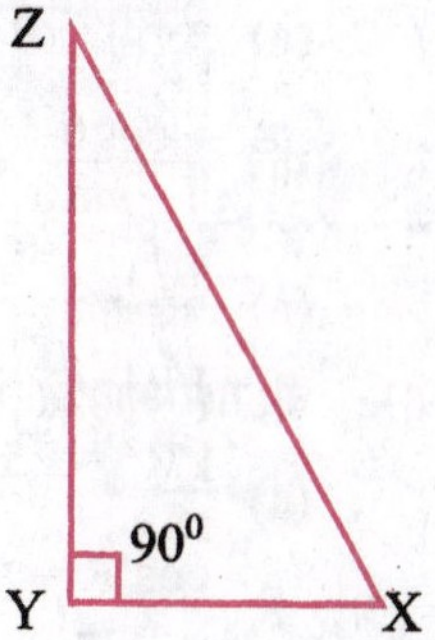

∵ cosec X = $\frac{13}{12} = \frac{ZX}{ZY} = \frac{\text{कर्ण}}{\text{लम्ब}}$

∴ माना ZX = 13 a सेमी. तथा ZY = 12a सेमी.

∴ पाइथागोरस प्रमेय से, $ZY^2 + YX^2 = ZX^2$

∴ $(12a)^2 + (1)^2 = (13a)^2 \Rightarrow 144a^2 + 1 = 169\,a^2$

∴ $169\,a^2 - 144a^2 = 1 \Rightarrow 25a^2 = 1^2 \Rightarrow 5a = 1 \Rightarrow a = \frac{1}{5}$

∴ YZ की लम्बाई = $12a = 12 \times \frac{1}{5} = 2.4$ सेमी.

2. सम्मुख त्रिभुज PQR में $\angle Q = 90^0$ और PQ = 2.5 सेमी.

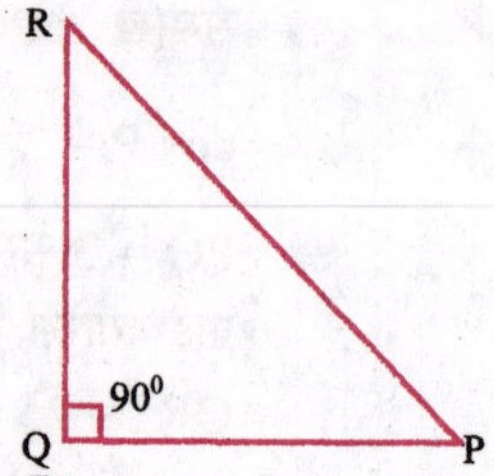

$\because \quad \cos P = \frac{5}{13} = \frac{\text{आधार}}{\text{कर्ण}} = \frac{PQ}{PR}$

$\therefore \quad \frac{5}{13} = \frac{PQ}{PR} \Rightarrow \frac{5}{13} = \frac{2.5}{PR}$

$\therefore \quad 5 \times PR = 13 \times 2.5 \Rightarrow PR = \frac{13 \times 2.5}{5} = 6.5$ सेमी.

3. सम्मुख ΔXYZ में $\angle Y = 90^0$

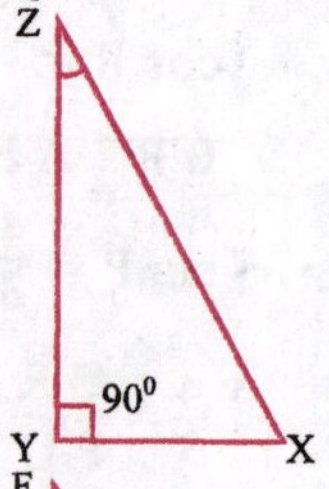

और $\cosec X = \frac{17}{15} = \frac{\text{कर्ण}}{\text{लम्ब}} = \frac{ZX}{YZ}$

$\therefore$ ZX = 17 सेमी., YZ = 15 सेमी

$\therefore$ पाइथागोरस प्रमेय से, $XY^2 + YZ^2 = ZX^2$

$\therefore \quad XY^2 + 225 = 289 \Rightarrow XY^2 = 289 - 225$

$\therefore \quad XY^2 = 64 = 8^2 \Rightarrow XY = 8$ सेमी.

$\therefore \quad \cot Z = \frac{\text{आधार}}{\text{लम्ब}} = \frac{YZ}{XY} = \frac{15}{8}$

4. सम्मुख ΔDEF में $E = 90^0$ और DE = 1.4 सेमी.

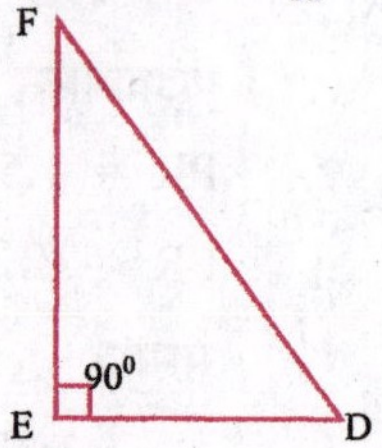

$\therefore \quad \sec D = \frac{25}{7} = \frac{\text{कर्ण}}{\text{आधार}} = \frac{DF}{DE}$

$\therefore \quad \frac{25}{7} = \frac{DF}{1.4} \Rightarrow DF = \frac{25 \times 1.4}{7} = 5.0$ सेमी.

5. सम्मुख चित्र में $\angle V = 90^0$ और UV = 10 सेमी.

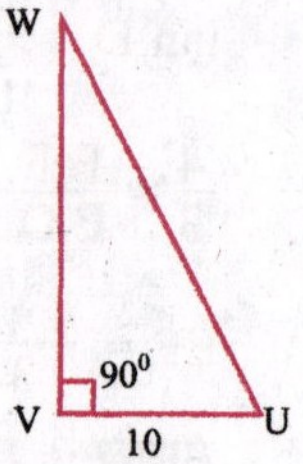

$\because \quad \tan U = \frac{12}{5} = \frac{\text{लम्ब}}{\text{आधार}} = \frac{VW}{UV}$

$\therefore \quad \frac{12}{5} = \frac{VW}{UV} \Rightarrow \frac{12}{5} = \frac{VW}{10}$

$\therefore \quad VW = \frac{12 \times 10}{5} = 24$ सेमी.

6. सम्मुख Δ PQR में $\angle Q = 90^0$

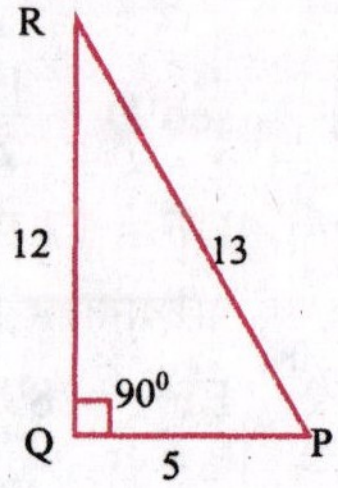

और $\cos P = \frac{5}{13} = \frac{\text{आधार}}{\text{कर्ण}} = \frac{PQ}{PR}$

$\therefore$ PQ = 5 सेमी और PR = 13 सेमी

अब पाइथागोरस प्रमेय से $PQ^2 + QR^2 = PR^2$

$\therefore \quad 5^2 + QR^2 = 13^2 \Rightarrow QR^2 = 169 - 25$

$\therefore \quad QR^2 = 144 = 12^2 \Rightarrow QR = 12$ सेमी.

$\therefore \quad \cosec R = \frac{\text{कर्ण}}{\text{लम्ब}} = \frac{PR}{PQ} = \frac{13}{5}$

7. सम्मुख Δ PQR में $\angle Q = 90^0$

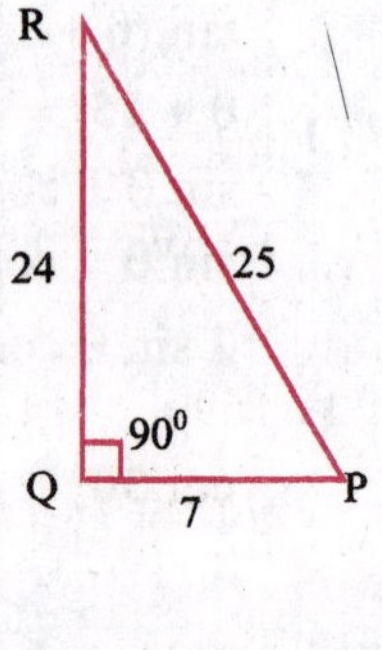

$\tan P = \frac{24}{7} = \frac{\text{लम्ब}}{\text{आधार}} = \frac{QR}{PQ}$

$\therefore$ QR = 24 सेमी और PQ = 7 सेमी.

$\therefore$ पाइथागोरस प्रमेय से, $PR^2 = PQ^2 + QR^2$

$\therefore \quad PR^2 = 7^2 + 24^2 = 49 + 576 = 625$

$\therefore \quad PR^2 = 25^2 \Rightarrow PR = 25$ सेमी.

$\therefore \quad \cos R = \frac{\text{आधार}}{\text{कर्ण}} = \frac{QR}{PR} = \frac{24}{25}$

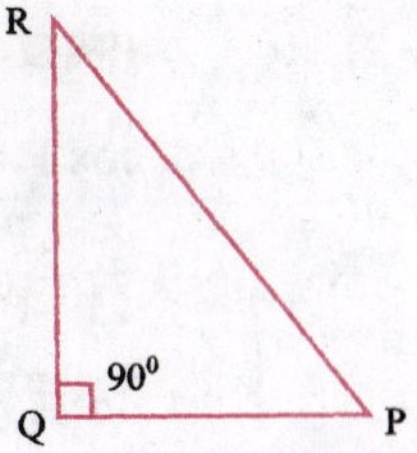

8. सम्मुख Δ PQR में $\angle Q = 90^0$

$\because$ $\cos P = \frac{3}{5} = \frac{\text{आधार}}{\text{कर्ण}} = \frac{PQ}{PR}$

$\therefore$ PQ = 3 सेमी और PR = 5 सेमी.

$\therefore$ पाइथागोरस प्रमेय से, $QR^2 = PR^2 - PQ^2$

$\therefore$ $QR^2 = 25 - 9 = 16 \Rightarrow QR = 4$ सेमी.

$\therefore$ $\cos R = \frac{\text{आधार}}{\text{कर्ण}} = \frac{QR}{PR} = \frac{4}{5}$

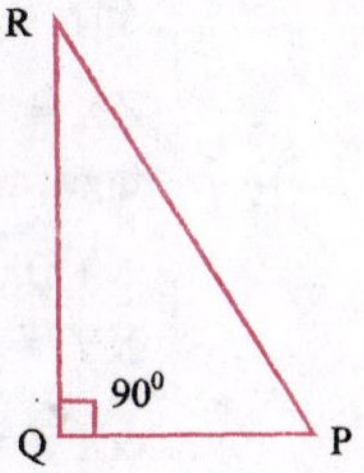

9. सम्मुख Δ PQR में $\angle Q = 90^0$ और PQ = 1.5 सेमी.

$\because$ $\tan P = \frac{4}{3} = \frac{\text{लम्ब}}{\text{आधार}} = \frac{QR}{PQ}$

$\therefore$ $\frac{4}{3} = \frac{QR}{PQ} \Rightarrow \frac{4}{3} = \frac{QR}{1.5} \Rightarrow QR = \frac{4 \times 1.5}{3} = 2$ सेमी.

$\therefore$ पाइथागोरस प्रमेय से $PR^2 = PQ^2 + QR^2$

$\therefore$ $PR^2 = 1.5^2 + 2^2 = 2.25 + 4 = 6.25$

$\therefore$ $PR^2 = (2.5)^2 \Rightarrow PR = 2.5$ सेमी.

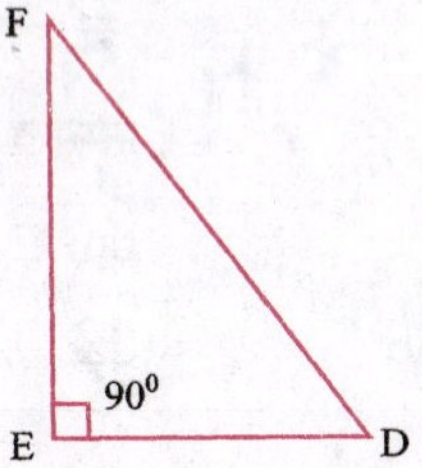

10. सम्मुख Δ DEF में $\angle E = 90^0$ और DE = 6 सेमी.

$\because$ $\tan D = \frac{4}{3} = \frac{\text{लम्ब}}{\text{आधार}} = \frac{EF}{ED}$

$\therefore$ $\frac{4}{3} = \frac{EF}{ED} \Rightarrow \frac{4}{3} = \frac{EF}{6}$

$\therefore$ $EF = \frac{4 \times 6}{3} = 8$ सेमी.

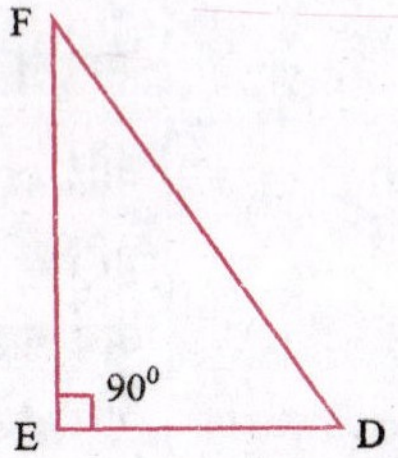

11. सम्मुख Δ DEF में $\angle E = 90^0$

$\because$ $\sec D = \frac{17}{8} = \frac{\text{कर्ण}}{\text{आधार}} = \frac{DF}{DE}$

$\therefore$ DF = 17 सेमी और DE = 8 सेमी.

$\therefore$ पाइथागोरस प्रमेय से $EF^2 = DF^2 - DE^2 = 17^2 - 8^2$

$\therefore$ $EF^2 = 289 - 64 = 225 \Rightarrow EF = 15$ सेमी

$\therefore$ $\cos F = \frac{\text{आधार}}{\text{कर्ण}} = \frac{EF}{DF} = \frac{15}{17}$

12. $\tan(\theta + 15^0) = \sqrt{3} = \tan 60^0$

$\therefore$ $\theta + 15^0 = 60^0 \Rightarrow \theta^0 = 60^0 - 15^0 = 45^0$

13. $\sin\theta + \cos\theta = 1$ के दोनों पक्षों का वर्ग करने पर, $(\sin\theta + \cos\theta)^2 = 1^2$

$\therefore$ $\sin^2\theta + \cos^2\theta + 2\sin\theta \cdot \cos\theta = 1 \Rightarrow 1 + 2\sin\theta\cos\theta = 1$

$\therefore$ $2\sin\theta\cos\theta = 1 - 1 = 0 \Rightarrow \sin\theta\cos\theta = \frac{0}{2} = 0$

14. $\cot 30^0 + \frac{2}{\sqrt{3}} = \sqrt{3} + \frac{2}{\sqrt{3}} = \frac{\sqrt{3} \times \sqrt{3} + 2}{\sqrt{3}} = \frac{3+2}{\sqrt{3}} = \frac{5}{\sqrt{3}}$

15. $\pi \sin\theta = 1$ और $\pi\cos\theta = 1$, अतः $\dfrac{\pi\sin\theta}{\pi\cos\theta} = \dfrac{1}{1}$

$\therefore \quad \dfrac{\sin\theta}{\cos\theta} = 1 \Rightarrow \tan\theta = 1 = \tan 45 \Rightarrow \theta = 45^0$

$\therefore \quad \sqrt{3}\tan\left(\frac{2}{3}\theta\right) + 1 = \sqrt{3}\cdot\tan\left(\frac{2}{3}\times 45\right) + 1 = \sqrt{3}\tan 30^0 + 1 = \sqrt{3}\times\frac{1}{\sqrt{3}} + 1 = 1 + 1 = 2$

16. $\tan\theta = \dfrac{8}{15} = \dfrac{\text{लम्ब}}{\text{आधार}}$, अतः पाइथागोरस प्रमेय से $\text{कर्ण}^2 = \text{लम्ब}^2 + \text{आधार}^2$

$\therefore \quad \text{कर्ण}^2 = 8^2 + 15^2 = 64 + 225 = 289 = 17^2 \Rightarrow \text{कर्ण} = 17$

$\therefore \quad \dfrac{\sqrt{1-\sin\theta}}{\sqrt{1+\sin\theta}} = \sqrt{\dfrac{1-\frac{8}{17}}{1+\frac{8}{17}}} = \sqrt{\dfrac{\frac{9}{17}}{\frac{25}{17}}} = \sqrt{\dfrac{9}{17}\times\dfrac{17}{25}} = \sqrt{\dfrac{9}{25}} = \dfrac{3}{5}$

17. सम्मुख ΔXYZ में $\angle Y = 90^0$

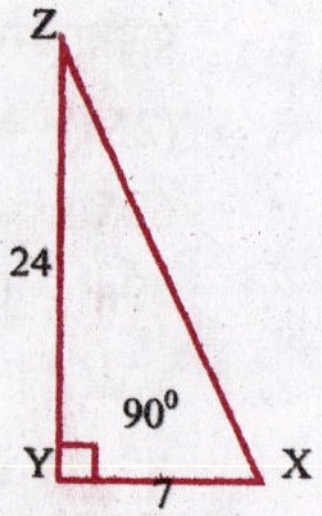

$\tan X = \dfrac{24}{7} = \dfrac{\text{लम्ब}}{\text{आधार}}$

$\angle X$ के लिए लम्ब $YZ = 24$ और आधार $XY = 7$

$\cot Z = \dfrac{\text{आधार}}{\text{लम्ब}} = \dfrac{YZ}{XY} = \dfrac{24}{7}$

18. सम्मुख ΔABC में $\angle B = 90^0$

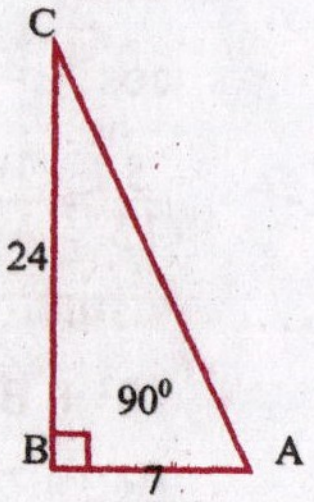

$\cot A = \dfrac{7}{24} = \dfrac{\text{आधार}}{\text{लम्ब}}$

$\therefore \quad \angle A$ के लिए आधार $AB = 7$ और लम्ब $BC = 24$

$\therefore \quad$ पाइथागोरस प्रमेय से $AC^2 = AB^2 + BC^2 = 7^2 + 24^2$
$= 49 + 576 = 625$

$\therefore \quad AC^2 = 25^2 \Rightarrow AC = 25$

$\therefore \quad \text{cosec } C = \dfrac{\text{कर्ण}}{\text{लम्ब}} = \dfrac{AC}{AB} = \dfrac{25}{7}$

19. सम्मुख ΔUVW में $\angle V = 90^0$

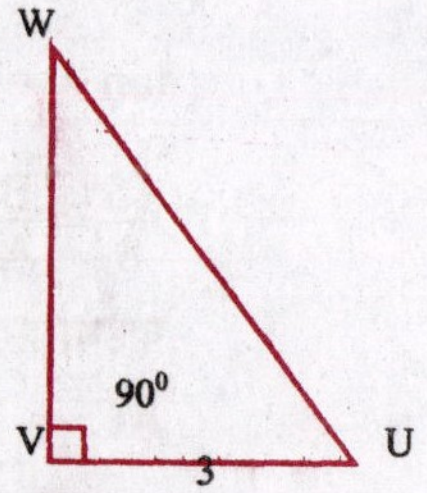

$\sec U = \dfrac{5}{3} = \dfrac{\text{कर्ण}}{\text{आधार}}$

$\therefore \quad \angle U$ के लिए कर्ण $UW = 5$ और आधार $UV = 3$

$\therefore \quad$ पाइथागोरस प्रमेय से, $VW^2 = UW^2 - UV^2$

$\therefore \quad VW^2 = 25 - 9 = 16 = 4^2 \Rightarrow VW = 4$

$\therefore \quad \tan W = \dfrac{\text{लम्ब}}{\text{आधार}} = \dfrac{UV}{VW} = \dfrac{3}{4}$

20. सम्मुख ΔXYZ में $\angle Y = 90^0$

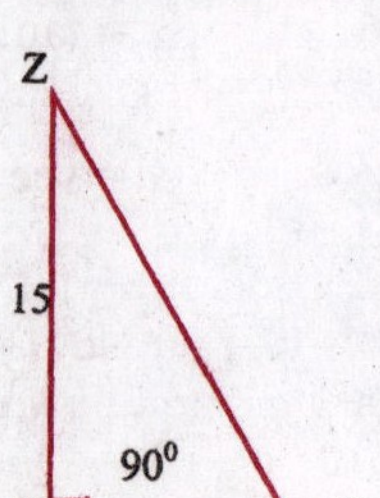

$\tan X = \dfrac{15}{8} = \dfrac{\text{लम्ब}}{\text{आधार}}$

$\therefore \quad \angle X$ के लिए लम्ब $YZ = 15$ और आधार $XY = 8$

$\therefore \quad$ पाइथागोरस प्रमेय से $XZ^2 = XY^2 + YZ^2 = 64 + 225$

$\therefore \quad XZ^2 = 289 = 17^2 \Rightarrow XZ = 17$

$\therefore \quad \sin Z = \dfrac{\text{लम्ब}}{\text{कर्ण}} = \dfrac{8}{17}$

21. चित्र में $\angle B = 90^0$ और $\sec A = \frac{5}{3} = \frac{\text{कर्ण}}{\text{आधार}}$

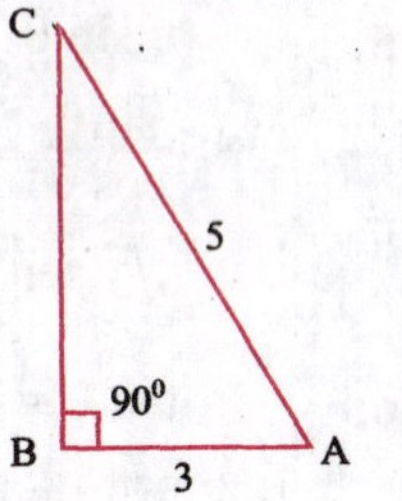

$\therefore$ $\angle A$ के लिए आधार AB = 3 और कर्ण AC = 5

परन्तु $\angle C$ के लिए लम्ब = AB = 3

$\therefore$ $\text{cosec } C = \frac{\text{कर्ण}}{\text{लम्ब}} = \frac{5}{3}$

22. सम्मुख Δ UVW में $\angle V = 90^0$ और UV = 0.7 सेमी.

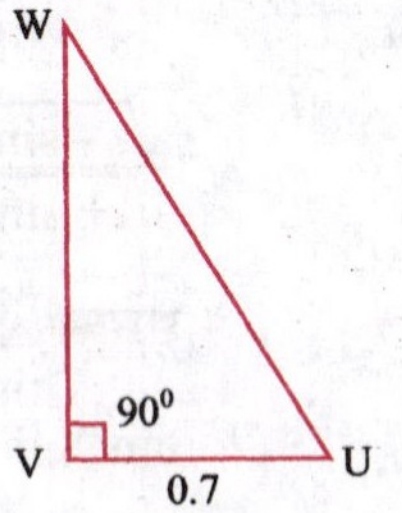

और $\sin U = \frac{24}{25} = \frac{\text{लम्ब}}{\text{कर्ण}} = \frac{VW}{UW}$

माना लम्ब VW = 24a तथा कर्ण UW = 25a

$\therefore$ पाइथागोरस प्रमेय से $UW^2 = UV^2 + VW^2$

$\therefore$ $(25a)^2 = (0.7)^2 + (24a)^2 \Rightarrow 625a^2 = 0.49 + 576a^2$

$\therefore$ $625\, a^2 - 576a^2 = 0.49$

$\therefore$ $49a^2 = 0.49 \Rightarrow (7a)^2 = (0.7)^2 \Rightarrow 7a = 0.7 \Rightarrow a = 0.1$

$\therefore$ VW की लम्बाई $= 24a = 24 \times 0.1 = 2.4$

23. ΔABC में $\angle B = 90^0$ और AB = 10 सेमी.

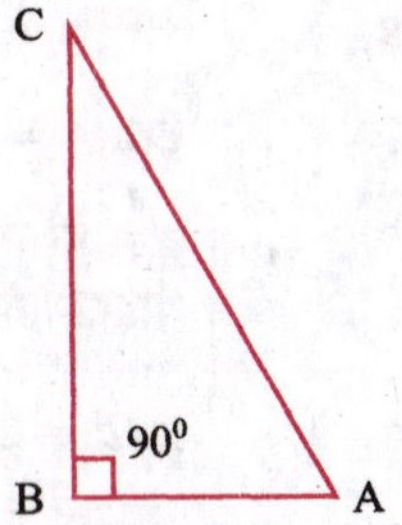

$\because$ $\cos A = \frac{5}{13} = \frac{\text{आधार}}{\text{कर्ण}} = \frac{AB}{AC}$

$\frac{5}{13} = \frac{10}{AC} \Rightarrow 5 \times AC = 13 \times 10 \Rightarrow AC = 26$ सेमी

$\therefore$ पाइथागोरस प्रमेय से $AB^2 + BC^2 = CA^2$

$10^2 + BC^2 = 26^2 \Rightarrow BC^2 = 676 - 100 = 576$

$\therefore$ $BC^2 = 24^2 \Rightarrow BC = 24$ सेमी.

24. सम्मुख ΔABC में $\angle B = 90^0$ और AB = 0.8 सेमी.

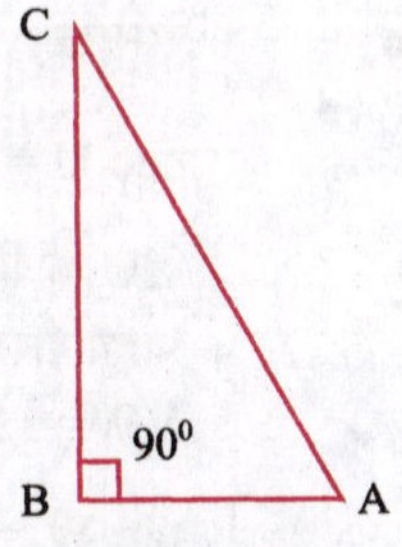

$\because$ $\tan A = \frac{15}{8} = \frac{\text{लम्ब}}{\text{आधार}} = \frac{BC}{AB}$

$\therefore$ $\frac{15}{8} = \frac{BC}{AB} \Rightarrow \frac{15}{8} = \frac{BC}{0\cdot 8} \Rightarrow BC = \frac{15 \times 0.8}{8} = 1.5$ सेमी.

$\therefore$ पाइथागोरस प्रमेय से $AC^2 = AB^2 + BC^2 = (0.8)^2 + (1.5)^2$

$\therefore$ $AC^2 = 0.64 + 2.25 = 2.89 = (1.7)^2 \Rightarrow AC = 1.7$ सेमी.

25. $x = \tan 2A = \frac{2\tan A}{1 - \tan^2 A}$

26. $x = \sec A + \tan A = \frac{1}{\cos A} + \frac{\sin A}{\cos A} = \frac{1 + \sin A}{\cos A} = \sqrt{\frac{(1 + \sin A)^2}{\cos^2 A}} = \sqrt{\frac{(1 + \sin A)^2}{1 - \sin^2 A}}$

$$= \sqrt{\frac{(1 + \sin A)\,(1 + \sin A)}{(1 - \sin A)\,(1 + \sin A)}} = \sqrt{\frac{1 + \sin A}{1 - \sin A}}$$

27. $\sqrt{\frac{1 + \cos A}{2}} = \sqrt{\frac{1 + 2\cos^2 \frac{A}{2} - 1}{2}} = \sqrt{\frac{2 \cdot \cos^2 \frac{A}{2}}{2}} = \cos\frac{A}{2}$

28. $x = \frac{\text{cosec A}}{\text{cosec A} - 1} + \frac{\text{cosec A}}{\text{cosec A}+1} = \frac{\text{cosec A (cosec A + 1) + cosec A (cosec A} - 1)}{(\text{cosec A} - 1)(\text{cosec A} + 1)}$

$= \frac{\text{cosec}^2 \text{ A + cosec A + cosec}^2\text{A} - \text{cosec A}}{(\text{cosec}^2 \text{ A} - 1)} = \frac{2\text{ cosec}^2\text{A}}{\cot^2\text{A}} = 2\text{ cosec}^2\text{ A} \cdot \tan^2\text{ A}$

$= 2 \cdot \frac{1}{\sin^2 A} \cdot \frac{\sin^2 A}{\cos^2 A} = 2 \cdot \frac{1}{\cos^2 A} = 2\sec^2 A$

29. $x = 2 \cos A \sin B = \sin (A + B) - \sin (A - B)$

30. $\cos \theta = \frac{2P}{P^2+1} = \frac{\text{आधार}}{\text{कर्ण}}$

$\therefore$ समकोण त्रिभुज में पाइथागोरस प्रमेय से लम्ब^2 = कर्ण^2 − आधार^2

$\therefore$ लम्ब$^2 = (P^2 + 1)^2 - (2P)^2 = P^4 + 1 + 2P^2 - 4 P^2 = P^4+1 - 2P^2 = (P^2 - 1)^2$

$\therefore$ लम्ब$^2 = (P^2 - 1)^2 \Rightarrow$ लम्ब $= P^2 - 1 \Rightarrow \sin \theta = \frac{\text{लम्ब}}{\text{कर्ण}} = \frac{P^2-1}{P^2+1}$

31. $\cot \theta = 5x$, अतः $x = \frac{\cot \theta}{5}$ और $\text{cosec } \theta = \frac{5}{x} \Rightarrow \frac{1}{x} = \frac{\text{cosec } \theta}{5}$

$\therefore 5\left(x^2 - \frac{1}{x^2}\right) = 5\left(\frac{\cot^2 \theta}{25} - \frac{\text{cosec}^2\theta}{25}\right) = 5\left(\frac{\cot^2 \theta - \text{cosec}^2\theta}{25}\right) = \frac{\cot^2 \theta - \text{cosec}^2\theta}{5} = \frac{-1}{5}$

32. $\cos x = \frac{-\sqrt{3}}{2} = \cos (180 + 30) = \cos 210 \Rightarrow x = 210^0$

$\therefore \cot x = \cot 210^0 = \cot (180^0 + 30^0) = \cot 30^0 = \sqrt{3}$

और $\sec x = \sec 210^0 = \sec (180^0 + 30^0) = -\sec 30^0 = -\frac{2}{\sqrt{3}}$

$\therefore 2 \cot^2 x - 3 \sec^2 x = 2\left(\sqrt{3}\right)^2 - 3\left(\frac{-2}{\sqrt{3}}\right)^2 = 2 \times 3 - 3 \times \frac{4}{3} = 6 - 4 = 2$

33. $3 \cot \theta = 4 \cos \theta \Rightarrow 3 \cdot \frac{\cos\theta}{\sin\theta} = 4 \cos \theta$

$\therefore 3 \cdot \frac{1}{\sin\theta} = 4 \Rightarrow 4 \sin\theta = 3 \Rightarrow \sin \theta = \frac{3}{4}$

$\therefore \cos 2\theta = 1 - 2 \sin^2 \theta = 1 - 2 \times \left(\frac{3}{4}\right)^2 = 1 - 2 \times \frac{9}{16} = 1 - \frac{9}{8} = -\frac{1}{8}$

34. $\text{cosec } \theta = 3x \Rightarrow x = \frac{\text{cosec } \theta}{3} \Rightarrow x^2 = \frac{\text{cosec}^2 \theta}{9}$

$\cot \theta = \frac{3}{x} \Rightarrow \frac{1}{x} = \frac{\cot\theta}{3} \Rightarrow \frac{1}{x^2} = \frac{\cot^2 \theta}{9}$

$\therefore x^2 - \frac{1}{x^2} = \frac{\text{cosec}^2 \theta}{9} - \frac{\cot^2 \theta}{9} = \frac{\text{cosec}^2 \theta - \cot^2 \theta}{9} = \frac{1}{9}$

35. $\sin \theta = \frac{a}{\sqrt{a^2 + b^2}} = \frac{\text{लम्ब}}{\text{कर्ण}}$, अतः समकोण त्रिभुज में पाइथागोरस प्रमेय से–

आधार^2 = कर्ण^2 − लम्ब^2 $= (\sqrt{a^2 + b^2})^2 - a^2 = a^2 + b^2 - a^2 = b^2$

$\therefore$ आधार$^2 = b^2 \Rightarrow$ आधार $= b$

$\therefore \sec \theta + \tan\theta = \frac{\text{कर्ण}}{\text{आधार}} + \frac{\text{लम्ब}}{\text{आधार}} = \frac{\text{कर्ण + लम्ब}}{\text{आधार}} = \frac{\sqrt{a^2 + b^2} + a}{b}$

36. $\frac{1}{\operatorname{cosec}\theta-1}+\frac{1}{\operatorname{cosec}\theta+1}=2\sec\theta \Rightarrow \frac{\operatorname{cosec}\theta+1+\operatorname{cosec}\theta-1}{(\operatorname{cosec}\theta-1)(\operatorname{cosec}\theta+1)}=2\times\frac{1}{\cos\theta}$

$\therefore \frac{2\operatorname{cosec}\theta}{\operatorname{cosec}^2\theta-1}=\frac{2}{\cos\theta} \Rightarrow \frac{\operatorname{cosec}\theta}{\cot^2\theta}=\frac{1}{\cos\theta}\Rightarrow \cot^2\theta=\cos\theta\operatorname{cosec}\theta$

$\therefore \cot^2\theta=\cos\theta\times\frac{1}{\sin\theta}=\frac{\cos\theta}{\sin\theta}=\cot\theta\Rightarrow\frac{\cot^2\theta}{\cot\theta}=1\Rightarrow\cot\theta=1\Rightarrow\cot\theta=\cot 45 \Rightarrow\theta=45^0$

$\therefore \cot\theta+\cos\theta=\cot 45^0+\cos 45^0=1+\frac{1}{\sqrt{2}}=\frac{\sqrt{2}+1}{\sqrt{2}}=\frac{(\sqrt{2}+1)\times\sqrt{2}}{\sqrt{2}\times\sqrt{2}}=\frac{2+\sqrt{2}}{2}$

37. $\cot\theta=\frac{3}{4}=\frac{\text{आधार}}{\text{लम्ब}}$, अतः समकोण त्रिभुज में पाइथागोरस प्रमेय से–

$\text{कर्ण}^2=\text{लम्ब}^2+\text{आधार}^2=4^2+3^2=16+9=25\Rightarrow\text{कर्ण}=5$

$\therefore \sin\theta=\frac{\text{लम्ब}}{\text{कर्ण}}=\frac{4}{5}$, $\cos\theta=\frac{\text{आधार}}{\text{कर्ण}}=\frac{3}{5}$, $\tan\theta=\frac{\text{लम्ब}}{\text{आधार}}=\frac{4}{3}$

$\therefore \sin\theta+\cos\theta-\tan\theta=\frac{4}{5}+\frac{3}{5}-\frac{4}{3}=\frac{7}{5}-\frac{4}{3}=\frac{21-20}{15}=\frac{1}{15}$

38. $\cot\theta=\sqrt{7}\Rightarrow\cot^2\theta=7$, अतः $1+\cot^2\theta=1+7=8$, अतः $\operatorname{cosec}^2\theta=8$

पुनः $\cot\theta=\sqrt{7}\Rightarrow\tan\theta=\frac{1}{\sqrt{7}}\Rightarrow\tan^2\theta=\frac{1}{7}$

$\therefore 1+\tan^2\theta=1+\frac{1}{7}=\frac{8}{7}$, अतः $\sec^2\theta=\frac{8}{7}$

$$\therefore \frac{\operatorname{cosec}^2\theta-\sec^2\theta}{\operatorname{cosec}^2\theta+\sec^2\theta}=\frac{\left(8-\frac{8}{7}\right)}{\left(8+\frac{8}{7}\right)}=\frac{\left(\frac{56-8}{7}\right)}{\left(\frac{56+8}{7}\right)}=\frac{\left(\frac{48}{7}\right)}{\left(\frac{64}{7}\right)}=\frac{48}{7}\times\frac{7}{64}=\frac{48}{64}=\frac{3}{4}$$

39. $\cos\theta=\frac{2P}{(1+P^2)}\Rightarrow\sec\theta=\frac{1+P^2}{2P}\Rightarrow\sec^2\theta=\left(\frac{1+P^2}{2P}\right)^2$

$\therefore 1+\tan^2\theta=\frac{1+P^4+2P^2}{4P^2}\Rightarrow\tan^2\theta=\frac{1+P^4+2P^2}{4P^2}-1$

$\therefore \tan^2\theta=\frac{1+P^4+2P^2-4P^2}{4P^2}=\frac{1+P^4-2P^2}{4P^2}=\frac{(1-P^2)^2}{(2P)^2}$, अतः $\tan\theta=\frac{1-P^2}{2P}$

40. $\frac{2\tan 30^0}{1-\tan^2 30^0}=\tan(2\times 30^0)=\tan 60^0=\sqrt{3}$

41. $\tan\theta=\frac{2}{3}=\frac{\text{लम्ब}}{\text{आधार}}$, अतः समकोण त्रिभुज में पाइथागोरस प्रमेय से–

$\text{कर्ण}^2=\text{लम्ब}^2+\text{आधार}^2=4+9=13\Rightarrow\text{कर्ण}=\sqrt{13}$

$$\therefore \frac{3\sin\theta-4\cos\theta}{3\sin\theta+4\cos\theta}=\frac{3\times\frac{2}{\sqrt{13}}-4\times\frac{3}{\sqrt{13}}}{3\times\frac{2}{\sqrt{13}}+4\times\frac{3}{\sqrt{13}}}=\frac{\frac{6}{\sqrt{13}}-\frac{12}{\sqrt{13}}}{\frac{6}{\sqrt{13}}+\frac{12}{\sqrt{13}}}=\frac{\frac{6-12}{\sqrt{13}}}{\frac{6+12}{\sqrt{13}}}=\frac{\frac{-6}{\sqrt{13}}}{\frac{18}{\sqrt{13}}}=\frac{-6}{\sqrt{13}}\times\frac{\sqrt{13}}{18}=-\frac{1}{3}$$

42. $\sec\theta+\operatorname{cosec}\theta=\sqrt{2}\sec(90-\theta)=\sqrt{2}\operatorname{cosec}\theta$

$\therefore \sqrt{2}\operatorname{cosec}\theta-\operatorname{cosec}\theta=\sec\theta\Rightarrow\operatorname{cosec}\theta(\sqrt{2}-1)=\sec\theta$

$\therefore \frac{1}{\sin\theta}\times(\sqrt{2}-1)=\frac{1}{\cos\theta}\Rightarrow\frac{\cos\theta}{\sin\theta}=\frac{1\times(\sqrt{2}+1)}{(\sqrt{2}-1)(\sqrt{2}+1)}$, अतः $\cot\theta=\frac{\sqrt{2}+1}{2-1}=\frac{\sqrt{2}+1}{1}=\sqrt{2}+1$

43. $\sin(2x + 3y) = \frac{\sqrt{3}}{2} = \sin 60 \Rightarrow 2x + 3y = 60^0$ ....(i)

पुनः $\cos(4x - 3y) = \frac{\sqrt{3}}{2} = \cos 30 \Rightarrow 4x - 3y = 30^0$ ....(ii)

दोनों समीकरणों को जोड़ने पर, $6x = 90^0 \Rightarrow x = \frac{90^0}{6} = 15^0$

समीकरण (i) में $x = 15^0$ रखने पर, $2 \times 15 + 3y = 60^0$

$\therefore$ $30^0 + 3y = 60^0 \Rightarrow 3y = 60^0 - 30^0 = 30^0 \Rightarrow y = \frac{30^0}{3} = 10^0$

$\therefore$ $\tan(6x - 3y) = \tan(90^0 - 30^0) = \tan 60^0 = \sqrt{3}$

44. $\operatorname{cosec}\theta = \frac{13}{12}$, अतः $\sin\theta = \frac{12}{13} = \frac{\text{लम्ब}}{\text{कर्ण}}$

$\therefore$ समकोण त्रिभुज में पाइथागोरस प्रमेय से $\text{आधार}^2 = \text{कर्ण}^2 - \text{लम्ब}^2 = 13^2 - 12^2$

$\therefore$ $\text{आधार}^2 = 169 - 144 = 25 \Rightarrow \text{आधार}^2 = 5^2 \Rightarrow \text{आधार} = 5$

$\therefore$ $\cos\theta = \frac{\text{आधार}}{\text{कर्ण}} = \frac{5}{13}$ और $\tan\theta = \frac{\text{लम्ब}}{\text{आधार}} = \frac{5}{12}$

$\therefore$ $\sin\theta + \cos\theta - \tan\theta = \frac{12}{13} + \frac{5}{13} - \frac{12}{5} = \frac{17}{13} - \frac{12}{5} = \frac{85-156}{13\times 5} = \frac{-71}{65}$

45. $12\sin\theta = 5\cos\theta \Rightarrow \frac{\sin\theta}{\cos\theta} = \frac{5}{12} \Rightarrow \tan\theta = \frac{5}{12} = \frac{\text{लम्ब}}{\text{आधार}}$

$\therefore$ समकोण त्रिभुज में पाइथागोरस प्रमेय से, $\text{कर्ण}^2 = \text{लम्ब}^2 + \text{आधार}^2$

$\therefore$ $\text{कर्ण}^2 = 25 + 144 = 169 = 13^2 \Rightarrow \text{कर्ण} = 13$

$\therefore$ $\sin\theta + \cos\theta - \cot\theta = \frac{5}{13} + \frac{12}{13} - \frac{12}{5} = \frac{17}{13} - \frac{12}{5} = \frac{85-156}{65} = \frac{-71}{65}$

46. $\sin\theta = 4\cos\theta \Rightarrow \frac{\sin\theta}{\cos\theta} = 4 \Rightarrow \tan\theta = \frac{4}{1} = \frac{\text{लम्ब}}{\text{आधार}}$

$\therefore$ समकोण त्रिभुज में पाइथागोरस प्रमेय से, $\text{कर्ण}^2 = \text{लम्ब}^2 + \text{आधार}^2$

$\therefore$ $\text{कर्ण}^2 = 4^2 + 1^2 = 16 + 1 = 17 \Rightarrow \text{कर्ण} = \sqrt{17}$

$\therefore$ $\sin\theta \cdot \cos\theta = \frac{\text{लम्ब}}{\text{कर्ण}} \cdot \frac{\text{आधार}}{\text{कर्ण}} = \frac{4}{\sqrt{17}} \cdot \frac{1}{\sqrt{17}} = \frac{4}{17}$

47. $3\sin\theta = 4\cos\theta \Rightarrow \frac{\sin\theta}{\cos\theta} = \frac{4}{3} \Rightarrow \tan\theta = \frac{4}{3} = \frac{\text{लम्ब}}{\text{आधार}}$

$\therefore$ समकोण त्रिभुज में पाइथागोरस प्रमेय से, $\text{कर्ण}^2 = \text{लम्ब}^2 + \text{आधार}^2$

$\therefore$ $\text{कर्ण}^2 = 4^2 + 3^2 = 16 + 9 = 25 = 5^2 \Rightarrow \text{कर्ण} = 5$

$\therefore$ $\tan^2\theta + \sin\theta - \cos\theta = \left(\frac{4}{3}\right)^2 + \frac{4}{5} - \frac{3}{5} = \frac{16}{9} + \frac{1}{5} = \frac{80+9}{45} = \frac{89}{45}$

48. $$\frac{\sin\theta - \cos\theta + 1}{\sin\theta + \cos\theta - 1} = \frac{2\sin\frac{\theta}{2}\cdot\cos\frac{\theta}{2} - \left(1 - 2\sin^2\frac{\theta}{2}\right) + 1}{2\sin\frac{\theta}{2}\cdot\cos\frac{\theta}{2} + 1 - 2\sin^2\frac{\theta}{2} - 1} = \frac{2\sin\frac{\theta}{2}\cdot\cos\frac{\theta}{2} - 1 + 2\sin^2\frac{\theta}{2} + 1}{2\sin\frac{\theta}{2}\cdot\cos\frac{\theta}{2} + 1 - 2\sin^2\frac{\theta}{2} - 1}$$

$$= \frac{2\sin\frac{\theta}{2}\cos\frac{\theta}{2} + 2\sin^2\frac{\theta}{2}}{2\sin\frac{\theta}{2}\cos\frac{\theta}{2} - 2\sin^2\frac{\theta}{2}} = \frac{2\sin\frac{\theta}{2}\left(\cos\frac{\theta}{2} + \sin\frac{\theta}{2}\right)}{2\sin\frac{\theta}{2}\left(\cos\frac{\theta}{2} - \sin\frac{\theta}{2}\right)} = \frac{\left(\cos\frac{\theta}{2} + \sin\frac{\theta}{2}\right)}{\left(\cos\frac{\theta}{2} - \sin\frac{\theta}{2}\right)}$$

$$=\frac{\left(\cos\frac{\theta}{2}+\sin\frac{\theta}{2}\right)\times\left(\cos\frac{\theta}{2}+\sin\frac{\theta}{2}\right)}{\left(\cos\frac{\theta}{2}-\sin\frac{\theta}{2}\right)\left(\cos\frac{\theta}{2}-\sin\frac{\theta}{2}\right)}=\frac{\left(\cos\frac{\theta}{2}+\sin\frac{\theta}{2}\right)^2}{\left(\cos\frac{\theta}{2}\right)^2-\left(\sin\frac{\theta}{2}\right)^2}$$

$$=\frac{\cos^2\frac{\theta}{2}+\sin^2\frac{\theta}{2}+2\cos\frac{\theta}{2}+\sin\frac{\theta}{2}}{\cos^2\frac{\theta}{2}-\sin^2\frac{\theta}{2}}=\frac{1+\sin\theta}{\cos\theta}=\frac{1}{\cos\theta}+\frac{\sin\theta}{\cos\theta}=\sec\theta+\tan\theta$$

49. $\sqrt{3}\cos\theta+\sin\theta=1\Rightarrow\sqrt{3}\cos\theta=1-\sin\theta$ ……………(i)

समीकरण (i) के दोनों पक्षों का वर्ग करने पर $(\sqrt{3}\cos\theta)^2=(1-\sin\theta)^2$

$3\cos^2\theta=1+\sin^2\theta-2\sin\theta\Rightarrow 3(1-\sin^2\theta)=1+\sin^2\theta-2\sin\theta$

$\therefore$ $3-3\sin^2\theta=1+\sin^2\theta-2\sin\theta\Rightarrow 4\sin^2\theta-2\sin\theta-2=0$

$\therefore$ $4\sin^2\theta-4\sin\theta+2\sin\theta-2=0\Rightarrow(\sin\theta-1)(4\sin-1)=0$

$\because$ $4\sin\theta-1\neq 0$, अतः $\sin\theta-1=0\Rightarrow\sin\theta=1=\sin 90\Rightarrow\theta=90^0$

50. $$\frac{\sin\theta-\cos\theta+1}{\sin\theta+\cos\theta-1}=\frac{2\sin\frac{\theta}{2}\cdot\cos\frac{\theta}{2}-\left(1-2\sin^2\frac{\theta}{2}\right)+1}{2\sin\frac{\theta}{2}\cdot\cos\frac{\theta}{2}+1-2\sin^2\frac{\theta}{2}-1}=\frac{2\sin\theta\cdot\cos\frac{\theta}{2}-1+2\sin^2\frac{\theta}{2}+1}{2\sin\frac{\theta}{2}\cos\frac{\theta}{2}+1-2\sin^2\frac{\theta}{2}-1}$$

$$=\frac{2\sin\frac{\theta}{2}\cos\frac{\theta}{2}+2\sin^2\frac{\theta}{2}}{2\sin\frac{\theta}{2}\cdot\cos\frac{\theta}{2}-2\frac{\sin^2\theta}{2}}=\frac{2\sin\frac{\theta}{2}\left(\cos\frac{\theta}{2}+\sin\frac{\theta}{2}\right)}{2\sin\frac{\theta}{2}\left(\cos\frac{\theta}{2}-\sin\frac{\theta}{2}\right)}=\frac{\cos\frac{\theta}{2}+\sin\frac{\theta}{2}}{\cos\frac{\theta}{2}-\sin\frac{\theta}{2}}$$

$$=\frac{\left(\cos\frac{\theta}{2}+\sin\frac{\theta}{2}\right)\left(\cos\frac{\theta}{2}+\sin\frac{\theta}{2}\right)}{\left(\cos\frac{\theta}{2}-\sin\frac{\theta}{2}\right)\left(\cos\frac{\theta}{2}+\sin\frac{\theta}{2}\right)}=\frac{\left(\cos\frac{\theta}{2}+\sin\frac{\theta}{2}\right)^2}{\left(\cos\frac{\theta}{2}\right)^2-\left(\sin\frac{\theta}{2}\right)^2}$$

$$=\frac{\cos^2\frac{\theta}{2}+\sin^2\frac{\theta}{2}+2\sin\frac{\theta}{2}\cdot\cos\frac{\theta}{2}}{\cos^2\frac{\theta}{2}-\sin^2\frac{\theta}{2}}=\frac{1+\sin\theta}{\cos\theta}=\frac{1}{\cos\theta}+\frac{\sin\theta}{\cos\theta}=\sec\theta+\tan\theta$$

51. $$\frac{\tan\theta}{1-\cot\theta}+\frac{\cot\theta}{1-\tan\theta}=\frac{\left(\frac{\sin\theta}{\cos\theta}\right)}{\left(1-\frac{\cos\theta}{\sin\theta}\right)}+\frac{\left(\frac{\cos\theta}{\sin\theta}\right)}{\left(1-\frac{\sin\theta}{\cos\theta}\right)}=\frac{\sin\theta}{\cos\theta}\times\frac{\sin\theta}{(\sin\theta-\cos\theta)}+\frac{\cos\theta}{\sin\theta}\times\frac{\cos\theta}{(\cos\theta-\sin\theta)}$$

$$=\frac{\sin^2\theta}{\cos\theta\cdot(\sin\theta-\cos\theta)}-\frac{\cos^2\theta}{\sin\theta\,(\sin\theta-\cos\theta)}=\frac{\sin^3\theta-\cos^3\theta}{\sin\theta\cdot\cos\theta\,(\sin\theta-\cos\theta)}$$

$$=\frac{(\sin\theta-\cos\theta)(\sin^2\theta+\cos^2\theta+\sin\theta\cdot\cos\theta)}{\sin\theta\cdot\cos\theta\,(\sin\theta-\cos\theta)}=\frac{(1+\sin\theta\cdot\cos\theta)}{\sin\theta\cdot\cos\theta}$$

$$=\frac{1}{\sin\theta\cdot\cos\theta}+\frac{\sin\theta\cdot\cos\theta}{\sin\theta\cdot\cos\theta}=\text{cosec}\,\theta\cdot\sec\theta+1$$

अब प्रश्नानुसार $\text{cosec}\,\theta\cdot\sec\theta+1=1+k$, अतः $k=\text{cosec}\,\theta\cdot\sec\theta$

52. $$\frac{\tan\theta+\sin\theta}{\tan\theta-\sin\theta}=\frac{\frac{\sin\theta}{\cos\theta}+\frac{\sin\theta}{1}}{\frac{\sin\theta}{\cos\theta}-\frac{\sin\theta}{1}}=\frac{\left(\frac{\sin\theta+\sin\theta\cos\theta}{\cos\theta}\right)}{\left(\frac{\sin\theta-\sin\theta\cdot\cos\theta}{\cos\theta}\right)}=\frac{\sin\theta+\sin\theta\cos\theta}{\sin\theta-\sin\theta\cdot\cos\theta}$$

$$=\frac{\sin\theta\,(1+\cos\theta)}{\sin\theta\,(1-\cos\theta)}=\frac{1+\cos\theta}{1-\cos\theta}=\frac{1+2\cos^2\frac{\theta}{2}-2}{1-1+2\sin^2\frac{\theta}{2}}=\frac{2\cos^2\frac{\theta}{2}}{2\sin^2\frac{\theta}{2}}=\frac{\cos^2\frac{\theta}{2}}{\sin^2\frac{\theta}{2}}$$

अब प्रश्नानुसार, $\frac{\cos^2\frac{\theta}{2}}{\sin^2\frac{\theta}{2}}=\frac{K+1}{K-1}\Rightarrow\cos^2\frac{\theta}{2}(K-1)=\sin^2\frac{\theta}{2}(K+1)$

$\therefore$ $\cos^2\frac{\theta}{2}\cdot K-\cos^2\frac{\theta}{2}=\sin^2\frac{\theta}{2}\cdot K+\sin^2\frac{\theta}{2}$

$\therefore$ $\cos^2\frac{\theta}{2}\cdot K-\sin^2\frac{\theta}{2}\cdot K=\sin^2\frac{\theta}{2}+\cos^2\frac{\theta}{2}\Rightarrow k\left(\cos^2\frac{\theta}{2}-\sin^2\frac{\theta}{2}\right)=1$

$\therefore$ $K\cdot\cos\theta=1\Rightarrow K=\frac{1}{\cos\theta}=\sec\theta$

53. $\cos\theta=\frac{4}{5}=\frac{\text{आधार}}{\text{कर्ण}}$, अतः समकोण त्रिभुज में पाइथागोरस प्रमेय से–

$\text{लम्ब}^2+\text{आधार}^2=\text{कर्ण}^2\Rightarrow\text{लम्ब}^2+16=25\Rightarrow\text{लम्ब}^2=9\Rightarrow\text{लम्ब}=3$

$\therefore$ $\sin^2\theta\cdot\cos\theta+\cos^2\theta\cdot\sin\theta=\sin\theta\cos\theta(\sin\theta+\cos\theta)$

$$=\frac{3}{5}\cdot\frac{4}{5}\left(\frac{3}{5}+\frac{4}{5}\right)=\frac{12}{25}\times\frac{7}{5}=\frac{84}{125}$$

54. $\sin\theta=\frac{P^2-1}{P^2+1}=\frac{\text{लम्ब}}{\text{कर्ण}}$, अतः समकोण त्रिभुज में पाइथागोरस प्रमेय से –

$\text{लम्ब}^2+\text{आधार}^2=\text{कर्ण}^2\Rightarrow(P^2-1)^2+\text{आधार}^2=(P^2+1)^2$

$\therefore$ $P^4+1-2P^2+\text{आधार}^2=P^4+1+2P^2\Rightarrow\text{आधार}^2=4P^2\Rightarrow\text{आधार}=2P$

$\therefore$ $\cos\theta=\frac{\text{आधार}}{\text{कर्ण}}=\frac{2P}{P^2+1}$

55. $\sec\theta=\frac{13}{5}=\frac{\text{कर्ण}}{\text{आधार}}$, अतः समकोण त्रिभुज में पाइथागोरस प्रमेय से–

$\text{लम्ब}^2+\text{आधार}^2=\text{कण}^2\Rightarrow\text{लम्ब}^2+25=169\Rightarrow\text{लम्ब}^2=144\Rightarrow\text{लम्ब}=12$

$\therefore$ $\tan\theta-\sin\theta+\cos\theta=\frac{12}{5}-\frac{12}{13}+\frac{5}{13}=\frac{12}{5}-\frac{7}{13}=\frac{156-35}{65}=\frac{121}{65}$

56. $\tan\theta=\frac{1}{\sqrt{13}}=\frac{\text{लम्ब}}{\text{आधार}}$, अतः समकोण त्रिभुज में पाइथागोरस प्रमेय से–

$\text{कर्ण}^2=\text{लम्ब}^2+\text{आधार}^2=1+13=14\Rightarrow\text{कर्ण}=\sqrt{14}$

$\therefore$ $$\frac{\operatorname{cosec}^2\theta-\sec^2\theta}{\operatorname{cosec}^2\theta+\sec^2\theta}=\frac{\left(\frac{\sqrt{14}}{1}\right)^2-\left(\frac{\sqrt{14}}{\sqrt{13}}\right)^2}{\left(\frac{\sqrt{14}}{1}\right)^2+\left(\frac{\sqrt{14}}{\sqrt{13}}\right)^2}=\frac{\frac{14}{1}-\frac{14}{13}}{\frac{14}{1}+\frac{14}{13}}=\frac{\frac{168}{13}}{\frac{196}{13}}=\frac{168}{13}\times\frac{13}{196}=\frac{6}{7}$$

57. $\text{cosec}^2\theta - 1 = \frac{144}{25} \Rightarrow \text{cosec}^2\theta = \frac{144}{25}+1=\frac{169}{25}=\left(\frac{13}{5}\right)^2$

$\therefore$ $\text{cosec}\,\theta = \frac{13}{5}=\frac{\text{कर्ण}}{\text{लम्ब}}$, अतः समकोण त्रिभुज में पाइथागोरस प्रमेय से–

$\therefore$ आधार^2 + लम्ब^2 = कर्ण^2 $\Rightarrow$ आधार^2 + 25 = 169 $\Rightarrow$ आधार^2 = 169 – 25 = 144

$\therefore$ आधार^2 = 12^2 $\Rightarrow$ आधार = 12

$\therefore$ $\sqrt{\cot\theta+\tan\theta}=\sqrt{\frac{12}{5}+\frac{5}{12}}=\sqrt{\frac{144+25}{60}}=\sqrt{\frac{169}{60}}=\frac{13}{2\sqrt{15}}$

58. $\text{cosec}^2\theta = \frac{25}{16} \Rightarrow \text{cosec}\,\theta = \frac{5}{4}=\frac{\text{कर्ण}}{\text{लम्ब}}$

$\therefore$ समकोण त्रिभुज में पाइथागोरस प्रमेय से, आधार^2 + लम्ब^2 = कर्ण^2

$\therefore$ आधार^2 + 16 = 25 $\Rightarrow$ आधार^2 = 25 – 16 = 9 $\Rightarrow$ आधार = 3

$\therefore$ $\sqrt{\cot\theta+\tan\theta}=\sqrt{\frac{3}{4}+\frac{4}{3}}=\sqrt{\frac{9+16}{12}}=\sqrt{\frac{25}{12}}=\frac{5}{2\sqrt{3}}$

59. $\tan\theta = \frac{3}{4}=\frac{\text{लम्ब}}{\text{आधार}}$, अतः समकोण त्रिभुज में पाइथागोरस प्रमेय से –

कर्ण^2 = लम्ब^2 + आधार^2 = 3^2+4^2 = 9 + 16 = 25 $\Rightarrow$ कर्ण = 5

$\therefore$ $\frac{4\sin\theta-\cos\theta}{4\sin\theta+\cos\theta}=\frac{4\times\frac{3}{5}-\frac{4}{5}}{4\times\frac{3}{5}+\frac{4}{5}}=\frac{\frac{12}{5}-\frac{4}{5}}{\frac{12}{5}+\frac{4}{5}}=\frac{\left(\frac{8}{5}\right)}{\left(\frac{16}{5}\right)}=\frac{8}{5}\times\frac{5}{16}=\frac{1}{2}$

60. $2\sin\theta = 5\cos\theta \Rightarrow \frac{\sin\theta}{\cos\theta}=\frac{5}{2}\Rightarrow \tan\theta = \frac{5}{2}=\frac{\text{लम्ब}}{\text{आधार}}$

अतः समकोण त्रिभुज में पाइथागोरस प्रमेय से, कर्ण^2 = लम्ब^2 + आधार^2

$\therefore$ कर्ण^2 = 5^2+2^2 = 25 + 4 = 29 $\Rightarrow$ कर्ण = $\sqrt{29}$

$\therefore$ $\frac{\sin\theta-\cos\theta}{\sin\theta+\cos\theta}=\frac{\frac{5}{\sqrt{29}}+\frac{2}{\sqrt{29}}}{\frac{5}{\sqrt{29}}-\frac{2}{\sqrt{29}}}=\frac{\frac{7}{\sqrt{29}}}{\frac{3}{\sqrt{29}}}=\frac{7}{\sqrt{29}}\times\frac{\sqrt{29}}{3}=\frac{7}{3}$

61. $3\sin\theta = 2\cos\theta \Rightarrow \frac{\sin\theta}{\cos\theta}=\frac{2}{3}\Rightarrow \tan\theta=\frac{2}{3}=\frac{\text{लम्ब}}{\text{आधार}}$

अतः कर्ण^2 = लम्ब^2 + आधार^2 = 2^2+3^2 = 4 + 9 = 13 $\Rightarrow$ कर्ण = $\sqrt{13}$

$\therefore$ $\frac{4\sin\theta-\cos\theta}{4\sin\theta+\cos\theta}=\frac{4\times\frac{2}{\sqrt{13}}-\frac{3}{\sqrt{13}}}{4\times\frac{2}{\sqrt{13}}+\frac{3}{\sqrt{13}}}=\frac{\frac{5}{\sqrt{13}}}{\frac{11}{\sqrt{13}}}=\frac{5}{\sqrt{13}}\times\frac{\sqrt{13}}{11}=\frac{5}{11}$

62. $\frac{\cos\theta}{1-\sin\theta}+\frac{\cos\theta}{1+\sin\theta}=4\Rightarrow\frac{\cos\theta\,(1+\sin\theta)+\cos\theta\,(1-\sin\theta)}{(1-\sin\theta)(1+\sin\theta)}=4$

$\therefore$ $\frac{\cos\theta+\sin\theta\cdot\cos\theta+\cos\theta-\sin\theta\cos\theta}{1-\sin^2\theta}=4\Rightarrow\frac{2\cos\theta}{\cos^2\theta}=4\Rightarrow\frac{2}{\cos\theta}=\frac{4}{1}$

$\therefore$ $4\cos\theta = 2 \Rightarrow \cos\theta = \frac{2}{4}=\frac{1}{2}=\cos 60^0 \Rightarrow \theta = 60^0$

$\therefore$ $\tan\theta + \text{cosec}\,\theta = \tan 60^0 + \text{cosec}\,60^0 = \sqrt{3}+\frac{2}{\sqrt{3}}=\frac{3+2}{\sqrt{3}}=\frac{5}{\sqrt{3}}=\frac{5\times\sqrt{3}}{\sqrt{3}\times\sqrt{3}}=\frac{5\sqrt{3}}{3}$

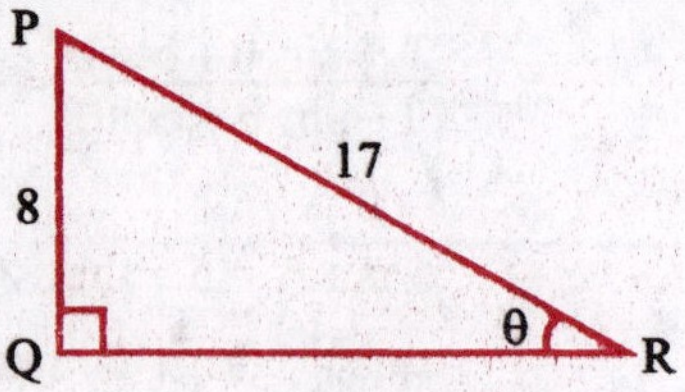

63. दी गयी आकृति में लम्ब² + आधार² = कर्ण² $\Rightarrow 64 + QR^2 = 289$

$\therefore$ $QR^2 = 289 - 64 \Rightarrow QR^2 = 225 = 15^2$

$\therefore$ $QR = 15 \Rightarrow \cot\theta = \dfrac{\text{आधार}}{\text{लम्ब}} = \dfrac{15}{8}$

64. $5\cot\theta = 3 \Rightarrow \cot\theta = \dfrac{3}{5} = \dfrac{\text{आधार}}{\text{लम्ब}}$

अब समकोण त्रिभुज में पाइथागोरस प्रमेय से कर्ण² = लम्ब² + आधार²

$\therefore$ कर्ण² $= 5^2 + 3^2 = 25 + 9 = 34 \Rightarrow$ कर्ण $= \sqrt{34}$

$$\therefore \frac{6\sin\theta - 3\cos\theta}{7\sin\theta + 3\cos\theta} = \frac{6\times\frac{5}{\sqrt{34}} - 3\times\frac{3}{\sqrt{34}}}{7\times\frac{5}{\sqrt{34}} + 3\times\frac{3}{\sqrt{34}}} = \frac{\frac{30-9}{\sqrt{34}}}{\frac{35+9}{\sqrt{34}}} = \frac{\left(\frac{21}{\sqrt{34}}\right)}{\frac{44}{\sqrt{34}}} = \frac{21}{\sqrt{34}} \times \frac{\sqrt{34}}{44} = \frac{21}{44}$$

65. $5\sin\theta = 4 \Rightarrow \sin\theta = \dfrac{4}{5} = \dfrac{\text{लम्ब}}{\text{कर्ण}}$

$\therefore$ समकोण त्रिभुज में पाइथागोरस प्रमेय से, लम्ब² + आधार² = कर्ण²

$\therefore$ 4^2 + आधार² $= 5^2 \Rightarrow$ आधार² $= 25 - 16 = 9 = 3^2 \Rightarrow$ आधार = 3

$$\therefore \frac{\sec\theta + 4\cot\theta}{4\tan\theta - 5\cos\theta} = \frac{\frac{5}{3} + 4\times\frac{3}{4}}{4\times\frac{4}{3} - 5\times\frac{3}{5}} = \frac{\left(\frac{5+9}{3}\right)}{\frac{16-9}{3}} = \frac{\left(\frac{14}{3}\right)}{\left(\frac{7}{3}\right)} = \frac{14}{3}\times\frac{3}{7} = 2$$

66. $(\text{cosec } A + \cot + 1)(\text{cosec } A - \cot A + 1) - 2\text{ cosec } A$

$= (\text{cosec } A + 1 + \cot A)(\text{cosec } A + 1 - \cot A) - 2\text{ cosec } A$

$= [(\text{cosec } A + 1)^2 - \cot^2 A] - 2\text{ cosec } A$

$= (\text{cosec}^2 A + 1 + 2\text{ cosec } A - \cot^2 A) - 2\text{ cosec } A$

$= (1 + \cot^2 + 1 + 2\text{ cosec } A - \cot^2 A) - 2\text{ cosec } A = 2 + 2\text{ cosec } A - 2\text{ cosec } A = 2$

67. $\dfrac{\sec\theta - \tan\theta}{\sec\theta + \tan\theta} = \dfrac{3}{5} \Rightarrow 5\sec\theta - 5\tan\theta = 3\sec\theta + 3\tan\theta$

$\therefore$ $5\sec\theta - 3\sec\theta = 3\tan\theta + 5\tan\theta \Rightarrow 2\sec\theta = 8\tan\theta$

$\therefore$ $2\times\dfrac{1}{\cos\theta} = 8\times\dfrac{\sin\theta}{\cos\theta} \Rightarrow \sin\theta = \dfrac{2}{8} = \dfrac{1}{4} = \dfrac{\text{लम्ब}}{\text{कर्ण}}$

$\therefore$ समकोण त्रिभुज में पाइथागोरस प्रमेय से लम्ब² + आधार² = कर्ण²

$\therefore$ 1^2 + आधार² $= 4^2 \Rightarrow$ आधार² $= 16 - 1 = 15 \Rightarrow$ आधार $= \sqrt{15}$

$$\therefore \frac{\text{cosec}\,\theta + \cot\theta}{\text{cosec}\,\theta - \cot\theta} = \frac{\frac{4}{1} + \frac{\sqrt{15}}{1}}{\frac{4}{1} - \frac{\sqrt{15}}{1}} = \frac{4+\sqrt{15}}{4-\sqrt{15}} = \frac{(4+\sqrt{15})(4+\sqrt{15})}{(4-\sqrt{15})(4+\sqrt{15})}$$

$$= \frac{(4+\sqrt{15})^2}{(4)^2 - (\sqrt{15})^2} = \frac{16+15+8\sqrt{15}}{16-15} = \frac{31+8\sqrt{15}}{1} = 31+8\sqrt{15}$$

68. $5\cos\theta - 12\sin\theta = 0 \Rightarrow 12\sin\theta = 5\cos\theta \Rightarrow \dfrac{\sin\theta}{\cos\theta} = \dfrac{5}{12}$

$\therefore$ $\tan\theta = \dfrac{5}{12} = \dfrac{\text{लम्ब}}{\text{आधार}}$, अतः समकोण त्रिभुज में पाइथागोरस प्रमेय से

कर्ण² = लम्ब² + आधार² $= 25 + 144 = 169 = 13^2 \Rightarrow$ कर्ण = 13

$\therefore \quad \frac{1+\sin\theta+\cos\theta}{1-\sin\theta+\cos\theta}=\frac{1+\frac{5}{13}+\frac{12}{13}}{1-\frac{5}{13}+\frac{12}{13}}=\frac{\frac{13+5+12}{13}}{\frac{13-5+12}{13}}=\frac{\frac{30}{13}}{\frac{20}{13}}=\frac{30}{13}\times\frac{13}{20}=\frac{3}{2}$

69. $6\tan A=5 \Rightarrow \tan A=\frac{5}{6}=\frac{\text{लम्ब}}{\text{आधार}}$

$\therefore$ समकोण त्रिभुज में पाइथागोरस प्रमेय से, $\text{कर्ण}^2 = \text{लम्ब}^2 + \text{आधार}^2$

$\therefore$ $\text{कर्ण}^2 = 5^2+6^2 = 25+36 = 61 \Rightarrow \text{कर्ण} = \sqrt{61}$

$\therefore \quad \frac{8\sin A-4\cos A}{\cos A+2\sin A}=\frac{8\times\frac{5}{\sqrt{61}}-4\times\frac{6}{\sqrt{61}}}{\frac{6}{\sqrt{61}}+2\times\frac{5}{\sqrt{61}}}=\frac{\frac{40-24}{\sqrt{61}}}{\frac{6+10}{\sqrt{61}}}=\frac{16}{16}=1$

70. सम्मुख समकोण त्रिभुज PQR में $\angle P = 90^0$

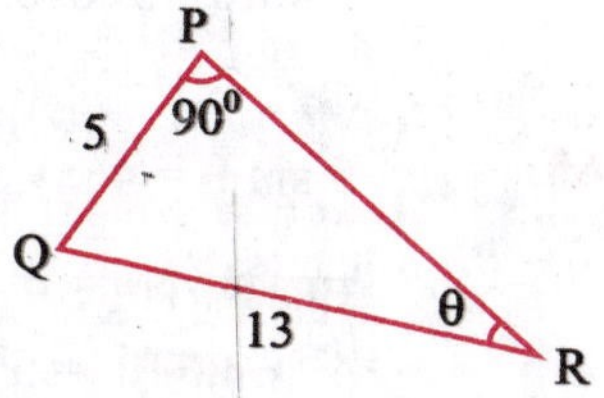

$\therefore$ $PQ^2 + PR^2 = QR^2 \Rightarrow 25 + PR^2 = 169$

$\therefore$ $PR^2 = 169 - 25 = 144 = 12^2 \Rightarrow PR = 12$

$\therefore$ $\text{cosec}\,\theta = \frac{\text{कर्ण}}{\text{लम्ब}} = \frac{13}{5}$

अभ्यास प्रश्न-3
(विशिष्ट कोणों के त्रिकोणमितीय)

1. cosec $5\pi/3$ का क्या मान है?
(a) $\sqrt{2}$ (b) $-2/\sqrt{3}$ (c) $-\sqrt{2}$ (d) $1/\sqrt{3}$ *SSC CHSL (Tier-1) 29.1.2017*

2. cot $-11\pi/6$ किसके बराबर है?
(a) $-\sqrt{3}$ (b) $1/\sqrt{3}$ (c) $-1/\sqrt{3}$ (d) $\sqrt{3}$ *SSC CHSL (Tier-1) 3.1.2017*

3. यदि tan $\pi/3c$ + cosec $\pi/6c = x$, तो x का क्या मान है?
(a) $(1-\sqrt{2})/\sqrt{2}$ (b) $(\sqrt{3}+4)/2\sqrt{3}$ (c) $\sqrt{3}+2$ (d) $(2\sqrt{2}-1)/2$ *SSC CHSL (Tier-1) 21.1.2017*

4. cos 11 $\pi/6$ का मान क्या है?
(a) $-1/\sqrt{2}$ (b) $-\sqrt{3}/2$ (c) $2/\sqrt{3}$ (d) $\sqrt{3}/2$ *SSC CHSL (Tier-1) 24.1.2017*

5. cot $5\pi/3$ का मान क्या है?
(a) $1/\sqrt{3}$ (b) $-1/\sqrt{3}$ (c) $\sqrt{3}$ (d) $-\sqrt{3}$ *SSC CHSL (Tier-1) 16.1.2017*

6. cos $4\pi/3$ का मान क्या है?
(a) $-1/2$ (b) $\sqrt{3}/2$ (c) $-1/\sqrt{2}$ (d) $-\sqrt{3}/2$ *SSC CHSL (Tier-1) 30.1.2017*

7. cosec $3\pi/4$ का मान क्या है?
(a) $-\sqrt{2}$ (b) $\sqrt{2}$ (c) $2/\sqrt{3}$ (d) $-2/\sqrt{3}$ *SSC CHSL (Tier-1) 9.1.2017*

8. tan $4\pi/3$ का मान क्या है?
(a) $-1/2$ (b) $\sqrt{3}$ (c) $\frac{\sqrt{3}}{2}$ (d) $-1/\sqrt{2}$ *SSC CHSL (Tier-1) 23.1.2017*

9. यदि cosec $(-4\pi/3) = x$, तो x का क्या मान है?
(a) $\sqrt{2}$ (b) $\sqrt{3}$ (c) $2/\sqrt{3}$ (d) $-1/\sqrt{2}$ *SSC CHSL (Tier-1) 7.2.2017*

10. यदि $\tan(-7\pi/4) = x$, तो x का मान क्या है?
(a) $-1/2$ (b) $-\sqrt{3}/2$ (c) $\sqrt{3}/2$ (d) 1 *SSC CHSL (Tier-1) 30.1.2017*

11. $\cot 4\pi/3$ का मान क्या है?
(a) $1/\sqrt{3}$ (b) $-\sqrt{3}$ (c) -1 (d) $\sqrt{3}$ *SSC CHSL (Tier-1) 25.1.2017*

12. $\cot 11\pi/6$ का मान क्या है?
(a) $-\sqrt{3}$ (b) -1 (c) $\sqrt{3}$ (d) $-1/2$ *SSC CHSL(Tier-1) 25.1.2017*

13. यदि $a.\sin 45^0 . \cos 45^0 . \tan 60^0 = \tan 225^0 - \cos 60^0$ हो, तो a का मान क्या है?
(a) $\frac{1}{\sqrt{3}}$ (b) $\sqrt{3}$ (c) 1 (d) $\frac{\sqrt{3}}{2}$ *SSC CGL (Tire-1) 3.9.2016*

14. यदि $\alpha + \beta = 90^0$ और $\alpha : \beta = 2 : 1$, तो $\cos\alpha$ व $\cos\beta$ का अनुपात क्या है?
(a) $1 : \sqrt{3}$ (b) $1 : 3$ (c) $1 : \sqrt{2}$ (d) $1 : 2$ *SSC CGL (Tier-1) 10.9.2016*

15. $(2 - \sin 30^0)$ का मान क्या है?
(a) $3/2$ (b) $3/\sqrt{2}$ (c) $2-\sqrt{3}$ (d) $(2\sqrt{3}-\sqrt{6})/2\sqrt{2}$ *SSC CHSL (Tier-1) 10.3.2018*

16. $(\tan 600^0 + 1/3)$ का मान क्या है?
(a) $(2\sqrt{2}+1/2$ (b) $(\sqrt{3}+1)/\sqrt{3}$ (c) $(3\sqrt{3}+1)/3$ (d) $(3+\sqrt{2})/3\sqrt{2}$ *SSC CHSL (Tier-1) 11.3.2018*

17. $(1/\sqrt{3} + \cot 600^0)$ का मान क्या है?
(a) $3\sqrt{3}/2$ (b) $7/2\sqrt{3}$ (c) $(4+\sqrt{3})/2\sqrt{3}$ (d) $2/\sqrt{3}$ *SSC CHSL (Tier -1) 14.3.2018*

18. $(\sin 30^0 + 1/3)$ का मान क्या है?
(a) $(2\sqrt{2}+\sqrt{3})/2$ (b) $(\sqrt{6}+1)/\sqrt{3}$ (c) $7/3$ (d) $5/6$ *SSC CHSL (Tier-1) 16.3.2018*

19. यदि Δ ABC में $\text{Sin}\left(\frac{A+B}{2}\right) = \frac{\sqrt{3}}{2}$, तो $\text{Sin}\,\frac{c}{2}$ का मान है –
(a) $\frac{1}{\sqrt{2}}$ (b) 0 (c) $1/2$ (d) $\frac{\sqrt{3}}{2}$ *SSC CGL (Tier-1) 1.9.2016*

20. यदि $\cos 45^0 - \sec 30^0 = x$, तो x का क्या मान है?
(a) $(1 + \sqrt{2})/2$ (b) $(2\sqrt{2}-\sqrt{3})/2$ (c) $(\sqrt{3} - 2\sqrt{2})/\sqrt{6}$ (d) $4/\sqrt{3}$ *SSC CHSL (Tier-1) 8.2.2017*

21. $(\text{cosec}\, 30^0 - 1/\sqrt{3})$ का मान क्या है?
(a) $(2\sqrt{3}-1)/\sqrt{3}$ (b) $(\sqrt{3} - 4)/2\sqrt{3}$ (c) $-1/\sqrt{3}$ (d) $2/\sqrt{3}$ *SSC CHSL (Tier-1) 8.3.2018*

22. $(1/3 - \cot 60^0)$ का मान क्या है?
(a) $(2-\sqrt{3})/2\sqrt{3}$ (b) $(\sqrt{2} -1)/\sqrt{2}$ (c) $(1-\sqrt{3})/3$ (d) $(\sqrt{3} - 4)/2\sqrt{3}$ *SSC CHSL (Tier -1) 7.3.2018*

23. $(1/3 - \sec 45^0)$ का मान क्या है?
(a) $(4 - \sqrt{3})/2$ (b) $(\sqrt{6} -1)/\sqrt{3}$ (c) $(1-3\sqrt{2})/3$ (d) $(\sqrt{2} - 1)/\sqrt{2}$ *SSC CHSL (Tier -1) 15.3.2018*

24. $(\tan 600 - 1/3)$ का मान क्या है?
(a) $3- \sqrt{2}$ (b) $(2\sqrt{2} - \sqrt{3})/2$ (c) $-1/2\sqrt{3}$ (d) $(3\sqrt{3} - 1)/3$ *SSC CHSL (Tier-1) 12.3.2018*

25. ΔXYZ में कोण Y का माप 90^0 है। यदि sec X = 17/8 और XY = 0.8 सेमी. है, तो भुजा XZ की लंबाई (सेमी.) में क्या है?
(a) 1.7 (b) 1.5 (c) 2 (d) 2.5 *SSC CHSL (Tier-1) 23.3.2018*

26. $(\tan 30^0 + \sqrt{3}/2)$ का मान क्या है?
(a) $(4 + \sqrt{3})/2$ (b) $5/2\sqrt{3}$ (c) $(4 + \sqrt{3})/2\sqrt{3}$ (d) $(\sqrt{3} + 1)/\sqrt{3}$ *SSC CHSL (Tier-1) 23.3.2018*

27. यदि θ धन न्यून कोण हो और $4\sin^2\theta = 3$ हो, तो $\tan\theta - \cot\theta/2$ का मान बताइए?
(a) 1 (b) 0 (c) $\sqrt{3}$ (d) $1/\sqrt{3}$ *SSC CGL (Tier-1) 8.9.2016*

28. यदि tan 45^0 + cosec 30^0 = x है, तो x का मान क्या होगा?
(a) √3 (b) (1–2√2)/√2 (c) (√3–4)/2√3 (d) 3 *SSC CHSL (Tier-1) 7.1.2017*

29. sin 330^0 का क्या मान है?
(a) 2 (b) 2/√3 (c) √2 (d) –1/2 *SSC CHSL (Tier-1) 22.1.2017*

30. यदि tan θ = tan 30^0 . tan 60^0 और θ एक न्यून कोण है तो 2θ का मान क्या है?
(a) 30^0 (b) 45^0 (c) 90^0 (d) 0^0 *SSC CGL (Tier-1) 30.8.2016*

31. यदि sin 60^0 + cos 45^0 = x, तो x का क्या मान है?
(a) 1/√2 (b) (√3 + √2)/2 (c) √2-1 (d) √3 *SSC CHSL (Tier-1) 3.2.2017*

32. cot 210^0 का मान क्या है?
(a) 1/√3 (b) –1/√3 (c) √3 (d) –√3 *SSC CGL (Tier-1) 9.1.2017*

33. tan (– 240^0) का मान क्या है?
(a) –√3 (b) 1/√3 (c) –1/√3 (d) √3 *SSC CHSL (Tier-1) 10.1.2017*

34. (1/3 – cosec 30^0) का मान क्या है?
(a) (√6 – 1) /√3 (b) –1/2 (c) –5/3 (d) 3/2 *SSC CHSL (Tier-1) 7.3.2018*

35. ($\sec^2 45^o - \cot^2 45^o$) – ($\sin^2 30^o + \sin^2 60^o$) का मान क्या है?
(a) 1 (b) 2√3 (c) 0 (d) 1/√2 *SSC CGL (Tier-1) 9.9.2016*

36. यदि cot 30^0 – cos 45^0 = x, तो x का मान क्या है?
(a) √3 + 2 (b) (√6 – 1)/√2 (c) (√3 – 2/√2)/√6 (d) (1 + √2)/2 *SSC CHSL (Tier-1) 21.1.2017*

37. (cosec 45^0 + √3/2) का मान क्या है?
(a) 5/6 (b) (4 + √3)/2√3 (c) (2√2+√3)/2 (d) 3√3/2 *SSC CHSL (Tier-1) 10.3.2018*

38. यदि θ न्यून कोण हो और sin (θ + 18^0) = 1/2 हो, तो चक्रीय माप में θ का मान कितना होगा?
(a) π/12 रेडियन्स (b) π /15 रेडियन्स
(c) 2 π /5 रेडियन्स (d) 3 π /13 रेडियन्स *SSC CGL (Tier-1) 8.9.2016*

39. यदि $\sqrt{2}\tan 2\theta = \sqrt{6}$ और $0^0 < \theta < 45^0$ तो $\sin\theta + \sqrt{3}\cos\theta - 2\tan^2\theta$ का मान क्या होगा?
(a) 2/3 (b) 4/3 (c) 2 (d) 8/3 *SSC CGL (Tier-1) 3.9.2016*

40. $\sin^2 30^0 \cos^2 45^0 + 4\tan^2 30^0 + \frac{1}{2}\sin^2 90^0 + 2\cos 90^0$ का मान है –
(a) $\frac{23}{12}$ (b) 2 (c) $\frac{15}{8}$ (d) $\frac{47}{24}$ *SSC CGL (Tier-1) 7.6.2019*

41. $\sec^2 29^0 - \cot^2 61^0 + \sin^2 60^0 + \text{cosec}^2 30^0$ बराबर है –
(a) $\frac{23}{4}$ (b) $\frac{15}{4}$ (c) $\frac{19}{4}$ (d) $\frac{11}{4}$ *SSC CGL (Tier-1) 13.6.2019*

42. $\sec^2 28^0 - \cot^2 62^0 + \sin^2 60^0 + \text{cosec}^2 30^0$ का मान है –
(a) 3 (b) $\frac{23}{4}$ (c) $\frac{7}{2}$ (d) $\frac{19}{4}$ *SSC CGL (Tier-1) 11.6.2019*

43. $\sin^2 38^0 + \sin^2 52^0 + \sin^2 30^0 - \tan^2 45^0$ का मान किसके बराबर है?
(a) $\frac{1}{4}$ (b) $\frac{3}{4}$ (c) $\frac{1}{3}$ (d) $\frac{1}{2}$ *SSC CGL (Tier-1) 10.6.2019*

44. $\sin^2 20^0 + \sin^2 70^0 - \tan^2 45^0 + \sec 60^0$ का मान किसके बराबर है?
(a) 1 (b) 3 (c) 2.5 (d) 2 *SSC CGL ((Tier-1) 12.6.2019*

45. निम्नलिखित में से कौन सी एक अपरिमेय संख्या (Irrational quantity) है?
1. tan 30^0 tan 60^0 2. sin 30^0 3. tan 45^0 4. cos 30^0
(a) 4 (b) 2 (c) 1 (d) 3 *SSC CHSL (Tier-1) 10.7.2019*

46. $\sin^2 32^0 + \sin^2 58^0 - \sin 30^0 + \sec^2 60^0$ का मान बराबर है–

(a) 4 (b) 3.5 (c) 4.5 (d) 5.5 *SSC CGL (Tier-1) 13.6.2019*

47. $\sin^2 20^0 + \sin^2 70^0 - \tan^2 45^0 + \sec 60^0$ का मान किसके बराबर है?

(a) 2.5 (b) 2 (c) 3 (d) 1 *SSC CGL (Tier-1) 12.6.2019*

48. यदि $\cos x = -\frac{\sqrt{3}}{2}\ \pi < x < 3\pi/2$, तो $2\cot^2 x + 3\operatorname{cosec}^2 x$ का मान है–

(a) 10 (b) 14 (c) 8 (d) 18

49. $\cot^2 62^0 - \sec^2 28^0 + \operatorname{cosec}^2 30^0 + \tan^2 60^0$ का मान बराबर है–

(a) 6 (b) 8 (c) $\frac{10}{3}$ (d) $\frac{16}{3}$ *SSC CGL (Tier-1) 11.6.2019*

50. यदि $\theta + \varphi = \frac{\pi}{2}$ तथा $\tan\theta = \sqrt{3}$ है, तो $\cos(\theta - \varphi)$ का मान क्या है?

(a) $\frac{1}{2}$ (b) $\frac{\sqrt{3}}{2}$ (c) 1 (d) $\frac{1}{\sqrt{2}}$ *SSC CPO 5.7.2017*

51. यदि $\theta + \varphi = 2/3\ \pi$ तथा $\cos\theta = \frac{\sqrt{3}}{2}$ है, तो $\sin\varphi$ का मान क्या है?

(a) 0 (b) 1/2 (c) $\frac{1}{\sqrt{2}}$ (d) 1 *SSC CPO 1.7.2019*

52. यदि $x\sin\theta = \frac{5\sqrt{3}}{2}$ तथा $x\cos\theta = 5/2$ है, तो x का मान क्या है?

(a) $\sqrt{3}$ (b) $\frac{1}{2}$ (c) $\frac{\sqrt{3}}{2}$ (d) 5 *SSC CPO 1.7.2019*

53. $\sin^2 48^0 + \sin^2 42^0 - \sec^2 30^0 + \tan^2 60^0$ का मान बराबर है–

(a) 2 (b) $\frac{7}{3}$ (c) $\frac{8}{3}$ (d) $\frac{5}{3}$ *SSC CGL (Tier-1) 11.6.2019*

54. $\sin^2 60^0 - \cos^2 45^0 + \sec 60^0 + \cos^2 40^0 + \cos^2 50^0$ का मान है –

(a) $\frac{7}{2}$ (b) $\frac{9}{14}$ (c) $\frac{11}{4}$ (d) $\frac{13}{4}$ *SSC CGL (Tier-1) 10.6.2019*

55. $\sin^2 42^0 + \sin^2 48^0 + \tan^2 60^0 - \operatorname{cosec} 30^0$ का मान बराबर है –

(a) 5 (b) 2 (c) 3 (d) 4 *SSC CGL (Tier-1) 13.6.2019*

56. $\frac{\tan 30^0 + \tan 60^0}{\cos 30^0}$ का मान ज्ञात कीजिए।

(a) $\frac{8}{\sqrt{3}}$ (b) $\frac{8}{3}$ (c) $\sqrt{3}+3$ (d) $1+\sqrt{3}$ *SSC CGL (Tier-1) 9.3.2020*

57. $\cos 10^0 \cos 30^0 \cos 50^0 \cos 70^0 \cos 90^0$ का मान ज्ञात कीजिए।

(a) 5 (b) 1 (c) 3 (d) 0 *SSC CGL (Tier-1) 9.3.2020*

58. $\frac{\tan 30^0 \operatorname{cosec} 60^0 + \tan 60^0 \sec 30^0}{\sin^2 30^0 + 4\cot^2 45^0 - \sec^2 60^0}$ का मान ज्ञात करें।

(a) $\frac{2}{3}$ (b) $\frac{32}{99}$ (c) $\frac{8}{3}$ (d) $\frac{32}{3}$ *SSC CGL (Tier-1) 4.3.2020*

59. $(\operatorname{cosec} 30^0 - \tan 45^0)\cot 60^0 \tan 30^0$ का मान बताइए।

(a) $\frac{1}{\sqrt{3}}$ (b) 1 (c) 3 (d) $\frac{1}{3}$ *SSC CGL (Tier-1) 9.3.2020*

60. यदि $A + B = 45^0$ तो $2(1 + \tan A)(1 + \tan B)$ का मान है–

(a) 4 (b) 1 (c) 2 (d) 0 *SSC CGL (Tier-1) 3.3.2020*

61. $\sqrt{\tan^2 60^0 + \sin 90^0} - 2\tan 45^0$

(a) 0 (b) 4 (c) 1 (d) 2 *SSC CGL (Tier-1) 5.3.2020*

62. $\cos 0^0 \cos 30^0 \cos 45^0 \cos 60^0 \cos 90^0$ का मान ज्ञात कीजिए।

(a) 3 (b) $\frac{\sqrt{6}}{8}$ (c) 0 (d) 5 *SSC CGL (Tier-1) 5.3.2020*

उत्तरमाला

1. (b)	2. (d)	3. (c)	4. (d)	5. (b)	6. (a)	7. (b)	8. (b)	9. (c)
10. (d)	11. (a)	12. (a)	13. (a)	14. (a)	15. (a)	16. (c)	17. (d)	18. (d)
19. (c)	20. (c)	21. (a)	22. (c)	23. (c)	24. (d)	25. (a)	26. (b)	27. (b)
28. (d)	29. (d)	30. (c)	31. (b)	32. (c)	33. (a)	34. (c)	35. (c)	36. (b)
37. (c)	38. (b)	39. (b)	40. (d)	41. (a)	42. (b)	43. (a)	44. (d)	45. (a)
46. (c)	47. (b)	48. (d)	49. (a)	50. (b)	51. (d)	52. (d)	53. (c)	54. (d)
55. (b)	56. (b)	57. (d)	58. (d)	59. (d)	60. (a)	61. (a)	62. (c)	

अभ्यास प्रश्नों के हल

1. $\text{cosec}\,\frac{5\pi}{3} = \text{cosec}\,\frac{5 \times 180^0}{3} = \text{cosec}\,300^0 = \text{cosec}\,(360^0 - 60^0) = -\text{cosec}\,60^0 = -\frac{2}{\sqrt{3}}$

2. $\cot\left(-\frac{11\pi}{6}\right) = -\cot\frac{11\pi}{6} = -\cot\frac{11 \times 180^0}{6} = -\cot 330^0$

$= - \times - \cot 30^0 = - \times - \sqrt{3} = \sqrt{3}$

3. $x = \tan\left(\frac{\pi}{3}\right)^c + \text{cosec}\left(\frac{\pi}{6}\right)^c = \tan\frac{180^0}{3} + \text{cosec}\,\frac{180^0}{6} = \tan 60^0 + \text{cosec}\,30^0 = \sqrt{3} + 2$

4. $\cos\frac{11\pi}{6} = \cos\frac{11 \times 180^0}{6} = \cos 11 \times 30^0 = \cos 330^0 = \cos(360^0 - 30^0) = \cos 30^0 = \frac{\sqrt{3}}{2}$

5. $\cot\frac{5\pi}{3} = \cot\frac{5 \times 180^0}{3} = \cot 300^0 = \cot(360^0 - 60^0) = -\cot 60^0 = -\frac{1}{\sqrt{3}}$

6. $\cos\frac{4\pi}{3} = \cos\frac{4 \times 180^0}{3} = \cos 240^0 = \cos(180^0 + 60^0) = -\cos 60^0 = -\frac{1}{2}$

7. $\text{cosec}\,\frac{3\pi}{4} = \text{cosec}\,\frac{3 \times 180^0}{4} = \text{cosec}\,135^0 = \text{cosec}\,(180^0 - 45^0) = \text{cosec}\,45^0 = \sqrt{2}$

8. $\tan\frac{4\pi}{3} = \tan\frac{4 \times 180^0}{3} = \tan 240^0 = \tan(180^0 + 60^0) = \tan 60^0 = \sqrt{3}$

9. $\text{cossc}\,\frac{-4\pi}{3} = -\text{cosec}\,\frac{4\pi}{3} = -\text{cosec}\,\frac{4 \times 180^0}{3} = -\text{cosec}\,240^0 = -\text{cosec}\,(180^0 + 60^0)$

$= - \times - \text{cosec}\,60^0 = \text{cosec}\,60^0 = \frac{2}{\sqrt{3}}$

10. $x = \tan\left(-\frac{7\pi}{4}\right) = -\tan\frac{7\pi}{4} = -\tan\frac{7 \times 180}{4} = -\tan 315^0 = -\tan(360^0 - 45^0) = - \times - \tan 45$

$= \tan 45 = 1$

11. $\cot\frac{4\pi}{3} = \cot\frac{4 \times 180^0}{3} = \cot 240^0 = \cot(180^0 + 60^0) = \cot 60^0 = \frac{1}{\sqrt{3}}$

12. $\cot\frac{11\pi}{6} = \cot\frac{11\times180^0}{6} = \cot 330^0 = \cot(360^0 - 30^0) = -\cot 30^0 = -\sqrt{3}$

13. $a\cdot\sin 45^0\cdot\cos 45^0\cdot\tan 60^0 = \tan 225^0 - \cos 60^0$

$\therefore\ a\cdot\frac{1}{\sqrt{2}}\cdot\frac{1}{\sqrt{2}}\cdot\frac{\sqrt{3}}{1} = 1-\frac{1}{2} \Rightarrow a\cdot\frac{\sqrt{3}}{2} = \frac{1}{2} \Rightarrow a = \frac{1}{\sqrt{3}}$

14. $\alpha+\beta = 90^0$ और $\alpha:\beta = 2:1$, अतः अनुपाती योग $= 2+1 = 3$

$\therefore\ \alpha = 90^0\times\frac{2}{3} = 60^0$ और $\beta = 90^0\times\frac{1}{3} = 30^0$

$\therefore\ \cos\alpha : \cos\beta = \cos 60^0 : \cos 30^0 = \frac{1}{2} : \frac{\sqrt{3}}{2} = 1:\sqrt{3}$

15. $2-\sin 30^0 = 2-\frac{1}{2} = \frac{4-1}{2} = \frac{3}{2}$

16. $\tan 600^0 + \frac{1}{3} = \tan(360^0+180^0+60^0) + \frac{1}{3} = \tan 60^0 + \frac{1}{3} = \sqrt{3}+\frac{1}{3} = \frac{3\sqrt{3}+1}{3}$

17. $\frac{1}{\sqrt{3}} + \cot 600^0 = \frac{1}{\sqrt{3}} + \cot(360^0+180^0+60^0) = \frac{1}{\sqrt{3}} + \cot 60^0 = \frac{1}{\sqrt{3}} + \frac{1}{\sqrt{3}} = \frac{2}{\sqrt{3}}$

18. $\sin 30^0 + \frac{1}{3} = \frac{1}{2}+\frac{1}{3} = \frac{3+2}{6} = \frac{5}{6}$

19. $\sin\left(\frac{A+B}{2}\right) = \frac{\sqrt{3}}{2} = \sin 60^0 \Rightarrow \frac{A+B}{2} = 60^0 \Rightarrow A+B = 120^0$

$\therefore\ \Delta ABC$ में $\angle C = 180^0 - 120^0 = 60^0$, अतः $\sin\frac{C}{2} = \sin\frac{60^0}{2} = \sin 30^0 = \frac{1}{2}$

20. $x = \cos 45^0 - \sec 30^0 = \frac{1}{\sqrt{2}} - \frac{2}{\sqrt{3}} = \frac{\sqrt{3}-2\sqrt{2}}{\sqrt{2}\times\sqrt{3}} = \frac{(\sqrt{3}-2\sqrt{2})}{\sqrt{6}}$

21. $\operatorname{cosec} 30^0 - \frac{1}{\sqrt{3}} = 2-\frac{1}{\sqrt{3}} = \frac{(2\sqrt{3}-1)}{\sqrt{3}}$

22. $\frac{1}{3} - \cot 60^0 = \frac{1}{3} - \frac{1}{\sqrt{3}} = \frac{(1-\sqrt{3})}{3}$

23. $\frac{1}{3} - \sec 45^0 = \frac{1}{3} - \sqrt{2} = \frac{(1-3\sqrt{2})}{3}$

24. $\tan 600^0 - \frac{1}{3} = \tan(360^0+180^0+60^0) - \frac{1}{3} = \tan 60^0 - \frac{1}{3} = \sqrt{3}-\frac{1}{3} = \frac{3\sqrt{3}-1}{3}$

25. सम्मुख चित्र में ΔXYZ में $\angle Y = 90^0$ और $XY = 0.8$ सेमी.

$\because\ \sec X = \frac{17}{8} = \frac{\text{कर्ण}}{\text{आधार}} = \frac{XZ}{XY}$, अतः $\frac{17}{8} = \frac{XZ}{0.8} \Rightarrow XZ = \frac{17\times0.8}{8} = 1.7$ सेमी.

26. $\tan 30^0 + \frac{\sqrt{3}}{2} = \frac{1}{\sqrt{3}} + \frac{\sqrt{3}}{2} = \frac{2+\sqrt{3}.\sqrt{3}}{2\sqrt{3}} = \frac{2+3}{2\sqrt{3}} = \frac{5}{2\sqrt{3}}$

27. $4\sin^2\theta = 3 \Rightarrow \sin^2\theta = \frac{3}{4} \Rightarrow \sin\theta = \frac{\sqrt{3}}{2} = \sin 60^0 \Rightarrow \theta = 60^0$

$\therefore\ \tan\theta - \cot\frac{\theta}{2} = \tan 60^0 - \cot\frac{60^0}{2} = \tan 60^0 - \cot 30^0 = \sqrt{3}-\sqrt{3} = 0$

28. $x = \tan 45^0 + \operatorname{cosec} 30^0 = 1+2 = 3$

29. $\sin 330^0 = \sin(360^0 - 30^0) = -\sin 30^0 = -\frac{1}{2}$

30. $\tan\theta = \tan 30^0 \tan 60^0 = \frac{1}{\sqrt{3}} \cdot \sqrt{3} = 1 = \tan 45^0$, अतः $\theta = 45^0$, अतः $2\theta = 2 \times 45^0 = 90^0$

31. $x = \sin 60^0 + \cos 45^0 = \frac{\sqrt{3}}{2} + \frac{1}{\sqrt{2}} = \frac{\sqrt{3}+\sqrt{2}}{2}$

32. $\cot 210^0 = \cot(180^0 + 30^0) = \cot 30^0 = \sqrt{3}$

33. $\tan(-240^0) = -\tan 240 = -\tan(180^0 + 60^0) = -\tan 60^0 = -\sqrt{3}$

34. $\frac{1}{3} - \operatorname{cosec} 30^0 = \frac{1}{3} - 2 = \frac{1-6}{3} = \frac{-5}{3}$

35. $(\sec^2 45^0 - \cot^2 45^0) - (\sin^2 30^0 + \sin^2 60^0) = \left[(\sqrt{2})^2 - (1)^2\right] - \left[\left(\frac{1}{2}\right)^2 + \left(\frac{\sqrt{3}}{2}\right)^2\right]$

$= (2-1) - \left(\frac{1}{4} + \frac{3}{4}\right) = 1 - \frac{4}{4} = 1 - 1 = 0$

36. $x = \cot 30^0 - \cos 45^0 = \sqrt{3} - \frac{1}{\sqrt{2}} = \frac{\sqrt{6}-1}{\sqrt{2}}$

37. $\operatorname{cosec} 45^0 + \frac{\sqrt{3}}{2} = \sqrt{2} + \frac{\sqrt{3}}{2} = \frac{2\sqrt{2}+\sqrt{3}}{2}$

38. $\sin(\theta + 18^0) = \frac{1}{2} = \sin 30^0 \Rightarrow \theta + 18^0 = 30^0 \Rightarrow \theta = 30^0 - 18^0 = 12^0$

$\therefore \theta = 12 \times \frac{\pi}{180} = \frac{\pi}{15}$ रेडियन्स

39. $\sqrt{2}\tan 2\theta = \sqrt{6} \Rightarrow \tan 2\theta = \frac{\sqrt{6}}{\sqrt{2}} = \sqrt{3} = \tan 60^0$, अतः $2\theta = 60^0 \Rightarrow \theta = \frac{60^0}{2} = 30^0$

$\therefore \sin\theta + \sqrt{3}\cos\theta - 2\tan^2\theta = \sin 30^0 + \sqrt{3}\cos 30^0 - 2\tan^2 30 = \frac{1}{2} + \sqrt{3} \cdot \frac{\sqrt{3}}{2} - 2 \cdot \left(\frac{1}{\sqrt{3}}\right)^2$

$= \frac{1}{2} + \frac{3}{2} - 2 \times \frac{1}{3} = \frac{4}{2} - \frac{2}{3} = 2 - \frac{2}{3} = \frac{6-2}{3} = \frac{4}{3}$

40. $\sin^2 30^0 \cdot \cos^2 45^0 + 4\tan^2 30^0 + \frac{1}{2}\sin^2 90^0 + 2\cos 90^0$

$= \left(\frac{1}{2}\right)^2 \cdot \left(\frac{1}{\sqrt{2}}\right)^2 + 4\left(\frac{1}{\sqrt{3}}\right)^2 + \frac{1}{2}(1)^2 + 2(0)$

$= \frac{1}{4} \cdot \frac{1}{2} + 4 \times \frac{1}{3} + \frac{1}{2} \times 1 + 0 = \frac{1}{8} + \frac{4}{3} + \frac{1}{2} = \frac{3+32+12}{24} = \frac{47}{24}$

41. $\sec^2 29^0 - \cot^2 61^0 + \sin^2 60^0 + \operatorname{cosec}^2 30^0 = 1 + \tan^2 29^0 - \tan^2 29^0 + \left(\frac{\sqrt{3}}{2}\right)^2 + (2)^2$

$= 1 + \frac{3}{4} + 4 = \frac{4+3+16}{4} = \frac{23}{4}$

42. $\sec^2 28^0 - \cot^2 62^0 + \sin^2 60^0 + \operatorname{cosec}^2 30^0 = 1 + \tan^2 28^0 - \tan^2 28^0 + \left(\frac{\sqrt{3}}{2}\right)^2 + (2)^2$

$= 1 + \frac{3}{4} + 4 = \frac{4+3+16}{4} = \frac{23}{4}$

43. $\sin^2 38^0 + \sin^2 52^0 + \sin^2 30^0 - \tan^2 45^0 = \sin^2 38^0 + \cos^2 38^0 + \left(\frac{1}{2}\right)^2 - (1)^2$

$= 1 + \frac{1}{4} - 1 = \frac{1}{4}$

44. $\sin^2 20^0 + \sin^2 70^0 - \tan^2 45^0 + \sec 60^0 = \sin^2 20^0 + \cos^2 20^0 - (1)^2 + 2 = 1 - 1 + 2 = 2$

45. $\tan 30^0 . \tan 60^0 = \frac{1}{\sqrt{3}} . \frac{\sqrt{3}}{1} = 1 \Rightarrow$ परिमेय संख्या

$\sin 30^0 = \frac{1}{2} \Rightarrow$ परिमेय संख्या

$\tan 45^0 = 1 \Rightarrow$ परिमेय संख्या

$\cos 30^0 = \frac{\sqrt{3}}{2} \Rightarrow$ अपरिमेय संख्या

46. $\sin^2 32^0 + \sin^2 58^0 - \sin 30^0 + \sec^2 60^0 = \sin^2 32^0 + \cos^2 32^0 - \frac{1}{2} + (2)^2 = 1 - \frac{1}{2} + 4 = \frac{1}{2} + 4 = 4.5$

47. $\sin^2 20^0 + \sin^2 70^0 - \tan^2 45^0 + \sec 60^0 = \sin^2 20 + \cos^2 20 - (1)^2 + 2 = 1 - 1 + 2 = 2$

48. $\cos x = \frac{\sqrt{3}}{2} = \cos (180 + 30^0) = \cos 210^0 \Rightarrow x = 210^0$

क्योंकि $\pi < x < \frac{3\pi}{2}$ अर्थात् $180^0 < x < 270^0 \Rightarrow$ तृतीय चतुर्थांश में कोण

$\therefore 2 \cot^2 x + 3 \operatorname{cosec}^2 x = 2 \cot^2 210^0 + 3 \operatorname{cosec}^2 210^0 = 2 \cot^2 30 + 3 \operatorname{cosec}^2 30^0$

$= 2 \times (\sqrt{3})^2 + 3 (2)^2 = 2 \times 3 + 3 \times 4 = 6 + 12 = 18$

49. $\cot^2 62^0 - \sec^2 28^0 + \operatorname{cosec}^2 30^0 + \tan^2 60^0 = \cot^2 62^0 - \operatorname{cosec}^2 62^0 + (2)^2 + (\sqrt{3})^2$

$= \cot^2 62^0 - (1 + \cot^2 62^0) + 4 + 3$

$= \cot^2 62^0 - 1 - \cot^2 62^0 + 7 = 7 - 1 = 6$

50. $\tan\theta = \sqrt{3} = \tan 60^0 \Rightarrow \theta = 60^0$ परन्तु $\theta + \psi = \frac{\pi}{2} \Rightarrow 60 + \psi = 90^0 \Rightarrow \psi = 90^0 - 60^0 = 30^0$

$\therefore \cos (\theta - \psi) = \cos (60^0 - 30^0) = \cos 30^0 = \frac{\sqrt{3}}{2}$

51. $\cos\theta = \frac{\sqrt{3}}{2} = \cos 30^0 \Rightarrow \theta = 30^0 \Rightarrow \theta + \psi = \frac{2}{3}\pi \Rightarrow 30 + \psi = \frac{2}{3} \times 180 = 120^0$

$\therefore \psi = 120^0 - 30^0 = 90^0 \Rightarrow \sin\psi = \sin 90^0 = 1$

52. $x \sin\theta = \frac{5\sqrt{3}}{2}$ तथा $x \cos\theta = \frac{5}{2}$ से $\frac{x \sin\theta}{x \cos\theta} = \frac{5\sqrt{3}}{2} \times \frac{2}{5} = \frac{\sqrt{3}}{1}$

$\therefore \frac{\sin\theta}{\cos\theta} = \frac{\sqrt{3}}{1} \Rightarrow \tan\theta = \frac{\sqrt{3}}{1} = \tan 60^0 \Rightarrow \theta = 60^0$

पहले समीकरण में $\theta = 60^0$ रखने पर, $x \sin 60^0 = \frac{5\sqrt{3}}{2} \Rightarrow x . \frac{\sqrt{3}}{2} = \frac{5\sqrt{3}}{2} \Rightarrow x = 5$

53. $\sin^2 48^0 + \sin^2 42^0 - \sec^2 30^0 + \tan^2 60^0 = \sin^2 48^0 + \cos^2 48^0 - \left(\frac{2}{\sqrt{3}}\right)^2 + (\sqrt{3})^2$

$= 1 - \frac{4}{3} + 3 = 4 - \frac{4}{3} = \frac{8}{3}$

54. $\sin^2 60^0 - \cos^2 45^0 + \sec 60^0 + \cos^2 40^0 + \cos^2 50^0$

$$= \left(\frac{\sqrt{3}}{2}\right)^2 - \left(\frac{1}{\sqrt{2}}\right)^2 + 2 + \sin^2 50^0 + \cos^2 50^0 = \frac{3}{4} - \frac{1}{2} + 2 + 1 = \frac{3}{4} - \frac{1}{2} + 3$$

$$= \frac{3-2+12}{4} = \frac{13}{4}$$

55. $\sin^2 42^0 + \sin^2 48^0 + \tan^2 60^0 - \mathrm{cosec}\,30^0 = \sin^2 42^0 + \cos^2 42^0 + (\sqrt{3})^2 - 2$

$$= 1 + 3 - 2 = 4 - 2 = 2$$

56. $$\frac{\tan 30^0 + \tan 60^0}{\cos 30^0} = \frac{\left(\frac{1}{\sqrt{3}} + \frac{\sqrt{3}}{1}\right)}{\frac{\sqrt{3}}{2}} = \frac{\left(\frac{1+\sqrt{3}\times\sqrt{3}}{\sqrt{3}}\right)}{\left(\frac{\sqrt{3}}{2}\right)} = \frac{\frac{(1+3)}{\sqrt{3}}}{\frac{\sqrt{3}}{2}} = \frac{4}{\sqrt{3}} \times \frac{2}{\sqrt{3}} = \frac{8}{3}$$

57. $\cos 10^0 \cos 30^0 \cos 50^0 \cos 70^0 \cos 90^0 = \cos 10^0 \cdot \cos 30^0 \cdot \cos 50^0 \cos 70^0 \times 0 = 0$

58. $$\frac{\tan 30^0 \,\mathrm{cosec}\, 60^0 + \tan 60^0 \sec 30^0}{\sin^2 30^0 + 4\cot^2 45^0 - \sec^2 60^0} = \frac{\frac{1}{\sqrt{3}} \times \frac{2}{\sqrt{3}} + \frac{\sqrt{3}}{1} \cdot \frac{2}{\sqrt{3}}}{\left(\frac{1}{2}\right)^2 + 4(1)^2 - \left(\frac{2}{1}\right)^2} = \frac{\frac{2}{3} + \frac{2}{1}}{\frac{1}{4} + 4 - 4} = \frac{\frac{8}{3}}{\frac{1}{4}} = \frac{8}{3} \times \frac{4}{1} = \frac{32}{3}$$

59. $(\mathrm{cosec}\ 30^0 - \tan 45^0) \cdot \cot 60^0 \tan 30^0 = (2-1) \times \frac{1}{\sqrt{3}} \times \frac{1}{\sqrt{3}} = 1 \times \frac{1}{3} = \frac{1}{3}$

60. $A + B = 45^0 \Rightarrow A = 45^0 - B \Rightarrow \tan A = \tan(45^0 - B)$

$\therefore$ $\tan A = \frac{\tan 45^0 - \tan B}{1 + \tan 45 \tan B} = \frac{1 - \tan B}{1 + \tan B} \Rightarrow \tan A\,(1 + \tan B) = 1 - \tan B$

$\therefore$ $\tan A + \tan A \cdot \tan B = 1 - \tan B \Rightarrow \tan A + 1 + \tan A \tan B + \tan B = 1 + 1$

$\therefore$ $(1 + \tan A) + \tan B\,(1 + \tan A) = 2 \Rightarrow (1 + \tan A)(1 + \tan B) = 2$

$\therefore$ $2\,(1 + \tan A)(1 + \tan B) = 2 \times 2 = 4$

61. $\sqrt{\tan^2 60^0 + \sin 90^0} - 2\tan 45^0 = \sqrt{(\sqrt{3})^2 + 1} - 2 \times 1 = \sqrt{3+1} - 2 = \sqrt{4} - 2 = 2 - 2 = 0$

62. $\cos 0^0 \cdot \cos 30^0 \cdot \cos 45^0 \cdot \cos 60^0 \cdot \cos 90^0 = 1 \cdot \frac{\sqrt{3}}{2} \cdot \frac{1}{\sqrt{2}} \cdot \frac{1}{2} \cdot 0 = 0$

अभ्यास प्रश्न-4
पूरक कोणों पर आधारित प्रश्न

1. यदि $\cos\theta + \sec\theta = 2$ है, तो $(\cos^{117}\theta + \sec^{117}\theta)$ बराबर है –

(a) 234 (b) 2^{117} (c) 2 (d) 117 *SSC : CGL (Tier-1) 19.6.2019*

2. यदि $\cos^2\theta - 3\cos\theta + 2 = \sin^2\theta, 0^0 < \theta < 90^0$, तो $2\,\mathrm{cosec}\,\theta + 4\cot\theta$ का मान है –

(a) $4\sqrt{3}$ (b) $2\sqrt{3}$ (c) $\frac{4\sqrt{3}}{4}$ (d) $\frac{8\sqrt{3}}{3}$ *SSC : CGL (Tier-1) 7.6.2019*

3. यदि $\mathrm{cosec}\ 2\theta = \sec(3\theta - 15^0)$, तो θ बराबर है –

(a) 21^0 (b) 20^0 (c) 22^0 (d) 25^0 *SSC : CGL (Tier-1) 13.6.2019*

4. $\left[\frac{\sin^2 24^0 + \sin^2 66^0}{\cos^2 24^0 + \cos^2 66^0} + \sin^2 61^0 + \cos 61^0 \sin 29^0\right]$ का मान है –
(a) 1 (b) 3 (c) 0 (d) 2 *SSC : CGL (Tier-1) 13.6.2019*

5. यदि $\tan x = \cot(60^0 + 6x)$ है, तो x का मान क्या होगा –
(a) $15^0/2$ (b) 10^0 (c) 12^0 (d) $30^0/7$ *SSC : CHSL (Tier-1) 3.7.2019*

6. यदि $\operatorname{cosec} 3\theta = \sec(20^0 + 2\theta)$ है तो θ बराबर है –
(a) 14^0 (b) 20^0 (c) 15^0 (d) 30^0 *SSC : CGL (Tier-1) 12.6.2019*

7. यदि $\tan 4\theta = \cot(40^0 - 2\theta)$ है तो θ बराबर है –
(a) 20^0 (b) 25^0 (c) 30^0 (d) 35^0 *SSC : CGL (Tier-1) 12.6.2019*

8. यदि $\tan 4\theta = \cot(2\theta + 30^0)$ है, तो θ किसके बराबर है –
(a) 15^0 (b) 20^0 (c) 25^0 (d) 10^0 *SSC : CGL (Tier-1) 11.6.2019*

9. यदि $\sin\theta = \cos(50^0 + \theta)$ है, तो θ बराबर है –
(a) 20^0 (b) 35^0 (c) 25^0 (d) 30^0 *SSC : CGL (Tier-1) 11.6.2019*

10. यदि $\sec 4\theta = \operatorname{cosec}(\theta + 20^0)$ है, तो θ किसके बराबर है –
(a) 14^0 (b) 18^0 (c) 20^0 (d) 22^0 *SSC : CGL (Tier-1) 10.6.2019*

11. यदि $\sin 5\theta = \cos(50^0 - 3\theta)$ है, तो θ बराबर है –
(a) 25^0 (b) 30^0 (c) 20^0 (d) 15^0 *SSC : CGL (Tier-1) 11.6.2019*

12. यदि $\sin(\theta + 23^0) = \cos 58^0$ है, तो $\cos 5\theta$ का मान क्या है?
(a) $\frac{1}{2}$ (b) $\frac{1}{\sqrt{2}}$ (c) $\frac{\sqrt{3}}{2}$ (d) 0 *SSC : CPO 1.7.2017*

13. निम्नलिखित को हल करें–
$$\frac{2\sin 22^0}{\cos 68^0} - \frac{2\cot 75^0}{5\tan 15^0} - \frac{8\tan 45^0 \tan 20^0 \tan 40^0 \tan 50^0 \tan 70^0}{5}$$
(a) 2 (b) 1 (c) 3 (d) 0 *SSC CGL (Tier-1) 9.3.2020*

14. निम्न को हल करें –
$$\frac{\sin 40^0}{\cos 50^0} + \frac{\operatorname{cosec} 50^0}{\sec 40^0} - 4\cos 50^0 \operatorname{cosec} 40^0$$
(a) 1 (b) – 2 (c) 2 (d) – 1 *SSC CGL (Tier-1) 6.3.2020*

15. $\frac{(\cos 9^0 + \sin 81^0)(\sec 9^0 + \operatorname{cosec} 81^0)}{2\sin^2 63^0 + 1 + 2\sin^2 27^0}$ का मान है –
(a) $\frac{4}{3}$ (b) 1 (c) $\frac{1}{2}$ (d) 2 *SSC CGL (Tier-1) 4.3.2020*

16. व्यंजक $\operatorname{cosec}(85^0 + \theta) - \sec(5^0 - \theta) - \tan(55^0 + \theta) + \cot(35^0 - \theta)$ का मान ज्ञात करें–
(a) – 1 (b) (c) 0 (d) 1 *SSC CGL (Tier-1) 3.3.2020*

17. $\frac{\operatorname{cosec}(78^0 + \theta) - \sec(12^0 - \theta) - \tan(67^0 + \theta) + \cot(23^0 - \theta)}{\tan 13^0 \tan 37^0 \tan 45^0 \tan 53^0 \tan 77^0}$ का मान क्या है?
(a) 1 (b) 2 (c) – 1 (d) 0 *SSC CGL (Tier-1) 3.3.2020*

18. $\tan 80^0 \tan 10^0 + \sin 270^0 + \sin 20^0$ का मान बताइए?
(a) 0 (b) 1 (c) 2 (d) sin 20 *SSC CGL (Tier-1) 2.9.2016*

19. यदि $\sec 15\theta = \operatorname{cosec} 15\theta$ $(0^0 < \theta < 10^0)$ हो तो θ का मान क्या है?
(a) 9^0 (b) 5^0 (c) 8^0 (d) 3^0 *SSC CGL (Tier-1) 30.8.2016*

20. यदि $\tan 3\theta . \tan 7\theta = 1$, है तो $\tan(\theta + 36^0)$ का मान क्या है? *SSC CGL (Tier-1) 28.8.2016*

(a) $1/\sqrt{3}$ (b) 0 (c) 1 (d) $\sqrt{3}$

21. $\sec^2 17^0 - \dfrac{1}{\tan^2 73^0} - \sin 17^0 \sec 73^0$ का मान क्या है? *SSC CGL (Tier-1) 7.9.2016*

(a) 1 (b) 0 (c) – 1 (d) 2

22. यदि $\sin 3\theta = \cos(20^0 - \theta)$ है, तो θ बराबर है– *SSC CGL (Tier-1) 13.6.2019*

(a) 35 (b) 25 (c) 30 (d) 28

23. यदि $\cos x = \sin y$ और $\cot(x - 40^0) = \tan(50^0 - y)$ हो, तो x और y का मान क्या होगा? *SSC CGL (Tier-1) 6.9.2016*

(a) $x = 70^0, y = 20^0$ (b) $x = 75^0, y = 15^0$

(c) $x = 85^0, y = 5^0$ (d) $x = 80^0, y = 10^0$

24. यदि एक त्रिभुज ABC में Sin A = Cos B हो तो Cos C का मान कितना है? *SSC CGL (Tier-1) 28.8.2016*

(a) $\sqrt{3}/2$ (b) 0 (c) 1 (d) $1/\sqrt{2}$

25. यदि $\tan 45^0 = \text{Cot}\,\theta$ तो रेडियन में θ का मान है – *SSC CGL (Tier-1) 1.9.2016*

(a) $\pi/4$ (b) $\pi/9$ (c) $\pi/2$ (d) $\pi/12$

26. $\dfrac{\sin 44^0}{\cos 46^0} + \sin^2 60^0 - \cos^2 45^0 + \sec 60^0$ का मान बराबर है – *SSC CGL (Tier-1) 12.6.2019*

(a) $\frac{7}{4}$ (b) $\frac{11}{4}$ (c) $\frac{13}{4}$ (d) $\frac{11}{3}$

27. यदि $\tan x = \cot(45^0 + 2x)$ है, तो x का मान क्या होगा? *SSC CGL (Tier-1) 13.6.2019*

(a) 45^0 (b) $45^0/2$ (c) 15^0 (d) 20^0

उत्तरमाला

1 (c)	2. (d)	3 (a)	4. (d)	5. (d)	6. (a)	7. (b)	8. (d)	9. (a)
10. (a)	11. (c)	12. (b)	13. (d)	14. (b)	15. (a)	16. (c)	17. (d)	18. (d)
19. (d)	20. (c)	21. (b)	22. (a)	23. (c)	24. (b)	25. (a)	26. (c)	27. (c)

अभ्यास प्रश्नों के हल

1. $$\cos\theta + \sec\theta = 2 \Rightarrow \cos\theta + \frac{1}{\cos\theta} = 2 \Rightarrow \frac{\cos^2\theta + 1}{\cos\theta} = 1$$

$$\cos^2\theta + 1 = 2\cos\theta \Rightarrow \cos^2\theta + 1^2 - 2\cdot 1\cdot\cos\theta = 0 \Rightarrow (\cos\theta - 1)^2 = 0$$

$\therefore$ $\cos\theta - 1 = 0 \Rightarrow \cos\theta = 1 \Rightarrow \sec\theta = \dfrac{1}{\cos\theta} = \dfrac{1}{1} = 1$

$\therefore$ $\cos\theta^{117} + \sec\theta^{117} = (1)^{117} + (1)^{117} = 1 + 1 = 2$

2. $$\cos^2\theta - 3\cos\theta + 2 = \sin^2\theta = 1 - \cos^2\theta$$

$\therefore$ $\cos^2\theta + \cos^2\theta - 3\cos\theta + 2 - 1 = 0 \Rightarrow 2\cos^2\theta - 3\cos\theta + 1 = 0$

$\therefore$ $2\cos^2\theta - 2\cos\theta - \cos\theta + 1 = 0 \Rightarrow (2\cos\theta - 1)(\cos\theta - 1) = 0$

$\because$ $\cos\theta - 1 \neq 0$, अतः $2\cos\theta - 1 = 0 \Rightarrow 2\cos\theta = 1 \Rightarrow \cos\theta = \dfrac{1}{2} = \cos 60^0 \Rightarrow 0 = 60^0$

$\therefore$ $2\,\text{cosec}\,\theta + 4\cot\theta = 2\,\text{cosec}\,60^0 + 4\cot 60^0 = 2\times\dfrac{2}{\sqrt{3}} + 4\times\dfrac{1}{\sqrt{3}}$

$$= \frac{4}{\sqrt{3}} + \frac{4}{\sqrt{3}} = \frac{8}{\sqrt{3}} = \frac{8\times\sqrt{3}}{\sqrt{3}\times\sqrt{3}} = \frac{8\sqrt{3}}{3}$$

3. $\text{cosec } 2\theta = \sec(3\theta - 15^0) \Rightarrow 2\theta + (3\theta - 15^0) = 90^0$

$\therefore \quad 2\theta + 3\theta - 15^0 = 90^0 \Rightarrow 5\theta = 90 + 15 = 105^0 \Rightarrow \theta = \frac{105}{5} = 21^0$

4. $\frac{\sin^2 24^0 + \sin^2 66^0}{\cos^2 24^0 + \cos^2 66^0} + \sin^2 61^0 + \cos 61^0.\sin 29^0$

$= \frac{\sin^2 24^0 + \cos^2 24^0}{\sin^2 66^0 + \cos^2 66^0} + \sin^2 61^0 + \cos 61^0.\cos 61^0 = \frac{1}{1} + \sin^2 61^0 + \cos^2 61^0 = 1 + 1 = 2$

5. $\tan x = \cot(60^0 + 6x) \Rightarrow x + 60^0 + 6x = 90^0 \Rightarrow 7x = 90^0 - 60^0 = 30^0 \Rightarrow x = \frac{30^0}{7}$

6. $\text{cosec } 3\theta = \sec(20^0 + 2\theta) \Rightarrow 3\theta + 20^0 + 2\theta = 90^0 \Rightarrow 5\theta = 90^0 - 20^0 = 70^0 \Rightarrow \theta = \frac{70^0}{5} = 14^0$

7. $\tan 4\theta = \cot(40^0 - 20^0) \Rightarrow 4\theta + 40^0 - 2\theta = 90^0$, अतः $2\theta = 90^0 - 40^0 = 50^0 \Rightarrow \theta = \frac{50^0}{2} = 25^0$

8. $\tan 4\theta = \cot(2\theta + 30^0) \Rightarrow 4\theta + 2\theta + 30^0 = 90^0$, अतः $6\theta = 90^0 - 30^0 = 60^0 \Rightarrow \theta = \frac{60^0}{6} = 10^0$

9. $\sin\theta = \cos(50^0 + \theta) \Rightarrow \theta + 50^0 + \theta = 90^0 \Rightarrow 2\theta = 90^0 - 50^0 = 40^0 \Rightarrow \theta = \frac{40^0}{2} = 20^0$

10. $\sec 4\theta = \text{cosec}(\theta + 20^0) \Rightarrow 4\theta + \theta + 20^0 = 90^0 \Rightarrow 5\theta = 90^0 - 20^0 = 70^0 \Rightarrow \theta = \frac{70^0}{5} = 14^0$

11. $\sin 5\theta = \cos(50^0 - 3\theta) \Rightarrow 5\theta + 50^0 - 3\theta = 90^0 \Rightarrow 2\theta = 90^0 - 50^0 = 40^0 \Rightarrow \theta = \frac{40^0}{2} = 20^0$

12. $\sin(\theta + 23^0) = \cos 58^0 \Rightarrow \theta + 23^0 + 58^0 = 90 \Rightarrow \theta = 90^0 - 81^0 = 9^0$

$\therefore \quad \cos 5\theta = \cos 5 \times 9^0 = \cos 45^0 = \frac{1}{\sqrt{2}}$

13. $\because$ $(22^0, 68^0), (75^0, 15^0), (20^0, 70^0)$ तथा $(40^0, 50^0)$ परस्पर पूरक कोण हैं।

$\therefore \quad \frac{2\sin 22^0}{\cos 68^0} - \frac{2\cot 75^0}{5\tan 15^0} - \frac{8\tan 45^0 \cdot \tan 20^0 \tan 40^0 \tan 50^0 \tan 70^0}{5}$

$= \frac{2\sin 22^0}{\sin 22^0} - \frac{2\tan 15^0}{5\tan 15^0} - \frac{8 \times 1 \times \tan 20^0 \tan 40^0 \cdot \cot 40^0 \cdot \cot 20^0}{5}$

$= 2 - \frac{2}{5} - \frac{8 \times 1 \times \tan 20 \times \tan 40 \times \frac{1}{\tan 40^0} \times \frac{1}{\tan 20^0}}{5} = 2 - \frac{2}{5} - \frac{8}{5} = \frac{10 - 2 - 8}{5} = \frac{10 - 10}{5} = \frac{0}{5} = 0$

14. $\frac{\sin 40^0}{\cos 50^0} + \frac{\text{cosec } 50^0}{\sec 40^0} - 4\cos 50^0 \cdot \text{cosec } 40^0 = \frac{\sin 40^0}{\sin 40^0} + \frac{\text{cosec } 50^0}{\text{cosec } 50^0} - 4 \times \sin 40^0 \times \frac{1}{\sin 40^0}$

$= 1 + 1 - 4 = 2 - 4 = -2$

15. $\frac{(\cos 9^0 + \sin 81^0)(\sec 9^0 + \text{cosec } 81^0)}{2\sin^2 63^0 + 1 + 2\sin^2 27^0} = \frac{(\cos 9^0 + \cos 9^0)(\sec 9^0 + \sec 9^0)}{2\sin^2 63^0 + 2\cos^2 63^0 + 1}$

$= \frac{2\cos 9^0 \times 2\sec 9^0}{2(\sin^2 63^0 + \cos^2 63^0) + 1} = \frac{2\cos 9^0 \times 2 \times \frac{1}{\cos 9^0}}{2 \times 1 + 1} = \frac{2 \times 2}{2 + 1} = \frac{4}{3}$

16. $\text{cosec}\,(85^0 + \theta) - \sec\,(5^0 - \theta) - \tan\,(55^0 + \theta) + \cot\,(35^0 - \theta)$

$= \text{cosec}\,(85^0 + \theta) - \text{cosec}\,(85^0 + \theta) - \tan\,(55^0 + \theta) + \tan\,(55^0 + \theta) = 0$

17. $$\frac{\text{cosec}\,(78^0 + \theta) - \sec\,(12^0 - \theta) - \tan\,(67^0 + \theta) + \cot\,(23^0 - \theta)}{\tan 13^0 \tan 37^0 \tan 45^0 \tan 53^0 \tan 77}$$

$$= \frac{\text{cosec}\,(78^0 + \theta) - \text{cosec}\,(78^0 + \theta) - \tan\,(67^0 + \theta) + \tan\,(67^0 + \theta)}{\tan 13^0 \cdot \tan 37^0 \cdot 1 \cdot \cot 37^0 \cdot \cot 13^0}$$

$$= \frac{0}{\tan 13 \cdot \tan 37 \cdot 1 \cdot \frac{1}{\tan 37^0} \cdot \frac{1}{\tan 13^0}} = \frac{0}{1} = 0$$

18. $\tan 80^0 \cdot \tan 10^0 + \sin 270^0 + \sin 20 = \cot 10^0 \cdot \tan 10^0 + (-1) + \sin 20$

$= \frac{1}{\tan 10^0} \cdot \tan 10^0 - 1 + \sin 20^0 = 1 - 1 + \sin 20^0 = \sin 20^0$

19. $\sec 15\theta = \text{cosec}\, 15\,\theta \Rightarrow 15\theta + 15\theta = 90^0 \Rightarrow 30\theta = 90^0 \Rightarrow \theta = 3^0$

20. $\tan 3\theta \cdot \tan 7\theta = 1 \Rightarrow \tan 3\theta = \frac{1}{\tan 7\theta} = \cot 7\theta$

$\therefore$ $3\theta + 7\theta = 90^0 \Rightarrow 10\theta = 90^0 \Rightarrow \theta = \frac{90}{10} = 9^0$

$\therefore$ $\tan\,(\theta + 36^0) = \tan\,(9^0 + 36^0) = \tan 45^0 = 1$

21. $\sec^2 17^0 - \frac{1}{\tan^2 73^0} - \sin 17^0 \cdot \sec 73^0 = \sec^2 17^0 - \cot^2 73^0 - \cos 73^0 \cdot \sec 73^0$

$= (\sec^2 17^0 - \tan^2 17) - \cos 73^0 \times \frac{1}{\cos 73^0} = 1 - 1 = 0$

22. $\sin 3\theta = \cos\,(20^0 - \theta)$, अतः $3\,\theta + 20^0 - \theta = 90^0$

$\therefore$ $2\theta = 90^0 - 20^0 = 70^0 \Rightarrow \theta = \frac{70^0}{2} = 35^0$

23. $\cos x = \sin y$, अतः $x + y = 90^0$ ....(i)

$\cot\,(x - 40^0) = \tan\,(50^0 - y) \Rightarrow x - 40^0 + 50^0 + y = 90^0$

$\therefore$ $x + y = 90 + 40 - 50 \Rightarrow y = 80$ ....(ii)

दोनों समीकरणों को हल करने पर, $x = 85^0$, $y = 5^0$

24. $\Delta\, ABC$ में $\sin A = \cos B$, अतः $\angle A + \angle B = 90^0$ और $\angle C = 90^0$

$\therefore$ $\cos C = \cos 90^0 = 0$

25. $\tan 45 = \cot\theta$, अतः $45^0 + \theta = 90^0 \Rightarrow \theta = 90^0 - 45^0 = 45^0$, अतः $\theta = 45^0 \times \frac{\pi}{180^0} = \frac{\pi}{4}$

26. $\frac{\sin 44^0}{\cos 46^0} + \sin^2 60^0 - \cos^2 45^0 + \sec 60^0 = \frac{\sin 44^0}{\sin 44^0} + \left(\frac{\sqrt{3}}{2}\right)^2 - \left(\frac{1}{\sqrt{2}}\right)^2 + 2$

$= 1 + \frac{3}{4} - \frac{1}{2} + 2 = 3 + \frac{3}{4} - \frac{1}{2} = \frac{12 + 3 - 2}{4} = \frac{13}{4}$

27. $\tan x = \cot\,(45^0 + 2x) \Rightarrow x + 45^0 + 2x = 90^0$

$\therefore$ $3x = 90^0 - 45^0 = 45^0 \Rightarrow x = \frac{45^0}{3} = 15^0$

अभ्यास प्रश्न-5
(त्रिकोणमितीय सर्वसमिका)

1. यदि $(\sin^2 A - \sin^2 B)/(\cos^2 A \cdot \cos^2 B) = x$, तो x का क्या मान है?
(a) $\tan^2 A - \tan^2 B$ (b) $\cot^2 A - \cot^2 B$
(c) $\tan A - \tan B$ (d) $\cot A - \cot B$ *SSC : CHSL (Tier-1) 3.2.2017*

2. cot 3A का मान है –
(a) $(3\cot A - \cot^3 A)/(1 - 3\cot^2 A)$ (b) $(3\cot A + \cot^3 A)/(1 - 3\cot^2 A)$
(c) $(3\cot A - \cot^3 A)/(1 + 3\cot^2 A)$ (d) $(3\cot A + \cot^3 A)/(1 + 3\cot^2 A)$
SSC : CHSL (Tier-1) 23.1.2017

3. यदि $\cot(A/2) = x$, तो x का क्या मान है?
(a) $\sqrt{[(1-\cos A)/(1+\cos A)]}$ (b) $\sqrt{[(1+\cos A)/2]}$
(c) $(1 + \cos A)/\sin A$ (d) $\sqrt{[(1-\cos A)/2]}$ *SSC : CHSL (Tier-1) 3.2.2017*

4. यदि θ धनात्मक न्यून कोण है और $7\cos^2\theta + 3\sin^2\theta = 4$, तो θ का मान क्या है?
(a) 60^0 (b) 30^0 (c) 45^0 (d) 90^0 *SSC : CGL (Tier-1) 10.9.2016*

5. यदि $x = a\cos\theta\cos\Phi$, $y = a\cos\theta\sin\Phi$ और $z = a\,\mathrm{Sin}\,\theta$ हो, तो $x^2 + y^2 + z^2$ का मान क्या है?
(a) $2a^2$ (b) $4a^2$ (c) $9a^2$ (d) a^2 *SSC : CGL (Tier-1) 7.9.2016*

6. यदि $\tan\alpha = 2$, तो $\dfrac{\sin\alpha}{\sin^3\alpha + \cos^3\alpha}$ का मान क्या है?
(a) $\frac{2}{9}$ (b) $\frac{\sqrt{5}}{9}$ (c) $\frac{10}{9}$ (d) $\frac{5\sqrt{5}}{9}$ *SSC : CGL (Tier-1) 3.9.2016*

7. $2\cos[(C + D)/2].\cos[(C - D)/2]$ किसके बराबर है?
(a) $\cos C - \cos D$ (b) $\sin C + \sin D$
(c) $\cos C + \cos D$ (d) $\sin C - \sin D$ *SSC : CHSL (Tier-1) 25.1.2017*

8. यदि $\sec^2\theta + \tan^2\theta = \sqrt{3}$, हो तो $\sec^4\theta - \tan^4\theta$ का मान कितना है?
(a) $\frac{1}{\sqrt{3}}$ (b) 1 (c) $\sqrt{3}$ (d) 0 *SSC : CGL (Tier-1) 27.8.2016*

9. $2 - (\cos A + \sin A)^2$ किसके बराबर है?
(a) $(\mathrm{cosec}\,A - \sin A)^2$ (b) $\cos A - \sin A$
(c) $\mathrm{cosec}\,A - \sin A$ (d) $(\cos A - \sin A)^2$ *SSC : CHSL (Tier-1) 29.1.2017*

10. यदि $\sin A/(1 + \cos A) = x$, तो x का क्या मान है?
(a) $\mathrm{cosec}\,A + \cot A$ (b) $\sec A - \cot A$
(c) $\sec A + \cot A$ (d) $\mathrm{cosec}\,A - \cot A$ *SSC : CHSL (Tier-1) 22.1.2017*

11. If $\dfrac{\cos\theta}{1-\sin\theta} + \dfrac{\cos\theta}{1+\sin\theta} = 4$, तो θ का मान $(0<\theta<90^0)$ है –
(a) 60^0 (b) 45^0 (c) 30^0 (d) 35^0 *SSC : CHSL (Tier-1) 29.8.2016*

12. $\sqrt{[(1-\sin A)/(1+\sin A)]}$ किसके बराबर है?
(a) $\sec A - \tan A$ (b) $\mathrm{cosec}\,A - \cot A$
(c) $\sec A + \tan A$ (d) $\mathrm{cosec}\,A + \cot A$ *SSC : CHSL (Tier-1) 16.1.2017*

13. यदि $1/\sqrt{(1+\cot^2 A)} = x$, तो x का क्या मान है?
(a) sin A (b) cosec A (c) cos A (d) sec A *SSC : CHSL (Tier-1) 22.1.2017*

14. यदि $\cot A/\sqrt{(1+\cot^2 A)} = x$, तो x का क्या मान है?
(a) sin A (b) cosec A (c) sec A (d) cos A *SSC : CHSL (Tier-1) 17.1.2017*

15. $\sqrt{[(1-\cos A)/(1+\cos A)]}$ का मान क्या है?
(a) cosec A – cot A (b) cosec A + cot A
(c) sec A – cot A (d) sec A + cot A *SSC : CHSL (Tier-1) 17.1.2017*

16. यदि $\cos^4\theta - \sin^4\theta = 1/3$ हो, तो $\tan^2\theta$ का क्या मान है?
(a) 1/2 (b) 1/3 (c) 1/4 (d) 1/5 *SSC : CGL (Tier-1) 2.9.2016*

17. यदि $(1 - \cos A)/(1 + \cos A) = x$, तो x का क्या मान है?
(a) $(\cot A + \text{cosec } A)^2$ (b) $(\cot A - \text{cosec } A)^2$
(c) cot A – cosec A (d) cot A + cosec A *SSC : CHSL (Tier-1) 7.2.2017*

18. यदि $1/(1 + \cos A) + 1/(1 - \cos A) = x$, तो x का क्या मान है?
(a) $2\sec^2 A$ (b) 2 cosec A (c) $2\text{cosec}^2 A$ (d) 2 sec A *SSC : CHSL (Tier-1) 8.2.17*

19. यदि cot A = x, तो x का क्या मान है?
(a) $\sqrt{(\sec^2 A+1)}$ (b) $\sqrt{(\text{cosec}^2 A+1)}$ (c) $\sqrt{(\sec^2 A-1)}$ (d) $\sqrt{(\text{cosec}^2 A-1)}$ *SSC : CHSL 21.1.2017*

20. यदि $(\cot A - \text{cosec } A)^2 = x$, तो x का क्या मान है?
(a) (1 – cos A)/(1 + cos A) (b) (1 – sin A)/(1 + sin A)
(c) (1 – sec A)/(1 + sec A) (d) (1 – cosec A)/(1 + cosec A) *SSC : CHSL 21.1.2017*

21. $\sec^2 A \text{ cosec}^2 A$ is equal to :
(a) $\sec^2 A - \text{cosec}^2 A$ (b) $\sqrt{[\sec^2 A + \text{cosec}^2 A]}$
(c) $\sec^2 A + \text{cosec}^2 A$ (d) $\sqrt{[\sec^2 A - \text{cosec}^2 A]}$ *SSC : CHSL (Tier-1) 23.1.2017*

22. यदि $2\sec^2 A = x$, तो x का क्या मान है?
(a) 1/(1 + cos A) + 1/(1 – cos A) (b) 1/(1 + tan A) + 1/(1 – sin A)
(c) 1/(1 + sin A) + 1/(1 – sin A) (d) 1/(1 + cot A) + 1/(1 – cos A) *SSC : CHSL 30.1.2017*

23. यदि (cot A cot B + 1) / (cot B – cot A) = x, तो x का क्या मान है?
(a) cot (A + B) (b) cot (A – B)
(c) tan (A – B) (d) tan (A + B) *SSC : CHSL (Tier-1) 30.1.2017*

24. यदि cosec A – cot A = x, तो x का क्या मान है?
(a) sin A/(1 – cos A) (b) $\sqrt{[\sin A/(1+\cos A)]}$
(c) sin A/(1 + cos A) (d) $\sqrt{[\sin A/(1-\cos A)]}$ *SSC : CHSL (Tier-1) 3.2.2017*

25. यदि (1 – cos A)/2 = x, तो x का क्या मान है?
(a) $\cos^2(A/2)$ (b) $\sqrt{[\sin(A/2)]}$ (c) $\sqrt{[\cos(A/2)]}$ (d) $\sin^2(A/2)$ *SSC : CHSL 3.2.2017*

26. tan 3A किसके बराबर है?

(a) $3\tan A - \tan^3 A(1 - 3\tan^2 A)$ (b) $3\tan A + \tan^3 A(1 - 3\tan^2 A)$

(c) $3\tan A - \tan^3 A(1 + 3\tan^2 A)$ (d) $3\tan A + \tan^3 A(1 + 3\tan^2 A)$ *SSC : CHSL 30.1.2017*

27. यदि sin3A = x, तो x का क्या मान है?

(a) $3\sin A + 4\sin^3 A$ (b) $4\sin^3 A - 3\sin A$

(c) $4\sin^3 A + \sin A$ (d) $3\sin A - 4\sin^3 A$ *SSC : CHSL (Tier-1) 16.1.2017*

28. यदि $x = a\cos\theta + b\sin\theta$ और $y = b\cos\theta - a\sin\theta$ हो, तो $x^2 + y^2$ का मान क्या होगा?

(a) ab (b) $a^2 + b^2$ (c) $a^2 - b^2$ (d) 1 *SSC : CGL (Tier-1) 29.8.2016*

29. sinA/(1 + cos A) किसके बराबर है?

(a) (cosec A – cot A) (b) (cosec A + cot A)

(c) $\sqrt{[(\operatorname{cosec} A - \cot A)]}$ (d) $\sqrt{[(\operatorname{cosec} A + \cot A)]}$ *SSC : CHSL (Tier-1) 30.1.2017*

30. $\cos^2 (A/2)$ का मान क्या है?

(a) (1 – cos A)/2 (b) (1 + cos A)/2

(c) (1 + sin A)/2 (d) (1 – sin A)/2 *SSC : CHSL (Tier-1) 3.1.2017*

31. (cosec A – sin A) (sec A – cosA) (tanA + cotA) किसके बराबर है?

(a) 2 (b) 0 (c) 1 (d) ½ *SSC : CHSL (Tier-1) 3.1.2017*

32. 2 cos [(C + D)/2] sin [(C – D)/2] किसके बराबर है?

(a) sin C + sin D (b) sin C – sin D

(c) cos C – cos D (d) cos C + cos D *SSC : CHSL (Tier-1) 24.1.2017*

33. 3 cos A किसके बराबर है?

(a) $4\cos^3 A + \cos 3A$ (b) $4\cos^3 A - \cos 3A$

(c) $3\cos^3 A - \cos 3A$ (d) $3\cos^3 A + \cos 3A$ *SSC : CHSL (Tier-1) 24.1.2017*

34. cos A/(1 – sin A) किसके बराबर है?

(a) (sec A – tan A) (b) (sec A + tan A)

(c) $\sqrt{[(\sec A + \tan A)]}$ (d) $\sqrt{[(\sec A - \tan A)]}$ *SSC : CHSL (Tier-1) 24.1.2017*

35. $\frac{\sin\theta}{1+\cos\theta} + \frac{\sin\theta}{1-\cos\theta}$ का मान है –

(a) $2\sin\theta$ (b) $2\cos\theta$ (c) $2\sec\theta$ (d) $2\operatorname{cosec}\theta$ *SSC : CHSL (Tier-1) 29.8.2016*

36. sin (A + B) – sin (A – B) किसके बराबर है?

(a) 2sin A cos B (b) 2cos A cos B

(c) 2cos A sin B (d) 2 sin A sin B *SSC : CHSL (Tier-1) 29.1.2017*

37. यदि $1/\sqrt{(\operatorname{cosec}^2 A - 1)} = x$, तो x का मान क्या होगा?

(a) cot A (b) tan A (c) sin A (d) cos A *SSC : CHSL (Tier-1) 9.1.2017*

38. [sin A/(1 + cos A)] + [(1 + cos A)/sin A] किसके बराबर है?

(a) 2sec A (b) 2cosec A (c) 2tan A (d) 2cot A *SSC : CHSL (Tier-1) 9.1.2017*

39. यदि $2y\cos\theta = x\sin\theta$ और $2x\sec\theta - y\operatorname{cosec}\theta = 3$ तो $x^2 + 4y^2$ का मान क्या है?

(a) 4 (b) 1 (c) 2 (d) 5 *SSC : CGL (Tier-1) 1.9.2016*

40. यदि $\sin\theta \times \cos\theta = \frac{1}{2}$ हो तो $\sin\theta - \cos\theta$ का मान क्या होगा जहाँ $0^0 < \theta < 90^0$:

(a) 0 (b) $\sqrt{2}$ (c) 2 (d) 1 *SSC : CGL (Tier-1) 28.8.2016*

41. $(\sin 60^0 - 2/\sqrt{3})$ का मान क्या है?

(a) $-\frac{1}{2\sqrt{3}}$ (b) $-\frac{1}{2}$ (c) $\frac{1}{\sqrt{3}}$ (d) $(1-2\sqrt{3})/2$ *SSC : CHSL 13.3.2018*

42. $(\cos 45^\circ - 1/3)$ का मान क्या है?

(a) $2-\sqrt{3}$ (b) $2/\sqrt{3}$ (c) $(3-\sqrt{2})/3\sqrt{2}$ (d) $\frac{1}{2}\sqrt{3}$ *SSC : CHSL (Tier-1) 14.3.2018*

43. ΔABC में B पर समकोण है। यदि $\angle A = 60^0$, तो $(\sec C + 2)$ का मान ज्ञात करें–

(a) $(2+2\sqrt{3})/\sqrt{2}$ (b) 4/3

(c) $(2+2\sqrt{3})/\sqrt{3}$ (d) $\frac{4}{\sqrt{3}}$ *SSC : CHSL (Tier-1) 12.3.2018*

44. यदि $\operatorname{cosec}^2\theta + \cot^2\theta = 7$ हो, तो θ का मान (डिग्री में) क्या होगा?

(a) 15 (b) 30 (c) 45 (d) 60 *SSC : CPO 5.7.2017*

45. $\left(\frac{1}{\operatorname{cosec}\theta + \cot\theta}\right)^2$ का सरलीकृत मान क्या है?

(a) $\operatorname{cosec}\theta + \tan\theta$ (b) $\sin\theta + \cos\theta$

(c) $(1-\cos\theta)/(1+\cos\theta)$ (d) $(1-\sin\theta)/(1+\sin\theta)$ *SSC : CPO 1.7.2017*

46. यदि $12\cot^2\theta - 31\operatorname{cosec}\theta + 32 = 0, 0^0 < \theta < 90^0$ है, तो $\tan\theta$ के मान हैं?

(a) $\frac{4}{3}, \frac{3\sqrt{7}}{7}$ (b) $\frac{5}{4}, \frac{4}{3}$ (c) $\frac{4}{5}, \frac{4}{3}$ (d) $\frac{4}{5}, \frac{5\sqrt{7}}{7}$ *SSC : CGL (Tier-1) 6.6.2019*

47. यदि $\frac{\cos^2\theta}{\cot^2\theta - \cos^2\theta} = 3, 0^0 < \theta < 90^0$ है, तो $\cot\theta + \operatorname{cosec}\theta$ का मान है –

(a) $\frac{\sqrt{3}}{2}$ (b) $\frac{3\sqrt{3}}{4}$ (c) $\sqrt{3}$ (d) $2\sqrt{3}$ *SSC : CGL (Tier-1) 6.6.2019*

48. यदि $3\cos^2A + 7\sin^2A = 4$ है और A न्यून कोण (acute angle) दिया गया है, तो cotA का मान होगा –

(a) 1 (b) $\frac{\sqrt{3}}{2}$ (c) $\frac{1}{\sqrt{3}}$ (d) $\sqrt{3}$ *SSC : CGL (Tier-1) 13.6.2019*

49. यदि $4 - 2\sin^2\theta - 5\cos\theta = 0, 0^0 < \theta < 90^0$ है, तो $\sin\theta + \tan\theta$ का मान है –

(a) $\frac{3\sqrt{2}}{2}$ (b) $2\sqrt{3}$ (c) $\frac{3\sqrt{3}}{2}$ (d) $3\sqrt{2}$ *SSC : CGL (Tier-1) 4.6.2019*

50. $\frac{1}{1+\sin^2\theta} + \frac{1}{1+\operatorname{cosec}^2\theta}$ का मान है –

(a) 2 (b) 1 (c) $\operatorname{cosec}^2\theta$ (d) $\sin^2\theta$ *SSC : CGL (Tier-1) 6.6.2019*

51. जब $2\sin^2\theta = 3\cos\theta$ तथा $0 \le \theta \le 90^0$ तो $\theta = ?$

(a) 45^0 (b) 30^0 (c) 90^0 (d) 60^0 *SSC : CGL (Tier-1) 10.6.2019*

52. $\frac{1}{\sin\theta} - \frac{\cot^2\theta}{1+\operatorname{cosec}\theta}$ का मान है–

(a) –1 (b) 1 (c) 0 (d) 2 *SSC : CGL (Tier-1) 6.6.2019*

53. यदि $(1+\tan^2\theta)+(1+(\tan^2\theta)^{-1})=k$, तो $\sqrt{k}=?$

(a) $\sin\theta\cos\theta$ (b) $\text{cosec}\,\theta\sec\theta$ (c) $\text{cosec}\,\theta\cos\theta$ (d) $\sin\theta\sec\theta$ *SSC : CGL (Tier-1) 6.6.2019*

54. यदि $3\sin\theta=2\cos^2\theta, 0^0<\theta<90^0$ है, तो $(\tan^2\theta+\sec^2\theta-\text{cosec}^2\theta)$ का मान क्या है?

(a) $\frac{7}{3}$ (b) 2 (c) – 2 (d) $-\frac{7}{3}$ *SSC : CGL (Tier-1) 10.6.2019*

55. यदि $3\cos^2A+7\sin^2A=3, 0^0\le A\le 90^0$ है, तो A का मान है –

(a) 45^0 (b) 0^0 (c) 90^0 (d) 30^0 *SSC : CGL (Tier-1) 19.6.2019*

56. यदि $\tan^2\theta-3\sec\theta+3=0, 0^0<\theta<90^0$ है, तो $\sin\theta+\cot\theta$ का मान है–

(a) $\frac{5\sqrt{3}}{6}$ (b) $\frac{5\sqrt{3}}{3}$ (c) $3\sqrt{3}$ (d) $2\sqrt{3}$ *SSC : CGL (Tier-1) 7.6.2019*

57. $\sqrt{\sec^2\theta+\text{cosec}^2\theta}\times\sqrt{\tan^2\theta-\sin^2\theta}$ का मान बराबर है–

(a) $\sin\theta\sec^2\theta$ (b) $\sin\theta\cos^2\theta$ (c) $\text{cosec}\theta\sec^2\theta$ (d) $\text{cosec}\theta\cos^2\theta$

SSC : CGL (Tier-1) 6.6.2019

58. यदि $0^0<\theta<90^0$ and $\cos^2\theta=3(\cot^2\theta-\cos^2\theta)$ है, तो $\left(\frac{1}{2}\sec\theta+\sin\theta\right)^{-1}$ का मान होगा–

(a) $\sqrt{3}+1$ (b) $2(\sqrt{3}-1)$ (c) $\sqrt{3}+2$ (d) $2(2-\sqrt{3})$ *SSC : CGL (Tier-1) 4.6.2019*

59. θ एक न्यून कोण है, और दिया गया है कि, $\sec^2\theta+4\tan^2\theta=6$ है का मान क्या होगा?

(a) 60^0 (b) 45^0 (c) 0^0 (d) 30^0 *SSC : CHSL (Tier-1) 10.7.2019*

60. $\frac{2+\tan^2+\cot^2\theta}{\sec\theta\,\text{cosec}\theta}$ बराबर है–

(a) $\sec\theta\,\text{cosec}\theta$ (b) $\cot\theta$ (c) $\cos\theta\sin\theta$ (d) $\tan\theta$ *SSC : CGL (Tier-1) 4.6.2019*

61. यदि $\cos\theta=4x$ और $\sin\theta=4/x$ (x is not equal to 0) है, तो (x^2+1/x^2) का मान है–

(a) 1/2 (b) 1/4 (c) 1/16 (d) 1/3 *SSC : CHSL (Tier-1) 9.7.2019*

62. अगर $(1/1+\text{cosec}\,\theta-1/1-\text{cosec}\,\theta)\cos\theta=2, 0^0<\theta<90^0$ है, तो $\sin^2\theta+\cot^2\theta+\sec^2\theta$ का मान है–

(a) 5/2 (b) 2 (c) 1 (d) 7/2 *SSC : CHSL (Tier-1) 3.7.2019*

63. यदि $\frac{\sin^2\theta}{1+\cos^2\theta}+\frac{\sin^2\theta}{1-\cos^2\theta}=\frac{8}{5}$ तथा θ न्यून कोण है, तो θ का मान (डिग्री में) क्या है?

(a) 0 (b) 30 (c) 45 (d) 60 *SSC : CPO 5.7.2017*

64. यदि $7(\text{cosec}^2 55^0-\tan^2 35^0)+2\sin 90^0-\tan^2 52^0 y\tan^2 38^0=y/2$, है, तो y का मान है–

(a) 4 (b) 5 (c) 3 (d) 6

65. यदि $\cos x=-1/2\,\pi<x<3\pi/2, 2\tan^2x-3\text{cosec}^2x$ का मोन है–

(a) 4 (b) 10 (c) 2 (d) 8 *SSC : CHSL (Tier-1) 8.7.2019*

66. $\frac{3(1-2\sin^2x)}{\cos^2x-\sin^2x}$ का मान ज्ञात कीजिए।

(a) 1 (b) 4 (c) 3 (d) 2 *SSC CGL (Tier-1) 9.3.2020*

67. $\frac{\tan^2\theta-\sin^2\theta}{2+\tan^2\theta+\cot^2\theta}$ का मान ज्ञात कीजिए।

(a) $\cos^4\theta$ (b) $\sin^6\theta$ (c) $\sec^4\theta$ (d) $\text{cosec}^6\theta$ *SSC CGL (Tier-1) 4.3.2020*

68. व्यंजक $3\sec^2\theta\tan^2\theta+\tan^6\theta-\sec^6\theta$ का मान बताइए।

(a) –1 (b) 1 (c) 2 (d) –2 *SSC CGL (Tier-1) 4.3.2020*

69. यदि $x = 4\cos A + 5\sin A$ और $y = 4\sin A - 5\cos A$ हो, तो $x^2 + y^2$ का मान ज्ञात कीजिए।

(a) 16 (b) 25 (c) 0 (d) 41 *SSC CGL (Tier-1) 3.3.2020*

70. यदि $7\sin^2\theta-\cos^2\theta+2\sin\theta=2$, $0^0<\theta<90^0$ है,तो $\frac{\sec 2\theta+\cot 2\theta}{\text{cosec}2\theta+\tan 2\theta}$ का मान ज्ञात कीजिए–

(a) $\frac{2}{5}(1+\sqrt{3})$ (b) $\frac{1}{5}(1+2\sqrt{3})$ (c) 1 (d) $\frac{2\sqrt{3}+1}{3}$ *SSC CGL (Tier-1) 4.3.2020*

71. यदि $6\tan\theta-5\sqrt{3}\sec\theta+12\cot\theta=0$, $0^0<\theta<90^0$ है, तो $(\text{cosec}\,\theta+\sec\theta)$ का मान ज्ञात कीजिए।

(a) $\frac{3+2\sqrt{3}}{2}$ (b) $\frac{3+\sqrt{3}}{2}$ (c) $\frac{2(3+2\sqrt{3})}{3}$ (d) $\frac{2}{3}(3+\sqrt{3})$ *SSC CGL (Tier-1) 7.3.2020*

72. यदि $5\sin^2\theta+14\cos\theta=13$, $0^0<\theta<90^0$ है, तो $\frac{\sec\theta+\cot\theta}{\text{cosec}\,\theta+\tan\theta}$ का मान क्या होगा?

(a) $\frac{31}{29}$ (b) $\frac{21}{28}$ (c) $\frac{32}{27}$ (d) $\frac{9}{8}$ *SSC CGL (Tier-1) 4.3.2020*

73. यदि $\tan\theta-\cot\theta=\text{cosec}\,\theta$, $0^0<\theta<90^0$ है, तो $\frac{2\tan\theta-\cos\theta}{\sqrt{3}\cot\theta+\sec\theta}$ का मान क्या होगा?

(a) $\frac{2\sqrt{3}-1}{3}$ (b) $\frac{3\sqrt{3}-1}{6}$ (c) $\frac{2(2\sqrt{3}-1)}{3}$ (d) $\frac{4\sqrt{3}-1}{6}$ *SSC CGL (Tier-1) 5.3.2020*

74. यदि $(2\sin A+\text{cosec}\,A)=2\sqrt{2}$, $0^0<A<90^0$ है, तो $2(\sin^4 A+\cos^4 A)$ का मान बताइए।

(a) 2 (b) 1 (c) 4 (d) 0 *SSC CGL (Tier-1) 6.3.2020*

75. यदि $11\sin^2\theta-\cos^2\theta+4\sin\theta-4=0$, $0^0<\theta<90^0$ है, तो $\frac{\cos 2\theta+\sec 2\theta}{\tan 2\theta-\tan 2\theta}$ का मान क्या है?

(a) $\frac{12+7\sqrt{3}}{6}$ (b) $\frac{10+5\sqrt{3}}{3}$ (c) $\frac{10+7\sqrt{3}}{6}$ (d) $\frac{12+5\sqrt{3}}{3}$ *SSC CGL (Tier-1) 5.3.2020*

76. यदि $7\cos^2\theta+3\sin^2\theta=6$, $0^0<\theta<90^0$ है, तो $\frac{\cot^2 2\theta+\sec^2 2\theta}{\tan^2 2\theta-\sin^2 2\theta}$ का मान है–

(a) $\frac{49}{45}$ (b) $\frac{28}{27}$ (c) $\frac{52}{27}$ (d) $\frac{26}{15}$ *SSC CGL (Tier-1) 4.3.2020*

77. यदि $12\cos^2\theta-2\sin^2\theta+3\cos\theta=3$, $0^0<\theta<90^0$ है, तो $\frac{\text{cosec}\,\theta+\sec\theta}{\tan\theta+\cot\theta}$ का मान क्या है?

(a) $\frac{2+\sqrt{3}}{4}$ (b) $\frac{1+2\sqrt{2}}{2}$ (c) $\frac{1+\sqrt{3}}{2}$ (d) $\frac{4+\sqrt{3}}{4}$ *SSC CGL (Tier-1) 5.3.2020*

78. यदि $2\sin\theta-8\cos^2\theta+5=0$, $0^0<\theta<90^0$, है तो $(\tan 2\theta+\text{cosec}\,2\theta)$ मान क्या है?

(a) $\frac{5\sqrt{3}}{3}$ (b) $2\sqrt{3}$ (c) $3\sqrt{3}$ (d) $\frac{4\sqrt{3}}{3}$ *SSC CGL (Tier-1) 9.3.2020*

79. $\dfrac{\sec^6\theta-\tan^6\theta-3\sec^2\theta\tan^2\theta+1}{\cos^4\theta-\sin^4\theta+2\sin^2\theta+2}$ का मान ज्ञात कीजिए।

(a) 1 (b) $\frac{1}{2}$ (c) $\frac{2}{3}$ (d) $\frac{3}{4}$ *SSC CGL (Tier-1) 5.3.2020*

80. यदि $2\sin\theta + 15\cos^2\theta = 7$, $0^0 < \theta < 90^0$ है, तो $\tan\theta + \cos\theta + \sec\theta$ का मान ज्ञात कीजिए।

(a) 4 (b) $3\frac{4}{5}$ (c) $3\frac{3}{5}$ (d) 3 *SSC CGL (Tier-1) 3.3.2020*

81. यदि $x\cos A - y\sin A = 1$ और $x\sin A + y\cos A = 4$ है, तो $17x^2 + 17y^2$ का मान बताइए।

(a) 289 (b) 49 (c) 7 (d) 0 *SSC CGL (Tier-1) 6.3.2020*

उत्तरमाला

1. (a)	2. (a)	3. (c)	4. (a)	5. (d)	6. (c)	7. (c)	8. (c)
9. (d)	10. (d)	11. (a)	12. (a)	13. (a)	14. (d)	15. (a)	16. (a)
17. (b)	18. (c)	19. (d)	20. (a)	21. (c)	22. (c)	23. (b)	24. (c)
25. (d)	26. (a)	27. (d)	28. (b)	29. (a)	30. (b)	31. (c)	32. (b)
33. (b)	34. (b)	35. (d)	36. (c)	37. (b)	38. (b)	39. (a)	40. (a)
41. (a)	42. (c)	43. (c)	44. (b)	45. (c)	46. (a)	47. (c)	48. (d)
49. (c)	50. (b)	51. (d)	52. (b)	53. (b)	54. (d)	55. (b)	56. (a)
57. (a)	58. (d)	59. (b)	60. (a)	61. (c)	62. (d)	63. (d)	64. (d)
65. (c)	66. (c)	67. (b)	68. (a)	69. (d)	70. (b)	71. (d)	72. (a)
73. (d)	74. (b)	75. (a)	76. (c)	77. (c)	78. (a)	79. (c)	80. (c)
81. (a)							

अभ्यास प्रश्नों के हल

1. $x = (\sin^2 A - \sin^2 B)\big/(\cos^2 A\cdot\cos^2 B = \dfrac{(1-\cos^2 A)-(1-\cos^2 B)}{\cos^2 A\cdot\cos^2 B} = \dfrac{1-\cos^2 A - 1 + \cos^2 B}{\cos^2 A\cdot\cos^2 B}$

$$= \frac{\cos^2 B-\cos^2 A}{\cos^2 A\cdot\cos^2 B} = \frac{\cos^2 B}{\cos^2 A\cdot\cos^2 B} - \frac{\cos^2 A}{\cos^2 A\cos^2 B} = \frac{1}{\cos^2 A} - \frac{1}{\cos^2 B} = \sec^2 A - \sec^2 B$$

$$= (1+\tan^2 A)-(1+\tan^2 B) = 1+\tan^2 A - 1 - \tan^2 B = \tan^2 A - \tan^2 B$$

2. $\cot 3A = \dfrac{3\cot A - \cot^3 A}{1-3\cot^2 A}$

3. $x = \cot\dfrac{A}{2} = \dfrac{\cos\frac{A}{2}}{\sin\frac{A}{2}} = \dfrac{\cos\frac{A}{2}\times\cos\frac{A}{2}}{\sin\frac{A}{2}\cdot\cos\frac{A}{2}} = \dfrac{2\cdot\cos^2\frac{A}{2}}{2\cdot\sin\frac{A}{2}\cdot\cos\frac{A}{2}} = \dfrac{2\cos^2\frac{A}{2}+1-1}{\sin A}$

$$= \frac{1+\left(2\cos^2\frac{A}{2}-1\right)}{\sin A} = \frac{1+\cos A}{\sin A}$$

4. $7\cos^2\theta + 3\sin^2\theta = 4 \Rightarrow 4\cos^2\theta + 3\cos^2\theta + 3\sin^2\theta = 4$

$\therefore$ $4\cos^2\theta + 3(\sin^2\theta+\cos^2\theta) = 4 \Rightarrow 4\cos^2\theta + 3\times 1 = 4$

$\therefore$ $4\cos^2\theta + 3 = 4 \Rightarrow 4\cos^2\theta = 1 \Rightarrow \cos^2\theta = \dfrac{1}{4} \Rightarrow \cos\theta = \dfrac{1}{2} = \cos\ 60^0 \Rightarrow \theta = 60^0$

5. $x = a\cos\theta\cdot\cos\Phi \Rightarrow x^2 = a^2\cos^2\theta\cdot\cos^2\Phi$

$y = a\cos\theta\cdot\sin\Phi \Rightarrow y^2 = a^2\cos^2\theta\cdot\sin^2\Phi$

$z = a\sin\theta \Rightarrow z^2 = a^2\sin^2\theta$

$\therefore\ x^2+y^2+z^2 = a^2\cos^2\theta\cdot\cos^2\Phi + a^2\cos^2\theta\cdot\sin^2\Phi + a^2\sin^2\theta$

$= a^2\,[\cos^2\theta\cdot\cos^2\Phi + \cos^2\theta\cdot\sin^2\Phi + \sin^2\theta] = a^2[\cos^2\theta(\cos^2\Phi+\sin^2\Phi)+\sin^2\theta]$

$= a^2[\cos^2\theta\times 1+\sin^2\theta] = a^2[\cos^2\theta+\sin^2\theta] = a^2\times 1 = a^2$

6. $\tan\alpha = 2 = \frac{2}{1} = \frac{\text{लम्ब}}{\text{आधार}}$, अतः समकोण त्रिभुज में पाइथागोरस प्रमेय से –

$\text{कर्ण}^2 = \text{लम्ब}^2 + \text{आधार}^2 = 4+1 = 5 \Rightarrow \text{कर्ण} = \sqrt{5}$

$$\therefore\ \frac{\sin\alpha}{\sin^3\alpha+\cos^3\alpha} = \frac{\frac{2}{\sqrt5}}{\left(\frac{2}{\sqrt5}\right)^3+\left(\frac{1}{\sqrt5}\right)^3} = \frac{\frac{2}{\sqrt5}}{\frac{8}{5\sqrt5}+\frac{1}{5\sqrt5}} = \frac{\frac{2}{\sqrt5}}{\frac{9}{5\sqrt5}} = \frac{2}{\sqrt5}\times\frac{5\sqrt5}{9} = \frac{10}{9}$$

7. $2\cos\frac{(C+D)}{2}\cdot\cos\frac{(C-D)}{2} = \cos C + \cos D$

8. $\sec^2\theta + \tan^2\theta = \sqrt3$

$\therefore\ \sec^4\theta - \tan^4\theta = (\sec^2\theta+\tan^2\theta)(\sec^2\theta-\tan^2\theta) = \sqrt3\cdot(1+\tan^2\theta-\tan^2\theta) = \sqrt3\times 1 = \sqrt3$

9. $2-(\cos A+\sin A)^2 = 2-(\cos^2 A+\sin^2 A+2\cos A\sin A)$

$= 2-(1+2\cos A\sin A) = 2-1-2\cos A\sin A$

$= 1-2\cos A\sin A = \cos^2 A+\sin^2 A-2\cos A\sin A = (\cos A-\sin A)^2$

10. $$x = \frac{\sin A}{(1+\cos A)} = \frac{\sin A\,(1-\cos A)}{(1+\cos A)(1-\cos A)} = \frac{\sin A(1-\cos A)}{1-\cos^2 A} = \frac{\sin A\,(1-\cos A)}{\sin^2 A}$$

$$= \frac{1-\cos A}{\sin A} = \frac{1}{\sin A} - \frac{\cos A}{\sin A} = \operatorname{cosec} A - \cot A$$

11. $$\frac{\cos\theta}{1-\sin\theta} + \frac{\cos\theta}{(1+\sin\theta)} = 4 \Rightarrow \frac{\cos\theta\,(1+\sin\theta)+\cos\theta\,(1-\sin\theta)}{(1-\sin\theta)(1+\sin\theta)} = 4$$

$$\therefore\ \frac{\cos\theta\,(1+\sin\theta+1-\sin\theta)}{1-\sin^2\theta} = 4 \Rightarrow \frac{\cos\theta\times 2}{\cos^2\theta} = 4$$

$$\therefore\ \frac{2}{\cos\theta} = 4 \Rightarrow 4\cos\theta = 2 \Rightarrow \cos\theta = \frac{1}{2} = \cos\theta\ 60^0 \Rightarrow \theta = 60^0$$

12. $$\sqrt{\frac{1-\sin A}{1+\sin A}} = \sqrt{\frac{(1-\sin A)\,(1-\sin A)}{(1+\sin A)\,(1-\sin A)}} = \sqrt{\frac{(1-\sin A)^2}{1-\sin^2 A}} = \sqrt{\frac{(1-\sin A)^2}{\cos^2 A}}$$

$$= \frac{1-\sin A}{\cos A} = \frac{1}{\cos A} - \frac{\sin A}{\cos A} = \sec A - \tan A$$

13. $$x = 1/\sqrt{1+\cot^2 A} = \frac{1}{\sqrt{1+\cot^2 A}} = \frac{1}{\sqrt{\operatorname{cosec}^2 A}} = \frac{1}{\operatorname{cosec} A} = \sin A$$

14. $$x = \cot\Big/\left(\sqrt{1+\cot^2 A}\right) = \frac{\cot}{\sqrt{1+\cot^2 A}} = \frac{\cot A}{\sqrt{\operatorname{cosec}^2 A}} = \frac{\cot A}{\operatorname{cosec} A} = \frac{\cos A}{\sin A}\Big/\frac{1}{\sin A}$$

$$= \frac{\cos A}{\sin A}\times\frac{\sin A}{1} = \cos A$$

15. $$\sqrt{(1-\cos A)/(1+\cos A)} = \sqrt{\frac{(1-\cos A)(1-\cos A)}{(1+\cos A)(1-\cos A)}} = \sqrt{\frac{(1-\cos A)^2}{1-\cos^2 A}}$$

$$= \sqrt{\frac{(1-\cos A)^2}{\sin^2 A}} = \frac{1-\cos A}{\sin A} = \frac{1}{\sin A} - \frac{\cos A}{\sin A} = \text{cosec } A - \cot A$$

16. $$\cos^4\theta - \sin^4\theta = \frac{1}{3} \Rightarrow (\cos^2\theta)^2 - (\sin^2\theta)^2 = \frac{1}{3} \Rightarrow (\cos^2\theta - \sin^2\theta)(\cos^2\theta + \sin^2\theta) = \frac{1}{3}$$

$\therefore$ $$(\cos^2\theta - \sin^2\theta)^2 \times 1 = \frac{1}{3} \Rightarrow \cos^2\theta - (1-\cos^2\theta) = \frac{1}{3} \Rightarrow \cos^2\theta - 1 + \cos^2\theta = \frac{1}{3}$$

$\therefore$ $$2\cos^2\theta = 1 + \frac{1}{3} = \frac{4}{3} \Rightarrow \cos^2\theta = \frac{4}{3\times 2} = \frac{2}{3} \Rightarrow \sec^2\theta = \frac{3}{2} \Rightarrow \tan^2\theta = \sec^2\theta - 1 = \frac{3}{2} - 1 = \frac{3-2}{2} = \frac{1}{2}$$

17. $$x = (1-\cos A)/(1+\cos A) = \frac{(1-\cos A)(1-\cos A)}{(1+\cos A)(1-\cos A)} = \frac{(1-\cos A)^2}{1-\cos^2 A} = \frac{(1-\cos A)^2}{\sin^2 A}$$

$$= \left(\frac{1-\cos A}{\sin A}\right)^2 = \left(\frac{1}{\sin A} - \frac{\cos A}{\sin A}\right)^2 = (\text{cosec } A - \cot A)^2 = (\cot A - \text{cosec } A)^2$$

18. $$x = \frac{1}{(1+\cos A)} + \frac{1}{(1-\cos A)} = \frac{1-\cos A + 1 + \cos A}{(1+\cos A)(1-\cos A)} = \frac{2}{1-\cos^2 A}$$

$$= \frac{2}{\sin^2 A} = 2 \times \frac{1}{\sin^2 A} = 2 \times \text{cosec}^2 A = 2\,\text{cosec}^2 A$$

19. $$x = \cot A = \sqrt{\cot^2 A} = \sqrt{(\text{cosec}^2 A - 1)}$$

20. $$(\cot A - \text{cosec}A)^2 = \left(\frac{\cos A}{\sin A} - \frac{1}{\sin A}\right)^2 = \left(\frac{\cos A - 1}{\sin A}\right)^2 = \left(\frac{1-\cos A}{\sin A}\right)^2 = \frac{(1-\cos A)^2}{\sin^2 A}$$

$$= \frac{(1-\cos A)^2}{1-\cos^2 A} = \frac{(1-\cos A)(1-\cos A)}{(1-\cos A)(1+\cos A)} = \frac{(1-\cos A)}{(1+\cos A)}$$

21. $$\sec^2 A \cdot \text{cosec}^2 A = (1+\tan^2 A)(1+\cot^2 A) = 1 + \cot^2 A + \tan^2 A + \tan^2 A \cdot \cot^2 A$$

$$= 1 + \cot^2 A + \tan^2 A + 1 = (1+\tan^2 A) + (1+\cot^2 A) = \sec^2 A + \text{cosec}^2 A$$

22. $$x = 2\sec^2 A = 2 \cdot \frac{1}{\cos^2 A} = \frac{2}{1-\sin^2 A} = \frac{1+1}{(1+\sin A)(1-\sin A)} = \frac{1}{(1+\sin A)} + \frac{1}{(1-\sin A)}$$

23. $$x = \frac{(\cot A \cot B + 1)}{(\cot B - \cot A)} = \cot(A-B)$$

24. $$x = \text{cosec } A - \cot A = \frac{1}{\sin A} - \frac{\cos A}{\sin A} = \frac{(1-\cos A)}{\sin A} = \frac{(1-\cos A)\times \sin A}{\sin A \times \sin A} = \frac{(1-\cos A)\times \sin A}{\sin A \times \sin A}$$

$$= \frac{(1-\cos A)\cdot \sin A}{\sin^2 A} = \frac{(1-\cos A)\cdot \sin A}{1-\cos^2 A} = \frac{(1-\cos A)\cdot \sin A}{(1-\cos A)(1+\cos A)} = \frac{\sin A}{(1+\cos A)}$$

25. $$x = (1-\cos A)/2 = \frac{1-\cos A}{2} = \frac{1-(1-2\sin^2 A/2)}{2} = \frac{1-1+2\sin^2 \frac{A}{2}}{2} = \frac{2\sin^2\frac{A}{2}}{2} = \sin^2\frac{A}{2}$$

26. $$\tan 3A = \frac{3\tan A - \tan^3 A}{1-3\tan^2 A} = 3\tan A - \tan^3 A / 1 - 3\tan^2 A$$

27. $$x = \sin 3A = 3\sin A - 4\sin^3 A$$

28. $$x = a\cos\theta + b\sin\theta \Rightarrow x^2 = (a\cos\theta + b\sin\theta)^2$$

$\therefore$ $x^2 = a^2\cos^2\theta + b^2\sin^2\theta + 2ab\sin\theta\cos\theta$..(i)

पुनः $y = b\cos\theta - a\sin\theta \Rightarrow y^2 = (b\cos\theta - a\sin\theta)^2$

$\therefore \quad y^2 = b^2\cos^2\theta + a^2\sin^2\theta - 2ab\sin\theta\cos\theta$..................................(ii)

दोनों समीकरणों को जोड़ने पर, $x^2 + y^2 = a^2\cos^2\theta + b^2\sin^2\theta + b^2\cos^2\theta + a^2\sin^2\theta$

$\therefore \quad x^2 + y^2 = (a^2\sin^2\theta + a^2\cos^2\theta) + (b^2\sin^2\theta + b^2\cos^2\theta)$

$= a^2(\sin^2\theta + \cos^2\theta) + b^2(\sin^2\theta + \cos^2\theta) = a^2 \times 1 + b^2 \times 1 = a^2 + b^2$

29. $\sin A/(1+\cos A) = \dfrac{\sin A}{1+\cos A} = \dfrac{\sin A\,(1-\cos A)}{(1+\cos A)(1-\cos A)} = \dfrac{\sin A\,(1-\cos A)}{1-\cos^2 A}$

$= \dfrac{\sin A\,(1-\cos A)}{\sin^2 A} = \dfrac{1-\cos A}{\sin A} = \dfrac{1}{\sin A} - \dfrac{\cos A}{\sin A} = \operatorname{cosec} A - \cot A$

30. $\cos^2\dfrac{A}{2} = \dfrac{\left(2\times\cos^2\dfrac{A}{2}\right)}{2} = \dfrac{2\cos^2\dfrac{A}{2}}{2} = \dfrac{1+2\cos^2\dfrac{A}{2}-1}{2} = \dfrac{1+\left(2\cos^2\dfrac{A}{2}-1\right)}{2}$

$= \dfrac{1+\cos A}{2} = (1+\cos A)/2$

31. $(\operatorname{cosec} A - \sin A)(\sec A - \cos A)\ \tan A + \cot A)$

$= \left(\dfrac{1}{\sin A} - \dfrac{\sin A}{1}\right)\left(\dfrac{1}{\cos A} - \dfrac{\cos A}{1}\right)\left(\dfrac{\sin A}{\cos A} + \dfrac{\cos A}{\sin A}\right)$

$= \left(\dfrac{1-\sin^2 A}{\sin A}\right)\left(\dfrac{1-\cos^2 A}{\cos A}\right)\left(\dfrac{\sin^2 A + \cos^2 A}{\sin A \cdot \cos A}\right) = \dfrac{\cos^2 A}{\sin A}\cdot\dfrac{\sin^2 A}{\cos A}\cdot\dfrac{1}{\sin A\cdot\cos A}$

$= \dfrac{\sin^2 A \cdot \cos^2 A}{\sin^2 A \cdot \cos^2 A} = 1$

32. $2\cos\dfrac{(C+D)}{2}\cdot\sin\dfrac{(C-D)}{2} = \sin C - \sin D$

33. $\because$ $\cos 3A = 4\cos^3 A - 3\cos A$, अतः $3\cos A = 4\cos^3 A - \cos 3A$

34. $\cos A/(1-\sin A) = \dfrac{\cos A}{(1-\sin A)} = \dfrac{\cos A\,(1+\sin A)}{(1-\sin A)(1+\sin A)} = \dfrac{\cos A\,(1+\sin A)}{1-\sin^2 A}$

$= \dfrac{\cos A\,(1+\sin A)}{\cos^2 A} = \dfrac{1+\sin A}{\cos A} = \dfrac{1}{\cos A} + \dfrac{\sin A}{\cos A} = \sec A + \tan A$

35. $\dfrac{\sin\theta}{1+\cos\theta} + \dfrac{\sin\theta}{1-\cos\theta} = \dfrac{\sin\theta\,(1-\cos\theta) + \sin\theta\,(1+\cos\theta)}{(1+\cos\theta)(1-\cos\theta)} = \dfrac{\sin\theta - \sin\theta\cos\theta + \sin\theta + \sin\theta\cdot\cos\theta}{(1-\cos^2\theta)}$

$= \dfrac{2\sin\theta}{\sin^2\theta} = 2\cdot\dfrac{1}{\sin\theta} = 2\operatorname{cosec}\theta$

36. $\sin(A+B) - \sin(A-B) = 2\cos A\sin B$

37. $x = \dfrac{1}{\sqrt{\operatorname{cosec}^2 A - 1}} = \dfrac{1}{\sqrt{\cot^2 A}} = \dfrac{1}{\cot A} = \tan A$

38. $[\sin A/(1+\cos A)] + [(1+\cos A)/\sin A] = \dfrac{\sin A}{(1+\cos A)} + \dfrac{1+\cos A}{\sin A} = \dfrac{\sin^2 A + (1+\cos A)^2}{(1+\cos A)\sin A}$

$= \dfrac{\sin^2 A + 1 + \cos^2 A + 2\cos A}{(1+\cos A)\sin A} = \dfrac{2+2\cos A}{(1+\cos A)\sin A}$

$= \dfrac{2(1+\cos A)}{(1+\cos A)\cdot\sin A} = 2\cdot\dfrac{1}{\sin A} = 2\operatorname{cosec} A$

39. $2y\cos\theta = x\sin\theta \Rightarrow y = \dfrac{x\sin\theta}{2\cos\theta}$ ....(i)

$\therefore$ $2x\sec\theta - y\ \text{cosec}\ \theta = 3 \Rightarrow \dfrac{2x}{\cos\theta} - \dfrac{y}{\sin\theta} = 3 \Rightarrow \dfrac{2x}{\cos\theta} - \dfrac{x\sin\theta}{2\cos\theta\cdot\sin\theta} = 3$

$\therefore$ $\dfrac{2x}{\cos\theta} - \dfrac{x}{2\cos\theta} = 3 \Rightarrow \dfrac{4x - x}{2\cos\theta} = 3 \Rightarrow \dfrac{3x}{2\cos\theta} = \dfrac{3}{1} \Rightarrow x = 2\cos\theta$

समीकरण (i) से $y = \dfrac{x\cdot\sin\theta}{2\cos\theta} = \dfrac{2\cos\theta\cdot\sin\theta}{2\cos\theta} = \sin\theta$

$\therefore$ $x^2 + 4y^2 = (2\cos\theta)^2 + 4(\sin\theta)^2 = 4\cos^2\theta + 4\sin^2\theta = 4(\cos^2\theta + \sin^2\theta) = 4\times 1 = 4$

40. $\because$ $0^0 < \theta < 90^0$ और $\sin\theta\cdot\cos\theta = \dfrac{1}{2} = \dfrac{1}{\sqrt{2}}\cdot\dfrac{1}{\sqrt{2}} = \sin 45\cdot\cos 45^0$

अतः $\sin\theta - \cos\theta = \dfrac{1}{\sqrt{2}} - \dfrac{1}{\sqrt{2}} = 0$

41. $\sin 60^0 - 2/\sqrt{3} = \dfrac{\sqrt{3}}{2} - \dfrac{2}{\sqrt{3}} = \dfrac{\sqrt{3}\cdot\sqrt{3} - 2\cdot 2}{2\sqrt{3}} = \dfrac{3-4}{2\sqrt{3}} = \dfrac{-1}{2\sqrt{3}} = -\dfrac{1}{2\sqrt{3}}$

42. $\cos 45^0 - \dfrac{1}{3} = \dfrac{1}{\sqrt{2}} - \dfrac{1}{3} = \dfrac{3-\sqrt{2}}{3\sqrt{2}}$

43. ΔABC में $\angle B = 90^0$ और $\angle A = 60^0$, अतः $\angle C = 90^0 - 60^0 = 30^0$

$\therefore$ $\sec C + 2 = \sec 30^0 + 2 = \dfrac{2}{\sqrt{3}} + 2 = \dfrac{2 + 2\sqrt{3}}{\sqrt{3}}$

44. $\text{cosec}^2\theta + \cot^2\theta = 7 \Rightarrow 1 + \cot^2\theta + \cot^2\theta = 7 \Rightarrow 2\cot^2\theta = 7 - 1 = 6$

$\therefore$ $\cot^2\theta = \dfrac{6}{2} = 3 \Rightarrow \cot^2\theta = \left(\sqrt{3}\right)^2 \Rightarrow \cot\theta = \sqrt{3} = \cot 30^0 \Rightarrow \theta = 30^0$

45. $\left(\dfrac{1}{\text{cosec}\ \theta + \cot\theta}\right) = \left(\dfrac{1}{\dfrac{1}{\sin\theta} + \dfrac{\cos\theta}{\sin\theta}}\right) = \left(\dfrac{1}{\dfrac{1+\cos\theta}{\sin\theta}}\right)^2 = \left(\dfrac{\sin\theta}{1+\cos\theta}\right)^2$

$= \dfrac{\sin^2\theta}{(1+\cos\theta)^2} = \dfrac{1-\cos^2\theta}{(1+\cos\theta)^2} = \dfrac{(1-\cos\theta)(1+\cos\theta)}{(1+\cos\theta)(1+\cos\theta)} = \dfrac{1-\cos\theta}{1+\cos\theta}$

46. $12\cot^2\theta - 31\ \text{cosec}\ \theta + 32 = 0 \Rightarrow 12\cot^2\theta - 31\ \text{cosec}\ \theta + 12 + 20 = 0$

$\therefore$ $\left(12 + 12\cot^2\theta\right) - 31\ \text{cosec}\ \theta + 20 = 0 \Rightarrow 12\left(1 + \cot^2\theta\right) - 31\ \text{cosec}\ \theta + 20 = 0$

$\therefore$ $12\ \text{cosec}^2\theta + 31\ \text{cosec}\ \theta + 20 = 0 \Rightarrow 12\ \text{cosec}^2\theta - 16\ \text{cosec}\ \theta - 15\ \text{cosec}\ \theta + 20 = 0$

$\therefore$ $4\ \text{cosec}\ \theta\ (3\ \text{cosec}\ \theta - 4) - 5\ (3\ \text{cosec}\ \theta - 4) = 0 \Rightarrow (3\ \text{cosec}\ \theta - 4)\ (4\ \text{cosec}\ \theta - 5) = 0$

जब $3\ \text{cosec}\ \theta - 4 = 0$ तब $\text{cosec}\ \theta = \dfrac{4}{3} = \dfrac{\text{कर्ण}}{\text{लम्ब}}$, अतः आधार $= \sqrt{4^2 - 3^2} = \sqrt{16-9} = \sqrt{7}$

$\therefore$ $\tan\theta = \dfrac{\text{लम्ब}}{\text{आधार}} = \dfrac{4}{3}\ \dfrac{3}{\sqrt{7}} = \dfrac{3\times\sqrt{7}}{\sqrt{7}\times\sqrt{7}} = \dfrac{3\sqrt{7}}{7} \Rightarrow$ जब $4\ \text{cosec}\ \theta - 5 = 0$ तब $\text{cosec}\ \theta = \dfrac{5}{4} = \dfrac{\text{कर्ण}}{\text{लम्ब}}$

$\therefore$ आधार $= \sqrt{5^2 - 4^2} = \sqrt{25-16} = \sqrt{9} = 3 \Rightarrow \tan\theta = \dfrac{\text{लम्ब}}{\text{आधार}} = \dfrac{4}{3} \Rightarrow \tan C = \dfrac{4}{3},\ \dfrac{3\sqrt{7}}{7}$

47. $\dfrac{\cos^2\theta}{\cot^2\theta-\cos^2\theta}=3 \Rightarrow \cos^2\theta = 3\cot^2\theta - 3\cos^2\theta \Rightarrow \cos^2\theta + 3\cos^2\theta = 3\cot^2\theta$

$\therefore$ $4\cos^2\theta = \dfrac{3\cos^2\theta}{\sin^2\theta} \Rightarrow 4 = \dfrac{3}{\sin^2\theta} \Rightarrow 4\sin^2\theta = 3 \Rightarrow \sin^2\theta = \dfrac{3}{4} = \left(\dfrac{\sqrt{3}}{2}\right)^2 \Rightarrow \sin\theta = \dfrac{\sqrt{3}}{2} = \sin 60$

$\therefore$ $\theta = 60^0 \Rightarrow \cot\theta + \text{cosec}\,\theta = \cot 60^0 + \text{cosec}\,60^0 = \dfrac{1}{\sqrt{3}} + \dfrac{2}{\sqrt{3}} = \dfrac{3}{\sqrt{3}} = \dfrac{\sqrt{3}\cdot\sqrt{3}}{\sqrt{3}} = \sqrt{3}$

48. $3\cos^2 A + 7\sin^2 A = 4 \Rightarrow 3(1-\sin^2 A) + 7\sin^2 A = 4$

$\therefore$ $3 - 3\sin^2 A + 7\sin^2 A = 4 \Rightarrow 4\sin^2 A = 4 - 3 = 1$

$\therefore$ $\sin^2 A = \dfrac{1}{4} = \left(\dfrac{1}{2}\right)^2 \Rightarrow \sin A = \dfrac{1}{2} = \sin 30^0 \Rightarrow A = 30^0$, अत: $\cot A = \cot 30^0 = \sqrt{3}$

49. $4 - 2\sin^2\theta - 5\cos\theta = 0 \Rightarrow 4 - 2(1-\cos^2\theta) - 5\cos\theta = 0$

$\therefore$ $4 - 2 + 2\cos^2\theta - 5\cos\theta = 0 \Rightarrow 2\cos^2\theta - 5\cos\theta + 2 = 0$

$\therefore$ $2\cos^2\theta - 4\cos\theta - \cos\theta + 2 = 0 \Rightarrow (2\cos\theta - 1)(\cos\theta - 2) = 0$

$\because$ $\cos\theta - 2 \neq 0$, अत: $2\cos\theta - 1 = 0 \Rightarrow \cos\theta = \dfrac{1}{2} = \cos 60^0 \Rightarrow \theta = 60^0$

$\therefore$ $\sin\theta + \tan\theta = \sin 60^0 + \tan 60^0 = \dfrac{\sqrt{3}}{2} + \dfrac{\sqrt{3}}{1} = \dfrac{\sqrt{3}+2\sqrt{3}}{2} = \dfrac{3\sqrt{3}}{2}$

50. $\dfrac{1}{(1+\sin^2\theta)} + \dfrac{1}{(1+\text{cosec}^2\theta)} = \dfrac{1}{(1+\sin^2\theta)} + \dfrac{1}{\left(1+\dfrac{1}{\sin^2\theta}\right)} = \dfrac{1}{(1+\sin^2\theta)} + \dfrac{1}{\left(\dfrac{\sin^2\theta+1}{\sin^2\theta}\right)}$

$= \dfrac{1}{(1+\sin^2\theta)} + \dfrac{\sin^2\theta}{(1+\sin^2\theta)} = \dfrac{(1+\sin^2\theta)}{(1+\sin^2\theta)} = 1$

51. $2\sin^2\theta = 3\cos\theta \Rightarrow 2(1-\cos^2\theta) = 3\cos\theta$

$\therefore$ $2 - 2\cos^2\theta = 3\cos\theta \Rightarrow 2\cos^2\theta + 3\cos\theta - 2 = 0$

$\therefore$ $2\cos^2\theta + 4\cos\theta - \cos\theta - 2 = 0 \Rightarrow (\cos\theta + 2)(2\cos\theta - 1) = 0$

$\because$ $\cos\theta + 2 \neq 0$, अत: $2\cos\theta - 1 = 0 \Rightarrow \cos\theta = \dfrac{1}{2} = \cos 60^0 \Rightarrow \theta = 60^0$

52. सर्वप्रथम $\dfrac{\cot^2\theta}{1+\text{cosec}\,\theta} = \dfrac{\cos^2\theta}{\sin^2\theta}\Big/\left(1+\dfrac{1}{\sin\theta}\right) = \dfrac{\cos^2\theta}{\sin^2\theta}\Big/\dfrac{(\sin\theta+1)}{\sin\theta}$

$= \dfrac{\cos^2\theta}{\sin^2\theta} \times \dfrac{\sin\theta}{(1+\sin\theta)} = \dfrac{\cos^2\theta}{\sin\theta\,(1+\sin\theta)} = \dfrac{1-\sin^2\theta}{\sin\theta\,(1+\sin\theta)} = \dfrac{(1-\sin\theta)(1+\sin\theta)}{\sin\theta\,(1+\sin\theta)} = \dfrac{(1-\cos\theta)}{\sin\theta}$

$\therefore$ $\dfrac{1}{\sin\theta} - \dfrac{\cot^2\theta}{1+\text{cosec}\,\theta} = \dfrac{1}{\sin\theta} - \dfrac{(1-\sin\theta)}{\sin\theta} = \dfrac{1-1+\sin\theta}{\sin\theta} = \dfrac{\sin\theta}{\sin\theta} = 1$

53. $k = (1+\tan^2\theta) + \left[1+\left(\tan^2\theta\right)^{-1}\right] = \left(1+\tan^2\theta\right) + \left(1+\dfrac{1}{\tan^2\theta}\right)$

$= (1+\tan^2\theta) + (1+\cot^2\theta) = \sec^2\theta + \text{cosec}^2\theta = \dfrac{1}{\cos^2\theta} + \dfrac{1}{\sin^2\theta} = \dfrac{\sin^2\theta+\cos^2\theta}{\cos^2\theta\cdot\sin^2\theta}$

$= \dfrac{1}{\sin^2\theta\cdot\cos^2\theta} = \text{cosec}^2\theta\cdot\sec^2\theta \Rightarrow \sqrt{k} = \sqrt{\text{cosec}^2\theta\cdot\sec^2\theta} = \text{cosec}\,\theta\cdot\sec\theta$

54. $3\sin\theta = 2\cos^2\theta = 2(1-\sin^2\theta) = 2-2\sin^2\theta$

$\therefore\quad 2\sin^2\theta + 3\sin\theta - 2 = 0 \Rightarrow 2\sin^2\theta + 4\sin\theta - \sin\theta - 2 = 0$

$\therefore\quad 2\sin\theta(\sin\theta+2) - 1(\sin\theta+2) = 0 \Rightarrow (\sin\theta+2)\ (2\sin\theta-1) = 0$

$\because\quad \sin\theta + 2 \neq 0$, अतः $2\sin\theta - 1 = 0 \Rightarrow \sin\theta = \frac{1}{2} = \sin 30^0 \Rightarrow \theta = 30^0$

$\therefore\quad \tan^2\theta + \sec^2\theta - \text{cosec}^2\theta = \tan^2 30^0 + \sec^2 30^0 - \text{cosec}^2 30^0 = \left(\frac{1}{\sqrt{3}}\right)^2 + \left(\frac{2}{\sqrt{3}}\right)^2 - (2)^2$

$$= \frac{1}{3} + \frac{4}{3} - 4 = \frac{5}{3} - 4 = \frac{5-12}{3} = \frac{-7}{3}$$

55. $3\cos^2 A + 7\sin^2 A = 3 \Rightarrow 3\ (1-\sin^2 A) + 7\sin^2 A = 3 \Rightarrow 3 - 3\sin^2 A + 7\sin^2 A = 3$

$\therefore\quad 4\sin^2 A = 3-3 = 0 \Rightarrow 4\sin^2 A = 0 \Rightarrow \sin^2 A = 0 \Rightarrow \sin A = 0 = \sin 0^0 \Rightarrow A = 0^0$

56. $\tan^2\theta - 3\sec\theta + 3 = 0 \Rightarrow \sec^2\theta - 1 - 3\sec\theta + 3 = 0$

$\sec^2\theta - 3\sec\theta + 2 = 0 \Rightarrow \sec^2\theta - 2\sec\theta - \sec\theta + 2 = 0$

$\sec\theta\ (\sec\theta - 2) - 1\ (\sec\theta - 2) = 0 \Rightarrow (\sec\theta - 2)(\sec\theta - 1) = 0$

$\because\quad \sec\theta - 1 \neq 0$, अतः $\sec\theta - 2 = 0 \Rightarrow \sec\theta = 2 = \sec 60^0 \Rightarrow \theta = 60^0$

$\therefore\quad \sin 60^0 + \cot 60^0 = \frac{\sqrt{3}}{2} + \frac{1}{\sqrt{3}} = \frac{3+2}{2\sqrt{3}} = \frac{5}{2\sqrt{3}} = \frac{5\times\sqrt{3}}{2\sqrt{3}\times\sqrt{3}} = \frac{5\sqrt{3}}{6}$

57. $\sqrt{\sec^2\theta + \text{cosec}^2\theta} = \sqrt{\frac{1}{\cos^2\theta} + \frac{1}{\sin^2\theta}} = \sqrt{\frac{\sin^2\theta + \cos^2\theta}{\sin^2\theta\cdot\cos^2\theta}} = \sqrt{\frac{1}{\sin^2\theta\cdot\cos^2\theta}} = \frac{1}{\sin\theta}\cdot\frac{1}{\cos\theta}$

अब $\sqrt{\tan^2\theta - \sin^2\theta} = \sqrt{\frac{\sin^2\theta}{\cos^2\theta} - \frac{\sin^2\theta}{1}} = \sqrt{\frac{\sin^2\theta - \sin^2\theta\cdot\cos^2\theta}{\cos^2\theta}}$

$$= \sqrt{\frac{\sin^2\theta\ (1-\cos^2\theta)}{\cos^2\theta}} = \sqrt{\frac{\sin^2\theta\cdot\sin^2\theta}{\cos^2\theta}} = \frac{\sin\theta\cdot\sin\theta}{\cos\theta} = \frac{\sin^2\theta}{\cos\theta}$$

$\therefore\quad \sqrt{\sec^2\theta + \text{cosec}^2\theta} \times \sqrt{\tan^2\theta - \sin^2\theta} = \frac{1}{\sin\theta}\cdot\frac{1}{\cos\theta}\cdot\frac{\sin^2\theta}{\cos\theta} = \sin\theta\cdot\frac{1}{\cos^2\theta} = \sin\theta\cdot\sec^2\theta$

58. $\cos^2\theta = 3\left(\cot^2\theta - \cos^2\theta\right) = 3\left(\frac{\cos^2\theta}{\sin^2\theta} - \cos^2\theta\right) = 3\ \left(\frac{\cos^2\theta - \sin^2\theta\cos^2\theta}{\sin^2\theta}\right)$

$\cos^2\theta = \frac{3\cos^2\theta - 3\sin^2\theta\cdot\cos^2\theta}{\sin^2\theta} \Rightarrow \sin^2\cos^2\theta = 3\cos^2\theta - 3\sin^2\theta\cdot\cos^2\theta$

$\therefore\quad 4\sin^2\cos^2\theta = 3\cos^2\theta \Rightarrow \sin^2\theta = \frac{3}{4} \Rightarrow \sin\theta = \frac{\sqrt{3}}{2} = \sin 60^0 \Rightarrow \theta = 60^0$

$\therefore\quad \left[\frac{1}{2}\sec\theta + \sin\theta\right]^{-1} = \left[\frac{1}{2}\times\sec 60^0 + \sin 60^0\right]^{-1} = \left[\frac{1}{2}\times 2 + \frac{\sqrt{3}}{2}\right]^{-1} = \left[1 + \frac{\sqrt{3}}{2}\right]^{-1}$

$$= \left(\frac{2+\sqrt{3}}{2}\right)^{-1} = \frac{2}{2+\sqrt{3}} = \frac{2\times(2-\sqrt{3})}{(2+\sqrt{3})(2-\sqrt{3})} = \frac{2\cdot(2-\sqrt{3})}{4-3} = \frac{2(2-\sqrt{3})}{1} = 2(2-\sqrt{3})$$

59. $\sec^2\theta + 4\tan^2\theta = 6 \Rightarrow 1 + \tan^2\theta + 4\tan^2\theta = 6$

$\therefore\quad 5\tan^2\theta = 6-1 = 5 \Rightarrow \tan^2\theta = \frac{5}{5} = 1 \Rightarrow \tan\theta = \tan 45^0 \Rightarrow \theta = 45^0$

60. $2+\tan^2\theta+\cot^2\theta=1+\tan^2\theta+1+\cot^2\theta=\sec^2\theta+\text{cosec}^2\theta$

$$=\frac{1}{\cos^2\theta}+\frac{1}{\sin^2\theta}=\frac{\sin^2\theta+\cos^2\theta}{\cos^2\theta\,.\,\sin^2\theta}=\frac{1}{\cos^2\theta\,.\,\sin^2\theta}=\frac{1}{\cos^2\theta}\cdot\frac{1}{\sin^2\theta}=\sec^2\theta\cdot\text{cosec}^2\theta$$

$\therefore\ \frac{2+\tan^2\theta+\cot^2\theta}{\sec\theta\,.\,\text{cosec}\,\theta}=\frac{\sec^2\theta\,.\,\text{cosec}^2\theta}{\sec\theta\cdot\text{cosec}\,\theta}=\sec\theta\,.\,\text{cosec}\,\theta$

61. $\cos\theta=4x\Rightarrow x=\frac{\cos\theta}{4}\Rightarrow x^2=\frac{\cos^2\theta}{16}$ परन्तु $\sin\theta=\frac{4}{x}\Rightarrow\frac{1}{x}=\frac{\sin\theta}{4}\Rightarrow\frac{1}{x^2}=\frac{\sin^2\theta}{16}$

$\therefore\ x^2+\frac{1}{x^2}=\frac{\cos^2\theta}{16}+\frac{\sin^2\theta}{16}=\frac{\cos^2\theta+\sin^2\theta}{16}=\frac{1}{16}$

62. $\left(\frac{1}{1+\text{cosec}\,\theta}-\frac{1}{1-\text{cosec}\,\theta}\right)\cos\theta=2\Rightarrow\frac{(1-\text{cosec}\,\theta)-(1+\text{cosec}\,\theta)}{(1+\text{cosec}\,\theta)(1-\text{cosec}\,\theta)}=\frac{2}{\cos\theta}$

$\therefore\ \frac{1-\text{cosec}\,\theta-1-\text{cosec}\,\theta}{1-\text{cosec}^2\theta}=\frac{2}{\cos\theta}\Rightarrow\frac{-2\text{cosec}\,\theta}{-\cot^2\theta}=\frac{2}{\cos\theta}$

$\therefore\ 2\text{cosec}\,\theta=\cot^2\theta\cdot\frac{2}{\cos\theta}\Rightarrow 2\cdot\frac{1}{\sin\theta}=\frac{\cos^2\theta\cdot 2}{\sin^2\theta\cdot\cos\theta}\Rightarrow\frac{\cos\theta}{\sin\theta}=1$

$\therefore\ \cot\theta=1=\cot 45^0\Rightarrow\theta=45^0$

$\therefore\ \sin^2\theta+\cot^2\theta+\sec^2\theta=\sin^2 45^0+\cot^2 45+\sec^2 45^0=\left(\frac{1}{\sqrt{2}}\right)^2+(1)^2+\left(\sqrt{2}\right)^2=\frac{1}{2}+1+2$

$$=\frac{1}{2}+3=\frac{1+6}{2}=\frac{7}{2}$$

63. $\frac{\sin^2\theta}{1+\cos^2\theta}+\frac{\sin^2\theta}{1-\cos^2\theta}=\frac{8}{5}\Rightarrow\frac{\sin^2\theta}{1+\cos^2\theta}+\frac{\sin^2\theta}{\sin^2\theta}=\frac{8}{5}$

$\therefore\ \frac{\sin^2\theta}{1+\cos^2\theta}+1=\frac{8}{5}\Rightarrow\frac{1-\cos^2\theta}{1+\cos^2\theta}=\frac{8}{5}-1=\frac{8-5}{5}=\frac{3}{5}$

$\therefore\ 3\,(1+\cos^2\theta)=5\,(1-\cos^2\theta)\Rightarrow 3+3\cos^2\theta=5-5\cos^2\theta$

$\therefore\ 3\cos^2\theta+5\cos^2\theta=5-3\Rightarrow 8\cos^2\theta=2\Rightarrow\cos^2\theta=\frac{2}{8}=\frac{1}{4}$, अतः $\cos\theta=\frac{1}{2}=\cos\ 60\Rightarrow\theta=60^0$

64. $7(\text{cosec}^2 55^0-\tan^2 35^0)+2\sin 90^0-\tan^2 52^0.\,y\,.\,\tan^2 38^0=\frac{y}{2}$

$\therefore\ 7(1+\cot^2 55^0-\cot^2 55)+2\times 1-\tan^2 52^0\cdot y\cdot\cot^2 52^0=\frac{y}{2}$

$\therefore\ 7\times 1+2-\tan^2 52^0\cdot y\cdot\frac{1}{\tan^2 52^0}=\frac{y}{2}$, अतः $7+2-y=\frac{y}{2}\Rightarrow y+\frac{y}{2}=9\Rightarrow\frac{3y}{2}=9\Rightarrow y=\frac{2\times 9}{3}=6$

65. $\cos x=-\frac{1}{2}=\cos(180+60)=\cos 240^0\Rightarrow x=240^0$

$\therefore\ 2\tan^2 x-3\ \text{cosec}^2 x=2\tan^2 240^0-3\ \text{cosec}^2 240^0=2\cdot\tan^2 60^0-3\cdot\text{cosec}^2 60$

$$=2\times\left(\sqrt{3}\right)^2-3\left(\frac{2}{\sqrt{3}}\right)^2=2\times 3-3\times\frac{4}{3}=6-4=2$$

66. $\frac{3(1-2\sin^2 x)}{\cos^2 x-\sin^2 x}=\frac{3\cdot\cos 2x}{\cos 2x}=3$

67. $\dfrac{\tan^2\theta-\sin^2\theta}{2+\tan^2\theta+\cot^2\theta}=\dfrac{\dfrac{\sin^2\theta}{\cos^2\theta}-\dfrac{\sin^2\theta}{1}}{(1+\tan^2\theta)+(1+\cot^2\theta)}=\dfrac{\dfrac{\sin^2\theta-\sin^2\theta\cdot\cos^2\theta}{\cos^2\theta}}{\sec^2\theta+\text{cosec}^2\theta}$

$=\dfrac{\left(\dfrac{\sin^2\theta\,(1-\cos^2\theta)}{\cos^2\theta}\right)}{\left(\dfrac{1}{\cos^2\theta}+\dfrac{1}{\sin^2\theta}\right)}=\dfrac{\left(\dfrac{\sin^2\theta\cdot\sin^2\theta}{\cos^2\theta}\right)}{\left(\dfrac{\sin^2\theta+\cos^2\theta}{\sin^2\theta\cdot\cos^2\theta}\right)}=\dfrac{\dfrac{(\sin^4\theta)}{\cos^2\theta}}{\left(\dfrac{1}{\sin^2\theta\cdot\cos^2\theta}\right)}$

$=\dfrac{\sin^4\theta}{\cos^2\theta}\times\dfrac{\sin^2\theta\cdot\cos^2\theta}{1}=\sin^4\theta\cdot\sin^2\theta=\sin^6\theta$

68. सूत्र $1+\tan^2\theta=\sec^2\theta$ के दोनों पक्षों का घन करने पर, $(1+\tan^2\theta)^3=(\sec^2\theta)^3$

$\therefore\ 1^3+(\tan^2\theta)^3+3\cdot1\cdot\tan^2\theta\,(1+\tan^2\theta)=\sec^6\theta$

$\therefore\ 1+\tan^6\theta+3\tan^2\theta\cdot\sec^2\theta=\sec^6\theta$

$\therefore\ 3\tan^2\theta\cdot\sec^2\theta+\tan^6\theta-\sec^6\theta=-1$

69. $x=4\cos A+5\sin A\Rightarrow x^2=(4\cos A+5\sin A)^2$

$\therefore\ x^2=16\cos^2A+25\sin^2A+40\sin A\cos A$ ....(i)

$y=4\sin A-5\cos A\Rightarrow y^2=(4\sin A-5\cos A)^2$

$\therefore\ y^2=16\sin^2A+25\cos^2A-40\sin A\cos A$ ....(ii)

समीकरण (i) में समीकरण (ii) को जोड़ने पर –

$x^2+y^2=41\sin^2A+41\cos^2A=41(\sin^2A+\cos^2A)=41\times1=41$

70. $7\sin^2\theta-\cos^2\theta+2\sin\theta=2\Rightarrow7\sin^2\theta-(1-\sin^2\theta)+2\sin\theta=2$

$\therefore\ 7\sin^2\theta-1+\sin^2\theta+2\sin\theta=2\Rightarrow8\sin^2\theta+2\sin\theta-3=0$

$\therefore\ 8\sin^2\theta+6\sin\theta-4\sin\theta-3=0$

$\therefore\ 2\sin\theta(4\sin\theta+3)-1(4\sin\theta+3)=0\Rightarrow(4\sin\theta+3)(2\sin\theta-1)=0$

चूंकि θ प्रथम चतुर्थांश का कोण है, अतः $4\sin\theta+3\neq0$

$\therefore\ 2\sin\theta-1=0\Rightarrow2\sin\theta=1\Rightarrow\sin\theta=\dfrac{1}{2}=\sin30\Rightarrow\theta=30^0$

$\therefore\ \dfrac{\sec2\theta+\cot2\theta}{\text{cosec}2\theta+\tan2\theta}=\dfrac{\sec60^0+\cot60^0}{\text{cosec}60^0+\tan60^0}=\dfrac{2+\dfrac{1}{\sqrt3}}{\dfrac{2}{\sqrt3}+\sqrt3}=\dfrac{\left(\dfrac{2\sqrt3+1}{\sqrt3}\right)}{\left(\dfrac{2+3}{\sqrt3}\right)}=\dfrac{(2\sqrt3+1)}{\sqrt3}\times\dfrac{\sqrt3}{5}=\dfrac{1}{5}(1+2\sqrt3)$

71. $6\tan\theta-5\sqrt3\sec\theta+12\cot\theta=0\Rightarrow6\tan\theta+12\cot\theta=5\sqrt3\sec\theta$

$\therefore\ \dfrac{6\sin\theta}{\cos\theta}+\dfrac{12\cos\theta}{\sin\theta}=5\sqrt3\times\dfrac{1}{\cos\theta}\Rightarrow\dfrac{6\sin^2\theta+12\cos^2\theta}{\sin\theta\cdot\cos\theta}=\dfrac{5\sqrt3}{\cos\theta}$

$\therefore\ \dfrac{6\sin^2\theta+12(1-\sin^2\theta)}{\sin\theta}=\dfrac{5\sqrt3}{1}\Rightarrow6\sin^2\theta+12-12\sin^2\theta=5\sqrt3\sin\theta$

$\therefore\ 6\sin^2\theta+5\sqrt3\sin\theta-12=0\Rightarrow6\sin^2\theta+8\sqrt3\sin\theta-3\sqrt3\sin\theta-12=0$

$\therefore\ 2\sqrt3\sin\theta(\sqrt3\sin\theta+4)-3(\sqrt3\sin\theta+4)=0\Rightarrow(\sqrt3\sin\theta+4)(2\sqrt3\sin\theta-3)=0$

$\therefore \quad \sqrt{3}\sin\theta+4\neq 0$, अतः $2\sqrt{3}\sin\theta-3=0 \Rightarrow 2\sqrt{3}\sin\theta=3$

$\therefore \quad \sin\theta=\frac{3}{2\sqrt{3}}=\frac{\sqrt{3}}{2}=\sin 60 \Rightarrow \theta=60^0$

$\therefore \quad \text{cosec}\ \theta+\sec\theta=\text{cosec}\ 60^0+\sec 60^0=\frac{2}{\sqrt{3}}+2=\frac{2+2\sqrt{3}}{\sqrt{3}}$

$$=\frac{(2+2\sqrt{3})\times\sqrt{3}}{\sqrt{3}\times\sqrt{3}}=\frac{(2\sqrt{3}+2\cdot\sqrt{3}\cdot\sqrt{3})}{3}=\frac{2(\sqrt{3}+3)}{3}=\frac{2}{3}(3+\sqrt{3})$$

72. $5\sin^2\theta+14\cos\theta=13 \Rightarrow 5(1-\cos^2\theta)+14\cos\theta=13$

$\therefore \quad 5-5\cos^2\theta+14\cos\theta=13 \Rightarrow 5\cos^2\theta-14\cos\theta+8=0$

$\therefore \quad 5\cos^2\theta-10\cos\theta-4\cos\theta+8=0$

$\therefore \quad 5\cos\theta(\cos\theta-2)-4(\cos\theta-2)=0 \Rightarrow (\cos\theta-2)(5\cos\theta-4)=0$

चूंकि θ प्रथम चतुर्थांश का कोण है, अतः $\cos\theta-2\neq 0$

$\therefore \quad 5\cos\theta-4=0 \Rightarrow 5\cos\theta=4 \Rightarrow \cos\theta=\frac{4}{5}=\frac{\text{आधार}}{\text{कर्ण}}$

$\therefore$ समकोण त्रिभुज में लम्ब $=\sqrt{5^2-4^2}=\sqrt{25-16}=\sqrt{9}=3$

$$\therefore \quad \frac{\sec\theta+\cot\theta}{\text{cosec}\ \theta+\tan\theta}=\frac{\frac{5}{4}+\frac{4}{3}}{\frac{5}{3}+\frac{3}{4}}=\frac{\frac{15+16}{12}}{\frac{20+9}{12}}=\frac{31}{12}\times\frac{12}{29}=\frac{31}{29}$$

73. $\tan\theta-\cot\theta=\text{cosec}\ \theta$ के दोनों पक्षों का वर्ग करने पर-

$(\tan\theta-\cot\theta)^2=\text{cosec}^2\theta \Rightarrow \tan^2\theta+\cot^2\theta-2\tan\theta\cdot\cot\theta=1+\cot^2\theta$

$\therefore \quad \tan^2\theta-2\tan\theta\cdot\frac{1}{\tan\theta}=1 \Rightarrow \tan^2\theta-2=1 \Rightarrow \tan^2\theta=2+1=3$

$\therefore \quad \tan^2\theta=(\sqrt{3})^2 \Rightarrow \tan\theta=\sqrt{3}=\tan 60^0 \Rightarrow \theta=60^0$

$$\therefore \quad \frac{2\tan\theta-\cos\theta}{\sqrt{3}\cot\theta+\sec\theta}=\frac{2\tan 60-\cos 60}{\sqrt{3}\cot 60+\sec 60}=\frac{2\times\sqrt{3}-\frac{1}{2}}{\sqrt{3}\times\frac{1}{\sqrt{3}}+2}=\frac{\left(\frac{4\sqrt{3}-1}{2}\right)}{(1+2)}=\frac{4\sqrt{3}-1}{2}\times\frac{1}{3}=\frac{4\sqrt{3}-1}{6}$$

74. $2\sin A+\text{cosec}\ A=2\sqrt{2} \Rightarrow 2\sin A+\frac{1}{\sin A}=2\sqrt{2}$

$\therefore \quad \frac{2\sin^2 A+1}{\sin A}=2\sqrt{2} \Rightarrow 2\sin^2 A+1=2\sqrt{2}\sin A$

$\therefore \quad 2\sin^2 A+1-2\sqrt{2}\sin A=0 \Rightarrow (\sqrt{2}\sin A-1)^2=0$

$\therefore \quad \sqrt{2}\sin A-1=0 \Rightarrow \sqrt{2}\sin A=1 \Rightarrow \sin A=\frac{1}{\sqrt{2}}=\sin 45^0 \Rightarrow A=45^0$

$$\therefore \quad 2\left(\sin^4 A+\cos^4 A\right)=2\left[(\sin 45)^4+(\cos 45)^4\right]=2\cdot\left[\left(\frac{1}{\sqrt{2}}\right)^4+\left(\frac{1}{\sqrt{2}}\right)^4\right]$$

$$=2\left[\frac{1}{4}+\frac{1}{4}\right]=2\times\frac{2}{4}=1$$

75. ... $\theta - 4 = 0 \Rightarrow 11\sin^2\theta - (1 - \sin^2\theta) + 4\sin\theta - 4 = 0$

... $\theta + 4\sin\theta - 4 = 0 \Rightarrow 12\sin^2\theta + 4\sin\theta - 5 = 0$

$\therefore$ ... $10\sin\theta - 6\sin\theta - 5 = 0$

$\therefore$ ... $\theta(6\sin\theta + 5) - 1(6\sin\theta + 5) = 0 \Rightarrow (6\sin\theta + 5)(2\sin\theta - 1) = 0$

$6\sin\theta + 5 \neq 0$, अतः $2\sin\theta - 1 = 0 \Rightarrow \sin\theta = \frac{1}{2} = \sin 30 \Rightarrow \theta = 30^0$

$$\therefore \frac{\cos 2\theta + \cot 2\theta}{\sec 2\theta - \tan 2\theta} = \frac{\cos 60^0 + \cot 60^0}{\sec 60^0 - \tan 60^0} = \frac{\frac{1}{2} + \frac{1}{\sqrt{3}}}{(2-\sqrt{3})} = \frac{\left(\frac{\sqrt{3}+2}{2\sqrt{3}}\right)}{\frac{(2-\sqrt{3})}{1}} = \frac{(2+\sqrt{3})}{2\sqrt{3}} \times \frac{1}{(2-\sqrt{3})}$$

$$= \frac{(2+\sqrt{3})(2+\sqrt{3})}{2\sqrt{3}(2-\sqrt{3})(2+\sqrt{3})} = \frac{(2+\sqrt{3})^2}{2\sqrt{3}(4-3)} = \frac{4+3+4\sqrt{3}}{2\sqrt{3} \times 1} = \frac{(7+4\sqrt{3}) \times \sqrt{3}}{(2\sqrt{3}) \times \sqrt{3}}$$

$$= \frac{7\sqrt{3} + 4\sqrt{3} \times \sqrt{3}}{2 \times 3} = \frac{12 + 7\sqrt{3}}{6}$$

76. $7\cos^2\theta + 3\sin^2\theta = 6 \Rightarrow 7(1 - \sin^2\theta) + 3\sin^2\theta = 6$

$\therefore 7 - 7\sin^2\theta + 3\sin^2\theta = 6 \Rightarrow 4\sin^2\theta = 1 \Rightarrow \sin^2\theta = \frac{1}{4}$

$\therefore \sin^2\theta = \left(\frac{1}{2}\right)^2 \Rightarrow \sin\theta = \frac{1}{2} \Rightarrow \sin\theta = \sin 30^0 \Rightarrow \theta = 30^0$

$$\therefore \frac{\cot^2 2\theta + \sec^2 2\theta}{\tan^2 2\theta - \sin^2 2\theta} = \frac{\cot^2 60^0 + \sec^2 60^0}{\tan^2 60^0 - \sin^2 60^0} = \frac{\left(\frac{1}{\sqrt{3}}\right)^2 + (2)^2}{(\sqrt{3})^2 - \left(\frac{\sqrt{3}}{2}\right)^2} = \frac{\left(\frac{1}{3}+4\right)}{\left(3-\frac{3}{4}\right)} = \frac{\left(\frac{13}{3}\right)}{\left(\frac{9}{4}\right)} = \frac{13}{3} \times \frac{4}{9} = \frac{52}{27}$$

77. $12\cos^2\theta - 2\sin^2\theta + 3\cos\theta = 3 \Rightarrow 12\cos^2\theta - 2(1 - \cos^2\theta) + 3\cos\theta = 3$

$\therefore 12\cos^2\theta - 2 + 2\cos^2\theta + 3\cos\theta = 3 \Rightarrow 14\cos^2\theta + 3\cos\theta - 5 = 0$

$\therefore 14\cos^2\theta + 10\cos\theta - 7\cos\theta - 5 = 0 \Rightarrow 2\cos\theta(7\cos\theta + 5) - 1(7\cos\theta + 5) = 0$

$\therefore (7\cos\theta + 5)(2\cos\theta - 1) = 0 \Rightarrow 7\cos\theta + 5 \neq 0$

$\therefore 2\cos\theta - 1 = 0 \Rightarrow 2\cos\theta = 1 \Rightarrow \cos\theta = \frac{1}{2} = \cos 60^0 \Rightarrow \theta = 60^0$

$$\therefore \frac{\text{cosec}\,\theta + \sec\theta}{\tan\theta + \cot\theta} = \frac{\text{cosec}\,60^0 + \sec 60^0}{\tan 60^0 + \cot 60^0} = \frac{\left(\frac{2}{\sqrt{3}} + \frac{2}{1}\right)}{\left(\sqrt{3} + \frac{1}{\sqrt{3}}\right)} = \frac{\left(\frac{2+2\sqrt{3}}{\sqrt{3}}\right)}{\left(\frac{3+1}{\sqrt{3}}\right)} = \frac{2(1+\sqrt{3})}{4} = \frac{1+\sqrt{3}}{2}$$

78. $2\sin\theta - 8\cos^2\theta + 5 = 0 \Rightarrow 2\sin\theta - 8(1 - \sin^2\theta) + 5 = 0$

$\therefore 2\sin\theta - 8 + 8\sin^2\theta + 5 = 0 \Rightarrow 8\sin^2\theta + 2\sin\theta - 3 = 0$

$\therefore 8\sin^2\theta + 6\sin\theta - 4\sin\theta - 3 = 0$

$\therefore 2\sin\theta(4\sin\theta + 3) - 1(4\sin\theta + 3) = 0 \Rightarrow (4\sin\theta + 3)(2\sin\theta - 1) = 0$

$\therefore 4\sin\theta + 3 \neq 0$, अतः $2\sin\theta - 1 = 0 \Rightarrow \sin\theta = \frac{1}{2} = \sin 30^0 \Rightarrow \theta = 30^0$

$\therefore \tan 2\theta + \text{cosec}\,2\theta = \tan 60^0 + \text{cosec}\,60^0 = \sqrt{3} + \frac{2}{\sqrt{3}} = \frac{3+2}{\ldots}$

79. $$\frac{\sec^6\theta-\tan^6\theta-3\sec^2\theta\cdot\tan^2\theta+1}{\cos^4\theta-\sin^4\theta+2\sin^2\theta+2}=\frac{(\sec^2\theta-\tan^2\theta)^3+1}{(\cos^2\theta-\sin^2\theta)(\cos^2\theta+\sin^2\theta)+2\sin}$$

$$=\frac{(1+\tan^2\theta-\tan^2\theta)^3+1}{(\cos^2\theta-\sin^2\theta)\times1+2\sin^2\theta+2}=\frac{(1)^3+1}{\cos^2\theta-\sin^2\theta+2\sin^2\theta+2}=\frac{1+1}{\cos^2\theta+\sin^2\theta+2}=\frac{}{1+}\;\frac{2}{}$$

80. $2\sin\theta+15\cos^2\theta=7 \Rightarrow 2\sin\theta+15(1-\sin^2 15)=7$

$\therefore\ 2\sin\theta+15-15\sin^2\theta=7 \Rightarrow 15\sin^2\theta-2\sin\theta-8=0$

$\therefore\ 15\sin^2\theta-12\sin\theta+10\sin\theta-8=0$

$\therefore\ 3\sin\theta(5\sin\theta-4)+2(5\sin\theta-4)=0 \Rightarrow (5\sin\theta-4)(3\sin\theta+2)=0$

$\therefore\ 3\sin\theta+2\neq0$, अतः $5\sin\theta-4=0 \Rightarrow 5\sin\theta=4 \Rightarrow \sin\theta=\frac{4}{5}$

$\therefore\ \sin\theta=\frac{4}{5} \Rightarrow$ समकोण त्रिभुज में कर्ण = 5, लम्ब = 4, आधार = 3

$\therefore\ \tan\theta+\cos\theta+\sec\theta=\frac{4}{3}+\frac{3}{5}+\frac{5}{3}=\frac{20+9+25}{15}=\frac{54}{15}=\frac{18}{5}=3\frac{3}{5}$

81. $x\cos A-y\sin A=1 \Rightarrow (x\cos A-y\sin A)^2=1^2$

$\therefore\ x^2\cos^2 A+y^2\sin^2 A-2xy\cdot\sin A\cdot\cos A=1$ ....(i)

इसी प्रकार $x\sin A+y\cos A=4 \Rightarrow (x\sin A+y\cos A)^2=4^2$

$\therefore\ x^2\sin^2 A+y^2\cos^2 A+2xy\sin A\cdot\cos A=16$ ....(ii)

समीकरण (i) और समीकरण (ii) को जोड़ने पर –

$x^2\cos^2 A+y^2\sin^2 A-2xy\sin A\cos A+x\sin^2 A+y^2\cos^2 A+2xy\sin A\cos A=17$

$\therefore\ x^2\sin^2 A+x^2\cos^2 A+y^2\sin^2 A+y^2\cos^2 A=17$

$\therefore\ x^2(\sin^2 A+\cos^2 A)+y^2(\sin^2 A+\cos^2 A)=17$

$\therefore\ x^2\times1+y^2\times1=17 \Rightarrow x^2+y^2=17$ ....(iii)

समीकरण (iii) के दोनों पक्षों में 17 से गुणा करने पर –

$17x^2+17y^2=17\times17=289$

अभ्यास प्रश्न-6
(ऊँचाई और दूरी)

1. समुद्र में दो पोत प्रकाश स्तम्भ के दोनों ओर चल रहे हैं। दोनों पोतों को देखने पर प्रकाश स्तम्भ के शीर्ष के उन्नयन कोण क्रमशः 30^0 और 45^0 हैं। यदि प्रकाश स्तम्भ 100 मीटर ऊँचा हो, तो दोनों पोतों के बीच की दूरी बताइये? (यह मानते हुए कि $\sqrt{3}=1.73$)

(a) 173 मी. (b) 200 मी. (c) 273 मी. (d) 300 मी. *SSC : CGL (Tier-1) 29.8.16*

2. जमीनी तल पर खड़ी चट्टान के पाद से 129 मीटर पर खड़ी चट्टान के शीर्ष का उन्नयन कोण 30^0 है, तो उस चट्टान की ऊँचाई कितनी है?

(a) $50\sqrt{3}$ मीटर (b) $45\sqrt{3}$ मीटर (c) $43\sqrt{3}$ मीटर (d) $47\sqrt{3}$ मीटर *SSC : CGL (Tier-1) 29.8.16*

... के पुल पर किसी बिन्दु से नदी के आमने-सामने वाले किनारों के अवनमन कोण क्रमशः 30^0 और 45^0 हैं। यदि ... से 2.5 मीटर की ऊँचाई पर हो, तो नदी की चौड़ाई बताइये? (यह मानते हुए कि $\sqrt{3}=1.732$)

... (c) 5.76 मी. (d) 6.87 मी. *SSC : CGL (Tier-1) 8.9.2016*

4. यदि एक झील के 200 मीटर ऊपर के बिन्दु से बादल का उन्नयन कोण 30^0 और झील में उसके परावर्तन का अवनति कोण 60^0 हो, तो झील के ऊपर बादल की ऊँचाई कितनी है?

(a) 100 मी. (b) 200 मी. (c) 300 मी. (d) 400 मी. ***SSC : CGL (Tier-1) 28.8.2016***

5. किसी मीनार की ऊँचाई $50\sqrt{3}$ मीटर है। मीनार के आधार से 50 मीटर की दूरी पर उन्नयन कोम क्या होगा?

(a) 30^0 (b) 45^0 (c) 60^0 (d) 90^0 ***SSC : CGL (Tier-1) 2.9.2016***

6. एक पतंग का मांझा क्षैतिज सतह के साथ 60^0 का कोण बनाता है। यदि मांझे की लंबाई 80 मी. है, तो पतंग की ऊर्ध्वाधर ऊँचाई कितनी है?

(a) $\frac{40}{\sqrt{3}}$m (b) $80\sqrt{3}$m (c) 80m (d) $40\sqrt{3}$m ***SSC : CGL (Tier-1) 3.9.2016***

7. किसी दीवार से लगी किसी सीढ़ी का उन्नयन कोण 60^0 है और सीढ़ी के पाये दीवार से 4.6 मीटर की दूरी पर हैं। सीढ़ी की लम्बाई बताइये –

(a) 2.3 मीटर (b) 4.6 मीटर (c) 9.2 मीटर (d) 7.8 मीटर ***SSC : CGL (Tier-1) 9.9.2016***

8. 1.6 मी. लम्बा एक प्रेक्षक किसी टॉवर से 45 मी. दूर है। उसकी आँख से टॉवर के शीर्ष तक उन्नयन कोण 30^0 है। टॉवर की ऊँचाई कितने मी. होगी? (माना $\sqrt{3} = 1.732$)

(a) 25.98 (b) 26.58 (c) 27.58 (d) 27.98 ***SSC : CGL (Tier-1) 7.9.2016***

9. किसी मीनार के आधार से 40 मीटर की दूरी पर, एक बिन्दु से, मीनार के शीर्ष भाग का उन्नयन कोण 60^0 है। मीनार की ऊँचाई बताइये–

(a) $40\sqrt{3}$ (b) $40\sqrt{3}$ सेमी. (c) $40\sqrt{3}$ मी. (d) $40\sqrt{2}$ मी. ***SSC : CGL (Tier-1) 27.8.2016***

10. एक सीधा पेड़ तूफान की वजह से टूट जाता है और टूटा भाग इस प्रकार झुक जाता है कि पेड़ का शीर्ष भाग भूमि पर 30^0 का कोण बनाते हुए भूमि के स्पर्श करने लगता है। पेड़ के तल से उस बिन्दु तक की दूरी जहाँ शीर्ष भाग भूमि को स्पर्श करता है, 10 मी. है। पेड़ की कुल ऊँचाई ज्ञात कीजिए–

(a) $10\sqrt{3}$ मी. (b) $10\sqrt{3}/3$ मी. (c) $10(\sqrt{3}+1)$ मी. (d) $10(\sqrt{3}-1)$ मी. ***SSC : CGL (Tier-1) 30.8.2016***

11. एक 75 मी. ऊँचे खंभे के एक ओर खड़े दो व्यक्ति खंभे के शीर्ष का उन्नयन कोण क्रमशः 30^0 और 60^0 देखते हैं। दोनों व्यक्तियों के बीच की दूरी कितनी है?

(a) $100\sqrt{3}$ मी. (b) 100 मी. (c) $\frac{75}{\sqrt{3}}$ मी. (d) $50\sqrt{3}$ मी. ***SSC : CGL (Tier-1) 3.9.2016***

12. एक ध्वज स्तंभ पर रखे ध्वज के शीर्ष और आधार का 30 मीटर की दूरी से उन्नयन कोण क्रमशः 45^0 और 30^0 हैं। ध्वज की ऊँचाई कितनी है? (माना $\sqrt{3} = 1.73$)

(a) $12\sqrt{3}$ मीटर (b) 15 मीटर (c) 14.32 मीटर (d) 12.68 मीटर ***SSC : CGL (Tier-1) 27.8.2016***

13. एक नदी के किनारे खड़ा व्यक्ति देखता है कि नदी पार किनारे लगे वृक्ष द्वारा अंतरित कोण 60^0 है। जब वह किनारे से 36 मी. पीछे आता है तो वह देखता है कि कोण 30^0 है। नदी की चौड़ाई कितनी है?

(a) 15 मी. (b) 18 मी. (c) 16 मी. (d) 11 मी. ***SSC : CGL (Tier-1) 28.8.2016***

14. एक 30 मीटर ऊँची इमारत के तल एवं शीर्ष से किसी मंदिर के शीर्ष भाग पर क्रमशः 60^0 और 30^0 का उन्नयन कोण बनता है। मन्दिर की ऊँचाई बताइये–

(a) 50 मीटर (b) 43 मीटर (c) 40 मीटर (d) 45 मीटर ***SSC : CGL (Tier-1) 1.9.2016***

15. 60 मीटर ऊँची इमारत के शीर्ष से, एक टॉवर के शीर्ष एवं पाद के अवनति कोण 30^0 और 60^0 दिखाई देते हैं। टॉवर की ऊँचाई (मीटर में) कितनी होगी?

(a) 40 (b) 45 (c) 50 (d) 55 ***SSC : CGL (Tier-1) 6.9.2016***

16. भूमि पर किसी बिन्दु A से किसी मीनार के शीर्ष का उन्नयन कोण 30^0 है। मीनार के आधार की ओर 20 मीटर जाते समय किसी बिन्दु B पर उन्नयन कोण बढ़कर 60^0 हो जाता है। मीनार की ऊँचाई (मीटर में) बताइये–

(a) $\sqrt{3}$ (b) $5\sqrt{3}$ (c) $10\sqrt{3}$ (d) $20\sqrt{3}$ ***SSC : CGL (Tier-1) 4.9.2016***

17. एक टॉवर के तल से 4 मीटर और 9 मीटर की दूरी पर एक सीधी रेखा पर दो बिन्दुओं से टॉवर के शीर्ष के उन्नयन कोण पूरक हैं। टॉवर की ऊँचाई कितनी है?
(a) 4 मीटर (b) 7 मीटर (c) 9 मीटर (d) 6 मीटर ***SSC : CGL (Tier-1) 10.9.2016***

18. 50 मीटर ऊँची मीनार के पाद से $50\sqrt{3}$ मीटर दूरी पर स्थित किसी बिन्दु पर मीनार का उन्नयन कोण है-
(a) 15^0 (b) 45^0 (c) 30^0 (d) 60^0

19. एक सीढ़ी, जिसकी लम्बाई 45 मीटर है, किसी मीनार के शीर्ष को स्पर्श करती है तथा क्षैतिज से 60^0 का कोण बनाती है। मीनार की ऊँचाई होगी-
(a) $\frac{15\sqrt{2}}{2}$ मी. (b) $\frac{45\sqrt{3}}{2}$ मी. (c) $\frac{45\sqrt{2}}{3}$ मी. (d) इनमें से कोई नहीं

20. नदी के किनारे पर खड़े स्तम्भ का दूसरे किनारे पर उन्नयन कोण 60^0 है। किनारे के लम्बवत् 30 मीटर चलने पर 30^0 हो जाता है। नदी की चौड़ाई है-
(a) 15 मी. (b) 20 मी. (c) 5 मी. (d) 12 मी.

21. 50 मीटर ऊँची मूर्ति के पाद से गुजरने वाले तल पर स्थित किसी बिन्दु पर मूर्ति के शीर्ष का उन्नयन कोण θ है। मूर्ति की ओर कुछ दूरी चलने पर उन्नयन कोण है-
(a) बढ़ जाता है (b) घट जाता है (c) उतना ही रहता है (d)इनमें से कोई नहीं

22. एक दुर्ग को जाती हुई सीधी सड़क पर दुर्ग से 45 मीटर की दूरी पर उसकी दीवार का उन्नयन कोण, उसी सड़क पर दुर्ग से 120 मीटर की दूरी पर के उन्नयन कोण का दूना है। दीवार की ऊँचाई है।
(a) 50 मीटर (b) 60 मीटर (c) 70 मीटर (d) 80 मीटर

23. 8 मीटर लम्बी सीढ़ी एक बिजली के खम्भे की चोटी से 8 मीटर नीचे तक पहुंचती है। यदि सीढ़ी के निचले सिरे पर खम्भे के शिखर का उन्नयन कोण 60^0 हो, तो खम्भे की ऊँचाई है-
(a) 10 मीटर (b) 12 मीटर (c) 14 मीटर (d) 16 मीटर

24. किसी मीनार के चोटी का बिन्दु A से उन्नयन कोण की स्पर्शज्या 5/12 है। बिन्दु A से मीनार की ओर 192 मीटर चलने पर उन्नयन कोण की स्पर्शज्या 3/4 हो जाती है, तो मीनार की ऊँचाई होगी-
(a) 120 मीटर (b) 160 मीटर (c) 180 मीटर (d) 200 मीटर

25. किसी मीनार की चोटी पर एक झण्डा लगा है। मीनार के आधार से 20 मीटर की दूरी से मीनार और झण्डे के शिखर के उन्नयन कोण क्रमशः 45^0, 60^0 है झण्डे की ऊँचाई है-
(a) $20(\sqrt{3}-1)$ मी. (b) $(\sqrt{3}-1)$ मी. (c) $20\left(\frac{\sqrt{3}}{2}-1\right)$ मी. (d) $\left(\frac{\sqrt{3}}{2}-1\right)$ मी.

26. AB एक उर्ध्वाधर दीवार है, जिसका B भाग भूमि के सम्पर्क में है। AC सीढ़ी जमीन से C बिन्दु पर टिकी है। $\angle ACB = 45^0$ और BC = 5 मीटर, तो सीढ़ी की लम्बाई है–
(a) 2 मीटर (b) 3 मीटर (c) 5 मीटर (d) $5\sqrt{2}$ मीटर

27. एक वायुयान दो मीनारो के ऊपर से उड़ रहा है, जिनकी क्षैतिज दूरी 100 मीटर है। किसी समय वायुयान से दोनों मीनारों की चोटियों के अवनमन कोण 30^0, तथा 45^0 हों तो उस समय वायुयान की मीनारों की चोटियों से ऊँचाई होगी–
(a) 50 मी. (b) $50(\sqrt{3}-1)$ मी. (c) $50(\sqrt{3}+1)$ मी. (d) $50\sqrt{3}$ मी.

28. 50 मीटर ऊँची मीनार के पाद से $50\sqrt{3}$ मीटर दूरी पर स्थित किसी बिन्दु पर मीनार का ऊन्नयन कोण है-
(a) 15^0 (b) 30^0 (c) 45^0 (d) 60^0

29. एक समतल मैदान में स्थित एक मीनार का उन्नयन कोण उसी समतल के एक स्थान से 45^0 है।उस स्थान से मीनार की ओर 50 मीटर बढ़ने पर उन्नयन कोण 60^0 हो जाता है। मीनार की ऊँचाई होगी-

(a) $25\sqrt{3}(\sqrt{3}+1)$ मी. (b) $50\sqrt{3}(\sqrt{3}+1)$ मी.

(c) $50\sqrt{3}(\sqrt{3}-1)$ मी. (d) $50\sqrt{3}$ मी.

30. आंधी से एक पेड़ का ऊपरी हिस्सा टूटकर पृथ्वी से 30^0 का कोण बनाता है। पेड़ की जड़ से उस स्थान की दूरी, जहां पेड़ का सिरा पृथ्वी को छूता है, 15 मीटर है तो पेड़ के टूटे भाग की लम्बाई होगी-

(a) $15\sqrt{3}$ मीटर (b) $10\sqrt{3}$ मीटर (c) $10\sqrt{2}$ मीटर (d) $15\sqrt{2}$ मीटर

31. एक सीढ़ी, जिसकी लम्बाई 45 मीटर है, किसी मीनार के शीर्ष को स्पर्श करती है तथा क्षैतिज से 60^0 का कोण बनाती है। मीनार की ऊंचाई होगी-

(a) $\frac{15\sqrt{2}}{2}$ मीटर (b) $\frac{45\sqrt{3}}{2}$ मीटर (c) $\frac{45\sqrt{2}}{3}$ मीटर (d) इनमें से कोई नहीं

32. आंधी से एक पेड़ का ऊपरी सिरा टूटकर गिर पड़ता है। उसका सिरा जमीन पर पेड़ की जड़ से 20 मीटर दूर गिरता है। यदि पेड़ के टूटे हुए भाग का पेड़ के शेष भाग के साथ उन्नयन कोण 30^0 हो तो पेड़ की ऊँचाई थी-

(a) $\frac{60}{\sqrt{3}}$ मीटर (b) $\frac{20}{\sqrt{3}}$ मीटर (c) $40\sqrt{3}$ मीटर (d) इनमें से कोई नहीं

33. एक पोल जितना ऊँचा है उतना ही उसके प्रतिबिम्ब की लम्बाई है। प्रतिबिम्ब के सिरे का ऊन्नयन कोण है-

(a) 30^0 (b) 45^0 (c) 90^0 (d) 135^0

34. एक मीनार के आधार से 20 मीटर दूर एक बिन्दु पर उसके शिखर का उन्नयन कोण 40 मीटर अधिक दूर बिन्दु पर उन्नयन कोण का दुगुना है। मीनार की ऊंचाई है-

(a) 60 मीटर (b) $40\sqrt{3}$ मीटर (c) $20\sqrt{3}$ मीटर (d) $30\sqrt{3}$ मीटर

35. 18 मीटर ऊँचे मकान की छत से किसी मीनार के पाद का अवनमन कोण 30^0 है। जबकि उसके शिखर का उन्नयन कोण 60^0 है। मीनार की ऊँचाई ज्ञात कीजिए।

(a) 72 मीटर (b) 60 मीटर (c) 70 मीटर (d) 80 मीटर

36. 100 मीटर ऊँची एक मीनार की चोटी और उसके आधार से एक चट्टान की चोटी का उन्नयन कोण क्रमशः 30^0 तथा 45^0 है। चट्टान की उंचाई है-

(a) $50(\sqrt{3}+2)$ मी.(b) $50(\sqrt{3}+3)$ मी.(c) $50\sqrt{3}$ मी. (d) 50 मी.

37. एक मकान से 60 मीटर दूरी पर खड़ा एक प्रेक्षक देखता है कि मकान पर लगे हुए एक झण्डे के सिरे का उन्नयन कोण 60^0 है तथा झण्डे के पाद का उन्नयन कोण 45^0 है। झण्डे की ऊँचाई है –

(a) $60(\sqrt{3}+1)$ मी.(b) $60\sqrt{3}$ मी. (c) $60(\sqrt{3}-1)$ मी.(d) इनमें से कोई नहीं

38. 9 मीटर ऊँचे एक ऊर्ध्वाधर खम्भे की छाया की लम्बाई (सेमी में) कितनी होगी, यदि उस समय सूर्य का उन्नतांश 30^0 हो?

(a) $3\sqrt{3}$ (b) 9 (c) $9\sqrt{3}$ (d) $18\sqrt{3}$ ***(S.S.C. 26.2.2012)***

39. भूमितल से एक भवन के शीर्ष तथा उसकी चिमनी के शीर्ष के उन्नयन कोण क्रमशः x^0 तथा 45° तथा उस भवन की ऊँचाई h मीटर है। तदनुसार चिमनी की ऊँचाई मीटर में कितनी होगी?

(a) h cot x + h (b) h cot x – h (c) h tan x – h (d) h tan x + h ***(S.S.C. D.E.O. 11.12.2011)***

40. एक भवन के शीर्ष के साथ एक पेड़ के शीर्ष एवं अधोभाग से उन्नयन कोण क्रमशः x तथा y हैं। तदनुसार यदि उस पेड़ की ऊँचाई h मीटर हो, तो उस भवन की ऊँचाई कितने मीटर है? ***S.S.C. संयु. हायर से. (10+2), 4-12-2011***

(a) $\frac{h\cot x}{\cot x+\cot y}$ (b) $\frac{h\cot y}{\cot x+\cot y}$ (c) $\frac{h\cot x}{\cot x-\cot y}$ (d) $\frac{h\cot y}{\cot x-\cot y}$

41. बराबर ऊँचाई के दो खम्भे एक 100 m चौड़ी सड़क के दोनों ओर आमने-सामने खड़े हैं। सड़क पर उनके बीच एक बिन्दु से उनके शिखर के उन्नयन कोण 30^0 और 60^0 हैं। हर खम्भे की मीटर में ऊँचाई है।

(a) $25\sqrt{3}$ (b) $20\sqrt{3}$ (c) $28\sqrt{3}$ (d) $30\sqrt{3}$ ***(S.S.C. D.E.O. 4.12.2011)***

42. यदि एक उदग्र मीनार के साये की लंबाई उसकी उँचाई का $\frac{1}{\sqrt{3}}$ गुणा है, तो सूर्य का उन्नयन कोण है।

(a) 30^0 (b) 45^0 (c) 60^0 (d) 90^0 ***(S.S.C. Tier-1, 19.6.2011)***

43. यदि किसी स्तंभ की पृथ्वी पर छाया की लम्बाई स्तम्भ की ऊँचाई के बराबर हो, तो सूर्य के साथ उसका उन्नयन कोण कितना होगा?

(a) $\frac{\pi}{2}$ (b) $\frac{\pi}{3}$ (c) $\frac{\pi}{6}$ (d) $\frac{\pi}{4}$ ***(F.C.I. 5.2.2012)***

44. यदि सूर्य का उन्नतांश कोण 30^0 से 45^0 हो जाए तो किसी खंभे की छाया की लम्बाई 20 मीटर कम हो जाती है। तद्नुसार उस खंभे की ऊँचाई कितनी है?

(a) $20(\sqrt{3}-1)$ मी. (b) $20(\sqrt{3}+1)$ मी.

(c) $10(\sqrt{3}-1)$ मी. (d) $10(\sqrt{3}+1)$ मी. ***(S.S.C. Tier-2, 4.9.2011)***

45. एक व्यक्ति पाता है कि 15 मीटर ऊँचाई वाले एक खंभे के शीर्ष का उन्नयन कोण 30^0 है। इस खम्भे से व्यक्ति की दूरी (मीटर में) कितनी है?

(a) 15 (b) $15\sqrt{3}$ (c) $15/\sqrt{3}$ (d) 30 ***SSC : CPO 5.7.2017***

46. सीमा 60^0 की आनति (inclination) पर 16m लंबी डोर से पतंग उड़ाती है। जमीन से कितनी ऊँचाई (h) पर पतंग उड़ रही है?

(a) $4\sqrt{3}$ मी. (b) $16\sqrt{3}$ मी. (c) $6\sqrt{3}$ मी. (d) $8\sqrt{3}$ मी. ***SSC CGL (Tier-1) 7.3.2020***

उत्तरमाला

1. (c)	2. (c)	3. (b)	4. (d)	5. (c)	6. (d)	7. (c)	8. (c)	9. (c)
10. (a)	11. (d)	12. (d)	13. (b)	14. (d)	15. (a)	16. (c)	17. (d)	18. (c)
19. (b)	20. (a)	21. (a)	22. (b)	23. (b)	24. (c)	25. (a)	26. (d)	27. (b)
28. (b)	29. (a)	30. (b)	31. (b)	32. (d)	33. (b)	34. (c)	35. (a)	36. (b)
37. (c)	38. (c)	39. (b)	40. (a)	41. (a)	42. (c)	43 (d)	44. (d)	45. (b)
46. (d)								

अभ्यास प्रश्नों के हल

1. माना चित्रानुसार A और B दो पोत प्रकाश स्तम्भ CD के दोनों ओर चल रहे हैं, जहाँ प्रकाश स्तम्भ की ऊँचाई h = 100 मीटर और

$\angle CAD = 30^0$ तथा $\angle CBD = 45^0$

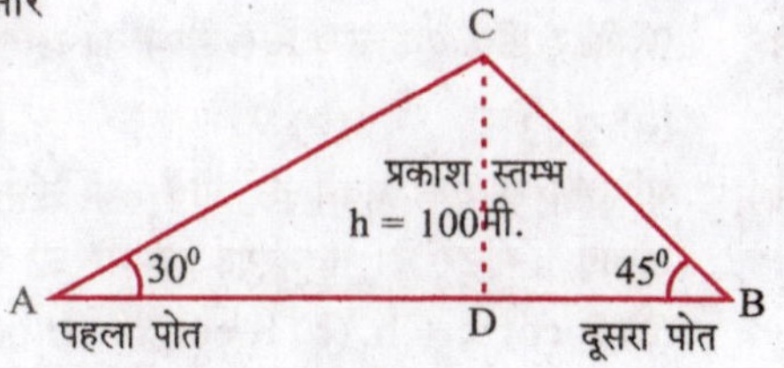

समकोण ΔBCD में $\tan 45^0 = \frac{CD}{BD}$

$\therefore \quad 1 = \frac{100}{BD} \Rightarrow BD = 100$ मी.

समकोण ΔACD में $\tan 30^0 = \frac{CD}{AD}$

$\therefore \quad \frac{1}{\sqrt{3}} = \frac{100}{AD} \Rightarrow AD = 100 \times \sqrt{3} = 100 \times 1.73 = 173$ मीटर

$\therefore$ दोनों पोतों के बीच की दूरी $AB = AD + DB = 173 + 100 = 273$ मीटर

2. माना चित्रानुसार जमीनी तल पर खड़ी चट्टान AB के पाद से 129 मीटर की दूरी पर खड़ी चट्टान CD के शिखर का उन्नयन कोण CAD = 30^0

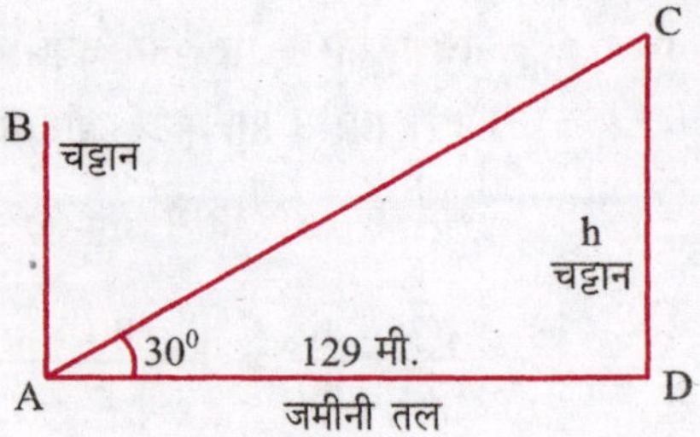

$\therefore \quad \tan 30 = \dfrac{h}{AD} \Rightarrow \dfrac{1}{\sqrt{3}} = \dfrac{h}{129}$

$\therefore \quad h = \dfrac{129}{\sqrt{3}} = \dfrac{129\times\sqrt{3}}{\sqrt{3}\times\sqrt{3}} = \dfrac{129\times\sqrt{3}}{3} = 43\sqrt{3}$ मीटर

$\therefore$ चट्टान CD की उँचाई = h = $43\sqrt{3}$ मीटर

3. चित्रानुसार नदी AB के ऊपर बने पुल पर कोई बिन्दु A है जो नदी तल से 2.5 मीटर की ऊँचाई पर है। बिन्दु A से किनारों पर बने कोण APQ = 30^0 और कोण AQP = 45^0, समकोण Δ ABQ में,

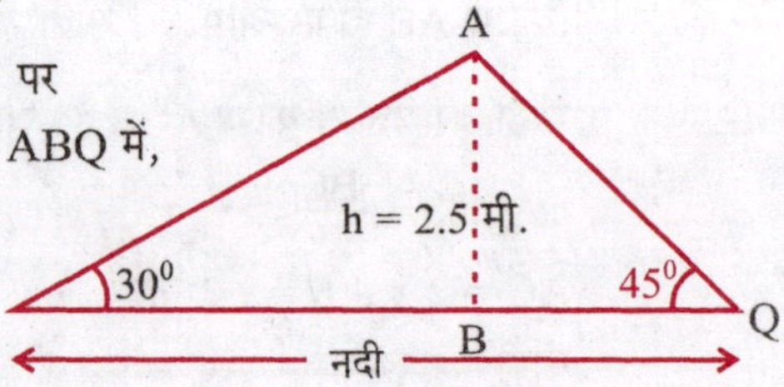

$\tan 45^0 = \dfrac{AB}{BQ}$, अतः $1 = \dfrac{2.5}{BQ} \Rightarrow BQ = 2.5$ मीटर

समकोण त्रिभुज APB में $\tan 30^0 = \dfrac{AB}{PB} \Rightarrow \dfrac{1}{\sqrt{3}} = \dfrac{2.5}{PB}$

$\therefore \quad PB = 2.5 \times \sqrt{3} \Rightarrow PB = 2.5 \times 1.732 = 4.3300$ मीटर

$\therefore$ नदी की चौड़ाई = PB + BQ = 4.33 + 2.5 = 6.83 मीटर

4. चित्रानुसार A पर बादल और C पर उसका परावर्तन है।

झील से 200 मीटर ऊपर का बिन्दु B है। अतः DE = BF = 200 मीटर

माना झील के ऊपर बादल की ऊचाई h है। अतः AE = EC = h

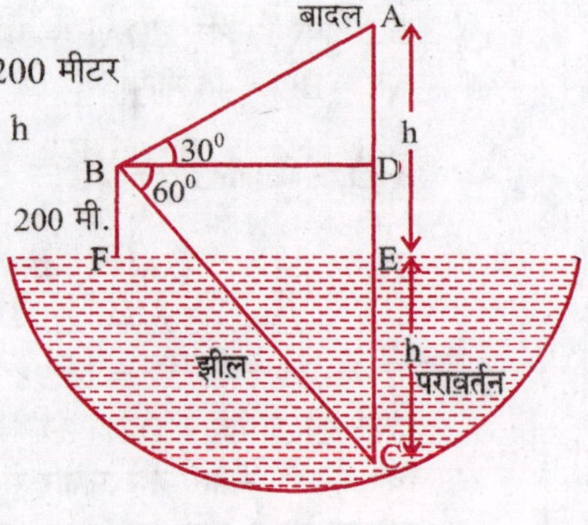

समकोण त्रिभुज BCD में $\tan 60^0 = \dfrac{DC}{BD}$

$\therefore \quad \sqrt{3} = \dfrac{h+200}{BD} \Rightarrow BD = \dfrac{h+200}{\sqrt{3}}$

समकोण त्रिभुज ΔABD में $\tan 30^0 = \dfrac{AD}{BD}$

$\therefore \quad \dfrac{1}{\sqrt{3}} = \dfrac{(h-200)}{\left(\dfrac{h+200}{\sqrt{3}}\right)} \Rightarrow \dfrac{1}{\sqrt{3}} = \dfrac{(h-200)\times\sqrt{3}}{(h+200)}$

$\therefore \quad h + 200 = (h - 200) \times \sqrt{3} \times \sqrt{3} \Rightarrow h + 200 = (h-200)\times 3 = 3h - 600$

$\therefore \quad 3h - h = 600 + 200 \Rightarrow 2h = 800 \Rightarrow h = 400$ मीटर, अतः झील के ऊपर बादल की ऊँचाई h = 400 मीटर

5. चित्र में मीनार AB की ऊँचाई = $50\sqrt{3}$ मीटर

यदि मीनार के आधार से 50 मीटर दूरी पर

उन्नयन कोण θ हो तो,

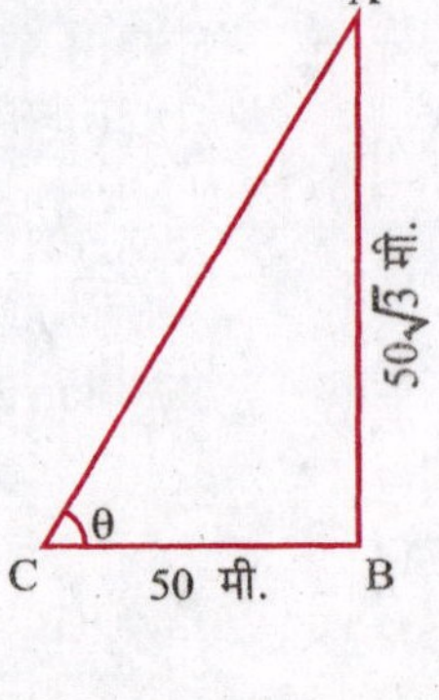

$\tan\theta = \dfrac{50\sqrt{3}}{50} = \sqrt{3} = \tan 60^0$

$\therefore \quad \theta = 60^0$

6. चित्रानुसार P पर पतंग तथा PR पतंग का मांझा है।

जहाँ PR = 80 मीटर और मांझा का क्षैतिज सतह से बना कोण $=\angle PRQ = 60^0$

समकोण ΔPQR में $\sin 60^0 = \dfrac{PQ}{PR}$

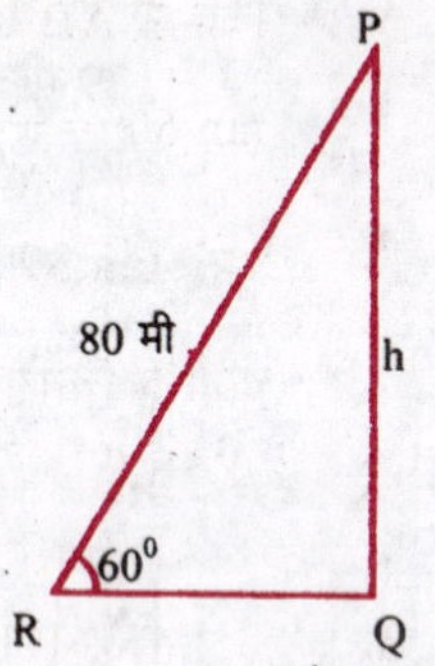

$\therefore \quad \dfrac{\sqrt{3}}{2} = \dfrac{h}{80} \Rightarrow h = \dfrac{80 \times \sqrt{3}}{2} = 40\sqrt{3}$ मीटर

$\therefore$ पतंग की ऊर्ध्वाधर ऊँचाई $= h = 40\sqrt{3}$ मीटर

7. चित्र में AB दीवार और AC सीढ़ी है।

सीढ़ी का उन्नयन कोण ACB है। जहाँ $\angle ACB = 60^0$

$\therefore \quad \cos 60^0 = \dfrac{BC}{AC} \Rightarrow \dfrac{1}{2} = \dfrac{4.6}{AC}$

$\therefore \quad AC = 2 \times 4.6 = 9.2$ मीटर

$\therefore$ सीढ़ी की लम्बाई = AC = 9.2 मीटर

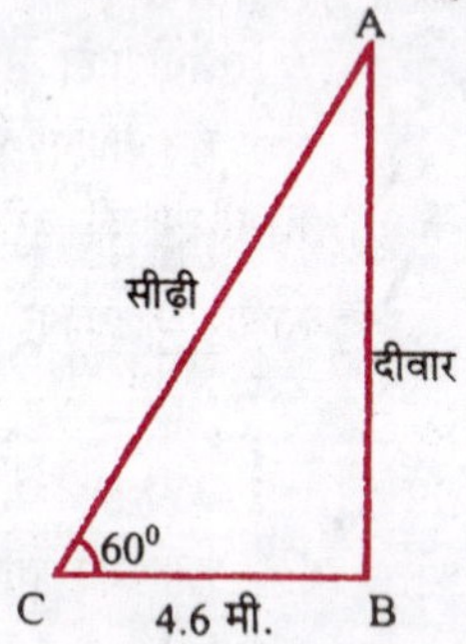

8. चित्र में AB प्रेक्षक की लम्बाई = 1.6 मीटर = EC

DC टावर है और $\angle DAE = 30^0$

AE = BC = 45 मीटर

ΔADE में $\tan 30^0 = \dfrac{DE}{AE} \Rightarrow \dfrac{1}{\sqrt{3}} = \dfrac{DE}{45}$

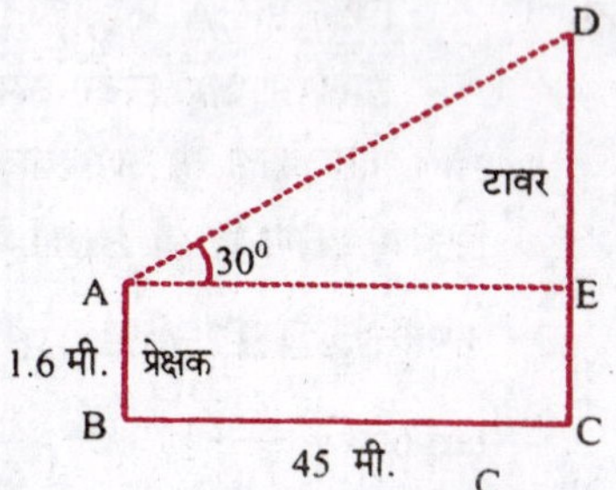

$\therefore \quad DE = \dfrac{45}{\sqrt{3}} = \dfrac{45 \times \sqrt{3}}{\sqrt{3} \times \sqrt{3}} = \dfrac{45\sqrt{3}}{3} = 15\sqrt{3}$ मीटर

$= 15 \times 1.732 = 25.98$ मीटर

$\therefore$ टावर की ऊँचाई = DE + EC = 25.98 + 1.6 = 27.58 मीटर

चित्र में BC मीनार और मीनार से 40 मीटर की दूरी पर इसके शीर्ष का उन्नयन कोण BAC है। जहाँ $\angle BAC = 60^0$

$\therefore \quad \tan 60^0 = \dfrac{BC}{AB} \Rightarrow \sqrt{3} = \dfrac{BC}{40} \Rightarrow BC = 40\sqrt{3}$ मीटर

$\therefore$ मीनार की ऊँचाई = BC = $40\sqrt{3}$ मीटर

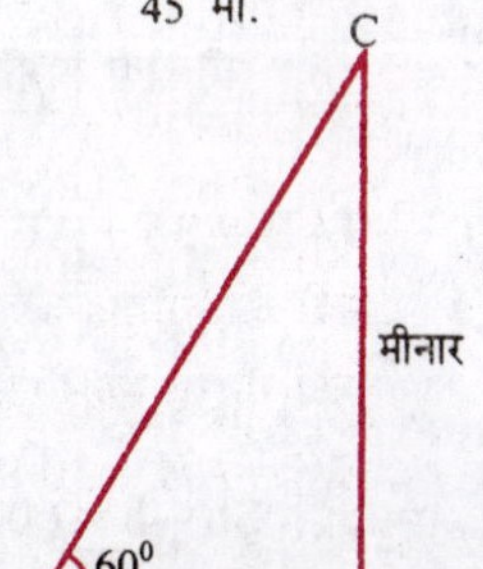

. चित्र में पेड़ AB है जो बिन्दु C से टूटता है। पेड़ का शीर्ष भाग B भूमि को बिन्दु B' पर स्पर्श करता है। जहाँ AB' = 10 मी. और $\angle AB'C = 30^0$

$\therefore \quad \cos 30^0 = \dfrac{AB'}{CB'} \Rightarrow \dfrac{\sqrt{3}}{2} = \dfrac{10}{CB'} \Rightarrow CB' = \dfrac{20}{\sqrt{3}} \Rightarrow CB = CB' = \dfrac{20}{\sqrt{3}}$ मीटर

पुनः $\tan 30^0 = \dfrac{AC}{AB'} \Rightarrow \dfrac{1}{\sqrt{3}} = \dfrac{AC}{10} \Rightarrow AC = \dfrac{10}{\sqrt{3}}$ मी., अतः पेड़ की ऊँचाई = BC + CA

$= \dfrac{20}{\sqrt{3}} + \dfrac{10}{\sqrt{3}} = \dfrac{30}{\sqrt{3}} = \dfrac{30 \times \sqrt{3}}{\sqrt{3} \times \sqrt{3}} = \dfrac{30\sqrt{3}}{3} = 10\sqrt{3}$ मीटर

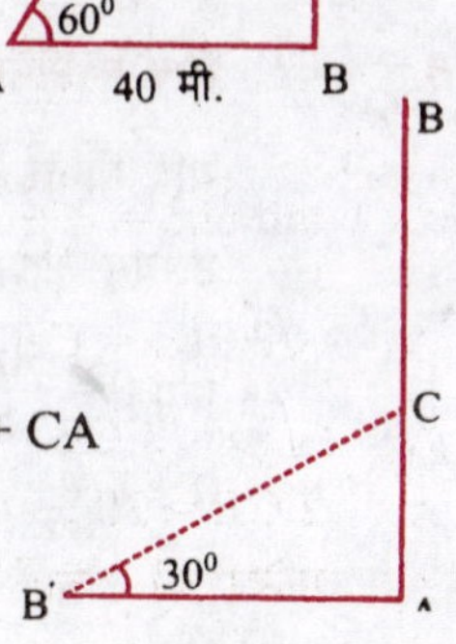

11. चित्र में AB खम्भा है, जबकि C और D दो व्यक्ति हैं।

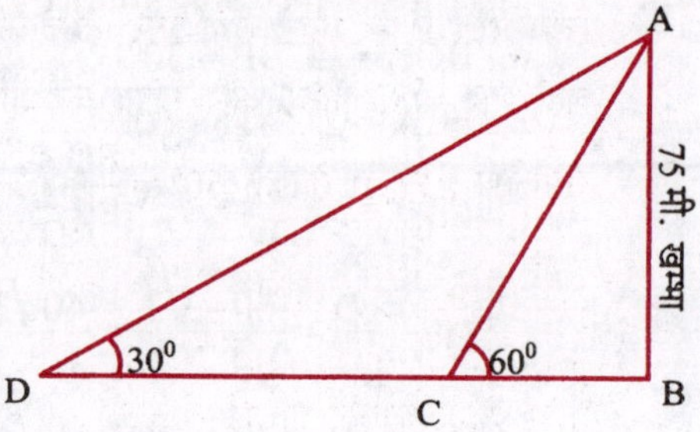

$\tan 60^0 = \frac{AB}{BC} \Rightarrow \sqrt{3} = \frac{75}{BC} \Rightarrow BC = \frac{75}{\sqrt{3}}$

पुनः $\tan 30^0 = \frac{AB}{BD} \Rightarrow \frac{1}{\sqrt{3}} = \frac{75}{BD} \Rightarrow BD = 75\sqrt{3}$ मीटर

$\therefore$ दोनों व्यक्तियों के बीच की दूरी $= BD - BC$

$= 75\sqrt{3} - \frac{75}{\sqrt{3}} = \frac{225-75}{\sqrt{3}} = \frac{150}{\sqrt{3}}$

$= \frac{150\times\sqrt{3}}{\sqrt{3}\times\sqrt{3}} = \frac{150\times\sqrt{3}}{3} = 50\sqrt{3}$ मीटर

12. चित्र में AB स्तम्भ तथा BC ध्वज है।

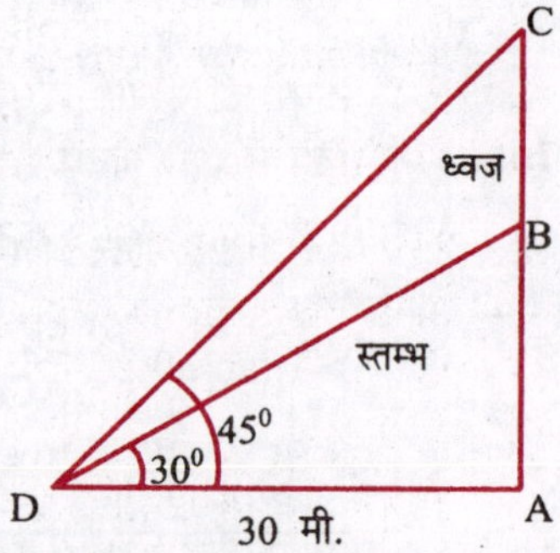

30 मीटर की दूरी पर ध्वज के शीर्ष का कोण ADC और आधार का कोण ADB है।

$\therefore$ $\tan 45^0 = \frac{AC}{AD} \Rightarrow 1 = \frac{AC}{30} \Rightarrow AC = 30$ मीटर

$\tan 30^0 = \frac{AB}{AD} \Rightarrow \frac{1}{\sqrt{3}} = \frac{AB}{30}$

$\therefore$ $AB = \frac{30}{\sqrt{3}} = \frac{30\times\sqrt{3}}{\sqrt{3}\times\sqrt{3}} = \frac{30\times\sqrt{3}}{3} = 10\sqrt{3} = 10\times 1.732 = 17.32$ मीटर

$\therefore$ ध्वज की ऊँचाई $BC = AC - AB = 30 - 17.32 = 12.68$ मीटर

13. चित्र में नदी AB की एक किनारे A पर वृक्ष AC तथा दूसरे किनारे B पर व्यक्ति खड़ा है। तब वृक्ष द्वारा अन्तरित $\angle ABC = 60^0$, 36 मीटर पीछे बिन्दु D पर वृक्ष द्वारा अन्तरित $\angle ADC = 30^0$

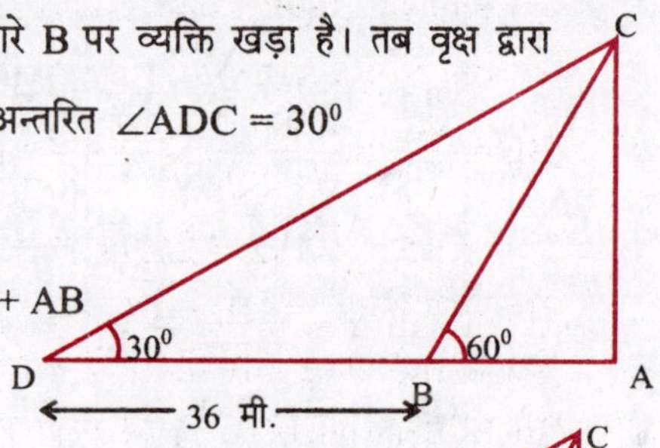

$\therefore$ $\tan 60^0 = \frac{AC}{AB} \Rightarrow \sqrt{3} = \frac{AC}{AB} \Rightarrow AC = \sqrt{3}\,AB$

अब $\tan 30^0 = \frac{AC}{AD} \Rightarrow \frac{1}{\sqrt{3}} = \frac{\sqrt{3}AB}{36+AB} \Rightarrow \sqrt{3}\cdot\sqrt{3}AB = 36 + AB$

$\therefore$ $3AB = 36 + AB \Rightarrow 2\,AB = 36 \Rightarrow AB = 18$ मी.

$\therefore$ नदी की चौड़ाई $= AB = 18$ मीटर

14. चित्र में 30 मीटर ऊँची इमारत AB तथा मन्दिर CD है।

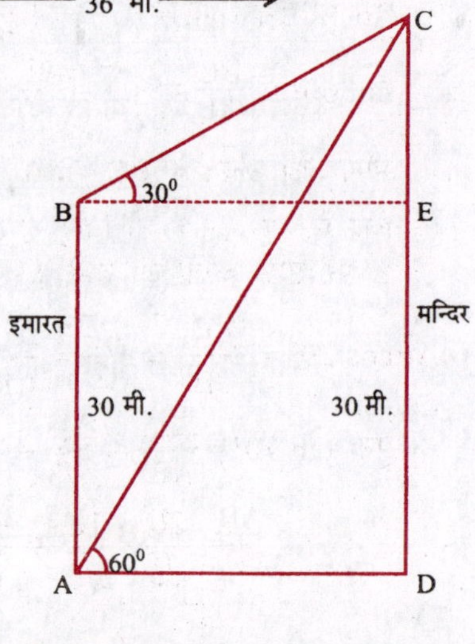

$\therefore$ $DE = AB = 30$ मीटर, $\angle DAC = 60^0$, $\angle CBE = 30^0$

$\therefore$ $\tan 30^0 = \frac{CE}{BE} \Rightarrow \frac{1}{\sqrt{3}} = \frac{CE}{BE} \Rightarrow BE = \sqrt{3}\,CE$

$\tan 60^0 = \frac{CD}{AD} \Rightarrow \sqrt{3} = \frac{CE+30}{BE}$

$\therefore$ $\sqrt{3}\,BE = CE + 30$

$\therefore$ $\sqrt{3}\times\sqrt{3}\,CE = CE + 30 \Rightarrow 3CE = CE + 30$

$\therefore$ $2\,CE = 30 \Rightarrow CE = 15$ मीटर

$\therefore$ मन्दिर की ऊँचाई $= CD = 30 + 15 = 45$ मीटर

15. चित्र में 60 मीटर ऊँची इमारत CD तथा टावर AB है।

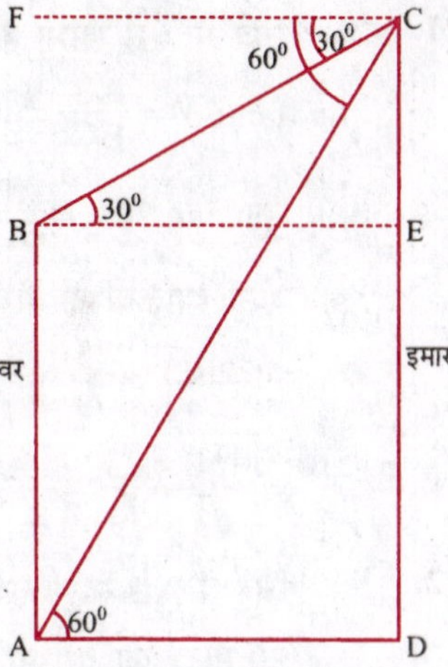

$\therefore$ $\angle BCF = \angle CBE = 30^0$

$\angle FCA = \angle CAD = 60^0$

$\therefore$ $\tan 60 = \dfrac{CD}{AD} \Rightarrow \sqrt{3} = \dfrac{60}{AD}$

$\therefore$ $AD = \dfrac{60}{\sqrt{3}} = \dfrac{60 \times \sqrt{3}}{\sqrt{3} \times \sqrt{3}} = \dfrac{60\sqrt{3}}{3} = 20\sqrt{3}$ मीटर

$\therefore$ $BE = AD = 20\sqrt{3}$ मीटर

अब $\tan 30^0 = \dfrac{CE}{BE} \Rightarrow \dfrac{1}{\sqrt{3}} = \dfrac{CE}{20\sqrt{3}} \Rightarrow CE = 20$ मीटर

$\therefore$ टावर की ऊँचाई $AB = DE = CD - CE = 60 - 20 = 40$ मीटर

16. चित्र में CD मीनार है। बिन्दु A से मीनार का उन्नयन कोण $CAD = 30^0$

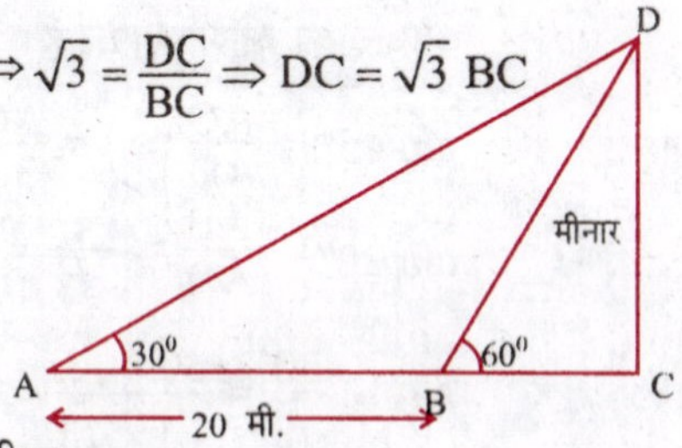

$AB = 20$ मीटर चलने पर $\angle CBD = 60^0$, अतः $\tan 60^0 = \dfrac{DC}{BC} \Rightarrow \sqrt{3} = \dfrac{DC}{BC} \Rightarrow DC = \sqrt{3}\ BC$

अब $\tan 30^0 = \dfrac{DC}{AC} \Rightarrow \dfrac{1}{\sqrt{3}} = \dfrac{\sqrt{3}\ BC}{20 + BC} \Rightarrow 3\ BC = 20 + BC$

$\therefore$ $3\ BC - BC = 20 \Rightarrow 2\ BC = 20 \Rightarrow BC = 10$ मीटर

$\therefore$ मीनार की ऊँचाई $DC = \sqrt{3}\ BC = \sqrt{3} \times 10 = 10\sqrt{3}$ मीटर

17. चित्र में AB टावर है। टावर से दूरी $BC = 4$ मीटर और $BD = 9$ मीटर

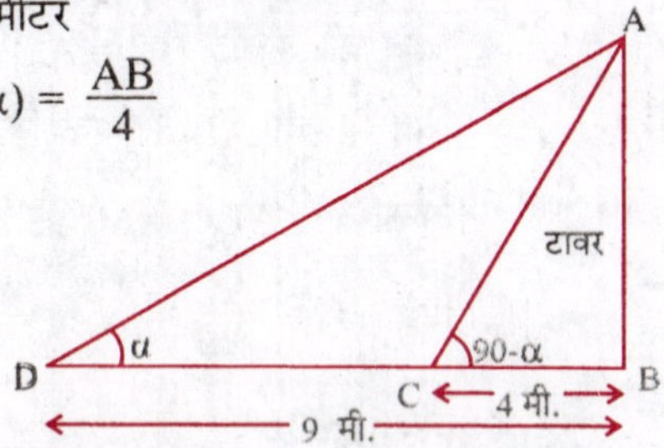

$\therefore$ माना $\angle ADB = \alpha$ और $\angle ACB = 90^0 - \alpha$, अतः $\tan (90 - \alpha) = \dfrac{AB}{4}$

$\therefore$ $\cot \alpha = \dfrac{AB}{4} \Rightarrow \dfrac{1}{\tan \alpha} = \dfrac{AB}{4} \Rightarrow AB = \dfrac{4}{\tan \alpha}$

अब ΔABD में $\tan \alpha = \dfrac{AB}{9} \Rightarrow \tan \alpha = \dfrac{\left(\dfrac{4}{\tan \alpha}\right)}{9}$

$\therefore$ $9 \tan \alpha = \dfrac{4}{\tan \alpha} \Rightarrow \tan^2 \alpha = \dfrac{4}{9} \Rightarrow \tan \alpha = \dfrac{2}{3}$

$\therefore$ $AB = \dfrac{4}{\tan \alpha} = \dfrac{4}{\left(\dfrac{2}{3}\right)} = 4 \times \dfrac{3}{2} = 6$ मीटर, अतः टावर की ऊँचाई $= AB = 6$ मीटर

8. चित्रानुसार AC मीनार है जहां $\angle ABC = \theta$ उन्नयन कोण है।

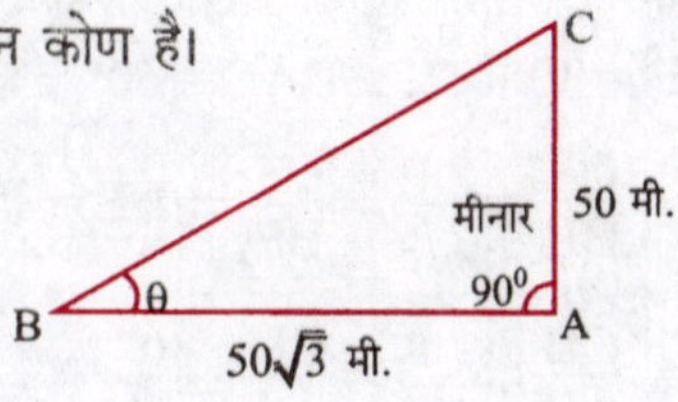

$\therefore$ $\tan \theta = \dfrac{\text{लम्ब}}{\text{आधार}} = \dfrac{50}{50\sqrt{3}} = \dfrac{1}{\sqrt{3}}$

$\therefore$ $\tan \theta = \dfrac{1}{\sqrt{3}} = \tan 30 \Rightarrow \theta = 30^0$

19. चित्रानुसार AB मीनार और BC सीढ़ी है।

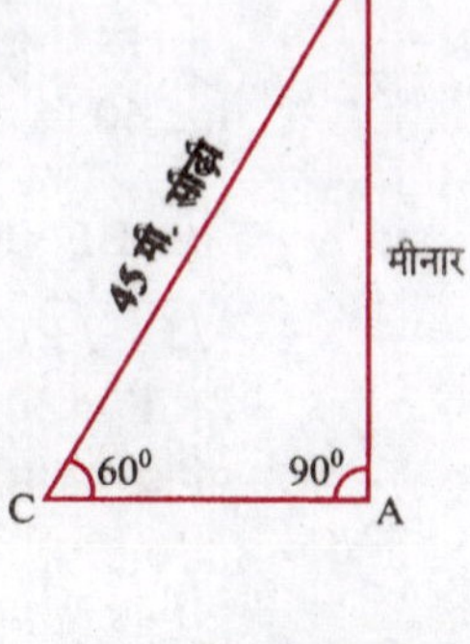

$\therefore$ $\sin 60 = \dfrac{\text{लम्ब}}{\text{कर्ण}} = \dfrac{AB}{45}$

$\therefore$ $\dfrac{\sqrt{3}}{2} = \dfrac{AB}{45} \Rightarrow AB = \dfrac{45\sqrt{3}}{2}$ मी., अतः मीनार की ऊँचाई $= \dfrac{45\sqrt{3}}{2}$ मी.

20. माना चित्र में AC नदी है, बिन्दु C पर उन्नयन कोण $ACB = 60^0$ है। किनारे C से 30 मी. चलने पर उन्नयन कोण $ADB = 30^0$, माना नदी की चौड़ाई x मी. है।

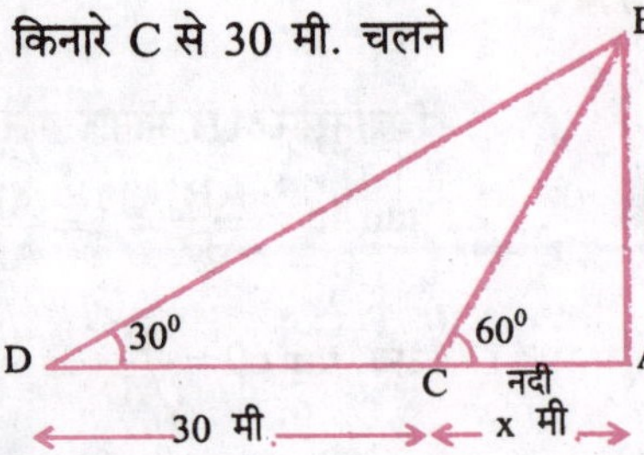

$\tan 60 = \dfrac{AB}{AC}$

$\therefore \quad \dfrac{\sqrt{3}}{1} = \dfrac{AB}{x} \Rightarrow AB = \sqrt{3x}$ मी.

$\therefore \quad \tan 30 = \dfrac{AB}{AD} \Rightarrow \dfrac{1}{\sqrt{3}} \Rightarrow \dfrac{\sqrt{3x}}{30+x} \Rightarrow \sqrt{3}.\sqrt{3x} = 30 + x$

$\therefore \quad 3x - x = 30$ या $2x = 30$ या $x = 15$ मी., अतः नदी AC की चौड़ाई = 15 मी.

21. सम्मुख चित्र में AB मूर्ति है तथा मूर्ति के शीर्ष का उन्नयन कोण $ACB = \theta$।
मूर्ति की ओर चलने पर उन्नयन कोण बढ़ेगा।

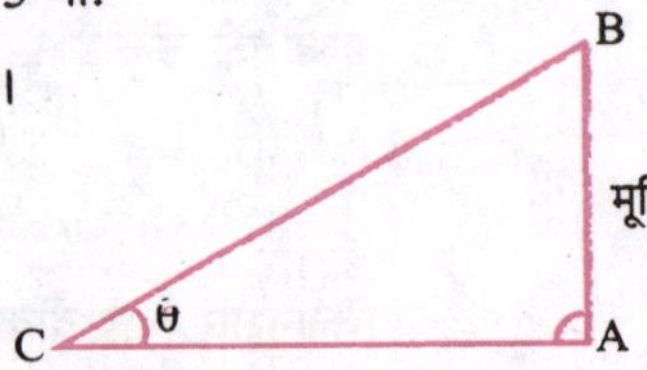

22. चित्र में AB दुर्ग की दीवार है।

अब $\tan\theta = \dfrac{AB}{AC} = \dfrac{AB}{120}$

पुनः $\tan 2\theta = \dfrac{AB}{AD}$, अतः $\dfrac{2\tan\theta}{1-\tan^2\theta} = \dfrac{AB}{45}$

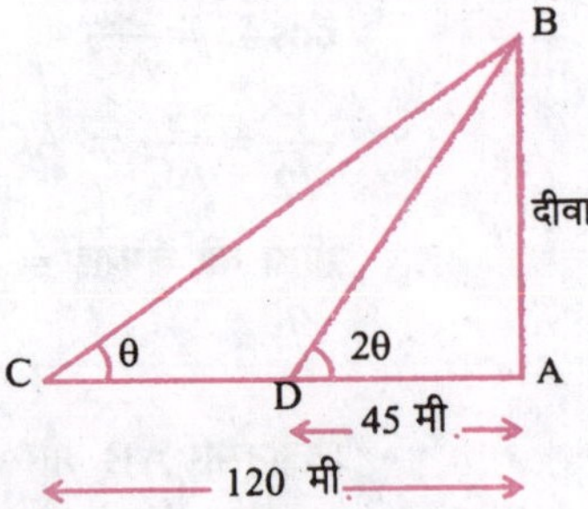

$$\therefore \quad \frac{2\times\dfrac{AB}{120}}{1-\left(\dfrac{AB}{120}\right)^2} = \frac{AB}{45} \Rightarrow \frac{\dfrac{AB}{60}}{1-\left(\dfrac{AB}{120}\right)^2} = \frac{AB}{45}$$

$$\therefore \quad \frac{AB}{60} = \frac{AB}{45}\times\left[1-\left(\frac{AB}{120}\right)^2\right] \Rightarrow \frac{3}{4} = 1-\left(\frac{AB}{120}\right)^2 \Rightarrow \left(\frac{AB}{120}\right)^2 = \frac{1}{4} \Rightarrow \frac{AB}{120} = \frac{1}{2} \Rightarrow AB = 60 \text{ मी.}$$

23. चित्र में AB खम्भा और CD सीढ़ी है।

$\angle ACB = 60^0$, अतः $\angle ABC = 30^0$

$\therefore \quad \angle ACD = 60 - 30 = 30^0$

$\therefore \quad \Delta ACD$ में $\sin 30 = \dfrac{AD}{CD}$

$\therefore \quad \dfrac{1}{2} = \dfrac{AD}{8} \Rightarrow AD = 4$ मी.

$\therefore \quad$ खम्भे की ऊँचाई = AD + DB = 4 + 8 = 12 मी.

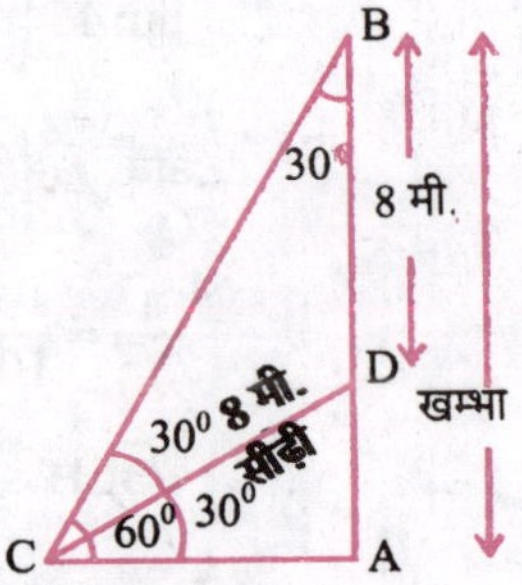

24. माना चित्रानुसार BC मीनार है।

$\therefore \quad \tan\theta = \dfrac{5}{12}$, अतः $\dfrac{BC}{AC} = \dfrac{5}{12}$

$\therefore \quad 5AC = 12\,BC \Rightarrow 5\,(192 + DC) = 12BC$

$960 + 5\,DC = 12BC$ ………………………(i)

पुनः $\tan\alpha = \dfrac{BC}{DC} \Rightarrow \dfrac{3}{4} = \dfrac{BC}{DC} \Rightarrow DC = \dfrac{4BC}{3}$

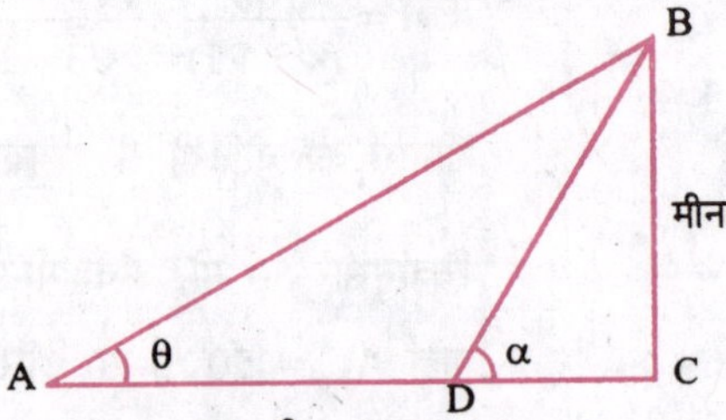

$\therefore \quad$ समी. (i) में DC का मान रखने पर,

$\therefore \quad 12BC = 960 + 5\times\dfrac{4BC}{3} \Rightarrow 12BC - \dfrac{20BC}{3} = 960 \Rightarrow \dfrac{16BC}{3} = \dfrac{960}{1} \Rightarrow BC = 180$ मी.

25. चित्रानुसार AB मीनार और BC झण्डा है।

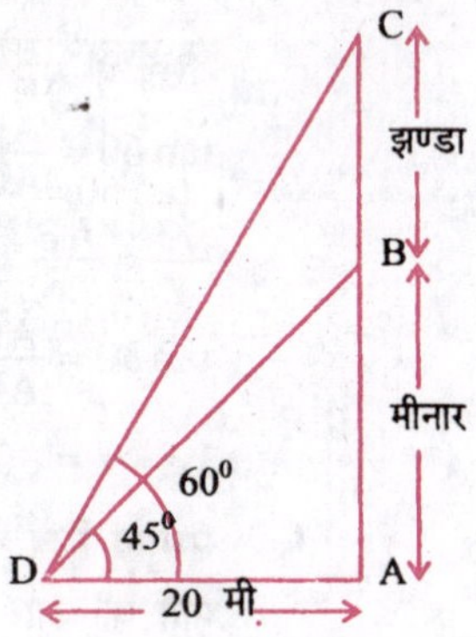

$\therefore \quad \tan 45 = \frac{AB}{AD} \Rightarrow 1 = \frac{AB}{AD} \Rightarrow AB = AD = 20$ मी.

अब $\tan 60 = \frac{AC}{AD} \Rightarrow \frac{\sqrt{3}}{1} = \frac{AB+BC}{AD} = \frac{20+BC}{20}$

$\therefore \quad 20 + BC = 20\sqrt{3} \Rightarrow BC = 20\sqrt{3} - 20 = 20(\sqrt{3}-1)$

$\therefore$ झण्डे की ऊँचाई $= BC = 20(\sqrt{3}-1)$ मी.

26. चित्रानुसार AB दीवार और AC सीढ़ी है।

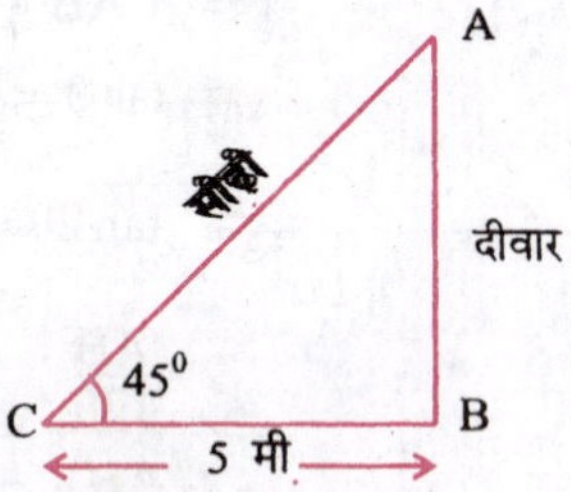

$\therefore \quad \cos 45 = \frac{BC}{AC}$

$\therefore \quad \frac{1}{\sqrt{2}} = \frac{5}{AC} \Rightarrow AC = 5\sqrt{2}$ मी.

$\therefore$ सीढ़ी की लम्बाई $= AC = 5\sqrt{2}$ मी.

27. चित्रानुसार AB और CD मीनार परस्पर 100 मी. क्षैतिज दूरी पर स्थित हैं। इनके ऊपर बिन्दु E पर वायुयान है।

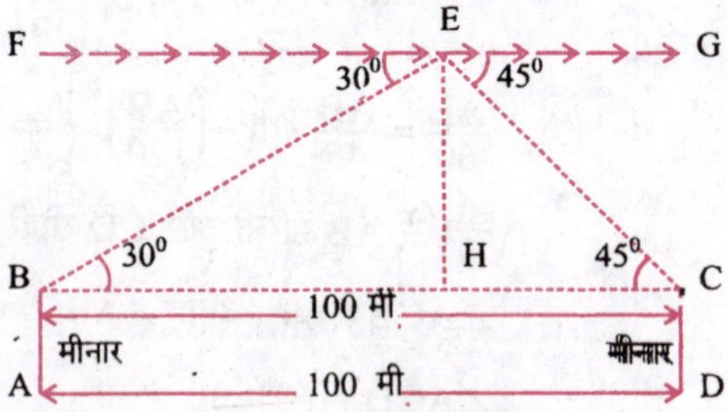

समकोण ΔECH में,

$\tan 45 = \frac{EH}{CH} \Rightarrow 1 = \frac{EH}{CH} \Rightarrow CH = EH$

अब $\tan 30 = \frac{EH}{BH}$

$\therefore \quad \frac{1}{\sqrt{3}} = \frac{EH}{100 - CH} = \frac{EH}{100 - EH} \Rightarrow \sqrt{3}EH = 100 - EH$

$\therefore \quad \sqrt{3}EH + EH = 100 \Rightarrow EH(\sqrt{3}+1) = 100 \Rightarrow EH = \frac{100}{\sqrt{3}+1}$

$\therefore \quad EH = \frac{100}{(\sqrt{3}+1)} \times \frac{(\sqrt{3}-1)}{\sqrt{3}-1} = \frac{100(\sqrt{3}-1)}{3-1} = \frac{100(\sqrt{3}-1)}{2} = 50(\sqrt{3}-1)$

$\therefore$ मीनारों की चोटियों से वायुयान की ऊँचाई $= 50(\sqrt{3}-1)$ मी.

28. चित्रानुसार 50 मी. ऊँची मीनार AB हैं।

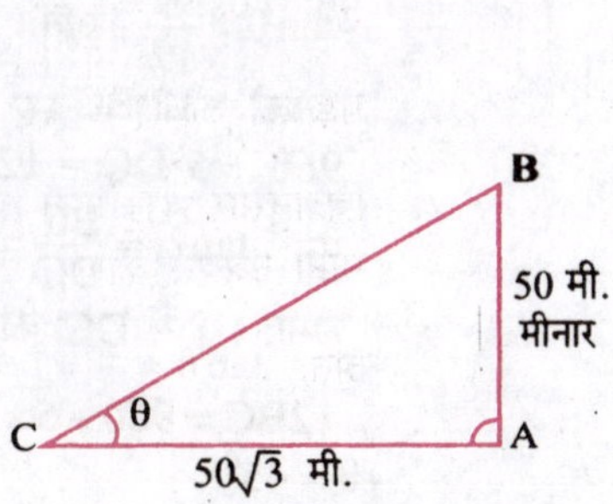

जहां $AC = 50\sqrt{3}$ मी. और उन्नयन कोण $= \theta$

$\therefore \quad \tan\theta = \frac{50}{50\sqrt{3}} = \frac{1}{\sqrt{3}} = \tan 30$

$\therefore$ उन्नयन कोण $\theta = 30^0$

29. चित्र में AB मीनार हैं।

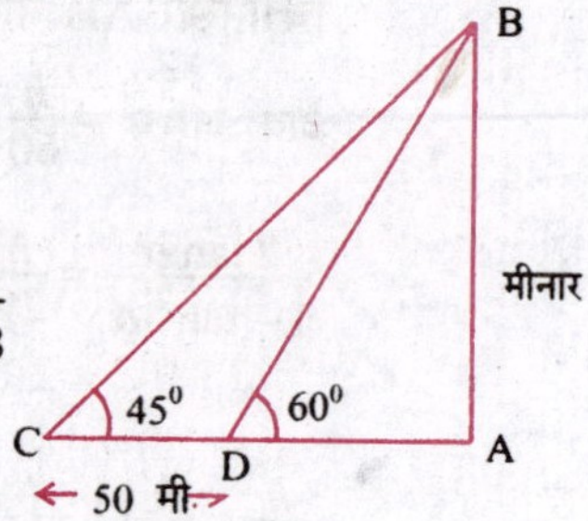

$\therefore \quad \tan 60 = \dfrac{AB}{AD} \Rightarrow \dfrac{\sqrt{3}}{1} = \dfrac{AB}{AD} \Rightarrow AB = \sqrt{3}AD$

अब $\tan 45 = \dfrac{AB}{50 + AD} \Rightarrow \dfrac{1}{1} = \dfrac{AB}{50 + \dfrac{AB}{\sqrt{3}}} = \dfrac{AB}{\dfrac{50\sqrt{3} + AB}{\sqrt{3}}} = \dfrac{\sqrt{3}AB}{50\sqrt{3} + AB}$

$\therefore \quad \sqrt{3}AB = 50\sqrt{3} + AB \Rightarrow \sqrt{3}AB - AB = 50\sqrt{3}$

$\therefore \quad AB(\sqrt{3} - 1) = 50\sqrt{3} \Rightarrow AB = \dfrac{50\sqrt{3} \times (\sqrt{3} + 1)}{\sqrt{3} - 1 \times (\sqrt{3} + 1)} = \dfrac{50\sqrt{3}(\sqrt{3} + 1)}{3 - 1} = \dfrac{50\sqrt{3}(\sqrt{3} + 1)}{2}$

$= 25\sqrt{3}\ (\sqrt{3} + 1)$ मी.

$\therefore$ मीनार की ऊँचाई $= AB = 25\sqrt{3}(\sqrt{3} + 1)$ मी.

30. माना चित्रानुसार पेड़ AB बिन्दु C से टूटकर बिन्दु D पर जमीन से 30^0 कोण बनाता हैं।

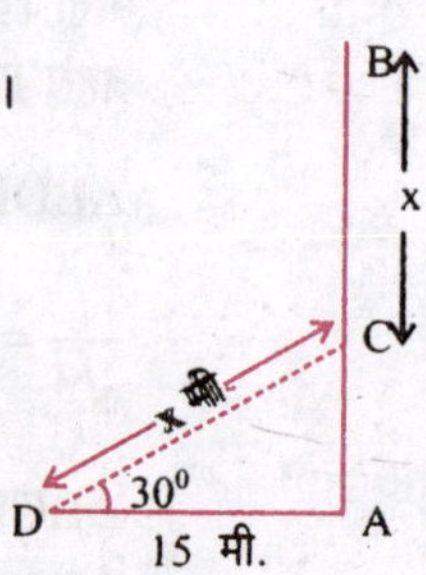

$\cos 30 = \dfrac{15}{x} \Rightarrow \dfrac{\sqrt{3}}{2} = \dfrac{15}{x}$

$x = \dfrac{30}{\sqrt{3}} = \dfrac{30 \times \sqrt{3}}{\sqrt{3} \times \sqrt{3}} = \dfrac{30\sqrt{3}}{3} = 10\sqrt{3}$ मी.

$\therefore$ पेड़ के टूटे भाग की लम्बाई $= x = 10\sqrt{3}$ मी.

31. चित्र में AB मीनार और BC सीढ़ी है।

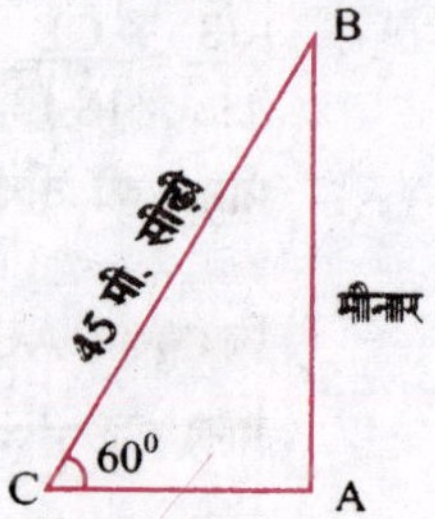

$\therefore \quad \sin 60 = \dfrac{AB}{45} \Rightarrow \dfrac{\sqrt{3}}{2} = \dfrac{AB}{45}$

$\therefore \quad AB = \dfrac{45\sqrt{3}}{2}$ मी.

$\therefore$ मीनार की ऊँचाई $= AB = \dfrac{45\sqrt{3}}{2}$ मी.

32. माना चित्रानुसार पेड़ AB बिन्दु C पर टूटकर जमीन को बिन्दु D पर छूता है और $\angle ACD = 30^0$ जहां AD = 20 मी.

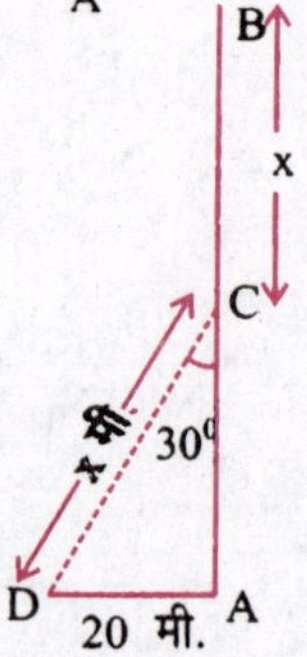

अब $\sin 30 = \dfrac{AD}{DC} \Rightarrow \dfrac{1}{2} = \dfrac{20}{DC} \Rightarrow DC = 40$ मी.

पुनः $\cos 30 = \dfrac{AC}{DC}$, अत : $\dfrac{\sqrt{3}}{2} = \dfrac{AC}{40} \Rightarrow AC = 20\sqrt{3}$ मी.

$\therefore$ पेड़ की ऊँचाई $= AC + x = 20\sqrt{3} + 40 = 20(\sqrt{3} + 2)$ मी.

33. चित्रानुसार AB पोल तथा AC उसकी परछाई (प्रतिबिम्ब) है।
माना उन्नयन कोण θ है।

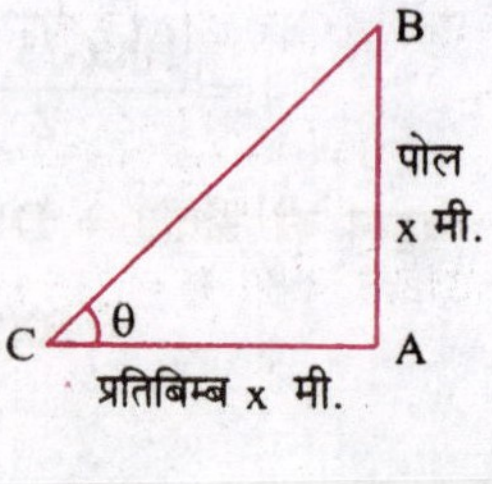

अतः $\tan\theta = \dfrac{x}{x} = 1 = \tan 45$

$\therefore \quad \theta = 45^0$

34. चित्रानुसार AB मीनार है और AC = 20 मी. तथा CD = 40 मी.

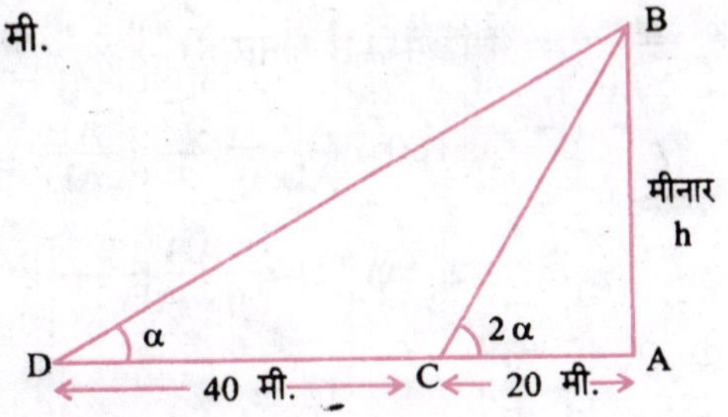

अब $\tan\alpha = \frac{h}{60}$ तथा $\tan 2\alpha = \frac{h}{20}$

$\therefore \quad \frac{2\tan\alpha}{1-\tan^2\alpha} = \frac{h}{20} \Rightarrow \frac{2\times\frac{h}{60}}{1-\left(\frac{h}{60}\right)^2} = \frac{h}{20}$

$\therefore \quad \frac{h}{30} = \frac{h}{20}\left[1-\left(\frac{h}{20}\right)^2\right] \Rightarrow \frac{2}{3} = 1-\left(\frac{h}{60}\right)^2 \Rightarrow \left(\frac{h}{60}\right)^2 = \frac{1}{3} \Rightarrow \frac{h}{60} = \frac{1}{\sqrt{3}}$

$\therefore \quad h = \frac{60}{\sqrt{3}} = \frac{60\times\sqrt{3}}{\sqrt{3}\times\sqrt{3}} = \frac{60\times\sqrt{3}}{3} = 20\sqrt{3}$ मी., अतः मीनार की ऊँचाई $h = 20\sqrt{3}$ मी.

35. माना चित्रानुसार AB मकान और CD मीनार है।

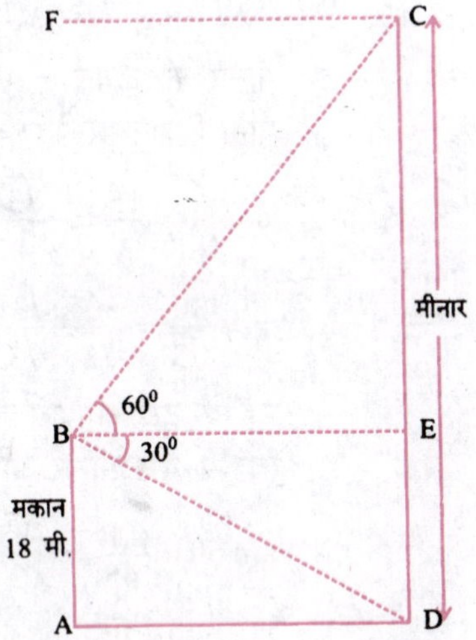

जहां DE = AB = 18 मी.

ΔBDE में $\tan 30 = \frac{DE}{BE}$

$\therefore \quad \frac{1}{\sqrt{3}} = \frac{18}{BE} \Rightarrow BE = 18\sqrt{3}$ मी.

ΔBCE में $\tan 60 = \frac{CE}{BE}$

$\therefore \quad \frac{\sqrt{3}}{1} = \frac{CE}{18\sqrt{3}} \Rightarrow CE = \sqrt{3}\times 18\sqrt{3} = 54$ मी.

$\therefore$ मीनार की ऊँचाई $= DE + EC = 18 + 54 = 72$ मी.

36. चित्रानुसार AB मीनार और CD चट्टान है।

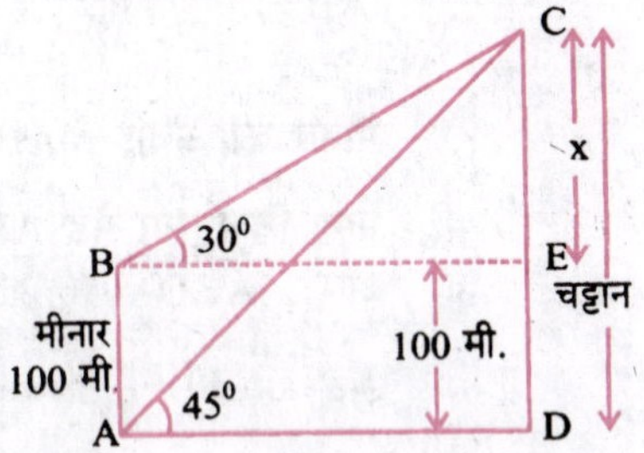

माना CE = x मी.

ΔBCE में $\tan 30 = \frac{CE}{BE} \Rightarrow \frac{1}{\sqrt{3}} = \frac{x}{BE} \Rightarrow BE = \sqrt{3}x$

ΔADC में $\tan 45 = \frac{CD}{AD}$

$\therefore \quad \frac{1}{1} = \frac{100+x}{BE} \Rightarrow BE = 100 + x \Rightarrow \sqrt{3}x = 100 + x \Rightarrow \sqrt{3}x - x = 100$

$x(\sqrt{3}-1) = 100 \Rightarrow x = \frac{100}{(\sqrt{3}-1)} = \frac{100\times(\sqrt{3}+1)}{(\sqrt{3}-1)(\sqrt{3}+1)}$

$= \frac{100(\sqrt{3}+1)}{2} = 50(\sqrt{3}+1)$

$\therefore$ चट्टान की ऊँचाई $= DE + x = 100 + 50(\sqrt{3}+1)$ मी.

$= 50(2+\sqrt{3}+1) = 50(\sqrt{3}+3)$ मी.

37. चित्रानुसार AB मकान और BC झण्डा है।

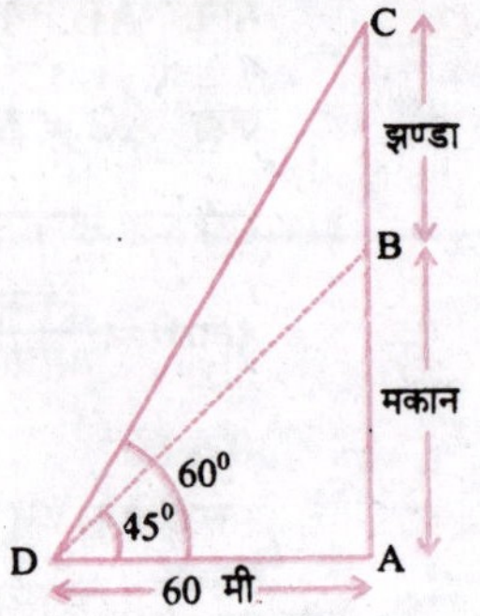

$\tan 45 = \frac{AB}{AD} \Rightarrow 1 = \frac{AB}{60} \Rightarrow AB = 60$ मी.

अब $\tan 60 = \frac{AC}{AD} \Rightarrow \frac{\sqrt{3}}{1} = \frac{AC}{60}$

$AC = 60\sqrt{3} \Rightarrow AB + BC = 60\sqrt{3}$

$\therefore$ $60 + BC = 60\sqrt{3} \Rightarrow BC = 60\sqrt{3} - 60 = 60(\sqrt{3} - 1)$

$\therefore$ झण्डे की ऊँचाई $= BC = 60(\sqrt{3} - 1)$ मी.

38. $\tan 30 = \frac{\text{लम्ब}}{\text{आधार}} = \frac{9}{AC}$

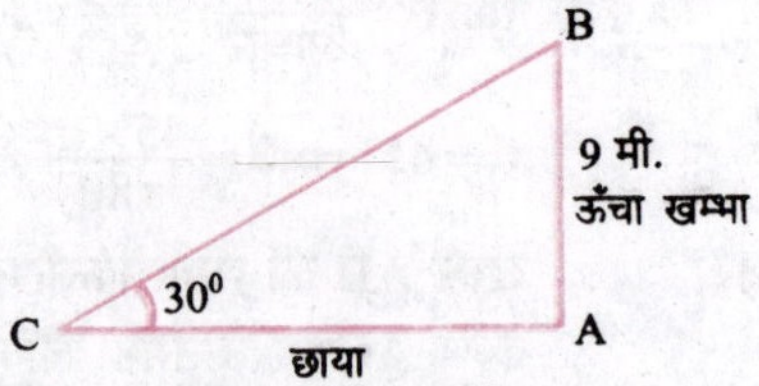

$\therefore$ $\frac{1}{\sqrt{3}} = \frac{9}{AC} \Rightarrow AC = 9\sqrt{3}$ मी.

छाया की लम्बाई $= 9\sqrt{3}$ मी.

39. AB भवन, BC चिमनी और भूमितल पर कोई बिन्दु D है। भवन के शीर्ष का उन्नयन कोण $ADB = x^0$

चिमनी के शीर्ष का उन्नयन कोण $ADC = 45^0$

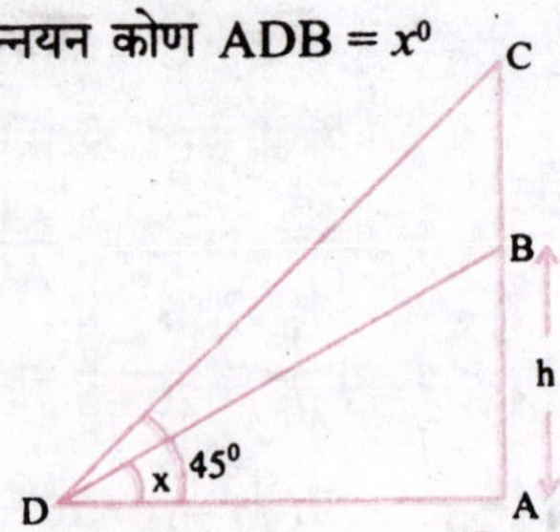

$\therefore$ $\tan 45 = \frac{AC}{AD} \Rightarrow 1 = \frac{AC}{AD} \Rightarrow AD = AC$

अब $\tan x = \frac{h}{AD} = \frac{h}{AC} = \frac{h}{h + BC}$

$\therefore$ $h + BC = \frac{h}{\tan x} = h \cot x \Rightarrow BC = h \cot x - h$

$\therefore$ चिमनी की ऊँचाई $= h \cot x - h$

40. AB पेड़ तथा CD भवन है जहां $\angle BCE = x$ और $\angle CAD = y$

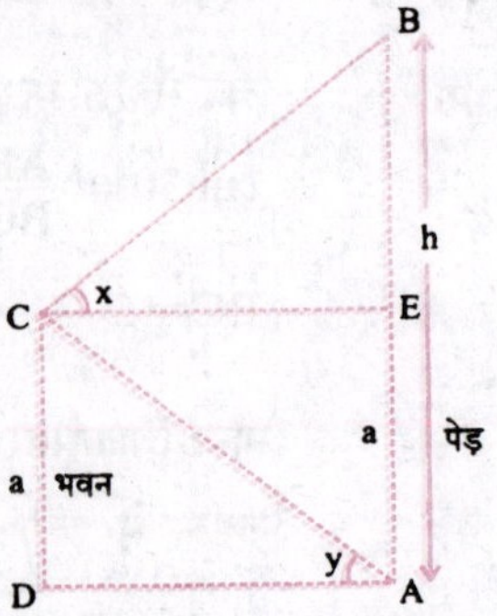

माना भवन की CD ऊँचाई a मी. है, अतः $CD = EA = a$

$\therefore$ $\cot y = \frac{AD}{a} \Rightarrow AD = a \cot y$, अब $\cot x = \frac{CE}{BE} = \frac{AD}{h - a} = \frac{a \cot y}{h - a}$

$\therefore$ $a \cot y = h \cot x - a \cot x \Rightarrow a(\cot x + \cot y) = h \cot x$

$\therefore$ $a = \frac{h \cot x}{\cot x + \cot y}$ अर्थात् भवन की ऊँचाई $= \frac{h \cot x}{\cot x + \cot y}$

41. खम्भा AB और खम्भा CD बराबर ऊँचाई के हैं। जहां $AB = CD = h$

माना बिन्दु E पर $\angle BEA = 30^0$ और $\angle CED = 60^0$, पुनः माना $DE = x$ मी. और $EA = (100 - x)$ मी.

अब ΔCDE में $\tan 60 = \frac{CD}{DE}$, अतः $\frac{\sqrt{3}}{1} = \frac{CD}{x} \Rightarrow \frac{\sqrt{3}}{1} = \frac{h}{x} \Rightarrow x = \frac{h}{\sqrt{3}}$

इसी प्रकार ΔABE में, $\tan 30 = \frac{AB}{AE} \Rightarrow \frac{1}{\sqrt{3}} = \frac{h}{(100 - x)} \Rightarrow \sqrt{3}h = 100 - x$

$\therefore$ $h\sqrt{3} = 100 - \frac{h}{\sqrt{3}} \Rightarrow \sqrt{3}h + \frac{h}{\sqrt{3}} = 100 \Rightarrow \frac{3h + h}{\sqrt{3}} = 100$

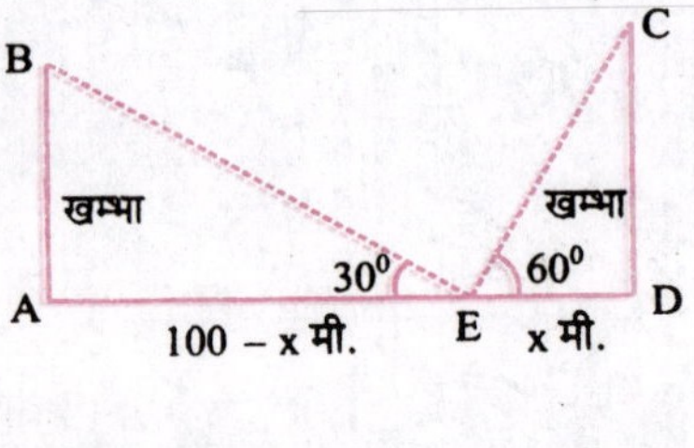

$\frac{4h}{\sqrt{3}} = \frac{100}{1} \Rightarrow h = \frac{100 \times \sqrt{3}}{4} = 25\sqrt{3}$ मी.

$\therefore$ हर खम्भे की ऊँचाई $h = 25\sqrt{3}$ मी.

42. मीनार AB तथा उसकी साया (छाया) AC है।

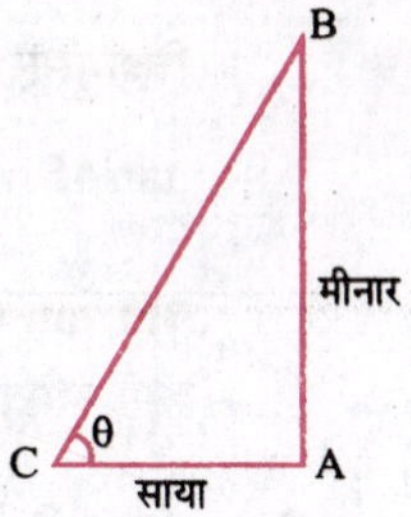

जहां $AC = AB \times \frac{1}{\sqrt{3}} \Rightarrow \frac{AB}{AC} = \sqrt{3}$

सूर्य का उन्नयन कोण $C = \theta$

$\therefore \quad \tan\theta = \frac{\text{लम्ब}}{\text{आधार}} = \frac{AB}{AC} = \sqrt{3} = \tan 60$

$\therefore \quad \theta = 60^0$

43. स्तम्भ AB की छाया AC है जहां AB = AC और सूर्य के साथ उन्नयनकोण C है।

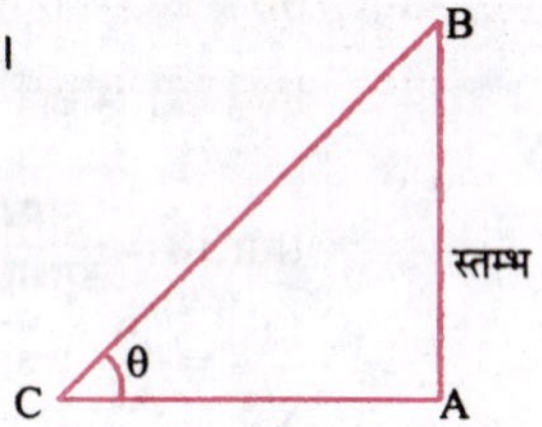

$\therefore \quad \tan\theta = \frac{\text{लम्ब}}{\text{आधार}} = \frac{AB}{AC} = \frac{AC}{AC} = 1 = \tan 45$

$\therefore \quad \theta = 45^\circ \Rightarrow \theta = \frac{45 \times \pi}{180} = \frac{\pi}{4}$ रेडियन

44. खम्भे AB की छाया किसी समय AC तथा किसी समय AD थी।

छाया AC पर उन्नयन कोण = 30^0, छाया AD पर उन्नयन कोण = 45^0

छाया AC – छाया AD = 20 मी. = CD

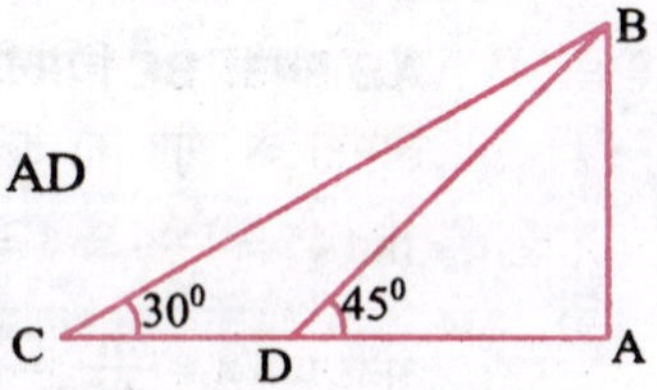

माना खम्भे की ऊँचाई h मी. है। अतः $\tan 45 = \frac{h}{AD} \Rightarrow 1 = \frac{h}{AD} \Rightarrow h = AD$

अब $\tan 30 = \frac{AB}{AC} = \frac{AB}{CD + AD}$

$\therefore \quad \frac{1}{\sqrt{3}} = \frac{h}{20+h} \Rightarrow \sqrt{3}h = 20 + h \Rightarrow \sqrt{3}h - h = 20$

$\therefore \quad h(\sqrt{3}-1) = 20 \Rightarrow h = \frac{20}{\sqrt{3}-1} = \frac{20 \times (\sqrt{3}+1)}{(\sqrt{3}-1)(\sqrt{3}+1)} = \frac{20(\sqrt{3}+1)}{3-1} = 10(\sqrt{3}+1)$ मी.

45. चित्र में 15 मी. ऊँचा खम्भा AB है और C पर व्यक्ति।

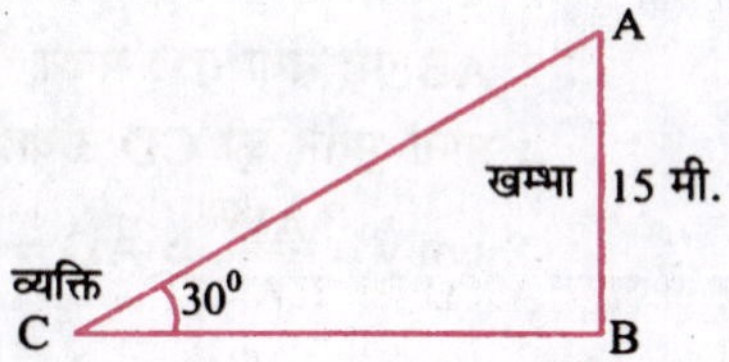

$\therefore \quad \tan 30 = \frac{AB}{BC} \Rightarrow \frac{1}{\sqrt{3}} = \frac{15}{BC}$

$BC = 15\sqrt{3}$, अतः खम्भे से व्यक्ति की दूरी = $BC = 15\sqrt{3}$ मी.

46. माना चित्रानुसार बिन्दु C पर सीमा और बिन्दु A पर पतंग है।

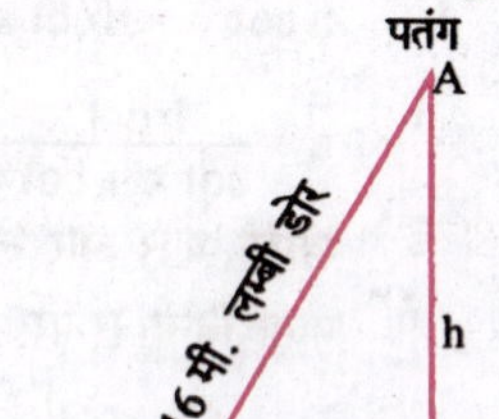

जमीन से पतंग की ऊँचाई h हो तो $\sin 60^0 = \frac{h}{16}$

$\therefore \quad \frac{\sqrt{3}}{2} = \frac{h}{16} \Rightarrow 2h = 16 \times \sqrt{3}$

$\therefore \quad h = \frac{16\sqrt{3}}{2} = 8\sqrt{3}$ मी.

27 वृत्त, जीवा, चाप एवं स्पर्श रेखा (Circle, Chord, Arc and Tangent)

वृत्त– किसी समतल में स्थित किसी स्थिर बिन्दु के परितः एक नियत दूरी पर गतिशील बिन्दु का पथ वृत्त कहलाता है। स्थिर बिन्दु को वृत्त का केन्द्र तथा नियत दूरी को वृत्त की त्रिज्या (r) कहते हैं। सम्मुख चित्र में स्थिर बिन्दु C से नियत दूरी r तक चारों ओर जो पथ बना है वह वृत्त है और बिन्दु C वृत्त का केन्द्र तथा दूरी r वृत्त की त्रिज्या है।

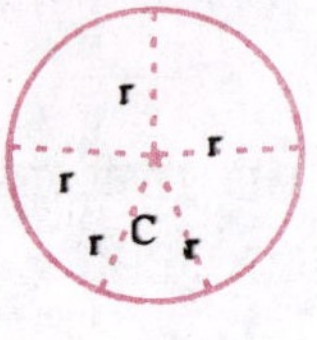

परिधि– वृत्त का परिमाप परिधि कहलाता है। परिधि = व्यास $\times \pi = 2\pi r$।

त्रिज्या– वृत्त के केन्द्र से परिधि तक की दूरी त्रिज्या (r) कहलाती है। त्रिज्या को अर्धव्यास भी कहते हैं। त्रिज्या = $\frac{\text{व्यास}}{2}$ या 2 × त्रिज्या = व्यास।

जीवा– परिधि पर स्थित किन्हीं दो बिन्दुओं को मिलाने वाली सरल रेखा जीवा कहलाती है। चित्र में AB और CD दो जीवाएं हैं। किसी वृत्त में अनन्त जीवाएं खींची जा सकती हैं।

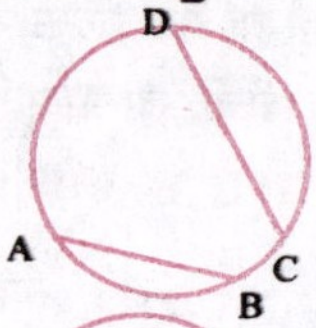

व्यास– वृत्त के केन्द्र से होकर जाने वाली जीवा को वृत्त का व्यास कहते हैं। दूसरे शब्दों में वृत्त की सबसे बड़ी जीवा को वृत्त का व्यास कहते हैं। सम्मुख चित्र में वृत्त का केन्द्र C तथा व्यास AB है।

चाप– परिधि पर स्थित दो बिन्दुओं के बीच का भाग चाप कहलाता है। चित्र में AB, BC, CA तीन चाप हैं।

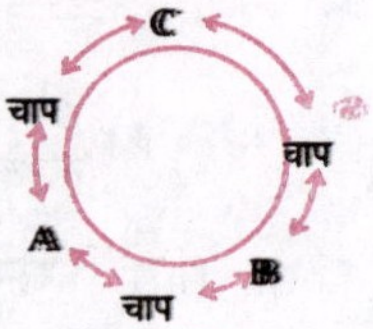

चाप का अंशमाप– चाप द्वारा केन्द्र पर अन्तरित कोण की माप चाप का अंशमाप कहलाता है। चित्र में चाप AXB का अंश माप α और चाप AYB का अंशमाप β है।

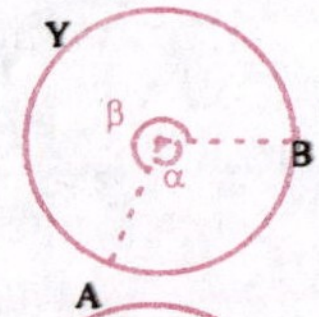

वृत्त खण्ड– वृत्त की प्रत्येक जीवा वृत्त के तल (चक्रिका) को दो खण्डों में विभाजित करती है। प्रत्येक खण्ड को वृत्त खण्ड कहते हैं। बड़े खण्ड को दीर्घ वृत्तखण्ड और छोटे खण्ड को लघुवृत्त खण्ड कहते हैं।

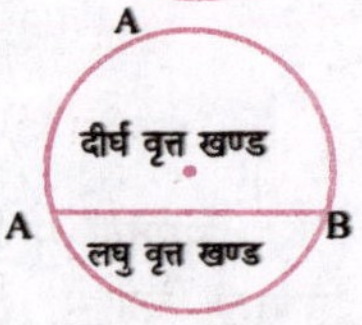

अर्द्ध वृत्त– वृत्त का व्यास वृत्त को दो बराबर खण्डों में विभक्त करता है, प्रत्येक खण्ड को अर्धवृत्त कहते हैं। चित्र में AB व्यास है। अतः एक अर्धवृत्त AXB है और दूसरा अर्धवृत्त AYB है।

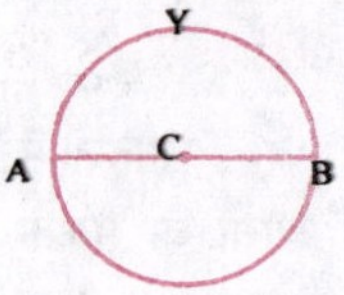

स्पर्श रेखा– वह सरल रेखा, जो वृत्त के एक और केवल एक ही बिन्दु पर स्पर्श करती है, स्पर्श रेखा कहलाती है। *अथवा* वह सरल रेखा, जो वृत्त के एक और केवल एक ही बिन्दु से होकर जाती है, स्पर्श रेखा कहलाती है। चित्र में रेखा PQ वृत्त को केवल एक और एक ही बिन्दु X पर स्पर्श कर रही है। अतः रेखा PXQ एक स्पर्श रेखा है।

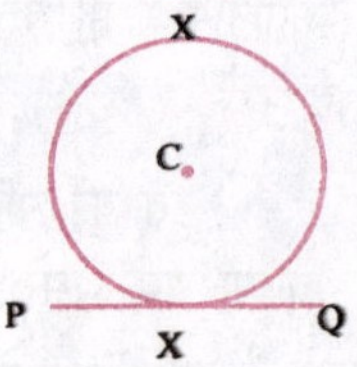

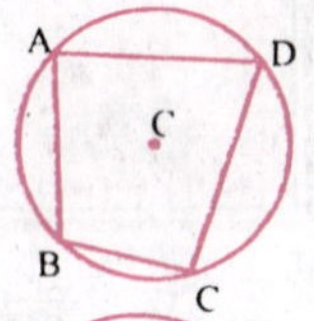

चक्रीय चतुर्भुज – जिस चतुर्भुज के चारों शीर्ष किसी वृत्त की परिधि पर स्थित हों, उसे चक्रीय चतुर्भुज कहते हैं। दूसरे शब्दों में, जिस चतुर्भज के चारों शीर्षों से होकर जाता हुआ कोई वृत्त खींचा जा सके, उसे चक्रीय चतुर्भुज कहते हैं। चित्र में □ABCD एक चक्रीय चतुर्भुज है।

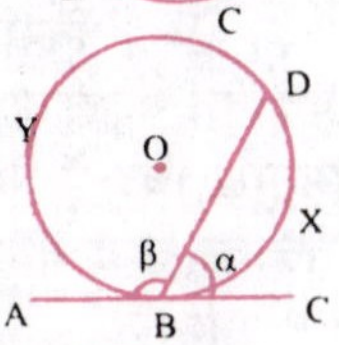

एकान्तर वृत्तखण्ड – सम्मुख चित्र में स्पर्श बिन्दु B से एक स्पर्श रेखा ABC और एक जीवा BD खींची गयी है। अतः $\angle\alpha$ का एकान्तर वृत्तखण्ड BYDB तथा $\angle\beta$ का एकान्तर वृत्तखण्ड BXDB है।

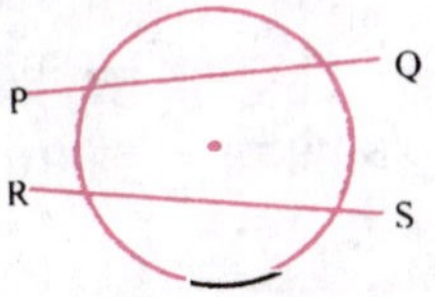

छेदक रेखा – वृत्त के बाहर एक तरफ से वृत्त को दो भागों में बांटती हुई दूसरी तरफ निकलती रेखा को छेदक रेखा कहते हैं। चित्र में PQ और RS दो छेदक रेखाएं हैं। वृत्त की अनन्त छेदक रेखाएं खींची जा सकती हैं।

वृत्तों की विभित्र स्पर्श रेखाएं

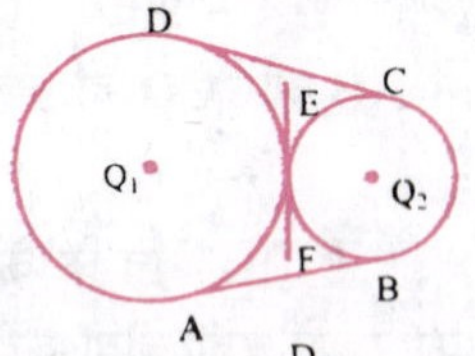

(i) वाह्यतः स्पर्श करने वाले दो वृत्तों पर 3 उभयनिष्ठ स्पर्श रेखाएं खींची जा सकती हैं। जैसे चित्र में O_1 तथा O_2 केन्द्र वाले दो वृत्त एक दूसरे को वाह्यतः स्पर्श कर रहे हैं। उनकी तीन उभयनिष्ठ स्पर्श रेखाएं खींची गयी हैं- पहली AB, दूसरी CD और तीसरी EF हैं।

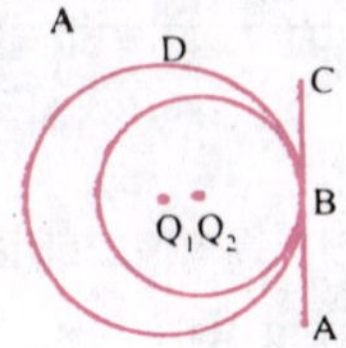

(ii) अन्तः स्पर्श करने वाले दो वृत्तों पर केवल एक और एक ही उभनिष्ठ स्पर्श रेखा खींची जा सकती हैं। जैसे सम्मुख चित्र में O_1 तथा O_2 केन्द्र वाले दो वृत्त परस्पर अन्तः स्पर्श करते हैं। दोनों को स्पर्श करने वाली एक और केवल एक ही स्पर्श रेखा ABC है।

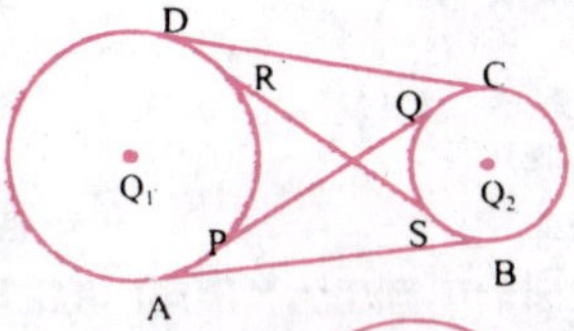

(iii) परस्पर स्पर्श न करने वाले दो वृत्तों पर कुल चार स्पर्श रेखाएं खींची जा सकती हैं। जिनमें दो उभयनिष्ठ अनुस्पर्शी और दो उभयनिष्ठ तिर्यक स्पर्श रेखाएं कहलाती हैं। चित्र में AB और CD उभयनिष्ठ अनुस्पर्शी हैं जबकि PQ और RS उभयनिष्ठ तिर्यक स्पर्श रेखाएं हैं।

वृत्त सम्बन्धी प्रमेय

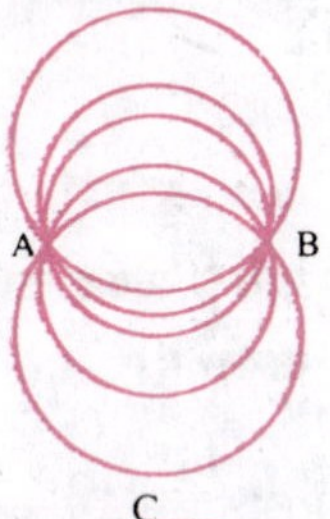

प्रमेय-1

समतल में स्थित किन्हीं दो बिन्दुओं से होकर जाने वाले अनन्त वृत्त खींचे जा सकते हैं। जैसे सम्मुख चित्र में A और B दो बिन्दु हैं, जिनसे होकर अनन्त वृत्त खींचे जा सकते हैं।

प्रमेय-2

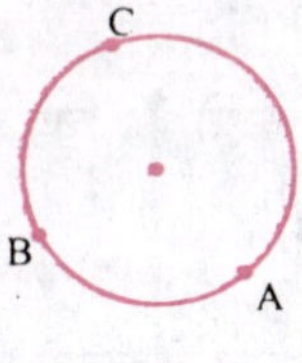

समतल में स्थित तीन बिन्दुओं (जो एक सरल रेखा में न हों) से होकर केवल एक और एक ही वृत्त खींचा जा सकता है। जैसे, चित्रानुसार तीन बिन्दु A, B, C एक सरल रेखा में नहीं हैं। अतः इनसे होकर केवल एक ही वृत्त खींचा गया है। इस वृत्त के अलावा और कोई दूसरा वृत्त नहीं खींचा जा सकता है।

प्रमेय-3

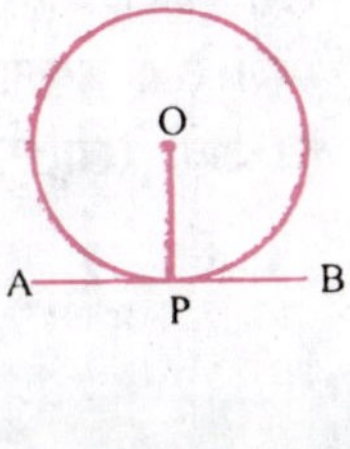

वृत्त की परिधि पर स्थित किसी बिन्दु से खींची गयी स्पर्श रेखा और उसी बिन्दु से खींची गयी त्रिज्या एक-दूसरे पर लम्ब होती हैं।

चित्र में OP त्रिज्या और AB स्पर्श रेखा है जो बिन्दु P पर एक दूसरे पर लम्ब हैं अर्थात् $OP \perp AB$

अतः $\angle OPA = \angle OPB = 90^0$

प्रमेय-4

वृत्त के केन्द्र से जीवा पर डाला गया लम्ब जीवा को समद्विभाजित करता है। चित्र में वृत्त के केन्द्र O से जीवा AB पर लम्ब OD डाला गया है

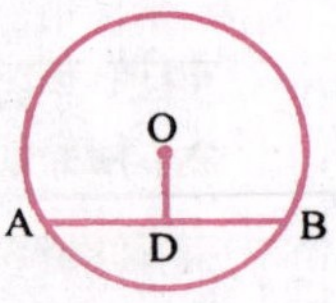

अतः $AD = DB = \frac{AB}{2}$

प्रमेय-5

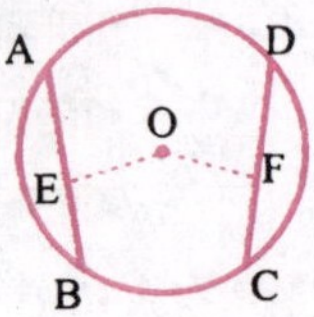

एक ही वृत्त में बराबर जीवाएं केन्द्र से बराबर दूरी पर स्थित होती हैं। चित्र में जीवा AB = जीवा CD, अतः OE = OF

प्रमेय-6

बराबर वृत्तों (सर्वांगसम वृत्तों) में बराबर जीवाएं केन्द्र से बराबर दूरी पर स्थित होती हैं। जैसे चित्र में O_1 तथा O_2 केन्द्र वाले दोनों वृत्त सर्वांगसम वृत्त हैं। यदि इनकी जीवाएँ AB और CD आपस में बराबर लम्बाई की हों तो $O_1E = O_2F$

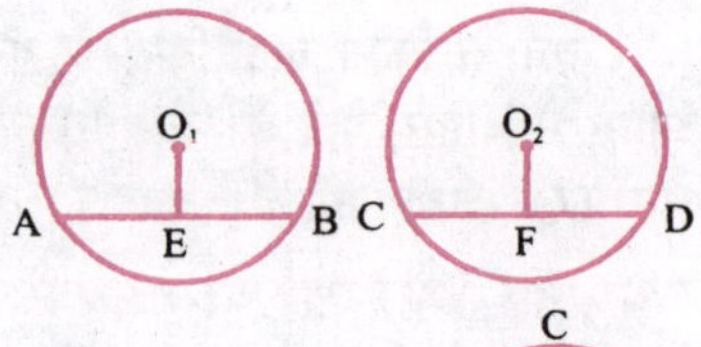

प्रमेय-7

किसी चाप द्वारा केन्द्र पर बनाया गया कोण शेष चाप पर बनाये गये कोण का दुगुना होता है। जैसे चित्र में $\angle AOB = 2 \times \angle ACB$

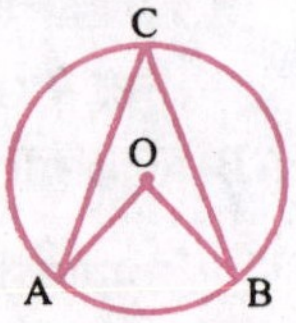

प्रमेय-8

एक ही वृत्तखण्ड के कोण बराबर होते हैं। जैसे चित्र में दीर्घवृत्त खण्ड में तीन कोण α, β, γ बने हैं, अतः $\angle\alpha = \angle\beta = \angle\gamma$ इसी प्रकार लघु वृत्तखण्ड में दो कोण θ और ϕ बने हैं अतः $\angle\theta = \angle\phi$

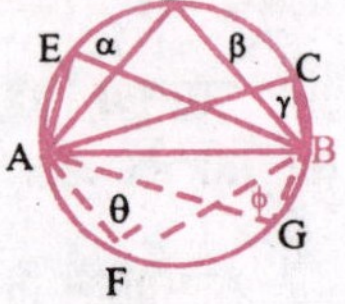

प्रमेय-9

अर्ध वृत्त का कोण समकोण होता है। जैसे चित्र में AOB व्यास है। अतः $\angle ACB = 90^0$ और $\angle ADB = 90^0$

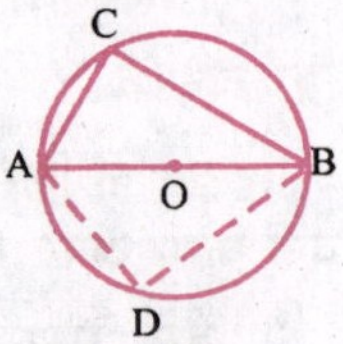

प्रमेय-10

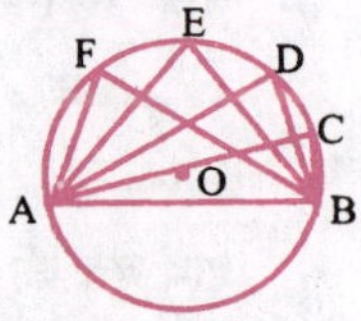

दीर्घ वृत्तखण्ड का कोण न्यूनकोण होता है।

जैसे चित्र में दीर्घ वृत्त खण्ड में चार कोण बनाये गये हैं। प्रत्येक कोण का मान 90^0 से छोटा होगा।

अर्थात् $\angle AFB < 90^0$, $\angle AEB < 90^0$, $\angle ADB < 90^0$, $\angle ACB < 90^0$

प्रमेय-11

लघु वृत्तखण्ड का कोण अधिक कोण होता है। जैसे चित्र में लघु वृत्तखण्ड में दो कोण क्रमशः $\angle ADB$ तथा $\angle ACB$ बनाये गये हैं। इन दोनों कोणों का मान 90^0 से 180^0 के बीच होगा।

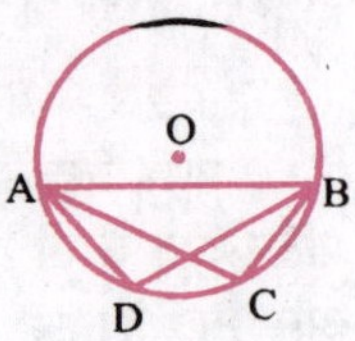

प्रमेय-12

चक्रीय चतुर्भुज के सम्मुख कोण सम्पूरक होते हैं।

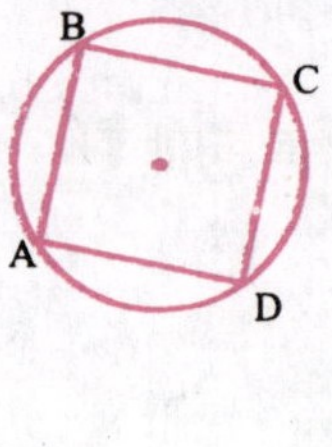

चित्र (i)

$\angle A + \angle C = 180^0$

$\angle B + \angle D = 180^0$

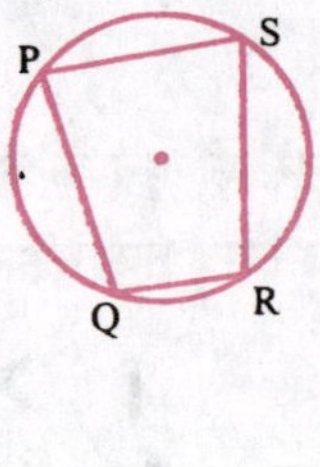

चित्र (ii)

$\angle P + \angle R = 180^0$

$\angle S + \angle Q = 180^0$

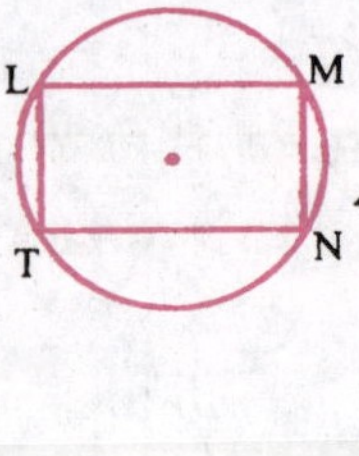

चित्र (iii)

$\angle T + \angle M = 180^0$

$\angle L + \angle N = 180^0$

प्रमेय-13

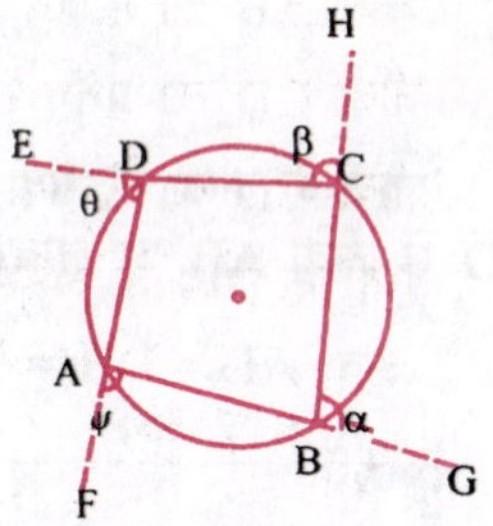

चक्रीय चतुर्भज का बहिष्कोण अपने सम्मुख अन्तः कोण के बराबर होता है।
जैसे चित्र में,

बहिष्कोण α = अन्तः कोण ADC

बहिष्कोण β = अन्तः कोण BAD

बहिष्कोण θ = अन्तः कोण ABC

बहिष्कोण ψ = अन्तः कोण BCD

प्रमेय-14

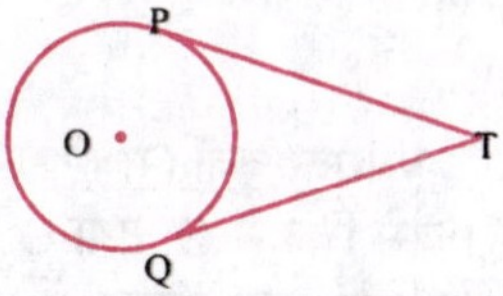

वृत्त के किसी वाह्य बिन्दु से वृत्त पर दो स्पर्श रेखाएं खींची जा सकती हैं और वे दोनों आपस में बराबर होती हैं। जैसे सम्मुख चित्र में वाह्य बिन्दु T से वृत्त पर दो स्पर्श रेखाएं TP और TQ खींची गयी हैं। अतः TP की लम्बाई = TQ की लम्बाई।

उभयनिष्ठ अनुस्पर्शी या उभयनिष्ठ स्पर्श रेखा

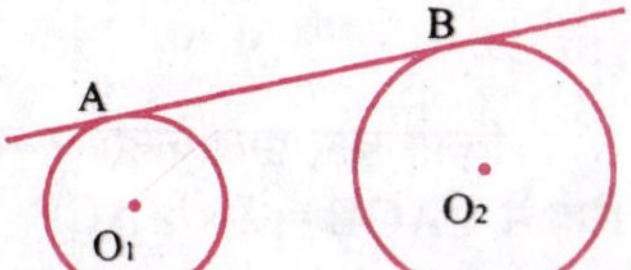

चित्र में O_1 तथा O_2 केन्द्र वाले दो वृत्तों को रेखा AB स्पर्श कर रही है। अतः रेखा AB दोनों वृत्तों की उभयनिष्ठ स्पर्श रेखा है।

उभयनिष्ठ स्पर्श रेखा की लम्बाई = $\sqrt{\text{केन्द्रों के बीच की दूरी}^2 - \text{त्रिज्याओं का अन्तर}^2}$

उभयनिष्ठ तिर्यक स्पर्शरेखा

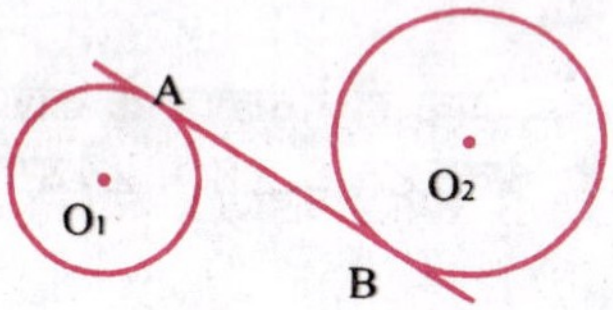

सम्मुख चित्र में O_1 तथा O_2 केन्द्र वाले दो वृत्तों को रेखा AB तिर्यक स्थिति में स्पर्श कर रही है। अतः रेखा AB वृत्तों की उभयनिष्ठ तिर्यक स्पर्श रेखा है।

उभयनिष्ठ तिर्यक स्पर्श रेखा की लम्बाई = $\sqrt{\text{केन्द्रों के बीच की दूरी}^2 - \text{त्रिज्याओं का योग}^2}$

प्रमेय-15

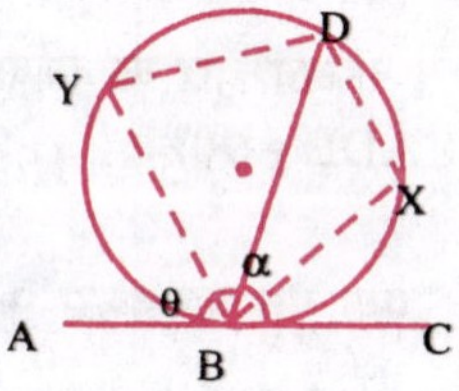

वृत्त के किसी बिन्दु पर खींची गयी जीवा और उसी बिन्दु पर खींची गयी स्पर्श रेखा के बीच बना कोण अपने एकान्तर वृत्तखण्ड के कोण के बराबर होता है।

जैसे- सम्मुख चित्र में बिन्दु B से एक जीवा BD और एक स्पर्श रेखा ABC खींची गयी है।

$\therefore \angle\alpha = \angle BYD$ और $\angle\theta = \angle BXD$

प्रमेय-16

यदि वृत्त की दो जीवाएं एक दूसरे को अन्दर या बाहर प्रतिच्छेदित करें तो उनके खण्डों से निर्मित आयत बराबर होते हैं। अर्थात उनके खण्डों के गुणनफल बराबर होते हैं।

प्रथम स्थिति

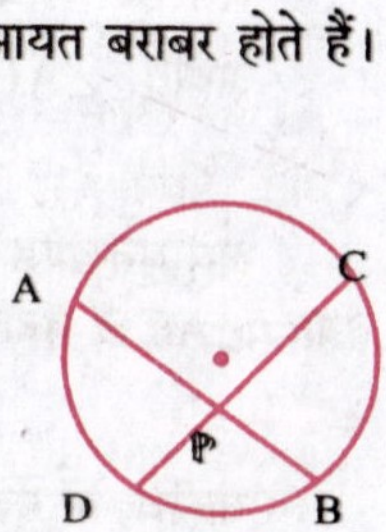

माना चित्रानुसार वृत्त की दो जीवाएं AB और CD एक दूसरे को वृत्त के अन्दर बिन्दु P पर प्रतिच्छेदित करती हैं। अतः जीवा AB के दो खण्ड AP और PB हैं जबकि जीवा CD के दो खण्ड CP और PD हैं।

अब प्रमेय के अनुसार AP. PB = CP. PD

द्वितीय स्थिति

माना चित्रानुसार वृत्त की दो जीवाएं AB और CD एक दूसरे को वृत्त के बाहर बिन्दु P पर प्रतिच्छेदित करती हैं।
अतः जीवा AB का प्रथम खण्ड = प्रथम बिन्दु से प्रतिच्छेद बिन्दु तक की दूरी = AP

जीवा AB का द्वितीय खण्ड = द्वितीय बिन्दु से प्रतिच्छेद बिन्दु तक की दूरी = BP

जीवा CD का प्रथम खण्ड = प्रथम बिन्दु से प्रतिच्छेद बिन्दु तक की दूरी = CP

जीवा CD का द्वितीय खण्ड = द्वितीय बिन्दु से प्रतिच्छेद बिन्दु तक की दूरी = DP

इसलिए प्रमेय के अनुसार, AP. BP = CP. DP

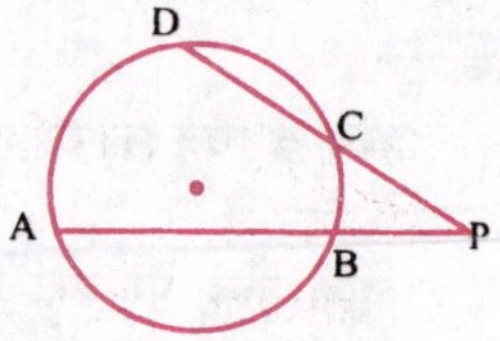

प्रमेय-17

वृत्त के बाहर स्थित किसी बिन्दु से एक स्पर्श रेखा खींची जाय और उसी बिन्दु से एक छेदक रेखा खींची जाय तो स्पर्श रेखा पर बना वर्ग, छेदक रेखा के खण्डों से निर्मित आयत के बराबर होता है।

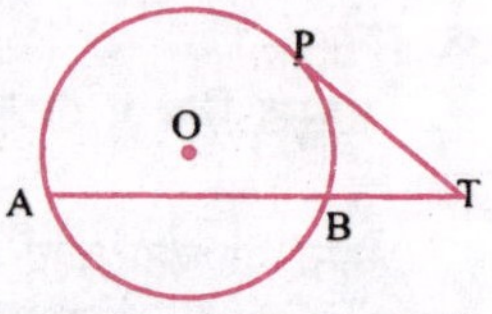

माना चित्रानुसार वृत्त के वाह्य बिन्दु T से वृत्त पर एक स्पर्श रेखा TP और एक छेदक रेखा TBA खींची गयी है। छेदक रेखा का प्रथम खण्ड = AT तथा द्वितीय खण्ड = BT। अतः TP पर बने वर्ग का क्षे. = AT और BT से निर्मित आयत का क्षे. $\Rightarrow TP^2 = AT.BT$

प्रमेय-18

वृत्त के बाहर स्थित किसी बिन्दु से अनन्त छेदक रेखाएं खींची जा सकती हैं जैसे चित्र में वृत्त के बाहर स्थित बिन्दु P से खींची गयी छेदक रेखाएं L_1, L_2, L_3, L_4, L_5 हैं।

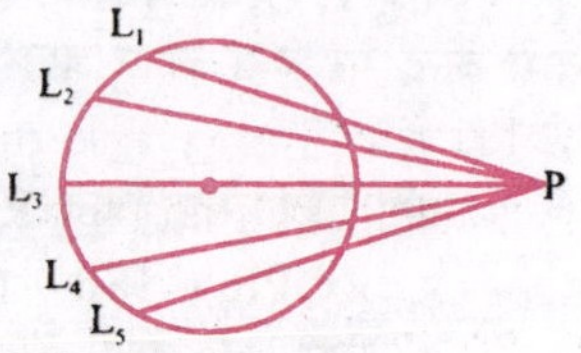

वृत्त सम्बन्धी उदाहरणार्थ हल प्रश्न

उदाहरण 1 :

एक वृत्त की त्रिज्या ज्ञात कीजिए, जिसमें जीवा AB = 8 सेमी. और जीवा AB पर केन्द्र से डाले गये लम्ब की लम्बाई OC = 3 सेमी., जहां O वृत्त का केन्द्र है।

हल :

चित्र में वृत्त की जीवा AB पर OC लम्ब है। चूंकि AB = 8 सेमी., अतः $AC = CB = \frac{8}{2} = 4$ सेमी.। समकोण त्रिभुज OAC में पाइथागोरस प्रमेय से,

$r^2 = 4^2 + 3^2 = 16 + 9 = 25 = 5^2 \Rightarrow$ त्रिज्या r = 5 सेमी.

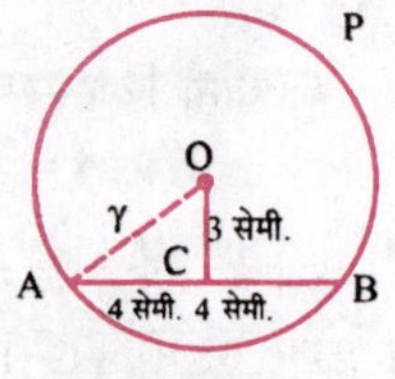

उदाहरण 2 :

एक वृत्त का व्यास 26 सेमी. है। उसके केन्द्र से 5 सेमी. की दूरी पर स्थित जीवा की लम्बाई ज्ञात कीजिए।

हल :

चित्र में व्यास AC = 26 सेमी. $\Rightarrow$ त्रिज्या $OA = \frac{26}{2} = 13$ सेमी.

केन्द्र O से 5 सेमी. दूरी पर स्थित जीवा AB है। अतः समकोण त्रिभुज OAD में पाइथागोरस प्रमेय से

$AD^2 + OD^2 = OA^2 \Rightarrow AD^2 + 25 = 169 \Rightarrow AD^2 = 169 - 25 = 144 = 12^2 \Rightarrow AD = 12$ सेमी.

अतः जीवा AB की लम्बाई $= 2 \times AD = 2 \times 12 = 24$ सेमी.

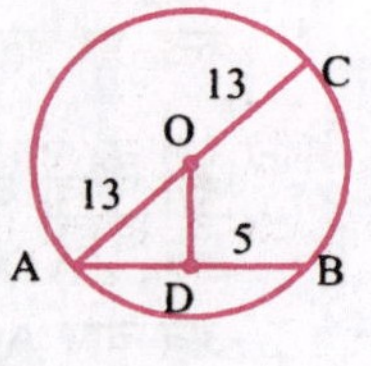

उदाहरण 3 :

किसी वृत्त में 16 सेमी. लम्बी जीवा पर केन्द्र से डाला गया लम्ब 6 सेमी. है, वृत्त का व्यास ज्ञात कीजिए।

हल :

सम्मुख चित्र में जीवा AB = 16 सेमी. $\Rightarrow AD = DB = \frac{16}{2} = 8$ सेमी.

केन्द्र से जीवा की दूरी OD = 6 सेमी., अतः समकोण त्रिभुज OAD में पाइथागोरस प्रमेय से,

$OA^2 = 8^2 + 6^2 = 64 + 36 = 100 = 10^2 \Rightarrow OA = 10$ सेमी.

$\therefore$ वृत्त का व्यास $AC = 2 \times OA = 2 \times 10 = 20$ सेमी.

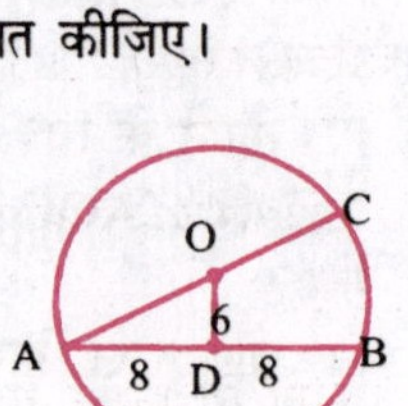

उदाहरण 4 :

सम्मुख चित्र (i) से ∠ABC और चित्र (ii) से ∠POR के मान ज्ञात कीजिए।

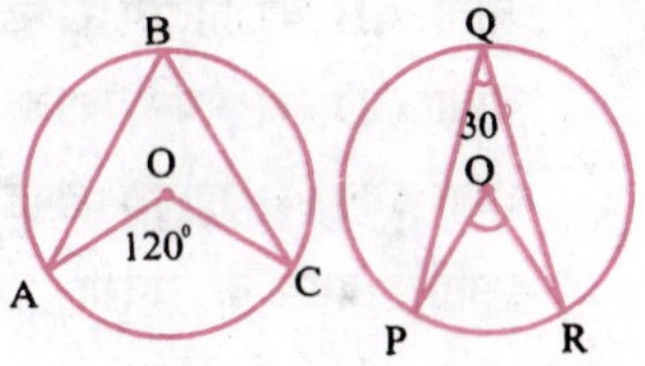

हल :

चूंकि केन्द्र पर बना कोण शेष चाप पर बने कोण का दुगुना होता है।

अतः $\angle ABC = \frac{120}{2} = 60^0$ और $\angle POR = 2 \times 30 = 60^0$

उदाहरण 5 :

सम्मुख चित्र में O वृत्त का केन्द्र है। ∠ABC का मान कितने अंश होगा?

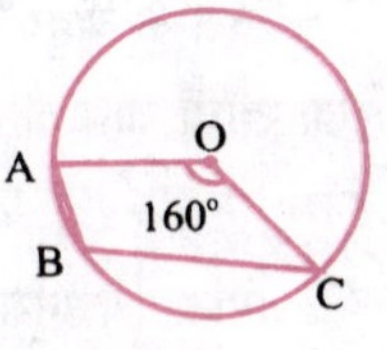

हल :

केन्द्र पर बना वृहद कोण $AOC = 360 - 160 = 200^0$

$\therefore \angle ABC = \frac{200}{2} = 100^0$

उदाहरण 6 :

बिन्दु P, Q, R वृत्त पर इस प्रकार हैं कि $\angle PQR = 50^0$ तथा $\angle QRP = 70^0$, तब चाप QR द्वारा केन्द्र पर बना कोण ज्ञात कीजिए।

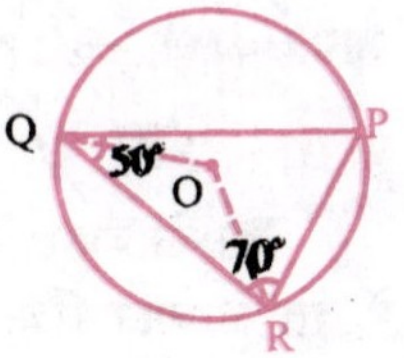

हल :

माना चित्रानुसार बिन्दु P, Q, R वृत्त पर स्थित हैं।

$\therefore \angle QPR = 180 - (70 + 50) = 180 - 120 = 60^0$

∴ चाप QR द्वारा केन्द्र पर बना कोण $= 2 \times 60 = 120$

उदाहरण 7 :

चक्रीय चतुर्भुज ABCD में ∠A, कोण C का 3 गुना और ∠B, ∠D का 2गुना है। ∠A तथा ∠D में कौन बड़ा है और कितना?

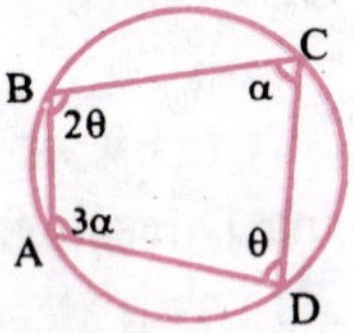

हल :

माना चित्रानुसार $\angle C = \alpha$ तथा $\angle A = 3\alpha$ पुनः माना $\angle D = \theta$ और $\angle B = 2\theta$

$\therefore \alpha + 3\alpha = 180 \Rightarrow 4\alpha = 180 \Rightarrow \alpha = 45^0$

पुनः $\theta + 2\theta = 180 \Rightarrow 3\theta = 180 \Rightarrow \theta = 60^0$

$\therefore \angle A = 3\alpha = 3 \times 45 = 135^0$ और $\angle D = \theta = 60$

स्पष्ट है कि ∠A बड़ा है। अतः $\angle A - \angle D = 135 - 60 = 75^0$

उदाहरण 8 :

सम्मुख चित्र में वृत्त के बिन्दु A पर एक स्पर्श रेखा AC तथा एक जीवा AB खींची गयी है। केन्द्र पर बना कोण AOB की माप ज्ञात कीजिए।

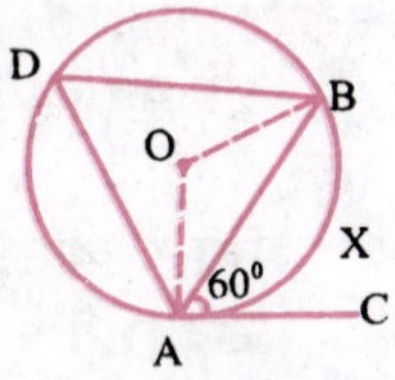

हल :

चूंकि जीवा और स्पर्श रेखा के बीच बना कोण एकान्तर वृत्त खण्ड में बने कोण के बराबर होता है।

अतः $\angle ADB = \angle BAC = 60^0$

अब चाप AXB द्वारा केन्द्र पर ∠AOB और शेष चाप पर ∠ADB बन रहा है।

$\therefore \angle AOB = 2 \times \angle ADB = 2 \times 60 = 120$

उदाहरण 9 :

सामने के चित्र में वृत्त के बिन्दु C से जीवा AC तथा स्पर्श रेखा CD खींची गयी है। यदि $\angle AOC = 112^0$ तो ∠ACD का मान ज्ञात कीजिए।

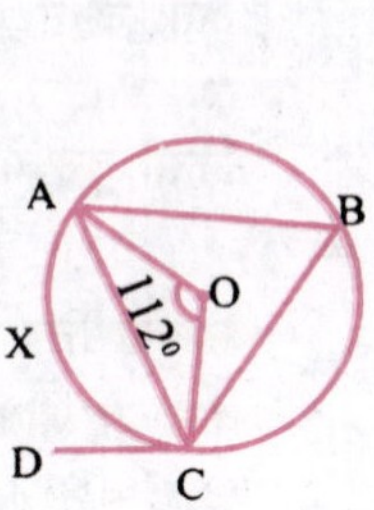

हल :

चाप AXC द्वारा केन्द्र पर $\angle AOC(112^0)$ तथा शेष चाप पर ∠ABC बन रहा है।

अतः $\angle ABC = \frac{112}{2} = 56^0$

∠ACD के लिए एकान्तर वृत्त खण्ड का कोण ABC है, अतः $\angle ACD = \angle ABC = 56^0$

उदाहरण 10 :

सम्मुख चित्र में AB और CD दो जीवाएं परस्पर बिन्दु P पर काट रहीं हैं। DP की माप ज्ञात कीजिए।

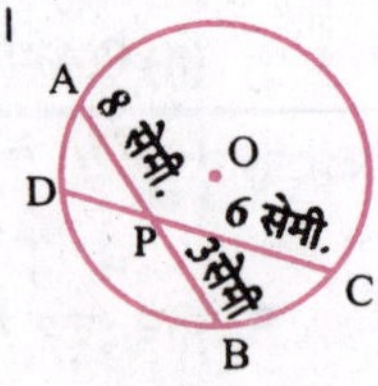

हल :

जीवा AB के खण्डों का गुणनफल = जीवा CD के खण्डों का गुणनफल

$8 \times 3 = DP \times 6 \Rightarrow DP = \frac{8 \times 3}{6} = 4$ सेमी.

उदाहरण 11 :

चित्र में जीवा AB तथा CD परस्पर बिन्दु P पर काट रही है। यदि DP = 15 सेमी., PC = 4 सेमी., AB = 17 सेमी. तो PB की माप ज्ञात कीजिए।

हल :

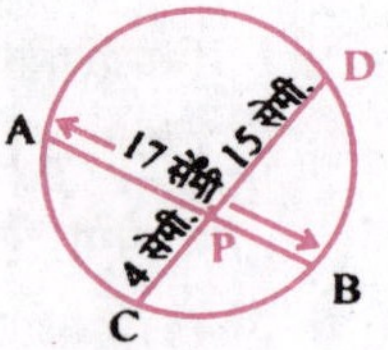

माना PB = x सेमी और AP = $(17 - x)$ सेमी.

$\therefore$ जीवा AB के खण्डों का गुणनफल = जीवा CD के खण्डों का गुणनफल

$\therefore AP \times PB = CP \times DP \Rightarrow (17 - x) \times x = 4 \times 15 = 60$

$\therefore x^2 - 17x + 60 = 0 \Rightarrow x^2 - 12x - 5x + 60 = 0$

$\therefore (x - 12)(x - 5) = 0 \Rightarrow x = 12$ सेमी या 5 सेमी.

उदाहरण 12 :

चित्रानुसार AB और CD दो जीवाएं एक दूसरे को वृत्त के बाहर बिन्दु P पर काट रहीं हैं। यदि AB = 13 सेमी, CD = 9 सेमी और CP = 6 सेमी तो BP की माप ज्ञात कीजिए।

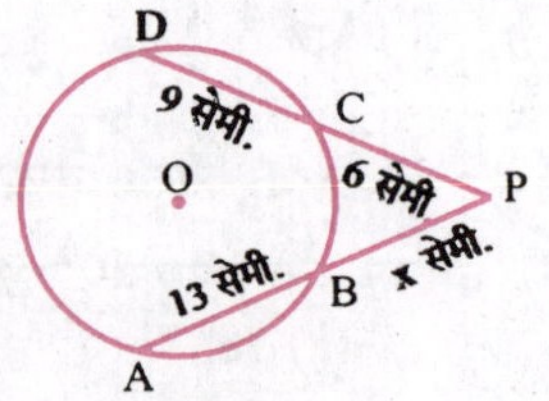

हल :

जीवा AB के खण्ड क्रमशः AP तथा BP हैं। इसी प्रकार जीवा CD के खण्ड क्रमशः DP तथा CP हैं।

जीवा AB के खण्डों का गुणनफल = जीवा CD के खण्डों का गुणनफल

$\therefore AP.\ BP = DP.\ CP \Rightarrow (13 + x) \times x = (9 + 6) \times 6$

$\therefore 13x + x^2 = 15 \times 6 = 90 \Rightarrow x^2 + 13x - 90 = 0 \Rightarrow x^2 + 18x - 5x - 90 = 0$

$\therefore (x + 18)(x - 5) = 0 \Rightarrow x + 18 \neq 0$, अतः $x - 5 = 0 \Rightarrow x = 5$ सेमी.

उदाहरण 13 :

सामने के चित्र में जीवा AB और CD परस्पर बिन्दु P पर प्रतिच्छेदित कर रहीं है। जीवा AB की लम्बाई ज्ञात कीजिए।

हल :

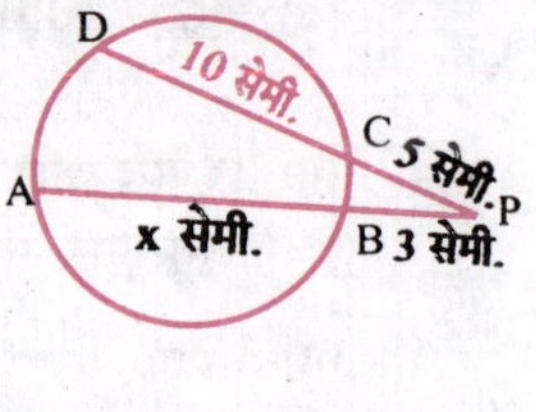

जीवा AB के खण्डों का गुणनफल = जीवा CD के खण्डों का गुणनफल

$\therefore AP \times BP = DP \times CP \Rightarrow (x + 3) \times 3 = (10 + 5) \times 5 = 15 \times 5 = 75$

$\therefore (x + 3) = 25 \Rightarrow x = 22$ सेमी.

उदाहरण 14 :

चित्र में TP स्पर्श रेखा और ABT एक छेदक रेखा है। जीवा AB की माप ज्ञात कीजिए।

हल :

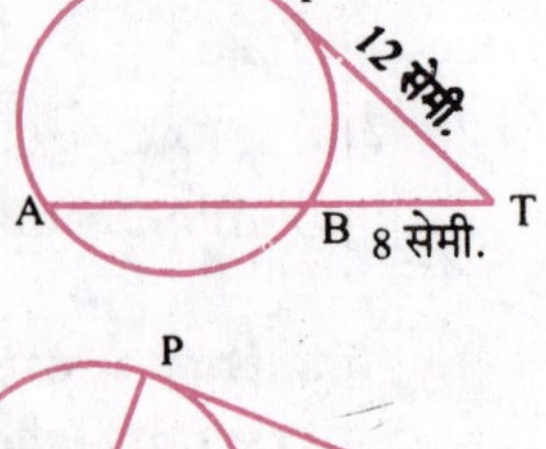

छेदक रेखा के खण्डों का गुणनफल = स्पर्श रेखा^{2}

$\therefore AT \times BT = TP^2 \Rightarrow (AB + 8) \times 8 = 12^2 = 144$

$\therefore (AB + 8) = 18 \Rightarrow AB = 18 - 8 = 10$ सेमी.

अभ्यास प्रश्न

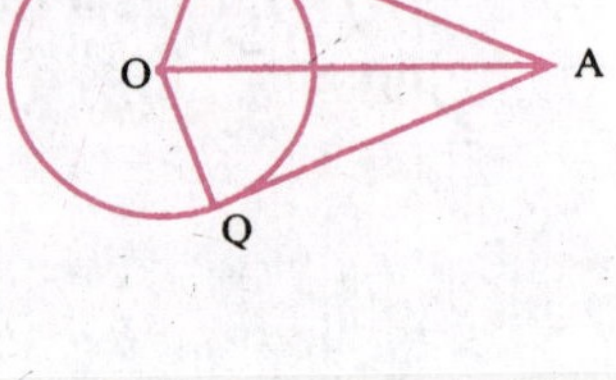

1. नीचे दिखाये गए चित्र के लिए सही विकल्प चुनें–

(a) $\angle AOP = \angle AOQ$ (b) $\angle OAP = \angle OQA$

(c) AO = OQ (d) AP = AO

SSC : CHSL (Tier-1) 10.3.2018

2. निम्न में से कौन सा विकल्प नीचे दिखाए गये चित्र के बारे में सही है?

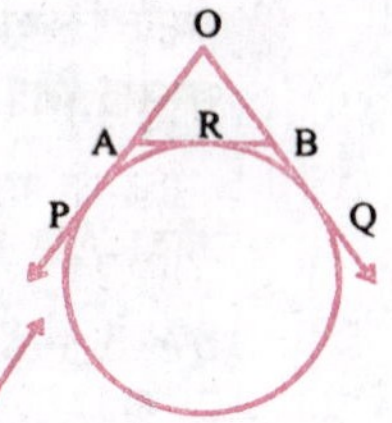

(a) OA – AR = OB + BR (b) OA + AR = OB – BR

(c) OA + AR = OB + BR (d) इनमें से कोई नहीं

SSC : CHSL (Tier-1) 8.3.2018

3. नीचे दिये गये वृत्त के लिए, सबसे बड़ी जीवा की लम्बाई (सेमी. में) क्या होगी?

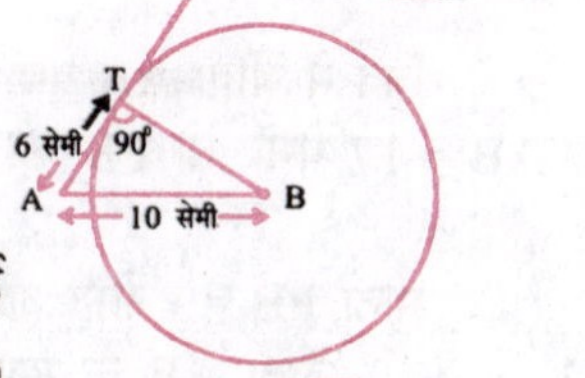

(a) 8 (b) 12

(c) 16 (d) 18

SSC : CHSL (Tier-1) 17.3.2018

4. निम्नलिखित चित्र पर विचार करें, जिसमें AB वृत्त की स्पर्शरिखा है। OQ की लम्बाई (सेमी. में) ज्ञात करें, यदि उस वृत्त की सबसे बड़ी जीवा का माप 6 सेमी. और PQ 4 सेमी. है।

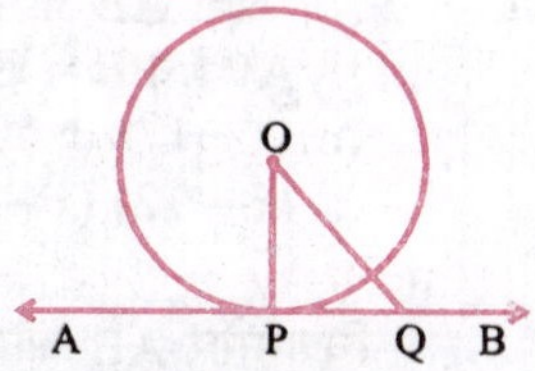

(a) 2 (b) 3

(c) 4 (d) 5

SSC : CHSL (Tier-1) 23.3.2018

5. A, B और C केन्द्र O वाले वृत्त पर स्थित तीन बिन्दु हैं। स्पर्श रेखा C, BA को T तक बढ़ाये जाने पर मिलती है। यदि $\angle ATC = 30^0$ और $\angle ACT = 48^0$ हो, तो $\angle AOB$ का मान क्या है?

(a) 78^0 (b) 96^0 (c) 102^0 (d) 108^0 *SSC : CGL (Tier-1) 3.9.2019*

6. 10 सेमी की जीवा द्वारा वृत्त के केन्द्र पर बना कोण 120^0 है, तो जीवा की केन्द्र बिन्दु से दूरी (सेमी में) ज्ञात करें।

(a) $\frac{5}{\sqrt{3}}$ (b) $\frac{6}{\sqrt{3}}$ (c) $\frac{4}{\sqrt{3}}$ (d) $\frac{5}{2\sqrt{3}}$ *SSC : CHSL (Tier-1) 21.3.2018*

7. इस आकृति में दिखाए अनुसार वृत्त के बारे में विचार करें, जो इस मामले के लिए सही विकल्प हो, उसे ज्ञात कीजिए।

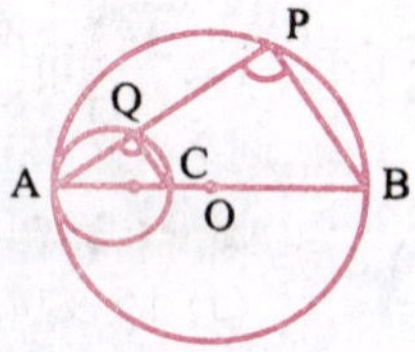

(a) $QC \parallel PB$ (b) QC कभी भी PB के समानान्तर नहीं है

(c) $QC = \frac{1}{2}PB$ (d) $QC \parallel PB, QC = \frac{1}{2}PB$

SSC : CHSL (Tier-1) 21.3.2018

8. PR, O केन्द्र वाले वृत्त की स्पर्श रेखा है और Q बिन्दु पर त्रिज्या 4 सेमी. है। यदि OR = 5 सेमी. और OP = 20/3 सेमी. हो तो PR की लम्बाई बताइये।

(a) 3 cm (b) $\frac{16}{3}$ cm (c) $\frac{22}{3}$ cm (d) $\frac{25}{3}$ cm *SSC : CGL (Tier-1) 27.8.2016*

9. नीचे दिखाया गया चित्र किसी जीवा और दो स्पर्श रेखा के द्वारा बना है। नीचे दिये गये सही विकल्प चुनें।

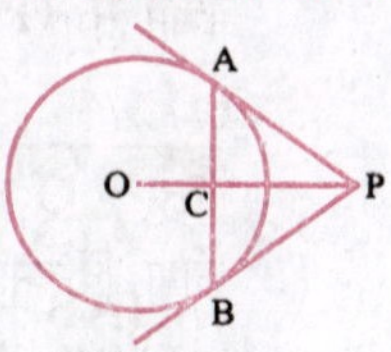

(a) $\angle PAC = \angle PBC$ (b) $\angle APC = \angle BPC$

(c) $\Delta PAC = \Delta PBC$ (d) सभी विकल्प सही हैं

SSC : CHSL (Tier-1) 10.3.2018

10. एक त्रिभुज में केन्द्र O वाला वृत्त में इस तरह से निर्मित है कि भुजा AB = 12 सेमी., BQ = 7 सेमी. और CQ = 5 सेंटीमीटर है। भुजा AC की लम्बाई की गणना (सेमी. में) करें।

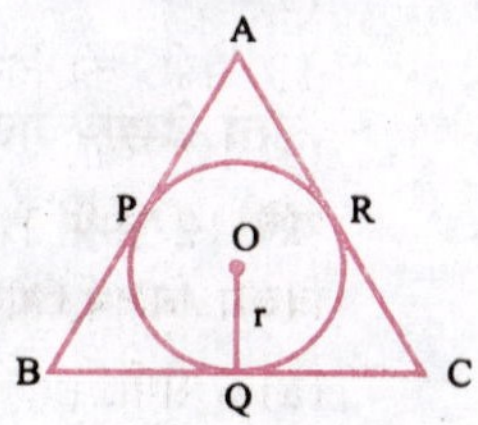

(a) 8 (b) 10

(c) 12 (d) 14

SSC : CHSL (Tier-1) 12.3.2018

11. यदि त्रिज्या और वृत्त की जीवा लम्बाई में बराबर है, तो मुख्य चाप बिन्दु पर जीवा द्वारा बने कोण की गणना करें–

(a) 30^0 (b) 120^0 (c) 200^0 (d) 300^0 *SSC : CHSL (Tier-1) 10.3.2018*

12. नीचे दी गई आकृति में, कोण OAB का मान (डिग्री में) ज्ञात करें।

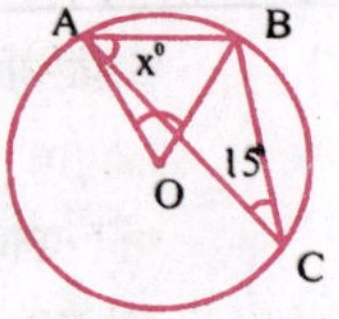

(a) 25 (b) 50

(c) 75 (d) 90

SSC : CHSL (Tier-1) 15.3.2018

13. AB किसी वृत्त का व्यास है जिसका केन्द्र O है। वृत्त की जीवा CD है। यदि $\angle BOC = 120^0$ हो तो $\angle ADC$ का मान क्या है?

(a) 42^0 (b) 30^0 (c) 60^0 (d) 35^0 *SSC : CGL (Tier-1) 30.8.2016*

14. ABCD एक चक्रीय समलंब (ट्रैपीजियम) है जिसमें $AD \parallel BC$ है। यदि $\angle A = 105^0$ हो तो अन्य तीन कोण क्या होंगे?

(a) $\angle B = 75^0, \angle C = 75^0, \angle D = 105^0$ (b) $\angle B = 105^0, \angle C = 75^0, \angle D = 75^0$

(c) $\angle B = 75^0, \angle C = 105^0, \angle D = 75^0$ (d) $\angle B = 105^0, \angle C = 105^0, \angle D = 75^0$

SSC : CHSL (Tier-1) 30.8.2016

15. यदि O, 5 सेमी. त्रिज्या वाले वृत्त का केन्द्र है। O से 13 सेमी. की दूरी पर, एक बिन्दु P लिया गया है। इस बिन्दु से वृत्त में दो स्पर्श रेखाएँ PQ और PR खींची जाती हैं, तो चतुर्भुज PQOR का क्षेत्रफल कितना होगा?

(a) 60 सेमी.^{2} (b) 32.5 सेमी.^{2} (c) 65 सेमी.^{2} (d) 30 सेमी.^{2} *SSC : CGL (Tier-1) 3.9.2019*

16. एक वृत्त में, विषम लंबाई वाले दो चाप, कोणों को 5 : 3 के अनुपात में अंतरित करते हैं। यदि छोटा कोण 45^0 का हो, तो दूसरे कोण की माप क्या होगी?

(a) 75^0 (b) 72^0 (c) 60^0 (d) 78^0 *SSC : CGL (Tier-1) 3.9.2016*

17. दो वृत्त अन्दर से एक दूसरे को स्पर्श करते हैं। बड़े वृत्त की त्रिज्या 6 सेमी. है और वृत्तों के केन्द्र के बीच की दूरी 2 सेमी. है तो दूसरे वृत्त की त्रिज्या कितनी है?

(a) 3 सेमी. (b) 4 सेमी. (c) 2 सेमी. (d) 5 सेमी. *SSC : CGL (Tier-1) 3.9.2016*

18. 17 सेमी. और 8 सेमी. त्रिज्या वाले दो वृत्त संकेन्द्रिक हैं। छोटे वृत्त को स्पर्श करने वाले बड़े वृत्त की जीवा कितनी लम्बी होगी?

(a) 15 सेमी. (b) 16 सेमी. (c) 30 सेमी. (d) 34 सेमी. *SSC : CGL (Tier-1) 1.9.2016*

19. एक बाहरी बिन्दु से किसी वृत्त की दो स्पर्श रेखाएँ खींची गई है। सम्पर्क बिन्दुओं से होकर गुजरने वाली जीवा 72^0 कोण को केन्द्र पर अंतरित करती है। स्पर्श रेखाओं के बीच कोण कितने माप का होगा?

(a) 36^0 (b) 72^0 (c) 108^0 (d) 144^0 *SSC : CGL (Tier-1) 1.9.2016*

20. दो वृत्तों की दो बराबर की चाप, केन्द्र में 60^0 और 75^0 के कोण अन्तरित करती है। दोनों वृत्तों की त्रिज्याओं का अनुपात क्या होगा?

(a) 5/4 (b) 3/2 (c) 4/5 (d) 2/3 *SSC : CGL (Tier-1) 27.8.2016*

21. बिन्दु P, Q और R एक वृत्त पर इस प्रकार हैं कि $\angle PQR = 40^0$ और $\angle QRP = 60^0$ तो केन्द्र में चाप QR द्वारा अंतरित कोण कितना है?

(a) 80^0 (b) 120^0 (c) 140^0 (d) 160^0 *SSC : CGL (Tier-1) 10.9.2016*

22. 13 सेमी. की त्रिज्या वाले वृत्त के केन्द्र से 12 सेमी. की दूरी पर जीवा की लंबाई कितनी है?

(a) 10 सेमी. (b) 5 सेमी. (c) 6 सेमी. (d) 12 सेमी. *SSC : CGL (Tier-1) 10.9.2016*

23. यदि 12 सेमी. त्रिज्या वाले वृत्त को एक संकेंद्रित द्वारा दो बराबर भागों में विभाजित किया जाता है, तो आंतरिक वृत्त की त्रिज्या कितनी होगी?

(a) 6 सेमी. (b) 4 सेमी. (c) $6\sqrt{2}$ सेमी. (d) $4\sqrt{2}$ सेमी. *SSC : CGL (Tier-1) 6.9.2016*

24. दो समान वृत्त जिनकी त्रिज्या 3 सेमी. है और उनके केन्द्रों के बीच 10 सेमी. की दूरी है। उनमें से एक अनुप्रस्थ समान स्पर्श रेखा की लंबाई क्या होगी?
(a) 1.7 सेमी. (b) 2.9 सेमी. (c) 10 सेमी. (d) 8 सेमी. *SSC : CGL (Tier-1) 4.9.2016*

25. 7 सेंटीमीटर त्रिज्या वाले एक अर्धवृत्त का परिमाप (सेमी. में) ज्ञात करें–
(a) 36 (b) 72 (c) 44 (d) 88 *SSC : CHSL (Tier-1) 23.3.2018*

26. यदि एक सेमी-वृत्त की परिमाप 108 सेमी. है, तो इसकी त्रिज्या (सेमी. में) ज्ञात करें–
(a) 42 (b) 28 (c) 56 (d) 21 *SSC : CHSL (Tier-1) 6.3.2018*

27. एक चक्रीय चतुर्भुज ABCD में $\angle BCD = 120^0$ और AB वृत्त के केन्द्र से होकर गुजरती है तो $\angle ABD = ?$
(a) 30^0 (b) 40^0 (c) 50^0 (d) 60^0 *SSC : CGL (Tier-1) 29.8.2016*

28. O केन्द्र वाले वृत्त की जीवा AB वृत्त को A पर स्पर्श रेखा के साथ θ कोण को अंतरित करती है, तो $\angle OBA$ की माप क्या होगी?
(a) θ (b) $90^0 - \theta$ (c) $90^0 + \theta$ (d) $2(180^0 - \theta)$ *SSC : CGL (Tier-1) 8.9.2016*

29. O, एक वृत्त का केन्द्र है। P एक बाह्य बिन्दु है जो O से 13 सेमी. दूरी पर है। उस वृत्त की त्रिज्या 5 सेमी. है। तद्नुसार P बिन्दु से वृत्त की स्पर्श रेखा के स्पर्श-बिन्दु तक की दूरी कितनी होगी?
(a) $\sqrt{194}$ सेमी. (b) 10 सेमी. (c) 12 सेमी. (d) 8 सेमी. *SSC : CGL (Tier-1) 8.9.2016*

30. एक चक्रीय चतुर्भुज में–
(a) विपरीत बाजुएँ समानान्तर होती हैं (b) विकर्ण एक-दूसरे के समद्विभाजक होते हैं
(c) विपरीत कोण अनुपूरक होते हैं (d) निकटस्थ कोण अनुपूरक होते हैं *SSC : CHSL (Tier-1) 17.1.2017*

31. यदि एक वृत्त का व्यास 35 सेमी. है, तो उसकी परिधि (सेमी. में) क्या होगी?
(a) 110 (b) 220 (c) 21 (d) 42

32. दो असंयुक्त वृत्तों से अधिकतम संख्या में कितनी उभयनिष्ठ स्पर्श रेखाएँ खींची जा सकती हैं?
(a) 1 (b) 2 (c) 4 (d) Infinitely many *SSC : CGL (Tier-1) 2.9.2016*

33. उस केंद्रीय कोण का माप क्या होगा, जिसका क्षेत्रफल 462 वर्ग सेमी. है और वृत्त की त्रिज्या 21 सेमी. है?
(a) 90^0 (b) 60^0 (c) 30^0 (d) 120^0 *SSC : CHSL (Tier-1) 16.1.2017*

34. किसी अर्धवृत्त में कोण कितना होगा?
(a) 45^0 (b) 60^0 (c) 90^0 (d) 120^0 *SSC : CGL (Tier-1) 29.8.2016*

35. निम्न में से कौन-सा कथन स्पर्श रेखा के बारे में सही है?
(a) एक वृत्त के व्यास के अन्त में खींची जाने वाली स्पर्श रेखा एक दूसरे के समानान्तर होती है
(b) रेखा खंड, जो वृत्त के दो समानान्तर स्पर्श रेखाओं से जुड़ती है, वह वृत्त का व्यास है
(c) बाहरी बिन्दुओं से बनायी गई स्पर्श रेखा, केन्द्र पर समान कोण बनाती है
(d) सभी विकल्प सही हैं *SSC : CHSL (Tier-1) 17.3.2018*

36. ABCD एक चक्रीय चतुर्भुज है। कोण $\angle DBA = 50^0$ और कोण $\angle ADB = 33^0$ हो, तो $\angle BCD$ का मान बताइये।
(a) 83^0 (b) 80^0 (c) 75^0 (d) 60^0 *SSC : CGL (Tier-1) 2.9.2016*

37. 2 सेमी. और 5.6 सेमी. व्यास वाले दो ऐसे वृत्त हैं जिनके केंद्रों के बीच की दूरी 8.2 सेमी. है। वृत्तों की उस एक उभयनिष्ठ स्पर्शरिखा की लंबाई क्या होगी जो दो केद्रों को मिलाने वाली रेखा को छेद नहीं करती है?
(a) 8 सेमी. (b) 6.4 सेमी. (c) 8.4 सेमी. (d) 7.2 सेमी. *SSC : CHSL (Tier-1) 10.7.2019*

38. केन्द्र O वाले किसी वृत्त में, व्यास AB और जीवा CD एक-दूसरे को E पर काटते हैं, AC और AD को जोड़ा जाता है। अगर $\angle BOC = 48^0$ और $\angle AOD = 100^0$ है, तो $\angle CEB$ की माप क्या है?

(a) 78^0 (b) 82^0 (c) 72^0 (d) 74^0 *SSC : CHSL (Tier-1) 3.7.2019*

39. दी गई आकृति में, O वृत्त का केन्द्र है, $\angle DAB = 110^0$ तथा $\angle BEC = 100^0$ है। $\angle OCB$ का मान (डिग्री में) क्या है?

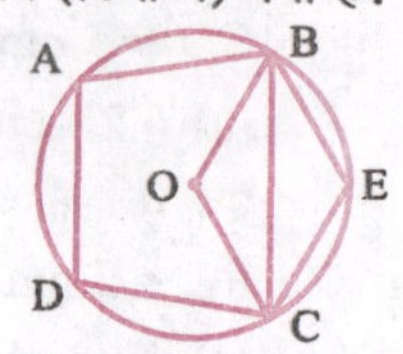

(a) 5 (b) 10
(c) 15 (d) 20

SSC : CPO 1.7.2017

40. दी गई आकृति में, BD केन्द्र O से गुजरती है तथा AB = 12 तथा AC = 8 है। वृत्त की त्रिज्या क्या होगी?

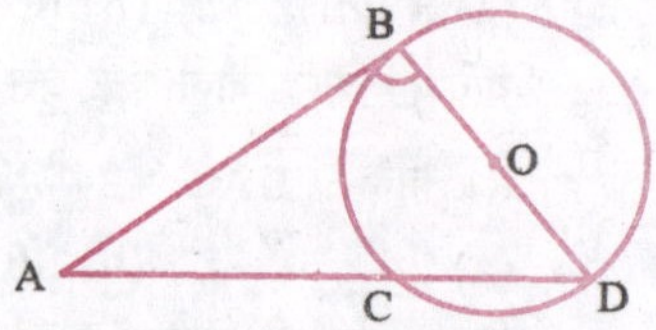

(a) $3\sqrt{2}$ (b) $4\sqrt{3}$
(c) $3\sqrt{5}$ (d) $3\sqrt{3}$

SSC : CPO 1.7.2017

41. केन्द्र O वाले वृत्त का एक व्यास AB है। बिन्दु B पर, वृत्त पर CB एक स्पर्श रेखा है। AC, वृत्त को G बिन्दु पर काटता है। यदि वृत्त की त्रिज्या 6 cm और AG = 8 cm है, तो BC की लंबाई है–

(a) $6\sqrt{6}$ cm (b) $6\sqrt{5}$ cm (c) $2\sqrt{6}$ cm (d) $2\sqrt{5}$ cm *SSC : CGL (Tier-1) 7.6.2019*

42. प्रत्येक 2.5 cm त्रिज्या वाले दो वृत्तों के केन्द्रों के बीच की दूरी 13 cm है। तिर्यक उभयनिष्ठ स्पर्शरेखा की लंबाई है–

(a) 14 (b) 12 (c) 10 (d) 8

43. त्रिभुज ABC के अन्दर एक वृत्त बनाया गया है। यह AB, BC और AC भुजाओं को क्रमशः P, Q और R बिन्दुओं पर स्पर्श करता है। यदि BP = 6.5 cm, CQ = 4.5 cm और AR = 5.5 cm है, तो Δ ABC की परिमिति है–

(a) 33 (b) 16.5 (c) 22 (d) 66 *SSC : CHSL (Tier-1) 4.7.2019*

44. केन्द्र O वाले किसी वृत्त के अन्दर, एक आयत ABCD बनाया गया है। उसके विकर्ण CA को वृत्त के बाहर बिन्दु E तक बढ़ाया जाता है। वृत्त के बिन्दु D पर ED एक स्पर्श रेखा है। यदि AC = 2BC है, तो $\angle DEC$ की माप क्या है?

(a) 45^0 (b) 30^0 (c) 40^0 (d) 60^0 *SSC : CHSL (Tier-1) 3.7.2019*

45. O केन्द्र वाले किसी वृत्त के बाहर बिन्दु P से PA और PB स्पर्श रेखाएँ हैं। A और B, वृत्त पर बिन्दु हैं यदि $\angle APB = 72^0$ तो $\angle OAB$ बराबर है –

(a) 18^0 (b) 36^0 (c) 72^0 (d) 24^0 *SSC : CHSL (Tier-1) 8.7.2019*

46. दो वृत्त हैं, जिनकी त्रिज्याएँ क्रमशः 5 सेमी. और 3 सेमी. हैं। उनके बीच के केन्द्रों की दूरी 10 सेमी. है। अनुप्रस्थ उभयनिष्ठ स्पर्श रेखा की लंबाई (सेमी. में) है–

(a) 10 (b) 8 (c) 6 (d) 9 *SSC : CHSL (Tier-1) 8.7.2019*

47. 5 सेमी. और 8 सेमी. त्रिज्या वाले दो वृत्त एक-दूसरे को बिन्दु A और B पर काटते हैं। यदि AB = 8cm है, और वृत्तों के केन्द्रों के बीच की दूरी x cm है, तो x का मान होगा–

(a) 11 (b) 10 (c) 9 (d) 8 *SSC : CHSL (Tier-1) 4.7.2019*

48. 3 सेमी. और 2 सेमी. त्रिज्या वाले दो वृत्तों के केन्द्रों के बीच की दूरी 13 सेमी. है। तिर्यक उभयनिष्ठ स्पर्शरेखा की लंबाई है–

(a) 10 (b) 6 (c) 12 (d) 8 *SSC : CHSL (Tier-1) 8.7.2019*

49. 120 सेमी. लम्बी एक जीवा, एक वृत्त के केन्द्र से 32 सेमी. दूर है। वृत्त की त्रिज्या (सेमी. में) क्या है?

(a) 96 (b) 34 (c) 72 (d) 68 *SSC : CPO 5.7.2017*

50. ABCD एक चक्रीय चतुर्भुज है जिसके विकर्ण P पर काटते हैं। यदि AB = BC, $\angle DBC = 70^0$ और $\angle BAC = 30^0$ है, तो $\angle PCD$ का माप है–

(a) 30^0 (b) 50^0 (c) 55^0 (d) 35^0 *SSC : CGL (Tier-1) 6.6.2019*

51. यदि O केन्द्र वाले एक वृत्त का व्यास AB है और CD इस तरह की जीवा (chord) है जिससे ABCD समलंब (trapezium) बनता है। यदि $\angle BAC = 40^0$ है, तो $\angle CAD$ किसके बराबर होगा?
(a) 20^0 (b) 50^0 (c) 10^0 (d) 15^0 *SSC : CGL (Tier-1) 10.6.2019*

52. किसी वृत्त की जीवाएँ (chords) AB और CD को बढ़ाने पर वृत्त से बाहर बिन्दु P पर मिलती हैं। यदि AB = 6 cm, CD = 3 cm और PD = 5 cm हैं, तो PB बराबर है–
(a) 6.25 cm (b) 5 cm (c) 6 cm (d) 4 cm *SSC : CGL (Tier-1) 11.6.2019*

53. एक वृत्त की दो जीवाएँ (chords) AB और CD, वृत्त के अन्दर बिन्दु P पर एक-दूसरे को काटती हैं। यदि AB = 7cm, PC = 2 cm और AP = 4cm हैं, तो CD बराबर है–
(a) 8 cm (b) 6 cm (c) 4 cm (d) 5 cm *SSC : CGL (Tier-1) 11.6.2019*

54. यदि O केन्द्र वाले एक वृत्त का व्यास AB है और CD इस तरह की जीवा (chord) है जिससे ABCD समलंब बनता है। यदि $\angle BAC = 24^0$ है, तो $\angle CAD$ किसके बराबर होगा?
(a) 24 (b) 36 (c) 48 (d) 42 *SSC : CGL (Tier-1) 11.6.2019*

55. किसी वृत्त की जीवाएँ (chords) AB और CD को बढ़ाने पर वृत्त से बाहर बिन्दु P पर मिलती हैं। यदि AB = 6cm, PB = 5cm और PD = 4cm हैं, तो CD बराबर है–
(a) 8.25 cm (b) 7.75 cm (c) 9.75 cm (d) 7.5 cm *SSC : CGL (Tier-1) 11.6.2019*

56. केन्द्र O और त्रिज्या 10cm वाले वृत्त में, PQ और RS क्रमशः x cm और 12 cm लंबाई की दो समानान्तर जीवाएँ हैं, और दोनों ही O के विपरीत दिशा में हैं। यदि PQ और RS के बीच की दूरी 14cm है, तो x का मान है–
(a) 18 (b) 20 (c) 16 (d) 15 *SSC : CGL (Tier-1) 6.6.2019*

57. एक वृत्त के बाहर किसी बिन्दु P पर PAB एक छेदक रेखा (secant) है और PT वृत्त की स्पर्श रेखा (tangent) है, जहाँ A, B और T वृत्त पर बिन्दु हैं। यदि PT = 5cm, PA = 4cm और AB = x cm तो x किसके बराबर होगा?
(a) 1.75 cm (b) 2.45 cm (c) 2.25 cm (d) 2.75 cm *SSC : CGL (Tier-1) 10.6.2019*

58. 13 सेमी. त्रिज्या वाले एक वृत्त में एक जीवा केन्द्र से 12 सेमी. की दूरी पर है। जीवा की लम्बाई क्या है?
(a) 5 cm (b) 7 cm (c) 10 cm (d) 9 cm *SSC : CGL (Tier-1) 13.6.2019*

59. ΔPQR के शीर्ष एक वृत्त पर स्थित हैं, जिसका केन्द्र O है। SR वृत्त के बिन्दु R पर स्पर्श रेखा है। यदि QR, $\angle ORS$ को दो बराबर भागों में बाँटता है, तो $\angle RPQ$ का माप कितना है?
(a) 60^0 (b) 40^0 (c) 30^0 (d) 45^0 *SSC : CGL (Tier-1) 6.6.2019*

60. O केन्द्र वाले एक वृत्त में ABC एक चाप है जो वृत्त के केन्द्र पर 140^0 का कोण बनाता है। जीवा AB को बिन्दु P तक खींचा जाता है। तब $\angle CBP$ बराबर है–
(a) 80^0 (b) 40^0 (c) 70^0 (d) 50^0 *SSC : CGL (Tier-1) 13.6.2019*

61. किसी त्रिभुज ABC के अन्तर्गत एक वृत्त बनाया गया है। वह AB, BC और AC भुजाओं को क्रमशः R, P और Q बिन्दुओं पर स्पर्श करता है। यदि AQ = 4.5 cm, PC = 5.5 cm और BR = 6 cm है, तो त्रिभुज ABC की परिमाप है–
(a) 28 cm (b) 26.5 cm (c) 30.5 cm (d) 32 cm *SSC : CGL (Tier-1) 4.6.2019*

62. ABCD एक चक्रीय चतुर्भुज है जिसके विकर्ण P पर काटते हैं। यदि AB = BC, $\angle DBC = 70^0$ और $\angle BAC = 30^0$ है, तो $\angle PCD$ का माप है–
(a) 55^0 (b) 30^0 (c) 50^0 (d) 35^0 *SSC : CGL (Tier-1) 6.6.2019*

63. O केन्द्र वाले एक वृत्त की त्रिज्या 10 सेमी. है, PQ तथा PR प्रत्येक 12 सेमी. की जीवाएँ हैं। PO, QR जीवा को बिन्दु S पर काटती है। OS की लंबाई क्या है?
(a) 2.5 cm (b) 3.2 cm (c) 3 cm (d) 2.8 cm *SSC : CGL (Tier-1) 4.6.2019*

64. 13 सेमी. त्रिज्या वाले एक वृत्त में एक जीवा, केन्द्र से 5 सेमी. की दूरी पर है। जीवा की लंबाई क्या है?

(a) 18 cm (b) 24 cm (c) 20 cm (d) 12 cm *SSC : CGL (Tier-1) 12.6.2019*

65. यदि O केन्द्र वाले एक वृत्त का व्यास AB है और CD इस तरह की जीवा (chord) है जिससे ABCD समलंब बनाता है। यदि $\angle BAC = 28^0$ है, तो $\angle CAD$ किसके बराबर होगा?

(a) 62^0 (b) 32^0 (c) 34^0 (d) 28^0 *SSC : CGL (Tier-1) 12.6.2019*

66. O केन्द्र वाले एक वृत्त में ABC एक चाप है, जो वृत्त के केन्द्र पर 132^0 का कोण बनाती है। जीवा (chord) AB को बिन्दु P तक खींचा जाता है तो $\angle CBP$ बराबर है–

(a) 76^0 (b) 66^0 (c) 48^0 (d) 68^0 *SSC : CGL (Tier-1) 12.6.2019*

67. एक वृत्त की दो जीवाएँ (chords) AB और CD वृत्त के अन्दर बिन्दु P एक-दूसरे को काटती है। यदि AB = 10 cm, PC = 5 cm और AP = 4 cm है, तब CD बराबर है–

(a) 9.8 cm (b) 4.8 cm (c) 7.8 cm (d) 6.8 cm *SSC : CGL (Tier-1) 12.6.2019*

68. 13 सेमी. त्रिज्या वाले एक वृत्त में एक जीवा, केन्द्र से 5 सेमी. की दूरी पर है। जीवा की लंबाई क्या है?

(a) 24 cm (b) 12 cm (c) 28 cm (d) 20 cm *SSC : CGL (Tier-1) 12.6.2019*

69. O केन्द्र वाले एक वृत्त में किसी चाप ABC द्वारा वृत्त के केन्द्र पर 136^0 का एक कोण बनाया जाता है। जीवा (chord) AB को बिन्दु P तक खींचा जाता है तो $\angle CBP$ बराबर है–

(a) 66^0 (b) 34^0 (c) 68^0 (d) 72^0 *SSC : CGL (Tier-1) 13.6.2019*

70. 17 सेमी. त्रिज्या वाले एक वृत्त में कोई जीवा, केन्द्र से 15 सेमी. की दूरी पर स्थित है। जीवा की लंबाई क्या है?

(a) 8 cm (b) 15 cm (c) 12 cm (d) 16 cm *SSC : CGL (Tier-1) 13.6.2019*

71. ABCD एक चक्रीय चतुर्भुज है जिसमें AB इस पर बने वृत्त का व्यास है और $\angle ADC = 129^0$ है, तो $\angle BAC$ बराबर है–

(a) 51^0 (b) 61^0 (c) 39^0 (d) 49^0 *SSC : CGL (Tier-1) 13.6.2019*

72. O केन्द्र वाले एक वृत्त के बाहर किसी बिन्दु P से PA और PB स्पर्श रेखाएँ हैं और A एवं B, वृत्त पर दो बिन्दु हैं। यदि $\angle APB = 40^0$ है, तो $\angle OAB$ बराबर है–

(a) 50^0 (b) 25^0 (c) 20^0 (d) 40^0 *SSC : CGL (Tier-1) 13.6.2019*

73. 17 सेमी. त्रिज्या वाले एक वृत्त में एक जीवा केन्द्र से 8 सेमी. की दूरी पर स्थित है। जीवा की लंबाई क्या है?

(a) 20 cm (b) 15 cm (c) 30 cm (d) 25 cm *SSC : CGL (Tier-1) 13.6.2019*

74. O केन्द्र वाले एक वृत्त में ABC एक चाप है, जो वृत्त के केन्द्र पर 110^0 का कोण बनाती है। जीवा AB को बिन्दु P तक खींचा जाता है तो $\angle CBP$ बराबर है–

(a) 55^0 (b) 60^0 (c) 70^0 (d) 65^0 *SSC : CGL (Tier-1) 13.6.2019*

75. O केन्द्र वाले एक वृत्त के बाहर किसी बिन्दु P से PA और PB स्पर्श रेखाएँ हैं तथा A एवं B, वृत्त पर दो बिन्दु हैं। यदि $\angle APB = 30^0$ है, तो $\angle OAB$ बराबर है–

(a) 25^0 (b) 40^0 (c) 15^0 (d) 50^0 *SSC : CGL (Tier-1) 19.6.2019*

76. तीन संकेन्द्रित वृत्त की त्रिज्याएँ 4 : 5 : 7 के अनुपात में हैं। दो आंतरिक वृत्तों के बीच के क्षेत्रफल का दो बाहरी वृत्तों के बीच के क्षेत्रफल से क्या अनुपात है?

(a) 3 : 8 (b) 5 : 9 (c) 4 : 7 (d) 4 : 5 *SSC : CGL (Tier-1) 6.6.2019*

77. 10 cm और 8 cm त्रिज्या वाले दो वृत्त, P और Q बिन्दुओं पर एक-दूसरे को काटते हैं। PQ = 12 cm है और वृत्त के केन्द्रों के बीच x cm की दूरी है, तो x का मान है (दशमलव के एक स्थान तक सही)–

(a) 13.9 (b) 14.8 (c) 13.3 (d) 12.8 *SSC : CGL (Tier-1) 4.6.2019*

78. केन्द्र O वाले एक वृत्त में, PQR बिन्दु Q पर एक स्पर्शरिखा है। AB वृत्त में एक जीवा है जो स्पर्शरिखा के समानान्तर है तथा $\angle BQR = 70^0$ है। $\angle AQB$ का माप क्या है?

(a) 60^0 (b) 55^0 (c) 40^0 (d) 35^0 *SSC : CGL (Tier-1) 7.6.2019*

79. एक वृत्ताकार पार्क का क्षेत्रफल एक ऐसे त्रिभुजाकार मैदान जिसकी भुजाएँ 110 मी., 600 मी. और 610 मी. हैं, के क्षेत्रफल के 7/15 के लगभग बराबर है। पार्क का व्यास कितना है?

(a) 160 cm (b) 120 cm (c) 150 cm (d) 140 cm *SSC : CHSL (Tier-1) 19.8.2019*

80. क्रमशः 5 cm और 11 cm लंबाई की दो जीवाएँ AB और CD समानान्तर है और एक वृत्त के केन्द्र O के एक ही तरफ है। यदि जीवाओं के बीच की दूरी 3 cm है, तो वृत्त का व्यास क्या है?

(a) 38 cm (b) $\sqrt{146}$ cm (c) $\sqrt{142}$ cm (d) 37 cm *SSC : CGL (Tier-1) 7.6.2019*

81. यदि O केन्द्र वाले वृत्त का व्यास AB है और CD इस तरह की जीवा (chord) है जिससे ABCD समलंब बनता है। यदि $\angle BAC = 15^0$ है, तो $\angle CAD$ किसके बराबर होगा?

(a) 60^0 (b) 30^0 (c) 75^0 (d) 45^0 *SSC : CGL (Tier-1) 10.6.2019*

82. 42 सेमी. व्यास वाले किसी वृत्त से एक त्रिज्याखंड काट दिया जाता है। यदि त्रिज्याखंड का कोण 150^0 है, तो इसका क्षेत्रफल (सेमी.^{2} में) है–

(a) 574 (b) 564 (c) 580.6 (d) 577.5 *SSC : CGL (Tier-1) 7.6.2019*

83. ABCD एक चतुर्भुज है, जिसकी भुजा AB एक वृत्त का व्यास है, और वह वृत्त बिन्दु A, B, C और D से गुजरता है। यदि $\angle ADC = 130^0$ है, तो $\angle BAC$ का माप है–

(a) 40^0 (b) 45^0 (c) 50^0 (d) 35^0 *SSC : CGL (Tier-1) 7.6.2019*

84. ABCD एक चक्रीय चतुर्भुज है जिसमें AB इस पर बने वृत्त का व्यास है तथा $\angle ADC = 150^0$ है, तो $\angle BAC$ बराबर है–

(a) 60^0 (b) 50^0 (c) 40^0 (d) 38^0 *SSC : CGL (Tier-1) 19.6.2019*

85. चतुर्भुज ABCD के अन्तर्गत एक वृत्त है जो भुजाओं AB, BC, CD और AD को क्रमशः P, Q, R और S बिन्दुओं पर स्पर्श करता है। यदि BP = 4 cm, SD = 6 cm और BC = 7 cm है, तो DC की लंबाई है–

(a) 7 cm (b) 9 cm (c) 10 cm (d) 8 cm *SSC : CGL (Tier-1) 7.6.2019*

86. O केन्द्र वाले वृत्त में ACBO एक समान्तर चतुर्भुज हैं जबकि C लघु चाप AB पर एक बिन्दु हैं। चतुर्भुज ACBO हो सकता है–

(a) आयत (b) वर्ग (c) समचतुर्भुज (d) समलम्ब

87. AB और CD एक वृत्त की दो समानान्तर जीवाएँ हैं। AB = 6 cm और CD = 2AB हैं। दोनों जीवाएँ, वृत्त के केन्द्र के एक ही ओर हैं। यदि उनके बीच की दूरी CD की लंबाई के एक चौथाई के बराबर है, तो वृत्त की त्रिज्या है–

(a) $4\sqrt{5}$cm (b) $4\sqrt{3}$cm (c) $5\sqrt{3}$cm (d) $3\sqrt{5}$cm *SSC : CGL (Tier-1) 4.6.2019*

88. यदि O केन्द्र वाले वृत्त का व्यास AB है और CD इस तरह की जीवा (chord) है जिससे ABCD समलंब बनता है। यदि $\angle BAC = 25^0$ है, तो किसके $\angle CAD$ बराबर होगा?

(a) 45^0 (b) 40^0 (c) 65^0 (d) 25^0 *SSC : CGL (Tier-1) 11.6.2019*

89. PQRS एक चक्रीय चतुर्भुज है। यदि कोण P, कोण R से तीन गुना है और कोण S, कोण Q से 5 गुना है तो कोण Q और R का योग है–

(a) 72^0 (b) 70^0 (c) 65^0 (d) 75^0 *SSC : CGL (Tier-1) 6.6.2019*

90. ABCD एक चक्रीय चतुर्भुज है जिसमें $\angle A = 67^0$ और $\angle B = 92^0$ हैं। $\angle C$ और $\angle D$ की माप में कितना अन्तर होगा?

(a) 19^0 (b) 29^0 (c) 27^0 (d) 25^0 *SSC : CGL (Tier-1) 4.6.2019*

91. किसी त्रिभुज ABC के अन्तर्गत एक वृत्त है। वह AB, BC और AC भुजाओं को क्रमशः P, Q और R बिन्दुओं पर स्पर्श करता है। यदि AR = 5 cm, RC = 6 cm और AB = 12 cm है तो त्रिभुज ABC की परिमाप है–

(a) 32 cm (b) 40 cm (c) 36 cm (d) 37 cm *SSC : CGL (Tier-1) 6.6.2019*

92. त्रिज्या 10 cm और केन्द्र O वाले एक वृत्त में PQ और PR दो समान जीवाएँ हैं, जिनमें से प्रत्येक की लंबाई 12 cm है। जीवा QR की लंबाई (सेमी. में) क्या है?

(a) 18.4 (b) 19.2 (c) 18.6 (d) 20.4 *SSC : CGL (Tier-1) 7.6.2019*

93. एक वृत्त का केन्द्र O है और AC इसका व्यास है। BD एक जीवा है, जो AC को E पर काटती है। बिन्दु O को B और D से मिलाया है। यदि $\angle BOC = 50^0$ और $\angle AOD = 110^0$ है, तो $\angle BEC =$?

(a) 80^0 (b) 90^0 (c) 70^0 (d) 55^0 *SSC : CGL (Tier-1) 10.6.2019*

94. यदि O केन्द्र वाले वृत्त का व्यास AB है और CD इस तरह की जीवा (chord) है जिससे ABCD समलंब बनता है। यदि $\angle BAC = 18^0$ है, तो $\angle CAD$ किसके बराबर होगा?

(a) 18^0 (b) 36^0 (c) 72^0 (d) 54^0 *SSC : CGL (Tier-1) 11.6.2019*

95. 5 सेमी. त्रिज्या वाले एक वृत्त में, एक जीवा केन्द्र से 3 सेमी. की दूरी पर है। जीवा की लम्बाई ज्ञात कीजिए।

(a) 8 सेमी. (b) 3 सेमी. (c) 7 सेमी. (d) 4 सेमी. *SSC CGL (Tier-1) 9.3.2020*

96. PAQ, O केन्द्र वाले किसी वृत्त के बिन्दु A पर एक स्पशरिखा है। AB एक ऐसी जीवा है कि $\angle BAQ = x^0$ $(x < 90)$। C दीर्घ चाप AB पर एक ऐसा बिन्दु है कि $\angle ACB = y^0$। यदि $\angle ABO = 32^0$ है, तो $x + y$ का मान बताइए।

(a) 112 (b) 98 (c) 110 (d) 116 *SSC CGL (Tier-1) 9.3.2020*

97. एक चक्रीय चतुर्भुज ABCD की भुजाएँ AB और DC, बिन्दु E पर मिलने के लिए आगे बढ़ाई जाती है और भुजाएँ AD और BC, बिन्दु F पर मिलने के लिए आगे बढ़ाई जाती हैं। यदि $\angle ADC = 75^0$ और $\angle BEC = 52^0$ हैं, तो $\angle BAD$ और $\angle AFB$ के बीच अंतर ज्ञात कीजिए।

(a) 23^0 (b) 22^0 (c) 21^0 (d) 31^0 *SSC CGL (Tier-1) 5.3.2020*

98. ΔABC में, AB = AC है। B से होकर खींचा गया वृत्त, AC को बिन्दु D पर स्पर्श करता है और AB को बिन्दु P पर काटता है। यदि बिन्दु D, AC का मध्य बिन्दु है और AP = 2.5 cm है, तो AB का मान ज्ञात कीजिए।

(a) 12.5 सेमी. (b) 9 सेमी. (c) 10 सेमी. (d) 7.5 सेमी. *SSC CGL (Tier-1) 4.3.2020*

99. आकृति में, केन्द्र P और Q वाले दो वृत्त बाह्यतः बिन्दु R पर स्पर्श करते हैं। स्पर्श रेखाएँ AT और BT, उभयनिष्ठ स्पशरिखा TR पर बिन्दु T पर मिलती हैं। यदि AP = 6 cm और PT = 10 cm, तो BT की लम्बाई ज्ञात कीजिए।

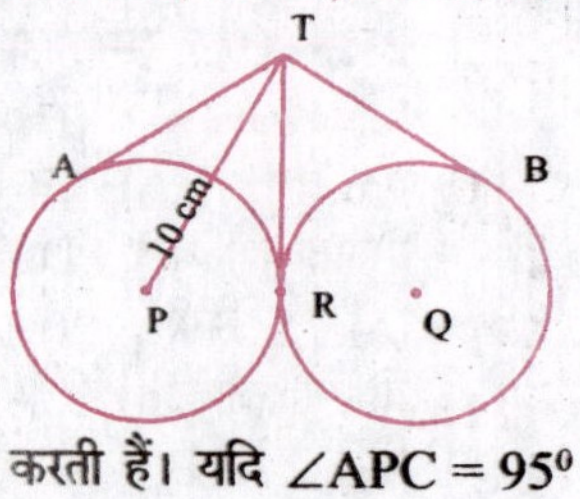

(a) 8 सेमी. (b) 12 सेमी.
(c) 10 सेमी. (d) 6 सेमी. *SSC CGL 5.3.2020*

100. O केन्द्र वाले एक वृत्त की दो जीवाएं AB और CD, बिन्दु P पर एक-दूसरे को प्रतिच्छेदित करती हैं। यदि $\angle APC = 95^0$ और $\angle AOD = 110^0$ हैं, तो $\angle BOC$ का मान ज्ञात कीजिए।

(a) 70^0 (b) 60^0 (c) 65^0 (d) 55^0 *SSC CGL (Tier-1) 5.3.2020*

101. 40 सेमी. व्यास वाले धातु की किसी गेंद को पिघलाकर 0.5 सेमी. त्रिज्या वाली छोटी-छोटी गेंद बनायी जाती हैं। ऐसी कितनी छोटी गेंदें बनाई जा सकती हैं?

(a) 32,000 (b) 6400 (c) 64,000 (d) 3200 *SSC CGL (Tier-1) 6.3.2020*

102. यदि A, B और C किसी वृत्त पर तीन बिन्दु इस प्रकार हैं, कि जीवाएँ AB और AC वृत्त के केन्द्र O पर क्रमशः 110^0 और 130^0 पर कोण बनाती हैं, तो $\angle BAC$ का माप क्या होगा?

(a) 75^0 (b) 70^0 (c) 60^0 (d) 65^0 *SSC CGL (Tier-1) 3.3.2020*

103. दो स्पर्श रेखाएँ PA और PB बाहरी बिन्दु P से केन्द्र O वाले एक वृत्त पर खींची गयी हैं। यदि $\angle OAB = 30^0$, तो $\angle APB$ ज्ञात कीजिए।
(a) 120^0 (b) 30^0 (c) 60^0 (d) 15^0 *SSC CGL (Tier-1) 6.3.2020*

104. किसी बाहरी बिन्दु P से, एक स्पर्शरिखा PQ केन्द्र O वाले वृत्त पर खींची जाती है, जो वृत्त को बिन्दु Q पर स्पर्श करती है। यदि केन्द्र से P की दूरी 13 सेमी है और स्पर्श रेखा PQ की लम्बाई 12 सेमी है, तो वृत्त की त्रिज्या होगी–
(a) 3 सेमी. (b) 12.5 सेमी. (c) 5 सेमी. (d) 10 सेमी. *SSC CGL (Tier-1) 9.3.2020*

105. किसी वृत्त के चारों ओर चतुर्भुज ABCD खींचा गया है। यदि AB = 8 सेमी., BC = 7 सेमी. और CD = 6 सेमी. है, तो AD की लम्बाई बताइए।
(a) 6.8 सेमी. (b) 7 सेमी. (c) 7.5 सेमी. (d) 6 सेमी. *SSC CGL (Tier-1) 3.3.2020*

106. PRT केन्द्र O वाले वृत्त के बिन्दु R पर एक स्पर्शरिखा है। वृत्त के व्यास SQ को स्पर्शरिखा से बिन्दु P पर मिलाने के लिए आगे बढ़ाया जाता है और QR को मिला दिया जाता है। यदि $\angle QRP = 28^0$ है, तो $\angle SPR$ का माप ज्ञात कीजिए।
(a) 32^0 (b) 29^0 (c) 62^0 (d) 34^0 *SSC CGL (Tier-1) 4.3.2020*

107. एक रेस ट्रैक, एक रिंग के आकार में है, जिसकी आंतरिक और बाहरी परिधि क्रमशः 440 मीटर और 506 मीटर है। ₹6 प्रति मी.^{2} के हिसाब से ट्रैक समतल करने में क्या व्यय होगा? (मान लें $\pi = 22/7$)
(a) ₹19,866 (b) ₹24,832 (c) ₹29,799 (d) ₹18,966 *SSC CGL (Tier-1) 3.3.2020*

108. एक वृत्त की दो जीवाएँ AB और CD को इस तरह बढ़ाया जाता है कि वृत्त के बाहर किसी बिन्दु P पर एक दूसरे को प्रतिच्छेद करती हैं। यदि AB = 7 सेमी., BP = 4.2 सेमी. और PD = 2.8 सेमी., है तो CD की लम्बाई है–
(a) 12 सेमी. (b) 14.6 सेमी. (c) 14 सेमी. (d) 15.8 सेमी. *SSC CGL (Tier-1) 4.3.2020*

109. एक वृत्त में जीवा PQ और TS को आगे बढ़ने पर वे बिन्दु R पर मिलती हैं। यदि RQ = 14.4 सेमी., PQ = 11.2 सेमी. और SR = 12.8 सेमी. है, तो जीवा TS की लम्बाई होगी–
(a) 18 सेमी. (b) 14.2 सेमी. (c) 12.4 सेमी. (d) 16 सेमी. *SSC CGL (Tier-1) 9.3.2020*

110. 7 सेमी. और 5 सेमी. त्रिज्या वाले दो वृत्त A और B पर एक-दूसरे को काटते हैं और उनके केन्द्रों के बीच की दूरी 10 सेमी. है। उभयनिष्ठ जीवा AB की लम्बाई (सेमी. में) है–
(a) $\frac{3\sqrt{74}}{5}$ (b) $\frac{2\sqrt{74}}{5}$ (c) $\frac{3\sqrt{66}}{5}$ (d) $\frac{4\sqrt{66}}{5}$ *SSC CGL (Tier-1) 4.3.2020*

111. केन्द्र O वाले एक वृत्त के व्यास AB को एक बिन्दु P तक इस तरह से बढ़ाया जाता है कि PO = 16.8 सेमी. हो जाता है। PQR एक ऐसी छेदक रेखा है जो वृत्त को Q और R पर इस तरह से प्रतिच्छेदित करती है कि PQ = 12 सेमी. और PR = 19.2 सेमी. हो जाता है। AB की लम्बाई (सेमी. में) ज्ञात कीजिए।
(a) 15.8 (b) 14.4 (c) 15.2 (d) 14.2 *SSC CGL (Tier-1) 5.3.2020*

112. एक वृत्त में, AB एक व्यास है और CD एक जीवा है। AB और CD आगे बढ़ाये जाने पर वृत्त के बाहर एक बिन्दु P पर मिलती हैं। यदि PD = 15.3 सेमी., CD = 11.9 सेमी. और AP = 30.6 सेमी. तो वृत्त की त्रिज्या ज्ञात कीजिए।
(a) 7.5 सेमी. (b) 8.5 सेमी. (c) 9 सेमी. (d) 8 सेमी. *SSC CGL (Tier-1) 9.3.2020*

113. दी गई आकृति में, AP और BP केन्द्र O वाले एक वृत्त की स्पर्श रेखाएँ हैं। यदि $\angle APB = 62^0$ है तो $\angle AQB$ का मान ज्ञात कीजिए।
(a) 28^0 (b) 118^0 (c) 31^0 (d) 59^0
SSC CGL (Tier-1) 9.3.2020

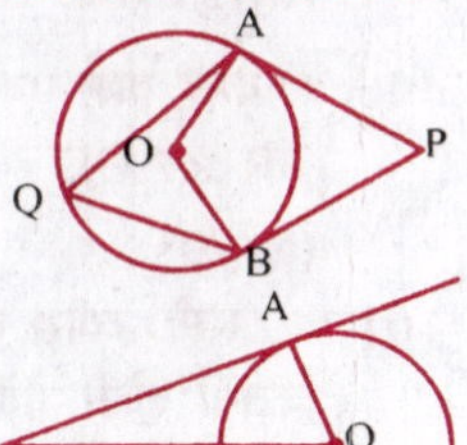

114. आकृति में PA, केन्द्र O वाले वृत्त पर बाह्य बिन्दु P से खींची गयी एक स्पर्शरिखा है। यदि $\angle POB = 110^0$ है, तो $\angle APO$ का मान क्या होगा?
(a) 30^0 (b) 25^0 (c) 20^0 (d) 40^0
SSC CGL (Tier-1) 7.3.2020

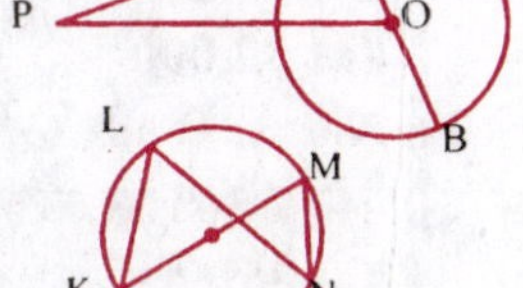

115. दी गई आकृति में, यदि $\angle KLN = 58^0$ है, तो $\angle KMN = ?$
(a) 26^0 (b) 42^0 (c) 32^0 (d) 58^0
SSC CGL (Tier-1) 5.3.2020

116. 10 सेमी. त्रिज्या वाले वृत्त के केन्द्र O से 26 सेमी. की दूरी पर एक बिन्दु A स्थित है। AP और AQ, वृत्त पर स्थित दो संपर्क बिन्दुओं P और Q पर स्पर्श रेखाएँ हैं। यदि एक स्पर्श रेखा BC बिन्दु R पर खींची जाती है, जो AP को B पर और AQ को C पर प्रतिच्छेदित करने के लिए लघु चाप PQ पर स्थित है, तो ΔABC का परिमाप ज्ञात करें।

(a) 40 सेमी. (b) 48 सेमी. (c) 42 सेमी. (d) 46 सेमी. *SSC CHSL (Tier-1) 20.10.20*

117. बिन्दु A, B और C केन्द्र O वाले वृत्त पर स्थित हैं। $\angle ACB = 47.5^0$ है। लघु वृत्तखण्ड AB पर बना $\angle AOB$ ज्ञात कीजिए।

(a) 90^0 (b) 92^0 (c) 94^0 (d) 95^0 *RRB NTPC (Tier-1) 1.2.2021*

118. AB एक वृत्त का व्यास है। A पर खींची गयी एक स्पर्श रेखा पर C एक बिन्दु है। यदि AB = 24 सेमी.और AC = 7 सेमी. है, तो BC की लम्बाई है–

(a) 25 सेमी. (b) 50 सेमी. (c) 26 सेमी. (d) 15 सेमी. *SSC CHSL (Tier-1) 21.10.20*

119. यदि स्पर्श रेखाएँ PA और PB एक वाह्य बिन्दु P से केन्द्र O वाले एक वृत्त पर इस प्रकार खींची गई कि $\angle APB = 70^0$ है, तो $\angle OAB$ .... के बराबर है।

(a) 40^0 (b) 25^0 (c) 35^0 (d) 30^0 *SSC CHSL (Tier-1) 20.10.2020*

120. दो संकेन्द्रित वृत्त एक वलय बनाते हैं। वलय की अंतः और वाह्य परिधि क्रमशः 22 सेमी. और 44 सेमी. है। वलय की चौड़ाई है– (π= 22/7 लीजिए)

(a) 2.5 सेमी (b) 3 सेमी. (c) 3.5 सेमी. (d) 1.5 सेमी. *SSC CHSL (Tier-1) 20.10.20*

121. A, B और C किसी वृत्त पर तीन बिन्दु हैं। यदि $AB = AC = 7\sqrt{2}$ सेमी. और $\angle BAC = 90^0$, तो त्रिज्या बराबर है–

(a) 14 सेमी. (b) 6 सेमी. (c) 7 सेमी. (d) $7\sqrt{2}$ सेमी. *SSC CHSL (Tier-1) 20.10.20*

122. यदि ABCD एक चक्रीय चतुर्भुज है और ABC एक समबाहु त्रिभुज है। कोण CDA का मान ज्ञात कीजिए।

(a) 45^0 (b) 90^0 (c) 120^0 (d) 60^0 *RRB (Tier-1) 1.2.2020*

123. आकृति में TB एक जीवा है जो वृत्त के केन्द्र O से गुजरती है। वृत्त के बिन्दु T पर PT एक स्पर्शरेखा है। यदि PT = 10cm, PA = 5 cm और AB = x cm है, तो वृत्त की त्रिज्या है–

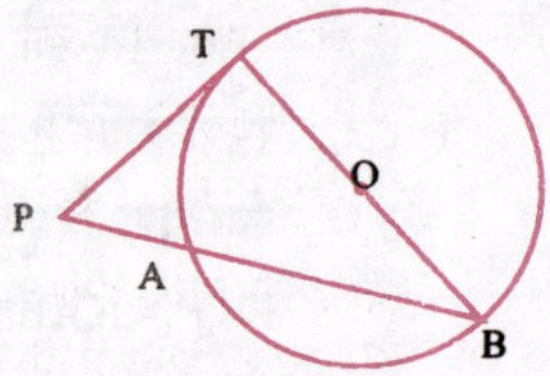

(a) $5\sqrt{3}$ सेमी. (b) $6\sqrt{5}$ सेमी. (c) $10\sqrt{3}$ सेमी. (d) $3\sqrt{5}$ सेमी.

SSC CHSL (Tier-1) 21.10.20

उत्तरमाला

1. (a)	2. (c)	3. (c)	4. (d)	5. (d)	6. (a)	7. (a)	8. (d)
9. (d)	10. (b)	11. (a)	12. (c)	13. (b)	14. (a)	15. (a)	16. (a)
17. (b)	18. (c)	19. (c)	20. (a)	21. (d)	22. (a)	23. (c)	24. (d)
25. (a)	26. (d)	27. (a)	28. (b)	29. (c)	30. (c)	31. (a)	32. (b)
33. (d)	34. (c)	35. (a)	36. (a)	37. (a)	38. (d)	39. (b)	40. (c)
41. (b)	42. (b)	43. (a)	44. (b)	45. (b)	46. (c)	47. (b)	48. (c)
49. (d)	50. (b)	51. (c)	52. (d)	53. (a)	54. (d)	55. (c)	56. (c)
57. (c)	58. (c)	59. (d)	60. (c)	61. (d)	62. (c)	63. (d)	64. (b)
65. (c)	66. (b)	67. (a)	68. (a)	69. (c)	70. (d)	71. (c)	72. (c)
73. (c)	74. (a)	75. (c)	76. (a)	77. (c)	78. (c)	79. (d)	80. (b)
81. (a)	82. (d)	83. (a)	84. (a)	85. (b)	86. (d)	87. (b)	88. (d)
89. (d)	90. (c)	91. (b)	92. (a)	93. (d)	94. (a)	95. (d)	96. (d)
97. (c)	98. (a)	99. (b)	100. (c)	101. (c)	102. (c)	103. (c)	104. (b)
105. (d)	106. (b)	107. (c)	108. (c)	109. (d)	110. (d)	111. (b)	112. (b)
113. (d)	114. (c)	115. (d)	116. (b)	117. (d)	118. (c)	119. (c)	120. (c)
121. (c)	122. (c)	123. (a)					

अभ्यास प्रश्नों के हल

1. ∵ OA केन्द्र O को वाह्य बिन्दु A से मिलाने वाली रेखा है और AP तथा AQ वाह्य बिन्दु से वृत्त पर खींची गयी स्पर्श रेखाएँ हैं। अतः केन्द्र रेखा OA केन्द्र पर बने $\angle POQ$ को अर्धित करेगी।

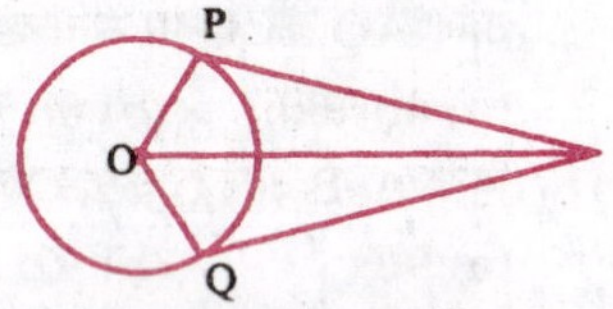

∴ $\angle AOP = \angle AOQ$

2. ∵ बिन्दु A से AP और AR दो स्पर्श रेखाएँ खींची गयी हैं। अतः $AP = AR$

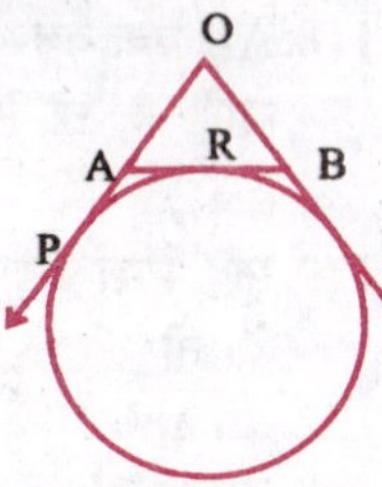

इसी प्रकार बिन्दु B से BR और BQ दो स्पर्श रेखाएँ खींची गयी हैं।

∴ $BR = BQ$

पुनः बिन्दु O से OP और OQ दो स्पर्श रेखाएँ खींची गयी हैं।

∴ $OP = OQ \Rightarrow OA + AP = OB + BQ$

∴ $OA + AR = OB + BR$

3. ∵ AT स्पर्श रेखा और BT त्रिज्या है। अतः $AT \perp BT$

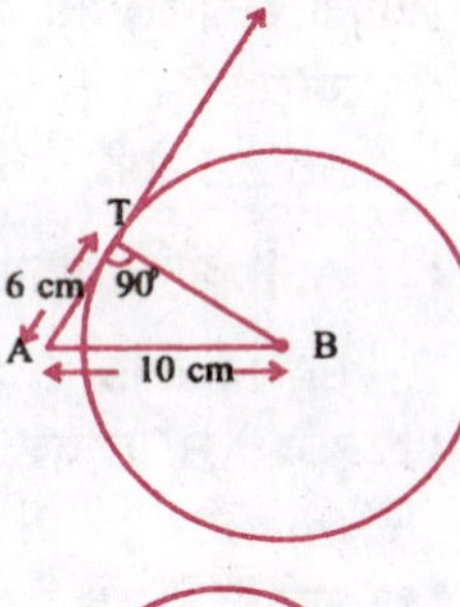

∴ ΔABT समकोण त्रिभुज हुआ।

∴ पाइथागोरस प्रमेय से $BT^2 + AT^2 = AB^2$

∴ $BT^2 + 36 = 100 \Rightarrow BT^2 = 64 \Rightarrow BT = 8$ cm.

∴ वृत्त की सबसे बड़ी जीवा = व्यास = $2 \times 8 = 16$ सेमी.

4. ∵ वृत्त के सबसे बड़ी जीवा (व्यास) की माप = 6 सेमी.

अतः वृत्त की त्रिज्या $OP = \frac{6}{2} = 3$ सेमी.

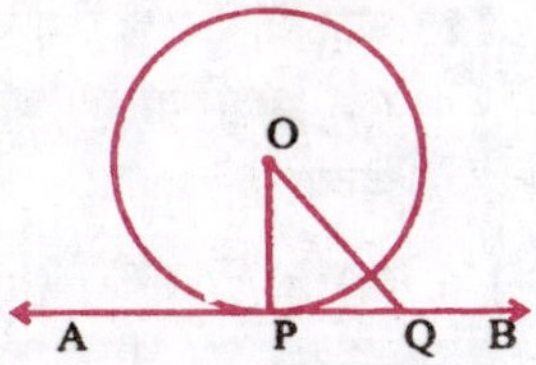

स्पर्श रेखा PQ = 4 सेमी. और $OP \perp PQ$

∴ समकोण त्रिभुज OPQ में पाइथागोरस प्रमेय से,

$OQ^2 = OP^2 + PQ^2 = 3^2 + 4^2 = 9 + 16 = 25$

∴ $OQ^2 = 5^2 \Rightarrow OQ = 5$ सेमी.

5. चित्र में $\angle BAC = 48^0 + 30^0 = 78^0$

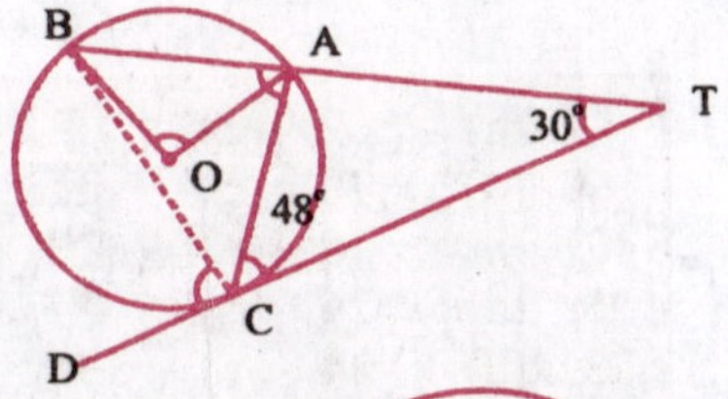

∴ $\angle BCD = \angle BAC = 78^0$

∴ $\angle ACB = 180^0 - (78^0 + 48^0) = 180^0 - 126^0 = 54^0$

∴ केन्द्र का $\angle AOB = 2 \times \angle ACB = 2 \times 54^0 = 108^0$

6. चित्र में जीवा AB = 10 सेमी. और $\angle AOB = 120^0$

$OC \perp AB \Rightarrow \angle AOC = \frac{120^0}{2} = 60^0$, अतः $\angle OAC = 90^0 - 60^0 = 30^0$

∵ समकोण त्रिभुज में 30^0 के सामने की भुजा कर्ण की आधी होती है।

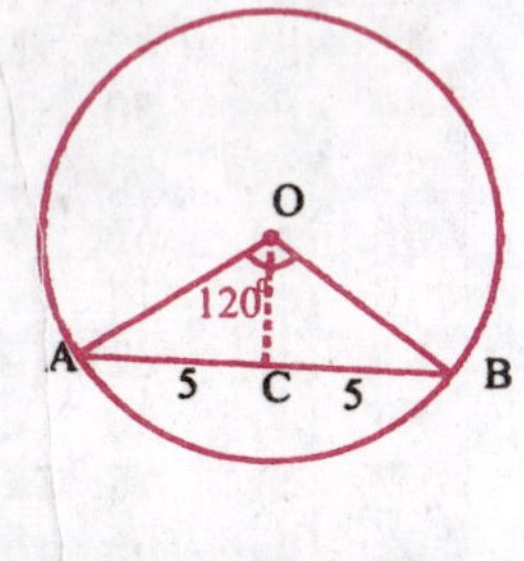

∴ माना समकोण ΔOAC में $OA = 2x$ और $OC = x$ सेमी.

∴ पाइथागोरस प्रमेय से $OA^2 = AC^2 + OC^2 \Rightarrow (2x)^2 = 5^2 + x^2$

∴ $4x^2 = 25 + x^2 \Rightarrow 3x^2 = 25 \Rightarrow x^2 = \frac{25}{3} \Rightarrow x = \frac{5}{\sqrt{3}}$

∴ जीवा AB की केन्द्र से दूरी $OC = x = \frac{5}{\sqrt{3}}$ सेमी.

7. चित्रानुसार $\angle AQC = \angle APB = 90^0$

परन्तु ये दोनों कोण तिर्यक रेखा AP के लिए संगत कोण हैं।

$\therefore$ $QC \parallel PB$

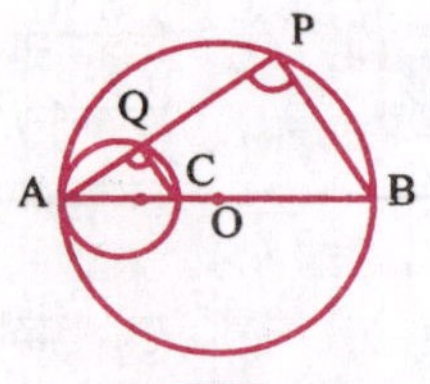

8. चित्रानुसार PR स्पर्श रेखा और OQ त्रिज्या है। अतः $OQ \perp PR$

$\therefore$ समकोण ΔOPQ में पाइथागोरस प्रमेय से,

$$PQ^2 = OP^2 - OQ^2 = \left(\frac{20}{3}\right)^2 - (4)^2 = \frac{400}{9} - 16 = \frac{400-144}{9} = \frac{256}{9}$$

$\therefore$ $PQ^2 = \left(\frac{16}{3}\right)^2 \Rightarrow PQ = \frac{16}{3}$ सेमी.

इसी प्रकार समकोण ΔOQR में $QR^2 = 25 - 16 = 9 \Rightarrow QR = 3$ सेमी.

$\therefore$ PR की लम्बाई $= PQ + QR = \frac{16}{3} + 3 = \frac{16+9}{3} = \frac{25}{3}$ सेमी.

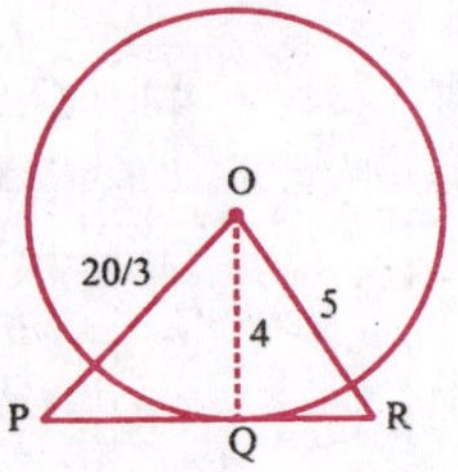

9. $\because$ AP और BP बाह्य बिन्दु P से दो स्पर्श रेखाएँ हैं। अतः $AP = BP$

$\therefore$ ΔABP में समान भुजाओं के सम्मुख कोण बराबर होंगे।

$\therefore$ $\angle PAC = \angle PBC$ .... (i)

$\because$ केन्द्र रेखा CP, $\angle APB$ को अर्धित करती है।

$\therefore$ $\angle APC = \angle BPC = \frac{\angle APB}{2}$ .... (ii)

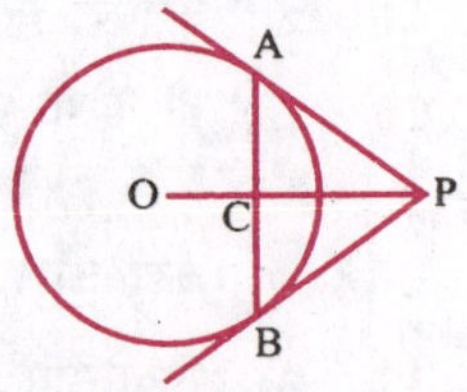

चूंकि केन्द्र रेखा $OCP \perp$ जीवा AB, अतः $\angle ACP = \angle BCP = 90^0$ और $AC = BC$

$\therefore$ $\Delta PAC = \Delta PBC$................................(iii)

$\therefore$ समीकरण (i), (ii) और (iii) के अनुसार सभी विकल्प सही हैं।

10. $\because$ बाह्य बिन्दु A से AP और AR दो स्पर्श रेखाएँ खींची गयी हैं।

$\therefore$ $AP = AR$

इसी प्रकार $BP = BQ = 7$ सेमी. और $CR = CQ = 5$ सेमी.

$\therefore$ $AR = AP = AB - BP = 12 - 7 = 5$ सेमी.

$\therefore$ AC की लम्बाई $= AR + RC = 5 + 5 = 10$ सेमी.

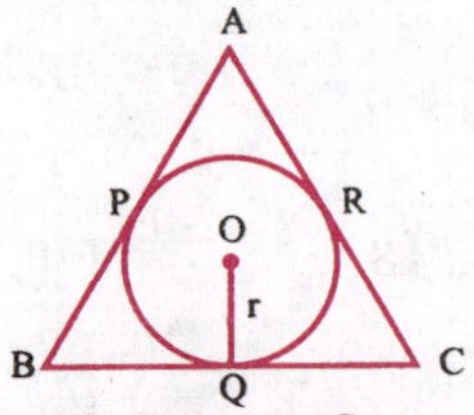

11. चित्रानुसार त्रिज्या OA = त्रिज्या OB = जीवा AB = r

$\therefore$ ΔOAB एक समबाहु त्रिभुज हुआ।

$\therefore$ $\angle A = \angle B = \angle O = 60^0$

$\therefore$ मुख्य चाप बिन्दु C पर बना कोण $ACB = \frac{60}{2} = 30^0$

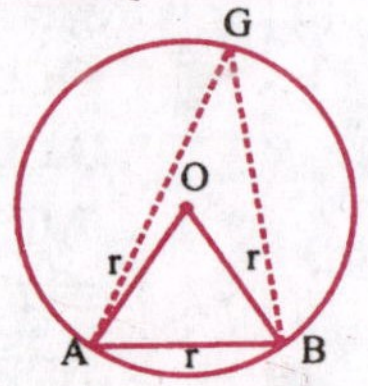

12. $\because$ $\angle ACB = 15^0$

$\therefore$ केन्द्र पर बना $\angle AOB = 15^0 \times 2 = 30^0$

$\therefore$ Δ OAB में, $30^0 + x^0 + \angle B = 180^0$

$\therefore$ $x^0 + \angle B = 150^0$ परन्तु $\angle B = x^0$ क्योंकि $OA = OB$

$\therefore$ $x^0 + x^0 = 150^0 \Rightarrow 2x^0 = 150^0 \Rightarrow x^0 = 75^0$

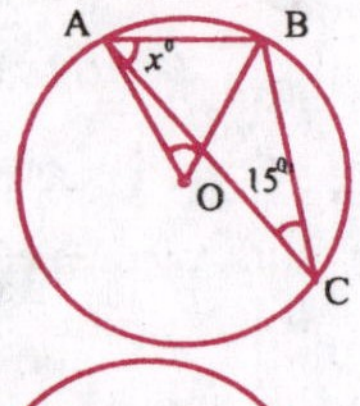

13. $\because$ AB व्यास है और $\angle BOC = 120^0$

$\therefore$ $\angle AOC = 180^0 - 120^0 = 60^0$

$\because$ चाप AC द्वारा केन्द्र पर $\angle AOC$ और शेष चाप पर $\angle ADC$ अन्तरित हैं।

$\therefore$ $\angle ADC = \frac{1}{2}\ \angle AOC = \frac{1}{2} \times 60^0 = 30^0$

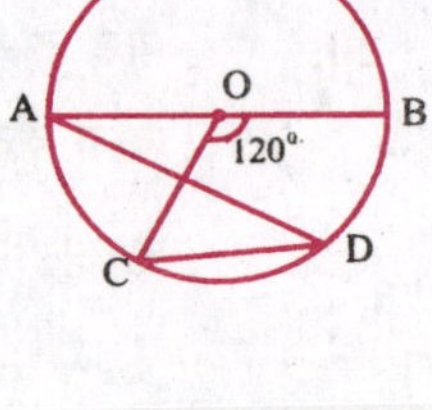

14. चित्रानुसार ABCD एक चक्रीय समलम्ब है। जिसमें AD || BC

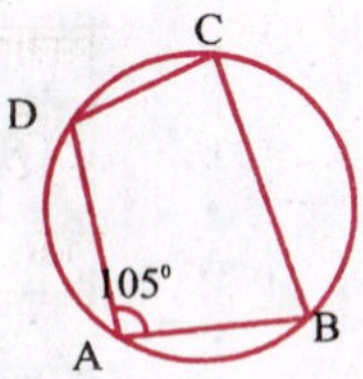

∴ समान्तर भुजाओं AD और BC को तिर्यक रेखा AB काट रही है।

∴ अन्तःकोणों A और B का योग = 180^0

∴ $105^0 + \angle B = 180^0 \Rightarrow \angle B = 75^0$

∵ पुनः चक्रीय चतुर्भुज के सम्मुख कोण सम्पूरक होते हैं।

∴ $\angle B + \angle D = 180^0 \Rightarrow 75^0 + \angle D = 180^0 \Rightarrow \angle D = 180^0 - 75^0 = 105^0$

पुनः $\angle A + \angle C = 180^0 \Rightarrow 105 + \angle C = 180^0 \Rightarrow \angle C = 180 - 105 = 75^0$

∴ $\angle B = 75^0,\ \angle C = 75^0,\ \angle D = 105^0$

15. चित्रानुसार त्रिज्या OR ⊥ स्पर्श रेखा PR

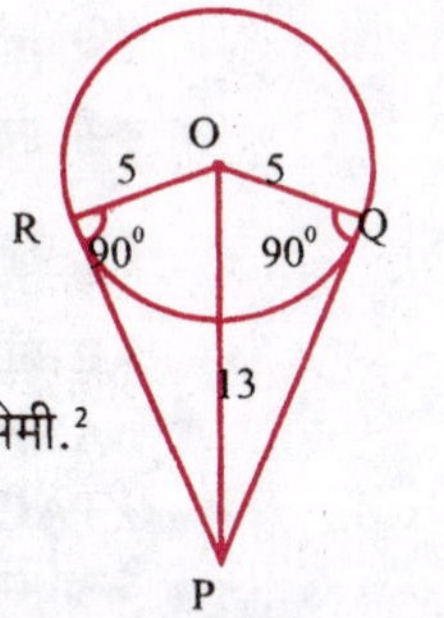

∴ ΔOPR में पाइथागोरस प्रमेय से, $PR^2 = OP^2 - OR^2 = 169 - 25 = 144$

∴ $PR^2 = 12^2 \Rightarrow PR = 12$ सेमी.

∴ ΔOPR का क्षेत्रफल $= \frac{1}{2} \times OR \times RP = \frac{1}{2} \times 5 \times 12 = 30$ सेमी.^{2}

∴ ΔOPQ का क्षेत्रफल = ΔOPR का क्षेत्रफल = 30 सेमी.^{2}

∴ चतुर्भुज PQOR का क्षेत्रफल = (Δ OPR + Δ OPQ) का क्षेत्रफल = 30 + 30 = 60 सेमी.^{2}

16. दो कोणों में अनुपात = 5 : 3

∴ बड़ा कोण : छोटा कोण = 5 : 3 ⇒ बड़ा कोण : 45 = 5 : 3

∴ बड़ा कोण × 3 = 45 × 5 ⇒ बड़ा कोण $= \frac{45 \times 5}{3} = 75^0$

17. चित्रानुसार दो वृत्तों के केन्द्र O_1 तथा O_2 हैं जो अन्दर से एक-दूसरे को स्पर्श करते हैं।

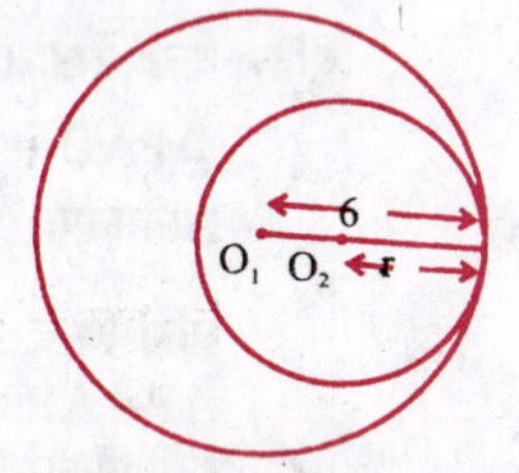

∴ बड़े वृत्त की त्रिज्या – छोटे वृत्त की त्रिज्या = केन्द्रों के बीच की दूरी

∴ छोटे वृत्त की त्रिज्या = बड़े वृत्त की त्रिज्या – केन्द्रों के बीच की दूरी

= 6 – 2 = 4 सेमी.

18. चित्रानुसार दो संकेन्द्रित वृत्तों में बड़े वृत्त की त्रिज्या OA = 17 सेमी. और छोटे वृत्त की त्रिज्या OC = 8 सेमी.

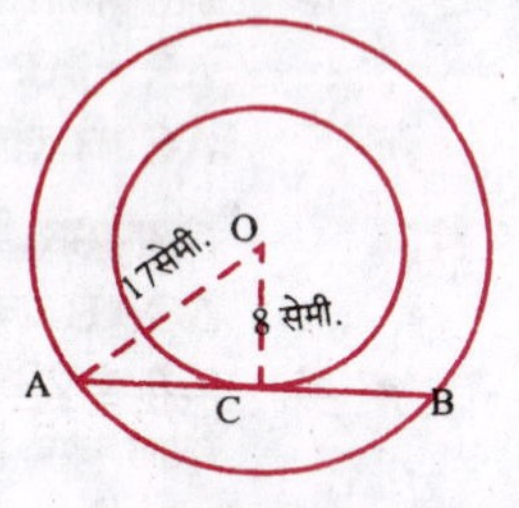

छोटे वृत्त की स्पर्श रेखा AB बड़े वृत्त की जीवा है।

चूंकि OC ⊥ AB, अतः समकोण त्रिभुज OAC में,

$AC^2 = OA^2 - OC^2 = 17^2 - 8^2 = 289 - 64$

∴ $AC^2 = 225 = 15^2 \Rightarrow AC = 15$ सेमी.

∴ जीवा AB की लम्बाई = 2 × 15 = 30 सेमी.

19. चित्रानुसार वाह्य बिन्दु P से दो स्पर्श रेखाएँ PQ और PR खींची गयी हैं।

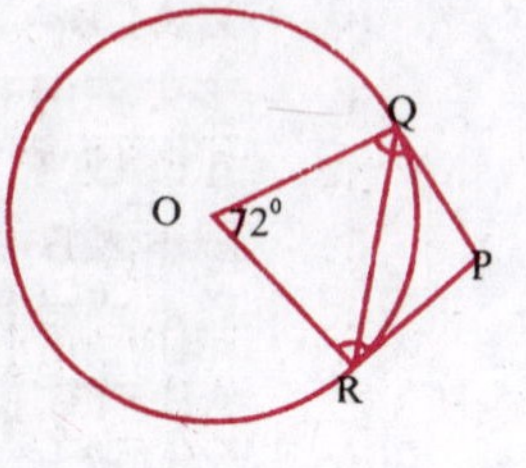

∵ त्रिज्या OQ ⊥ स्पर्श रेखा PQ

∴ $\angle PQO = 90^0$ इसी प्रकार $\angle PRO = 90^0$

∵ चतुर्भुज PQOR में चारों कोणों का योग = 360^0

∴ $90^0 + 72^0 + 90^0 + \angle P = 360^0 \Rightarrow \angle P = 360^0 - 252^0 = 108^0$

20. यदि दो वृत्तों की त्रिज्याएँ क्रमशः r_1 तथा r_2 हों और समान लम्बाई का चाप दोनों वृत्तों के केन्द्र पर θ_1 तथा θ_2 कोण अन्तरित करें तो

$r_1 : r_2 = \theta_2 : \theta_1 = 75 : 60^0 = 5 : 4 = \frac{5}{4}$

21. चित्रानुसार $\angle PQR = 40^0$, $\angle QRP = 60^0$

$\therefore$ $\angle QPR = 180^0 - (40^0 + 60^0) = 180^0 - 100^0 = 80^0$

$\therefore$ चाप QR द्वारा केन्द्र पर बनाया गया $\angle QOR = 80^0 \times 2 = 160^0$

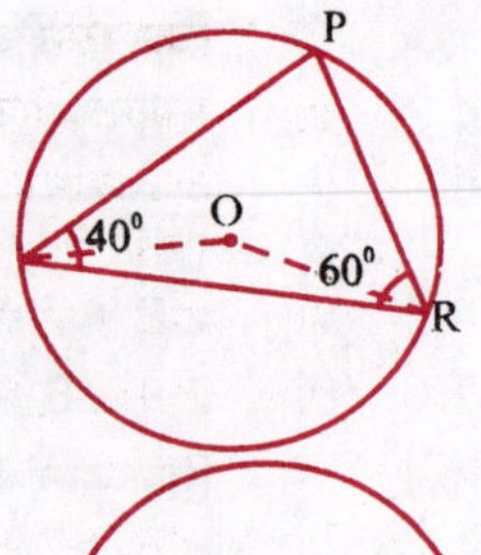

22. चित्र में त्रिज्या OA = 13 सेमी.

जीवा AB की केन्द्र से दूरी OC = 12 सेमी.

$\therefore$ $OC \perp AB$, अतः Δ OAC में पाइथागोरस प्रमेय से–

$\therefore$ $AC^2 = OA^2 - OC^2 = 169 - 144 = 25$

$\therefore$ $AC^2 = 5^2 \Rightarrow AC = 5$ सेमी., अतः जीवा AB की लम्बाई $= 2 \times 5 = 10$ सेमी.

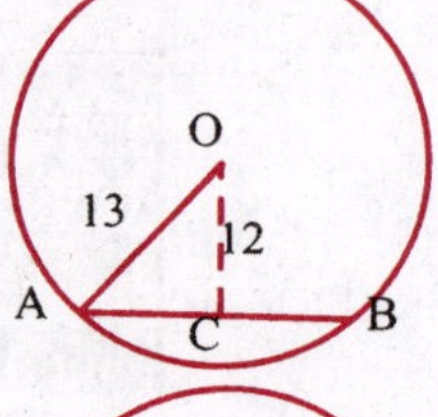

23. चित्रानुसार बड़े वृत्त की त्रिज्या R = 12 सेमी. और संकेन्द्रित वृत्त की त्रिज्या = r

आंतरिक वृत्त (संकेन्द्रित वृत्त) का क्षेत्रफल $= \frac{1}{2} \times$ बड़े वृत्त का क्षेत्रफल

$\therefore$ $\pi r^2 = \frac{\pi R^2}{2} \Rightarrow r^2 = \frac{R^2}{2} = \frac{12^2}{2} = \frac{144}{2}$

$\therefore$ $r^2 = 72 = (6\sqrt{2})^2 \Rightarrow r = 6\sqrt{2}$ सेमी., अतः आन्तरिक वृत्त की त्रिज्या $= 6\sqrt{2}$ सेमी.

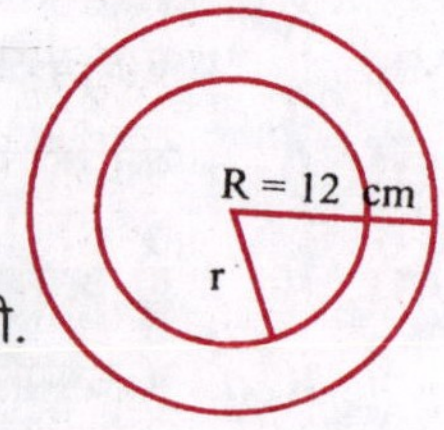

24. अनुप्रस्थ (तिर्यक) स्पर्श रेखा की लम्बाई $= \sqrt{\text{केन्द्रों के बीच की दूरी}^2 - \text{त्रिज्याओं का योग}^2}$

$$= \sqrt{10^2 - 6^2} = \sqrt{100 - 36} = \sqrt{64}$$

$= 8$ सेमी.

25. चित्रानुसार अर्धवृत्त का परिमाप $= \frac{1}{2}$ परिधि + व्यास $= \frac{1}{2} \times 2\pi r + 2r = \pi r + 2r$

$$= r(\pi + 2) = 7\left(\frac{22}{7} + 2\right)$$

$$= 7\left(\frac{22+14}{7}\right) = 7 \times \frac{36}{7} = 36 \text{ सेमी.}$$

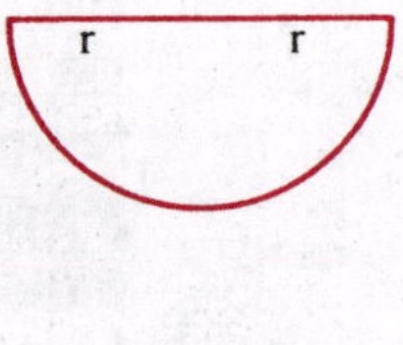

26. सेमी-वृत्त (अर्धवृत्त) का परिमाप $= \frac{1}{2}$ परिधि + व्यास $\Rightarrow 108 = \frac{1}{2} \times 2 \times \frac{22}{7} \times r + 2r$

$\therefore$ $108 = \frac{22}{7}r + 2r = 2r\left(\frac{11}{7} + 1\right) = 2r\left(\frac{11+7}{7}\right)$

$\therefore$ $108 = 2r \times \frac{18}{7} \Rightarrow r = \frac{108 \times 7}{2 \times 18} = 21$ सेमी.

$\therefore$ सेमी-वृत्त की त्रिज्या = r = 21 सेमी.

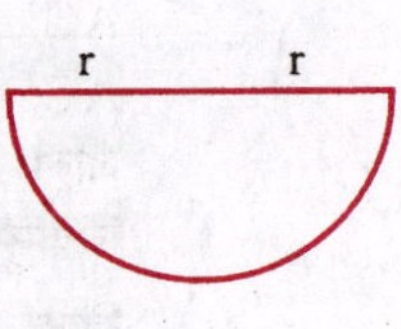

27. चित्रानुसार चक्रीय चतुर्भुज ABCD में $\angle BCD = 120^0$

$\because$ चक्रीय चतुर्भुज के सम्मुख कोण सम्पूरक होते हैं।

$\therefore$ $\angle A + \angle C = 180^0 \Rightarrow \angle A + 120^0 = 180^0 \Rightarrow \angle A = 60^0$

$\because$ AOB व्यास है, अतः $\angle ADB = 90^0$

$\therefore$ ΔADB में $\angle ABD = 90^0 - 60^0 = 30^0$

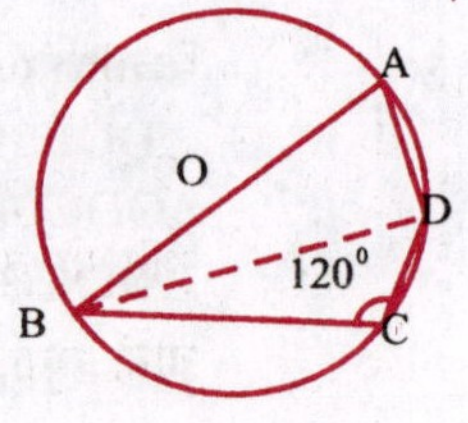

28. चित्र में जीवा AB, स्पर्श रेखा PQ के साथ

$\angle BAQ = \theta$ अंतरित करती है। अतः $\angle AOB = 2\theta$

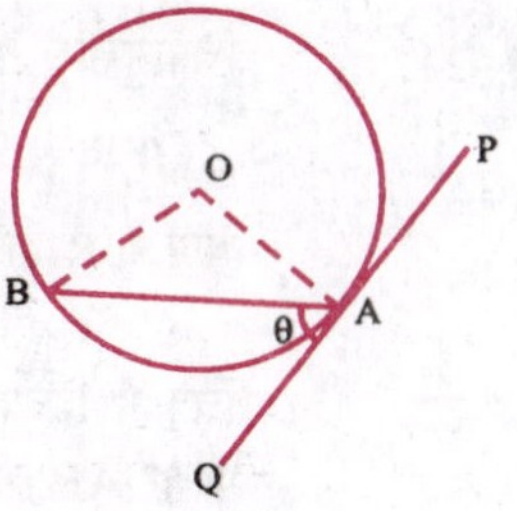

परन्तु Δ OAB में OB = OA = त्रिज्या, अतः $\angle B = \angle A$

$\therefore$ $\angle B + \angle A + 2\theta = 180^0 \Rightarrow \angle B + \angle B = 180^0 - 2\theta$

$\therefore$ $2 \times \angle B = 2\,(90^0 - \theta) \Rightarrow \angle B = 90^0 - \theta$

29. चित्रानुसार OP = 13 सेमी. और त्रिज्या OQ = 5 सेमी.

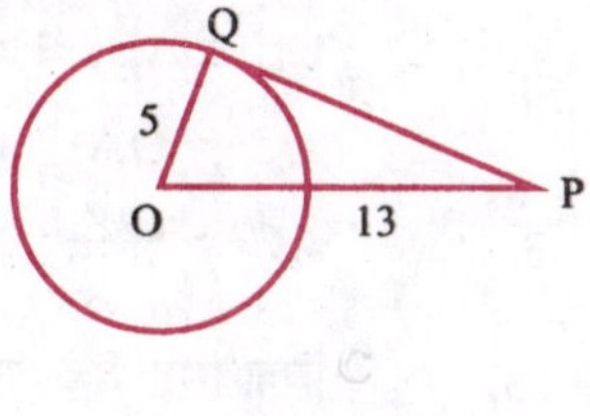

$\because$ त्रिज्या OQ $\perp$ P Q और समकोण त्रिभुज OPQ में,

$PQ^2 = OP^2 - OQ^2 = 13^2 - 5^2 = 169 - 25 = 144$

$\therefore$ $PQ^2 = 12^2 \Rightarrow PQ = 12$ सेमी.

$\therefore$ P बिन्दु से स्पर्श बिन्दु तक की दूरी = 12 सेमी.

30. एक चक्रीय चतुर्भुज में विपरीत कोण अनुपूरक (सम्पूरक) होते हैं।

31. वृत्त की परिधि $= \pi \times$ व्यास $= \dfrac{22}{7} \times 35 = 110$ सेमी.

32. दो असंयुक्त वृत्तों से चित्रानुसार अधिकतम

4 उभयनिष्ठ स्पर्श रेखाएँ खींची जा सकती हैं।

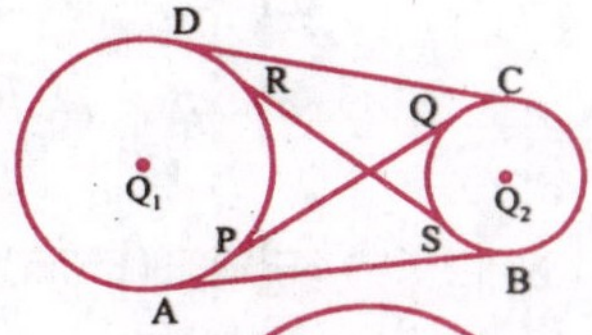

33. चित्रानुसार वृत्त का केन्द्र O तथा केन्द्रीय कोण की माप θ

हो तो त्रिज्य खण्ड का क्षेत्रफल $= \dfrac{\pi r^2 \theta}{360}$

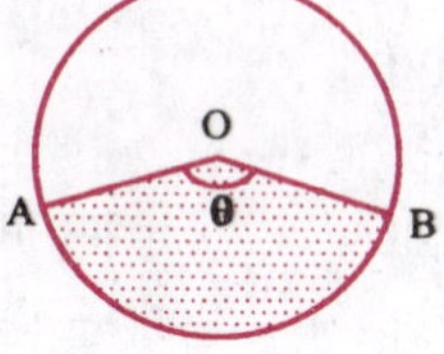

$\therefore$ $462 = \dfrac{22}{7} \times \dfrac{21 \times 21 \times \theta}{360^0}$, अतः $\theta = \dfrac{462 \times 7 \times 360}{22 \times 21 \times 21} = 120^0$

34. किसी अर्धवृत्त का कोण समकोण अर्थात् 90^0 का होता है।

35. एक वृत्त के व्यास के अन्त में खींची गयी स्पर्श रेखाएँ एक-दूसरे के समान्तर होती हैं।

36. चित्रानुसार चक्रीय चतुर्भुज ABCD में $\angle DBA = 50^0$ तथा $\angle ADB = 33^0$

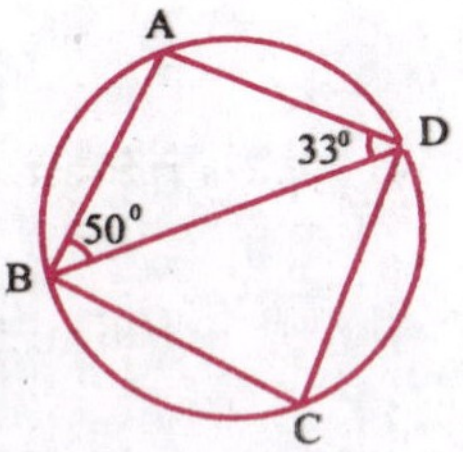

$\therefore$ Δ ABD में $\angle BAD = 180^0 - (50 + 33) = 180^0 - 83 = 97^0$

$\therefore$ चक्रीय चतुर्भुज के सम्मुख कोण सम्पूरक होते हैं।

$\therefore$ $\angle BCD + \angle BAD = 180^0$

$\therefore$ $\angle BCD + 97^0 = 180^0 \Rightarrow \angle BCD = 180^0 - 97^0 = 83^0$

37. पहले वृत्त की त्रिज्या $= \dfrac{2}{2} = 1$ सेमी. और दूसरे वृत्त की त्रिज्या $= \dfrac{5.6}{2} = 2.8$ सेमी.

त्रिज्याओं में अन्तर = 2.8 – 1 = 1.8 सेमी.

$\therefore$ उभयनिष्ठ स्पर्श रेखा की लम्बाई $= \sqrt{\text{केन्द्रों के बीच की दूरी}^2 - \text{त्रिज्याओं का अन्तर}^2}$

$= \sqrt{8.2^2 - 1.8^2} = \sqrt{67.24 - 3.24} = \sqrt{64} = 8$ सेमी.

38. चित्रानुसार AB व्यास है।

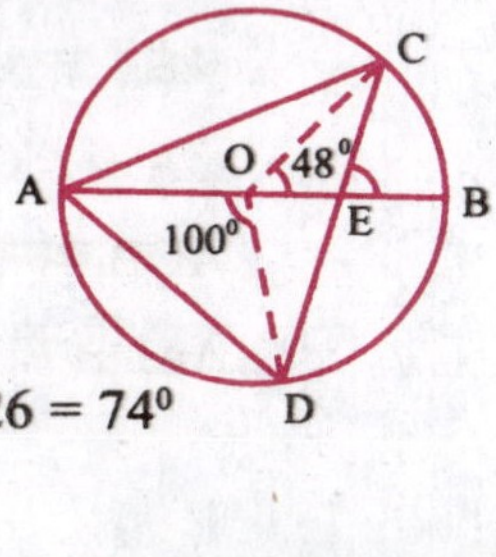

$\therefore$ $\angle DOE = 180^0 - 100^0 = 80^0$, अतः $\angle DOC = 80^0 + 48^0 = 128^0$

$\therefore$ ΔODC में OC = OD = त्रिज्या, अतः $\angle OCD = \angle ODC = x^0$ (माना)

$\therefore$ $\angle DOC + x^0 + x^0 = 180^0 \Rightarrow 128^0 + 2x^0 = 180^0$

$\therefore$ $2x^0 = 180^0 - 128^0 = 52^0 \Rightarrow x^0 = \dfrac{52}{2} = 26^0$

$\therefore$ Δ OCE का बहिष्कोण BEC = सम्मुख अन्तःकोणों का योग $= 48^0 + x^0 = 48 + 26 = 74^0$

39. $\because$ चाप BADC द्वारा केन्द्र पर कोण BOC और शेष चाप पर $\angle BEC$ अन्तरित है।

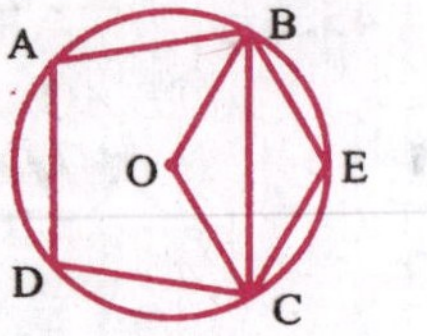

$\therefore$ केन्द्र पर बना $\angle BOC = 2 \times \angle BEC = 2 \times 100^0 = 200^0$

$\therefore$ Δ OBC में $\angle BOC = 360^0 - 200^0 = 160^0$

$\because$ OB = OC = त्रिज्या, अतः $\angle OBC = \angle OCB$

$\therefore$ $2 \times \angle OCB = 180^0 - 160^0 = 20^0 \Rightarrow \angle OCB = 10^0$

40. $\because$ AB स्पर्श रेखा और AD छेदक रेखा है।

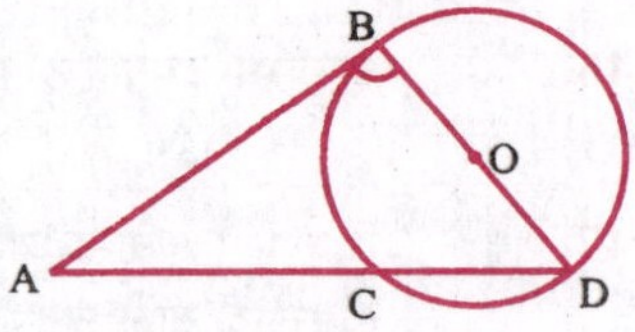

अतः स्पर्श रेखा^{2} = छेदक रेखा के खण्डों का गुणनफल

$\therefore$ $AB^2 = AD \times AC \Rightarrow 12^2 = (AC + CD) \times AC$

$\therefore$ $144 = (8 + CD) \times 8 \Rightarrow 8 + CD = 18$

$\therefore$ $CD = 18 - 8 = 10$ सेमी.

$\because$ स्पर्श रेखा AB $\perp$ त्रिज्या BO, अतः समकोण त्रिभुज ABD में

$AB^2 + BD^2 = AD^2 \Rightarrow 12^2 + (2r)^2 = (8 + 10)^2 = 18^2 = 324$

$\therefore$ $144 + 4r^2 = 324 \Rightarrow 4r^2 = 324 - 144 = 180 \Rightarrow r^2 = 45 \Rightarrow r = 3\sqrt{5}$

$\therefore$ वृत्त की त्रिज्या $r = 3\sqrt{5}$ सेमी.

41. चित्रानुसार AB व्यास और BC एक स्पर्श रेखा है।

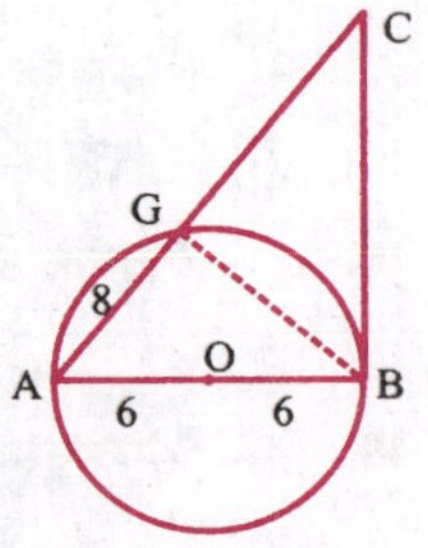

$\therefore$ $\angle AGB = \angle ABC = 90^0$, अतः समकोण ΔABG से $BG^2 = AB^2 - AG^2$

$\therefore$ $BG^2 = 12^2 - 8^2 = 144 - 64 = 80$

$\because$ समकोण त्रिभुज ABC में BG कर्ण AC पर लम्ब है।

$\therefore$ कर्ण के खण्डों का गुणनफल $AG \times GC = BG^2$

$\therefore$ $8 \times GC = 80 \Rightarrow GC = \frac{80}{8} = 10$ सेमी.

अब समकोण Δ BGC में $\angle BGC = 90^0$, अतः पाइथागोरस प्रमेय से –

$BC^2 = BG^2 + GC^2 = 80 + 10^2 = 80 + 100 = 180$, अतः $BC^2 = (6\sqrt{5})^2 \Rightarrow BC = 6\sqrt{5}$ सेमी.

42. तिर्यक उभयनिष्ठ स्पर्श रेखा की लम्बाई = $\sqrt{\text{केन्द्रों के बीच की दूरी}^2 - \text{त्रिज्याओं का योग}^2}$

$$= \sqrt{13^2 - (2.5 + 2.5)^2} = \sqrt{169 - 5^2} = \sqrt{169 - 25} = \sqrt{144} = 12$$

43. चित्रानुसार Δ ABC के अन्दर एक वृत्त बनाया गया है जो AB को P पर, BC को Q पर और CA को R पर स्पर्श करता है।

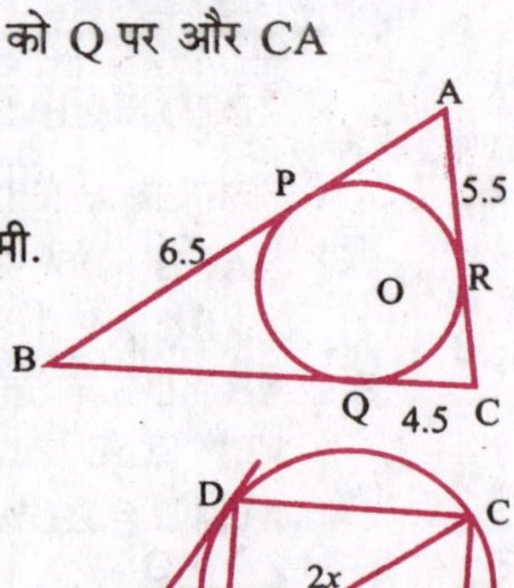

$\therefore$ AP = AR = 5.5 सेमी., BP = BQ = 6.5 सेमी.,

$\because$ CQ = CR = 4.5 सेमी., अतः भुजा AB = AP + PB = 5.5 + 6.5 = 12 सेमी.

$\therefore$ भुजा BC = BQ + QC = 6.5 + 4.5 = 11 सेमी.

$\therefore$ भुजा CA = CR + RA = 4.5 + 5.5 = 10 सेमी.

$\therefore$ Δ ABC का परिमाप = 12 + 11 + 10 = 33 सेमी.

44. चित्र में वृत्त का केन्द्र O और वृत्त में आयत ABCD बना है। बिन्दु D पर खींची गयी स्पर्श रेखा DE और विकर्ण CA बिन्दु E पर मिलते हैं और AC = 2 BC

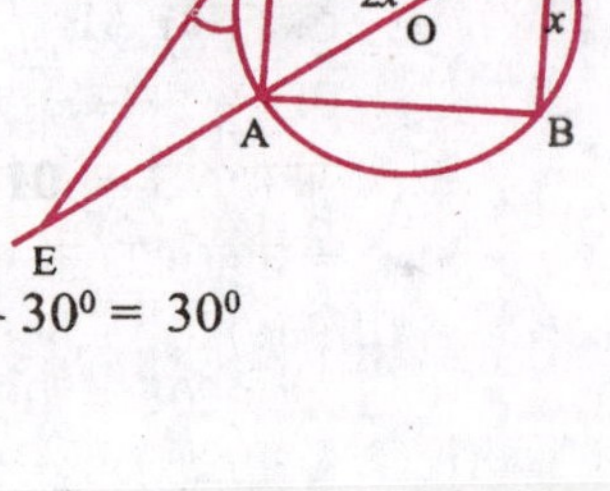

$\therefore$ $BC = \frac{1}{2} AC$, अतः $\angle BAC = 30^0$

क्योंकि समकोण त्रिभुज में 30^0 के सामने की भुजा कर्ण की आधी होती है।

$\therefore$ $\angle ACD = 30^0$, अतः $\angle ADE = 30^0$

$\therefore$ $\angle CAD = 90^0 - 30^0 = 60^0$, अतः $\angle DEC = \angle CAD - \angle ADE = 60^0 - 30^0 = 30^0$

45. चित्र में वाह्य बिन्दु P से PA और PB दो स्पर्श रेखाएँ खींची गयी हैं और $\angle APB = 72^0$

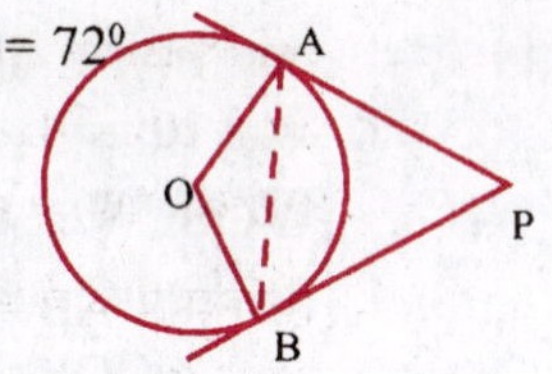

$\therefore$ $\angle OAP = \angle OBP = 90^0$, अतः $\angle AOB + \angle APB = 180^0$

$\therefore$ $\angle AOB + 72^0 = 180^0 \Rightarrow \angle AOB = 180^0 - 72^0 = 108^0$

$\angle ABO + \angle BAO = 180^0 - 108^0 = 72^0$

परन्तु OA = OB त्रिज्या $\Rightarrow \angle ABO = \angle OAB$

$\therefore$ $\angle OAB + \angle OAB = 72^0 \Rightarrow 2 \times \angle OAB = 72^0 \Rightarrow \angle OAB = 36^0$

46. अनुप्रस्थ उभयनिष्ठ स्पर्श रेखा की लम्बाई $= \sqrt{\text{केन्द्रों के बीच की दूरी}^2 - \text{त्रिज्याओं का योग}^2}$

$= \sqrt{10^2 - (5+3)^2} = \sqrt{10^2 - 8^2} = \sqrt{100 - 64} = \sqrt{36} = 6$ सेमी.

47. चित्र में O_1 केन्द्र वाले वृत्त की त्रिज्या $O_1A = O_1B = 5$ सेमी.

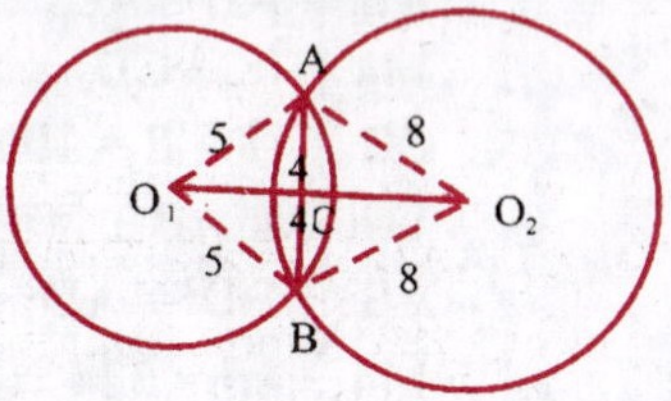

O_2 केन्द्र वाले वृत्त की त्रिज्या $O_2A = O_2B = 8$ सेमी.

जीवा AB = 8 सेमी., अतः $AC = CB = \frac{8}{2} = 4$ सेमी.

समकोण त्रिभुज O_1AC में,

$O_1C^2 = O_1A - AC^2 = 25 - 16 = 9 \Rightarrow O_1C = 3$ सेमी.

समबाहु ΔO_2AB में $O_2C = \frac{\sqrt{3}}{2} \times$ भुजा $= \frac{\sqrt{3}}{2} \times 8 = 4\sqrt{3}$ सेमी. = 6.93 सेमी.

$\therefore$ केन्द्रों के बीच की दूरी $O_1O_2 = O_1C + O_2C = 3 + 6.93 = 9.93 = 10$ सेमी.

48. तिर्यक उभयनिष्ठ स्पर्श रेखा की लम्बाई $= \sqrt{\text{केन्द्रों के बीच की दूरी}^2 - \text{त्रिज्याओं का योग}^2}$

$= \sqrt{13^2 - (3+2)^2} = \sqrt{13^2 - 5^2} = \sqrt{169 - 25} = \sqrt{144} = 12$ सेमी.

49. चित्रानुसार जीवा AB = 120 सेमी. और केन्द्र से जीवा की दूरी = OC = 32 सेमी.

$AC = CB = \frac{120}{2} = 60$ सेमी.

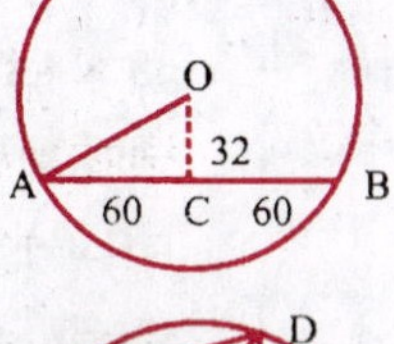

$\therefore$ समकोण त्रिभुज OAC में,

$OA^2 = AC^2 + OC^2 = 60^2 + 32^2 = 3600 + 1024$

$OA^2 = 4624 = (68)^2 \Rightarrow OA = 68$ सेमी.

50. चित्रानुसार चक्रीय चतुर्भुज ABCD में

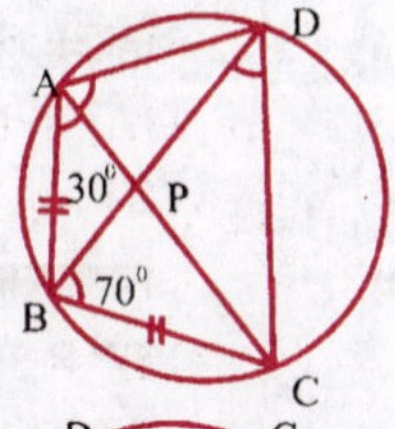

$AB = BC \Rightarrow \Delta ABC$ में $\angle BCA = \angle BAC = 30^0$

चाप BC द्वारा अन्तरित कोण $BDC = \angle BAC = 30^0$

$\therefore$ ΔBDC में $\angle BCD = 180^0 - (70^0 + 30^0) = 180^0 - 100^0 = 80^0$

$\therefore$ $\angle PCD = \angle BCD - \angle BCA = 80^0 - 30^0 = 50^0$

51. चित्रानुसार ABCD समलम्ब है और AB व्यास है।

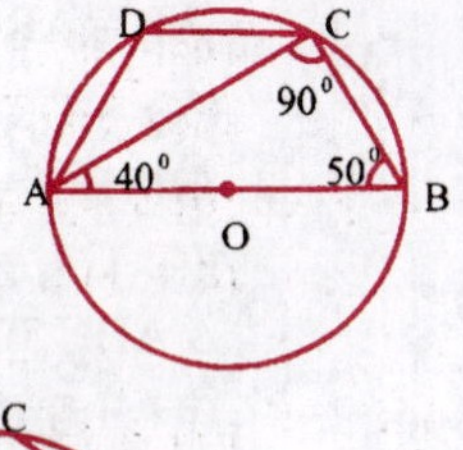

$\therefore$ $\angle ACB = 90^0$ परन्तु $\angle CAB = 40^0$

$\therefore$ $\angle ABC = 90^0 - 40^0 = 50 \Rightarrow \angle ADC = 180^0 - 50^0 = 130^0$

$\because$ AB ∥ DC को तिर्यक रेखा AD काटती है। अतः $\angle ADC + \angle DAB = 180^0$

$\therefore$ $130^0 + \angle DAB = 180^0 \Rightarrow \angle DAB = 180^0 - 130^0 = 50^0$

$\therefore$ $\angle CAD = \angle DAB - \angle CAB = 50^0 - 40^0 = 10^0$

52. चित्रानुसार AB = 6 सेमी., DC = 3 सेमी.

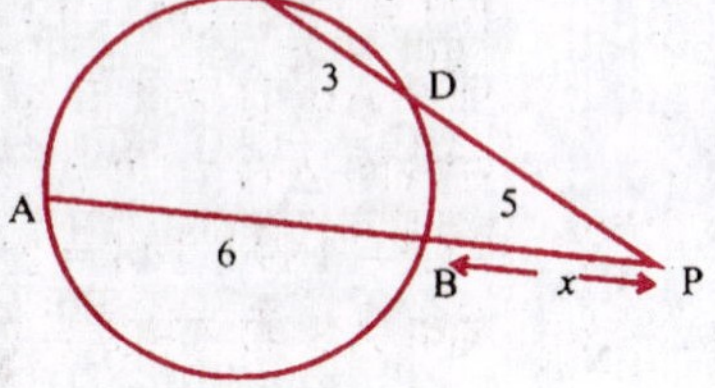

PD = 5 सेमी., अतः CP = 5 + 3 = 8 सेमी.

$\therefore$ जीवा AB के खण्डों से निर्मित आयत का क्षेत्रफल

= जीवा CD के खण्डों से निर्मित आयत का क्षेत्रफल

∴ $AP \times BP = DP \times CP = 5 \times 8 \Rightarrow (6 + x) \times x = 40 \Rightarrow 6x + x^2 = 40 \Rightarrow x^2 + 6x - 40 = 0$

∴ $x^2 + 10x - 4x - 40 \Rightarrow (x + 10)(x - 4) = 0 \Rightarrow x + 10 \neq 0$, अतः $x - 4 = 0 \Rightarrow x = 4$ सेमी.

∴ PB की माप $= x = 4$ सेमी.

53. चित्रानुसार AB = 7 सेमी., AP = 4 सेमी.

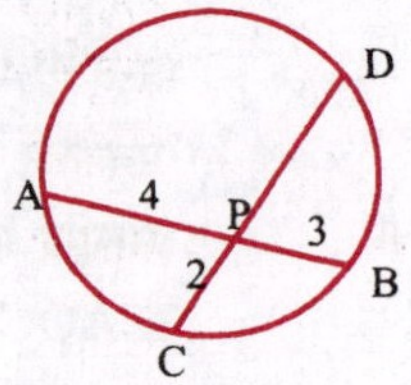

∴ $PB = 7 - 4 = 3$ सेमी.

∴ $PD \times PC = AP \times PB$

∴ $PD \times 2 = 4 \times 3 \Rightarrow PD = \frac{4 \times 3}{2} = 6$ सेमी.

∴ जीवा $CD = CP + PD = 2 + 6 = 8$ सेमी.

54. सम्मुख चित्र में AB व्यास है। अतः $\angle ACB = 90^0$

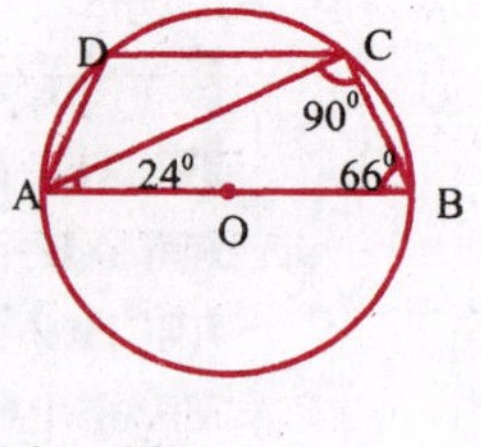

∴ ΔACB में $\angle ABC = 90^0 - 24^0 = 66^0$

∵ ABCD चक्रीय समलम्ब है।

∴ $\angle ADC + \angle ABC = 180^0$

∴ $\angle ADC + 66^0 = 180^0 \Rightarrow \angle ADC = 180^0 - 66^0 = 114^0$

∵ $\angle DAB + \angle ADC = 180 \Rightarrow \angle DAB + 114 = 180^0 \Rightarrow \angle DAB = 180 - 114 = 66$

∴ $\angle CAD = \angle DAB - \angle CAB = 66^0 - 24^0 = 42^0$

55. चित्रानुसार जीवा AB के खण्डों का गुणनफल = जीवा CD के खण्डों का गुणनफल

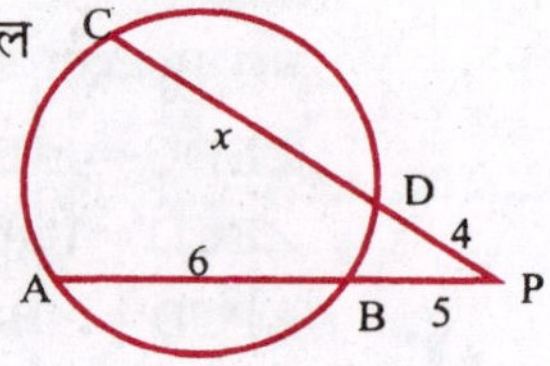

∴ $AP \times BP = CP \times DP$

∴ $(6 + 5) \times 5 = (x + 4) \times 4$

∴ $11 \times 5 = 4x + 16$

∴ $4x = 55 - 16 = 39 \Rightarrow x = \frac{39}{4} = 9.75$ सेमी.

56. चित्रानुसार $PQ = x$ सेमी.

RS = 12 सेमी., अतः $RA = AS = \frac{12}{2} = 6$ सेमी., अतः त्रिज्या OP = OS = 10 सेमी.

∵ जीवाओं के बीच की दूरी AB = 14 सेमी., अतः समकोण ΔOAS में $OA^2 = OS^2 - SA^2$

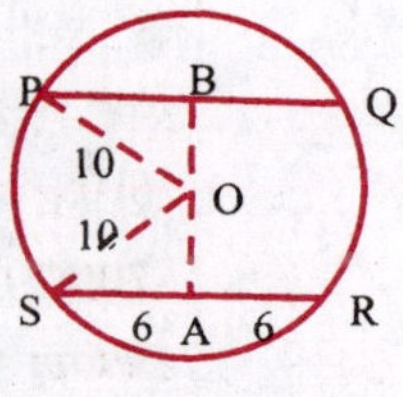

$OA^2 = 100 - 36 = 64 \Rightarrow OA^2 = 8^2 \Rightarrow OA = 8$ सेमी.

∴ $OB = AB - OA = 14 - 8 = 6$ सेमी.

अब समकोण ΔOPB में $PB^2 = OP^2 - OB^2 = 100 - 36 = 64$

∴ $PB^2 = 8^2 \Rightarrow PB = 8$ सेमी., अतः $PQ = x = 2 \times PB = 2 \times 8 = 16$ सेमी.

57. चित्रानुसार PT स्पर्श रेखा और PAB छेदक रेखा है।

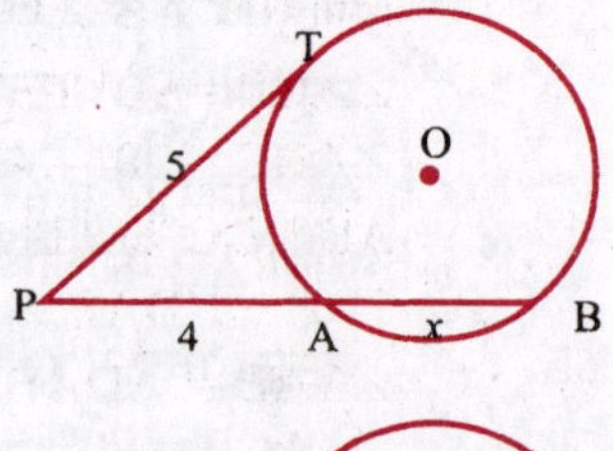

∴ छेदक रेखा के खण्डों का गुणनफल = स्पर्श रेखा²

∴ $PB \times PA = PT^2$

∴ $(4 + x) \times 4 = 5^2 = 25$

∴ $16 + 4x = 25 \Rightarrow 4x = 9 \Rightarrow x = \frac{9}{4} = 2.25$ सेमी.

58. चित्र में त्रिज्या OA = 13 सेमी.

जीवा AB की केन्द्र से दूरी OC = 12 सेमी.

समकोण ΔOAC में $AC^2 = OA^2 - OC^2$

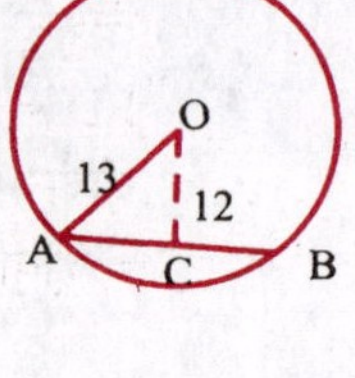

∴ $AC^2 = 169 - 144 = 25 \Rightarrow AC^2 = 5^2 \Rightarrow AC = 5$ सेमी.

∴ जीवा AB की लम्बाई $= 2 \times AC = 2 \times 5 = 10$ सेमी.

59. O वृत्त का केन्द्र और RS स्पर्श रेखा है।

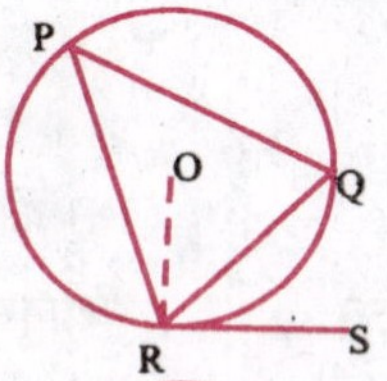

∴ $\angle ORS = 90^0$ क्योंकि $OR \perp RS$

∴ QR, $\angle ORS$ को समद्विभाजित करता है।

∴ $\angle ORQ = QRS = \dfrac{90^0}{2} = 45^0$

∴ एकान्तर वृत्त खण्ड में स्थित कोण $RPQ = \angle QRS = 45^0$

60. सम्मुख चित्र में चाप ABC द्वारा केन्द्र पर

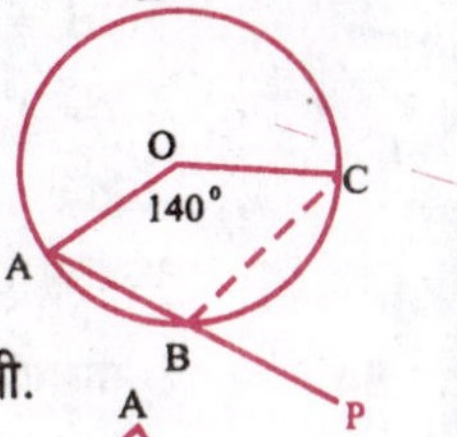

$\angle AOC = 140^0$ अन्तरित किया गया है।

∴ $\angle CBP = \dfrac{140^0}{2} = 70^0$

61. चित्रानुसार वाह्य बिन्दु A से AQ और AR दो स्पर्श रेखाएँ हैं। अतः AR = AQ = 4.5 सेमी.

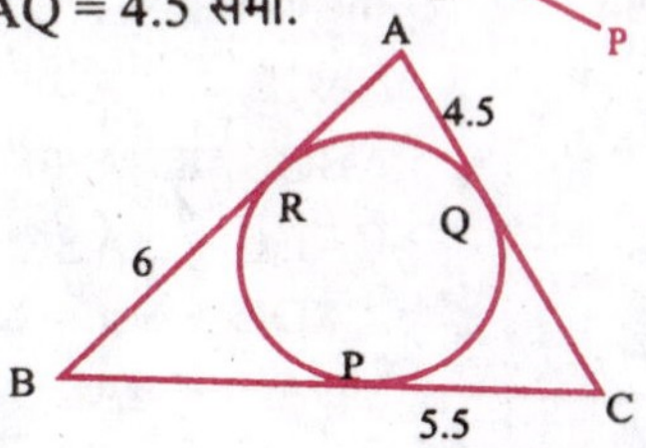

इसी प्रकार BR = BP = 6 सेमी. और PC = QC = 5.5 सेमी.

∴ भुजा AB = AR + RB = 4.5 + 6 = 10.5 सेमी.

भुजा BC = BP + PC = 6 + 5.5 = 11.5 सेमी.

और भुजा CA = CQ + QA = 5.5 + 4.5 = 10.0 सेमी.

∴ ΔABC का परिमाप = AB + BC + CA = 10.5 + 11.5 + 10 = 32 सेमी.

62. सम्मुख चित्र में AB = BC, अतः ΔABC में $\angle BCA = \angle BAC = 30^0$

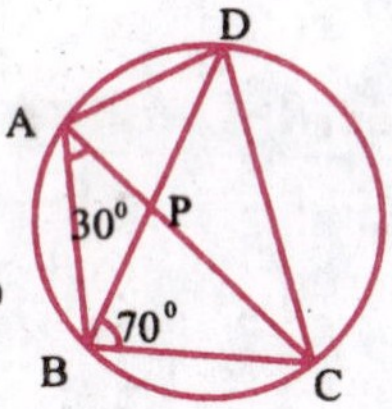

चाप BC द्वारा शेष चाप पर $\angle BAC$ और $\angle BDC$ अन्तरित किये गये हैं।

∴ $\angle BDC = \angle BAC = 30^0$, अतः ΔBCD में तीनों कोणों का योग = 180^0

∴ $\angle BCD = 180^0 - (\angle BDC + \angle DBC) = 180^0 - (30^0 + 70^0) = 180^0 - 100^0 = 80^0$

∴ $\angle PCD = \angle BCD - \angle ACB = 80^0 - 30^0 = 50^0$

63. सम्मुख चित्र में PQ = PR = 12 सेमी., अतः त्रिज्या OP = OQ = 10 सेमी.

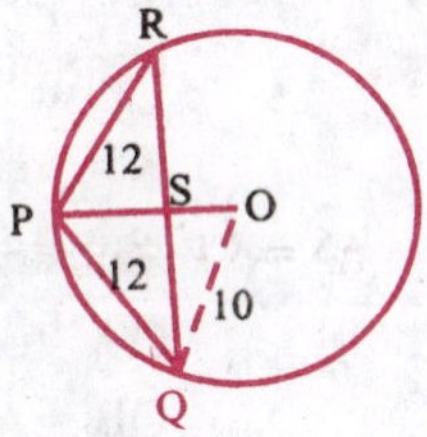

माना OS = x और QS = y, अतः समकोण त्रिभुज OQS में $OS^2 + SQ^2 = OQ^2$

∴ $x^2 + y^2 = 100 \Rightarrow y^2 = 100 - x^2$

अब समकोण Δ PQS में $PS^2 + SQ^2 = PQ^2$

∴ $(10 - x)^2 + y^2 = 12^2 \Rightarrow 100 + x^2 - 20x + 100 - x^2 = 144$

∴ $200 - 20x = 144 \Rightarrow 20x = 56 \Rightarrow x = \dfrac{56}{20} = 2.8$ सेमी., अतः OS की लम्बाई = x = 2.8 सेमी.

64. सम्मुख चित्र में त्रिज्या OA = 13 सेमी.

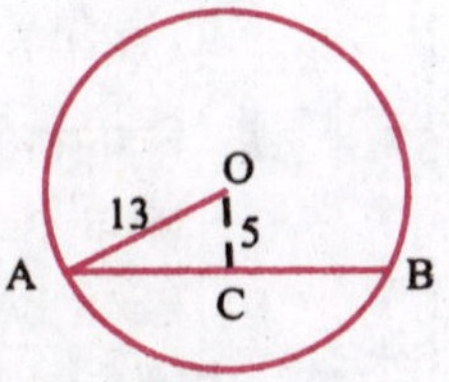

केन्द्र से जीवा AB की दूरी OC = 5 सेमी.

समकोण ΔOAC में $AC^2 = OA^2 - OC^2$

∴ $AC^2 = 169 - 25 = 144 \Rightarrow AC = 12$ सेमी.

∴ जीवा AB की लम्बाई = 2 × AC = 2 × 12 = 24 सेमी.

65. सम्मुख चित्र में O वृत्त का केन्द्र तथा AB व्यास और ABCD एक समलम्ब है जहाँ $\angle BAC = 28^0$

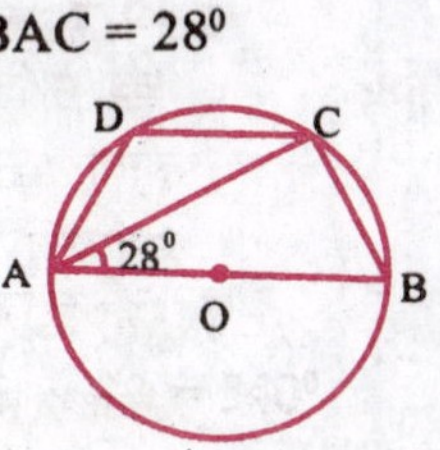

∴ $\angle ACB = 90^0 \Rightarrow \angle ABC = 90^0 - 28^0 = 62^0$

∴ $\angle ADC = 180^0 - 62^0 = 118^0$

∵ DC ∥ AB को तिर्यक रेखा AD काट रही है।

∴ $\angle DAB + \angle ADC = 180^0$

∴ $\angle CAD + 28^0 + 118^0 = 180^0 \Rightarrow \angle CAD = 180^0 - 146^0 = 34^0$

66. सम्मुख चित्र में वृत्त का केन्द्र O तथा चाप ABC द्वारा केन्द्र पर अन्तरित कोण AOC = 132^0

जीवा AB को P तक बढ़ाने पर $\angle CBP = \frac{132}{2} = 66^0$

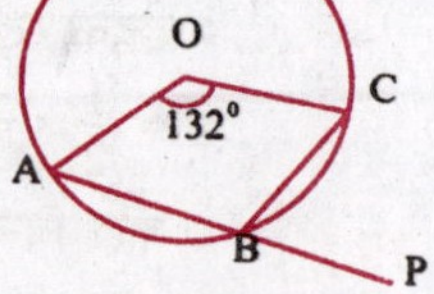

67. सम्मुख चित्र में दो जीवाएँ AB और CD वृत्त के अन्दर P पर प्रतिच्छेद करती हैं।

AB = 10 सेमी., AP = 4 सेमी.

∴ BP = 10 – 4 = 6 सेमी.

∴ जीवा CD के खण्डों का गुणनफल = जीवा AB के खण्डों का गुणनफल

∴ $CP \times PD = AP \times PB$, अतः $5 \times PD = 4 \times 6 \Rightarrow PD = \frac{24}{5} = 4.8$ सेमी.

∴ जीवा CD की लम्बाई = 5 + 4.8 = 9.8 सेमी.

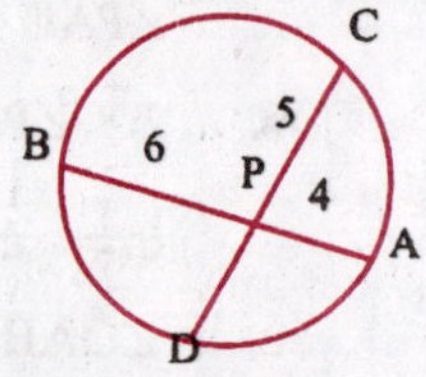

68. चित्र में वृत्त का केन्द्र O, त्रिज्या OA = 13 सेमी. और केन्द्र से जीवा AB की दूरी OC = 5 सेमी.

∴ समकोण त्रिभुज OAC में पाइथागोरस प्रमेय से,

$AC^2 = OA^2 - OC^2 = 13^2 - 5^2 = 169 - 25 = 144$

∴ $AC^2 = 12^2 \Rightarrow AC = 12$ सेमी.

∴ जीवा AB की लम्बाई = 2 × AC = 2 × 2 = 24 सेमी.

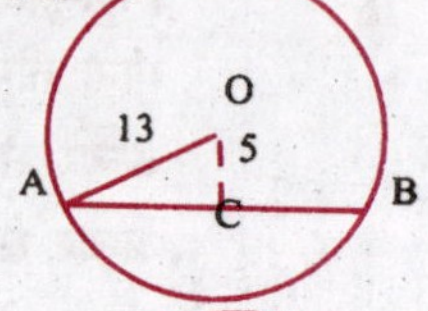

69. चित्र में चाप ABC द्वारा केन्द्र पर अन्तरित $\angle AOC = 136^0$

∴ छेदक रेखा ABP और जीवा BC द्वारा बना वाह्य कोण CBP

$= \frac{1}{2} \times$ केन्द्र कोण $= \frac{1}{2} \times 136^0 = 68^0$

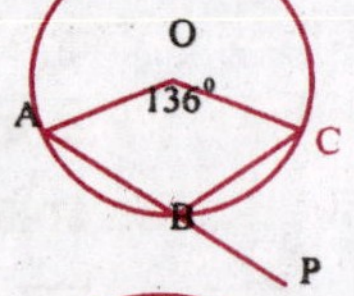

70. चित्र में वृत्त की त्रिज्या OA = 17 सेमी., केन्द्र से जीवा AB की दूरी OC = 15 सेमी.

∵ $OC \perp AB$, अतः समकोण Δ OAC में,

$AC^2 = OA^2 - OC^2 = 289 - 225 = 64$

∴ $AC^2 = 8^2 \Rightarrow AC = 8$ सेमी.

∴ जीवा AB की लम्बाई = 2 × 8 = 16 सेमी.

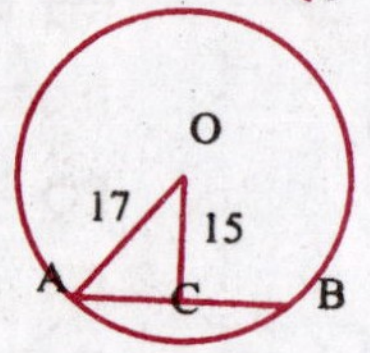

71. चित्र में □ABCD की भुजा AB व्यास है।

∴ अर्द्धवृत्त में स्थित कोण ACB = 90^0

∵ चक्रीय चतुर्भुज के सम्मुख कोण सम्पूरक होते हैं।

$\angle ABC + \angle ADC = 180^0$

∴ $\angle ABC + 129^0 = 180^0 \Rightarrow \angle ABC = 180^0 - 129^0 = 51^0$

∴ ΔABC में $\angle BAC = 90^0 - 51^0 = 39^0$

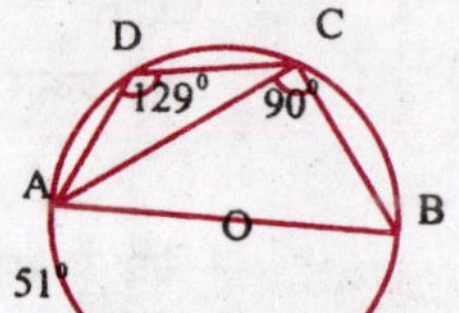

72. सम्मुख चित्र में वाह्य बिन्दु P से दो स्पर्श रेखाएँ PA तथा PB खींची गयी हैं।

∴ $PA = PB \Rightarrow \angle PAB = \angle PBA$

परन्तु $\angle PAB + \angle PBA + 40^0 = 180^0$

∴ $\angle PAB + \angle PAB + 40^0 = 180^0 \Rightarrow 2 \times \angle PAB = 140^0 \Rightarrow \angle PAB = 70^0$

∵ $PA \perp AO$, अतः $\angle PAO = 90^0$

∴ $\angle OAB = \angle PAO - \angle PAB = 90^0 - 70^0 = 20^0$

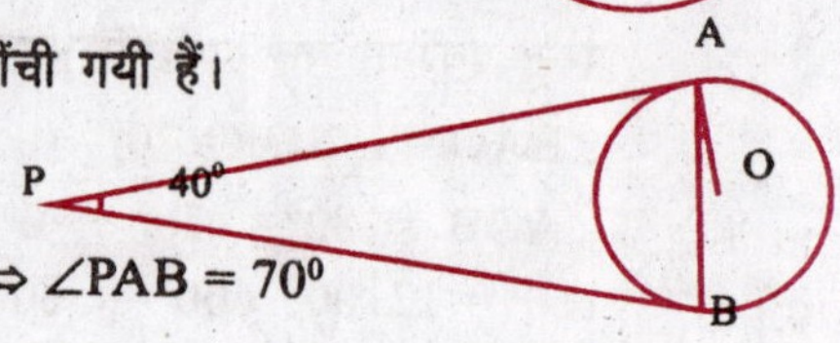

73. चित्र में वृत्त की त्रिज्या OA = 17 सेमी., केन्द्र O से जीवा AB की दूरी OC = 8 सेमी.

∴ समकोण ΔOAC में $AC^2 = OA^2 - OC^2$

∴ $AC^2 = 17^2 - 8^2 = 289 - 64 = 225$

∴ $AC^2 = 15^2 \Rightarrow AC = 15$

∴ जीवा AB की लम्बाई = 15 × 2 = 30 सेमी.

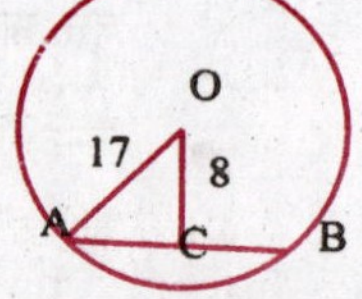

74. चित्र में चाप ABC द्वारा केन्द्र पर 110^0 का कोण अन्तरित किया गया है।

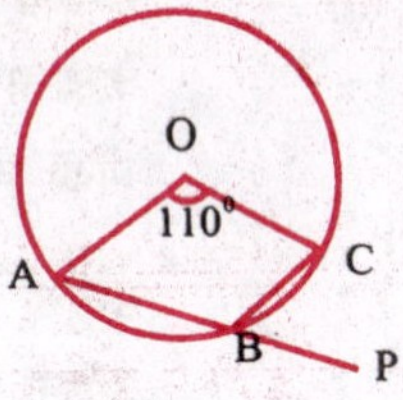

∴ छेदक रेखा ABP और जीवा BC के बीच बना $\angle CBP$

$= \frac{1}{2} \times$ केन्द्र पर बना कोण $= \frac{1}{2} \times 110^0 = 55^0$

75. वाह्य बिन्दु से स्पर्श रेखाएँ PA = PB

∴ $\angle PAB = \angle PBA$ अतः $\angle PAB + \angle PBA + 30^0 = 180^0$

∴ $2 \times \angle PAB = 180^0 - 30^0 = 150^0 \Rightarrow \angle PAB = \frac{150}{2} = 75^0$

परन्तु स्पर्श रेखा PA ⊥ त्रिज्या OA $\Rightarrow \angle PAO = 90^0$

∴ $\angle OAB = \angle PAO - \angle PAB = 90^0 - 75^0 = 15^0$

76. चित्रानुसार तीन संकेन्द्रित वृत्तों की त्रिज्याओं में अनुपात = 4 : 5 : 7

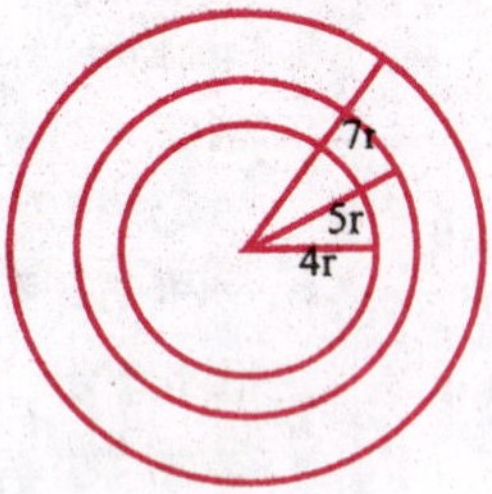

∴ माना तीनों वृत्तों की त्रिज्याएँ क्रमशः 4r सेमी., 5r सेमी. तथा 7r सेमी. हैं।

∴ अन्दर से पहले वृत्त का क्षेत्रफल $= \pi (4r)^2 = 16\pi r^2$

अन्दर से दूसरे वृत्त का क्षेत्रफल $= \pi (5r)^2 = 25\pi r^2$

अन्दर से तीसरे वृत्त का क्षेत्रफल $= \pi (7r)^2 = 49\pi r^2$

∴ दो आन्तरिक वृत्तों के बीच का क्षेत्रफल $= 25\pi r^2 - 16\pi r^2 = 9\pi r^2$

दो बाहरी वृत्तों के बीच का क्षेत्रफल $= 49\pi r^2 - 25\pi r^2 = 24\pi r^2$

∴ अभीष्ट अनुपात $= 9\pi r^2 : 24\pi r^2 = 9 : 24 = 3 : 8$

77. चित्र में 10 सेमी त्रिज्या और 8 सेमी त्रिज्या वाले दो वृत्त एक दूसरे को P और Q पर प्रतिच्छेद करते हैं।

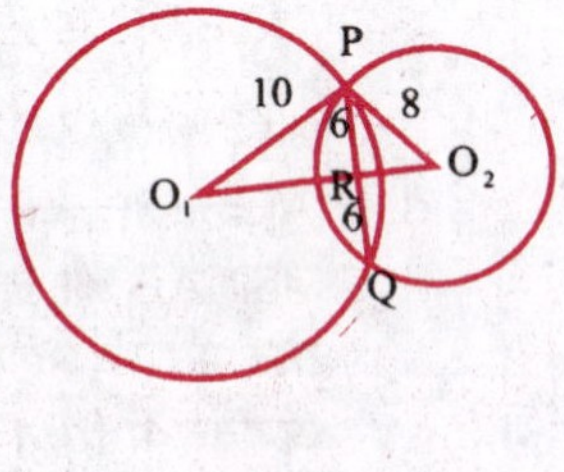

PQ = 12 सेमी., अतः $PR = RQ = \frac{12}{2} = 6$ सेमी.

∵ $PR \perp O_1O_2$, अतः समकोण त्रिभुज O_1PR में,

$O_1R^2 = 10^2 - 6^2 = 100 - 36 = 64 \Rightarrow O_1R^2 = 8^2 \Rightarrow O_1R = 8$ सेमी.

इसी प्रकार समकोण त्रिभुज O_2PR में $O_2R^2 = 8^2 - 6^2 = 64 - 36 = 28$

∴ $O_2R = \sqrt{28} = 5.3$, अतः केन्द्रों के बीच की दूरी $x = O_1R + O_2R = 8 + 5.3 = 13.3$ सेमी.

78. चित्र में स्पर्श रेखा PQR ∥ जीवा AB को तिर्यक रेखा BQ काट रही है।

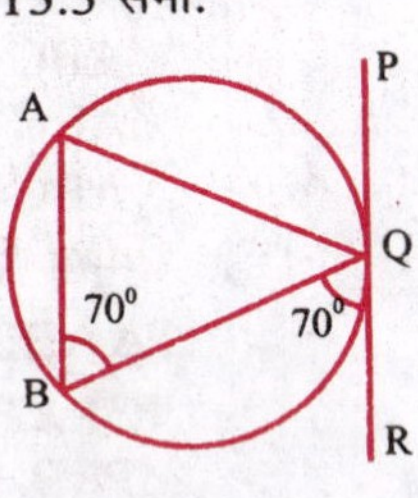

∴ एकान्तर $\angle ABQ = \angle BQR = 70^0$

परन्तु एकान्तर वृत्त खण्ड में $\angle BAQ$ स्थित है।

∴ $\angle BAQ = \angle BQR = 70^0$

∴ $\angle AQB = 180^0 - (70^0 + 70^0) = 180^0 - 140^0 = 40^0$

79. $110^2 = 12100,\ 600^2 = 360000,\ 610^2 = 372100$

∵ $110^2 + 600^2 = 12100 + 360000 = 372100$

∴ त्रिभुज, समकोण त्रिभुज है, जिसका क्षेत्रफल $= \frac{110 \times 600}{2} = 33000$ वर्ग मीटर

∴ वृत्ताकार पार्क का क्षेत्रफल = त्रिभुजाकार मैदान का क्षेत्रफल $\times \frac{7}{15}$

∴ $\frac{22}{7} \times R^2 = 33000 \times \frac{7}{15} \Rightarrow R^2 = \frac{33000 \times 7 \times 7}{22 \times 15} = 100 \times 7 \times 7$

∴ $R^2 = (10 \times 7)^2 = (70)^2 \Rightarrow R = 70$ मीटर, अतः वृत्ताकार पार्क का व्यास $= 2R = 2 \times 70 = 140$ मीटर

80. सम्मुख चित्र में AB = 5 सेमी, CD = 11 सेमी., जीवाओं के बीच की दूरी EF = 3 सेमी.

माना OE = x सेमी और त्रिज्या OD = OA = R, अतः समकोण त्रिभुज ODE में $OD^2 = OE^2 + DE^2$

$R^2 = x^2 + \left(\frac{11}{2}\right)^2 = x^2 + \frac{121}{4} \Rightarrow R^2 = x^2 + \frac{121}{4}$ ....(i)

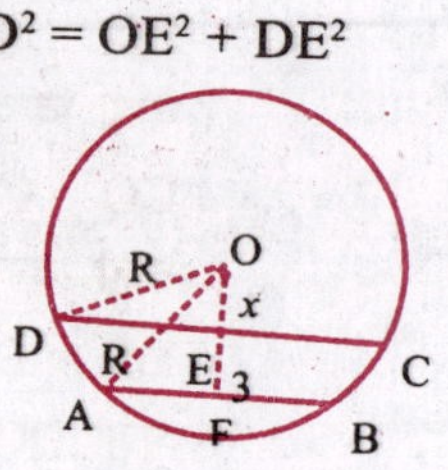

इसी प्रकार समकोण ΔOAF में $R^2 = OF^2 + AF^2 = (x+3)^2 + \left(\frac{5}{2}\right)^2$

$\therefore$ $R^2 = x^2 + 9 + 6x + \frac{25}{4} \Rightarrow R^2 = x^2 + 6x + \frac{61}{4}$ ....(ii)

समीकरण (i) और समीकरण (ii) की तुलना से,

$x^2 + 6x + \frac{61}{4} = x^2 + \frac{121}{4} \Rightarrow 6x = \frac{121}{4} - \frac{61}{4} = \frac{60}{4} = 15 \Rightarrow x = \frac{15}{6} = \frac{5}{2}$

समीकरण (i) में $x = \frac{5}{2}$ रखने पर, $R^2 = \left(\frac{5}{2}\right)^2 + \frac{121}{4} = \frac{25}{4} + \frac{121}{4} = \frac{146}{4}$

$\therefore$ $R^2 = \frac{146}{4} \Rightarrow R = \frac{\sqrt{146}}{2} \Rightarrow 2R = \sqrt{146}$, अतः वृत्त का व्यास = $\sqrt{146}$ सेमी.

81. सम्मुख चित्र में AB व्यास है और ABCD एक समलम्ब चतुर्भुज है।

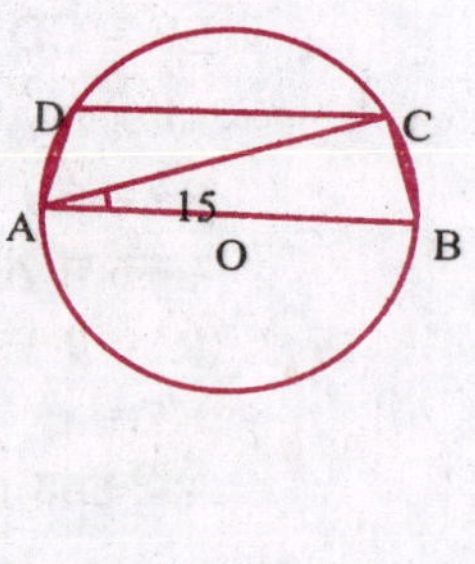

$\angle BAC = 15^0$ और $\angle BCA = 90^0$

$\therefore$ एकान्तर $\angle ACD = 15^0$ और $\angle ABC = 90^0 - 15^0 = 75^0$

$\because$ चक्रीय चतुर्भुज के कोण सम्पूरक होते हैं। अतः $\angle ADC + \angle ABC = 180^0$

$\therefore$ $\angle ADC + 75^0 = 180^0 \Rightarrow \angle ADC = 180 - 75 = 105^0$

$\therefore$ ΔADC में $\angle CAD + \angle ADC + \angle DCA = 180^0$

$\therefore$ $\angle CAD + 105 + 15^0 = 180^0 \Rightarrow \angle CAD = 180^0 - 120^0 = 60^0$

82. सम्मुख चित्र में त्रिज्या $= \frac{42}{2} = 21$ सेमी.

केन्द्र कोण = AOC = $\theta = 150^0$

$\therefore$ त्रिज्या खण्ड ABCO का क्षेत्रफल $= \frac{\pi r^2 \theta}{360} = \frac{22}{7} \times \frac{21 \times 21 \times 150^0}{360^0} = 577.5$ सेमी.^{2}

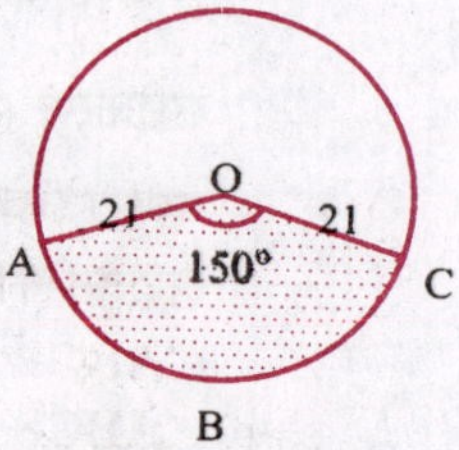

83. चित्र में AB व्यास है, अतः $\angle ACB = 90^0$

$\because$ चक्रीय चतुर्भुज के कोण सम्पूरक होते हैं।

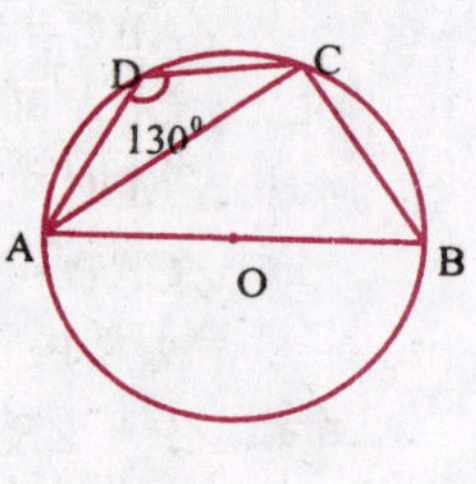

$\therefore$ $\angle ABC + \angle ADC = 180^0$

$\therefore$ $\angle ABC + 130^0 = 180^0 \Rightarrow \angle ABC = 50^0$

$\therefore$ ΔABC में $\angle BAC + \angle ABC + \angle ACB = 180^0$

$\therefore$ $\angle BAC + 50^0 + 90^0 = 180^0$

$\therefore$ $\angle BAC = 180^0 - 140^0 = 40^0$

84. चित्र में AB व्यास और $\angle ADC = 150^0$

$\therefore$ $\angle ABC = 180^0 - 150^0 = 30^0$

अर्द्धवृत्त का $\angle ACB = 90^0$

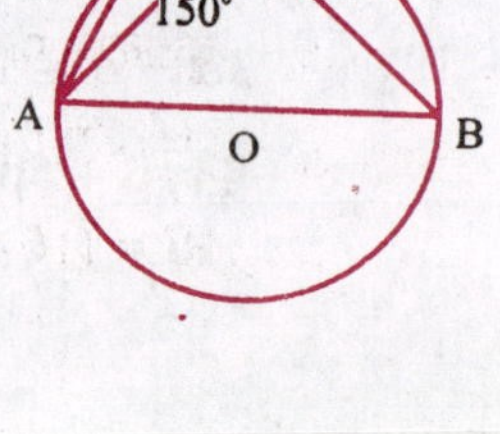

$\therefore$ ΔABC में $\angle BAC + \angle ABC + \angle ACB = 180^0$

$\therefore$ $\angle BAC + 30^0 + 90^0 = 180^0$

$\therefore$ $\angle BAC = 180^0 - 120^0 = 60^0$

85. चित्र में चतुर्भज ABCD की भुजाओं को वृत्त अन्दर से P, Q, R तथा S पर स्पर्श कर रहा है।

वाह्य बिन्दु B से स्पर्श रेखाएँ BP और BQ हैं।

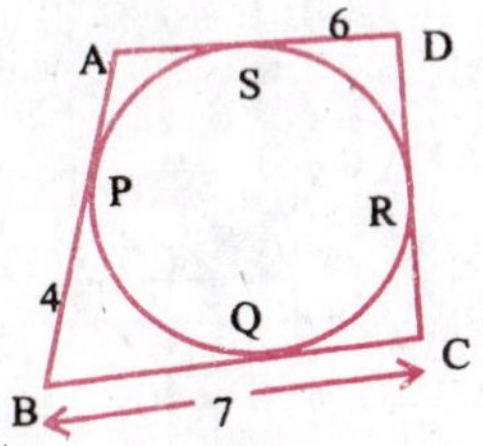

$\therefore$ BQ = BP = 4 सेमी., अतः CQ = 7 – 4 = 3 सेमी.

वाह्य बिन्दु C से स्पर्श रेखाएँ CQ और CR हैं।

$\therefore$ CQ = CR = 3 सेमी.

वाह्य बिन्दु D से स्पर्श रेखाएँ DS और DR हैं।

$\therefore$ DR = DS = 6 सेमी.

$\therefore$ भुजा DC की लम्बाई = DR + CR = 6 + 3 = 9 सेमी.

86. चित्र में ABCD एक समान्तर चतुर्भुज है।

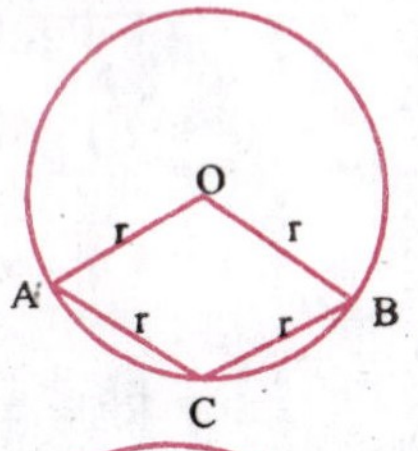

$\therefore$ AO = CB = त्रिज्या r

AC = OB = त्रिज्या r

$\therefore$ □ABCD एक समचतुर्भुज हुआ।

87. सम्मुख चित्र में O वृत्त का केन्द्र है। AB = 6 सेमी, CD = 2 AB = 12 सेमी.

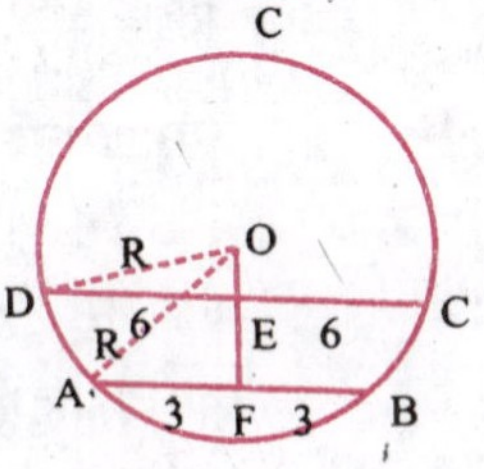

EF = CD × $\frac{1}{4} = 12 \times \frac{1}{4} = 3$ सेमी., अब माना OE = x सेमी.

$\therefore$ समकोण Δ ODE में $R^2 = DE^2 + OE^2$

$\therefore$ $R^2 = 36 + x^2$ ....(i)

समकोण ΔOAF में $R^2 = AF^2 + OF^2$

$\therefore$ $R^2 = 9 + (x + 3)^2 = 9 + x^2 + 9 + 6x$

$\therefore$ $R^2 = x^2 + 6x + 18$ ....(ii)

समीकरण (i) और समीकरण (ii) की तुलना से

$x^2 + 6x + 18 = 36 + x^2 \Rightarrow 6x = 36 - 18 = 18 \Rightarrow x = \frac{18}{6} = 3$ सेमी.

समीकरण (i) में $x = 3$ रखने पर, $R^2 = 36 + 3^2 = 36 + 9 = 45 \Rightarrow R^2 = (3\sqrt{5})^2 \Rightarrow R = 3\sqrt{5}$ सेमी.

88. सम्मुख चित्र में AB व्यास है और $\angle BAC = 25^0$

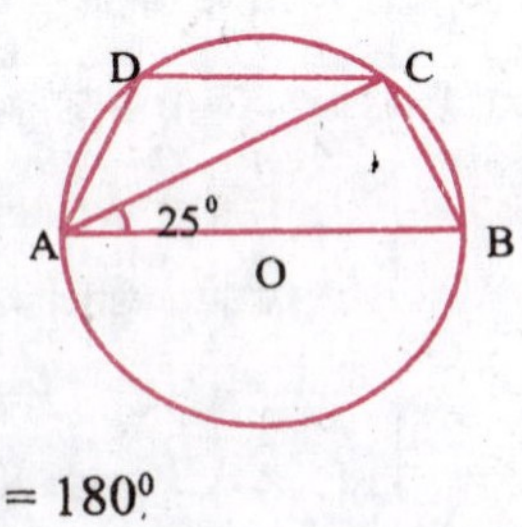

$\therefore$ अर्द्धवृत्त का कोण ACB = 90^0

$\therefore$ $\angle ABC + \angle BAC + \angle ACB = 180^0$

$\therefore$ $\angle ABC + 25^0 + 90^0 = 180^0$

$\therefore$ $\angle ABC = 180^0 - 115^0 = 65^0 \Rightarrow \angle ADC = 180^0 - 65 = 115^0$

$\because$ $\angle DCA$ और $\angle CAB$ एकान्तर कोण हैं, अतः $\angle DCA = \angle CAB = 25^0$

Δ ADC में $\angle CAD + \angle ADC + \angle DCA = 180^0 \Rightarrow \angle CAD + 25 + 115 = 180^0$

$\therefore$ $\angle CAD = 180^0 - 140^0 = 40^0$

89. चित्र में PQRS चक्रीय चतुर्भुज है।

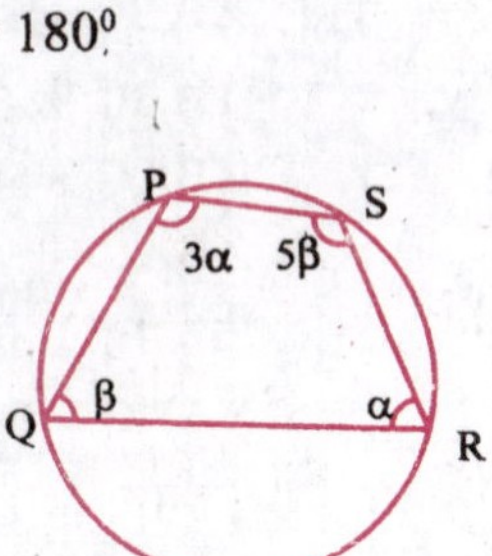

चूंकि $\angle P = \angle R \times 3$, अतः माना $\angle R = \alpha$ और $\angle P = 3\alpha$

$\because$ $\angle S = \angle Q \times 5$, अतः माना $\angle Q = \beta$ और $\angle S = 5\beta$

$\because$ चक्रीय चतुर्भुज के सम्मुख कोण सम्पूरक होते हैं।

$\therefore$ $3\alpha + \alpha = 180^0 \Rightarrow 4\alpha = 180^0 \Rightarrow \alpha = \frac{180}{4} = 45^0$

पुनः $\beta + 5\beta = 180^0 \Rightarrow 6\beta = 180^0 \Rightarrow \beta = \frac{180^0}{6} = 30^0$

$\therefore$ $\angle Q + \angle R = \beta + \alpha = 30^0 + 45^0 = 75^0$

90. सम्मुख चित्र में ABCD चक्रीय चतुर्भुज है।

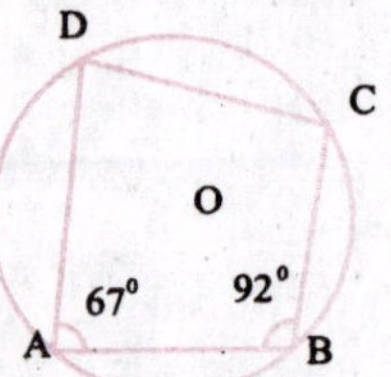

∵ चक्रीय चतुर्भुज के सम्मुख कोण सम्पूरक होते हैं।

∴ $\angle C + 67^0 = 180^0 \Rightarrow \angle C = 180^0 - 67^0 = 113^0$

और $\angle D + 92^0 = 180^0 \Rightarrow \angle D = 180^0 - 92^0 = 88^0$

∴ $\angle C - \angle D = 113^0 - 88^0 = 25^0$

91. चित्रानुसार ΔABC के अन्तर्गत वृत्त है। वाह्य बिन्दु A से दो स्पर्श रेखाएँ AP और AR हैं।

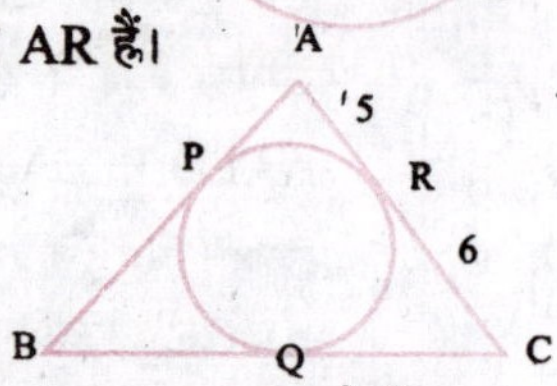

∴ AP = AR = 5 सेमी., परन्तु AB = 12 सेमी., अतः PB = 12 – 5 = 7 सेमी.

वाह्य बिन्दु B से BP और BQ दो स्पर्श रेखाएँ हैं।

∴ BQ = BP = 7 सेमी.

वाह्य बिन्दु C से CQ और CR दो स्पर्श रेखाएँ हैं, अतः CQ = CR=6 सेमी.

अब भुजा BC = BQ + QC = 7 + 6 = 13 सेमी. और भुजा CA = CR + RA = 6 + 5 = 11 सेमी.

∴ Δ ABC का परिमाप = AB + BC + CA = 12 + 13 + 11 = 36 सेमी.

92. चित्रानुसार, जीवा PQ = जीवा PR = 12 सेमी., त्रिज्या OQ = त्रिज्या OP = 10 सेमी.

माना QS = SR = a तथा OS = b

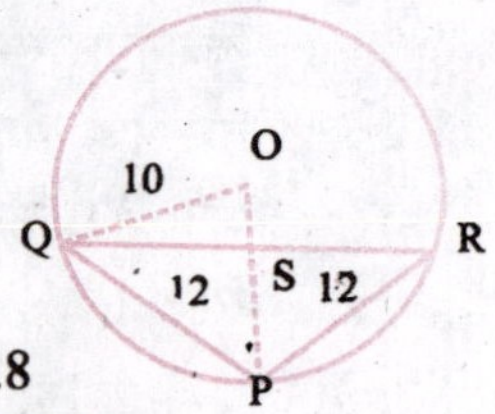

समकोण त्रिभुज OQS में = $QS^2 + SO^2 = OQ^2$

∴ $a^2 + b^2 = 100$ ....(i)

समकोण त्रिभुज PSQ में $QS^2 + SP^2 = PQ^2$

∴ $a^2 + (10 - b)^2 = 12^2 \Rightarrow a^2 + 100 + b^2 - 20b = 144$

∴ $a^2 + b^2 + 100 - 20b = 144 \Rightarrow 200 - 20b = 144 \Rightarrow 20b = 56 \Rightarrow b = 2.8$

समीकरण (i) में b = 2.8 रखने पर $a^2 + (2.8)^2 = 100 \Rightarrow a^2 = 100 - 7.84 = 92.16$

∴ $a^2 = (9.6)^2 \Rightarrow a = 9.6$ सेमी., अतः QR की लम्बाई = 2 × a = 2 × 9.6 = 19.2 सेमी.

93. सम्मुख चित्र में $\angle DOC = 180^0 - 110^0 = 70^0$

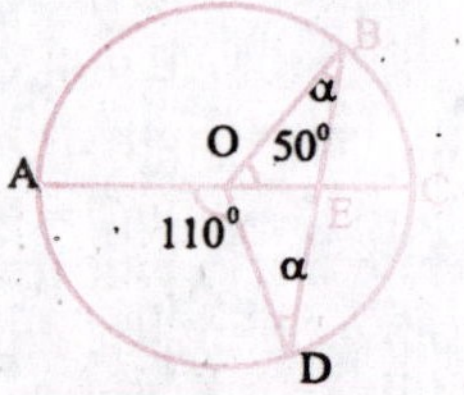

Δ OBD में OB = OD = त्रिज्या, अतः $\angle OBD = \angle ODB = \alpha$ (माना)

∴ $\angle BOD + \alpha + \alpha = 180^0 \Rightarrow (50 + 70) + 2\alpha = 180^0$

∴ $2\alpha = 180^0 - 120^0 = 60^0 \Rightarrow \alpha = 30^0$

∴ Δ OBE में बहिष्कोण BEC = सम्मुख अन्तः कोणों का योग

$= \angle EOB + \angle OBE = 50^0 + 30^0 = 80^0$

94. सम्मुख चित्र में AB व्यास है। अतः अर्द्ध वृत्त का कोण $ACB = 90^0$

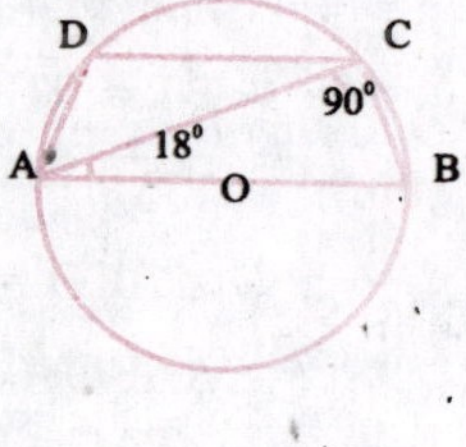

∴ ΔABC में $18^0 + 90^0 + \angle ABC = 180^0$

∴ $\angle ABC = 180^0 - 108^0 = 72^0$

∵ चक्रीय चतुर्भुज में सम्मुख कोण सम्पूरक होते हैं।

∴ $\angle ADC + \angle ABC = 180^0 \Rightarrow \angle ADC + 72^0 = 180^0$

∴ $\angle ADC = 180^0 - 72^0 = 108^0$

∵ $\angle ACD$ और $\angle CAB$ एकान्तर कोण हैं। अतः $\angle ACD = \angle CAB = 18^0$

∴ ΔADC में $\angle CAD + \angle ADC + \angle DCA = 180^0$

∴ $\angle CAD + 108^0 + 18^0 = 180^0 \Rightarrow \angle CAD = 180^0 - 126^0 = 54^0$

95. चित्रानुसार वृत्त की त्रिज्या = 5 सेमी. और केन्द्र से जीवा AB की दूरी OC = 3 सेमी.

∴ समकोण त्रिभुज OAC में पाइथागोरस प्रमेय से–

$AC^2 + OC^2 = OA^2 \Rightarrow AC^2 + 9 = 25$

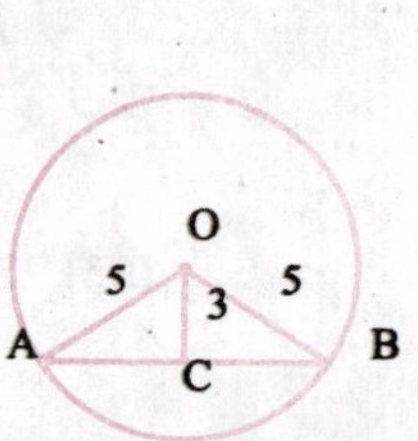

∴ $AC^2 = 25 - 9 = 16 = 4^2 \Rightarrow AC = 4$ सेमी.

∴ जीवा AB की लम्बाई = 2 × AC = 2 × 4 = 8 सेमी.

96. चित्रानुसार $\angle ABO = \angle OAB = 32^0$

$\therefore$ केन्द्र कोण $AOB = 180^0 - (32^0 + 32^0) = 180^0 - 64^0 = 116^0$

$\therefore$ $\angle ACB = y^0 = \dfrac{\angle AOB}{2} = \dfrac{116^0}{2} = 58^0$

जीवा AB और स्पर्श रेखा AQ के बीच का $\angle BAQ$ = एकान्तर वृत्तखण्ड का $\angle ACB$

$\therefore$ $x = y = 58^0 \Rightarrow x + y = 58^0 + 58 = 116^0$

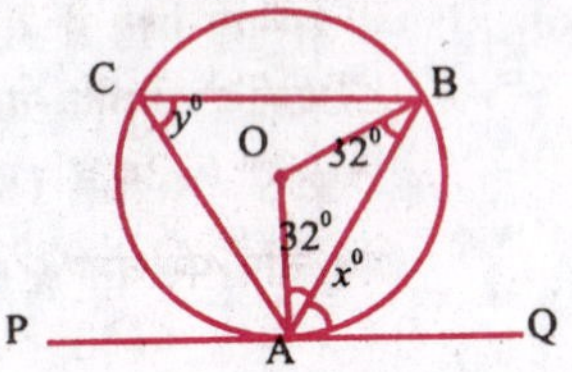

97. सम्मुख चित्र में ABCD एक चक्रीय चतुर्भुज है।

ΔAED में $\angle A = 180^0 - (75^0 + 52^0) = 180^0 - 127 = 53^0$

$\therefore$ चक्रीय चतुर्भुज ABCD का बहिष्कोण $DCF = \angle BAD = 53^0$

ΔDCF का बहिष्कोण $ADC = \angle DCF + \angle DFC$

$\therefore$ $75^0 = 53^0 + \angle DFC$, अतः $\angle DFC = 75^0 - 53^0 = 22^0$

$\therefore$ $\angle AFB = \angle DFC = 22^0$

$\therefore$ $\angle BAD - \angle AFB = 53^0 - 22^0 = 31^0$

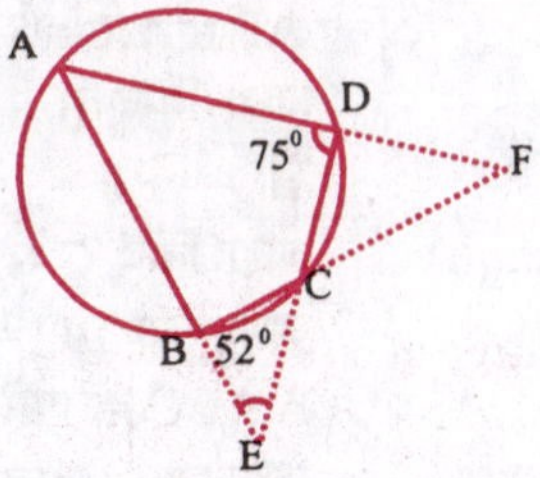

98. चित्रानुसार समद्विबाहु ΔABC में $AB = AC$ और बिन्दु D भुजा AC का मध्य बिन्दु है।

$\therefore$ वृत्त भुजा AC को D पर स्पर्श करता है।

अतः AD स्पर्श रेखा हुई और AB छेदक रेखा।

$\therefore$ स्पर्श रेखा^{2} = छेदक रेखा के खण्डों का गुणनफल

$\therefore$ $AD^2 = AB \times AP \Rightarrow \left(\dfrac{AC}{2}\right)^2 = AB \times 2.5$

$\therefore$ $\left(\dfrac{AB}{2}\right)^2 = AB \times 2.5 \Rightarrow \dfrac{AB^2}{4} = AB \times 2.5$

$\therefore$ $AB = 4 \times 2.5 = 10$ सेमी.

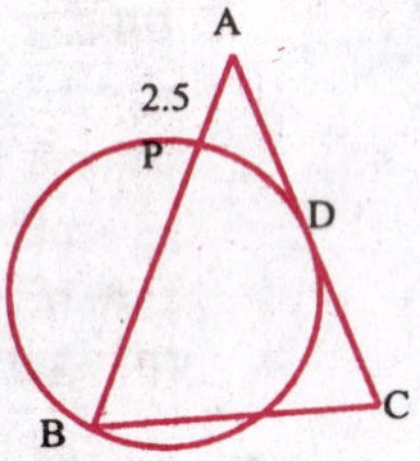

99. सम्मुख चित्र में A को P से मिलाने पर, समकोण त्रिभुज APT में,

$\angle PAT = 90^0 \Rightarrow AT^2 = TP^2 - AP^2$

$\therefore$ $AT^2 = 10^2 - 6^2 = 100 - 36 = 64$

$\therefore$ $AT^2 = 8^2 \Rightarrow AT = 8$ सेमी.

$\therefore$ तीनों स्पर्श रेखाएँ AT, RT और BT आपस में बराबर हैं।

$\therefore$ $BT = RT = AT = 8$ सेमी.

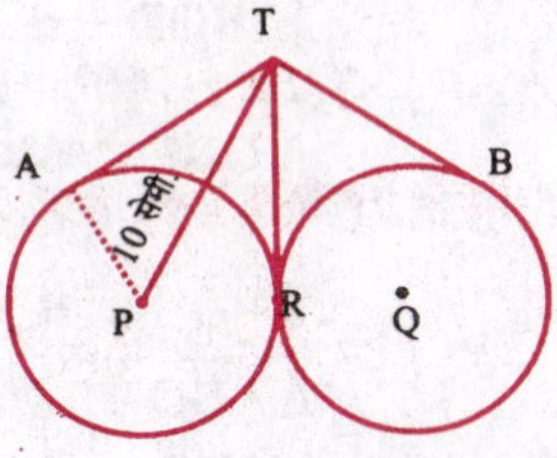

100. सम्मुख चित्र में केन्द्र कोण $AOD = 110^0$

$\therefore$ $\angle ACD = \dfrac{110^0}{2} = 55^0$

$\therefore$ ΔABC में $\angle PAC = 180^0 - (95^0 + 55^0)$

$\therefore$ $\angle PAC = 180^0 - 150^0 = 30^0$

$\therefore$ $\angle BOC = 2 \times \angle PAC = 2 \times 30^0 = 60^0$

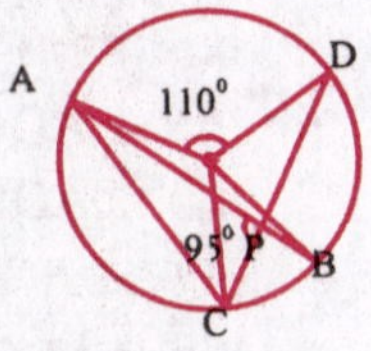

101. गेंद का आयतन $= \dfrac{4}{3}\pi R^2 = \dfrac{4}{3}\pi\left(\dfrac{40}{2}\right)^2 = \dfrac{4}{3}\pi(20)^3 = \dfrac{4}{3}\pi \times 8000$ सेमी.^{3}

छोटी गेंद का आयतन $= \dfrac{4}{3}\pi(0.5)^3 = \dfrac{4}{3}\pi \times 0.125$ सेमी.^{3}

$\therefore$ छोटी गेंदों का आयतन $= \dfrac{\text{बड़ी गेंद का आयतन}}{\text{छोटी गेंद का आयतन}} = \dfrac{\frac{4}{3}\pi \times 8000}{\frac{4}{3}\pi \times 0.125} = \dfrac{8000}{0.125} = \dfrac{8000 \times 1000}{125} = 64000$

102. सम्मुख चित्र में केन्द्र पर बना कोण

$\angle BOC = 360^0 - (110^0 + 130^0)$

$= 360^0 - 240^0 = 120^0$

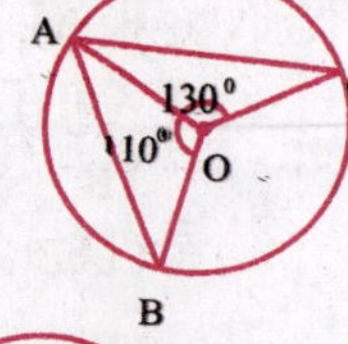

$\therefore$ शेष चाप पर बना $\angle BAC = \frac{\text{केन्द्र कोण}}{2} = \frac{120^0}{2} = 60^0$

103. सम्मुख चित्र में $\angle OAB = \angle OBA = 30^0$

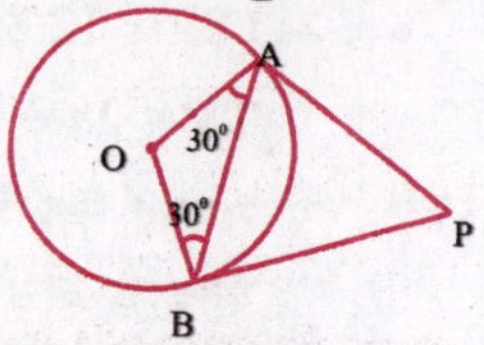

$\therefore$ केन्द्र कोण $AOB = 180^0 - (30^0 + 30^0) = 180^0 - 60^0 = 120^0$

$\therefore$ $\angle APB = 180^0 - \angle AOB = 180^0 - 120^0 = 60^0$

104. चित्र में PQ स्पर्श रेखा है। अतः स्पर्श रेखा $PQ \perp$ त्रिज्या OQ

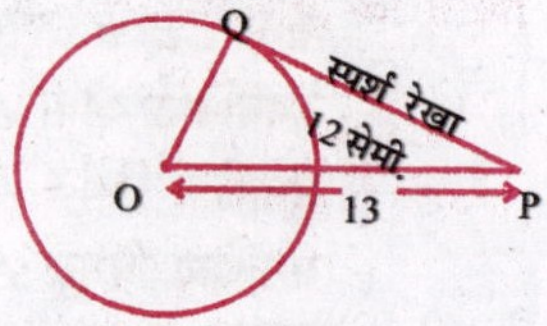

$\therefore$ समकोण त्रिभुज OPQ में पाइथागोरस प्रमेय से

$OQ^2 + 12^2 = 13^2 \Rightarrow OQ^2 = 169 - 144 = 25$

$\therefore$ $OQ^2 = 5^2 \Rightarrow OQ = 5$ सेमी.

$\therefore$ वृत्त की त्रिज्या OQ = 5 सेमी.

105. माना चित्रानुसार $\square$ ABCD वृत्त को बाहर से P, Q, R और S पर स्पर्श करता है।

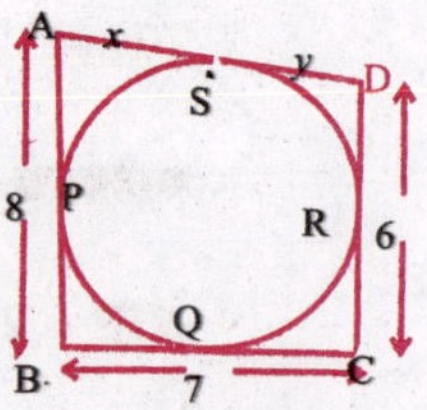

माना AS = x सेमी. और SD = y सेमी.

$\therefore$ $AP = AS = x$ सेमी., अतः $BP = 8 - x$ सेमी $\Rightarrow BP = BQ = 8 - x$ सेमी.

$\because$ $SD = DR = y$ सेमी., अतः $RC = 6 - y$ सेमी $\Rightarrow CQ = RC = 6 - y$ सेमी.

$\therefore$ $BC = BQ + QC \Rightarrow 7 = 8 - x + 6 - y \Rightarrow x + y = 7 \Rightarrow AD = x + y = 7$ सेमी.

106. सम्मुख चित्र में PRT स्पर्श रेखा और SQ वृत्त का व्यास है। अतः $\angle SRQ = 90^0$

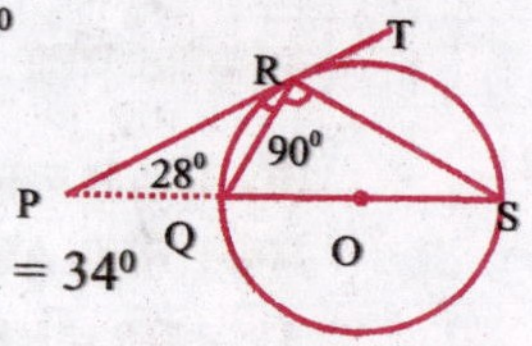

$\angle PRQ = \angle RSQ = 28^0$, अतः $\angle SQR = 90^0 - 28^0 = 62^0$

Δ PQR में $\angle SQR$ बहिष्कोण है। अतः $\angle QPR + \angle PRQ = \angle SQR$

$\therefore$ $\angle QPR + 28^0 = 62^0 \Rightarrow \angle QPR = 62^0 - 28^0 = 34^0$, अतः $\angle SPR = \angle QPR = 34^0$

107. रेस ट्रैक की आन्तरिक त्रिज्या r हो तो $2 \times \frac{22}{7} \times r = 440 \Rightarrow r = 70$ सेमी.

रेस ट्रैक की बाहरी त्रिज्या R हो तो $2 \times \frac{22}{7} \times R = 506 \Rightarrow R = \frac{161}{2}$ सेमी.

$\therefore$ रेस ट्रैक का क्षेत्रफल $= \pi\left(R^2 - r^2\right) = \frac{22}{7}\left[\left(\frac{161}{2}\right)^2 - 70^2\right] = \frac{22}{7} \times \left(\frac{25921}{4} - 4900\right)$

$$= \frac{22}{7} \times \left(\frac{25921 - 19600}{4}\right) = \frac{22}{7} \times \frac{6321}{4} = \frac{11 \times 903}{2} \text{ सेमी.}$$

$\therefore$ ₹6/ मी.^{2} की दर से समतल करने का व्यय $= \frac{11 \times 903}{2} \times 6 = ₹\ 29799$

108. चित्रानुसार वृत्त की दो जीवाएं AB और CD वृत्त के बाहर एक-दूसरे को बिन्दु P पर प्रतिच्छेद करती हैं।

$\therefore$ CD के खण्डों का गुणनफल = AB के खण्डों का गुणनफल

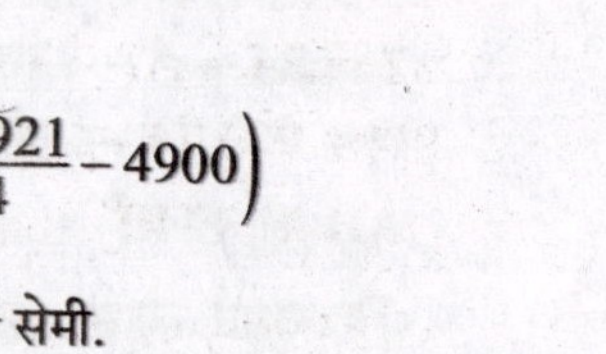

$\therefore$ $CP\ .\ DP = AP\ .\ BP \Rightarrow (CD + 2.8) \times 2.8 = (7 + 4.2) \times 4.2$

$\therefore$ $CD + 2.8 = \frac{11.2 \times 4.2}{2.8} = \frac{112 \times 4.2}{28} = 16.8$

$\therefore$ जीवा CD की लम्बाई = 16.8 – 2.8 = 14 सेमी.

109. सम्मुख चित्र में जीवाएँ PQ और TS परस्पर बिन्दु R पर मिलती हैं।

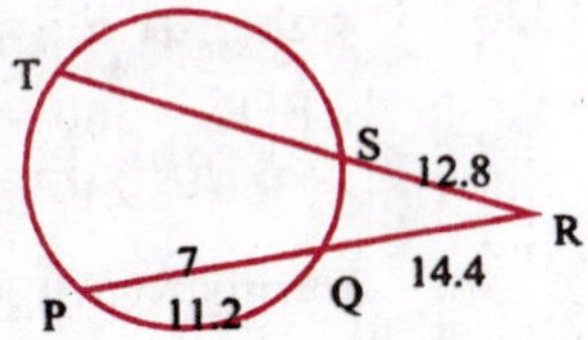

$\therefore$ जीवा TS के खण्डों का गुणनफल = जीवा PQ के खण्डों का गुणनफल

$\therefore$ $TR \times SR = PR \times QR$

$\therefore$ $(TS + 12.8) \times 12.8 = (11.2 + 14.4) \times 14.4$

$\therefore$ $(TS + 12.8) \times 12.8 = 25.6 \times 14.4 \Rightarrow TS + 12.8 = \dfrac{25.6 \times 14.4}{12.8} = 28.8$

$\therefore$ $TS = 28.8 - 12.8 = 16$ सेमी.

110. सम्मुख चित्र में C और D केन्द्र वाले दो वृत्त परस्पर A और B पर काटते हैं।

केन्द्र के बीच की दूरी CD = 10 सेमी.

माना CE = x सेमी. और ED = $(10 - x)$ सेमी.

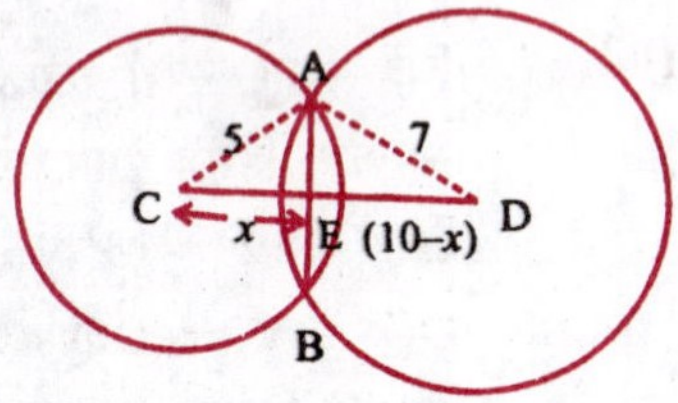

उभयनिष्ठ जीवा $AB \perp$ केन्द्र रेखा CD

$\therefore$ समकोण त्रिभुज ACE में $x^2 = 25 - AE^2$ ……………..(i)

समकोण त्रिभुज ADE में $AE^2 + (10 - x)^2 = 7^2$

$\therefore$ $AE^2 + 100 + x^2 - 20x = 49 \Rightarrow AE^2 + 100 + 25 - AE^2 - 20x = 49$

$\therefore$ $20x = 125 - 49 = 76 \Rightarrow x = \dfrac{76}{20} = \dfrac{19}{5}$

समीकरण (i) में $x = \dfrac{19}{5}$ रखने पर $\left(\dfrac{19}{5}\right)^2 = 25 - AE^2 \Rightarrow \dfrac{361}{25} = 25 - AE^2$

$\therefore$ $AE^2 = 25 - \dfrac{361}{25} = \dfrac{625 - 361}{25} = \dfrac{264}{25} \Rightarrow AE = \sqrt{\dfrac{264}{25}} = \dfrac{2\sqrt{66}}{5}$

$\therefore$ उभयनिष्ठ जीवा AB की लम्बाई = $AE \times 2 = AE \times 2 = \dfrac{2\sqrt{66}}{5} \times 2 = \dfrac{4\sqrt{66}}{5}$ सेमी.

111. चित्र में AB व्यास और PQR छेदक रेखा है।

अर्थात जीवा AB और जीवा RQ वृत्त के बाहर बिन्दु P पर परस्पर प्रतिच्छेद कर रही हैं।

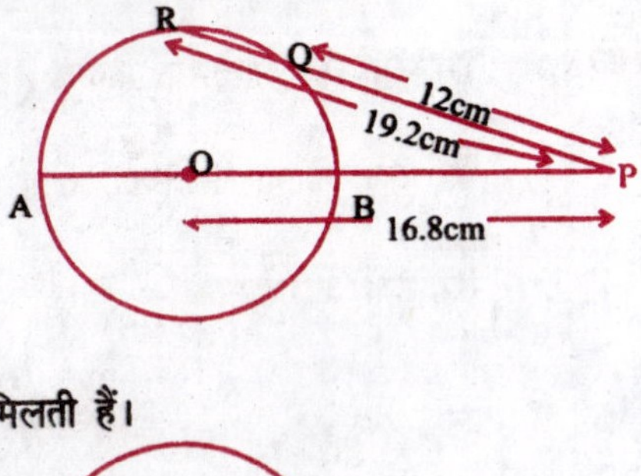

$\therefore$ $AP \times BP = RP \times PQ$

$\therefore$ $(r + 16.8) \times (16.8 - r) = 19.2 \times 12$

$\therefore$ $(16.8)^2 - r^2 = 19.2 \times 12 = 230.4$

$\therefore$ $282.24 - r^2 = 230.4$

$\therefore$ $r^2 = 282.24 - 230.4 = 51.84 = 7.2^2 \Rightarrow r = 7.2$ सेमी.

$\therefore$ AB की लम्बाई = $2r = 2 \times 7.2 = 14.4$ सेमी.

112. चित्रानुसार व्यास AB और जीवा CD एक दूसरे से बिन्दु P पर मिलती हैं।

$\therefore$ AB के खण्डों का गुणनफल = DC के खण्डों का गुणनफल

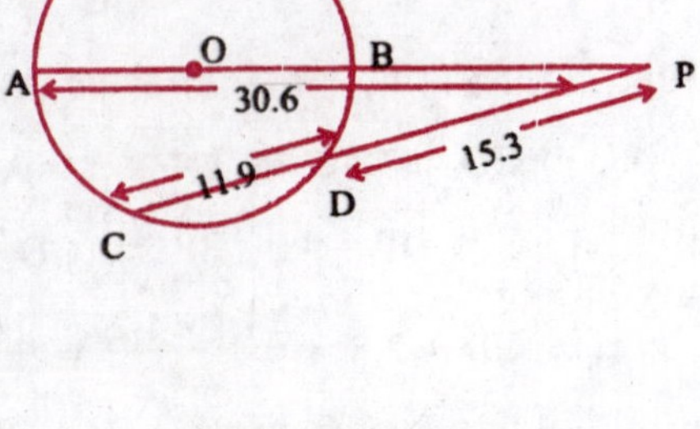

$\therefore$ $AP \times BP = CP \times DP$

$\therefore$ $30.6 \times (30.6 - 2r) = (11.9 + 15.30) \times 15.3$

$= 27.2 \times 15.3$

$\therefore$ $(30.6 - 2r) = \dfrac{27.2 \times 15.3}{30.6} = 13.6$

$\therefore$ $2r = 30.6 - 13.6 = 17$

$\therefore$ $r = \dfrac{17}{2} = 8.5$ सेमी. $\Rightarrow$ वृत्त की त्रिज्या = 8.5 सेमी.

113. सम्मुख चित्र से $\angle AOB = 180^0 - \angle APB = 180^0 - 62 = 118^0$

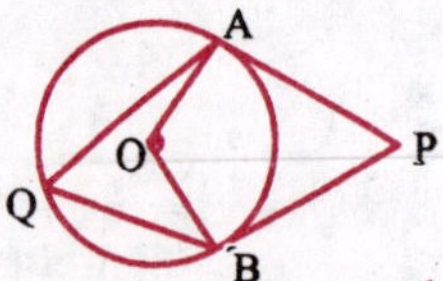

$\therefore \quad \angle AQB = \dfrac{\text{केन्द्र कोण } ACB}{2} = \dfrac{118^0}{2} = 59^0$

114. सम्मुख चित्र में $\angle POA = 180^0 - 110^0 = 70^0$

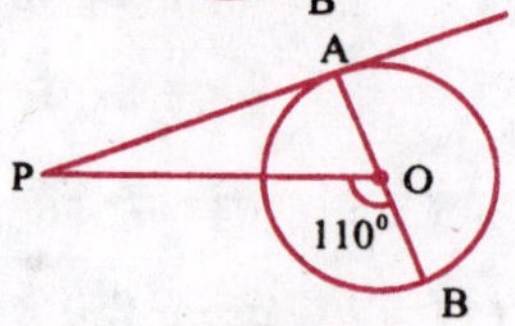

$\therefore \quad OA \perp AP$

$\therefore \quad \Delta AOP$ में $\angle OAP = 90^0$

$\therefore \quad \angle APO = 90^0 - 70^0 = 20^0$

115. सम्मुख चित्र में $\angle KMN$ और $\angle KLN$
एक ही वृत्त खण्ड के कोण हैं।

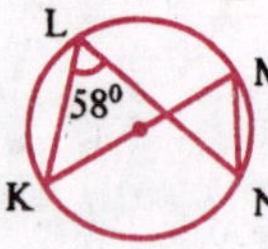

$\therefore \quad \angle KMN = \angle KLN = 58^0$

116. सम्मुख चित्र में त्रिज्या OP = OR = 10 सेमी और केन्द्र O से बिन्दु A की दूरी = 26 सेमी.

$\therefore$ समकोण त्रिभुज OAP में पाइथागोरस प्रमेय से –

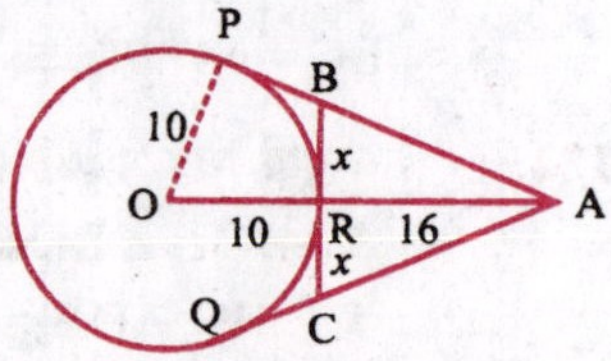

$AP^2 = OA^2 - OP^2 = 26^2 - 10^2 = 676 - 100$

$\therefore \quad AP^2 = 576 = 24^2 \Rightarrow AP = 24$ सेमी.

$\because \quad BR = RC$ और $BP = BR$ तथा $RC = QC$

$\therefore$ माना $BP = BR = RC = QC = x$ सेमी.

$\therefore \quad \Delta ABC$ का परिमाप $= AB + BC + CA = (24 - x) + (x + x) + (24 - x)$

$= 24 - x + 2x + 24 - x = 48 - 2x + 2x = 48$ सेमी.

117. सम्मुख चित्र में $\angle ABC = 47.5^0$

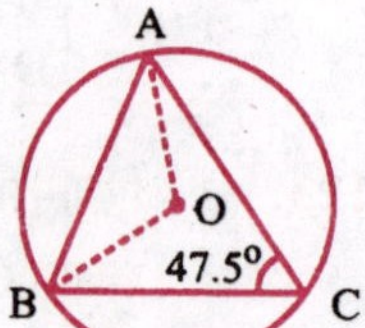

लघु वृत्तखण्ड के केन्द्र पर बना कोण AOB

= शेष चाप पर बना कोण $ACB \times 2 = 47.5^0 \times 2 = 95.0^0 = 95^0$

118. सम्मुख चित्र में AB व्यास और AC बिन्दु A पर स्पर्श रेखा है।

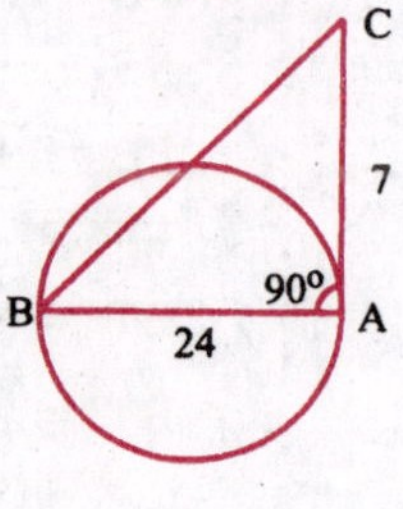

$\therefore$ समकोण ΔABC में $\angle BAC = 90^0$

$\therefore$ पाइथागोरस प्रमेय से, $BC^2 = AB^2 + AC^2 = 24^2 + 7^2$

$= 576 + 49 = 676$

$\therefore \quad BC^2 = 26^2 \Rightarrow BC = 26$ सेमी.

119. सम्मुख चित्र में PA और PB स्पर्श रेखाएँ तथा OA, OB त्रिज्याएँ हैं।

$\therefore \quad \angle OAP = \angle OBP = 90$ परन्तु $\angle APB = 70$

अतः $\angle AOB = 180 - 70 = 110^0$

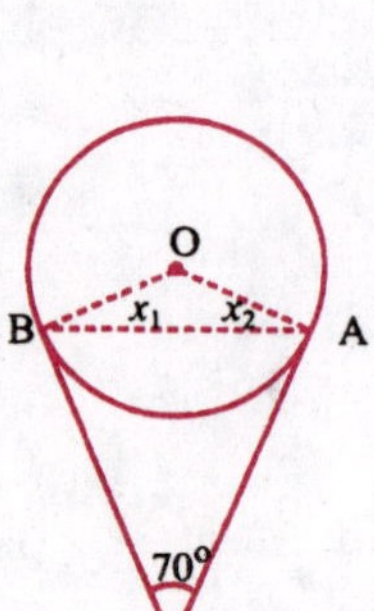

$\because \quad \Delta OAB$ में OA = OB = त्रिज्या

$\therefore \quad \angle OAB = \angle OBA = x^0$ (माना)

$\therefore \quad \angle OAB + \angle OBA + \angle AOB = 180^0$

$\therefore \quad x + x + 110 = 180^0 \Rightarrow 2x = 70^0 \Rightarrow x = 35^0$

$\therefore \quad \angle OAB = x = 35^0$

120. सम्मुख चित्र में दो संकेन्द्रित वृत्तों की त्रिज्याएँ क्रमशः r और R हैं।

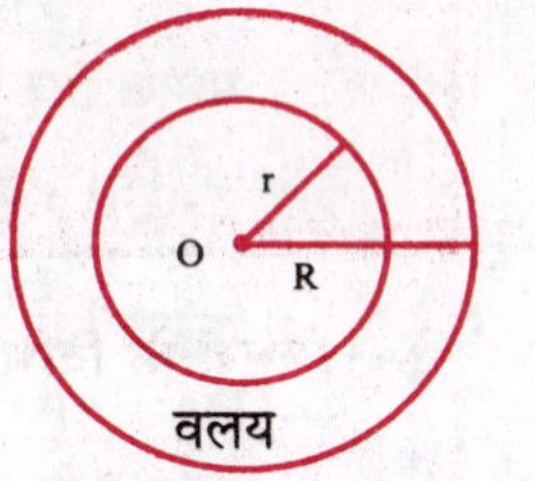

$\therefore$ वलय की अन्तःपरिधि $\Rightarrow 2\pi r = 22$

$\therefore$ $2 \times \frac{22}{7} \times r = 22 \Rightarrow r = \frac{7}{2}$ सेमी.

और वलय की बाह्य परिधि $\Rightarrow 2\pi R = 44$

$\therefore$ $2 \times \frac{22}{7} \times R = 44 \Rightarrow R = 7$ सेमी.

$\therefore$ वलय की चौड़ाई $= R - r = 7 - \frac{7}{2} = \frac{14-7}{2} = \frac{7}{2} = 3.5$ सेमी.

121. सम्मुख चित्र में $AB = AC = 7\sqrt{2}$ सेमी.

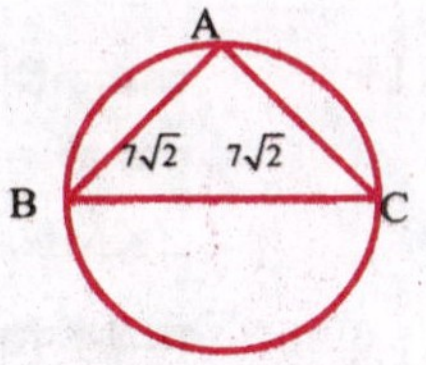

और $\angle BAC = 90^0$, अतः ΔABC एक समद्विबाहु समकोण त्रिभुज है।

$\therefore$ समद्विबाहु समकोण त्रिभुज का कर्ण $= \sqrt{2} \times$ छोटी भुजा

$= \sqrt{2} \times 7\sqrt{2} = 14$ सेमी.

$\therefore$ $BC = 14$ सेमी. $\Rightarrow$ त्रिज्या $= \frac{14}{2} = 7$ सेमी.

122. सम्मुख चित्र में ABCD चक्रीय चतुर्भुज है। जिसमें ABC एक समबाहु त्रिभुज है।

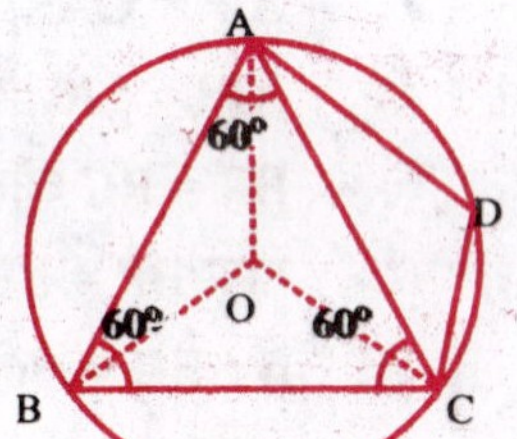

$\therefore$ $\angle ABC = \angle BCA = \angle CAB = 60^0$

$\therefore$ केन्द्र कोण $AOB = 2 \times 60^0 = 120^0$

और केन्द्र कोण $BOC = 2 \times 60^0 = 120^0$

$\therefore$ बृहद केन्द्र कोण $AOC = 120^0 + 120^0 = 240^0$

$\therefore$ $\angle CDA = \frac{\angle AOC}{2} = \frac{240^0}{2} = 120^0$

123. चित्रानुसार PAB छेदक रेखा और PT स्पर्श रेखा है।

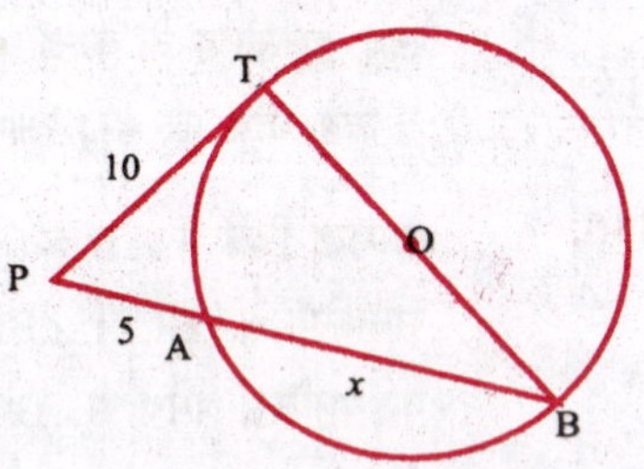

$\therefore$ छेदक रेखा के खण्डों का गुणनफल = स्पर्श रेखा^{2}

$\therefore$ $PB \times PA = PT^2 \Rightarrow (5 + x) \times 5 = 10^2 = 100$

$\therefore$ $5 + x = 20 \Rightarrow x = 20 - x = 15$ सेमी.

$\therefore$ $PB = PA + AB = 5 + 15 = 20$ सेमी.

$\therefore$ समकोण ΔBPT में पाइथागोरस प्रमेय से,

$BT^2 = PB^2 - PT^2 = 20^2 - 10^2 = 400 - 100 = 300$

$\therefore$ $BT^2 = 100 \times 3 = \left(10\sqrt{3}\right)^2 \Rightarrow BT = 10\sqrt{3}$ सेमी.

$\therefore$ वृत्त की त्रिज्या $= \frac{BT}{2} = \frac{10\sqrt{3}}{2} = 5\sqrt{3}$ सेमी.

28 त्रिभुज (Triangle)

(A) त्रिभुज के विभिन्न केन्द्र **(B) त्रिभुजों की समरूपता** **(C) त्रिभुजों की सर्वांगसमता**

माध्यिका (MEDIAN)

त्रिभुज की किसी भुजा के मध्य बिन्दु को सम्मुख शीर्ष से मिलाने वाली रेखा माध्यिका कहलाती है।

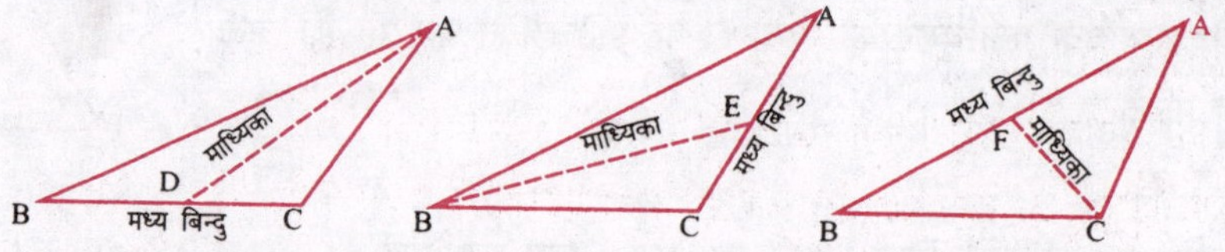

उपर्युक्त चित्रों में भुजा BC की माध्यिका AD, भुजा AC की माध्यिका BE तथा भुजा AB की माध्यिका CF है।

शीर्ष लम्ब (ALTITUDE)

त्रिभुज के किसी शीर्ष से सम्मुख भुजा पर खींचा गया लम्ब शीर्षलम्ब कहलाता है।

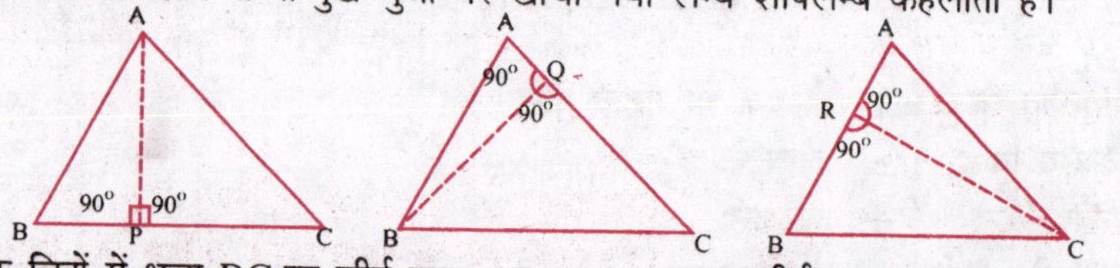

उपर्युक्त चित्रों में भुजा BC का शीर्ष लम्ब AP, भुजा AC का शीर्षलम्ब BQ तथा भुजा AB का शीर्षलम्ब CR है।

लम्बार्धक (PERPENDICULAR BISECTOR)

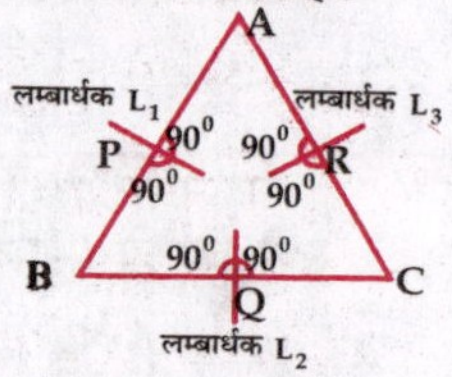

वह रेखा जो, त्रिभुज की भुजा के मध्य बिन्दु पर लम्ब हो, लम्बार्धक कहलाती है।

चित्र में ΔABC की भुजाओं के मध्य बिन्दु क्रमशः P, Q तथा R हैं, P, Q, R पर लम्ब क्रमशः L_1, L_2, L_3 हैं। अतः भुजा AB का लम्बार्धक L_1, भुजा BC का लम्बार्धक L_2 तथा भुजा CA का लम्बार्धक L_3 है।

कोण अर्धक (BISECTOR OF ANGLE)

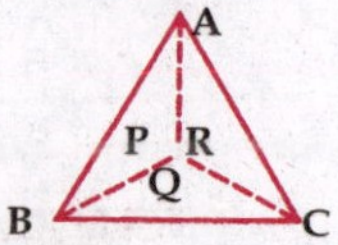

Δ के किसी कोण को दो बराबर भागों में बांटने वाली रेखा कोण अर्धक कहलाती है। चित्र में $\angle A$ की अर्धक AP, $\angle B$ की अर्धक BQ और $\angle C$ की अर्धक CR है।

त्रिभुज के विभिन्न प्रकार के केन्द्र (केन्द्रक, लम्ब केन्द्र, परिकेन्द्र, अन्तःकेन्द्र)

केन्द्रक या गुरुत्व केन्द्र (CENTROID)

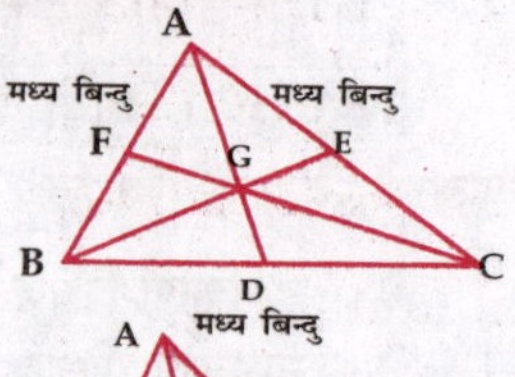

त्रिभुज की माध्यिकाओं का प्रतिच्छेद बिन्दु केन्द्रक या गुरुत्व केन्द्र कहलाता है। इसका संकेत G होता है। चित्र में ΔABC की माध्यिकाएं AD, BE, CF एक-दूसरे को बिन्दु G पर प्रतिच्छेदित कर रहीं हैं, अतः बिन्दु G त्रिभुज ABC का केन्द्रक या गुरुत्व केन्द्र हुआ।

Note : त्रिभुज की माध्यिकाएं एक-दूसरे को 2 : 1 के अनुपात में विभाजित करती हैं। अर्थात् माध्यिका का बड़ा खण्ड छोटे खण्ड का दुगुना होता है। जैसे सम्मुख चित्र में,

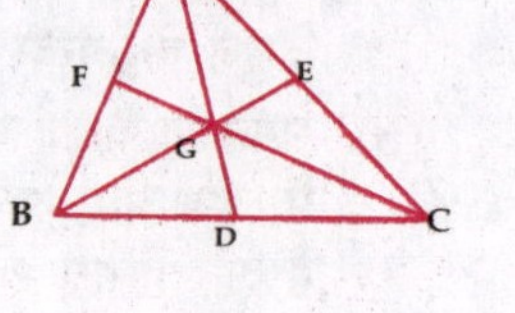

माध्यिका AD के लिए, AG : GD = 2 : 1

माध्यिका BE के लिए, BG : GE = 2 : 1

माध्यिका CF के लिए, CG : GF = 2 : 1

लम्ब केन्द्र (ORTHOCENTRE)

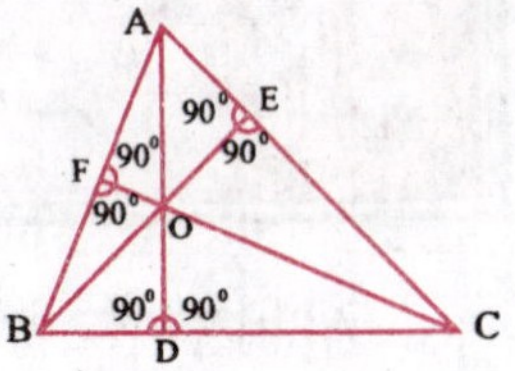

त्रिभुज के शीर्ष लम्बों का प्रतिच्छेद बिन्दु, लम्ब केन्द्र कहलाता है। चित्रानुसार ΔABC के शीर्ष लम्ब AD, BE, CF एक-दूसरे को बिन्दु O पर प्रतिच्छेदित करते हैं। अतः बिन्दु O ΔABC का लम्ब केन्द्र है।

परिकेन्द्र (CIRCUMCENTRE)

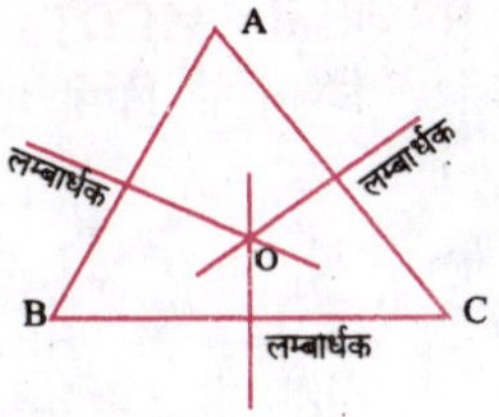

त्रिभुज की भुजाओं के लम्बार्धकों का प्रतिच्छेद बिन्दु त्रिभुज का परिकेन्द्र कहलाता है। चित्र में ΔABC की भुजाओं के लम्बार्धक एक-दूसरे को बिन्दु O पर प्रतिच्छेदित कर रहे हैं। अतः बिन्दु O त्रिभुज ABC का परिकेन्द्र है।

अन्तःकेन्द्र (INCENTRE)

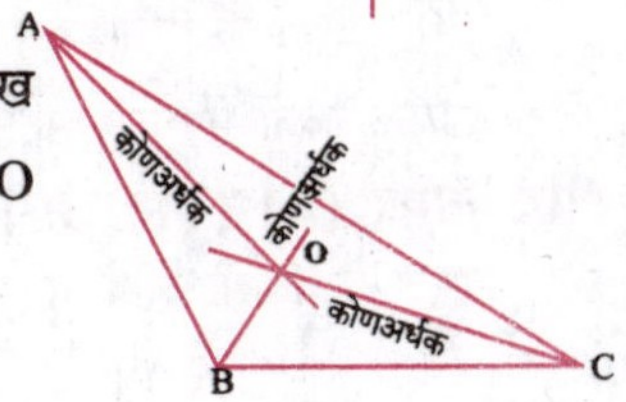

त्रिभुज के कोण-अर्धकों का प्रतिच्छेद बिन्दु त्रिभुज का अन्तः केन्द्र कहलाता है। सम्मुख चित्र में ΔABC के तीनों कोण अर्धक एक-दूसरे को बिन्दु O पर काट रहे हैं। अतः बिन्दु O त्रिभुज ABC का अन्तः केन्द्र है।

संक्षिप्त तथ्य

Δ की माध्यिकाओं का प्रतिच्छेद बिन्दु	$\Rightarrow$	केन्द्रक या गुरुत्व केन्द्र
Δ के शीर्ष लम्बों का प्रतिच्छेद बिन्दु	$\Rightarrow$	लम्ब केन्द्र
Δ के लम्बार्धकों का प्रतिच्छेद बिन्दु	$\Rightarrow$	परिकेन्द्र
Δ के कोण अर्धकों का प्रतिच्छेद बिन्दु	$\Rightarrow$	अन्तःकेन्द्र

त्रिभुज के विभिन्न केन्द्रों की स्थितियाँ

केन्द्रक या गुरुत्व केन्द्र की स्थिति

सभी त्रिभुजों (समकोण त्रिभुज, न्यूनकोण त्रिभुज, अधिक कोण त्रिभुज) का केन्द्रक त्रिभुज के अन्दर ही होता है।

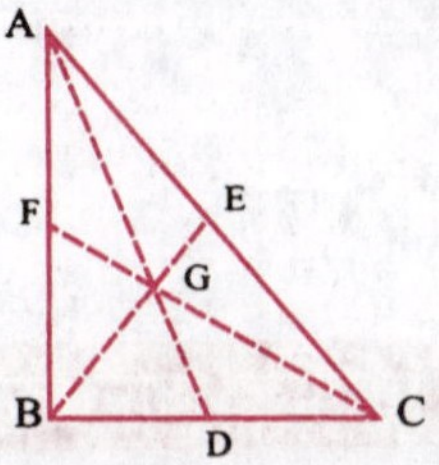

(समकोण त्रिभुज)

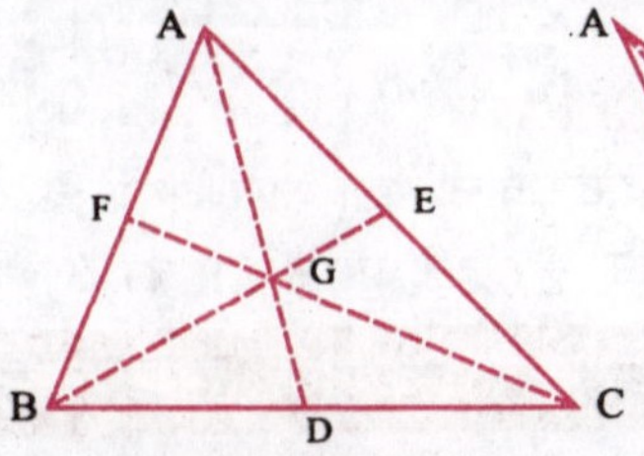

(न्यूनकोण त्रिभुज)

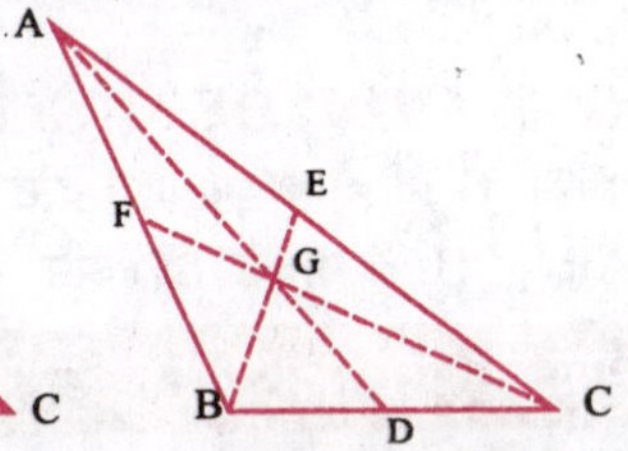

(अधिककोण त्रिभुज)

उपर्युक्त तीनों त्रिभुजों की माध्यिकाओं का प्रतिच्छेद बिन्दु अर्थात् केन्द्रक (G) त्रिभुजों के अन्दर ही हैं।

लम्ब केन्द्र की स्थिति

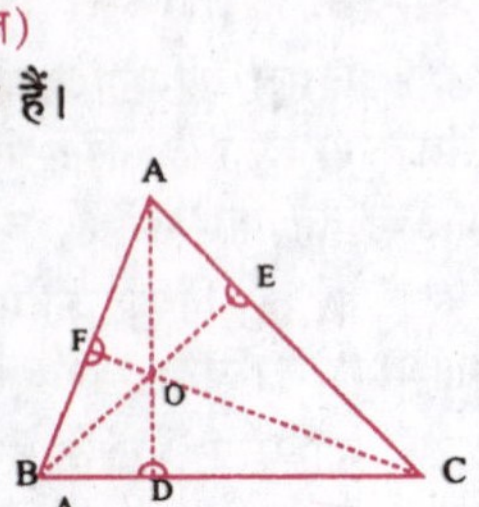

(a) न्यूनकोण त्रिभुज का लम्ब केन्द्र त्रिभुज के अन्दर होता है। सम्मुख चित्र में ΔABC एक न्यूनकोण त्रिभुज है। इसके शीर्षलम्बों AD, BE, CF का प्रतिच्छेद बिन्दु (लम्बकेन्द्र) त्रिभुज के अन्दर है।

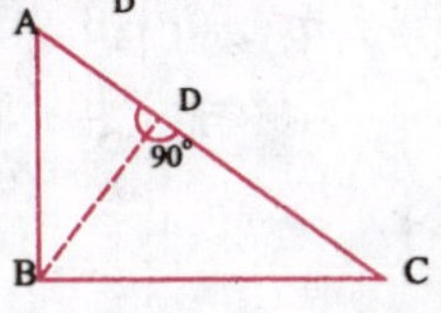

(b) समकोण त्रिभुज का लम्ब केन्द्र, समकोण वाला शीर्ष ही होता है क्योंकि समकोण त्रिभुज में लम्ब और आधार, शीर्ष लम्ब भी होते हैं। सम्मुख चित्र में AB और BC दो शीर्ष लम्ब हैं और तीसरा शीर्षलम्ब BD है। इन तीनों शीर्ष लम्बों का प्रतिच्छेद बिन्दु B है। अतः बिन्दु B, ΔABC का लम्ब केन्द्र है।

(c) अधिक कोण त्रिभुज का लम्ब केन्द्र त्रिभुज के बाहर होता है। सम्मुख चित्र में अधिककोण त्रिभुज ABC के तीनों शीर्ष लम्ब क्रमशः AD, BE तथा CF हैं, जो Δ के बाहर बिन्दु O पर एक-दूसरे को प्रतिच्छेदित कर रहे हैं। अतः अधिककोण Δ ABC का लम्ब केन्द्र O है।

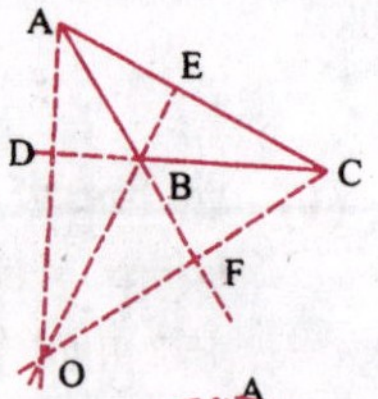

परिकेन्द्र की स्थिति

(a) त्रिभुज का परिकेन्द्र त्रिभुज के तीनों शीर्षों से समान दूरी पर स्थित (समदूरस्थ) होता है। चित्र में ΔABC के भुजाओं के लम्बार्धकों का प्रतिच्छेद बिन्दु (परिकेन्द्र) O है। अतः OA = OB = OC। त्रिभुज के परिकेन्द्र से शीर्षों तक की दूरी को Δकी परित्रिज्या कहते हैं। चित्र में OA, OB, OC परित्रिज्या है।

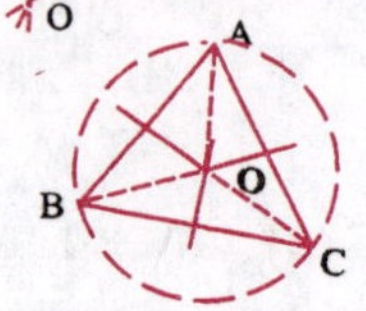

(b) त्रिभुज के लम्बार्धकों के प्रतिच्छेद बिन्दु को केन्द्र मानकर OA या OB या OC की त्रिज्या से वृत्त खींचा जाय तो वह Δ के तीनों शीर्षों से होकर जाता है। इस वृत्त को त्रिभुज का परिवृत्त कहते हैं और OA, OB, OC को त्रिभुज की परित्रिज्या कहते हैं।

(c) न्यूनकोण त्रिभुज का परिकेन्द्र त्रिभुज के अन्दर होता है। चित्र में न्यूनकोण ΔABC का परिकेन्द्र O त्रिभुज के अन्तर्गत स्थित है।

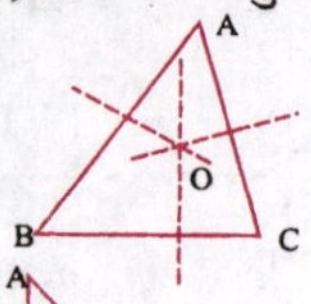

(d) समकोण त्रिभुज का परिकेन्द्र कर्ण का मध्यबिन्दु होता है। चित्र में ABC एक समकोण त्रिभुज है जिसका कर्ण AC है। कर्ण AC का मध्य बिन्दु ही लम्बार्धकों का प्रतिच्छेद बिन्दु होता है।

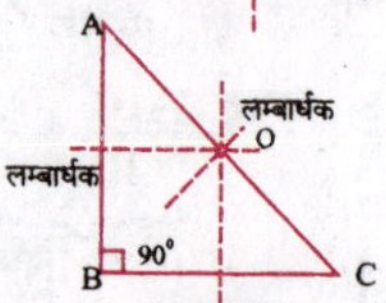

(e) अधिककोण त्रिभुज का परिकेन्द्र त्रिभुज के बाहर होता है। चित्र में ΔABC अधिककोण त्रिभुज है। इसकी भुजाओं के लम्बार्धक L_1, L_2, L_3 एक-दूसरे को Δ के बाहर स्थित बिन्दु O पर प्रतिच्छेदित कर रहे हैं। बिन्दु O ही ΔABC का परिकेन्द्र है।

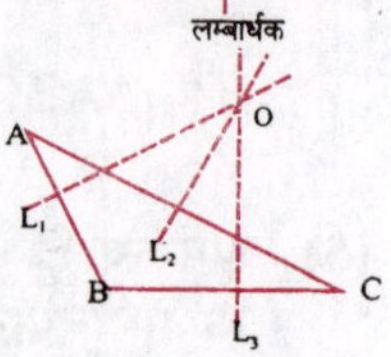

अन्तःकेन्द्र की स्थिति

(a) सभी त्रिभुजों (समकोण त्रिभुज, न्यूनकोण त्रिभुज, अधिककोण त्रिभुज) का अन्तःकेन्द्र त्रिभुज के अन्दर ही होता है।

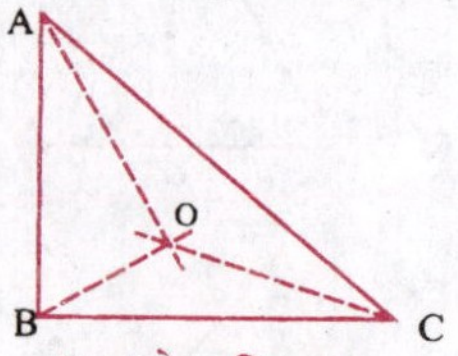

(समकोण त्रिभुज)

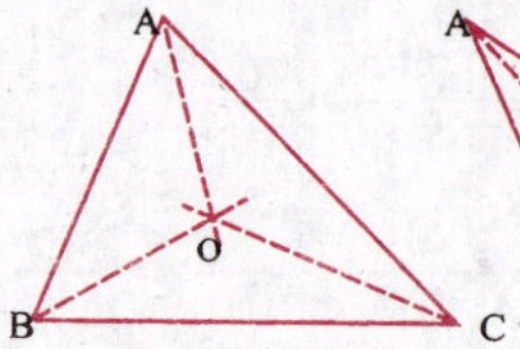

(न्यूनकोण त्रिभुज)

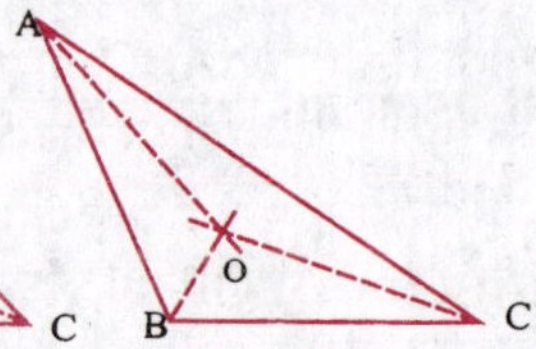

(अधिककोण त्रिभुज)

उपर्युक्त तीनों त्रिभुजों के कोण अर्धकों का प्रतिच्छेद बिन्दु अर्थात अन्तःकेन्द्र (O) त्रिभुजों के अन्तर्गत (अन्दर) ही है।

(b) अन्तःकेन्द्र से तीनों भुजाओं पर डाले गये लम्ब समान माप के होते हैं और उनमें (अर्थात् OP या OQ या OR) से किसी भी एक की त्रिज्या से खींचा गया वृत्त त्रिभुज की तीनों भुजाओं को अन्दर से स्पर्श करता है। इस वृत्त को अन्तःवृत्त कहते हैं।

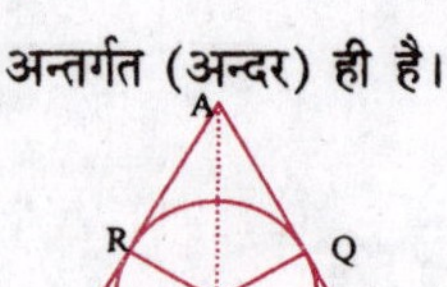

विशिष्ट तथ्य

(a) समबाहु Δ में माध्यिका या शीर्ष लम्ब या लम्बार्धक या कोण अर्धक परस्पर सम्पाती (अर्थात् एक ही रेखा) होते हैं।

(b) समबाहु त्रिभुज का केन्द्रक, लम्ब केन्द्र, परिकेन्द्र और अन्तःकेन्द्र सम्पाती होते हैं अर्थात् एक ही बिन्दु पर होते हैं और Δ के अन्दर ही होते हैं।

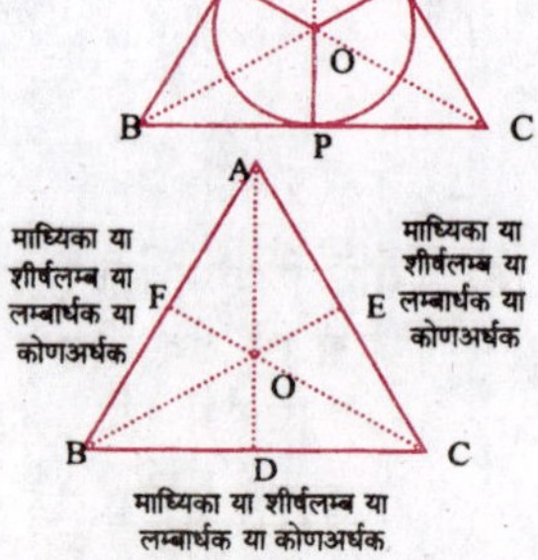

त्रिभुजों की समरूपता

(1) दो त्रिभुजों में एक त्रिभुज के तीनों कोण, दूसरे त्रिभुज के तीनों कोणों के अलग-2 बराबर हों तो दोनों त्रिभुज परस्पर समरूप त्रिभुज कहलाते हैं।

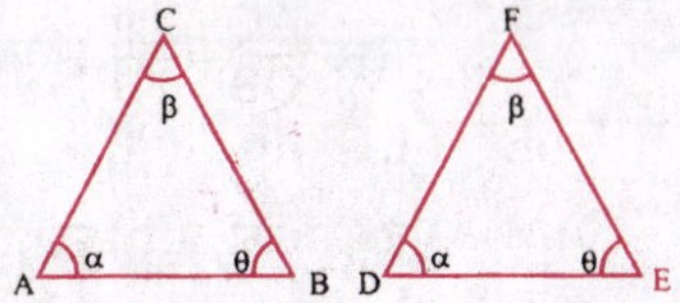

चित्र में दो त्रिभुज ABC और DEF इस प्रकार हैं कि $\angle A = \angle D = \alpha$

$\angle B = \angle E = \theta$ $\angle C = \angle F = \beta$, अतः $\Delta\ ABC \sim \Delta\ DEF$

अथवा $\Delta\ BCA \sim \Delta\ EFD$ अथवा $\Delta\ CAB \sim \Delta\ FDE$

(2) समरूप त्रिभुजों की संगत भुजाएं समानुपाती होती हैं।

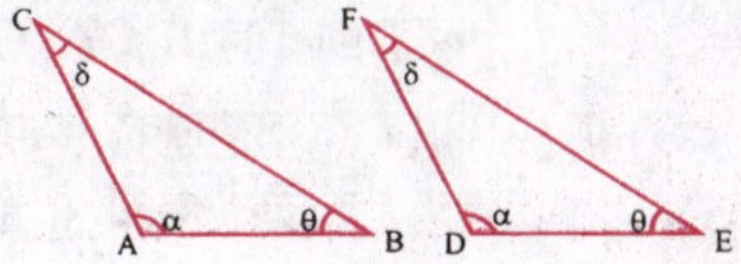

सम्मुख Δ ABC तथा Δ DEF समरूप हों तो AB की संगत भुजा DE, BC की संगत भुजा EF और CA की संगत भुजा FD होगी तब इनके अनुपात आपस में बराबर होंगे।

अर्थात $\frac{AB}{DE}=\frac{BC}{EF}=\frac{CA}{FD}$

(3) दो समरूप त्रिभुजों के परिमाप संगत भुजाओं के समानुपाती होते हैं।

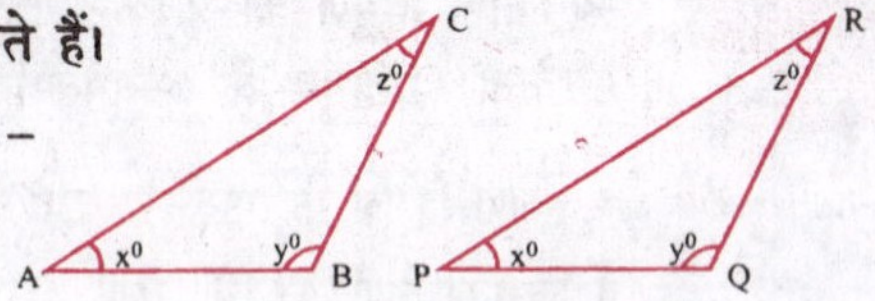

यदि सम्मुख चित्र में Δ ABC और Δ PQR परस्पर समरूप हों तो –

$$\frac{\Delta ABC \text{ का परिमाप}}{\Delta PQR \text{ का परिमाप}}=\frac{AB}{PQ}=\frac{BC}{QR}=\frac{CA}{RP}$$

(4) समरूप त्रिभुजों की संगत माध्यिकाएं समानुपाती होती हैं।

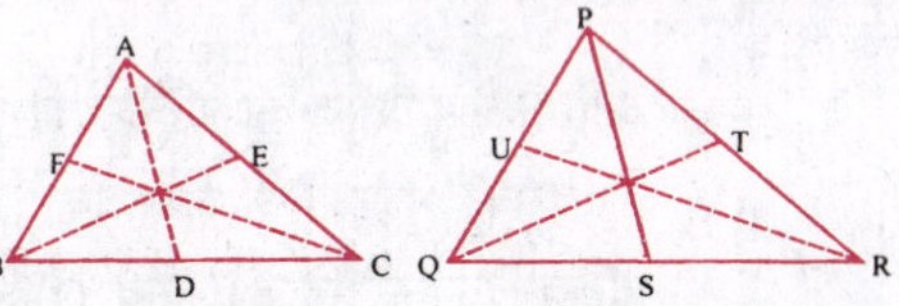

यदि $\Delta ABC \sim \Delta PQR$ तो $\frac{AD}{PS}=\frac{BE}{QT}=\frac{CF}{RU}$

(5) समरूप त्रिभुजों के क्षेत्रफल उनकी संगत ऊँचाइयों के वर्गों के समानुपाती होते हैं।

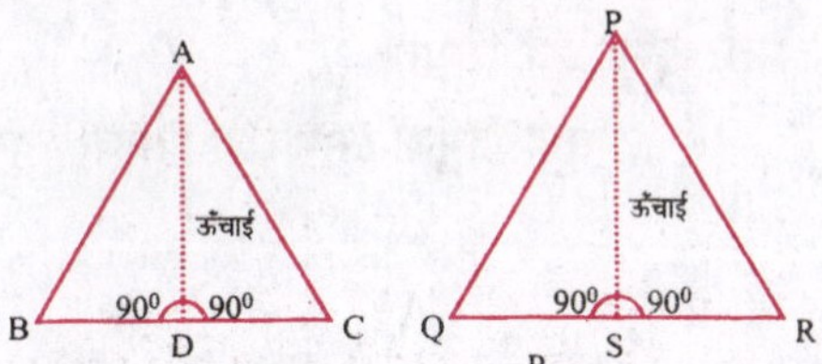

(a) यदि दो समरूप त्रिभुज ABC और PQR की संगत ऊँचाइयां AD तथा PS हों तो $\frac{\Delta ABC \text{ का क्षे.}}{\Delta PQR \text{ का क्षे.}}=\frac{AD^2}{PS^2}$

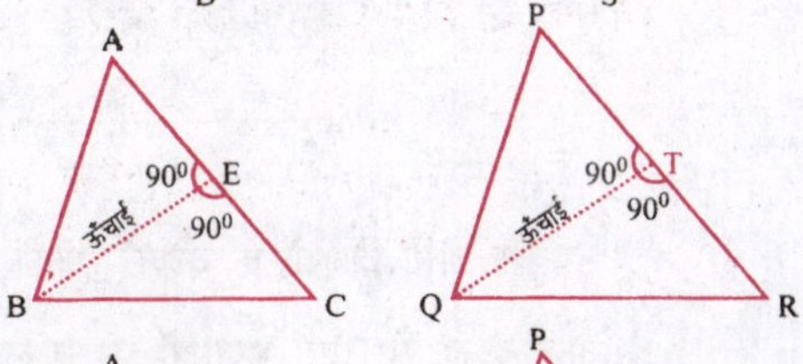

(b) यदि $\Delta ABC \sim \Delta PQR$ तो $\frac{\Delta ABC \text{ का क्षे.}}{\Delta PQR \text{ का क्षे.}}=\frac{BE^2}{QT^2}$

(c) यदि $\Delta ABC \sim \Delta PQR$ तो $\frac{\Delta ABC \text{ का क्षे.}}{\Delta PQR \text{ का क्षे.}}=\frac{CF^2}{RN^2}$

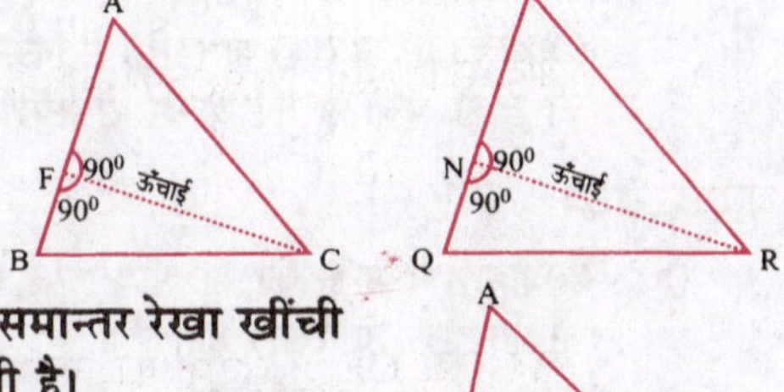

(6) यदि त्रिभुज की किसी भुजा के किसी बिन्दु से दूसरी भुजा के समान्तर रेखा खींची जाय तो वह तीसरी भुजा को उसी अनुपात में विभाजित करती है।

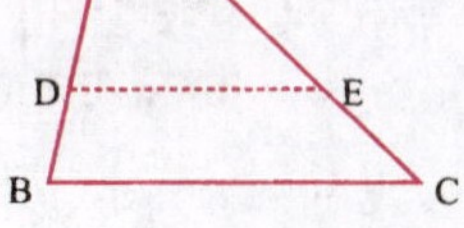

(a) चित्र में यदि BC के समान्तर रेखा DE खींची गयी हो तो

(i) $\frac{AD}{DB}=\frac{AE}{EC}$ (ii) $\frac{AD}{AB}=\frac{AE}{AC}$ (iii) $\frac{DB}{AB}=\frac{EC}{AC}$

(b) यदि सम्मुख चित्र में PQ ‖ CA तो

(i) $\frac{AQ}{QB}=\frac{CP}{PB}$ (ii) $\frac{AQ}{AB}=\frac{CP}{CB}$ (iii) $\frac{QB}{AB}=\frac{PB}{CB}$

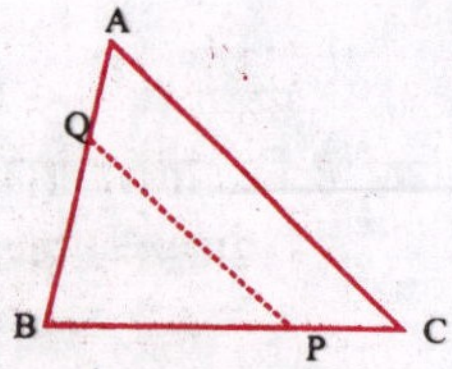

(c) सामने के चित्र में RS ‖ AB तो

(i) $\frac{AR}{RC}=\frac{BS}{SC}$ (ii) $\frac{AR}{AC}=\frac{BS}{BC}$ (iii) $\frac{RC}{AC}=\frac{SC}{BC}$

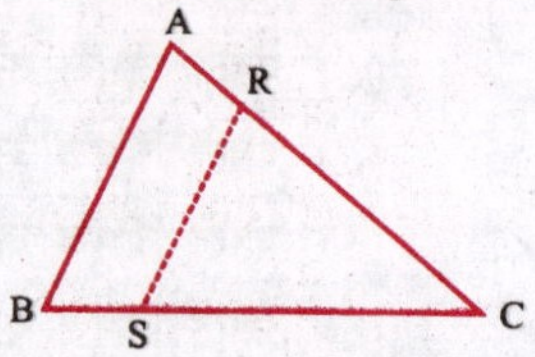

(7) त्रिभुज की दो भुजाओं के मध्य बिन्दुओं को मिलाने वाली रेखा तीसरी भुजा के आधी और समान्तर होती है।

(a) चित्र में Δ ABC में भुजा AB का मध्य बिन्दु D और भुजा AC का मध्य बिन्दु E है।

$\therefore$ DE$=\frac{BC}{2}$ और DE ‖ BC

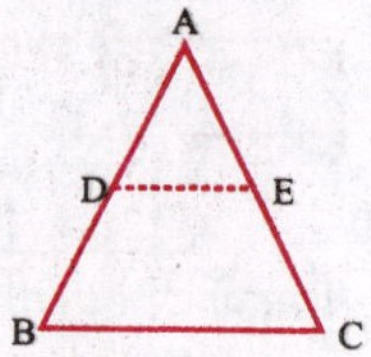

(b) चित्र में Δ ABC की भुजा AC का मध्य बिन्दु F तथा भुजा BC का मध्य बिन्दु E है।

$\therefore$ EF $=\frac{AB}{2}$ और EF ‖ BA

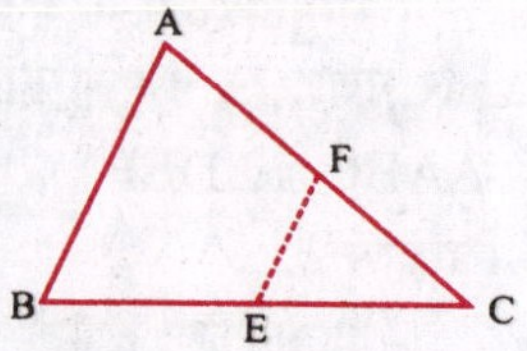

(c) चित्र में Δ ABC की भुजा AB का मध्य G बिन्दु तथा भुजा BC का मध्य बिन्दु H है।

$\therefore$ GH $=\frac{AC}{2}$ और GH ‖ AC

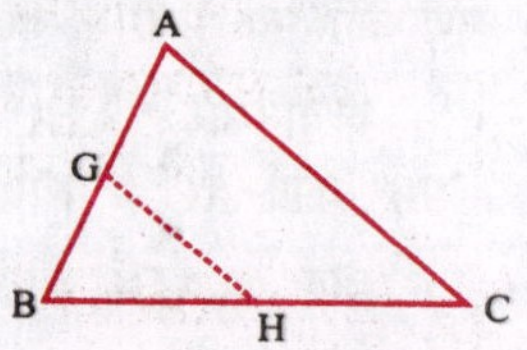

(8) त्रिभुज के किसी कोण की अर्धक रेखा सम्मुख भुजा को अपनी भुजाओं के अनुपात में ही बाँटती है।

(a) चित्र में रेखा AD, ∠BAC का अर्धक हो तो, $\frac{BD}{DC}=\frac{AB}{AC}$

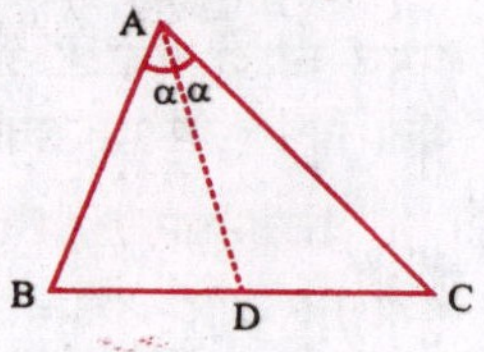

(b) यदि रेखा BE, ∠ABC का अर्धक हो तो, $\frac{CE}{EA}=\frac{BC}{BA}$

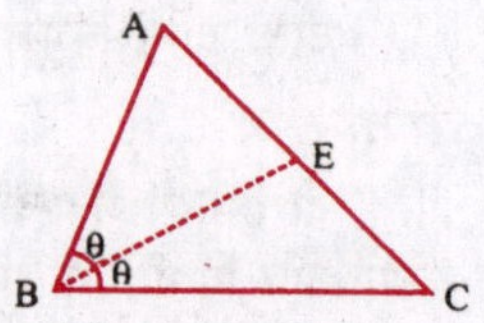

(c) यदि रेखा CF, ∠ACB का अर्धक हो तो, $\frac{BF}{AF}=\frac{BC}{AC}$

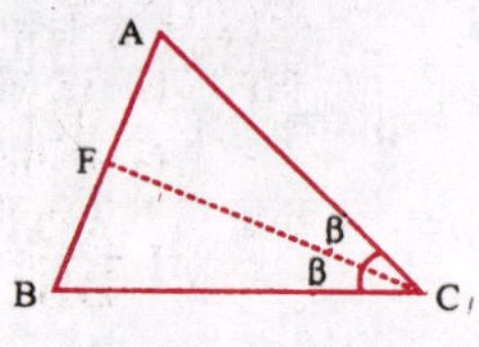

त्रिभुजों की सर्वांगसमता

सर्वांगसम $\Rightarrow$ सर्व + अंग + सम $\Rightarrow$ सभी अंग समान अर्थात् यदि दो त्रिभुज परस्पर सर्वांगसम हों तो इसका अर्थ यह है कि पहले त्रिभुज के सभी अंग दूसरे त्रिभुज के सभी अंगों के अलग-अलग बराबर होंगे। अर्थात्

(a) पहले त्रिभुज की भुजाएं = दूसरे त्रिभुज की संगत भुजाएं

(b) पहले त्रिभुज की माध्यिकाएं = दूसरे त्रिभुज की संगत माध्यिकाएं

(c) पहले त्रिभुज की ऊँचाइयां = दूसरे त्रिभुज की संगत ऊँचाइयां

(d) पहले त्रिभुज के कोण = दूसरे त्रिभुज के संगत कोण

(e) पहले त्रिभुज का क्षेत्रफल = दूसरे त्रिभुज का क्षेत्रफल

(f) पहले त्रिभुज का परिमाप = दूसरे त्रिभुज का परिमाप

(g) सर्वांगसमता का संकेत अर्थात् प्रतीक $\cong$ होता है।

त्रिभुजों की सर्वांगसमता के 4 सिद्धान्त (प्रमेय) हैं।

सिद्धान्त-1

यदि एक त्रिभुज की तीनों भुजाएँ, किसी दूसरे त्रिभुज की तीनों भुजाओं के अलग-अलग बराबर हों तो दोनों त्रिभुज परस्पर सर्वांगसम होंगे।

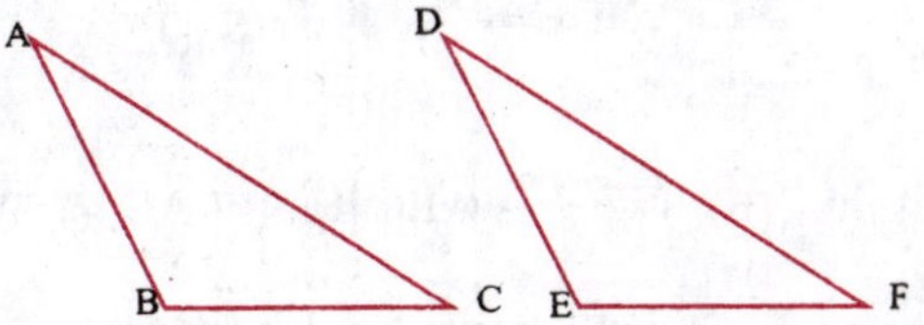

सम्मुख चित्रों में यदि भुजा AB = भुजा DE, भुजा BC = भुजा EF और भुजा CA = भुजा FD तो दोनों त्रिभुज परस्पर सर्वांगसम हैं। अर्थात्
$\Delta ABC \cong \Delta DEF$

सिद्धान्त-2

दो समकोण त्रिभुजों में एक त्रिभुज का कर्ण और एक भुजा दूसरे त्रिभुज के कर्ण और एक भुजा के बराबर हो तो दोनों त्रिभुज सर्वांगसम होते हैं।

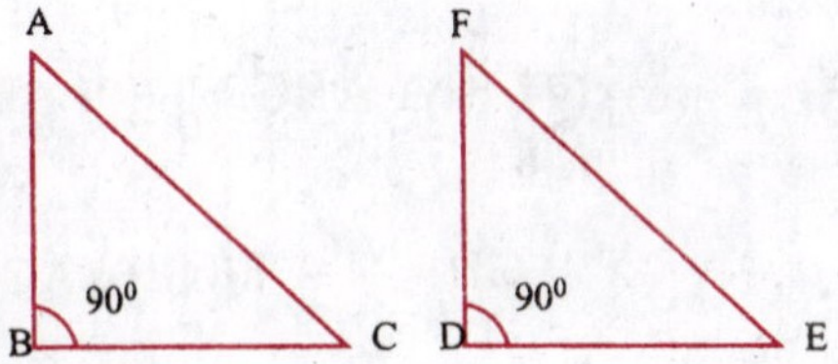

चित्रानुसार ΔABC और ΔDEF समकोण त्रिभुज हैं। जहां $\angle B = \angle D = 90^0$, कर्ण AC = कर्ण FE और आधार BC = आधार DE

अतः $\Delta ABC \cong \Delta DEF$

सिद्धान्त-3

दो त्रिभुजों में एक त्रिभुज की दो भुजाएं और उनके बीच का कोण दूसरे त्रिभुज की दो भुजाओं और उनके बीच के कोण के अलग-अलग बराबर हों तो दोनों त्रिभुज परस्पर सर्वांगसम होते हैं।

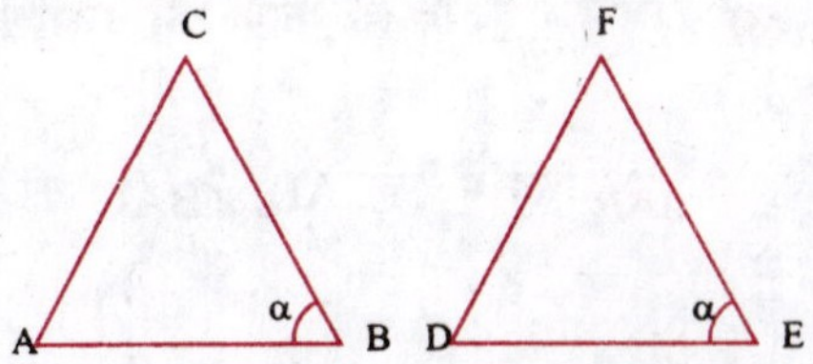

चित्रानुसार ΔABC और ΔDEF में भुजा AB = भुजा DE, भुजा BC = भुजा EF और $\angle B = \angle E = \alpha$

अतः दोनों त्रिभुज परस्पर सर्वांगसम हैं अर्थात् $\Delta ABC \cong \Delta DEF$।

सिद्धान्त-4

दो त्रिभुजों में एक त्रिभुज के दो कोण और एक भुजा दूसरे त्रिभुज के दो कोणों और किसी एक भुजा के बराबर हों तो दोनों त्रिभुज परस्पर सर्वांगसम होंगे।

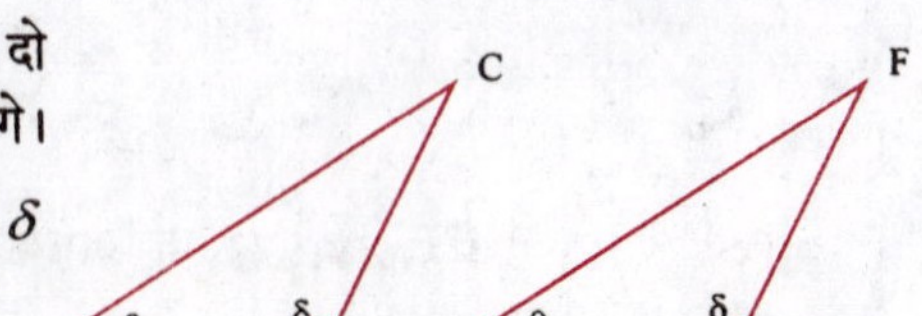

चित्रानुसार ΔABC और ΔDEF में $\angle A = \angle D = \theta$ और $\angle B = \angle E = \delta$ तथा भुजा BC = भुजा EF

अतः दोनों त्रिभुज आपस में सर्वांगसम हैं अर्थात् $\Delta ABC \cong \Delta DEF$

अभ्यास प्रश्न
(त्रिभुजों की समरूपता एवं सर्वांगसमता)

1. नीचे दी गई आकृति में दिखाए गए निम्न दो त्रिभुजों पर विचार करें–

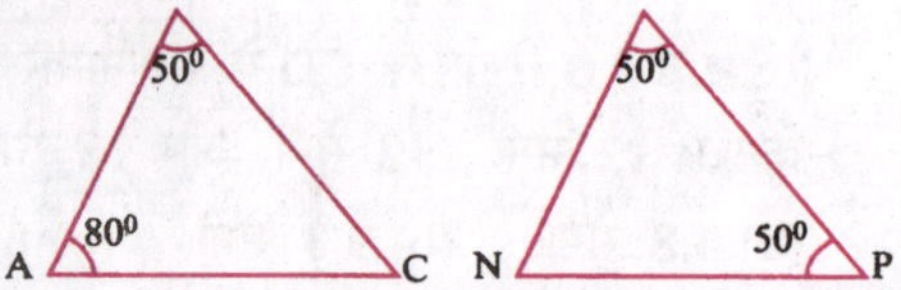

(a) $\Delta BAC \sim \Delta NMP$ (b) $\Delta BAC \sim \Delta MNP$
(c) $\Delta CAB \sim \Delta NMP$ (d) $\Delta BAC \sim \Delta PMN$

SSC : CHSL (Tier-1) 14.3.2018

2. त्रिभुज ABC और DEF के लिए SAS समानता मानदंड के लिए निम्न में से कौन-सा विकल्प सही है?

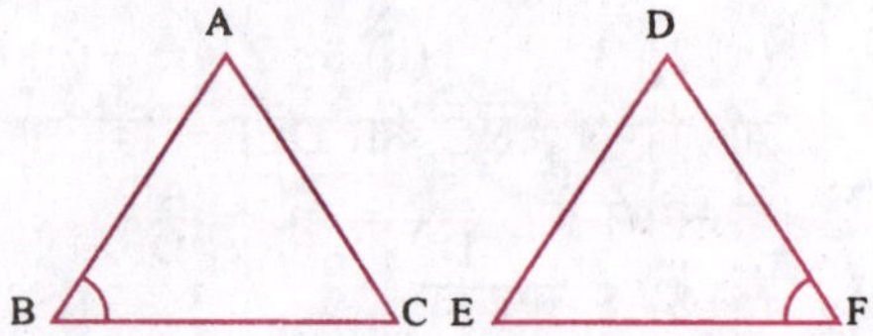

(a) $\angle A = \angle D$ and $\frac{AB}{DE} = \frac{AC}{DF}$
(b) $\angle B = \angle E$ and $\frac{AB}{DE} = \frac{BC}{EF}$
(c) $\angle C = \angle F$ and $\frac{AC}{DF} = \frac{BC}{EF}$ (d) सभी विकल्प सही हैं

SSC : CHSL (Tier-1) 17.3.2018

3. निम्नलिखित शर्त में से कौन-सी शर्त पर्याप्त है जिससे कि त्रिभुज ABC और DEF समान कहे जा सकें?

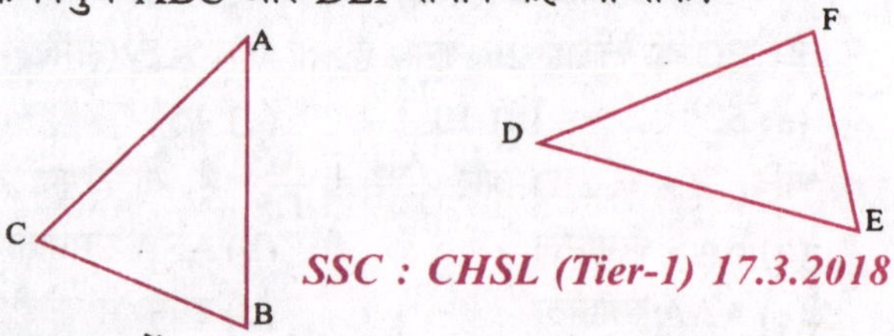

(a) $\angle A = \angle D$ और $\angle C = \angle F$
(b) $\angle A = \angle D$ और $\angle B = \angle E$
(c) $\angle B = \angle E$ और $\angle C = \angle F$
(d) सभी विकल्प सही हैं

SSC : CHSL (Tier-1) 17.3.2018

4. सम्मुख दिखाई गई आकृतियों में कोण FED के मान की गणना करें।

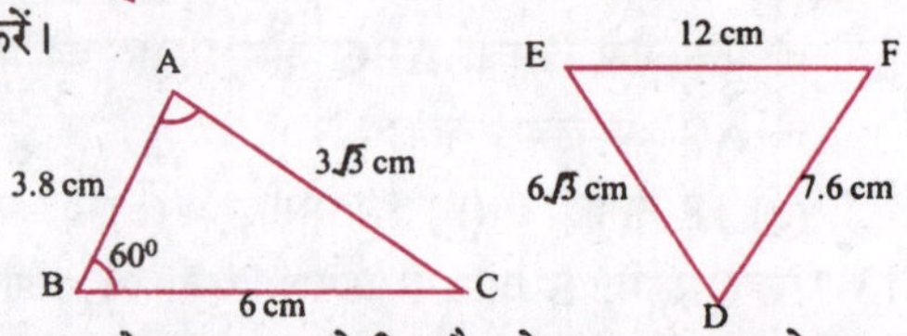

(a) 30^0 (b) 40^0
(c) 60^0 (d) 80^0

SSC : CHSL (Tier-1) 19.3.2018

5. चित्र में, DE ∥ BC, यदि DE = 3 सेमी., BC = 6 सेमी. और ΔADE का क्षेत्रफल 15 सेमी.^{2} है, तो ΔABC का क्षेत्रफल ज्ञात कीजिए।

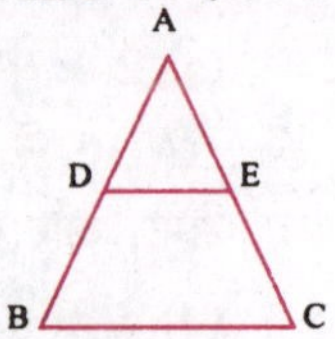

(a) 75 सेमी.^{2} (b) 45 सेमी.^{2}
(c) 30 सेमी.^{2} (d) 60 सेमी.^{2} ***SSC : CGL (Tier-1) 2.9.2016***

6. सम्मुख आकृतियों पर विचार करें और निम्नलिखित समीकरणों में से कौन सा दोनों त्रिभुजों की समानता के बारे में सही है?

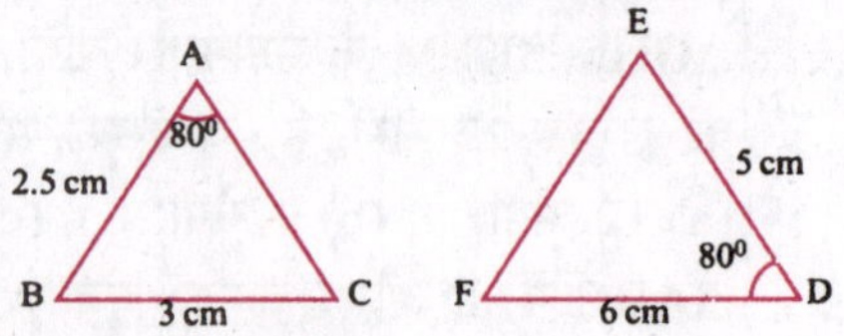

(a) $\Delta ABC \sim \Delta DEF$ (b) $\Delta ACB \sim \Delta DEF$
(c) $\Delta ABC \sim \Delta FDE$ (d) दोनों त्रिभुज समान नहीं हैं

SSC : CHSL (Tier-1) 23.3.2018

7. निम्नलिखित में से कौन सा ABC और PQR दो त्रिभुजों के सर्वांगसमता के लिए सही विकल्प है, जो SAS सर्वांगसमता के मानदंड के अनुसार है?

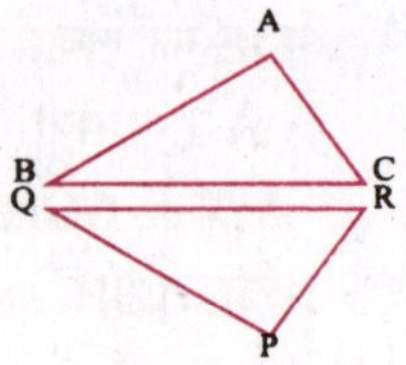

(a) AB = PQ (b) BC = QR
(c) $\angle B = \angle Q$ (d) सभी विकल्प सही हैं ***SSC : CHSL (Tier-1) 16.3.2018***

8. बिन्दु P और Q त्रिभुज ABC की भुजा क्रमशः AB और AC पर इस तरह से हैं कि रेखाखंड PQ भुजा BC के समानांतर है। यदि त्रिभुज APQ और त्रिभुज ABC के क्षेत्रफल 16 : 25 के अनुपात में हैं, तो भुजा AP और PB का अनुपात ज्ञात करें।

(a) 4 : 5 (b) 1 : 4 (c) 5 : 1 (d) 4 : 1 ***SSC : CHSL (Tier-1) 24.1.2017***

9. रेखाखंड AB, रेखाखंड CD के समानान्तर है। AD, BC को बिन्दु E पर काटती है। यदि AE, BC और ED की लंबाई क्रमशः 12 सेमी., 12 सेमी. और 18 सेमी. है, तो EC की लंबाई क्या है?

(a) 4.8 सेमी. (b) 9.3 सेमी. (c) 8.1 सेमी. (d) 7.2 सेमी. ***SSC : CHSL (Tier-1) 24.1.2017***

10. यदि दो समानकोणिक त्रिभुज के कोण द्विभाजक खंडों का अनुपात 3 : 2 के अनुपात में है, तो दोनों त्रिभुज की संगत भुजा का अनुपात क्या होगा?

(a) 2 : 3 (b) 3 : 2 (c) 6 : 4 (d) 4 : 6 ***SSC : CHSL (Tier-1) 12.3.2018***

11. यदि त्रिभुज ABC और DEF ने दिये गए समीकरण का अनुसरण किया है, तो यह दो त्रिभुज निम्नलिखित किस मापदंड के समान हैं? $\frac{AB}{DE} = \frac{BC}{EF} = \frac{AC}{DF}$

(a) SAS समानता (b) SSS समानता

(c) AAA समानता (d) इनमें से कोई भी नहीं ***SSC : CHSL (Tier-1) 10.3.2018***

12. यदि DE, BC के समानान्तर है और त्रिभुज ABC की अन्य दो भुजाओं को द्विभाजित करती है और अनुपात $\frac{AD}{DB} = \frac{5}{13}$ है। EC की लंबाई 26 सेमी. है, तो फिर AE (सेमी. में) की लंबाई निर्धारित करें।

(a) 5 (b) 10 (c) 15 (d) 20 ***SSC : CHSL (Tier-1) 7.3.2018***

13. यदि, $\angle A = \angle D$ और $\frac{AB}{DE} = \frac{AC}{DF}$ है, तो त्रिभुज ABC और DEF किस मापदंड के अनुसार समान होंगे?

(a) SAS समानता (b) ASA समानता

(c) AAA समानता (d) इनमें से कोई नहीं ***SSC : CHSL (Tier-1) 20.3.2018***

14. दो एक जैसे त्रिभुजों ABC और PQR की परिधियाँ क्रमशः 36 सेमी. और 24 सेमी. है। यदि PQ = 10 सेमी. है, तो AB की लंबाई बताइये।

(a) 18 सेमी. (b) 12 सेमी. (c) 15 सेमी. (d) 30 सेमी. ***SSC : CGL (Tier-1) 1.9.2016***

15. ΔPQR में, S और T क्रमशः भुजा PQ और PR पर स्थित बिन्दु हैं। ST, QR के समानान्तर है। यदि S, PQ को 1 : 5 के अनुपात में विभाजित करती है और QR की लंबाई 15 सेमी. है, तो ST को ज्ञात करें।

(a) 2.4 सेमी. (b) 3.6 सेमी. (c) 2.5 सेमी. (d) 5.6 सेमी. ***SSC : CHSL (Tier-1) 24.1.2017***

16. ΔABC में, ऊँचाई CD, AB को D पर काटती है। AB और BC के मध्य बिन्दु क्रमशः P और Q है। यदि AD = 8 सेमी. और CD = 6 सेमी. हो, तो PQ की लंबाई क्या है?

(a) 3 सेमी. (b) 7 सेमी. (c) 9 सेमी. (d) 5 सेमी. ***SSC : CGL (Tier-1) 1.9.2016***

17. ΔGHI, ΔKLM के समान है। यदि ΔGHI की परिधि और ΔKLM की परिधि का अनुपात 9 : 4 में है, और GH की लम्बाई 27 सेमी. है, तो इसकी संगत भुजा KL की लम्बाई ज्ञात करें।

(a) 12 सेमी. (b) 9 सेमी. (c) 24 सेमी. (d) 18 सेमी. ***SSC : CHSL (Tier-1) 3.2.2017***

18. ΔABC में, D और E क्रमशः भुजा AB और AC पर स्थित बिन्दु हैं। DE, BC के समानान्तर है। यदि AD, DB और DE की लंबाई क्रमशः 9 सेमी., 6 सेमी. और 5.4 सेमी. है, तो BC की लंबाई ज्ञात करें।

(a) 3.6 सेमी. (b) 4.8 सेमी. (c) 11.2 सेमी. (d) 9 सेमी. ***SSC : CHSL (Tier-1) 23.1.2017***

19. ΔDEF, ΔGHI के समान है। DE की लंबाई 16 सेमी. है और इसकी संगत भुजा GH की लंबाई 25 सेमी. है। ΔDEF और ΔGHI के क्षेत्रफल का अनुपात ज्ञात करें।

(a) 4 : 5 (b) 16 : 25 (c) 256 : 625 (d) 25 : 16 ***SSC : CHSL (Tier-1) 30.1.2017***

20. बिन्दु P और Q त्रिभुज ABC के क्रमशः भुजा AB और भुजा AC पर इस प्रकार से स्थित हैं कि खंड PQ भुजा BC के समानान्तर है। यदि त्रिभुज APQ और त्रिभुज ABC के क्षेत्रफलों का अनुपात 9 : 16 है तो AP : PB का अनुपात क्या होगा?
(a) 3 : 4 (b) 9 : 7 (c) 9 : 16 (d) 3 : 1 ***SSC : CHSL (Tier-1) 3.1.2017***

21. त्रिभुज ABC में रेखा BC के समानान्तर रेखा दूसरे भुजाओं को बिन्दु D और E पर इस तरह विभाजित करती हैं कि AB = 3AD । DE और BC के अनुपात की गणना करें।
(a) 1 : 6 (b) 1 : 4 (c) 1 : 3 (d) 3 : 1 ***SSC : CHSL (Tier-1) 12.3.2018***

22. ΔABC में, DE || BC इस प्रकार है कि $\frac{AD}{BD} = \frac{3}{5}$ यदि AC = 5.6 सेमी., तो AE किसके बराबर है?
(a) 4.2 सेमी. (b) 3.1 सेमी. (c) 2.8 सेमी. (d) 2.1 सेमी. ***SSC : CGL (Tier-1) 3.9.2016***

23. ΔABC में, D और E क्रमशः भुजा AB और AC पर स्थित बिन्दु हैं। DE, BC के समानान्तर है। यदि AD, DB और DE की लंबाई क्रमशः 8 सेमी., 6 सेमी. और 7.2 सेमी. है, तो BC की लंबाई ज्ञात करें।
(a) 12.6 सेमी. (b) 9.3 सेमी. (c) 8.1 सेमी. (d) 5.4 सेमी. ***SSC : CHSL (Tier-1) 30.1.2017***

24. ΔABC और ΔDEF दो एक जैसे त्रिभुज है और ΔABC तथा ΔDEF की परिधियाँ क्रमशः 30 सेमी. और 18 सेमी. है। यदि DE की लंबाई 3.6 सेमी. हो तो AB की लंबाई बताइये।
(a) 6.0 सेमी. (b) 4.0 सेमी. (c) 4.5 सेमी. (d) 5.0 सेमी. ***SSC : CGL (Tier-1) 9.9.2016***

25. ΔPQR में, S और T क्रमशः PQ और PR भुजाओं पर स्थित बिन्दु हैं। ST, QR के समानान्तर है। यदि S, PQ को 4 : 1 के अनुपात में विभाजित करता है और QR की लंबाई 15 सेमी. है, तो ST की लंबाई ज्ञात करें।
(a) 3 सेमी. (b) 5 सेमी. (c) 12 सेमी. (d) 10 सेमी. ***SSC : CHSL (Tier-1) 8.2.2017***

26. बिन्दु P और Q त्रिभुज ABC की भुजा क्रमशः AB और AC पर इस प्रकार से स्थित हैं कि रेखाखंड PQ भुजा BC के समानान्तर है। यदि AP और PB का अनुपात 2 : 5 है, और ΔAPQ का क्षेत्रफल 4 वर्ग सेमी. है, तो समलम्ब PQCB का क्षेत्रफल ज्ञात करें।
(a) 49 वर्ग सेमी. (b) 45 वर्ग सेमी.
(c) 25 वर्ग सेमी. (d) 21 वर्ग सेमी. ***SSC : CHSL (Tier-1) 7.2.2017***

27. त्रिभुज की भुजाएँ 9 : 4 के अनुपात में हैं, तो दो समान त्रिभुजों के क्षेत्रफल के अनुपात की गणना कीजिए।
(a) 9 : 4 (b) 3 : 2 (c) 81 : 16 (d) 27 : 8 ***SSC : CHSL (Tier-1) 20.3.2018***

28. एक समद्विभुज त्रिभुज ABC में, AB = AC, XY || BC, यदि $\angle A = 30^0$ तो $\angle BXY$ कितना होगा?
(a) 75^0 (b) 30^0 (c) 150^0 (d) 105^0 ***SSC : CGL (Tier-1) 7.9.2016***

29. निम्न में से कौन-सा/कौन-से विकल्प दो त्रिभुज की समानता के बारे में सही हैं?
(a) संबंधित भुजाएँ एक दूसरे के लिए आनुपातिक हैं।
(b) संबंधित कोण समान हैं।
(c) संबंधित भुजाएँ एक-दूसरे के बराबर भी हो सकती हैं और नहीं भी।
(d) सभी विकल्प सही हैं। ***SSC : CHSL (Tier-1) 4.3.2018***

30. माना ΔABC ~ ΔQPR और ar (ΔABC)/ar (ΔPQR) = 4/25 है। यदि AB = 12 cm, BC = 8 cm और AC = 9 cm है, तो PR बराबर है–
(a) 18 (b) 17.5 (c) 15 (d) 20 ***SSC : CHSL (Tier-1) 8.7.2019***

31. माना कि ΔABC ~ ΔQPR और ar(ΔABC)/ar (ΔPQR) = 9/4 है। यदि AB = 9 cm, BC = 6 cm और AC = 12 cm है, तो QR बराबर है–
(a) 16 cm (b) 9 cm (c) 8 cm (d) 12 cm ***SSC : CHSL (Tier-1) 4.7.2019***

32. त्रिभुज ABC में, AB और AC भुजाओं पर दो बिन्दु क्रमशः D और E इस प्रकार हैं कि DE||BC और AD/BD = 3/4 है। समलम्ब चतुर्भुज DECB के क्षेत्रफल का ΔABC के क्षेत्रफल से अनुपात है–
(a) 49 : 40 (b) 33 : 49 (c) 49 : 33 (d) 40 : 49 ***SSC : CHSL (Tier-1) 4.7.2019***

33. माना कि $\Delta ABC \sim \Delta QPR$ और $ar(\Delta ABC)/ar(\Delta PQR) = 9/16$ है। यदि AB = 12 cm, BC = 6 cm और AC = 9 cm है, तो QR बराबर है–
(a) 16 cm (b) 12 cm (c) 8 cm (d) 9 cm *SSC : CHSL (Tier-1) 3.7.2019*

34. ΔABC, ΔDEF के समरूप है। ΔABC का क्षेत्रफल $100 cm^2$ है और ΔDEF का क्षेत्रफल $49 cm^2$ है। यदि ΔABC का शीर्षलंब (Altitude) 5 cm है, तो ΔDEF का संगत शीर्षलंब (Corresponding Altitude) होगा–
(a) 4.5 cm (b) 7 cm (c) 3.5 cm (d) 6 cm *SSC : CGL (Tier-1) 4.6.2019*

35. ΔPQR में, $\angle P : \angle Q : \angle R = 2 : 2 : 5$ है। एक रेखा QR के समानान्तर खींची जाती है जो PQ तथा PR को क्रमशः A तथा B पर स्पर्श करती है। $\angle PBA - \angle PAB$ का मान क्या है?
(a) 60 (b) 30 (c) 24 (d) 36 *SSC : CPO 1.7.2017*

36. $\Delta ABC \sim \Delta RQP$ और PQ = 10 cm, QR = 12 cm तथा RP = 16 cm है। यदि $ar(\Delta PQR) : ar(\Delta ABC) = 4/9$ है, तो BC किसके बराबर है?
(a) 20/3 cm (b) 32/3 cm (c) 6 cm (d) 8 cm *SSC : CGL (Tier-1) 12.6.2019*

37. $\Delta ABC \sim \Delta PRQ$ और PQ = 4 cm, QR = 7 cm तथा PR = 8 cm है। यदि $ar(\Delta ABC): ar(\Delta PQR) = 1 : 4$ है, तो AC बराबर है–
(a) 2 cm (b) 4 cm (c) 3.7 cm (d) 1 cm *SSC : CGL (Tier-1) 11.6.2019*

38. ΔABC में, BC पर एक बिन्दु P इस प्रकार है कि BP : PC = 4 : 11, Q , BP का मध्य बिन्दु है। $ar(\Delta ABQ) : ar(\Delta ABC)$ बराबर है।
(a) 2 : 11 (b) 2 : 15 (c) 2 : 13 (d) 3 : 13 *SSC : CGL (Tier-1) 13.6.2019*

39. $\Delta ABC \sim \Delta EDF$ और $ar(\Delta ABC) : ar(\Delta DEF) = 1 : 4$, यदि AB = 7 cm, BC = 8 cm तथा CA = 9 cm, तो DF बराबर है–
(a) 8 cm (b) 14 cm (c) 16 cm (d) 18 cm *SSC : CGL (Tier-1) 13.6.2019*

40. $\Delta ABC \sim \Delta NLM$ और $ar(\Delta ABC) : ar(\Delta LMN) = 4 : 9$, यदि AB = 6 cm, BC = 8 cm तथा AC = 12 cm है, तो ML बराबर होगा–
(a) 9 cm (b) 12 cm (c) 6 cm (d) 18 cm *SSC : CGL (Tier-1) 13.6.2019*

41. $\Delta ABC \sim \Delta QRP$ और PQ = 6 cm, QR = 8 cm तथा PR = 10 cm है। यदि $ar(\Delta ABC) : ar(\Delta PQR) = 1 : 4$ है, तो AB किसके बराबर होगा?
(a) 5 cm (b) 4 cm (c) 2 cm (d) 3 cm *SSC : CGL (Tier-1) 11.6.2019*

42. ΔABC में, AB और AC भुजाओं पर क्रमशः बिन्दु F और E इस प्रकार हैं कि $FE \parallel BC$ तथा FE त्रिभुज को समान क्षेत्रफल वाले दो भागों में विभाजित करती है। यदि $AD \perp BC$ और AD, बिन्दु G पर FE को काटती है तो GD : AG = ?
(a) $2\sqrt{2} : 1$ (b) $\sqrt{2} : 1$ (c) $(\sqrt{2} + 1) : 1$ (d) $(\sqrt{2} - 1) : 1$ *SSC : CGL (Tier-1) 4.6.2019*

43. $\Delta ABC \sim \Delta RQP$ और AB = 4 cm, BC = 6 cm तथा AC = 5 cm है। यदि $ar(\Delta ABC) : ar(\Delta PQR) = 9 : 4$ है, तो PQ किसके बराबर होगा?
(a) 4 cm (b) 10/3 cm (c) 20/9 cm (d) 8/3 cm *SSC : CGL (Tier-1) 10.6.2019*

44. ABDC एक समानान्तर चतुर्भुज है जिसमें विकर्ण AD और BC परस्पर O पर काटते हैं। AE और DF, BC के क्रमशः बिन्दु E तथा F पर लंबवत् है। निम्नलिखित में से कौन-सा सही नहीं है?
(a) $\Delta AEB \cong \Delta DFC$ (b) $\Delta AOE \cong \Delta DOF$
(c) $\Delta ADC \cong \Delta ABD$ (d) $\Delta ABC \cong \Delta DCB$ *SSC : CGL (Tier-1) 6.6.2019*

45. $\Delta ABC \sim \Delta EDF$ और $ar(\Delta ABC) : ar(\Delta DEF) = 4 : 9$, यदि AB = 6 cm, BC = 8 cm तथा AC = 10 cm है, तो DF बराबर होगा।
(a) 18 cm (b) 15 cm (c) 9 cm (d) 12 cm *SSC : CGL (Tier-1) 13.6.2019*

46. ΔACE में B और D क्रमशः भुजाओं AC और CE पर बिन्दु है। BD || AE और AE = 8/3 BD है। ΔBDC तथा ΔAEC के क्षेत्रफलों में क्या अनुपात है?

(a) 9 : 64 (b) 9 : 16 (c) 1 : 7 (d) 1 : 36 ***SSC : CGL (Tier-1) 6.6.2019***

47. ΔABC का क्षेत्रफल एक इकाई है। DE, BC के समानान्तर एक सीधी रेखा है, जो AB और AC पर क्रमशः D और E बिन्दुओं को इस प्रकार जोड़ रही है कि AD : DB = 1 : 6 है। त्रिभुज ADE और ABC के क्षेत्रफलों का अनुपात है–

(a) 1 : 49 (b) 1 : 6 (c) 3 : 8 (d) 3 : 14 ***SSC : CGL (Tier-1) 6.6.2019***

48. ΔABC में, BC पर, P वह बिन्दु है जिससे BP : PC = 3 : 4 और Q बिन्दु BP का मध्य बिन्दु है, तो ar (ΔABQ) : ar (ΔABC) बराबर है–

(a) 1 : 4 (b) 2 : 7 (c) 3 : 8 (d) 3 : 14 ***SSC : CGL (Tier-1) 12.6.2019***

49. मान लीजिए $\Delta ABC \sim \Delta QPR$ और ar(ΔABC) / ar(ΔPQR) = 9/16 है। यदि AB = 12 cm, BC = 6 cm तथा AC = 9 cm है, तो PR बराबर होगा–

(a) 9 cm (b) 12 cm (c) 16 cm (d) 8 cm ***SSC : CGL (Tier-1) 19.6.2019***

50. ΔABC में, BC पर, P एक बिन्दु है जिससे BP : PC = 2 : 3 और Q बिन्दु BP का मध्य बिन्दु है, तो ar (ΔABQ) : ar (ΔABC) बराबर है–

(a) 1 : 5 (b) 1 : 4 (c) 2 : 5 (d) 2 : 3 ***SSC : CGL (Tier-1) 12.6.2019***

51. $\Delta ABC \sim \Delta QPR$ और AB = 8 cm, BC = 12 cm तथा AC = 6 cm है। यदि ar (ΔABC) : ar (ΔPQR) = 16 : 25 है, तो RQ किसके बराबर होगा?

(a) 10 cm (b) 15 cm (c) 7.5 cm (d) 12.5 cm ***SSC : CGL (Tier-1) 11.6.2019***

52. $\Delta ABC \sim \Delta EDF$ और AB = 5 cm, BC = 8 cm तथा AC = 10 cm है। यदि ar(ΔABC) : ar(ΔDEF) = 9 : 4 है, तो DF किसके बराबर होगा?

(a) 16/3 cm (b) 20/3 cm (c) 32/9 cm (d) 10/3 cm ***SSC : CGL (Tier-1) 10.6.2019***

उत्तरमाला

1. (b)	2. (d)	3. (a)	4. (b)	5. (d)	6. (d)	7. (c)	8. (d)	9. (d)
10. (b)	11. (b)	12. (b)	13. (a)	14. (c)	15. (c)	16. (d)	17. (a)	18. (d)
19. (c)	20. (d)	21. (c)	22. (d)	23. (a)	24. (a)	25. (c)	26. (b)	27. (c)
28. (d)	29. (d)	30. (d)	31. (c)	32. (d)	33. (b)	34. (c)	35. (a)	36. (a)
37. (a)	38. (b)	39. (c)	40. (b)	41. (b)	42. (d)	43. (a)	44. (b)	45. (d)
46. (a)	47. (a)	48. (d)	49. (d)	50. (a)	51. (c)	52. (a)		

अभ्यास प्रश्नों के हल

1. ΔABC में $\angle C = 180^0 - (50^0 + 80^0)$

$= 180^0 - 130^0 = 50^0$

ΔNMP में $\angle N = 180^0 - (50^0 + 50^0)$

$= 180^0 - 100^0 = 80^0$

$\therefore$ $\angle B = \angle M = 50^0$, $\angle A = \angle N = 80^0$, $\angle C = \angle P = 50^0$

$\therefore$ $\Delta BAC \sim \Delta MNP$

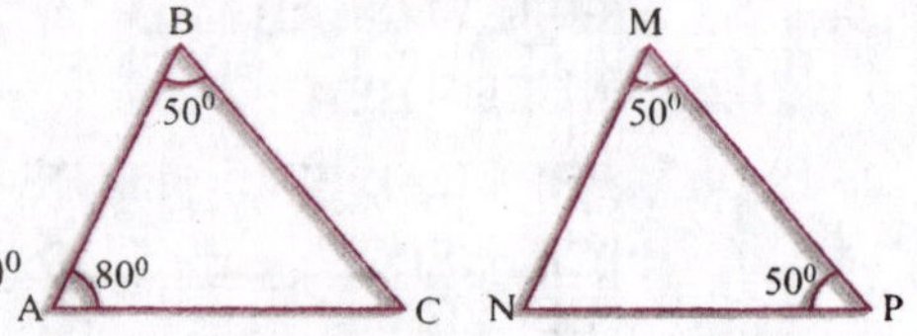

2. ΔABC और ΔDEF के लिए SAS (Side, Angle, Side) अर्थात् (भुजा, कोण, भुजा) मानदण्ड के लिए सभी विकल्प सही हैं।

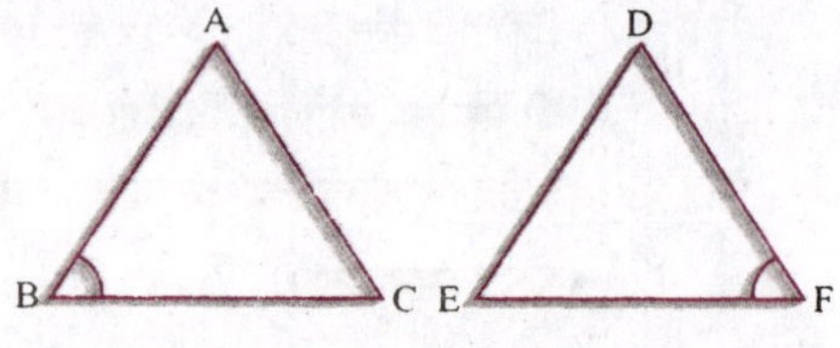

3. Δ ABC और Δ DEF के समान होने के लिए

$\angle A = \angle D$ और

$\angle C = \angle F$

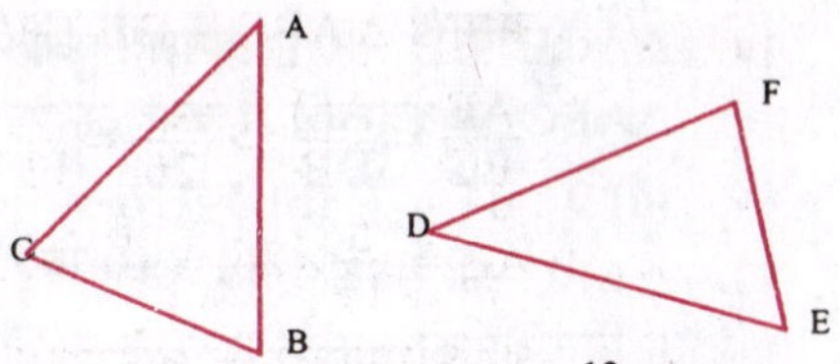

4. $\because$ $\dfrac{AB}{DF} = \dfrac{3.8}{7.6} = \dfrac{1}{2}$, $\dfrac{BC}{FE} = \dfrac{6}{12} = \dfrac{1}{2}$

$\dfrac{CA}{ED} = \dfrac{3\sqrt{3}}{6\sqrt{3}} = \dfrac{1}{2}$

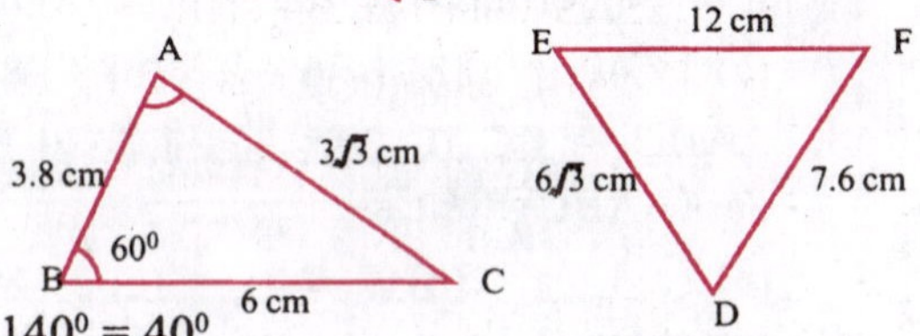

$\therefore$ $\Delta ABC \sim \Delta DFE$

$\therefore$ $\angle FED = \angle BCA = 180^0 - (80^0 + 60^0) = 180^0 - 140^0 = 40^0$

5. $\because$ DE || BC और DE = 3 सेमी तथा BC = 6 सेमी.

$\therefore$ $DE = \dfrac{BC}{2}$, अतः बिन्दु D भुजा AB का और

बिन्दु E भुजा AC के मध्य बिन्दु है।

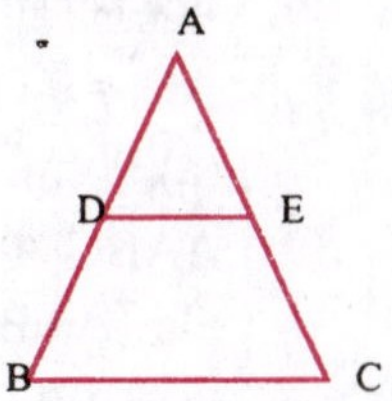

$\therefore$ Δ ABC का क्षेत्रफल = 4 × ADE का क्षेत्रफल = 4 × 15 = 60 सेमी^{2}

6. $\because$ दोनों त्रिभुज SAS मानदण्ड के अनुरूप नहीं हैं।

अतः दोनों त्रिभुज समान नहीं हैं।

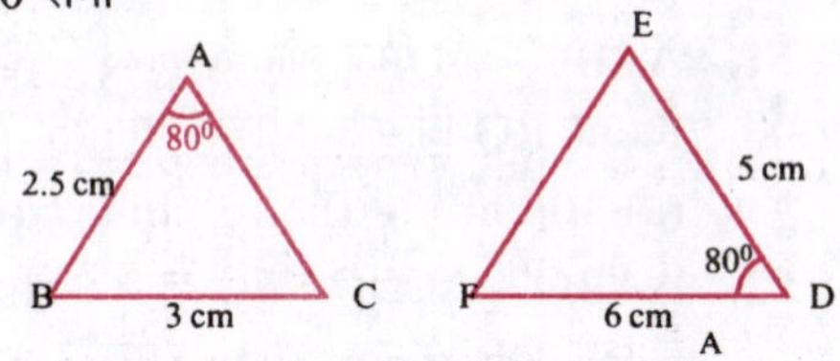

7. Δ ABC और PQR की सर्वांगसमता के लिए

SAS (Side, Angle, Side) के मानदण्ड के अनुसार

सभी विकल्प सही हैं। अर्थात्

AB = PQ, BC = QR, $\angle B = \angle Q$

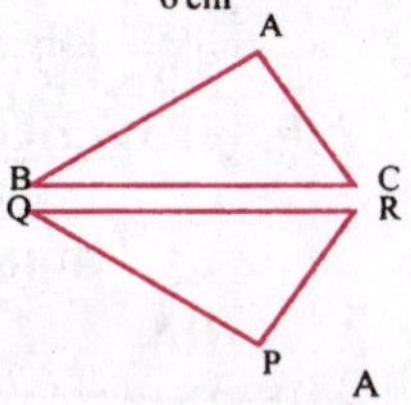

8. सम्मुख चित्र में PQ || BC, अतः $\Delta APQ \sim \Delta ABC$

चूंकि $\dfrac{\Delta APQ \text{ का क्षेत्रफल}}{\Delta ABC \text{ का क्षेत्रफल}} = \dfrac{AP^2}{AB^2}$, अतः $\dfrac{16}{25} = \dfrac{AP^2}{AB^2} \Rightarrow \dfrac{AP}{AB} = \dfrac{4}{5}$

$\therefore$ माना AP = 4x सेमी और AB = 5x सेमी

$\therefore$ PB = AB – AP = 5x – 4x = x सेमी.

$\therefore$ AP : PB = 4x : x = 4 : 1

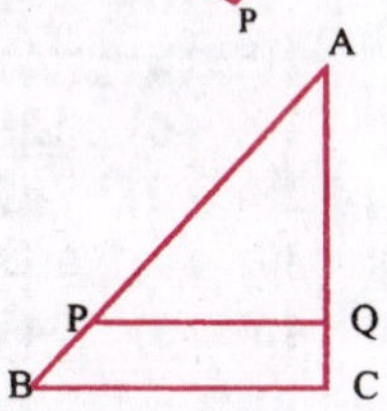

9. सम्मुख चित्र में AB || CD

$\therefore$ $\Delta CED \sim BEA$

माना CE = x सेमी., अतः BE = (12 – x) सेमी.

$\therefore$ $\dfrac{CE}{BE} = \dfrac{ED}{EA} \Rightarrow \dfrac{x}{12-x} = \dfrac{18}{12} = \dfrac{3}{2} \Rightarrow 2x = 3\,(12 - x) = 36 - 3x$

$\therefore$ $2x + 3x = 36 \Rightarrow 5x = 36 \Rightarrow x = \dfrac{36}{5} = 7.2$ सेमी., अतः CE = x = 7.2 सेमी.

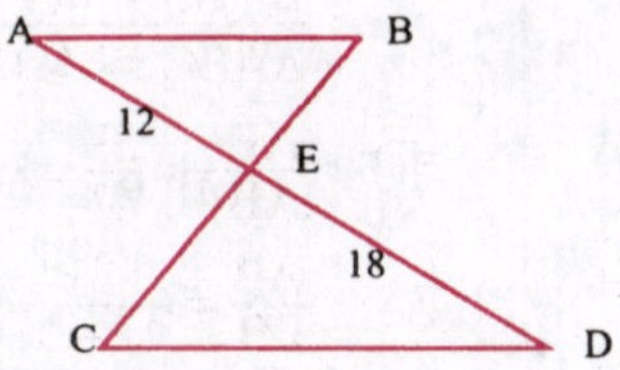

10. दो समान कोणिक त्रिभुजों में–

संगत भुजाओं का अनुपात = कोण द्विभाजकों का अनुपात = 3 : 2

11. SSS समानता।

12. सम्मुख ΔABC में $DE \parallel BC$

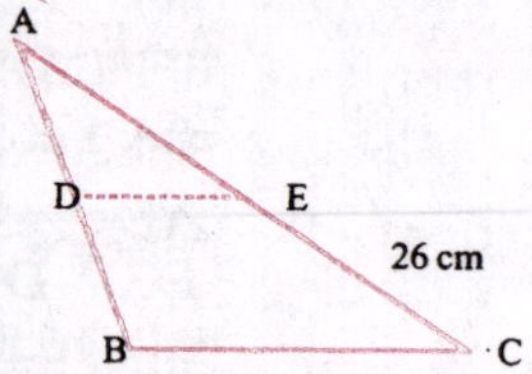

$\therefore \quad \frac{AE}{EC} = \frac{AD}{DB} \Rightarrow \frac{AE}{26} = \frac{5}{13}$

$\therefore \quad AE = \frac{5}{13} \times 26 = 10$ सेमी.

13. SAS समानता के अनुसार।

14. $\because$ ΔABC और ΔPQR एक जैसे हैं। अतः $\Delta ABC \sim \Delta PQR$

$\therefore \quad \frac{\Delta ABC \text{ की परिधि (परिमाप)}}{\Delta PQR \text{ की परिधि (परिमाप)}} = \frac{AB}{PQ} \Rightarrow \frac{36}{24} = \frac{AB}{10} \Rightarrow AB = \frac{36 \times 10}{24} = 15$ सेमी.

15. चित्र में ΔPQR में $ST \parallel QR$ और $QR = 15$ सेमी.

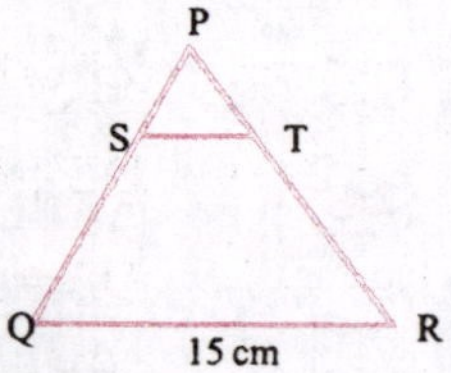

चूंकि $PS : SQ = 1 : 5$, अतः माना $PS = x$ सेमी. और $SQ = 5x$ सेमी.

$\therefore \quad \Delta PST \sim \Delta PQR$ में, $\frac{ST}{QR} = \frac{PS}{PQ} \Rightarrow \frac{ST}{15} = \frac{x}{6x} = \frac{1}{6}$

अतः $ST = \frac{1}{6} \times 15 = 2.5$ सेमी.

16. सम्मुख ΔABC में CD ऊँचाई है।

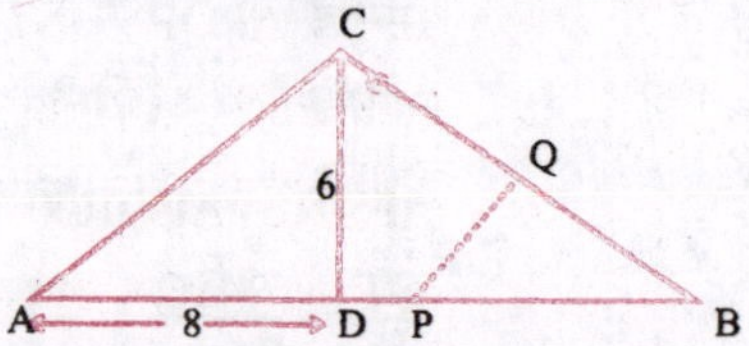

$\therefore \quad \angle ADC = 90^0 \Rightarrow AC^2 = AD^2 + DC^2 = 64 + 36$

$\therefore \quad AC^2 = 100 \quad \Rightarrow AC = 10$ सेमी.

$\because$ AB का मध्य बिन्दु P और BC का मध्य बिन्दु Q है।

$\therefore \quad PQ = \frac{AC}{2} = \frac{10}{2} = 5$ सेमी.

17. चूंकि ΔGHI और ΔKLM समान हैं, अतः $\Delta GHI \sim \Delta KLM$

$\therefore \quad \frac{\Delta GHI \text{ की परिधि}}{\Delta KLM \text{ की परिधि}} = \frac{GH}{KL} \Rightarrow \frac{9}{4} = \frac{27}{KL} \Rightarrow KL = \frac{4 \times 27}{9} = 12$ सेमी.

18. सम्मुख ΔABC में $DE \parallel BC$

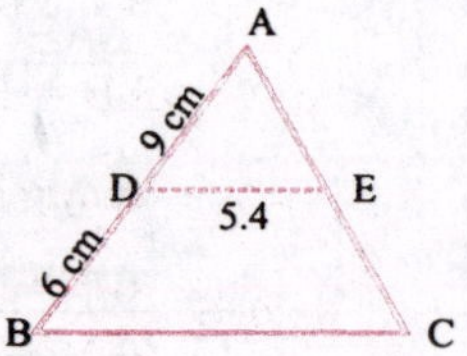

$\therefore \quad \Delta ABC \sim \Delta ADE \Rightarrow \frac{AB}{AD} = \frac{BC}{DE} \Rightarrow \frac{(9+6)}{9} = \frac{BC}{5.4}$

$\frac{15}{9} = \frac{BC}{5.4} \Rightarrow BC = \frac{15 \times 5.4}{9} = 9$ सेमी.

19. ΔDEF और ΔGHI समान हैं। अतः $\Delta DEF \sim GHI$

$\therefore \quad \Delta DEF$ का क्षेत्रफल : ΔGHI का क्षेत्रफल $= DE^2 : GH^2 = 16^2 : 25^2 = 256 : 625$

20. सम्मुख ΔABC में $PQ \parallel BC$, अतः $\Delta APQ \sim \Delta ABC$

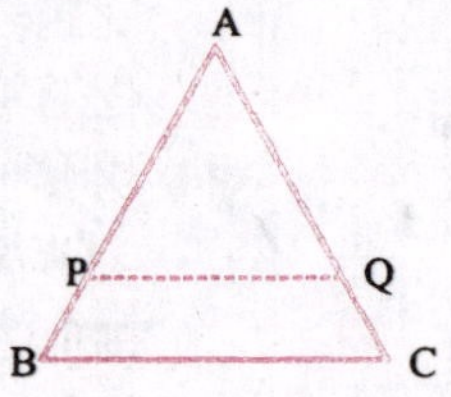

$\therefore \quad \frac{\Delta APQ \text{ का क्षेत्रफल}}{\Delta ABC \text{ का क्षेत्रफल}} = \frac{AP^2}{AB^2} \Rightarrow \frac{9}{16} = \frac{AP^2}{AB^2}$

चूंकि $\frac{AP^2}{AB^2} = \frac{3^2}{4^2} \Rightarrow \frac{AP}{AB} = \frac{3}{4}$, अतः माना $AP = 3x$ और $AB = 4x$

$\therefore \quad \frac{AP}{PB} = \frac{3x}{4x - 3x} = \frac{3x}{x} = \frac{3}{1}$, अतः $AP : PB = 3 : 1$

21. सम्मुख ΔABC में $DE \parallel BC$ जहाँ $AB = 3\,AD$

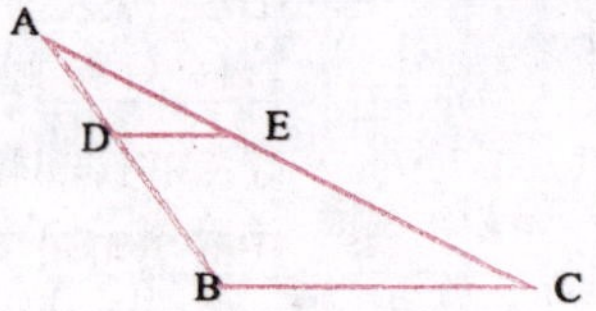

चूंकि $\Delta ADE \sim \Delta ABC$, अतः $\frac{AD}{AB} = \frac{DE}{BC} \Rightarrow \frac{AD}{3\,AD} = \frac{DE}{BC}$

$\therefore \quad \frac{DE}{BC} = \frac{1}{3} \Rightarrow DE : BC = 1 : 3$

22. सम्मुख ΔABC में $DE \parallel BC$ और $AC = 5.6$ सेमी.

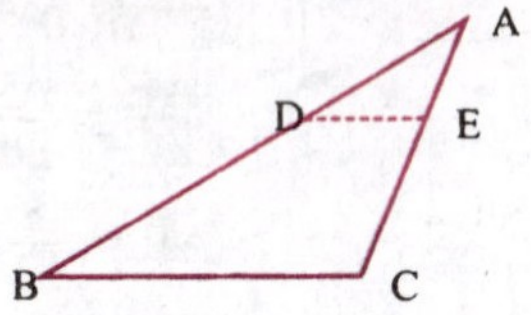

$\therefore$ माना $AE = x$ सेमी. और $EC = (5.6 - x)$ सेमी.

$\therefore \dfrac{AE}{EC} = \dfrac{AD}{DB} \Rightarrow \dfrac{x}{5.6 - x} = \dfrac{3}{5}$

$\therefore 5x = 16.8 - 3x \Rightarrow 5x + 3x = 16.8 \Rightarrow 8x = 16.8$ सेमी.

$\therefore x = \dfrac{16.8}{8} = 2.1$ सेमी, अतः $AE = 2.1$ सेमी.

23. सम्मुख ΔABC में $DE \parallel BC$, अतः $\Delta ABC \sim \Delta ADE$

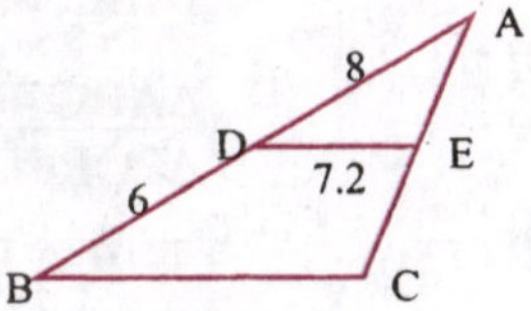

$\therefore \dfrac{BC}{DE} = \dfrac{AB}{AD} \Rightarrow \dfrac{BC}{7.2} = \dfrac{(8+6)}{8}$

$\therefore \dfrac{BC}{7.2} = \dfrac{14}{8} \Rightarrow BC = \dfrac{14}{8} \times 7.2 = 12.6$ सेमी.

24. ΔABC और ΔDEF एक जैसे त्रिभुज हैं। अतः $\Delta ABC \sim \Delta DEF$

$\therefore \dfrac{\Delta ABC \text{ की परिधि}}{\Delta DEF \text{ की परिधि}} = \dfrac{AB}{DE} \Rightarrow \dfrac{30}{18} = \dfrac{AB}{3.6} \Rightarrow AB = \dfrac{30}{18} \times 3.6 = 6$ सेमी.

25. सम्मुख ΔPQR में $ST \parallel QR$ और $PS : SQ = 4 : 1$

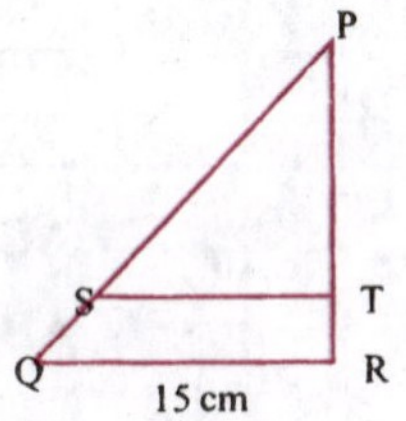

$\therefore$ माना $PS = 4x$ सेमी. और $SQ = x$ सेमी.

$\therefore \Delta PST \sim \Delta PQR$ से $\dfrac{ST}{QR} = \dfrac{PS}{PQ}$

$\therefore \dfrac{ST}{15} = \dfrac{4x}{4x + x} = \dfrac{4x}{5x} = \dfrac{4}{5}$, अतः $ST = \dfrac{4}{5} \times 15 = 12$ सेमी.

26. सम्मुख ΔABC में $PQ \parallel BC$ और $AP : PB = 2 : 5$

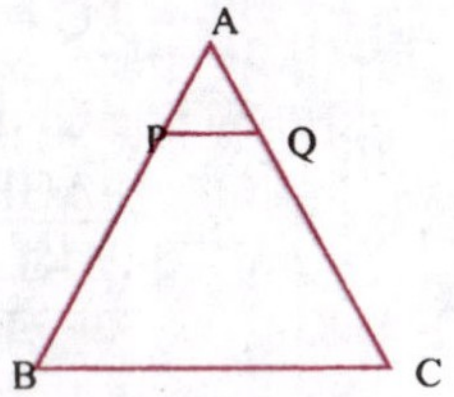

$\therefore$ माना $AP = 2x$ सेमी और $PB = 5x$ सेमी.

$\therefore \Delta ABC \sim \Delta APQ$ से $\dfrac{\Delta ABC \text{ का क्षेत्रफल}}{\Delta APQ \text{ का क्षेत्रफल}} = \dfrac{AB^2}{AP^2}$

$\therefore \dfrac{\Delta ABC \text{ का क्षेत्रफल}}{4} = \dfrac{(2x + 5x)^2}{(2x)^2} = \dfrac{(7x)^2}{(2x)^2} = \dfrac{49x^2}{4x^2} = \dfrac{49}{4}$

$\therefore \Delta ABC$ का क्षेत्रफल $= \dfrac{49}{4} \times 4 = 49$ सेमी^{2}

$\therefore$ समलम्ब PQCB का क्षेत्रफल = ΔABC का क्षेत्रफल – ΔAPQ का क्षेत्रफल $= 49 - 4 = 45$ सेमी^{2}

27. दो समान त्रिभुजों के क्षेत्रफलों का अनुपात = संगत भुजाओं के वर्गों का अनुपात $= (9 : 4)^2 = 81 : 16$

28. सम्मुख समद्विबाहु ΔABC में $AB = AC$

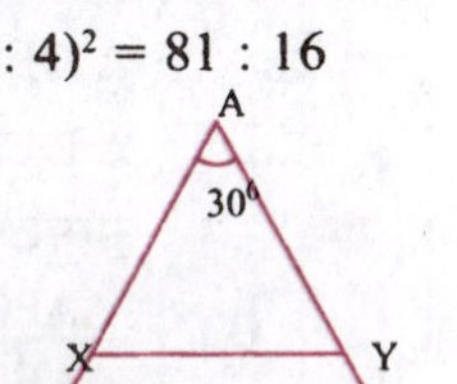

$\therefore \angle B = \angle C$ परन्तु $\angle B + \angle C = 180^0 - 30^0 = 150^0$

$\therefore \angle B + \angle B = 150^0 \Rightarrow 2 \times \angle B = 150^0 \Rightarrow \angle B = 75^0$

चूंकि $XY \parallel BC$, अतः $\angle AXY = \angle B = 75^0$

$\therefore \angle BXY = 180^0 - 75^0 = 105^0$

29. सभी विकल्प सही हैं।

30. चूंकि $\Delta ABC \sim \Delta QPR$, अतः $\dfrac{\Delta ABC \text{ का क्षेत्रफल}}{\Delta PQR \text{ का क्षेत्रफल}} = \dfrac{BC^2}{PR^2}$

$\therefore \dfrac{4}{25} = \dfrac{8^2}{PR^2} \Rightarrow \left(\dfrac{2}{5}\right)^2 = \left(\dfrac{8}{PR}\right)^2 \Rightarrow \dfrac{2}{5} = \dfrac{8}{PR} \Rightarrow PR = \dfrac{5 \times 8}{2} = 20$ सेमी.

31. चूंकि $\Delta ABC \sim \Delta QPR$, अतः $\dfrac{\Delta ABC \text{ का क्षेत्रफल}}{\Delta QPR \text{ का क्षेत्रफल}} = \dfrac{AC^2}{QR^2}$

$\therefore \dfrac{9}{4} = \dfrac{12^2}{QR^2} \Rightarrow \left(\dfrac{3}{2}\right)^2 = \left(\dfrac{12}{QR}\right)^2 \Rightarrow \dfrac{3}{2} = \dfrac{12}{QR} \Rightarrow QR = \dfrac{2 \times 12}{3} = 8$ सेमी.

32. सम्मुख ΔABC में $DE \parallel BC$

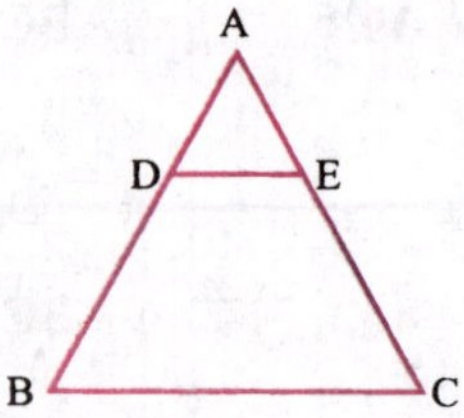

और $\frac{AD}{BD} = \frac{3}{4}$, अतः माना $AD = 3x$ और $BD = 4x$ सेमी.

$\therefore$ $\Delta ADE \sim ABC$ से $\frac{\Delta ADE \text{ का क्षेत्रफल}}{\Delta ABC \text{ का क्षेत्रफल}} = \frac{AD^2}{AB^2}$

$\therefore$ $\frac{\Delta ADE \text{ का क्षेत्रफल}}{\Delta ABC \text{ का क्षेत्रफल}} = \frac{(3x)^2}{(3x+4x)^2} = \frac{(3x)^2}{(7x)^2} = \left(\frac{3}{7}\right)^2 = \frac{9}{49}$

$\therefore$ माना Δ ADE का क्षेत्रफल = 9A सेमी^{2} और Δ ABC का क्षेत्रफल = 49A सेमी^{2}

$\therefore$ समलम्ब DECB का क्षेत्रफल = 49A – 9A = 40A सेमी^{2}

$\therefore$ समलम्ब DECB का क्षेत्रफल : ΔABC का क्षेत्रफल 40A : 49A = 40 : 49

33. चूंकि $\Delta ABC \sim \Delta QPR$, अतः $\frac{\Delta ABC \text{ का क्षेत्रफल}}{\Delta QPR \text{ का क्षेत्रफल}} = \frac{AC^2}{QR^2}$

$\therefore$ $\frac{9}{16} = \frac{9^2}{QR^2} \Rightarrow \left(\frac{3}{4}\right)^2 = \left(\frac{9}{QR}\right)^2 \Rightarrow \frac{3}{4} = \frac{9}{QR} \Rightarrow QR = \frac{4\times 9}{3} = 12$ सेमी

34. Δ ABC का शीर्ष लम्ब = 5 सेमी, माना ΔDEF का संगत शीर्ष लम्ब = x सेमी.

$\therefore$ $\frac{\Delta ABC \text{ का क्षेत्रफल}}{\Delta DEF \text{ का क्षेत्रफल}} = \frac{5^2}{x^2} \Rightarrow \frac{100}{49} = \frac{5^2}{x^2} \Rightarrow \left(\frac{10}{7}\right)^2 = \left(\frac{5}{x}\right)^2$

$\therefore$ $\frac{10}{7} = \frac{5}{x} \Rightarrow x = \frac{7\times 5}{10} = \frac{7}{2} = 3.5$ सेमी., अतः ΔDEF का शीर्षलम्ब = x = 3.5 सेमी.

35. सम्मुख ΔPQR में $\angle P : \angle Q : \angle R = 2 : 2 : 5$, अतः अनुपाती योग = 2 + 2 + 5 = 9

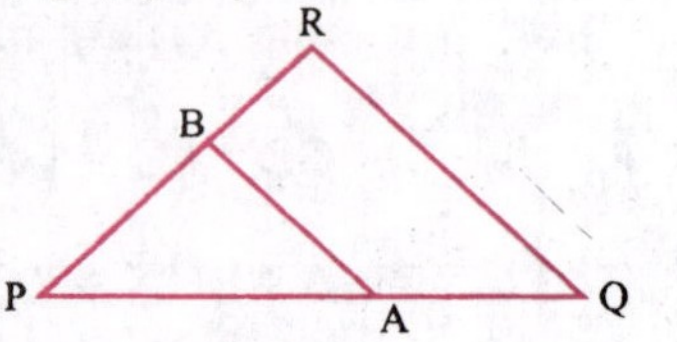

$\therefore$ $\angle P = 180^0 \times \frac{2}{9} = 20^0 \times 2 = 40^0$

$\angle Q = 180^0 \times \frac{2}{9} = 20^0 \times 2 = 40^0$

$\angle R = 180^0 \times \frac{5}{9} = 20^0 \times 5 = 100^0$

चूंकि $AB \parallel QR$, अतः $\angle PBA = \angle R = 100^0$ और $\angle PAB = \angle Q = 40^0$

$\therefore$ $\angle PBA - \angle PAB = 100^0 - 40^0 = 60^0$

36. $\Delta ABC \sim \Delta RQP$, अतः $\frac{\Delta RQP \text{ का क्षेत्रफल}}{\Delta ABC \text{ का क्षेत्रफल}} = \frac{QP^2}{BC^2}$

$\therefore$ $\frac{9}{4} = \frac{10^2}{BC^2} \Rightarrow \left(\frac{3}{2}\right)^2 = \left(\frac{10}{BC}\right)^2 \Rightarrow \frac{3}{2} = \frac{10}{BC} \Rightarrow BC = \frac{2\times 10}{3} = \frac{20}{3}$ सेमी.

37. $\Delta ABC \sim \Delta PRQ$, अतः $\frac{\Delta ABC \text{ का क्षेत्रफल}}{\Delta PRQ \text{ का क्षेत्रफल}} = \frac{AC^2}{PQ^2}$

$\therefore$ $\frac{1}{4} = \frac{AC^2}{4^2} \Rightarrow \left(\frac{1}{2}\right)^2 = \left(\frac{AC}{4}\right)^2 \Rightarrow \frac{1}{2} = \frac{AC}{4} \Rightarrow AC = \frac{4\times 1}{2} = 2$ सेमी.

38. सम्मुख चित्र में, BP : PC = 4 : 11

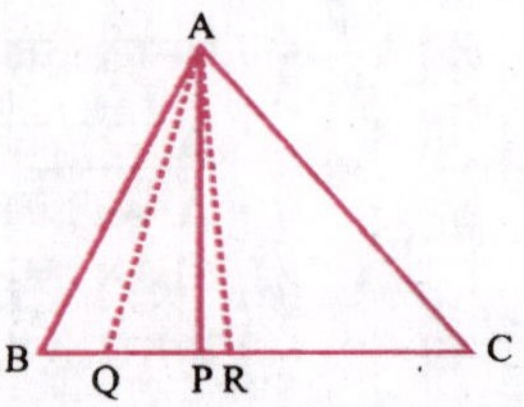

$\therefore$ माना BP = 4x सेमी और PC = 11x सेमी.

$\therefore$ BC = BP + PC = 4x + 11x = 15x सेमी.

चूंकि BP का मध्य बिन्दु Q है। अतः $BQ = QP = \frac{4x}{2} = 2x$

माना त्रिभुजों की ऊँचाई AR = h

$\therefore$ Δ ABQ का क्षेत्रफल = $\frac{1}{2} \times BQ \times AR = \frac{1}{2} \times 2x \times h = xh$ सेमी.^{2}

$\therefore$ Δ ABC का क्षेत्रफल = $\frac{1}{2} \times BC \times AR = \frac{1}{2} \times 15x \times h = \frac{15}{2}\ xh$ सेमी.^{2}

$\therefore$ Δ ABQ का क्षेत्रफल : ΔABC का क्षेत्रफल = $xh : \frac{15}{2}\ xh = 1 : \frac{15}{2} = 2 : 15$

39. $\Delta ABC \sim \Delta EDF$, अतः $\dfrac{\Delta ABC \text{ का क्षेत्रफल}}{\Delta EDF \text{ का क्षेत्रफल}} = \dfrac{BC^2}{DF^2}$

$\therefore \quad \dfrac{1}{4} = \dfrac{8^2}{DF^2} \Rightarrow \left(\dfrac{1}{2}\right)^2 = \left(\dfrac{8}{DF}\right)^2 \Rightarrow \dfrac{1}{2} = \dfrac{8}{DF} \Rightarrow DF = 2 \times 8 = 16$ सेमी.

40. चूंकि $\Delta ABC \sim \Delta NLM$, अतः $\dfrac{\Delta ABC \text{ का क्षेत्रफल}}{\Delta NLM \text{ का क्षेत्रफल}} = \dfrac{CB^2}{ML^2}$

$\therefore \quad \dfrac{4}{9} = \dfrac{8^2}{ML^2} \Rightarrow \left(\dfrac{2}{3}\right)^2 = \left(\dfrac{8}{ML}\right)^2 \Rightarrow \dfrac{2}{3} = \dfrac{8}{ML} \Rightarrow ML = \dfrac{3 \times 8}{2} = 12$ सेमी.

41. $\Delta ABC \sim \Delta QRP$, अतः $\dfrac{\Delta ABC \text{ का क्षेत्रफल}}{\Delta QRP \text{ का क्षेत्रफल}} = \dfrac{AB^2}{QR^2}$

$\therefore \quad \dfrac{1}{4} = \dfrac{AB^2}{8^2} \Rightarrow \left(\dfrac{1}{2}\right)^2 = \left(\dfrac{AB}{8}\right)^2 \Rightarrow \dfrac{1}{2} = \dfrac{AB}{8} \Rightarrow AB = \dfrac{8 \times 1}{2} = 4$ सेमी.

42. सम्मुख ΔABC में $FE \parallel BC$ और $AD \perp BC$

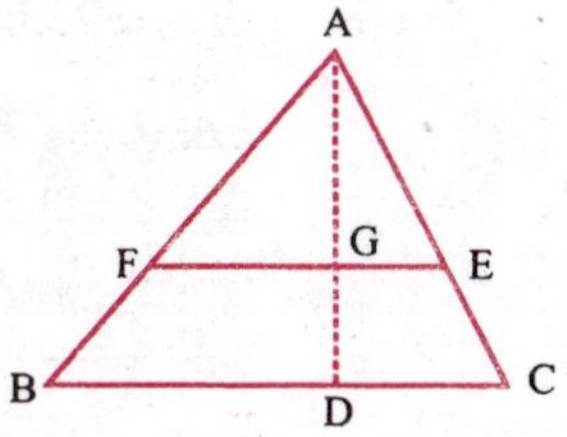

$\because$ FE, ΔABC को समान क्षेत्रफल वाले दो भागों में बाँटता है।

$\therefore$ ΔAFE का क्षेत्रफल = समलम्ब BFEC का क्षेत्रफल

$\therefore$ ΔAFE का क्षेत्रफल = $\dfrac{1}{2} \times \Delta ABC$ का क्षेत्रफल

$\therefore \quad \dfrac{\Delta AFE \text{ का क्षेत्रफल}}{\Delta ABC \text{ का क्षेत्रफल}} = \dfrac{1}{2} = \dfrac{AG^2}{AD^2} \Rightarrow \dfrac{AG}{AD} = \dfrac{1}{\sqrt{2}} \Rightarrow AG : AD = 1 : \sqrt{2}$

$\therefore$ माना $AG = h$ सेमी और $AD = \sqrt{2}h$ सेमी., अतः $GD = \sqrt{2}h - h$ सेमी.

$\therefore \quad GD : AG = \left(\sqrt{2}h - h\right) : h = h\left(\sqrt{2} - 1\right) : h = \left(\sqrt{2} - 1\right) : 1$

43. चूंकि $\Delta ABC \sim \Delta RQP$, अतः $\dfrac{\Delta ABC \text{ का क्षेत्रफल}}{\Delta RQP \text{ का क्षेत्रफल}} = \dfrac{CB^2}{PQ^2}$

$\therefore \quad \dfrac{9}{4} = \dfrac{6^2}{PQ^2} \Rightarrow \left(\dfrac{3}{2}\right)^2 = \left(\dfrac{6}{PQ}\right)^2 \Rightarrow \dfrac{3}{2} = \dfrac{6}{PQ} \Rightarrow PQ = \dfrac{2 \times 6}{3} = 4$ सेमी.

44. सम्मुख चित्र में कथन

$\Delta AOE \cong \Delta DOF$ सही नहीं है।

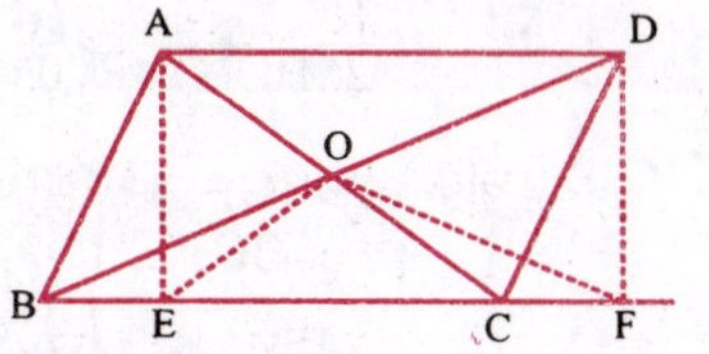

45. $\because$ $\Delta ABC \sim \Delta EDF$, अतः $\dfrac{\Delta ABC \text{ का क्षेत्रफल}}{\Delta EDF \text{ का क्षेत्रफल}} = \dfrac{BC^2}{DF^2}$

$\therefore \quad \dfrac{4}{9} = \dfrac{8^2}{DF^2} \Rightarrow \left(\dfrac{2}{3}\right)^2 = \left(\dfrac{8}{DF}\right)^2 \Rightarrow \dfrac{2}{3} = \dfrac{8}{DF} \Rightarrow DF = \dfrac{3 \times 8}{2} = 12$ सेमी.

46. सम्मुख चित्र में $BD \parallel AE$ और $AE = \dfrac{8}{3}BD \Rightarrow \dfrac{AE}{BD} = \dfrac{8}{3}$, अतः $\dfrac{BD}{AE} = \dfrac{3}{8}$

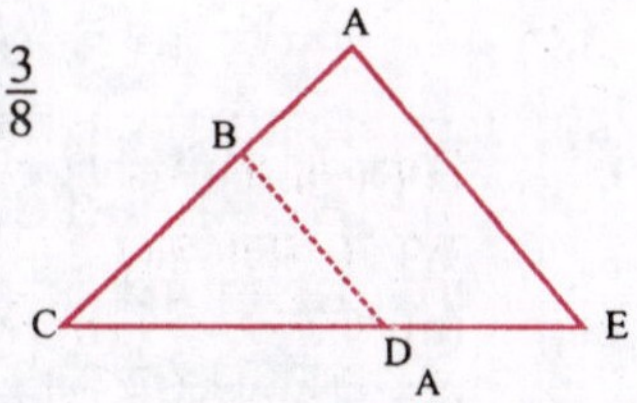

$\therefore \quad \dfrac{\Delta BDC \text{ का क्षेत्रफल}}{\Delta AEC \text{ का क्षेत्रफल}} = \dfrac{BD^2}{AE^2} = \left(\dfrac{3}{8}\right)^2 = \dfrac{9}{64}$

$\therefore$ ΔBDC का क्षेत्रफल : ΔAEC का क्षेत्रफल = 9 : 64

47. सम्मुख ΔABC में $DE \parallel BC$ और $AD : DB = 1 : 6$

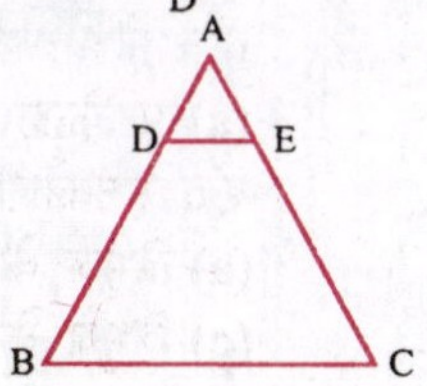

$\therefore$ माना $AD = x$ सेमी. और $DB = 6x$ सेमी.

$\therefore \quad \dfrac{\Delta ADE \text{ का क्षेत्रफल}}{\Delta ABC \text{ का क्षेत्रफल}} = \dfrac{AD^2}{AB^2} = \dfrac{x^2}{(x + 6x)^2} = \dfrac{x^2}{(7x)^2} = \dfrac{1}{49}$

$\therefore$ ΔADE का क्षेत्रफल : ΔABC का क्षेत्रफल = 1 : 49

48. सम्मुख चित्र में BP : PC = 3 : 4, अतः माना BP = 3x सेमी और PC = 4x सेमी

$\therefore$ BC = BP + PC = 3x + 4x = 7x सेमी

चूंकि BP का मध्य बिन्दु Q है। अतः $BQ = QP = \frac{BP}{2} = \frac{3x}{2}$ सेमी

$\therefore$ माना त्रिभुजों की ऊँचाई AR = h

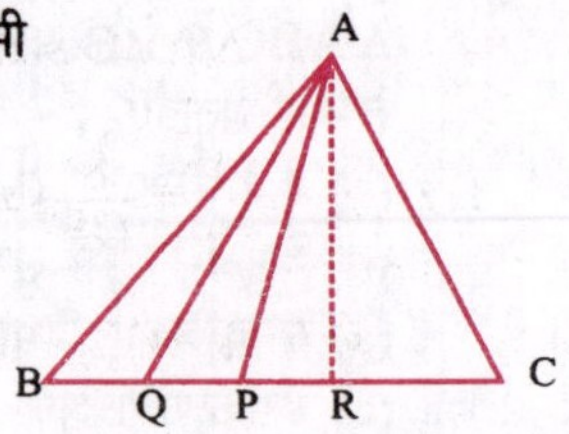

$\therefore$ ΔABQ का क्षेत्रफल $= \frac{1}{2}\times BQ\times AR = \frac{1}{2}\times\frac{3x}{2}\cdot h = \frac{3}{4}xh$ सेमी^{2}

और Δ ABC का क्षेत्रफल $= \frac{1}{2}\times BC\times AR = \frac{1}{2}\times 7x\times h = \frac{7}{2}xh$ सेमी^{2}

$\therefore$ ABQ का क्षेत्रफल : ΔABC का क्षेत्रफल $= \frac{3}{4}xh : \frac{7}{2}xh = \frac{3}{2} : 7 = 3 : 14$

49. चूंकि $\Delta ABC \sim \Delta QPR$, अतः $\frac{\Delta ABC \text{ का क्षेत्रफल}}{\Delta QPR \text{ का क्षेत्रफल}} = \frac{BC^2}{PR^2}$

$\therefore$ $\frac{9}{16} = \frac{6^2}{PR^2} \Rightarrow \left(\frac{3}{4}\right)^2 = \left(\frac{6}{PR}\right)^2 \Rightarrow \frac{3}{4} = \frac{6}{PR} \Rightarrow PR = \frac{4\times 6}{3} = 8$ सेमी.

50. सम्मुख चित्र में BP : PC = 2 : 3, अतः माना BP = 2x सेमी और PC = 3x सेमी.

$\therefore$ BC = BP + PC = 2x + 3x = 5x सेमी.

चूंकि BP का मध्य बिन्दु Q है। अतः $BQ = QP = \frac{BP}{2} = \frac{2x}{2} = x$ सेमी.

माना त्रिभुजों की ऊँचाई AR = h

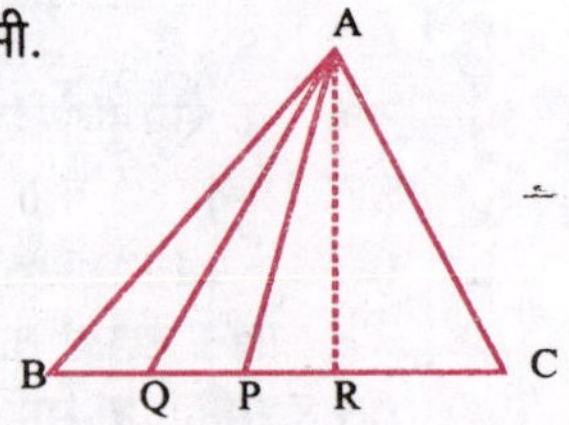

$\therefore$ ΔABQ का क्षेत्रफल $= \frac{1}{2}\times BQ\times AR = \frac{1}{2}\cdot x\cdot h$ सेमी^{2}

Δ ABC का क्षेत्रफल $= \frac{1}{2}\times BC\times AR = \frac{1}{2}\times 5x\times h = \frac{5}{2}xh$ सेमी^{2}

$\therefore$ Δ ABQ का क्षेत्रफल : ΔABC का क्षेत्रफल $= \frac{1}{2}xh : \frac{5}{2}xh = 1 : 5$

51. चूंकि $\Delta ABC \sim \Delta QPR$, अतः $\frac{\Delta ABC \text{ का क्षेत्रफल}}{\Delta QPR \text{ का क्षेत्रफल}} = \frac{CA^2}{RQ^2}$

$\therefore$ $\frac{16}{25} = \frac{6^2}{RQ^2} \Rightarrow \left(\frac{4}{5}\right)^2 = \left(\frac{6}{RQ}\right)^2 \Rightarrow \frac{4}{5} = \frac{6}{RQ} \Rightarrow RQ = \frac{5\times 6}{4} = 7.5$ सेमी.

52. चूंकि $\Delta ABC \sim \Delta EDF$, अतः $\frac{\Delta ABC \text{ का क्षेत्रफल}}{\Delta EDF \text{ का क्षेत्रफल}} = \frac{BC^2}{DF^2}$

$\therefore$ $\frac{9}{4} = \frac{8^2}{DF^2} \Rightarrow \left(\frac{3}{2}\right)^2 = \left(\frac{8}{DF}\right)^2 \Rightarrow \frac{3}{2} = \frac{8}{DF} \Rightarrow DF = \frac{2\times 8}{3} = \frac{16}{3}$ सेमी.

अभ्यास प्रश्न
(त्रिभुजों के विभिन्न प्रकार के केन्द्र)

1. त्रिभुज के तीनों कोणों को द्विविभाजित करने वाली रेखा एक सामान्य बिन्दु पर मिलती है। इस बिन्दु को .... के रूप में जाना जाता है।

(a) परिकेन्द्र (b) केन्द्रक (c) लम्बकेन्द्र (d) अन्तः केन्द्र *SSC CHSL (Tier-1) 13.3.2018*

2. तीन मध्यिकाओं के प्रतिच्छेदन बिन्दु को .... के रूप में जाना जाता है।

(a) परिकेन्द्र (b) अन्तःकेन्द्र (c) केन्द्रक (d) लम्बकेन्द्र *SSC CHSL (Tier-1) 13.3.2018*

3. एक समकोणीय त्रिभुज का लंब केन्द्र कहाँ होगा?

(a) त्रिभुज के भीतर (b) त्रिभुज के बाहर

(c) त्रिभुज के एक ओर (d) इनमें से कोई नहीं *SSC CGL (Tier-1) 3.9.2016*

4. ΔABC में $\angle B$ समकोण है और भुजा AC पर D मध्य बिन्दु है। यदि AB = 6 सेमी., BC= 8 सेमी. हो तो BD की लम्बाई बताइए।
(a) 4 सेमी. (b) 5 सेमी. (c) 8 सेमी. (d) 12 सेमी. *SSC CGL (Tier-1) 9.9.2016*

5. वह त्रिभुज जिसमें लम्बकेन्द्र, परिकेन्द्र, अंतःकेन्द्र और केन्द्रक चारों एक बिन्दु पर मिलते हैं तो उसे .... कहते हैं।
(a) समद्विबाहु त्रिभुज (b) समभुज त्रिभुज
(c) समकोण त्रिभुज (d) अधिककोण त्रिभुज *SSC CHSL (Tier-1) 6.3.2018*

6. समबाहु त्रिभुज की ऊँचाई 9 सेमी. है, तो उसके परिवृत्त की त्रिज्या (सेमी. में) कितनी होगी?
(a) 3 (b) 6 (c) 9 (d) 12 *SSC CHSL(Tier-1) 7.3.2018*

7. BD और CE त्रिभुज ABC के माध्यक है। EO = 7 सेमी. हो तो CE की लम्बाई कितनी है?
(a) 28 सेमी. (b) 14 सेमी (c) 21 सेमी. (d) 35 सेमी.
SSC CGL (Tier-1) 27.8.2016

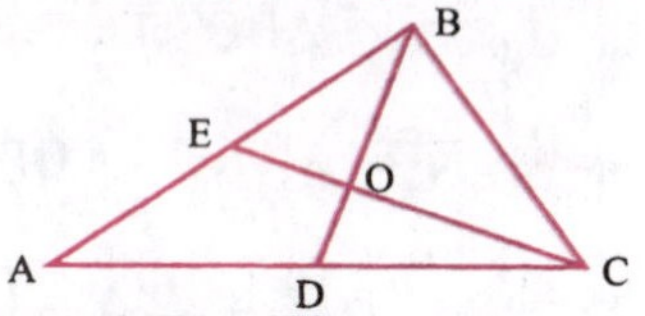

8. $2\sqrt{3}$ यूनिट वाले एक समबाहु ΔABC के अंतः वृत्त की त्रिज्या X सेमी. है, तो X का मान क्या है?
(a) 1/3 (b) 1/2 (c) 1 (d) $\sqrt{3}$ *SSC CGL (Tier-1) 28.8.2016*

9. यदि एक समभुज त्रिभुज के प्रत्येक माध्यिका की लम्बाई 12 सेमी. है, तो समभुज त्रिभुज के अन्तःवृत्त की त्रिज्या का मान (सेमी. में) क्या होगा?
(a) 3 (b) 4 (c) 5 (d) 6 *SSC CHSL (Tier-1) 6.3.2018*

10. तीन लाईन खण्डों की लम्बाई दी गयी है। किस स्थिति में खण्डों में त्रिभुज का निर्माण संभव है?
(a) 8 सेमी., 7 सेमी., 18 सेमी. (b) 8 सेमी., 15 सेमी., 17 सेमी.
(c) 10 सेमी., 6 सेमी., 4 सेमी. (d) 8 सेमी., 10 सेमी., 20 सेमी. *SSC CGL 1.9.2016*

11. त्रिभुज ABC, जैसा कि चित्र में दिखाया गया है, BC के लिए रेखा XY समानान्तर है और रेखा BY कोण XYC की द्विविभाजक है। निम्न में से कौन-सा विकल्प सही है।
(a) BC = XY (b) BC= YC
(c) BC = BY (d) XY = BX *SSC CHSL (Tier-1) 14.3.2018*

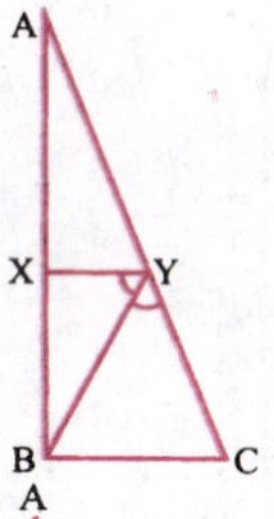

12. दी गयी आकृति में, समद्विबाहु त्रिभुज के कोण B और कोण C के समद्विभाजक O बिन्दु पर मिलते हैं। $\angle BOC$ का मान (डिग्री में) ज्ञात करें, जब $\angle ABC = \angle ACB = 75^0$ है।
(a) 105 (b) 147.5
(c) 160 (d) 170
SSC CHSL (Tier-1) 15.3.2018

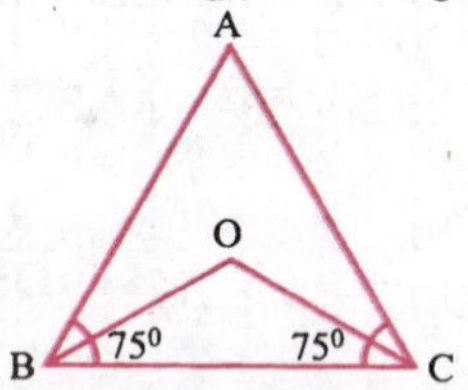

13. ΔABC में, माध्य AD 8 सेमी है और CB 16 सेमी. है, कोण CAB का माप .... है।
(a) 90^0 (b) 30^0 (c) 60^0 (d) 120^0 *SSC CHSL (Tier-1) 24.1.2017*

14. मान लीजिए कि किसी ABC त्रिकोण की माध्यिकाएँ BD, CE और AF बिन्दु G पर मिलती हैं। तो AG : GF क्या होगा?
(a) 1 : 2 (b) 2 :1 (c) 1 : 3 (d) 2 : 3 *SSC CGL (Tier-1) 29.8.2016*

15. त्रिभुज में समान लम्बाई की तीन माध्यिका हो, तो निम्न में से कौन-सा त्रिभुज बनता है?
(a) विषमभुज (b) समद्विबाहु (c) समबाहु (d) समकोण *SSC CHSL (Tier-1) 12.3.2018*

16. निम्न में से कौन-सा, एक न्यून कोण त्रिभुज की भुजाओं को दर्शाता है?
(a) 6, 9, 16 (b) 7, 8, 10 (c) 5, 12, 13 (d) इनमें से कोई नहीं *SSC CHSL (Tier-1) 20.3.2018*

17. ΔABC में यदि माध्यिका AD = 1/2 BC हो तो $\angle BAC$ क्या होगा?
(a) 90° (b) 45° (c) 60° (d) 75° *SSC CGL (Tier-1) 4.9.2016*

18. किसी त्रिकोण के अन्दर की ओर एक बिन्दु P उस त्रिकोण के शीर्षों से समदूरस्थ है। तो त्रिकोण में P उसका क्या होगा?
(a) केन्द्रक (b) अंतःकेन्द्र (c) लम्बकेन्द्र (d) परिकेन्द्र *SSC CGL (Tier-1) 4.9.2016*

19. एक त्रिभुज के शीर्षों के समांतराली बिन्दु को क्या कहते हैं?
(a) अन्तःकेन्द्र (b) परिकेन्द्र (c) लम्बकेन्द्र (d) केन्द्रक *SSC CGL (Tier-1) 2.9.2016*

20. उस बिन्दु को क्या कहते हैं जिस पर एक त्रिभुज के तीन मीडियन मिलते हैं?
(a) केन्द्रक (b) अंतःकेन्द्र (c) परिकेन्द्र (d) लम्बकेन्द्र *SSC CGL (Tier-1) 7.9.2016*

21. किसी त्रिभुज की भुजाओं के लम्बवत् द्विभाजक जिस बिन्दु से गुजरते हैं, उसे .... कहते हैं।
(a) परिकेन्द्र (b) लम्बकेन्द्र (c) केन्द्रक (d) अंतःकेन्द्र *SSC CHSL (Tier-1) 10.3.2018*

22. एक समद्विबाहु त्रिभुज ΔABC में, $AB = AC$ और $\angle A = 80^0$ तथा $\angle B$ और $\angle C$ के द्विभाजक D पर मिलते हैं। $\angle BDC$ किसके बराबर है?
(a) 90° (b) 100° (c) 130° (d) 80° *SSC CGL (Tier-1) 10.9.2016*

23. यदि समबाहु त्रिभुज की भुजा $8\sqrt{3}$ सेमी है, तो अंतःवृत्त की त्रिज्या की लम्बाई (सेमी. में) क्या है?
(a) 2 (b) 4 (c) $8\sqrt{3}$ (d) $16\sqrt{3}$ *SSC CHSL (Tier-1) 11.3.2018*

24. एक समबाहु त्रिभुज के परिवृत्त की त्रिज्या 12 सेमी है। तो समबाहु त्रिभुज की ऊँचाई (सेमी. में) निर्धारित करें।
(a) 12 (b) 14 (c) 18 (d) 20 *SSC CHSL (Tier-1) 10.3.2018*

25. एक त्रिभुज ABC के AB और AC के मध्य बिन्दु क्रमशः X और Y हैं। यदि $BC + XY = 12$ यूनिट, तो $BC - XY$ का मान क्या होगा?
(a) 10 यूनिट (b) 8 यूनिट (c) 6 यूनिट (d) 4 यूनिट *SSC CGL (Tier-1) 29.8.2016*

26. यदि एक समद्विभुज ΔABC में, AD, BC के D पर मिलने वाली विषम भुजा का मध्यांक है, DP, $\angle ADB$ का कोण द्विभाजक है और PQ, AC के Q पर मिलने वाली BC के समांतर खींची जाती है तो $\angle PDQ$ का माप क्या होगा?
(a) 130° (b) 90° (c) 180° (d) 45° *SSC CGL (Tier-1) 29.8.2016*

27. एक त्रिभुज में उस कोण के विपरीत वाली भुजा की लम्बाई $8\sqrt{2}$ सेमी. है, जिसके कोण का माप 45^0 है। उस कोण के विपरीत वाली भुजा की लम्बाई क्या है, जिसके कोण का माप 90^0 है?
(a) 16 सेमी. (b) $4\sqrt{3}$ सेमी. (c) $8\sqrt{3}$ सेमी. (d) $6\sqrt{3}$ सेमी. *SSC CHSL (Tier-1) 25.1.2017*

28. ΔABC में A कोण का द्विभाजक BC को बिन्दु E पर काटता है। AC की लम्बाई का पता लगाएं, यदि AB, BE और EC की लम्बाई क्रमशः 9 सेमी., 3.6 सेमी और 2.4 सेमी. हैं।
(a) 5.4 सेमी. (b) 8 सेमी. (c) 4.8 सेमी. (d) 6 सेमी. *SSC CHSL (Tier-1) 25.1.2017*

29. ΔABC का O परिकेन्द्र है। यदि $AO = 8$ सेमी. हो, तो BO की लम्बाई बताएँ।
(a) 12 सेमी. (b) 3 सेमी. (c) 6 सेमी. (d) 8 सेमी. *SSC CGL (Tier-1) 27.8.2016*

30. एक त्रिभुज की तीन भुजाओं की संभावित लम्बाई क्या होगी?
(a) 2 सेमी., 3 सेमी., 6 सेमी. (b) 3 सेमी., 4 सेमी., 5 सेमी.
(c) 2.5 सेमी., 3.5 सेमी., 6 सेमी. (d) 4 सेमी, 4 सेमी., 9 सेमी. *SSC CGL (Tier-1) 28.8.2016*

31. ΔABC एक समकोणीय त्रिभुज है, इसमें $\angle B = 90^0$ और AC कर्ण है। D उसका परिकेन्द्र है और $AB = 3$ सेमी. $BC = 4$ सेमी. है, तो BD का मान क्या है?
(a) 3 सेमी. (b) 4 सेमी. (c) 2.5 सेमी. (d) 5.5 सेमी. *SSC CGL (Tier-1) 7.9.2016*

32. .... वह बिन्दु है जिस पर भुजाओं के लम्बवत द्विभाजक जुड़ते हैं और त्रिभुज को घेरने वाले वृत्त का केन्द्र .... है।
(a) अंतकेन्द्र, परिकेन्द्र (b) परिकेन्द्र, परिकेन्द्र
(c) परिकेन्द्र, अंतकेन्द्र (d) लम्बकेन्द्र, परिकेन्द्र *SSC CHSL (Tier-1) 16.3.2018*

33. ΔABC में G और AD क्रमशः केन्द्रक और मध्य रेखाएँ हैं। AG : AD का अनुपात क्या है?
(a) 3 : 2 (b) 2 : 3 (c) 2 :1 (d) 1 : 2 *SSC CGL (Tier-1) 4.9.2016*

34. ΔPQR का परिकेन्द्र O है। यदि $\angle QPR = 55^0$ तथा $\angle QRP = 75^0$ है, तो $\angle OPR$ का मान (डिग्री में) क्या होगा?
(a) 45 (b) 40 (c) 65 (d) 70 *SSC CPO (5.7.2017)*

35. यदि किसी त्रिभुज के कोणों में से एक 64^0 है, तो अन्य दो आंतरिक कोणों के समद्विभाजक के बीच का कोण होगा–
(a) 122^0 (b) 112^0 (c) 96^0 (d) 100^0 *SSC CHSL (Tier-1) 3.7.2019*

36. DEF एक समद्विबाहु त्रिभुज है जिसमें DE = DF = 60 सेमी. तथा EF = 96 सेमी. है। DG आधार EF की माध्यिका है। DG का मान (सेमी. में) क्या होगा?
(a) 22 (b) 36 (c) 24 (d) 32 *SSC CPO 5.7.2017*

37. ABC एक समबाहु त्रिभुज है। O, AL, BM तथा CN के प्रतिच्छेदन का बिन्दु है। यदि OA = 16 सेमी. हो, तो त्रिभुज ABC की अर्द्धपरिधि (सेमी.) में क्या होगा?
(a) $8\sqrt{3}$ (b) $12\sqrt{3}$ (c) $16\sqrt{3}$ (d) $24\sqrt{3}$ *SSC CPO 5.7.2017*

38. $\angle ABC$ में, $\angle B$ और $\angle C$ के समद्विभाजक त्रिभुज के अंदर O पर मिलते हैं। यदि $\angle A = 110^0$ है, तो $\angle BOC$ का माप है–
(a) 145^0 (b) 110^0 (c) 55^0 (d) 84^0 *SSC CHSL (Tier-1) 8.7.2019*

39. ΔABC में, $\angle BAC$ का समद्विभाजक AD है, जो BC से D पर मिलता है। अलग AC = 21 cm, BC = 12 cm, और BD की लम्बाई DC से 2 cm कम है, तो भुजा AB की लम्बाई है–
(a) 18 cm (b) 10cm (c) 14 cm (d) 15 cm *SSC CHSL (Tier-1) 3.7.2019*

40. ΔABC में, $\angle B$ और $\angle C$ के समद्विभाजक O त्रिभुज के अंदर मिलते हैं। अगर $\angle BOC = 106^0$ है, तो $\angle A$ का माप है–
(a) 84^0 (b) 106^0 (c) 32^0 (d) 15^0 *SSC CHSL (Tier-1) 8.7.2019*

41. एक ΔABC में, $\angle B$ और $\angle C$ के समद्विभाजक, त्रिभुज के भीतर बिन्दु O पर मिलते हैं। अगर $\angle A$ दिया गया है, तो निम्नलिखित विकल्पों में से कौन-सा सही है?
(a) $\angle BOC = 90^0 + (\angle A/2)$ (b) $\angle BOC = 180^0 + (\angle A/2)$
(c) $\angle BOC = 90^0 - (\angle A/2)$ (d) $\angle BOC = 180^0 - (\angle A/2)$ *SSC CHSL (Tier-1) 4.7.2019*

42. ΔABC में $\angle A = 52^0$ है। इसकी भुजाएँ AB और AC क्रमशः D और E तक बढ़ाई जाती हैं। अगर $\angle CBD$ और $\angle BCE$ के समद्विभाजक बिन्दु O पर मिलते हैं, तो $\angle BOC$ बराबर है–
(a) 16^0 (b) 106^0 (c) 32^0 (d) 64^0 *SSC CHSL (Tier-1) 9.7.2019*

43. त्रिभुज ABC में, BC की लम्बाई AB की लम्बाई के दुगुने से 3 सेमी. कम है। AC की लम्बाई, AB की लम्बाई 1 सेमी. अधिक है। त्रिभुज की परिमिति 34 सेमी. है। त्रिभुज की छोटी भुजा की लम्बाई (सेमी. में) है–
(a) 10 (b) 9 (c) 7 (d) 8 *SSC CHSL (Tier-1) 8.7.2019*

44. माना कि $\Delta ABC \sim \Delta QPR$ और *ar* (ΔABC)/ar (ΔPQR) = 9/4 है। यदि AB = 12 cm, BC = 6 cm और AC = 9 cm है, तो QR बराबर है–
(a) 12 सेमी. (b) 15 सेमी. (c) 6 सेमी. (d) 9 सेमी. *SSC CHSL (Tier-1) 3.7.2019*

45. ΔABC में AD, $\angle A$ को समद्विभाजित (bisects) करता है और BC को D पर काटता है। यदि BC = a, AC = b और AB = c है, तो BD = ?
(a) $\frac{ab}{b+c}$ (b) $\frac{bc}{c+a}$ (c) $\frac{ca}{a+b}$ (d) $\frac{ac}{b+c}$ *SSC CGL (Tier-1) 17.6.2019*

46. ΔADC में E और B क्रमशः भुजा AD और AC पर बिन्दु इस प्रकार है, कि $\angle ABE = \angle ADC$ है। यदि AE = 6 cm, BC = 2cm, BE = 3 cm और CD = 5 cm है, तो (AB + DE) बराबर है–
(a) $\frac{49}{3}$ सेमी. (b) 16 सेमी. (c) 14 सेमी. (d) $\frac{46}{3}$ सेमी. *SSC CGL (Tier-1) 10.6.2019*

47. ΔABC का केन्द्रक G है, उसकी भुजाएँ AB, BC और CA क्रमशः 7 सेमी., 24 सेमी. और 25 सेमी. हैं। BG का मान है–
(a) $6\frac{1}{3}$ सेमी. (b) $4\frac{1}{6}$ सेमी. (c) $8\frac{1}{3}$ सेमी. (d) $5\frac{1}{2}$ सेमी. *SSC CGL (Tier-1) 6.6.2019*

48. ΔABC की भुजाएँ 6 सेमी., 7 सेमी. और 8 सेमी. हैं। सबसे बड़े कोण का समद्विभाजक (bisector) सामने वाली भुजा को दो खंडों में विभाजित करता है। छोटे खण्ड की लम्बाई कितनी है?
(a) $\frac{56}{13}$ सेमी. (b) $\frac{24}{5}$ सेमी. (c) $\frac{21}{5}$ सेमी. (d) $\frac{48}{13}$ सेमी. *SSC CGL (Tier-1) 6.6.2019*

49. यदि किसी समबाहु त्रिभुज (equilateral triangle) के परिवृत्त की त्रिज्या 8 सेमी. है, तो इसके अंतः वृत्त की त्रिज्या होगी–
(a) 16 सेमी. (b) 4 सेमी. (c) 8 सेमी. (d) 12 सेमी. ***SSC CGL (Tier-1) 13.6.2019***

50. ΔPQR में $QT \perp PR$ है और S, QR पर एक बिन्दु इस प्रकार है कि $\angle PSQ = p^0$ है। यदि $\angle TQR = 46^0$ और $\angle SPR = 32^0$ है, तो p का मान है–
(a) 78^0 (b) 72^0 (c) 76^0 (d) 82^0 ***SSC CGL (Tier-1) 10.6.2019***

51. ΔABC में, $\angle A= 50^0$ है। इसकी भुजाओं AB और AC को बिन्दु D तथा E तक बढ़ाया गया है। यदि $\angle CBD$ तथा$\angle BCE$ के समद्विभाजक (bisectors) बिन्दु O पर मिलते हैं, तो $\angle BOC$ बराबर होगा–
(a) 75^0 (b) 65^0 (c) 40^0 (d) 55^0 ***SSC CGL (Tier-1) 13.6.2019***

52. ΔABC में, $\angle A$ एक समकोण है। AC और BC की लम्बाई क्रमशः 6 सेमी. और 10 सेमी. है। बिन्दु D, AB पर इस प्रकार है कि BD = 4 सेमी. है। CD की लम्बाई क्या है?
(a) $3\sqrt{10}$ सेमी. (b) $3\sqrt{13}$ सेमी. (c) $2\sqrt{10}$ सेमी. (d) $2\sqrt{13}$ सेमी. ***SSC CGL (Tier-1) 7.6.2019***

53. ΔABC की भुजाएँ AB और AC को क्रमशः P और Q तक बढ़ाया गया है। यदि $\angle PBC$ और $\angle QCB$ के समद्विभाजक (bisectors) O पर काटते हैं,और $\angle A = 92^0$ है, तो $\angle$ BOC बराबर है–
(a) 44^0 (b) 42^0 (c) 46^0 (d) 88^0 ***SSC CGL (Tier-1) 7.6.2019***

54. ΔABC में, AD माध्यिका है। AD पर G इस तरह से बिन्दु है कि AG : GD = 2 : 1 तो ar (ΔBDG) : ar (Δ ABC) किसके बराबर होगा?
(a) 1 : 6 (b) 1 :4 (c) 1 : 9 (d) 1 : 3 ***SSC CGL (Tier-1) 10.6.2019***

55. ΔABC में, $AM \perp BC$ और और A N $\angle A$ का समद्विभाजक (bisector) है। यदि $\angle B = 55^0$ और $\angle C = 35^0$ है, तो $\angle MAN$ की माप क्या है?
(a) 10^0 (b) 15^0 (c) 5^0 (d) 12^0 ***SSC CGL (Tier-1) 7.6.2019***

56. ΔABC में $\angle B$ और $\angle C$ के समद्विभाजक (bisectors) त्रिभुज के अंदर बिन्दु O पर मिलते हैं। यदि $\angle BOC = 122^0$ है, तो $\angle A$ की माप क्या होगी?
(a) 64^0 (b) 72^0 (c) 62^0 (d) 68^0 ***SSC CGL (Tier-1) 4.6.2019***

57. ΔABC में, AD माध्यिका है। AD पर G इस तरह से बिन्दु है कि AG: GD = 2 : 1 तो ar (ΔABG) : ar (ΔABC) किसके बराबर होगा?
(a) 1 : 4 (b) 1 :5 (c) 1 : 3 (d) 1 : 6 ***SSC CGL (Tier-1) 10.6.2019***

58. ΔABC की भुजाएँ AB = 16 सेमी., AC = 63 सेमी., BC = 65 सेमी. है। A से भुजा BC के मध्य बिन्दु M तक एक सरल रेखा AM खींची जाती है। AM की लम्बाई बराबर है–
(a) 24.5 सेमी. (b) 23.5 सेमी. (c) 32.5 सेमी. (d) 31.5 सेमी. ***SSC CGL (Tier-1) 10.6.2019***

59. ΔABC में AB और AC भुजाओं को क्रमशः P एवं Q तक बढ़ाया गया है। $\angle PBC$ और $\angle QCB$ के समद्विभाजक (bisectors) एक-दूसरे को बिन्दु R पर काटते हैं। यदि $\angle R= 66^0$ है, तो $\angle A$ का माप है–
(a) 36^0 (b) 72^0 (c) 24^0 (d) 48^0 ***SSC CGL (Tier-1) 4.6.2019***

60. यदि ΔDEF में, $\angle EFD = 90^0$, DF = 7 सेमी, तथा EF = 24 सेमी. है। ΔDEF के परिवृत्त की त्रिज्या (सेमी. में) क्या है?
(a) 26 (b) 12.5 (c) 13 (d) 25 ***SSC CPO 5.7.2017***

61. यदि ΔPQR का परिकेन्द्र O है तथा $\angle QOR = 40^0$ है, तो $\angle QPR$ का मान (डिग्री में) क्या है?
(a) 40 (b) 60 (c) 80 (d) 20 ***SSC CPO 5.7.2017***

62. दी गई आकृति में, AP, $\angle BAC$ को समद्विभाजित करता है। यदि AB = 4 cm, AC = 6 cm और BP = 3 cm है, तो CP की लम्बाई ज्ञात कीजिए।
(a) 5 सेमी (b) 7 सेमी
(c) 3 सेमी (d) 4.5 सेमी

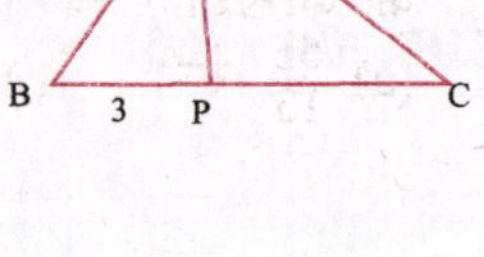

SSC CGL (Tier-1) 9.3.2020

63. दी गई आकृति में, यदि DE ∥ BC, AD = 2.5 cm, DB = 3.5 cm और EC = 4.2 cm है, तो AC की माप है–

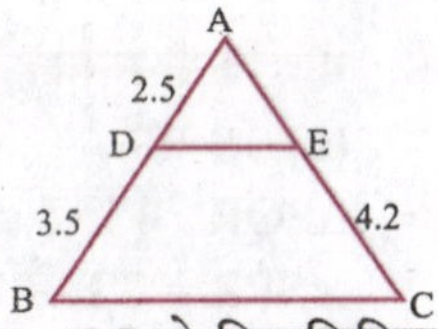

(a) 7.4 सेमी. (b) 3 सेमी.
(c) 3.2 सेमी. (d) 7.2 सेमी. *SSC CGL (Tier-1) 5.3.2020*

64. ΔABC में, ∠B = 90° । यदि बिन्दु D और E भुजा BC पर इस तरह स्थित है कि BD = DE = EC तो निम्नलिखित में से कौन-सा विकल्प सही है?
(a) $8\,AE^2 = 5\,AC^2 + 3\,AD^2$ (b) $8\,AE^2 = 3\,AC^2 + 5\,AD^2$
(c) $5\,AE^2 = 3\,AC^2 + 2\,AD^2$ (d) $5\,AE^2 = 2\,AC^2 + 3\,AD^2$ *SSC CGL (Tier-1) 5.3.2020*

65. ABC एक समबाहु त्रिभुज है। P, Q और R क्रमशः भुजाओं AB, BC और CA के मध्य बिन्दु है। यदि त्रिभुज ABC की भुजा की लंबाई 8 सेमी. है, तो ΔPQR का क्षेत्रफल ज्ञात कीजिए।
(a) $\frac{\sqrt{3}}{3}$ सेमी.^{2} (b) $8\sqrt{3}$ सेमी.^{2} (c) $4\sqrt{3}$ सेमी.^{2} (d) $\frac{\sqrt{3}}{4}$ सेमी.^{2} *SSC CGL (Tier-1) 6.3.2020*

66. ΔABC में, MN ∥ BC, चतुर्भुज MBCN का क्षेत्रफल = 130 सेमी.^{2} है।
यदि AN : NC = 4 : 5 है तो ΔMAN का क्षेत्रफल कितना है?

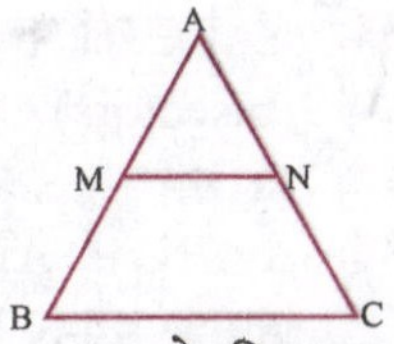

(a) 40 सेमी.^{2} (b) 32 सेमी.^{2}
(c) 65 सेमी.^{2} (d) 45 सेमी.^{2} *SSC CGL (Tier-1) 3.3.2020*

67. ΔABC में, ∠B = 72° और ∠C = 44° है। भुजा BC, बिन्दु D तक बढ़ाई जाती है। ∠B और ∠ACD के द्विभाजक बिन्दु E पर मिलते हैं। ∠BEC की माप क्या है?
(a) 58° (b) 46° (c) 36° (d) 32° *SSC CGL (Tier-1) 4.3.2020*

68. ΔABC एक समबाहु त्रिभुज है और AD ⊥ BC है, जहाँ बिन्दु D, BC पर स्थित है। यदि AD = $4\sqrt{3}$ सेमी है, तो ΔABC का परिमाप (सेमी में) क्या है?
(a) 21 (b) 24 (c) 27 (d) 30 *SSC CGL (Tier-1) 3.3.2020*

69. ΔABC का क्षेत्रफल 44 सेमी^{2} है। यदि D, BC का मध्य बिन्दु है और E, AB का मध्य बिन्दु है, तो Δ BDE का क्षेत्रफल (सेमी^{2} में) क्या है?
(a) 5.5 (b) 22 (c) 11 (d) 44 *SSC CGL (Tier-1) 3.3.2020*

70. ΔABC में, ∠B = 68° और ∠C = 32° हैं। भुजा AB और AC क्रमशः बिन्दु D और E तक बढ़ाई जाती है। ∠DBC और ∠BCE के द्विभाजक बिन्दु F पर मिलते हैं। ∠BFC की माप क्या है?
(a) 55° (b) 65° (c) 39° (d) 50° *SSC CGL (Tier-1) 4.3.2020*

71. ΔPQR में, PQ = 24 सेमी. और ∠Q = 58° । S और T क्रमशः भुजा PQ और PR पर स्थित ऐसे बिन्दु हैं कि ∠STR = 122° । यदि PS = 14 सेमी. और PT = 12 सेमी., तो RT की लम्बाई ज्ञात कीजिए।
(a) 14.8 सेमी. (b) 15 सेमी. (c) 16 सेमी. (d) 16.4 सेमी. *SSC CGL (Tier-1) 5.3.2020*

उत्तरमाला

1. (d)	2. (c)	3. (d)	4. (b)	5. (b)	6. (b)	7. (c)	8. (c)	9. (b)
10. (b)	11. (b)	12. (a)	13. (a)	14. (b)	15. (c)	16. (b)	17. (a)	18. (d)
19. (b)	20. (a)	21. (a)	22. (c)	23. (b)	24. (c)	25. (d)	26. (b)	27. (a)
28. (d)	29. (d)	30. (b)	31. (c)	32. (b)	33. (b)	34. (b)	35. (a)	36. (b)
37. (d)	38. (a)	39. (d)	40. (c)	41. (a)	42. (d)	43. (b)	44. (c)	45. (a)
46. (d)	47. (c)	48. (d)	49. (b)	50. (c)	51. (b)	52. (d)	53. (a)	54. (a)
55. (a)	56. (a)	57. (c)	58. (c)	59. (d)	60. (b)	61. (d)	62. (d)	63. (d)
64. (b)	65. (c)	66. (b)	67. (d)	68. (b)	69. (c)	70. (d)	71. (c)	

अभ्यास प्रश्नों के हल

1. त्रिभुज के तीनों कोणों को समद्विभाजित करने वाली रेखाओं के मिलान बिन्दु (अर्थात् प्रतिच्छेद बिन्दु) को त्रिभुज का अन्तः केन्द्र कहा जाता है।

2. त्रिभुज की तीनों माध्यिकाओं के प्रतिच्छेदन बिन्दु को केन्द्रक के रूप में जाना जाता है।

3. एक समकोणीय त्रिभुज का लम्ब केन्द्र समकोण वाला शीर्ष होता है। अतः **उत्तर (d)** है।

4. सम्मुख ΔABC में $\angle B$ समकोण है और कर्ण AC का मध्य बिन्दु D है।

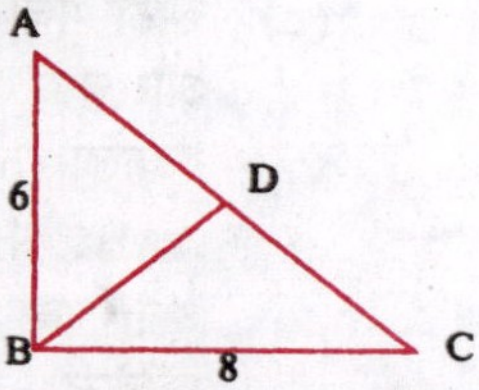

$\therefore$ $AC^2 = AB^2 + BC^2 = 36 + 64 = 100$

$\therefore$ $AC^2 = 10^2 \Rightarrow AC = 10$ सेमी

$\because$ समकोण त्रिभुज में कर्ण का मध्य बिन्दु तीनों शीर्षों से समदूरस्थ होता है।

$\therefore$ $BD = AD = CD = \frac{AC}{2} = \frac{10}{2} = 5$ सेमी.

5. वह त्रिभुज जिसमें लम्ब केन्द्र, परिकेन्द्र, अन्तःकेन्द्र और केन्द्रक चारों एक बिन्दु पर मिलते हैं, उसे समभुज त्रिभुज कहते हैं।

6. समबाहु त्रिभुज के परिवृत्त की त्रिज्या = समबाहु त्रिभुज की ऊँचाई $\times \frac{2}{3} = \frac{9 \times 2}{3} = 6$ सेमी.

7. $\because$ माध्यिकाएँ प्रतिच्छेद बिन्दु पर 2 : 1 के अनुपात में विभाजित हो जाती हैं।

$\therefore$ $CE \times \frac{1}{3} = EO \Rightarrow CE = 3 \times EO = 3 \times 7 = 21$ सेमी.

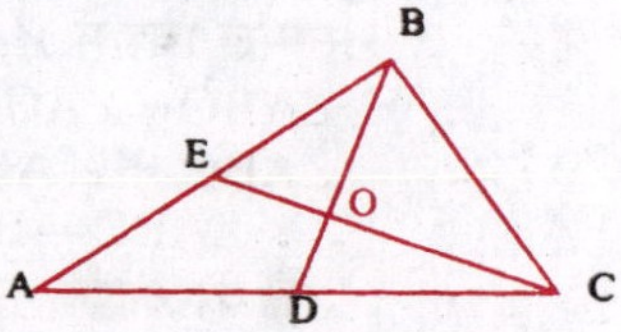

8. समबाहु त्रिभुज के अन्तःवृत्त की त्रिज्या $x = \frac{\text{भुजा}}{2\sqrt{3}} = \frac{2\sqrt{3}}{2\sqrt{3}} = 1$ यूनिट

9. समभुज त्रिभुज के अन्तःवृत्त की त्रिज्या $= \frac{1}{3} \times$ माध्यिका $= \frac{1}{3} \times 12 = 4$ सेमी.

10. त्रिभुज की छोटी दोनों भुजाओं का योग तीसरी सबसे बड़ी भुजा से सदैव बड़ा होता है। अतः 8 सेमी, 15 सेमी., 17 सेमी. से त्रिभुज निर्माण सम्भव है।

11. सम्मुख चित्र में $XY \parallel BC$ और BY तिर्यक रेखा है।

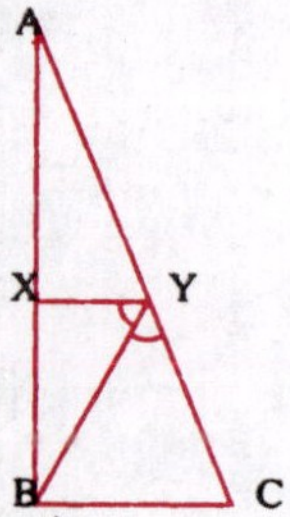

$\therefore$ $\angle XYB$ और $\angle YBC$ एकान्तर कोण हुए

$\therefore$ $\angle XYB = \angle YBC$ ....(i)

परन्तु रेखा BY, $\angle XYC$ की समद्विभाजक है।

अतः $\angle XYB = \angle CYB$ ....(ii)

समीकरण (i) और (ii) की तुलना से $\angle YBC = \angle CYB$

$\therefore$ ΔBYC में $BC = YC$

12. सम्मुख चित्र से $\angle BOC + \angle OBC + \angle OCB = 180^0$

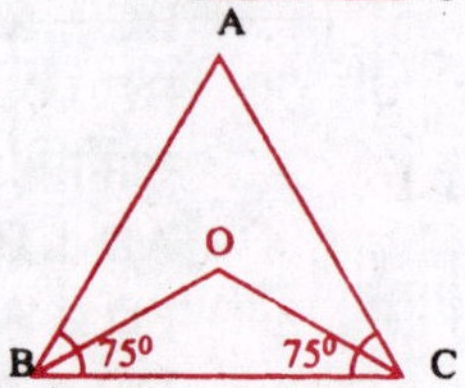

$\therefore$ $\angle BOC + \frac{75^0}{2} + \frac{75^0}{2} = 180$

$\therefore$ $\angle BOC + 75^0 = 180^0 \Rightarrow \angle BOC = 180^0 - 75^0 = 105^0$

13. सम्मुख ΔABC में माध्यिका $AD = 8$ सेमी. और भुजा $BC = 16$ सेमी.

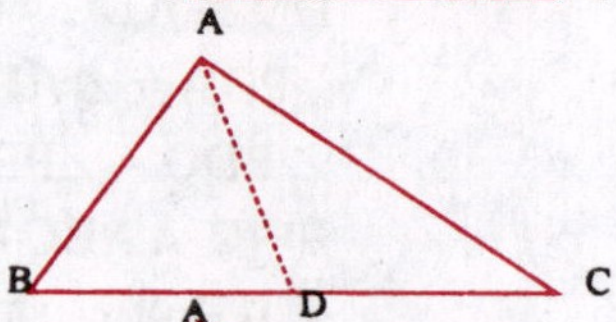

अतः $BD = DC = \frac{BC}{2} = \frac{16}{2} = 8$ सेमी.

$\therefore$ बिन्दु D, ΔABC के तीनों शीर्षों से समदूरस्थ है।

$\therefore$ $\angle CAB = 90^0$

14. सम्मुख ΔABC की माध्यिकाएँ BD, CE तथा AF बिन्दु G पर मिलती हैं।

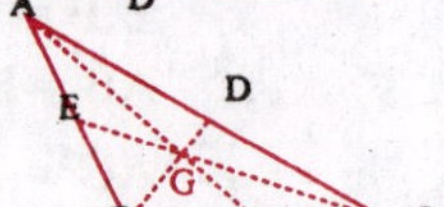

$\therefore$ $AG : GF = 2 : 1$

15. समबाहु त्रिभुज।

16. (a) छोटी भुजाओं के वर्गों का योग $= 6^2 + 9^2 = 36 + 81 = 117$

और बड़ी भुजा^{2} $= 16^2 = 256$, अतः बड़ी भुजा^{2} > छोटी भुजाओं के वर्गों का योग

(b) छोटी भुजाओं के वर्गों का योग $= 7^2 + 8^2 = 49 + 64 = 113$

और बड़ी भुजा^{2} $= 10^2 = 100$, अतः बड़ी भुजा^{2} < छोटी भुजाओं के वर्गों का योग

(c) छोटी भुजाओं के वर्गों का योग $= 5^2 + 12^2 = 25 + 144 = 169$

और बड़ी भुजा^{2} $= 13^2 = 169$, अतः बड़ी भुजा^{2} = छोटी भुजाओं के वर्गों का योग

$\therefore$ विकल्प (b) एक न्यूनकोण त्रिभुज की भुजाओं को दर्शाता है।

17. $\because$ ΔABC में माध्यिका $AD = \frac{1}{2}$ BC अर्थात् भुजा BC की माध्यिका का भुजा BC की आधी है।

अतः भुजा BC के सामने का $\angle BAC = 90^0$

18. परिकेन्द्र

19. परिकेन्द्र

20. केन्द्रक

21. परिकेन्द्र

22. सम्मुख चित्र में $\angle A = 80^0$ और $AB = AC$, अतः $\angle ABC = \angle ACB$

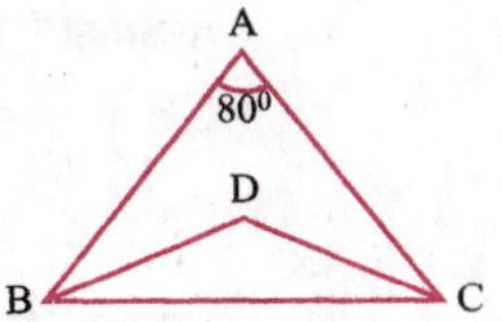

$\therefore$ $\angle ABC + \angle ACB + 80^0 = 180^0$

$\therefore$ $\angle ABC + \angle ABC = 180^0 - 80^0 = 100^0$

$\therefore$ $2 \times \angle ABC = 100^0 \Rightarrow \angle ABC = 50^0$

$\because$ $\angle B$ का अर्द्धक BD और $\angle C$ का अर्द्धक CD है।

$\therefore$ $\angle DBC = \frac{50}{2} = 25^0$ और $\angle BCD = \frac{50}{2} = 25^0$

$\therefore$ ΔDBC में $\angle BDC + 25^0 + 25^0 = 180^0 \Rightarrow \angle BDC = 180^0 - 50^0 = 130^0$

23. समबाहु त्रिभुज के अन्तःवृत्त की त्रिज्या $= \frac{\text{भुजा}}{2\sqrt{3}} = \frac{8\sqrt{3}}{2\sqrt{3}} = 4$ सेमी.

24. $\because$ समबाहु Δ की ऊँचाई (माध्यिका) $\times \frac{2}{3} =$ परिवृत्त की त्रिज्या

$\therefore$ समबाहु त्रिभुज की ऊँचाई = परिवृत्त की त्रिज्या $\times \frac{3}{2} = 12 \times \frac{3}{2} = 18$ सेमी.

25. सम्मुख ΔABC में AB का मध्य बिन्दु X और AC का मध्यबिन्दु Y है।

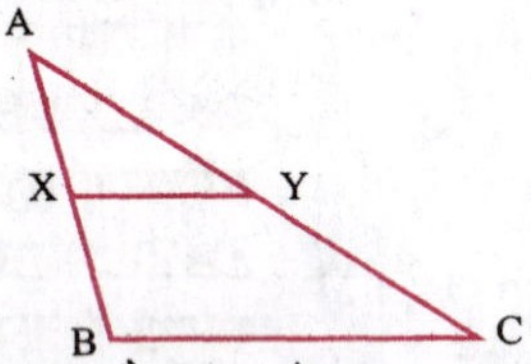

$\therefore$ $XY : BC = 1 : 2$

$\therefore$ माना $XY = a$ सेमी और $BC = 2a$ सेमी.

$\therefore$ $BC + XY = 12$ से $2a + a = 12 \Rightarrow 3a = 12 \Rightarrow a = 4$ सेमी.

$\therefore$ $BC - XY = 2a - a = a = 4$ सेमी.

26. सामने के समद्विभुज ΔABC में $AB = AC$ और AD भुजा BC की माध्यिका (मध्यांक) है।

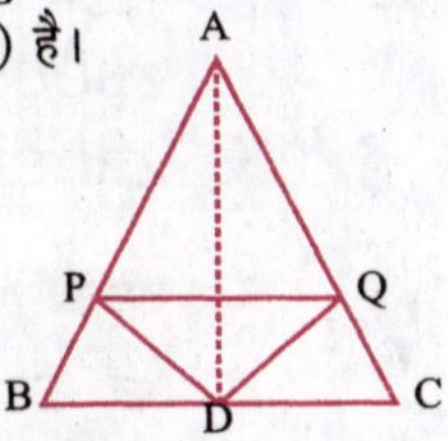

$\therefore$ $AD \perp BC \Rightarrow \angle ADB = \angle ADC = 90^0$

$\because$ PD $\angle ADB$ की समद्विभाजक है और $PQ \parallel BC$

$\therefore$ DQ $\angle ADC$ की समद्विभाजक होगी।

$\therefore$ $\angle PDA = \angle ADQ = \frac{90}{2} = 45^0$

$\therefore$ $\angle PDQ = \angle PDA + \angle ADQ = 45^0 + 45^0 = 90^0$

27. सम्मुख ΔABC में $\angle A = 45^0$ और भुजा $BC = 8\sqrt{2}$ सेमी.

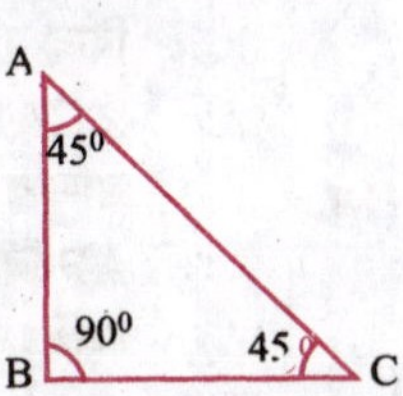

$\angle B = 90^0$, अतः $\angle C = 90^0 - 45^0 = 45^0$

$\therefore$ $AB = BC = 8\sqrt{2}$ सेमी.

$\therefore$ $AC^2 = AB^2 + BC^2 = (8\sqrt{2})^2 + (8\sqrt{2})^2 = 128 + 128$

$\therefore$ $AC^2 = 256 = 16^2 \Rightarrow AC = 16$ सेमी.

28. सामने के चित्र में AE, $\angle A$ का द्विभाजक है।

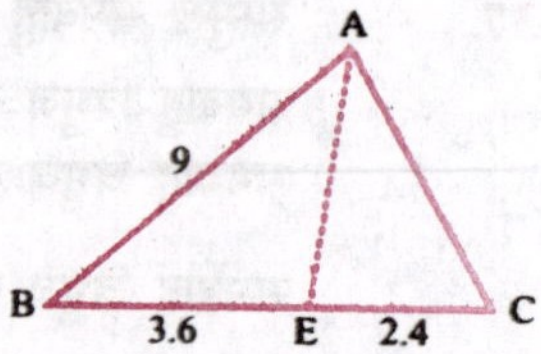

$\therefore \quad \frac{AB}{AC} = \frac{BE}{EC} \Rightarrow \frac{9}{AC} = \frac{3.6}{2.4} = \frac{36}{24}$

$\therefore \quad AC = \frac{24 \times 9}{36} = 6$ सेमी.

29. ΔABC का परिकेन्द्र O है और $AO = 8$ सेमी.

$\because$ परिकेन्द्र त्रिभुज के तीनों शीर्षों से समान दूरी पर (समदूरस्थ) होता है।

$\therefore \quad BO = CO = AO = 8$ सेमी.

30. त्रिभुज तभी सम्भव होगा, जब छोटी भुजाओं का योग > बड़ी भुजा।

$\therefore$ त्रिभुज की भुजाओं की संभावित लम्बाई 3 सेमी., 4 सेमी., 5 सेमी. होगी।

31. सम्मुख ΔABC में $AC^2 = 3^2 + 4^2 = 9 + 16 = 25$

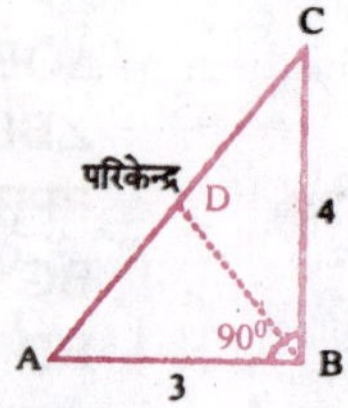

$\therefore \quad AC^2 = 5^2 \Rightarrow AC = 5$ सेमी.

$\therefore \quad AD = BD = CD = \frac{AC}{2} = \frac{5}{2} = 2.5$ सेमी.

32. परिकेन्द्र, परिकेन्द्र

33. सामने के चित्र में G केन्द्रक और AD माध्यिका है।

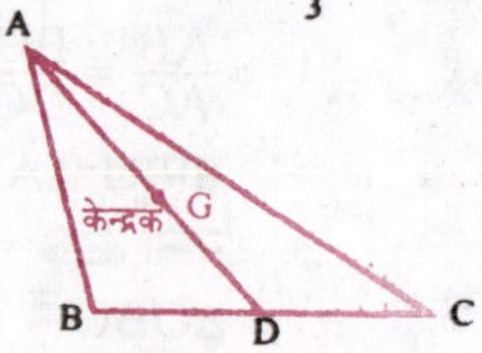

चूंकि $AG : GD = 2 : 1$, अतः माना $AG = 2x$ और $GD = x$

$\therefore \quad AG : AD = 2x : (2x + x) = 2x : 3x = 2 : 3$

34. सम्मुख ΔPQR में $\angle Q = 180^0 - (55^0 + 75^0) = 180^0 - 130^0 = 50^0$

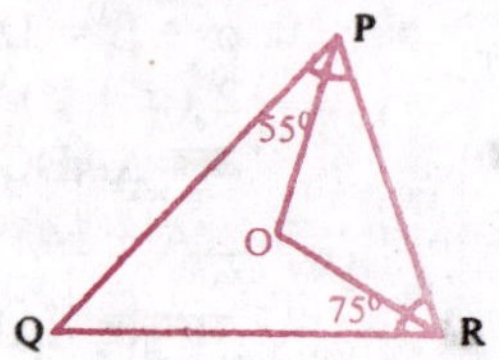

$\because$ बिन्दु O त्रिभुज का परिकेन्द्र है।

$\therefore \quad \angle POR = 2 \times \angle Q = 2 \times 50^0 = 100^0$

$OP = OR =$ परित्रिज्या, अतः $\angle OPR = \angle ORP = \alpha$ (माना)

$\therefore \quad \Delta\ OPR$ में $\angle OPR + \angle ORP + \angle POR = 180^0$

$\therefore \quad \alpha + \alpha + 100 = 180^0 \Rightarrow 2\alpha = 80^0 \Rightarrow \alpha = 40^0$

$\therefore \quad \angle OPR = \alpha = 40^0$

35. सम्मुख चित्र में $\angle A = 64^0$

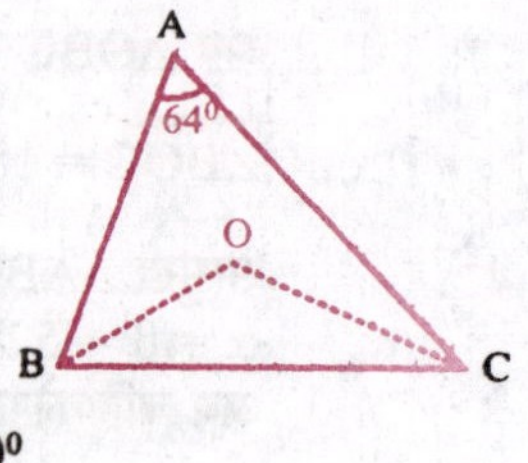

$\angle B$ का अर्द्धक OB तथा $\angle C$ का अर्द्धक OC है।

माना $\angle B = 2\alpha$ और $\angle C = 2\beta$

$\therefore \quad \angle A + \angle B + \angle C = 180^0$

$\therefore \quad 64^0 + 2\alpha + 2\beta = 180^0$

$\therefore \quad 2(\alpha + \beta) = 180^0 - 64^0 = 116^0 \Rightarrow \alpha + \beta = \frac{116^0}{2} = 58^0$

$\therefore \quad \Delta\ OBC$ में $\angle OBC + \angle OCB + \angle BOC = 180^0 \Rightarrow \alpha + \beta + \angle BOC = 180^0$

$\therefore \quad 58^0 + \angle BOC = 180^0 \Rightarrow \angle BOC = 180^0 - 58^0 = 122^0$

$\therefore$ समद्विभाजकों के बीच का कोण $= 122^0$

36. सम्मुख ΔDEF में DG माध्यिका है।

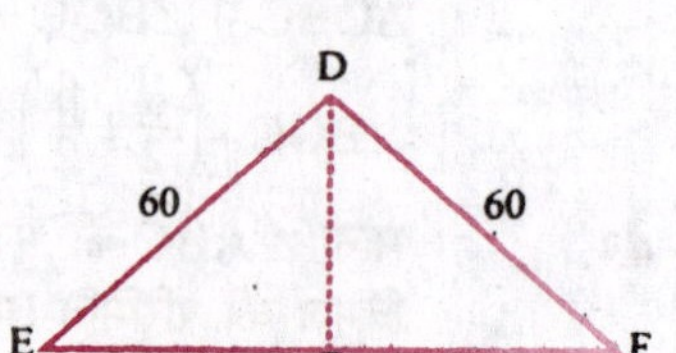

$EF = 96$ सेमी., अतः $EG = GF = \frac{96}{2} = 48$ सेमी.

$\therefore$ अपोलोनियस प्रमेय से, $2(DG^2 + EG^2) = DE^2 + DF^2$

$\therefore \quad 2(DG^2 + 48^2) = 60^2 + 60^2 = 3600 + 3600$

$\therefore \quad DG^2 + 2304 = \frac{7200}{2} = 3600 \Rightarrow DG^2 = 3600 - 2304 = 1296$

$\therefore \quad DG^2 = 36^2 \Rightarrow DG = 36$ सेमी.

37. सम्मुख समबाहु ΔABC में $OA = OB = OC = 16$ सेमी. $\Rightarrow$ परित्रिज्या

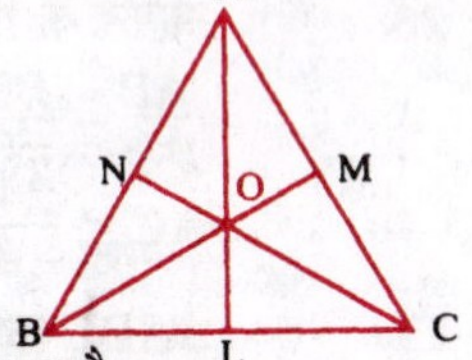

$\therefore$ समबाहु त्रिभुज की भुजा = परित्रिज्या $\times\sqrt{3} = 16\sqrt{3}$ सेमी.

$\therefore$ समबाहु त्रिभुज की परिधि = $3 \times$ भुजा

$\therefore$ समबाहु त्रिभुज की अर्द्धपरिधि $= \dfrac{3 \times \text{भुजा}}{2} = \dfrac{3\times16\sqrt{3}}{2} = 24\sqrt{3}$ सेमी.

38. सम्मुख चित्र में ΔABC के कोण B का समद्विभाजक OB तथा $\angle C$ का समद्विभाजक OC है।

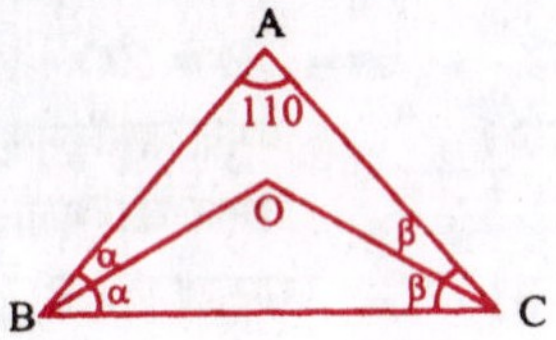

माना $\angle B = 2\alpha$ और $\angle C = 2\beta$

$\therefore$ $\angle A + \angle B + \angle C = 180^0 \Rightarrow 110^0 + 2\alpha + 2\beta = 180^0$

$\therefore$ $2(\alpha + \beta) = 180 - 110 = 70^0 \Rightarrow \alpha + \beta = \dfrac{70^0}{2} = 35^0$

$\therefore$ $\Delta OBC \Rightarrow \angle BOC + \alpha + \beta = 180^0 \Rightarrow \angle BOC + 35^0 = 180^0$

$\therefore$ $\angle BOC = 180^0 - 35^0 = 145^0$

39. सम्मुख ΔABC में AD $\angle A$ का समद्विभाजक है।

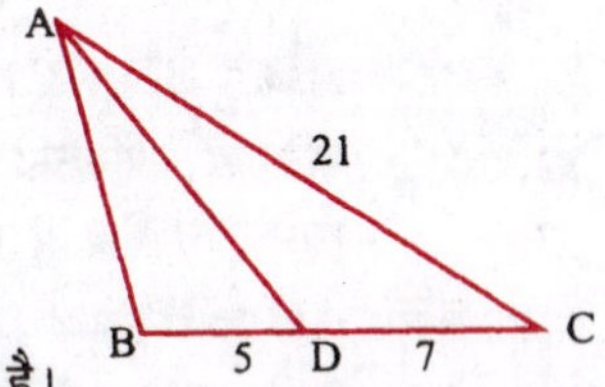

$BC = 12$ परन्तु $DC - BD = 2$ सेमी.

$\therefore$ $BD = 5$ सेमी. और $DC = 7$ सेमी.

$\dfrac{AB}{AC} = \dfrac{BD}{DC} \Rightarrow \dfrac{AB}{21} = \dfrac{5}{7} \Rightarrow AB = \dfrac{5\times21}{7} = 15$ सेमी.

40. सम्मुख ΔABC में $\angle B$ का समद्विभाजक BO और $\angle C$ का समद्विभाजक CO है।

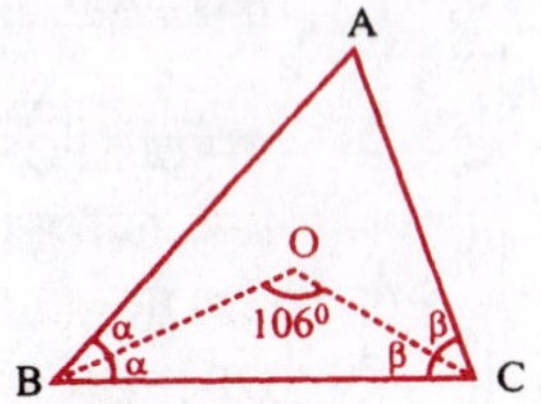

$\therefore$ माना $\angle B = 2\alpha$ और $\angle C = 2\beta$

$\therefore$ ΔOBC में $\alpha + \beta + 106 = 180^0$

$\therefore$ $\alpha + \beta = 180^0 - 106^0 = 74^0$

$\therefore$ $2(\alpha + \beta) = 2 \times 74 \Rightarrow 2\alpha + 2\beta = 148$

अब ΔABC में $\angle A + 2\alpha + 2\beta = 180^0$

$\therefore$ $\angle A + 148^0 = 180^0 \Rightarrow \angle A = 180^0 - 148^0 = 32^0$

41. सम्मुख ΔABC में $\angle B$ का समद्विभाजक BO तथा $\angle C$ का समद्विभाजक CO बिन्दु O पर मिलते हैं।

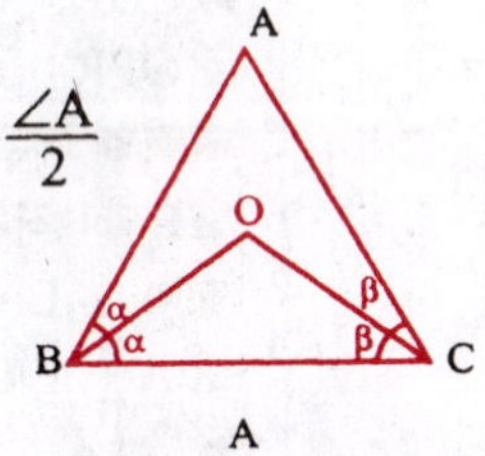

माना $\angle B = 2\alpha$ और $\angle C = 2\beta$, अतः ΔABC में $\angle A + 2 + \alpha 2\beta = 180^0$

$\therefore$ $2(\alpha + \beta) = 180^0 - \angle A$, अतः $\alpha + \beta = \dfrac{180^0 - \angle A}{2} = \dfrac{180^0}{2} - \dfrac{\angle A}{2} = 90^0 - \dfrac{\angle A}{2}$

अब ΔOBC में, $\angle BOC + \alpha + \beta = 180^0 \Rightarrow \angle BOC = 180^0 - (\alpha + \beta)$

$\therefore$ $\angle BOC = 180^0 - \left(90^0 - \dfrac{\angle A}{2}\right) = 180^0 - 90^0 + \dfrac{\angle A}{2} = 90^0 + \dfrac{\angle A}{2}$

42. सम्मुख ΔABC में $\angle A = 52^0$, अतः माना $\angle B = \alpha$ और $\angle C = \beta$

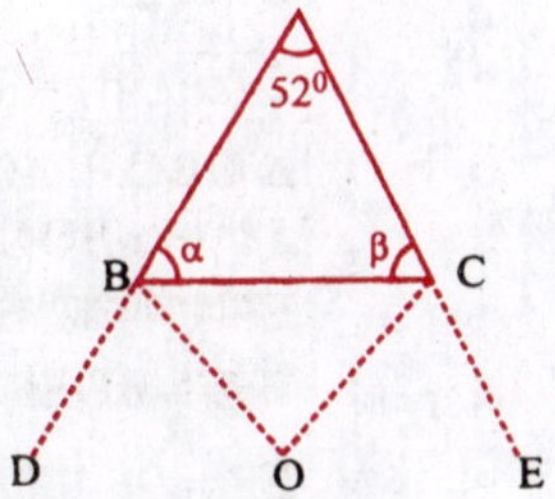

$\therefore$ $\alpha + \beta + 52^0 = 180^0 \Rightarrow \alpha + \beta = 180^0 - 52^0 = 128^0$

अब बहिष्कोण $DBC = 180^0 - \alpha$

$\therefore$ $\angle OBC = \dfrac{180^0 - \alpha}{2} = 90^0 - \dfrac{\alpha}{2}$ इसी प्रकार $\angle OCB = \dfrac{180^0 - \beta}{2} = 90^0 - \dfrac{\beta}{2}$

$\therefore$ ΔOBC में $\angle BOC + 90^0 - \dfrac{\alpha}{2} + 90^0 - \dfrac{\beta}{2} = 180^0$

$\therefore$ $\angle BOC - \left(\dfrac{\alpha}{2} + \dfrac{\beta}{2}\right) = 0 \Rightarrow \angle BOC = \dfrac{\alpha + \beta}{2} = \dfrac{128}{2} = 64^0$

43. माना ΔABC की भुजा $AB = x$ सेमी., अतः भुजा $BC = 2x - 3$ सेमी. और भुजा $AC = x + 1$ सेमी.

$\therefore$ त्रिभुज की परिमिति (परिमाप) = AB + BC + CA

$\therefore$ $34 = x + 2x - 3 + x + 1 = 4x - 2 \Rightarrow 4x = 34 + 2 = 36 \Rightarrow x = \dfrac{36}{4} = 9$

$\therefore$ त्रिभुज की छोटी भुजा की लम्बाई $= x = 9$ सेमी.

44. चूंकि $\Delta ABC \sim \Delta QPR$, अतः $\dfrac{\Delta ABC \text{ का क्षेत्रफल}}{\Delta QPR \text{ का क्षेत्रफल}} = \dfrac{AC^2}{QR^2}$

$\therefore \quad \dfrac{9}{4} = \dfrac{9^2}{QR^2} \Rightarrow \left(\dfrac{3}{2}\right)^2 = \left(\dfrac{9}{QR}\right)^2 \Rightarrow \dfrac{3}{2} = \dfrac{9}{QR} \Rightarrow QR = \dfrac{2\times 9}{3} = 6$ सेमी.

45. सम्मुख ΔABC में $\angle A$ का समद्विभाजक AD है। माना BD = x सेमी., अतः DC = a − x

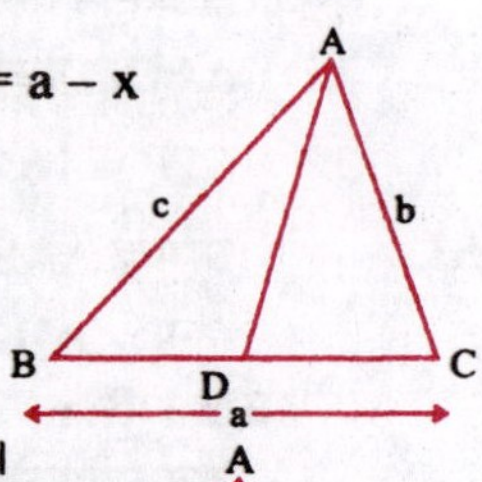

$\therefore \quad \dfrac{AB}{AC} = \dfrac{BD}{DC} \Rightarrow \dfrac{c}{b} = \dfrac{x}{a-x} \Rightarrow bx = ac - cx$

$\therefore \quad bx + cx = ac \Rightarrow x\,(b + c) = ac \Rightarrow x = \dfrac{ac}{b+c}$

$\therefore \quad BD = \dfrac{ac}{b+c}$

46. सम्मुख चित्र में $\angle ABE = \angle ADC$, अतः Δ ABE और ΔADC में $\angle A$ उभयनिष्ठ है।

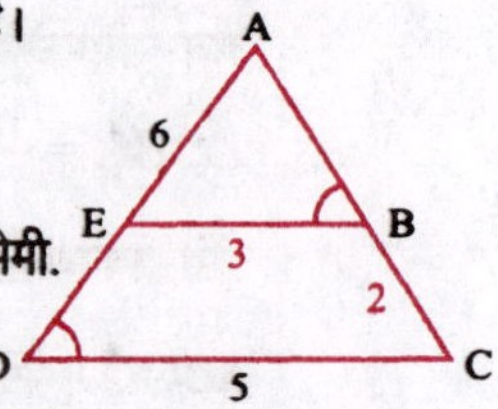

$\therefore \quad \Delta ABE \sim \Delta ADC \Rightarrow \dfrac{AE}{AC} = \dfrac{AB}{AD} = \dfrac{BE}{DC} = \dfrac{3}{5}$

$\therefore \quad \dfrac{AE}{AC} = \dfrac{3}{5} \Rightarrow \dfrac{6}{AC} = \dfrac{3}{5}$, अतः $AC = \dfrac{6\times 5}{3} = 10$ सेमी. $\Rightarrow AB = 10 - 2 = 8$ सेमी.

पुनः $\dfrac{AB}{AD} = \dfrac{3}{5} \Rightarrow \dfrac{8}{AD} = \dfrac{3}{5} \Rightarrow AD = \dfrac{5\times 8}{3} = \dfrac{40}{3}$ सेमी.

$\therefore \quad DE = AD - AE = \dfrac{40}{3} - 6 = \dfrac{40-18}{3} = \dfrac{22}{3}$, अतः $AB + DE = 8 + \dfrac{22}{3} = \dfrac{24+22}{3} = \dfrac{46}{3}$ सेमी.

47. सामने के ΔABC में केन्द्रक G माध्यिक BD पर स्थित है।

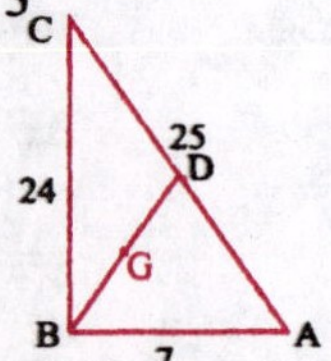

$\because \quad \Delta ABC$ समकोण त्रिभुज है। अतः माध्यिका $BD = \dfrac{\text{कर्ण}}{2} = \dfrac{25}{2}$ सेमी.

$\therefore \quad BG = BD \times \dfrac{2}{3} = \dfrac{25}{2} \times \dfrac{2}{3} = 8\dfrac{1}{3}$ सेमी.

48. सम्मुख त्रिभुज में सबसे बड़े कोण ABC का समद्विभाजक BD है।

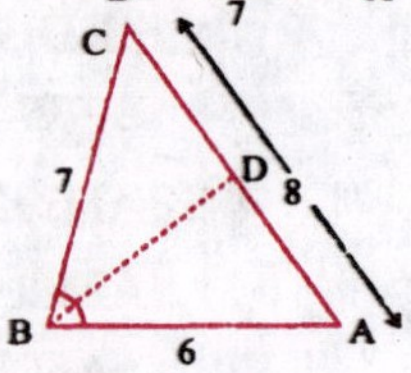

$\therefore \quad AD : DC = AB : BC = 6 : 7$

$\therefore \quad$ अनुपाती योग $= 6 + 7 = 13$

$\therefore \quad$ छोटा खण्ड $= AD = 8 \times \dfrac{6}{13} = \dfrac{48}{13}$ सेमी.

49. समबाहु Δ के अन्तःवृत्त की त्रिज्या $= \dfrac{\text{परिवृत्त की त्रिज्या}}{2} = \dfrac{8}{2} = 4$ सेमी.

50. सामने के चित्र में $QT \perp PR$, अतः $\angle PTN = 90^0$

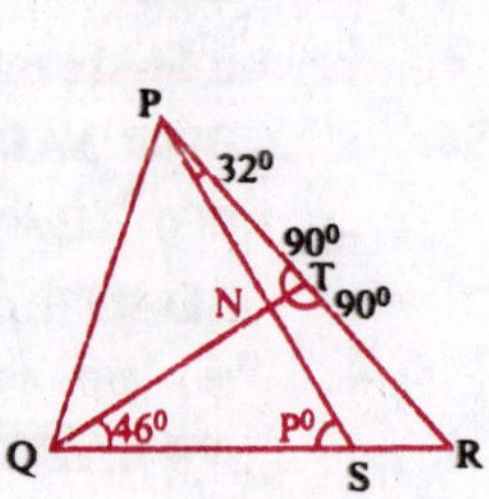

$\therefore \quad \angle PNT = 90^0 - 32^0 = 58^0$

$\therefore \quad \angle QNS = \angle PNT = 58^0$ (शीर्षाभिमुख कोण)

$\therefore \quad \Delta$ NQS में $\angle QNS + 46^0 + P^0 = 180^0$

$\therefore \quad 58^0 + 46^0 + P^0 = 180^0 \Rightarrow P^0 = 180^0 - 104^0 = 76^0$

51. सम्मुख ΔABC में $\angle A = 50^0$, माना $\angle ABC = \alpha$ और $\angle ACB = \beta$

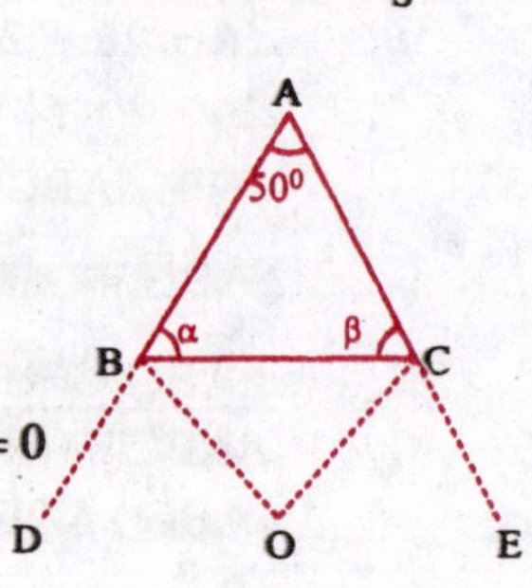

$\therefore \quad \alpha + \beta + 50^0 = 180^0 \Rightarrow \alpha + \beta = 180^0 - 50^0 = 130^0$

अब बहिष्कोण $DBC = 180^0 - \alpha \Rightarrow \angle OBC = \dfrac{180^0 - \alpha}{2} = 90^0 - \dfrac{\alpha}{2}$

इसी प्रकार $\angle OCB = \dfrac{180^0 - \beta}{2} = 90^0 - \dfrac{\beta}{2}$

$\therefore \quad \Delta OBC$ में $\angle BOC + 90 - \dfrac{\alpha}{2} + 90 - \dfrac{\beta}{2} = 180^0$, अतः $\angle BOC - \left(\dfrac{\alpha}{2} + \dfrac{\beta}{2}\right) = 0$

$\therefore \quad \angle BOC = \dfrac{\alpha + \beta}{2} = \dfrac{130}{2} = 65^0$

52. सम्मुख त्रिभुज ABC में $\angle A = 90^0$

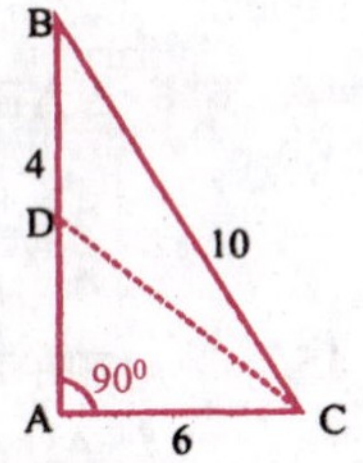

$\therefore$ पाइथागोरस प्रमेय से $AB^2 = BC^2 - AC^2$

$\therefore$ $AB^2 = 10^2 - 6^2 = 100 - 36 = 64 \Rightarrow AB = 8$ सेमी.

चूंकि BD = 4 सेमी., अतः AD = 8 – 4 = 4 सेमी.

$\therefore$ ΔADC में पाइथागोरस प्रमेय से, $CD^2 = AD^2 + AC^2$

$\therefore$ $CD^2 = 16 + 36 = 52 \Rightarrow CD = \sqrt{52} = 2\sqrt{13}$ सेमी.

53. सम्मुख ΔABC में $\angle A = 92^0$

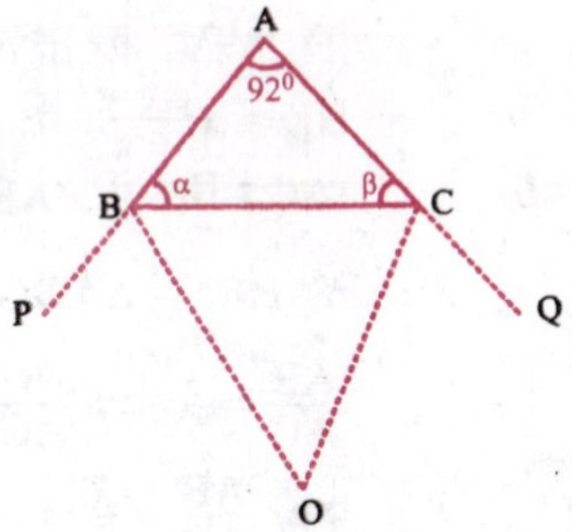

माना $\angle ABC = \alpha$ और $\angle ACB = \beta$

$\therefore$ $\alpha + \beta + 92^0 = 180^0 \Rightarrow \alpha + \beta = 180^0 - 92^0 = 88^0$

अब बहिष्कोण $PBC = 180^0 - \alpha$

$\therefore$ $\angle OBC = \dfrac{180^0 - \alpha}{2} = 90^0 - \dfrac{\alpha}{2}$

इसी प्रकार $\angle OCB = \dfrac{180^0 - \beta}{2} = 90^0 - \dfrac{\beta}{2}$

$\therefore$ ΔBOC में $\angle BOC + 90^0 - \dfrac{\alpha}{2} + 90^0 - \dfrac{\beta}{2} = 180^0$

$\therefore$ $\angle BOC - \left(\dfrac{\alpha}{2} + \dfrac{\beta}{2}\right) = 0 \Rightarrow \angle BOC = \dfrac{\alpha + \beta}{2} = \dfrac{88^0}{2} = 44^0$

54. सम्मुख ΔABC में AD माध्यिका है। और AG : GD = 2 : 1

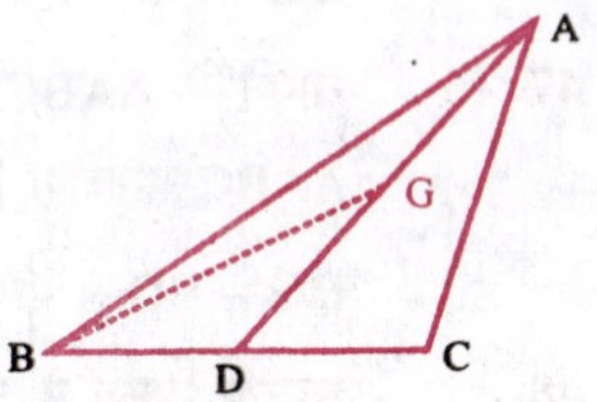

$\therefore$ ΔBDG का क्षेत्रफल $= \dfrac{1}{6} \times \Delta ABC$ का क्षेत्रफल

$\therefore$ $\dfrac{\Delta BDG \text{ का क्षेत्रफल}}{\Delta ABC \text{ का क्षेत्रफल}} = \dfrac{1}{6}$

$\therefore$ ΔBDG का क्षेत्रफल : ΔABC का क्षेत्रफल = 1 : 6

55. सम्मुख ΔABC में, $\angle A = 180^0 - (55^0 + 35^0) = 180^0 - 90^0 = 90^0$

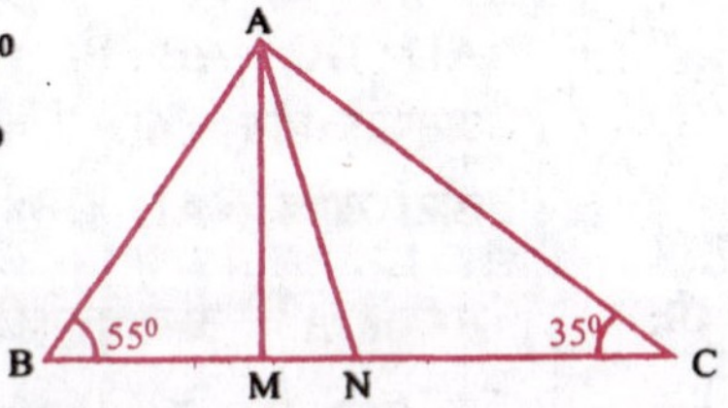

चूंकि AN, $\angle A$ का समद्विभाजक है। अतः $\angle BAN = \angle NAC = \dfrac{90^0}{2} = 45^0$

$\because$ $AM \perp BC$, अतः $\angle AMN = 90^0$

$\therefore$ ΔACN का बहिष्कोण $ANM = \angle NCA + \angle NAC = 35 + 45 = 80^0$

$\therefore$ $\angle MAN = 90^0 - \angle ANM = 90^0 - 80^0 = 10^0$

56. सम्मुख ΔABC में $\angle B$ का समद्विभाजक OB और $\angle C$ का समद्विभाजक OC है।

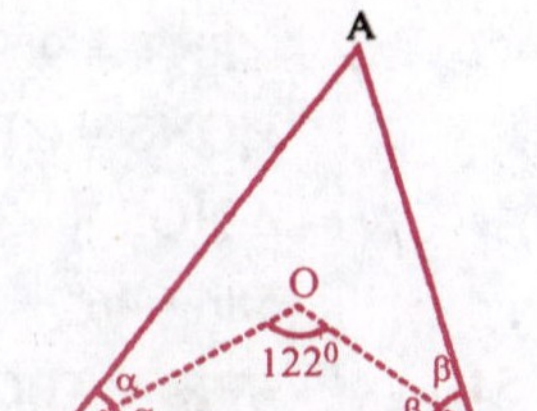

माना $\angle B = 2\alpha$ और $\angle C = 2\beta$

$\therefore$ ΔOBC में $\alpha + \beta + 122^0 = 180^0$

$\therefore$ $\alpha + \beta = 180^0 - 122^0 = 58^0$

अब ΔABC में $\angle A + \angle B + \angle C = 180^0$

$\therefore$ $\angle A + 2\alpha + 2\beta = 180^0 \Rightarrow \angle A + 2(\alpha + \beta) = 180^0$

$\therefore$ $\angle A + 2 \times 58^0 = 180^0 \Rightarrow \angle A = 180^0 - 116^0 = 64^0$

57. सम्मुख ΔABC में AD माध्यिका है। जहाँ AG : GD = 2 : 1

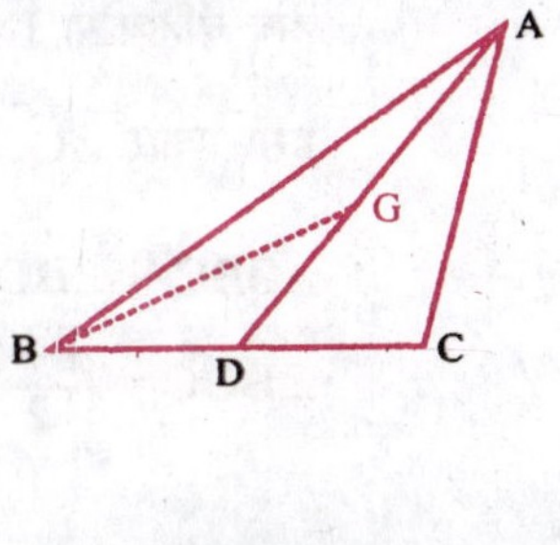

$\therefore$ ΔABG का क्षेत्रफल $= \dfrac{1}{3} \times \Delta ABC$ का क्षेत्रफल

$\therefore$ $\dfrac{\Delta ABG \text{ का क्षेत्रफल}}{\Delta ABC \text{ का क्षेत्रफल}} = \dfrac{1}{3}$

$\therefore$ $\Delta ABG : \Delta ABC$ का क्षेत्रफल = 1 : 3

58. सम्मुख ΔABC में AM माध्यिका है। अतः $BM = MC = \frac{BC}{2} = \frac{65}{2}$ सेमी.

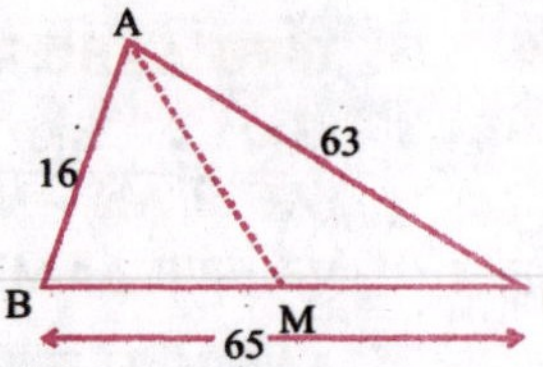

$\therefore$ अपोलोनियस प्रमेय से, $2(AM^2 + BM^2) = AB^2 + AC^2$

$\therefore$ $2\left[AM^2 + \left(\frac{65}{2}\right)^2\right] = 16^2 + 63^2 = 256 + 3969 = 4225$

$\therefore$ $AM^2 + \frac{4225}{4} = \frac{4225}{2} \Rightarrow AM^2 = \frac{4225}{2} - \frac{4225}{4} = \frac{4225}{4}$

$\therefore$ $AM^2 = \left(\frac{65}{2}\right)^2 \Rightarrow AM = \frac{65}{2} = 32.5$ सेमी.

59. सम्मुख चित्र में बहिष्कोण PBC का समद्विभाजक BR और $\angle QCB$ का समद्विभाजक CR है।

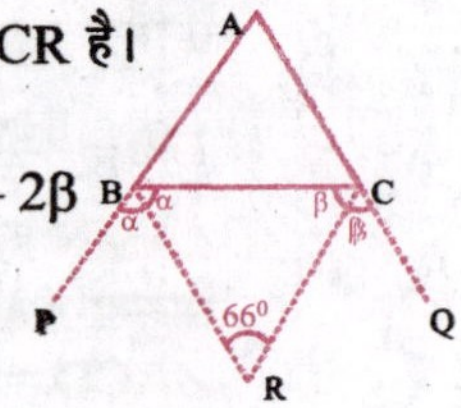

माना $\angle PBC = 2\alpha$ और $\angle QCB = 2\beta$, अतः ΔBCR में $\alpha + \beta + 66^0 = 180^0$

$\therefore$ $\alpha + \beta = 180^0 - 66 = 114^0$, अब ΔABC में $\angle B = 180^0 - 2\alpha$ और $\angle C = 180^0 - 2\beta$

$\therefore$ $\angle A + \angle B + \angle C = 180^0$

$\therefore$ $\angle A + 180^0 - 2\alpha + 180^0 - 2\beta = 180^0$

$\therefore$ $\angle A = 2(\alpha + \beta) - 180^0 = 2 \times 114 - 180^0 = 228^0 - 180^0 = 48^0$

60. सम्मुख ΔEFD में $\angle F = 90^0$

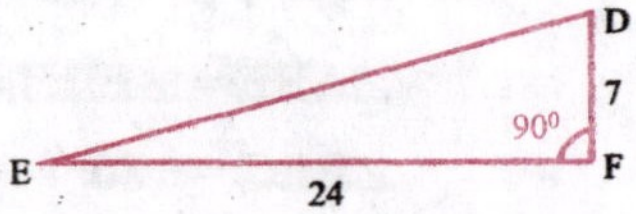

$\therefore$ पाइथागोरस प्रमेय से $DE^2 = 24^2 + 7^2$

$\therefore$ $DE^2 = 576 + 49 = 625 \Rightarrow DE = 25$ सेमी.

$\therefore$ ΔDEF के परिवृत्त की त्रिज्या $= \frac{\text{कर्ण}}{2} = \frac{25}{2} = 12.5$ सेमी.

61. सम्मुख ΔPQR का परिकेन्द्र O है।

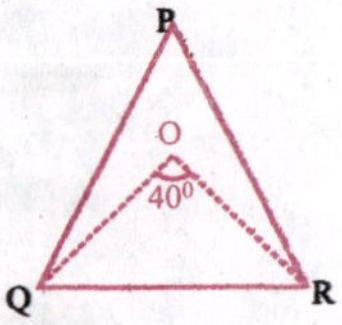

बिन्दु P परिवृत्त पर स्थित होगा।

$\therefore$ $\angle QPR = \frac{\text{केन्द्र कोण}}{2} = \frac{40^0}{2} = 20^0$

62. सम्मुख ΔABC में AP, $\angle BAC$ का समद्विभाजक है।

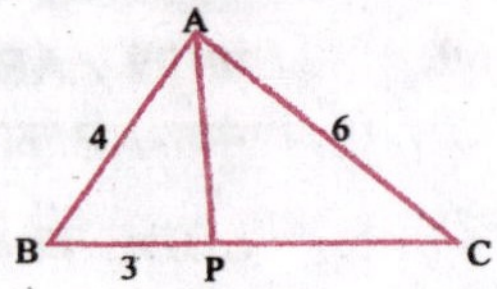

$\therefore$ $\frac{AB}{AC} = \frac{BP}{PC} \Rightarrow \frac{4}{6} = \frac{3}{PC}$

$\therefore$ $PC \times 4 = 6 \times 3 \Rightarrow PC = \frac{6 \times 3}{4} = \frac{9}{2} = 4.5$ सेमी.

63. सम्मुख ΔABC में $DE \parallel BC$

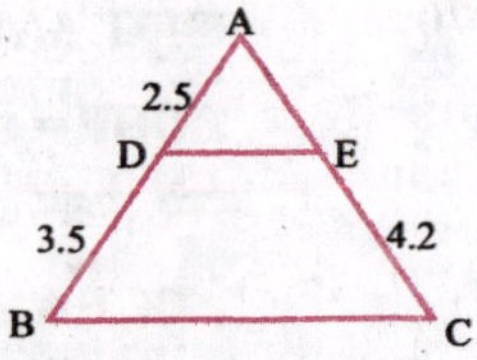

$\therefore$ $\frac{AD}{DB} = \frac{AE}{EC} \Rightarrow \frac{2.5}{3.5} = \frac{A\,E}{4.2}$

$\therefore$ $AE = \frac{2.5 \times 4.2}{3.5} = 3.00 = 3$ सेमी.

$\therefore$ $AC = AE + EC = 3 + 4.2 = 7.2$ सेमी.

64. सम्मुख ΔABC में $\angle B = 90^0$ और $BD = DE = EC$

$\therefore$ $AC^2 = AB^2 + BC^2 = AB^2 + (3\,BD)^2 = AB^2 + 9\,BD^2 = AB^2 + BD^2 + 8\,BD^2 = (AB^2 + BD^2) + 8\,BD^2$

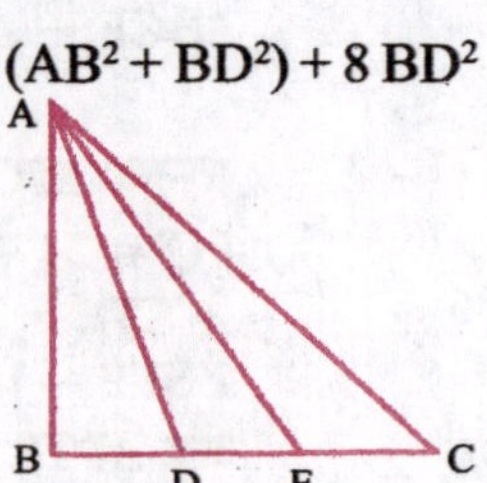

$AC^2 = AD^2 + 8\,BD^2$, अतः $8\,BD^2 = AC^2 - AD^2 \Rightarrow BD^2 = \frac{(AC^2 - AD^2)}{8}$

अब समकोण ΔABE में $AE^2 = AB^2 + BE^2 = (AD^2 - BD^2) + (2\,BD)^2$

$\therefore$ $AE^2 = AD^2 - BD^2 + 4\,BD^2 = AD^2 + 3\,BD^2 = AD^2 + 3\,\frac{(AC^2 - AD^2)}{8}$

$\therefore$ $AE^2 = \frac{8AD^2 + 3AC^2 - 3AD^2}{8} \Rightarrow 8\,AE^2 = 3\,AC^2 + 5\,AD^2$

65. सम्मुख समबाहु ΔABC में P, Q, R भुजाओं AB, BC और CA के मध्य बिन्दु हैं।

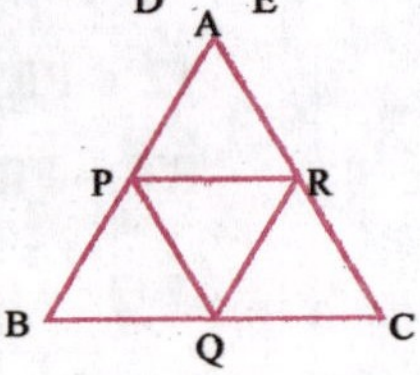

जहाँ $AB = BC = CA = 8$ सेमी.

$\therefore$ $PQ = QR = RP = \frac{8}{2} = 4$ सेमी.

$\therefore$ ΔPQR का क्षेत्रफल $= \frac{\sqrt{3}}{4}$ भुजा^{2} $= \frac{\sqrt{3}}{4} \times 4 \times 4 = 4\sqrt{3}$ सेमी.^{2}

66. सम्मुख ΔABC में $MN \parallel BC$ जहाँ $AN : NC = 4 : 5$, अतः ΔAMN और ΔABC समरूप त्रिभुज हैं।

$\therefore \quad \frac{AN}{AC} = \frac{AN}{AN+NC} = \frac{4}{4+5} = \frac{4}{9} \Rightarrow \frac{AN}{AC} = \frac{4}{9} = \frac{MN}{BC}$, अतः माना $MN = 4x$ तथा $BC = 9x$

पुनः माना ΔAMN की ऊँचाई 4h तथा ΔABC की ऊँचाई 9h है।

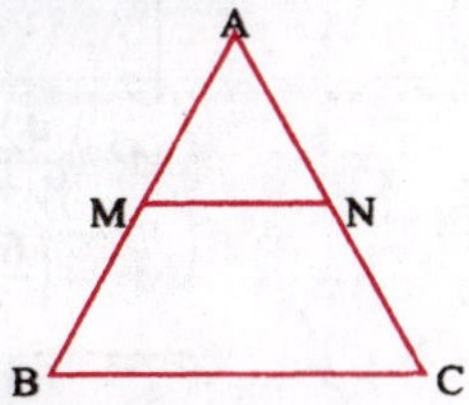

$\therefore \quad \Delta AMN$ का क्षेत्रफल $= \frac{1}{2} \times MN \times$ ऊँचाई $= \frac{1}{2} \times 4x \times 4h = 8xh$

ΔABC का क्षेत्रफल $= \frac{1}{2} \times BC \times$ ऊँचाई $= \frac{1}{2} \times 9x \times 9h = \frac{81}{2} xh$

$\therefore$ चतुर्भुज MBCN का क्षेत्रफल $= \Delta ABC$ का क्षेत्रफल $- \Delta AMN$ का क्षेत्रफल

$\therefore \quad 130 = \frac{81xh}{2} - 8xh = \frac{81xh - 16xh}{2} = \frac{65xh}{2}$, अतः $130 = \frac{65xh}{2} \Rightarrow xh = \frac{130 \times 2}{65} = 4$

$\therefore \quad \Delta AMN$ का क्षेत्रफल $= 8\ xh = 8 \times 4 = 32$ सेमी.^{2}

67. सम्मुख ΔABC में $\angle B = 72^0$ और $\angle C = 44^0$

$\therefore \quad \angle ACD = 180^0 - 44 = 136^0$

$\angle ABC$ का समद्विभाजक BE और $\angle ACD$ का समद्विभाजक CE है।

$\therefore \quad \angle ABE = \angle EBC = \frac{72}{2} = 36^0$ और $\angle ACE = \angle ECD = \frac{136}{2} = 68^0$

$\therefore \quad \angle BEC = 180^0 - (36^0 + 44^0 + 68^0) = 180^0 - 148^0 = 32^0$

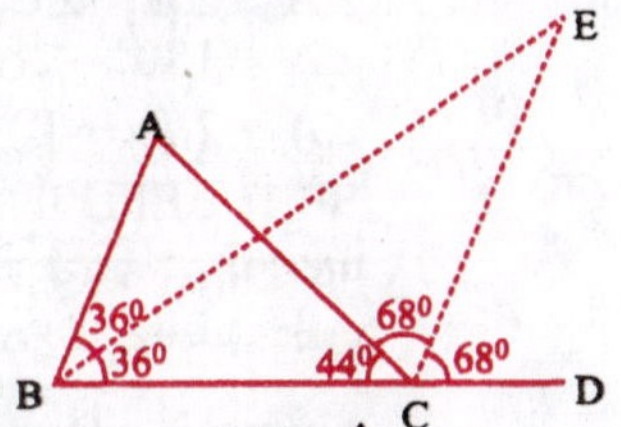

68. सम्मुख त्रिभुज ABC समबाहु Δ है।

$\therefore$ भुजा $\times \frac{\sqrt{3}}{2} =$ ऊँचाई $\Rightarrow AB \times \frac{\sqrt{3}}{2} = 4\sqrt{3}$

$\therefore \quad AB = 4\sqrt{3} \times \frac{2}{\sqrt{3}} = 8$ सेमी.

$\therefore \quad \Delta ABC$ का परिमाप $= 3 \times$ भुजा $= 3 \times 8 = 24$ सेमी.

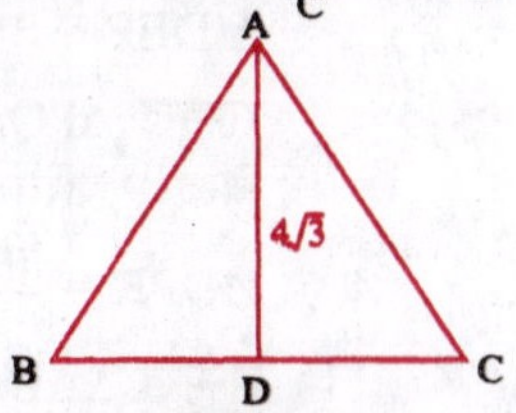

69. सम्मुख ΔABC का क्षेत्रफल $= 44$ सेमी.^{2}

भुजा AB का मध्यबिन्दु E तथा BC का मध्य बिन्दु D है।

$\therefore \quad \Delta BDE$ का क्षेत्रफल $= \frac{1}{4} \times \Delta ABC$ का क्षेत्रफल $= \frac{1}{4} \times 44 = 11$ सेमी.^{2}

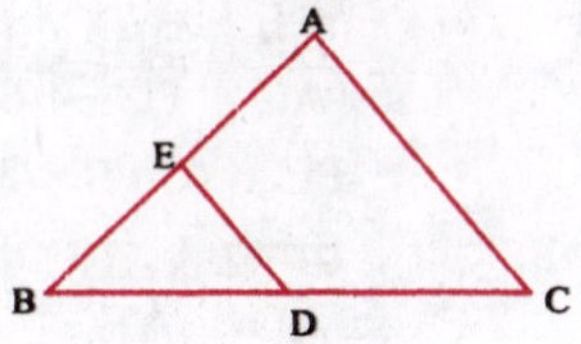

70. सम्मुख ΔABC का बहिष्कोण $DBC = 180^0 - 68^0 = 112^0$

$\therefore \quad \angle DBF = \angle FBC = \frac{112}{2} = 56^0$

इसी प्रकार $\angle BCE = 180^0 - 32^0 = 148^0$

$\therefore \quad \angle BCF = \angle FCE = \frac{148^0}{2} = 74^0$

$\therefore \quad \Delta BCF$ में $\angle BFC = 180^0 - (\angle FBC + \angle BCF)$

$= 180^0 - (56^0 + 74^0) = 180^0 - 130^0 = 50^0$

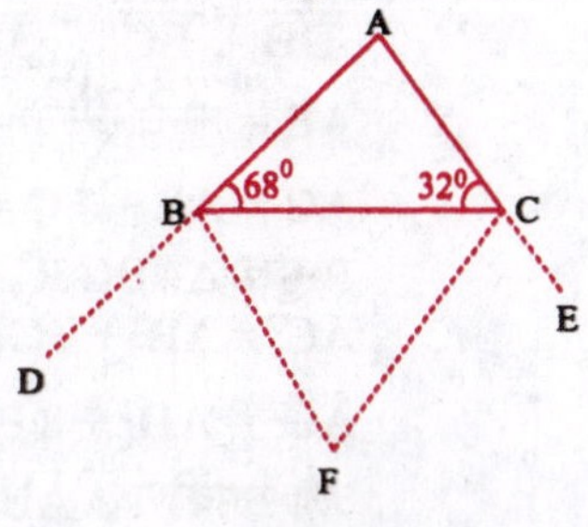

71. सम्मुख ΔPQR में $\angle PQR = 58^0$

$PQ = 24$ सेमी. और $PS = 14$ सेमी.

$\angle STR = 122^0$

$\therefore \quad \angle STP = 180^0 - 122^0 = 58^0$

अब $\Delta PTS \sim PQR$ में $\frac{PT}{PQ} = \frac{PS}{PR}$, अतः $\frac{12}{24} = \frac{14}{PR}$

$\therefore \quad 12 \times PR = 24 \times 14 \Rightarrow PR = \frac{24 \times 14}{12} = 28$ सेमी.

$\therefore \quad RT = PR - PT = 28 - 12 = 16$ सेमी.

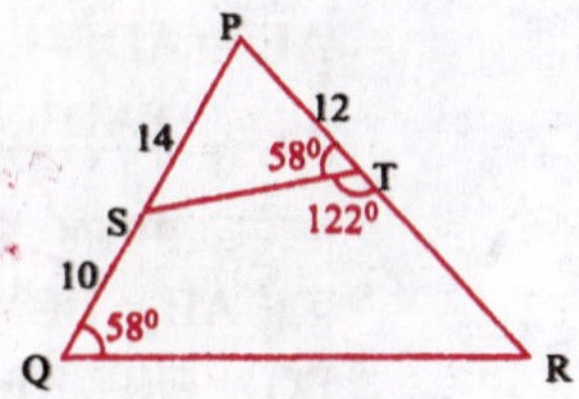

29 निर्देशांक ज्यामिति
(Co-ordinate Geometry)

गणित की वह शाखा, जिसमें किसी बिन्दु या रेखा की स्थिति को दो अंकों द्वारा निर्देशित किया जाता है। इन दोनों अंकों जैसे (6, 4) को निर्देशांक कहते हैं। पहला अंक भुज और दूसरा अंक कोटि कहलाता है।

कार्तीय तल

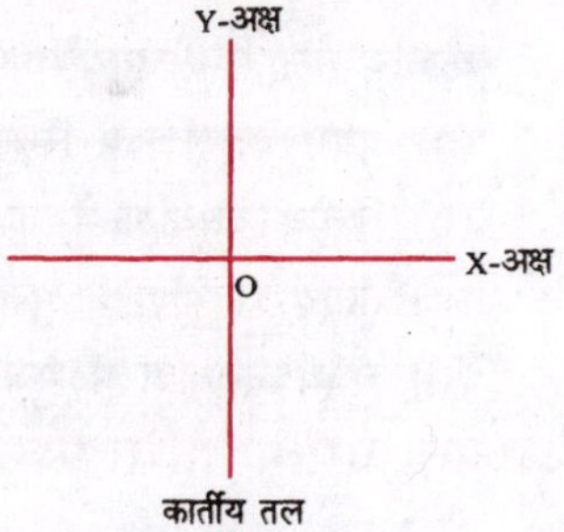

कार्तीय तल

दो लम्बवत् रेखाओं (एक क्षैतिज और दूसरी ऊर्ध्वाधर) के प्रतिच्छेदन से बना तल कार्तीय तल कहलाता है। क्षैतिज रेखा को X-अक्ष तथा ऊर्ध्वाधर रेखा को Y-अक्ष कहते हैं। दोनों का प्रतिच्छेद बिन्दु मूल बिन्दु (O) कहलाता है। सम्मुख चित्र में क्षैतिज रेखा X-अक्ष और ऊर्ध्वाधर रेखा Y-अक्ष है। इनका प्रतिच्छेद बिन्दु O मूल बिन्दु है। इस प्रकार निर्मित तल कार्तीय तल है। कार्तीय तल में अनन्त बिन्दु और अनन्त रेखाएं होती हैं।

भुज (Abscissa)

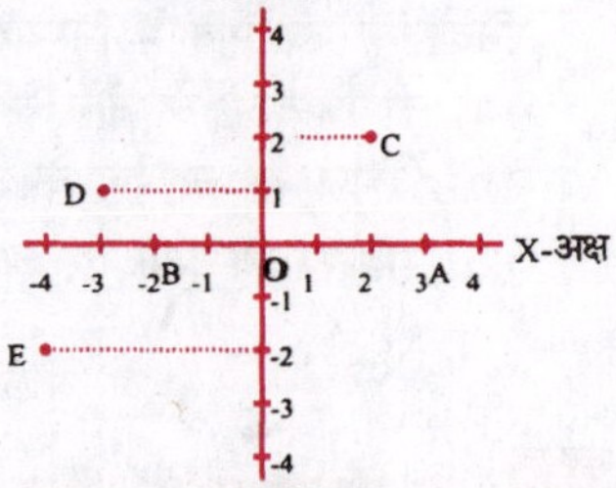

मूल बिन्दु से X-अक्ष पर दायें या बायें ली गयी दूरी को भुज कहते हैं अथवा Y-अक्ष से दायें या बायें ली गयी लम्बवत् दूरी को भुज कहते हैं। चित्र में

बिन्दु A का भुज = 3	बिन्दु B का भुज = – 2
बिन्दु C का भुज = 2	बिन्दु D का भुज = – 3
बिन्दु E का भुज = – 4	बिन्दु F का भुज = 2

कोटि (Ordinate)

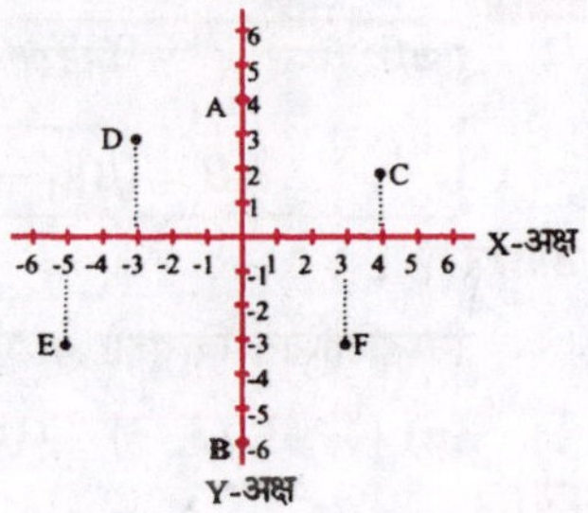

मूल बिन्दु से Y-अक्ष पर ऊपर या नीचे ली गयी दूरी कोटि कहलाती है अथवा X-अक्ष के ऊपर या नीचे ली गयी लम्बवत् दूरी कोटि कहलाती है। चित्र में,

बिन्दु A की कोटि = 4	बिन्दु B की कोटि = – 6
बिन्दु C की कोटि = 2	बिन्दु D की कोटि = 3
बिन्दु E की कोटि = – 5	बिन्दु F की कोटि = – 3

निर्देशांक ज्यामिति की चिन्ह परिपाटी

(a) X-अक्ष पर मूल बिन्दु से दायें की दूरी धनात्मक और बायें की दूरी ऋणात्मक होती है।

(b) X-अक्ष के ऊपर की दूरी धनात्मक और नीचे की दूरी ऋणात्मक होती है।

(c) Y-अक्ष पर मूल बिन्दु से ऊपर की दूरी धनात्मक और नीचे की दूरी ऋणात्मक होती है।

(c) Y-अक्ष के दायें की दूरी धनात्मक और बायें की दूरी ऋणात्मक होती है।

किसी बिन्दु का निर्देशांक

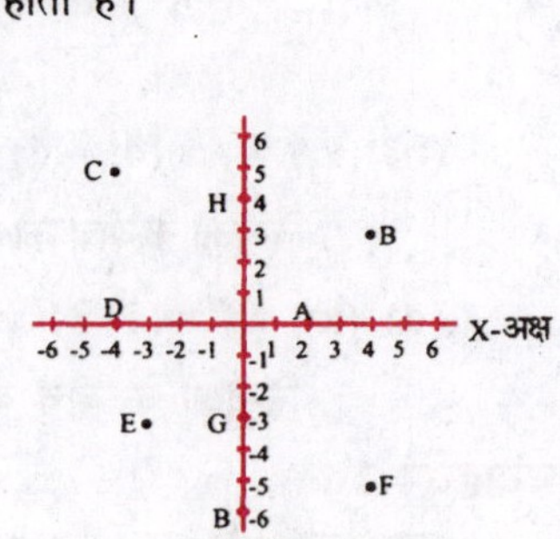

किसी बिन्दु का निर्देशांक, (भुज, कोटि) के रूप में लिखा जाता है जिसका संकेत (x, y) होता है। जैसे चित्र से,

बिन्दु B का निर्देशांक (x, y) = (4, 3)

बिन्दु C का निर्देशांक (x, y) = (– 4, 5)

बिन्दु E का निर्देशांक (x, y) = (–3, –3)

बिन्दु F का निर्देशांक (x, y) = (4, –5)

Note : (1) X-अक्ष पर स्थित किसी बिन्दु का निर्देशांक (x, 0) या (–x, 0) होता है।
जैसे– बिन्दु A का निर्देशांक = (2, 0) बिन्दु D का निर्देशांक = (– 4, 0)

(2) Y-अक्ष पर स्थित किसी बिन्दु का निर्देशांक (0, y) या (0, –y) होता है
जैसे– बिन्दु H का निर्देशांक = (0, 4) बिन्दु G का निर्देशांक = (0, – 3)

(3) मूल बिन्दु O का निर्देशांक (0, 0) होता है।

चतुर्थांशों में स्थित बिन्दु-निर्देशांक के चिन्ह

कार्तीय तल में 4 चतुर्थांश (भाग) बनते हैं।

(a) प्रथम चतुर्थांश में स्थित बिन्दु के भुज और कोटि दोनों धनात्मक होते हैं।
(b) द्वितीय चतुर्थांश में भुज ऋणात्मक और कोटि धनात्मक होती है।
(c) तृतीय चतुर्थांश में भुज और कोटि दोनों ऋणात्मक होते हैं।
(d) चतुर्थ चतुर्थांश में भुज धनात्मक और कोटि ऋणात्मक होती है।

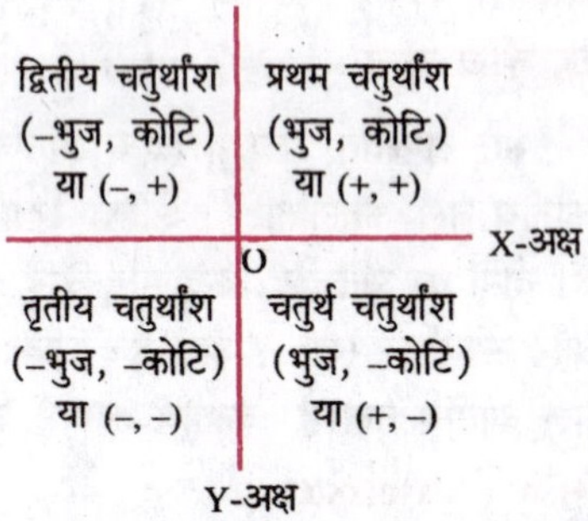

अध्याय पर आधारित प्रश्नों के प्रकार

निर्देशांक ज्यामिति में निम्नलिखित कुल 6 प्रकार के प्रश्न पूछे जाते हैं –

(a) दो बिन्दुओं के बीच की दूरी पर आधारित प्रश्न
(b) त्रिभुज या चतुर्भुज के क्षेत्रफल पर आधारित प्रश्न
(c) समरेख बिन्दुओं पर आधारित प्रश्न
(d) त्रिभुजों के विभिन्न केन्द्रों पर आधारित प्रश्न
(e) बिन्दुओं के विभाजन पर आधारित प्रश्न
(f) रेखा के समीकरण पर आधारित प्रश्न

उदाहरणार्थ हल-प्रश्न

1 दो बिन्दुओं के बीच की दूरी पर आधारित प्रश्न

यदि बिन्दु A का निर्देशांक (x_1, y_1) तथा बिन्दु B का निर्देशांक (x_2, y_2) हो तो उनके बीच की दूरी

$$AB = \sqrt{(x_1 - x_2)^2 + (y_1 - y_2)^2} \text{ या } \sqrt{(x_2 - x_1)^2 + (y_2 - y_1)^2}$$

उदाहरण 1 :

निम्नलिखित बिन्दुओं के बीच की दूरी ज्ञात कीजिए।

(a) (4, 4), (3, 3) (b) (4, – 4), (3, 3) (c) (1, 3), (4, 2)

हल :

(a) $(x_1, y_1) = (4, 4)$, $(x_2, y_2) = (3, 3)$

∴ बिन्दुओं के बीच की दूरी $d = \sqrt{(x_1 - x_2)^2 + (y_1 - y_2)^2} = \sqrt{(4-3)^2 + (4-3)^2}$

$= \sqrt{1^2 + 1^2} = \sqrt{1+1} = \sqrt{2}$ इकाई

(b) $(x_1, y_1) = (4, -4)$, $(x_2, y_2) = (3, 3)$

∴ बिन्दुओं के बीच की दूरी $d = \sqrt{(4-3)^2 + (-4-3)^2} = \sqrt{1^2 + (-7)^2} = \sqrt{1+49} = \sqrt{50} = 5\sqrt{2}$ इकाई

(c) $(x_1, y_1) = (1, 3)$, $(x_2, y_2) = (4, 2)$

∴ बिन्दुओं के बीच की दूरी $d = \sqrt{(1-4)^2 + (3-2)^2} = \sqrt{(-3)^2 + (1)^2} = \sqrt{9+1} = \sqrt{10}$ इकाई

उदाहरण 2 :

एक रेखा AB का बिन्दु A = (2, – 3) तथा बिन्दु B = (10, y) तथा रेखा AB की लम्बाई 10 इकाई हो तो y का मान ज्ञात कीजिए।

हल :

$(x_1 y_1) = (2, -3), (x_2, y_2) = (10, y), d = 10$ इकाई

$\therefore \quad d = \sqrt{(x_1 - x_2)^2 + (y_1 - y_2)^2}$ से $d^2 = (x_1 - x_2)^2 + (y_1 - y_2)^2$

$\therefore \quad 10^2 = (2-10)^2 + (-3-y)^2 \Rightarrow 100 = 64 + (-3-y)^2$

$\therefore \quad (-3-y)^2 = 36 \Rightarrow -3-y = 6 \Rightarrow y = -9$

उदाहरण 3 :

एक रेखा की लम्बाई 5 एकक है। रेखा का एक सिरा बिन्दु (4, 6) पर है यदि दूसरे सिरे का भुज 1 हो तो उसकी कोटि ज्ञात कीजिए।

हल :

$d = 5$ एकक, $(x_1, y_1) = (4, 6)$, माना दूसरे सिरे की कोटि y है, अतः $(x_2, y_2) = (1, y)$

अब $d = \sqrt{(x_1 - x_2)^2 + (y_1 - y_2)^2}$ से $d^2 = (x_1 - x_2)^2 + (y_1 - y_2)^2$

$\therefore \quad 25 = (4-1)^2 + (6-y)^2 \Rightarrow 25 = 9 + (6-y)^2$, अतः $(6-y)^2 = 16 \Rightarrow 6 - y = 4 \Rightarrow y = 2$

उदाहरण 4 :

बिन्दुओं (1, 3), (4, 2), (7, 5) तथा (4, 6) से निर्मित चतुर्भुज की प्रकृति ज्ञात कीजिए।

हल :

माना A = (1, 3), B = (4, 2), C = (7, 5) D = (4, 6)

$\therefore$ भुजा AB की लम्बाई $= \sqrt{(1-4)^2 + (3-2)^2} = \sqrt{(-3)^2 + (1)^2} = \sqrt{9+1} = \sqrt{10}$ इकाई

भुजा BC की लम्बाई $= \sqrt{(4-7)^2 + (2-5)^2} = \sqrt{(-3)^2 + (-3)^2} = \sqrt{9+9} = \sqrt{18}$ इकाई

भुजा CD की लम्बाई $= \sqrt{(7-4)^2 + (5-6)^2} = \sqrt{(-3)^2 + (-1)^2} = \sqrt{9+1} = \sqrt{10}$ इकाई

भुजा DA की लम्बाई $= \sqrt{(4-1)^2 + (6-3)^2} = \sqrt{(3)^2 + (3)^2} = \sqrt{9+9} = \sqrt{18}$ इकाई

विकर्ण AC की लम्बाई $= \sqrt{(1-7)^2 + (3-5)^2} = \sqrt{(-6)^2 + (-2)^2} = \sqrt{36+4} = \sqrt{40}$ इकाई

विकर्ण BD की लम्बाई $= \sqrt{(4-4)^2 + (2-6)^2} = \sqrt{0^2 + (-4)^2} = \sqrt{0+16} = \sqrt{16} = 4$ इकाई

(a) यदि चारों भुजाएं बराबर हों और दोनों विकर्ण भी बराबर हों तो चतुर्भुज वर्ग होगा।
(b) यदि चारों भुजाएं बराबर हों और दोनों विकर्ण बराबर न हों तो, चतुर्भुज समचतुर्भुज होगा।
(c) यदि आमने-सामने की भुजाएं बराबर हों परन्तु दोनों विकर्ण बराबर न हों तो वह चतुर्भुज समान्तर चतुर्भुज होगा।
(d) यदि सम्मुख भुजाएं बराबर हों और दोनों विकर्ण भी बराबर हों तो वह चतुर्भुज आयत होगा।

चूंकि भुजा AB = भुजा CD = $\sqrt{10}$ इकाई और भुजा BC = भुजा DA = $\sqrt{18}$ इकाई

परन्तु विकर्ण AC $\neq$ विकर्ण BD, अतः चतुर्भुज एक समान्तर चतुर्भुज है।

उदाहरण 5 :

Y-अक्ष पर स्थित उस बिन्दु का निर्देशांक ज्ञात कीजिए।, जो बिन्दुओं (1, 2) तथा (3, 4) से समदूरस्थ हो।

हल :

माना Y-अक्ष पर स्थित वह बिन्दु $(0, y)$ है।

$\therefore$ $(0, y)$ से बिन्दु (1, 2) तक की दूरी = $(0, y)$ से बिन्दु (3, 4) तक की दूरी

$\therefore \quad \sqrt{(0-1)^2 + (y-2)^2} = \sqrt{(0-3)^2 + (y-4)^2} \Rightarrow (-1)^2 + (y-2)^2 = (-3)^2 + (y-4)^2$

$\therefore \quad 1 + y^2 + 4 - 4y = 9 + y^2 + 16 - 8y \Rightarrow 8y - 4y = 25 - 5 \Rightarrow 4y = 20 \Rightarrow y = 5$

$\therefore$ Y-अक्ष पर स्थित बिन्दु = (0, y) = (0, 5)

उदाहरण 6 :

X-अक्ष पर स्थित वह बिन्दु ज्ञात कीजिए।, जो बिन्दुओं (3, 4) और (5, 8) से समदूरस्थ हो।

हल :

माना X-अक्ष पर स्थित बिन्दु (x, 0) है।

$\therefore$ (x, 0) से बिन्दु (3, 4) तक की दूरी = (x, 0) से बिन्दु (5, 8) तक की दूरी

$\therefore \sqrt{(x-3)^2+(0-4)^2} = \sqrt{(x-5)^2+(0-8)^2} \Rightarrow (x-3)^2+(-4)^2 = (x-5)^2+(-8)^2$

$x^2 + 9 - 6x + 16 = x^2 + 25 - 10x + 64$, अतः $10x - 6x = 64 \Rightarrow 4x = 64 \Rightarrow x = 16$

$\therefore$ X-अक्ष पर स्थित वह बिन्दु = (x, 0) = (16, 0)

उदाहरण 7 :

बिन्दुओं (–3, 5), (6, 2), तथा (–3, 2) से किस प्रकार का त्रिभुज बनेगा।

हल :

माना A = (–3, 5), B = (6, 2), तथा C = (–3, 2)

$\therefore$ भुजा AB की लम्बाई $= \sqrt{(-3-6)^2+(5-2)^2} = \sqrt{(-9)^2+(3)^2} = \sqrt{81+9} = \sqrt{90}$ इकाई

भुजा BC की लम्बाई $= \sqrt{(6+3)^2+(2-2)^2} = \sqrt{9^2+0^2} = \sqrt{81} = 9$ इकाई

भुजा CA की लम्बाई $= \sqrt{(-3+3)^2+(2-5)^2} = \sqrt{0^2+(-3)^2} = \sqrt{9} = 3$ इकाई

$BC^2 + CA^2 = 9^2 + 3^2 = 81 + 9 = 90$ और $AB^2 = (\sqrt{90})^2 = 90$

(a) यदि त्रिभुज की तीनों भुजाओं की लम्बाई समान हो तो वह समबाहु त्रिभुज होगा।
(b) यदि त्रिभुज की दो भुजाए समान लम्बाई की हों तो वह समद्विबाहु त्रिभुज होगा।
(c) यदि त्रिभुज की तीनों भुजाएं असमान हों तो वह विषम बाहु त्रिभुज होगा।
(d) यदि त्रिभुज की दो भुजाओं के वर्गों का योग = तीसरी भुजा² तो वह समकोण त्रिभुज होगा।

चूँकि $BC^2 + CA^2 = AB^2$, अतः ΔABC एक समकोण त्रिभुज होगा।

उदाहरण 8 :

यदि बिन्दु (a, b), (2, –2), (8, 4) तथा (5, 7) किसी आयत के शीर्ष हों तो अज्ञात बिन्दु (a, b) ज्ञात कीजिए।

हल :

$\because$ आयत की सम्मुख भुजाएं समान होती हैं।

$\therefore AB = DC \Rightarrow AB^2 = DC^2 \Rightarrow (a-2)^2 + (b+2)^2 = (5-8)^2 + (7-4)^2$

$\therefore a^2 + 4 - 4a + b^2 + 4 + 4b = 9 + 9$

$\therefore a^2 + b^2 - 4a + 4b = 18 - 8$

$\therefore a^2 + b^2 - 4a + 4b = 10$ ....(i)

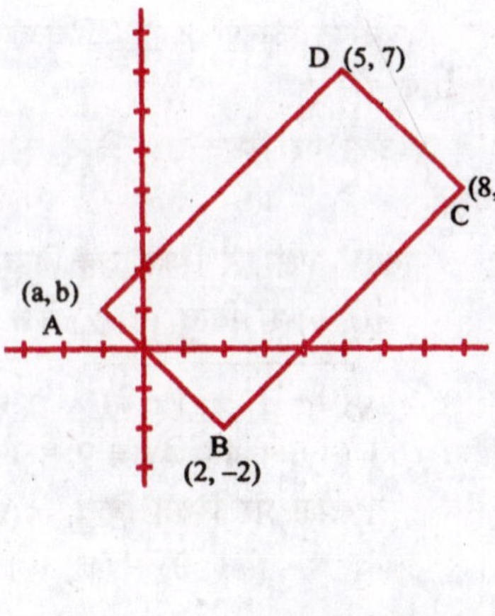

इसी प्रकार $AD^2 = BC^2 \Rightarrow (a-5)^2 + (b-7)^2 = (2-8)^2 + (-2-4)^2$

$\therefore a^2 + 25 - 10a + b^2 + 49 - 14b = 36 + 36 = 72$

$\therefore a^2 + b^2 - 10a - 14b = 72 - 74 = -2$

$\therefore a^2 + b^2 - 10a - 14b = 2$ ....(ii)

समी. (i) से $a^2 + b^2 = 10 + 4a - 4b$ रखने पर

$10 + 4a - 4b - 10a - 14b = -2$

$-6a - 18b = -12 \Rightarrow a + 3b = 2$ ....(iii)

चूंकि विकर्ण AC = विकर्ण BD, अतः $AC^2 = BD^2 \Rightarrow (a-8)^2 + (b-4)^2 = (2-5)^2 + (-2-7)^2$

$\therefore$ $a^2 + 64 - 16a + b^2 + 16 - 8b = 9 + 81 \Rightarrow a^2 + b^2 - 16a - 8b = 90 - 80 = 10$

$\therefore$ $10 + 4a - 4b - 16a - 8b = 10 \Rightarrow -12a - 12b = 0 \Rightarrow -a = b$ ....(iv)

$\therefore$ समीकरण (iii) और (iv) को हल करने पर, a = –1, b = 1, अतः अज्ञात बिन्दु (a, b) = (–1, 1)

2 क्षेत्रफल पर आधारित प्रश्न

(A) यदि किसी त्रिभुज के तीनों शीर्षों के निर्देशांक (x_1, y_1), (x_2, y_2) तथा (x_3, y_3) हो तो उस त्रिभुज का क्षेत्रफल $= \frac{1}{2}\ [x_1(y_2 - y_3) + x_2(y_3 - y_1) + x_3(y_1 - y_2)]$

(B) किसी अन्य बहुभुज (जैसे चतुर्भुज, पंचभुज इत्यादि) का क्षेत्रफल ज्ञात करना हो तो सर्वप्रथम उसे त्रिभुजों में बाँटते हैं। इसके बाद सभी त्रिभुजों के क्षेत्रफल सूत्र (A) द्वारा करके उन्हें जोड़ देते हैं। इस प्रकार प्राप्त योगफल उस बहुभुज का क्षेत्रफल होता है।

(C) यदि वर्ग या आयत का क्षेत्रफल ज्ञात करना हो तो उनकी भुजाओं या विकर्ण की लम्बाई $\sqrt{(x_1 - x_2)^2 + (y_1 - y_2)^2}$ *से ज्ञात करके निम्नलिखित सूत्रों से क्षेत्रफल ज्ञात करते हैं-*

वर्ग का क्षेत्रफल = भुजा² या वर्ग का क्षेत्रफल = $\frac{\text{विकर्ण}^2}{2}$

आयत का क्षेत्रफल = लम्बाई × चौड़ाई

(D) यदि वृत्त का क्षेत्रफल ज्ञात करना होतो वृत्त की त्रिज्या ज्ञात करके πr^2 *द्वारा उसका क्षेत्रफल ज्ञात करते हैं।*

उदाहरण 1 :

बिन्दुओं (– 4, –3), (3, –3) तथा (5, 3) से निर्मित त्रिभुज का क्षेत्रफल ज्ञात कीजिए।

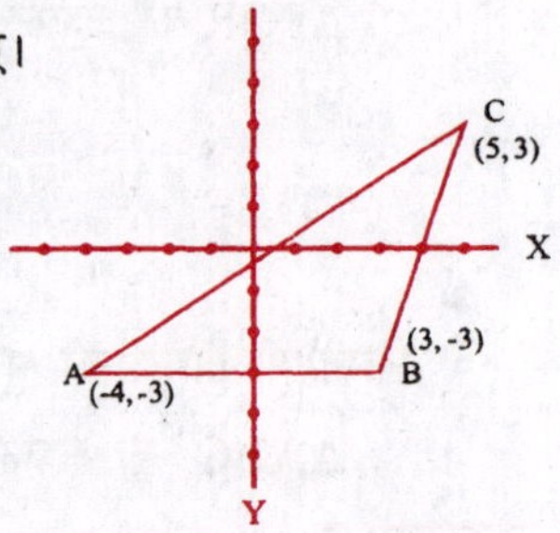

हल :

$(x_1, y_1) = (-4, -3) = A$, $(x_2, y_2) = (3, -3) = B$, $(x_3, y_3) = (5, 3) = C$

$\because$ Δ ABC का क्षेत्रफल $= \frac{1}{2}[x_1(y_2 - y_3) + x_2(y_3 - y_1) + x_3(y_1 - y_2)]$

$= \frac{1}{2}[-4(-3-3) + 3(3+3) + 5(-3+3)]$

$= \frac{1}{2}[(-4 \times -6) + 3 \times 6 + 5 \times 0]$

$= \frac{1}{2}[24 + 18 + 0] = \frac{1}{2} \times 42 = 21$ वर्ग इकाई

उदाहरण 2 :

मूल बिन्दु और (4, 0) तथा (5, 3) से निर्मित त्रिभुज का क्षेत्रफल क्या होगा?

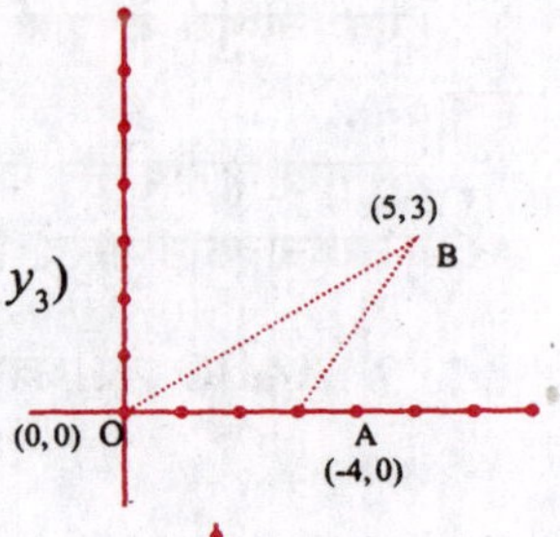

हल :

बिन्दु (0, 0) = O = (x_1, y_1), बिन्दु (4, 0) = A = (x_2, y_2), बिन्दु (5, 3) = B = (x_3, y_3)

$\therefore$ Δ OAB का क्षे. $= \frac{1}{2}[x_1(y_2 - y_3) + x_2(y_3 - y_1) + x_3(y_1 - y_2)]$

$= \frac{1}{2}[0 \times (0-3) + 4(3-0) + 5(0-0)]$

$= \frac{1}{2}[0 + 4 \times 3 + 0] = \frac{1}{2} \times 12 = 6$ वर्ग इकाई

उदाहरण 3 :

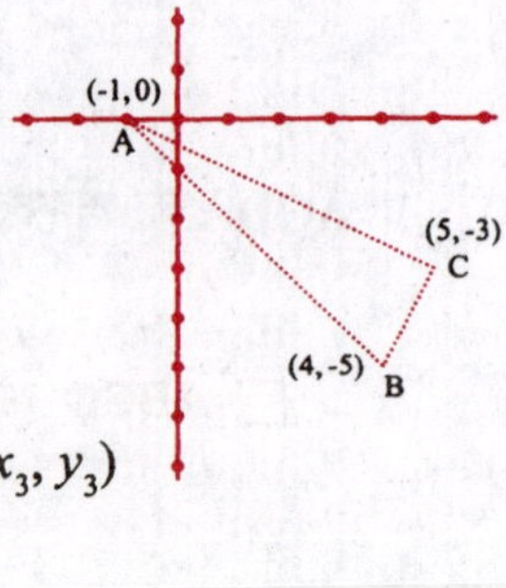

समकोण ΔABC का $\angle C$ समकोण है और बिन्दु A = (–1, 0), बिन्दु B = (4, –5), बिन्दु C = (5, –3) तो त्रिभुज ABC का क्षेत्रफल कितना होगा?

हल :

बिन्दु A = (–1, 0) = (x_1, y_1), बिन्दु B = (4, –5) = (x_2, y_2), बिन्दु C = (5, –3) = (x_3, y_3)

प्रथम विधि

$\therefore$ ΔABC का क्षे. $= \frac{1}{2}[x_1(y_2-y_3)+x_2(y_3-y_1)+x_3(y_1-y_2)]$

$= \frac{1}{2}[-1\times(-5+3)+4(-3-0)+5(0+5)]$

$= \frac{1}{2}[-1\times-2+4\times-3+5\times5] = \frac{1}{2}[2-12+25] = \frac{1}{2}\times15 = 7\frac{1}{2}$ वर्ग इकाई

द्वितीय विधि

समकोण ΔABC का आधार $AB = \sqrt{(-1-5)^2+(0+3)^2} = \sqrt{(-6)^2+3^2} = \sqrt{36+9} = \sqrt{45}$ इकाई

और लम्ब $BC = \sqrt{(4-5)^2+(-5+3)^2} = \sqrt{(-1)^2+(-2)^2} = \sqrt{5}$ इकाई

$\therefore$ ΔABC का क्षेत्रफल $= \frac{\text{लम्ब}\times\text{आधार}}{2} = \frac{\sqrt{5}\times\sqrt{45}}{2} = \frac{\sqrt{5}\times\sqrt{3\times3\times5}}{2} = \frac{5\times3}{2} = \frac{15}{2} = 7\frac{1}{2}$ वर्ग इकाई

उदाहरण 4 :

ΔABC की भुजाओं के मध्यबिन्दु P, Q, R क्रमशः (2, 3), (–3, –1) तथा (3, – 4) हैं। ΔABC का क्षेत्रफल ज्ञात कीजिए।

हल :

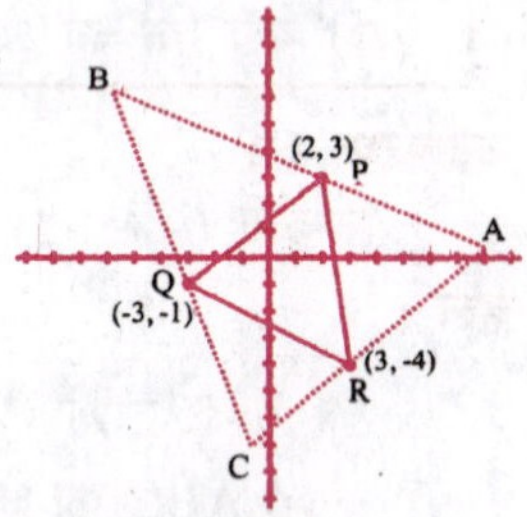

$\therefore$ ΔABC की भुजाओं के मध्यबिन्दु से निर्मित ΔPQR है।

$\therefore$ ΔPQR का क्षेत्रफल $= \frac{1}{2}\times[2\times(-1+4)+(-3)(-4-3)+3(3+1)]$

$= \frac{1}{2}\times[2\times3+(-3\times-7)+3\times4]$

$= \frac{1}{2}\times[6+21+12) = \frac{1}{2}\times39 = \frac{39}{2}$ वर्ग इकाई

किसी भी त्रिभुज की भुजाओं के मध्य बिन्दुओं को क्रमशः मिलाने पर बराबर क्षेत्रफल के 4 त्रिभुज बनते हैं।

$\therefore$ ΔABC का क्षेत्रफल $= 4\times\Delta PQR$ का क्षेत्रफल $= \frac{4\times39}{2} = 78$ वर्ग इकाई

उदाहरण 5 :

एक चतुर्भुज के शीर्ष क्रमशः (5, 3), (2, 5), (–5, 3) तथा (– 4, –3) हैं। चतुर्भुज का क्षेत्रफल ज्ञात कीजिए।

हल :

सम्मुख कार्तीय तल में स्थित चतुर्भुज ABCD में A = (5, 3), B = (2, 5), C = (–5, 3) तथा D = (– 4, –3)। विकर्ण AC की रचना करने पर दो त्रिभुज ABC तथा CDA बने हैं।

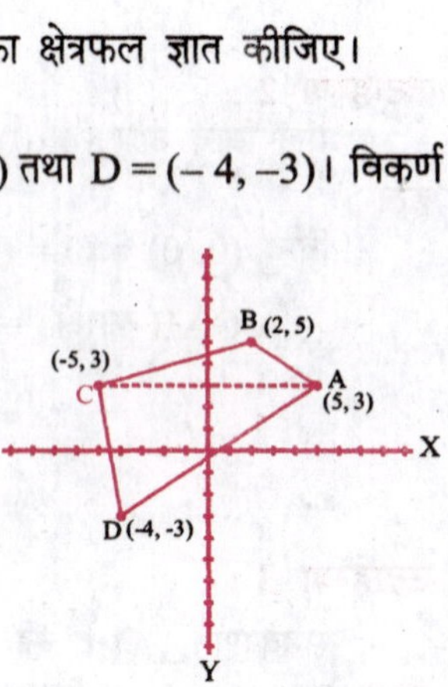

$\therefore$ ΔABC का क्षेत्रफल $= \frac{1}{2}[5(5-3)+2(3-3)+-5(3-5)]$

$= \frac{1}{2}[5\times2+2\times0+-5\times-2]$

$= \frac{1}{2}[10+0+10] = \frac{1}{2}\times20 = 10$ वर्ग इकाई

ΔCDA का क्षेत्रफल $= \frac{1}{2}[-5(-3-3)+-4(3-3)+5(3+3)]$

$= \frac{1}{2}[30+0+30] = \frac{1}{2}\times60 = 30$ वर्ग इकाई

$\therefore$ $\square$ ABCD का क्षे. $= \Delta ABC$ का क्षे. $+ \Delta CDA$ का क्षे. = 10 + 30 = 40 वर्ग इकाई

उदाहरण 6 :

एक वर्ग PQRS के शीर्ष क्रमशः (3, 2), (–2, 2), (–2, –3) तथा (3, –3) है। वर्ग का क्षेत्रफल कितना होगा?

हल :

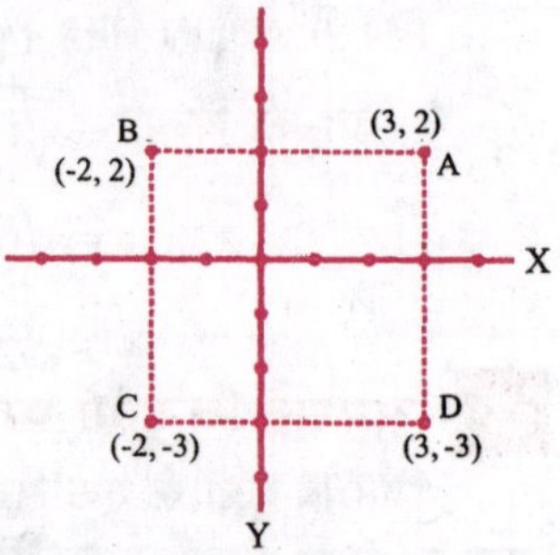

प्रथम विधि

भुजा AB की लम्बाई $= \sqrt{(3+2)^2+(2-2)^2} = \sqrt{5^2+0^2} = \sqrt{5^2} = 5$ इकाई

$\therefore$ वर्ग का क्षे. = भुजा^{2} = $5^2 = 25$ वर्ग इकाई

द्वितीय विधि

भुजा BC की लम्बाई $= \sqrt{(-2+2)^2+(2+3)^2} = \sqrt{0^2+5^2} = 5$ इकाई

$\therefore$ वर्ग का क्षे. = भुजा^{2} = $5^2 = 25$ वर्ग इकाई

तृतीय विधि

भुजा CD की लम्बाई $= \sqrt{(-2-3)^2+(-3+3)^2} = \sqrt{(-5)^2+0} = \sqrt{25} = 5$ इकाई

$\therefore$ वर्ग का क्षे. = भुजा^{2} = $5^2 = 25$ वर्ग इकाई

चतुर्थ विधि

भुजा DA की लम्बाई $= \sqrt{(3-3)^2+(-3-2)^2} = \sqrt{0+(-5)^2} = \sqrt{25} = 5$ इकाई

$\therefore$ वर्ग का क्षे. = भुजा^{2} = $5^2 = 25$ वर्ग इकाई

पंचम विधि

विकर्ण AC की लम्बाई $= \sqrt{(3+2)^2+(2+3)^2} = \sqrt{25+25} = \sqrt{50}$ इकाई

$\therefore$ वर्ग का क्षे. $= \frac{\text{विकर्ण}^2}{2} = \frac{(\sqrt{50})^2}{2} = \frac{50}{2} = 25$ वर्ग इकाई

षष्ठ विधि

विकर्ण BD की लम्बाई $= \sqrt{(-2-3)^2+(2+3)^2} = \sqrt{25+25} = \sqrt{50}$ इकाई

$\therefore$ वर्ग का क्षे. $= \frac{\text{विकर्ण}^2}{2} = \frac{(\sqrt{50})^2}{2} = \frac{50}{2} = 25$ वर्ग इकाई

उदाहरण 7 :

पंचभुज ABCDE के शीर्ष क्रमशः (2, 5), (–5, 3), (– 4, –3), (3, –3) तथा (5, 3) हैं। पंचभुज ABCDE का क्षेत्रफल ज्ञात कीजिए।

हल :

उपर्युक्त कार्तीय तल में A = (2, 5), B = (–5, 3), C = (– 4, –3), D = (3, –3), E = (5, 3)

विकर्ण BE और CE से पूरा पंचभुज 3 त्रिभुजों में विभाजित हुआ है।

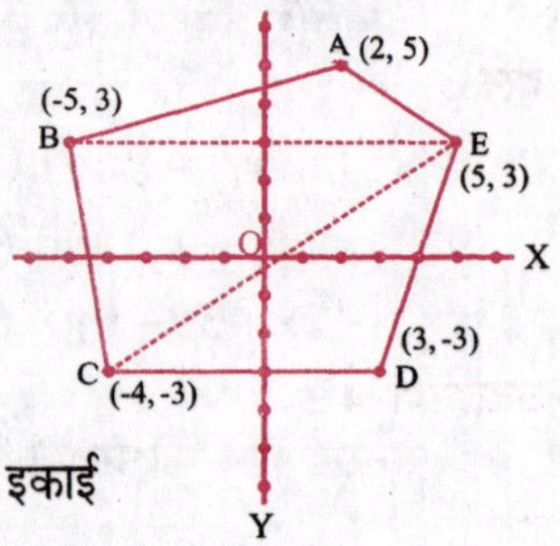

ΔABE का क्षे. $= \frac{1}{2}[2\times(3-3) + -5\times(3-5) + 5\times(5-3)]$

$= \frac{1}{2}[2\times0 + -5\times-2 + 5\times2] = \frac{1}{2}[0+10+10] = \frac{1}{2}\times20$

= 10 वर्ग इकाई

ΔBCE का क्षे. $= \frac{1}{2}[-5\times(-3-3) + -4\times(3-3) + 5\times(3+3)]$

$= \frac{1}{2}[-5\times-6 + 0 + 5\times6] = \frac{1}{2}(30+30) = \frac{1}{2}\times60 = 30$ वर्ग इकाई

ΔCDE का क्षे. $= \frac{1}{2}[-4\times(-3-3) + 3\times(3+3) + 5\times(-3+3)]$

$= \frac{1}{2}[-4\times-6 + 3\times6 + 5\times0] = \frac{1}{2}[24+18+0] = \frac{1}{2}\times42 = 21$ वर्ग इकाई

$\therefore$ पंचभुज का क्षे. = $(ABE + \Delta BCE + \Delta CDE)$ का क्षेत्रफल = 10 + 30 + 21 = 61 वर्ग इकाई

उदाहरण 8 :

एक वृत्त का केन्द्र (–2, 1) है। यदि वृत्त पर कोई बिन्दु P(2, 4) स्थित हो तो वृत्त का क्षेत्रफल कितना होगा?

हल :

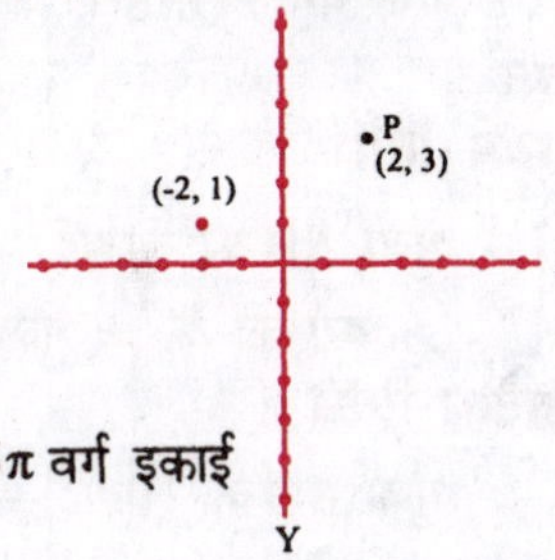

चित्र में वृत्त का केन्द्र (–2, 1) तथा P(2, 4) वृत्त पर स्थित बिन्दु है।

$\therefore$ वृत्त की त्रिज्या $=\sqrt{(-2-2)^2+(1-4)^2}$

$$r=\sqrt{(-4)^2+(-3)^2}=\sqrt{16+9}$$

$r=\sqrt{25}=5$ इकाई, अतः वृत्त का क्षेत्रफल $\pi r^2=\pi\times 25=25\pi$ वर्ग इकाई

3 समरेख बिन्दुओं पर आधारित प्रश्न

जिन बिन्दुओं से एक सरल रेखा (सीधी रेखा) खींची जा सके, उन्हें समरेख बिन्दु कहते हैं। दूसरे शब्दों में किसी सरल रेखा पर स्थित बिन्दु समरेख बिन्दु कहलाते हैं। यदि 3 बिन्दु (x_1, y_1), (x_2, y_2) तथा (x_3, y_3) समरेख हो, तो उनसे निर्मित त्रिभुज का क्षेत्रफल शून्य (0) होता है।

अतः $x_1(y_2-y_3)+x_2(y_3-y_1)+x_3(y_1-y_2)=0$

उदाहरण 1 :

यदि बिन्दु (–5, 3), (2, *a*) तथा (6, 3) समरेख हों तो *a* का मान ज्ञात कीजिए।

हल :

$$(x_1,y_1)=(-5,3),(x_2,y_2)=(2,a),(x_3,y_3)=(6,3)$$

$$\therefore\ x_1(y_2-y_3)+x_2(y_3-y_1)+x_3(y_1-y_2)=0$$

$$\therefore -5(a-3)+2(3-3)+6(3-a)=0\Rightarrow -5a+15+2\times 0+18-6a=0$$

$$\therefore 33-11a=0\Rightarrow 11a=33\Rightarrow a=3$$

उदाहरण 2 :

यदि (–3, –1), (5, –1) तथा (8, *b*) से एक सरल रेखा बने तो *b* का मान ज्ञात कीजिए।

हल :

$$(x_1,y_1)=(-3,-1),(x_2,y_2)=(5,-1),(x_3,y_3)=(8,b)$$

$$\therefore\ x_1(y_2-y_3)+x_2(y_3-y_1)+x_3(y_1-y_2)=0\Rightarrow -3(-1-b)+5(b+1)+8(-1+1)=0$$

$$\therefore 3+3b+5b+5+8\times 0=0\Rightarrow 8b+8=0\Rightarrow 8b=-8\Rightarrow b=-1$$

उदाहरण 3 :

यदि बिन्दु (*x*, *y*), (6, 3), (– 6, 5) किसी सरल रेखा पर स्थित हों तो *x*, *y* में सम्बन्ध ज्ञात कीजिए।

हल :

$$(x_1,y_1)=(x,y),(x_2,y_2)=(6,3),(x_3,y_3)=(-6,5)$$

$$\therefore\ x_1(y_2-y_3)+x_2(y_3-y_1)+x_3(y_1-y_2)=0\Rightarrow x(3-5)+6(5-y)+-6(y-3)=0$$

$$\therefore -2x+30-6y-6y+18=0\Rightarrow -2x-12y=-48\Rightarrow x+6y=24$$

उदाहरण 4 :

समरेख होने की स्थिति में बिन्दु (*x*, *y*), (1, – 2), (3, – 4) किस समीकरण को संतुष्ट करेंगे।

हल :

$$(x_1,y_1)=(x,y),(x_2,y_2)=(1,-2),(x_3,y_3)=(3,-4)$$

$$\therefore\ x_1(y_2-y_3)+x_2(y_3-y_1)+x_3(y_1-y_2)=0\Rightarrow x(-2+4)+1(-4-y)+3(y+2)=0$$

$$\therefore 2x-4-y+3y+6=0\Rightarrow 2x+2y+2=0\Rightarrow x+y+1=0$$

4 त्रिभुज के विभिन्न केन्द्रों पर आधारित प्रश्न

A. केन्द्रक या गुरुत्व केन्द्र

त्रिभुज की माध्यिकाओं का प्रतिच्छेद बिन्दु केन्द्रक या गुरुत्व केन्द्र कहलाता है। चित्र में ΔABC की माध्यिकाएं AD, BE तथा CF परस्पर बिन्दु G पर प्रतिच्छेदित कर रही हैं। अतः बिन्दु G, ΔABC का केन्द्रक या गुरूत्व केन्द्र है।

यदि ΔABC का शीर्ष $A = (x_1, y_1), B = (x_2, y_2), C = (x_3, y_3)$ हो

तो केन्द्रक G का निर्देशांक $(x, y) = \left(\dfrac{x_1 + x_2 + x_3}{3}, \dfrac{y_1 + y_2 + y_3}{3}\right)$

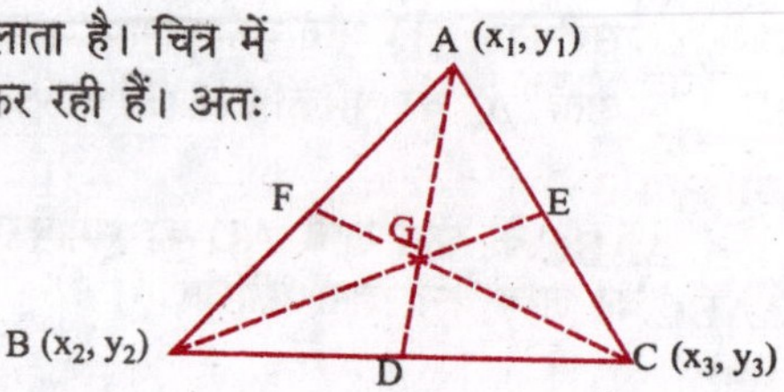

B. परिकेन्द्र

त्रिभुज की भुजाओं के लम्बार्धकों का प्रतिच्छेद बिन्दु परिकेन्द्र कहलाता है। चित्र में ΔABC के लम्बार्धक परस्पर बिन्दु O पर प्रतिच्छेदित कर रहे हैं। अतः बिन्दु O, ΔABC का परिकेन्द्र है। यदि ΔABC के तीनों शीर्षों के निर्देशांक ज्ञात हो तो OA = OB, OB = OC और OC = OA को हल करके परिकेन्द्र O का निर्देशांक ज्ञात करते हैं।

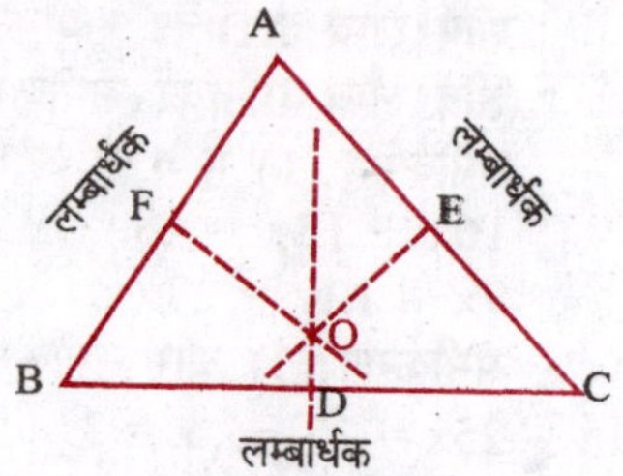

C. लम्ब केन्द्र

त्रिभुज के शीर्ष लम्बों का प्रतिच्छेद बिन्दु लम्ब केन्द्र कहलाता है। चित्र में PS, QT तथा RM शीर्ष लम्ब हैं जो परस्पर बिन्दु C पर प्रतिच्छेद कर रहे हैं। अतः बिन्दु C, ΔPQR का लम्ब केन्द्र है। लम्ब केन्द्र का निर्देशांक ज्ञात करने के लिए किन्हीं दो लम्ब केन्द्रों के समीकरणों को हल करते हैं। इससे x, y का जो मान प्राप्त होता है वह लम्ब केन्द्र का निर्देशांक (x, y) होता है।

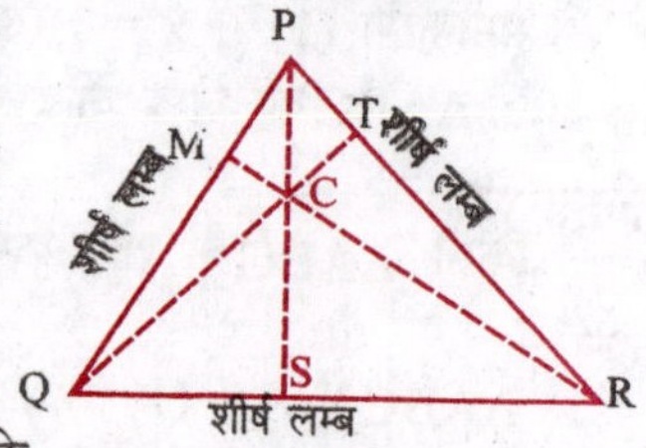

D. अन्तःकेन्द्र

त्रिभुज के कोण अर्धकों का प्रतिच्छेद बिन्दु अन्तःकेन्द्र कहलाता है। चित्र में ΔABC के कोणों के अर्धक क्रमशः AD, BE तथा CF हैं जो परस्पर बिन्दु P पर प्रतिच्छेदित कर रहे हैं। अतः बिन्दु P, ΔABC का अन्तःकेन्द्र है। यदि Δ की तीनों शीर्षों का निर्देशांक (x_1, y_1), (x_2, y_2) तथा (x_3, y_3) हों और भुजाओं की माप क्रमशः a, b, c हों तो त्रिभुज का अन्तःकेन्द्र $\left(\dfrac{ax_1 + bx_2 + cx_3}{(a+b+c)}, \dfrac{ay_1 + by_2 + cy_3}{(a+b+c)}\right)$ होगा।

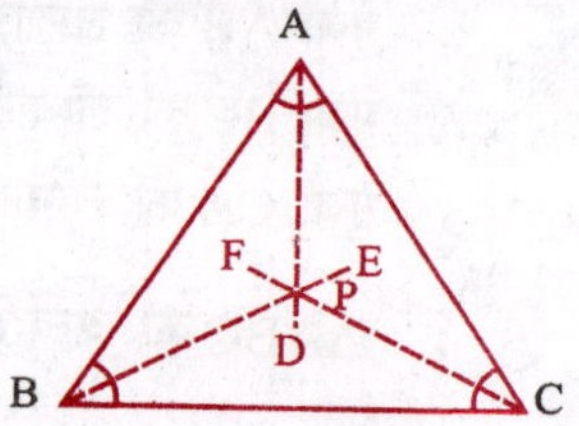

उदाहरण 1 :

यदि ΔABC के तीनों शीर्ष क्रमशः (2, – 2), (8, 4) तथा (5, 7) हों तो ΔABC के केन्द्रक का निर्देशांक ज्ञात कीजिए।

हल :

$A = (x_1, y_1) = (2, -2), B = (x_2, y_2) = (8, 4), C = (x_3, y_3) = (5, 7)$

$\therefore$ केन्द्रक $(x, y) = \left(\dfrac{x_1 + x_2 + x_3}{3}, \dfrac{y_1 + y_2 + y_3}{3}\right) = \left(\dfrac{2+8+5}{3}, \dfrac{-2+4+7}{3}\right) = \left(\dfrac{15}{3}, \dfrac{9}{3}\right) = (5, 3)$

उदाहरण 2 :

यदि किसी त्रिभुज के शीर्ष क्रमशः (1, 5), (2, 4), (– 2, 6) हों तो Δ की परिकेन्द्र का निर्देशांक ज्ञात कीजिए।

हल :

माना Δ का परिकेन्द्र O (x, y) है।

तब $OA = OB \Rightarrow OA^2 = OB^2$

$\therefore (x-1)^2 + (y-5)^2 = (x-2)^2 + (y-4)^2$

$\therefore x^2 + 1 - 2x + y^2 + 25 - 10y = x^2 + 4 - 4x + y^2 + 16 - 8y$

$\therefore -2x + 4x - 10y + 8y = 4 + 16 - 1 - 25 \Rightarrow 2x - 2y = -6$ ....(1)

पुनः $OA = OC \Rightarrow OA^2 = OC^2 \Rightarrow (x-1)^2 + (y-5)^2 = (x+2)^2 + (y-6)^2$

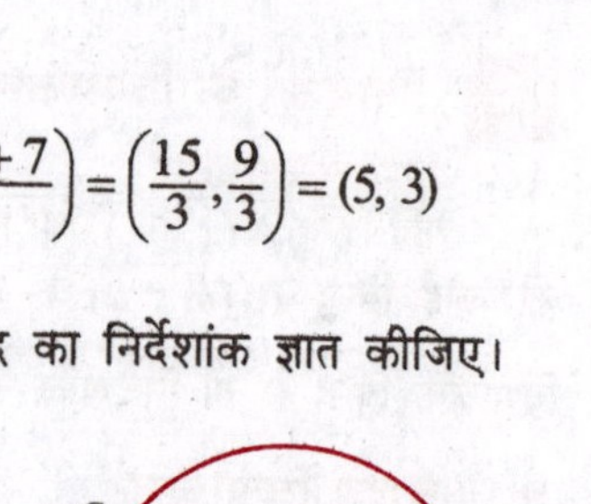

$\therefore x^2+1-2x+y^2+25-10y=x^2+4+4x+y^2+36-12y$

$\therefore -2x-10y-4x+12y=4+36-1-25 \Rightarrow -6x+2y=14$ ....(2)

समीकरण (1) और समीकरण (2) को हल करने पर, $x=-2, y=1$

अतः Δ का परिकेन्द्र = (x, y) = (– 2, 1)

उदाहरण 3 :

ΔABC के शीर्ष लम्ब AD का समीकरण $4x + 3y = 12$ तथा शीर्ष लम्ब BE का समीकरण $3x - 4y = 9$ हो तो ΔABC का लम्ब केन्द्र ज्ञात कीजिए।

हल :

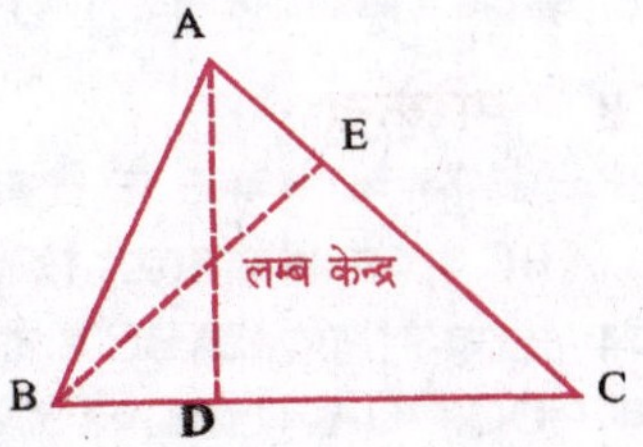

शीर्ष लम्ब AD का समीकरण, $4x + 3y = 12$.....................(1)

शीर्ष लम्ब BE का समीकरण, $3x - 4y = 9$.......................(2)

समीकरण (1) में 4 से और समीकरण (2) में 3 से गुणा करने पर –

$16x + 12y = 48$................................(3)

$9x - 12y = 27$..................................(4)

समीकरण (3) और समीकरण (4) को जोड़ने पर,

$25x = 75 \Rightarrow x = 3$

समीकरण (1) में $x = 3$ रखने पर, $y = 0$

$\therefore \Delta ABC$ का लम्ब केन्द्र = (x, y) = (3, 0)

उदाहरण 4 :

किसी ΔABC के शीर्ष क्रमशः (1, 0), (5, 0) तथा (1, 3) है। ΔABC के अन्तःकेन्द्र का निर्देशांक ज्ञात कीजिए।

हल :

ΔABC में A = (1, 0), B = (5, 0), C = (1, 3)

$\therefore$ भुजा AB की लम्बाई (c) $=\sqrt{(1-5)^2+(0-0)^2}=\sqrt{16+0}=\sqrt{16}=4$ इकाई

भुजा BC की लम्बाई (a) $=\sqrt{(5-1)^2+(0-3)^2}=\sqrt{16+9}=\sqrt{25}=5$ इकाई

भुजा CA की लम्बाई (b) $=\sqrt{(1-1)^2+(3-0)^2}=\sqrt{0+9}=\sqrt{9}=3$ इकाई

$\therefore$ ΔABC का अन्तःकेन्द्र $=\left(\frac{ax_1+bx_2+cx_3}{a+b+c}, \frac{ay_1+by_2+cy_3}{a+b+c}\right)$

$=\left(\frac{5\times1+3\times5+4\times1}{5+3+4}, \frac{5\times0+3\times0+4\times3}{5+3+4}\right)$

$=\left(\frac{5+15+4}{12}, \frac{0+0+12}{12}\right)=\left(\frac{24}{12},\frac{12}{12}\right)=(2,1)$

5 बिन्दुओं के विभाजन पर आधारित प्रश्न

A. अन्तःविभाजन

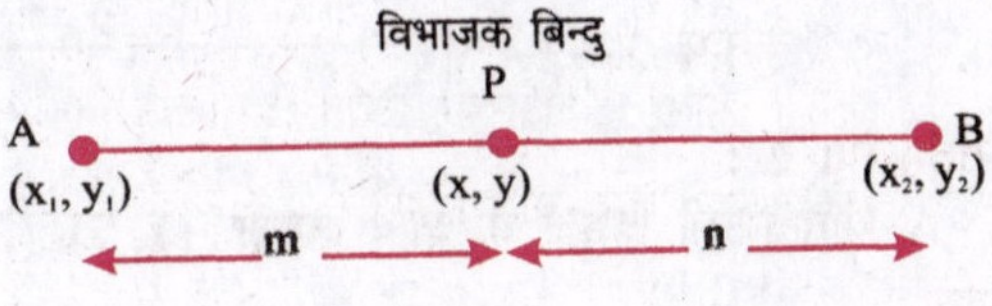

यदि बिन्दु $A(x_1, y_1)$ तथा $B(x_2, y_2)$ को मिलाने वाली रेखा AB को कोई बिन्दु P, (m : n) के अनुपात में अन्तः विभाजित करे तो विभाजक बिन्दु P का निर्देशांक $(x, y)=\left(\frac{mx_2+nx_1}{m+n}, \frac{my_2+ny_1}{m+n}\right)$

B. वाह्य विभाजन

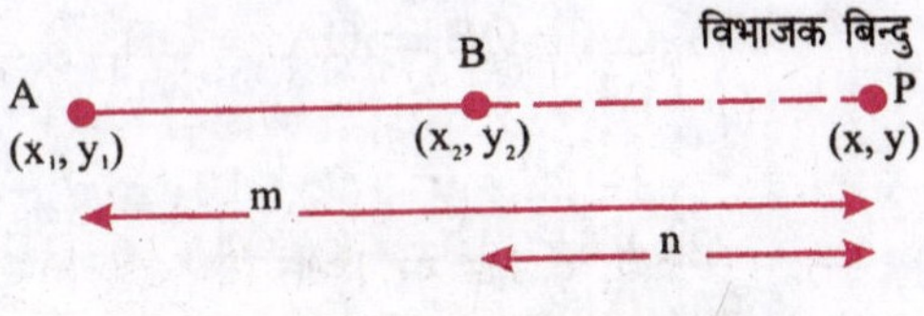

किसी रेखा के बाहर स्थित बिन्दु उस रेखा को वाह्यतः विभाजित करता है। यदि $A=(x_1, y_1)$, $B=(x_2, y_2)$ और बिन्दु P रेखा AB के बाहर स्थित हो तो बिन्दु P रेखा AB को वाह्यतः विभाजित करेगा।

तब बिन्दु P का निर्देशांक $(x, y)=\left(\frac{mx_2-nx_1}{m-n}, \frac{my_2-ny_1}{m-n}\right)$

C. मध्य विभाजन (मध्य बिन्दु)

दो बिन्दुओं के ठीक बीच में स्थित बिन्दु उस रेखा को मध्य में विभाजित करता है। यदि बिन्दु A (x_1, y_1) तथा बिन्दु B (x_2, y_2) का मध्य बिन्दु का निर्देशांक (x, y) हो तो मध्य बिन्दु $(x, y) = \left(\dfrac{x_1 + x_2}{2}, \dfrac{y_1 + y_2}{2}\right)$

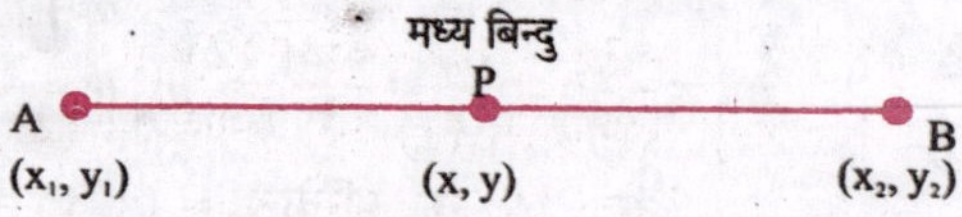

उदाहरण 1 :

बिन्दुओं (4,7) तथा (4, 2) को अन्तः विभाजित करने वाले बिन्दु का निर्देशांक ज्ञात कीजिए। यदि विभाजन का अनुपात 2 : 3 हो।

हल :

$(x_1, y_1) = (4, 7), (x_2, y_2) = (4, 2), m : n = 2 : 3$

अन्तः विभाजक बिन्दु $= \left(\dfrac{mx_2 + nx_1}{m+n}, \dfrac{my_2 + ny_1}{m+n}\right) = \left(\dfrac{2\times4+3\times4}{2+3}, \dfrac{2\times2+3\times7}{2+3}\right)$

$$(x, y) = \left(\frac{8+12}{5}, \frac{4+21}{5}\right) = \left(\frac{20}{5}, \frac{25}{5}\right) = (4,5)$$

उदाहरण 2 :

बिन्दुओं (1,– 2) तथा (–3, 4) को मिलाने वाली रेखा को 3 : 2 के अनुपात में वाह्यतः विभाजित करने वाले बिन्दु का निर्देशांक ज्ञात कीजिए।

हल :

$(x_1, y_1) = (1, -2), (x_2, y_2) = (-3, 4), m : n = 3 : 2$

$\therefore$ वाह्य विभाजक बिन्दु $(x, y) = \left(\dfrac{mx_2 - nx_1}{m-n}, \dfrac{my_2 - ny_1}{m-n}\right) = \left(\dfrac{3\times-3-2\times1}{3-2}, \dfrac{3\times4-2\times-2}{3-2}\right)$

$$= \left(\frac{-9-2}{1}, \frac{12+4}{1}\right) = (-11,16)$$

उदाहरण 3 :

रेखा PQ के दोनों अन्त्य बिन्दु क्रमशः (4, 5) तथा (6, 3) हैं। रेखा PQ के मध्य बिन्दु का निर्देशांक ज्ञात कीजिए।

हल :

बिन्दु $P = (4, 5) = (x_1, y_1)$, बिन्दु $Q = (6, 3) = (x_2, y_2)$

$\therefore$ PQ का मध्य बिन्दु $(x, y) = \left(\dfrac{x_1 + x_2}{2}, \dfrac{y_1 + y_2}{2}\right) = \left(\dfrac{4+6}{2}, \dfrac{5+3}{2}\right) = \left(\dfrac{10}{2}, \dfrac{8}{2}\right) = (5,4)$

उदाहरण 4 :

बिन्दुओं (–3, 5) तथा (6, 2) को x-अक्ष किस अनुपात में विभाजित करता है।

हल :

$(x_1, y_1) = (-3, 5), (x_2, y_2) = (6, 2)$

माना x-अक्ष पर स्थित विभाजक बिन्दु $(a, 0)$ है। पुनः माना यह बिन्दु $m : n$ के अनुपात में विभाजित करता है। अब विभाजक बिन्दु की कोटि $(y) = \dfrac{my_2 + ny_1}{m+n} \Rightarrow 0 = \dfrac{m\times2 + n\times5}{m+n} \Rightarrow 2m + 5n = 0$

$\therefore 2m = -5n \Rightarrow \dfrac{m}{n} = \dfrac{-5}{2} \Rightarrow m : n = -(5:2) = 5:2$ वाह्यतः

उदाहरण 5 :

बिन्दुओं (4, 6) तथा (3, –8) को मिलाने वाली रेखा को y-अक्ष किस अनुपात में विभाजित करेगा?

हल :

$(x_1, y_1) = (4, 6), (x_2, y_2) = (3, -8)$

माना y-अक्ष पर स्थित विभाजक बिन्दु (o, b) है। पुनः माना यह बिन्दु $m : n$ के अनुपात। में विभाजित करता है।

$\therefore$ विभाजक बिन्दु का भुज $(x) = \frac{mx_2 + nx_1}{m+n} \Rightarrow 0 = \frac{m \times 3 + n \times 4}{m+n} \Rightarrow 3m + 4n = 0$

$\therefore 3m = -4n \Rightarrow \frac{m}{n} = \frac{-4}{3} \Rightarrow m : n = -(4:3) = 4:3$ वाह्यतः

उदाहरण 6 :

दो बिन्दुओं P तथा Q के निर्देशांक (4, 2) तथा (4, 7) हैं। रेखा PQ को बिन्दु R तक इस प्रकार बढ़ाया गया है कि $PR = \frac{3}{2}QR$ तो बिन्दु R का निर्देशांक ज्ञात कीजिए।

हल :

चूंकि $PR = \frac{3}{2}QR \Rightarrow \frac{PR}{QR} = \frac{3}{2} \Rightarrow m : n = 3:2$, अतः बिन्दु R रेखा PQ को वाह्यतः विभाजित करता है।

$\therefore$ बिन्दु R का का निर्देशांक $= \left(\frac{mx_2 - nx_1}{m-n}, \frac{my_2 - ny_1}{m-n}\right)$

$$= \left(\frac{3\times4-2\times4}{3-2}, \frac{3\times7-2\times2}{3-2}\right) = \left(\frac{12-8}{1}, \frac{21-4}{1}\right) = (4,17)$$

6 रेखा के समीकरण पर आधारित प्रश्न

(a) x-अक्ष का समीकरण, y = 0

y-अक्ष का समीकरण, x = 0

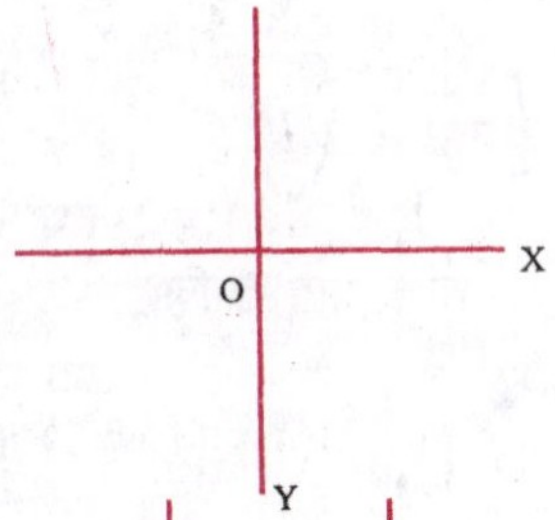

(b) x-अक्ष के समान्तर और k इकाई दूरी पर स्थित रेखा का समीकरण, y = k

y-अक्ष के समान्तर और h इकाई दूरी पर स्थित रेखा का समीकरण, x = h

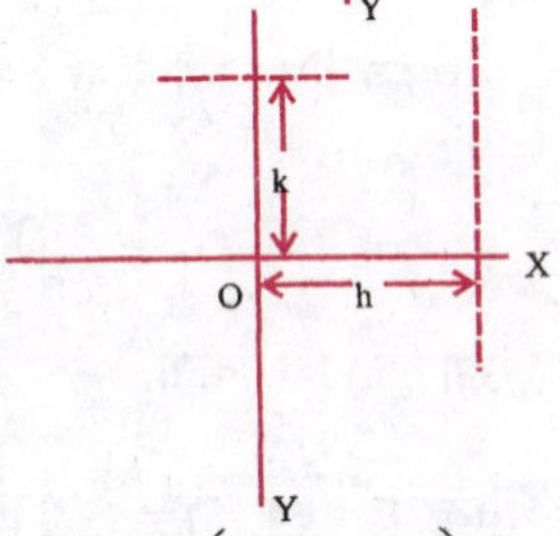

(c) रेखा के समीकरण के कुल 4 रूप होते हैं—

(i) प्रवणता रूप समीकरण (y = mx + c) (ii) अन्तःखण्ड रूप समीकरण $\left(\frac{x}{a} + \frac{y}{b} = 1\right)$

(iii) लम्ब रूप समीकरण $(x\cos\alpha + y\sin\alpha = P)$ (iv) व्यापक रूप समीकरण (Ax + By + C = 0)

Note : पहले 3 रूपों के समीकरण को हल करने पर चौथा (व्यापक रूप) समीकरण प्राप्त होता है।

(i) रेखा का प्रवणता रूप समीकरण

यदि रेखा L, x-अक्ष की धन दिशा से θ का कोण बनाये और y-अक्ष पर c इकाई का अन्तः खण्ड काटे तो रेखा का प्रवणता रूप समीकरण निम्नलिखित होगा,

$y = mx + c$ जहाँ m रेखा की प्रवणता है और $m = \tan\theta$

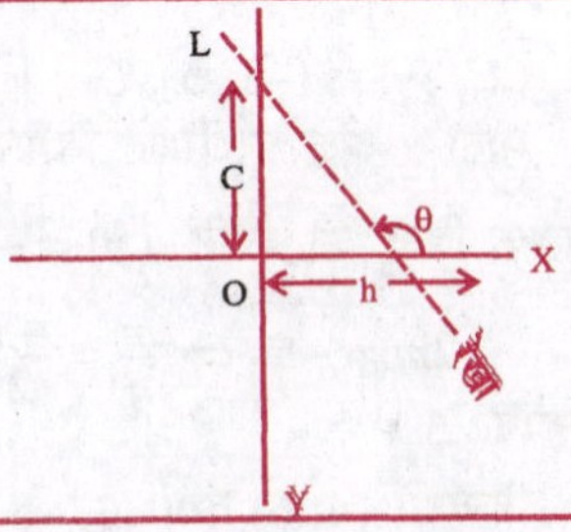

उदाहरण 1 :

एक रेखा AB, x-अक्ष की धन दिशा से 135^0 का कोण बनाती है और y-अक्ष पर 4 इकाई का अन्तः खण्ड काटती है। रेखा का समीकरण ज्ञात कीजिए।

हल :

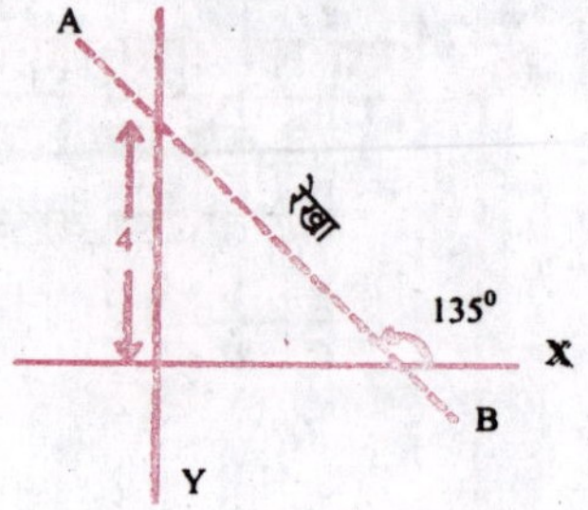

$c = 4$ इकाई, $\theta = 135^0$

$\therefore$ प्रवणता $(m) = \tan 135^0 = -1$

$\therefore$ रेखा का समीकरण $\Rightarrow y = mx + c$

$\therefore y = -1x + 4 \Rightarrow x + y = 4 \Rightarrow x + y - 4 = 0$

(व्यापक रूप $Ax + By + C = 0$)

उदाहरण 2 :

उस रेखा का समीकरण ज्ञात कीजिए, जो x-अक्ष के साथ 60^0 का कोण बनाती है और y-अक्ष पर 6 इकाई का अन्तःखण्ड काटती है।

हल :

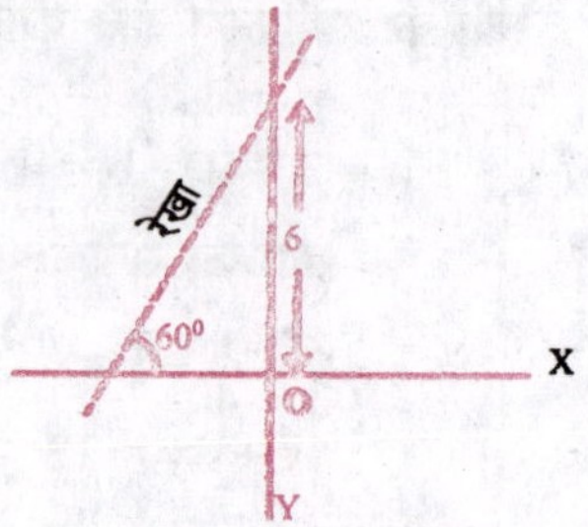

$c = 6$ इकाई, $\theta = 60^0$

$\therefore$ प्रवणता $(m) = \tan 60 = \sqrt{3}$

$\therefore$ रेखा का समीकरण $y = mx + c$

$\therefore y = \sqrt{3}x + 6 \Rightarrow \sqrt{3}x - y + 6 = 0$

(व्यापक रूप $Ax + By + C = 0$)

उदाहरण 3 :

उस रेखा का समीकरण ज्ञात कीजिए, जो x-अक्ष के साथ 150^0 का कोण बनाती है और y-अक्ष पर –5 इकाई का अन्तः खण्ड काटती है।

हल :

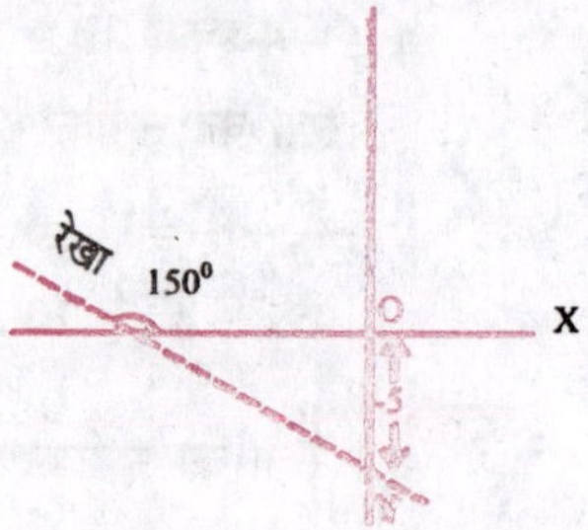

$c = -5$ इकाई, $\theta = 150^0$

$\therefore$ प्रवणता $(m) = \tan 150 = -\frac{1}{\sqrt{3}}$

$\therefore$ रेखा का समीकरण $y = mx + c$

$\therefore y = -\frac{1}{\sqrt{3}}x - 5 \Rightarrow y = \frac{-x - 5\sqrt{3}}{\sqrt{3}}$

$\therefore \sqrt{3}y = -x - 5\sqrt{3} \Rightarrow x + \sqrt{3}y + 5\sqrt{3} = 0$

(व्यापक रूप $Ax + By + C = 0$)

उदाहरण 4 :

उस रेखा का समीकरण क्या होगा, जो x-अक्ष की धन दिशा से 45^0 का कोण बनाये और y-अक्ष पर –3 इकाई का अन्तः खण्ड काटे।

हल :

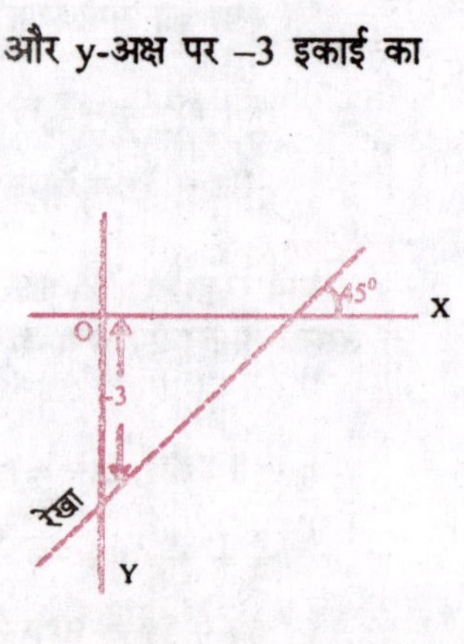

$c = -3$ इकाई, $\theta = 45^0$

$\therefore$ प्रवणता $(m) = \tan 45 = 1$

$\therefore$ रेखा का समीकरण $y = mx + c$

$\therefore y = 1 \times x + (-3)$

$\therefore x - y - 3 = 0$

(व्यापक रूप $Ax + By + C = 0$)

(ii) रेखा का अन्तःखण्ड रूप समीकरण

यदि कोई रेखा x-अक्ष पर a मात्रक और y-अक्ष पर b मात्रक का अन्तः खण्ड काटे तो रेखा का अन्तःखण्ड रूप समीकरण इस प्रकार ज्ञात करेंगे–

$$\frac{x}{a}+\frac{y}{b}=1$$

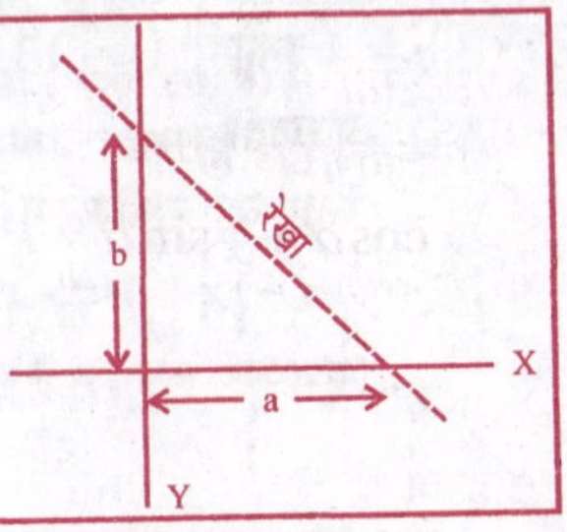

उदाहरण 1 :

एक रेखा x-अक्ष पर 3 इकाई और y-अक्ष पर 4 इकाई का अन्तःखण्ड काटती है। रेखा का समीकरण ज्ञात कीजिए।

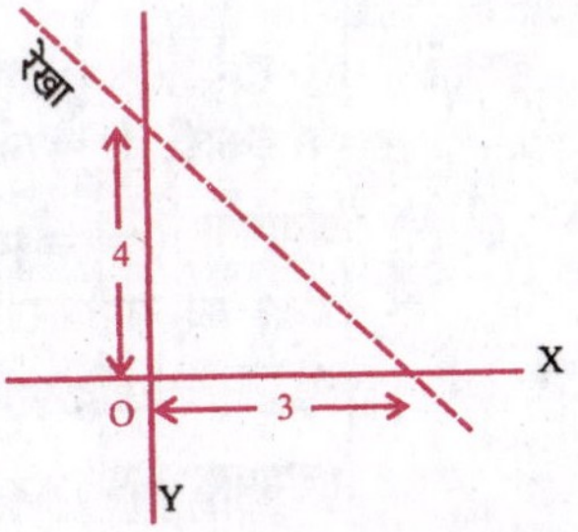

हल :

a = 3 इकाई, b = 4 इकाई

$\therefore$ रेखा का समीकरण, $\frac{x}{a}+\frac{y}{b}=1$

$\therefore \frac{x}{3}+\frac{y}{4}=1 \Rightarrow \frac{4x+3y}{12}=1$

$\therefore$ $4x + 3y = 12 \Rightarrow 4x + 3y - 12 = 0$ (व्यापक रूप $Ax + By + C = 0$)

उदाहरण 2 :

कोई रेखा x-अक्ष और y-अक्ष पर क्रमशः – 4 इकाई और 5 इकाई का अन्तःखण्ड काटती है। रेखा का समीकरण क्या होगा?

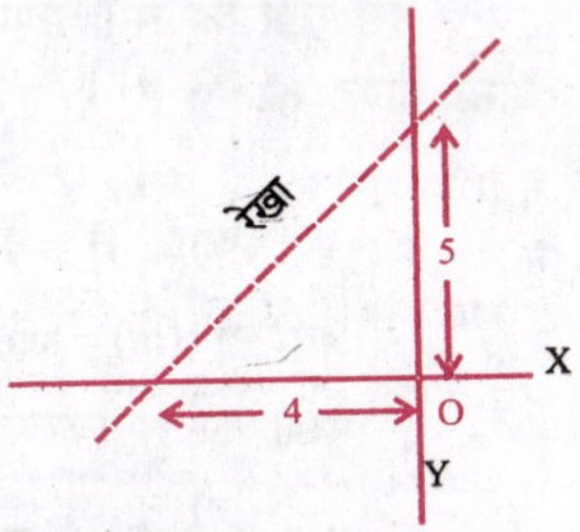

हल :

a = – 4 इकाई, b = 5 इकाई

$\therefore$ रेखा का समीकरण, $\frac{x}{a}+\frac{y}{b}=1$

$\therefore \frac{x}{-4}+\frac{y}{5}=1 \Rightarrow \frac{-5x+4y}{20}=1$

$\therefore$ $-5x + 4y = 20 \Rightarrow 5x - 4y + 20 = 0$ (व्यापक रूप $Ax + By + C = 0$)

उदाहरण 3 :

उस रेखा का समीकरण ज्ञात कीजिए जो अक्षों पर क्रमशः –3 इकाई और –2 इकाई का अन्तःखण्ड काटती है।

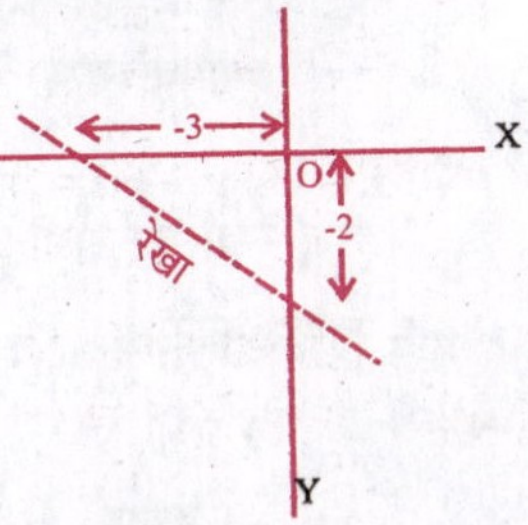

हल :

a = –3 इकाई, b = –2 इकाई

$\therefore$ रेखा का समीकरण, $\frac{x}{a}+\frac{y}{b}=1$

$\therefore \frac{x}{-3}+\frac{y}{-2}=1 \Rightarrow \frac{-2x-3y}{6}=1$

$\therefore$ $-2x - 3y = 6 \Rightarrow 2x + 3y + 6 = 0$ (व्यापक रूप $Ax + By + C = 0$)

उदाहरण 4 :

यदि रेखा PQ, x-अक्ष पर 5 इकाई और y-अक्ष पर – 6 इकाई का अन्तःखण्ड काटे, तो उसका समीकरण क्या होगा?

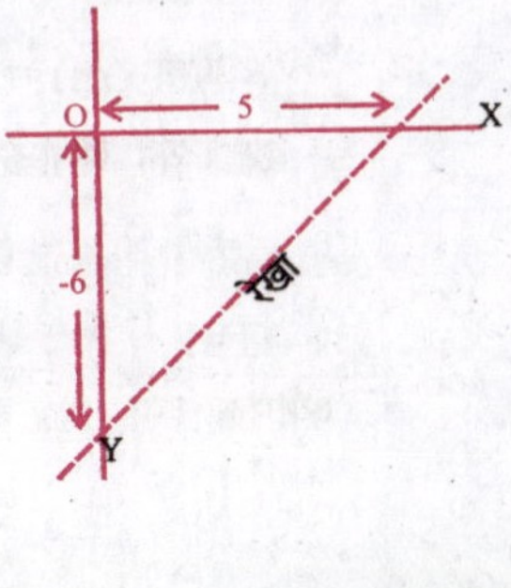

हल :

a = 5 इकाई, b = – 6 इकाई, अतः रेखा का समीकरण, $\frac{x}{a}+\frac{y}{b}=1$

$\therefore \frac{x}{5}+\frac{y}{-6}=1 \Rightarrow \frac{6x-5y}{30}=1$

$\therefore$ $6x - 5y = 30 \Rightarrow 6x - 5y - 30 = 0$ (व्यापक रूप $Ax + By + C = 0$)

(iii) रेखा का लम्ब रूप समीकरण

यदि रेखा पर मूलबिन्दु (0, 0) से लम्ब डाला जाए और लम्ब की माप P इकाई हो तथा लम्ब का धन x-अक्ष से झुकाव α हो तो रेखा का लम्ब रूप समीकरण निम्नलिखित होगा–

$$x\cos\alpha + y\sin\alpha = P$$

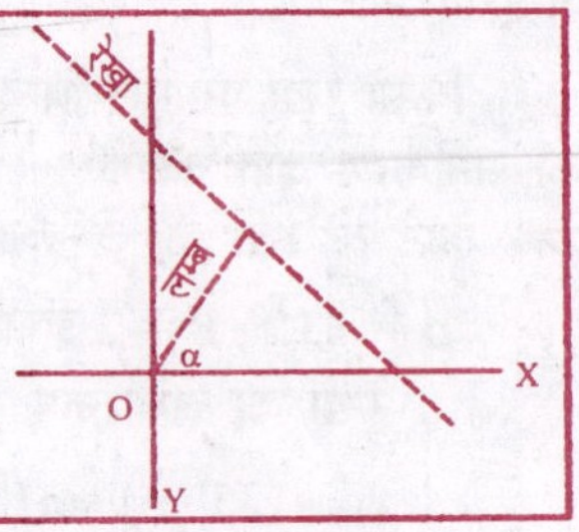

उदाहरण 1 :

रेखा AB पर मूल बिन्दु से डाले गये लम्ब की माप 4 इकाई और लम्ब का धन x-अक्ष से झुकाव 45^0 हो तो रेखा का समीकरण क्या होगा?

हल :

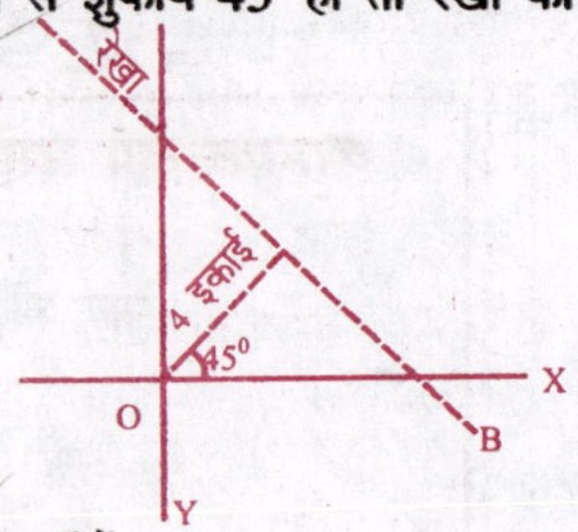

$\alpha = 45^0$, P = 4 इकाई

$\therefore$ रेखा का लम्ब रूप समीकरण, $x\cos\alpha + y\sin\alpha = P$

$$\therefore x\cos 45^0 + y\sin 45^0 = 4 \Rightarrow x\times\frac{1}{\sqrt{2}} + y\times\frac{1}{\sqrt{2}} = 4$$

$$\therefore \frac{x+y}{\sqrt{2}} = 4 \Rightarrow x+y = 4\sqrt{2} \Rightarrow x+y-4\sqrt{2} = 0$$ (व्यापक रूप $Ax + By + C = 0$)

उदाहरण 2 :

कोई रेखा इस प्रकार है कि उस पर मूल बिन्दु से डाले गये लम्ब की माप –5 इकाई और लम्ब का धन x-अक्ष से झुकाव 120^0 है तो उस रेखा का समीकरण ज्ञात कीजिए।

हल :

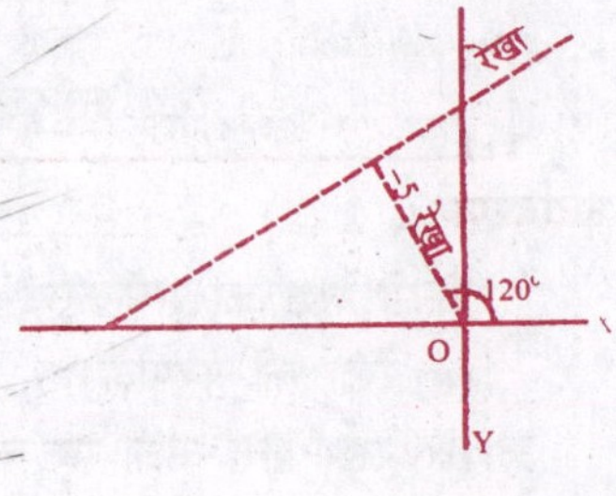

$\alpha = 120^0$, P = –5 इकाई

$\therefore$ रेखा का लम्ब रूप समीकरण,

$$x\cos\alpha + y\sin\alpha = P$$

$$\therefore x\cos 120^0 + y\sin 120^0 = -5 \Rightarrow x\times -\frac{1}{2} + y\times\frac{\sqrt{3}}{2} = -5$$

$$\therefore \frac{-x+\sqrt{3}y}{2} = -5 \Rightarrow -x+\sqrt{3}y = -10$$

$\therefore x-\sqrt{3}y-10 = 0$ (व्यापक रूप $Ax + By + C = 0$)

उदाहरण 3 :

उस रेखा का समीकरण ज्ञात कीजिए, जिस पर मूल बिन्दु से डाले गये लम्ब की माप – 6 इकाई और लम्ब का धन x-अक्ष से झुकाव 60^0 हो।

हल :

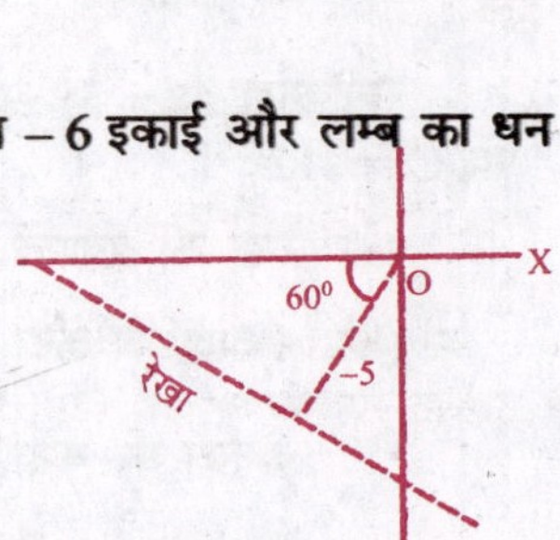

$\alpha = 60^0$, P = – 6 इकाई

$\therefore$ रेखा का लम्ब रूप समीकरण, $x\cos\alpha + y\sin\alpha = P$

$$\therefore x\cos 60^0 + y\sin 60^0 = -6 \Rightarrow x\times\frac{1}{2} + y\times\frac{\sqrt{3}}{2} = -6$$

$$\therefore \frac{x+\sqrt{3}y}{2} = -6 \Rightarrow x+\sqrt{3}y = -12 \Rightarrow x+\sqrt{3}y+12 = 0$$ (व्यापक रूप $Ax + By + C = 0$)

उदाहरण 4 :

किसी रेखा पर मूल बिन्दु से डाले गये लम्ब की माप 2 इकाई और लम्ब का धन x-अक्ष से झुकाव 135^0 है। उस रेखा का समीकरण ज्ञात कीजिए।

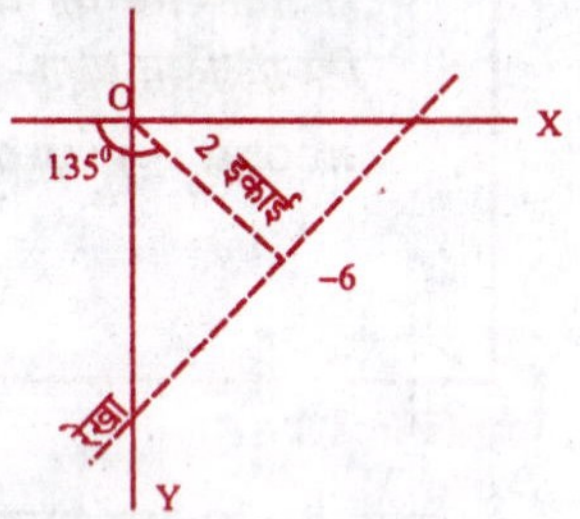

हल :

$\alpha = 135^0$, P = 2 इकाई

$\therefore$ रेखा का लम्ब रूप समीकरण, $x\cos\alpha + y\sin\alpha = P$

$\therefore x\cos 135^0 + y\sin 135^0 = 2$

$x\times -\frac{1}{\sqrt{2}} + y\times\frac{1}{\sqrt{2}} = 2 \Rightarrow \frac{-x+y}{\sqrt{2}} = 2$

$-x + y = 2\sqrt{2} \Rightarrow x - y + 2\sqrt{2} = 0$ (व्यापक रूप $Ax + By + C = 0$)

व्यापक रूप समीकरण (Ax + By + C = 0) से विविध तथ्य ज्ञात करना

रेखा की प्रवणता (m) $= \frac{-A}{B} = -\frac{x \text{ का गुणांक}}{y \text{ का गुणांक}}$

x-अक्ष पर कटा अन्तःखण्ड (a) $= \frac{-C}{A} = -\frac{\text{अचर पद}}{x \text{ का गुणांक}}$

y-अक्ष पर कटा अन्तःखण्ड (b) $= \frac{-C}{B} = -\frac{\text{अचर पद}}{y \text{ का गुणांक}}$

$\cos\alpha = \frac{A}{\sqrt{A^2+B^2}}$, $\sin\alpha = \frac{B}{\sqrt{A^2+B^2}}$, $\tan\alpha = \frac{B}{A}$

रेखा पर मूल बिन्दु से डाले गये लम्ब की माप (P) $= \frac{-C}{\sqrt{A^2+B^2}}$

उदाहरण :

किसी रेखा का समीकरण 4x + 3y – 12 = 0 है। निम्नलिखित तथ्य ज्ञात कीजिए।

(a) रेखा की प्रवणता।

(b) रेखा द्वारा अक्षों पर कटे अन्तःखण्डों की माप।

(c) रेखा पर मूल बिन्दु से डाले गये लम्ब का धन x-अक्ष से झुकाव।

(d) रेखा पर मूल बिन्दु से डाले गये लम्ब की माप।

हल :

समीकरण 4x + 3y – 12 = 0 का व्यापक समीकरण Ax + By + C = 0 से तुलना करने पर A = 4, B = 3, अचर पद C = –12

(a) रेखा की प्रवणता $= -\frac{x \text{ का गुणांक}}{y \text{ का गुणांक}} = \frac{-A}{B} = -\frac{4}{3}$

(b) x-अक्ष पर कटा अन्तःखण्ड $(a) = \frac{-C}{A} = \frac{-\times -12}{4} = 3$ इकाई

y-अक्ष पर कटा अन्तःखण्ड $(b) = \frac{-C}{B} = \frac{-\times -12}{3} = 4$ इकाई

(c) रेखा पर मूल बिन्दु से डाले गये लम्ब का झुकाव α हो तो, $\tan\alpha = \frac{B}{A} = \frac{3}{4} \Rightarrow \alpha = \tan^{-1}\left(\frac{3}{4}\right)$

(d) रेखा पर मूल बिन्दु से डाले गये लम्ब की माप (P) $= \frac{-C}{\sqrt{A^2+B^2}} = \frac{-\times -12}{\sqrt{16+9}} = \frac{12}{\sqrt{25}} = \frac{12}{5}$ इकाई

(A) यदि कोई रेखा दो बिन्दुओं (x_1, y_1) तथा (x_2, y_2) से होकर जाती है तो
रेखा की प्रवणता (m) = $\dfrac{y_2 - y_1}{x_2 - x_1}$ *या* $\dfrac{y_1 - y_2}{x_1 - x_2}$

(B) यदि कोई रेखा बिन्दु (x_1, y_1) से होकर जाती है और उसकी प्रवणता m हो तो
रेखा का समीकरण $y - y_1 = m(x - x_1)$ *होगा।*

(C) यदि कोई रेखा दो बिन्दुओं (x_1, y_1) तथा (x_2, y_2) से होकर जाती है तो
रेखा का समीकरण $y - y_1 = \dfrac{y_2 - y_1}{x_2 - x_1}(x - x_1)$ *होगा।*

उदाहरण 1 :

बिन्दुओं (2, 1) तथा (3, –2) से होकर जाने वाली रेखा की प्रवणता ज्ञात कीजिए।

हल :

$(x_1, y_1) = (2, 1)$ तथा $(x_2, y_2) = (3, -2)$

$\therefore$ रेखा की प्रवणता (m) = $\dfrac{y_2 - y_1}{x_2 - x_1} = \dfrac{-2-1}{3-2} = \dfrac{-3}{1} = -3$

उदाहरण 2 :

कोई रेखा (–1, 1) से होकर जाती है और उसकी प्रवणता –1 है तो रेखा का समीकरण ज्ञात कीजिए।

हल :

$(x_1, y_1) = (-1, 1)$ तथा प्रवणता (m) = –1

$\therefore$ रेखा का समीकरण $\Rightarrow y - y_1 = m(x - x_1) \Rightarrow y - 1 = -1(x+1)$

$\therefore y - 1 = -x - 1 \Rightarrow x + y = 0$

उदाहरण 3 :

(–3, – 4) तथा (3, 4) से गुजरने वाली रेखा का समीकरण क्या होगा?

हल :

$(x_1, y_1) = (-3, -4), (x_2, y_2) = (3, 4)$

$\therefore$ रेखा का समीकरण $\Rightarrow y - y_1 = \dfrac{y_2 - y_1}{x_2 - x_1}(x - x_1) \Rightarrow y + 4 = \dfrac{4+4}{3+3}(x+3) \Rightarrow y + 4 = \dfrac{8}{6}(x+3)$

$\therefore \quad y + 4 = \dfrac{4}{3}(x+3) \Rightarrow 4x + 12 = 3y + 12 \Rightarrow 4x - 3y = 0$

विविध उदाहरण

[A] दो रेखाओं का प्रतिच्छेद बिन्दु ज्ञात करना – *दोनों रेखाओं के दिये हुए समीकरणों को हल करके x, y का मान ज्ञात करते हैं। (x, y) के प्राप्त मान ही दोनों रेखाओं का प्रतिच्छेद बिन्दु होता है।*

उदाहरण :

5x + y + 11 = 0 तथा 2x + y + 8 = 0 का प्रतिच्छेद बिन्दु क्या होगा?

हल :

5x + y + 11 = 0 ....(i)

2x + y + 8 = 0 ....(ii)

समीकरण (1) में से समीकरण (2) को घटाने पर –

$3x + 3 = 0 \Rightarrow 3x = -3 \Rightarrow x = -1$

समीकरण (1) में x का मान रखने पर, $5 \times -1 + y + 11 = 0 \Rightarrow -5 + y + 11 = 0 \Rightarrow = 6$

$\therefore$ दोनों रेखाओं का प्रतिच्छेद बिन्दु = (x, y) = (–1, – 6)

[B] दो समान्तर रेखाओं के बीच की दूरी ज्ञात करना – *दो रेखाओं $Ax + By + C_1 = 0$, तथा $Ax + By + C_2 = 0$ के बीच की दूरी* $= \dfrac{c_1 \sim c_2}{\sqrt{A^2 + B^2}}$

उदाहरण :

3x + 4y + 14 = 0 तथा 3x + 4y + 4 = 0 के बीच की दूरी ज्ञात कीजिए।

हल :

रेखाओं के समीकरण से $C_1 = 14, C_2 = 4, A = 3, B = 4$

$\therefore$ रेखाओं के बीच की दूरी $= \dfrac{14-4}{\sqrt{9+16}} = \dfrac{10}{5} = 2$ इकाई

[C] किसी बिन्दु की किसी रेखा से दूरी ज्ञात करना – *यदि बिन्दु का निर्देशांक (x_1, y_1) तथा रेखा का समीकरण $Ax + By + C = 0$ हो तो बिन्दु से रेखा की लम्बवत् दूरी = बिन्दु से रेखा पर डाले गये लंब की लंबाई* $= \dfrac{Ax_1 + By_1 + C}{\sqrt{A^2 + B^2}}$

उदाहरण :

बिन्दु (3, 2) से रेखा 5x + 12y + 26 = 0 की लाम्बिक दूरी ज्ञात कीजिए।

हल :

$(x_1, y_1) = (3, 2)$, $Ax + By + C = 0 \Rightarrow 5x + 12y + 26 = 0$

$\therefore$ लाम्बिक दूरी $= \dfrac{Ax_1 + By_1 + C}{\sqrt{A^2 + B^2}} = \dfrac{5\times3 + 12\times2 + 26}{\sqrt{5^2 + 12^2}} = \dfrac{15+24+26}{\sqrt{25+144}} = \dfrac{65}{\sqrt{169}} = \dfrac{65}{13} = 5$ इकाई

[D] दो रेखाओं के बीच का कोण – *यदि दो रेखाओं की प्रवणताएं क्रमशः m_1 तथा m_2 हों और उनके बीच का कोण θ हो तो* $\tan\theta = \pm\dfrac{m_1 - m_2}{1 + m_1 m_2}$

उदाहरण :

रेखाओं 3x – 4y + 1 = 0 तथा 5x + y – 1 = 0 के बीच का कोण ज्ञात कीजिए।

हल :

$3x - 4y + 1 = 0 \Rightarrow m_1 = \dfrac{-A}{B} = \dfrac{-3}{-4} = \dfrac{3}{4}$

$5x + y - 1 = 0 \Rightarrow m_2 = \dfrac{-A}{B} = \dfrac{-5}{1} = -5$

$\therefore \tan\theta = \dfrac{m_1 - m_2}{1 + m_1 m_2} = \dfrac{\frac{3}{4} + 5}{1 + \left(\frac{3}{4} \times -5\right)} = \dfrac{\frac{23}{4}}{1 - \frac{15}{4}} = \dfrac{\frac{23}{4}}{-\frac{11}{4}} = \dfrac{23}{4} \times \dfrac{-4}{11} = \dfrac{-23}{11}$

$\therefore \tan\theta = \dfrac{-23}{11} \Rightarrow \theta = \tan^{-1}\left(\dfrac{-23}{11}\right)$

[E] *$Ax + By + C = 0$ के समान्तर रेखा का समीकरण, $Ax + By = \lambda$*
$Ax + By + C = 0$ के लम्बवत् रेखा का समीकरण, $Bx - Ay = \lambda$

उदाहरण 1 :

3x + 2y + 6 = 0 के समान्तर रेखा का समीकरण ज्ञात कीजिए जो बिन्दु (2, 3) से होकर जाती है।

हल :

$3x + 2y + 6 = 0$ के समान्तर रेखा का समीकरण, $3x + 2y = \lambda$ ....(i)

समीकरण (1) को (2, 3) से सन्तुष्ट कराने पर –

$$3\times2+2\times3=\lambda \Rightarrow \lambda=6+6=12$$

$\therefore$ समीकरण (1) में λ का मान रखने पर –

$$3x+2y=12$$

उदाहरण 2 :

$4x+5y+20=0$ पर लम्ब रेखा का समीकरण ज्ञात कीजिए जो बिन्दु (2, 1) से होकर जाती है।

हल :

रेखा $4x+5y+20=0$ पर लम्ब रेखा का समीकरण, $5x-4y=\lambda$ ....(i)

समीकरण (i) को (2, 1) से सन्तुष्ट कराने पर –

$$5\times2-4\times1=\lambda \Rightarrow \lambda=10-4=6$$

समीकरण (i) में λ का मान रखने पर, $5x-4y=6$

> ***[F]*** *यदि दो रेखाएं समान्तर हों और उनकी प्रवणताएं m_1 तथा m_2 हों तो $m_1=m_2$*
> *यदि दो रेखाएं परस्पर लम्ब हों और उनकी प्रवणताएं m_1 तथा m_2 हों तो $m_1.m_2=-1$*

उदाहरण 1 :

रेखा $Ax+By+C=0$ तथा $3x+2y+5=0$ परस्पर समान्तर हों तो रेखा $Ax+By+C=0$ की प्रवणता ज्ञात कीजिए।

हल :

माना रेखा $Ax+By+C=0$ की प्रवणता m_1 है।

रेखा $3x+2y+5=0$ की प्रवणता $m_2=\frac{-3}{2}$

$\therefore m_1=m_2=\frac{-3}{2}$, अतः रेखा $Ax+By+C=0$ की प्रवणता $=\frac{-3}{2}$

उदाहरण 2 :

यदि रेखा $ax+by+c=0$ तथा $4x+5y+17=0$ परस्पर लम्ब हों तो रेखा $ax+by+c=0$ की प्रवणता ज्ञात कीजिए।

हल :

माना रेखा $ax+by+c=0$ की प्रवणता m_1 है।

रेखा $4x+5y+17=0$ की प्रवणता $m_2=\frac{-4}{5}$

चूंकि $m_1\times m_2=-1 \Rightarrow m_1\times\frac{-4}{5}=-1$, अतः $m_1=-1\times-\frac{5}{4}=\frac{5}{4}$

अभ्यास प्रश्न

1. यदि किसी रेखा का ढाल –2/5 है और y अक्ष पर मिलने वाला बिन्दु 6 है, तो उस रेखा के समीकरण को ज्ञात करें।

(a) 2x + 5y = 6 (b) 2x + 5y = 30
(c) 2x – 5y = 6 (d) 2x + 5y = –30

SSC CHSL (Tier-1) 23.1.2017

2. बिन्दु P (– 4, 1) बिन्दु (x, 0) और (0, y) के बीच के रेखाखण्ड को 3 :2 में विभाजित करता है। x और y को ज्ञात करें।

(a) x = – 10; y = 5/3 (b) x = –10; y = –5/3
(c) x = 10; y = 5/3 (d) x = 10; y = –5/3

SSC CHSL (Tier-1) 23.1.2017

3. A (7, –8) और C (1,4) एक वर्ग ABCD के कोने हैं। विकर्ण BD के समीकरण का पता लगाएँ?

(a) x – 2y = – 8 (b) x – 2y = 8
(c) x + 2y= – 8 (d) x + 2y = 8

SSC CHSL (Tier-1) 3.2.2017

4. बिन्दु (2, –1) और (y, –2) से गुजरने वाली रेखा (–3, 4) और (0, 3) से गुजरने वाली रेखा से समानान्तर है। y का मान ज्ञात करें।
(a) –2 (b) 2 (c) 5 (d) –5 *SSC CHSL (Tier-1) 30.1.2017*

5. बिन्दु A (0, 4) और B (– 5,9) को जोड़ने वाले रेखाखण्ड पर और बिन्दु P से होकर गुजरने वाले अभिलंब का समीकरण ज्ञात करें। बिन्दु P रेखाखंड AB को 2 : 3 के अनुपात में विभाजित करती है।
(a) x – y = 8 (b) x – y = – 8 (c) x + y = – 8 (d) x + y = 8 *SSC CHSL (Tier-1) 3.2.2017*

6. ABCD एक समान्तर चतुर्भुज है। A, B और C के निर्देशांक क्रमशः (5,0), (–2, 3) और (–1, 4) हैं। रेखा AD का समीकरण क्या होगा?
(a) y = 2x – 5 (b) y = x + 5 (c) y = 2x + 5 (d) y = x – 5 *SSC CHSL (Tier-1) 9.1.2017*

7. उस रेखा का समीकरण क्या होगा, जो बिन्दु (2, –3) से होकर गुजरती हो और धनात्मक x– अक्ष के साथ -45^0 का कोण बनाती हो।
(a) x – y = – 5 (b) x – y = –1 (c) x + y = – 5 (d) x + y = –1 *SSC CHSL (Tier-1) 9.1.2017*

8. बिन्दु (x, 0) और बिन्दु (0, y) को जोड़ने वाले खण्ड को बिन्दु P (5, –2), 2 : 5 के अनुपात में विभाजित करता है। x और y का मान क्या है?
(a) x = – 7; y = 7 (b) x = 3; y = –3 (c) x = 7; y = –7 (d) x = –3; y = 3 *SSC CHSL (Tier-1) 9.1.2017*

9. x अक्ष से बिन्दु 3/2 पर मिलने वाली और y अक्ष से – 4/7 पर मिलने वाली रेखा के समीकरण को ज्ञात करें।
(a) 8x – 21 y = – 12 (b) 8x + 21y = 14
(c) 8x – 21y = 12 (d) 8x + 21y = – 14 *SSC CHSL (Tier-1) 29.1.2017*

10. y = 0, x + 6 = 0 और 2x – 3y = 6 से घिरे क्षेत्रफल का मान (वर्ग इकाइयों में) ज्ञात करें।
(a) 9 (b) 16 (c) 20 (d) 27 *SSC CHSL (Tier-1) 14.3.2018*

11. x-अक्ष, y-अक्ष और रेखा x + 2y = 6 से जुड़े आंकड़े का क्षेत्रफल (वर्ग इकाइयों में) क्या है?
(a) 3 (b) 6 (c) 9 (d) 12 *SSC CHSL (Tier-1) 8.3.2018*

12. बिन्दु (5,a) और बिन्दु (4,3) से गुजरने वाली रेखा x – 6y = 8 पर लम्ब है। 'a' का क्या मान है ?
(a) –3 (b) –2 (c) 4 (d) 5 *SSC CHSL (Tier-1) 22.1.2017*

13. निम्नलिखित बिन्दुओं में से कौन रेखा 5x + 4y= 2 पर स्थित है–
(a) (2, 3) (b) (–2,–3) (c) (–2, 3) (d) (2, –3) *SSC CHSL (Tier-1) 3.1.2017*

14. 4/3 के ढाल के साथ बिन्दु (–7, 2) से होकर गुजरने वाली रेखा का समीकरण ज्ञात करें।
(a) 4x – 3y = – 22 (b) 4x + 3y = – 34 (c) 4x + 3y = – 22 (d) 4x – 3y = –34 *SSC CHSL 24.1.2017*

15. निम्नलिखित बिन्दुओं में से कौन-सा बिन्दु रेखा 3x – 4y = – 13 पर स्थित है?
(a) (–5, –7) (b) (5, 7) (c) (– 5, 7) (d) (5, –7) *SSC CHSL (Tier-1) 24.1.2017*

16. (2, – 6) और (4, 0) बिन्दुओं को जोड़ने वाले रेखाखंड के द्विभाजक अभिलम्ब के समीकरण का पता लगाएं।
(a) x + 3y = 6 (b) x + 3y = – 6 (c) x –3y = – 6 (d) x – 3y = 6 *SSC CHSL (Tier-1) 7.2.2017*

17. (4, 2) और (6, 3) को जोड़ने वाली रेखा के x-अवरोध (intercept) क्या होगा?
(a) 0 (b) 1 (c) 2 (d) 3 *SSC CHSL (Tier-1) 12.3.2018*

18. बिन्दु (11, –5) और (–1, 0) के बीच की दूरी ज्ञात करें।
(a) 169 यूनिट (b) 12 यूनिट (c) 13 यूनिट (d) 144 यूनिट *SSC CHSL (Tier-1) 24.1.2017*

19. बिन्दु (2, – 4) का प्रतिबिम्ब बिन्दु क्या है?
(a) (2, 4) (b) (–2, – 4) (c) (2, – 4) (d) (–2, 4) *SSC CHSL (Tier-1) 22.1.2017*

20. x–अक्ष में बिन्दु (–1, 4) के प्रतिबिम्ब के निर्देशांक क्या होंगे?
(a) (1, 4) (b) (1, – 4) (c) (–1, 4) (d) (–1, – 4) *SSC CHSL (Tier-1) 17.1.2017*

21. त्रिभुज ABC के लिए, यदि बिन्दु A, B और C के निर्देशांक क्रमशः (2, – 4), (3, 0) और (5, –2) हैं, तो माध्य AD का समीकरण क्या होगा?
(a) 3x – 2y = 14 (b) 3x – 2y = 2 (c) 3x + 2y= 14 (d) 3x + 2y = 2 *SSC CHSL (Tier-1) 17.1.2017*

22. बिन्दु (2, –1) और बिन्दु (x, 5) से गुजरने वाली रेखा का ढाल –1 है, तो x का क्या मान है?
(a) 4 (b) – 4 (c) – 8 (d) 8 *SSC CHSL (Tier-1) 21.1.2017*

23. x-अक्ष पर बिन्दु (–3, 6) का परावर्तन क्या है?
(a) (3, 6) (b) (6, –3) (c) (–3, – 6) (d) (– 6, 3) *SSC CHSL (Tier-1) 9.1.2017*

24. यदि किसी रेखा का ढाल 1/4 और y अक्ष पर मिलने वाला बिन्दु –3 है, तो उस रेखा के समीकरण को ज्ञात करें।
(a) x – 4y = 12 (b) x + 4y = 12 (c) x – 4y = – 12 (d) x + 4y = – 12 *SSC CHSL (Tier-1) 30.1.2017*

25. बिन्दु P (a, b) प्रथम मूल P1 पर प्रतिबिम्बित होता है और फिर P1 y-अक्ष पर (6, –5) पर प्रतिबिम्बित होता है। बिन्दु P के निर्देशांक ज्ञात करें।
(a) (– 6, –5) (b) (6, 5) (c) (– 6, 5) (d) (6, –5) *SSC CHSL (Tier-1) 29.1.2017*

26. यदि रेखा के समीकरण 7x + 4y –16 = 0 और 14x + 6y – 32= 0 हैं, तो इस रैखिक समीकरणों की जोड़ी के कितने समाधान हो सकते हैं?
(a) 0 (b) 1 (c) 2 (d) अनन्त *SSC CHSL (Tier-1) 20.3.2018*

27. बिन्दु (4, – 8) और (k, 0) के बीच की दूरी 10 है। k को ज्ञात करें।
(a) k = 6 or –2 (b) k = 10 or –2 (c) k =10 or – 4 (d) k = 6 or – 4 *SSC CHSL 25.1.2017*

28. बिन्दु (2, 3) और (– 4, 1) से होकर गुजरने वाली रेखा के समीकरण को ज्ञात करें।
(a) x –3y = – 7 (b) x + 3y = 7 (c) x – 3y = 7 (d) x + 3y = – 7 *SSC CHSL (Tier-1) 25.1.2017*

29. रेखा 3x – 6y = 4 की समानांतर रहने वाली रेखा की ढलान क्या है?
(a) –1/2 (b) 1/2 (c) 2 (d) –2 *SSC CHSL (Tier-1) 8.2.2017*

30. बिन्दु Q (a, b) y-अक्ष पर प्रथम Q1 पर परावर्तित होता है और Q1, x-अक्ष पर (– 6, 2) पर परावर्तित होता है। बिन्दु Q के निर्देशांक क्या हैं?
(a) (– 6, –2) (b) (2,– 6) (c) (6, –2) (d) (–2, 6) *SSC CHSL (Tier-1) 16.1.2017*

31. एक रेखा x –अक्ष को बिन्दु (–3,0) पर और y–अक्ष को बिन्दु (0, 6) पर काटती है। उस रेखा का समीकरण क्या होगा?
(a) x = 2y + 6 (b) y = 2x – 6 (c) x = 2y – 6 (d) y = 2x + 6 *SSC CHSL (Tier-1) 16.1.2017*

32. बिन्दु (5, 3) और बिन्दु (0, 2) को जोड़ने वाले खंड के लंब द्विभाजक का समीकरण क्या होगा?
(a) x + y = 2 (b) x – y = – 3 (c) x + y = –2 (d) x – y = 3 *SSC CHSL (Tier-1) 10.1.2017*

33. P (3, 1) और R (–7, 5) एक सम चतुर्भुज PQRS के शिरोबिन्दु हैं। विकर्ण QS के समीकरण का पता लगाएँ–
(a) $5x – 2y = – 16$ (b) $5x – 2y = 16$
(c) $5x + 2y = – 16$ (d) $5x + 2y = 16$ *SSC CHSL (Tier-1) 8.1.2017*

34. आयत ABCD की DA वाली भुजा का झुकाव $-\frac{3}{4}$ है। AB वाली भुजा का झुकाव क्या है?
(a) $-\frac{4}{3}$ (b) $\frac{3}{4}$ (c) $-\frac{3}{4}$ (d) $\frac{4}{3}$ *SSC CHSL (Tier-1) 21.1.2017*

35. बिन्दु (4, 7) और बिन्दु (–1, –5) के बीच की दूरी कितनी है?
(a) 10 Units (b) 13 Units (c) 5Units (d) 11 Units *SSC CHSL (Tier-1) 10.1.2017*

36. बिन्दु (x, O) और (O, y) के बीच रेखाखण्ड को बिन्दु P (3, –2), 1 : 3 में विभाजित करता है। x और y को ज्ञात करो।
(a) $x = 4; y = – 8$ (b) $x = –3; y = – 8$
(c) $x = 3; y = 8$ (d) $x = –3; y = 8$ *SSC CHSL (Tier-1) 30.1.2017*

उत्तरमाला

1. (b)	2. (a)	3. (b)	4. (c)	5. (b)	6. (d)	7. (d)	8. (c)	9. (c)
10. (d)	11. (c)	12. (a)	13. (c)	14. (d)	15. (b)	16. (b)	17. (a)	18. (c)
19. (a)	20. (d)	21. (a)	22. (b)	23. (c)	24. (a)	25. (b)	26. (b)	27. (b)
28. (a)	29. (b)	30. (a)	31. (d)	32. (d)	33. (a)	34. (d)	35. (b)	36. (a)

अभ्यास प्रश्नों के हल

1. रेखा का ढाल (m) $= -\frac{2}{5}$, y – अक्ष पर कटा अन्तः खण्ड C = 6

∴ रेखा का समीकरण $\Rightarrow y = mx + C \Rightarrow y = -\frac{2}{5} \cdot x + 6$

∴ $y = \frac{-2x+30}{5} \Rightarrow 5y = -2x + 30 \Rightarrow 2x + 5y = 30$

2. $(x_1, y_1) = (x, 0)$, $(x_2, y_2) = (0, y)$, m : n = 3 : 2 और विभाजक बिन्दु (p) = (– 4, 1)

∵ विभाजक बिन्दु का भुज $= \frac{mx_2 + nx_1}{m+n}$, अतः $-4 = \frac{3\times0+2\times x}{3+2}$

∴ $-4 = \frac{0+2x}{5} \Rightarrow \frac{-4}{1} = \frac{2x}{5} \Rightarrow x = \frac{-4\times5}{2} = -10$

पुनः विभाजक बिन्दु की कोटि $= \frac{my_2+ny_1}{m+n} \Rightarrow 1 = \frac{3\times y+2\times0}{3+2}$

∴ $1 = \frac{3y+0}{5} \Rightarrow 3y = 5 \Rightarrow y = \frac{5}{3}$, अतः $x, y = -10, \frac{5}{3}$

3. वर्ग ABCD में A = (7, – 8) और C = (1, 4)

∴ विकर्ण AC का समीकरण $\Rightarrow y - y_1 = \frac{y_2-y_1}{x_2-x_1}(x - x_1)$, अतः $y + 8 = \frac{(4+8)}{(1-7)}(x-7)$

∴ $y + 8 = \frac{12}{-6}(x-7) \Rightarrow y + 8 = -2(x-7)$

∴ $y + 8 = -2x + 14 \Rightarrow 2x + y - 6 = 0$ ....(i)

विकर्णों का प्रतिच्छेद बिन्दु = AC का मध्य बिन्दु $= \left(\frac{7+1}{2}, \frac{-8+4}{2}\right) = (4, -2)$

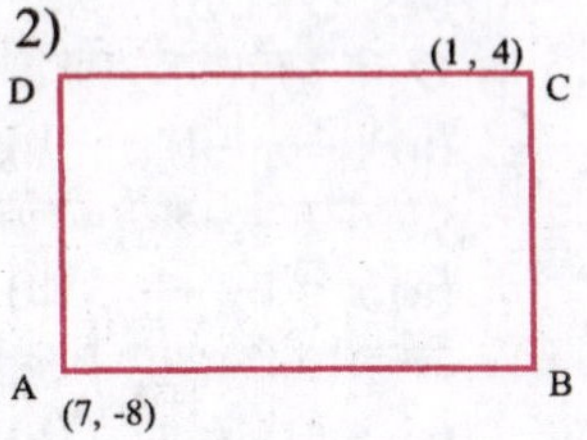

वर्ग के विकर्ण परस्पर समकोण पर काटते हैं अर्थात् परस्पर लम्ब होते हैं।

∴ BD का समीकरण ⇒ AC के लम्ब रेखा का समीकरण ⇒ $Bx - Ay = \lambda$

∴ BD का समीकरण $\Rightarrow x - 2y = \lambda$ ....(ii)

समीकरण (ii) को (4, – 2) से संतुष्ट कराने पर, $4 + 4 = \lambda \Rightarrow \lambda = 8$

∴ BD का समीकरण $\Rightarrow x - 2y = 8$

4. बिन्दु (2, –1) और (y, – 2) से गुजरने वाली रेखा की प्रवणता $(m_1) = \frac{y_2-y_1}{x_2-x_1} = \frac{-2+1}{y-2} = \frac{-1}{y-2}$

बिन्दु (– 3,4) और (0, 3) से गुजरने वाली रेखा की प्रवणता $(m_2) = \frac{y_2-y_1}{x_2-x_1} = \frac{3-4}{0+3} = \frac{-1}{3}$

चूँकि दोनों रेखाएँ परस्पर समानान्तर हैं। अतः $m_1 = m_2$, अतः $\frac{-1}{y-2} = -\frac{1}{3} \Rightarrow y - 2 = 3 \Rightarrow y = 3 + 2 = 5$

5. A = (0, 4), B = (– 5, 9)

∵ बिन्दु P रेखा AB को m : n = 2 : 3 के अनुपात में विभाजित करता है।

∴ बिन्दु P का निर्देशांक $= \left(\frac{mx_2+nx_1}{m+n}, \frac{my_2+ny_2}{m+n}\right) = \left(\frac{2\times-5+3\times0}{2+3}, \frac{2\times9+3\times4}{2+3}\right) = \left(\frac{-10}{5}, \frac{30}{5}\right) = (-2,6)$

रेखा AB का समीकरण $\Rightarrow y - y_1 = \frac{y_2-y_1}{x_2-x_1}(x - x_1)$

∴ $y - 4 = \frac{9-4}{-5-0}(x - o) \Rightarrow y - 4 = \frac{5}{-5}(x) \Rightarrow y - 4 = -x \Rightarrow x + y - 4 = 0$

अब रेखा AB $(x + y - 4 = 0)$ के लम्बवत रेखा का समीकरण–

$Bx - Ay = \lambda \Rightarrow x - y = \lambda$ परन्तु यह रेखा बिन्दु P (– 2, 6) से गुजरती है।

∴ बिन्दु (– 2, 6) रेखा $x - y = \lambda$ को संतुष्ट करेगा, अतः $-2 - 6 = \lambda \Rightarrow \lambda = -8$

∴ लम्बवत रेखा का समीकरण $\Rightarrow x - y = \lambda \Rightarrow x - y = -8$

6. सम्मुख चित्र में ABCD एक समान्तर चतुर्भुज है। BC का समीकरण, $y - y_1 = \frac{y_2 - y_1}{x_2 - x_1}(x - x_1)$

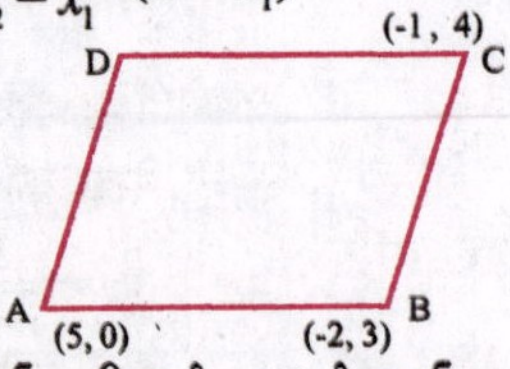

$\therefore$ $y - 3 = \frac{4-3}{-1+2}(x+2)$

$\therefore$ $y - 3 = \frac{1}{1}(x+2) = x + 2 \Rightarrow x - y + 5 = 0$

$\therefore$ AD का समीकरण $\Rightarrow$ BC के समान्तर रेखा का समीकरण $\Rightarrow x - y = \lambda$

$\because$ AD $(x - y = \lambda)$ बिन्दु A (5, 0) से गुजरती है। अतः (5, 0) से संतुष्ट कराने पर $5 - 0 = \lambda \Rightarrow \lambda = 5$

$\therefore$ AD का समीकरण $\Rightarrow x + y = 5 \Rightarrow y = x - 5$

7. रेखा की प्रवणता $m = \tan(-45^0) = -\tan 45^0 = -1$

बिन्दु $(x_1, y_1) = (2, -3)$ से गुजरने वाली रेखा का समीकरण $y - y_1 = m(x - x_1)$

$\therefore$ $y + 3 = -1(x-2) = -x + 2 \Rightarrow x + y = -1$

8. $(x_1, y_1) = (x, 0)$ तथा $(x_2, y_2) = (0, y)$ को बिन्दु P (5, – 2), 2 : 5 के अनुपात में विभाजित करता है।

$\therefore$ विभाजक बिन्दु P का भुज $= \frac{mx_2 + nx_1}{m+x} \Rightarrow 5 = \frac{2\times 0 + 5\times x}{2+5}$, अतः $5 = \frac{0+5x}{7} \Rightarrow 5x = 7\times 5 \Rightarrow x = 7$

पुनः विभाजक बिन्दु P की कोटि $= \frac{mx_2 + ny_1}{m+n} \Rightarrow -2 = \frac{2\times y + 5\times 0}{2+5}$

$\therefore$ $-2 = \frac{2y+0}{7} \Rightarrow 2y = -2\times 7 \Rightarrow y = -7$, अतः $x, y = 7, -7$

9. X– अक्ष पर अन्तः खण्ड (a) $= \frac{3}{2}$ और Y- अक्ष पर अन्तः खण्ड (b) $= -\frac{4}{7}$

$\therefore$ रेखा का समीकरण, $\frac{x}{a} + \frac{y}{b} = 1 \Rightarrow \frac{x}{\left(\frac{3}{2}\right)} + \frac{y}{\left(-\frac{4}{7}\right)} = 1$

$\therefore$ $\frac{2x}{3} + \frac{7y}{-4} = 1 \Rightarrow \frac{8x - 21y}{12} = 1 \Rightarrow 8x - 21y = 12$

10. $y = 0$..............(i), $x + 6 = 0$ ....(ii), $2x - 3y = 6$ ....(iii)

रेखा (i) और (ii) का प्रतिच्छेद बिन्दु = (– 6, 0)

रेखा (ii) और (iii) का प्रतिच्छेद बिन्दु = (– 6, – 6)

रेखा (i) और (iii) का प्रतिच्छेद बिन्दु = (3, 0)

$\therefore$ तीनों रेखाओं से घिरा क्षेत्रफल = त्रिभुज का क्षेत्रफल $= \frac{1}{2}[x_1(y_2 - y_3) + x_2(y_3 - y_1) + x_3(y_1 - y_2)]$

$$= \frac{1}{2}[-6(-6-0) + -6(0-0) + 3(0+6)]$$

$$= \frac{1}{2}[-6\times -6 + 0 + 3\times 6] = \frac{1}{2}[36+18] = \frac{1}{2}\times 54 = 27$$ वर्ग इकाई

11. $x + 2y = 6 \Rightarrow \frac{x+2y}{6} = 1 \Rightarrow \frac{x}{6} + \frac{2y}{6} = 1 \Rightarrow \frac{x}{6} + \frac{y}{3} = 1$

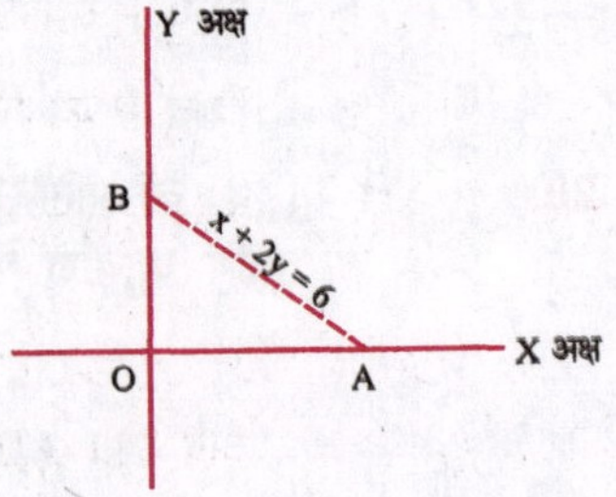

अतः X– अक्ष, Y– अक्ष और रेखा $x + 2y = 6$ से एक त्रिभुज बनेगा। जो सम्मुख चित्र में Δ ABO की तरह होगा। जहाँ OA = 6 इकाई और OB = 3 इकाई

$\therefore$ Δ ABO का क्षेत्रफल $= \frac{1}{2}\times OA\times OB = \frac{1}{2}\times 6\times 3 = 9$ वर्ग इकाई

12. बिन्दु (5, a) और (4, 3) से गुजरने वाली रेखा की प्रवणता $m_1 = \frac{y_2 - y_1}{x_2 - x_1}$

$\therefore$ $m_1 = \frac{3-a}{4-5} = \frac{3-a}{-1} = -3 + a = a - 3$, अतः रेखा $x - 6y = 8$ की प्रवणता $m_2 = \frac{-A}{B} = \frac{-1}{-6} = \frac{1}{6}$

$\because$ दोनों रेखाएँ परस्पर लम्ब हैं अतः $m_1 \cdot m_2 = -1$

$(a-3)\times\frac{1}{6} = -1 \Rightarrow a - 3 = -6 \Rightarrow a = 3 - 6 = -3$

13. रेखा $5x + 4y = 2$ को $(-2, 3)$ से संतुष्ट कराने पर, $5 \times -2 + 4 \times 3 = 2 \Rightarrow -10 + 12 = 2 \Rightarrow 2 = 2$

अतः बिन्दु $(-2, 3)$ रेखा $5x + 4y = 2$ पर स्थित है।

14. प्रवणता $(m) = \frac{4}{3}$, बिन्दु $(x_1, y_1) = (-7, 2)$ से होकर जाने वाली रेखा का समीकरण–

$y - y_1 = m(x - x_1) \Rightarrow y - 2 = \frac{4}{3}(x + 7) \Rightarrow 3y - 6 = 4x + 28$

$\therefore$ $4x - 3y = -6 - 28 \Rightarrow 4x - 3y = -34$

15. रेखा के समीकरण $3x - 4y = -13$ के बायें पक्ष में $x = 5$ और $y = 7$ रखने पर–

$3x - 4y = 3 \times 5 - 4 \times 7 = 15 - 28 = -13 =$ दायाँ पक्ष

$\therefore$ बिन्दु (5, 7) रेखा के समीकरण को सन्तुष्ट करता है। अतः बिन्दु (5, 7) रेखा पर स्थित है।

16. $(2, -6)$ और $(4, 0)$ बिन्दुओं को जोड़ने वाली रेखा का समीकरण–

$y - y_1 = \frac{y_2 - y_1}{x_2 - x_1}(x - x_1) \Rightarrow y + 6 = \frac{0+6}{4-2}(x - 2) = \frac{6}{2}(x - 2)$

$\therefore$ $y + 6 = 3(x - 2) = 3x - 6 \Rightarrow 3x - y - 12 = 0$ ....(i)

$(2, -6)$ और $(4, 0)$ मध्य बिन्दु $= \left(\frac{2+4}{2}, \frac{-6+0}{2}\right) = \left(\frac{6}{2}, \frac{-6}{2}\right) = (3, -3)$

रेखा (i) पर लम्ब रेखा का समीकरण $\Rightarrow Bx - Ay = \lambda \Rightarrow x + 3y = \lambda$ ......(ii)

परन्तु यह लम्ब रेखा $(3, -3)$ से होकर जाती है। अतः $x = 3, y = -3$ रखने पर,

$3 + 3 \times -3 = \lambda \Rightarrow 3 - 9 = \lambda \Rightarrow \lambda = -6$

$\therefore$ समीकरण (ii) में $\lambda = -6$ रखने पर, $x + 3y = -6$

17. (4, 2) तथा (6, 3) को जोड़ने वाली रेखा का समीकरण, $y - y_1 = \frac{y_2 - y_1}{x_2 - x_1}(x - x_1)$

अतः $y - 2 = \frac{3-2}{6-4}(x - 4)$ $\frac{y-2}{1} = \frac{1}{2}(x - 4) \Rightarrow x - 4 = 2y - 4 \Rightarrow x - 2y = 0$

$\therefore$ रेखा मूल बिन्दु से होकर जा रही है, अतः x – अवरोध (intercept) = 0

18. $(11, -5)$ तथा $(-1, 0)$ के बीच की दूरी $= \sqrt{(11+1)^2 + (-5-0)^2} = \sqrt{12^2 + 5^2} = \sqrt{144 + 25} = \sqrt{169}$

$= 13$ यूनिट

19. $(2, -4)$ का प्रतिबिम्ब बिन्दु $= (2, 4)$

चित्र में प्रतिबिम्ब बिन्दु प्रथम चतुर्थांश में है।

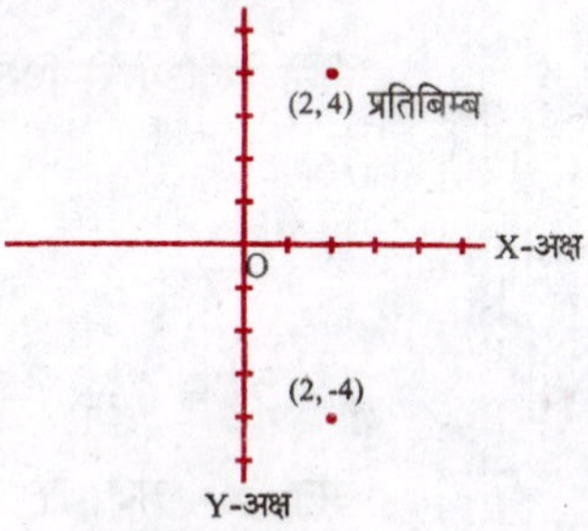

20. $(-1, 4)$ का प्रतिबिम्ब $= (-1, -4)$

जो तृतीय चतुर्थांश में है।

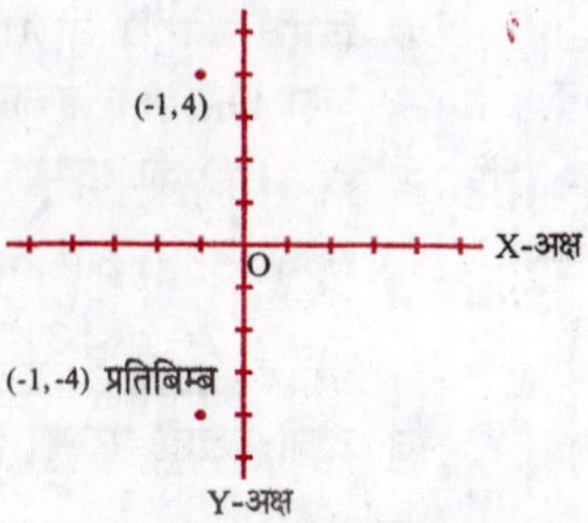

21. चित्रानुसार ΔABC में AD माध्यिका है।

$\therefore$ बिन्दु D का निर्देशांक = $\left(\frac{3+5}{2}, \frac{0-2}{2}\right) = \left(\frac{8}{2}, \frac{-2}{2}\right) = (4, -1)$

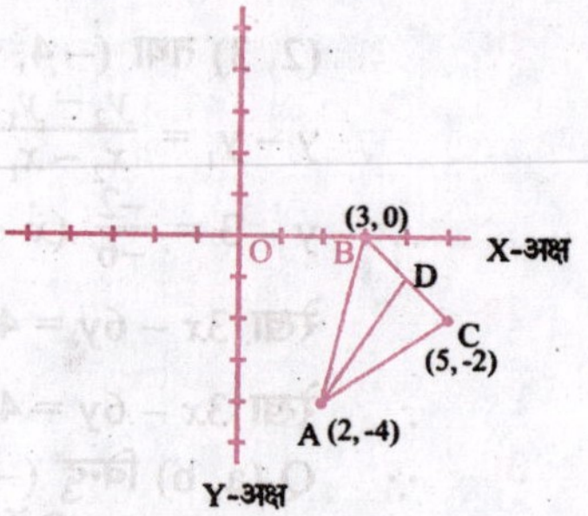

$\therefore$ माध्यिका AD का समीकरण–

$$y - y_1 = \frac{y_2 - y_1}{x_2 - x_1}(x - x_1)$$

$$y + 4 = \frac{-1+4}{4-2}(x-2) \Rightarrow \frac{y+4}{1} = \frac{3}{2}(x-2)$$

$\therefore$ $3x - 6 = 2y + 8 \Rightarrow 3x - 2y = 14$

22. $\because$ ढाल = $\frac{y_2 - y_1}{x_2 - x_1} \Rightarrow -1 = \frac{5+1}{x-2} \Rightarrow -1 = \frac{6}{x-2}$

$\therefore$ $6 = -(x-2) = -x + 2 \Rightarrow x = 2 - 6 = -4$

23. चित्रानुसार (– 3, 6) का परावर्तन = (– 3, – 6)
जो तृतीय चतुर्थांश में है।

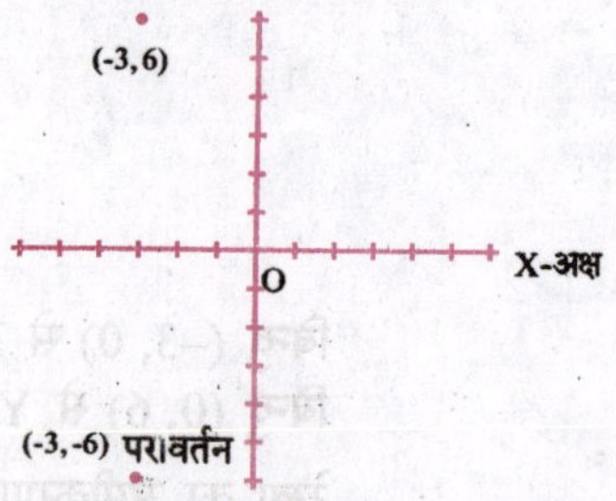

24. रेखा का ढाल $m = \frac{1}{4}$ और y – अक्ष पर कटा अन्तः खण्ड C = – 3

$\therefore$ रेखा का समीकरण $\Rightarrow y = mx + c \Rightarrow y = \frac{1}{4}x - 3$

$\therefore$ $\frac{y}{1} = \frac{x-12}{4} \Rightarrow x - 12 = 4y \Rightarrow x - 4y = 12$

25. $\because$ P (a, b) बिन्दु (6, – 5) पर प्रतिबिम्बित होता है।

$\therefore$ P (a, b) का निर्देशांक = (6, 5)

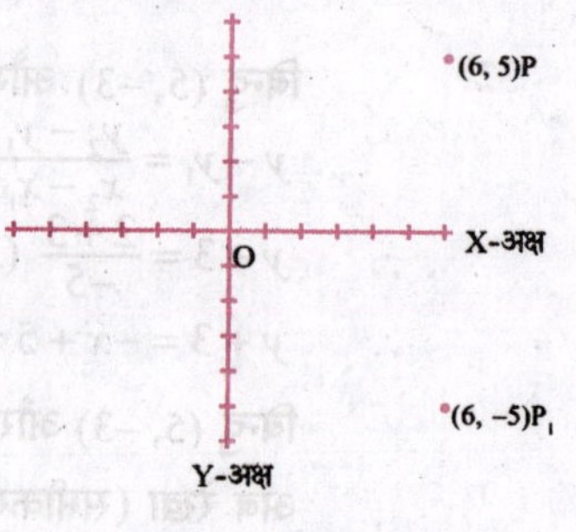

26. $7x + 4y - 16 = 0 \Rightarrow a_1 x + b_1 y + c_1 = 0$

$14x + 6y - 32 = 0 \Rightarrow a_2 x + b_2 y + c_2 = 0$

$\therefore$ $\frac{a_1}{a_2} = \frac{7}{14} = \frac{1}{2}$, चूंकि $\frac{a_1}{a_2} \neq \frac{b_1}{b_2}$

$\frac{b_1}{b_2} = \frac{4}{6} = \frac{2}{3}$

$\frac{c_1}{c_2} = \frac{-16}{-32} = \frac{1}{2}$, अतः समीकरणों का अद्वितीय समाधान होगा अर्थात् केवल 1 समाधान होगा।

27. $\because$ बिन्दु (4, – 8) और (k, 0) के बीच की दूरी 10 है।

$\therefore$ $\sqrt{(x_1 - x_2)^2 + (y_1 - y_2)^2} = 10 \Rightarrow \sqrt{(4-k)^2 + (-8-0)^2} = 10$

$\therefore$ $(4-k)^2 + (-8)^2 = 10^2 \Rightarrow 16 + k^2 - 8k + 64 = 100 \Rightarrow k^2 - 8k - 20 = 0$

$\therefore$ $k^2 - 10k + 2k - 20 = 0 \Rightarrow (k - 10)(k + 2) = 0$

$\therefore$ $k - 10 = 0 \Rightarrow k = 10$ और $k + 2 = 0 \Rightarrow k = -2$, अतः k = 10 or – 2

28. (2, 3) तथा (– 4, 1) से होकर गुजरने वाली रेखा का समीकरण–

$$y - y_1 = \frac{y_2 - y_1}{x_2 - x_1}(x - x_1) \Rightarrow y - 3 = \frac{1-3}{-4-2}(x-2)$$

$\therefore$ $y - 3 = \frac{-2}{-6}(x-2) \Rightarrow y - 3 = \frac{1}{3}(x-2)$, अतः $3y - 9 = x - 2 \Rightarrow x - 3y = 2 - 9 \Rightarrow x - 3y = -7$

29. रेखा $3x - 6y = 4$ का ढलान (प्रवणता) $m = \frac{-x \text{ का गुणांक}}{y \text{ का गुणांक}} = \frac{-3}{-6} = \frac{1}{2}$

$\therefore$ रेखा $3x - 6y = 4$ के समान्तर रेखा का ढलान (प्रवणता) $= \frac{1}{2}$

30. $\because$ Q (a, b) बिन्दु (– 6, 2) पर परावर्तित होता है।

$\therefore$ Q (a, b) का निर्देशांक = (– 6, –2)

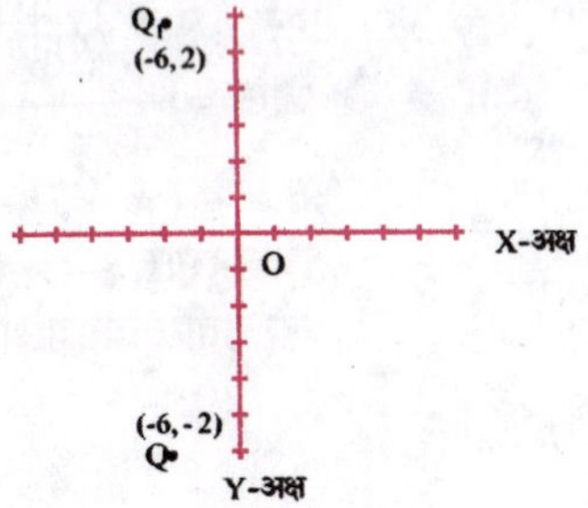

31. बिन्दु (–3, 0) से X– अक्ष पर कटा अन्तः खण्ड a = – 3

बिन्दु (0, 6) से Y– अक्ष पर कटा अन्तः खण्ड b = 6

$\therefore$ रेखा का समीकरण $\Rightarrow \frac{x}{a} + \frac{y}{b} = 1$

$\therefore$ $\frac{x}{-3} + \frac{y}{6} = 1 \Rightarrow \frac{-2x + y}{6} = 1$

$\therefore$ $-2x + y = 6 \Rightarrow y = 2x + 6$

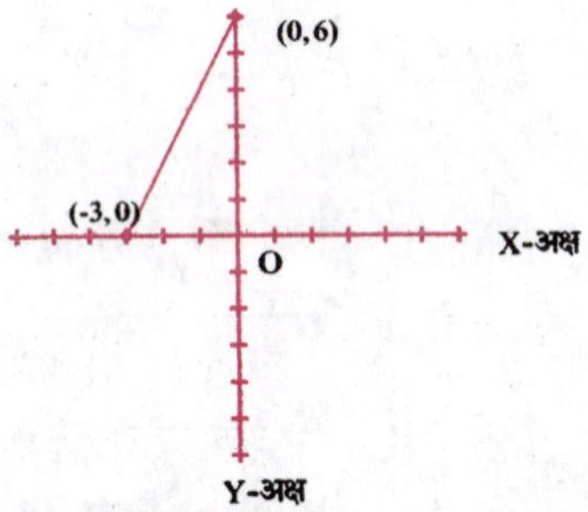

32. बिन्दु (5, –3) और बिन्दु (0, 2) को जोड़ने वाले रेखाखण्ड के लम्ब समद्विभाजक का समीकरण

$$y - y_1 = \frac{y_2 - y_1}{x_2 - x_1}(x - x_1) \Rightarrow y - (-3) = \frac{2-(-3)}{0-5}(x-5)$$

$\therefore$ $y + 3 = \frac{2+3}{-5}(x-5) \Rightarrow y + 3 = \frac{5}{-5}(x-5) = -1(x-5) = -x+5$

$\therefore$ $y + 3 = -x + 5 \Rightarrow x + y = 5 - 3 = 2 \Rightarrow x + y = 2$ ....(i)

बिन्दु (5, –3) और बिन्दु (0, 2) का मध्य बिन्दु $= \left(\frac{5+0}{2}, \frac{-3+2}{2}\right) = \left(\frac{5}{2}, -\frac{1}{2}\right)$

अब रेखा (समीकरण) (i) के लम्ब समद्विभाजक का समीकरण $\Rightarrow x - y = \lambda$

परन्तु बिन्दु $\left(\frac{5}{2}, -\frac{1}{2}\right)$ लम्ब समद्विभाजक $\Rightarrow x - y = \lambda$ पर स्थित है।

अतः $x = \frac{5}{2}$ और $y = -\frac{1}{2}$ रखने पर, $\frac{5}{2} - \left(-\frac{1}{2}\right) = \lambda \Rightarrow \frac{5}{2} + \frac{1}{2} = \frac{6}{2} = 3$

$\therefore$ लम्ब समद्विभाजक का समीकरण $x - y = \lambda \Rightarrow x - y = 3$

33. चित्रानुसार समचतुर्भुज PQRS में विकर्ण PR का समीकरण–

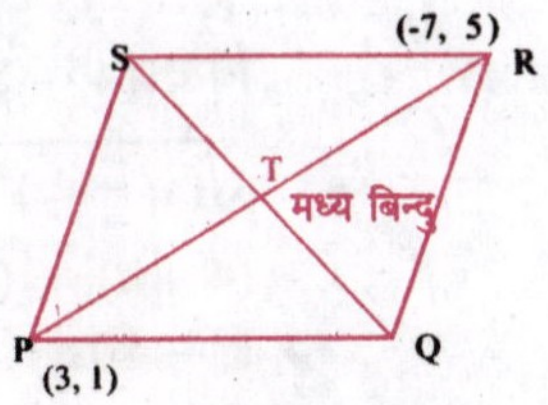

$$y - y_1 = \frac{y_2 - y_1}{x_2 - x_1}(x - x_1) \Rightarrow y - 1 = \frac{5-1}{-7-3}(x-3)$$

$\therefore$ $y - 1 = \frac{4}{-10}(x-3) \Rightarrow y - 1 = \frac{2}{-5}(x-3)$

$\therefore$ $2(x-3) = (y-1) \times -5 \Rightarrow 2x - 6 = -5y + 5$

$\therefore$ $2x + 5y - 6 - 5 = 0 \Rightarrow 2x + 5y - 11 = 0$ ....(i)

विकर्ण PR का मध्य बिन्दु $= \left(\frac{3+(-7)}{2}, \frac{1+5}{2}\right) = \left(\frac{3-7}{2}, \frac{6}{2}\right) = \left(\frac{-4}{2}, \frac{6}{2}\right) = (-2,3)$

$\because$ दोनों विकर्ण परस्पर लम्ब होते हैं। अतः विकर्ण QS का समीकरण–
रेखा (i) अर्थात् $2x+5y-11=0$ पर लम्ब रेखा का समीकरण $\Rightarrow 5x-2y=\lambda$.......................(ii)
अब समीकरण (ii) को मध्य बिन्दु (–2, 3) से संतुष्ट कराने पर, $5\times -2-2\times 3=\lambda$
अतः $-10-6=\lambda \Rightarrow \lambda=-16$

$\therefore$ विकर्ण QS का समीकरण $5x-2y=\lambda \Rightarrow 5x-2y=-16$

34. सम्मुख आयत ABCD में भुजा AD की प्रवणता अर्थात् झुकाव $= -\frac{3}{4}$
परन्तु भुजा AB और भुजा AD परस्पर लम्ब हैं।
अतः AB की प्रवणता × AD की प्रवणता = – 1

$\therefore$ AB की प्रवणता $\times -\frac{3}{4} = -1$

$\therefore$ AB की प्रवणता $= -1\times -\frac{4}{3} = \frac{4}{3}$

35. बिन्दु (4, 7) और बिन्दु (–1,–5) के बीच की दूरी $= \sqrt{(x_1-x_2)^2+(y_1+y_2)^2}$

$= \sqrt{(4+1)^2+(7+5)^2}$

$= \sqrt{(5)^2+(12)^2} = \sqrt{25+144}$

$= \sqrt{169} = 13$ units

36. $\because$ बिन्दु $(x, 0)$ और $(0, y)$ के बीच के रेखाखण्ड को बिन्दु P (3, –2) अनुपात 1 : 3 में विभाजित करता है
अतः $(x_1, y_1)=(x,0),\ (x_2,y_2)=(0,y),\ m:n=1:3$

$\therefore$ विभाजक बिन्दु P (3, –2) का भुज $= \frac{mx_2+nx_1}{m+n} \Rightarrow 3 = \frac{1\times 0+3\times x}{1+3}$

$\therefore$ $3 = \frac{0+3x}{4} \Rightarrow \frac{3}{1} = \frac{3x}{4} \Rightarrow 3x = 3\times 4 \Rightarrow x=4$

पुनः विभाजक बिन्दु P (3, –2) की कोटि $= \frac{my_2+ny_1}{m+n} \Rightarrow -2 = \frac{1\times y+3\times 0}{1+3}$

$\therefore$ $-2 = \frac{y+0}{4} \Rightarrow \frac{-2}{1} = \frac{y}{4} \Rightarrow y = -2\times 4 = -8$, अतः $x=4,\ y=-8$

30 बीजगणितीय सूत्रों के अनुप्रयोग
(Application of Algebraic Formulae)

उपयोगी सूत्र

1. $(a+b)^2 = a^2 + b^2 + 2ab$
2. $(a+b)^2 = (a-b)^2 + 4ab$
3. $(a-b)^2 = a^2 + b^2 - 2ab$
4. $(a-b)^2 = (a+b)^2 - 4ab$
5. $\left(x+\frac{1}{x}\right)^2 = x^2 + \frac{1}{x^2} + 2$
6. $\left(x+\frac{1}{x}\right)^2 = \left(x-\frac{1}{x}\right)^2 + 4$
7. $\left(x-\frac{1}{x}\right)^2 = x^2 + \frac{1}{x^2} - 2$
8. $\left(x-\frac{1}{x}\right)^2 = \left(x+\frac{1}{x}\right)^2 - 4$
9. $(a+b+c)^2 = a^2 + b^2 + c^2 + 2(ab + bc + ca)$
10. $(a+b)^3 = a^3 + b^3 + 3ab(a+b)$
11. $(a-b)^3 = a^3 - b^3 - 3ab(a-b)$
12. $a^2 - b^2 = (a-b)(a+b)$
13. $a^3 - b^3 = (a-b)(a^2 + ab + b^2)$
14. $a^3 + b^3 = (a+b)(a^2 - ab + b^2)$
15. $\left(x+\frac{1}{x}\right)^3 = x^3 + \frac{1}{x^3} + 3\left(x+\frac{1}{x}\right)$
16. $\left(x-\frac{1}{x}\right)^3 = x^3 - \frac{1}{x^3} - 3\left(x-\frac{1}{x}\right)$
17. $a^3 + b^3 + c^3 - 3abc = (a+b+c)(a^2 + b^2 + c^2 - ab - bc - ca)$
18. यदि $a + b + c = 0$ तब $a^3 + b^3 + c^3 = 3abc$

उदाहरण 1 :

यदि $x^2 + \frac{1}{x^2} = 7$ तो $x^3 + \frac{1}{x^3}$ का मान ज्ञात कीजिए।

हल :

$x^2 + \frac{1}{x^2} = 7$ के दोनों पक्षों में 2 जोड़ने पर, $x^2 + \frac{1}{x^2} + 2 = 9 \Rightarrow \left(x+\frac{1}{x}\right)^2 = 3^2 \Rightarrow x + \frac{1}{x} = 3$

अब $\left(x+\frac{1}{x}\right) = 3$ के दोनों पक्षों का घन करने पर, $\left(x+\frac{1}{x}\right)^3 = 3^3 \Rightarrow x^3 + \frac{1}{x^3} + 3x.\frac{1}{x}\left(x+\frac{1}{x}\right) = 27$

$\therefore\ x^3 + \frac{1}{x^3} + 3.1.3 = 27 \Rightarrow x^3 + \frac{1}{x^3} = 27 - 9 = 18$

उदाहरण 2 :

यदि $x - \frac{1}{x} = 2$ तो $x^4 - \frac{1}{x^4} = 2$ का मान ज्ञात कीजिए।

हल :

$x - \frac{1}{x} = 2$ के दोनों पक्षों का वर्ग करने पर, $\left(x-\frac{1}{x}\right)^2 = 2^2$

$\therefore\ x^2 + \frac{1}{x^2} - 2 = 4 \Rightarrow x^2 + \frac{1}{x^2} = 6$ ....(i)

अब $\left(x^2-\frac{1}{x^2}\right)^2 = \left(x^2+\frac{1}{x^2}\right)^2 - 4 = 6^2 - 4 = 36 - 4 = 32 = (4\sqrt{2})^2 \Rightarrow x^2 - \frac{1}{x^2} = 4\sqrt{2}$ ....(ii)

समीकरण (i) और समीकरण (ii) का आपस में गुणा करने पर,

$\left(x^2+\frac{1}{x^2}\right)\left(x^2-\frac{1}{x^2}\right) = 6 \times 4\sqrt{2}$, अतः $\left(x^4-\frac{1}{x^4}\right) = 24\sqrt{2}$

उदाहरण 3 :

यदि $x^2 + \frac{1}{x^2} = 38$, तो $x^3 - \frac{1}{x^3}$ का मान ज्ञात कीजिए।

हल :

$x^2 + \frac{1}{x^2} = 38$ के दोनों पक्षों से 2 घटाने पर,

$x^2+\frac{1}{x^2}-2=36 \Rightarrow \left(x-\frac{1}{x}\right)^2=6^2 \Rightarrow x-\frac{1}{x}=6$ ....(i)

समीकरण (i) के दोनों पक्षों का घन करने पर, $\left(x-\frac{1}{x}\right)^3=6^3$

$\therefore\ x^3-\frac{1}{x^3}-3.\left(x-\frac{1}{x}\right)=216 \Rightarrow x^3-\frac{1}{x^3}-3\times 6=216 \Rightarrow x^3-\frac{1}{x^3}=216+18=234$

उदाहरण 4 :

यदि $\left(x^2+\frac{1}{x^2}\right)^2=36$ तो $x^3-\frac{1}{x^3}$ का मान ज्ञात कीजिए।

हल :

$\left(x^2+\frac{1}{x^2}\right)^2=36$ के दोनों पक्षों का वर्गमूल लेने पर, $\left(x^2+\frac{1}{x^2}\right)=6$

अब $x^2+\frac{1}{x^2}=6$ के दोनों पक्षों से 2 घटाने पर, $x^2+\frac{1}{x^2}-2=4$

$\therefore \left(x-\frac{1}{x}\right)^2=2^2 \Rightarrow x-\frac{1}{x}=2$ ....(i)

समी. (i) के दोनों पक्षों का घन करने पर, $\left(x-\frac{1}{x}\right)^3=2^3$

$\therefore\ x^3-\frac{1}{x^3}-3\left(x-\frac{1}{x}\right)=8 \Rightarrow x^3-\frac{1}{x^3}-3\times 2=8 \Rightarrow\ x^3-\frac{1}{x^3}=8+6=14$

उदाहरण 5 :

$\left(x+\frac{1}{x}\right)^4=16$ तो $x^6+\frac{1}{x^6}$ का मान ज्ञात कीजिए।

हल :

$\left(x+\frac{1}{x}\right)^4=16=2^4 \Rightarrow x+\frac{1}{x}=2$ ....(i)

समी. (i) के दोनों पक्षों का वर्ग करने पर, $\left(x+\frac{1}{x}\right)^2=2^2$

$\therefore\ x^2+\frac{1}{x^2}+2=4 \Rightarrow x^2+\frac{1}{x^2}=2$ ....(ii)

समी. (ii) के दोनों पक्षों का घन करने पर, $\left(x^2+\frac{1}{x^2}\right)^3=2^3$

$\therefore\ \left(x^2\right)^3+\left(\frac{1}{x^2}\right)^3+3.\left(x^2+\frac{1}{x^2}\right)=8 \Rightarrow x^6+\frac{1}{x^6}+3\times 2=8$

$\therefore\ x^6+\frac{1}{x^6}+6=8 \Rightarrow x^6+\frac{1}{x^6}=8-6=2$

उदाहरण 6 :

यदि $\frac{p}{q}-\frac{q}{p}=4$ तो $\frac{p^3}{q^3}+\frac{q^3}{p^3}$ का मान ज्ञात कीजिए।

हल :

सूत्र $(a+b)^2=(a-b)^2+4ab$ से, $\left(\frac{p}{q}+\frac{q}{p}\right)^2=\left(\frac{p}{q}-\frac{q}{p}\right)^2+4=4^2+4=16+4$

$\therefore \left(\frac{p}{q}+\frac{q}{p}\right)^2=20$, अब दोनों पक्षों का वर्गमूल लेने पर $\left(\frac{p}{q}+\frac{q}{p}\right)=2\sqrt{5}$

$\therefore \left(\frac{p}{q}+\frac{q}{p}\right)^3=(2\sqrt{5})^3 \Rightarrow \frac{p^3}{q^3}+\frac{q^3}{p^3}+3\cdot\frac{p}{q}\frac{q}{p}\left(\frac{p}{q}+\frac{q}{p}\right)=8\times5\sqrt{5}$

$\therefore \frac{p^3}{q^3}+\frac{q^3}{p^3}+3\cdot1\cdot2\sqrt{5}=40\sqrt{5} \Rightarrow \frac{p^3}{q^3}+\frac{q^3}{p^3}=40\sqrt{5}-6\sqrt{5}=34\sqrt{5}$

उदाहरण 7 :

$\frac{x^2}{y^2}+\frac{y^2}{x^2}=14$ तो $\frac{x^3}{y^3}+\frac{y^3}{x^3}$ का मान ज्ञात कीजिए।

हल :

$\frac{x^2}{y^2}+\frac{y^2}{x^2}=14$ के दोनों पक्षों में 2 जोड़ने पर, $\frac{x^2}{y^2}+\frac{y^2}{x^2}+2=16$

$\therefore \left(\frac{x}{y}+\frac{y}{x}\right)^2=4^2 \Rightarrow \frac{x}{y}+\frac{y}{x}=4$ ....(i)

समी. (i) के दोनों पक्षों का घन करने पर $\left(\frac{x}{y}+\frac{y}{x}\right)^3=4^3$

$\therefore \frac{x^3}{y^3}+\frac{y^3}{x^3}+3\cdot\frac{x}{y}\frac{y}{x}\cdot\left(\frac{x}{y}+\frac{y}{x}\right)=64 \Rightarrow \frac{x^3}{y^3}+\frac{y^3}{x^3}+3\cdot1\cdot4=64$

$\therefore \frac{x^3}{y^3}+\frac{y^3}{x^3}+12=64 \Rightarrow \frac{x^3}{y^3}+\frac{y^3}{x^3}=64-12=52$

उदाहरण 8 :

यदि $x=a+\frac{1}{a}$ तथा $y=a-\frac{1}{a}$ हो तो $x^4+y^4-2x^2y^2$ का मान ज्ञात कीजिए।

हल :

$$x^4+y^4-2x^2y^2=(x^2-y^2)^2=[(x-y)(x+y)]^2=\left[(a+\frac{1}{a}-a+\frac{1}{a})(a+\frac{1}{a}+a-\frac{1}{a})\right]^2$$

$$=\left[(\frac{1}{a}+\frac{1}{a})(a+a)\right]^2=\left[\frac{2}{a}\times2a\right]^2=4^2=16$$

उदाहरण 9 :

यदि $a^4+b^4=a^2b^2$ हो तो (a^6+b^6) का मान कितना होगा?

हल :

$a^4+b^4=a^2b^2$ के दोनों पक्षों में $2a^2b^2$ जोड़ने पर,

$a^4+b^4+2a^2b^2=a^2b^2+2a^2b^2 \Rightarrow (a^2+b^2)^2=3a^2b^2 \Rightarrow (a^2+b^2)=\sqrt{3}\cdot ab$ ....(i)

समी. (i) के दोनों पक्षों का घन करने पर, $(a^2+b^2)^3=(\sqrt{3}\cdot ab)^3$

$\therefore a^6+b^6+3\cdot a^2b^2(a^2+b^2)=\sqrt{3}\cdot\sqrt{3}\cdot\sqrt{3}\cdot a^3b^3=3\sqrt{3}a^3b^3$

$\therefore a^6+b^6+3a^2b^2(\sqrt{3}ab)=3\sqrt{3}a^3b^3$, अतः $a^6+b^6+3\sqrt{3}a^3b^3=3\sqrt{3}a^3b^3 \Rightarrow a^6+b^6=0$

उदाहरण 10 :

यदि $a+b+c=0$ है, तो $\frac{a^2}{bc}+\frac{b^2}{ca}+\frac{c^2}{ab}$ का मान ज्ञात करें।

हल :

$\frac{a^2}{bc}+\frac{b^2}{ca}+\frac{c^2}{ab}=\frac{a^3+b^3+c^3}{abc}=\frac{3abc}{abc}=3$

उदाहरण 11 :

यदि $x = 19$ तथा $y = 18$ हो तो $\frac{x^2+y^2+xy}{x^3-y^3}$ का मान ज्ञात कीजिए।

हल :

$$\frac{x^2+y^2+xy}{x^3-y^3} = \frac{(x^2+y^2+xy)}{(x-y)(x^2+y^2+xy)} = \frac{1}{(x-y)} = \frac{1}{19-18} = \frac{1}{1} = 1$$

उदाहरण 12 :

यदि $\frac{x^2-x+1}{x^2+x+1} = \frac{2}{3}$ हो तो $\left(x+\frac{1}{x}\right)$ का मान क्या होगा?

हल :

$\frac{x^2-x+1}{x^2+x+1} = \frac{2}{3} \Rightarrow 3x^2-3x+3 = 2x^2+2x+2$, अतः $x^2-5x+1=0,$

अब दोनों पक्षों में x से भाग देने पर, $\frac{x^2}{x} - \frac{5x}{x} + \frac{1}{x} = \frac{0}{x} \Rightarrow x-5+\frac{1}{x} = 0 \Rightarrow x+\frac{1}{x} = 5$

उदाहरण 13 :

यदि $(x^4 + x^{-4}) = 322$ है, तो $(x - x^{-1})$ का मान क्या होगा?

हल :

$x^4 + x^{-4} = 322 \Rightarrow x^4 + \frac{1}{x^4} = 322$, दोनों पक्षों में 2 जोड़ने पर, $x^4 + \frac{1}{x^4} + 2 = 324$

$\therefore \left(x^2 + \frac{1}{x^2}\right)^2 = 18^2 \Rightarrow x^2 + \frac{1}{x^2} = 18$, दोनों पक्षों से 2 घटाने पर, $x^2 + \frac{1}{x^2} - 2 = 16 \Rightarrow \left(x - \frac{1}{x}\right)^2 = 4^2$

$\therefore x - \frac{1}{x} = 4 \Rightarrow x - x^{-1} = 4$

उदाहरण 14 :

यदि $x - y = 2$ तथा $x^2 + y^2 = 20$ हो तो $(x + y)^2$ का मान ज्ञात कीजिए।

हल :

$(x-y) = 2$ के दोनों पक्षों का वर्ग करने पर, $(x-y)^2 = 2^2$, अतः $x^2 + y^2 - 2xy = 4 \Rightarrow 20 - 2xy = 4 \Rightarrow 2xy = 16$

अब $(x+y)^2 = x^2 + y^2 + 2xy = 20 + 16 = 36$

उदाहरण 15 :

$\frac{0.07 \times 0.07 - 0.0021 + 0.03 \times 0.03}{0.000343 + 0.000027}$ का सरलतम् मान क्या होगा?

हल :

$$\frac{0.07 \times 0.07 - 0.0021 + 0.03 \times 0.03}{0.000343 + 0.000027} = \frac{0.07^2 - 0.07 \times 0.03 + 0.03^2}{0.07^3 + 0.03^3}$$

$$= \frac{(0.07^2 - 0.07 \times 0.03 + 0.03^2)}{(0.07 + 0.03)(0.07^2 - 0.07 \times 0.03 + 0.03^2)} = \frac{1}{0.07 + 0.03} = \frac{1}{0.10} = \frac{10}{1} = 10$$

उदाहरण 16 :

$\frac{2.3^3 - 0.027}{2.3^2 + 0.69 + 0.09}$ का सरलतम् मान ज्ञात कीजिए।

हल :

$$\frac{2.3^3 - 0.027}{2.3^2 + 0.69 + 0.09} = \frac{2.3^3 - 0.3^3}{2.3^2 + 2.3 \times 0.3 + 0.3^2} = \frac{(2.3 - 0.3)(2.3^2 + 2.3 \times 0.3 + 0.3^2)}{(2.3^2 + 2.3 \times 0.3 + 0.3^2)} = 2.3 - 0.3 = 2.0$$

उदाहरण 17 :

$\frac{3.25\times3.25+1.75\times1.75-2\times3.25\times1.75}{3.25\times3.25-1.75\times1.75}$ का सरलतम् मान ज्ञात कीजिए।

हल :

$$\frac{3.25\times3.25+1.75\times1.75-2\times3.25\times1.75}{3.25\times3.25-1.75\times1.75}=\frac{3.25^2+1.75^2-2\times3.25\times1.75}{(3.25^2-1.75^2}$$

$$=\frac{(3.25-1.75)^2}{(3.25-1.75)\,(3.25+1.75)}=\frac{(3.25-1.75)}{(3.25+1.75)}=\frac{1.50}{5.00}=0.3$$

उदाहरण 18 :

$\frac{0.064-0.027}{0.16+0.12+0.09}$ का सरलतम् मान ज्ञात कीजिए।

हल :

$$\frac{0.064-0.027}{0.16+0.12+0.09}=\frac{0.4^3-0.3^3}{0.4^2+0.4\times0.3+0.3^2}=\frac{(0.4-0.3)\,(0.4^2+0.4\times0.3+0.3^2)}{(0.4^2+0.4\times0.3+0.3^2)}=(0.4-0.3)=0.1$$

सूत्रों पर आधारित इबारती प्रश्न

उदाहरण 1 :

दो संख्याओं के वर्गों का अन्तर 25 है। यदि उनका योगफल भी 25 हो तो उनके व्युत्क्रमों के वर्गों का अन्तर ज्ञात कीजिए।

हल :

माना बड़ी संख्या a तथा छोटी संख्या b है।

अतः $a^2-b^2=25$ या $(a-b)(a+b)=25$ ....(i) तथा $a+b=25$ ....(ii)

परन्तु $a+b=25$ समी. (i) में रखने पर, $(a-b)\times25=25\Rightarrow(a-b)=1$....................................(iii)

समी. (ii) और (iii) को हल करने पर, $a=13$ तथा $b=12$

$\therefore$ व्युत्क्रमों के वर्गों का अन्तर $=\left(\frac{1}{12}\right)^2-\left(\frac{1}{13}\right)^2=\frac{1}{144}-\frac{1}{169}=\frac{169-144}{24336}=\frac{25}{24336}$

उदाहरण 2 :

दो क्रमागत सम संख्याओं के वर्गों का योग 1252 है। उनके वर्गों का अन्तर ज्ञात कीजिए।

हल :

माना दोनों क्रमागत सम संख्याएँ क्रमशः $x, x+2$ हैं।

$\therefore\ x^2+(x+2)^2=1252\Rightarrow x^2+x^2+4+4x=1252$

$\therefore\ 2x^2+4x-1248=0\Rightarrow x^2+2x-624=0$

$\therefore\ x^2+26x-24x-624=0\Rightarrow(x+26)\,(x-24)=0$

$\therefore\ x+26\neq0$, अतः $x-24=0\Rightarrow x=24$

$\therefore$ संख्याएँ $=x, x+2=24, 26$

$\therefore$ वर्गों का अन्तर $=26^2-24^2=676-576=100$

उदाहरण 3 :

दो क्रमागत विषय संख्याओं के वर्गों का योग 1154 है। उनके योगफल का पूर्ण वर्ग कितना होगा?

हल :

माना दोनों क्रमागत विषम संख्याएँ क्रमशः $x, x+2$ हैं।

$\therefore\ x^2+(x+2)^2=1154\Rightarrow x^2+x^2+4+4x=1154$

$\therefore\ 2x^2 + 4x + 4 - 1154 = 0 \Rightarrow 2x^2 + 4x - 1150 = 0$

$\therefore\ x^2 + 2x - 575 = 0 \Rightarrow x^2 + 25x - 23x - 575 = 0$

$\therefore\ (x+25)(x-23) = 0 \Rightarrow x - 23 = 0 \Rightarrow x = 23$

$\therefore$ दोनों संख्याएँ $= x, x+2 = 23, 25$

$\therefore$ योगफल का पूर्ण वर्ग $= (23 + 25)^2 = 48^2 = 2304$

उदाहरण 4 :

दो संख्याओं के वर्गों का योग एक तीसरी संख्या के वर्ग के बराबर है। यदि प्रथम दोनों संख्याओं का गुणनफल 300 और योगफल 35 हो तो तीनों संख्याएँ कौन-कौन सी हैं?

हल :

माना तीनों संख्याएँ क्रमशः a, b, c हैं।

$\therefore\ a^2 + b^2 = c^2$ ...(i) $\quad a \cdot b = 300$ ...(ii) $\quad a + b = 35$ ...(iii)

सूत्र $(a-b)^2 = (a+b)^2 - 4ab$ से $(a-b)^2 = 35^2 - 4 \times 300 = 1225 - 1200$

$\therefore\ (a-b)^2 = 25 = 5^2 \Rightarrow (a-b) = 5$ ...(iv)

समी. (iii) और समी. (iv) को हल करने पर, $a = 20, b = 15$

$\therefore$ समी. (i) से $20^2 + 15^2 = C^2 \Rightarrow C^2 = 625 = 25^2 \Rightarrow C = 25$

$\therefore$ तीनों संख्याएँ $= a, b, c = 20, 15, 25$

उदाहरण 5 :

किसी संख्या के घन में सें दूसरी संख्या का वर्ग घटाने पर पहली संख्या का वर्ग प्राप्त होता है। दोनों संख्याओं के योग का वर्ग 1600 है। यदि दोनों संख्याओं का गुणनफल 300 हो तो वे संख्याएँ कौन-कौन सी हैं?

हल :

माना एक संख्या a तथा दूसरी संख्या b है।

$\therefore\ a^3 - b^2 = a^2 \Rightarrow a^3 = a^2 + b^2$ ....(i)

$(a+b)^2 = 1600 \Rightarrow a^2 + b^2 + 2ab = 1600$, परन्तु $a \cdot b = 300$ ....(ii)

$\therefore\ a^2 + b^2 + 600 = 1600 \Rightarrow a^2 + b^2 = 1000$

समी. (i) से, $a^3 = a^2 + b^2 = 1000 = 10^3 \Rightarrow a = 10$, समी. (ii) से, $10 \times b = 300 \Rightarrow b = 30$

$\therefore$ दोनों संख्याएँ $= a, b = 10, 30$

उदाहरण 6 :

दो धन पूर्णांकों के व्युत्क्रमों का योग $\frac{11}{30}$ है और उनके व्युत्क्रमों का गुणनफल $\frac{1}{30}$ है तो बताइये वे संख्याएँ कौन-कौन सी हैं?

हल :

माना दोनों धन पूर्णांक क्रमशः a तथा b हैं।

अतः $\frac{1}{a} + \frac{1}{b} = \frac{11}{30} \Rightarrow \frac{a+b}{ab} = \frac{11}{30}$ ....(i) और $\frac{1}{a} \times \frac{1}{b} = \frac{1}{30} \Rightarrow \frac{1}{ab} = \frac{1}{30}$ ....(ii)

समी. (i) और समी. (ii) से $ab = 30$ ....(iii) और $a+b = 11$ ....(iv)

सूत्र $(a-b)^2 = (a+b)^2 - 4ab$ से $(a-b)^2 = 11^2 - 4 \times 30$

$\therefore\ (a-b)^2 = 121 - 120 = 1 \Rightarrow a - b = 1$ ....(v)

समी. (iv) और समी. (v) को हल करने पर, $a = 6, b = 5$

$\therefore$ संख्याएँ $= a, b = 6, 5$

उदाहरण 7 :

किसी संख्या को 9 से भाग देने पर भागफल और शेषफल का योग 13 प्राप्त होता है और उनके वर्गों का अन्तर भी 13 प्राप्त होता है। भागफल और शेषफल ज्ञात कीजिए।

हल :

माना भागफल a तथा शेषफल b प्राप्त होता है।

$\therefore\ a+b=13$ ....(i) और $a^2-b^2=13$

$\therefore\ (a-b)(a+b)=13 \Rightarrow (a-b)\times 13=13 \Rightarrow a-b=1$ ....(ii)

समी. (i) और समी. (ii) को हल करने पर, $a=7, b=6$

$\therefore$ भागफल = 7 और शेषफल = 6

अभ्यास प्रश्न

1. यदि $x + y = 1$ और $xy(xy-2) = 12$ है, तो $x^4 + y^4$ का मान होगा–
   (a) 23 (b) 25 (c) 20 (d) 19 *SSC CGL (Tier-1) 4.6.2019*

2. यदि $x-5\sqrt{x}-1=0$ है, तो $x^2+\frac{1}{x^2}$ बराबर है–
   (a) 727 (b) 731 (c) 729 (d) 625 *SSC CGL (Tier-1) 10.6.2019*

3. यदि $ab + bc + ca = 8$ और $a^2 + b^2 + c^2 = 20$ है, तो $\frac{1}{2}(a + b + c)[(a-b)^2 + (b-c)^2 + (c-a)^2]$ का एक संभव मान है–
   (a) 72 (b) 80 (c) 84 (d) 56 *SSC CGL (Tier-1) 6.6.2019*

4. यदि $x=a+\frac{1}{a}$ और $y=a-\frac{1}{a}$ है, तो $\sqrt{x^4+y^4-2x^2y^2}$ बराबर है–
   (a) $16a^2$ (b) $\frac{8}{a^2}$ (c) 4 (d) 8 *SSC CGL (Tier-1) 6.6.2014*

5. यदि $a+\frac{1}{a}=3$ है, तो $\left(a^4+\frac{1}{a^4}\right)$ बराबर है–
   (a) 27 (b) 47 (c) 81 (d) 77 *SSC CGL (Tier-1) 6.6.2019*

6. यदि $\sqrt{x}-\frac{1}{\sqrt{x}}=4$ है, तो $x^2+\frac{1}{x^2}$ बराबर है–
   (a) 322 (b) 192 (c) 256 (d) 326 *SSC CGL (Tier-1) 10.6.2019*

7. यदि $\sqrt{x}-\frac{1}{\sqrt{x}}=2\sqrt{2}$ है, तो $x^2+\frac{1}{x^2}$ बराबर है–
   (a) 100 (b) 104 (c) 102 (d) 98 *SSC CGL (Tier-1) 12.6.2019*

8. यदि $\sqrt{x}+\frac{1}{\sqrt{x}}=\sqrt{6}$ है, तो $x^2+\frac{1}{x^2}$ बराबर है–
   (a) 36 (b) 14 (c) 62 (d) 16 *SSC CGL (Tier-1) 11.6.2019*

9. यदि $\sqrt{x}-\frac{1}{\sqrt{x}}=\sqrt{6}$ है, तो $x^2+\frac{1}{x^2}$ बराबर है–
   (a) 66 (b) 40 (c) 54 (d) 62 *SSC CGL (Tier-1) 11.6.2019*

10. यदि $\sqrt{x}-\frac{1}{\sqrt{x}}=3\sqrt{2}$ है, तो $x^2+\frac{1}{x^2}$ बराबर है–
    (a) 324 (b) 402 (c) 398 (d) 326 *SSC CGL (Tier-1) 13.6.2019*

11. यदि $x^4 + x^{-4} = 194, x > 0$ है, तो $(x-2)^2$ का मान क्या होगा?
    (a) 6 (b) 1 (c) 2 (d) 3 *SSC CGL (Tier-1) 4.6.2019*

12. यदि $x^4 + x^{-4} = 194$ है, $(x > 0)$ है, तो $(2x-4)^2$ का मान है–
    (a) 15 (b) 16 (c) 20 (d) 12

13. अगर $x^4 + x^{-4} = 2207, (x > 0)$ है, तो $x + x^{-1}$ का मान है–

(a) 11 (b) 7 (c) 19 (d) 9 *SSC CHSL (Tier-1) 4.7.2019*

14. यदि $x^4 + x^{-4} = 47, (x > 0)$ है, तो $(2x - 3)^2$ का मान है–

(a) 5 (b) 3 (c) 4 (d) 2 *SSC CHSL (Tier-1) 8.7.2019*

15. यदि a = 2017, b = 2016 और c = 2015 है, तो $a^2 + b^2 + c^2 - ab - bc - ca$ का मान क्या होगा?

(a) –2 (b) 0 (c) 3 (d) 4 *SSC CPO 1.7.2017*

16. यदि a + b = 5 और ab = 3 है, तो $(a^3 + b^3)$ बराबर है–

(a) 70 (b) 80 (c) 65 (d) 75 *SSC CGL (Tier-1) 12.6.2019*

17. यदि (a + b) = 6 और ab = 8 है, तो $(a^3 + b^3)$ बराबर है–

(a) 144 (b) 72 (c) 108 (d) 216 *SSC CGL (Tier-1) 12.6.2019*

18. यदि a + b = 8 और $ab = \frac{32}{3}$ है, तो $(a^3 + b^3)$ बराबर है–

(a) 384 (b) 320 (c) 128 (d) 256 *SSC CGL (Tier-1) 11.6.2019*

19. यदि (a + b) = 6 और $ab = \frac{16}{3}$ है, तो $(a^3 + b^3)$ बराबर है–

(a) 190 (b) 150 (c) 220 (d) 120 *SSC CGL (Tier-1) 11.6.2019*

20. यदि a + b = 5 और ab = 3 है, तो $(a^3 + b^3)$ का मान क्या होगा?

(a) 65 (b) 80 (c) 70 (d) 75 *SSC CGL (Tier-1) 11.6.2019*

21. यदि $\sqrt{x} + \frac{1}{\sqrt{x}} = \sqrt{7}$ है, तो $x^3 + \frac{1}{x^3}$ बराबर है–

(a) 140 (b) 130 (c) 110 (d) 120 *SSC CGL (Tier-1) 11.6.2019*

22. यदि $a - \frac{1}{a} = 3$ है, तो $a^6 + \frac{1}{a^6}$ बराबर है–

(a) 996 (b) 1298 (c) 729 (d) 1331 *SSC CGL (Tier-1) 19.6.2019*

23. यदि $x + \frac{1}{3} = 3$ है, तो $x^3 + \frac{1}{x^3}$ बराबर है–

(a) 18 (b) 24 (c) 36 (d) 27 *SSCCGL (Tier-1) 10.6.2019*

24. यदि $x + \frac{1}{x} = 4$ है, तो $x^3 + \frac{1}{x^3}$ बराबर है–

(a) 50 (b) 52 (c) 40 (d) 64 *SSC CGL (Tier-1) 19.6.2019*

25. यदि $x + \frac{1}{x} = 5$ है, तो $x^3 + \frac{1}{x^3}$ बराबर है–

(a) 125 (b) 130 (c) 145 (d) 110 *SSC CGL (Tier-1) 13.6.2019*

26. यदि $x + \frac{1}{x} = \sqrt{5}$ है, तो $x^3 + \frac{1}{x^3}$ बराबर है–

(a) $3\sqrt{5}$ (b) $5\sqrt{5}$ (c) $2\sqrt{5}$ (d) $4\sqrt{5}$ *SSC CGL (Tier-1) 10.6.2019*

27. यदि $x^2 - 9x + 1 = 0$ हो, तो $x^3 + \frac{1}{x^3}$ का मान क्या है?

(a) 54 (b) 108 (c) 702 (d) 810 *SSC CPO 5.7.2017*

28. यदि $4x^2 - 6x + 1 = 0$ है, तो $8x^3 + (8x^3)^{-1}$ का मान है–

(a) 11 (b) 13 (c) 36 (d) 18 *SSC CGL (Tier-1) 10.6.2019*

29. यदि $\frac{6x}{(2x^2 + 5x - 2)} = 1, x > 0$ तो $x^3 + \frac{1}{x^3}$ का मूल्य है–

(a) $\frac{5\sqrt{17}}{8}$ (b) $\frac{5\sqrt{17}}{16}$ (c) $\frac{3}{8}\sqrt{17}$ (d) $\frac{3}{4}\sqrt{17}$ *SSC CGL (Tier-1) 7.6.2019*

30. यदि $a + \frac{1}{a} = 3$ है, तो $\left(a^6 + \frac{1}{a^6}\right)$ किसके समान होगा?

(a) 322 (b) 319 (c) 730 (d) 780 *SSC CHSL (Tier-1) 10.7.2019*

31. अगर $x = 2+\sqrt{5}$ है, तो $x^3 + x^{-3}$ का मान है–

(a) $36\sqrt{5}$ (b) $40\sqrt{5}$ (c) $34\sqrt{5}$ (d) $46\sqrt{5}$

32. यदि $x^2 = 3x + 1 = 0$ हो, तो $x^3 + \frac{1}{x^3}$ का मान क्या है?

(a) 3 (b) 7 (c) 11 (d) 18 *SSC CPO 1.7.2017*

33. यदि $x+\frac{1}{x}=7$ है, तो $x^3+\frac{1}{x^3}$ का मान है–

(a) 322 (b) 300 (c) 343 (d) 364 *SSC CHSL (Tier-1) 3.7.2019*

34. अगर $a^2 + b^2 = 88$ और $ab = 6$, $(a > 0, b > 0)$ है, तो $(a^3 + b^3)$ का मान क्या है?

(a) 980 (b) 1000 (c) 1180 (d) 820 *SSC CHSL (Tier-1) 4.7.2019*

35. यदि $a^3 + b^3 = 1344$ और $a + b = 28$ है, तो $(a + b)^2 - 3ab$ बराबर है–

(a) 32 (b) 16 (c) 48 (d) 24 *SSC CHSL (Tier-1) 8.7.2019*

36. यदि $(8x^3 - 27y^3) \div (2x - 3y) = (Ax^2 + Bxy + Cy^2)$ है, तो $(2A + B - C)$ का मान है–

(a) 3 (b) 5 (c) 6 (d) 4 *SSC CGL (Tier-1) 6.6.2019*

37. यदि $(27x^3 - 343y^3) \div (3x - 7y) = Ax^2 + By^2 + 7Cyx$ है, तो $(4A - B + 5C)$ का मान होगा–

(a) 3 (b) 0 (c) 2 (d) 1 *SSC CGL (Tier-1) 4.6.2019*

38. यदि $3\sqrt{3}x^3 - 2\sqrt{2}y^3 = (\sqrt{3}x - \sqrt{2}y)(Ax^2 + By^2 + Cxy)$, तो $(A \times B) \div C$ का मान है–

(a) $6\sqrt{6}$ (b) $6\sqrt{3}$ (c) $\sqrt{3}$ (d) $\sqrt{6}$ *SSC CGL (Tier-1) 6.6.2019*

39. यदि $(8x^3 + 27y^3) \div (2x + 3y) = (Ax^2 + Bxy + Cy^2)$ तो $(5A + 4B + 3C)$ का मूल्य है–

(a) 23 (b) 26 (c) 24 (d) 27 *SSC CGL (Tier-1) 7.6.2019*

40. अगर $250\sqrt{2}x^3 - 5\sqrt{5}y^3 = (5\sqrt{2}x - \sqrt{5}y) \times (Ax^2 + Bxy + Cy^2)$ है, तो $(A + C - \sqrt{10}B)$ का मान होगा–

(a) 5 (b) $5\sqrt{2}$ (c) 10 (d) *SSC CHSL (Tier-1) 3.7.2019*

41. अगर $8(x + y)^3 - (x - y)^3 = (x + 3y)(Ax^2 + Bxy + Cy^2)$ है, तो $(A - B - C)$ का मान है–

(a) 14 (b) –2 (c) 10 (d) – 6 *SSC CHSL (Tier-1) 3.7.2019*

42. यदि $a - b = 5$ तथा $ab = 2$ है, तो $a^3 - b^3$ बराबर है–

(a) 95 (b) 155 (c) 125 (d) 145 *SSC CGL (Tier-1) 13.6.2019*

43. यदि $a - b = 5$ तथा $ab = 6$ है, तो $(a^3 - b^3)$ बराबर है–

(a) 215 (b) 155 (c) 90 (d) 225 *SSC CGL (Tier-1) 13.6.2019*

44. यदि $(a - b) = 4$ तथा $ab = 2$ तो $(a^3 - b^3)$ बराबर है–

(a) 80 (b) 88 (c) 92 (d) 84 *SSC CGL (Tier-1) 13.6.2019*

45. यदि $a^3 - b^3 = 210$ और $a - b = 5$ है, तो $(a + b)^2 - ab$ बराबर है–

(a) 38 (b) 42 (c) 52 (d) 32 *SSC CGL (Tier-1) 19.6.2019*

46. यदि $x + y = 12$ और $xy = 27$, $x > y$, है, तो $(x^3 - y^3)$ का मान है–

(a) 710 (b) 724 (c) 720 (d) 702 *SSC CGL (Tier-1) 6.6.2019*

47. यदि $a^3 - b^3 = 208$ और $a - b = 4$ है, तो $(a + b)^2 - ab$ का मान है–

(a) 38 (b) 52 (c) 42 (d) 32 *SSC CGl (Tier-1) 13.6.2019*

48. यदि $x - y = 3$ हो, तो $x^3 - y^3 - 9xy$ का मान क्या होगा?

(a) 3 (b) 9 (c) 18 (d) 27 *SSC CPO 5.7.2017*

49. यदि $x = 2 + \sqrt{5}$ है, तो $(x^3 - x^{-3})$ का मान है–

(a) –76 (b) 76 (c) –52 (d) 52 *SSC CHSL (Tier-1) 8.7.2019*

50. यदि $a^3 - b^3 = 899$ तथा $a - b = 31$, तो $(a - b)^2 + 3ab$ बराबर है–

(a) 31 (b) 29 (c) 23 (d) 26 *SSC CHSL (Tier-1) 9.7.2019*

51. यदि $x-\frac{1}{x}=10$ है, तो $x^3-\frac{1}{x^3}$ बराबर है–
(a) 1100 (b) 1030 (c) 1000 (d) 970 *SSC CHSL (Tier-1) 4.7.2019*

52. $\frac{(a^2+b^2)(a-b)-(a^3-b^3)}{a^2b-ab^2}$ का मान क्या है?
(a) 0 (b) 1 (c) –1 (d) 3 *SSC CPO (5.7.2017)*

53. यदि a + b + c = 6 और $a^3+b^3+c^3-3abc=126$ है, तो ab + bc + ca बराबर है–
(a) 8 (b) 5 (c) 6 (d) 12 *SSC CGL (Tier-1) 12.6.2019*

54. यदि $(3x-1)^3+(4x-3)^3+(2x+1)^3=3(3x-1)(4x-3)(2x+1)$ है, तो x = ?
(a) $\frac{1}{4}$ (b) $\frac{1}{3}$ (c) 1 (d) $\frac{1}{2}$ *SSC CGL (Tier-1) 10.6.2019*

55. यदि a + b + c = 6 और ab + bc + ca = 4 है, तो $a^3+b^3+c^3-3abc$ बराबर है–
(a) 144 (b) 148 (c) 160 (d) 154 *SSC CGL (Tier-1) 11.6.2019*

56. यदि a + b + c = 11 और ab + bc + ca = 38 है, तो $a^3+b^3+c^3-3abc$ बराबर है–
(a) 44 (b) 66 (c) 77 (d) 55 *SSC CGL (Tier-1) 10.6.2019*

57. यदि a + b + c = 2, $a^2+b^2+c^2=26$ तब $a^3+b^3+c^3-3abc$ का मान है–
(a) 78 (b) 71 (c) 74 (d) 69 *SSC CGL (Tier-1) 6.6.2019*

58. यदि a + b + c = 6 और ab + bc + ca = 5 है, तो $a^3+b^3+c^3-3abc$ बराबर है–
(a) 116 (b) 108 (c) 126 (d) 98 *SSC CGL (Tier-1) 12.6.2019*

59. यदि $x+y+z=19$, $xy+yz+zx=114$ है, तो $\sqrt{x^3+y^3+z^3-3xyz}$ का मान होगा–
(a) 17 (b) 13 (c) 21 (d) 19 *SSC CGL (Tier-1) 4.6.2019*

60. यदि $(x-5)^3+(x-6)^3+(x-7)^3=3(x-5)(x-6)(x-7)$ है, तो x का मान क्या है?
(a) 7 (b) 18 (c) 6 (d) 5 *SSC CGL(Tier-1) 13.6.2019*

61. यदि $(x-4)^3+(x-5)^3+(x-3)^3=3(x-4)(x-5)(x-3)$ है, तो x का मान क्या होगा?
(a) 7 (b) 4 (c) 18 (d) 6 *SSC CGL (Tier-1) 19.6.2019*

62. यदि a + b + c = 8 तथा ab + bc + ca = 20 है, तो $a^3+b^3+c^3-3abc$ बराबर है–
(a) 30 (b) 24 (c) 36 (d) 32 *SSC CGL (Tier-1) 13.6.2019*

63. यदि a + b + c = 8 तथा ab + bc + ca = 12 है, तो $a^3+b^3+c^3-3abc$ बराबर है–
(a) 144 (b) 400 (c) 192 (d) 224 *SSC CGL (Tier-1) 11.6.2019*

64. यदि a + b + c = 10 और ab + bc + ca = 32 है, तो $a^3+b^3+c^3-3abc$ बराबर है–
(a) 70 (b) 40 (c) 60 (d) 50 *SSC CGL (Tier-1) 13.6.2019*

65. यदि a + b + c = 4 और ab + bc + ca = 2 है, तो $a^3+b^3+c^3-3abc$ बराबर है–
(a) 40 (b) 32 (c) 48 (d) 36 *SSC CGL (Tier-1) 11.6.2019*

66. यदि a + b + c = 13 और ab + bc+ ca = 54 है, तो $a^3+b^3+c^3-3abc$ किसके बराबर है–
(a) 273 (b) 793 (c) 182 (d) 91 *SSC CGL (Tier-1) 10.6.2019*

67. यदि a + b + c = 7 तथा ab + bc + ca = 1 है, तो $a^3+b^3+c^3-3abc$ बराबर है–
(a) 412 (b) 325 (c) 422 (d) 322 *SSC CGL (Tier-1) 13.6.2019*

68. यदि $x^2+y^2+z^2=133$, $xy+yz+zx=114$ है और $xyz=216$ है, तो $x^3+y^3+z^3$ का मान है–
(a) 999 (b) 948 (c) 942 (d) 1009 *SSC CGL (Tier-1) 6.6.2019*

69. अगर $(x-7)^3+(x-8)^3+(x+6)^3=3(x-7)(x-8)(x+6)$ है, तो x का मान क्या है?
(a) 6 (b) 8 (c) 3 (d) 10 *SSC CHSL (Tier-1) 4.7.2019*

70. अगर $x+y+z=19$, $x^2+y^2+z^2=133$ है, तो $x^3+y^3+z^3-3xyz$ का मान है–
(a) 352 (b) 361 (c) 380 (d) 342 *SSC CHSl (Tier-1) 3.7.2019*

71. यदि $2x^2 + y^2 + 6x - 2xy + 9 = 0$ है, तो $(4x^3 - y^3 + x^2 y^2)$ का मान है–
(a) – 3 (b) –9 (c) 9 (d) 0 *SSC CGL(Tier-1) 6.6.2019*

72. दिये गये समीकरण $(5)^2 + (6)^2 + (30)^2 = (x)^2$ में x का मान है–
(a) 53 (b) 37 (c) 41 (d) 31 *SSC CHSL (Tier-1) 21.8.2019*

73. यदि $x = 2 - p$ है, तो $x^3 + 6xp + p^3$ बराबर है–
(a) 6 (b) 4 (c) 8 (d) 12 *SSC CGL (Tier-1) 7.6.2019*

74. यदि $x^4 - 6x^2 - 1 = 0$ है, तो $x^6 - 5x^2 + \frac{5}{x^2} - \frac{1}{x^6} + 5$ का मान है–
(a) 209 (b) 239 (c) 219 (d) 204 *SSC CGL (Tier-1) 7.6.2019*

75. यदि $(x^3 - 2\sqrt{2}y^3) \div (x - \sqrt{2}y) = (Ax^2 + Bxy + Cy^2)$ है, तो $(2A + 4\sqrt{2}B - 4C) = ?$
(a) 4 (b) 2 (c) 1 (d) 0 *SSC CGL (Tier-1) 7.6.2019*

76. यदि $\frac{6x-1}{x} + \frac{7y-1}{y} + \frac{8z-1}{z} = 0$ हो, तो $\frac{1}{x} + \frac{1}{y} + \frac{1}{z}$ का मान क्या है?
(a) 1 (b) 3 (c) 0 (d) 21 *SSC CPO 1.7.2017*

77. यदि $16x^2 + 9y^2 + 4z^2 = 24 (x - y + z) - 61$ है, तो $(xy + 2z)$ का मान होगा–
(a) 5 (b) 2 (c) 3 (d) 1 *SSC CGL (Tier-1) 4.6.2019*

78. यदि $a^2 + b^2 + c^2 = 21$ और $a + b + c = 7$ तो $(ab + bc + ca)$ बराबर है–
(a) 8 (b) 14 (c) 28 (d) 12 *SSC CGL (Tier-1) 4.6.2019*

79. यदि $9a^2 + 4b^2 + c^2 + 21 = 4 (3a + b - 2c)$, तो $(9a + 4b - c)$ का मान है–
(a) 6 (b) 12 (c) 16 (d) 2 *SSC CTL (Tier-1) 7.6.2019*

80. यदि $a^2 + b^2 + c^2 + 27 = 6 (a + b + c)$ है, तो $\sqrt[3]{a^3 + b^3 - c^3}$ का मान है–
(a) 9 (b) 6 (c) 3 (d) 1 *SSC CGL (Tier-1) 10.6.2019*

81. यदि $(135\sqrt{5}x^3 - 2\sqrt{2}y^3) \div (3\sqrt{5}x - \sqrt{2}y) = Ax^2 + By^2 + \sqrt{10}Cxy$ तो $(A + B - 9C)$ का मान है–
(a) 18 (b) 10 (c) 12 (d) 20 *SSC CGL (Tier-1) 7.6.2019*

82. यदि $ab + bc + ca = 8$ और $a^2 + b^2 + c^2 = 20$ है, तो $\frac{1}{2}(a + b + c)[(a - b)^2 + (b - c)^2 + (c - a)^2]$ का एक संभव मान है–
(a) 56 (b) 84 (c) 80 (d) 72 *SSC CGL (Tier-1) 6.6.2019*

83. यदि $(5\sqrt{5}x^3 - 81\sqrt{3}y^3) \div (\sqrt{5}x - 3\sqrt{3}y) = Ax^2 + By^2 + Cxy$ है, तो $(6A + B - \sqrt{15}C)$ का मान क्या होगा?
(a) 12 (b) 15 (c) 9 (d) 10 *SSC CGL (Tier-1) 4.6.2019*

84. यदि $a + b + c = 3$ तथा a, b तथा c में से कोई भी 1 के बराबर नहीं है, तो $\frac{1}{(1-a)(1-b)} + \frac{1}{(1-b)(1-c)} + \frac{1}{(1-c)(1-a)}$ का मान क्या है?
(a) 0 (b) 1 (c) 3 (d) 6 *SSC CPO 5.7.2017*

85. यदि $\left(\frac{1}{x}\right) + \left(\frac{1}{y}\right) + \left(\frac{1}{z}\right) = 0$ तथा $x + y + z = 7$ है, तो $x^3 + y^3 + z^3 - 3xyz$ का मान क्या होगा?
(a) 49 (b) 343 (c) 1029 (d) 2401 *SSC CPO 5.7.2017*

86. यदि $\sqrt{x} - \frac{1}{\sqrt{x}} = \sqrt{5}$ है, तो $x^2 + \frac{1}{x^2}$ बराबर है–
(a) 45 (b) 47 (c) 49 (d) 51 *SSC CGL (Tier-1) 13.6.2019*

87. यदि $x > 0$ के लिए $x^2 + \frac{1}{x^2} = \frac{7}{4}$ हो, तो $x^4 + \frac{1}{x^4}$ का मान क्या है?
(a) 1 (b) $\frac{17}{16}$ (c) $\frac{15}{16}$ (d) $\frac{51}{16}$ *SSC CPO 5.7.2017*

88. यदि $x+\frac{1}{x}=-2$ हो, तो $1 + x^3 + x^6$ का मान क्या है?
(a) 0 (b) 1 (c) 2 (d) –1 *SSC CPO 5.7.2017*

89. यदि $x + (1/x) = 5$ है, तो $x^6 + (1/x^6)$ का मान क्या होगा?
(a) 623 (b) 627 (c) 12098 (d) 12102 *SSC CPO 5.7.2017*

90. $111\frac{1}{2}+111\frac{1}{6}+111\frac{1}{12}+111\frac{1}{20}+111\frac{1}{30}$ का मान क्या होगा?
(a) $111\frac{1}{6}$ (b) $111\frac{5}{6}$ (c) $555\frac{5}{6}$ (d) $555\frac{1}{6}$ *SSC CPO 5.7.2017*

91. यदि $x^2 + 3x + 1 = 0$ है, तो $x^6+\frac{1}{x^6}$ का मान क्या होगा?
(a) 324 (b) 327 (c) 322 (d) 318 *SSC CGL (Tier-1) 3.3.2020*

92. $(3a - 4b)^3$ निम्न में से किसके बराबर है?
(a) $27a^3 - 64b^3$ (b) $27a^3 - 64b^3 - 108\,a^2b + 144\,ab^2$
(c) $9\,a^2 - 24\,ab + 16\,b^2$ (d) $9a^2 - 16\,b^2$ *SSC CGL (Tier-1) 7.3.2020*

93. यदि $A + B = 12$ और $AB = 17$ है, तो $A^3 + B^3$ का मान क्या होगा?
(a) 1116 (b) 1106 (c) 1166 (d) 1213 *SSC CGL (Tier-1) 7.3.2020*

94. यदि $x^4 + x^2y^2 + y^4 = 273$ और $x^2 - xy + y^2 = 13$ है, तो xy का मान क्या होगा?
(a) 6 (b) 10 (c) 8 (d) 4 *SSC CGL (Tier-1) 5.3.2020*

95. यदि $x-\frac{1}{x}=11$ है, तो $x^3-\frac{1}{x^3}$ का मान बताइए–
(a) 1298 (b) 1364 (c) 1474 (d) 1188 *SSC CGL (Tier-1) 5.3.2020*

96. यदि $x - y = 4$ और $x\,y = 45$ है, तो $x^3 - y^3$ का मान है–
(a) 82 (b) 604 (c) 151 (d) 822 *SSC CGL (Tier-1) 3.3.2020*

97. $(2x + y)^3$ में x^2 का गुणांक है–
(a) $12\,y^2$ (b) $12y$ (c) 8 (d) 12 *SSC CGL (Tier-1) 5.3.2020*

98. यदि $a^2 + b^2 - c^2 = 0$ है, तो $\frac{2(a^6+b^6+c^6)}{3a^2b^2c^2}$ का मान ज्ञात कीजिए।
(a) 1 (b) 0 (c) –2 (d) 3 *SSC CGL (Tier-1) 9.3.2020*

99. यदि x, y, z तीन संख्याएँ इस प्रकार है कि $x + y = 13$, $y + z = 15$ और $z + x = 16$ है, तो $\frac{xy+xz}{xyz}$ का मान है–
(a) $\frac{5}{36}$ (b) $\frac{18}{5}$ (c) $\frac{5}{18}$ (d) $\frac{36}{5}$ *SSC CGL (Tier-1) 9.3.2020*

100. यदि $p + q = 7$ और $p\,q = 5$ है, तो $p^3 + q^3$ का मान ज्ञात कीजिए।
(a) 448 (b) 64 (c) 34 (d) 238 *SSC CGL (Tier-1) 9.3.2020*

101. यदि $(a + b - 2)^2 + (b + c - 5)^2 + (c + a - 5)^2 = 0$ है, तो $\sqrt{(b+c)^a+(c+a)^b-1}$ का मान ज्ञात कीजिए।
(a) 3 (b) 2 (c) 0 (d) 1 *SSC CGL (Tier-1) 6.3.2020*

102. यदि $a = 2b = 8c$ और $a + b + c = 13$ है, तो $\frac{\sqrt{a^2+b^2+c^2}}{2c}$ का मान है–
(a) $\frac{9}{2}$ (b) $\frac{5}{6}$ (c) $-\frac{9}{2}$ (d) $-\frac{5}{6}$ *SSC CGL (Tier-1) 9.3.2020*

103. $27a^3-2\sqrt{2}b^3$ का मान के बराबर है–
(a) $(3a-\sqrt{2}b)(9a^2-2b^2+3\sqrt{2}ab)$ (b) $(3a-\sqrt{2}b)(9a^2-2b^2-6\sqrt{2}ab)$
(c) $(3a-\sqrt{2}b)(9a^2+2b^2+3\sqrt{2}ab)$ (d) $(3a-\sqrt{2}b)(9a^2+2b^2+6\sqrt{2}ab)$
SSC CGL (Tier-1) 9.3.2020

104. यदि $5x+\frac{1}{3x}=4$ है, तो $9x^2+\frac{1}{25x^2}$ का मान क्या होगा?

(a) $\frac{119}{25}$ (b) $\frac{174}{125}$ (c) $\frac{144}{125}$ (d) $\frac{114}{125}$ *SSC CGL (Tier-1) 4.3.2020*

105. यदि $12x^2 - 21x + 1 = 0$ है, तो $9x^2 + (16x^2)^{-1}$ का मान क्या है?

(a) $\frac{465}{16}$ (b) $\frac{429}{8}$ (c) $\frac{417}{16}$ (d) $\frac{453}{8}$ *SSC CGL (Tier-1) 4.3.2020*

106. यदि $16a^2 + 36a^2b^2 + 81b^4 = 91$ और $4a^2 + 9b^2 - 6ab = 13$ है, तो 3ab का मान क्या है?

(a) $-\frac{3}{2}$ (b) $\frac{3}{2}$ (c) 5 (d) –3 *SSC CGL (Tier-1) 5.3.2020*

107. यदि x, y, z तीनों ऐसे पूर्णांक हैं कि $x + y = 8$, $y + z = 13$ और $z + x = 17$ है, तो $\frac{x^2}{yz}$ का मान ज्ञात कीजिए।

(a) 1 (b) $\frac{18}{11}$ (c) 0 (d) $\frac{7}{5}$ *SSC CGL (Tier-1) 3.3.2020*

108. $(a + b + c - d)^2 - (a - b - c + d)^2$ का मान बताइए।

(a) 4a (b + c + d) (b) 2a (b + c + d)

(c) 4a (b + c – d) (d) 2a (b + c – d) *SSC CGL (Tier-1) 5.3.2020*

109. $(4a + 3b + 2c)^2$ का विस्तार करें–

(a) $4a^2 + 3b^2 + 2c^2 + 24ab + 12bc + 16ca$ (b) $16a^2 - 9b^2 + 4c^2 + 24ab + 12bc + 16ca$

(c) $16a^2 + 9b^2 + 4c^2 + 24ab + 12bc + 16ca$ (d) $16a^2 + 9b^2 + 4c^2 - 24ab - 12bc - 16ca$

SSC CGL (Tier-1) 7.3.2020

110. यदि $a + b + c = 9$ और $ab + bc + ca = -22$ है, तो $a^3 + b^3 + c^3 - 3abc$ का मान ज्ञात कीजिए।

(a) 783 (b) 1571 (c) 487 (d) 1323 *SSC CGL (Tier-1) 6.3.2020*

उत्तरमाला

1. (b)	2. (b)	3. (c)	4. (c)	5. (b)	6. (a)	7. (d)	8. (b)	9. (d)
10. (c)	11. (d)	12. (d)	13. (b)	14. (a)	15. (c)	16. (b)	17. (b)	18. (d)
19. (d)	20. (b)	21. (c)	22. (b)	23. (a)	24. (b)	25. (d)	26. (c)	27. (c)
28. (d)	29. (a)	30. (a)	31. (c)	32. (d)	33. (a)	34. (d)	35. (c)	36. (b)
37. (c)	38. (d)	39. (a)	40. (a)	41. (b)	42. (b)	43. (a)	44. (b)	45. (b)
46. (d)	47. (b)	48. (d)	49. (b)	50. (b)	51. (b)	52. (c)	53. (b)	54. (b)
55. (a)	56. (c)	57. (c)	58. (c)	59. (d)	60. (c)	61. (b)	62. (d)	63. (d)
64. (b)	65. (a)	66. (d)	67. (d)	68. (d)	69. (c)	70. (b)	71. (d)	72. (d)
73. (c)	74. (a)	75. (b)	76. (d)	77. (a)	78. (b)	79. (b)	80. (c)	81. (d)
82. (d)	83. (a)	84. (a)	85. (b)	86. (b)	87. (b)	88. (b)	89. (c)	90. (c)
91. (c)	92. (b)	93. (a)	94. (d)	95. (b)	96. (b)	97. (b)	98. (c)	99. (c)
100. (d)	101. (a)	102. (a)	103. (c)	104. (d)	105. (c)	106. (a)	107. (b)	108. (c)
109. (c)	110. (d)							

अभ्यास प्रश्नों के हल

1. $x+y=1 \Rightarrow (x+y)^2=1^2 \Rightarrow x^2+y^2+2xy=1$

$\therefore \quad x^2+y^2=(1-2xy) \Rightarrow (x^2+y^2)^2=(1-2xy)^2 \Rightarrow x^4+y^4+2x^2y^2=1+4x^2y^2-4xy$

$\therefore \quad x^4+y^4=1+4x^2y^2-4xy-2x^2y^2=1+2x^2y^2-4xy=1+2xy(xy-2)=1+2\times 12=1+24=25$

2. $x-5\sqrt{x}-1=0$ के दोनों पक्षों में $\sqrt{x}$ से भाग देने पर –

$$\frac{x-5\sqrt{x}-1}{\sqrt{x}}=\frac{0}{x} \Rightarrow \frac{\sqrt{x}\cdot\sqrt{x}}{\sqrt{x}}-\frac{5\sqrt{x}}{\sqrt{x}}-\frac{1}{\sqrt{x}}=0 \Rightarrow \sqrt{x}-5-\frac{1}{\sqrt{x}}=0 \Rightarrow \sqrt{x}-\frac{1}{\sqrt{x}}=5$$

$$\therefore \left(\sqrt{x}-\frac{1}{\sqrt{x}}\right)^2=(5)^2 \Rightarrow x-\frac{1}{x}-2\sqrt{x}\cdot\frac{1}{\sqrt{x}}=25 \Rightarrow x-\frac{1}{x}-2=25$$

$$\therefore x-\frac{1}{x}=27 \Rightarrow \left(x-\frac{1}{x}\right)^2=(27)^2 \Rightarrow x^2+\frac{1}{x^2}-2=729 \Rightarrow x^2+\frac{1}{x^2}=729+2=731$$

3. $ab+bc+ca=8$ और $a^2+b^2+c^2=20$

$\therefore$ सूत्र $(a+b+c)^2=a^2+b^2+c^2+2(ab+bc+ca)$ से $(a+b+c)^2=20+2\times8=20+16=36$

$\therefore$ $(a+b+c)^2=6^2 \Rightarrow a+b+c=6$

पुनः $\frac{1}{2}\,[(a-b)^2+(b-c)^2+(c-a)^2]=a^2+b^2+c^2+(ab+bc+ca)=20+8=28$

$\therefore$ $(a-b)^2+(b-c)^2+(c-a)^2=28\times2=56$

$\therefore$ $\frac{1}{2}\,(a+b+c)\,[(a-b)^2+(b-c)^2+(c-a)^2]=\frac{1}{2}\times6\times28=84$

4. $x=a+\frac{1}{a}$ और $y=a-\frac{1}{a}$, अतः $x+y=a+\frac{1}{a}+a-\frac{1}{a}=2a$

और $(x-y)=\left(a+\frac{1}{a}\right)-\left(a-\frac{1}{a}\right)=a+\frac{1}{a}-a+\frac{1}{a}=\frac{2}{a}$

$$\therefore \sqrt{x^4+y^4-2x^2y^2}=\sqrt{(x^2-y^2)^2}=x^2-y^2=(x+y)(x-y)=2a\times\frac{2}{a}=4$$

5. $a+\frac{1}{a}=3 \Rightarrow \left(a+\frac{1}{a}\right)^2=3^2 \Rightarrow a^2+\frac{1}{a^2}+2=9$

$\therefore$ $a^2+\frac{1}{a^2}=9-2=7 \Rightarrow a^2+\frac{1}{a^2}=7$ ....(i)

समीकरण (i) के दोनों पक्षों का वर्ग करने पर, $\left(a^2+\frac{1}{a^2}\right)^2=7^2$

$\therefore$ $a^4+\frac{1}{a^4}+2=49 \Rightarrow a^4+\frac{1}{a^4}=49-2=47$

6. $\sqrt{x}-\frac{1}{\sqrt{x}}=4$ के दोनों पक्षों का वर्ग करने पर, $\left(\sqrt{x}-\frac{1}{\sqrt{x}}\right)^2=4^2$

$\therefore$ $x+\frac{1}{x}-2=16 \Rightarrow x+\frac{1}{x}=18$ ....(i)

समीकरण (i) के दोनों पक्षों का वर्ग करने पर, $\left(x+\frac{1}{x}\right)^2=18^2$

$\therefore$ $x^2+\frac{1}{x^2}+2=324 \Rightarrow x^2+\frac{1}{x^2}=324-2=322$

7. $\sqrt{x}-\frac{1}{\sqrt{x}}=2\sqrt{2}$ के दोनों पक्षों का वर्ग करने पर, $\left(\sqrt{x}-\frac{1}{\sqrt{x}}\right)^2=(2\sqrt{2})^2$

$x+\frac{1}{x}-2=8 \Rightarrow x+\frac{1}{x}=10$ ....(i)

समीकरण (i) के दोनों पक्षों का वर्ग करने पर, $\left(x+\frac{1}{x}\right)^2=10^2 \Rightarrow x^2+\frac{1}{x^2}+2=100 \Rightarrow x^2+\frac{1}{x^2}=98$

8. $\sqrt{x}+\frac{1}{\sqrt{x}}=\sqrt{6}$ के दोनों पक्षों का वर्ग करने पर $\left(\sqrt{x}+\frac{1}{\sqrt{x}}\right)^2=(\sqrt{6})^2$

$\therefore$ $x+\frac{1}{x}+2=6 \Rightarrow x+\frac{1}{x}=4$ ....(i)

समीकरण (i) के दोनों पक्षों का वर्ग करने पर, $\left(x+\frac{1}{x}\right)^2 = 4^2$

$\therefore \quad x^2+\frac{1}{x^2}+2=16 \Rightarrow x^2+\frac{1}{x^2}=16-2=14$

9. $\sqrt{x}-\frac{1}{\sqrt{x}}=\sqrt{6}$ के दोनों पक्षों का वर्ग करने पर, $\left(\sqrt{x}-\frac{1}{\sqrt{x}}\right)^2=(\sqrt{6})^2$

$\therefore \quad x+\frac{1}{x}-2=6 \Rightarrow x+\frac{1}{x}=8$ ....(i)

समीकरण (i) के दोनों पक्षों का वर्ग करने पर, $\left(x+\frac{1}{x}\right)^2=8^2$

$\therefore \quad x^2+\frac{1}{x^2}+2=64 \Rightarrow x^2+\frac{1}{x^2}=62$

10. $\sqrt{x}-\frac{1}{\sqrt{x}}=3\sqrt{2}$ के दोनों पक्षों का वर्ग करने पर $\left(\sqrt{x}-\frac{1}{\sqrt{x}}\right)^2=(3\sqrt{2})^2$

$\therefore \quad x+\frac{1}{x}-2=18 \Rightarrow x+\frac{1}{x}=20$ ....(i)

समीकरण (i) के दोनों पक्षों का वर्ग करने पर, $\left(x+\frac{1}{x}\right)^2=20^2$

$\therefore \quad x^2+\frac{1}{x^2}+2=400 \Rightarrow x^2+\frac{1}{x^2}=400-2=398$

11. $x^4+x^{-4}=194 \Rightarrow x^4+\frac{1}{x^4}=194$ ....(i)

समीकरण (i) के दोनों पक्षों में 2 जोड़ने पर, $x^4+\frac{1}{x^4}+2=194+2=196$

$\therefore \quad \left(x^2+\frac{1}{x^2}\right)^2=(14)^2 \Rightarrow x^2+\frac{1}{x^2}=14$ ....(ii)

समीकरण (ii) के दोनों पक्षों में 2 जोड़ने पर, $x^2+\frac{1}{x^2}+2=16$

$\therefore \quad \left(x+\frac{1}{x}\right)^2=(4)^2 \Rightarrow x+\frac{1}{x}=4 \Rightarrow \frac{x^2+1}{x}=4 \Rightarrow x^2+1=4x \Rightarrow x^2-4x=-1$ ....(iii)

समीकरण (iii) के दोनों पक्षों में 4 जोड़ने पर, $x^2-4x+4=4-1=3$

$\therefore \quad (x-2)^2=3$

12. $x^4+x^{-4}=194 \Rightarrow x^4+\frac{1}{x^4}=194$ ....(i)

समीकरण (i) के दोनों पक्षों में 2 जोड़ने पर–

$x^4+\frac{1}{x^4}+2=196 \Rightarrow \left(x^2+\frac{1}{x^2}\right)^2=(14)^2 \Rightarrow x^2+\frac{1}{x^2}=14$ ...(ii)

समीकरण (ii) के दोनों पक्षों में 2 जोड़ने पर, $x^2+\frac{1}{x^2}+2=16$

$\left(x+\frac{1}{x}\right)^2=4^2 \Rightarrow x+\frac{1}{x}=4 \Rightarrow \frac{x^2+1}{x}=4$

$\therefore \quad x^2+1-4x \Rightarrow x^2+1-4x=0$ ....(iii)

समीकरण (iii) के दोनों पक्षों में 4 जोड़ने पर, $x^2+1-4x+4=4 \Rightarrow x^2+4-4x=4-1=3$

$\therefore \quad (x-2)^2=(\sqrt{3})^2 \Rightarrow x-2=\sqrt{3}$ ....(iv)

समीकरण (iv) के दोनों पक्षों में 2 से गुणा करने पर, $2(x-2)=2\sqrt{3} \Rightarrow 2x-4=2\sqrt{3}$ ....(v)

समीकरण (v) के दोनों पक्षों का वर्ग करने पर, $(2x-4)^2=(2\sqrt{3})^2=12$

13. $x^4 + x^{-4} = 2207 \Rightarrow x^4 + \frac{1}{x^4} = 2207$ ....(i)

समीकरण (i) के दोनों पक्षों में 2 जोड़ने पर, $x^4 + \frac{1}{x^4} + 2 = 2209$

$\therefore \left(x^2 + \frac{1}{x^2}\right)^2 = (47)^2 \Rightarrow x^2 + \frac{1}{x^2} = 47$ ....(ii)

समीकरण (ii) के दोनों पक्षों में 2 जोड़ने पर, $x^2 + \frac{1}{x^2} + 2 = 49$

$\left(x + \frac{1}{x}\right)^2 = 7^2 \Rightarrow x + \frac{1}{x} = 7 \Rightarrow x + x^{-1} = 7$

14. $x^4 + x^{-4} = 47 \Rightarrow x^4 + \frac{1}{x^4} = 47$ ....(i)

समीकरण (i) के दोनों पक्षों में 2 जोड़ने पर, $x^4 + \frac{1}{x^4} + 2 = 49$

$\therefore \left(x^2 + \frac{1}{x^2}\right)^2 = 7^2 \Rightarrow x^2 + \frac{1}{x^2} = 7$ ....(ii)

समीकरण (ii) के दोनों पक्षों में 2 जोड़ने पर $x^2 + \frac{1}{x^2} + 2 = 9$

$\therefore \left(x + \frac{1}{x}\right)^2 = 3^2 \Rightarrow x + \frac{1}{x} = 3 \Rightarrow \frac{x^2 + 1}{x} = \frac{3}{1}$

$\therefore x^2 + 1 = 3x \Rightarrow x^2 + 1 - 3x = 0$ ....(iii)

समीकरण (iii) के दोनों पक्षों में 4 से गुणा करने पर, $4x^2 + 4 - 12x = 0$

अब दोनों पक्षों में 5 जोड़ने पर, $4x^2 + 4 - 12x + 5 = 0 + 5 \Rightarrow 4x^2 + 9 - 12x = 5 \Rightarrow (2x - 3)^2 = 5$

15. $a^2 + b^2 + c^2 - ab - bc - ca = \frac{1}{2}[(a-b)^2 + (b-c)^2 + (c-a)^2]$

$= \frac{1}{2}[(2017-2016)^2 + (2016-2015)^2 + (2015-2017)^2]$

$= \frac{1}{2}[(1)^2 + (1)^2 + (-2)^2] = \frac{1}{2}[1+1+4] = \frac{1}{2} \times 6 = 3$

16. $a + b = 5$ और $a\,b = 3$, अतः $(a + b)^2 = a^2 + b^2 + 2ab$ से

$5^2 = a^2 + b^2 + 2 \times 3 \Rightarrow a^2 + b^2 = 25 - 6 = 19$

$\therefore a^3 + b^3 = (a + b)\,(a^2 + b^2 - ab) = 5\,(19 - 3) = 5 \times 16 = 80$

17. $a + b = 6$ और $ab = 8$, अतः $(a + b)^2 = a^2 + b^2 + 2ab$ से –

$6^2 = a^2 + b^2 + 2 \times 8 \Rightarrow a^2 + b^2 = 36 - 16 = 20$

$\therefore a^3 + b^3 = (a + b)\,(a^2 + b^2 - ab) = 6\,(20 - 8) = 6 \times 12 = 72$

18. $a + b = 8$ और $ab = \frac{32}{3}$, अतः $(a + b)^2 = a^2 + b^2 + 2ab$ से –

$8^2 = a^2 + b^2 + 2 \times \frac{32}{3} \Rightarrow a^2 + b^2 = 64 - \frac{64}{3} = \frac{192 - 64}{3} = \frac{128}{3}$

$\therefore a^3 + b^3 = (a + b)\,(a^2 + b^2 - ab) = 8\left(\frac{128}{3} - \frac{32}{3}\right) = 8 \times \frac{96}{3} = 256$

19. $(a + b) = 6$, $ab = \frac{16}{3}$, अतः $(a + b)^2 = a^2 + b^2 + 2ab$ से –

$(6)^2 = a^2 + b^2 + 2 \times \frac{16}{3} \Rightarrow a^2 + b^2 = 36 - \frac{32}{3} = \frac{108 - 32}{3} = \frac{76}{3}$

$\therefore a^3 + b^3 = (a + b)\,(a^2 + b^2 - ab) = 6\left(\frac{76}{3} - \frac{16}{3}\right) = 6 \times \frac{60}{3} = 120$

20. $a + b = 5$ और $a \cdot b = 3$, अतः $(a + b)^2 = a^2 + b^2 + 2ab$ से–

$5^2 = a^2 + b^2 + 2 \times 3 \Rightarrow a^2 + b^2 = 25 - 6 = 19$

$\therefore a^3 + b^3 = (a + b)\,(a^2 + b^2 - ab) = 5\,(19 - 3) = 5 \times 16 = 80$

21. $\sqrt{x}+\frac{1}{\sqrt{x}}=\sqrt{7}$ के दोनों पक्षों का वर्ग करने पर $\left(\sqrt{x}+\frac{1}{\sqrt{x}}\right)^2=(\sqrt{7})^2$

$\therefore \quad x+\frac{1}{x}+2=7 \Rightarrow x+\frac{1}{x}=5$ ....(i)

समीकरण (i) के दोनों पक्षों का घन करने पर, $\left(x+\frac{1}{x}\right)^3=(5)^3$

$\therefore \quad x^3+\frac{1}{x^3}+3\cdot x\cdot\frac{1}{x}\left(x+\frac{1}{x}\right)=125 \Rightarrow x^3+\frac{1}{x^3}+3\cdot 1\cdot 5=125 \Rightarrow x^3+\frac{1}{x^3}=125-15=110$

22. $a-\frac{1}{a}=3$ के दोनों पक्षों का वर्ग करने पर, $\left(a-\frac{1}{a}\right)^2=(3)^2$

$\therefore \quad a^2+\frac{1}{a^2}-2=9 \Rightarrow a^2+\frac{1}{a^2}=11$ ....(i)

समीकरण (i) के दोनों पक्षों का घन करने पर, $\left(a^2+\frac{1}{a^2}\right)^3=(11)^3$

$\therefore \quad a^6+\frac{1}{a^6}+3\cdot a^2\cdot\frac{1}{a^2}\left(a^2+\frac{1}{a^2}\right)=1331 \Rightarrow a^6+\frac{1}{a^6}+3\cdot 1\cdot 11=1331 \Rightarrow a^6+\frac{1}{a^6}=1331-33=1298$

23. $x+\frac{1}{x}=3$ के दोनों पक्षों का घन करने पर, $\left(x+\frac{1}{x}\right)^3=(3)^3$

$x^3+\frac{1}{x^3}=3\cdot x\cdot\frac{1}{x}\left(x+\frac{1}{x}\right)=27 \Rightarrow x^3+\frac{1}{x^3}+3\cdot 1\cdot 3=27 \Rightarrow x^3+\frac{1}{x^3}=27-9=18$

24. $x+\frac{1}{x}=4$ के दोनों पक्षों का घन करने पर, $\left(x+\frac{1}{x}\right)^3=(4)^3$

$\therefore \quad x^3+\frac{1}{x^3}+3\cdot x\cdot\frac{1}{x}\left(x+\frac{1}{x}\right)=64 \Rightarrow x^3+\frac{1}{x^3}+3\cdot 1\cdot 4=64 \Rightarrow x^3+\frac{1}{x^3}=64-12=52$

25. $x+\frac{1}{x}=5$ के दोनों पक्षों का घन करने पर, $\left(x+\frac{1}{x}\right)=5^3$

$\therefore \quad x^3+\frac{1}{x^3}+3\cdot x\cdot\frac{1}{x}\left(x+\frac{1}{x}\right)=125 \Rightarrow x^3+\frac{1}{x^3}+3\cdot 1\cdot 5=125 \Rightarrow x^3+\frac{1}{x^3}=125-15=110$

26. $x+\frac{1}{x}=\sqrt{5}$ के दोनों पक्षों का घन करने पर, $\left(x+\frac{1}{x}\right)^3=(\sqrt{5})^3$

$\therefore \quad x^3+\frac{1}{x^3}+3\cdot x\cdot\frac{1}{x}\left(x+\frac{1}{x}\right)=5\sqrt{5} \Rightarrow x^3+\frac{1}{x^3}+3\cdot 1\cdot\sqrt{5}=5\sqrt{5}$, अतः $x^3+\frac{1}{x^3}=5\sqrt{5}-3\sqrt{5}=2\sqrt{5}$

27. $x^2-9x+1=0$ के दोनों पक्षों में x से भाग देने पर–

$\frac{x^2}{x}-\frac{9x}{x}+\frac{1}{x}=\frac{0}{x} \Rightarrow x-9+\frac{1}{x}=0 \Rightarrow x+\frac{1}{x}=9$ ....(i)

समीकरण (i) के दोनों पक्षों का घन करने पर, $\left(x+\frac{1}{x}\right)^3=(9)^3$

$x^3+\frac{1}{x^3}+3\cdot x\cdot\frac{1}{x}\left(x+\frac{1}{x}\right)=729 \Rightarrow x^3+\frac{1}{x^3}+3\cdot 1\cdot 9=729 \Rightarrow x^3+\frac{1}{x^3}=729-27=702$

28. $4x^2-6x+1=0$ के दोनों पक्षों में $2x$ से भाग देने पर–

$\frac{4x^2}{2x}-\frac{6x}{2x}+\frac{1}{2x}=\frac{0}{2x} \Rightarrow 2x-3+\frac{1}{2x}=0$

$\therefore \quad 2x+\frac{1}{2x}=3$ के दोनों पक्षों का घन करने पर, $\left(2x+\frac{1}{2x}\right)^3=(3)^3$

$\therefore \quad 8x^3+\frac{1}{8x^3}+3\cdot 2x\cdot\frac{1}{2x}\left(2x+\frac{1}{2x}\right)=27 \Rightarrow 8x^3+\frac{1}{8x^3}+3\cdot 1\cdot 3=27 \Rightarrow 8x^3+(8x^3)^{-1}=27-9=18$

29. $\frac{6x}{2x^2+5x-2} = 1 \Rightarrow 2x^2 + 5x - 2 = 6x \Rightarrow 2x^2 - x - 2 = 0$ ....(i)

समीकरण (i) के दोनों पक्षों में $2x$ से भाग देने पर, $\frac{2x^2}{2x} - \frac{x}{2x} - \frac{2}{2x} = \frac{0}{2x}$

$\therefore \quad x - \frac{1}{2} - \frac{1}{x} = 0 \Rightarrow x - \frac{1}{x} = \frac{1}{2}$ ....(ii)

सूत्र $\left(x+\frac{1}{x}\right)^2 = \left(x-\frac{1}{x}\right)^2 + 4$ से $\left(x+\frac{1}{x}\right)^2 = \left(\frac{1}{2}\right)^2 + 4 = \frac{1}{4} + 4$

$\therefore \quad \left(x+\frac{1}{x}\right)^2 = \frac{17}{4} \Rightarrow x + \frac{1}{x} = \frac{\sqrt{17}}{2}$ ....(iii)

समीकरण (iii) के दोनों पक्षों का घन करने पर, $\left(x+\frac{1}{x}\right)^3 = \left(\frac{\sqrt{17}}{2}\right)^3$

$\therefore \quad x^3 + \frac{1}{x^3} + 3\cdot x\cdot\frac{1}{x}\left(x+\frac{1}{x}\right) = \frac{17\sqrt{17}}{8} \Rightarrow x^3 + \frac{1}{x^3} + 3\cdot1\cdot\frac{\sqrt{17}}{2} = \frac{17\sqrt{17}}{8}$

$\therefore \quad x^3 + \frac{1}{x^3} = \frac{17\sqrt{17}}{8} - \frac{3\sqrt{17}}{2} = \frac{17\sqrt{17} - 12\sqrt{17}}{8} = \frac{5\sqrt{17}}{8}$

30. $a + \frac{1}{a} = 3$ के दोनों पक्षों का वर्ग करने पर, $\left(a+\frac{1}{a}\right)^2 = 3^2$

$\therefore \quad a^2 + \frac{1}{a^2} + 2 = 9 \Rightarrow a^2 + \frac{1}{a^2} = 7$ ....(i)

समीकरण (i) के दोनों पक्षों का घन करने पर, $\left(a^2+\frac{1}{a^2}\right)^3 = (7)^3$

$a^6 + \frac{1}{a^6} + 3\cdot a^2\cdot\frac{1}{a^2}\cdot\left(a^2+\frac{1}{a^2}\right) = 343 \Rightarrow a^6 + \frac{1}{a^6} + 3\cdot1\cdot7 = 343 \Rightarrow a^6 + \frac{1}{a^6} = 343 - 21 = 322$

31. $x = 2+\sqrt{5} \Rightarrow x^3 = (2+\sqrt{5})^3 = 8 + 5\sqrt{5} + 3\cdot2\cdot\sqrt{5}(2+\sqrt{5}) = 8 + 5\sqrt{5} + 12\sqrt{5} + 30 = 17\sqrt{5} + 38$

$x^{-3} = \frac{1}{x^3} = \left(\frac{1}{x}\right)^3 = \left(\frac{1}{\sqrt{5}+2}\right)^3 = \left[\frac{\sqrt{5}-2}{(\sqrt{5}+2)(\sqrt{5}-2)}\right]^3 = \left(\frac{\sqrt{5}-2}{5-4}\right)^3 = \left(\frac{\sqrt{5}-2}{1}\right)^3 = (\sqrt{5}-2)^3$

$= 5\sqrt{5} - 8 - 3\cdot\sqrt{5}\cdot2(\sqrt{5}-2) = 5\sqrt{5} - 8 - 30 + 12\sqrt{5} = 17\sqrt{5} - 38$

$\therefore \quad x^3 + x^{-3} = 17\sqrt{5} + 38 + 17\sqrt{5} - 38 = 34\sqrt{5}$

32. $x^2 - 3x + 1 = 0$ के दोनों पक्षों में x से भाग देने पर,

$\frac{x^2}{x} - \frac{3x}{x} + \frac{1}{x} = \frac{0}{x} \Rightarrow x - 3 + \frac{1}{x} = 0 \Rightarrow x + \frac{1}{x} = 3$ ....(i)

समीकरण (i) के दोनों पक्षों का घन करने पर, $\left(x+\frac{1}{x}\right)^3 = (3)^3$

$\therefore \quad x^3 + \frac{1}{x^3} + 3\cdot x\cdot\frac{1}{x}\left(x+\frac{1}{x}\right) = 27 \Rightarrow x^3 + \frac{1}{x^3} + 3\cdot1\cdot3 = 27$

$\therefore \quad x^3 + \frac{1}{x^3} + 9 = 27 \Rightarrow x^3 + \frac{1}{x^3} = 27 - 9 = 18$

33. $x+\frac{1}{x}=7$ के दोनों पक्षों का घन करने पर, $\left(x+\frac{1}{x}\right)^3=7^3$

$$x^3+\frac{1}{x^3}+3\cdot x\cdot\frac{1}{x}\left(x+\frac{1}{x}\right)=343 \Rightarrow x^3+\frac{1}{x^3}+3\cdot1\cdot(7)=343$$

$\therefore$ $x^3+\frac{1}{x^3}+21=343 \Rightarrow x^3+\frac{1}{x^3}=343-21=322$

34. $a^2+b^2=88$ और $ab=6$, अतः सूत्र $(a+b)^2=a^2+b^2+2ab$ से-

$(a+b)^2=88+2\times6=88+12=100 \Rightarrow a+b=10$

$\therefore$ $a^3+b^3=(a+b)(a^2+b^2-ab)=10\ (88-6)=10\times82=820$

35. $a+b=28$ और $a^3+b^3=1344$

$\therefore$ $(a+b)(a^2+b^2-ab)=1344 \Rightarrow 28\ (a^2+b^2-ab)=1344$

$\therefore$ $a^2+b^2-ab=\frac{1344}{28} \Rightarrow a^2+b^2-ab=48$

$\therefore$ $(a+b)^2-3\ ab=a^2+b^2+2ab-3ab=a^2+b^2-ab=48$

36. $(8x^3-27y^3)\div(2x-3y)=Ax^2+Bxy+cy^2$

$\therefore$ $\frac{(2x-3y)(4x^2+9y^2+6xy)}{(2x-3y)}=Ax^2+Bxy+Cy^2$, अतः $4x^2+9y^2+6xy=Ax^2+cy^2+Bxy$

दोनों पक्षों के संगत पद के गुणांकों की तुलना करने पर, $A=4,\ B=6,\ C=9$

$\therefore$ $2A+B-C=2\times4+6-9=8+6-9=14-9=5$

37. $(27x^3-343\ y^3)\div(3x-7y)=\frac{(3x)^3-(7y)^3}{(3x-7y)}=\frac{(3x-7y)(9x^2+49y^2+3x\cdot7y)}{(3x-7y)}$

$=9x^2+49\ y^2+21\ xy$, अतः $9x^2+49y^2+21xy=Ax^2+By^2+7Cxy$

अब दोनों पक्षों के संगत पदों के गुणांकों की तुलना करने पर, $A=9,\ B=49,\ 7C=21 \Rightarrow C=3$

$\therefore$ $4A-B+5C=4\times9-49+5\times3=36-49+15=51-49=2$

38. $3\sqrt{3}x^3-2\sqrt{2}y^3=(\sqrt{3}x-\sqrt{2}y)(Ax^2+By^2+C\,xy)$

$\therefore$ $(\sqrt{3}x)^3-(\sqrt{2}y)^3=(\sqrt{3}x-\sqrt{2}y)\ (Ax^2+By^2+Cxy)$

$\therefore$ $(\sqrt{3}x-\sqrt{2}y)\ [(\sqrt{3}x)^2+(\sqrt{2}y)^2+\sqrt{3}x\cdot\sqrt{2}y]=(\sqrt{3}x-\sqrt{2}y)\ (Ax^2+By^2+Cxy)$

$\therefore$ $3x^2+2y^2+\sqrt{6}xy=Ax^2+By^2+Cxy$

दोनों पक्षों के संगत पदों के गुणांकों की तुलना करने पर, $A=3,\ B=2,\ C=\sqrt{6}$

$\therefore$ $(A\times B)\div C(3\times2)\div\sqrt{6}=\frac{3\times2}{\sqrt{6}}=\frac{6}{\sqrt{6}}=\frac{\sqrt{6}\times\sqrt{6}}{\sqrt{6}}=\sqrt{6}$

39. $(8x^3+27y^3)\div(2x+3y)=Ax^2+Bxy+Cy^2$

$\therefore$ $\frac{(2x+3y)(4x^2+9y^2-2x\cdot3y)}{(2x+3y)}=Ax^2+Bxy+Cy^2$, अतः $4x^2+9y^2-6xy=Ax^2+Bxy+Cy^2$

दोनों पक्षों के संगत पदों के गुणांकों की तुलना करने पर, $A=4,\ B=-6,\ C=9$

$\therefore$ $5A+4B+3C=5\times4+4\times-6+3\times9=20-24+27=23$

40. $250\sqrt{2}x^3-5\sqrt{5}y^3=(5\sqrt{2}x-\sqrt{5}y)\ (Ax^2+Bxy+Cy^2)$

$\therefore$ $\frac{(5\sqrt{2}\cdot x)^3-(\sqrt{5}y)^3}{(5\sqrt{2}x-\sqrt{5}y)}=Ax^2+Bxy+Cy^2$

$\therefore \quad \dfrac{(5\sqrt{2}x-\sqrt{5}y)[(5\sqrt{2}x)^2+(\sqrt{5}y)^2+5\sqrt{2}x\cdot\sqrt{5}y]}{(5\sqrt{2}x-\sqrt{5}y)} = Ax^2+Bxy+Cy^2$

$\therefore \quad 50x^2+5y^2+5\sqrt{10}xy = Ax^2+Cy^2+Bxy$

दोनों पक्षों के संगत पदों के गुणांकों की तुलना करने पर, $A=50,\ C=5,\ B=5\sqrt{10}$

$\therefore \quad A+C-\sqrt{10}B = 50+5-\sqrt{10}\times5\sqrt{10} = 50+5-50=5$

41. $8(x+y)^3-(x-y)^3=(2x+2y)^3-(x-y)^3$

$=[(2x+2y)-(x-y)][(2x+2y)^2+(x-y)^2+(2x+2y)(x-y)]$

$=(2x+2y-x+y)\ [4x^2+4y^2+8xy+x^2+y^2-2xy+2x^2-2xy+2xy-2y^2]$

$=(x+3y)(7x^2+3y^2+6xy)$

$\because \quad 8(x+y)^3-(x-y)^3=(x+3y)(Ax^2+Bxy+Cy^2)$

$\therefore \quad (x+3y)(7x^2+3y^2+6xy)=(x+3y)(Ax^2+Bxy+Cy^2)$

$\therefore \quad 7x^2+3y^2+6xy=Ax^2+Bxy+Cy^2$

अब दोनों पक्षों के संगत पदों के गुणांकों की तुलना करने पर, $A=7,\ B=6,\ C=3$

$\therefore \quad A-B-C=7-6-3=7-9=-2$

42. $a-b=5$ तथा $ab=2$, अतः सूत्र $(a-b)^2=a^2+b^2-2ab$ से–

$5^2=a^2+b^2-2\times2 \Rightarrow a^2+b^2=25+4=29$

$\therefore \quad a^3-b^3=(a-b)(a^2+b^2+ab)=5(29+2)=5\times31=155$

43. $a-b=5$ तथा $ab=6$, अतः सूत्र $(a-b)^2=a^2+b^2-2ab$ से –

$5^2=a^2+b^2-2\times6 \Rightarrow a^2+b^2=25+12=37$

$\therefore \quad a^3-b^3=(a-b)(a^2+b^2+ab)=5(37+6)=5\times43=215$

44. $a-b=4$ तथा $ab=2$, अतः सूत्र $(a-b)^2=a^2+b^2-2ab$ से–

$4^2=a^2+b^2-2\times2 \Rightarrow a^2+b^2=16+4=20$

$\therefore \quad a^3-b^3=(a-b)(a^2+b^2+ab)=4(20+2)=4\times22=88$

45. $a^3-b^3=210$ और $a-b=5$, अतः सूत्र $a^3-b^3=(a-b)(a^2+b^2+ab)$ से

$210=5(a^2+b^2+ab) \Rightarrow a^2+b^2+ab=\dfrac{210}{5}=42 \Rightarrow a^2+b^2+ab=42$

$\therefore \quad (a+b)^2-ab=a^2+b^2+2ab-ab=a^2+b^2+ab=42$

46. $x+y=12$ और $xy=27$, अतः सूत्र $(x+y)^2=x^2+y^2+2xy$ से

$(12)^2=x^2+y^2+2\times27 \Rightarrow x^2+y^2=144-54=90$

पुनः सूत्र $(x-y)^2=(x+y)^2-4xy$ से $(x-y)^2=12^2-4\times27=144-108$

$\therefore \quad (x-y)^2=36=6^2 \Rightarrow x-y=6$

$\therefore \quad x^3-y^3=(x-y)(x^2+y^2+xy)=6(90+27)=6\times117=702$

47. $a^3-b^3=208$ और $a-b=4$, अतः सूत्र $a^3-b^3=(a-b)(a^2+b^2+ab)$ से –

$208=4(a^2+b^2+ab) \Rightarrow a^2+b^2+ab=\dfrac{208}{4}=52$

$\therefore \quad (a+b)^2-ab=a^2+b^2+2ab-ab=a^2+b^2+ab=52$

48. $x-y=3$ के दोनों पक्षों का घन करने पर $(x-y)^3=(3)^3$

$\therefore \quad x^3-y^3-3xy(x-y)=27 \Rightarrow x^3-y^3-3xy\times3=27$, अतः $x^3-y^3-9xy=27$

49. $x=2+\sqrt{5}$ के दोनों पक्षों का घन करने पर $x^3=(2+\sqrt{5})^3$

$\therefore \quad x^3=8+5\sqrt{5}+3\cdot2\cdot\sqrt{5}(2+\sqrt{5})=8+5\sqrt{5}+12\sqrt{5}+30=38+17\sqrt{5}$

अब $\frac{1}{x}=\frac{1}{2+\sqrt{5}}=\frac{1}{\sqrt{5}+2}=\frac{1\times(\sqrt{5}-2)}{(\sqrt{5}+2)(\sqrt{5}-2)}=\frac{\sqrt{5}-2}{5-4}=\frac{\sqrt{5}-2}{1}=\sqrt{5}-2$

$\therefore \quad \frac{1}{x^3}=(\sqrt{5}-2)^3=5\sqrt{5}-8-3\cdot\sqrt{5}\cdot 2(\sqrt{5}-2)=5\sqrt{5}-8-30+12\sqrt{5}=17\sqrt{5}-38$

$\therefore \quad x^{-3}=17\sqrt{5}-38$, अतः $x^3-x^{-3}=(38+75\sqrt{5})-(17\sqrt{5}-38)=38+17\sqrt{5}-17\sqrt{5}+38=76$

50. $a^3-b^3=(a-b)(a^2+b^2+ab)\Rightarrow 899=31(a^2+b^2+ab)\Rightarrow a^2+b^2+ab=\frac{899}{31}=29$

$\therefore \quad (a-b)^2+3ab=a^2+b^2-2ab+3ab=a^2+b^2+ab=29$

51. $x-\frac{1}{x}=10$ के दोनों पक्षों का घन करने पर, $\left(x-\frac{1}{x}\right)^3=10^3$

$\therefore \quad x^3-\frac{1}{x^3}-3\cdot x\cdot\frac{1}{x}\cdot\left(x-\frac{1}{x}\right)=1000\Rightarrow x^3-\frac{1}{x^3}-3\cdot 1\cdot 10=1000\Rightarrow x^3-\frac{1}{x^3}=1000+30=1030$

52. $\frac{(a^2+b^2)(a-b)-(a^3-b^3)}{a^2b-ab^2}=\frac{(a^2+b^2)(a-b)-(a-b)(a^2+b^2+ab)}{ab(a-b)}$

$=\frac{(a-b)[(a^2+b^2)-(a^2+b^2+ab)]}{ab(a-b)}=\frac{(a-b)\,(a^2+b^2-a^2-b^2-ab)}{ab(a-b)}=\frac{-ab}{ab}=-1$

53. $a+b+c=6$ के दोनों पक्षों का वर्ग करने पर, $(a+b+c)^2=6^2=36$

$\therefore \quad a^2+b^2+c^2+2(ab+bc+ca)=36 \Rightarrow a^2+b^2+c^2=36-2(ab+bc+ca)$

$\therefore$ सूत्र $a^3+b^3+c^3-3abc=(a+b+c)\ [a^2+b^2+c^2-(ab+bc+ca)]$ से

$126=6\,[\,36-2(ab+bc+ca)-(ab+bc+ca)]$

$\therefore \quad 21=36-3(ab+bc+ca) \Rightarrow 3(ab+bc+ca)=36-21=15\Rightarrow ab+bc+ca=\frac{15}{3}=5$

54. $(3x-1)^3+(4x-3)^3+(2x+1)^3=3\,(3x-1)(4x-3)(2x+1)$

अर्थात् $a^3+b^3+c^3=3abc \Rightarrow a+b+c=0$

$\therefore \quad (3x-1)+(4x-3)+(2x+1)=0 \Rightarrow 3x-1+4x-3+2x+1=0$

$\therefore \quad 9x-3=0 \Rightarrow 9x=3 \Rightarrow x=\frac{3}{9}=\frac{1}{3}$

55. $a+b+c=6$ और $ab+bc+ca=4$, अतः सूत्र $(a+b+c)^2=a^2+b^2+c^2+2(ab+bc+ca)$ से –

$a^2+b^2+c^2=(a+b+c)^2-2(ab+bc+ca)=6^2-2\times 4=36-8=28$

$\therefore \quad a^3+b^3+c^3-3abc=(a+b+c)\,[(a^2+b^2+c^2)-(ab+bc+ca)]$

$=6(28-4)=6\times 24=144$

56. $a+b+c=11$ और $ab+bc+ca=38$, अतः सूत्र $(a+b+c)^2=a^2+b^2+c^2+2(ab+bc+ca)$ से–

$a^2+b^2+c^2=(a+b+c)^2-2(ab+bc+ca)=11^2-2\times 38=121-76=45$

$\therefore \quad a^3+b^3+c^3-3abc=(a+b+c)\,[(a^2+b^2+c^2)-(ab+bc+ca)]=11(45-38)=11\times 7=77$

57. $a+b+c=2$ और $a^2+b^2+c^2=26$

$\therefore$ सूत्र $(a+b+c)^2=a^2+b^2+c^2+2(ab+bc+ca)$ से

$2(ab+bc+ca)=(a+b+c)^2-(a^2+b^2+c^2)=2^2-26=4-26=-22$

$\therefore \quad ab+bc+ca=\frac{-22}{2}=-11$

$\therefore \quad a^3+b^3+c^3-3abc=(a+b+c)\,[(a^2+b^2+c^2)-(ab+bc+ca)]$

$=2(26+11)=2\times 37=74$

58. $a + b + c = 6,\ ab + bc + ca = 5$, अतः $(a + b + c)^2 = a^2 + b^2 + c^2 + 2\,(ab + bc + ca)$ से–

$36 = a^2 + b^2 + c^2 + 10 \Rightarrow a^2 + b^2 + c^2 = 36 - 10 = 26$

$\therefore\ a^3 + b^3 + c^3 - 3\,abc = (a + b + c)\,[(a^2 + b^2 + c^2) - (ab + bc + ca)]$

$= 6\,(26 - 5) = 6 \times 21 = 126$

59. $x + y + z = 19$ और $xy + yz + zx = 114$, अतः $(x + y + z)^2 = x^2 + y^2 + z^2 + 2\,(xy + yz + zx)$ से–

$19^2 = x^2 + y^2 + z^2 + 2 \times 114 \Rightarrow x^2 + y^2 + z^2 = 361 - 228 = 133$

$\therefore\ x^3 + y^3 + z^3 - 3\,xyz = (x + y + z)\,[(x^2 + y^2 + z^2) - (xy + yz + zx)] = 19\,(133 - 114) = 19 \times 19$

$\therefore\ \sqrt{x^3 + y^3 + z^3 - 3xyz} = \sqrt{19 \times 19} = 19$

60. $(x - 5)^3 + (x - 6)^3 + (x - 7)^3 = 3\,(x - 5)\,(x - 6)\,(x - 7)$

अर्थात् $a^3 + b^3 + c^3 = 3\,abc$, अतः $a + b + c = 0$

$\therefore\ (x - 5) + (x - 6) + (x - 7) = 0 \Rightarrow x - 5 + x - 6 + x - 7 = 0 \Rightarrow 3x = 18 \Rightarrow x = 6$

61. $(x - 4)^3 + (x - 5)^3 + (x - 3)^3 = 3\,(x - 4)\,(x - 5)\,(x - 3)$

अर्थात् $a^3 + b^3 + c^3 = 3\,abc$, अतः $a + b + c = 0$

$\therefore\ (x - 4) + (x - 5) + (x - 3) = 0 \Rightarrow x - 4 + x - 5 + x - 3 = 0 \Rightarrow 3x = 12 \Rightarrow x = 4$

62. $a + b + c = 8$ और $ab + bc + ca = 20$

$\therefore\ (a + b + c)^2 = a^2 + b^2 + c^2 + 2\,(ab + bc + ca) \Rightarrow 8^2 = a^2 + b^2 + c^2 + 2 \times 20$

$\therefore\ a^2 + b^2 + c^2 = 64 - 40 = 24$

$\therefore\ a^3 + b^3 + c^3 - 3\,abc = (a + b + c)\,[(a^2 + b^2 + c^2) - (ab + bc + ca)]$

$= 8\,(24 - 20) = 8 \times 4 = 32$

63. $a + b + c = 8$ और $ab + bc + ca = 12$

$\therefore\ (a + b + c)^2 = a^2 + b^2 + c^2 + 2\,(ab + bc + ca) \Rightarrow 8^2 = a^2 + b^2 + c^2 + 2 \times 12$

$\therefore\ a^2 + b^2 + c^2 = 64 - 24 = 40$

$\therefore\ a^3 + b^3 + c^3 - 3abc = (a + b + c)\,[(a^2 + b^2 + c^2) - (ab + bc + ca)]$

$= 8\,[40 - 12] = 8 \times 28 = 224$

64. $a + b + c = 10$ और $ab + bc + ca = 32$

$\therefore\ (a + b + c)^2 = a^2 + b^2 + c^2 + 2\,(ab + bc + ca) \Rightarrow 10^2 = a^2 + b^2 + c^2 + 2 \times 32$

$\therefore\ a^2 + b^2 + c^2 = 100 - 64 = 36$

$\therefore\ a^3 + b^3 + c^3 - 3abc = (a + b + c)\,[(a^2 + b^2 + c^2) - (ab + bc + ca)]$

$= 10\,(36 - 32) = 10 \times 4 = 40$

65. $a + b + c = 4$ और $ab + bc + ca = 2$

$\therefore\ (a + b + c)^2 = a^2 + b^2 + c^2 + 2\,(ab + bc + ca) \Rightarrow 4^2 = a^2 + b^2 + c^2 + 2 \times 2$

$\therefore\ a^2 + b^2 + c^2 = 16 - 4 = 12$

$\therefore\ a^3 + b^3 + c^3 - 3\,abc = (a + b + c)\,[(a^2 + b^2 + c^2) - (ab + bc + ca)]$

$= 4\,(12 - 2) = 4 \times 10 = 40$

66. $a + b + c = 13$ और $ab + bc + ca = 54$

$\therefore\ (a + b + c)^2 = a^2 + b^2 + c^2 + 2\,(ab + bc + ca) \Rightarrow 13^2 = a^2 + b^2 + c^2 + 2 \times 54$

$\therefore\ a^2 + b^2 + c^2 = 169 - 108 = 61$

$\therefore\ a^3 + b^3 + c^3 - 3abc = (a + b + c)\,[(a^2 + b^2 + c^2) - (ab + bc + ca)]$

$= 13\,[61 - 54] = 13 \times 7 = 91$

67. $a + b + c = 7$ और $ab + bc + ca = 1$

$\therefore\ (a + b + c)^2 = a^2 + b^2 + c^2 + 2\,(ab + bc + ca) \Rightarrow 7^2 = a^2 + b^2 + c^2 + 2 \times 1$

$\therefore\ a^2 + b^2 + c^2 = 49 - 2 = 47$

$\therefore\ a^3 + b^3 + c^3 - 3\,abc = (a + b + c)\,[(a^2 + b^2 + c^2) - (ab + bc + ca)]$

$= 7\,(47 - 1) = 7 \times 46 = 322$

68. $x^2 + y^2 + z^2 = 133, xy + yz + zx = 114$ और $xyz = 216$

$\therefore$ $(x + y + z)^2 = x^2 + y^2 + z^2 + 2(xy + yz + zx) = 133 + 2 \times 114 = 133 + 228$

$\therefore$ $(x + y + z)^2 = 361 = 19^2 \Rightarrow x + y + z = 19$

$\therefore$ $x^3 + y^3 + z^3 - 3xyz = (x + y + z)[(x^2 + y^2 + z^2) - (xy + yz + zx)]$ से–

$x^3 + y^3 + z^3 - 3 \times 216 = 19(133 - 114) = 19 \times 19 = 361$

$\therefore$ $x^3 + y^3 + z^3 - 648 = 361 \Rightarrow x^3 + y^3 + z^3 = 361 + 648 = 1009$

69. $(x - 7)^3 + (x - 8)^3 + (x + 6)^3 = 3(x - 7)(x - 8)(x + 6)$

अर्थात् $a^3 + b^3 + c^3 = 3abc$, अतः $a + b + c = 0$

$\therefore$ $(x - 7) + (x - 8) + (x + 6) = 0 \Rightarrow x - 7 + x - 8 + x + 6 = 0 \Rightarrow 3x = 9 \Rightarrow x = 3$

70. $x + y + z = 19, x^2 + y^2 + z^2 = 133$

$\therefore$ $(x + y + z)^2 = x^2 + y^2 + z^2 + 2(xy + yz + zx) \Rightarrow 19^2 = 133 + 2 \times (xy + yz + zx)$

$\therefore$ $2(xy + yz + zx) = 361 - 133 = 228 \Rightarrow xy + yz + zx = \frac{228}{2} = 114$

$\therefore$ $x^3 + y^3 + z^3 - 3xyz = (x + y + z)[(x^2 + y^2 + z^2) - (xy + yz + zx)]$

$= 19(133 - 114) = 19 \times 19 = 361$

71. $2x^2 + y^2 + 6x - 2xy + 9 = 0 \Rightarrow x^2 + x^2 + y^2 + 6x - 2xy + 9 = 0$

$\therefore$ $(x^2 + y^2 - 2xy) + (x^2 + 9 + 6x) = 0 \Rightarrow (x - y)^2 + (x + 3)^2 = 0$

जब दो वर्गों का योग शून्य (0) हो तो दोनों वर्गों का मान शून्य (0) होगा।

$\therefore$ $(x - y)^2 = 0 \Rightarrow x - y = 0 \Rightarrow x = y$ और $(x + 3)^2 = 0 \Rightarrow x + 3 = 0 \Rightarrow x = -3$, अतः $y = -3$

$\therefore$ $4x^3 - y^3 + x^2y^2 = 4(-3)^3 - (-3)^3 + (-3)^2 \times (-3)^2$

$= 4 \times -27 - (-27) + 9 \times 9 = -108 + 27 + 81 = 0$

72. $(5)^2 + (6)^2 + (30)^2 = x^2 \Rightarrow 25 + 36 + 900 = x^2$

$\therefore$ $x^2 = 961 \Rightarrow x^2 = 31^2 \Rightarrow x = 31$

73. $x = 2 - P \Rightarrow x + P = 2 \Rightarrow (x + P)^3 = (2)^3$

$\therefore$ $x^3 + P^3 + 3 \cdot x \cdot P(x + P) = 8 \Rightarrow x^3 + P^3 + 3 \cdot x \cdot P \cdot 2 = 8$, अतः $x^3 + 6xP + P^3 = 8$

74. $x^4 - 6x^2 - 1 = 0$ के दोनों पक्षों में x^2 से भाग देने पर, $\frac{x^4 - 6x^2 - 1}{x^2} = \frac{0}{x^2}$

$\frac{x^4}{x^2} - \frac{6x^2}{x^2} - \frac{1}{x^2} = \frac{0}{x^2} \Rightarrow x^2 - 6 - \frac{1}{x^2} = 0 \Rightarrow x^2 - \frac{1}{x^2} = 6$ ....(ii)

समीकरण (i) के दोनों पक्षों का घन करने पर, $\left(x^2 - \frac{1}{x^2}\right)^3 = (6)^3$

$\therefore$ $\left(x^2\right)^3 - \left(\frac{1}{x^2}\right)^3 - 3 \cdot x^2 \cdot \frac{1}{x^2} \cdot \left(x^2 - \frac{1}{x^2}\right) = 216 \Rightarrow x^6 - \frac{1}{x^6} - 3 \cdot 1 \cdot 6 = 216$

$\therefore$ $x^6 - \frac{1}{x^6} - 18 = 216 \Rightarrow x^6 - \frac{1}{x^6} = 234$ ....(ii)

$\therefore$ $x^6 - 5x^2 + \frac{5}{x^2} - \frac{1}{x^6} + 5 = x^6 - \frac{1}{x^6} - 5\left(x^2 - \frac{1}{x^2}\right) + 5 = 234 - 5 \times 6 + 5 = 234 - 30 + 5 = 209$

75. $(x^3 - 2\sqrt{2}y^3) \div (x - \sqrt{2}y) = \frac{(x)^3 - (\sqrt{2}y)^3}{x - \sqrt{2}y} = \frac{(x - \sqrt{2}y)(x^2 + 2y^2 + x \cdot \sqrt{2} \cdot y)}{(x - \sqrt{2}y)} = x^2 + \sqrt{2}xy + 2y^2$

$\therefore$ $x^2 + \sqrt{2}\,xy + 2y^2 = Ax^2 + Bxy + Cy^2$ ....(i)

$\therefore$ समीकरण (i) के संगत पक्षों के गुणांकों की तुलना करने पर, $A = 1,\ B = \sqrt{2},\ C = 2$

$\therefore$ $2A + 4\sqrt{2}B - 4C = 2 \times 1 + 4\sqrt{2} \times \sqrt{2} - 4 \times 2 = 2 + 8 - 8 = 2$

76. $\frac{6x-1}{x}+\frac{7y-1}{y}+\frac{8z-1}{z}=0 \Rightarrow \frac{6x}{x}-\frac{1}{x}+\frac{7y}{y}-\frac{1}{y}+\frac{8z}{z}-\frac{1}{z}=0$

$\therefore$ $6-\frac{1}{x}+7-\frac{1}{y}+8-\frac{1}{z}=0 \Rightarrow 6+7+8=\frac{1}{x}+\frac{1}{y}+\frac{1}{z} \Rightarrow \frac{1}{x}+\frac{1}{y}+\frac{1}{z}=21$

77. $16x^2+9y^2+4z^2=24(x-y+z)-61=24x-24y+24z-9-16-36$

$\therefore$ $16x^2+9-24x+9y^2+16+24y+4z^2+36-24z=0$

$\therefore$ $(4x-3)^2+(3y+4)^2+(2z-6)^2=0$

जिन राशियों के वर्गों का योग शून्य होता है, उन राशियों का मान भी शून्य होता है।

$\therefore$ जब $(4x-3)^2=0$ तब $4x-3=0 \Rightarrow 4x=3 \Rightarrow x=\frac{3}{4}$

$\therefore$ जब $(3y+4)^2=0$ तब $3y+4=0 \Rightarrow 3y=-4 \Rightarrow y=-\frac{4}{3}$

$\therefore$ जब $(2z-6)^2=0$ तब $2z-6=0 \Rightarrow 2z=6 \Rightarrow z=\frac{6}{2}=3$

$\therefore$ $xy+2z=\frac{3}{4}\times-\frac{4}{3}+2\times3=-1+6=5$

78. $a^2+b^2+c^2=21$ और $a+b+c=7$, अतः $(a+b+c)^2=(7)^2$

$\therefore$ $a^2+b^2+c^2+2(ab+bc+ca)=49 \Rightarrow 21+2(ab+bc+ca)=49$

$\therefore$ $2(ab+bc+ca)=49-21=28 \Rightarrow ab+bc+ca=\frac{28}{2}=14$

79. $9a^2+4b^2+c^2+21=4(3a+b-2c)=12a+4b-8c$

$\therefore$ $9a^2-12a+4b^2-4b+c^2+8c+4+1+16=0$

$\therefore$ $(9a^2+4-12a)+(4b^2+1-4b)+(c^2+16+8c)=0$

$\therefore$ $(3a-2)^2+(2b-1)^2+(c+4)^2=0$

जिन राशियों के वर्गों का योग शून्य होता है, उन राशियों का मान भी शून्य होता है।

$\therefore$ $(3a-2)^2=0 \Rightarrow 3a-2=0 \Rightarrow 3a=2 \Rightarrow a=\frac{2}{3}$

$(2b-1)^2=0 \Rightarrow 2b-1=0 \Rightarrow 2b=1 \Rightarrow b=\frac{1}{2} \Rightarrow (c+4)^2=0 \Rightarrow c+4=0 \Rightarrow c=-4$

$\therefore$ $9a+4b-c=9\times\frac{2}{3}+4\times\frac{1}{2}-(-4)=6+2+4=12$

80. $a^2+b^2+c^2+27=6(a+b+c)=6a+6b+6c$

$\therefore$ $a^2-6a+b^2-6b+c^2-6c+9+9+9=0$

$\therefore$ $(a^2+9-6a)+(b^2+9-6b)+(c^2+9-6c)=0$

$\therefore$ $(a-3)^2+(b-3)^2+(c-3)^2=0$

जिन राशियों के वर्गों का योग शून्य होता है, उन राशियों का मान भी शून्य होता है।

$\therefore$ $a=3, b=3, c=3 \Rightarrow \sqrt[3]{a^3+b^3-c^3}=\sqrt[3]{27+27-27}=\sqrt[3]{27}=3$

81. $(135\sqrt{5}x^3-2\sqrt{2}y^3)\div(3\sqrt{5}x-\sqrt{2}y)=\frac{(3\sqrt{5}x)^3-(\sqrt{2}y)^3}{(3\sqrt{5}x-\sqrt{2}y)}$

$$=\frac{(3\sqrt{5}x-\sqrt{2}y)[(3\sqrt{5}x)^2+(\sqrt{2}y)^2+3\sqrt{5}x\cdot\sqrt{2}y]}{(3\sqrt{5}x-\sqrt{2}y)}=45x^2+2y^2+3\sqrt{10}xy$$

$\therefore$ $45x^2+2y^2+3\sqrt{10}\,xy=Ax^2+By^2+\sqrt{10}\,Cxy$

दोनों पक्षों के संगत पदों के गुणांकों की तुलना करने पर, $A=45$, $B=2$, $C=3$

अतः $A+B-9C=45+2-9\times3=47-27=20$

82. $ab + bc + ca = 8$ और $a^2 + b^2 + c^2 = 20$

$\therefore$ $(a + b + c)^2 = a^2 + b^2 + c^2 + 2(ab + bc + ca) = 20 + 2 \times 8 = 20 + 16 = 36$

$\therefore$ $(a + b + c)^2 = 6^2 \Rightarrow a + b + c = 6$

अब $\frac{1}{2}(a + b + c)[(a - b)^2 + (b - c)^2 + (c - a)^2] = a^3 + b^3 + c^3 - 3abc$

$= (a + b + c)[(a^2 + b^2 + c^2) - (ab + bc + ca)] = 6(20 - 8) = 6 \times 12 = 72$

83. $(5\sqrt{5}x^3 - 81\sqrt{3}y^3) \div (\sqrt{5}x - 3\sqrt{3}y) = \frac{(\sqrt{5}x)^3 - (3\sqrt{3}y)^3}{\sqrt{5}x - 3\sqrt{3}y}$

$= \frac{(\sqrt{5}x - 3\sqrt{3}y)[(\sqrt{5}x)^2 + (3\sqrt{3}y)^2 + \sqrt{5}x \cdot 3\sqrt{3}y]}{(\sqrt{5} - 3\sqrt{3}y)} = 5x^2 + 27y^2 + 3\sqrt{15}xy$

$\therefore$ $5x^2 + 27y^2 + 3\sqrt{15}xy = Ax^2 + By^2 + Cxy$ ....(i)

$\therefore$ समीकरण (i) के संगत पदों के गुणांकों की तुलना करने पर, $A = 5$, $B = 27$, $C = 3\sqrt{15}$

$\therefore$ $6A + B - \sqrt{15}C = 6 \times 5 + 27 - \sqrt{15} \times 3\sqrt{15} = 30 + 27 - 45 = 57 - 45 = 12$

84. $a + b + c = 3$, अतः $\frac{1}{(1-a)(1-b)} + \frac{1}{(1-b)(1-c)} + \frac{1}{(1-c)(1-a)}$

$= \frac{1-c+1-a+1-b}{(1-a)(1-b)(1-c)} + \frac{3-(a+b+c)}{(1-a)(1-b)(1-c)} = \frac{3-3}{(1-a)(1-b)(1-c)} = \frac{0}{(1-a)(1-b)(1-c)} = 0$

85. $\frac{1}{x} + \frac{1}{y} + \frac{1}{z} = 0 \Rightarrow \frac{1}{x} + \frac{1}{y} = -\frac{1}{z} \Rightarrow \frac{y+x}{xy} = -\frac{1}{z} \Rightarrow xy = -zx - yz$

पुनः $x + y + z = 7 \Rightarrow (x + y + z)^2 = 7^2 \Rightarrow x^2 + y^2 + z^2 + 2(xy + yz + zx) = 49$

$\therefore$ $x^2 + y^2 + z^2 + 2(-zx - yz + yz + zx) = 49$

$\therefore$ $x^2 + y^2 + z^2 + 2 \times 0 = 49 \Rightarrow x^2 + y^2 + z^2 + 0 = 49 \Rightarrow x^2 + y^2 + z^2 = 49$

अब $x^3 + y^3 + z^3 - 3xyz = (x + y + z)[(x^2 + y^2 + z^2) - (xy + yz + zx)]$

$= 7 \cdot [49 - (-zx - yz + yz + zx)] = 7(49 - 0) = 7 \times 49 = 343$

86. $\sqrt{x} - \frac{1}{\sqrt{x}} = \sqrt{5}$ के दोनों पक्षों का वर्ग करने पर $\left(\sqrt{x} + \frac{1}{\sqrt{x}}\right)^2 = (\sqrt{5})^2$

$\therefore$ $x + \frac{1}{x} - 2 = 5 \Rightarrow x + \frac{1}{x} = 7$ ....(i)

समीकरण (i) के दोनों पक्षों का वर्ग करने पर, $\left(x + \frac{1}{x}\right)^2 = 7^2$

$\therefore$ $x^2 + \frac{1}{x^2} + 2 = 49 \Rightarrow x^2 + \frac{1}{x^2} = 49 - 2 = 47$

87. $x^2 + \frac{1}{x^2} = \frac{7}{4}$ के दोनों पक्षों का वर्ग करने पर $\left(x^2 + \frac{1}{x^2}\right)^2 = \left(\frac{7}{4}\right)^2$

$\therefore$ $x^4 + \frac{1}{x^4} + 2 = \frac{49}{16} \Rightarrow x^4 + \frac{1}{x^4} = \frac{49}{16} - 2 = \frac{49-32}{16} = \frac{17}{16}$

88. $x + \frac{1}{x} = -2 \Rightarrow \frac{x^2+1}{x} = -2 \Rightarrow x^2 + 1 = -2x$

$\therefore$ $x^2 + 1 + 2x = 0 \Rightarrow (x + 1)^2 = 0 \Rightarrow x + 1 = 0 \Rightarrow x = -1$

$\therefore$ $1 + x^3 + x^6 = 1 + (-1)^3 + (-1)^6 = 1 - 1 + 1 = 1$

89. $x+\frac{1}{x}=5$ के दोनों पक्षों का वर्ग करने पर, $\left(x-\frac{1}{x}\right)^2=5^2$

$\therefore \quad x^2+\frac{1}{x^2}+2=25 \Rightarrow x^2+\frac{1}{x^2}=23$ ....(i)

समीकरण (i) के दोनों पक्षों का घन करने पर, $\left(x^2+\frac{1}{x^2}\right)^3=23^3$

$\therefore \quad x^6+\frac{1}{x^6}+3\cdot x^2\cdot\frac{1}{x^2}\cdot\left(x^2+\frac{1}{x^2}\right)=12167$

$\therefore \quad x^6+\frac{1}{x^6}+3\times1\times23=12167 \Rightarrow x^6+\frac{1}{x^6}=12167-69=12098$

90. $111\frac{1}{2}+111\frac{1}{6}+111\frac{1}{12}+111\frac{1}{20}+111\frac{1}{30}=111+\frac{1}{2}+111+\frac{1}{6}+111+\frac{1}{12}+111+\frac{1}{20}+111+\frac{1}{30}$

$=555+\left(\frac{1}{2}+\frac{1}{6}+\frac{1}{12}+\frac{1}{20}+\frac{1}{30}\right)=555+\left(\frac{30+10+5+3+2}{60}\right)=555+\frac{50}{60}=555+\frac{5}{6}=555\frac{5}{6}$

91. $x^2+3x+1=0$ के दोनों पक्षों में x से भाग देने पर, $\frac{x^2+3x+1}{x}=\frac{0}{x} \Rightarrow \frac{x^2}{x}+\frac{3x}{x}+\frac{1}{x}=0$

$\therefore \quad x+3+\frac{1}{x}=0 \Rightarrow x+\frac{1}{x}=-3$ ....(i)

समीकरण (i) के दोनों पक्षों का वर्ग करने पर,

$\left(x+\frac{1}{x}\right)^2=(-3)^2 \Rightarrow x^2+\frac{1}{x^2}+2=9 \Rightarrow x^2+\frac{1}{x^2}=7$.................(ii)

समीकरण (ii) के दोनों पक्षों का घन करने पर,

$\left(x^2+\frac{1}{x^2}\right)^3=(7)^3 \Rightarrow x^6+\frac{1}{x^6}+3x^2\cdot\frac{1}{x^2}\left(x^2+\frac{1}{x^2}\right)=343$

$\therefore \quad x^6+\frac{1}{x^6}+3\cdot1\cdot7=343 \Rightarrow x^6+\frac{1}{x^6}=343-21=322$

92. $(3a-4b)^3=(3a)^3-(4b)^3-3\cdot3a\cdot4b\,(3a-4b)=27a^2-64b^3-36ab\,(3a-4b)$

$=27a^3-64b^3-108a^2b+144ab^2$

93. $A+B=12$ ....(i) $\quad AB=17$ ....(ii)

समीकरण (i) के दोनों पक्षों का घन करने पर, $(A+B)^3=(12)^3$

$\therefore \quad A^3+B^3+3AB\,(A+B)=1728 \Rightarrow A^3+B^3+3\times17\times12=1728$

$\therefore \quad A^3+B^3+612=1728 \Rightarrow A^3+B^3=1728-612=1116$

94. $x^4+x^2y^2+y^4=273$ ....(i) $\quad x^2-xy+y^2=13$ ....(ii)

समीकरण (i) से $x^4+x^2y^2+x^2y^2-x^2y^2+y^4=273$

$\therefore \quad x^4+2x^2y^2+y^4-x^2y^2=273 \Rightarrow (x^2+y^2)^2-(xy)^2=273$

$\therefore \quad (x^2+y^2+xy)(x^2+y^2-xy)=273 \Rightarrow (x^2+y^2+xy)\times13=273$

$\therefore \quad x^2+y^2+xy=21$ ....(iii)

समीकरण (iii) में से समीकरण (ii) को घटाने पर, $2xy=8 \Rightarrow xy=4$

95. $\left(x-\frac{1}{x}\right)=11$ के दोनों पक्षों का घन करने पर, $\left(x-\frac{1}{x}\right)^3=(11)^3$

$\therefore \quad x^3-\frac{1}{x^3}-3\cdot x\cdot\left(x-\frac{1}{x}\right)=1331 \Rightarrow x^3-\frac{1}{x^3}-3\times1\times11=1331 \Rightarrow x^3-\frac{1}{x^3}=1331+33=1364$

96. $x-y=4$ ....(i) $\quad xy=45$ ....(ii)

समीकरण (i) के दोनों पक्षों का घन करने पर, $(x-y)^3=(4)^3$

$\therefore \quad x^3-y^3-3xy\,(x-y)=64 \Rightarrow x^3-y^3-3\times45\times4=64$

$\therefore \quad x^3-y^3-540=64 \Rightarrow x^3-y^3=64+540=604$

97. $(2x+y)^3 = (2x)^3 + y^3 + 3 \cdot 2x \cdot y\,(2x+y) = 8x^3 + y^3 + 12x^2y + 6xy^2$

$\therefore$ x^2 का गुणांक = 12y

98. $a^2 + b^2 - c^2 = 0 \Rightarrow a^2 + b^2 = c^2$ ....(i)

समीकरण (i) के दोनों पक्षों का घन करने पर, $(a^2+b^2)^3 = (c^2)^3$

$\therefore a^6 + b^6 + 3a^2b^2(a^2+b^2) = c^6 \Rightarrow a^6 + b^6 + 3a^2b^2c^2 = c^6$

$\therefore a^6 + b^6 - c^6 = -3a^2b^2c^2 \Rightarrow \dfrac{2(a^6+b^6-c^6)}{3a^2b^2c^2} = \dfrac{2\times -3a^2b^2c^2}{3a^2b^2c^2} = -2$

99. $(x+y) = 13$ ....(i) $y+z = 15$ ....(ii) $z+x = 16$ ....(iii)

तीनों समीकरणों को जोड़ने पर, $(x+y+z)\times 2 = 13+15+16$

$(x+y+z)\times 2 = 44 \Rightarrow x+y+z = 22$ ....(iv)

चारों समीकरणों को हल करने पर, $x = 7,\ y = 6,\ z = 9$

$\therefore \dfrac{xy+xz}{xyz} = \dfrac{7\times6+7\times9}{7\times6\times9} = \dfrac{42+63}{378} = \dfrac{105}{378} = \dfrac{5}{18}$

100. $p+q = 7$ ....(i) $P\,q = 5$ ....(ii)

समीकरण (i) के दोनों पक्षों का घन करने पर $(p+q)^3 = (7)^3$

$p^3 + q^3 + 3\,pq\,(p+q) = 343 \Rightarrow p^3 + q^3 + 3\times5\times7 = 343$

$\therefore p^3 + q^3 + 105 = 343 \Rightarrow p^3 + q^3 = 343 - 105 = 238$

101. $(a+b-2)^2 + (b+c-5)^2 + (c+a-5)^2 = 0$

$\because$ जिन राशियों के वर्गों का योग शून्य होता है, उन राशियों का मान भी शून्य होता है।

$\therefore (a+b-2)^2 = 0 \Rightarrow a+b-2 = 0 \Rightarrow a+b = 2$ ....(i)

$(b+c-5)^2 = 0 \Rightarrow b+c-5 = 0 \Rightarrow b+c = 5$ ....(ii)

$(c+a-5)^2 = 0 \Rightarrow c+a-5 = 0 \Rightarrow c+a = 5$ ....(iii)

तीनों समीकरणों को जोड़ने पर, $(a+b+c)\times 2 = 12$

$\therefore a+b+c = \dfrac{12}{2} = 6 \Rightarrow a+b+c = 6$ ....(iv)

चारों समीकरणों को हल करने पर, $a = 1, b = 1, c = 4$

$\therefore \sqrt{(b+c)^a + (c+a)^b - 1} = \sqrt{(1+4)^1 + (4+1)^1 - 1} = \sqrt{(5)^1 + (5)^1 - 1} = \sqrt{5+5-1} = \sqrt{9} = 3$

102. $a = 2b = 8c \Rightarrow a : b : c = 1 : \dfrac{1}{2} : \dfrac{1}{8}$, अतः $a : b : c = 8\times1 : 8\times\dfrac{1}{2} : 8\times\dfrac{1}{8} = 8 : 4 : 1$

$\therefore$ माना $a = 8x,\ b = 4x,\ c = x$, अतः $a+b+c = 13 \Rightarrow 8x + 4x + x = 13 \Rightarrow 13x = 13 \Rightarrow x = 1$

$\therefore a = 8x = 8\times1 = 8,\ b = 4x = 4\times1 = 4$ और $c = x = 1$

$\therefore \dfrac{\sqrt{a^2+b^2+c^2}}{2c} = \dfrac{\sqrt{8^2+4^2+1^2}}{2\times1} = \dfrac{\sqrt{64+16+1}}{2} = \dfrac{\sqrt{81}}{2} = \dfrac{9}{2}$

103. $27a^3 - 2\sqrt{2}\,b^3 = (3a)^3 - (\sqrt{2}b)^3 = (3a - \sqrt{2}b)[(3a)^2 + (\sqrt{2}b)^2 + 3a\times\sqrt{2}b]$

$= (3a - \sqrt{2}b)(9a^2 + 2b^2 + 3\sqrt{2}ab)$

104. $5x + \dfrac{1}{3x} = 4$ के दोनों पक्षों में $\dfrac{3}{5}$ से गुणा करने पर, $\dfrac{3}{5}\times5x + \dfrac{3}{5}\times\dfrac{1}{3x} = 4\times\dfrac{3}{5} \Rightarrow 3x + \dfrac{1}{5x} = \dfrac{12}{5}$ ....(i)

समीकरण (i) के दोनों पक्षों का वर्ग करने पर, $= \left(3x + \dfrac{1}{5x}\right)^2 = \left(\dfrac{12}{5}\right)^2$

$\therefore 9x^2 + \dfrac{1}{25x^2} + 2\cdot3x\cdot\dfrac{1}{5x} = \dfrac{144}{25} \Rightarrow 9x^2 + \dfrac{1}{25x^2} + \dfrac{6}{5} = \dfrac{144}{25}$

$\therefore 9x^2 + \dfrac{1}{25x^2} = \dfrac{144}{25} - \dfrac{6}{5} = \dfrac{144-30}{25} = \dfrac{114}{25}$

105. $12x^2 - 21x + 1 = 0$ के दोनों पक्षों में $4x$ से भाग देने पर –

$$\frac{12x^2}{4x} - \frac{21x}{4x} + \frac{1}{4x} = \frac{0}{4x} \Rightarrow 3x - \frac{21}{4} + \frac{1}{4x} = 0 \Rightarrow 3x + \frac{1}{4x} = \frac{21}{4} \Rightarrow \left(3x + \frac{1}{4x}\right)^2 = \left(\frac{21}{4}\right)^2$$

$$\therefore \quad 9x^2 + \frac{1}{16x^2} + 2 \cdot 3x \cdot \frac{1}{4x} = \frac{441}{16} \Rightarrow 9x^2 + \frac{1}{16x^2} + \frac{3}{2} = \frac{441}{16}$$

$$\therefore \quad 9x^2 + \left(16x^2\right)^{-1} = \frac{441}{16} - \frac{3}{2} = \frac{441 - 24}{16} = \frac{417}{16}$$

106. $16a^4 + 36a^2b^2 + 81b^4 = 91$ ……………(i) $4a^2 + 9b^2 - 6ab = 13$ ………(ii)

समीकरण (i) से $16a^4 + 72a^2b^2 + 81b^4 - 36a^2b^2 = 91$

$\therefore$ $(4a^2 + 9b^2)^2 - (6ab)^2 = 91 \Rightarrow (4a^2 + 9b^2 - 6ab)(4a^2 + 9b^2 + 6ab) = 91$

$\therefore$ $13 \times (4a^2 + 9b^2 + 6ab) = 91 \Rightarrow 4a^2 + 9b^2 + 6ab = 7$ ……………………(iii)

समीकरण (iii) में से समीकरण (ii) को घटाने पर,

$$12ab = -6 \Rightarrow ab = \frac{-6}{12} = -\frac{1}{2} \Rightarrow 3ab = 3 \times -\frac{1}{2} = \frac{-3}{2}$$

107. $x + y = 8$ …………(i) $y + z = 13$ …………(ii) $z + x = 17$ …………(iii)

तीनों समीकरणों को जोड़ने पर $2(x + y + z) = 38$

$\therefore$ $x + y + z = \frac{38}{2} \Rightarrow x + y + z = 19$ ……………………………………(iv)

चारों समीकरणों को हल करने पर, $x = 6$, $y = 2$, $z = 11$, अतः $\frac{x^2}{yz} = \frac{6^2}{2 \times 11} = \frac{36}{2 \times 11} = \frac{18}{11}$

108.
$$\begin{aligned}(a+b+c-d)^2 - (a-b-c+d)^2 &= [(a+b+c-d) + (a-b-c+d)]\,[(a+b+c-d) - (a-b-c+d)] \\ &= (a+b+c-d+a-b-c+d)\,(a+b+c-d-a+b+c-d) \\ &= 2a\,(2b + 2c - 2d) \\ &= 2a \times 2\,(b + c - d) \\ &= 4a\,(b + c - d)\end{aligned}$$

109.
$$\begin{aligned}(4a + 3b + 2c)^2 &= (4a)^2 + (3b)^2 + (2c)^2 + 2 \cdot 4a \cdot 3b + 2 \cdot 3b \cdot 2c + 2 \cdot 2c \cdot 4a \\ &= 16a^2 + 9b^2 + 4c^2 + 24ab + 12bc + 16ca\end{aligned}$$

110. $a + b + c = 9$ ……(i) $ab + bc + ca = -22$……(ii)

समीकरण (i) के दोनों पक्षों का वर्ग करने पर –

$\therefore$ $(a + b + c)^2 = 9^2 \Rightarrow a^2 + b^2 + c^2 + 2(ab + bc + ca) = 81$

$\therefore$ $a^2 + b^2 + c^2 + 2 \times -22 = 81 \Rightarrow a^2 + b^2 + c^2 = 81 + 44 = 125$

$$\begin{aligned}\therefore \quad a^3 + b^3 + c^3 - 3abc &= (a + b + c)\,[(a^2 + b^2 + c^2) - (ab + bc + ca)] \\ &= 9\,[125 - (-22)] = 9 \times (125 + 22) = 9 \times 147 = 1323\end{aligned}$$

29 सारणीयन (Tabulation)

1. नीचे दी गई तालिका एक विशेष महीने के लिए, 5 कर्मचारियों A, B, C, D और E की आय (₹ में) और उनकी आय के स्रोत को दर्शाती है।

कर्मचारी	A	B	C	D	E
वेतन	52,000	48,500	42,000	31,000	25,000
ओवरटाइम	0	0	1,500	2,500	3,200
बकाया	5,500	4,500	4,000	3,000	1,500
बोनस	3,500	3,000	2,500	2,000	2,000
विविध आय	5,000	3,000	2,000	1,500	0
कुल	**66,000**	**59,000**	**52,000**	**40,000**	**31,700**

कितने कर्मचारियों का वेतन, उनकी आय के अन्य स्रोतों के चार गुना से अधिक है?

(a) 4 (b) 3 (c) 2 (d) 1 *SSC CGL (Tier-1) 9.3.2020*

2. निम्न तालिका 5 कर्मचारियों (A, B, C, D और E) के सम्बन्ध में एक विशिष्ट महीने के लिए आय (रुपयों में) को उनके स्रोत के साथ दर्शाती है?

कर्मचारी	A	B	C	D	E
वेतन	52,000	48,000	42,000	31,000	25,000
ओवरटाइम	0	0	1,500	2,500	3,200
बकाया	5,500	4,500	4,000	3,000	1,500
बोनस	3,500	3,000	2,500	2,000	2,000
विविध आय	5,000	3,000	2,000	1,500	0
कुल	**66,000**	**59,000**	**52,000**	**40,000**	**31,700**

कर्मचारी D के लिए, ओवरटाइम से प्राप्त आय, उसकी कुल आय का कितने प्रतिशत है?

(a) 22.5% (b) 7.5% (c) 6.25% (d) 5% *SSC CGL (Tier-1) 9.3.2020*

3. निम्नलिखित तालिका 5 महीनों (जनवरी से मई) के लिए छह कंपनियों द्वारा उर्वरकों के उत्पादन (लाख टन में) को दर्शाती है।

महीना	कंपनियाँ					
	i	ii	iii	iv	v	vi
जनवरी	327	180	185	137	145	120
फरवरी	326	179	187	162	146	122
मार्च	320	160	188	173	135	130
अप्रैल	318	167	177	180	140	130
मई	310	150	169	178	140	128

दिये गये महीनों में, किस कम्पनी के उर्वरक उत्पादन में लगातार कमी हुई है?

(a) कम्पनी I में (b) कम्पनी II में (c) कम्पनी IV में (d) कम्पनी III में *SSC CGL (Tier-1) 9.3.2020*

4. नीचे दी गई तालिका चार कंपनियों A, B, C और D द्वारा छः वर्षों में कारों की बिक्री (हजारों में) दर्शाती है। तालिका का अध्ययन करें और दिये गये प्रश्न का उत्तर दें।

वर्ष	कम्पनी			
	A	B	C	D
2013	45	63	65	67
2014	52	49	60	69
2015	61	60	66	67
2016	72	58	70	63
2017	52	53	63	75
2018	63	67	76	74

2015, 2017 और 2018 के दौरान कम्पनी B द्वारा बेची गई कारों की कुल संख्या, 2013, 2015, 2017 और 2018 में कम्पनी C द्वारा बेची गई कारों की कुल संख्या से कितने प्रतिशत कम है?

(a) $33\frac{1}{3}$ (b) $16\frac{2}{3}$ (c) 40 (d) 50 *SSC CGL (Tier-1) 5.3.2020*

5. एक विद्यालय में कुछ लड़कियों की ऊँचाई मापी गई और प्राप्त आँकड़ों को तालिका में दर्शाया गया है।

ऊँचाई (सेमी. में)	125 130	130 135	135 140	140 145	145 150	150 155
लड़कियों की संख्या	12	16	20	29	15	8

कितनी लड़कियों की ऊँचाई 135 सेमी. या उससे अधिक लेकिन 150 सेमी से कम है?

(a) 35 (b) 64 (c) 88 (d) 80 *SSC CGL (Tier-1) 5.3.2020*

6. निम्नलिखित तालिका में, विभिन्न फसलों का 2015 से 2019 तक उत्पादन (टनों में) दिया गया है। तालिका का अध्ययन करें और दिये गये प्रश्न का उत्तर दें।

वर्ष	चावल	गेहूँ	गन्ना	जौ	मक्का
2015	415	2500	1000	975	490
2016	520	4218	1120	825	520
2017	585	3482	1250	700	610
2018	625	4500	1325	625	725
2019	600	3300	1450	775	840

गत वर्ष की तुलना में गन्ने के उत्पादन में सबसे अधिक वृद्धि वर्ष .... में दर्ज की गई–

(a) 2019 (b) 2017 (c) 2016 (d) 2018 *SSC CGL (Tier-1) 6.3.2020*

7. निम्नलिखित तालिका में, विभिन्न फसलों का 2015 से 2019 तक उत्पादन (टनों में) दिया गया है। तालिका का अध्ययन करें और दिये गये प्रश्न का उत्तर दें–

वर्ष	चावल	गेहूँ	गन्ना	जौ	मक्का
2015	415	2500	1000	975	490
2016	520	4218	1120	825	520
2017	585	3482	1250	700	610
2018	625	4500	1325	625	725
2019	600	3300	1450	775	840

वर्ष 2015 की तुलना में, 2019 में मक्का के उत्पादन में कितने प्रतिशत की वृद्धि हुई? (दशमलव के दो स्थानों तक सही)

(a) 60.28% (b) 65.12% (c) 71.43% (d) 77.77% *SSC CGL (Tier-1) 6.3.2020*

8. निम्नलिखित तालिका 50 परिवारों की मासिक वेतन (₹ में) दर्शाती है–

वेतन (₹ में)	25,000 30,000	30,000 35,000	35,000 40,000	40,000 45,000	45,000 50,000
परिवारों की संख्या	6	12	9	19	4

कितने परिवारों का मासिक वेतन ₹40,000 से कम है?

(a) 27 (b) 46 (c) 9 (d) 18 *SSC CGL (Tier-1) 5.3.2020*

9. निम्नलिखित तालिका में, विभिन्न फसलों का 2015 से 2019 तक उत्पादन (टनों में) दिया गया है। तालिका का अध्ययन करें और दिये गये प्रश्न का उत्तर दें।

वर्ष	चावल	गेहूँ	गन्ना	जौ	मक्का
2015	415	2500	1000	975	490
2016	520	4218	1120	825	520
2017	585	3482	1250	700	610
2018	625	4500	1325	625	725
2019	600	3300	1450	775	840

तालिका में दी गई अवधि में गेहूँ का औसत उत्पादन (टनों में) कितना है?

(a) 3600 (b) 3482 (c) 3300 (d) 4218 *SSC CGL (Tier-1) 6.3.2020*

10. निम्न तालिका में पांच वर्षों में विभिन्न राज्यों से एक प्रतियोगी परीक्षा में भाग लेने वाले और उत्तीर्ण (योग्य घोषित) होने वाले प्रत्याशियों की संख्या प्रदर्शित की गयी है। तालिका का अध्ययन करें और दिए गए प्रश्न का उत्तर दें।

राज्य	वर्ष									
	1997		1998		1999		2000		2001	
	परीक्षार्थी	उत्तीर्ण	परीक्षार्थी	उत्तीर्ण	परीक्षार्थी	उत्तीर्ण	परीक्षार्थी	उत्तीर्ण	परीक्षार्थी	उत्तीर्ण
M	5200	720	8500	980	7400	850	6800	775	9500	1125
N	7500	840	9200	1050	8450	920	9200	980	8800	1020
P	6400	780	8800	1020	7800	890	8750	1010	9750	1250
Q	8100	950	9500	1240	8700	980	9700	1200	8950	995

दिये गये वर्षों के दौरान राज्य Q से भाग लेने वाले प्रत्याशियों की औसत संख्या क्या है?

(a) 8880 (b) 9000 (c) 8990 (d) 8980 *SSC CGL (Tier-1) 7.3.2020*

11. नीचे दी गयी तालिका चार कम्पनियों A, B, C और D द्वारा छः वर्षों में कारों की बिक्री (हजारों में) दर्शाती हैं। तालिका का अध्ययन करें और दिये गये प्रश्न का उत्तर दें।

वर्ष	कम्पनी			
	A	B	C	D
2013	45	63	65	67
2014	52	49	60	69
2015	61	60	66	67
2016	72	58	70	63
2017	52	53	63	75
2018	63	67	76	74

2018 में कम्पनी C द्वारा बेची गयी कारों की कुल संख्या 2014 से 2018 के दौरान कंपनी A द्वारा बेची गयी कारों की औसत संख्या से कितनी अधिक है?

(a) 14,000 (b) 12,000 (c) 16,000 (d) 15,000 *SSC CGL (Tier-1) 5.3.2020*

12. निम्नलिखित तालिका 5 महीनों (जनवरी से मई) के लिए छह कम्पनियों द्वारा उर्वरकों के उत्पादन (लाख टन में) को दर्शाती है।

महीना	कंपनियाँ					
	i	ii	iii	iv	v	vi
जनवरी	327	180	185	137	145	120
फरवरी	326	179	187	162	146	122
मार्च	320	180	188	173	135	130
अप्रैल	318	167	177	180	140	130
मई	310	150	169	178	140	128

किस महीने में कम्पनी II द्वारा उर्वरक उत्पादन उसके पांच महीनों में हुए कुल उत्पादन के लगभग 20% के बराबर है?

(a) मई (b) अप्रैल (c) जनवरी (d) मार्च

SSC CGL (Tier-1) 9.3.2020

13. दी गई तालिका वर्ष 2012-2017 के दौरान विभिन्न मॉडल A, B, C, D तथा E की उत्पादित कारों की कुल संख्या (हजारों में) को दर्शाती है। तालिका का अध्ययन करें और दिये गये प्रश्न का उत्तर दें।

वर्ष	कम्पनी					
	A	B	C	D	E	कुल
2012	18	26	22	23	31	120
2013	22	18	32	40	18	130
2014	32	43	26	35	34	170
2015	18	22	26	14	20	100
2016	36	12	44	38	50	180
2017	12	48	40	22	28	150

2013 और 2014 में मिलाकर किस प्रकार की कारों की संख्या, उन दो वर्षों में उत्पादित कुल कारों की संख्या का ठीक 25% है?

(a) D (b) B (c) C (d) E

SSC CGL (Tier-1) 3.3.2020

14. निम्न तालिका में पाँच वर्षों में विभिन्न राज्यों से एक प्रतियोगी परीक्षा में भाग लेने वाले और उत्तीर्ण (योग्य घोषित) होने वाले प्रत्याशियों की संख्या प्रदर्शित की गयी है। तालिका का अध्ययन करें और दिये गये प्रश्न का उत्तर दें।

राज्य	वर्ष									
	1997		1998		1999		2000		2001	
	परीक्षार्थी	उत्तीर्ण	परीक्षार्थी	उत्तीर्ण	परीक्षार्थी	उत्तीर्ण	परीक्षार्थी	उत्तीर्ण	परीक्षार्थी	उत्तीर्ण
M	5200	720	8500	980	7400	850	6800	775	9500	1125
N	7500	840	9200	1050	8450	920	9200	980	8800	1020
P	6400	780	8800	1020	7800	890	8750	1010	9750	1250
Q	8100	950	9500	1240	8700	980	9700	1200	8950	995

M और P राज्यों में, वर्ष 1998 में उत्तीर्ण प्रत्याशियों की संख्या में कितना अंतर है?

(a) 60 (b) 40 (c) 50 (d) 44

SSC CGL (Tier-1) 7.3.2020

15. नीचे दी गई तालिका चार कंपनियों A, B, C और D द्वारा छः वर्षों में कारों की बिक्री (हजारों में) दर्शाती है। तालिका का अध्ययन करें और दिये गये प्रश्न का उत्तर दें।

वर्ष	कम्पनी			
	A	B	C	D
2013	45	63	65	67
2014	52	49	60	69
2015	61	60	66	67
2016	72	58	70	63
2017	52	53	63	75
2018	63	67	76	74

कम्पनी A द्वारा 2017 में और C द्वारा 2013 में बेची गयी कारों की कुल संख्या, सभी चार कंपनियों द्वारा 2013 और 2016 में बेची गयी कारों की कुल संख्या का कितना प्रतिशत है? (दशमलव के एक स्थान तक सही)

(a) 23.3 (b) 24.2 (c) 25.6 (d) 23.8 *SSC CGL (Tier-1) 5.3.2020*

16. निम्नलिखित तालिका में, विभिन्न फसलों का 2015 से 2019 तक उत्पादन (टनों में) दिया गया है। तालिका का अध्ययन करें और दिये गये प्रश्न का उत्तर दें।

वर्ष	चावल	गेहूँ	गन्ना	जौ	मक्का
2015	415	2500	1000	975	490
2016	520	4218	1120	825	520
2017	585	3482	1250	700	610
2018	625	4500	1325	625	725
2019	600	3300	1450	775	840

जौ के औसत उत्पादन और चावल के औसत उत्पादन............. में अन्तर (टनों में) हैं।

(a) 471 (b) 549 (c) 780 (d) 231 *SSC CGL (Tier-1) 6.3.2020*

17. दी गई तालिका वर्ष 2012-2017 के दौरान विभिन्न मॉडल A, B, C, D तथा E की उत्पादित कारों की कुल संख्या (हजारों में) को दर्शाती है। तालिका का अध्ययन करें और दिये गये प्रश्न का उत्तर दें।

वर्ष	कम्पनी					
	A	B	C	D	E	कुल
2012	18	26	22	23	31	120
2013	22	18	32	40	18	130
2014	32	43	26	35	34	170
2015	18	22	26	14	20	100
2016	36	12	44	38	50	180
2017	12	48	40	22	28	150

2016 के संदर्भ में, 2017 में किस तरह की कार के उत्पादन प्रतिशत में सर्वाधिक कमी दर्ज की गयी थी?

(a) C (b) A (c) E (d) D *SSC CGL (Tier-1) 3.3.2020*

18. निम्नलिखित तालिका एक महाविद्यालय के विभिन्न संकायों में दाखिल हुए छात्रों की संख्या दर्शाती है–

विज्ञान		कला		वाणिज्य		व्यावसायिक	
लड़कियाँ	लड़के	लड़कियाँ	लड़के	लड़कियाँ	लड़के	लड़कियाँ	लड़के
32	18	28	45	42	42	13	30

विज्ञान को छोड़कर अन्य संकायों में अध्ययन करने वाले छात्रों का प्रतिशत कितना है?

(a) 20% (b) 80% (c) 75% (d) 60% *SSC CGL (Tier-1) 5.3.2020*

19. निम्न तालिका में पांच वर्षों में विभिन्न राज्यों से एक प्रतियोगी परीक्षा में भाग लेने वाले और उत्तीर्ण (योग्य घोषित) होने वाले प्रत्याशियों की संख्या प्रदर्शित की गयी है। तालिका का अध्ययन करें और दिये गये प्रश्न का उत्तर दें।

राज्य	वर्ष									
	1997		1998		1999		2000		2001	
	परीक्षार्थी	उत्तीर्ण	परीक्षार्थी	उत्तीर्ण	परीक्षार्थी	उत्तीर्ण	परीक्षार्थी	उत्तीर्ण	परीक्षार्थी	उत्तीर्ण
M	5200	720	8500	980	7400	850	6800	775	9500	1125
N	7500	840	9200	1050	8450	920	9200	980	8800	1020
P	6400	780	8800	1020	7800	890	8750	1010	9750	1250
Q	8100	950	9500	1240	8700	980	9700	1200	8950	995

1998 में सभी राज्यों के उत्तीर्ण प्रत्याशियों की कुल संख्या, 2001 में सभी राज्यों के उत्तीर्ण प्रत्याशियों की कुल संख्या की लगभग कितनी प्रतिशत है? (दशमलव के दो स्थान तक सही)

(a) 94.7% (b) 97.72% (c) 96.70% (d) 90.72% *SSC CGL (Tier-1) 7.3.2020*

20. दी गई तालिका चार कंपनियाँ A, B, C और D द्वारा छः वर्षों में कारों की बिक्री (हजारों में) दर्शाती है। तालिका का अध्ययन करें और दिये गये प्रश्न का उत्तर दें।

वर्ष	कम्पनी			
	A	B	C	D
2013	45	63	65	67
2014	52	49	60	69
2015	61	60	66	67
2016	72	58	70	63
2017	52	53	63	75
2018	63	67	76	74

2017 में A, B और D कंपनियों द्वारा बेची गयी कारों की कुल संख्या का, 2018 में सभी चार कंपनियों द्वारा बेची गयी कारों की कुल संख्या में अनुपात क्या है?

(a) 3 : 4 (b) 18 : 23 (c) 9 : 14 (d) 6 : 13 *SSC CGL (Tier-1) 5.3.2020*

21. नीचे दी गयी तालिका चार कंपनियों A, B, C और D की बिक्री से किसी कंपनी का राजस्व (₹ करोड़ों में) दिखाती है। तालिका का ध्यानपूर्वक अध्ययन करें और दिये गये प्रश्न का उत्तर दें।

उत्पाद	वर्ष					
	2012	2013	2014	2015	2016	2017
A	98	94	80	95	110	115
B	74	96	92	84	98	86
C	82	98	96	88	93	103
D	74	102	92	93	97	102

2014 में कम्पनी के उन सभी चार उत्पादों की बिक्री से प्राप्त कुल राजस्व का, उत्पाद C की 2014 से 2017 तक की बिक्री से प्राप्त कुल राजस्व में क्या अनुपात है?

(a) 14 : 23 (b) 18 : 19 (c) 7 : 10 (d) 7 : 9 *SSC CGL (Tier-1) 4.3.2020*

22. निम्न तालिका में पांच वर्षों में विभिन्न राज्यों से एक प्रतियोगी परीक्षा में भाग लेने वाले और उत्तीर्ण (योग्य घोषित) होने वाले प्रत्याशियों की संख्या प्रदर्शित की गई है। तालिका का अध्ययन करें और दिये गये प्रश्न का उत्तर दें।

राज्य	वर्ष									
	1997		1998		1999		2000		2001	
	परीक्षार्थी	उत्तीर्ण	परीक्षार्थी	उत्तीर्ण	परीक्षार्थी	उत्तीर्ण	परीक्षार्थी	उत्तीर्ण	परीक्षार्थी	उत्तीर्ण
M	5200	720	8500	980	7400	850	6800	775	9500	1125
N	7500	840	9200	1050	8450	920	9200	980	8800	1020
P	6400	780	8800	1020	7800	890	8750	1010	9750	1250
Q	8100	950	9500	1240	8700	980	9700	1200	8950	995

वर्ष 1997 में सभी राज्यों से शामिल होने वाले प्रत्याशियों की कुल संख्या कितनी थी?

(a) 22,700 (b) 27,200 (c) 27,000 (d) 72,200 *SSC CGL (Tier-1) 7.3.2020*

23. दी गयी तालिका चार कम्पनियों A, B, C और D द्वारा वर्षों में भर्ती किये गये इंजीनियरों की संख्या दर्शाती है। तालिका का ध्यानपूर्वक अध्ययन करें और दिये गये प्रश्न का उत्तर दें–

वर्ष	कम्पनी			
	A	B	C	D
2014	120	90	85	105
2015	132	119	93	97
2016	128	98	94	100
2017	140	106	98	116
2018	148	112	105	125
2019	150	118	110	122

2014 और 2017 में कंपनी B द्वारा भर्ती किये गये इंजीनियरों की संख्या 2015 से 2019 तक कंपनी C द्वारा भर्ती किये गये इंजीनियरों की कुल संख्या का कितना प्रतिशत है?

(a) 39.2 (b) 38.4 (c) 37.8 (d) 38.2 *SSC CGL (Tier-1) 3.3.2020*

24. दी गई तालिका 6 वर्षों में चार उत्पादों A, B, C और D की बिक्री से किसी कंपनी का राजस्व (₹ करोड़ों में) दिखाती है। तालिका का ध्यानपूर्वक अध्ययन करें और दिये गये प्रश्न का उत्तर दें।

उत्पाद	वर्ष					
	2012	2013	2014	2015	2016	2017
A	98	94	80	95	110	115
B	74	96	92	84	98	86
C	82	98	96	88	93	103
D	74	102	92	93	97	102

ऐसे कितने वर्ष हैं, जिनमें उत्पाद D की बिक्री से प्राप्त कंपनी का राजस्व, छह साल में उत्पाद A की बिक्री से प्राप्त होने वाले औसत राजस्व से अधिक है?

(a) 4 (b) 2 (c) 3 (d) 1 *SSC CGL (Tier-1) 4.3.2020*

25. दी गई तालिका में 2012-2017 के दौरान विभिन्न मॉडल A,B,C, D तथा E की उत्पादित कारों की कुल संख्या (हजारों में) को दर्शाती है। तालिका का अध्ययन करें और दिये गये प्रश्न का उत्तर दें।

वर्ष	कम्पनी					
	A	B	C	D	E	कुल
2012	18	26	22	23	31	120
2013	22	18	32	40	18	130
2014	32	43	26	35	34	170
2015	18	22	26	14	20	100
2016	36	12	44	38	50	180
2017	12	48	40	22	28	150

2012 की तुलना में 2016 में कारों के उत्पादन में कितने प्रतिशत की वृद्धि हुई?

(a) 62.33% (b) 45% (c) 33.33% (d) 50%

SSC CGL (Tier-1) 3.3.2020

26. दी गई तालिका 6 वर्षों में चार उत्पादों A, B, C और D की बिक्री से किसी कंपनी का राजस्व (₹ करोड़ों में) दिखाती है। तालिका का ध्यानपूर्वक अध्ययन करें और दिये गये प्रश्न का उत्तर दें।

उत्पाद	वर्ष					
	2012	2013	2014	2015	2016	2017
A	98	94	80	95	110	115
B	74	96	92	84	98	86
C	82	98	96	88	93	103
D	74	102	92	93	97	102

2014 में उत्पाद B, C और D की बिक्री से प्राप्त कंपनी का कुल राजस्व, 6 वर्षों में उत्पादों C और D की बिक्री से प्राप्त कुल राजस्व का कितना प्रतिशत है?

(a) 18 (b) 20 (c) 25 (d) 28

SSC CGL (Tier-1) 4.3.2020

27. दी गई तालिका छह वर्षों की अवधि में विभिन्न टाइप की मोटरसाइकिलों (हजारों में) का उत्पादन दर्शाती है। तालिका का ध्यानपूर्वक अध्ययन करें और दिये गये प्रश्न का उत्तर दें।

मोटर साइकिल (टाइप)	वर्ष					
	2012	2013	2014	2015	2016	2017
A	98	94	80	95	110	115
B	74	96	92	84	98	86
C	82	98	96	88	93	103
D	74	102	92	93	97	102

2016 और 2018 में बनाई गई टाइप B वाली मोटरसाइकिलों की कुल संख्या का अनुपात, 2013, 2015 और 2016 में उत्पादित टाइप D वाली मोटरसाइकिलों की कुल संख्या से क्या है?

(a) 2 : 3 (b) 3 : 5 (c) 1 : 2 (d) 3 : 4

SSC CGL (Tier-1) 4.3.2020

28. दी गई तालिका छह वर्षों की अवधि में विभिन्न टाइप की मोटरसाइकिलों (हजारों में) के उत्पादन को दर्शाती है। तालिका का ध्यानपूर्वक अध्ययन करें और दिये गये प्रश्न का उत्तर दें।

मोटर साइकिल (टाइप)	वर्ष					
	2013	2014	2015	2016	2017	2018
A	95	84	85	89	80	98
B	78	87	89	88	96	92
C	104	89	95	92	100	110
D	103	100	102	95	104	120

2014 से 2018 तक हुए सभी टाइप की मोटरसाइकिलों के कुल उत्पादन में प्रतिशत-वृद्धि क्या है?

(a) $14\frac{3}{7}$ (b) $14\frac{2}{7}$ (c) $16\frac{2}{3}$ (d) $17\frac{1}{3}$ *SSC CGL (Tier-1) 4.3.2020*

29. दी गई तालिका में 2016 के प्रारंभिक छह महीनों के दौरान चार डीलरों A, B, C और D द्वारा बेचे गये कंप्यूटरों की संख्या दर्शाई गई है। तालिका का ध्यानपूर्वक अध्ययन करें और निम्न प्रश्न का उत्तर दें।

महीना	डीलर			
	A	B	C	D
January	102	92	95	107
February	94	96	104	106
March	85	94	100	90
April	108	97	99	96
May	98	102	100	89
June	95	108	102	91

डीलर B द्वारा बेचे गये कंप्यूटरों की संख्या कितने महीनों में, डीलर C द्वारा छह महीने में बेचे गये कंप्यूटरों की औसत संख्या से कम थी?

(a) 4 (b) 3 (c) 2 (d) 5 *SSC CGL (Tier-1) 4.3.2020*

30. दी गई तालिका में 2016 के प्रारंभिक छह महीनों के दौरान चार डीलरों A, B, C और D द्वारा बेचे गये कंप्यूटरों की संख्या दर्शाई गई है। तालिका का ध्यानपूर्वक अध्ययन करें और निम्न प्रश्न का उत्तर दें।

महीना	डीलर			
	A	B	C	D
January	102	92	95	107
February	94	96	104	106
March	85	94	100	90
April	108	97	99	96
May	98	102	100	89
June	95	108	102	91

डीलर A द्वारा फरवरी से जून के दौरान बेचे गये कम्प्यूटरों की कुल संख्या, जून में सभी डीलरों द्वारा बेचे गये कंप्यूटरों की कुल संख्या से कितने प्रतिशत अधिक है? (दशमलव के एक स्थान तक सही करें)

(a) 17.5 (b) 25.3 (c) 21.2 (d) 24.4 *SSC CGL (Tier-1) 4.3.2020*

31. दी गई तालिका में 2016 के प्रारंभिक छह महीनों के दौरान चार डीलरों A, B, C और D द्वारा बेचे गये कम्प्यूटरों की संख्या दर्शाई गई है। तालिका का ध्यानपूर्वक अध्ययन करें और निम्न प्रश्न का उत्तर दें।

महीना	डीलर			
	A	B	C	D
January	102	92	95	107
February	94	96	104	106
March	85	94	100	90
April	108	97	99	96
May	98	102	100	89
June	95	108	102	91

डीलर B द्वारा अप्रैल, मई और जून में बेचे गये कम्प्यूटरों की कुल संख्या, फरवरी और अप्रैल में सभी डीलरों द्वारा बेचे गये कम्प्यूटरों की कुल संख्या का कितने प्रतिशत है?

(a) $38\frac{3}{8}$ (b) $48\frac{5}{7}$ (c) $50\frac{7}{8}$ (d) $43\frac{6}{7}$ *SSC CGL (Tier-1) 4.3.2020*

32. दी गई तालिका चार कंपनियों A, B, C और D द्वारा भर्ती किये गये इंजीनियरों की संख्या को वर्षों में दर्शाती है। तालिका को ध्यानपूर्वक अध्ययन करें और दिये गये प्रश्न का उत्तर दें।

वर्ष	कम्पनी			
	A	B	C	D
2014	120	90	85	105
2015	132	118	93	97
2016	128	98	94	100
2017	140	106	98	116
2018	148	112	105	125
2019	150	118	110	122

कम्पनियों A और B द्वारा 2015 और 2018 में भर्ती किये गये इंजीनियरों की कुल संख्या का, कंपनियों C और D द्वारा 2014 और 2018 में भर्ती किये गये इंजीनियरों की कुल संख्या से अनुपात क्या होगा?

(a) 9 : 14 (b) 28 : 19 (c) 17 : 14 (d) 13 : 21 *SSC CGL (Tier-1) 3.3.2020*

33. दी गई तालिका चार कम्पनियों A, B, C और D द्वारा वर्षों में भर्ती किये गये इंजीनियरों की संख्या दर्शाती है। तालिका का ध्यानपूर्वक अध्ययन करें और दिये गये प्रश्न का उत्तर दें।

वर्ष	कम्पनी			
	A	B	C	D
2014	120	90	85	105
2015	132	118	93	97
2016	128	98	94	100
2017	140	106	98	116
2018	148	112	105	125
2019	150	118	110	122

ऐसे वर्षों की संख्या कितनी है जिनके दौरान कम्पनी D द्वारा भर्ती किये गये इंजीनियरों की संख्या, कम्पनी B द्वारा दिये गये छह वर्षों में भर्ती किये जाने वाले इंजीनियरों की संख्या औसत से कम है।

(a) 2 (b) 4 (c) 3 (d) 1 *SSC CGL (Tier-1) 3.3.2020*

34. दी गई तालिका वर्ष 2012-2017 के दौरान विभिन्न मॉडल A, B, C, D तथा E की उत्पादित कारों की कुल संख्या (हजारों में) को दर्शाती है। तालिका का अध्ययन करें और दिये गये प्रश्न का उत्तर दें।

वर्ष	कम्पनी					
	A	B	C	D	E	कुल
2012	18	26	22	23	31	120
2013	22	18	32	40	18	130
2014	32	43	26	35	34	170
2015	18	22	26	14	20	100
2016	36	12	44	38	50	180
2017	12	48	40	22	28	150

वर्ष 2015 में उत्पादित किस प्रकार की कारों की संख्या, उस वर्ष में उत्पादित कुल कारों की संख्या का ठीक 20% है।

(a) B (b) E (c) D (d) A *SSC CGL (Tier-1) 3.3.2020*

35. दी गई तालिका 6 वर्षों में चार उत्पादों A, B, C और D की बिक्री से किसी कंपनी का राजस्व (₹ करोड़ों में) दिखाती है। तालिका का ध्यानपूर्वक अध्ययन करें और दिये गये प्रश्न का उत्तर दें।

उत्पाद	वर्ष					
	2012	2013	2014	2015	2016	2017
A	98	94	80	95	110	115
B	74	96	92	84	98	86
C	82	98	96	88	93	103
D	74	102	92	93	97	102

2012 और 2013 में उत्पाद A, B और D की बिक्री से प्राप्त कम्पनी का कुल राजस्व, 2013 से 2016 के बीच उत्पाद B की बिक्री से प्राप्त कुल राजस्व से कितने प्रतिशत अधिक है? (दशमलव के एक स्थान तक)

(a) 31.2 (b) 43.6 (c) 45.4 (d) 44.5 *SSC CGL (Tier-1) 4.3.2020*

36. दी गई तालिका चार कंपनियों A, B, C और D द्वारा भर्ती किये गये इंजीनियरों की संख्या को वर्षों में दर्शाती है। तालिका का ध्यानपूर्वक अध्ययन करें और दिये गये प्रश्न का उत्तर दें।

वर्ष	कम्पनी			
	A	B	C	D
2014	120	90	85	105
2015	132	118	93	97
2016	128	98	94	100
2017	140	106	98	116
2018	148	112	105	125
2019	150	118	110	122

2014 से 2017 तक कंपनी A द्वारा भर्ती किये गये इंजीनियरों की कुल संख्या 2019 में उन सभी चार कम्पनियों द्वारा भर्ती किये गये इंजीनियरों की कुल संख्या से कितना प्रतिशत अधिक है?

(a) 4 (b) 2.5 (c) 3.5 (d) 3 *SSC CGL (Tier-1) 3.3.2020*

37. दी गई तालिका में 2016 के प्रारंभिक छह महीनों के दौरान चार डीलरों A, B, C और D द्वारा बेचे गये कम्प्यूटरों की संख्या दर्शाई गई है। तालिका का ध्यानपूर्वक अध्ययन करें और निम्न प्रश्न का उत्तर दें।

महीना	डीलर			
	A	B	C	D
January	102	92	95	107
February	94	96	104	106
March	85	94	100	90
April	108	97	99	96
May	98	102	100	89
June	95	108	102	91

डीलर A द्वारा फरवरी, अप्रैल और मई में बेचे गये कुल कम्प्यूटरों की संख्या का, डीलर D द्वारा मार्च, मई और जून में बेचे गये कुल कम्प्यूटरों की संख्या से अनुपात क्या है?

(a) 6 : 5 (b) 15 : 13 (c) 10 : 9 (d) 20 : 27 *SSC CGL (Tier-1) 4.3.2020*

38. दी गई तालिका छह वर्षों की अवधि में विभिन्न टाइप की मोटर साइकिलों (हजारों में) के उत्पादन को दर्शाती हैं। तालिका का ध्यानपूर्वक अध्ययन करें और दिये गये प्रश्न का उत्तर दें।

मोटर साइकिल (टाइप)	वर्ष					
	2012	2013	2014	2015	2016	2017
A	95	84	85	89	80	98
B	78	87	89	88	96	92
C	104	89	95	92	100	110
D	103	100	102	95	104	120

2015 के दौरान, किस टाइप की मोटर साइकिलों का उत्पादन 2017 में हुए सभी टाइप की मोटर साइकिलों के कुल उत्पादन के 25% के बराबर था?

(a) B (b) C (c) A (d) D *SSC CGL (Tier-1) 4.3.2020*

39. नीचे दी गयी तालिका छह वर्ष की अवधि में चार वस्तुओं A, B, C और D के निर्यात (₹ करोड़ों) को निरूपित करती है। तालिका का अध्ययन करें और दिये गये प्रश्न का उत्तर दें।

वर्ष	वस्तु			
	A	B	C	D
2010	240	128	180	214
2011	250	134	244	282
2012	225	138	230	247
2013	370	169	340	224
2014	425	182	300	309
2015	400	209	306	275

2010, 2012 और 2014 में वस्तु D का कुल निर्यात, 2011 और 2012 में सभी चार वस्तुओं के कुल निर्यात का कितना प्रतिशत है?

(a) 44% (b) 44.8% (c) 45% (d) 46.2% *SSC CGL (Tier-1) 5.3.2020*

40. नीचे दी गई तालिका छः वर्ष की अवधि में चार वस्तुओं A, B, C और D के निर्यात (₹ करोड़ों में)को निरूपित करती है। तालिका का अध्ययन करें और दिये गये प्रश्न का उत्तर दें।

वर्ष	सामान			
	A	B	C	D
2010	240	128	180	214
2011	250	134	244	282
2012	225	138	230	247
2013	370	169	340	224
2014	425	182	300	309
2015	400	209	306	275

किस वर्ष में, वस्तु D का निर्यात छः वर्षों के दौरान वस्तु B के औसत निर्यात का 1.4 गुना था?

(a) 2011 (b) 2014 (c) 2013 (d) 2012 *SSC CGL (Tier-1) 5.3.2020*

41. नीचे दी गई तालिका छः वर्ष की अवधि में चार वस्तुओं A, B, C और D के निर्यात (₹ करोड़ों में) को निरूपित करती है। तालिका का अध्ययन करें और दिये गये प्रश्न का उत्तर दें।

वर्ष	वस्तु			
	A	B	C	D
2010	240	128	180	214
2011	250	134	244	282
2012	225	138	230	247
2013	370	169	340	224
2014	425	182	300	309
2015	400	209	306	275

2014 और 2015 में वस्तु A के कुल निर्यात का, 2011 और 2015 में वस्तु C के कुल निर्यात से अनुपात क्या है?

(a) 5 : 4 (b) 3 : 2 (c) 4 : 3 (d) 7 : 5 *SSC CGL (Tier-1) 5.3.2020*

42. नीचे दी गई तालिका छः वर्ष की अवधि में चार वस्तुओं A, B, C और D के निर्यात (₹ करोड़ों में) को निरूपित करती है। तालिका का अध्ययन करें और दिये गये प्रश्न का उत्तर दें।

वर्ष	वस्तु			
	A	B	C	D
2010	240	128	180	214
2011	250	134	244	282
2012	225	138	230	247
2013	370	169	340	224
2014	425	182	300	309
2015	400	209	306	275

2012 से 2014 तक वस्तु A का कुल निर्यात, 2015 में सभी चार वस्तुओं के कुल निर्यात से कितना प्रतिशत कम है?

(a) 15.2% (b) 14.3% (c) 13.8% (d) 16.7% *SSC CGL (Tier-1) 5.3.2020*

43. दी गई तालिका छह वर्षों की अवधि में विभिन्न टाइप की मोटरसाइकिलों (हजारों में) के उत्पादन को दर्शाती है। तालिका का ध्यानपूर्वक अध्ययन करें और दिये गये प्रश्न का उत्तर दें।

मोटर साइकिल (टाइप)	वर्ष					
	2013	2014	2015	2016	2017	2018
A	95	84	85	89	80	98
B	98	87	89	88	96	92
C	104	89	95	92	100	110
D	103	100	102	95	104	120

छह वर्षों में टाइप A वाली मोटरसाइकिलों का कुल उत्पादन 2013 और 2016 में हुए सभी प्रकार की मोटरसाइकिलों के कुल उत्पादन से कितने प्रतिशत कम है?

(a) 30.5 (b) 31.6 (c) 32.2 (d) 32.8 *SSC CGL (Tier-1) 4.3.2020*

44. निम्नलिखित तालिका में 5 कर्मचारियों (A, B, C, D और E) के किसी एक महीने की आय (रुपयों में) को उनके स्रोत सहित दर्शाया गया है।

कर्मचारी	A	B	C	D	E
वेतन	52,000	48,500	42,000	31,000	25,000
ओवरटाइम	0	0	1,500	2,500	3,200
बकाया	5,500	4,500	4,000	3,000	1,500
बोनस	3,500	3,000	2,500	2,000	2,000
विविध आय	5,000	3,000	2,000	1,500	0
कुल	**66,000**	**59,000**	**52,000**	**40,000**	**31,700**

कितने कर्मचारियों को, सभी कर्मचारियों द्वारा प्राप्त की गई औसत बकाया राशि की तुलना में अधिक बकाया राशि मिली?

(a) 3 (b) 4 (c) 1 (d) 2 *SSC CGL (Tier-1) 5.3.2020*

45. निम्नलिखित तालिका के अनुसार, 40-60 वर्ष की आयु वाले कितने रोगी थे–

आयु (वर्षों में)	10 से कम	20 से कम	30 से कम	40 से कम	50 से कम	60 से कम	70 से कम
रोगियों की संख्या	11	15	22	29	35	45	50

(a) 16 (b) 6 (c) 45 (d) 29 *SSC CGL (Tier-1) 9.3.2020*

46. तालिका में दिये गये आँकड़ों के अनुसार 20 या उससे अधिक अंक पाने वाले छात्रों का प्रतिशत क्या है?

अंक	0–5	5–10	10–15	15–20	20–25	25–30	30–35	35–40
छात्रों की संख्या	13	15	18	12	14	19	6	3

(a) 58% (b) 14% (c) 54% (d) 42% *SSC CGL (Tier-1) 9.3.2020*

47. निम्नलिखित तालिका 4 वर्षों (2016 से 2019) के दौरान एक देश के आयात और निर्यात (₹ करोड़ में) को दर्शाती है।

वर्ष	2016	2017	2018	2019
आयात	125	145	165	188
निर्यात	130	150	175	200

औसत व्यापार संतुलन (trade balance) (₹ करोड़ में) कितना है?

(a) 4 (b) 8 (c) 6 (d) 12 *SSC CGL (Tier-1) 9.3.2020*

दी गई तालिका के आधार पर निम्नलिखित प्रश्नों के उत्तर दीजिए। *PET : 24.8.2021*

पाँच सेल्समैन द्वारा अर्जित वार्षिक कमीशन (Yearly Commission Earned by Five Salesmen)

वर्ष (Year) / सेल्समैन (Salesman)	2015	2016	2017	2018	2019	2020
A	27,350	28,500	25,200	29,800	24,600	27,000
B	26,850	27,900	27,400	28,000	28,500	29,000
C	26,200	27,800	28,200	29,100	29,400	30,000
D	27,850	30,040	29,800	30,060	29,800	32,000
E	28,640	29,000	28,750	30,000	29,750	29,700
सेल्समैन (Total)	**1,36,890**	**1,43,240**	**1,39,350**	**1,46,960**	**1,42,050**	**1,47,7001**

48. किस वर्ष में सेल्समैन C द्वारा अर्जित कमीशन पिछले वर्ष की तुलना में अधिकतम वृद्धि दर्शाता है?
(a) 2016 (b) 2017 (c) 2018 (d) 2019

49. वर्ष 2018 में B का कमीशन पाँचों सेल्समैनों के उसी वर्ष के कुल कमीशन का लगभग कितना प्रतिशत था?
(a) 19.05 (b) 98 (c) 80 (d) इनमें से कोई नहीं

50. किस सेल्समैन का 2018 में कमीशन, 2015 की तुलना में उच्चतम वृद्धि दर्शाता है?
(a) A (b) B (c) D (d) C

51. निम्न में से किस वर्ष में किसी भी सेल्समैन द्वारा अर्जित उच्चतम और न्यूनतम कमीशन का अंतर अधिकतम है?
(a) 2017 (b) 2018 (c) 2019 (d) 2010

52. वर्ष 2019 में सेल्समैन D द्वारा अर्जित कमीशन A द्वारा अर्जित कमीशन का लगभग कितना प्रतिशत है?
(a) 18 (b) 21 (c) 52 (d) इनमें से कोई नहीं

दी गई तालिका/सारणी का ध्यानपूर्वक अध्ययनकरें तथा नीचे दिये गये प्रश्नों के उत्तर दें–

विभिन्न महीनों में चार शेयर ब्रोकर में खुले खातों की संख्या (सैकड़ों में) *PET : 24.8.2021*

शेयर ब्रोकर	मई	जून	जुलाई	अगस्त	सितम्बर
एंजल	25	28	35	65	55
शेरखान	22	18	43	30	45
जेरोधा	30	45	50	35	40
ट्रेडबुल	35	42	45	50	60

53. निम्नलिखित में से किस महीने में खुले खातों की संख्या की औसत महत्तम है?
(a) जून (b) सितम्बर (c) अगस्त (d) मई

54. अगस्त में खुले खातों की संख्या जून में खुले खातों की संख्या से लगभग कितने प्रतिशत कम या ज्यादा थी?
(a) 33.5 (b) 35.3 (c) 34.6 (d) 40

55. मई से सितम्बर तक एंजल में खुले खातों की संख्या से जेरोधा में खुले खातों की संख्या का अनुपात क्या है?
(a) 1.5 (b) 0.75 (c) 2.25 (d) 1.04

56. किस शेयर ब्रोकर में खुले खातों की औसत संख्या महत्तम है?
(a) एंजल (b) शेरखान (c) ट्रेडबुल (d) जेरोधा

57. ट्रेडबुल में खुले खातों की संख्या का औसत शेरखान में खुले खातों की संख्या के औसत का लगभग कितना प्रतिशत कम या ज्यादा था?
(a) 57.82 (b) 60 (c) 45.90 (d) 50.69

उत्तरमाला

1. (c)	2. (c)	3. (a)	4. (a)	5. (b)	6. (b)	7. (c)	8. (a)	9. (a)
10. (c)	11. (c)	12. (b)	13. (a)	14. (b)	15. (a)	16. (d)	17. (b)	18. (b)
19. (b)	20. (c)	21. (b)	22. (b)	23. (a)	24. (b)	25. (d)	26. (c)	27. (b)
28. (c)	29. (a)	30. (c)	31. (a)	32. (c)	33. (c)	34. (b)	35. (c)	36. (a)
37. (c)	38. (d)	39. (a)	40. (c)	41. (b)	42. (b)	43. (a)	44. (a)	45. (a)
46. (d)	47. (b)	48. (a)	49. (a)	50. (d)	51. (c)	52. (d)	53. (b)	54. (b)
55. (d)	56. (c)	57. (a)						

अभ्यास प्रश्नों के हल

1. A का अन्य स्रोतों से आय = 66000 – 52000 = ₹ 14000

B का अन्य स्रोतों से आय = 59000 – 48500 = ₹ 10500

C का अन्य स्रोतों से आय = 52000 – 42000 = ₹ 10000

D का अन्य स्रोतों से आय = 40000 – 31000 = ₹ 9000

E का अन्य स्रोतों से आय = 31700 – 25000 = ₹ 6700

∴ B और C का वेतन अन्य स्रोतों के 4 गुना से अधिक है।

∴ 2 कर्मचारियों का वेतन उनकी आय के अन्य स्रोतों के 4 गुना से अधिक है।

2. कर्मचारी D के लिए ओवर टाइम से प्राप्त आय उसकी कुल आय का कितने प्रतिशत $= \frac{2500 \times 100}{40000} = \frac{25}{4} = 6.25\%$

3. कम्पनी I में उर्वरक उत्पादन में लगातार कमी हुई है।

4. वर्ष 2015, 2017 और 2018 के दौरान कम्पनी B द्वारा बेची गयी कारों की कुल संख्या = (60 + 53 + 67) हजार = 180 हजार

वर्ष 2013, 2015, 2017 और 2018 में कम्पनी C द्वारा बेची गयी कारों की कुल संख्या

= (65 + 66 + 63 + 76) हजार = 270 हजार

दोनों संख्याओं में अन्तर = 270 हजार – 180 हजार = 90 हजार

∴ अभीष्ट प्रतिशत $= \frac{90000 \times 100}{270000} = 33\frac{1}{3}\%$

5. 135 सेमी. या उससे अधिक लेकिन 150 सेमी. से कम ऊँचाई वाली लड़कियों की संख्या = 20 + 29 + 15 = 64

6. वर्ष 2016 में गन्ना के उत्पादन में वृद्धि = (1120 – 1000) टन = 120 टन

वर्ष 2017 में गन्ना के उत्पादन में वृद्धि = (1250 – 1120) टन = 130 टन

वर्ष 2018 में गन्ना के उत्पादन में वृद्धि = (1325 – 1250) टन = 75 टन

वर्ष 2019 में गन्ना के उत्पादन में वृद्धि = (1450 – 1325) टन = 125 टन

∴ सबसे अधिक वृद्धि वाला वर्ष = 2017

7. वर्ष 2015 में मक्का का उत्पादन = 490 टन और वर्ष 2019 में मक्का का उत्पादन = 840 टन

दोनों में अन्तर = (840 – 490) टन = 350 टन, अतः प्रतिशत वृद्धि $= \frac{350 \times 100}{490} = 71.43\%$

8. ₹40000 से कम वेतन वाले परिवारों की संख्या = 6 + 12 + 9 = 27

9. गेहूँ का औसत उत्पादन $= \frac{(2500 + 4218 + 3482 + 4500 + 3300)}{5}$ टन $= \frac{18000}{5}$ टन = 3600 टन

10. राज्य Q से भाग लेने वाले प्रत्याशियों की औसत संख्या $= \frac{8100 + 9500 + 8700 + 9700 + 8950}{5} = \frac{44950}{5} = 8990$

11. वर्ष 2018 में कम्पनी C द्वारा बेची गयी कारों की कुल संख्या = 76 हजार

वर्ष 2014 से 2018 के दौरान कम्पनी A द्वारा बेची गयी कारों की औसत संख्या

$$= \frac{(52+61+72+52+63)}{5} \text{ हजार} = \frac{300}{5} = 60 \text{ हजार}$$

∴ अभीष्ट अधिक संख्या = 76 हजार – 60 हजार = 16 हजार = 16000

12. कम्पनी II द्वारा 5 महीनों में कुल उत्पादन = (180 + 179 + 180 + 167 + 150) लाख = 856 लाख टन

∴ कुल उत्पादन का 20% = $\frac{856 \times 20}{100}$ = 171.2 लाख टन ⇒ अप्रैल

13. वर्ष 2013 और 2014 में उत्पादित कुल कारों की संख्या = (130 + 170) हजार = 300 हजार

∴ 300 हजार का 25% = $\frac{300000 \times 25}{100}$ = 75 हजार

वर्ष 2013 और 2014 में कार A का कुल उत्पादन = (22 + 32) हजार = 54 हजार

वर्ष 2013 और 2014 में कार B का कुल उत्पादन = (18 + 43) हजार = 61 हजार

वर्ष 2013 और 2014 में कार C का कुल उत्पादन = (32 + 26) हजार = 58 हजार

वर्ष 2013 और 2014 में कार D का कुल उत्पादन = (40 + 35) हजार = 75 हजार

वर्ष 2013 और 2014 में कार E का कुल उत्पादन = (18 + 34) हजार = 52 हजार

∴ अभीष्ट प्रकार की कार = D

14. राज्य M में वर्ष 1998 में उत्तीर्ण प्रत्याशियों की संख्या = 980

राज्य P में वर्ष 1998 में उत्तीर्ण प्रत्याशियों की संख्या = 1020

∴ अभीष्ट अन्तर = 1020 – 980 = 40

15. कम्पनी A द्वारा वर्ष 2017 में और कम्पनी C द्वारा वर्ष 2013 में बेची गयी कारों की कुल संख्या

= (52 + 65) हजार = 117 हजार

सभी 4 कम्पनियों द्वारा वर्ष 2013 और वर्ष 2016 में बेची गयी कारों की कुल संख्या

= (45 + 63 + 65 + 67 + 72 + 58 + 70 + 63) हजार = 503 हजार

∴ अभीष्ट प्रतिशत = $\frac{117000 \times 25}{503000}$ = 23.3%

16. जौ का औसत उत्पादन = $\frac{(975+825+700+625+775) \text{ टन}}{5} = \frac{3900}{5}$ टन = 780 टन

चावल का औसत उत्पादन = $\frac{(415+520+585+625+600) \text{ टन}}{5} = \frac{2745}{5}$ टन = 549 टन

∴ दोनों औसत उत्पादनों में अन्तर = 780 – 549 = 231 टन

17. वर्ष 2016 के संदर्भ में वर्ष 2017 में कार A के उत्पादन में प्रतिशत कमी = $\frac{24 \times 100}{36}$ = 66.67%

वर्ष 2016 के संदर्भ में वर्ष 2017 में कार C के उत्पादन में प्रतिशत कमी = $\frac{4 \times 100}{44}$ = 9.09%

वर्ष 2016 के संदर्भ में वर्ष 2017 में कार D के उत्पादन में प्रतिशत कमी = $\frac{16 \times 100}{38}$ = 42.12%

वर्ष 2016 के संदर्भ में वर्ष 2017 में कार E के उत्पादन में प्रतिशत कमी = $\frac{22 \times 100}{50}$ = 44%

∴ सर्वाधिक प्रतिशत कमी वाली कार = A

18. सभी संकायों में छात्रों की कुल संख्या = 32 + 18 + 28 + 45 + 42 + 42 + 13 + 30 = 250

विज्ञान को छोड़कर शेष छात्रों की कुल संख्या = 28 + 45 + 42 + 42 + 13 + 30 = 200

अभीष्ट प्रतिशत = $\frac{200 \times 100}{250}$ = 80%

19. वर्ष 1998 में उत्तीर्ण प्रत्याशियों की कुल संख्या = 980 + 1050 + 1020 + 1240 = 4290

वर्ष 2001 में उत्तीर्ण प्रत्याशियों की कुल संख्या = 1125 + 1020 + 1250 + 995 = 4390

∴ अभीष्ट प्रतिशत = $\frac{4290 \times 100}{4390} = 97.72\%$

20. वर्ष 2017 में A, B और D द्वारा बेची गयी कारों की कुल संख्या = (52 + 53 + 75) हजार = 180 हजार

वर्ष 2018 में A, B, C और D द्वारा बेची गयी कारों की कुल संख्या = (63 + 67 + 76 + 74) हजार = 280 हजार

∴ अभीष्ट अनुपात = 180 हजार : 280 हजार = 9 : 14

21. वर्ष 2014 में प्राप्त कुल राजस्व = (80 + 92 + 96 + 92) करोड़ = ₹ 360 करोड़

उत्पाद C की वर्ष 2014 से 2017 तक प्राप्त कुल राजस्व = (96 + 88 + 93 + 103) करोड़ = ₹ 380 करोड़

∴ अभीष्ट अनुपात = 360 करोड़ : 380 करोड़ = 18 : 19

22. वर्ष 1997 में सभी राज्यों से शामिल होने वाले प्रत्याशियों की कुल संख्या

= 5200 + 7500 + 6400 + 8100 = 27200

23. वर्ष 2014 और 2017 में कम्पनी B द्वारा भर्ती किये गये इंजीनियरों की कुल संख्या = (90 + 106) = 196

वर्ष 2015 से 2019 तक कम्पनी C द्वारा भर्ती किये गये इंजीनियरों की कुल संख्या

= 93 + 94 + 98 + 105 + 110 = 500

∴ अभीष्ट प्रतिशत = $\frac{196 \times 100}{500} = 39.2\%$

24. उत्पाद A की बिक्री से प्राप्त राजस्व = 98 + 94 + 80 + 95 + 110 + 115 = 592 करोड़

∴ उत्पाद A की 6 साल की बिक्री से प्राप्त औसत राजस्व = $\frac{592}{6}$ करोड़ = 98.67 करोड़

∴ उत्पाद D से प्राप्त राजस्व वर्ष 2013 और 2017 में अधिक है।

∴ वर्षों की संख्या = 2

25. वर्ष 2012 में कारों का कुल उत्पादन = 120 हजार और वर्ष 2016 में कारों का कुल उत्पादन = 180 हजार

∴ दोनों में अन्तर = 180 हजार − 120 हजार = 60 हजार, अतः प्रतिशत वृद्धि = $\frac{60 \text{ हजार} \times 100}{120 \text{ हजार}} = 50\%$

26. वर्ष 2014 में उत्पादन B, C तथा D से प्राप्त कुल राजस्व = (92 + 96 + 92) करोड़ = 280 करोड़

6 वर्षों में उत्पाद C से प्राप्त कुल राजस्व = (82 + 98 + 96 + 88 + 93 + 103) करोड़ = 560 करोड़

6 वर्षों में उत्पाद D से प्राप्त कुल राजस्व = (74 + 102 + 92 + 93 + 97 + 102) करोड़ = 560 करोड़

∴ उत्पाद C और D का कुल राजस्व = 560 करोड़ + 560 करोड़ = 1120 करोड़

∴ अभीष्ट प्रतिशत = $\frac{280 \text{ करोड़} \times 100}{1120 \text{ करोड़}} = 25\%$

27. वर्ष 2016 में बनायी गयी टाइप B वाली मोटर साइकिलों की कुल संख्या = 88 हजार

वर्ष 2018 में बनायी गयी टाइप B वाली मोटर साइकिलों की कुल संख्या = 92 हजार

∴ दोनों का योग = 88 हजार + 92 हजार = 180 हजार

वर्ष 2013, 2015 और 2016 में टाइप D की कुल संख्या = (103 + 102 + 95) हजार = 300 हजार

∴ अभीष्ट अनुपात = 180 हजार : 300 हजार = 3 : 5

28. वर्ष 2014 में सभी टाइप की मोटरसाइकिलों का कुल उत्पादन = (84 + 87 + 89 + 100) हजार = 360 हजार

वर्ष 2018 में सभी टाइप की मोटरसाइकिलों का कुल उत्पादन = (98 + 92 + 110 + 120) हजार = 420 हजार

∴ उत्पादन में कुल वृद्धि = 420 हजार − 360 हजार = 60 हजार

∴ उत्पादन में प्रतिशत वृद्धि = $\frac{60 \text{ हजार} \times 100}{360 \text{ हजार}} = 16\frac{2}{3}\%$

29. डीलर C द्वारा 6 महीनों में बेचे गये कम्प्यूटरों की औसत संख्या = $\frac{95+104+100+99+100+102}{6}=\frac{600}{6}=100$

$\therefore$ उन महीनों की संख्या, जिनमें डीलर B द्वारा बेचे गये कम्प्यूटरों की संख्या 100 से कम थी = 4

30. A द्वारा फरवरी से जून तक बेचे गये कम्प्यूटरों की कुल संख्या = 94 + 85 + 108 + 98 + 95 = 480

जून में सभी डीलरों द्वारा बेये गये कम्प्यूटरों की कुल संख्या = 95 + 108 + 102 + 91 = 396

$\therefore$ दोनों में अन्तर = 480 – 396 = 84, अतः अभीष्ट प्रतिशत = $\frac{84\times100}{396}=21.2\%$

31. डीलर B द्वारा अप्रैल, मई और जून में बेचे गये कम्प्यूटरों की कुल संख्या = 97 + 102 + 108 = 307

फरवरी में सभी डीलरों द्वारा बेचे गये कम्प्यूटरों की संख्या = 94 + 96 + 104 + 106 = 400

अप्रैल में सभी डीलरों द्वारा बेचे गये कम्प्यूटरों की कुल संख्या = 108 + 97 + 99 + 96 = 400

$\therefore$ फरवरी और अप्रैल में बेचे गये कुल कम्प्यूटरों की संख्या = 400 + 400 = 800

$\therefore$ अभीष्ट प्रतिशत = $\frac{307\times100}{800}=38\frac{3}{8}\%$

32. कम्पनियों A और B द्वारा 2015 और 2018 में भर्ती किये गये इंजीनियरों की कुल संख्या

= 132 + 118 + 148 + 112 = 510

कम्पनियों C और D द्वारा वर्ष 2014 और 2018 में भर्ती किये गये इंजीनियरों की कुल संख्या

= 85 + 105 + 105 + 125 = 420

$\therefore$ अभीष्ट अनुपात = 510 : 420 = 17 : 14

33. कम्पनी B द्वारा 6 वर्षों में भर्ती किये गये इंजीनियरों की औसत संख्या = $\frac{90+118+98+106+112+118}{6}=\frac{642}{6}=107$

$\therefore$ ऐसे वर्षों की संख्या, जिनमें कम्पनी D द्वारा भर्ती किये गये इंजीनियरों की संख्या 107 से अधिक है = 3

34. वर्ष 2015 में उत्पादित कुल कारों की संख्या का 20% = $\frac{100\times20}{100}=20$

20 उत्पादन वाली कार = E

35. वर्ष 2012 और 2013 में उत्पाद A, B और D की बिक्री से प्राप्त कुल राजस्व

= 98 + 74 + 74 + 94 + 96 + 102 = 538

वर्ष 2013 से 2016 के बीच उत्पाद B की बिक्री से प्राप्त कुल राजस्व = 96 + 92 + 84 + 98 = 370

$\therefore$ दोनों राजस्वों में अन्तर = 538 – 370 = 168, अतः अभीष्ट प्रतिशत = $\frac{168\times100}{370}=45.4\%$

36. वर्ष 2014 से 2017 तक कम्पनी A द्वारा भर्ती किये गये इंजीनियरों की कुल संख्या

= 120 + 132 + 128 + 140 = 520

वर्ष 2019 में सभी कम्पनियों द्वारा भर्ती किये गये इंजीनियरों की कुल संख्या

= 150 + 118 + 110 + 122 = 500

$\therefore$ दोनों संख्याओं में अन्तर = 520 – 500 = 20, अतः अभीष्ट प्रतिशत = $\frac{20\times100}{500}=4\%$

37. डीलर A द्वारा फरवरी, अप्रैल और मई में बेचे गये कुल कम्प्यूटरों की संख्या = 94 + 108 + 98 = 300

डीलर D द्वारा मार्च, मई और जून में बेचे गये कम्प्यूटरों की कुल संख्या = 90 + 89 + 91 = 270

$\therefore$ अभीष्ट अनुपात = 300 : 270 = 10 : 9

38. वर्ष 2017 में सभी टाइप की मोटर साइकिलों का कुल उत्पादन का 25% = $(80+96+100+104)\times\frac{25}{100}$

$=\frac{380\times25}{100}=95$

$\therefore$ वर्ष 2015 में D टाइप के मोटर साइकिलों का उत्पादन बराबर था।

39. वर्ष 2010, 2012 तथा 2014 में वस्तु D का कुल निर्यात = (214 + 247 + 309) करोड़ = 770 करोड़
वर्ष 2011 और 2012 में सभी चार वस्तुओं का कुल निर्यात
= (250 + 134 + 244 + 282 + 225 + 138 + 230 + 247) करोड़
= 1750 करोड़

∴ अभीष्ट प्रतिशत = $\frac{770 \text{ करोड़} \times 100}{1750 \text{ करोड़}} = 44\%$

40. 6 वर्षों के दौरान वस्तु B के औसत निर्यात का 1.4 गुना = $\frac{(128+134+138+169+182+209)}{6} \times 1.4$
$= \frac{960 \times 1.4}{6} = 224$

∴ वस्तु D के निर्यात का अभीष्ट वर्ष = 2013

41. वर्ष 2014 और 2015 में वस्तु A का कुल निर्यात = 425 + 400 = 825 करोड़
वर्ष 2011 और 2015 में वस्तु C का कुल निर्यात = 244 + 306 = 550 करोड़

∴ अभीष्ट अनुपात = 825 : 550 = 3 : 2

42. वर्ष 2012 से 2014 तक वस्तु A का कुल निर्यात = (225 + 370 + 425) करोड़ = 1020 करोड़
वर्ष 2015 में सभी वस्तुओं का कुल निर्यात = (400 + 209 + 306 + 275) करोड़ = 1190 करोड़
दोनों में कुल अन्तर = 1190 करोड़ – 1020 करोड़ = 170 करोड़, अतः अभीष्ट प्रतिशत = $\frac{170 \times 100}{1190} = 14.3\%$

43. 6 वर्षों में टाइप A वाली मोटरसाइकिलों का कुल उत्पादन = 95 + 84 + 85 + 89 + 80 + 98 = 531 हजार
वर्ष 2013 में सभी प्रकार की मोटरसाइकिलों का कुल उत्पादन = 95 + 98 + 104 + 103 = 400 हजार
वर्ष 2016 में सभी प्रकार की मोटरसाइकिलों का कुल उत्पादन = 89 + 88 + 92 + 95 = 364 हजार

∴ वर्ष 2013 और 2016 का कुल उत्पादन = (400 + 364) हजार = 764 हजार

∴ 764 हजार – 531 हजार = 233 हजार, अतः अभीष्ट प्रतिशत = $\frac{233 \text{ करोड़} \times 100}{764} = 30.5\%$

44. सभी कर्मचारियों द्वारा प्राप्त की गयी औसत बकाया राशि = $\frac{5500+4500+4000+3000+1500}{5} = \frac{18500}{5}$
= ₹3700

∴ ₹3700 से अधिक बकाया पाने वाले कर्मचारियों की संख्या = 3

45. 40 – 60 वर्ष की आयु वाले रोगियों की संख्या = 45 – 29 = 16

46. 20 या उससे अधिक अंक पाने वाले छात्रों की संख्या = 14 + 19 + 6 + 3 = 42
छात्रों की कुल संख्या = 13 + 15 + 18 + 12 + 14 + 19 + 6 + 3 = 100, अतः प्रतिशत = 42%

47. कुल आयात = (125 + 145 + 165 + 188) करोड़ = 623 करोड़
कुल निर्यात = (130 + 150 + 175 + 200) करोड़ = 655 करोड़
व्यापार संतुलन = (655 – 623) करोड़ = 32 करोड़

∴ औसत व्यापार संतुलन = $\frac{32 \text{ करोड़}}{4} = 8$ करोड़

48. वर्ष 2016 में सेल्समैन C द्वारा अर्जित कमीशन में वृद्धि = 27800 – 26200 = 1600
वर्ष 2017 में सेल्समैन C द्वारा अर्जित कमीशन में वृद्धि = 28200 – 27800 = 400
वर्ष 2018 में सेल्समैन C द्वारा अर्जित कमीशन में वृद्धि = 29100 – 28200 = 900
वर्ष 2019 में सेल्समैन C द्वारा अर्जित कमीशन में वृद्धि = 29400 – 29100 = 300

∴ अधिकतम वृद्धि दर्शाने वाला वर्ष = 2016

49. वर्ष 2018 में पाँचों सेल्समैनों का कुल कमीशन = 146960

$\therefore$ अभीष्ट प्रतिशत = $\frac{28000\times100}{146960}=19.05\%$

50. सेल्समैन A के कमीशन में वृद्धि = 29800 – 27350 = 2450

सेल्समैन B के कमीशन में वृद्धि = 28000 – 26850 = 1150

सेल्समैन C के कमीशन में वृद्धि = 29100 – 26200 = 2900

सेल्समैन D के कमीशन में वृद्धि = 30060 – 27850 = 2210

$\therefore$ उच्चतम वृद्धि वाला सेल्समैन = C

51. वर्ष 2017 में अधिकतम और न्यूनतम कमीशन में अन्तर = 29800 – 25200 = 4600

वर्ष 2018 में अधिकतम और न्यूनतम कमीशन में अन्तर = 30060 – 28000 = 2060

वर्ष 2019 में अधिकतम और न्यूनतम कमीशन में अन्तर = 29800 – 24600 = 5200

वर्ष 2020 में अधिकतम और न्यूनतम कमीशन में अन्तर = 32000 – 27000 = 5000

$\therefore$ अधिकतम अन्तर वाला वर्ष = 2019

52. वर्ष 2019 में D द्वारा अर्जित कमीशन A द्वारा अर्जित कमीशन का कितना प्रतिशत = $\frac{29800\times100}{24600}=121.13\%$

53. जून में खुले खातों की औसत संख्या = $\frac{28+18+45+42}{4}=\frac{133}{4}=33.25$

सितम्बर में खुले खातों की औसत संख्या = $\frac{55+45+40+60}{4}=\frac{200}{4}=50$

अगस्त में खुले खातों की औसत संख्या = $\frac{65+30+35+50}{4}=\frac{180}{4}=45$

मई में खुले खातों की औसत संख्या = $\frac{25+22+30+35}{4}=\frac{112}{4}=28$

$\therefore$ महत्तम औसत वाला माह = सितम्बर

54. अगस्त में खुले खातों की संख्या = 65 + 30 + 35 + 50 = 180

जून में खुले खातों की संख्या = 28 + 18 + 45 + 42 = 133

$\therefore$ दोनों संख्याओं में अन्तर = 180 – 133 = 47

$\therefore$ प्रतिशत अधिकता = $\frac{47\times100}{133}=35.3\%$

55. मई से सितम्बर तक एंजल में खुले खातों की संख्या = 25 + 28 + 35 + 65 + 55 = 208

मई से सितम्बर तक जेरोधा में खुले खातों की संख्या = 30 + 45 + 50 + 35 + 40 = 200

$\therefore$ अभीष्ट अनुपात = 208 : 200 = 1.04

56. एंजल में खुले खातों की औसत संख्या = $\frac{25+28+35+65+55}{5}=\frac{208}{5}=41.6$

शेरखान में खुले खातों की औसत संख्या = $\frac{22+18+32+30+45}{5}=\frac{147}{5}=29.4$

ट्रेडबुल में खुले खातों की औसत संख्या = $\frac{35+42+45+50+60}{5}=\frac{232}{5}=46.4$

जेरोधा में खुले खातों की औसत संख्या = $\frac{30+45+50+35+40}{5}=\frac{200}{5}=40$

$\therefore$ महत्तम औसत वाला शेयर खाता = ट्रेडबुल

57. ट्रेडबुलों में खुले खातों की संख्या का औसत, शेरखान में खुले खातों की संख्या के औसत में अन्तर

= 46.4 – 29.4 = 17.0

$\therefore$ प्रतिशत अधिकता = $\frac{17\times100}{29.4}=57.82\%$

32 रेखा-चित्र (Line-Graph)

अभ्यास प्रश्न

1. यह रेखा ग्राफ उन छात्रों की संख्या को दर्शाता है जो एक विशिष्ट विश्वविद्यालय में दिये गये वर्ष में विशेष योग्यता के साथ उत्तीर्ण हुए हैं। इस आरेख का अध्ययन करें और निम्नलिखित प्रश्न का उत्तर दें।

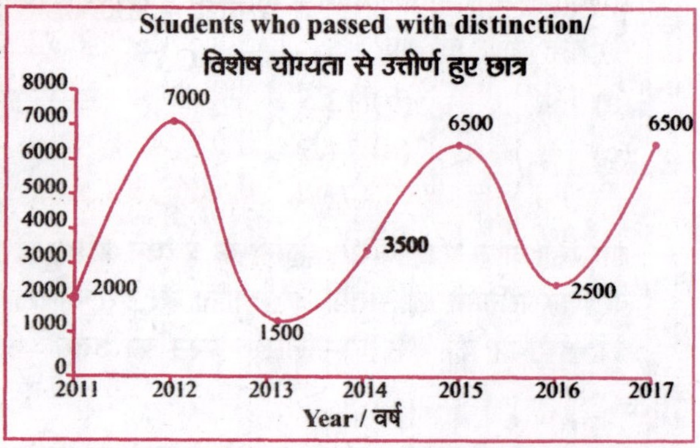

अगर विशेष योग्यता के साथ उत्तीर्ण हुए छात्रों को एक प्रमाण पत्र दिया जाता है, तो अंतिम तीन वर्षों में दिये गये प्रमाण पत्रों की संख्या क्या है?

(a) 16500 (b) 15500
(c) 14500 (d) 13500

SSC CHSL (tier-1) 10.3.2018

2. यह रेखा ग्राफ एक विशिष्ट राज्य में रेल दुर्घटनाओं के कारण होने वाली मौतों की संख्या को दर्शाता है। इस आरेख का अध्ययन करें और निम्नलिखित प्रश्न का उत्तर दें।

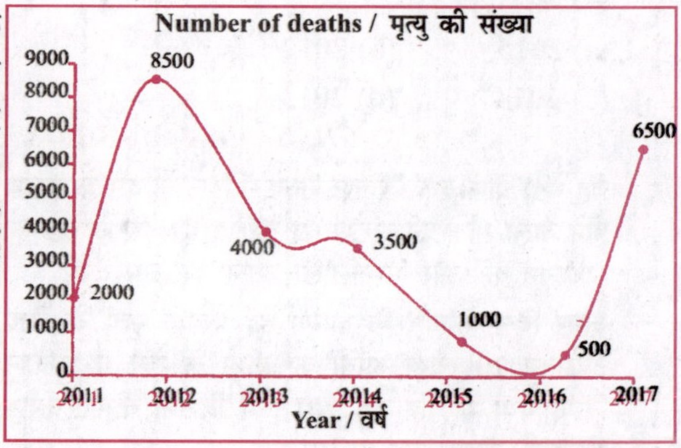

यदि किसी रेल दुर्घटना के कारण हुई प्रत्येक मौत के लिए औसतन 5 लाख रुपये का बीमा दिया गया था, तो वर्ष 2014 में कितना बीमा (करोड़ रु. में) दिया गया था?

(a) 225 (b) 275
(c) 125 (d) 175

SSC CHSL (tier-1) 8.3.2018

3. यह रेखा ग्राफ एक विशिष्ट राज्य में डेंगू के कारण होने वाली मौतों की संख्या को दर्शाता है। इस आरेख का अध्ययन करें और निम्नलिखित प्रश्न का उत्तर दें।

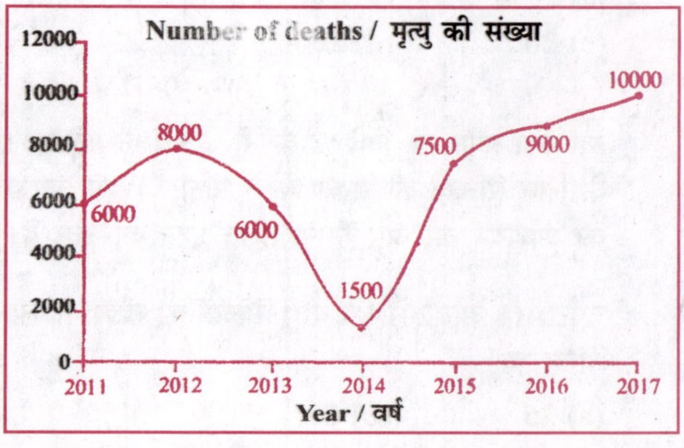

यदि डेंगू के कारण हुई प्रत्येक मृत्यु के लिए औसतन 10 लाख रुपयों का बीमा के रूप में भुगतान किया गया था, तो वर्ष 2015 में कितना बीमा (करोड़ रुपये में) दिया गया था?

(a) 750 (b) 1250
(c) 1000 (d) 1500

SSC CHSL (tier-1) 12.3.2018

4. यह रेखाग्राफ एक विशिष्ट कंपनी के प्रबंधन प्रशिक्षुओं के लिए रिक्तियों की संख्या को दर्शाता है। इस आरेख का अध्ययन करें और निम्नलिखित प्रश्न का उत्तर दें।

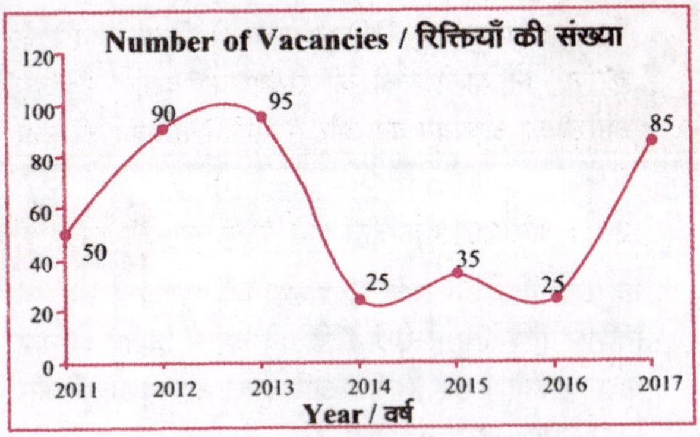

एक कम्पनी में एक प्रबंधन प्रशिक्षु का वेतन 15000 रुपये है, तो 2012 में दी गयी रिक्तियों के भर जाने पर भुगतान किये जाने वाले वेतन में हुए व्यय में (लाख रुपये में) क्या वृद्धि हुई थी?

(a) 13 (b) 13.5
(c) 14 (d) 14.5

SSC CHSL (tier-1) 10.3.2018

5. यह रेखा ग्राफ एक विशिष्ट कंपनी के प्रबंधन प्रशिक्षुओं के लिए रिक्तियों की संख्या को दर्शाता है। इस आरेख का अध्ययन करें और निम्नलिखित प्रश्न का उत्तर दें।

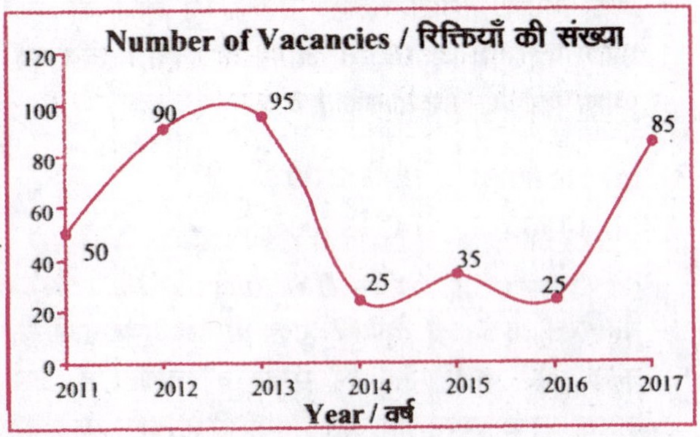

पिछले वर्ष की तुलना में किस वर्ष में रिक्तियों की संख्या कम थी?

(a) 2015 (b) 2012
(c) 2014 (d) 2013

SSC CHSL (tier-1) 10.3.2018

6. यह रेखा ग्राफ एक विशिष्ट राज्य में दिल के दौरे के कारण होने वाली मौतों की संख्या को दर्शाता है। इस आरेख का अध्ययन करें और निम्नलिखित प्रश्न का उत्तर दें।

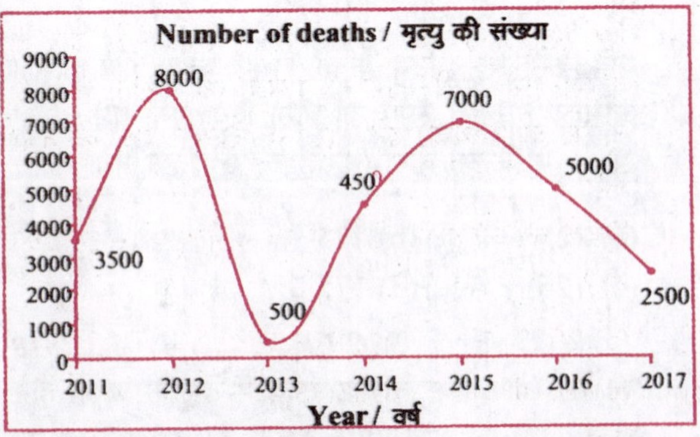

अगर दिल के दौरे के कारण हुई प्रत्येक मृत्यु के लिए औसतन 20 लाख रुपयों का बीमा के रूप में भुगतान किया गया था, तो वर्ष 2013 में कितना बीमा (करोड़ रुपये में) दिया गया था?

(a) 1000 (b) 100
(c) 20 (d) 200

SSC CHSL (tier-1) 11.3.2018

7. यह रेखा ग्राफ एक विशिष्ट कंपनी के प्रबंधन प्रशिक्षुओं के लिए रिक्तियों की संख्या को दर्शाता है। इस आरेख का अध्ययन करें और निम्नलिखित प्रश्न का उत्तर दें।

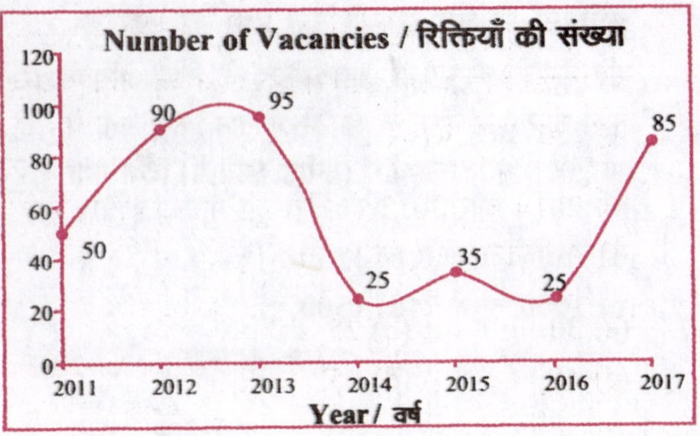

वर्ष 2011 और 2014 के बीच रिक्तियों की संख्या में क्या अन्तर था?

(a) 25 (b) 20
(c) 15 (d) 30

SSC CHSL (tier-1) 10.3.2018

8. यह रेखा ग्राफ एक विशिष्ट राज्य में दिल के दौरे के कारण होने वाली मौतों की संख्या को दर्शाता है। इस आरेख का अध्ययन करें और निम्नलिखित प्रश्न का उत्तर दें।

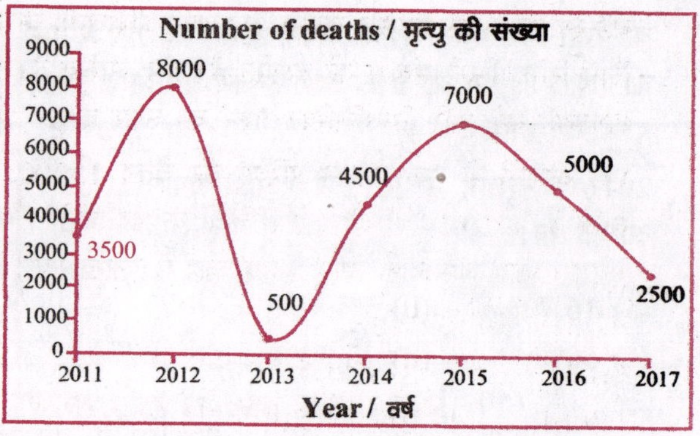

2011 और 2013 के बीच होने वाली मृत्यु की संख्या में क्या अंतर था?

(a) 3000 (b) 2500
(c) 3500 (d) 2000

SSC CHSL (tier-1) 11.3.2018

9. यह रेखा ग्राफ विशिष्ट राज्य में रेल दुर्घटनाओं के कारण होने वाली मौतों की संख्या को दर्शाता है। इस आरेख का अध्ययन करें और निम्नलिखित प्रश्न का उत्तर दें।

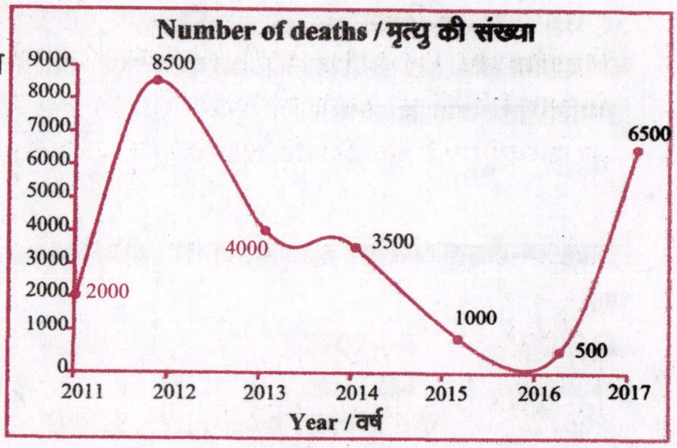

2013 की तुलना में 2017 में हुई मृत्यु की संख्या .... से अधिक थी।

(a) 50% (b) 35%
(c) 62.5% (d) 37.5%

SSC CHSL (tier-1) 8.3.2018

10. यह रेखा ग्राफ एक विशिष्ट राज्य में दिल के दौर के कारण होने वाली मौतों की संख्या को दर्शाता है। इस आरेख का अध्ययन करें और निम्नलिखित प्रश्न का उत्तर दें।

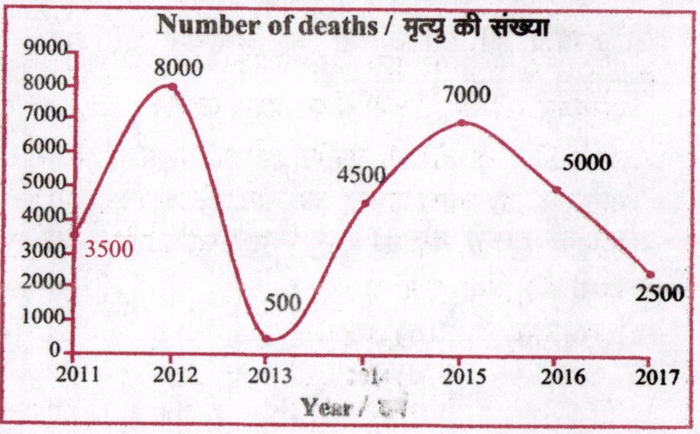

पिछले वर्ष की तुलना में किस वर्ष में मृत्यु की संख्या कम थी?

(a) 2013 (b) 2012
(c) 2014 (d) 2015

SSC CHSL (tier-1) 11.3.2018

11. यह रेखा ग्राफ एक विशिष्ट कंपनी द्वारा किये गये मुनाफे को दर्शाता है। इस आरेख का अध्ययन करें और निम्नलिखित प्रश्न का उत्तर दें।

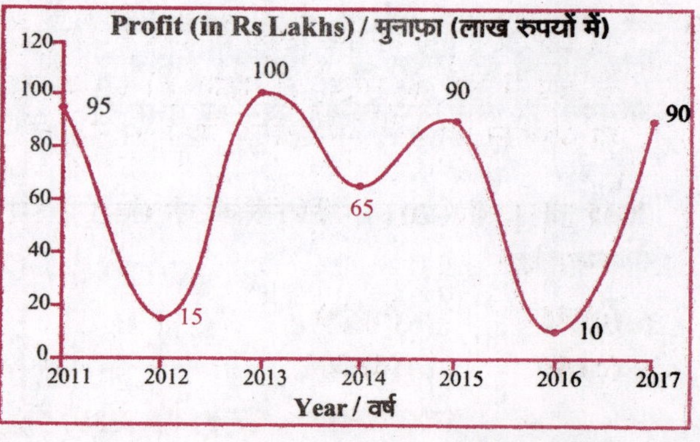

वर्ष 2014 और 2013 के बीच हुए मुनाफा (लाख रुपये में) में कितना अंतर था?

(a) 30 (b) 25
(c) 40 (d) 35

SSC CHSL (tier-1) 15.3.2018

12. यह रेखा ग्राफ एक विशिष्ट कंपनी द्वारा किये गये मुनाफे को दर्शाता है। इस आरेख का अध्ययन करें और निम्नलिखित प्रश्न का उत्तर दें।

2016 की तुलना में 2012 में हुआ मुनाफा .... से अधिक था।

(a) 16.70% (b) 5%
(c) 50% (d) 33.30%

SSC CHSL (tier-1) 15.3.2018

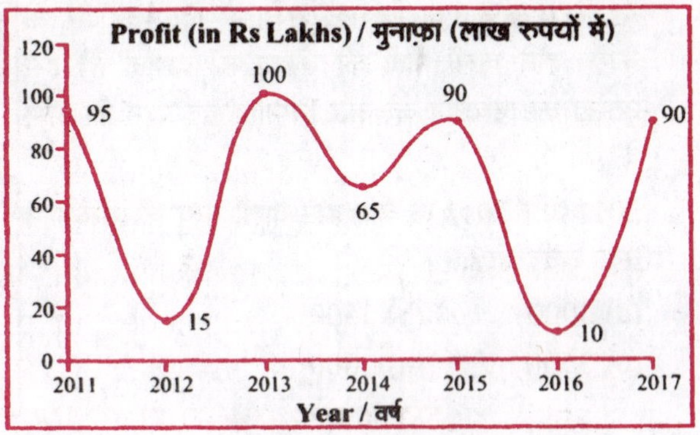

13. यह रेखा ग्राफ एक विशिष्ट कंपनी द्वारा किये गये मुनाफे को दर्शाता है। इस आरेख का अध्ययन करें और निम्नलिखित प्रश्न का उत्तर दें।

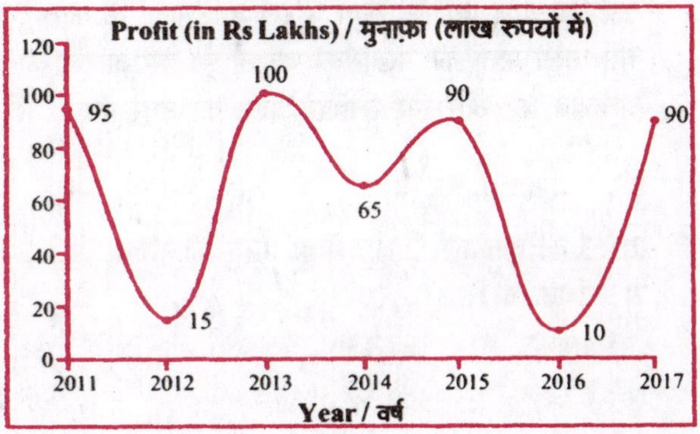

पिछले वर्ष के मुकाबले में किस वर्ष मुनाफा अधिक हुआ था?

(a) 2013 (b) 2012
(c) 2014 (d) 2016

SSC CHSL (tier-1) 15.3.2018

14. यह रेखा ग्राफ एक विशिष्ट कंपनी द्वारा किये गये निर्यात को दर्शाता है। इस आरेख का अध्ययन करें और निम्नलिखित प्रश्न का उत्तर दें।

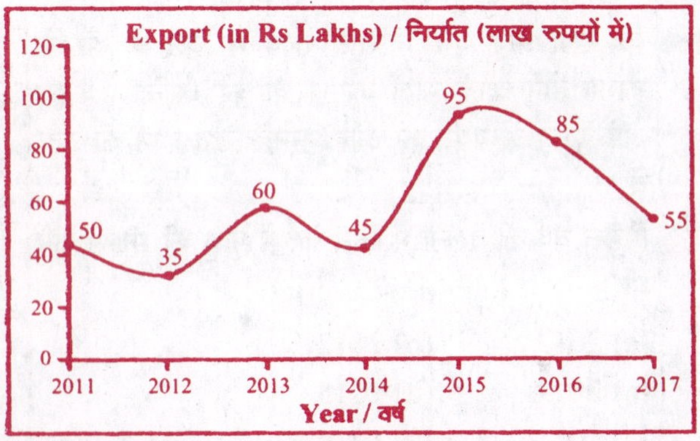

2011 की तुलना में 2014 में निर्यात .... से कम था।

(a) 16.7% (b) 20%
(c) 8.5% (d) 10%

SSC CHSL (tier-1) 16.3.2018

15. यह रेखा ग्राफ एक विशिष्ट कंपनी के अकाउंटेंट के लिए रिक्तियों की संख्या को दर्शाता है। इस आरेख का अध्ययन करें और निम्नलिखित प्रश्न का उत्तर दें।

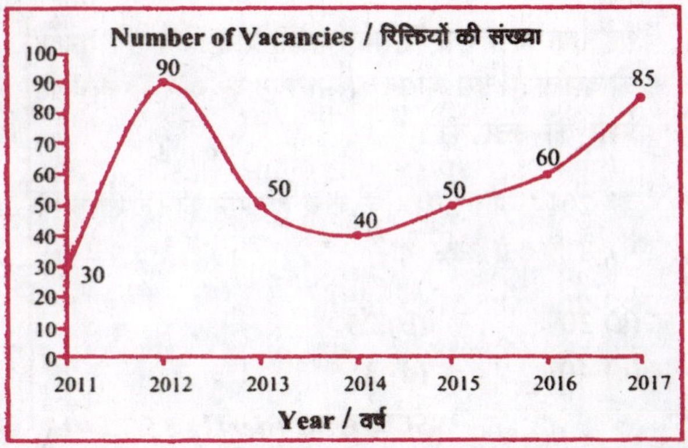

2015 की तुलना में 2014 में रिक्तियों की संख्या .... से कम थी।

(a) 20% (b) 16.7%
(c) 10% (d) 8.50%

SSC CHSL (tier-1) 15.3.2018

16. यह रेखा ग्राफ एक विशिष्ट कंपनी द्वारा किये गये निर्यात को दर्शाता है। इस आरेख का अध्ययन करें और निम्नलिखित प्रश्न का उत्तर दें।

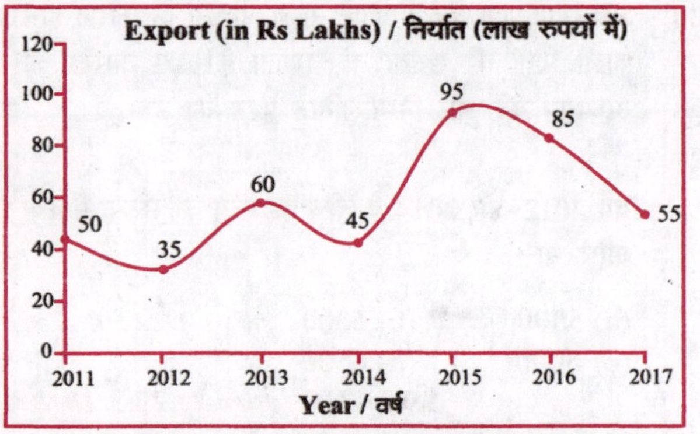

वर्ष 2012 और 2014 के बीच हुए निर्यात (लाख रुपये में) में अंतर क्या था?

(a) 10 (b) 5
(c) 15 (d) 20

SSC CHSL (tier-1) 16.3.2018

17. यह रेखा ग्राफ एक विशिष्ट कंपनी द्वारा किये गये निर्यात को दर्शाता है। इस आरेख का अध्ययन करें और निम्नलिखित प्रश्न का उत्तर दें।

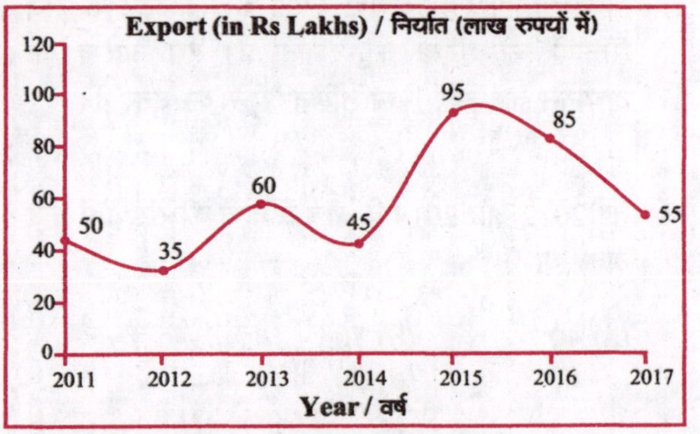

किस वर्ष में निर्यात पिछले वर्ष के मुकाबले अधिक था?

(a) 2016 (b) 2015
(c) 2017 (d) 2014

SSC CHSL (tier-1) 16.3.2018

18. यह रेखा ग्राफ एक विशिष्ट राज्य में डेंगू के कारण होने वाली मौतों की संख्या को दर्शाता है। इस आरेख का अध्ययन करें और निम्नलिखित प्रश्न का उत्तर दें।

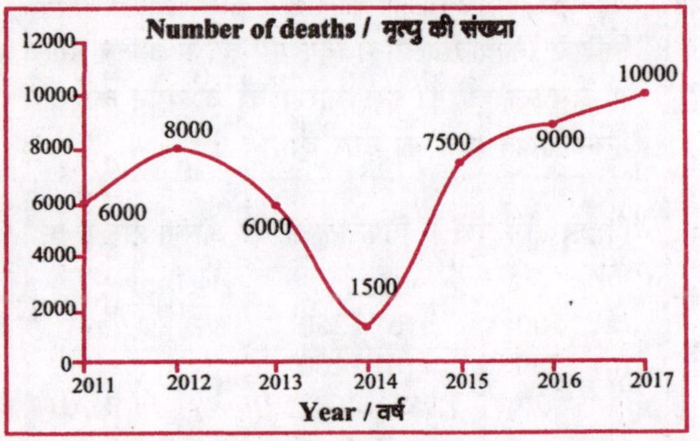

2016 की तुलना में 2013 में हुई मृत्यु की संख्या .... प्रतिशत से कम थी।

(a) 50 (b) 16.66
(c) 33.33 (d) 100

SSC CHSL (tier-1) 12.3.2018

19. यह रेखा ग्राफ एक विशिष्ट कंपनी द्वारा किये गये मुनाफे को दर्शाता है। इस आरेख का अध्ययन करें और निम्नलिखित प्रश्न का उत्तर दें।

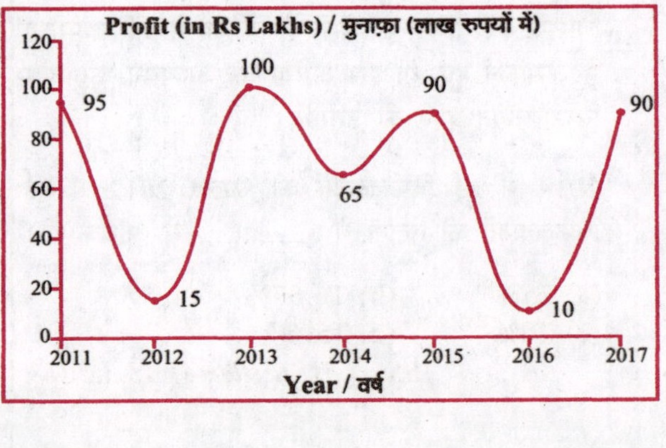

पिछले चार वर्षों में कम्पनी को कुल कितना मुनाफा (लाख रुपये में) हुआ।

(a) 250 (b) 245
(c) 255 (d) 240

SSC CHSL (tier-1) 15.3.2018

20. यह रेखा ग्राफ एक विशिष्ट राज्य में डेंगू के कारण होने वाली मौतों की संख्या को दर्शाता है। इस आरेख का अध्ययन करें और निम्नलिखित प्रश्न का उत्तर दें।

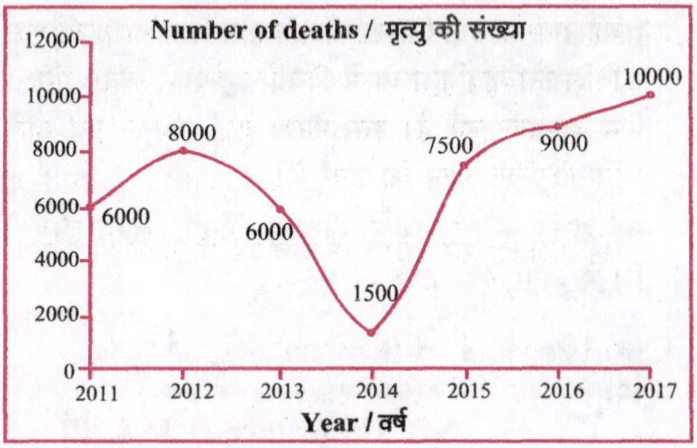

वर्ष 2012 और 2014 के बीच हुई मृत्यु की संख्या में क्या अंतर था?

(a) 5500 (b) 6000
(c) 5000 (d) 6500

SSC CHSL (tier-1) 12.3.2018

21. यह रेखा ग्राफ एक विशिष्ट कंपनी के अकाउंटेंट के लिए रिक्तियों की संख्या को दर्शाता है। इस आरेख का अध्ययन करें और निम्नलिखित प्रश्न का उत्तर दें।

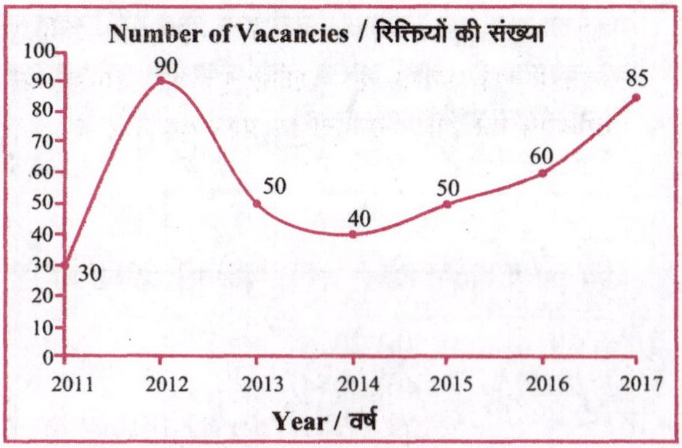

वर्ष 2012 और 2014 के बीच रिक्तियों की संख्या में क्या अंतर था?

(a) 40 (b) 70
(c) 60 (d) 50

SSC CHSL (tier-1) 15.3.2018

22. यह रेखा ग्राफ उन छात्रों की संख्या को दर्शाता है जो एक विशिष्ट विश्वविद्यालय में दिये गये वर्ष में अंतिम परीक्षा में असफल हुए हैं। इस आरेख का अध्ययन करें और निम्नलिखित प्रश्न का उत्तर दें।

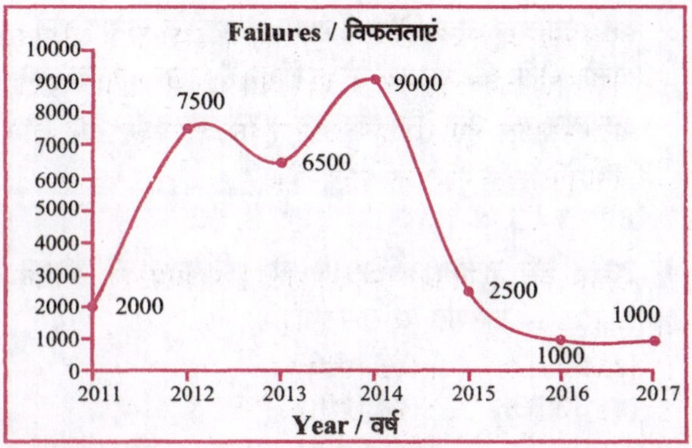

पिछले तीन वर्षों में विफलताओं की औसत संख्या क्या है?

(a) 1500 (b) 1250
(c) 1350 (d) 1400

SSC CHSL (tier-1) 13.3.2018

23. यह रेखा ग्राफ उन छात्रों की संख्या को दर्शाता है जो एक विशिष्ट विश्वविद्यालय में दिये गये वर्ष में अंतिम परीक्षा में असफल हुए हैं। इस आरेख का अध्ययन करें और निम्नलिखित प्रश्न का उत्तर दें।

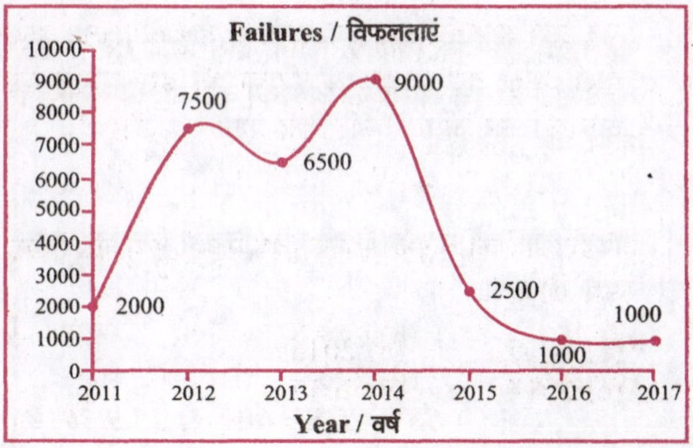

2014 में हुई विफलताओं की संख्या 2012 में हुई विफलताओं की तुलना में .... से अधिक थी।

(a) 25% (b) 16.67%
(c) 20% (d) 15%

SSC CHSL (tier-1) 13.3.2018

24. यह रेखा ग्राफ उन छात्रों की संख्या को दर्शाता है जो एक विशिष्ट विश्वविद्यालय में दिये गये वर्ष में अंतिम परीक्षा में असफल हुए हैं। इस आरेख का अध्ययन करें और निम्नलिखित प्रश्न का उत्तर दें।

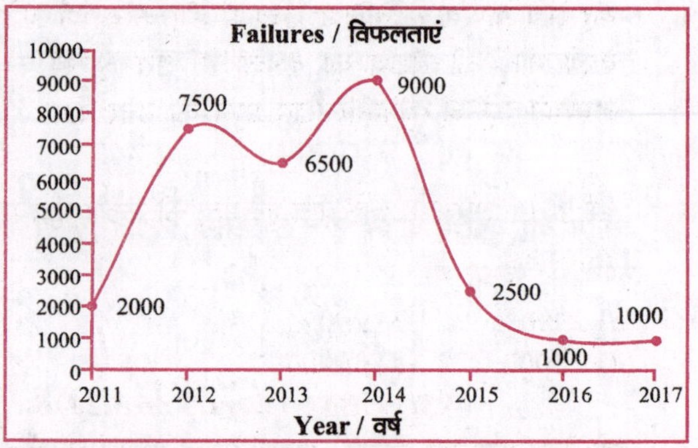

वर्ष 2011 और 2013 के बीच हुई विफलताओं में क्या अंतर था?

(a) 6000 (b) 4500
(c) 6500 (d) 4000

SSC CHSL (tier-1) 13.3.2018

25. यह रेखा ग्राफ एक विशिष्ट कंपनी के अकाउंटेंट के लिए रिक्तियों की संख्या को दर्शाता है। इस आरेख का अध्ययन करें और निम्नलिखित प्रश्न का उत्तर दें।

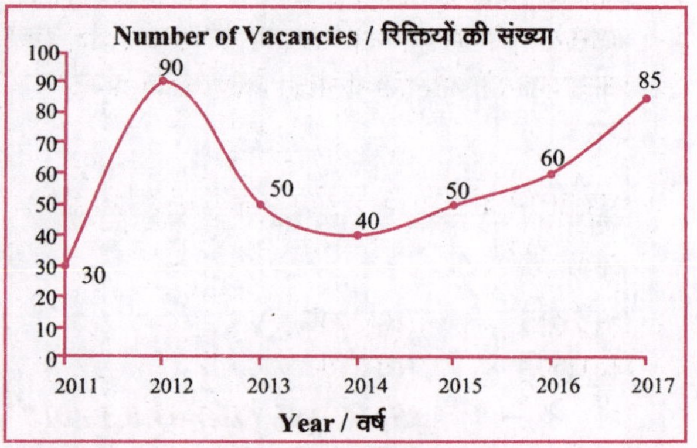

पिछले वर्ष की तुलना में किस वर्ष में रिक्तियों की संख्या कम थी?

(a) 2015 (b) 2014
(c) 2016 (d) 2017

SSC CHSL (Tier-1) 15.3.2018

26. यह रेखा ग्राफ उन छात्रों की संख्या को दर्शाता है जो एक विशिष्ट विश्वविद्यालय में दिये गये वर्ष में अंतिम परीक्षा में असफल हुए हैं। इस आरेख का अध्ययन करें और निम्नलिखित प्रश्न का उत्तर दें।

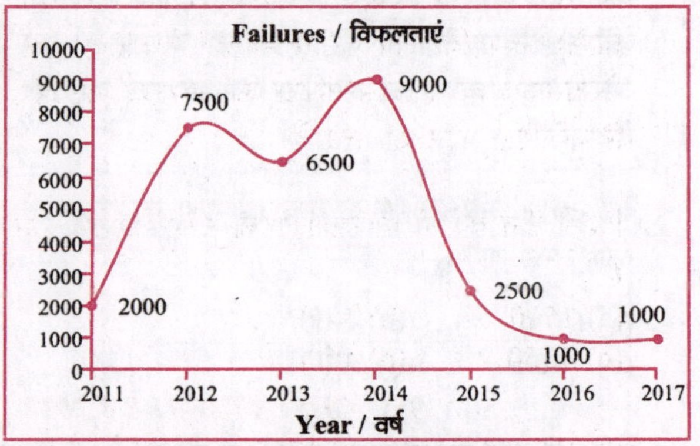

किस वर्ष में पिछले वर्ष की तुलना में विफलता अधिक थी?

(a) 2014 (b) 2013
(c) 2015 (d) 2016

SSC CHSL (Tier-1) 13.3.2018

27. यह रेखा ग्राफ एक विशिष्ट राज्य में डेंगू के कारण होने वाली मौतों की संख्या को दर्शाता है। इस आरेख का अध्ययन करें और निम्नलिखित प्रश्न का उत्तर दें।

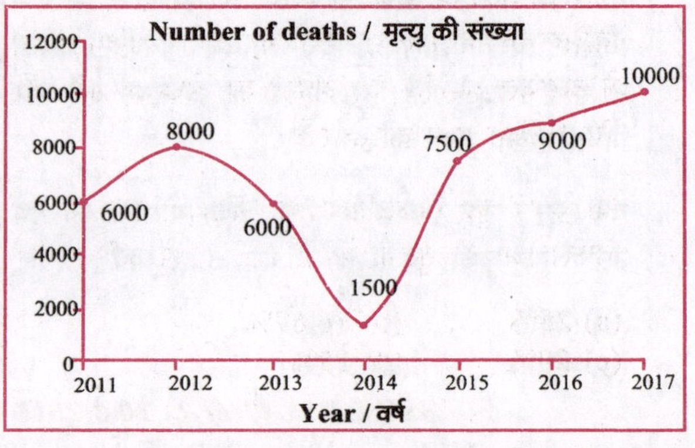

पिछले वर्ष की तुलना में किस वर्ष में हुई मृत्यु की संख्या कम थी?

(a) 2015 (b) 2016
(c) 2014 (d) 2017

SSC CHSL (tier-1) 12.3.2018

28. यह रेखा ग्राफ एक विशिष्ट कंपनी द्वारा किये गये निर्यात को दर्शाता है। इस आरेख का अध्ययन करें और निम्नलिखित प्रश्न का उत्तर दें।

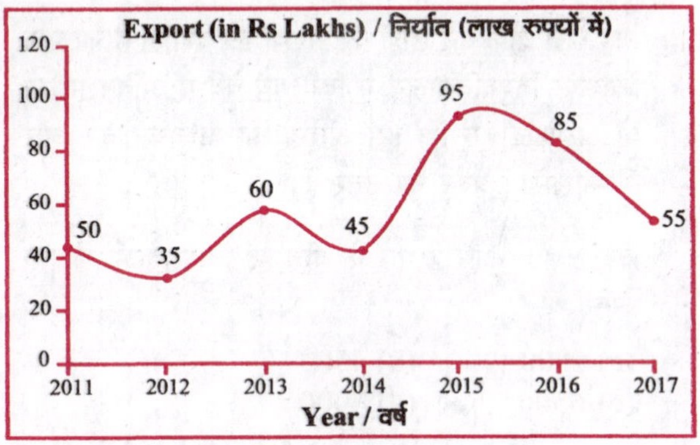

अंतिम चार वर्षों में कंपनी ने कुल कितना निर्यात (लाख रुपये में) किया था?

(a) 300 (b) 290
(c) 280 (d) 310

SSC CHSL (Tier-1) 16.3.2018

29. यह रेखा ग्राफ एक विशिष्ट राज्य में रेल दुर्घटनाओं के कारण होने वाली मौतों की संख्या को दर्शाता है। इस आरेख का अध्ययन करें और निम्नलिखित प्रश्न का उत्तर दें।

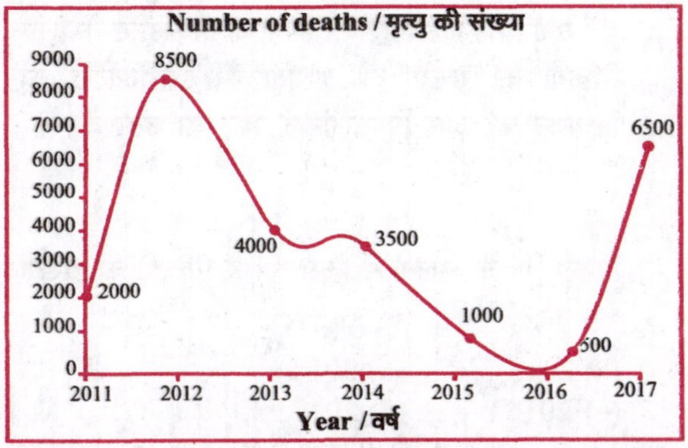

पिछले वर्ष की तुलना में किस वर्ष में हुई मृत्यु की संख्या अधिक थी?

(a) 2013 (b) 2012
(c) 2014 (d) 2015

SSC CHSL (Tier-1) 8.3.2018

30. यह रेखाग्राफ एक विशिष्ट राज्य में रेल दुर्घटनाओं के कारण होने वाली मौतों की संख्या को दर्शाता है। इस आरेख का अध्ययन करें और निम्नलिखित प्रश्न का उत्तर दें।

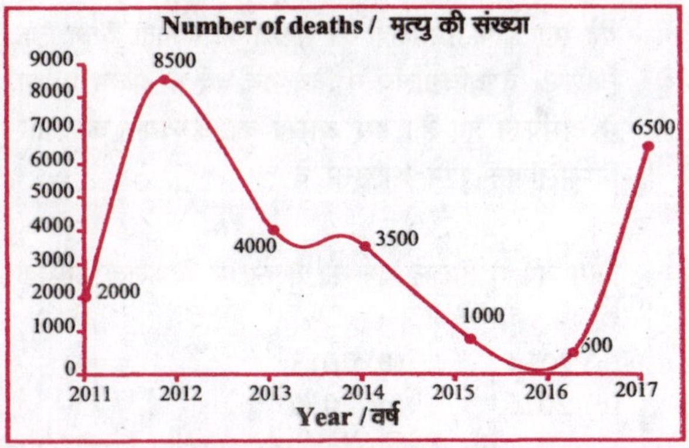

वर्ष 2012 और 2015 के बीच हुई मृत्यु की संख्या में क्या अंतर था?

(a) 6500 (b) 8500
(c) 7500 (d) 5500

SSC CHSL (Tier-1) 8.3.2018

31. यह रेखा ग्राफ उन छात्रों की संख्या को दर्शाता है जो एक विशिष्ट विश्वविद्यालय में दिये गये वर्ष में विशेष योग्यता के साथ उत्तीर्ण हुए हैं। इस आरेख का अध्ययन करें और निम्नलिखित प्रश्न का उत्तर दें।

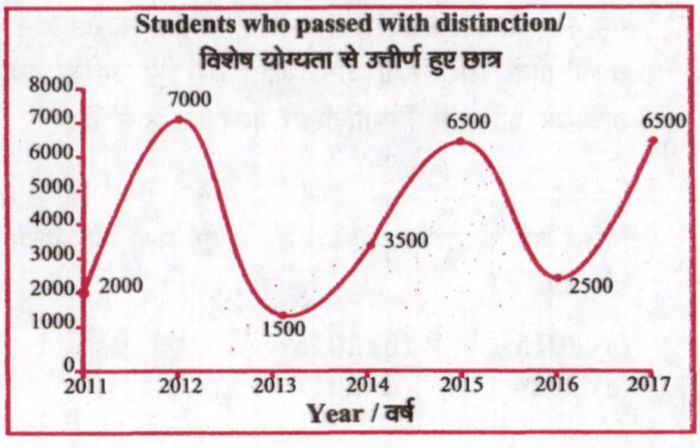

वर्ष 2017 और 2014 के बीच विशेष योग्यता के साथ उत्तीर्ण हुए छात्रों की संख्या में क्या अंतर था?

(a) 6000 (b) 5000
(c) 4000 (d) 3000

SSC CHSL (Tier-1) 10.3.2018

32. यह रेखा ग्राफ उन छात्रों की संख्या को दर्शाता है जो एक विशिष्ट विश्वविद्यालय में दिये गये वर्ष में विशेष योग्यता के साथ उत्तीर्ण हुए हैं। इस आरेख का अध्ययन करें और निम्नलिखित प्रश्न का उत्तर दें।

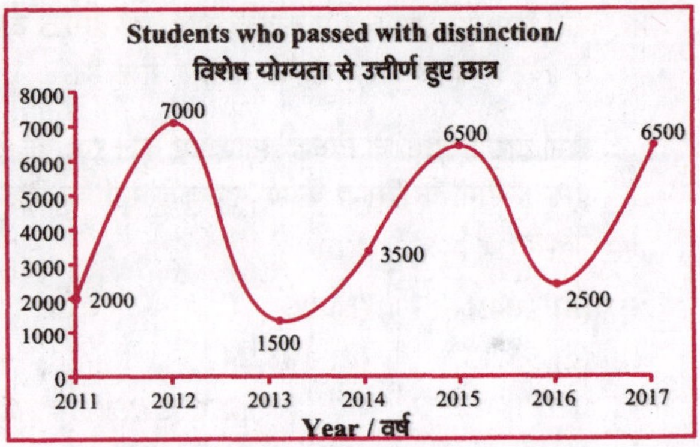

किस वर्ष में विशेष योग्यता से उत्तीर्ण हुए छात्रों की संख्या पिछले वर्ष उत्तीर्ण हुए छात्रों से कम थी?

(a) 2012 (b) 2014
(c) 2015 (d) 2013

SSC CHSL (Tier-1) 10.3.2018

33. नीचे दिए गए रेखा चित्र में कोहली तथा शर्मा द्वारा 5 टीमों के विरुद्ध बताए गए रनों को दर्शाया गया है।

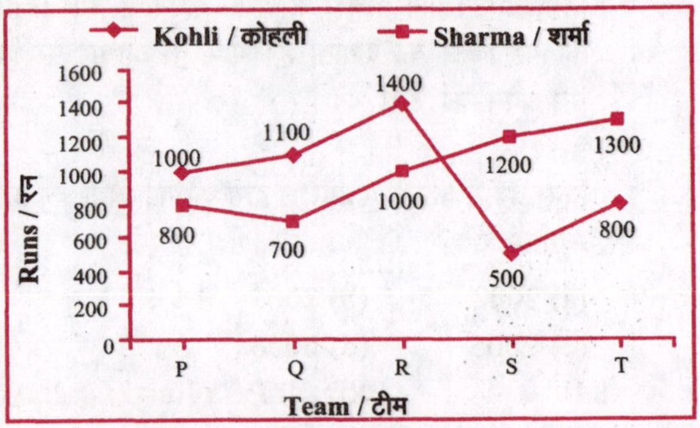

कोहली द्वारा टीम S के विरुद्ध बनाए गए रन, शर्मा द्वारा टीम S के विरुद्ध बनाए गए रन से कितने प्रतिशत कम हैं?

(a) 70.21 (b) 68.33
(c) 58.33 (d) 41.66

SSC CPO 5.7.2017

34. नीचे दिए गए रेखा चित्र में कोहली तथा शर्मा द्वारा 5 टीमों के विरुद्ध बनाए गए रनों को दर्शाया गया है।

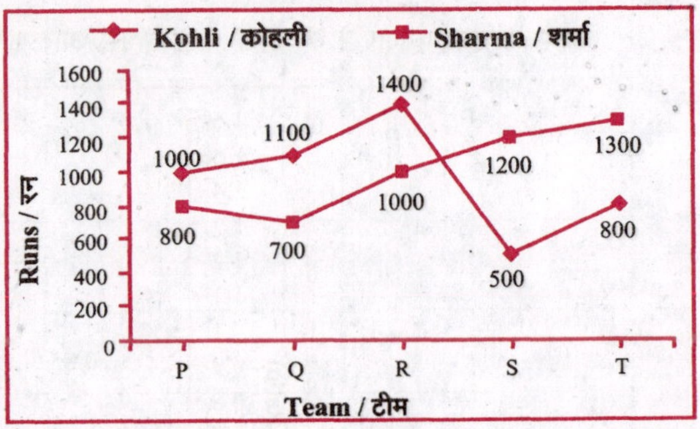

कोहली द्वारा टीम Q तथा R के विरुद्ध बनाए गए कुल रनों तथा शर्मा द्वारा टीम Q तथा R के विरुद्ध बनाए गए कुल रनों में कितना अन्तर है?

(a) 200 (b) 400
(c) 900 (d) 800

SSC CPO 5.7.2017

35. नीचे दिये गये रेखा चित्र में कोहली तथा शर्मा द्वारा 5 टीमों के विरुद्ध बनाए गए रनों को दर्शाया गया है।

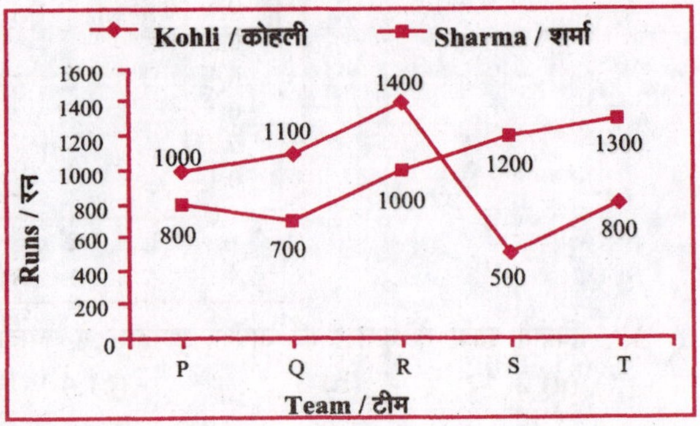

कोहली द्वारा 5 टीमों के विरुद्ध बनाए गए कुल रन कितने हैं?

(a) 5000 (b) 4800
(c) 4700 (d) 4500

SSC CPO 5.7.2017

36. नीचे दिए गए रेखा चित्र में कोहली तथा शर्मा द्वारा 5 टीमों के विरुद्ध बनाए गए रनों को दर्शाया गया है।

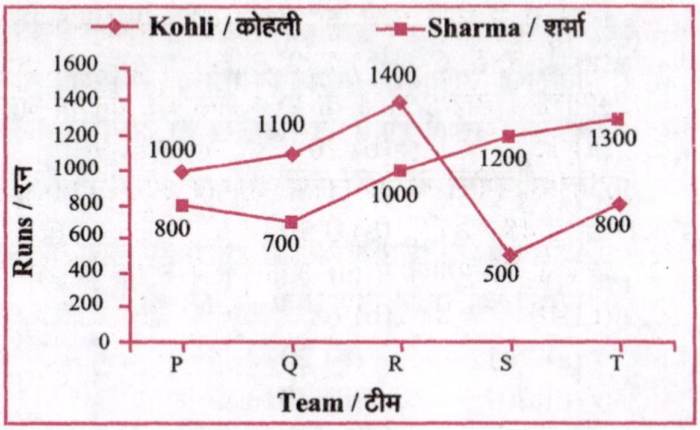

शर्मा द्वारा 5 टीमों के विरुद्ध बनाए गए कुल रन, कोहली द्वारा 5 टीमों के विरुद्ध बनाए गए कुल रनों का कितना प्रतिशत है?

(a) 104.16 (b) 96
(c) 98.13 (d) 108.24

SSC CPO 5.7.2017

37. निम्नलिखित ग्राफ 7 वर्षों के दौरान कंपनी A और B द्वारा की गई बिक्री को दर्शाता है। ग्राफ के आधार पर दिये गये प्रश्न का उत्तर दें।

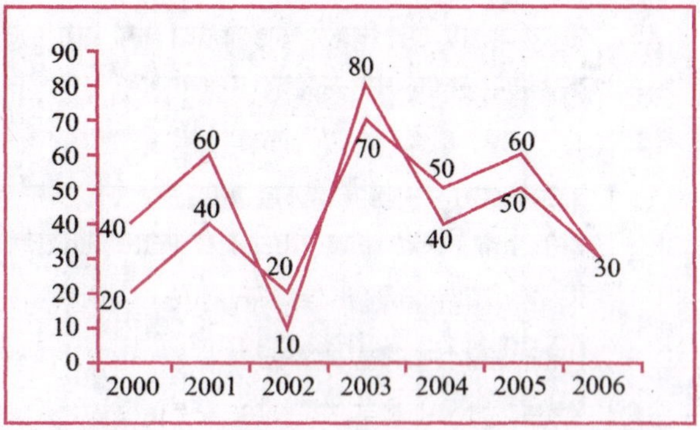

किस वर्ष में कंपनी A और B द्वारा की गई बिक्री का अंतर न्यूनतम रहा?

(a) 2002 (b) 2003
(c) 2005 (d) 2006

RRB NTPC (Tier-1) 1.2.2021

ग्राफ में एक परीक्षा में 7 छात्रों के इतिहास और भूगोल के अंकों का अनुपात दर्शाया गया है।

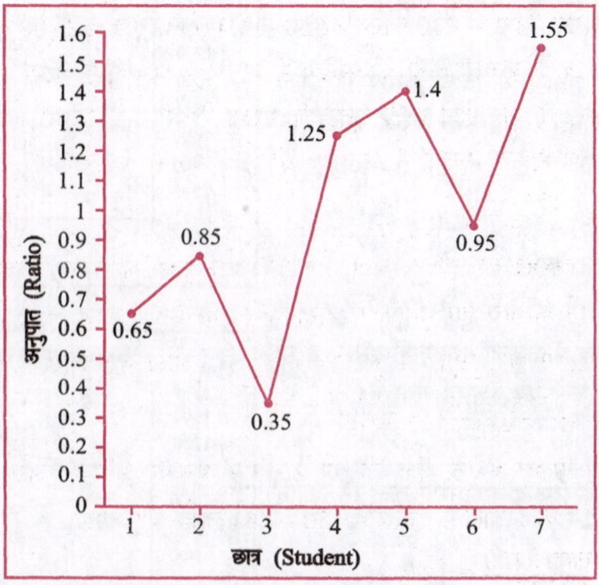

38. कितने छात्रों ने भूगोल की अपेक्षा इतिहास में ज्यादा अंक अर्जित किए?

(a) 2 (b) 3 (c) 4 (d) 5

PET : 24.8.2021

39. निम्न में से किन छात्रों को भूगोल की अपेक्षा इतिहास में कम अंक मिले?
(a) 1, 3, 5, 6 (b) 1, 2, 3, 6 (c) 1, 4, 5, 7 (d) 4, 5, 7

40. भूगोल में छात्र 3 से 4 के मध्य अंक की प्रतिशत बढ़त है–
(a) 15 (b) 20 (c) 90 (d) आँकड़े अपर्याप्त

41. इतिहास/भूगोल के अधिकतम अनुपात और न्यूनतम अनुपात का अंतर है–
(a) 0.45 (b) 0.50 (c) 0.90 (d) 1.20

42. छात्र 4 को भूगोल में 60 अंक मिले। उसके इतिहास में अंक हैं–
(a) 48 (b) 68 (c) 75 (d) इनमें से कोई नहीं

उत्तरमाला

1. (b)	2. (d)	3. (a)	4. (b)	5. (c)	6. (b)	7. (a)	8. (a)	9. (c)
10. (a)	11. (d)	12. (c)	13. (a)	14. (d)	15. (a)	16. (a)	17. (b)	18. (c)
19. (c)	20. (d)	21. (d)	22. (a)	23. (c)	24. (b)	25. (b)	26. (a)	27. (c)
28. (c)	29. (b)	30. (c)	31. (d)	32. (d)	33. (c)	34. (d)	35. (b)	36. (a)
37. (d)	38. (b)	39. (b)	40. (d)	41. (d)	42. (c)			

अभ्यास प्रश्नों के हल

1. अन्तिम तीन वर्षों में दिये गये प्रमाण पत्रों की संख्या = 6500 + 2500 + 6500 = 15500

2. वर्ष 2014 में दिया गया बीमा = ₹5 लाख × 3500 = ₹17500 लाख = ₹175 करोड़

3. वर्ष 2015 में दिया गया बीमा = ₹10 लाख × 7500 = ₹75000 लाख = ₹750 करोड़

4. वर्ष 2012 में वेतन में वृद्धि = ₹15000 × 90 = ₹1350000 = ₹13.5 लाख

5. दिये गये विकल्पों में पिछले वर्ष की तुलना में वर्ष 2014 में रिक्तियों की संख्या कम थी।

6. वर्ष 2013 में दिया गया बीमा = ₹20 लाख × 500 = ₹10000 लाख = ₹100 करोड़

7. वर्ष 2011 और 2014 के बीच रिक्तियों की संख्या में अन्तर = 50 – 25 = 25

8. वर्ष 2011 और 2013 के बीच होने वाली मृत्यु की संख्या में अन्तर = 3500 – 500 = 3000

9. वर्ष 2013 और 2017 में मृत्यु संख्या में अन्तर = 6500 – 4000 = 2500

$\therefore$ प्रतिशत अधिकता $= \frac{2500 \times 100}{4000} = 62.5\%$

10. दिये गये विकल्पों में पिछले वर्ष की तुलना में वर्ष 2013 में मृत्यु की संख्या कम थी।

11. वर्ष 2014 और 2013 के बीच हुए मुनाफे में अन्तर = (100 – 65) लाख = 35 लाख

12. वर्ष 2012 और 2016 में हुए मुनाफों में अन्तर = (15 –10) लाख = 5 लाख

$\therefore$ प्रतिशत अधिकता $= \frac{5 \text{ लाख} \times 100}{10 \text{ लाख}} = 50\%$

13. दिये गये विकल्पों में पिछले वर्ष के मुकाबले वर्ष 2013 में मुनाफा अधिक हुआ।

14. वर्ष 2011 और 2014 के निर्यात में अन्तर = (50 – 45) लाख = 5 लाख

$\therefore$ प्रतिशत कमी $= \frac{5 \text{ लाख} \times 100}{50 \text{ लाख}} = 10\%$

15. वर्ष 2014 और 2015 में रिक्तियों की संख्या में अन्तर = 50 – 40 = 10

$\therefore$ प्रतिशत कमी $= \frac{10 \times 100}{50} = 20\%$

16. वर्ष 2012 और 2014 के बीच हुए निर्यात में अन्तर = (45 – 35) लाख = 10 लाख

17. दिये गये विकल्पों में वर्ष 2015 में निर्यात अधिक था।

18. वर्ष 2016 और 2013 में मृत्यु संख्या में अन्तर = 9000 – 6000 = 3000

∴ प्रतिशत कमी = $\frac{3000 \times 100}{9000}$ = 33.33%

19. पिछले 4 वर्षों में कुल मुनाफा = (65 + 90 + 10 + 90) लाख = 255 लाख

20. वर्ष 2012 और 2014 में हुई मृत्यु संख्या में अन्तर = 8000 – 1500 = 6500

21. वर्ष 2012 और 2014 के बीच रिक्तियों की संख्या में अन्तर = 90 – 40 = 50

22. पिछले 3 वर्षों में हुई विफलताओं की औसत संख्या = $\frac{1000 + 1000 + 2500}{3} = \frac{4500}{3}$ = 1500

23. वर्ष 2014 और 2012 में विफलताओं की संख्या में अन्तर = 9000 – 7500 = 1500

∴ प्रतिशत अधिकता = $\frac{1500 \times 100}{7500}$ = 20%

24. वर्ष 2011 और 2013 के बीच विफलताओं में अन्तर = 6500 – 2000 = 4500

25. दिये गये विकल्पों में पिछले वर्ष की तुलना में वर्ष 2014 में रिक्तियों की संख्या कम थी।

26. वर्ष 2014 में विफलता पिछले वर्ष की तुलना में अधिक थी ।

27. वर्ष 2014 में मृत्यु संख्या पिछले वर्ष की तुलना में कम थी।

28. अन्तिम 4 वर्षों में कुल निर्यात = (45 + 95 + 85 + 55) लाख = 280 लाख

9. वर्ष 2012 में मृत्यु संख्या पिछले वर्ष की तुलना में अधिक थी।

वर्ष 2012 और 2015 के बीच हुई मृत्यु संख्या में अन्तर = 8500 – 1000 = 7500

वर्ष 2017 और 2014 के बीच उत्तीर्ण छात्रों की संख्या में अन्तर = 6500 – 3500 = 3000

वर्ष 2013 में उत्तीर्ण संख्या पिछले वर्ष उत्तीर्ण हुए छात्रों से कम थी।

टीम S के विरुद्ध बनाये गये रनों में अन्तर = 1200 – 500 = 700

∴ प्रतिशत कमी = $\frac{700 \times 100}{1200}$ = 58.33%.

कोहली द्वारा टीम Q और R के विरुद्ध बनाये गये रन = 1100 + 1400 = 2500

शर्मा द्वारा टीम Q और R के विरुद्ध बनाये गये रन = 700+ 1000 = 1700

दोनों के रनों में अन्तर = 2500 – 1700 = 800

कोहली द्वारा 5 टीमों के विरुद्ध बनाये गये कुल रन = 1000 + 1100 + 1400 + 500 + 800 = 4800

शर्मा द्वारा 5 टीमों के विरुद्ध बनाये गये कुल रन = 800 + 700 + 1000 + 1200 + 1300 = 5000

कोहली द्वारा बनाये गये कुल रन = 4800

∴ अभीष्ट प्रतिशत = $\frac{5000 \times 100}{4800}$ = 104.16%

वर्ष 2002 में बिक्री का अन्तर = 20 – 10 = 10

वर्ष 2003 में बिक्री का अन्तर = 80 – 70 = 10

वर्ष 2005 में बिक्री का अन्तर = 60 – 50 = 10

वर्ष 2006 में बिक्री का अन्तर = 30 – 30 = 0

∴ न्यूतम अन्तर वाला वर्ष = 2006

8. पहले छात्र के लिए इतिहास : भूगोल $= 0.65 = \frac{65}{100} = 65:100$

दूसरे छात्र के लिए इतिहास : भूगोल $= 0.85 = \frac{85}{100} = 85:100$

तीसरे छात्र के लिए इतिहास : भूगोल $= 0.35 = \frac{35}{100} = 35:100$

चौथे छात्र के लिए इतिहास : भूगोल $= 1.25 = \frac{125}{100} = 125:100$

पाँचवें छात्र के लिए इतिहास : भूगोल $= 1.40 = \frac{140}{100} = 140:100$

छठें छात्र के लिए इतिहास : भूगोल $= 0.95 = \frac{95}{100} = 95:100$

सातवें छात्र के लिए इतिहास : भूगोल $= 1.55 = \frac{155}{100} = 155:100$

स्पष्ट है कि चौथे, पाँचवें और सातवें छात्र के इतिहास के अंक भूगोल से अधिक हैं।

$\therefore$ छात्रों की अभीष्ट संख्या = 3

39. भूगोल की अपेक्षा इतिहास में कम अंक वाले छात्र = पहला, दूसरा, तीसरा, छठा = 1, 2, 3, 6

40. आँकड़े अपर्याप्त

41. इतिहास/भूगोल के अधिकतम अनुपात और न्यूनतम अनुपात में अन्तर $= 1.55 - 0.35 = 1.20$

42. छात्र 4 के लिए इतिहास में अंक : भूगोल में अंक $= 1.25 = \frac{125}{100} = 125 : 100$

$\therefore$ इतिहास में अंक : 60 = 125 : 100 $\Rightarrow$ इतिहास में अंक $= \frac{60 \times 125}{100} = 75$

33 आयत चित्र (Histogram)

निर्देश : किराये के लिए उपलब्ध मकानों और किराये के लिए सक्षम विभिन्न वर्गों को नीचे दिये गये आलेख में दिखाया गया है। आलेख का अध्ययन कीजिए और इस आलेख पर आधारित प्रश्नों के उत्तर दीजिए।

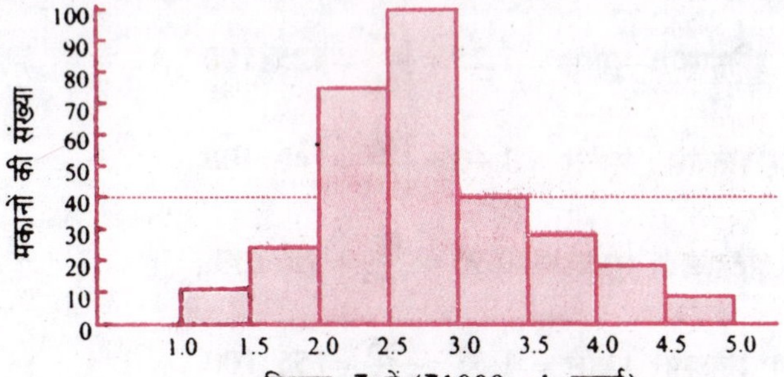

1. आलेख के अनुसार कौन-सा वर्ग ऐसा है, जिसके पास सबसे ज्यादा मकान उपलब्ध है?
   (a) 2.0-2.5 (b) 2.5-3.0 (c) 3.0-3.5 (d) 3.5-4.0
2. आलेख के अनुसार किस वर्ग के पास 70 से 80 के बीच की संख्या में मकान उपलब्ध है?
   (a) 3.5-4.0 (b) 2.5-3.0 (c) 2.0-2.5 (d) 1.5-2.0
3. मान जीजिए n_1 उन मकानों की संख्या है, जो वर्ग 1.5-2.0 के पास हैं और n_2 उन मकानों की संख्या हैं, जो वर्ग 3.0-3.5 पास हैं। तदनुसार n_1, n_2 की तुलनात्मक स्थिति क्या हैं?
   (a) $n_2 > n_1$ (b) $n_2 < n_1$ (c) $n_2 = n_1$ (d) $n_1 = 5n_2$
4. वह वर्ग कौन-सा हैं, जिसके पास 40 मकान हैं?
   (a) 1.5-2.0 (b) 3.5-4.0 (c) 2.5-3.0 (d) 3.0-3.5 *S.S.C. 26.2.2012*

निर्देश : आयत-चित्र में एक कक्षा के 45 छात्रों के अंकों को दर्शाया गया है। इस आयत-चित्र का अध्ययन करके निम्न प्रश्न के उत्तर दीजिए।

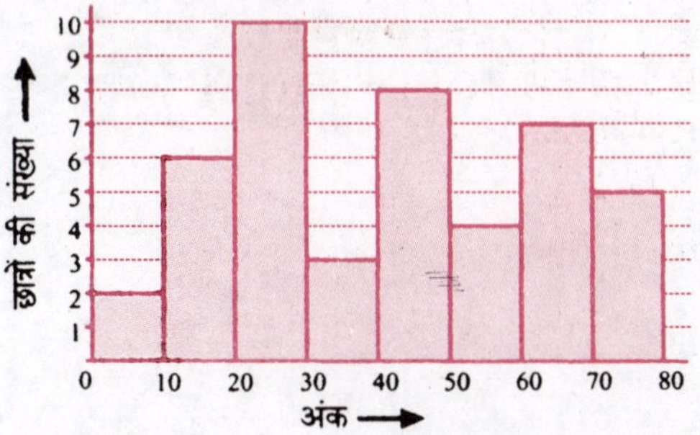

5. यदि उत्तीर्ण होने के लिए न्यूनतम अंक 30 हों, तो उत्तीर्ण हुए छात्रों का प्रतिशत कितना होगा?
   (a) 75% (b) 60% (c) 50% (d) 40%
6. कुल कितने छात्रों को 10 अंकों से भी कम अंक मिले हैं?
   (a) 2 (b) 10 (c) 1 (d) 4
7. कितने छात्रों को 30 से अधिक, किन्तु 40 से कम अंक प्राप्त हुए है?
   (a) 3 (b) 4 (c) 5 (d) 6

8. कितने छात्र ऐसे हैं, जिन्हें 50 या उससे भी ज्यादा अंक मिले हैं?
(a) 9 (b) 10 (c) 11 (d) 16

9. यदि उत्तीर्ण होने के लिए 30 अंक निर्धारित हों, तो अनुत्तीर्ण छात्रों की संख्या कितनी होगी?
(a) 2 (b) 6 (c) 18 (d) 20

S.S.C. 4.9.2011

निर्देश : उपर्युक्त आयत-चित्र किसी कस्बे की जनसंख्या और आयु को प्रदर्शित करती है। आयत-चित्र की सहायता से पूछे गये प्रश्नों के उत्तर दीजिए।

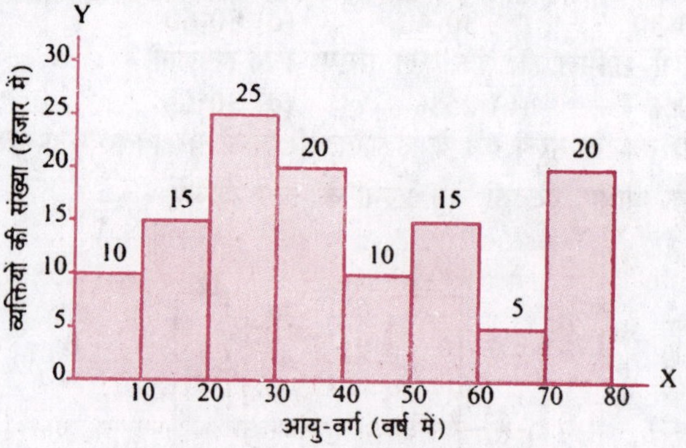

10. कस्बे की कुल जनर
(a) 11000 (b) 110000 (c) 12000 (d) 120000

11. सर्वाधिक आयु-वर्ग के लोगों की संख्या सबसे कम आयु-वर्ग के लोगों की संख्या से कितनी कम है या अधिक है?
(a) 1000 कम (b) 1000 अधिक (c) 10000 कम (d) 10000 अधिक

12. आयु वर्ग 30-40 के व्यक्ति कुल कितने % है?
(a) $16\frac{2}{3}$% (b) 15% (c) 20% (d) 13%

13. शून्य से 30 वर्ष तक के व्यक्ति कुल जनसंख्या का कौन सा भाग व्यक्त करते हैं?
(a) $\frac{4}{9}$ (b) $\frac{5}{12}$ (c) $\frac{3}{7}$ (d) $\frac{3}{4}$

14. आबादी का $\frac{1}{6}$ भाग कौन सा आयु-वर्ग व्यक्त करता है?
(a) 10-20 (b) 20-30 (c) 30-40 (d) 40-50

निर्देश : किसी पार्टी में सम्मिलित 145 व्यक्तियों के आयु के अनुसार आयत-चित्र प्रदर्शित है। आयत-चित्र का अध्ययन करके निम्नलिखित प्रश्नों के उत्तर दीजिए।

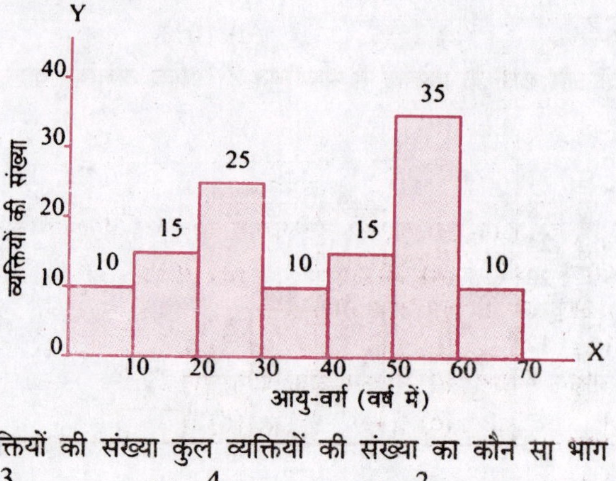

15. न्यूनतम आयु-वर्ग की व्यक्तियों की संख्या कुल व्यक्तियों की संख्या का कौन सा भाग है?
(a) $\frac{4}{11}$ (b) $\frac{3}{13}$ (c) $\frac{4}{17}$ (d) $\frac{2}{29}$

16. कुल व्यक्तियों की संख्या का $\frac{7}{29}$ किस आयु-वर्ग में उपस्थित हैं?
(a) 20-30 (b) 40-50 (c) 50-60 (d) इनमें से कोई नहीं

17. आयु-वर्ग 20-30 के व्यक्तियों का $\frac{3}{5}$ किस आयु-वर्ग में है?
(a) 20-30 (b) 40-50 (c) 50-60 (d) 60-70

18. पार्टी में शामिल होने की सर्वाधिक रूचि किस आयु-वर्ग की है?
(a) 10-20 (b) 20-30 (c) 30-40 (d) 50-60

19. कितने % व्यक्ति और पार्टी में शामिल होते कि कुल संख्या 174 हो जाती?
(a) 10% (b) 20% (c) 25% (d) 30%

निर्देश : किसी कारखाना में ₹40 तक के मूल्य वर्ग के उत्पादित खिलौनों का विवरण उपर्युक्त आयत चित्र में प्रदर्शित किया गया है। आयात-चित्र के आधार पर पूछे गये प्रश्नों के उत्तर दीजिए –

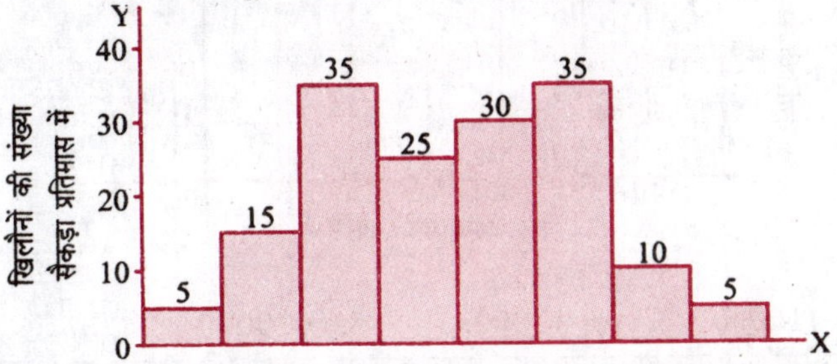

20. अधिकतम मूल्य-वर्ग और न्यूनतम मूल्य-वर्ग के प्रतिमास उत्पादित खिलौने की कुल संख्या है।
(a) 500 (b) 1000 (c) 1500 (d) 2000

21. मूल्य वर्ग 5-10 में उत्पादित खिलौने मूल्य वर्ग 20-25 में उत्पादित खिलौनों से कितने प्रतिशत कम है?
(a) 25% (b) 30% (c) 50% (d) 40%

22. मूल्य वर्ग 15-20 में उत्पादित खिलौने मूल्य वर्ग 25-30 में उत्पादित खिलौनों से कितने % कम है?
(a) 30% (b) 40% (c) 20% (d) 25%

23. मूल्य वर्ग 35-40 का उत्पादन कितने % बढ़ा दिया जाय कि मूल्य वर्ग 25-30 के उत्पादन के बराबर हो जाय?
(a) 600% (b) 200% (c) 300% (d) 150%

24. मूल्य वर्ग 20-25 का उत्पादन कितने % कम होता कि मूल्य वर्ग 15-20 के उत्पादन के बराबर हो जाता?
(a) $33\frac{1}{3}\%$ (b) $16\frac{2}{3}\%$ (c) 25% (d) 10%

निर्देश : उपर्युक्त आयत-चित्र छात्रों और छात्रों के प्राप्तांक से सम्बन्धित है। इसका अध्ययन करके पूछे गये निम्नलिखित प्रश्नों के उत्तर दीजिए।

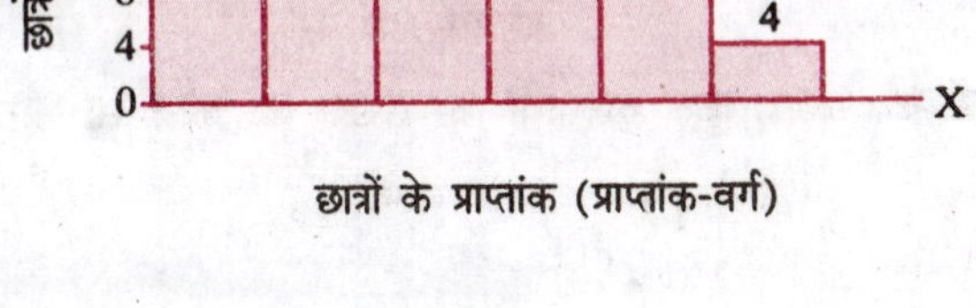

25. उपर्युक्त परीक्षा में कुल कितने छात्र सम्मिलित हुए हैं?

(a) 80 (b) 84 (c) 90 (d) 92

26. यदि परीक्षा का न्यूनतम उत्तीर्णांक 30 हो तो कुल कितने छात्र अनुत्तीर्ण हैं?

(a) 20 (b) 28 (c) 56 (d) 8

27. सबसे अच्छा परिणाम किस प्राप्तांक-वर्ग का है?

(a) 20-30 (b) 30-40 (c) 40-50 (d) 50-60

28. यदि परीक्षा का न्यूनतम उत्तीर्णांक 30 हो तो कुल कितने % छात्र अनुत्तीर्ण हैं?

(a) 33% (b) 35% (c) $66\frac{2}{3}\%$ (d) 40%

29. यदि परीक्षा का न्यूनतम उत्तीर्णांक 30 हो तो कितने % छात्र उत्तीर्ण हैं?

(a) 60% (b) $33\frac{1}{3}\%$ (c) 50% (d) $35\frac{1}{3}\%$

30. एक सप्ताह में एक पुस्तकालय में जाने वाले विभिन्न आयु वर्ग के व्यक्तियों की संख्या का अध्ययन किया गया, जो आयतचित्र में दिया गया है। आयतचित्र का अध्ययन करें और नीचे दिये गये प्रश्न का उत्तर दें।

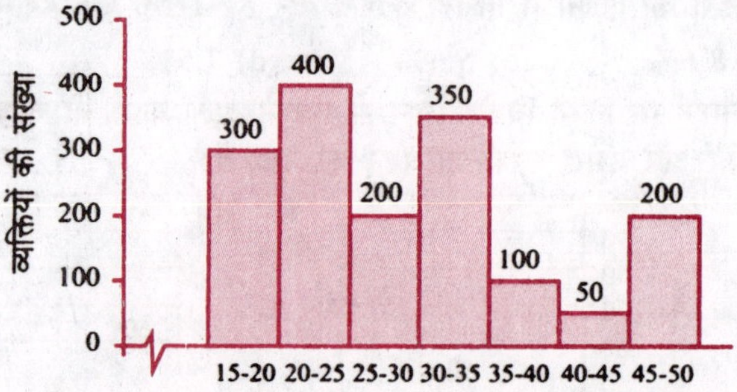

वर्ष 15-20 और वर्ष 20-25 आय समूह के व्यक्तियों की कुल संख्या का, वर्ष 30-35 और वर्ष 35-40 आयु समूह के व्यक्तियों की कुल संख्या से अनुपात क्या है?

(a) 13 : 9 (b) 14 : 17 (c) 15 : 19 (d) 14 : 9 *SSC CHSL (Tier-1) 20.10.2020*

31. निम्नलिखित आयतचित्र का अध्ययन करें और दिये गये प्रश्न का उत्तर दें।

एक सप्ताह में एक पुस्तकालय में जाने वाले विभिन्न आयु वर्ग के व्यक्तियों की संख्या का अध्ययन किया गया, जो आयतचित्र में दर्शाया गया है। आयतचित्र का अध्ययन करें और नीचे दिये गये प्रश्न का उत्तर दें।

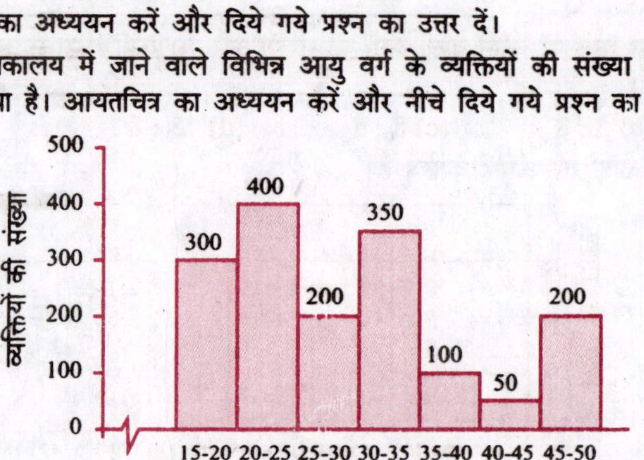

पूरे सप्ताह में पुस्तकालय में आने वाले कुल व्यक्तियों की संख्या के कितने प्रतिशत व्यक्ति आयु वर्ग के 25-30 वर्ष के थे?

(a) 10.5% (b) 12% (c) 15% (d) 12.5% *SSC CHSL (Tier-1) 20.10.2020*

32. दिया गया हिस्टोग्राम राजमार्ग पर किसी विशेष स्थान से गुजरने वाली कारों की चाल के बारंबारता वितरण को दर्शाता है। ग्राफ का अध्ययन करें और उससे सम्बन्धित प्रश्न का उत्तर दें।

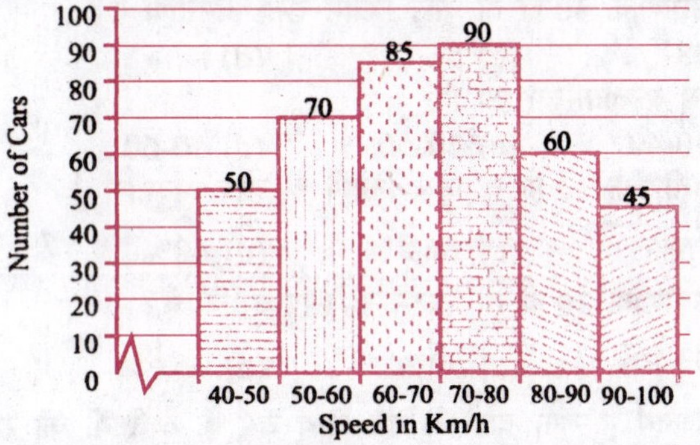

60 किमी./घंटा और 70 किमी./घंटा के बीच चाल वाली कारों की संख्या 70 किमी./घंटा का 80 किमी./घंटा के बीच चाल वाली कारों की संख्या की तुलना में कितने प्रतिशत कम है? (ठीक एक दशमलव स्थान तक)

(a) 5.9% (b) 8.6% (c) 5.6% (d) 7.5% *SSC CAPF : 24.11.2020*

33. दिया गया हिस्टोग्राम राजमार्ग पर किसी विशेष स्थान से गुजरने वाली कारों की चाल की बारंबारता वितरण को दर्शाता है। ग्राफ का अध्ययन करें और उससे सम्बन्धित प्रश्न का उत्तर दें।

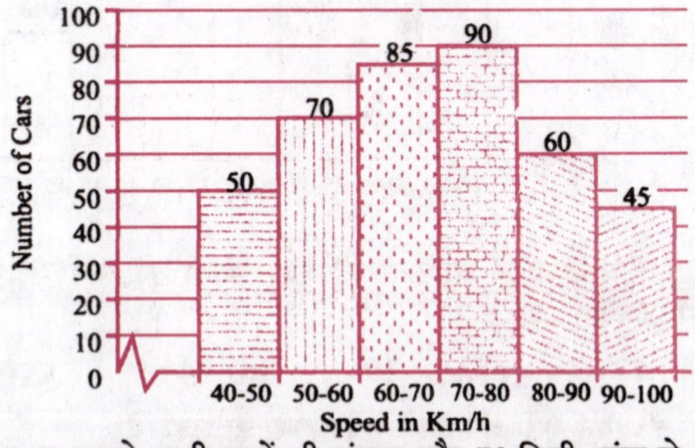

60 किमी./घंटा से कम चाल पर चलने वाली कारों की संख्या और 70 किमी./घंटा से अधिक चाल वाली कारों की संख्या का अनुपात ज्ञात करें।

(a) 8 : 13 (b) 5 : 8 (c) 8 : 5 (d) 13 : 8 *SSC CAPF : 24.11.2020*

34. दिया गया हिस्टोग्राम छात्रों की ऊँचाई दर्शाता है।

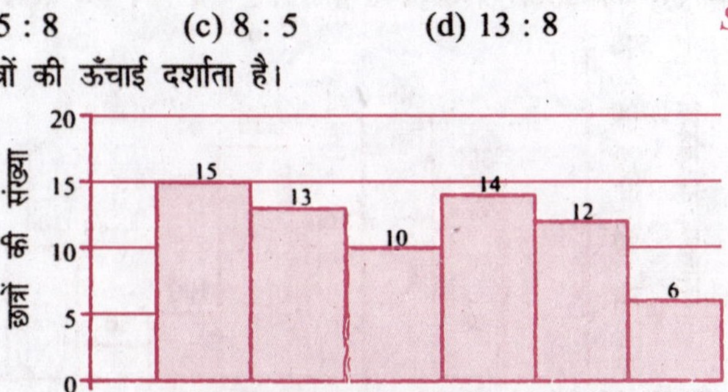

150-155 के बीच की ऊँचाई वाले छात्रों की संख्या और 175-180 सेमी. के बीच की ऊँचाई वाले छात्रों की संख्या के बीच अंतर ज्ञात करें।

(a) 3 (b) 8 (c) 9 (d) 7 *SSC CAPF : 23.11.2020*

35. दिया गया हिस्टोग्राम की ऊँचाई दर्शाता है।

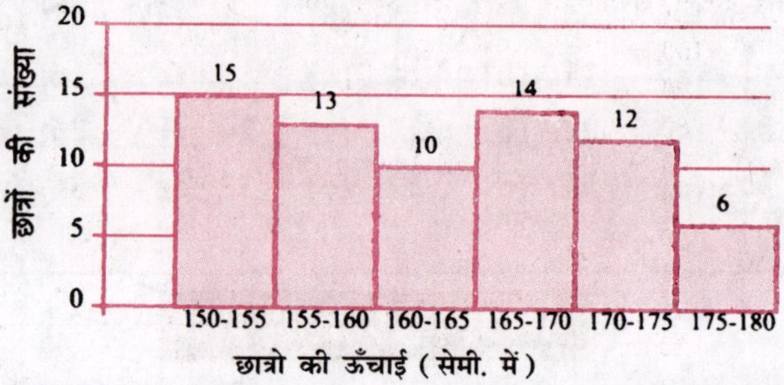

वर्ग-अंतराल 170-175 की ऊँचाई वाले विद्यार्थियों की संख्या वर्ग अंतराल 165-170 की ऊचाई वाले विद्यार्थियों की संख्या में कितने प्रतिशत कम है?

(a) 17.3% (b) 11.5% (c) 14.3% (d) 19.5%

SSC CAPF : 23.11.2020

36. दिया गया हिस्टोग्राम छात्रों की ऊँचाई दर्शाता है।

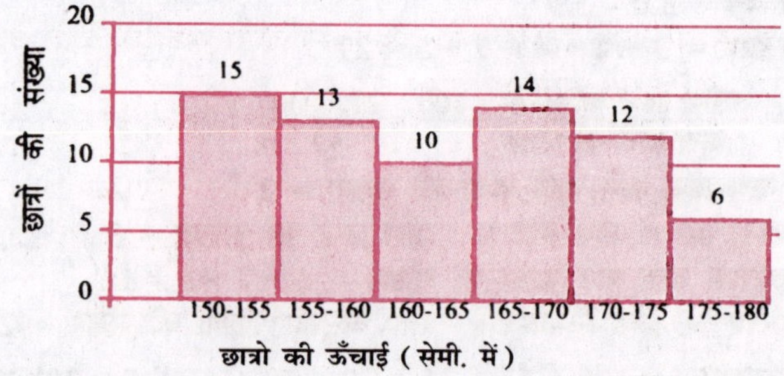

उन छात्रों का प्रतिशत ज्ञात करें, जिनकी ऊचाई वर्ग अंतराल 160-170 में है।?

(निकटतम पूर्णांक तक शुद्ध)

(a) 39 (b) 25 (c) 34 (d) 51

SSC CAPF : 23.11.2020

37. दिया गया हिस्टोग्राम राजमार्ग पर किसी विशेष स्थान से गुजरने वाली कारों की चाल के बारंबारता वितरण को दर्शाता है। ग्राफ का अध्ययन करें और उससे सम्बन्धित प्रश्न का उत्तर दें।

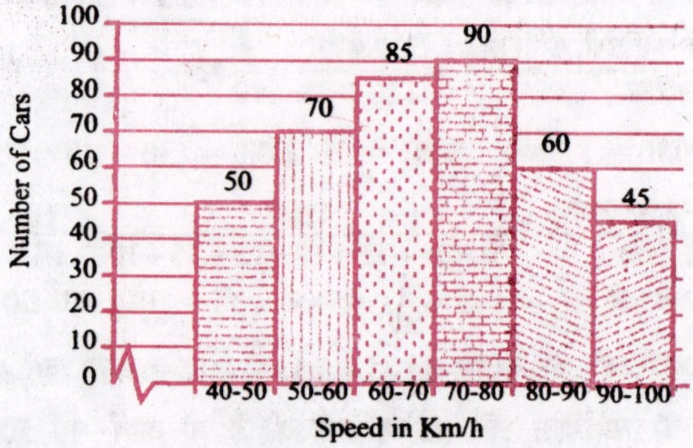

90 किमी./घंटा और उससे अधिक चाल से गुजर रही कारों का प्रतिशत ज्ञात करें।

(a) 10% (b) 15.75% (c) 11.25% (d) 21.25%

SSC CAPF : 23.11.2020

उत्तरमाला

1. (b)	2. (c)	3. (a)	4. (d)	5. (b)	6. (a)	7. (a)	8. (d)	9. (c)
10. (d)	11. (d)	12. (a)	13. (b)	14. (c)	15. (d)	16. (c)	17. (b)	18. (d)
19. (b)	20. (b)	21 (c)	22. (b)	23. (a)	24. (b)	25. (b)	26. (c)	27. (b)
28. (c)	29. (b)	30 (d)	31. (d)	32. (c)	33. (a)	34. (c)	35. (c)	36. (c)
37. (c)								

अभ्यास प्रश्नों के हल

1. वर्ग 2.5-3.0 के पास सबसे ज्यादा मकान (100) उपलब्ध हैं।
2. वर्ग 2.0-2.5 के पास 70 से 80 के बीच की संख्या में मकान उपलब्ध हैं।
3. n_1 = वर्ग 1.5-2.0 के पास उपलब्ध मकानों की संख्या = 25
   n_2 = वर्ग 3.0-3.5 के पास उपलब्ध मकानों की संख्या = 40,
   स्पष्ट है कि 40 > 25 अर्थात् $n_2 > n_1$ अर्थात् n_2 बड़ा है n_1 से
4. 40 मकान वाला वर्ग = 3.0 – 3.5
5. उत्तीर्ण हुए कुल छात्र = 3 + 8 + 4 + 7 + 5 = 27

$\therefore$ % उत्तीर्ण छात्र $= \dfrac{\text{उत्तीर्ण छात्रों की संख्या} \times 100}{\text{कुल छात्रों की संख्या}} = \dfrac{27 \times 100}{45} = 60\%$

6. 10 अंक से भी कम अंक पाने वाले छात्रों की संख्या = 2
7. 30 से अधिक परन्तु 40 से कम अंक पाने वाले छात्रों की संख्या = 3
8. 50 या 50 से अधिक अंक पाने वालों की संख्या = 4 + 7 + 5 = 16
9. चूंकि उत्तीर्ण होने के लिए 30 अंक निर्धारित है। अतः अनुत्तीर्ण छात्रों की संख्या = 2 + 6 + 10 = 18
10. कस्बे की कुल जनसंख्या = (10 + 15 + 25 + 20 + 10 + 15 + 5 + 20) हजार = 120 हजार = 120000
11. सर्वाधिक आयु-वर्ग के लोगों की संख्या = 20 हजार
    सबसे कम आयु-वर्ग के लोगों की संख्या = 10 हजार
    दोनों में अन्तर = 20 हजार – 10 हजार = 10 हजार $\Rightarrow$ 10 हजार अधिक
12. आयु-वर्ग 30-40 के व्यक्तियों की संख्या = 20 हजार = 20000

$\therefore$ % संख्या $= \dfrac{20000 \times 100}{120000} = \dfrac{50}{3} = 16\dfrac{2}{3}\%$

13. शून्य से 30 वर्ष तक के व्यक्तियों की संख्या = 10 + 15 + 25 = 50 हजार

$\therefore \dfrac{\text{शून्य से 30 वर्ष तक के व्यक्तियों की संख्या}}{\text{कुल जनसंख्या}} = \dfrac{50 \text{ हजार}}{120 \text{ हजार}} = \dfrac{5}{12}$ भाग

14. कुल आबादी का $\dfrac{1}{6}$ भाग = $120 \times \dfrac{1}{6}$ हजार = 20 हजार = (30 – 40)
15. $\dfrac{\text{न्यूनतम आयु के व्यक्तियों की संख्या}}{\text{कुल व्यक्तियों की संख्या}} = \dfrac{10}{20+30+25+10+15+35+10} = \dfrac{10}{145} = \dfrac{2}{29}$ भाग
16. कुल व्यक्तियों की संख्या का $\dfrac{7}{29} = 145 \times \dfrac{7}{29} = 5 \times 7 = 35 =$ आयु वर्ग 50-60
17. आयु-वर्ग 20-30 के व्यक्तियों की संख्या का $\dfrac{3}{5} = 25 \times \dfrac{3}{5} = 15 =$ आयु वर्ग 40-50
18. पार्टी में शामिल होने की सर्वाधिक रुचि 35 व्यक्तियों की है जो आयु–वर्ग 50-60 की है।
19. 174 – 145 = 29

$\therefore$ % संख्या $= \dfrac{29 \times 100}{145} = 20\%$

20. अधिकतम मूल्य–वर्ग के खिलौनों की संख्या = 5 सैकड़ा = 500
न्यूनतम मूल्य–वर्ग के खिलौनों की संख्या = 5 सैकड़ा = 500, अतः कुल संख्या = 500 + 500 = 1000

21 मूल्य–वर्ग 5-10 में उत्पादित खिलौनों की संख्या = 15 सैकड़ा और मूल्य-वर्ग 20-25 में उत्पादित खिलौनों की संख्या = 30 सैकड़ा
दोनों संख्याओं में अन्तर = 30 – 15 = 15 सैकड़ा, अतः प्रतिशत कमी = $\frac{15\times100}{30}=50\%$

22. मूल्य–वर्ग 15-20 के कुल खिलौने = 25 सैकड़ा और मूल्य–वर्ग 25-30 के कुल खिलौने = 35 सैकड़ा
दोनों में अन्तर = 35 – 25 = 10 सैकड़ा, अतः % कमी = $\frac{10\times100}{25}=40\%$

23. मूल्य–वर्ग 35-40 के खिलौनों की संख्या = 5 सैकड़ा और मूल्य–वर्ग 25-30 के खिलौनों की संख्या = 35 सैकड़ा
आवश्यक वृद्धि = 35 – 5 = 30 सैकड़ा, % वृद्धि = $\frac{30\times100}{5}=600\%$

24. मूल्य–वर्ग 20-25 का उत्पादन = 30 सैकड़ा और मूल्य–वर्ग 15-20 का उत्पादन = 25 सैकड़ा
$\therefore$ आवश्यक कमी = 30 – 25 = 5 सैकड़ा, % कमी = $\frac{5\times100}{30}=16\frac{2}{3}\%$

25. छात्रों की कुल संख्या = 8 + 20 + 28 + 16 + 8 + 4 = 84

26. अनुत्तीर्ण छात्रों की संख्या = 8 + 20 + 28 = 56

27. प्राप्तांक-वर्ग 30-40 में सर्वाधिक छात्र (16) उत्तीर्ण हैं, अतः सबसे अच्छा परिणाम प्राप्तांक-वर्ग (30-40) का है।

28. प्रतिशत अनुत्तीर्ण छात्र = $\frac{56\times100}{84}=66\frac{2}{3}\%$

29. कुल उत्तीर्ण छात्रों की संख्या = 16 + 8 + 4 = 28, अतः % उत्तीर्ण संख्या = $\frac{28\times100}{84}=33\frac{1}{3}\%$

30. वर्ष 15-20 और 20-25 आयु समूह के व्यक्तियों की कुल संख्या = 300 + 400 = 700
वर्ष 30-35 और 35-40 आयु समूह के व्यक्तियों की कुल संख्या = 350 + 100 = 450
$\therefore$ अभीष्ट अनुपात = 700 : 450 = 14 : 9

31. पूरे सप्ताह में पुस्तकालय में आने वाले व्यक्तियों की कुल संख्या
= 300 + 400 + 200 + 350 + 100 + 50 + 200 = 1600
आयु वर्ग 25-30 वर्ष के व्यक्तियों की संख्या = 200, अतः अभीष्ट प्रतिशत = $\frac{200\times100}{1600}=12.5\%$

32. 60 किमी./घण्टा और 70 किमी./घण्टा के बीच चाल वाली कारों की संख्या = 85
70 किमी./घण्टा और 80 किमी./घण्टा के बीच चाल वाली कारों की संख्या = 90
दोनों संख्याओं में अन्तर = 90 – 85 = 5, अतः प्रतिशत कमी = $\frac{5\times100}{90}=5.6\%$

33. 60 किमी./घण्टा से कम चाल पर चलने वाली कारों की संख्या = 50 + 70 = 120
70 किमी./घण्टा से अधिक चाल पर चलने वाली कारों की संख्या = 90 + 60 + 45 = 195
$\therefore$ अभीष्ट अनुपात = 120 : 195 = 8 : 13

34. 150-155 के बीच की ऊँचाई वाले छात्रों की संख्या = 15
175-180 सेमी. के बीच की ऊँचाई वाले छात्रों की संख्या = 6, अतः दोनों संख्याओं में अन्तर = 15 – 6 = 9

35. वर्ग अन्तराल 170-175 के विद्यार्थियों की संख्या = 12
वर्ग अन्तराल 165-170 के विद्यार्थियों की संख्या = 14
$\therefore$ दोनों में अन्तर = 14 – 12 $\Rightarrow$ प्रतिशत कमी = $\frac{2\times100}{14}=14.3\%$

36. छात्रों की कुल संख्या = 15 + 13 + 10 + 14 + 12 + 6 = 70
$\therefore$ वर्ग अन्तराल 160-170 में छात्रों का प्रतिशत = $\frac{(10+14)\times100}{70}=\frac{24\times100}{70}=34.28=34\%$

37. कारों की कुल संख्या = 50 + 70 + 85 + 90 + 60 + 45 = 400
90 किमी./घण्टा और उससे अधिक चाल से गुजर रही कारों की संख्या = 45
$\therefore$ अभीष्ट प्रतिशत = $\frac{45\times100}{400}=11.25\%$

—●●●—

34 दण्ड आरेख (Bar Graphs)

1. एक पुस्तक का सह-लेखन X और Y द्वारा किया गया है। भारत में और विदेश में पुस्तक का मूल्य क्रमशः ₹800 और ₹1000 है। भारत में और विदेश में बिक्री पर अर्जित स्वत्व शुल्क (रॉयल्टी) क्रमशः 10% और 16% है। स्वत्व शुल्क (रॉयल्टी) की धन-राशि को X और Y के बीच 5 : 3 के अनुपात में वितरित किया जाता है। दिया गया स्तंभ (बार ग्राफ) 2012-16 के दौरान भारत (A) और विदेश (B) में बिक्री पुस्तक की संख्या को दर्शाता है।

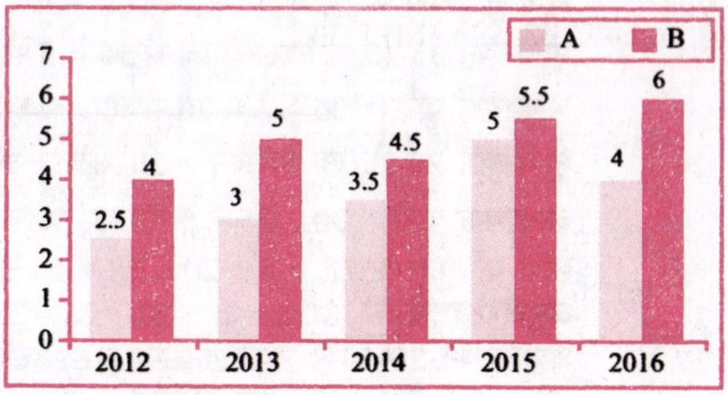

निम्नलिखित परिस्थितियों में अर्जित स्वत्व शुल्क (रॉयल्टी) का अनुपात क्या है–

X द्वारा 2013 और 2014 में भारत में पुस्तकों की बिक्री का और Y द्वारा 2015 और 2016 में विदेश में पुस्तकों की बिक्री का?

(a) 63 : 130 (b) 62 : 117 (c) 65 38 (d) 64 : 135 *SSC CHSL (Tier-1) 10.7.2019*

2. एक पुस्तक का सह-लेखन X और Y द्वारा कि
है। भारत में और विदेश में पुस्तक का मूल्य क्रमशः
और ₹1000 है। भारत में और विदेश में बिक्री प
स्वत्व शुल्क (रॉयल्टी) क्रमशः 10% और 1
स्वत्व शुल्क (रॉयल्टी) की धन-राशि को X और Y
5 : 3 के अनुपात में वितरित किया जाता है। दिया ग
(बार ग्राफ) 2012-16 के दौरान भारत (A) औ
(B) में बिक्री पुस्तक की संख्या को दर्शाता है।

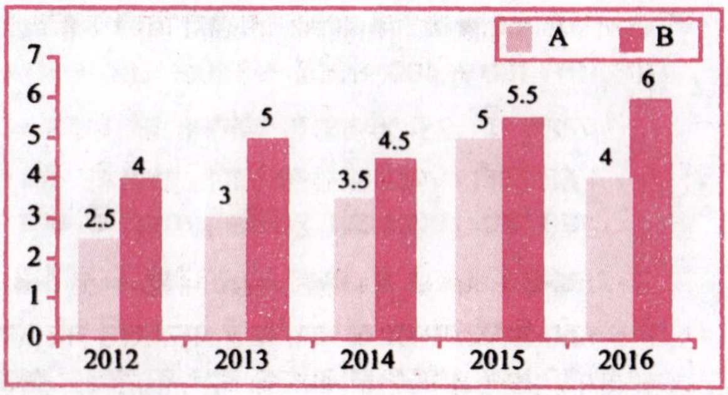

2012-15 के दौरान भारत में बेचीं गई पुस्तक कुल संख्या क्या है?

(a) 1600 (b) 2000 (c) 14 (d) 1800 *SSC CHSL (Tier-1) 10.7.2019*

3. दिया गया दंड आरेख पांच शैक्षणिक वर्षों, 2(
से 2017-2018 के दौरान स्कूल के परीक्षा
विद्यार्थियों की संख्या के रूप में दर्शाता है।

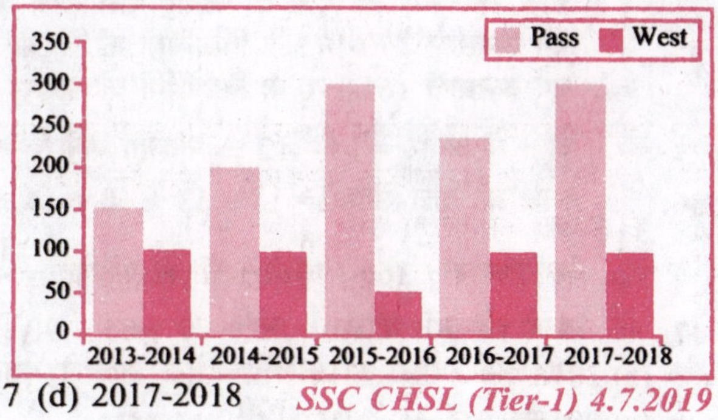

उत्तीर्ण छात्रों की संख्या और अनुत्तीर्ण होने वालों
का अंतर किस शैक्षणिक वर्ष में सबसे अधिक

(a) 2015-2016 (b) 2014-2015 (c) 20 -2017 (d) 2017-2018 *SSC CHSL (Tier-1) 4.7.2019*

4. सामने एक दण्ड चित्र में 3 वर्षों के लिए एक कॉलेज में
खेलों में भाग लेने वाले खिलाड़ियों की संख्या को दर्शाया
है। वर्ष 2016 में फुटबॉल खेलने वाले खिलाड़ियों की सं
वर्ष 2014 में फुटबॉल खेलनेवाले खिलाड़ियों से कि
प्रतिशत कम है?

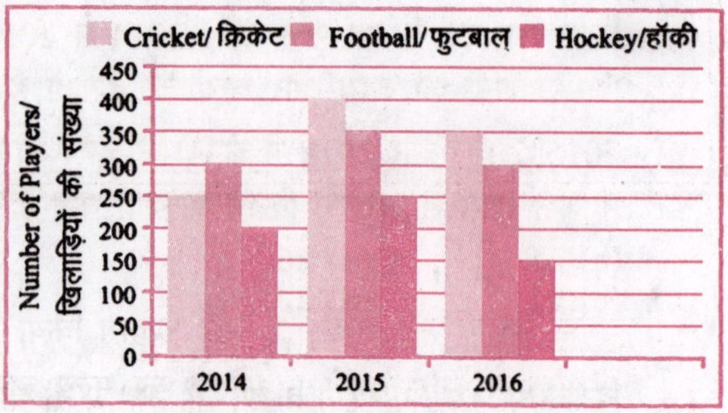

(a) 14.28 (b) 16.66
(c) 33.33 (d) 8.33

SSC CPO 5.7.2017

5. दिये गये दंड आरेख (बार ग्राफ) छह साल के लिए दो स्
में विद्यार्थियों की संख्या को दर्शाता है। किस वर्ष में, दो स्
के विद्यार्थियों की संख्या का निरपेक्ष अंतर सबसे अधिक

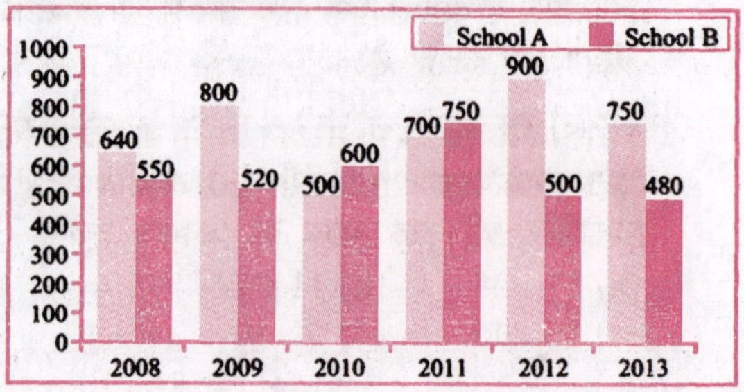

(a) 2010 (b) 2011
(c) 2013 (d) 2012

SSC CHSL (Tier-1) 8.7.2019

6. दिया गया दंड आरेख पाँच वर्ष की अवधि के दौरान संस
A और B में व्यावसायिक पाठ्यक्रम में नामांकित विद्यार्
की संख्या को दर्शाता है? 2014, 2016 और 2018
दौरान संस्थान A में नामांकित विद्यार्थियों की कुल संख
संस्थान B में पाँच वर्षों के दौरान नामांकित विद्यार्थियों की
संख्या का कितना प्रतिशत है?

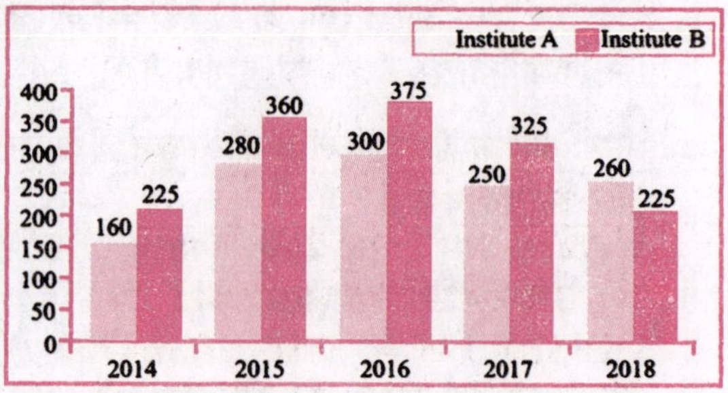

(a) 46.8 (b) 44.6
(c) 47.7 (d) 43.4

SSC CHSL (Tier-1) 3.7.2019

7. दिया गया दंड आरेख (बार ग्राफ) छह वर्षों के लिए दो स्
में विद्यार्थियों की संख्या को दर्शाता है। छह वर्षों की अ
के दौरान स्कूल B के विद्यार्थियों की औसत संख्या कितन
(दो दशमलव स्थानों तक सही)?

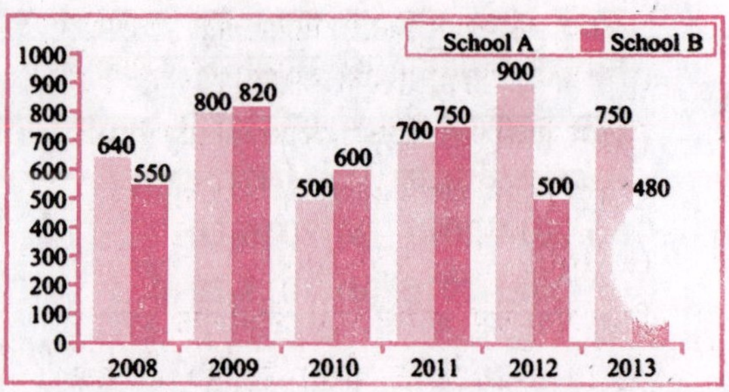

(a) 256.17 (b) 616.67
(c) 664.37 (d) 660.17

SSC CHSL (Tier-1) 8.7.2019

8. दिया गया दंड आरेख पाँच वर्ष की अवधि के दौरान संस
A और B में व्यावसायिक पाठ्यक्रम में नामांकित विद्यार्
की संख्या को दर्शाता है।

किस वर्ष में B में नामांकित छात्र की संख्या $x\%$ अधिक
जहाँ $25 < x < 30$ है?

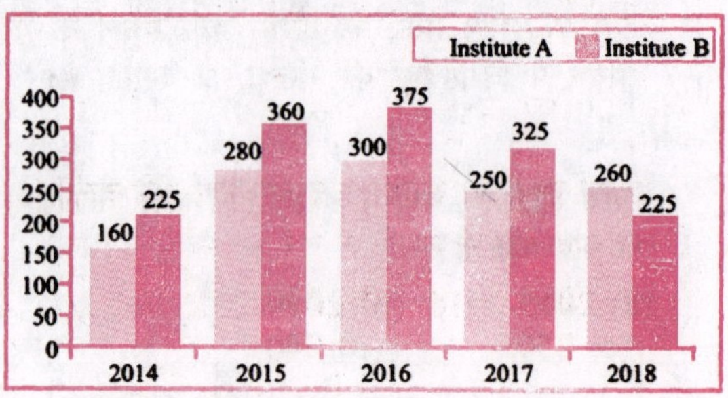

(a) 2016 (b) 2014
(c) 2015 (d) 2017

SSC CHSL (Tier-1) 3.7.2019

9. दिया गया दंड आरेख पाँच वर्षों, 2014 से 2018 के दौरान किसी कंपनी की आय और व्यय को दर्शाता है।

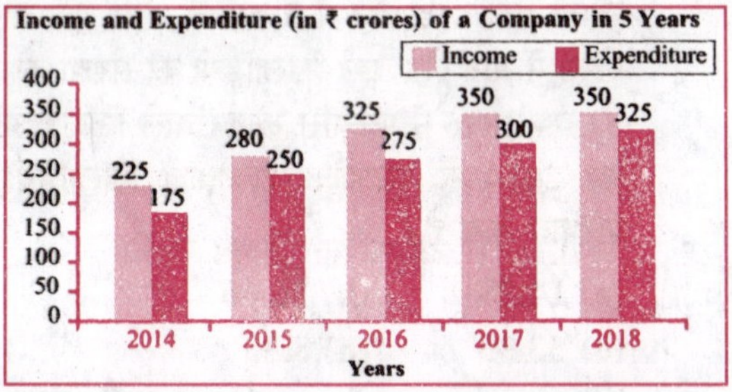

2015, 2017 और 2018 में कंपनी की कुल आय, पांच वर्षों में कुल व्यय से लगभग कितने प्रतिशत कम है?

(a) 24 (b) 26
(c) 21 (d) 22

SSC CHSL (Tier-1) 3.7.2019

10. दिया गया दंड आरेख पाँच वर्ष की अवधि के दौरान संस्थान A और B में व्यावसायिक पाठ्यक्रम में नामांकित विद्यार्थियों की संख्या को दर्शाता है।

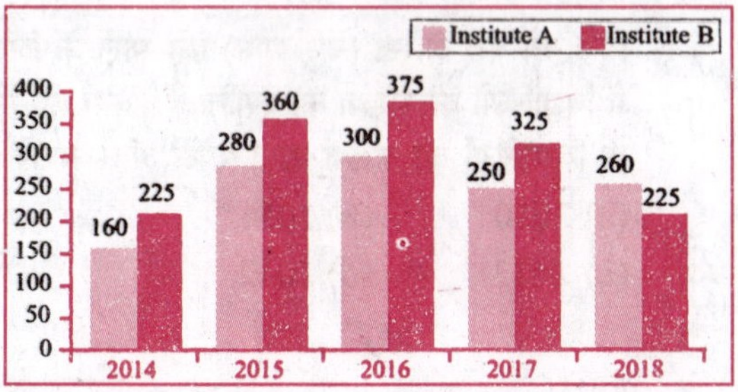

2015 और 2018 में संस्थान A में नामांकित विद्यार्थियों की कुल संख्या तथा 2014 और 2016 संस्थान B में नामांकित विद्यार्थियों की कुल संख्या का अनुपात क्या है?

(a) 27 : 25 (b) 11 : 12
(c) 16 : 15 (d) 9 : 10

SSC CHSL (Tier-1) 3.7.2019

11. दिए गए दण्ड आरेख (बार ग्राफ) छह वर्षों के लिए दो स्कूलों में विद्यार्थियों की संख्या को दर्शाता है।

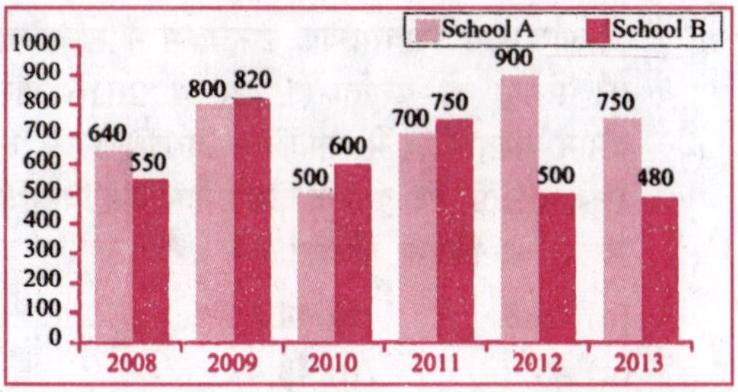

सभी वर्षों के दौरान स्कूल B और स्कूल A के कुल विद्यार्थियों का अनुपात क्या है?

(a) 415: 401 (b) 429 : 370
(c) 370 : 429 (d) 401 : 415

SSC CHSL (Tier-1) 8.7.2019

12. दिया गया दंड आरेख पाँच शैक्षणिक वर्षों, 2013-2014 से 2017-2018 तक, के दौरान एक स्कूल के परीक्षाफल के संदर्भ में विद्यार्थियों की संख्या को दर्शाता है।

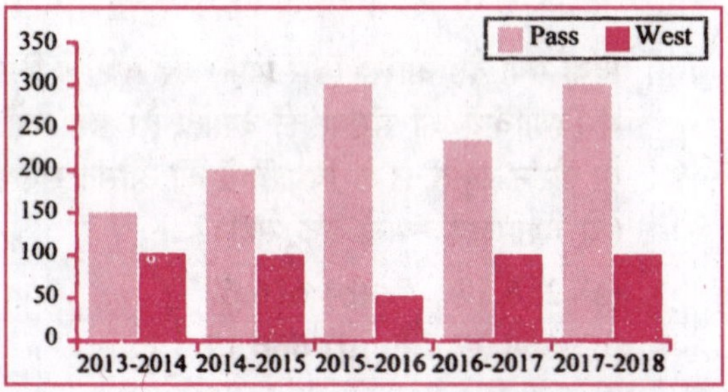

किस शैक्षणिक वर्षों में उत्तीर्ण और अनुत्तीर्ण विद्यार्थियों की संख्या के बीच का अंतर सबसे कम है?

(a) 2014-2015 (b) 2016-2017
(c) 2015-2016 (d) 2013-2014

SSC CHSL (Tier-1) 10.7.2019

13. दिया गया दंड आरेख पाँच शैक्षणिक वर्षों, 2013-2014 से 2017-2018 तक, के दौरान एक स्कूल के परीक्षाफल के संदर्भ में विद्यार्थियों की संख्या को दर्शाता है।

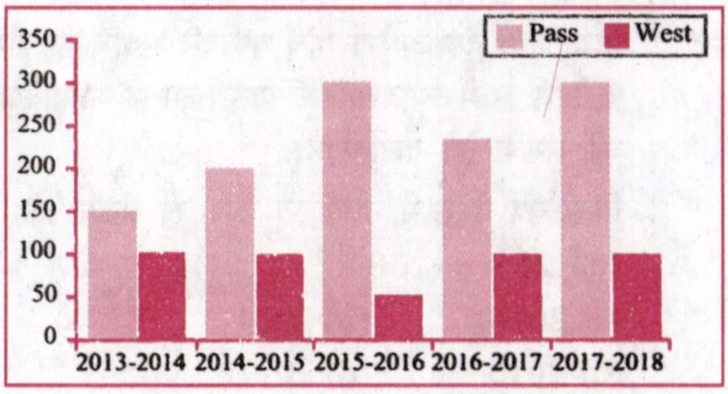

पाँच शैक्षणिक वर्षों में उत्तीर्ण होने वाले विद्यार्थियों की औसत संख्या क्या है?

(a) 260 (b) 230
(c) 250 (d) 240

SSC CHSL (Tier-1) 10.7.2019

14. दिया गया दंड आरेख पाँच शैक्षणिक वर्षों 2013-2014 से 2017-2018 तक, के दौरान एक स्कूल के परीक्षाफल के संदर्भ में विद्यार्थियों की संख्या को दर्शाता है।

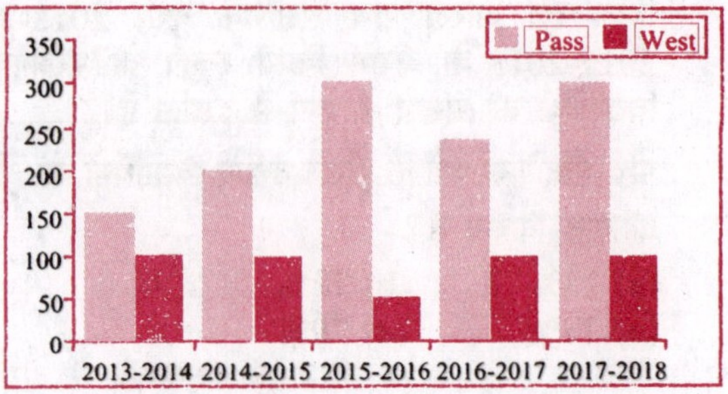

सभी पांच शैक्षणिक वर्षों के दौरान अनुत्तीर्ण हुए कुल विद्यार्थियों का अनुमानित प्रतिशत क्या है?

(a) 27% (b) 21%
(c) 22% (d) 28%

SSC CHSL (Tier-1) 9.7.2019

15. दिया गया दंड आरेख पांच वर्षों, 2014 से 2018 के दौरान किसी कंपनी की आय और व्यय को दर्शाता है।

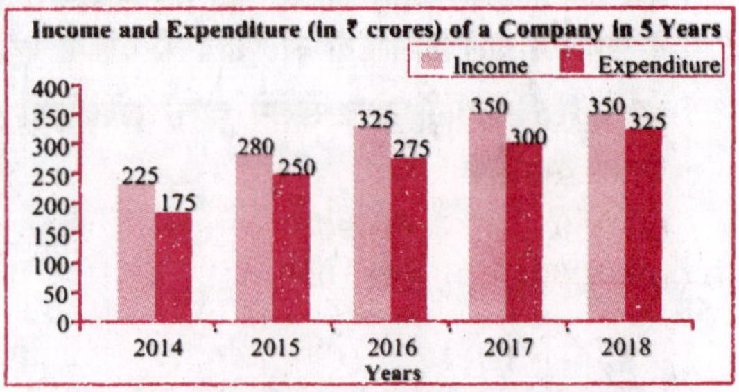

पिछले वर्ष के व्यय की तुलना में किस वर्ष में व्यय 40% से अधिक है?

(a) 2015 (b) 2016
(c) 2018 (d) 2017

SSC CHSL (Tier-1) 10.7.2019

16. दिया गया दंड आरेख पांच वर्ष की अवधि के दौरान संस्थान A और B में व्यावसायिक पाठ्यक्रम में नामांकित विद्यार्थियों की संख्या को दर्शाता है।

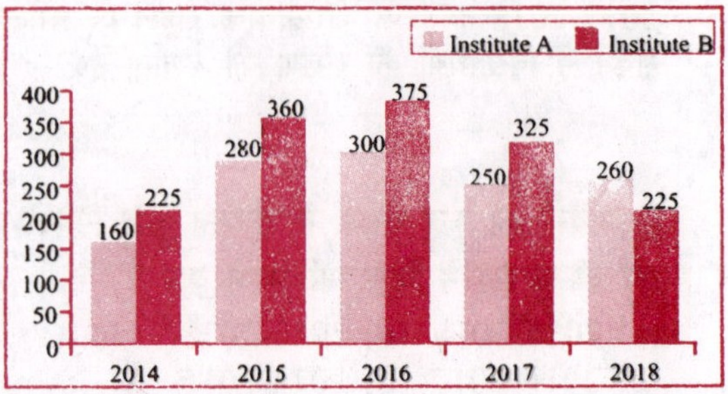

2015, 2016 और 2018 के दौरान B में नामांकित छात्रों की औसत संख्या 2017 के दौरान A में नामांकित छात्र की संख्या से कितने प्रतिशत अधिक है?

(a) 25 (b) 28
(c) 30 (d) 22

SSC CHSL (Tier-1) 3.7.2019

17. दिया गया दंड आरेख दो स्कूलों में 6 वर्षों के दौरान विद्यार्थियों की संख्या को दर्शाता है।

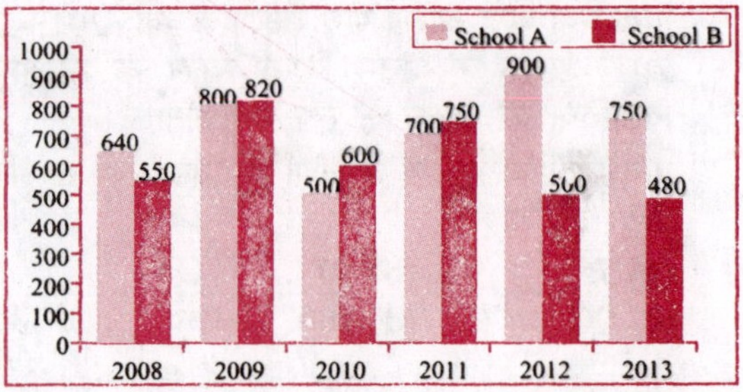

स्कूल A और B में विद्यार्थियों की कुल संख्या में, अपने पिछले वर्ष की तुलना में किस वर्ष में सबसे अधिक प्रतिशत वृद्धि हुई है।

(a) 2011 (b) 2012
(c) 2008 (d) 2009

SSC CHSL (Tier-1) 8.7.2019

18. दिया गया दंड आरेख पांच शैक्षणिक वर्षों, 2013-2014 से 2017-2018 के दौरान किसी स्कूल के परीक्षाफल को विद्यार्थियों की संख्या के रूप में दर्शाता है।

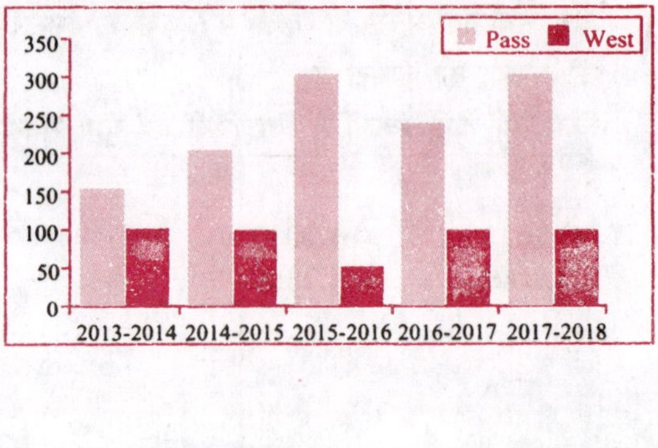

पिछले शैक्षणिक वर्ष की तुलना में किस वर्ष विद्यार्थियों की कुल संख्या में सबसे अधिक प्रतिशत वृद्धि हुई है।

(a) 2014-2015 (b) 2015-2016
(c) 2017-2018 (d) 2016-2017

SSC CHSL (Tier-1) 4.7.2019

19. दिया गया आरेख पांच शैक्षणिक वर्षों, 2013-2014 से 2017-2018 के दौरान किसी स्कूल के परीक्षाफल को विद्यार्थियों की संख्या के रूप में दर्शाता है।

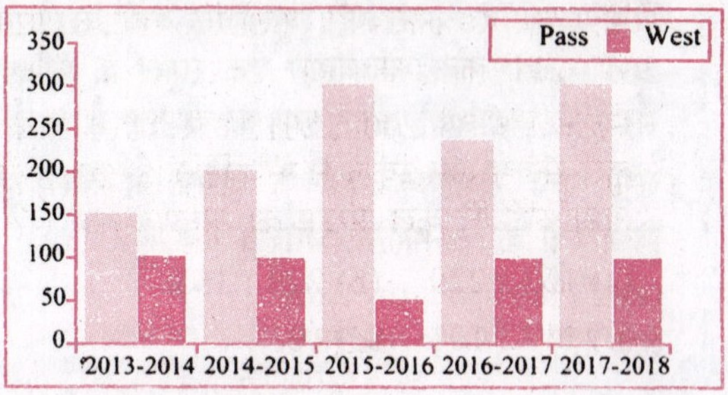

पांच शैक्षणिक वर्षों के दौरान उत्तीर्ण विद्यार्थियों का अनुमानित प्रतिशत कितना है?

(a) 73% (b) 72%
(c) 78% (d) 79%

SSC CHSL (Tier-1) 4.7.2019

20. नीचे एक दण्ड चित्र में 3 वर्षों के लिए एक कॉलेज में तीन खेलों में भाग लेने वाले खिलाड़ियों की संख्या को दर्शाया गया है।

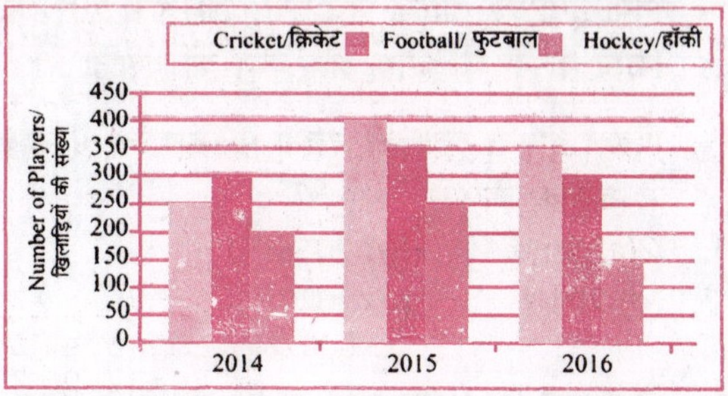

वर्ष 2015 में तीनों खेल खेलने वाले खिलाड़ियों की कुल संख्या क्या है?

(a) 950 (b) 900
(c) 1000 (d) 1050

SSC CPO 5.7.2017

21. दिया गया दण्ड आरेख पांच शैक्षणिक वर्षों, 2013-2014 से 2017-2018 तक, के दौरान एक स्कूल के परीक्षाफल के संदर्भ में विद्यार्थियों की संख्या को दर्शाता है।

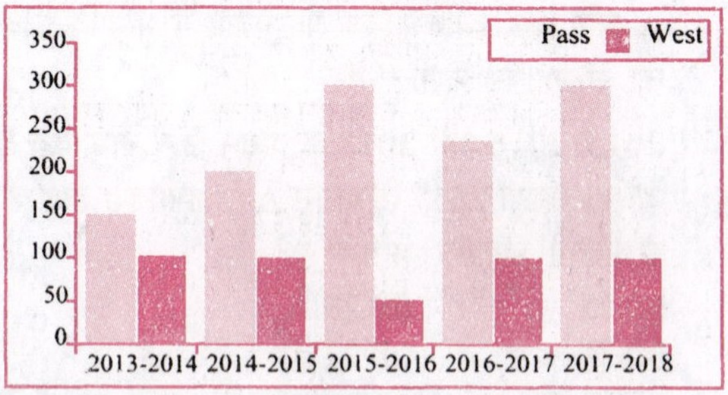

विद्यार्थियों की कुल संख्या में प्रतिशत वृद्धि पिछले शैक्षणिक वर्ष की तुलना में किस वर्ष सबसे कम है?

(a) 2015-2016 (b) 2017-2018
(c) 2016-2017 (d) 2014-2015

22. दिया गया दण्ड आरेख पांच शैक्षणिक वर्षों, 2013-2014 से 2017-2018 के दौरान किसी स्कूल के परीक्षाफल को विद्यार्थियों की संख्या के रूप में दर्शाता है।

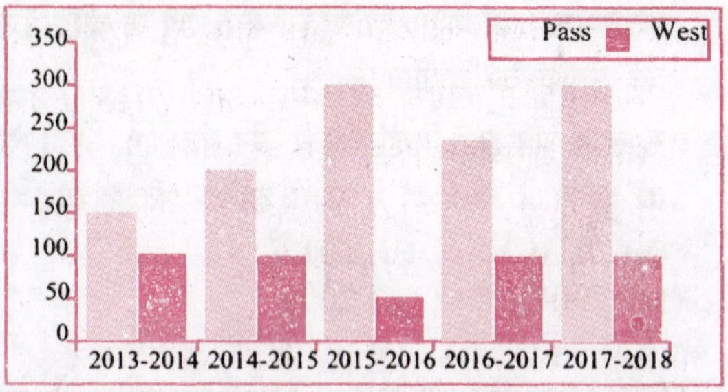

पांच शैक्षणिक वर्षों में अनुत्तीर्ण हुए विद्यार्थियों का औसत क्या है?

(a) 75 (b) 50
(c) 90 (d) 100

SSC CHSL (Tier-1) 4.7.2019

23. दिया गया दंड आरेख दो स्कूलों में 6 वर्षों के दौरान विद्यार्थियों की संख्या को दर्शाता है।

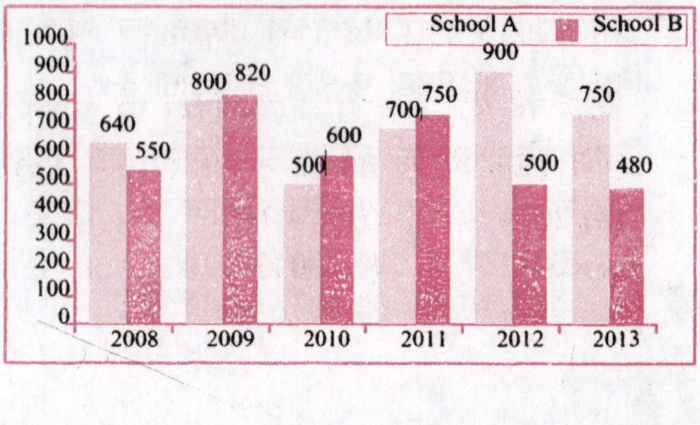

किस वर्ष दोनों स्कूलों में विद्यार्थियों का योग सबसे अधिक है?

(a) 2011 (b) 2012
(c) 2008 (d) 2009

SS h 1) 8.7.2019

24. दिया गया दंड आरेख दो स्कूलों में 6 वर्षों के दौरान विद्य की संख्या को दर्शाता है।

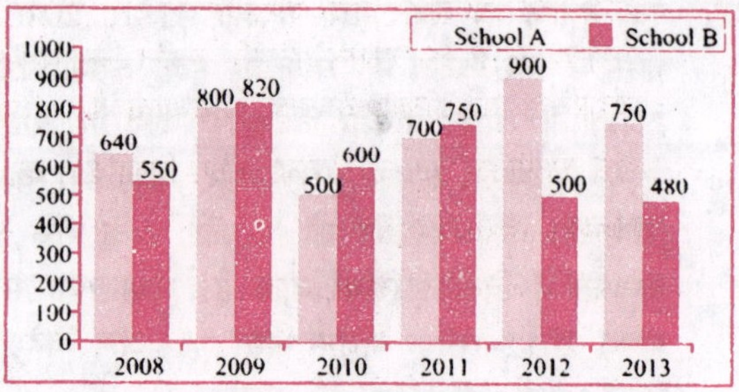

स्कूल A में वर्ष 2008, 2012 और 2013 में विद्यार्थिर कुल संख्या और स्कूल B में वर्ष 2008, 2012 एवं 20 विद्यार्थियों की कुल संख्या का अनुपात क्या है?

(a) 153 : 229 (b) 229 : 153
(c) 117 : 101 (d) 101 : 117

SSC CHSL (Tier-1) 8.7.2019

25. दिया गया दंड आरेख पांच वर्षों, 2014 से 2018 के किसी कंपनी की आय और व्यय को दर्शाता है।

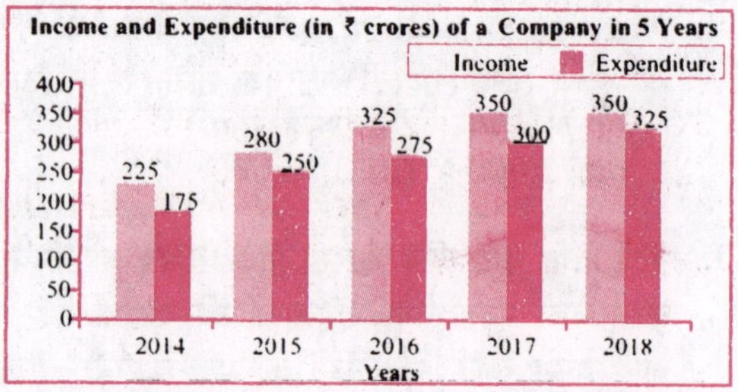

2014, 2016 और 2017 में कम्पनी के कुल व्यय और आय का अनुपात क्या है?

(a) 5 : 6 (b) 13 : 18
(c) 3 :4 (d) 15 : 16

SSC CHSL (Tier-1) 3.7.2019

26. दिया गया दंड आरेख दो स्कूलों में 6 वर्षों के दौरान विद्य की संख्या को दर्शाता है।

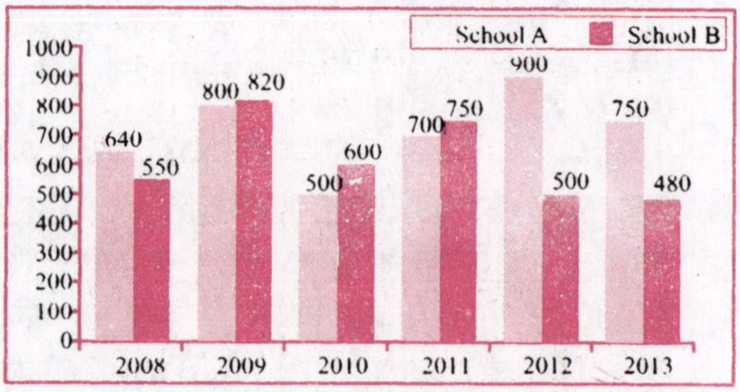

6 वर्षों की अवधि के दौरान स्कूल A और B में विद्यार्थिर कुल संख्या का औसत क्या है?

(a) 1331.67 (b) 1133.57
(c) 1221.67 (d) 1122.57

SSC CHSL (Tier-1) 8.7.2019

27. दिया गया दंड आरेख पांच वर्षों, 2014 से 2018 के किसी कंपनी की आय और व्यय को दर्शाता है।

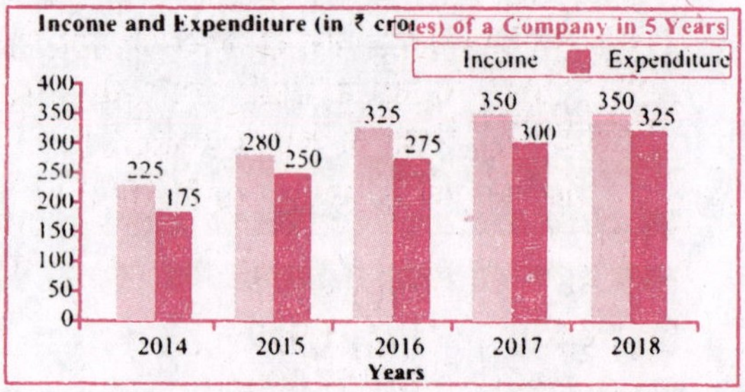

पांच वर्षों में कम्पनी की औसत आय 2015 में उसके व्‍ कितने प्रतिशत अधिक है?

(a) 24.2 (b) 24.6
(c) 20.8 (d) 22.4

SSC CHSL (Tier-1) 3.7.2019

28. दिया गया दंड आरेख (बार ग्राफ) छह वर्षों के लिए दो ; में विद्यार्थियों की संख्या को दर्शाता है।

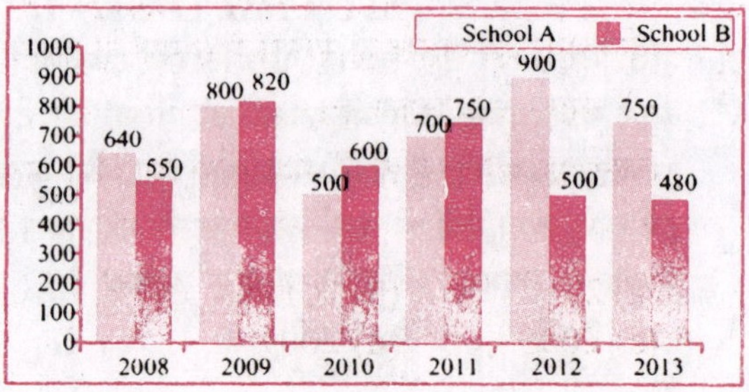

किस वर्ष में, स्कूल B के विद्यार्थियों की संख्या में प्र वृद्धि इसके पिछले वर्ष की तुलना में सबसे अधिक है

(a) 2009 (b) 2010
(c) 2011 (d) 2013

SSC CHSL (Tier-1) 8.7.2019

29. एक पुस्तक का सह-लेखन X और Y द्वारा किया गया है। भारत में और विदेश में पुस्तक का मूल्य क्रमशः ₹800 और ₹1000 है। भारत में और विदेश में बिक्री पर अर्जित स्वत्व शुल्क (रॉयल्टी) क्रमशः 10% और 16% है। स्वत्व शुल्क (रॉयल्टी) की धन-राशि को X और Y के बीच 5 : 3 के अनुपात में वितरित किया जाता है। दिया गया स्तंभ (बार ग्राफ) 2012-16 के दौरान भारत (A) और विदेश (B) में बिक्री पुस्तक की संख्या को दर्शाता है।

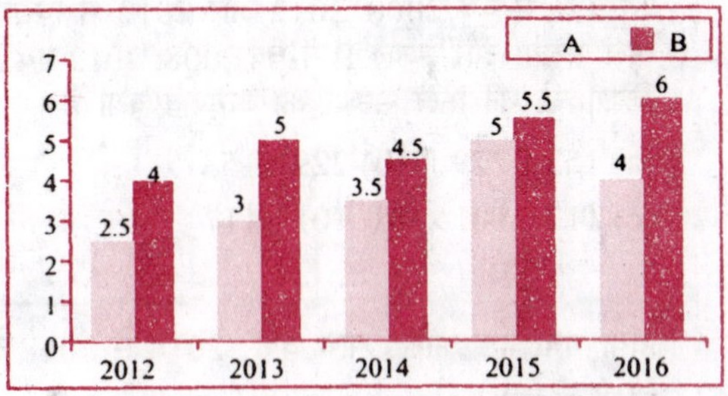

वर्ष 2012, 2013 और 2016 के दौरान लेखकों को भुगतान किये गये स्वत्व शुल्क (रॉयल्टी) की कुल राशि (₹ में) कितनी है?

(a) 2,71,600 (b) 2,73,400
(c) 2,72,000 (d) 3,16,000

SSC CHSL (Tier-1) 10.7.2019

30. नीचे दिया गया दण्ड आरेख पाँच विभिन्न कम्पनियों में कार्य करने वाले पुरुषों तथा महिलाओं को दर्शाता है।

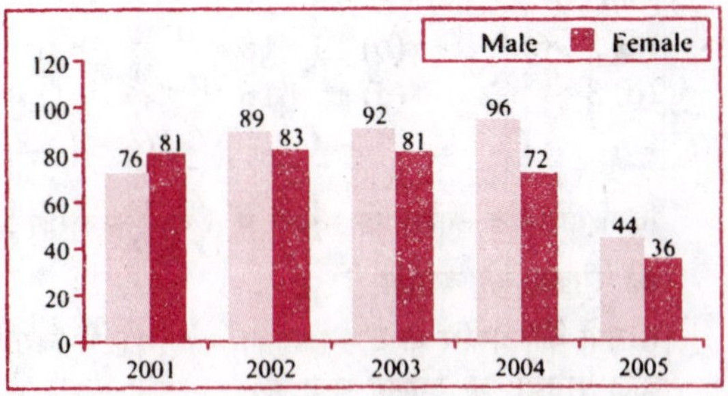

कार्य करने वाली महिलाओं की प्रति कम्पनी औसत संख्या कितनी है?

(a) 71.8 (b) 74.6
(c) 72.2 (d) 70.6

SSC MTS 6.8.2019

31. एक पुस्तक का सह-लेखन X और Y द्वारा किया गया है। भारत में और विदेश में पुस्तक का मूल्य क्रमशः ₹800 और ₹1000 है। भारत में और विदेश में बिक्री पर अर्जित स्वत्व शुल्क (रॉयल्टी) क्रमशः 10% और 16% है। स्वत्व शुल्क (रॉयल्टी) की धन-राशि को X और Y के बीच 5 : 3 के अनुपात में वितरित किया जाता है। दिया गया स्तंभ (बार ग्राफ) 2012-16 के दौरान भारत (A) और विदेश (B) में बिक्री पुस्तक की संख्या को दर्शाता है।

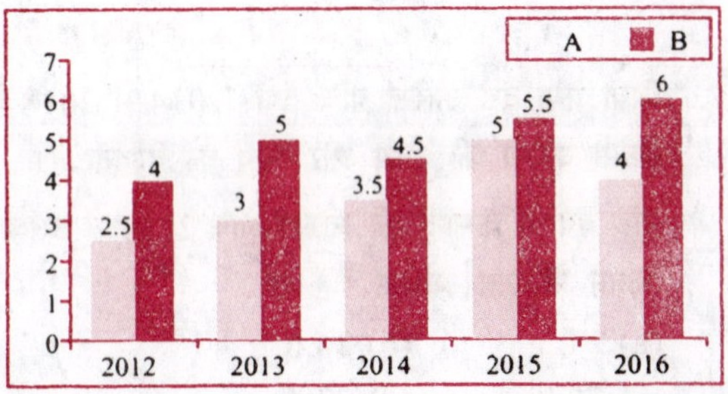

वर्ष 2014 और 2015 को मिलाकर X तथा Y द्वारा अर्जित स्वत्व शुल्क (रॉयल्टी) में कितना अंतर (रु. में) है?

(a) 57,550 (b) 41,250
(c) 41,340 (d) 57,000

SSC CHSL (Tier-1) 10.7.2019

32. नीचे दिया गया दंड आरेख पांच विभिन्न कम्पनियों में कार्य करने वाले पुरुषों तथा महिलाओं की संख्या को दर्शाता है। इन पांच कम्पनियों में कार्य करने वाले पुरुषों की कुल संख्या, इन पांच कम्पनियों में कार्य करने वाली महिलाओं की कुल संख्या से (लगभग) कितना प्रतिशत अधिक है?

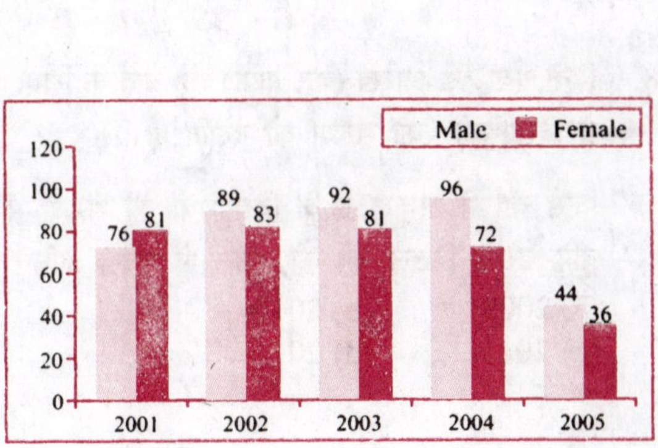

(a) 12.46% (b) 9.67%
(c) 8.52% (d) 14.67%

SSC MTS 6.8.2019

33. नीचे एक दण्ड चित्र में 3 वर्षों के लिए एक कॉलेज में तीन खेलों में भाग लेने वाले खिलाड़ियों की संख्या को दर्शाया गया है।

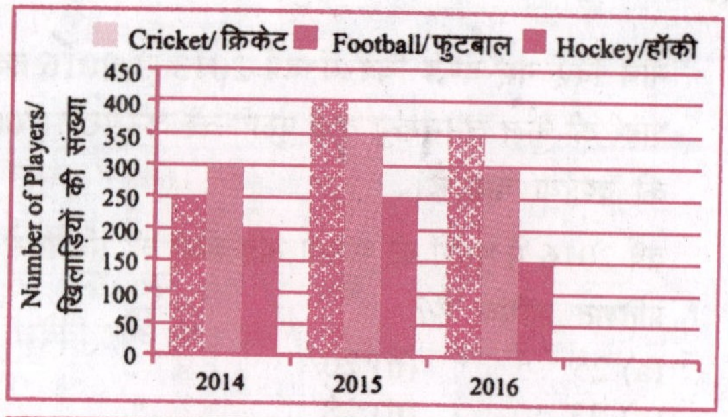

वर्ष 2015 के सभी खिलाड़ियों की संख्या वर्ष 2016 के सभी खिलाड़ियों की संख्या का कितना प्रतिशत है?

(a) 75 (b) 112.5
(c) 141.11 (d) 133.33

SSC CPO 5.7.2017

34. नीचे दिया गया दण्ड आरेख किसी शहर के विभिन्न मासों में 10 भिन्न दिनों के अधिकतम तापमान (^0C में) को दर्शाता है।

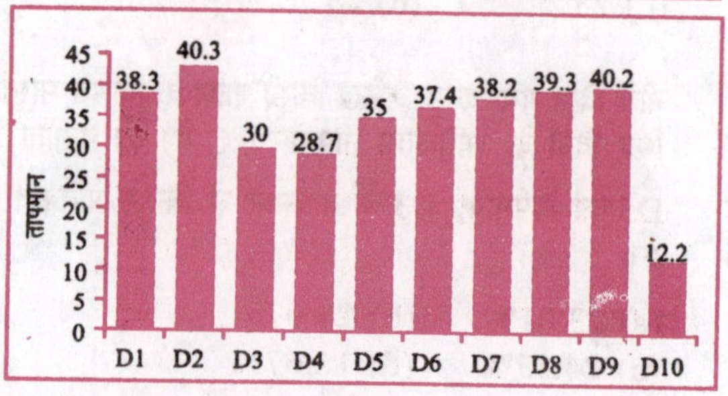

दिये गये दस दिनों के लिए प्रतिदिन शहर का औसत अधिकतम तापमान कितना है?

(a) 32.96 ^0C (b) 33.96 ^0C
(c) 35.96 ^0C (d) 44.96 ^0C

SSC MTS : 5.8.2019

35. नीचे दिये गये दण्ड चित्र में वर्ष 2013 से 2016 तक एक शहर की कुल जनसंख्या तथा पुरुषों की संख्या ('000 में) को दर्शाया गया है।

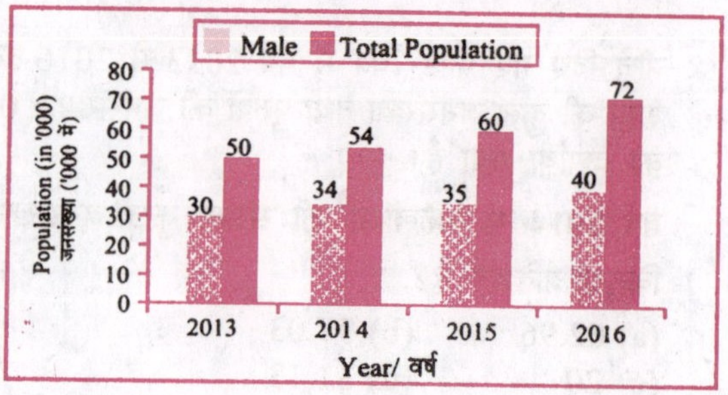

वर्ष 2015 में महिलाओं की संख्या वर्ष 2014 में महिलाओं की संख्या का कितना प्रतिशत है?

(a) 25 (b) 80
(c) 150 (d) 125

SSC CPO : 1.7.2017

36. नीचे दिया गया दण्ड आरेख किसी पार्किंग क्षेत्र में दस अलग-अलग दिनों में खड़ी कारों की संख्या को दर्शाता है।

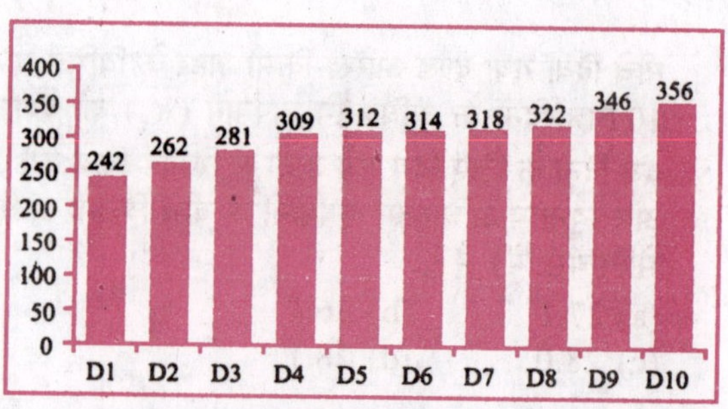

D3 तथा D8 में खड़ी कारों की संख्या का अंतर कितना है?

(a) 41 (b) 45
(c) 37 (d) 33

SSC MTS : 6.8.2019

37. नीचे एक दण्ड चित्र में 3 वर्षों के लिए एक कॉलेज में तीन खेलों में भाग लेने वाले खिलाड़ियों की संख्या को दर्शाया गया है।

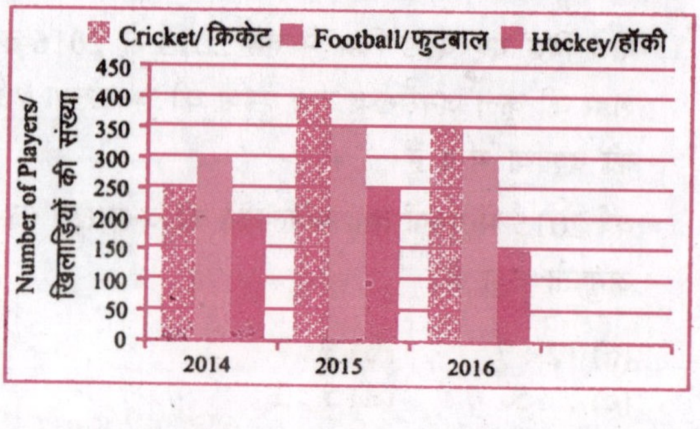

वर्ष 2015 में हॉकी खेलने वाले खिलाड़ियों की संख्या वर्ष 2015 में सभी तीनों खेल खेलने वाले खिलाड़ियों की संख्या का कितना प्रतिशत है?

(a) 25 (b) 33.33
(c) 22 (d) 28

SSC CPO : 5.7.2017

38. नीचे दिए गए दण्ड चित्र में वर्ष 2013 से 2016 तक एक शहर की कुल जनसंख्या तथा पुरुषों की जनसंख्या ('000 में) को दर्शाया गया है।

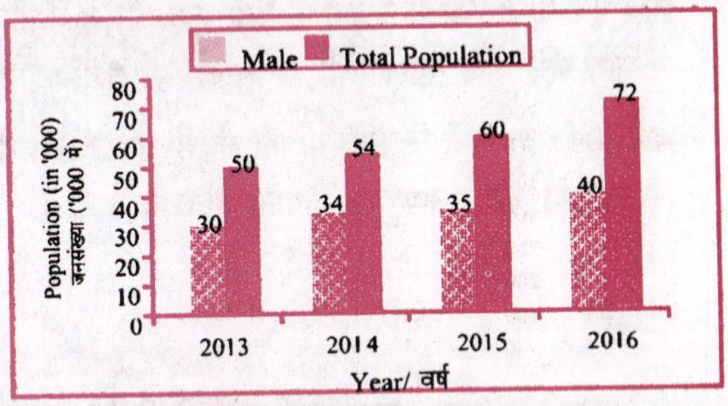

वर्ष 2016 में पुरुषों की संख्या महिलाओं की संख्या से कितने प्रतिशत अधिक है?

(a) 25 (b) 20
(c) 23 (d) 28

SSC CPO : 1.7.2017

39. नीचे दिया गया दण्ड आरेख किसी शहर के विभिन्न मासों में 10 भिन्न दिनों के अधिकतम तापमान (^{0}C में) को दर्शाता है।

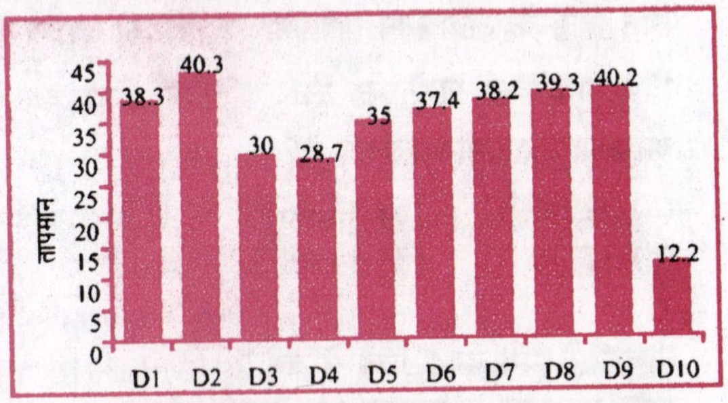

D5 का तापमान, D3 के तापमान से कितने प्रतिशत अधिक है?

(a) 23.01% (b) 21.07%
(c) 24.57% (d) 16.67%

SSC MTS : 5.8.2019

40. नीचे दिए गए दण्ड चित्र में वर्ष 2013 से 2016 तक एक शहर की कुल जनसंख्या तथा पुरुषों की जनसंख्या ('000 में) को दर्शाया गया है।

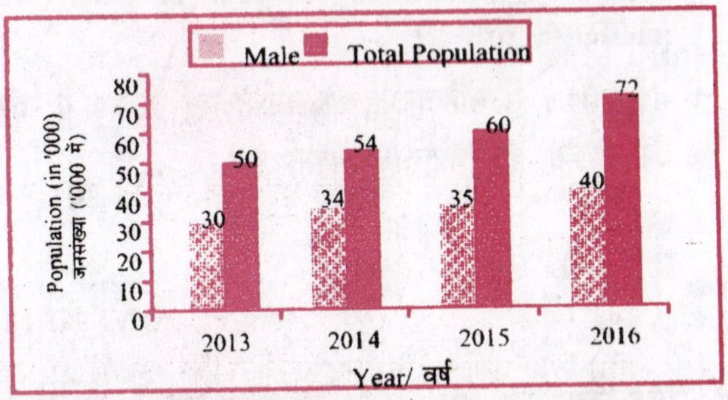

वर्ष 2014 में महिलाओं की संख्या कुल जनसंख्या का कितना प्रतिशत है?

(a) 62.96 (b) 37.03
(c) 20 (d) 31.13

SSC CPO : 1.7.2017

41. नीचे दिया गया दण्ड आरेख किसी शहर के विभिन्न मासों में 10 भिन्न दिनों के अधिकतम तापमान (^{0}C) को दर्शाता है। दस दिनों के लिए दिये गये डाटा से रिकार्ड किये गये उच्चतम और न्यूनतम अधिकतम तापमानों के बीच कितना अंतर (डिग्री सेल्सियस में) है?

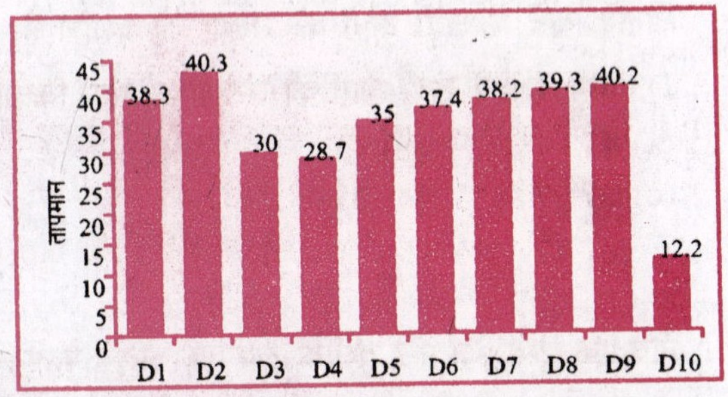

(a) 27.1 (b) 26.1
(c) 28.0 (d) 28.1

SSC MTS : 5.8.2019

42. नीचे दिए गए दण्ड चित्र में वर्ष 2013 से 2016 तक एक शहर की कुल जनसंख्या तथा पुरुषों की जनसंख्या ('000 में) को दर्शाया गया है।

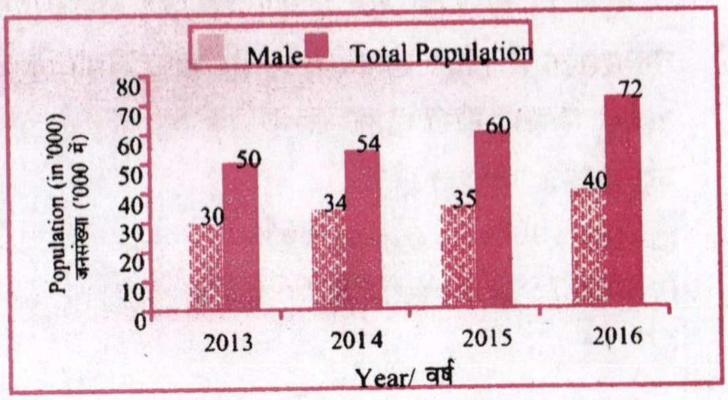

वर्ष 2015 में पुरुषों तथा महिलाओं की जनसंख्या का क्रमशः अनुपात क्या है?

(a) 12 : 7 (b) 5 : 7
(c) 7 : 5 (d) 5 : 3

SSC CPO : 1.7.2017

43. दिया गया दण्ड आरेख (बार ग्राफ) 2015-2018 के दौरान किसी देश के निर्यात (मिलियन रुपये में) को दर्शाता है, और इसके बाद दी गई तालिका एक वर्ष में निर्यात किये गये वस्तुओं के विवरण को दर्शाती है।

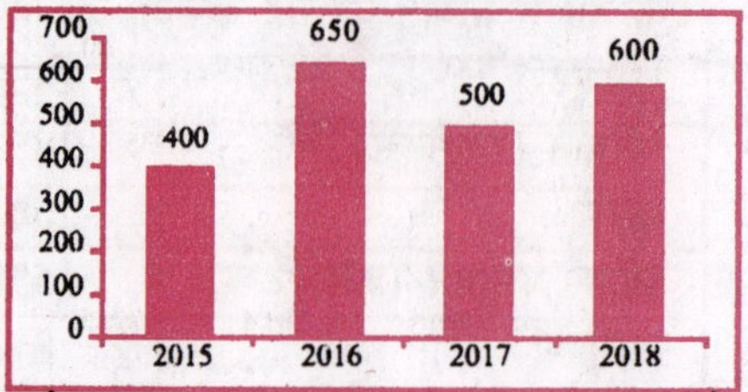

एक वर्ष में निर्यात की गई वस्तुओं का विवरण

कम्प्यूटर	24%
परिधान (गारमेंट्स)	28%
कपड़े	25%
सौंदर्य प्रसाधन (कॉस्मेटिक)	15%
आभूषण	8%

2015 और 2017 में कम्प्यूटरों के कुल निर्यात और 2015 एवं 2018 में सौंदर्य प्रसाधनों के कुल निर्यात का अनुपात क्या है?

(a) 27 : 20 (b) 8 : 5 (c) 36 : 25 (d) 3 : 2 ***SSC CHSL (Tier-1) 19.8.2019***

44. दिया गया दण्ड आरेख (बार ग्राफ) 2015-2018 के दौरान किसी देश के निर्यात (मिलियन रुपये में) को दर्शाता है, और इसके बाद दी गई तालिका एक वर्ष में निर्यात किये गये वस्तुओं के विवरण को दर्शाती है।

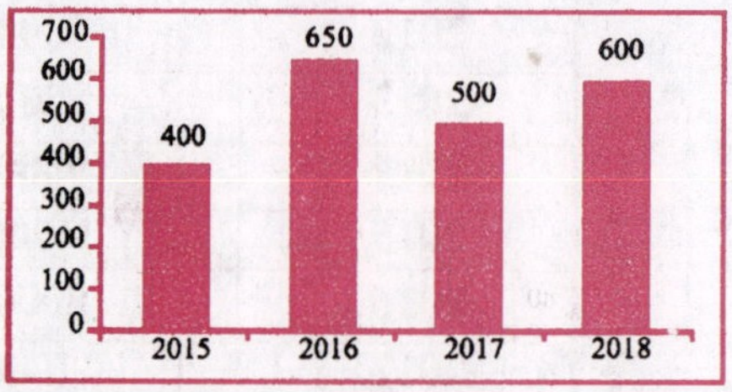

एक वर्ष में निर्यात की गई वस्तुओं का विवरण

कम्प्यूटर	24%
परिधान (गारमेंट्स)	28%
कपड़े	25%
सौंदर्य प्रसाधन (कॉस्मेटिक)	15%
आभूषण	8%

चार वर्ष में सौंदर्य प्रसाधनों का कुल निर्यात 2015 और 2018 में परिधानों और आभूषणों के कुल निर्यात से लगभग कितने प्रतिशत कम है?

(a) 12.2 (b) 10.4 (c) 9.8 (d) 11.6 ***SSC CHSL (Tier-1) 19.8.2019***

45. नीचे दिया गया दंड आरेख किसी पार्किंग क्षेत्र में दस अलग-अलग दिनों में खड़ी कारों की संख्या को दर्शाता है?

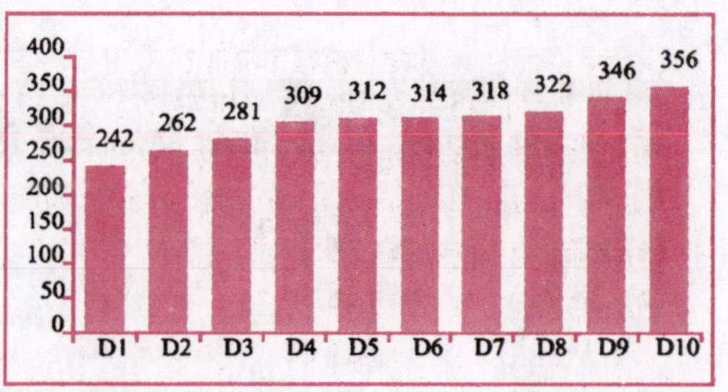

D10 में खड़ी कारों की संख्या D1 में खड़ी कारों की संख्या से कितनी प्रतिशत (दो दशमलव स्थान तक) अधिक है?

(a) 57.11% (b) 52.11%
(c) 42.11% (d) 47.11%

SSC CHSL (Tier-1) 10.3.2018

46. निम्नलिखित दंड आरेख 2013-2018 के दौरान किसी देश द्वारा निर्यात किये गये अनाज की मात्रा (मिलियन किग्रा. में) दर्शाता है। दी गई अवधि में अधिकतम निर्यात न्यूनतम निर्यात में कितना प्रतिशत अधिक है?

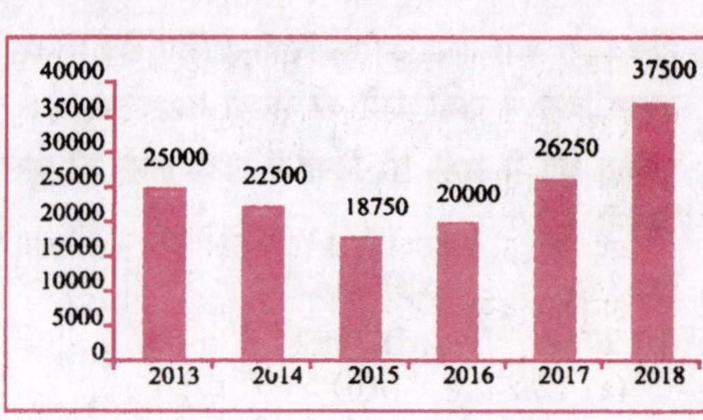

(a) 100% (b) 50%
(c) 75% (d) 66.67%

SSC MTS : 6.8.2019

47. दिया गया दंड आरेख (बार ग्राफ) 2015-2018 के दौरान किसी देश के निर्यात (मिलियन रुपये में) को दर्शाता है, और इसके बाद दी गई तालिका एक वर्ष में निर्यात किये गये वस्तुओं के विवरण को दर्शाती है।

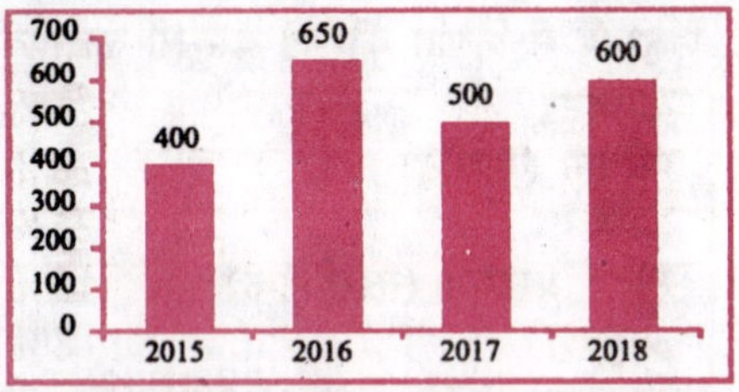

एक वर्ष में निर्यात की गई वस्तुओं का विवरण

कम्प्यूटर	24%
परिधान (गारमेंट्स)	28%
कपड़े	25%
सौंदर्य प्रसाधन (कॉस्मेटिक)	15%
आभूषण	8%

2015, 2016 और 2018 में आभूषणों का कुल निर्यात, 2017 और 2018 में कपड़ों के कुल निर्यात का कितना प्रतिशत है?

(a) 50 (b) 45 (c) 48 (d) 42

SSC CHSL (Tier-1) 19.8.2019

48. नीचे दिये गये दंड आरेख में वर्ष 2010-2018 के दौरान किसी कम्पनी के लाभ (हजार रुपये के गुणांक में) को दर्शाया गया है। वर्ष 2015-2017 का औसत लाभ 2012 के लाभ से कितना प्रतिशत अधिक है?

वर्ष	फर्म का लाभ
2010	7500
2011	7000
2012	8000
2013	8500
2014	9500
2015	11000
2016	8000
2017	11000
2018	11500

(a) 33.33 (b) 25
(c) 50 (d) 12.5

SSC CHSL (Tier-1) 16.8.2019

49. नीचे दिया गयादण्ड आरेख किसी शहर के विभिन्न मासों में 10 भिन्न दिनों के अधिकतम तापमान (^0C) को दर्शाता है।

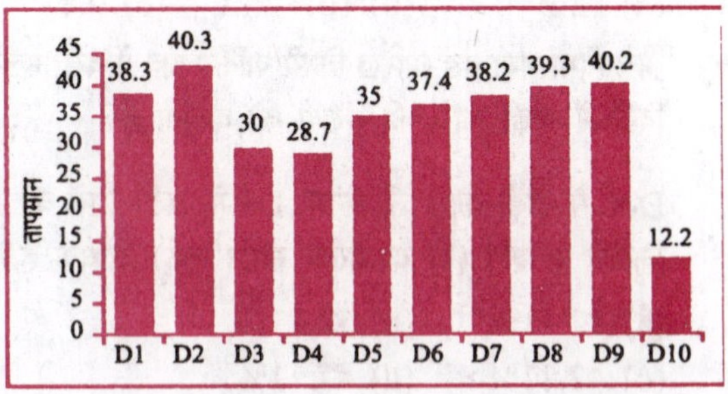

दस दिनों के लिए दिये गये डाटा से रिकॉर्ड किये गये उच्चतम और न्यूनतम तापमानों के बीच कितना अंतर (डिग्री सेल्सियस में) है?

(a) 27.1 (b) 26.1
(c) 28.0 (d) 28.1

SSC MTS : 5.8.2019

50. नीचे दिया गया दण्ड आरेख किसी पार्किंग क्षेत्र में दस अलग-अलग दिनों में खड़ी कारों की संख्या को दर्शाता है।

पार्किंग क्षेत्र में सभी 10 दिनों में खड़ी कारों की कुल संख्या कितनी है?

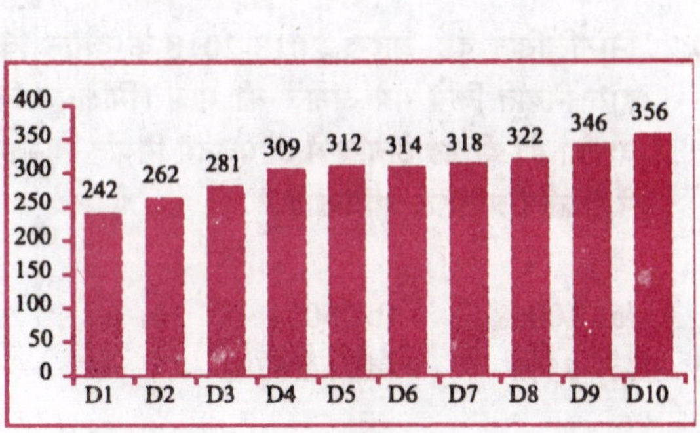

(a) 3882 (b) 3462
(c) 3062 (d) 3862

SSC MTS : 6.8.2019

51. यह दण्ड आरेख विभिन्न कंपनियों A, B, C, D, E & F की एक माह में मोबाइल हैंडसेट के उत्पादन और बिक्री को दर्शाता है।

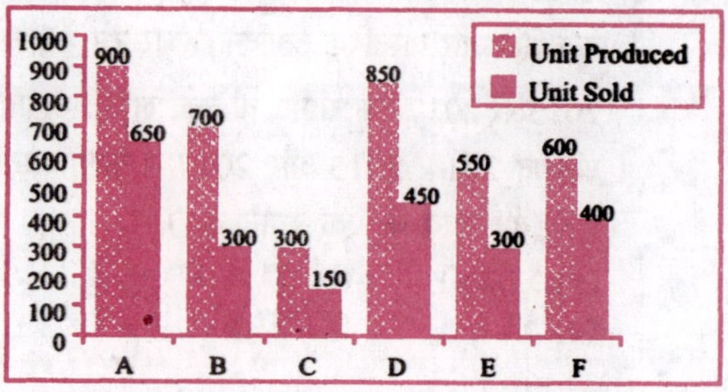

कंपनी A, B और C द्वारा कुल मिलाकर बिक्री की गई यूनिटें, A, B और C द्वारा मिलाकर उत्पादित कुल यूनिटों का लगभग कितना प्रतिशत (निकटतम् पूर्णांक तक)?

(a) 58 (b) 50

(c) 76 (d) 62

SSC MTS : 9.8.2019

52. सामने दिया गया दण्ड आरेख 2013-2017 के दौरान सीमेंट के लक्षित और वास्तविक उत्पादन (हजार टन में) को दर्शाता है।

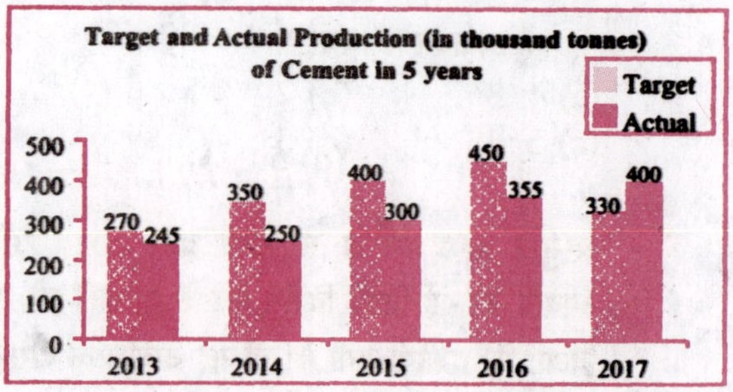

वर्ष 2014 और 2016 में सीमेंट के कुल लक्षित उत्पादन और 2013, 2016 और 2017 में कुल वास्तविक उत्पादन का अनुपात है–

(a) 9 : 10 (b) 7 : 9

(c) 4 : 5 (d) 3 : 4

SSC CHSL (Tier-1) 21.8.2019

53. सामने दिया गया दंड आरेख पाँच विभिन्न कंपनियों में कार्य करने वाले पुरुषों तथा महिलाओं की संख्या को दर्शाता है। C2 तथा C3 कंपनियों में कार्य करने वाले पुरुषों की कुल संख्या तथा C1 तथा C5 कंपनियों में कार्य करने वाली महिलाओं की कुल संख्या का अनुपात कितना है?

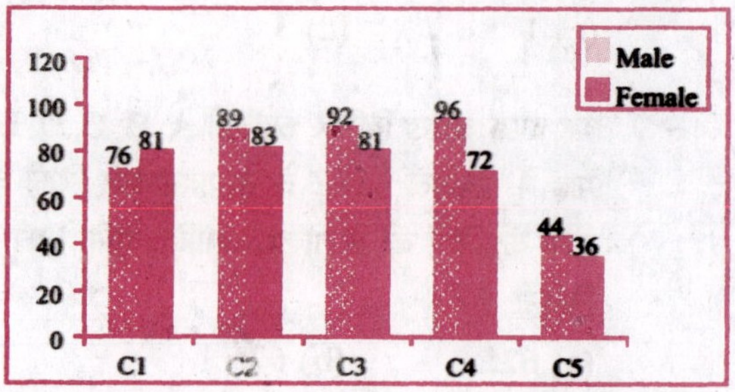

(a) 181 : 117 (b) 182 : 119

(c) 183 : 124 (d) 171 : 136

SSC MTS : 6.8.2019

54. यह दंड आरेख विभिन्न कंपनियों A, B, C, D, E & F की एक माह में मोबाइल हैंडसेट के उत्पादन और बिक्री को दर्शाता है।

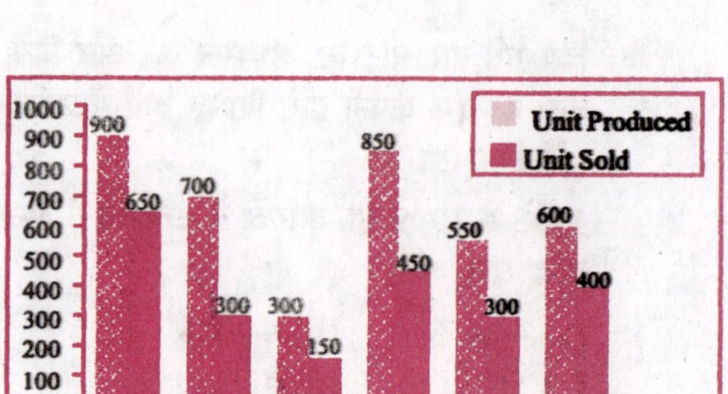

किस कंपनी की बिक्री का प्रतिशत, उसके उत्पादन के संदर्भ में, सबसे अधिक है?

(a) B (b) A

(c) E (d) D

SSC MTS : 9.8.2019

55. सामने दिया गया दण्ड आरेख 2013-2017 के दौरान सीमेंट के लक्षित और वास्तविक उत्पादन (हजार टन में), को दर्शाता है। 2013 से 2017 तक सीमेंट के कुल लक्षित उत्पादन का कितना प्रतिशत 2014, 2015 और 2017 में कुल वास्तविक उत्पादन है? (दशमलव के एक स्थान तक)

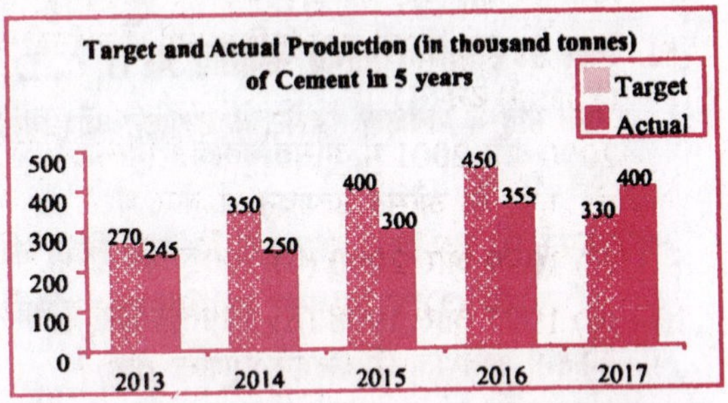

(a) 52.2 (b) 51.4
(c) 53.2 (d) 52.8

SSC CHSL (Tier-1) 21.8.2019

56. सामने दिये गये दंड आरेख में वर्ष 2011-2018 के दौरान किसी बड़े फार्म के गेहूँ उत्पादन (टन में) को दर्शाया गया है। अवधि के औसत उत्पादन की तुलना में दिये गये कितने वर्षों में गेहूँ उत्पादन अधिक था?

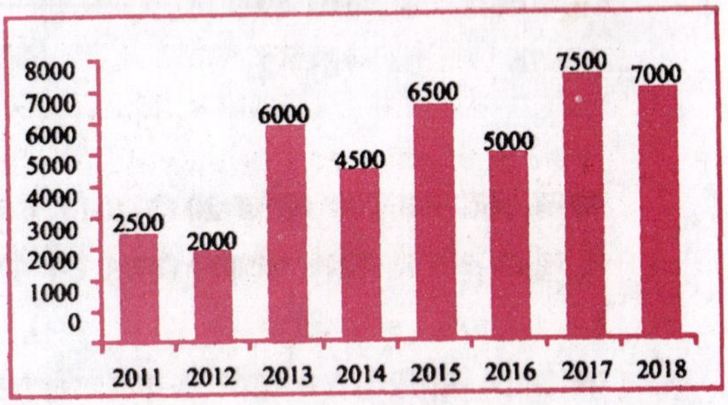

(a) 4 (b) 2
(c) 3 (d) 5

SSC CHSL (Tier-1) 16.8.2019

57. सम्मुख दण्ड आरेख में भारत द्वारा 2014-2018 के दौरान आयात की गई किसी विशेष मद के आयातों की मात्रा (मिलियन किग्रा. में) दर्शाया गयी है। दी गई अवधि के दौरान उक्त मद की आयात की गई मात्रा, आयातों की समग्र औसत से कितने वर्ष कम है?

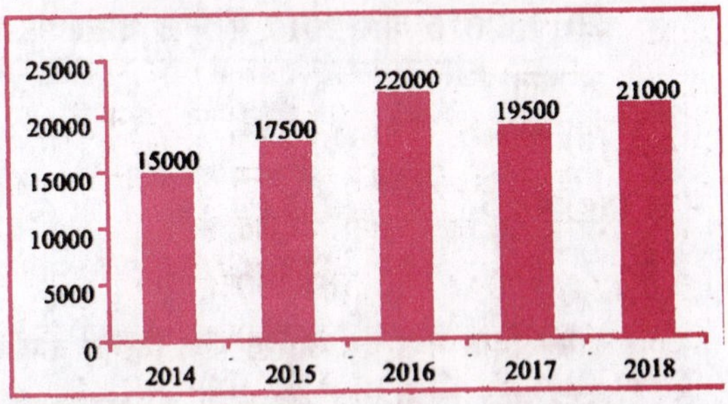

(a) 4 (b) 2
(c) 1 (d) 3

SSC CHSL (Tier-1) 14.8.2019

58. यह दण्ड आरेख विभिन्न कंपनियों A, B, C, D, E & F की एक माह में मोबाइल हैंडसेट के उत्पादन और बिक्री को दर्शाता है। सभी कंपनियों को मिलाकर उत्पादित यूनिटों की औसत संख्या कितनी है?

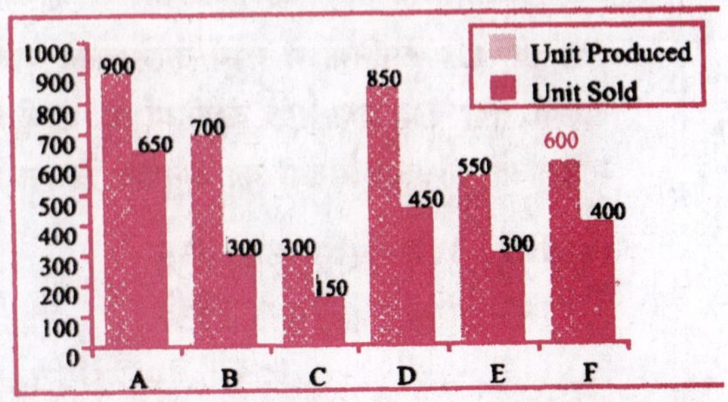

(a) 625 (b) 675
(c) 650 (d) 600

SSC CHSL (Tier-1) 9.8.2019

59. दिये गये बार चार्ट का अध्ययन करें और दिये गये प्रश्न का उत्तर दें। एक कंपनी द्वारा विभिन्न वर्षों में उर्वरकों का उत्पादन (10,000 टन में)

1998 से 1999 तक उर्वरकों के उत्पादन में अनुमानित प्रतिशत वृद्धि ज्ञात करें।

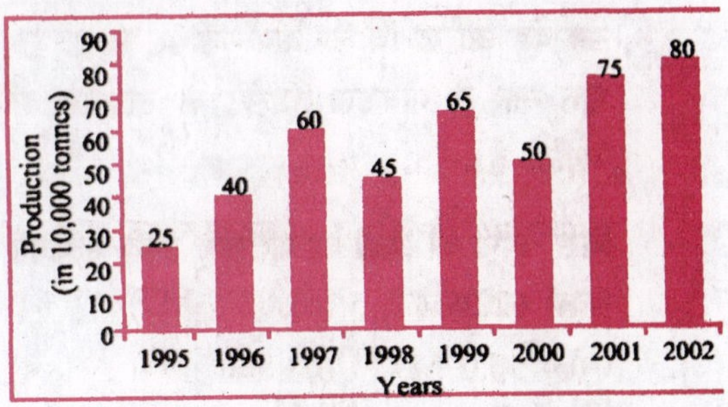

(a) 48.4% (b) 44.4%
(c) 50% (d) 40%

SSC CHSL (Tier-1) 20.10.2020

60. दिये गये बार चार्ट का अध्ययन करें और दिये गये प्रश्न का उत्तर दें। एक कंपनी द्वारा विभिन्न वर्षों में उर्वरकों का उत्पादन (10,000 टन में)

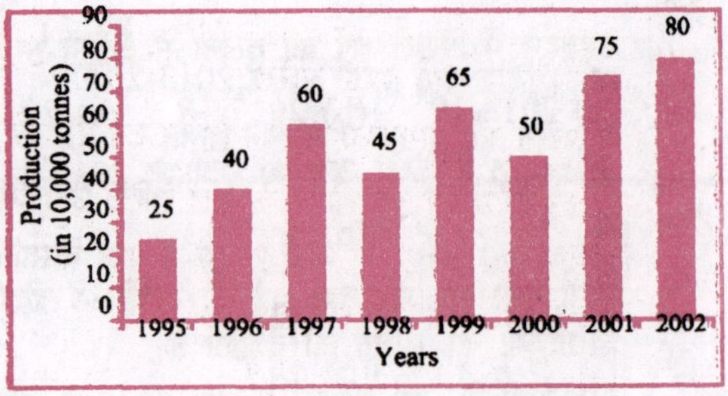

2000 और 2001 में औसत उत्पादन निम्नलिखित में से किस वर्ष युग्म के औसत उत्पादन से कम था?

(a) 1999 और 2000 (b) 2001 और 2002

(c) 1997 और 1998 (d) 1996 और 1997

SSC CHSL (Tier-1) 20.10.2020

61. निम्नलिखित दंड आरेख (बार चार्ट) छह विभिन्न देशों की जन्म दर (प्रति हजार) दर्शाता है। दंड आरेख (बार चार्ज) का अध्ययन करें और नीचे दिये गये प्रश्न का उत्तर दें।

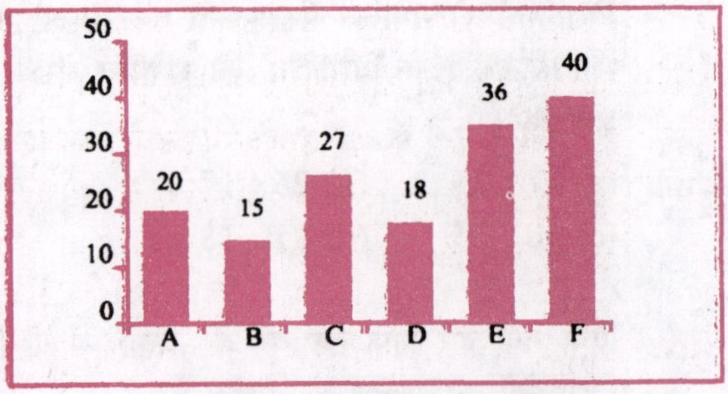

किस देश की जन्म दर (birth rate) देश (Country) D की तुलना में ठीक 50% अधिक है?

(a) देश F (b) देश E

(c) देश A (d) देश C

SSC CHSL (Tier-1) 21.10.2020

62. निम्नलिखित देड आरेख (बार चार्ट) छह विभिन्न देशों की जन्म दर (प्रति हजार) दर्शाता है। दंड आरेख (बार चार्ट) का अध्ययन करें और नीचे दिये गये प्रश्न का उत्तर दें।

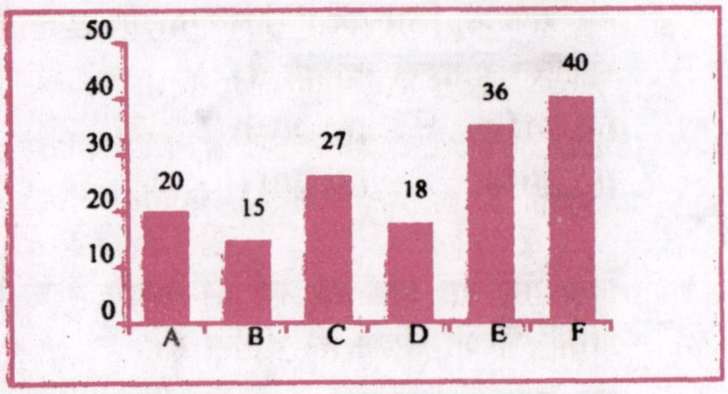

देश (Coluntry) E की जन्म दर (birth rate), देश A की जन्म दर का कितना प्रतिशत है?

(a) 120% (b) 150%

(c) 180% (d) 160%

SSC CHSL (Tier-1) 21.10.2020

ग्राफ का अध्ययन कर निम्नलिखित के उत्तर दें –

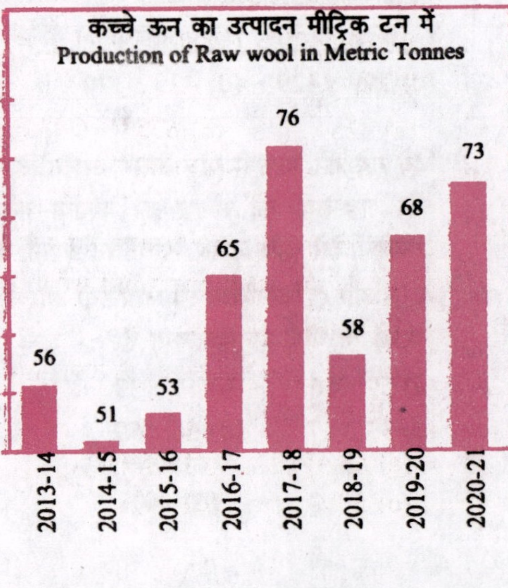

63. कच्चे ऊन के उत्पादन में उच्चतम वृद्धि का वर्ष था–

(a) 2017-18 (b) 2020-21

(c) 2016-17 (d) 2019-20

PET : 24.8.2021

64. पहले चार वर्षों के उत्पादन की तुलना में अन्तिम चार वर्षों में कच्चे ऊन का उत्पादन .... % बढ़ गया।

(a) 26.8 (b) 22.2

(c) 19.8 (d) 25.0

65. आठ वर्षों के दौरान औसत उत्पादन था?

(a) 62.2 MT (b) 62.5 MT

(c) 50.0 MT (d) 52.8 MT

66. उत्पादन में पिछले वर्ष की तुलना में अधिकतम प्रतिशत घटत किस वर्ष रही?

(a) 2018-19 (b) 2017-18 (c) 2013-14 (d) 2014-15

67. 2014-15 में कच्चे ऊन का उत्पादन 2019-20 के उत्पादन का .... था।

(a) $\frac{1}{3}$ (b) $\frac{2}{3}$ (c) $\frac{1}{2}$ (d) $\frac{3}{4}$

68. दिया गया बार ग्राफ छह वर्ष की अवधि में दो विद्यालयों के विद्यार्थियों की संख्या को दर्शाता है।

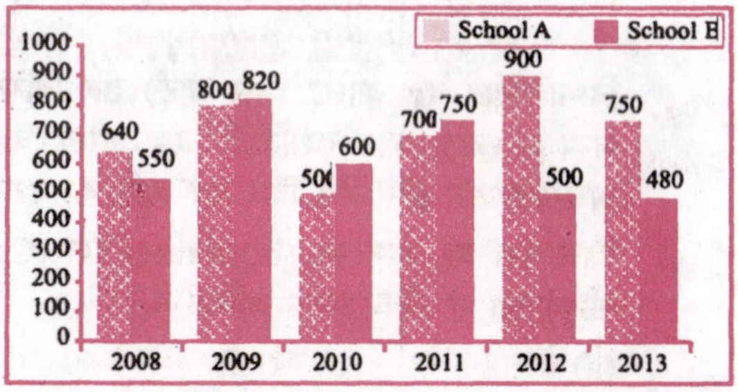

बार ग्राफ में, वर्ष 2009, 2011, 2013 में विद्यालय A के विद्यार्थियों की समेकित संख्या और वर्ष 2008, 2012, 2013 में विद्यालय B के विद्यार्थियों की समेकित संख्या का अनुपात ज्ञात करें।

(a) 17 : 25 (b) 25 : 17

(c) 18 : 25 (d) 25 : 18

SSC CAPF : 23.11.2020

69. दिया गया बार ग्राफ छह वर्ष की अवधि में दो विद्यालयों के विद्यार्थियों की संख्या को दर्शाता है।

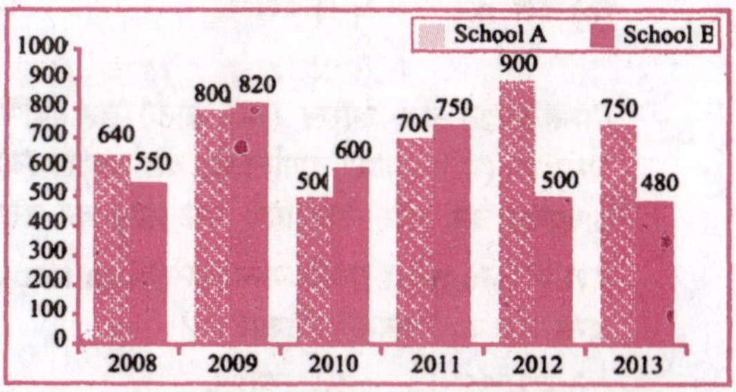

बार ग्राफ में, किस वर्ष विद्यालय A और B के विद्यार्थियों की संयोजित योगफल न्यूनतम है।

(a) 2012 (b) 2010

(c) 2013 (d) 2011

SSC CAPF : 23.11.2020

70. दिया गया बार ग्राफ छह वर्ष की अवधि में दो विद्यालयों के विद्यार्थियों की संख्या को दर्शाता है।

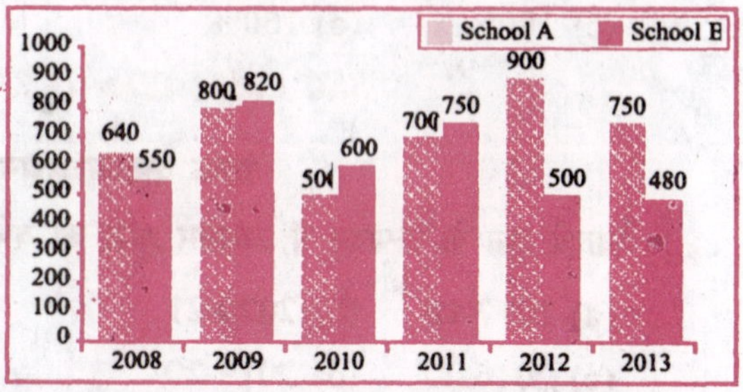

बार ग्राफ में विद्यालयों A में विद्यार्थियों की कुल संख्या के औसत और विद्यालय B में विद्यार्थियों की कुल संख्या के औसत का अनुपात ज्ञात करें।

(a) 370 : 429 (b) 429 : 99

(c) 799 : 429 (d) 429 : 370

SSC CAPF : 23.11.2020

71. दिये गये बार ग्राफ में पाँच अलग-अलग विद्यार्थियों में लड़के और लड़कियों को संख्या को दर्शाया गया है। ग्राफ का अध्ययन करें और उससे सम्बन्धित प्रश्नों का उत्तर दें।

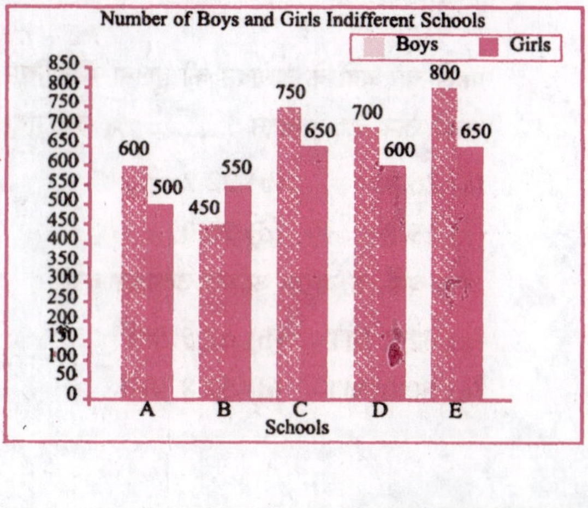

A, B और C विद्यार्थियों की लड़कियों और सभी विद्यालयों के लड़कों के बीच अनुपात क्या है?

(a) 59 : 66 (b) 17 : 33

(c) 33 : 17 (d) 66 : 59

SSC CAPF : 23.11.2020

72. दिये गये बार ग्राफ में पाँच अलग-अलग विद्यालयों के लड़के और लड़कियों की संख्या को दर्शाया गया है। ग्राफ का अध्ययन करें और उससे सम्बन्धित प्रश्न का उत्तर दें।

विद्यालयों A, B, C, D और E में विद्यार्थियों (लड़कियों और लड़कों) की औसत संख्या ज्ञात करें।

(a) 625 (b) 596

(c) 660 (d) 1250

SSC CAPF : 23.11.2020

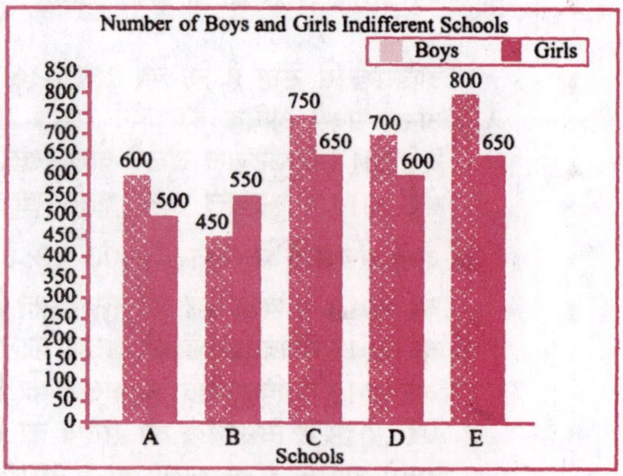

73. दिये गये ग्राफ में पांच अलग-अलग विद्यालयों में लड़के और लड़कियों की संख्या को दर्शाया गया है। ग्राफ का अध्ययन करें और उससे सम्बन्धित प्रश्न का उत्तर दें।

किस विद्यालय में लड़कों का प्रतिशत 55% से अधिक है?

(a) B (b) A

(c) C (d) E

SSC CAPF : 24.11.2020

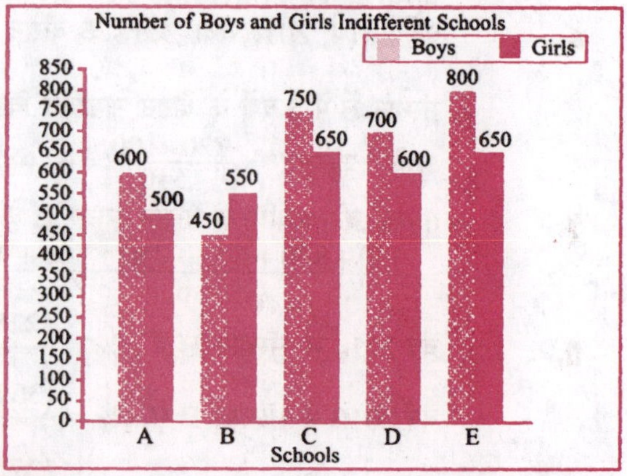

उत्तरमाला

1. (c)	2. (c)	3. (a)	4. (b)	5. (d)	6. (c)	7. (b)	8. (c)	9. (b)
10. (d)	11. (c)	12. (d)	13. (d)	14. (a)	15. (a)	16. (b)	17. (d)	18. (a)
19. (a)	20. (c)	21. (c)	22. (c)	23. (d)	24. (b)	25. (a)	26. (a)	27. (d)
28. (a)	29. (d)	30. (d)	31. (d)	32. (a)	33. (d)	34. (b)	35. (d)	36. (a)
37. (a)	38. (a)	39. (d)	40. (b)	41. (d)	42. (c)	43. (c)	44. (b)	45. (d)
46. (a)	47. (c)	48. (b)	49. (d)	50. (a)	51. (a)	52. (c)	53. (a)	54. (b)
55. (d)	56. (a)	57. (b)	58. (c)	59. (b)	60. (b)	61. (d)	62. (c)	63. (a)
64. (b)	65. (b)	66. (a)	67. (d)	68. (b)	69. (b)	70. (d)	71. (b)	72 (d)
73. (d)								

अभ्यास प्रश्नों के हल

1. वर्ष 2013 और 2014 में भारत में बिकी पुस्तकों की संख्या = (3 + 3.5) × 100 = 6.5 × 100 = 650

∴ 650 पुस्तकों का विक्रय मूल्य = ₹650 × 800

∴ 650 पुस्तकों पर कुल रायल्टी = ₹ $650 \times 800 \times \frac{10}{100}$

∴ X द्वारा प्राप्त रायल्टी = ₹$650 \times 800 \times \frac{10}{100} \times \frac{5}{8}$ = ₹32500

वर्ष 2015 और 2016 में विदेश में बिकी पुस्तकों की संख्या = (5.5 + 6) × 100 = 11.5 × 100 = 1150

∴ Y द्वारा प्राप्त रॉयल्टी = $1150 \times 1000 \times \frac{16}{100} \times \frac{3}{8}$ = ₹69000

∴ अभीष्ट अनुपात = 32500 : 69000 = 65 : 138

2. वर्ष 2012 से 2015 के दौरान भारत में बेची गयी पुस्तकों की कुल संख्या = $(2.5 + 3 + 3.5 + 5) \times 100$
$= 14 \times 100 = 1400$

3. दण्डारेख से स्पष्ट है कि वर्ष 2015-16 में उत्तीर्ण छात्रों की संख्या और अनुत्तीर्ण छात्रों की संख्या के बीच का अन्तर सबसे अधिक है।

4. वर्ष 2016 में फुटबाल खेलने वाले खिलाड़ियों की संख्या = 250
वर्ष 2014 में फुटबाल खेलने वाले खिलाड़ियों की संख्या = 300
$\therefore$ दोनों संख्याओं में अन्तर = 300 – 250 = 50, अतः अभीष्ट प्रतिशत कमी $= \frac{50 \times 100}{300} = 16.66\%$

5. वर्ष 2010 में विद्यार्थियों की संख्या का निरपेक्ष अन्तर = 600 – 500 = 100
वर्ष 2011 में विद्यार्थियों की संख्या का निरपेक्ष अन्तर = 750 – 700 = 50
वर्ष 2012 में विद्यार्थियों की संख्या का निरपेक्ष अन्तर = 900 – 500 = 400
वर्ष 2013 में विद्यार्थियों की संख्या का निरपेक्ष अन्तर = 750 – 480 = 270
$\therefore$ सबसे अधिक अन्तर वाला वर्ष = 2012

6. वर्ष 2014, 2016 तथा 2018 के दौरान संस्थान A में नामांकित विद्यार्थियों की कुल संख्या
= 160 + 300 + 260 = 720
संस्थान B में 5 वर्षों के दौरान नामांकित विद्यार्थियों की कुल संख्या = 225 + 360 + 375 + 325 + 225 = 1510
$\therefore$ अभीष्ट प्रतिशत $= \frac{720 \times 100}{1510} = 47.68\% = 47.7\%$

7. 6 वर्षों की अवधि के दौरान स्कूल B के विद्यार्थियों की औसत संख्या
$= \frac{550 + 820 + 600 + 750 + 500 + 480}{6} = \frac{3700}{6} = 616.67$

8. वर्ष 2014 में संस्थान B में $x\% = \frac{(225 - 160) \times 100}{160} = 40.63\%$

वर्ष 2015 में संस्थान B में $x\% = \frac{(360 - 280) \times 100}{280} = \frac{80 \times 100}{280} = 28.57\%$

वर्ष 2016 में संस्थान B में $x\% = \frac{(375 - 300) \times 100}{300} = \frac{75 \times 100}{300} = 25\%$

वर्ष 2017 में संस्थान B में $x\% = \frac{(325 - 250) \times 100}{250} = \frac{75 \times 100}{250} = 30\%$, अतः अभीष्ट वर्ष = 2015

9. वर्ष 2015, 2017 और 2018 में कम्पनी की कुल आय = (280 + 350 + 350) करोड़ = ₹ 980 करोड़
5 वर्षों में कुल व्यय = (175 + 250 + 275 +300 + 325) करोड़ = ₹1325करोड़
दोनों में अन्तर = (1325 – 980) करोड़ = ₹ 345 करोड़
$\therefore$ अभीष्ट प्रतिशत कमी $= \frac{345 \text{ करोड़} \times 100}{1325 \text{ करोड़}} = 26.03\% = 26\%$

10. वर्ष 2015 और 2018 में संस्थान A में नामांकित विद्यार्थियों की कुल सुख्या = 280 + 260 = 540
वर्ष 2014 और 2016 में संस्थान B में नामांकित विद्यार्थियों की कुल संख्या = 225 + 375 = 600
$\therefore$ अभीष्ट अनुपात = 540 : 600 = 9 : 10

11. सभी वर्षों के दौरान स्कूल A के कुल विद्यार्थियों की संख्या = 640 + 800 + 500 + 700 + 900 + 750 = 4290
सभी वर्षों के दौरान स्कूल B के कुल विद्यार्थियों की संख्या = 550 + 820 + 600 + 750 + 500 + 480 = 3700
$\therefore$ B : A = 3700 : 4290 = 370 : 429

12. शैक्षणिक वर्ष 2013-2014 में उत्तीर्ण संख्या और अनुत्तीर्ण संख्या में अन्तर = 150 – 100 = 50
शैक्षणिक वर्ष 2014 – 2015 में अन्तर = 200 – 100 = 100
शैक्षणिक वर्ष 2015 – 2016 में अन्तर = 300 – 50 = 250
शैक्षणिक वर्ष 2016 – 2017 में अन्तर = 250 – 100 = 150
$\therefore$ सबसे कम अन्तर वाला शैक्षणिक वर्ष = 2013 – 2014

13. 5 शैक्षणिक वर्षों में उत्तीर्ण होने वाले विद्यार्थियों की औसत संख्या $= \frac{150+200+300+250+300}{5} = \frac{1200}{5} = 240$

14. सभी 5 शैक्षणिक वर्षों के दौरान अनुत्तीर्ण हुए कुल विद्यार्थियों की संख्या = 100 + 100 + 50 + 100 + 100 = 450

उत्तीर्ण कुल विद्यार्थियों की संख्या = 150 + 200 + 300 + 250 + 300 = 1200

∴ कुल नामांकित संख्या = 450 + 1200 = 1650

∴ अनुत्तीर्ण विद्यार्थियों का प्रतिशत $= \frac{450 \times 100}{1650} = 27.27\% \Rightarrow 27\%$

15. पिछले वर्ष की तुलना में वर्ष 2015 में व्यय में प्रतिशत वृद्धि $= \frac{(250-175)\times 100}{175} = \frac{75\times 100}{175} = 42.86\%$

वर्ष 2016 में व्यय में प्रतिशत वृद्धि $= \frac{(275-250)\times 100}{250} = \frac{25\times 100}{250} = 10\%$

वर्ष 2017 में व्यय में प्रतिशत वृद्धि $= \frac{(300-275)\times 100}{275} = \frac{25\times 100}{275} = 9.09\%$

वर्ष 2018 में व्यय में प्रतिशत वृद्धि $= \frac{(325-300)\times 100}{300} = \frac{25\times 100}{300} = 8.33\%$, अतः अभीष्ट वर्ष = 2015

16. वर्ष 2015, 2016 तथा 2018 के दौरान संस्थान B में नामांकित छात्रों की औसत संख्या

$$= \frac{360+375+225}{3} = \frac{960}{3} = 320$$

वर्ष 2017 में संस्थान A में नामांकित छात्रों की संख्या = 250

दोनों में अन्तर = 320 – 250 = 70, अतः अभीष्ट प्रतिशत $= \frac{70\times 100}{250} = 28\%$

17. वर्ष 2008 में स्कूल A और B में विद्यार्थियों की कुल संख्या = 640 + 550 = 1190

वर्ष 2009 में स्कूल A और B में विद्यार्थियों की कुल संख्या = 800 + 820 = 1620

वर्ष 2010 में स्कूल A और B में विद्यार्थियों की कुल संख्या = 500 + 600 = 1100

वर्ष 2011 में स्कूल A और B में विद्यार्थियों की कुल संख्या = 700 + 750 = 1450

वर्ष 2012 में स्कूल A और B में विद्यार्थियों की कुल संख्या = 900 + 500 = 1400

∴ वर्ष 2009 में विद्यार्थियों की संख्या में वृद्धि = 1620 – 1190 = 430

∴ वर्ष 2009 में विद्यार्थियों की संख्या में % वृद्धि $= \frac{430\times 100}{1190} = 36.13\%$

वर्ष 2011 में विद्यार्थियों की संख्या में वृद्धि = 1450 – 1100 = 350

∴ वर्ष 2011 में विद्यार्थियों की संख्या में % वृद्धि $= \frac{350\times 100}{1100} = 31.81\%$, अतः अभीष्ट वर्ष = 2009

18. शैक्षणिक वर्ष 2013-14 में विद्यार्थियों की कुल संख्या = 150 + 100 = 250

शैक्षणिक वर्ष 2014-15 में विद्यार्थियों की कुल संख्या = 200 + 100 = 300

शैक्षणिक वर्ष 2015-16 में विद्यार्थियों की कुल संख्या = 300 + 50 = 350

शैक्षणिक वर्ष 2016-17 में विद्यार्थियों की कुल संख्या = 250 + 100 = 350

शैक्षणिक वर्ष 2017-18 में विद्यार्थियों की कुल संख्या = 300 + 100 = 400

∴ शैक्षणिक वर्ष 2014-15 में प्रतिशत वृद्धि $= \frac{50\times 100}{250} = 20\%$

शैक्षणिक वर्ष 2015-16 में प्रतिशत वृद्धि $= \frac{50\times 100}{300} = 16.66\%$

शैक्षणिक वर्ष 2017-18 में प्रतिशत वृद्धि $= \frac{50\times 100}{350} = 14.28\%$, अतः अभीष्ट वर्ष = 2014 – 15

19. 5 शैक्षणिक वर्षों में उत्तीर्ण विद्यार्थियों की संख्या = 150 + 200 + 300 + 250 + 300 = 1200

अनुत्तीर्ण विद्यार्थियों की संख्या = 100 + 100 + 50 + 100 + 100 = 450

कुल विद्यार्थियों की संख्या = 1200 + 450 = 1650

∴ उत्तीर्ण विद्यार्थियों का प्रतिशत $= \frac{120\times 100}{1650} = 72.72\% = 73\%$

20. वर्ष 2015 में तीनों खेल खेलने वाले खिलाड़ियों की कुल संख्या = 400 + 350 + 250 = 1000

21. शैक्षणिक वर्ष 2013-14 में विद्यार्थियों की कुल संख्या = 150 + 100 = 250

शैक्षणिक वर्ष 2014-15 में विद्यार्थियों की कुल संख्या = 200 + 100 = 300

शैक्षणिक वर्ष 2015-16 में विद्यार्थियों की कुल संख्या = 300 + 50 = 350

शैक्षणिक वर्ष 2016-17 में विद्यार्थियों की कुल संख्या = 250 + 100 = 350

शैक्षणिक वर्ष 2017-18 में विद्यार्थियों की कुल संख्या = 300 + 100 = 400

∴ शैक्षणिक वर्ष 2016-2017 में पिछले वर्ष की तुलना में विद्यार्थियों की संख्या में सबसे कम प्रतिशत वद्धि (अर्थात् 0%) हुई है।

22. 5 शैक्षणिक वर्षों में अनुत्तीर्ण विद्यार्थियों की औसत संख्या $= \frac{100+100+50+100+100}{5} = \frac{450}{5} = 90$

23. वर्ष 2008 में दोनों स्कूलों में विद्यार्थियों की संख्या का योग = 640 + 550 = 1190

वर्ष 2009 में दोनों स्कूलों में विद्यार्थियों की संख्या का योग = 800 + 820 = 1620

वर्ष 2011 में दोनों स्कूलों में विद्यार्थियों की संख्या का योग = 700 + 750 = 1450

वर्ष 2012 में दोनों स्कूलों में विद्यार्थियों की संख्या का योग = 900 + 500 = 1400

∴ सर्वाधिक संख्या वाला वर्ष = 2009

24. स्कूल A में वर्ष 2008, 2012 और 2013 में विद्यार्थियों की कुल संख्या = 640 + 900 + 750 = 2290

स्कूल B में वर्ष 2008, 2012 और 2013 में विद्यार्थियों की कुल संख्या = 550 + 500 + 480 = 1530

∴ अभीष्ट अनुपात = 2290 : 1530 = 229 : 153

25. वर्ष 2014, 2016 और 2017 में कुल आय = 225 + 325 + 350 = 900 करोड़

वर्ष 2014, 2016 और 2017 में कुल व्यय = 175 + 275 + 300 = 750 करोड़

∴ व्यय : आय = 750 करोड़ : 900 करोड़ = 5 : 6

26. औसत संख्या $= \frac{640+550+800+820+500+600+700+750+900+500+750+480}{6}$

$= \frac{7990}{6} = 1331.6666.... = 1331.67$

27. 5 वर्षों में कम्पनी की औसत आय $= \frac{225+280+325+350+350}{5}$ करोड़ $= \frac{1530}{5} =$ ₹ 306 करोड़

∴ 2015 में कम्पनी का व्यय = ₹ 250 करोड़ और दोनों में अन्तर = ₹ 306 करोड़ – ₹ 250 करोड़ = ₹ 56 करोड़

∴ अभीष्ट प्रतिशत $= \frac{56 \text{ करोड़} \times 100}{250 \text{ करोड़}} = 22.4\%$

28. वर्ष 2009 में स्कूल B के विद्यार्थियों की संख्या में प्रतिशत वृद्धि $= \frac{(820-550)\times100}{550} = \frac{270\times100}{550} = 49\%$

वर्ष 2010 में स्कूल B के विद्यार्थियों की संख्या में कमी हुई है।

वर्ष 2011 में स्कूल B के विद्यार्थियों की संख्या में प्रतिशत वृद्धि $= \frac{(750-600)\times100}{600} = \frac{150\times100}{600} = 25\%$

वर्ष 2013 में स्कूल B के विद्यार्थियों की संख्या में कमी हुई है।

∴ अभीष्ट वर्ष = 2009

29. वर्ष 2012, 2013 और 2016 के दौरान भारत में बिकी पुस्तकों की कुल संख्या = (2.5 + 3 + 4) × 100
= 9.5 ×100 = 950

∴ 950 पुस्तकों का विक्रय मूल्य = ₹950 ×800 और इन पुस्तकों से प्राप्त कुल रायल्टी $= 950 \times 800 \times \frac{10}{100}$
= ₹76000

वर्ष 2012, 2013 और 2016 के दौरान विदेश में बिकी पुस्तकों की कुल संख्या = (4 + 5 + 6) × 100
= 15 × 100 = 1500

∴ विदेश में बिकी पुस्तकों से प्राप्त रायल्टी $= 1500\times1000\times\frac{16}{100} =$ ₹ 240000

∴ कुल रायल्टी = 76000 + 240000 = ₹ 316000

30. महिलाओं की औसत संख्या $= \frac{81+83+81+72+36}{5} = \frac{353}{5} = 70.6$

31. वर्ष 2014 और 2015 में भारत में बिकी पुस्तकों की कुल संख्या $= (3.5 + 5) \times 100 = 8.5 \times 100 = 850$

$\therefore$ भारत में बिकी पुस्तकों का कुल मूल्य $= 850 \times 800 =$ ₹ 680000

$\therefore$ भारत में बिकी पुस्तकों पर कुल रायल्टी $= 680000 \times \frac{10}{100} =$ ₹ 68000

वर्ष 2014 और 2015 में विदेश में बिकी पुस्तकों की कुल संख्या $= (4.5 + 5.5) \times 100 = 10.0 \times 100 = 1000$

$\therefore$ विदेश में बिकी पुस्तकों का कुल मूल्य $= 1000 \times 1000 =$ ₹ 1000000

$\therefore$ विदेश में बिकी पुस्तकों पर कुल रायल्टी $= 1000000 \times \frac{16}{100} =$ ₹160000

$\therefore$ दोनों पर कुल रायल्टी $= 68000 + 160000 =$ ₹ 228000

$\because$ X और Y की रायल्टी में अनुपात $= 5 : 3 \Rightarrow$ अनुपाती योग $= 5 + 3 = 8$

$\therefore$ दोनों द्वारा अर्जित रायल्टी में अन्तर $= 228000 \times \frac{(5-3)}{8} = 228000 \times \frac{2}{8} =$ ₹57000

32. पुरुषों की कुल संख्या $= 76 + 89 + 92 + 96 + 44 = 397$

महिलाओं की कुल संख्या $= 81 + 83 + 81 + 72 + 36 = 353$

दोनों संख्याओं में अन्तर $= 397 - 353 = 44$, अतः प्रतिशत अधिकता $= \frac{44 \times 100}{353} = 12.46\%$

33. वर्ष 2015 के सभी खिलाड़ियों की संख्या $= 400 + 350 + 250 = 1000$

वर्ष 2016 के सभी खिलाड़ियों की संख्या $= 350 + 250 + 150 = 750$

$\therefore$ अभीष्ट प्रतिशत $= \frac{1000 \times 100}{750} = 133.33\%$

34. औसत तापमान $= \frac{38.3+40.3+30+28.7+35+37.4+38.2+39.3+40.2+12.2}{10} = \frac{339.6}{10} = 33.96\ ^0C$

35. वर्ष 2015 में महिलाओं की संख्या $= (60 - 35) \times 1000 = 25 \times 1000$

वर्ष 2014 में महिलाओं की संख्या $= (54 - 34) \times 1000 = 20 \times 1000$

$\therefore$ अभीष्ट प्रतिशत $= \frac{(25 \times 1000) \times 100}{(20 \times 1000)} = 125\%$

36. D_3 और D_8 में खड़ी कारों की संख्या में अन्तर $= 322 - 281 = 41$

37. वर्ष 2015 में हॉकी खेलने वालों की संख्या $= 250$

वर्ष 2015 में तीनों खेल खेलने वाले खिलाड़ियों की संख्या $= 400 + 350 + 250 = 1000$

$\therefore$ अभीष्ट प्रतिशत अधिकता $= \frac{250 \times 100}{1000} = 25\%$

38. वर्ष 2016 में पुरुषों की संख्या $= 40$ और महिलाओं की संख्या $= 72 - 40 = 32$

दोनों संख्याओं में अन्तर $= 40 - 32 = 8$, अतः अभीष्ट प्रतिशत अधिकता $= \frac{8 \times 100}{32} = 25\%$

39. D_5 का तापमान $= 35\ ^0C$ और D_3 का तापमान $= 30\ ^0C$ और दोनों तापमानों में अन्तर $= 35^0 - 30^0 = 5\ ^0C$

$\therefore$ अभीष्ट प्रतिशत अधिकता $= \frac{5 \times 100}{30} = 16.67\%$

40. वर्ष 2014 में महिलाओं की संख्या = (54 – 34) हजार = 20 हजार, अतः अभीष्ट प्रतिशत $= \frac{20 \text{ हजार} \times 100}{54 \text{ हजार}} = 37.03\%$

41. उच्चतम तापमान $= 40.3\ ^0C$ और न्यूनतम तापमान $= 12.2\ ^0C$

दोनों तापमानों में अन्तर $= 40.3^0 - 12.2\ ^0C = 28.1\ ^0C$

42. वर्ष 2015 में पुरुषों की संख्या = 35 हजार और महिलाओं की संख्या = (60 – 35) हजार = 25 हजार

$\therefore$ अभीष्ट अनुपात = 35 हजार : 25 हजार = 7 : 5

43. वर्ष 2015 और 2017 में कम्प्यूटरों का कुल निर्यात = (400 + 500) का 24% = $900 \times \frac{24}{100}$ = ₹216 मिलियन

वर्ष 2015 और 2018 में सौन्दर्य प्रसाधनों का कुल निर्यात = (400 + 600) का 15% = $1000 \times \frac{15}{100}$ = ₹150 मिलियन

∴ अभीष्ट अनुपात = 216 मिलियन : 150 मिलियन = 36 : 25

44. 4 वर्ष में सौंदर्य प्रसाधनों का कुल निर्यात = (400 + 650 + 500 + 600) का 15% = $2150 \times \frac{15}{100}$ = 322.5 मिलियन

2015 और 2018 में परिधानों का कुल निर्यात = (400 + 600) का 28% = $100 \times \frac{28}{100}$ = ₹280 मिलियन

2015 और 2018 में आभूषणों का कुल निर्यात = (400 + 600) का 8% = $1000 \times \frac{8}{100}$ = ₹80 मिलियन

∴ (परिधानों और आभूषणों) का कुल निर्यात = (280 + 80) मिलियन = ₹ 360 मिलियन

(परिधान + आभूषण) − सौंदर्य प्रसाधन = (360 − 322.5) मिलियन = ₹37.5 मिलियन

∴ प्रतिशत कमी = $\frac{37.5 \text{ मिलियन} \times 100}{360 \text{ मिलियन}} = \frac{3750}{360} = 10.4\%$

45. D_{10} में खड़ी कारों की संख्या = 356 तथा D_1 में बड़ी कारों की संख्या = 242

दोनों संख्याओं में अन्तर = 356 − 242 = 114, अतः प्रतिशत अधिकता = $\frac{114 \times 100}{242} = 47.11\%$

46. अधिकतम निर्यात = 37500 मिलियन किग्रा. और न्यूनतम निर्यात = 18750 मिलियन किग्रा.

दोनों में अन्तर = (37500 − 18750) मिलियन किग्रा. = 18750 मिलियन किग्रा.

∴ प्रतिशत अधिकता = $\frac{18750 \text{ मिलियन किग्रा} \times 100}{18750 \text{ मिलियन किग्रा}} = 100\%$

47. वर्ष 2015, 2016 और 2018 में आभूषणों का कुल निर्यात = ₹(400 + 650 + 600) मिलियन का 8%

= ₹1650 मिलियन × $\frac{8}{100}$ = ₹ 132 मिलियन

वर्ष 2017 और 2018 में कपड़ों का कुल निर्यात = (500 + 600) मिलियन का 25%

= 1100 मिलियन × $\frac{25}{100}$ = ₹ 275 मिलियन

अभीष्ट प्रतिशत = $\frac{132 \text{ मिलियन} \times 100}{275 \text{ मिलियन}} = 48\%$

8. वर्ष 2015 से 2017 तक का औसत लाभ = $\frac{(11000 + 8000 + 11000) \text{ हजार}}{3} = \frac{30000 \text{ हजार}}{3}$ = 10000 हजार

वर्ष 2012 का लाभ = ₹ 8000 हजार और दोनों में अन्तर = 10000 हजार − 8000 हजार = ₹ 2000 हजार

∴ प्रतिशत अधिकता = $\frac{2000 \text{ हजार} \times 100}{8000 \text{ हजार}} = 25\%$

9. उच्चतम और न्यूनतम तापमानों के बीच अन्तर = 40.3 ^{0}C − 12.2 ^{0}C = 28.1 ^{0}C

0. सभी 10 दिनों में खड़ी कारों की संख्या

= 242 + 262 + 281 + 309 + 312 + 314 + 318 + 322 + 346 + 356 = 3062

51. कम्पनी A, B, C द्वारा बिक्री की गयी कुल यूनिटें = 650 + 300 + 150 = 1100

कम्पनी A, B, C द्वारा उत्पादित कुल यूनिटों की संख्या = 900 + 700 + 300 = 1900

∴ अभीष्ट प्रतिशत = $\frac{1100 \times 100}{1900}$ = 57.89 = 58%

52. वर्ष 2014 और 2016 में कुल लक्षित उत्पादन = (350 + 450) हजार टन = 800 हजार टन

वर्ष 2013, 2016 तथा 2017 में कुल वास्तविक उत्पादन = (245 + 355 + 400) हजार टन = 1000 हजार टन

∴ अभीष्ट अनपात = 800 हजार टन : 1000 हजार टन = 4 : 5

53. C_2 तथा C_3 कम्पनियों में कार्य करने वाले पुरुषों की संख्या = 89 + 92 = 181

C_1 तथा C_5 कम्पनियों में कार्य करने वाली महिलाओं की संख्या = 81 + 36 = 117

अभीष्ट अनुपात 181 : 117

54. कम्पनी A का बिक्री % = $\frac{650 \times 100}{900} = 72.22\%$, कम्पनी B का बिक्री % = $\frac{300 \times 100}{700} = 42.86\%$

कम्पनी D का बिक्री % = $\frac{450 \times 100}{850} = 62.94\%$ और कम्पनी E का बिक्री % = $\frac{300 \times 100}{550} = 54.55\%$

$\therefore$ सबसे अधिक बिक्री प्रतिशत वाली कम्पनी = A

55. वर्ष 2013 से 2017 तक सीमेंट का लक्षित उत्पादन = 270 + 350 + 400 + 450 + 330 = 1800 हजार टन

वर्ष 2014, 2015 और 2017 में वास्तविक उत्पादन = 250 + 300 + 400 = 950 हजार टन

$\therefore$ अभीष्ट प्रतिशत = $\frac{950 \text{ हजार टन} \times 100}{1800 \text{ हजार टन}} = 52.8\%$

56. गेहूँ का औसत उत्पादन = $\frac{2500 + 2000 + 6000 + 4500 + 6500 + 5000 + 7500 + 7000}{8} = \frac{41000}{8} = 5125$ टन

$\therefore$ औसत उत्पादन की तुलना में अधिक उत्पादन वाले वर्ष = 2013, 2015, 2017, 2018, अतः वर्षों की संख्या = 4

57. समग्र औसत आयात = $\frac{(15000 + 17500 + 22000 + 19500 + 21000)}{5}$ मिलियन किग्रा.

= $\frac{95000}{5}$ मिलियन किग्रा. = 19000 मिलियन

$\therefore$ औसत आयात से कम आयात वाले वर्षों की संख्या = 2

58. उत्पादित यूनिटों की औसत संख्या = $\frac{900 + 700 + 300 + 850 + 550 + 600}{6} = \frac{3900}{6} = 650$

59. वर्ष 1998 से 1999 तक उर्वरकों के उत्पादन में अनुमानित वृद्धि = $(65 - 45) \times 10000$

= 20×10000 टन = 200000 टन

$\therefore$ अभीष्ट प्रतिशत वृद्धि = $\frac{\text{कुल वृद्धि} \times 100}{\text{वर्ष 1998 में उत्पादन}} = \frac{200000 \times 100}{45 \times 10000} = \frac{400}{9} = 44.4\%$

60. वर्ष 1996 और 1997 में औसत उत्पादन = $\frac{(40 + 60) \times 10000}{2}$ टन = $\frac{100 \times 10000}{2}$ टन = 500000 टन

वर्ष 1997 और 1998 में औसत उत्पादन = $\frac{(60 + 45) \times 10000}{2}$ टन = $\frac{105 \times 10000}{2}$ टन = 525000 टन

वर्ष 1999 और 2000 में औसत उत्पादन = $\frac{(65 + 50) \times 10000}{2}$ टन = $\frac{115 \times 10000}{2}$ टन = 575000 टन

वर्ष 2000 और 2001 में औसत उत्पादन = $\frac{(50 + 75) \times 10000}{2}$ टन = $\frac{125 \times 10000}{2}$ टन = 625000 टन

वर्ष 2001 और 2002 में औसत उत्पादन = $\frac{(75 + 80) \times 10000}{2}$ टन = $\frac{155 \times 10000}{2}$ टन = 775000 टन

$\therefore$ अभीष्ट वर्ष-युग्म = 2001 और 2002

61. देश A की देश D से जन्म दर की प्रतिशत अधिकता = $\frac{(20 - 18) \times 100}{18} = \frac{2 \times 100}{18} = 11.11\%$

देश C की देश D से जन्म दर की प्रतिशत अधिकता = $\frac{(27 - 18) \times 100}{18} = \frac{9 \times 100}{18} = 50\%$

देश E की देश D से जन्म दर की प्रतिशत अधिकता = $\frac{(36 - 18) \times 100}{18} = \frac{18 \times 100}{18} = 100\%$

देश F की देश D से जन्म दर की प्रतिशत अधिकता = $\frac{(40 - 18) \times 100}{18} = \frac{22 \times 100}{18} = 122.22\%$

$\therefore$ ठीक 50% अधिकता वाला देश = C

62. देश E की जन्म दर देश A की जन्म दर का कितना प्रतिशत = $\frac{\text{E की जन्म दर} \times 100}{\text{A की जन्म दर}} = \frac{36 \times 100}{20} = 180\%$

63. वर्ष 2016-17 में उत्पादन में वृद्धि = 65 – 53 = 12 मीट्रिक टन

वर्ष 2017-18 में ऊन के उत्पादन में वृद्धि = 75 – 65 = 11 मीट्रिक टन

वर्ष 2019-20 में ऊन के उत्पादन में वृद्धि = 68 – 58 = 10 मीट्रिक टन

वर्ष 2020-21 में ऊन के उत्पादन में वृद्धि = 73 – 68 = 5 मीट्रिक टन, अतः उच्चतम वृद्धि का वर्ष = 2017–18

64. पिछले 4 वर्षों में ऊन का उत्पादन = (56 + 51 + 53 + 65) मीट्रिक टन = 225 मीट्रिक टन
अन्तिम 4 वर्षों में ऊन का उत्पादन = (76 + 58 + 68 + 73) मीट्रिक टन = 275 मीट्रिक टन
∴ दोनों में अन्तर अर्थात् उत्पादन में वृद्धि = (275 – 225) मीट्रिक टन = 50 मीट्रिक टन
∴ प्रतिशत वृद्धि = $\frac{50\times100}{225}=22.2\%$

65. 8 वर्षों के दौरान औसत उत्पादन = $\frac{(50+51+53+65+76+58+68+73)}{8}$ मीट्रिक टन
= $\frac{500}{8}$ मीट्रिक टन = 62.5 मीट्रिक टन

66. वर्ष 2018-19 में पिछले वर्ष की तुलना में % घटत = $\frac{(76-58)\times100}{76}=\frac{18\times100}{76}=23.7\%$
वर्ष 2017-18 में पिछले वर्ष की तुलना में वृद्धि हुई है।
वर्ष 2013-14 में पिछले वर्ष का उत्पादन आकड़ा अप्राप्त है।
वर्ष 2014-15 में पिछले वर्ष की तुलना में उत्पादन में % घटत = $\frac{(56-51)\times100}{56}=\frac{5\times100}{56}=8.9\%$
∴ अधिकतम प्रतिशत घटत वाला वर्ष = 2018-19

67. 2014-15 में कच्चे ऊन का उत्पादन : 2019-20 में कच्चे ऊन का उत्पादन = 51 : 68 = 3 : 4 = $\frac{3}{4}$

68. वर्ष 2009, 2011, 2013 में विद्यालय A के विद्यार्थियों की समेकित संख्या = 800 + 700 + 750 = 2250
वर्ष 2008, 2012, 2013 में विद्यालय B के विद्यार्थियों की समेकित संख्या = 550 + 500 + 480 = 1530
∴ अभीष्ट अनुपात = 2250 : 1530 = 25 : 17

69. वर्ष 2010 में A और B में विद्यार्थियों का संयोजित योगफल = 500 + 600 = 1100
वर्ष 2011 में A और B में विद्यार्थियों का संयोजित योगफल = 700 + 750 = 1450
वर्ष 2012 में A और B में विद्यार्थियों का संयोजित योगफल = 900 + 500 = 1400
वर्ष 2013 में A और B में विद्यार्थियों का संयोजित योगफल = 750 + 480 = 1230
∴ न्यूनतम संयोजित योगफल वाला वर्ष = 2010

70. विद्यालय A में विद्यार्थियों की औसत संख्या = $\frac{640+800+500+700+900+750}{6}=\frac{4290}{6}$
विद्यालय B में विद्यार्थियों की औसत संख्या = $\frac{550+820+600+750+500+480}{6}=\frac{3700}{6}$
∴ अभीष्ट अनुपात = $\frac{4290}{6}:\frac{3700}{6}=429:370$

71. A, B, C में लड़कियों की संख्या = 500 + 550 + 650 = 1700
विद्यालय के सभी लड़कों की संख्या = 600 + 450 + 750 + 700 + 800 = 3300
∴ अभीष्ट अनुपात = 1700 : 330 = 17 : 33

72. विद्यालयों A, B, C, D, E में विद्यार्थियों की औसत संख्या
$=\frac{(600+500)+(450+550)+(750+650)+(700+600)+(800+650)}{5}$
$=\frac{1100+1000+1400+1300+1450}{5}=\frac{6250}{5}=1250$

73. विद्यालय A में लड़कों का प्रतिशत = $\frac{600\times100}{(600+500)}=\frac{600\times100}{1100}=54.55\%$
विद्यालय B में लड़कों का प्रतिशत = $\frac{450\times100}{(450+550)}=\frac{450\times100}{1000}=45\%$
विद्यालय C में लड़कों का प्रतिशत = $\frac{750\times100}{(750+650)}=\frac{750\times100}{1400}=53.57\%$
विद्यालय E में लड़कों का प्रतिशत = $\frac{800\times100}{(800+650)}=\frac{800\times100}{1450}=55.17\%$
∴ 55% से अधिक वाला विद्यालय = E

35 पाई चार्ट (Pie Chart)

अभ्यास प्रश्न

निर्देश : नीचे दिये गये पाई चार्ट का अध्ययन कीजिए और निम्नलिखित प्रश्नों के उत्तर दीजिए।

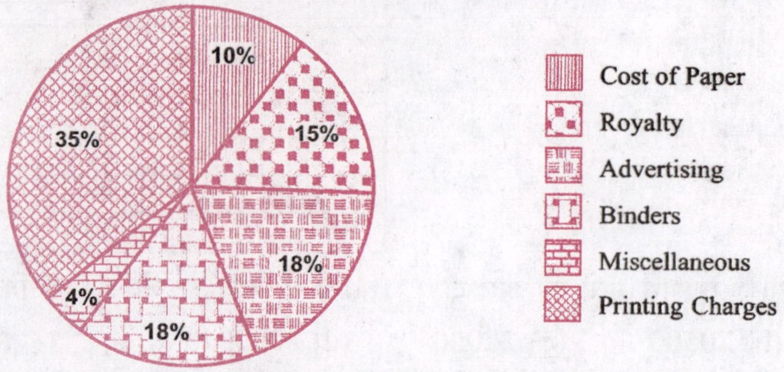

1. यदि विविध प्रभार ₹6000 हो तो विज्ञापन प्रभार क्या है?
(a) ₹12000 (b) ₹27000 (c) ₹90000 (d) ₹25000 *SSC CGL (Tier-1) 1.9.2016*

2. छपाई प्रभार का केन्द्रीय कोण विज्ञापन प्रभार से x अधिक है, तो x का मान क्या होगा?
(a) 72^0 (b) 61.2^0 (c) 60^0 (d) 54.8^0 *SSC CGL (Tier-1) 1.9.2016*

3. कागज की कीमत के सेक्टर का केन्द्रीय कोण क्या होना चाहिए?
(a) 22.5^0 (b) 43.8^0 (c) 36^0 (d) 16^0 *SSC CGL (Tier-1) 1.9.2016*

4. रॉयल्टी और जिल्दसाज के प्रभार के बीच का अनुपात क्या है?
(a) 5 : 6 (b) 5 : 8 (c) 6 : 5 (d) 8: 13 *SSC CGL (Tier-1) 1.9.2016*

निर्देश : निम्नलिखित पाई चार्ट में वर्ष 1994-96 में विशेष बच्चों की जनसंख्या का वितरण दर्शाया गया है। पाई-चार्ट का अध्ययन कीजिए और निम्नलिखित प्रश्नों का उत्तर दीजिए।

5. श्रवण बाधा वाले बच्चों का अनुमानित प्रतिशत वितरण ज्ञात कीजिए।
(a) 43.7% (b) 42.7% (c) 41.7% (d) 40.7% *SSC CGL (Tier-1) 28.8.2016*

6. वर्ष 1994-96 में विभिन्न प्रकार के विशेष बच्चों की औसत संख्या कितनी है?
(a) 417 (b) 413 (c) 433 (d) 465 *SSC CGL (Tier-1) 28.8.2016*

7. उच्चारण बाधा और वाक बाधा वाले बच्चों के बीच अनुपात ज्ञात कीजिए।

(a) 21 : 55 (b) 55 : 21 (c) 55 : 12 (d) 12 : 55 *SSC CGL (Tier-1) 28.8.2016*

8. भाषा बाधा और बाकी बाधा वाले बच्चों के औसत का अनुपात कितना है?

(a) 219 : 119 (b) 119 : 219 (c) 919 : 419 (d) 729 : 529 *SSC CGL (Tier-1) 28.8.2016*

9. निम्नलिखित पाई-चार्ट में 2009 में सात गाँवों की आबादी का अनुपात दर्शाया गया है। पाई-चार्ट का अध्ययन कीजिए और निम्नलिखित प्रश्न का उत्तर दीजिए।

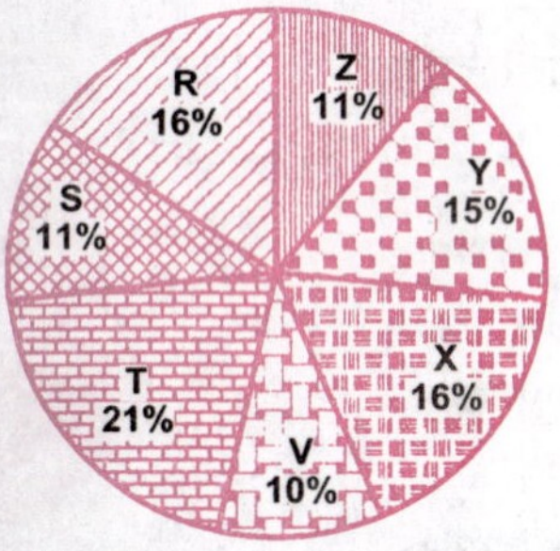

Village	% of Population Below Poverty line
X	38
Y	52
Z	42
R	51
S	49
T	46
V	58

यदि गाँव 'X' की गरीबी रेखा से नीचे की आबादी 12160 है तो गाँव 'S' की आबादी कितनी होगी?

(a) 18500 (b) 20500 (c) 22000 (d) 20000 *SSC CGL (Tier-1) 7.9.2016*

10. निम्नलिखित पाई-चार्ट में 2009 में सात गाँवों की आबादी का अनुपात दर्शाया गया है। पाई-चार्ट का अध्ययन कीजिए और निम्नलिखित प्रश्न का उत्तर दीजिए।

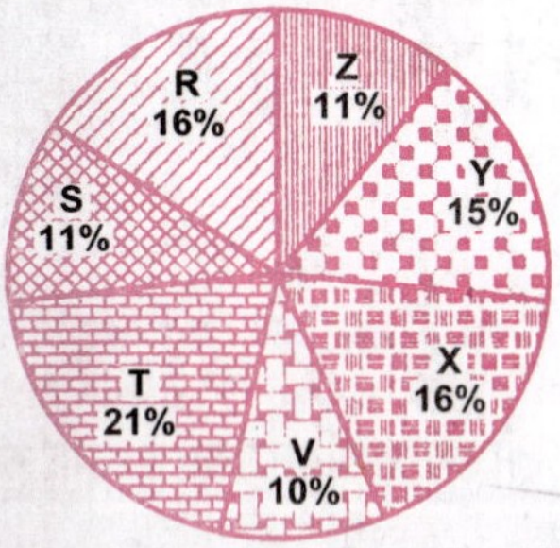

Village	% of Population Below Poverty line
X	38
Y	52
Z	42
R	51
S	49
T	46
V	58

गाँव 'T' की गरीबी रेखा से नीचे की आबादी तथा गाँव 'Z' की गरीबी रेखा से नीचे की आबादी का अनुपात कितना है?

(a) 11 : 23 (b) 13 : 11 (c) 23 : 11 (d) 11 : 13 *SSC CGL (Tier-1) 7.9.2016*

11. निम्नलिखित पाई-चार्ट में 2009 में सात गाँवों की आबादी का अनुपात दर्शाया गया है। पाई-चार्ट का अध्ययन कीजिए और निम्नलिखित प्रश्न का उत्तर दीजिए।

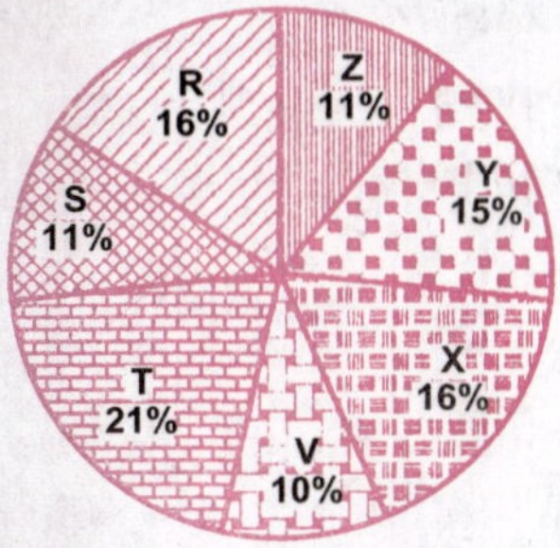

Village	% of Population Below Poverty line
X	38
Y	52
Z	42
R	51
S	49
T	46
V	58

यदि गाँव 'R' की आबादी 32000 है, तो गाँव 'Y' की गरीबी रेखा से नीचे की आबादी कितनी है?

(a) 14100 (b) 15600 (c) 16500 (d) 17000 *SSC CGL (Tier-1) 7.9.2016*

12. निम्नलिखित पाई-चार्ट में 2009 में सात गाँवों की आबादी का अनुपात दर्शाया गया है। पाई-चार्ट का अध्ययन कीजिए और निम्नलिखित प्रश्न का उत्तर दीजिए।

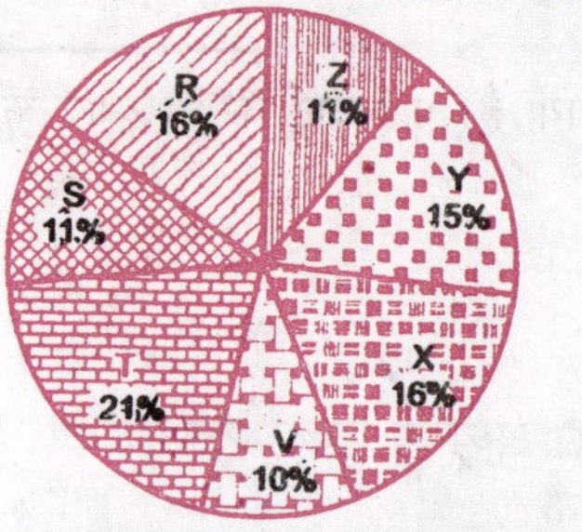

Village	% of Population Below Poverty line
X	38
Y	52
Z	42
R	51
S	49
T	46
V	58

2010 में 'Y' और 'V' गाँवों की आबादी 10% बढ़ जाती है और सभी गाँवों की गरीबी रेखा से नीचे की आबादी का प्रतिशत अपरिवर्तित रहता है। यदि 2009 में गाँव 'Y' की आबादी 30000 थी, तो 2010 में गाँव 'V' की गरीबी रेखा से नीचे की आबादी कितनी है?

(a) 11250 (b) 12760 (c) 13140 (d) 13780

SSC CGL (Tier-1) 7.9.2016

13. नीचे दिये गये पाई-चार्ट में देश में चावल, गेहूँ, चीनी और चाय के उत्पादन का तुलनात्मक अध्ययन किया गया है। निम्नलिखित प्रश्न का उत्तर ग्राफ को पढ़कर दीजिए।

इस आरेख के अनुसार गेहूँ और चीनी के कुल उत्पादन तथा चावल और चाय के उत्पादन के अन्तर का अनुपात कितना है?

(a) 4 : 5 (b) 5 : 4

(c) 6 : 1 (d) 1 : 6

SSC CGL (Tier-1) 1.9.2016

14. दिये गये पाई-चार्ट में देश में चावल, गेहूँ, चीनी और चाय के उत्पादन का तुलनात्मक अध्ययन किया गया है। निम्नलिखित प्रश्न का उत्तर ग्राफ को पढ़कर दीजिए।

चावल और चाय का उत्पादन गेहू के उत्पादन से कितना ज्यादा है?

(a) 50% (b) 100%

(c) 75% (d) 66.6%

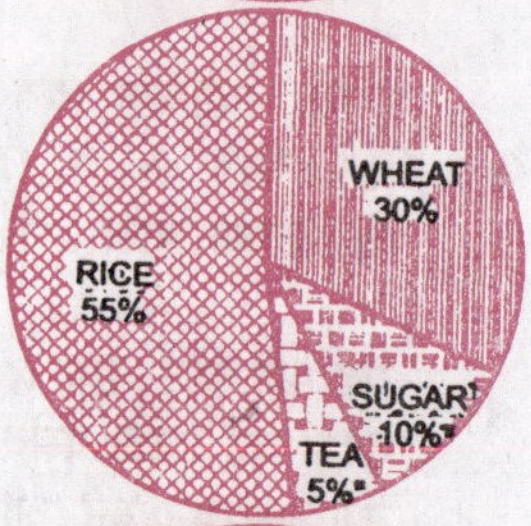

SSC CGL (Tier-1) 1.9.2016

15. दिये गये पाई-चार्ट में देश में चावल, गेहूँ, चीनी और चाय के उत्पादन का तुलनात्मक अध्ययन किया गया है। निम्नलिखित प्रश्न का उत्तर ग्राफ को पढ़कर दीजिए।

गेहूँ प्रतिशत का मध्य कोण कितने डिग्री का है?

(a) 48^0 (b) 98^0

(c) 110^0 (d) 108^0

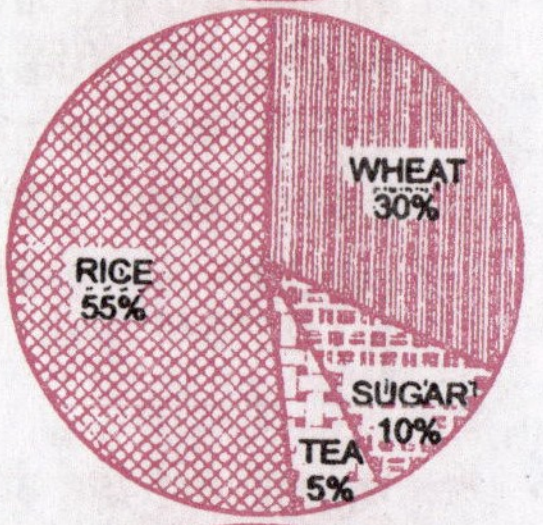

SSC CGL (Tier-1) 1.9.2016

16. दिये गये पाई-चार्ट में देश में चावल, गेहूँ, चीनी और चाय के उत्पादन का तुलनात्मक अध्ययन किया गया है। निम्नलिखित प्रश्न का उत्तर ग्राफ को पढ़कर दीजिए।

चावल, गेहूँ, चीनी और चाय का कुल उत्पादन 500000 किग्रा. है। देश में चावल का उत्पादन कितना है?

(a) 175000 किग्रा. (b) 395000 किग्रा.

(c) 275000 किग्रा. (d) 27500 किग्रा.

SSC CGL (Tier-1) 1.9.2016

17. पाई चार्ट में किसी घर के निर्माण में प्रयुक्त सामग्री को दर्शाया गया है। चार्ट का अध्ययन करके प्रश्न का उत्तर दीजिए।

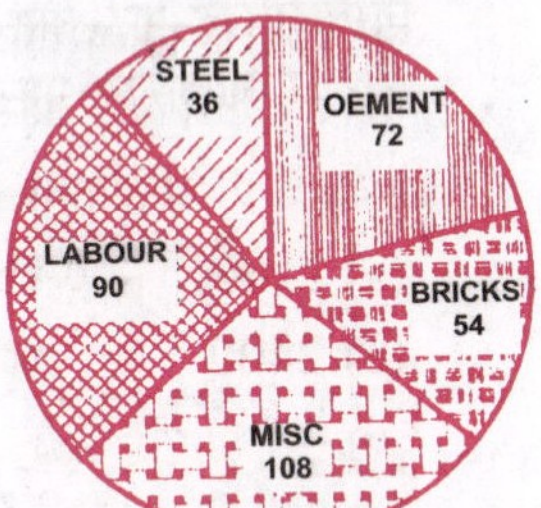

घर के निर्माण में प्रयुक्त इस्पात का प्रतिशत ज्ञात कीजिए।
(a) 10% (b) 12%
(c) 20% (d) 36%

SSC CGL (Tier-1) 8.9.2016

18. पाई-चार्ट में किसी घर के निर्माण में प्रयुक्त सामग्री को दर्शाया गया है। चार्ट का अध्ययन करके प्रश्न का उत्तर दीजिए। ज्ञात कीजिए कि निर्माण में प्रयुक्त की गई सीमेंट और ईंटों का क्या अनुपात है?

SSC CGL (Tier-1) 8.9.2016

(a) 3 : 4 (b) 2 : 3 (c) 4 : 3 (d) 2 : 5

19. पाई-चार्ट में किसी घर के निर्माण में प्रयुक्त सामग्री को दर्शाया गया है। चार्ट का अध्ययन करके प्रश्न का उत्तर दीजिए। यदि सीमेंट की लागत ₹5000 है तो श्रमिकों पर क्या खर्चा हुआ?

SSC CGL (Tier-1) 8.9.2016

(a) 5500 (b) 6250 (c) 9000 (d) 4000

20. पाई-चार्ट में किसी घर के निर्माण में प्रयुक्त सामग्री को दर्शाया गया है। चार्ट का अध्ययन करके प्रश्न का उत्तर दीजिए। निर्माण में प्रयुक्त इस्पात, सीमेंट और विविध मदों के प्रतिशतों का औसत ज्ञात कीजिए।

SSC CGL (Tier-1) 8.9.2016

(a) 10% (b) 25% (c) 20% (d) 35%

21. यह पाई चार्ट वर्ष 2017 के लिए एक विनिर्माण कंपनी के व्यय का विभाजन प्रदर्शित करता है। इस आरेख का अध्ययन करें और निम्नलिखित प्रश्न का उत्तर दें।

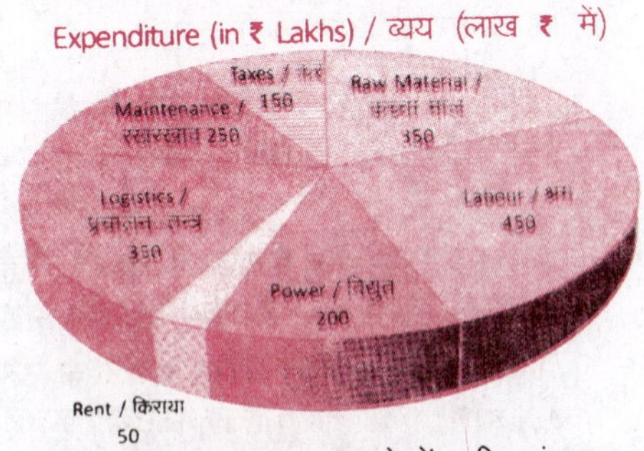

दूसरा सर्वाधिक व्यय किस मद पर किया जाता है?
(a) श्रम (b) विद्युत
(c) कच्चा माल (d) किराया

SSC CHSL (Tier-1)7.3.2018

22. यह पाई चार्ट एक ऑनलाइन सर्वेक्षण के परिणाम दर्शाता है जिसमें लोगों को उनके पसंदीदा खेल के बारे में पूछा गया था। इस आरेख का अध्ययन करें और निम्नलिखित प्रश्न का उत्तर दें।

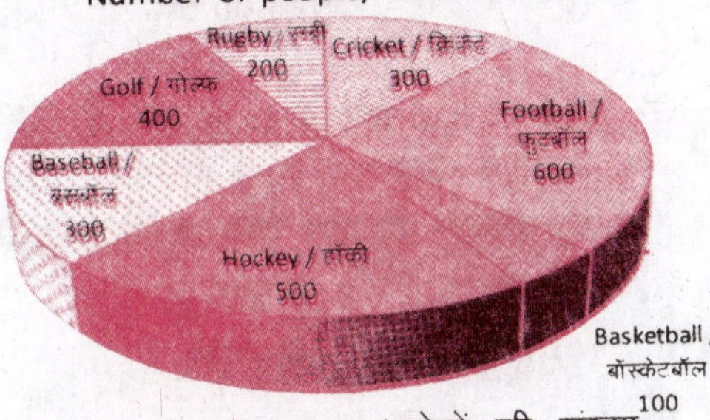

जो लोग कहते हैं कि उनका पसंदीदा खेल क्रिकेट है और जो लोग कहते हैं कि उनका पसंदीदा खेल हॉकी है, वे कुल उत्तरदाताओं का कितना प्रतिशत गठित करते हैं?
(a) 30% (b) 33.33%
(c) 25% (d) 40%

SSC CHSL (Tier-1) 23.3.2018

23. यह पाई चार्ट एक ऑनलाइन सर्वेक्षण के परिणाम दर्शाता है जिसमें लोगों को उनके पसंदीदा खेल के बारे में पूछा गया था। इस आरेख का अध्ययन करें और निम्नलिखित प्रश्न का उत्तर दें।

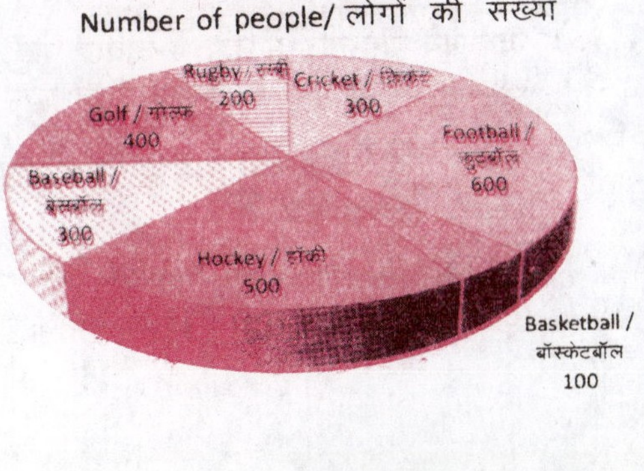

किए गए सर्वेक्षण में सबसे ज्यादा लोगों का पसंदीदा कौन-सा खेल है?
(a) बॉस्केटबॉल (b) फुटबॉल
(c) हॉकी (d) बेसबॉल

SSC CHSL 23.3.2018

24. यह पाई चार्ट एक ऑनलाइन सर्वेक्षण के परिणाम दर्शाता है जिसमें लोगों को उनके पसंदीदा खेल के बारे में पूछा गया था। इस आरेख का अध्ययन करें और निम्नलिखित प्रश्न का उत्तर दें।

सर्वेक्षण में प्रतिक्रिया देने वाले लोगों की कुल संख्या क्या है?

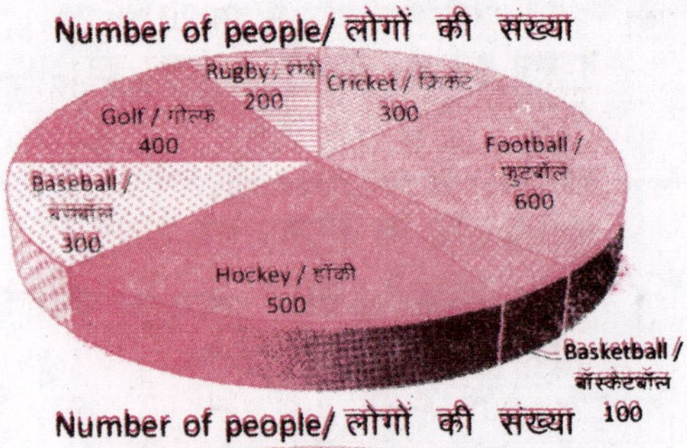

(a) 2100 (b) 2200
(c) 2400 (d) 2500

SSC CHSL 23.3.2018

25. यह पाई चार्ट एक ऑनलाइन सर्वेक्षण के परिणाम दर्शाता है जिसमें लोगों को उनके पसंदीदा खेल के बारे में पूछा गया था। इस आरेख का अध्ययन करें और निम्नलिखित प्रश्न का उत्तर दें।

बेसबॉल का प्रतिनिधित्व करने वाले क्षेत्र के केन्द्रीय कोण का माप डिग्री है–

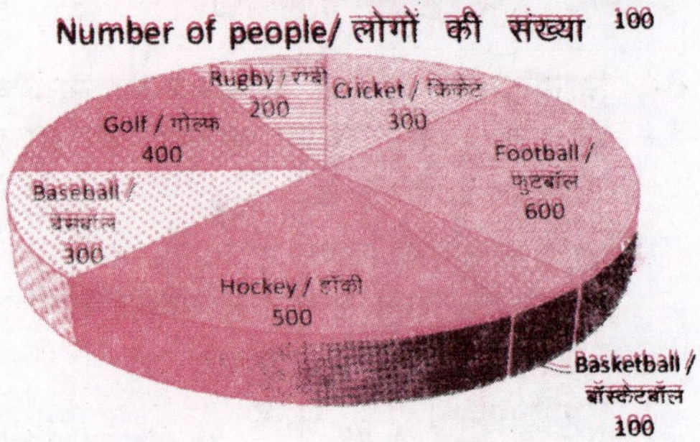

(a) 30 (b) 60
(c) 75 (d) 45

SSC CHSL 23.3.2018

26. यहाँ दिये गये पाई-चार्ट में वर्ष 2010, 2011, 2012 और 2013 में सोने की कीमत दर्शायी गयी है। चार्ट का अध्ययन करें और निम्नलिखित प्रश्न का उत्तर दीजिए।

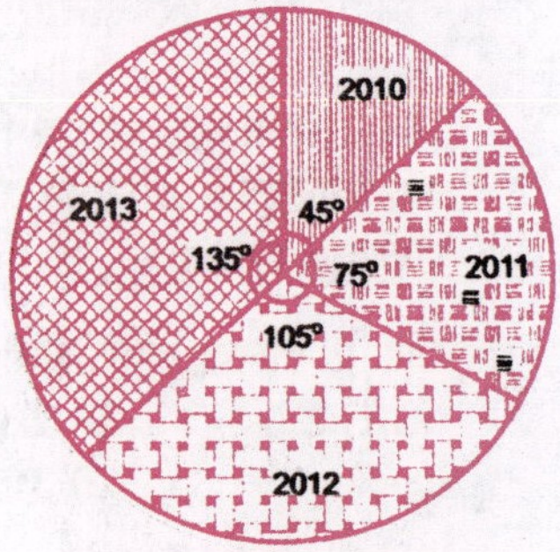

यदि वर्ष 2013 में सोने की कीमत ₹31,500 प्रति 10 ग्राम हो तो वर्ष 2011 में प्रति 10 ग्राम सोने की कीमत बताइये?

(a) ₹17000 (b) ₹17500
(c) ₹18000 (d) ₹18500

SSC CGL (Tier-1) 4.9.2016

27. यहाँ दिये गये पाई-चार्ट में वर्ष 2010, 2011, 2012 और 2013 में सोने की कीमत दर्शायी गयी है। चार्ट का अध्ययन करें और निम्नलिखित प्रश्न का उत्तर दीजिए।

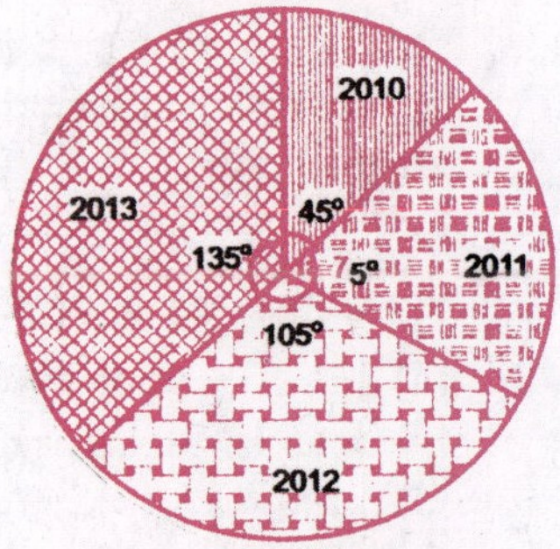

वर्ष 2010 और 2013 में सोने की कीमतों का अनुपात बताइये।

(a) 1 : 2 (b) 1 : 3
(c) 1 :4 (d) 1 : 5

SSC CGL (Tier-1) 4.9.2016

28. यहाँ दिये गये पाई चार्ट में वर्ष 2010, 2011, 2012 और 2013 में सोने की कीमत दर्शायी गयी है। चार्टका अध्ययन करें और निम्नलिखित प्रश्न का उत्तर दीजिए।

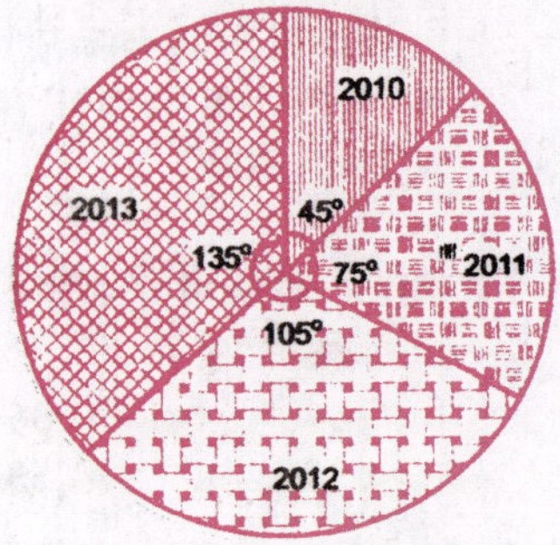

वर्ष 2011 से वर्ष 2013 में सोने की कीमतों में कितने प्रतिशत वृद्धि हुई?

(a) 50% (b) 60%
(c) 70% (d) 80%

SSC CGL (Tier-1) 4.9.2016

29. यहाँ दिये गये पाई-चार्ट में वर्ष 2010, 2011, 2012 और 2013 में सोने की कीमत दर्शायी गयी है। चार्ट का अध्ययन करें और निम्नलिखित प्रश्न का उत्तर दीजिए।

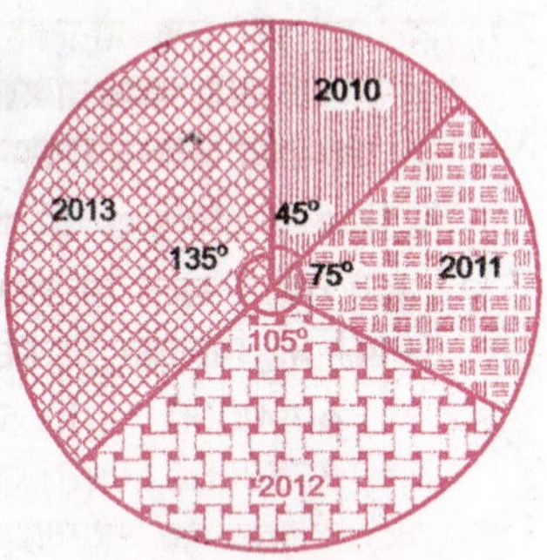

वर्ष 2011 से वर्ष 2012 और वर्ष 2012 से वर्ष 2013 में सोने की कीमतों में हुई प्रतिशत वृद्धि का अनुपात क्या होगा?

(a) 6 : 5 (b) 7 : 5

(c) 8 :5 (d) 9 : 5

SSC CGL (Tier-1) 4.9.2016

30. निम्नलिखित पाई-चार्ट में विभिन्न व्यवसायों का प्रतिशत दर्शाया गया है। पाई-चार्ट का ध्यानपूर्वक अध्ययन कीजिए और प्रश्न का उत्तर दीजिए। लोगों की कुल संख्या = 2000

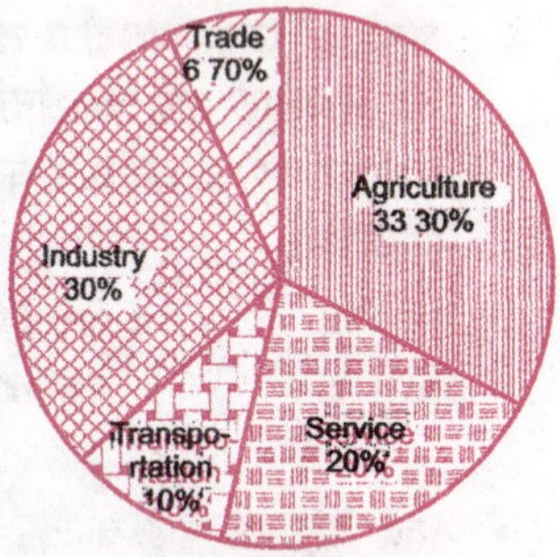

व्यापार की तुलना में सेवा में संलिप्त लोगों की संख्या कितनी अधिक है?

(a) 3660 (b) 2660

(c) 1660 (d) 660

SSC CGL (Tier-1) 3.9.2016

31. निम्नलिखित पाई-चार्ट में विभिन्न व्यवसायों का प्रतिशत दर्शाया गया है। पाई-चार्ट का ध्यानपूर्वक अध्ययन कीजिए और प्रश्न का उत्तर दीजिए। लोगों की कुल संख्या = 2000

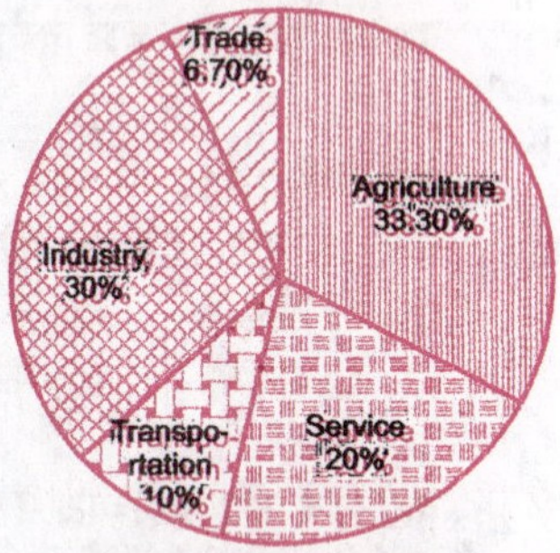

सेवा में संलिप्त लोगों और उद्योग में संलिप्त लोगों का अनुपात क्या है?

(a) 1 :2 (b) 2 : 3

(c) 3 : 4 (d) 3 : 2

SSC CGL (Tier-1) 3.9.2016

32. निम्नलिखित पाई-चार्ट में विभिन्न व्यवसायों का प्रतिशत दर्शाया गया है। पाई-चार्ट का ध्यानपूर्वक अध्ययन कीजिए और प्रश्न का उत्तर दीजिए। लोगों की कुल संख्या = 2000

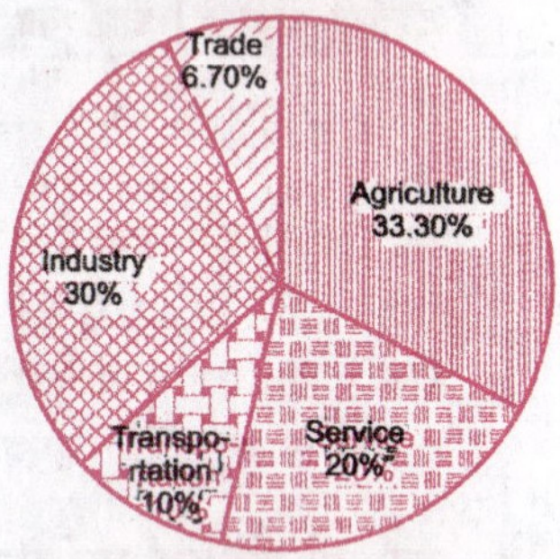

दिये गये पाई-चार्ट में सेवा में संलिप्त लोगों द्वारा बना त्रिज्य कोण कितने अंश का है?

(a) 36^0 (b) 90^0

(c) 72^0 (d) 108^0

SSC CGL (Tier-1) 3.9.2016

33. निम्नलिखित पाई-चार्ट में विभिन्न व्यवसायों का प्रतिशत दर्शाया गया है। पाई-चार्ट का ध्यानपूर्वक अध्ययन कीजिए और प्रश्न का उत्तर दीजिए। लोगों की कुल संख्या = 2000

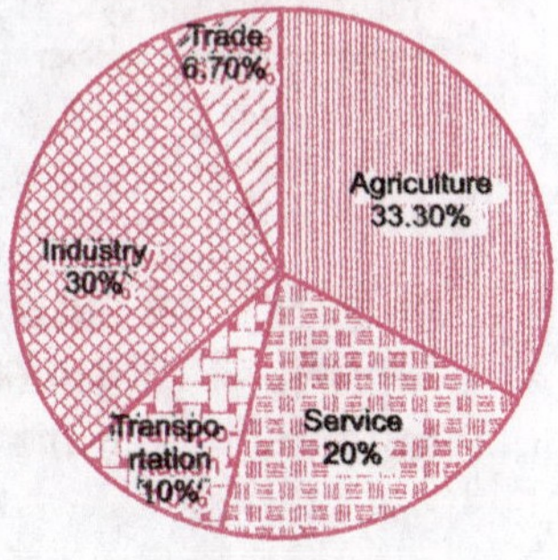

विभिन्न व्यवसायों में संलिप्त लोगों की अधिकतम संख्या और न्यूनतम संख्या के बीच अंतर कितना है?

(a) 2640 (b) 3640

(c) 6320 (d) 5320

SSC CGL (Tier-1) 3.9.2016

34. दिये गये पाई-चार्ट में किसी देश में विभिन्न खेलों पर एक वर्ष का खर्चा दिखाया गया है। इस ग्राफ का अध्ययन कीजिए और निम्नलिखित प्रश्न का उत्तर दीजिए।

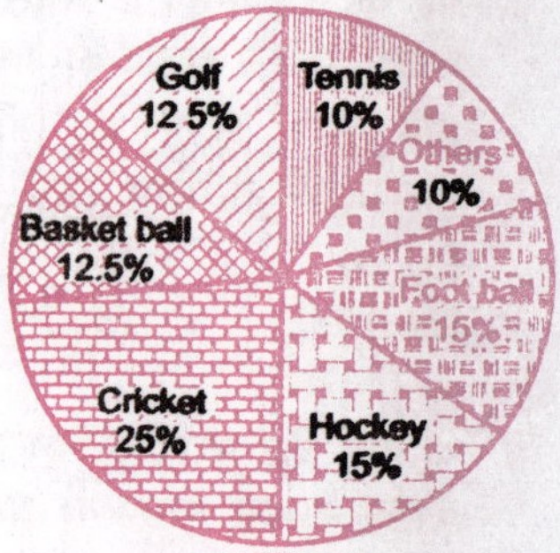

यदि वर्ष में खेलों पर कुल ₹ 15,000,000 की राशि खर्च की गई तो क्रिकेट और हॉकी को मिलाकर कितनी राशि खर्च की गई?

(a) 6000000 (b) 5000000

(c) 3750000 (d) 7500000

SSC CGL (tier-1) 3.9.2019

35. दिये गये पाई चार्ट में किसी देश में विभिन्न खेलों पर एक वर्ष का खर्चा दिखाया गया है। इस ग्राफ का अध्ययन कीजिए और निम्नलिखित प्रश्न का उत्तर दीजिए।

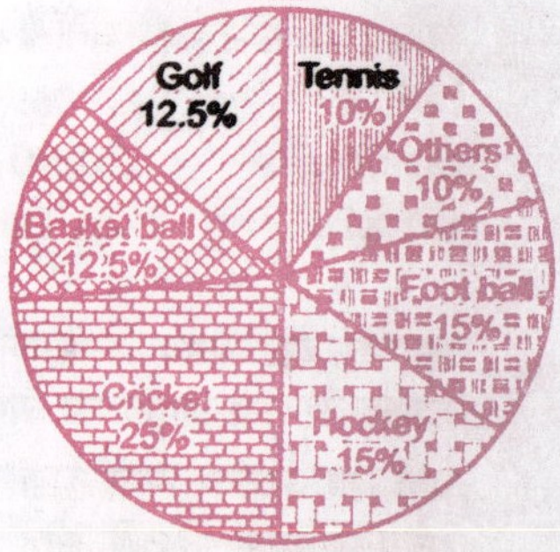

यदि वर्ष में खेलों पर कुल ₹ 12,000,000 की राशि खर्च की गई तो बास्केटबॉल पर कितनी राशि खर्च की गई है?

(a) 1250000 (b) 1000000

(c) 1200000 (d) 1500000

SSC CGL (tier-1) 3.9.2019

36. दिये गये पाई-चार्ट में किसी देश में विभिन्न खेलों पर एक वर्ष का खर्चा दिखाया गया है। इस ग्राफ का अध्ययन कीजिये और निम्नलिखित प्रश्न का उत्तर दीजिए।

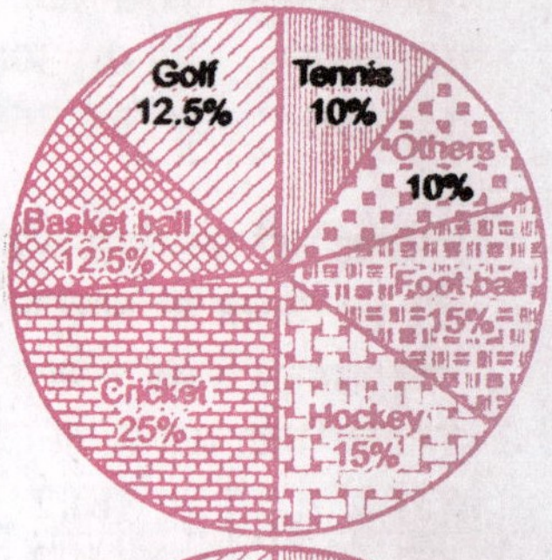

फुटबॉल के लिए खर्च की गई कुल राशि एवं हॉकी पर खर्च की गई कुल राशि का अनुपात क्या था?

(a) 1 : 15 (b) 1 : 1

(c) 15 : 1 (d) 3 : 2

SSC CGL (Tier-1) 3.9.2016

37. दिए गए पाई-चार्ट में किसी देश में विभिन्न खेलों पर एक वर्ष का खर्चा दिखाया गया है। इस ग्राफ का अध्ययन कीजिए और निम्नलिखित प्रश्न का उत्तर दीजिए।

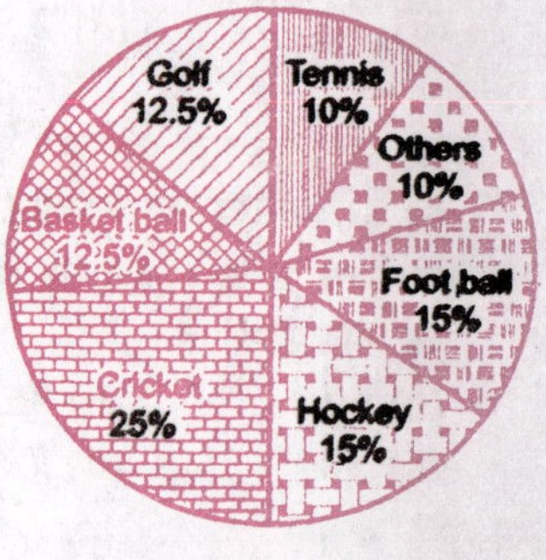

टेनिस के लिए मध्य कोण कितने अंश का है?

(a) 36^0 (b) 63^0

(c) 33^0 (d) 66^0

SSC CGL (Tier-1) 3.9.2016

38. यह पाई चार्ट संसद के निचले सदन में प्रत्येक पार्टी की सीटों की संख्या को दर्शाता है। इस आरेख का अध्ययन करें और निम्नलिखित प्रश्न का उत्तर दें।

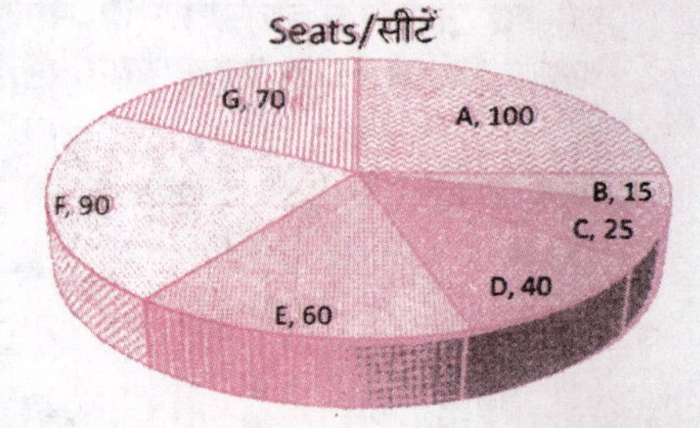

किस पार्टी की दूसरी सबसे अधिक सीटें हैं?

(a) F (b) G

(c) A (d) D

39. यह पाई चार्ट संसद के निचले सदन में प्रत्येक पार्टी की सीटों की संख्या को दर्शाता है। इस आरेख का अध्ययन करें और निम्नलिखित प्रश्न का उत्तर दें। यदि पार्टियाँ D, E, और F गठबंधन करती हैं, तो आधे रास्ते के निशान तक पहुचने के लिए उनके पास अभी भी कितनी सीटें कम होंगी?

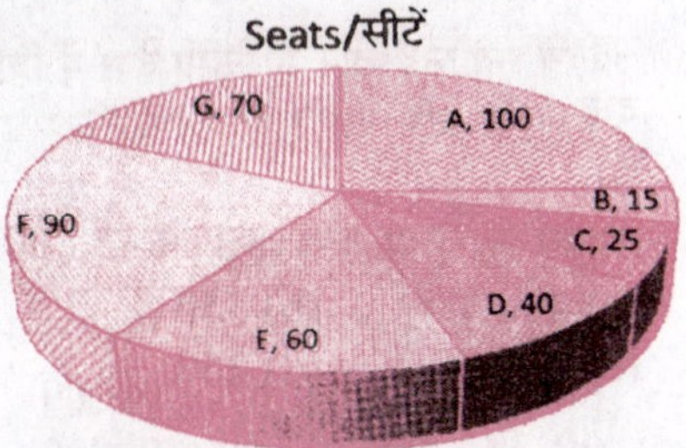

(a) 20 (b) 15
(c) 10 (d) 25

SSC CHSL 15.9.2018

40. यह पाई चार्ट संसद के निचले सदन में प्रत्येक पार्टी की सीटों की संख्या को दर्शाता है। इस आरेख का अध्ययन करें और निम्नलिखित प्रश्न का उत्तर दें। पार्टी F के सीटों का प्रतिनिधित्व करने वाले क्षेत्र के केंद्रीय कोण का माप डिग्री है–

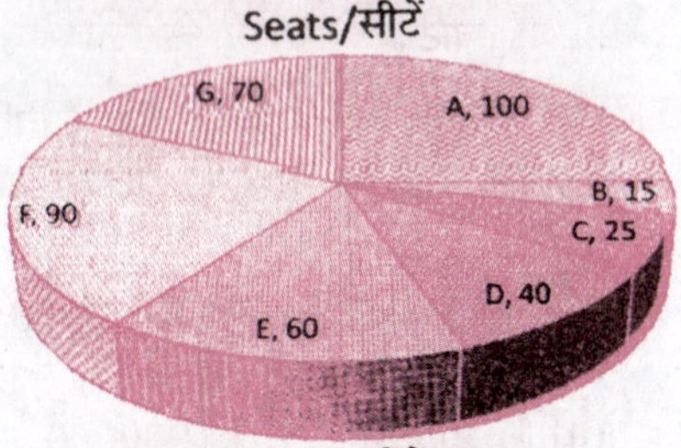

(a) 60 (b) 90
(c) 81 (d) 100

SSC CHSL 15.9.2018

41. यह पाई चार्ट संसद के निचले सदन में प्रत्येक पार्टी की सीटों की संख्या को दर्शाता है। इस आरेख का अध्ययन करें और निम्नलिखित प्रश्न का उत्तर दें। यदि यह आंकड़े सभी दलों की सीटों को दर्शाते हैं, तो संसद के निचले सदन में कुल कितनी सीटें हैं?

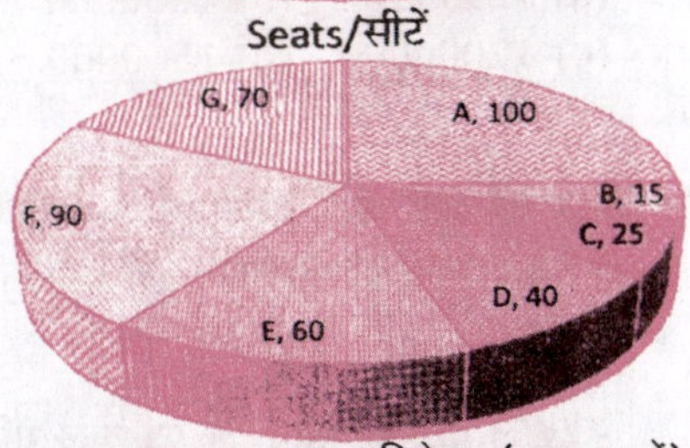

(a) 400 (b) 300
(c) 450 (d) 360

SSC CHSL 15.9.2018

42. यह पाई चार्ट एक व्यसाय में 7 भागीदारों द्वारा किये गये निवेश को दर्शाता है। इस आरेख का अध्ययन करें और निम्नलिखित प्रश्न का उत्तर दें। यदि कारोबार में 45 लाख रुपये का मुनाफा होता है, जो साझेदारों के बीच वितरित किया जाता है, तो C को कितना रुपये मिलता है (लाख रुपये में)?

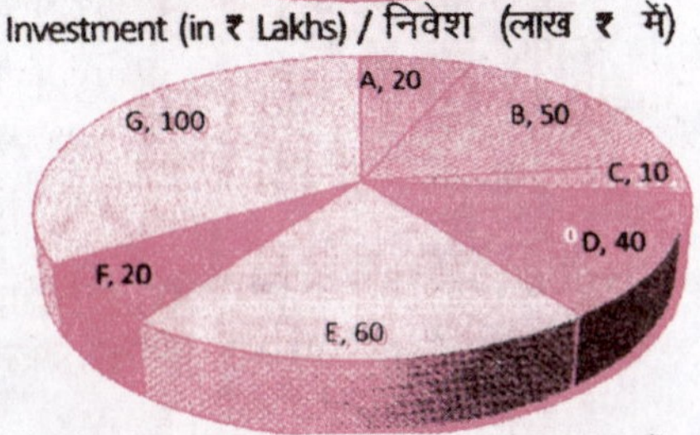

(a) 3 (b) 2
(c) 1.5 (d) 2.5

SSC CHSL 12.3.2018

43. यह पाई चार्ट एक व्यवसाय में 7 भागीदारों द्वारा किये गये निवेश को दर्शाता है। इस आरेख का अध्ययन करें और निम्नलिखित प्रश्न का उत्तर दें। भागीदार E के निवेश का प्रतिनिधित्व करने वाले क्षेत्र के केन्द्रीय कोण का माप डिग्री है–

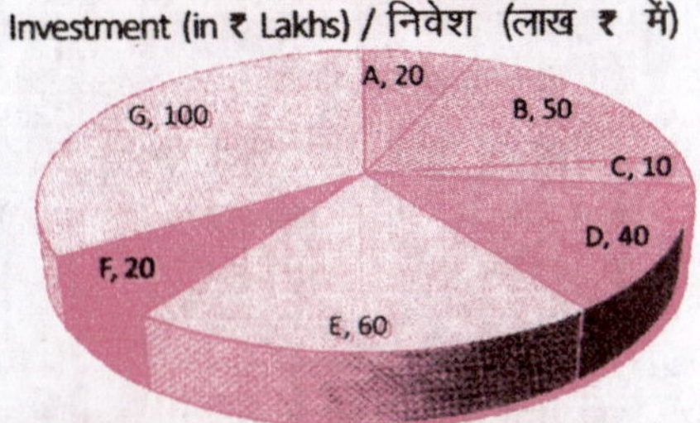

(a) 60 (b) 36
(c) 50 (d) 72

SSC CHSL 12.3.2018

44. यह पाई चार्ट एक व्यवसाय में 7 भागीदारों द्वारा किये गये निवेश को दर्शाता है। इस आरेख का अध्ययन करें और निम्नलिखित प्रश्न का उत्तर दें।
किस साझेदार ने दूसरे उच्चतम निवेश किया है?

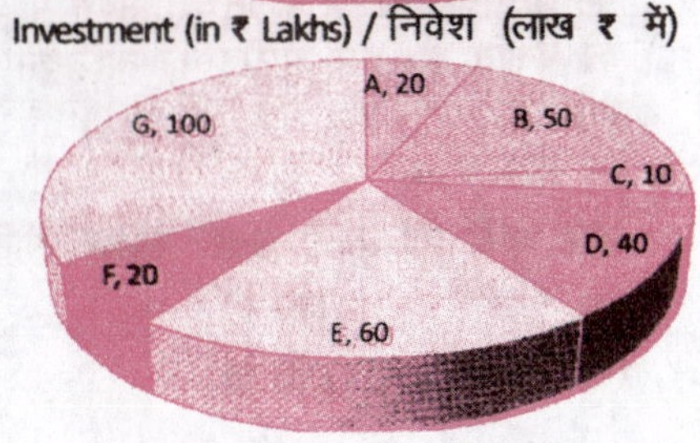

(a) B (b) C
(c) D (d) E

SSC CHSL 12.3.2018

45. यह पाई चार्ट एक व्यवसाय में 7 भागीदारों द्वारा किये गये निवेश को दर्शाता है। इस आरेख का अध्ययन करें और निम्नलिखित प्रश्न का उत्तर दें।

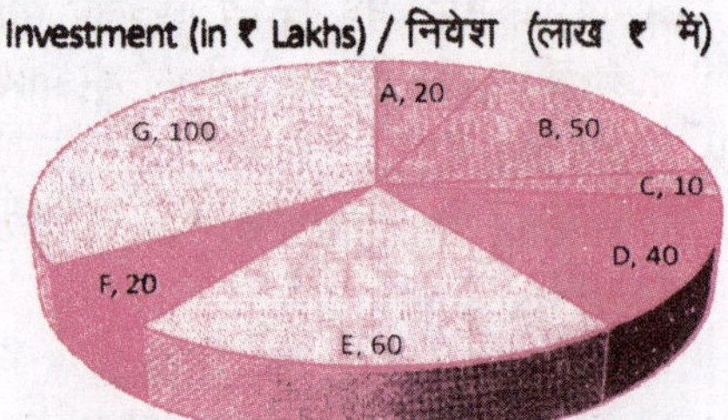

व्यापार में किया गया कुल निवेश (लाख रुपये में) क्या है?

(a) 400 (b) 350
(c) 300 (d) 250

SSC CHSL 12.3.2018

46. यह पाई चार्ट वर्ष 2017 के लिए एक विनिर्माण कंपनी के व्यय का विभाजन प्रदर्शित करता है। इस आरेख का अध्ययन करें और निम्नलिखित प्रश्न का उत्तर दें।

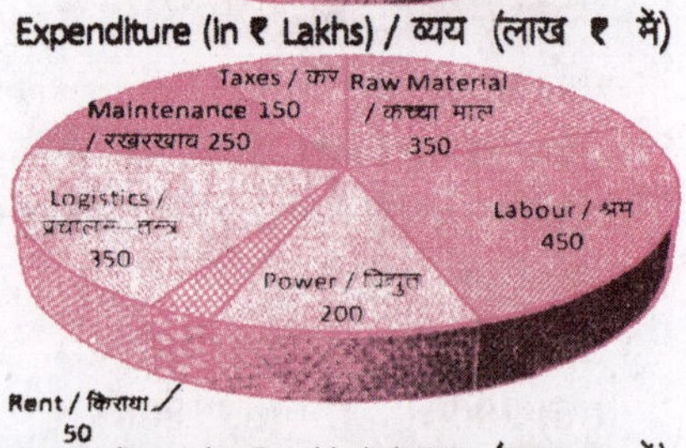

श्रम और कच्चे माल पर किया जाने वाला व्यय कुल व्यय का कितना प्रतिशत है?

(a) 33.30% (b) 44.44%
(c) 40% (d) 30%

SSC CHSL 7.3.2018

47. यह पाई चार्ट वर्ष 2017 के लिए एक विनिर्माण कंपनी के व्यय का विभाजन प्रदर्शित करता है। इस आरेख का अध्ययन करें और निम्नलिखित प्रश्न का उत्तर दें।

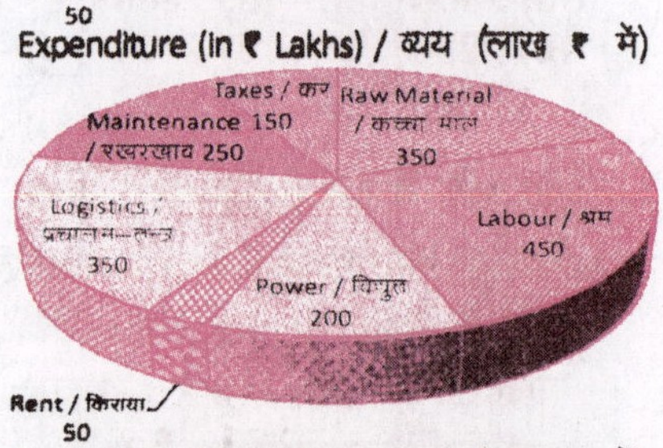

कर का प्रतिनिधित्व करने वाले क्षेत्र के केंद्रीय कोण का माप डिग्री है–

(a) 40 (b) 20
(c) 60 (d) 30

SSC CHSL 7.3.2018

48. यह पाई चार्ट वर्ष 2017 के लिए एक कॉलेज के व्यय का विभाजन प्रदर्शित करता है। इस आरेख का अध्ययन करें और निम्नलिखित प्रश्न का उत्तर दें।

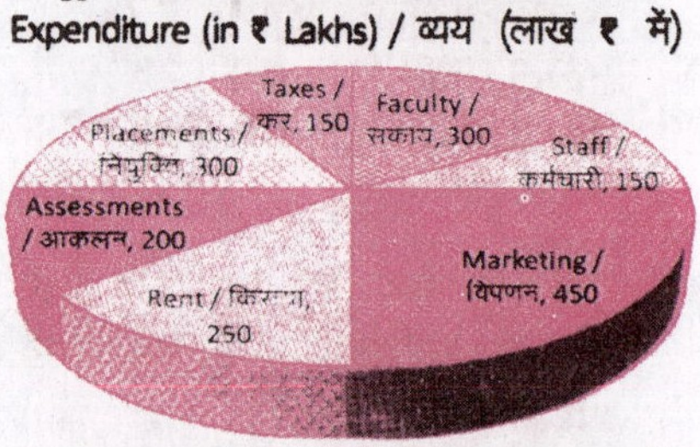

संकाय का प्रतिनिधित्व करने वाले क्षेत्र के केंद्रीय कोण का माप डिग्री है–

(a) 30 (b) 45
(c) 75 (d) 60

SSC CHSL 6.3.2018

49. यह पाई चार्ट वर्ष 2017 के लिए एक विनिर्माण कंपनी के व्यय का विभाजन प्रदर्शित करता है। इस आरेख का अध्ययन करें और निम्नलिखित प्रश्न का उत्तर दें।

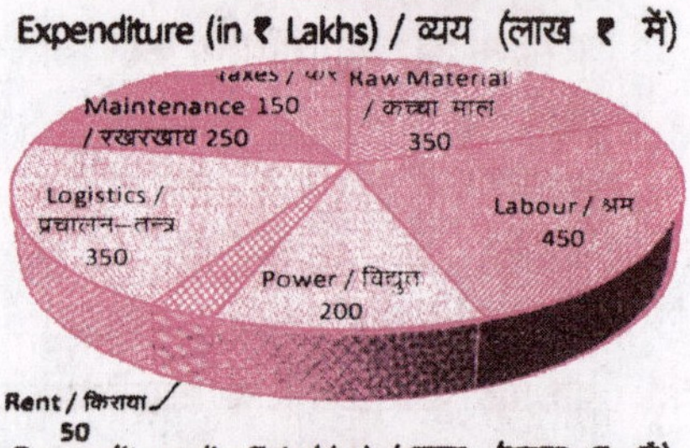

कुल व्यय (लाख ₹ में) क्या है?

(a) 900 (b) 1800
(c) 2000 (d) 1000

SSC CHSL 7.3.2018

50. यह पाई चार्ट वर्ष 2017 के लिए एक कॉलेज के व्यय का विभाजन प्रदर्शित करता है। इस आरेख का अध्ययन करें और निम्नलिखित प्रश्न का उत्तर दें।

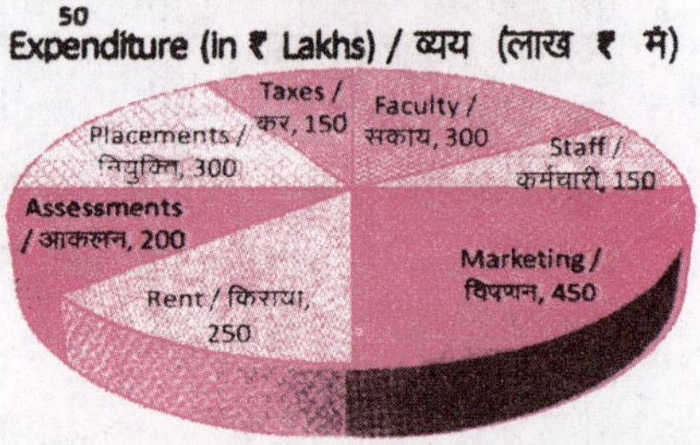

सबसे अधिक खर्च किस मद पर किया जाता है?

(a) किराया (b) विपणन
(c) आकलन (d) नियुक्ति

SSC CHSL 6.3.2018

51. यह पाई चार्ट वर्ष 2017 के लिए एक कॉलेज के व्यय का विभाजन प्रदर्शित करता है। इस आरेख का अध्ययन करें और निम्नलिखित प्रश्न का उत्तर दें।

आकलन और नियुक्ति पर किया जाने वाला व्यय कुल व्यय का कितना प्रतिशत है?

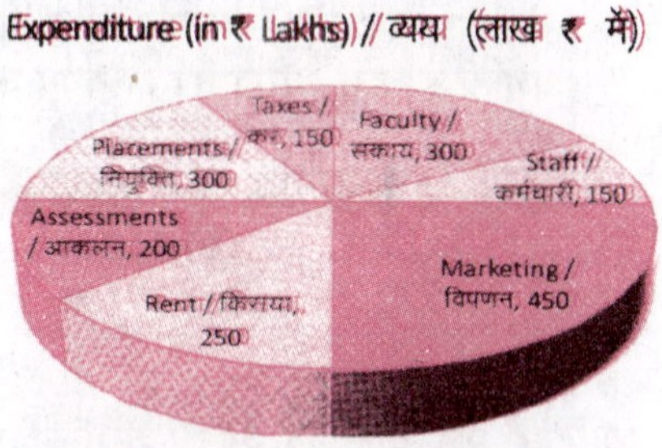

(a) 33.3% (b) 25%
(c) 30% (d) 27.77%

SSC CHSL 6.3.2018

52. यह पाई चार्ट वर्ष 2017 के लिए सॉफ्टवेयर कंपनी के व्यय का विभाजन प्रदर्शित करता है। इस आरेख का अध्ययन करें और निम्नलिखित प्रश्न का उत्तर दें।

कुल व्यय (लाख ₹ में) क्या है?

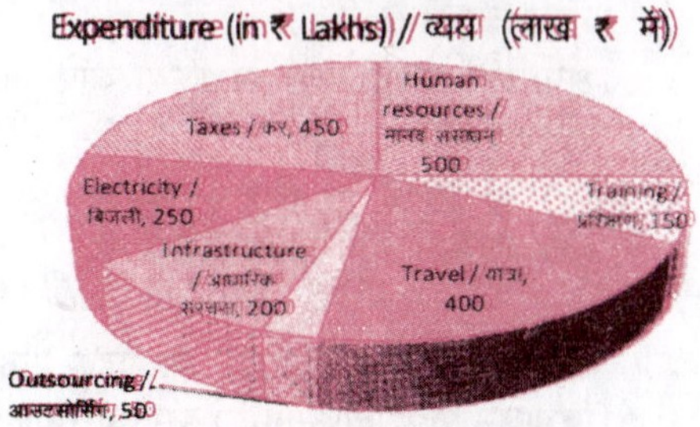

(a) 2000 (b) 1800
(c) 2250 (d) 2100

SSC CHSL 7.3.2018

53. यह पाई चार्ट वर्ष 2017 के लिए सॉफ्टवेयर कंपनी के व्यय का विभाजन प्रदर्शित करता है। इस आरेख का अध्ययन करें और निम्नलिखित प्रश्न का उत्तर दें।

आउटसोर्सिंग और आधारिक संरचना पर किया जाने वाला व्यय कुल व्यय का कितना प्रतिशत है?

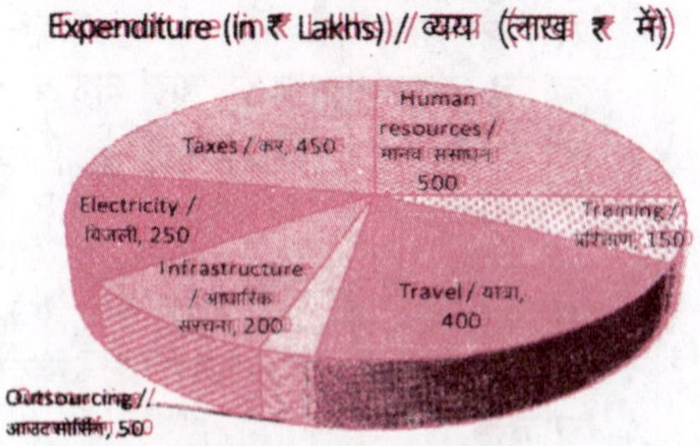

(a) 33.3% (b) 12.5%
(c) 15% (d) 10%

SSC CHSL 7.3.2018

54. यह पाई चार्ट वर्ष 2017 के लिए सॉफ्टवेयर कंपनी के व्यय का विभाजन प्रदर्शित करता है। इस आरेख का अध्ययन करें और निम्नलिखित प्रश्न का उत्तर दें।

प्रशिक्षण का प्रतिनिधित्व करने वाले क्षेत्र के केंद्रीय कोण का माप डिग्री है–

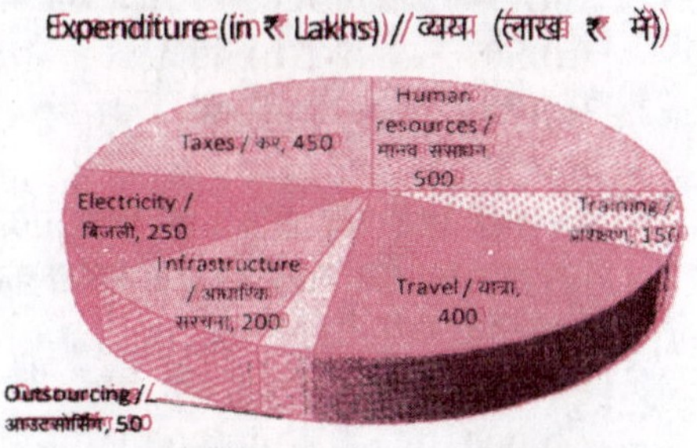

(a) 27 (b) 30
(c) 33 (d) 24

SSC CHSL 7.3.2018

55. यह पाई चार्ट 2017 के लिए सॉफ्टवेयर कंपनी के व्यय का विभाजन प्रदर्शित करता है। इस आरेख का अध्ययन करें और निम्नलिखित प्रश्न का उत्तर दें।

दूसरा सर्वाधिक व्यय किस मद पर किया जाता है?

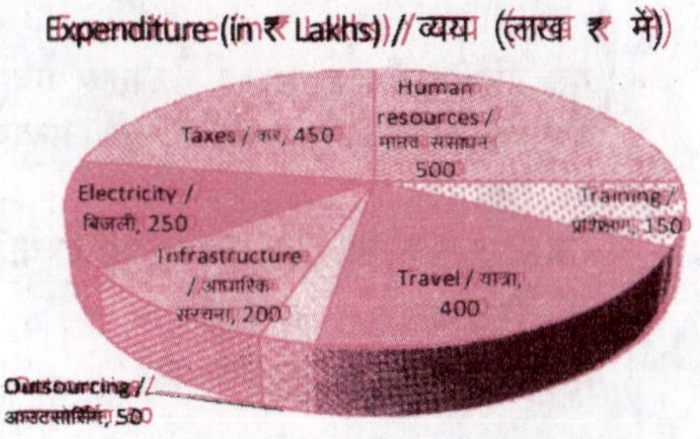

(a) कर (b) मानव संसाधन
(c) प्रशिक्षण (d) यात्रा

SSC CHSL 7.3.2018

6. सामने दिये गये वृत्त चित्र में महेश के व्यय (प्रतिशत में) को दर्शाया गया है। महेश की मासिक आय ₹26000 है।

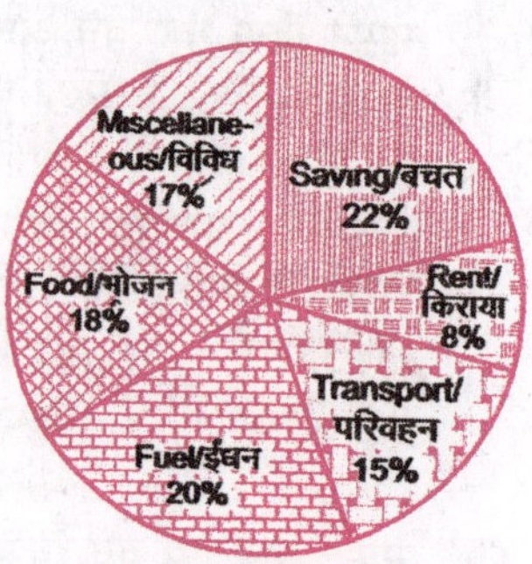

यदि वह अपने बचत का 65 प्रतिशत सोना खरीदने पर व्यय करता है, तो वह कितनी राशि सोने पर व्यय (₹ में) करता है?

(a) 3312 (b) 4124
(c) 3522 (d) 3718

SSC CPO 1.7.2019

7. सामने दिया गया वृत्त आरेख किसी कंपनी के विभिन्न विभागों द्वारा किये खर्चों को दर्शाता है। प्रत्येक खर्च को कंपनी के कुल व्यय के प्रतिशत के रूप में दर्शाया गया है। वृत्त आरेख में दर्शाए गए केन्द्रीय कोण किसी चयनित पैमाने के अनुसार नहीं हैं।

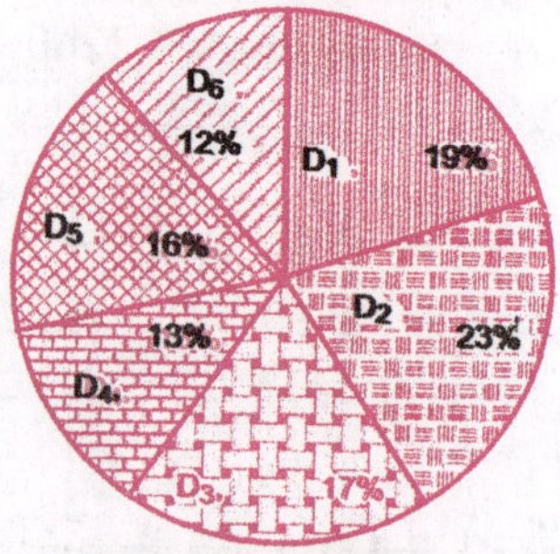

यदि कम्पनी के कुल खर्चे ₹20 लाख हैं तो D_2, D_4 तथा D_5 विभागों पर किया गया कुल खर्चा कितना है?

(a) ₹12,60,000 (b) ₹9,00,000
(c) ₹10,60,000 (d) ₹10,40,000

SSC CHSL 19.8.2019

8. सामने दिये गये वृत्त चित्र में महेश के व्यय (% में) को दर्शाया गया है। महेश की मासिक आय ₹26000 है –

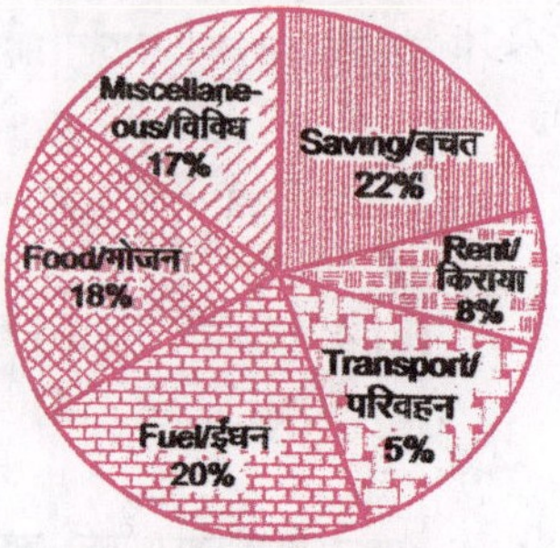

परिवहन की तुलना में वह बचत तथा ईंधन को मिलाकर कितना अधिक व्यय (₹ में) करता है–

(a) 5850 (b) 6060
(c) 7020 (d) 8420

SSC CPO 1.7.2019

9. सामने दिया गया वृत्त आरेख किसी कंपनी के विभिन्न विभागों द्वारा किसी खर्च को दर्शाता है। प्रत्येक खर्च को कंपनी के कुल व्यय के प्रतिशत के रूप में दर्शाया गया है। वृत्त आरेख में दर्शाए गए केन्द्रीय कोण किसी चयनित पैमाने के अनुसार नहीं है।

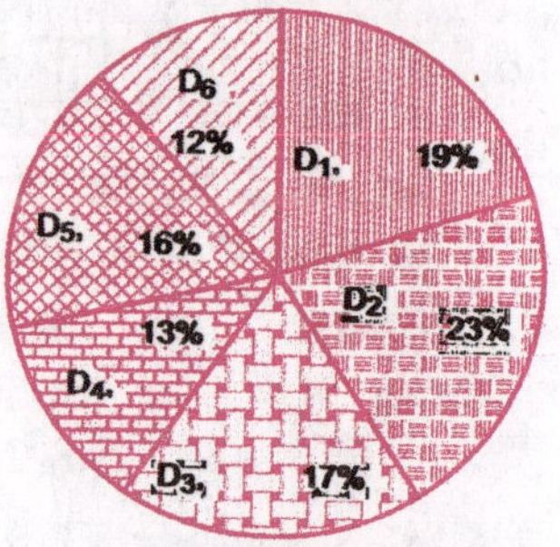

वृत्तखण्ड D_2 तथा D_3 द्वारा बनाये गये केन्द्रीय कोणों के बीच क्या अन्तर (0.1 डिग्री के लगभग) है?

(a) 15.3^0 (b) 24.2^0
(c) 18.6^0 (d) 21.6^0

SSC CHSL 19.8.2019

10. सामने दिए गए वृत्त चित्र में महेश के व्यय (प्रतिशत में)को दर्शाया गया है। महेश की मासिक आय ₹26000 है।

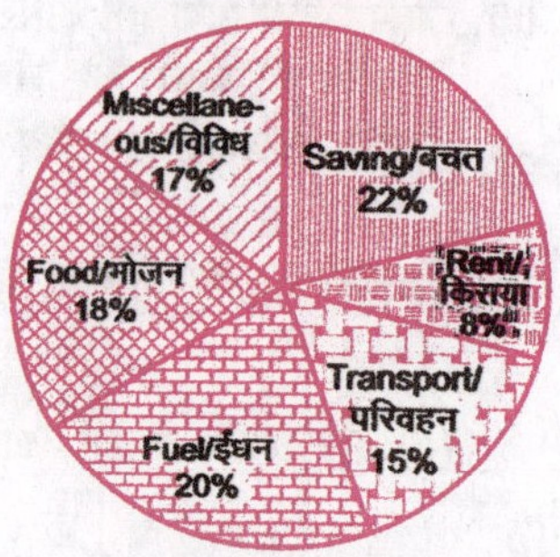

यदि उसकी आय ₹22,000 होती, तो विविध व्यय (₹ में) कितना कम होता?

(a) 510 (b) 680
(c) 765 (d) 935

SSC CPO 1.7.2017

61. सामने दिया गया वृत्त आरेख, छह अलग-अलग कम्पनियों द्वारा किसी कार्यालय में प्रदत्त लैपटॉप की संख्या को, लैपटॉपों की कुल संख्या के प्रतिशत के रूप में दर्शाता है। वृत्त-आरेख में प्रदर्शित केंद्रीय कोण किसी चयनित पैमाने के अनुसार नहीं है। कम्पनी C_6 द्वारा प्रदत्त लैपटॉपों का संगत केन्द्रीय कोण (दशमलव के एक स्थान तक) कितने डिग्री का है?

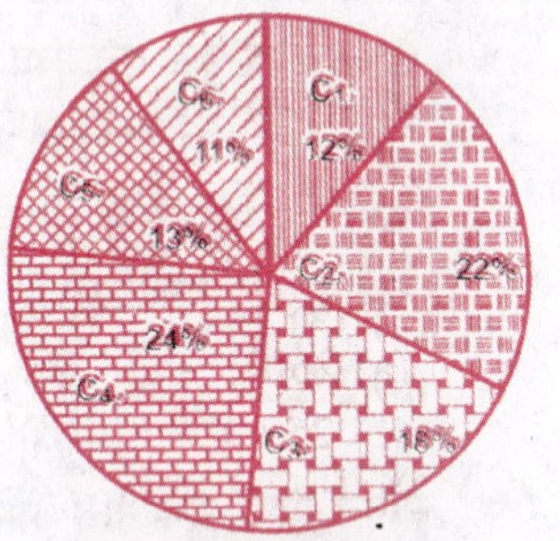

(a) 51.7^0 (b) 45.1^0
(c) 39.6^0 (d) 52.8^0

SSC CHSL (Tier-1) 21.8.2019

62. सामने दिये गये वृत्त चित्र में महेश के व्यय (प्रतिशत में) को दर्शाया गया है। महेश की मासिक आय ₹26000 है।

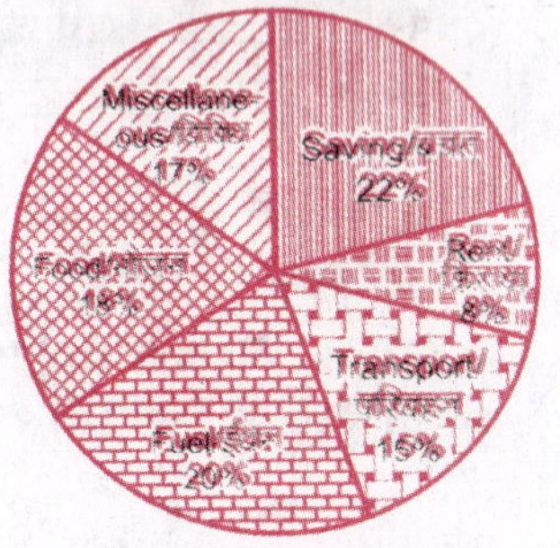

वह किराये पर कितना व्यय (₹ में) करता है?

(a) 2080 (b) 2275
(c) 2470 (d) 2840

SSC CPO 1.7.2017

63. यहाँ दिया गया वृत्त आरेख 2012 से 2016 तक किसी परीक्षा में चयनित उम्मीदवारों के प्रतिशत को दर्शाता है। चयनित अभ्यर्थियों की कुल संख्या = 720

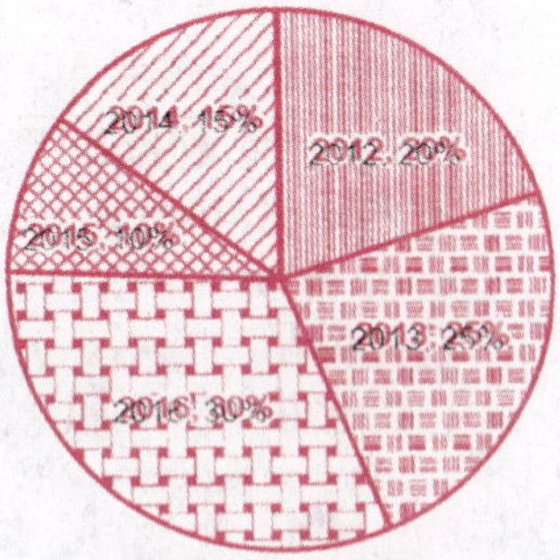

2015 में चयनित कुल उम्मीदवार, 2013 में चयनित कुल उम्मीदवारों से कितने प्रतिशत कम है?

(a) 45% (b) 60%
(c) 50% (d) 40%

SSC CHS (Tier-1) 21.8.2019

64. सामने दिया गया वृत्त-आरेख, छह अलग-अलग कम्पनियों द्वारा किसी कार्यालय में प्रदत्त लैपटॉप की संख्या को, लैपटॉपों की कुल संख्या के प्रतिशत के रूप में दर्शाता है। वृत्त-आरेख में प्रदर्शित केन्द्रीय कोण किसी चयनित पैमाने के अनुसार नहीं है। कार्यालय में यदि लैपटॉपों की कुल संख्या 3800 है तो कंपनी C_2 तथा C_5 के लैपटॉपों की संख्या में अन्तर कितना है?

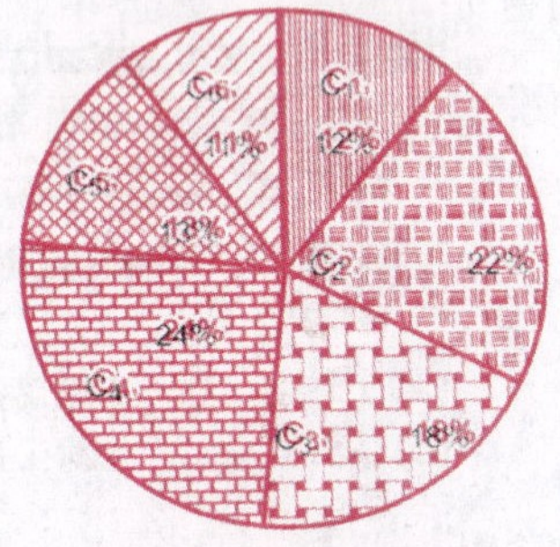

(a) 382 (b) 362
(c) 342 (d) 322

SSC CHSL (Tier-1) 2.8.2019

65. सामने दिया गया वृत्त आरेख, छह अलग-अलग कम्पनियों द्वारा किसी कार्यालय में प्रदत्त लैपटॉप की संख्या को, लैपटॉपों की कुल संख्या के प्रतिशत के रूप में दर्शाता है। वृत्त-आरेख में प्रदर्शित केन्द्रीय कोण किसी चयनित पैमाने के अनुसार नहीं है।

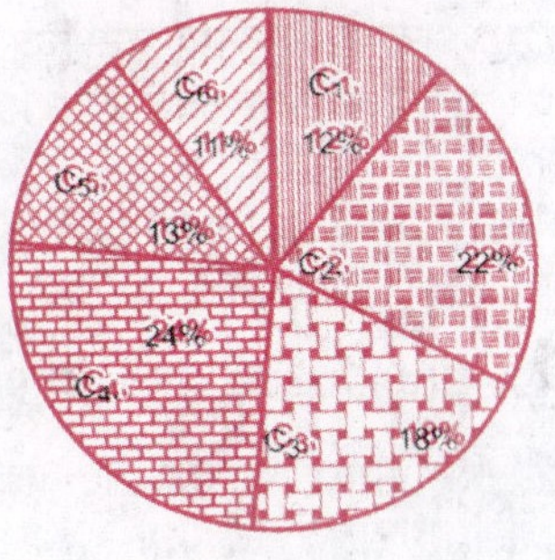

कम्पनी C_1 तथा कंपनी C_3 के लैपटॉपों की संख्या का अनुपात कितना है?

(a) 2 : 1 (b) 12 : 11
(c) 2 : 3 (d) 6 : 11

SSC CHSL (Tier-1) 2.8.2019

66. यहाँ दिया गया कुल वृत्त आरेख 2012 से 2016 तक किसी परीक्षा में चयनित उम्मीदवारों के प्रतिशत को दर्शाता है।

चयनित अभ्यर्थियों की कुल संख्या = 720

वर्ष 2012 तथा 2014 को मिलाकर, चयनित उम्मीदवारों की कुल संख्या है–

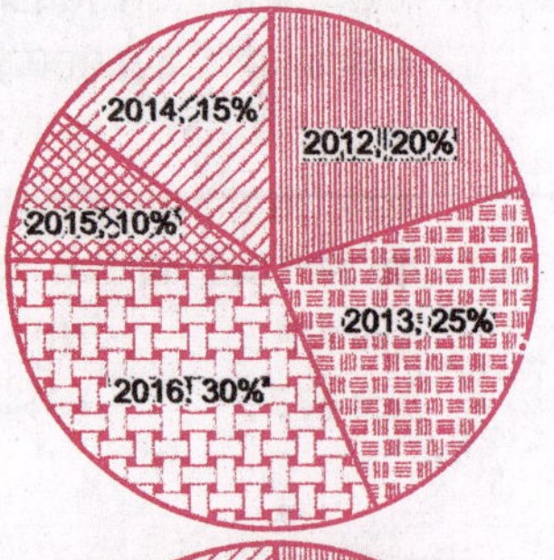

(a) 250 (b) 180
(c) 252 (d) 144

SSC CHSL (Tier-1) 21.8.2019

67. यहाँ दिया गया वृत्त आरेख 2012 से 2016 तक किसी परीक्षा में चयनित उम्मीदवारों के प्रतिशत को दर्शाता है–

चयनित अभ्यर्थियों की कुल संख्या = 720

किस वर्ष में चयनित उम्मीदवारों की संख्या, वर्ष 2012 तथा 2015 को एक साथ मिलाकर चयनित उम्मीदवारों की कुल संख्या के बराबर है?

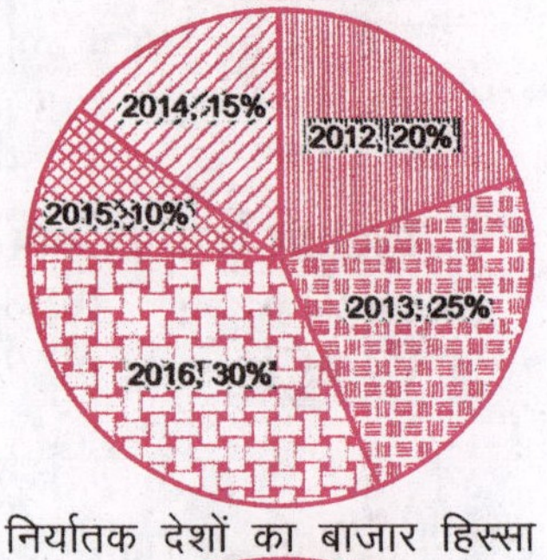

(a) 2014 (b) 2016
(c) 2013 (d) 2012

SSC CHSL (Tier-1) 21.8.2019

68. सम्मुख वृत्त आरेख निर्यातक देशों की बाजार हिस्सेदारी को दर्शाता है। यदि देश X की हिस्सेदारी 'दूसरे देशों' की 40% हिस्सेदारी के बराबर है और देश B के निर्यात की मात्रा ₹15 मिलियन है, तो देश X द्वारा निर्यात की गई मात्रा है–

निर्यातक देशों का बाजार हिस्सा

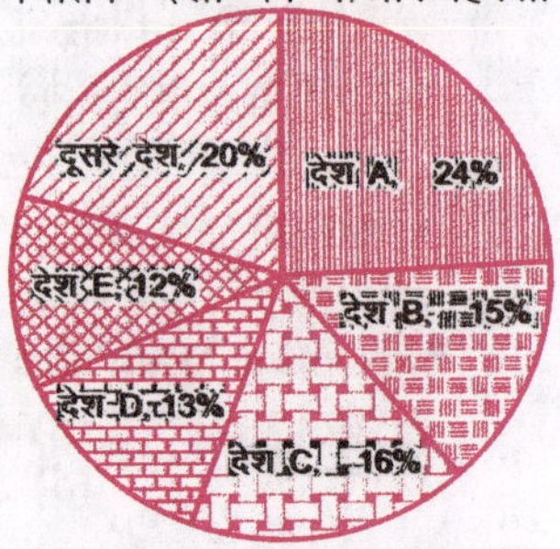

(a) ₹ 2 मिलियन (b) ₹ 1.6 मिलियन
(c) ₹ 8 मिलियन (d) ₹ 4 मिलियन

SSC CHSL (Tier-1) 21.8.2019

69. वृत्त आरेख विशेष रूप से किसी परिवार के एक माह के विभिन्न प्रकार के खर्चों को दर्शाता है। एक माह से शैक्षिक शुल्क के रूप में खर्च की गयी राशि ₹18000 है। परिवार का कुल मासिक व्यय कितना है? वृत्त आरेख में व्यय के विभिन्न शीर्षों के सामने दर्शाए गए आंकड़े केन्द्रीय कोणों को नहीं दर्शाते हैं।

एक विशेष परिवार के खर्च

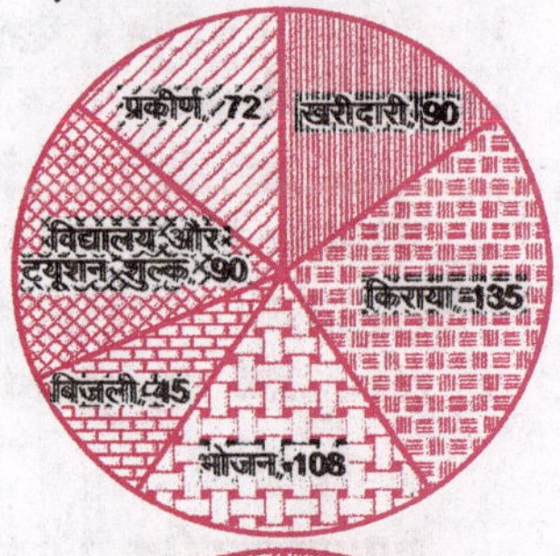

(a) ₹ 1,08,000 (b) ₹72,000
(c) ₹ 90,000 (d) ₹ 36,000

SSC CHSL (Tier-1) 14.8.2019

70. दिए गए वृत्त चित्र में एक व्यक्ति के मासिक व्यय के वितरण (प्रतिशत में) को दर्शाया गया है।

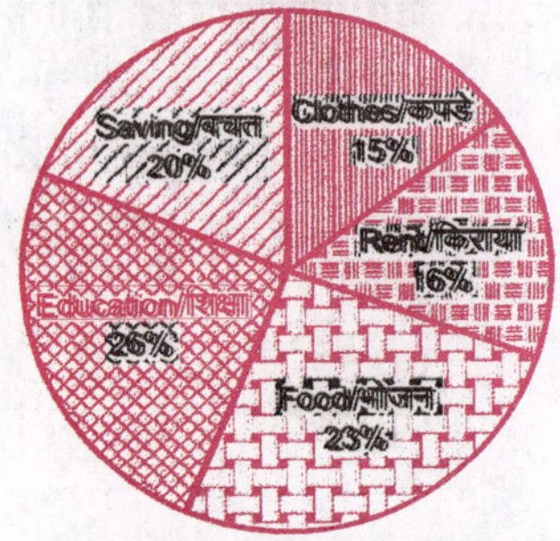

यदि व्यक्ति की कुल आय ₹50000 है, तो किराये पर किया गया व्यय (₹ में) क्या होगा?

(a) 16000 (b) 12000
(c) 7000 (d) 8000

SSC CPO 5.7.2017

71. नीचे दिए गए वृत्त चित्र में महेश के व्यय (प्रतिशत में) को दर्शाया गया है। महेश की मासिक आय ₹26000 है।

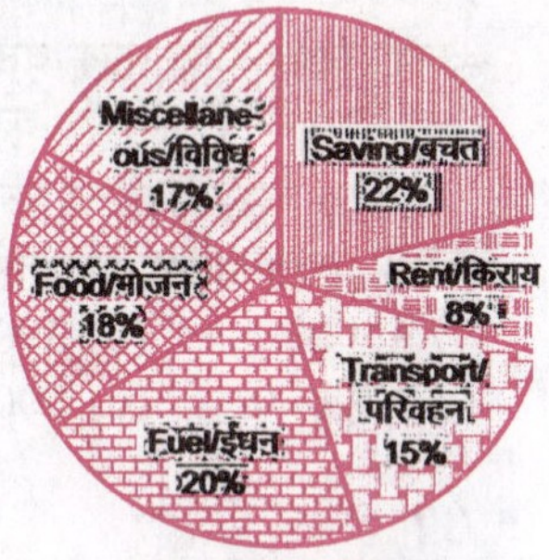

बचत, किराये तथा ईंधन पर किये गये व्यय के औसत तथा भोजन, परिवहन तथा बचत पर किये गये व्यय के औसत के बीच में (₹ में) लगभग कितना अंतर होगा–

(a) 433 (b) 444
(c) 417 (d) 467

SSC CPO 5.7.2017

72. दिये गये वृत्त चित्र में एक व्यक्ति के मासिक व्यय के वितरण (प्रतिशत में) को दर्शाया गया है।

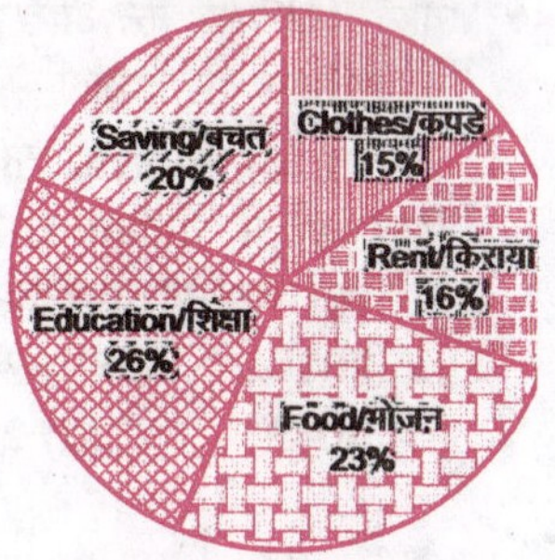

शिक्षा पर किये गये व्यय के क्षेत्र द्वारा बनाया गया केन्द्रीय कोण कितना है?

(a) 93.6 (b) 88.2
(c) 84.3 (d) 95.2

SSC CPO 5.7.2019

73. नीचे दिये गये वृत्त चित्र में वर्ष 2016 के दौरान एक परिवार के व्यय के वितरण (डिग्री में) को दर्शाया गया है। वर्ष 2016 में परिवार की कुल आय ₹1080000 है।

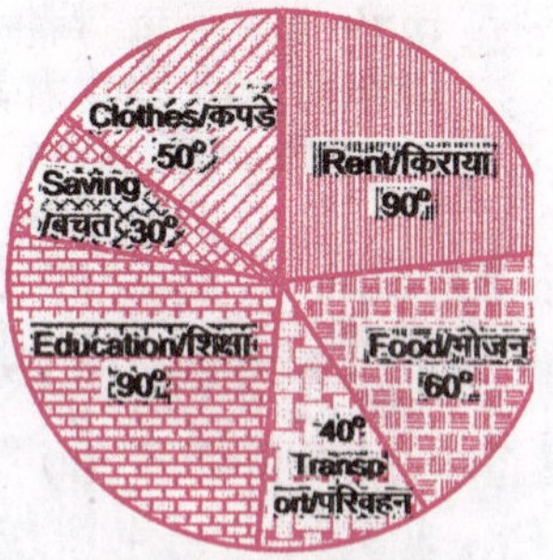

परिवार की आय वर्ष 2015 में वर्ष 2016 की आय से 20% कम थी और वर्ष 2015 तथा वर्ष 2016 में उनकी बचत का अनुपात 2 : 5 है। वर्ष 2015 में उन्होंने अपनी आय का लगभग कितने प्रतिशत बचत किया था?

(a) 6.17 (b) 4.166
(c) 3.24 (d) 5.66

SSC CPO 5.7.2017

74. दिए गए वृत्त चित्र में एक व्यक्ति के मासिक व्यय के वितरण (प्रतिशत में) को दर्शाया गया है।

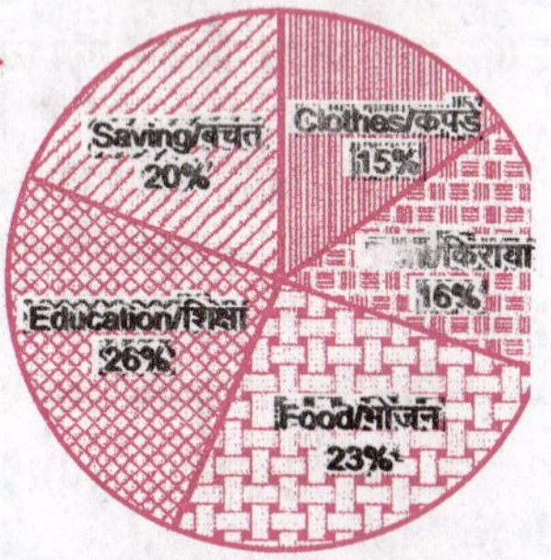

भोजन पर किया गया व्यय बचत पर किये गये व्यय से कितना प्रतिशत अधिक है?

(a) 12.21 (b) 15
(c) 13.04 (d) 11

SSC CPO 5.7.2017

75. दिए गए वृत्त चित्र में एक व्यक्ति के मासिक व्यय के वितरण (प्रतिशत में) को दर्शाया गया है।

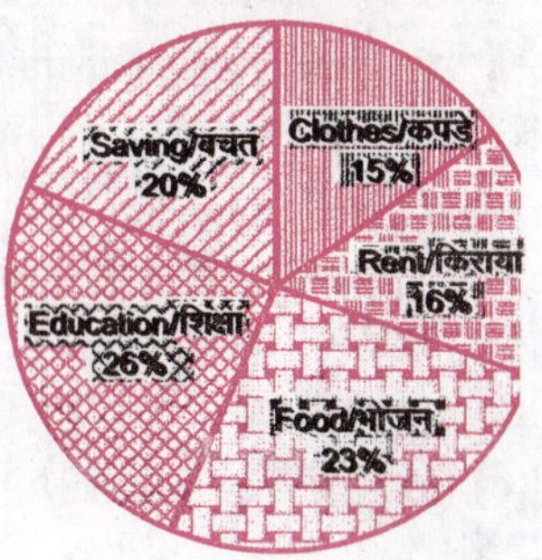

यदि कपड़ों पर किया गया व्यय ₹3000 है, तो शिक्षा पर किया गया व्यय (₹ में) क्या होगा?

(a) 4300 (b) 5050
(c) 5200 (d) 5600

SSC CPO 5.7.2017

76. सामने दिये गये वृत्त चित्र में वर्ष 2016 के दौरान एक परिवार के व्यय के वितरण (डिग्री में) को दर्शाया गया है। वर्ष 2016 में परिवार की कुल आय = ₹1080000

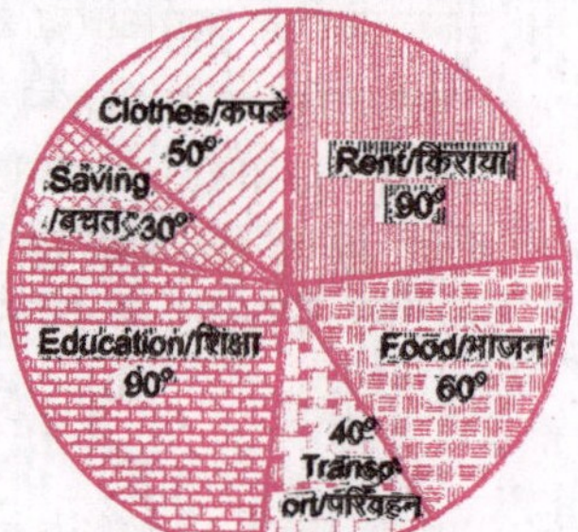

किराये, भोजन तथा परिवहन पर मिलाकर कुल कितना व्यय हुआ?

(a) 450000 (b) 390000
(c) 570000 (d) 500000

SSC CPO 5.7.2017

77. सामने दिये गये वृत्त चित्र में वर्ष 2016 के दौरान एक परिवार के व्यय के वितरण (डिग्री में) को दर्शाया गया है। वर्ष 2016 में परिवार की कुल आय = ₹1080000

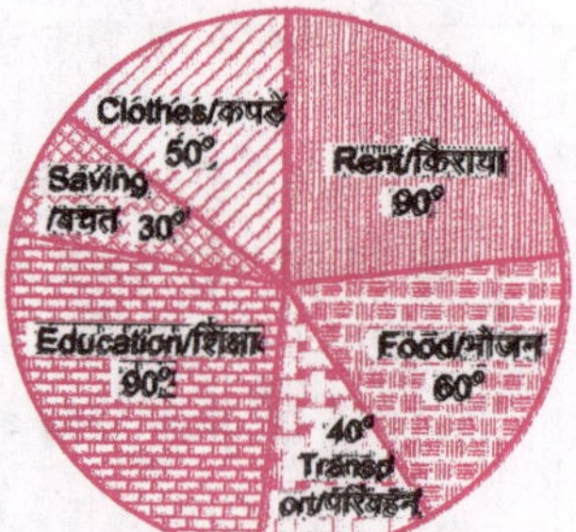

शिक्षा, बचत तथा किराये पर किये गये कुल व्यय का औसत (₹ में) क्या होगा?

(a) 220000 (b) 215000
(c) 205000 (d) 210000

SSC CPO 5.7.2017

78. सामने दिए गए वृत्त चित्र में वर्ष 2016 के दौरान एक परिवार के व्यय के वितरण (डिग्री में) को दर्शाया गया है। वर्ष 2016 में परिवार की कुल आय = ₹1080000

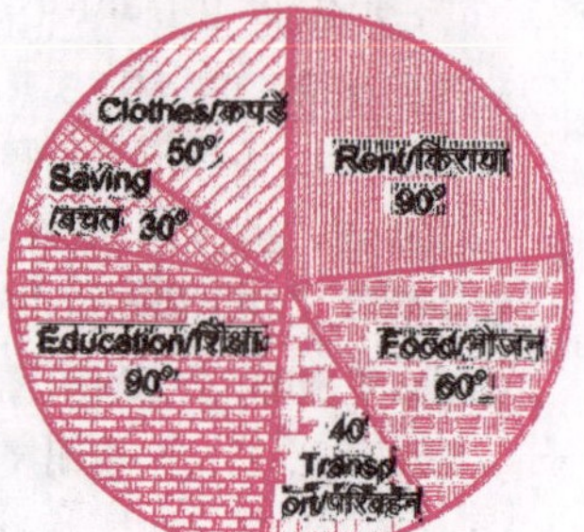

किराये पर उनका व्यय, शिक्षा पर उनके व्यय का कितने प्रतिशत है?

(a) 33.33 (b) 50
(c) 100 (d) 90

SSC CPO 5.7.2017

79. नीचे दिए गए वृत्त चित्र में वर्ष 2016 के दौरान एक परिवार के व्यय के वितरण (डिग्री में) को दर्शाया गया है। वर्ष 2016 में परिवार की कुल आय = ₹1080000

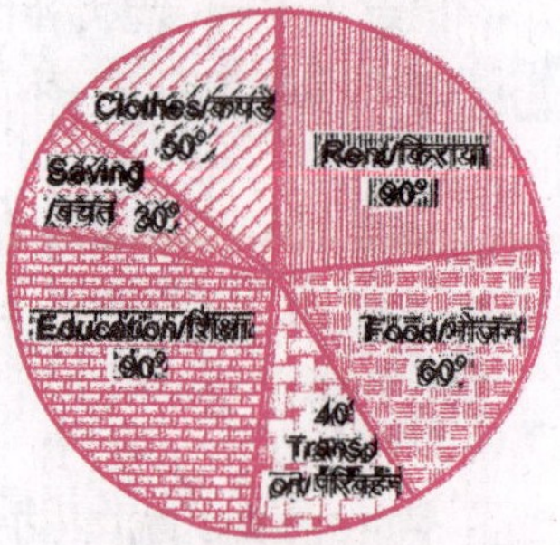

उन्होंने कपड़ों पर कितना खर्च (₹ में) किया?

(a) 150000 (b) 180000
(c) 200000 (d) 240000

SSC CPO 5.7.2017

80. निम्न पाई-चार्ट छह अलग-अलग विषयों को पढ़ाने वाले शिक्षकों के प्रतिशत के अनुसार वितरण को दर्शाता है। पाई-चार्ट का अध्ययन करें और प्रश्न का उत्तर दें।

शिक्षकों की कुल संख्या = 1650

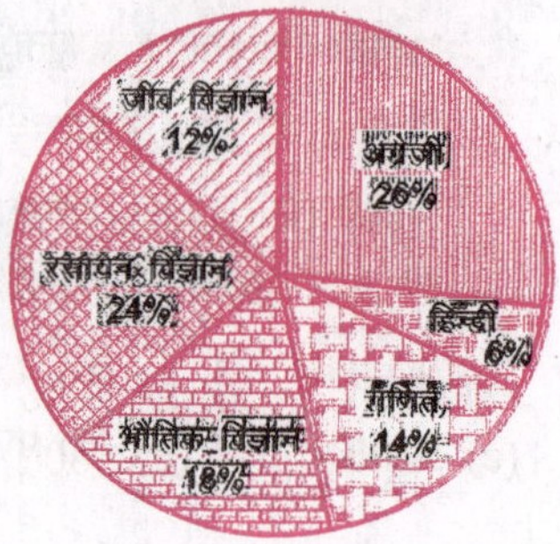

भौतिकी (Physics) और गणित (Maths) पढ़ाने वाले शिक्षकों की कुल संख्या तथा रसायन विज्ञान (Chemistry) और जीव विज्ञान (biology) पढ़ाने वाले शिक्षकों की कुल संख्या में अन्तर है–

(a) 66 (b) 68
(c) 76 (d) 60

SSC CHSL (Tier-1) 21.10.2020

81. निम्नलिखित पाई-आरेख का अध्ययन करें और दिये गये प्रश्न का उत्तर दें।

पाई-आरेख वर्ष 2018 में किसी कंपनी का बजट व्यय (प्रतिशत वितरण) विभिन्न मदों A, B, C, D और E पर दर्शाता है।

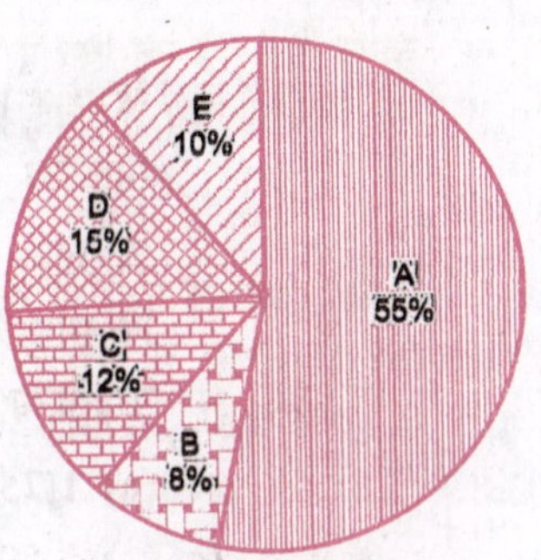

मद D पर हुए व्यय को निरूपित करनेवाले त्रिज्याखंड का केन्द्रीय कोण है–

(a) 45^0 (b) 56^0

(c) 52^0 (d) 54^0

SSC CHSL (Tier-1) 21.10.2020

82. दिया गया पाई-चार्ट विभिन्न खेलों में नामांकित विद्यार्थियों के प्रतिशत को निरूपित करता है। विद्यार्थियों की कुल संख्या 2800 है।

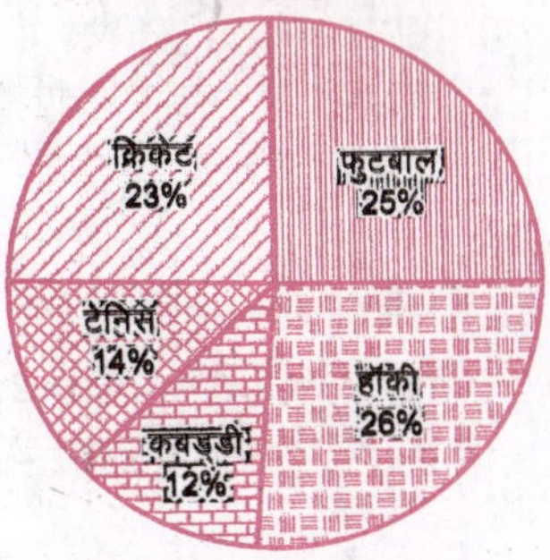

यदि क्रिकेट खेलने वाले 24 विद्यार्थियों को कबड्डी में स्थानांतरित कर दिया जाता है, तो क्रिकेट और कबड्डी में विद्यार्थियों की संख्या का नया अनुपात ज्ञात करें।

(a) 30 : 17 (b) 30 : 13

(c) 31 : 18 (d) 31 : 16

SSC CHSL (Tier-1) 20.10.2020

83. निम्नलिखित पाई-आरेख का अध्ययन करें और दिये गये प्रश्न का उत्तर दें।

पाई-आरेख वर्ष 2018 में किसी कंपनी का बजट व्यय (प्रतिशत वितरण) विभिन्न मदों A, B, C, D और E पर दर्शाता है।

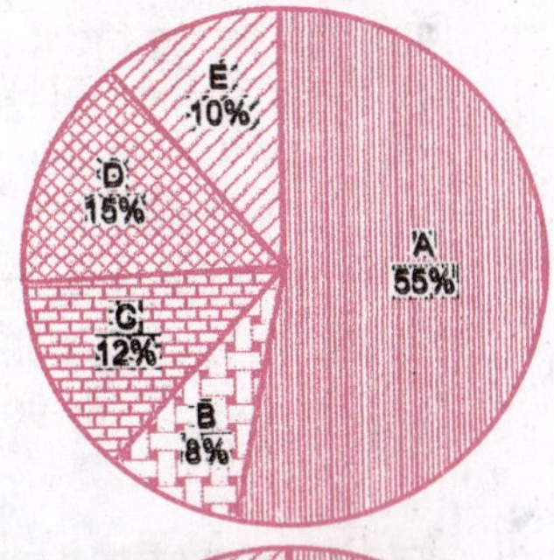

यदि वर्ष 2018 में A पर ₹ 165 करोड़ खर्च किये गये, तो उस वर्ष हुआ कुल खर्च (करोड़ ₹ में) कितना होगा?

(a) ₹ 300 (b) ₹ 400

(c) ₹ 350 (d) ₹ 320

SSC CHSL (Tier-1) 20.10.2020

84. दिया गया पाई-चार्ट पाँच विभिन्न खेलों में नामांकित विद्यार्थियों के प्रतिशत को निरूपित करता है। विद्यार्थियों की कुल संख्या 2800 है।

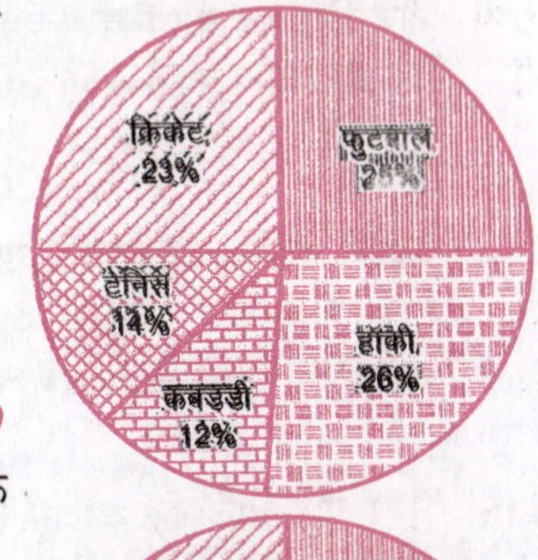

हॉकी और टेनिस दोनों ही में नामांकित विद्यार्थियों की औसत संख्या ज्ञात करें।

(a) 540 (b) 460

(c) 560 (d) 580

SSC CHSL (Tier-1) 20.10.2020

85. निम्न पाई-चार्ट छह अलग-अलग विषयों को पढ़ाने वाले शिक्षकों के प्रतिशत के अनुसार वितरण को दर्शाता है। पाई-चार्ट का अध्ययन करें और प्रश्न का उत्तर दें।

शिक्षकों की कुल संख्या = 1650

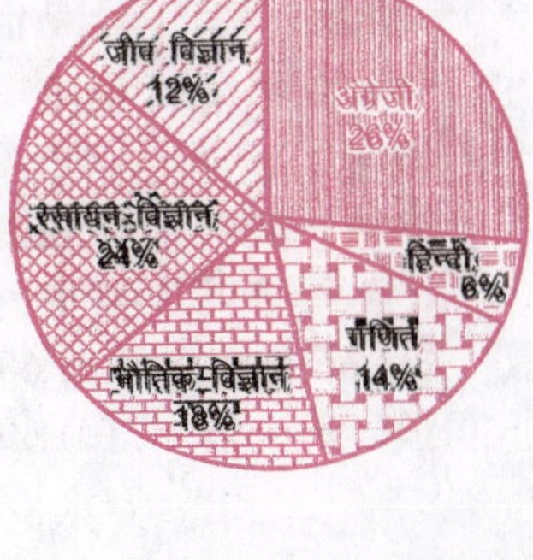

अंग्रेजी (English), गणित (Maths), और भौतिकी (Physics) पढ़ाने वाले शिक्षकों की कुल संख्या कितनी है?

(a) 950 (b) 957

(c) 857 (d) 975

SSC CHSL (Tier-1) 21.10.2020

86. दिया गया पाई-चार्ट वर्ष 2005 में किसी आइसक्रीम फ्लेवर्स की लोकप्रियता को निरूपित करता है।

2005

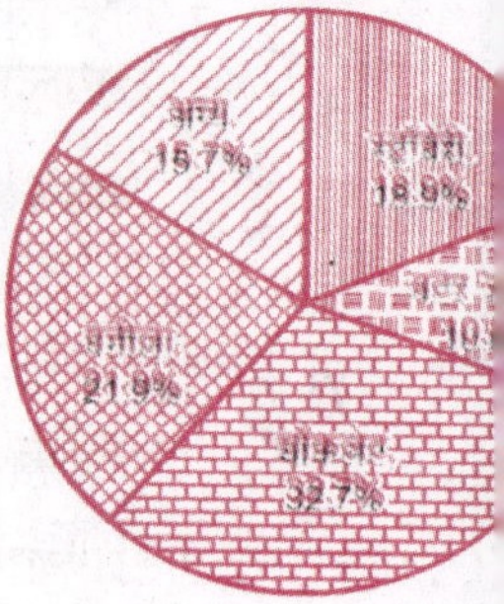

2005 में यदि 'अन्य' वर्ग का 10% मिक्स फ्रूट फ्लेवर है और एक सर्वे में पाया गया कि मिक्स फ्रूट फ्लेवर पसंद करने वाले की संख्या 1570 है, तो यह सर्वे कितने लोगों पर किया गया?

(a) 1,75,000 (b) 1,00,000
(c) 1,50,000 (d) 4,00,000

SSC CAPF : 23.11.2020

87. दिया गया पाई-चार्ट वर्ष 2015 में किसी आइसक्रीम फ्लेवर्स की कुल बिक्री प्रदर्शित करता है।

2015

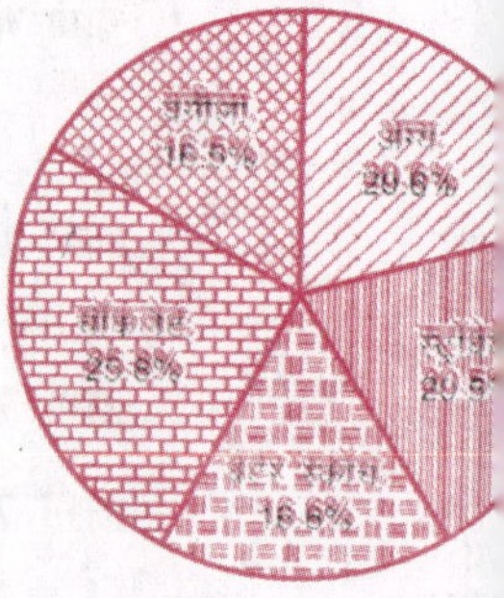

2015 में वनीला फ्लेवर की कुल बिक्री 3300 रुपये थी। तो चॉकलेट की कुल बिक्री (रुपये में) ज्ञात करें।

(a) 4,120 रुपये (b) 5,160 रुपये
(c) 3,320 रुपये (d) 4,100 रुपये

SSC CAPF : 23.11.2020

उत्तरमाला

1. (b)	2. (c)	3. (c)	4. (a)	5. (c)	6. (a)	7. (d)	8. (a)	9.
10. (c)	11. (b)	12. (c)	13. (a)	14. (b)	15. (d)	16. (c)	17. (a)	18.
19. (b)	20. (c)	21. (c)	22. (b)	23. (b)	24. (c)	25. (d)	26. (b)	27.
28. (d)	29. (b)	30. (b)	31. (b)	32. (c)	33. (d)	34. (a)	35. (d)	36.
37. (a)	38. (a)	39. (c)	40. (c)	41. (a)	42. (c)	43. (d)	44. (d)	45.
46. (b)	47. (d)	48. (d)	49. (b)	50. (b)	51. (d)	52. (a)	53. (b)	54.
55. (a)	56. (d)	57. (d)	58. (c)	59. (d)	60. (b)	61. (c)	62. (a)	63.
64. (c)	65. (c)	66. (c)	67. (b)	68. (c)	69. (a)	70. (d)	71. (a)	72.
73. (b)	74. (b)	75. (c)	76. (c)	77. (d)	78. (c)	79. (a)	80. (a)	81.
82. (c)	83. (a)	84. (c)	85. (b)	86. (b)	87. (b)			

अभ्यास प्रश्नों के हल

1. $\because$ विविध प्रभार (Miscellaneous) 4% = ₹6000

$\therefore$ विविध प्रभार (Miscellaneous) 1% = $\frac{6000}{4}$ = ₹1500

$\therefore$ विज्ञापन प्रभार (Advertising) 18% = 18 × 1500 = ₹27000

2. $\because$ छपाई प्रभार का केन्द्रीय कोण − विज्ञापन प्रभार का केन्द्रीय कोण = x^0

$\therefore$ 360^0 का (35% − 18%) = x^0 ⇒ 360 का 17% = x^0

$\therefore$ $360 \times \frac{17}{100} = x^0 \Rightarrow x^0 = 3.6 \times 17 = 61.2^0$

3. कागज के कीमत के सेक्टर का केन्द्रीय कोण = 360^0 का 10% = $\frac{360^0 \times 10}{100} = 36^0$

4. रायल्टी और जिल्दसाज के प्रभार के बीच का अनुपात = 15% : 18% = 5 : 6

5. श्रवण बाधा वाले बच्चों का अनुमानित प्रतिशत वितरण = $\frac{871 \times 100}{\text{कुल संख्या}} = \frac{871 \times 100}{657 + 275 + 222 + 871 + 60}$

$$= \frac{871 \times 100}{2085} = 41.7\%$$

6. विभिन्न प्रकार के विशेष बच्चों की औसत संख्या = $\frac{\text{कुल संख्या}}{5} = \frac{2085}{5} = 417$

7. उच्चारण बाधा (Articulatery disorder) और वाक् बाधा (Speech disorder) वाले बच्चों के बीच अनुपात

$$= 60 : 275 = 12 : 55$$

8. भाषा बाधा (Language disorder) और बाकी बाधा वाले बच्चों के औसत का अनुपात

$$= 657 : \frac{(275 + 222 + 871 + 60)}{4}$$

$$= 657 : \frac{1428}{4} = 657 : 357 = 219 : 119$$

9. $\because$ X की गरीबी रेखा से नीचे की आबादी = 12160

$\therefore$ सभी 7 गाँवों की आबादी का 16% का 38% = 12160

$\therefore$ सभी 7 गाँवों की कुल आबादी × $\frac{16}{100} \times \frac{38}{100} = 12160$

$\therefore$ सभी 7 गाँवों की कुल आबादी = $\frac{12160 \times 100 \times 100}{16 \times 38} = 200000$

$\therefore$ गाँव S की आबादी = $200000 \times \frac{11}{100} = 22000$

10. गाँव T की गरीबी रेखा से नीचे की आबादी : गाँव Z की गरीबी रेखा से नीचे की आबादी

= 21% का 46% : 11% का 42%

$$= (21 \times 46) : (11 \times 42) = 23 : 11$$

11. सातों गाँवों की कुल आबादी का 16% = गाँव R की आबादी

$\therefore$ सातों गाँवों की कुल आबादी × $\frac{16}{100} = 32000$

$\therefore$ सातों गाँवों की कुल आबादी = $\frac{32000 \times 100}{16} = 200000$

$\therefore$ गाँव Y की गरीबी रेखा से नीचे की आबादी = कुल आबादी का 15% का 52%

$$= 200000 \times \frac{15}{100} \times \frac{52}{100} = 15600$$

12. 2009 में सातों गाँवों की कुल आबादी का 15% = गाँव Y की आबादी

$\therefore$ 2009 में सातों गाँवों की कुल आबादी × $\frac{15}{100} = 30000$

$\therefore$ 2009 में सातों गाँवों की कुल आबादी = $\frac{30000 \times 100}{15} = 200000$

$\therefore$ 2009 में गाँव V की आबादी = कुल आबादी का 10% = $200000 \times \frac{10}{100} = 20000$

$\therefore$ 2010 में गाँव V की आबादी = $20000 \times \frac{110}{100} = 22000$

$\therefore$ 2010 में गाँव V की गरीबी रेखा से नीचे की आबादी = $22000 \times \frac{58}{100} = 12760$

13. गेहूँ और चीनी का कुल उत्पादन = 30% + 10% = 40%

चावल और चाय के उत्पादन का अन्तर = 55% – 5% = 50%

∴ अभीष्ट अनुपात = 40% : 50% = 4 : 5

14. यदि कुल उत्पादन 100 इकाई हो तो–

चावल और चाय का उत्पादन = 55 + 5 = 60 इकाई

अकेले गेहूँ का उत्पादन = 30 इकाई

∴ 60 इकाई–30 इकाई का अन्तर = 30 इकाई

∴ (चावल और चाय) का उत्पादन गेहूँ के उत्पादन से कितने प्रतिशत अधिक है = $\frac{30\times100}{30}=100\%$

15. गेहूँ प्रतिशत का मध्य कोण अर्थात् केन्द्र कोण = $360^0\times\frac{30}{100}=108^0$

16. देश में चावल का उत्पादन = $500000\times\frac{55}{100}$ = 275000 किग्रा.

17. घर के निर्माण में प्रयुक्त इस्पात का प्रतिशत = $\frac{36\times100}{(36+72+54+108+90)}=\frac{36\times100}{360}=10\%$

18. निर्माण में प्रयुक्त सीमेंट : ईंट = $72^0 : 54^0$ = 4 : 3

19. ∵ सीमेंट (72^0) की लागत = ₹5000

∴ सीमेंट (1^0) की लागत = $\frac{5000}{72}$

∴ श्रमिकों (90^0) पर खर्च = $\frac{5000}{72}\times90$ = ₹6250

20. इस्पात, सीमेंट और विविध मदों का कुल प्रतिशत = $\frac{(36^0+72^0+108^0)\times100}{360^0}=\frac{216\times100}{360}=60\%$

∴ इस्पात, सीमेन्ट और विविध मदों के कुल प्रतिशतों का औसत = $\frac{60\%}{3}=20\%$

21. आरोही क्रम में मद = किराया < विद्युत < कच्चा माल < श्रम

∴ दूसरा सर्वाधिक व्यय वाला मद = कच्चा माल

22. क्रिकेट और हॉकी के पसन्द कर्त्ताओं की संख्या = 300 + 500 = 800

कुल संख्या = 500 + 300 + 400 + 200 + 300 + 600 + 100 = 2400

∴ अभीष्ट प्रतिशत = $\frac{800\times100}{2400}=33.33\%$

23. सबसे ज्यादा पसन्दीदा खेल ⇒ फुटबाल

24. प्रतिक्रिया देने वाले लोगों की कुल संख्या = 500 + 300 + 400 + 200 + 300 + 600 + 100 = 2400

25. बेसवाल का प्रतिनिधित्व करने वाले क्षेत्र का केन्द्रीय कोण = $\frac{300\times360^0}{2400}=45^0$

26. 2013 में सोने की कीमत (135^0) = ₹ 31500

∴ 2011 में सोने की कीमत (75^0) = $\frac{31500\times75^0}{135^0}$ = ₹17500

27. वर्ष 2010 में सोने की कीमत : वर्ष 2013 में सोने की कीमत = $45^0 : 135^0$ = 1 : 3

28. वर्ष 2011 में सोने की कीमत = 75^0 और वर्ष 2013 में सोने की कीमत = 135^0

∴ सोने की कीमत में प्रतिशत वृद्धि = $\frac{(135^0-75^0)\times100}{75^0}=\frac{60^0\times100}{75^0}=80\%$

वर्ष 2011 से 2012 में सोने की कीमत में कुल वृद्धि = $105^0 - 75^0 = 30^0$

∴ वर्ष 2011 से 2012 में सोने की कीमत में कुल प्रतिशत वृद्धि = $\frac{30^0 \times 100}{75^0} = 40\%$

वर्ष 2012 से 2013 में सोने की कीमत में कुल वृद्धि = $135^0 - 105^0 = 30^0$

∴ वर्ष 2012 से 2013 में सोने की कीमत में कुल प्रतिशत वृद्धि = $\frac{30^0 \times 100}{105} = \frac{200}{7}\%$

∴ अभीष्ट अनुपात = $40\% : \frac{200}{7}\% = 40 : \frac{200}{7} = 280 : 200 = 7 : 5$

व्यापार की तुलना में सेवा में संलिप्त लोगों की अधिक संख्या = $20000 \times (20\% - 6.7\%)$

$= 20000 \times \frac{13.3}{100} = 2660$

सेवा में संलिप्त लोगों की संख्या : उद्योग में संलिप्त लोगों की संख्या = 20% : 30% = 2 : 3

सेवा में संलिप्त लोगों द्वारा बना त्रिज्य कोण = 360^0 का 20% = $\frac{360^0 \times 20}{100} = 72^0$

विभिन्न व्यवसायों में संलिप्त लोगों की अधिकतम संख्या = 20000 का 33.3% = $20000 \times \frac{33.30}{100} = 6660$

विभिन्न व्यवसायों में संलिप्त लोगों की न्यूनतम संख्या = 20000 का 6.7% = $20000 \times \frac{6.7}{100} = 1340$

∴ दोनों संख्याओं में अन्तर = 6660 – 1340 = 5320

क्रिकेट और हाकी को मिलाकर खर्च की गयी राशि = 15000000 का (25% + 15%) = 1500000 का 40%

$= 15000000 \times \frac{40}{100} =$ ₹6000000

बास्केट बाल पर खर्च की गयी राशि = 12000000 का 12.5% = $12000000 \times \frac{12.5}{100} =$ ₹1500000

फुटबाल पर खर्च की गयी राशि : हाकी पर खर्च की गयी राशि = 15% : 15% = 1 : 1

टेनिस के लिए मध्य कोण (केन्द्र कोण) = 360^0 का 10% = $\frac{360^0 \times 10}{100} = 36^0$

$A \Rightarrow 100,\ B \Rightarrow 15,\ C \Rightarrow 25,\ D \Rightarrow 40,\ E \Rightarrow 60,\ F \Rightarrow 90,\ G \Rightarrow 70$

∴ दूसरी सबसे अधिक सीट वाली पार्टी = F

कुल सीटों की संख्या = 100 + 15 + 25 + 40 + 60 + 90 + 70 = 400

पार्टियों D, E और F की कुल सीटें = 40 + 60 + 90 = 190

आधे रास्ते के निशान (अर्थात् $\frac{400}{2} = 200$) तक पहुँचने के लिए सीटों की कमी = 200 – 190 = 10

पार्टी F के सीटों की संख्या का प्रतिनिधित्व करने वाले क्षेत्र के केन्द्रीय कोण की माप = $\frac{360^0 \times 90}{400} = 81^0$

कुल सीटों की संख्या = 100 + 15 + 25 + 40 + 60 + 90 + 70 = 400

A, B, C, D, E, F और G के मुनाफों में अनुपात = उनके निवेशों में अनुपात

= 20 : 50 : 10 : 40 : 60 : 20 : 100 = 2 : 5 :1 : 4 : 6 : 2 : 10

∴ अनुपाती योग = 2 + 5 + 1 + 4 + 6 + 2 + 10 = 30

∴ 45 लाख रुपये में C का भाग = $\frac{45 \times 1}{30}$ लाख = 1.5 लाख

भागीदार E के निवेश का प्रतिनिधित्व करने वाले क्षेत्र के केन्द्रीय कोण की माप = $\frac{360^0 \times 60}{300} = 72^0$

साझेदार E ने दूसरे उच्चतम निवेश किया है।

कुल निवेश = (20 + 50 + 10 + 40 + 60 + 20 + 100) लाख = ₹ 300 लाख

कुल व्यय = (200 + 450 + 350 + 150 + 250 + 350 + 50) = ₹ 1800 लाख

श्रम और कच्चे माल पर किया जाने वाला व्यय = (450 + 350) लाख = ₹ 800 लाख

∴ अभीष्ट प्रतिशत = $\frac{800\times100}{1800}=44.44\%$

कर का प्रतिनिधित्व करने वाले क्षेत्र का केन्द्रीय कोण = $\frac{150\times360^0}{1800}=30^0$

कुल व्यय = (450 + 150 + 300 + 150 + 300 + 200 + 250) लाख = ₹ 1800 लाख

∴ संकाय का प्रतिनिधित्व करने वाले क्षेत्र का केन्द्रीय कोण = $\frac{300\times360^0}{1800}=60^0$

कुल व्यय = (200 + 450 + 350 + 150 + 250 + 350 + 50) = ₹ 1800 लाख

सबसे अधिक खर्च विपणन (Marketing) पर किया जाता है।

आकलन और नियुक्ति पर किया जाने वाला कुल व्यय = (200 + 300) लाख = 500 लाख

∴ प्रतिशत व्यय = $\frac{500 \text{ लाख}\times100}{1800 \text{ लाख}}=27.77\%$

कुल व्यय = (400 + 150 + 500 + 450 + 250 + 200 + 50) लाख = ₹2000 लाख

आउटसोर्सिंग और आधारिक संरचना पर कुल व्यय = (50 + 200) लाख = 250 लाख

∴ प्रतिशत व्यय = $\frac{250\times100}{2000}=12.5\%$

प्रशिक्षण का प्रतिनिधित्व करने वाले क्षेत्र के केन्द्रीय कोण की माप = $\frac{150\times360^0}{2000}=27^0$

दूसरा सर्वाधिक व्यय कर पर किया जाता है।

सोना पर व्यय राशि = बचत का 65% = मासिक आय का 22% का 65% = $26000\times\frac{22}{100}=\frac{65}{100}$ = ₹3718

D_2, D_4 तथा D_5 पर कुल प्रतिशत व्यय = 23% + 13% + 16% = 52%

D_2, D_4 तथा D_5 पर कुल व्यय = 20 लाख का 52% = $2000000\times\frac{52}{100}$ = ₹1040000

परिवहन पर व्यय = 26000 का 15% = $26000\times\frac{15}{100}$ = ₹3900

बचत तथा ईंधन पर कुल व्यय = 26000 का (22% + 20%) = $26000\times\frac{42}{100}$ = ₹10920

बचत तथा ईंधन पर अधिक व्यय = 10920 – 3900 = ₹ 7020

वृत्त खण्ड D_2 द्वारा बनाया गया केन्द्रीय कोण = $360^0\times\frac{23}{100}=\left(\frac{36\times23}{10}\right)^0$

वृत्त खण्ड D_3 द्वारा बनाया गया केन्द्रीय कोण = $360^0\times\frac{17}{100}=\left(\frac{36\times17}{10}\right)^0$

दोनों में अन्तर = $\frac{36\times23}{10}-\frac{36\times17}{10}=\frac{36}{10}(23-17)=\frac{36}{10}\times6=21.6^0$

₹26000 आय पर विविध व्यय = $26000\times\frac{17}{100}$ = ₹260 × 17

₹22000 आय पर विविध व्यय = $22000\times\frac{17}{100}$ = ₹220 × 17

कम व्यय = 260 × 17 – 220 × 17 = 17 (260 – 220) = 17 × 40 = ₹680

61. कम्पनी C_6 द्वारा प्रदत्त लैपटापों का संगत केन्द्रीय कोण $= 360^0 \times \frac{11}{100} = 39.6^0$

62. किराये पर किया गया खर्च $= 26000 \times \frac{8}{100}$ = ₹2080

63. 2013 में चयनित उम्मीदवार $= 720 \times \frac{25}{100} = 180$ और 2015 में चयनित उम्मीदवार $= 720 \times \frac{10}{100} = 72$

दोनों में अन्तर = 180 – 72 = 108, अतः प्रतिशत कमी $= \frac{108 \times 100}{180} = 60\%$

64. कम्पनी C_2 और C_5 के लैपटापों की संख्या में अन्तर = 3800 × (22% – 13%) = 3800 × 9%

$= 3800 \times \frac{9}{100} = 342$

65. कम्पनी C_1 के लैपटापों की संख्या : कम्पनी C_3 के लैपटापों की संख्या = 12% : 18% = 2 : 3

66. वर्ष 2012 और 2014 को मिलाकर चयनित उम्मीदवारों की संख्या = 720 का (20% + 15%)

= 720 का 35% $= 720 \times \frac{35}{100} = 252$

67. वर्ष 2012 और 2015 में चयनित प्रतिशत उम्मीदवार = 20% + 10% = 30% ⇒ 2016 में चयनित उम्मीदवार

68. देश X की हिस्सेदारी = दूसरे देशों की हिस्सेदारी का 40% = 20% का 40% $= \frac{20}{100} \times \frac{40}{100} = \frac{8}{100} = 8\%$

∵ देश B का निर्यात 15% = 15 मिलियन ⇒ 1% = 1 मिलियन

∴ देश X द्वारा निर्यात की गयी मात्रा = 8% = 8 × 1 मिलियन = 8 मिलियन

69. वृत्तीय पैमाने पर कुल व्यय = 72 + 90+ 135 + 108 + 45 + 90 = 540

∴ शैक्षिक शुल्क पर व्यय $= \frac{90}{540}$ भाग $= \frac{1}{6}$ भाग, अतः परिवार का कुल मासिक व्यय = 18000 × 6 = ₹108000

70. किराया पर किया गया व्यय = 50000 का 16% $= \frac{16}{100}$ = ₹8000

71. बचत, किराया तथा ईंधन पर किये गये व्यय का औसत $= \frac{26000 \text{ का } (22\% + 8\% + 20\%)}{3}$

$= \frac{26000 \text{ का } 50\%}{3} = \frac{26000 \times 50}{3 \times 100} =$ ₹4333.33

भोजन, परिवहन और बचत पर किये गये व्यय का औसत $= \frac{26000 \text{ का } (18\% + 15\% + 22\%)}{3}$

$= \frac{26000 \text{ का } 55\%}{3} = \frac{26000 \times 55}{3 \times 100} =$ ₹4766.66

∴ दोनों में अन्तर = 4766.66 – 4333.33 = ₹433.33 ⇒ ₹433

72. शिक्षा पर किये गये व्यय के क्षेत्र द्वारा बनाया गया केन्द्रीय कोण $= 360^0 \times \frac{26}{100} = 93.6^0$

73. वर्ष 2015 की आय = वर्ष 2016 की आय का 80% $= 1080000 \times \frac{80}{100}$ = ₹864000

∵ वर्ष 2015 की बचत : वर्ष 2016 की बचत = 2 : 5

∴ वर्ष 2015 की बचत : $30^0 = 2 : 5$ ⇒ वर्ष 2015 की बचत $= \frac{30^0 \times 2}{5} = 12^0 = \frac{12^0 \times 108000}{360^0} =$ ₹3600

∴ वर्ष 2015 में व्यक्ति के प्रतिशत बचत $= \frac{36000 \times 100}{864000} = 4.166\%$

74. यदि मासिक आय ₹100 हो तो भोजन पर व्यय = ₹23 और बचत = ₹20

∴ दोनों में अन्तर = 23 – 20 = ₹3

∴ बचत से भाजन पर व्यय की प्रतिशत अधिकता = $\frac{3\times100}{20}=15\%$

75. कपड़ों पर किया गया व्यय 15% = ₹ 3000

∴ कपड़ों पर किया गया व्यय 1% = $\frac{3000}{15}$ = ₹200

∴ शिक्षा पर किया गया व्यय 26% = 26 × 200 = ₹5200

76. किराये, भोजन तथा परिवहन पर व्यय का केन्द्र कोण = $90^0 + 60^0 + 40^0 = 190^0$

∴ किराये, भोजन तथा परिवहन पर व्यय = $\frac{190^0}{360^0}\times1080000$ = ₹570000

77. शिक्षा, बचत तथा किराया पर व्यय के केन्द्र कोणों का औसत = $\frac{90^0+30^0+90^0}{3}=\frac{210^0}{3}=70^0$

∴ शिक्षा, बचत तथा किराया पर व्यय का औसत = $\frac{70^0}{360^0}\times1080000$ = ₹210000

78. किराये पर व्यय, शिक्षा पर व्यय का कितने प्रतिशत = $\frac{\text{किराये पर व्यय का कोण}\times100}{\text{शिक्षा पर व्यय का केन्द्र कोण}}$

$=\frac{90^0\times100}{90^0}=100\%$

79. कपड़ों पर किया गया खर्च = $\frac{50^0}{360^0}\times1080000$ = ₹150000

80. भौतिकी और गणित पढ़ाने वाले शिक्षकों की कुल संख्या = 1650 का (18% + 14%) = 1650 का 32%

$=1650\times\frac{32}{100}=528$

रसायन विज्ञान और जीव विज्ञान पढ़ाने वाले शिक्षकों की कुल संख्या = 1650 का (24% + 12%)

= 1650 का 36% = $1650\times\frac{36}{100}=594$

∴ अभीष्ट अन्तर = 594 – 528 = 66

81. मद D पर हुए व्यय को निरूपित करने वाले त्रिज्यखण्ड का केन्द्रीयकोण = 360 का 15% = $360\times\frac{15}{100}=54^\circ$

82. क्रिकेट खेलने वाले विद्यार्थियों की कुल संख्या = $2800\times\frac{23}{100}=644$

24 विद्यार्थियों को स्थानान्तरित करने पर क्रिकेट खेलने वाले विद्यार्थियों की संख्या = 644 – 24 = 620

कबड्डी खेलने वाले विद्यार्थियों की संख्या = $2800\times\frac{12}{100}=336$

कबड्डी खेलने वाले विद्यार्थियों की नई संख्या = 336 + 24 = 360

∴ नया अनुपात = 620 : 360 = 31 : 18

83. कुल खर्च का 55% = A पर कुल खर्च = 165 करोड़

∴ कुल खर्च × $\frac{55}{100}$ = 165 करोड़ ⟹ कुल खर्च = 165 करोड़ × $\frac{100}{55}$ = ₹300 करोड़

84. हाकी और टैनिस दोनों में नामांकित विद्यार्थियों की संख्या = 2800 का (26% + 14%)

= 2800 का 40% = $2800\times\frac{40}{100}=1120$

∴ औसत संख्या = $\frac{1120}{2}=560$

85. अंग्रेजी, गणित और भौतिकी पढ़ाने वाले शिक्षकों की कुल संख्या

$= 1650$ का $(26\% + 14\% + 18\%) = 1650$ का $58\% = 1650 \times \frac{58}{100} = 957$

86. सर्वे किये गये लोगों की कुल संख्या का 15.7% का 10% = 1570

∴ सर्वे किये गये लोगों की कुल संख्या $\times \frac{15.7}{100} \times \frac{10}{100} = 1570$

∴ सर्वे किये गये लोगों की कुल संख्या $= \frac{1570 \times 100 \times 100}{15.7 \times 10} = 100000$

87. चूंकि वनीला फ्लेवर की कुल बिक्री 16.5% = ₹3300

∴ वनीला फ्लेवर की कुल बिक्री 1% = ₹ $\frac{3300}{16.5}$

∴ चाकलेट की कुल बिक्री 25.8% = ₹ $\frac{3300}{16.5} \times 25.8 =$ ₹5160